ELO-X

EloMind

EloFresh

EloProcess

ELOTHERM

ELO-X

西马克艾洛特姆作为全球电感应技术领域先进企业，几十年来凭借所拥有该领域独特的专业技术优势，专注于引领制定电感应技术行业标准；依靠电感应技术应用从研发设计到制造的全面专业技能优势，致力于满足遍布世界各地客户的各种不同需求。

西马克艾洛特姆是您电感应技术应用及创新的最可靠合作伙伴，应用领域涵盖加热、淬火、热处理、焊接、退火和金属电磁搅拌等。我们的模块化系统可提供符合您特定要求的高性价比灵活配置设备，您也将得到西马克艾洛特姆专业精湛并遍及全球快捷便利的技术服务支持。

ELOTHERM
SMS group

联系我们：

西马克艾洛特姆感应设备技术（上海）有限公司

上海市闵行区莲花南路2200号　邮编：201108

电话：+86 21 24086462 传真：+86 21 24086422

电子邮箱：info@sms -elotherm.cn

公司网址:　www.sms-elotherm.com

公司网站：www.sms-elotherm.com

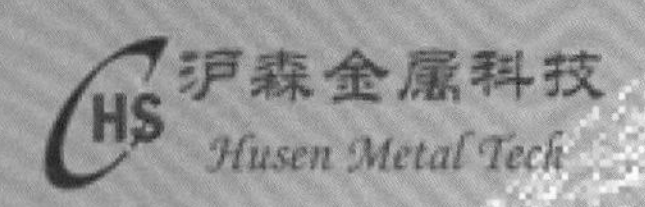

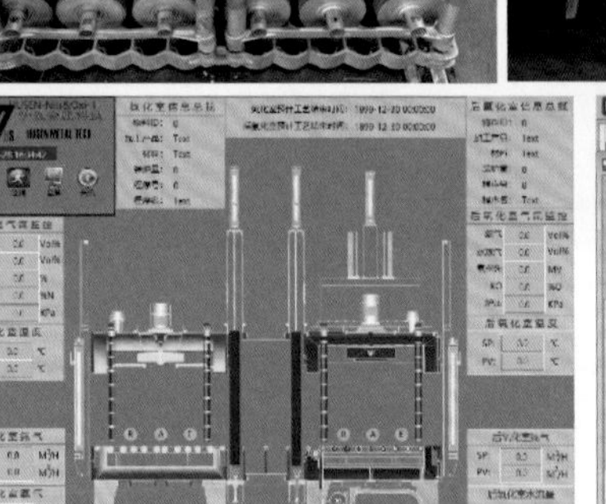

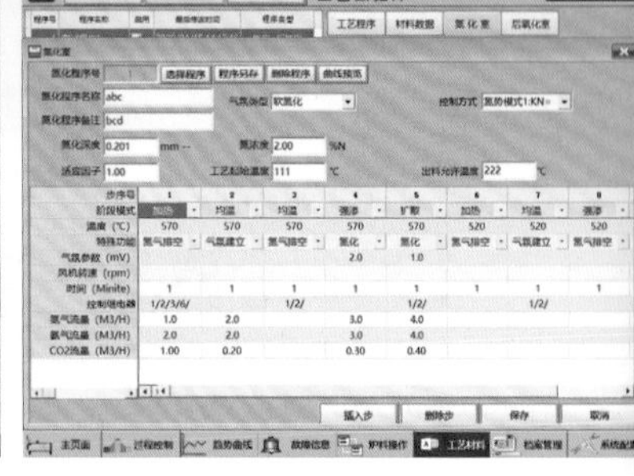

美国金属学会热处理手册

C卷 感应加热与热处理

ASM Handbook
Volume 4C Induction Heating and Heat Treatment

美国金属学会手册编委会 组编

［美］瓦莱里·鲁德涅夫（Valery Rudnev）
乔治 E. 陶敦（George E. Totten） 主编

邵周俊 闫满刚 顾剑锋 等译

机 械 工 业 出 版 社

本书全面系统地介绍了感应加热与热处理技术。主要内容包括：感应加热的基本原理，钢的感应热处理，感应热处理的建模与仿真，感应加热成形，感应熔炼，感应加热设备，过程控制、检测、设计和质量保障，感应加热的特殊应用。本书提供了大量翔实、权威、可靠的感应加热与热处理技术数据，理论深入浅出，图表简明实用。本书由世界上感应加热与热处理领域的著名专家撰写而成，反映了当代感应加热与热处理的技术水平，具有先进性、全面性和实用性。

本书可供感应加热与热处理领域的工程技术人员参考，也可供产品设计人员和相关专业的在校师生及研究人员参考。

ASM Handbook Volume 4C Induction Heating and Heat Treatment/Edited by Valery Rudnev and George E. Totten/ISBN－13：978－1－62708－025－5

图书在版编目（CIP）数据

美国金属学会热处理手册．C 卷，感应加热与热处理/（美）瓦莱里·鲁德涅夫（Valery Rudnev），（美）乔治 E. 陶敦（George E. Totten）主编；邵周俊等译．—北京：机械工业出版社，2022. 2

书名原文：ASM Handbook，Volume 4C：Induction Heating and Heat Treatment

ISBN 978-7-111-69658-2

Ⅰ. ①美…　Ⅱ. ①瓦…②乔…③邵…　Ⅲ. ①感应加热－热处理－技术手册　Ⅳ. ①TG15－62

中国版本图书馆 CIP 数据核字（2021）第 244998 号

机械工业出版社（北京市百万庄大街 22 号　邮政编码 100037）

策划编辑：陈保华　　　　责任编辑：陈保华　王彦青

责任校对：张晓蓉　王明欣　封面设计：马精明

责任印制：郜　敏

盛通（廊坊）出版物印刷有限公司印刷

2022 年 4 月第 1 版第 1 次印刷

184mm×260mm·63 印张·10 插页·2122 千字

标准书号：ISBN 978-7-111-69658-2

定价：329.00 元

电话服务　　　　　　　　网络服务

客服电话：010－88361066　机 工 官 网：www.cmpbook.com

010－88379833　机 工 官 博：weibo.com/cmp1952

010－68326294　金 书 网：www.golden－book.com

封底无防伪标均为盗版　机工教育服务网：www.cmpedu.com

译者序

众所周知，电磁感应加热涉及电学、电磁学、传热学和材料科学工程等多个学科，因其独特的技术优势，在热加工领域应用越来越广泛。2014 年前后，美国金属学会（ASM International）陆续修订再版了《美国金属手册》。在这套包含23 个分册（34 卷）的手册中，1991 年出版的仅 1 卷的热处理部分被扩充为 5 卷，其中《感应加热与热处理》第一次作为单独一卷（4C 卷）出版，这是《金属手册》编写史上的一个重要里程碑，可见其新颖性和重要性。

本书共 8 章，分别由国际电磁感应加热领域的几十位著名专家撰写而成，综合反映了当今电磁感应加热的基础理论和工业实践最新进展。涵盖了感应加热的基本原理，钢的感应热处理，感应热处理的建模与仿真，感应加热成形，感应熔炼，感应加热设备，过程控制、检测、设计和质量保障，感应加热的特殊应用。本书详细论述了与电磁感应加热相关的冶金学理论，介绍了关键零部件感应加热与热处理工艺，讨论了电磁加热的磁场、热场和应力场建模和模拟，给出了感应电源、感应器和导磁体设计思路和应用案例，还给出了负载匹配与效率优化方法等。本书代表和反映了当代感应热处理与加热领域的技术水平，为同行提供了大量翔实、权威、可靠的实用性数据。

我国感应加热技术起步于 20 世纪 50 年代的汽车制造工业，经历了学习模仿、自力更生、引进消化和自主创新几个阶段，现已在 IBGT 电源研发生产、控制技术、典型零件感应淬火生产线等方面取得了长足的进步，实现了从无到有的有形制造，自动化和智能化程度越来越高；但与国外先进水平尚有差距，有待于在今后加强产学研合作，开展电磁感应加热的相关理论研究，创建自己的感应加热数据库，加快计算机建模和模拟研究，提高工艺装备的可靠性和安全性，保证工艺过程的一致性和稳定性，实现产品质量的性能控制。相信本书的翻译出版将对我国感应加热事业的技术发展及其应用发挥重要的作用。

本书的翻译工作，首先要感谢感应热处理前辈沈庆通先生的引荐和指导，其次要感谢中国热处理学会和国内感应加热与热处理领域知名专家、教授和生产一线同行的积极参与，携手并进，共同完成了本书的翻译工作。在整个翻译过程中，大家勤于思考，不断更新，在尊重原文的基础上，力求做到“正确、专业、易懂”。本书第 1 章由赵前哲、葛运旺、武超翻译，第 2 章由闫满刚翻译，第 3 章由顾剑锋翻译，第 4 章由曾国庆、李勇志翻译，第 5 章由孙宁、冯伟年、蒋黎民、翟鹏远、李轩、侯蔚翻译，第 6 章由陈勇、赵俊平、余金科、闫满刚、胡帅显翻译，第 7 章由葛运旺、武超、王传智、邵周俊翻译，第 8 章由巫建清翻译。全书由邵周俊统稿。方力先生对本书“感应设备的水冷系统”部分进行了认真审校，另外，还有许多专家同行对翻译工作给予了技术支持和帮助，在此深表谢意！

由于本书篇幅巨大，且内容涉及感应加热诸多领域，加之译者水平有限，不妥之处在所难免，恳请各位读者斧正。另外，在翻译过程中，对原文中的部分错误进行了注解和更正。

本书的引进与出版得到了好富顿国际公司的大力支持，在此表示感谢！

邵周俊

Email：Shaozhj@chts. org. cn；

Zhjshao@qq. com

中文版前言

知之者不如好之者，好之者不如乐之者。

——中国古代思想家和教育家　孔子

本书是2014 年出版的《美国金属手册》的4C 卷《感应加热与热处理》的中文版。在此，我们特别感谢中国热处理学会和机械工业出版社组织翻译出版发行本卷手册。感应加热是一种涉及电磁感应效应、传热学、材料和冶金因素、电路分析及其复杂交互作用的多学科物理现象，这些复杂因素相互之间紧密关联、多方位而且非线性。

本书是一本全面反映当代感应热加工工艺的综合巨著，由来自 10 多个国家的著名大学、国家级研究实验室和工业公司的专家们撰稿，介绍了电磁感应相关的感应热加工世界顶尖技术和先进原理。这些年，专业学会在世界范围内出版发行了许许多多关于感应加热与热处理的论文、会议论文集和多种多样的技术书籍，但是本书中的绝大部分内容以前从来没有发表过。

在本书编撰过程中，所有作者表现出极大的热情，很显然，本书涵盖的主题感应加热不仅仅是他们的工作领域，也是许多专家们的一份感情，他们乐于把积累的知识财富分享给全球同行。操作者、学生、设计者、工程师、研究者、科学家和教授们总是处于好奇去探索他们每天工作中所碰到的常见感应加热问题的有效解决方法，而本书正是目前最全面、最前沿的感应加热应用手册。

我们愿意借用荀子的一句名言作为前言的结束语：不闻不若闻之，闻之不若见之，见之不若知之，知之不若行之；学至于行之而止矣。

我们衷心希望读者通过阅读学习本书，能在掌握和运用实际专业技能的基础上更上一层，并借此机会把最美好的祝愿献给多年来不仅仅局限于专业学术技术交流并且结下深厚友谊的中国同行。

Valery Rudnev

George E. Totten

序

感应加热与热处理是热处理学会会员、工程师和制造商长期关注的一个重要领域。从19世纪后半叶，感应加热技术开始从感应熔炼、感应热处理这些最初应用，陆续拓展到物理学家和我们所能想到的诸多应用领域。基于电磁感应加热技术在热加工领域涉及的广度和深度，理所当然值得扩展为《美国金属手册》中的单独一卷。

正如以上所述，本书作为《美国金属手册》的一卷，内容涉及感应加热与热处理的多个方面，涵盖了感应工业实践和理论基础，同时对《热处理手册》内容给予了适当扩充，这是《美国金属手册》编写史上的一个重要里程碑。众所周知，美国金属学会起源于底特律的钢铁热处理工作者俱乐部，热处理始终是美国金属学会和热处理学会（美国金属学会直属分会）关注的核心。

如果没有美国金属学会和热处理学会会员，乃至全球专家志愿者的无私奉献和广泛投入，本书的编撰出版是不可能的事情。

在此，非常感谢本书主编 Valery Rudnev 博士和 George E. Totten 博士，还有他们的家人为本书编撰发行所投入的时间和精力。简言之，没有他们就没有本书的出版问世。

美国热处理学会主席 Roger A. Jones
美国金属学会主席 C. Ravi Ravindran
美国金属学会常务董事 Thomas S. Passek

前言

这卷新编写的《感应加热与热处理手册》是《美国金属手册》的一个重要扩展，超出了以往手册中热处理部分只聚焦传统炉内热处理的范畴。电磁感应加热是一个非常重要的技术主题，而且正在向多种不同的热加工工艺领域加速拓展，如淬火、回火、去应力、钎焊、焊接、熔炼，以及铁基和非铁金属温锻和热加工之前的预热等。正因为如此，本书实现了感应加热领域同行们力图编撰一本全新并综合概括21世纪感应加热加工工艺进展的大型工具书的雄心壮志。

延续《美国金属手册》系列的传统，本书为读者提供了便于使用的相图、工艺程序、使用指南，以及与其他技术不同的感应工艺规范与先进理论知识完美结合的成功实践。从温习与感应加热相关的电学、电磁学、传热学和材料科学基础开始，涵盖了与这一技术相关的以下几个关键方面：

1）论述了感应淬火、回火、去应力、锻前加热和熔炼相关的非平衡相变本质和其他冶金学基础。

2）研究了汽车、工程机械、航空航天工程、农业机械、电器、石油和燃气机械领域的关键零部件，如齿轮、曲轴、凸轮轴、曲柄轴和其他零件的感应淬火。

3）评述了ASTM和SAE关于正确测量硬化层深度及热影响区的标准和应用指南，与不同硬度测定技术、破坏性测试或无损检测相关的典型规范及其争议等复杂问题。

4）叙述了如何精心选择关键工艺参数和感应器类型来控制加热模式，怎样使用磁力线聚集器和设计冷却系统，并对一些常见错误概念和假设进行了评述和解释。

5）阐述了热处理过程中瞬变应力和残余应力的形成机理。

6）给出了碳素钢、合金钢、超合金、钛合金、铝合金和铜合金以及其他材料在热锻或温锻之前的加热温度要求，钢坯、钢棒、管材、杆材和其他金属工件的加热技术新进展。

7）根据多种不同的技术条件、服役极限和成本因素（如产量最大化、温度均匀性、节能效果、占地面积最小和材料节省），获得最佳工艺过程控制算法，从而实现整个工艺程序和策略的优化。

8）对感应热处理零件进行失效分析，并对组织缺陷和性能反常现象进行深入分析。

9）研究长寿命感应线圈的设计和制造方法，以及失效预防措施。

10）电磁感应加热的特殊应用，如玻璃和氧化物熔炼、光学纤维拉拔、纳米粒子加热和热疗应用。

11）感应加热用晶体管和闸流管电源的设计原理和运行细则。

12）现代感应加热工艺过程计算机建模和模拟细则。

本书还给出了很多颇具挑战性和高难度系数工件感应加热的案例。无论你是操作者、学生，还是工程师和科学家们总是试图找到解决常见感应加热问题的简单方案，本书将会告诉读者如何运用所学知识，去透彻理解现实中多种不同的相关物理现象。

本书囊括了相当数量的实践数据，包括标准和定制设备评述，还特别描述了质量保证、过程监控、安全维护程序、节能环保措施，如何控制暴露在外的磁场，评述了国际标准和规范。尽管美国金属学会年年出版发行有关感应加热与热处理方面的论文、会议论文集和各种各样的技术书籍，但是本书的绝大部分内容在这之前从来没有发表过。

本书的编撰工作对我们而言是一项艰巨的工作。作为主编，我们非常感激所有作者给予的支持、奉献和投入。没有这些作者，这一浩大的巨作是不可能完成的。还要特别感谢 Steve Lampman 和美国金属学会工作人员。在许多场合下，作者向我们表达了他们对于美国金属学会主要工作人员深厚的编辑专业功底的敬佩。特别感谢我们的家人，感谢所有作者的家人，如果没有他们的理解、奉献和支持，这一巨作是不可能问世的。

Valery Rudnev
George E. Totten

使用计量单位说明

根据董事会决议，美国金属学会同时采用了出版界习惯使用的米制计量单位和英、美习惯使用的美制计量单位。在本书的编写中，编者们尝试采用国际单位制（SI）的米制计量单位为主，辅以对应的美制计量单位来表示数据。采用SI单位为主的原因是基于美国金属学会董事会的决议和世界各国现已广泛使用米制计量单位。在大多数情况下，书中文字和表格中的工程数据以SI为基础的计量单位给出，并在相应的括号里给出美制计量单位的数据。例如，压力、应力和强度都是用SI单位中的帕斯卡（Pa）前加上一个合适的词头，同时还以美制计量单位（磅力每平方英寸，psi）来表示。为了节省篇幅，较大的磅力每平方英寸（psi）数值用千磅力每平方英寸（ksi）来表示（1ksi = 1000psi），吨（$kg \times 10^3$）有时转换为兆克（Mg）来表示，而一些严格的科学数据只采用SI单位来表示。

为保证插图整洁清晰，有些插图只采用一种计量单位表示。参考文献引用的插图采用国际单位制（SI）和美制计量单位两种计量单位表示。图表中SI单位通常标识在插图的左边和底部，相应的美制计量单位标识在插图的右边和顶部。

规范或标准出版物的数据可以根据数据的属性，只采用该规范或标准制定单位所使用的计量单位或采用两种计量单位表示。例如，在典型美制计量单位的美国钢板标准中，屈服强度通常以两种计量单位表示，而该标准中钢板厚度可能只采用了英寸（in）表示。

根据标准测试方法得到的数据，如标准中提出了推荐的特定计量单位体系，则采用该计量单位体系表示。在可行的情况下，也给出了另一种计量单位的等值数据。一些统计数据也只以进行原始数据分析时的计量单位给出。

不同计量单位的转换和舍入按照IEEE/ASTM SI - 10标准，并结合原始数据的有效数字进行。例如，退火温度1570℉有三位有效数字，转换后的等效温度为855℃，而不是更精确的854.44℃。对于一个发生在精确温度下的物理现象，如纯银的熔化，应采用资料给出的温度961.93℃或1763.5℉。在一些情况下（特别是在表格和数据汇编时），温度值是在国际单位制（℃）和美制计量单位（℉）间进行相互替代，而不是进行转换。

严格对照IEEE/ASTM SI - 10标准，本书使用的计量单位有几个例外，但每个例外都是为了尽可能提高本书的清晰程度。最值得注意的一个例外是密度（每单位体积的质量）的计量单位使用了g/cm^3，而不是kg/m^3。为避免产生歧义，国际单位制的计量单位中不采用括号，而是仅在单位间或基本单位间采用一个斜杠（对角线）组合成计量单位，因此斜杠前的为计量单位的分子，而斜杠后的为计量单位的分母。

目 录

第1章 感应加热的基本原理

1.1 感应加热的发展历程与应用

电磁感应加热简称感应加热，就是利用电磁感应原理对导体材料（如金属）进行加热。一般应用于熔炼、透热、表面热处理、钎焊等领域。近年来，该技术也应用于玻璃的熔炼、成型和光纤的拉伸处理，甚至还应用于人体肿瘤细胞的治疗，即通过感应加热方式对肿瘤细胞进行加热，从而抑制肿瘤组织的生长以达到治疗癌症的目的。

1.1.1 感应加热的发展历程

1831 年，英国物理学家迈克尔·法拉第（Michael Faraday）发现了电磁感应定律，这一定律为感应加热技术的应用研究奠定了理论基础。他在实验室里发现，用两个线圈绕在同一个铁心上，当第一个线圈通电或断电的瞬间，与第二个线圈串联的电流计就会显示出某个方向的瞬时电流。如果第一个线圈一直处于通电或断电的状态，第二个线圈则检测不到电流。

法拉第由此得出结论：通过改变磁场可以产生感应电流。由于在两个线圈之间没有实际的电气连接，因此第二个线圈上的电流是从第一个线圈感应到第二个线圈的电动势所产生的。由法拉第电磁感应定律可知，电路中产生的电动势与通过电路的磁通量的时间变化率成正比。

在之后的数十年里，根据电磁感应原理，研究人员主要致力于开发能够产生高频交流电的发电设备。直到 19 世纪下半叶，感应加热的实际应用才得以实现。感应加热最早的应用是用于金属熔炼，通过金属或导电材料制成的坩埚来熔炼金属。后来，费兰蒂（Ferranti）、科尔比（Colby）和开林（Kjellin）研制出了使用非导电材料坩埚的感应熔炼炉，而在这些早期的应用中，通常是直接使用工频电（50Hz 或 60Hz）用于感应加热。

值得注意的是，早期的感应熔炼炉都是有心式熔炼炉。这是由于被熔炼金属中的涡流与感应线圈中的电流相互作用，会在被熔炼金属中产生非常大的电磁力，在极端情况下电磁力产生“收缩”效应，会使熔化的金属分离，造成感应涡流所需导电通路中断。这种现象在非磁性金属材料的熔炼过程中最为严重。

20 世纪初叶，埃德温·费·诺斯拉普（Edwin. F. Northrup）（见图 1-1）设计制造的由火花间隙式高频发电机和圆柱形坩埚组合的无心式熔炼炉，替代了有心式熔炼炉。许多人认为诺斯拉普是感应加热之父，他于 1916 年在普林斯顿的帕尔默实验室（Princeton’s Palmer Laboratory），建造了第一台高频感应加热炉。诺斯拉普也是最早发现高频交流电可以加热薄金属的人之一，他采用火花间隙高频发电机，将输出高压和高频的交流电流输送到一个线圈中，对一个金属薄片进行加热。

图 1-1 埃德温·费·诺斯拉普

贝克和康帕尼（Baker and Company）首先采用无心式感应熔炼炉用于铂金熔炼，而美国的布拉斯公司（American Brass Company）首先用于熔炼其他非磁性合金。然而，由于火花间隙式发电机的功率限制，当时这种无心式感应加热炉并没有得到广泛推广。1922 年，能提供数百千瓦、频率高达 960Hz

的电动发电机组的研发成功，使这一限制在一定程度上得以减轻。此后直到20世纪60年代末期，电动发电机组才被晶闸管固态感应加热电源所取代，晶闸管固态电源的频率——现在被认为是属于中频范围而非高频范围，现代感应电源根据使用频率，分为低频（小于1kHz）、中频（1~10kHz）、超音频（10~100kHz）和高频（大于100kHz）四个频段。

随着感应加热金属熔炼炉的不断普及，这一前途无量的技术得到了充分的发展，20世纪30年代米德维尔钢铁公司（Midvale Steel）和俄亥俄曲轴公司（Ohio Crankshaft Company）将感应加热技术应用于工件的表面感应硬化。前者采用电动发电机组对轧钢机的轧辊进行表面加热和硬化，该方法今天仍在广泛使用，以提高轧辊的抗疲劳磨损强度。后者作为柴油机发动机曲轴最大的制造商之一，也充分利用感应加热的表面加热优势，使用1920Hz和3000Hz的电动发动机，对曲轴的轴颈部分进行表面硬化处理。这是表面感应加热热处理第一次大规模提高生产率的实际应用，并被广泛地应用于其他零件的表面热处理。例如，巴德车轮公司（Budd Wheel Company）致力于内孔的表面感应硬化，并把这一工艺应用于汽车轮毂和缸套的内孔表面硬化处理。

第二次世界大战极大地推动了感应加热技术的应用，特别是军品元件的热处理方面。感应加热所具有的局部表面硬化的能力，挽救了100万枚由于热处理不当而存在局部软点的穿甲弹。坦克履带的销轴、销轴套、链节板以及链轮也是通过高频感应加热方式进行高效表面硬化处理的，此外还有炮管热锻前的钢坯透热等感应加热应用。

第二次世界大战后，感应热处理的研究与应用进一步发展，输出变压器的开发，有助于在使用小匝数线圈负载时，电源与负载的匹配。在20世纪40年代和50年代，大型电动发电机组和真空管高频电源继续发挥着作用。20世纪60年代，发明了能够将工频电流转换成中频电流的固态感应加热电源，因其转换效率高、维护成本低、通用性强、可靠性高、噪声小等优点，于20世纪70年代开始逐步取代了电动发电机组。随着晶体管器件技术的进一步发展，固态电源的趋势是向高频发展。原有的真空管高频电源的转换效率一般只有50%~60%，而使用晶体管的固态电源的转换效率可以达到85%~95%。真空管高频电源的另一个显著缺陷是使用寿命低，仅仅只有4000h左右。而且与电压等级较低的固态电源相比，需要超过10000V高压才能工作的真空管振荡器，会给操作与维修带来很大危险。

1.1.2 感应加热的应用

感应加热最主要的应用为金属加工业，根据其应用主要可分为透热、热处理、熔炼、焊接、涂覆等。此外，感应加热还可以用于涂料固化、粘接、半导体制造等。

（1）透热 感应加热应用于金属成形之前的预加热，称为透热，被广泛用于钢铁、铝合金、钛或镍基合金的锻造、轧制和挤制等加工过程。

一般而言，透热的工件通常为圆形、方形或圆角方坯料。对钢铁来说，由于感应加热的快速和高效，不仅减小了设备规模，提高了生产率，而且还大大减小了由于氧化而引起的材料损失。

感应加热还可以应用于镦锻、镦粗等需要局部预加热的应用场合。

（2）热处理 感应加热可应用于钢铁的表面和穿透淬火、回火、正火和退火，其最大的优势是可以控制热处理的淬火层深和区域。

感应淬火是最常见的感应热处理工艺，它提高了工件的强度、硬度和抗疲劳特性。如钢管通过感应淬火连续生产线后，提高了表面硬度和强度。感应回火的应用，虽不像感应淬火那样普遍，但能恢复材料的韧性，改善抗拉强度。

正火、亚临界和临界区退火能够还原材料的塑性和韧性，这是钢、铝合金、铜合金和其他材料成形的重要性能，但感应加热在这些领域的应用很少。

（3）熔炼 感应加热经常用于熔炼铁磁性和非铁磁性合金（如铝合金、铜合金），与其他熔炼工艺相比，感应加热熔炼具有自然搅拌（在电磁力的作用下，熔炼金属的成分更加均衡一致），坩埚使用寿命长等特点。

（4）焊接 焊接工艺方面的应用包括焊接、钎焊，由于感应加热具有焊接点附近的局部加热能力，因此能够节约大量能源。

感应加热焊接最常见的应用是高频焊管生产线，具有速度快、效率高、自动化程度高等特点。

感应加热钎焊也依赖于感应加热过程中固有的局部加热和控制能力。

（5）有机涂料的固化 感应加热是通过有机涂层下部的金属基底产生的热量来进行加热的，具有从内部开始固化、缺陷最小化等特点。典型应用就是钢板的有机涂料固化。

（6）粘接 某些汽车零部件，如离合器片、制动片，通常使用热固性树脂胶进行粘接。在固化过程中，金属元件通过感应加热迅速达到固化温度，可以很好地实现快速黏合。此外，感应加热还广泛用于真空设备金属-橡胶密封圈的粘接工艺。

（7）半导体制造　单晶锗和单晶硅的制造也主要采用感应加热方式，区域精炼、区域均化、掺杂和半导体材料的外延沉积等采用了感应加热工艺。

（8）锡回流　在钢板电解沉积的锡镀层暗淡、无光泽、表面不均匀。通过感应加热将钢板加热到230℃（450℉）时，会引起锡涂层回流，生成光洁的外表面和均匀的覆盖层。

（9）烧结　感应加热广泛应用于碳化物预制件的烧结过程中，因为在气氛控制下的石墨曲颈瓶里，感应加热能提供必要的高温（2550℃，即4620℉）。其他含铁或不含铁金属的预制件与合金，无论有无气氛保护，都可以进行类似方式的烧结。

（10）感应器设计　工件的几何结构、加热材料、应用形式以及工艺参数的选择，对感应器的设计有很大影响，图 1-2 所示为感应器设计实例。

图 1-2　感应器设计实例（Inductoheat Inc 提供）

1.1.3　感应加热的优势

在过去的 30 年里，感应加热的应用越来越广泛，主要是因为感应加热能够对工件进行快速的、大功率密度的局部加热，缩短了加工时间，提高了生产率，而且品质不变。较之其他加热方式，如燃气炉、盐浴、铅浴、渗碳、渗氮，感应加热不仅节能，而且也更环保。感应加热的优势包括：

1）加热速度快。由于工件内部因感应涡流而发热，相比于传统加热炉的对流和辐射加热方式，感应加热具有更快的加热速度。

2）脱碳少和氧化皮损耗小。相比于燃气炉，由于感应加热的加热速度快，极大地减小了工件的材料损耗。

3）启动速度快。装有大量耐火材料的燃气或电阻炉，具有较大的热惯性，启动时必须经过预加热。而感应加热过程是在被加热材料的内部加热，大大加快了启动速度。

4）节能。由于再次启动速度快，感应加热电源不使用时可以关闭。而对于传统的加热炉，必须不断地提供能量用以保温，从而避免启动时间过长。

5）生产率高。由于加热时间短，感应加热能够增加产量并减少劳动力成本。同时，感应加热系统自动化程度高，占地面积少，工作环境好。

6）优越的力学性能。表面硬度高而心部具有较好的韧性，实现了强度与韧性的良好结合，这是传统加热炉无法做到的。

7）成本低。感应加热具有局部加热能力，所以整体的能量消耗低。同时由于变形量小，因此也大大减小了后续加工的费用。

8）变形小。在感应加热过程中，工件的形状和尺寸畸变非常小。

致谢

Much of the material in this article was adapted from *Elements of Induction Heating: Design, Control, and Applications* by S. Zinn and S.L. Semiatin, ASM International, 1988.

参考文献

1. V. Rudnev, D. Loveless, R. Cook, and M. Black, *Handbook of Induction Heating*, CRC Taylor & Francis, 2003
2. J. Metcalf, "Father of Induction Heating, Edwin Finch Northrup," *Induction Heating*, http://www.electric-history.com/~zero/006-Progress.htm (accessed October 19, 2013)
3. R. Haimbaugh, *Practical Induction Heat Treating*, ASM International, 2001
4. A. Muhlbauer, *History of Induction Heating and Melting*, Vulkan-Verlag GmbH, 2008

1.2 基本原理

Sergio Lupi, University of Padua Valery Rudney, Inductoheat, Inc.

感应加热是几种相关物理现象相互影响和作用的复杂过程，包括但不限于热传导、电磁学和冶金学。同时，在感应加热过程中，工件材料的磁导率、电导率和比热容等物理性能参数还是以温度或磁场强度等为变量非线性复杂函数，例如：

1）加热材料的热性能参数（如热导率、比热容）和电性能参数（电导率）是温度和晶体结构的非线性函数。

2）电磁特性参数（如磁导率、饱和磁感应强度、矫顽力）是温度、晶体结构、电磁场频率、磁场强度的非线性复杂函数。

3）加热材料的晶体结构、固相介质状态取决于温度、加热或冷却速度、化学成分、磁场强度等因素。

在讨论上述现象时，还要考虑它们之间的相互影响和相互作用的复杂关系。因此，研究感应加热的一个比较简单的方法就是，对这些现象分别加以探讨，即对一种现象过程中物理性能的非线性和相关性进行讨论。

1.2.1 热传递

热传递对任何加热过程都是不可少的，也包括感应加热。温度差异与热传递有关，其所呈现的能量转换形式就是从高温区、高温物体或高温体系滑向低温区、低温物体或低温体系传递热量，最终达到热平衡。

在大多数感应加热实际应用中，热传递的三种模式（传导、辐射和对流）同时并存。在某种情况下，强化某一种模式而弱化其他模式能够改善加工效果，达到理想的目标，但在其他情形下有可能有负面影响。

举例来说，选取热导率较低的物质作为耐火材料是有利的，因为有助于减少热量损失，增加热效率。然而，在加热工件时，具有高热导率的耐火材料却很容易使工件达到均匀的温度分布状态。

对于热锻前的棒料和坯料加热，工件内部的温度一致性是非常重要的。因此，与那些热导率较差的物质相比，当对热导率高的材料进行加热时，可以缩短循环加热时间，增加热效率。

同时，对于高热导率的物质来说，热传导现象更加强烈，加热体内的温度均衡度更容易提高。然而，在对棒料一端进行加热的工况下，高热导率就会变为劣势，会产生明显的冷端散热效应，导致热量向比较冷的棒料另一端转移，浪费更多的能源并降低了加工效率。

已有大量文献探讨和研究热传递问题，因此本书在简要回顾各种不同热传递模式的基础上，主要专注于感应加热和热处理实际应用过程中的热传递特性，而非对热传递现象进行综合讨论。

本书也提供了不同热传递模式的简单案例和基本热传递法则，旨在帮助感应加热从业者和那些经验有限的工程师，能更好地理解对不同特性的材料进行感应加热时，估算基本工艺参数，并能够领悟到感应加热的一些精妙之处。

1. 热传导

在对各向同性的工件加热时，工件内部某点的温度 T 是该点的位置 P 和时间 t 的函数。

$$T = T(P,t) \tag{1-1}$$

工件内部的温度分布也叫温度场，是一个标量。如果在任何给定点处温度与时间无关，则该温度场被认为是处在稳定状态，即稳态温度场。如果在任何给定点处温度随时间变化，热量被说成是在流动的不稳定（或瞬时）状态，则称为瞬态温度场。

在所有感应加热的情形中，传导被认为是一个不具备稳态条件的短暂过程。例如，当一个工件均匀受热，达到一定温度后，把它放到一块钢板上，自然冷却到与周围环境一样的温度，从数学意义上来说，工件达到环境温度需要花费无限长的时间。

但实际上，在足够长的冷却时间之后，假设工件是处于稳态场也是有效的。此外，对于无限长的工件（如钢丝、钢棒或钢带）连续不断通过一个或多个感应加热线圈组成的生产线后，在沿着工件运动方向上，也会出现温度场的稳态条件。

然而，对于大多数实际感应加热过程（如淬火、回火）而言，加热时间是很有限的，热传递过程应该被视为是瞬间的温度场。

根据傅里叶热传导定律，单位时间内通过给定截面的热量，正比例于垂直于该界面方向上的温度梯度和截面面积，而热量传递的方向则与温度升高的方向相反。

$$q_s = -k\frac{dT}{dn} = -k\ \mathrm{grad}\ T \tag{1-2}$$

式中，q_s 是在 n 方向上的热流密度，垂直于等温表面。

因此，对于均匀的各向同性材料的热传导而言，每单位时间的两个点之间热传导的热量正比于以下数值：

材料的热导率 k[W/(m·℃)]，在热传导方向上的温度梯度（℃/m），垂直于热传导方向上的面积A（m^2）。

在式（1-2）右面显示的负号表明，在负梯度方向上的热量是正值，换句话说，就是热传导是热量从温度较高的地方流向温度较低的地方。

（1）稳态热传导　下面通过四种不同情况下的稳态热传导案例的研究，来说明稳态热传导的求解过程。

案例 1　无内部热源的单一材料薄壁的热传导

假定薄壁的表面积无限大，即垂直于热传导方向的平面尺寸远大于薄壁的厚度，单一管壁热传导和多层复合管壁热传导示意图如图 1-3 所示，薄壁左右两个面的温度是恒定的，分别为 T_1 和 T_2，而且热量的传递方向是单向的（从左到右），则薄壁的热传导强度可由式（1-3）确定。

$$q_c = \frac{T_1 - T_2}{\dfrac{d}{k_m A}} = \frac{\Delta T}{R_{th}} \tag{1-3}$$

式中，q_c 是热传导强度（W）；d 是薄壁的厚度（m）；A 是薄壁的表面积（m^2）；k_m 是研究范围内的平均热导率［W/(m·℃)］；ΔT 是 T_1 和 T_2 之间的温度差（℃）；R_{th}是热阻（℃/W）。

当与热传导方向垂直的炉墙尺寸相对于炉壁宽度足够大时，式（1-3）是有效的。

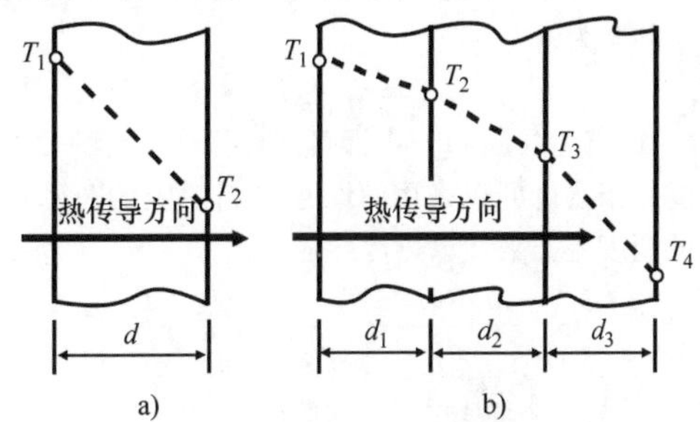

图 1-3　单一管壁热传导和多层复合管壁热传导示意图
a）单一管壁热传导　b）多层复合管壁热传导

例 1：用多匝矩形螺线管线圈加热一静止不动的钢板时，在感应加热线圈和钢板之间有一矩形的耐火材料炉衬。钢板感应加热器的耐火炉衬如图 1-4 所示，其平均热导率 k 为 1W/(m·℃)，内外温度假设分别为 600℃和 100℃，并且两端的热损失可忽略不计，计算通过耐火材料炉衬的热传导强度。

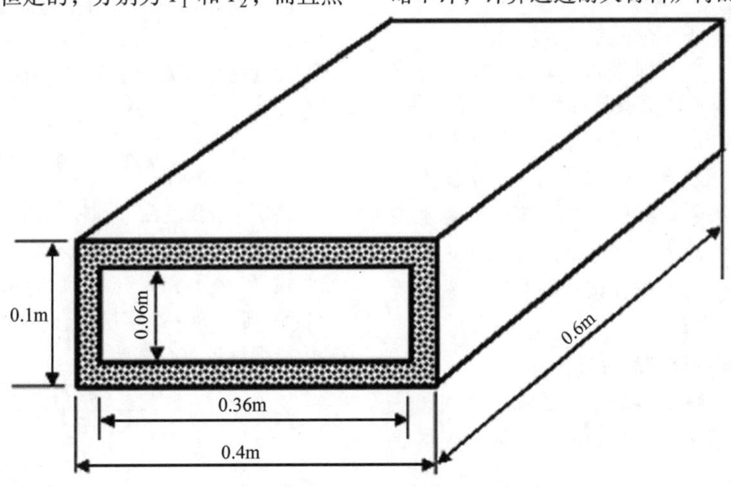

图 1-4　钢板感应加热器的耐火炉衬

计算炉衬的内表面面积：

$$A = (0.36\text{m}\times0.6\text{m}+0.06\text{m}\times0.6\text{m})\times2 = 0.504\text{m}^2$$

代入式（1-3）中，则可以计算出热传导强度：

$$q_c = \frac{600℃-100℃}{\dfrac{0.02\text{m}}{1\dfrac{\text{W}}{\text{m}\cdot℃}\times0.504\text{m}^2}} = \frac{500℃}{0.0397\dfrac{℃}{\text{W}}} = 12.6\text{kW}$$

案例 2　复合材料薄壁的热传导

在感应加热过程中，使用不同材料制成的多层复合耐火材料炉衬，可以提高感应加热器的热效率和炉衬的强度。例如，炉衬的最里层采用陶瓷或其他具有耐磨损、耐腐蚀、耐高温特性的材料构成，而在炉衬的外层则采用比较便宜的材料（如高温耐火水泥）。复合材料炉衬很好地组合了所需要的各种热性能，并且尽量降低了材料的总成本。

在一些特殊的应用场合，可能需要具有两层以上的复合材料炉衬。如图 1-3b 所示，由三层厚度分别为 d_1、d_2 和 d_3 的不同材料组成复合炉衬，则每一层的热阻为

$$R_{\mathrm{th}i} = d_i / k_{\mathrm{m}i} A_i ,$$

代入到式（1-3）中即可计算得到炉衬的热传导强度，当然也可以采用每一层材料热阻的总和以及总的温度差，来计算热传导强度：

$$\begin{aligned} q_{\mathrm{c}} &= \frac{T_1 - T_2}{\dfrac{d_1}{k_{1\mathrm{m}} A_1}} = \frac{T_2 - T_3}{\dfrac{d_2}{k_{2\mathrm{m}} A_2}} = \frac{T_3 - T_4}{\dfrac{d_3}{k_{3\mathrm{m}} A_3}} \\ &= \frac{T_1 - T_4}{R_{\mathrm{th1}} + R_{\mathrm{th2}} + R_{\mathrm{th3}}} \end{aligned} \tag{1-4}$$

如果已知 q_{c}，介于 i 层与 $i+1$ 层之间的界面温度就可以采用式（1-5）计算。

$$T_{i+1} = T_i - \frac{d_i}{k_{\mathrm{m}i} A_i} \tag{1-5}$$

如果复合材料层与层之间的横截面表面积 A_i 是不断变化的，并且热传导仍可考虑为是近乎单向的，则可以用表面积的平均值 $A_{\mathrm{m}i}$ 代替 A_i，$A_{\mathrm{m}i}$ 为

$$A_{\mathrm{m}i} = (A_i \times A_{i+1})^{1/2}$$

需要注意的是，到目前为止，上述例子只是说明了热传导方程在单一薄壁或复合薄壁中的适用性。实际上，式（1-4）和式（1-5）也可以用于计算其他单向热传导的应用场合。例如，用于冷挤压生产工艺的铝圆片，如用于口红管、睫毛膏管、香水盖等的铝圆片，在半固态成形之前采用感应加热方式加热，需用复合基座来支撑，该复合基座的设计就可以采用上述公式。

案例 3　空心圆柱体的热传导

许多感应加热和热处理的工件是轴对称的圆柱体，包括热成形（锻造、镦粗、挤压）前的坯料或棒料的感应加热。

感应线圈的形状一般为与被加热的坯料形状相似的多匝线圈。图 1-5 所示为空心圆柱体厚壁热传导示意图。其中图 1-5a 表示一个长度无限的空心圆柱体厚壁的横截面，热传导方向为沿半径方向由内表面指向外表面。

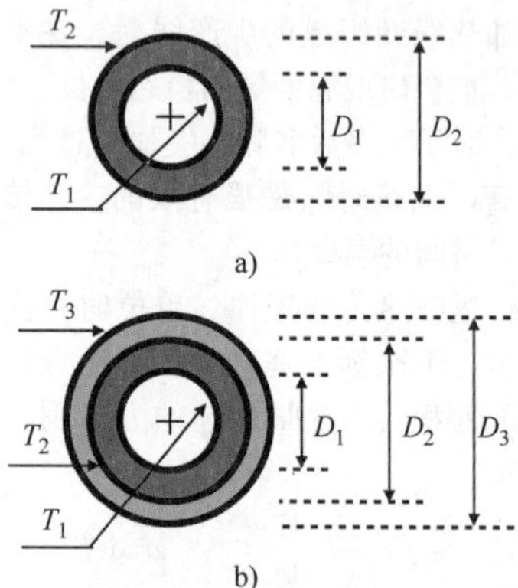

图 1-5　空心圆柱体厚壁热传导示意图

a）单一厚壁管　b）多层复合厚壁管

单位轴长度空心圆柱体的热传导强度可由式（1-6）计算得出。从式（1-6）中可以看出，热传导强度与空心圆柱体内外直径比例的对数成反比，而与空心圆柱体直径的实际尺寸无关。

$$q_{\mathrm{cu}} = \frac{2\pi k_{\mathrm{m}} (T_1 - T_2)}{\ln(D_2 / D_1)} \tag{1-6}$$

例 2：使用下列数据，计算一个长度为 2m 的空心圆柱体的耐火炉衬的热传导强度，如图 1-5a 所示。$D_1 = 0.125\mathrm{m}$，$D_2 = 0.150\mathrm{m}$，$T_1 = 775℃$，$T_2 = 50℃$，$k_{\mathrm{m}} = 1.2\mathrm{W/(m \cdot ℃)}$，由式（1-6）可得

$$q_{\mathrm{cu}} = \frac{2\pi \times 1.2 \times (775 - 50)}{\ln\left(\dfrac{0.150}{0.125}\right)} \mathrm{W/m} = 3 \times 10^4 \mathrm{W/m}$$

因此得出炉衬的总热损耗强度为

$$q = 3 \times 10^4 \times 2\mathrm{W} = 6 \times 10^4 \mathrm{W}$$

在加热过程中，炉衬内表面单位面积的热损耗强度为

$$q_{\mathrm{s}} = \frac{6 \times 10^4}{\pi \times 0.125 \times 2} \mathrm{W/m} = 7.6 \times 10^4 \mathrm{W/m^2} = 7.6\mathrm{W/cm^2}$$

案例 4　复合空心圆柱体的热传导

多层空心圆柱体内的稳态热传导强度，可通过类似式（1-4）和式（1-5）的推导方法进行估算，图 1-5b 所示为一个多层复合空心柱体的横截面，其热传导强度计算公式为

$$q_{\mathrm{cu}} = \frac{2\pi (T_1 - T_3)}{\dfrac{1}{k_{\mathrm{m1}}} \ln \dfrac{D_2}{D_1} + \dfrac{1}{k_{\mathrm{m2}}} \ln \dfrac{D_3}{D_2}} \tag{1-7}$$

进一步可得到各层间的界面温度计算公式为

$$T_{i+1} = T_i - q_{\mathrm{cu}} \frac{\ln(D_{i+1} / D_i)}{2\pi k_{i\mathrm{m}}} \tag{1-8}$$

使用式（1-4）和式（1-7）计算相关层之间的平均温度时，必须先假定一个界面温度，若计算值与最初假设值不符，则须反复迭代计算。

（2）瞬时热传导　非稳态热传导可以看作在单位体积 dV 的物体内的稳态热传导过程。单位体积单元外表面和热传导之间的相互关系如图 1-6 所示，通过单位体积外表面的总的热传导强度为

$$\sum_i \mathrm{d}P_i = \sum_i q_i \mathrm{d}A_i = divq\mathrm{d}V \qquad (1\text{-}9)$$

式中，P_i 是热传导强度（W）。

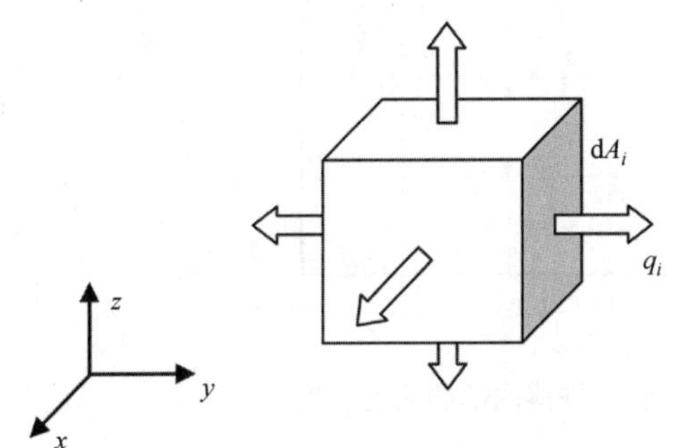

图 1-6　单位体积单元外表面和热传导之间的相互关系

式（1-9）的微分形式为

$$\mathrm{d}P_v = p_v(P,t)\mathrm{d}V$$

式中，p_v 是单位体积的热传导强度（W/m^3）。

因此，单位时间内单位体积的材料内部能量变化，可以表示为

$$c\gamma\frac{\partial T}{\partial t} = \mathrm{d}V \qquad (1\text{-}10)$$

式中，c 是材料的比热容；γ 是单位体积；dV 是材料的密度。

比热容 c 是材料的一种物理特性，表示在一定条件下，单位质量的材料，其温度每提高 1℃所需的热量。

进而式（1-9）可写为

$$c\gamma\frac{\partial T}{\partial t} = div(k\mathrm{grad}T) + p_v \qquad (1\text{-}11)$$

式（1-11）所表示的偏微分方程实际上就是著名的傅里叶热方程式，它是描述物体热传导过程的基础，用来表示物体内任一时间、任一点上三维温度的分布情况，但该方程式为不定式，仅在适当的初始温度边界条件下才是确定的。

初始温度条件是指在 $t=0$ 时刻，工件或系统的温度分布情况。一般情况下，初始温度分布是均匀的且与环境温度一致。但在某些情况下，初始温度分布是不均匀的，如预热、分级淬火、焊接和连续铸造中，由于工件留有余热，其后续加热过程的初始温度分布就是不均匀的。

温度边界条件则确定了工件和周围环境之间的热传递过程，即工件表面通过热辐射和对流而产生的综合热损耗，最简单的边界条件就是表面温度是恒定的。

随后的几个案例主要研究了圆柱体加热、冷却、均温过程中的瞬态热传导问题，有关矩形厚板的瞬态热传导所使用的分析公式的论述可见参考文献［6－8］。

圆柱体内的瞬态热传导：所研究的对象仍是单方向热传导，式（1-11）所列方程的初始和边界条件可以用无量纲的参数时间 t 和温度 T 表示为

$$\xi = \frac{r}{R};\ \tau = \frac{\alpha t}{R^2};\ \Theta = \frac{T}{T_s};\ \Theta = \frac{k}{p_s R}T$$

式中，α 是热扩散系数（m^2/s），$\alpha = \dfrac{k}{c\gamma}$。

使用无量纲的归一化参数则能够生成适用于各种尺寸和不同材料的加热过程的通用图表解，一次参数的适用条件可见前面的讨论。

案例 5　圆柱体的径向热传导过程

假设一圆柱体，在圆柱体内部无感应加热热源，初始温度为 0℃，其外表面温度为常温，则初始和边界条件可表示为

$$T_{初始} = T_o(r) = 0,\ t = 0$$
$$T_{边界} = T_s = 常数,\ t > 0$$

进行迭代运算后，式（1-11）的解可表示为

$$\Theta = \frac{T}{T_s} = 1 - 2\sum_{n=1}^{\infty} \mathrm{e}^{-\beta_n^2\tau}\frac{J_0(\beta_n\xi)}{\beta_n J_1(\beta_n)} \qquad (1\text{-}12)$$

式中，J_0 和 J_1 分别是初序 0 和 1 的贝塞尔函数；β_n 是等式 $J_0(\beta)=0$ 的正根。

对于足够准确的工程解，有限的项数就足够了，因为除了 τ 的小数值以外，式（1-12）会迅速收敛。

图 1-7 所示为在零起始温度和表面温度恒定情况下圆柱体内部的瞬态温度分布，是式（1-12）的图表解，可以看出圆柱体内所有点的温度都逐步接近表面温度，而且靠近表面的点要比远离表面的点更快地接近表面温度。

例 3：材料为钢的圆柱体，直径为 0.1m，热扩散率 $\alpha = 5.25\times10^{-6}$m^2/s，假定其表面温度为恒定温度 $T_s = 1000$℃，计算心部从初始温度为 $T_c = 0\sim880$℃所需的时间。

由图 1-7 可知，对于 $\xi=0$，$T_c/T_s = 0.88$，对应的 $\tau\approx0.45$，因此可计算所需要的时间为

$$t = \frac{\tau R^2}{\alpha} = \frac{0.45\times(25\times10^{-4})}{5.25\times10^{-6}}\mathrm{s} \approx 214\mathrm{s}$$

案例 6　表面功率密度恒定情况下圆柱体的热传导过程

假设在圆柱体的表面有一恒定的功率密度 p_s，单位为 W/m^2，初始温度条件为 $T_0 = 0$℃，并且忽略圆柱体表面的热损耗，边界条件见式（1-13），则可使用式（1-13）求解得到圆柱体内的瞬时温度分布的无量纲解。

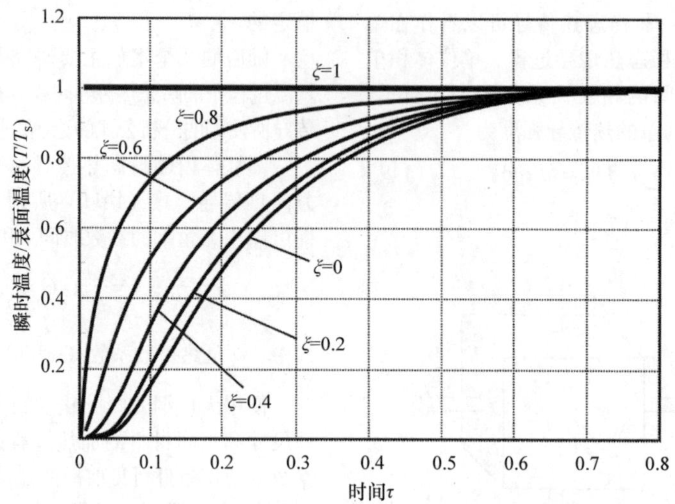

图 1-7 在零起始温度和表面温度恒定情况下圆柱体内部的瞬态温度分布

$$p_v = 0;\ T = T_0(r) = 0,\ t = 0$$

$$\partial T/\partial r = p_s/k,\ t > 0,\ r = R$$

$$\Theta = 2\tau + \frac{1}{2}\xi^2 - \frac{1}{4} - 2\sum_{n=1}^{\infty}\frac{J_0(\beta_n \xi)}{\beta_n^2 J_0(\beta_n)}\mathrm{e}^{-\beta_n^2 \tau} \quad (1\text{-}13)$$

式中，$\beta_n = (3.83 - 7.02 - 10.17 - 13.32\cdots)$，它是 $J_1(\beta) = 0$ 的正根。

低温感应回火以及涂层或喷漆固化工艺中的感应加热预热，是上述模型的典型实际应用。图 1-8 所示为表面功率密度恒定时圆柱体瞬态温度分布图及其径向横剖面的瞬态温度分布图。图 1-8a 中的平行直线代表从心部（$\xi = 0$）到表面（$\xi = 1$）沿半径方向所有点的时间 - 温度曲线，图 1-8b 则是不同

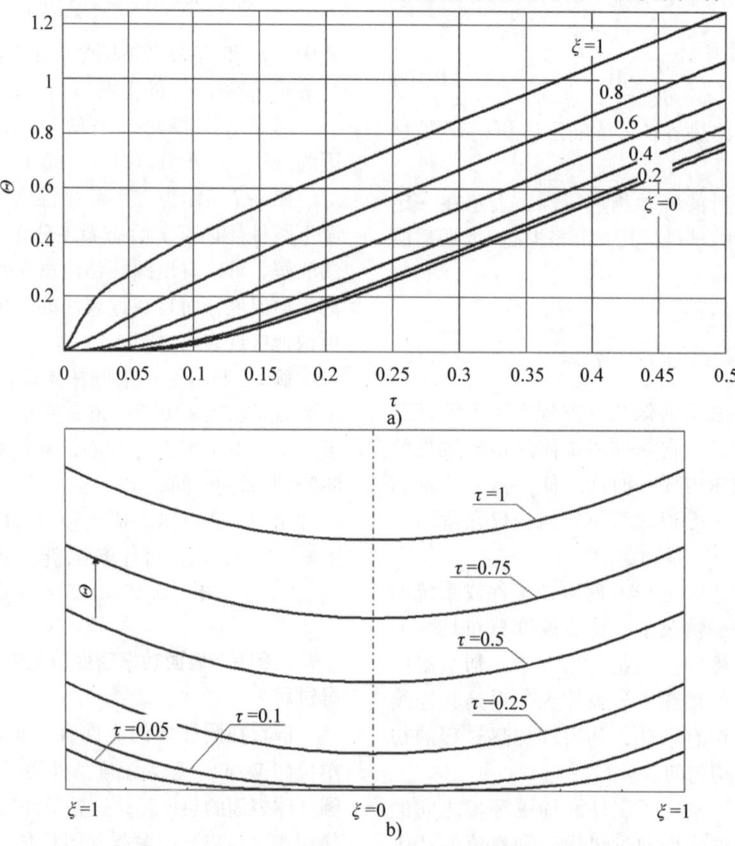

图 1-8 表面功率密度恒定时圆柱体瞬态温度分布图及其径向横剖面的瞬态温度分布图

a）圆柱体瞬态温度分布 b）径向横剖面瞬态温度分布

时间点（从 $\tau=0$ 到 $\tau=1$）的圆柱体半径－温度曲线。由图 1-8的温度曲线可得出以下结论：

1）加热开始时有一个短暂的过渡期，在过渡期内沿着半径方向，不同点的热传导强度也是不同的。

2）当加热时间 $\tau \geqslant 0.25$，半径上所有点（包括圆柱体的表面和心部）的热传导强度是一致的，因此心部温度（T_a）和表面温度（T_s）的温度差 ΔT 也是一致的，ΔT 可由式（1-14）表示为

$$\Delta\Theta = \frac{1}{2} \Rightarrow \Delta T = T_s - T_a = \frac{p_s R}{2k} \qquad (1\text{-}14)$$

通过式（1-13）和式（1-14）不难推导出，达到所需表面温度 T_s 和心表温度差 ΔT，所需要的功率密度和加热时间为

$$p_s = \frac{2k}{R}\Delta T;\ \ t_0 = \frac{c\gamma\pi R^2}{p_l} T_s\left(1 - \frac{\Delta T}{T_s}\right) \qquad (1\text{-}15)$$

式中，p_l 是单位长度的功率（W/m），$p_l = 2\pi R p_s$。

例 4：直径 100mm 的圆柱形铜坯，采用感应加热并忽略表面热损耗时，计算最终达到表面温度 900℃，心表温度差为 60℃，所需要的表面功率密度和加热时间。

假设加热过程中材料的平均物理性能参数如下：

$$k = 362\text{W}/(\text{m}\cdot\text{K}) \quad c\gamma = 3.75\times10^6\text{W}\cdot\text{s}/(\text{m}^3\cdot\text{K})$$

$$\alpha = 96.5\times10^{-6}\text{m}^2/\text{s}$$

利用式（1-15）和图 1-8a，可计算得到

$$p_s = \frac{2\times362}{5\times10^{-2}}\times60\text{W/m}^2 \approx 86.9\times10^4\text{W/m}^2$$

$$t_0 = \frac{(3.75\times10^6)\ \pi\ (25\times10^{-4})}{2\pi\ (5\times10^{-2})\times\ (86.9\times10^4)}\times900\times\left(1-\frac{60}{900}\right)\text{s} \approx 90\text{s}$$

案例 7　均温过程中的热传导

前述的例子采用的是单段加热模式（也称单次加热模式），而在许多实际的感应加热应用中，采用该模式可能会导致心表温度差超过允许的最大的温度差值。在此情况下，使用短暂的均温过程，可以改善心表温度的均匀性。同样，一些实际应用中的保温阶段也是典型的均温过程，例如在加热末期的某一时间段内保持特定的表面或平均温度。

均温工艺有无额外加热都可以进行，在有些情况下为维持表面温度不下降，则需要使用较低的功率密度补偿表面热损耗，而在某些情形下预热后的坯料置入一个隔热室或隔热炉，也可以实现均温过程。

有几种估算法可以用来测算这样的工艺特征。假设加热后立即进入均温阶段，则在加热完成时沿圆柱体半径的温度分布，由式（1-13）给出（$\tau \geqslant 0.25$），可被认为是均温过程的初始温度条件：

$$T_0(r) = T_s' - \Delta T'\left[1 - \left(\frac{r}{R}\right)^2\right] \qquad (1\text{-}16)$$

1）表面温度恒定情况下的均温过程。圆柱体的初始径向温度分布由式（1-16）给出，边界条件为 $t>0$ 时 $r=R$ 处 $T=T_s'$，则通过式（1-11）可确定圆柱体心部的温度变化：

$$\frac{T_c(t)}{T_s'} = 1 - \frac{\Delta T'}{T_s'}F_c'(t) \qquad (1\text{-}17)$$

2）表面温度非恒定情况下的均温过程。使用同样的初始径向分布温度和边界条件，则通过下列公式可求出该情况下圆柱体的心部和表面的瞬时温度。

$$\frac{T_s(t)}{T_s'} = 1 - \frac{\Delta T'}{T_s'}F_s''(t)$$
$$\frac{T_c(t)}{T_s'} = 1 - \frac{\Delta T'}{T_s'}F_c''(t) \qquad (1\text{-}18)$$

图 1-9 所示为温度曲线图。图 1-9a 所示为典型的非磁性材料的加热和均温过程，即加热后立即进行均温，如实际应用中工件在感应器内被加热后立即向下道工序（如挤压或轧制）转移的过程，其中 T_s、T_{av}、T_c 分别是加热结束时的表面温度、平均温度和心部温度，$\Delta\tau$ 是均热阶段持续的时间。

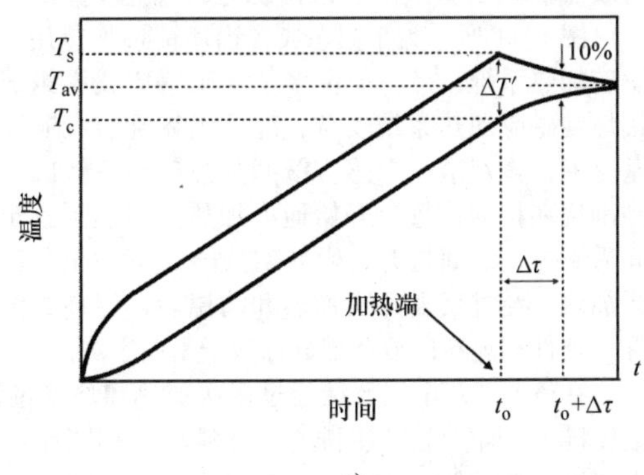

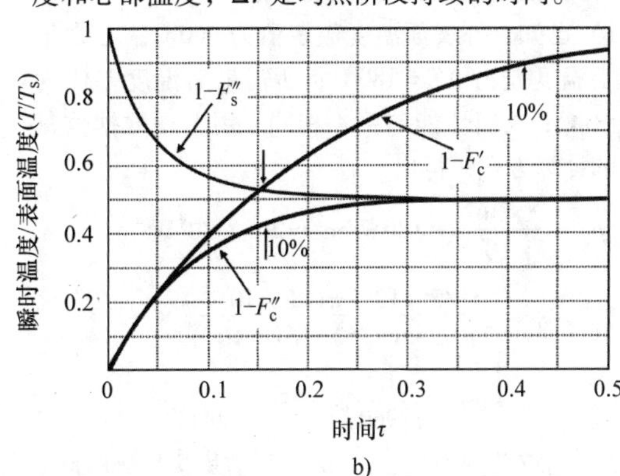

图 1-9　温度曲线图

a）典型的非磁性材料加热和均温过程温度曲线图

b）估算圆柱体在恒定表面温度和非恒定表面温度情况下均温时间的曲线图

图 1-9b 则给出了在给定边界条件和初始时的温度分布，并假定初始的心表温度差与表面温度之比为 1，即 $\Delta T'/T'_s=1$ 的情况下，用于估算无量纲的均温时间函数［式（1-17）和式（1-18）］的图表解。图中曲线（$1-F'_c$）代表了在表面温度仍然恒定情况下的均温过程中心部温度随时间的相对变化，而（$1-F''_s$）和（$1-F''_c$）则表示了加热后表面温度非恒定情况下的均温过程中表面和心部温度的均衡化过程。

在加热结束时，如果允许更高的温度差 ΔT 和更高的表面温度上限值，则会加快均温过程，缩短工艺时间。数据分析表明，过热均温工艺与保持表面温度恒定均温工艺相比，能够提高加热速度。例如，采用前者的均温过程中，达到 10% 的心表温度差所需要的时间为 $\tau=0.15$，而采用后者均温的过程中，达到同样的温度差需要的时间为 $\tau\approx0.42$。

图 1-10 所示为例 4 中铜坯加热过程中的心表温度差比较。

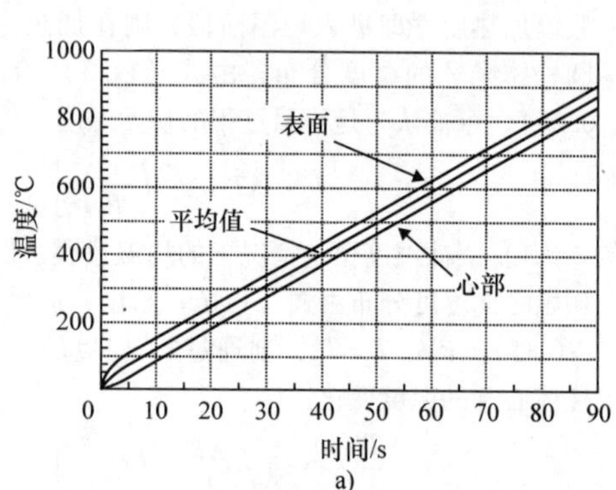

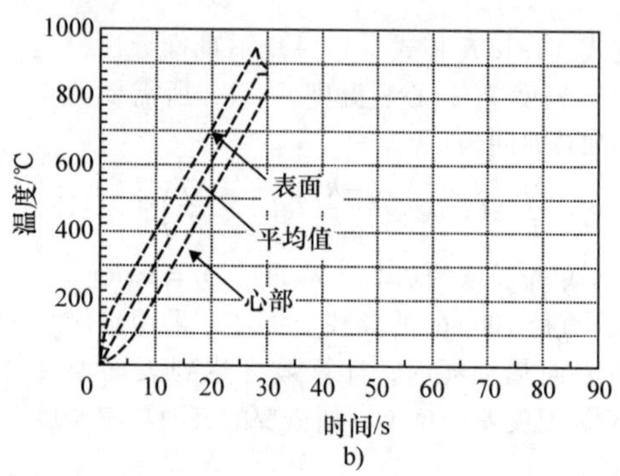

图 1-10　例 4 中铜坯加热过程中的心表温度差比较

a）表面功率密度恒定　b）表面功率密度增加并延长保温时间

例 5：加热一个铜坯料到 875℃，且心表温度差为 $\Delta T=60$℃。

使用与例 4 一致的加热方式和参数，瞬时温度分布如图 1-10a 所示。然而，也可以采用以更高的功率密度进行快速加热，继之在空气中进行均温，也可达到相同的温度均匀终值，如图 1-10b 所示。但使用后一种方式进行加热，在加热段结束时，会形成一个更大的心表温度梯度，如图 1-10b 中在 $t=28$s 加热结束时，心表温度差为 180℃。这一加热方法的时间可通过以下步骤估算得到。

1）已知：外表面温度额定值为 960℃，心表最大额定温度差为 $\Delta T=180$℃；所需最后温度差值为 $\Delta T=60$℃；材料性能与例 4 相同。用上述数据重复例 4 的计算方式，得出

$$p_s=\frac{2\times362}{5\times10^{-2}}\times180\text{W/m}^2\approx261\times10^4\text{W/m}^2$$

$$t_0=\frac{(3.75\times10^6)\pi(25\times10^{-4})}{2\pi(5\times10^{-2})(261\times10^4)}\times960\left(1-\frac{180}{960}\right)\text{s}\approx28\text{s}$$

2）估算达到终值 $\Delta T=60$℃所需均热持续时间。

无量纲时间变量 $\Delta\tau$ 可由图 1-9b 确定，假定需要减小初值，从 180℃减小到 60℃（减少至 33%）。$\Delta\tau$ 所需值为 0.075，因此，所需均热时间为

$$\Delta t_0=\frac{R^2}{\alpha}\Delta\tau=\frac{25\times10^{-4}}{96.5\times10^{-6}}\times0.075\text{s}\approx2\text{s}$$

为达到所要求的心表温度差终值所需的总加热时间为

$$t'_0=t_0+\Delta t_0\approx28\text{s}+2\text{s}=30\text{s}$$

因此，比较图 1-10a 与图 1-10b 可以看出，取得近似相同的心表温度差均匀值，高功率密度加热结合均温的加热方式所需要的时间明显要少。

在设计半固态成形前的铝坯锭预加热用感应加热器时，采用高功率密度加热结合均温的加热方式，可以有效地缩短工艺时间，并改善铝坯锭的温度均匀性。

图 1-11 所示为半固态成形铝坯锭预加热用立式感应加热系统，是一个由多个多匝感应线圈组成的铝坯锭感应加热系统实例，冷的铝坯锭装载到陶瓷基座上，转到第一个感应线圈加热工位。线圈降低到围绕坯料的位置，开始通电加热。加热到预定时间后断电，线圈提升，铝坯锭旋转到下一个工位进行加热。经过反复几次加热和均温后，铝坯锭的温度均匀性和坯料的液态部分都适于半固态成形。

在整个工艺中铝坯锭经过多次加热和均温过程，当坯料移入加热位置线圈通电时坯料处于加热阶段，而在坯料转移和线圈下降过程中坯料就处于均热阶段。

经过多次加热－均热过程后，直径 76mm，长度 140mm 的 A356 铝合金坯料，可以达到平均温度为 584℃，心表温度差为 ± 2℃的均匀温度。

图 1-11 半固态成形铝坯锭预加热用立式感应加热系统（Inductoheat 公司提供）

2. 对流

对流是感应加热应用所呈现的第二个热传递模式，它对与感应加热、热处理、相变、冷却等有关的工艺有相当大的作用。在下列工艺过程或设备的设计中必须要考虑对流的热传递作用。

1）在金属成形前的棒料、坯料或厚板的加热过程。

2）感应线圈、变压器、半导体等采用水冷却的设备。

3）感应淬火（喷水式淬火和浸入式淬火）中的工件淬火过程。

4）热交换器和冷却站。

5）导电母排、机柜等采用空气冷却的设备。

对流是从被加热工件的外表面到气氛（如氮和氢等保护气体）或液体（如水、油等液体淬火剂）的热传递现象。

温度或密度不同的两种液体或气体之间也会发生对流传热现象。对流可分为自由对流和强制对流两种模式。自由对流也称自然对流，当加热工件在静止的气体或空气（如坯料均热或钢件正火热处理）中冷却时，会发生自然对流。

当采用机械装置（如风扇、气泵或搅拌器等）加入空气、气体或液体循环时，称为强制或助力热对流，如喷水淬火或线圈水冷却。分析流体流动时要考虑热的对流现象，体现了液体与固体边界之间的热交换，热传递的方向为沿切线方向流动的总体平均温度 T_∞ 的流体流向表面温度为 T_s 的固体表面。流体与固体界面的热交换如图 1-12 所示。

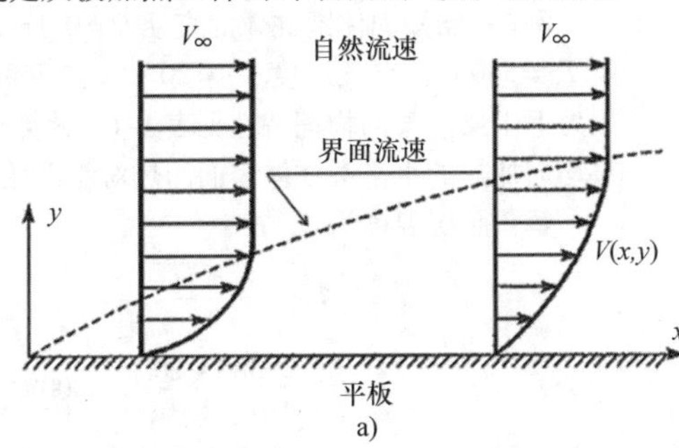

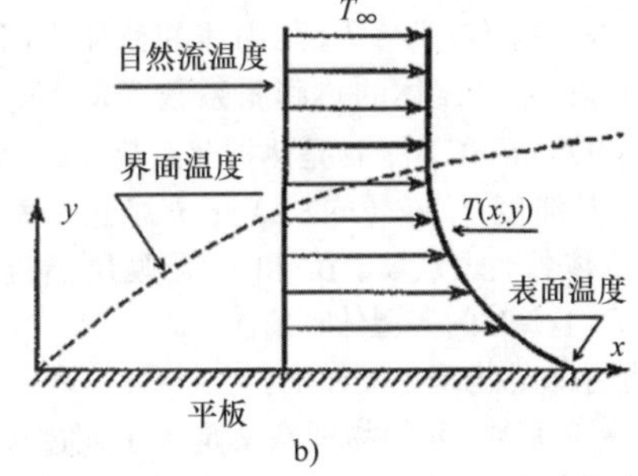

图 1-12 流体与固体界面的热交换

a）流体速度的变化情况 b）流体温度的变化情况

式（1-19）给出了对流热传导的基本关系：

$$P_c = Ah_c(T_s - T_\infty) \qquad (1\text{-}19)$$

式中，P_c 是单位时间内热传递的强度（W）；A 是热传递通过的表面积（m^2）；h_c 是对流热传递系数 [W/(m^2·℃)]；$T_s - T_\infty$ 是固体表面与流体之间的温度差（℃）。

式（1-19）常被称为牛顿热传导定律，总体平均温度 T_∞ 的定义取决于工艺特性。例如，当流体接近热的或冷的表面时，T_∞ 就是远离表面充分流动的流体的温度，而对于在一个管子中流动的流体来说，T_∞ 是在某一特定横截面上的平均温度。

实际上在接近固体的外表面，存在一个液体流速和温度都不恒定的边界层，是对流热传递的基本概念。图 1-12 所示为平面表面附近沿流体运动方向的流体速度 v 和温度 T 的变化情况。由于流体流速和温度变化的边界层厚度只有几毫米，因此温度一般还是假定为恒定，并且管壁的影响也被忽略。

在图 1-12 中 y 方向上边界层的热传递机制即热传导，取决于液体的热导率、比热容、密度和温度差，同时也是流体的速度和黏度的复合函数。流体流动可能是层状的或急速的，对温度的热传递具有显著影响。

热传递还与其他因素有关，如流体的状态（如汽化和冷凝）、固体的表面状态（如表面粗糙度）。对流系数 h_c 的精确测定很困难，设计时主要参考或采用相关试验数据。常用热传导计算中无量纲参数有：

$$Nu = \frac{h_c D}{k_f} \quad \text{（努赛尔系数）}$$

$$Re = \frac{vD}{\mu} \quad \text{（雷诺系数）}$$

$$Pr = \frac{c_f \mu}{k_f} \quad \text{（普朗特系数）} \tag{1-20}$$

$$Gr = \frac{g\beta_f D^3 \Delta T}{v^2} \quad \text{（格拉斯霍夫系数）}$$

$$Ra = \frac{g\beta_f D^3 \Delta T}{\nu\alpha} = GrPr \quad \text{（雷利系数）}$$

式中，D 是长度（如一个垂直板的高度或圆柱体的直径）(m)；c_f 是液体比热容 [J/(kg · ℃)]；g 是重力加速度 (m/s^2)；v 是流体与固体之间的相对平均速度 (m/s)；$\Delta T = T_s - T_\infty$ 是固体和流体之间的温度差 (℃)；β_f 是流体的热膨胀系数 (K^{-1})。k_f 是热导率 [W/(m · ℃)]；α 是热扩散系数 (m^2/s)；μ 是热动态黏滞度 [kg/(m · s)]；ν 是运动黏度 (m^2/s)；流体特性 Pr、ν、β_f 和 α 是膜层温度为 $T_f = (T_s + T_\infty)/2$ 时的典型估算值。

无量纲系数的物理定义如下：

1）努赛尔系数 Nu 的物理意义是表示通过边界层的对流和传导的比例。当 Nu 值接近 1 时表示对流和传导是相似的数量级，如在层流情况下；而较大的 Nu 值则表示是典型的湍流，即对流较为激烈的情况。

2）雷诺系数 Re 表征流体黏性影响的相似准则数，用以判别流体的流动状态。高 Re 值与湍流有关；低 Re 值与层流有关。

3）普朗特系数 Pr 接近于动量扩散和热扩散的比率。$Pr<1$ 表明传导比对流的强度大。相反地，$Pr>1$ 表明对流比传导的强度要大。

4）格拉斯霍夫系数 Gr 是液体密度变化引起的浮力比率，而液体密度的变化是由于温度的改变会导致流体的黏度发生改变而引起的。

当格拉斯霍夫系数 Gr 远大于 1 时，与浮力和惯力相比，其黏力可忽略不计；当浮力超过黏力时，流体开始向湍流转变，对于垂直平面上的自然对流来说，发生转变的 Gr 的值为 $10^8 < Gr < 10^9$；湍流情况下边界层的 Gr 值较大，而层流情况下其值较小。

5）雷利系数 Ra 则表明自然对流的边界层是湍流还是层流。对某种特定的流体而言，当其 Ra 数值低于临界值时，其主要的热传递是通过传导方式；当超过临界值时，热传递主要是通过对流方式。

以上经验公式是许多研究者针对不同情况而总结出来的，包括自然对流、内部流动的强制对流和外部流动的强制对流，因此这些公式对特定的几何形状和流动条件是有效的。下面提供几个例子，用来说明在平坦的表面上和水平的圆柱体内的自然对流和强制对流的相互关系，有关对流更详细的论述见参考文献 [1-5，9-13]。

（1）等温垂直面的自然对流

由于 $10^4 < Ra = GrPr < 10^9$

$$Nu = 0.59 \times (GrPr)^{0.25} \tag{1-21}$$

式（1-20）中特性尺度 D 是垂直面的高度。

（2）空气中圆柱体等温水平面的自然对流

由于 $10^3 < Ra = GrPr < 10^9$

$$Nu = 0.47 \times (GrPr)_f^{0.25} \times \left(\frac{Pr_f}{Pr_s}\right)^{0.25} \tag{1-22}$$

式中，下标 f 和 s 分别指膜层温度和表面温度。

例 6：已知固体圆柱体的直径 $D = 0.1$m，表面温度 $T_s = 580$℃，空气温度 $T_a = 20$℃，在 760mm 汞柱压力下干燥空气的物理特性见表 1-1，计算在空气中被均匀加热的水平圆柱体表面的热对流损耗。

解：膜层温度为

$$T_f = \frac{T_s + T_a}{2} = \frac{580 + 20}{2}℃ = 300℃$$

膜层温度下的格拉斯霍夫系数为

$$Gr = \frac{g\beta_f D^3 \Delta T}{v^2} = \frac{9.81 \times (1.75 \times 10^{-3}) \times 0.1^3 \times 560}{(48.33 \times 10^{-6})^2} = 4.116 \times 10^6$$

膜层温度和表面温度下的普朗特系数可由表 1-1 查得

$$Pr_f = 0.674；Pr_s = 0.697$$

雷诺数 Ra 为

$$Ra = GrPr = (4.116 \times 10^6) \times 0.674 = 2.774 \times 10^6$$

努赛尔系数为

$$Nu = 0.47(GrPr)_f^{0.25}\left(\frac{Pr_f}{Pr_s}\right)^{0.25}$$

$$= 0.47 \times (2.774 \times 10^6)^{0.25} \times \left(\frac{0.674}{0.697}\right)^{0.25} = 19.02$$

进而求得表面热传递对流系数为

$$h_c = \frac{Nuk_f}{D} = \frac{19.02 \times 0.046}{0.1}\text{W/(m}^2\cdot\text{K)} = 8.75\text{W/(m}^2\cdot\text{K)}$$

注意：在式（1-22）中，有些研究人员采用的系数为 0.53 而非 0.47，在此情况下对流系数 h_c = 9.87W/(m^2·K)。

（3）平行于表平面的强制对流　对于流体方向平行于长度 l 的平面，$Re<10^5$，其平均努赛尔特系数为

表 1-1　在 760mm 汞柱压力下干燥空气的物理特性

温度/℃	密度 /(kg/m^3)	比热容 /[kJ/(kg·K)]	热导率 /[10^{-2}W/(m·K)]	黏度 /(10^{-6}m^2/s)	膨胀系数 /(10^{-3}/K)	Pr
20	1.205	1.005	2.59	15.06	3.36	0.703
300	0.615	1.047	4.60	48.33	1.75	0.674
580	0.414	1.110	6.12	93.39	—	0.697

$$Nu = 0.66Re_f^{0.5}Pr_f^{0.33}\left(\frac{Pr_f}{Pr_s}\right)^{0.25} \quad (1\text{-}23)$$

式中，特性尺寸 l 必须用于计算努赛尔特系数和雷诺数。实际上，对于环境温度中的气体，式（1-23）可以简化为

$$Nu \approx 0.57Re_f^{0.5}$$

圆柱体表面的横向强制对流如图 1-13 所示。

由于 $10^3 < Re < 2 \times 10^5$，因此

$$Nu = 0.26Re_f^{0.6}Pr_f^{0.37}\left(\frac{Pr_f}{Pr_s}\right)^{0.25} \quad (1\text{-}24)$$

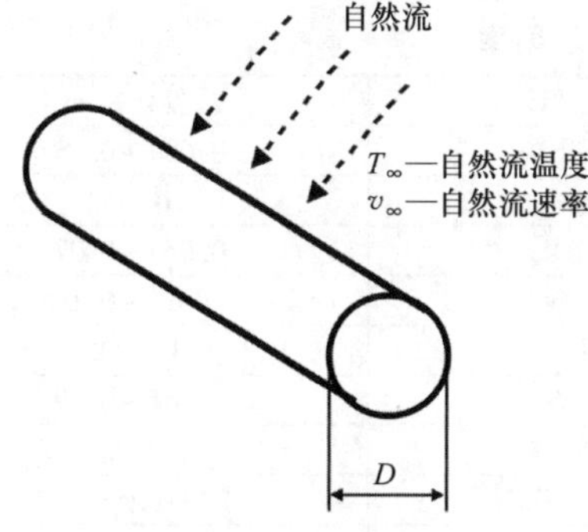

图 1-13　圆柱体表面的横向强制对流

例 7：通过圆柱体表面的横向气流的速度为 v_∞ = 5m/s，物理特性由表 1-1 给定，计算例 6 中相同几何尺寸的圆柱体表面的强制对流系数。

解：雷诺数为

$$Re = \frac{vD}{\mu} = \frac{5 \times 0.1}{48.33 \times 10^{-6}} = 10.346$$

由式（1-24）可得努赛尔特系数为

$$Nu = 0.26 \times 10.346^{0.6} \times 0.674^{0.37} \times \left(\frac{0.674}{0.699}\right)^{0.25} = 57.1$$

则对流系数为

$$h_c = \frac{Nuk_f}{D} = \frac{57.1 \times 0.046}{0.1}\text{W/(m}^2\cdot\text{K)} = 26.3\text{W/(m}^2\cdot\text{K)}$$

当速度 v_∞ = 15m/s 时，对流系数的计算法就变成 h_c = 50.8W/(m^2·K)。自然对流与强制对流情况下各种流体的热导率见表 1-2。

表 1-2　自然对流与强制对流情况下各种流体的热导率

对　流	介　质	热导率/[W/(m^2·℃)]
自然对流	空气	5 ~ 25
	液体	50 ~ 3000
强制对流	空气/超热蒸汽	20 ~ 300
	油	60 ~ 1800
	水	300 ~ 6000
	沸水	2500 ~ 60000
	液态金属	5000 ~ 40000
	蒸汽（凝缩）	6000 ~ 120000

前边的例子意味着，用简单的公式和无因次数值计算对流损耗相当容易。但是，这些计算只能是粗略的估测，精确的计算只能通过计算机模拟，可把真实情况下的微妙变化和复杂性考虑在内。

在例 6 中，假定坯料整个外表面上的对流热传递是均匀的。实际上，由于以下一些因素这是不可能发生的：

1）在多数感应加热实践中，坯料需要用一些装置进行支撑，如卷筒、衬层、辅助线和基座，因此需要考虑坯料和支撑装置之间的热传导，也就排除了坯料表面热对流的均匀性。

2）例 6 中还忽略了烟囱效应，这种效应源于极度不均匀的对流热传递，即使在静态的加热应用中

也如此。

因此，在计算热对流和其他热传导方式时，要清晰地了解假设情况和现实条件之间的差别，应用粗略估测的方法，需引入可测量的约束条件和限制条件是非常重要的。

3. 辐射热传递

物体加热过程中随着温度的升高会辐射出能量。辐射热传递是由于温度差异引起的电磁能传递现象。表面积为 A，温度为 T 的物体，单位时间内释放的能量为 Q 为

$$Q = \sigma \varepsilon A T^4 \tag{1-25}$$

式中，Q 是辐射强度（W）；σ 是斯特藩－玻尔兹曼常数，$\sigma = 5.67 \times 10^{-8}\,[\mathrm{W/(m^2 \cdot K^4)}]$；$\varepsilon$ 是发射率，随温度、表面条件（如表面粗糙度）、金属的氧化程度而变化；A 是表面积（m^2）；T 是温度（K）。

当一个热源辐射到物体的能量为 Q_i，物体表面会反射出一部分能量 Q_r，吸收一部分能量 Q_a，而剩余的能量 Q_t 得以传播，则比率 $\rho_r = Q_r/Q_i$ 为反射系数或反射率，$\rho_a = Q_a/Q_i$ 为吸收系数或吸收率，$\rho_t = Q_t/Q_i$ 为透射系数或透射率。

图 1-14 所示为热源入射到一个物体时产生的反射能、透射能和吸收能。

如果一个物体能够将辐射到它表面的任意波长的能量全部吸收而无反射和透射，则称为黑体。在工程实践中并没有发现真正的黑体，不过也存在这样的情况，某种物体在特定条件下它的发射率接近于黑体。

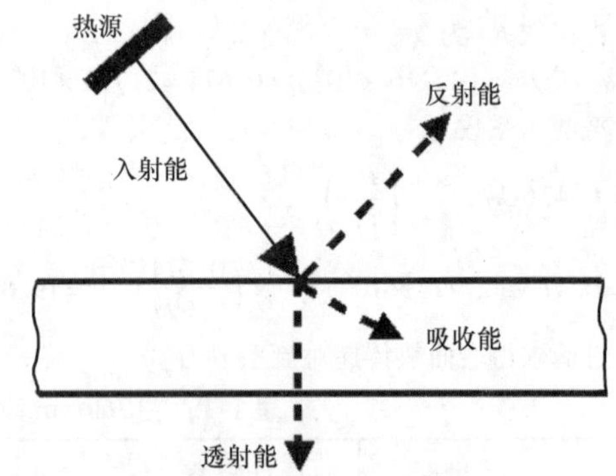

图 1-14　热源入射到一个物体时产生的反射能、透射能和吸收能

发射率是指一个物体能够吸收和释放辐射能量的能力，其定义为：物体在某一温度下吸收的辐射能，与在同等条件下理想黑体所吸收的辐射能的比率。对于黑体来说，其发射率为最大值，恒定为 1，且与温度无关，对于具有黑色喷涂表面以及许多非金属和生锈、粗糙、高度氧化的金属表面来说，这种假设很有用。

相对黑体而言，如果一个物体并不能将所有的辐射都吸收，则称为灰体，其特征为发射率 $\varepsilon < 1$。

表 1-3 中列出了一些常用金属材料的发射率，从表中可以看出同一金属在不同的表面状况和温度下，发射率变化可达 10 倍以上。由于工件表面的辐射热损失与发射率成正比，因此在计算时要充分考虑发射率的选择。

表 1-3　一些常用金属材料的发射率

金　属	状　态	温度/℃	发射率 ε
铝	精抛	230～580	0.039～0.057
	抛光	23	0.004
	粗抛	26	0.055～0.07
	600℃氧化	200～600	0.11～0.19
黄铜	精抛	260～380	0.03～0.04
	600℃氧化	200～600	0.61～0.59
铜	电解抛光	80	0.02
	600℃加热	200～600	0.57
纯铁和碳钢	纯铁抛光	180～980	0.05～0.37
	锻铁抛光	40～250	0.28
	光滑钢板	700～1040	0.55～0.6
	光滑氧化钢板	130～530	0.78～0.82
	重度氧化钢板	40～250	0.95
不锈钢	316，反复加热	230～870	0.57～0.66
	303，520℃加热 4h	220～530	0.62～0.73
	310，炉内服役后	220～530	0.9～0.97
银	纯银抛光	230～630	0.02～0.03
铅	99.96%，未氧化	130～230	0.06～0.08
	190℃氧化	190	0.63
钨	时效钨丝	25～3320	0.03～0.35

由于辐射热损失与温度的 4 次方成正比，在高温实践中，辐射热损失是总热损失的主要部分，如锻造、镦粗和热轧前钢构件的感应加热。

有几种简单的图表可以用来估算辐射热损失，图 1-15 所示为辐射热损失随温度和发射率的变化曲线，即如果知道了热辐射的面积（如棒料、厚板或钢带的表面积）以及它的温度和辐射系数，通过查图得到对应的热辐射损失密度，乘以热辐射面积就可以估算出相应的辐射热损失。

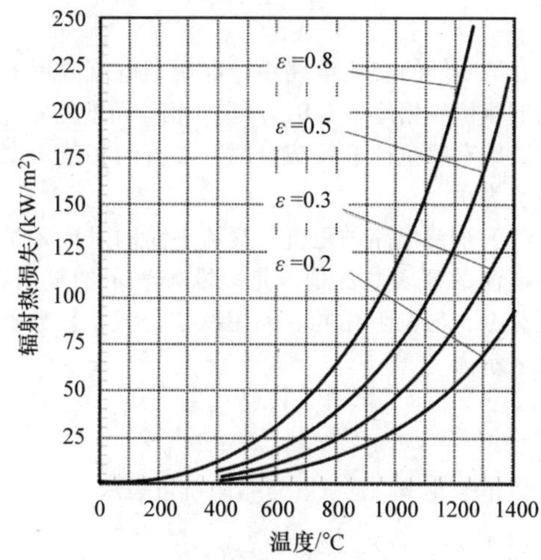

图 1-15　辐射热损失随温度和发射率的变化曲线

当两个表面 A_1 和 A_2 被加热到较高温度时，它们之间就会发生能量交换。计算这种交换时必须考虑各个表面的特性，包括温度、辐射系数、几何形状和相对位置，在此情况下计算它们之间的能量交换是非常复杂的。

基本上，对两个任意形状的灰体的表面 A_1 和 A_2，其辐射系数和吸收系数分别为 ε_1 和 ε_2，则二者之间通过热辐射而产生的热传递强度系数，可由斯特藩 - 玻尔兹曼定律给出：

$$Q_{12} = F_{12}(\varepsilon_1, \varepsilon_2, A_1, A_2)\sigma(T_1^4 - T_2^4) \quad (1\text{-}26)$$

式中，$F_{12}(\varepsilon_1,\ \varepsilon_2,\ A_1,\ A_2)$ 是视角系数或者结构系数，其已经考虑了任意形状 A_1 和 A_2 之间热辐射传导的几何特性、发射率和吸收率特性。

在以下两种情况下：①当两个面平行，而且与它们之间的距离相比，其表面积足够大；②当 A_1 面完全包围住 A_2 面，式（1-26）可简化为

$$Q_{12} = \frac{1}{\dfrac{1}{\varepsilon_1} + \dfrac{A_2}{A_1}\left(\dfrac{1}{\varepsilon_2} - 1\right)} A_1\sigma(T_1^4 - T_2^4) \quad (1\text{-}27)$$

上述情况中，视角系数 F_{12} 的含义为从等温表面辐射出的能量直接撞击到另一个表面，或被吸收，或被反射。

视角系数只取决于几何结构，对如图 1-16 所示的两个任意方向和位置的无穷小的表面 dA_1 和 dA_2 来说，视角系数的微分方程可表示为

$$dF_{12} = \frac{\cos\beta_1\cos\beta_2}{\pi r_{12}^2} \quad (1\text{-}28)$$

式中，r_{12} 是两个面之间的距离；β_1 和 β_2 是两个面之间的中心线与平面法线之间的角度。

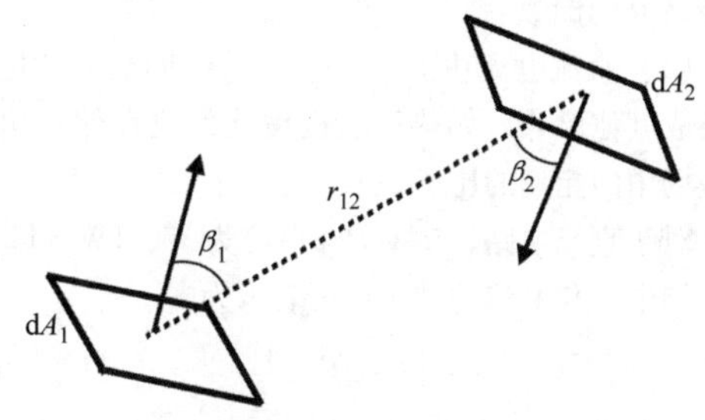

图 1-16　用于确定视角系数的两种无穷小面积的几何结构示意图

如接收能量的表面是有限的，从微分表面 dA_1 到有限接收面积 A_2 的视角系数为

$$F_{d12} = \int_{A_2} \frac{\cos\beta_1\cos\beta_2}{\pi r_{12}^2} dA_2$$

如果两个表面 A_1、A_2 都是有限的情况下，视角系数 F_{12} 则为

$$F_{12} = \frac{1}{A_1}\int_{A_1}\left(\int_{A_2} \frac{\cos\beta_1\cos\beta_2}{\pi r_{12}^2} dA_2\right) dA_1 \quad (1\text{-}29)$$

除了一些经典几何图形的简单情形外，视角系数的计算只是数学的综合运算，有可能比较复杂。在文献中，可以查到大量不同表面情况下的 F_{12} 数值。

在设计不规则形状或具有复杂横截面工件的感应加热系统时，包括三角形、梯形、菱形、六角形、平行四边形、类似齿轮等形状，考虑辐射视角系数尤为重要。特别是包含了圆角、尖角、孔洞和多面体角的工件感应加热中，获得工件整体温度的一致性是非常不易实现的，加热不均匀的主要原因就是在边角区域的热传导是非常复杂的。

1.2.2　直流电路、交流电路及其基本定律

在讨论电的基本概念时，本节仅有选择地介绍直流电路和交流电路的相关问题。更多信息见参考文献［6，8，22－28，31］。

1. 直流电路

（1）欧姆定律　电流是一个宏观量，表示大量微观电荷的运动。通过导体的直流电流与外加电压成正比。电压与电流之比称为电阻，若这一比值恒

定，且与外加电压无关，则由欧姆定律可计算出电流：

$$I=\frac{V}{R} \tag{1-30}$$

式中，V 是导体两端的电压差（V）；I 是电流（A）；R 是电阻（Ω）。

电阻是材料、温度、横截面和导体长度的复合函数，有时使用电导来表示，其符号定义为 σ 或 G，电导是 R 的倒数。

（2）直流电流功率　功率表示移动电荷的电能转换成其他形式，如热能、机械能，或存储在电场或磁场中的能量的比率。

对于直流电路，功率 P（单位为 W，1W = 1J/s）是外加电压和电流的乘积，可表示为

$$P=VI=RI^2=\frac{V^2}{R} \tag{1-31}$$

（3）焦耳定律（或焦耳效应）　焦耳定律表示电流通过导体产生的热量，因此电阻可以看成是把电能转换成热能的转化装置。在单位时间 t 内电阻消耗的能量或转换的热能，可表示为

$$Q_J=RI^2t \tag{1-32}$$

式中，Q_J 是在时间 t 内，通过电阻 R 的恒定电流 I 产生的热能。

式（1-32）就是著名的焦耳定律，其单位为 J，$1J=1W\cdot s=9.48\times10^{-4}$Btu（英制热量单位）。

2. 交流电路

典型感应加热过程中，电压与电流均随时间发生正弦变化（见图 1-17），其表达式为

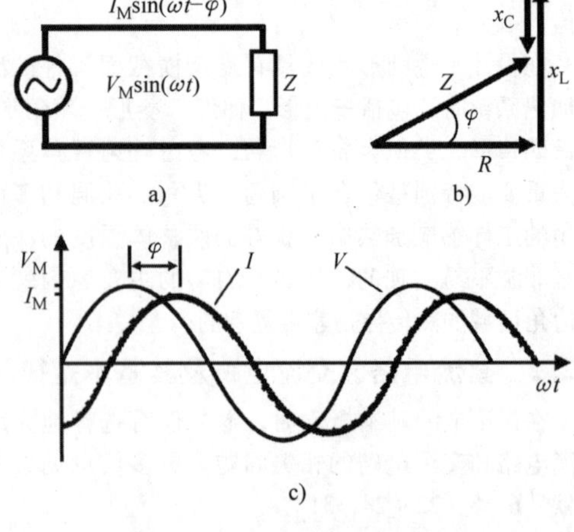

图 1-17　交流电路分量示意图
a）等效交流电路图　b）电阻相量图
c）正弦电流和电压波形图

$$\begin{aligned} v&=v(t)=V_M\sin(\omega t)=\sqrt{2}V\sin(\omega t)\\ i&=i(t)=I_M\sin(\omega t-\varphi)=\sqrt{2}I\sin(\omega t-\varphi)\end{aligned} \tag{1-33}$$

式中，$\omega=2\pi f$ 是角频率，f 是频率；φ 是电压与电流之间的相位角差。V_M 和 I_M 是电压和电流的峰值或幅值；V 和 I 是电压与电流的方均根值。对于正弦波电压和电流，方均根值和峰值的关系为

$$I=\frac{I_M}{\sqrt{2}}$$

$$V=\frac{V_M}{\sqrt{2}}$$

在纯阻性的交流电路中，电压与电流波形的相位为同相位或相位角为 0，产生 0 相位角度差异。如果电路中有感抗或容抗成分时，二者的相位角度差就不会为 0。

（1）交流电路的阻抗　交流电路的阻抗 Z 是电压与电流的复函数比值，是以欧姆表示的复函数，单位为 Ω，与电阻相同。利用欧拉公式，复数阻抗式可表示为

$$V=V_M e^{j\omega t}$$

$$I=I_M e^{j(\omega t-\varphi)}$$

以笛卡儿坐标形式，复数阻抗可表示为

$$\dot{Z}=\frac{\dot{V}_M}{\dot{I}_M}e^{-j\varphi}=R+jX \tag{1-34}$$

式中，$j=\sqrt{-1}$ 是虚数单位；R 是电阻（Z 的实部）；X 是电抗（Z 的虚部）。

对于正弦电流和电压，复数阻抗的极形与电压、电流的幅值和相位角有关，例如：复数阻抗的实部是电压幅值与电流幅值的比值，复数阻抗的角度是电流与电压之间的相位角。

在交流电路中，如果复数阻抗含有虚数部分（即电感或电容），则电压与电流的波形就不是同相位的了。在理想电感电路中，电压超前于电流 90°；而在理想电容电路中，电压落后于电流 90°。

相位角是交流电路的重要特性，用于计算感应线圈和电源之间的平均功率。当 $\varphi=0$ 时，电路呈阻性；当 $\varphi=\pm90$ 时，电路呈感性或容性，其复数阻抗的表达式见式（1-35），与频率的关系如图 1-18 所示。

$$\begin{aligned} &Z_R=R, && \varphi=0\Rightarrow V\text{和}I\text{同相}\\ &Z_L=jX_L=\omega L, && \varphi=+\frac{\pi}{2}\Rightarrow V\text{超前于}I\frac{\pi}{2}\\ &Z_C=-jX_C=\frac{-j}{\omega C}, && \varphi=-\frac{\pi}{2}\Rightarrow V\text{落后于}I\frac{\pi}{2}\end{aligned} \tag{1-35}$$

复数阻抗法可用于计算复合电路的阻抗，并可采用处理纯电阻电路的相同方式，处理复合电路元件，如串联或并联，或复杂的串并联复合电路。

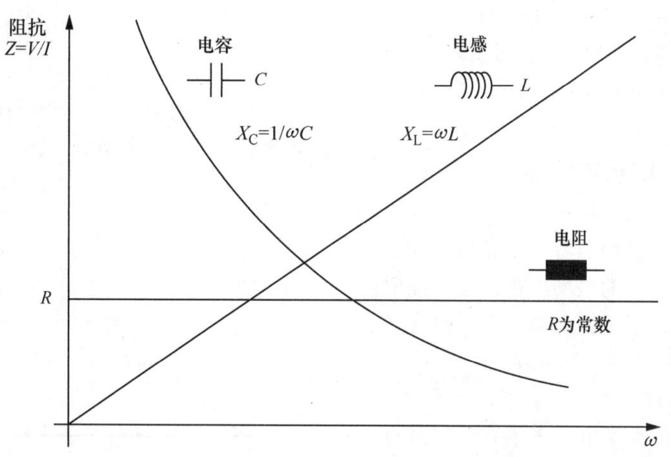

图 1-18 电阻、电容和电感的频率特性

对于串联的两个复数阻抗来说，$\dot{Z}=\dot{Z}_1+\dot{Z}_2$；对于并联的两个复数阻抗来说，$1/\dot{Z}=(1/\dot{Z}_1+1/\dot{Z}_2)$。也就是说，任何带有复数阻抗的复合电路都可转换为图 1-17a 所示的简单等效电路。

事实上，并不存在完全的感性或容性电路，即使在多圈的感应线圈中，可看作纯粹的感性负载，也含有电感和电阻。

（2）交流电路的欧姆定律

$$I=\frac{V}{Z} \tag{1-36}$$

式中，V 和 I 是电压与电流的方均根值。式（1-36）还可写成

$$V=IZ=I\,|Z|\,e^{j\varphi}$$

可以把阻抗的作用看作与电阻相同，对于给定的电流 I，通过阻抗后，电压幅值下降，同时使电流的相位超前或落后电压的相位，角度为 φ。

（3）交流功率　在交流电路中，可用来求瞬时电力，$pv(t)i(t)$，即两个瞬时变量的乘积。考虑到式（1-33），瞬时功率为

$$p=VI\cos\varphi+VI\sin\left(2\omega t+\varphi-\frac{\pi}{2}\right) \tag{1-37}$$

式（1-37）中第二项的意义为在交流电路中，能量储存元件如电感和电容，能够引起能量流动方向的周期变换。

瞬时功率中的一部分，作为有用功（单位为 W），即在感应加热中产生热量的部分，其传递方向是单向的，由电源到被加热工件。而基于存储能量的那部分功率，因能量在电源与电抗元件（电感或电容成分）之间在循环振荡，即为无功功率。

有功功率可由式（1-38）计算：

$$P=VI\cos\varphi \tag{1-38}$$

式中，$\cos\varphi$ 是电路的功率因数，是无量纲因数。功率因数是交流电路的一个重要参数，功率因数小于 1 时意味着，须提供更多的电流，才能达到纯阻性电路的有效功率。在感应加热中，对于同样的感应加热线圈，低频时的功率因数要大于高频时的功率因数。按照定义，它们总是小于 1（$\cos\varphi<1$）。

与交流电路相关的电量有：

复数功率 S，计算单位是 VA，是电压和电流的乘积：

$$S=V\overset{*}{I}=P+jQ \tag{1-39}$$

无功功率 Q，以 VAR 表示，是复数功率的虚数部分：

$$Q=VI\sin\varphi \tag{1-40}$$

视在功率 $|S|$，以 VA 表示，是复数功率的模值：

$$|S|=VI \tag{1-41}$$

按照 P、Q 和 S 的定义，可得到下面的关系式：

$$|S|=\sqrt{P^2+Q^2} \tag{1-42}$$

由式（1-42）可以看出，有功功率和无功功率可分别看作是视在功率的两个正交成分，如图 1-19 所示。

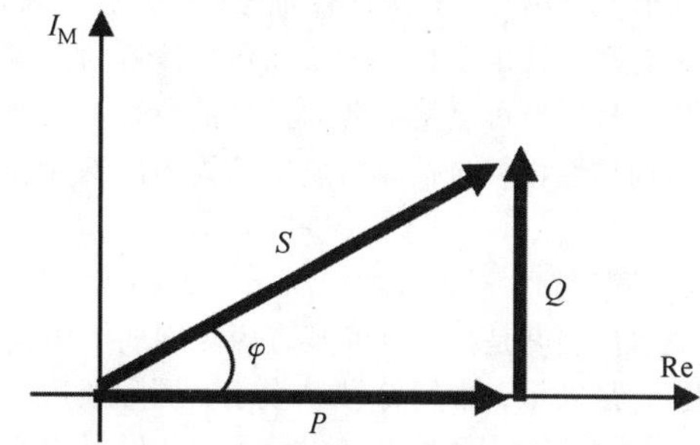

图 1-19 交流感应电路的有功功率 P、无功功率 Q 和视在功率 S 的三角关系图

（4）交流焦耳定律　在图 1-17a 的电路中，周期内的交流电转换成热能的功率，仍可由式（1-32）求得，不过计算时要使用电流 I 的有效值（rms）和阻抗 Z 的实数部分。

1.2.3　电磁场理论的基本概念

电磁场是有内在联系、相互依存的电场和磁场统一体的总称。电场和磁场二者之间相互作用，两者互为因果，随时间变化的电场产生磁场，随时间变化的磁场产生电场，形成电磁场。有关电磁场的详细论述见参考文献［6，8，25－31］。

1. 电场强度和欧姆定律

电场强度 $\boldsymbol{E}$，单位为 V/m，表示在空间某点上是一个物理量，包括感应线圈、工件、工具等。对一个处于可变电磁场的物体来说，电场强度能引起物体内部电流的流动，电场强度是一个矢量。

传导电流、对流电流和位移电流在物体内都有可能发生，概括地说，三种电流共存于物体内部，其大小取决于物体的物理特性和电磁场频率的变化。

然而，在不同情况下，它们的大小和影响差异很大。举例来说，在一个导电的金属工件中，相对于位移电流而言，对流电流和传导电流的数量级很小，可以忽略不计。相比之下，对流电流和位移电流都共存于介电材料中，介电材料中传导电流可忽略不计，而且位移电流对热强度的影响最大。

一般来说，在金属材料的感应加热过程中，位移电流和对流电流是不被考虑的。对于各向同性的导电材料（如纯金属），在所有方向上都具有相同的物理特性，传导电流强度 $\boldsymbol{J}$ 具有和电场强度 $\boldsymbol{E}$ 相同的方向。因此，传导电流强度就可由欧姆定律确定：

$$\overline{J}=\sigma\overline{E}=\frac{\overline{E}}{\rho} \tag{1-43}$$

式中，σ 是电导率［$1/(\Omega\cdot\mathrm{m})$］；$\rho$ 是电阻率（$\Omega\cdot\mathrm{m}$）；$\overline{E}$ 是电场强度。

在某些条件下，有一些材料（如金属合金、冶金粉末和复合物）会显示出各向异性的特点。例如，某些钢种和铸铁由于具有带状和化学偏析的微观结构，因此呈现出可测量的各向异性的特性。其他常见的各向异性材料包括具有层压结构的硅钢片和导磁体。

2. 磁场特性

磁感应强度是描述空间某点磁场强弱和方向的物理量，是矢量，常用符号 $\boldsymbol{B}$ 表示，国际通用单位为 T。假设一个长度为 $\mathrm{d}l$ 的电流元 I 在磁场中所受的安培力为 $\mathrm{d}F$，则磁感应强度 $\boldsymbol{B}$ 被定义为 $\mathrm{d}F$ 与 $\mathrm{d}l$ 和电流强度的乘积的比值，即

$$\boldsymbol{B}=\frac{\mathrm{d}F}{I\mathrm{d}l} \tag{1-44}$$

图 1-20 所示为确定感应器磁感应强度矢量方向的示意图，因为磁感应强度的单位 T 的量级非常大，如地球电磁场的范围为（25～65）×10^{-6}T，因此也常用单位 G 来表示，$1\mathrm{T}=10^4\mathrm{G}$。

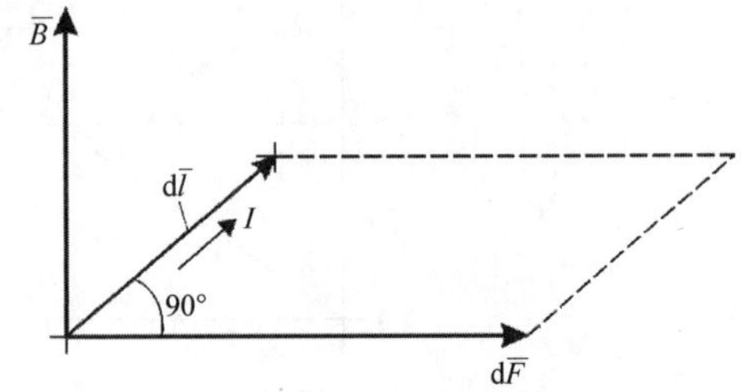

图 1-20　确定感应器磁感应强度矢量方向的示意图

磁通量是表示磁场分布情况的物理量，设在磁感应强度为 B 的匀强磁场中，有一个面积为 s 的平面，磁通量 $\boldsymbol{\Phi}$ 为

$$\boldsymbol{\Phi}=\int_s \overline{\boldsymbol{B}}\mathrm{d}\overline{s}=\int_s B\cos\beta\mathrm{d}s \tag{1-45}$$

式中，β 是矢量 $\boldsymbol{B}$ 与单位表面 $\mathrm{d}s$ 的法向之间的角度，如图 1-21 所示。磁通量是一个标量，单位是 Wb（$1\mathrm{T}=1\mathrm{Wb/m^2}=1\mathrm{V\cdot s/m^2}$，$1\mathrm{T}=10^4\mathrm{G}$）。

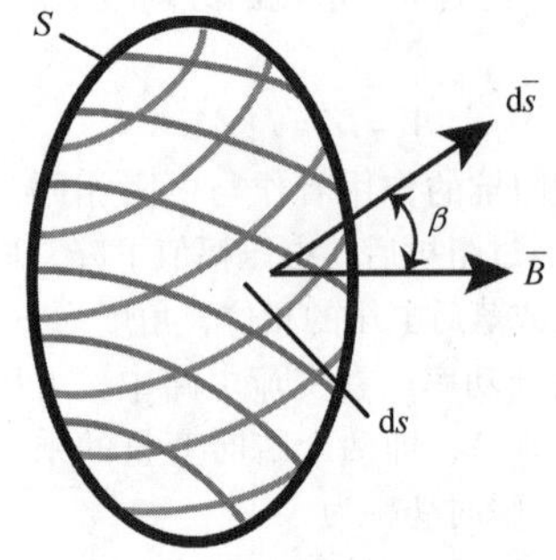

图 1-21　通过表面磁通密度 B 确定磁通量 $\boldsymbol{\Phi}$

磁通密度的假想线是连续和闭合的，如图 1-22 所示，以数学方法可表示为

$$\oint_s \overline{B}\mathrm{d}\overline{s}=0$$

3. 电场与磁场之间的联系

（1）电磁场的线积分（安培环路定律）　在稳恒磁场中，磁感应强度 B 沿任何闭合路径的线积分，等于这闭合路径所包围的各个电流的代数和乘以磁导率，这个结论称为安培环路定理，如图 1-23 所示。

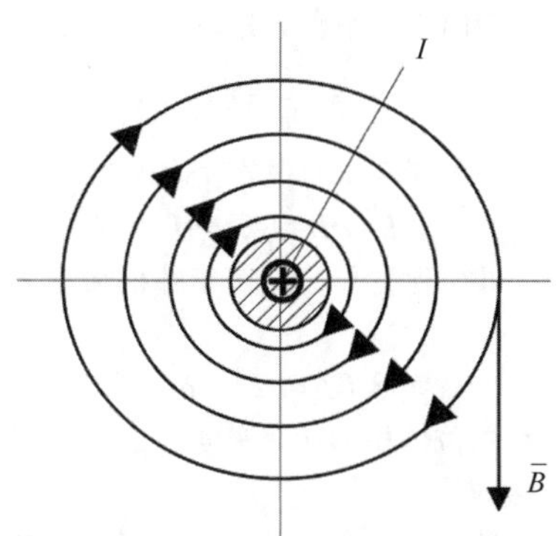

图 1-22 带电导体产生闭合和连续的磁力线

$$\oint_l \bar{\boldsymbol{B}}\mathrm{d}\bar{l} = \oint_l B\cos\alpha \mathrm{d}l = \mu I \quad (1\text{-}46)$$

式中，l 是闭合路径的长度；α 是磁场强度矢量与闭合线切线之间的角度；μ 是围绕导体介质的绝对磁导率，$\mu = \mu_r\mu_0$，μ_r 是相对磁导率，μ_0 是真空磁导率，$\mu_0 = 4\pi \times 10^{-7}$H/m。

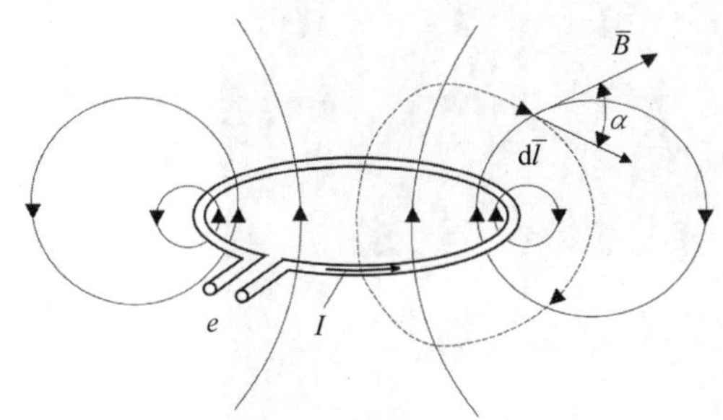

图 1-23 与电流 I 相关的磁力线 B

假设闭合路径中，有 N 个通有电流 I_1，I_2，…，I_n 的线圈，则磁通量密度的线积分则可表示为

$$\oint_l \bar{\boldsymbol{B}}\mathrm{d}\bar{l} = \mu(I_1 + I_2 + I_3 + \cdots + I_n) \quad (1\text{-}47)$$

假定通电的线圈是以串联形式相连，并具有相同的电流 I，式（1-47）就可变为

$$\oint_l \bar{\boldsymbol{B}}\mathrm{d}\bar{l} = \mu NI$$

式中，N 是线圈的匝数。

（2）磁场强度 $\boldsymbol{H}$　在工程计算中常用磁场强度替代磁感应强度 $\boldsymbol{B}$，其单位为 A/m。磁场强度与 $\boldsymbol{B}$ 的关系为

$$\bar{\boldsymbol{H}} = \frac{\bar{\boldsymbol{B}}}{\mu} = \frac{\bar{\boldsymbol{B}}}{\mu_0\mu_r}$$

讨论磁场强度时，安培环路定律法则可以表达为：沿着闭环路径的电磁场强度的线积分等于与该路径相关联的电流，或者：

$$\oint_l \bar{\boldsymbol{H}}\mathrm{d}\bar{l} = NI \quad (1\text{-}48)$$

（3）电磁感应定律（法拉第－麦克斯韦－伦茨定律）　当导体置于一个变化的磁场内，或导体在静止的磁场里做切割磁力线的运动时，导体中就会产生感应电压，如果导体在一个闭合电路中还会产生电流，这种现象叫电磁感应，产生的电流称为感应电流。根据电磁感应定律，如果通过电路的磁场因某种原因而发生变化，就会产生感应电动势。

1831 年，法拉第采用图 1-24 所示的试验电路证明了电磁感应原理，线圈 N_1 由电池组 4 供电，当开关 5 通电或断电的瞬间，在另一个同铁心的线圈 N_2 上可以通过电流表 3 检测到感应电流。一个线圈（N_1）的电流发生变化会对另一个线圈（N_2）的感应电流产生影响。

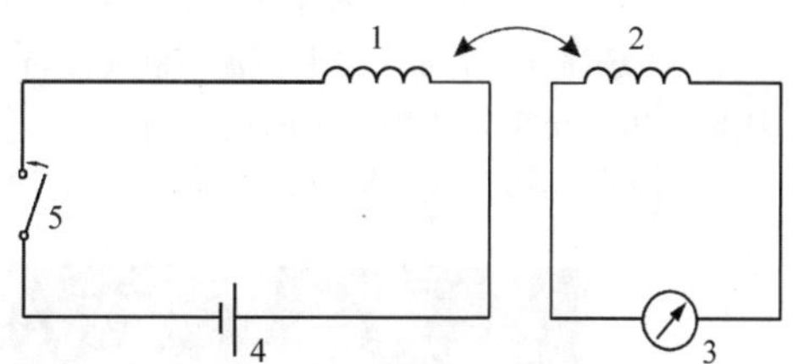

图 1-24 法拉第证明电磁感应原理所用的电路示意图

1、2—线圈 3—电流表 4—电池组 5—开关

电磁感应定律还强调，当通过闭环电路的磁场发生变化时，电路中产生的感应电动势 e 与磁通量的变化率成正比：

$$e = -\frac{\mathrm{d}\Phi}{\mathrm{d}t}$$

式中，e、Φ、t 分别为感应电动势、磁通量、时间的瞬时值。

（4）电磁感应的注意事项　当一线圈中的电流发生变化时，在临近的另一线圈中会产生感应电动势，称为互感现象。互感现象是一种常见的电磁感应现象，不仅发生于绕在同一铁心上的两个线圈之间，而且也可以发生在任意两个相互靠近的电路之间。

当导体中的电流发生变化时，它周围的磁场就随着变化，并由此产生磁通量的变化，因而在导体中就产生感应电动势，这个电动势总是阻碍导体中原来电流的变化，此电动势即自感电动势。这种现象就称为自感现象。

由电磁感应引起的感应电流方向可由楞次定律确定，该定律规定，感应电流具有这样的方向，即感应电流的磁场总要阻碍引起感应电流的磁通量的变化。

（5）焦耳－伦茨定律　电动势引起电荷 q 的位

移，其所消耗的能量为

$$Q = qV$$

式中，V是沿电荷位移路径的电势差。

单位时间内消耗的能量决定了功率：

$$P = \frac{q}{t}V = IV \tag{1-49}$$

式中，t是电荷位移的时间。

式（1-49）作为焦耳－伦茨定律的积分表达式，给出了感应加热过程中作用于加热工件的功率的一般表达式。

焦耳－伦茨定律也可用消耗在加热体单位体积 $\mathrm{d}v$ 内的功率密度表示，其中沿着电荷位移路径 $\mathrm{d}l$ 下降的电压与通过单位截面 $\mathrm{d}S$ 的电流强度可定义为

$$\mathrm{d}V = E\mathrm{d}l,\ \mathrm{d}I = J\mathrm{d}S$$

式中，E是电场强度（V/m）；J是电流密度（A/m^2）。

因此，可得出单位体积内所消耗的功率为

$$\mathrm{d}P = \mathrm{d}I\mathrm{d}V = J\mathrm{d}SE\mathrm{d}l = JE\mathrm{d}v$$

单位体积内的功率密度为

$$w = \frac{\mathrm{d}P}{\mathrm{d}v} = EJ$$

从焦耳－伦茨定律的积分表达式可得出

$$J = \sigma E \text{ 或 } E = \rho J$$

因此，可得到焦耳－伦茨定律的微分方程表达式为

$$p_V = EJ = \sigma E^2 = \rho J^2 \tag{1-50}$$

式中，p_V是单位体积的功率密度。

4. 电磁效应

（1）趋肤效应　趋肤效应作为感应加热的一个基本特点，与感应加热过程中的电磁感应现象有关。在坯料加热过程中该现象清晰可见，如图 1-25 所示，从图中可以看出在工件的横截面内涡流密度的分布是不均匀的，工件内产生的涡流主要在表层流动，从而聚集了大部分的功率。这个表层常称为透入深度或穿透深度δ，以下论述则解释了其发生的原因。

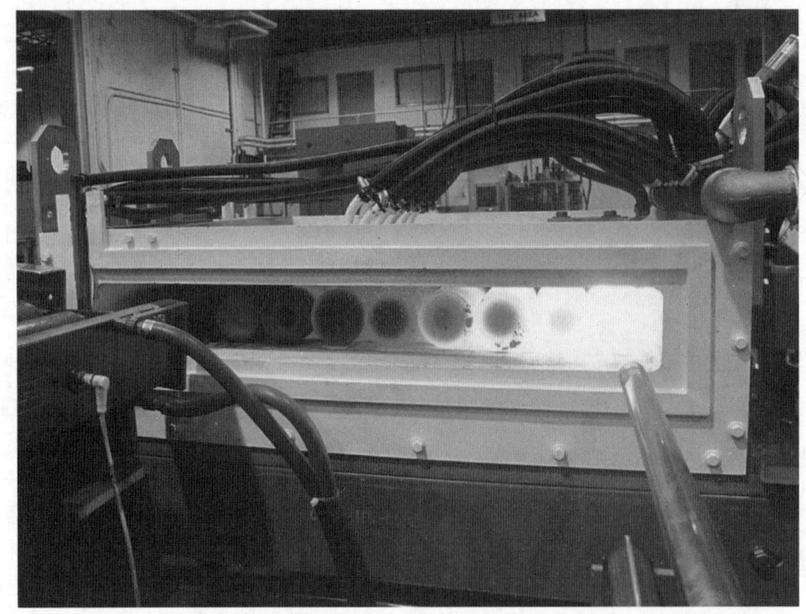

图 1-25　使用椭圆形感应器加热钢坯和棒材端部产生趋肤效应

当直流电流过电导体，它的电流密度是恒定的，并且在导体横截面内均匀分布，则直流电流密度为

$$J = \frac{I}{S}$$

式中，I是直流电电流（A）；S是导体横截面面积（m^2）。

当交流电流通过导体时存在不同的情况，如图 1-26a所示，电流I产生的电磁场（磁通量密度）方向可由安培定则（右手法则）确定：用右手握住通电直导线，让大拇指指向电流的方向，那么四指的指向就是磁感线的环绕方向，导体外部的磁场的密度为B_e。同时，交变的磁场在导体内部引起涡流i，涡流反过来产生自己的磁场，其磁场密度由磁通量B_c来表示。

根据伦茨定律，磁场B_c应该抵消引起或产生它的磁场，这意味着电流i产生的电磁感应方向B_c应与B_e相反。感应电流即涡流的方向服从右手定则，导体产生的涡流增加了导体表面电流总值，但削弱了其心部的电流值，造成了电流密度的不均匀分布，如图 1-26b 所示。牢记这一分布情况很重要，它关

系到通有交流电的导体内部的电流分布情况，而且对于一些交流电阻加热实践也是适用的。但在感应加热中，涡流在被加热工件的心部有不同的分布，其心部的涡流密度总是为 0。

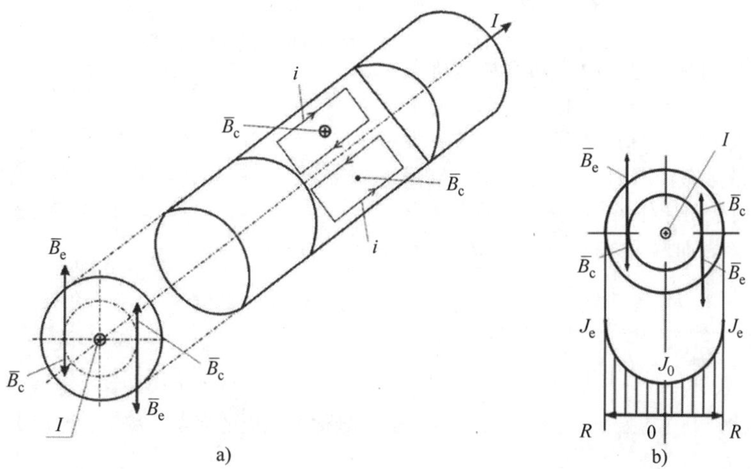

图 1-26 圆柱形导体内横截面交流电产生的不均匀趋肤效应

（2）透入深度 当电流流过一个无限长的导体，而且导体具有各向同性的物理特性和高度的趋肤效应。根据经典的趋肤效应规律，沿着工件厚度或半径，由表面到心部的电流密度和功率密度呈指数级减少。工件内部的电流密度分布可由式（1-51）确定：

$$J = J_e e^{-\frac{y}{\delta}} \tag{1-51}$$

式中，J 是距离导体表面 y 处的电流密度（A/m^2）；J_e 是导体表面的电流密度；δ 是渗透深度（m）。

由式（1-50）可知，单位体积的功率密度与 J 的平方成正比，因此由表面到心部的功率密度的分布情况，可表示为

$$p_V = p_{Ve} e^{-\frac{2y}{\delta}}$$

式中，p_{Ve}是表面处的功率密度。

图 1-27 所示为根据上面公式计算出的电流密度与功率密度在工件表面层的分布曲线。

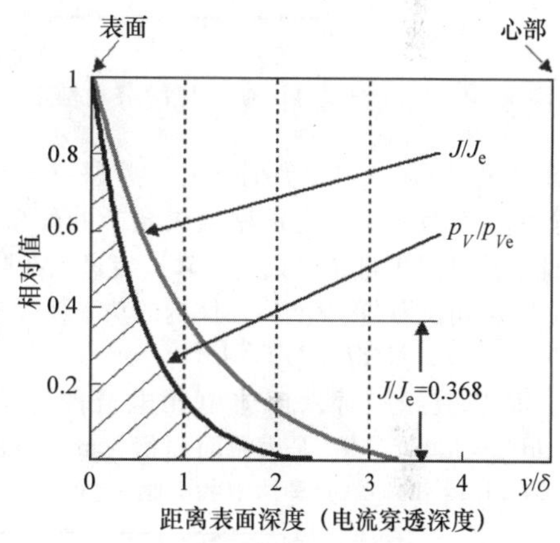

图 1-27 电流密度 J 和功率密度 p_V 在工件表面层的分布曲线

这些曲线表明，电流密度、体积功率密度和电磁场强度在深度超过 3δ 时，可以忽略。

均匀线性导电介质中电磁波的穿透深度可以使用式（1-52）计算：

$$\delta = \sqrt{\frac{2\rho}{\omega\mu_r\mu_0}} = 503\sqrt{\frac{\rho}{\mu_r f}} \tag{1-52}$$

式中，ω 是电磁场的脉动频率（$\omega = 2\pi f$）（rad/s）；ρ 是电阻率（$\Omega \cdot m$）；μ_r 是相对磁导率；f 是频率（Hz）。

从式（1-51）可以看出，穿透深度可以用数学方式定义为从导体外表面到距外表面（无限厚度）中的电流密度降低到其值的 1/e 或值的 0.368 的距离。

根据式（1-52），穿透深度与电阻率的平方根成正比，与相对磁导率的平方根以及频率的平方根均成反比。换句话说，穿透深度依赖于导体材料特性和施加外场频率。因此，对于不同的材料，有不同的穿透深度 δ。

非磁性材料的相对磁导率 μ_r 等于空气中的磁导率，因此假设其值为 1。电阻率 ρ 是温度的函数。对于很多金属，在一个加热循环中，电阻率可能增加到其最初值的 4 ~ 8 倍。因此，即使对于非磁性导电材料，在加热循环期间，穿透深度也会明显增加。在整个热循环期间电阻率没有显著变化的情况下，可以使用 ρ 的平均值来计算 δ。

当加热磁性材料时，电流穿透深度的经典定义并不完全适用，因为 μ_r 在工件内部的分布基本不均匀。在工程实践中，表面 μ_r 的值通常根据式（1-52）定义 δ。

在穿透深度范围内预估总的感应功率耗散所占百分比是有益的。为了实现这个目标，考虑在一个半无限大电导体表面的一定深度内设置电磁波。表面层深 δ 内功率耗散分布情况如图 1-28 所示，坐标 y 方向是垂直于表面指向导体内部，坐标 x 和坐标 z 分别沿着半无限导体表面两个方向，$\overline{n}$ 是由 $\overline{E}_e - \overline{H}_e$ 确定的平面的法矢量。

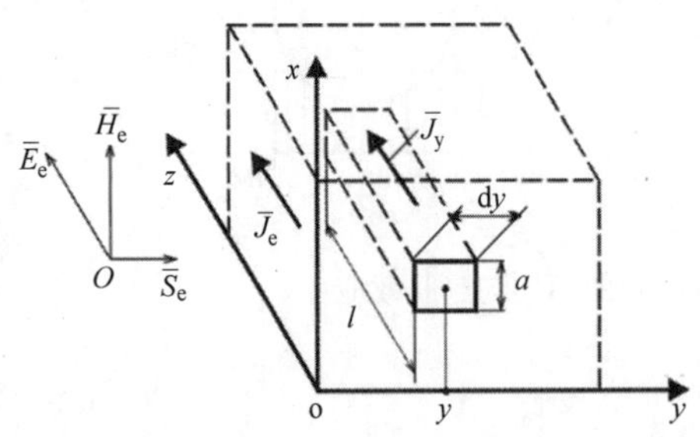

图 1-28 表面层深 δ 内功率耗散分布情况

距离表面 xoz 一定距离的 y 处，考虑一个高为 a、宽为 dy 并且垂直于电流密度矢量 J 的面单元。假设此电流密度矢量 J 由式（1-51）定义。在高为 a、宽为 dy 和长为 l 的平行六面体内的功率耗散为

$$dP = (dI)^2 dr$$

式中，dI 是流经平行六面体单元电流的方均根（$dI = JdS_n = Jady$），dS_n 是横截面面积（m^2），并且 $dr = \rho l/(ady)$；dr 是单元导体中的电阻（Ω）。

单元平行六面体中消耗的有功功率为

$$dP = J^2 \rho a l dy = J_e^2 e^{-\frac{2y}{\delta}} \rho a l dy \tag{1-53}$$

在加热体中总的有功功率耗散可由式（1-53）对坐标 y 进行积分获取：

$$P_\infty = \int_0^\infty J_e^2 e^{-\frac{2y}{\delta}} \rho a l dy = J^2 \frac{\rho a l \delta}{2} \tag{1-54}$$

为了计算表面厚度 δ 的功率 $P_{a\delta}$，有必要对式（1-54）的积分上限用穿透深度来替换，因此，

$$P_{a\delta} = \int_0^\delta J_e^2 e^{-\frac{2y}{\delta}} \rho a l dy$$
$$= J^2 \frac{\rho a l \delta}{2}(1 - e^2)$$
$$= 0.865 J^2 \frac{\rho a l \delta}{2}$$

表面穿透深度内的耗散功率 $P_{a\delta}$ 与总的半无限大导体内感应的有功功率 P_∞ 比值为

$$\frac{P_{a\delta}}{P_\infty} = 0.865$$

因此，假设半无限导电体中的电流和功率密度呈指数分布，等于穿透深度的厚度的表层内产生 86.5% 的导热功率。实际上所有的感应功率（热源）都集中在当前的穿透深度内的事实强调了在感应加热过程中对趋肤效应外观有清晰理解的重要性。电流密度沿着工件厚度（半径）的分布通常使用贝塞尔函数或容易获得的数据（见图 1-29 和表 1-4 与表 1-5）来计算，以确定当使用各种不同频率加热不同材料时的穿透深度作为温度的函数频率。

不幸的是，广泛使用的由于趋肤效应导致的电流和功率分布的假设对于大量的感应加热应用是无效的。计算机数值模型帮助我们揭示了这种普遍性错误假设。

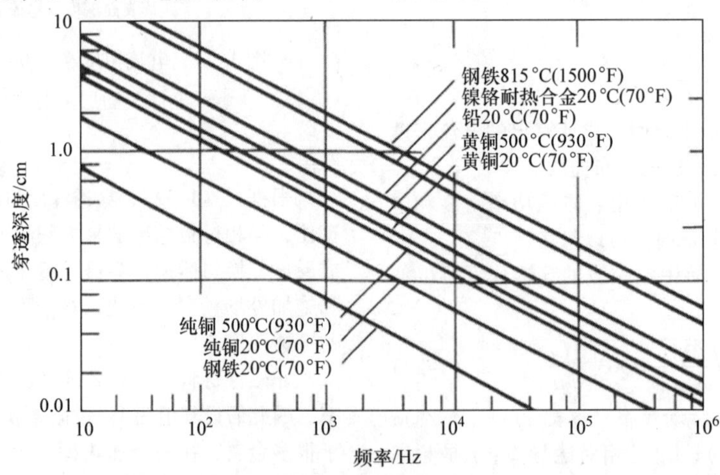

图 1-29 常见材料的穿透深度与频率的关系

必须记住，被广泛接受的感应电流和功率的指数分布假设仅适用于具有恒定 ρ 和 μ_r 的固体工件。因此，实际上，只能在某些独特的感应加热应用中使用此假设，例如将非磁性材料加热到相对低的温

度（如在固化、涂覆、黏合等之前的预热），高于居里温度的再加热，以及在热循环实例中加热电阻率不显著变化的非磁性材料（如镍基超合金、钛合金 Ti－6Al－4V、锡等）。在许多感应加热应用中，ρ 和 μ_r 不是恒定的，因为正在加热的工件中总是存在明显的热梯度。由于这些非线性的存在，δ 的定义并不适合其原理假设。这在表面硬化中变得明显。

（3）热源和磁波现象的非指数分布　钢和铸铁

表 1-4　非磁性金属的电流穿透深度　（单位：mm）

金属	温度/℃	温度/℉	电阻率ρ/μΩ·m	电阻率ρ/μΩ·in	频率/kHz 0.06	0.5	1	2.5	4	8	10	30	70	200	500
铝	20	70	0.027	1.06	10.7	3.70	2.61	1.65	1.30	0.92	0.83	0.48	0.31	0.18	0.12
	250	480	0.053	2.09	15.0	5.18	3.66	2.32	1.83	1.29	1.16	0.67	0.44	0.26	0.16
	500	930	0.087	3.43	19.2	6.64	4.69	2.97	2.35	1.66	1.48	0.86	0.56	0.33	0.21
铜	20	70	0.018	0.71	8.81	3.05	2.16	1.36	1.08	0.76	0.68	0.39	0.26	0.15	0.10
	500	930	0.050	1.97	14.5	5.03	3.56	2.25	1.78	1.26	1.12	0.65	0.43	0.25	0.16
	900	1650	0.085	3.35	19.3	6.67	4.72	2.98	2.36	1.67	1.49	0.86	0.56	0.33	0.21
黄铜	20	70	0.065	2.56	16.6	5.74	4.06	2.56	2.03	1.43	1.28	0.74	0.48	0.29	0.18
	400	750	0.114	4.49	21.9	7.60	5.37	3.40	2.69	1.90	1.70	0.98	0.64	0.38	0.24
	900	1650	0.203	7.99	29.3	10.1	7.17	4.53	3.58	2.53	2.27	1.31	0.86	0.51	0.32
铱	20	70	0.053	2.09	15	5.18	3.66	2.32	1.83	1.29	1.16	0.67	0.44	0.26	0.16
	900	1650	0.251	9.89	32.5	11.3	8	5.04	4.00	2.82	2.52	1.45	0.95	0.56	0.36
	1700	3090	0.483	19.03	45.1	15.6	11.1	7.00	5.53	3.91	3.50	2.02	1.32	0.78	0.49
镁	20	70	0.042	1.65	13.3	4.61	3.26	2.06	1.63	1.15	1.03	0.60	0.39	0.23	0.15
	200	390	0.056	2.21	15.4	5.35	3.76	2.19	1.88	1.33	1.19	0.69	0.45	0.27	0.17
	400	750	0.121	4.77	22.6	7.82	5.53	3.50	2.77	1.96	1.75	1.01	0.66	0.39	0.25
钼	20	70	0.057	2.25	15.5	5.37	3.8	2.20	1.90	1.34	1.20	0.70	0.45	0.27	0.17
	500	930	0.176	6.93	27.2	9.44	6.7	4.22	3.34	2.36	2.11	1.22	0.80	0.47	0.30
	1000	1830	0.310	12.2	36.2	12.5	8.86	5.60	4.43	3.13	2.80	1.62	1.06	0.63	0.40
不锈钢	20	70	0.690	27.2	53.9	18.7	13.2	8.36	6.61	4.67	4.18	2.41	1.58	0.93	0.59
	800	1470	1.150	45.3	69.6	24.1	17.1	10.8	8.53	6.03	5.39	3.11	2.04	1.21	0.76
	1200	2190	1.240	48.8	72.3	25.1	17.7	11.2	8.86	6.26	5.60	3.23	2.12	1.25	0.79
银	20	70	0.017	0.67	8.34	2.89	2.04	1.29	1.02	0.72	0.65	0.37	0.24	0.14	0.09
	300	570	0.038	1.50	12.7	4.39	3.10	1.96	1.55	1.10	0.98	0.57	0.37	0.22	0.14
	800	1470	0.070	2.76	17.2	5.95	4.21	2.66	2.10	1.49	1.33	0.77	0.50	0.30	0.19
钨	20	70	0.050	1.97	14.50	5.03	3.56	2.25	1.78	1.26	1.12	0.65	0.43	0.25	0.16
	1500	2730	0.550	21.7	48.2	16.7	11.8	7.46	5.90	4.17	3.73	2.15	1.41	0.83	0.53
	2800	5070	1.040	40.9	66.2	22.9	16.2	10.3	8.11	5.74	5.13	2.96	1.94	1.15	0.73
钛	20	70	0.500	19.7	45.9	15.9	11.3	7.11	5.62	3.98	3.56	1.05	1.34	0.80	0.50
	600	1110	1.400	55.1	76.8	26.6	18.8	11.9	9.41	6.65	5.95	3.44	2.25	1.33	0.84
	1200	2190	1.800	70.9	87.1	30.2	21.3	13.5	10.7	7.54	6.75	3.90	2.55	1.51	0.95

表 1-5 碳钢 1040 室温下感应穿透深度

磁场强度/[(A/mm)(A/in)]	频率/Hz						典型应用
	60	500	3000	10000	20000	100000	
	穿透深度/mm (in)						
10(250)	2.50(0.100)	0.88(0.034)	0.36(0.014)	0.2(0.008)	0.11(0.004)	0.06(0.002)	回火、去应力
40(1000)	4.70(0.185)	1.63(0.064)	0.67(0.026)	0.36(0.014)	0.21(0.008)	0.12(0.005)	回火、去应力
80(2000)	6.30(0.249)	2.20(0.086)	0.9(0.035)	0.49(0.019)	0.28(0.011)	0.16(0.006)	锻造
120(3050)	7.76(0.306)	2.69(0.106)	1.1(0.043)	0.6(0.024)	0.35(0.014)	0.19(0.007)	锻造
160(4060)	8.76(0.345)	3.03(0.119)	1.24(0.049)	0.68(0.027)	0.39(0.015)	0.21(0.008)	锻造、淬火
200(5100)	9.63(0.397)	3.33(0.131)	1.36(0.054)	0.75(0.029)	0.43(0.017)	0.24(0.009)	淬火
280(7100)	11.20(0.442)	3.89(0.153)	1.59(0.062)	0.87(0.034)	0.50(0.020)	0.27(0.011)	淬火

表面淬火的目的是在工件的特定区域内获得马氏体层，以增加硬度、强度和耐磨性，而不影响部件的其余部分。

如果选择正确的频率，则非磁性表面层（加热到高于 Ac_3 临界温度的部分，超过奥氏体化相变温度的居里温度以上的部分）的厚度略低于加热钢件中的当前穿透深度。正确的频率通常是产生电流穿透深度为所需硬度深度的 1.2～2 倍的频率。在工件感应表面硬化中，沿着半径/厚度的功率密度分布具有唯一的形状，其与通常假定的指数分布明显不同。在这种情况下，功率密度值在表面是最大的，并且向心部逐渐减小。在距离表面一定距离处，功率密度再次突然增加，在其最终开始下降之前达到最大值。

Losinskii 和 Simpson 分别介绍了关于这种磁波现象的假设。他们直观地认为应该存在与传统的指数形式不同的功率密度分布情况。两位科学家基于他们对过程物理学的直觉和理解，对这种现象进行了定性描述。当时，由于计算机建模能力的限制和缺乏能够模拟感应淬火的紧密耦合电热现象的软件，因此无法对这一现象进行定量评估。此外，在加热期间不可能不干扰涡流而测量固体工件内的功率/电流密度分布。

现代紧密耦合的电磁数值软件可以根据恰当的模型去模拟相关电磁和热现象，可依据此计算能力对电磁波现象进行定量估算。

对直径为 36mm 的碳钢轴进行加热，测试其最后阶段（恰好在淬火之前）半径的温度分布（见图 1-30a）和功率密度分布（见图 1-30b），采用频率为 10kHz。图 1-30 所示为温度分布和功率密度分布。为了比较，虚线表示功率密度为通常假定的指数分布对应的曲线，实线表示由计算机建模数值得到的实际电磁波分布。

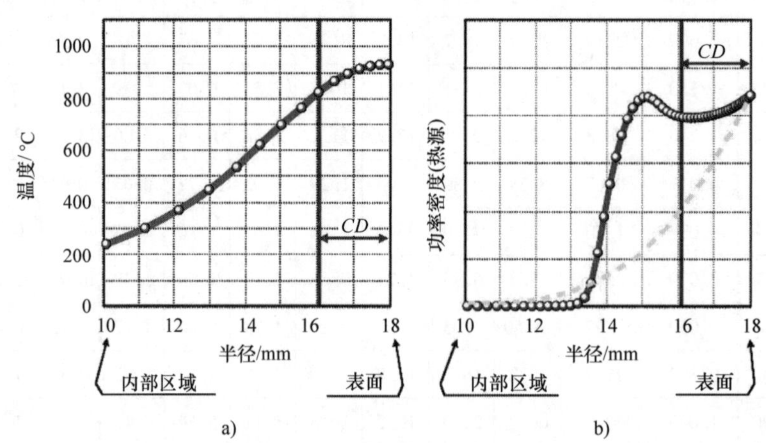

图 1-30 温度分布和功率密度分布

a）碳钢轴感应表面淬火温度分布 b）功率密度分布

注：要求淬火层深（*CD*）为 2mm。

当碳钢在表面以下区域保持其磁性能而表面区域是非磁性时，与被加热到高于 Ac_2 临界温度的情况发生的现象相关。在某些情况下，热源最大值位于工件内层而不是其表面。重要的是，功率密度的电磁波现象具有三维表象。数值计算机建模有助于揭示这一现象。

图 1-31 所示为杯形零件局部感应淬火。在图 1-31所示的选择性硬化应用中，杯形部件的顶端部和底端部区域局部奥氏体化并淬硬。两区域之间的淬火在该区域被禁止并保留延性；其温度不会超过 A_1 临界温度。因为该零件是对称的，所以使用法国 Cedrat 公司的有限元软件 Flux 2D 仅对感应系统的右半部进行建模。使用两个双匝感应线圈感应器、U 形导磁体和正在加热的最后阶段的 FEA 网格和计算机模拟磁场分布（见图 1-32），采用频率为 25kHz。

图 1-31　杯形零件局部感应淬火

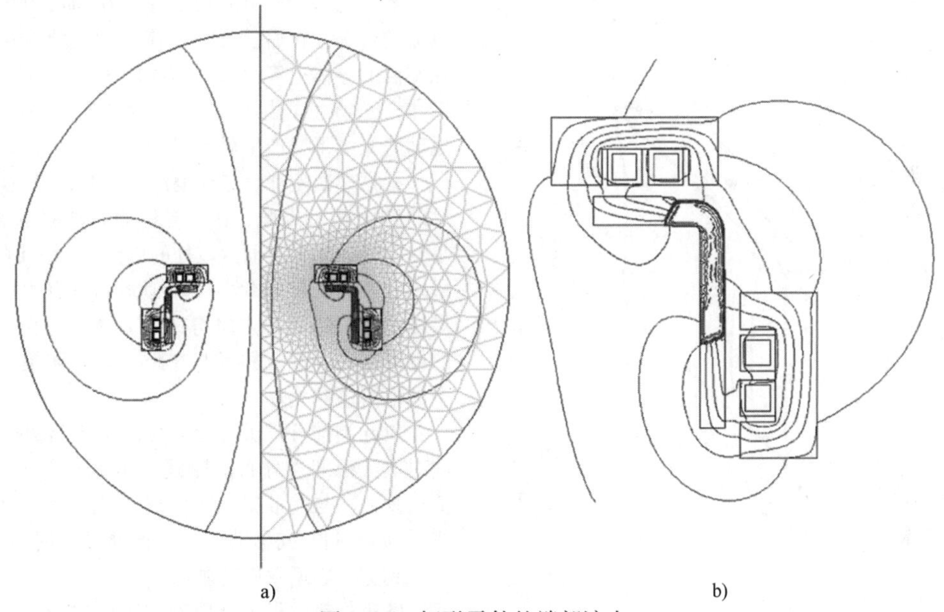

图 1-32　杯形零件的端部淬火

a）FEA 网格　b）加热最后阶段使用双匝感应线圈和 U 形导磁体（因为对称的原因只显示零件的右半部分）

磁场分布图显示了加热到居里温度以上和以下的杯状区域的分界线，磁场分布对应于最终加热阶段的温度曲线。磁场线的浓度表示出现电磁波现象的区域。感应加热 8s 后的温度分布见图 1-33。

当加热磁性材料（如碳钢、铸铁）时，在冷阶段到热阶段的过渡期总是存在电磁波现象，分别从居里温度以下到居里温度以上。这种现象的影响可能会有所不同，在感应淬火等应用中，电磁波现象会影响最终的温度曲线和硬度。相比之下，在诸如通过热成形之前的淬火或加热的应用中，与冷阶段相比，特别是热阶段，瞬态阶段的持续时间要短得多。例如，用于锻造应用加热的阶段通常为总加热时间的 65% ~70%（其也包括冷态和瞬态阶段）。在这种类似应用中，电磁波现象对最终的温度分布影响不大，常常被忽略。

值得注意的是，在一些低温感应加热应用中，如涂层和电镀，电磁波现象也可能起重要作用。如果将非磁性导电涂层涂覆到碳钢棒上，则会发生这种现象，并且有时相当明显，这取决于非磁性导电沉积物的频率和厚度。

（4）邻近效应　邻近效应体现在导体横截面的某些区域电流密度的再分配，这是由于其自身电流产生的磁场与位于附近的其他载流导体的磁场之间产生相互作用的结果。

在承载交流电流的单个导体中，电流密度不均匀地分布在横截面上（厚度、宽度或半径）。同时，电流密度相对于圆柱体的对称轴对称或相对于矩形横截面导体的对称平面对称（见图 1-34）。

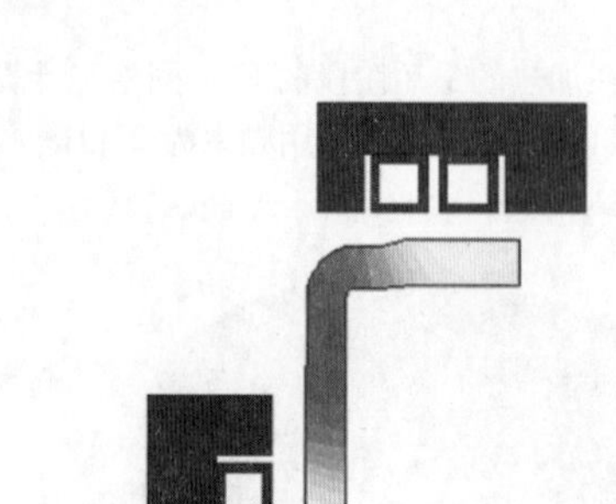

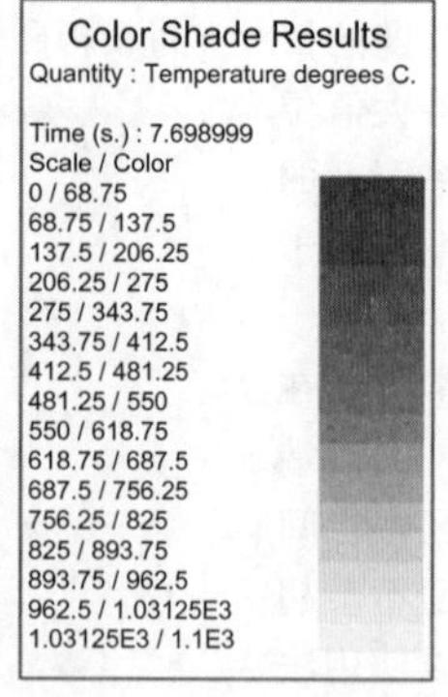

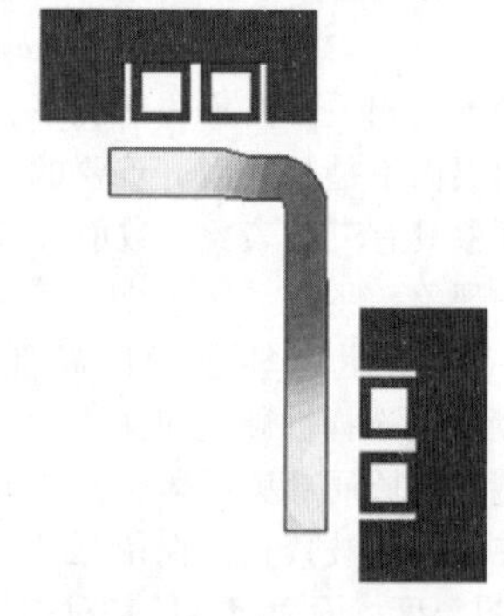

图 1-33 使用双匝感应线圈和 U 形导磁体感应加热杯形零件的 Flux2D 有限元计算机模拟结果

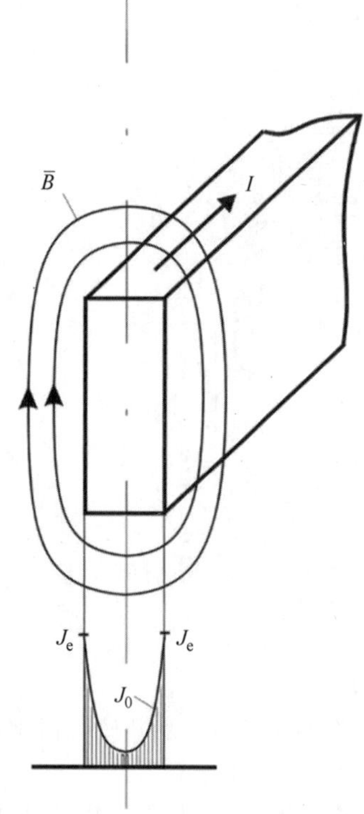

图 1-34 单一矩形导体中的趋肤效应

如果另一个交流载流导体位于第一个交流载流导体附近，则它们中的每一个都存在电流密度再分配的情况。如果电流在两个导体中以相反方向流动（如电流的相位差为 180°），则最高的电流密度将集中在彼此面对的区域中（见图 1-35a）。相反，如果导体中的电流具有相同的方向（如电流的相位差为 0），则最大电流密度将集中在其相对侧（见图 1-35b）。

可以使用类似于解释趋肤效应的方法来解释这种现象。

考虑图 1-35a 中的两个导体在相反方向上承载电流的情况。在右侧导体中流动的电流产生的磁场在左面的导体上穿过矢量磁感应 B_e。根据电磁感应定律，磁场（左边导体外部）在左导体内产生一个电动势，结果又产生涡流 i。

根据楞次定律，感应电流产生与外部磁场 B_e 相反的磁场 B_c。因此，在左导体中，感应电流 i 增强了与右导体相对表面区域处的电流 I，并且在距导体最远的表面处却弱化它。类似地，可以表明在右侧导体中感应的涡流方向与在左侧导体的相对表面上的电流方向一致，并且与在距离该导体最远的表面上的电流方向相反。

以此类推可以解释当导体中的电流处于相同方向时电流密度再分布的原因。邻近效应与 a/b 的比值成反比，与趋肤效应 b/δ 成正比。换句话说，当将较高频率和/或移动的导体彼此靠近时更为明显，导体越宽，邻近效应越显著。

感应加热过程中感应器和工件之间产生的邻近效应如图 1-36 所示。载流导体可以视为放置在代表待加热工件的导电体表面上的感应器的一部分。在这种情况下，感应器电流 I_1 感生出穿过紧邻的导电工件的外部磁场 B_e。交替的外部磁场又在工件中产生电动势，以及与之相对应的感应电流 i_2。根据楞次定律，由该电流产生的磁场 B_c 将削弱外部磁场 B_e。感应涡流的方向与载流源的电流 I_1 的方向相反，所以感应涡流与电感电流之间存在 180° 的相位差。因此，在两个导体（电感和工件）中，电流密度分布有偏移。导体中电流的很大一部分在彼此相对的表面附近流动。

（5）环形效应　如果携带交流电的直线弯曲形成环（如在多匝电磁线圈中），则最高的电流密度集中在环或螺旋的内表面上（见图 1-37 和图 1-38）。这种现象称为电磁环或线圈效应，并且有些类似于趋肤效应和邻近效应的组合。

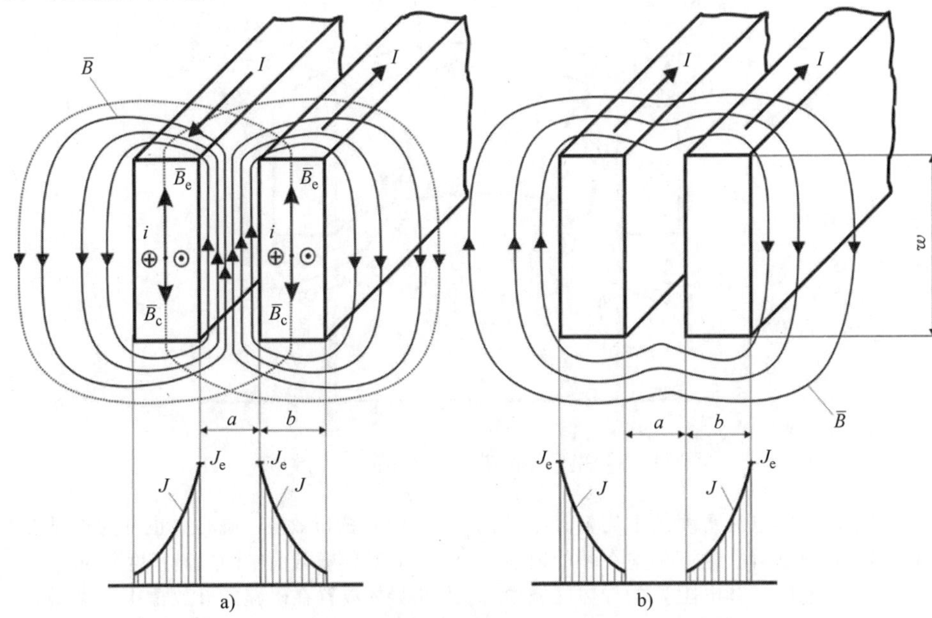

图 1-35　由于互感效应两导体产生的电流密度再分配

a）与电流方向相反　b）与电流方向相同

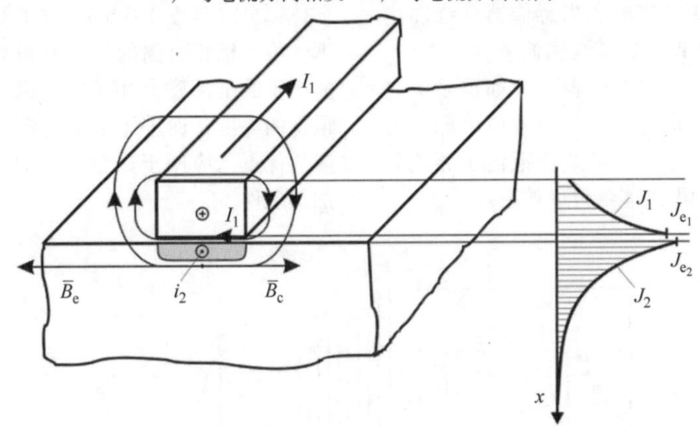

图 1-36　感应加热过程中感应器和工件之间产生的邻近效应

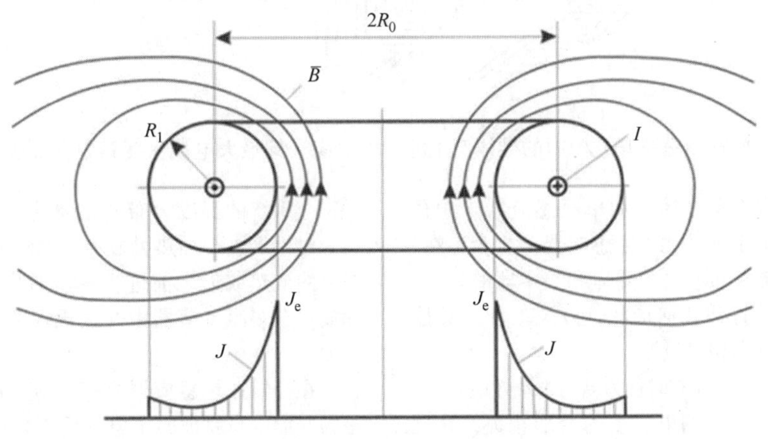

图 1-37　圆柱截面导体内产生的环形效应

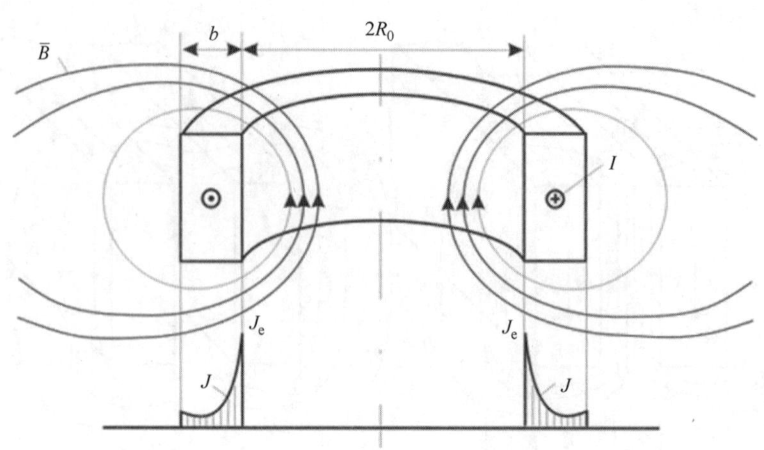

图 1-38 矩形导体横截面产生的环形效应

在这种情况下发生的电流密度的不均匀分布可以由磁场的不对称性来解释。电流集中在环的内表面附近，在具有最小电抗（和电阻）的导体区域中流动。对于较小的半径 R_0、较厚的导体 b 和较高的频率，环形效应更为显著。环形效应对线圈设计和感应加热器性能有显著的影响。当感应器环绕加热的工件时，环形效应有助于提高线圈效率。

相反，当感应加热工件的内表面（如位于中空工件内部的螺线管感应器）时，环形效应可能具有负面影响。在这种情况下，环形效应抵消了邻近效应，降低了电磁耦合和电磁能量传递效率。

（6）槽口效应　磁心（也称为磁通集中器）的存在对导体横截面中的电流密度分布具有显著影响。如果导体放置在磁路的开放槽中（见图 1-39a），则会观察到单侧的趋肤效应（也称为狭缝效应）。由于这种效应，最高电流密度集中在位于槽的开放侧的导体部分（见图 1-39b）。在 C 形磁通集中器的作用下，位于槽相对侧的导体面积与由导体中流动的电流产生的全部磁通相关联。因此，槽的开放侧具有最低的电抗，促进了最大电流密度的偏移。槽口效应的优点已应用于许多感应加热应用中，包括局部加热工件。

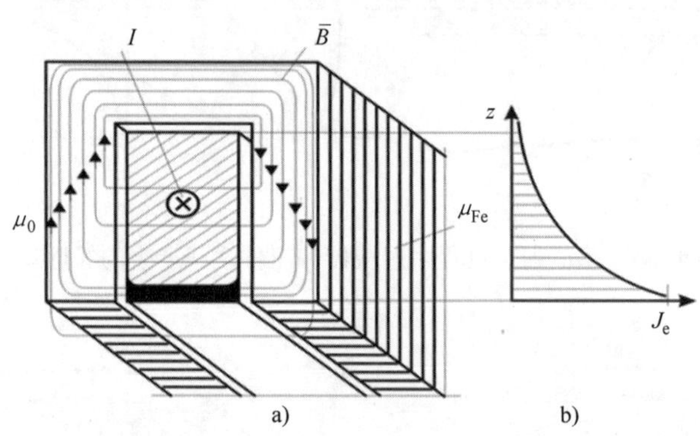

图 1-39 放置在磁路开放槽中的导体产生的齿槽效应（即最大电流密度集中在开放槽一端）

槽口效应不仅在单导体（如单匝感应器）中存在，而且在多导体系统（如多匝感应器）也会存在。导体中的实际电流分布取决于导体和集中器的频率、磁场强度、电磁特性和几何形状，以及工件或其他邻近导电体的存在和相对位置。

（7）电磁终端效应（有时称为纵向末端效应） 与线圈和工件端部区域中的电磁场的变形相关，并且对感应系统的温度分布和整体性能具有可量化的影响。对棒端进行加热可显示出电磁末端效果的存在。在弯曲或热成形之前进行棒端加热，如将钢棒的端部放置在多匝感应器中并按规定的时间加热（见图 1-40）。

在杆端加热感应器中，感应线圈端部区域的电磁场变形本身就证明了电磁终端效应（见图 1-41）。

图 1-41 在具有均匀匝数分布的多圈螺线管感应器的情况下，定义圆柱形实心棒最末端电磁端效应的因素（见图 1-42 区域 $A-B$）如下：

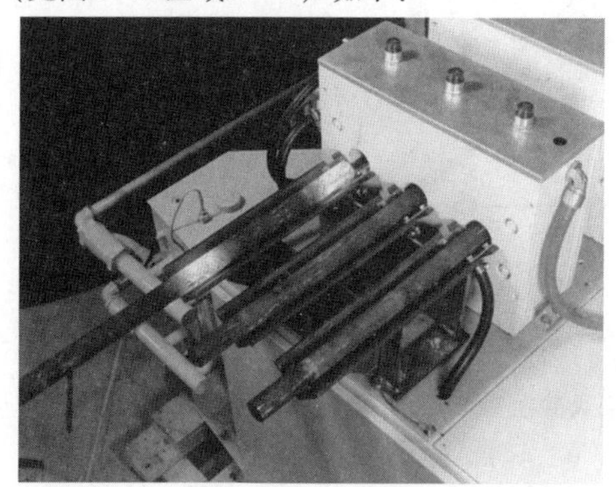

图 1-40　端部感应器（应达公司提供）

1）趋肤效应 R/δ。

2）线圈突出端 σ（这里 σ 表示相对于工件端部的线圈的突出端，而不是加热材料的电导率值）。

3）比率 R_i/R（这里 R 是棒的半径，R_i 是线圈的内径）。

4）功率密度 p。

5）线圈占空系数 K_{space}。

线圈占空系数表示线圈环绕的紧密程度，可以由图 1-43 确定。对于单匝线圈，$K_{space}=1$；对于多匝线圈，K_{space}总是 <1。这些因素的不正确组合可能导致棒的最末端过热或明显过热（见图 1-42）。相比之下，这些因素的适当组合，其结果是在棒材需要加热的条形区域内达到足够均衡的温度均匀度。当加热通长的钢筋时，电磁终端效应区域通常不会延伸到杆的中心区域，比棒直径 $L_{A-B}<3R$ 的 1.5 倍更远，其中 L_{A-B}是末端效应的最大长度加热棒的末端。大多数感应加热非磁性钢和镍基超级合金的末端效应区域在使用较低频率时位于半径范围内，并且当使用较高频率时位于电流穿透深度的 2～5 倍之内。

应用更高的频率、更大的功率密度和更大的线圈，突出端会导致在杆的最末端加热功率过剩。因此，在该区域可能会发生显著的过热。较低的频率、较小的或负的线圈突出端、较大的线圈到棒的径向间隙和较差的线圈占空系数可能会导致棒末端明显的功率缺失，导致欠热。

与加热非磁性材料相比，加热磁性材料时的电磁末端效应具有几个附加特征。由于磁导率，磁性材料倾向于汇集磁通线，影响铁磁体电磁端效应的两个对抗因素为：

1）涡流的退磁效应，迫使磁场离开棒形工件。

2）表面的磁化效应和体电流，其汇集导磁棒内的磁场。

去磁效果增加了感应功率（类似于非磁性材料的末端效果），并且磁化效应降低了棒末端处的功率。因此，与非磁性棒的端部不同，铁磁棒的端部即使采用相对较大的线圈突出端（使用常规均匀卷绕的多圈螺线管线圈）也可能过热或欠热。使用更高的功率密度和频率有助于抑制涡流的磁化效应并补充去磁效果。注意：与非磁性或磁性棒的最末端相比，均匀的功率分布不对应于均匀的温度分布，这是由于与棒的中部相比，在端部区域附加的热损失（由于热辐射和对流）会造成额外的热损失。线圈设计和工艺参数的正确选择可使由于电磁端效应而在棒端部附加的热损失由功率过剩来补偿。这使得能够在所需的加热区域内获得相当均匀的温度分布。

图 1-41 和图 1-42（区域 $C-D-E$）显示了感应线圈右端附近的电磁端效应和线圈场分布（冷端）。过渡区域内的热源分布主要取决于半径比R_i/R、线圈设计参数（包括线圈内半径与工件外半径的比率、线圈占空系数 K_{space}等）和趋肤效应 R/δ。由于

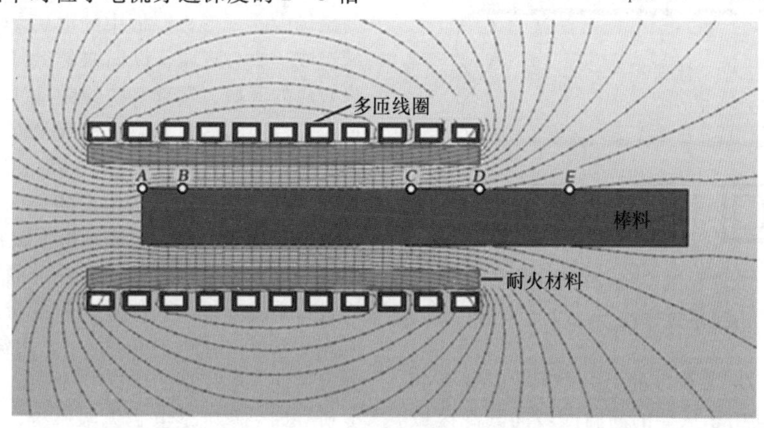

图 1-41　由电磁终端效应在感应线圈的端部发生磁场变形

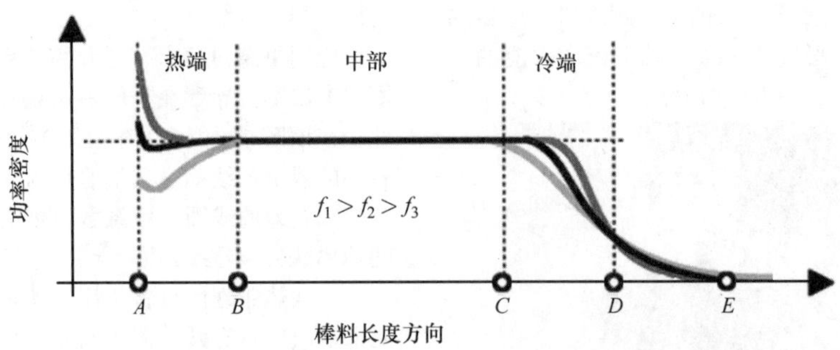

图 1-42　频率对钢棒表面功率密度的影响

在该区域末端效应的物理特性，除了在冷端附近具有较窄的铜占空系数和/或紧密缠绕的分级（成形）线圈之外，线圈端部的任何频率处总是存在功率缺陷。

对于假设具有足够长的线圈和装载有无限长的均匀非磁性棒的理想（螺旋形）螺线管简化情况的分析显示，在线圈冷端处的磁通密度 B 下降到线圈的中间磁通密度的一半。因此，线圈端的感应电流密度是线圈中间部分的一半。这意味着线圈端的功率密度是线圈中间区域功率密度的 1/4（$P_{末端} = 0.25P_{中间}$）。

高频率、短周期、明显的趋肤效应，以及小的线圈到杆的径向气隙导致较短的端部效应区域。应用外部 U 形或 L 形磁通集中器和磁分路器，以及应用法拉第环和末端接的端板也可缩短端部效应区域。

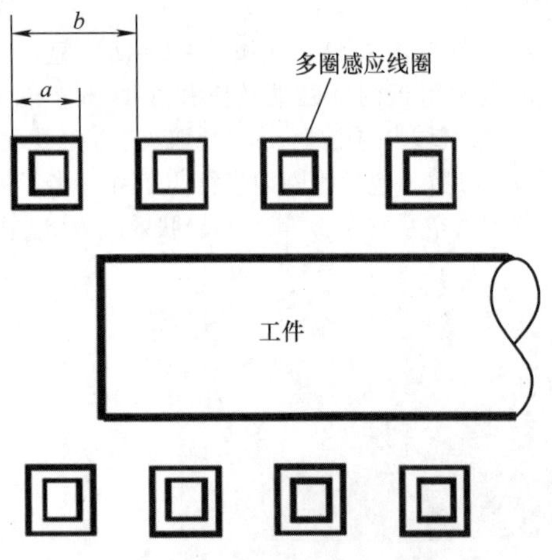

图 1-43　线圈环绕紧密程度取决于线圈占空系数 $K_{space} = a/b$

限定区域 $C-D-E$ 长度的另一个因素是显著的纵向温度梯度，其由于从棒的高温区域向其冷区域的热传导而产生明显的轴向热流动。这表现为散热现象或冷沉效应，当加热具有高导热性的金属（如 Al、Cu、Ag、Au 等）时，将更为显著。

已经开发了一大批特殊感应器，其专门针对特定感应加热应用的特定特性（如工件几何形状、所需热分布、材料处理、工艺参数选择、生产率等）。特定感应器包括多层和多相，横向磁通，行波和异型，以及特殊风格的感应器（如薄饼、发夹、分流回流、蝴蝶、U 形、蛤壳和通道）。使用特殊感应器时电磁端效应的出现可能会偏离以前讨论的内容。通常在扫描和选择性硬化应用中使用的单匝感应器（如 RF 感应器）的最终效应具有与多匝螺线管线圈有着不同的细微之处。然而，效果产生的基本物理原理仍然是一样的。本手册和参考文献［14］提供了更多有关不同风格的专业感应器的信息。

（8）电磁边缘效应　当加热非圆柱形（如梯形和矩形）工件时，如板、条和圆角（RCS）坯料（见图 1-44），在线圈端区域，会发生由于电磁边缘效应引起的磁场变形以及扭曲的涡流和热源分布。末端效应和边缘效应之间的差异是基于它们相对于感应线圈的感生磁场的平面。末端效应发生在轴向或纵向截面上，因此有时称为纵向末端效应。

考虑放置在由矩形螺线管感应器产生的初始均匀磁场中的矩形板。板中的电磁场由四个不同的区域组成：中心区域、纵向末端效应的区域、横向边缘效应的区域、端部和边缘效应重叠的三边缘角区域。工件内的热源和温度曲线分布受三种电磁现象的影响：趋肤效应（中心、端部和边缘区域）、电磁端效应（端部和三条边构成的角区域）以及电磁边缘效应（棱和三条边组成的角区域）。假设无限长的系统，可以忽略末端效应，并且通常使用二维横截面进行系统分析。类似地，假设带状、板状物为无限宽的系统（从电磁角度看），边缘效应可以忽略，并且使用二维模型的纵向（轴向）横截面进行系统分析。如果系统是电磁无限系统，则可以忽略末端到棱边效应，并采用一维模型进行系统分析。

图 1-44 长方钢料和圆角（RCS）方料感应加热系统（英国 IHWT 公司供图）

使用矩形板的二维横截面来说明矩形板中的电磁边缘效应。图 1-45 所示为具有明显趋肤效应（$d/\delta=10$，其中 d 为板坯厚度）和没有明显趋肤效应（$d/\delta=3$）的板状横截面中的电场强度分布。

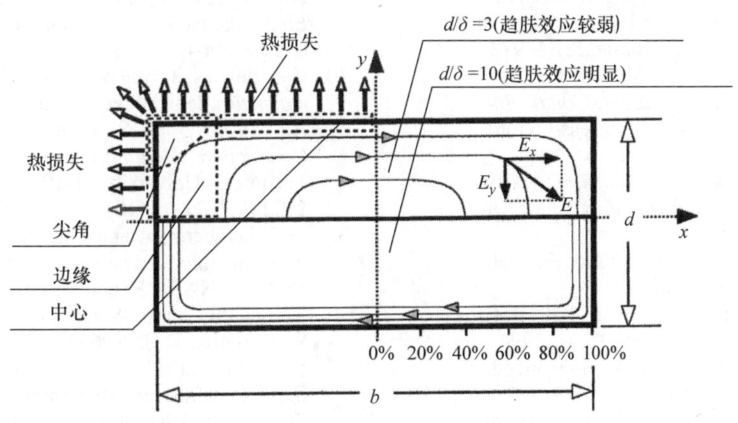

图 1-45 有无趋肤效应方钢横截面上的电场强度分布

电流和功率密度沿着平板周边大致相同，除了具有明显的趋肤效应的边缘区域（见图 1-45 板横截面的下半部分）。即使在边缘（尖角）区域的热辐射和对流引起的热损失也高于中心区域的损耗。与中心区域相比，边缘区域也可能过热。边缘区域的温度过剩通常发生在磁性钢、铝、银和铜板的感应加热中，其中通常表现出明显的趋肤效应。

当趋肤效应不明显时，边缘区域发生热源缺陷。在这种情况下，板坯横截面中涡流的路径与板坯的轮廓不匹配，大多数感应电流较早地闭合其环路，没有到达拐角和边缘区域（见图 1-45 板横截面的上半部分）。结果，在边缘区域中引起的热量明显小于中央区域。例如，在使用相对较低频率的大型钛或非磁性不锈钢板感应加热中，与中心区域的温度相比，在加热结束时，尖角和边缘区域的温度通常明显较低，这需要使用双重或多频段设计以获得所需的热均匀性。

参考文献

1. W.M. Rohsenow, J.P. Hartnett, and Y.I. Cho, *Handbook of Heat Transfer*, McGraw-Hill, NY, 1998
2. T.L. Bergman et al., *Fundamentals of Heat and Mass Transfer*, 6th ed., John Wiley & Sons, Hoboken, NJ, 2007
3. J.P. Holman, *Heat Transfer*, McGraw-Hill, 2009
4. F. Kreith, R.M. Manglik, and M.S. Bohn, *Principles of Heat Transfer*, Cengage Learning, 2010
5. M.J. Moran et al., *Fundamentals of Engineering Thermodynamics*, John Willey & Sons, 2008
6. B. Nacke et al., *Theoretical Background and Aspects of Electrotechnologies – Physical Principles and Realizations*, Publishing House of ETU, St. Petersburg, Russia, ISBN 978-5-7629-1237-2, 2012, p 356
7. H.S. Carslaw, and J.C. Jaeger, *Conduction of Heat in Solids*, Clarendon Press Oxford, UK, 1959
8. S. Lupi, *Electroheat – Teaching notes*, Libreria Progetto, Padova, Italy, 2005 (in Italian)
9. F.M. White, *Viscous Fluid Flow*, 3rd ed., McGraw-Hill, NY, 2006
10. G.F. Hewitt, G.L. Shires, and T.R. Bott, *Process Heat Transfer*, CRC Press, 1994
11. W.H. McAdams, *Heat Transmission*, 3rd ed., McGraw-Hill, NY, 1954
12. V.S. Cherednichenko, *Heat Transfer*, (parts 1 and 2), NGTU, Novosibirsk, 2007, (in Russian)
13. E.A. Avallone, and T. Baumeister, *Mark's Standard Handbook for Mechanical Engineering*, McGrawHill, NY, 1996
14. V. Rudnev et al., *Handbook of Induction Heating*, Marcel Dekker, 2003
15. J.R. Howell, *A Catalog of Radiation Configuration Factors*, McGraw-Hill, NY, 1982
16. Y.S. Touloukian, R.W. Powell, C.Y. Ho, and P. Klemens (Ed), *Thermophysical Properties of Matter, Vol. 1. Thermal Conductivity of Metallic Solids*, Plenum Press, NY, 1972
17. F.P. Incropera, and D.P. DeWitt, *Fundamentals of Heat & Mass Transfer*, 4th ed., John Wiley & Sons, NY, 1996
18. S.I. Abu-Eishah, Correlations for the Thermal Conductivity of Metals as a Function of Temperature, *Intl. J. Thermophysics*, Vol 22, (No. 6), 2001, p 1855–1868
19. J.C. Anderson et al., *Materials Science*, 4th ed., Chapman and Hall, London, 1990
20. W.D. Callister, Jr., *Materials Science and Engineering: An Introduction*, 5th ed., John Wiley, NY, 2000
21. University of New South Wales (UNSW), School of Physics, Sydney, Australia
22. C. Ryan, *Basic Electricity: A Self-Teaching Guide*, John Wiley & Sons, NY, 1986
23. L. Bobrow, *Fundamentals of Electrical Engineering*, Oxford Univ. Press, UK, 1996
24. C. Gross and T. Roppel, *Fundamentals of Electrical Engineering*, CRC Press, 2012
25. R.G. Lerner, and G.L. Trigg, *Encyclopedia of Physics*, VCH Publishers, 1991
26. www.wikipedia.org
27. P. Hammond, *Electromagnetism for Engineers*, Pergamon Press, NY, 1978
28. M.A. Plonus, *Applied Electromagnetics*, McGraw-Hill, NY, 1978
29. R.P. Feyman, R.B. Leighton, and M. Sands, *The Feyman Lectures on Physics, Vol. 2: Electromagnetism*, Addison-Wesley Publishing, 1964
30. C.A. Balanis, *Advanced Engineering Electromagnetics*, John Wiley & Sons, NY, 1989
31. A. Aliferov, and S. Lupi, *Induction and Conduction Heating*, Novosibirsk State Technical University, ISBN 978-5-7782-1622-8, 2011, p 410
32. A.F. Leatherman, and D.E. Stutz, "Induction Heating Advances: Application to 5800 F," NASA Report SP-5071, National Aeronautics and Space Administration, Washington, D.C., 1969
33. V. Rudnev et al., Progress in the Study of Induction Surface Hardening of Carbon Steels, Gray Irons and Ductile Irons, *Industrial Heating*, March 1996, p 92–98
34. V. Rudnev, A Common Assumption in

Induction Hardening, *Heat Treating Progress*, ASM International, September/October, 2004, p 23–25
35. V. Rudnev, Computer Modeling Helps Identify Induction Heating Misassumptions and Unknowns, *Industrial Heating*, October, 2011, p 59–64
36. J. Davies, P. Simpson, *Induction Heating Handbook*, McGraw-Hill Book Co. (UK), London, 1979
37. N.I. Fomin, L.M. Satulovskii, *Electrical Induction Heating Furnaces and Installations*, Ed. Metallurghia, Moskow, 1979, (in Russian)
38. V.S. Nemkov, V.B. Demidovich, *Theory and Calculation of Induction Heating Systems*, Ed. Energoatomizdat, Leningrad, 1988, (in Russian)

1.3　材料的电磁性能和热性能

Sergio Lupi, University of Padua Valery Rudnev, Inductoheat, Inc.

对加热材料物理性能的透彻了解是成功设计任何感应加热系统的基石。已经有许多关于材料的电磁性能和热性能的出版物，详见参考文献。但在这里仅选择了一些对感应加热过程产生较大影响的材料物理性能进行说明。

热性能属于物理性能，其包含许多影响传热和储热过程的物理参数。这些参数包括但不限于热导率、热容量、比热容和反映热膨胀、热辐射、热对流等性能的参数。这些性能对于包括燃气炉和电阻炉、熔盐加热炉、红外炉、感应加热装置、等离子体和激光系统等的任何加热系统都是非常重要的。

除了热性能，不同于燃料炉和红外线炉，感应加热系统性能参数首先还受到待加热材料电磁特性的影响。电磁特性包括磁导率、电阻率（电导率）、饱和磁通密度、矫顽力等许多特性。在所有电磁特性参数中，其中电阻率（电导率）和磁导率对感应加热系统的性能、效率和主要设计参数的选择具有最显著的影响。因此，在讨论电磁特性时，重点考虑电阻率和磁导率。

1.3.1　热性能

（1）热导率 k　热导率是在稳态条件下的单位温度梯度，其值为单位时间内，通过单位厚度在垂直于单位面积表面的法向方向传递的热量。因此，k 表示热量穿过工件的速率。具有高 k 值的材料比具有低 k 值的材料能更快地传导热量。在选择电感耐火材料时，优选较低的 k 值，对应于高热效率（η_{th}）和较低的通过耐火材料损失的热能。另一方面，当加热材料的热导率高时，在工件整体加热中更容易获得均匀的温度分布，如在热加工之前预热、整体淬火、正火和退火。

然而，在局部加热应用（如棒端加热或齿轮轮廓硬化）中，高 k 值常常是一个缺点，因为它更倾向于产生强烈的三维传热，平衡温度分布。这导致工件的加热面积不仅仅是需要加热的面积，而且是大得多的面积，导致大量的热传导流动，从而增加受热金属的总质量，这直接影响所需加热的能量。在局部硬化中，高热导率与较长的加热时间更有利于在待硬化区域附近区域中的热扩散。这不仅引起更高的功耗，而且还会影响硬度分布模式和残余应力，并可能增加工件过度扭曲畸变的风险。这些简单的例子强调了适当考虑受热材料导热性的重要性。

在国际单位制（SI）中，热导率单位为 W/(m · K)。在英制测量系统中，热导率的单位为 Btu/(ft · h · ℉）测量，其中 1Btu/(ft · h · ℉) = 1.730735W/(m · K)。

材料的热导率与温度有关。一些常用纯金属和合金的热导率与温度的关系见表 1-6、表 1-7 和图 1-46。

（2）密度和体积变化　材料的密度（或质量密度）定义为每单位体积的质量。密度单位是 kg/m³。

表 1-6　一些常用纯金属在不同温度下的热导率

材　料	热导率/[W/(m · K)]						
	27℃ (81℉)	227℃ (441℉)	427℃ (801℉)	627℃ (1161℉)	827℃ (1521℉)	1027℃ (1881℉)	1227℃ (2241℉)
铜	401.9	385.4	369.7	355.3	337.6	322.1	—
银	429.5	418.6	406.9	389.8	369.6	—	—
金	317.7	302.9	289.2	272.9	263.1	257	—
锰	155.6	150.7	145.7	139.6	—	—	—
铝	235.9	234.7	224.4	217.6	—	—	—

（续）

材　　料	热导率/[W/(m·K)]						
	27℃ (81℉)	227℃ (441℉)	427℃ (801℉)	627℃ (1161℉)	827℃ (1521℉)	1027℃ (1881℉)	1227℃ (2241℉)
钛	22.3	19.7	19.8	19.8	—	22.9	25.8
钒	30.5	31.8	34.1	36.9	40.8	43.4	45.5
钼	139.8	131.3	122.1	114.2	106.7	100.8	97.2
钨	162.8	145.9	130.2	120.2	115.1	112.4	119.7
铱	146.5	141.2	137.4	131.7	126.4	121.5	116.7
铁	79.9	61.8	48.7	37.2	30.2	30.3	32.8
钴	94.9	74.1	61.6	53	51	46.5	43
镍	90.4	72.1	60.9	66.2	73.6	76.2	77

表 1-7　几种常用钢种退火在不同温度下的热导率

钢　号	热导率/[W/(m·K)]						
	0℃ (32℉)	300℃ (572℉)	500℃ (932℉)	700℃ (1292℉)	800℃ (1472℉)	1000℃ (1832℉)	1200℃ (2192℉)
AISI 1008	59.5	49.4	41	33.1	28.5	27.5	29.7
AISI 1010	65.2	50.7	41.5	32.9	28.9	—	—
AISI 1042	51.9	45.6	38.1	30.1	24.7	26.8	29.7
AISI 1524	46	42.6	37.4	30.6	26.6	27.2	—
AISI 5132	48.6	42.3	35.6	28.9	26	28.1	30.1

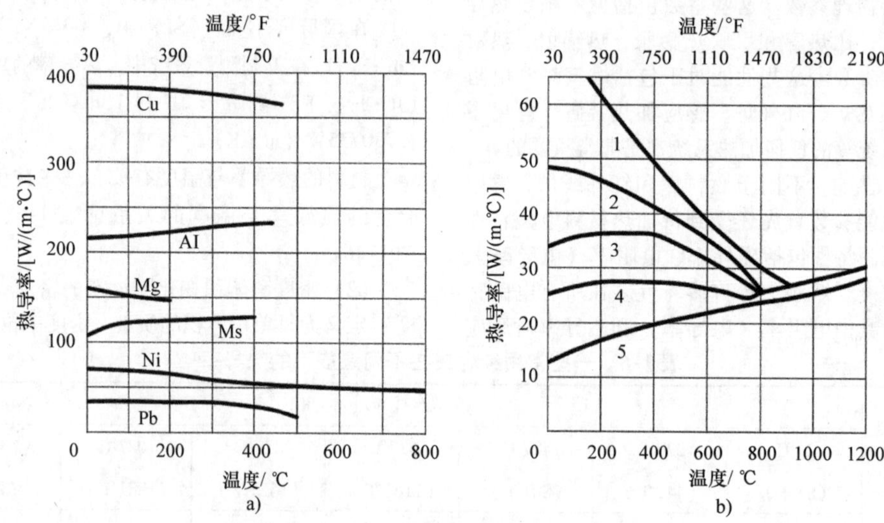

图 1-46　几种常用金属的热导率

a）非铁金属　b）钢

1—（99.95Fe）　2—（0.43C，0.20Si，0.69Mn）　3—（0.32C，0.25Si，0.55Mn，0.71Cr，3.4Ni）
4—（0.27C，0.18Si，0.28Mn，13.7Cr，0.20Ni，0.25W）　5—（1.22C，0.22Si，13Mn）

一般来说，密度随压力和温度而变化。压力增加一般会导致材料密度增加；相反，温度升高通常会导致密度降低，尽管这一规则有一些例外。表 1-8 列出了几种金属的室温密度。

表 1-8　几种金属的室温密度

材　　料	密度/(kg/m^3)
铝	2700
钛	4540
锌	7000
铬	7200
锰	7325
锡	7310
铁	7870
镍	8900
铜	8940
钼	10220
银	10500
铅	11340
汞	13546
钨	19300
金	19320
铂	21450

当压力保持恒定时，材料经受温度变化时通常会改变尺寸和形状。工件尺寸随温度的变化通常定义为线性热膨胀或体积热膨胀。

线胀系数（α_L）将材料的线性尺寸的变化与温度的变化相关联。与温度变化（ΔT）相关联的线性尺寸（L）的变化（ΔL）可以通过式（1-55）中的关系来评估。

以同样的方式，如果材料的体胀系数（α_V）是已知的，则可以通过式（1-56）计算体积（V）的变化（ΔV）。

$$\frac{\Delta L}{L}=\alpha_L\Delta T \tag{1-55}$$

$$\frac{\Delta V}{V}=\alpha_V\Delta T \tag{1-56}$$

只要膨胀系数在温度范围（ΔT）内变化不大，式（1-55）和式（1-56）就能很好地应用。否则，必须使用所考虑的温度范围内的系数的平均积分值。金属在25℃（77℉）下的线胀系数见表1-9。

由环境温度加热至1200℃（2190℉）的10m（33ft）长碳钢棒将延伸大约0.152m（6in），假设$\alpha_V=13\times10^{-6}$m/mK。

金属在加热－冷却循环期间密度和体积变化导致加热工件不同区域的收缩和膨胀，这可能产生内部热应力、形状变形甚至产生裂纹。典型的例子是由以低韧性为特征的高碳钢或钢制成的圆柱形坯料和棒材的集中加热可能发生裂纹。

表 1-9　金属在 25℃（77℉）下的线胀系数

材　　料	α_L/(10^{-6}/K)
铝	22.2
黄铜	18.7
青铜	18.0
灰铸铁	10.8
纯铜	16.6
金	14.2
石墨	7.9
纯铁	12.0
铸铁	10.4
锻铁	11.3
铅	28.0
镍	13.0
铂	9.0
银	19.5
钢	13.0
304 奥氏体型不锈钢	17.3
310 奥氏体型不锈钢	14.4
316 奥氏体型不锈钢	16.0
410 铁素体型不锈钢	9.9
锡	23.4
钛	8.6
钨	4.3
锌	29.7

图1-47所示为纯铁的密度和钢的热膨胀系数随温度的变化曲线。

在加热循环开始时（见图1-47b），热膨胀与温升成正比。达到临界点（Ac_1）后，热膨胀停止，钢开始体积收缩，直到达到临界温度（Ac_3）并再次开始膨胀。在冷却循环过程中，发生相反的变化。

（3）热容和比热容　热容是将材料的温度改变到给定值时所需热量的物理量。在国际单位体系（SI）中，热容的单位为J/K。

独立于样品尺寸的热容衍生量是比热容（c），其是材料在每单位质量的热容值。

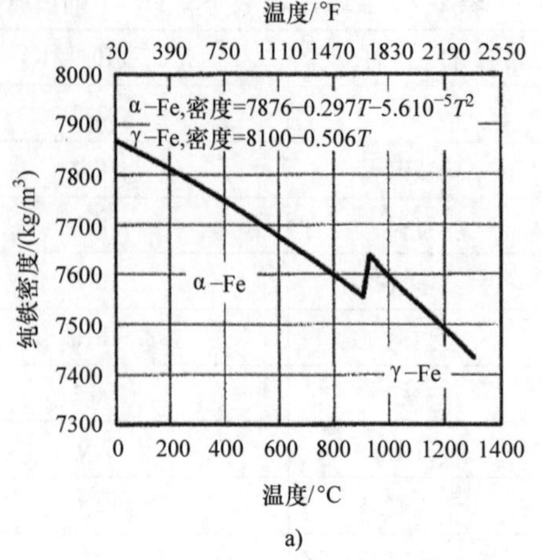

a)

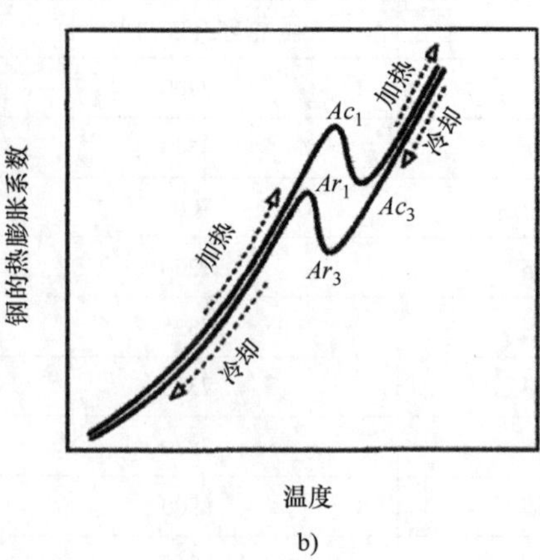

b)

图 1-47 纯铁的密度和钢的热膨胀系数随温度的变化曲线

比热容表示材料升高单位质量的一个单位温度时，必须吸收的热量。较高的比热容对应于将工件加热到所需温度所需的感应加热功率更大。

在 SI 单位中，c 以 J/(kg · ℃) 为测量单位。在某些情况下，仍在使用英制单位，c 的单位为 Btu/(lb · ℉)，1J/(kg · ℃) = 0.000239 Btu/(lb · ℉)。一些常用纯金属在不同温度下的比热容见表 1-10。

表 1-10 一些常用纯金属在不同温度下的比热容 [单位：J/(kg · K)]

材料	27℃(81℉)	227℃(441℉)	427℃(801℉)	627℃(1161℉)	827℃(1521℉)	1027℃(1881℉)	1227℃(2241℉)
铜	385	408	425.1	441.7	464.3	506.5	513.9
银	235.4	243.9	255.6	269.1	284.2	310.2	310.2
金	128.7	133.1	137.5	142.1	149.4	163.4	161.3
镁	1024.7	1118.3	1209.4	1301.3	1410.3	1410.3	—
铝	903.7	991.8	1090.2	1228.2	1176.7	1176.7	1176.7
钛	530.8	576.2	626.8	647.8	—	648.7	696.4
钒	481.1	518.2	543.6	570.2	601.1	636.1	675.8
钼	249.8	271.1	280.2	289.2	299.7	312.4	327.8
钨	132.1	138.3	141.9	145.7	150	154.7	159.8
铱	129.9	135.5	141.4	151.2	157.1	164.8	172.2
铁	447	531	618	770	829	623	653
钴	421.3	478.9	527.2	586.2	681	—	725
镍	443.6	524	524	543	577.5	601	613

对于一些金属及其合金，比热容的显著变化与相变有关。必须考虑到 c 的非线性性质作为温度的函数。例如，与 450 ~ 500℃（840 ~ 932℉）相比，SAE 1010 钢（见图 1-48）加热到 730 ~ 780℃（1350 ~ 1440℉）所需要的功率是前者的 3 倍以上。注意：在两种情况下，所需的温升相同（ΔT = 50℃，90℉）。表 1-11 列出了退火条件下一些常用钢的比热容。

表 1-11 退火条件下一些常用钢的比热容 [单位：J/(kg · K)]

钢号	50 ~ 100℃	250 ~ 300℃	450 ~ 500℃	650 ~ 700℃	700 ~ 750℃	750 ~ 800℃	850 ~ 900℃
AISI 1008	481	553	662	867	1105	875	846
AISI 1010	450	535	650	825	—	见图 1-48	—

（续）

钢　　号	50～100℃	250～300℃	450～500℃	650～700℃	700～750℃	750～800℃	850～900℃
AISI 1042	486	548	649	770	1583	624	548
AISI 1524	477	544	649	837	1449	821	536
AISI 5132	494	553	657	837	1499	934	574

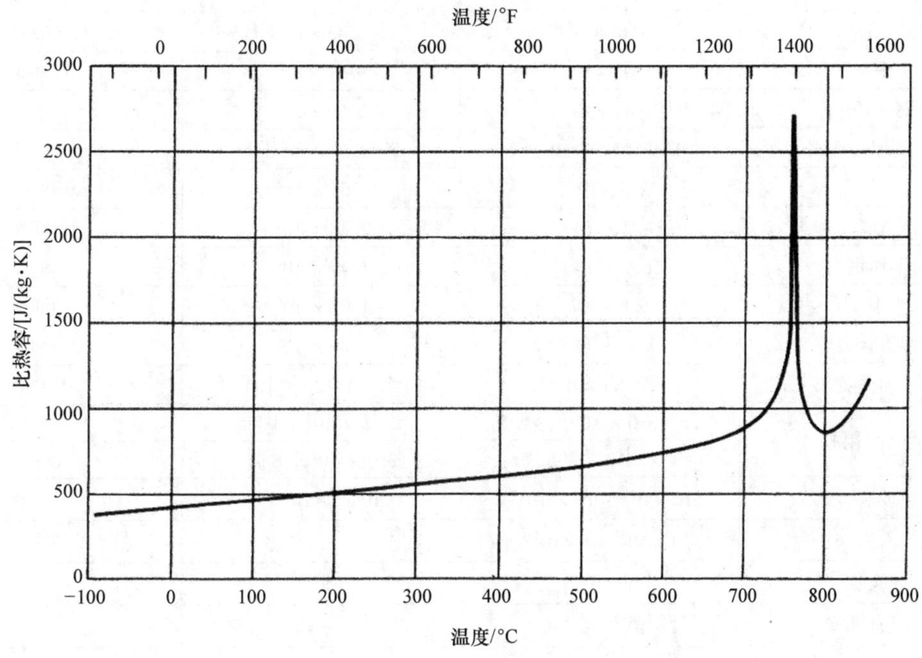

图 1-48　SAE 1010 钢在不同温度下的比热容

1.3.2　电磁性能

（1）电阻率　电阻率 ρ 是材料的固有特性，其值表明材料对电流的流动有多强烈的阻碍。电阻率的单位为 Ω · m。

电阻率几乎影响感应加热系统的所有重要参数，包括电流穿透深度（δ）、热均匀性、感应加热线圈电效率、所需功率、感应加热器阻抗、负载匹配能力等。特定材料的电阻率随温度、化学组成、微结构、晶粒尺寸等而变化。

电阻率的倒数是电导率 σ，电导率表示所测量材料容易导电的能力，其单位是 S/m。

在室温下，纯金属的电阻率从最优良导体的银大约 1.5×10^{-8} Ω · m 到最差的纯金属导体锰为 135×10^{-8} Ω · m。大多数金属合金也在同一范围内。电绝缘体通常具有高于 10^{8} Ω · m 的电阻率值。不同材料的电阻率、电导率和温度系数见表 1-12。

表 1-12　不同材料的电阻率、电导率和温度系数

材　　料	ρ/Ω · m(20℃/68℉)	σ/(S/m)(20℃/68℉)	温度系数/K^{-1}
银	1.59×10^{-8}	6.30×10^{7}	0.0038
铜	1.68×10^{-8}	5.96×10^{7}	0.0039
退火铜	1.72×10^{-8}	5.80×10^{7}	—
金	2.44×10^{-8}	4.10×10^{7}	0.0034
铝	2.82×10^{-8}	3.5×10^{7}	0.0039
钨	5.60×10^{-8}	1.79×10^{7}	0.0045
锌	5.90×10^{-8}	1.69×10^{7}	0.0037

（续）

材　　料	$\rho/\Omega\cdot m$(20℃/68℉)	σ/(S/m)(20℃/68℉)	温度系数/K^{-1}
黄铜（63%Cu，37%Zn）	$6.25\div6.67\times10^{-8}$	$1.5\div1.6\times10^{7}$	—
黄铜（70%Cu，30%Zn）	$6.25\div7.69\times10^{-8}$	$1.3\div1.6\times10^{7}$	—
镍	6.99×10^{-8}	1.43×10^{7}	0.0069
铁	1.0×10^{-7}	1.00×10^{7}	0.005
铂	1.06×10^{-7}	9.43×10^{6}	0.00392
锡	1.09×10^{-7}	9.17×10^{6}	0.0045
碳钢（1010）	1.43×10^{-7}	6.99×10^{6}	—
青铜（89%Cu，11%Sn）	$1.40\div1.7\times10^{-7}$	$5.88\div7.14\times10^{6}$	—
铅	2.2×10^{-7}	4.55×10^{6}	0.0039
钛	4.2×10^{-7}	2.38×10^{6}	0.0035
不锈钢	6.9×10^{-7}	1.45×10^{6}	—
汞	9.8×10^{-7}	1.02×10^{6}	0.0009
镍铬合金	1.10×10^{-6}	9.09×10^{5}	0.0004
碳（非晶态）	$(5\sim8)\times10^{-4}$	$(1.25\sim2)\times10^{3}$	-0.0005
碳（石墨）	$2.5\div5.0\times10^{-6}$ ⊥基面	$2\div3\times10^{5}$ ⊥基面	—
	3.0×10^{-3} //基面	3.3×10^{2} //基面	—
玻璃	$10\times10^{10}\sim10\times10^{14}$	$10^{-15}\sim10^{-11}$	—
木头	$1\times10^{14}\sim1\times10^{17}$	—	—
硬橡胶	1×10^{13}	10^{-14}	—
云母	$1\times10^{17}\sim1\times10^{21}$	—	—
含氟合成树脂	$10\times10^{22}\sim10\times10^{24}$	$10^{-25}\sim10^{-23}$	—

在感应加热应用中，金属和合金通常分为低电阻金属（如银、铜、铝，黄铜）和高电阻金属（如碳钢、钛合金、不锈钢）。

材料的电阻率与温度有关。对于纯金属，电阻率随温度升高而升高；然而，绝缘材料的电阻率通常相反，随温度升高而降低。许多金属材料的电阻率可以通过式（1-57）近似表示为温度的线性函数（假设不发生相变）：

$$\rho(T)=\rho_0[1+a(T-T_0)] \tag{1-57}$$

式中，ρ_0 是在环境温度 T_0 下的电阻率；$\rho(T)$ 是温度 T 时的电阻率；a 是电阻率的温度系数。

温度系数 $a(K^{-1})$ 随温度、材料的化学成分以及金属和合金、微结构和晶粒尺寸的变化而变化。在其他温度下，其在20℃（70℉）时的值仅为近似值。对于大多数金属和合金（包括碳素钢、合金钢、铜、铝、钛、钨等），a 为正值。

对于一些导电材料，电阻率随着温度降低而降低，因此 a 的值可以是负的。对于其他材料，电阻率是温度的非线性函数。在熔点时，金属的电阻率急剧增加。晶粒尺寸对电阻率（即较高的 ρ 通常对应于更细的晶粒）以及塑性变形、热处理和一些其他因素具有明显的影响。同时，温度和化学成分是两个最显著的影响因素。

表1-13、表1-14和图1-49为一些常用金属和钢的电阻率。由图1-49可知，熔点下金属 ρ 急剧增加。

表1-13　几种常用金属在不同温度下的电阻率　　（单位：$10^{-8}\Omega\cdot m$）

材　　料	27℃ (81℉)	227℃ (441℉)	427℃ (801℉)	627℃ (1161℉)	827℃ (1521℉)	1027℃ (1881℉)	1227℃ (2241℉)
铜	1.725	3.09	4.514	6.041	7.717	9.592	22.4
银	1.629	2.875	4.209	5.638	7.215	18	19.54
金	2.271	3.974	5.816	7.862	10.191	12.854	33.4

（续）

材　料	27℃ (81℉)	227℃ (441℉)	427℃ (801℉)	627℃ (1161℉)	827℃ (1521℉)	1027℃ (1881℉)	1227℃ (2241℉)
镁	4.51	7.86	11.2	14.4	25.8	—	—
铝	2.733	4.995	7.35	10.18	—	—	—
钛	48.3	81.5	116.1	143	—	149	153.5
钒	20.21	34.8	47.2	58.7	68.95	78.5	87.75
钼	5.52	10.56	15.78	21.26	26.71	32.37	38.16
钨	5.44	10.34	15.73	21.47	27.49	33.7	40.11
铱	5.33	9.3	13.3	17.7	22.6	28.05	34
铁	10.2	24.2	44.8	74	106.5	111.9	114.6
钴	5.99	14.11	26.59	40.37	59.34	—	90.95
镍	7.37	17.95	32.02	38.74	44.53	49.85	54.6

表 1-14　退火条件下几种常用钢的电阻率　（单位：μΩ · m）

钢　号	20℃ (68℉)	200℃ (392℉)	600℃ (1112℉)	700℃ (1292℉)	800℃ (1472℉)	1000℃ (1832℉)	1200℃ (2192℉)
AISI 1008	0.13	0.252	0.725	0.898	1.073	1.16	1.216
AISI 1010	0.169	0.292	0.758	0.925	1.094	1.167	1.219
AISI 1042	0.171	0.296	0.766	0.932	1.111	1.179	1.23
AISI 1524	0.208	0.333	0.789	0.946	1.103	1.174	1.227
AISI 5132	0.21	0.33	0.778	0.934	1.106	1.177	1.23

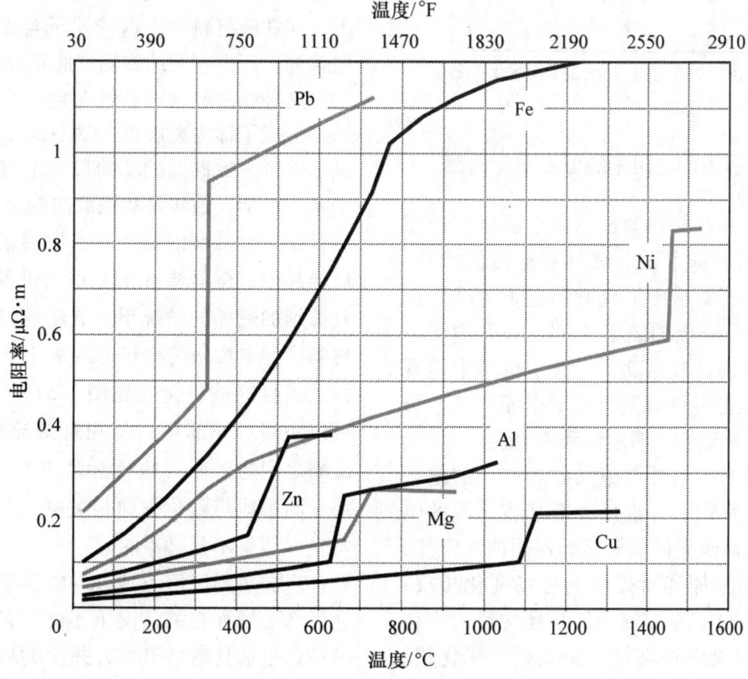

图 1-49　常用金属的电阻率

重要的是要记住，在金属和合金中观察到的杂质会使晶体结构扭曲，并可以在很大程度上影响ρ的行为。这对于合金尤其如此，对于一些二元合金，ρ相对于合金元素浓度的行为可由钟形曲线表示。该曲线通常在合金元素的摩尔分数为50%左右时具有最大的电阻率。作为多元合金（如二元和三元体系）组成的函数可能具有显著增加ρ值的特性。在某些情况下，这种增长幅度可能超过500%。然而，在大多数情况下，代替钟形曲线，电阻率随着合金的浓度增加而不断增加。

一些非金属导电材料和复合材料表现出ρ为温度的函数。图1-50所示为常用石墨的电阻率随温度变化曲线。石墨的电阻率主要取决于晶体结构和加工细节。结果是组织不良的碳具有高的电阻率，而演化的石墨的电阻率较低。电阻率随着温度的升高而降低，直到其恢复金属的行为，电阻率随温度的升高而升高。

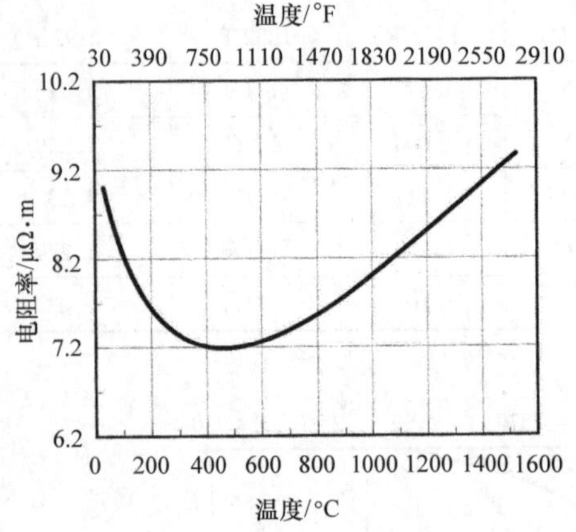

图1-50 常用石墨的电阻率随温度变化曲线

（2）磁导率 一些材料通过暴露于磁场而被磁化。材料单元体积中每个微元都具有这样的特性，由于在原子核周围的轨道中形成圆形电子运动而由原子电流产生的物质磁极的磁矩（M），以及由于电子围绕其自身轴线的自旋运动，在整个材料中呈现一种宏观特性。由这两种类型的原子电流产生，可以分为三种磁性：抗磁性、顺磁性和铁磁性。

抗磁性是材料产生与外部施加磁场相反的磁场的特性。它的发生是因为外部场改变其核周围的电子的轨道速度，从而改变磁偶极矩。根据楞次定律，这些电子的场将与施加场所提供的磁场变化相反；所得到的磁场因此弱于施加的场，并且材料的磁化率（感应磁性相对量的物理量）是负的。氧化铝、铜、金、石墨、铅、硅、银和锌可作为抗磁性材料。

顺磁性发生在分子具有偶极磁矩的材料中。它们的原子具有一些不完整的内部电子壳，导致未配对的电子自旋转，并像卫星一样运行，从而使原子成为永磁体，使其配合并因此加强施加的外磁场，铝、铬、锰、镁、钼和钨是典型的顺磁材料。

在抗磁性和顺磁性材料中，由物质的极化引起的磁矩（M）与施加的磁场（H）成比例，必须考虑其附加作用。因此，所得总磁感应由施加的感应和对应于材料的极化引起的感应总和给出，可根据式（1-58）计算。

$$\overline{B}=\mu_0(\overline{H}+\overline{M})=\mu_0(\overline{H}+\chi_m\overline{H})=\mu_0(1+\chi_m)\overline{H}=\mu_0\mu_r\overline{H}=\mu\overline{H} \tag{1-58}$$

式中，μ_0（$=4\pi\times10^{-7}$）是真空的渗透率；μ_r是相对渗透率；而χ_m是材料的磁化率。磁化率等于相对磁导率减去1。

顺磁性材料的相对磁导率（μ_r）略大于1；抗磁性材料的相对磁导率略小于1。由于与顺磁性和抗磁性材料之间的差异不大，在感应加热实践中，顺磁性和抗磁性材料简称为非磁性材料。

铁磁材料是最具磁性的物质，其特征在于磁导率高。最常见的是铁、镍、钴以及含有一种或多种以上元素的合金（如碳钢）或化合物。铁磁材料的μ_r和χ_m在低于居里点的任何温度下都与磁场强度密切相关。

铁磁性是由于原子具有磁矩，也就是说，每个原子的行为就像电子围绕其核的运动产生的基本电磁体，以及电子围绕其自身的轴旋转。在居里点以下，在铁磁材料中，这些原子自发地沿着相同的方向排列，使得它们的磁场彼此互补和放大。

这种铁磁材料的特性是电子自旋的微观秩序结果，形成了称为磁畴的宏观区域，磁畴中数十亿偶极子保持一致性。磁畴的尺寸范围为0.001mm到几毫米。通常，磁畴是随机取向的多晶铁磁体。因此，不管在每个磁畴内是否具有明显的磁场强度，在大量样品中，材料通常在宏观上讲没有磁化。当处于外部施加磁场的情况下，铁磁性体现在要被磁化的材料中，导致磁畴相互排列并且相对于施加的磁场，并且该材料被磁化（见图1-51）。通过磁畴的对准可以实现对外部场由与相对磁导率有效乘法表示。磁畴之间的界限（也称为块壁）不应与晶界混淆。块壁简单地与磁化方向相关联，并且可以在晶界上发生（尽管不是必需的）。

当加热到居里点或Ac_2临界温度时，铁磁材料在外部磁场存在的情况下不能再被磁化，并丧失其磁性，包括其剩余磁性，并变为顺磁性。这是因为热能足以克服材料的内禀矫顽力。然而，当再次冷却到低于Ar_2临界温度时，它们再次变成铁磁性。一

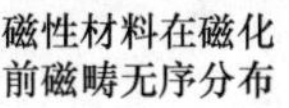

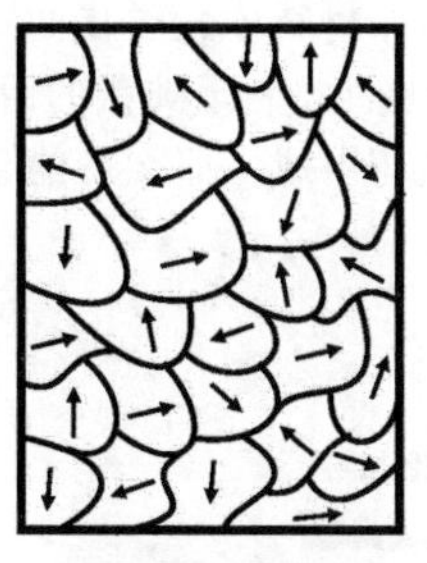

磁性材料在磁化
前磁畴无序分布

外部磁场

图 1-51　铁磁材料内磁畴排列过程

些典型铁磁材料的居里温度如下：铁为 768℃（1414℉）；SAE 1060 普碳钢为 732℃（1349℉）；钴为 1120℃（2048℉）；镍为 358℃（676℉）。

除了抗磁性、顺磁性和铁磁性材料外，还有一些其他材料，这些材料在感应加热中使用非常有限。

铁磁材料：如铁氧体和氧化铁与稀土元素氧化物。

反铁磁材料：如 MnO、FeO、NiO。

磁阻材料：取决于磁场和温度强度的某些物质，可以是铁磁性的或反铁磁性的。

由于在感应加热中不太使用反铁磁性材料和偏磁材料，所以讨论其性能不在本节的范围之内。

铁磁性和亚铁磁性材料的磁性具有许多相似之处。两种材料在暴露于外部磁场时的表现类似。考虑到使用铁磁材料在感应加热和热处理中比亚铁磁性更为典型，以下关于磁性的讨论仅限于铁磁材料。注意：感应加热专业人员通常仅在处理磁通集中器而不是加热的工件时才遇到亚铁磁材料。

在强磁场中，铁磁材料的磁化强度接近一定的极限，称为磁饱和。饱和度表示当所有磁偶极子与外部场相互平行时产生的磁化强度。饱和磁通密度是反映铁磁材料的磁饱和度程度的磁性参数（见图 1-52）。

由于饱和作用，铁磁材料的 μ_r 在磁场强度（H_{cr}）的临界值下达到最大值，然后随着 H 的增加而下降，见图 1-53。

除磁场强度外，μ_r 的最大值也很大程度上取决于材料的化学成分。在图 1-53 中，碳质量分数为 0.23% 的低碳钢的相对磁导率最大值比碳质量分数为 1.78% 的钢的最大值约高 5 倍。

一般来说，相对磁导率也是与施加磁场频率相关的函数。相对较低的频率对相对磁导率 μ_r 影响不大。然而，磁导率在外施磁场达到一定临界频率时开始下降。该频率对于特定的磁性材料是非常特别的。同时，用于感应加热和金属材料热处理的频率可以被认为是足够低的频率，因此，对 μ_r 的影响可以忽略不计。

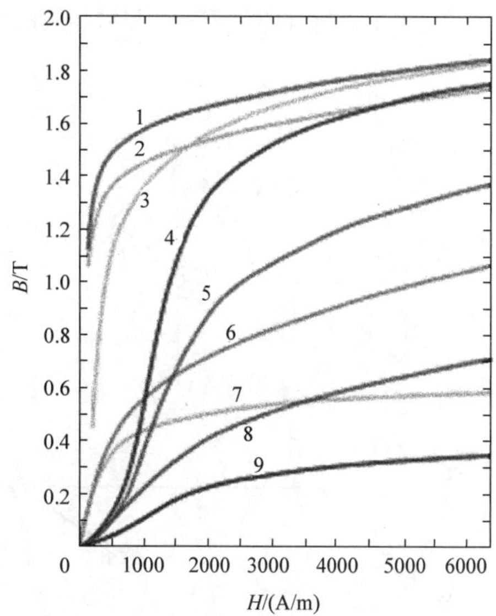

图 1-52　一些铁磁材料的磁化曲线

1—钢板　2—硅钢　3—铸钢　4—钨钢　5—磁钢　6—铸铁　7—镍　8—钴　9—磁铁

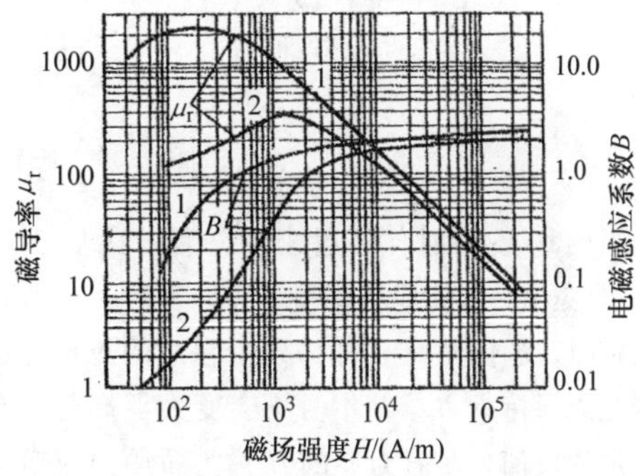

图 1-53　两种铁磁钢的电磁感应系数、磁导率与磁场强度的关系

1—碳质量分数为 0.23%　2—碳质量分数为 1.78%

当磁场施加到铁磁材料，然后移除时，磁化的铁磁材料不会恢复到其初始值。这种现象称为剩磁，磁性材料的典型磁滞回路曲线如图 1-54 所示。

当具有零初始磁性（$B=0$）的铁磁材料暴露于磁场强度（H）从零增加到足够大的值的外部磁场时，外施磁场强迫材料中的绝大部分原子磁极与外磁场保持一致。这种保持一致的总体效果是增加总磁场或磁通密度（B）。对准过程不会与磁化场同时发生，而是滞后并以磁滞回路曲线形式来体现。在磁化循环的开始，B 随着 H 的逐渐增加而缓慢上升。

然后，如初始磁化曲线上的陡峭区域所示，B 的增加变得更快（见图 1-54 虚线）。在某一点上，B 升高变慢，最后它的增长停止，保持在最大或饱和值 B_s。在这一点上，所有的原子磁体都沿相同的方向排列。在具有大量磁畴的多晶材料中，磁化曲线是平滑的。这是通过感应加热磁性材料最典型的情况。然而，如果试样仅由几个磁畴组成，那么可能会出现一些离散的磁畴。

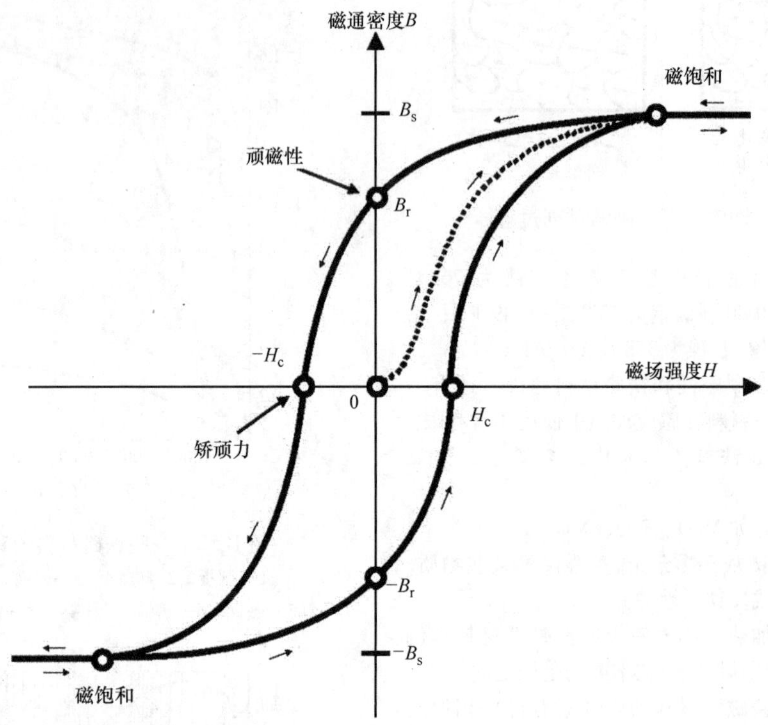

图 1-54　磁性材料的典型磁滞回路曲线

当磁场减弱时，磁通密度降低，落后于场强（H）的变化。磁感应下降得更慢。实际上，当 H 降低到零时，B 仍然具有称为残余感应的正值，也称为剩磁或保持力 B_r。B 本身不会变为零，直到 H 达到一定的负值。B 值为零的 H 称为矫顽力或矫顽磁场 H_c。当所有原子磁体在相反方向上完全保持一致时，负的磁场强度进一步增加会导致磁通密度反转，最终达到负方向（$-B_s$）的磁饱和。

该循环可以继续，使得滞后于磁场强度的磁通密度的曲线图显示为完整的回路，称为磁滞回路曲线。磁化与消磁交替循环进行从而在内部分子之间产生摩擦导致热能损失。这种效应称为磁滞损耗，其与磁滞回路曲线的面积和施加的频率成正比。磁滞损耗在高频下特别重要。

对于绝大多数感应加热应用（如通过淬火、退火、正火、锻造和轧制之前的加热），由于磁滞损耗而导致的加热效率通常占比不超过由涡流产生的损耗的6%～8%，因为在大部分热循环期间，工件的表面温度远高于居里点。这有利于忽略滞后损耗的假设。然而，在一些低温加热应用中，加热的金属或合金在整个加热循环期间保持其磁性能或其大部分（如感应淬火、亚临界退火、应力消除、镀锌和镀锌之前的加热等），与由涡流损耗产生的焦耳热相比，由磁滞产生的热量损耗还是比较明显的，并且此时忽略磁滞损耗的假设是无效的。

以下近似公式用于评估碳的质量分数为 0.35% 的碳钢的滞后损耗：

$$p_{hy} = kfB_M^n \qquad (1\text{-}59)$$

式中，B_M 是 B 的最大值（T）；f 是频率（Hz）；k 是材料的系数；$n=(1.6\times10^{-8})/(2.2\times10^{-8})$（随 B 增加而增加）；p_{hy} 单位为 W/ cm^3。

铁磁材料特性是材料的结构、化学成分、均匀性、预处理、晶粒尺寸、施场频率、磁场强度和温度的复杂函数。

从低碳钢的相对磁导率（见图 1-55）可以看出，相同温度和频率下相同种类的钢，由于施加的磁场强度不同而具有明显不同的相对磁导率值。此外，500～600℃（930～1110℉）时，相对磁导率随温度缓慢变化，但是从该温度开始，其值非常快速地降低，达到居里点下的单位值。

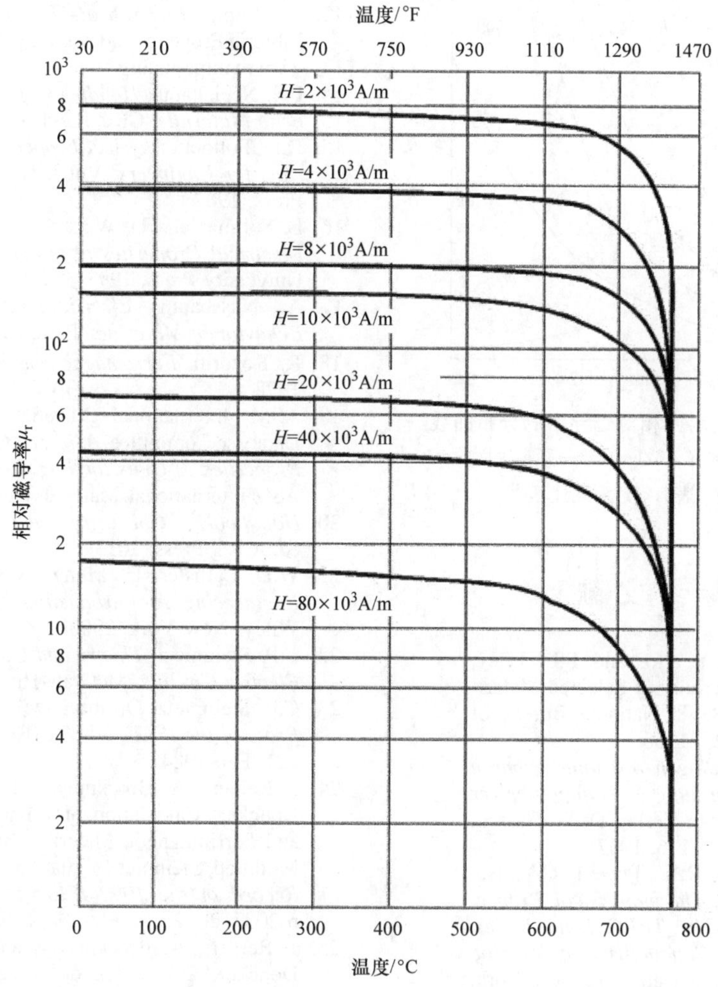

图 1-55　温度和磁场强度对低碳钢相对磁导率的影响

很多作者都提出了近似公式来估算中碳钢相对磁导率在居里点以下随温度和磁场强度变化的情况。最常用的为

$$\mu_r(H,t)=1+[\mu_{20}(H)-1]\varphi(t) \quad (1\text{-}60)$$

式中，$\mu_{20}=5\times10^5 H^{-0.894}$，函数 $\varphi(t)$ 见图 1-56。

最后，当铁磁均质材料在加工温度低于居里点感应加热时（见图 1-57 中的虚线），必须考虑到对于简化的一维情况，磁场强度在表面上具有最大值，然后向心部呈指数减小。实际上，根据外界所施加的表面磁场强度和温度，磁导率在工件内具有复杂的三维分布。磁导率对电流穿透深度、加热深度、线圈效率和功率因数以及所有基本工艺参数（包括频率和加热时间）的选择都有重大影响。

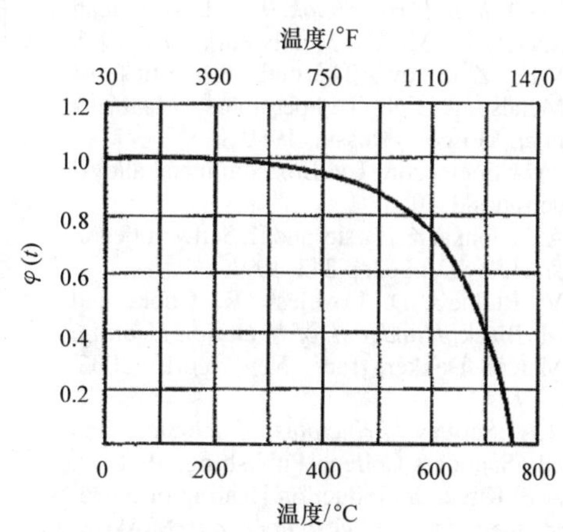

图 1-56　温度和磁场强度对中碳钢的相对磁导率评价因数的影响

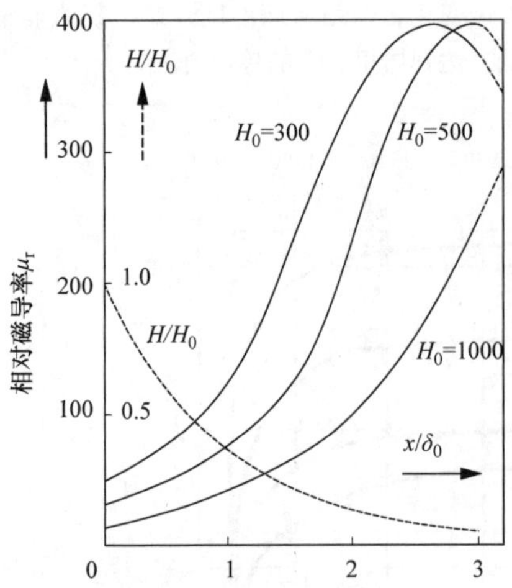

图 1-57 磁性材料内相对磁导率的分布曲线
H_0—表面磁化强度（A/cm） x—距离表面的深度 δ_0—表面穿透深度计算值

参考文献

1. R.W. Powell, C.Y. Ho, and P.E. Liley, "Thermal Conductivity of Selected Materials," NSRDS-NBS 8, National Bureau of Standards, Nov 25, 1966
2. H. Geisel, *Grundlagen der unmittelbaren Widerstandserwärmung langgesteckter Werkstücke*, Vulkan-Verlag Dr.W.Classen, Essen, Germany, p 116, 1967
3. Y.S. Touloukian, R.W. Powell, C.Y. Ho, and P. Klemens, *Thermophysical Properties of Matter—The TPRC Data Series, Vol 1: Thermal Conductivity of Metallic Solids*, IFA/Plenum Data Co., New York, 1972
4. *Properties and Selection: Iron and Steels*, Vol 1, *Metals Handbook*, 9th ed., American Society for Metals, Metals Park, OH, 1978
5. V.E. Zinov'ev, Thermal Properties of Metals at High Temperatures, *Metallurgiya*, Moscow, Russia, 1989
6. www.EngineeringToolBox.com/metal-alloys-densities-d_50
7. A. Jablonka, K. Harste, and K. Schwerdtjeger, *Steel Res.*, Vol 62, p 243, 1991
8. V. Rudnev, D. Loveless, R. Cook, and M. Black, *Handbook of Induction Heating*, Marcel Dekker, Inc., New York, 2003, p 777
9. R.A. Serway, *Principles of Physics*, 2nd ed., Saunders College Publishing, 1998
10. A.B. Kuvaldin, Induction Heating of Ferromagnetic Steel, *Energoatomizdat*, Moskow, Russia, 1988, p 198
11. J.C. Anderson. K.D. Leaver, R.D. Rawlings, and J.M. Alexander, *Materials Science*, 4th ed., Chapman and Hall, London, 1990
12. S. Lupi, *Electroheat—Teaching Notes*, Libreria Progetto, Padova, Italy, 2005, p 450
13. www.wikipedia.org
14. P.S. Neelakanta, *Handbook of Electromagnetic Materials*, CRC Press, 1995
15. D.D. Pollock, *Physical Properties of Materials for Engineers*, Vol I, II, & III, CRC Press, 1982
16. L. Solimar and D. Walsh, *Lectures on the Electrical Properties of Materials*, Oxford University Press, 1993
17. A. Nussbaum, *Electric and Magnetic Behavior of Materials*, Prentice Hall, 1967
18. R. Bozorth, *Ferromagnetism*, IEEE Press, 1978
19. ASM International Materials Properties Database Committee, *ASM Ready Reference: Properties & Units for Engineering Alloys*, ASM International, Materials Park, OH, 1997
20. *Handbook of Chemistry and Physics*, 94th ed., CRC Press, 2013
21. W.D. Callister, Jr., *Materials Science and Engineering: An Introduction*, 5th ed., John Wiley, New York, 2000
22. C.P. Steinmetz, *Theory and Calculation of Electric Circuits*, McGraw-Hill, 1917
23. C.P. Steinmetz, On the Law of Hysteresis, *Proc. of the IEEE*, Vol 72 (No. 2), p 197–221, Feb 1984
24. J. Reinert, A. Brockmeyer, and R.W. De Doncker, Calculation of Losses in Ferro- and Ferrimagnetic Materials Based on the Modified Steinmetz Equation, *Conference Record of the 1999 IEEE*, Vol 3, 1999, p 2087–2092
25. J. Reinert, A. Brockmeyer, and R.W. De Doncker, Calculation of Losses in Ferro- and Ferrimagnetic Materials Based on the Modified Steinmetz Equation, *IEEE Trans. on Industry Applications*, Vol 37 (No. 4), July/Aug 2001, p 1055–1061

选择参考文献

- S.I. Abu-Eishah, Correlations for the Thermal Conductivity of Metals as a Function of Temperature, *Int. J. Thermophysics*, Vol 22 (No. 6), 2001, p 1855–1868
- F.P. Incropera and D.P. DeWitt, *Fundamentals of Heat & Mass Transfer*, 4th ed., John Wiley, New York, 1996
- B. Nacke, E. Baake, S. Lupi, M. Forzan, J. Barglik, A. Jakovičs, A. Aliferov, et al., *Theoretical Background and Aspects of Electrotechnologies—Physical Principles and Realizations*, Publishing House of ETU, St. Petersburg, Russia, 2012

- B. Nacke, E. Baake, S. Lupi, M. Forzan, J. Barglik, A. Jakovičs, A. Aliferov, I. Pozniak, and A. Pechenkov, *Induction Heating Technologies*, Publishing House of ETU, St. Petersburg Russia, 2013

1.4　感应加热基本参数的估算

Sergio Lupi, University of Padua Valery Rudney, Inductoheat, Inc

功率、频率、所需的加热时间和线圈设计细节的选择是设计者考虑的重中之重，这难免受到设计者以往经验的影响，另外因素还有加热材料的种类、需要的温度分布（如加热结束时的温度均匀性或所需的热形）、周期时长、应用细节等。本手册的后文将探讨各种感应应用的工艺参数和线圈设计细节的选择，并将为特定的感应加热和热处理应用（如表面淬火和通透淬火，在热成形之前的加热、回火和应力消除等）提供用于估计基本工艺参数的许多图表和简化公式。这里仅讨论一些在加热经典工件时选择关键工艺参数的一般准则。

计算过程参数的最准确方法是使用数值模拟技术，包括但不限于以下方法：有限元分析（FEA）、有限差分法（FDM）、边缘元素法（EEM）和边界元素法（BEM）。因现代数值模拟的显著优点，同样重要的是能够在几分钟内使用粗略的估算技术来开发对特定感应加热系统的关键参数的一般估算（如所需的功率和频率），以期实现一个特定的感应加热任务。

1.4.1　透热加热工件应用的功率估计

估计加热工件所需功率（P_w）的粗略数量级的一种快速方法是基于加热材料的比热容（c）的平均值。比热容（c）表示单位质量的工件为了实现单位温度的温升必须吸收以 J/(kg·℃) 或 Btu/(lb·℉) 为单位的能量。较高的比热容对应于将单位质量加热温升一个单位温度所需的功率更高。

式（1-61）有助于确定待加热工件（即坯料、棒料、板或棒）对应的感应线圈所需的功率，以便在所期望的生产率前提下，提供必要的平均温升。

$$P_w = mc\frac{T_f - T_{in}}{t} \tag{1-61}$$

式中，m 是待加热工件的质量（kg）；c 是在所考虑的温度间隔内的比热容平均值［J/(kg·℃)］；T_{in} 和 T_f 分别是工件的初始和最终温度（℃）；t 是所需的加热时间（s）。可以通过互联网搜索或各种数据手册找到作为特定材料的温度函数的比热容。

加热一个铜圆棒，外径为 0.12m（4.7in），长为 0.4m（15.7in），在 120s 内，从环境温度 20℃（70℉）加热到温度为 620℃（1150℉），依据式（1-61）可计算出感应加热所需的功率。在这种情况下，被加热金属的质量为

$$m = \frac{\pi D^2}{4}l\rho = \frac{3.14\times0.12^2}{4}\times0.4\times8.94\times10^3\text{kg}$$
$$=40.4\text{kg} \tag{1-62}$$

式中，ρ 是密度（kg/m³）（铜的密度 $\rho = 8.94\times10^3$ kg/m³）；D 是外径（m）；l 是铜坯的长度（m）。铜温度 20 ~ 620℃ 对应的平均比热容为 413J/(kg·℃)。因此，应用式（1-61），在工件中感应加热所需的功率为

$$P_w = mc\frac{T_f - T_{in}}{t} = 40.4\times413\times\frac{620-20}{120}\text{W}$$
$$=83426\text{W} = 83.4\text{kW}$$

一些从业者喜欢使用材料的热含量（HC）而不是用比热容来确定功率。热含量以 kW·h/t 为单位。在这种情况下，式（1-61）可以重写为

$$P_w = HC\times\text{生产率}$$

这里生产率的单位为 t/h。

图 1-58 所示为常用金属的热含量。使用热含量对前述示例计算所需功率（P_w）。所需的热容量近似等于 70kW·h/t。

$$\text{生产率} = \frac{40.3\text{kg}}{120\text{s}} = \frac{0.0403\text{t}}{0.033\text{h}} = 1.22\text{t/h}$$

$$P_w = HC\times\text{生产率} = 70\times1.22\text{kW} = 85.4\text{kW}$$

诸如式（1-61）的简化公式可方便地用于对整个工件进行均匀加热的应用中。这些公式具有快速估算所需工件功率 P_w 值的优点。重要的是要记住，加热期间，在工件中感应的功率（P_w）不是恒定不变的值，是随加热材料温度变化的，其电阻率和相对磁导率发生变化。这就是为什么通常使用 P_w^{av}（每个加热循环的平均功率）代替 P_w 来估算。

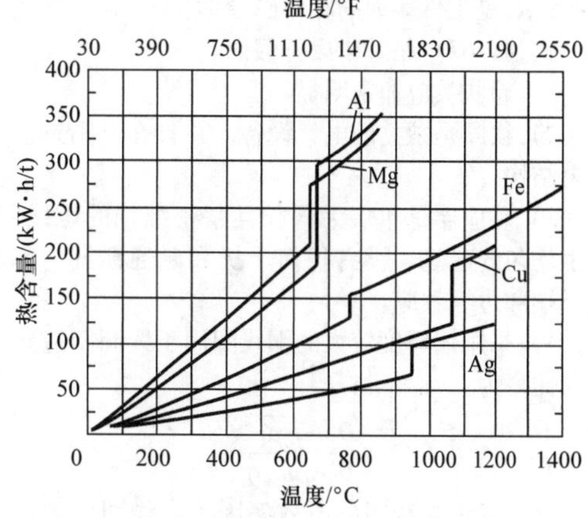

图 1-58　常用金属的热含量

1.4.2 线圈效率

功率（P_w^{av}）不代表线圈端子所需的功率（线圈功率）。式（1-63）提供所需的平均线圈功率（P_c^{av}）和所需的平均工件功率（P_w^{av}）之间的相关性：

$$P_c^{av}=\frac{P_w^{av}}{\eta} \tag{1-63}$$

式中，η 是线圈的效率。根据式（1-64），线圈的总效率是电效率（η_{el}）和热效率（η_{th}）的复合。

$$\eta=\eta_{el}\eta_{th} \tag{1-64}$$

式中，电效率（η_{el}）和热效率（η_{th}）都小于1。

1. 线圈的电效率

η_{el}代表电能的损耗（P_{loss}^{el}）与工件中电感的功率（P_c^{av}）的比值。根据：

$$\eta_{el}=\frac{P_w^{av}}{P_w^{av}+P_{loss}^{el}} \tag{1-65}$$

式中，P_{loss}^{el}包括实际铜线圈中的功率损耗（P_{loss}^{turns}）和位于感应线圈附近的导电体（P_{loss}^{sur}）中的功率损耗，可以表示为

$$P_{loss}^{el}=P_{loss}^{turns}+P_{loss}^{sur} \tag{1-66}$$

P_{loss}^{sur}的值表示工具、引导件、导轨、磁聚器、磁分流器、固定装置、外壳、支撑梁和位于感应线圈附近的其他导电结构的不期望的加热损耗，并且在这些构件中可以产生可感知的涡流，产生相关的千瓦级损失。

根据参考文献［11］，当在长螺线管线圈中加热固体均质圆筒时，可以按下式粗略地估计 η_{el}的值。

$$\eta_{el}=\frac{1}{1+\frac{D_1'\rho_1\delta_1}{D_2'\rho_2\delta_2}}=\frac{1}{1+\frac{D_1'}{D_2'}\sqrt{\frac{\rho_1}{\mu_r\rho_2}}} \tag{1-67}$$

式中，$D_1'=D_1+\delta_1$，是相当的直径（ID），D_1 是内线圈直径；$D_2'=D_2-\delta_2$，是等效的直径（OD），D_2 是圆筒的外径；δ_1 和 δ_2 是铜线圈和气缸（工件）中的电流穿透深度；ρ_1 和 ρ_2 分别是线圈和工件中的电阻率；μ_r 是工件表面的相对磁导率。

式（1-67）是基于以下假设。

1）趋肤效应非常明显。

2）线圈是独立的电气设备，并且在其附近没有导电结构。

3）感应器是单层无限长且紧密缠绕的螺线管，产生均匀的磁场，没有任何干扰和磁通泄漏，无电磁末端和边缘效应。

4）采用铜厚度较大的铜线圈用于线圈制造。

比率为

$$\frac{D_1'}{D_2'}\sqrt{\frac{\rho_1}{\mu_r\rho_2}}$$

该比率称为线圈的电效率因子。线圈的高电效率对应于电效率因子的低值。因此，使用相对小的线圈对工件间隙（$D_1/D_2\to1$），加热具有高 μ_r 和电阻率的磁性工件（假定在加热的工件内没有涡流抵消）时，对应线圈的高电效率。例如，当将碳钢钢瓶加热到居里点以下时，线圈的电效率（η_{el}）通常为0.8～0.95（80%～95%）。相比之下，当使用常规螺线管感应器将由银或铜制成的坯料加热到相对低的温度时，η_{el}通常为0.35～0.45（35%～45%）。

当加热矩形体（如薄板和厚板）时，应用式（1-68）而不是式（1-67）。

$$\eta_{el}=\frac{1}{1+\frac{F_1}{F_2}\sqrt{\frac{\rho_1}{\mu_r\rho_2}}} \tag{1-68}$$

式中，F_1 和 F_2 相当于矩形线圈铜开口和加热板的等效周长。

感应器的线圈效率是几个设计参数的复杂函数，包括但不限于线圈对工件的径向间隙（电磁临近效应）、待加热金属的物理性质、磁通集中器和法拉第环的存在、铜绕组细节、线圈长度、电磁端和边缘效应以及施加频率。图1-59所示为线圈电效率与频率之间的关系。当施加的频率大于频率 f_1 时，线圈的电效率将高于对应于气缸外径 OD 与电流穿透深度 δ 的比率 $OD/\delta>3$ 的，并确保施加的频率足够高，以避免显著的涡流消除。使用 $OD/\delta>8$ 的比率的频率将仅稍微增加线圈电效率。由于更高的传输损耗（如输出变压器、负载匹配装置、滤波器、总线等），使用非常高的频率（频率 $>f_2$）往往会降低总电效率，并降低热效率，因为它需要更长的加热时间以确保从表面到心部温度的均匀性。如果所选频率导致 $OD/\delta<3$（频率小于 f_1）的比率，则线圈的电效率显著降低。这是由于在实心圆柱体的相对侧中循环的感应涡流相互抵消而发生的。

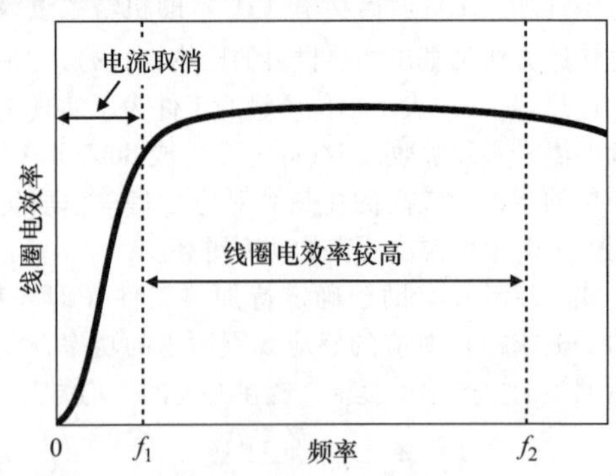

图1-59 线圈电效率与频率之间的关系

2. 线圈的热效率

η_{th}表示线圈的热效率，并且表示与实际加热功率相比在整个加热期间的热损失量（P_{loss}^{th}）。

$$\eta_{th}=\frac{P_w^{av}}{P_w^{av}+P_{loss}^{th}} \tag{1-69}$$

参数 P_{loss}^{th} 包括由于热辐射和热对流引起的工件表面的热损失以及由于热传导（如从坯料到水冷轨道，导轨或支撑结构的热传导损耗）导致的热损失。

在后文中有关于计算热传导、辐射和对流引起热损失的例子。

感应线圈的绝热（耐火材料或衬垫）显著降低了工件表面的热损失。它由绝热性材料制成，如陶瓷、热铸件、碳化硅、纤维复合材料、热毯等。P_{loss}^{th} 值的精确估计可以在计算机建模之后模拟确定。同时，可以通过几个经验公式对这些损失进行粗略估计。其中在参考文献［9］中提供了一些建议，用于耐火材料混凝土块的圆柱形盘管。

根据式（1-64），感应线圈的总效率是线圈的电效率和热效率的乘积。在热加工之前用于感应加热的几乎所有线圈都使用位于线圈和加热工件之间的绝热材料进行绝热（即耐火材料或衬垫）。除了减少工件表面的热损失和提高热效率之外，热绝缘通过充当热障来保护线圈绕组进行隔热。

使用耐热衬需要额外的安装空间，会导致更大的线圈直径，从而导致更大的线圈与工件之间的电磁间隙。这会使线圈对工件电磁耦合恶化，从而降低线圈的电效率（见图 1-60）。

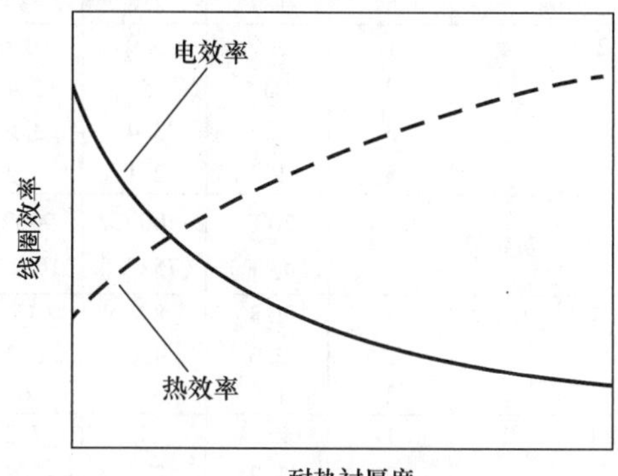

图 1-60 感应线圈的电效率和热效率与耐热衬厚度之间的关系

虽然耐热衬提高了线圈的热效率，但也不可避免地降低了线圈的电效率，因此使用或不使用隔热层需要综合考虑。

在某些情况下，不要使用任何耐火材料，而是最大限度地减小线圈与工件的间隙，从而使线圈的电效率最大化，因为在表面淬火、钎焊、焊接和其他应用中通常都会实现相对短的热循环和高频率，并且需要针对局部区域进行加热。

在其他情况下，使用耐火材料是有利的，从而使得表面热损失最小化并且通过显著提高热效率和总效率来弥补电效率的降低。这通常用在锻造、轧制、镦锻和挤压之前的棒料和坯料感应加热。

在某些应用中，采用耐火材料的成本效益较低。在低温应用（如钢回火）中，来自工件表面的热损失非常低，导致热效率为 95% ~98%，已知这些应用具有相当高的电效率（80% ~92%）。因此，在这里不使用任何耐火材料的方案反而可能是最简单的成本效益。数值计算模拟有助于对使用或不使用耐火材料做出适当的决定。

必须认识到，P_w^{av} 并不真正代表实际在工件中产生的功率。如前所述，其值基于所需的热含量或比热容来计算。总线圈功率还包括补偿表面必要的热损失。应该理解，在工件内感应的实际功率大于 P_w^{av} 。

1.4.3 频率选择

1. 加热实心圆柱体的频率选择

频率是感应加热系统最关键的参数之一。如果频率太低，则在加热体内发生的涡流会削弱，导致线圈的电效率差（见图 1-59）。然而，当频率太高时，趋肤效应非常显著，导致与加热部件的直径相比，电流都集中在非常薄的工件表面层中。为了确保通过热传导对工件及其心部区域进行充分的加热，需要更长的加热时间（当使用逐渐加热时，需要更长的感应加热路径）。长时间加热会造成热辐射和对流热损失的增加，这又降低了感应加热器的总效率。所以频率也应进行合理地选择。

表 1-15 列出了棒料高效感应加热的最小直径数。当加热多个工件（如电线、电缆等）时，频率可以低于表 1-15 中的值。

表 1-15 棒料高效感应加热的最小直径

材　料	温度/℃	温度/℉	最小直径/mm						
			0.06kHz	0.2kHz	0.5kHz	1kHz	2.5kHz	10kHz	30kHz
铜	900	1652	68	35	23	17	11	5	3
铝	500	932	68	35	23	17	11	5	3
黄铜	900	1652	102	56	35	26	16	8	5
钛	1200	2192	304	168	105	74	47	23	13
钨	1500	2732	168	92	58	43	27	14	8
钢	1200	2192	253	140	94	65	41	19	12

2. 管材加热的频率选择

图1-61所示为空心圆柱体和实心圆柱体感应加热过程中线圈电效率与频率的关系。与实心圆柱体相比，细管和中空管的感应加热频率选择有差异。在中空圆管材的感应加热中，对应于最大线圈效率的最佳频率向较低频率移动（对于中空圆筒，频率为$f_1 \sim f_3$，而对于实心圆柱体，频率为$f_2 \sim f_3$）。加热中空圆柱体最理想的频率通常导致电流穿透深度大于管壁厚度（电磁小管尺寸的加热除外）这种情况可导致线圈可测量电效率增加。在某些情况下，电效率的提高可能超过10%，甚至为16%。在其他情况下，线圈效率的提高不太明显。

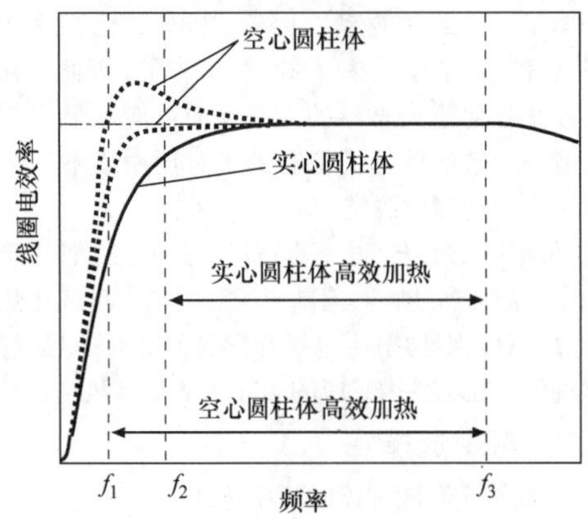

图1-61 空心圆柱体和实心圆柱体感应加热过程中线圈电效率与频率的关系

一般来说，加热管状工件时，合适的频率值是几个参数的复杂函数，包括加热金属的电磁特性、线圈长度、线圈内径与管外径的比值，以及管壁厚度与电流的穿透深度，最后两个是最关键的因素。计算机数字模拟可为特定应用选择最佳频率。同时，工业中细管/中空管感应加热使用了几个简化公式。

对于长螺线管型电磁感应器，可以使用参考文献［11，13］中推荐的公式分别对合适频率进行快速粗略估计。表1-16列出了螺线管感应器加热金属管材的最佳频率。

$$频率 = 34.6\frac{\rho}{D_m h} \tag{1-70}$$

式中，ρ是被加热金属的电阻率（$\mu\Omega \cdot in$）；D_m是平均直径（in）；h是加热管的壁厚（in）。如果采用国际单位制，则式（1-10）可表示为

$$F_{最佳频率} = 8.65\frac{\rho \times 10^5}{D_m h} \tag{1-71}$$

式中，ρ是电阻率（$\Omega \cdot m$）；D_m单位为m；h单位为m。

应该考虑到，有些时候，当感应线圈不是足够长的情况下，最佳频率的值通常高于表1-16的值或式（1-70）和式（1-71）中的推荐值。

表1-16 螺线管感应器加热金属管材的最佳频率
（假定线圈的电磁感应长度无限）

管材外径/mm	管材外径/in	壁厚/mm	最佳频率/kHz		
			20℃（68℉）	800℃（1472℉）	1200℃（2192℉）
无磁不锈钢					
12.7	0.5	1	51	85	92
		2	28	47	50
		3	21	34	37
25.4	1	1	25	41	44
		2	13	21	23
		3	8.9	15	16
		5	5.9	9.8	11
50.8	2	1	12	20	22
		2	6.1	10.1	11
		3	4.2	6.9	7.5
		5	2.6	4.3	4.7
76.2	3	1	7.9	13.2	14.3
		2	4	6.7	7.2
		3	2.7	4.5	4.9
		5	1.7	2.8	3
102	4	1	5.9	9.9	10.6
		2	3	5	5.4
		3	2	3.4	3.6
		5	1.2	2.1	2.2
黄铜管			20℃（68℉）	400℃（752℉）	900℃（1632℉）
12.7	0.5	1	4.8	8.4	15
		2	2.6	4.6	8.2
		3	1.9	3.4	6
25.4	1	1	2.3	4	7.2
		2	1.2	2.1	3.8
		3	0.84	1.5	2.6
		5	0.6	1	1.7
50.8	2	1	1.1	2	3.5
		2	0.6	1	1.8
		3	0.4	0.7	1.2
		5	0.25	0.43	0.8
铜			20℃（68℉）	500℃（932℉）	900℃（1632℉）
12.7	0.5	1	1.33	3.7	6.3
		2	0.73	2	3.4
		3	0.54	1.5	2.5
25.4	1	1	0.64	1.8	3
		2	0.33	0.92	1.6
		3	0.23	0.64	1.1
50.8	2	1	0.31	0.87	1.5
		2	0.16	0.44	0.8
		3	0.11	0.3	0.51

在管材加热中，噪声可能成为影响频率选择的关键因素。管的几何形状、频率和功率密度的不良组合可能导致可测量的谐振声波的发射，可以使用与先前推荐频率值不同的频率来减小噪声。

3. 矩形工件——薄板、厚板、板条加热频率的选择规范

感应加热通常用于加热非圆柱形工件（如矩形工件）。这种一般形状的工件包括薄板、方钢坯、厚板、板条坯等。有几种不同的线圈布置用于加热矩形工件，包括矩形电磁线圈、横向磁通感应器、行波感应器和 C 型芯感应器。绝大多数矩形工件采用矩形螺线管多圈电感加热。参考文献［10］讨论了在加热矩形工件时发生的各种电热现象（如电磁边缘和最终效应、热边缘效应等）的复杂性质。频率的选择对线圈的电气参数和板内的温度分布具有重要的影响，包括其长度、厚度和宽度上的热均匀性。使用 d/δ 来描述加热矩形工件时，可以方便地定量分析趋肤效应的效果，其中 d 是板坯的厚度，δ 是电流的穿透深度。沿着板坯厚度比较均匀的温度分布对应于较低的 d/δ。如果 d/δ 明显大于 8，则由于出现横向边缘电磁效应，沿着板厚度，特别是横跨宽度的温度分布将明显不均匀。增加循环时间与降低功率密度的组合会使加热更均匀，因为热导率有助于平衡具有过多热源的区域的温度梯度，除非选择过低的频率。重要的是循环时间的增加导致热损失的相应增加（特别是在边缘区域和尖角处）和热效率（η_{th}）的降低。与圆柱体的感应加热类似，频率的选择不仅影响板坯内所需的温度分布，而且影响线圈的电效率。存在一个对应于线圈（η_{el}）电效率最大值的最佳频率（$f_{\eta elmax}$），使用高于最佳值的频率只会稍微改变加热效率。然而，选择显著高于最佳频率，其结果将倾向于在工件角的区域明显过热，需要更长的加热时间并降低整体效率。如果所选择的频率明显低于最佳值，则由于在板坯横截面的相对侧中涡流中的感应电流消除，电效率可能显著降低。表 1-17 列出了使用纵向磁场感应器有效加热无磁宽板的最小厚度。

表 1-17　使用纵向磁场感应器有效加热无磁宽板的最小厚度

材料	温度/℃	温度/℉	最小厚度/mm					
			0.06kHz	0.5kHz	1kHz	2.5kHz	4kHz	10kHz
铝	100	212	31	10.7	7.6	4.8	3.8	2.4
	250	482	37	12.9	9	5.8	4.6	2.9
	500	932	48	16.6	11	7.4	5.9	3.7
铜	100	212	24	8	6	3.7	2.9	1.9
	500	932	36	12.6	8.9	5.6	4.4	2.8
	900	1652	48	16.7	11.8	7.5	5.9	3.7
黄铜	100	212	44	15	10.9	6.9	5.4	3.4
	500	932	59	20	14	9.2	7.3	4.6
	900	1652	73	25	17.9	11	9	5.7
银	100	212	24	8.5	6	3.7	3	1.9
	300	572	31	11	7.8	4.9	3.9	2.4
	800	1472	43	14.9	10	6.6	5.2	3.3
无磁不锈钢	100	212	143	49	35	22	17.5	11
	800	1472	174	60	42	27	21.3	13
	1200	2192	180	63	44	28	22	14
钨	100	212	38	13	9	5.8	4.6	2.9
	900	1652	90	31	22	13.9	11	7
	1500	2732	120	42	30	18.6	14.7	9
钛	100	212	131	45	32	20	16	10
	600	1112	192	66	47	30	23	14.9
	1500	2732	218	75	53	33	26	17

如果板坯厚度 d 与穿透深度 δ 的比值为 2.8 以上，则可获得线圈的高电效率。加热无限宽板时，对应于线圈的最大电效率的频率可以确定，见参考文献［10］。对于高于居里点加热的非磁性板材或磁性板材：

$$\frac{d}{\delta_{nonmagn}} \approx 3 \sim 3.5 \tag{1-72}$$

对于温度低于居里点的感应加热：

$$\frac{d}{\delta_{magn}} \approx 2.8 \sim 3.1 \tag{1-73}$$

式中，$\delta_{nonmagn}$是非导磁薄板的电流穿透深度；δ_{magn}是导磁平板的电流穿透深度。

值得注意的是，与根据式（1-72）和式（1-73）推荐的值相比，表面热损失的存在和确保二维边缘和三维角处加热均匀性的需要，其结果将倾向于提高期望的频率。

在讨论线圈效率时，必须提及的是，较小的线圈到工件的径向间隙和线圈缠绕较紧的绕组会提高线圈的电磁邻近性及其效率。线圈的较高电效率也与较高比率 b/d（b 是板坯的宽度）值相关联。

过去，使用等效圆柱体（或具有等效直径的圆柱）对应的公式，对具有正方形横截面的圆角方钢坯（RCS）的加热线圈进行计算，这种计算中的偏差通常为5%～12%。如果 $b/d>1.5$，则 b/d 较高，计算偏差迅速增加。因此，不应使用基于等效直径的计算方法。在这种情况下，数值模拟可提供更好的结果。

4. 复杂形状工件的局部加热和热处理工艺参数估算

当对复杂几何构件的局部区域进行加热（如凸轮轴、曲轴、车轴、齿轮等的表面硬化）时，基本工艺参数（包括频率和功率）的选择甚至比整体加热常规形状工件更具有挑战性。它不仅受待加热金属/合金的种类和工艺特性的影响，还受其原始显微组织结构（初始组织结构）、所需硬度分布、热强度等的影响。

通常，钢铁或铸铁局部感应淬火要求如下：首先必须将工件局部（即外表面或内表面，端部或边缘或其他特定区域）加热至奥氏体化温度；如有要求，保温足够长的时间以使显微组织完全转化为均质奥氏体；然后迅速冷却至低于马氏体转变温度以下进行马氏体相变。

设计感应淬火机床的第一步是确定所需的硬度分布曲线，包括表面硬度、表层深度和过渡区。硬度分布模式与温度分布直接相关，通过选择合适的频率、时间、功率和工件/线圈几何结构得到控制。需要加热所选区域几何形状的复杂性几乎无穷无尽，这使得工艺参数选择的复杂性成为另一个难题。本手册的后续内容将讨论这些细微之处。

1.4.4 结论

以上所述的基本参数估算技巧，充分结合了先前作业经验，这使人们能够快速获得一个关于通过常规形状工件的感应加热选择功率和频率的基本概念。这些知识对于开发某一加热过程有一个总体了解，并根据基本工艺要求对某一特定工件进行加热所需要的直觉是非常重要的。

不幸的是，绝大多数的简化公式在使用时有很多限制，很难得到设计细节。这不仅适用于对整个工件进行感应加热的相关应用，而且对于局部感应加热（如表面硬化）也是如此。基于电磁和热现象紧密耦合的先进数值模拟软件使得感应加热设计师能够确定过程的细节，这个过程的成本可能是高昂的，且也耗时，并且在某些情况下，即使可能，通过试验确定也是极其困难的。

使用有限元分析（FEA）进行计算机数值模拟的结果见图1-62，这是在椭圆线圈内对碳钢棒料端部依次加热的横向剖面图。棒材外径为 0.05m（2in），所需加热长度为0.135m（5.3in），生产率为112 根/h。使用类似于图 1-63 所示的加热系统，加热频率采用3kHz，在一个椭圆形感应器中并排逐一加热5个条棒。图1-62 中 N_1、N_2、N_3 和 N_4 表示的四个临界点的温度变化。由于系统的对称性，图1-62仅显示加热棒的上半部分，模拟计算同时考虑了物理性能（即热导率、比热容、电阻率、磁导率）的非线性特征。

假定线圈电流恒定的情况下，线圈功率从满载冷启动、平稳阶段和线圈空载阶段的变化（见图1-64）。还可以获得感应系统的其他关键参数，包括线圈电压的变化、功率因数和加热循环期间的阻抗。这些基础知识对于评估变频器到线圈负载匹配能力至关重要，有助于在指定的频率范围内工作，避免超出变频器的输出极限。

负载匹配至关重要，因为如果变频器的输出电压或电流总是不与感应器的相应要求和额定输出相匹配，则无法获得功率。当人们总想使用同一个感应器设置用于加热各种不同尺寸工件时，负载匹配能力尤为重要，而这在现代生产中是比较普遍存在的。

最新开发的具有大量内存、硬盘容量和速度快的计算机的进展使开发面向对象、高效数字模拟代码成为过程控制系统（包括可编程逻辑控制器、人机界面和其他控制）的一部分，以确保实现最佳过程参数并最大限度地提高系统性能。

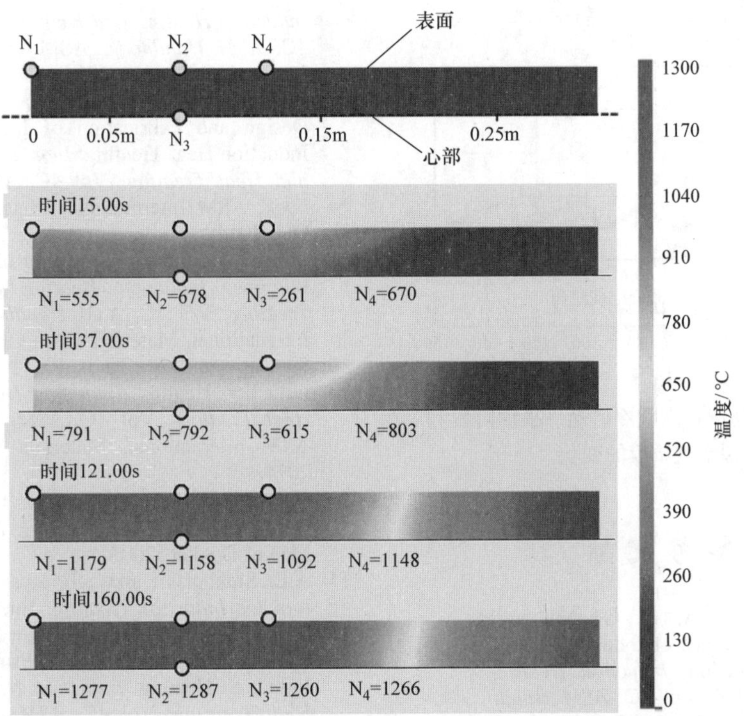

图 1-62　运用有限元分析法对椭圆线圈中端部持续加热的碳钢横截面进行数字计算机模拟

图 1-63　使用椭圆形感应器对圆棒进行端部加热（应达公司）

参考文献［10，14－18］以及不同国际会议论文集讨论了使用不同数值模拟技术进行感应加热和热处理应用这一现代计算机建模技术主题（包括每三年在意大利帕多瓦市召开一次的电磁源加热国际会议和每三年在德国汉诺威市召开一次的电磁过程模型国际科学研讨会）。

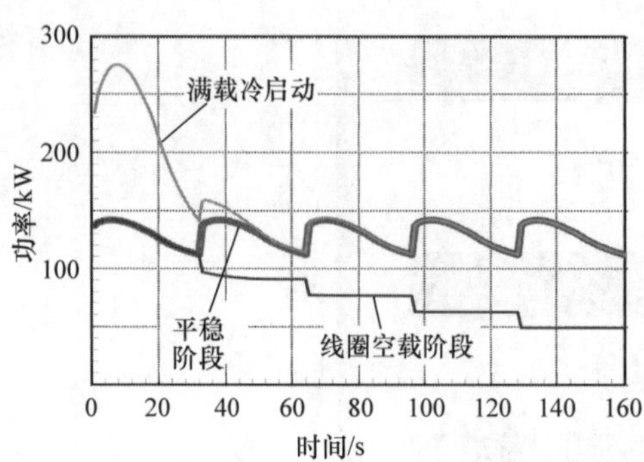

图1-64 线圈功率在满载冷启动、平稳阶段和线圈空载阶段的变化

参考文献

1. V. Rudnev, G. Fett, A. Griebel, and J. Tartaglia, Principles of Induction Hardening and Inspection, *Induction Heating and Heat Treating*, Vol 4C, *ASM Handbook*, ASM International, Materials Park, OH, 2014
2. V. Rudnev and J. Storm, Induction Hardening of Gears and Gearlike Components, *Induction Heating and Heat Treating*, Vol 4C, *ASM Handbook*, ASM International, Materials Park, OH, 2014
3. G. Doyon, V. Rudnev, and J. Maher, Induction Hardening of Crankshafts and Camshafts, *Induction Heating and* and Camshafts, *Induction Heating and Heat Treating*, Vol 4C, *ASM Handbook*, ASM International, Materials Park, OH, 2014
4. D. Brown, V. Rudnev, and P. Dickson, Induction Heating of Billets, Rods, and Bars, *Induction Heating and Heat Treating*, Vol 4C, *ASM Handbook*, ASM International, Materials Park, OH, 2014
5. J. Stambaugh, Design and Fabrication of Induction Coils for Heating Bars, Billets and Slabs, *Induction Heating and Heat Treating*, Vol 4C, *ASM Handbook*, ASM International, Materials Park, OH, 2014
6. S. Larrabee and A. Bernhard, Design and Fabrication of Inductors for Induction Heat Treating, Brazing and Soldering, *Induction Heating and Heat Treating*, Vol 4C, *ASM Handbook*, ASM International, Materials Park, OH, 2014
7. R. Goldstein, W. Stuehr, and M. Black, Design and Fabrication of Inductors for Induction Heat Treating, *Induction Heating and Heat Treating*, Vol 4C, *ASM Handbook*, ASM International, Materials Park, OH, 2014
8. V. Rudnev, Induction Heating of Selective Regions, *Induction Heating and Heat Treating*, Vol 4C, *ASM Handbook*, ASM International, Materials Park, OH, 2014
9. S. Lupi and V. Rudnev, Principles of Induction Heating, *Induction Heating and Heat Treating*, Vol 4C, *ASM Handbook*, ASM International, Materials Park, OH, 2014
10. V. Rudnev, D. Loveless, R. Cook, and M. Black, *Induction Heating Handbook*, Marcel Dekker, 2003
11. A.E. Slukhotskii and S.E. Ryskin, *Inductors for Induction Heating*, Energy Publ., St. Petersburg, Russia, 1974 (in Russian)
12. S. Lupi and V. Rudnev, Principles of Induction Heating, *Induction Heating and Heat Treating*, Vol 4C, *ASM Handbook*, ASM International, Materials Park, OH, 2014
13. J. Vaughan and J. Williamson, Design of Induction Heating Coils for Cylinder Nonmagnetic Loads, *Trans. AIEE*, Vol 64, Aug 1945
14. V. Rudnev, Simulation of Induction Heating Prior to Hot Working and Coating, *Metals Process Simulation*, Vol 22B, *ASM Handbook*, ASM International, Materials Park, OH, 2010, p 475–500
15. S. Lupi, *Electroheat—Teaching Notes*, Libreria Progetto, Padova, Italy, 2005, p 450 (in Italian)
16. V. Rudnev, Computer Modeling of Induction Heating Processes, *Forging*, Oct 2011, p 25–28
17. B. Nacke, E. Baake, S. Lupi, M. Forzan, J. Barglik, A. Jakovics, A. Aliferov, I. Pozniak, and A. Pechenkov, *Induction Heating Technologies*, Publishing House of ETU2013, St. Petersburg, Russia
18. V. Rudnev, Simulation of Induction Heat Treating, *Metals Process Simulation*, Vol 22B, *ASM Handbook*, ASM International, Materials Park, OH, 2010, p 501–546

第2章

钢的感应热处理

2.1 钢的感应淬火冶金原理

David K. Matlock，Colorado School of Mines

2.1.1 概述

感应淬火可针对不同目的，用于不同合金钢种、不同形状（如钢棒、钢带、钢管、钢板等）的工件，是常用的热处理工艺。

感应加热是对零件本身加热，它既可以是淬火工序（如淬火或回火）之前的加热，也可以是为后续的形变加工（如钢棒的锻压或钢管的弯曲）做准备。也有其他应用，如钢管中焊缝的退火、使加工过程中不均匀的显微组织均匀化等。感应热处理既适用于普通碳素钢也适用于合金钢。在所有应用中，都是为了使零件最终得到恰当的显微组织和性能，且得到的显微组织一定要合理和可控。本书涉及的感应热处理工艺既包括零件局部的表面淬火，也包括零件的整体透热淬火。具体选择哪种热处理方法取决于最终用途。例如，汽车车轴通常通过热处理得到一定淬硬深度来提高轴的复合强度（即表面和心部的综合强度），从而提高整个车轴的最大转矩。车轴两端的花键通常通过感应热处理来同时提高最大转矩能力和耐磨性。关于感应加热用于预处理，为随后的材料成型做准备的应用将在本书的其他章节讨论。

钢的热处理包括多种工艺方法。然而，本书着眼于钢件按照热处理工艺的基本原理，通常称作淬火和回火，通过控制钢中相变来强化零件。

分析所有的热处理工艺方法，其实质是理解和应用在热处理过程中的各种时间 - 温度过程如何影响显微组织的转变，从而达到性能控制。典型的感应淬火工艺，一般包括快速加热到某一温度下短暂保温，然后快速冷却。与之对比，传统热处理方法则加热速度低得多，在可控冷却之前保温时间更长。

传统热处理方法已经在许多文献和优秀书籍中广泛论述，关于热处理原理和控制过程的文章已经有很多。一般来说，人们认为传统热处理过程是工件被加热到淬火温度，保温充足的时间使整个工件温度均匀。相应地，材料保温充足的时间从而得到高温下近似均匀的奥氏体显微组织，而之前低温时呈现的基础相消失；典型元素尤其是碳，均匀地溶解和扩散在奥氏体中。在随后的淬火或者快速冷却过程中，奥氏体转变为低温转变产物（如马氏体和贝氏体），使材料强度显著提高。已经建立起来的，评价合金成分和冷却速率对组织转变的影响的方法，一般地假定为在淬火温度存在近平衡状态，因此，推测工件中出现的最终淬火组织的分析是依据铁 - 碳平衡相图和合金元素对关键相转变温度的影响。

基于感应淬火时加热速度快和淬火温度下保温时间短的事实，传统热处理中依据假定的平衡状态来得到最终的显微组织和性能的分析方法不能直接应用于感应淬火时预测需要的奥氏体化温度。按照区别于传统热处理工艺的模式，把热处理基础知识重新梳理，着重论述了和钢的热处理有关的温度、相和显微组织构成等。提供了针对感应加热速度快、时间短进行热处理讨论的基础。感应回火的详细论述将在后文进行介绍。

2.1.2 钢铁热处理基础

（1）铁碳相图　下文根据上面提及的许多参考资料中提出的钢铁热处理原理，对传统热处理和感应加热进行比较。钢的热处理方法的分析和应用可依据图 2-1 所示的铁碳平衡相图。在图 2-1 中有两组边界线：稳态的铁 - 石墨相图（虚线）和亚稳的 $Fe-Fe_3C$ 相图（实线）。由于石墨的形成要长时间达到稳态才能形成，所以亚稳相图是热处理的基本依据。

图 2-1 显示了二元合金（如铁和碳）成分和温度的关系，描述了特殊的稳定相和亚稳相。尽管图 2-1所示的相图很有用，如在随后的讨论中会随时用到，当在铁碳系统中添加合金元素后相图上的边界位置发生了改变，合金钢进行相转变时这些改变必须加以考虑。适合进行热处理的大部分的合金钢碳质量分数小于 0.8%。因此图 2-1 相图左半部被放大如图 2-2 所示，在这里着重讨论。

在图 2-1 和图 2-2 中可以看到三个基本相：

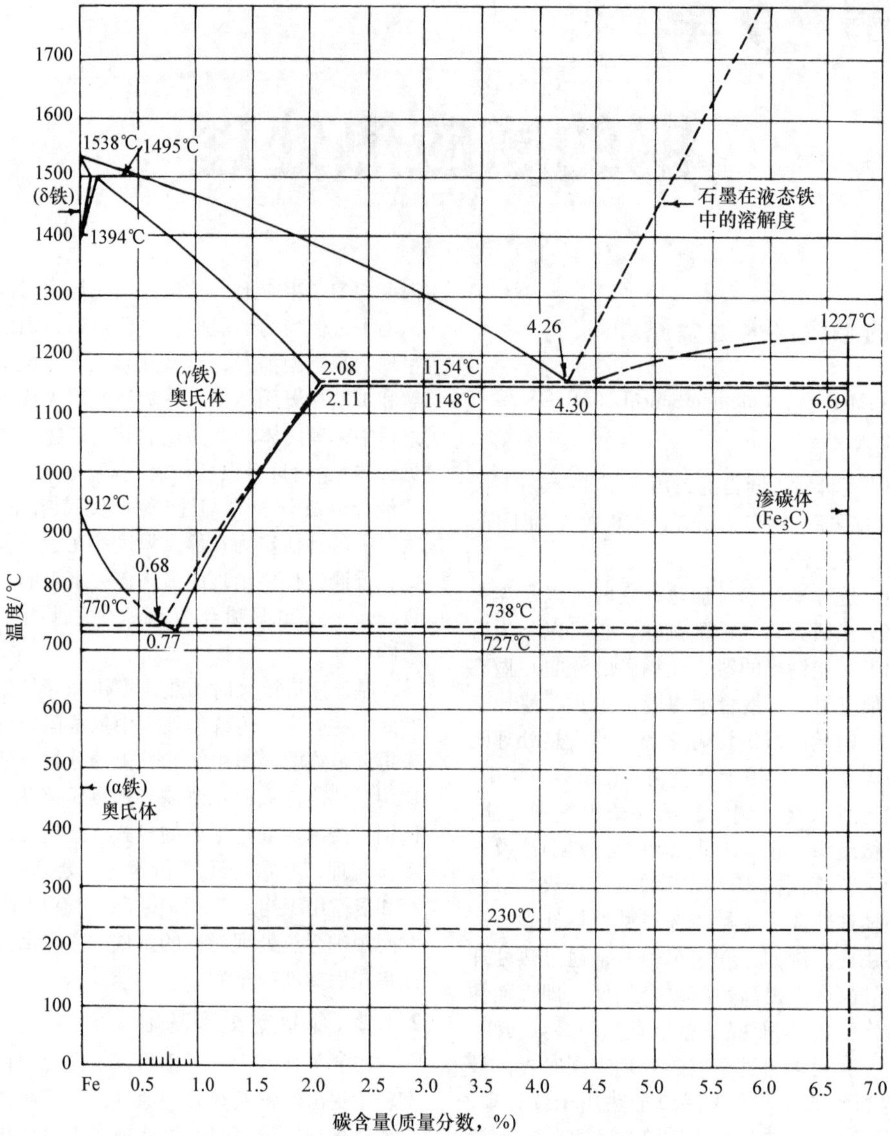

图 2-1 铁碳（质量分数≤7%）平衡相图

1）奥氏体，是高温时形成的铁碳单相固溶体，其中的碳含量要比一般的感应热处理钢所能溶解的高得多。奥氏体是面心立方结构，称为 γ 铁。

2）铁素体，是低温相，碳的固溶度很低（在 727℃时最大溶解度接近 0.028%）。铁素体是体心立方结构，密度低于奥氏体，称为 α 铁。

3）渗碳体，是铁和碳的化合物，成分是 Fe_3C。

用于热处理的重要相见图 2-2，包括奥氏体单相区和三个两相区：

碳含量低于共析成分碳含量（通常质量分数为 0.8%）的奥氏体和铁素体区。

碳含量高于共析成分碳含量（通常质量分数为 0.8%）的奥氏体和渗碳体区。

温度低于 727℃到室温的区域为铁素体和渗碳体。在铁素体和渗碳体区域，渗碳体形态依据冷速和后续工艺，可成为被称为珠光体的薄片状结构（铁素体和 Fe_3C 的交互层），或者成为铁素体基体中分散的球形碳颗粒。

除了在亚稳铁碳相图外，在奥氏体冷却时形成其他两种重要的组织，是马氏体和贝氏体。马氏体具有体心立方晶体结构，它是提高强度的主要组织，其中溶有过饱和的碳，其形态可为片状马氏体（碳质量分数 >1.0%）或者板条状马氏体（碳质量分数 <0.6%）。贝氏体组织只有在较高温度下才能形成

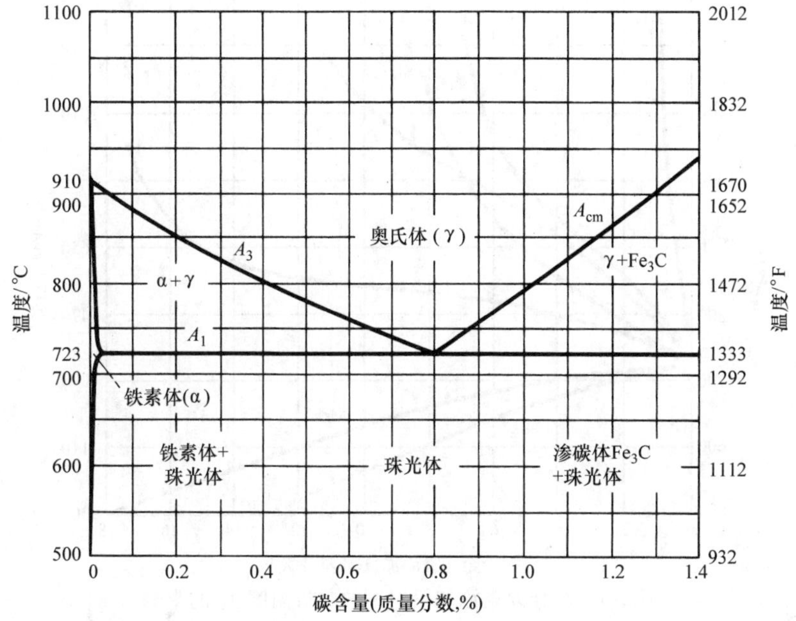

图 2-2 铁碳相图的左下角

上贝氏体或在较低温度下才能形成下贝氏体。然而关于贝氏体的形成有多种不同的理论，这种结构是由铁素体和渗碳体在一定比例下混合而成的一种非层式混合体，上贝氏体是羽状的而下贝氏体是针状的。与铁素体显微组织相比，马氏体和贝氏体的存在才使热处理零件最后得到硬化。

（2）转变相图 为了评估钢铁中组织的转变，会测定一些临界温度并标注在图 2-2 中，其中包括：

A_1：奥氏体存在的最低温度，同时也是共析温度。

A_3：奥氏体区的下界或者碳含量低于共析成分的钢中铁素体存在的最高温度。

A_{cm}：高碳钢中与 A_3 相对应的相变温度线；奥氏体和奥氏体 + 渗碳体相的边界。

这些临界温度定义了铁碳相图中的边界值，并且为制定热处理工艺提供了指南。举个例子，一般理想的热处理是（这里指可热处理的合金钢），一种合金被加热到 A_3 以上会形成稳定的奥氏体，然后淬火或者冷却来形成马氏体或其他形态的产物。临界温度并不是恒定不变的，它取决于多种因素，包括合金成分、加热速度、冷却速度和初始显微组织。对于常规热处理工序，加热和冷却会影响下列临界温度的值。

Ac_1：加热过程中，奥氏体开始形成的温度。

Ac_3：加热过程中，组织全部转换为奥氏体的温度。

Ar_1：冷却过程中，奥氏体向铁素体（或铁素体 + 渗碳体）转变完成的温度。

Ar_3：冷却过程中，奥氏体开始向铁素体转变的温度。

一般来说，随加热速度的增加，Ac_1 和 Ac_3 升高；随冷却速度的增加，Ar_1 和 Ar_3 下降。

合金元素添加量对钢的共析温度 A_1 的影响如图 2-3 所示，方法是选不同的合金元素加入钢中来测定。能稳定铁素体的添加合金元素（如钨、铬、硅、钼）提高 A_1，然而能够稳定奥氏体的添加合金元素（如镍和锰）降低 A_1。在加热速度对转变温度的影响中一样存在相似的合金元素作用。添加元素锰上升到质量分数为 9% 对临界温度和共析碳含量影响的情况如图 2-4 所示，随着锰含量的上升，A_3 温度和共析碳含量都下降了。举个例子，对于碳质量分数为 0.4% 的钢，加入质量分数为 2.5% 的锰将 A_3 温度从图 2-2 中大约 800℃（1470℉）下降到图 2-4 中的 750℃（1380℉）。相应地，共析碳质量分数从 0.8%（见图 2-2）下降到 0.63%（见图 2-4）。临界温度和共析碳含量这些明显的变化具有相当重要的现实意义，因为它们会影响热处理过程对于温度的选择。例如，相比于铁碳合金，锰的存在降低了完全奥氏体化的温度。

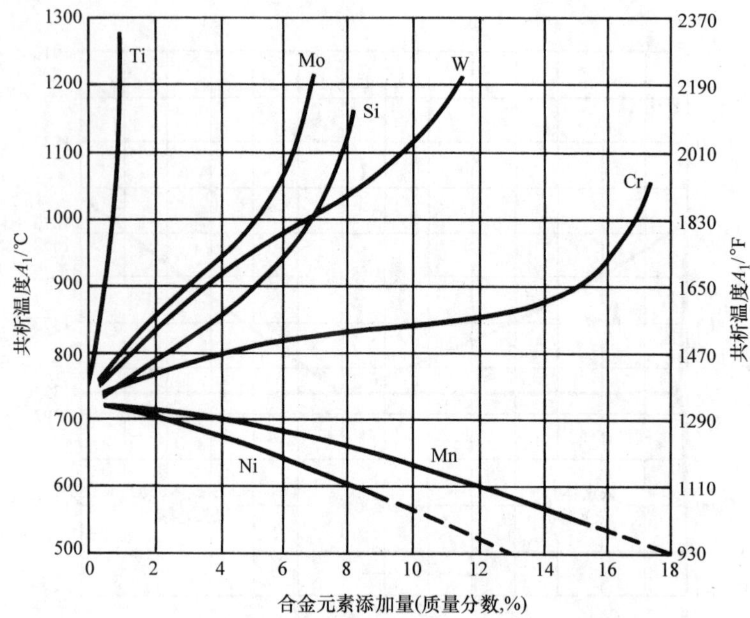

图 2-3 合金元素添加量对钢的共析温度 A_1 的影响

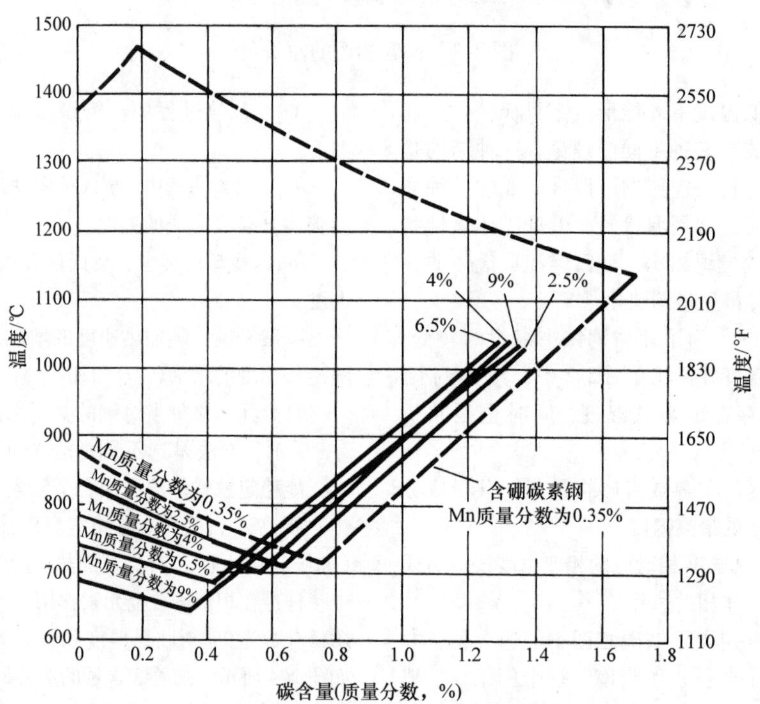

图 2-4 锰添加量对铁碳体系中奥氏体相区的影响

合金成分对临界温度，如 Ac_1 和 Ac_3 的影响通常由试验确定。进而，可以通过对大量试验数据的回归分析得到一些关于合金元素对临界温度的影响的经验公式。例如，我们得到了下面这些公式[⊖]：

$$Ac_3 = 910 - 203\sqrt{C} - 15.2Ni + 44.7Si + 104V + 31.5Mo + 13.1W \quad (2-1)$$

$$Ac_1 = 723 - 10.7Mn - 16.9Ni + 29.1Si + 16.9Cr + 290As + 6.38W \quad (2-2)$$

式中，温度单位是℃，合金元素添加质量分数为百分数。这些公式给出了另外一种描述合金成分对铁碳相图和钢中相变的影响形式。稳定奥氏体的元素降低 Ac_1 和 Ac_3，可由它们对相应方程的减小作用证明。相

⊖ 各式中各元素符号代表各元素的质量分数。

应地，稳定铁素体或者渗碳体的元素升高 Ac_1 和 Ac_3。

原始组织同样影响与加热速度有关的相变温度的测量值，图 2-5 比较了加热速度对 Ac_3 温度的影响。选取了三种不同原始组织的 1042 钢：伴有大晶粒铁素体的粗珠光体（如退火钢）；伴有细小晶粒铁素体的细珠光体（如正火钢）；调质钢。在这些原始组织结构中，影响形成完全奥氏体化作用最根本和最重要的是碳的分布。在加热开始前的原始组织中，调质钢碳分布表现最均匀，退火钢最不均匀，并且包含一些碳含量非常低的区域和一些碳平均含量很高的区域。后面会讲到，感应淬火时评估合金因素和工艺参数时，图 2-5 所示的加热速度和原始组织的影响非常重要。感应淬火具有加热速度快的特征。

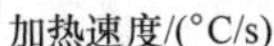

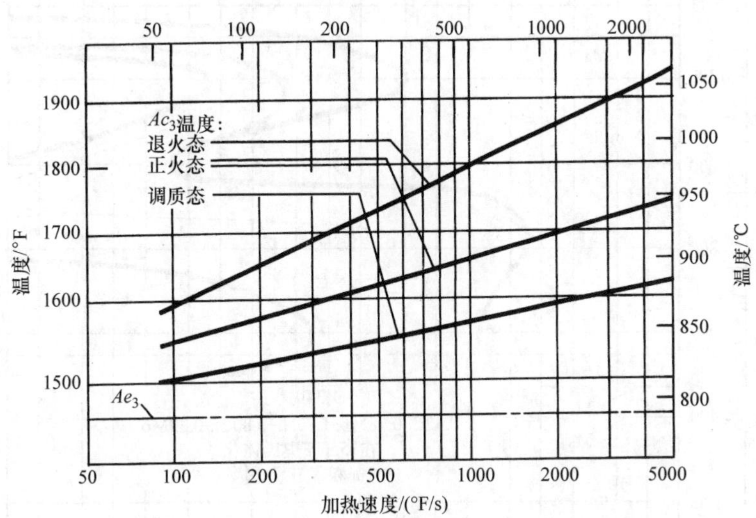

图 2-5　原始组织和加热速度对 1042 钢 Ac_3 相变温度的影响

常规热处理工艺用转变图来描述。转变图主要用于分析钢的热处理响应，由此预测最终的显微组织，包括：

1）等温转变图（IT），也称为时间 - 温度 - 转变图（TTT），它用来描述奥氏体的分解。

2）连续加热转变图（CHT）。

3）连续冷却转变图（CCT）。

在这些图表中，TTT 和 CCT 是最常见的，它们是编写各种合金相图的依据。图 2-6 和图 2-7 所示为 TTT 图和 CCT 图。图 2-6 是 AISI 4340 钢的 TTT 图，显示了转变图的一些重要特征。对应的显微组织分布的区域绘制在时间 - 温度 - 转变图（TTT）上，因而这些图为预测某些具体的热处理工艺产生的显微组织提供了可能性。在图 2-6 中，标注了 A 的区域代表显微组织只有奥氏体，A + F 代表奥氏体和铁素体的混合体，F + C 是铁素体和渗碳体（含片状渗碳体或是球化渗碳体），A + F + C 是奥氏体、铁素体和渗碳体混合而成的复杂显微组织，这些铁素体和渗碳体通常是珠光体，M 代表马氏体。在 TTT 曲线图中相边界的相对位置与合金成分紧密相关，因此每种合金对应有各自的曲线图。为了说明曲线图的作用，假设一个试样，它在 800℃（1470℉）时是奥氏体，然后一瞬间冷却并在 400℃（750℉）等温转变。约 15s 后，奥氏体开始转变为贝氏体，约 300s 后，这种转变会完成 50%（用虚线来表示）。保持更长时间，如 3000s 左右，亚稳态的贝氏体会分解为铁素体和渗碳体，与图 2-1 和图 2-2 中铁碳相图里的相区域一致。图 2-6 中边界线的位置取决于时间和温度，因为显微组织中的转变本质上是扩散控制的。

尽管 TTT 图提供了分析相变的方法，且也有合金成分对其影响的分析，但几乎没有热处理工艺是在等温转变条件下完成的，因此图 2-7 中的 CCT 图更有实际用途。图 2-7 是碳质量分数为 0.37% 钢的典型 CCT 图。连续冷却转变图假设初始点是完全的奥氏体相，这种相在奥氏体化温度下保持了足够的时间使其达到了均匀的合金分布；在温度 - 时间区绘制了冷却速度相关显微组织的临界初始和结束相边界。相边界实线对应图 2-6 中的 TTT 图，这是组织转变的起点。同时在图 2-7 中还有一系列虚线，标注了 10，25，50 等转变百分比的表征。在相区域上叠加的负斜率弧形线对应的是不同的冷却速度，有非常迅速的也有很缓慢的。在每条冷却线下端有一个圆圈，标注了在一定的冷却方式下产生的维氏硬度（HV 或金刚石棱锥硬度 DPH）。样品的快速冷却产生的显微组织的最终 DPH 值为 642 或 554HV，是完全的马氏体，因为冷却线只穿过马氏体开始和结束的温度。相对比的，样品经慢速冷却得到的 DPH 值为 242 或 219HV 的显微组织是铁素体和珠光体，因为冷却线在约600℃（1110℉）进入任一其他相区前穿过了铁素体结束边界。样品中等速度冷却产生多种不同硬度的产物，这反映了转变产物的组成很复杂。由TTT图可知，图2-7中的转变线的相对位置受合金成分影响。对于大部分淬火工艺，希望在冷却后形成马氏体。因此，需要添加延迟贝氏体和铁素体形成的元素（使边界线右移）来增加马氏体形成的时间区域，这样能够降低形成马氏体所需的冷却速度。在图2-3中镍和锰增加了奥氏体稳定性，是常用来达到此目的典型案例。

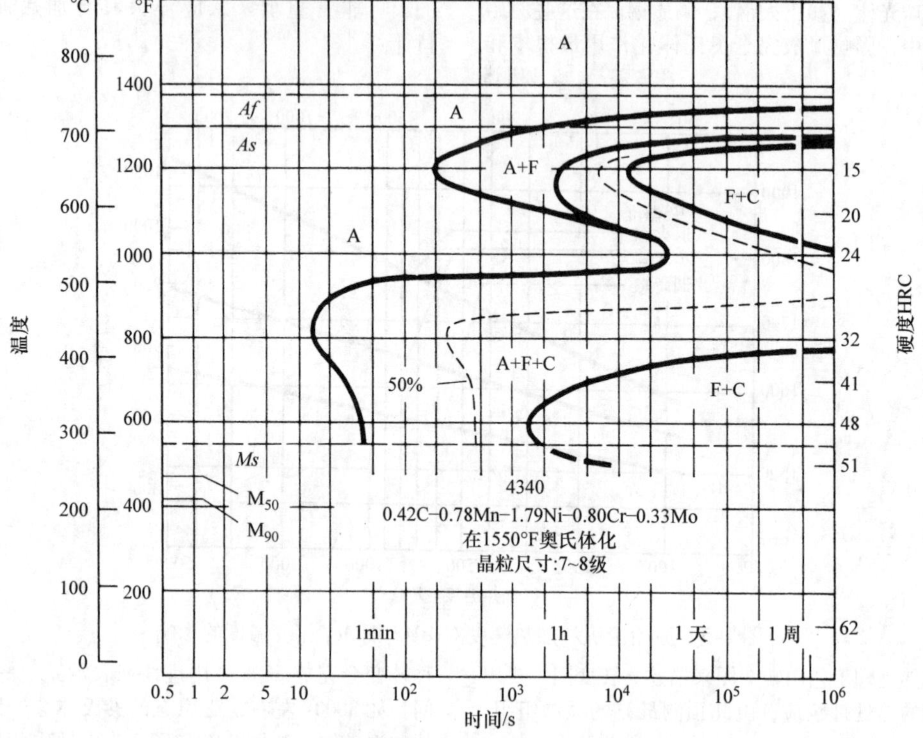

图2-6 AISI 4340钢的时间-温度-转变图（TTT）

A—奥氏体 F—铁素体 C—碳化物

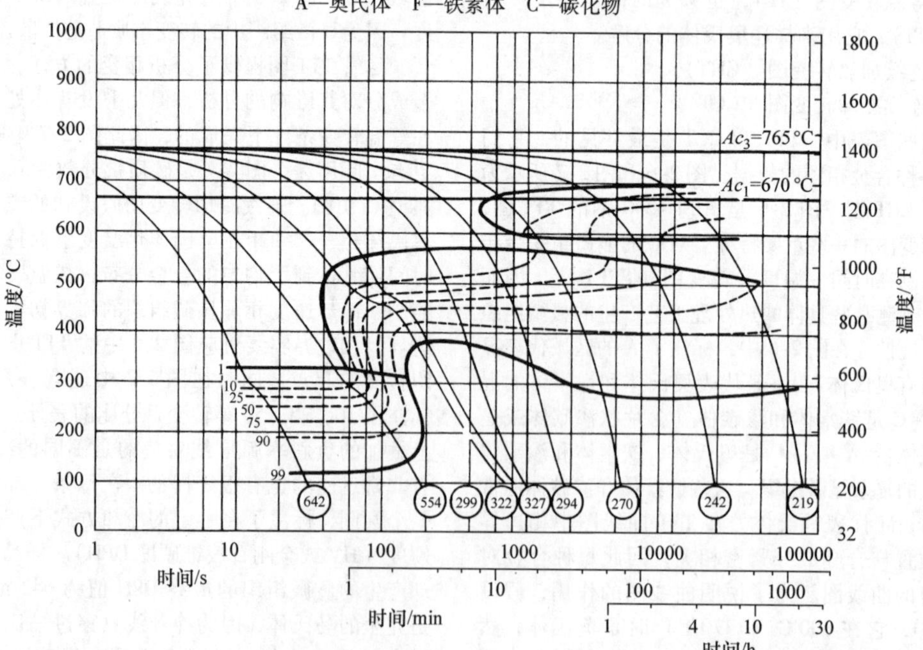

图2-7 质量分数为0.37%C、0.36%Si、0.84%Mn、1.4%Ni、0.47%Mo的钢的连续冷却转变图（CCT）

注：钢经795℃加热70min的奥氏体化。圆圈中的数字为以图示冷却速度得到的显微组织的硬度（DPH）。

在大多数感应淬火显微组织中，马氏体的转变是关键，因为马氏体的数量和马氏体碳含量决定着最终产物的淬火硬度和力学性能。图 2-8 所示为碳钢的淬火硬度和马氏体含量及碳含量的关系。碳含量增加，马氏体硬度（A 线）随之增加。对于一个给定的合金成分，随着马氏体含量的减少（这可能是由于冷却速度的降低）硬度降低。图 2-8 中对于碳的质量分数为 0.4% 这种常用钢进行分级淬火，全马氏体组织会得到 56HRC 的硬度，而体积分数为 50% 马氏体的显微组织会得到 44HRC 的硬度。

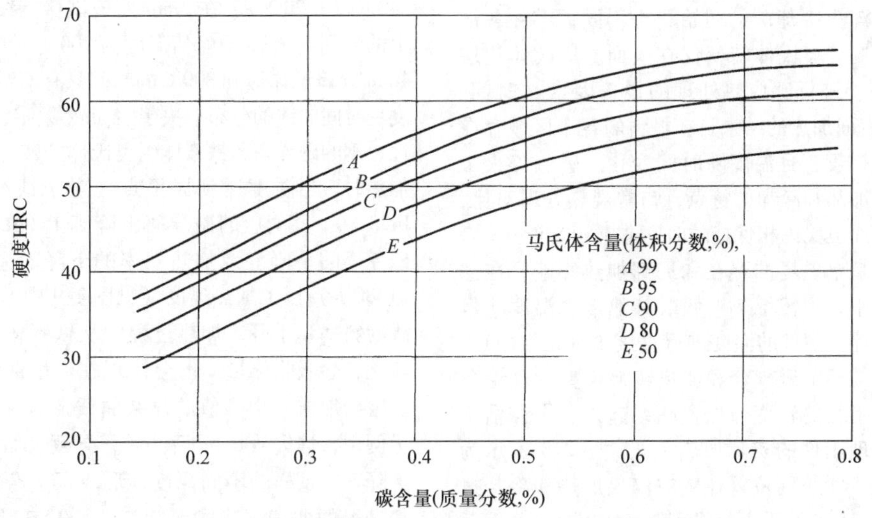

图 2-8 碳钢的淬火硬度和马氏体含量及碳含量的关系

马氏体的形成由两个临界温度决定：*Ms* 是初始温度，*Mf* 是结束温度。尽管马氏体硬度基本上取决于碳含量，但合金元素含量能够改变冷却过程马氏体形成的初始温度。一些经验公式将合金成分和 *Ms* 联系起来，其中一个方程是 Andrews 方程的线性形式[㊀]：

$$Ms(℃) = 539 - 423C - 30.4Mn - 12.1Cr - 17.7Ni - 7.5Mo \tag{2-3}$$

这个方程说明了，普碳 1040 钢（通常为 0.4C 和 0.75Mn，质量分数,%）的预测 *Ms* 温度点为 347℃（657℉），而相应的加入镍、铬、钼元素的 4340 钢（通常为 0.4C、0.75Mn、0.3Si、0.8Cr、1.8Ni、0.25Mo，质量分数,%）预测 *Ms* 点降低至 304℃（579℉）。

经奥氏体化后形成马氏体的百分数取决于低于 *Ms* 温度的过冷度（ΔT），并且能够通过描述奥氏体转变为马氏体的动力学方程计算出来。参考文献［11］的常见方程为

$$f = 1 - \exp[-(1.10 \times 10^{-2}\Delta T)] \tag{2-4}$$

对于前面提到的 4340 钢，计算出来的 *Ms* 为 304℃，由式（2-4）预测的淬火奥氏体到室温（23℃，73℉）会产生马氏体的量约为 0.95，就是说 95% 的奥氏体会转化，而少量的奥氏体会继续残存于组织中。

尽管在图 2-6 和图 2-7 中没有明确显示出来，其他一些临界条件也会对控制钢的转变行为产生影响。初始奥氏体晶粒度就是一个影响因素，在所有热处理中必须控制。通常，随着奥氏体化温度的升高，初始奥氏体晶粒度会增大，即图 2-6 和图 2-7 中冷却前的相变区呈现的奥氏体初始晶粒大。在某一奥氏体化温度，随着退火加热时间的增加，晶粒也长大，初始奥氏体晶粒度也增大。冷却时，铁素体在初始奥氏体晶界上结核析出。随着奥氏体晶粒度的减小，奥氏体晶粒边界线增加，将会导致冷却时铁素体转变率的增加。受奥氏体晶粒变小的影响，图 2-6 和图 2-7 中铁素体转变开始温度上升，使冷却时间更短，转变温度更高。

随着奥氏体化温度和奥氏体化时间的增加，常温下组织均匀性和合金元素（形成均匀的化合物）均匀性同样增加。低熔点组分含量高的某些合金中，在工艺过程中通常由于合金偏聚，过高的奥氏体化温度能够导致局部晶粒边界熔化，并随后开裂。

本章着眼于钢的基本转变特性。其他一些重要特性，如断裂韧性、塑性等在这里并没有涉及，但在针对具体零件的合金成分以及原始组织进行热处理工艺设计时应加以评估。

㊀ 式中元素符号表示各元素的质量分数（%）。

2.1.3 感应热处理应用

（1）加热速度和奥氏体化时间的影响 前文中考虑了假定成分的钢在奥氏体化温度下保持充足的时间来形成完全奥氏体的热处理过程，在整个截面温度一致。与常规热处理不同，采用感应热处理工艺的零件在淬火冷却前的初始状态不同，零件各部分的温度不同，奥氏体转变仅在表面。奥氏体化层的深度取决于进行感应热处理的设备因素（时间、频率等）。表面加热的结果是在材料的各个区域存在明显的温度梯度，且温度随时间变化。感应淬火工艺因为快速加热和冷却的特点，与常规热处理对比，淬火前，表面奥氏体相保持的时间非常短。

由于高频电磁场的存在和局部加热影响，在感应淬火工艺中，用传统热电偶或其他常规温度测量仪器对感应淬火零件的温度进行直接测量非常困难。因此，常用基于电磁耦合和加热转换模型的理论分析，将显微组织的转变与位置联系起来，来评估不同感应热处理工件的实际加热工艺。图 2-9 所示为 4340 钢棒的 5 个不同位置在感应淬火加热和冷却过程中温度与时间关系。标称成分为 0.4C、0.3Si、0.75Mn、0.8Cr、1.8Ni 和 0.25Mo（质量分数,%）的圆柱形 4340 钢棒，表面下三个不同位置以及心部按照理论预测的结果。施加的频率为 10kHz、加热时间 6s、淬火前停留 0.5s。式（2-1）中这种合金的预测 Ac_3 温度约为 775℃（1430℉）。以 800℃（1470℉）计，计算出在此条件下，表面持续在 800℃以上的时间约 5.2s，4.7s 后达到峰值温度 940℃（1720℉）。在 2mm 处该试棒持续在 800℃以上的时间约 3.7s 而峰值温度为 900℃（1650℉），在 4mm 处该试棒达到 800℃的时间只有不到 1s。表面温度－时间曲线的分布取决于表面磁场强度的温度相关性、钢的磁导率、铁素体到奥氏体的转化和冷却。在加热时，当温度达到居里点（对于铁约 770℃，或 1420℉），相对应的磁导率下降到 1（$\mu_r = 1$）。这种磁导率的下降导致加热效率的下降，这会使 750℃（1380℉）以上加热速度（见图 2-9 中温度－时间曲线的斜率）下降。加热过程中从铁素体到奥氏体的转化，会吸收热量，也会体现在温度曲线上，这样温度会形成一个峰值的复杂曲线形状。在图 2-9 的示例中，淬火从 6.5s 后开始，导致表面温度的快速下降。在试样的不同深度，形成了复杂的加热和冷却交织的曲线，造成温度变化滞后于表面。比如，在材料 10mm 深处在淬火开始后仍会升温 2s，导致 8s 以后，钢的心部仍然比表面更热。

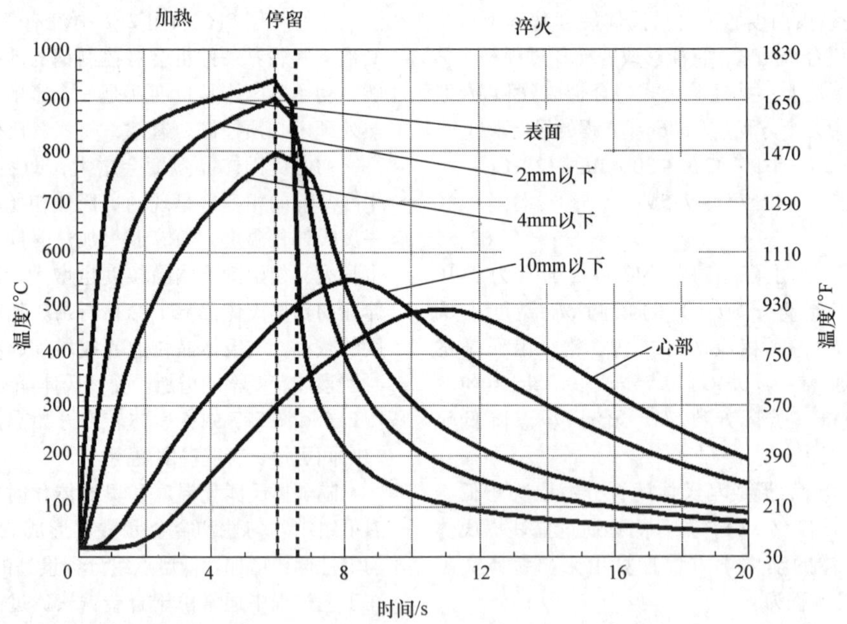

图 2-9 4340 钢棒的 5 个不同位置在感应淬火加热和冷却过程中温度与时间关系

图 2-9 表明，表面转化为奥氏体的时间很短，并且不均匀。由于奥氏体化时间短的原因，在感应加热中为达到完全奥氏体化，表面必须加热到超过常规热处理使用的温度。温度不够高，淬火前表面将未完全形成奥氏体。在非平衡条件下达到完全的奥氏体化，加热速度对转变温度的影响已经在图 2-5 中表示出来，也可用时间－温度－奥氏体化（TTA）图来表示。正如参考文献［3］中描述的那样，图 2-10 所示为中碳

合金钢 42CrMo4［0.37C、0.64Mn、1.0Cr、0.21Mo（质量分数,%）］的 TTA 图，其合金含量和合金 SAE 4140 相似。对应奥氏体的三个区也表示出来。Ac_1 和 Ac_3界定了铁素体－碳化物与奥氏体共存的温度范围。随着加热速度的增加临界温度上升。Ac_3以上是碳化物持续溶解，碳含量均匀化的区域。达到虚线以上，碳含量均匀的同质单相奥氏体形成了。注意图 2-10 中给出的正斜率的参考线，代表不同的加热速度。

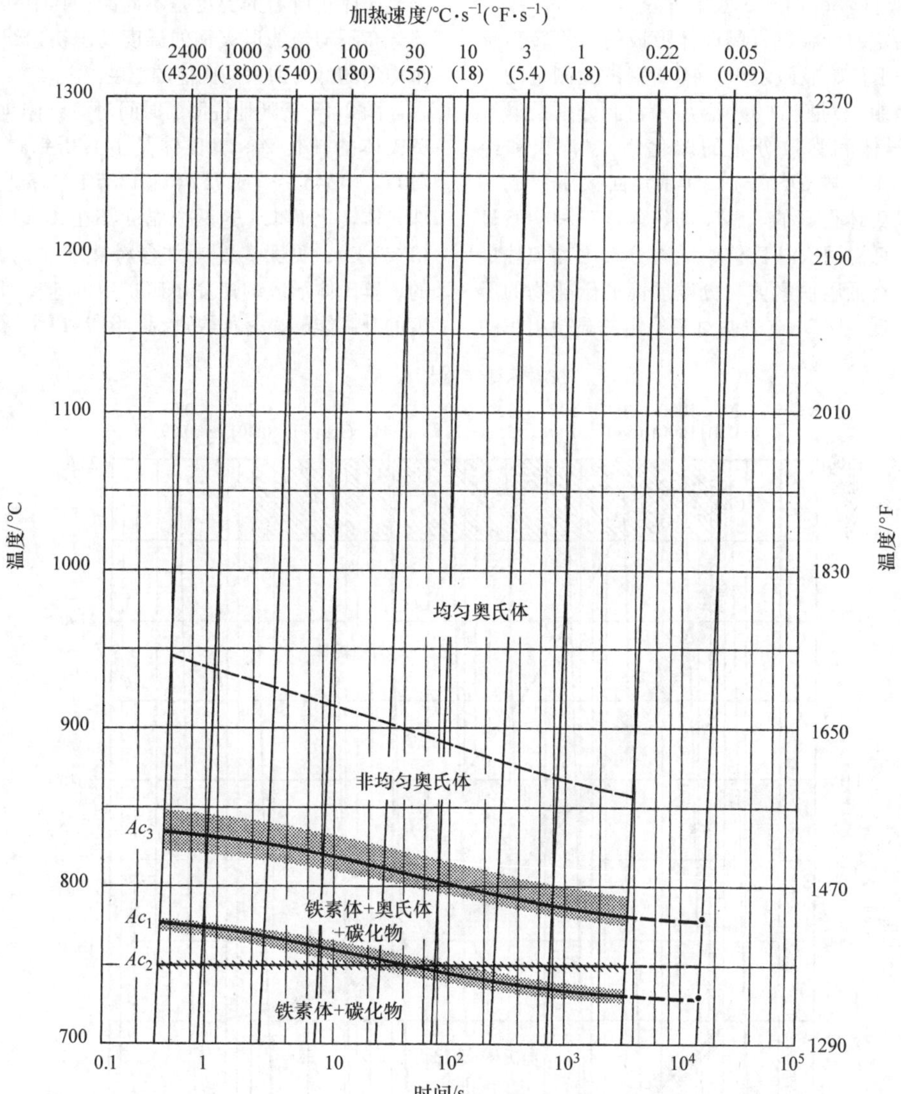

图 2-10　中碳合金钢 42CrMo4 的 TTA 图

图 2-11 所示为过共析钢 100Cr6［1.0C、0.34Mn、1.52Cr（质量分数,%）］，对应于合金 SAE 52100，通过连续加热形成的 TTA 图。对比图 2-10和图 2-11 可看到加热的复杂性。参考文献［3］对此作了解释。由于这种钢中铬含量高，它存在一个三相区：铁素体－碳化物－奥氏体，由两个低临界温度 Ac_{1b}和 Ac_{1e}所标识，而不像铁碳合金或低合金钢那样单一温度特性点 Ac_1。图 2-11 中 Ac_c 线表示了碳化物全部溶解的温度界线，相当于图 2-2 铁碳相图中的 Ac_m。在 Ac_{1e}和 Ac_c 之间奥氏体和碳化物共存，这是过共析钢共有的。因此，即使是加热速度很慢，温度升到 Ac_c 时也有奥氏体和碳化物的共存。随着加热速度的提高，Ac_c 线快速的上升，这是钢中含铬渗碳体滞后溶解的影响。Ac_c 线以上和虚线以下的显微组织是完全奥氏体，但奥氏体的分布是不均匀的。随着温度上升，奥氏体中合金元素扩散一直到达虚线以上，奥氏体分布变为均匀。在图 2-10和图 2-11中，当加热速度较高（即时间较

短）时，Ac_1 线超过对应的 Ac_2 线温度值（即居里温度）。居里温度实质上是不取决于加热速度的，它仅说明低于此温度的钢为铁磁性的。因为感应加热依赖于材料的铁磁特性，因此在较高的加热速度下，在温度 Ac_1 超过 Ac_2 时加热效率下降。

对于给定的合金钢，奥氏体形成的临界转化温度 Ac_3 取决于初始显微组织。4130 钢试验测量的三种初始显微组织对应的 Ac_3 温度，它们分别是退火组织（铁素体和弥散分布的碳化物）、淬火和经 205℃（400℉）或 675℃（1250℉）回火所形成不同的回火马氏体得到的。感应加热前这三种初始显微组织中，低温回火马氏体中的碳分布不均匀性最高，而在具有低碳铁素体与分散度高的碳化物的退火组织中最低。图 2-12 表明对于给定的显微组织的钢，随加热速度的增大 Ac_3 升高；在更短的工艺时间、更高加热速度下所达到相同比例的扩散控制型的组织转变，在较低温度下会需要更长时间来形成。进而，图 2-12 也表明在一个给定加热速度下达到完全奥氏体化所需的温度是不同的，其中初始组织为碳分布不均匀的退火钢的温度高于初始组织为碳分布均匀的低温回火马氏体的温度。

图 2-13 清晰地说明了时间对奥氏体化的影响和奥氏体的转化率。奥氏体是由共析钢在两个温度 730℃（1345℉）或 751℃（1385℉）下退火形成的珠光体转化而来，这两个温度都在 A_1 以上［723℃（1333℉），见图 2-2］。如参考文献［4］中所总结的，奥氏体形成的速度由碳扩散的速度所控制，温度的升高能够显著加快进程。图 2-13中，完全奥氏

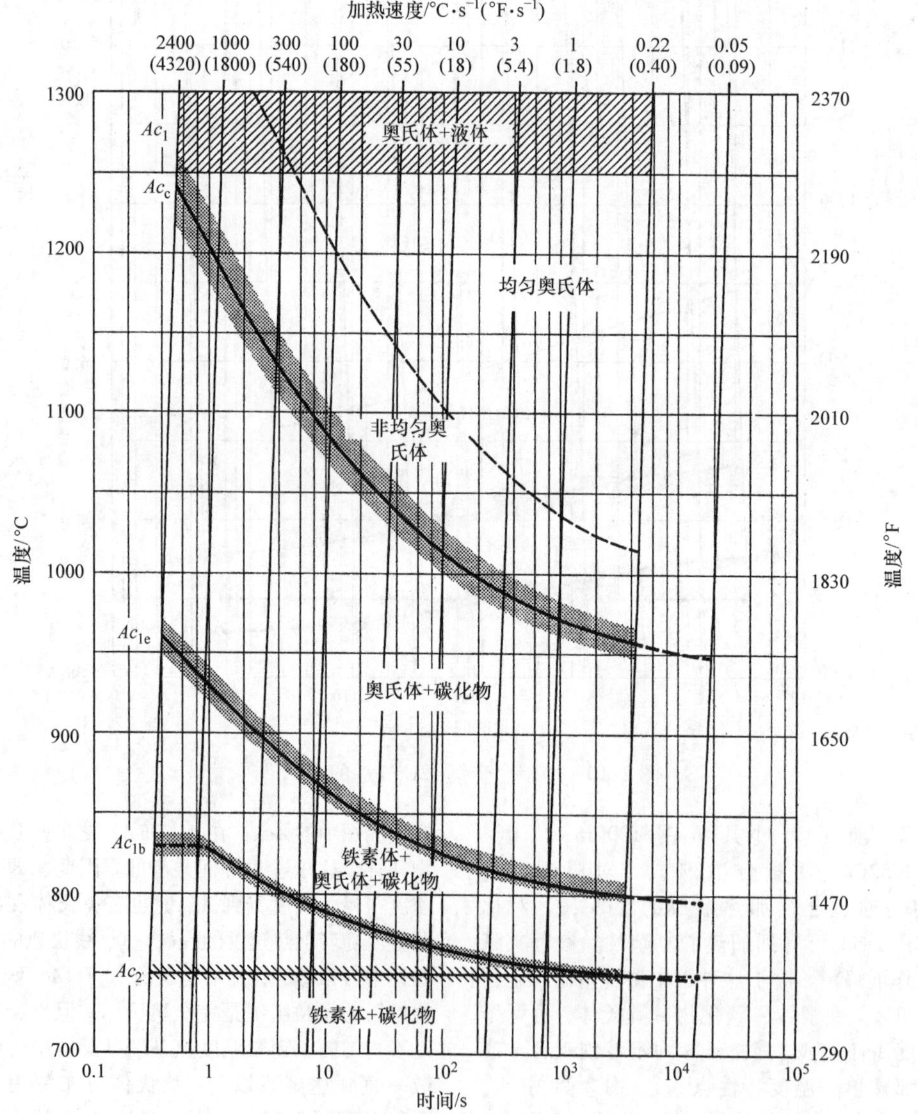

图 2-11　过共析钢 100Cr6 的 TTA 图

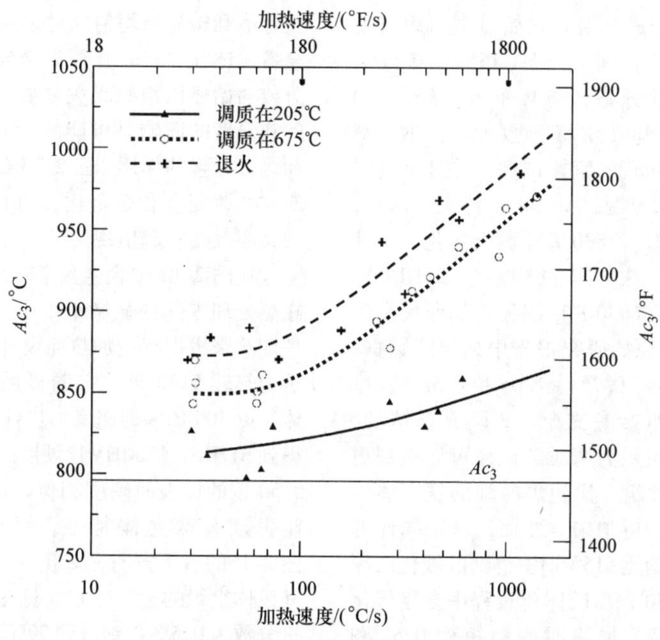

图 2-12　加热速度对不同原始组织 4130 钢的临界温度 Ac_3 的影响

体化所需时间可以从奥氏体化温度 730℃时约 400s 减少到奥氏体化温度 750℃时约 30s。为清晰起见，注意图 2-13 中所示时间非常重要，这个时间对应指定温度的时间而不是整个加热时间。当采用包含大量碳化物的球化退火组织进行试验时这里的奥氏体化时间相应地增加。因为在这样一种显微组织中，碳从高碳碳化物相转移的扩散距离比珠光体内的扩散距离大得多，因为珠光体结构由薄片状铁素体和碳化物组成。反过来，更细的贝氏体和马氏体组织比粗的有铁素体和疏散分布的碳化物组织再奥氏体化快得多，如图 2-12 所示。

（2）感应淬火件的性能和显微组织　在前文中，常规热处理没有涉及奥氏体化转变前的初始显微组织。这是因为初始显微组织的差异对多数常规热处理工艺产生的影响有限，因为奥氏体化时间足够长，能形成基本均匀的奥氏体组织。图 2-10 ~ 图 2-12 显示，初始显微组织会对感应淬火工艺中钢的热处理响应产生重要的影响，因为在某一温度的时间很短，淬火冷却前常常不足以形成均匀的奥氏体结构。下面将选取一些数据来说明初始显微组织对最终显微组织的影响，预测硬度变化和对力学性能的影响。

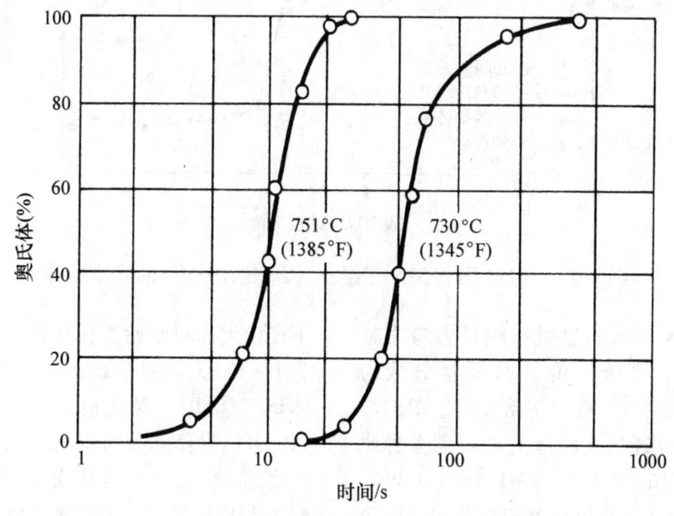

图 2-13　共析钢从珠光体向奥氏体相转变温度对转变速度的影响

比较两种不同合金成分钢和初始显微组织对硬度分布的影响，它们分别是 SAE 1550［0.52C、0.08Cr、1.5Mn（质量分数,%）］钢和 SAE 5150［0.5C、0.83Cr、0.82Mn（质量分数,%）］钢，都加工成直径 1cm（0.4in）的钢棒试件，并且经过同样的感应淬火工艺处理（见图 2-14）。淬火冷却前，两种合金钢都在 1000℃（1830℉）奥氏体化，一种随炉冷却得到铁素体 - 珠光体显微组织（25HRC），另一种水淬并在 500℃（930℉）回火得到回火马氏体（32～33HRC）。在原始研究报告中列出了数据，包括感应淬火时间 0.5s、0.75s、1.0s 和 1.5s，这里讨论 1.0s 的数据。如参考文献［3］中总结的，图 2-14表明初始显微组织为调质的试样可以得到更深的硬化层深度，这种组织比随炉冷却的铁素体 - 珠光体显微组织更细、更均匀。然而，对于同样的初始显微组织，1550 钢比 5150 钢中得到的硬化层深度更深。这是由于5150 钢奥氏体化过程中含铬碳化物的溶解更缓慢。感应加热时间缩短到 0.5s 和 0.75s，产生的硬化层更浅，并且由于钢的合金成分使差异加剧。还要注意到图 2-14 中，各种类型显微组织的表面硬度值与钢的牌号关系不大，并且以回火马氏体为初始组织的试样的略高，这是由于组织更弥散和碳分布均匀。对于感应加热时间 1.5s 就完全奥氏体化，1cm 直径完全淬透的钢棒，则钢的成分或初始显微组织无关紧要。许多其他情况下的时间和温度的影响是可能的，由于感应处理工艺参数和合金元素的作用，图 2-14 的研究所展示的变化表明这些改变会和合金化、初始显微组织、工艺参数的微小改变一起出现。

在图 2-14 中合金元素对硬度数值的影响也表现在热处理零件的显微组织中。在一个使用普通电阻炉加热来模拟感应加热而设计的研究中，图 2-15 所示为热轧 5150 钢，它的显微组织是铁素体 - 珠光体，以 300℃/s 的速度加热到 900℃，并且立即淬火得到 61HRC（760HV）硬度的试样，与图 2-14 中的 5150 钢的近表面硬度相似。这个基体是马氏体，但是明显有珠光体特征，简称为镜像珠光体，在图 2-15的右下方明显看出。如果考虑一个基本完全马氏体组织的硬度分布（见图 2-8 中的 *A* 线），当质量分数为 0.5% C 钢得到 99% 马氏体组织时的预测硬度为 61HRC。这个预测与图 2-15 中的钢相对比表明碳在淬火前奥氏体中基本完全溶解。镜像珠光体的发现被解释为铬具有稳定性影响的证据，这导致了 5150 钢的转变响应延迟（见图 2-14）。

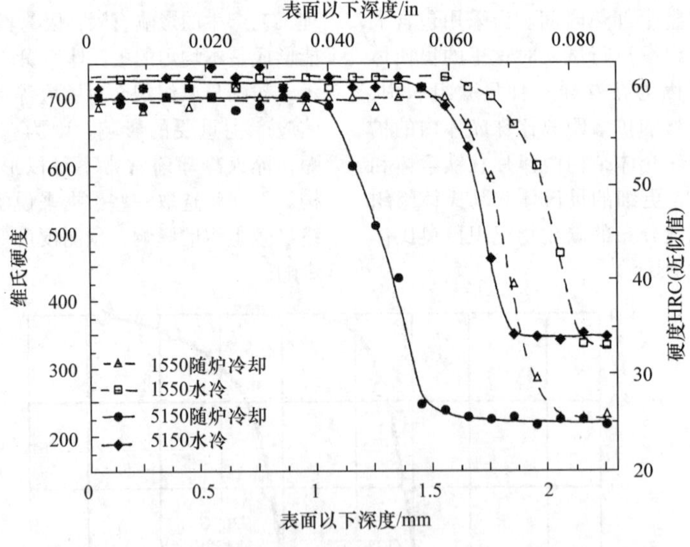

图 2-14　1550 钢和 5150 钢经 1.0s 感应淬火后的硬度分布

图 2-16～图 2-18 所示的显微组织是参考文献［17］中得到的结论，系统评价了 C 质量分数为 0.4% 钢的感应淬火响应中一系列初始显微组织的影响。采用圆柱棒状试样通过实验室处理得到多种原始显微组织。图 2-16 所示为 1541 钢［0.39C、1.45Mn（质量分数,%）］经相同工艺参数的感应淬火后初始显微组织对硬度分布的影响。包括在高温下产生大晶粒原始奥氏体经充分退火得到的（设计为 F + P，大晶粒）铁素体 + 珠光体钢、调质的马氏体钢（Q&T）、球化退火钢、一种铁素体和贝氏体（P + B）混合显微组织的钢。球化钢表现出最浅的硬度深度，其次是粗晶粒铁素体 - 珠光体钢。图 2-14中的数据，调质钢表现出最深的硬化层深度。球化退火钢和铁素体 - 珠光体钢的硬化层浅的原因，

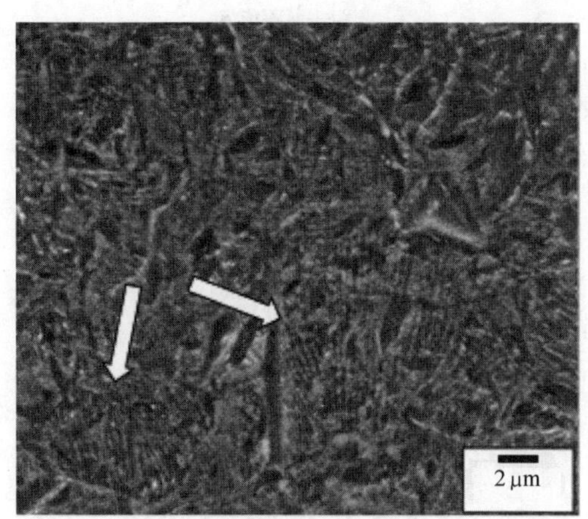

图 2-15　热轧 5150 钢扫描电子显微镜显微组织

注：钢经 300℃/s 仿真感应加热到 900℃，然后淬冷得到含有类珠光体的马氏体组织（硝酸乙醇腐蚀），如图中白色箭头所示。

可通过考虑次表层淬火层的显微组织来弄清楚。图 2-17所示为次表层马氏体显微组织（见图 2-17a）和心部显微组织（见图 2-17b）的扫描电子显微镜照片。心部显微组织显示了一个充分形成的典型球化组织，这通常不希望出现。在淬火时，未溶解的球形碳化物存在，这表明感应加热中的碳化物分解不完全，导致奥氏体碳含量低于基本组成并且对应的表面硬度低于其他显微组织。图 2-18 中 4140 钢具有粗晶粒铁素体 + 珠光体原始组织的试样的表面感应淬火层有残留铁素体，沿着珠光体晶界分布。这进一步说明了当选择热处理参数时加热强度不恰当，感应淬火短时间内转化不完全的证据。

由于热轧棒料中带状组织引起的显微组织和成分的各种不同将影响钢在感应淬火工艺中的表现。轧制钢带状组织导致局部与平均成分显著不同。在感应加热中，高碳区域最先转化，这从图 2-1 和图 2-2中很容易看出，A_3 温度随着碳含量增加而降低。在感应加热工艺中，如果峰值温度的保持时间不足以使全部区域转换为奥氏体，那么在淬火时，将导致相应显微组织中存在不期望的硬软带。图 2-19所示为改型的 4145M 钢（更高的锰含量）［0.46C、1.04Mn、1.15Cr、0.13Ni、0.33Mo（质量分数,%）］疲劳试样圆柱形横截面，横向加工为原来棒材轧制方向并用感应热处理。光学显微照片显示有一条铁素体带存在于心部到棒表面。淬火区域内这样一条软带的存在会对疲劳性能产生不利效果。

参考文献［19］采用含钒微合金钢 1045［0.44C、0.87Mn、0.12V（质量分数,%）］来研究感应淬火前冷加工的影响。感应处理前，圆柱形试棒由热轧棒料先冷拔直径减少 18% 而成。复合冷拔可作为一种感应淬火前提高棒料平均强度的方法，用来改变棒的扭矩值，一些汽车零件可能会这样要求。图 2-20

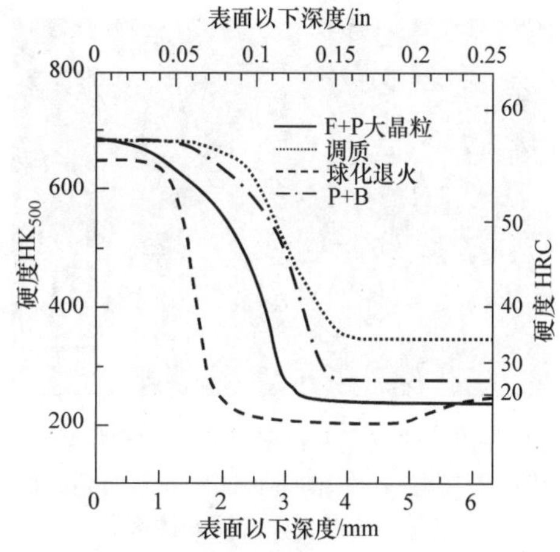

图 2-16　SAE 1541 钢感应淬火并回火 1h 的显微硬度分布

注：原始组织分别为铁素体 + 粗大珠光体（粗大是由于奥氏体晶粒度粗大），调质，球化，以及珠光体 + 贝氏体（奥氏体化后 400℃ 等温）。

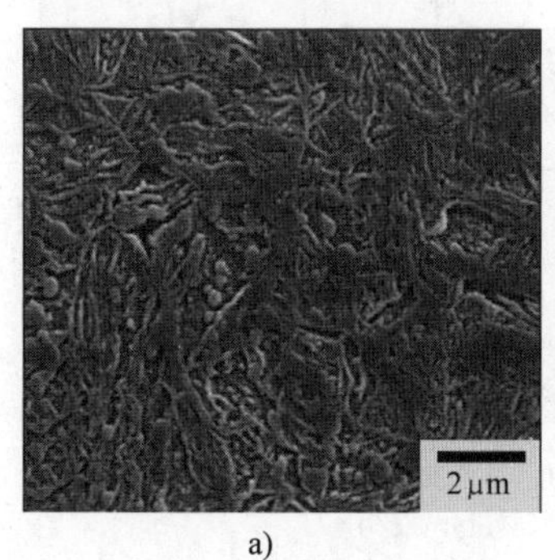

a)

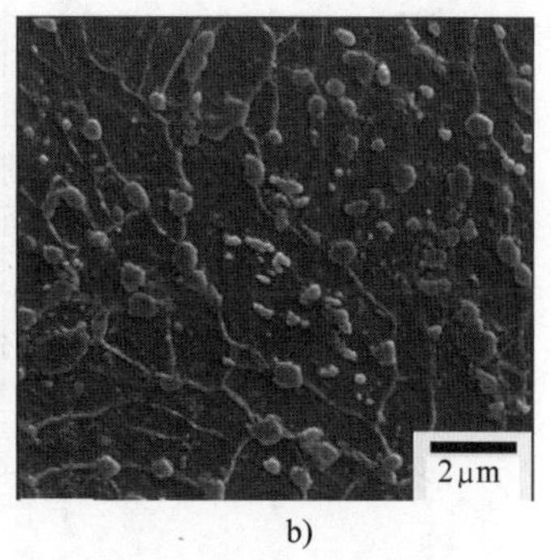

b)

图 2-17　铁素体 + 球化碳化物原始组织的 SAE 1541 钢感应淬火后的扫描电子显微镜显微组织

a）在表面之下的板条状马氏体组织里有未溶的碳化物　b）原始状态中的球化显微组织

注：体积分数为 2% 的硝酸乙醇溶液浸蚀。

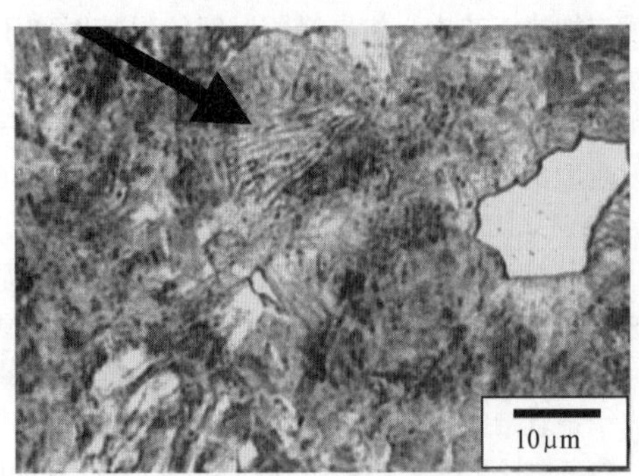

图 2-18 原始组织为铁素体 + 球化珠光体的 SAE 4140 钢件表面淬火后在表面之下 0.254mm 处的光学显微组织显示簇状珠光体（黑色箭头）周围未溶碳化物和残留铁素体（白色等轴区）

注：2% 硝酸乙醇溶液浸蚀。

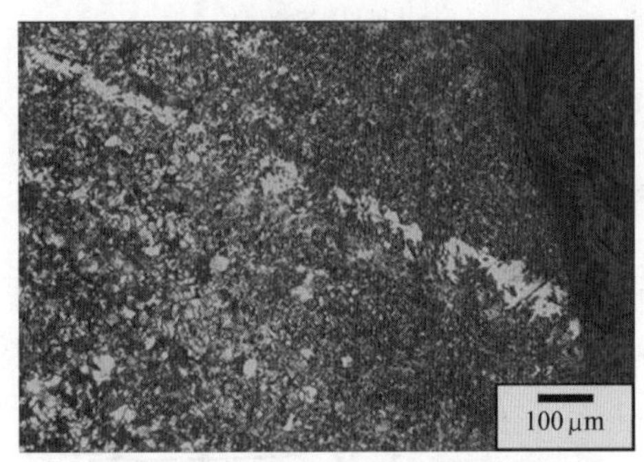

图 2-19 感应淬火后 4145M 钢的光学显微组织图（在一个横向带状试样的表面到心部存在一条带状残留铁素体区）

注：2% 硝酸乙醇溶液浸蚀。

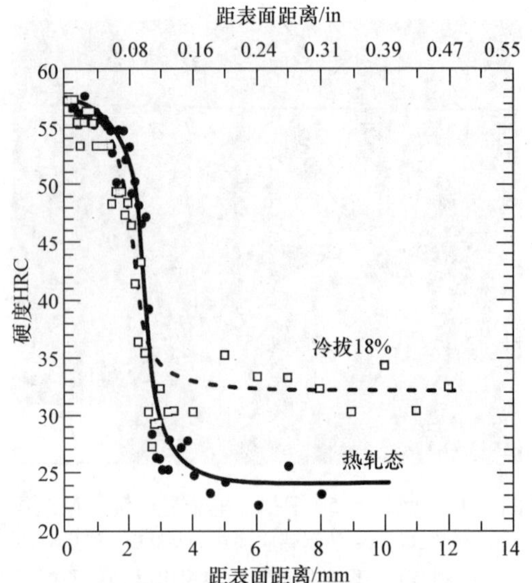

图 2-20 感应淬火 10V45 钢的硬度分布图（经一发法感应淬火后得到一个大约 2mm 深的硬化层，图中数据包括两种原始状态：热轧态和经 18% 冷拔态）

所示为热轧及经 18% 冷拔的原始组织对感应淬火后硬度分布的影响。数据表明感应淬火的硬度与冷拔作业无关，只会导致比 3mm 更深处的心部硬度值更高。

感应淬火另一个与成分硬度有关的是超级硬度现象，会在某些感应淬火用钢中出现。超级硬度这个术语是指图 2-21 中感应淬火得到的硬度超过常规淬火预计的马氏体硬度，不同碳含量的超级硬度和硬度数据类似于图 2-8 中的结果。有一些解释来说

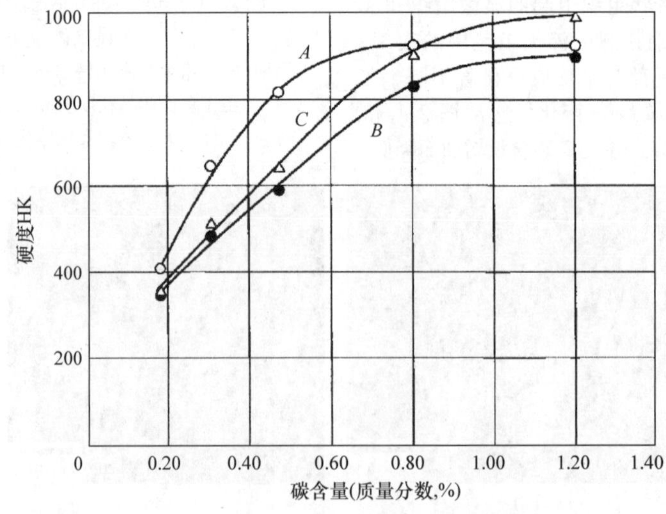

图 2-21 普通碳钢中碳含量对硬度的影响

注：感应淬火后的超级硬度现象（曲线 *A*）。炉内加热 + 水淬（曲线 *B*）以及炉内加热 + 水淬 + 回火（曲线 *C*）。为了减少残留奥氏体量和增加马氏体含量，钢在水淬之后，在 100℃ ×2h 回火前进行液氮冷处理。

明超过感应淬火预期的硬度值。高硬度可能来自于非常细的马氏体，在表面感应淬火中短时间的奥氏体化处理时间产生的不完全奥氏体的出现。不完全奥氏体可能转化为高和低碳马氏体区来产生一个与高碳马氏体相反的影响，导致平均硬度值高于预期2～4HRC。另外的解释是由于高表面压力的存在，使得感应淬火得到的测量硬度值高于预期。需要指出的是，硬度偏差是感应淬火后近表面区少量残留奥氏体的影响。

钢的感应淬火由于经常同时存在加热速度快和含有离散碳化物（见图 2-17）的初始显微组织等复杂因素，因此钢表面的温度需要加热的比常规热处理高很多。更高的温度用来确保在短暂的感应加热时间内碳化物完全溶解。作为更高奥氏体化温度的影响，奥氏体晶粒增大会出现，导致淬火前过大的奥氏体晶粒（见图2-5 和图2-16）。原奥氏体晶粒尺寸的增大可能导致不可接受的显微组织特征改变，特别是马氏体结构的变化。如马氏体的尺寸会随着原奥氏体晶粒尺寸的增大而增大，间接导致马氏体屈服应力降低。其他依赖于原始奥氏体晶粒尺寸的因素，包括淬透性，即对某种具体材料在热处理中能够淬火的深度的测量。更进一步，对于表面淬火渗碳钢的相关研究表明，初始奥氏体晶粒尺寸的增大能够降低表面淬火层的抗疲劳性和断裂韧性。因此，需要认真选择合金和控制感应淬火因素来保证设计的硬度层内没有不可接受的奥氏体晶粒长大。

2.1.4　感应热处理用钢

用于感应热处理的钢，包括碳素钢和合金钢。选择某种合金钢和初始显微组织要考虑多种因素，包括零件尺寸、成本、表面和心部需要的力学性能等。一般来说，感应用钢至少含质量分数为 0.3% 的 C 以保证淬火冷却前的奥氏体中溶解足够的碳来达到表层硬度。除了硬度，这由表层马氏体的碳含量所控制（见图 2-8），钢的淬透性也用来评估在研钢的可行性。然而，淬透性这个评估工具，如淬火态数据和临界直径计算，是基于常规热处理条件的，它假定淬火冷却前材料在奥氏体化温度保持了足够充分的时间来使初始显微组织完全转化为均匀的奥氏体。同样假设在淬火前奥氏体化温度保持了足够长时间消除了初始显微组织的差异。之前说过，感应淬火中奥氏体化在快速感应加热工艺中经常是不完全的，因此对同一合金钢现有的淬透性和钢在感应淬火时的响应可能不同。

感应淬火短时间快速加热用钢的不同，表现在感应淬火所需工艺温度制定的基本原则。基于前面讨论的分析，表 2-1 列出了碳素钢和合金钢感应加热奥氏体化温度，适用于常见的可感应淬火用钢，如显微组织为铁素体－珠光体的，正火态的 0.4%～0.5%（质量分数）碳素钢。表 2-1 中同样包含了常规炉热处理的典型处理温度，这些都比相对应的感应热处理的温度低。正如参考文献［4］所述，通常感应淬火推荐温度比 A_3 或 A_{cm} 高。它们大约高于临界温度 100℃（210℉）以使奥氏体化时间最短。但是，它们仍然低于奥氏体晶粒快速长大的温度。另外，对于含有强化碳化物形成元素的合金（钛、铬、钼、钒或钨）推荐的奥氏体化温度至少要比碳钢高100℃，升高这些是由于合金钢临界温度的升高，这是图 2-3 中合金添加元素对共析温度（A_1）的影响的反映，图 2-10 和图 2-11，它们对比了合金元素对受加热速度的影响的临界温度的影响。

合金元素的添加通常是为了提高淬透性，而许多钢含有残留杂质，如磷、锡、锑、砷等。尽管残留杂质的存在在常规热处理中并不考虑，但在感应淬火设计时知晓这些元素成分对韧性潜在的不利影响是非常重要的。

表 2-1　碳素钢和合金钢感应加热奥氏体化温度

碳含量（质量分数,%）	炉子加热温度/℃	炉子加热温度/℉	感应加热温度/℃	感应加热温度/℉
0.3	845～870	1550～1600	900～925	1650～1700
0.35	830～855	1525～1575	900	1650
0.4	830～855	1525～1575	870～900	1600～1650
0.45	800～845	175～4550	870～900	1600～1650
0.5	800～845	175～4550	870	1600
0.6	800～845	175～4550	845～870	1550～1600
>0.6	790～820	1450～1510	815～845	1500～1550

注：对于具体的应用所推荐的奥氏体化温度取决于加热速度和初始显微组织。含有碳化物形成元素（如 Nb、Ti、V、Cr、Mo 和 W）的合金钢的奥氏体化温度应比这里给出的至少高 50～100℃（100～180℉）。

致谢

The author acknowledges the support of the sponsors of the Advanced Steel Processing and Products Research Center, an industry/university cooperative research center at the Colorado School of Mines. The author particularly thanks the students, many of whom are cited in the references included here, who have been part of the induction hardening research program in the Center.

参 考 文 献

1. T. Ericsson, Principles of Heat Treating of Steels, *Heat Treating,* Vol 4, *ASM Handbook,* ASM International, 1991, p 10
2. P.A. Hassell and N.V. Ross, Induction Heat Treating of Steel, *Heat Treating,* Vol 4, *ASM Handbook,* ASM International, 1991, p 164–202
3. G. Krauss, *Steels: Processing, Structure, and Performance,* ASM International, 2005, p 28, 64, 129, 297-325, 383-416, 430, 432
4. S.L. Semiatin and D.E. Stutz, *Induction Heat Treatment of Steel,* ASM International, 1986, p 10, 14–15, 17, 88, 93–94
5. *Metallography, Structures and Phase Diagrams,* Vol 8, *Metals Handbook,* 8th ed., American Society for Metals, Metals Park, OH, 1973, p 275
6. H.K.D.H. Bhadeshia, *Bainite in Steels,* 2nd ed., The University Press, Cambridge, UK, 2001
7. E.C. Bain and H.W. Paxton, *Alloying Elements in Steel,* American Society for Metals, Metals Park, OH, 1966, p 104, 112
8. K.W. Andrews, Empirical Formulae for the Calculation of Some Transformation Temperatures, *JISI,* Vol 203, 1965, p 721–727
9. *Atlas of Isothermal Transformation and Cooling Transformation Diagrams,* American Society for Metals, Metals Park, OH, 1977
10. W.W. Cias, *Phase Transformation Kinetics and Hardenability of Medium-Carbon Alloy Steels,* Climax Molybdenum Co., Greenwich, CT, 1972
11. D.P. Koistinen and R.E. Marburger, A General Equation Prescribing the Extent of the Austenite-Martensite Transformation in Pure Iron-Carbon Alloys and Plain Carbon Steels, *Acta Metall.,* Vol 7, 1959, p 59–60
12. V. Rudnev, personal communication, 2013
13. *Atlas zur Wärmebehandlung der Stälhle,* Vol 3, Zeit-Temperatur-Austenitisierung-Schaubilder, J. Orlich, A. Rose, and P. Wiest, Ed., Verlag Stahleisen M.B.H Düsseldorf, Germany, 1973
14. W.J. Feuerstein and W.K. Smith, Elevation of Critical Temperatures in Steel by High Heating Rates, *Trans. ASM,* 1954, Vol 46, p 1270–1284
15. D.J. Medlin, G. Krauss, and S.W. Thompson, Induction Hardening Response of 1550 and 5150 Steels with Similar Prior Microstructures, *Proc. First Inter. Conf. on Induction Hardening of Gears and Critical Components,* Gear Research Institute, Evanston, IL, 1995, p 57–66
16. K.D. Clarke, "The Effect of Heating Rate and Microstructural Scale on Austenite Formation, Austenite Homogenization, and As-Quenched Microstructure in Three Induction Hardenable Steels," Ph.D. thesis, Colorado School of Mines, Golden, CO, 2008, p 149
17. J.J. Coryell, D.K. Matlock, and J.G. Speer, The Effect of Induction Hardening on the Mechanical Properties of Steel with Controlled Prior Microstructures, *Heat Treating for the 21st Century: Vision 2020 and New Materials Development—Proc. of Materials Science & Technology,* AIST, Warrendale, PA, 2005, p 3–14
18. P.I. Anderson, D.K. Matlock, and J.G. Speer, The Induction Hardening Response and Fatigue Properties of Ferrite and Pearlite Banded 4145 Steel, *Proc. of International Conf. on New Developments in Long and Forged Products: Metallurgy and Applications,* J.G. Speer, E.B. Damm, and C.V. Darragh, Ed., AIST, Warrendale, PA, 2006, p 107–116
19. J.L. Cunningham, D.J. Medlin, and G. Krauss, Effects of Induction Hardening and Prior Cold Work on a Microalloyed Medium Carbon Steel, *Proc. First International Induction Heat Treating Symposium,* ASM International, 1997, p 575–583
20. D.L. Wiley and F.E. Martin, *Trans. ASM,* Vol 34, 1945, p 351
21. V.I. Rudnev, Metallurgical Insights for Induction Heat Treaters, Part 5: Super-Hardening Phenomenon, *Heat Treat. Prog.,* Sept 2008, p 35–37
22. J.W. Morris, Comments on the Microstructure and Properties of Ultrafine Grained Steel, *ISIJ Int.,* Vol 48, 2008, p 1063–1070
23. S. Morito, H. Yoshida, T. Maki, and X. Huang, Effect of Block Size on the Strength of Lath Martensite in Low Carbon Steels, *Mat. Sci. Eng. A-Struct.,* Vol 438–440, Nov 2006, p 237–240
24. R.E. Thompson, D.K. Matlock, and J.G. Speer, The Fatigue Performance of High Temperature Vacuum Carburized Nb Modified 8620 Steel, *SAE Trans.–J. Mater. Manuf.,* SAE, Warrendale, PA, Vol 116 (Sect. 5), 2008, p 392–407
25. T.H. Spencer et al., Ed., *Induction Hardening and Tempering,* American Society for Metals, Metals Park, OH, 1964, p 121–130

选择参考文献

- B.C. De Cooman and J.G. Speer, *Fundamentals of Steel Product Physical Metallurgy,* AIST, Warrendale, PA, 2011
- T. Ericsson, Principles of Heat Treating of Steels, *Heat Treating,* Vol 4, *ASM Hand-*

book, ASM International, 1991, p 3–19

- P.A. Hassell and N.V. Ross, Induction Heat Treating of Steel, *Heat Treating*, Vol 4, *ASM Handbook*, ASM International, 1991, p 164–202
- G. Krauss, *Steels: Processing, Structure, and Performance*, ASM International, 2005
- W.C. Leslie, *The Physical Metallurgy of Steel*, McGraw-Hill, New York, 1981
- V. Rudnev, D. Loveless, R. Cook, and M. Black, *Handbook of Induction Heating*, Marcel Dekker, Inc., New York, 2003
- S.L. Semiatin and D.E. Stutz, *Induction Heat Treatment of Steel*, ASM International, 1986

2.2　感应淬火与检测的基本原理

Valery Rudnev，Inductoheat Inc.

Gregory A. Fett，Dana Corporation

Arthur Griebel and John Tartaglia，Element Wixom

2.2.1　概述

金属可以通过电磁感应来加热。它是通过金属（或导电的）工件表面附近的交变磁场在工件表层感应出电流，以此实现加热。一个感应系统的基本构成包括感应器（线圈），它可以是不同形状，一个交变电源以及工件本身。导电的工件（如钢）放置在感应器内或者邻近感应器，打开电源开关，不用和感应器接触，数秒之内，工件变红，然后变成橙色或黄色。这个加热过程包括电磁和热转换的复杂综合过程。

感应加热可以应用于多种热处理工艺，如退火、正火、表面淬火、穿透淬火、回火以及应力消除等。多种金属材料，如钢、铸铁、铜、铝、黄铜、青铜等，可以通过感应加热进行热处理。对钢进行热处理是感应加热最广泛的应用，其中表面淬火是最主要应用。

本节主要讨论感应淬火的一般规律，包括测量表面淬火深度与硬度的一般方法，以及这些方法中存在的问题。众所周知，感应淬火很复杂，包括热电现象、物理因素、技术诀窍等。由于篇幅有限，涉及面受到限制。但是，本书其他章节有更多的感应淬火特性的详细介绍，包括：

1）感应淬火冶金学。

2）主动轴感应淬火。

3）曲轴和凸轮轴感应淬火。

4）齿轮和类齿轮结构感应淬火。

5）工程机械感应淬火。

6）感应器设计、线圈失效的系统分析，以及失效防止。

7）淬火槽及淬火装置。

8）残余应力及转变应力的形成。

9）计算机模型。

10）感应淬火的电源。

11）过程控制与监测。

12）热处理设备的维护。

13）感应淬火零件的缺陷及其诊断。

14）感应淬火零件回火。

感兴趣的读者可以从本书中其他章节得到关于感应淬火的更多细节。

2.2.2　冶金学综述

钢的感应淬火的一般冶金学原理在很多出版物中都讨论过。典型的感应淬火工艺包括：加热整个零件或所需要的局部到奥氏体化温度，并在这个温度保持充足时间（如果需要）以便奥氏体化完成，然后迅速冷却到马氏体形成温度（*Ms*）之下。快速冷却或淬火可以使扩散型转变替换为切变型转变，产生强度更高的马氏体。马氏体形成或感应淬火可以发生在工件的表面或整个截面。

影响硬度和硬化层深度的主要因素是温度分布、材料的原始组织、化学成分、淬火条件以及钢的淬透性。在表面感应淬火过程中，温度分布可通过频率选择、功率密度、加热时间以及线圈形状来控制。典型的表面感应淬火温度范围在 880～1050℃之间，颜色由橙色变为黄色。

表面硬度、淬火层深度以及心部要求决定了所用钢的牌号。随着钢中含碳量提高，所能够达到的硬度增大。含碳量为 0.65%～0.7%（质量分数）以下都符合这个规律，而随后随含碳量增大升高的很少。无论哪种含碳的材料，感应淬火得到的硬度与传统淬火相比稍高。

工件感应淬火之前的原始组织会对感应淬火的淬火结果有显著影响（见图 2-22）。最常见的原始组织是珠光体和铁素体混合组织。这种选择的原因不是考虑感应淬火技术，而是经济性。当工件被锻成后一般不需要额外的热处理就得到珠光体和铁素体混合组织。有些零件直接由棒材加工出来，这样工件已经具备珠光体和铁素体混合组织。然而珠光体和铁素体混合组织对感应淬火并不是最好的，但却普遍应用。在感应淬火中最好的初始组织是调质组织，它含有回火马氏体或析出贝氏体的奥氏体。这样的组织很容易在短时间内被奥氏体化，这样也就很容易通过淬火转变为马氏体。通常淬火液使用聚合物水溶液，因此不会发生火灾或环境污染问题。

感应淬火应用中，球化退火处理形成由铁素体

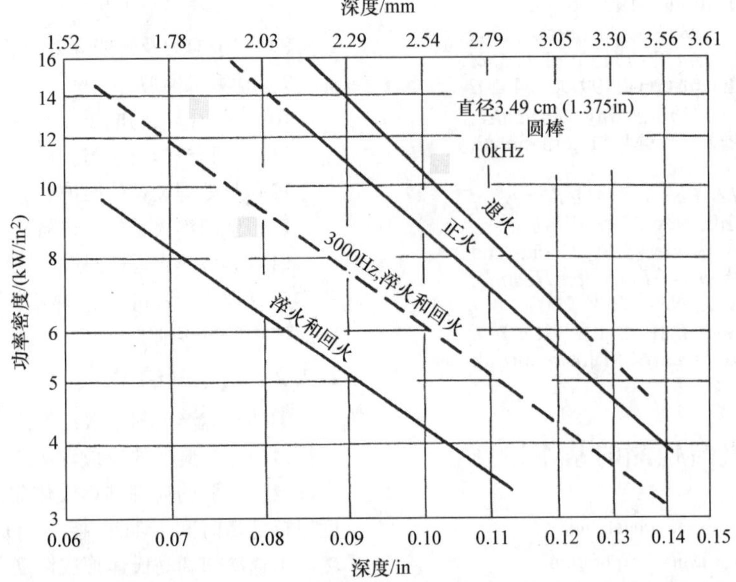

图 2-22 原始组织（显微组织的粗细）对表面感应淬火电源功率的需求

和球状碳化物构成的原始组织是最糟糕的。这种组织可在亚临界点退火形成，球化退火主要用于帮助冷作成形。这种组织不太常用是因为在感应淬火后常常局部马氏体化，而这种组织奥氏体化需要更长的保温时间以及更高的温度，但这会抵消感应淬火的优势。这种组织可以在铸造之后经过正火处理得到改善。

完全退火可以得到由珠光体和铁素体组成的组织，碳含量决定了珠光体的含量。这种组织的感应淬火比球化组织容易，比正火组织困难。

钢材的选择是依据工件的使用工况、所需硬度以及成本。大部分感应表面淬火使用含碳量为0.35%～0.60%（质量分数）的钢材。在180℃回火后的硬度最低为48～60HRC。在各种应用中，碳钢是最便宜的且成功应用于各种场合的钢材。更重要的是，还要明白碳含量不仅决定了能得到的最大硬度，而且还影响着残留奥氏体量以及淬火层深度。

中碳钢（如SAE 1035～1060）是在工业中最常用的。低碳钢是用在韧性比硬度要求更高的场合，如农机中的离合器或销轴等。高碳钢的应用受其韧塑性低、力学性能差以及成形性差的限制，即便如此，仍得到大量应用，而且在某些应用（如弹簧钢丝、钻头刀头、磨削球、切削工具等）恰恰是高碳钢的天下（如SAE 1060～1095）。

尽管碳钢是最便宜的钢，但仍有一些工程应用不适合使用。在一些对硬度要求较高、冲击性能更高以及疲劳寿命更长的场合要求使用合金钢，主要包括SAE 4140、SAE 4150、SAE 4340、SAE 5150、SAE 5140和SAE 52100。

感应淬火应用领域广泛，主要包括机床、手动工具、曲轴、偏心轴、轮轴、传动轴、通用接头、齿轮、链轮、花键、阀座、万向节、连接辊、轴承、链轨节、连接杆、紧固件等。在一些情况下，需要对工件的整截面进行淬火，有时则需要对一些特定区域（如表面）进行淬火。对于驱动轴，全长只需要对其表面淬火或表层淬火，而对于曲轴这样的零件则需要对轴颈局部进行淬火。图2-23所示为感应淬火工件实例。工件采用感应淬火的目的不同，感应表面淬火，有时也叫作感应表层淬火，可以增加表面的硬度和强度。表面淬火是改善表面抗扭强度或扭转疲劳寿命以及弯曲强度或弯曲疲劳寿命的重要方法。在扭转和弯曲中，表面的应力最大，中心为0。由于这个原因，表面淬火可以改善工件性能，因为它增加了承力最大的表面的强度。

此外，表面淬火通常会在表面留下残余压应力，它会避免裂纹产生并且会延长扭转和弯曲疲劳寿命。在感应淬火过程中，残余应力来自于感应淬火时的马氏体组织转变。另外，表面强化改善耐磨性以及接触强度和接触疲劳寿命。

感应透热淬火还可以应用于其他领域，如雪橇刀片、弹簧、链节、货车大梁、特定的紧固件（螺栓、螺母等）。在这些情况下，整个截面的温度都在奥氏体转变温度之上，然后淬火。透热淬火需要对整个截面进行热处理。选择合适的频率以及时间对于得到适当的表面、心部温度均匀性很重要。

2.2.3 电磁感应和热学基础

产生热量的基本机制是交流电的焦耳热（I^2R），

R 代表工件的电阻，I 表示感应电流。通过感应线圈中的交流电产生交变磁场（频率和交流电一样），从而在线圈附近的工件中感应出电流。感应电流与线圈中的电流具有相同频率，但方向相反。事实上，感应线圈类似变压器的初级，导电的工件类似于单匝的次级线圈。与零件热形控制相关的重要因素是线圈与工件电磁场的耦合程度以及加热时间。耦合程度取决于进入工件的磁场线的数量或密度以及持续时间。

感应电流的焦耳热可出现在任何导电材料中，不仅局限于磁性材料。加热密度受线圈电流/电压以及频率控制。感应电流产生热量不仅在其表面，在次表层也能生热。此外，产热的第二种机制是在铁磁材料中当磁场逆转过程中的能量损失，这称为磁滞损耗。之前流行，现在仍然有用的关于磁滞损耗的解释是材料在不同方向磁化时分子之间的摩擦力导致。这些分子可以看作交变磁场中的小磁畴，使它们旋转的能量转换为热量。

第一机制产生的热（I^2R）在计算感应加热过程中的总热量方面占有比磁滞损耗更重的分量，尤其是在接近或超过居里温度时（Ac_2 临界温度）。

感应加热密度和温度分布（热形）主要取决于但不限于以下几个因素：

1）被加热材料的电磁性能，如电阻率（ρ）和相对磁导率（μ_r）。

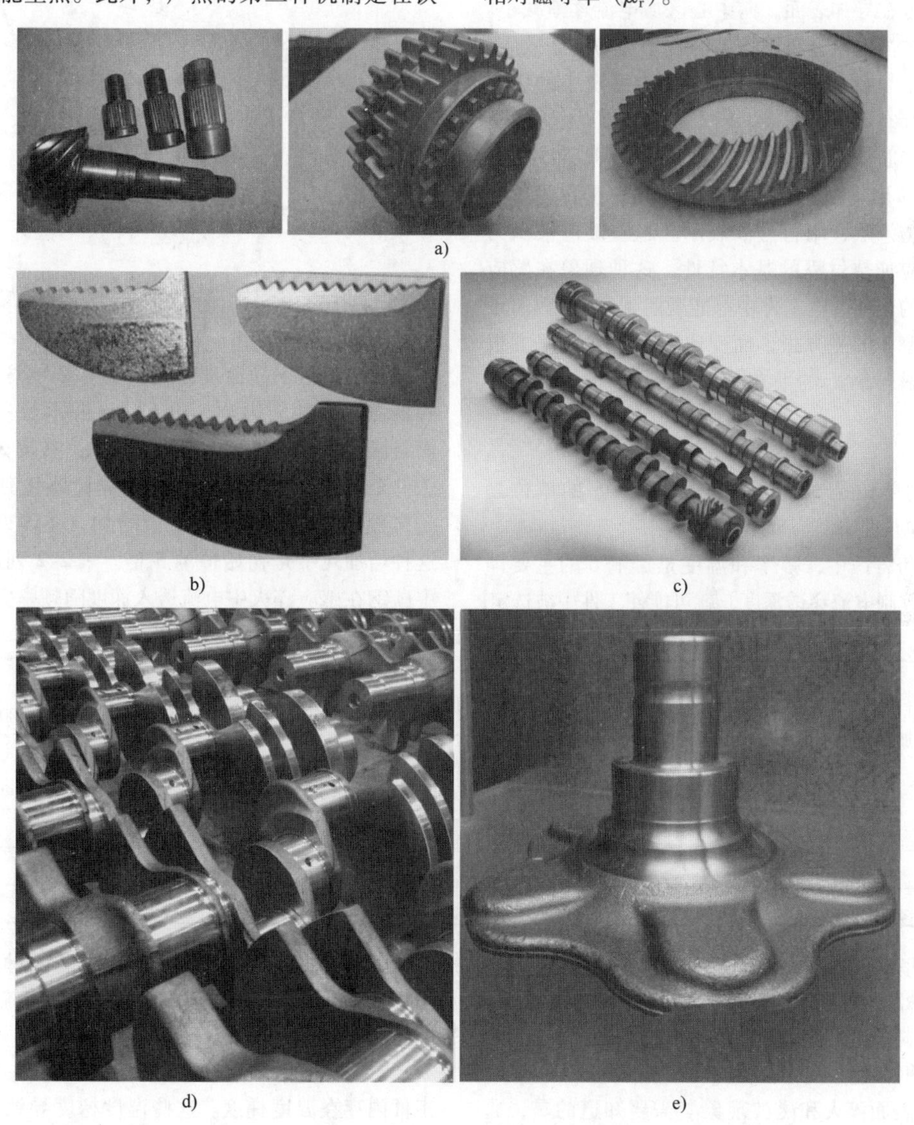

图 2-23　感应淬火工件实例

a）齿轮和齿形零件　b）钳口　c）凸轮轴　d）曲轴　e）机械零件

注：图片来源于 Inductoheat Inc。

2）热学性能，包括热导率和比热容。

3）工件和感应线圈的匹配性，它们的几何形状以及设计要求。

4）功率密度。

5）电磁场频率。

低频率加热层深，高频率会遵从电磁场的趋肤效应加热层浅。

（1）趋肤效应的一般定义　根据电学基本知识，直流电（DC）流过独立的固体导体（比如电排或电缆），电流在截面内的分布是均匀的。然而，交流电（AC）流过相同导体，电流分布不均匀。电流密度最大的地方在导体表面，向中心区域电流逐渐减小。这种在导体内电流分布不均匀的现象称为趋肤效应。趋肤效应必须要深刻理解，它对感应系统中的所有重要特性都有影响。

根据趋肤效应的一般定义，靠感应器感应的能量大约86%聚集在工件的表面层。这一层称为参考层或电流透入层，用符号δ表示。趋肤效应被认为是电磁感应加热过程的基本特性，这种现象在感应器或邻近的任何导电工件中都能观测到。δ的数值正比于电阻率ρ的平方根，而反比于频率F的平方根以及相对磁导率μ_r的平方根。

$$\delta = 503\sqrt{\frac{\rho}{\mu_r F}} \tag{2-5}$$

式中，ρ的单位是$\Omega \cdot m$；μ_r无单位；F的单位是Hz；δ的单位是m。

在钢和铸铁中，频率和温度是影响δ的主要因素，通过控制电流穿透深度，就可能使工件中被选定的区域奥氏体化而不影响到其他部分。依据所要求的淬火层深度不同，进行表面淬火所选用的频率范围从60Hz（如大型轧辊淬火）到600kHz（如小花键或线材淬火）。

图2-24所示为圆柱工件表面到心部的电流密度分布诠释了趋肤效应的定义。从表面向内一个透入深度的厚度内，电流密度降为表面的37%，然而，能量密度仅降为表面的14%。可以得到，电流的63%以及能量的86%集中在透入表层δ的厚度内。

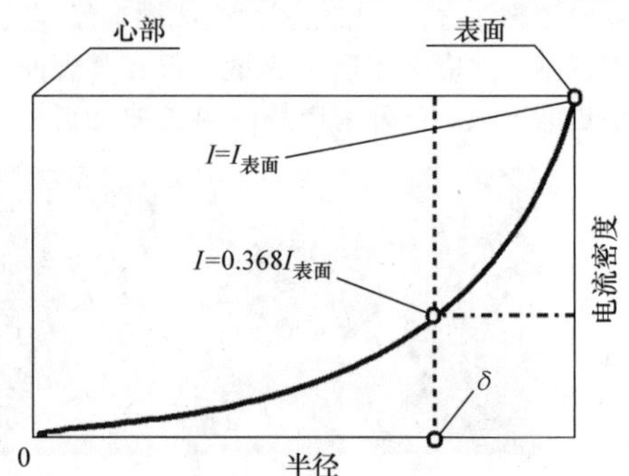

图2-24　圆柱工件表面到心部的电流密度分布诠释了趋肤效应的定义

由于电阻率受温度影响，相对磁导率受温度和磁场强度的共同影响，透入深度并不是一个常数，而与温度和磁场强度呈非线性关系。在淬火过程中，工件全部或局部从室温加热到奥氏体化温度。ρ和μ_r随温度的变化使δ的数值增加。在淬火应用中，这种增加几乎是初始值的5倍。表2-2列出了普通中碳钢在感应淬火中电流透入深度随频率变化。

表2-2　普通中碳钢在感应淬火中电流透入深度随频率变化值

加热阶段	加热速度	频率									
		0.5kHz		3kHz		10kHz		30kHz		200kHz	
		电流透入深度/mm	电流透入深度/in	电流透入深度/mm	电流透入深度/in	电流透入深度/mm	电流透入深度/in	电流透入深度/mm	电流透入深度/in	电流透入深度/mm	电流透入深度/in
开始阶段	中速	3.3	0.13	1.3	0.05	0.7	0.03	0.4	0.02	0.17	0.01
	高速	3.9	0.15	1.6	0.06	0.9	0.04	0.5	0.02	0.2	0.01
最终阶段	—	24	0.94	9.9	0.39	5.4	0.21	3.1	0.12	1.2	0.05

在居里温度以下，随碳素钢的碳含量增加，ρ增加，μ_r减小，δ减小。当碳含量降低，结果相反。碳素钢中碳含量的变化能使δ变化12%～16%，而对于合金钢，这些变化会更大。

（2）表面淬火和磁波现象　需要知道的是，通常关于趋肤效应电流和能量分布的假设对于大多数的表面淬火并不适用。例如，电流和能量的指数分布只对具备固定电阻率以及磁化率的实心工件适用。因而，实事求是地说，这些假设在非磁材料感应加热中只适用于一些特定情况。因此，传统的关于δ的定义在合适情况下只适用于粗略估计。

对于大多数表面感应淬火，能量分布并不均匀，工件内存在温度梯度。这些温度梯度导致电阻率的不均匀，特别地，磁化率导致δ与理论假设不相符。

在表面淬火的应用中，碳素钢被加热到居里温度之上，能量分布呈现一个独特的波形，和开始的温度分布有明显不同。开始最大能量密度在表面，向中心逐渐减小。然而，在距表面特定距离，能量密度增加，达到最大值再减小。这种磁波现象被Simpson 和 Losinskii 发现。两位科学家都认为会存在这样的区域，其能量分布和预测存在区别。他们根据直觉对磁波进行了定性描述。由于数学建模的限制，在当时很难对这种现象进行定量估计。而且，在加热过程中，也不可能测量工件内部的能量分布。最早的关于磁波现象的定性描述的论文发表于 20 世纪 90 年代中期。

磁波现象与工件表层区域存在的磁性变化相关，当表层达到奥氏体化时磁性消失。参考文献［16］提供了用频率 10kHz 加热直径 36mm 的中碳钢轴的案例分析。要达到深度 2mm 的加热层，最终沿半径方向的温度和功率密度分布见图 2-25。温度分布曲线表明磁性向非磁性转变的温度区域。在距离表层 3mm 左右存在能量的第二高峰（见图 2-25b 实线），这与磁化心部区和奥氏体化区域的温度相符，导致能量分布和预想的（见图 2-25b 虚线）很不相同。

在通常情况下，如透热淬火以及钢的正火，磁波现象对最后的温度分布以及整个过程的参数影响很少报道，因为当钢被加热到居里温度之上时，非磁化过程比磁化过程长很多。

在表面淬火中，磁波现象存在于大多数加热过程中，在选择最适宜频率、预测最终温度分布和淬火深度方面具有重要作用。

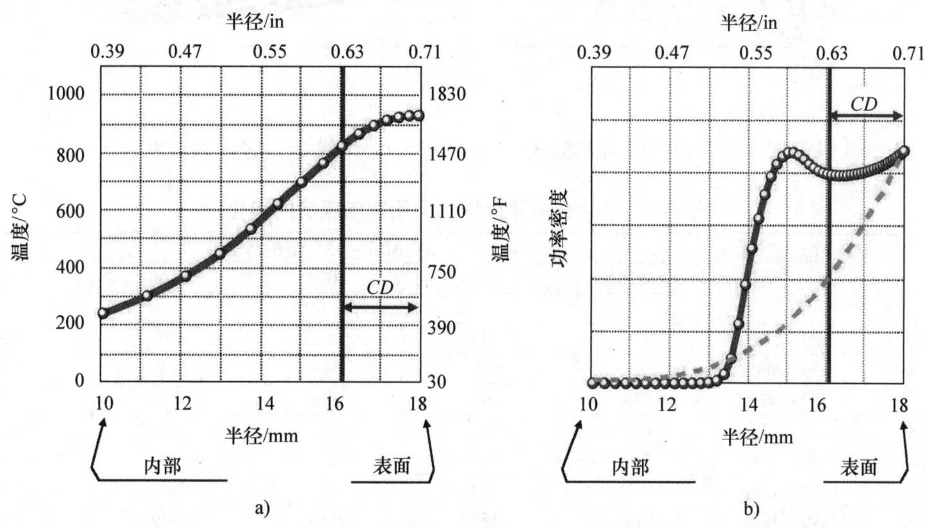

图 2-25 采用 10kHz 中频对中碳钢轴进行表面淬火的径向温度分布和功率密度分布

a）温度分布 b）功率密度分布

注：图中虚线表示的是常规认为的功率密度分布图。

图 2-26 所示为中碳钢轴在一发法淬火的径向温度分布的变化图，使用频率 125kHz。要求表面淬火深度为 1.2mm，材料为 SAE 4340，加热时间 2s，淬火时间 6s，轴的直径为 16mm。

经过 2s 的加热，轴的表面达到了奥氏体化所需的热力学条件。由于趋肤效应，内热源加热，时间短，因此最终心部温度不超过 525℃。心部以及心部附近区域的温升是由于表层高温的热传导。

由图 2-26 可以看到，在居里温度附近，表面及其接近表层附近的热强度（加热速度）降低得很快。造成这种现象有四方面因素：

1）首先是钢磁性的消失以及通过感应电流区域电阻率的下降。当钢失去磁性时，电流透入深度增加（见表 2-2）。因而，感应电流开始在一个更大区域（横截面）流动；这与电阻减小导致加热强度降低有关，尽管在此过程中钢的电阻率 ρ 一直在加大，电阻减小导致电流区域增加的影响比电阻率增加作用更大。这是在居里温度附近导致热密度降低的主要因素。

2）第二个因素与钢的局部比热容升高有关。表 2-3 为几种感应淬火钢的比热容随温度的变化。比热容直接影响到升温所需要的功率，在比热容的最大值附近，热量强度经常会降低 ±40 ~ ±60℃（取决于钢的牌号），比热容的最大值通常不会比区域外的值大 200%。

3）表面热量损失（由热辐射和热传导引起）会随温度升高而增大，要求大量能量补充。

4）在居里温度以下有两种产热机制，感应电流产热（焦耳热）和磁滞损耗产热；在居里温度附近，磁滞产热的影响逐渐减小，超过居里温度后便会消失。

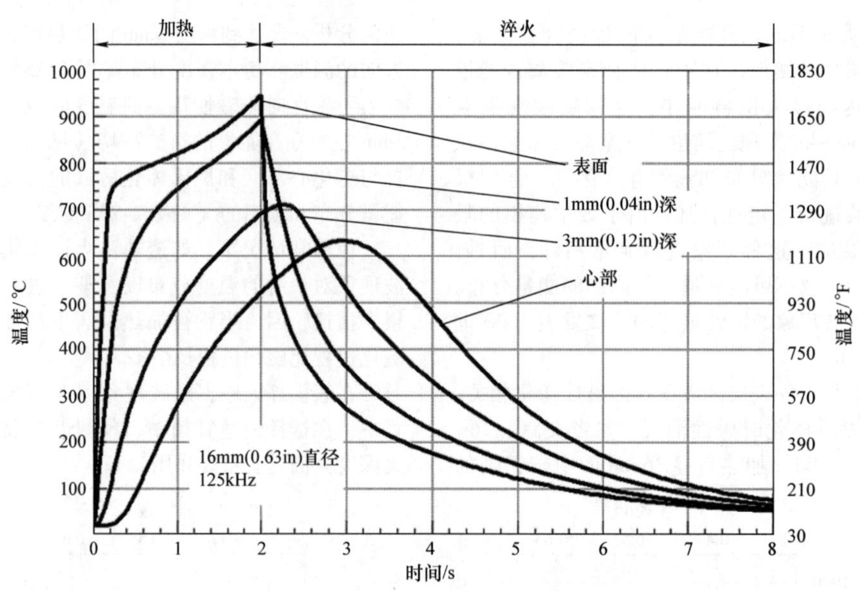

图 2-26 中碳钢轴采用 125kHz 一发法恒流表面淬火时沿径向的温度分布

表 2-3 几种感应淬火钢的比热容随温度的变化

温度/℃	温度/℉	AISI - SAE 钢的牌号				
		1026	1040	1078	1524	5132
		比热容/[J/(kg·℃)]				
50~100	120~212	486	486	490	477	494
200~250	390~480	532	528	548	528	536
300~350	570~660	574	569	586	565	574
450~500	840~930	662	649	670	649	657
550~600	1020~1110	749	708	712	741	741
650~700	1200~1290	1846	770	770	837	837
700~750	1290~1380	**1432**	**1583**	**2081**	**1449**	**1499**
750~800	1380~1470	950	624	615	821	934
850~900	1560~1650	—	548	—	536	574

在一些低能量密度应用中，当表面温度达到居里温度后会在温度时间曲线上出现平稳段，直到温度超过 780~820℃。然而，在多数感应表面淬火中，由于应用的能量密度足够大抑制或消除了温度平台的出现，取而代之的是在温度时间曲线的斜率上出现一些变化。

在之前的例子（见图 2-26）中，加热过程结束后马上进行淬火冷却，表面及其附近温度开始降低。同时，在内部区域冷却有明显的时间延迟；在轴的心部区域，这种延迟程度更明显，冷却速度明显降低。在淬火前半段，心部区域的温度仍然在上升。此处的温度径向分布类似波浪，但这与之前提到过的磁波无关。此处与热传导相关，它是由表面冷却和积累残余热量的相互作用引起。在此处表面及其附近（如表面下 1mm）的强烈冷却和心部区域的持续加热这两种热传导现象同时发生。淬火 3s 之后（一个周期 =5s），表面温度降低到 120℃附近，心部区域仍然在 300℃左右。此时如果停止淬火，残余量会导致表面马氏体回火。这种现象显示了保证充足淬火时间的重要性。

必须要强调的是，在一些应用中残余热量可以用于自回火。参考文献［1］对这种现象有详细介绍。在大部分感应表面淬火应用中，马氏体的形成导致了表面残余应力的形成。这对承载周期性载荷的零件非常重要。在这项研究中线圈电流保持恒定，即使物理过程保持相同，加热动力学和时间 - 温度曲线会有一定差异。

（3）透热淬火　趋肤效应在透热淬火过程中同样起重要作用。图 2-27 所示为与图 2-26 相同轴的感应透热淬火计算机模拟结果。无论所采用的频率如何，在心部都没有电流以及热量产生；实心轴的心部通过高温区域的热传导被加热。

在透热淬火工艺中要提供充足的径向热传导、比表面淬火更长的加热时间和更低的频率是基本要求。然而，透热淬火的一个最重要要求就是使心部组织充分奥氏体化，同时保证表面温度不能过热。另一个显著特点是使用温度和浓度更低的聚合物淬火液来保证加热部分的冷却速度。此外，适合的奥氏体化以及充足的淬火烈度、工件的淬透性都影响钢的淬硬能力。

和表面淬火相比（见图 2-26），透热淬火的频率由 125kHz 减小到 10kHz，这样提供了更深层的加热效果，居里点上使 δ 由 1.7mm 增加到 5.4mm，这样也会使 R/δ 由 4.7 变为 1.48。增加 δ 会使表面到心部的温度均匀化，尤其是在奥氏体化温度附近。加热时间 2～8s，向心部区提供了充足的热流来保证热传导。

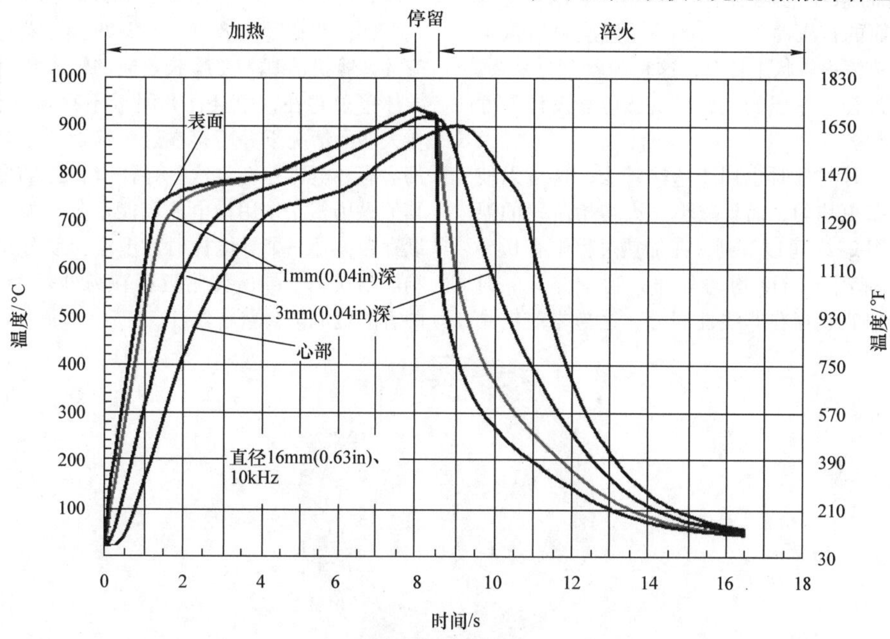

图 2-27　与图 2-26 相同轴的感应透热淬火计算机模拟结果

通过低频率可以得到深层加热以及温度的均匀分布，应用低频率还可以减少加热时间，从而减少工件表面过热。

然而，频率如果太低会导致感应电流抵消现象出现，这种现象会降低加热效率。图 2-28 所示为采用不同频率进行奥氏体化加热时轴的径向功率密度

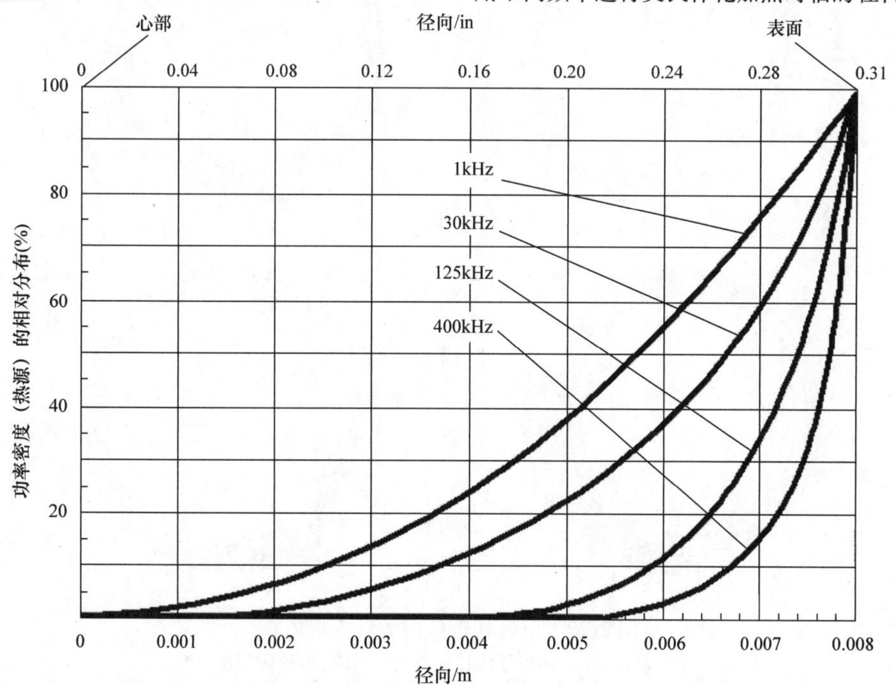

图 2-28　采用不同频率进行奥氏体化加热时轴的径向功率密度分布

分布。在一些极端情况下，达到一定水平后就很难记录到温度的增加，这是由于工件对于感应线圈的电磁场来说是透明或半透明的。

感应电流抵消现象可以通过选择合适的频率来避免，这在保证 $R/\delta>2$ 即可。如果 $1.5<R/\delta<2$，会出现一定的感应电流抵消。本次试验的 R/δ 为1.48，比上面的范围略低，因而一些感应电流抵消出现。当透热淬火管状工件时，这种现象会更复杂。它表现出是外径和壁厚的比，以及感应器设计尺寸的非线性函数。

有时，短时间延时也用于透热淬火，这可以使径向温度分布更均匀，而且减小淬火初始阶段的温度波动。从图2-27可以看到，在加热过程中有0.5s的延时，这有利于温度均匀分布，利于淬火。时间-温度冷却曲线存在非线性部分，这与之前提到的比热容的非线性相关。图2-27也表明在透热淬火中，马氏体先从表面形成，这里的冷却程度比心部更大。心部及其附近区域最后形成马氏体，因此，表面比心部的硬度稍微高一些。在透热淬火中马氏体形成驱动力可以影响残余应力的分布，根据淬火烈度，可以使表面承受拉力，心部承受压力。

（4）电磁邻近效应　图2-29所示为电磁邻近效应的计算机仿真。在趋肤效应的讨论中，一般假设导体单独存在，而且在其附近不存在其他带电体。在大多数情况下并不存在这种情形，很多时候附近都会有导电体存在。这些导体有自己的磁场，且与其他磁场相互作用使电流和能量分布发生畸变。附近存在另外一个导电体时对电流密度分布也会有影响。当在一个导电体附近存在另外一个导电体时，两者的电流都会重新分布。

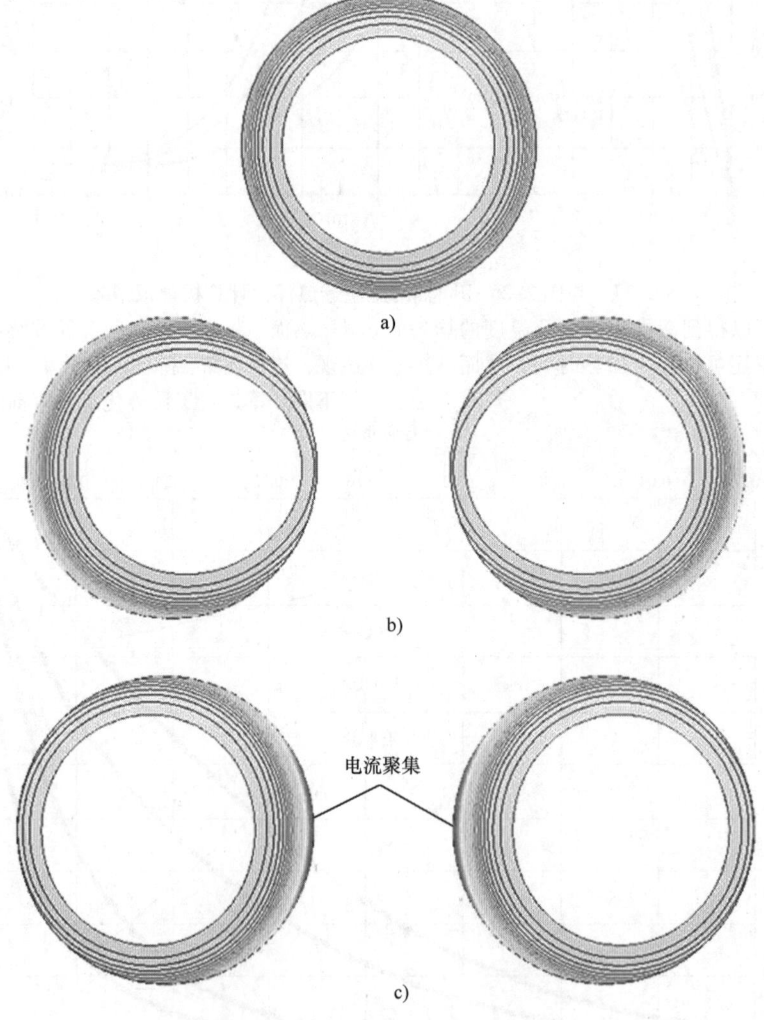

图2-29　电磁邻近效应的计算机仿真

a）单根导体　b）两根导体相同流向　c）两根导体相反流向

如果导体中电流的流动方向相同，电流会在导体的两外侧偏集。然而，如果电流流动方向相反，电流会在相互靠近的内侧形成最大的电流密度。

这种电磁邻近效应现象在感应淬火中得到了直接应用，这是控制淬火层分布最有效的物理机制，在感应器的形状设计中得到了广泛应用，邻近效应经常是造成热点和冷点出现的原因。

根据法拉第电磁学定律，工件中感应电流的流动方向与感应线圈中的相反，因此，根据邻近效应，感应线圈中电流与工件中的感应电流会在两者邻近的表面聚集。

带电导体之间（如感应器和耦合工件）增加频率以及缩短距离会使电磁邻近效应加强。图 2-30 所示为两条电流方向相反的母线排的电流分布以及邻近效应的计算机模拟结果。左母线相对于右母线倾斜，导致两母线之间出现不一样的间隙。间隙最小处可以观察到明显的电流密度重新分布。

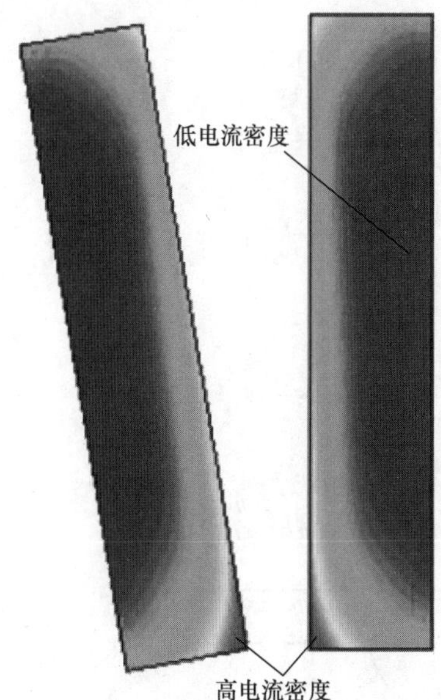

图 2-30　两条电流方向相反的母线排的电流分布以及邻近效应的计算机模拟结果

一般而言，一个感应淬火系统可以理解为由两个带电导体组成，其中一个是通过电源电流的感应器导体（单匝或多匝），另一个是位于其中（如螺旋线圈中）或其附近的（如发卡式线圈等）待加热导体。正如之前所说，感应电流和感应器中电流方向相反，因而，根据邻近效应，导体和工件之间的缝隙越小，电磁耦合越好的区域，加热强度会越高。

根据电磁邻近效应，一些特定设计会使工件的某些区域更容易过热。典型的就是含键槽、凹槽、凸肩、凸缘、直径变化以及退刀槽的工件。这些特征的出现会使导体的磁场产生畸变，影响邻近效应。邻近效应可以使热量过剩，但是在退刀槽区域或轴的直径较小处也可以使能量不足，会使淬火工艺中出现混合、不完全转变组织。

出现几何不规则分布的区域电磁场的分布很复杂，这就要求我们对感应线圈进行专门设计来解决耦合过度区域的能量过剩问题以及退刀槽区域的能量不足问题。

图 2-31 所示为利用电磁邻近效应通过多匝线圈的分布来控制加热层分布。圆棒采用常规线圈得到不均匀的加热层分布。这个问题可以通过改变线圈的耦合间隙来修正。图 2-32 所示为两个感应器的设计，它通过改变电磁邻近效应来得到需要的淬火层分布。图 2-32a 用于轮毂轴承淬火，图 2-32b 用于大齿轮淬火。

（5）电磁端部效应　除了之前讨论的情况之外，工件中的温度分布也会被电磁的端部效应影响。端部效应会让工件的末端区域的电磁场产生畸变。图 2-33a 所示为钢管末端的感应热处理系统；图 2-33b所示为钢在居里温度以下的磁场分布。

电磁端部效应可以使工件的末端区域加热不足或过热。图 2-34 所示为管道长度方向的相对功率密度分布。管道末端（热端）的电磁端部效应主要受以下几个变量限制，其中 R 是加热管道的半径；R_i 为线圈内径。

1）趋肤效应（R/R_i）。

2）线圈突出距离（σ）。

3）R_i/R 及壁厚 δ。

4）功率密度。

5）磁通量聚集器的有无。

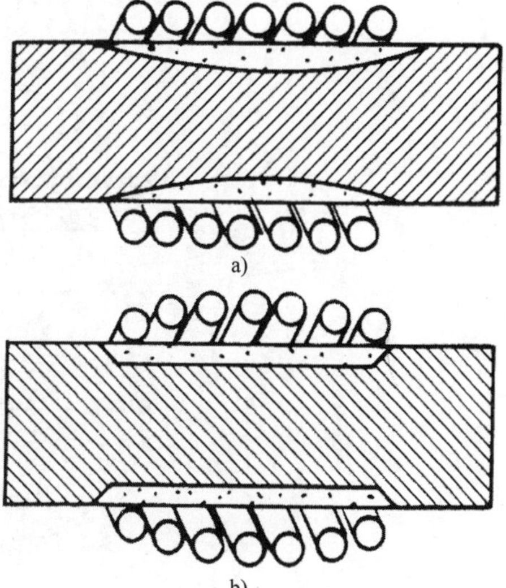

图 2-31　利用电磁邻近效应通过多匝线圈的分布来控制加热层分布

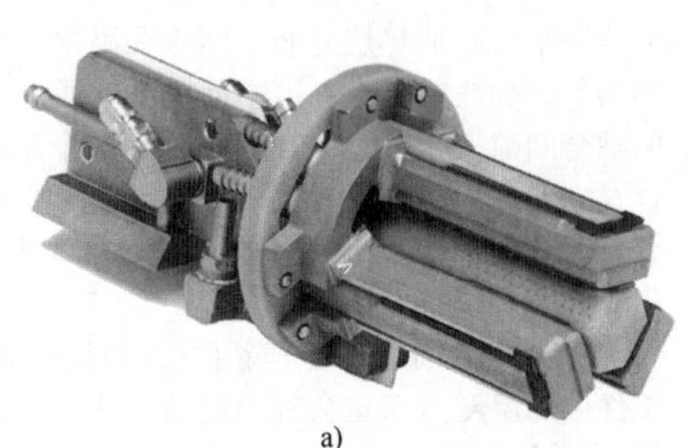

a)

b)

图 2-32 两个感应器的设计（源于应达公司）

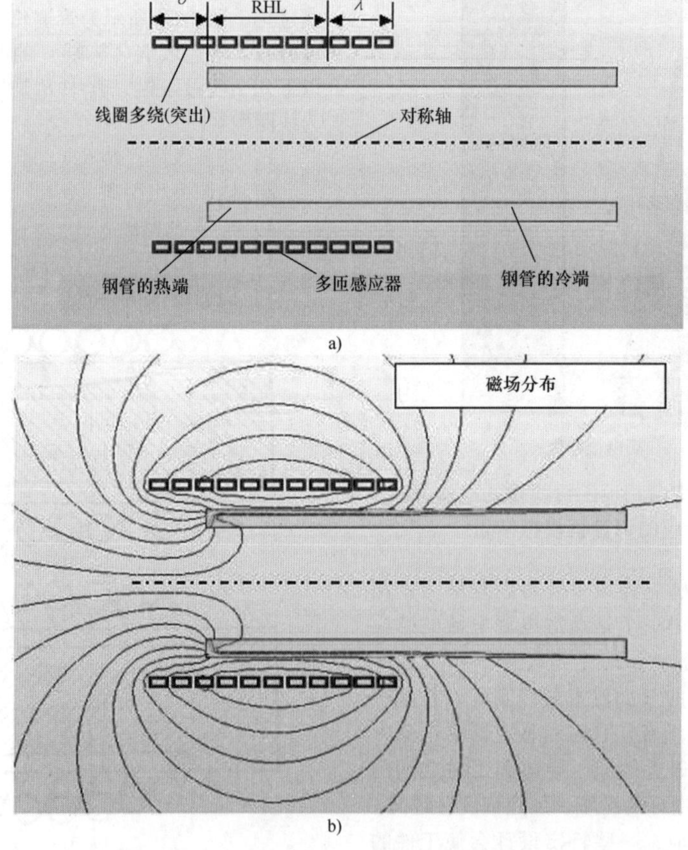

a)

b)

图 2-33 感应热处理系统和磁场分布

a）钢管末端的感应热处理系统（RHL，需要加热长度） b）钢在居里温度以下的磁场分布

6）线圈的占空系数（K_{space}）——线圈绕线密度以及它们的耦合程度。

频率 F 以及钢的电磁物理性能（ρ/μ_r）的影响包含在趋肤效应比（R/δ）之中。

（6）拇指定则（右手定则）　使用普通的多匝线圈加热，在加热工件的前端（热端）就可发现显著的能量缺失，造成工件明显的欠热，这种缺失可以由以下因素中的一种或多种引起：

1）频率低。

2）能量密度稍欠。

3）线圈和工件之间径向缝隙太大。

4）线圈突出长度不足。

相反，使用频率过高、能量密度过大以及线圈突出太长，经常会导致末端区域能量过剩，结果会使过热现象发生。

需要知道的是，工件热端的能量密度均匀分布不一定会使温度均匀分布，这是由于同中心区域比较，热端会存在额外的能量损失（由于热辐射和热传导）。选择合适的线圈设计以及工艺参数，可以根据电磁端部效应产生合适的能量过剩来补偿热端额外的能量损失。这样就可以在工件要求的加热长度内得到合理的温度分布。

端部淬火效应的另外一个重要特点是感应线圈另一端的温度分布，如图 2-34 的 $C-D-E$ 区域，有时被定义为热影响区或轴向转换区域。由于工件的高温区域到低温区域存在明显的温度梯度，因此存在热传导，导致纵向的温度流动，由此产生了热量缺失现象。

图 2-35 所示为表面硬化碳素钢轴端部在不同加热阶段的纵向温度分布的有限元分析模拟结果。轴的外径为 75mm，要求的淬火区长度为 120mm，最大表面深度为 5mm，频率为 2.4kHz。

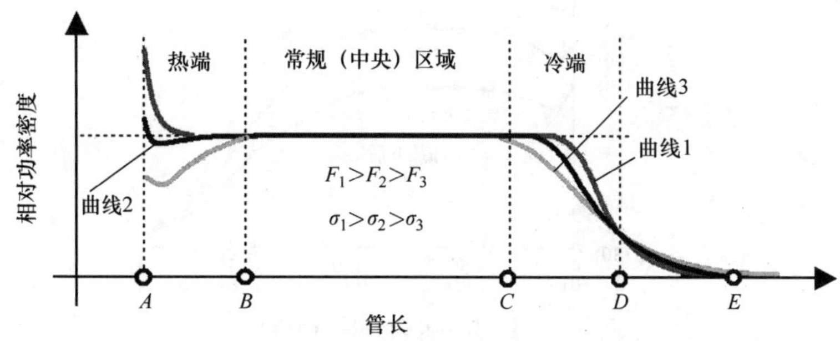

图 2-34　管道长度方向的相对功率密度分布

单匝感应器中出现的端部效应同多匝线圈相比有自己的特点，尤其是当频率较高的时候。图 2-36 所示为使用单匝感应器静止加热时工件和线圈的相对几何比例对圆形零件分布的影响。线圈轮廓可以帮助获得多样的加热层分布。在这种情况下，电磁端部效应可以被临近效应弥补。

电磁端部效应还可以用来对扫描加热进行预热或后续处理，这种现象会在之后进行进一步讨论。

2.2.4　感应淬火技术

感应淬火有四种重要方式：

扫描淬火：线圈或工件相对移动，工件通常在线圈内旋转，以在工件表面得到均匀的硬化层。

渐进式淬火：工件缓慢穿过一系列在线的线圈，类似于板条和棒料的锻造前加热。

一发法淬火：工件和线圈均不相对移动，但工件旋转以保证整个区域同时被加热淬火。

静态淬火：类似于一发法淬火，但是工件形状不规则，这样不允许旋转。

（1）扫描淬火　可以应用在圆柱体零件的外表面（OD）、内孔壁（ID）以及平面。水平或竖直扫描感应器均可以使用，在较短或适宜长度的轴类件淬火时竖直扫描感应器比较常见。一些感应电源具备在扫描过程中改变功率以及频率的功能。

当扫描加热外表面的时候（比如一根实心棒），感应线圈一般环绕着旋转的工件。淬火喷水环放置在感应线圈附近以便对加热区域进行淬火冷却。有时，可以使用机加工的组合式淬火感应器（MIQ）（见图 2-37）。无论何种情况，淬火装置都包含有很多孔的喷水盒，以保证淬火液在特定的角度和距离喷淬到加热部分。感应淬火从感应线圈位于工件的一端开始（见图 2-38）。接通电源，工件开始旋转，感应线圈会在原地停留一段时间以保证将热量传递到工件，这被称为预加热（见图 2-38a、b）。感应线圈和工件然后相向移动，称为扫描。在有些设备中，则是工件移动而感应线圈静止，有些则恰好相反。

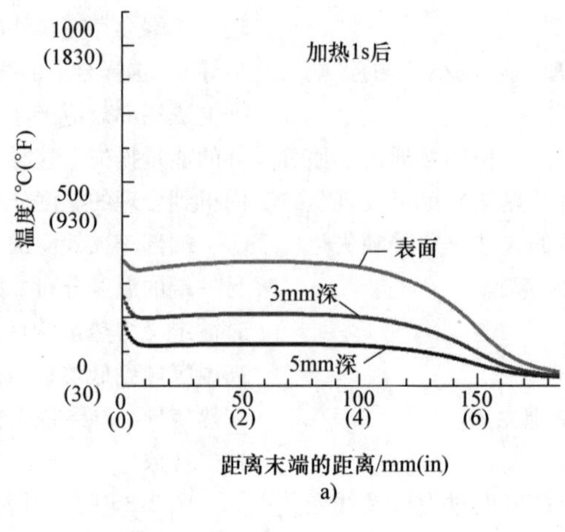

a)

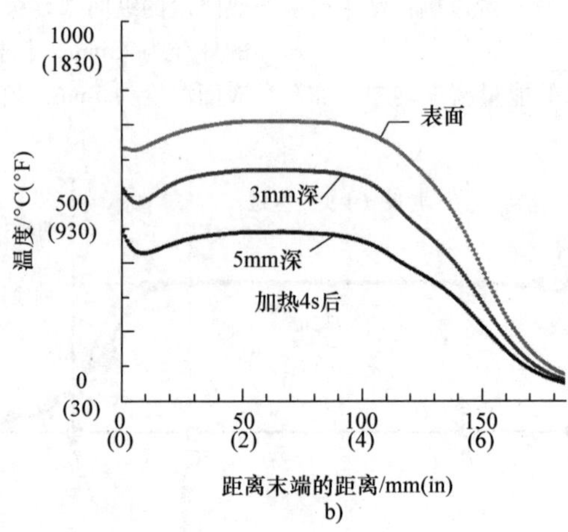

b)

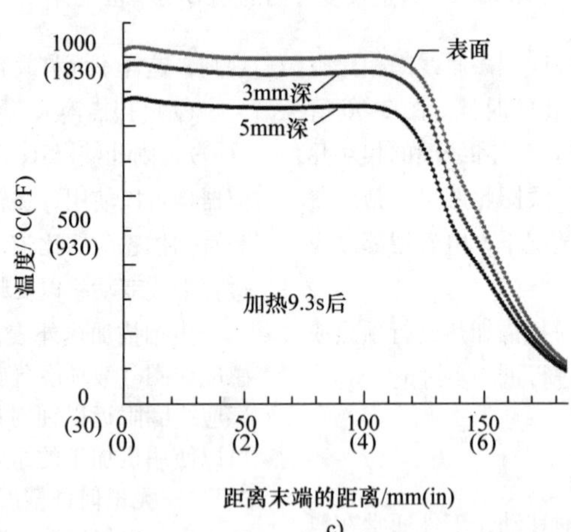

c)

图2-35 表面硬化碳素钢轴端部在不同加热阶段的纵向温度分布的有限元分析模拟结果

注：轴的外径为75mm（2.95in），所需的硬化区长度为120mm（4.72in），最小硬化层深为5mm（0.20in），频率为2.4kHz。

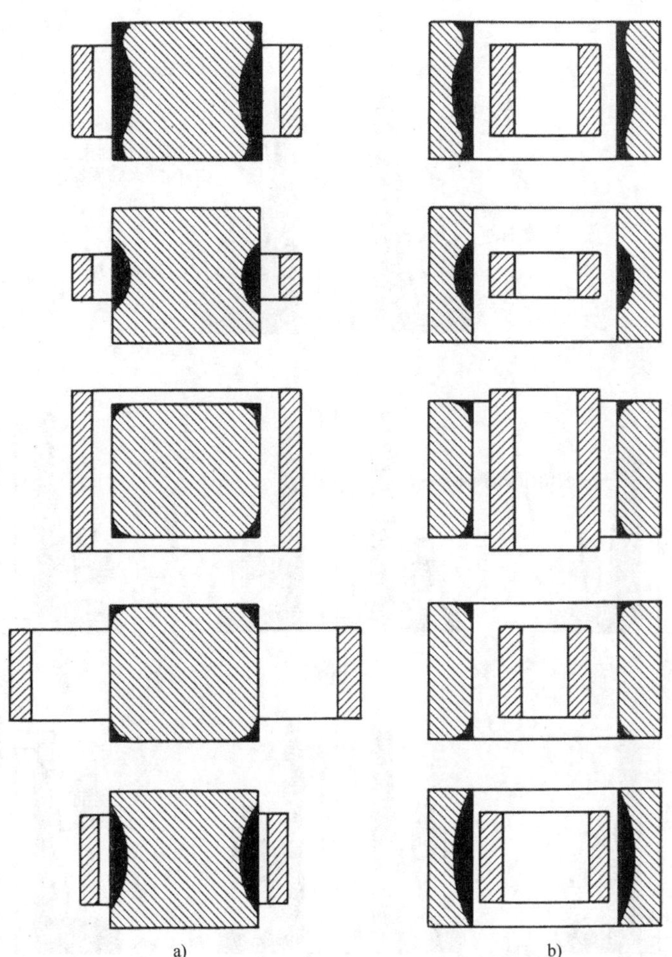

图 2-36 使用单匝感应器静止加热时工件和线圈的相对几何比例对圆形零件温度分布的影响
a）工件外表面感应器 b）工件内孔感应器

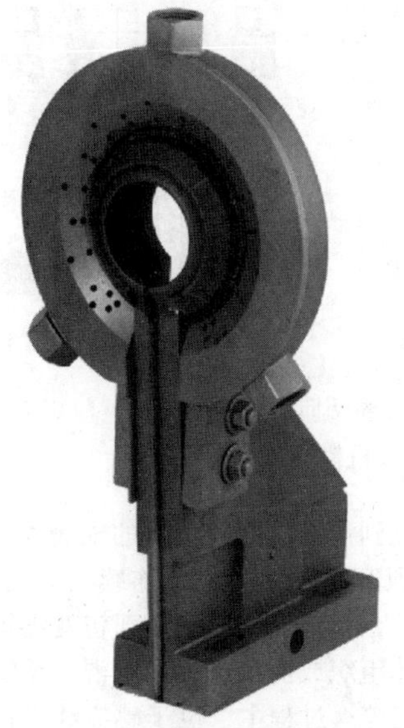

图 2-37 机制扫描单匝感应淬火集成线圈（源自应达公司）

经过短暂的预热，开始对初始预热部分淬火（见图 2-38c）。从预热开始到工件或感应线圈的开始运动之间的时间被称为淬火延迟，它可能会持续几秒钟，这主要取决于工件几何形状以及淬火层分布的要求。有时当感应线圈和工件开始移动时，开始速度更快以便使感应线圈到达目标位置，淬火液能喷射到加热区域。这称为淬火工艺中的快移，这样做可以使在预热时加热区域不会降温太快，以便淬火。如果这个距离太长，可能会存在局部奥氏体化不充分或邻近预热区域加热深度较浅的风险。

在快移之后，工件和感应线圈以正常速度相对移动，扫描速度是指单位时间移动的距离。扫描速度通常为 3 ~ 50mm/s，在一些特殊情况下可以达到 100mm/s。较高的速度常用于很浅的淬火层深度。这时工艺继续进行，感应线圈加热一段距离，淬火器跟进进行淬火。在感应线圈沿着加热方向移动时，扫描速度以及功率会根据表面深度需要进行改变。这在工件直径或形状变化时很常用，比如工件

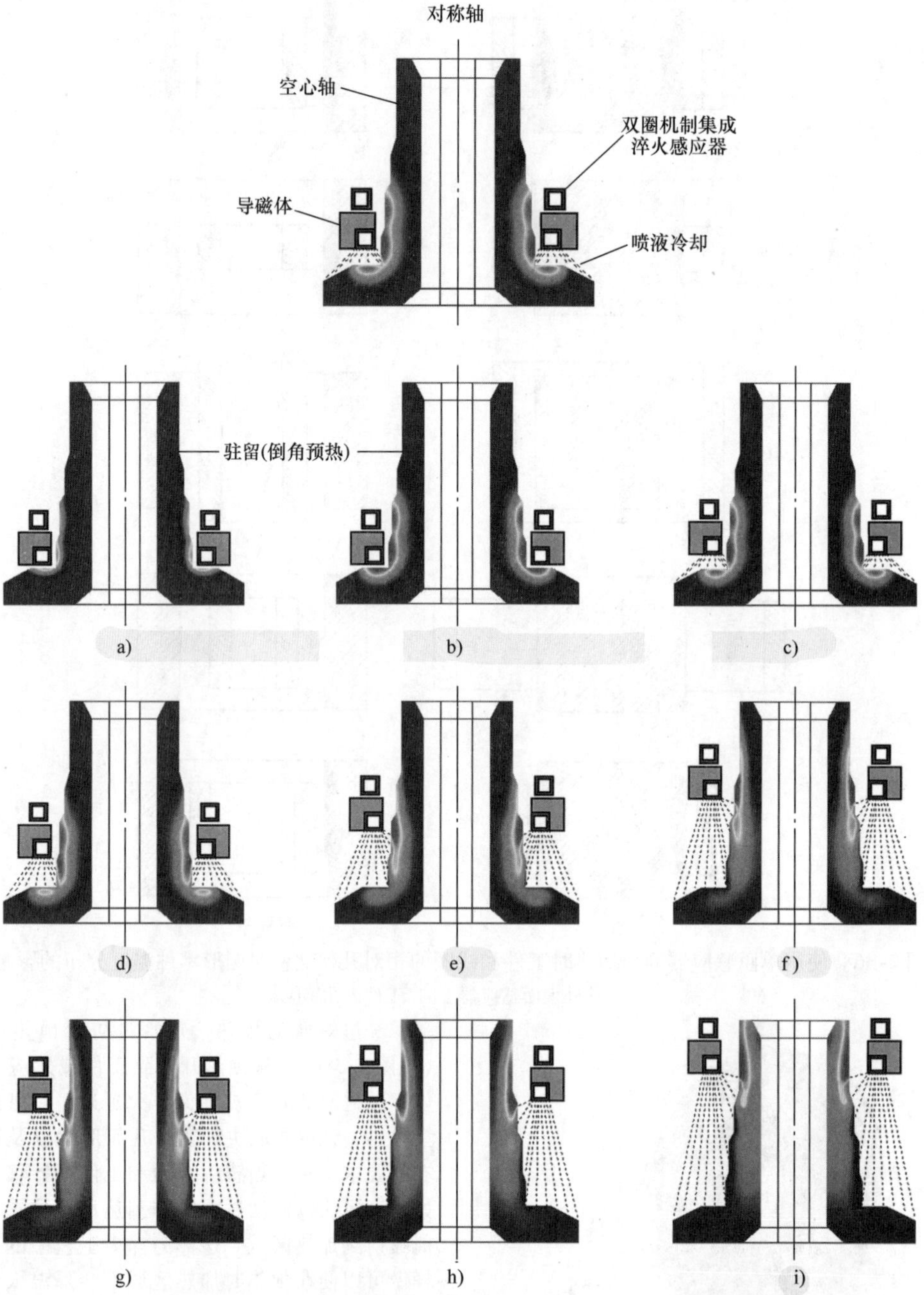

图 2-38 使用 L 形磁通量集中环（频率：9kHz）的两匝机制集成淬火感应器来扫描淬火空心轴的动态计算机模拟

是实心体和凹槽的结合，或出现不规则的几何形状。

图 2-38c～h 表明，在扫描期间，加热区的前沿在被加热轴的加热线圈上匝前部，形成预热区。电磁端部效应是形成预热的主要原因。外部磁场的被切割导致在感应线圈外产生热源。在感应器的下匝之外存在的磁场作用于轴的跟随加热区，在一些情况下，一直到淬火液喷射覆盖的轴表面。这样可能降低淬火烈度，导致了穿过连续冷却曲线（CCT）的鼻头部位，结果形成含有上部转变组织（如贝氏体－珠光体组织或网状组织）的混合组织。

在扫描淬火过程中，位于感应线圈前端附近的工件区域的温度在居里点之下，因而，单匝感应线圈的前端遇到的是低电阻的磁性材料。相反地，在感应线圈末端以下钢是没有磁性的，这是因为工件的温度超过了居里点，因而具有更高的电阻率。这会促使感应线圈的最大电流密度朝着感应器下端外圆角区域（见图 2-39）。图 2-38e ~ i 显示的为彗星尾状效应，是在扫描感应线圈之下轴的表层区域的热量积累。这种效应在参考文献［26］中最先介绍。

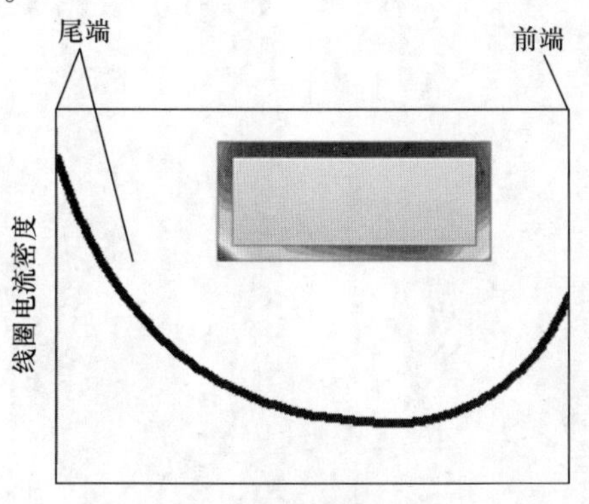

图 2-39　轴扫描感应淬火时线圈中电流密度的分布

当扫描内表面时，扫描感应器及淬火水盒与淬火外表面的相似。使用内孔扫描感应线圈的限制在于淬火小直径工件的难度较大。由于感应线圈的折返钩经常通过感应线圈中心，较常见的最小外径接近 16mm、19mm。与之对应的是，内孔感应线圈的效率对感应线圈和工件之间的间隙敏感。与 OD 外圆感应器相比，随着感应线圈与工件之间距离增加，内孔感应线圈的电效率快速下降。这就是 ID 感应器的间隙常见为 2 ~ 3mm，不超过 5mm 的原因。

内孔感应器经常要求在其内部加导磁体，这会帮助感应线圈增加电效率，减少感应线圈电流，尤其是当加热小直径的内表面时。

发夹式感应器经常用来对平面扫描淬火，例如工程机械的履带淬火（“发夹式感应器”名称的由来是说感应线圈的弯制类似女士的发夹）。这种感应器通常由铜管弯制和焊接而成，也可以采用整体铜块通过数控（CNC）机床加工而成。在其他情况下，曲饼感应器或回形针感应器也可以用来对平面进行扫描淬火。

（2）渐进式淬火　细长零件（如棒、线材、管等）可以用水平卧式感应系统进行淬火。螺旋状感应线圈经常用于渐进式淬火，这里工件会穿过多匝的感应线圈。图 2-40 所示为直径为 12.7mm 碳钢丝以 0.2m/s 的速度连续感应加热淬火前的时间 - 温度关系。

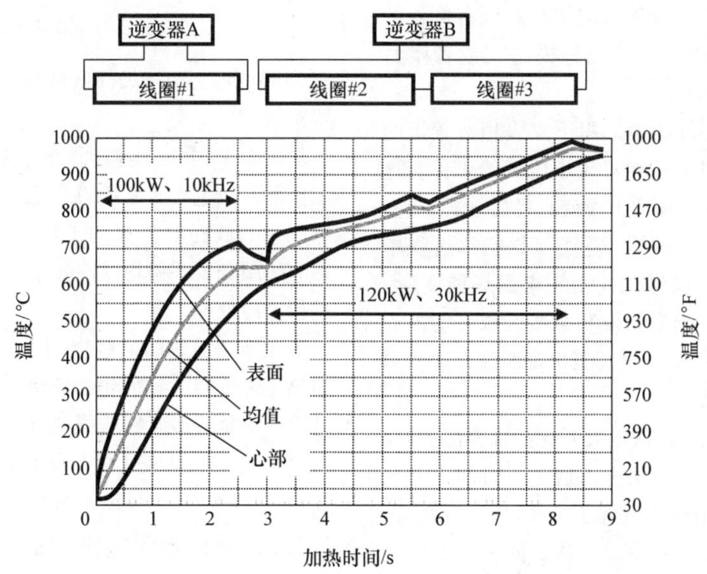

图 2-40　直径为 12.7mm 碳钢丝以 0.2m/s 的速度连续感应加热淬火前的时间 - 温度关系

在一些情况下，可开口的通道式感应器经常用于具备复杂形状的长工件（如轨道、辊）的局部淬火，或较小直径或厚度工件的透入淬火。如果在加热过程中工件穿过感应线圈时运动速度恒定间隙稳定，通道式感应器可以帮助增加电效率。使用通道感应器，加热材料的当量电阻率相比于螺旋线圈感应器会有所增加。然而，柱形感应器与其他感应器相比，对工件位置的偏差不太敏感。

渐进式淬火可以适应很快的速度，经常超过 1m/s。根据负载匹配效率，感应线圈电气连接可以进行串联或并联。单一频率或多频率系统（双频更常见）都有应用。

在双频渐进式加热系统中，低频率用于感应加热的开始部分，而温度超过居里点以后（奥氏体化过后）则使用较高频率。这样可以在开始以及最后阶段都能避免电流消减并且提高加热效率。双频可使开始加热时的表面到心部区域温度梯度降低，这在加热脆性钢时非常重要。

在一些应用中，双频往往会造成更高的费用，这是一个缺点。因而，当淬火小直径的工件时（比如管材、线材），使用容量大的高频逆变电源较为经济。

当工件从最后一匝感应线圈出来后，开始淬火。为了避免淬火液可能的回流，淬火水盒通常位于距最后一匝感应线圈一定距离，如 20 ~ 100mm。考虑到线速度可能很大，在第一个淬火盒后面会增加几个淬火盒以保证充分淬火。

（3）一发法淬火　采用一发法淬火，工件和感应线圈均不相向移动，但是工件常常旋转。需要淬火的所有表面同时被加热（见图 2-41），而不是像扫描淬火一样只加热一段。当对轴类工件进行扫描淬火时，感应电流沿圆周流动。但是，一发法加热的感应电流一般沿工件长度方向流动。也有例外的是半圆形的一发法感应器（也称横跨式或者半月形），这里电流沿圆周流动。

通常情况下，一发法更适用于淬火相对较短的工件，或者只需要热处理相对较小区域的工件。这种方法也适合处理轴对称或出现变直径的轴类工件，如变直径、倒圆角、凸肩等。这类工件扫描过程中可能出现不合适的奥氏体化（由于电磁场的变形）以及不充分淬火（由于形状限制某些区域可能淬火不均匀）。这可能会降低硬度甚至出现断裂，这些都是不希望发生的情况。

有时候长工件在一发法淬火时比扫描方法更好。例如汽车轴淬火时，一发法可以通过短时间内淬火整个长度来减少节拍时间（见图 2-42）。然而，一发法也存在一些不足。其中之一就是同扫描感应线圈相比价格较高，这是因为一发法感应线圈在一定程度上需要适应整个工件的形状。此外，一发法感应线圈通常用来淬火单一形状的工件，而扫描感应线圈则可以淬火许多不同形状的工件。一发法淬火和扫描法相比需要更大容量的电源。

（4）静态淬火　同一发法淬火类似，除了被淬火工件具有不规则形状外，因为这样不允许旋转。

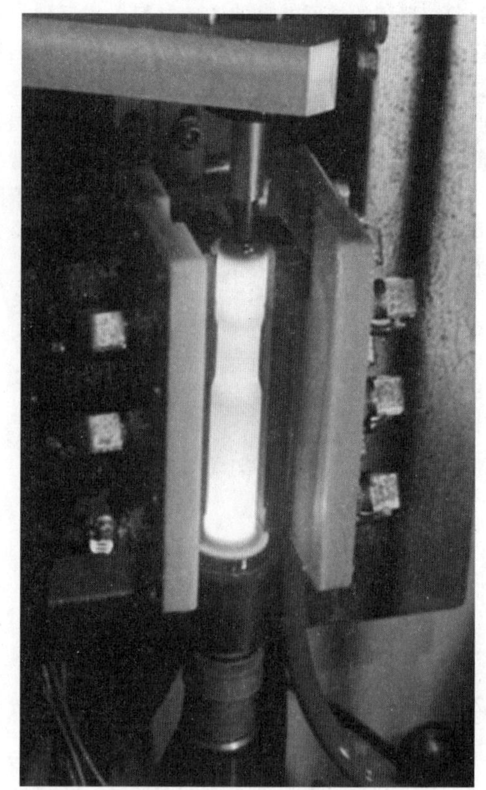

图 2-41　一发法淬火示例
（应达感应加热公司）

图 2-43所示为用于局部区域静态淬火的发夹式感应器实例。

图 2-43 中几个经过静态淬火处理的扳手钳口的工作面，浅色表面显示的是经过腐蚀的硬化层分布。感应线圈放在要淬火的工件附近，在加热过程中，感应线圈和扳手钳均保持静止。当加热过程结束后，进行淬冷处理。

在静态加热的一些事例中，感应器静止，而被加热工件旋转。直齿轮的感应包络淬火就是个典型过程。单匝或多匝感应线圈环绕着齿轮以加热整个表面区域，在加热过程中齿轮旋转以保证能量均匀分布。这种应用也可以被称作一发法淬火。

2.2.5　感应器和热形控制

感应器的形状取决于应用的要求，包括工件的几何形状、材料、可用空间、加热方式、生产率、要求的硬度分布（热形）、可用的电源、频率以及所用的材料夹持方式等。关于感应器的设计种类很多，可根据应用、外形、频率、制造技术、加热方法、电流流动等对其进行分类。以下是根据外形进行的分类。

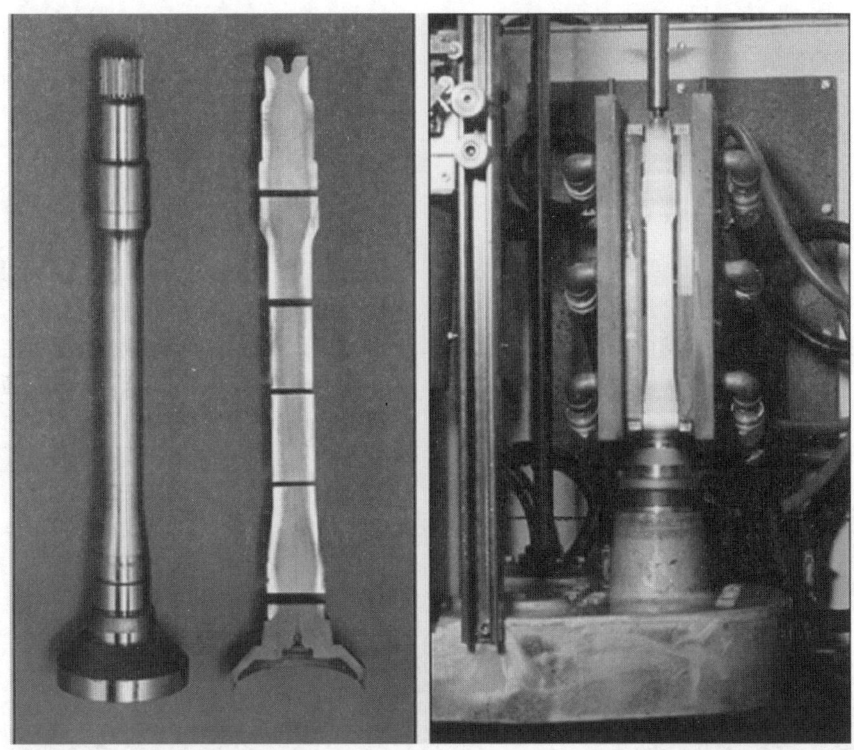

图 2-42　汽车车轴全长在一发法感应淬火机床中同时加热淬火，以减少工艺周期（应达感应加热公司）

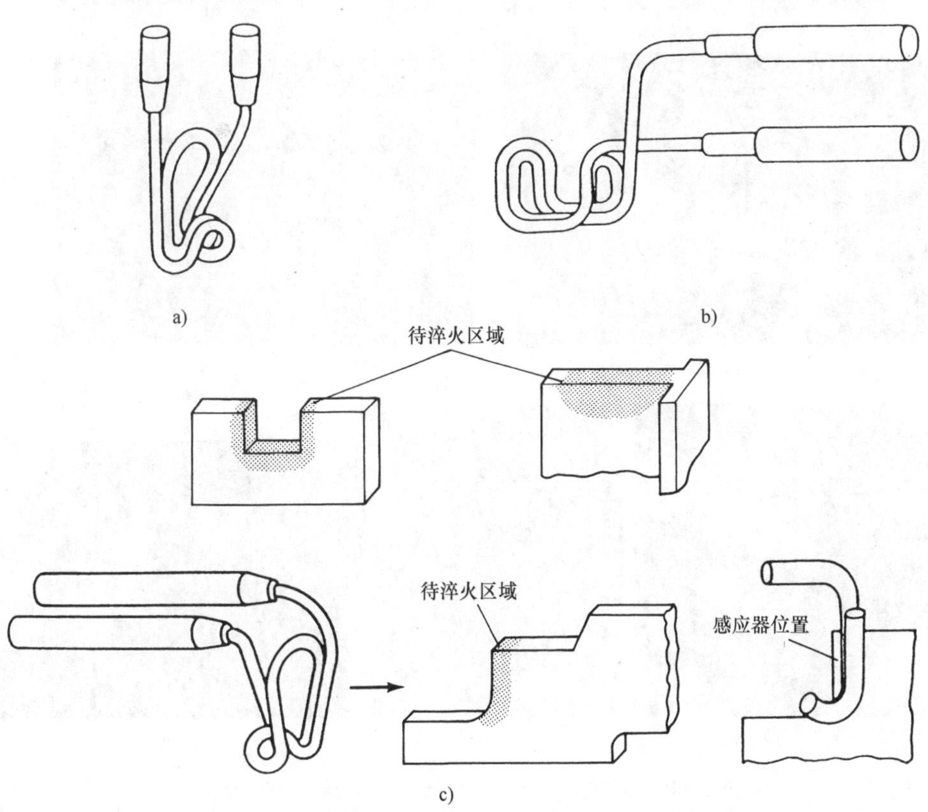

图 2-43　用于局部区域静态淬火的发夹式感应器实例（淬火装置未示出）

1）螺旋单匝或多匝感应器。
2）薄饼感应器。
3）蝶状感应器。
4）槽口感应器。
5）通道或通过式感应器。
6）发夹以及双发夹感应器。
7）开口或无开口感应器。
8）沿齿沟感应器。
9）主动及从动感应器。
10）C形铁心或E形铁心感应器。
11）ID（内孔）感应器。
12）仿形感应器。
13）一发法感应器。
14）U形淬火感应器。
15）母感应器（芯可更换）。
16）波动运行感应器。
17）横向磁场感应器。
18）多面感应器。

图2-44所示为各种感应器设计的例子。特殊的感应器可能包含几种不同类型的特征，而且在一类中可能还存在不同的变换。图2-45所示为一组螺旋线圈的感应器类型。

感应器可以用铜管制成，绕制方法和螺旋线圈的方法一样，这样可以制成单匝或多匝感应器。另一方面，感应器接头部分由实心铜加工而成。这样不仅可以提供坚固的感应线圈，而且可以使感应线

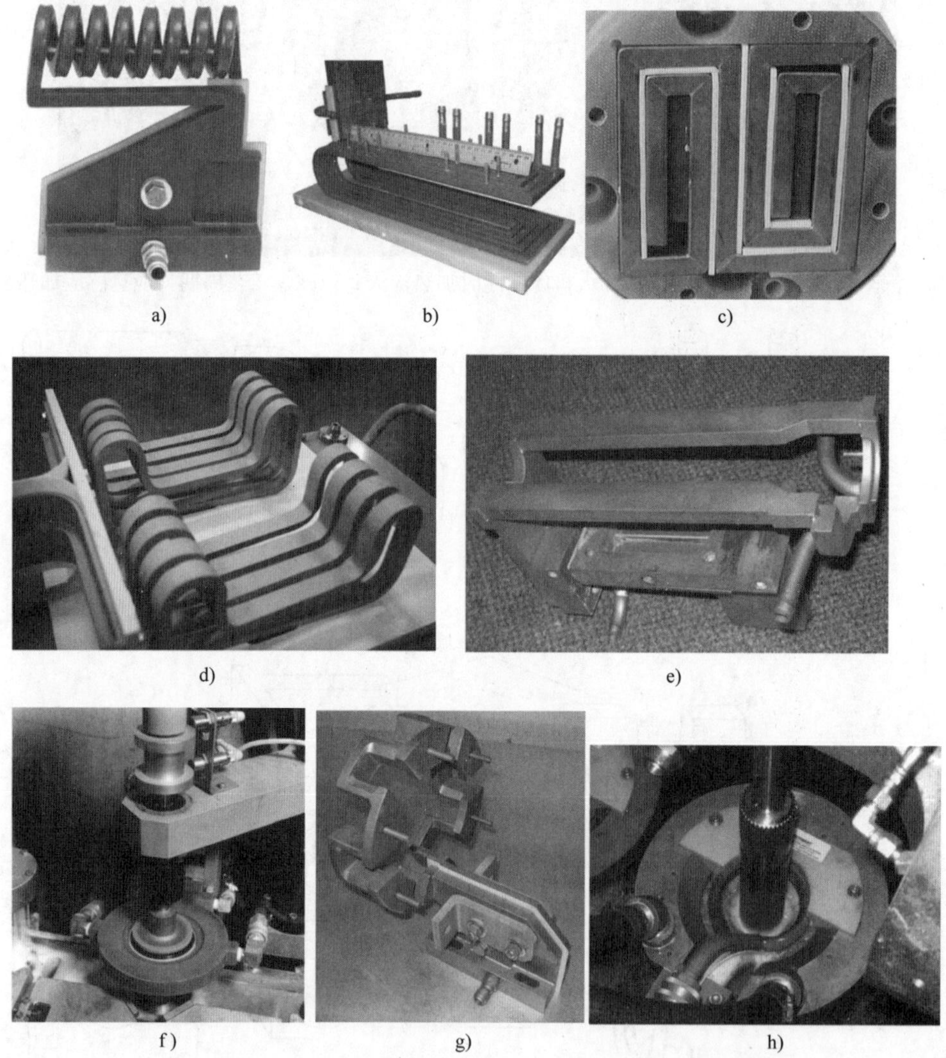

图2-44 各种感应器设计的例子（应达感应加热公司）
a）渐进多圈感应器 b）通道感应器 c）蝶状感应器 d）渐进在线淬火线圈
e）一发法感应器 f）单匝静止加热线圈 g）复杂静止加热线圈 h）单匝扫描线圈

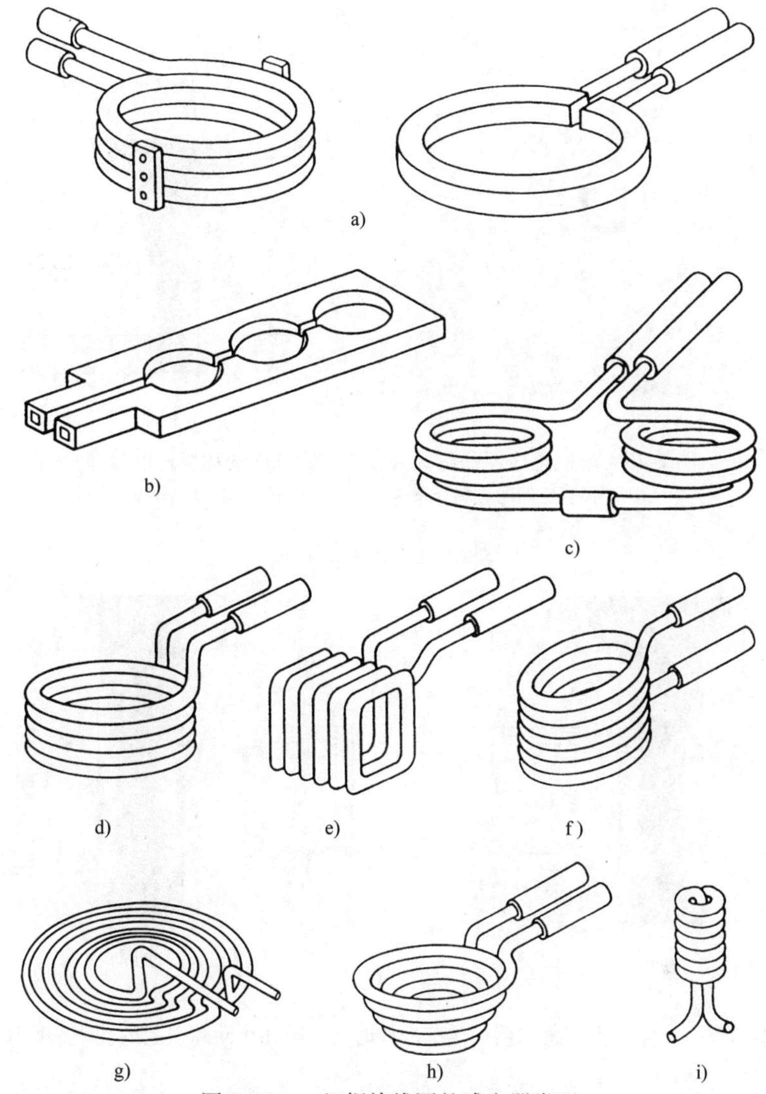

图 2-45 一组螺旋线圈的感应器类型

a）单工位加热的单匝和多匝感应器 b）多工位加热的单匝感应器 c）多工位加热的多匝感应器 d）多匝圆形感应器 e）矩形多匝感应器 f）仿形多匝感应器 g）饼形感应器 h）螺口形感应器 i）内孔感应器

圈的工作面形状与工件的形状相匹配，使端部效应最小化，使感应器螺旋效应最小化，并且可以控制电磁场的分布，得到要求的加热形状。

淬火感应器通常由实心铜经 CNC 加工而成，这会使它们多次利用并且坚硬。在其他情况下，感应器可由铜管焊接制成，铜管截面可以是长方形、正方形或圆形。

（1）单匝感应器的控制热形 图 2-46 所示为单匝感应器的磁场分布和紧固件内的功率密度分布。如果热形太窄，可以使用更宽的铜管绕制，见图 2-47a。然而，需要知道的是，加大感应器加热面的宽度可能接近导电工件其他相邻区域或周边导体。在这种情况下，相邻区域产热量增加。

尽量使感应线圈和工件之间的电磁耦合间隙最小以达到最大的加热效率。然而在工艺过程中可能有一些因素使最小间隙的应用受到限制。图 2-47b 所示为同一个感应线圈和栓销在更大间隙时的情况。

耦合间隙的增加会导致热形变宽，加热深度变浅。此外，外部磁场变宽，这会导致栓销头部加热。有很多种方法控制感应磁场分布以及热形。其中一种就是使用带磁通量集中器的法拉第圆环（也称为屏蔽环）。图 2-48 所示为磁力线聚集器和法拉第环对线圈电磁场分布的综合影响。

（2）磁通量集中器 磁通量集中器（也称作导磁体、磁心、磁力线聚集器）能改善工件和感应线圈的磁场之间的电磁耦合。

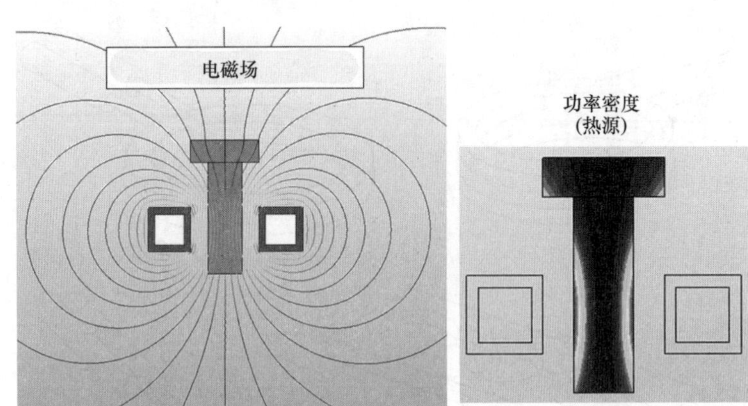

图 2-46 单匝感应器的磁场分布和紧固件内的功率密度分布

a）单匝感应器的磁场分布 b）紧固件内的功率密度分布

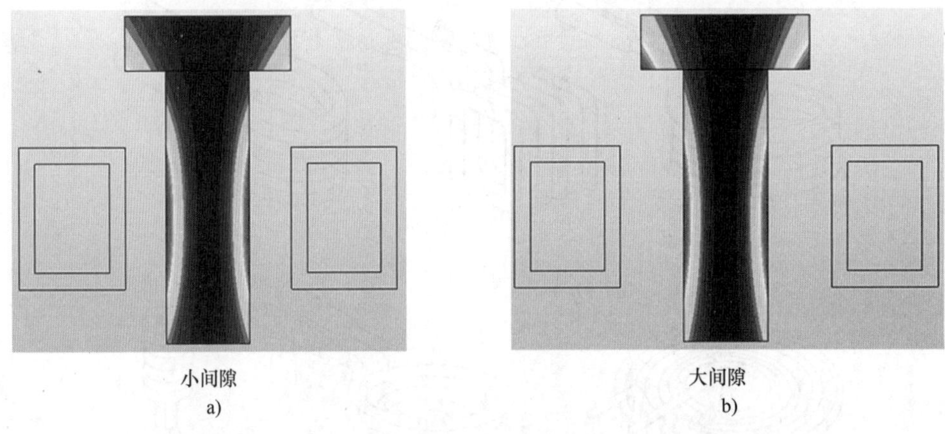

图 2-47 一个宽面铜管感应器加热标准件时大间隙和小间隙引起的功率密度比较

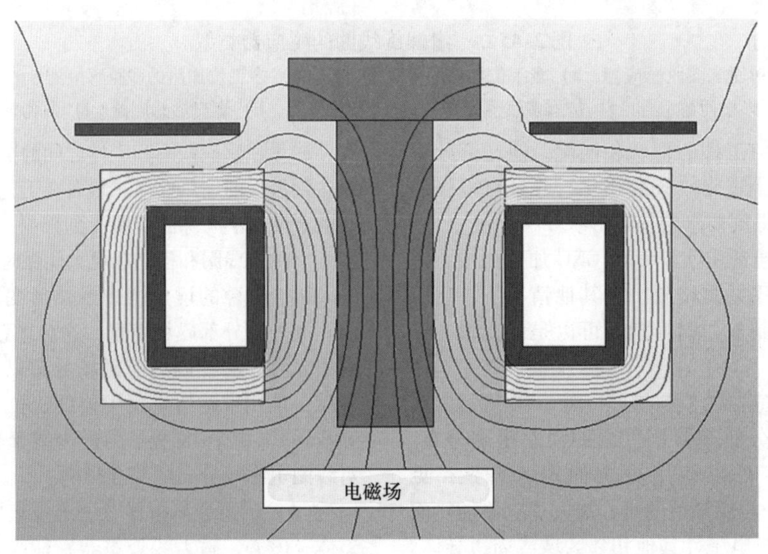

图 2-48 磁力线聚集器和法拉第环对线圈电磁场分布的综合影响

在感应淬火中，磁通量集中器有几个基本作用：对工件的特定区域进行选择性加热；改善感应器和电源的功率因数；作为电磁屏蔽，防止对特定区域非正常加热。

磁通量集中器由高磁导率的软磁材料制成，极低的导电率。磁通量集中器的软磁性指的是只有当外部存在磁场时才会产生磁性。当暴露在磁场中，它们能快速改变自身磁性而没有太多阻力。这种材料具有很窄的磁滞环。集中器提供了一条低磁阻力路线，使得磁力线在特定的区域集中。如果磁通量集中器应用在感应器领域，它可以为磁力线提供低磁阻力路线，减少漏磁，集中磁场中想要的磁力线。如果没有磁通量集中器，磁场会向感应器和四周的导体（辅助装置、金属支承、工具、工件等）扩散，这些物体并不需要加热。集中器形成磁路来引导感应器磁场到达期望的区域（见图 2-47～图 2-50）。

不同的场合使用不同的材料，如硅钢片、纯铁、各种性能的多相合金以及铁基合金。选择哪种材料来制备磁通量集中器主要取决于以下几个方面：

1）应用频率。

2）磁场强度。

3）感应器以及工件的几何形状。

4）工作环境的侵蚀性以及抵抗化学腐蚀的能力。

5）装置的可用空间。

6）脆性以及强度。

7）可加工性、密度以及组织结构均匀性。

8）工作温度。

9）冷却能力。

10）容易安装和拆除。

有一个普遍误区，磁通量集中器的应用会自动改善感应器的效率。这个误区在参考文献［1，33，35］中得以澄清。磁通量集中器改善工艺的效率是通过减小工件表面与感应器带电区域的耦合距离，以及减小磁力线逸失（减少逸失在空气中的磁力线）。然而，由于磁通量集中器是导体，当它存在于高密度的磁场之中时，会由于自身发热而导致部分能量损失。集中器的能量损失会造成效率降低。

改善电磁耦合以及减少磁力线逸失将抵消能量损失。感应器效率的任何改变都是这三个因素的综合作用结果。有时，集中器可提高效率，但有时也发现提高不大，甚至效率会降低。例如，当集中器应用于相对比较长的螺旋感应器时，效率并不会得到明显提高。而另一方面，当集中器应用于单匝感应器或内孔加热线圈时，效率可以得到明显提高。

新型和不同牌号的集中器材料层出不穷。曾经硅钢片只应用于 10～15kHz 以下的频率，最近，纳米技术的发展带动了新材料的开发，扩展了这个范围。纳米晶体制成的 NANO 硅钢片含有 82%（质量分数）的铁，还含有硅、镍、硼、铜、碳、钼等添加物，它具有以下基本性能：

1）居里温度为 570℃。

2）密度为 7300kg/m^3。

3）厚度为 0.02mm。

4）填充系数为 0.75。

5）磁感应强度为 13000Gs。

6）矫顽力为 0.04Oe。

7）镀覆技术可减少材料的感应涡流损失。

8）频率范围超过 50kHz。

要知道在感应器中增加导磁体需要增加额外的成本，导磁体安装的可靠性也是个大问题。通常磁通量集中器可以焊接、紧固或胶接到感应器上。如果集中器意外出现松动、脱落或者偏移到一个不适宜的位置，这会对产品的质量产生不利影响，出现不希望的热形偏差并付出一定代价。磁通量集中器对不同感应器的作用见参考文献［22］。

需要时刻牢记，当暴露在热气和水汽之下，铁基磁性材料会不可避免地发生锈蚀，甚至失效，这其中包含焊点或绝缘覆盖层的失效。因此磁通量集中器需要精心维护。

（3）局部加热的控制　使用得当时，磁通量集中器对于加强感应淬火效果可以起到重要作用。图 2-49所示为单匝感应线圈在使用磁通量集中器对选定区域进行加热时的功率密度分布。铜制感应线圈的带电（加热）表面很窄，根据邻近效应，这有利于增加感应线圈的电流密度。感应线圈与添加 U 形磁通量集中器之后的感应线圈的功率密度分布对比见图 2-49a。只应用一根 L 形磁通量集中器的功率密度分布见图 2-49b。与 L 形相比，U 形磁通量集中器的效果更加明显，它可以在要求区域增加加热强度，减少热影响区，并且减少相邻区域（如栓销的头部）的不必要热量。两边都有 U 形磁通量集中器的情况见图 2-49c。

（4）利用多匝感应线圈得到均匀热形　图 2-50 所示为通过调整多匝感应线圈配置来校正热形的案例。利用电磁邻近效应以及改变感应线圈之间的间隔，可以实现均匀加热。这些研究案例只是许多控制感应磁场以及感应热源分布的方法之一。

2.2.6　淬火冷却技术

大多数感应淬火采用喷射冷却淬火，喷射淬火比油浸淬火的冷却速度大，会使硬度更高、表面的残余应力更大。对圆柱体工件，在进行淬火过程中

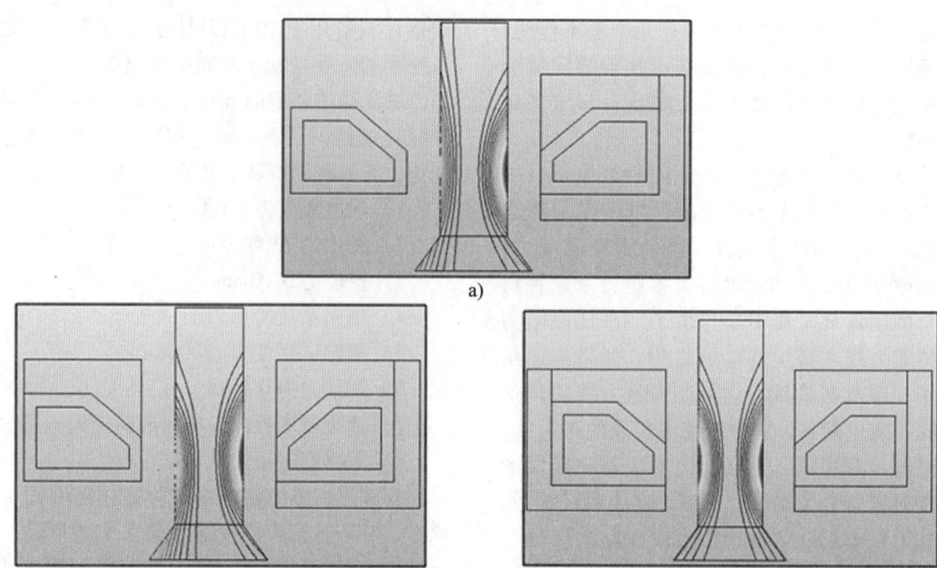
a)

b)

c)

图 2-49 单匝感应线圈在使用磁通量集中器对选定区域进行加热时的功率密度分布

a）带有 U 形磁通量集中器的线圈（右）与裸线圈（左）产生的功率密度分布 b）采用 U 形集中器（右）和带有 L 形集中器的线圈（左） c）两侧均装 U 形集中器

在小端螺距变小

线圈和轴平行

a)

平行

小端热密度更大

b)

改变耦合以求加热均匀

c)

平行线圈，热型不均匀

d)

线圈略呈圆锥形，热型均匀

e)

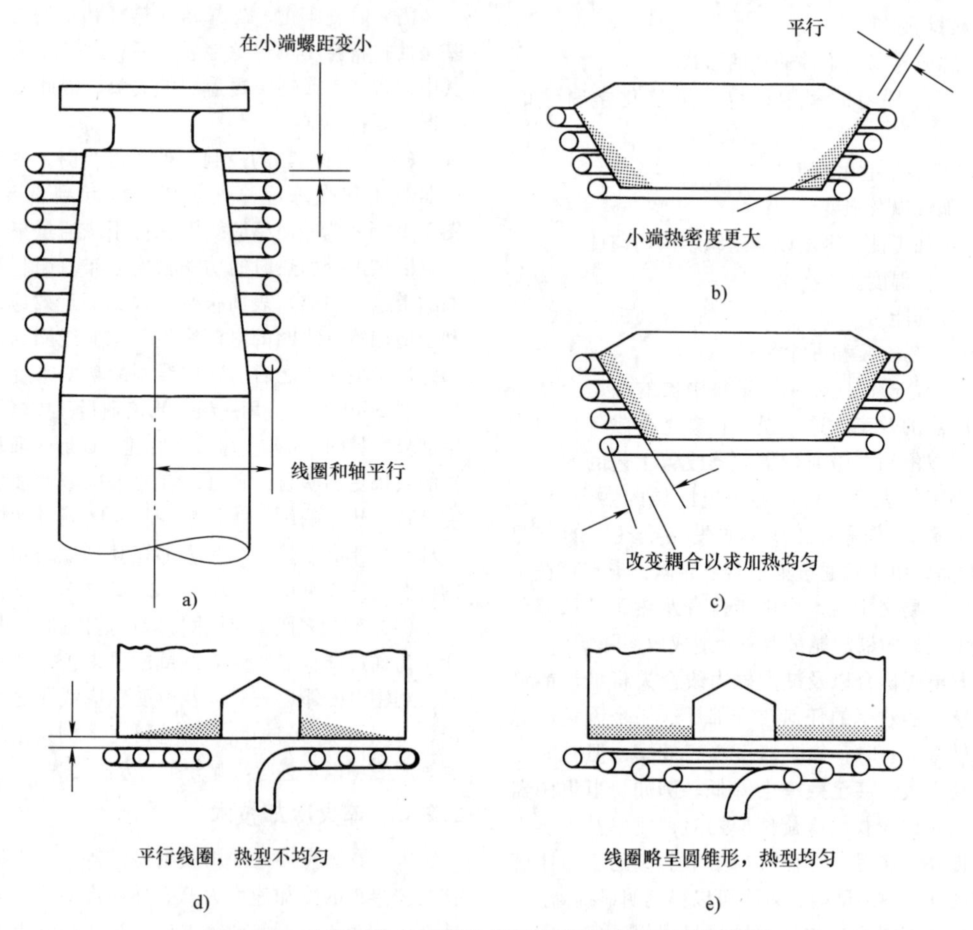

图 2-50 通过调整多匝感应线圈配置来校正热型的案例

使工件旋转，可以达到理想的淬火效果。通过旋转工件，工件表面的淬火液均匀，可保证均匀冷却。不均匀淬火会对最终组织产生不利影响从而导致工件变形或开裂。

在一些情况下，感应淬火也采用油浸淬火。油浸淬火要用于具有足够淬透性的合金钢进行马氏体转变，或者小直径零件淬火，此时冷却速度足够快。在这种情况下，让奥氏体化的零件只要简单地浸入淬火槽中，淬火就完成。也可浸入淬火液进行感应淬火。埋在淬火液液面下的工件表面被奥氏体化，通过加热产生蒸汽膜来隔断温度的传递而使温度升高。加热结束后，关闭电源，让工件淬火。

工件也可进行自淬火。如果被加热区域很窄，而且质量足够，这种方法可以通过表面向心部热传导来使加热区域快速冷却从而得到合适的硬度。在这种情况下，心部区域类似大的低温区，来使冷却速度足够大，保证马氏体形成。一些高淬透性钢也可进行自淬火。因而自淬火不使用液体淬火液，除非为了后续加工需要对淬火部分进行清洗。

（1）淬火冷却介质　淬火冷却介质包括水、水溶性聚合物介质以及较少使用的油、水雾、压缩空气等。水以及水溶性聚合物介质最常用。聚合物的浓度和温度影响淬火速度。聚合物水溶液从介质槽中通过压力泵输送到淬火设备。要得到稳定的淬火质量，淬火冷却介质的压力、流速、浓度、温度以及纯净度必须严格控制。

和溶液相反，纯净水也被成功应用。水比之前讨论过的其他物质具有更快的冷却速度，可以在低淬透性的钢中应用。通常会在水中添加少量的防锈剂来防止淬火系统和淬火工件被腐蚀。一定要注意不要影响淬火速度。当需要较大的淬火速度时，可以在水中添加盐进行盐水淬火。淬火油通常只用浸淬，在油淬过程中，会产生一些烟雾，这需要通风。由于火灾风险，淬火油不用于喷射淬火。油浸淬火的冷却速度慢，可以用于处理适宜的钢，减少畸变。然而，考虑到环境以及安全因素，在感应淬火过程中不经常使用。

（2）淬火烈度　每种淬火液的淬火烈度可用其冷却曲线来计量。这些曲线由特殊的探头经透热后浸入淬火液而采集得到。传统的冷却曲线分为三个阶段：蒸汽膜（A 阶段）、沸腾（B 阶段）、对流（C 阶段），但它不能直接用于喷射淬火。两者区别很大，包括但不限于以下方面：淬火初始阶段（A）薄膜形成，阻碍热量传递；加热工件表面气泡的形成、长大以及消失过程。根据喷射淬火特点，前面 A、B 两个阶段受到抑制，而在对流冷却过程中，冷却更为强烈，这通过冷却曲线可以看出来。此外，第一阶段形成的薄膜厚度在喷射淬火时会比零件浸入时薄得多，这取决于流动速度、角度、工件旋转、表面粗糙度以及淬火系统的其他特性。这种薄膜并不稳定，会经常受到喷射淬火液水流破坏。

由冷却曲线可以看到，喷射淬火过程中的 A、B 阶段转换比油浸淬火更快完成。在 B 阶段，气泡尺寸更小，这是由于它们生长时间更短，不断被水流打断。因此，在喷射淬火过程中有更多的气泡形成，与油浸淬火相比，它们带走的热量也更多。

对表面淬火的淬火强度有显著影响的另一个因素是工件冷心部的热量低谷效应。在多数表面感应淬火实例中，由于趋肤效应、高的比功率、短加热时间，心部温度不会明显升高。心部的低温可以进一步增加工件表层以及亚表层的冷却强度，对喷射淬火形成补充。

使问题更为复杂的是，在感应扫描淬火中，不仅存在径向冷却，还有轴向冷却（见图 2-38）。由热传导产生的轴向冷却对低扫描速度的淬火过程有显著的影响。

因而，传统的油浸淬火的冷却曲线与喷射淬火的确有很大不同，尤其在扫描淬火过程中。传统冷却曲线在喷射淬火中价值有限。与传统的油浸淬火相比，喷射淬火的淬火烈度更高，工件的硬度以及表面应力更高。

（3）淬火系统　在设计一个淬火系统时，需要考虑的因素有：加热工件的尺寸和几何形状、淬火方式、要求的硬度和硬化层轮廓、材料牌号、是否存在几何不规则以及安装所允许空间等。对于简单的轴类件，通过扫描方法淬火，淬火喷水环邻近感应器附近，工件旋转。淬火水环有许多孔洞，可以使淬火液喷射到工件表面上（见图 2-37）。正常情况下，孔洞的设计会保证淬火液以特定角度和位置到达工件表面，这对于正确淬火很重要，可以避免局部表面硬度过低，也有时被称作波纹软带现象（见图 2-51）或者是蛇皮现象（见图 2-52）。

淬火孔开在面对加热工件的位置，一般情况下为 5～6mm 的间距，通常为交错布置（见图 2-53）。具体尺寸和淬火要求有关，包括感应器和工件的形状、淬火装置与工件之间的间隙、淬火液的类型、浓度以及要求的流量等。在有些情况下，淬火喷环安装在淬火感应器之内（也称作机制集成式感应器 MIQ）。喷射淬火的冷却强度取决于淬火液的流动速度、淬火液的喷射角度、温度、浓度、淬火液类型以及工件的温度和表面情况。

使用扫描方法，感应加热区在工件的长度方向

图 2-51 波纹柱形外观

图 2-52 蛇皮外观

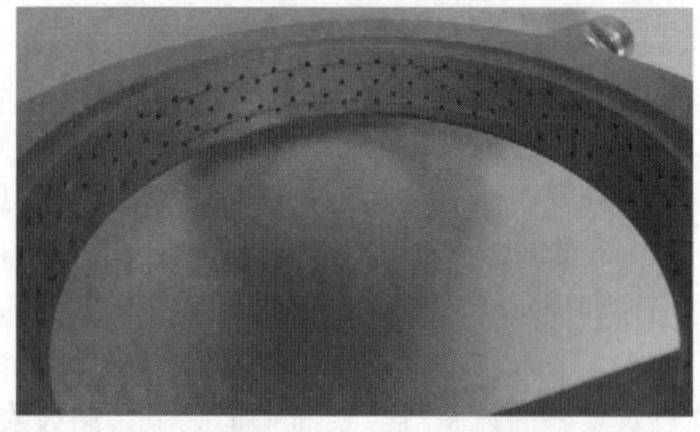

图 2-53 淬火喷孔通常面向加热工件 5～6mm 的间隔布置，并且优选交错排列

移动，紧接着后面的淬火水环会快速将其冷却。如果感应器和淬火环之间的距离太长并且扫描速度太慢，这会使工件的淬火区域温度太低而难以淬硬。在这种情况下可能生成上区产物（非马氏体组织），硬度不足。淬火装置的合理设计，以及适当的操作可以避免这种情况发生。

要牢记的是尽管高转速可以使温度分布更加均匀，但这样可能使淬火液偏离，尤其是对于不规则表面，这样会产生软区。因此，在感应淬火中，需要慎重选择旋转速度。使用一发法进行工件淬火非常普遍，淬火装置置于感应器之后。因为使用一发法工艺使整个淬火区域同时加热，淬火电源功率比扫描方法的更大。通常淬火装置的设计与感应器及工件形状类似，但需要留有更大的径向间隙。如果工件的直径不一致，在设计淬火装置时需要保证覆盖整个区域长度。

2.2.7 频率、功率和加热时间的选择

在感应淬火过程中选择频率和功率的依据是工件所要求的热形、工件和感应器形状、钢的材质、原始组织、生产率以及加热模式。设计感应淬火设备的第一步要明确热处理要求，包括表面硬度、淬火深度以及需要的心部硬度。有时需要考虑过渡区的大小。

工件的截面形状和它所承受的载荷决定了它需要淬硬的深度。通常 0.3～0.75mm（0.012～0.03in）的浅层硬化仅限提高耐磨性，得到这个层深需要使用 100～600kHz 的高频率。对于既要求耐磨性也要求承载能力的，如凸轮轴和曲轴，通常感应淬火深度为 2～4mm（0.08～0.16in），使用 6～50kHz 的频率。工件必须承受很大载荷，如车轴、齿轮轴和大型重型齿轮，其硬化层深度可达 3～10mm（0.12～0.4in）。这常使用 1～10kHz 的频率范围。对于重型机械零件（如工程机械、轮船、轧辊、推土机等）可能需要淬火深度为8～25mm（0.31～0.98in），这些需要 0.5～3kHz 甚至更低。例如，挖土机的链轨节要求硬化层深度为 18～24mm（0.71～0.94in）。

具有复杂形状的零件要获得所需的硬度分布是一个挑战，感应器的形状可能很复杂（见图 2-44）。工件上存在的各种孔洞、沟槽、棱角、退刀槽和表面的不连续以及应力集中显著影响感应器的设计和工艺的选择。正确选择工艺参数，包括频率、功率密度、时间设置、热强度/扫描速率、喷淋淬火的细节，对于确保所需的表面淬火条件和硬度的分布也是至关重要的。

硬化层形状与温度分布相关，而且可以通过选择频率、时间、功率和工件/线圈几何形状来控制。多年来，业界已经积累了无数经验法则来快速估计感应参数。各种法则主要针对图 2-22 中具有不同原始

微观组织的圆柱钢件表面淬火的结果。图 2-54 和图 2-55分别为钢筋的静态和渐进式感应淬火信息。其他例子见参考文献［1，2，4，6，11，15，18，19］。

（1）穿透淬火 穿透淬火需要加热整个工件截面（如正火、退火），根据指南选择频率和功率的方法和其他感应淬火应用相类似。此时，选择频率的一个主要条件是既能够提供足够的能量加热到心部，又能避免当所选频率太低时出现涡流抵消。例如，一个系统采用大约 400kHz 运行时只能加热很浅的表层。然而，对一个采用 1kHz 的系统将得到比较深层的加热。当穿透加热小直径销时，如直径 6.3mm（0.25in）零件淬火使用 1kHz 并不合适。热态下，钢的电流透入深度在 1kHz 时大约是 17mm，以这个频率加热小直径零件就太深了。当达到居里温度时

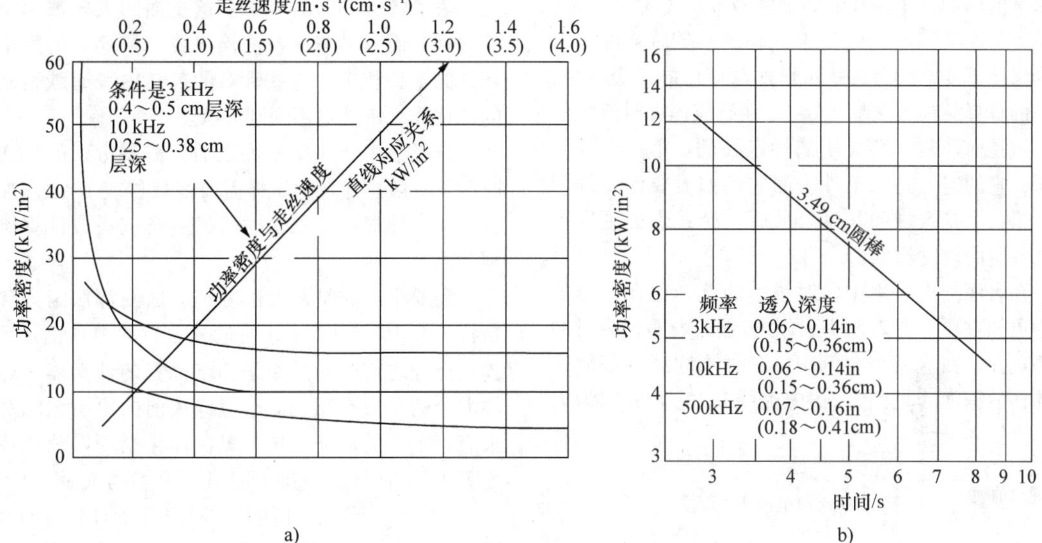

图 2-54 估算钢筋静态感应淬火加工条件的近似曲线

a）静态淬火的最小功率密度与直径的关系 b）不同频率和透入深度的静态加热的功率密度与加热时间的关系

注：曲线的斜率表明输入功率 55 ~ 62 W · s/mm² 对大多数钢静态淬火是正确的。

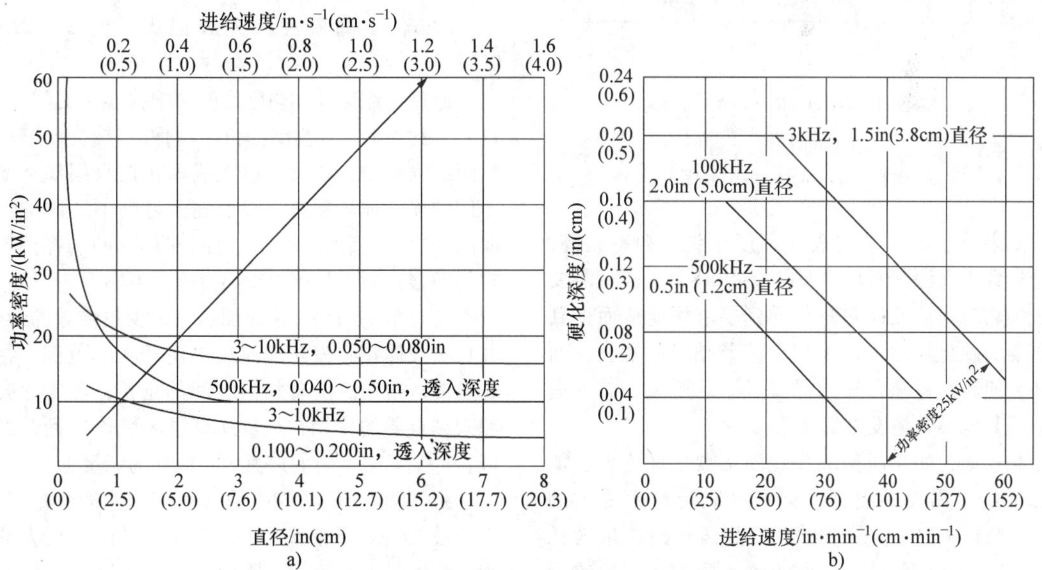

图 2-55 估算钢筋渐进式感应淬火工艺条件的近似曲线

a）最小功率密度与进给速度 b）硬化深度与进给速度

出现涡流抵消，导线线圈的电效率显著降低，加热工件中心区域几乎没有磁场出现。

要知道许多经验法则是非常主观的，仅限于特定的工艺条件和原始组织。粗略估算工件所需功率

的快速方法是基于待加热材料的比热容和热焓量，参考文献［1，15］的案例说明了这些方法的使用。工艺参数计算最准确的方法就是通过使用数值模拟，包括有限元分析、有限差分（FDM）、边缘元素方法（EEM）、边界元方法（BEM）和其他方法。

（2）表面淬火　感应表面淬火深度影响工件的强度和疲劳寿命。在扭转和弯曲试验中，随着硬化层深度的增加，扭转和弯曲强度及疲劳寿命会增加，但是，这在某一点之前是很正确的；随后强度和寿命会保持不变，或者进一步增加深度可能还会减小，详细的解释见参考文献［14］。在感应淬火时所需淬火区域是由通常一些关键属性定义的。第一个就是层深，它的定义是从工件表面向内部需要淬硬的深度。第二个是区域的长度。最后一个是表面硬度水平和规定的硬度梯度。

在表面淬火应用中，对频率的选择比在穿透加热中更加重要。图2-56所示为实心轴表面淬火时的频率选择。在这三个案例中，三种不同频率都能达到同样的深度（见图2-56中虚线），它们分别为太高、太低和最优。

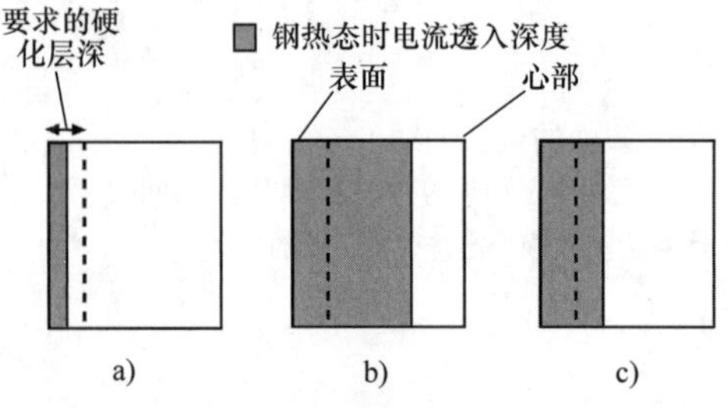

图2-56　实心轴表面淬火时的频率选择情形

a）太高　b）太低　c）最优

如果对于所要求的表面深度来说，频率太高，就会导致透入深度不足（见图2-56a），这样就需要延长加热时间以便使热量传导到要求深度从而得到所需要的硬化层；这样不仅会使节拍时间加长，而且还会使表面过热，导致晶粒长大、脱碳、晶界偏析以及其他不希望发生的现象。

相反地，如果所选频率比所需要的频率低，加热深度会比需要的更深。结果可能会产生更大的HAZ（热影响区）、零件畸变以及额外的能量消耗（见图2-56b）。有时，过深的透入深度，或导致硬化层深超过所要求的最大值。

一般来说，最适宜的频率是在奥氏体化温度下产生的电流穿透深度为所需要的有效层深的1.2～2.4倍。按照这条准则，工件表面不会发生过热。

如果最适宜的频率不能达到，可以通过调节工艺参数来得到适宜的表面深度。如果频率低于最适宜的频率，增大功率以及缩短加热时间就可能得到合适的表面深度。类似地，如果频率高于适宜频率，降低功率以及延长加热时间就可能得到合适的表面深度。

正如之前所提到的，有多种经验方法可以计算感应表面淬火的过程参数。这里面的大多数都是经验法则，而且只与一发法淬火或扫描淬火的频率和功率的选择相关，这些针对的都是由普通碳钢制成的圆柱体，不针对不规则形状。

选择频率和功率密度之后，需要考虑的是加热时间。一般感应淬火试样需要在数秒或1s之内加热到奥氏体化温度。加热时间通过尝试法或计算机模型预测。

需要牢记的是，大部分经验法则都假定为含碳量接近0.4%～0.5%（质量分数）的中碳钢，且在淬火过程之前的原始组织为细晶粒的铁素体-珠光体混合的正火态组织。感应淬火前的原始组织对淬火有很重要的影响，包括奥氏体化温度以及在该温度下工件需要保持的时间。正如在参考文献［1，2，8，11，42］所述，即便对于同样牌号的钢（如SAE 1042），感应淬火温度范围也会根据加热强度以及钢的原始组织而发生变化：

1）对于退火组织：880～1095℃。

2）对于正火组织：840～1000℃。

3）对于调质（淬火和回火）组织：820～930℃。

原始组织以及加热强度的影响在参考文献［1－11］中讨论过。原始组织的影响可归纳为，工件初始组织为调质、正火、退火或球化退火组织，要求不同的奥氏体化温度，以及在此温度下不同的保持时间。这会显著影响加热时间和功率的选择。当加热时间很短时，初始组织会产生较大影响。

需要牢记的是，快速加热会减少热传导的影响，并且奥氏体化只发生于感应电流透入的范围，结果是过渡区很窄。随着加热时间的延长，热传导会起越来越重要的作用，热量从高温区域传导到低温区域，产生界限不清的过渡区，消耗的能量更多。

由物理学原理可知，在工件中感应的热量越多，钢中被加热的质量就越大，会使工件产生更大的膨胀，导致更大的畸变。因而，为了使淬火工件的畸变减小，就要尽量缩短加热时间。然而，它也受以下条件的限制。

1）材料必须达到所要求的最低转变温度，以便在淬火层深形成均匀化的奥氏体区。不合理的高频率以及过高的表面功率会导致表面过热。

2）以上两者的综合作用可以在加热过程中产生温度梯度。当脆性材料淬火时，热应力可以达到一定数值并导致开裂。在这种情况下，可以使用更长的加热时间以及更低的功率。

3）如果工件呈不规则形状，会产生过冷点和过热点两种现象。在这种情况下，可以降低热强度并延长加热时间，可以在淬火前延时，通过热传导减少温度的不均匀分布。

需要记住的是，使用经验法则得出的最佳工艺参数的搭配也经常被误导，这是因为需要感应淬火的工件各自状况不同，如材料牌号、预先组织、几何形状以及工艺性能。

与使用估算方法所存在的许多限制和变化相比，现代感应淬火专家系统采用具备更高效率的数值模拟方法。这种集电磁场、热转变、冶金现象于一体的仿真技术可以帮助预测随后的工艺结果，而这些是用其他方法很难得到的，图 2-25 ~ 图 2-30、图 2-33 ~ 图 2-35、图 2-38 ~ 图 2-40、图 2-46 ~ 图 2-49 都是计算机模型创建的。

如果不提及双频淬火，那么关于频率选择的讨论就会不完整，这种方法在 20 世纪初期开发出来，用于低畸变的齿轮感应淬火。双频淬火可以通过特殊的逆变电源，产生两种不同的频率来实现，两种频率的存在可以提高齿轮淬火系统的性能。低频率可以对齿的根部进行奥氏体化，高频率可以对齿的顶部进行奥氏体化，最终得到齿轮沿齿廓的热形。

2.2.8　硬化层深度评估

在感应淬火完成时，需要检验感应淬火工艺是否成功地对工件进行了淬火。典型的检验规范包括淬火范围、表面硬度以及需要的表层深度。

硬化层深度指的是淬火层的厚度。随深度变化时，硬度和微观组织会发生变化，通常称为过渡区域。表层深度影响工件强度，主要包括张力、扭力、弯曲应力、耐蚀性及压缩应力。表层深度还显著影响工件的性能，因而，产品生产者制订了硬化层深度范围来保证工件具备足够的性能。

对表面淬火深度的测量也要很谨慎，表面淬火方式、钢的原始成分、淬火条件以及测试方法都很敏感。不同的测量表面深度方法可以得到不同的结果。

当测量渗碳件的有效层深时，临界硬度一般为 50HRC 左右，或者为相当的水平。对于感应淬火工件，工厂可能定义不同的硬度值来对淬火深度进行测定。

有些技术规范会根据钢的含碳量来对硬度界限值分类。高碳钢淬火后可以得到更高硬度，用来测量有效层深的硬度要考虑这个因素，该方法基本上规定了所用钢的马氏体的恒定水平而不管含碳量的数值。其他技术规范使用固定的硬度值来定义表面深度的称为有效层深。有些可能使用 40HRC，然而其他的可能使用 45HRC 或 50HRC。40HRC 的数值可以使用在任何牌号的钢中，这种方法定义强度水平是因为硬度与强度相对应。有时一种规范可能不只使用一个硬度水平来定义有效层深，如使用 50HRC 和 40HRC。

感应淬火工件的总层深也可以用其他方法来定义。它可以为一个固定的硬度水平的深度，如 20HRC 或同等水平。也可以为感应过程中被穿透的最大深度。此外，也可以为与心部硬度不相同的点。

进行检验感应淬火工件的传统方法为切片法，从工件的不同部位取下金相试样，通过显微硬度测试和适宜的显微组织检查计算表面深度。测量表层深度的各种方法在 SAE J423 标准中有叙述。这里方法很广泛，包含了使用中的大多数方法。最常用的方法是借助显微镜来测量表层深度。无论哪种方法，试样测试区都需要按照 ASTM E3 标准进行金相抛光。

（1）试样选择和切片　进行表面深度测量的最佳选区是应力最大的地方以及容易失效的地方，但这可能不是同一个位置。如果一个工件加载扭转应力以及弯曲应力，最大的扭转应力在直径最小位置，而最大的弯曲应力在直径最大位置。

淬火工艺参数也可以决定失效位置。小直径的较大的淬火层深可能会驱使失效位置到达大直径的较浅层深的位置。可以设想，均匀形状的表面淬火深度浅的位置对应着失效位置。对于复杂形状的工件，工件很少会在整个长度方向感应淬火有均匀的表层深度。例如，直径的变化以及凸肩的出现会使感应线圈和工件的耦合距离发生变化（见图 2-39），这会使表层深度发生变化。此外，几何形状不规则也可能屏蔽淬火液，影响表层深度。

如果轴的直径在扫描方向发生变化，小直径表层深度会减小。当感应线圈穿过直径变化，会需要一定时间来使表层深度达到稳定深度，这取决于使用的扫描功率和速度。表层深度最小的区域为直径变化结束的区域。这个区域在直径方向强度最低，调试工艺时需要重点检查。在一定程度上，可以通过改变功率、频率、扫描速度或使用一发法来使浅的表面深度得到补偿。然而，即便使用一发法也会使表层深度轮廓的末端形成锥形过渡。

即使扫描速度和功率不发生变化，沿着固定直径的轴的长度方向也会发生表面深度的变化。正如之前讨论的，当扫描工件时，在扫描开始的地方同时使用静止预热和快速移动程序。静止预热会使加热区在扫描移动开始之前达到表面深度。快速移动可以使感应线圈快速离开预热区域，以保证淬火喷射位置达到此处，以使工件不至于被冷却到临界温度之下，然后进行正常淬火。如果快速移动太远或者感应线圈移动距离太长，这时表面层深可以出现薄颈层深变浅。根据工件服役状况，这个部位可能成为薄弱或者失效的潜在位置。

当工件承载扭转应力时，载荷会找到工件强度最低的地方而产生失效。强度最低区域可能是直径最小的部分，或者为表层深度最浅的地方。由于这个原因，需要仔细检查工件的表层深度，以保证工件所有部位具有合适的硬度、层深分布以及微观组织。

中空轴的壁厚变化可以造成“硬度流失”现象，导致不希望出现的结果，部分或完全硬化的内壁更脆并可能削弱整个组件。因而，需要认真检查其位置。

当对一个新的工件进行感应淬火调试时，需要首先沿长度方向切片以检查其最浅的表层深度位置。这些位置随后进行调试和任意次的再检查，直到设备参数确定。如果感应淬火工艺发生变化，这些位置必须要重新选择。

当一台机器使用多个感应线圈时，对表面层深的测量结果可能会出现明显不同（如一台4轴扫描淬火机床），这会使工艺更加复杂。因而，当新工件在设备上调试时，要求各个感应器的工件都合格。

一旦工件在设备上调试好，产品通常比较稳定。除非设备发生变化否则不需要重新检查。例如，使用了不合格的过程控制系统。这里的变化包括由于一些原因的干扰又拆装了感应线圈，或者对设备进行维护或工艺进行了调整。如果不太确定，最好重新检查以确保各个位置都满足要求。

切片以及测试必须安排垂直（平行）于表面淬火部位。对于轴，切片平面与轴的中心轴平行。对于齿轮，切片平面与齿的侧面垂直。对于任何情况，检测切开平面应在中间，而不是一端，避开感应热形的表面或端部效应。显然，这样也有可能错过工件的重要区域。

但是，多数标准要求热形的横向截面检查，以及纵向评估。图2-57所示为感应淬火轴的金相检查，显示了横向和纵向区域的热形。这保证了淬火工件的质量，避免热形出现不合格部分。类似的检测方法也可用于其他零件（如齿轮）。

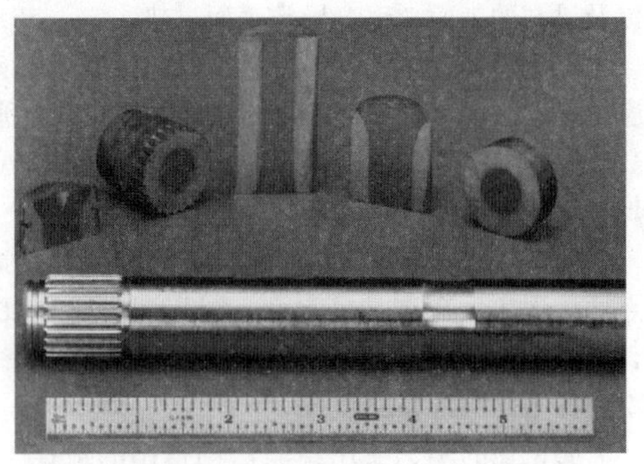

图2-57 感应淬火轴的金相检查示例（应达公司）

在齿轮淬火过程中，由于端部效应、轮齿几何形状以及感应器设计的各方面因素，在齿轮的齿顶、齿根以及齿面层深存在一些偏差也比较常见。由于端部效应而产生的过小或过大的表面深度都会影响齿轮的性能，使齿轮强度太低或太脆。因而，需要采取适当的措施来保证齿顶或齿根部的表层深度在适宜范围内，不仅对于齿的中间也包括齿的两端区域。

术语“破坏性检验”在这里有两层含义。首先，工件必须要进行破坏性测量。其次，不能在同一位置进行重复检查。如果检查邻近区域，可能会由于微观结构的变化而使测量数值发生变化。第二个因素有时会使测量层深面临挑战。

（2）最优的表层深度测量 最优方法是，准备金相试样并腐蚀，通常使用体积分数为2%～5%的硝酸乙醇（或甲醇）溶液。ASTM E407标准规定了配制以及应用腐蚀液的安全方法。

有些感应淬火规范应用总层深，这可以直接目测。总的目测深度则是被加热到临界温度之上的所有深度。

表面一般是完全或大部分马氏体化。然而，表面向心部的过渡区域可能包括马氏体、贝氏体、珠光体以及铁素体的混合物。根据化学成分，心部微观组织可以是珠光体、铁素体－珠光体、回火马氏体或贝氏体，这取决于钢的成分、原始组织，钢的淬火工艺参数等。总的层深可以用金相显微镜来检测。图2-58所示为试样腐蚀后用金相法测量表面硬化层深的典型低倍显微照片。有时，显微组织不一定能够清晰地显示出表面和心部之间的界限，但显微镜上很容易测量。

总的表面深度不需要镶嵌就可以测量。切割平面可以为粗糙切面，在体积分数为5%的腐蚀液中腐

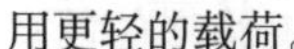

蚀，层深可以通过尺子、数显卡尺或带刻度的放大镜测量，这种测量方法见图 2-59。这种方法可以很好地呈现总层深，可以用于过程检查，但是精度比较低，从而不能用于有效判定。

如果工件经过了穿透加热，那么总的表层深度会比较难判定，因为在加热区域和未加热区域之间没有明显的区分。

（3）显微硬度法测量层深　对于显微硬度法，正如之前提到的，需要进行金相镶嵌准备以便正确操作。ASTM E384 标准规定了努氏或维氏显微硬度测试方法。

当工件层深很浅以及压痕需要紧密连接时，需要用到努氏压头。在这种情况下也可以用维氏压头。由于在低负载下测量的可变性增加，对于努氏和维氏测量方法，通常分别使用 500g 和 200g 载荷。当需要的压痕比较小、距离比较近或接近表面时，会使用更轻的载荷。

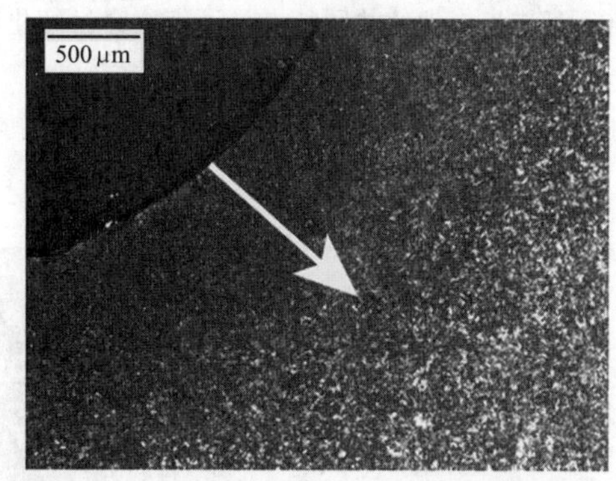

图 2-58　试样腐蚀后用金相法测量表面硬化层深的典型低倍显微照片（元素材料科技公司）

注：可确定硬度水平变化的位置。用表层和心部之间的对比度变化确定总硬化层深度。箭头长度代表总硬化层深为 1.1mm（0.04in）

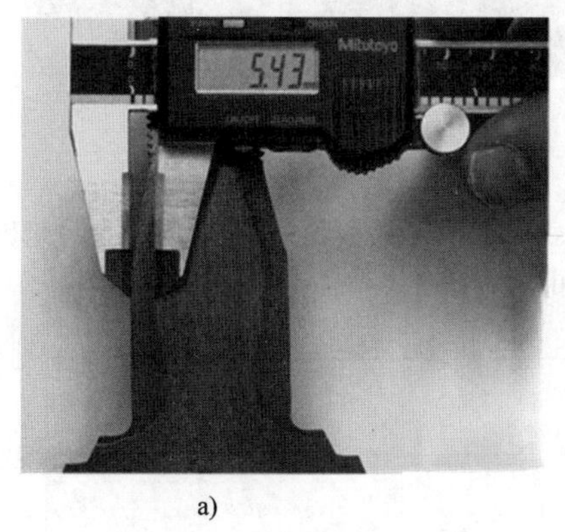

a)

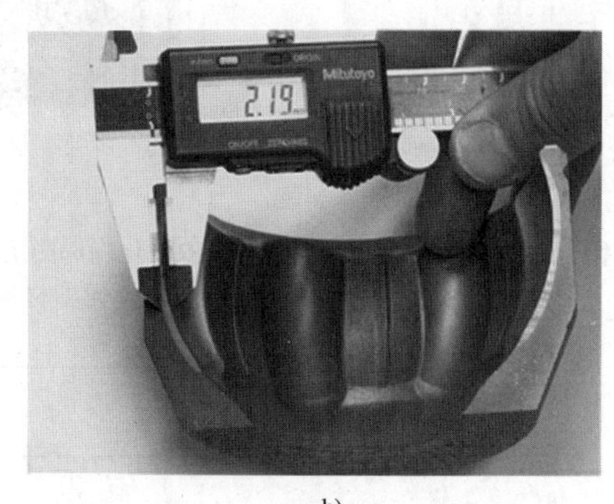

b)

图 2-59　使用游标卡尺测定轴和等速万向节工作槽部分的壳体总硬化层深度（元素材料科技公司）

a）轴　b）等速万向节

注：测量总层深可以直接进行无需镶嵌。先对宏观切面进行表面研磨，然后在 5% 硝酸乙醇中腐蚀，最后用尺子、游标卡尺或布氏刻度计以黑色腐蚀对比层消失时的深度作为总的硬化层深度。卡尺屏幕上的数字单位是 mm

正如之前所说，有效层深被定义为从淬火工件的硬化层表面到满足某一硬度水平的第一个点之间的垂直距离。对于感应淬火工件而言，有效层深指的是显微硬度值等于 40HRC 的深度。然而，正如之前讨论的，对于低碳钢和中碳钢，有效深度也可以用其他方式表达。这在 SAE J423 标准和表 2-4 中有规定。

当采用维氏刻度时，显微硬度值 392HV 标定的层深，等同于 40HRC，如 ASTM E140 标准所述。需要注意的是，硬度在不同模式下的转换，无论从表格或从 ASTM E140 标准给出的计算，都有误差。当要求用一种模式来记录而用另一种模式去度量时就会产生一些问题。

表 2-4　有效硬化层硬度随含碳量的变化

含碳量（质量分数，%）	有效硬化层硬度 HRC
0.28～0.32	35
0.33～0.42	40
0.43～0.52	45
≥0.53	50

图 2-60 所示为典型表面感应淬火零件的有效硬化层深测定，图 2-61 所示为深层渗碳的硬度分

布典型实例，图 2-62 所示薄层氮碳共渗层的硬度分布。感应淬火件的共同特点是硬度在穿过硬化层时保持相对稳定，而到了过渡区就急速下降。扩散型的渗碳和渗氮的硬度下降梯度更大。

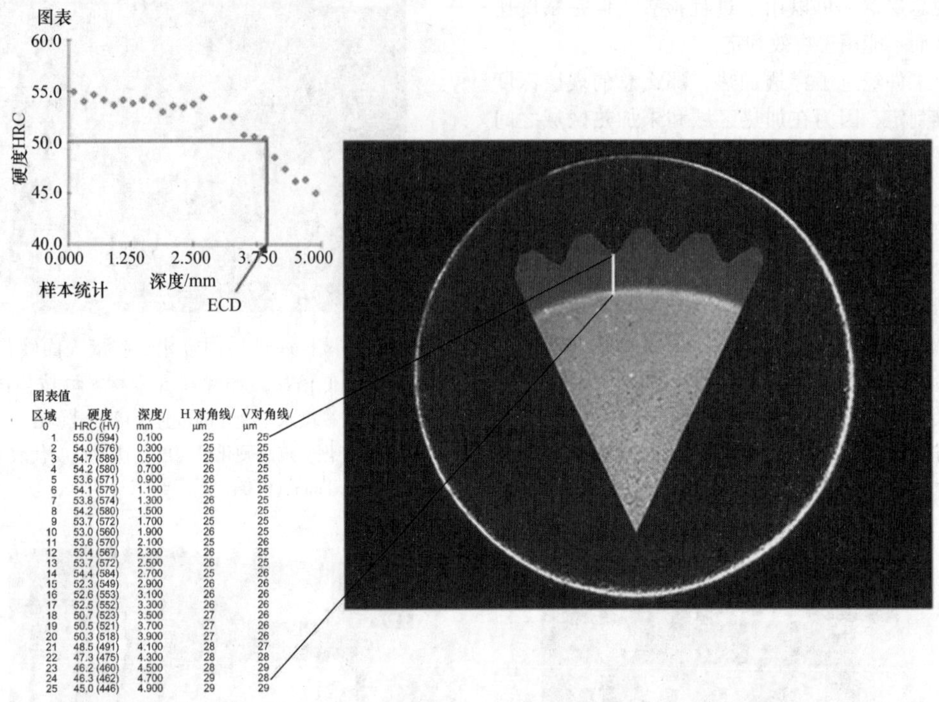

区域 0	硬度 HRC (HV)	深度/mm	H 对角线/µm	V对角线/µm
1	55.0 (594)	0.100	25	25
2	54.0 (576)	0.300	25	25
3	54.7 (589)	0.500	25	25
4	54.2 (580)	0.700	26	25
5	53.6 (571)	0.900	26	25
6	54.1 (579)	1.100	25	25
7	53.8 (574)	1.300	26	25
8	54.2 (580)	1.500	26	25
9	53.7 (572)	1.700	25	25
10	53.0 (560)	1.900	26	25
11	53.6 (570)	2.100	25	26
12	53.4 (567)	2.300	26	25
13	53.7 (572)	2.500	26	25
14	54.4 (584)	2.700	25	26
15	52.3 (549)	2.900	26	26
16	52.6 (553)	3.100	26	26
17	52.5 (552)	3.300	26	26
18	50.7 (523)	3.500	27	26
19	50.5 (521)	3.700	27	26
20	50.3 (518)	3.900	27	26
21	48.5 (491)	4.100	28	27
22	47.3 (475)	4.300	28	28
23	46.2 (460)	4.500	28	29
24	46.3 (462)	4.700	29	28
25	45.0 (446)	4.900	29	29

图 2-60　典型表面感应淬火零件的有效硬化层深测定（表层深度是通过齿轮根部处的显微硬度来确定）（元素材料公司）

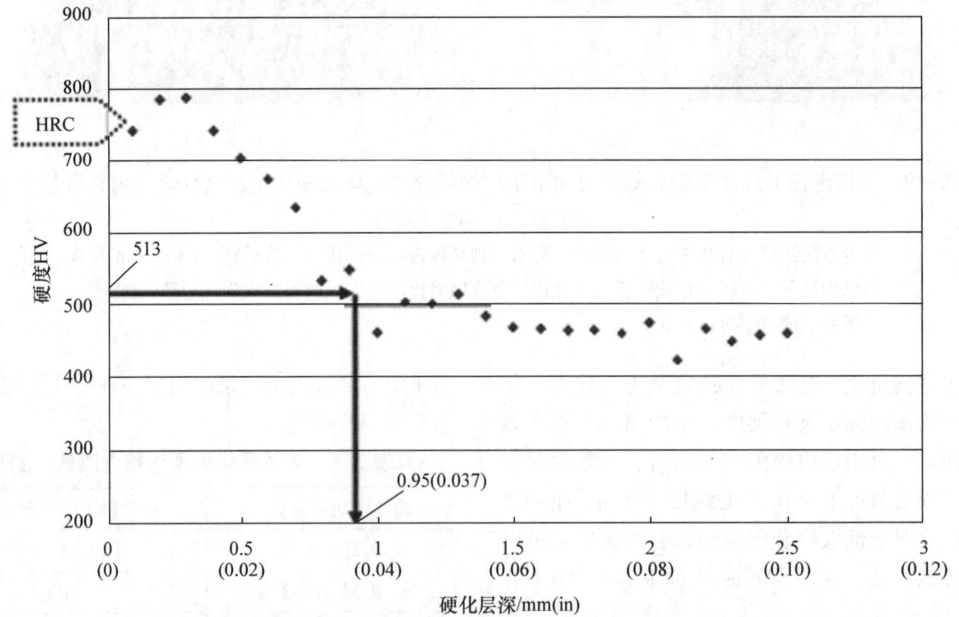

图 2-61　深层渗碳的硬度分布典型实例（元素材料科技公司）

注：由显微硬度确定的总表面深度约为 1mm（0.04in）。请注意，由于残留奥氏体含量（接近于 0 的深度）和马氏体的含碳量的变化，该渗碳硬化层的表面硬度变化很大。可以使用表面上的 HRC 值来估计表面（层）硬度，但不推荐使用。通过将该图与图 2-60 进行比较，可以看出感应层硬度相对恒定

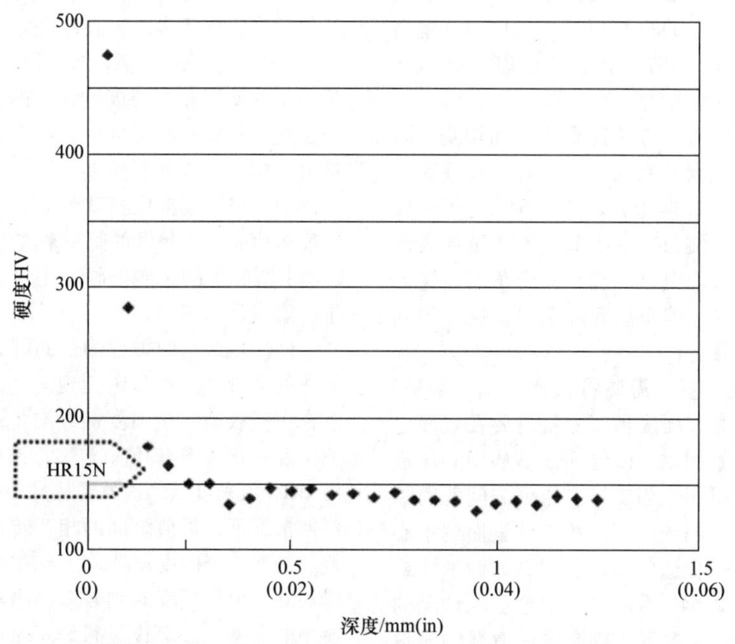

图 2-62　薄层氮碳共渗层的硬度分布（元素材料科技公司）

显微硬度测量层深的点距离很关键。比较小的点距离测得表层深度结果更精确。对于浅层的情况，0.05～0.2mm 的点距比较合适。所有硬化层深度的测量精度都会受到点距的限制或点之间插入距离的限制。

总的层深也可以由显微硬度测定。这个层深是工件截面处的硬度值降到心部硬度的位置。心部硬度值通常按照 ASTM E140 转化为洛氏硬度（或布氏硬度）。

（4）有效层深的显微硬度测量　对于比较深的层深情况，也可以采用显微硬度测量。显微硬度测量方法包括洛氏硬度（美国采用较普遍）以及维氏硬度（欧洲和亚洲采用普遍）。有时甚至使用洛氏硬度 C 刻度，尽管测定的层深精确性不如低载荷好。洛氏硬度和维氏硬度检测方法见 ASTM E18 标准和 ASTM E92 标准规定。

图 2-63 所示为采用 15kg 载荷的洛氏硬度计测量有效硬化层深。HR15N 测量值通过 ASTM E140 标准转化为洛氏硬度。

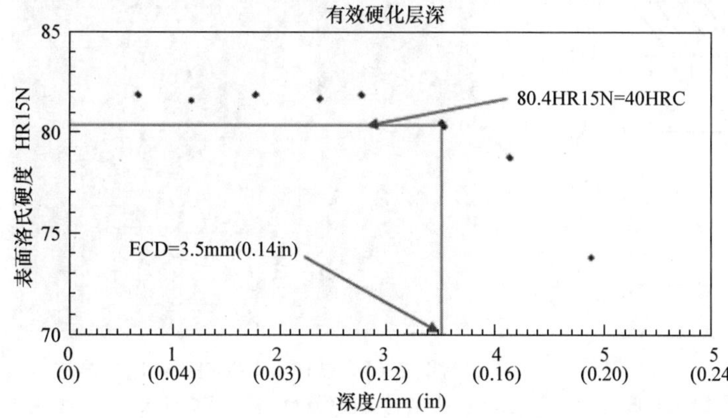

深度/mm (in)	硬度　HR15N
0.68(0.026)	81.9
1.17(0.046)	81.6
1.78(0.070)	81.9
2.37(0.093)	81.7
2.76(0.108)	81.9
3.50(0.137)	80.5
3.52(0.138)	80.3
4.13(0.162)	78.8
4.87(0.191)	73.9

图 2-63　采用 15kg 载荷的洛氏硬度计测量有效硬化层深（ECD）（元素材料科技公司）

（5）测量有效硬化层深的其他方法　测量有效层深的其他方法在SAE J423标准中有说明。这包括制样或分步研磨步骤、切割－腐蚀步骤以及50%马氏体组织的判定，这些方法见图2-64。

在本节中所述的所有方法都要求仔细切割、研磨、抛光以避免影响到原来的硬度，对于轻载荷刻度测试，需要进行更好地抛光。图2-64a适用于较轻或中等载荷的试样测量。一小薄块锥体试样表面抛光，沿着制备的表面测量。选择一个角度以保证读数误差、压痕间隔、等距离间隔测量，这样得到工件表面下的硬度梯度。

对于硬度梯度测量，需要将试样切割、磨平、与淬火表面垂直抛光。硬度梯度测量需要在表面之下的足够距离处开始切割，以保证能够从中心压痕和表面之间的金属得到适当支撑。压痕之间的间隔足够远以保证不会影响硬度值。从工件表面到中心的压痕距离可以通过合适的工具测量，如微米计或其他合适方法。图2-64b为薄层、中等层深情况的测量方法。图2-64c为中等、较厚层深情况的测量方法。图2-64d为分段研磨过程，用于测量中等或较深层深的情况。它和锥形研磨方法很像，除了硬度读数偏差由已知深度的多阶面读出。在此过程中，选定深度使用两步以保证有效层深在要求内。

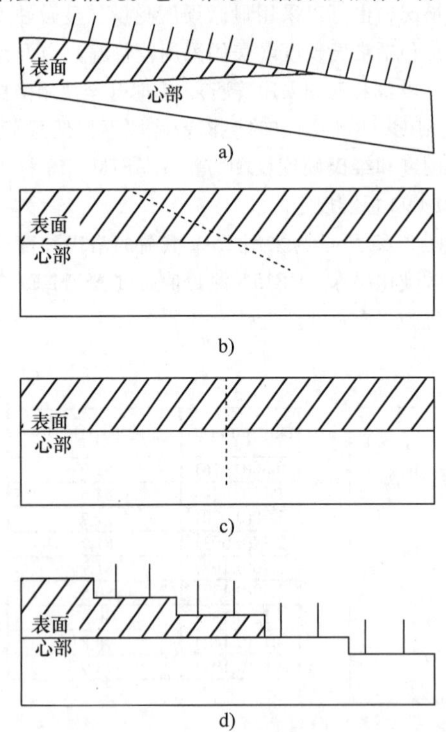

图2-64　在SAE J423标准中描述的其他测量层深的方法

a）锥形磨削试样法　b）横切试样法
c）交替横切试样法　d）阶梯磨削试样法

（6）使用硬度法确定淬火层深的问题和困难　关于正确使用显微硬度测试法的若干条注意事项都包含在ASTM E18标准中。对于显微硬度方法，维护可调整的试样台很重要。试样要垫平以保证正确的读数。洛氏硬度检测只能应用于相对光滑的表面，硬度压痕必须有足够的间距来避免影响。正如ASTM E18中所要求的，洛氏硬度压痕之间的距离不能小于压痕直径的3倍。

使用低载荷的硬度测试的好处是可以提高层深检测的准确性。这是因为硬度之间的间隔很小。优点在于轻载荷测试需要额外准备试样。缺点是测试值需要转化为HRC值。许多标准要求有效层深需要用HRC值来度量，这就要从另外一种数值转化。在任何情况下，量值之间的相互转化都有可能出现误差。例如，当硬度较高时，显微硬度与HRC值对应得很好，但低硬度时则较差。当然，这可以通过对使用的显微硬度刻度进行修正来改正。另外一种选择就是在显微硬度值和HRC值之间建立单一的对应关系。

对于直径小于25mm的圆柱体工件，凸面的硬度修正必须按照ASTM E18标准。如果在加载时镶嵌试样的介质损坏，会使洛氏压硬度痕丧失精度。为了检验某个确定的镶嵌是否可靠，可以对照使用镶嵌或不使用镶嵌的检测值。

硬度测量会受到试样厚度的影响。对于厚度较小的试样需要使用较小的载荷。图2-65所示为试样太薄时洛氏硬度的测试。尽管这样薄的试样很少进行感应淬火，但是当比较薄的试样加上载荷较大时，

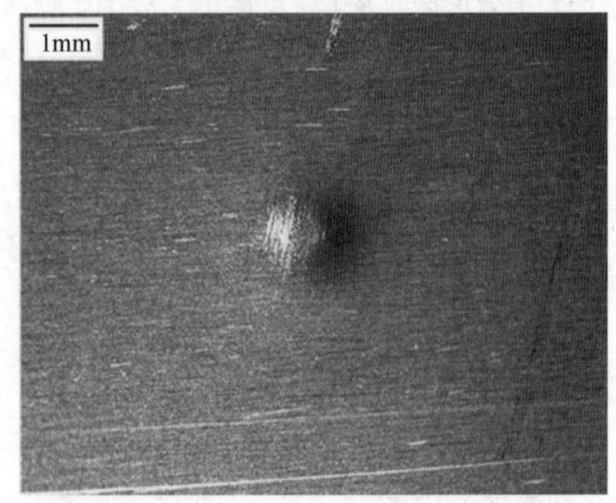

图2-65　试样太薄时洛氏硬度的测试

注：尽管这么薄的材料很少感应淬火，但是它的原理适用于薄层重载荷测试的场合。测头的压痕几乎穿透表层这样软的心部将影响硬度测试结果。

也遵循同样的原则。试验压痕实际穿过了表面，心部影响了硬度检测。

显微硬度测量需要平整和光滑的平面、压痕空间以及距试样边缘最小距离，这在 ASTM E384 标准中都有描述。其他问题包括保证压痕对称以及确认金属的硬度不存在固有的不均匀性。导致这种硬度不均匀的原因包括杂质、带状组织、化学微观结构偏析、锻造流线等。图 2-66 所示为显微硬度变化难以解释硬化层深的示例。

（7）是否有必要强调有效层深、总层深以及过渡区的界限　如果经常使用的钢具有几乎相同的化学组成以及淬透性，只有有效层深就足够了。然而，所有钢的化学成分都在一定范围波动。钢的淬透性、含碳量以及残余元素的差别都可能使结果超差。如果钢的化学成分和淬透性是在残余元素含量变化很窄的范围内存在明显变化，那么就同时需要规定有效层深以及总层深。使用有效层深以及总层深可以为淬火工件提供更好的强度以及疲劳寿命保障。然而，这样做意味着无论钢的化学成分如何，都要满足有效淬火层深及总表面淬火深度。对于具有较高淬透性的钢来说，这代表实际的有效层深比低淬透性的钢大，而总的表面层深可能仍然相同。

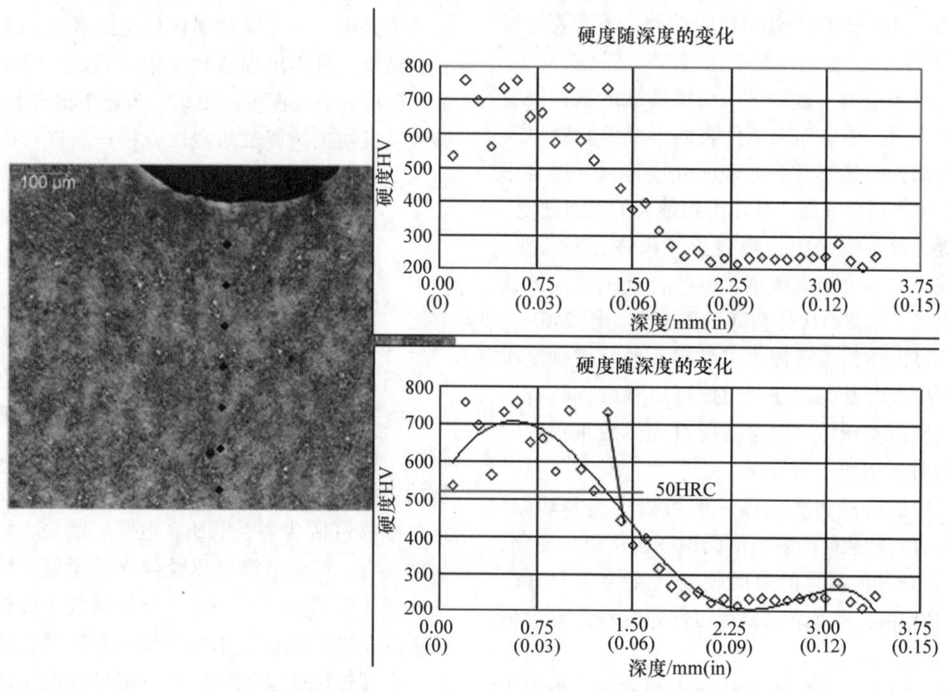

图 2-66　显微硬度变化难以解释硬化层深的示例

当高淬透性的钢进行感应表面淬火时，从淬火区到非淬火区的变化很陡。对于淬透性较低的钢，从淬火区到非淬火区的变化相对平缓。从淬火区到非淬火区发生变化的区域称为过渡区。对于应该加长或缩短过渡区存在许多不同的观点。事实上，两种过渡区都得到了成功应用，它取决于应用的具体情况。

例如，高淬透性钢和低淬透性钢感应淬火得到相同的有效层深时，不一定会具有相同的强度或者疲劳寿命。想要保持相同水平的性能，高淬透性材料需要有更深的有效层深。为了避免出现问题，需要留意所用应力和层深曲线关系，与硬度、强度的关系。知道这两条曲线是否相互印证很重要。这是使用有效层深和总的表层深度的很好理由。

另外一个需要注意的重要方面是过渡区对残余应力分布的影响。一般来说，较短的过渡区对应比较大的表面残余压应力。

2.2.9　表面硬度测试

表面硬度通常在感应淬火工件的表面直接测量。然而，如果在工件表面出现脱碳，可能会使工件表面的硬度出现不准确的结果。在这种情况下，可能需要表面下一定深度的硬度读数。只要标注方法和位置，这种结果也能接受。根据表面情况，硬度值可能以洛氏硬度（ASTM E18 标准）或维氏显微硬度（ASTM E92 标准）表示。

当直接在工件上进行硬度测试时，必须选择合适的标准。这是因为当使用150kg载荷，使用HRC测量方法来测量表面硬度时，可能将较薄表层穿透。比较好的方法是采用低载荷的洛氏硬度刻度。如图2-61所示，HRC测量可以应用在较厚的工件中，但图2-62中当测量层很薄时，采用HR15N表面硬度也可能读数偏低。

通常洛氏硬度刻度随着工件厚度的增加，可用的载荷为HR15N（15kg）、HR30N（30kg）、HR45N（45kg）以及HRA（60kg）。尽管可以使用不同的硬度刻度，但是通常会把HR数据根据ASTM E140标准转变为相等的HRC数据，然后与标准要求相比较。有时，也会直接用HR15R的偏差，不需要进行转化。

（1）准备表面　进行显微硬度测试的试样需要精心准备表面。感应淬火工件表面形成氧化物以及脱碳区域都会明显使所测的表面硬度偏低。通常采用喷砂方法来清理表面，从而得到最大的表面硬度。

尽管在渗碳钢之中得到残留奥氏体比较常见，但是它在感应淬火的高碳钢、一些合金钢以及铸铁中也会出现。残留奥氏体会降低硬度值。图2-61为含有残留奥氏体的渗碳淬火工件表面的显微硬度氏例。金相检查以及显微硬度测定可以观察到具有一定数量的残留奥氏体，但是残留奥氏体数量很少时则需要借助X射线衍射检查。

出现脱碳或残留奥氏体一般可以用金相观察。但是，具有两种载荷的表面洛氏检测也可以检测到，例如采用HR30N测得的表面硬度转化为比HR15N更高的HRC值，那么表面就很可能包含浅层硬度值变小的因素。

对于灰口铸铁或球墨铸铁中出现石墨，钢中出现较软夹杂物、钢中出现显微偏析的，宏观硬度和显微硬度值可能会不同。图2-61和图2-62为表面-心部过渡区域以及心部区域的数据散点图。这种情况下想要准确测量有效层深，最有帮助的是划出多条横线，尤其是在50HRC附近的散点图上采用插值法，找到513HV位置，它是维氏硬度对等于50HRC的点。

不推荐使用低载荷如HR15N来测量铸铁的表面硬度，这是因为石墨和夹杂物很软，会使硬度数值偏差很大。只要表面层深足够，最好直接使用HRC或布氏硬度来测量表面硬度。

石墨和夹杂物测试的显微硬度压痕也可以导致插值法对应显微硬度偏低。对于任何同等的硬度值，最好使用努氏压痕而非维氏压痕来避免这个问题，这是因为努氏压痕试样比工件小。只要努氏压痕端部不插入在金相研磨的抛光平面的石墨里，就很可能使压痕不插入位于抛光平面之下的石墨，这样可以得到有效的显微硬度值。

（2）显微组织　当工件感应淬火时，显微组织会经常被忽略或忘记。检查工件时，表层深度和硬度会受到更多关注。然而，工件能否使用或报废需要由显微组织判定。在感应淬火的表层希望得到的显微组织是完全马氏体。由于多种原因经常不能完全得到。有时，它对性能影响很小或者没有影响，然而在其他情况下可能影响很大。一般地，最不理想的组织是在原奥氏体晶界析出铁素体或者贝氏体。这可能是由于不完全的奥氏体化或者是淬火速度较慢的结果，可能出现这种类型的组织，但工件仍然满足硬度和表层深度的要求。为避免出现类似现象，建议从最初工艺调试阶段以及投产后进行周期性抽查，尤其是当程序发生变化时，需要检查微观组织。

2.2.10　感应淬火工件的无损检测

有几种无损检测方法常用来评估感应淬火工件。包括磁粉检测、超声波检测、涡流检测以及感应淬火过程中的过程控制。这些技术可以被用来发现表面缺陷，如裂纹或者探查内部裂纹。它们也可以用来检查工件硬度或者硬化层深是否合适。采用过程控制、检测装置或者数据分析可以保证过程重要参数始终保持恒定，并和它们在工艺开始的时候一样。这些参数包括功率、电压、电流、能量、频率、淬火液压力、淬火液温度以及淬火液流量。特征分析法是现代监测系统的一种。根据特征参数概念，监测系统在热处理过程中为选择的参数储存数据，建立一个理想特征参数库，然后用户决定允许的变化范围。在热处理过程中，所有储存的特征参数会实时与实际参数进行比较，实际参数必须在允许限值的上限和下限之间。

（1）磁粉检测　这是一种常用于检测工件表面缺陷或裂纹的目测技术。它可以检测表面或之下次表面的缺陷。工件先被磁化，然后应用荧光铁粉在黑暗光线下目检，进行过程监测。如果有裂纹或缺陷出现，会在裂纹的每个角落都会出现磁极，可以导致铁粉堆积。这种检测方法可以检测热处理过程中的裂纹、锻造过程的压折或折痕、钢铁轧制过程中的裂缝以及次表面的宏观夹杂物。

（2）超声波检测　这种技术可以用来评估相对较深的内部裂纹或者表面相对较深的裂纹。这种检测通常将探头置于工件的一侧，发出一定长度的声波来完成。这类似于雷达，只不过使用的是声波而非电波。如果不存在缺陷，声波传到厚度底部稍后一些时间再返回到表面，通常会在电子显像管（CRT）屏幕上沿水平方向显示工件的长度或时间。如果存在缺陷，声波到达缺陷到返回探测器会更快些。如果缺陷比较大，所有的声波都会被反射，工件的远端不会在屏幕上显示。如果缺陷不大，一些声波会通过，这样缺陷和工件的远端都可以在屏幕上看到。缺陷必须和声波存在一定的垂直关系才能被发现。一些铸造缺陷或炼钢缺陷也可以通过超声波来检测。

超声波检测也可以用来测量感应淬火工件的硬化层深度。这可以用来补充传统切割工件的破坏性检测方法，测量硬度与深度的关系。在一些情况下，它可以用来代替损坏性检测。这种方法的成功率取决于工件的形状以及硬化层的过渡区，对于过渡区比较陡的情况超声波方法似乎更好。

（3）涡流检测（ECT） 这种技术在检测硬度水平、表层深度、表面脱碳、裂纹出现以及其他重要方面非常有帮助。和感应加热相类似，ECT 也是在外部采用一种非常低功率的电磁场，发出一个回应信号，通过一种特殊设计的接收感应线圈来测量。根据回应信号的形式以及放大情况，可以得到硬度、表层深度、出现裂纹以及其他情况。最近，先进的多频率 ECT 设备使这种技术的准确率得到很大提升。具有复杂几何形状以及较深的硬化层的工件，在进行在线检测时可能会遇到一些挑战。

参考文献

1. V. Rudnev, D. Loveless, R. Cook, and M. Black, *Handbook of Induction Heating*, Marcel Dekker, 2003
2. S.L. Semiatin and D.E. Stutz, *Induction Heat Treatment of Steel*, American Society for Metals, Metals Park, OH, 1986
3. S. Zinn and S.L.Semiatin, *Elements of Induction Heating*, ASM International, 1988
4. C.A. Tudbury, *Basics of Induction Heating*, Vol 1, Rider, New York, 1960
5. G. Totten, *Steel Heat Treatment: Equipment and Process Design*, CRC Press, 2007
6. V. Rudnev and J. Dossett, Induction Surface Hardening of Steels, *Steel Heat Treating Fundamentals and Processes*, Vol 4A, *ASM Handbook*, ASM International, 2013
7. *Heat Treater's Guide: Practices and Procedures for Irons and Steels*, 2nd ed., ASM International, 1995
8. G. Krauss, *Steels: Heat Treatment and Processing Principles*, ASM International, 2005
9. C. Brooks, *Principles of the Heat Treatment of Plain Carbon and Low-Alloy Steels*, ASM International, 1996
10. R.W.K. Honeycombe and H.K.D.H. Bhadeshia, *Steels: Microstructure and Properties*, 2nd ed., Edward Arnold, London, New York, 1995
11. D. Matlock, Metallurgy of Induction Hardening of Steel, *Induction Heating and Heat Treatment*, Vol 4C, *ASM Handbook*, ASM International, 2014
12. V. Rudnev, Metallurgical Insights for Induction Heat Treaters, Part 5: Super-Hardening Phenomenon, Professor Induction Series, *Heat Treat. Prog.*, Sept 2008
13. H. Osborn, Metal Progress Datasheet, June 1975, p 153
14. G. Fett, Induction Hardening of Axle Shafts, *Induction Heating and Heat Treating*, Vol 4C, *ASM Handbook*, ASM International, 2013
15. V. Rudnev, Simulation of Induction Heat Treating, *Metals Process Simulation*, Vol 22B, *ASM Handbook*, ASM International, 2010
16. V. Rudnev, Computer Modeling Helps Identify Induction Heating Misassumptions and Unknowns, *Ind. Heat.*, Oct 2011, p 59–64
17. M.F. Rothmam, *High-Temperature Property Data: Ferrous Alloys*, ASM International, 1987
18. P.G. Simpson, *Induction Heating: Coil and System Design*, McGraw-Hill, NY, 1960
19. M.G. Lozinskii, *Industrial Applications of Induction Heating*, Pergamon Press, London, 1969
20. V. Rudnev et al., Progress in Study of Induction Surface Hardening of Carbon Steels, Gray Irons and Ductile (Nodular) Irons, *Ind. Heat.*, March 1996
21. *Properties and Selection: Iron and Steels*, Vol 1, *Metals Handbook*, 9th ed., American Society for Metals, Metals Park, OH, 1978
22. V. Rudnev, Systematic Analysis of Induction Coil Failures, *Induction Heating and Heat Treating*, Vol 4C, *ASM Handbook*, ASM International, 2013
23. V. Rudnev, Computer Modeling Helps Prevent Failures of Heat Treated Components, *Adv. Mater. Process.*, Oct 2011, p 28–33
24. D. Warburton-Brown, *Induction Heating Practice*, Odhams Press, London, 1956
25. E. May, *Industrial High Frequency Electric Power*, Wiley, NY, 1950
26. V. Rudnev, Induction heating: Q & A, *Heat Treat. Prog.*, Sept 2009, p 29–32
27. V. Rudnev, Systematic Analysis of Induction Coil Failures, Part 12: Inductors for Heating Internal Surfaces, *Heat Treat.*

Prog., July/Aug 2008, p 21–22
28. P.A. Hassel and N.V. Ross, Induction Heat Treating of Steel, *Heat Treating*, Vol 4, *ASM Handbook*, ASM International, 1991, p 164–201
29. G.E. Totten, C.E. Bates, and N.A. Clinton, *Handbook of Quenchants and Quenching Technology*, ASM International, 1993
30. V. Rudnev, Induction Hardening of Gears and Critical Components, *Gear Technol.*, Nov/Dec 2008, p 47–53
31. R.E. Haimbaugh, Induction Heat Treating Systems, *Heat Treating of Irons and Steels*, Vol 4B, *ASM Handbook*, ASM International, 2014
32. V. Rudnev, Workshop on Induction Heating and Heat Treating Technologies for Alcoa's Fasteners Group, Tucson, AZ, Sept 19–20, 2012
33. V. Rudnev and R.Cook, Magnetic Flux Concentrators: Myths, Realities, and Profits, *Met. Heat Treat.*, March/April 1995
34. V. Rudnev, Keeping Your Temper with Flux Concentrators, *Mod. Appl. News*, Nov 1995
35. Rudnev, R. Cook, and D. Loveless, An Objective Assessment of Magnetic Flux Concentrators, *Heat Treat. Prog.*, Nov/Dec 2004, p 19–23
36. M.A. Plonus, *Applied Electromagnetism*, McGraw-Hill, New York, 1978
37. R. Bozorth, *Ferromagnetism*, IEEE Press, 1993
38. "Nanocrystalline Alloy—NANO," Catalog of Magnetic Metals Corporation, 2012
39. H.M. Tensi, A. Stich, and G.E. Totten, Quenching and Quenching Technology, *Steel Heat Treatment Handbook*, G.E. Totten, Ed., Taylor & Francis, 2007
40. V. Rudnev, Metallurgical Insights for Induction Heat Treaters, Part 2: Spray Quenching Subtleties, Professor Induction Series, *Heat Treat. Prog.*, Aug 2007, p 19–20
41. V. Rudnev, Metallurgical Insights for Induction Heat Treaters, Part 7: Barber-pole, Snake-skin, and Fish-tail Phenomena, Professor Induction Series, *Heat Treat. Prog.*, May/June 2009, p 15–18
42. V. Rudnev, Metallurgical Insights for Induction Heat Treaters, Part 1: Induction Hardening Temperatures, Professor Induction Series, *Heat Treat. Prog.*, May/June 2007
43. W. Bernard, III, Methods of Measuring Case Depth in Steels, *Steel Heat Treating Fundamentals and Processes*, Vol 4A, *ASM Handbook*, ASM International, 2013
44. J. Tartaglia, "Aspects of Electron Microscopy and Microanalysis," seminar presented by Stork Climax Research Services, May 2008
45. "Methods of Measuring Case Depth," SAE J 423-1998, ANSI, Feb 1998
46. "Standard Guide for Preparation of Metallographic Specimens," ASTM E3-11, ASTM, 2011
47. "Standard Practice for Microetching Metals and Alloys," ASTM E407-07e1, ASTM, 2007
48. "Standard Test Method for Knoop and Vickers Hardness of Materials," ASTM E384-11e1, ASTM, 2011
49. "Standard Hardness Conversion Tables for Metals Relationship Among Brinell Hardness, Vickers Hardness, Rockwell Hardness, Superficial Hardness, Knoop Hardness, and Scleroscope Hardness," ASTM E140-07, ASTM, 2007
50. "Standard Test Methods for Rockwell Hardness of Metallic Materials," ASTM E18-12, ASTM, 2012
51. "Standard Test Methods for Vickers Hardness of Metallic Materials," ASTM E92-82(1997)e3, ASTM, 1997
52. V. Rudnev, Induction Hardening Cast Irons, *Heat Treat. Prog.*, March 2003, p 27–32
53. V. Rudnev, Metallurgical Insights for Induction Heat Treaters, Part 4: Obtaining Fully Martensitic Structures Using Water Spray Quenching, Professor Induction Series, *Heat Treat. Prog.*, March/April 2008

2.3 感应加热钢的淬火冷却[⊖]

Stanly Zinn，Ferrotherm Corporation

从淬火冷却角度看，钢的感应加热淬火工艺有明显优势，工件在可控工艺参数下单件处理，通过对淬火冷却条件控制而获得均匀一致的结果。有两种基本生产方式：一种是相同或相似产品的批量化生产，采用专用设备完成产品淬火处理；另一种是通用型设备，针对各种尺寸及形状的产品。有些企业这两种生产方式都在用。

采用感应淬火工艺时，遇到的问题可能会源于淬火冷却前（如加热工艺和/或材料因素）以及淬火冷却本身。从金相方面分析有助于理解问题的实质，能够找出问题的根源，如由于淬火马氏体的异常回火而产生的软点。淬火过程中出现的问题不仅仅由于淬火工艺本身，还经常是由于相变时的残余内应力过大。

⊖ 本节内容源于 1986 年美国金属学会出版的 S. L. Semiatin and D. E. Stutz《钢的感应热处理》和 2001 年出版的 R. Haimbaugh 的《感应热处理实践》。

2.3.1　淬火冷却工艺

描述淬火冷却过程最有效的手段是钢在一定淬火冷却介质及冷却条件下的冷却曲线。图 2-67 所示为淬火过程中热传导的不同阶段，表示出表面与心部对应于热传导过程的不同冷却阶段（A'、A、B、C）。可以用各种标准探头来检测冷却曲线，实际产品与试件的冷却机理及过程（阶段）是一致的。冷却曲线表示了完整的热量传导过程，为评价冷却过程提供了基础。影响淬火过程中冷却机制及传热速度的主要因素是搅拌、温度和淬火冷却介质。

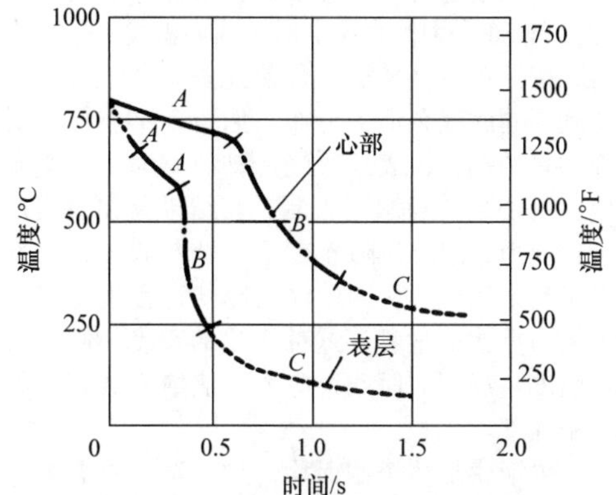

图 2-67　淬火过程中热传导的不同阶段

注：A'相对时间非常短（大约 0.1s），这个阶段不太重要，它是淬火液中围绕着热的工件形成蒸汽膜的启动阶段。在表面其他冷却阶段包括：蒸汽阶段（A 阶段或蒸汽膜阶段），沸腾阶段（B 阶段或蒸汽膜破裂阶段），以及对流阶段（C 阶段）。

（1）搅拌的影响　从外观看搅拌促进了淬火冷却介质的运动，在淬火冷却介质的热传导过程中发挥重要作用。搅拌使得冷却阶段 A 的蒸汽膜提前破裂，在冷却阶段 B（泡沸腾阶段）加速了蒸汽转化和气泡逸出。搅拌消除了介质在热传导阶段（阶段 C）在淬火件表面的滞留，也加快了热传导。

搅拌使得工件周围的热态介质为冷态介质所替换，淬火冷却介质形成循环，对介质自身的热量传递也产生了很大影响，使阶段 A 的蒸汽膜尽快破裂，进入阶段 B，形成更细小、更分散的气泡，并且快速逸出，然后，搅拌还破坏了介质在淬火件表面的滞留，在阶段 C 加快了热量的对流传导。此外，搅拌还使工件周围的热态介质被冷态介质所替换。

（2）温度的影响　淬火冷却介质的温度对其吸收工件热量的能力有显著影响。然而，这并不是说介质温度越低，热传导就越快。介质吸收热量的速度取决于介质的特性参数。通常，提高温度会降低其特性温度点，延长水基介质的蒸汽膜阶段（阶段 A），油类介质在温度提高后流动性变得更好，因而冷却速度是提高的。但是，介质的沸点并未改变。提高介质温度会降低其黏度，影响气泡大小、破裂点以及油或化合物的闪点。而在其他条件相同的情况下，提高介质温度会降低对流阶段（C 阶段）的传热速率。

淬火件温度的提高对其与冷却介质的热传导影响极小，热传导速度只是随着二者温度差的加大而略有增加。在热传导能力方面的变化更多是由于工件高温条件下氧化程度的加剧，根据氧化层深度的不同，可以提高或降低热传导能力。

（3）淬火冷却介质　淬火冷却介质种类很多，最为常用的感应加热后的淬火冷却介质是水、盐水或苛性碱溶液、油和水基淬火液。

1）水是传统的，是至今仍在广泛应用的淬火冷却介质，其最大缺点是 A 阶段的传热系数极低，此时，水和热态工件之间被蒸汽膜所隔离。

2）冷却水中加入添加剂降低了其蒸汽膜效应，最为典型的添加剂就是盐类（氯化钠或氯化钙）和苛性碱类（氢氧化钠或氢氧化钾），在不降低冷却能力的情况下，提高了冷却均匀性。但是这些添加物也有弊病，需要封闭处理。淬火油克服了水及盐类、碱类水溶液的缺点。虽然在一定场合下可用水基淬火液替代淬火油，但是油类介质作为主流介质，应用范围更宽，冷却更为缓和、均匀，在减小变形、避免开裂方面优势明显。

3）水基淬火剂填补了水、油之间的空白空间，它吸收热量比油更快，淬火冷却比水更缓和。

关于淬火冷却介质更为详细的介绍见参考文献［1］。

2.3.2　淬火硬化和淬火残余应力

淬火工艺的基本目的，就是以足够快的冷却速度将奥氏体组织全部或大部分转化为马氏体组织，而非铁素体/珠光体类型的组织。冷却速度足够快的判据就是在进入马氏体相变区（开始点 Ms）之前，避开连续冷却转变曲线（CCT 曲线），或者说时间 - 温度 - 相变曲线（TTT 曲线）的“鼻子尖”，见图 2-68。在图 2-68 中，冷却速度≥140℃/s（250℉/s）时即可绕过珠光体相变区（阴影区），获得 100% 的马氏体组织，当温度降至“鼻子尖”危险温度以下后，即使适当降低冷却速度，仍然可以获得全马氏体组织。

有多种因素影响到奥氏体化工件的冷却速度，进而影响淬硬程度和硬化层深度。实现马氏体相变，获得足够硬化层的冷却速度，要根据工件尺寸、形状以及材料淬透性而定。钢材淬透性是指在规定冷却速度下获得马氏体组织的能力。高淬透性钢材可以在缓慢冷却速度下获得马氏体组织，或者在给定冷却条件下获得更深的硬化层，见参考文献［2］。淬透性是选择钢材、制订热处理工艺的核心因素，

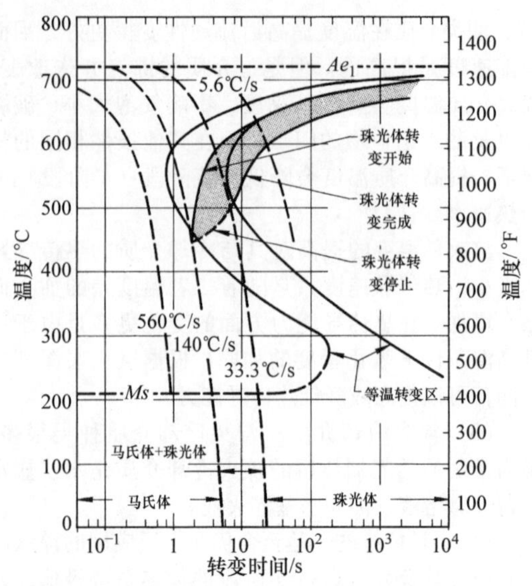

图2-68 从共析成分（质量分数为0.8%C）碳钢的等温转变图演变而来的连续冷却转变（CCT）图

它只与合金化程度及原始晶粒度有关。

淬火工艺还要考虑产品形状，具有界面突变结构（如阶梯轴拐角处）的产品，要求采用较为缓和的淬火剂，以避免开裂。产生淬火裂纹的根本原因，就是由于金属的冷却收缩而产生的热应力以及由于奥氏体转变为马氏体组织时体积膨胀而形成的组织应力。加热后产品的淬火不当会导致表面硬度降低、硬化层浅、硬度不均、变形及开裂等热处理缺陷。

除了淬火过程本身的因素以外，还必须选择好加热时间和温度，以充分奥氏体化，碳原子充分溶解、固溶到基体之中，形成均匀一致的奥氏体组织后再淬火。感应热处理时的快速加热，对加热温度与时间更要充分考虑，以充分奥氏体化。在选择感应加热温度时，还要考虑材料的原始组织，原始组织中的细小组分，如铁素体、碳化物等，更容易溶解进基体中，形成奥氏体型固溶组织。因此，对于轧制、锻造、退火或调质处理的原材料，在选择加热温度、加热速度时应区别对待。

（1）残余应力　在制订热处理工艺时最重要的考虑因素之一就是形成的残余应力状态。残余应力分布是取决于温度、硬化层深度及淬火烈度（冷却速度）。例如，钢棒直径自低于临界温度 Ac_1 缓慢冷却时，按照钢棒是经表面加热还是整体加热，最终会得到不同的残余应力分布，见图2-69。例如对于表面加热的钢棒，表层缓慢冷却收缩时，会受到冷态内层（心部）材料的抵制，其结果是在表层产生残余拉应力，同时，随着表层的冷却收缩，心部则承受了残余压应力。因此淬火冷却过程也是工件截面内应力重建的过程，这种重建的程度，则取决于加热温度与深度，而残余应力幅值绝不会超过材料的屈服强度。

如果钢棒是整个截面均匀加热至临界温度（见图2-69b），在冷却时则会形成完全不同的残余应力分布。在这种情况下，表面率先冷却、收缩，形成了残余压应力；由于表层比内部更为坚硬，当内部进一步冷却、收缩时，又受到表层的牵制，因此在心部形成了残余拉应力。残余应力的大小，取决于加热温度。图2-70所示为一个直径为18cm的1045碳钢棒加热到不同温度后水淬所形成的纵向残余应力分布。

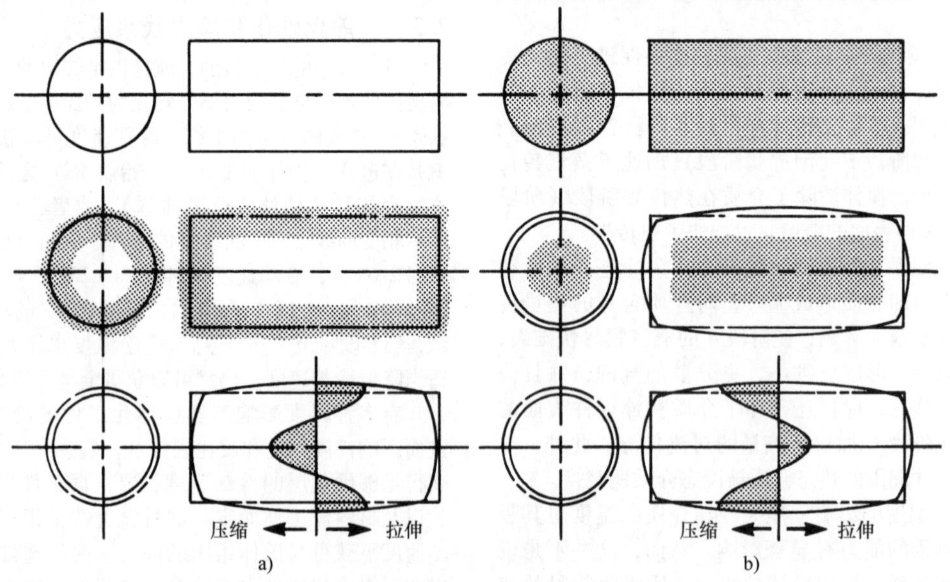

图2-69 通过表面加热和透热将零件升高到低于转变温度的温度后缓慢冷却所形成的残余应力
a）表面加热 b）透热

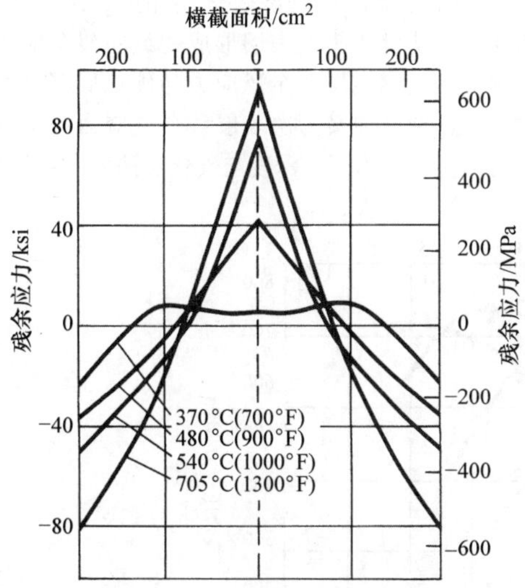

图 2-70　一个直径为 18cm 的 1045 碳钢棒加热到不同温度后水淬所形成的纵向残余应力分布

整体加热的棒料淬火后残余应力的大小还与冷却速度（油冷或水冷）有关，图 2-71 所示为一个直径为 18cm 的 1045 碳钢棒透热到 540℃后水淬和油淬所形成的纵向残余应力分布。同样，冷却速度对表面加热淬火棒料的残余应力分布也有影响。但是，表面加热后的快冷结果（见图 2-72）与慢冷结果（见图 2-69a）也略有差别。在快冷条件下，表面冷却、收缩迅速，受到次表层（热影响区）的牵制，形成残余拉应力，而当次表层逐渐冷却、收缩时，又在心部形成了残余压应力，与慢冷情况相似。实际上，表面加热至亚温淬火温度然后快冷，得到的是混合组织状态，即加热层的冷却结果类似于整体加热淬火，而其次表层和心部又类似于表面加热及缓冷的结果。

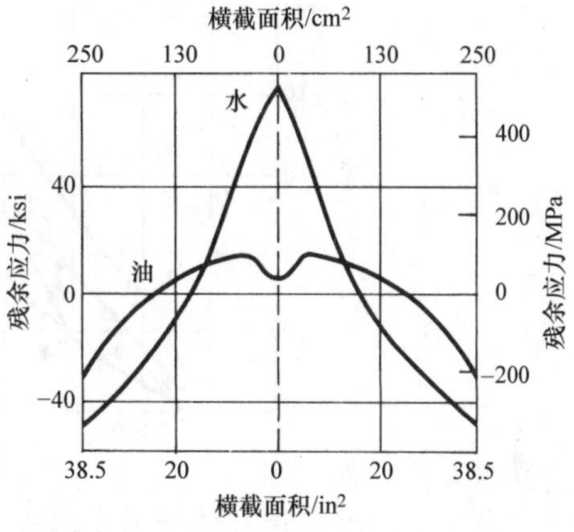

图 2-71　一个直径为 18cm 的 1045 碳钢棒透热到 540℃后水淬和油淬所形成的纵向残余应力分布

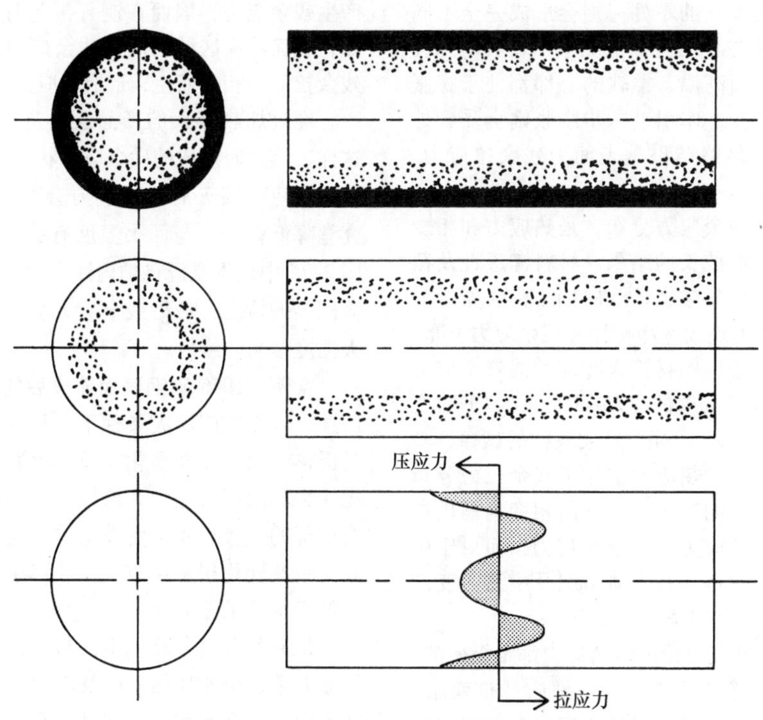

图 2-72　钢棒表面被加热到低于转变温度后快速水冷所产生的残余应力示意图

注：可和图 2-69a 中的表面加热钢棒并缓慢冷却相比较。

以上讨论的是亚温淬火（低于临界温度）冷却后的残余应力，而当钢材完全奥氏体化并淬冷成为马氏体组织时，材料比容的增加又对残余应力状态增加了变数。这种由于相变而形成的表面压应力往往要比热胀冷缩而形成的压应力大得多，二者形成叠加。另外一个因素就是硬化层深度，图 2-73 所示为 4 种感应淬火钢在表层形成的纵向残余应力分布，感应淬火钢表层残余压应力随硬化层深度的增加关系，这种增加又为次表层残余拉应力的增加而平衡抵消。压应力层的深度与硬化层深度大致相当。

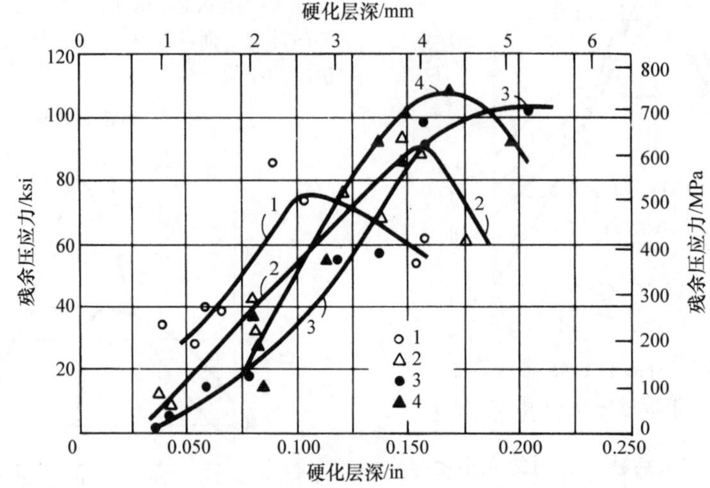

图 2-73 4 种感应淬火钢在表层形成的纵向残余应力分布

注：钢的化学成分：曲线 1，0.44C－0.24Si－0.73Mn；曲线 2，0.12C－0.20Si－0.45Mn－1.3Cr－4.45Ni－0.85W；曲线 3，0.39C－0.26Si－0.65Mn－0.68Cr－1.58Ni－0.16Mo；曲线 4，0.38C－0.28Si－0.99Mn－1.33Cr－1.58Ni－0.36Mo。

对于整体加热淬火的零件，则会形成完全不同的残余应力分布状态。在这种情况下，表层率先转变为马氏体组织，而高温、柔软的心部都处于膨胀状态，随后心部相变，体积进一步膨胀则会受到外层的抵制，因此，最终结果是表面为残余拉应力，而心部则为残余压应力。

整体加热件的残余应力分布，是热应力和相变应力相互制约、此消彼长的结果，材料淬透性及截面尺寸对最终应力状态有重要影响。图 2-74 所示为不同直径合金钢棒的连续冷却特性和残余应力分布，具有中等淬透性的德国钢材淬火冷却后的残余应力结果，包括三档直径试棒的冷却条件和 C－T 曲线（压应力－拉应力曲线）。对于最大直径的试棒，马氏体相变被完全抑制，热应力主导了残余应力分布状态；对于最小直径的试棒，全截面相变为马氏体组织，形成了表面拉应力和内层压应力；而对于中等尺寸的试棒，同时得到马氏体组织及中温相变产物，其应力状态介于前述两试棒之间。

到目前为止，我们讨论的残余应力都是纵向的。一般来讲，周向残余应力在大小、性质（拉或压）方面与纵向应力相当，而径向残余应力一般都比较小，而且在大截面产品中才出现。

当零件只进行局部感应淬火时，相邻位置也会产生残余应力，因而在制订工艺时要予以考虑。例如，表面淬火区域的周向残余应力会与相邻部位的残余拉应力相伴而生，形成内应力平衡关系。

经过加热淬火的产品还要进行回火及精加工，这样，淬火时形成的残余应力状态会有一定的变化。总的来讲，回火后残余应力会有一定程度的降低，究竟降低多少，与回火温度有关，如图 2-75 所示，图 2-75 中数据是源自炉内回火试件。而对于快速感应回火的情况，最终残余应力会大大降低，这是回火温度偏高的缘故。

实例：1045 碳钢表面淬火后的残余应力 如前所述，表面感应淬火条件下，只有外表浅层相变为马氏体组织，并被硬化，局部比容的增加导致表面压应力和内部拉应力，该拉应力一般开始于硬化层与内部的过渡位置，而表层的压应力幅值与合金元素含量及硬化层深度有关。油淬条件下的残余应力要低于水淬条件下的。

最终残余应力分布不仅与马氏体相变时的体积膨胀有关，快速加热，以及淬火冷却时马氏体相变的不同步，会导致局部塑性变形，也有一定程度的影响，因此，最终应力分布状态与加热速度、硬化层深度及钢材的类型（淬透性）有关。

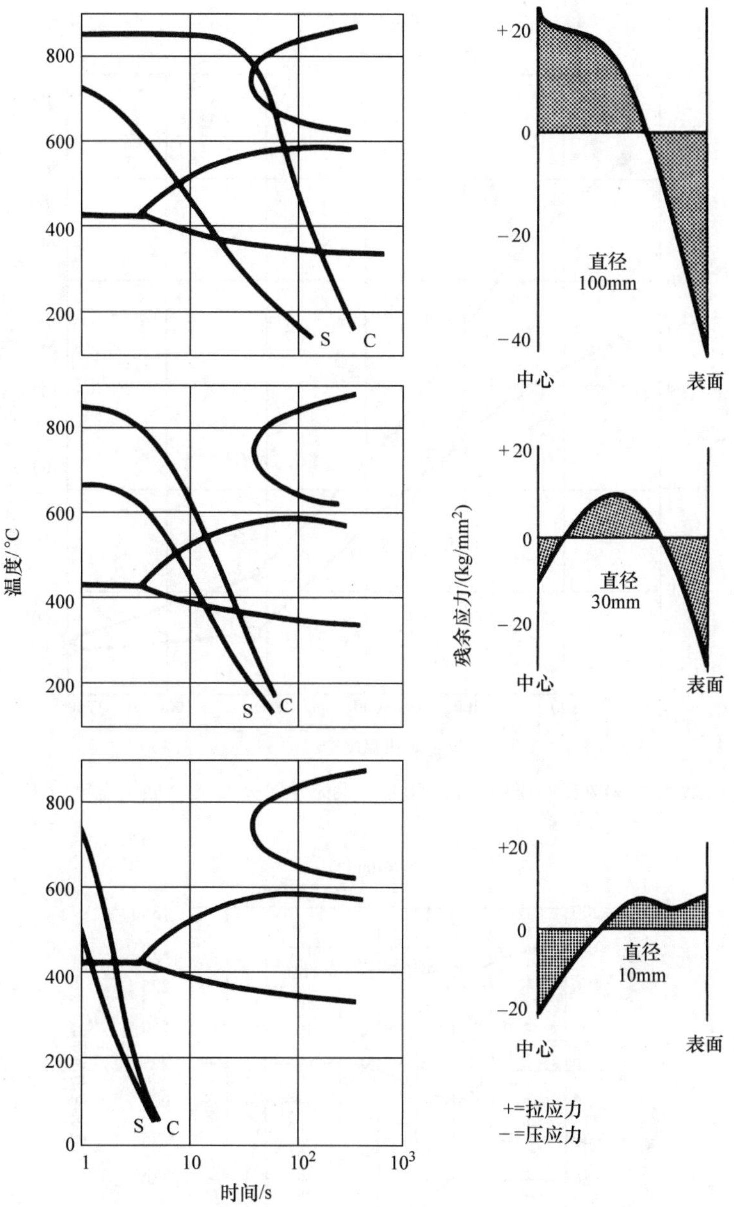

图 2-74　不同直径合金钢棒的连续冷却特性和残余应力分布

注：成分类似于德国 DIN 22CrMo44，化学成分（质量分数）为 0.22% C、0.65% Mn、0.25% Si、0.035% P、0.035% S、1.05% Cr、0.45% Mo、0.60% Ni。

图 2-76 所示为直径 47mm 的 1045 钢棒感应淬火后硬化层深对轴向残余应力的影响，钢材主要化学成分（质量分数）为：0.46% C、0.65% Mn 及 0.20% Si。钢棒感应加热参数为 900℃保温 1h（奥氏体化）后空冷，再淬火，得到 3.0 ~ 8.4mm（0.120 ~ 0.330in）的硬化层深度，该深度是指表面至显微组织变化位置的距离。硬化层加深的副作用就是次表层拉应力的升高。回火处理可降低次表层的拉应力水平。

（2）畸变和开裂　如同其他热处理一样，制订感应热处理工艺时要考虑的重要因素就是畸变和开裂。畸变产生于加热（奥氏体化）和淬冷过程，其中在加热过程中的变形通常是由热前工序（如锻造、机加工等）产生内应力的释放，以及不均匀加热。当工件只进行表面热处理时，冷态的心部限制了这种变形，因此感应热处理的变形一般都比较小，并

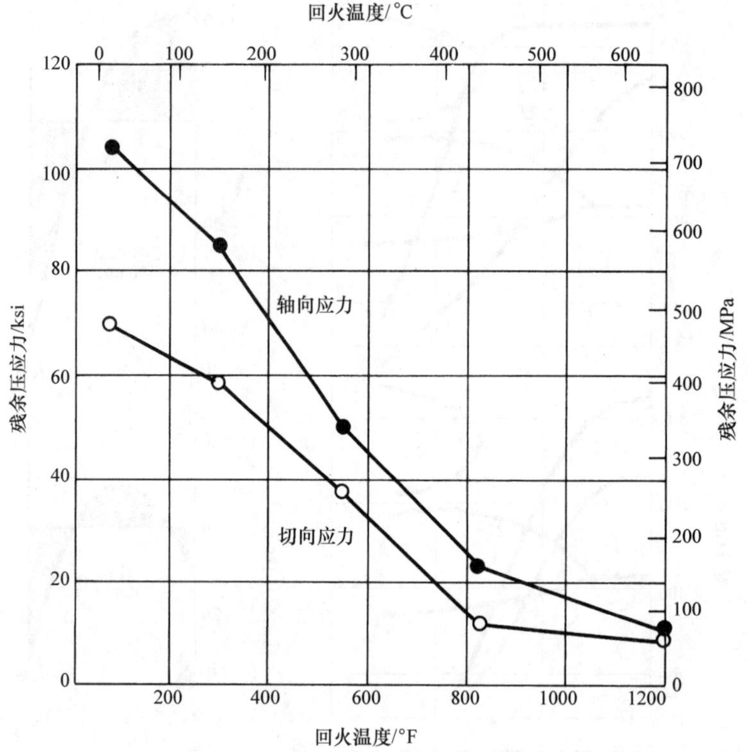

图 2-75 将质量分数为 0.30% C 钢棒加热到 850℃，水淬并回火 1.5h，回火温度对表面残余应力的影响

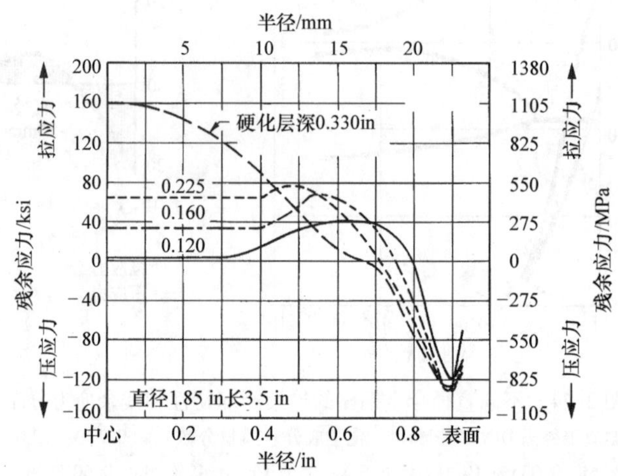

图 2-76 直径 47mm 的 1045 钢棒感应淬火后硬化层深对轴向残余应力的影响

且可以通过机械方法进行校正，如校直处理。另外，扫描式感应加热方法中，只有少量、局部的质量被加热，因此变形较小。相比透热淬火，扫描式加热也有利于减小变形。在这种加热方法中，零件的转动使其加热层变得对称而且均匀，降低了最终变形量。

淬火过程产生的变形主要与淬火温度、冷却均匀性以及淬火冷却介质有关。较高的淬火温度增大了残余应力，加剧了淬火冷却时的不均匀收缩。在较高淬火烈度下，如水淬或盐水淬火，也会产生较高的残余应力，从而加大了变形。但是，由于常用钢材具有较好的淬透性，可以选择油类等较为缓和的淬火冷却介质。

在极端条件下，这些变形升级为开裂，这与产品的结构（形状）和残余应力的大小有关。这也是为什么具有横截面突变等复杂结构的产品难以合格热处理的原因。另外，硬化层深度超过一定限度时，开裂的风险也大大增加，这是由于感应淬火件次表层拉应力的影响超越了表层压应力，诱发了裂纹。

钢的化学成分也对感应淬火开裂倾向有很大影响，开裂倾向随着含碳量和含锰量的增加而增加，但是实际上也不可能找出这个确切的危险极值，因其他因素，如硬化层深度、产品结构及淬火冷却介质都有很大影响，含碳量对于整体淬火件的开裂倾向影响最大，这是通过其对马氏体相变开始点（*Ms*）及马氏体硬度的影响而起作用的。*Ms* 点随着含碳量的增加而降低，马氏体相变发生于更低的温度，在表面形成了很大的残余拉应力，而低温下的低塑性又助长了内应力的作用。另外，在一定温度下，高碳马氏体的韧性要低于低碳马氏体。因此，高的拉应力与材料低韧性共同造就了开裂条件。但是，由于含碳量的增加也提高了材料淬透性，又为低冷速、缓和介质的采用，以及减小奥氏体化温度与淬火温度的差距提供了空间，可以降低应力水平，从而减小开裂倾向。在实际生产中，有时为了利用这些优势而选择高淬透性钢，而有些场合下，又需要选用低碳或低锰钢以降低开裂倾向。从钢材冶炼角度讲，以 Al 为脱氧剂的钢材比起以 Si 为脱氧剂的钢材来，开裂倾向更低。

2.3.3　淬火方式

淬火工艺参数的重要性不亚于感应淬火机床及感应圈（器），制订淬火工艺时要考虑的因素包括：

1）产品尺寸、形状以及硬化层要求，如法兰、圆口、键槽等结构，应考虑如何保证淬火冷却时的均匀性。

2）加热（奥氏体化）类型（表面加热或整体加热）。

3）加热方式（一发法加热或扫描加热）。

4）钢材淬透性和所要求的淬火冷却介质。

5）原材料类型（是指定炉号还是钢厂库存）。化学成分的波动会影响淬火结果，即使是在合格范围内的化学成分，也需要考虑淬火工艺参数的匹配性。

6）工艺特性，是自动还是手动，立式还是卧式，如某些带有法兰的驱动轴不能采用立式机床而得到均匀的温度分布。

7）淬火冷却介质（水、水基淬火液、油、乳化液等）及淬火烈度，主要考虑因素是工件材料、形状、硬化层轮廓、开裂倾向及淬火均匀性。

感应热处理的淬火方法很多，最为简单的是空气淬火和自淬火。对于某些高淬透性钢材，是可以采用空气淬火的，一般是指工具钢类。空气淬火时可采用自然空气、风扇对流空气或压缩空气，以防止淬火裂纹为冷速控制原则。

自淬火适用于加热面积（或体积）远远小于基体材料的情况，加热区域的热量可迅速传导至未加热区域，这种热量传递足以使加热区相变为马氏体组织。这种方法常用于硬化层很浅以及脉冲式感应淬火的场合。足够大的冷态基体材料使得加热区快速降温，相变为马氏体组织。

当需要采用液态介质进行淬火冷却时，最常用的方法是喷淋淬火和浸液淬火。另外一种重要方法是压力淬火，它是零件经过加热（至临界温度以上）后在压力条件下淬火冷却，并保持较好的平面度，如刀具、齿轮等产品。淬火时，被由模具小孔流入的介质冷却，同时保持良好的平面度。

这些淬火工艺要求不同的技术和介质，淬火方法与设备结构有关，但是，淬火工艺的终极目的，就是在控制产品内应力尽量小的前提下，尽快地冷却下来。制订淬火工艺的关键因素就是淬火冷却介质的流量、温度以及过滤和导热能力。

1. 喷淋淬火

感应加热后的喷淋淬火最普通的淬火冷却介质一般是水，通过环形喷淋器或喷头将水直接喷淋到热态工件上。有的是边加热边喷淋，有少数高淬透性钢材或者浅层硬化的产品，加热后延迟喷淋，然后再浸入淬火槽中，可以更快地冷却。

影响淬火冷却的因素是介质的导热性，及其与热态工件表面的相对流动。影响喷淋淬火质量的关键因素是介质流量而非压力，压力太高会形成冲击流，这时介质弹离加热面而非润湿，反而不能有效地带走热量。从传热角度讲，采用低压力、大流量更为奏效。

一发法加热和渐进扫描式加热均可采用喷淋淬火，喷淋孔可以设置在感应器（圈）上，也可以安装单独的喷淋盒。在扫描式加热情况下，零件在感应圈内移动，在穿过感应圈时先加热再淬火。图 2-77所示为典型的扫描感应淬火装置用于奥氏体化加热和淬冷，为了加热及冷却的均匀一致，工件是旋转的，在加热过程中应转 10 周以上。对于齿轮类的产品，如果转速太高，会使介质抛离，反而会形成软点和变形。

感应器下面的喷淋盒，其喷淋孔向下倾斜 30°，这样使得工件加热后预留短暂的保温、均热时间，避免介质进入加热区。扫描式淬火工艺也可以采用位于下方的独立喷淋盒，其结构与常规喷淋盒相似。

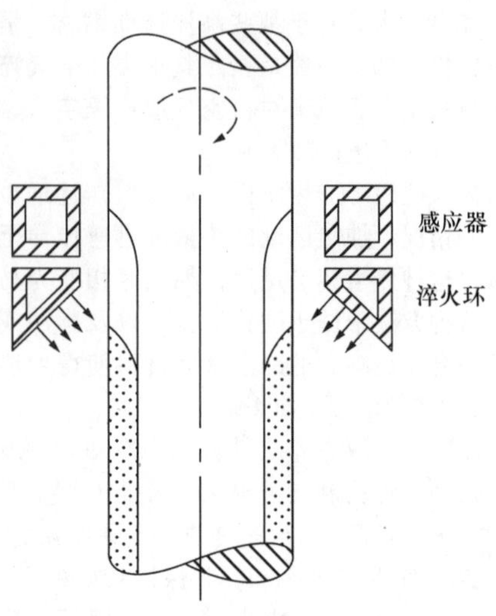

图2-77 典型的扫描感应淬火装置用于奥氏体化加热和淬冷

在一发法加热方法中，采用旋转心轴结构（见图2-78）。通过改变控制参数，可适用于各种上料-加热-淬火工艺，可在感应圈上方、下方或零件过渡位置进行喷淋淬火。

对于加热时固定不动的零件，当加热至适宜的温度（奥氏体化）后，开启电磁阀喷淋淬火液。对于小件或硬化层浅的情况，可在结束加热前的瞬间即开启电磁阀，这样淬火冷却介质可适时达到合适的压力。

对于多匝感应线圈，喷淋盒可以环绕感应加热线圈，将淬火冷却介质通过线圈间隙喷射到工件上，由于喷淋盒内侧靠近加热线圈会受热升温，因此，应由耐高温聚合物、陶瓷及低电阻材料（如铜）制作。线圈外侧与金属喷淋圈应保持一定间距，以防喷淋圈被感应加热。

单匝感应器可与喷淋盒合为一体，这种一体式

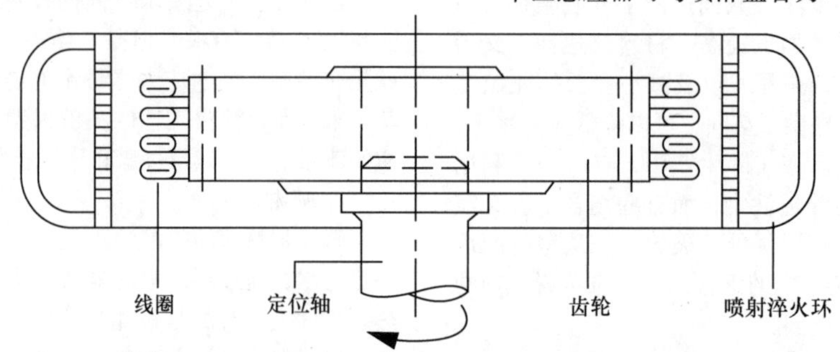

图2-78 小齿轮通过感应线圈匝间喷射淬火的布置

感应器内部包括两个通道（见图2-79）：一个通道为感应器冷却水；另一个通道为淬火冷却介质。在朝向工件一侧（内侧）开喷淋孔，由于该侧面也要通过电流，因此必须仔细考虑喷孔的数量、大小和间距，以降低电阻值。喷淋孔总面积应占内侧面面积的10%～15%。这种一体式感应器也用于立式扫描感应淬火系统，淬火冷却介质通道在冷却水通道的下面，见图2-79，介质喷射方向向下倾斜30°，与工件轴线夹角60°，从而确保产品淬火前有一个保温、均温时间。如果认为介质接触工件（淬火）前，加热区降温太多、太快，也可以将30°角适当减小，缩短二者的时间差。介质喷射到零件表面，应保证流量（接触）充分，以防零件温度回升而回火，这可以在其后再附加一个喷淋圈，进行充分冷却。

喷淬参数：淬火冷却介质的导热性和加热表面上的淬火冷却介质流量，是保证质量的最重要的淬火参数。不论是一体式还是独立式喷淋盒，喷孔总面积应该相当于淬火面积的10%～20%，对于窄线圈感应器淬火面积对喷孔总面积的比值一般为10，

图2-79 垂直扫描淬火感应器（喷射淬火环带有一定倾角以实现淬火前均温）(Induction Tooling Inc)

对于宽线圈感应器一般为 20。喷孔大小（直径）根据零件直径而定，零件越粗，孔径越大（见表 2-5）。

表 2-5　喷孔直径和零件直径

喷孔直径/mm（in）	零件直径/mm（in）
1.6（0.06）	6.4～12.7（0.25～0.50）
3.2（0.13）	12.7～38.0（0.50～1.5）
6.4（0.25）	>38.0（>1.5）

喷孔的分布应使得各自覆盖的淬火面积大致相等，辐射面互相交叠，以确保整个加热面充分淬火冷却，喷孔之间的间距应小于或等于孔径的 2 倍。

对于环形感应圈，进口可垂直于或相切于通道，使介质流量尽量均匀，从而得到均匀的硬化区。在 20psi 压力下，喷孔直径加大 1 倍，介质流量就会增大到 4 倍（见表 2-6）。

表 2-6　零件直径、喷孔直径和流量

零件直径/mm(in)	喷孔直径/mm(in)	20psi 时的流量/(L/s)(gal/min)
13（0.5）	1.6（0.0625）	0.02（0.33）
25（1.0）	3.2（0.125）	0.09（1.5）

2. 浸液淬火

在浸液淬火工艺中，工件首先加热至临界温度以上，以自由落体方式或传动机构转移至淬火槽中，这取决于操作方式以及工件质量与冷却面积的比例关系。浸液淬火一般是在感应器下方的淬火槽中完成，可以以手工或机械方式将工件移出感应器，放入淬火槽。当用手工方式时，操作人员将加热工件放入淬火槽并摇晃若干次，起到搅拌作用，有时，可以在工件未脱离感应器时先喷淋淬火，然后再放入淬火槽进一步冷却。

由于工件转移时间会影响到工件硬度，因此要尽量缩短从加热到淬火槽的转移路径（时间）。对于长杆件的一发法感应加热，之后竖直淬入淬火槽中，其头部（先入端）和尾部（后入端）会存在淬火温度的差异。如果工件细小或者浅层加热，热态工件在进入淬火槽之前就可能降至临界温度以下，这样会导致变形或硬度不均，因此，对于长杆件的感应淬火，可以在进入淬火槽前增加一套辅助的喷淋预冷装置。

对于轴端需要淬火的轴类工件，如曲轴主轴，尤其是花键轴，浸液式淬火大大降低了开裂风险，在喷淋式淬火工艺中，无论是一体式喷淋盒还是辅助式独立喷淋盒，淬火液直接冷却轴件的柱面，而浸入式淬火则同时冷却了柱面与端面，更加均衡。因此，有时需要增加一个针对端面的辅助喷淋装置。

工件进入淬火槽后要充分搅拌，以消除蒸汽膜效应，图 2-80 所示为用于木工刀片的淬火系统，是针对片状工件的感应淬火系统，加热后的工件落入淬火槽，堆积在槽底，致使淬火槽内上下层面的介质温度差异很大，加剧了冷却不均匀性。因此，需要增加一套循环置换系统，使得产品在到达底部的过程中被充分冷却。

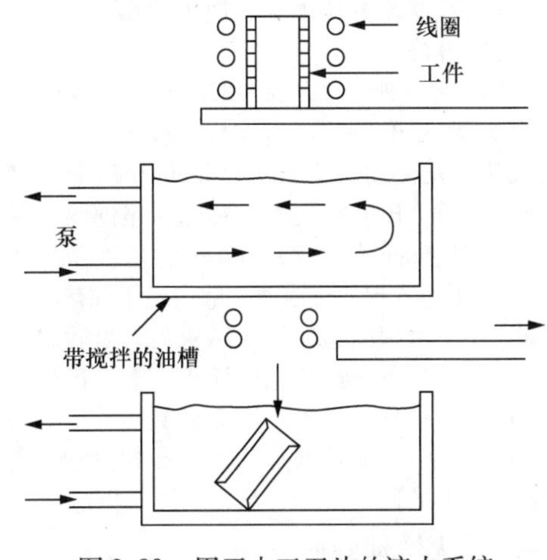

图 2-80　用于木工刀片的淬火系统

淬火槽容量（淬火液量）应根据每小时内产品释放的热量来计算。一般可以按照每小时内加热材料的 8.3L/kg（1gal/lb）的比例关系粗算。在生产线上，可以增设冷却器（热交换器）对淬火冷却介质进行冷却，防止由于介质温升过高而降低产品硬度。

淬火槽也有必要安装介质加热系统，以便在开始批量生产前将冷态介质加热至适宜的工作温度，同时，应配备螺旋桨式搅拌系统，改善介质的循环流动，同时消除淬火部位的蒸汽膜效应。

埋液淬火某些产品可以在介质液面以下进行感应加热并淬火，例如，将整件齿轮没入淬火液中进行单齿感应淬火。对轮齿加热时，由于炽热的齿面形成了汽化隔膜而迅速达到奥氏体化温度，电源关闭后随即淬火。这种埋液淬火工艺尤其适用于那些需要多点感应淬火，并避免自回火影响的场合。

3. 其他淬火方法

（1）自淬火　适用于大截面工件，如大模数齿轮，其加热面的热量可由厚重的、冷态的内层材料充分吸收。实例：某 AISI 4340 合金钢内齿圈，外径 2895mm（114in），齿宽 127mm（5in），齿数 108，模数 25.4（径节 $DP=1$），单齿感应器从齿槽底部开始通电加热，10s 后齿面升温至 900℃（1650℉），然后感应器自动上移至顶部。然后齿轮分度后在下一齿槽重复这个过程。无需任何淬火液进行淬火冷却。

当某些工件采用液态淬火剂得到的硬度过高，或者存在开裂风险，可考虑采用这种淬火工艺。由于较高的材料淬透性，以及厚重、冷态内层材料的吸热，加热层热量向空间散失并向内层传导，足以使加热层淬火冷却，获得42～47HRC的表面硬度。

（2）强制风冷淬火　实际上属于自淬火“升级版”，适用于较小模数的齿轮，经过扫描式加热后，由感应器喷孔吹出的压缩空气使工件淬火冷却，类似于液态喷淋淬火。

应用实例：外径*OD*为1829mm（72in），AISI 4340合金钢火车齿轮，齿宽76mm（3in），齿数144，使用双发夹式感应器以1143mm/min移动速度扫描加热齿面，压缩空气通过感应器尾部喷气环上12个直径1.6mm的孔洞，以一定角度和100psi（690kPa）压力吹扫加热表面，即实现了加热后的淬火冷却。在单齿扫描感应淬火结束后，齿轮自动分度旋转，再进行下一齿的感应淬火，整个齿轮用时1.5h。这是在自身材料不足以完成吸热、冷却的情况下，由压缩空气加强的加热面的冷却过程，得到要求的硬度水平。

2.3.4 淬火冷却介质

感应热处理中常用的淬火冷却介质包括水、水溶液（盐、抑制剂、聚合物等）、普通和快速淬火油、分级淬火油。并非一种淬火液就能适用于所有产品，淬火液的选择取决于以下几个因素：

1）冷却速度。

2）钢材的淬透性。

3）尺寸。

4）淬硬层的深度。

5）安全性。

6）车间环境。

7）成本。

8）与设备的匹配性。

9）废物处理。

10）清理难易程度。

11）污染。

12）变形敏感性。

也并非每种产品都要考虑上述所有因素例如，易变形的轴承工件需要以缓和的分级淬火油替代水基淬火液。

早期的感应热处理中，水作为淬火冷却介质而广泛使用，必要时加入盐以提高冷却速度。20世纪50年代，快速淬火油的引入，可用于中碳钢材质、有开裂风险的薄壁产品。再后来，随着聚合物类水溶性淬火液的开发，乳化液及水基淬火剂发展很快，至今仍在使用。聚合物淬火液消除了蒸汽膜效应带来的硬度不均匀性，并且可以更为灵活地用于感应热处理。

水基淬火剂的关键特性就是其导热性以及在热态界面的传热特性。淬火冷却介质一般以其冷却（吸热）能力来分类，以盐水为最快，以油类为最慢。理想介质的冷却特性，就是在高温阶段（奥氏体化温度至A_3温度范围）冷却速度较慢，在A_3至Ms温度之间冷却速度较快，而在Ms点至室温间应该慢速冷却。但是，冷水，尤其是含有无机盐的水溶液，在A_3～A_1范围冷却速度最高，在冷却过程尾声也冷却速度较快，因此，只能用于形状简单，而且低淬透性材质的产品。对于结构复杂的产品，往往会产生太大的变形，甚至开裂。油类介质具有慢于水的冷却速度，但是吸热（冷却）更为均匀。

选择淬火冷却介质时应考虑冷却速度、使用温度及添加剂。某些杀菌剂含有氯气，会与碱性乙二醇发生化学反应，形成新的化合物。对于禁止产生亚硝胺的场合，用户要区分硝基和非硝基添加物。在有些情况下，应考虑淬火槽的通风、排放，防止现场人员因吸入淬火液蒸发气体而中毒。

1. 盐水淬火

在所有淬火冷却介质中，盐水冷却速度最快。其原理就是在工件表面形成的结晶盐，在高温时剧烈破碎，产生局部涡流，降低蒸汽膜效应。

盐水浓度及温度对其冷却速度的影响见表2-7和图2-81。浓度达到24%（质量分数，下同）的NaCl水溶液对于减小蒸汽膜效应最为有效，但如此高的浓度并不适用。感应淬火较为常用的盐水溶液是10% NaCl水溶液或3% NaOH水溶液，其中10% NaCl水溶液可使淬火态试样获得最高硬度，如图2-82所示，水溶液温度的小幅变化对其冷却速度影响不大，因此，盐水温度对其冷却速度的影响并不像水那样显著，见图2-83a，20℃（68℉）的液温即可达到最快冷却速度。

表2-7　0.95%C（质量分数）碳钢圆柱试样在各种水基淬火液中的心部冷却速度

水溶液（质量分数）	冷却速度/(℃/s)	冷却速度/(℉/s)
水	100～120	215～250
2.5%氢氧化钠水溶液	195	385
5.0%氢氧化钠水溶液	200	395
11.5%氢氧化钠水溶液	200	395
16.5%氢氧化钠水溶液	205	405
5.0%氯化钠水溶液	170	340
10.0%氯化钠水溶液	195	385
5.0%氯化钙水溶液	170	340
10.0%氯化钙水溶液	190	380
20.0%氯化钙水溶液	170	340
10%碳酸钠水溶液	170	340
5.0%盐酸水溶液	150	305

（续）

水溶液（质量分数）	冷却速度/(℃/s)	冷却速度/(℉/s)
12.5%盐酸水溶液	150	305
20.0%盐酸水溶液	95	205
36.0%盐酸水溶液	<50	<125
5%～20%硫酸水溶液	145～150	290～305
30.0%硫酸水溶液	90	200
95.0%硫酸水溶液	75	170

注：圆柱试样直径为13mm（0.5in），淬火槽浴温20℃。

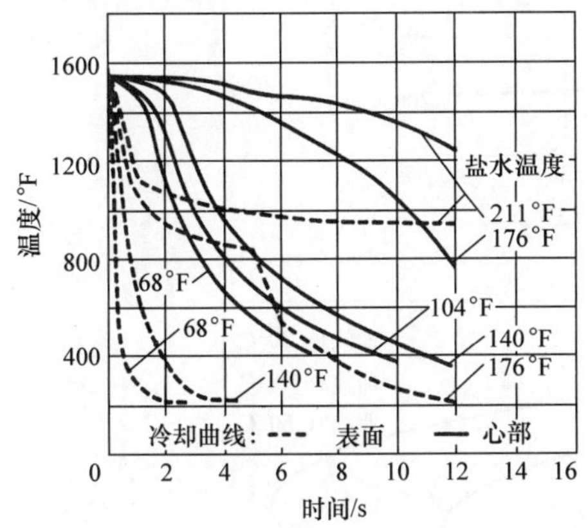

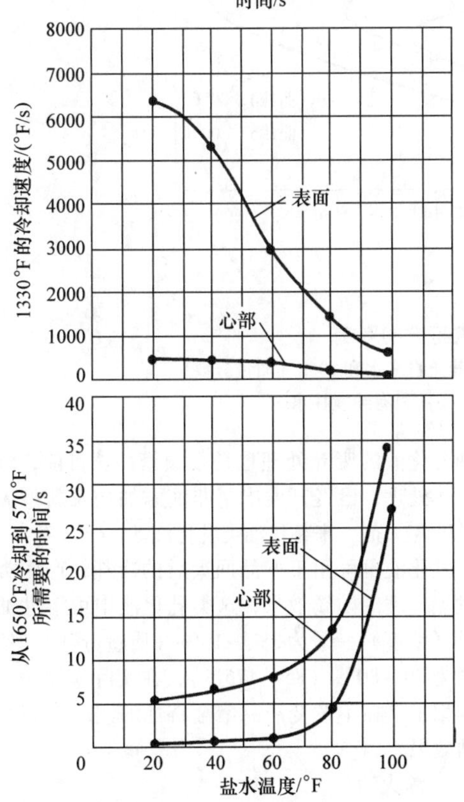

图 2-81　盐浴槽温度对表面和心部的冷却速度的影响

注：钢试样直径13mm，长度50mm，成分为0.95%C（质量分数），冷却液为5%（质量分数）盐水，流速3ft/s。

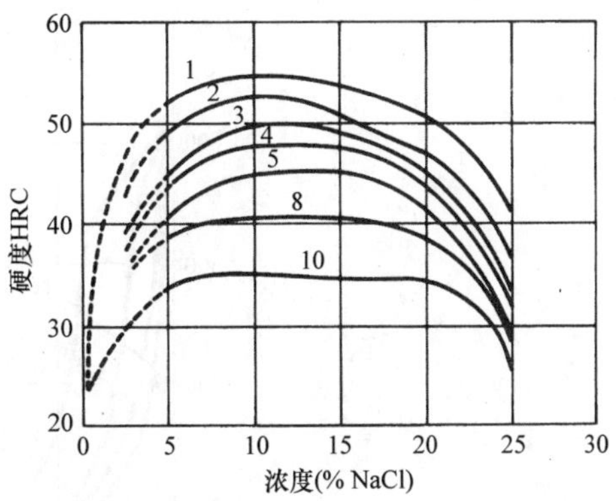

图 2-82　盐水浓度对端淬试样硬度的影响

注：数字显示从端淬处开始每1/16in增加的硬度。注意，端淬试样采用标准J－端淬试验不进行淬火；试样采用一端面接触水的模式，淬入100℃的静止水中

如果工件形状简单，可采用盐水淬火以消除软点，但是冷却速度的提高加大了零件变形与开裂的风险。盐水淬火后的另一个缺点就是零件清理不彻底时的锈蚀问题，尤其是产品具有尖角、不通孔及狭缝结构的时候。

2. 水淬

水是最普通的淬火冷却介质，其优点在于低成本、易处理、不可燃等；但也有其缺点，如对于钢铁件的锈蚀问题，较长的蒸汽膜阶段及其无序破裂而引起的应力分布不均，直至低温阶段的较快冷却速度等。其中在马氏体相变区的快速冷却可能会引起零件变形与开裂。因此，一般应用对象是碳钢材料，以及大尺寸、浅硬化层的零件。

冷水是最剧烈的淬火冷却介质之一，如果再加上搅拌可使其接近液态淬火剂的冷却速度极大值。其根本的软肋就是与热态产品接触时的蒸汽膜，因此，宜尽快打破蒸汽膜对零件的包覆，使水与零件直接接触，吸收热量，使零件降温。进而消除淬火软点，降低可能的残余应力，避免淬火裂纹。在此建议，在闭式循环水系统中添加防锈剂和杀菌剂，抑制水中微生物（细菌）的滋生。

除了合理搅拌以外，水温也十分重要。当水温升高，蒸汽膜效应增加，冷却速度急速下降。水在不同温度时的冷却速度见图2-83b。低温水的沸腾阶段的冷却速度最快。水在26℃（80℉）以下时的冷却速度非常快。而在实际应用中，即使经过水－水热交换器的冷却，水温也往往高于32℃（90℉），除非冷却水来自制冷机或地下深井。比较常见的淬火水温在15～25℃。即使5℃的波动也会使水的淬火能力发生巨大变化。

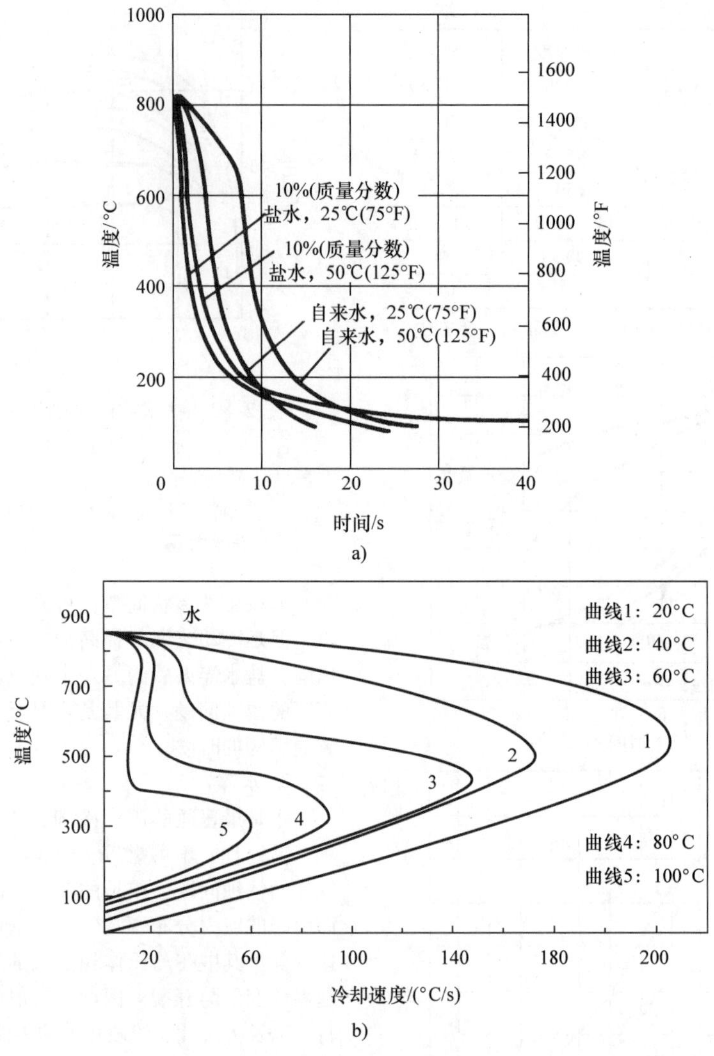

图 2-83 盐槽温度对淬火特性的影响

a）直径 13mm 和长 65mm 的 18－8 不锈钢在静止自来水和 10%（质量分数）盐水溶液冷却时心部的冷却曲线 b）只有纯搅拌水

3. 水－油乳化液

由于其不稳定的冷却特性，应用范围并不太广。而乳化液常常用作机械加工的冷却液，如磨削、切削或成形工艺，其含油浓度一般为 3% ~15%（质量分数）。乳化液的冷却性能类似于水，难以保持稳定的淬火烈度。

乳化液克服了水的锈蚀作用，而且成本也不高，但是一种误解就是，借助于水中的油，可降低蒸汽膜效应，并降低工件的内应力。乳化液的冷却能力是不稳定的，而且废液处理也很棘手，因为使油－水分离很困难，还经常由于微生物（细菌）滋生而报废。由于前道工序（如机加工）污物的带入以及热处理的间歇停顿，淬火槽内极易滋生细菌，因此，含油乳化液的废弃处理也是很频繁的。目前，针对感应热处理，已经开发出了非油添加物及新型聚合物类的淬火剂，来替代油类乳化液。

乳化液也可用于产品回火后的冷却，产生类似于发黑处理的防锈效果，这类乳化液中可溶性油的含量（浓度）一般为 3% ~10%（质量分数），使用温度为 30 ~80℃（85 ~175℉），在实际应用中，就是利用了其在不改变产品冶金特性的同时达到发黑防锈效果。

4. 淬火油

油类介质一般用于变形和裂纹敏感性高的工件。几乎所有油类介质的冷却速度都低于水或无机盐水溶液，但是油冷却均匀性却好于水及水溶液。油类介质可以在高温下使用，降低材料马氏体相变区的冷却速度，因而大大降低了工件的变形和开裂风险。然而，由于有淬火油烟及火灾风险，多数场合下已被其他淬火冷却介质所替代。

表 2-8 列出了常用钢材油淬和水淬结果的对比数据。一般而言，诸如 8637/8640/4140/4340 这样的合金钢用于大直径轴件，需要通过调质处理后获得理想的心部组织与硬度，再随后感应淬火，获得较深的硬化表层。这种复合热处理工艺大大提高了产品的承载能力和疲劳寿命。像 1050 碳钢可采用感应加热 + 喷油淬火工艺，但是相对于重载产品，其硬化层还不够深，在某些情况下，可改用 1041 和 1335 钢，其含碳量更高，在同样喷油淬火工艺条件下，可以获得更深的硬化层。

表 2-8　常用钢材油淬和水淬结果的对比数据

AISI 钢号	成分（质量分数,%）						最大淬透直径/cm（in）	
	C	Mn	Ni	Cr	Mo	V	油淬	水淬
1050	0.50	0.75	—	—	—	—	0.76（0.30）	1.78（0.70）
2340	0.40	0.75	3.50	—	—	—	4.57（1.80）	6.35（2.50）
3145	0.45	0.75	1.25	0.60	—	—	2.79（1.10）	4.57（1.80）
3240	0.40	0.45	1.75	1.00	—	—	5.84（2.30）	6.86（2.70）
3340	0.40	0.45	3.50	1.50	—	—	12.7 +（5.00 +）	12.7 +（5.00 +）
4140	0.40	0.75	—	0.95	0.20	—	4.57（1.80）	6.60（2.60）
4340	0.40	0.65	1.75	0.65	0.35	—	8.64（3.40）	12.7（5.00）
5140	0.40	0.75	—	0.95	—	—	2.29（0.90）	3.56（1.40）
6140	0.40	0.75	—	0.95	—	0.2	2.03（0.80）	4.06（1.60）

注：心部淬火硬度为 50HRC。

选择淬火油时，考虑油的冷却特性，通常按照相对冷却速度及使用温度对淬火油分类。粗略的分类包括普通淬火油（慢油和快油）、快速淬火油和分级淬火油（热油）。

1）普通淬火油：有时可添加抗氧化剂，但是不含催冷剂，其 40℃（105℉）黏度为 100 ~ 110sus，但是有时可达到 200sus。

2）快速淬火油：由矿物油调制而成，40℃下黏度为 50 ~ 110sus，比较常见的是 85 ~ 105sus。通过添加剂（催冷剂）来提高冷却速度，另外还添加了抗氧化剂等。

3）分级淬火油：经过对石蜡基矿物油进行溶媒精炼，获得良好的热稳定性、抗氧化性能，可用于 95 ~ 230℃（205 ~ 445℉）范围内分级淬火冷却。这种油中添加了抗氧化剂而改善了使用稳定性，而且通过添加催冷剂使得其在较高温度下仍然冷却速度较快，黏度的改善基本消除了蒸汽膜效应。

尽管还有其他类型的淬火油诸如超速淬火油及水溶性油（乳化液），但是最为常用的就是上述三类淬火油，见参考文献［2］。如前所述，由于乳化液不稳定的冷却性能，其作为淬火冷却介质应用非常有限。

表 2-9 列出了几种工业淬火油和等温淬火油的典型特性，淬火油供应商一般是按照这类检测方法对新品或在用淬火油进行检测、质量控制。不同供应商生产的淬火油，由于其基础油成分以及添加物的差异，物理、化学性能及冷却特性也会有差异。

表 2-9　几种工业淬火油和等温淬火油的典型特性

淬火油类型	序号	API 密度	闪点/℃	闪点/℉	倾点/℃	倾点/℉	黏度（40℃或 100℉），SUS①	皂化值	灰分（质量分数,%）	水（质量分数,%）
常规淬火油无添加	1	33	155	315	-12	10	107	0.0	0.01	0.0
	2	27	185	365	-9	15	111	0.0	0.03	0.0
增加催冷剂	3	33.5	190	370	-12	10	95	0.0	0.05	0.0
	4	35	160	320	-4	25	60	0.0	0.20	0.0
等温淬火油不含添加剂	5	31.1	235	455	-9	15	329	0.0	0.02	0.0
	6	28.4	245	475	-9	15	719	0.0	0.05	0.0
	7	26.6	300	575	-7	20	2550	0.0	0.10	0.0

（续）

淬火油类型	序号	API 密度	闪点/℃	闪点/℉	倾点/℃	倾点/℉	黏度（40℃或100℉），SUS①	皂化值	灰分（质量分数,%）	水（质量分数,%）
等温淬火剂添加催冷剂	8	28.4	230	450	−9	15	337	2.0	1.1	0.0
	9	27.8	245	475	−9	15	713	2.2	1.0	0.0
	10	25.5	300	570	−7	20	2450	2.5	1.4	0.0
ASTM 试验规范		D287	D92		D97		D445	D94	D482	D95
							D2161			D1533

① Saybolt 万能黏度表。

以矿物油为基础的淬火油，可通过 GM Quenchometer（镍球探头）冷却测定仪，按照 ASTM A235 方法检测淬火烈度，并分类。该方法是将加热后的标准镍球探头淬入 25℃的（80℉）油浴（杯）中，并将其冷却到居里温度的时间记录下来。该时间越短意味着淬火烈度越高。表 2-10 列出了根据磁性淬火冷却仪测定的商用淬火油和等温淬火油的冷却能力。目前所有淬火油都以矿物油为基础油，通常是石蜡基，而不是像古代使用的含脂肪油。矿物油使用稳定性更好，历史上使用过的脂肪油现在已经不再使用了。

表 2-10 根据磁性淬火冷却仪测定的商用淬火油和等温淬火油的冷却能力

淬火油	油样编号	黏度（40℃或100℉），SUS①	闪点/℃	闪点/℉	淬冷时间［355～885℃（670～1625℉）］/s			
					浴温：27℃（80℉）		浴温：120℃（250℉）	
					镍球	渗铬镍球	镍球	渗铬镍球
常规	1	102	190	375	22.5	27.2	—	—
快速	2	105	195	380	17.8	27.9	—	—
	3	107	170	340	16.0	24.8	—	—
	4	50	145	290	7.0	—	—	—
	5	94	170	335	9.0	15.0	—	—
	6	107	190	375	10.8	17.0	—	—
	7	110	185	370	12.7	19.6	—	—
	8	120	190	375	13.3	17.8	—	—
不加快冷剂的等温淬火油	9	329	235	455	19.2	27.6	18.4	22.1
	10	719	245	475	26.9	29.0	25.1	30.4
	11	2550	300	575	31.0	32.0	31.7	32.8
添加快冷剂的等温淬火油	12	337	230	450	15.3	—	12.8	—
	13	713	245	475	16.4	17.9	14.0	15.6
	14	2450	300	570	19.7	17.0	15.1	15.4

① Saybolt 万能黏度表。

淬火油的适用范围，从用于高淬透性钢的普通淬火油，到用于低淬透性钢的快速淬火油（见图 2-84）。所有淬火油的冷却能力都低于水和无机盐水溶液，但其吸热（冷却）效果更为均匀，在冷却过程的尾声（对流阶段）冷却速度较慢，因此可以大大降低变形和开裂的风险。

低速（普通）淬火油有比较长的冷却阶段（蒸汽膜阶段），其间冷却速度很低，而在沸腾阶段冷却速度加快，到对流阶段又变慢，普通淬火油的淬火烈度大大低于水，因此，用于低淬透性钢是不够的。

快速淬火油有较快的初始冷却速度，有时其初始冷却速度能够接近于水，之后便是冷却速度较快的沸腾阶段，而到了对流冷却阶段，快速淬火油与普通淬火油冷却速度基本相当。但是，有的快速淬火油含有特殊添加剂，而具有较快的对流冷却速度，因而，比一般的快速淬火油有更明显的硬化效果，见图 2-85。

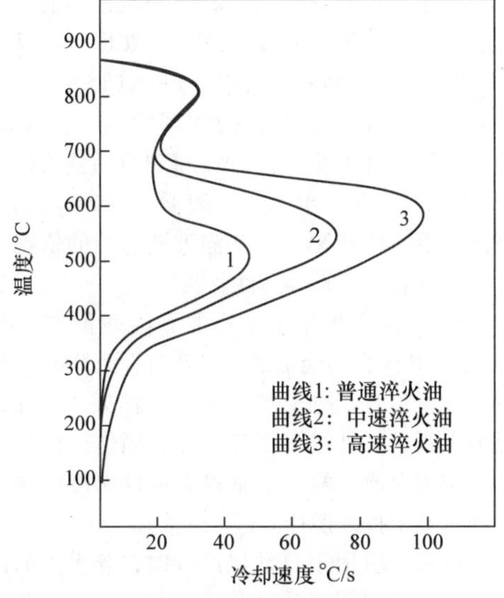

图 2-84 油槽温度 40℃时静止淬火油的冷却速度曲线

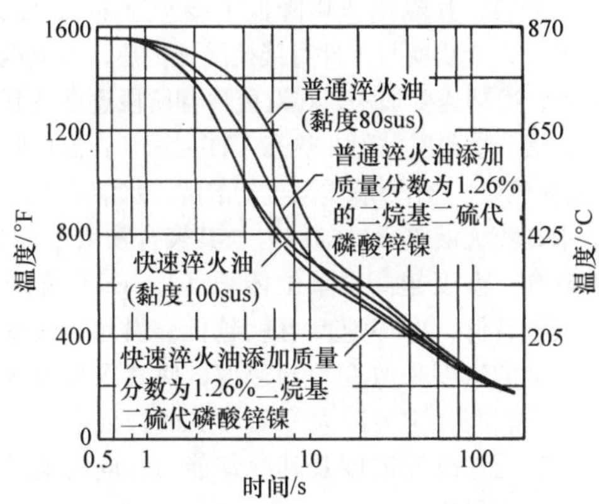

图 2-85 二烷基二硫代磷酸锌镍对常规和快速淬火油冷却曲线的影响

注：采用的试样为直径 13mm、长 100mm 的 304 不锈钢，静止淬火油温为 55℃。热电偶位于试样的几何中心。

选择淬火油的一个重要指标就是闪点，即其蒸气在有火源时开始燃烧的温度，这也是规定淬火油使用温度限值的依据。从安全角度考虑，闪点应该是淬火油使用的首要注意事项，热处理中使用 55℃（100℉）以下闪点的淬火油是十分危险的。油温越高，对变形控制越有利，但是，超过了供应商推荐的使用温度，就会缩短其使用寿命，因此，控制油温对延长使用寿命和降低火灾风险都十分必要。有时，在感应热处理中，为了满足工件结构和金相组织要求，而不使用油类介质。下列因素也会导致油类介质性能变化：

1）过热。

2）污染。

3）流动或搅拌。

4）氧化（老化）。

如果工件不是快速淬入油中，或者工件热量不是迅速地被淬火油带走，就会引起燃烧，这对低闪点淬火油更为危险。因此，要特别注意油温控制以及良好的搅拌功能，这有利于降低火灾风险。此外，还必须考虑淬火槽周边的通风，及时排除油蒸气，降低火险。

淬火油中混入水是十分危险的，尤其是使用温度高于 100℃（212℉）的分级淬火油，这不仅加剧了工件冷却及最终硬度的不均匀性，而且会产生泡沫，这些泡沫非常易燃，极易引起火灾。

与其他淬火冷却介质相比，淬火油的工作温度范围还是比较宽的，在正常淬火条件下，普通和快速淬火油温度对其淬火效果的影响是很有限的，因此，油温从室温到 100℃（212℉）以上都问题不大。达到 65℃（150℉），油的黏度降低，冷却速度加快。当工件浸入油内时，浸入位置会产生火焰。此时，要求产品迅速、整体没入油面以下，明火会自动熄灭，同时，应将油烟排出。油淬以后，进行清洗，以清除零件上的附着油。

从实用角度看，淬火油的使用温度一般为 40 ~ 95℃（105 ~ 200℉），而且以 50 ~ 70℃（120 ~ 160℉）为最常用。在对淬火硬度没有太大影响的情况下，也可以使用稍高或稍低的油温，但并不常用。因为过高的温度会加快油的老化（氧化），而且油烟（油雾）会大大增加，从前面已经提到的安全因素考虑，最高使用温度应该控制在闪点以下 55℃（100℉）的水平。同样，油温过低也会增加火灾风险，因为冷态油的黏度高，流动性差，会形成局部过热，甚至超过其闪点。

低黏度淬火油的优势由图 2-86 可以看出，油的黏度会随温度升高而降低。当炽热工件淬入低黏度油中，即使其闪点稍低，其火灾风险也不会很大，这是由于热虹吸效应（热对流效应）使得产品的热量迅速扩散，这样，上浮到油面的油温并未超过闪点。工件质量和没入深度必须保证工件界面的淬火油带走足够的热量，而又不超过其自身的燃点。高黏度的淬火油（如冷油）不能及时传递热量，只有工件附近的局部淬火油参与换热，上浮到液面的油达到了燃点，即引起燃烧。

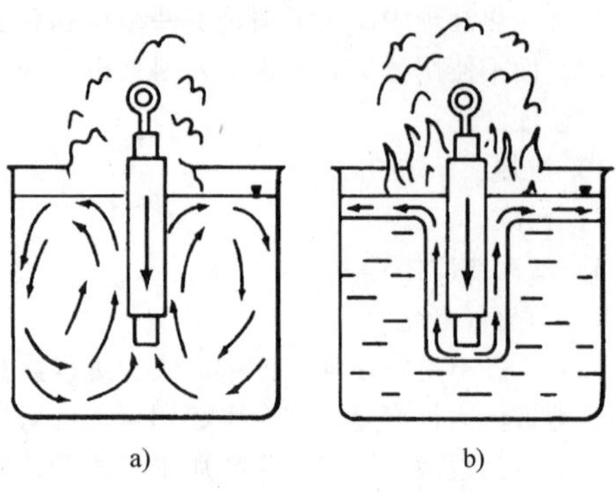

图 2-86 低黏度淬火油和高黏度淬火油的优势比较

a）低黏度淬火油 b）高黏度淬火油

当使用淬火油进行喷淋式淬火时，要求工件在闪点以下淬火冷却，以防止燃烧。如果淬火油流量足够（如 4L 或 1gal）足以带走产品的热量，又不会达到闪点，则可以用油为淬火冷却介质。实际上，市场上各类标准淬火油均可用于感应淬火，包括喷淋式淬火。某些所谓的快速淬火油，闪点低，油的蒸发（雾化）厉害，有一定火灾风险，但是，如果油的流量足够，产品表面温度控制得当，而且现场通风排气条件良好，也可以降低火灾风险。

喷淋式淬火的关键在于流量足够、油温严控、工件快速冷却及减轻烟雾。有时尽管油压很高，喷射速度很快，但是油量不足，烟雾严重，极易引起燃烧、火灾。如能向淬火点通以氮气，也有助于降低火灾风险。

即使没有氮气保护条件，通过对油气蒸发严格控制，也可进行扫描式感应加热 + 喷淋式淬火工艺，主要控制参数就是扫描速度，加热工件的热量，喷淋盒内的油压、流量以及喷射角度等。简单讲，就是保证感应加热后淬火油立即大流量地全覆盖加热面，直至工件温度降至介质雾化温度以下。

正是由于油类介质的可燃性及油烟，目前几乎所有开放式喷淋淬火工艺，都已用水基淬火液取代了淬火油。虽然某些水基淬火液在马氏体相变区的冷却速度趋近于淬火油，但那是浸入式淬火冷却条件下的检测结果，因此，在以水基淬火液取代淬火油的时候，应进行足够的试验验证。

水 - 油乳化液：含有质量分数为 90% 的可溶性油 + 质量分数为 10% 水的乳化液，冷却速度比普通油还低，因此油和水乳化液通常不如其他淬火剂，即使有时可以用于感应加热或火焰加热后喷淋淬火，但改用水基淬火液或许更为合适。

5. 水基淬火液（聚合物水溶液）

聚合物水溶液广泛应用于感应热处理。它拥有水介质的诸多特点，包括不可燃性、工件易于清理、工件干净及废物处理简单等。另外，通过调整聚合物水溶液的浓度和温度，可以改变冷却能力（淬火烈度）。在许多场合下，水基淬火液可获得类似于油的淬火结果。水基淬火液中高分子聚合物的主要类型包括：PAG（聚亚烷基二醇）、ACR（聚丙烯酸钠）、PVP（聚乙烯吡咯烷酮）、PEO（聚恶唑啉）。

每种聚合物都有各自的物理特性，如 ACR 和 PVP 有较好的可溶性，而 PAG 和 PEO 有逆溶性（浊点），即在高于某一温度（一般低于 100℃）时，聚合物从水溶液中析出。水基淬火液选型的依据主要是：应用场合、钢材淬透性及匹配性。

有时，必须重视淬火后的黏附残留物，PEO、ACR 及 PVP 聚合物会形成固体残留，而 PAG 则呈现黏稠状残留。对于感应加热 + 压力淬火的产品，或者随着夹具、工件进入下道工序，固体残留物是有害的。像水介质一样，水基淬火液的温度敏感性很强，而且要求持续搅拌。

当这种介质用于自动生产线时，淬火后的清理很重要，特别是设备需要停产、待产时，另外，工件回火前也要清洗。水基淬火液中还应添加防锈剂。

淬火时，高分子聚合物会在工件与溶液之间形成一层隔膜，其隔热作用降低了冷却速度，而该隔膜破裂后，介质就与工件直接接触、传热，形成泡沸腾现象，冷却速度加快，在对流冷却阶段逐渐达到热平衡。聚合物薄层黏附在热态工件表面，当温度降至逆溶点以下时，作为溶质又重新溶解于水溶液中。

水基淬火液淬火冷却能力与其聚合物浓度有关，浓度越高，温度越高，单位体积（L、gal）介质吸热速度就越低，冷却速度也就越低。因此，通过调整水溶液的浓度来改变冷却速度，使其冷却速度介于水、油之间。这类淬火冷却介质的好处就是可以方便、快捷地改变浓度及其冷却能力，同时消除了烟雾与火灾风险。

由于热态工件的淬入会导致溶液水分的持续蒸发、损失，溶液浓度会相应持续增高，从而会引起冷却性能的改变，因而应该定时检测溶液浓度。检测浓度时，是将溶液（取样）滴在折光仪的镜片上，液体的光线折射程度（系数）即显示为百分比浓度。

通过调节溶液浓度、温度以及搅拌程度，可以改变介质的冷却性能，见图 2-87。在室温下，高分子聚合物完全溶解于水中，而在 60 ~ 90℃（140 ~ 195℉）时又析出来，因而要通过冷却系统将其温度维持在较低范围。尽管有些产品适用温度范围很宽，但是一般情况下应控制在 30 ~ 40℃，而且超温幅度不超过 5℃，搅拌功能有助于保持淬火液的均匀一致。

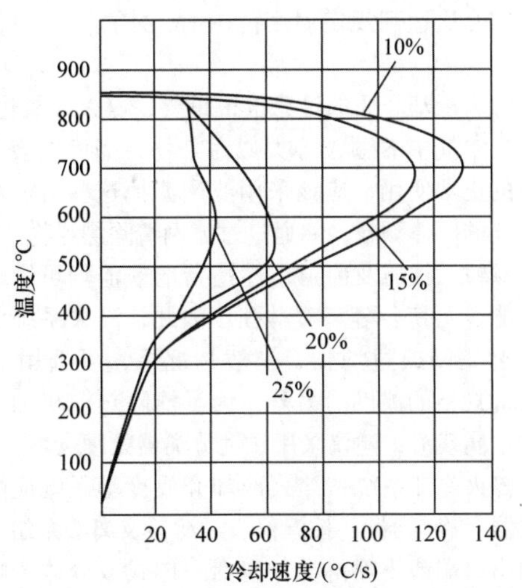

图 2-87　聚合物添加比率对冷却速度的影响

注：测试是在剧烈搅拌的 40℃冷却槽进行。

聚乙二醇类水基淬火液必须增加搅拌功能，起码应有中低速搅拌来保证热态淬火件表面的介质不断更新，将工件热量向周边介质输送。在某些情况下，如低淬透性钢，需要提高冷却速度，因此可以采用更快的搅拌速度，以防形成意外的相变组织，介质冷却速度随着搅拌速度的增加而迅速提高，见图 2-88。图 2-89 所示为某典型 PAG 淬火液的淬透性系数 H 随浓度、温度和速度的变化情况。

2.3.5　淬火冷却介质的维护

随着时间的推移，所有淬火液都会逐渐老化，因而必须更新。较高温度会使聚合物分子链断开，形成新的化合物。来自沉淀物、切削油、液压油的污染会加剧水基淬火液的冷却不均匀性，开放式淬火槽会受到环境的污染，如盐的掺入会改变溶液浓度，固体颗粒的进入会堵塞喷淋孔等。造成不均匀冷却的另一个因素就是泡沫，淬火液中混入空气，或清洗残留物的污染，都有可能形成泡沫，进而引起

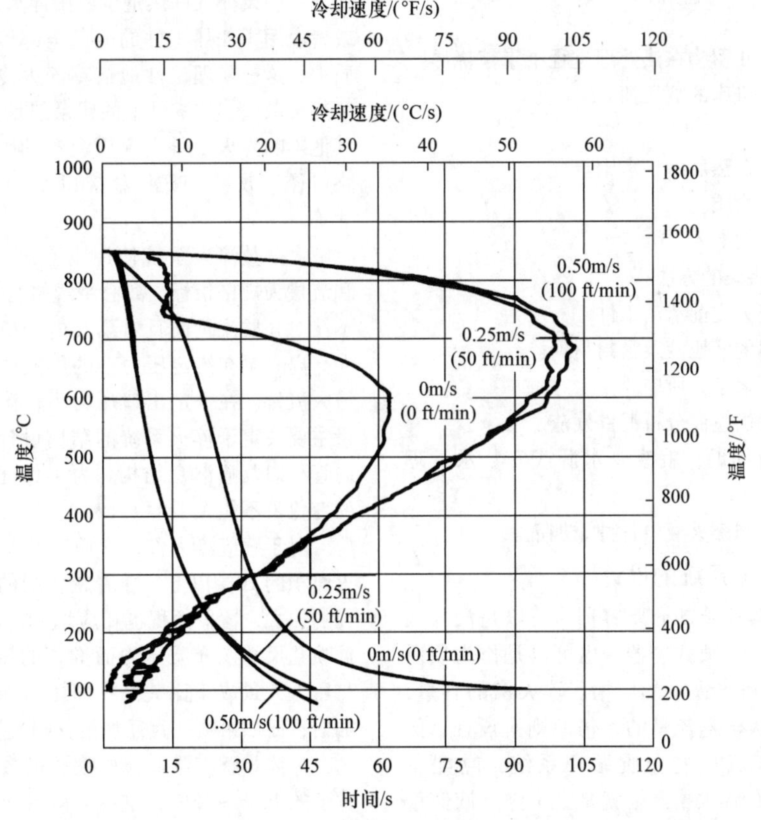

图 2-88　搅拌速度对冷却速度的影响

注：在质量分数为 20% PAG 45℃（110℉）淬火液中用直径 25mm 不锈钢探头淬火测试。

工件变形或硬度不均。这可以通过加入 $50\times10^{-4}\%$ ~ $2300\times10^{-4}\%$ 的消泡剂来控制。

尤其是感应淬火工艺中，避免介质污染非常重要，根据参考文献［4］，污染源包括：

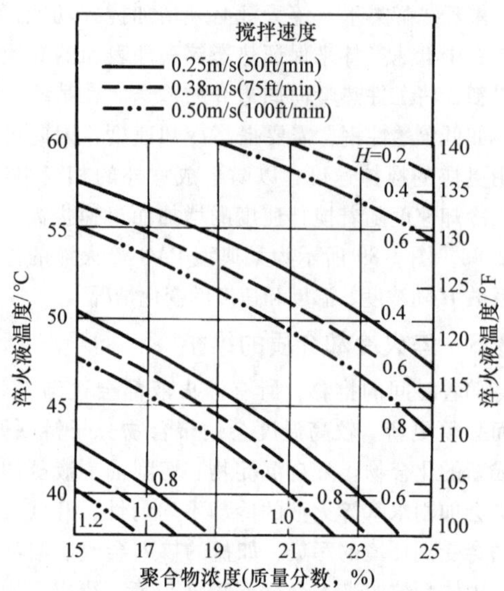

图 2-89 某典型 PAG 淬火液的淬透性系数 H 随浓度、温度和速度的变化情况

1）前道工序残留物在热处理过程中未被烧尽。

2）感应淬火机床的液压油。

3）润滑剂。

4）锻件残渣在热后溶于水中。

5）水中凝固物质。

6）不当工件的混入。

减少或消除污染的方法：

1）在感应淬火之前清洁工件。

2）选用合适的液压液及密封材料。

3）润滑剂不溶于介质中。

4）与淬火剂供应商分析锻件残渣。

5）如果水有问题，就改变水源或安装水处理设备。

6）控制和检测淬火液中各种添加剂。

2.3.6 淬火冷却系统的设计

淬火槽作为淬火冷却介质容器，可以是浸入式淬火时接纳工件的开放式容器，也可以是作为喷淋式淬火工艺中输送淬火液的储槽。淬火槽的容量，应按照每分钟最大输送流量的 5 倍原则来设计，例如，对于 6.3L/s 流量的介质循环系统，应配备 1890L（500gal）的淬火槽。也就是说，淬火液储量必须能够满足 5min 的循环量。热处理行业里的一句老话：加热 1lb/h 工件，至少需用 1gal/min 淬火液。

淬火时介质吸收的热量，必须及时消除，才能保证介质温度稳定。介质温度的变化会引起淬火件硬度的变化。因此，淬火系统必须配备适宜规格的冷却器。另外，还需要配备加热器，以便使介质经过停产，重新启用时恢复正常使用温度。只有当淬火冷却介质达到规定温度范围时，才能进行热处理生产。

淬火冷却介质的过滤也很重要，淬火件氧化皮，或来自空气中的颗粒等类似污染物，都可能会妨碍介质的正常使用，应该采用滤网滤掉这些可能堵塞喷淋孔的固体颗粒，并通过过滤网清除漂浮物。

颗粒、铁屑及前道工序遗留的残渣均可影响介质性能，尤其会堵塞喷淋孔。因此，淬火系统中应安装过滤网或过滤器，一般情况下，可选用 75～100μm 规格的滤网。另外，为了清除热前机加工遗留的金属残渣，建议采用磁性分离器处理。

淬火冷却系统：淬火冷却介质冷却系统应配备换热器（冷却器）、控温仪、过滤器及离心泵组。系统的出口端即为喷淋器，包括一体式或分体式喷淋盒、喷嘴等。本书用喷淋盒来代表这些喷淋装置。

介质冷却系统的规格主要以淬火件的产量来计算，并假设淬火件热量全部由淬火冷却介质所吸收，或者说用于加热工件的能量全部传递到淬火冷却介质中，这样来理论性地估算淬火冷却介质的量。其余热量散失，如零件上的残余热量都可以忽略不计。其他影响淬火工件上介质流量的因素包括：输送管路口径、数量、喷淋盒接口直径、喷孔数量与尺寸等。

大多数淬火系统使用离心泵，以压降（扬程）和流量为规格指标。离心泵规格与工作压力的关系，不仅对介质流量而且对泵（电动机）寿命都影响很大。离心泵在给定压力下的供液能力决定了介质的最大流量。在一定出口压力下，淬火件接受的介质量主要决定于淬火系统的结构设计、从管路到喷孔的管径以及喷淋盒结构。为了保证介质流量，管径的变化量不能大于 1:1。

对于感应淬火件，介质喷孔的面积应为加热淬火面积的 10% 以上，随着硬化层的加深以及工件直径的加大，覆盖面积也相应增加。图 2-90 所示为根据喷孔尺寸及介质压力而推荐的流量，可见，流量与压力大致成正比关系，即压力加倍，流量也相应加倍；而如果喷孔直径加倍，则流量会增加到 4 倍。

一体式感应器上介质喷孔的数量限制在喷淋盒宽度的 10%～15%，这样有效导体截面才能通过足够的电流值，介质喷淋方向一般为 30°，即与工件夹角 60°。在分体式喷淋盒或喷头情况下，有时该角度会增加到 90°。随着工件直径的加大，喷孔尺寸也会增加。在已知介质进口流量的情况下，可以计算出喷孔的面积与数量。

在正常情况下，进口面积与出口总面积之比应为1∶1，在实际应用中，该比值不允许超过1∶2。图2-91所示为进孔、出孔比例和淬火液流及压力的关系。另外，喷孔之间的距离大概为孔径的2倍。实际上，喷孔可以交错排布，这样可间接增加间距。在计算出喷孔数量后，即可考虑钻孔形状。

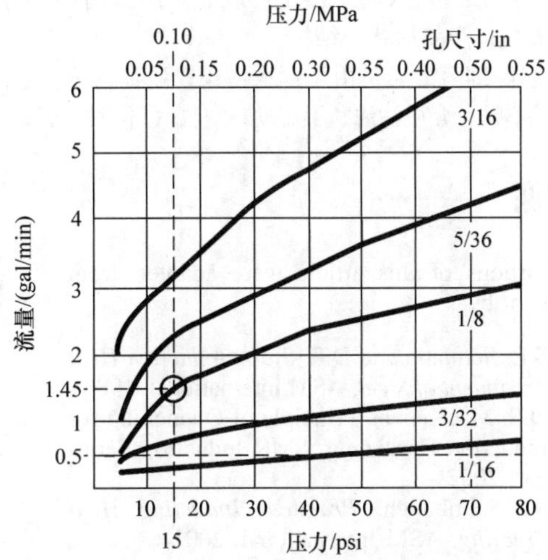

图2-90 根据喷孔尺寸及介质压力而推荐的流量

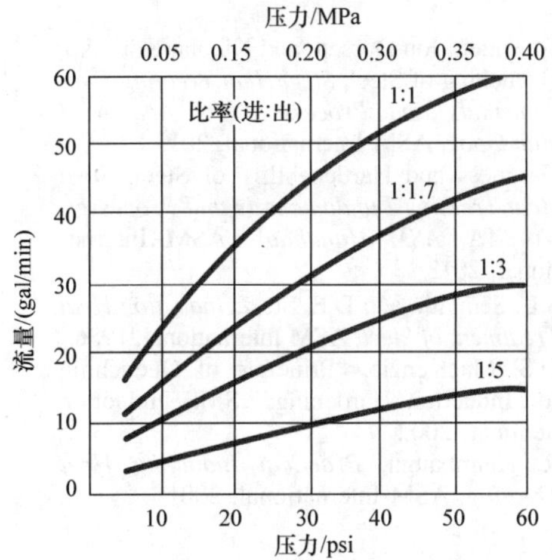

图2-91 进孔、出孔比例和淬火液流及压力的关系

淬火冷却介质的喷淋状况非常重要，包括TTT曲线“鼻子尖”下方的冷却。喷射到工件上的介质量与喷孔分布以及喷孔至工件的距离有关。在紧凑布置情况下，一体式喷淋盒喷出的介质射程较近，而分体式喷淋盒的介质喷射距离较远，因而各孔的覆盖面稍大，喷孔间距可以适当增加（数量减少）。

在确定喷孔数量与排列时需要考虑的另外一个重要因素，就是淬火件（区）接触介质的时间必须充足，以确保淬火区完全转变为马氏体组织，同时，又不会由于心部余热外扩而导致“回火”现象。一般来讲，工件的淬火冷却持续时间与其加热时间大致等同。对于扫描式加热的工件，随后的淬火冷却时间应该为扫描时间的2~3倍。有时，需要在首次喷淋淬火之后再附加一个二次喷淋冷却机构，这种二次喷淋装置可以是固定的喷嘴，因为彼时的工件已处于甚至低于核沸腾冷却阶段。

介质冷却系统的设计：介质冷却系统的规格型号必须适当，其冷却能力与换热通道中的介质流量、两介质的温度差以及换热（冷却）面积有关。冷却水塔、制冷剂、市政及地下水均可作为其中的冷却水源。但是，由于室外温度和湿度较高，有时冷却塔能力不足以使循环水充分冷却。包括冷却塔、制冷剂在内的闭式淬火冷却介质系统，需要添加杀菌剂、过滤器来清除变质及杂质。

通过冷却器对淬火冷却介质进行冷却时，应在管路上安装温控阀门。逆向控温阀按比例控制管路的通-断，以此定量调控介质温度。淬火冷却介质系统应该提供足量的淬火冷却介质，并将介质温度控制在要求范围内，超温幅度不大于5℃（10℉），正常的控制范围应该是30~40℃（90~100℉）或者是40~45℃（100~110℉）。当要求升高介质温度时，应通过加热器来加热升温，并具有超温报警及自动断电功能，以防介质温度过高。

2.3.7 常见问题及原因

当出现淬火废品时，一般情况下，通过目测即可发现淬火冷却中的问题：

1）冷却液泡沫（泡沫会减缓冷却或使冷却不均匀）。

2）冷却液污染（颜色改变或者出现浮油表明介质已被污染，影响冷速）。

3）搅拌问题（搅拌停顿、减缓以及局部搅拌，会引起淬火问题）。

4）介质供量不足（通常是进口处吸入空气或搅拌器涡流卷入气体）。

当工件出现变形或者开裂时，淬火过程是一个重要的检查方面，因为淬火冷却时内应力状态变化很大，而其热前状态也对这些问题的产生直接相关，例如：

1）过渡圆角不合理。

2）材料缺陷，如粗晶、加工缺陷、裂缝以及折叠等。

3）预备热处理导致的脱碳。

4）过热，特别当试图增加硬化层深度或者感应器结构或电参数不合理时。

5）不均匀加热，如感应圈偏心、感应器结构不合理或者高磁场引起过热等。

以下是常见的淬火问题及原因：

1）介质选用不当。一般来讲，如果是由于介质原因导致了变形或开裂，通常是冷却速度太快，例如，水基淬火液浓度太低；水基淬火液选型不当；淬火油冷却速度太快；无添加剂的水用于淬火等。

2）介质浓度。水基淬火液浓度太低，会形成高幅内应力，导致工件变形甚至开裂。

3）介质温度。水基淬火液的温度敏感性较强，温度越低，冷却速度越快，可能会导致变形甚至开裂。

4）介质搅拌。搅拌不足或者搅拌不均，可能会导致变形与开裂，感应热处理采用喷淋式淬火时，应对介质持续、均匀地搅拌，以得到均衡的应力分布。

5）介质中混入气体。介质中不应混入空气。高压喷淋，搅拌器处的涡流以及淬火液回流时的瀑流以及泡沫形成的污染，都可能会增加介质中的含气量。由于气泡导热不良，会导致不均匀的冷却结果。

6）介质污染。还有一些类型的介质污染，如油中水分（即使质量分数只有0.1%）也会直接引起冷却性能的大幅变化；用折光仪检测介质浓度时，污染物会导致错误的读数和结果。

7）介质退化（老化）。各种介质都会逐渐老化，高温使用的水基淬火液会由于大分子链断裂而形成新的化合物，一般来讲，介质的带出与补充可以减轻这种老化，但是达到一定程度后，只能废弃处理。

在使用淬火油时可能遇到的问题如下。

① 变形与开裂是由于：不均匀搅拌；水分污染；热前缺陷；油温低；油的氧化；表面脱碳；淬火液选型不当；材料过热缺陷。

② 损耗量太大是由于：油的氧化（老化）；工件形状原因带出量多；排出不当。

③ 产品低硬度或者低性能是由于：淬火冷却介质选型不当；水的污染；搅拌不足；工件淬火温度过低；工件表面脱碳。

④ 淬火油着火是由于：水的污染；油温过高；流动不畅；淬火件入油缓慢；低闪点。

⑤ 油烟（油雾）是由于：油温过高；通风、排气不畅。

水基淬火液的淬火问题如下。

① 产品变形与开裂是由于：浓度低；介质温度过高或过低；不均匀的搅拌；聚合物的降解、老化；聚合物类型不当；产品形状、结构；操作使用不当。

② 产品低硬度或者低性能是由于：浓度高；介质温度过高；搅拌不足；泡沫；工件温度低（欠热）；工件表面脱碳；介质污染。

③ 刺激气味是由于：微生物（细菌）滋生、污染；产品余温太高；通风、排气不畅；回火件上的残留物。

④ 产品锈蚀是由于：防锈剂不当；浓度过低；细菌污染；材料不当；污染。

⑤ 起泡沫是由于：混入空气；介质污染；喷淋压力太高；介质量太少，液面太低。

⑥ 损耗量太大是由于：产品余温太高；介质浓度太高；产品形状、结构。

⑦ 细菌污染是由于：水污染；残油混入；通风、排气不畅；介质污浊、不流动；空气（环境）传播。

致谢

Portions of this article were adapted from content by:

- S.L. Semiatin and D.E. Stutz, *Induction Heat Treatment of Steel*, ASM International, 1986
- D.S. MacKenzie, Principle of Quenching for Induction Hardening, SMR Induction Seminar, 2002
- R. Haimbaugh, *Practical Inducting Heat Treating*, ASM International, 2001

参考文献

1. G. Totten, Jon Dossett, and Nikolai Kobasko, Quenching of Steel, *Steel Heat Treating Fundamentals and Processes*, Vol 4A, *ASM Handbook*, ASM International, 2013
2. Hardness and Hardenability of Steel, *Steel Heat Treating Fundamentals and Processes*, Vol 4A, *ASM Handbook*, ASM International, 2013
3. S.L. Semiatin and D.E. Stutz, *Induction Heat Treatment of Steel*, ASM International, 1986.
4. D.S. MacKenzie, "Principle of Quenching for Induction Hardening," SMR Induction Seminar, 2002
5. R. Haimbaugh, *Practical Inducting Heat Treating*, ASM International, 2001

选择参考文献

- G.E. Totten, et al., *Handbook of Quenchants and Quenching Technology*, ASM International, Materials Park, Ohio, 1992
- S. Zinn, et al., *Elements of Induction Heating*, ASM International, Materials Park, Ohio, 1988
- T. Horino, et al., "Explanation on the Origin of Distortion in Induction Hardened Ring Specimens by Computer Simulation," (Paper ID JAI101809), *J. of ASTM International*, Vol 6, (No. 4), 2009
- S. Zinn, Quenching for Induction Heating, *Industrial Heating*, Dec. 2010

- D.J. Williams, Quench Systems for Induction Hardening, *Metal Heat Treating*, Jul/Aug. 1995
- O.S. Sparks, Design Factors in Quench Systems for Induction Hardening, *Heat Treating*, Mar. 1978
- R. Blackwood, Factors Involved in Quenching Systems for Induction Hardening, *Industrial Heating*, May 1991

2.4　感应淬火钢中的残余应力

Janez Grum，University of Ljubljana

2.4.1　概述

感应表面淬火特别适用于轴对称（或近似轴对称）机械零件用钢（或铸铁）。感应淬火机械零件有两种基本方法：一发法和扫描法。前一种技术用于将机械零件需要淬火的局部或者全部一次完成。后者则通常是用于淬火那些细长的有连续截面的连接部件，如连杆和花键轴。在这种情况下，感应器沿工件长度方向的表面移动扫描，任何时候只加热一个相对小的区域，随后紧接的是淬火喷淋盒，它通常是感应器的组成部件之一。

本节讨论残余应力的形成及影响其大小和分布的因素，包括它们对热处理零件寿命的影响。

残余应力是由于非均匀塑性变形、加热和冷却等使得应力残留在构件内的现象。所有的热加工过程（包括锻造、铸造、热加工、焊接、涂层）和机械加工都会在构件内产生残余应力。在《残余应力控制》（Materials Selection and Design，vol 20 of the ASM Handbook 中更详细地介绍了残余应力的来源，主要由以下原因引起：

1）由载荷或约束对构件不同部位造成的不同的、非均匀化塑性变形。

2）热载荷引起的非均匀性塑性变形。

3）在固相转变过程中的体积变化和塑性转变。

4）热膨胀系数的不一致。

5）化学或者结晶的有序变为不均匀化（渗氮或者表面硬化）。

与一般应力相同，残余应力是具有方向性的矢量。如在圆柱体中，残余应力的方向可能是沿轴向、径向或者圆周（切线方向）的。残余应力也可能只是暂时性的，因为残余应力可以通过力学或者热的方式来降低甚至完全消除。这样，残余应力的稳定性和弛豫时间就是一个很重要的因素。

内应力的产生是由于心部与表面的温度差和相变过程中体积变化不同。在热处理过程中，固相转变总是伴随着潜在热量的释放、体积的变化和伪塑性的变化（塑性转变）。这些对残余应力的状态都会起到一定影响。在固相转变过程中潜在热量的释放和在液－固转变过程中的相似，但热量更少一些。体积变化的发生是由于母相（如奥氏体）和分解相（珠光体、铁素体、贝氏体和马氏体）的密度不同引起。内应力可能会产生以下作用：

1）在热－冷加工处理过程的任意时刻中，当内应力低于屈服强度时，残余应力不会引起裂纹或者断裂。

2）在加工过程中，当内应力超过屈服强度时，塑性变形和扭曲就会发生。

3）当内应力超过材料的抗拉强度时，工件就有可能开裂。在这种极端情况下，便会产生变形和高的残余应力。

在表面淬火过程中，由于马氏体转变，使得表面层产生残余压应力。纵向的、切向的和径向的应力均会受到微观组织的转变的作用。残余应力的大小和分布主要取决于硬度分布、工件的几何形状，但和合金元素的关系不大。残余应力的大小与分布可以随着感应加热状况及淬火方式的不同而变化。在圆柱体淬火过程中，纵向和切向的应力产生于表面，而纵向、切向和径向应力于心部产生。

了解机械构件内残余应力的大小、分布对于确保构件的长寿命是很重要的。如果只考虑硬度和层深，则不能确保构件的持久性。构件的全部应力既包括构件内的残余应力也包括来自构件外载荷产生的应力。外部应力在构件表面经常会有一个最大值，因为很多载荷都含有一定的弯曲或者扭转组分。因此，在大部分构件的载荷表面层形成残余压应力是很重要的。

机械部件受到弯曲和扭转载荷时，其可靠性可以通过足够高的残余压应力来提高。对于抗疲劳性，淬火区域的表面存在残余压应力也是特别重要的，因为疲劳裂纹通常会起源于表面。为了获得较高的抗疲劳性能，表面残余应力的大小以及从心部到表面的分布必须考虑。如果机械部件总应力是由于载荷和残余应力自然叠加而成，那么感应淬火硬化的机械部件疲劳强度是增加的。

2.4.2　感应淬火硬化的一般特点

与普通炉内淬火强化工艺相比，感应淬火强化的一个优势就是其具有较短的处理时间。它只需要对表面进行加热而不是整个零件。因为只对零件的表面部分加热，则会有更少量的材料参与到奥氏体向马氏体转变的膨胀过程中，较浅的淬硬层会产生更小的畸变。由于淬火层浅则体积变化甚至可以被忽略，而当深层淬火时则不然。再者，如果淬硬层深度较浅，而零件的质量相对较大，或者所使用的钢材具有足够的淬透性，它就可进行空冷或借助从加热表层到零件未加热部分的热传导进行自冷淬火。随着淬硬层的增加和工件质量的增加，采用淬火装置将实际冷却速度推移到接近临界冷却速度很有必要。这可通过选择合适的冷却油或者聚合物溶液来达到要求。

众所周知，加热速度越大则形成完全均匀的奥氏体 Ac_3 转变温度越高。图 2-92 所示为钢的温度－时间－奥氏体等温曲线，在给定交互作用时间内，

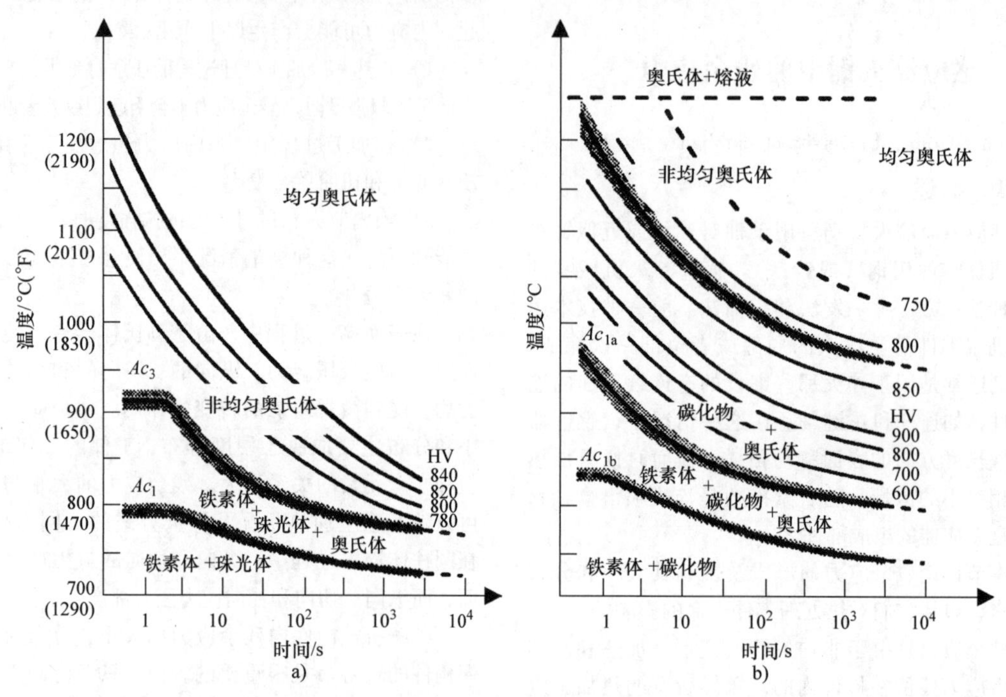

图 2-92　钢的温度－时间－奥氏体等温曲线

a）45 钢　b）100Cr6 过共析合金钢

形成非均匀和均匀化奥氏体时转变温度的移动。图 2-92b表明在短时间内不能得到均匀化奥氏体；显微组织中包含奥氏体和未溶解的碳化物。这时钢淬火后，得到高硬度的马氏体和碳化物的混合组织，硬度高达 920HV0.2。这种钢材在均匀化奥氏体温度淬火后，会有相对大量的残留奥氏体组织存在，其硬度相对较低，只有 750HV0.2。然而残留奥氏体是不希望得到的，因为它会产生不利的残余应力，并会降低材料的耐磨性。

图 2-93 所示为工件感应表面加热、喷液淬火的各个阶段和对应的温度－直径分布图。在表面层加热到奥氏体温度的初始阶段和最终阶段见图 2-93a、b。从奥氏体转变到马氏体淬火过程见图 2-93c、d。因为残余热量在图 2-93d 的工件核心部分，当热量传递给硬化层时，将发生自回火过程，见图 2-93d 和图 2-93e。这个取决于什么时候终止淬火和有多少残余热量遗留在其内部。

硬化层的特殊性能可以通过表面硬度分析其微观组织或者测量硬化层横截面的显微硬度以及残余应力来表征。图 2-94 所示为圆柱形钢棒表面中段感应淬火后的径向和轴向残余应力分布。这时分析表面感应淬火处理时在工件内部残余应力形成的过程。随着能量输入表层中，初始直径增加到 D_A，直径的变化伴随着材料热膨胀，这是因为铁素体和/或珠光体转变为奥氏体。图 2-94a 所示为在加热过程中直径的变化。图 2-94b 所示为在淬火冷却过程中直径的变化，同时也可以看到右侧轴向残余应力显示在横截面底部，径向残余应力在侧面。

2.4.3　残余应力

残余应力是无外部应力作用时，以平衡态存在于内部的应力。残余应力可依据所分布的区域分为三类：

1）均质应力贯穿工件的整个截面。也就是应力穿过几个晶粒，任何对平衡力的扰动都会改变残余应力。

2）均质微观应力分布在一个晶粒或者亚晶粒区域，在一系列的晶粒内平衡。

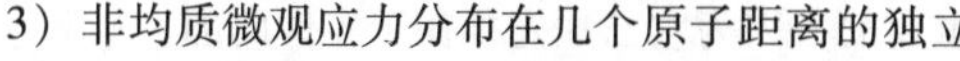

3）非均质微观应力分布在几个原子距离的独立晶粒中，在亚晶区域内平衡。

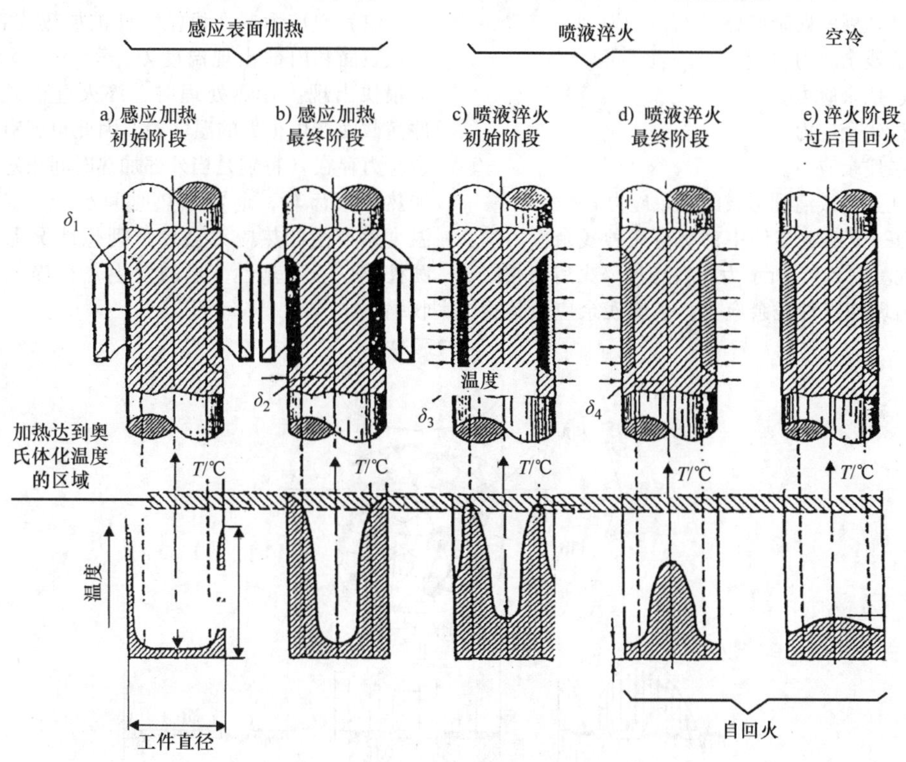

图 2-93　工件感应表面加热、喷液淬火的各个阶段和对应的温度 - 直径分布图

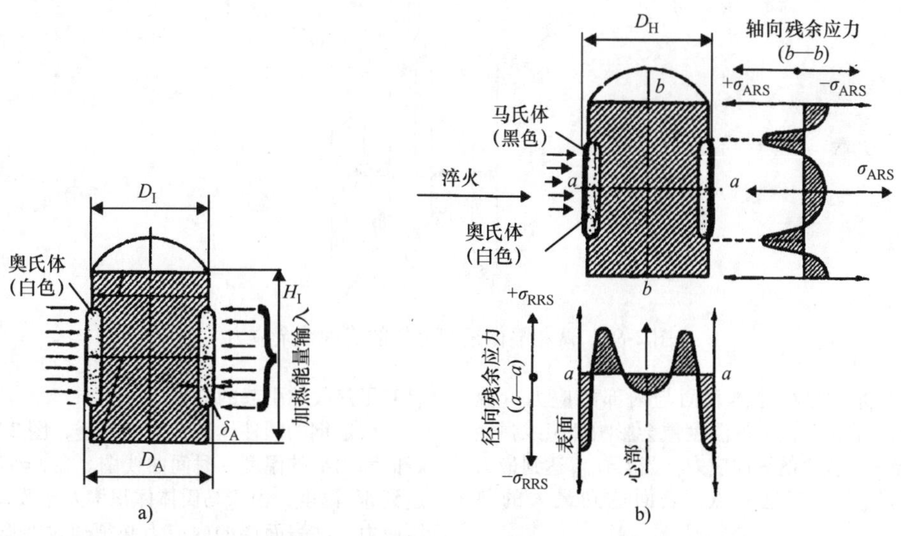

图 2-94　圆柱形钢棒表面中段感应淬火后的径向和轴向残余应力分布

a）在加热过程中直径的变化　b）在淬火冷却过程中直径的变化

D_I—初始直径　D_A—加热奥氏体化后的直径　D_H—淬火后的直径　H_I—初始高度

第一种残余应力称为宏观残余应力，第二、三种残余应力称为微观残余应力。特别是第三种残余应力是应力与位错、晶格点阵畸变有关。第二种残余应力与两相组织结构的热膨胀系数不同有关。实际上，仅有第一种残余应力通常认为是残余应力，可以通过制造过程来控制。

① 加工后的残余应力。

② 热处理后的残余应力。

③ 铸造残余应力。

④ 锻造残余应力。

⑤ 焊接残余应力。

⑥ 涂层残余应力。

⑦ 喷丸强化或清理形成的残余应力。

在任何一个给定零件中，所有三种残余应力均有可能出现。图2-95所示为材料经过淬火后两相组织结构中出现的三种残余应力。了解残余应力是很重要的，因为它已预先存在于零件内部。

(1) 热应力　在机械零件被加热或者冷却时，一旦表面和内部出现温度差，第一种残余应力就会很快出现。在热处理时，淬火过程通常会在工件横截面产生很大的温度差，因此也就有大量的残余应力存在（特别是当外部加热时间很短，如双频加热淬火齿轮，通常加热时间小于1s）。由局部温度差产生的热应力会导致理想情况下的线弹性圆柱体（没有塑性变形的发生）在淬火过程中的收缩。

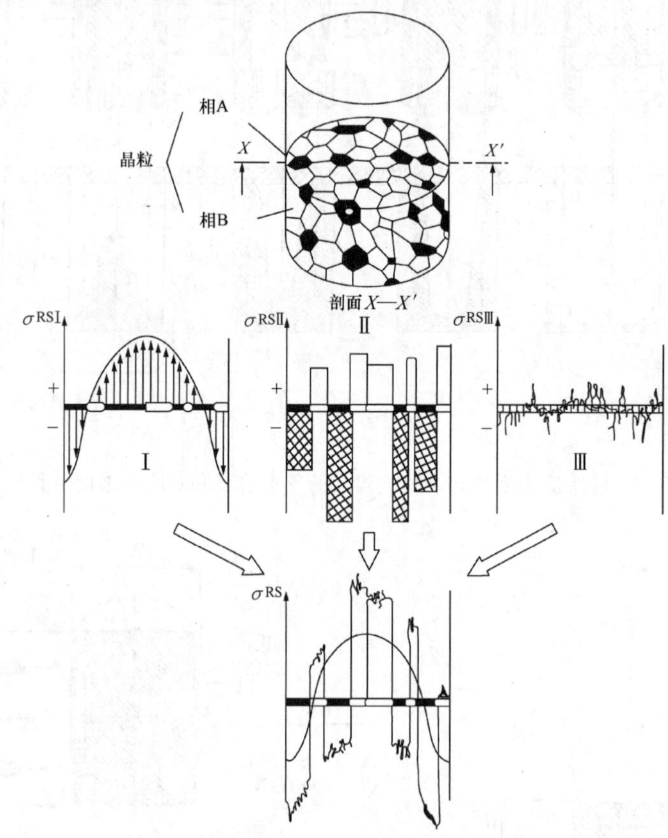

图2-95　两相显微组织材料的三种残余应力

图2-96所示为圆柱体表面与内部的应力-温度-时间图。表面与内部的温度差会影响理想线弹性圆柱体在淬火过程中的纵向应力。当$t=t_{max}$达到最大温度差（ΔT_{max}），在这一点，表面达到最大的热应力。

圆柱体的直径也同样会影响应力的大小。直径越大会导致表面和内部的温度差越大。同时，较大的直径在较长时间内也会出现最大的应力值（见图2-97）。

(2) 组织应力　在钢淬火过程中，马氏体转变从温度 *Ms* 开始，在温度 *Mf* 结束，微观组织转变应力见图2-98。此处只考虑由于相变引起的应力，而忽略了热收缩引起的应力。

假定钢的圆柱体被整个加热透，图2-98所示为表面和内部的温度-时间曲线图。在$t=t_1$时，温度达到 *Ms* 温度，由于马氏体体积增大导致在表面形成压应力。在表面层的内应力必须通过在圆柱体内部和（或）表层下的拉应力来补偿。两种应力的大小在进一步的表面冷却过程中会增加。

在$t=t_2$时刻，中心温度达到 *Ms*，在内部开始马氏体转变体积增加，导致形成拉应力。表面压应力也相应地降低。在$t=t_{20}$时，整个圆柱体达到统一的温度，在内部和表面有相同含量的马氏体出现，同时残余应力也会形成。如果有不同含量的马氏体在圆柱体中形成，则还会有部分相变残余应力存在。纵向、切向和径向残余应力全部会受到微观相变的影响。

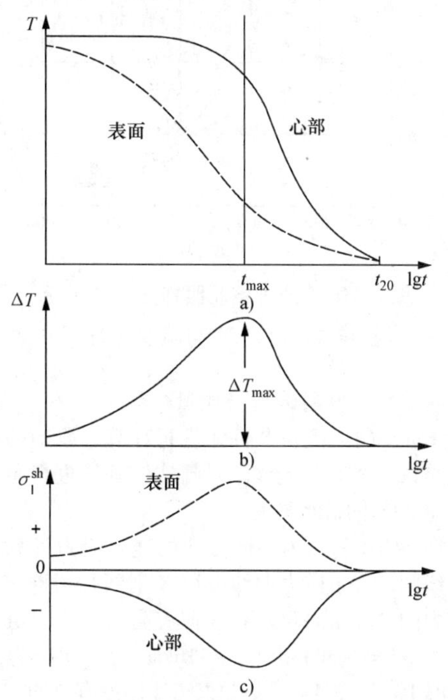

图 2-96　圆柱体表面与内部的应力 - 温度 - 时间图
a）冷却曲线　b）表面和心部的温度差　c）淬火期间轴向热应力（σ）

（3）热应力和相变应力　圆柱钢体在进行淬火过程中，热收缩和微观组织转变应力会同时发生，最终应力将是两种类型应力结合的结果，见图 2-99。图 2-99a 所示为表层与心部的热应力以及相变应力随时间的变化关系。图 2-99b 所示为叠加后的总应力随时间的关系。马氏体转变一旦开始，表面和心部的应力立即开始降低。

随马氏体相变进一步增加，引起了应力在两个区域的反转。假如整个圆柱体的相转变发生是一致的，在 $t=t_{20}$ 心部的拉伸应力和表面压缩应力接近于 0。这样，当温度达到均衡时，理想的线弹性圆柱体就没有残余应力存在。

（4）残余应力和变形　在实际应用中，是没有之前假定的理想线弹性变形行为的。金属材料的屈服强度限制了塑性变形的极限范围，它与温度的依赖关系很强烈，随着温度的升高而降低。

在任何温度，当应力超出相应的屈服强度时，塑性变形就会发生。极限抗拉强度也与温度有关（见图 2-100）。在圆柱体淬火冷却过程中，在表面产生纵向、切向应力，而在柱体心部会产生纵向、切向和残余应力。塑性变形只会在心部应力超出材料相应温度的屈服强度时才会发生。

局部的收缩和转变应力依赖于温度、冷却状态、几何形状、材料的力学和热力学性能，屈服强度（R_y）

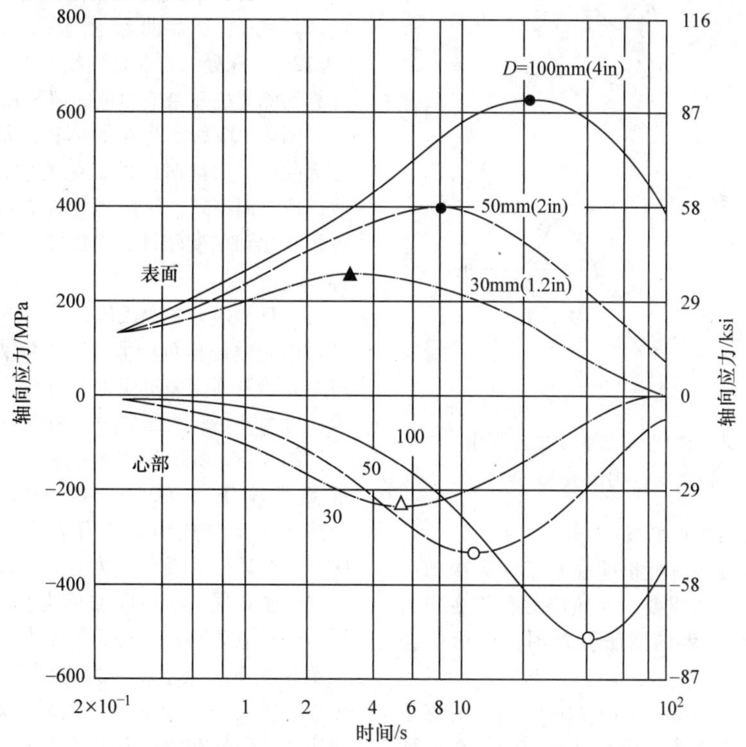

图 2-97　表面和心部轴向应力与其直径的关系
注：钢从 800℃淬入 20℃的水中。

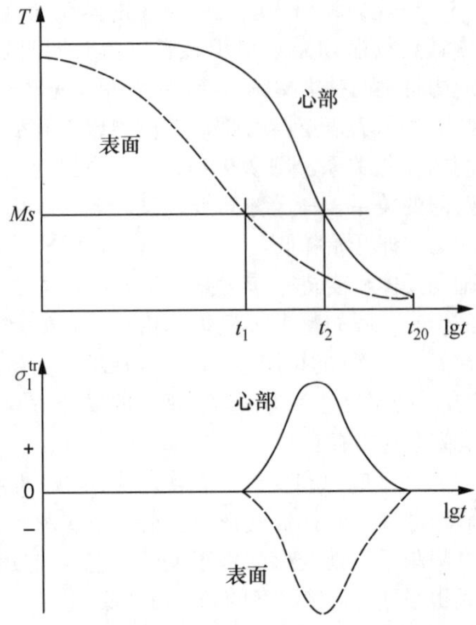

图 2-98 冷却曲线和淬火生成马氏体后的轴向组织转变应力（σ_1^{tr}）

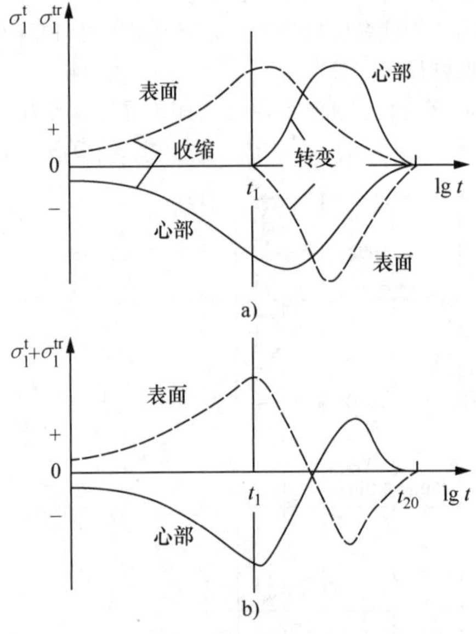

图 2-99 从奥氏体向马氏体转变过程中热应力和组织应力的叠加

取决于温度和材料的微观组织。

屈服强度的温度敏感性很明显对于淬火冷却后产生残余应力的大小很重要。当热应力和相变应力的总应力大于所在温度的屈服强度时，变形就会产生。

（5）测量和计算内应力举例 Denis 等人研究了感应淬火强化过程中的内应力和残余应力。在计算加热和冷却过程中（淬火）的内应力和残余应力时，

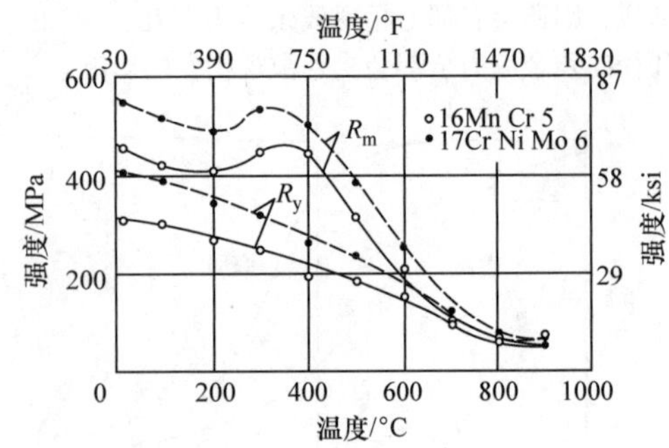

图 2-100 两种钢屈服强度（R_y）和抗拉强度（R_m）与温度的关系

假定对亚共析普通碳钢（质量分数 0.43% C）按直径为 16mm 的无限长圆柱体进行计算。原始的显微组织是铁素体和珠光体。对圆柱体试样进行感应加热并用 20℃的盐水淬火。

图 2-101 所示为不同方向的残余应力计算和测量曲线图。残余应力曲线采用 X 射线衍射确定。残余应力的计算结果显示在表面有高的压应力值［轴向应力 $\sigma_z=-803$MPa（−116ksi），切向应力 $\sigma_\theta=-588$MPa（−85ksi）］。如果圆柱体没有淬透，那么将在心部产生拉应力［$\sigma_z=370$MPa（53ksi），$\sigma_\theta=62$MPa（9ksi）］。

拉应力的最大值出现在材料淬硬与非淬硬的过渡区。残余应力曲线图显示在从表面到 3mm（0.12in）深处，有非常陡峭的上升梯度，在表面处计算和测量的残余应力值的偏差几乎可以忽略。

图 2-102 所示为在加热和冷却过程中，表面和心部的内应力随时间的变化关系。在加热的开始阶段，由于温度差，压应力先在表面开始产生。由于体积变化和相变塑性，奥氏体化使得在表层的应力释放。

一旦形成完全奥氏体，由于热试样塑性强度低，其表面应力是相对较低。随着淬火冷却的进行，内应力开始升高变为拉应力。随着马氏体相变的进行，表面应力开始转为压应力，相变塑性变形增加。

图 2-103 所示为仿真残余应力分布，是在不同加热速率下（200℃/s 和 800℃/s 或 390℉/s 和 1470℉/s），加热到温度为 $T_{max}=1050$℃（1902℉）时，单个试件的残余应力分布。以高的加热速度得到浅的硬化层。在不同加热速度下，残余应力分布图中轴向应力和切向应力的形状是不同的。在快速加热速度下，处于压应力区域下的厚度是很小的。另外，压应力和拉应力之间转换梯度是很陡峭的。拉应力峰值处在淬硬和非淬硬材料的过渡区。在中心，拉应力的值下降到接近于 0MPa（0ksi）。快速

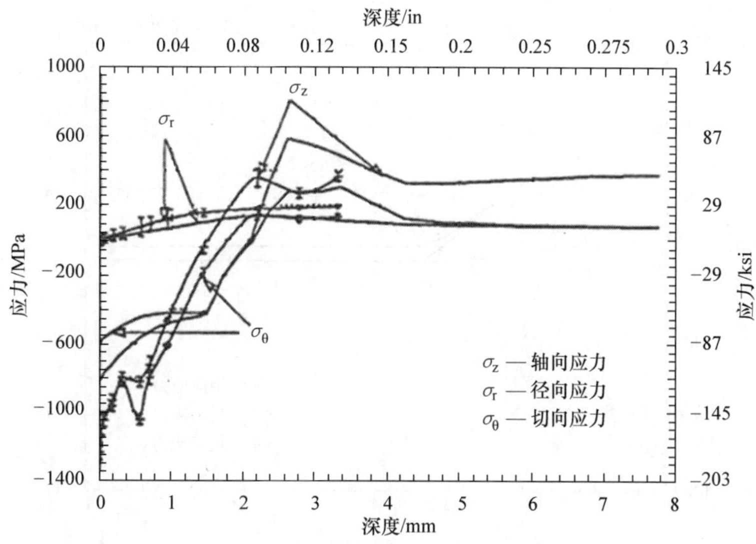

图2-101 不同方向的残余应力计算和测量曲线图

加热的表面残余应力［轴向应力 σ_z = －1060MPa（－153ksi）］会比慢速加热的表面残余应力［轴向应力 σ_z = －880MPa（－127ksi）］更高。

2.4.4 淬火冷却引起的残余应力

残余应力也可能是机械零件在淬火冷却过程中发生变形引起的。在淬火冷却过程中，由温度梯度引起的内应力也可能超出材料的屈服强度，导致出现塑性变形和冷却后的残余应力。残余应力的大小与发生塑性变形时该温度下的材料屈服强度有关。

当机械零件完全淬透后，全部均匀的奥氏体组织转变为马氏体，将有4%的体积分数变化或者线性尺寸增加1.3%。对于非完全淬透的零件，表面由于产生相变，体积变化大于心部。残余应力的大小依赖于：

1）淬火/冷却情况。

2）在淬火过程中表面和心部的温度差。

3）马氏体相变从开始到结束的温度间隔和此区域的冷却速度。

在淬火过程中，内应力的大小可以通过测试圆柱体试样从低于转变温度进行淬火冷却来获得。在淬火冷却过程中，经过测量表面和心部的温度，这样就可以计算出最大热应力。表2-11列出了冷却速度对不同直径圆柱试样热应力的影响。

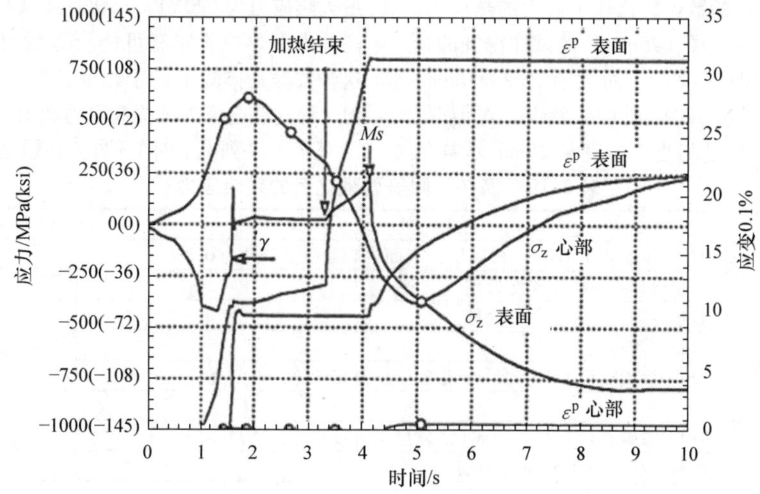

图2-102 在加热和冷却过程中，表面和心部的内应力随时间的变化关系

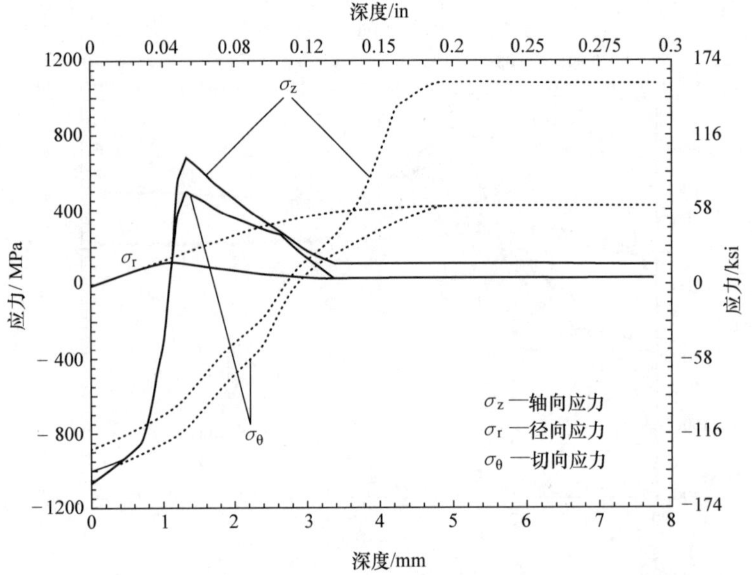

图 2-103 仿真残余应力分布

注：T_{max} = 1050℃，加热速度以点画线表示（200℃/s）；加热速度以实线表示（800℃/s）；冷却速度为1500℃/s。

表 2-11 冷却速度对不同直径圆柱试样热应力的影响

圆柱直径 D/mm	空冷		油冷	
	500℃时的冷却速度/(℃/s)	最大热应力/MPa	500℃时的冷却速度/(℃/s)	最大热应力/MPa
25	0.662	7	20.0	230
50	0.312	15	6.12	290
100	0.146	28	1.88	370
200	0.070	54	0.59	450
300	0.0445	73	0.29	510
400	0.0326	100	—	(540)
800	0.0158	200	—	(620)

计算基于500℃（930℉）下粗略得到的冷却速度。对比空冷和油冷的数据，比较了最大的热应力。在空冷条件下，从小直径（25mm）的试样得到的最大热应力仅为7MPa（1ksi），而大直径（800mm）的最大热应力可高达100MPa（14.5ksi）[⊖]。但是，油冷最大的热应力却是相当大：直径25mm试样的最大热应力为230MPa（33ksi），直径800mm试样的最大热应力为620MPa（90ksi）。后者表示一个极端高的内部热应力，有可能会导致材料的塑性变形。这些数据是排除了由于相变、非均匀化等引起的应力，而这些会额外地提高应力数值。

表2-12列出了钢在不同表面强化后的残余应力。

表 2-12 钢在不同表面强化后的残余应力

钢号	热处理	残余应力（纵向）/MPa
832M13	970℃渗碳获得1.0mm渗碳层，表面含碳量质量分数为0.8%	280
	直接冷却，−80℃深冷处理	340
	直接冷却，−90℃深冷处理	200
805A20	渗碳和淬冷	240～340[①]
805A20	920℃渗碳获得1.1～1.5mm渗碳层，直接油淬，不回火	190～230
805A17		400
805A17	920℃渗碳获得1.1～1.5mm渗碳层，直接油淬，150℃回火	150～200
897M39	渗氮，获得约0.5mm渗氮层	400～600
905M39		800～1000

⊖ 此处应为200MPa（29ksi）。——译者注

（续）

钢　　号	热　处　理	残余应力（纵向）/MPa
冷轧钢	感应淬火，不回火	1000
	感应淬火，200℃回火	650
	感应淬火，300℃回火	350
	感应淬火，400℃回火	170

① 紧邻表面，如 0.05mm 深。

纵向应力是通过在表面下（0.05mm）用 X 射线来进行测量的。所得数据是牌号为 832M13、850A20、850A17、897M39 钢和冷轧钢经过感应淬火强化后的测得结果。不同牌号的钢试样表面经过渗碳 1～1.5mm（40～60mils），表面含碳量质量分数为 0.8% 后直接淬火，没有回火处理，其纵向应力值的范围为 250～400MPa（36～59ksi）。对于 832M13 钢，试样经过淬火后在 -80～-90℃下进行低温处理。回火使马氏体转变成为回火马氏体，也有部分残留奥氏体发生转变，而这会导致残余应力值的降低。

合金钢 897M39 渗氮 0.5mm 厚度后，可以得到残余应力为 400～600MPa（58～87ksi）。合金钢 905M39 渗氮相同厚度后，有着更高的残余应力，范围为 800～1000MPa（116～145ksi）。经测试发现，冷轧钢经过感应表面强化，不经过回火可以得到最高为 1000MPa 残余应力。经过 200℃回火处理后，残余应力会降低到 650MPa。在更高温度回火处理时，残余应力会降低更多。在 440℃回火处理的零件，其残余应力会降低到 170MPa 或者为未经回火处理的 1/6。

图 2-104 所示为 SAE 1118 合金钢碳氮共渗后的结果。图 2-104 是碳、氮和奥氏体含量随渗层深度的变化，同时显示了残余应力随渗层深度的变化。随着奥氏体含量的逐步降低，当深度达到 0.5mm 时，残余应力达到最大压应力，达到峰值 -200MPa（-29ksi）。当深度达到 1mm 时，应力逐步增加，由压缩转变为拉伸。在深度为 1.5mm 时，残余应力达到 100MPa（14.5ksi）。

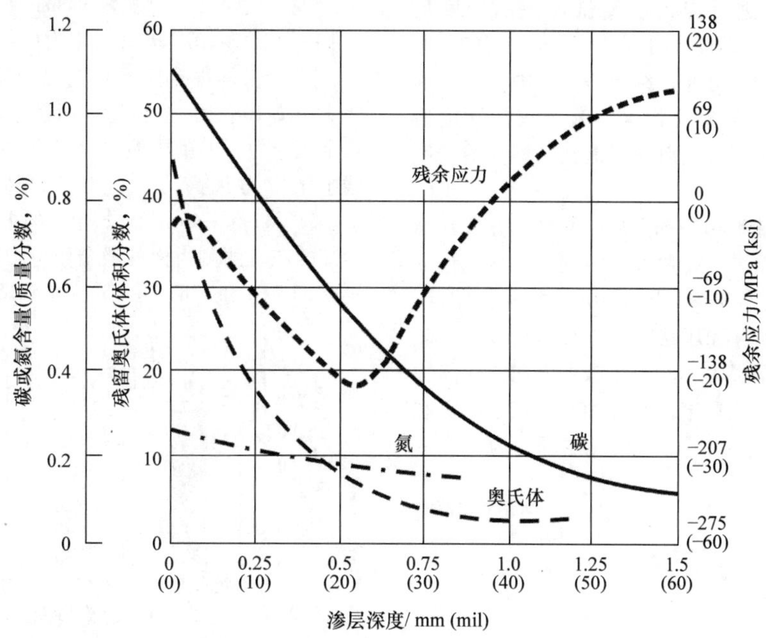

图 2-104　SAE 1118 合金钢碳氮共渗后的结果

通过聚合物水溶液喷雾淬火的感应表面强化。Rodman 等人讨论了采用聚合物溶液对感应表面强化合金钢的喷雾淬火。这样比用水浸能得到更均匀的淬火。研究目的是最大程度减少感应淬火的缺陷和表面强化导致的变形。喷雾冷却技术研究是在感应加热设备上，通过对 42CrMo4 合金的精确仿形感应淬火和回火，并采用计算机控制喷雾区域来进行。感应强化也使用了双频（SDF）技术，就是对一个工件同时施加了两种频率的交流电来进行快速奥氏体化。

同时采用中高频，通过已设定的独立能量控制可以使复杂几何形状的零件的轮廓进行精确的强化。

随后经金相和X射线分析方法进行硬度和变形的测量，在感应淬火工艺要素中，采用聚合物淬火冷却介质表面喷雾冷却是有效的选择。喷雾区域的设计包括了控制单元、控制空气和水的压力的气动元件，两种成分内部混合的喷嘴安装在一个保持架上来固定位置。六种高压、两组喷嘴组用来产生两相喷雾。喷嘴组包含一个液体喷嘴和一个空气喷嘴，该喷嘴组采用环形喷嘴座，可以分为12对喷嘴。

齿轮采用高频功率为420kW和中频功率为405kW的双频电源感应加热，持续时间为0.21s。在加热过程中，齿轮以1000r/min进行旋转，加热结束后立即进行淬火。在淬火过程中，齿轮的转速降到25r/min，这样可以确保奥氏体表面层达到均匀的冷却。采用体积分数为8%的聚合物溶液在0.2MPa（0.03ksi）压力下，使用传统环形喷淋淬火15s，但没有雾化。采用雾化淬火冷却的参数是0.3MPa（0.04ksi）的空气和水压，淬火过程持续7s。当用压缩空气淬火时，其气压为0.3MPa，持续过程为30s。

在齿轮淬火过程中，分别采用聚合物水溶液、喷雾和压缩空气进行淬火所测量齿顶的硬度见图2-105。三种工艺的硬度曲线显示了从淬硬的表面层到软的心部的硬度分布。结果表明：喷雾冷却的硬度值为700HV，与聚合物水溶液淬火的硬度值720HV相比有轻微下降，而在压缩空气淬火的硬度值却只有660HV。

图2-106和图2-107所示为三种淬火方式在齿面和齿根的硬度差异。几种方式的测试结果和齿顶的情况相类似。总体来看，图2-105～图2-107表明聚合物水溶液、喷雾和压缩空气三种淬火方式在表面硬化层区别不是很大，但是在深度方向淬火能力是有差距的。很容易看出，聚合物水溶液、喷雾和压缩空气三种淬火方式的淬火硬化层深度为0.73～0.86mm（28～33mil），其中聚合物水溶液淬火产生的硬化层最深。

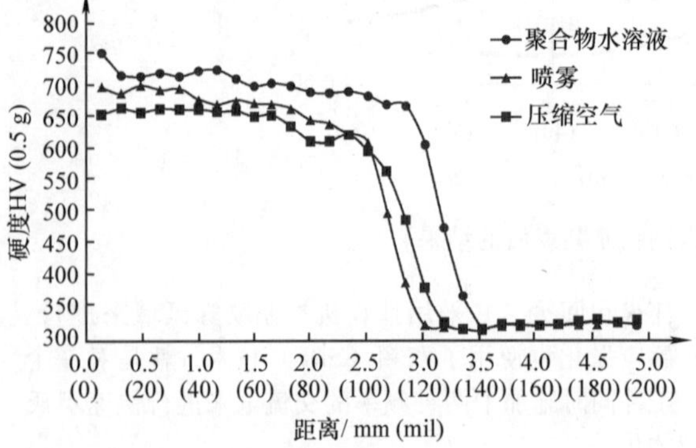

图2-105 齿轮齿顶附近采用不同淬火冷却介质淬火后的硬度

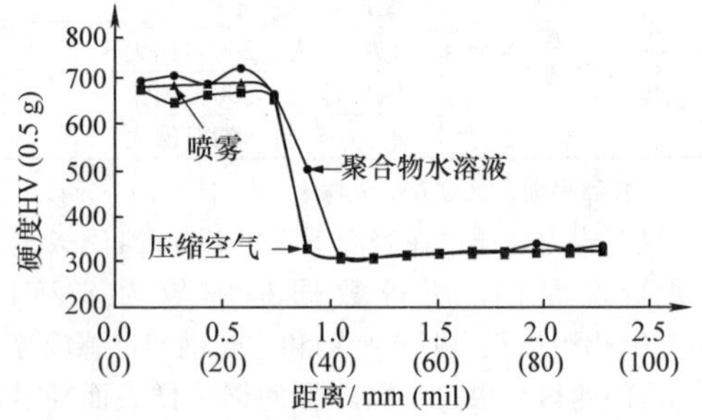

图2-106 齿轮节圆附近淬火后的硬度

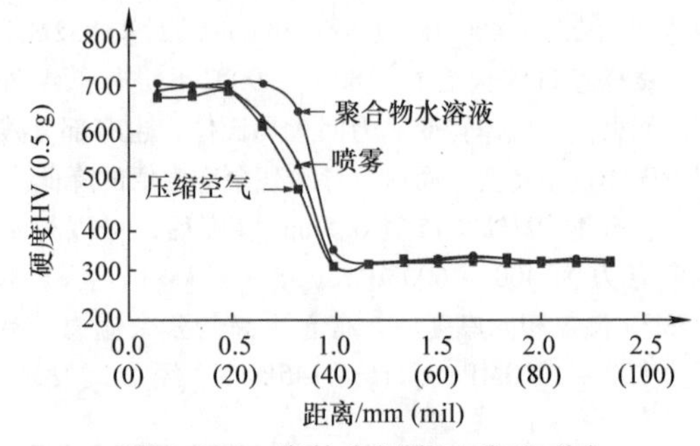

图2-107 齿轮齿根附近采用不同淬火冷却介质淬火后的硬度

图2-108所示为齿轮齿面经感应淬火后的表面残余压应力。采用压缩空气淬火，左右两侧齿面的残余压应力最高，分别为－313MPa和－311MPa（－45.3ksi和－45.1ksi）。聚合物水溶液淬火和喷雾冷却的左右两侧齿面的残余压应力的差值较大，分别为21MPa和128MPa（3ksi和18.5ksi）。

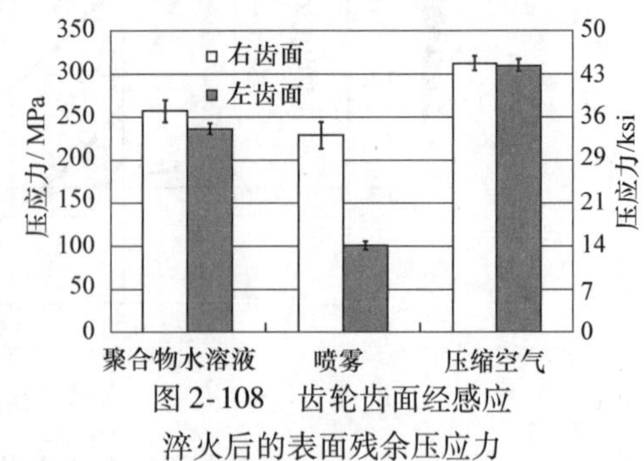

图2-108 齿轮齿面经感应淬火后的表面残余压应力

各种淬火方法都测量到±0.018mm（±0.7mils）的变形。在齿顶部区域，由聚合物水溶液和压缩气淬火引起的变形波动很明显，其值在正负之间的变化见图2-109。

三种淬火方法所得到的齿顶部和齿底部区域的节距变化和径向变化是相似的。与压缩气淬火相比，聚合物水溶液和喷雾冷却淬火的节距变形差距较小。

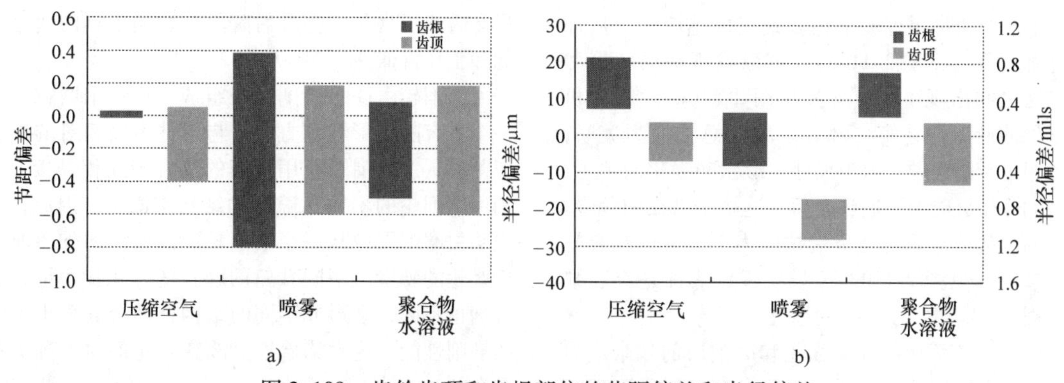

图 2-109　齿轮齿顶和齿根部位的节距偏差和半径偏差

a）节距偏差　b）半径偏差

2.4.5　残余应力的分布

残余应力的产生源于加热方法、材料种类和工件几何形状的共同作用。为了控制残余应力，必须控制工艺参数，如加热功率密度、线圈设计、淬火冷却速度等。

淬火之后，表面层马氏体显微组织的比容比心部铁素体和淬火前的表层（奥氏体）更大（低密度）。因此淬火后的表层膨胀到更大的直径（D_H），这样在径向和轴向都产生残余应力。

在硬化层内的轴向残余应力是压应力，在硬化层外部的则转变为拉应力。高的残余拉应力发生在硬化层和工件未强化区间的过渡区。残余应力从压缩转变为拉伸可能产生灾难性的开裂。温度分布和冷却速度影响最大拉应力的位置和大小。淬火工艺也要保证内应力低于材料的抗拉强度。

当工件加热到淬火温度，可以发现有三个区域（见图 2-110a）：第一区域是被加热到奥氏体化温度的最外层；第二区域，快速加热到低于淬火温度且处于 $A_1 \sim A_3$ 温度之间的过渡层；第三区域是温度低于 A_1 的部分。

一定厚度表层加热到淬火温度随后被淬火。硬化层发生转变时，淬火的结果是产生残余压应力（见图 2-110b）。第二层并未像表面层那样产生残余压应力，尽管足够的热已经改变了材料的力学性能。第二层的淬火是不充分的，与第一层相比它的硬度和强度较低。

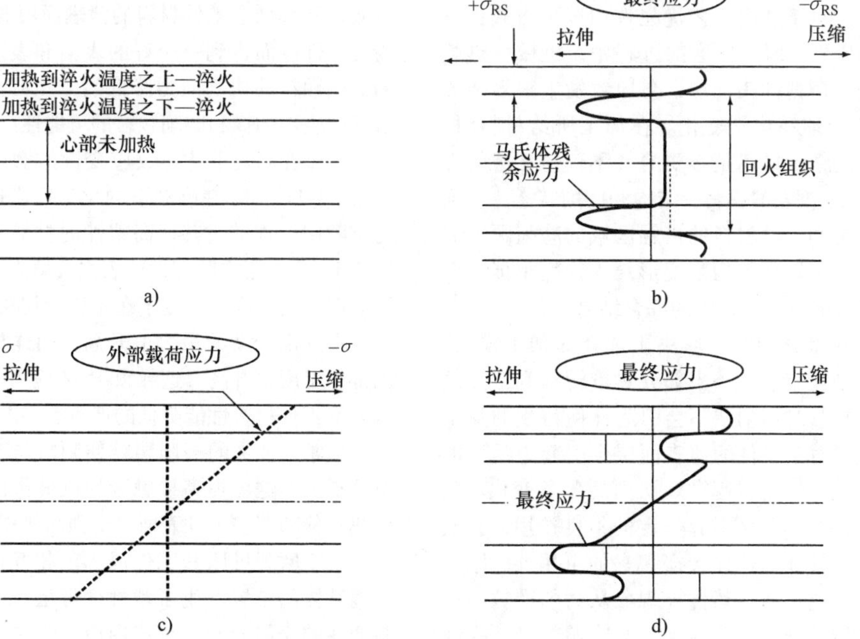

图 2-110　圆柱体的残余应力分布

注：考虑了表面感应淬火应力和载荷的应力。

当一个机械零件经上述方式表面感应淬火后加上外部载荷（见图2-110c），可以发现在第一层和第二层之间出现了拉应力（见图2-110d）。因为机械零件的疲劳与在第二部分区域的总拉应力关联，是个很复杂的问题。由于尺寸、形状和强化的位置，疲劳的作用可能会传递到表面，这是个潜在的危险。当表面的载荷层暴露在极端拉应力下，表面就容易萌生裂纹（见图2-110d）。如果零件表面还存在缺陷，裂纹会有进一步发展的趋势。

（1）经表面感应淬火强化和磨削后的残余应力分布　在曲轴制造的最后一阶段是精磨以得到理想的表面状态和表面层，以下是必须确保的条件：

1）具体的承载位置要满足合适的尺寸，并在允许的误差之内。

2）适当的表面粗糙度。

3）磨削应力是压应力或者最低拉应力，以保留表面感应淬火得到的压应力。

4）磨削后，在热影响区（HAZ）的显微组织、硬度及显微硬度分布的变化尽可能小。

在表面感应淬火和精磨后，如何才能保证得到理想的表面和表面层的质量，想要得到这个问题的答案，需要具有微观磨削工艺知识以及作用在工件表层的力学和热影响方面的相关知识，包括磨削轮的类型和状态。所有关于机床类型和磨削条件的影响、给定机加工状态下表面和工件表面层的变化等，用一个词描述可将称为表面完整性。

Grum 和 Ferlan 给出感应表面强化和磨削后的残余应力分布。对于磨削工艺优先选用以下方式：柔和、常规和剧烈。因为在磨削过程中，机械－热载荷综合作用在薄薄的表面层，会导致发生很复杂的微观水平的物理和化学变化。在加工所给材料时，对接触区域的精确描述是必要的（不仅包括磨削方法），应考虑磨削轮的材料、结构和磨削状态。磨削产生的高温是和工件材料的接触区域的磨削颗粒的大小状态、在剪切区的切削变形产生的变形能、切削液种类方式和材料热性能的综合结果。

产生的热量总和主要取决于选择的加工模式，大部分由磨削轮带走，一小部分热量转移到工件的薄表面层。热量对切削层不会引起任何特别的加工困难，但是热对于工件的薄表面层会引起力学性能和热分布的改变，会引起微观层面的化学变化。工件薄的表层被加热，会引起一定的不良作用，会改变产品的表层性能，这样会损害它的可用性。摩擦热的产生和传递是通过热传导现象从磨削颗粒和工件的接触区转移到磨削晶粒上。磨削颗粒以及磨削轮总热量的增加加剧了磨损过程，随后经过复杂的机制破坏了磨粒，在最后阶段会影响工具的使用性能和工作寿命。

磨削轮由许多磨削颗粒组成，每一个磨粒就像一个具有随机形状和方向，与工件表面相对的单独切割刀具。磨削颗粒用适当的黏合剂互相黏接，并利用磨削轮的不同孔隙度的结构来固定。因此，必须明白磨削颗粒从一个磨削轮剥离所需的外力取决于磨轮的硬度。不同砂轮的磨粒的体积比不同，黏合剂也不同，会形成不同的结构进而会表现出不同的磨削性能。这意味着通过改变砂轮的材料种类和黏合剂，能成功实现类似于改变砂轮结构的效果。因此，通过一个适当参数组合，在同样运动情况下的磨轮和工件就有可能表现为使用寿命长和耐磨损。磨削颗粒的磨损是力和热的作用结果，会降低砂轮的可切割性能。

图2-111所示为颗粒的磨损和破坏的一般形式，采用磨削颗粒的特征变化来表征。由于机械载荷作用在具体的磨削颗粒上，在其表面或者工件的摩擦面上就会产生短暂但强烈的热作用。而变钝的磨削颗粒（见图2-111a）、折断的磨削颗粒（见图2-111b）、裂开的磨削颗粒（见图2-111c）均有可能发生。需要明确的是，经过一定的时间，砂轮会耗尽表面颗粒。随着颗粒的磨损，接触面会明显增加，这会引起在磨削颗粒的切割力超过颗粒间的黏附力，这样颗粒就会脱落（见图2-111d）。

对于制造工程师来说，应细心选择加工的所有参数，使得磨损了的颗粒掉落。这能保证更高的机械效率和降低在工件材料的薄表面层的热机械影响。为在工件表面得到一个好的表面和表层，必须确保当磨削颗粒的切割能力降低后，颗粒会掉落，并且激活产生新的锋利磨削颗粒的可能性。

由于在高温下化学反应变钝的磨削颗粒的特点（见图2-111e），在高温下的化学反应通常紧跟着砂轮空隙用工件的过热、高塑性的材料碎屑填充（见图2-111f）。当空隙在砂轮表面被填充后，在接触区的温度开始升高，改变了在工件深层次里的热状态。温度在表面变动的最大值升高，同样导致工件材料内部的温度也升高。这导致HAZ应力区更深，并导致表层工件材料性能降低的严重后果。

通常，变钝的磨削颗粒使颗粒与工件表面的接触区扩大。这会提高接触区的机械作用和产生更高的热，伴随着在工件表面层更强的热作用。

由于磨削机床和工件局部的相互作用，在切削分离基体的位置产生了塑性变形层。这导致工件材料的薄的表层变硬并形成内应力，在加工后出现残余应力。由不恰当的磨削方法和工艺产生微观裂纹和（或）其他的表面破坏都被光学显微镜和电子显微镜的宏观和微观分析证实了。最常见的表面破坏包括：凹坑、灼伤、工件或工具的刀瘤等。产生的热作用于零件微观结构和（或）伴随尺寸变化所引起的化学变化也要时常注意。工件表面的破坏更要重视，因为它与其配对工作的另一个器件在运行中会面临不利的摩擦力和损坏其性能。

工程师应该意识到表面的完整性依赖于零件或总成在运转过程中的摩擦状态。因此，能具备在运行过程中评估零件的摩擦状态的足够知识，是很重要的。一般来说，有两个摩擦系统：第一，在加工过程中出现的；第二，在部件真实运行状态中出现的。但是，在这两种摩擦系统中，工件材料在加工前后的性能和状态起主要作用。

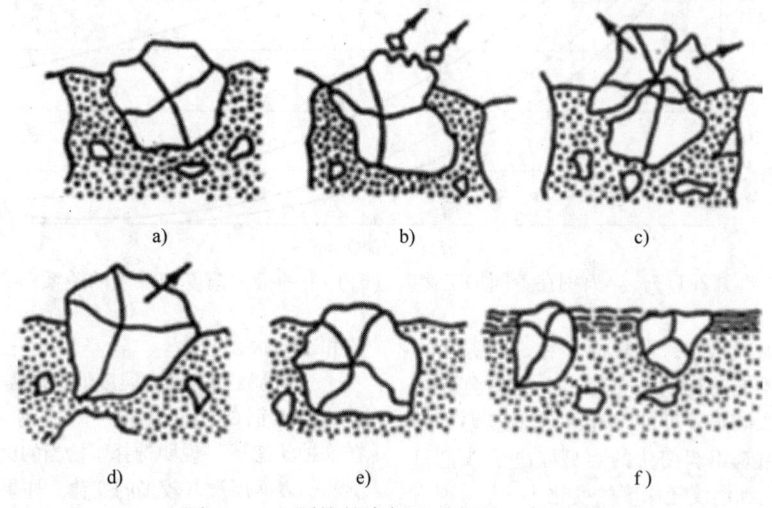

图 2-111　颗粒的磨损和破坏的一般形式

图 2-112 所示为淬火钢在不同深度的磨削温度变化，在给定磨削状态下，工件表面的温度循环与硬化层深度的关系。由图 2-112 可知，Z_1 和 Z_2 的状态超过了奥氏体化温度，有可能在局部发生二次淬火。这不但会改变残余应力状态，而且新生成的表面层的状态也会随之改变。

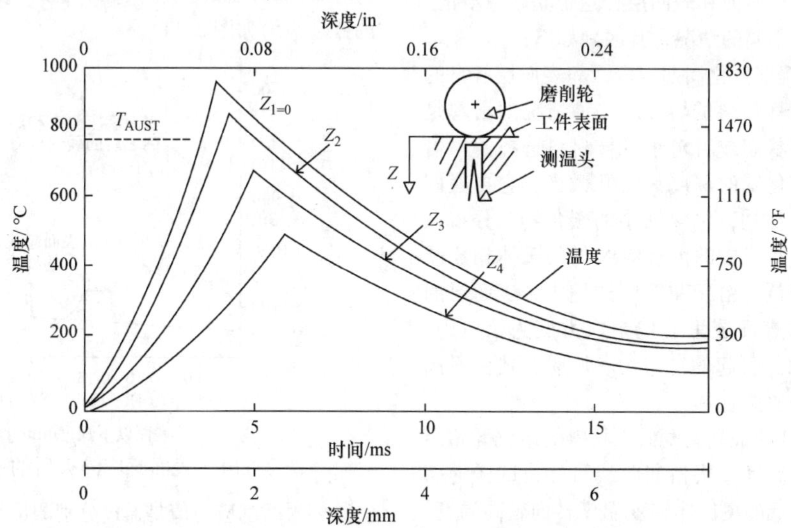

图 2-112　淬火钢在不同深度的磨削温度变化

整个温度周期可以分段讨论。首先是一个加热阶段，然后是一个冷却阶段。在对淬火试样的薄表层进行显微组织分析后，可以确定是否有表面熔化和再淬火的发生以及会有多大范围。以一定的加工速度（v_w），在特定深度处，一个磨削周期表面层的最大温度随时间变化值见图 2-113。

熔化温度和工件的奥氏体化温度已知，重熔层的深度和再淬硬化层的深度就可以确定。

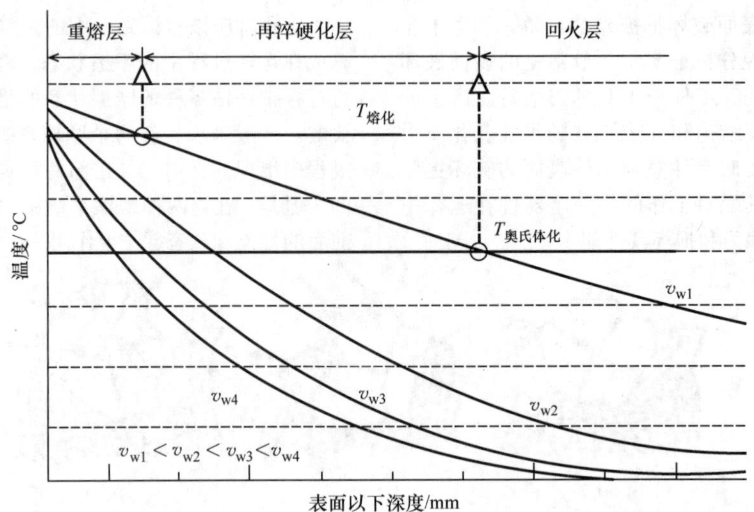

图 2-113 淬火钢在不同加工速度（v_w）下的最大温度与深度的关系

不同的磨削加工状态，在表面层和一定深度的热影响区会得到不同的周期变化温度。它将会影响到微观组织变化、微观硬度的变化和残余应力。在试样表层发生的微观组织变化的类型取决于砂轮和试样接触区的温度和温度随深度的变化。

在磨削过程中，在试样薄表面层的温度变化是非常重要的。因为试样和砂轮的相对运动，在一个温度周期过程中监测到的温度数据表明，在监测的试样区域，加热和冷却过程中都有温度变化。最大的温度分别出现在表面和表面层，这也是很重要的。温度变化有三种不同的情况，其区别如下：

1）在一个温度变化周期，表面和表面层各自的最大温度高于试样材料的熔点。这种情况的出现是由于强烈的磨削状态或者对于试样材料选择了不恰当的磨轮。再熔化层的深度只有几微米，它再凝固成细小的莱氏体结构，包含细小的碳化物，分布在残留奥氏体中。新形成的微观组织与马氏体相比硬度会有轻微的降低。由于在磨削过程中，表面层的塑性变形会使薄表面层里的残余应力变为拉应力。在试样材料接触区引起的拉应力，同时，残留奥氏体的出现也会增加拉应力。

2）在接触区的最高温度低于材料的熔化开始温度、高于奥氏体温度。从相变曲线可知，试样的高加热速度会使较低的奥氏体转变温度转向较高温度。假若以前的表面层组织是马氏体渗碳体－碳化物，磨削之后形成细小的有高含碳量的马氏体组织（通过溶入渗碳体－碳化物获得）和在薄表面层得到一个可能的低含量残留奥氏体。渗碳体－碳化物相的含量变化取决于加热状态，因为该温度下的时间影响新奥氏体的含碳量。残留奥氏体的含量取决于加热和冷却状态。

3）接触区的最大温度低于所需奥氏体化开始温度，高于钢的回火温度——大约 200℃（390℉）。在这种状态下，说明选择了恰当的磨削轮且磨削力很温和，表面层没有较多的变化。如果在试样感应淬火后转变没有完全，此时表面层仅有马氏体回火发生。

在轴承位置，对于常规的磨削状态，相对的磨削拉应力 425MPa（61ksi）改变了表面残余应力，－1150～－725MPa（－166～－105ksi）。对残余应力分布的影响深度大约为 175μm，表面感应淬火后的残余应力如图 2-114。

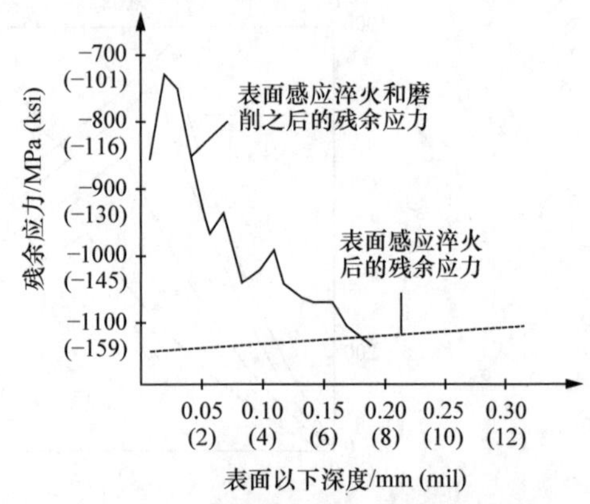

图 2-114 表面感应淬火后的残余应力

相对磨削应力值是通过分别测量感应淬火后的残余应力，以及测量感应淬火和磨削后的相同位置的残余应力，再进行计算得来。图 2-115 所示为对试样经感应淬火后再进行两种磨削工艺测量的残余应力分布。这里，常规的磨削增大了表面残余拉应力，而轻柔磨削没有明显的改变表面应力。在大约 150μm 深度处，常规磨削过程中的有害作用就会消失。

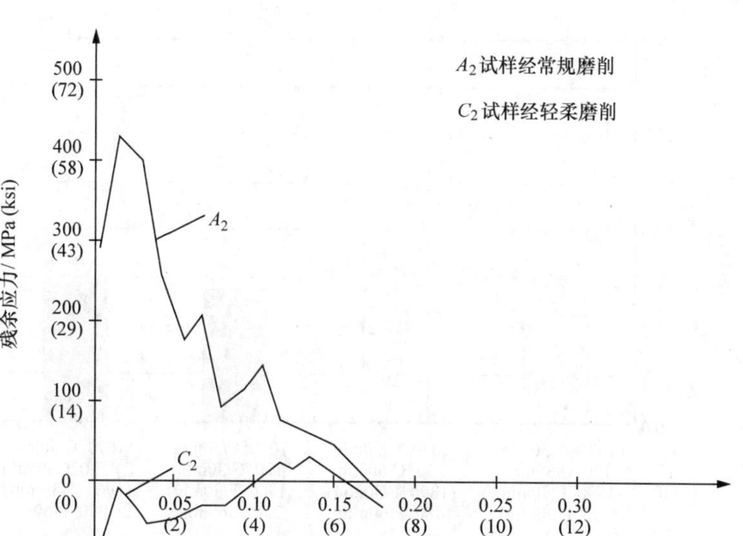

图 2-115 对试样经感应淬火后再进行两种磨削工艺测量的残余应力分布

对感应表面强化和（或）感应表面强化 + 磨削后，通过分别对其残余应力测量结果可以归纳为：

1）在进行磨削轮的选择时，要特别注意磨轮的材料、黏合剂硬度和空隙密度。因为一个恰当的选择会降低工件材料的塑性变形产生更高的磨削效率。在这种情形下，磨削拉应力会很低，通过感应表面强化得到的残余压应力则大部分被保留。

2）对于感应表面强化和磨削后的残余应力来说，更适合选择轻柔的磨削状态。它们对感应表面强化后残余压应力的影响较小。

3）轻柔或者常规磨削状态也可以选择使它低于试样材料的熔点。由于工件材料在加工中的塑性变形，这样经感应表面强化后有益的压应力有一点降低。但还可以得到较低的残余拉应力。但是这需要考虑到轻柔磨削会很大地降低生产率，因为磨削时间会比较长。

4）剧烈的磨削会导致粗糙颗粒的钝化，这样在试样和粗糙颗粒间会产生一个更大的接触面，这会进而造成一个更严重的过热的薄表面层。在这种情况下，表面会发生灼烧，随后会产生软点，这就不能确保所需机械零件的服役寿命。

感应表面强化通常是期望在一定深度的表面硬化层得到所需残余压应力。然而，真正的难点是在硬的表层和软的心部之间形成希望的硬度梯度和残余压应力。过渡层的宽度会有利于零件的性能表现。轻柔的磨削不会明显地改变表面压应力，也不会在工件中产生热来影响过渡区的应力。因此，它不会改变应力集中状态。过度的磨削或强烈磨削会去除表面层的残余压应力，进而恶化表面层的应力状态。通过恰当地选择工艺参数和磨削轮，考虑磨轮的性能，工程师将会尽量保持残余压应力，避免有明显的恶化感应表面淬火后所需要的残余应力的行为。

（2）感应回火　众所周知，感应回火会软化淬火钢，释放残余应力。

图 2-116 所示为热处理后的冲击韧性，不同的传统热处理状态下，冷作工具钢经微冲击试验的硬度和韧性的关系。图 2-117 所示为不同回火状态下的冲击韧性，对比了不同回火工艺后韧性对相同工具钢的影响，包括感应加热和感应回火。感应回火过程时间很短，需要的回火温度大约高于常规温度 100℃（210℉），来降低淬火后的脆性。

图 2-118 所示为不同回火温度下的硬度和冲击韧性，结果表明硬度和韧性有很好的对应性。与传统回火相比，硬度有较小的降低，对于高合金工具钢与低合金冷轧工具钢有很一致的表现。经过常规热处理得到相同的硬度值和相似的平均韧性值的比较，遵循相同的趋势，见图 2-119。

2.4.6 疲劳强度

疲劳性能下降的可能原因是感应淬火零件在硬化层得到残余拉应力、在硬化层和软的心部之间过渡区存在一个不利的硬度和残余应力分布。为了得到零件最高疲劳强度，有必要做到：

1）承受动态载荷的零件，疲劳易发生在表面，所以表面必须有最大的压应力。

2）如果全部应力总和，即表面承受的载荷拉应力和残余应力的叠加，总是表现为压应力，那么裂

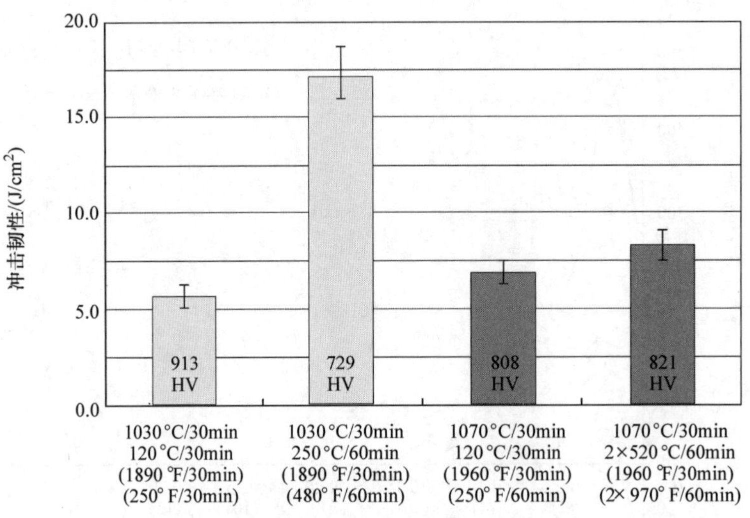

图 2-116 热处理后的冲击韧性

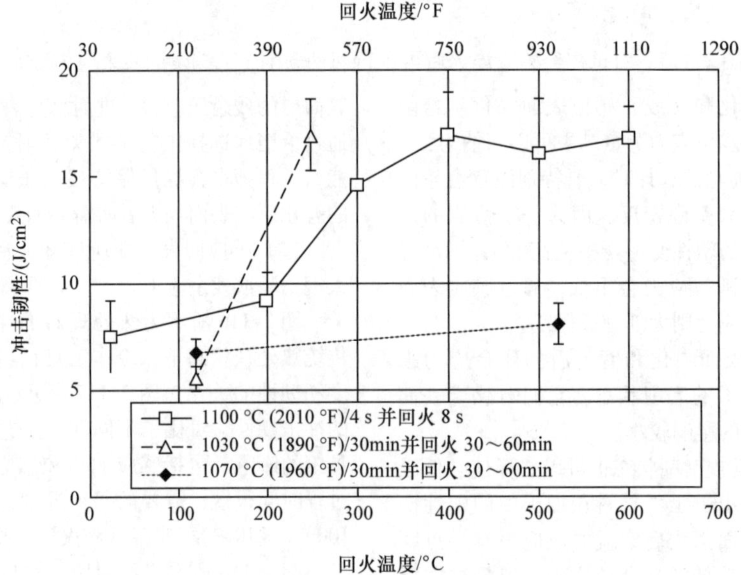

图 2-117 不同回火状态下的冲击韧性

纹源将更难形成和扩展。

3）为了获得硬化层在载荷状态下的良好特性，需要建立一个合适的初应力。这可以通过仔细地选择热处理工艺，成功地在表面形成最高残余压应力和在所需的整个截面形成合理的残余应力分布来得到。

4）感应淬火就是在零件表面有可能产生残余压应力的手段之一。这样，在表面层有一个适当的残余压应力然后过渡到次表层的拉应力。

AISI 4140 钢热处理后很适合作为承受静态和动态载荷的机械零件，如曲轴。这种钢的特点是淬透性好，适合加工高强度的大截面零件。回火后，钢材没有明显的脆性，因此不需要特别的热处理工艺。这种钢也适合表面淬火（火焰淬火、感应淬火），并具有很好的耐磨性。

但是，必须合理地设计圆角、台阶，以防止在动态载荷下的切口作用。这种钢适合的使用温度范围很宽，甚至在低温下也能保持高韧性。

冲击试验的对比数据可以很容易通过简单的试件和设备取得。但是，这种测试不能提供包含裂纹或者缺陷相关材料的可以用来设计的性能数据。这种类型的数据通常可以用断裂分析仪器来获得。

零件直到断裂的完整寿命是由在额定载荷或应力情况下循环到断裂的次数（N）所获得到的 $S-N$ 曲线来表示的。疲劳寿命是用循环次数表示，它表示一个裂纹从发生加上裂纹扩展直到断裂所经历的循环次数。裂纹的传播包括稳定裂纹扩展和不稳定裂纹扩展。S－N 曲线的方法并不会区分裂纹源扩展的各个阶段。一些工程师认为裂纹源早已存在，循环次数的总数是扩展的结果，这称为断裂机制理论。存在的裂纹源可能是加工或热处理过程产生的，也可能是先前存在的，这取决于检查手段所识别裂纹大小的能力。

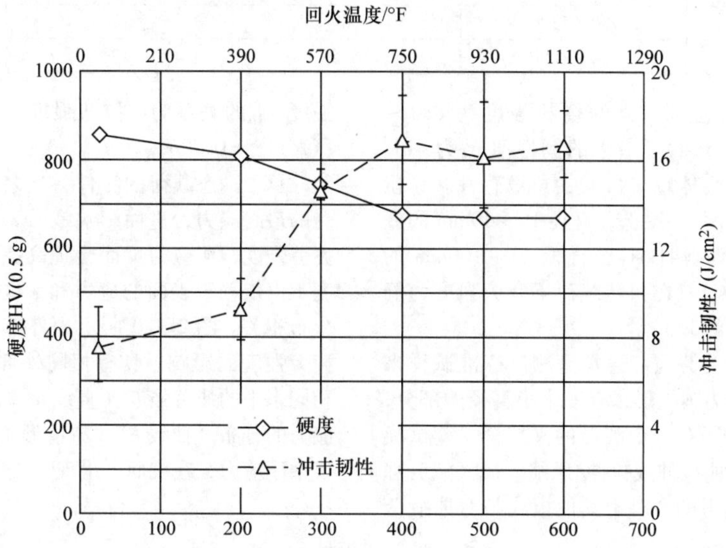

图 2-118　不同回火温度下的硬度和冲击韧性

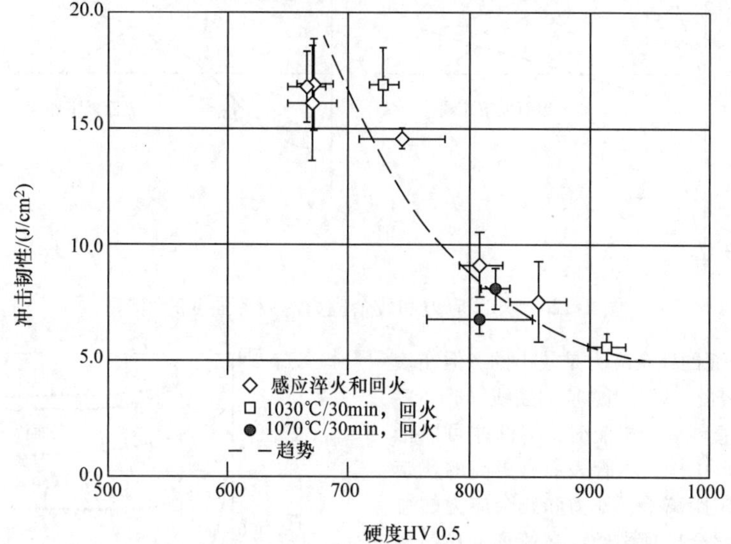

图 2-119　经感应淬火、回火和热处理工艺后的硬度与冲击韧性对比

S－N 曲线形状的主要影响因素：

1）材料的种类、热处理或冷加工状况。

2）载荷类型，如拉伸、压缩、扭转或综合。

3）载荷的状态，如振幅和频率。

4）环境的影响，如温度、腐蚀和其他因素。

影响金属强度的主要因素：

1）应力集中：导致应力出现升高的如凹槽、孔洞、键槽或横截面的急剧变化，它会使疲劳强度显著降低。

2）表面粗糙度：一般来说，一个金属零件表面越光滑，其疲劳强度越高。

在加工中，零件表面会出现各种各样的缺陷，如小的擦痕和凹槽。这些表面缺陷会降低疲劳寿命。通过磨削来改善构件表面会明显的提高疲劳寿命。

可热处理结构钢 AISI 4140 的化学成分（质量分数）为 C 0.38%～0.45%，Cr 0.9%～1.2%，Mo 0.15%～0.3%。它有很高的淬透性，可用来制备高强度的大截面构件。由于它具有细晶显微组织，经过热处理后，它也可以得到相对较高的韧性。结构钢 AISI 4140 热处理后的力学性能见表 2-13。

表 2-13 结构钢 AISI 4140 热处理后的力学性能

直径 D/mm	抗拉强度 R_m/MPa	屈服强度 $R_{p0.2}$/MPa	伸长率 A（%）	韧性 ρ_3/J
16 ~ 40	980 ~ 1180	769	11	41
40 ~ 100	880 ~ 1080	635	12	41

一般经过热处理后，钢的抗拉强度为 880 ~ 1080MPa（127 ~ 156ksi）。最小的韧性值 ρ_3 为 41J。钢在疲劳载荷下，会体现缺口或尖角敏感性。在扭转载荷下，疲劳强度 σ_T 最低，直径 16 ~ 40mm 的疲劳强度 σ_T = 285MPa（41ksi），直径 40 ~ 100mm 的 σ_T = 255MPa（37ksi）。在扭转载荷下疲劳强度为静态载荷下抗拉强度的 1/4。

目前文献中的疲劳强度通常是测试标准试样来确定的。试样一般为圆柱形，有一个小直径的部分，在此处断裂发生，还有一个圆形的夹持柄。测试模式可分为扭转、弯曲拉伸或拉伸/压缩，最大疲劳强度通常是弯曲下测得的。对于其他模式与弯曲疲劳强度 σ_{wb} 的关系为：抗扭强度 $\tau_w = 0.58\sigma_{wb}$，拉伸/压缩 $\sigma_{wz} = 0.70\sigma_{wb}$。

承受动态载荷的零件，残余应力会影响零件经受的最终应力，进而影响疲劳寿命。拉应力会降低疲劳强度，压应力反而会提高疲劳强度。零件的强度不仅依赖于表面的应力和，也与表层下面的应力分布相关。图 2-120 所示为外部应力和残余应力对疲劳强度的影响。具有相同外部应力（直线 c）和相同水平的疲劳强度（直线 a），唯一的不同是残余应力的分布（曲线 b）。在情形Ⅰ中，在表面上有高残余压应力，在表面下出现了快速下降。

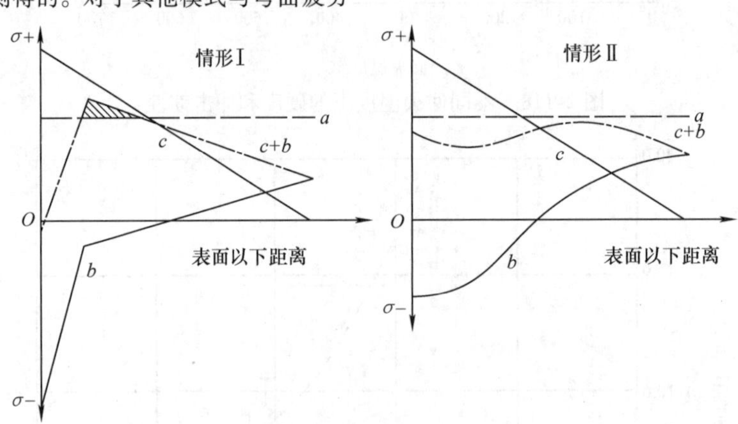

图 2-120 外部应力和残余应力对疲劳强度的影响

在情形Ⅱ中，表面的残余应力是较小的，但在表面下面的下降较为缓慢。只有当总应力曲线（$c+b$）没有与疲劳曲线（直线 a）相交时，零件才可以抵抗外加载荷。在情形Ⅰ中，尽管表面有更高的残余压应力，在表面一定距离下，外力和残余应力的总和高于疲劳强度，就会出现裂纹。在情形Ⅱ中，尽管表面的残余压应力是较小的，但表面层下面的分布更加合理，外部和残余应力的总和不会与疲劳强度曲线相交。

图 2-121 所示为不同试样经过不同热处理方式的疲劳曲线。这 6 条疲劳曲线中，4 种试样由可淬透钢制成，2 种为渗碳钢。可淬透钢成分为 Cr - Mo - Ni，其中 Ni 质量分数为 0.37%。试样的热处理采用两种方式：

1）表面淬火用于表面光滑的试样和表面带缺口的试样。

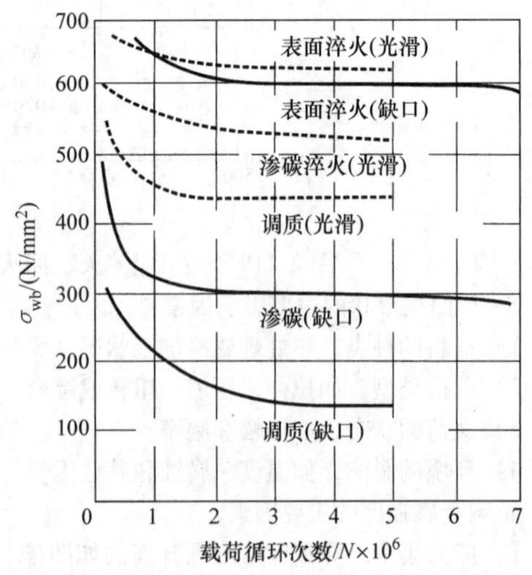

图 2-121 不同试样经过不同热处理方式的疲劳曲线

2）调质（淬火和回火）或淬透用于表面光滑的试样和表面带缺口的试样。

渗碳钢是铬镍钢，含有质量分数为 0.15% 的 C。试样分为光滑形和有缺口形。

感应淬火强化试样的硬度为 56 ~ 59HRC。渗碳淬火试样的硬度为 58 ~ 59HRC。所有的试样（无论是调质、表面淬火和渗碳）都有相同的尺寸和形状。加工的缺口位于圆柱体试样中间，有 0.4mm（16mils）的深度。感应表面强化和渗碳钢的深度是相同的，为 1.5mm（60mils）。测试结果表明，经过不同热处理方法后，其寿命有很大的不同，其中感应淬火表面强化试样有最高的疲劳强度。

疲劳测试的结果对比表明：

1）在感应淬火表面强化试样中，具有光滑圆柱体形状和带缺口外形，其疲劳强度的区别是很小的。由于整个硬化层都得到所需要的残余压应力，缺口的深度只达到硬化层的 1/4，在缺口底部的残余压应力依然很高，所以缺口和应力集中的出现并未引起疲劳强度明显的下降。

2）经调质（淬火和回火）的试样，表面没有残余压应力层，疲劳强度低于表面淬火硬化试样。有缺口的调质试样的疲劳强度明显低于光滑试样。有缺口的感应表面强化试样与有缺口的调质试样的疲劳强度比为 5∶1。

3）同样尺寸的试样，光滑渗碳试样疲劳强度比感应表面强化试样低 25%。而有缺口的渗碳试样比表面强化试样的疲劳强度下降 50%。

4）缺口深度比硬化层更深试样的疲劳强度，在这种情况下，裂纹源可能会出现在缺口底部的尖角处。因为这儿可能没有残余压应力，其疲劳强度可能会明显地降低。

广泛用于汽车、货车、农用车辆的车轴，绝大多数通过感应淬火强化。但也有一些车轴在承受位置采用表面强化，更多的目的是使表面处于残余压应力状态下，增强抗扭、抗弯承载能力。通过上述方式，车轴的弯曲和扭转疲劳寿命会提高到传统热处理方式的 10 倍以上（见图 2-122）。

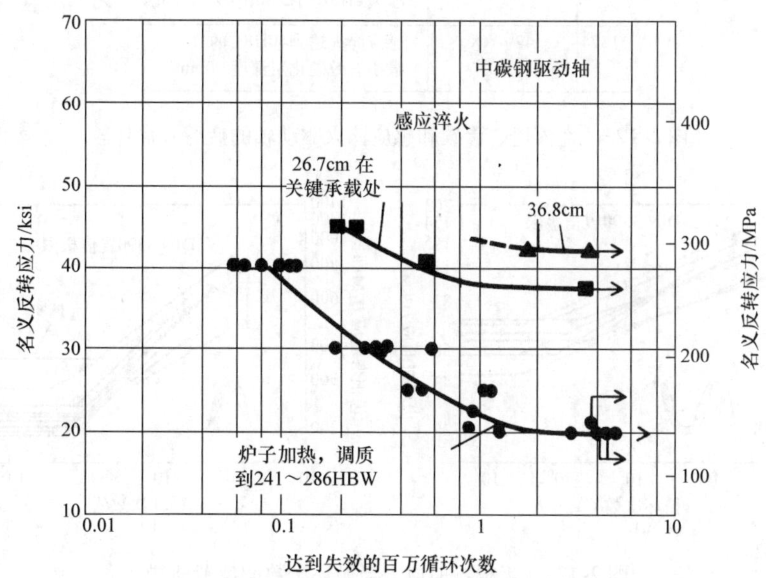

图 2-122　中碳钢经炉子淬火及感应淬火相对应的弯曲疲劳

注：轴径为 70mm，圆弧半径为 1.6mm。

感应淬火强化车轴有一个坚硬、高强度的表面和一个较低强度的韧性心部。对于改善强度，感应淬火强化也是一种性价比较高的方式。这是因为大部分车轴是由价格低廉的、非合金化的中碳钢制成，表面淬火强化层深取决于横截面，其深度为 2.5 ~ 8mm（0.1 ~ 0.3in）。对于车轴，其常见硬度（回火后）约为 55HRC，这样的淬火硬度和层深也会显著改善屈服强度。

现代变速箱轴特别是自动换档汽车，不但需要优秀的抗弯曲和抗扭强度，而且要求有高的表面硬度来抵抗磨损。在很好的控制情形下，感应淬火强化可以满足需求。图 2-123 所示为经淬透、渗碳和感应淬火驱动轴的疲劳寿命比较。

图 2-124 所示为齿根弯曲应力与循环次数的疲劳曲线。图 2-124a 为沿齿沟感应淬火，它用一个感应器在两齿之间同时淬火相邻两个齿面来得到。在

这一工艺中，齿轮齿廓和齿底都被强化。采用这种感应表面强化热处理工艺钢的疲劳弯曲强度范围为320~490MPa（46~71ksi）。图2-124b沿齿面感应淬火，它是用一个相类似的工艺，只不过感应器要包裹着轮齿。在这一工艺中，齿轮齿面得到强化，但齿根没有。

采用这种淬火工艺方法的齿轮材料的疲劳强度会明显地下降到在200~300MPa（20~43ksi）之间，结果是疲劳强度值降到齿根的水平。

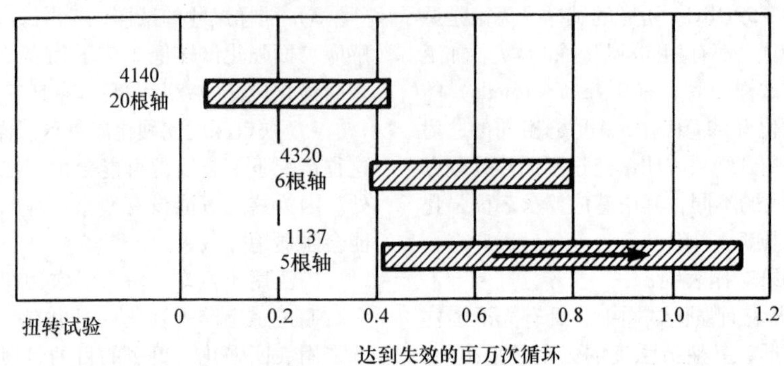

钢号	表面硬度HRC	淬火方法
4140	36～42	淬透
4320	40～46	渗碳到1.0～1.3mm(0.4～0.5in)
1137	42～48	感应淬火达到40HRC的最小有效硬化层深度3.0mm

图2-123 经淬透、渗碳和感应淬火驱动轴的疲劳寿命比较

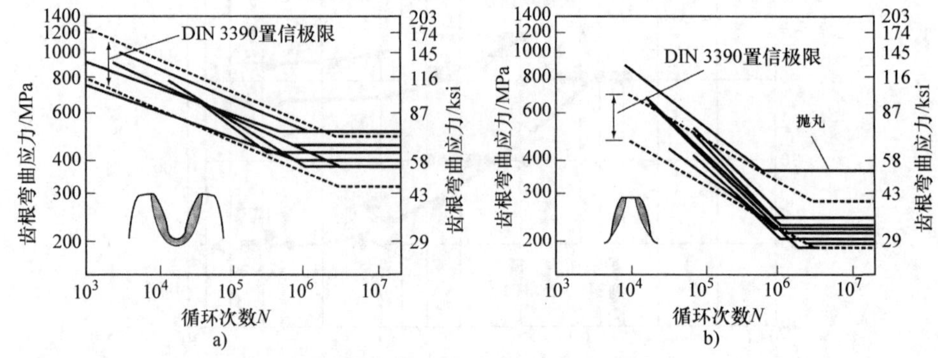

图2-124 齿根弯曲应力与循环次数的疲劳曲线

注：点画线标识出DIN 3390的置信极限。

多向疲劳强度的模拟与仿真结果：Palin－Luc等人提出一种方法来评估表面感应淬火零件在高周期性多向循环载荷下的疲劳强度。在光滑的试样上进行疲劳测试，然后比较仿真和试验的数据。试验数据考虑了热处理工艺的影响，包括硬度、组织、残余应力和疲劳强度。在疲劳试验前后，通过X射线分析残余应力。

试验采用光滑的圆柱试样进行弯曲试验，理论弯曲应力集中系数为1.02。试样采用低合金钢D38MnV5S冷轧圆棒制成。测试试样：①原始材料，即未经处理的、正火组织试样；②热处理试样，感应淬火试样深度大约为2mm（0.08in）和感应淬火试样硬化层深度大约为3mm（0.12in）。

试样感应淬火是采用单匝线圈，机械中频电源频率为20kHz，功率为190kW。两种层深试样的热处理时间分别为1.2s和1.6s。感应处理经0.5s延迟后，立即开始淬火。所有的试样均在惰性气体保护下经180℃（360℉）回火90min。微观组织主要为马氏体，在 2.5mm 的深度处有少量的铁素体。超出 2.5mm 处，原始的铁素体、珠光体组织未受影响。有效硬化层深测量至 500HV。较深硬化层的试样有少量的铁素体，深度为 1 ~4mm（0.04 ~0.16in）。

对于非感应淬火试样，疲劳强度是在两种情况下确定：全交变载荷（$R=-1$）和恒定载荷（$\sigma_{nom,max}=770$MPa 或 111ksi）。对于感应淬火试样，只测定了在平面弯曲的全交变应力下的疲劳强度。每组的疲劳强度都通过 15 个试样进行测试确定。

在 2×10^6 的循环周期下，与未处理试样相比，深度为 2mm 的热处理试样的强度约为其 1.3 倍。而层深更深试样的强度水平更大，为 1.46 倍（见表 2-14）。

表 2-14　在 2×10^6 的循环周期的疲劳强度

试样	$R=\sigma_{min}/\sigma_{max}$	$\Delta\sigma^D$/MPa	标准偏差/MPa
未经处理	−1	410	≈25
未经处理	$R\sim0.1$，$\sigma_{nom,max}=770$MPa	370	≈25
2mm 层深	−1	527	20
3mm 层深	−1	600	38

图 2-125 和图 2-126 所示为 2mm 深度的感应强化试样轴向和周向残余应力的测量和仿真结果。第一个试样，在表面最大的残余压应力为 550MPa（80ksi），第二个试样，在表面最大的残余压应力为 450MPa（65ksi）。表面最大的压应力低于这种类型热处理后所预期的应力，这可能与显微组织并未完全马氏体化有关。

图 2-127 所示为两种表面感应强化试样的典型残余应力的分布随深度变化的对比。在试样表面的残余应力值相当，但是它们沿着深度的分布是不同的：强化深度为 3mm 试样的残余压应力更深，这就解释了 3mm 强化深度的试样有更高的疲劳强度的原因。

2.4.7　感应淬火对疲劳强度和残余应力的影响

Kristoffersen 和 Vomacka 研究了感应强化零件的疲劳特性与硬化层的深度和在表面层残余应力的幅度与分布的关系。对两类试样进行测试：调质和正火。试样是由瑞士 SS2244 钢（相当于 AISI 4140）制备。通过控制感应淬火强化的工艺参数，保证圆棒试样得到一致的 1.8mm（0.07in）有效硬化层。

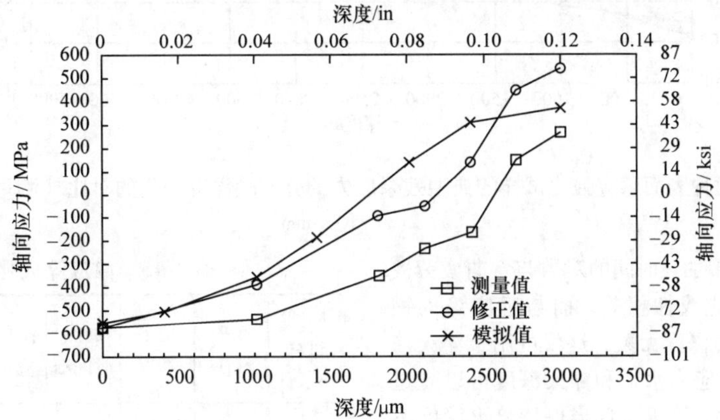

图 2-125　表面感应淬火深度 2mm 的轴向残余应力 σ_{zz}分布

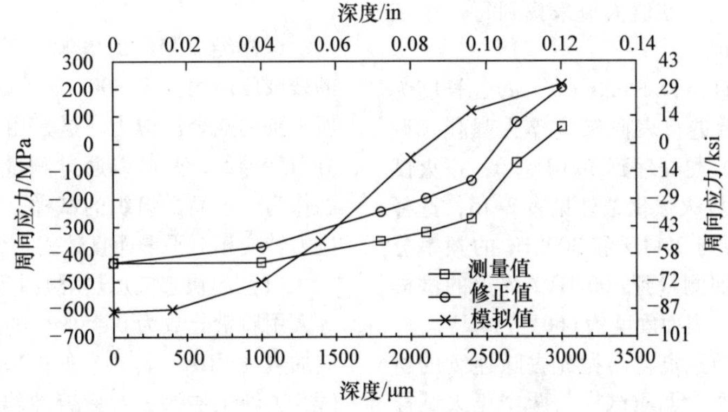

图 2-126　表面感应淬火深度 2mm 的周向残余应力 δ_{ee}分布

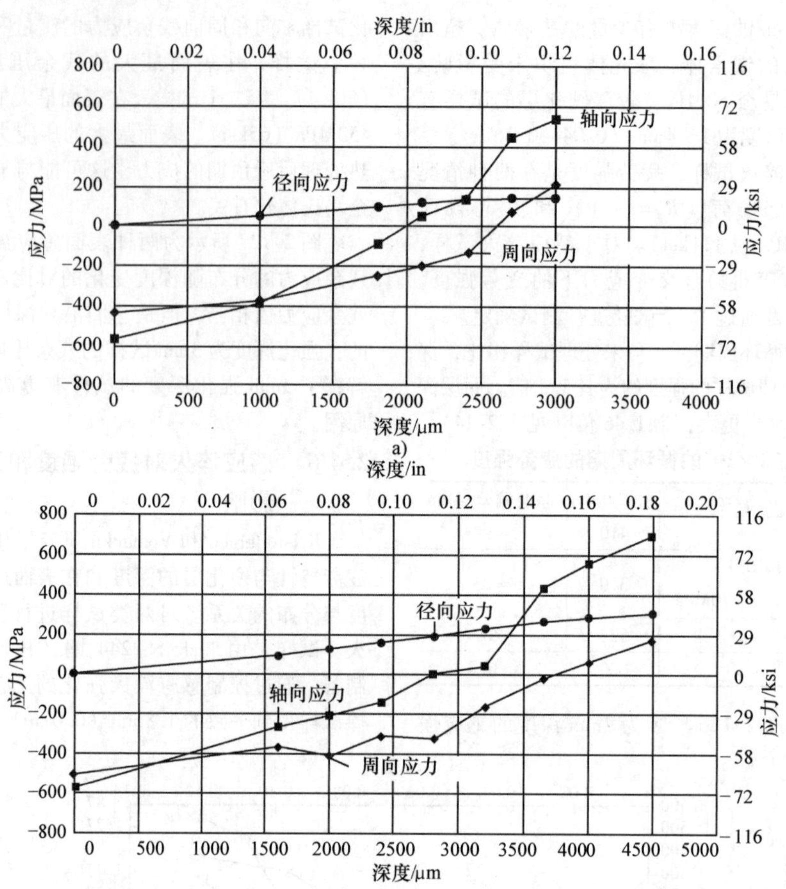

图 2-127 两种表面感应强化试样的典型残余应力的分布随深度变化的对比（测量的修正值）

a）2mm b）3mm

Schöpfel 等人发现加热时间的对数与弯曲疲劳极限的对数之间几乎成线性相关，而与感应淬火钢 37Cr4V 的硬度及淬透深度无关，这仅可用于淬火深度足够大，可经受的应力水平和淬火深度可以超过表面裂纹萌生深度时。可以发现当保持淬火深度不变时增加加热时间，疲劳极限会有所增加。疲劳极限的提升可归因于表面残余应力的增加。要想达到表面的残余应力，可通过数值模拟来找到每一个加热功率的理想加热时间。

加工的圆棒试样直径为 29mm（1.1in）、长度为 120mm（4.7in），随后进行表面感应淬火强化。调质试样（淬火和回火）热处理到 300 HV30，正火试样为 220 HV30。感应淬火强化条件见表 2-15，选择 20kW 和 30kW 的电源与 25kHz 和 300kHz 的频率分别进行感应淬火。按照测量到 400 HV1 淬火的试样的有效深度为 1.8mm，表面硬度为 660 ~ 740HV。

残余应力分布是通过电化学抛光去除连续的材料表层的方法，测试两个调质试样与两个正火试样在纵向和切向方向的应力值。

表 2-15 感应淬火强化条件

试样	频率/kHz	功率/kW	加热时间/s	表面最高温度/℃	预备组织
2	25	30	1.1	1016	调质
3	300	20	2.9	941	调质

试样经 25kHz 的电源（见图 2-128）加热产生的残余压应力小于 300kHz（见图 2-129）电源淬火所得到的残余压应力。这是由于工件里不同的温度分布所导致，并可以通过测量硬度来确认。以调质态作为初始显微组织的试样，在切向和纵向压 - 拉应力转变相对平滑而且数据一致性很好。

（1）超快感应加热对疲劳强度的影响 Kotomori 等人用质量分数为 0.45% C 的结构钢探讨了超快感应加热（SRIH）淬火。他们采用旋转弯曲疲劳试验研究了硬化层深度对疲劳性能的影响。同时，测试了试样的残余应力，对断口表面进行了观察。

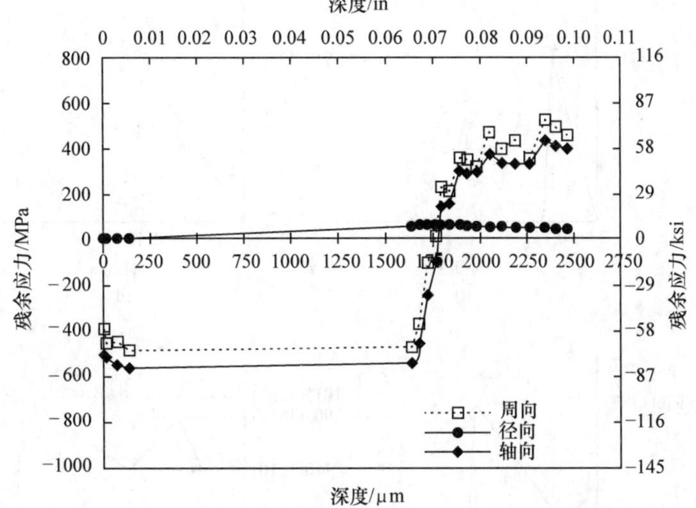

图 2-128　试样 2 经功率 30kW、频率 25kHz 感应热处理后的残余应力分布

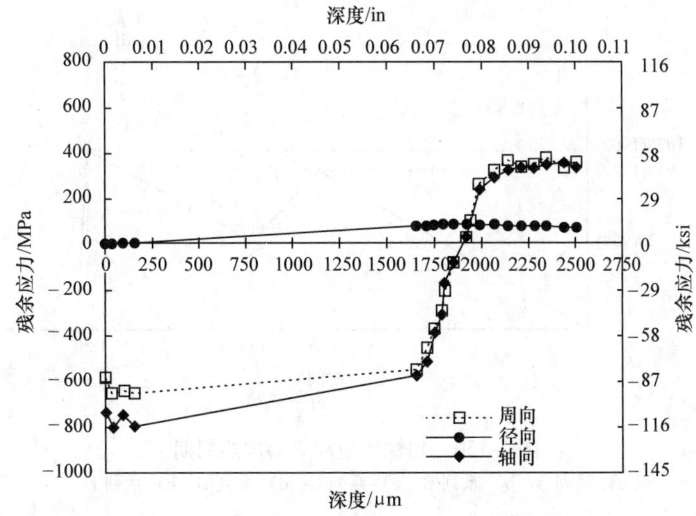

图 2-129　试样 3 经功率 20kW、频率 300kHz 感应热处理后的残余应力分布

试样经 1100℃（2010℉）3h 退火。然后将它们用 5 种不同方式进行超快感应淬火，见图 2-130。为了调整硬化层的厚度，D 组和 E 组试样的热处理工艺的中间温度适当降低。

图 2-131 所示为维氏硬度和残余应力分布。硬化层厚度可通过调整加热时间来控制。残余应力分布取决于热处理时间。淬火层厚度较浅的试样（A 系列和 B 系列）表现出很高的残余压应力，大约为 1000MPa（145ksi）。

感应表面硬化层的残余压应力提高了钢的疲劳强度。材料具有很高的残余压应力也将有很好的疲劳性能，这是对不同厚度硬化层的试样进行旋转弯曲疲劳性能测试的结果。

图 2-132 所示为疲劳试验结果，图 2-132 中标示了不同处理试样（A、B、C、D 和 E）和未经处理试样（F）的疲劳测试结果。通过断口的观察来分析断裂模式（内部断裂和鱼眼状断裂）。图 2-132 表明：疲劳强度的提高取决于硬化层的厚度。尽管 A 系列和 B 系列试样有高达 1000MPa 的残余压应力，其疲劳强度也并未如所期望那样提高。

通过扫描电子显微镜（SEM）来检测断口表面。在试样 A、B 和 C 中都发生内部断裂，对每个试样的断裂源深度都进行了测量，并比较了它们的硬度和残余应力，见图 2-131。内部断裂的起源位于非强化区域，在取得最大拉伸残余应力的硬化层之下。

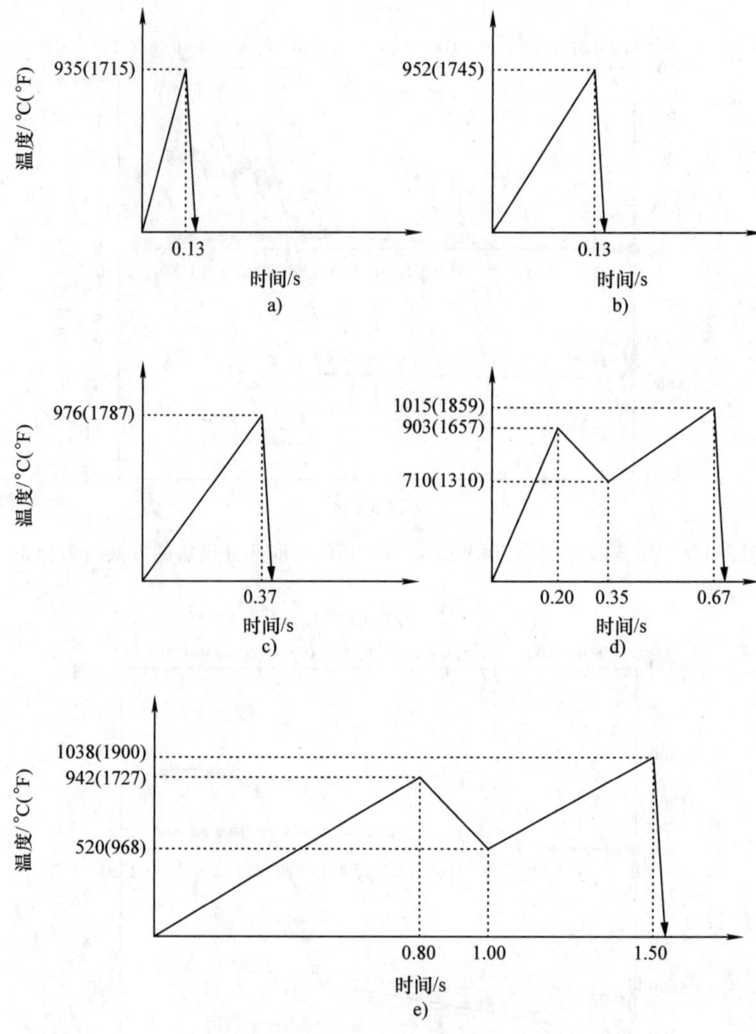

图 2-130 超快感应淬火的加热周期

a）系列 A b）系列 B c）系列 C d）系列 D e）系列 E

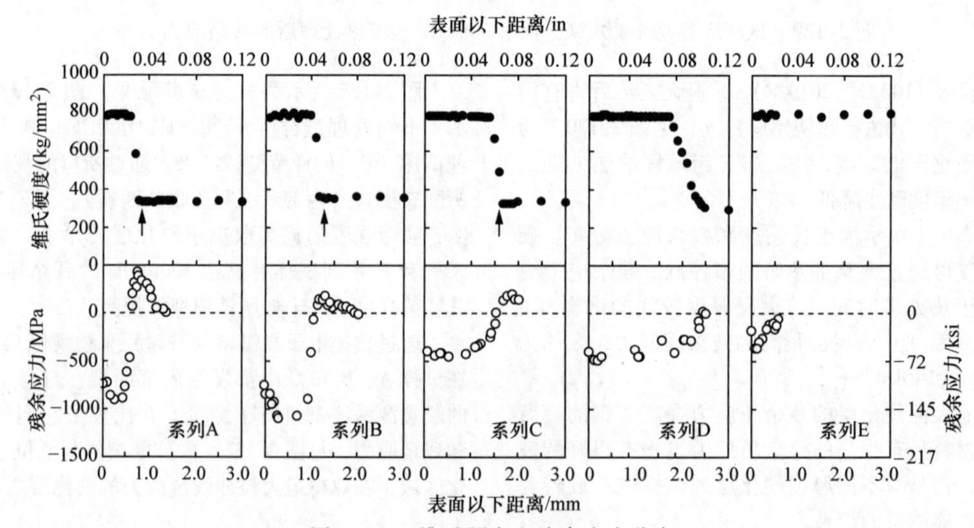

图 2-131 维氏硬度和残余应力分布

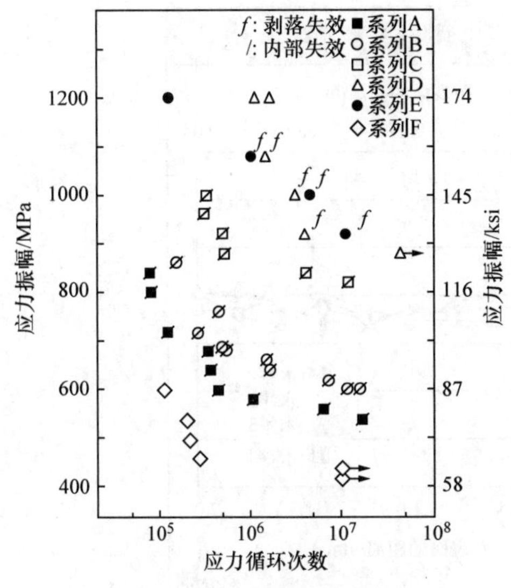

图 2-132 疲劳试验结果

(2) 晶粒大小对感应淬火钢疲劳强度的影响 Fukazawa 等人研究了 0.40% C - 1.09% Cr - 0.17% Mo（质量分数）合金钢，该合金采用高频感应热处理和普通淬火工艺。制备的试样在表面具有较低的残余应力，且具有不同的晶粒尺寸来准备进行弯曲疲劳试验。

加工了缺口试样并进行感应淬火和炉中回火的处理。通过改变感应淬火温度，制备了 4 种不同试样，见图 2-133。

4 种淬透试样的硬度和表面残余应力值的分布见图 2-134。每种试样的表面残余应力都处于较低的水平，硬度处于同一水平。图 2-135 所示为全淬透试样的疲劳测试结果。最高的疲劳强度是从最细小晶粒尺寸 $d=3.0\mu m$ 或 0.11mil（水平 1）获得，弯曲疲劳强度也得到改善。对于晶粒尺寸为 3 ~ 18μm（0.11 ~ 0.70mil）的试样，其在 10^4 ~ 10^5 循环次数的

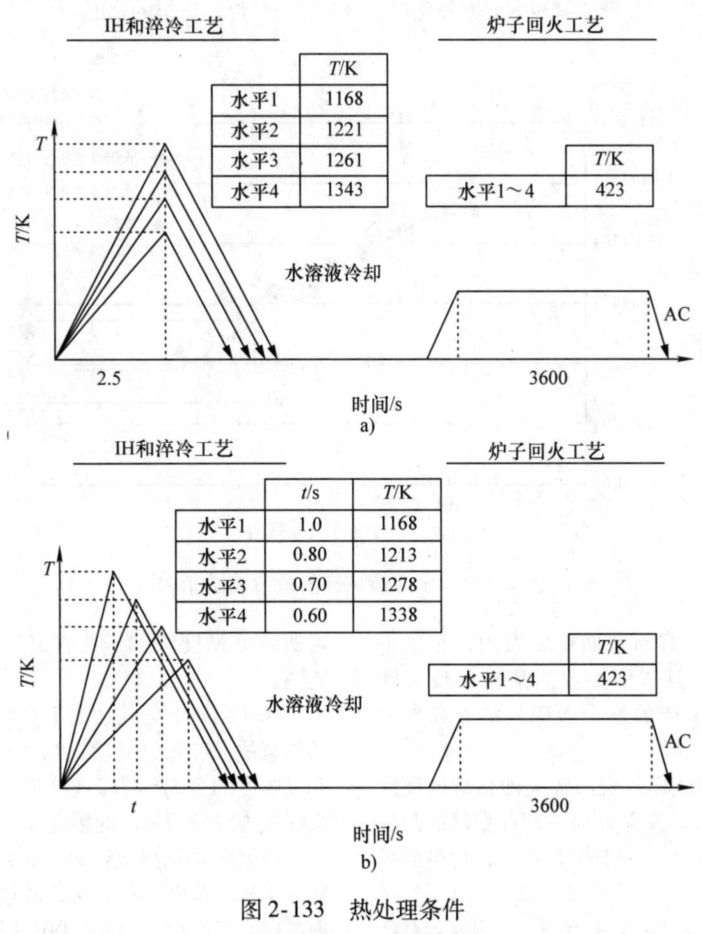

图 2-133 热处理条件

a）全淬透 b）表面淬火

IH—感应加热 AC—空冷

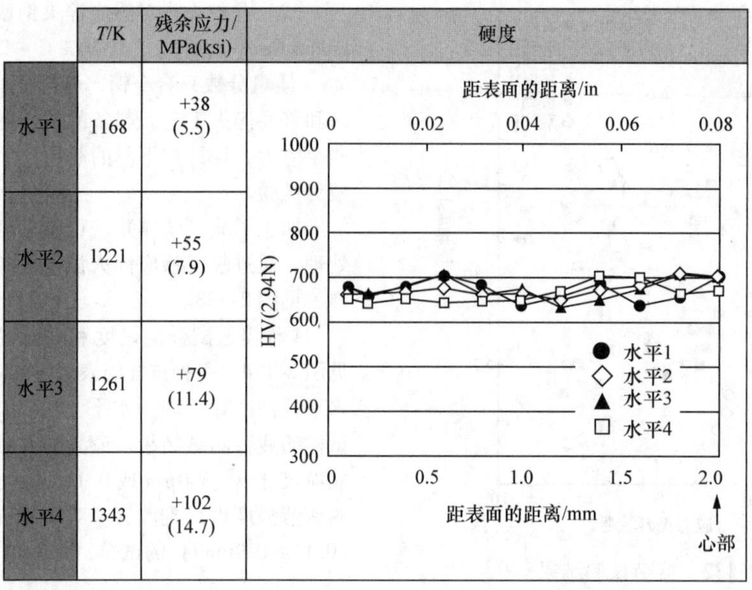

图 2-134 表面硬化层、残余应力和淬透试样的硬度

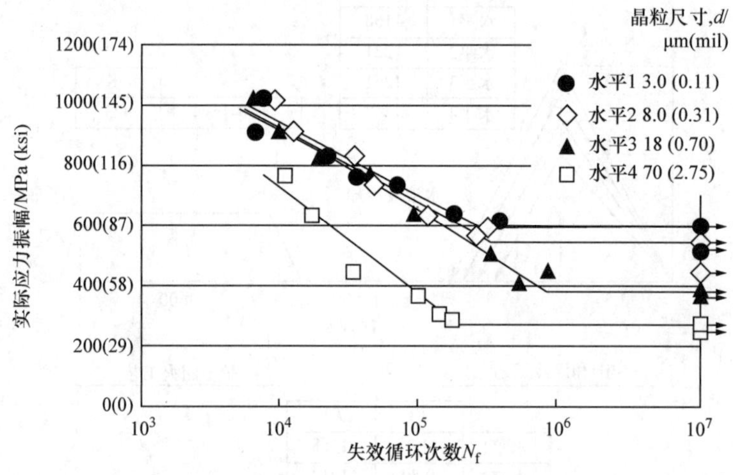

图 2-135 全淬透试样的疲劳测试结果

疲劳寿命相类似。观察断裂面可以发现，在水平1和水平3的试样，其表面主要为典型的疲劳断裂。反而在水平4试样的整个表面是沿着晶界的裂纹。

图2-136所示为试样经表面淬火硬化后的硬度和残余应力值的分布。各应力水平具有相同的晶粒度和相同的淬火层深度。对于所有水平，均得到残余压应力。

图2-137所示为表淬试样采用S－N图表示其疲劳试验的结果。疲劳断裂的起源在缺口表面，最高的疲劳寿命和最高强度在最细小的晶粒尺寸为 $d=3.0\mu m$ 的试样获得。由于再结晶细化了晶粒，使得弯曲疲劳强度得到了改善，其强度比淬透试样的更高。

Hall－petch公式适用于全淬透和表面淬火处理的所有的晶粒尺寸计算。图2-138所示为疲劳强度和晶粒度的关系。图2-139所示为晶粒度和表面残余压应力对疲劳强度的影响。

(3) 不同的感应淬火齿轮对疲劳强度的影响

Matsui等人提出一种方法，通过使用不同方式的表面处理来提高齿轮的疲劳强度。用2种钢经不同方法的表面处理来制备6种齿轮。表面处理方法包括：真空渗碳（VC）、仿齿廓感应淬火（CIH）和双喷丸加工（DSP）。

	T/K	残余应力/MPa(ksi)	硬度
水平1	1168	−1235 (−179)	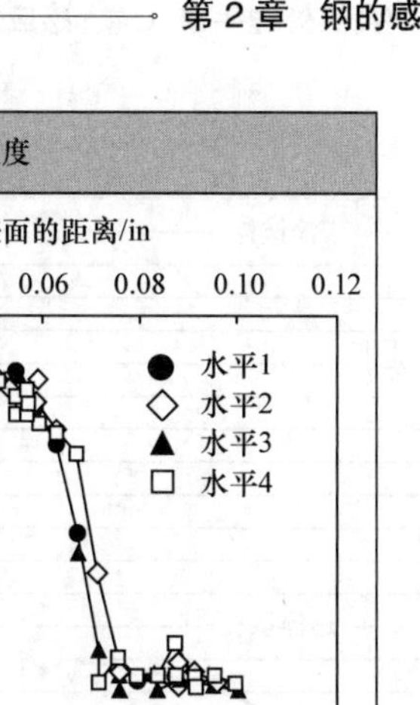
水平2	1213	−1150 (−166)	
水平3	1278	−985 (−142)	
水平4	1338	−820 (−118)	

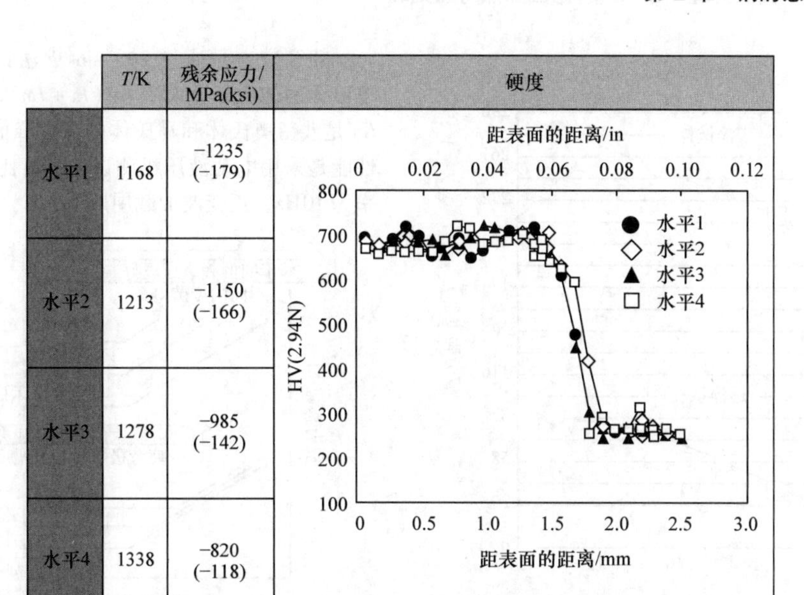

图 2-136 试样经表面淬火硬化后的硬度和残余应力值的分布

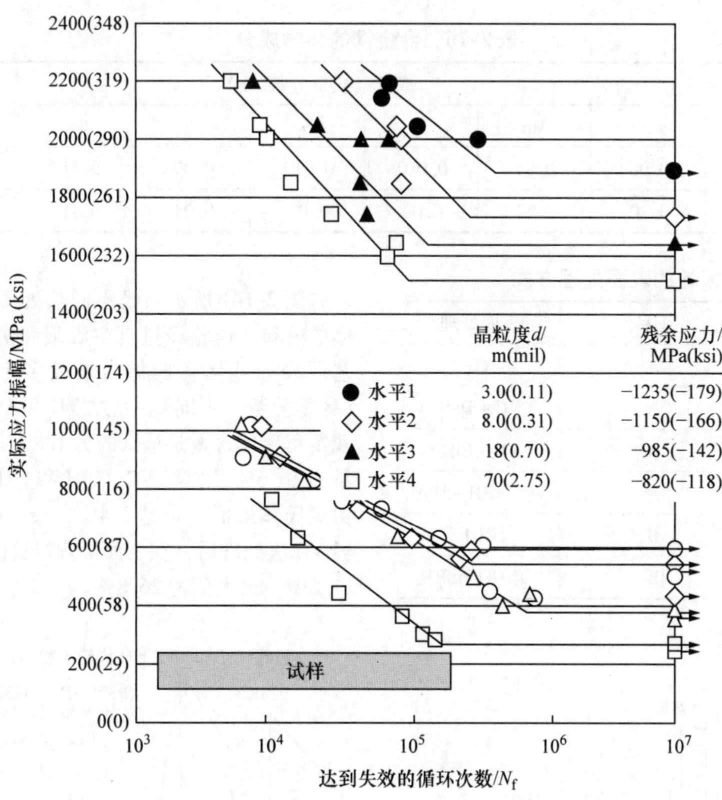

图 2-137 表淬试样采用 S－N 图表示其疲劳试验的结果

合金钢的化学成分见表 2-16。两种钢经过调质硬度达到 200HV，然后加工成齿轮。加工之后，齿轮的表面处理方式见表 2-17。CIH 方法采用 3kHz 频率的电源预热，预热功率为 1000kW，主加热频率为 150kHz，主加热功率为 600kW。表面热处理的具体加工工艺见图 2-140。

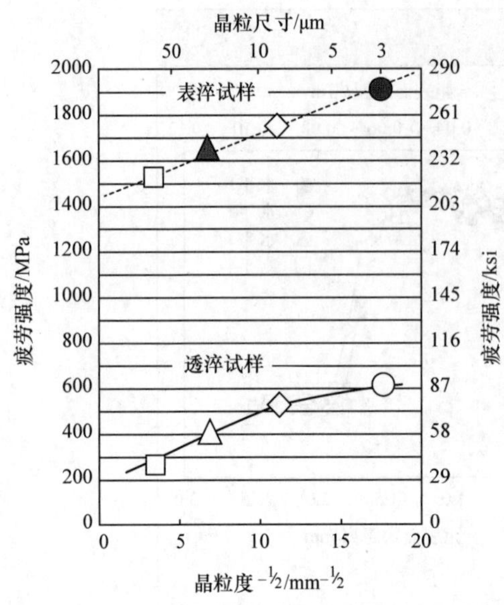

图 2-138 疲劳强度和晶粒度的关系

残余应力是通过 $2\theta-\sin^2\Psi$ 法计算得到。残留奥氏体的体积分数采用 $Ia/(Ia+Im)$ 计算得到，Ia、Im 是残留奥氏体和马氏体的强度峰值。齿轮的疲劳性能是采用电动液压机测试，载荷比为 $R=0.1$，频率为10Hz，正弦波加载周期。

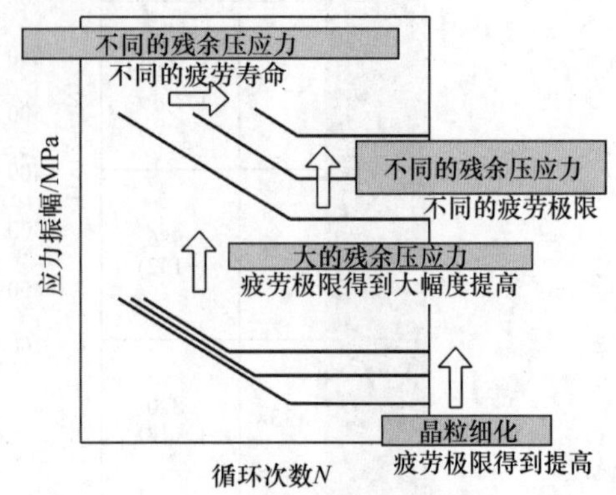

图 2-139 晶粒度和表面残余压应力对疲劳强度的影响

表 2-16 合金钢的化学成分

钢种	成分（质量分数,%）								
	C	Si	Mn	P	S	Ni	Cr	Cu	Mo
A	0.19	0.06	0.84	0.010	0.019	0.09	0.11	0.09	0.4
B	0.51	0.20	0.74	0.02	0.02	0.04	0.11	0.08	—

表 2-17 齿轮的表面处理方式

齿轮	钢种	表面处理
Ⅰ	A	VC
Ⅱ	A	VC + DSP
Ⅲ	A	VC + CIH
Ⅳ	A	VC + CIH + DSP
Ⅴ	B	CIH
Ⅵ	B	CIH + DSP

图 2-141 所示为经不同热处理工艺后残留奥氏体的分布。齿轮经过真空渗碳和仿齿廓感应淬火工艺后表面残留奥氏体含量最多为 24.5% ~ 31.3%（体积分数，下同）。经过 VC 和 DSP 法处理后表面残留奥氏体含量是最低的为 1.8%，次表层最高的含量为 16.5%。而经 VC、CIH 和 DSP 处理后，表层残留奥氏体最低含量是 3.4%，最大的含量为 21.2%。经 VC 法处理后，在表面层残留奥氏体的最低含量为 11.5%，最大值为 26.8%。

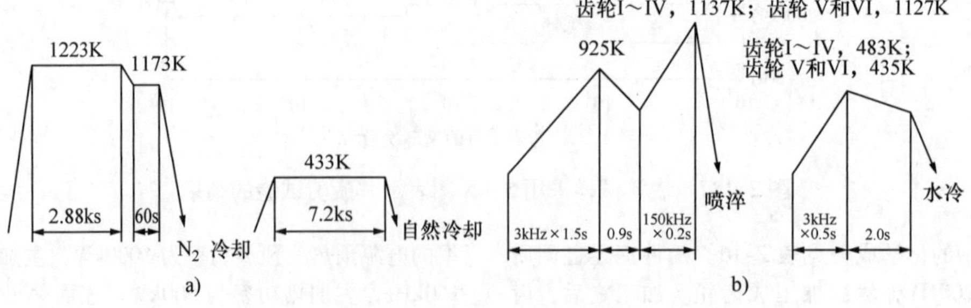

图 2-140 表面热处理的具体加工工艺

a）真空渗碳 b）外廓感应淬火

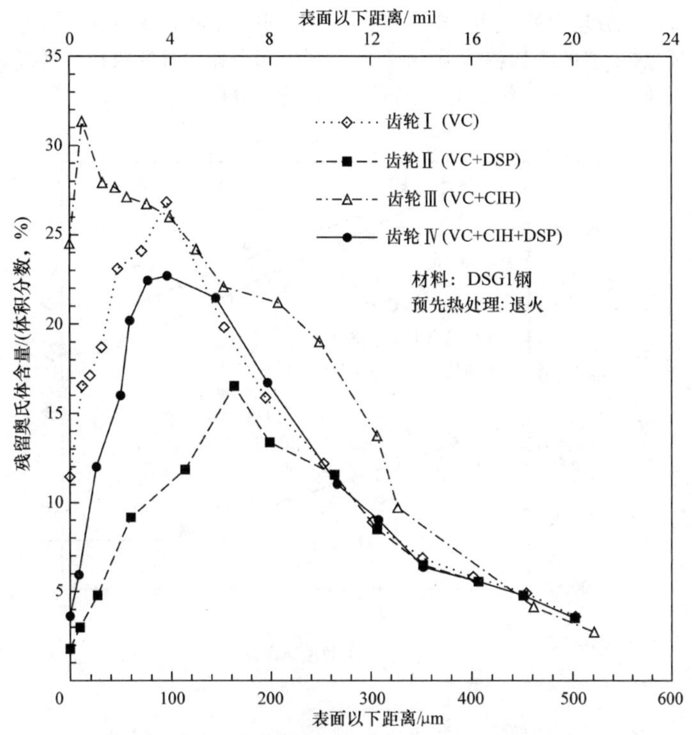

图 2-141　经不同热处理工艺后残留奥氏体的分布

VC—真空渗碳；DSP—两次喷丸；CIH—轮廓感应淬火

图 2-142a 所示为表 2-17 中的前 4 个示例，采用不同热处理后表面的残余应力分布图。在齿轮Ⅱ和齿轮Ⅳ中，可以获得类似的近表面的残余应力分布。两示例在表面的残余应力最大值为 -1850MPa (268ksi)。对于齿轮Ⅱ，在表面的残余应力最大值为 -800 MPa（-116ksi)。齿轮Ⅰ和Ⅱ在深度为 150μm（6mil）处的残余应力分布是相似的，其应力值为 -400MPa（-58ksi)。对于齿轮Ⅲ和Ⅳ，在深度为 150μm（6mil）下的残余应力分布也是相似的，其应力值为 -800MPa。

图 2-142b 的残余应力分布图，CIH 制备的最大应力值，大约为 -800MPa。齿轮Ⅵ经 CIH 处理后，再进行 DSP 处理，其最大残余应力值，大约为 -1500MPa（-217ksi)。

图 2-143 所示为齿轮不同热处理后的 $S-N$ 曲线。可以看出，疲劳强度与不同表面处理后的残余应力有很强的相关性。齿轮Ⅳ（DSG1 钢）经过真空渗碳和结合二次喷丸的轮廓淬火后，其疲劳强度几乎是只经过真空渗碳处理的齿轮Ⅰ的 3 倍。齿轮Ⅵ（SC50 钢）经过 CIH 和 DSP 热处理后，其疲劳强度会比经过 CIH 处理的齿轮Ⅴ高 30%。

（4）感应加热和淬火状态对齿轮弯曲疲劳强度的影响　Miyachika 等人研究了感应加热和淬火的参

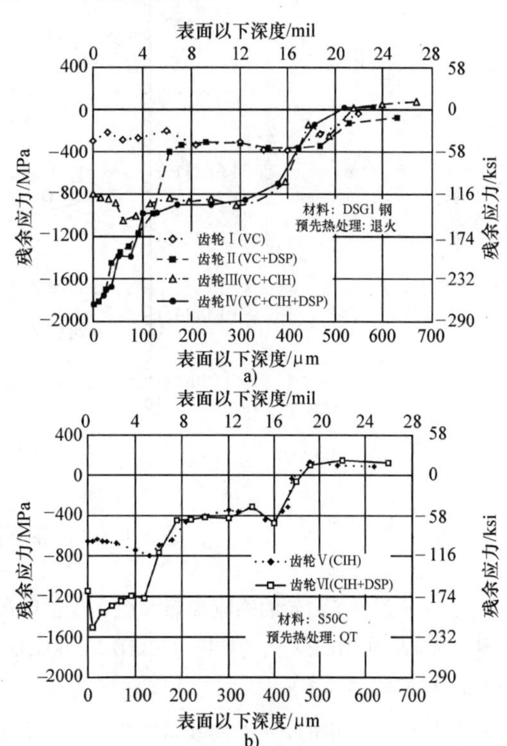

图 2-142　残余应力分布

a）前 4 例表层的残余应力分布

b）后 2 例表层的残余应力分布

数对感应强化齿轮的弯曲疲劳强度的影响。S35C 和 S45C 钢齿轮经过不同加热工艺的感应淬火强化后，测量了相应的硬化层分布和 $S-N$ 曲线。对加热时间、电功率和频率对硬度分布和微观组织的影响也进行了研究。对弯曲疲劳强度和硬度分布的关系也进行了分析。

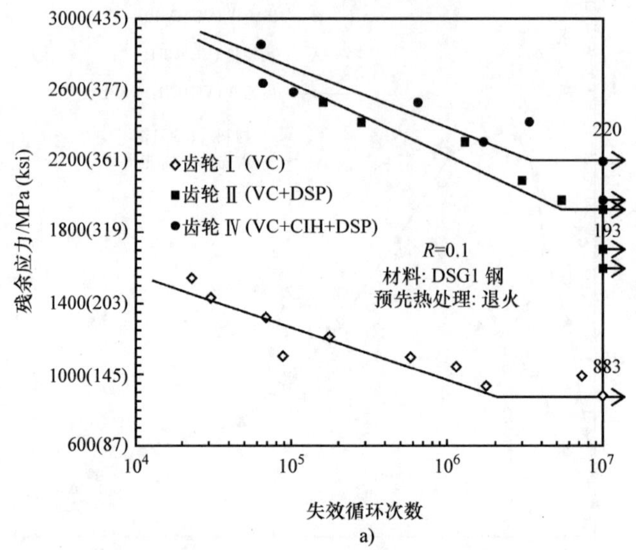

a)

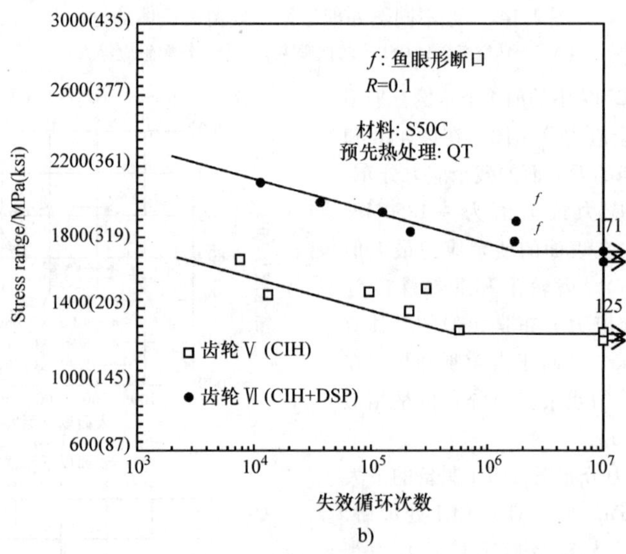

b)

图 2-143　齿轮不同热处理后的 $S-N$ 曲线

表 2-18 列出了齿轮的感应加热参数，包括电源功率（50kW 和 100kW）、频率（30kHz 和 60kHz）和加热时间（0.8～3.8s）。图 2-144 所示为各种热处理条件下 S35C 钢的 $S-N$ 曲线。图 2-145 所示为弯曲疲劳极限载荷。对于每一种加热工艺（P，f）下的最大的齿轮弯曲载荷，在特定加热时间（t_h），均有 80% 大于正火齿轮 G3N 的 P_{nu}。

研究的主要结果如下：

1）试样经过短时间 t_h 的加热，由于感应淬火强化产生的齿轮硬化层，出现在靠近齿宽中间的齿尖部和齿宽端部的齿根处。随加热时间的增加，加热层延伸到整个齿轮。在较小的电力功率下，很难获得沿齿轮轮廓的硬化层。

2）感应淬火强化齿轮的疲劳强度有一个最佳的

表 2-18　齿轮的感应加热参数

齿轮编号	材料	参　数		
		功率 P/kW	频率 f/kHz	加热时间 t_h/s
G3N	S35C	—	—	—
G3B1		100	30	0.8
G3B2				1.0
G3B3	S35C			1.2
G3B4				1.5
G3B5				1.8
G3C1			60	0.8
G3C2				1.0
G3C3				1.2
G3C4				1.5
G3D1		50	30	2.8
G3D2				3.3
G3D3				3.8
G4B1	S45C	100	30	0.8
G4B2				1.0
G4B3				1.2
G4C1			60	0.8
G4C2				1.0
G4C3				1.2

t_h值。在研究中发现，感应淬火强化齿轮的 P_{nu} 的最大值比正火齿轮的 P_{nu} 大 80%。

（5）接触疲劳　Watanabe 等人探讨了有效的热处理工艺是如何改善高强度钢的接触疲劳强度。齿轮齿廓表面接触疲劳强度的影响因素如图 2-146 所示。在自动变速齿轮表面点蚀和磨损导致失效是经常发生的。

相对于传统的渗碳齿轮，无论是否进行喷丸处理，表层似乎都不能维持一样高的表面硬度和强度。齿轮测试结果表明，点蚀寿命与表面硬度正相关，或与使用中实际产生热作用下的最终残余应力正相关。影响轮齿强度的最重要的冶金因素是使用中抵抗软化的能力。

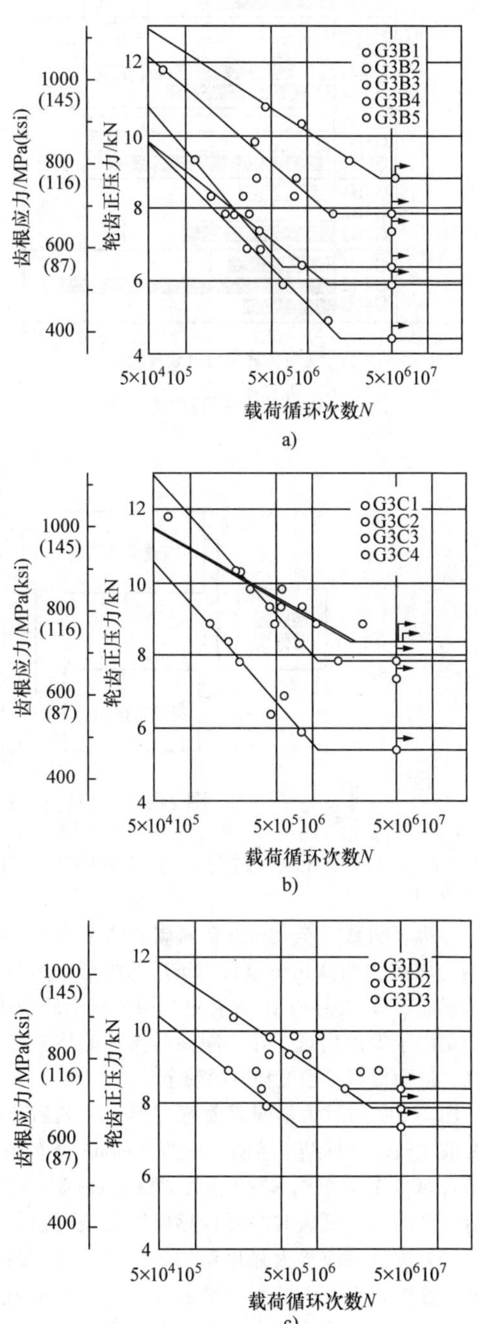

图 2-144　各种热处理条件下 S35C 钢的 $S-N$ 曲线

a）$P=100\text{kW}$，$f=30\text{kHz}$　b）$P=100\text{kW}$，$f=60\text{kHz}$　c）$P=50\text{kW}$，$f=30\text{kHz}$

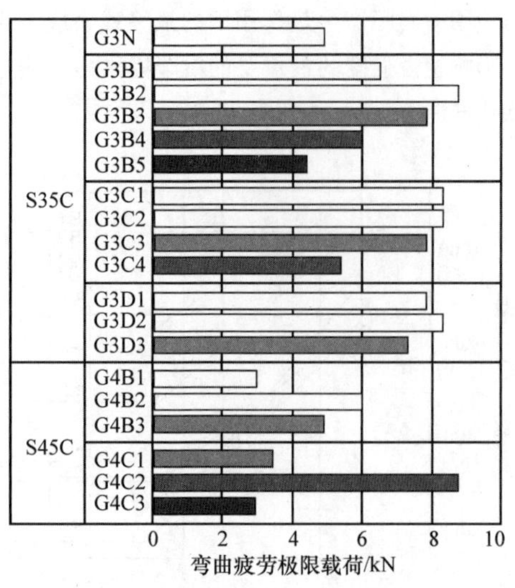

图2-145 弯曲疲劳极限载荷

2.4.8 复合感应热处理

感应加热或淬火通常会与其他工艺方法相结合。这部分通过一些例子概述了对性能和残余应力的作用。

（1）渗氮或碳氮共渗复合感应表面淬火的作用 渗氮和碳氮共渗是在低温下将氮渗入到钢的表面。感应淬火可以用比炉内更短的时间加热和随后淬火。对于感应淬火工艺，它不仅容易控制表层的特性，也便于同其他工艺协同。它很容易集成在一个连续的加工工序中，特别是批量加工的生产线上。

1）液体碳氮共渗复合感应淬火。Watanabe 研究了在液态铁素体氮碳共渗和感应淬火强化中碳低合金钢（含质量分数 0.5% V，不定量的 C、Si、Mn、Ni 和 Mo）的接触疲劳强度的特性。这些钢在一个熔盐槽中进行渗氮，然后在 0.75s 内感应加热到 850℃（1560℉），再在 0.70s 内加热到 1150℃

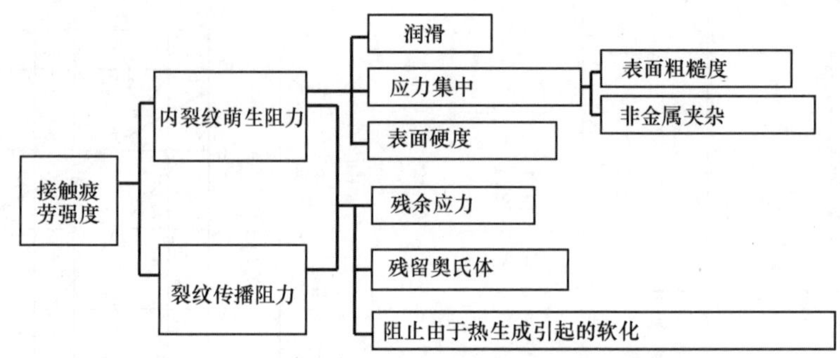

图2-146 齿轮齿廓表面接触疲劳强度的影响因素

（2100℉），然后进行水冷淬火。在 170℃（340℉）下回火 1h。

分析表明感应淬火和液态氮碳共渗复合感应淬火钢先取得大约 0.5mm（0.02in）的渗层，然后一发法感应淬火。另外，它含有更深层的残余压应力。可能是由于氮的出现，导致淬火马氏体晶格常数的提高，进而提高了硬度和表面残余应力。

图2-147 所示为不同表面感应淬火工艺后点蚀寿命的比较。数据结果表明：按照 Weibull 分布循环次数有 50% 的累积概率发生点蚀裂纹的数据有 5 组。所有合金的液态氮碳共渗复合感应淬火表面强化的强度是只进行感应淬火强化钢的 2 倍以上，其耐高温蠕变性能也更高。这些结果表明：耐点蚀抗力与表面硬化层的耐软化能力紧密相关。经氮碳共渗复合感应淬火的钢，由于在高温时有高的抗软化能力，其细小且包含氮溶质的马氏体结构会产生一个高的阻碍裂纹扩展的表层，因而具有很好的耐点蚀性。

2）气体氮碳共渗复合感应淬火。Watanabe 也研究了汽车的等速（CV）万向节的外环，采用复合气体氮碳共渗和感应淬火热处理的情况。这种复合的热处理方法更有效地改善了汽车转换器的齿轮的接触疲劳强度。这种钢（0.51C-0.25Si-0.80Mn-0.48Cr-0.75Mo-0.29V）经热锻和机加工后，在 846K 下进行气体氮碳共渗处理，再感应加热和淬火。图2-148 所示为球道热处理后的外层环的硬度分布。对 S55C 钢的外环采用常规感应淬火强化的硬度分布也在对比图中以阴影区标出以便对比。

整个外环滚道表面层（经氮碳共渗、感应加热和淬火）的微观组织是由很细小的包含氮溶质的马氏体和良好分散的残留奥氏体组成。

因此，经气体氮碳共渗复合感应淬火强化后得到的表面硬度会高于传统感应表面强化工艺的表面硬度。对比其他两种工艺可以看到经过气体氮碳共渗后的硬化层明显的浅于其他的硬化层深度。

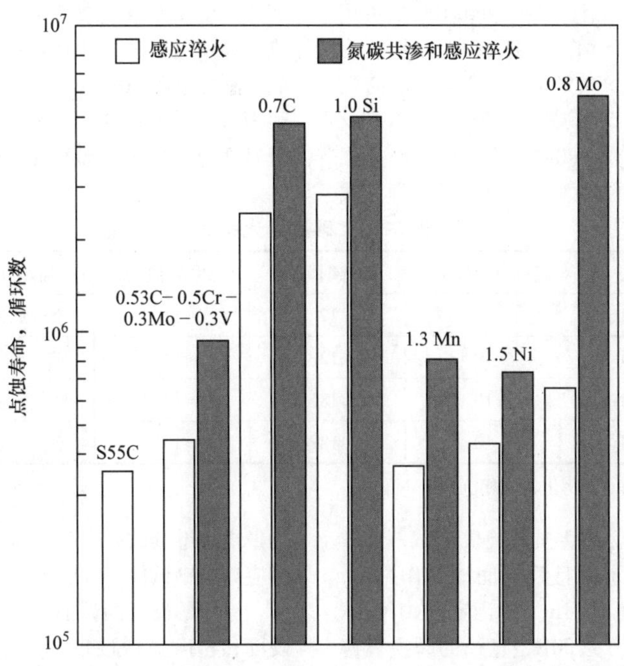

图 2-147　不同表面感应淬火工艺后点蚀寿命的比较

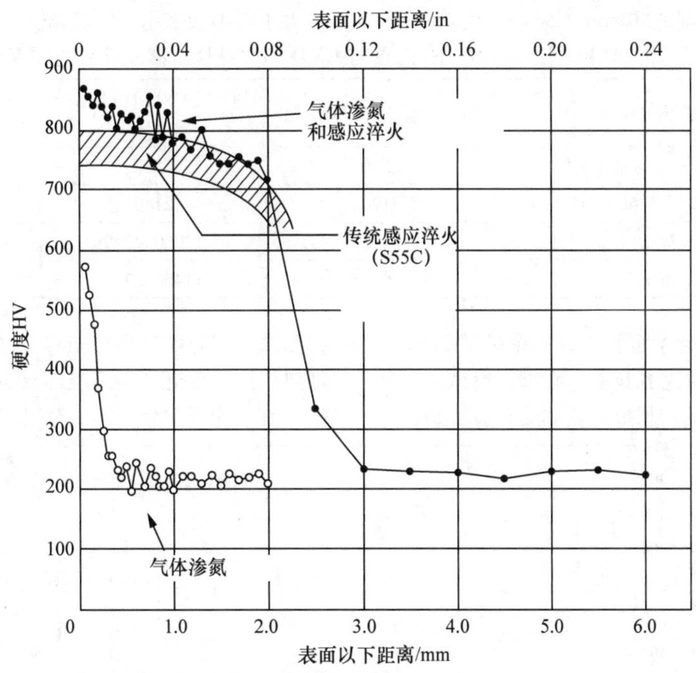

图 2-148　球道热处理后的外层环的硬度分布

（2）涂层复合感应淬火表面强化钢的微观组织和耐磨性　Kessler 等研究了化学气相沉积（CVD）TiN 涂层复合感应淬火强化钢的微观组织和耐磨性。这些合金需要镀膜处理来修复力学性能。感应淬火强化可以取代整体淬透来完成这一过程。涂层经过感应淬火强化，没有宏观的破坏，且对承受载荷的钢的基体、残余应力状态和变形都有积极的影响。现已对钢（AISI 4140、52100、A2、D2）CVD TiN 涂层后加感应淬火复合处理后的涂层微观结构、硬度和耐磨性进行研究。

A2 和 D2 是冷作工具钢；4140 和 52100 是可用作高承载零件的低合金钢。圆柱试样的参数为 ϕ27mm × 23mm（1.06in × 0.90in）。试样经过高温 CVD TiN 涂层法制备（950℃或 1740℉，5h，$TiCl_4$/H_2/N_2），涂层厚度为 5μm（0.2mil）。感应淬火强化采用高频（300kHz）的圆柱形感应圈经过静止式加热。试样在空气或氮气气氛下加热，然后在油槽或气体喷嘴区进行淬火。表 2-19 列出了感应淬火参数，感应电源功率为 10kW。4140 和 52100 的加热时间为 12s，A2 和 D2 的加热时间为 18s。其加热的峰值温度为 1100～1350℃（2010～2460℉）。

表 2-19 感应淬火参数

钢基体 AISI	涂层	感应电源/kW	加热时间/s	温度峰值/℃	加热气氛	淬冷
4140	CVD TiN	10	12	≈1100	空气或氮气	油或气体喷嘴①
52100	CVD TiN	10	12	≈1100	空气或氮气	油或气体喷嘴①
A2	CVD TiN	10	18	≈1350	空气或氮气	油或气体喷嘴①
D2	CVD TiN	10	18	≈1350	空气或氮气	油或气体喷嘴①

① 2000mL/min 的氮气。CVD 化学气相沉积。

耐磨性是通过销－盘式磨损试验机测试，试样为盘状。磨损测试是在室温且没有润滑的作用下，试样与一个直径为 10mm（0.4in）的固定的 Al_2O_3 球进行摩擦。球的总的应力为 20N，直径的磨损痕迹是 5mm，旋转速度为 240r/min。经 30min（7200r）后，利用轮廓仪来检测磨损痕迹，来计算磨损痕迹轮廓。一些磨损测试是在 10min（2400r）时被中断，测量之后继续试验。对于每一个 CVD TiN 涂层复合感应淬火钢试样，各取 4 个磨损测试结果的平均值。

涂层的硬度测试通过抛光试样进行，采用维氏硬度和超声显微硬度测试的综合硬度。4140 钢经 CVD TiN 处理与 CVD TiN 处理＋感应淬火的硬度值见表 2-20。涂层硬度的计算源于综合硬度，因为刻痕太小而不能采用光学显微镜测量。

表 2-20 4140 钢经 CVD TiN 处理与 CVD TiN 处理＋感应淬火的硬度值

涂层硬度检测方法	4140 钢 CVD TiN 涂层	4140 钢 CVD TiN 涂层＋感应淬火	涂层硬度下降（%）
根据化合物硬度计算值（包括 HV 0.01）	2500	1830	27
根据化合物硬度计算值（不包括 HV 0.01）	3190	2180	32
HU 0.05（MPa）	12870 ± 560	12060 ± 540	6
HU 0.1（MPa）	12000 ± 520	11460 ± 710	4

图 2-149 所示为化学沉积 Ti－N 涂层（CVD）＋感应淬火钢 D2 的复合磨损试验，在磨损测试中，从 10min 持续到 60min 的磨损痕迹轮廓变化。特别在磨损测试最初的第一个 10min，与在氮气保护下的感应加热相比，在空气中感应淬火试样的磨损量更大。对于在一个氮气保护下的感应加热，其最初的耐磨

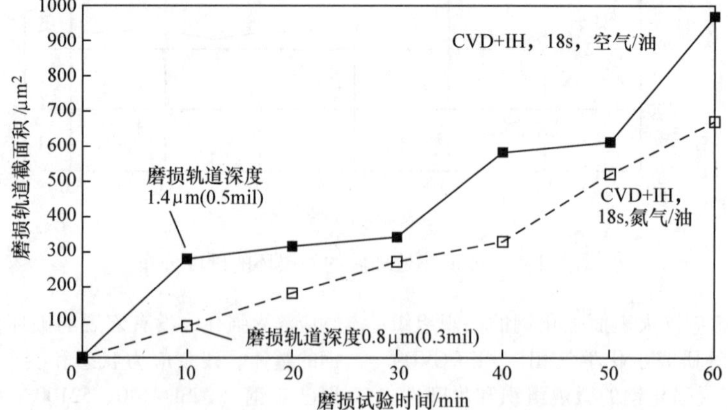

图 2-149 化学沉积 Ti－N 涂层（CVD）＋感应淬火钢 D2 的复合磨损试验（10kW，18s 空气和氮气/油）

性较低，这是由于在空气中形成一个薄的氧化层。10min 后的磨损测试，磨损痕迹厚度的区别总计 0.6μm（0.02mil），这与在空气中感应淬火得到的氧化层厚度相一致。在最初的 10min 摩擦之后，在空气中和在氮气气氛下的感应加热磨损率相似。

（3）钢硬涂层后再感应淬火　Pantleon 等人研究了钢在硬涂层后再感应淬火，通过 CVD 法沉积的硬涂层的性能通常是很好的。但是，高沉积温度有负面作用，影响了基体性能，特别是低合金钢。因此，随后有必要通过热处理来恢复基体的性能。

在 AISI 4140（DIN42CrMo4）钢的基体上沉积了 TiN 硬化涂层后，再对其采用感应淬火强化。探讨了感应加热的参数对基体和涂层性能的影响。通过改变加热时间、加热气氛和输入功率来进行研究。

为了获得理想的结果，调整感应线圈使其适合试样的几何形状。试样和感应器的间距为 5mm（0.2in）。感应电源输出频率大约为 200kHz，感应电流的渗透深度为几毫米。

采用以下参数：

1）高频电源功率：6kW、8kW、10kW。

2）加热氛围：空气或惰性气体（氮气）。

3）加热时间：21s、24s、27s、30s。感应加热后，试样立即进行油冷淬火。

对于沉积后的再感应热处理采用图 2-150 所示的特殊的试验设备来完成。

在感应加热过程中，仅试样的外层区域被加热，从表面开始随深度增加温度逐渐降低，心部基体依然完全是冷的。随着感应加热时间的增加，温度最大值也在提高，试样表面的温度分布也更加在感应加热过程中，试样的表面区域加热几秒后，温度达到 900℃（1650℉）。

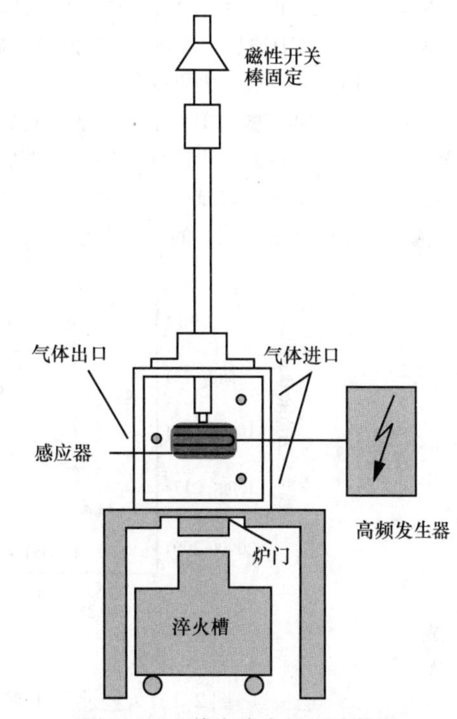

图 2-150　感应淬火的试验装置

温度梯度导致显微组织的梯度。接近涂层 - 基体的界面，基体的显微组织由马氏体组成，但是基体核心依然维持原始的铁素体 - 珠光体组织。从宏观浸蚀的纵向部分观察，可以认为试样大部分淬火区域的深度是均匀的。随着加热时间的增加，马氏体层的深度逐渐增大。这也可以从基体的硬度分布推断出来。在接近表面处的硬度最大值与加热时间无关，但是硬化层的深度会随加热时间的延长而扩大，见表 2-21。

表 2-21　AISI 4140 沉积 TiN + 感应热处理后的性能

热处理	AISI 4140		涂层
	硬度①HV1	层深②/mm	硬度③HV
沉积状态	250	—	3000 ± 70
CVD 后感应淬火			
21s，10kW，空气	682	0.5	1780 ± 50
24s，10kW，空气	679	0.8	1770 ± 130
27s，10kW，空气	681	1.4	1760 ± 100
30s，10kW，空气	684	2.4	1860 ± 70
30s，6kW，空气	682	1.3	1780 ± 50
21s，10kW，氮气	660	0.4	1910 ± 70
24s，10kW，氮气	676	0.8	1890 ± 80
27s，10kW，氮气	611	1.6	2440 ± 70
30s，10kW，氮气	686	2.4	2430 ± 100
30s，6kW，氮气	682	1.4	1860 ± 70

① 表面附近基体硬度的最大值。

② 硬化层深度：表面硬度的 80% 处。

③ 在表面测量值而未考虑残余应力梯度。CVD，化学气相沉积。

TiN 涂层的硬度和残余应力经过感应淬火后都会有所降低。在空气中加热，其硬度降低的更明显；对氮化层进行加热，残余应力更受影响。忽略轻微的应力梯度，考虑到在整个 TiN 涂层的厚度上的名义残余压应力值，与同类沉积试样相比，其残余应力会随加热时间的增加而降低。图 2-151 所示为经过 CVD 喷涂和表面感应淬火后的残余应力。

感应淬火与整体淬火相比，它的优点已经表现在变形测量中。图 2-152 所示为 CVD 后感应淬火（10kW，空气）的变形与 CVD 后整体淬火的变形比较。从图 2-152 可以看出，经感应淬火后，圆柱体试样仅有很小的尺寸变化。而整体淬火后，会有较大的体积变化。

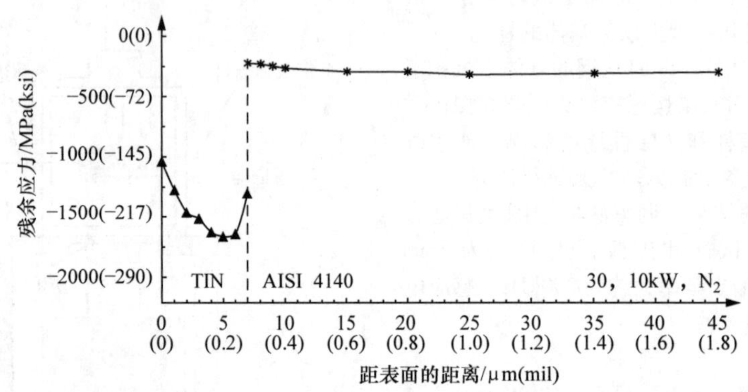

图 2-151 经过 CVD 喷涂和表面感应淬火后的残余应力

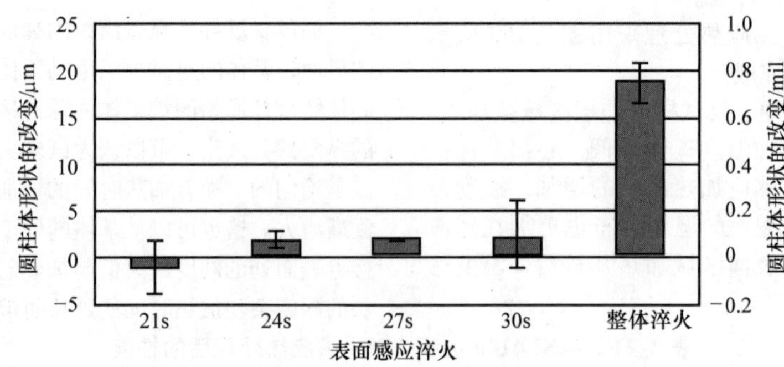

图 2-152 CVD 后感应淬火（10kW，空气）的变形与 CVD 后整体淬火的变形比较

参考文献

1. N. Stevens, Induction Hardening and Tempering, *Heat Treating*, Vol 4, *Metals Handbook*, 9th ed., American Society for Metals, Metals Park, Ohio, 1981, p 451–483
2. P.A. Hassell and N.V. Ross, Induction Heat Treating of Steel, *Heat Treating*, Vol 4, *ASM Handbook*, ASM International, Materials Park, OH, 1991, p 164–202
3. M.G. Lozinski, *Industrial Application of Induction Heating*, Pergamon Press, Oxford, 1969
4. V. Rudnev, D. Loveless, R. Cook, and M. Black, *Handbook of Induction Heating*, Marcel Dekker, Inc., New York, Basel, 2003
5. K.E. Thelning, Induction Hardening, *Steel and Its Heat Treating*, Bofors Handbook, Butterworth, London and Boston, 1975, p 432–451
6. P.G. Simpson, *Induction Heating—Coil and System Design*, McGraw-Hill, New York, Toronto, London, 1960
7. S.L. Semiatin and D.E. Stutz, *Induction Heat Treatment of Steel*, ASM International, Metals Park, Ohio, 1987
8. E.J. Davis, *Conduction and Induction Heating*, Peter Peregrinus Ltd. on behalf of the Institution of Electrical Engineers,

1990

9. ASM Heat Treating Society, *Heat Treating 1997: Proc. of the 17th Conf. Including. the 1st Int. Induction Heat Treating Symp.*, D.L. Milan, D.A. Poteet, G.E. Pfaffmann, V. Rudnev, A. Umehlbauer, and W.B. Albert, Ed., ASM International, Materials Park, OH, 1997
10. G. Benkowsky, *Induktionserwärmung (Induction Heating)*, VEB Verlag Technik, Berlin, 1985
11. K. Kegel, *Die Praxis der Induktiven Warmbehandlung*, Springer-Verlag, Berlin, Göttingen, Heidelberg, 1961
12. R.E. Haimbaugh, *Practical Induction Heat Treating*, ASM International, Materials Park, Ohio, 2001
13. S. Lampman, Introduction to Surface Hardening of Steels, *Heat Treating*, Vol 4, *ASM Handbook*, ASM International, Materials Park, OH, 1991, p 264–265
14. J. Grum, Induction Hardening, *Handbook of Residual Stress and Deformation of Steel*, G.E. Totten, M.A.H. Howes, and T. Inoue, Ed., ASM International, Materials Park, OH, 2002, p 220–247
15. J. Grum, Induction Hardening, *Failure Analysis of Heat Treated Steel Components*, L.C.F. Canale, R.A. Mesquita, and G.E. Totten, Ed., ASM International, Materials Park, OH, 2008, p 417–501
16. J. Grum, Induction Hardening, *Materials Science and Technology Series*, Vol 1, Faculty of Mechanical Engineering, Ljubljana, 2001
17. J.R. Davis, *Surface Hardening of Steels: Understanding the Basics*, ASM International, Materials Park, OH, 2002
18. E. Höhne, Inductionshärten, Werkstattbücher für Betriebsfachlente, Konstrukteure und Studierende, Heft 116, Herausgeber, Haake, H., Springer-Verlag, Berlin, Göttingen, Heidelberg, 1955
19. Heat Treatments by Induction, *Electromagnetic Induction and Electric Conduction in Industry*, D. Bialod, Ed., Centre Francais de I'Electricite, 1997
20. G. Pfaffmann, Introduction to Induction Heating, *Fundamentals of Induction Heating*, Society of Manufacturing Engineers, Anaheim, CA, 1998
21. U. Chandra, Control of Residual Stresses, *Materials Selection and Design*, G. Dieter, Ed., Vol 20, *ASM Handbook*, ASM International, 1997, p 811–819
22. G. Totten, M. Howes, and T. Inoue, Ed., *Handbook of Residual Stress and Deformation*, ASM International, 2002—See also "Distortion and Residual Stress" in ASM Handbook Supplements of ASM Handbook Online at: http://products.asminternational.org/hbk/index.jsp
23. J. Meijer, R.B. Kuilboer, P.K. Kirner, and M. Rund, Laser Beam Hardening: Transferability of Machining Parameters, *Laser Assisted Net Shape Engineering, Proc. 26th Int. CIRP Seminar on Manufacturing Systems*, M. Geiger and F. Vollertsen, Ed., Erlangen, Meisenbach-Verlag, Bamberg, 1994, p 243–252
24. J. Grum, A Review of the Influence of Grinding Conditions on Resulting Residual Stresses after Induction Surface Hardening and Grinding, *J. Mater. Process. Technol.*, Vol 114, 2001, p 212–226
25. A.J. Fletcher, Induction Hardening, *Thermal Stress and Strain Generation in Heat Treatment*, Elsevier Applied Science, London and New York, 1989, p 182–187
26. M. Melander, Computer Calculations of Residual Stresses Due to Induction Hardening, *Eigenspannungen: Entstehung-Messung-Bewertung (Stresses: Formation-Measurement-Review)*, Vol 1, E. Macherauch and V. Hauk, Ed., Deutsche Gesselschaft für Metallkunde E.V. (German Society for Metallurgy), Oberursel, Germany, 1983, p 309–328
27. W. Amende, Industrial Applications of Lasers, *Transformation Hardening of Steel and Cast Iron with High-Power Lasers*, H. Koebner, Ed., John Wiley & Sons, Chichester, 1984, p 79–99
28. U. Brückner, W. Schuler, and H. Walter, Untersuchungen zum Eigenspannungszustand beim Inductiven Randschnithärten, *Eigenspannungen: Entstehung-Messung-Bewertung (Stresses: Formation-Measurement-Review)*, Vol 1, E. Macherauch and V. Hauk, Ed., Deutsche Gesselschaft für Metallkunde E.V. (German Society for Metallurgy), Oberursel, Germany, 1983, p 293–308
29. J. Grum and D. Ferlan, Residual Internal Stresses After Induction Hardening and Grinding, *Heat Treating 1997: Proc. of the 17th Conf. Including. the 1st Int. Induction Heat Treating Symp.*, D.L. Milan, D.A. Poteet, G.E. Pfaffmann, V. Rudnev, A. Umehlbauer, and W.B. Albert, Ed., ASM International, Materials Park, OH, 1997, p 629–639
30. B. Liščić, Steel Heat Treatment, *Steel Heat Treatment Handbook*, G.E. Totten and M.A.H. Howes, Ed., Marcel Dekker, Inc., New York, 1997, p 527–662
31. E. Macherauch, H. Wohlfahrt, and U. Wolfstieg, Zur zwek cmäßigen Definition von Eigenspannungen., HTM 28, 1973, p 201
32. V. Hauk, Eigenspannungen, Ihr Bedeutung für Wissenschaft und Technik, *Eigenspannungen: Entstehung-Messung-Bewertung (Stresses: Formation-Measurement-Review)*, E. Macherauch and V. Hauk, Ed., Deutsche Gesellschaft für Metallkunde E.V. (German

Society for Metallurgy), Oberursel, Germany, 1983, p 9–47
33. S. Denis, M. Zandona, A. Mey, M. Boufoussi, and A. Simon, Calculation of Internal Stresses During Surface Heat Treatment of Steel, *Proc. of European Conf. on Residual Stresses*, V. Hauk, H.P. Hougardy, E. Macherauch, and H.D. Teitz, 1992 (Frankfurt), DEM, Informatinsgesselschaft mbH, Oberursel, Germany, 1993, p 1011–1020
34. H.C. Child, Residual Stress in Heat-Treated Components, *Heat Treat. Met.*, Vol 4, 1981, p 89–94
35. D. Rodman, C. Krause, F. Nürnberger, F.W. Bach, K. Haskamp, M. Kästner, and E. Reithmeier, Induction Hardening of Spur Gearwheels Made from 42CrMo4 Hardening and Tempering Steel by Employing Spray Cooling, *Steel Res. Int.*, Vol 82 (No. 4), 2011, p 329–336
36. J. Grum, How to Select Induction Surface Hardening and Finished Grinding Conditions in Order to Ensure High Compressive Residual Stresses on Machine Parts Surface, *Mater. Sci. Forum*, 2002, p 404, 407, 623, 628
37. I.D. Marinescu, M. Hitchiner, E. Ulhman, W.B. Rowe, and I. Inasaki, *Handbook of Machining with Grinding Wheels*, CRC Press, Taylor & Francis Group, Boca Raton, London, New York, 2007
38. M. Field, J.F. Kahles, and J.T. Cammet, Review of Measuring Method for Surface Integrity, *Ann. CIRP*, Vol 21 (No. 2), 1971, p 219–237
39. F. Kosel and L. Kosec, Internal Stresses in a Surface Hardened and Ground Steel, *Mech. Eng.*, Vol 31 (No. 9–10), 1985, p 225–230
40. R. Schneider, R. Grunwald, and D. Vaught, Induction Hardening and Tempering of Cold Work Tool Steel, *Proc. of the 17th IFHTSE Congress*, Oct 27–30, 2008 (Kobe, Japan), Kyōkai, 2009, p 93–96
41. C.R. Brooks, *Principles of the Surface Treatment of Steels*, Technomic Publishing Company, Lancaster, PA, 1992
42. H.C. Child, "Surface Hardening of Steel," Engineering Design Guides 37, Published for the Design Council, The British Standards Institution, and the Council of Engineering Institutions, Oxford University Press, Oxford, U.K., 1980
43. T. Palin-Luc, D. Coupard, C. Dumas, and P. Bristiel, Simulation of Multiaxial Fatigue Strength of Steel Component Treated by Surface Induction Hardening and Comparison with Experimental Results, *Int. J. Fatigue*, Vol 33, 2011, p 1040–1047
44. H. Kristoffersen and P. Vomacka, Influence of Process Parameters for Induction Hardening on Residual Stresses, *Mater. Des.*, Vol 22, 2001, p 637–644
45. A. Schöpfel and K. Störzel, Optimization of Process Parameters for Induction Heat Treating by Means of Numerical Simulation, *Heat Treating 1997: Proc. of the 17th Conf. Including. the 1st Int. Induction Heat Treating Symp.*, D.L. Milan, D.A.Poteet, G.D. Pfaffmann, V. Rudnev, A. Muehlbauer, and W.A. Albert, Ed., ASM International, Materials Park, OH, 1997, p 595–600
46. J. Komotori, M. Shimizu, Y. Misaka, and K. Kawasaki, Fatigue Strength and Fracture Mechanism of Steel Modified by Super-Rapid Induction Heating and Quenching, *Int. J. Fatigue*, Vol 23, 2001, p S225–S230
47. K. Fukazawa, Y. Misaka, and K. Kawasaki, The Effects of Grain Refinement on the Fatigue Properties of Induction Hardened Cr-Mo Steel, *Proc. of the 17th IFHTSE Congress*, Oct 27–30, 2008 (Kobe, Japan), Kyōkai, 2009, p 97–99
48. K. Matsui, K. Ando, H. Eto, and Y. Misaki, An Increase in Fatigue Limit of a Gear by Compound Surface Treatment, *The 6th Int. Conf. of Residual Stresses, ICRS-6*, Vol 2, July 2000 (Oxford, U.K.), IOM Communications, London, 2000, p 871–878
49. K. Miyachika, K. Oda, and H. Katanuma, Effects of Induction Heating and Quenching Parameters on Bending Fatigue Strength of Induction Hardened Gears, *Sol. St. Phen.*, Vol 118, 2006, p 527–532
50. Y. Watanabe, Effective Heat Treatment Processes, *Proc. of the 17th IFHTSE Congress*, Oct 27–30, 2008 (Kobe, Japan), Kyōkai, 2009, p 35–42
51. O. Kessler, T. Herding, F. Hoffmann, and P. Mayr, Microstructure and Wear Resistance of CVD TiN-Coated and Induction Surface Hardened Steels, *Surf. Coat. Technol.*, Vol 182, 2004, p 184–191
52. K. Pantleon, O. Kessler, F. Hoffmann, and P. Mayr, Induction Surface Hardening of Hard Coated Steels, *Surf. Coat. Technol.*, Vol 120–121, 1999, p 495–501

2.5 感应淬火钢的回火

Valery Rudnev, Inductoheat Inc.

Gregory A. Fett, Dana Corporation

S. Lee Semiatin, Air Force Research Laboratory

钢在感应淬火后的回火是一种亚临界的热处理方法，主要目的是提高韧性和塑性。感应淬火钢也会利用回火得到特定的力学性能，通过回火可以释放淬火过程形成的残余应力并确保尺寸稳定性。

炉内回火是一种被充分验证的实用工艺。当进行这个工艺时，常规方法是在回火温度保持 1 ~2h。大多数碳钢和低合金钢硬度的降低发生的时间都短于这个回火时间，所以这个工艺之后硬度会变得非常稳定。当然要同时考虑炉子负荷并确保各部分在指定的时间、在装载范围内达到合适温度，这是很重要的。合金钢的回火可能需要更长时间和多次回火。

感应回火也是一种被证明了的具有很多优势的工艺方法，如操作灵活、回火时间短、单件加工、设备较小、节约场地面积等。但却需要更加小心谨慎才能确保得到正确的结果。感应回火时间是几秒或几十秒而不是几小时，因此需要一个很好的控制系统来避免足以造成回火条件变化的过渡转变。

感应淬火钢的回火可以通过回火炉加热或感应加热完成。下文简要介绍回火的大致过程，但是更要强调炉内回火和感应回火的不同时间和温度要求。

2.5.1　钢淬火后的回火

炉回火处理过程可以是分批处理或连续处理。分批处理需要每次在淬火后集中起来然后转移到回火炉里进行回火。在连续处理工艺中，一个在线系统（如悬挂零件通过高架式输送机）将零件从淬火位置转入回火炉中，连续处理工艺有利于减少延时裂纹的出现，因为它减少淬火与回火的间隔。感应回火同样是一个非常适合连续处理的工艺方法，同时可以将机械加工过程与感应淬火过程直接连接起来。

感应回火像感应淬火一样已经发展成为一种可靠的工艺，在很多大规格的零件加工中取代了连续处理的回火炉操作，如油管和钢轨。因为感应回火是在比炉内回火更短时间和更高温度的条件下完成的。在给定的回火温度，大部分硬度的变化发生在最初始阶段，并随着时间推移而趋于稳定。因为炉内回火需要的时间很长所以几乎不会出问题。在感应回火中，加热时间必须更精确地控制。在这个阶段一个小的变化会导致硬度发生显著变化。另外，加热的均匀性和加热深度很重要。在一定的硬度区间各个部分得到相同的强韧化和应力释放。这尤其依赖于零件的几何形状、线圈的设计、硬化层分布和线圈的相对位置，以及施加的功率和频率。如果没有合理的操作，就会出现不恰当硬度分布或不适宜的残余应力等问题。在炉中回火时，零件几何形状和加热的均匀性通常不是问题。但是，在分批次的回火过程中，必须解决整体装载问题，以在合适的温度条件下保持合适的时间。在感应回火时，不同的零件可能需要不同的线圈，相反的在炉内回火时，一个炉子可以容纳多个零件，也可以混装。

需要仔细地权衡来决定使用哪种回火工艺。数据显示在一些情况下零件处理的力学性能在两种回火工艺条件下是一致的。然而，在另一些情况下，无论硬化层形状如何分布，采用高温/短时间回火处理的零件与采用低温长时间回火的零件会有性能的不同。

当考虑哪种回火工艺对于特定应用的适用性时，回火参数需要依据多个力学性能进行评估，包括拉伸性能、韧性和疲劳强度。钢通常在淬火后进行较低温度的回火热处理，但有时候为了具有更好的塑性和韧性，需要在较高的温度条件下进行回火。韧性在低温回火中可能有显著改变也有可能没有。然而，回火不仅是改善韧性这一个指标，同样可以影响屈服强度与极限强度以及疲劳寿命。事实上，回火可使材料具有一个相同的抗拉强度，但并不意味着弯曲和抗扭强度也相同。因此，最好的方法是通过零件在实际载荷下的考核结果来评价回火工艺的优劣。

然而，不仅仅是力学性能需要考虑，另一个更加重要的回火因素是减少由感应淬火产生的高残余应力。工件内高的残余应力可以引起开裂和残余应力在服役期间被释放导致的尺寸改变。如果一些淬火组织保持在未回火条件下，会由于残余应力的存在发生延时开裂。这种现象是由钢的化学组成、淬透性、淬火方式和几何形状决定的。例如，SAE 1035 法兰轴感应淬火后可以不经过回火处理，然而 SAE 15B41 轴如果在淬火后几小时没有合理的经过回火处理可能导致裂纹沿着法兰圆角处开裂。

另外，回火可以影响淬火钢零件对于磨削的反应。不经过回火，零件可能更容易磨削烧伤和开裂。此外，回火可以有利于残留奥氏体的分解（这种情况可能发生在中高碳或高合金钢经过淬火的条件下）。残留奥氏体不仅降低硬度还会因为残留奥氏体转变成马氏体引起零件服役过程中的脆性和变形。

在有些情况下，感应淬火零件可以在未经回火条件下使用。有一个普遍的错误看法就是未经回火处理的马氏体是极度脆性的，不能被用于实际条件下。然而，实际上可能对于低温回火马氏体（如在 177℃）、未回火马氏体在力学性能方面会有些不同。零件在实际应用中的验证是确定是否需要回火的最佳方法。也有一些例子表明零件在未经回火状态下使用，包括前述的车轴以及低 - 中碳钢的表面淬火以提高耐磨性或表面残余压应力水平的场合。总的来说，如今感应淬火零件的主流生产工艺是淬火后回火。

（1）自回火 马氏体转变发生在温度区间 *Ms* 和 *Mf* 之间，这个过程取决于碳以及合金含量情况。有些 *Ms* 温度很高。对于含碳量质量分数为 0.2% ~ 0.5% 的碳钢，*Ms* 温度为在 330 ~ 450℃。因此，马氏体在温度达到 *Ms* 时形成，一定程度上是在不断淬冷过程中后段，又处在回火条件下同时发生了自发回火（也称为自发软化）。这个现象的影响随着淬冷烈度的减弱而增强（加长了新生成马氏体在较高温度下形成的时间），也随着钢的含碳量降低（因为低碳钢有更高的 *Ms*）而增加。大多数合金元素降低 *Ms* 温度，这样就可以降低自发回火的可能性。

对于大多数中高碳钢，*Mf* 温度要低于室温。这就不可避免地导致一定数量的残留奥氏体存在于淬火状态。经过正确淬火后的中碳钢，其残留奥氏体数量不多。然而，残留奥氏体随着含碳量的增加而快速增加，因此铸铁和高碳钢通常会有大量残留奥氏体（除非随后使用冷处理）。

在强度与硬度，残余应力和韧性之间，最令人满意的折中性能决定着需要的回火温度与时间。回火温度通常低于低的转变温度 Ac_1，同时还依赖于回火条件和各种显微组织的变化。变化包括发生析出反应，淬火状态马氏体分解为一种由 α-Fe 铁素体和均匀分布的碳颗粒组成的回火组织。

（2）回火的几个阶段 传统的回火方法是零件进入回火炉处理（燃气炉、电阻炉、熔盐槽、马弗炉以及其他形式的红外炉）。炉内回火是一个扩散过程，通常需要 1 ~ 3h，有时需要 5 ~ 6h 甚至更多。在某些情况下，采用多次回火循环。回火也可使用感应加热，感应加热时时间会大幅缩短，同时温度相对高于炉内回火温度。

当淬火状态的马氏体重新加热时，回火发生并进入不同的阶段；普通碳钢的回火阶段分为四个不同但有重叠的阶段，见表 2-22。

表 2-22 普通碳钢的回火阶段

阶 段	回火温度范围	反 应
阶段 1	250℃以下	析出 ε-铁碳化物；马氏体正方度部分降低。中碳钢、高碳钢形成的马氏体在室温下是不稳定的，因为在这个温度下固溶的碳原子可以在马氏体四方晶格中扩散。在高碳钢中，50 ~ 100℃ 回火可以看到明显的硬度提高，它主要是马氏体中沉淀出 ε-碳化物所出现的沉淀硬化（ε-过渡碳化物）。而低含量碳钢不会出现 ε-碳化物的沉淀
阶段 2	200 ~ 300℃	残留奥氏体的分解
阶段 3	200 ~ 350℃	渗碳体替代 ε-铁碳化物，马氏体正方度消失；渗碳体开始以片状魏氏体出现在显微组织中，失去它的正方度成为铁素体。最易成为渗碳体原子成核位置的是 ε-碳化物和基体的界面，当渗碳体晶核长大，ε-铁碳化物粒子很快消失。在高碳钢中渗碳体第二个成核和长大的位置是孪晶。渗碳体第三个形核位置是晶界，包括马氏体内晶界和原始奥氏体晶界。在这一阶段，四方体点阵消失，它实质上是铁素体不是过饱和碳
阶段 4	350℃以上	渗碳体粗化和球化，铁素体再结晶。在 300 ~ 400℃之间开始粗化，而球化发生的温度提高到 700℃。在这个温度区间的高温段，马氏体板条边界被更等轴的铁素体晶界所代替（铁素体的再结晶）。最终是等轴的簇状铁素体生成并粗大球化 Fe_3C 粒子。球化颗粒主要位于内晶界上和原始奥氏体的晶界上，尽管有些颗粒保留在晶格中。600 ~ 700℃，是 Fe_3C 颗粒的持续粗化以及铁素体晶粒逐渐生长的阶段

合金钢回火通常比碳钢涉及更多复杂的动力学问题。一个如此复杂的原因就是碳的存在形式，因为碳会形成三种基本类型：ε 渗碳体、Fe_3C 和复杂的金属碳化物。对于碳素钢和低合金钢来说，回火温度的提高通常会导致硬度（见图 2-153）和强度的减小（见图 2-154）。图 2-155 所示为 SAE 43×× 钢的工程应力-应变曲线和低温回火温度的对比分析。对于单一硬度减少的例外有时出现：在高碳钢

的低温回火过程可能发生硬度的小小提升。对这个硬度增加做出贡献的是从马氏体中析出的碳化物。

相比于硬度，冲击韧性不会随着回火温度的增加而线性增加。在某一特定的回火温度发生脆化现象，导致冲击韧性的降低。这里介绍发生在回火过程中三种类型的脆化现象：

1）回火脆性：当碳素钢或合金钢在 450～600℃ 延长回火时间时发生。

2）蓝脆：当碳素钢或一些合金钢被加热至 230～370℃时，造成抗拉强度和屈服强度增加伴随着塑性和冲击韧性的降低。

3）回火马氏体脆化：当高强合金钢回火温度为 200～370℃时，也称作 350℃脆化。

蓝脆是一种由于在临界温度范围内，碳化物或氮化物的析出物导致的加快形成应变硬化时的脆化现象。如果将可以束缚氮的元素加入钢中，如铝或钛，这种现象是可以被消除的。回火马氏体脆化（TEM）与回火脆化（TE）是有一定区别的。首先，TE 是可逆的，而 TEM 是不可逆的。一旦 TEM 出现，不能利用热处理来逆转这个结果，除非再形成奥氏

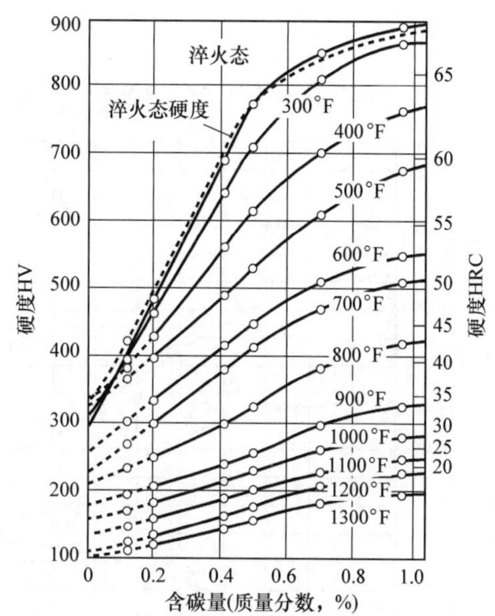

图 2-153　回火温度对碳素钢和低合金钢淬火后硬度的影响

注：在循环空气炉或在盐浴槽中进行 370℃以上 1h 的回火。

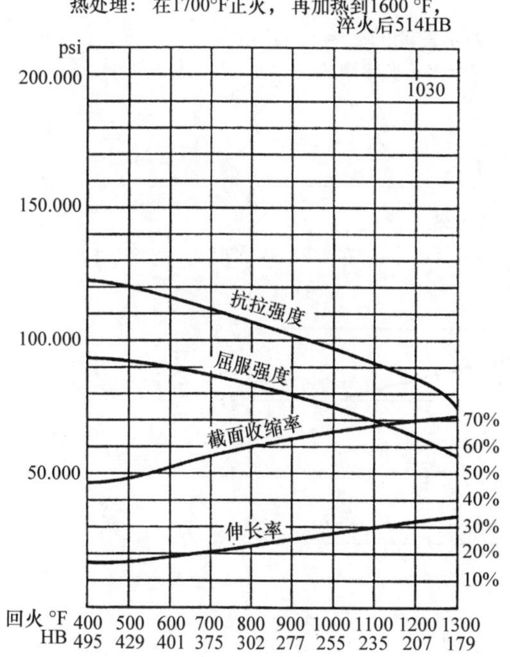

a)

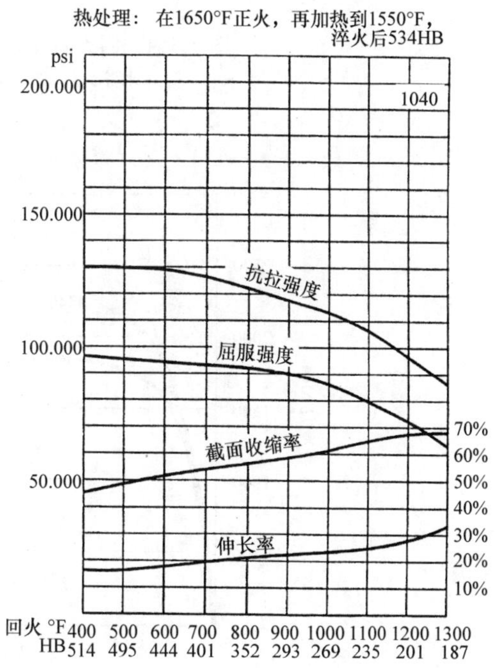

b)

图 2-154　回火温度对碳钢力学性能的影响

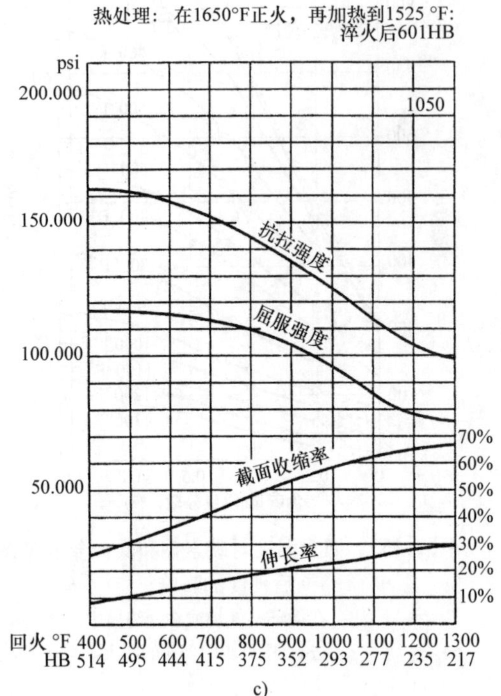

c)

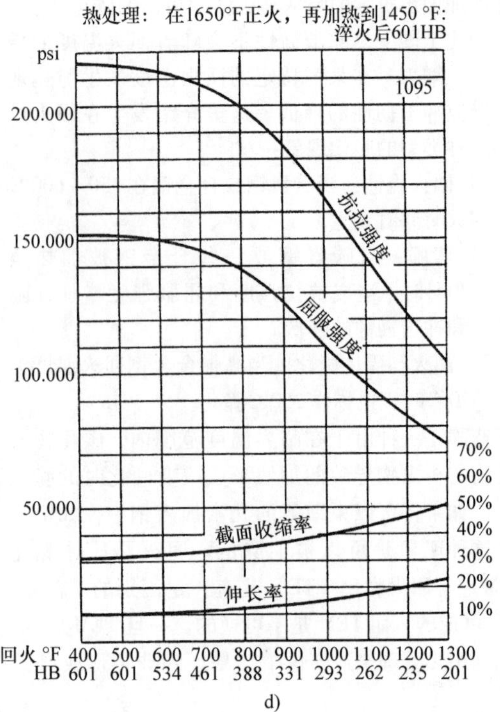

d)

图 2-154 回火温度对碳钢力学性能的影响（续）

注：水淬，1in 圆棒处理，0.505in 圆棒测试。

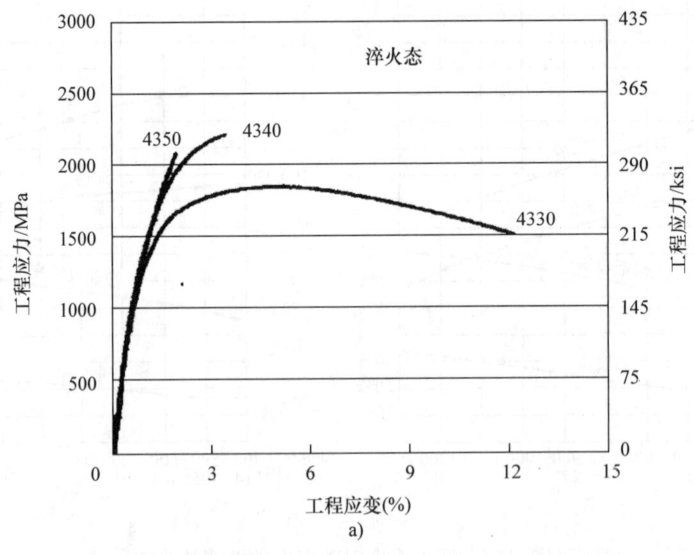

a)

图 2-155 SAE 43××钢的工程应力－应变曲线和低温回火温度的对比分析

a）钢 4330、4340、4350 的未回火马氏体组织

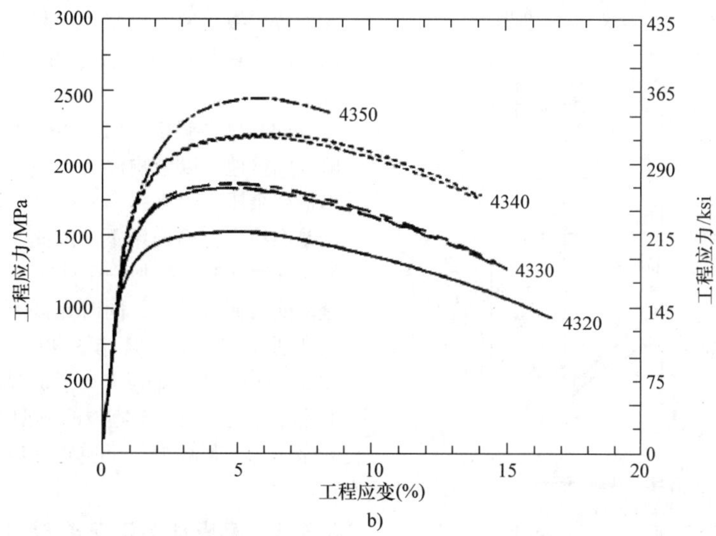

图 2-155　SAE 43××钢的工程应力－应变曲线和低温回火温度的对比分析（续）
b）钢 43×× 淬火得到马氏体并 150℃×1h 回火

体和淬火，可随后在合适的温度范围（不会出现 TEM）进行回火。

合金元素的存在可以对回火动力学和碳化物的形成（成核和长大）和钢的软化有显著的影响。合金钢的回火过程明显慢于与其相对应的碳钢。另外，这个相对慢是因为合金元素扩散过程的影响。因此，对于给定的回火温度和时间，合金钢的淬火可能会有更高的回火硬度。对于含有强碳化合物形成元素（铬、钼、钒等）的合金钢回火可能引起硬度的提高。这种现象，被认为是二次硬化，常常发生在 500～600℃，这时合金碳化物析出。硅可以提升在较低温度下（接近 315℃）的回火硬度。

另一个固相反应发生在当残留奥氏体或上区反应产物（珠光体或贝氏体）回火时。在回火期间，根据回火温度残留奥氏体转化成为珠光体或贝氏体，这些珠光体和贝氏体同样在回火中软化，这是因为在这些微观组织中 Fe_3C 的粗化和球化。

一些钢可能需要二次或三次回火处理。这种情况的发生伴随着合金碳化物的析出，*Ms* 温度可能会提高同时残留奥氏体当从回火温度降低期间转变成马氏体时。例如，高速工具钢和模具钢热处理常常需要二次或三次回火。

（3）钢调质（QT）后的力学性能　通常，回火降低硬度，残余应力和疲劳寿命同时增加塑性和冲击韧性。因为减少了内应力，零件会降低淬火后开裂和扭曲的可能性。回火对于强度的影响不是太确定，且伴随负载条件改变而改变。对于不同成分与不同条件，回火对性能的影响是不一样的。由此，最好去验证实际零件在预期服役环境中所受到的影响。

炉内回火通常要进行 1～2h，同时回火温度是根据要软化的程度而定。回火温度对硬度的影响见图 2-153。QT 钢的抗拉强度同样与硬度有很大的关系。图 2-154 所示为回火温度对碳钢力学性能的影响。随着回火温度的升高硬度降低并伴随着屈服强度和抗拉强度的降低。相反地，塑性随着强度的降低、回火温度的增高而升高。一种常见合金钢 4340 的抗拉强度的变化过程表现出类似的趋势（见图 2-156）。这种趋势是 QT 钢的共性，同时给设计者提示一个需要进行权衡的问题。

虽然塑性通常随着强度的降低而提高，在回火温度增加时，还有其他因素影响塑性。钢的纯净度对塑性有影响。与主要受热处理工艺控制的强度性能不同，熔炼过程对塑性参数的影响很大。另外，在特定温度范围内的回火会导致韧性降低，如前面提到过的 TE 和 TME 现象。例如，图 2-156同时提供了 SAE 4340 钢在室温下、回火温度与韧性或冲击吸收能量的函数关系。对于 SAE 4340 钢，冲击吸收能量一开始随着回火温度的升高而增加，随后通过一个最低值，然后又开始增加。最小值是因为钢在 260℃TEM，在这个温度，残留元素如铅、锑和锡在淬火态的马氏体长时间回火时分别聚集在晶界处。析出物 Fe_3C 很可能也是脆化的原因。拉伸塑性不受

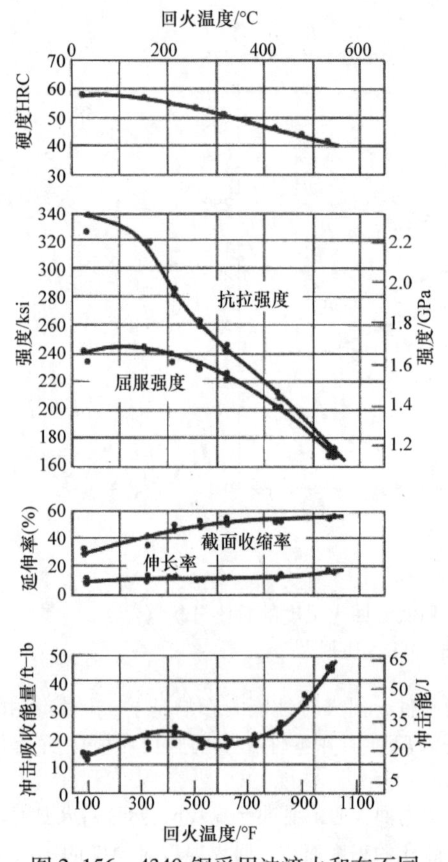

图 2-156 4340 钢采用油淬火和在不同温度 1h 回火后的力学性能

这一现象所影响，不会有极小值出现在断后伸长率、断面收缩率与回火温度曲线里；只有韧性是受影响的，同时这种影响只发生在接近于室温或低温条件下。

（4）疲劳强度 回火可以对残余应力有很大影响，间接地可以影响疲劳寿命。疲劳强度可以通过形成残余压应力来提高。这个现象是因为疲劳的开始是在拉应力的作用下。因此，在假设疲劳是首先发生在表面时，叠加一个残余压应力可能部分或完全消除表面拉应力，同时允许更高的拉伸负载。利用弯曲疲劳的试验结果也说明了此现象（见图 2-157）。表面感应淬火形成显著的残余压应力是非常常见的。当一个零件的典型失效形式是疲劳时，残余应力显著减少甚至逆转在应用中是非常不受欢迎的。

2.5.2 感应加热工艺要求

关于在感应加热时电磁和热现象的基础知识的详细讨论见参考文献［8，16，17，23，31］。最主要的热源是感应电流在导电工件中产生的焦耳热（I^2R）。第二个生成热的原理是发生在铁磁性材料比如碳钢中，生成热的来源是磁滞能量损失（即磁场反转过程中磁畴变化消耗的能量）。

感应加热的强度与效率还有温度分布有几个主要影响因素，包括：

1）被加热材料的电磁性能，如电阻率 ρ 和相对

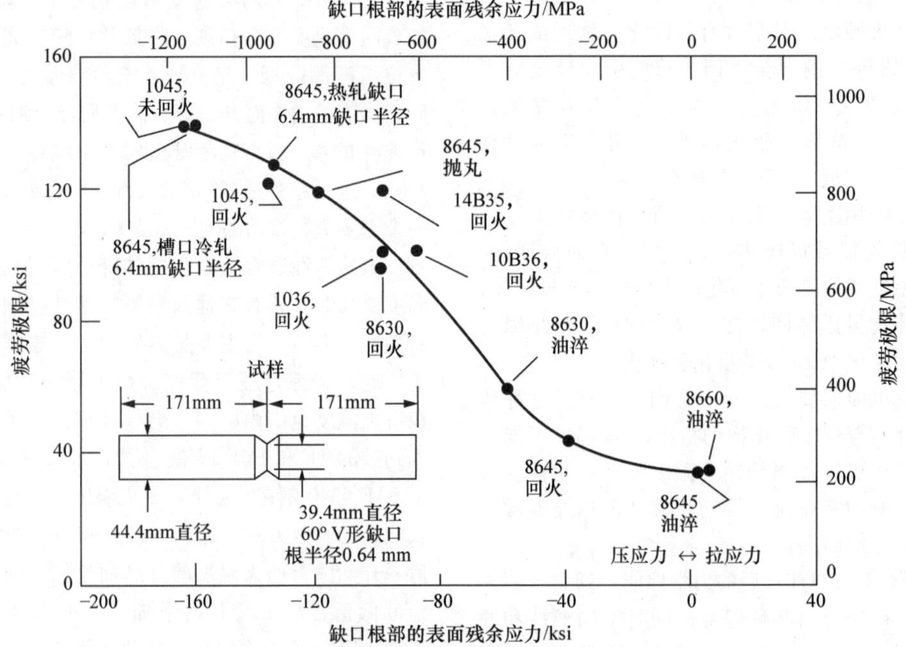

图 2-157 不同碳钢和合金钢的弯曲疲劳极限与表面残余应力的关系

注：除另有说明外，所有钢都经过水淬。

磁导率 μ_r。

2）工件和感应线圈的邻近状况，它们的几何结构和设计规程。

3）感应的功率密度。

4）电磁场的频率。

磁场与电流因为一些电磁现象在加热工件中的分布是不均匀的，电磁现象包括但不限于趋肤效应、邻近效应、端部效应等。热源分布的不均匀会产生相应的加热层。

（1）趋肤效应和电流透入深度　当交流电流通过导电体，电流的分布不均匀。电流密度最大值位于导体表面，电流密度从表面到中心逐渐减少。

这种电流在导体横截面分布不均匀的现象被称作趋肤效应。根据经典的趋肤效应定义，感应涡流主要存在于大部分感应能聚集的表面层，这一层被称作参考深度或电流透入深度，同时这一层通常用 δ 代替。它的数值与相对磁导率 μ_r、电阻率 ρ 和频率 F 相关：

$$\delta = 503\sqrt{\frac{\rho}{\mu_r F}} \tag{2-6}$$

式中，δ 的单位是 m；ρ 的单位是 Ω；F 的单位是 Hz。

电流透入深度是一个影响温度分布的主要因素。δ 的数值说明有大约 86% 的感应能聚集在表面层。

物理特性 ρ 和 μ_r 不仅取决于温度还取决于化学成分、显微组织和晶粒大小。对于钢和铸铁来说，电阻率随温度增加而增加。例如，SAE 1040 钢的 ρ 值可以在回火周期中为 0.171（21℃ 或 70℉）~ 0.763μΩ · m（600℃或 1110℉），导致 δ 的相应变化。

磁导率是一个与温度和磁场强度有关的函数。这是一个无量纲的参数。随着温度的增加，μ_r 最初保持不变。然而，在达到一定温度时，它的数值开始快速增加。当达到居里温度时（A_2 温度），钢变为无磁性，$\mu_r = 1$。

对于含碳量小于 0.45%（质量分数）的碳钢居里温度为 768℃。对于高碳钢，居里温度遵循铁碳相图的共析成分；其后，它与 A_1 线一致。合金元素一定程度上改变居里温度，钼和硅会升高居里温度，锰和镍会降低居里温度。

相对磁导率 μ_r 同样是一个关于频率和磁场强度的复杂函数。当频率小于 1MHz 时，它对于 μ_r 的影响是无关紧要的，因此可以被忽略（从工程的角度）。

同类型的碳钢在相同温度和频率下可以有不同数值的 μ_r，因为有不同的能量作用于感应线圈（因为 μ_r 是一个磁场强度的函数）。如果应用磁场足够强，磁性材料可以像无磁体一样被饱和及响应。

感应回火的能量密度要低于感应淬火；回火时 μ_r 的数值要明显高于感应淬火。图 2-158 所示为相对磁导率 μ_r 在感应淬火和感应回火中的典型变化在以极低的能量密度回火时，μ_r 的数值甚至会更高。

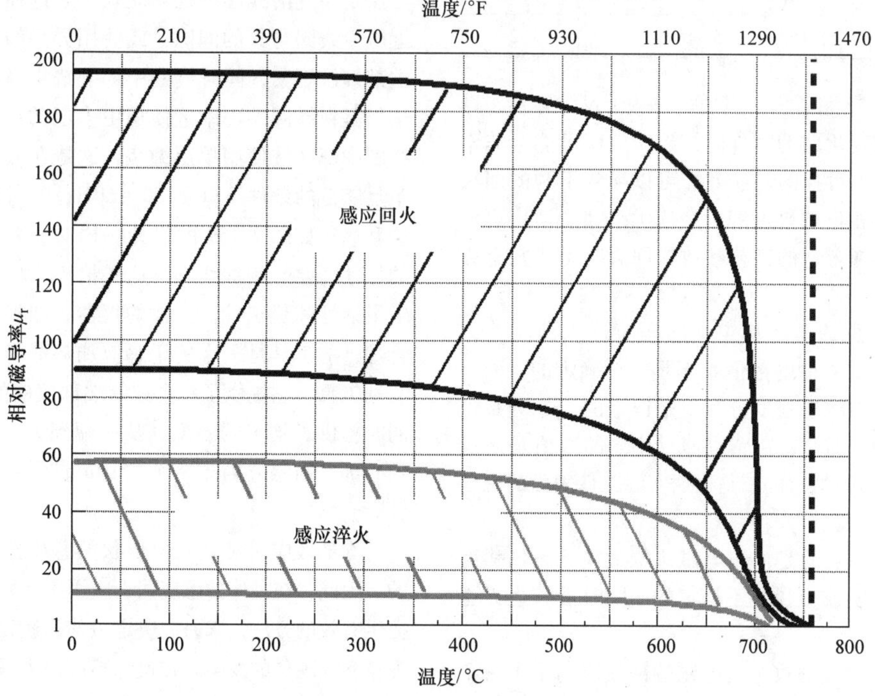

图 2-158　相对磁导率 μ_r 在感应淬火和感应回火中的典型变化

在感应回火时，μ_r 随温度升高而降低。然而，在非常弱的区域，μ_r 可能会先随温度升高而增加然后在居里温度附近快速降低。

相对磁导率的降低和电阻率的增大导致 δ 的增加。然而，当碳钢从室温开始加热到 550～580℃，δ 的变化是相对可以忽略的，因为这时钢保留着磁性。

如果电流透入深度小于相应工件的物理尺寸（如厚度），几乎所有感应能量会聚集在一个很薄的表面层中，同时工件剩余部分会用仅以热传导的方法被加热。在这种情况下，表面可能会有极高的温度，同时热量可能不会足够快地流向中心。这就是在回火时感应器的形状和参数必须仔细选择的原因。

高频率导致更小的电流透入深度，因为形成了一个更为显著的趋肤热效应和工件截面的更大的温度梯度。

表 2-23 列出了碳钢的透入深度 δ 与回火温度和频率的关系。注意钢在这些温度下保留着磁性。

表 2-23 碳钢的透入深度 δ 与回火温度和频率的关系

温度/℃	电流透入深度 δ/mm			
	频　率			
	60Hz	500Hz	3kHz	10kHz
21	4.7	1.63	0.67	0.36
621	15.5	5.38	2.2	1.2

由表 2-23 可看出，当加热淬透大尺寸零件、厚壁管、较深硬化层的零件时，趋肤效应可能会非常显著。一个不可控的趋肤效应可以导致不利的回火状态和几乎相反的硬度和残余应力分布。运用更低的频率、选择合适的工艺参数在回火时是非常有必要的。

应该注意的是经典定义的涡流透入深度［式(2-6) 中等式右侧的数值］不是完全确定的，因为在加热工件中磁场强度分布不是恒定的，μ_r 分布也不是恒定的。通常，在感应回火中 δ 的数值是通过 μ_r 的值来计算的，而 μ_r 是根据实际工件表面的磁场强度来计算的。

还必须注意的是由于电磁边缘效应，磁场强度不仅沿着厚度或半径是不恒定的，同时沿着边界也是不恒定的。

（2）电磁端部效应　电磁端部效应揭示了一个在感应线圈两端的扭曲的电磁场。对其概略的介绍就是一个普通的螺旋感应线圈中，一个可测的能量不足出现在铁磁性工件的最末端。这会导致显著的加热不足，这可能由以下几个因素引起：

1）过低的频率（和最佳频率相比）。

2）过低的能量密度。

3）线圈与实际工件间的较大的纵径向间隙。

4）不足（小的）线圈悬伸 σ。

相反，使用太高的频率和能量密度以及过长的线圈悬伸 σ，通常会导致在末端区域的能量过剩。因此，过高的温度可能出现在那个区域。

计算机模拟测试表明，对于一个传统的线圈设计，即一个线圈与实际工件径向间隙为 25mm，即使选取一个大的悬伸 σ = 75mm，这时回火碳钢管的直径为 205mm，管厚为 25mm，最终温度达到接近 600℃，使用 50～60Hz 的工频，管的尾端会有一个明显的温度不足（接近 60～80℃），导致由电磁端部效应引起的明显的热能欠缺。实践表明增加加热时间是为了促进热传导，而不会显著改善温度分布均匀性，却会降低生产率。用高的频率可以补偿在管末端的热量欠缺，但是这同样会造成系统对感应线圈和管位置的变化更敏感和在管壁中不均匀的温度分布。

图 2-159 所示为感应线圈的不同设计以改善管端的加热效果。一个获得更均匀的纵向加热模式的方法是改变沿线圈的径向间隙，通过在线圈末端附近减少线圈与管的间隙，或使用异型线圈，使线圈端部缠绕更紧，同时线圈中部缠绕更宽松。另一个选择是在线圈端部附近使用更多层的缠绕，同时在线圈中部区域使用单层缠绕，这是在假设使用的频率足够低的条件下（如 50～60Hz）。所有的这些方法和途径如图 2-159 的设计一样对应各种各样的管的尺寸需要专用的线圈，这样抬高了成本同时降低了灵活性和稳定性。其他的仪器，如被称为磁力线管理器的工具是一个关于感应加热器设计的独特的专利工具，它提供了一个控制端部效应的有效方法，同时提供了均匀的温度（从一端到另一端，从表面到心部，当感应回火一个 75mm 或更大的厚壁碳钢管时）。

端部效应对复杂几何形状的感应器是很难分析的。因此，在具体的感应回火应用中计算机模拟可能提供有效的方法，来研究决定最佳的途径来控制电磁现象和热现象的发生。在设计感应回火系统时还需要考虑其他的电磁效应，包括邻近效应、槽口效应、环形效应、电磁边缘效应等。

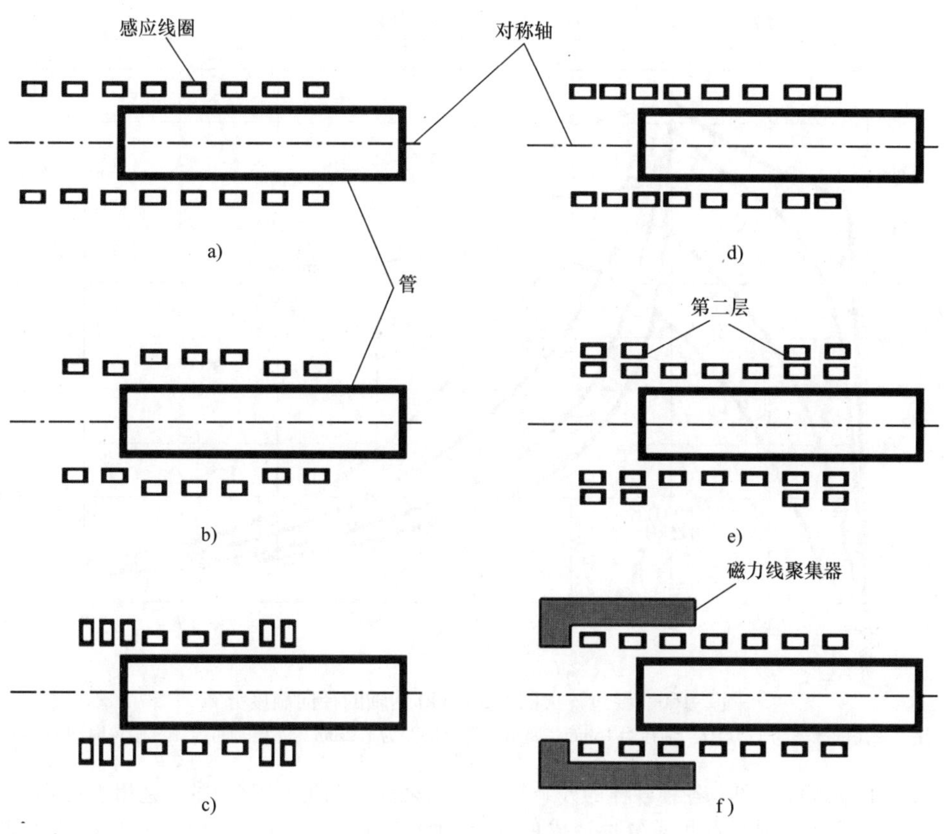

图 2-159　感应线圈的不同设计以改善管端的加热效果

2.5.3　自回火

感应工艺中有两个方法来进行回火。一个方法是感应回火本身，淬火的零件通过感应被加热重新达到回火温度。第二个方法是自回火，利用感应淬火后在基体中积累的一部分残余热量再次释放来回火。

在自回火过程中，零件不是完全淬火到环境温度。图 2-160 所示为经过淬火的 SAE 4340 钢轴的径向温度分布。在淬火的最后，轴表面的温度大约为 50℃，但是心部温度接近 82℃。考虑到马氏体的转变是一个剪切转变，绝大多数马氏体在表层温度达到 50℃时已经形成。淬火时间一般会延长，同时，轴会有一个过冷状态来确保完全转变。

如果淬火在 3s 时被中断，那么轴会有相当多的热聚集。例如，在一个实际操作中，表面温度接近 125℃，然而，心部温度可能接近 290℃。如果在这一时刻淬火剂的冷却停止，轴的表层会由心部的热聚集再重新加热。因为钢具有相对好的热传导能力，同时因为钢的半径只有 8mm，会有相对快的从轴心部到表层的热反向流动。经过一定时间表面温度会增加，同时心部温度会降低至一个平均温度，这个温度与轴在淬火液中断时的温度相当，这些残余的热量用于回火。

自回火的好处为以下几点：

1）这是一个节能的工艺，回火时不需要任何附加能量；它利用工件在奥氏体化时产生的一部分能量，加热和冷却需要更少的总能量。

2）消除了淬火和回火之间的延迟。太长时间间隔在某些情况下是有害的，特别是当淬火材料具有低韧性时，因为裂纹可能在这段时间内产生。

3）节省大量的生产空间，因为感应回火设备不需额外的场地。

4）这个方法最节约成本。在自回火中，回火是并入淬火操作中的。因此，减少了附加操作，降低了额外的设备投资和总的工艺时间。

自回火是最合理的，是感应淬火后的最佳回火途径。然而，它还有一定的局限性。

1）自回火的本质是对残余热量的严密控制，这就是一个挑战。在奥氏体化阶段精确控制能量是相对容易的，但是精确又可靠地监控淬火过程是困难

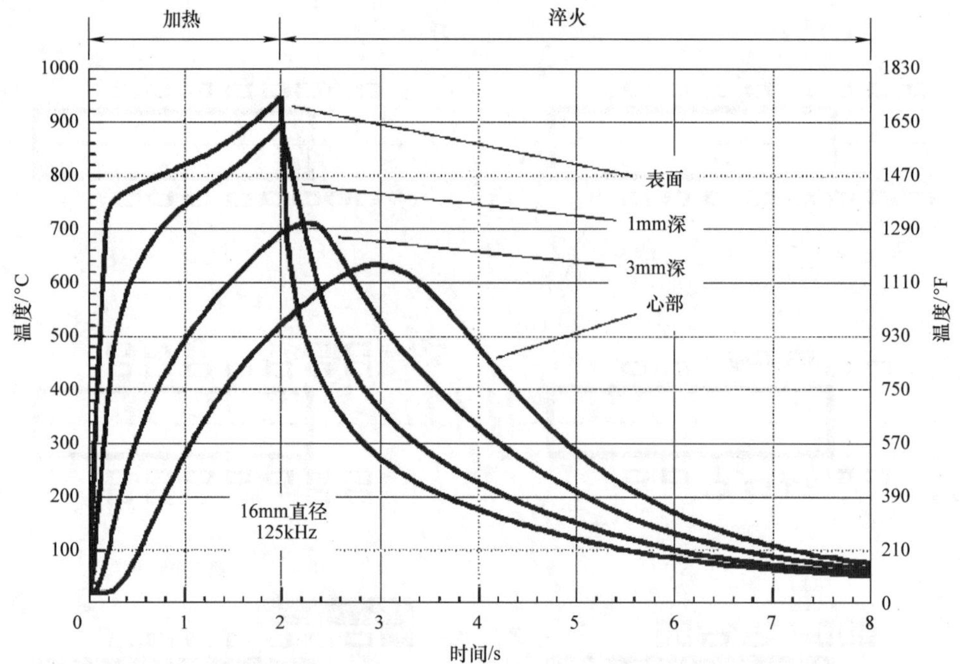

图2-160 经过淬火的SAE 4340钢轴的径向温度分布

注：采用的频率为125kHz，轴径为16mm，要求的硬化层深为1.2mm，淬火时间为2s，喷淬时间为6s。

的。淬火过程的偏差可以产生各种各样的残余热，这反过来会对自回火的质量和可重复性造成负面影响。

2）自回火常常用在几何形状相对简单工件的热处理上。当处理几何形状复杂零件或不连续几何外形时，那些细微的几何外形差异可能产生局部加热强度和冷却强度的变化，这会对整体的自回火条件产生不利影响。

3）有些钢的 *Ms* 很低。因此，在淬火被中断时，可能会有不足量的马氏体形成，这会导致大量的残留奥氏体。

4）当使用仿形加热或需要局部淬火时，要避免使用自回火（当只需淬火零件其中的一部分，大部分比较凉的相邻区域的存在可能会对自回火状态产生不利影响）。

5）当淬火相对小的零件时控制残余热量是非常困难的。

6）自回火通常用在静态加热、一发法加热、水平扫描淬冷，冷却程度较弱。它不应该应用于垂直扫描，因为不同的冷却条件会使工件的顶部与底部残余热的聚集发生变化。

上述局限性限制了自回火在工业中的广泛应用，结果就是炉内回火和感应回火现在更加普遍。在一些实例中，自回火是被成功用于和感应回火结合，从而得到了理想的微观组织。例如，一个结合了自回火和多脉冲感应回火的工艺用于非旋转模式下的曲轴淬火。在这个工艺中，曲轴颈在固定状态下进行热处理。对于汽车曲轴的大部分，会用3~4s来奥氏体化一个轴颈表层，此时频率为10~30kHz（根据曲轴的种类）。在完全奥氏体化后，在淬火4~5s后进行3~5s的第一次空气中热扩散。然后，再低功率感应回火3~5s，接着是第二次热扩散和第二次感应回火。这个过程需要一直重复直到得到所需的回火状态，得到一个多次脉动的回火结果。

感应回火（这种情况热量从表层向次表层扩散）和自回火（这种情况热量从内部向表层扩散）的组合，相较于单一的分别回火具有显著的优势。一个优势就是有更均匀的热状态和更好的可控性。如果自回火单独应用，仅仅依靠轴颈中心区域在循环淬火时积累的热量，剩余热分布则不均匀。相比之下，当自回火和感应回火同时使用时，两个过程相互补充，同时产生一个更均匀的热分布，减少热梯度和残余应力，这就是使用该种回火方法所产生的好处，此时会将工艺周期减少到最短。在一些实例中，如果使用的能量过高，单脉冲感应回火会导致一个不希望得到的残余应力分布，在这样的例子里很大的残余拉应力可能出现在表面。多脉冲感应回火和自回火的联合使用提供一个温和的回火状态，可以使回火马氏体的组织结构达到最优化。

2.5.4　感应回火方法

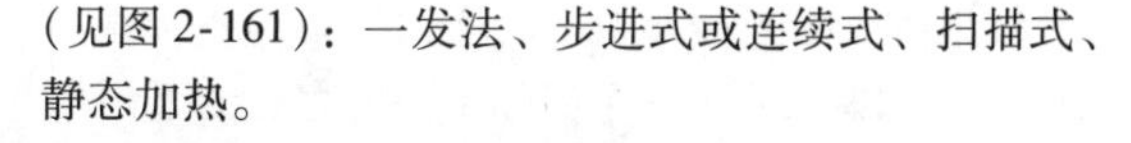

感应回火可使用以下加热模式中的其中一种（见图 2-161）：一发法、步进式或连续式、扫描式、静态加热。

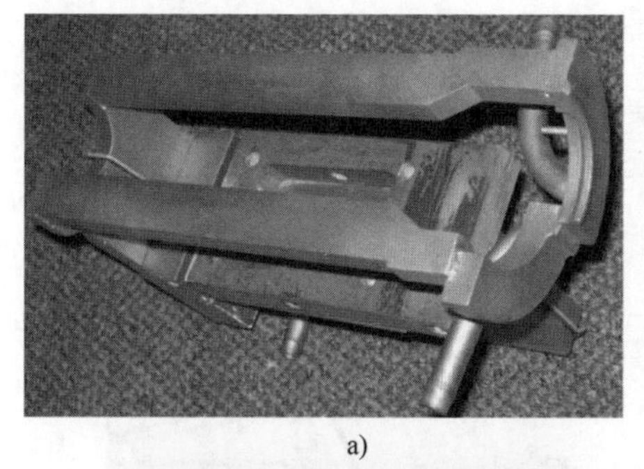

a)

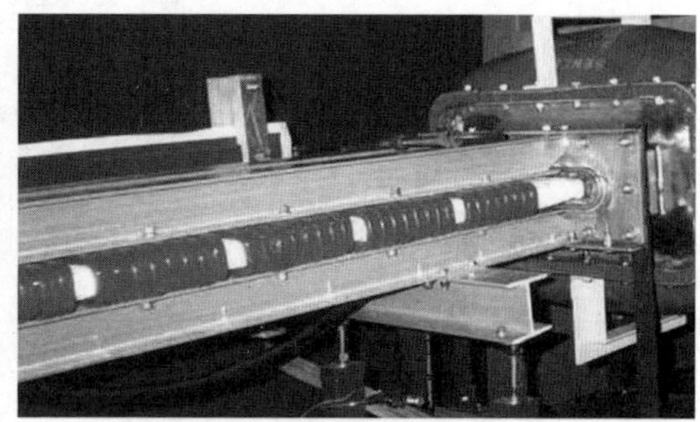

b)

c)

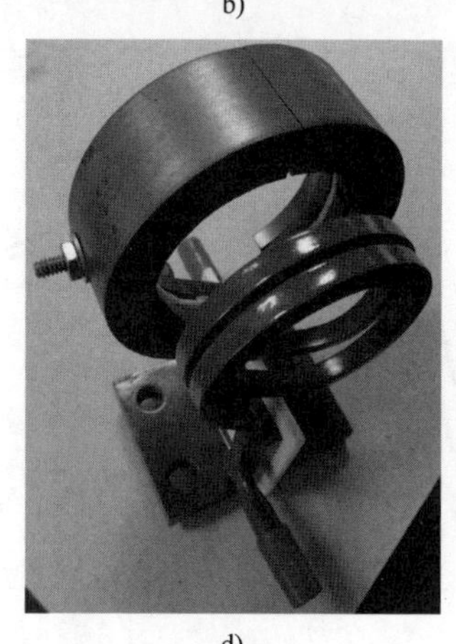

d)

图 2-161　四种加热模式可以用于感应回火应用

a）一发法　b）步进式或连续式　c）扫描　d）静态加热

（1）一发法回火　在使用一发法时，尽管零件一般情况下会旋转，但是零件和线圈都不会做相对移动。工件的整个长度回火时是一次加热的（见图 2-161a）。一个一发法回火感应器感应的涡流方向是沿着零件的长度方向（除非是半月区的一发法感应器，它的涡流方向是圆周的）。对于圆柱形的实际工件只有两个相对感应器的区域在同一时间被加热，其余部分在保持热传导。幸运的是借助于零件旋转，使整个区域在一发法感应回火过程中进行热传导循环。

通常来说，一发法更适合相对短的零件或只需相对小的区域待加热的回火。这种方法同样更适合于轴对称性的和不规则的几何形状的圆柱体工件，如有直径变化的圆角、台阶等，因为感应器的铜回路可以容易地适应工件的几何形貌。

（2）步进式或连续式回火　在步进式加热或连续式加热时（见图 2-161b），实际工件通过推杆、分度装置等移动，或是以连贯的动作通过单匝线圈或多匝线圈感应加热器完成加热。这个方法通常应用于细长的快速移动的工件（线、棒、管、条等）。图 2-162 所示为一个直径 18mm 的中碳钢棒以 102mm/s 的移动速度通过线圈感应回火的计算机仿真时间 - 温度曲线。这个感应回火生产线由四个多匝线圈串联而成，功率呈非线性分布，频率为 1kHz。在感应回火之前棒经过表面感应淬火；淬硬深度为 1.75mm，整个感应回火系统的长度约为 0.5m，很省空间，非常环保，同时能量效率高。因为一个燃气炉或红外炉需要至少 10 倍的长度。

（3）扫描式回火　感应回火利用一种扫描加热模式，可以用于圆筒形零件的内外径以及板形零件的平坦的表面回火。不论是水平还是垂直排列线圈都可以采用；对于短的或中等长度的实际工件，垂直设计更加普遍，同时用单匝或多匝感应器（见图 2-161c）。在对圆柱进行扫描加热时，感应涡流沿着圆周方向流动，实际工件立刻加热很浅一层。

采用这种工艺进行内孔回火时面临的最大挑战是扫描加热小直径内孔很困难。因为线圈返回的支腿一般从内孔中折回，这要占据一定的空间，因此内经线圈的外径至少要 16mm，而 19mm 是更为常用的。这个限制设置了一个实际工件的直径的下限尺寸。发卡形或薄饼形感应器通常用在扫描回火平坦表面。

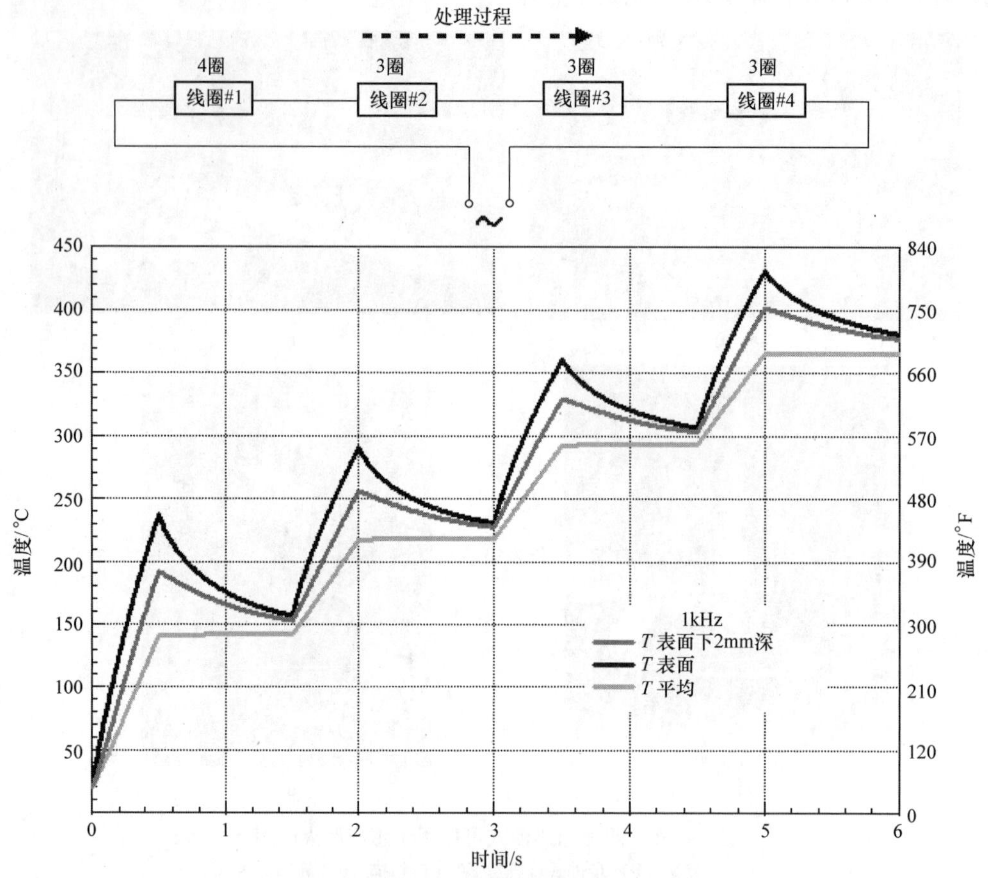

图 2-162 一个直径 18mm 的中碳钢棒以 102mm/s 的移动速度通过线圈感应回火的计算机仿真时间 - 温度曲线

注：每个感应线圈长 50mm，线圈间距 100mm。

（4）静态回火 在静态加热时，实际工件被放入水平或垂直感应器中一段时间，同时给予一定功率的热量直到达到希望得到的加热状态（见图 2-161d）。使用单次和多次加热都是可行的。这个过程既可以用于规则的工件回火也可用于不规则的工件回火。

尽管感应器是静态的，在一些实例中工件是可以旋转的；在另一些例子中，实际工件和感应器都是不可移动的。单匝或多匝螺线管线圈围绕工件，一般在线圈与实际工件间采用较大的间隙。

还有一些实例，可以使用非螺线管感应器。对于环形或其他有足够内径的带孔工件的静止回火，有效地使用 C－、O－和 E－磁心的感应器会获得更高的效率（这些感应器也称作带硅钢片的感应器），层叠的低碳钢薄板类似于那些用于制造变压器的铁心。通常选择低的频率（50～200Hz）。多匝感应器线圈环绕着磁心产生磁通量。尽管这样的感应器有很多种设计变化，然而，最基本的原理可归纳为：

1）可以提起或打开的磁心，使得工件能够方便地装卸并处于环绕磁心的位置。

2）当闭合或关上悬挂的磁心到工作位置，使得磁路闭合，这样系统就准备就绪可以进行后续加热了。

3）当交流电开始在线圈流动后，在磁心出现一个交变磁通量，它提供了一个低磁阻和闭合的循环磁路。实际工件变成一个回路的一部分，充当单匝线圈次级线圈的功能。

4）生成的热量包括焦耳效应和磁滞损耗。

磁心技术提供了比其他感应过程更好的温度均匀性，因为它使用的是低频率。

2.5.5 感应回火工艺参数

尽管有一些不同，但选择使用感应加热进行回火的设备和感应淬火相类似。这些技术要求包括选择线圈的设计和进行零件夹持的设备以及电子控制装置，这对连续热处理生产线具有非常重要的意义。

能量、频率、加热时间和线圈设计的选择是非常专业的，并受设计者以往的经验影响，还需考虑被加热工件的材质、所需温度及其分布（如温度均匀性以及要局部回火区域的热形/应力释放等）、节拍时间、应用要求等。

钢加热淬火和回火所需的近似能量密度见表 2-24。和感应淬火相比，最主要的区别就是使用频率偏低，因为钢的电磁特性在各典型的回火温度下是不一样的。相对电阻率 ρ 较低，同时相对磁导率较高。按照透入深度的公式可知，为了获得更好的温度均匀性和效率，应该使用更低的频率。表 2-25 列出了各种感应回火应用的电源和频率的选择。

表 2-24　钢加热淬火和回火所需的近似能量密度

频率[①] /Hz	输　入[②]									
	150 ~ 425℃ (300 ~ 800℉)		425 ~ 760℃ (800 ~ 1400℉)		760 ~ 980℃ (1400 ~ 1800℉)		980 ~ 1095℃ (1800 ~ 2000℉)		1095 ~ 1205℃ (2000 ~ 2200℉)	
	kW/cm^2	kW/in^2	kW/cm^2	kW/in^2	kW/cm^2	kW/in^2	kW/cm^2	kW/in^2	kW/cm^2	kW/in^2
60	0.009	0.06	0.023	0.15	③	③	③	③	③	③
180	0.008	0.05	0.022	0.14	③	③	③	③	③	③
1000	0.006	0.04	0.019	0.12	0.08	0.5	0.155	1.0	0.22	1.4
3000	0.005	0.03	0.016	0.10	0.06	0.4	0.085	0.55	0.11	0.7
10000	0.003	0.02	0.012	0.08	0.05	0.3	0.070	0.45	0.085	0.55

① 该表中的数值是基于合适的频率下和正常的整体设备效率。

② 一般来说，功率密度是针对截面尺寸 13 ~ 50mm 的工件。高输入可用于小截面尺寸，低输入适用于大截面尺寸。

③ 这些温度不推荐。

表 2-25　各种感应回火应用的电源和频率的选择

截面尺寸		最高回火温度		分　类[①]					
				工频	逆变电源	固态电源或机械发电机			真空管
cm	in	℃	℉	50Hz 或 60Hz	180Hz	1000Hz	3000Hz	10000Hz	200kHz 以上
0.32 ~ 0.64	⅛ ~ ¼	705	1300	—	—	—	—	—	良好
0.64 ~ 1.27	¼ ~ ½	705	1300	—	—	—	—	良好	良好
1.27 ~ 2.54	½ ~ 1	425	800	—	中等	良好	良好	良好	中等
		705	1300	—	中等	中等	良好	良好	中等
2.54 ~ 5.08	1 ~ 2	425	800	中等	较差	良好	良好	中等	较差
		705	1300	—	较差	良好	良好	中等	较差
5.08 ~ 15.24	2 ~ 6	425	800	良好	良好	良好	—	—	—
		705	1300	良好	良好	良好	—	—	—
>15.24	>6	705	1300	良好	良好	良好	—	—	—

① 效率、固定投资以及加热均匀性是该表中考虑的主要因素。“良好”表示最优频率；“中等”表示频率高于最优频率，增加了固定投资费用，降低了加热均匀性，这样需要加热时间更长，产能降低。“较差”表示频率显著高于最优频率，显著增加固定投入费用，且降低加热均匀性，产能更低。

透热淬火后，感应回火使用的能量密度一般很低，通常接近 $0.046kW/cm^2$。这样做是为了将温度梯度降到最低。淬透零件的典型工艺参数见表 2-26。

要牢记的是，经验法则以及简单的估算技术仅是用来快速得到关于感应回火的电、热工艺的最基础的工艺参数（如功率、频率、时间等）。这种知识，仅可用以建立一些理想中合理的工艺参数并根据基本技术需求确定对工件进行加热的方法。遗憾的是，大多数简单的估算技术有很多限制，使得它很难达到设想的结果和可执行的工艺。不仅对淬透的工件是这样，对表面淬火的工件也同样。先进的仿真软件基于紧密耦合电磁和传热现象，使感应加热专业人员能够确定详细的工艺结果，这在以往不仅需要花费钱财，还需花费一定的时间，在某些情况下也会是极难确定的结果。

表 2-26 淬透零件的典型工艺参数

截面尺寸		材料	频率/Hz	功率①/kW	总加热时间/s	扫描时间		工件温度				生产率		感应器输入②	
								一次线圈		二次线圈					
cm	in					s/cm	s/in	℃	℉	℃	℉	kg/h	lb/h	kW/cm^2	kW/in^2
圆棒															
1.27	1/2	4130	9600	11	17	0.39	1	50	120	565	1050	92	202	0.064	0.41
1.91	3/4	1035mod	9600	12.7	30.6	0.71	1.8	50	120	510	950	113	250	0.050	0.32
2.54	1	1041	9600	18.7	44.2	1.02	2.6	50	120	565	1050	141	311	0.054	0.35
2.86	1 1/8	1041	9600	20.6	51	1.18	3.0	50	120	565	1050	153	338	0.053	0.34
4.92	1 15/16	14B35H	180	24	196	2.76	7.0	50	120	265	1050	195	429	0.031	0.20
板材															
1.59	5/8	1038	60	88	123	0.59	1.5	40	100	290	550	1449	3194	0.014	0.089
1.91	3/4	1038	60	100	164	0.79	2.0	40	100	315	600	1576	3474	0.013	0.081
2.22	7/8	1043	60	98	312	1.50	3.8	40	100	290	550	1609	3548	0.008	0.050
2.54	1	1043	60	85	254	1.22	3.1	40	100	290	550	1365	3009	0.011	0.068
2.86	1 1/8	1043	60	90	328	1.57	4.0	40	100	290	550	1483	3269	0.009	0.060
不规则零件															
1.75 ~ 3.33	11/16 ~ 15/16	1037mod	9600	192	64.8	0.94	2.4	65	150	550	1020	2211	4875	0.043	0.28
1.75 ~ 2.86	11/16 ~ 1 1/8	1037mod	9600	154	46	0.67	1.7	65	150	425	800	2276	5019	0.040	0.26

① 感应器在所在频率下传输的功率。对于变频电源来说，由于转换损耗这个功率比实际输入功率小约 25%。

② 感应器的工作频率。

2.5.6 回火温度和时间的选择

钢淬火后的回火过程，加速了被锁定在马氏体畸变的体心立方晶体结构中碳原子的快速扩散，因此导致马氏体分解出碳化物。扩散是与时间和温度有关的过程，温度的影响可以通过提高回火温度或在该温度下增加保持时间来达到。试验表明可以通过控制这两个因素来得到相似的回火反应。在一定的条件下，一个短时间、高温回火可以提供与长时间和较低温度回火相同的硬度。4340 钢在 665℃经过 10min 和 620℃经过 100min 回火都可得到 35HRC。4340 钢在不同温度下随时间变化的回火特性（见图 2-163）。

在感应淬火时，通常长时间低温热处理会被短时间高温热处理取代。图 2-164 所示为 1050 钢奥氏体化及盐水淬火后硬度随回火温度和加热时间的变化情况。经过 1h 炉内加热，钢的软化随温度升高而明显。对于短时高温感应回火有相似的响应。例如，回火到 40HRC 既可以通过 425℃ 1h 的炉子热处理得到，也可以通过 540℃下 5s 感应处理得到。

针对不同钢的不同硬度值，为了建立时间 - 温度的对应关系已经做了大量研究工作。大多数的关系显示硬度是一个符合拉森 - 米勒参数的对数函数，表明它是绝对回火温度乘以常数和回火时间的对数之和的乘积，即硬度是式（2-7）的函数：

$$T(C+\lg t) \tag{2-7}$$

式中，T 是绝对温度；t 是时间；C 是一个由合金成分决定的常数。这个关系式是由 Hollomon 和 Jaffe 首次提出的，他们发现钢的常数 C 的值通常为 10 ~ 15。

有证据表明回火硬度是与时间和温度参数相关的。参数法可以对于大多数钢提供实际有效的关系，除了那些二次硬化的钢种。在这些例子中，常数 C 的值可能随着不同的 Fe_3C 析出物和合金碳化物析

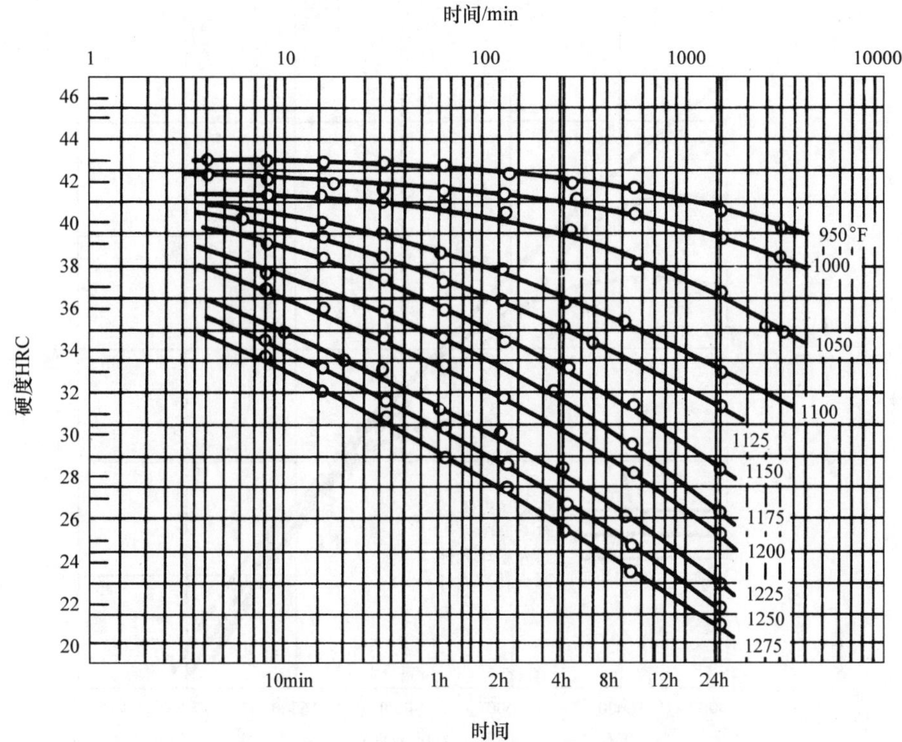

图 2-163　4340 钢在不同温度下随时间变化的回火特性

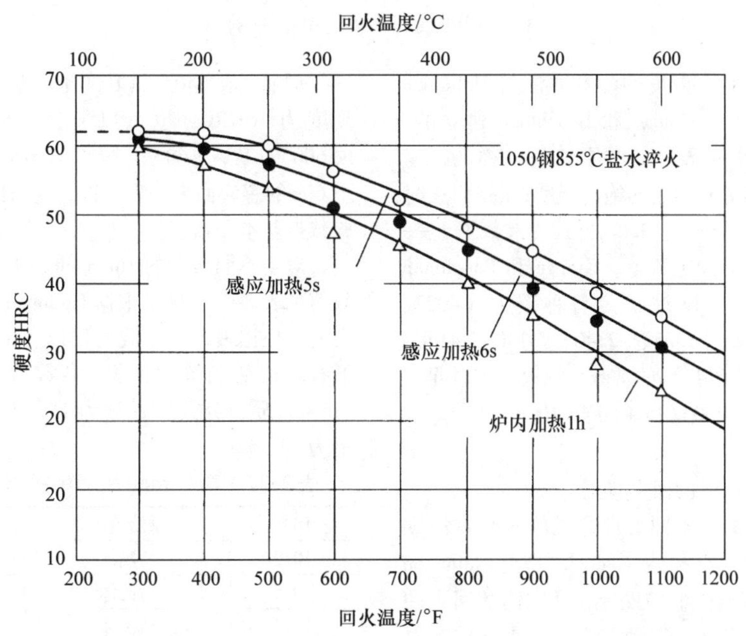

图 2-164　1050 钢奥氏体化及盐水淬火后硬度随回火温度和加热时间的变化情况

出物的不同而改变，从而影响温度。Hollomon 和 Jaffe 还成功地论证了式（2-7）对于描述珠光体和贝氏体的回火动力学的适用性。根据他们的研究，图 2-165表明显微组织对于常数 C 的影响是很弱的。

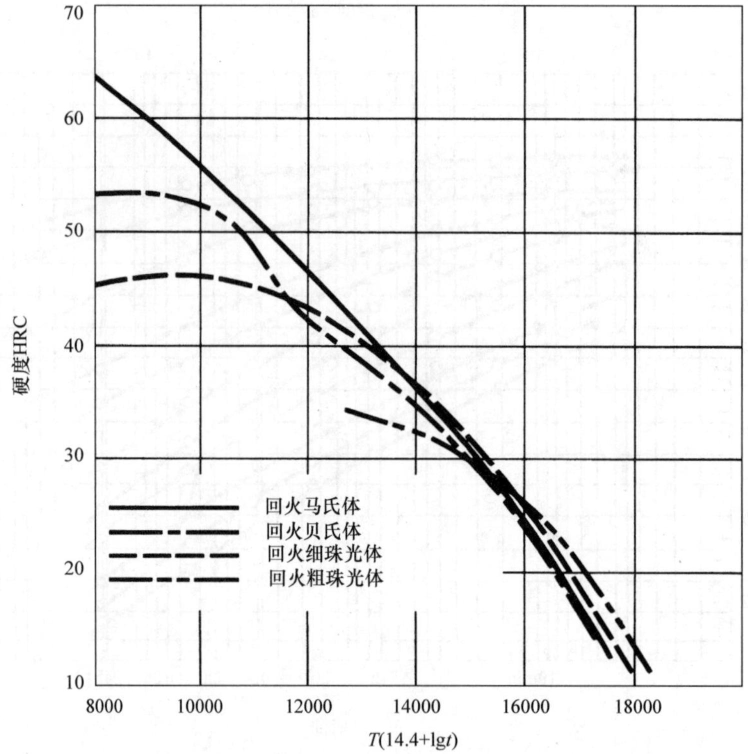

图 2-165 对于含碳质量分数为 0.94% 碳钢硬度随回火参数的函数关系（T 的单位是 K，t 的单位是 s）

另一个关联时间 – 温度的参数方法与 Hollomon 和 Jaffe 很相似，是由 Grange 和 Baughman 建立的。他们关于形成参数关系的工作原理是一样的，为 $T(C+\lg t)$，其中，T 是回火的绝对温度；t 是回火时间。但是，不像 Hollomon – Jaffe 公式，常数 C 是一个与合金成分无关的固定数值。Grange 和 Baughman 得出一个单一值 $C=18$ 是满足各种碳钢（4027、4037、4047、4068、1335、2340、3140、4140、4340、4640、5140、6145）的常数。回火数据满足

$$P=(\text{℉}+460)(18+\lg t)\times10^{-3}$$

式中，t 单位是 h。

1. Hollomon – Jaffe 的回火修正

如前面讨论过的，不同处理方式的时间 – 温度关系式，比如炉子回火和感应回火，是由 Hollomon 和 Jaffe 建立的。根据他们的推导，马氏体的回火硬度是唯一函数式 $T(C+\lg t)$ 确定的，T 是开氏绝对温度；C 是一个与材料相关的常数；t 是时间，单位是 s。在前面提到过的例子中，常数 C 可以通过 $(425+273)(C+\lg3600)\sim(540+273)(C+\lg5)$ 确定，C 的数值接近于 17。当 C 的数值确定，根据时间 – 温度关系式可以得到钢 SAE 1050 淬火的硬度值。

例如，在 540℃（1000℉）炉子内 1h 回火得到硬度为 30HRC，也可以通过 $(540+273)(17+\lg3600)/(17+\lg60)=890\text{K}=615℃(1140℉)$ 温度下 60s 的感应回火处理获得，这与图 2-164 所示的试验数据基本一致。

对于不同碳钢的 Hollomon – Jaffe 关系式中 C 的数值见表 2-27，这是根据 Hollomon 和 Jaffe 的工作列出的。根据表 2-27，我们可以看出 C 随着含碳量降低有增加的趋势。通常，参数 C 对于含碳量低于 0.5%（质量分数）一般为 14 ~ 18，对于高含碳量钢为 10 ~ 14。

表 2-27 Hollomon – Jaffe 关系式中 C 的数值

钢号	原始组织	C
1030	马氏体	15.9
1055	马氏体	14.3
1074	马氏体	13.4
1090	马氏体	12.2
1095	马氏体	9.7
1095	马氏体和残留奥氏体	14.7
1095	贝氏体	14.3
1095	珠光体	14.1

根据表 2-27，1050 钢的 C 值估计接近 14.5。这与图 2-164 中估算值 17 有些出入，对于之前讨论的两种得到 40HRC 的回火工艺（425℃下 1h 的炉子加热和 540℃下 5s 感应加热）来说，可以得到一个修正值 $C=17$，且对于两种工艺提供的回火参数接近 14370。

另一方面，用 C 值为 14.5 可以得到回火参数为 12605 和 12335，分别对应低温回火和高温回火。图 2-166所示为碳钢和合金钢的回火曲线。由图 2-166a的硬度曲线表明，不同的回火参数可以得出不同的硬度误差，也许 1HRC，或许更大，应取决于精度。因此，可以总结出回火硬度相关的数据对有确定限制的 C 的值不是特别敏感。Grange 和 Baughman 证明了这个假设，他们将 C 赋值为 14.44，t 的单位为 s，T 为开氏温度。对于很多的碳钢和合金钢，得到了一个很好的硬度关系，如 SAE 10×× ~ 92××系列。

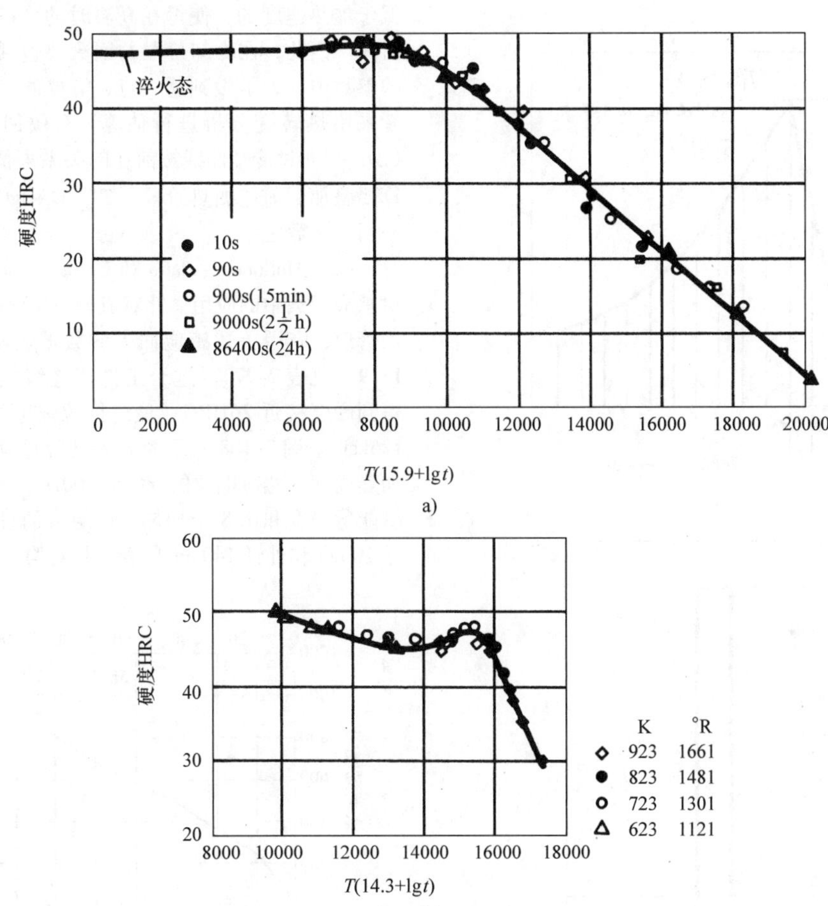

图 2-166 碳钢和合金钢的回火曲线

a）含碳质量分数为 0.31% 的碳钢 b）0.35C-2Mo 合金钢

注：时间-温度数据在这两种情况下与公式 $T(C+\lg t)$ 的参数都吻合较好，这里 T 单位是 K；C 是常数；t 单位是 s。

Hollomon-Jaffe 关系式尽管和常规回火曲线对应性非常好，但应用于马氏体的感应回火还要非常小心。需要提及的是有一个回火温度上限。这就是 A_1 温度，这个温度是碳化物开始溶入基体和二次奥氏体化的开始。

（1）有效回火时间 Hollomon-Jaffe 和 Grange-Baughman 方法仅应用在短时特定温度的回火，也就是等温回火处理。换句话说，它假设了实际工件的温度是瞬时至回火温度。当加热时间与实际保温时间相同时，必须考虑这种差异。当快速加热（如感应加热）时使用到离散化的技术可以转化为延伸的 Hollomon－Jaffe 概念。这可以通过计算出一个当量或是引入有效回火时间（t^*）到恒温回火工艺中对应于一个连续周期过程，这样做的方法见图 2-167。这里感应回火周期包括一个加热阶段和一个冷却阶段，后面的冷却阶段有较低的速率。一个完整的连续周期被分割成一些非常小的时间增量（Δt_i）和平均温度 T_i。这里假定等效等温处理的温度，是连续周期的峰值温度或是 T^*。等温周期的温度分级却可以为任意值。

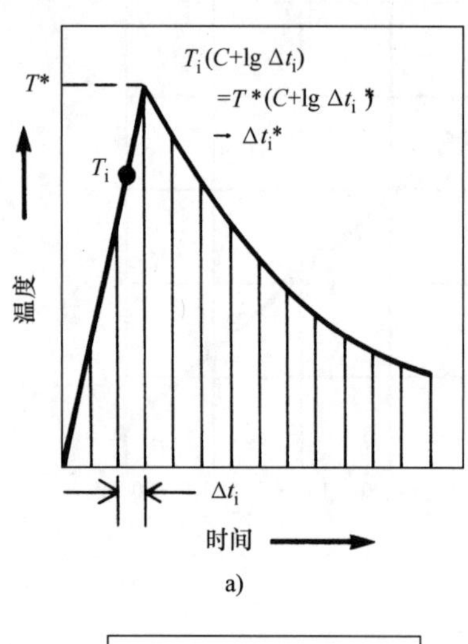

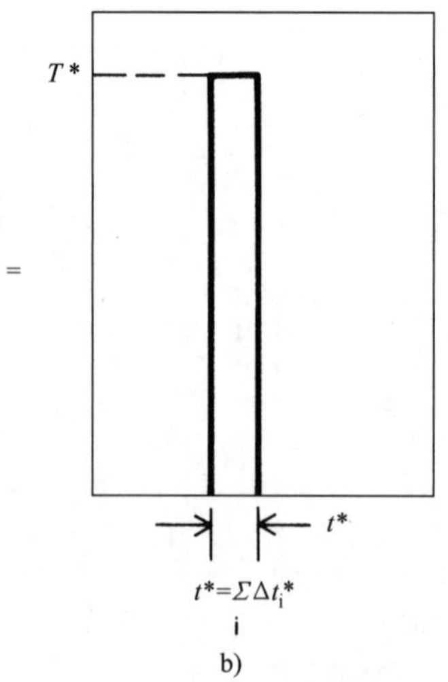

图 2-167 连续加热/冷却回火和等温处理

a）连续加热/冷却回火 b）等温处理

一旦等温周期的温度被指定为 T^*，有效的回火时间 t^* 就可估算出来。这可以通过以下方程得出：

$$T_i(C+\lg\Delta t_i)=T^*(C+\lg\Delta t_i^*)$$

将各部分 Δt_i^* 加和为回火时间 t^*，在 T^* 温度下影响回火参数变为 $T^*(C+\lg t^*)$，见图 2-167b。

当使用这种方法时，要注意时间间隔 Δt_i 的选取。这些时间的增量需要选的足够小，这时温度变化不大，这样能够得到合理的平均温度 T_i 用到前面的表达式中。从室温开始连续加热到典型的感应温度，当 Δt_i 时间增量是总加热时间的 0.005～0.01 时，可以满足精度要求。

另一个被认为影响回火计算的是回火时间，回火通常采用空冷。正如前面所述，冷却速度是远远低于加热速度的，使得在高温时的冷却需要很长的时间。因此，在冷却阶段的回火要包括在有效回火的参数中。为了做到这一点，需要测量冷却速度或者采用热转变分析进行估算，有效回火时间增量（Δt_i^*）通过冷却曲线按前述的关系来估算。这些计算要叠加到前述加热阶段［$T^*(C+\lg t^*)$］计算出来回火参数之中。

（2）Hollomon－Jaffe 和 Grange－Baughman 在管材感应回火中的应用　针对成分与 1030 钢近似的输油管道，应用上述感应回火的数据表示出来，$C=15.9$（见表 2-27）。这个工件用连续热处理线处理得到硬度接近 26HRC（最终抗拉强度为 870MPa 或 126ksi）。图 2-168 所示为无缝钢管感应回火的典型加热周期。感应电源的频率为 300Hz，再加上低的相对能量密度和由 8 个加热阶段组成的过程确保了壁厚 10mm 和外径 140mm 的管子相对均匀加热。

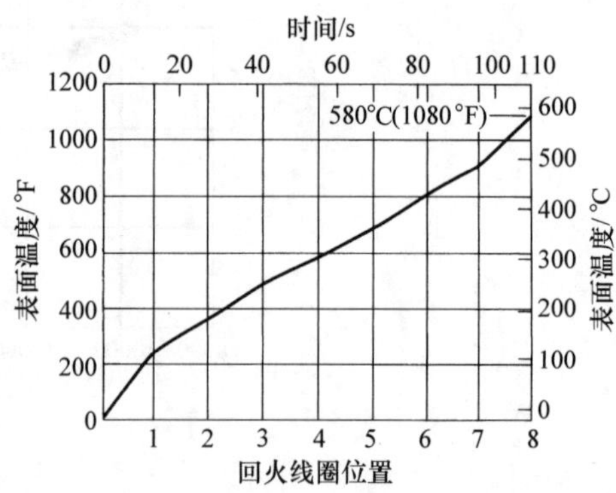

图 2-168 无缝钢管感应回火的典型加热周期

回火周期中加热部分的有效回火时间 t^* 的计算与前面讨论的一致。T^* 选取回火周期中温度的峰值，或 855.2K。此外，整个周期被分割成 0.5s 的时间间隔。因此 Δt_i^* 为

$$\lg\Delta t_i^*=(T_i/855.2)(15.9+\lg0.5)-15.9$$

例如，$T_i=800K$，$\Delta t_i^*=0.049s$。当 $T_i=850K$，$\Delta t_i^*=0.402s$。因此，显然对有效回火时间贡献较大的是峰值附近的温度，但是当温度最大值低于 50K

或远离峰值时，影响较小。当所有 Δt_i^* 的值相加，总的有效时间 t^* 为4.92s，这个时间短于总的加热时间110s。在完成回火时，针对这种规格的管子，有效回火参数为

$$855.2\times(15.9+\lg 4.92)=14190$$

在感应加热后，慢冷使回火参数增加。假设管自由传导和辐射冷却，开始是从855.2K冷却的速度估算为0.5K/s，随着温度的降低，热流失速度降低，但是热容量同样在降低。因此冷却阶段假定恒定速度为0.5K/s同时 $T^*=855.2\text{K}$，至少在前50K相当稳定。如之前那样回火过程中冷却时的有效时间是41.57s。这个时间大约是快速加热周期的10倍。

合并加热和冷却阶段整个过程的有效回火时间大约为46.5s，有效回火参数为15025或者数量比单独加热过程大800。根据图2-166a管道的硬度在热处理后可以被估计出来。这条曲线可得出与硬度为25HRC相应的回火参数为15025。这与期望值26HRC很接近。作为对比，参数为14190的硬度被预测为28.5。因此，可以归纳为在感应加热后的冷却阶段可以导致3.5HRC的软化。类似的计算也可应用在其他感应回火产品上，但要已知加热冷却经过或者可以建模。

2. Grange－Baughman回火关系

根据报道，Grange和Baughman建立了一个与Hollomon－Jaffe方法类似的参数关系式，除了参数中的常数为固定值和合金含量无关。温度 T 的单位为K，时间单位为s，参数 C 为14.44。

$$P=[T(\text{单位 K})]\times[14.44+\lg t(\text{单位 s})]$$

或温度为℉，时间单位为h，则

$$P=(℉+460)\times(18+\lg t)\times10^{-3}$$

Grange－Baughman方法可以通过图2-169碳钢的结果证明。事实是Grange－Baughman与Hollomon－Jaffe都得到了较好的关系式，C 的值仅有很小的影响，而主要影响是绝对温度与回火时间对数。

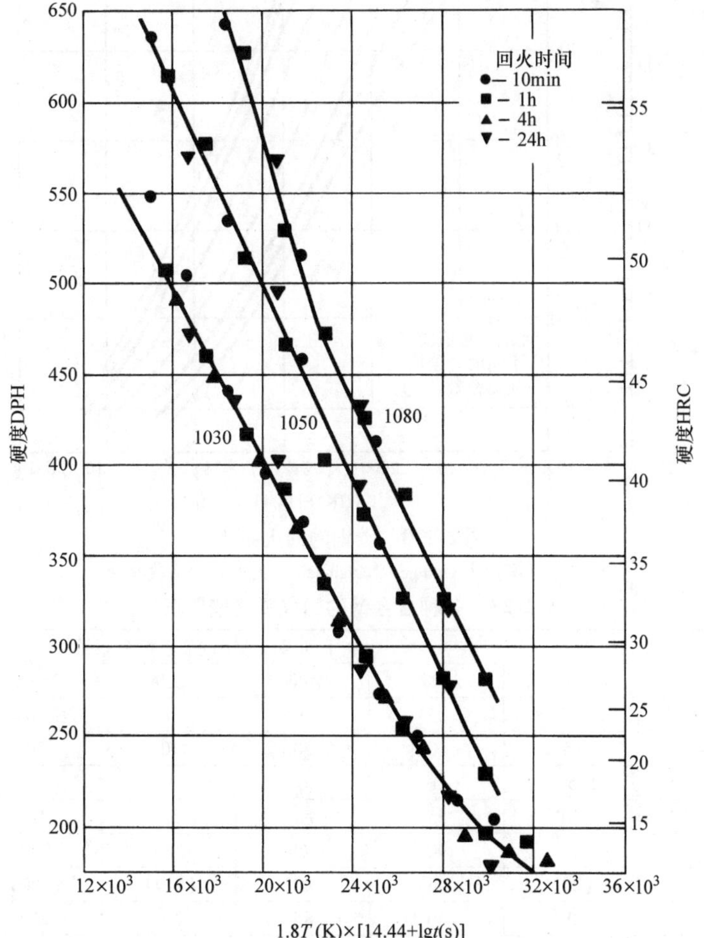

图2-169 碳钢的硬度曲线

Grange 和 Baughman 给出了一种方法来预估合金钢（10××~92××系列）的回火硬度。这可以根据首先取得同样碳含量的钢的回火曲线来得到（见图 2-170）。再加上各种合金成分确定的硬度增量。这种增量依赖于存在的数量以及回火参数的数值。各种元素以维氏硬度（DPH）表征的硬度增量点数，等于一个确切系数（见表 2-28）和元素的百分比减去一个基本百分比。对于锰和硅，基本质量分数为 0.85% 和 0.3%。对于镍、铬、钼和钒，这个值为 0。

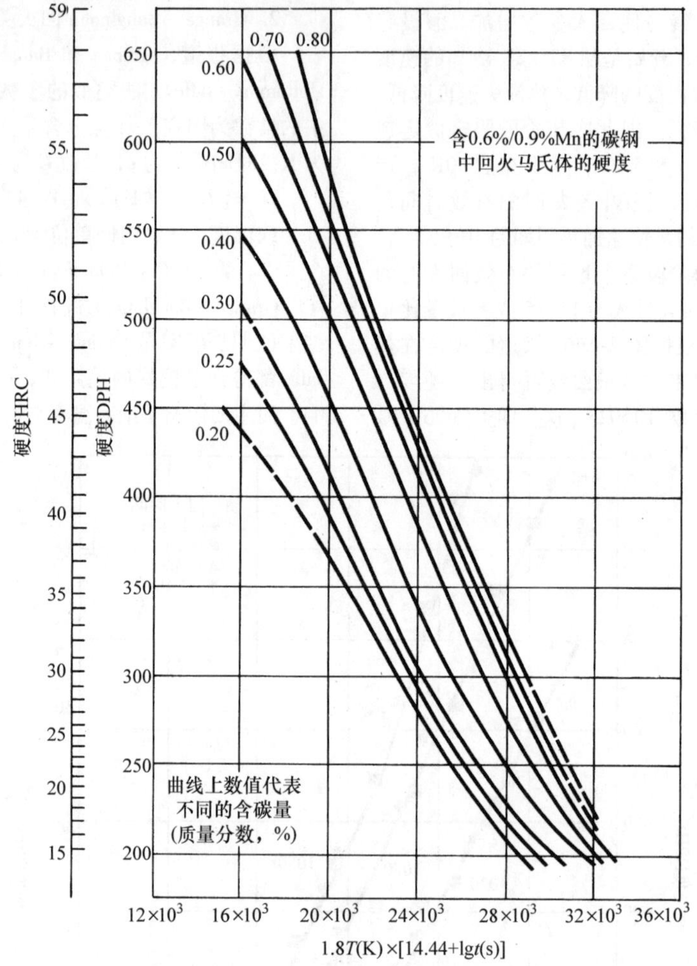

图 2-170 碳钢的回火曲线

注：以硬度作为 Grange - Baughman 回火参数的函数绘制。

表 2-28 各种合金钢的回火硬度增量系数

元素①	含量（质量分数,%）	在下列参数值下的硬度增量系数					
		20000	22000	24000	26000	28000	30000
锰	0.85~2.1	35	25	30	30	30	25
硅	0.3~2.2	65	60	30	30	30	30
镍	最高含量 4	5	3	6	8	8	6
铬	最高含量 1.2	50	55	55	55	55	55
钼②	最高含量 0.35	40	90	160	220	240	210
		(20)	(45)	(80)	(110)	(120)	(105)
钒③	最高含量 0.2	0	30	85	150	210	150

① 硼的系数是 0。

② 如果还有 0.5%~1.2% Cr 存在，采用括号中的数值。

③ 对于 SAE 铬-钒钢，当钒是唯一的碳化物形成元素时不能使用该表。

Grange 和 Baughman 为确定回火关系使用的大多数回火数据其回火时间超过 10min。只有极少是在短时间内获得的因而更适合于感应回火。然而，Semiatin 和他的工作伙伴的工作证实了 Grange 和 Baughman 的方法可以应用到短至 6s 的回火。为了对此进行验证，厚度为 2mm 的样品经淬火和盐浴中回火，回火时间分别为 6s、60s 和 600s。加热时间均为 3～4s。

Semiatin 等获得了 SAE 1020、1042 和 1095 钢（见表 2-29）的短时回火数据，与 Grange 和 Baughman 的 SAE 1020、1050、1080 钢的基本硬度数据做对比（见图 2-171）。对于 SAE 1042 和 1095 钢，趋势非常合理，然而，短时 SAE 1020 的结果偏离了 SAE 1020 基本硬度曲线。对于这个现象的解释是这类钢的化学成分为 0.22%（质量分数，下同）的 C，0.81% 的 Mn，0.18% 的 Cr 和 0.046% Mo，这是 SAE 1020 的典型化学成分。

表 2-29　在研钢的化学成分

钢号	成分（质量分数,%）												
	C	Mn	P	S	Si	Cu	Sn	Ni	Cr	Mo	Al	V	Co
1020	0.22	0.81	0.014	0.036	0.18	0.17	0.010	0.13	0.18	0.046	0.003	0.001	0.005
1042	0.44	0.92	0.025	0.050	0.26	0.029	0.003	0.053	0.078	0.019	0.039	—	0.002
1095	0.96	0.45	0.023	0.029	0.24	0.013	0.002	0.021	0.094	0.015	0.025	0.002	—
4130	0.32	0.52	0.012	0.021	0.25	0.11	0.007	0.13	1.04	0.16	0.024	0.005	0.005
4340	0.40	0.76	0.008	0.020	0.28	0.13	0.009	1.62	0.85	0.22	0.039	0.001	0.010
4620	0.17	0.547	0.007	0.016	0.29	0.17	0.009	1.80	0.14	0.26	0.012	0.001	0.033
8620	0.19	0.83	0.016	0.025	0.25	0.054	0.004	0.48	0.56	0.19	0.041	0.001	0.006

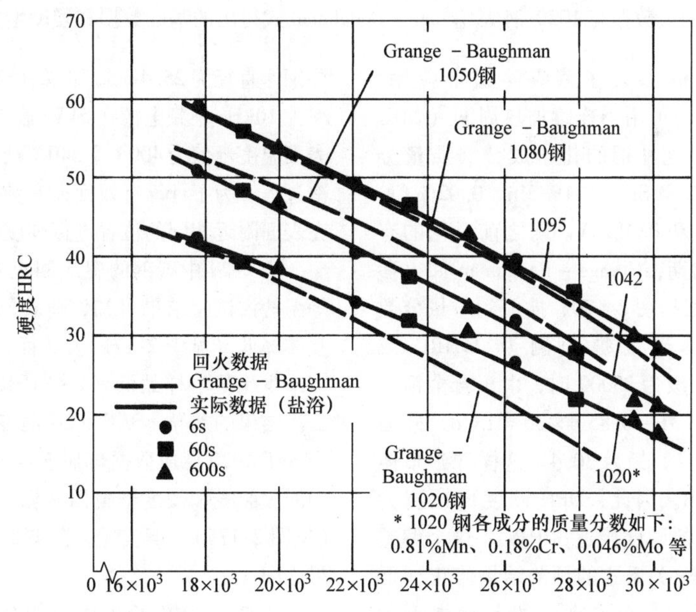

图 2-171　对比 1020、1042、1095 碳钢的短时回火数据与 1020、1050、1080 钢由 Grange－Baughman 式得出的基础硬度曲线

由于这些添加元素引起硬度的增加可以根据表 2-28中的数据预测。锰的影响可以忽略，因为它的质量分数低于 0.85%。当参数级别为 24000 时，因为其他元素导致增加(0.13)(6)＋(0.18)(55)＋

(0.046)(160) = 18DPH(HV)点。这个硬度的增加加上基本硬度 279DPH，得到一个预估硬度 297DPH，或者 29.5HRC。另一个计算预测见图 2-172，它和实际回火数据吻合得很好。其他关于 SAE 4130、4340、4620、8620 短时回火数据见图 2-173。数据与统一基于合适的基本硬度曲线（见图 2-170）和硬度增量（见表 2-28）的预测吻合得也非常好。

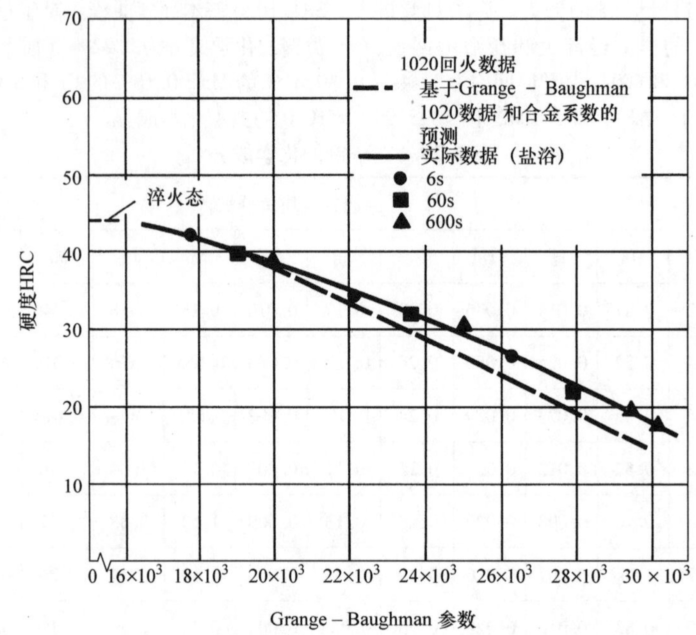

图 2-172 对比 1020 钢（0.22C - 0.81Mn - 0.18Si - 0.014P - 0.036S - 0.13Ni - 0.18Cr - 0.046Mo）的短时回火数据与 1020 钢从 Grange - Baughman 式得出的基础数据和硬度增加系数

Grange - Baughman 参数在感应淬火中应用。Grange - Baughman 式也可用于连续加热周期（如石油管）的在线回火。这种钢的化学成分（质量分数）是 0.26% C、0.23% Si、1.31% Mn、0.02% Cr、0.02% Ni、0.16% Mo 和 0.01% V。与之前讨论的有相同的加热和冷却周期，Grange - Baughman 回火参数发现等于 24940。根据图 2-170，插值到质量分数 0.26% C，钢的基本硬度被预测为 24HRC 或 257DPH。在回火参数级为 25000 时，由于合金锰导致 DPH 的增量为 $(1.31 - 0.85) \times 30 = 13.8$，硅为 0，铬为 1.1，镍为 0.1，钼为 30.4。这样导致整体硬度增加接近 45DPH。因此，DPH 硬度可预测为 $257 + 45 = 302$，对应的硬度接近 30HRC。这个偏差可以对 Hollomon - Jaffe 关系式的预测结果修正（低于预测值），这在不同合金或者残留元素中不予考虑。

通过 Semiatin 和他的同事们获得的感应回火数据，进一步验证基于 Grange - Baughman 构想的有效回火参数的概念。在他们的工作中，一些经过奥氏体化和水淬的钢棒经感应回火的数据见表 2-29。这些钢棒直径为 25.4mm，长为 152.4mm，它们采用频率为 10kHz 中频电源在 5kW 输出下回火。在加热到表面温度峰值为 400℃、540℃或 675℃，钢棒进入空冷过程。为了计算有效回火参数时温度测量的位置，在表面附近相同的位置进行硬度的测量。

表 2-29 中碳钢的感应回火数据见图 2-174。由等温盐浴试验结果可知，随着回火参数的增加硬度整体降低（见图 2-171）。然而，感应试样展现出或多或少比盐浴样品低（1 ~ 3HRC）的硬度。感应与盐浴结果的差异，SAE 1020 钢表现得最显著。然而，当 SAE 1020 感应数据与基于 Grange - Baughman 预测的回火曲线和硬度增量因素做对比，偏差是很小的（见图 2-175）。事实是，预测结果在感应和盐浴结果之间。

在表 2-29 中给出成分的合金钢的感应回火数据，显示的趋势类似于图 2-176 中的碳钢，它的硬度低于那些经盐浴处理的相同试样。然而对于这些钢，仅仅存在 1 ~ 2HRC 的不同，这几乎在试验误差之内。

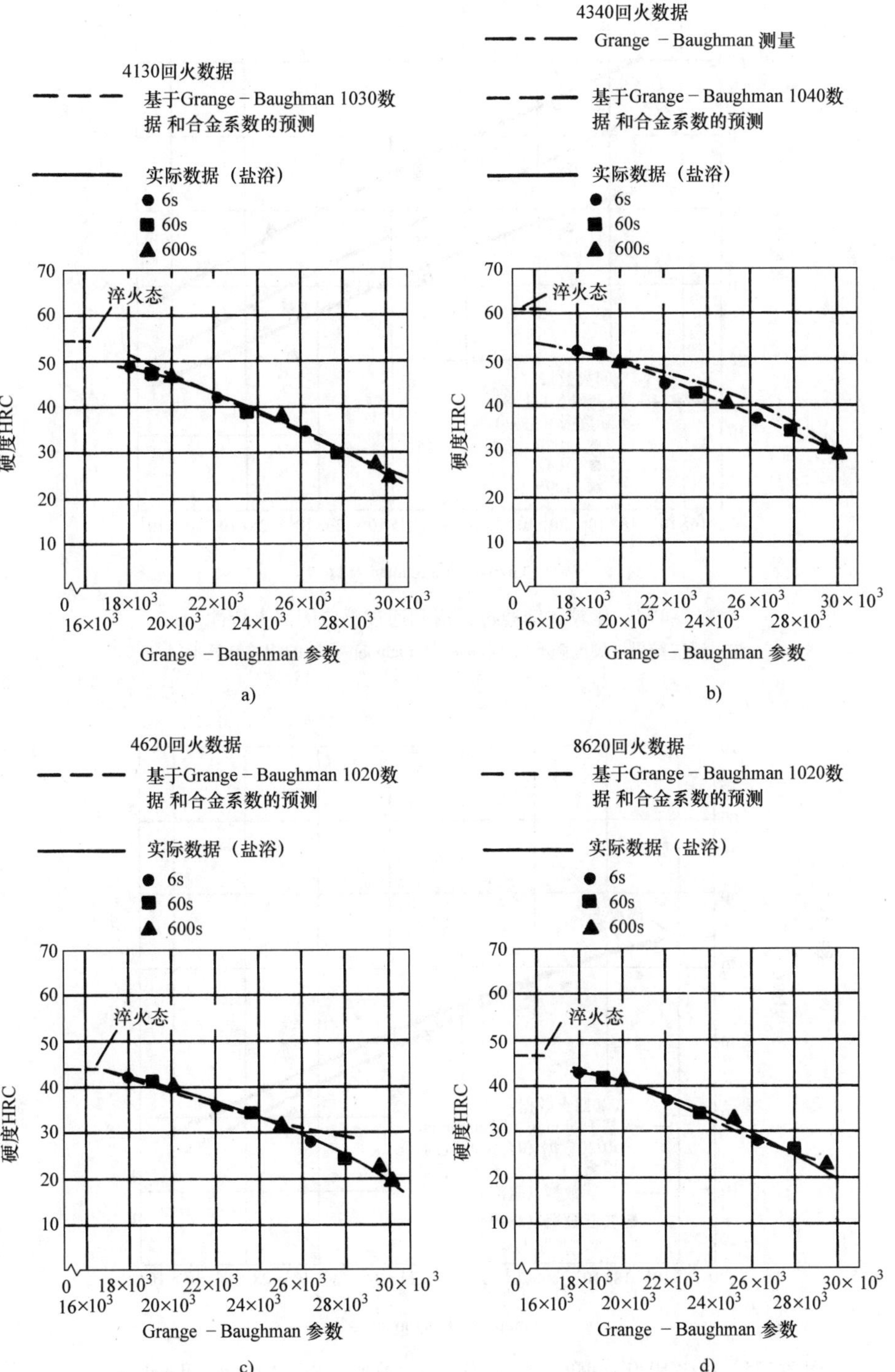

图 2-173 对比碳钢的短时回火数据与从 Grange－Baughman 式得出的基础数据和硬度增加系数

a）4130 钢 b）4340 钢 c）4620 钢 d）8620 钢

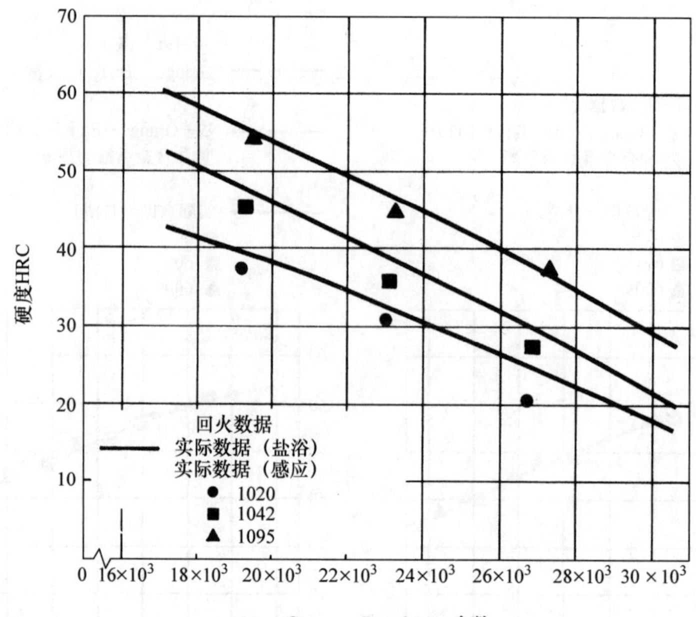

图 2-174 比较碳钢通过盐浴和通过感应的回火特性

注：感应结果以硬度随有效 Grange－Baughman 参数的相关性显示。

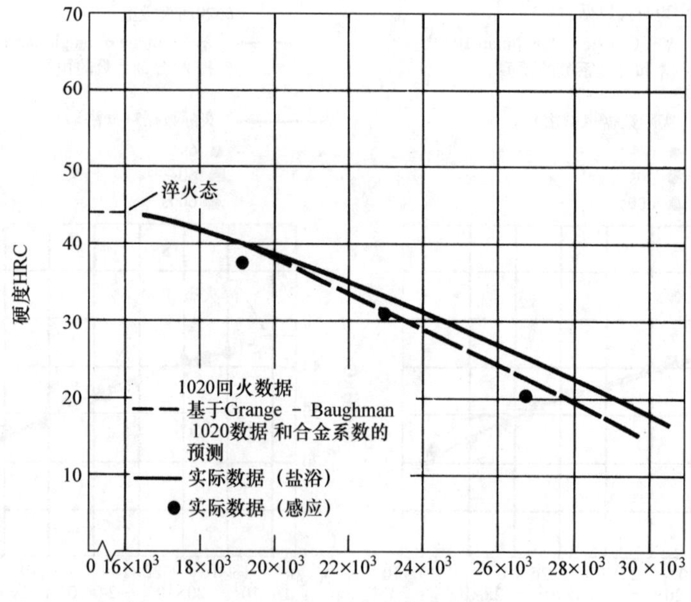

图 2-175 对比 1020 碳钢的盐浴和感应回火数据与基于 Grange－Baughman 式预测出的 1020 结果数据和硬度增加系数（合金系数）

根据上述工业应用和试验结果可以总结出，有效回火参数提供了修正感应回火温度－时间工艺参数和力学性能及硬度水平的有效方法。

2.5.7 工艺参数的影响

关于感应加热变量（加热速度、冷却速度、能量密度等）和淬透性对于感应回火影响的最深入研究源自 Semiatn、Stutz 和 Byrer。研究结果表明相对一致的性能可由短时间的感应回火周期得到，参见以下结论：

1）感应回火时加热速度可在一个很大范围内发生改变而不显著影响最终回火的硬度。这是因为加热后一般采用慢速空气冷却处理的方法。因为冷却速度比加热速度低很多，冷却阶段对于有效回火时间的贡献远超加热阶段，因而对回火参数的贡献也远大于回火处理的加热阶段。

2）类似地，对于一个给定的加热速度，冷却方

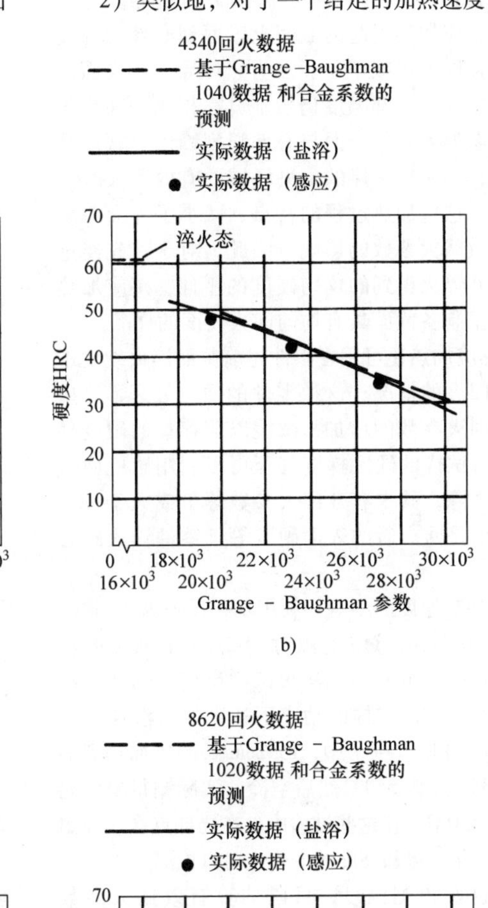

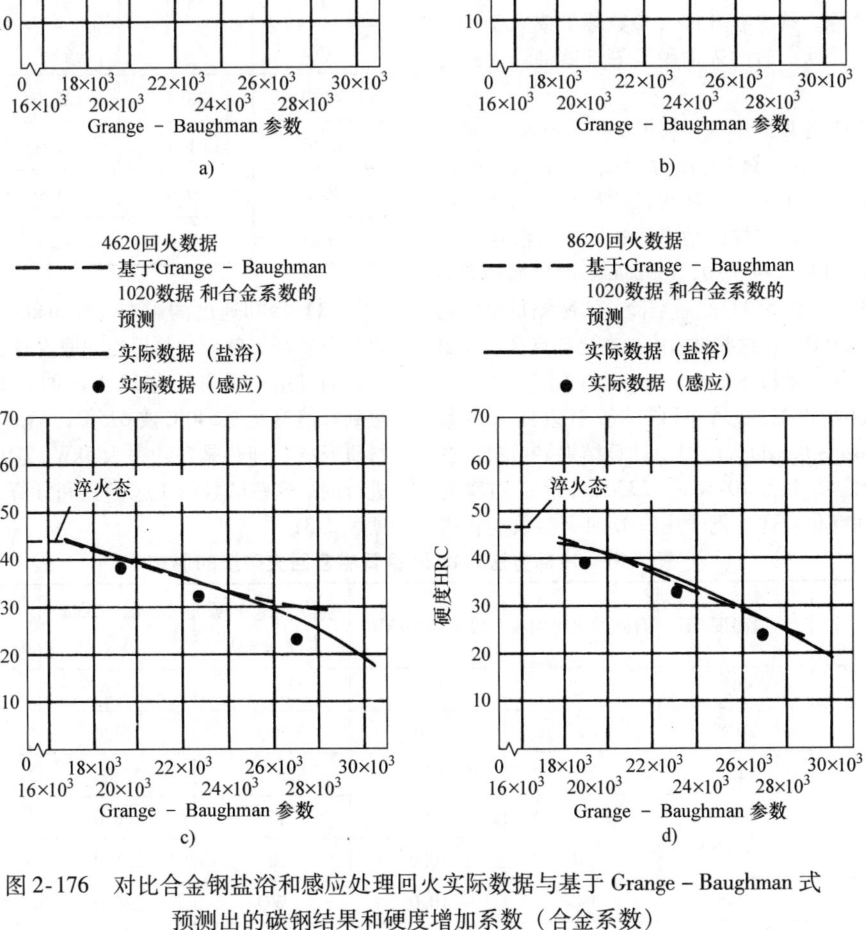

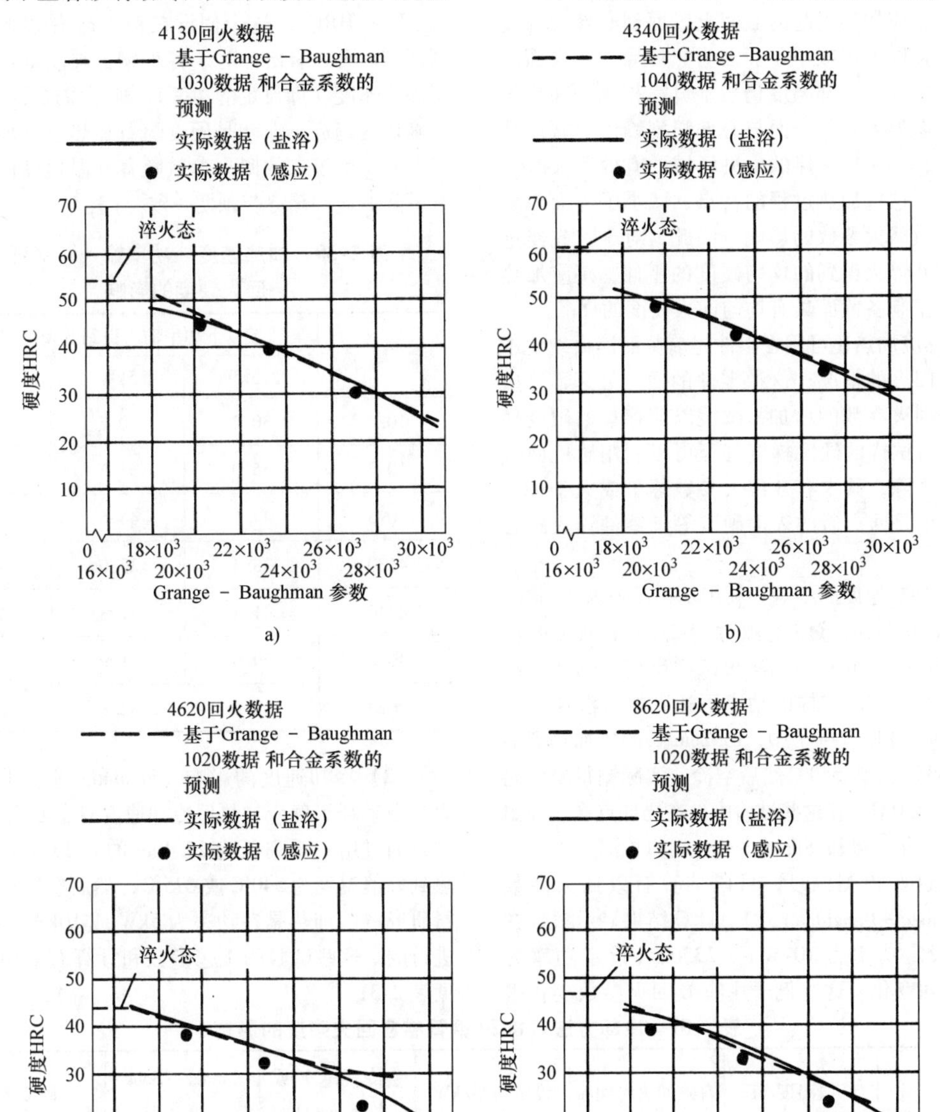

图 2-176　对比合金钢盐浴和感应处理回火实际数据与基于 Grange – Baughman 式预测出的碳钢结果和硬度增加系数（合金系数）

a）4130 钢　b）4340 钢　c）4620 钢　d）8620 钢

注：感应结果以硬度随有效 Grange – Baughman 参数的相关性显示。

法是第二位影响有效回火参数和回火硬度水平的。这个特性揭示了时间是以对数的形式存在于回火参数等式中的事实。它的大小对于回火工艺来说比推导回火参数引入的附加常数要小得多。

3）当回火实心零件由于加热关闭后热能存在于心部，感应加热引起的截面上表面到心部的温度差在很大程度上被减小了。因为热传导，在表面已经冷却的情况下心部温度仍然上升，相比于加热阶段中的稳态温度差，表面与心部温度峰值显著地减小。另外，感应加热棒的中央区域的有效回火时间稍微加长。这些加热过程的特点，减小了界面厚度变化对有效回火参数的影响。因此，对于首先经过奥氏体化并淬火得到的均匀硬度的零件，感应加热可以应用于制备截面具有均匀回火硬度的样品。

4）感应加热还可用在零件先前截面淬火硬度不均匀需要回火的情况。这种零件的回火处理，希望通过有效回火参数的增加，减缓以前存在的硬度梯度。淬火态试样的硬度梯度甚至可以利用感应回火工艺彻底消除，其中有效回火参数等于或大于一个数值，该值是回火后的表面硬度等于零件淬火态心部硬度。

（1）加热速度的影响　利用功率设置为2.5kW、5.0kW和10kW的感应电源对表2-29中列出的材质，采用直径2.5cm的钢淬火试样研究加热速度对感应回火的影响。这样的功率下达到的升温速度为3~14℃/s。在所有例子中，15.2cm长的棒加热到额定表面峰值温度为540℃然后空冷。实际测得峰值温度为525~550℃。在这些试验中，在局部点次表面温度－时间变化趋势和硬度的变化也可以检测。

根据这些检测温度，可以估算有效回火参数（按照Grange－Baughman式），计算结果显示参数在22500（设定功率为10kW）~23500（设定功率为2.5kW）间变化。这些例子中有效回火参数变化很小，可以归结于近乎相同的冷却过程。因为冷却速度显著低于任何加热速度，这很显然是冷却部分对有效回火时间和有效回火参数影响更大。

查看回火数据，例如在图2-171中列出的，表明回火参数变化±500可以引起很小的硬度变化（近乎±1HRC）。这个假设在表2-30硬度测量中得到证实。可以看出，对于各种钢，硬度基本不依赖于加热速度（即设定的功率）。如果说硬度变化有一点确切的趋势，那就是硬度随着加热速度增加而稍有提升。鉴于有效回火参数随着升温速度的增加略有下降，这种趋势与预期一致。

表2-30　加热速度（功率输入）对感应回火硬度的影响

合　金	按以下功率输入得到的硬度HRC		
	2.5kW	5kW	10kW
1020	30.2	30.7	31.3
1042	35.0	35.6	36.6
1095	44.5	44.6	46.4
4130	38.4	39.0	40.0
4340	41.4	41.8	41.4
4620	30.6	31.9	31.7
8620	32.2	32.8	33.0

（2）冷却速度的影响　Semiatin等利用有效回火参数解释了感应加热后冷却速度对于回火的影响。这是通过用一系列长为25.4cm的8620钢管回火加热到峰值温度为540℃或675℃，然后空冷或水冷进行研究的。加热是在功率为5kW或10kW的条件下进行的。这些试验的工艺参数和计算有效回火参数见表2-31。

表2-31　冷却方法对8620钢管感应回火硬度的影响

峰值温度/℃	峰值温度/℉	有效回火时间/s	设定功率/kW	空冷（AC）或水冷（WQ）	Grange－Bang参数	硬度HRC
535	995	35	5.0	AC	23250	32.8
548	1018	9	5.0	WQ	22720	33.8
681	1257	38	5.0	AC	27500	22.0
678	1252	17	5.0	WQ	26810	24.0
535	995	30	10.0	AC	23150	32.9
563	1045	4	10.0	WQ	22630	34.4
691	1275	31	10.0	AC	27640	22.8
704	1300	6	10.0	WQ	26770	25.4

对于一定的功率和温度峰值，表 2-31 中的结果说明，冷却速度对于有效回火特性的主要影响是减少了有效回火时间。例如，试验中钢管采用 5kW 功率被加热至大约 540℃，空冷和水冷分别对应的有效回火参数为 23250 和 22720。尽管有效回火时间有较大不同（35s，9s），导致这个参数上差异小的事实是时间变量 t 在回火参数等式中以 $\log_{10}t$ 存在，尽管 $\log_{10}t$ 会有一个相当大的值（14.44）。表 2-31 中另外一对不同的冷却方法回火参数的变化数据是类似的。在感应淬火后不同冷却方法回火参数的变化与测量的中壁厚度硬度值有良好的相关性（见表 2-31）。正如预期的那样，空冷比水淬试样硬度低1～2.5HRC。

表 2-31 中的数据还进而证实了加热速度对感应回火的影响。无论空冷还是水冷试样，以不同的设定功率如果加热至相同的峰值温度，发现硬度几乎是相同的。

（3）温度梯度对回火参数梯度的影响　感应加热对整体回火零件的硬度和性能梯度的主要影响，源于不同截面位置所经历的温度－时间的不同。另外，初始态的不均匀性或淬火态横截面厚度方向硬化层影响也很大。

感应加热圆棒（或相似的结构）导致独特的加热层。典型的例子见图 2-177 和图 2-178，圆棒的半径为 2.54cm 和 6.35cm，加热的温度峰值为 700℃。图 2-177 和图 2-178 中，给出了感应加热实心棒表面和心部的温度曲线，其重要特征如下：

1）在整个周期的加热阶段，表面温度超过心部温度。

2）在初始的加热瞬间之后，形成一个稳定的温度差 ΔT。温度差 ΔT 的大小随设定功率而增加。

3）在加热终止时，表面温度开始立即下降（部分原因是表面向周围环境的热辐射和热对流，主要是朝向工件内部的热传导）。相反的，心部温度继续上升。

4）最终，心部温度超过表面温度少许，然后两个位置以相近的冷却速度冷却。

前文提到的特性在决定感应回火钢棒中心和表面有效回火参数的差异中发挥了很重要的作用。

首先，注意在两个不同位置峰值温度的差异，明显少于稳态的 ΔT，这从表 2-32 中可以看出，表 2-32是从图 2-177 和图 2-178 中提取的。这个峰值温度的差异仅仅接近稳态 ΔT 的一半。另外，中心温度的传导导致有效回火时间有一定的增加。这些特性都使表面和中心位置的有效回火参数的变化减小。对于表 2-32 中列出的加热试验，在直径为 2.5cm 棒中的变化小于 300，在直径为 6.35cm 棒中低于 1000。

表 2-32　温度梯度对感应加热回火参数梯度的影响

棒径/cm	棒径/in	设定功率/kW	稳态 ΔT①/℃	稳态 ΔT①/℉	位置	峰值温度		有效回火时间/s	有效回火参数
						℃	℉		
2.54	1.0	2.5	14	25	表面	704	1300	35	28140
					心部	693	1280	43	27980
2.54	1.0	5.0	28	50	表面	710	1310	28	28120
					心部	699	1290	36	28000
2.54	1.0	10.0	56	100	表面	718	1325	25	28270
					心部	702	1295	34	28020
6.35	2.5	15.0	97	175	表面	721	1330	36	28640
					心部	671	1240	74	27730

① 稳态 $\Delta T = T_{表} - T_{心}$，为感应过程的静止加热阶段。

由图 2-171 可知，对于均匀的全淬透钢棒横截面，这种有效回火参数的变化生成的最大硬度变化为 2HRC。控制回火参数变化的两个最主要的因素是温度峰值和有效回火时间，其中前一个因素更重要。这是因为温度在参数式中［$T^*(C+\log_{10}t^*)$］以乘法形式存在，比加法因子的效应大。正是这个原因，粗略估算回火参数的差异以及预测硬度，采用基于稳定 ΔT 计算的一般大于基于表面和中心的峰值温度来计算的值。

（4）初始硬化层对回火硬度梯度的影响　除了在淬火之前的温度分布，在淬火态条件下，横截面上硬度的不均匀性取决于钢的淬透性和淬火烈度。

a)

b)

c)

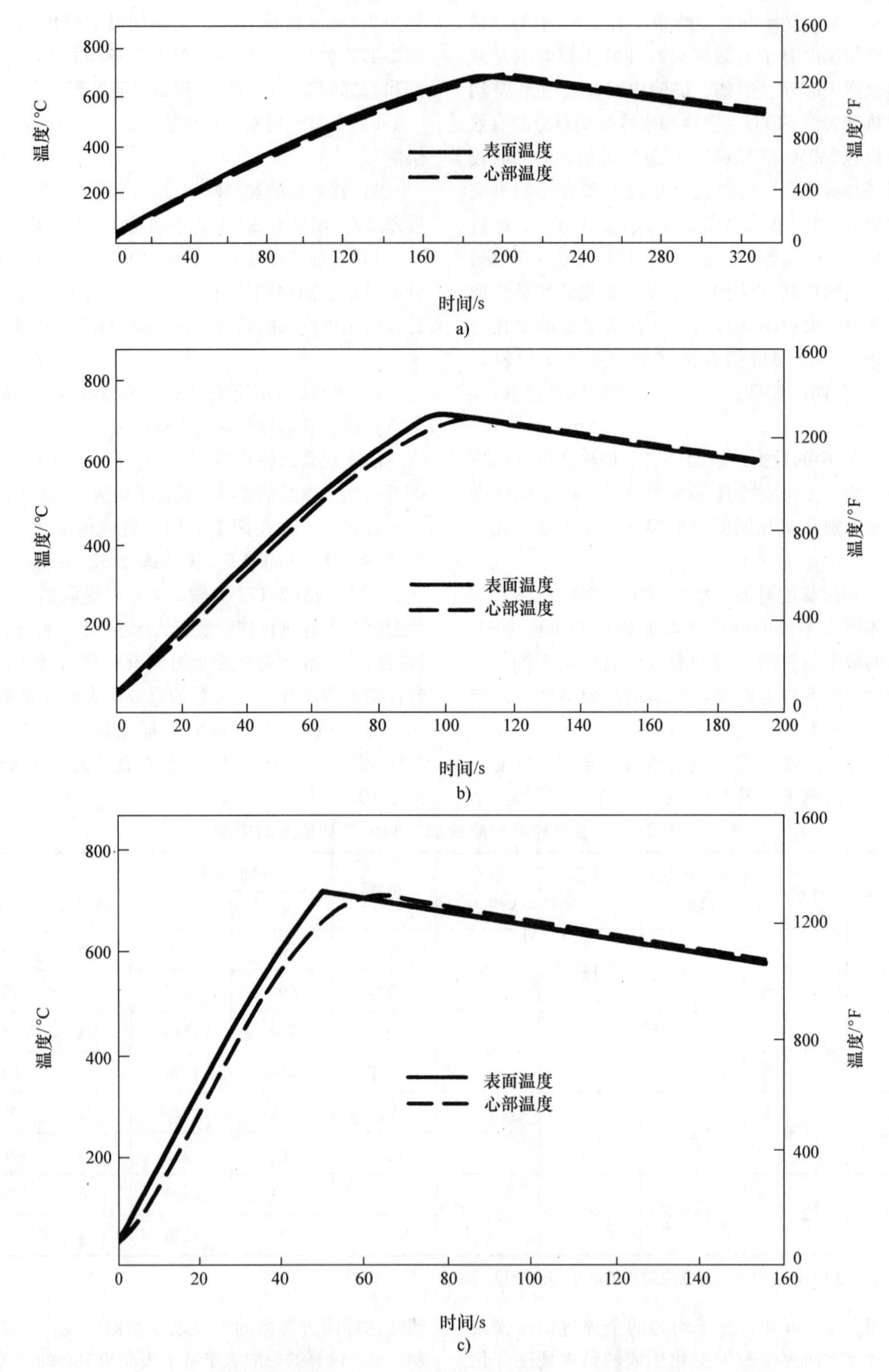

图 2-177 1042 钢棒感应加热和空冷过程中表面和心部测量的温度－时间关系

a）设定功率为 2.5kW b）设定功率为 5kW c）设定功率为 10kW

注：钢棒直径为 2.5cm，长度为 15cm。

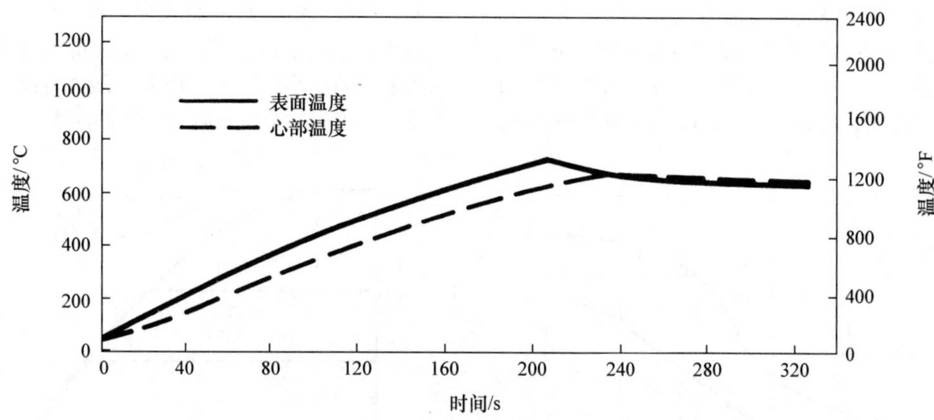

图 2-178　从 1042 钢棒感应加热和空冷过程中表面（实线）和心部（虚线）测量的温度随时间变化的关系图

注：感应加热功率设定为 15kW。钢棒直径为 2.5cm，长度为 15cm。

用于研究的合金中 4130 和 4340 有最高的淬透性，淬透性的计算表明，直径 2.5cm 的两种钢棒和直径 6.35cm 的 4340 钢棒可以全部淬硬到 100% 马氏体。通过对淬火态试样横截面硬度的检测证实这一结论。对于 4130 钢，可以得到均匀的硬度且为 52HRC。两种直径的 4340 棒的硬度相当一致，都是 59HRC。

基于这些测量和之前提到的回火参数的计算，这两个钢棒的回火硬度可以被预测为大致一致。表 2-33 中的数据证实这个结论。试验以 ±1HRC 刻度记录任何影响回火参数变化对直径方向硬度梯度的影响，这个梯度会很小（最大梯度为 2HRC）。

表 2-33　高淬透性钢感应回火棒的硬度

合金	棒径/cm	棒径/in	设定功率/kW	表面温度峰值/℃	表面温度峰值/℉	硬度 HRC	
						表面	心部
4130	2.54	1.0	2.5	535	995	38.4	38.3
			5.0	424	796	44.3	43.9
			5.0	545	1013	39.0	38.9
			5.0	677	1250	30.1	30.2
			10.0	531	987	40.0	39.9
4340	2.54	1.0	2.5	546	1014	41.4	42.0
			5.0	413	776	48.0	48.7
			5.0	540	1004	41.8	42.0
			5.0	677	1250	34.3	35.1
			10.0	553	1027	41.4	42.3
	6.35	2.50	5.0	539	1002	40.4	40.9
			10.0	685	1265	33.3	33.4
			15.0	543	1010	42.3	43.4

相比于 4130 和 4340，其他钢号（1020、1042、1095、4620 和 8620）的淬透性显著偏低。这个现象用直径为 2.5cm 的淬火态试样沿横截面进行硬度测试就可体现（见图 2-179）。这些钢的表面硬度可以和 100% 马氏体结构相对应，但是次表层下无法完全淬火因而是较低的硬度。

图 2-179 所示为低淬透性钢在感应回火后的硬度分布，试样的硬度测量见表 2-34，数据显示，有

时硬度梯度大幅下降或基本消失（如 1095、4620 和 8620）。这个现象可以参考图 2-180 来理解。它是一个反映初始微观结构为马氏体、贝氏体和珠光体的回火响应示意图，曲线来源于 Hollomom 和 Jaffe 的研究（见图 2-165）。

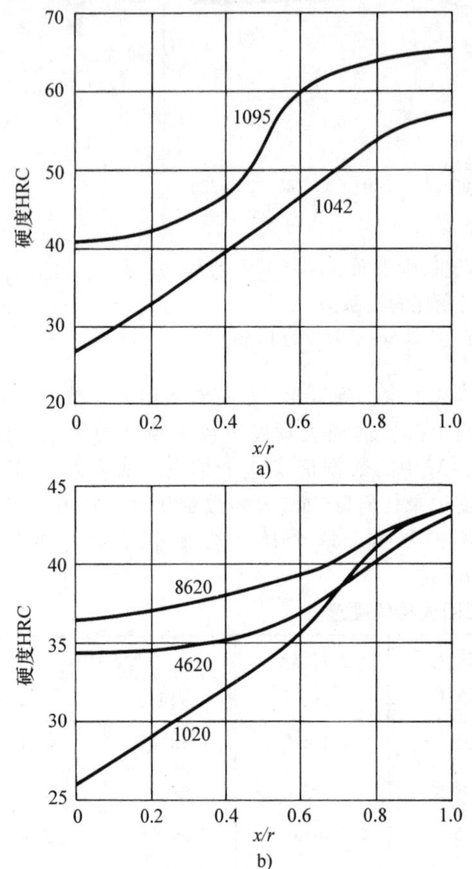

图 2-179 低淬透性钢在感应回火后的硬度分布

a）1042 和 1095 钢 b）1020、4620 和 8620 钢

注：硬度图示为从钢棒的中心开始（$r=0$）随距离半径比（x/r）变化。

在 Semiatin 等人的工作中，钢棒淬火态的显微组织是由图 2-180 中三种组分组成的，然而，结果表明不同位置的回火行为仍然可以用类似的曲线表示；低的曲线表示心部位置，高的曲线用于表面和近表面位置。

图 2-180 的测试显示，为了消除低淬透性钢棒的硬度梯度，需要采用大数值的回火参数。特别是回火参数需要足够大，这样回火马氏体才能下降到淬火态结果中低温转变产物的水平。加上这个附加条件，表 2-34 的结果就很容易解释了。对于 1020 和 1042 钢，回火得到的表面硬度高于淬火态钢棒心部的硬度，这样导致这些部位和未回火一样。另一方面，1095、4620 和 8620 钢回火硬度与对应钢的淬火态棒中心硬度相当或稍低。忽视前文讨论的有效回火参数的小小的不同，因此，预测后面三类钢的硬度梯度消失，至少如第一个顺序那样。

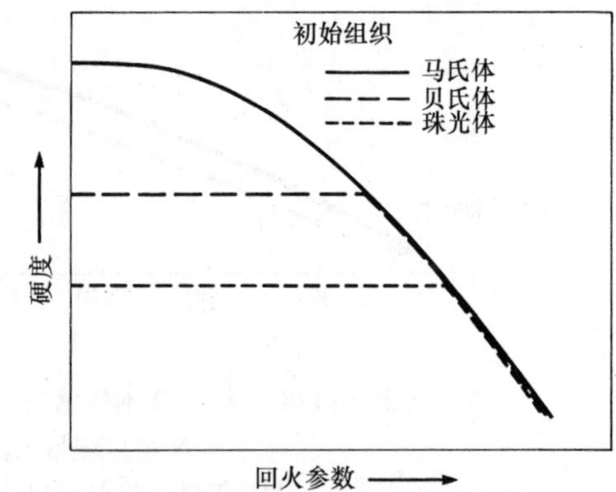

图 2-180 假定钢预先热处理得到马氏体、贝氏体或珠光体显微组织的回火特性（即硬度相对于回火参数的变化）

表 2-34 低淬透性钢感应回火棒的硬度测量

合金	棒径/cm	棒径/in	表面硬度 HRC	心部硬度 HRC
1020	2.54	1.0	30.7	23.7
1042	2.54	1.0	35.6	27.5
	6.35	2.5	36.1	24.3
1095	2.54	1.0	44.6	43.3
4620	2.54	1.0	31.9	28.8
8620	2.54	1.0	32.8	30.6

注：所有试样在加热到额定表面温度峰值 540℃时，设定功率无论是 5kW（针对直径 2.54cm 棒）还是 15kW（针对直径 6.35cm 棒），在所有情况下，其表面和心部的有效回火参数都是 23000 ± 600。

2.5.8 感应回火实践

同一个感应线圈和同一个变频电源有可能被同时用于淬火和回火。在实际应用中，减少资金投入、更少的工装储存与维护费用，是合理的。但有时候，这不一定是最好选择。许多实际应用表明同一个感应器和电源不能同时用于感应淬火和回火。

当淬火外形复杂或外形不规则零件时，需要得到不同硬化层分布，淬火感应器就要被设计为在相应的区域产生合适热密度的特殊形状。感应淬火（因为奥氏体化发生在 Ac_3 线以上，所以一般对应一个非磁性的基体）最佳的线圈分布可能与回火时（因为在 Ac_1 以下加热所以钢一直是磁性的）的最佳分布不同。淬火和回火时感应加热中的电磁效应（趋肤效应、端部效应、临近效应等）都有本身的微妙之处，无论是数量上还是质量上。

在回火过程中，常常使用比淬火更低的频率，因为δ值很小。在对局部淬火区域进行回火时，回火感应器不仅仅是加热淬火区，还应加热更大的区域甚至整个工件。这是为了提供充分的回火条件和减少径向与轴向的拉伸残余应力。一个松散耦合的多匝线圈可以达到这个目的，由于钢保留了它们的磁性，松散的耦合不会明显降低线圈电效率，因为磁体比非磁体有更好的吸收磁场的趋势。然而，提供均匀和缓慢的加热在感应回火中是非常有必要的。

回火比起淬火需要很低的能量密度。这是因为在感应回火时避免出现局部过热的发生是非常重要的。感应淬火常常在这方面是比较宽松的。过高的能量密度可以导致表面温度超过所需的回火条件，而这可能会导致不希望出现的表面软化和相反的淬火分布。

因为淬火所需能量远远大于回火所需，当同一个变频器用于这两个工艺时，在回火时使用过低的能量，如它们使用相对于额定功率很小的比例(3%~5%)，可能会遇到一些挑战，这时一些变频器输出能量很难被控制。

为了感应回火类齿类工件，工艺参数和线圈几何尺寸的选择要首先考虑既能给齿根部提供足够能量同时齿顶温度还不过热。然而，有许多原因使这个目标变复杂，包括以下原因：

1）闭合环形线圈和齿根之间电磁耦合较差。因为趋肤效应常常在回火时比较显著，不一样的电磁耦合如何在齿根部生成足够的热量是具有挑战性的问题。

2）如果在淬火和回火过程使用相同频率，那么由于使用更低的能量密度和整个回火过程磁导率没有多少变化导致了回火过程中趋肤效应更显著，而使齿尖过热的风险加大。

3）位于根部下面的大质量的金属基体会大量吸热，这更减少了电磁耦合程度，因此在根部想得到均匀加热层是比较困难的。

这就解释了为什么大多数齿轮都是采用炉子回火的原因。然而，仍然有一些齿轮和类齿轮的零件利用常规的低频螺旋线圈或 C－芯感应器进行回火(如果中心孔足够大)。螺纹通常用感应进行回火。

因为回火是扩散型过程，所需时间可能长于淬火和冷却所需要的时间。因此，如果同一系统用于淬火和回火，电源的利用率受影响。

关于一个车轴的例子，车轴使用与淬火相同的线圈和设备，采用扫描操作进行感应回火。在淬火操作完成后，得到一个平均有效硬化深度（40HRC）3.5mm 的表面淬火层。该轴以小功率相反的方向扫描，不喷水进行回火。在这一回火阶段表面温度接近 155℃。然后轴以非常快的速度沿原来方向扫描并喷水只是为了冷却工件。使用频率为 4kHz，轴以这种工艺加工后得到低的强度和塑性或脆性。

轴采用相近的回火温度在传统炉中回火和感应回火后的弯曲强度对比见图 2-181。利用这两种方法处理的轴在强度和塑性上会有相当大的不同：感应回火的强度大约是炉内回火强度的一半，塑性仅仅是其 1/4。采用炉内回火，相比于淬火态硬度降低了 2~3HRC。然而，在这个具体的感应回火工艺中，硬度几乎和淬火态的硬度相同，这就是回火周期缩短的原因。同时发现这个具体的感应回火工艺会引起轴的脆性。脆性是不可逆的，即使再进行一系列表面回火或是二次淬火。炉内回火轴的表面裂纹源，断裂模式沿晶间方向断裂，同时有一些韧窝显现见图 2-182。图 2-183 所示为感应回火轴的断裂形貌，相反，断裂模式沿晶间方向断裂，但此时少有韧窝出现。

2.5.9 回火零件的性能

从上例中更清楚地看出，当验证感应回火工艺时不仅仅要考虑硬度、力学性能的检验，零件承载性能的测试也是非常重要的。本小节将总结回火对车轴性能和主轴性能的影响，同时也对炉内回火和感应回火做对比。

（1）炉子回火温度对感应淬火车轴性能的影响　由 SAE 1038 钢制成的半轴感应淬火扭转试验数据见图 2-184。这些轴是在同一淬火条件下经过不同温度回火后进行测试，回火在 150℃、230℃、315℃下炉内进行。

数据显示，和不经过回火工艺相比，当轴以 150℃回火的扭转极限强度有所增加。当回火温度上升到 230℃，扭转极限强度降低至未经回火的强度。继续增加至 315℃，最终强度降低得更多。扭转屈服强度采用约翰逊塑性极限（JEL）来测量，数值是在载荷－扭转曲线上的 50% 变化量到曲线的塑性区域，当温度增至 150℃时扭转屈服强度比未回火时增加的很小。继续提高温度至 230℃和 315℃，屈服强度增加的更明显，从而变得接近极限强度。扭转极限和屈服强度最大的不同，发生在 150℃回火温度下，随后是未回火的。在 230℃和 315℃，这个差距开始减小。可以合理推测出塑性表现相似。然而，如果测试轴的塑性，测量扭曲至失效，可以预见 150℃和 230℃回火温度有最高的结果，其结果接近那些未回火态的 2 倍。

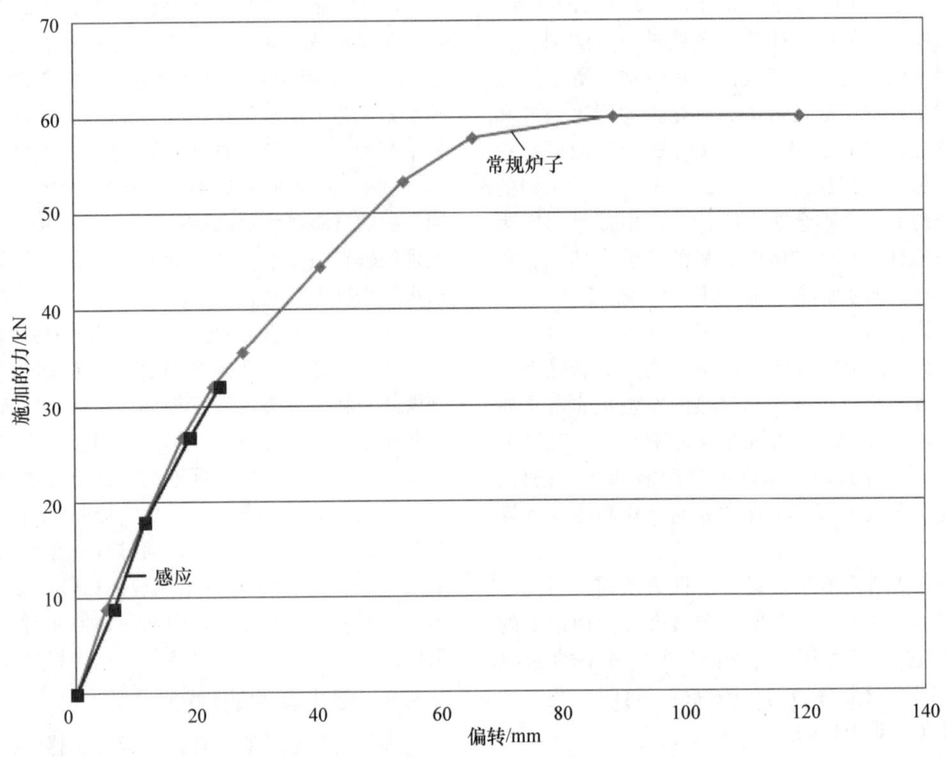

图 2-181 感应回火相对于传统炉子回火到大致相同温度时的弯曲强度对比

图 2-182 炉内回火轴的断裂形貌

注：断裂模式是晶内，韧窝形断裂，这很常见。

根据数据显示，SAE 1038 轮轴在经 150～230℃回火后具有良好的抗扭强度和塑性，提供了最大扭转极限强度、最大扭转屈服强度和最大塑性。

图 2-185 所示为 SAE 1038 钢制轴炉子 1h 回火时扭转疲劳寿命和回火温度的关系。这些轴的测试是在反复的扭转疲劳条件下进行的，经 150℃回火和未回火的比较，结果显示轴的疲劳寿命稍微增加。而轴在 230℃回火时明显出现寿命降低，当回火温度达 315℃时寿命比未回火的小 10%。寿命降低的最主要原因是因为回火温度提高，导致残余压应力的降低。

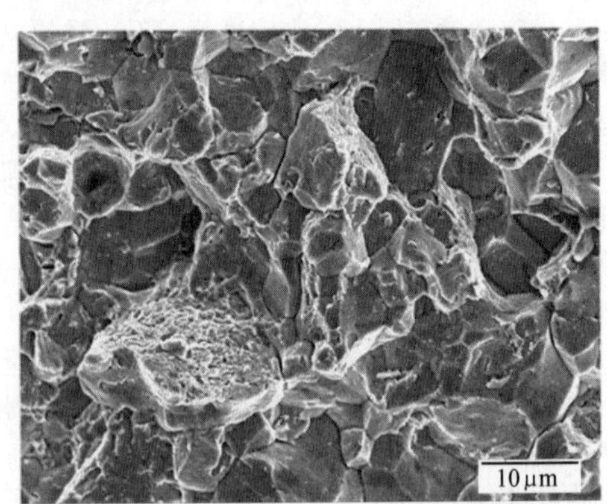

图 2-183 感应回火轴的断裂形貌

注：和图 2-182 一样，断裂模式是晶内，但这时有很少的韧窝形断裂。

图 2-186 所示为 SAE 1038 钢制轴炉子 1h 回火时屈服强度和回火温度的关系。结果与前面的扭转试验相似。最主要的区别在于弯曲极限强度不随回火温度发生明显变化。然而弯曲屈服强度或 JEL，随着回火温度的提高而增加，类似于扭转数据。弯曲极

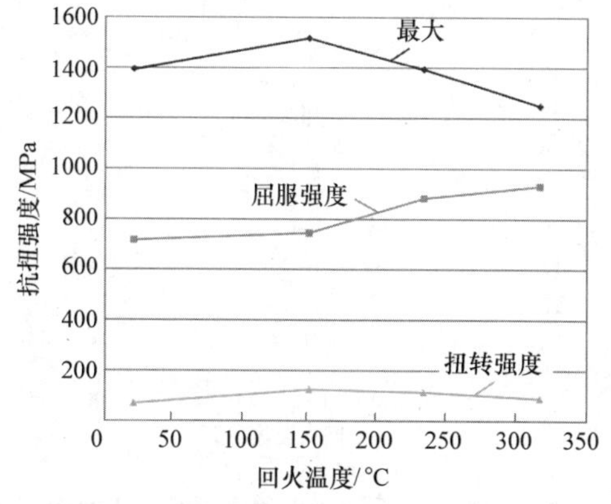

图 2-184　SAE 1038 钢制轴炉子 1h 回火时不同回火温度下的扭转试验

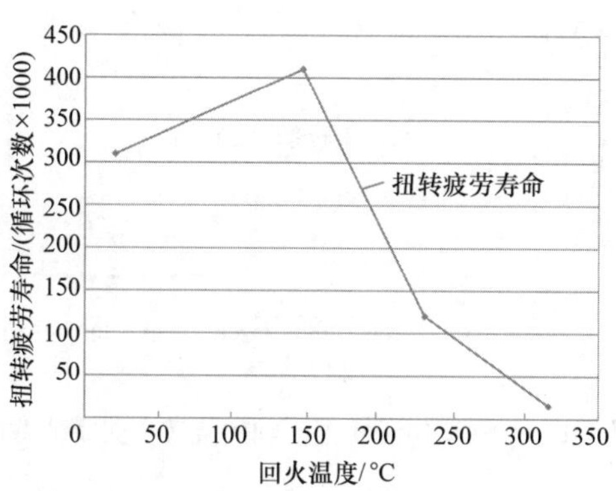

图 2-185　SAE 1038 钢制轴炉子 1h 回火时扭转疲劳寿命和回火温度的关系

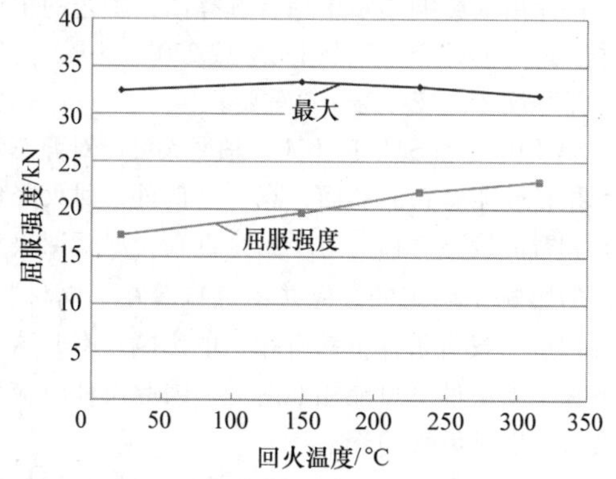

图 2-186　SAE 1038 钢制轴炉子 1h 回火时屈服强度和回火温度的关系

限强度与屈服强度之间的最大差是在未回火条件下，这是与预期相反的结果。轴在这个条件下进行机械矫直是有益的，因为屈服强度是在最低值，而极限强度在最高值。这样轴在低的载荷下，距离极限强度有很大余量的情况下被矫直。这种情况下经受弯曲冲击时吸收能量的能力也比较大。然而，下面的例子表明情况不是这样的。

图 2-187 所示为 SAE 1038 钢制轴炉子 1h 回火时旋转疲劳寿命和回火温度的关系。结果表明最大疲劳寿命是在未回火条件下得到的。在回火温度达到 150℃时相比于未回火态疲劳寿命降低一点。然而，当回火温度高于 150℃时寿命有明显的降低。在 315℃时，旋转弯曲疲劳寿命低于未回火态的 10%。

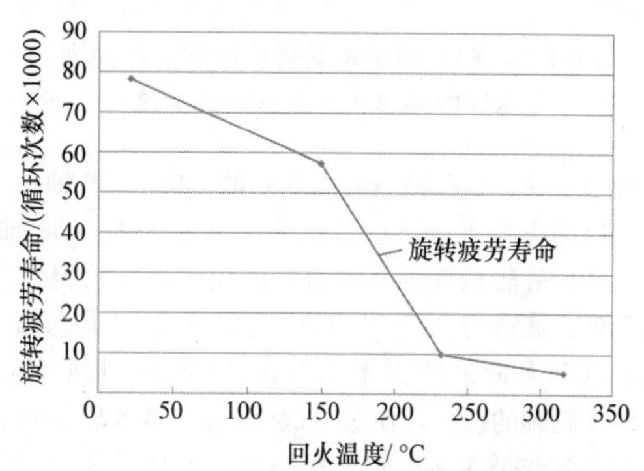

图 2-187　SAE 1038 钢制轴炉子 1h 回火时旋转疲劳寿命和回火温度的关系

从已知的数据可以得到，SAE 1038 轴的扭转状态最佳回火温度是在大约 150℃，然而，对于弯曲试验，最好的情况出现在未回火态。无论是扭转还是弯曲，提高回火温度均导致疲劳寿命显著降低。仅有一个例外就是在 150℃时当轴的载荷为扭转时。对于这些轴来说，需要综合地选择回火温度，取决于极限强度、屈服强度或疲劳寿命在扭转和弯曲中哪个更重要。SAE 1035 和 1038 轮轴感应淬火是不做回火处理的。SAE 1035 轴完全不经过回火处理，SAE 1038 轴则为了降低感应淬火后开裂的危险来选择回火。感应淬火零件开裂的趋势是随着含碳量和淬透性的增加而增加的。

图 2-188 所示为 SAE 1050M 钢制感应淬火不同半浮轴抗扭强度和回火温度的关系。钢号的改良是锰质量分数从 0.80% 提高到 1.10%。在未回火态，轴有低的扭转屈服强度和极限强度。扭转极限强度在 150℃增加，然后在 230～315℃保持稳定。扭转屈服强度在 150℃有少许增长，然后到 230℃继续增加。塑性如在扭转一定角度下测量，除了在 315℃是接近 2 倍的，其他温度下均保持相对不变。抗扭强度和塑性的最佳条件是在最高的回火温度。

图 2-189 所示为 SAE 1050M 钢制轴的全反转扭

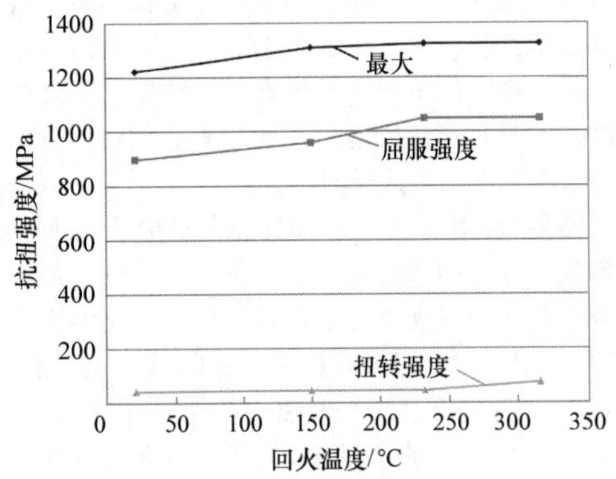

图 2-188 SAE 1050M 钢制感应淬火不同半浮轴抗扭强度和回火温度的关系

转疲劳寿命，这些轴与前面提到的 SAE 1038 轴一样在相同的应力等级下进行试验。不像 SAE 1038 轴，SAE 1050M 轴的疲劳寿命随着回火温度的升高持续地降低，疲劳寿命在 315℃ 接近 25% 未回火态的寿命，这个寿命的减少不如 SAE 1038 钢剧烈。SAE 1050M 轮轴的疲劳寿命明显低于 SAE 1038 轴的疲劳寿命，除非是在高温回火状态下。最佳的扭转疲劳寿命条件是未回火状态。

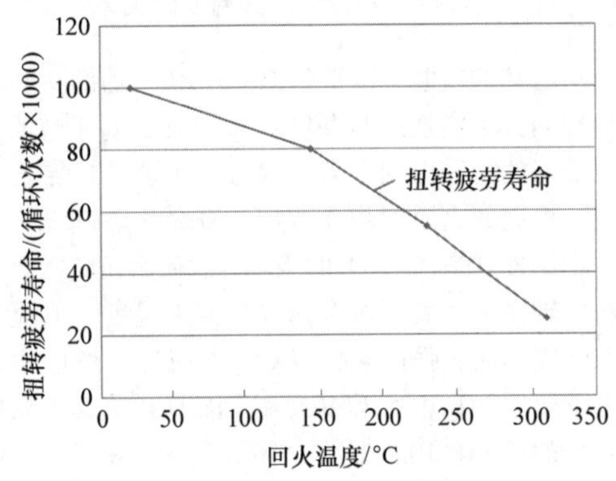

图 2-189 SAE 1050M 钢制轴的全反转扭转疲劳寿命

图 2-190 所示为在不同回火条件下 SAE 1050M 钢制轴的屈服强度。结果显示随着回火温度的增加弯曲极限强度缓慢增加。在其他所有条件下弯曲屈服强度与弯曲极限强度类似，除了在 315℃条件下回火，这是唯一具有塑性的状态。

图 2-191 所示为 SAE 1050M 钢制轴的旋转弯曲疲劳寿命。从未回火到以 150℃ 回火时寿命快速降低，150℃ 回火条件下的寿命大约是前一种状态下的 25%。在 230℃ 和 315℃，旋转弯曲寿命持续降低；在 315℃，寿命大约是未回火条件下的 10%。

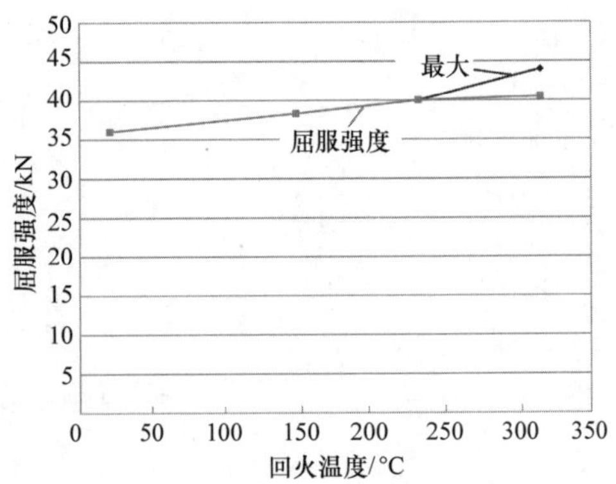

图 2-190 在不同回火条件下 SAE 1050M 钢制轴的屈服强度

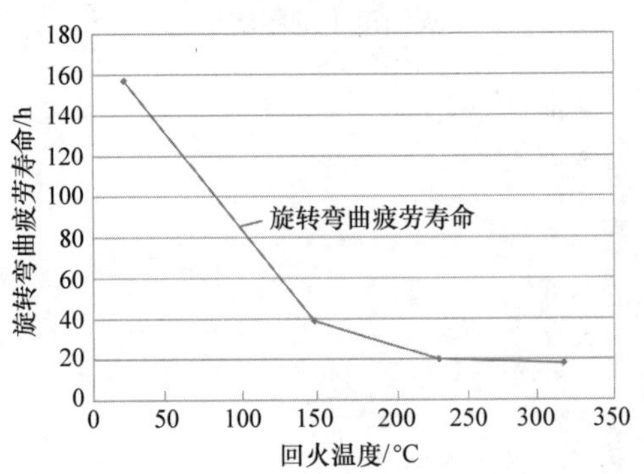

图 2-191 SAE 1050M 钢制轴的旋转弯曲疲劳寿命

单考虑扭转和弯曲强度，SAE 1050M 轴的最佳状态是经 315℃ 回火后，这时得到的强度和塑性最高。若考虑疲劳则最佳的状态是未回火态。然而，这不现实，因为在感应淬火后有开裂的危险。这是在一些矛盾的影响因素中综合选择回火工艺的很好例子。最好的综合结果是 150℃ 或 230℃ 回火，这取决于是强度还是疲劳寿命更重要。

SAE 1038 和 SAE 1050M 半轴回火可能对静态弯曲和扭转性能有益。然而，有一个例外，回火降低扭转和弯曲疲劳寿命。对于给定载荷，尽管回火对零件的影响是确定的，但并不意味着在不同材料、零件构造和载荷条件下都有相似的影响。有时这些影响在不同条件下可能相互对立，因此设计时应该综合考虑以满足所有条件。

图 2-192 所示为另外一种进行弯曲试验的试样。试样是 SAE 1038 圆棒，其中间部位用台阶或半径来模拟半轴。图 2-193 感应淬火达到 40HRC 的有效硬化层深 1.52mm（0.060in）圆试棒（1038 钢）的强度、冲击性能、疲劳寿命与回火温度的关系。弯曲

极限强度和屈服强度在回火温度范围内似乎保持相对不变。这与之前显示的 SAE 1038 半轴有少许的不同。疲劳寿命直到 175℃是不变的，但是超过这个温度时会急速降低。这与前面的轴的数据相一致。冲击能量直到 175℃保持不变之后开始增加。参考前面轴的数据，猜想未回火条件可能有最好的抗冲击性，因为屈服强度和极限强度存在大的差异。然而，这里的数据不能支持这一结论。

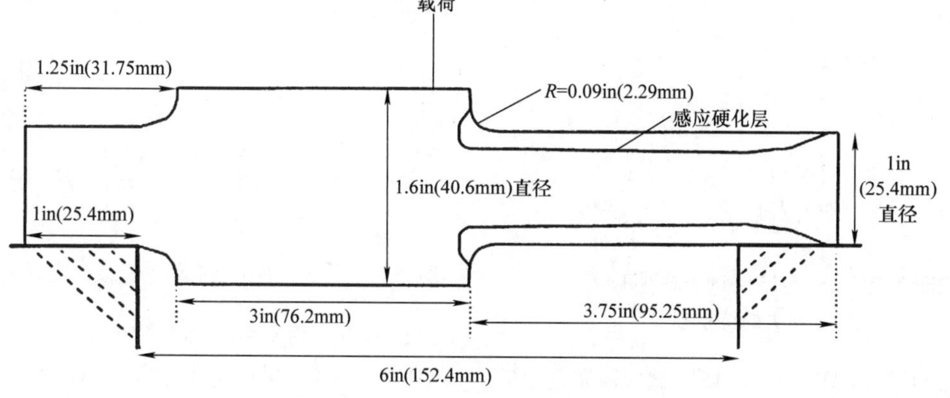

图 2-192　另外一种进行弯曲试验的试样

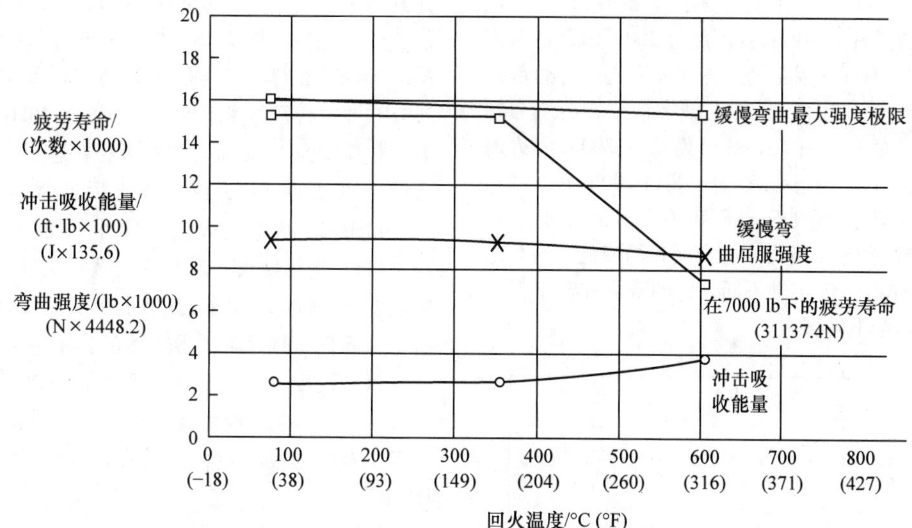

图 2-193　感应淬火达到 40HRC 的有效硬化层深 1.52mm（0.060in）圆试棒（1038 钢）的强度、冲击性能、疲劳寿命与回火温度的关系

图 2-194 所示为 SAE 1040 感应淬火试验轴在不同温度下回火后的抗扭强度。这与前面 SAE 1038 轮轴相类似。然而，试验轴被全部加工为中间细两端粗的试样。扭转性能被绘制在纵轴，在横轴是对应回火温度。与未回火状态相比，扭转极限强度在 150℃少许增加，超过这个温度之上反而下降。扭转屈服强度也在 150℃少许增加，超过这个温度之上明显上升。塑性或可扭转程度随回火温度增加而增加，在 200℃达到最大值，然后下降。图 2-195 所示为 SAE 1541 试验轴在不同温度下回火的扭转强度。扭转性能随回火温度变化曲线与之前 SAE 1040 的曲线很相似。

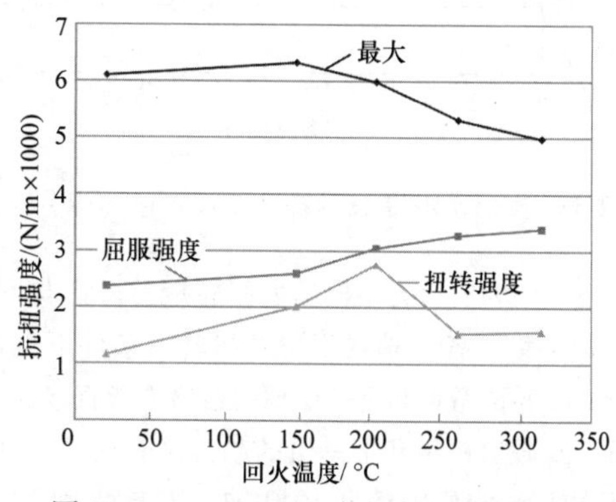

图 2-194　SAE 1040 感应淬火试验轴在不同温度下回火后的抗扭强度

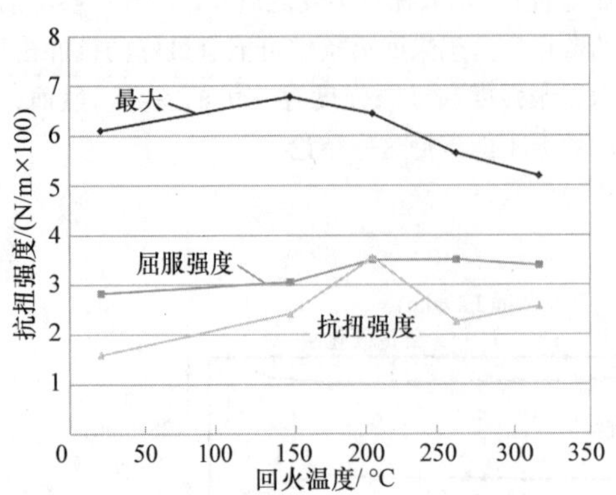

图 2-195 SAE 1541 试验轴在不同温度下回火的抗扭强度

对于相同的 SAE 1040 和 1541 试验轴完全相反的扭转疲劳数据见图 2-196 和图 2-197。SAE 1040 轴显示寿命在 200℃回火相比于未回火条件和 150℃回火时有大的提升。在回火温度超过 200℃时，疲劳寿命减少，在 260℃寿命接近于未回火状态。尽管静态扭转性能与 SAE 1040 和 1541 轴类似，疲劳寿命却很不一样。对于 1541 轴，疲劳寿命在 200℃回火时没有增加，但是一直保持稳定。超过 200℃后，疲劳寿命开始下降，类似于 SAE 1040 轴。对于这些材料，直到超过 260℃寿命不会有明显的降低。这与之前显示的 SAE 1038 半轴不同，它的寿命在非常低的回火温度时会下降很多。

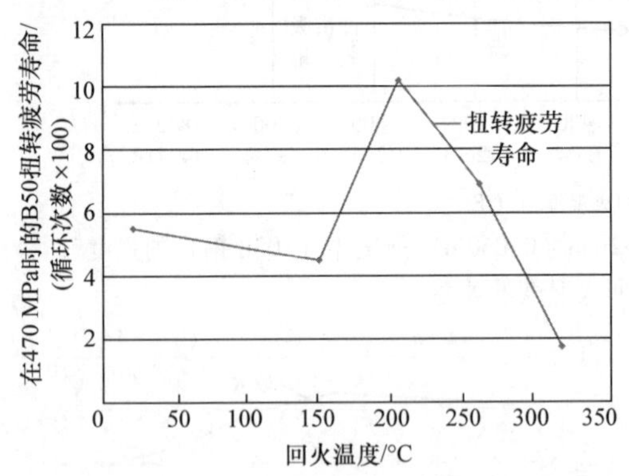

图 2-196 SAE 1040 试验轴的全反转扭转疲劳寿命

图 2-198 所示为不同轴的扭转疲劳寿命与回火温度的关系。各个轴在不同的扭转力条件下测试，因此这个轴的数值与下一个轴的数值不能直接比较。然而，比较这一组和下一组的趋势是有效的，可以看到大多数 SAE 1035 和 1040 轴，从未回火状态到 200℃回火状态疲劳寿命是增长的；且增长的速度发

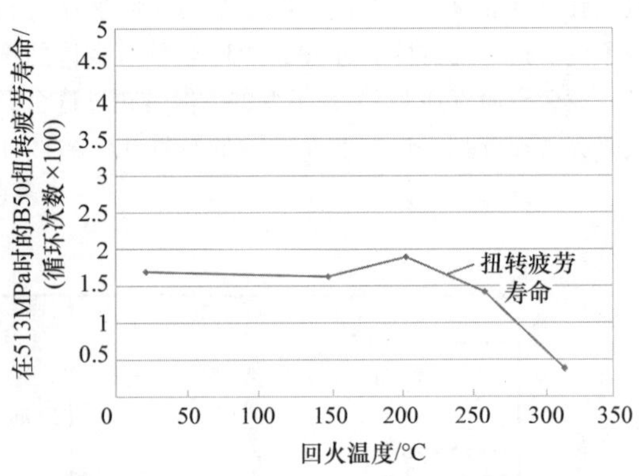

图 2-197 SAE 1541 试验轴的全反转扭转疲劳寿命

生很大变化，由不明显到非常明显。当进行静态或循环测试时经常出现变化，因为如此，一个测试和另一个测试的回火影响或有不同。取得的数据越多，尤其是来源于很多不同材料时，趋势更明显。

（2）主轴 图 2-199 所示为进行三点弯曲冲击的 U 型缺口试样。材料是 SAE 15B35，调质到 229 ~ 269HB 并进行径向感应淬火，硬度为 40HRC 处的有效硬化深度为 2.54mm。用这个材料这个方法制备代表前轮主轴的试样，感应淬火后通常感应回火到 41 ~ 48HRC。从未回火态到各种不同的回火温度，25 ~ 430℃进行回火。弯曲冲击数据见图 2-200，弯曲强度在超过 180℃后开始降低。表面硬度在 180℃有少许降低，然后降低得很迅速。在 345 ~ 430℃回火，得到硬度 41 ~ 48HRC。弯曲屈服强度以 JEL 表示，在 275℃达到最大值然后下降，冲击吸收能量直到 260℃也很稳定，然后在 345 ~ 430℃有少许增加。

345 ~ 430℃回火具有最大的冲击吸收能量，增加量大约为 35%，在这个范围内回火相对于未回火或低温回火态可以提高屈服强度，而极限强度很低。

图 2-201 所示为 SAE 15B35 钢感应淬火主轴的弯曲疲劳寿命与感应回火功率的关系。最大疲劳寿命是在未回火条件下，并且直到 180℃也不会有变化。超过这个温度，疲劳寿命下降得很快。42HRC 时寿命大约为未回火态的 25%。

主轴感应淬火和回火至 41 ~ 48HRC，屈服强度和冲击吸收能量是最大的；然而，疲劳寿命相比于未回火态和低温回火有明显的降低。设计者需要了解这一点，并且决定哪一个临界标准对某一具体应用是最重要的。

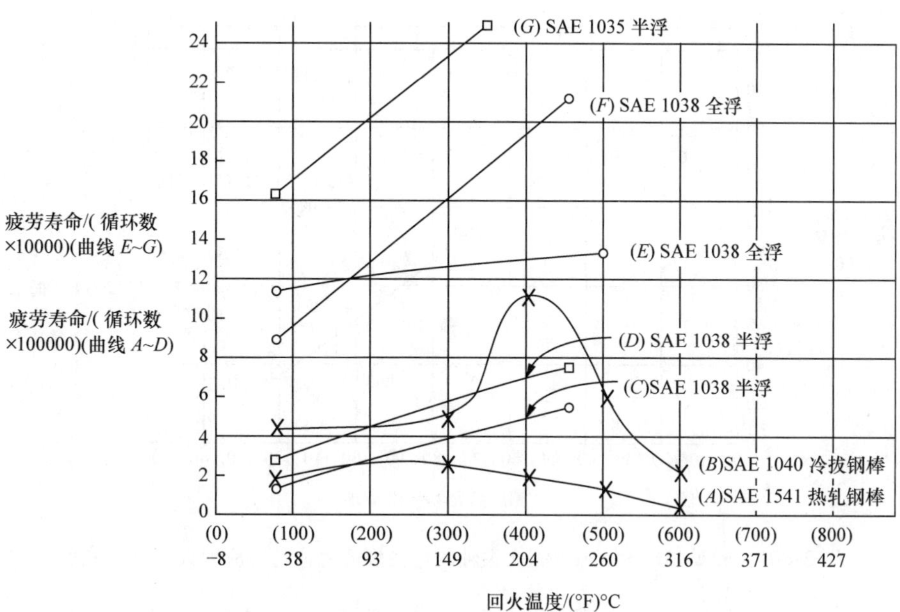

图 2-198　不同轴的扭转疲劳寿命与回火温度的关系

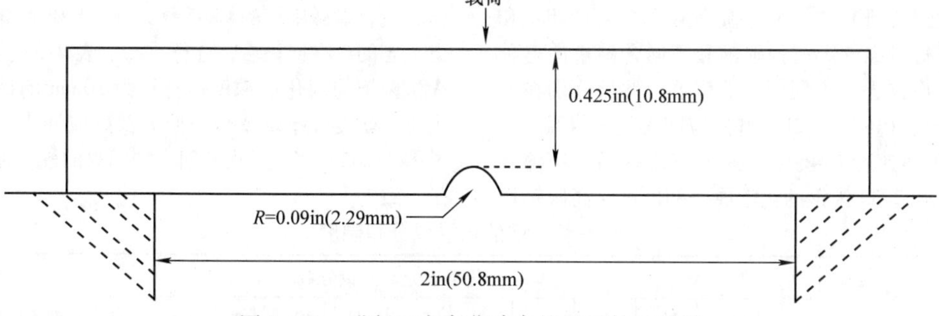

图 2-199　进行三点弯曲冲击的 U 型缺口试样

注：64.5mm（2.5in）棒，13mm×13mm（0.5in×0.5in）。

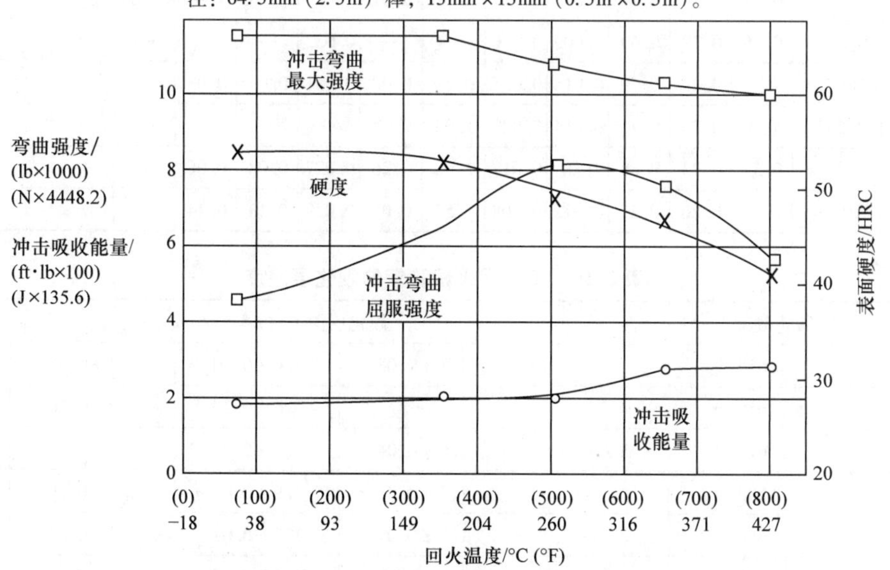

图 2-200　经调质、感应淬火达到 40HRC 的有效硬化层深 2.54mm（0.100in）U 型缺口试样（SAE 15B35 钢）的弯曲冲击数据

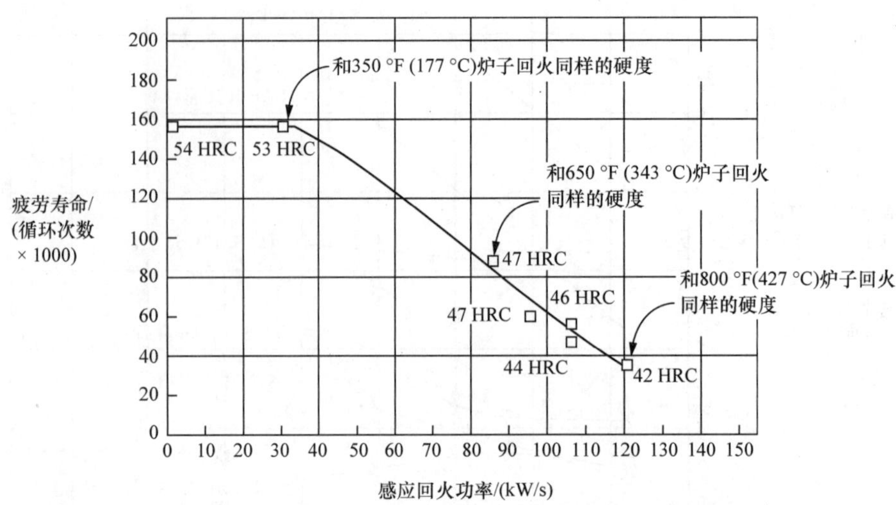

图 2-201 SAE 15B35 钢感应淬火主轴的弯曲疲劳寿命与感应回火功率的关系

(3) 感应回火与炉子回火的对比 现有很多关于零件在不同条件下进行的淬火态 - 回火炉回火 - 感应回火对比研究。其中一项是由德国人 Madler 和 Grosch 进行研究的。三种碳钢和不同含碳量的三种合金钢感应淬火至不同硬化层深度，然后分别在常规炉中回火（180℃，2h）和感应回火（峰值温度为 250℃，加热速度为 46℃/s）。第三组样品采用淬火态评估。表 2-35 为钢的化学成分和硬度。高碳钢用于研究高碳马氏体和残留奥氏体的影响。大多数的样品在机械加工后正火，除了已经是铁素体 - 珠光体的混合显微组织的 Ck45 钢试样。100Cr6 钢试样是退火态的。在回火后，进行空冷。表 2-36 为淬火回火试验钢的硬化层深度。直径为 10mm 的试样在淬火态的硬度分布以及炉中回火及感应回火后的对比见图 2-202。感应回火和回火炉回火的硬度曲线几乎是一致的。

表 2-35 钢的化学成分和硬度

钢 号	化学成分（质量分数,%）											
	C	Si	Mn	P	S	Cr	Mo	Al	Cu	Ni	V	N	维氏硬度 HV10
Ck45 1.1191	0.45	0.26	0.57	0.017	0.011	0.11	0.01	—	—	0.1	0.003	—	242
Cf53 1.1213	0.56	0.29	0.69	0.009	0.016	—	—	0.032	—	—	—	0.011	190
Ck67 1.1744	0.7	0.29	0.79	0.016	0.025	0.21	0.02	0.031	0.02	0.03	—	—	210
42CrMo4 1.7225	0.4	0.24	0.71	0.014	0.023	1.03	0.17	—	—	—	—	—	195
50CrMo4 1.7228	0.51	0.23	0.68	0.01	0.017	1.08	0.26	0.027	0.08	0.06	—	—	208
100Cr6 1.3505	0.97	0.26	0.31	0.012	0.008	1.52	0.05	0.029	0.13	0.14	—	—	259

表 2-36 淬火回火试验钢的硬化层深度

钢 号	限定硬度 HV1	硬化层深度（$n=3$）/mm				
Ck45	550	—	1.1 ±0.08	1.6 ±0.10	2.7 ±0.05	—
Cf53	650	—	—	1.6 ±0.20	2.2 ±0.20	淬透
Ck67	675	0.7 ±0.01	1.0 ±0.04	1.7 ±0.06	—	—
42CrMo4	500	—	1.3 ±0.04	1.9 ±0.03	2.5 ±0.19	—
50CrMo4	600	—	1.0 ±0.01	1.7 ±0.07	2.5 ±0.07	—
100Cr6	675	0.5 ±0.02	1.2 ±0.02	1.8 ±0.05	—	—

通过试验来确定各种材料的抗拉强度，研究表明，中碳钢不管哪种回火方法回火后的抗拉强度比未回火时有大幅度增加，（见图 2-203）。相反地，高含碳量的钢表现出了更低的弯曲强度，未回火和回火样品之间的区别不大。

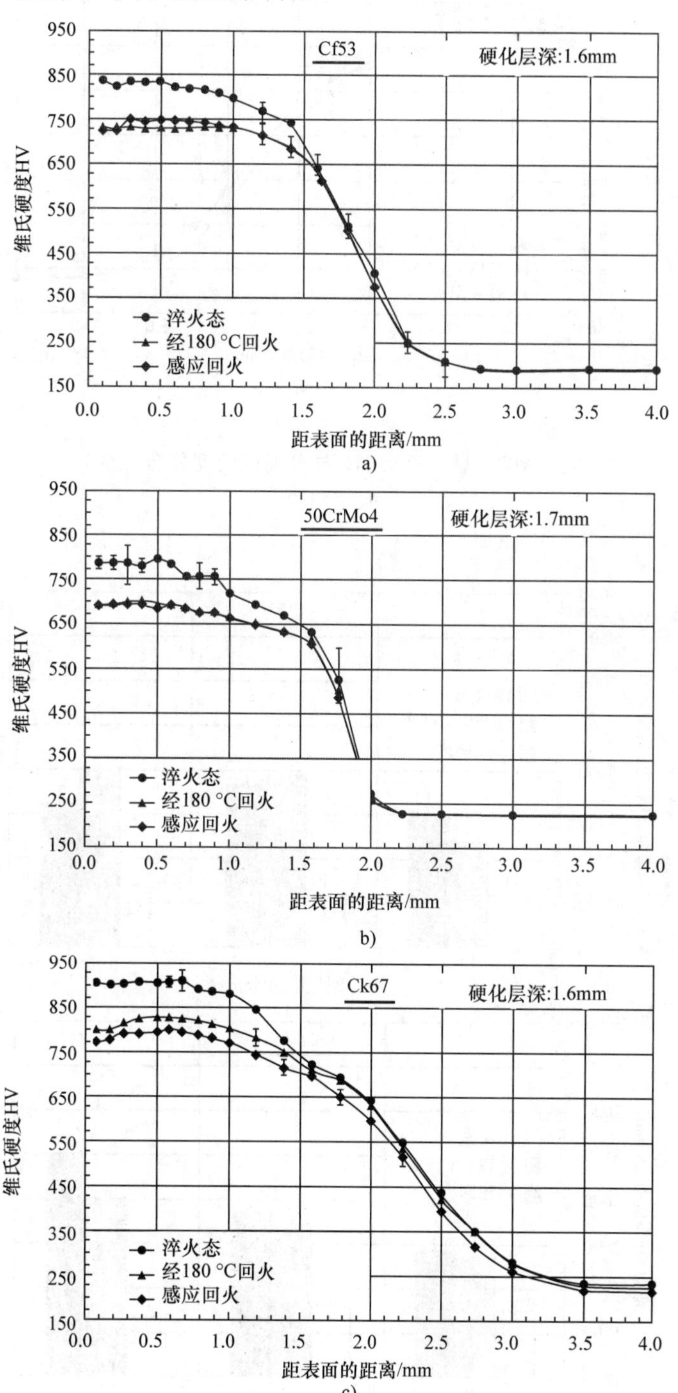

图 2-202　感应淬火钢试样截面的硬度分布

a）Cf53　b）50CrMo4　c）Ck67

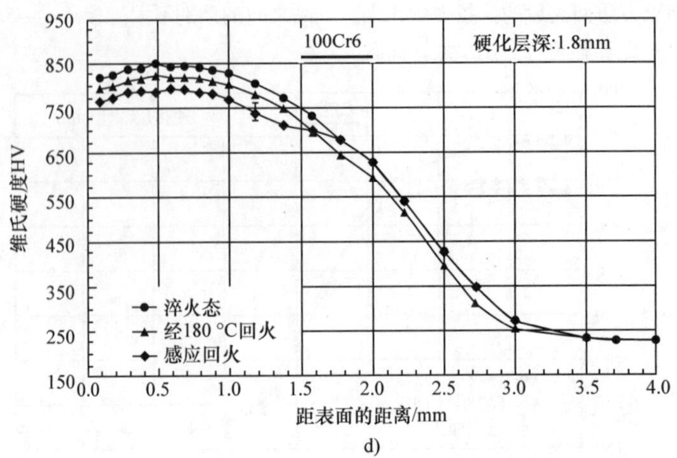

图 2-202 感应淬火钢试样截面的硬度分布（续）

d）100Cr6

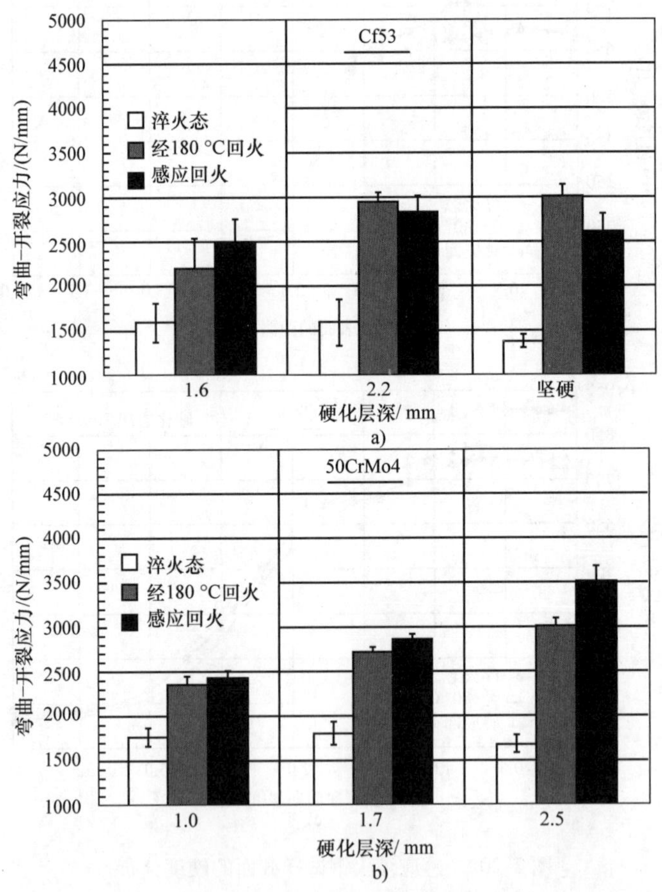

图 2-203 10mm 直径感应淬火钢试样的弯曲 - 开裂应力

a）Cf53 b）50CrMo4

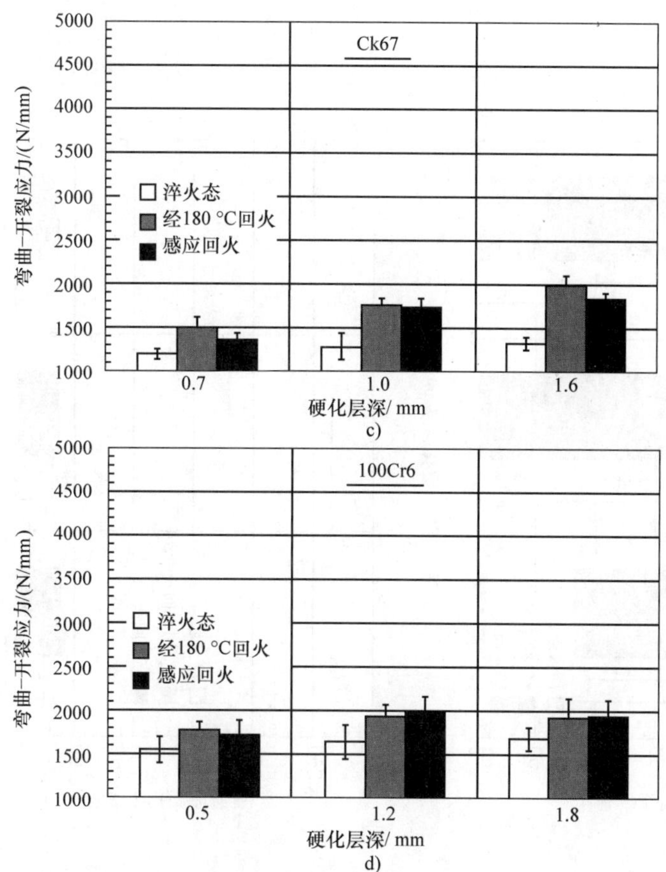

图 2-203　10mm 直径感应淬火钢试样的弯曲 - 开裂应力（续）

c）Ck67　d）100Cr6

10mm 直径感应淬火钢试样的冲击吸收能量如图 2-204 所示。结果和弯曲强度数据相对应，这两种回火方法下中碳钢的韧性明显在增加。而高碳钢，尤其是 100Cr6 钢，表现出通过回火韧性增加很少，但是，常规回火和感应回火方法基本相等。

2.5.10　小结

决定是否对感应加热零件进行回火，应该使用哪种回火方法，工艺如何制定，应该取决于应用要求。总体而言，回火会降低硬度（不包括二次硬化现象）和残余应力，同时提高韧性和抗冲击性（不出现回火脆性时）。回火对于其他力学性能的影响不好定义，通常是多样化的，这取决于具体的载荷状况、零件的几何形状、作用和钢的牌号等。因此，最好的做法是首先证实回火对于实际零件在预期服役状态的影响。

使用炉中回火已充分证明是行之有效的方法。它既可以用周期炉进行也可用连续炉进行。采用周期炉回火需要在热处理之后收集零件，然后转移到回火炉进行操作。然而，非常重要的是，必须考虑到装炉量以及确保所有的零件在炉中一定时间内达到合适的温度。连续式处理生产线可以实现在线生产。

感应回火提供了针对单个零件的工艺。它的在线处理能力对避免任何延迟开裂问题是非常有益的，因为这使得淬火和回火之间的时间间隔最小化。由于经济性，每个零件的可追溯性和制造柔性，使感应回火变得更普遍。它能够大幅度地减少回火时间，减少占用场地。感应回火在许多场合中都可以使用，但要得到合适的结果需要细心执行。采用感应回火，几秒或几十秒就完成了。当使用短时回火时，更密切地控制工艺参数就很必要，同时确保感应圈与零件之间的位置合适，以避免回火结果波动。

决定使用哪一个回火工艺应该细心衡量。研究表明，在有些情况下通过不同回火方法处理的零件力学性能是相同的。然而在另一些情况下，在更高的温度和更短的时间下回火，零件的性能与在更低的温度和更长的时间下回火的性能则不同。

尽管在一些情况下，炉中回火和感应回火可以得到性能有些差别的零件，它并不意味着一种回火方法总是好于另一种，这要取决于零件的具体应用，任何工艺的最优化都要看零件的测试性能和实际的服役效果。

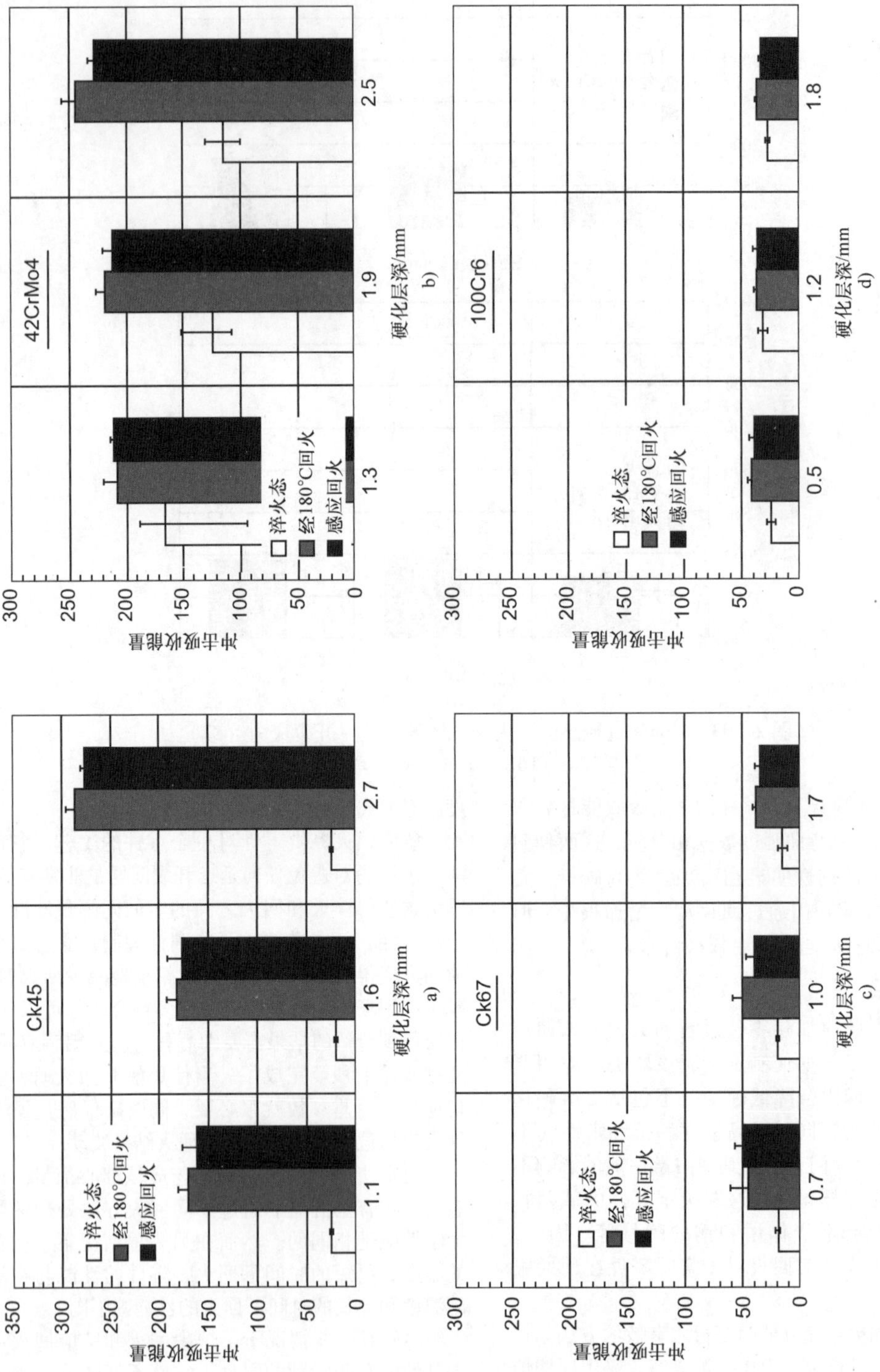

图 2-204 10mm 直径感应淬火钢试样的冲击吸收能量

a）Ck45 b）42CrMo4 c）Ck67 d）100Cr6

致谢

Some of the materials in this article were adapted from material previously published in S.L. Semiatin and D.E. Stutz, *Induction Heat Treatment of Steel*, ASM International, 1986, along with the research and design data accumulated by the authors as well as materials mentioned in the reference list.

参考文献

1. M.A. Grossmann and E.C. Bain, *Principles of Heat Treatment*, American Society for Metals, 1964
2. J.H. Hollomon and L.D. Jaffe, Time-Temperature Relations in Tempering Steel, *Trans. AIME*, Vol 162, 1945, p 223
3. R.A. Grange and R.W. Baughman, *Trans. ASM*, Vol 48, 1956, p 165
4. R.A. Grange, C.R. Hribal, and L.F. Porter, Hardness of Tempered Martensite in Carbon and Low-Alloy Steels, *Metall. Trans. A*, Vol 8, 1977, p 1775–1785
5. G. Krauss, *Steels: Heat Treatment and Processing Principles*, ASM International, 2005
6. S.L. Semiatin, D.E. Stutz, and T.G. Byrer, Induction Tempering of Steel, Part I: Development of an Effective Tempering Parameter, *J. Heat Treat.*, Vol 4 (No. 1), American Society for Metals, June 1985, p 39–46
7. S.L. Semiatin, D.E. Stutz, and T.G. Byrer, Induction Tempering of Steel, Part 2: Effect of Process Variables, *J. Heat Treat.*, Vol 4 (No. 1), American Society for Metals, June 1985, p 47–55
8. S.L. Semiatin and D.E. Stutz, *Induction Heat Treatment of Steel*, American Society for Metals, 1986
9. R.W.K. Honeycombe and H.K.D.H. Bhadeshia, *Steels: Microstructure and Properties*, Arnold, Great Britain, 1995
10. K.E. Thelning, *Steel and Its Heat Treatment*, Butterworths, London, 1975
11. C. Brooks, *Principles of the Heat Treatment of Plain Carbon and Low Alloy Steels*, ASM International, 1996
12. *Heat Treating*, Vol 4, *ASM Handbook*, ASM International, 1991
13. L. Samuels, *Light Microscopy of Carbon Steels*, ASM International, 1999
14. R.N. Penha, L. Canale, and S. Lampman, Tempering of Steels, *Steel Heat Treating Fundamentals and Processes*, Vol 4A, *ASM Handbook*, ASM International, 2013
15. *Heat Treater's Guide: Practices and Procedures of Irons and Steels*, ASM International, 1999
16. V. Rudnev, D. Loveless, R. Cook, and M. Black, *Handbook of Induction Heating*, Marcel Dekker, 2003
17. T.H. Spencer, *Induction Hardening and Tempering*, American Society for Metals, 1964
18. G. Fett, "Tempering of Case Hardened Components," 17th ASM Heat Treating Society Conference and Exposition, Sept 15–18, 1997 (Indianapolis, IN)
19. G. Krauss, Deformation and Fracture in Martensitic Carbon Steels Tempered at Low Temperature, *Metall. Mater. Trans. A*, Vol 32, April 2001, p 861–877
20. G. Krauss, Heat Treatment Martensitic Steels: Microstructural Systems for Advanced Manufacture, *ISIJ*, Vol 35 (No. 4), 1995, p 349–358
21. H.K.D.H. Bhadeshia, *Tempered Martensite*, University of Cambridge, Great Britain, 2005
22. D.K. Bullens, *Steel and Its Treatment*, Wiley, New York, 1948
23. M. Lozinskii, *Industrial Applications of Induction Heating*, Pergamon Press, London, England, 1969
24. G. Golovin and M. Zamiatin, *High Frequency Heat Treatment*, St. Petersburg, Russia, 1990
25. J.D. Wong, D.K. Matlock, and G. Krauss, Effects of Induction Tempering on Microstructure, Properties and Fracture of Hardened Carbon Steels, *Proceedings of the 43rd Mechanical Working and Steel Processing Conference*, Vol 39, ISS, 2001, p 21–36
26. K. Kawasaki, T. Chiba, N. Takaoka, and T. Yamazaki, Microstructure and Mechanical Properties of Induction Heating Quenched and Tempering Spring Steel, *Tetsu-to-Hagane*, Vol 73, 1987
27. M. Jung, S.-J. Lee, and Y.-K. Lee, Microstructural and Dilatational Changes during Tempering and Tempering Kinetics in Martensitic Medium-Carbon Steel, *Metall. Mater. Trans. A*, Vol 40, March 2009, p 551–558
28. S.K. Dhua, D. Mukerjee, and D.S. Sarma, Influence of Tempering on the Microstructure and Mechanical Properties of HSLA-100 Steel Plates, *Metall. Mater. Trans. A*, Vol 32, Sept 2001, p 2259–2270
29. R. Gingras and M. Grenier, Software Assists in Optimizing Tempering Process, *Ind. Heat.*, Dec 2005, p 49–52
30. S.T. Ahn, D.S. Kim, and W.J. Nam, Microstructural Evolution and Mechanical Properties of Low Alloy Steel Tempered by Induction Heating, *J. Mater. Process. Technol.*, Elsevier, 2005, p 54–58
31. V. Rudnev, G. Fett, A. Griebel, and J. Tar-

taglia, Principles of Induction Hardening and Inspection, *Induction Heating and Heat Treatment*, Vol 4C, *ASM Handbook*, ASM International, 2014

32. D. Matlock, Metallurgy of Induction Hardening of Steel, *Induction Heating and Heat Treatment*, Vol 4C, *ASM Handbook*, ASM International, 2014
33. S. Zinn, Quenching of Induction-Heated Steel, *Induction Heating and Heat Treatment*, Vol 4C, *ASM Handbook*, ASM International, 2014
34. Introduction to Steel Heat Treatment, *Steel Heat Treating Fundamentals and Processes*, Vol 4A, *ASM Handbook*, ASM International, 2013
35. *Modern Steels and Their Properties*, Handbook 3310, Bethlehem Steel Corp., Bethlehem, PA
36. S. Lupi and V. Rudnev, Principles of Induction Heating, *Induction Heating and Heat Treatment*, Vol 4C, *ASM Handbook*, ASM International, 2014
37. M.F. Rothman, *High-Temperature Property Data: Ferrous Alloys*, ASM International, 1988
38. P. Ross, V. Rudnev, R. Gallik, and G. Elliott, Innovative Induction Heating of Oil Country Tubular Goods, *Ind. Heat.*, May 2008, p 67–72
39. K. Madler and J. Grosch, Tempering of Induction-Hardened Steels—Do We Need It? *Proceedings of the Fifth ASM Heat Treatment and Surface Engineering Conference in Europe*, E.J. Mittemeijer and J. Grosch, Ed., ASM International, 2000, p 387–396
40. R. Gingras and M. Grenier, Tempering Calculator, *Proceedings of the 23rd ASM Heat Treating Conference*, Sept 25–28, 2005
41. G. Doyon, V. Rudnev, and J. Maher, Induction Hardening of Crankshafts and Camshafts, *Induction Heating and Heat Treatment*, Vol 4C, *ASM Handbook*, ASM International, 2014
42. B.E. Urband, *Ind. Heat.*, Vol 50 (No. 4), 1983, p 20
43. G. Fett, unpublished information, 2005–2013
44. G. Fett, Induction Case Hardening of Axle Shafts, *Induction Heating and Heat Treatment*, Vol 4C, *ASM Handbook*, ASM International, 2014
45. R.F. Kern, *Metal Progress*, Vol 94 (No. 5), November 1968, p. 60
46. T.H. Spencer et al., *Induction Hardening and Tempering*, ASM International, Metals Park, Ohio, 1964
47. L.J. Klinger et al., *Trans. ASM Intl.*, Vol 46, 1954, p. 1557

2.6 驱动轴的感应淬火

Gregory A. Fett, Dana Corporation

2.6.1 概述

驱动轴是最适合表面感应淬火的工件。尽管感应加热也有整个轴淬透的能力，但是在这一节我们讨论的对象是表层淬火或表面淬火。目前在全世界范围内驱动轴工件普遍采用感应淬火，这有以下几个理由：

1）圆的、长的几何形状使得它们可以回转和采用比较简单的扫描感应器，设备相对简单。

2）驱动轴一般传递扭矩，所以最大应力出现在表面，而这些恰恰是表面感应淬火提高硬度和强度的强项所在。同样，驱动轴有时也传递弯曲载荷，而这种类型的载荷最大值也是在表面。

3）感应淬火在表面形成残余压应力，这极大地提高了疲劳强度和轴的长期耐久力。

4）感应淬火可以采用廉价的碳钢，这使得制造成本最低。

5）工艺时间较短，环境友好，不需要太大的占地面积。

感应淬火驱动轴在美国人气大增始于20世纪60年代，在这之前驱动轴大多采用整体透热淬火和回火。采用这种方法，整个轴的横截面都用炉子淬透。典型的淬透轴是由合金钢制造的，如SAE 4140和4145，淬火回火后的硬度为45～52HRC。据报道，淬透轴在那个时代疲劳失效并不少见。而感应淬火驱动轴的优势，疲劳失效几乎消失，因为具有超长的疲劳寿命。

有些淬透轴也采用普通碳钢制造，如SAE 1046，即使采用淬火回火工艺来淬硬轴，由于钢的淬透性有限，仍然形成一个硬化层。外表层比心部达到的硬度要高，这类似于感应淬火零件。由于在近表层形成了残余压应力层因而克服了一些疲劳寿命的不足，这和经感应淬火工艺形成的相类似。

2.6.2 驱动轴

（1）驱动轴的类型 驱动轴常用于汽车、货车、工程车辆和其他机械与装备上，主要用来传递扭矩。在驱动轴的尾部通过花键、连接件或法兰连接在一个扭矩传递过来的零件上。驱动轴直径为20～100mm。图2-205所示为汽车和货车驱动轴的常见形式。

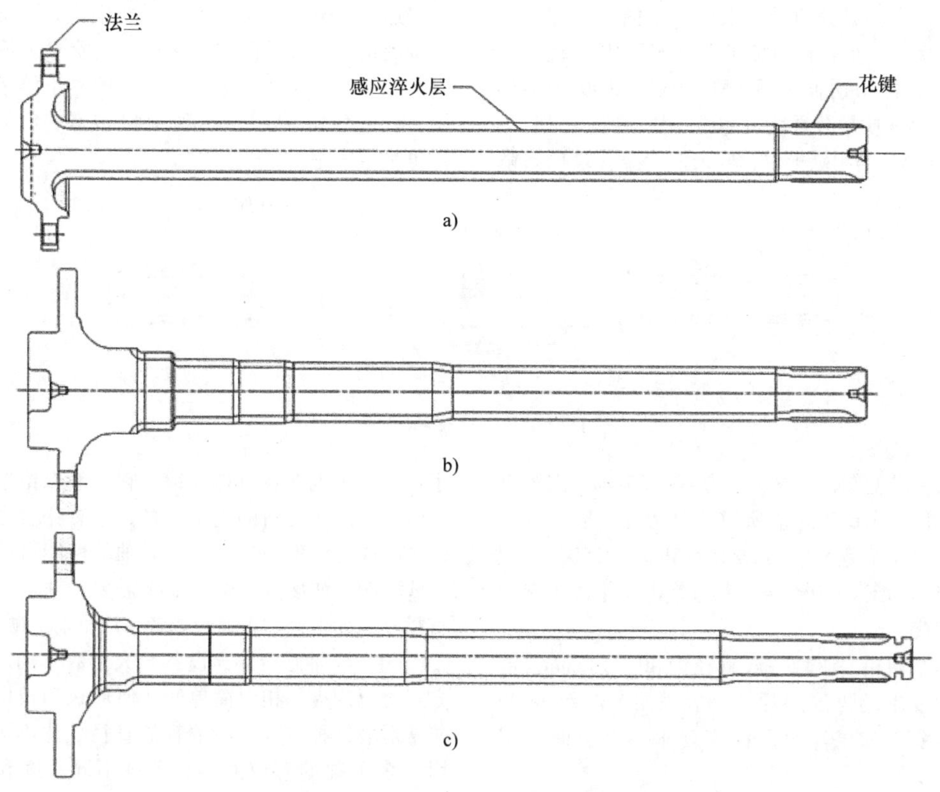

图 2-205 汽车和货车驱动轴的常见形式

a）完全浮动 b）轴承单元半浮 c）非轴承单元半浮

图 2-205a 是一个全浮驱动轴，它为传递扭矩而设计，通常在中型和重型货车刚性梁式桥总成上常见。轴连接是通过轴中心的轮毂连接在轮端。有的半轴一端通过花键连接在中心的边齿轮上而另一端通过法兰和紧固件连接在轮毂上。轴的直径一般来说在整个长度上均匀一致。车辆的载重通过轮子和轮毂以及内外轮轴承传递到花键和轴桥箱，从而间接被轴驱动。在这种类型驱动轴的感应淬火硬化层一般延伸到整个长度上直到法兰处，圆弧区直径足够大处不再需要感应淬火层。硬化层一般要求全长一致。

半浮，见图 2-205b，是为同时承受扭转和弯曲载荷而设计的。这种类型通常在乘用车和轻型货车上带刚性梁式桥总成上常见。半浮驱动轴的直径一般从花键端到法兰端外圆增加，以承受弯曲载荷。对于半轴，轮子是直接连接在轴端的法兰上，这样弯曲载荷可以通过轴传递到轮子的轴承上并进入轴箱中。有两种类型的半轴：一种配套了一个锥形轴承，它有内外滚道；另一种配套一个轴滚子轴承，它把驱动轴作为内滚道。在后一种类型中，轴的硬度必须足够高才能起到轴承内滚道的作用。这种情况下一般采用高碳钢。相反，这两种轴的感应淬火硬化层都延伸到几乎整个轴长，尾端在法兰区域的直径增加到一定程度不再需要感应淬火的地方。硬化层深度可以是通长一致，或者是朝着法兰方向减小。由于直径最小扭转应力最大发生在花键处，而弯曲应力朝着法兰方向逐渐增大，这是设计的原因。

最后一种类型的驱动轴，见图 2-206，是一种连接轴总成。设计为主要传递扭矩。次要的弯曲组件因为节点的作用也展示出来。这种类型的轴在轻型货车或者运动型越野车（SUV）的刚性梁前转向轴上常见，这里车的质量不是由轴总成来支承的。轴和关节总成的尾端通过花键连接在匹配组件上。这里显示的具体连接轴总成采用一个万向节或者通用型关节和轭耳连接轴上。其他的轴和关节总成采用了一个 CVJ。这些轴的感应淬火硬化层扩展到了全长，一般终止在轭耳的圆弧处。

（2）感应淬火轴用钢 许多感应淬火轴采用碳钢制造。决定轴承受扭转性能的主要因素包括表面硬度、淬火层深以及心部硬度。材料的选择取决于淬透性的需要。钢号的选择要提供足够的淬透性这样能够达到要求的淬火层深度。钢必须有足够的淬透性，即使在其成分的最下限也完全能够获得要求的淬硬深度。汽车、轻型货车以及 SUV 车轴直径为 20～40mm，常用钢种包括 SAE 1038、1040、1045、1050Mod（Mn 质量分数为 0.80%～1.10%）、1541、1137、10B38。当用碳钢时，残余的合金含量比如铬对淬透性影响很显著，因此需要限定。通常经电弧炉炼的钢，这不是问题。然而，底吹氧炉炼钢一般具有很低的残余合金元素，这一般趋于淬透性的下限。合金钢如 SAE 5140 和 4140 或者它们的国外替代也常常采用。

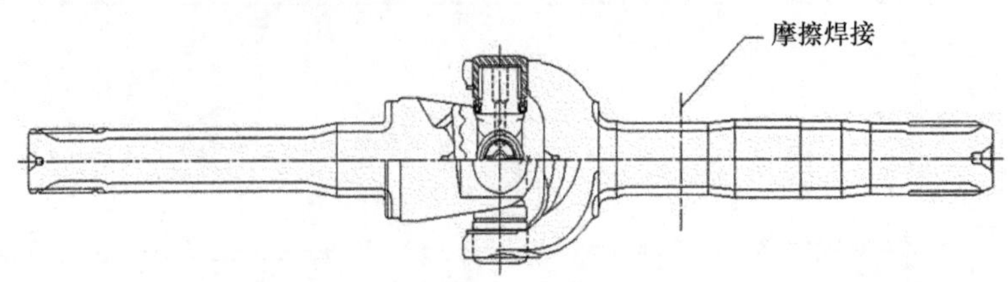

图 2-206　连接轴总成

中型－重型车轴一般直径为 40～55mm，碳钢仍然常用，但是相比于之前所说的淬透性一般保持在其上限。典型的钢号有 SAE 1541Mod 和 15B41。然而，合金钢 SAE 5140 和 4140 或者其国外材料有时也用来替代。

工程车辆和工业轴一般直径为 40～100mm。由于直径大要求的淬硬层深，一般采用 SAE 5140 和 4140 合金钢。如果淬火层深度要求不严有时也用碳钢。

特种钢有时也用于车轴，典型的牌号如 SAE 1137 和 1141。这种钢提高了可加工性，但在这类轴中硫化锰夹渣被发现似乎对轴的扭转和弯曲性能有影响，它们有时在经受扭转试验时轴在纵向失效，裂纹一般内部萌生，然后从一头或两头沿 45°角扩展失效。

（3）驱动轴的制造　驱动轴的制造一般从锻造开始，除非整个长度的直径近似一致，这样才能直接用棒料加工。轴在端部通常锻压有法兰或轭耳。两端都有花键的轴或者直径变化的轴既可以热轧也可以冷轧。通常的工艺是锻造、机械加工、感应淬火，然后机械加工。有时，锻件也在机械加工前进行正火或调质处理。

半轴在法兰一端是典型的热镦锻，然后在花键端是冷拔。开始用中等直径的热轧棒料备料，它允许在一端镦出相对大直径的法兰。冷拔工艺随后使花键端拔细直径并拔长。这样保持靠近法兰的轴承径大到能够承受弯曲载荷和减小花键直径并满足处理扭转载荷的需要。用于制造锻件的热轧棒料一般表面都有点脱碳，这些脱碳层将保留在轴未加工的表面，这将影响表面硬度。通常，测量不在这些区域进行而是在轴的全加工面上，在有脱碳的区域硬度一般在表面以下比如 1.25mm 处测量。

全轴的法兰端是镦锻，有时如果花键的直径大于轴本体时也在花键端镦锻。它一般保留轴身为热轧棒状态。和之前的例子一样，这意味着由于脱碳区域的硬度要低一些。这个对轴的性能可能会造成一些影响，如疲劳寿命。如果需要，轴也可从较大直径开始加工且加工通长或者采用车削－抛光棒料。

（4）车轴感应淬火设备　大多数车轴采用扫描方式感应淬火。相对简单的几何形状和长度使得它非常适合这种方式。只要轴的直径变化不大，可采用一个单独的感应圈淬火各种不同长度和形状的轴件。

感应扫描机可以是纵向的也可以是横向的单元，取决于产能，这种扫描机可以是单工位、双工位或者是多工位。如果是多工位，需要更长的调试时间以保证所有的工件都达到一致要求，因为，每个工位的结果可能不同。大多数轴的淬火频率为 1～10kHz。低的频率提供一个深的加热层。通常，小直径的汽车或轻型货车轴采用 4～10kHz，这将取决于层深要求。对于更深的硬化层，较低的频率更适合。对于中型到重型货车轴，3kHz 比较常用。对于大直径的工业型轴，1kHz 更普遍。

驱动轴有时也采用一发法淬火。这时，感应器是不动的，整个工件长度一次加热淬火。通常，线圈相对零件仿形，因为喷射淬火的优点，一发法的一个好处是轴表面对称淬火无软带。另外一个优点是节拍时间短。然而，缺点是一个定型的感应器只能淬火一种固定形状的零件。

2.6.3　感应淬火驱动轴的性能

硬化层深对抗扭强度的影响：感应淬火提高了驱动轴近表层的硬度，使表面处于压应力，而这是大多数需要的，可以提高疲劳寿命。适合的淬火层深有利于提高抗扭强度和轴的承载能力。

淬火层深可以用不同方法测量。淬火层深可划分为两种：一种称作有效层深；另一种称作总层深。

有效淬火层深测量到 40HRC，而总层深测量到 20HRC。有时只用到有效层深；有时有效层深的硬度水平将随着钢的含碳量不同而变化。采用有效硬化层深和总硬化层深的好处是无论哪种钢号都能提供相对一致的性能。当钢的含碳量和淬透性不变时采用有效硬化层深就足够了。如果有效硬化层深的硬度水平变了，这将改变轴设计的强度水平。另一方面，40HRC 是一个可以用于含碳质量分数为 0.2% 以上的任何钢，不用改变强度水平。

图 2-207 所示为硬化层深和抗扭强度、抗拉强度的关系。在左边的轴上列出了施加的应力和抗扭强度；在下面的横轴上显示了轴的径向位置及直径的百分比。轴的表面在左边为 0，而中间线对应于 50%，为了确定抗扭强度，硬度转化为强度，洛氏硬度首先转换为布氏，然后按照 SAE J413 转换为极限抗拉强度。SAE J413 确定了钢的硬度和强度之间的关系。如果钢的硬度已知，那么极限的强度可以精确预测。屈服强度可以估算通过乘一个 0.6 的系数转换为抗扭强度。抗扭强度表示在纵轴上。

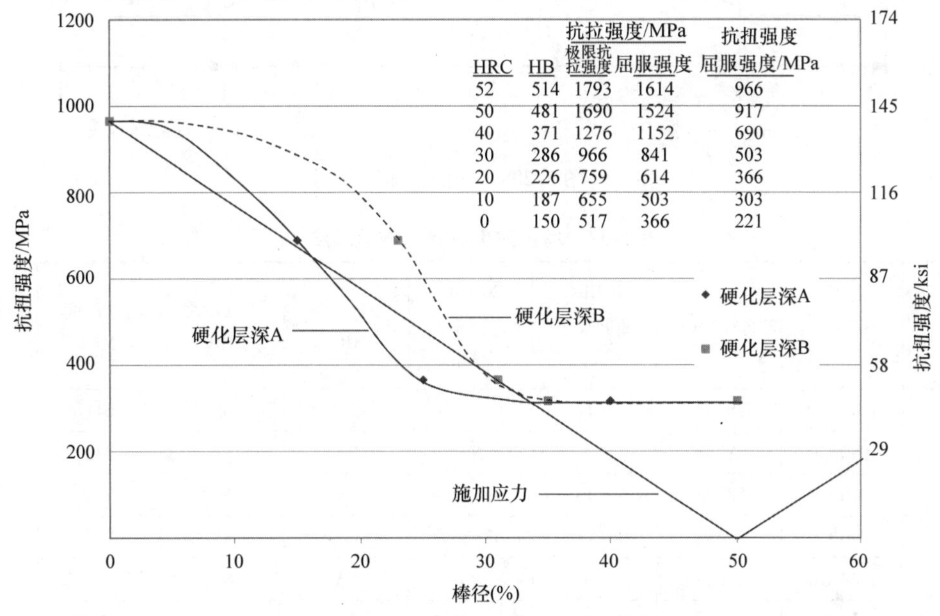

图 2-207 硬化层深和抗扭强度、抗拉强度的关系

当一个轴被加上扭转载荷，切应力在表面最大且心部为零。在没有应力集中系数时，应力从心部向表面线性增加。当加载轴上的扭转应力增加，该线从零快速增加到碰到感应淬火层的强度曲线。这样，只要表层需要淬硬到一个超过应力透入的深度。

当表面层淬硬，马氏体转变就发生了，这导致了膨胀，让表面产生压应力，相反淬透时心部仍然膨胀从而导致了表面的拉应力。这种残余压应力对扭转疲劳寿命很有利。

轴所需淬硬的深度可以通过理论计算出来。图 2-207所示为两种不同的淬硬层 A 和 B，右边的硬化层 B 是一个深层，左边的硬化层 A 是浅层。两种硬化层都有同样的表面硬度 52HRC 和心部硬度 12HRC。

显然，硬化层 A 将首先在心表界面处失效，这是因为应用应力曲线在心表界面处超过了强度曲线。但是硬化层 B 能够得到 52HRC 表层硬度的所有优点。载荷应力曲线刚好同时和强度曲线在表面和心表界面处相切。这样，它的失效点只在表面或心表界面上。淬火层深大于 B 的情况下也没啥好处，因为即使应力曲线进一步延长到右侧它仍将从表面开始失效。这就是所说的最优硬化层深，它是所能做的最好的、最结实的轴。更深的淬火层不会提高强度。事实上，如果尝试把淬火层做的更深，表面的残余压应力将减小，导致疲劳寿命减小。

以测量到 40HRC 来定义有效硬化层深，A 的表面有效硬化层等于 15% 棒的直径，总的淬火层测到 20HRC 等于棒的 25% 直径。硬化层 B 有一个 23% 棒直径的有效硬化层深，总的硬化层深为棒直径的 31%。尽管最佳的硬化层 B 具有这种状态的全部优点，硬化层 A 在许用应力没有达到最大的场合仍然足够。如果必要，硬化层 A 也可以通过提高心部硬度提高承载能力，这可通过预先的调质工序来达到。

为了测试真实轴的扭转特性和硬化层深的对应关系，使用了一个总长为 609.6mm 的试验轴两端都为花键并感应淬火为各种不同层深的状态。轴试样中段分别为直径 28. 58mm 和 38. 86mm，两端分别为大一些的花键，这使得疲劳失效发生在中段。图 2-208 所示为光滑轴测试，采用了不同淬透性的钢来考察有效硬化层和总硬化层的关系。通过采用热轧钢、冷拔钢和调质钢来考察心部硬度的影响。

感应淬火轴静扭转试验结果见表 2-37，包含了从 SAE 1038 和 1040 钢制造的驱动轴的一些数据。要注意屈服强度的确定采用约翰逊塑性极限法（JEL），它以一个 50% 的斜度变化来定义。

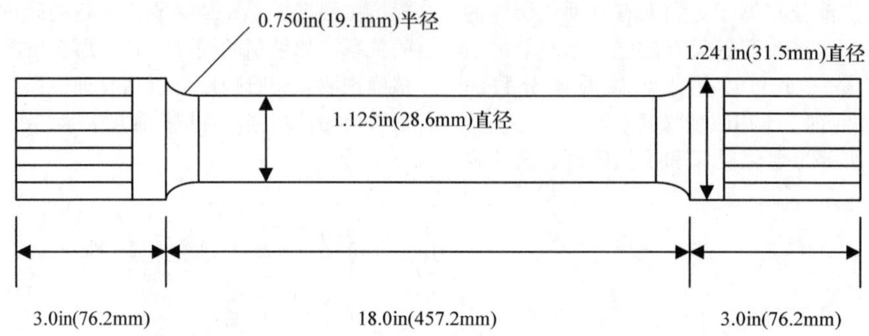

图 2-208 光滑轴测试

表 2-37 感应淬火轴静扭转试验结果

试样	钢号[①]	直径/mm	40HRC（直径%）[②]/mm	20HRC（直径%）[③]/mm	心部硬度 HRC	表面硬度 HRC	屈服强度/MPa	抗拉强度/MPa
1A	1040 CD	28. 58	3. 63(12. 7)	6. 86(24. 0)	17. 5	55	641	1219
2A	1040 CD	28. 58	NA	NA	NA	NA	740	1275
3A	1040 CD	28. 58	3. 89(13. 6)	7. 11(24. 9)	16	55	764	1221
4C	1040 CD	28. 58	4. 06(14. 2)	7. 62(26. 7)	16. 5	55	715	1265
5C	1040 CD	28. 58	NA	NA	NA	NA	715	128. 3
6C	1040 CD	28. 58	3. 99(14. 0)	8. 38(29. 3)	18. 5	55	1085	1258
7D	1040 CD	28. 58	3. 56(12. 4)	6. 10(21. 3)	16. 5	55	641	1196
8D	1040 CD	28. 58	NA	NA	NA	NA	654	1194
9D	1040 CD	28. 58	3. 63(12. 7)	6. 86(24. 0)	17	55	568	1172
10E	1040 CD	28. 58	5. 08(17. 8)	(50. 0)	21	54. 5	715	1344
11E	1040 CD	28. 58	NA	NA	NA	NA	740	1357
12E	1040 CD	28. 58	4. 83(16. 9)	(50. 0)	23	55. 5	740	1327
13	1040 CD	28. 58	0. 00(0. 0)	0. 00(0. 0)	13	13	345	634
14F	1040 CD	28. 58	3. 12(10. 9)	4. 57(16. 0)	21	54. 5	579	1111
15F	1040 CD	28. 58	NA	NA	NA	NA	629	1108
16F	1040 CD	28. 58	3. 05(10. 7)	4. 57(16. 0)	21	53	604	1086
17E	1040 CD	28. 58	NA	NA	MA	NA	617	1108
18F	1040 CD	28. 58	NA	NA	NA	NA	617	1109
19G	1040 CD	28. 58	7. 14(25. 0)	(50. 0)	28. 5	56	912	1448
20G	1040 CD	28. 58	6. 35(22. 2)	(50. 0)	34	55	858	1433
IF	1541 Q&T	38. 86	NA	NA	NA	NA	667	1146

（续）

试样	钢号①	直径/mm	40HRC（直径%）②/mm	20HRC（直径%）③/mm	心部硬度 HRC	表面硬度 HRC	屈服强度/MPa	抗拉强度/MPa
2F	1541 Q&T	38. 86	5. 05(13. 0)	6. 10(15. 7)	21	54. 5	686	1130
3E	1541 Q&T	38. 86	NA	NA	NA	NA	686	1130
4E	1541 Q&T	38. 86	4. 52(11. 6)	4. 57(11. 8)	20. 5	53	666	1139
5E	1541 Q&T	38. 86	4. 47(11. 5)	4. 57(11. 8)	20. 5	53	NA	1065
6G	1541 HR	38. 86	7. 01(18. 0)	8. 89(22. 9)	19	54. 5	804	1383
7G	1541 HR	38. 86	6. 76(17. 4)	9. 14(23. 5)	19	55	785	1236
8G	1541 HR	38. 86	NA	NA	NA	NA	804	1343
9H	1541 HR	38. 86	NA	NA	NA	NA	814	1461
10H	1541 HR	38. 86	NA	NA	NA	NA	814	1422
11H	1541 HR	38. 86	8. 86(22. 8)	11. 94(30. 7)	18. 5	56	804	1402
1A	1050 Mod HR	28. 58	NA	NA	NA	NA	617	1283
2A	1050 Mod HR	28. 58	4. 32(15. 1)	5. 54(19. 4)	18. 5	60. 5	54	1086
3A	1050 Mod HR	28. 58	4. 37(15. 3)	6. 25(21. 9)	17. 5	60. 5	740	1270
4A	1050 Mod HR	28. 58	NA	NA	NA	NA	567	1036
5B	1050 Mod HR	28. 58	NA	NA	NA	NA	839	1430
6B	1050 Mod HR	28. 58	5. 26(18. 4)	8. 31(29. 1)	17	60. 5	839	1455
7B	1050 Mod HR	28. 28	5. 31(18. 6)	9. 14(32. 0)	14. 5	61	789	1455
1C	4140 HR	28. 58	3. 43(12. 0)	4. 11(14. 4)	13	57	518	1011
2C	4140 HR	28. 58	3. 18(11. 1)	4. 50(15. 7)	10	56	419	962
3C	4140 HR	28. 58	NA	NA	NA	NA	518	1061
4D	4140 HR	28. 58	NA	NA	NA	NA	617	1110
5D	4040 HR	28. 58	4. 24(14. 8)	5. 13(18. 0)	8. 5	57	617	1086
6D	4040 HR	28. 58	4. 29(15. 0)	5. 38(18. 8)	8. 5	56. 5	592	1110
7E	4140 HR	28. 58	5. 31(18. 6)	6. 63(22. 3)	10. 5	57. 5	690	1258
8E	4140 HR	28. 58	NA	NA	NA	NA	715	1283
9E	4140 HR	28. 58	4. 95(17. 3)	6. 63(23. 2)	9	56	715	1233
10F	4140 HR	28. 58	NA	NA	NA	NA	888	1559
11F	4140 HR	28. 58	7. 67(26. 8)	9. 14(32. 0)	12	57. 5	814	1574
12F	4140 HR	28. 58	7. 67(26. 8)	9. 60(33. 6)	17	575	884	1574
13	4140 HR	28. 58	0. 00(0. 0)	0. 00(0. 0)	9	9	148	671
14	4141 HR	28. 58	0. 00(0. 0)	0. 00(0. 0)	9	9	185	654
1A	1038 HR	32. 11	3. 56(11. 1)	7. 19(22. 4)	4. 5	56	583	1061
2A	1038 HR	32. 05	3. 05(9. 5)	5. 16(16. 1)	55	54	515	942
3A	1038 HR	31. 75	3. 71(11. 7)	7. 34(23. 1)	85	56	575	1216
4A	1038 HR	31. 88	3. 25(10. 2)	6. 05(19. 0)	65	58	524	1010

（续）

试样	钢号①	直径/mm	40HRC（直径%）② /mm	20HRC（直径%）③ /mm	心部硬度 HRC	表面硬度 HRC	屈服强度/MPa	抗拉强度/MPa
5A	1038 HR	31.37	2.84(9.1)	4.75(15.1)	6	58	486	970
6B	1040 HR	29.9	4.39(14.7)	7.65(25.6)	13.5	62	668	1314
7B	1040 HR	30.23	4.80(15.9)	7.90(26.1)	10.5	62	667	1286
8C	1040 HR	30.23	5.56(18.4)	(50.0)	23	59	677	1194

注：除了 1040 CD 在 400℉回火外，其他所有轴均在 340℉回火。NA（not applicable），不适用。

① CD，冷拔；Q&T，淬火回火；HR，热轧。

② 有效硬化层用 mm 和棒径的百分比来表示。

③ 整个硬化层深度是指硬度大于 20 HRC 的层深，如果心部硬度高于 20HRC，即可用眼睛直接观察。

表 2-37 中钢号在第 2 列，试样的直径在第 3 列。再次重申，所有的轴长都是 609.6mm。第 4 列为有效硬化层深，它是从表面测到 40HRC 的深度，在括号中为棒料直径的百分比。在右侧下一列显示了总的硬化层深，它是从表面测到 20HRC 的深度。当心部硬度为 20HRC 或大于 20HRC 时总的层深报告为总的可见硬化层。总的硬化层也在括号中显示为棒料直径的百分比。下一列给出了心部硬度，随后是表面硬度，最后两列为屈服强度和抗拉强度。

第一种材料是 SAE 1040 冷拔钢。该材料的心部硬度大约为 17HRC，硬化层的测试范围为 0～25% 有效硬化层深。这种钢的表面硬度约为 55HRC。应该注意在表 2-37 中所有的试样感应淬火后都经过 170～205℃的回火。第 2 种材料是 SAE 1541 调质态，它在感应淬火前经过了调质处理。该材料的心部硬度大约为 21HRC，只测试了 2 个层次的硬化层：11.5% 和 13% 有效硬化层深。由于它们比较接近，因此强度方面看不出明显差异。下一个是 SAE 1541 热轧态，该材料的心部硬度大约是 19HRC。这和上面的调质钢相比低一点，显然，调质处理对心部的强度改善不大。再一次，只有两个层深被测试：18% 和 23% 有效硬化层深。第三个显示的材料是 SAE 1050 的改进型热轧态，这里的改进是把锰的含量提高到 0.80%～1.10%（质量分数）以增加淬透性。该材料是汽车驱动轴很常用的而且常起内轴承的作用，这些轴要求表面硬度最小 58HRC，以提供充足的滚动接触耐疲劳性，这种钢的心部硬度为 15～18HRC。列出的第 4 种材料是 SAE 4140 热轧钢，这种材料的硬化层深是 0～27% 有效硬化层深，心部硬度为 10HRC。最后两组轴是产品轴采用 SAE 1038 和 1040 钢制造。对于 SAE 1038 钢的心部硬度大约为 6HRC，而 SAE 1040 钢大约是 12HRC。

有效硬化层深和抗扭强度的关系见图 2-209，可以看到，扭转屈服强度（下部分）和扭转极限强度（上部分）随着硬化层深度增加而增加直到拐点后以水平方向延伸，和预期的一样。而且，曲线呈水平延伸的拐点是最优的硬化层深。正如有人通过理论计算所得，该点应在有效层深等同于大约棒直径的 23% 处。这个真实的点对应于曲线拐点，因此在这里理论和实际达到一致，而这一般并不容易。每条曲线的最下端线代表着所列钢种的硬化层深度对应的最小强度值。数据由于刻度值的原因有误差，但是在有效硬化层深和抗扭强度之间仍有较好的对应关系。最优有效硬化层深对应于棒直径的 23% 的最小屈服抗扭强度大约是 795MPa。同样 23% 棒直径位置的有效硬化层深的最小极限强度大约是 1379MPa。在图 2-209 中，可以看到 SAE 4140 和其他钢相比在任意层深都具有低的抗扭强度，除了曲线在最右端的部分。这是因为 4140 钢比其他钢淬透性都好，这样同样的有效硬化层深对应的总层深浅。这表明有效硬化层深不是影响抗扭强度的唯一因素，总的硬化层深也要考虑。在曲线的最右端，所有的钢趋于相同，表明在曲线的这一区域只有有效硬化层深是重要的。

图 2-210 所示为总硬化层深和抗扭强度的关系。这个曲线和之前的曲线非常相似，除了对任何给定的强度硬化层深的值要大些，如期望的那样，显示的数据偏离更大。对应于屈服强度拐点的最优硬化层深在 31% 直径处。这个点现实和理论预测的点相一致。此外，可以看出不同钢号之间最小强度有差别。对任何给定的淬硬层深 SAE 1541 和 4140 相比其他钢号的抗扭强度要高一些，特别是在曲线的最右部分。这是因为对任何给定的总层深，高淬透性的钢相对其他钢有更深的有效硬化层深。而且，SAE 1541 钢调质态有更高的心部硬度。更高的心部硬度意味着更深的总硬化层深。这表明有效硬化层深和

总硬化层深确实都对抗扭强度有重要作用，但是二者之间，有效硬化层深似乎更精确。

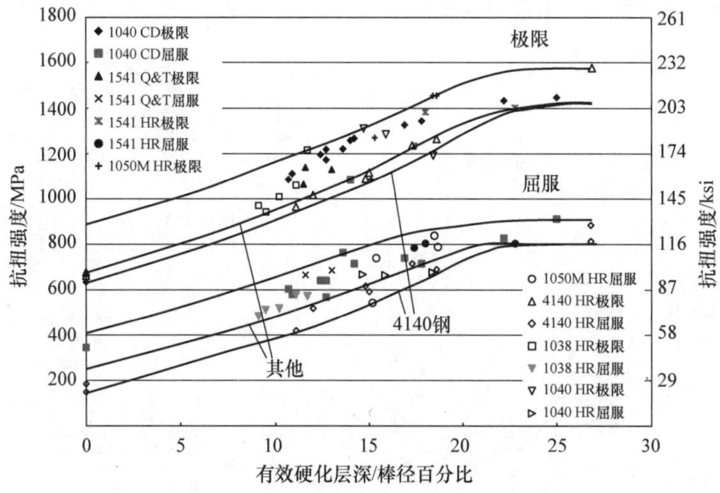

图 2-209 有效硬化层深和抗扭强度的关系
CD—冷拔 Q&T—调质 HR—热轧

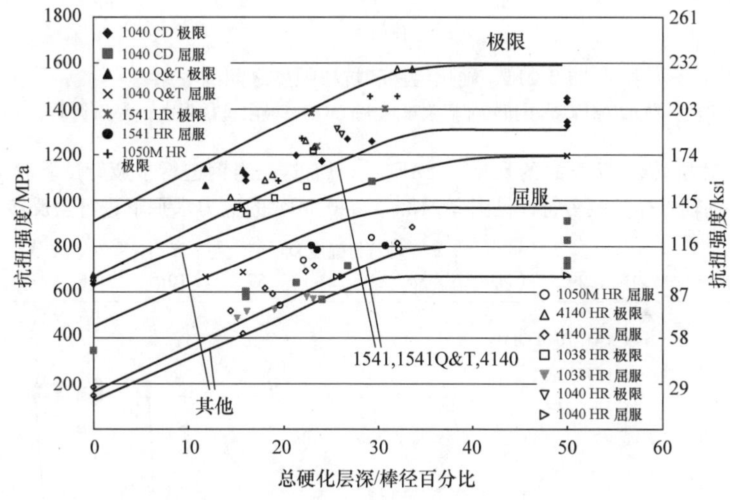

图 2-210 总硬化层深和抗扭强度的关系
CD—冷拔 Q&T—调质 HR—热轧

图 2-111 所示为硬化层深和抗扭强度之间的关系。4 个硬化层深中的每一个都达到一个最小 621MPa 的抗扭屈服强度。SAE 1040 钢相比于其他钢淬透性最差，因此有较浅的有效硬化层深和较深的总层深。有效硬化层达到 15% 的直径处，而总的层深大约达到直径的 25%。4140 钢的淬透性最高，要达到相同的强度需要有效硬化层深大约为直径的 18% 和总的层深达 22%。相比 1040 材料，4140 材料施加应力线的位置指示的抗扭强度应该稍小些，但是事实上，它们大概相当。心部为调质状态的 1541 钢只需要一个有效硬化层深 13% 以及总硬化层深 18% 就能达到相同的强度。这是因为增加心部硬度和增加总层深的作用相同。施加应力线在它与强度曲线的心 - 表层转变点相交前它原则上允许达到一个相对高的水平。移动强度曲线的这一部分向右或者向上将要增加强度。1050 改进型钢的有效硬化层深为 18% 直径以及总硬化层深为 25% 直径，类似于 1040 钢。经过检查数字，表明只有两个因素在确定抗扭强度时需要考虑，那就是表面硬度和总的硬化层深。有效硬化层刚好在施加应力线之上，未表现出是一个影响因素。然而，有效硬化层深似乎是抗扭强度好坏的标志，但是有效层深和总层深都要考虑。理论上，如果硬化层深足够深的 1050 改型钢和它的高表面硬度应能提供高的抗扭强度。然而，进

一步的研究表明这不总是正确的。从图 2-111 中得到的一个重要信息是，有多种方法可以得到相同的抗扭强度，但有效硬化层深和总层深以及心部硬度要一并考虑。

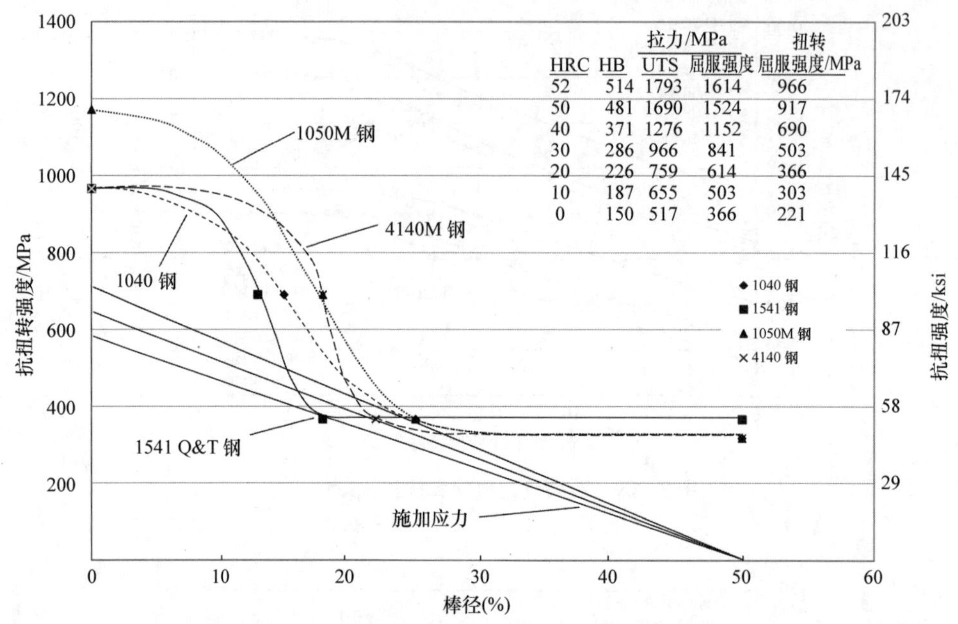

图 2-211 硬化层深和抗扭强度之间的关系

注：在 620MPa 最小扭转屈服强度水平；UTS，极限抗拉强度；Q&T 调质。

（1）硬化层深对扭转疲劳寿命的影响 SAE 1040、1541 和 4140 钢轴试样的疲劳特性见图 2-212。只有这三组钢进行了疲劳试验。所有的试验轴都在 407MPa 的应力水平下进行全反转疲劳试验。

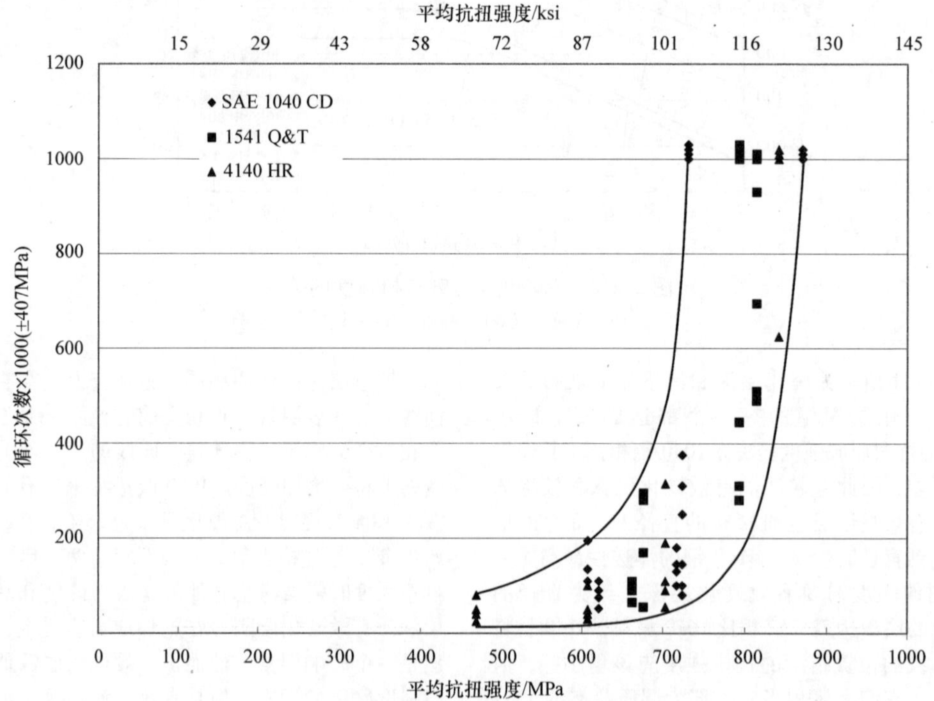

图 2-212 疲劳寿命与平均抗扭强度

CD—冷拔 Q&T—调质 HR—热轧

数据表明在疲劳寿命和抗扭强度之间存在对应关系，这有点出乎意料。当然，一定程度的数值误差以及数据随机性明显存在，这在疲劳试验中很常见。在大约 200000 周期以下对任一给定的强度水平似乎高寿命和低寿命变化大约是 10∶1。在右边，当曲线达到拐弯，则从高到低的寿命变化增大到20∶1，这对于感应淬硬轴扭转疲劳测试来说并不罕见。

经 100 万周次试验完好及失效的结果图示在扭转屈服曲线的右侧，这时是大约双倍的施加应力。这等同于 50% 的扭转屈服的疲劳极限。在曲线的左边，因为施加应力达到了扭转屈服，它表现出寿命只有几千次循环。碳钢 1040 在其他两个钢号之前达到了 1000000 次循环（见图 2-212）。

在图 2-111 中显示的结果对这一现象提供了一个可行的解释。4 种硬化层显示都有 621MPa 的最小静态强度。然而，如果查看一下在各应力水平上的施加应力，1040 的总层深最大，而且施加的应力在与心表交界处稍高。

图 2-213 所示为疲劳寿命与总硬化层深的关系。疲劳寿命随着总硬化层深的增加而增加。总硬化层深大约 31% 的结果显示达到最大疲劳寿命。在这些数据中，SAE 1541 钢相比其他两种钢在相同的总硬化层深时能提供更高的疲劳寿命。这是因为它有较高的调质心部硬度，它的作用和增加总硬化层深的作用相同。这允许施加应力线在和强度曲线相交前达到更高的水平。SAE 1040 和 SAE 4140 具有相同的疲劳寿命，即使这两种钢在淬透性带的两端。由此得出了一个认识就是总硬化层深对疲劳寿命更重要。如果总硬化层深一样，当心部硬度一致时疲劳寿命就一样。

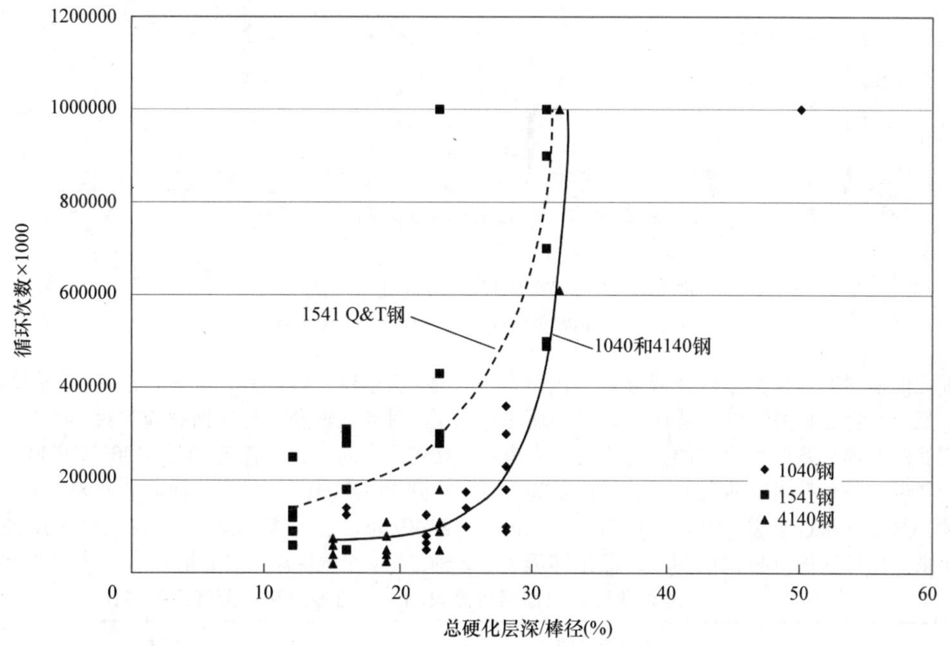

图 2-213　疲劳寿命与总硬化层深的关系

注：在 407MPa 或 59ksi 水平；Q&T，调质。

疲劳寿命和有效硬化层深的关系如图 2-214 所示。一个驱动轴产品由 SAE 1038 钢制成，没有达到期望的寿命，因此采用一个更高级的 SAE 4140 钢来替换。想法是将提高疲劳强度，但是只考虑了有效硬化层深。制造厂用 4140 钢感应淬火以达到和之前零件一样的有效硬化层深，发现疲劳寿命下降比升高得多。这个原因可以参看图 2-214来解释。在有效硬化层深为棒径 15% 时，1040 钢疲劳寿命超过 200000 次循环，而同样的采用 4140 钢的试样取得相同的硬化层深所达到的寿命比它的一半还少。其原因是不同的淬透性导致 4140 钢的总硬化层深度小于 1040 钢。为了提高 4140 钢的疲劳寿命，就需要增加总的淬硬层深。这也意味着同时增加有效硬化层深。结果，4140 钢在疲劳寿命方面不能比现在的产品零件有更好的优势。

确定驱动轴的性能通常通过抗扭强度极限和扭转疲劳寿命试验来检验的。抗扭强度对传递扭矩的所有驱动轴来说都很重要。扭转疲劳也很重要，但是要确定用哪个，这取决于轴在服役中的真实失效形式。对于淬透的轴，一般寿命很低，疲劳试验就很重要。但是对于表面感应淬火轴，由于它的疲劳寿命很长，偶尔出现了一种不常见的失效形式，疲劳试验就不是很关键。驱动轴和换档齿轮不一样，需要知道它们上路后要经受几百万次的循环应力。当车辆加速以及进入高速和旅行了很多公里时，驱动轴将只对应一个扭转循环。

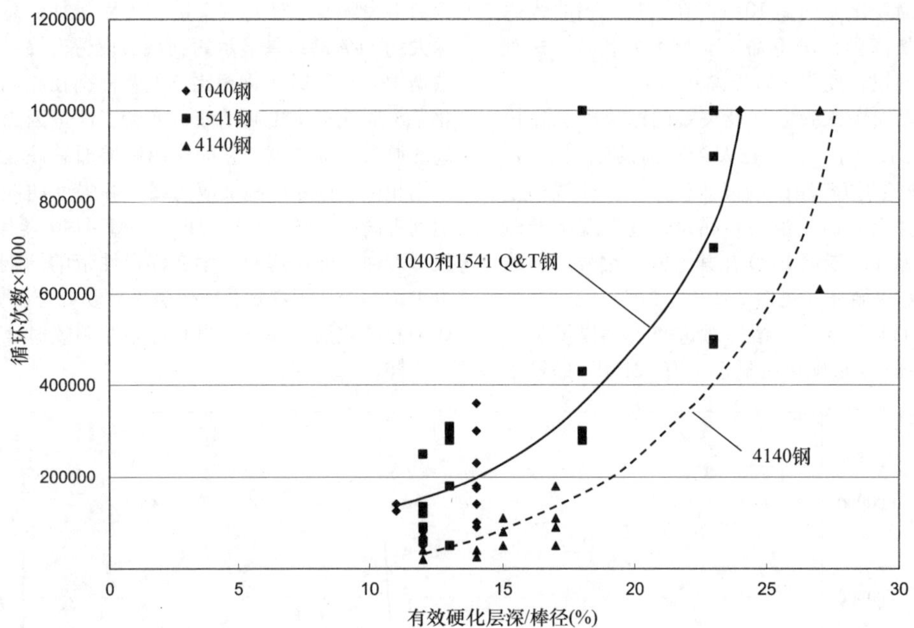

图 2-214 疲劳寿命和有效硬化层深的关系

注：在 ±407MPa 或 59ksi 水平；Q&T，淬火和回火。

正如之前描述的那样，扭转疲劳寿命和抗扭强度相关。然而，它的相关性仅和感应淬火过程所采用的专门线圈和淬火系统所形成的残余应力分布有关。换句话说，一个高强度的轴并不总对应着高的疲劳寿命。这可以通过感应淬火轴和透热淬火轴的比较看出来。两种轴的抗扭强度相当，但是淬透轴的疲劳强度一般是感应淬火轴的一半。表 2-38 列出了三种淬透轴和三种表面感应淬火轴的抗扭强度和疲劳寿命的对比。淬透轴是 4140 和 4340 钢淬火回火到 45～52HRC；另外一种轴是 4140 钢被淬火回火到 40HRC。感应淬火轴一个较浅淬火层的是 1040 轴，另一个较深淬火层的是 1541 轴。表 2-38 中列出

表 2-38 三种淬透轴和三种表面感应淬火轴的抗扭强度和疲劳寿命的对比

材料和热处理[①]	静态性能			疲劳性能			
	平均屈服强度/N·m	平均抗拉强度/N·m	平均扭转角度（°）	应力/MPa	B10	B50	B90
4140 Q&T，45～52 HRC	4655	6890	223	586	1555	4721	9581
4340 Q&T，45～52 HRC	4482	6452	160	586	10750	11160	26580
4140 奥氏体等温淬火，40 HRC	3164	4602	304	641	40	298	1060
1040 IH，4.45mm ECD	3480	6177	56	497	158×59×6	407052	742207
1541 IH，6.02mm ECD	4354	7291	261	641	22330	27405	31226
1541 IH，8.64mm ECD	4550	7885	304	641	166971	244237	311223

① 扭转试验轴长 609.6mm，直径 28.6mm；Q&T，淬火回火；IH，感应加热；ECD，有效层深。

了每个轴的静态扭转性能和扭转疲劳寿命。扭转疲劳寿命显示为韦伯 B10、B50 和 B90 寿命。同时给出了每个轴运转的全反转扭转应力。即使应力水平不尽相同，不同轴的扭转疲劳寿命比较还是很明显的。淬透轴可以达到的抗扭强度的水平和感应淬火轴相同；然而，扭转疲劳寿命低得多。

图 2-215 和图 2-216 所示为数据几乎相同的两个全浮轴的长期扭转疲劳结果。图 2-215 的轴由 1038 钢制造，淬火层较浅，是扭转疲劳寿命相对于施加应力的关系图。寿命为 10000 ~ 100000 周次。寿命一定程度上取决于应力，但是曲线相对平直。最应该注意的是大量寿命的散点是在同一应力水平上。在给定的应力水平上，寿命的差异可达 100∶1。这对于感应淬火轴是很常见的。部分原因是感应淬火层深不能像渗碳层深那样控制。另一些原因是不同设备产生的不同残余应力分布，以及钢的不同部位的差异。然而，在这些数据中，高强度的轴总是寿命更长的看法不总是正确的。图 2-216 是一个由 SAE 1541 钢制成的具有较浅硬化层深的轴。由其强度数据表明该轴确实比 SAE 1038 轴更坚固。可以看出，平均疲劳寿命比 SAE 1038 轴要好，但是最小的寿命几乎是相同的。高的抗扭强度并不总意味着更高的疲劳寿命。事实上，它也可能更低。这对于实际应用是不是至关重要，需要客户自行确定。

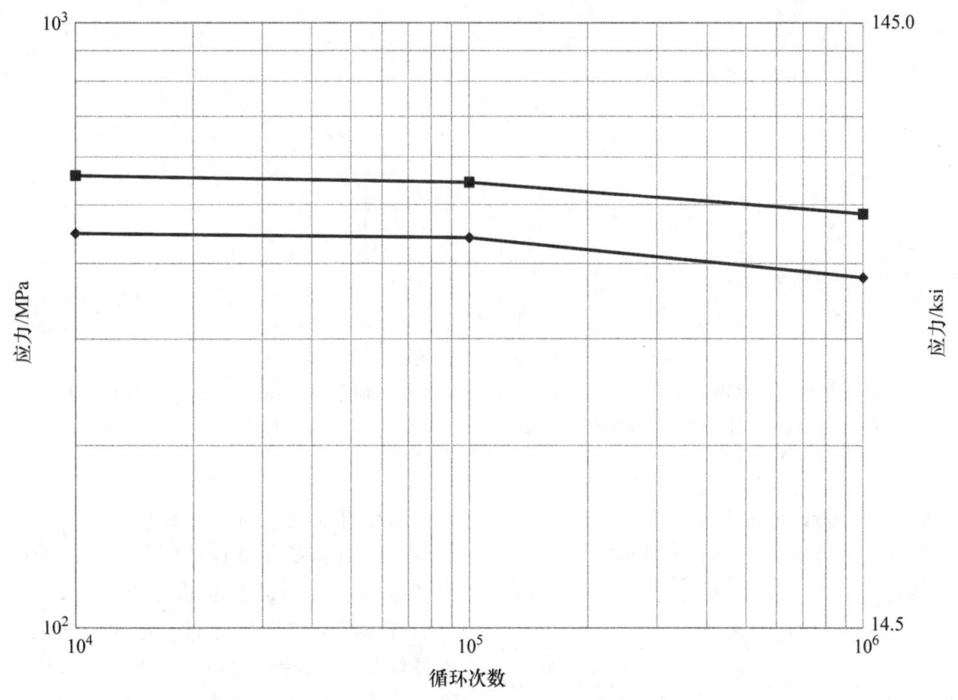

图 2-215　应力和循环次数的关系（一）

注：1038 钢制全浮轴扭转极限强度 1359MPa（1214 ~ 1566）和扭转屈服强度 710MPa（676 ~ 800），有效硬化层深是 14%（11 ~ 28），而总层深为 25%（16 ~ 33），心部硬度为 9HRC（3 ~ 17）；主要失效部位是轴中间，其次是花键。

（2）轴长对扭转特性的影响　感应淬火轴的长度将影响抗扭强度和疲劳寿命。表 2-39 中的数据是从一个直径为 28.6mm 的 SAE 1038 试验轴上得出的。该轴两端都为花键，中间试验区间的直径减小。长度为 609.6mm 的轴试验区间长度为 457.2mm，长度为 203.2mm 的轴的试验区间是 50.8mm。这些轴是由钢锭同一部位的钢加工出来并经感应淬火同时达到相同的硬化层深，以得到一个中等强度水平。两个长度轴的抗扭极限强度是一样的。然而，抗扭屈服强度，或者 JEL，短轴的更大。塑性和扭转角度也是较短的轴更低。JEL 与极限强度的平均比率对于长轴是 0.6，而对于短轴是 0.74。

表 2-39 的底端给出了两种轴的疲劳数据。所有的轴都在相同的应力水平且在全反转疲劳下运行。

B10、B50 和 B90 韦伯数据表明寿命的差异还很显著。B50 寿命（能够超过 50% 的试样失效的寿命）对于具有高的 JEL 的短轴是长轴寿命的大约 8 倍。

因此轴的有效长度是最重要的，比绝对长度更重要。有效长度是最小直径段或轴被预测要失效的那部分长度。一个轴可以绝大部分长度都是大直径，小直径只有一小段，它的作用就像一个短轴。

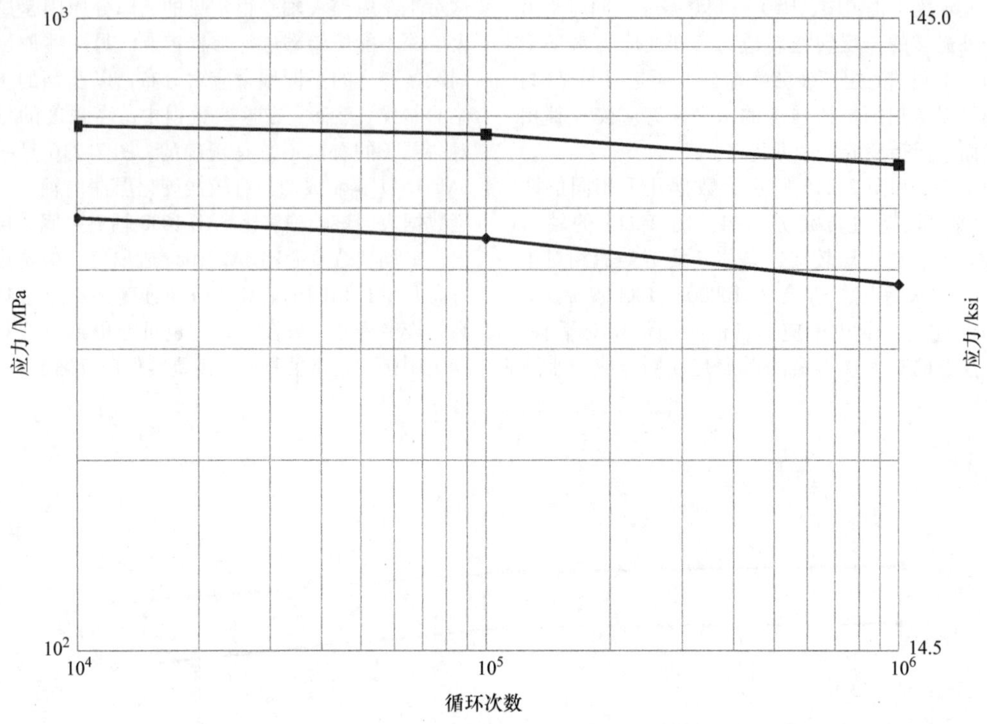

图 2-216 应力和循环次数的关系（二）

注：1541 钢制全浮轴扭转极限强度 1497MPa（1207～1862）和扭转屈服强度 966MPa（710～1269）（按约翰逊塑性极限法），有效硬化层深是 22%（15～33），而总层深为 33%（17～50），心部硬度为 19HRC（5～31）；主要失效部位是轴中间，其次是花键。

表 2-39 轴长对感应淬火试验轴（直径为 28.6mm）扭转性能的影响

长度/mm	最大抗扭强度/(N·m)	JEL 屈服强度/(N·m)	扭转/(°)	JEL 极限(%)
609.6	5649	3503	NA	62
609.6	5728	3390	280	59
609.6	5909	3367	295	57
203.2	5672	4293	58	76
203.2	5672	4180	60	74
203.2	5649	4180	54	74

长度/mm	平均 JEL/MPa	平均极限/MPa
609.6	738	1234
203.2	910	1234

在 2152N·m 下的疲劳寿命

长度/mm	B10	B50	B90
609.6	64645	145226	242513
203.2	358892	1216300	2647578

注：轴端各有一个长为 76.2mm 的花键，材料为 SAE 1038；JEL 为 Johnson 弹性极限；NA 为不适用。

（3）直径变化对扭力轴特性的影响　许多感应淬火轴沿长度方向直径变化。它一般的原因是要和轴承、密封以及支承点相配合。对于半轴，直径在轴承部位增加以满足弯曲应力需求。当轴直径增加时扭转应力降低，见图 2-217。当应力降低，则感应淬火层可以减少。一个轴要求的硬化层深是按最小直径来计算。当轴径增加，任何硬化层深的减少计算都是依据最初按照最小轴径计算的层深。最终，轴颈将达到不再需要感应淬火的那个尺寸。

图 2-218 所示为从轴圆角处开始的淬火层，可见有效和总硬化层的轮廓。当沿着轴长从轴的右侧向左侧观察，对任何外加的扭转其扭转应力都随着圆弧减少直到台阶。通常在扭转时圆弧本身不是应力集中的元素，对强度有很小的影响或没有影响。一个带法兰和圆弧的轴其在扭转时和没有圆弧的直轴具有一样的强度和疲劳寿命。如果台阶的直径足够大，扭转应力将减少到不再需要感应淬火层的程度。未淬火区域的抗扭强度可以通过抗拉强度乘以系数 0.6 来估算。

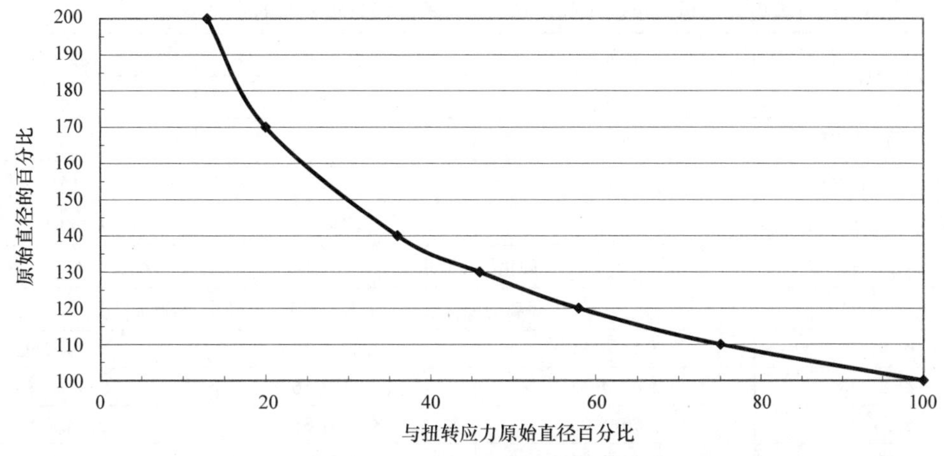

图 2-217 随轴径的增加扭转应力下降

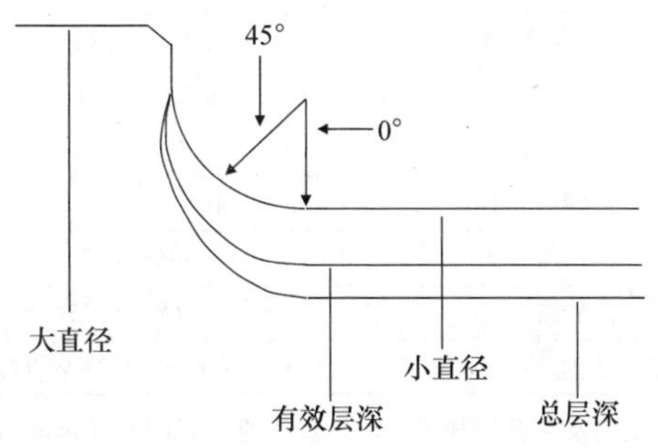

图 2-218 从轴圆角处开始的感应淬火层

如果台阶足够大使得淬火层不连续，通常这需要硬化层延伸到圆弧区。

还有一个很重要的因素就是硬化层在圆弧处的开始位置。图 2-218 中为圆弧 45°和 0°位置。在 0°位置，这是个非常关键的位置，这里的有效和总硬化层深都必须是完整的。如果不是，有可能在这里失效，因为这里的扭转应力和右边其他地方的都一样。如果应力一致而出现硬化层变浅，在测试载荷下这个区域将先失效。由于在整个轴长度方向硬化层是不均匀的，这一点应该经常牢记。

（4）扭转轴的设计 表 2-40 为低强度、中强度和高强度感应淬火轴所需的硬化层深。一个工程师如何为三种不同抗扭强度水平和要求的，疲劳寿命设计一系列不同直径的轴来满足要求（见表 2-40），在左边轴的低强度水平需要最小抗扭屈服强度为 483MPa，最小抗扭极限强度为 966MPa，要牢记典型值要高一些。中间列给出了一个最小抗扭屈服强度为 621MPa，最小抗扭极限强度为 1138MPa 的轴需求。在右边列中是最优硬化层深或能够生产的最大强度的轴。它提供一个最小抗扭屈服强度为 739MPa，最小的抗扭极限强度为 1379MPa。同时列出的是每一系列轴期望的典型抗扭屈服强度和极限强度。直径 19～51mm 要求的一系列轴硬化层深见表 2-40。任何尺寸的轴的硬化层深计算可以简单地应用一个轴径的固定的百分比来计算有效和总硬化层深。对于低强度系列轴，有效淬火层深是 11% 而总层深是 20%；对于中等强度系列轴，有效淬火层深是 15% 而总层深是 25%；对于最优硬化层，有效硬化层深是 23% 而总层深是 31%。请再一次牢记，这些层深是设计为同时提供最小抗扭强度和持久的疲劳寿命的。如果只考虑抗扭强度，那么硬化层深可以直接从图 2-213 和图 2-214中的曲线中得到有效硬化层深和总层深。数据表明，碳钢如 1040 轴，要求有效硬化层为 15% 的轴直径和总层深为 25% 以达到一个最小抗扭屈服强度 621MPa。这个百分比也可用于其他钢，尽管一个高淬透性钢如 4140 因为有效硬化层更深强度实际上更大。要达到相同的强度，4140 钢需要 18% 的有效硬化层和 22% 的总硬化层深。因为总硬化层深越小疲劳寿命将比碳钢差。最小 621MPa 的静态屈服强度可以从心部为 21HRC 的调质钢淬火到 13% 有效硬化层深和 18% 的总硬化层深来得到。但是，调质处理会增加零件的制造成本。

硬化层深在给定轴的静态和疲劳特性上起重要作用。由数据得出，屈服强度随层深增加而增加，但是到了一定点之后，硬化层深再增加就没有好处了。在优化一个轴的性能时有效硬化层深和总硬化层深都要考虑。有效硬化层深似乎最好用于预测抗扭强度，而总硬化层深似乎最好用于预测疲劳寿命。硬化层深和抗扭强度的关系是一定的，但是有一定的范围和发散性。这很容易看出，如果硬化层深的范围明显不够宽，这个关系就不存在了。心部硬度必须考虑，因为它和改变总硬化层深的作用相同。疲劳寿命和轴的强度有一定的相关性，然而，它也有一定的范围和发散性。

表 2-40 低强度、中强度和高强度感应淬火轴所需的硬化层深

最小抗扭强度/MPa	低强度	中强度	高强度
	966	1138	1379
最小屈服强度/MPa	483	621	793
典型抗扭强度/MPa	1172	1310	1517
典型屈服强度/MPa	621	758	862
硬化层深要求			
直径/mm	需要的硬化层深（有效硬化层/全硬化层）/mm		
19.05	2.11/3.81	2.87/4.78	4.39/5.92
22.23	2.44/4.45	3.33/5.56	5.11/6.88
25.4	2.79/5.08	3.81/6.35	5.84/7.87
28.58	3.15/5.72	4.29/7.14	6.58/8.86
31.75	3.51/6.35	4.78/7.95	7.32/9.86
34.93	3.84/6.99	5.23/8.74	8.03/10.82
38.1	4.19/7.62	5.72/9.53	8.76/11.81
41.28	4.55/8.26	6.20/10.31	9.50/12.80
44.45	4.90/8.89	6.68/11.13	10.24/13.79
47.63	5.23/9.53	7.14/11.91	10.95/14.76
50.8	5.59/10.16	7.62/12.70	11.68/15.75
任意直径	0.11×直径/0.20×直径	0.15×直径/0.25×直径	0.23×直径/0.31×直径

注：抗扭屈服强度适用于轴长/临界直径≥6 时，这里的临界直径是指发生变形和失效时的最小直径，随着轴长的缩短，屈服强度/抗拉强度之比提高。

（5）硬化层深对弯曲强度的作用　感应淬火层深影响弯曲强度这和影响抗扭强度相类似。在弯曲时，计算的强度和应力值将比扭转高得多。另一个主要的不同是抗扭强度受圆弧或者应力集中的影响不大，而弯曲强度却影响很大。在扭转时，感应硬化层一般不会在圆弧处失效，然而受弯曲时却会。具有不同圆弧的试验轴在不同弯曲载荷下进行试验，轴所用的钢号是 SAE 1038，不同的硬化层深见图 2-219。可以看出，弯曲强度随硬化层深的增加而增加；然而，增加的量取决于圆弧半径，或者应力集中程度。如果应力集中不高，随硬化层深增加的强度增加就显著；如果应力集中高，随硬化层深增加的强度增加就被削弱了；

（6）含碳量对抗扭强度的作用　大多数感应淬火轴是用额定含碳量 0.3% ~0.5% 的中碳钢来制造。采用不同额定含碳量 0.20%、0.30%、0.40%、0.50% 和 0.60% 的各种合金钢制成的轴进行试验，试验轴的总长为 609.8mm，中间直径缩为 28.5mm，轴两端为花键（见图 2-220）。所有的轴由热轧钢制造。初始原始组织是珠光体和铁素体。数据显示抗扭屈服强度和极限强度随着含碳量增加一直到 0.40%。超过这个水平，极限强度开始减小。最终，屈服强度和极限强度开始一致，在失效之前没有塑性变形。

类似的研究在小直径调质钢轴上进行，得到不同的结果。这些测试轴直径是 16mm，由碳素钢和含铬的合金钢制造。含碳量质量分数为 0.40% ~0.65%，由高碳钢制造的轴表现出了高的抗扭强度（见图 2-221）。这个研究也显示随层深增加，一直到淬透，形成最大的抗扭强度。这和之前提出的很多数据表现的现象相反。这表明初始显微组织能够显著影响感应淬火轴的最终性能。经验估算法则或关系不能直接应用到所有状况下。最好通过试验来区分承载特性。

（7）原始组织的作用　正像之前提到的，感应淬火前进行预备调质或冷拔可以增加轴的抗扭强度，无论层深如何只要强度水平一样。预备调质的另外一个作用是，感应淬火时容易奥氏体化，组织容易转变为马氏体。在任何工艺参数下这都有利于得到较深的淬火层，反过来降低工艺参数，它也能形成更充分的马氏体组织。感应淬火前预备组织的缺点是增加了成本。许多年以前，感应淬火前的状态要么是正火要么是调质，然而现在（2013 年），更多的轴感应淬火是在锻后或热轧状态进行。一般来说，可以得到同样的性能但层深有一些不同。

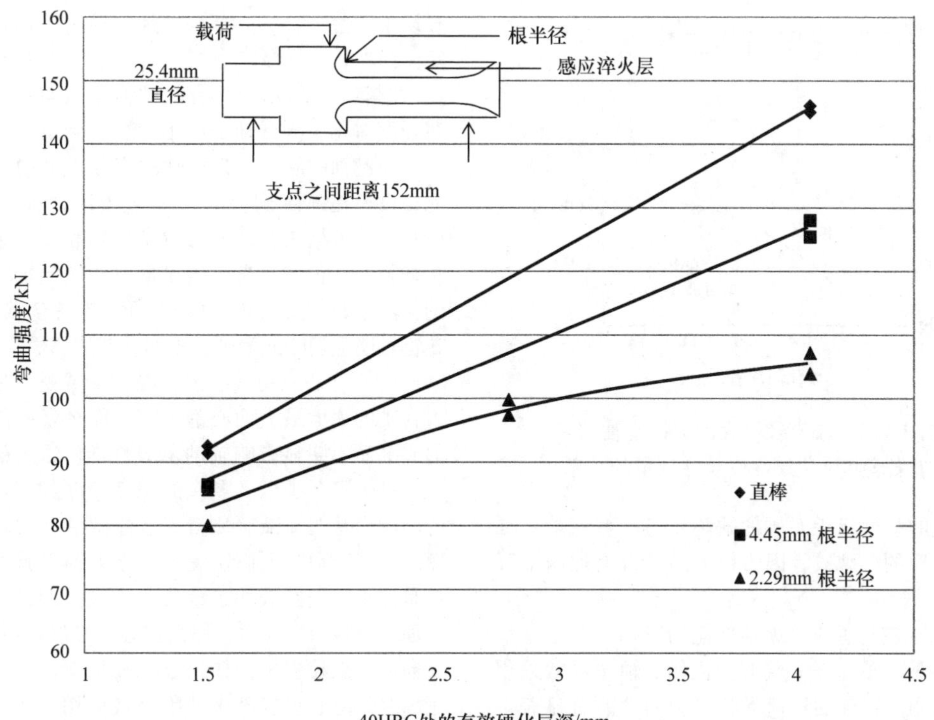

图 2-219 SAE 1038 钢感应淬火试棒的弯曲强度与有效硬化层深

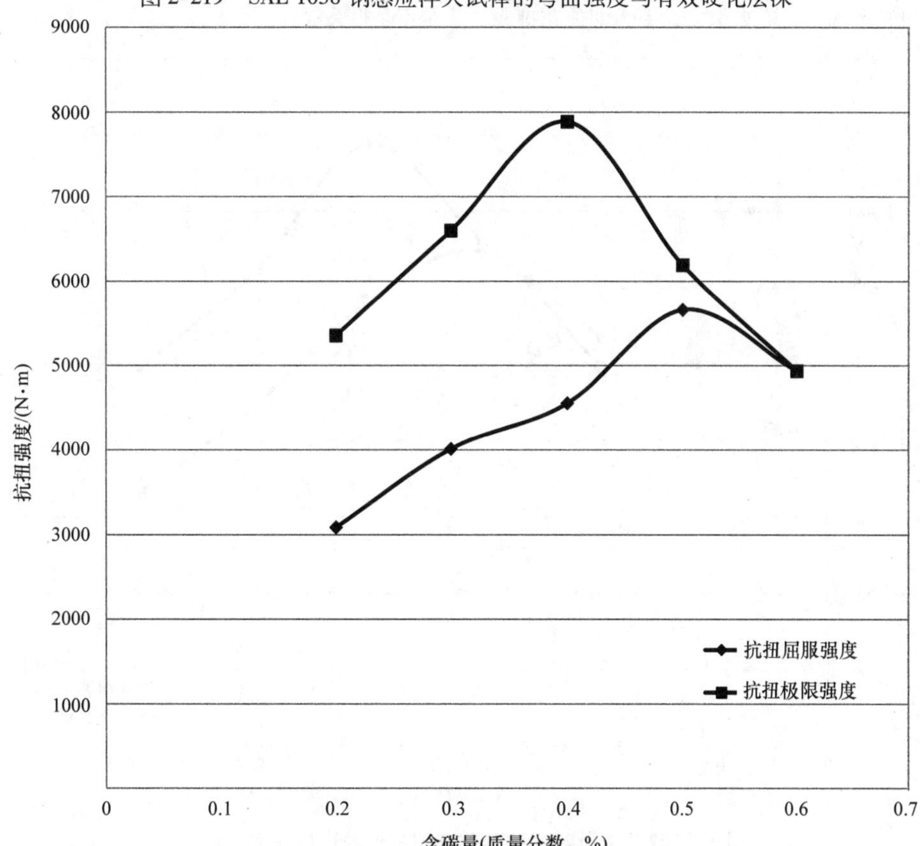

图 2-220 热轧钢轴感应淬火后抗扭强度与含碳量的关系

注：光轴总硬化层深为 9. 53mm。

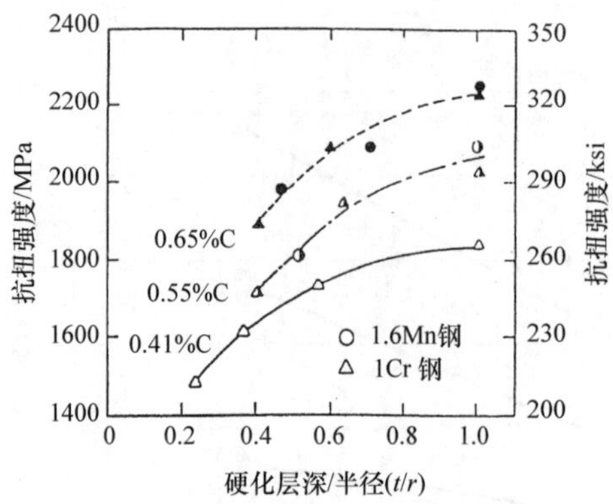

图 2-221 小直径淬火回火试验轴的抗扭强度和硬化层深以及含碳量的关系

预先的显微组织对轴的缺陷也有一些影响，如感应淬火后的内裂纹，因为粗大晶粒有增加内部开裂的风险。

（8）花键对感应淬火轴性能的影响 花键常被用来连接驱动轴和任一端的旁齿轮。轴花键常采用拉制或轧制。花键的几何形状对轴的性能有显著影响。对于大多数计算，一般假定花键等同和花键的底径相同的光滑轴。这有点保守，因为即使花键底径以下的整个轴的心部都被加工掉花键仍将传递扭矩。当然，这样更安全。

图 2-222 所示为光滑测试轴与花键测试轴的抗扭强度对比。测试轴是由不同含碳量的钢制成。这时，花键轴的底径比光滑轴的直径小大约 10%，因此，设想花键轴要脆弱一些。花键测试轴如图 2-223 所示。从数据来看，很明显花键轴和光滑轴对含碳量的依存性很大。当含碳量低时，花键轴和光滑轴的实际坚固性是一样的。然而，在高含碳量水平，花键轴明显弱于光滑轴，正如预期的那样。

（9）空心驱动轴 因为在扭转或是弯曲时，应力在轴的表面最大而心部为零，那么就可能去掉轴的心部而不明显影响轴的承载性能。很显然，这要看心部去除多少以及剩余的截面壁厚如何。这样做的驱动力是明显减轻质量。这样做最大的缺点是缩短了疲劳寿命。人们发现感应淬火轴优秀的疲劳寿命是淬火工艺给表面造成残余压应力的结果。要在表面生成残余压应力，那么在心部必然存在相等的、反向的残余拉应力。如果心部被掏空，这将不会发生。今天空心感应淬火轴已经被应用，然而，无论什么情况都要评估具体的应用中对疲劳寿命的影响是不是很关键。

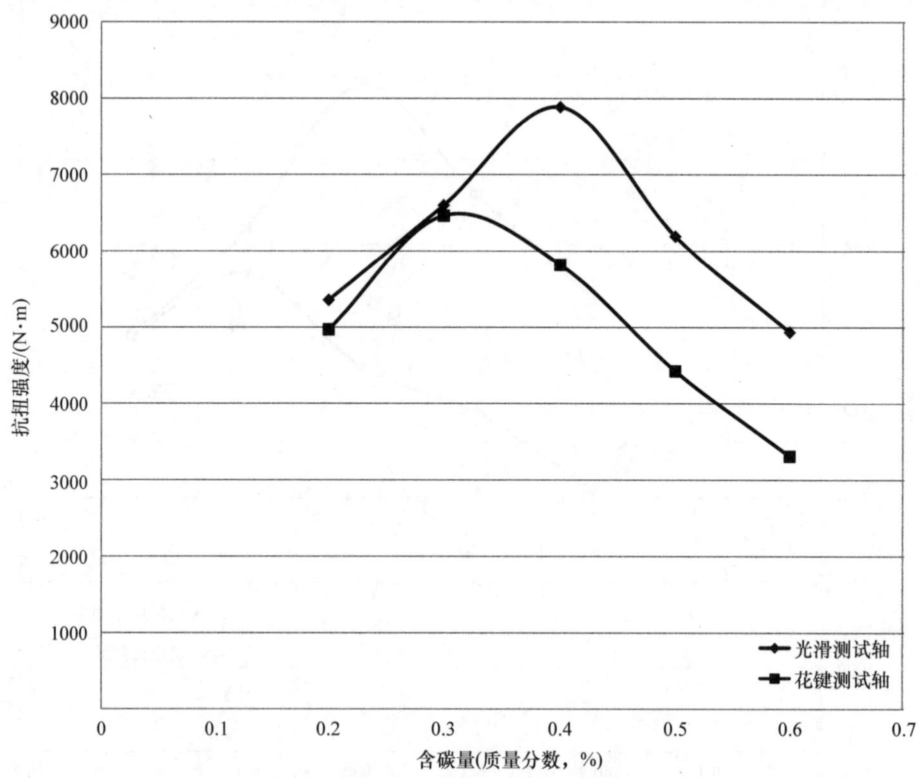

图 2-222 光滑测试轴与花键测试轴的抗扭强度对比

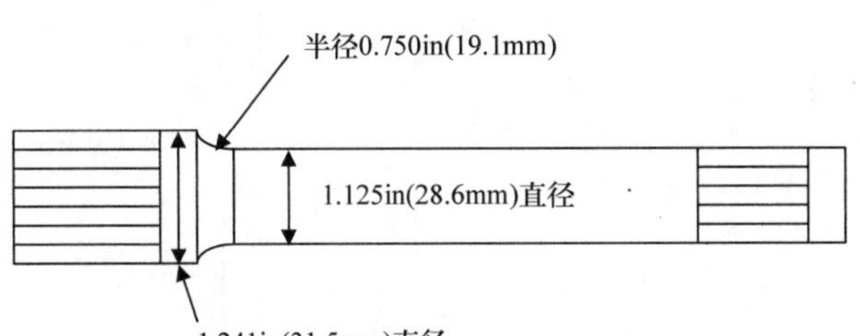

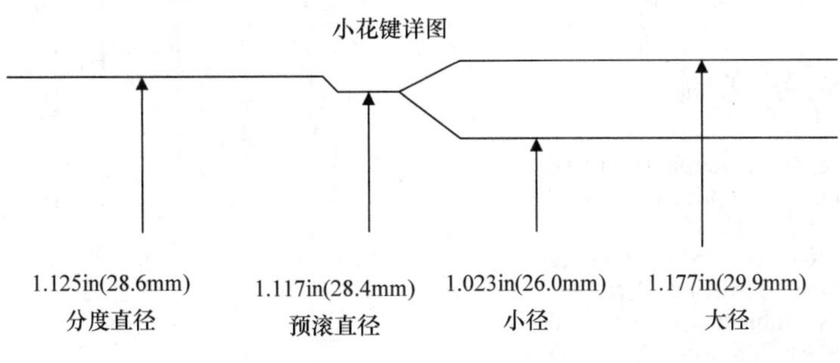

图 2-223　花键测试轴

2.6.4　感应淬火的后续加工

（1）感应淬火驱动轴的校直　驱动轴在感应淬火后通常要机械加工到笔直。这一般先要测定它的跳动，无论是中心上还是在轴承位上，然后再两端加上支点并在中间加载荷来校直。要完成这个操作，必须要超过屈服强度但是不能超过极限强度。和这个操作相关的一个风险是轴开裂或者断轴。如果轴开裂还投入使用，将会导致事故的发生。如果裂纹很深的话，轴在校直后可以磁粉检测或超声波检测。通常，由于淬火层的高硬度水平裂纹将整个穿过。声纳裂纹探测装置也常用来在线挑选校直后的带裂纹的工件。

驱动轴也经常在感应淬火前的软态进行校直。它在加工前或者加工中来进行，原因是感应淬火前轴越直，则轴淬火后越直。如果轴在感应淬火前跳动就很厉害，轴的局部会接近感应线圈，这样加热就不均匀。跳动大的轴感应淬火后的残余应力将不均匀。如一个钢棒如果偏置在感应线圈淬火后校直将产生不均匀的残余应力。

经感应淬火后校直产生的残余应力在随后的服役中释放是可能的。取决于工作温度和工作应力，这可以导致轴的跳动又返回到它校直之前的状态。

感应淬火后的校直已经在一些工艺中被淘汰了，如在淬火中使用一个卡盘卡住法兰，卡盘卡住法兰的内面，让轴在扫描淬火过程中旋转。在整个工艺过程中它相信这样有助于保持轴在线圈的中心。

（2）感应淬火驱动轴的回火　回火对于感应淬火轴的校直也有影响。一般认为，回火使得感应淬火件更强韧，这并不总是如此。在弯曲时，回火有助于增加屈服强度，因此校直时需要更大的载荷。然而屈服强度有时接近于最大强度，这使得校直轴更容易开裂，因为校直需要超过屈服强度但又不超过极限强度。也是这个原因，有些轴在回火前校直。然而，对于不及时回火有很严重开裂倾向的钢，就不要这么做了。这包括高碳钢和高淬透性钢以及这些带圆角的钢。

驱动轴的回火温度通常为 140～260℃。回火趋于减少感应淬火形成的残余压应力，降低疲劳寿命。特别是在这个温度范围的上限回火确实如此。然而，对于 1038 钢制的一些轴，回火据报告是有助于提高疲劳寿命的。这里最重要的是不能假定回火对所有轴都有同样的作用，而不管材料和初始组织如何。回火的好处应该通过上机试验来确定。有时候，回火是不必要的。由 1035 钢和 1038 钢制作的轴经感应淬火而不回火已经应用了多年。

（3）驱动轴感应淬火的质量控制　驱动轴最常见的检查是进行破坏性切片和检查硬度、层深以及显微组织。最有效的技术是从轴的每个位置或每个感应器做切片以确保所有结果都是可以接受的。随后，如果有任何影响工艺的改变发生，操作者要重复这些切片。有时，这些可以被补充检查或者被超声波探测层深来替代。确定从轴的哪里切片或者检查是非常关键的。开始，推荐在关键部位纵向切开，以确定最浅的硬化层。对于感应淬火，一般淬硬层深不会沿轴长均匀，因为轴径有变化，扫描速度或者功率都有变化。相反，如果调试状态有显著改变，这个过程将重复一遍。如果新的钢号被引入，这种检查要重复一遍以确定淬透性有什么改变。

表层组织的甄别也很重要。即使轴的硬度和硬化层深满足要求，显微组织也可以部分是非马氏体。这也可能是未完全奥氏体的结果，或者是缓慢淬火冷却或中段冷却的结果。这对轴的性能有明显影响。

参考文献

1. G. Fett, Importance of Induction Hardened Case Depth in Torsional Applications, *Heat Treat. Prog.*, Oct 2009, p 15–19
2. T. Ochi and Y. Koyasu, “Strengthening of Surface Induction Hardened Parts for Automotive Shafts Subject to Torsional Load,” SAE Paper 940786, Feb 28–March 3, 1994

2.7 曲轴和凸轮轴的感应淬火

Gary Doyon, Valery Rudnev, and John Maher, Inductoheat Inc.

感应热处理是对曲轴进行淬火和回火的常用方法，而曲轴是汽车、货车以及泵、压缩机等各种机器中发动机的重要零件。曲轴能将气缸活塞的线性运动转变为回转运动，并且这类重要零件要有可以承受数百万公转的预期使用寿命。与曲轴类似，凸轮轴也属于这一类发动机的重要零件。尽管本节着重讨论汽车曲轴表面淬火和回火的感应技术，但是所描述的原理和工艺也能应用在其他领域，比如凸轮轴的热处理。

2.7.1 曲轴的感应淬火

一般来说，根据发动机类型的不同，汽车曲轴质量为 12 ~ 50kg。有时，一些曲轴的质量能达到 900kg，甚至 1t（如发电机的发动机曲轴），再如在船舶主推进引擎中使用的大型曲轴质量超过 100t，总的轴向长度可以超过 20m。

高强度、耐磨性、抗疲劳性、轻量化、低振动以及低成本是许多汽车曲轴的重要需求。这些需求在随着额定功率上升，追求轻质化、更高燃油利用率以及严格的环保要求下显得越来越重要。

从结构上来说，曲轴由一系列的曲柄和通过曲轴配重互连的主轴颈组成，见图 2-224，主轴颈是旋转轴即转动中的轴承的一部分。在汽车、拖拉机和其他车辆上所使用的曲轴轴颈的直径一般为 35 ~ 70mm。

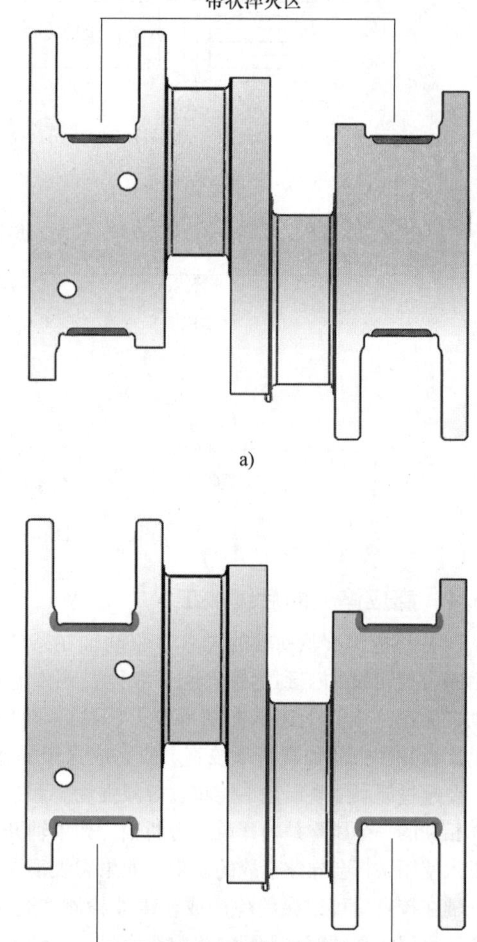

图 2-224 曲轴中轴颈的感应硬化层轮廓
a）带状淬火区 b）带状和内圆角淬火区

惯性和燃烧是发动机曲轴的两个主要的负载源，对曲轴造成弯曲和扭转载荷。在曲轴使用周期里的数百万公转要求下轴颈表面需要有很好的耐磨性。考虑到曲轴的工作环境，其典型失效原因是疲劳（由于循环载荷和圆角的应力集中存在）、冲击开裂（来源于偶然的碰撞载荷）、轴承环和轴承表面过度磨损。润滑不合理和金属 - 金属接触造成的润滑不足使得轴颈表面过热是又一种曲轴失效原因。

有时，由实心钢坯锻造而成的曲轴会在高性能跑车上应用。赛车曲轴有特定的外形设计需求（比如较小的轴颈半径和配重以及较轻的旋转质量）和超耐久力。考虑到大量材料必须加工掉，应注意体积小和设计灵活性，以便从钢坯加工出来，这是合理的工艺。

大部分汽车曲轴是通过铸造或锻造而成的，如钢锻件、灰铸铁和球墨铸铁件。微合金锻件和等温淬火球墨铸铁是最常用的汽车曲轴的材料。锻钢曲轴一般有更高的强度和抗冲击韧性、更均匀的微观组织和更高的疲劳强度，锻造曲轴通常更廉价并且在未充分润滑条件下有很好的耐磨性及优异的阻尼性能（如能吸收振动）。

由 Toledo 大学主导的一项研究显示，与球墨铸铁曲轴相比，锻钢曲轴可以在较低的裂纹扩展速度下获得更高的耐用性，并使疲劳强度提高 36%。试验中所使用的曲轴来自于普通割草机的单缸四冲程发动机中的锻钢和球墨铸铁曲轴。对于汽车曲轴的分析，不考虑曲轴尺寸条件下只分析其单拂情况。可以合理猜想，其研究成果可推广到其他汽车应用领域。由这项研究得出锻造曲轴的屈服强度和极限强度比铸铁分别高出 52% 和 26%。通常，锻造曲轴有更好的塑性，钢的使用减少了 58% 而铸铁只有 6%，并且拥有更好的晶粒结构。

和所预期的一样，在所测试的温度范围内，与球墨铸铁相比，锻造曲轴拥有更好的冲击韧性，并且其弹性模量相比较有 25% 的提升。同时，高弹性模量材料的尺寸能得到精简并且在载重下表现出相当的形变，因此，与球墨铸铁相比，锻钢曲轴轴颈的综合长度和直径可以减小。

设计合理、热处理得当的曲轴，其使用寿命可以超过汽车本身。当曲轴被制造得更小、更轻时，在高转速条件下，感应淬火可以为轴承提供更好的保护。曲轴设计者也可以更好地和工件供应商共同开发出感应热处理工艺性更好的设计；这同样可以帮助到曲轴制造商把整个工艺流程标准化，以获得最好的润滑效果和热处理效果。感应淬火可以在满足曲轴大批量生产上发挥很重要的作用。内燃机曲轴是众多零件中率先使用感应淬火技术的，在感应淬火之前采用的是火焰淬火和渗碳。不幸的是，这两种工艺都有淬火不均匀、高成本和变形太大等缺点。感应淬火克服了这些缺点，尤其是在需要大规模生产和强调零件的可追溯性的场合。

1. 感应技术

这些年以来，感应技术已经发展到可对曲轴各部分（如曲轴颈、主轴颈、油封）的表面进行硬化。感应热处理系统是由中高频固态电源（如晶体管式逆变器）提供电能。频率和功率选择取决于所需硬化层深度、生产速度和感应器具体设计参数。感应淬火曲轴通常使用普通中碳钢和低合金中碳钢（如 SAM 1039M、1042、1538M），这种合金钢在表面淬火和回火后能获得 52～56HRC 的表面硬度。对于汽车曲轴，在磨光后，其淬硬层深度为 0.75～2mm。

与替代工艺相比，感应淬火具有一些最显著的优点包括但不限于：

1）能提供高密度热，将零件表面快速奥氏体化。这样占用很小的车间面积就可得到工艺周期时间短、重复性高的产品。现代曲轴感应淬火系统同样可以感应回火。

2）只对曲轴的局部区域进行加热，提高能量利用率，也使得曲轴未加热部分在后续加工过程中相对容易。

3）能减小变形。

4）经过感应淬火的曲轴，其力学性能（如强度、扭转、弯曲疲劳性）得到显著提升。

5）轴颈表面的残余压应力显著提升，可以抑制裂纹产生和扩大。

6）相比于有较长准备时间的渗碳或渗氮，感应系统可以立即开始生产。

7）与周期式生产工艺相比，其生产可实现自动化。

8）感应热处理过程做到环境友好，实现零 CO_2 和低热量排放。

9）可编程逻辑控制器（PLC）的问世，使得大量的工艺参数可以进行实时监控，感应器签名监测系统的应用能保证淬火和回火的质量和可重复性。签名监控系统会将重要工艺参数与储存在 PLC 中的合理签名点位进行比较，在人机界面上显示出输出指示。如果某一工艺参数值超过或接近其极限值，系统会立即知道问题所在，并且做出响应，使得机器回到设定值。

根据曲轴的生产过程和设计差异，感应淬火可应用在轴颈淬火或轴颈－圆角淬火曲轴上（见图 2-224）。在日常使用中，轴颈－圆角淬火通常说成圆角淬火。

对于轴颈淬火工艺，只进行轴承面感应淬火。其典型硬化层终止于轴颈圆角 0.5～1.5mm 处。V－6和 V－8 发动机曲轴及其轴颈的腐蚀切片和淬火硬化层分布见图 2-225。对于轴颈－圆角淬火，其圆角有半径或者凹槽。为了在圆角区域产生有用的残余压应力，在轴颈感应淬火后实施滚压硬化。

轴颈淬火的替代方案是轴颈－圆角感应淬火。与轴颈－圆角感应淬火相比，轴颈淬火后变形幅度明显较低。轴颈和圆角淬火的典型形状变形见图 2-226，轴颈淬火的轴向伸长也要小一点。

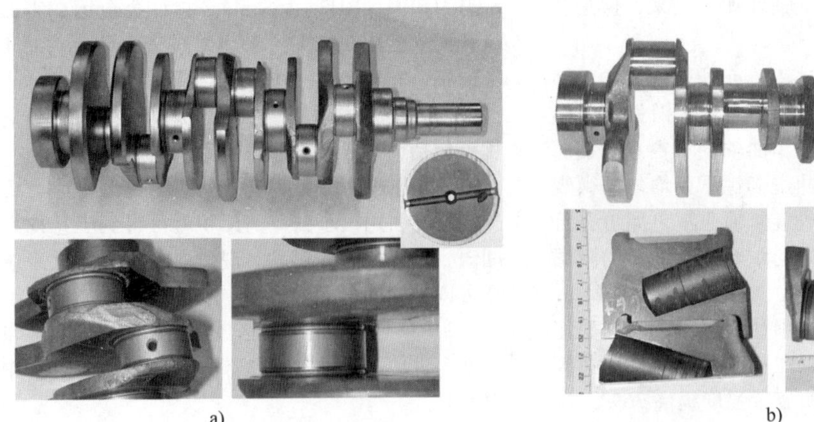

图2-225 侵蚀后的感应淬火曲轴轴颈带状硬化层分布
a）V－6汽车曲轴 b）V－8汽车曲轴

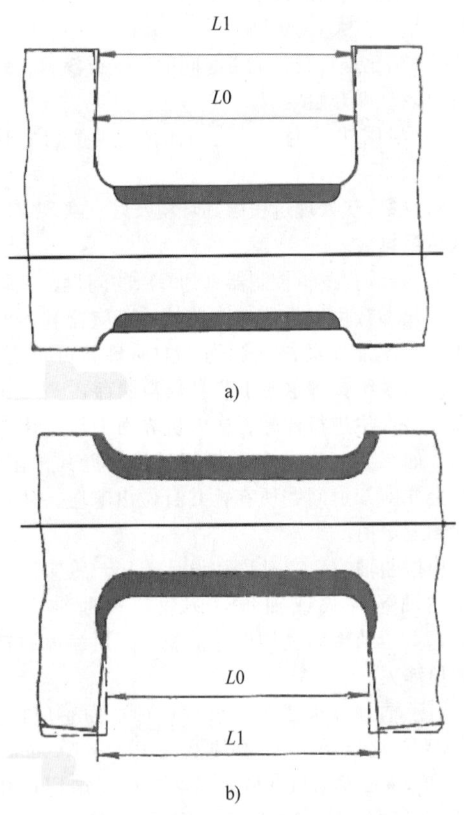

图2-226 典型的感应淬火形状畸变
a）淬火带 b）带圆角的淬火带

当设计曲轴感应淬火系统时，一定要记住的是，与图2-224所示的典型曲柄销不同，某些曲柄销有特殊的几何形状。图2-227所示为特殊几何形状的曲柄销，包括两种轴颈：开口销圆角淬火和双引脚轴颈淬火，开口销的特征是两个相邻但偏置的曲轴销需要同时感应淬火。双引脚销的特征是两个相邻的曲轴销拥有相同的轴线。

由于曲轴几何形状的不规则，使用传统环形感应器来淬火轴颈变得不可能，这就需要研制针对曲轴轴颈的特殊感应器。

2. 翻盖式或分拆式感应器

特殊设计的翻盖式或分拆式感应器（见图2-228）是在20世纪40年代发展并应用在曲轴淬火上。淬火时无需曲轴回转。

翻盖式感应器因其在一个侧面铰接而得名，这也使得曲轴轴颈可以放在正中的加热位置。淬火盒可以集成在感应器中，也可以安装在与感应器相邻的位置上，线圈形状要适应与轴颈相邻的不规则（比如配重）区域同时满足恰当且足够的加热。

通常在翻盖式感应器内侧使用定位销，或者用在工件的某些地方以保证轴颈在整个加热和淬火周期都能保持它的位置。通过使用定位销使得不规则零件获得均匀加热层，而且可以消除大生产率要求带来的不良影响。

如果在中、高频线圈中使用定位销，通常选择陶瓷销。然而，陶瓷很脆并且会由于不当操作、机械损伤（如磨损、碰撞）以及加热和淬火过程中的热冲击而过早损坏。

翻盖式感应器的主要缺点是线圈使用寿命短、可靠性低、难维护、生产率低。电流回路上的大电流接触面开合是造成线圈使用寿命短的原因。

接触区域是感应器最薄弱的地方，也是造成其预期使用寿命低的主要原因。当感应器闭合时，它必须有足够的压力夹持使得可动部分拥有良好电流接触。线圈接触表面从来都不是平滑的。因此，表面粗糙度对于线圈电流通过接触区域有巨大影响。

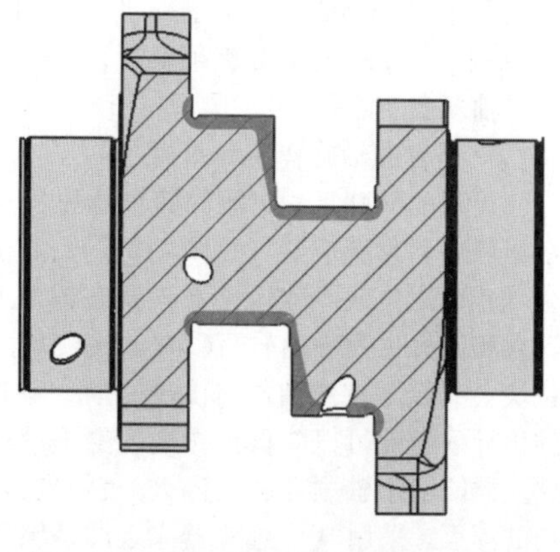

a)

b)

图 2-227　特殊几何形状的曲柄销

a）开口销的淬火带和圆角淬火区域　b）双销带状淬火区域

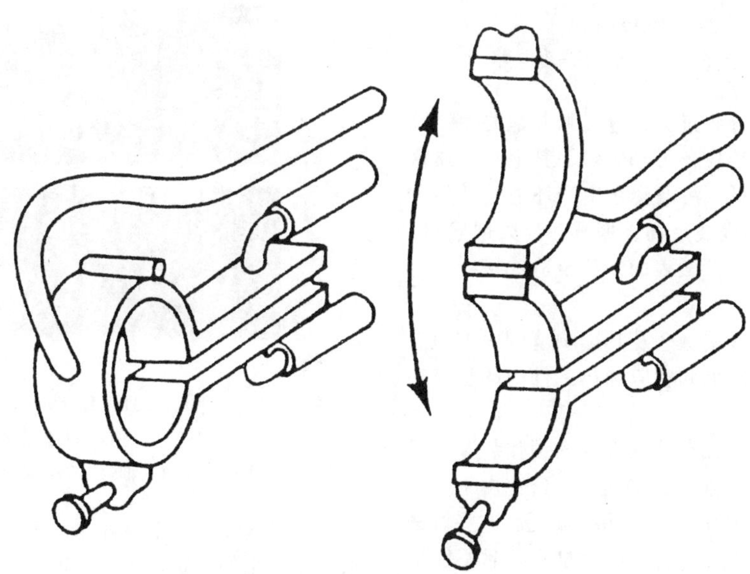

图 2-228　特殊设计的翻盖式或分拆式感应器

无论怎么磨削、清洗接触表面，上面的孔隙和污染会迫使线圈电流流经固体－固体接触点（见图 2-229）。与整体铜线圈相比，这会造成局部电流密度的增加以及接触区域电阻的增大。

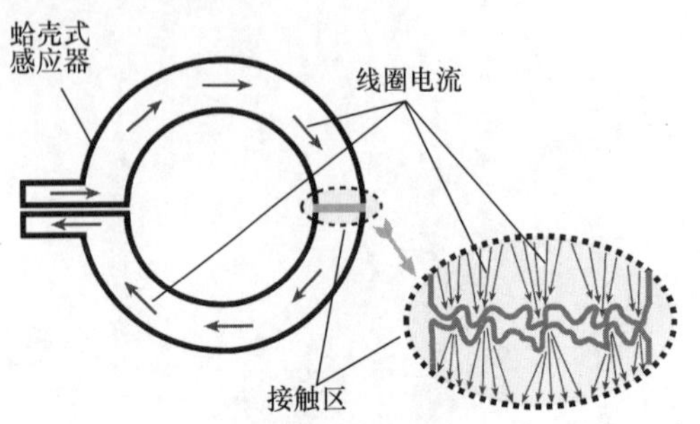

图 2-229 线圈电流通过蛤壳式感应器的固体－固体局部接触点

图 2-230 所示为蛤壳式感应器的等效电路。由于流经感应器铜材和接触区域的电流相同，后者由于焦耳定律会产生更多的热量。接触区域的电阻是铜材电阻的 10 倍并且热量会由电阻的不同而成比例地改变。

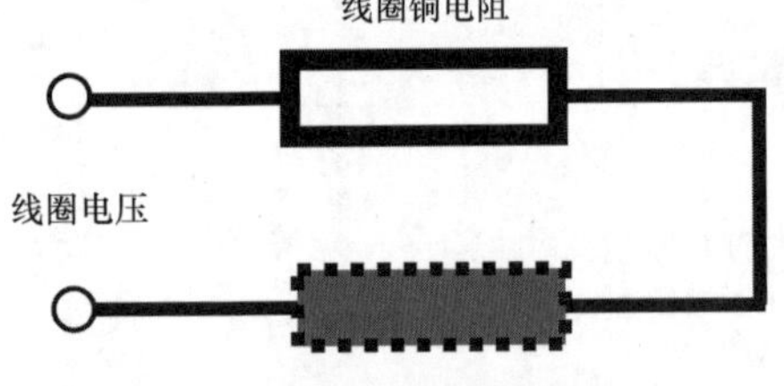

图 2-230 蛤壳式感应器的等效电路

磨损和污染会导致过热、电飞弧并最终使线圈报废。在多次开合感应器可动区域，其电接触质量和清洁度会逐步降低。污染会在生产环境（如热轴颈表面的油污和燃烧残余物、烟雾、淬火剂残留）中产生，并且会影响接触表面，甚至造成接触点电阻的增加。

这些因素会造成接触区及其影响范围内电阻的产生，导致可靠性降低和感应加热工件内的感应功率变化。

热处理厂会要求加载特殊设计的锁扣装置（机械、液压或气动）来加大接触压力，避免由于时间和相关的表面夹紧恶化引起的功率损耗。这些做法会造成夹紧处铜形变、感应器的过早失效且不能提供很高的生产率。

电镀银合金通常会用来降低线圈夹紧处电阻和提高线圈寿命。不幸的是，这样线圈寿命也不能够提高到普通螺旋线圈的水平。翻盖式感应器的寿命一般不超过 10000 次，并且一般常见的是 3000 ~ 4000 次。当要求的生产率很低时，这个技术可以用来对轴颈表面淬火。

3. 适合曲轴旋转的 U 形感应器

1960 ~ 2000 年，主流的曲轴感应淬火机床都采用半环形 U 形感应器（见图 2-231），它使用硬质合金（也叫定位或间隙保持器）骑在轴颈上，同时在淬火和回火过程中曲轴可以在其内旋转。碳化物定位块会“骑”在主轴颈/曲轴颈上面。碳化物定位块的优异耐磨性可以降低工作期的磨损消耗。半环形感应器能用于轴颈和圆角淬火。它们也能用于开口销的淬火。采用 U 形感应器靠近曲柄销和主轴颈的表面对其进行淬火，同时，曲轴绕其主轴中心线回转。

a)

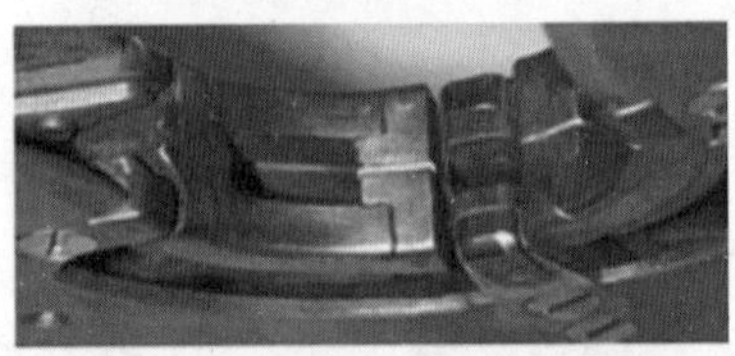

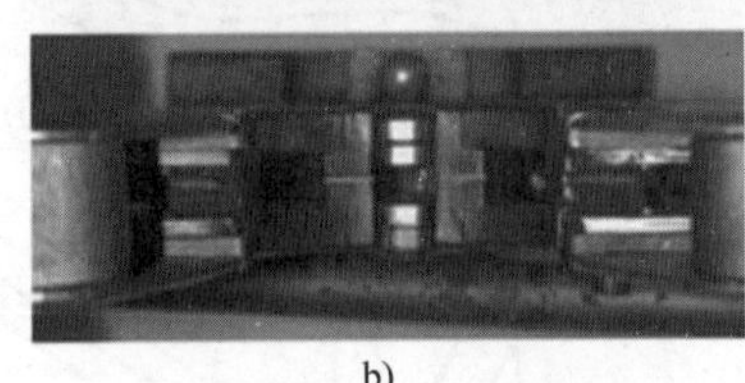

b)

图 2-231 U 形感应器
a）半环形 U 形感应器
b）骑在曲轴轴颈上的硬质合金导块

U 形感应器采用一种非对称加热模式，因为曲轴小于一半的轴颈被加热，通常为 35% ~ 40%。剩下的轴颈会经历“传导冷却”模式。U 形感应器的非对称加热模式需要有足够长的加热时间和旋转速度。根据具体工序不同来决定其工艺参数，旋转速度一般为 24 ~ 32r/min，加热时间为 8 ~ 20s。

曲轴的几何形状相对复杂，连杆颈（销的轴线沿径向偏离主轴）缺乏对称性。因此，旋转过程中连杆颈绕着主轴旋转。这个工艺需要曲轴在热处理过程中水平放置。在如此庞大的加热和淬火设备中，运动部件的质量超过900kg甚至达到1t。环形旋转的精确控制需要设备拥有复杂的液压平衡的加热单元（见图2-232a）。对如此大型感应加热及淬火系统（包括电源输出变压器、水冷线圈、汇流排、电缆等）的圆形轨道运动必须精确控制，所以应该有一个专门的控制系统利用一个即时功率调制器控制每个加热曲轴轴颈的旋转过程（其旋转状态取决于配重的几何特征和油孔的位置）。

a)

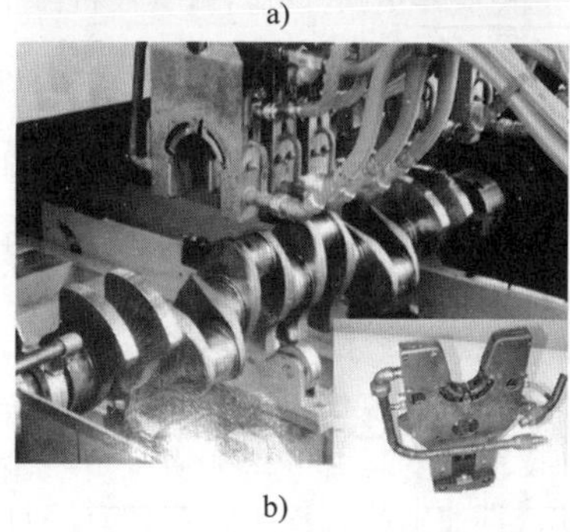

b)

图2-232 带U形感应器的旋转式曲轴淬火机床

根据轴颈的几何形状以及感应器的可利用空间，可用不同规格的铜管（3.2mm×3.2mm×0.7mm、4.8mm×4.8mm×0.7mm、6mm×6mm×1mm）来制造感应线圈（见图2-232b），铜管通常钎焊或弯曲成8字形以提供所需硬化层分布。感应器特定部位应用导磁体让8字形感应器的不同部位达到一致的热平衡。固定装置用来减少导磁体移动并保持固定位置。

导磁体的应用可结合曲轴旋转、过程中的热功率调节对圆角提供足够的热量，并且通过补偿邻近复杂形状质量（见图2-224和图2-227）的“冷却散热”效应和降低油孔附近可能的过热，来减小硬化层的变化。过热会产生不期望的金相显微组织、过度的晶粒生长、大晶粒、形变和脱碳，甚至晶界融化会弱化晶粒结构并且更容易在淬火和冲击载荷下产生晶间开裂。

油孔的尺寸、位置、倒角和朝向会改变电流的流动，对过热有显著影响。不论所选择的感应淬火方案是什么，油孔（见图2-233）周围都会产生涡流的再分配。这是因为电流不能通过空气，不得不绕油孔周围流动。一些油孔很直，一些是倾斜的。油孔越倾斜，越容易过热。因此，需要复杂、精妙并且实效的功率控制算法来依据感应器相对于油孔的位置来调整感应器功率。

不管采用哪种淬火工艺技术或感应器设计是什么样的，最好让油孔有更小的倒角，让加工刀痕、毛刺、抖痕分布尽可能减少。过多的抖痕和巨大且朝向不利的夹杂物的作用是升高应力、触发裂纹萌生（见图2-234）。

尽管U型感应器一般比翻盖式感应器使用寿命更长，但它也有以下几个缺点：

1）需要硬质合金定位块（也叫间隙保证块）。平均来说，每个U形感应器需要6~10个硬质合金定位块。在高温下（大约900℃甚至更高），硬质合金会骑在曲轴颈/主轴颈上面。工艺中需要在轴颈和感应器之间保持一定间隙（0.25~0.4mm），但很难监测到硬质合金磨损。尽管硬质合金有很好的耐磨性，它还是会被磨损。过多的磨损可能会使U形感应器接触旋转的曲轴表面。需要指出的是铜比钢软很多。这就会导致感应器水泄漏、线圈过早报废、降低轴颈热处理工艺的可重复性和质量（比如硬化表面产生软点，硬化层不均等）。还有，各个硬质合金定位块的磨损速度不同会导致感应器相对于轴颈发生倾斜，使得间隙变化，可能产生过热和硬化层不均。

2）硬质合金定位块安装十分耗时，需要特别培训，安装贴合需要很有经验（不然硬化层会不均），而且会有人工失误。另外，装一个定位块很简单但多了会出错。

3）在轴颈与线圈之间留有间隙（0.25~0.4mm）

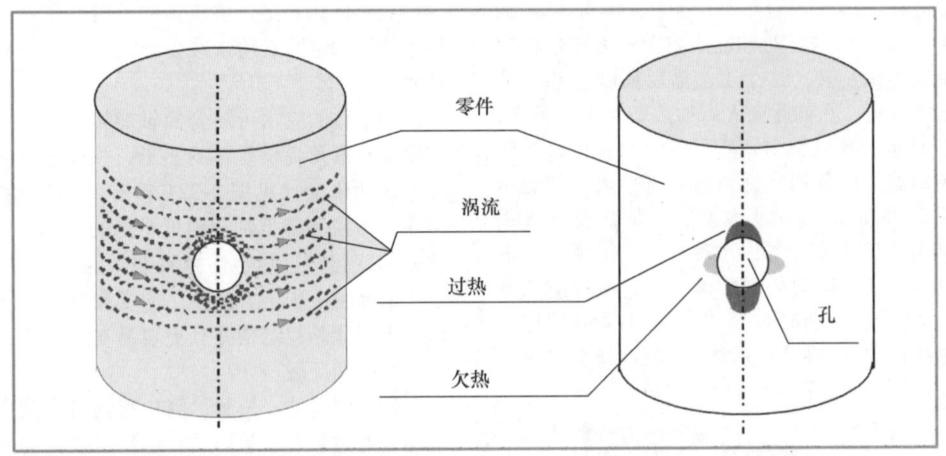

图 2-233 油孔

十分必要，间隙会使轴颈表面热辐射维持在正常值并且保持一定湿度的工作环境，但是也会加速由应力腐蚀和应力疲劳失效引起的铜感应器损坏，使得铜裂纹过早长大（特别是导磁体下方）。如此小的间隙也可能会由于感应器和轴颈表面的导电污染而产生电弧。

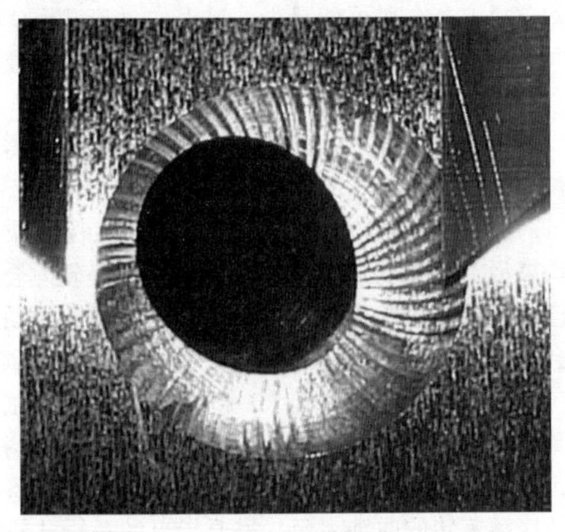

图 2-234 油孔过度震颤的倒角示例

4）感应器会选用相对小尺寸的铜材并且多弯折/弯头/接头，这些会阻碍水冷路径以至于不能使感应器得到足够的冷却。当水冷通道小于 3mm × 3mm 时，需要好几路水冷降温。

5）铜/钢比，热处理效率的重要参数，只有 20% ~30%，对整个加热效率产生负面影响。

6）U 形感应器的制造采用铜管弯折和钎焊工艺，做成多弯折/弯头/接头的 8 字形。两种工艺都需要制造的精确性和可重复性，应减少每安装一台新感应器所需要的反复工艺验证。

7）在任意时刻，U 形感应器本身不能产生对称的加热模式，因为只有不到一半的曲轴轴颈被加热。剩下的轴颈会经历“热传导冷却”模式。U 形感应器的非对称加热方式需要相对较长的加热时间（8 ~ 20s），这样会产生更多质量金属的热吸收，增大形变并可能形成沿着圆周分布的不均匀硬化层分布。在生产过程中由于热辐射、对流和热传导而导致的能量损失会伴随更长的加热时间，相反，环型感应器的加热时间只有其 1/5 ~ 1/3。

和这个技术相对应的，它还有但不限于以下几个缺点：

1）维护成本高。柔性电缆和定位器易损耗，感应器和相关工装相对使用寿命短，这都会提高综合成本。一旦感应器更换，机器就会停机，并经历很长时间的调试。

2）机器笨重，噪声大。

3）耗能大。由于热量的“热传导冷却”原因，热处理过程会有很多不必要的热量损耗。在淬火阶段又需要将大量吸收的热量散去。

4. 静态（非转动）技术

曲轴感应淬火硬化的工艺发展到了非转动技术。这种技术最早诞生于 2000 年，并申请专利为 SHarP – C（即曲轴静态淬火工艺的首字母组合）。当它研发出来以后到现在，SHarP – C 技术有了长足进步，成为能在加热和淬火过程中取代旋转曲轴工艺的成熟技术。同时，它也消除了翻盖式感应器静态加热方式的高电流缺点。基于非旋转感应淬火的曲轴轴颈生产系统（见图 2-235）与复杂的 U 型感应器系统（见图 2-231 和图 2-232）相比显得与众不同。

图 2-235 曲轴轴颈非旋转表面淬火机床示例

用于曲轴轴颈非旋转感应淬火的感应器组件如图 2-236 所示。非旋转淬火系统的感应器由两部分组成，由铜块加工而成：位于上方的被动感应器和位于下方的主动感应器。主动感应器连接着中频或高频电源（取决于所需的硬化层深度），而上部（旁路）的被动感应器代表短路回路（闭合回路）。

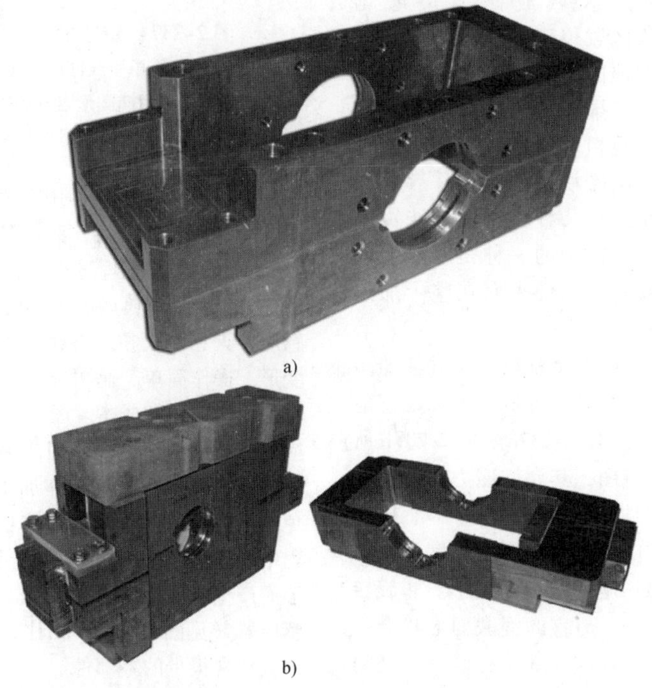

图 2-236 用于曲轴轴颈非旋转感应淬火的感应器组件
a）感应器由铜块加工而成
b）感应器组件是刚性的（感应器具有浮凸，从而提供围绕油孔区域的电磁场的所需非耦合）

下方的线圈是静态线圈，而上方线圈可以开合。每一个感应器有两个半圆区域，需要进行热处理的曲轴轴颈可以放置在该区域，而上方感应器正好位于其张开位置。

由机器人将曲轴放置在加热位置，上方线圈进入“闭合”位置，电源系统会将电能供应到下方（主动）线圈。起始电流流经下方感应器并通过导磁体形成磁耦合器，将两个感应器紧紧地电耦合。因此，下方线圈的电流会立即在上方线圈产生涡流。

根据法拉第电磁感应定律，感应电流会和初始电流方向相反，这与变压器效应类似。磁感应电流和源电流的差别大小不会超过3%，并且这些差异还可以通过合适的线圈构造进一步减小。

从任何曲轴的热处理部位（主轴颈、曲轴颈或油封）看非旋转感应器就像是普通环型和双分离高效率半环感应器的结合。

很容易想到，这种铜线圈易于加工成想要的形状，热处理时可以在轴颈获得比较好的热源分布，补偿周围复杂质量的“热传导冷却”效应，并控制油孔区域温度（取决于周围铜的屏蔽）和提供适宜的上－下/左－右截面的温度均匀分布。这也包括分离区（也称作“鱼尾”或磁力线边缘区域）出现电磁场变形。

图2-237所示为磁通量边缘区域的补偿方法。传统单匝线圈的鱼尾区域或磁通边缘见图2-237a。磁力线边缘区域位于汇流铜排传递电源电流到感应器线圈相连的地方。箭头给出某一时刻的电流方向。在汇流排和一个感应器线圈连接的地方，两个进出方向相反的电流会产生磁场交互抵消的影响，导致电磁场的变形，并导致工件在连接处的加热不足。有几种实用的方法可以解决磁力线边缘效应。最常用的一种是在热处理过程中旋转工件以确保所有工件表面在整个加热过程中吸收相同的热量。

近些年来，一些感应淬火设备商开发并注册多种先进高效的控制磁通量技术的专利，可以在感应器尾端进行磁场边缘补偿。图2-237a和图2-237b所示为两种工艺的简化示意图，其允许磁力线补偿并且不用去旋转热处理工件。在两种情况下，感应器磁场边缘区域的邻近效应决定了磁耦合强度并且好的磁耦合效应补偿了磁场尾部区域的变形。非旋转感应器包含两个分离部分。适宜的铜截面形状会产生非常好的感应器磁耦合效应，继而补偿分离处的磁场边缘效应。例如，图2-238所示的表面淬火主轴颈的横截面，没有任何迹象表明分离区域对硬化层分布有影响。

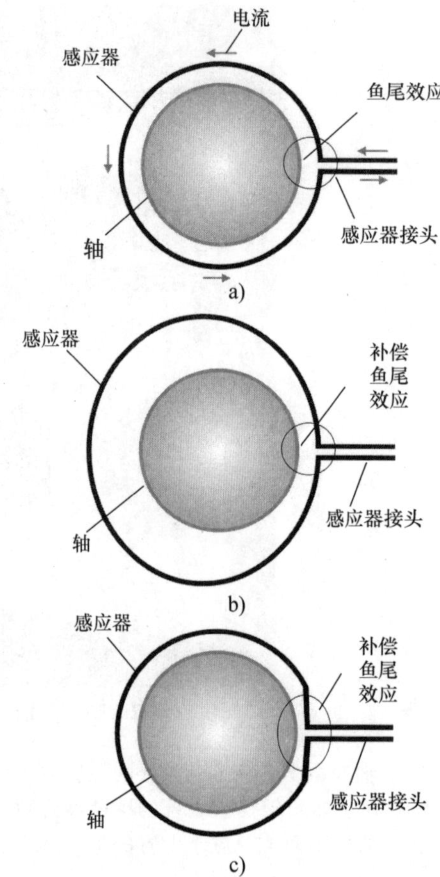

图2-237 磁通量边缘区域的补偿方法
a）传统单匝线圈的鱼尾区域或磁通边缘
b）采用椭圆形盘管布置补偿鱼尾区域
c）带有方形进线以补偿鱼尾效应

特殊设计的淬火器用来完成淬火工艺以及铜线圈的冷却。热处理时，曲轴其余的轴颈会依次放在V形块上。在热处理过程中，并没有轴向或径向力。图2-239所示为典型的V－6曲轴淬火序列。非旋转感应淬火和回火技术有诸多优点，比如大幅度减小变形、操作简单、高可靠性和装备可维护性以及大幅降低折旧周期成本。图2-236所示的SHarP－C感应器更坚固、更可靠和可重复性强，可通过数控机床（CNC）进行铜块整体加工。在感应器的加工上免除了钎焊或弯折零件。这也反过来减小了加工过程中感应器变形的可能性并且消除了伴随感应器变形而产生的硬化层分布变化。与复杂的半环形U型感应器（见图2-231）相比，在非旋转感应器设计中只包含很少的零部件。

形状/尺寸变形以及总跳动（TIR）是曲轴淬火工艺中的重要参数之一。TIR直接影响所需的金属磨削量。有许多因素会影响曲轴变形，包括力学性能、微观结构、硬度梯度等。最重要的影响因素之一是曲轴主体（包括主轴颈、曲轴颈、配重）所产生的热量。热量越多，伸长部位数量越多，进而造成更大的变形。需要指出的是，由于形状不对称，曲轴是一个相对复杂的几何结构。非旋转技术最大的优点之一是加热时间短，只是旋转技术的 1/4 ~ 1/3。这也直接使整个的耗能降低。加热时间的降低使得只能让很少质量的金属进行加热。轴颈心部在整个热处理过程中保持相对低温，使整个轴颈形状稳定并且实际上消除了变形。相对于传统工艺是运用轴向压力到旋转曲轴上，而非旋转工艺只要求曲轴在 V 形块上进行热处理且施加更少的能量，这会使得热影响区域（HAZ）最小化，相对应的金属膨胀减少了，进一步形状和尺寸的变形也就减小了。在非旋转工艺中，横向伸长最小化，变形和 TIR 一般不超过 25μm。

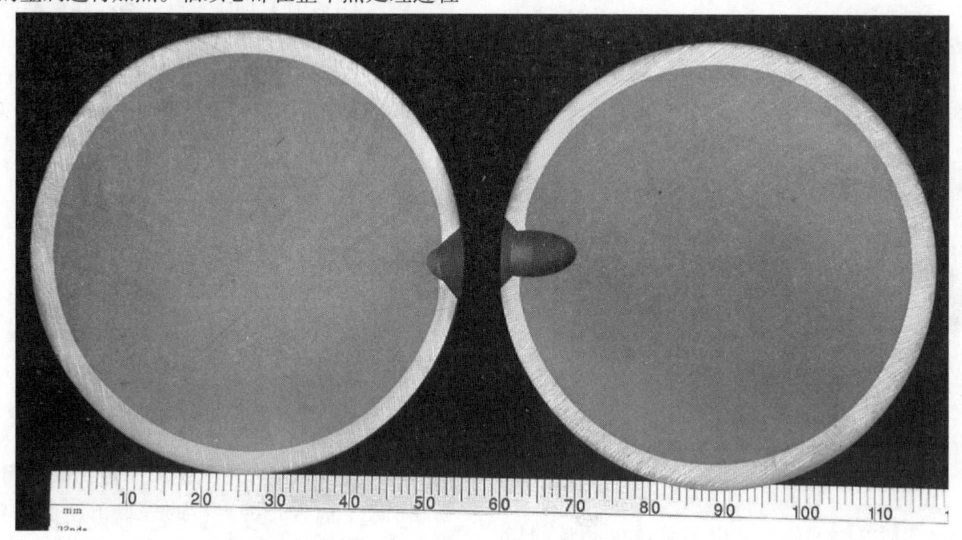

图 2-238　表面淬火主轴颈的横截面

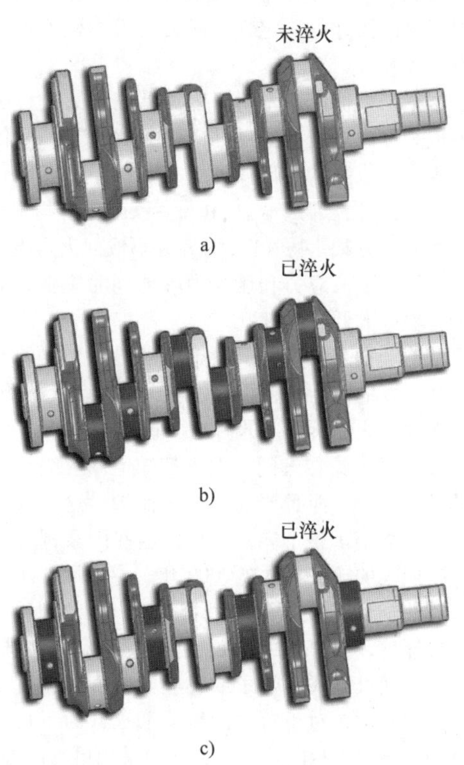

a)　b)　c)

图 2-239　典型的 V－6 曲轴淬火序列

其他优点如下：

1）加热层均匀并且可重复性好，因为不论是曲轴还是线圈，都不会在热处理时移动位置。多次加热可以得到相同的加热层。

2）与旋转曲轴淬火工艺相比，非旋转工艺中线圈到轴颈的间隙要大 4 ~ 5 倍。这样为减小应力腐蚀和应力疲劳创造了良好条件，显著提高工装的使用寿命。

3）不再有定位器的磨损问题。非旋转工艺所使用的感应器无需定位块或复杂且昂贵的定位机构。

4）线圈铜的非对称性形状完全对应于轴颈以及临近的质量（如配重）通过沿圆周每 2 ~ 3℃ 改变轴颈感应的热量密度。另外，沿着轴颈宽度方向（从左到右），其感应能量会得到控制。而上述并不能简单地通过 U 型感应器获得，因为在整个工艺过程中感应器的功率只能随时间调整而不能随位置调整。连杆颈周围的配重质量能极大地影响到轴颈两端的不同。例如，图 2-224 连杆颈周围的配重质量不同。因此，控制能量密度沿着轴颈宽度的能力对工艺的可控性来说就显得很重要了。

5）精确的 CNC 数控加工的线圈形状和集成的快速更换装卡设计保证了曲轴感应器在更换之后自

动定位（图2-240）。维护时，只需简单地去掉两个罩子，松开几个卡子，中间的卡盘可以容易地从机器中取出。更换的卡盘然后放置到其位置上只需要几分钟。每次更换后没有耗时的调整工作来“拧”每个感应器。统一了结构允许快速、无差错，准备就绪性安装和投产，和老的工艺相比缩短了停机时间。

图2-240 精确的CNC数控加工的线圈形状和集成的快速更换装卡设计

6）由于加热时间短，可以显著减少晶粒的增长、连杆颈和主轴颈表面的脱碳和氧化的形成。淬硬区可以明显地区分且只有淬硬层（见图2-241）而没有老工艺中长时间加热经常出现的模糊过渡区。硬化层组织为细晶的马氏体组织。

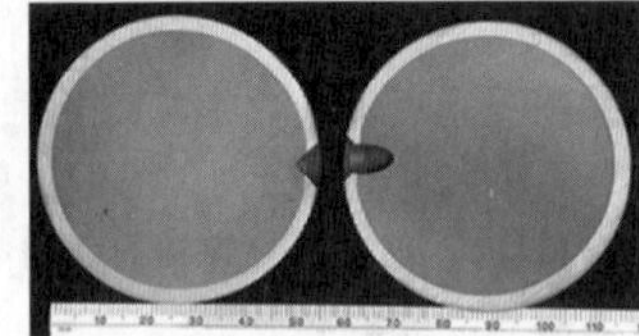

图2-241 曲轴轴颈静态（非旋转）淬火后的硬化层示例

7）如旋转工艺需要的那样，使曲轴主轴颈表面在高温下延长时间，有时会带来不期望得到的微小晶界液化等冶金学现象。这种现象随后将增大脆性和晶内开裂的敏感性，特别是在油孔周围。由于非旋转技术的工艺特性，这里感应器铜表面载流有避让，保证在油孔区域的电磁耦合降低（见图2-236b），晶界液化可避免。

8）由于不需要曲轴旋转，因此在加热时不必移动那些重达900kg，甚至1t重的笨重结构。同时也没有高电流触点或活动的电缆的磨损，它仅仅有动作很小的开合运动。所有这些和老式技术相比都提高了可靠性。

9）超高的能效。

对于那些有中高产量要求的主轴颈表面淬火用户越来越多地选择非旋转的SHarP－C技术。对于圆角半径小于1.5mm的淬火，旋转曲轴工艺采用半环形U型感应器仍然是更广范围采用的技术。在一些产能非常低的特殊场合，开合式感应器或许是合适的选择。

5. 曲轴的回火

通过淬火转变为马氏体从而得到硬的组织但是韧性很差。回火是淬火后的一道工序但同样重要。回火的主要目的是提高钢的韧性和塑性，通过减小表面最大拉应力的峰值来释放内应力、降低脆性。有时可提高尺寸的稳定性，回火马氏体也不容易造成轴承咬死。

根据回火理论，人们期望在感应回火过程中发生的应力释放过程是通过马氏体分解使得四面体部分损失而形成新的马氏体的结构，析出过渡碳化物（如ε－铁碳化合物$Fe_{2.4}C$和η－铁碳化合物Fe_2C）代替体心立方碳化物（Fe_3C），并形成回火马氏体组织。这导致了拉应力和压应力峰值同时降低，形成了韧性更好的低应力组织。

从冶金学上讲，炉子回火可以得到想要的显微组织和满意的性能。然而，对于一个大产量的场合，一个单独回火炉所需要的占地面积超过30m²，且有150～250件堆集在车间。大家都知道回火炉需要很长的升温时间，而且要加热整个曲轴。这增大了无效时间并减小了整个能量效用。这些因素都可看作是炉子回火的缺点。早在2000年。感应回火工艺被引入到曲轴感应淬火机床上。

要知道，和炉子回火相比感应回火有其特殊性。无论哪种回火方式（炉子或感应）时间和温度是两个关键的参数，对于短时间感应回火，为了得到和长时间炉子回火相同的效果，必须采用更高的温度。有多种方式来确定时间和温度的关系，常规的炉子长时间、低温度和感应回火的短时间、高温度，这包括 H－J 等式和 G－B 回火关系式等。

感应曲轴回火采用很低的能量密度和比淬火长得多的时间。如果操作正确，感应回火得到的结果和常规炉子回火的很接近。单温度峰或多温度峰感应曲轴回火工艺都可使用。多峰回火是比较稳当的回火工艺，和单峰相比建立的温度状况更像炉子回火。根据多峰感应回火工艺，感应回火包括一个强力回火（采用低功率密度的温度峰值）和自回火（采用淬火过程加热奥氏体化过程中聚集的残余热）的复合过程。感应电源回火（热量从表面流向次表面区域）和自回火（热量从中心区域流向表面）的结合使用与只使用其中一种工艺相比有诸多优点。其中就有更均匀的热传导和可控性。如果只单独使用自回火，只能依靠淬火过程中曲轴轴颈心部区域的热量聚集。可想而知，此时热量分布不均匀，因为靠近淬火轴颈的诸多金属部件其热传导效应不同。

相应地，当电源感应回火和自回火同时使用，工艺互相补充，可以产生均匀的热量分布。这样，热梯度的下降和更好的残余应力分布也使得整个工艺时间下降。

当进行中碳钢淬火时，马氏体转变温度为 300℃，这意味着马氏体转变的温度范围包含了回火温度范围。在回火温度范围内，新形成马氏体晶粒会立即开始回火进程。因此，新形成的马氏体都会有某种程度的回火。当包含高聚合物淬火液温度相对较高时这是真实的。

如前所述，表面压缩残余应力非常有用。它们可以防止由微小划痕、缺口、应力集中产生的裂纹扩大，还可以延缓疲劳，并且提高服役期间经历弯曲变形的零件性能。

需要记住的是，残余应力系统是自平衡的，也就是工件内的应力总存在一个平衡。如果某区域有压缩残余应力，那么另外某区域肯定有可抵消的拉应力。如果应力不均衡，就会产生移动。

最大残余拉应力一般位于淬火区向非淬火区的过渡地带。这是个潜在的危险区域，如果施加应力（一般是拉应力）足够大，就会产生近表面裂纹。因此，回火的重要作用不仅是减小近表面拉应力强度，而且将最大应力从表面以及可施加拉应力推移到中心区域，同时在此深度内不改变表面压应力方向。

如果能量过大，单峰感应回火会导致不希望的残余应力分布。在这样的情况下，明显的残余拉应力可在近表面或在表面形成。有些时候，上述情况会造成本区域内表面硬度值的下降，并且被称为硬度反转现象。然而，需要指出的是，没有反转硬度分布也会有反转应力分布。表面残余拉应力会降低疲劳寿命，特别是杂质、偏析和缺口等存在时。这就是为什么多脉冲曲轴淬火比单脉冲更有优势的原因。

残余应力的测量不是一个简单的工作，需要特殊的仪器和很长的时间。当然，如果深度很深，要得到残余应力随深度的分布更是这样。定量分析残余应力的技术包含断面法、打孔法、去层法、弯曲衍射、XRD、磁、中子衍射和超声方法。

6. 热处理工艺后续加工的影响

曲轴热处理后紧接着是磨削/抛光工序。磨削是重要的最终工序。最后曲轴轴承表面磨削可使轴承表面粗糙度降低，并确保曲轴轴颈三维尺寸的精确性。

磨削工序包含三种磨削工艺：温和、普通和剧烈磨削。可以使用不同种类的磨削工具和参数。磨削工具（磨削轮）包含磨粒，它是由合适的黏结剂将不同材料结合起来，其拥有不同的多孔性、硬度、耐磨性。

可想而知，需要磨削多少次取决于零件留量、曲轴变形程度以及总跳动（TIR）。正如前文所述，有几个因素会影响曲轴变形：如金属性能、微观结构、硬度梯度、可选的感应淬火工艺和感应器类型。

由于 SHarP－C 的工艺特点，横向伸长减小，变形和 TIR 一般不超过 25μm。在热处理轴承表面和间隙之间没有物理接触，这意味着轴承表面不会被污染。因此，所需磨削次数会大大减少。

由于更多的加热时间和使用 U 型感应器接触轴颈表面时所施加的外力以及加热模式下需要更大件工件进行热处理，使得运用半环形 U 型感应器一般会产生很明显的变形。这一工序中所需的碳化物定位器在热处理过程中会靠近轴承表面。因为高温，轴承表面很容易损毁。碳化物定位器会给轴承表面引入外部杂质，使轴承表面结构一致性改变，使应力增强，并且需要在热处理后阶段消除掉。这就使得使用 U 型感应器会在磨削时费时更多。

在表面磨削阶段，有复杂和相关联的机械热以及化学过程。不恰当的磨削方法会产生热量过度聚集，会影响曲轴性能、轴承表面耐磨性、烧伤外观，有利于残余压应力的减小甚至改变残余应力的分布。

经过淬火的工件（钢和铸铁）所需的磨削量直接影响磨具的使用寿命和综合费用，因此需要减少曲轴变形。

2.7.2　凸轮轴的感应淬火

凸轮轴控制着进气阀和出气阀开闭的时间和速度。它包含多个凸轮和轴承。凸轮的数量及它们的尺寸、外形、位置、朝向会根据凸轮轴种类和发动机特性而不同。这里对于凸轮轴感应淬火的讨论针对在汽车、货车上使用的凸轮轴。图 2-242 所示为典型汽车凸轮轴。

凸轮轴的外形取决于发动机的设计要求。这包含开凸轮（也叫盘或平板凸轮）、闭凸轮（凹面或阴凸轮）、圆柱凸轮、楔形凸轮、逆凸轮等。图 2-243所示为非对称几何形状的桃形凸轮。

图 2-242　典型汽车凸轮轴

图 2-243　非对称几何形状的桃形凸轮

凸轮轮廓是和随动体相接触的工作面。当它工作时，会达到上百万转，承受相当程度的磨损和接触应力，如凸轮桃尖的接触应力超过 1200MN/m^2。良好的耐磨性和强度是凸轮桃的基本性能要求，这就需要对工作面进行淬火，与曲轴相比会需要更深的淬硬层深度。从凸轮轴的功能性来看，凸轮轴的工作表面有四部分组成（见图 2-244）：基圆、缓冲段、侧面、鼻部。

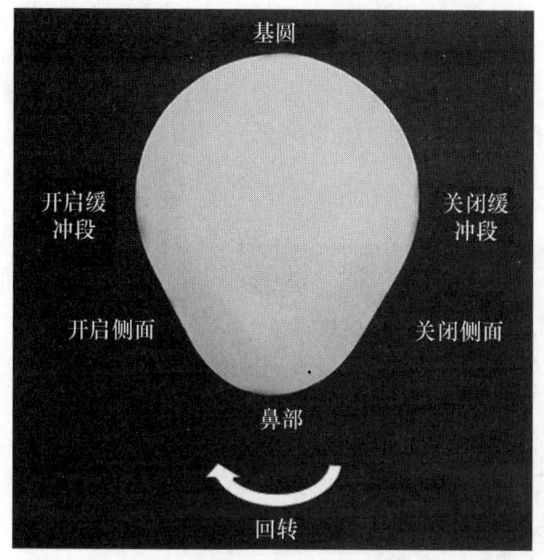

图 2-244 凸轮轴的工作表面

（1）凸轮轴淬火 1930 ~ 1940 年，凸轮轴使用灰铸铁件。有时凸轮轴不经过热处理，然而，大多数情况下，它们会经过火焰淬火或感应淬火。经过火焰淬火工艺，表面淬火质量问题很多，并且设备需要反复启动来进行工艺控制。通过低热密度来延长淬火时间来避免凸轮表面的过热。延长淬火时间会导致生产率下降。对每个凸轮进行热处理一般需要 15s 甚至更长时间。这会扩大淬硬层深度，使得热影响区域扩大，并且导致形变。当使用灰铸铁时会出现一定量的残留奥氏体（除非应用低温热处理）。

感应淬火技术的应用可以弥补火焰淬火的许多不足。感应淬火技术可以对单轴、多轴甚至整件的凸轮进行淬火。然而，后者会产生不均匀变形。因此，多凸轮快速淬火成为灰铸铁表面淬火的最佳选择。它拥有更好的工序可控性、高质量、变形小、高生产率。考虑到灰铸铁的低韧性和高脆性，必须有短时的淬火延迟来减少淬火初始阶段的热冲击，并避免裂纹的生成，尤其在凸轮尖端部分。

紧接着发展了中碳钢凸轮轴。与灰铸铁相比，成分和微观结构偏析现象减小，孔隙得到消除，韧性提高，有更一致的淬透性。有些例子中，凸轮轴会使用低碳低合金钢进行渗碳。由于周期型工艺的固有劣势，钢制凸轮轴的感应淬火迅速普及开来。因为感应淬火工艺可以一次处理一个零件，它就能够和机械加工机床在线布置。它特别适合高生产率的场合，满足高质量和零件的可追溯性。

后来凸轮轴淬火工艺进一步发展促进了球墨铸铁的应用，提供可以替代钢凸轮的生产工艺。在球墨铸铁中增加珠光体，采用优异的功率密度和加热时间，达到和钢凸轮感应淬火技术相同的工艺。钢和球墨铸铁都可以使用感应淬火。

根据几何形状和生产需要，凸轮轴的感应淬火可以采用单凸轮的扫描加热，或者单/多凸轮的静态或一发法加热。垂直和水平感应淬火的方式在不同设备商那里都有采用。然而垂直主轴设计因其简易性和占地少而得到广泛使用。正火钢凸轮感应淬火过程中，一个凸轮加热平均需要 3 ~ 5s。调质钢需要的时间更短。由于汽车钢凸轮的具体生产要求，每个凸轮功率水平平均在 60 ~ 90kW 甚至更高。取决于所需淬硬层深度和凸轮几何形状，频率一般为 3 ~ 40kHz。

（2）扫描淬火 它一般应用在低生产率和宽凸轮上。根据具体工艺，凸轮会在热处理过程中进行旋转或静止不动。当凸轮通过非旋转进行感应淬火时，感应器内径被加工以适应凸轮的几何形状并且可以补偿电磁临近效应。需要一个检测来保证凸轮相对感应器有一个精确的朝向。

因为使用窄铜面感应器只有一小部分的单个凸轮被加热，采用最小功率就能对不同长度/宽度尺寸的凸轮进行热处理使得扫描淬火有很大的灵活性。这个工艺也常用于对大型凸轮（如轮船和火车的凸轮）进行淬火。它需要相对复杂的控制器来控制感应器功率及扫描速度，感应器定位的变化可补偿端部效应。有时，扫描开始阶段会出现短暂停留。磁通量聚集器常用来减小扫描感应器的外部磁场逸失并提高线圈电效率和程序可控性。

汽车凸轮轴扫描淬火工艺的主要限制在于，由于单个凸轮顺序淬火因而生产率低。提高生产率的途径之一是同时对多个凸轮进行热处理。然而这一方法的工序复杂且设备成本上升。

当应用扫描淬火工艺时，对于有些凸轮由于桃尖半径和基圆半径的比率不同而需要调整最大到最小的淬硬层深度时会出现很多困难。除非，凸轮在热处理过程中不旋转并且感应器的形状有很好的对应。对于凸轮相互之间非常靠近或者由于淬火液反溅，扫描淬火还会出现另外的挑战。

（3）一发法淬火 和扫描淬火相反，当凸轮轴是中小尺寸并且凸轮桃拥有相同形状和尺寸以及相同或近似的轴向间距，这种情况下会使用一发法淬火。

凸轮轴会在感应淬火时旋转。为提高产量，一次处理多个凸轮桃。许多单匝线圈互相连接成串联回路，为多个凸轮桃（2~4个）提供能量。由于临近线圈的电磁交互作用，铜线圈沿轴向分布来满足功率密度再分布，并且适当控制电磁端部和边缘效应，也应解决凸轮桃几何形状的影响。

淬火器可以集成到感应器设计中，或者在完成加热后进行分离。图2-245所示为双轴立式淬火系统，它可以满足高生产率的汽车凸轮轴感应淬火。使用4个单匝串联连接的感应器可以实现4个凸轮桃的同时淬火。组合式喷雾淬火盒位于感应器下方。图2-246所示为球墨铸铁凸轮轴纵向和横向剖面。表2-41列出了图2-246中4个凸轮的淬硬层深度。

一发法淬火（不论单桃或多桃）都伴随着凸轮轴旋转，与基圆处相比，尖端有更深的淬硬层深度。这对于采用钢和球墨铸铁结果都一样。由于尖端与铜线圈内径更靠近而产生更强的电磁耦合（更好的电磁临近效应），这就是尖端处有更深淬硬层的主要原因。

与扫描淬火相比，一发法淬火通常需要更大功率的逆变电源，因为所有凸轮表面必须同时奥氏体化达到一定深度以便在后续淬火过程中获得合适的硬化层分布。而扫描淬火只同时对单个凸轮的一部分进行淬火。

图2-245　双轴立式淬火系统

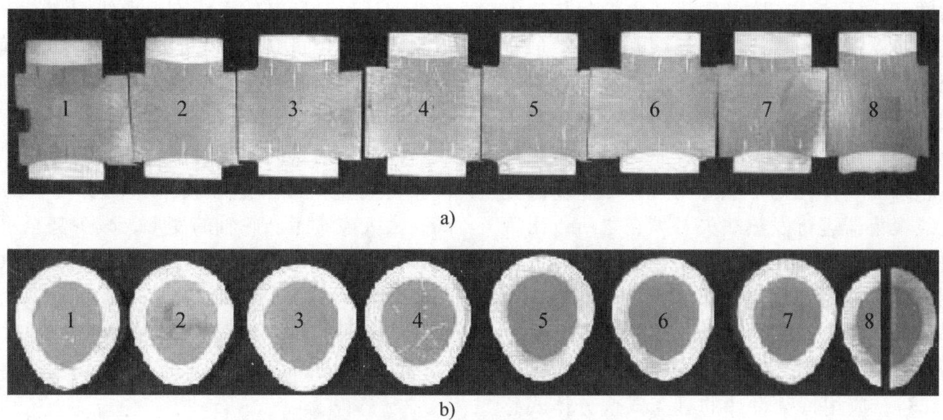

图 2-246　球墨铸铁凸轮轴纵向和横向剖面
a）纵向　b）横向

表 2-41　图 2-246 中 4 个凸轮的淬硬层深度

位置	凸桃#1			凸桃#2			凸桃#3			凸桃#4		
	-8mm	中心	8mm	-8mm	中心	8mm	-8mm	中心	8mm	-8mm	中心	8mm
鼻部	6.8	7.2	6.6	6.3	7.0	6.8	6.5	7.3	6.7	6.6	7.2	6.5
跟部	5.7	6.0	5.8	5.2	6.1	5.2	5.4	6.2	5.9	5.9	6.1	5.5

一发法淬火感应器的灵活性小，因为线圈几何形状和剖面对于特定凸轮轴是固定的，而且凸轮的几何形状和空间位置只允许有很小的改变。那就需要很多感应器满足不同形状的凸轮轴，现成的感应器就不能使用。图 2-247 所示为不同长度的凸轮轴采用相同的一发法感应器进行感应淬火。虽然总长不同，但凸轮的形状和位置基本一致。那么就可以用一台垂直设计并且拥有相同多匝感应器的设备进行感应淬火。

图 2-247　不同长度的凸轮轴采用相同的一发法感应器进行淬火

（4）静态（非旋转）感应淬火　使用静态淬火工艺，感应器和凸轮轴都不动。用于凸轮轴凸轮淬火的几种感应器的设计很多年都保持不变。许多这类设计和曲轴淬火很相似。

1）传统单匝静态感应器。传统单匝静态线圈是一种早期用在凸轮感应淬火上的感应器。凸轮的尖端靠近线圈开口区域，在这里铜排从电源处传递电流并且与感应器线圈相连。这个线圈开口区域通常称作鱼尾区域。在这里，相反朝向的电流形成磁场抵消，导致磁通边缘效应。尝试运用这一效应减小尖端发热聚集，而发热聚集的形成原因是电磁临近效应和其轮廓的具体几何形状。另外，凸轮基圆处运用磁力线聚集器进行发热缺失补偿，之所以出现热源缺失是因为线圈到零件的间隙太大。不幸的是，这种线圈设计不能对硬化层分布进行有效控制，并且生产率降低，会造成较大变形和使用受限。

2）翻盖式或分体式感应器。与曲轴淬火类似（见图2-228），应用特殊设计的翻盖式或分体式感应器进行凸轮轴的感应淬火，无需凸轮轴旋转。线圈轮廓可以贴合凸轮桃的形状。

翻盖式感应器，顾名思义，它们的一边可以互铰在一起使得曲轴轴颈（原文如此，应为凸轮轴颈。译者注）可以放在正确的热处理位置，这样在铜线圈和凸轮表面保持合适的间隙。这会用较短的加热时间（1~4s）使凸轮变形最小并且提供淬硬层深度较均匀分布的轮廓淬火模式。不好的是，线圈使用寿命短、可靠性低、难维护以及低生产率。并且，凸轮桃和感应器轮廓的精确定位（半径和轴向上）是至关重要的。对于此类感应器的利弊在前文已详述。

3）偏心定位系统。为了获得均匀的淬火凸轮淬硬层，开发了偏心定位系统。偏心定位器的旋转加强了凸轮不同区域和感应器一致的电磁耦合，也使一发法感应器和传统静态线圈有更好的硬化层均匀性。此外，偏心定位器的使用类似于使用静态感应器的效应那样拥有相对一致均衡的耦合间隙。不幸的是，这个工艺主要在单凸轮的凸轮轴淬火中使用。

4）非旋转（SHarP－C）技术。针对曲轴淬火开发的SHarP－C技术可以很有效地进行凸轮的轮廓淬火。感应器结构类似，分为上（被动）感应器和下（主动）感应器（见图2-236）。下感应器（主动并且与电源相连）是固定的，而上（被动）感应器可以开合。每一个感应器有两个仿形区域，用来放置需要进行热处理的凸轮，而上感应器处于“开”的位置。感应器可以同时进行两个以上凸轮的热处理。

随后将凸轮轴放置在热处理位置，顶部线圈在枢轴上转动到“关”的位置，电源连上下方线圈。电流开始流向下方线圈，并且可作为磁耦合器的导磁体，上方和下方线圈被紧紧电磁耦合。感应电流和源电流的大小差异一般不超过3%，并能被合适的铜仿形补偿。因此，凸轮会将非旋转感应器“看”做普通环形、高电效率线圈，而线圈拥有一致和贴近轮廓的耦合间隙（不论是否需要）。此非旋转技术可以获得相当好的轮廓－淬火模式。

非旋转淬火工艺可以同时对多个凸轮进行加工。因此，通过同时进行多个凸轮的静态热处理可以获得高生产率。这项技术只需要短暂的加热时间，大大减小了凸轮轴的变形，减少甚至不用随后的凸轮轴矫直操作，也使磨削量大大减小。图2-248所示为凸轮轴的真实轮廓淬火，此感应器拥有线圈到凸轮一致间隙和较短的热处理时间。

图2-248 凸轮轴的真实轮廓淬火

参考文献

1. V. Rudnev, D. Loveless, et al., *Induction Heating Handbook*, Marcel Dekker, NY, 2003, p 800
2. G. Doyon, D. Brown, V. Rudnev, G. Desmier, and J. Elinski, Taking the Crank Out of Crankshaft Hardening, *Industrial Heating*, Dec 2008, p 41–44
3. S.L. Semiatin and D.E. Stutz, *Induction Heat Treatment of Steel*, American Society for Metals, Metals Park, OH, 1986
4. B. Watson, *How to Build & Modify Pistons, Rods, & Crankshafts*, Motorbooks International, 1996
5. A. Fatemi, J. Williams, and F. Montazersadgh, *Fatigue Performance Evaluation of Forged Steel versus Ductile Cast Iron Crankshaft: A Comparative Study*, The University of Toledo, Aug 2007
6. R. Grimes and D. Anderson, Forged Crankshafts Outperform Castings, Offer Benefits, *Forge*, Oct 2010, p 17–19
7. F. Montazersadgh and A. Fatemi, "Stress Analysis and Optimization of Crankshafts Subject to Dynamic Loading," Final Project Report submitted to the Forging Industry Education Research Foundation (FIERF) and American Iron and Steel Institute (AISI), The University of Toledo, Aug 2007

8. G.F. Golovin and N.V. Zimin, *Technology of Thermal Heat Treatment Using Induction Heating*, Mashinostroenie, St. Petersburg, Russia, 1979
9. *Heat Treating*, Vol 4, *ASM Handbook*, ASM International, 1991
10. V. Rudnev, Systematic Analysis of Induction Coil Failures, Part 9: Clamshell Inductors, *Heat Treat. Prog.*, Jan/Feb 2007, p 17–18
11. V. Rudnev, Systematic Analysis of Induction Coils—Failures and Prevention, *Induction Heating and Heat Treating*, Vol 4B, *ASM Handbook*, ASM International, 2014
12. D. Williams and T. Boussie, Non-rotating Induction Heat Treating Meets Industry Needs, *Industrial Heating*, Nov 2002, p 43–46
13. U.S. Patent 6,274,857, 2001
14. D. Loveless, V. Rudnev, et al., Advanced Non-rotational Induction Crankshaft Hardening Technology Introduced to Automotive Industry, *Industrial Heating*, Nov 2000, p 63–66
15. U.S. Patent 6,859,125, 2005
16. U.S. Patent 8,222,576, 2012
17. V. Rudnev, Metallurgical Insights for Induction Heat Treaters, Part 7: Barberpole, Snake-skin, and Fish-tail Phenomena, *Heat Treat. Prog.*, May/June 2009, p 15–18
18. G. Krauss, *Steels: Processing, Structure and Performance*, ASM International, 2005, p 613
19. R. Honeycombe and H. Bhadeshia, *Steels: Microstructure and Properties*, Arnold, London, 1995
20. V. Rudnev, (2010). Induction tempering versus oven tempering: when little things mean a lot [Webinar]. Retrieved from www.asminternational.
21. J. Grum, Analysis of Residual Stresses in Main Crankshaft Bearing after Induction Surface Hardening and Finish Grinding, *P. I. Mech. Eng. D-J. Aut.*, Vol 217, 2003
22. J. Grum, *Induction Hardening*, University of Ljubljana, Slovenia, p 104
23. H.A. Rothbart, Basic Cam Systems, *Mach. Des.*, May 31, 1956
24. C.H. Moon, *Cam Design: A Manual for Engineers, Designers and Draftsmen*, Commercial Cam Division, Emerson Electric Company, 1961
25. R.J. Gayler, *The BG Tuning Manual*, 2000, www.bgideas.demon.co.uk/tmanual (accessed July 6, 2013)
26. W. Albert, R. Cook, T. Boussie, and J. LaMonte, Innovative Induction Heat Treating Technologies, *Proc. of the 17th ASM Heat Treating Conference*, ASM International, Sept 1997, p 567–573
27. M. Hammond, Cam Lobe Induction Hardening Technology, *Heat Treat. Prog.*, Sept/Oct 2006, p 39–41
28. G. Doyon, V. Rudnev, and J. Maher, Low-Distortion, High-Quality Induction Hardening of Crankshafts and Camshafts, *Adv. Mater. Proc.*, Sept. 2013, p 59–61

选择参考文献

- J. Grum, A Review of the Influence of Grinding Conditions on Resulting Residual Stresses after Induction Surface Hardening and Grinding, *J. Mater. Process. Tech.*, 2001, Vol 114 (No. 3), p 212–226
- V. Rudnev, Induction Heating Q & A, *Heat Treat. Prog.*, July/Aug 2009, p 9–11
- V. Rudnev et al., Progress in Study of Induction Surface Hardening of Carbon Steels, Gray Irons, and Ductile (Nodular) Irons, *Ind. Heat.*, March 1996, p 92–98

2.8 齿轮和类齿零件的感应淬火

Valery Rudnev，Inductoheat，Inc.

John Storm，Contour Hardening，Inc.

2.8.1 概述

多年以来，齿轮制造商一直在不断地提高技术以便生产出高质量的齿轮，从而得到更安静、更轻、成本更低、承载能力更高、适应高速和大力矩的优质齿轮。齿轮的畸变最小化和小公差要求对齿轮淬火工艺提出了挑战。最早的努力是通过热处理包括使用压模淬火的高压力来限制齿轮几何尺寸的变化和控制齿轮尺寸紧密公差，到目前为止已经应用几十年了。对炉中渗碳处理齿轮使用的另一个技术就是把它们加工成“绿色规格”，这样通过热处理变形使齿轮达到合适的最终尺寸。然而，随着齿轮容量更大、变形限制越紧和单位承载力要求更高，这些变形控制方法变得不那么有效。最终，淬火后的加工，比如磨削、珩磨、硬刮和其他工序仍然需要，以解决马氏体形成时产生的组织变形和热变形，从而保证齿形、渐伸线和跳动公差等关键尺寸。

过去的 20 年，感应淬火在齿轮制造产业中应用越来越突出。它被用于齿轮上某些局部的选择性淬火，如齿根、齿面或齿顶。这会在不影响心部冶金性能的条件下获得想要的硬度、耐磨性和接触疲劳强度。与渗碳和渗氮相比，感应淬火一般不要求对整个齿轮加热，因此可以很精确，而且重复性好。这样热处理后的机加工和磨削几乎不需要。

另外齿轮感应硬化的目标是在表面和次表层区

域产生显著的残余压应力。压应力帮助阻止裂纹萌生和扩展，而且抵抗延伸和弯曲疲劳。齿轮的使用特性要求包括齿的表面硬度、心部硬度、硬化层分布、残余应力分布、钢的牌号以及它原始的显微组织。

并不是所有的齿轮和齿轮轴都适用于感应淬火。通常直齿轮和斜齿轮、蜗轮和内齿轮、锥齿轮和链轮都是可以使用感应淬火的零件。图 2-249 所示为通常采用感应淬火的齿轮和类齿轮零件示例。

图 2-249 通常采用感应淬火的齿轮和类齿轮零件示例

2.8.2 齿轮技术

(1) 齿轮的应用及其术语 本节将有助于热处理人员对大多数齿轮尺寸和公差的术语有一定的了解。图 2-250 所示为典型齿轮轮齿的命名概要，图 2-251所示为齿轮接触区域和边界区域的命名。一些常用术语如下：

主动轮廓：与配对齿轮的轮廓接触的轮廓齿廓的表面区域。

齿顶高和齿根高：分别表示分度圆上方和下方的深度。

AGMA：美国齿轮制造商协会。

硬化层深度：指表面到过渡区心部显微组织的垂直距离。

中心距：直齿轮与平行轴斜齿轮的水平轴向距离，或者交叉斜轴齿轮与蜗轮的十字轴向距离，也表示节圆中心点间距。

外齿轮：齿在外圆柱表面上的齿轮。

齿面宽：齿轮齿的轴向长度。

圆角半径：齿轮齿根部圆角曲线半径。

齿轮与齿轮轴：两个啮合在一起的齿轮，小尺寸的叫作齿轮轴，大尺寸的叫作齿轮。

齿轮毛坯：齿轮成形前的基本零件形状。

生齿轮：完成加工但没进行淬火处理的齿轮。

GRI：齿轮研究所。

内齿轮：内圆柱表面有齿的齿轮。

渐开线：通常用作齿轮轮廓的曲线。它确保了两个齿轮之间的扭矩比对于整个齿接触是恒定的。

导程：沿整个面宽的分度圆直径齿面轴向位移。

模数：齿轮分度圆直径与齿数比。

精锻/准精锻：将原坯件锻造成接近最终所需的

形状。

节距：齿轮齿数与其分度圆直径之比。

节圆：齿轮与配对齿轮的接触点所测得的圆周。

节径：节圆的直径。

齿根径：齿轮中心到根距离的 2 倍。

径向振摆：齿轮中心线与配对齿轮表面的最大间距。

变速齿轮：在载荷不超过疲劳极限条件下，预期使用寿命超过 10^7r 的齿轮。

齿厚：分度圆处测得的齿轮厚度。

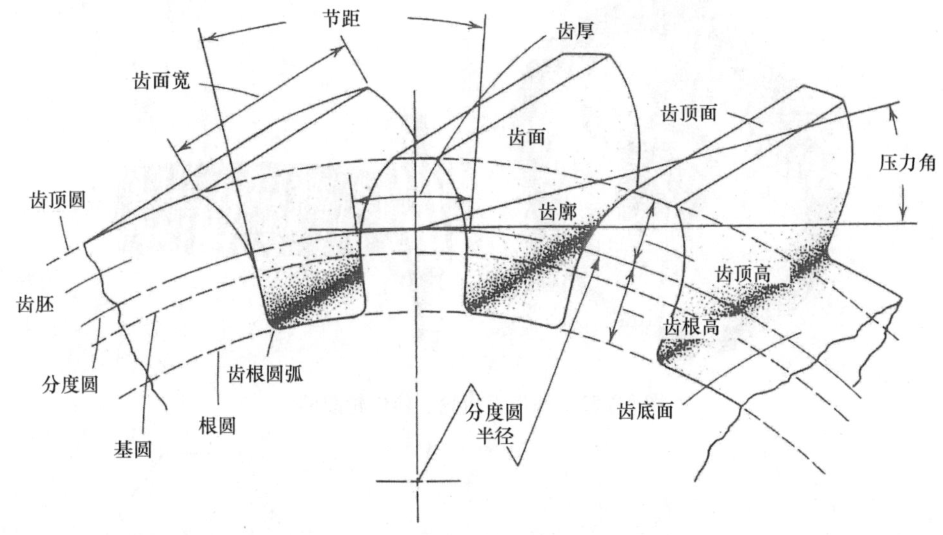

图 2-250 典型齿轮轮齿的命名概要

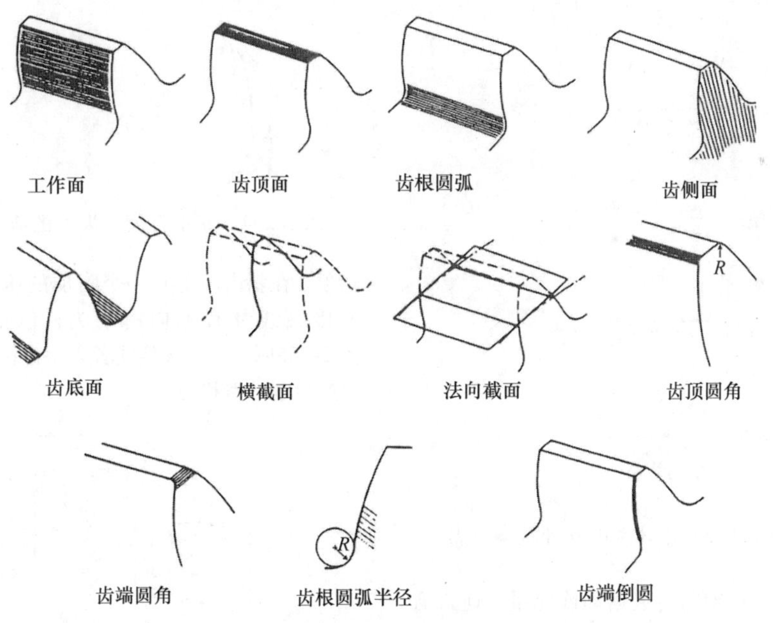

图 2-251 齿轮接触区域和边界区域的命名

(2) 齿轮分类 齿轮是一个旋转的机器部件，通过正啮合的齿以恒定的速比传输扭矩。根据具体应用有各种各样的齿轮。区分齿轮的一种方法是基于它们轴线的方向。主要有两种类型的齿轮。

1) 平行轴齿轮：直齿轮和斜齿轮。图 2-252 所示为外齿直齿轮、斜齿轮图例。直齿轮在平行轴之间或轴与齿条之间传递动力。有 6 种类型的力施加在齿轮的几何外形上（见图 2-253）。在某个确定的区域同时存在两种或多种力。内齿或外齿相互接触的配对齿接触是条直线，并在分度圆线上下方的接触面轮廓处存在滑动－滚动行为（见图2-254）。然而，在分度圆线只有滑动行为发生。拉应力发生在齿的承载侧根部圆角处，压应力发生在根部相反方向的圆角处。

图2-252 外齿直齿轮、斜齿轮图例

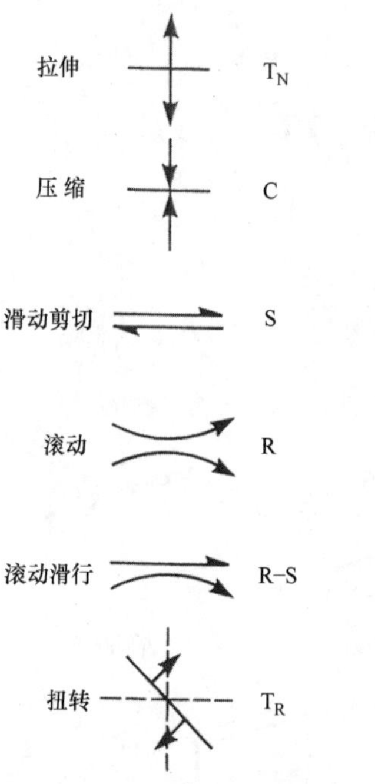

图2-253 施加在齿轮齿牙上的6种基本应力

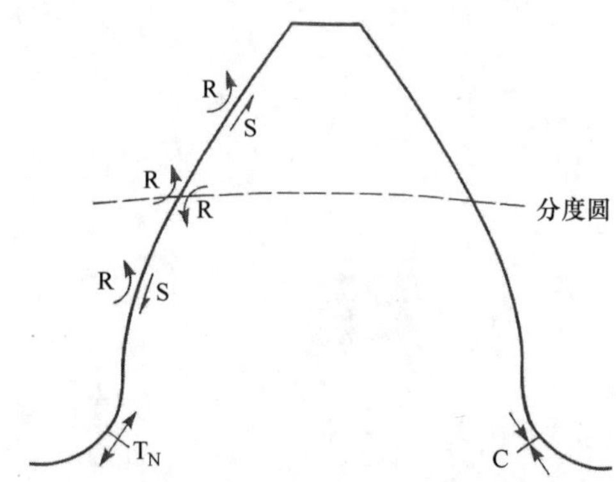

图2-254 基本直齿轮齿上的应力区域示意图

斜齿轮也在平行轴间传递运动或能量，通常有两个或两个以上的配对齿接触。斜齿轮的合力发生在齿接触面的一定角度方向上，与节面倾角成比例。斜齿轮接触面施加的压应力导致齿轮有两种作用：横向运动和在同一方向上表面滑动作用的趋势。在斜齿轮的轮齿上会发生相同的接触作用。从接触面的最低点到分度圆线将会发生一个滑动滚动行为。在分度圆线上发生滚动之后变为滑动滚动一直到齿轮顶。在斜齿轮上有一个附加的压力，因为在所有的接触线都有侧向滑动力，包括分度圆线，如图2-255所示。双螺旋或者人字齿齿轮消除了单螺旋普遍出现的滑移力。

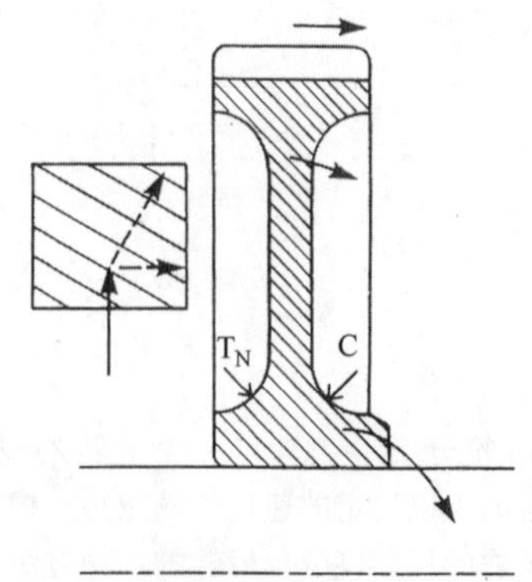

图2-255 由于螺旋的侧向推力作用在螺旋齿轮的相关参数中存在的分应力

2）相交轴传动装置：弧形锥齿轮和螺锥齿轮、锥齿轮和蜗轮。图2-256所示为锥齿轮。锥齿轮

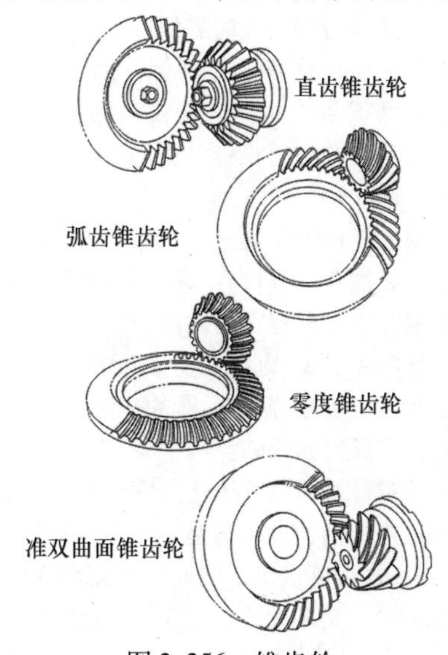

图2-256 锥齿轮

在非平行（交错）的轴之间传送能量和运动。在蜗轮中，齿缠绕在一个圆柱形的轴上，就像螺钉的螺纹。还有一些例子包括驱动轴齿轮、垂直轴润滑冷却剂、燃油泵主动轮。锥齿轮的压力分配远比图2-254的复杂，在文献［11，13，14］中均有讨论，在其他文章和AGMA的发表物中也有讨论。

（3）齿轮制造　齿轮的制造方法有很大的不同，齿轮制造方式的选择要考虑经济性和应用要求（包括环境、齿形几何、精度要求、旋转速度、连接和弯曲载荷）、生产量和现有设备的能力。表2-42列出了齿轮毛坯制造的方法和感应淬火的重要因素。

毛坯生产以及最终加工方面的金属去除有很多种方法。其中包括钻、磨、滚、研磨、铸造、削、车齿等。本文仅简单地介绍了三种齿轮的加工方法，所有这些都可应用感应齿轮淬火硬化方法。

表2-42 齿轮毛坯制造的方法和感应淬火的重要因素

材料	应用	考虑因素
锻坯	应用于那些近乎净尺寸开坯加工的齿轮	力学性能可能是各向异性的，具体取决于热加工的方向。要特别注意预先显微组织为快速奥氏体化作准备。锻造残余应力和晶粒变形影响着后续的热处理应力和变形。要去除脱碳层
机加工坯料、棒料或无缝管	适用于那些锻件不太经济的各型齿轮	要注意为快速奥氏体化所准备的预先显微组织。热轧的氧化皮和脱碳层需要去除
铸件	大型笨重的低速齿轮、内齿圈、悬臂传动齿轮、链轮	过热引发石墨过烧并且增加棱角开裂的倾向。孔隙能降低疲劳强度，引起开裂失效
粉末冶金件（P/M）	适用于大批量产品，特别用于中高档质量的齿轮。直齿轮、直伞齿和斜伞齿轮最容易采用P/M，正时齿轮、链轮、中型载荷的内齿圈，中载减速齿轮和泵齿轮。近100%密度的热锻的P/M件特别适合于高性能的齿轮	力学性能受密度影响极大。感应淬火的结果和工艺配方受P/M零件的密度和合金化影响很大

1）粉末成形和精密成形方法包括铸造和锻造：粉末冶金成形由于它可直接成形或者接近成形而成为一个非常可取的方法。钢可以用来锻造或者铸造到接近最终形状或者齿轮毛坯，锻造通常可以提供高的心部强度，铸造成本低还可以提供足够的耐磨性，毛坯然后加工成最终的精密零件。

2）拉刀金属切削：通过将逐渐变大的切削工具通过齿轮坯料拉或推，产生逐渐变大的齿间距，从而制出齿轮的轮齿。金属去除动作只能平行于齿轮坯孔。这个限制防止齿轮被加工来补偿热处理过程中的变形，例如，在斜齿轮传动中，一个齿面通常比另一个齿面移动更多，这消耗了升程公差。

3）滚、刨、磨齿：这种方法制齿是靠同时旋转齿轮毛坯和刀具来完成的，这就允许齿轮制造者在齿形加工方面有很大程度的灵活性。由于淬火过程中已知的有不同的热膨胀和组织膨胀，这些方法允许齿形预修正，加工到热前齿形。这些技术在拉床制造齿轮中是不可能实现的。

2.8.3 材料的选择

当选择材料时，理解特定齿轮的应用条件是很重

要的，包括许用应力、质量限制、工作环境等。基本的选材指导在以下文献中可以查到：

AGMA 923 - B05 standard："Metallurgical Specifications for Steel Gearing"（钢齿轮的冶金技术规范）。

ANSI/AGMA 6008 - A98 standard："Specifications for Powder Metallurgy Gears"（粉末冶金齿轮技术规范）。

ASTM A536 - 84 standard："Specification for Ductile Iron Castings"（可锻铸铁技术规范）。

ASTM A48/A48M - 03 standard："Specification for Gray Iron Castings"（灰铸铁技术规范）。

ANSI/AGMA 2004 - C08 standard："Gear Materials, Heat Treatment and Processing Manual"（齿轮材料、热处理和加工手册）。

Heat Treater's Guide: Practices and Procedures for Irons and Steels, ASM International, 1993（热处理工作指南：钢铁材料的实践和工艺流程）。

选择材料的时候，要提出感应淬火之后需要的强度和硬度指标。因为感应淬火不改变化学成分，所以选择的材料在感应淬火之前必须有足够的碳和合金元素。低合金中碳钢，含碳质量分数为0.35%～0.55%，通常用于感应淬火的齿轮（如AISI 1040、15B41、4140、4340、1045、4150、1552、5150、5152）。H－钢（1050H、4340H）因为有明确规定的淬硬性而应用更多。在一些特定的条件下，也应用高碳钢（1065、1080、52100），如马氏体型不锈钢、铸铁和粉末冶金的零件。

最常见的齿轮材料是中碳钢，因为它们的硬度可以满足抗磨损条件而且具有较高的强度。钢铁行业通常采用下面的材料设计体系：SAE International、ASTM International、UNS、AMS。

钢铁制造者也经常通过微合金化来提高一些特殊的性能，如加Ti、Nb、V等。每一种合金元素都可以帮助钢获得一种特定的性能。

选择材料不仅影响到获得表面硬度和硬化层，而且必须在满足硬度条件下具备一定的强度，心部硬度不足会造成齿面塌陷。

含碳量对材料的奥氏体化温度（Ac_3）有直接影响，对于亚共析钢，含碳量越高，Ac_3越低。对于感应淬火，在Ac_3温度以上的时间可以短到0.2s。由于短的加热时间，充足的含碳量和合适的微观组织对于完全转化为马氏体和消除未溶解的碳化物是非常重要的。低的Ac_3有利于材料的完全奥氏体化和淬火时转变为马氏体。这里要特别说明的是，标准的铁碳相图中Ac_3是在平衡条件下测得的，文献表明快速加热到需要的温度来实现完全奥氏体化比Ac_3高很多，见图2-257。钢的洁净度和夹杂物的存在对于热处理结果以及齿轮的力学性能有显著影响。

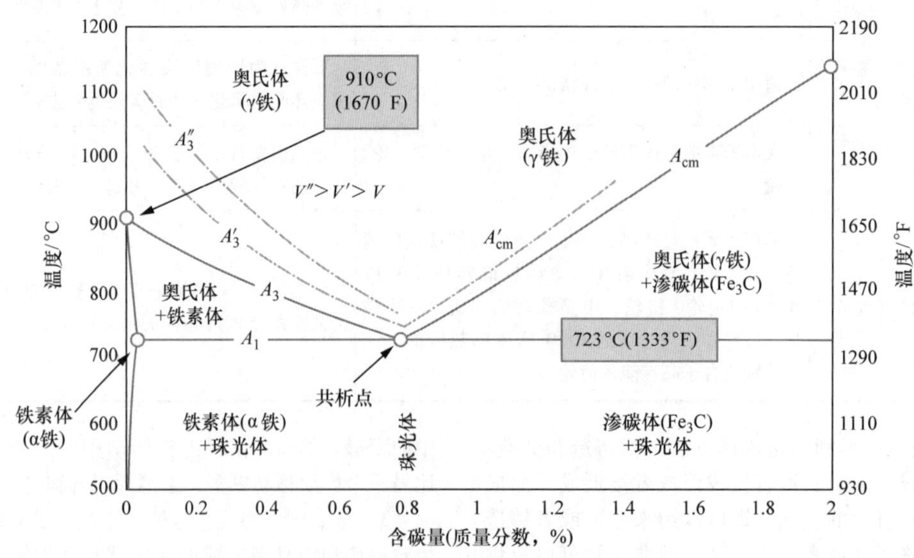

图2-257 Fe－Fe_3C平衡相变图的左下角

注：A''_3、A'_3、A'_{cm}和A_3、A_{cm}对应的加热速度分别为V''、V'和V（这里$V''>V'>V$）。

尽管微合金化可以提高组织性能，但是在选择材料的时候必须注意到高的含碳量和合金含量会带来额外的挑战。如果工艺中参数不正确，高碳钢比中碳钢更容易开裂，而且会增加残留奥氏体量。高碳高合金钢成本更高，而且会缩短机床的寿命。和普通碳钢相比成分复杂的合金钢需要更多的能量才能实现奥氏体化。在任何情况下，钢的预处理组织都是很重要的。显微组织包含材料的带状和偏析，包括层状的铁素体和粗大的珠光体，都是不均匀的组织分布。偏析造成碳在马氏体中不均匀分布，就需要在 Ac_3 以上停留更长的时间来使得奥氏体中碳均匀分布。

铸铁也可以根据应用场合实现感应淬火。铸铁包含几个不同等级，一般 C 质量分数大于 2%，Si 质量分数为 1% ~3%。三种典型的用于感应淬火的铸铁是可锻铸铁、灰口铸铁和球墨铸铁。铸铁的种类是根据过剩碳的沉淀析出物石墨的形态来划分的。石墨的形态有片状、球状或者团絮状。在每个类型的铸铁中，各自的等级分类用它们最终的抗拉强度、屈服强度和断后伸长率来表示。另外，石墨片的尺寸和分布或者球墨粒数都是有规定的。球墨铸铁设计例子是 80 - 55 - 06，当进行感应淬火时，铸铁晶格中应该有足够的含碳量。综合含碳量一般规定为 0.35% ~0.8%。铸铁之前的显微结构完全是珠光体或者马氏体是最好的。

使用铸铁的好处是可以铸造一个接近成形的坯件，因此减少了一些加工，这对于那些复杂的形状是有益的。铸铁相比于钢来说有更好的减噪特性。使用铸铁的一些主要缺点和内部可能存在的缺陷有关，比如气孔、疏松、成分和组织偏析以及裂纹。

对于感应淬火来说，粉末冶金零件是另一种比较常见的材料。由合金成分组成的小的金属粉末颗粒（直径为 25 ~250μm 或 1 ~10mil）被压入模具中形成常见的齿轮和链轮形状。烧结和再压入之后，最终的零件可以达到比理论密度 90% 更高的密度。和钢以及铸铁一样，粉末冶金也通过碳和合金元素的含量来进行分类。对于感应淬火常用的材料牌号是 FC - 0208 和 FN0408（铁镍基体）。粉末冶金在高应力（尤其是高冲击力）场合不太常用，因为气孔会降低整体强度。同时，常用于需要高的耐磨性和复杂形状的零件。

成品零件的强度和几何需求将决定选择哪种材料。在决定最终材料以前，进行所需强度和硬度的冶金工艺性与成本以及切削加工性的权衡是必要的。

2.8.4 齿轮淬火层热形及其适用性

一些齿面硬化轮廓可以通过感应淬火获得。图 2-258所示为感应淬火可以实现的各种齿硬化层型式。

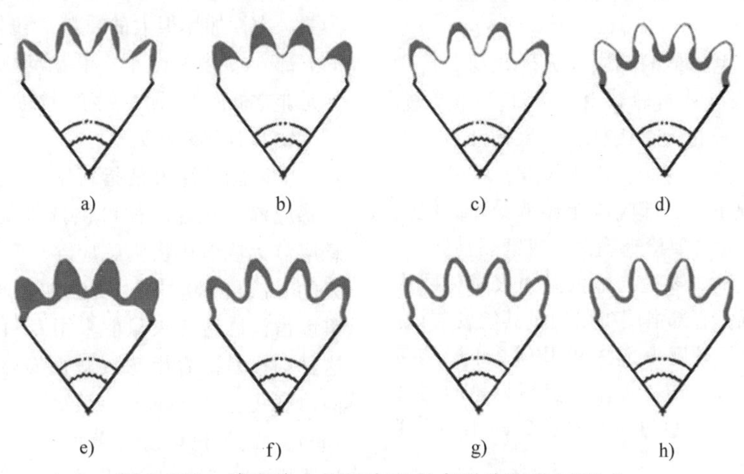

图 2-258 感应淬火可以实现的各种齿硬化层型式

a）齿面淬火 b）齿部淬火 c）齿顶淬火 d）齿根淬火
e）全齿淬火 f）不均匀轮廓淬火 g）均匀轮廓淬火 h）齿面齿根淬火

A 型硬化层是一种齿面淬火层，常被用于硬化一些相对较大的齿轮。这种硬化层覆盖了齿侧面面积，终止于齿顶端附近和齿根；这种硬化层有利于提高耐磨性，但是这种类型硬化层齿轮的典型失效形式是弯曲疲劳开裂。由于强度的不足，典型的裂纹从齿根处/圆弧处萌发。此外，在“硬化 - 非硬化”过渡区域，残余应力由硬化层的压应力向非硬化区域的拉应力转变，最大的残余拉应力位于硬化层的终点附近。因此，带有这种硬化层的齿根会有残余拉应力。载荷拉应力和残余拉应力的叠加为齿根处更早的裂纹扩展创造了条件。因此，当应用 A 型硬化层时，需要对圆弧处施加滚压硬化或喷丸强化，以提高抵制弯曲疲劳的残余压应力。当不能使用机械硬化时，最好使用其他可选硬化层，如 H 型硬化层。

B 型硬化层是一个齿面和齿根硬化分布，这个硬化层和之前那个一样有一个短处。虽然承载能力不好但可用于那些主要考虑耐磨性的地方。E 型、F

型和 G 型硬化层在对耐磨性、韧性以及疲劳强度都有要求的场合比较好。

C 型硬化层是齿顶硬化。这种情况齿轮的变形最小。此外，具有这种硬化层齿轮的应用范围也很窄，因为齿轮的两个最重要的部位（齿面和齿根）没有硬化。事实上，由于不利的残余应力分布，这种硬化层的齿轮其弯曲疲劳强度，以及 A 型和 B 型硬化层，甚至比齿轮处理前的强度还要低 25%。在大多数情况下，F 型和 G 型硬化层是不错的选择。

D 型硬化层是齿根硬化。最大的弯曲应力出现在齿根圆角处。因此，这种硬化层提高了齿根圆角的强度，意味着齿面硬化、足够的层深和压应力。齿根被完全加强，这样最大残余拉应力被移到远离根部表面一定深度以下，残余拉应力和服役期间拉应力不再叠加，因此提高了弯曲疲劳强度。然而，这种硬化层的应用也受到限制。因为齿面没有硬化，这种硬化层的齿轮耐磨性差，这样将使金属表面的颗粒移除或剥落。理论上，可以想象这种硬化层的需求和前一个一样。反而更常用的是另外一种硬化层，如 H 型硬化层分布。

E 型硬化层是更典型的感应淬火硬化层。特别常用于小模数的齿轮或链轮。由于齿部全部淬透，这种情况将导致形成粗大马氏体，结果韧性差、塑性差以及抗裂能力差。有时会出现裂纹，特别是在有冲击载荷的情况下。心部应该能够承受冲击但又避免齿部的塑性变形。要检查确保生成细晶马氏体。当采用这种硬化层时，要适当地低温回火避免回火脆性现象和韧性低，心部强度可以通过其硬度测试。低温回火降低，最终硬度为 53～59HRC 并不影响接触疲劳寿命。当选择感应淬火用于提高齿轮的耐磨性时，未回火时的表面硬度一般要高2～4HRC，通常为 56～62HRC。

F 型和 G 型硬化层是中等规格齿轮常用的硬化层型式。对于轮齿的半仿形 F 型硬化层，齿面和齿根区域的硬化层一般是齿顶的 60%～70%。相反，完全仿形的 G 型硬化层，一般在淬火后变形最小，且在表面得到最大的残余压应力，因而是更好的选择。在某些应用场合，齿分度圆处的硬化层深度稍微大于齿根部，可以起到减少点蚀和剥落的作用。整个齿轮周边全部淬火很重要，包括齿面和齿根部分。齿部的所有接触区域全部无断点硬化意味着齿轮耐磨性好，加上在齿轮表面产生一个连续分布不间断的压应力。由于轮齿没有淬透，一个相对韧性的心部（30～44HRC）和一个硬的表面（56～62HRC）提供了很好的综合性能，如期望的耐磨性、韧性和弯曲疲劳强度，从而使齿轮的耐久性更好。

H 型硬化层，对于模数大于 8 的大型齿轮（直径≥2m，或 6.5ft 的齿轮）感应淬火它是最佳选择。这种型式提供了一种超常的综合抗疲劳、抗开裂和抗胶合（金属粒子从一个齿牙转移到另一个齿牙的严重黏附磨损）性能，对于这些应用，常期望表面硬度为 52～59HRC。如果表面硬度超过了61～64HRC 的范围，齿轮的脆性就会太大。

2.8.5 单齿沿齿沟淬火与旋转扫描淬火

根据齿轮的尺寸、要求的硬化层和齿轮几何形状，齿轮可以采用环绕着整个齿轮的圆环线圈包围（旋转强化）来感应淬火，或者对于更大的齿轮，采用单齿淬火模式，即可用沿齿沟淬火也可用沿齿面淬火技术来淬火。大齿轮（直径为 3～5m，或9.8～16.4in）感应淬火对于渗碳处理是公认的难题，而单齿感应淬火却特别适用。

包络扫描淬火提供了连续的高生产率，但是需要大功率的电源和设备且需要大量资金的投入，因为要一次性加热很大的质量（包括大齿轮金属基体的大部分）。相比之下，单齿淬火感应器的能量需求却是非常低的，当然，生产率也明显降低。

1. 单齿感应淬火

单齿感应淬火是指每一个齿被单独加热。单齿感应淬火包含两种可供选择的技术：单齿齿面感应淬火或单齿齿沟感应淬火 。单齿齿面感应淬火的方法可以应用一发法加热模式或扫描模式；单齿齿沟感应淬火只能采用专门的扫描淬火模式，这种扫描是沿着齿轮接触面宽度方向完成的。扫描速度可达 12mm/s 甚至更高（最典型的为 6～9mm/s）。无论单齿沿齿面感应淬火还是单齿沿齿沟感应淬火都不太适用于小规格小节距（模数小于 6）的齿轮。

（1）单齿齿面感应淬火强化　在单齿齿面感应淬火强化中，一个感应器线圈包围着一个整齿，静止地加热轮齿的全部（见图 2-259）。对于大链轮轮齿一发法或静止加热表面淬火，可采用一个分离折回的线圈实施（见图 2-260）。在其他情况下，可采用一个发卡式感应器扫描齿面。这种淬火方式可以得到 A 型、B 型、C 型的硬化层（见图 2-258）。

目前，单齿齿面感应淬火强化很少被使用，因为这种强化模式不能有效地提供必需的疲劳强度和冲击强度。

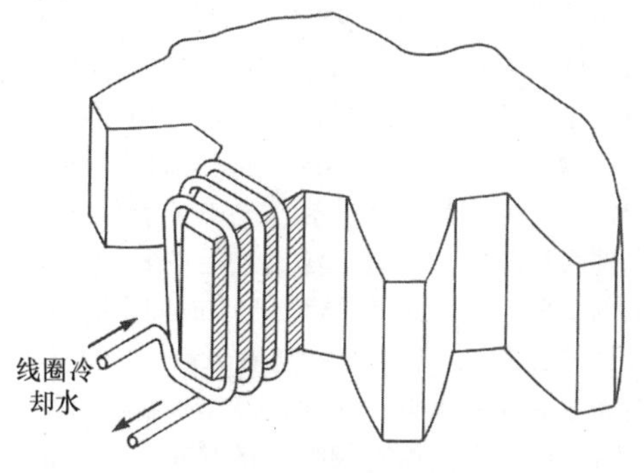

图 2-259　单齿淬火感应器

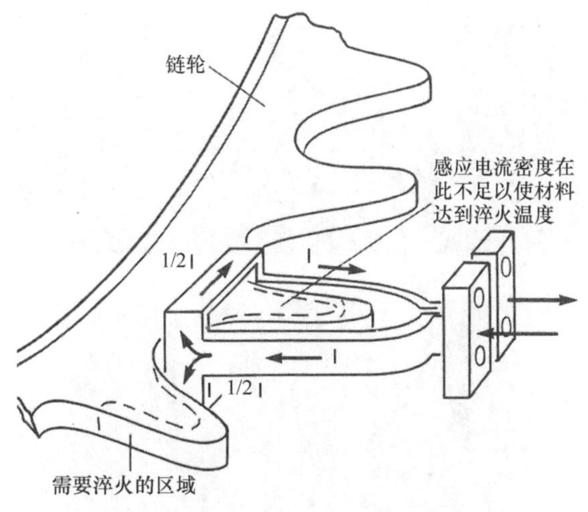

图 2-260　使用分瓣式回路感应器对大链轮齿表面的一发法淬火

（2）单齿沿齿沟感应淬火　这是一种比单齿齿面感应淬火方式更普遍的技术。这就是为什么单齿淬火通常是指单齿沿齿廓淬火的原因。虽然这是一种最老的淬火技术，但是最近的创新提高了这种方式热处理齿轮的质量。感应淬火齿轮可以相当大，外径可以很容易地超过 2.5m，可以重达数吨。

单齿沿齿沟感应淬火的技术可以应用于外齿轮和内齿轮以及齿轮轴上，它要求感应器对称地位于相邻的两个齿面之间（见图 2-261）。这种方法可以应用于各种各样的齿轮类型、齿形、齿轮规格，可以采用多种不同的感应器设计。如果有足够的空间允许感应器放置和自由退出，双螺旋和人字形齿轮也可以采用这种感应淬火强化。感应器可以设计成只加热齿根部和/或轮齿的表面，使得齿顶和齿轮心部保持韧性和塑性（见图 2-262）。

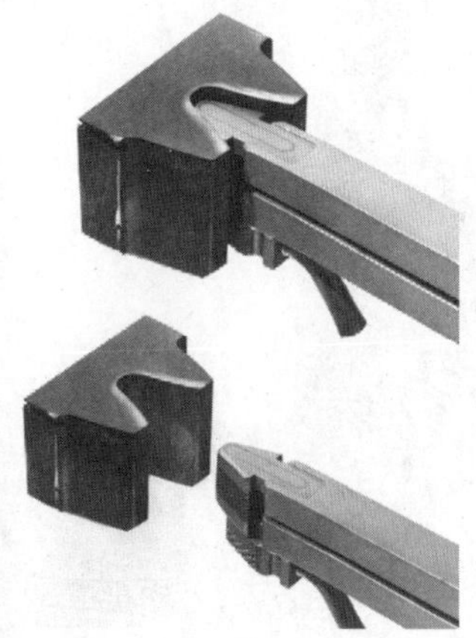

图 2-261　单齿沿齿沟淬火感应器实例

沿齿沟感应淬火需要有机械扫描和分度以完成整个齿轮的淬火。图 2-263 所示为大齿轮用单齿感应淬火机床。可以采用两种扫描技术：一种是感应器静止而齿轮运动；另一种是齿轮静止而感应器运动。在淬火比较大规格工件时后者更适用。

这需要精确的感应器制造技术、感应器刚性和精细的调试技术。特殊传感器或电子追踪系统都用来确保感应器在齿间适当的位置。而且在保持齿轮与感应器之间适当的间隙时也要考虑钢在加热时的热膨胀。齿轮在装上机床和感应器最初定位之后，整个过程按照程序自动运行。

需要注意电磁场的边缘/端部效应和在齿轮端面区域获得所需硬化层的能力。在对轮齿扫描时，齿根和齿面的温度分布是相当均匀的。与此同时，因为感应电流在齿面形成折返回路，特别是在齿顶处，因此应特别注意在齿顶端的区域防止过热，尤其是在扫描淬火周期开始和结束的位置。为了达到要求温度的均匀性，随感应器的位置来控制功率和速度是非常必要的。

根据具体应用的技术要求，使用频率通常为 3～

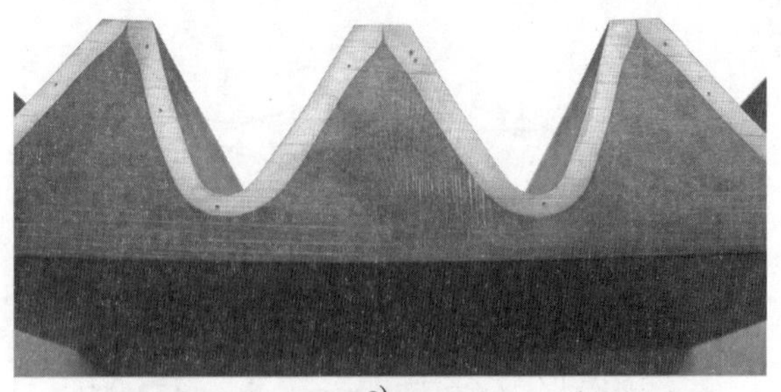

a)

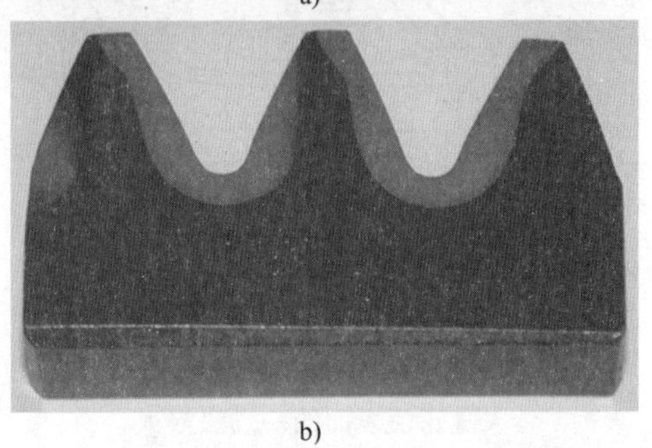

b)

图 2-262 沿齿廓单齿感应淬火硬化层分布
a）典型的硬化层分布形式 b）由于齿背回火影响造成的硬化层深不一致

图 2-263 大齿轮用单齿感应淬火机床

50kHz，也有在更高频率下使用的例子。

在感应器运行的开始阶段和在齿轮末端的短时间加热的停留是非常必要的，这是因为它有利于提供足够的预热。然而，值得警惕的是应防止在末端的过热和开裂。在感应器扫描运行的最后，感应器功率可减小或扫描速度增大。

齿轮在 850～950℃的温度下渗碳处理要求保温很长时间（有时接近或超过 30h）。在此温度下，大质量的金属热膨胀；而同样情况下采用感应加热只有齿面少部分质量被加热因而热膨胀小得多。相比感应淬火的变形量，渗碳后在加热或者保温过程中金属的大量膨胀和冷却、淬火之后的收缩导致齿轮更大的变形，这会使得后续要花长时间来研磨。

另外，渗碳之后，大齿轮在 850～950℃保温很长时间之后强度很低；因此在高温保温期间它会蠕变，有沿着它们支撑料架变形的趋势，导致形状的不可预测性和不可重复性。与此相比，感应淬火期间这些区域不被加热影响而且只会产生更小和更可预见的变形。

通过单齿沿齿沟感应淬火，当最后一个齿被加热和淬火完成时形状或尺寸变形已经很明显了。进行隔齿淬火或每隔 2 齿进行第 3 个齿淬火可以明显减小变形。显然，这要求 2～3 个循环来对整个工件进行淬火。

单齿淬火的一个挑战就是有关紧邻淬火区域部位不期望的加热，被称作背面回火现象。关于背面回火的发生有两个主要原因：首先是感应器外部磁场耦合现象；其次是与热传导现象有关，热量从齿轮表面的高温区传到低温区。根据傅里叶定律，热传导速度与温度差和热传导率成比例。钢和铸铁具有相对好的热传导率。在奥氏体化过程中，表面温度超过临界温度 Ac_3 值。因此，当加热齿面一侧时，齿的另一面会由于热传导而有足够的温度来导致前齿硬化区域明显的回火危险。

齿硬化区域是否会由于背面回火而被软化，这取决于施加的功率、频率、感应器形状、齿的形状，加热时间以及淬硬深度。当加热深度中等或浅和齿的尺寸很大时，邻近齿根、齿圆角和齿面分度圆的下面通常不会由于热传导过度加热，因为在分度圆直径下的大部分面积起到一种明显散热的作用，保护淬火区域不被背回火。

相反，在分度圆直径上面的部分，特别是齿顶被认为是危险区域有背回火的趋势。发生这种现象的原因是齿顶有相对少的金属。此外，热量从齿顶的一边传递到另一边只有很短的距离。

为了克服背回火的问题，要采用特殊的背冷盒（见图 2-264）。附加的冷却保护了已经硬化的表面在未淬火的区域加热时不受影响。尽管已经采用了额外的背冷，但根据轮齿的形状和工艺参数仍然在有些齿顶不可避免地出现背回火的现象。这个背回火是微不足道的，如果控制得很好，是可以接受的（见图 2-262a）。在一些情况下，可运用埋液感应淬火技术。

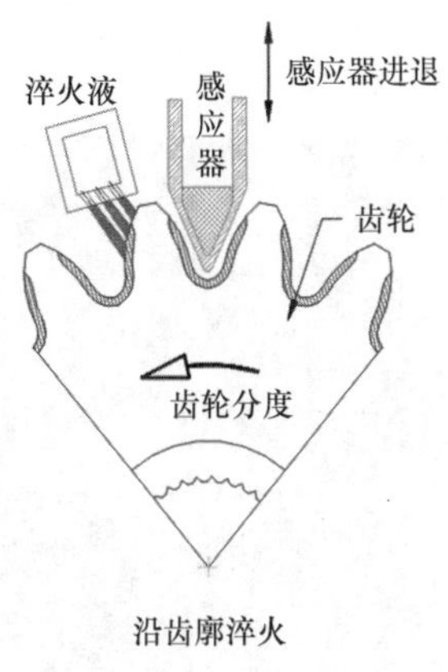

a)

b)

图 2-264　控制背回火

a）示意图　b）特殊喷水冷却盒

有些几何形状的齿形需要一种特殊的控制调节。在过去，工艺控制方法被限制在随感应器的位置调节电源功率和扫描速度上。最近提出一种用新型逆变电源的独特的能力，在扫描的过程中能够独立控制功率和频率，这样当感应器在扫描的初始、中间、最后阶段无论是电磁场还是加热状况都得到优化。在扫描过程中独立调节频率和功率的能力（见图 2-265）代表着一种重要的进步，因为它提供了最大的工艺灵活性。目前，唯一用于感应淬火的为具有独立调节频率能力而设计的固态电源 IFP，它可以通过计算机程序控制独立的频率，频率 5 ~ 40kHz 可调，功率 10 ~ 360kW。这个概念大幅度扩大了热处理设备处理工件通过功率编程和频率动态调整的能力，对不同的模数及各种齿形的齿轮优化淬火。

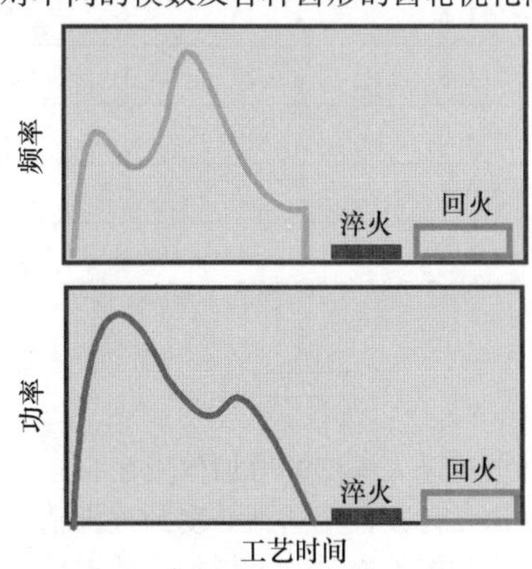

图 2-265　固态电源 IFP 逆变器的独立频率和功率控制图

2. 齿轮的旋转淬火

旋转淬火是最常见的齿轮感应硬化方法，而且非常适用于中小模数的齿轮。齿轮在加热过程中会旋转来确保能量分布均匀（加热阶段）和冷却均匀（淬火阶段）（见图 2-266）。可以使用围绕着整个齿轮的单匝或多匝线圈感应器。

当使用环形线圈时，5 个参数对获得要求的硬化层起重要作用：频率、功率密度、周期、线圈形状和冷却条件。加热时间、频率、功率不同可以获得多种感应淬火层形式，见图 2-267 中的齿轮和链轮。齿轮的三种硬度分布（见图2-267a ~ c）表示出不同齿顶淬火方式及各种硬化层深度的变化。齿轴的硬度分布见图 2-267d，是两个在根部和齿面较低处硬化层例子（左和上）。

图 2-266　旋转感应淬火是用于中小模数齿轮的最常用技术

齿的几何形状显著影响所产生热量的分布。与此同时，工业上积累了用于粗略估计齿轮淬火工艺参数的经验法则，如何时只需要齿顶硬化，高频和高功率密度应该对应短的加热时间等。

表 2-43 列出了直齿轮感应淬火所需要的功率密度估算。必须要记住的是，简单使用经验法则来确定最优组合工艺参数的方法可能会引起偏差。因为每个被感应淬火的齿轮在材料种类、原始组织、几

何形状、功能等方面有它本身的特征。许多计算机数值模拟和以往的经验对开发一套合适的工艺方案仍有重要帮助。

图 2-267 各种各样的感应淬火硬化层可采用不同的加热时间、频率和功率来得到

a）~c）齿轮齿顶淬火和不同的齿根淬火硬化层深度 d）链轮中的硬化层分布

注：c）中的硬化层分布是采用较低功率密度和高频加热复合来得到 d）中从左顺时针，仅只在齿根部位有浅层淬火；齿根和齿下部淬火一段，齿顶和齿根淬火（右边和下边）。

表 2-43 直齿轮感应淬火所需要的功率密度估算

齿牙	径节	齿廓的近似长度/mm	齿廓的近似长度/in	单齿表面积①/cm²	单齿表面积①/in²	单齿所需功率②/kW	总功率需求③/kW
A	3	50	2.0	12.9	2.0	20	800
B	4	38	1.5	9.7	1.5	15	600
C	5	33	1.3	8.4	1.3	13	520
D	6	25	1.0	6.5	1.0	10	400
E	7	23	0.9	5.8	0.9	9	360
F	8	19	0.75	4.8	0.75	7.5	300

① 针对齿宽 25mm（1in）。

② 基于功率密度 1.55kW/cm²（10kW/in²）。

③ 对于一个 40 齿的齿轮。

当采用高频时，电流透入深度相对较小，产生的涡流沿齿顶轮廓流动（见图 2-268a），结果在齿顶感应的功率增加（和齿根相比较）。另外，和齿根相比，齿顶蓄热的金属质量少。因此，和齿顶比较时齿根下面有很大的吸热体。由于这两个因素，在加热周期内齿顶会经历最快的升温，导致齿顶很容易达到奥氏体化温度（见图 2-267a）。

为了硬化齿根，我们使用较低的频率。足够低的频率和电流透入深度的增加作用在一起并且有可能导致涡流在齿顶甚至达到分度圆被抵消。这使得感应电流更加容易通过一个更加短的通路，经过齿基圆或齿根圆，而不是随齿廓流动（见图 2-268b）。结果是齿根区域比齿顶区域加热密度更大（见图 2-269），并且随后在此区域淬火得到马氏体。高的功率密度产生浅的硬度层，而一个低的功率密度将会产生一个较深的硬度层并且伴随着宽的过渡区。

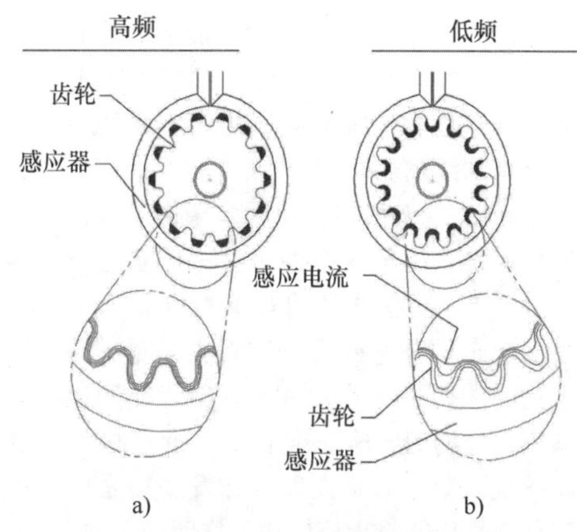

图 2-268　应用低频与高频时的涡流分布

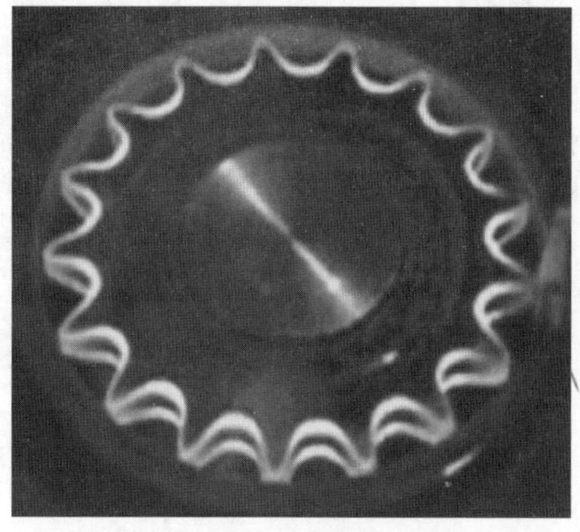

图 2-269　链轮的感应淬火

注：此时由于采用相对低的频率进行感应加热，结果使得齿根热密度更大，而在齿顶热密度小，有一定的电流抵消。

要知道可以根据齿轮形状、所加功率密度的变化在轮齿上调动热量强度。在图 2-267c 中显示了足够高频率与相对较低的功率相结合的应用。然而，如果功率密度明显增加（保持相同频率），这可能会导致齿根比齿顶有更大的加热密度。更高的功率密度降低了相对磁导率，导致电流透入深度的增加并且改变了齿中涡流的流动。

高频和低频不是绝对的，理解这一点很重要。例如，取决于几何形状，当加热细牙齿轮时，10kHz 的频率可能被看作低频，但是当淬火大的且粗牙齿轮时，这个频率将会被认为是高频。同样，对特定的齿轮形状而言，200kHz 也可能被当作低频（如高且细的轮齿）。

一端到另一端硬化层的均匀性和重复性依赖于齿轮在环绕线圈内部的相对位置和保持齿轮居中线圈的能力。一般齿轮应该是倒棱的。由于电磁端部效应和尖端效应导致的棱角和尖角的过热可能在高频下发生，并且可能会造成齿轮失效。

（1）齿轮淬火冷却　正如前面所讨论的，感应淬火是一个两步过程：加热和淬火冷却。这两步都很重要。在旋转淬火应用中一共有三种方法可将齿轮淬火冷却。

1）齿轮浸没在淬火槽中淬火。当旋转淬火大齿轮时这个技术特别适用。例如，图 2-270 所示为采用多匝环绕形感应线圈淬火一个外径为 0.7m、根径 0.62m 和齿厚 0.08m 的链轮。当加热阶段完成，链齿轮降低到一个带搅拌的淬火槽中。

图 2-270　采用多匝环形感应线圈淬火一个外径为 0.7m、根径 0.62m 和齿厚 0.08m 的链轮

注：当加热完成之后，链轮落到一个带搅拌的淬火槽中淬冷。

2）原位喷射淬火。小尺寸和中尺寸的齿轮通常使用这种技术来淬火（见图 2-266）。

3）使用一个独立的、同轴的位于感应器外面的喷射淬火盒（淬火环）。

注意，广泛应用的经典的冷却曲线代表了淬火的三个阶段——蒸汽膜、破裂和对流传热——不能直接应用于喷射淬火当中。基于喷射淬火的本质，前两个阶段都是被严重抑制的。同时，对流阶段的冷却是更加强烈的。

齿的几何形状和旋转速度对齿轮淬火中淬火流量、淬火冷却介质以及均匀性有明显的影响。

不均匀的淬火可能对热处理零件的微观结构有不好的影响——出现“软点”——并且可能导致过度变形和开裂。淬火过程中齿轮的旋转速度一般比加热过程中的要低。应避免高速旋转，因为淬火剂可能甩离齿轮轮齿的表面，达不到足够的冷却一致性和强度，尤其在根部区域和一些侧面。

避免感应器和淬火盒相对齿轮位置变化或齿轮的摆动也很重要。齿轮旋转和齿轮摆动将会导致齿轮的某个具体的区域在加热过程中过热，因为无论旋转与否，它将总是更靠近线圈，导致更明显的电磁感应临近效应。除了加热不均匀，摆动也会导致淬火的不均匀性，进而导致硬度的不均匀性以及齿轮的更大变形。

据报道，齿轮旋转感应淬火比单齿感应淬火工艺在齿根处可取得更大的压应力。

(2) 单频齿轮感应淬火　大多数内齿轮和外齿轮感应淬火使用低成本的单频设备。根据齿的几何形状和零件硬化层深要求频率范围为 10 ~ 400kHz。一般比较小的齿轮要求更高的频率。对于齿轮，有必要使用比轴、轴齿轮、轴承等较均匀零件所推荐的更大的功率密度。更高的功率密度确保齿顶和齿根深度均匀性更高。另外，它缩短了加热时间，增加了压应力，使变形量最小。根据齿轮规格推荐的射率 RF 电源为 50 ~ 800kW。小的花键或齿轮 (2.5 ~ 10cm) 可能要求 50 ~ 150kW，而直径在 10cm 以上的齿轮通常要求 150 ~ 800kW 来达到齿根和齿顶所要求的理想深度。要知道在设计一台设备来对给定零件感应淬火之前功率需求是最重要的。如果选择的电源没有足够的功率能力，可能需要增加加热时间来补偿这些不足，增加加热时间是为了使热量可以传进零件的更深处。随着加热时间的增加，变形、周期以及过热和开裂的可能性也会随之增加。选择电源的频率与功率密度一样重要。10 ~ 100kHz 之内的频率被认为是中频 (MF) 而且被用于工件较深深度硬化层 (> 1.5mm) 的零件，而且这些零件不要求仿形硬化，如轴和齿轴。如果要求更浅的硬化层深度，则需要使用 RF 更高范围 (100 ~ 400kHz) 的频率。

使用单频的一个复杂性就是它很难在短的加热周期内保证齿根和齿顶加热的均匀性，尤其是对于大齿轮、有粗大或者有根切齿的齿轮。高频更倾向加热轮齿的尖端。在短的加热周期内，这可能意味着仅仅齿顶端发生了淬火而齿根的淬火是不充分的。有时候需要预热齿根以保证齿根达到奥氏体化的临界温度而且得到更均匀的硬化层。精确控制的小功率脉冲加载允许热量从齿顶扩展到齿根。这个预加热步骤复合高能量密度短时最终加热以使齿根完全转变，同时也减少齿顶透热。

(3) 双频齿轮感应淬火　为了进一步减小变形和改善压应力以及硬化层的均匀性，开发了双频齿轮感应淬火方法，就是利用两个不同频率的独立电源。双频感应淬火工艺在预热齿轮时采用相对较低的频率电源 (3 ~ 5kHz)，随后在最终加热时转变到高频电源 (150 ~ 400kHz)。低频预热原理上比使用单频脉冲预热齿根更加有效，使用不同的频率最终会允许更短的终加热时间。

在 1960 年就开始讨论使用多频来实现齿轮均匀淬火的可能性。已经做了许多尝试但是还没有商品或者高度成熟的方法来达到要求的结果。20 世纪 70 年代发展起来的技术允许研究者去测量、选择以及分析大量的数据并通过 AGMA 标准齿轮测试不同频率、功率、周期的影响。配有专业计算机技术的特殊感应系统，专心的研究以及开发经历是成功理解这些复杂变量、能将理论应用于实践的关键。

这个项目开始于 1980 年，要求客户有一套感应设备，包括：

1) 为了实现快速奥氏体化要求一个大容量、高频的电源 (150 ~ 300kHz)。齿轮直径在 15.2 ~ 30.5cm 之间以及齿宽 2.5 ~ 7.6cm 的，要求 450 ~ 800kW 的功率。

2) 对于高频电源的毫秒控制技术 (±0.5ms 重复性)。

3) 在短的加热周期中快速旋转和淬火冷却之前快速减速的高速直联驱动主轴。

4) 低频电源 (3 ~ 10kHz)。

5) 为了工件的快速、高精度定位的垂直伺服运动 (25.4cm/s，0.0254mm 精度)。

6) 在周期过程中收集和存储大量数据的计算机系统。

这些试验采用美国齿轮制造协会的齿轮标准测试齿轮，并和已知的渗碳淬火的数据对比。为了完全理解每个输入因素是如何影响加热和最终结果的，大量的测试试样在齿根、分度圆、齿顶区域都装有高速次表层热电偶。它们首次提供从感应加热开始到周期结束加热和传导的详细测量数据 (见图 2-271)。

到 20 世纪 80 年代末，这个研究和开发项目被精确的放入计算机模型可以提取齿轮几何形状、材料特性以及感应工艺变量预测的工具中。这些相关的模型在 1989 年 7 月被授予美国专利 4845328。

自 1980 年以来，这个工艺不断地精确化并被广泛地应用。对于持续着眼于高质量的研究和分析，轮廓感应淬火公司投入数千万个组件在汽车工业领域。

双频工艺通常应用于具有中等尺寸轮齿的内、外齿轮和齿轮轴，需要轮廓仿形硬化层分布的场合 (见图 2-272)。双频工艺使用的优点是利用了低频预热时透热深度深和高频最终加热时投入深度浅的

图 2-271　齿轮试样装有 4mm 嵌入式热电偶以及柱形冷端连接

优势，这种结合产生一个轮廓硬化的齿轮轮齿，得到最大强度和最小变形。图 2-273 所示为对同样几何形状的轮齿进行单频和双频感应淬火后硬化层的对比。

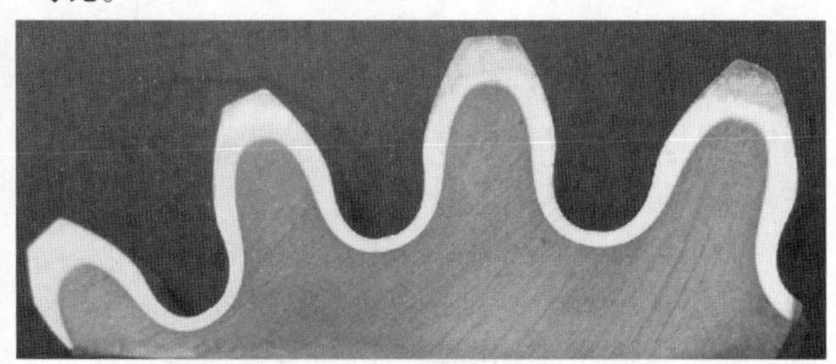

图 2-272　双频感应淬火层深分布

早先的双频感应淬火是需要为每个电源配单独的感应线圈，由于从预热线圈转移到终加热线圈有一个必需的延时。当使用精确、高速切换机构时，采用单个线圈的延时可以不到 0.25s，其影响可以被最小化。该工艺还允许双频处理内齿和封闭式齿轮。

当淬火 100～380mm 直径且要求强度高和低变形的齿轮时双频是首选方法。经过适当的工艺，齿向变形可以保持小于 25μm，压应力为 800～1200MPa。图 2-274 所示为一个齿轮在双频淬火之前和感应淬火、回火之后经齿轮检测仪测得的齿形曲线。左右齿向平均变形分别为 10.4 和 8.1。不仅失

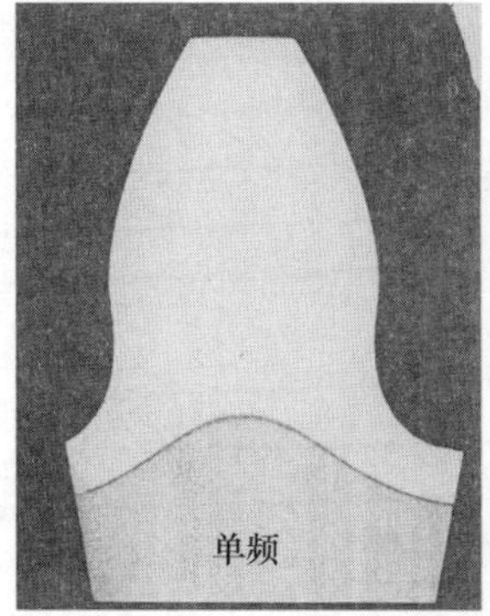

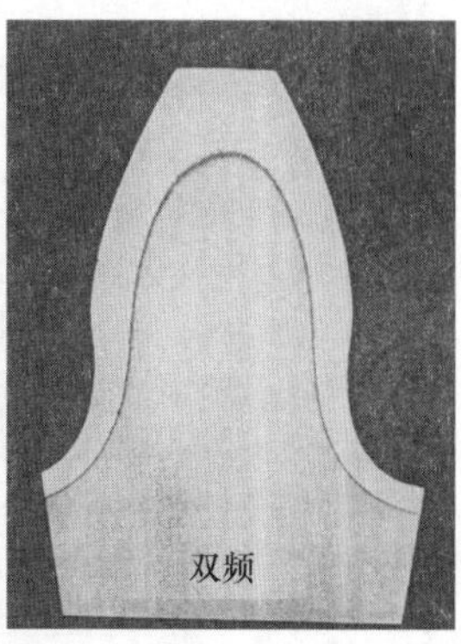

图 2-273　对同样几何形状的轮齿进行单频和双频感应淬火后硬化层的对比

真最小，而且从齿轮到齿轮一致性好。这种程度的变形将允许齿轮制造商跳过那些为了补偿热处理变形而进行的热后磨削工序。相反，由于加热时间长，渗碳淬火过程会产生相当大的变形。变形的一致性变化取决于装炉位置、在夹具上的放置以及前后的不一致性。图 2-275 所示为齿轮双频感应淬火图。

（4）单个线圈同步双频齿轮淬火　双频齿轮感应淬火是一个重要的齿轮生产技术，它变形小，噪声小，比单频技术残余应力的分布更有利。双频技术的关键因素之一是预热与最终加热之间的时间延迟（尽管短）。已经尝试减少齿轮转移时间，使它小于 0.5s。然而，由于惯性和转移/分度机构的限制，进一步减少的程度是有限的。因此，在预热和最终加热阶段之间需要寻求替代方法来进一步减小或消除时间间隔。这是开发同步双频齿轮淬火来进一步提高淬火质量的动机。

同步双频齿轮淬火硬化技术的核心是开发了独特的晶体管逆变电源能够同时生产两个显著不同的频率。图 2-276 所示为同步双频逆变电源产生的波形。图 2-276 中线圈电压和线圈电流波形包含两个明显不同的频率，可以同时施加在同一个线圈上。在这个原理图上两个单频逆变电源同时被用在同一个线圈上。特别设计的过滤器阻止不受欢迎的逆变电源之间的相互干扰（见图 2-277）。较低频率有利于齿根奥氏体化和高频率有利于齿面和齿顶奥氏体化，从而增加了在齿部获得真正的轮廓淬火层的能力（见图 2-278）。

然而，实践经验显示使用这个工艺同时用两个不同的频率工作在很多情况下不是有利的。很多时候，取决于齿轮的尺寸、齿的形状和是否存在根切，最好是开始加热循环应用低频率直到根部预热理想，随后应用高频再和低频率一起完成全部工作。使用这种工艺，齿轮转移时间消除了，或者根据需要，可以精确控制其是正值或是负值。

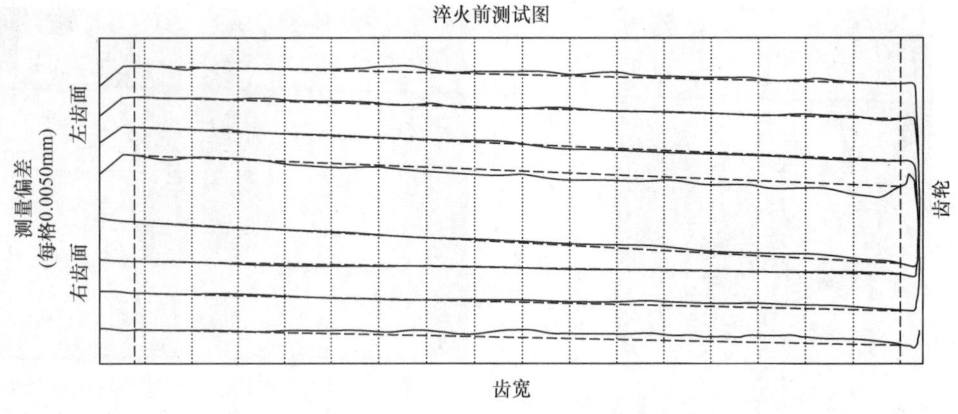

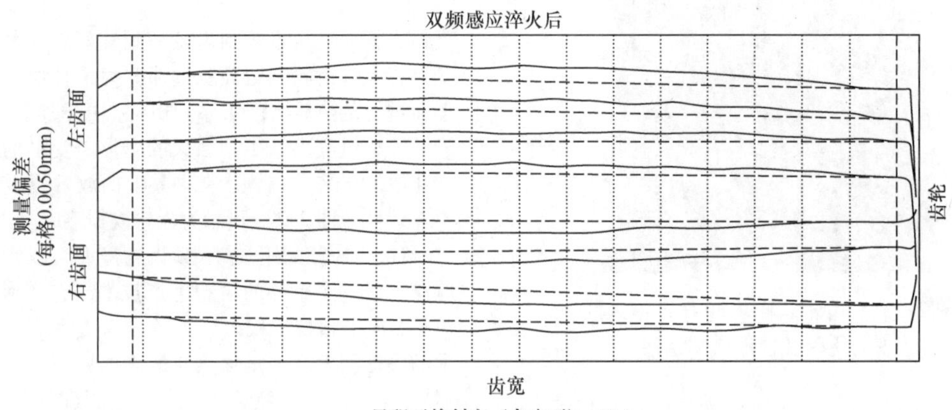

导程平均斜率（左齿面）=10.4μm

导程平均斜率（右齿面）=8.1μm

图 2-274　一个齿轮在双频淬火之前和感应淬火、回火之后经齿轮检测仪测得的齿形曲线

图 2-275　齿轮双频感应淬火图

图 2-279 所示为 AISI 4340 正火钢制宽面内斜齿/轴双频感应淬火工艺，显示了零件和内齿以及淬火后腐蚀的部分切片。工艺过程以 MF（10kHz）开始加热周期，施加 0.8s 提供必需的根部预热。剩余的加热时间，两个频率（10kHz 和 360kHz）一起工作，互相补充。总加热时间是很小的（大约 1.6s）。不管加热时间如何短，淬硬区的微观组织是非常均匀的，为完全转变的细马氏体。加热时间短不会形成任何明显的晶粒粗化。使用正火钢代替调质钢作为预先组织可以帮助降低材料成本。由于齿很小，即使使用 360kHz 也未能获得完全的轮廓硬化层。然而，在此应用中，轮廓硬化层并不是必需的，所获得的一定程度的仿形硬化层已经足够满足所需的力学性能了。

对于可同时产生两种频率的变频器和使用一个线圈的方法来说，其最大的缺点就是成本过高。然而，双频技术相比传统感应淬火有着明显的优点。中频/高频既可同时又可顺序工作的逆变电源，可以减小变形，从而去除或者大量减少磨削，可以减少变形到大约 80μm（采用单频产生的变形一般大约为 180μm）。变形稳定且重复性好，便于在制造过程中的装配。

2.8.6　穿透加热的表面淬火

过去，普遍认为一些齿轮由于其几何尺寸的缘故，并不适用于感应淬火。准双曲面齿轮、锥齿轮、螺旋锥齿轮、汽车和商务车齿轮轴和半圆形齿轮很少进行感应淬火。而最近的研究改变了这一看法。

图 2-280 所示为采用透热表面淬火（TSH）技术对弧齿锥齿轮进行表面感应淬火。采用感应淬火

对外径（OD）、内径（ID）、齿部等都进行一次处理——透热并表面淬火（TSH）——得到不间断的硬度分布，多头蜗轮、螺旋锥齿轮、万向节、准双曲面齿环、轴承、锥齿轮等零件已成功地采用 TSH 技术进行了感应淬火。

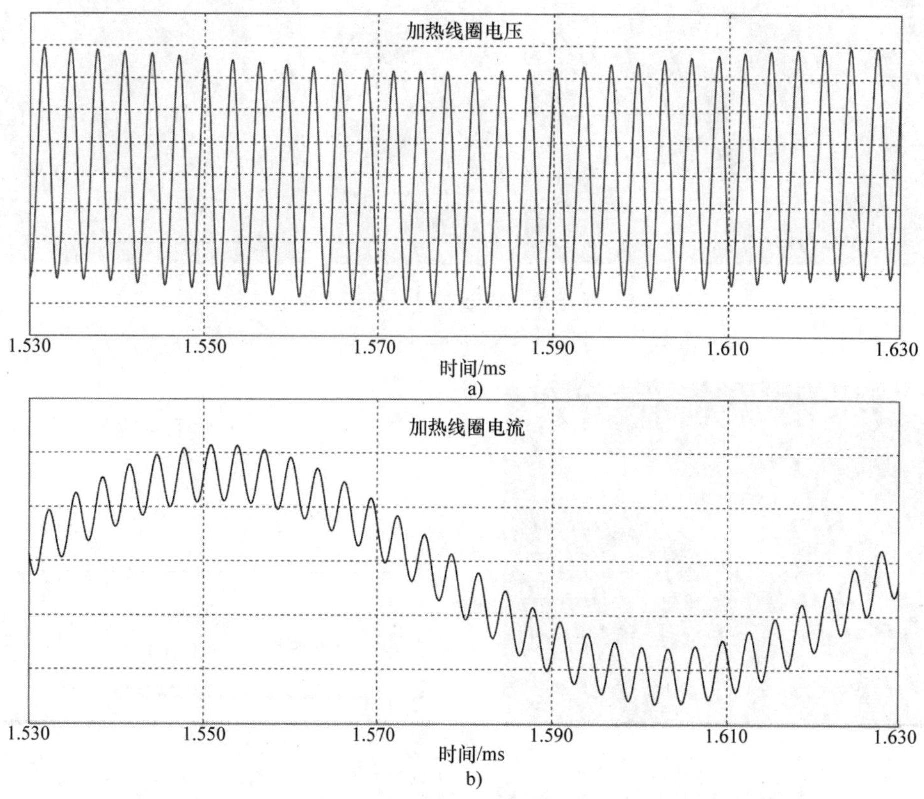

图 2-276　同步双频逆变电源产生的波形

a）波形表示　b）线圈电压

注：线圈电流包括两种明显不同频率同时施加在同一个线圈上。低频在线圈上的电压变化比较明显，而线圈的低频电流变化幅度就较小。

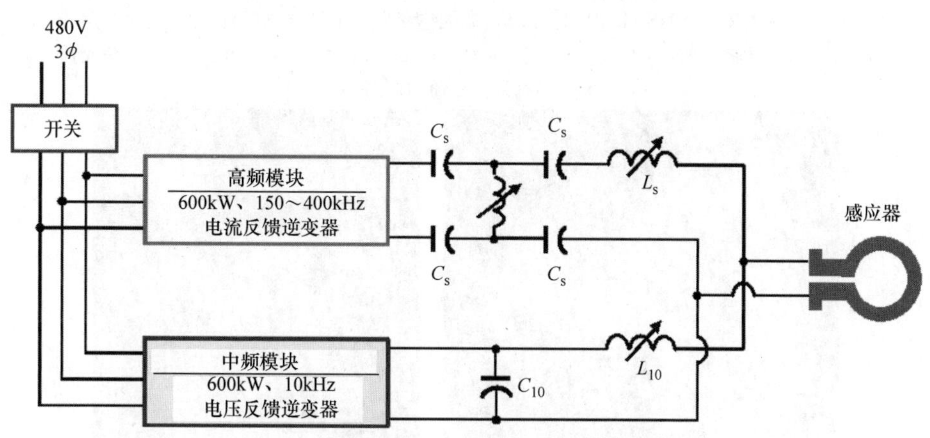

图 2-277　单线圈双频逆变器的电路图

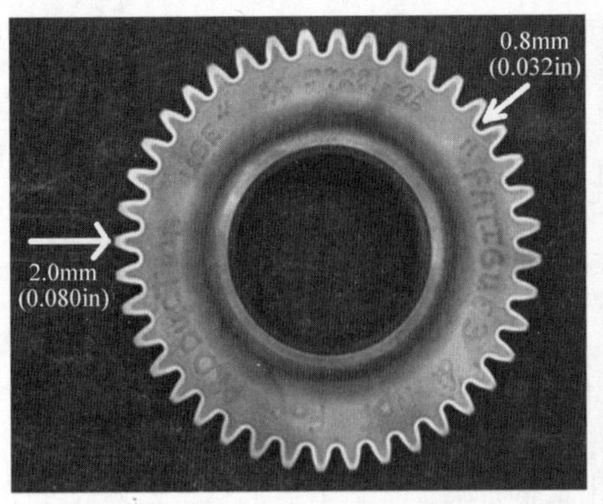

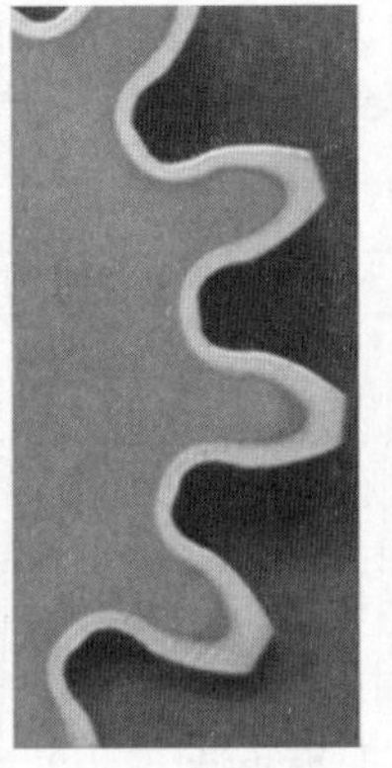

图 2-278 采用单线圈双频进行仿形淬火的齿轮

注：在仿形淬火中，齿尖与根部之间的硬化层深度变化较小。

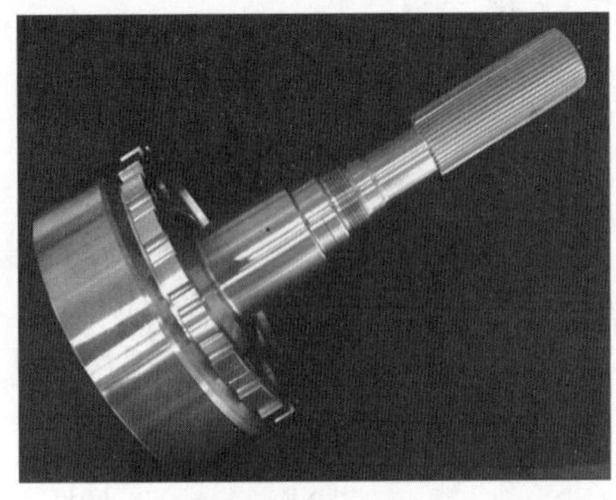
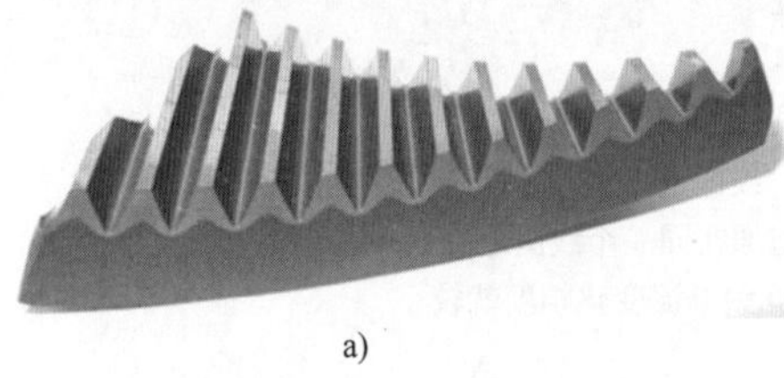
a)

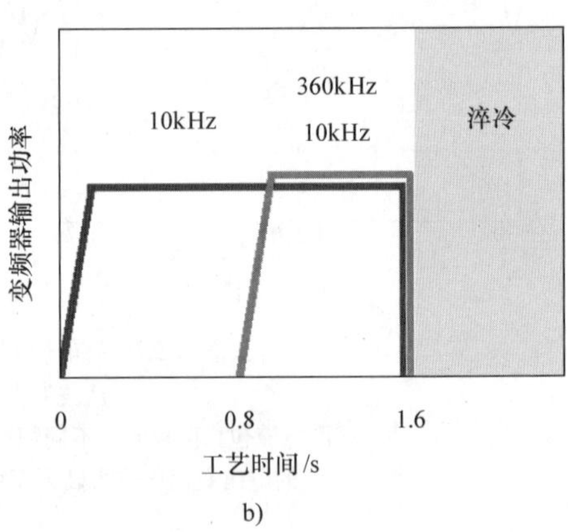

b)

图 2-279 AISI 4340 正火钢制宽面内斜齿/轴双频感应淬火工艺

a）轮齿位于内侧面的零件以及淬火后剖切面的腐蚀图片（齿底径 175mm、齿顶径 186mm）

b）齿轮感应淬火的工艺路线

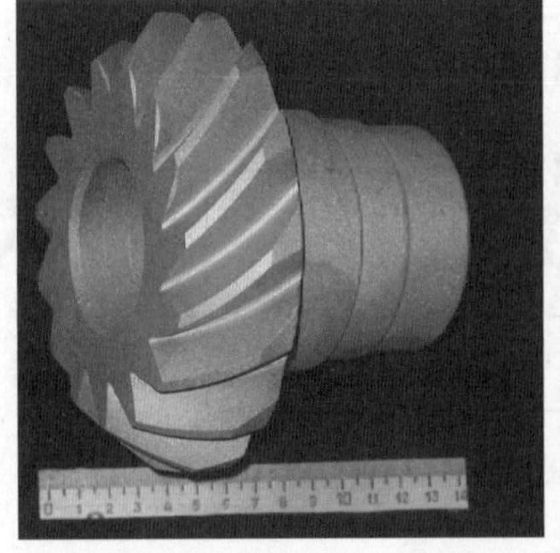
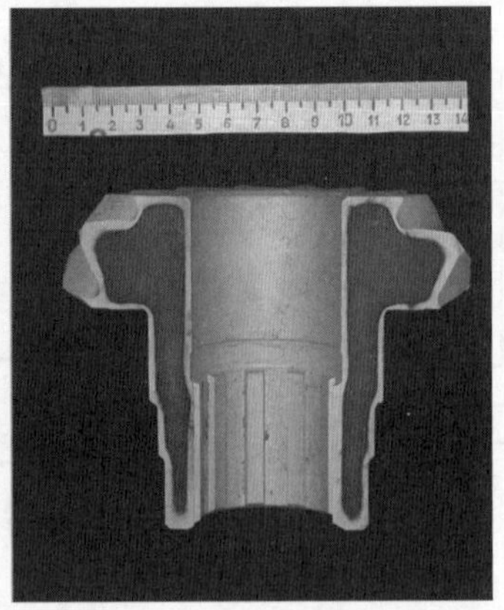

图 2-280 采用透热表面淬火（TSH）技术对弧齿锥齿轮进行表面感应淬火

TSH 工艺综合了钢的优势和特殊的感应淬火技术。尽管可进行 TSH 的钢已经在欧洲使用了数十年之久，然而，TSH 钢铁的优势最近又扩大了应用范围。

TSH 钢是低合金钢，其显著特征是低淬透性（LH），且在加热至感应淬火温度范围的过程中，晶粒长大的趋势很小。用于不同场合的钢，成分和工艺特性也不同，表 2-44 列出了两种典型透热表面淬火钢的化学成分。

表 2-44 两种典型透热表面淬火钢的化学成分（质量分数） （%）

牌号	C	Mn	Cr	Ni	Si	Cu	S	P
60LH	0.55 ~ 0.63	0.1 ~ 0.2	<0.15	<0.25	0.1 ~ 0.3	<0.3	<0.04	<0.04
80LH	0.77 ~ 0.83	0.1 ~ 0.2	<0.25	<0.25	0.1 ~ 0.25	<0.3	<0.04	<0.04

进行 TSH 的零件，一般透热至能完全奥氏体化的较低温度或加热到一定深度（所需硬化层深度的 2 ~ 3 倍）然后快速淬火。淬火深度一般主要由钢的化学成分来决定。尽管由 TSH 钢加工成的零件常常被热透，但由于其淬透性有限，即使复杂形状的零件淬火也只能得到一个层深偏差很小的均匀硬化层（见图 2-281）。在过去，几乎不可能用单一工艺来对图 2-281 中所示的零件进行表面硬化。而现在，可以通过低频透热和水淬这一工艺来获得连续的硬化层。

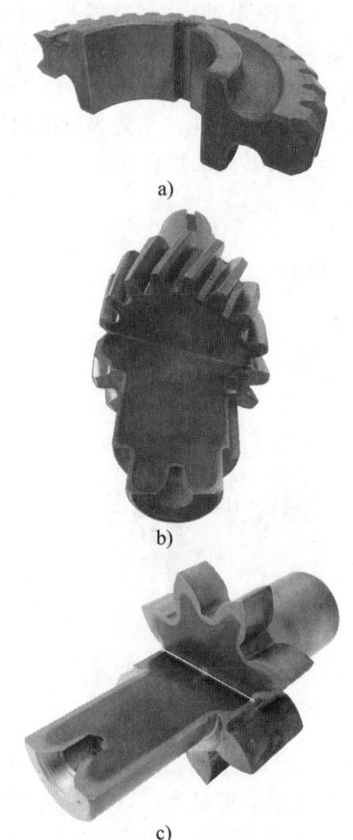

图 2-281 采用 TSH 技术进行表面感应淬火的实例
a）变速器齿轮 b）轴/斜齿轮 c）泵齿轮

和 TSH 技术相关的因素有：

1）通过透热来进行表面淬火是特殊的硬化工艺，和常规的渗碳合金钢以及低合金钢相比，锰、铬、钼、镍等合金化元素含量低（只有 3/8），这使得钢的成本低。但是，应该指出的是，今天大多数钢铁都是使用废钢电炉熔化，这可能在实现低锰含量方面带来一些挑战。

2）在某些情况下，会形成细小晶粒，甚至在硬化层内形成非常微细的马氏体组织（晶粒度通常为 8 ~ 11），这同时改善感应淬火件的强度和韧性，心部组织是贝氏体和珠光体的混合物，这会得到良好的强韧度组合。

3）零件通常是透热或者加热到一定深度之后快速淬火。淬火深度主要由钢的化学成分来控制。因此，即使由 TSH 钢制得的零件也被热透，无论零件形状如何复杂，它们有限的淬透性产生类似表面硬化的硬化层。这个特性消除了传统感应淬火中奥氏体化表面轮廓的要求，而这对于几何形状复杂的零件来说是非常困难的。

4）形成期望的高数量级的表面残余压应力（高达 600MPa）。

5）提高重复性并减少工艺的敏感性。进行表面硬化的透热比传统高频感应淬火敏感性小很多（比如，当工件在加热期间旋转时由于轴承磨损而摆动）。由于这种工艺淬火深度主要是由钢中化学成分控制的，所以具有更高的可重复性和稳定性。

6）与类似的普通轮廓感应淬火工艺相比，TSH 使用的频率为 1 ~ 25kHz。这有利于减少设备的一次性投资（包括电源和电器组件），也可减少使用 RF 范围频率时可能发生的棱角、齿顶以及尖角过热。

当使用传统感应淬火处理适当尺寸的齿轮（见图 2-282a），为了得到达到轮廓化的奥氏体化而进行表面轮廓淬火时，使用中、高频以及高能量密度短时加热（如几秒或者毫秒）是非常必要的。因此，当采用 TSH 时，对电源的要求明显减少，这是因为它既不要求短的加热时间也不要求淬火之前形成轮廓化的奥氏体化表层。低淬透性的 TSH 钢在使用低能量密度和较低频率电源时就会产生这种硬化层（见图 2-282b）。

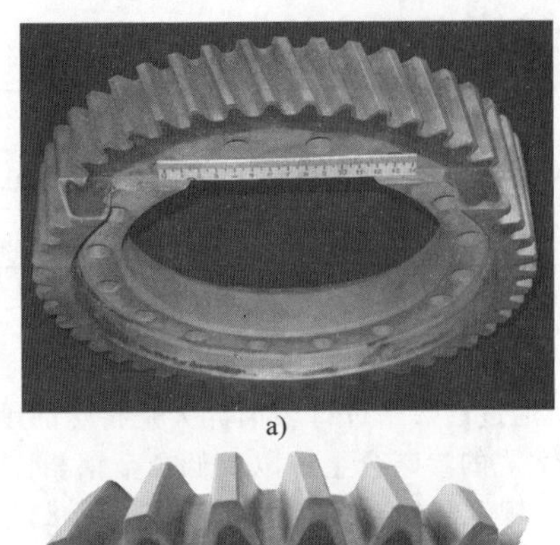

a)

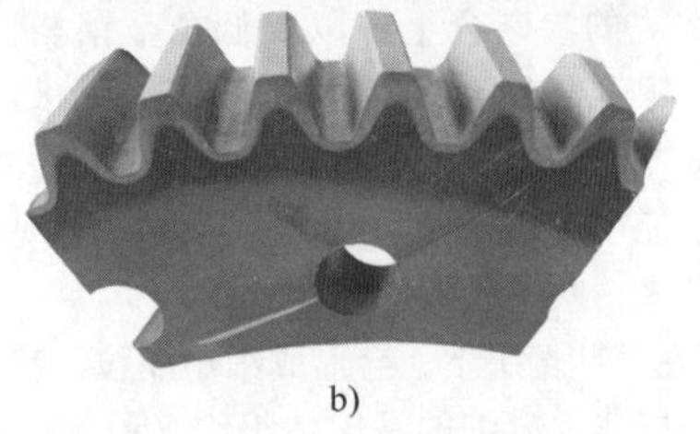

b)

图 2-282 采用 TSH 工艺对大型斜齿轮进行表面感应淬火

a）斜齿轮 b）腐蚀后的试样

TSH 的应用不限于齿轮和类齿轮组件，对轴套、传动轴、主销、球形节、传动轴、万向节以及轴承而言它也是很好的选择。

使用 TSH 技术的挑战是高碳钢的机械加工性和相比于双频感应淬火的比较大的变形。

2.8.7 计算机建模

计算机建模是感应加热系统成功设计的一个重要因素，对不同因素和工艺参数如何影响过渡和最终热处理条件提出预测。建模描绘了系统或工艺方案设计中必须完成的工作，以提高其有效性并确保获得所需的结果。

就其本质，感应加热与被加热材料的物理性能有密切关系。一些物理性质强烈依赖于金属的温度及其微观结构，而另一些则是磁场强度和频率的函数。在加热过程中，类似热导率、比热容电阻等这些重要的物理性能会发生明显的变化。在室温到奥氏体温度的加热周期中，磁导率和电阻可以使之前透热深度增加到其 12 倍。这样在加热周期的感应工件内感生的热量巨大的变化导致其可以在三维空间重新分布。这就强调了在进行计算机模拟感应齿轮淬火工艺时为什么物理性能的变化应该被小心考虑进去的原因。

参考文献［27，28］更详细地描述了用 300kHz、30kHz 和 10kHz 的不同频率采用环绕线圈加热小模数齿轮的温度分布的建模和动力学。在淬火之后的模拟硬化层（见图 2-283）和试验得到的硬化层，支持了参考文献［27，28］中描述的使用不同频率建立的电磁和热动态模拟。正如预测的那样，当 RF 频率为 300kHz 时，感应电流沿着齿轮的轮廓，而且相比于齿根，最大电流聚集在齿顶，最高的功率峰值也在齿顶。

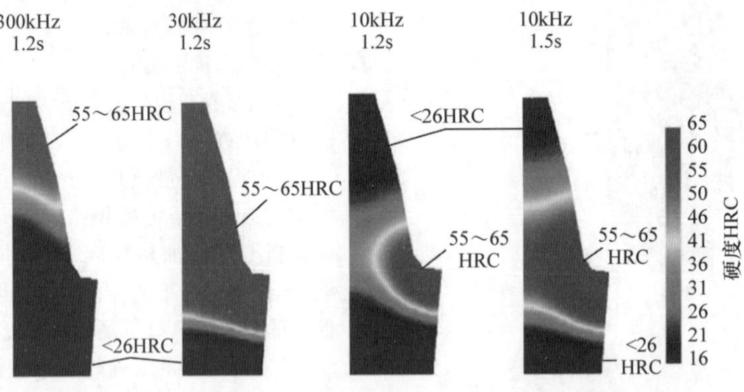

图 2-283 采用不同频率环形感应器对一个细牙齿轮进行感应淬火后硬度的分布

注：由此图可以看出感应加热过程中温度分布的动力学进程。

此外，考虑到齿顶端有最少量的金属需要被加热（相比于齿根），在加热过程中齿顶经受最强的升温速度。而相比于齿顶区域，分度圆线下面的金属就更像一个大的散热器。另外一个促使齿顶端热量集中的因素是感应器和齿顶之间更好地电磁耦合（所谓的电磁邻近效应），这是相比于齿根来说的，频率越高，邻近效应更显著。以上讨论因素会导致齿顶快速奥氏体化，随后，淬火后在齿顶形成马氏体层。

采用 30kHz 频率，电流渗透深度是足够深的，可提供更均匀奥氏体化轮齿，然后经淬火后淬透。当用更低的频率加热细牙齿轮时（如10kHz），在齿上的感应电流流动和温度分布是完全不同的。频率从300kHz降到10kHz显著增加了钢中电流的透入深度，尤其当温度在居里温度之上（1～5.4mm）。在细牙齿轮中，这种增加的电流透入深度将导致齿顶和分度圆以上的电流相互抵消的现象。这样使得感应电流易于发生短路，沿着基圆或齿根圆而不是齿廓流动。相比于齿顶，这样的结果更加易于在齿根圆角区域加热和硬化（见图2-283）。

要牢记所谓高频和低频是相对于齿轮的几何形状而言的。10kHz对于小模数齿轮的加热可能被认为是低频，但是对于加热大模数的大齿轮的时候被认为是高频。同样，300kHz频率对于一些形状的轮齿而言可能就是低频。

除了帮助理解具体的感应加热应用的微妙之处之外，计算机模拟还帮助预测感应加热中的错误和未知情况。例如，在大多数感应加热和感应加热处理的出版物中，沿工件半径/厚度的电流密度和功率密度（热源）的分布被假定为从表面到心部呈指数下降。这个假设对于绝大多数感应淬火应用是无效的。计算机建模有助于揭示这种不合理的假设。

2.8.8 检验和测试

AGMA等级（包括感应淬火齿轮）的检验和认证要求可在AGMA相关标准和建议中找到，包括AGMA 923-B05和参考文献［15］。选择合适的检查计划对于确保所有关键齿轮尺寸符合所需规格至关重要，关注的主要范围包括金相、硬度、尺寸测量。

（1）层深和显微组织　层深是指硬化层深度，业内使用几个定义来定义感应淬火的结果。总层深一般是指表面层到显微组织明显区别于淬火前组织的变化点之间的厚度。有效层深定义为从表面到规定硬度达到最深点之间的垂直距离。在感应淬火中，ANSI/AGMA 2004－C08标准定义有效深度从表面到齿根上1/4齿高处，在这里硬度相比表面硬度小10HRC。相同的标准定义热影响区（HAZ）为层深之下加热到700～760℃但是没有被硬化的区域，因此有比较低的强度。如果硬化层是这种HAZ终止于齿面上的，则交点必须在侧面齿根圆角以上最小3mm处。

感应淬火层深的测量是经工件的切割、抛光、表面腐蚀来显示内部的显微组织的。对于含齿的零件，如齿轮、花键、链轮等，齿根层深是非常关键的检测指标。齿根层深是淬火工件从齿根处表面进行层深测量的垂直距离。如果轮廓硬化层很关键，这就需要规定齿顶允许的加热深度以及半齿高的加热允许深度。工件的层深通过放大10～100倍进行金相检查。尽管金相法可以快速检测近似的淬火层深，但许多规定仍要求测量有效层深，这通常是通过将试样镶嵌并采用显微硬度计来检测。

硬化层显微组织中问题的检测，如过热、非相变产物，以及过多的非金属夹杂物也是非常必要的。齿轮的过热区域能引起晶粒快速长大、晶界融化，甚至局部融化，这样会导致强度的降低、裂纹的产生以及齿轮寿命的降低。这些缺陷在显微组织中是非常明显的，而且可以在金相中观察到。在尖棱附近区域或者孔洞附近易过热，因此必须彻底检查。这些可以通过对加热区域面对感应器的所有棱角增加倒角来缓解。

淬火层中的未转变产物是由材料没有达到相应临界温度或没有被合理的淬火导致的。它也可以是由预先的显微组织包含大量的铁素体或者粗大的珠光体而导致的。非金属夹杂物比如硫化物或者氧化物都是炼钢过程导致的，而且需要控制在最小含量。因为如果它们在表面附近，它们可能会作为裂纹萌生源头。对于轮廓感应淬火的齿轮，最佳的硬化层显微组织为回火马氏体并快速转换为心部原始显微组织。

工件在感应线圈中的位置是一个关键的因素。齿轮应该位于线圈中心来确保加热层均匀地分布在整个工件上。由于电磁场的端部效应，零件端面的硬化层深度可能比沿着两侧面的硬化层更深。硬化层深可以通过淬火区域的表面喷砂和化学腐蚀看到，应该在齿轮的任一端都很均匀。对称的硬化层可以通过齿顶或齿根平行地纵向剖切齿轮然后对表面进行抛光腐蚀后检查。硬化层深在临近受端部影响的一小段范围内也会下降。因此，齿轮必须从顶到最低的端面全部检查来确保硬化层深是连续的而且满足规范所要求的范围。图2-284所示为端部效应对硬化层分布的影响。

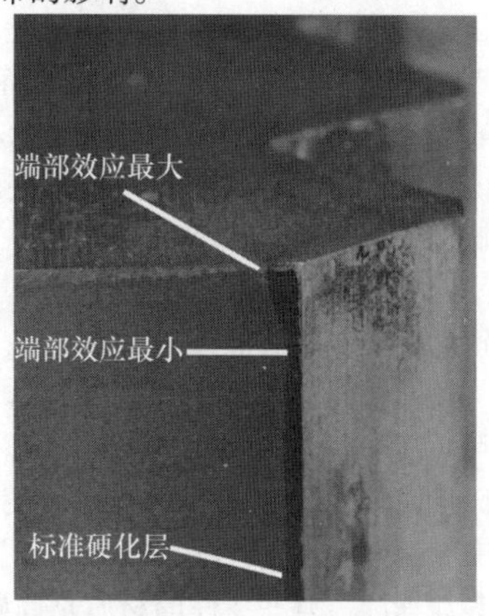

图2-284　端部效应对硬化层分布的影响

对层深和显微组织的检查频次主要取决于客户的要求和感应淬火装置的能力。客户通常参考工件的质量标准，如 AIAG CQI-9，“特殊工艺：热处理系统评估”来决定检查的频次。任何新的调试或者设备参数改变（功率水平、加热时间、感应器等）的首件都应该进行全面的金相检查，最起码层深检查应该在投产之后每 4h 测量一次。

低温回火通常在感应淬火之后进行。大部分的齿轮在烘箱和炉子中回火。有时，一些齿轮和类齿轮件用传统螺旋感应器或者 C－磁心感应器感应回火。齿轮感应回火的详情在参考文献［1］中有详细讨论。

（2）硬度　硬度检测位置经常由客户技术要求规定而且可能包括齿根、齿面以及齿轮的齿端面、邻近齿的边缘等。因为许多类齿轮零件要求高的硬度水平，表面硬度必须用带金刚石压头的洛氏或维氏显微硬度计来测量。通常硬度分度值是洛氏 C、洛氏 A 以及维氏 V。心部硬度通常使用钢球压头的洛氏 B 刻度来测量。任何用于硬度测试的试样必须干净、干燥、无任何夹杂物，以得到精确的读数。相比于单次测量，推荐多测几次硬度读数并且取平均值，这样其结果才更准确。

由于有些齿轮几何形状复杂，使用显微硬度法测量非常困难，因此这些齿轮必须被切割和镶嵌以完成显微硬度测试。维氏或努普显微硬度计可以用来测试工件表面下（0.1mm）的表面硬度。

有效硬化层深是通过显微硬度计测得的。为了得到最精确的有效硬化层深要进行硬度曲线的测试。这个曲线由表面下规定距离间隔的连续硬度测量值（大约每 0.1～0.25mm）测到硬度降低到规定硬度处而得出（见图 2-285）。

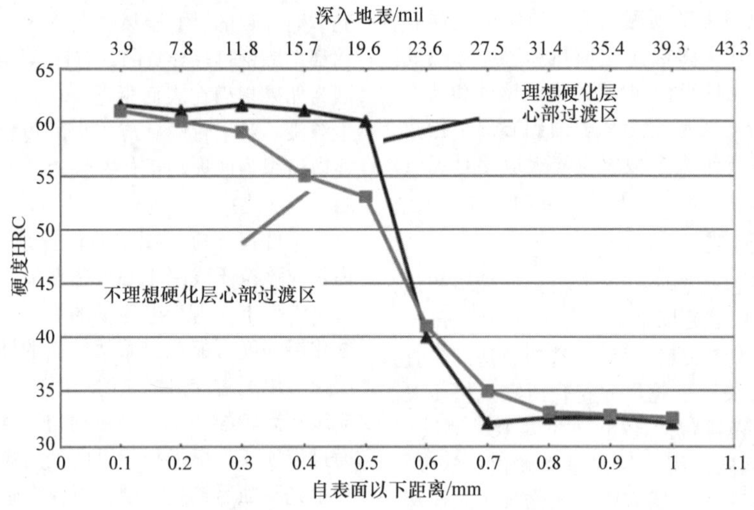

图 2-285　显微硬度梯度分布示例

注：图中曲线显示出理想和不理想的表层硬度梯度分布。

由于气孔，粉末冶金零件要用一个比较小的载荷来测试显微硬度。通常显微硬度载荷是 500g，而粉末冶金零件应该用 100g 的载荷测试来确保压头不会受颗粒或者气孔影响而得出错误读数。类似的问题也会出现在铸铁中，但是是石墨片或夹杂而不是气孔。因此，如果有疑问，可向硬度计的制造商咨询。

有效硬化层深度和表面硬度检测应该与金相检测的频次一致；然而，因为表面硬度是非常关键的指标而且可以无损检测，测试时频次可以多一些。一般推荐记录回火之前和之后的表面硬度读数，这更有利于确保回火工艺的执行。

（3）裂纹探测　有些零件的材质是高碳钢、P/M 组件、铸铁或者有尖棱或孔洞，相比于其他组件会更容易出现裂纹，因而在检验规则中应该对裂纹进行检验规定。其他导致开裂的因素包括过热、低于临界温度淬火以及低于临界值浓度的淬火剂。有时候在加热完成之后延迟淬火即使是较短的时间（0.5s）也有助于抑制开裂。

齿轮的裂纹检测通常使用磁粉检测（MPI）、多频涡流电流探测或用超声波来检测。磁粉检测使用抽样检测表面缺陷和裂纹，尤其是在扩展阶段。图 2-286 所示为磁粉检测发现感应淬火裂纹从孔边向邻近齿牙扩展。零件要求在线检测的场合采用多频涡流检测技术。如果发现裂纹，同批的材料应该被区分并 100% 的检验直到确定原因和问题得以解决。超声波检测帮助检测亚表面的缺陷（如裂纹、夹杂物和气孔）。

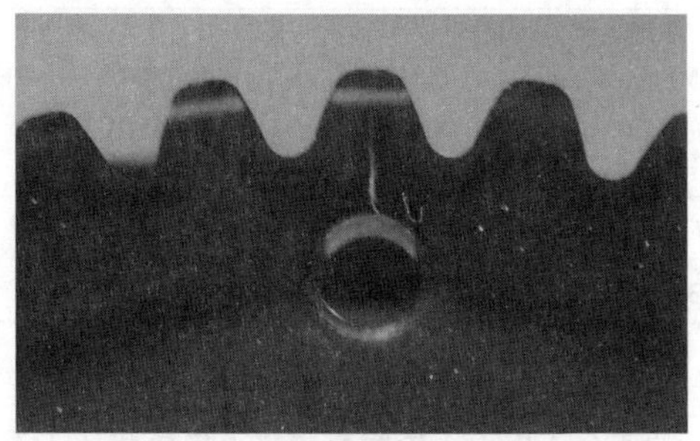

图 2-286　磁粉检测发现感应淬火裂纹从孔边向邻近齿牙扩展

（4）尺寸测量　跟所有的热处理工艺一样，感应淬火可以引起变形。因此，每个零件的关键尺寸特征必须检测。相同的试块在热处理之前和之后检测对于理解工件的变化是非常重要的。为了确保在淬火前后的检测是同一个齿，在进行热处理之前应该标记这个齿，通常测试至少 4 个齿来完成，每个齿之间有相等的距离，这样是为了更好地描述齿轮的整体变形。

齿轮分析检测系统增加了测量大量轮齿不同参数的速度和精度，这些参数包括导程和渐开线的尺寸、齿顶、齿顶隙和齿间距等参数，也包括分度试验、径向跳动和跨销距等。导程平均斜度、导程变动以及齿冠都是齿轮制造者的标准测量。导程平均斜度决定具体的齿扭曲了多少具体数值，而导程变动是测量所有测量的牙齿如何相互扭曲（从最大变形中减去最小变形）。德国工业（DIN）标准和美国齿轮标准 AGMA 给出了齿轮尺寸精度的等级。比如，AGMA 8 级的齿轮相比于 7 级的有更严格的要求。DIN 分类原则是相反的：DIN 7 级相比于 8 级有更加严格的尺寸要求，检测软件能自动确定这个等级。

齿的许多特征可以和尺寸测量相关联，包括齿-齿的啮合图、渐开线图、导程图、配对齿啮合图、间隙等。齿-齿啮合图是一个产品的齿轮和标准齿轮的对比图。理想情况下，这个测试结果应该表示为一条直线，直线偏离可以与齿径向跳动和齿与齿之间的跳动有关。渐开线图提供了关于从齿最低点到齿顶端的齿廓信息，直线代表理想的渐开线。导程图表示当测头沿着平行于中心轴的线从齿的一端运行到另一端，最常见的是沿着分度圆线。

尺寸变形（收缩或者膨胀）可测量跨棒之间尺寸（DOP）或测量跨球之间尺寸（DOB），或对于内齿轮测量销/球之间的尺寸来描述。用一个一定直径的销或者球放在齿轮上两个相距 0° ~ 180°之间的齿上（见图 2-287）。通过测量两销或者两球之间的距离从而得到齿轮内径或者外径的准确尺寸。如果在几个不同的位置测量，它可以说明这个齿轮是圆、椭圆或者不规则形状。通过对其热处理前后进行测量，可以知道由热处理引起的变形。

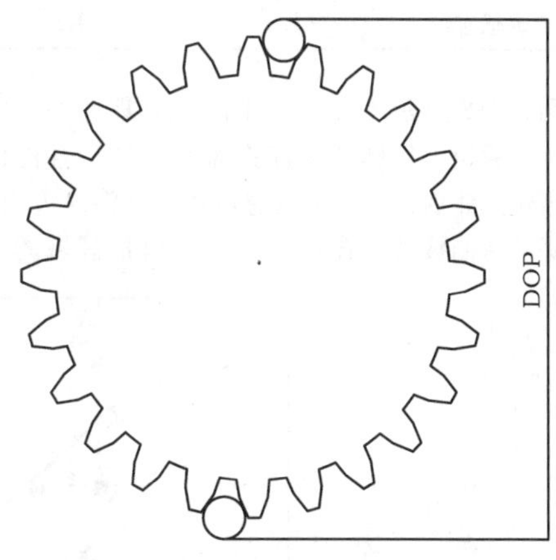

图 2-287　齿轮直径跨销测量（DOP）示例

对于小尺寸和中等尺寸的齿轮，尺寸可以由手持规测量，如千分尺、快速测微计、卡尺，但是对于大量零件的检测可以定制特定的量规。“通过/不通过”塞规是在线监测零件合格与否常用的检具。手动塞规穿过或套住零件，如果塞规是“通过”量规，说明零件满足量规的条件（量规被加工为尺寸的最大值）；如果塞规“不通过”量规，说明零件不满足量规的条件（量规被加工为尺寸的最小值）。

手动和自动辊子检查仪已经成功地用于确定多个尺寸特征的测量。通过在齿轮轮齿上滚动主动小齿轮，记录齿轮轴的反应、变形或者尺寸的变化。

在 20 世纪 90 年代早期，齿轮制造者和设计者并不很熟悉轮廓表面感应淬火方法。必须对感应淬火齿轮力学性能进行测试和分类，以允许该工艺整合到 AGMA 等级的评定中，并将测试结果与渗碳结果做对比。由齿轮研究所历时 3 年进行全方位的研究，使用标准测试方法来测试强度和耐磨性。结果表明与渗碳相比，轮廓淬火齿轮在单齿弯曲疲劳测试和周期往复循环弯曲强度测试中表现得更好。渗碳齿轮有更高的表面硬度，其在滚动接触疲劳和周期往复循环耐久力测试中表现得更好。8620 渗碳齿轮和 1552 轮廓感应淬火齿轮对比见表 2-45。

表 2-45 8620 渗碳齿轮和 1552 轮廓感应淬火齿轮对比

齿轮类型	残余应力	单齿疲劳性能	滚动接触疲劳	强力循环弯曲强度	强力循环表面耐久力
	MPa（ksi）	G50 5×10^5 周期时的弯曲疲劳强度/MPa（ksi）	2757MPa（400ksi）时的 G50 寿命	在 6000lb－in 时的 G50 循环寿命	在 3500lb－in 扭转 G50 循环寿命
8620 渗碳淬火	－413（－60）	930（135）	9.56×10^6	65000	4.59×10^5
1552 轮廓感应淬火	－661（－96）	1075（156）	3.9×10^6	390000	3.79×10^5

图 2-288 所示为齿轮经不同热处理后的弯曲应力。可以看出，轮廓感应淬火齿轮的使用性能优于渗碳齿轮，然后依次是常规感应淬火和渗氮齿轮。

好的弯曲疲劳寿命可能归功于齿根区域的压应力。图 2-289 所示为齿轮经轮廓感应淬火和渗碳淬火后的残余压应力。轮廓感应淬火齿轮相比于渗碳淬火齿轮增加了大约 300% 的表面残余压应力。

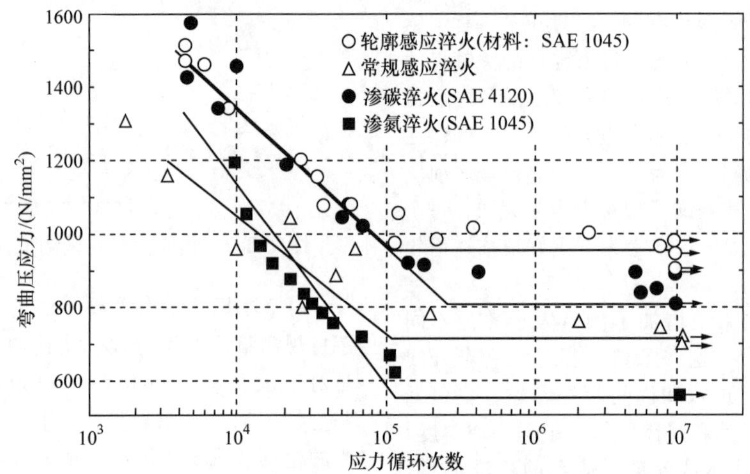

图 2-288 齿轮经不同热处理后的弯曲应力

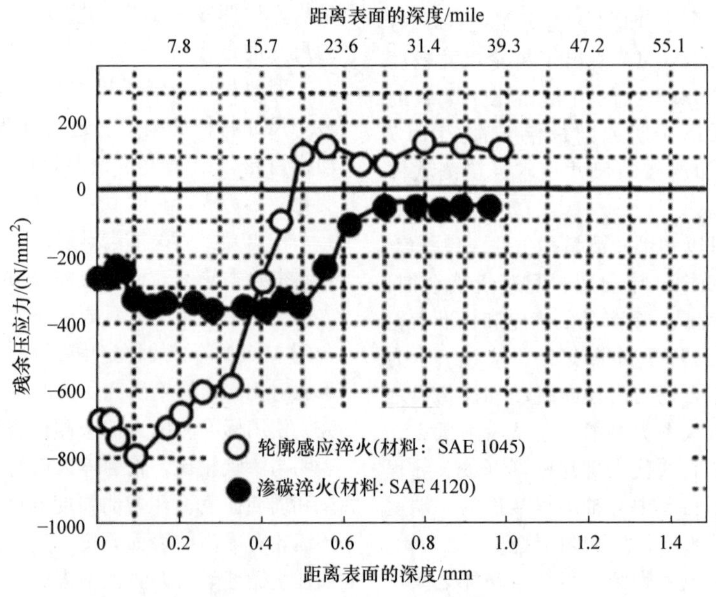

图 2-289 齿轮经轮廓感应淬火和渗碳淬火后的残余压应力

渗碳齿轮与双频表面感应淬火圆柱齿轮力学性能比较的综合评价可参考相关资料。表 2-46 为圆柱齿轮的数据。

表 2-46　圆柱齿轮的数据

齿牙数	28
径节	8
圆周节/mm（in）	9.975（0.3927）
全齿高/mm（in）	7.62（0.300）
齿顶高/mm（in）	3.18（0.125）
弦齿厚（参考）/mm/（in）	4.85（0.191）
齿宽/mm（in）	6.35（0.25）
压力角/(°)	20
分度圆直径/mm（in）	88.9（3.5）
外圆直径/mm（in）	95.25（3.75）
齿根圆角半径/mm（in）	1.02～1.52（0.04～0.06）
跨销距/mm（in）	96.03～96.30（3.7807～3.7915）
销径/mm（in）	5.29（0.21）
齿隙/mm（in）	0.254（0.010）
修棱/mm（in）	0.01～0.015（0.0004～0.0006）

根据这个研究，第一组齿轮由一次加热的真空熔炼（CEVM）AISI 9310 钢来制造，然后渗碳淬火硬化层深度是 0.97mm，工件硬度是 61HRC，最后磨削。名义心部硬度是 38HRC。表 2-47 是 AISI 9310 齿轮的热处理工艺。

表 2-47　AISI 9310 齿轮的热处理工艺

序号	工　艺	温度/℃	温度/℉	时间
1	空气炉预热	—	—	—
2	渗碳	899	1650	—
3	空冷到室温	—	—	—
4	铜板均一	—	—	—
5	再加热	649	1200	2.5
6	空冷到室温	—	—	—
7	奥氏体化	844	1550	2.5
8	油淬	—	—	—
9	深冷	-85	-120	3.5
10	两次回火	177	350	2
11	精磨	—	—	—
12	去应力	177	350	—

第二组齿轮采用 AISI 1552 钢，热处理到心部硬度为 34～38HRC，之后完成磨削和双频感应淬火到硬化层深度大约是 0.635mm，表面硬度 60HRC。表 2-48 是 AISI 1552 齿轮的热处理工艺。

表 2-48　AISI 1552 齿轮的热处理工艺

步骤	工　艺	温度/℃	温度/℉	时间/h	功率/kW
1	空气中加热	843	1550	2	—
2	热油淬火	60	140	—	—
3	回火到 34～38HRC	538	1000	2	—
4	精磨	—	—	—	—
双频感应淬火					
5	3～10kHz 预热	413	775	4s	120
6	230～270kHz 表面加热	899	1650	0.357s	330
7	立即水淬	33	92	—	—

图 2-290a 所示为 AISI 1552 双频感应淬火齿轮，图 2-290b 所示为 AISI 9310 渗碳淬火齿轮。图 2-291 所示为双频感应淬火 AISI 1552 齿轮的截面。图 2-292所示为残余应力的分布。

一组 AISI 9310 齿轮和一组 AISI 1552 齿轮配对测试直到断裂发生或者运行 500h 不发生失效之后暂停。测试步骤、分析技术、润滑、显微组织和其他关于测试的详细资料可以参见参考文献［36］。测试条件是转速 10000r/min，齿部正切载荷 5784N/cm 产生一个最大的赫兹应力 1.71GPa，一个齿轮因表面点蚀疲劳或者齿弯曲断裂而失效。

图 2-293 所示为淬火齿轮的疲劳曲线。表 2-49 为齿轮的疲劳寿命。

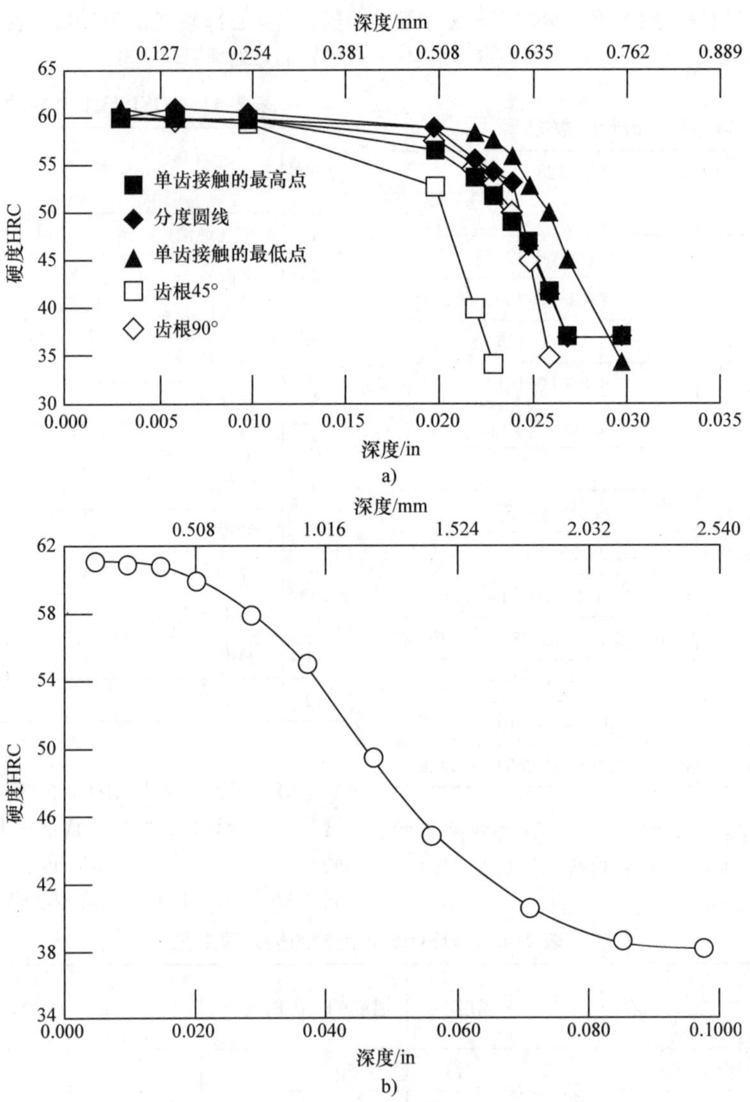

图 2-290 齿轮的硬度分布

a) AISI 1552 双频感应淬火齿轮 b) AISI 9310 渗碳淬火齿轮

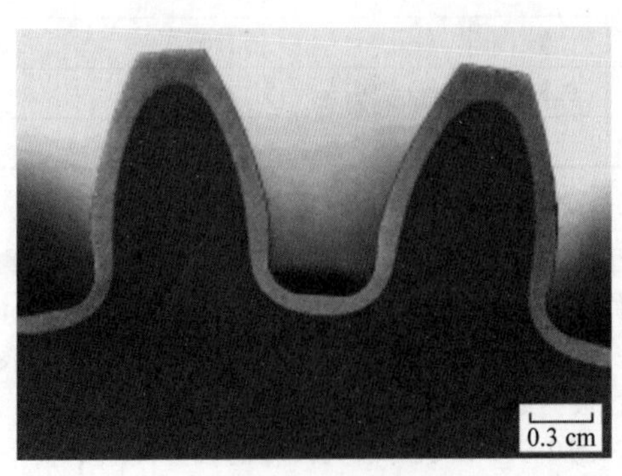

图 2-291 双频感应淬火 AISI 1552 齿轮的截面

从这个研究得到的以下结论：

1）在这两种情况下，在硬化层深度内有明显的残余压应力。渗碳齿轮在表面有更高的残余压应力；然而，这些表面应力随着硬化层深度降低明显。感应淬火齿轮在表面也显示出明显的压应力，但是不像渗碳齿轮那样高。然而，在感应淬火硬化层深度里有相对小的残余压应力的降低。

2）与渗碳齿轮相比，感应淬火齿轮在以10%表面失效（点蚀）计的疲劳寿命要大其1.7倍。

美国齿轮制造协会已经根据这个研究或其他资料的数据为不同热处理工艺的接触应力、弯曲应力、表面耐磨性提供了设计极限。这个设计极限对于渗碳淬火和轮廓感应淬火齿轮上的接触应力和弯曲应力是相等的，但是，非表面感应淬火齿轮设计极限是较低的。

（1）感应淬火工艺的验证　通常渗碳技术要求的是关于渗层深度、分布以及最大/最小的范围。这不能直接转换为感应工艺技术要求。总的齿轮强度、精确和重复性的硬度以及显微组织和齿轮尺寸稳定性的相关测量都是确保成功的关键。因此，最好有感

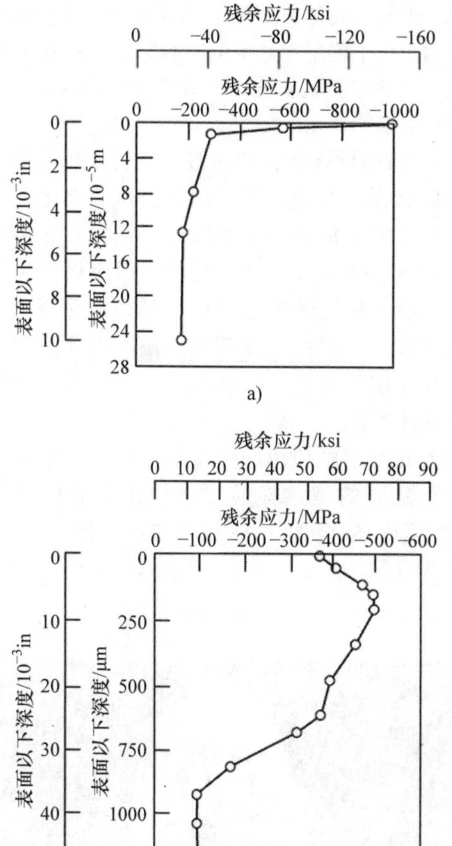

图 2-292　残余应力的分布

a）渗碳淬火 AISI 9310 齿轮　b）双频感应淬火 AISI 1552 齿轮

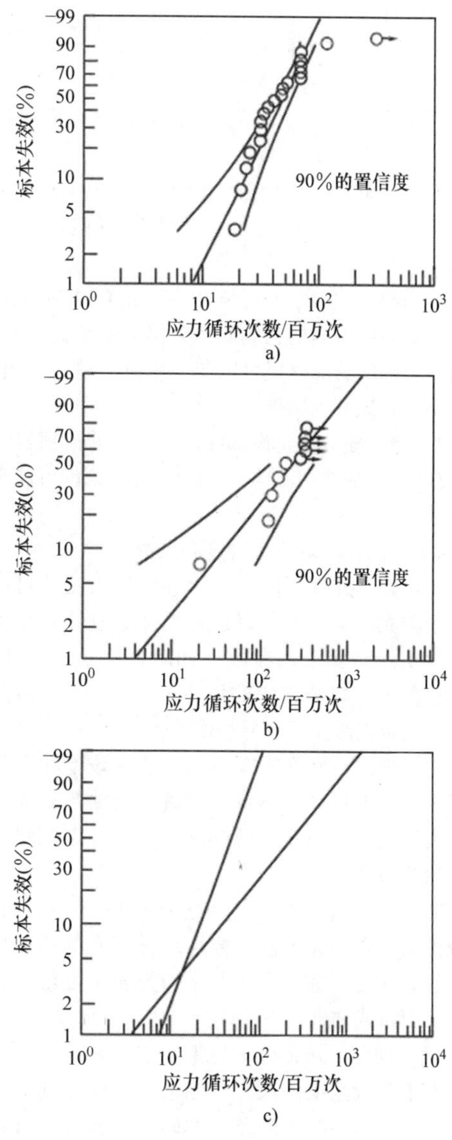

图 2-293　淬火齿轮的疲劳曲线

a）AISI 9330 渗碳淬火齿轮

b）AISI 1552 双频感应淬火齿轮　c）汇总曲线

表 2-49　齿轮的疲劳寿命

齿轮	10% 寿命，循环次数	50% 寿命，循环次数	斜率	疲劳指数①	置信度②
AISI 9310	21×10^6	45×10^6	2.4	19/20	—
AISI 1552	36×10^6	220×10^6	1.04	5/10	75

① 表示失效数相对于测试数的比。

② 以 AISI 9310 齿轮 10% 寿命为基准，该齿轮相对寿命增长概率的百分数。

应层深和层分布的技术要求。

调整感应淬火的工艺步骤是：

1）明白达到可重复性的层深所需要的设备和节拍要求。

2）确定齿轮精度和纸面要求的偏差。

3）从工件分度圆与齿根处分别测量从表层到心部残余应力的分布状况。

4）制定淬火工艺参数、工件硬化层深度、最

大/最小范围。

5）通过检查来修改结果和重复性。

6）使用动态齿轮测试对产品验收。

对于感应齿轮淬火工艺，按照这些步骤可以有极大可能取得成功。

（2）齿轮热处理变形　根据ANSI/AGMA 2001-C08标准，在齿轮旋转感应淬火时可能出现以下变形：

1）齿轮轮齿的螺旋角开旋，正如渗碳齿轮一样。经验表明不当的感应淬火会伴随螺旋齿的开旋，然而，正确的感应淬火可以产生螺旋齿轮齿的紧旋。保持不变是最好的结果。

2）当小模数齿轮齿部淬透时伴随着齿部膨胀。

3）根据加热层不同，横跨齿面的轮齿可能正锥或反锥变形。

4）齿的锥形取决于硬度和层深。

和扩散热处理不同，齿轮感应淬火工艺可以使用多个独立的参数控制以达到尺寸重复性和精确的金相组织。改变工艺参数（如时间、功率、延迟、淬火速度等）影响齿轮的最终尺寸。例如，减少预加热时间可能减少总的导程误差。

一般来说，齿轮感应淬火工艺应该专注于最小化每个齿轮上投入的热量，以最小的加热和淬火时间最大可能地均匀化。最终，加热淬火工艺将会决定齿轮的精度。

需要指出这种方法与传统淬火原理是不同的，传统淬火中硬度和工件显微组织是仅有的热处理要求。然而硬度、显微组织不能和齿轮强度混淆，齿轮尺寸因素或加进最终的分析之中。

（3）硬化层显微组织与齿轮强度和变形的关系

在电子和激光束淬火时，能量聚焦传导到钢组织上从而发生很小范围的奥氏体转变。当应用这些原理于齿沟槽想得到连续硬化层要求时激光淬火有明显的局限性。

然而，最小能量输入的基本概念可以成功地用于使用定制感应加热工艺的轮齿。人们必须保持最初的概念，即最小能量输入和最小加热时间施加到所需金属的体积内达到强度最好和变形最小的齿轮。

1）齿根硬化层：回到基本的齿轮应用，不同几何形状齿根的硬化层分布应该与那些采用扩散型渗碳工艺要求相似。由于质量减小和磁力线分布的变形，齿顶硬化层将有2倍的变化（见图2-294）。

2）分度圆线硬化层：由于齿形的几何减小，分度圆线得到理想的轮廓硬化层可能会变得更加困难。确定分度圆层深要考虑的最大因素是接触疲劳或者点蚀。不幸的是，这种形式的测试非常浪费时间。因此，分度圆线感应硬化层深往往是感应工艺规范中更加重要的要素之一。除了小模数齿轮硬化，一般的规则是齿轮的齿部淬透不应该超过半齿高。对于外直齿和螺旋齿轮通常的分度圆线处硬化层深度是齿根深度的2~3倍。然而，许多内齿圈和少量的低淬透性钢应用表明在齿中间硬化层更深也没有问题，反而是齿部细晶还是粗晶马氏体成为最关键的因素。细晶马氏体有足够的韧性而不论是否在齿中部淬透。为了确定在这个位置的加工工艺是否成功，必须使用动态测试和分度圆线硬化层的验证来和以往的扩散工艺对比。

3）齿顶硬化层：在通常的齿轮使用中齿轮顶端一般承受很小的载荷。因此，顶端硬化层在制造、装配时起保护齿轮和限位的作用。而实现这些目的只需要很浅的硬化层，在感应操作中主要的关注点是保证硬化层深度不要太深并避免晶粒过分粗大。要明白分度圆硬化层、齿顶硬化层和齿根硬化层的比例是非常重要的，因为这影响齿轮的使用性能。

当要得到更理想的分度圆硬化层和齿顶硬化层，最重要的是选择易于奥氏体化的材料和使用最可行的工艺（见图2-278、图2-291和图2-294）。

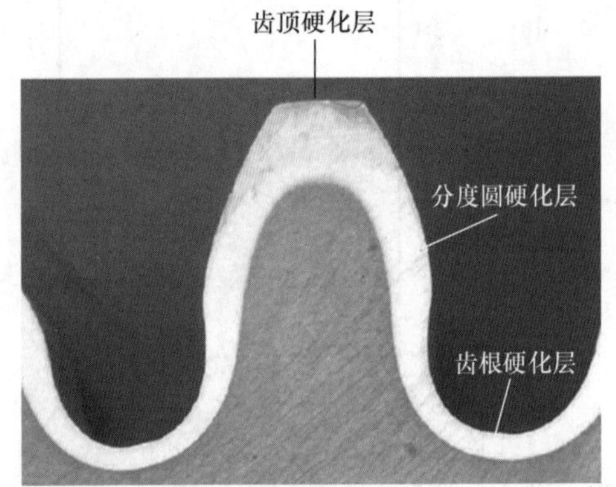

图2-294　齿根硬化层、分度圆硬化层和齿顶硬化层

（4）齿轮强度和淬火组织的注意事项　齿轮强度的测量是通过在发生塑性变形和裂纹之前施加的最大应力来检测的。齿根的弯曲强度是在齿根圆角上发生永久性变形前单位面积可以承受的载荷，而且它也取决于硬化层的硬度、几何形状和表面状况。足够的表面硬度、深度和高的压应力的结合对于改善持久性或者弯曲疲劳寿命是非常必要的。

在分度圆直径上，高硬度和次表面足够高强度的结合在对抗接触应力和磨损从而阻止开裂和点蚀方面是非常必要的。点蚀最初大部分发生于齿侧面中两个区域中的一个（或两个区域都有）：主要位于聚集在分度圆线附近区域和单齿接触的最低点。滚动和滑动都发生在分度圆线上下，而且滚动和滑动的综合效果（见图 2-295）可以导致表面或临近表面下的最大剪切点处疲劳裂纹的萌生。经典的研究硬化层深需求和次表面应力的关系由 John Halgren 在 SAE Journal 1954 年 6 月出版，而且在参考文献［14］中也有提到。图 2-296 所示为应力和硬度。这个研究揭示出在分度圆线处剪切应力占主导而且它在表面下 0.25mm 处最大。相反，弯曲应力在齿根圆弧处占优势地位，以指数的形式从表面处开始降低。这个研究强调表面压应力可以阻止拉伸弯曲和表面/亚表面疲劳以及裂纹扩展的重要性。

心部材料的强度主要经受着压应力而不是拉应力。它必须有足够的塑性和韧性来吸收冲击载荷，但是也必须有足够的应力来缓冲挤压载荷和冲击力。太低的心部硬度会导致表层或心部破碎。

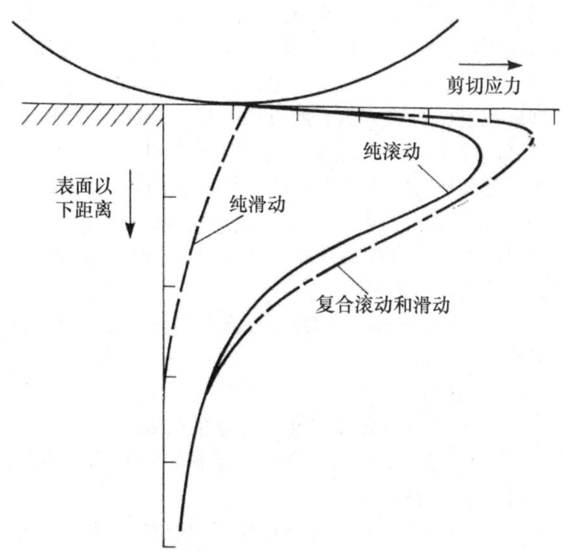

图 2-295　由滚动、滑动和复合作用而产生的表面接触应力分布

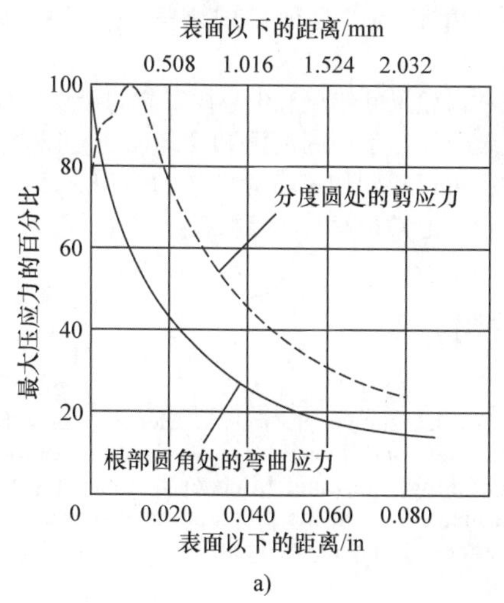

a)

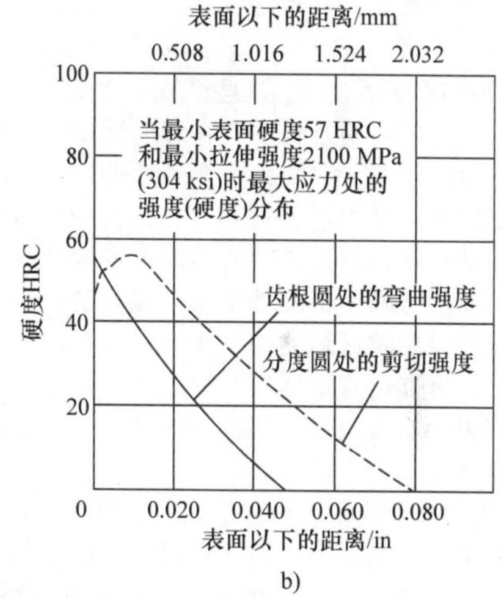

b)

图 2-296　应力和硬度

a）次表面层的应力　b）径节为 7 的直齿轮要避免表面失效所必需的硬度梯度

感应淬火的目标是工件淬火层得到完全马氏体细晶粒而且没有任何上区转变产物。这样的硬化层组织具有高强度和好的耐磨性。快速加热和淬火形成细晶马氏体硬化层而且经常伴随超硬现象。要避免脱碳、晶界氧化和晶粒粗化以及过烧。齿根表面非金属夹杂物的存在会对齿轮寿命产生不好的影响。

要避免使用最原始显微组织结构（如退火或球化退火）是非常重要的，这是考虑到它不利于感应淬火。还要避免使用主要是铁素体和带状结构的低碳钢和复杂合金含量的钢。优先选用含碳质量分数为 0.5% ~0.6% 和含锰质量分数为 0.75% ~1.25% 以及预先组织是细小珠光体的显微组织，或者显微组织是回火马氏体的调质组织和低杂质钢。同时，对于有些零件这些化学元素的含量范围可能明显放宽（比如 TSH 钢）。

有微量锰元素的加入，预先组织是细小回火马氏体的显微组织（硬度为 28 ~ 38HRC）的中碳钢一般达到要求的奥氏体化表层只需要最小的能量和时间。这种状况产生最好的表层显微组织、最小的变形、齿轮和非对称零件最大压应力。齿根和分度圆硬化层深度应该有连续的完全马氏体转变组织而且到心部显微组织的过渡区陡峭。

（5）实现理想的轮廓硬化结果　主要考虑硬化

层分布、齿轮强度和质量保证。从 20 世纪 90 年代初期开始，成千上万的齿轮已经被成功地进行轮廓感应淬火。世界各地，齿轮在交通和电力领域成功地应用进而推动了工业的发展。轮廓感应淬火或双频感应淬火的好处包括低变形、不需再加工、低成本、低能耗、生产效率更高。和传统的炉内热处理相比，轮廓感应淬火要求关注的面不同，责任更大，而且并不是所有的应用都可以采用。特别地，具体到以下感应工艺要求：

1）在材料选择和硬化层的几何形式上要有灵活性。

2）预加工齿轮的尺寸均匀性。

3）清楚地理解感应齿轮硬化的微妙。

4）热处理者能进行测量、控制的能力，并能接受处理后尺寸的变化。

5）使用和理解齿轮试样检查的技术。

6）对 AGMA 关于齿轮强度和等级标准的基本理解。

7）愿意去作出改变。

考虑采用轮廓淬火处理的技术，以下问题应该得以避免：

1）齿顶和端面的过热。这些区域可能由于不当的线圈设计、工艺周期过长或者在感应线圈中不稳定的齿轮定位而过热。它们也可能是选择的材料较差或原始组织不合适引起的过热。在铸铁中，石墨碳周围存在碳扩散；在过热时石墨碳也可能被烧损或消耗掉。以上这两种情况都是不可接受的，而且可能促进这些受影响区域的脆性失效。虽然这种状况在钢中不大可能出现，然而，钢淬火中的过热可能导致晶粒粗化、增加残留奥氏体的含量，甚至晶界融化和强度降低。

2）心部的过热组织。显微组织最好的结果应该只包括 3 种状态：完全淬火硬化层组织、最小的心部-表面过渡区、对心部组织的热影响区最小（TSH 处理和小模数齿的感应淬火除外）。

3）心部组织和表面区域过多的热影响。当心部组织和表面区域在 Ac_1 以上过多，预加热时会生成包含比较多的贝氏体混合组织。齿轮试样显示这种显微组织一般来说会产生较大的变形并降低在淬火层深内的压应力。

虽然低速齿轮可能会受到这些缺陷的影响很小，但高速、重载齿轮往往会因过度的心表过渡区而表现出较低的强度和较差的形变结果。

2.8.9 典型的失效形式及预防

美国齿轮制造协会基于磨损、塑性变形、接触疲劳、表面碎裂、裂纹、断裂、弯曲疲劳等情况将齿轮失效分为 36 种形式。关于齿轮失效的原因以及形式的分析在这里就不做详细的分析了。有很多关于这个方向的刊物，有兴趣的读者可以了解到这个方向不同的方面，见参考文献［11，13，14，39，40，43－45］。

同时，一些特定齿轮失效形式的发生相比于其他更加的频繁。对于绝大部分中小尺寸的齿轮来说，齿轮设计者和相关专家经常发现两个失效最典型的基本来源：齿面上过度的接触压应力和齿根处过度的弯曲应力。对于高接触压应力的低频失效形式是破碎，而对于弯曲载荷，失效形式可能是屈服变形或者穿过齿根的断裂。在高频感应淬火的例子中，齿根和齿面的疲劳失效都占主要地位，最终导致裂纹和破断。齿表面的磨损会促进这些失效的发生。材料或热处理方法选择不当、不充分的润滑都会导致过早的磨损和过热，当齿轮的齿磨损时，接触表面在服役时将会经历比较高的应力和变形，最终导致过大的噪声甚至断裂。

大量的应用、公差、材料选择以及制造因素都可能影响齿轮失效的两个最终原因。齿轮专家提出一种常见的说法：“如果分析没有得出结论，即失败是由于上述两种模式之一造成的，则分析不完整。”

齿轮尺寸错误、中心线安装的错误、齿面错误、组装错误、不当的润滑和冷却问题，以及外来夹杂物都可以起到加速齿轮失效的作用。然而，最直接的形式通常是弯曲和接触疲劳。

致谢

The assistance of Neil A. Merrell, Kyle R. Hummel, and Donald L. A. Smith (Contour Hardening, Inc.) and Michael J. Zaharof (Inductoheat, Inc.) in the preparation of this article is gratefully acknowledged.

参考文献

1. V. Rudnev, D. Loveless, R. Cook, and M. Black, *Handbook of Induction Heating*, Marcel Dekker, NY, 2003
2. J.M. Storm and M.R. Chaplin, Dual Frequency Induction Gear Hardening, *Gear Technol.*, March/April 1993, p 22–25
3. J.M. Storm and M.R. Chaplin, Apparatus for and Method of Induction-Hardening Machine Components, U.S. Patent 4,845,328, July 4, 1989
4. J.M. Storm and M.R. Chaplin, Apparatus for and Method of Induction-Hardening Machine Components, U.S. Patent 5,360,963, Nov 1, 1994
5. G. Mucha, D. Novorsky, and G. Pfaffmann,

Method for Hardening Gears by Induction Heating, U.S. Patent 4,675,488, June 23, 1987
6. V. Rudnev et. al., Gear Heat Treating by Induction, *Gear Technol.*, March/April 2000, p 57–63
7. V. Rudnev, Induction Hardening of Gears and Critical Components—Part 1, *Gear Technol.*, Sept/Oct 2008, p 58–63
8. V. Rudnev, Induction Hardening of Gears and Critical Components—Part 2, *Gear Technol.*, Nov/Dec 2008, p 47–53
9. V. Rudnev, Single-Coil Dual Frequency Induction Hardening of Gears, *Heat Treat. Prog.*, Oct 2009, p 9–11
10. S. Brayman, A. Kuznetsov, S. Nikitin, B. Binoniemi, and V. Rudnev, Contour Hardening Bevel, Hypoid, and Pinion Gears, *Gear Solutions*, Sept 2011, p 30–35
11. D.W. Dudley, *Handbook of Practical Gear Design*, Technomic Publishing Company, 1994
12. "Gear Terms & Definitions," Gears and Stuff, www.gearsandstuff.com/gear_terms_and_definitions.htm (accessed Aug 5, 2013)
13. J.R. Davis, *Gear Materials, Properties, and Manufacture*, ASM International, 2005
14. L.E. Alban, *Systematic Analyses of Gear Failures*, ASM International, 1985
15. "Gear Materials, Heat Treatment and Processing Manual," ANSI/AGMA 2004-C08, ANSI, 2004
16. http://www.howstuffworks.com
17. V. Rudnev, Metallurgical Insights for Induction Heat Treaters, Part 1: Induction Hardening Temperatures, *Heat Treat. Prog.*, May/June 2007, p 15–17
18. R.E. Haimbaugh, *Practical Induction Heat Treating*, ASM International, 2001
19. G. Parrish and D. Ingham, The Submerged Induction Hardening of Gears, *Heat Treat. Met.*, Vol 2, 1998
20. P.A. Hassell and N.V. Ross, Induction Heat Treating of Steel, *Heat Treating*, Vol 4, *ASM Handbook*, ASM International, 1991, p 164–202
21. V. Rudnev, Metallurgical Insights for Induction Heat Treaters, Part 2: Spray Quenching Subtleties, *Heat Treat. Prog.*, Aug 2007, p 19–20
22. C.A. Tudbury, *Basics of Induction Heating*, Vol 1, John F. Rider, Inc., NY, 1960
23. G. Doyon et al., Induction Heating Helps to Put Wind Turbines in Higher, *Heat Treat. Prog.*, Sept 2009, p 55–58
24. Y. Misaka, Y. Kiyosawa, K. Kawasaki, T. Yamazaki, and W.O. Silverthorne, Gear Contour Hardening by Micropulse Induction Heating System, SAE Technical Paper, 970971, 1997
25. K. Shepelyakovskii, Induction Surface Hardening of Parts, *Mashinostroenie* (Machine Building), Moscow, 1972
26. Breakthrough Contour Hardening, ERS Engineering Corp., 2011
27. V. Rudnev, Spin Hardening of Gears Revisited, *Heat Treat. Prog.*, March/April 2004, p 17–20
28. V. Rudnev, Simulation of Induction Heat Treating, *Metals Process Simulation*, Vol 22B, *ASM Handbook*, D.U. Furrer and S.L. Semiatin, Ed., ASM International, 2010, p 501–546
29. V. Rudnev, Computer Modeling Helps Identify Induction Heating Misassumptions and Unknowns, *Ind. Heat.*, Oct 2011, p 59–64
30. S. Lupi and V. Rudnev, Electrothermal Properties, *Induction Heating and Induction Heat Treating*, Vol 4B, *ASM Handbook*, ASM International, to be published
31. "Methods of Measuring Case Depth," SAE J423_199802, SAE International, 1998
32. "Standard Test Method for Knoop and Vickers Hardness of Materials," ASTM E384-10e2, ASTM, 2010
33. "GRI Performance of Induction Hardened Gears Study," Gear Research Institute, 1998
34. "Standard Test Method for Rockwell Hardness of Metallic Materials," ASTM E18-07, ASTM, 2007
35. "Design Guide for Vehicle Spur and Helical Gears," AGMA 6002-B93, AGMA, 1993
36. Townsend, D., Turza, A., Chaplin, M., The Surface Fatigue Life of Contour Induction Hardened AISI 1552 Gears, NASA Technical Memorandum 107017, Presented at 1995 Fall Technical Meeting of AGMA, Charleston, South Carolina, October 16–18, 1995
37. V. Rudnev, Metallurgical Insights for Induction Heat Treaters, Part 5: Super-Hardening Phenomenon, *Heat Treat. Prog.*, Sept 2008, p 35–37
38. S.L. Semiatin and D.E. Stutz, *Induction Heat Treatment of Steel*, ASM International, 1986
39. *Failure Analysis and Prevention*, Vol 11, *ASM Handbook*, ASM International, 1986
40. "Standard Test Methods and Definitions for Mechanical Testing of Steel Products," ASTM A370-07, ASTM, 2007
41. V. Rudnev, Metallutgical Fine Points of Induction Hardening, Part 1, *Ind. Heat.*, March 2005, p 37–42
42. V. Rudnev, Metallutgical Fine Points of Induction Hardening, Part 2, *Ind. Heat.*, May 2005, p 41–47
43. K.A. Esaklul, *Handbook of Case Histories in Failure Analysis*, ASM International,

1992

44. *Fatigue and Fracture*, Vol 19, *ASM Handbook*, ASM International, 1996
45. L.C.F. Canale, R.A. Mesquita, and G.E. Totten, *Failure Analysis of Heat Treated Steel Components*, ASM International, 2008

2.9 工程机械零件的感应淬火

MarvMckimpson, Advanced Materials Technology, Caterpillar Inc.

在工程机械工业领域感应热处理广泛用于淬硬钢和铸铁零件的淬火。典型零件包括用于底盘、动力系统和液压系统的零件。和用于其他工业的原因相同，感应淬火可以很好地适用于以下场合：

1）易于自动化。

2）零件局部选择性淬火的能力。

3）易于和其他工序集成，特别是机械加工。

4）相比于炉内淬火操作具有加热速度快和时间短的特点。

5）相比于炉内淬火操作具有变形小的特点。

同时，工程机械零件的感应淬火还面临一些其他产业不经常遇到的挑战，包括：

1）生产批量小。

2）工件尺寸大、单件质量大。

3）许多零件要求使用寿命长。

批量对于感应淬火操作是重要的关注点，这是因为通常伴随小批量生产的是感应线圈多和工艺调试成本高。工件尺寸很重要，这是因为大的工件尺寸伴随的是更复杂的材料处理要求、更大的电源功率要求和额外的安全问题。预期使用寿命、随着零件失效的风险与花费是重要的考虑因素，这就要求硬化层深度和质量水平控制都贯穿于整个制造加工过程中。

2.9.1 典型应用

工程机械包括一系列的种类，如用于农业、建筑和土木工程、海洋、采矿、铁路领域的设备。在这些领域中的车辆包含大量的感应淬火零件，包括制动零件，如刹车、防抱死制动系统（ABS）和其他耐磨件，同时还有大尺寸的底盘、动力系统、液压和轴承零件。这些零件中的许多（尽管并非所有）要么是圆柱形，要么是一定程度的镜像对称，而这种类型的零件感应淬火尤其适合。感应淬火销轴可用于底盘、装卸系统和履带等。这些销的直径为25～250mm，长可以达到约1.2m。类似地，感应淬火的轴被应用于大量的动力传动系统和泵系统中。这些轴的直径范围为25～100mm，长度最大约为7.5m。

这些零件在各种淬火机床上的应用在很大程度上取决于硬度要求、零件的几何形状、产量，以及与其他生产设备工序的衔接要求。它们从手动机床到完全自动淬火/回火系统。许多设备提供自动化或机械手上下料，尤其对于大的工件。有些设备也配备了感应器快换系统来满足小批量加工处理。

（1）底盘组件　在施工和矿山工程机械（如挖掘机、履带式拖拉机）中代表性的感应淬火底盘组件见图2-297。这些工件经受非常严重的磨损，这是由于它们既接触地面上的摩擦物（包括石头）也接触底盘上其他的装配零件。相应地，为了达到最大的耐久性，它们必须经过淬火。履带节通常是采用合适的高淬透性钢锻造，之后在接触托辊和支承辊的内表面进行深层淬火。销和衬套都与独立的履带节接触，并且参与到机器每一边的主动链轮。销可以通过感应透热淬火，也可进行渗碳淬火。

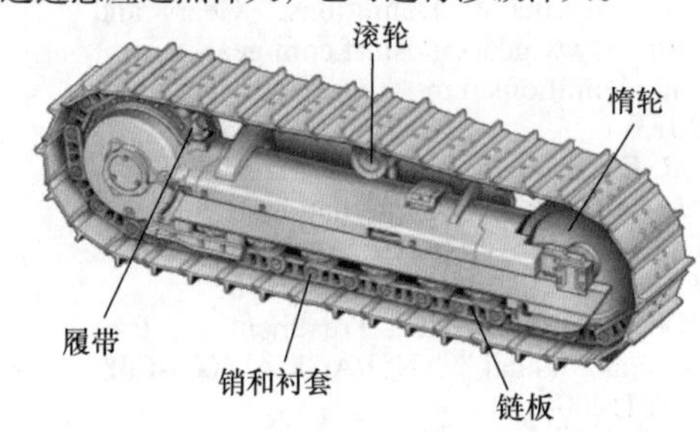

图2-297　典型感应淬火硬化的底盘组件

因为每一个底盘总成包括许多链节、销和衬套，所有这三类零件经常被专用的高自动化系统感应淬火。图2-298所示为用于连接销的一发法感应淬火系统，在加热工位的右侧紧跟着淬火工位。在加热之后，销从感应线圈中被推出至淬火盒。

在辊子、惰轮和主动链轮的磨损表面也可能需要感应淬火来提高使用寿命。图2-299所示为履带轮托辊的感应淬火线圈，图2-300所示为辊轮用浸入式感应淬火系统。线圈的磁通量集中器在大直径的每一边加强了径向磁场。在线圈和辊子下可见圆柱形喷液淬火套。在加热的过程中，零件是旋转的。在加热之后，线圈收起，辊子降低去喷液淬火。

（2）动力总成部件　可用感应淬火硬化的动力传输零件有发动机曲轴和凸轮轴、变速器零件、驱动轴、差速（C-V）节、轮式车辆的轴和最终驱动零件。在曲轴上，主轴颈和连杆颈都要淬火处理，并且在淬火过程中小心以确保在轴颈的圆角每一边都可以有足够的淬火深度。更应该小心避免油孔附近的区域过热。关于凸轮轴，所有的凸桃都是淬火处理的，并且淬火工艺必须经过设计以避免使其邻

图 2-298　用于连接销的一发法感应淬火系统

图 2-299　履带轮托辊的感应淬火线圈

图 2-300　辊轮用浸入式感应淬火系统

近的先前淬火材料有过热或回火。一些凸轮轴的轴颈也可感应淬火。

图 2-301 所示为机车凸轮轴立式感应淬火系统，图 2-302 所示为机车凸轮轴承载面感应淬火用半圈感应器。这种机床设计成凸轮和轴承位的表面可以使用独立的线圈加热之后在低于感应器的水池中进行浸入式淬火。凸轮所用的环形线圈较大，以便轴承的法兰可以通过线圈然后进行淬火。淬火凸轮的线圈是一个非环绕的发夹结构，允许油孔附近的区域在每次旋转的过程中可以得到一定的冷却。在线圈中硅钢片也可以控制感应磁场，以此来控制加热区的形状。这些都会帮助减小油孔附近过热和开裂的风险。

图 2-301　机车凸轮轴立式感应淬火系统

图 2-302　机车凸轮轴承载面感应淬火用半圈感应器

气缸套的内孔通常都是经过感应淬火来减小活塞环的磨损并改善其使用寿命。这些缸套的硬化深度可能很浅——磨完以后为 0.5 ~ 1.3mm。在淬火过程中减少孔的变形是很重要的。因此，生产系统可能同时包含扫描淬火内孔内含淬火盒的整体感应器和一个外部的喷水环来同时冷却缸套的外部。与底盘零件一样，缸套也经常在专用、高自动化的生产线上加工，这是因为许多制造商都要求高的生产率。

半轴和驱动轴可能由各种各样的系统处理，这取决于它们的尺寸和产量要求。对于重载零件的场合，淬火硬化层深度变化范围可能会超过 8mm，而且淬火过程的频率也会很低，为 1 ~ 3kHz（原文为 3Hz，疑有误。译者注）。生产系统可能包括单一淬火单元或多工位淬火单元，这取决于生产批量的要求。双工位系统是最常用的配置，当一个工件正在淬火时，第二个工位可以进行装卸工件。这样允许一个电源给两个工位提供服务。由于许多工程机械半轴和驱动轴的尺寸原因，系统可能需要工业机器人来对其进行装卸。

典型的半轴和驱动轴的感应淬火系统见图 2-303 和图 2-304。图 2-303 所示为双工位垂直扫描淬火系统进行法兰轴深层感应淬火机床的其中一个工位。这个系统在两个工位里都有独立的计算机控制和监测装置。图 2-304 所示为长轴淬火的水平扫描淬火系统。在这种情况下，工件在淬火过程中由双顶尖和伸缩的辊子支撑。

图 2-303 法兰轴深层感应淬火

图 2-304 长轴淬火的水平扫描淬火系统

（3）液压件和其他零件 工程机械的活塞杆通常用感应淬火改善其承载能力和耐用性。这些活塞杆大多都是 SAE 1045 钢或者类似的材料，它们采用线圈扫描淬火，淬火深度通常为 1.2～2.5mm，扫描速度大约是 75mm/s。淬火后，这些缸套活塞杆被抛光，然后进行电镀或表面处理以提供防腐保护并改善耐用性。前文中指出，用于各种连杆和铰接接头的钢销也通常可用感应淬火。

图 2-305 所示为生产直径 38mm 活塞杆的感应淬火系统。请注意当活塞杆通过机床时两个滚筒在旋转活塞杆，在活塞杆进入感应区域之前喷液清洗切削加工时的碎屑。圆活塞杆通过滚珠丝杠推杆来推动通过机床。在淬火之后，杆移动到可以水冷的下料桌上。这种下料桌也可以定位它们以转移到随后的磨削加工位。这个例子很好地说明了在制造车间中如何容易地将感应淬火整合进机加工和其他工序。

图 2-305 生产直径 38mm 活塞杆的感应淬火系统

感应淬火也可用于工程机械工业的其他应用。例如，在矿山机械、吊车和风力发电机中使用的大的回转支承环，可以通过扫描感应淬火硬化。在有些系统中处理环的直径可达到 6m。图 2-306 所示为大型轴承滚道的感应淬火系统，是专门为直径为 0.6～3m 之间的回转支承环设计的淬火系统。轴承环被安装在一个垂直框架和转子上。这种淬火单元骑在轴承环上，在感应线圈和环之间保持一个恒定的间隙。在速度至 13mm/s 的状态下淬火完成。在采矿和建筑业中，大量的工具都是用感应淬火或者结合感应淬火/感应钎焊来制造的。例如，硬质合金钻头可以由硬质合金头在钢工具上感应钎焊之后进行整体感应淬火来制造。这个加工在一个专业的机器上经过复杂的工序完成。这个钻头首先在钎焊线圈加热之后移到一个压力工位，在那里气动压头把硬质合金头压到钢支撑柄上。这个组合之后移动到淬火工位被加热，之后淬火，然后在它再次离开这个机器前进行回火。

2.9.2 感应淬火用材料

在工程车辆领域中，大部分感应淬火的应用是基于碳钢和低合金钢零件，它们含碳的质量分数一般为 0.3%～0.6%。优先选用中碳钢进行感应淬火的原因是因为它们能够提供淬火之后诱人的高表面硬度和强度，并且有很好的抑制裂纹扩展能力和良好的韧性相结合的性能。和常规的炉子淬火相比，低碳含量的材料在淬火之后没有足够的硬度和强度来满足大部分工程应用的服役要求。而高碳钢易于在淬火过程中出现裂纹，且可能在硬化层中出现过量的残留奥氏体。

对钢的淬透性要求取决于这些应用所要求的淬火层深度。碳钢中，比如 SAE 1045 钢主要用于考虑成本的应用场合，硬化层深要求很低（一般 2～3mm

图 2-306　大型轴承滚道的感应淬火系统

或者更少），而且未淬硬的心部材料对于服役没有影响。具有较高淬透性的材料，如 SAE 4140，高锰钢（即 SAE 15××系列合金）和含硼等级，通常用于要求更高硬化层深或更高心部性能的场合。例如，大型风力发电机的单齿淬火齿圈一般都是由 SAE 4150 或者类似的钢生产的。

（1）微观组织要求　钢的原始微观结构因应用而异。对于关键的应用场合，比如发动机的齿轮，一般规定用调质材料来进行感应淬火，这样做有很多原因，回火马氏体提供了一种非常均匀、细小的微观结构，可以快速奥氏体化。相应地，该材料可以实现快速感应淬火并且淬火特性非常一致。感应淬火前的原始组织为调质组织的零件的尺寸变形也明显小于珠光体-铁素体或者经过退火的显微组织的零件，这可以减小淬火零件的后续加工。另外，调质获得的心部性能对于一些应用非常有利。心部硬度为 30HRC 回火马氏体的齿轮感应淬火比同样齿轮（但心部为珠光体）的韧性和耐磨性更好。事实上，对于一些感应淬火零件钢的淬透性要求主要由初始淬火操作所需的化学成分决定，而不是由感应淬火后所需的硬化层深度决定。

在一些情况下，工件在感应淬火之前进行炉子调质是不可行的。有些工件，比如大齿轮，可能就是因为太大而不能在工厂的标准炉子中进行淬火和回火。在感应之前所进行的调质也会明显增加工件的最终制造总成本。有些情况中预先调质的花费可能接近于感应淬火的成本，这种情况下感应淬火的花费就可以比竞争性工艺，例如传统的炉子淬火或者渗碳更有竞争力。

对于一些使用性能要求不高又对成本敏感的应用，它有时候更希望直接使用热加工过的（比如轧后或锻后）铁素体-珠光体组织的钢来进行感应淬火，这种材料要求有更长的加热周期来确保在淬火之前它已经完全奥氏体化。然而，热处理周期的这种增加可能不会转化为工艺成本的显著增加，这取决于应用，比如圆柱销在经过淬火后可以很容易地磨削或者抛光至最终尺寸。它们的尺寸要求不是那么严格，这时选择使用热加工后的钢要比预调质的钢更有吸引力。

使用直供钢而不是二次预处理钢最大的考虑是采购材料的显微组织随着批次不同及供应商的更替有可能变化，实现质量改进和节约成本之间的平衡。例如，在齿轮领域，常常认为正火齿轮毛坯的原始组织，硬度和加工性能随不同的供应厂家或同一厂家不同批次之间是有很大的变化的。采用这些齿轮毛坯进行感应淬火的表现也随加工性变化而变化。因此，对于直接使用热加工后的材料来进行感应淬火处理的工艺控制是很难的，除非进货钢的显微组织可以得到严格的控制。

微合金钢有时可以作为感应淬火零件的初始原料，作为预处理和传统直供钢的替代品。在供货状态下，这些钢比传统碳钢有更高的强度，这使它们在心部性能方面相比碳钢更有优势。另外，微合金钢通常要求更加仔细的工艺控制来达到化学和力学性能的要求。因此，它们也可能比传统的直供钢感应淬火表现出好的一致性。尽管微合金钢成本比传统钢价格高，这部分高出的成本都明显地小于炉子预处理的费用。因此，相比预处理钢，微合金钢有时候是一个非常合算的选择。

有时，也有用渗碳材料进行感应淬火的应用。通过感应处理将渗碳零件淬火更高的表面硬度和感应淬火更深的淬火层深结合起来，它提供了一种复合工艺方法。相比于用感应处理的普通中碳钢，由于渗碳零件的含碳量一般在共析成分附近，它们在淬火之后有更高的表面硬度，这种高硬度对于一些应用场合很有用，尤其是主要用于临界接触疲劳的零件。使用渗碳材料可以避免高碳钢感应淬火时可能出现的裂纹和低韧性。然而，渗碳零件的感应淬火只在有非常严苛的工况条件下才值得使用。

（2）铸铁　尽管大部分工程机械的感应淬火应用是针对钢的，有些应用却涉及铸铁淬火。例如，先前提到的柴油机缸套就经常使用灰铸铁而不是钢。类似地，可锻铸铁零件某些位置需要淬火（如行星架加工花键处）。随着石墨铸铁在工程机械中应用的增加，这些材料的感应淬火也变得越来越普遍。

铸铁感应淬火涉及的要点在淬火钢中是不出现的。大部分灰铸铁的热传导率比钢的热传导率要高，这是因为灰铸铁中出现的连续、高导热的石墨片。由此，在相同的淬火深度时灰铸铁可能相比于钢需要更快的感应加热。残留奥氏体也是需要考虑的因素，感应淬火时材料一般会加热到比传统炉子处理有更高的加热温度。在铸铁中，这部分高出的温度可能用于溶解奥氏体中多余的石墨，并增加它的含碳量。在淬火时，在相似条件下这种高含碳量的奥氏体可能比钢产生更多的残留奥氏体。设计者也需要牢记感应淬火的铸铁相比于感应淬火钢是不同的材料。例如，铸铁淬火后测得的硬度实际上是和钢类似的马氏体组织和石墨的综合硬度。马氏体的显微硬度大约是60HRC，即使这样，铸铁的洛氏硬度实质上低于这个值。由此，即使有相同的洛氏硬度，硬化铸铁的使用性能可能在很大程度上不同于钢。灰铸铁淬火后，出现的石墨白点也可以变成裂纹，对于一些要求高硬度的应用场合受到了限制。

2.9.3 工艺因素

在工程机械工业中许多感应淬火的应用相比于其他行业要求更深的淬火深度，这并不奇怪，一个拖挂型拖拉机的结构或遥远矿山上运输石头的货车比在高速路上行驶的小汽车有更复杂的工况条件。工程设备的期望使用寿命也要比其他类型的设备高，而且一般以10000h为单位来计量。淬火深度2～3mm时硬度在50HRC以上，也可能还要更高。例如，一个商用履带板的感应淬火深度是几英寸。相应地，该行业中的许多工艺是在相对低的频率下完成——一般大约为10kHz。有些适合高频系统的应用，包括小齿轮的轮廓淬火以及小直径轴的常规淬火确实存在，但是这些并不常用。

（1）一发法淬火和扫描淬火　正如前文中所指出的，可根据零件的几何形状、硬化层形状和其他因素考虑该使用一发法淬火还是采用扫描方式来进行淬火。一发法操作是在同一时间内加热整个需要淬火的面积来进行感应淬火。对圆柱形零件外表面进行淬火时，常用单匝或多匝环形线圈来进行。例如，图2-298就是这种类型的一个应用。一发法淬火也可以使用单匝或多匝与表面轮廓线相匹配的感应线圈来完成。例如，图2-299中的辊子也使用仿形感应器来进行淬火。在这些例子中，工件通常都是旋转的，可用来保证沿零件周围加热均匀。一般估算旋转速度的粗略法则是工件在加热过程中可以旋转至少8～10圈。圆形零件的端面，比如壁厚的离心管或者实心棒材的端面，或许更适合一发法淬火，它可使用环形线圈或螺旋的扁平线圈，这取决于工件的几何形状。当对圆柱形工件沿着外周进行淬火时，工件在加热期间通常会旋转。

加热之后，淬火或者使用集成在感应器线圈上的淬火液淬火，也可使用一个独立的淬火装置，或者浸入式淬火。小零件可以使用带有淬火盒的感应线圈很容易实施淬火。稍大的工件使用与炉子淬火相似的独立淬火系统会更容易地控制冷却。浸入式淬火装置既可以集成在同一个淬火机床上，或者在加热系统外独立设置。通常，这个独立的系统就是简单的淬火池。然而，易变形的零件可能要用液压机床的压力淬火来使其变形最小化或者保持平坦。除非必要，压力淬火将增加淬火工艺方面的额外花费。

一发法淬火操作通常比扫描淬火节拍要快，但是对于每个零件经常需要专一的线圈和专一的淬火装置。因此，它们更适合于大批量的场合。另外，由于淬火工艺要求电源功率的最大值所限，一发法淬火工艺一般适合较小尺寸的零件。感应淬火的输入功率一般为0.008～0.024kW/mm^2，大零件有时需要使用低能量密度来进行深层淬火或透热淬火。大部分商品电源的功率范围是1MW或更小，这就限制了一发法感应淬火的面积（0.04～0.125m^2）。然而，能提供功率为1～2MW的感应淬火电源越来越普遍。由此，它很可能使一发法淬火处理较大的工件变得可能。

扫描淬火工艺需要沿着零件需要淬火的长度区域来移动感应加热和淬火系统。取决于工件几何形状、目标硬化层和上/下料的要求，扫描运动系统的方向可以是水平或者垂直方向。扫描淬火尤其适用而且也广泛使用于截面尺寸均匀或其他几何形状简单的工件。圆柱形工件，比如销、棒和轴一般都是用这种方式来进行热处理的。例如，图2-303～图2-306都为有均匀横截面工件的扫描感应淬火。然而，这种工艺也可以应用于截面变化的工件，这时或者允许沿着工件长度方向可以调节淬火功率水平（调节电功率或扫描速度），或者接受淬火层在工件长度方向上少量的变化。淬火通常用移动的淬火环来进行，它既可包含在感应器中也可紧跟随在感应线圈之后。然而，在一些例子中一些工件可能在离开加热线圈之后进行喷液或者浸入式淬火。

对于扫描淬火工艺，必须考虑邻近淬火硬化区域的开始和停止位置。在这里至少有两点因素需要注意。第一，这些开始和停止位置经常会靠近工件几何形状的变化处。例如，通常是边缘，拐角、圆弧处等。因此，它们经常是不均匀加热、不均匀淬火和复杂应力的区域。这些地区的硬化层形状通常需要利用以往的经验去评估，而且相比于均匀硬化区域在这些区域裂纹更容易出现。第二，这些区域可能存在明显的过渡区组织，显微组织从硬化区的完全马氏体区域过渡到心部的未加热组织。过渡区可能会出现很高的残余拉应力，而且一些区域可能会比心部材料还软。这对于调质的心部材料尤其正确，因为材料在这个区域经历了再回火。

正如图 2-306 中展示的，这些开始和停止的区域对于扫描淬火的大型回转支承环尤其需要考虑。由于功率不能满足零件尺寸所要求的功率，这些大环的一发法淬火一般是不可行的。然而，因为这些环是连续的，扫描淬火环的停止区域必须规定，不能重叠在环上的先前硬化区。在传统回转支承环淬火工艺中，在淬火区的末尾紧邻重叠区产生出一个过热区。在精心的加工控制下，这个过渡区域可被控制到宽度小于 25mm。可以替代的是，特殊扫描处理——一般使用多个感应线圈在相反的方向进行扫描——可以最小化过渡区。

（2）齿轮和链轮　可使用一发法或扫描淬火来进行硬化。这两者之间的选择取决于齿轮的几何形状、使用性能的要求以及生产批量。一发法淬火更适合于有相对大生产批量的小工件，这是由于它有更短的周期和高的生产率（见图 2-307）。单频一发法淬火常常在齿中部比根部产生更深的硬化层。这能不能被接受取决于使用者对性能的要求。双频淬火加热系统有时候用于补偿在淬火层深度方面的这些不足。首先用低频来预加热齿轮的根部，在喷液淬火之前立即采用较高频率去加热齿顶。只要设置得当，这种工艺可以在齿轮的齿顶和根部产生相似的淬火深度。然而，这种工艺要求特殊的电源或多个电源也可能需要复杂的调试过程。对于具体尺寸的齿轮，可能选择一个精密的单频电源来加热且在齿轮的根部和顶部得到相同的硬化层分布。更多关于一发法或者双频感应淬火齿轮的内容可以参考参考文献［4－7］。

图 2-307　大型链轮的一发法感应淬火

单齿扫描感应淬火广泛应用于那些由于尺寸太大而不能被渗碳或者炉子直接加热淬火的齿轮。对于图 2-308 中的斜齿轮，单齿扫描淬火通常使用和相邻两个齿之间根部间隙相配的 V 型感应器来完成。感应器随后向上沿着齿的表面和齿的两侧以及圆角来扫描淬火。齿的背面经常直接喷水冷却来减小过多的热量影响。因为齿轮的根部在服役时经常承受最大弯曲力，这种感应淬火的安排更适用于齿根的弯曲疲劳。此外，感应器可以被设计成包络单个轮齿和连续淬火这个齿的两侧和齿顶。这种方式可能更加适用于那些以齿面磨损为主要考虑因素的应用。

图 2-308　斜齿轮的单齿感应淬火

单齿扫描感应淬火可以对直径 5.3m 和质量将近 7000kg 的直齿轮和斜齿轮淬火。对于直齿轮，淬火可以用简单的垂直扫描机床来完成。对于斜齿轮，这个感应器通常安装于多轴的机器上来适应齿的螺旋角。在完成一个齿的扫描之后，齿轮分度到下一个齿的位置之后重复这个过程。也有的做法是淬火一个齿槽然后隔过一个齿槽，然后再淬火下一个。这种工艺要求齿轮经两个旋转循环才能对所有的齿淬火，但是能减少淬火齿临近两侧面的过热和变形。那些模数大于 5 的齿轮（感应加热频率 10kHz）非常适合单齿扫描淬火而不使临近的齿背回火（软化）。更小模数的齿轮可以采用更高的频率处理。

链轮可以用和直齿轮与斜齿轮相似的单齿淬火方式来淬火。然而，通常链轮的面宽小到可以同时对整个齿面进行加热，因此不需要使感应器沿齿面扫描。图 2-309 所示为大型链轮的单齿感应淬火。注意感应器的形状是圆的和链轮齿的外形匹配。在感应器每一侧的冷却喷水盒也很容易看到。

图 2-309 大型链轮的单齿感应淬火

（3）淬火冷却介质 为了避免与油相关的可燃性危害，大部分用于感应淬火的淬火冷却介质都是水基溶液。这对于喷射淬火尤其重要。除此以外，对于感应淬火的淬火冷却介质的选择通常与炉子淬火操作时相类似。低淬透性的材料，如碳钢经常使用水或者低浓度的（通常含少量的聚合物）淬火冷却介质来进行淬火。水是很廉价的而且具有很强的冷却能力，但是长期使用需要防锈，还需注意温度控制来保证使用性能的一致性。

一些热处理者反对使用不添加聚合物的水主要是因为对淬火件产生“软点”的担心。然而，至少在一些例子中，这些担忧可能主要是由于缺乏对所有淬火系统需要仔细设计和持续维护才能始终如一和有效运行的认识，特别是用于大型越野机械部件的那些。淬火系统，尤其是喷液淬火，必须被合理设计来提供足够的流量、足够的压力，没有预淬火的均匀的冷却。甚至更容易尝试将现有的感应淬火系统用于新的较大工件，而无须充分考虑系统是否具有所需的淬火能力。任何维护不当或设计不足的淬火系统都有可能产生软点。

高淬透性的材料，例如 SAE 4140 或者含硼的低合金钢，如果要求的淬火深度非常浅和零件的几何形状非常简单，有时可以用水或者稀的聚合物介质来进行成功的处理。然而，这些材料的商业淬火更常用更高浓度的聚合物淬火液 。聚合物浓度增加到大约 14% 时会有类似油的冷却特性，而且可以经常使用。这种高浓度的聚合物淬火冷却介质尤其在热处理车间中常见，在一个共用的系统里处理很多不同种类的小批量工件。不同几何形状以及合金成分的工件使用这种高浓度聚合物淬火液可以淬火均匀且开裂的危险性最小。这个方法最初的两个限制因素是由于聚合物添加剂的费用可能会明显增加热处理加工费，低淬透性材料的淬后硬度会明显降低，这种低的硬度是否被接受完全取决于应用的要求。

（4）回火 大部分工程机械零件淬火之后都要经过炉子回火、感应回火或者自回火。和传统的炉子淬火一样，在感应淬火之后回火应该尽可能快地完成，在淬火和回火之间的时间延迟要限制到几个小时内或者更短，以降低开裂的风险。

对于具有复杂几何形状或关键性能要求的工件，一般会用炉子回火。在已投产的热处理工厂中炉子回火是很容易控制的工艺，质量也很容易保证。只要淬火零件放置在炉子内和回火炉在设定的温度下保温一定的时间（和一定的升温时间），这个工序就会达到要求。一般在感应淬火之后采用炉子回火的典型零件包括履带链、曲轴和凸轮轴、齿轮、缸套，以及轴承轨道等。

感应回火比炉子回火要复杂。在金属学方面，相对于炉子回火，它包含加热淬火马氏体，要在更高的温度下加热更短的时间，因此回火机理可能有一些不同。炉子回火相比于感应回火可以得到更加均匀的回火工件。在炉子回火中，工件的所有地方可以达到相同的温度，而且在这个温度保持相同的时间。因此，工件的各处经历相同的回火过程。

这对于感应回火通常是做不到的。因为无论何种感应加热操作，感应回火的加热速度在靠近感应线圈附近是最高的，而且沿着工件径向内部降低。由于一般在低于居里温度以下回火，马氏体钢是铁磁性的，这时钢的高的磁导率使得这种加热不均匀性更加剧。如果工件的形状复杂或者不规则，几何形状的影响可在工件不同点引起加热速度的额外差异。由此，在整个回火周期中工件不同区域会经历不同的温度，以及不同程度的回火。邻近感应线圈回火程度最大而离感应线圈最远的区域回火程度最小，拐角及边缘的回火程度要大于平面。

在感应回火过程中要尽可能采取各种措施来管理这些温度梯度。相比于前面的淬火处理，感应回火常见的方法是使用的功率密度更低和加热时间更长。这样有利于改善温度的均匀性并且确保所有的淬火层都得到有效回火。它有时候要求使用和感应淬火是同一线圈，甚至同一机床完成感应回火。只要工件相对于线圈的位置一致，那么加热层的型式在淬火和回火中是相似的。工件的几何形状也很重要，对于有着非常简单几何形状的零件，感应回火是最广泛应用的而且应用的最成功。圆柱形的零件，例如销和轴都可以非常成功地采用感应回火处理。

生产中感应淬火工艺通常需要仔细调试和持续的过程监控，以确保它们始终符合生产要求。然而，值得高兴的是感应回火的成本要明显低于炉子回火。例如，如果感应回火能够在同一机器中完成或者至少作为与前面淬火操作环节的一部分，它可以降低材料处理成本、节省时间、节省采用单独炉子回火操作相关的额外成本。

自回火包括小心地控制淬火零件的冷却，以此来使工件在淬火之后保持足够的热量来回火外部的马氏体层使其得到要求的硬度水平。从冶金学上讲，这时零件与之前提到的感应回火有些类似，这是因为在工件的不同区域有不同的温度梯度。然而，从生产的角度来说自回火比感应回火有更低的成本——原来淬火位置就完成了，这个工序要受控制才能保证。淬火液温度、添加剂量、流速以及时间都需要保持在一个非常窄的范围内来确保工件残余的热量恒定不变。

2.9.4　工艺验证

正如所有的感应淬火处理一样，开发工程机械零件感应淬火工艺可接受的工艺参数需要仔细地试验。推荐的工艺可以参考参考文献［6-9］。正如这些文献中指出的，硬度梯度——包括表面硬度以及硬度随深度的变化——提供了一种进行淬火之后评估的有用的工具，但是并不能充分地确定感应淬火层或者感应淬火零件的性能。许多应用对疲劳性能和使用寿命都有要求，工程机械零件尤其如此。硬度无论对微观组织或者残余应力分布的微小变化都不敏感，但是这二者均会在服役性能上产生很大的影响。

（1）显微组织　图 2-310 ~ 图 2-313 所示为几种典型的显微组织，它们对硬度几乎没有影响，却对零件的性能有明显影响。图 2-310 所示为感应淬火 SAE 1045 试样严重过热的区域。材料起初是 ASTM 晶粒度 5 级。在感应加热的过程中，此材料随后就发生大量的奥氏体晶粒长大，所以在临近表面淬火马氏体晶粒度平均是 2 级。这种晶粒长大会危害随后的疲劳性能，即使在表面 250μm 层深处材料的硬度为 59HRC。需要指出的是材料表面也有细小的裂纹。

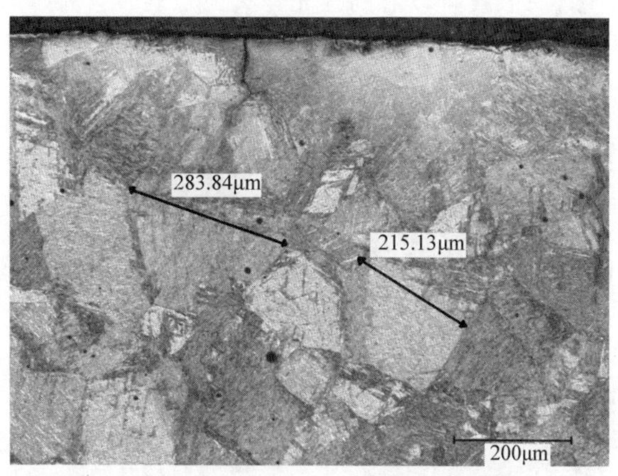

图 2-310　感应淬火 SAE 1045 试样严重过热的区域

图 2-311 所示为 SAE 1045 钢的感应淬火，在该零件的局部进行了不充分的水淬。由于这种不充分淬火在晶界上生成网状转变产物（上贝氏体）。在这种情形下，表面 1mm 以下距离测得的硬度为 59HRC。为了对比，在水中得到充分水淬的试样（没有晶界贝氏体）在相同深度硬度为 61HRC。

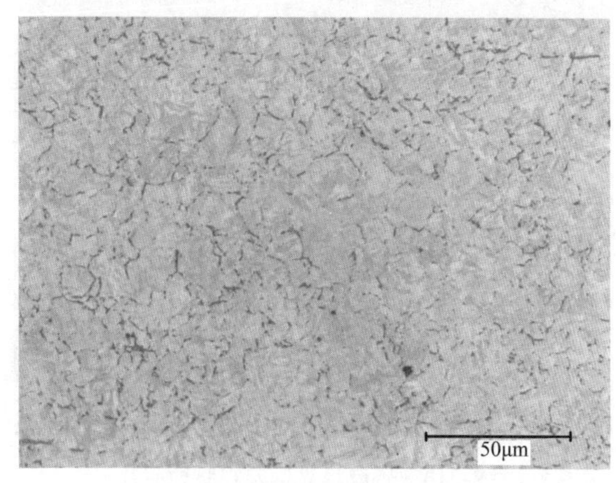

图 2-311　SAE 1045 钢的感应淬火

图 2-312 所示为 SAE 1045 钢扫描淬火的表面出现过回火马氏体组织。淬火时使用集成有喷淋的感应线圈，工件在淬火过程中保持旋转。工件在线圈

中有偏心，所以在接触到另一边之前先喷淋到圆柱形工件的一边。因此，在淬火盒先接触的一边形成一薄层的马氏体，之后，当形成的马氏体在旋转出淬火装置以后被周围加热的金属所回火。直到整个区域均被持续地淬火冷却之后此工序才停止。图2-312中材料过早淬火结束的微小区域，它的显微硬度值低于周围的材料2~3HRC。另外，这个区域太浅以至于用普通的显微硬度在硬度曲线上无法探测出来。在更为严重的情况下，沿着工件的整个感应淬火长度可以看到预先淬火的螺旋带。例如，图2-313所示为感应淬火钢宏观腐蚀照片，预先淬火痕迹很容易看到。

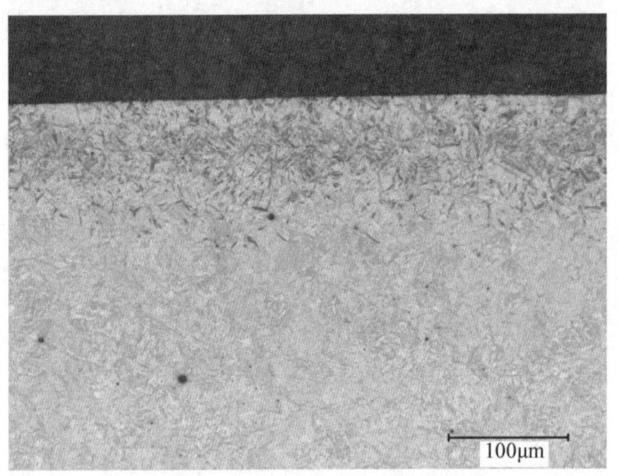

图2-312 SAE 1045钢扫描淬火的表面出现过回火马氏体组织（说明淬冷不充分）

图2-313 感应淬火钢宏观腐蚀照片（显示预淬火材料的螺旋带）

（2）残余应力 残余应力的变化对疲劳性能也有重要的影响。技术文献强调表面压应力对于改善感应淬火工件的疲劳寿命是有益的。然而，这些应力的大小从一个工件到另一个工件有非常大的不同，这取决于工件的几何形状和工艺状况。这些变化通常不会伴随明显的材料硬度的变化。

在前面提到的“开始”和“停止”过渡区域中，感应淬火工件通常还在硬化区正下方和工件表面形成残余拉应力。这些残余拉应力对每个工件都有很大的不同，这取决于零件的几何形状、淬火层深度、加热速度、淬火方式及心部性能。例如，对于心部组织为高强度调质钢的零件进行表面深层淬火可能会在硬化层-心部界面上出现残余拉应力为500~700MPa。根据其承受的载荷，这些拉应力可能会在硬化层-心部界面或者在“开始”和“结束”的过渡区域产生裂纹。由此，有疲劳寿命要求的感应淬火工件通常要求一些疲劳测试，或者至少应对残余应力进行评估，这是验证程序中的一部分。

还需要注意的是在工件感应淬火时变形量和工件中残余应力的水平之间有一定的关系。如果感应加热材料受到工具或相邻较冷材料的强力约束，则该材料在淬火过程中可能比未受约束的材料显示出更小的变形。然而，变形的减小可能伴随着残余拉应力的增加。热影响区小的快速加热工件相比于加热缓慢的相同工件可能表现出较小的变形，但是会在硬化层-心部界面有相对高的残余拉应力。

由于许多工程机械零件的尺寸和成本，感应淬火工件的疲劳性能预先仿真或者取代实际物理硬件的疲劳测试是非常有吸引力的。在一些情况下，这是非常有用的。然而，要得到疲劳性能的精确预测并不容易。这要求精确的材料性能的模型、精确的感应淬火和加热模型、被处理的具体钢的详细动力学和疲劳数据、所采用的感应加热系统好的工艺效率数据，以及零件的精确的服役载荷等。如果这些因素中的任一个有偏差，预测的疲劳性能就是值得怀疑的。由此，对于许多感应淬火的工程机械零件，大量的关于疲劳性能的仿真数据只是有用的参考，而不能代替实际零件的疲劳测试。然而，随着模拟仿真技术不断的发展和改善，感应淬火零件的疲劳预测毫无疑问会变得更加精确，而且对于大规模的应用也会更划算。

（3）工件定位 工件与感应线圈的对准对于感应淬火零件的性能有重要影响。由于工程机械零件的尺寸和尺寸公差，这对于工程机械零件来说可能是特别的挑战。在许多情况下，通过仔细的过程调试，对准过程可以很有效地进行。与机械加工一样，它需要一致的夹具基准，能够很好地理解转入零件的尺寸变化，仔细调试机器并对设备要很好地维护。

图2-314所示为单齿感应淬火试验齿轮的2个

切块，说明工件和感应器保持合适对准的重要性。这张宏观显微组织图显示了从单齿沿齿沟感应淬火齿轮上切下的两个切片。切片 A 以 2mm 的耦合间隙进行淬火，这是工艺标称设定在每个齿顶端的明显未硬化的区域实际上是在牙齿另一侧的侧面淬火期间发生的背回火。背回火程度主要取决于齿轮的相对淬硬层深度（2.5mm）。在同一功率水平和运行速度下，切片 B 是以 3mm 的耦合间隙进行淬火。请注意两种硬化层的差异，当以较大间隙淬火时沿齿面到齿根整个淬火层深度都变浅，硬化层也不对称，这说明感应器不再是位于两个齿的中心位置。此外，在每个齿的齿根圆弧处有明显的非淬硬区。由于齿根将承受最大的弯曲应力，这种硬化层在许多场合都是不希望得到的。

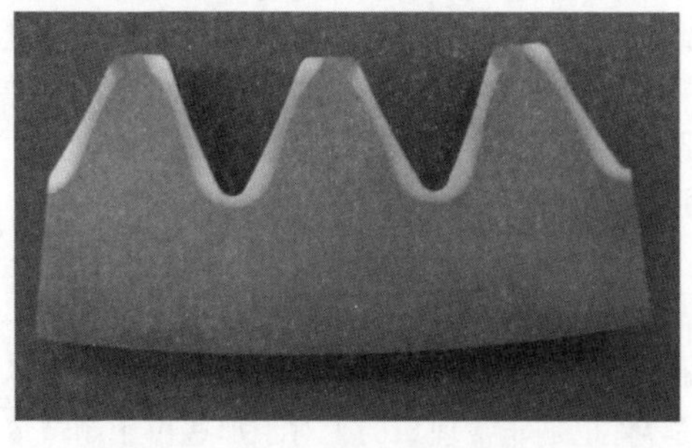

a)

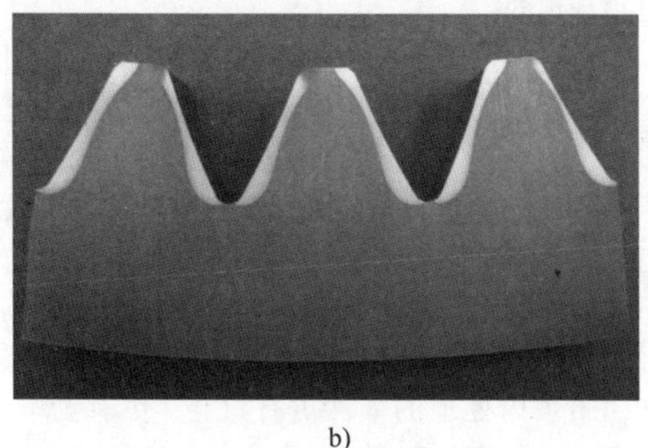

b)

图 2-314　单齿感应淬火试验齿轮的 2 个切块

a）采用 2mm 耦合间隙的淬火切块

b）采用 3mm 耦合间隙的淬火切块

2.9.5　设备因素

用于工程机械的感应淬火生产线和其他产品的生产线相似。然而，工程机械零件一般很大或很重，需要的功率大，比用于其他领域需要的期望寿命长。因此，有些项目需要特别注意，以确保在安装筹备期间完全解决这些问题。

（1）电源功率　对电源功率的要求要特别注意，尤其对一发法淬火大型零件更是如此。之前提到，一发法淬火大型工件可能需要的电源功率达 1MW 或更大。对如此大规格工件相应的感应电源虽能从供应商那里买到但一般是非标的。对如此大规格工件相应的设备安装需要配套的变电站以提供所需的电力，并提供如同 IEEE 519 标准讨论过的谐波治理。此外，电力使用也需要遵循当地的峰-谷调配政策。配套的变电站和电力附加费增加了一大笔额外的能源成本投资。

（2）尺寸波动　进行感应淬火处理时工件尺寸可能的变化也要考虑。随着零件尺寸增加其尺寸公差也会增大，并且一些零件的尺寸公差足够大时会对线圈与工件之间的耦合间隙产生很大影响。对于机械加工零件这可能不是一个主要问题，因为机械公差会被调整到所需要的范围，这样可以保持不变的耦合间隙。然而，锻造和铸造零件有时淬火前没有经过机械加工。这时，来料零件的尺寸偏差对于感应淬火操作的目标耦合距离来说会有一个很大的分散度。举例来说，对锻造件采用 10kHz 中频进行理论耦合间距为 2.5mm 的淬火操作，如果锻造件的尺寸公差为 ±0.5mm，耦合间隙为 2 ~ 3mm，淬火工艺必须适应这种变化。

（3）安全　一些工程零件的尺寸和质量，以及用于这类零件的感应工艺状况，使得感应淬火操作安全的考虑比任何其他感应热处理都重要。零件堆放、装卸必须进行监督。许多零件需要升降机进行装卸。无论是机床的平面布置或是感应系统本身必须有足够的空间去容纳这些设备。吊车和其他起重设备也会用在更换感应线圈、汇流排、加热单元以及对某些扫描感应器的行程调整方面。另外，工业机器人和其他自动化设备应用于感应淬火设备越来越平常，像所有自动化系统一样，这些设备必须设计合适的隔离栅、联锁保护装置和其他安全装置，以确保操作员和其他在设备附近人员的安全。

电气和电磁安全也是一个主要问题。当然，感应线圈通电时有触电的危险。一旦当供电设备通电，即使线圈不通电，也有触电的危险。因为开关和其他内部供电零件可能会失灵。一些感应系统被设计成使感应线圈与地电位隔离。在这些机器上，接地故障检测系统有助于在检测到过度漏电时系统会断电，比如当线圈与工件之间发生电弧时。这样的系统可以保护感应器硬件，但是不能完全依赖它保护操作者。还需要指出的是，一发法、多匝感应线圈一般比单匝扫描线圈运行电压更高。然而，如果安全措施不到位，这两种线圈运行的高电压也会对操作者产生潜在危险。当对设备调试或维修时，多数感应加热单元都有的补偿电容器对工作人员有潜在危险。即使断电了，大型电容器仍然储存了大量电能。在加热单元回路里进行任何作业都必须保证其放电完毕。

感应淬火系统也会在感应线圈附近产生电磁场。这些磁场会对植入起搏器或其他医疗装置产生电磁干扰。随着功率水平的增加和频率的降低，引起的风险通常会增加。比起其他淬火零件来说，工程零件是高功率低频率，会有潜在产生电磁干扰的可能性。如果机器外壳在淬火操作时都接地并关闭好，机器外的电磁场就会相对变小，并随着与感应线圈之间的距离增加而减小。然而，如果个人带有心脏起搏器和类似的设备，并在设备运转时在其范围内，就可能会感受到电磁场干扰，所以应该为携带心脏起搏器的个人规定安全工作距离。

淬火液也会危害健康和安全。如果选择使用淬火油，主要注意其可燃性。水作为淬火液一般没有油那么危险，但也有潜在的安全隐患和环境污染隐患。许多淬火液的安全数据表需要仔细监督，合适的安全行为必须做到位，包括必须有个人防护装备。淬火剂的滴落和溢出也可能造成明显的滑倒危险。对于设备中使用高浓度的聚合物淬火液尤其要注意。这些液体很滑，特别当员工搬运重物或进行装配时。所有淬火液都含有添加物，其倾倒必须满足政府和当地法规的要求。

对于一些设备噪声问题值得关注。由于泵和相关设备，感应淬火设备都有噪声。需要用听力保护措施隔离噪声。大功率和低频淬火设备，特别是那些频率低于3kHz的设备会产生很大的啸叫声并需要听力保护。

(4) 工艺监测　大多数现代的感应淬火系统都配置有日常设备运行的监控，包括功率水平、电流和电压水平、扫描速度、淬火温度、工件旋转。这些参数值在调试的时候就已经被确定而且在零件淬火生产中被监控。这些信息对于确定机器的安装和粗略鉴别机械或者电气系统故障是非常有价值的。比如，它可以很容易地判定感应线圈的损坏情况。许多控制系统还使人们能够为每个参数定义可接受操作的允许窗口。这些窗口可以是整个周期的上限和下限，也可以是与时间相关的，基于轮廓的限制在循环中的每个点处调用每个参数的可接受值。

感应淬火系统产品会配置工件位置和光学温度传感系统。比如，一发法淬火系统可能有多个伺服电动机来确保工件位置在线圈中的准确性。双色红外线测温计监视加热时表面温度峰值并反馈控制也变得越来越普遍。这些系统对于保证工件质量和生产连续性是非常有用的，但是要求小心地使用和不断地维护来确保它们按规定的那样运转。

然而，有效的工艺控制不仅仅只是监控感应淬火机床的运转。和任何钢淬火操作一样，必须确保来料材料、淬火、温度操作，以及其他工艺因素的一致性。在炉中的热处理操作，比如渗碳，它经常使用实验室随炉工艺试块。这提供了一种低成本的方式来确保这些淬火操作可以按着之前设想的那样来进行。这种方法对于感应淬火就不那么有效了，这是因为感应淬火高度依靠于工件几何形状和工件相对于淬火线圈的位置。尽管如此，对于一些性能至关重要的应用来说可能也是必要的。任何用于过程控制的实验室测试试样必须与处理的零件有相似的几何形状。它们必须被固定为试样相对于线圈的位置和实际的相同。这可能意味着测试样需要从生产零件上切下来，而且必须使用单独设计的工装来把试样固定。

2.9.6 前景展望

感应淬火对于工程机械行业中的各种部件非常有用。它尤其适合形状简单、批量大的零件，比如销和杆。该技术对于由于太大而在炉子里淬火不划算的零件也是非常理想的，对于那些由于制造或应用要求，零件必须仅在选定的位置进行淬火的场合也是很理想的。

为了这项技术有新的应用，应不断地增强可靠性，提高承载能力，相比于渗碳和直接淬火工艺降低了零件的成本。要不断开发适应工件的监控系统，对于一些关键场合的工件感应淬火质量和一致性能够有明显的改善。提高感应淬火零件在各种工艺条件下的应力分布数值计算模型解决方案，可有利于大面积零件疲劳性能的改善。这种改善使得这些零件相比于炉内处理的零件更有机会、更有竞争力、应用更广泛。最终，感应淬火工艺经不断努力降低了相比于炉子处理的成本，这对于扩大在工程领域的应用有很大的潜力。例如，使用微合金钢而不是调质钢做坯料就会有明显降低成本的潜力。通过减少从一个零件更换到另一个零件所需的时间，继续努力降低感应淬火操作的经济批量大小，以及更有效地将感应淬火操作集成到现有加工和制造单元中的努力，也可能是非常有益的。

致谢

The author thanks Fred Specht for supplying originals of photos for this article.

参考文献

1. F. Specht, "Induction Heat Treating Off-Highway Case Studies," SAE Paper 2002–01-1558, March 2002
2. G. Burnet, O. Carsen, S. Dappen, and D. Schibisch, Induction Hardening of Very Large Rings, *Ind. Heat*., Aug 2011, http://www.industrialheating.com/articles/print/89899-induction-hardening-of-very-large-rings-and-bearings (accessed July 12, 2013)
3. D. Herring et al., "Gear Materials and their Heat Treatment," *Ind. Heat*., Sept 2012, http://www.industrialheating.com/articles/90545-gear-materials-and-their-heat-treatment (accessed July 12, 2013)
4. V. Rudnev, et al., Induction Heat Treatment of Crank Shafts, Cam Shafts, and Axle Shafts, *Handbook of Induction Heating*, Marcel Dekker, New York, 2003, p 278–300.
5. V. Rudnev, et al., Gear Hardening, *Handbook of Induction Heating*, Marcel Dekker, New York, 2003, p 303–328
6. R. Haimbaugh, Applications of Induction Heat Treatment *Practical Induction Heat Treating*, ASM International, 2001, 165–181
7. R. Haimbaugh, Induction Heat Treating Process Analysis, *Practical Induction Heat Treating*, ASM International, 2001, p 183–213
8. "Induction Hardening of Steel Components," Aerospace Recommended Practice SAE ARP4715, SAE International, Warrendale, PA, 2011
9. "Induction Hardening of Steel Parts," Aerospace Material Specification SAE-AMS2745, Rev. A, SAE International, Warrendale, PA, 2012
10. "IEEE Recommended Practices and Requirements for Harmonic Control in Electrical Power Systems," IEEE Std. 519-1992, The Institute of Electrical and Electronic Engineers, Inc., New York, 1993

2.10 航空航天领域的感应淬火

Christian Krause and Fabio Biasutti , Eldec Schwenk Induction

批量小和质量要求高是航空航天领域淬火工艺的传统特点。在最近几年，感应淬火在经济和生态方面也很受重视。这些目的驱使工业上要寻找最优的生产工艺，在单件作业上获得可重复性和高能效。航空航天工业发现通过感应加热能够实现这些目标。在过去的 20 年感应加热设备的发展使得这项技术在航空航天工业的应用越来越多。既能对单个零件进行热处理，而且还能精确控制加热和淬火过程，使得感应加热工艺很吸引人。由于输入进工件的能量具有高精确的可重复性使得工艺更安全、更稳定。

在过去 10 年内大功率输出的同步双频逆变电源（SDF）的发展促使了在工业领域的感应热处理应用。过去的发展主要针对轮廓淬火齿轮。在 1995 年，Townsend 等人使用双频但不同步的热处理工艺。他们使用中频进行预热，随后用高频来达到轮廓加热的温度。然而，采用这种方法，不可能获得良好的淬火轮廓，并且在心部具有足够的淬火深度。今天，人们可以获得良好的轮廓并在心部获得足够的淬火深度，以实现齿轮的必要的耐用性。

齿轮零件的感应淬火是一项重要技术，因为前面提到的原因，并且因为它比传统渗碳更能控制表面变形。然而，在航空航天工业中，感应淬火还有许多其他潜在应用，如花键、轴承和其他传动部件。

2.10.1 要求和特点

用于航空航天工业的零件技术要求对质量和重现性要求严格。这意味着热处理工艺的控制要求也非常严格。对于感应淬火能够想到的有硬化层、工艺、机床、电源和零件本身（如零件的变形）。工艺要求与重现性密切相关。

对于硬化层（见图 2-315）的技术要求项目有：硬化层深度、过回火区（尺寸）、表面硬度、心部硬度、过回火区硬度、硬化层的尺寸。

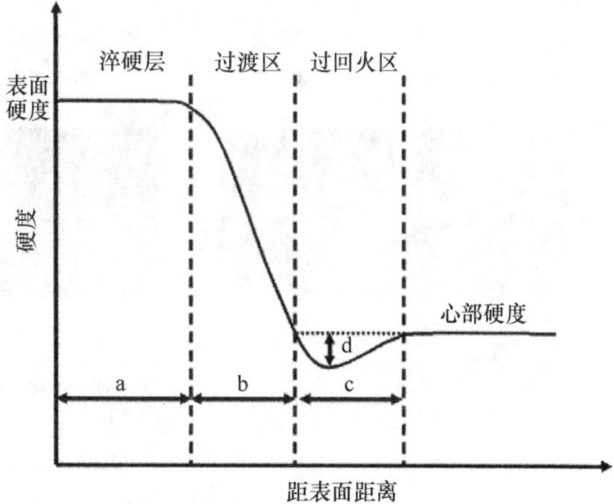

图 2-315 表面感应淬火后的硬度梯度分布

为了满足航空航天工业的高要求所有的限制都很严格。当然，具体的要求取决于材料、零件几何形状和具体应用。

为了实现可再现的加热工艺和可再现的淬火结果，要有关于主要参数和它们的影响的知识。

主要的加热参数有时间、功率、频率、感应器位置、感应器形状。

加热时间的影响很重要：时间越长，硬化层深度越深。例如，加热时间 10ms 的差异可能导致不同的加热结果，见图 2-316。

为了得到与图 2-316 相似的硬化层，需要一个相对高的功率密度（达 $8kW/cm^2$）向工件内部提供热。由于更少的体积被加热，因此工件的机械变形减小了。功率密度对淬火结果的影响见图 2-317。

频率影响淬火层深度，如果同一零件的不同区域，需要的淬火层深度不同，建议用多频率电源。

主要的淬火参数包括：淬火液流量/质量控制、精密的淬火喷射装置、淬火液温度、淬火液流量。

这种淬火工艺的淬火冷却介质是水溶性聚合物，聚合物浓度为 6% ~10%。在调试时聚合物浓度就要定下来，还有聚合物的质量要保持恒定不变，淬火冷却介质的浓度必须要经常检查。

淬火液流量在整个淬火区域中必须均匀并避免软点，淬火液温度必须稳定控制并调节在 ±2K 范围内。

在加热和淬火之间的淬火延迟应该是可编程的。如果奥氏体化时间短并且使用高淬透性钢这很有帮助。

用于航空航天工业的淬火机床一般是单主轴机床。它们的设计年产量为小到中等。这些机器上装配了零件形状的感知系统（触觉或者光学）和流量（淬火和冷却）监测系统。零件几何形状的测量很重要，确保与零件对应的感应器位置对于每一个单独的工件都是相同的。图 2-318 所示为用于航空航天工业的感应淬火机床，配 1MW 的同步双频电源。在图 2-318b 中可以看到零件形状感知的工作区域。

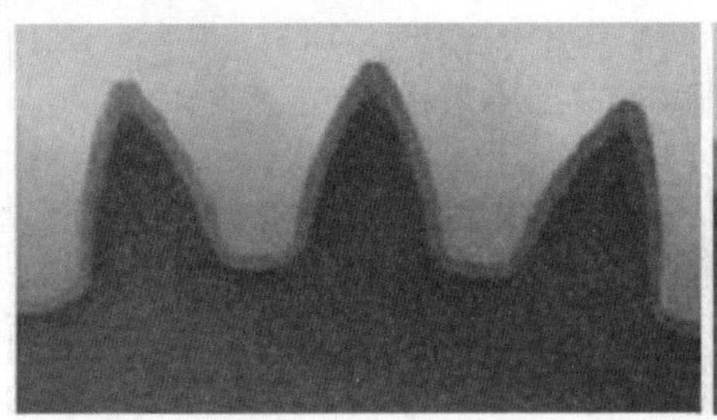

功率密度：$5kW/cm^2$
加热时间：160ms
功率比：MF/HF=50%/50%

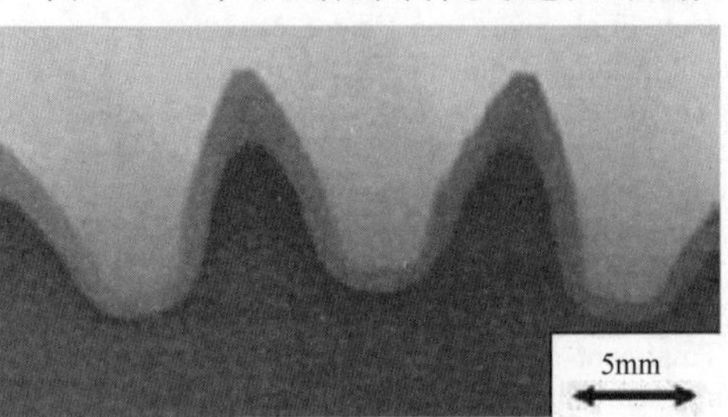

功率密度：$5kW/cm^2$
加热时间：170ms
功率比：MF/HF=50%/50%

图 2-316 采用高功率密度时加热时间对淬火层的影响

MF—中频 HF—高频

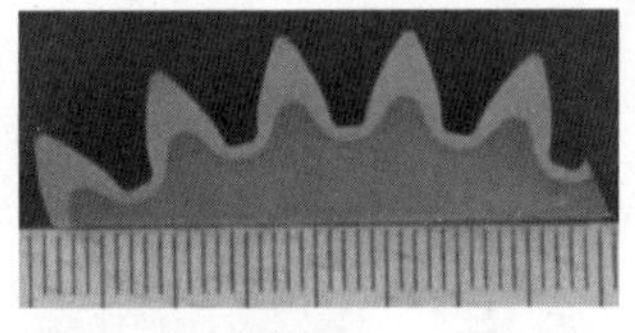

试样3

功率密度：$3kW/cm^2$
加热时间：280ms
功率比：MF/HF=50%/50%

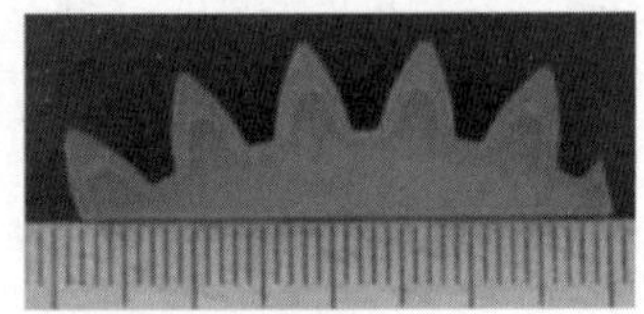

试样1

功率密度：$5kW/cm^2$
加热时间：180ms
功率比：MF/HF=50%/50%

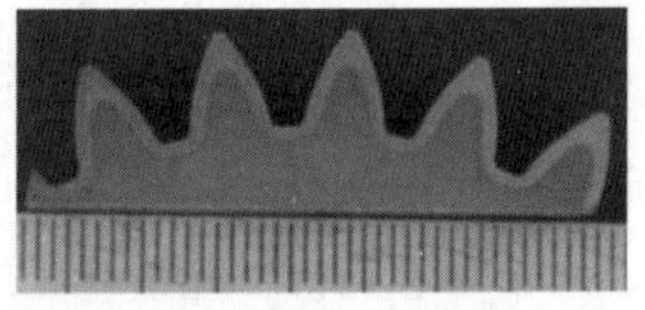

试样2

功率密度：$8kW/cm^2$
加热时间：140ms
功率比：MF/HF=50%/50%

图 2-317 功率密度对淬硬层分布的影响

MF—中频 HF—高频

为了满足高要求，考虑到小批量和试验件，每一个单独淬火操作都使用相同的设置是很有必要的。线圈的位置很重要，因为线圈和要被加热表面间的耦合距离对硬化层有重要的影响。

通常，机器的柔性很重要，这样能在一个机器上淬火各种形状的工件。为了达到这种要求，机床上必须配置三个轴，这样就能够非常快速且可再现地在三维方向上移动感应器。移动速度 30m/min 对于这种应用是很完美的。当机床由加热位置移动到冷却位置时这个速度是很重要的，它避免更多的热传入零件。在这种情况下，才有可能在 0.2s 内把工件移动到淬火位置。达到这个关键指标有两个主要参数：结构轻量化和轴系统的高强度。基本规定之一是动态和静态载荷对机架和 Z 轴托架造成的变形程度不得超过 0.02mm。

a)

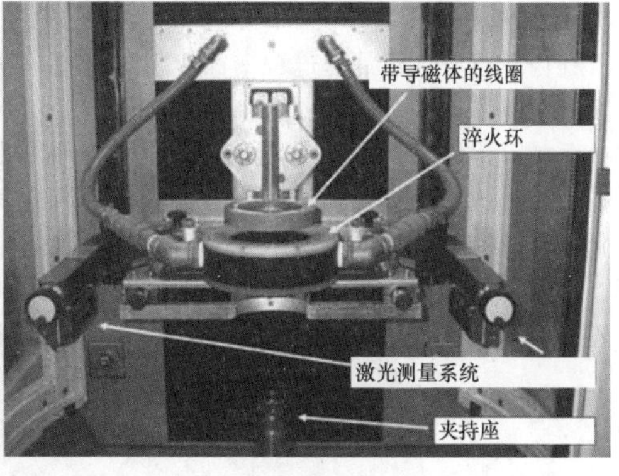

b)

图 2-318　用于航空航天工业的感应淬火机床

a）感应淬火机床　b）工作区带光纤检测系统

此外，还要具备不同轴之间可以用插值运动来执行规定的扫描工艺能力。为了实现所有不同类型的淬火操作，有一个自由编程数控系统是再好不过的。如果使用短的加热时间（<500ms），则需要较高的旋转速度来得到均匀的硬化层。依据零件的形状，需要选用相应的感应线圈类型，也可能要求在加热时旋转速度要达到 1600r/min。

感应线圈是感应加热的工具，对感应淬火结果有很重要的影响。它的设计取决于要得到的硬化层、频率和电流的密度及应用的电磁力。线圈必须是牢固的以避免应用过程中的外力使其变形。

感应电源必须能够提供精确的可再现性的功率。为了确保这些标准，需要一个数字调节系统。

为了获得各种零件需要的各种硬化层深度和硬化层形状，最好有一个可以以不同频率工作的电源。这样它既能用高频淬火零件，也能用同一设备同一线圈中频回火该零件。另外，对于复杂形状的零件，同时使用高频和中频电磁场能够得到最佳的硬化层（如齿轮）。同步双频电源的使用提供了最好的灵活性，是这类工业应用的感应淬火机床最优的配置。由于短的加热时间，电源的控制必须足够快、足够准确。例如，在一个表面淬火工艺中，加热时间可能是 200ms 或者 300ms。

电源的瞬变一定要比 80ms 小，并且在每个周期提供等量的能量。图 2-319 所示为基于绝缘栅二极管技术的振荡电路瞬态，表示了用于航空航天工业感应加热电源的晶体管特性。

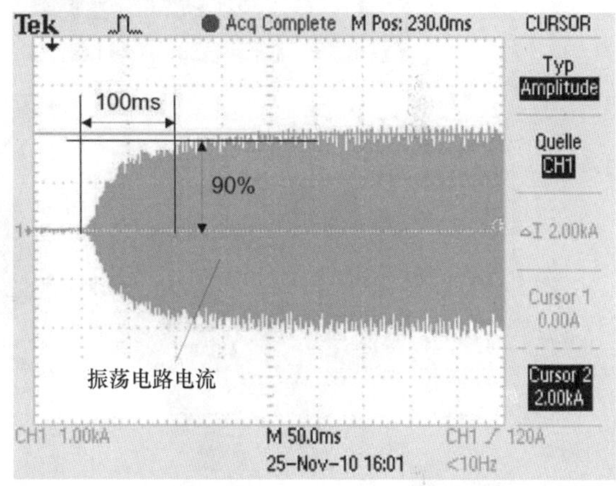

图 2-319　基于绝缘栅二极管技术的振荡电路瞬态

2.10.2　零件的应用和材料

航空航天工业中大部分感应淬火零件都是传动件：轴承、轴、各种不同的齿轮，比如锥齿轮、直齿轮、斜齿轮和花键（见图 2-320）。

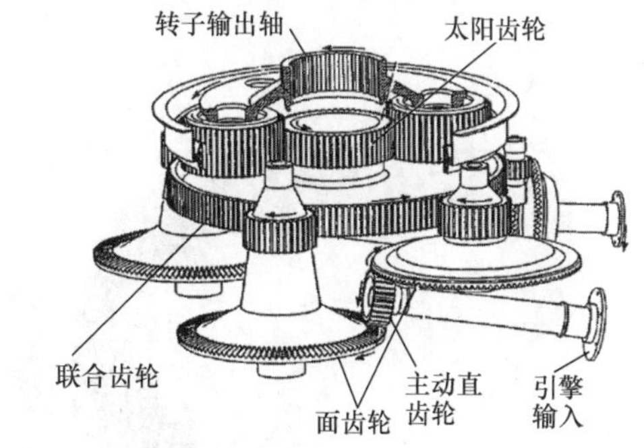

图 2-320　航空工业的一个变速器零件（直升机变速机）

图 2-321 和图 2-322 所示为感应加热处理的锥齿轮。采用一个可在两种频率（10kHz 和 230kHz）下运行的变频电源，该零件用在波音 737 机翼后缘。在这种情况下，从感应淬火得到的好处是变形很低

和可控，这样减少或消除了淬硬后切削加工，因而降低了成本。

在齿轮感应加热处理过程中，使用了线圈-工件工装，有时候边棱角过热可能出现，见图2-323。在这些区域，工件表面同时被沿着轴向的纵向和径向磁场影响。这导致工件棱角感应密度增加。经验表明上述提及的影响取决于工艺参数的选择，包括频率、功率密度和感应器形状，这些反过来强烈影响淬火结果。

Gabelstein 和 Carter 持有的专利显示出航空航天工业对解决这个问题的兴趣。在专利中，发明者使用了屏蔽环，一个磁场屏蔽来减少边缘的能量密度。屏蔽环的材料可以是铜或者银。另一个可以得到沿着齿轮轴向均匀加热的方法是使用磁力线聚集器，放置在工件的顶部和底部（见图2-323b和图2-324）。

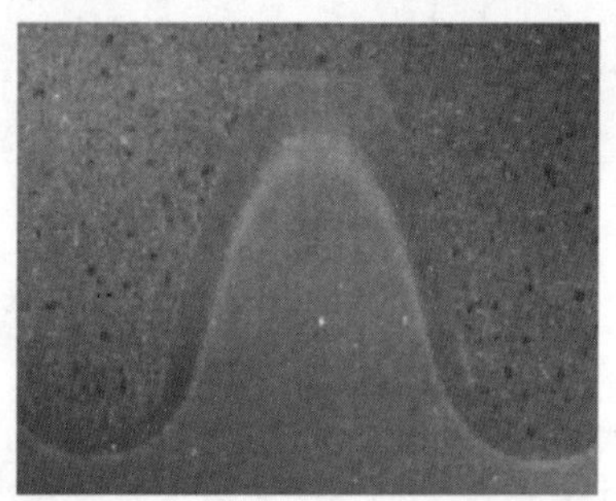

图2-321 锥齿轮及其感应淬硬层

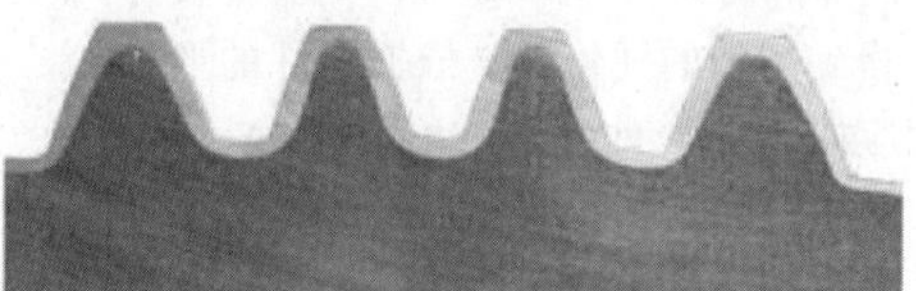

加热时间：200ms
功率：580kW(MF+HF同步)
频率：10kHz MF和230kHz HF

图2-322 感应淬火锥齿轮和淬硬层

MF—中频 HF—高频

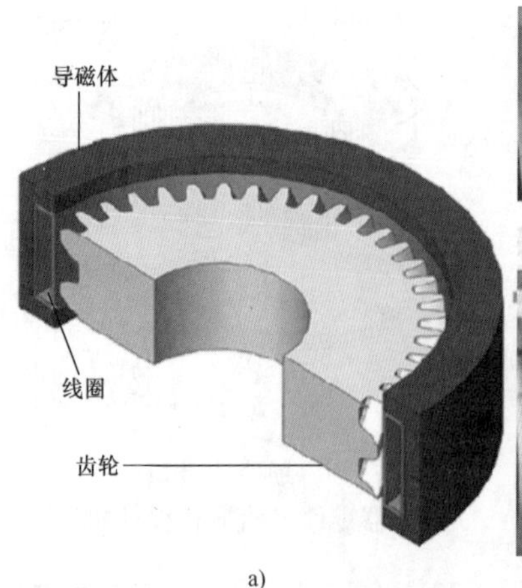

a)

b)

图2-323 齿轮感应淬火装置和淬火机床工作区

a）常规的齿轮感应淬火装置 b）在工件上下面装有导磁体的淬火机床工作区

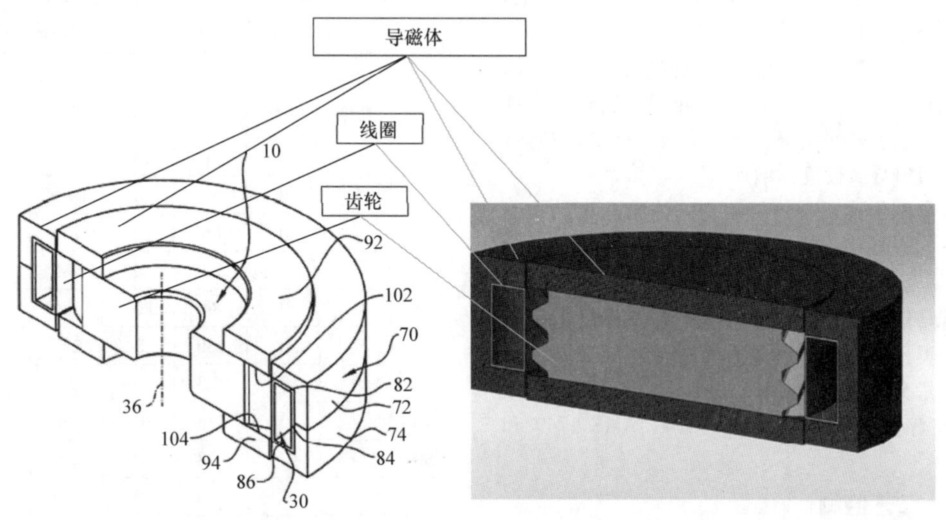

图 2-324　在工件上下面加磁力线聚集器的感应淬火装置

磁力线聚集器和屏蔽环在某些应用中可以一起使用。他们允许沿着轴向得到非常均匀的硬化层。当然，这种解决办法需要更多的调试工作。然而，由于每年生产零件批量小，在经济上是可行的。

当上面的办法还不能解决问题时，通过使用同步双频工艺（SDF），通过优化的线圈设计和使用高功率密度，将会沿着齿轮轴向得到很好的结果。

齿轮感应加热的加热时间为 80ms ~ 3s，如果在某些情况下需要预热的话加热时间会更长。在最糟糕的情况下，加热时间短会导致不完全的马氏体转变。这取决于化学成分和室温下碳键、原始显微组织和碳的分布、奥氏体化温度、加热速度和时间。

改善措施有：采用更高的奥氏体化温度；关注关键区域的发热；预热；使用不同材料或者原始显微组织。

一个重要的事实是正确的感应淬火过程，不会影响心部的力学性能，这意味着心部的力学性能（硬度和强度）必须在热处理之前得到。图 2-315 是一个成功进行表面淬火的典型硬度曲线，是从试样表面到试样心部典型的硬度分布图。

一些重要的因素会影响硬度分布的形状，这些因素和它们反过来影响的特征是：

（1）奥氏体化时间和温度

1）表面硬度取决于晶粒尺寸和碳分布，特别是碳键。

2）过渡区宽度（见图 2-315 中的 b）。

3）过回火区的宽度（见图 2-315 中的 c）。

4）过回火区硬度降低（见图 2-315 中的 d）。

（2）原始显微组织

1）心部硬度。

2）过回火区硬度降低（见图 2-315 中的 d）。

（3）含碳量　表面和心部硬度水平。

（4）合金的成分和含量　淬透性。

（5）冷却速度

1）过渡区宽度（见图 2-315 中的 b）。

2）表面硬度水平。

3）过回火区的宽度（见图 2-315 中的 c）。

4）过回火区硬度降低（见图 2-315 中的 d）。

硬度分布取决于材料、原始显微组织和加热冷却参数。因此，热处理工艺调试对最终的硬度结果有很大的影响。

所有前面描述的因素或参数也决定了热处理后的残余应力。在大多数情况下，热处理之后希望在齿轮零件表面得到压缩残余应力。浅的淬火深度和低的冷却速度可能得到高的压缩残余应力。然而，很难预测表面感应淬火后残余应力的量值，量值也取决于工件的几何形状和热处理之前的残余应力。因此，某个具体零件的整个工艺链决定它的硬化层的绝对残余应力。

在大部分情况下，淬火以后要回火以使材料具有更大的韧性。钢的回火是扩散过程。在马氏体中，碳固溶在体心立方晶格中，如果加热马氏体，碳的扩散就被激活。扩散过程受温度和时间控制，这意味着在一定的范围内可能通过时间补偿温度，或者通过温度补偿时间来达到想要的硬度要求。对于低合金钢，温度是最重要的工艺规范，时间的作用不太重要。对于这些材料，感应回火工艺也是可行的。合金成分越多的材料，回火结果受时间影响越大。

由于在机械载荷过程中阻碍或限制位错的移动，总是会出现较高的硬度。通过热处理，显微组织能够以限制位错移动的方式改变。所以在钢铁中有许多不同的机制导致硬度的增加。

一些限制位错运动的机制是：体心立方晶格变形，形成四方晶格；晶粒细化；析出强化（弥散分布）；位错密度增加。

实现马氏体淬火工艺的两个主要条件是正确的含碳量和奥氏体转变。对于表面感应淬火工艺，一般用碳质量分数为0.3%～0.6%。常用于航空航天工业感应淬火的材料是AMS 6414、AMS 5749和AMS 5898。

2.10.3 工艺监测

在航空航天工业中，关于淬火和回火过程需要有许多详细的文件记录。表2-50为工艺过程监控参数，是每一次感应淬火工艺记录的主要参数。

所有的现代感应淬火机床都有数据记录系统，用来记录需要的数据。此外，可以根据加热时间监测关键的加热参数（见表2-51）。这些允许密切控制加热。表2-51列出了同步双频电源在高频加热阶段的功率、电流和频率。通过观察频率，我们能够得到瞬变现象的结束（20ms）和通过居里温度（50ms）。

表2-50 工艺过程监控参数

设 置	加 热	淬 冷
感应器编号	频率/双频	实际温度
订单编号	设定功率	温度极限
零件代号	实际输出功率	实际流量
操作方式淬火工艺	加热开始位置	流量极限
操作方式顶尖	加热结束位置	淬冷位置
淬火冷却介质编号	扫描速度	—
顶尖位置和锁紧压力	每个振荡回路的能量值	—
工件位置	每个振荡回路的电流值	—
转速	—	
工艺中每个轴（X、Y、Z）的速度	—	—
加热后到淬冷前的延迟时间	—	—

表2-51 同步双频电源在高频加热阶段的功率、电流和频率

时间/ms	高频功率	中频功率	高频电流	中频电流	高频/kHz	中频/kHz
0	0	0	0	0	0	0
10	0	0	0	0	90	0
20	4	0	66	0	285	0
30	4	0	83	0	285	0
40	4	0	84	0	285	0
50	7	0	160	0	247	0
60	9	0	173	0	247	0
70	9	0	178	0	246	0
80	9	0	178	0	246	0
90	9	0	176	0	246	0

2.10.4 经济方面

感应加热的最大好处就是具有单件工艺接续的可能性，如果需要的话。正如之前提到的，每年航空航天工业热处理的工件数量要比汽车工业少很多。从经济观点出发，要判断表面感应淬火是否是零件热处理正确方法，很有必要检查整个工艺链对成本的影响，前提是从技术角度来看它是有意义的。能效比是最近几年的口号，感应淬火期间的能量效率主要依赖于线圈的热效率。在表面淬火过程中，零件被加热和淬冷。因此，加热过程中所有耦合在工件中的能量在淬冷时全部去除。这就是为什么线圈效率和加热时间是工艺中能量效率关键参数的原因。

参考文献

1. D.K. Gabelstein and M.D. Carter, Induction Processing with the Aid of a Conductive Field, U.S. Patent 6,576,877B2, 2003
2. D.P. Townsend, A. Turza, and M. Chaplin, "The Surface Fatigue Life of Contour Induction Hardened AISI 1552 Gears," NASA Army Research Laboratory, Technical Memorandum 107017, Technical Report ARL-TR-808, 1995
3. C. Krause, F. Biasutti, and M. Davis, "Induction Hardening of Gears with Superior Quality and Flexibility Using Simultaneous Dual Frequency (SDF)," American Gear Manufacturers Association, Technical Fall Meeting, Oct 2011
4. F. Biasutti, C. Krause, and S. Lupi, Induction Hardening of Complex Geometry and Geared Parts, *Heat Process.*, Vulkan Verlag, March 2012

5. F. Biasutti and C. Krause, "Experimental Investigation of Process Parameters Influence on Contour Induction Hardening of Gears," HES-10, International Symposium on Heating by Electromagnetic Sources Induction, Conduction, Dielectric and Microwaves & EMP, May 19–21, 2010 (Padua)
6. L. Franze, H. Krötz, and C. Krause, Inductive Surface Hardening to the Highest Standards of Precision and Reproducibility, *Heat Process.*, Vulkan Verlag, Jan 2012, p 59–63
7. R.F. Handschuh, D.G. Lewicki, G.F. Heath, and R.B. Bossier, Jr., "Experimental Evaluation of Face Gears for Aerospace Drive System Applications," NASA Technical Memorandum 107227, Army Research Laboratory Technical Report ARL-TR-1109, 1996
8. R.F. Handschuh and G.D. Bibel, "Comparison of Experimental and Analytical Tooth Bending Stress of Aerospace Spiral Bevel Gears," NASA /TM-1999-208903, Army Research Laboratory Technical Report ARL-TR-1891, 1999
9. R.F. Handschuh and R.C. Bill, "Recent Manufacturing Advances for Spiral Bevel Gears," Technical Memorandum 104479, Technical Report 91-C-022, 1991
10. K.T. Jones, M.R. Newsome, and M.D. Carter, Gas Carburizing vs. Contour Induction Hardening in Bevel Gears, *Gear Solutions*, Jan 2010
11. M. Schwenk, "Substitution/Replacement of Case Hardened Gearbox Components in the Automotive as well as Airplane Industry through Contour True Induction Hardening," HES '07 Heating by Electromagnetic Sources, June 19–22, 2007 (Padua)
12. T.J. Kelly, M.R. Newsome, and M.D. Carter, in *Proc. of First International Conference on Distortion Engineering, IDE 2005*, Sept 14–16, 2005 (Bremen), p 213–223
13. W. Schwenk, B. Nacke, A. Ulferts, A. Häußler, and F. Biasutti, Härteeinrichtung, German Patent 102008021306A, 2009
14. C. Krause, R. Springer, F. Biasutti, G. Gershteyn, and F.-W. Bach, Mikrostrukturelle Untersuchungen an randschichthärtbarem Stahl Cf53 nach Induktiven Hoschgeschwindigkeitsaustenitisierung mit Anschließendem Abschrecken, *HTM J. Heat Treat. Mater.*, Vol 65 No. (2), 2010, p 96–100
15. H. Sigwart, Direkthärtung von Zahnrädern, *HTM J. Heat Treat. Mater.*, Vol 12, 1958, p 9–22
16. W. Crafts and J.L. Lamont, *Härtbarkeit und Auswahl von Stählen*, Springer Verlag, 1954
17. G. Krauss, *Steels: Processing, Structure, and Performance*, ASM International, Aug 30, 2005
18. E.V. Zaretsky, "Bearing and Gear Steels for Aerospace Applications," NASA Technical Memorandum 102529, 1990

2.11　感应淬火零件的缺陷和异常特征

Gregory A. Fett, Dana Holding Corp.

Arthur Griebel and John Tartaglia, Element Materials Technology

感应淬火包括加热和淬冷多个工序，每一阶段都可能出现差错和缺陷。本节讨论了常见感应加热中最普遍的问题，还有判断、鉴别和预防方法。尽管大多数案例是轴感应淬火，然而其中的原理和方法适用于所有的零件。

感应淬火使钢的显微组织从来料原始状态转变为马氏体。因此，钢的原始状态直接影响淬火零件的质量。裂痕和折叠是最明显的缺陷而且会保留到感应加热处理之后，但是脱碳、残余应力和晶粒尺寸，还有含碳量、成分和显微组织的不同也能影响到淬火零件。这些因素导致的问题会在感应淬火后显现，感应淬火工艺也因此常常被人们抱怨。

2.11.1　原始显微组织和晶粒尺寸

感应淬火零件通常由碳钢棒料或者锻件加工而成。铸件也可能被感应加热。碳钢棒料也许是热轧棒料、冷拔棒料或者车削的棒料。钢锻件可以是热锻件、温锻件、冷成型件或它们的组合。棒料和锻件有时在供货状态下使用，在其他时候进行预备热处理比如正火、退火，或在加工和感应淬火前进行调质。所有这些过程都会影响零件感应淬火的方式以及可能产生的缺陷类型。

钢感应淬火之前主要的显微组织是珠光体和铁素体。珠光体与铁素体比率的不同取决于零件是在供货状态下、正火状态下或是退火状态下使用。钢的含碳量和合金成分也影响珠光体和铁素体量。总体上说，出现的铁素体含量越多，感应淬火的效果越差。同时，意味着在相同感应加热参数下硬化层深度偏浅，而且显微组织能够包含更多非马氏体转变产物。有时这些可通过简单的感应淬火参数改变来得到改善（比如更高的温度和一定温度下更长的时间）。

在室温下，热轧、铸造、退火、正火或者球化钢的碳几乎只呈现为碳化物或渗碳体形式。当钢被感应加热时，渗碳体和铁素体反应形成奥氏体。扩散过程耗费时间，需要的时间随着碳原子必须移动的距离而增加。例如包含在珠光体、渗碳体片层之间的这些铁素体的区域转变得非常快。然而，预先存在的大面积亚共析铁素体，在一定温度下转变需要的时间更长。此外，需要进行碳的扩散来降低碳梯度，在奥氏体中产生均匀的碳浓度，这个过程称为碳平衡。如果碳浓度不均匀，一些显微组织中碳含量少，它也许会转变为低碳马氏体、贝氏体或珠光体。

退火态钢进行感应淬火处理时要比正火态钢需要更高的温度和更长的时间，因为在退火态钢里有更多的铁素体，过多的铁素体需要更长的时间转变为奥氏体并达到碳平衡。调质态钢可以在比正火态钢更低温度和更短时间下进行感应淬火处理，因为没有亚共析铁素体。球化退火钢需要更高的温度和更长的，时间因为碳聚集成渗碳体小球，基体基本是铁素体。

有时在机加工和感应热处理之前做调质处理。在这种情况下，显微组织通常是回火的马氏体。依据钢铁的淬透性和零件的横截面尺寸，显微组织也许从零件表面到心部发生改变。调质后的显微组织对感应淬火的响应最好，对于给定的感应淬火工艺参数可以得到最大的淬火层深和几乎完全的马氏体组织。显然，和供货状态相比，机械加工和感应热处理之前进行调质处理的最大缺点是增加成本。当与零件在使用供货状态下相比，正火和退火的缺点同样是增加了成本。

另外一种可能的预先显微组织是球化退火组织。这也许能在一些冷成形零件中得到。有时这些零件在来料状态下没有随后的正火和退火就直接进行感应加热处理。这意味着对感应淬火的响应最糟糕。这样对于感应加热参数一定的条件下得到的淬硬层最浅，无论如何调整显微组织也达不到完全马氏体。这就需要通过测试来决定是否能保证可靠的零件性能。如果不能，可能需要随后的热处理，或者需要第二次感应淬火处理。

钢铁的晶粒度也是不同的，取决于感应淬火之前零件的状况。如果使用没有正火或退火的棒料，晶粒度由在轧钢厂使用的热轧温度决定。热轧棒料普通钢的晶粒度接近 ASTM 3 ~6 级。如果棒料进行了正火或者退火处理，就会得到 ASTM 5 ~8。如果是进行了调质处理也会得到相同的结果。

锻造钢的晶粒度分布在最粗 ASTM 0 到最细 ASTM 8 之间。这取决于锻前钢加热的温度和在一定温度保温的时间。在一些锻件中整个零件的晶粒度相对一致。而在其他的锻件中，锻造法兰区域的晶粒度也许很大，然而轴部分仍然是和热轧棒料一样，有很小的晶粒度。轴有时候在来料状态下使用，然而其他时候它们要进行正火或者调质。

传统热处理，比如调质，晶粒度能够影响淬透性。然而感应淬火处理晶粒度对零件结果影响很小。比如说之前提到的那个热轧轴在法兰处晶粒度接近 ASTM 0 和轴的位置晶粒度大约是 ASTM 6。两处的硬化层显微组织和层深将会不均匀。然而在感应淬火时晶粒度能够影响产生内裂纹的趋势。

在非感应淬火零件中，晶粒度增加最主要的影响是降低了断后伸长率和塑性。通常，晶粒度大小对强度没有太大影响，对硬度也一样。当裂纹沿着表面到心部传播，感应淬火零件心部晶粒度增加能影响零件的断裂韧性。

2.11.2 脱碳

表面脱碳是钢棒、锻件和金属线材的普遍状况，能够在成品中产生低硬度或软点。脱碳一般在炼钢、退火、正火和预处理时被加热的钢中的碳挥发到气氛中去。由此产生的低碳表面层，也叫脱碳层，可能所含的碳不足以达到所需的硬度。感应淬火过程没有能补偿表面碳缺失的选择。

通过检测显微组织，检测硬度或者分析钢表面层的碳浓度，能够确定是否脱碳是产生软点和硬度大小不一的原因。根据钢的状况和脱碳的严重性来选择不同的鉴别方法。表面洛氏硬度计比如 HR15N 或 HR30N，还有显微硬度计比如维氏或努氏对于脱碳层检测来说比重载荷压头更敏感并且能够用于检测浅的不严重的脱碳。

检测来料是否脱碳最简单的方法是显微组织检测。如果显微组织是珠光体和铁素体，任何脱碳应该有明显增加的铁素体聚集。最好是从来料钢上取好几个试样，检查所有的代表性部位，因为脱碳可能不是均匀的，或者可能局限于在卷绕状态下进行热处理的导线的一侧。

当所有的来料都被加工过了，就必须检查一些感应加热零件本身，对表层显微组织检查也许能也许不能显示脱碳，取决于其严重性。如果表面完全脱碳了（没有或很少的碳存在），热处理显微组织也许包括铁素体或者非马氏体转变产品，这些已经被看作是脱碳的标志。部分脱碳的表面会转变为略微减少马氏体含碳量，这可能不会那么绝对地与正常的显微组织明显区别开来。在这种情况下，脱碳能够通过表面到心部显微硬度的分布曲线来检测。如果开始时硬度随着深度而增加，表面的脱碳是可能的。

如果对于脱碳的出现与否还有疑问，还可以检测表面的碳浓度。这应该在实际有问题的零件上做这些，而不是在采用同样热处理的试样上做，因为每个个体之间脱碳是不同的。通过车、铣削表层和次表层提交铁削分析能够可靠测量表面的碳。

2.11.3　残余应力

钢材生产过程中由变形产生的残余应力在进入钢材中并不明显，但是在感应淬火时会引起变形。当加热钢铁的时候，根据温度高低内部残余应力会减少或消失。如果内部残余应力沿着圆周不均匀就会引起零件弯曲和变形。例如，如果把线材从线卷上拿下来，在使用之前先矫直，当加热时它就会朝着它原始的方向弯曲。感应淬火工艺经常被抱怨，但实质上是钢中的应力使然。

如果怀疑残余应力是出现问题可能的原因，可以使用几种诊断步骤来甄别。X 射线技术提供了残余应力的精确数值，但是评价范围非常小。更少量但是更快的检测能够在感应淬火工位上进行。将零件加热后允许它空冷（没有淬火冷却介质）会使内应力失去平衡，将不会诱发淬火引起的组织转变应力。导致的变形最有可能由钢中残余应力引起。

2.11.4　碳和残余合金含量

钢的含碳量或者碳浓度控制了可达到的硬度，碳浓度越大，硬度更高。任何专门用途所选用的钢必须有充足的含碳量来达到需要的硬度。这是一个非常明显的要求，但有时也会忽略。

对来料含碳量变化的钢件加热时会产生问题。碳浓度不仅影响钢的硬度，还影响淬透性。对于 SAE 1040 钢，SAE J403 表明碳的热分析允许范围是 0.37% 到 0.44%。对于钢制成品，SAE J409 允许变化量增加 ±0.03%，这样总的允许范围是 0.34% ~ 0.47%。当确定钢牌号时必须考虑这件事。钢在最下限状态必须有足够的碳在回火后达到要求的硬度，也要有足够的淬透性来达到要求的淬硬层深度。

钢中残余的合金含量也确有影响。残余的合金含量，尤其是铬和钼，对钢的淬透性有很重要的影响。一般地，普通碳钢没有最小残余合金元素含量的要求，只有最大。对于普通电炉炼钢，由于钢铁炉料原因会有适度含量的残余合金元素。但是，对吹氧转炉炼钢，通常的残余合金元素很少。同样，必须保证出现最低限度的残余合金元素时钢铁仍然有足够的淬透性来达到要求的淬硬层深度。

2.11.5　夹杂物

钢中总会出现夹杂物，只是等级的问题。现在使用洁净的炼钢技术，发现主要微观夹杂的类型通常是硫化物和球形氧化物。氧化物和硅酸盐不如原来那样普遍了。对于硫化钢，比如 SAE 1137 或者 1141，故意制造出硫化物来增加机械加工性。总体上来说，当钢感应淬火时显微组织夹杂引起的问题不多。一种例外是重新硫化的锻件，其中分型线从感应淬火的表面出来。其中一个例子就是锻造叉轴，分型线将中间直径的部分分开。在这个位置，零件上有锻造的晶粒流向，并且有很高浓度的硫化物包裹体。当去除锻造毛刺时，这种硫化物夹杂物浓度会导致零件在打磨操作过程中开裂。如果这没有被检测到，裂缝会被带入到感应淬火工艺中，被看作是缺陷，即使它们不是由感应加热引起的。即便这个分模线区域可以在打磨操作中幸存下来而不会开裂，随后仍可能在感应淬火操作期间开裂。很难区分这两个原因。有时这些裂缝氧化的程度能够提供一些帮助。这种裂缝去除很麻烦。在这种情况下解决方法是改变成非加硫钢或者在所有的零件中进行磁粉检测。

2.11.6　过热或过烧

当加热钢到很高的温度时，晶界会氧化或者开始融化，这称为过烧。通常当钢热锻前加热时或许会发生。如果没有被检测出来，这个状况带到感应加热处理零件，一旦零件开始使用会引起典型的失效。当感应加热时这也可能会发生，但这不是普遍情况。原因是钢热锻前加热温度高于感应加热期间的温度。如果过热不是特别严重，锻造的晶界将会被氧化。这在未侵蚀的情况下最容易看到。特别地钢铁晶粒会很粗大。如果过热很严重，在某些晶界处很明显有融化和空隙，见图 2-325。这种情况钢热锻前加热过高的温度会出现，或者是钢在高温保温很长时间也会出现。当零件由于过热而断裂时，断裂将具有明显的粗糙“冰糖”外观，见图 2-326。

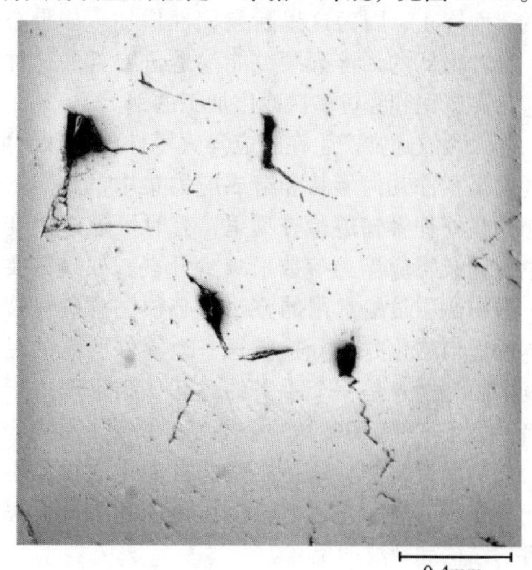

图 2-325　锻造过热引起的晶界氧化和熔融（未腐蚀）

图 2-326 驱动轴由于锻造过热引起的“冰糖”状晶间断裂

2.11.7 淬火裂纹

当零件感应淬火时外表面转变为马氏体，而内部或心部仍然没有被影响。马氏体转变伴随着体积膨胀 1% ~4%，取决于含碳量，含碳量越高体积膨胀越大。体积膨胀和由于冷却的热收缩能够产生很大的内应力。如果应力在某一时刻超过钢强度，就会形成裂纹。裂纹也许在淬火时马上发生，也许在淬火后一小段时间后发生。能够促进开裂的有高碳钢、高淬透性钢、高奥氏体化温度、晶粒长大、快的淬火速度、感应加热处理后过度推迟回火、应力集中、零件尖角和高的夹杂物浓度。淬火裂纹通常被看作是晶间的裂纹，从表面开始扩展。淬火裂纹实际上是由内部应力造成的过载裂纹，内应力是由热处理过程产生的。淬火裂纹一般是在淬硬层和心部的界面终止，因为这里断裂韧性增加。如果心部断裂韧性很低的话淬火裂纹能渗透进心部。这种例子包括高碳钢和经过多次冷作加工的钢。

淬火裂纹通常产生在感应淬火零件的特殊区域。这通常是零件几何形状和造成应力集中的地方。这能帮助热处理者知道检查哪里，有时可通过改变零件的设计或感应淬火参数来减少开裂。如果需要检查，磁粉检测是最常用的方法。必须注意确保裂纹方向的适当磁化并充分检查每一个零件所需的足够时间。因为检查是一个手工的过程，结果取决于操作者。如果零件 100% 在一个不变的基础上检查，也许会用到涡流检测。这是典型的自动化过程且不取决于操作者。有时超声波检测也可能用到，取决于零件的结构和裂纹的尺寸。

法兰轴，围绕在法兰和轴之间的圆弧周围的感应淬火层，易于沿着半径方向淬裂，见图 2-327。裂纹一般沿着圆周方向，或绕着法兰盘部分或者全部扩展。这种淬火裂纹在高淬透性钢中更普遍。为了减少这种裂纹，或许需要减少淬硬层深度或减小淬火速度。另外增加淬火延迟时间（加热和开始淬火之间的时间）也许有用。

另外一种淬火裂纹在边角或轴承肩，见图 2-328。像之前的例子一样，这个裂纹通常是圆周的并且能绕着轴承肩延伸。减少这种裂纹最有效的方法是减少热输入或者降低淬火速度。有时在这个位置会呈现出晶粒长大，这些增加了裂纹的趋势。

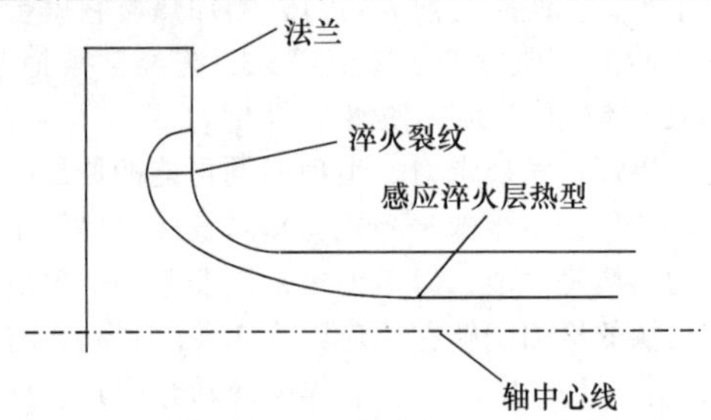

图 2-327 驱动轴法兰圆弧处的淬火裂纹

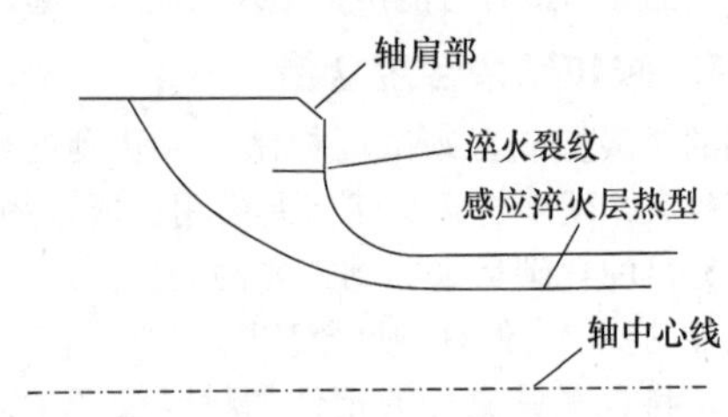

图 2-328 感应淬火台阶处的淬火裂纹

淬火裂纹也有可能出现在轴的末端，驱动轴花键端处的淬火裂纹如图 2-329 所示。如果感应淬火层贯穿整个轴的末端时尤其可能。这种类型的裂纹实际上可以从内部开始并保持内部直到轴被感应淬火后。最终裂纹会传播到表面，轴的整个角落可能会断裂。减少这种裂纹最有效的方法是淬火层在轴的末端之前终止或者在轴末端用机器加工一个大倒角。

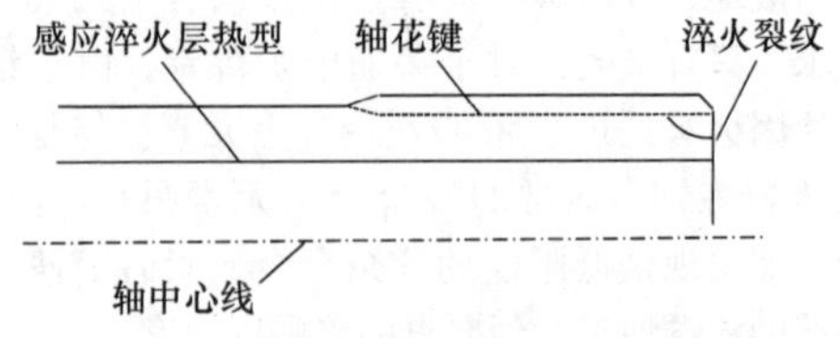

图 2-329 驱动轴花键端处的淬火裂纹

淬火裂纹易出现的其他位置包括退刀槽、花键和加工孔，见图 2-330 ~ 图 2-332。图 2-330 表明轴直径上的退刀槽在一个圆角处有淬火裂纹。圆角有很小的半径，趋向于开裂。半径加大有利于减少这种裂纹。图 2-331 所示为花键表面几个小的纵向淬火裂纹。正如预防其他类型的淬火裂纹一样，更低的热输入和更慢的淬火速度是更有利的。

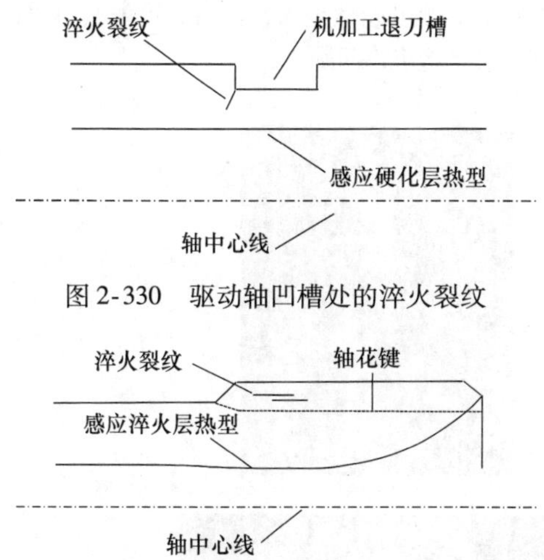

图 2-330 驱动轴凹槽处的淬火裂纹

图 2-331 驱动轴花键面上的淬火裂纹

图 2-332 表明淬火裂纹从轴表面的加工孔向外辐射。这时在孔贯穿表面的边角处倒棱将是有利的。

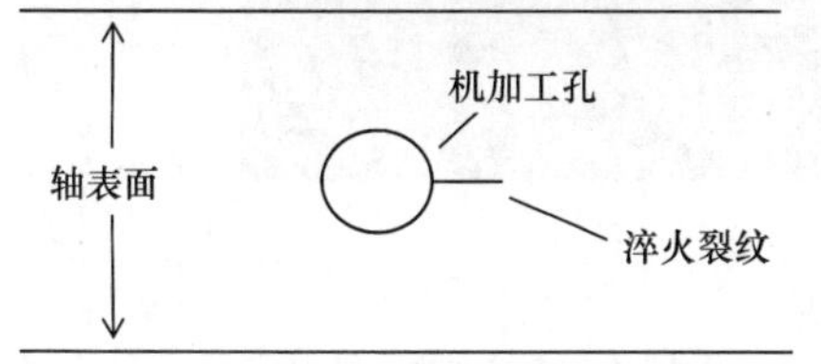

图 2-332 轴上机加工孔的淬火裂纹

有时开裂的频率很低以至于没有特殊原因的证据，这时裂纹被看作是偶然事件。在这种情况下，工艺变量的诊断也许比检查诊断更有效。一个例子是预调质然后感应加热的辊升降轴的裂纹。轴是在最终的磨削后百分之百涡流检查，每 30000 个工件中有 3 ~ 5 个零件发现裂纹。当成品的零件进行金相检查完后没有发现异常原因，调整感应淬火工艺参数对阻止裂纹是无效的。

因为感应淬火工艺不影响开裂的频率，进而检查了预渗碳过程。我们知道预渗碳时非常低的碳势会引起感应加热操作中的裂纹。即使碳势已经证实是合适的，显微组织没有显示脱碳的迹象，碳势缓慢增加，开裂的频率下降到每 30000 个产品中会有 2 件。为了证实，降低碳势到原始设置，开裂的频率又增加到每 30000 个产品中会有 8 ~ 9 个零件。碳势增加到一定水平，会使开裂的频率下降到 0。

2.11.8 螺旋纹效应

通过扫描方法进行感应淬火时可见螺旋纹效应。一般轴在扫描感应淬火之后都能在轴的表面观察到螺旋图样，然而有时这个图样能在表面下产生难以料想的显微组织变化。通过扫描进行的感应淬火是一个连续的过程，加热过程中零件旋转和纵向移动，紧随其后立即进行喷淋淬火。目的是将表面或表层的显微组织转变为马氏体，然而有时也会出现非马氏体转变产物比如贝氏体，该贝氏体组织存在于加热区域与淬火硬化区域的界面上，见图 2-333，这就是螺旋纹效应：即贝氏体显微组织沿整个轴的长度旋转向下。这种不正常的显微组织通常只在低淬透性的普通碳素钢中观察到，比如 SAE 1038 或 SAE 1040。它可以通过淬火圈的设计得到控制。要点包括淬火液喷射角度，还有喷孔的尺寸、数量和淬火环中排列，能够决定是否会出现这些。另外，也受到淬火液流速和淬火剂成分的影响。

图 2-333 感应淬火轴上螺旋纹现象的显微组织

轴感应淬火由于螺旋纹效应允许一定数量的贝氏体。一般地，如果深度不是太深，就不会影响到抗扭强度和疲劳寿命。图 2-333 基本上是 1mm 的深度，比正常的要深。最好是通过合适的淬火圈设计和合适的工艺控制来减少这种影响。

2.11.9 内部裂纹和晶粒异常长大

（1）横向内部裂纹 关于横向内部裂纹报道的不是很多，但是大多数热处理者做感应淬火处理时最终都会遇到这种缺陷。感应淬火会在零件中产生非常大的残余内应力。当表面转变为马氏体，由于密度低它膨胀，在心部留下拉应力。如果心部没有足够的强度或者足够的塑性，就会在内部沿横向开裂。这些裂纹很小，它们能沿着几乎任何路径延伸到表面，见图 2-334a。如果裂纹的直径很小，也许会被忽视，在轴使用期间从不会引起任何问题。然而如果它们很大，轴也许会在随后放置时失效或在使用期间失效。心部需要足够的强韧性为感应加热做准备。

出现横向内部裂纹的一般位置是在零件内部或

零件热锻区域，见图 2-334b。这是一个整体锻造的传动轴。在传动轴耳部邻近的开键槽出现横向内部裂纹。在具体零件中感应淬火深度在这个位置很深，这是由于需要预热时间来得到围绕着圆弧的层深。内部裂纹扩展穿过大部分横截面，见图 2-334c。图 2-334d 所示为图 c 中横向裂纹的放大。当使用该轴的时候，只有一个围绕着外表面的窄环是完整的。结果裂纹出现非常快。深的淬硬层深度促进开裂。很明显，淬硬层深度越深，在心部产生一个更大的残余拉应力的可能性更大，如果有可能减小淬硬层深将有助于解决该问题。

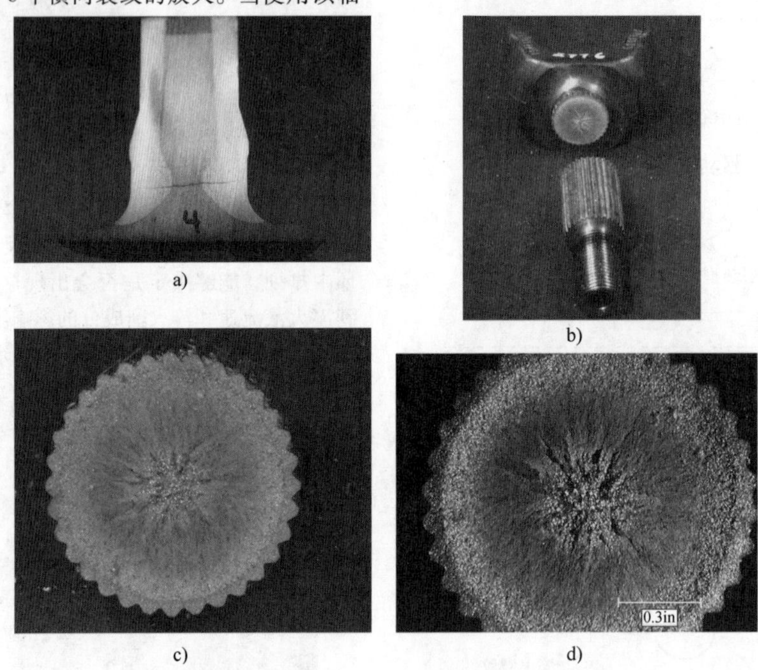

a)　b)　c)　d)

图 2-334　内部裂纹

a）感应淬火轴内部横向裂纹　b）感应淬火叉轴因为横向内部裂纹而断裂失效　c）在叉轴花键中内部横向裂纹　d）图 c 中横向裂纹的放大

全浮轴能是能观察到横向内部裂纹的另外一种零件。在法兰盘区域和开键槽区域能够发现裂纹，这两个位置都是被热镦锻过的。热锻会增大晶粒尺寸，这会降低韧性和断后伸长率。当晶粒尺寸大于 ASTM 2 时裂纹就很普遍。而且热锻趋向于在心部留下残余拉应力，因为这是最后冷却的部位。当这些裂纹确实出现时，它们通常事实上是穿晶的。消除裂纹的一个解决办法是在机械加工和感应加热处理之前正火处理。这减小了晶粒尺寸，因此增加了韧性，所以零件能经受感应淬火。

这样的例子包括重型货车的全浮轴，由 15B41 钢制成。这些轴在法兰盘末端和开键槽末端热镦锻制成。加工过程是锻造，机械加工然后感应淬火。轴采用这种加工方式很多年了，使用后不久就开始失效，或者使用之前就失效了。失效部位在轴的末端。使用超声波检测能够发现多达 20% 的零件是有缺陷的。内部的裂纹能够分成小的、中的和大的，取决于在超声检测期间多少信号通过了缺陷。实施的解决办法是在机械加工前给锻件先正火。两端的热锻区域的晶粒度要在锻后状态比 ASTM 0 更大。正火之后，晶粒度比 ASTM 5 更小，对应韧性和断后伸长率的提高能够解决问题。经过一段时间 100% 超声波检测证实是有效的。问题的出现是由于钢厂硼钢含量的增加，试图使其更接近规范的标称值。旧一些的轴用超声波检测发现问题一直存在。然而其严重程度还不足以使其在实际服务中出现失效。应当指出，用 1541 钢生产的类似轴没有内部缺陷。开裂问题是由较硬的 15B41 钢的塑性较低造成的。

已经观察到内部裂纹的另一个位置是热锻件变截面区域。这里有个例子是有锻造轴肩的锻轴。晶粒流动趋向于沿横向向外。即使晶粒度不是异常大，也会在这里发生横向内部裂纹。在存在扭结的异常晶粒流动的热锻件中也发生裂纹。这可能发生在被镦粗或者压缩的钢中。

横向内部裂纹在冷成形零件及一半冷成形一半热成形零件上出现。一般来说，如果条件合适，任何趋于降低塑性的东西都会导致横向内部裂纹。冶金解决方案通常是增加塑性，使零件能够完好，这可通过正火或者调质完成。超声波检测可以用于这些缺陷的检查。

很难预测横向内部裂纹什么时候在哪儿出现。当它们出现时，它们可以出现在所生产零件的很大部分，然而它们也可能出现的不频繁。几十万零件中会出现一个。这使得横向内部裂纹很难避免。

（2）纵向内部裂纹　除了方向，它与横向内部裂纹很相似，驱动轴中的纵向内部裂纹如图2-335所示。钢必须有足够的强度和韧性才能够成功地感应淬火。由于钢中夹杂物的纵向取向，纵向裂纹在本质上更容易。在这个方向的裂纹有更容易跟随的通道。但是，这个方向上的裂纹似乎不如横向方向普遍。这很可能是因为在这个方向上感应淬火产生的残余内应力在横向方向上不是很大。这也可能是今天清洁炼钢技术以及夹杂物形状控制的结果。似乎几年前，这种类型的内部裂纹比现在更普遍。

（3）晶粒的异常长大　感应加热处理过程中会出现晶粒的过度长大。即使加热时间相对较短，足够高的温度会引起晶粒长大。晶粒过度长大其中一个更普遍的影响是淬火裂纹。而且晶粒过度长大会引起零件性能的下降。

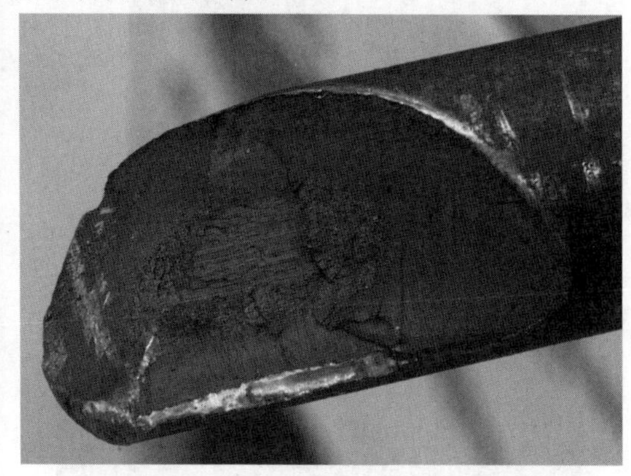

图2-335　驱动轴中的纵向内部裂纹

2.11.10　裂缝、重叠和其他磁粉显示的缺陷

裂缝是钢轧制过程而不是感应加热过程产生的缺陷。但是，如果表面没有加工掉足够的材料，它们仍然保留在感应淬火零件中。因为许多感应淬火零件的一些区域是不加工的原棒材质，这个部位的缺陷是能保留到最终零件中的。

裂缝是棒料表面沿着纵向的重叠或折叠。一般是有限长度，也可以是连续的或不连续的。棒料中允许的裂缝深度取决于等级和质量水平。例如，特殊质量钢允许的裂缝深度是棒料直径的1.6%，轴的质量限制深度是棒料直径的1.2%，可以用涡流法检测裂缝。然而低于一个特定的深度它们无法察觉到。如果需要消除这些裂缝，钢铁通常在车削和抛光状况下购买，此时一部分表面材料被加工掉，这有时候叫作“剥皮”的棒料。

裂缝型缺陷通常是在一个完成感应淬火的零件中进行磁粉检测时发现的。磁粉检测能够确定裂缝的长度，但不是深度。为了确定深度，零件必须被切割开。幸运的是，如果它们相对较浅，大部分裂缝对零件性能没有影响。这是因为它们是纵向的，大部分感应淬火零件是扭转或者弯曲负载。许多感应淬火零件有键槽，与非常宽的绕着周长的裂缝相似。然而进行零件检测来决定裂缝对零件性能是否有害是非常明智的做法。

在感应淬火零件中磁粉检测出的其他缺陷类型有锻造褶子裂纹、剪切裂纹、淬火裂纹、过热或过烧钢件、磨削裂纹和显微夹杂物。当材料没有按照预想的流程锻造就会引起锻造裂纹，这种类型的缺陷在加工的零件中仍然存在除非它所在的区域在机械加工时被切除。大多数情况下，这些缺陷位于远离实际感应硬化区域的法兰或者圆弧区，也就是实际的感应淬火区域。锻造裂纹来自锻造时开裂的裂缝，剪切裂纹也是来自锻造过程，但是，它们是在实际锻造之前将钢棒剪切至适当长度时产生的。这些裂纹发生在剪切棒的末端。如果锻造时没有发现，它们会保留在最终的零件中。先前热处理过程中的淬火裂纹也会出现。通常它们源于锻件在机械加工和感应淬火之前进行的调质工艺，这些裂纹可能出现在任何位置和方向。锻造前过热的钢件有很大的晶粒，晶界处发生氧化或融化。有时候，当这种情况发生并且零件被锻造时，锻造就会开裂，产生裂纹或者破碎。如果这些发生，这种类型的缺陷可以被磁粉法检测出来。然而，通常过热区域不足以引起开裂，在最终的零件中是不易被察觉的。许多感应淬火零件的一些区域，比如轴承表面，在感应淬火后是精磨以达到尺寸公差和表面状态。如果磨削工艺没有正确进行，零件表面就会过热和损坏。如果损害是轻微的，表面就会局部过热或回火。如果损害很严重，表面就会严重过热并导致再淬火，如果损害更严重表面就会形成小裂纹。很显然，所有这些对零件性能都是有害的。磨削裂纹一般能被磁粉检测检测出来，但是过热和变软或者再淬火则不能。然而这些状况通过酸腐蚀过程或者使用涡流方法能够检测出来。

最后钢中的宏观夹杂在磁粉检测时也能显现。这些与正常的显微组织不同，宏观夹杂更大。如果它们位于或者临近零件表面，它们就被磁粉检测检测出来。它们也经常与一些其他类型的缺陷弄混，比如淬火裂纹。然而宏观夹杂总是沿着钢的轧制方向，因此有时能用这个区分它们和其他缺陷。幸运的是现在应用清洁钢冶炼技术，宏观夹杂不如以前那样普遍了。宏观夹杂在可以接受的范围内，如果零件受扭转和弯曲载荷通常对零件性能没有影响。然而，如果表面是轴承面，受制于滚动接触疲劳，它们是有害的。宏观夹杂对机械加工性也是有害的。

2.11.11 硬度和显微组织不合格

大多数时候不合格的硬度意味着硬度低于预期。通常，低硬度是由于加热不充分或者淬火冷却速度慢。当检查显微组织时，一般不容易区分这两种原因，因为它们看起来相似。如果淬火速度低，显微组织不是完全马氏体，代替的是贝氏体。如果淬火速度由于淬火时有延迟极其低，显微组织将会是珠光体，也会出现一些铁素体。视觉上准确决定在混合的显微组织中出现哪种成分通常是不容易的。尝试着分析这些问题时经常犯的错误是样品腐蚀太厉害。这会使得区分有轻微的硬度差别的组织很难。最好是开始时轻微腐蚀。另一个有价值的诊断问题的手段是在整个感应加热过程中观察零件。其中一个例子涉及正在进行的工作，再假设这是一个淬火相关问题的情况下调查低硬度问题，在看了过程的录像后，很清楚地看到问题中的区域是加热时最后变色的区域，这个颜色表明温度实质上低于零件的其他部位。这改变了调查的重点，包括过程的感应加热部分和一发法感应器的设计。

图2-336所示为切槽处开裂和其组织。图2-336a所示为问题零件的横截面。这个特殊的输出轴服役时由于受到扭转过载而失效。顶部的断裂发生在轴承直径和花键之间的缺口处。表面感应淬火层在表面可很清楚地观察到。表面的硬度正好低于要求，接近49HRC，不幸的是在冲击载荷下这导致了失效。表面键槽根部附近的显微组织见图2-336b。在表层有贝氏体层，在它下面是马氏体和贝氏体的混合层。贝氏体勾勒出先前奥氏体晶界的大概轮廓，见图2-336c。与图2-336b对比腐蚀的浅，这种状况在图2-336c中更容易看到。淬火层的硬度刚好低于规定值，大约为49HRC，但不幸的是这导致冲击条件下发生故障。淬火喷嘴的维护大大减少了贝氏体表面层，但需要增加加热时间来消除它和下面的混合微观结构。

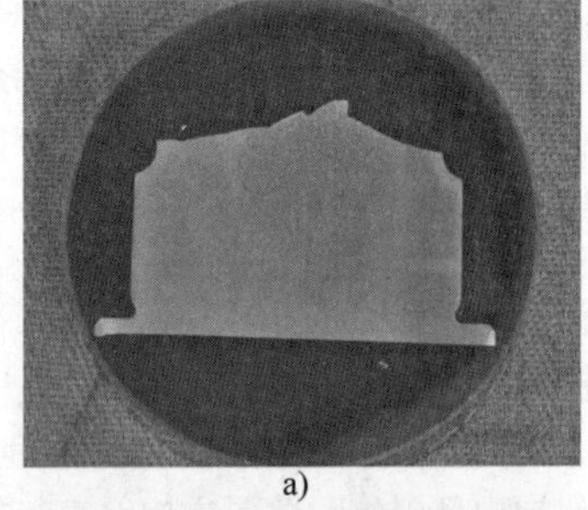

a)

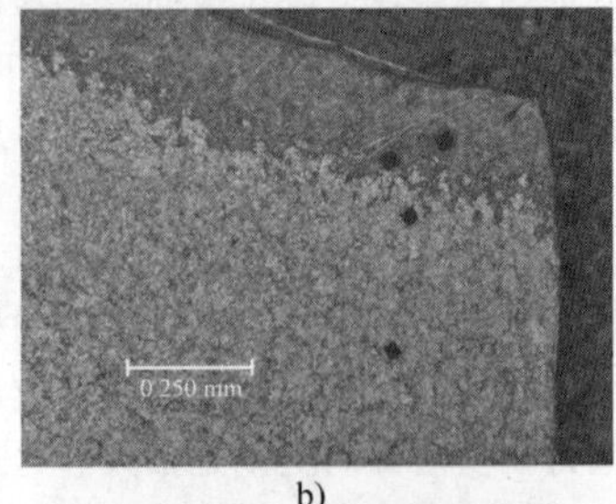

b)

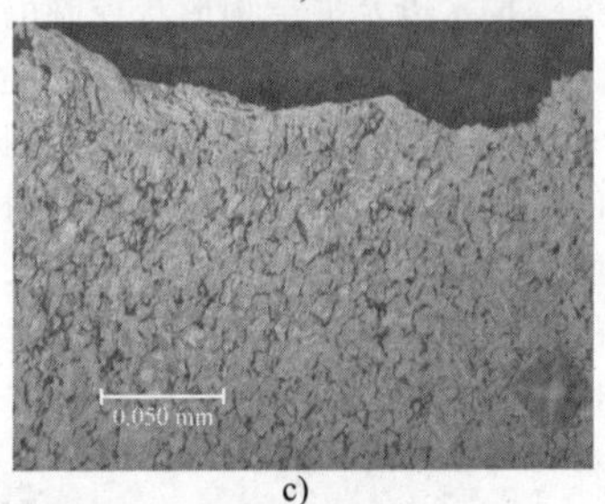

c)

图2-336 切槽处开裂和其组织
a）输出轴在切槽处由于扭转过载而失效
b）切槽表面处的显微组织
c）切槽处的感应淬火层组织

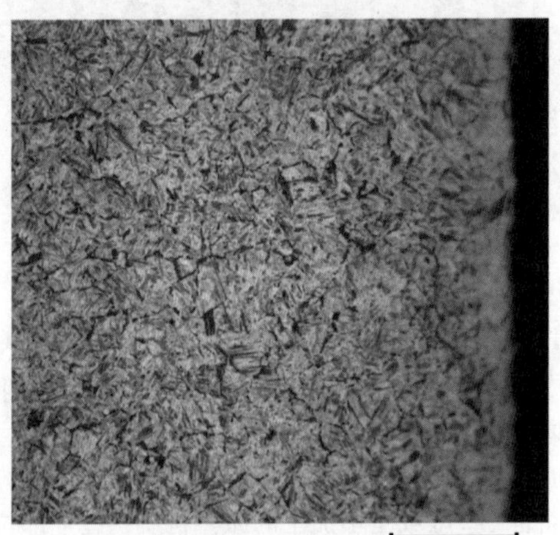

图2-337 采用不同比例的聚合物淬火液淬火的感应淬火轴的显微组织

图2-337所示为采用不同比例的聚合物淬火液淬火的感应淬火轴的显微组织。聚合物的浓度特意增加到很高是为了记下其对力学性能和显微组织的影响。聚合物浓度最高时显微组织是马氏体和贝氏体的混合物。贝氏体的形貌恰好勾勒出先前奥氏体晶界的大概轮廓。这与之前由于加热不充分例子中

的显微组织相似。这种显微组织的硬度为 56HRC，只比其他试样低 2HRC，仍然在要求范围内。

奥氏体化温度太低或者奥氏体化时间太短都会产生低硬度。结果显微组织就是马氏体和贝氏体的混合，就像已经观察到的那样，或者也许是马氏体和原来奥氏体晶界处的铁素体。当珠光体、铁素体显微组织转变为奥氏体，亚共析铁素体最后转变。如果时间或温度不充分，显微组织也许仍然是铁素体。图 2-338 所示为感应加热轴的显微组织。图 2-338a和 b 是纵切，然而图 2-338c 和 d 是横切。

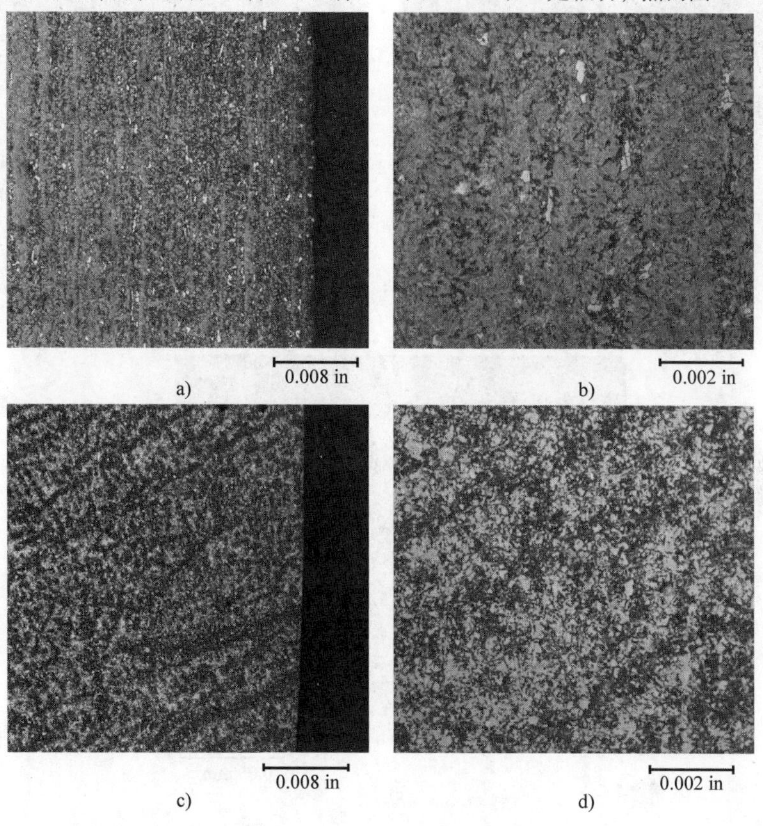

图 2-338 感应加热轴的显微组织

a）低功率设置的纵向显微组织，100 × b）低功率设置的纵向显微组织，400 ×
c）低功率设置的横向显微组织，100 × d）低功率设置的横向显微组织，400 ×

这个试样特意在比正常更低的功率设置下进行处理，以便允许比正常的更低的奥氏体化温度。降低扫描速度为了使有效的淬硬层深度是相同的。在这种情况下，硬度低于要求，大约为 45HRC。然而，如果这个变化不大，零件仍然能达到硬度规定，但是显微组织不是完全的马氏体。这对零件的性能有消极的影响。因为这个原因在感应淬火零件中定期检查显微组织是明智的，因为硬度也许不能说明整个工艺。一些微合金钢对感应淬透性有负面影响。对于这些钢，证实合适的显微组织尤其重要。如果它们是在和普通碳钢相同情况下感应淬火，显微组织也许不全是马氏体。通常，要使用更高的功率设置和更低的扫描速度来补偿这些。

确定感应淬火零件硬度低只是研究的开始。接着第一步是确定出现问题的是加热问题还是淬火问题。接下来必须判断怎样发生的和为什么会发生，哪一个会更难，尤其如果不是所有的试样都表现相同的状况时。在感应淬火过程中有很多事情都可能出错，有时找到解决问题的办法不会很快也很不容易。

此外低硬度或者不合适的显微组织可能是钢的淬透性引起的。图 2-339a 所示为来自行星轮齿圈的齿截面，它通过一发法法感应淬火。轮齿中感应淬火层的轮廓清晰可见，扩展到了齿根以下区域。采用的材料是 SAE 1045。齿根以下区域的显微组织如图 2-339b、c 所示。

这个区域的显微组织包括马氏体和在原来奥氏体晶界处的贝氏体。使用一发法所有的轮齿同时加热然后淬火，这意味着大量的热量必须从零件中带走。淬火不总是能够让根部显微组织全部转变为马氏体。通过更改为更高淬透性钢就可解决这个问题。使用相同参数感应淬火处理的 SAE 4140 钢零件的根部显微组织如图 2-340 所示。显微组织在这个区域是完全的马氏体。

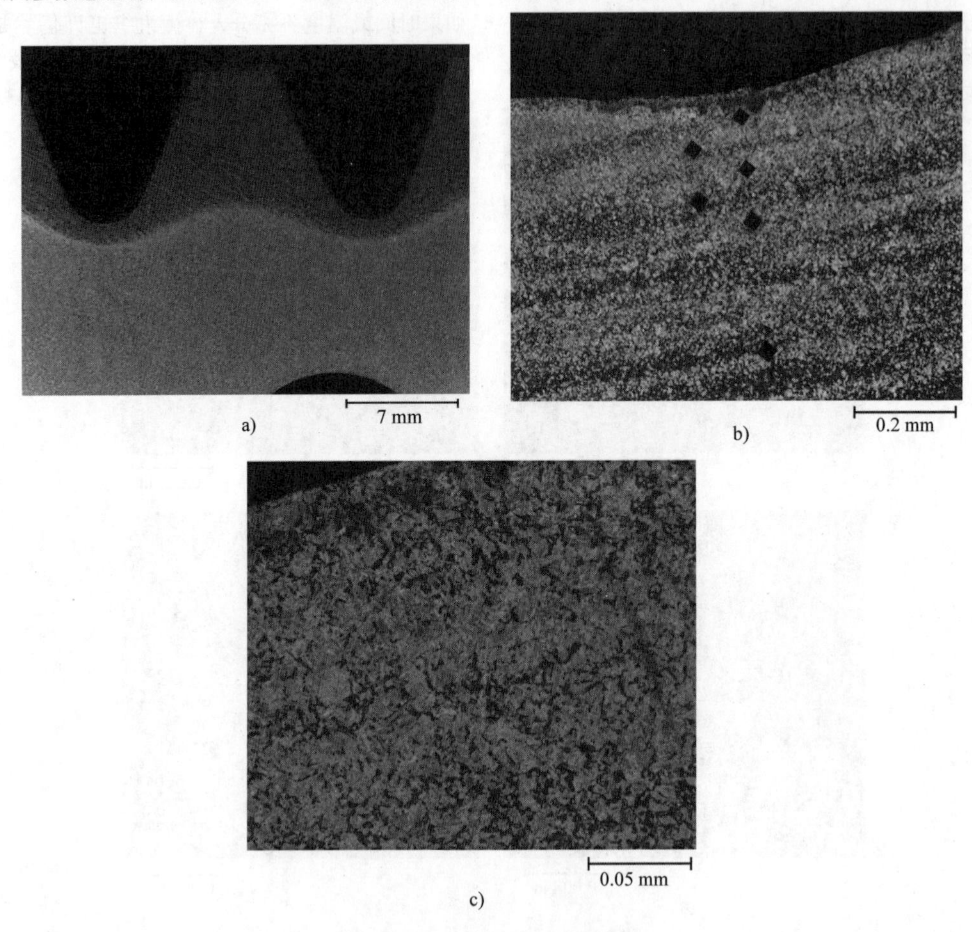

图 2-339 感应淬火显微组织

a）行星轮齿圈的齿截面 b）齿根处的显微组织，钢号 SAE 1045，50 × c）齿根处的显微组织，200 ×

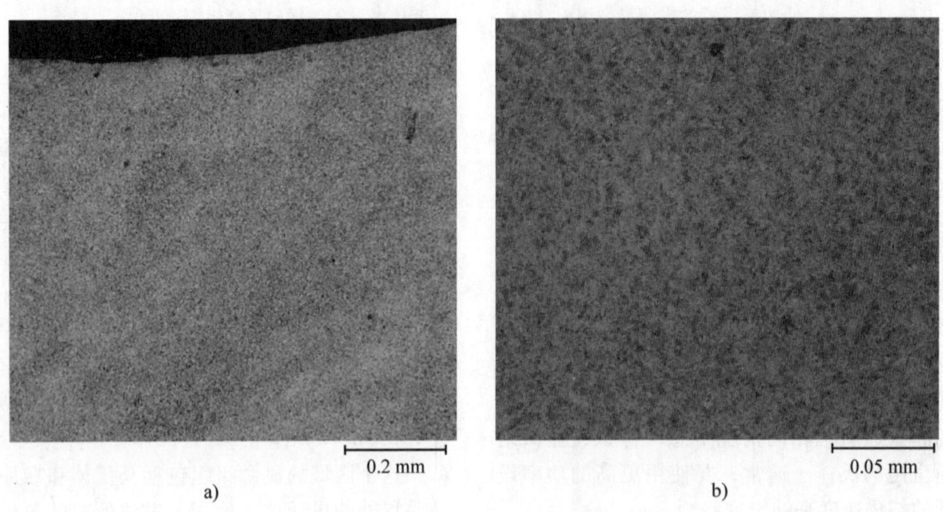

图 2-340 齿根处的显微组织

a）SAE 4140 钢行星齿圈齿根处的显微组织，50 × b）SAE 4140 钢行星齿圈齿根处的显微组织，200 ×

图 2-341 所示为失效驱动轴的显微组织，失效是未达到扭转冲击寿命的要求。图 2-341 的每一部分都表明表面沿着轴长度方向不同区域的显微组织。显微组织是马氏体及不同等级的贝氏体及铁素体。所有的横截面都是横向除了图 2-341c 是纵向的。图 2-341c的显微组织是带状马氏体和铁素体还有分散的铁素体，左边可以看到裂口。图 2-341d 是键槽相同区域的横向部分。

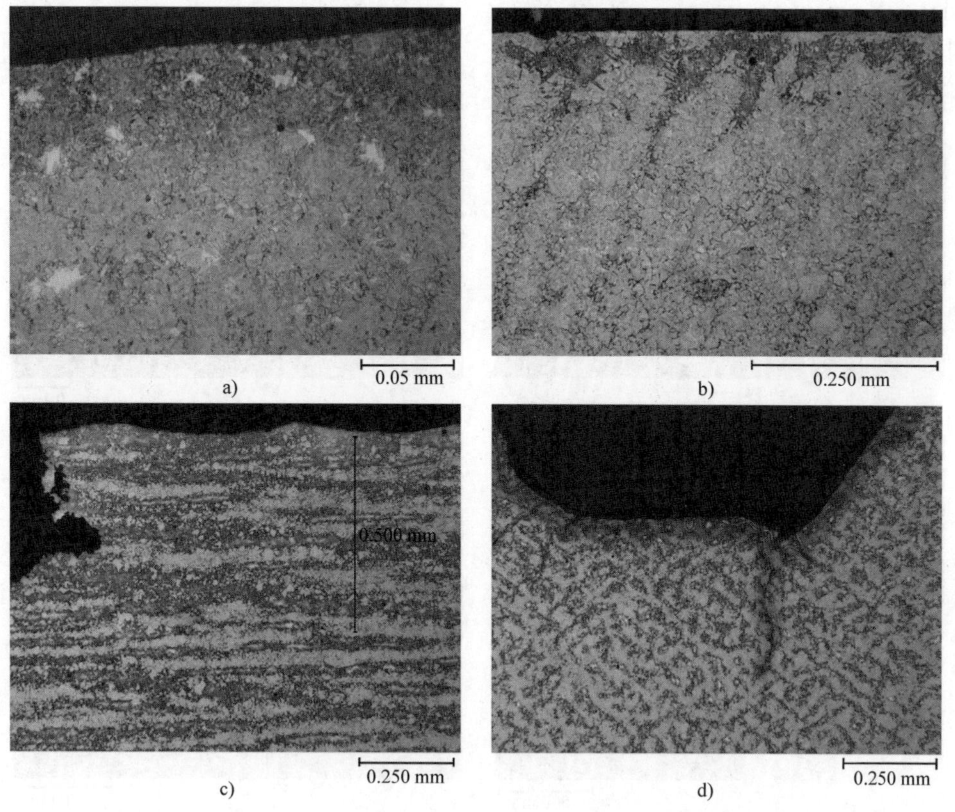

图 2-341 失效驱动轴的显微组织

a）失效驱动轴 A 处的显微组织，横向 b）失效驱动轴 B 处的显微组织，横向

c）驱动轴失效位置开裂处的显微组织，纵向 d）失效驱动轴花键处的显微组织，横向

这几种显微照片与之前低功率设置的例子中的试样很相似。供应商相信问题是淬火导致的，因为据报道有几个喷嘴都是堵塞的。然而从目前看到的情况来说，这似乎更有可能是加热问题，因为显微组织确实显示了自由铁素体。一般地，如果问题是由于慢的淬火速度，显微组织将仅仅是马氏体和贝氏体，硬度的降低不会这么严重。然而，如果问题是由于低的奥氏体化温度，显微组织也许会包括铁素体，硬度的降低也许更加严重。

图 2-342 所示为扭断轴的显微组织，图 2-342a 表明轴在服役时在径向失效的例子，此处轴与法兰盘结合。这是一个满足了硬度和淬硬层深度要求但却因为不合适的显微组织失效的例子。在图 2-342b 中能看到感应淬火层确实沿半径方向扩展了，而且还确定了表面层在这个位置遇到了最低的硬度和淬硬层深度。然而，当检查显微组织时就会发现感应淬火层不是完全的马氏体，而是马氏体和网状的铁素体，见图 2-342c。网状铁素体是来自心部的亚共析铁素体，没有转变成奥氏体，是加热时间或温度不充分造成的。在图 2-342d 中我们能看到晶粒间的裂纹出现在网状铁素体中，这引起了轴失效。然而裂纹晶粒间的起始在最终的裂纹表面是看不到的，是由于裂纹面在一起摩擦引起的严重变形。

其他的研究包括轴上轴承设计的半浮型半轴。半轴作为车轮轴承的轴承内圈。几十万件中两个轴保修期返回来在轴承区域有严重的磨损。金相检查显示只有两个零件在这个区域是软的。剩下的两个轴是硬的，显微组织是马氏体。软的区域的显微组织是完全的贝氏体。这就确定了是淬火问题，然而还不能证实这些如何只发生在两个零件中。在研究了能够考虑到的所有问题和尝试去复原问题之后，发现淬火液贮槽液面很低，在淬火周期的开始能够跟上，然后就立即停止，然后又继续。为了阻止像这样的零件进入市场，要进行 100% 涡流检测。另外，安装了过程监控设备，包括淬火液流速监控。所有这些检查都是自动的，不取决于人的干预。

图 2-343 所示为驱动轴在左边的卡环槽处断裂处正是感应淬火软带，在一个半浮半轴上带有紧凑的轴承设计。这个状况引起了轴服役时失效。淬火立即停止对应的软的区域，能够在图像整个左手边的淬火层显微组织中看到。轴在这个区域出现了一个止动环槽，这就是失效发生的地方。在右手边能够看到淬火再一次继续，淬硬层硬度和显微组织是正常的。原因是相同的：低液面的淬火贮槽，使得淬火立刻停止。

图 2-342 扭断轴的显微组织

a）扭断轴由于感应淬火圆弧处显微组织不佳而失效 b）圆弧区域的显微组织 c）圆弧处硬化层的低倍显微组织 d）圆弧处硬化层的高倍显微组织

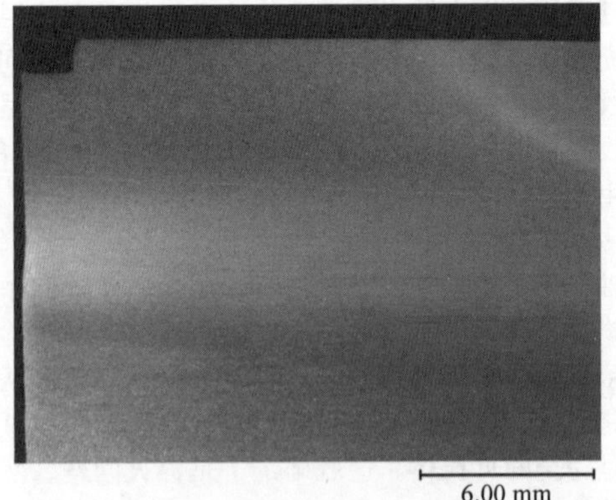

图 2-343 驱动轴在左边的卡环槽处断裂此处正是感应淬火软带（感应淬火层在右边再现）

图 2-344 所示为由于感应电源中断造成的驱动轴断裂，表明法兰盘附近有软点的感应加热轴的另外一种示例。这一次低硬度是由于加热周期中电源的中断。感应淬火层经一小段距离后逐渐淡出，然后又渐显。轴的失效发生在这个位置。这是另外一种过程监控设备起到有益作用的例子。

图 2-344 由于感应电源中断造成的驱动轴断裂

图 2-345 所示为软带及其显微组织，图 2-345a 所示为一个感应淬火轴的例子，当它扫描过这个位置时一个带台阶的大凹槽引起了喷射淬火液的反射，结果冷却速度太低，降低了硬度，低于要求。低硬度区域的显微组织如图 2-345b 所示，是马氏体和贝氏体的混合物。

图 2-346 所示为淬火层处软带及其显微组织，图 2-346a 表明了相似状况的例子，当试样样品宏观腐蚀时可见引起感应加热淬硬层消失的大凹槽。这个区域的显微组织见图 2-346b 和 c。实际上，显微组织是晶粒非常细小的马氏体和之前奥氏体晶界处的贝氏体。

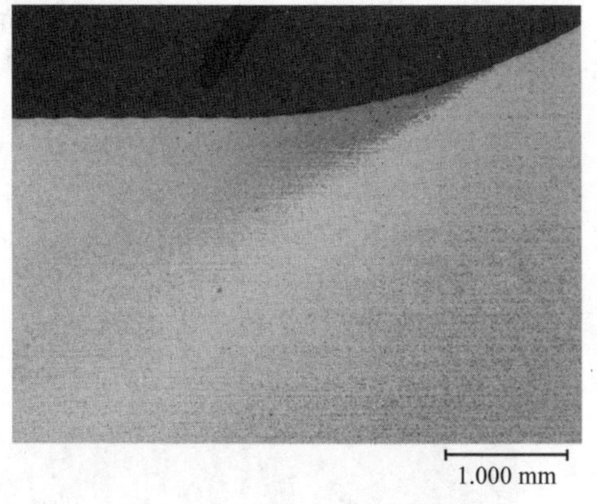

a)

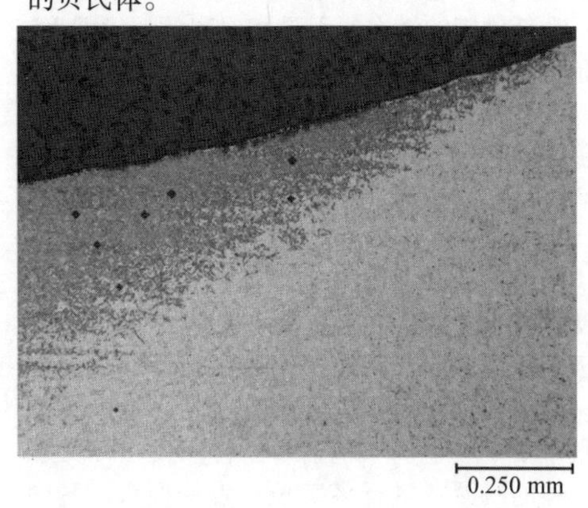

b)

图 2-345　软带及其显微组织

a）由于淬火液喷射的反射或遮挡而造成的软带　b）软带区的显微组织

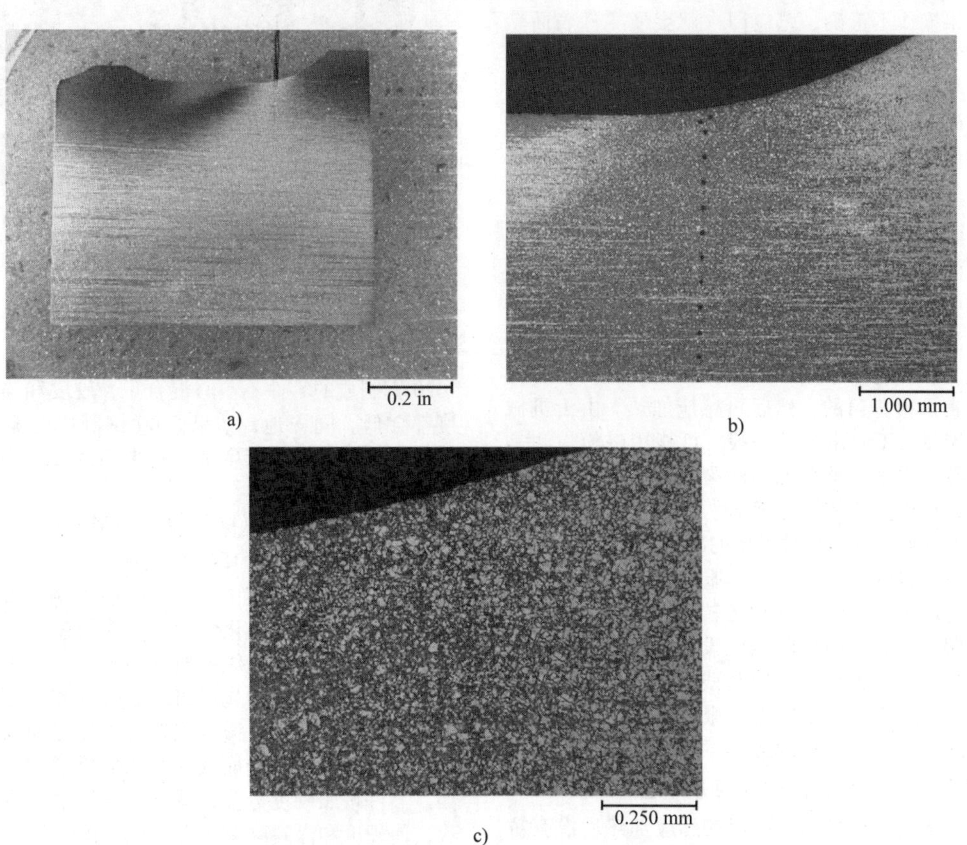

a)　b)　c)

图 2-346　淬火层处软带及其显微组织

a）由于喷射淬火液的几种偏差导致淬火层出现明显软带

b）表面层软带的低倍显微组织　c）表面层软带的高倍显微组织

零件设计也能够制造出一个很难感应淬火的零件。大的直径变化或者零件直径增加然后降低，通过扫描的方法很难淬火。在这种情况下就需要运用辅助淬火器或者通过一发法淬火零件。设计者和冶金师在设计期间最好能一起工作不仅确保零件的功能，而且应该确保它能够被感应淬火。

另一个低硬度的潜在原因是相对高的回火温度。尽管这是可能的，但是常被忽略。这里的显微组织是回火马氏体，但是硬度要比正常的要低。过度回火更是零件执行不合适的保养的结果。有时候用加热来拆解组件，这能软化感应淬火零件，随后会导致失效。

感应回火在一些情况下也可能导致低硬度。感应回火几秒钟就完毕而传统的炉子回火一般要几个小时。因为这个原因，感应回火要比炉子回火温度高很多。感应回火硬度随时间变化很快，正确控制工艺也很重要。一个例子包括多工位一发法淬火操作，在单独的线圈上进行多工位一发法回火。其中一个回火线圈被移除放置了绝缘体，过程重新开始，没有金相检查零件。随后发现被那个线圈回火的零件都是软的。

如果操作不正确，感应回火就会使零件表面软化，使它在规定的硬度以下。如果没有使用正确的频率、功率和时间，感应回火也许只在表面加热，使得淬硬层以下没有回火。这会在表面引起不利的残余拉应力和低硬度，会导致零件性能不佳，或者会产生裂纹。

2.11.12 机械矫直裂纹

长的感应淬火轴一般需要机械矫直。在感应加热过程中一些变形发生，会引起轴径跳的增加。作为经验法则，进行感应淬火的轴越直，感应淬火后就越直。因为这个原因，在感应加热之前对轴进行机械矫直是很普遍的，然后再感应加热。由于机械矫直，裂纹会不时出现。一般，可能用磁粉检测是否有裂纹。由于淬硬层低的断裂韧性，矫直裂纹在轴的一边沿着感应淬硬层延伸。因为这个原因，使用超声波检测来探测这种类型的缺陷是可行的。

当轴被机械矫直后，它们服役时很可能弯曲和变形。这取决于工作周期和运转温度。当轴被矫直超出屈服强度后，而极限强度没有达到。这使得轴一边是残余压应力而另一边是残余拉应力。一般来说对于任何零件，残余应力在服役过程中趋向于释放或者降低。释放的程度取决于服役条件。如果重大的释放出现，轴趋向于变形回矫直之前的状况。

对于感应加热半轴很可能在感应加热后没有矫直。这在法兰半轴上可以通过使用卡盘夹紧法兰盘实现。在这个过程中，轴开始时和以往一样放置在心轴上，然后一个卡盘夹紧法兰盘的内表面，在淬火期间旋转零件。在整个循环过程中卡盘保持半轴成直线，因此减少轴的变形。

2.11.13 淬硬层深度不合格

淬硬层深度不合格最常见的原因是感应淬火机床设置不当。对于扫描淬火模式，对淬硬层深度影响最大的变量是功率和扫描速度。一般来说，功率越大和扫描速度越慢则淬硬层深度更深。在一发法淬火模式下，最重要的变量是功率和加热时间。功率越大和热时间越长则淬硬层深度更深。

与零件相应的感应线圈位置也能影响淬硬深度。图2-347所示为由于圆弧处淬火层深较浅造成的轴失效，在淬火周期的开始线圈位置没有对正。书面写法叫作感应加热层径向不对中。径向上的开始在图像的左边出现裂纹的地方是可以看到的。感应线圈位置导致的结果是周径淬火层没有出现，结果是零件服役不久即失效。

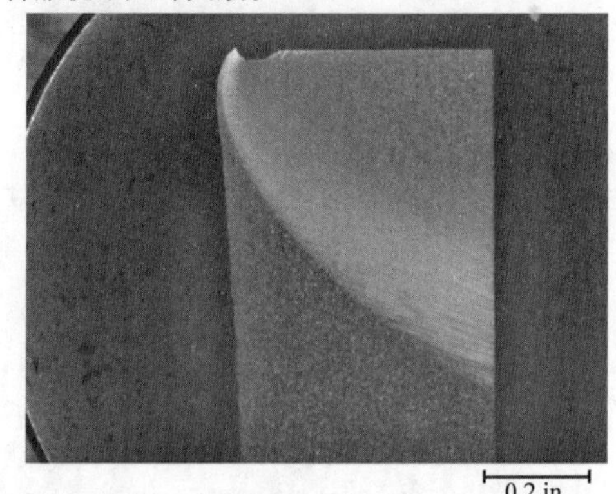

图2-347 由于圆弧处淬火层深较浅造成的轴失效

钢号混合是另外一种导致不恰当的淬硬层深和硬度的原因。例如，如果材料应该是1541钢，和1020钢制成的零件不小心混合了，硬度和淬硬层深度都会低。同样地，如果5160钢制成的零件混进去，硬度和淬硬层深度都会比期望的高，淬火裂纹也有可能出现。

不合适的初始显微组织也会影响淬硬层深度，如一些全浮半轴，由1541钢制成。日常的硬度检查发现轴硬度不足。其中一个轴的金相检查表明淬硬层深度很低。然而，化学检查表明材料成分是符合规定的。初始显微组织的检查显示一些零件是球化退火态。正常的初始显微组织是热轧和热锻的珠光体和铁素体。球化显微组织在奥氏体化期间使得材料响应更缓慢，是造成低硬度和低淬硬层深度的原因。零件按照硬度分类，球化轴再一次感应加热淬火，使硬度和淬硬层深度达到了技术要求。

淬硬层深度一般通过破坏性地剖切零件来检查。安全的操作是在每一个感应淬火工位上的零件在机床上调试以后检查零件确保其都是正确的。当新来的钢初次感应淬火时，应该再次检查零件，因为这会受淬透性影响。而且，当机床更改参数或更换时应该随时随地再次检查零件。这样的例子包括感应线圈被碰撞或拆卸，对机器做维修，或者任何设置改变了。零件被检查的位置也很重要，对于感应淬火，淬硬层深度没有必要在零件整个长度上保持一致。因此应该确定重要的部位是哪，而不是简单地检查任意位置。而且显微组织应该定期评价，因为很可能有正确的硬度却没有正确的显微组织，正如先前讨论的那样。在这些指导下，方可连续生产出合格的零件。

2.11.14 铸铁件

球墨铸铁和灰铸铁也可感应加热处理，和可锻铸铁一样。然而，可锻铸铁现在很少用了因为需要从白口铁到可锻铸铁转变所进行的热处理费用很高。和钢一样，铸铁一般能通过感应淬火增加强度，提高耐磨性。尽管铸铁常遇到和钢制零件相同类型的缺陷，铸铁仍然有完全不同的由铸造工艺和化学成分引起的其他问题。用简单的术语解释，铸铁的显微组织与带有石墨颗粒或整个分散着白点的钢铁相似。

感应淬火钢和铸铁零件之间最主要的不同是对加热和淬火的反应。对于钢，通常是初始的显微组织为珠光体和铁素体，而最终的显微组织转变为马氏体。然而对于铸铁来说，一般就只有珠光体转变为马氏体，铁素体还保持原样。为了得到合理的感应淬火层，初始的显微组织需要几乎是全部珠光体。对于球墨铸铁，这排除了比如牌号为 SAE D4512 和 D5506 的考虑。对于感应淬火，一般使用的牌号是 D7003。当使用可锻铸铁时，几乎所有的牌号，而不是铁素体的牌号，都是可感应淬火的，因为它们是调质得到的。这种显微组织对感应淬火工艺的响应很好。

铸铁成形的零件与钢棒料或铸件相比，也有不同的内在缺陷。铸铁在表面没有裂纹，但是它们在表层常有缩孔、夹杂物和砂眼。缩孔以相当大的树枝状孔隙或者许多海绵状小孔的形式出现。幸运的是，缩孔通常位于铸件厚的部分，所以通常不会影响零件的性能。然而，如果缩孔位于或接近感应淬火的地方，就会导致裂纹。

参考文献

1. G. Fett and J. Held, *Induction Hardenability of Microalloyed Steels*, ASM Materials Congress, Chicago, IL, Sept 1988

第3章 感应热处理的建模与仿真

3.1 物理过程分析设计方法、工具和软件

Michele Forzan，University of Padua

数值模拟是感应加热设计，或电源设备设计中的一个重要组成部分。理论模型可能在简单的计算公式和复杂的数值计算中都不同，特定模型的选择取决于一些因素，包括所需精度、问题的复杂程度、时间限制及成本。电源设备通常是包含多个物理现象的复杂系统。该过程通常依赖于电磁场、温度场、应力应变场、流场和组织场之间的紧密耦合。本文主要关注电磁场的求解，也就是麦克斯韦方程组的求解，也涉及部分温度场。

很明显，早期的模型包含封闭解析解，主要应用于感应加热和熔化过程。麦克斯韦方程组的解析解只适用于非常简单的几何形状，并且要假设材料性能是线性、均匀和各向同性的。19世纪60年代初，有限差分法（FDM）开始应用于感应加热系统的设计，求解涡流问题。仅仅几年后，基于等效耦合电路的积分法也成功用于该类问题。最后，在19世纪70年代，Sylvester和Chari提出应用有限元方法（FEM）求解麦克斯韦方程组。目前该方法成为电源设备设计的标准方法。过去30年间，数值方法已经发展到有大量商用软件能够解决麦克斯韦方程组耦合材料属性、热过程和应力应变的复杂问题。

任何数值方法的目的都是获得控制方程或数学模型的数值解。数学模型通常包括求解域内的连续偏微分方程组，而数值解表示了真实值在求解域内的离散分布（数值解不是连续的，它只在有限的点和单元上存在）。

本节提出了求解物理场方程组的不同方法论，同时更多关注于数值技术，特别是有限元法。有两种主要的数值方法：求解微分方程组和求解积分方程组。与微分公式求解偏微分方程组（如Poisson方程组）不同，积分公式利用对应的积分方程形式，如基于Green理论的方程组。力矩法就是一个积分公式的例子，另一个经典的积分过程是基于Green积分理论的所谓边界单元法。虽然这些方法难以应用，但求解结果准确、经济。

3.1.1 静态、瞬态、频域耦合问题和多物理场

本节的重点是求解麦克斯韦方程组，同时提供了热传导、流体方程的基本信息，这是因为这些物理过程与电磁场紧密耦合。

对于电源设备的设计者而言，对不同问题的基本分类是基于物理场量是否与时间相关。

如果场量与时间无关，那么该问题就称为静态。显然，所有的时间导数$\frac{\partial}{\partial t}$为0。在静态场中，所有的场量都是关于位置的函数。

如果频率足够低，在麦克斯韦方程组中：

$$\mathrm{rot}\,\boldsymbol{H}=\boldsymbol{J}+\frac{\partial \boldsymbol{D}}{\partial t} \tag{3-1}$$

式中，$\frac{\partial \boldsymbol{D}}{\partial t}$可以忽略，当所有场量都是严格的正弦波时，可以应用稳恒近似。通常判定频率足够低的标准为

$$\sigma \gg \omega\varepsilon \tag{3-2}$$

式中，ω是正弦的脉动。该准则意思是传导电流起主要作用而位移电流可以忽略，与位置改变和时间变化无关，因此没有波的传播。因而可以得出，由电流感生的磁场强度的旋度为0。

通常在稳恒场问题中，所有的场量由谐函数描述，因此可以用复数或相量来描述。应用该方法，式（3-2）中感应场对时间的导数可记为

$$\mathrm{rot}\,\underline{\boldsymbol{E}}=-\mathrm{j}\omega\,\underline{\boldsymbol{B}} \tag{3-3}$$

向量用下划线标记。

若μ和σ为常数，电场和磁场服从抛物线扩散方程

$$\Delta\underline{\boldsymbol{E}}=\mathrm{j}\omega\mu\sigma\underline{\boldsymbol{E}} \tag{3-4}$$

$$\Delta\,\underline{\boldsymbol{H}}=\mathrm{j}\omega\mu\sigma\underline{\boldsymbol{H}} \tag{3-5}$$

对于这类问题，可以引入磁矢势$\boldsymbol{A}$和电矢势$\boldsymbol{T}$来简化问题。其定义的前提分别为div $\underline{\boldsymbol{B}}=0$和div $\underline{\boldsymbol{J}}=0$：

$$\underline{\boldsymbol{B}}=\mathrm{rot}\,\underline{\boldsymbol{A}} \tag{3-6}$$

$$\underline{\boldsymbol{J}}=\mathrm{rot}\,\underline{\boldsymbol{T}} \tag{3-7}$$

对麦克斯韦方程组进行简单的数学处理，可以得到下列公式，称为矢量势公式和标量势公式，前者所得的解基于 $\underline{A}$ 和电位势 $\underline{V}[E=-\mathrm{grad}\underline{V}]$，后者的解基于磁标势 $\phi[H=-\mathrm{grad}\underline{\phi}]$ 和电矢势 T。

$$\mathrm{rot}\left(\frac{1}{\mu}\mathrm{rot}\underline{A}\right)+\mathrm{j}\omega\sigma\underline{A}+\sigma\mathrm{grad}\,\underline{V}=\underline{J}_s \tag{3-8}$$

$$\mathrm{rot}\left(\frac{1}{\sigma}\mathrm{rot}\,\underline{T}\right)+\mathrm{j}\omega\mu\underline{T}-\mathrm{j}\omega\mu\mathrm{grad}\,\underline{\phi}=0 \tag{3-9}$$

式中，J_s 为电流密度。

稳恒相量表示的最重要应用是确定涡流在传导域内的分布，因此广泛应用于电磁过程。

如果时变性速度较小且包含非正弦形态场量，或假设所有场无法用正弦函数描述时（如由于强饱和效应或由于存在永磁体，由于剩磁场产生的连续磁场，B_R），可以获得瞬变状态的解，其对时间的导数可以通过时间步进方法求解。在这种情况下，依赖于时间导数的场量可以通过时刻 t^* 和时刻 $t^*+\Delta t$ 的两个解进行计算，其中 Δt 为时间步长。例如，在瞬态过程中，由于时变的 B 产生感应电场 E_i，这个现象可以用法拉第定律描述为

$$\mathrm{rot}\,E=-\frac{\partial B}{\partial t} \tag{3-10}$$

当 B 开始由磁矢势 A 计算，很容易可看出感应电场 E_i 在每个点上均为 A 对时间的导数：

$$E_i=-\frac{\partial A}{\partial t} \tag{3-11}$$

用瞬态解表示为

$$E_i(t^*+\Delta t)=-\frac{A(t^*+\Delta t)-A(t^*)}{\Delta t} \tag{3-12}$$

时间步长 Δt 必须仔细选择，因为它将直接影响到计算结果的精度和计算时间。典型的求解瞬态问题的方法为欧拉法和龙格-库塔法。

稳恒场求解通常采用具体的数值方法，如 FEM、FDM、边界单元法（BEM）或体积积分法（VIM）。

如果物理场的时变性很快，稳恒近似不再适用，电场和磁场互相耦合，也就是说其分布受时间和位置的影响。

在无损介质和无源区域内，E 和 H 满足波动方程：

$$\Delta E-\mu\varepsilon\frac{\partial^2 E}{\partial t^2}=0 \tag{3-13}$$

$$\Delta H-\mu\varepsilon\frac{\partial^2 H}{\partial t^2}=0 \tag{3-14}$$

在有源场中，用 ρ 和 J 分别表示电荷密度和电流密度，应用磁矢势 A 和电位势 V 可以简化求解过程，最终所得的非均匀波函数以洛伦兹规范表示为

$$\Delta V-\mu\varepsilon\frac{\partial^2 V}{\partial t^2}=-\frac{\rho}{\varepsilon} \tag{3-15}$$

$$\Delta A-\mu\varepsilon\frac{\partial^2 A}{\partial t^2}=-\mu J \tag{3-16}$$

在有损介质条件下，波动方程采用其他规范可表示为

$$\Delta V-\mu\varepsilon\frac{\partial^2 V}{\partial t^2}-\mu\sigma\frac{\partial V}{\partial t}=-\frac{\rho}{\varepsilon} \tag{3-17}$$

$$\Delta A-\mu\varepsilon\frac{\partial^2 A}{\partial t^2}-\mu\sigma\frac{\partial A}{\partial t}=-\mu J \tag{3-18}$$

这些方程应用于计算天线的波辐射、材料本身的波散射、导波管的波传播、微波及高频加热。

通常波动方程通过时域有限差分法（FDTD）或有限元法（FEM）进行数值求解。

电工学中经常需要求解与电磁现象有关的场量，如温度场、熔融金属中的速度场、应力场或组织。较为通用的解决耦合问题的方法是将电磁场和温度场共同求解，包括求解傅里叶传热方程，用来预测物体上由电磁感应加热的温度分布：

$$\mathrm{div}(-\lambda\nabla T)+c_p\gamma\frac{\partial T}{\partial t}=w(P,t) \tag{3-19}$$

主要应用于耦合求解的方法为 FDM 和 FEM。

热问题的研究域通常仅仅为电磁域的子域，这是由于温度场的计算大部分情况下仅为所处理的工件。

有两种主要方法来解决电磁和温度耦合的问题：一种是直接求解，包括同时求解麦克斯韦方程组和傅里叶方程组；另一种是间接耦合，包括迭代求解电磁问题和热问题，并分别进行求解。

直接耦合求解需要电磁场和温度场的时间常数在相同范围内。它需要求解电磁场和温度场中的时变性问题，但由于在离散子域上每个节点的未知量有矢量势、标量势（电磁场求解）和温度，因此该方法较为复杂。在三维求解中，同时存在的未知量有 5 个：3 个矢量势，1 个标量势和温度。

在直接求解中，电磁问题通常采用向量法来求解，而热问题采用瞬态时间方法来求解。该过程通常分为一定的时间步，每步时间间隔通常与材料性能的快速改变有关。这两个物理场之间的耦合项为焦耳损耗产生的单位体积功率、ω（P，t）及对材料性能产生影响的温度场。通常，电磁问题也就是求解导体中的功率损耗分布，其和傅里叶方程都可以进行迭代求解，这是由于电磁场典型的时间常量远小于热过程。图 3-1 所示为电磁场和温度场的耦合迭代求解流程图。

耦合计算中考虑了材料性能随温度变化的问题。从感应加热的理论可知，材料性能随温度的变化会极大地影响这一过程，特别是在铁磁性材料中。

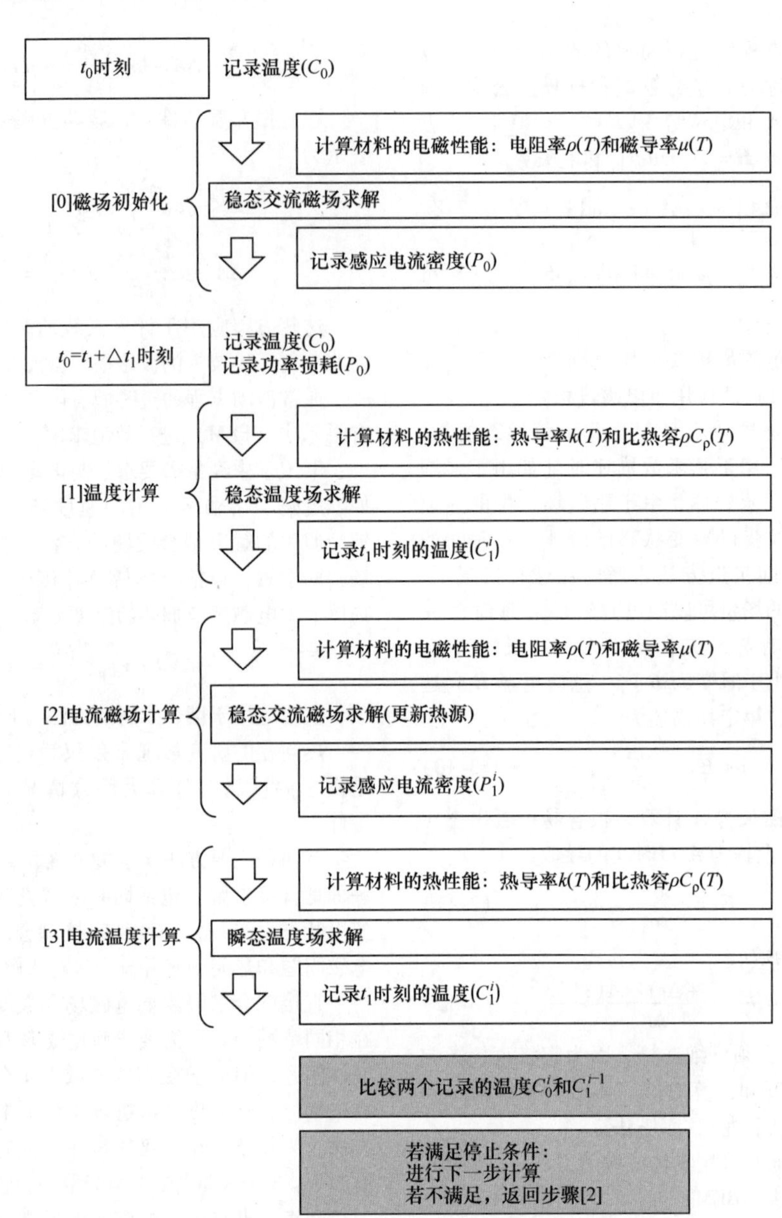

图 3-1　电磁场和温度场的耦合迭代求解流程图

通常来说，对其他强烈影响感应加热物理量的预测也是十分必要的。当求解中包含了几个物理场时，该问题通常称为多场问题。例如，冶金相变以及残余应力是合理设计淬火过程的关键参数。完整地描述淬火过程也因此需要将电磁-热问题与金属学和应力应变分析相耦合。在其他一些技术中，举例来说，还需要预测熔融金属中的流速来合理设计电磁搅拌炉。在这种情况下，该耦合问题的求解也称为磁流体动力学求解，将描述系统中流体动力学的 Navier-Stokes 方程与电磁方程进行耦合。

下文将简要介绍用于求解物理场数值问题偏微分方程的几个方法。特别介绍了分离变量法作为解析法的一个例子，FDM 和 FEM 是应用最广的差分法，相互耦合电路法则是作为积分法的一个例子。

3.1.2　解析法——分离变量法

直接求解法需要确定满足场方程的物理场函数、施加的边界条件和特殊域上的物理条件。该物理场函数（如磁场强度）、势能函数（标量）及通量方程通常是几个部分之和（每一部分单独求解）。其中一部分用一系列函数来描述边界影响的作用，另一部分描述场源，如电流和电荷。

当可以应用直接耦合法求解时，场函数中满足边界条件的部分可以用两个关系的产物来表示，每个关系都是单独一个坐标下的函数。因此，偏微分方程可以转变为一对常微分方程，方程之间用分离常数连接，然后进行求解。通解中包含一对常微分方程特解的一组合适的线性组合。实际中并不需要对每一个问题求得通解，而是将给定边界形态下的已知通解去适应边界和场条件。

该方法通常使用于圆环形边界，如一个以矩形为边界的圆柱体系。当处理直线边界时，由于边界上给定了通量密度和势能分布，研究限定于场内，这是因为映像法对线性源只提供了对物理场的简单处理方法。

考虑到静电问题没有场源，因此 Laplace 方程，$\Delta V=0$，在二维（2-D）笛卡儿坐标系下为

$$\frac{\partial^2 V}{\partial x^2}+\frac{\partial^2 V}{\partial y^2}=0 \tag{3-20}$$

其通解为

$$V(x,y)=X(x)Y(y) \tag{3-21}$$

式中，$X(x)$是关于x的一元函数；$Y(y)$只与y有关。将通解代入二阶偏微分方程可得

$$Y(y)\frac{\partial^2 X}{\partial x^2}+X(x)\frac{\partial^2 Y}{\partial y^2}=0 \text{ 或}$$

$$\frac{1}{X(x)}\frac{\partial^2 X}{\partial x^2}=-\frac{1}{Y(y)}\frac{\partial^2 Y}{\partial y^2} \tag{3-22}$$

最后的方程可以分解为两个独立的方程：

$$\frac{\partial^2 X}{\partial x^2}+p^2X(x)=0$$

$$\frac{\partial^2 Y}{\partial y^2}-p^2Y(y)=0 \tag{3-23}$$

式中，p是两个微分方程的特征值；$X(x)$和$Y(y)$是对应的特征函数。

最后两个方程的解为如下形式：

$$X(x)=A\cos(px)+B\sin(px)$$

$$Y(y)=Ce^{py}+DCe^{-py} \tag{3-24}$$

最终，函数$V(x,y)$可以表示为一系列正弦、余弦及指数函数的无穷种可能。

$$V(x,y)=\sum_{n=1}^{\infty}\Big\{\lfloor K_n\sinh(p_ny)+L_n\cosh(p_ny)\rfloor\rfloor\sin(p_nx)+\lfloor M_n\sinh(p_ny)+N_n\cosh(p_ny)\rfloor\rfloor\cos(p_nx)\Big\} \tag{3-25}$$

式中，n是调合数；K_n、L_n、M_n、N_n的值与边界条件有关。

将分离变量法应用到下面的例子中，举例的几何形状示意图如图 3-2 所示，根据矩形（$a\times b$）域内的标量电势和已知的边界电势来求解静电场。

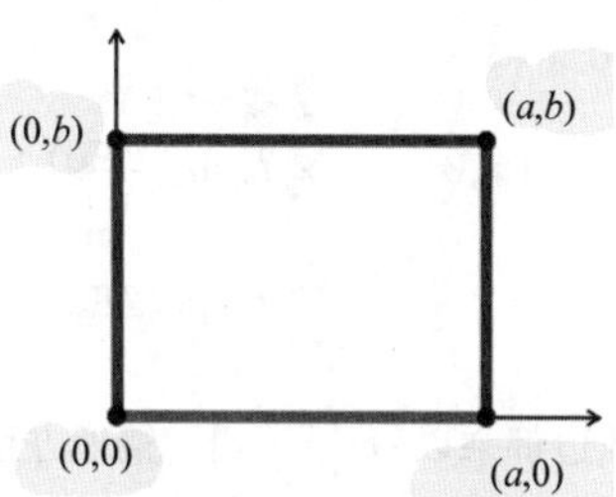

图 3-2　举例的几何形状示意图

边界条件为

$$\begin{cases}x=0\to V=0\\x=a\to V=0\\y=b\to V=0\\y=0\to V=f(x)\end{cases} \tag{3-26}$$

第一个边界条件（BC-1），$x=0\to V=0$，代入式（3-25）可得

$$M_n\sinh(p_ny)+N_n\cosh(p_ny)=0\quad\forall y$$

该方程对所有的y都成立，因此

$$M_n=0,N_n=0 \tag{3-27}$$

第二个边界条件（BC-2），$x=a\to V=0$，代入式（3-25）可得

$$V(a,y)=\sum_{n=1}^{\infty}\Big\{\lfloor K_n\sinh(p_ny)+L_n\cosh(p_ny)\rfloor\rfloor\sin(p_na)\Big\}=0$$

该方程也对所有的y成立，因此

$$p_n=\frac{n\pi}{a} \tag{3-28}$$

第三个边界条件（BC-3），$y=0\to V=0$，代入式（3-25）可得

$$V(x,b)=\sum_{n=1}^{\infty}\left\{\left[K_n\sinh\left(\frac{n\pi}{a}b\right)+L_n\cosh\left(\frac{n\pi}{a}b\right)\right]\sin\left(\frac{n\pi}{a}x\right)\right\}=0$$

该方程对所有的x都成立，因此

$$K_n\sinh\left(\frac{n\pi}{a}b\right)+L_n\cosh\left(\frac{n\pi}{a}b\right)=0$$

最终可以定义K_n为L_n的函数：

$$K_n=-L_n\frac{\cosh\left(\frac{n\pi}{a}b\right)}{\sinh\left(\frac{n\pi}{a}b\right)} \tag{3-29}$$

通过代入之前的结果，式（3-25）可以简化为

$$V(x,y)=\sum_{n=1}^{\infty}\left[-L_n\frac{\cosh\left(\frac{n\pi}{a}b\right)}{\sinh\left(\frac{n\pi}{a}b\right)}\sinh\left(\frac{n\pi}{a}y\right)+L_n\cosh\left(\frac{n\pi}{a}y\right)\right]\sin\left(\frac{n\pi}{a}x\right) \tag{3-30}$$

最后一个边界条件（BC-4），$y=b\to V=f(x)$，

代入式 3-30 可得

$$V(x,0) = \sum_{n=1}^{\infty} L_n \sin\left(\frac{n\pi}{a}x\right)$$
$$= \sum_{n=1}^{\infty} L_n \sin\left(\frac{n\pi}{a}x\right) = f(x)$$

等式两边都乘以 $\sin\left(\frac{m\pi}{a}x\right)$，整理方程，在 $0 \sim a$ 区间内可得

$$\sum_{n=1}^{\infty} \int_0^a L_n \sin\left(\frac{n\pi}{a}x\right) \sin\left(\frac{m\pi}{a}x\right) \mathrm{d}x$$
$$= \int_0^a f(x) \sin\left(\frac{m\pi}{a}x\right) \mathrm{d}x$$

仅当 $n = m$ 时，第一积分不为 0，因此

$$\int_0^a \sin^2\left(\frac{n\pi}{a}x\right) \mathrm{d}x = \int_0^a \frac{1}{2}\left[1 - \cos\left(\frac{2n\pi}{a}x\right)\right] \mathrm{d}x = \frac{a}{2}$$

最终可以得到

$$L_n = \frac{2}{a} \int_0^a f(x) \sin\left(\frac{n\pi}{a}x\right) \mathrm{d}x \qquad (3\text{-}31)$$

可以看出，L_n 为 $f(x)$ 的傅里叶级数。

式 $V(x,\ y)$ 可以通过 MATLAB 脚本进行计算和可视化；图 3-3 和图 3-4 为采用不同的 $f(x)$ 求得的一些结果。值得注意的是，在图 3-3 中仅仅改变谐波计算的数量来进行相同的求解，在图 3-3a 中，求解在第 10 个谐波时结束，图 3-3b 为求解在 100 个谐波时结束。

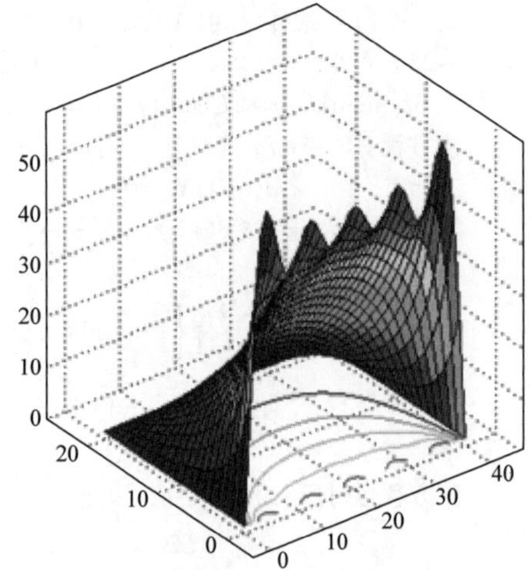

a)

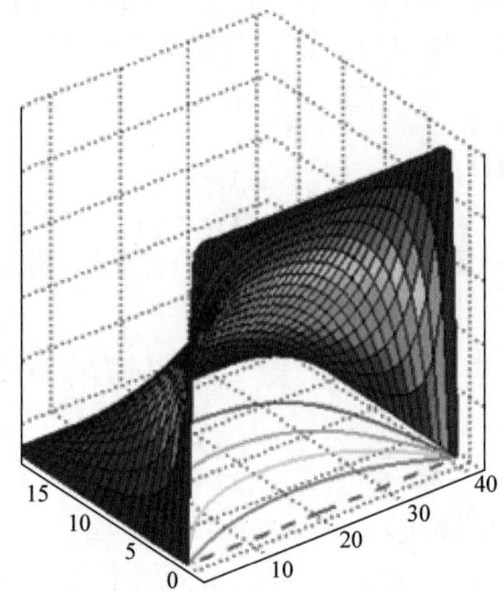

b)

图 3-3　当 $f(x)$ 为常数时的磁势分布

a) 求解在 10 个谐波时结束　b) 求解在 100 个谐波时结束

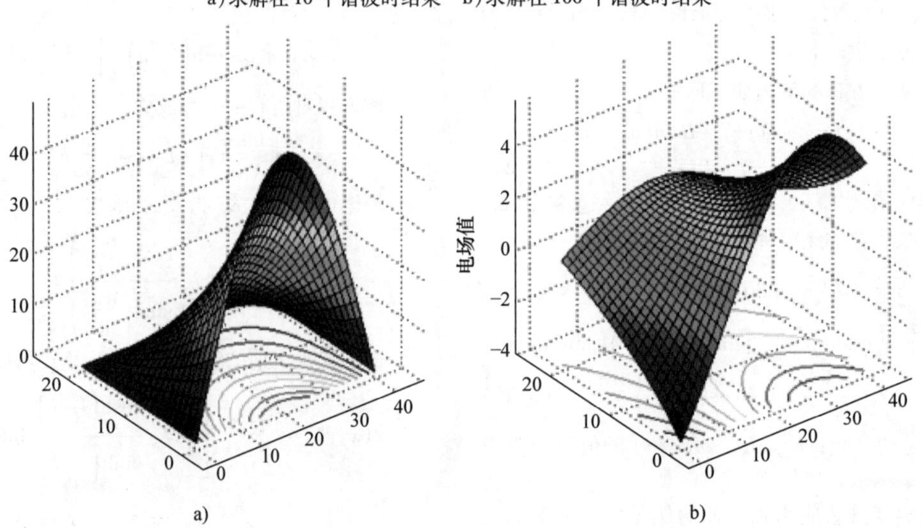

a)　b)

图 3-4　当 $f(x) = \sin(x)$ 时的解析法分析结果

a) 磁势分布　b) 电场分布

3.1.3　有限差分法

有限差分法已经被广泛应用于求解各类电磁场问题，该方法本身在数学中具有重要意义，在数值分析中一直具有核心作用。

FDM 是一种域方法：它基于整个域上通过常规网格对微分方程进行离散。

FDM 本质上包括问题几何上覆盖的一组平行于坐标系的线网格，以及对定义方程的近似求解，并求得直线交点的网格节点上的值。该方法所用到的近似包括用有限差分表达式代替导数，将所求节点的未知值与邻近节点的值建立关系。

图 3-5 所示的给定函数 $f(x)$ 的导数（也就是 P 点的斜率或正切）可以通过用弧 PB、PA、AB 的斜率进行近似，获得向前差分、向后差分和中心差分公式。

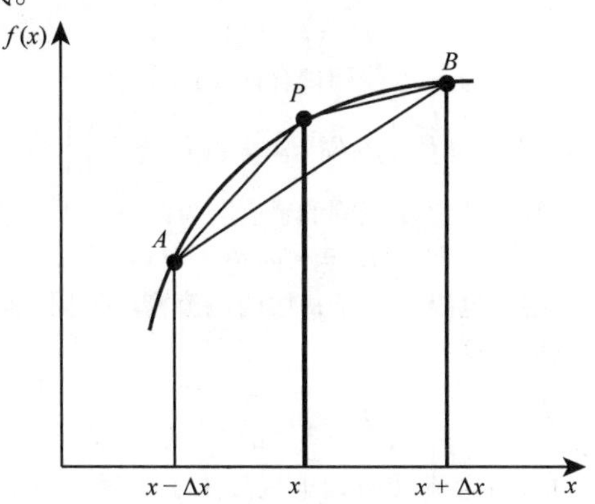

图 3-5　采用向前、向后及中心差分法计算 $f(x)$ 的导数

向前差分公式为

$$f'(x_0) \approx \frac{f(x_0+\Delta x)-f(x_0)}{\Delta x} \tag{3-32}$$

向后差分公式为

$$f'(x_0) \approx \frac{f(x_0)-f(x_0-\Delta x)}{\Delta x} \tag{3-33}$$

中心差分公式为

$$f'(x_0) \approx \frac{f(x_0+\Delta x)-f(x_0-\Delta x)}{2\Delta x} \tag{3-34}$$

求得这些有限差分方程的方法为泰勒级数：

$$f(x_0+\Delta x)=f(x_0)+\Delta x f'(x_0)+\frac{1}{2!}(\Delta x)^2 f''(x_0)+\frac{1}{3!}(\Delta x)^3 f'''(x_0)+O(\Delta x)^4 \tag{3-35}$$

$$f(x_0-\Delta x)=f(x_0)-\Delta x f'(x_0)+\frac{1}{2!}(\Delta x)^2 f''(x_0)-\frac{1}{3!}(\Delta x)^3 f'''(x_0)+O(\Delta x)^4 \tag{3-36}$$

式中，$O(\Delta x)^4$ 是截断误差。

将式（3-36）减去式（3-35）得

$$f(x_0+\Delta x)-f(x_0-\Delta x)=2\Delta x f'(x_0)+O(\Delta x)^3$$

重新整理得

$$f'(x_0) \approx \frac{f(x_0+\Delta x)-f(x_0-\Delta x)}{2\Delta x}+O(\Delta x)^2 \tag{3-37}$$

这也就是中心差分公式。其中 $O(\Delta x)^3$ 为中心差分的截断误差的阶为 $(\Delta x)^3$。

用向前差分和向后差分公式可以分别对式（3-35）和式（3-36）整理得

$$f'(x_0) \approx \frac{f(x_0+\Delta x)-f(x_0)}{\Delta x}+O(\Delta x)$$

为向前差分得

$$f'(x_0) \approx \frac{f(x_0)-f(x_0-\Delta x)}{\Delta x}+O(\Delta x)$$

为向后差分，它们的截断误差的阶为 Δx。

对式（3-35）和式（3-36）相加：

$$f(x_0+\Delta x)+f(x_0-\Delta x)=2f(x_0)+(\Delta x)^2 f''(x_0)+O(\Delta x)^4$$

可得

$$f''(x_0) \approx \frac{f(x_0+\Delta x)-2f(x_0)+f(x_0-\Delta x)}{(\Delta x)^2}+O(\Delta x)^2 \tag{3-38}$$

通过在泰勒级数展开中增加更多项，可以获得高阶有限差分近似。

因此，有限差分求解基本包括 4 步：

1）在研究域中建立网格。FDM 采用规则（映射）网格。

2）通过后续描述的格式代换原始微分方程中的微分算子。同时，用网格函数对连续函数 φ 进行近似。

3）描述第二和第三种边界节点的边界条件，用相同的方法估算导数。

4）求解代数方程。

FDM 通常采用常规网格，其步长为常数或随指定规律变化。图 3-6 所示为通用二维网格。

FDM 是第一种广泛应用于感应加热问题的技术，在如今的某些应用中仍然使用。其主要原因为：

1）FDM 在电磁驱动湍流的模拟中应用十分简便。相反，有限单元（FE）不容易进行对湍流问题的求解。

2）当有限元法不可行时（这种情况在大量实例

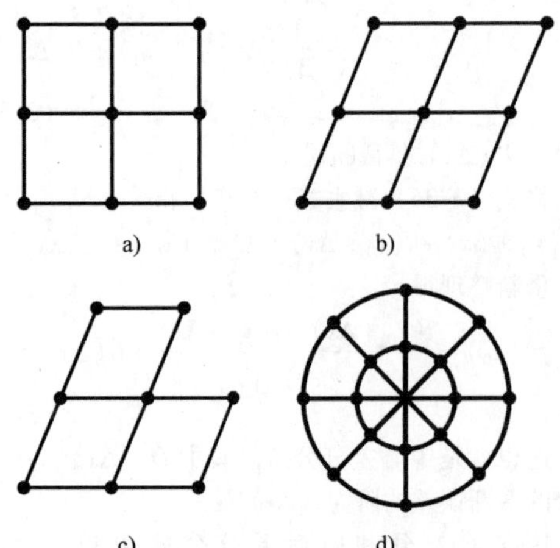

图 3-6 通用二维网格

中存在)，FDM 对大部分二维问题提供了一种直接简单的求解方法。

FE 和 FD 方法都属于经典的网格差分方法来近似求解边值问题。就理论的估算精度来说，这两种方法大体相同。

接下来介绍一个简单的，应用 FDM 求解一维轴对称域的电磁-温度耦合问题的例子。介绍这个例子是由于可以编写一个简单的程序，这对于感应加热系统的初步设计是十分有用的。同时也可以求解非线性问题，也就是磁导率随磁场强度变化和考虑材料性能随温度变化的情况。

此外，在本例中，求解电磁问题来评估具体的功率分布，求解热问题来确定这一过程的温度分布。这两个问题在任意时间步 Δt 中，都进行单独求解，在时间步内温度瞬态还会进一步细分。

在计算中，工件为无限长的圆柱形。工件分为 N 个同心单元，厚度均为 Δr，圆柱工件的划分示意图如图 3-7 所示。

图 3-7 中，假设在任一单元中电流密度均为常数，对应每个单元的总电流集中在单元片层（或无限薄的电流层）的中部。这样，磁场强度逐级变化，相邻单元中部的结果也是常数。因此，可以得出

$$H_{i+1}=\mathrm{cost}(r_i \leqslant r \leqslant r_i+\Delta r_i)$$

$$J_i=\mathrm{cost}\left(r_i-\frac{\Delta r_i}{2} \leqslant r \leqslant r_i+\frac{\Delta r_i}{2}\right)$$

一维假设意味着磁场 H 只有沿着 z 轴的方向，而电流为垂直方向。基于这些假设，可以进行每层的物理场计算，计算从心部开始直到表层，根据下述方法对 H_1 分配任意值：

第一层物理场的计算：

计算第一层与分配的磁场强度 H_1 有关的磁导率：

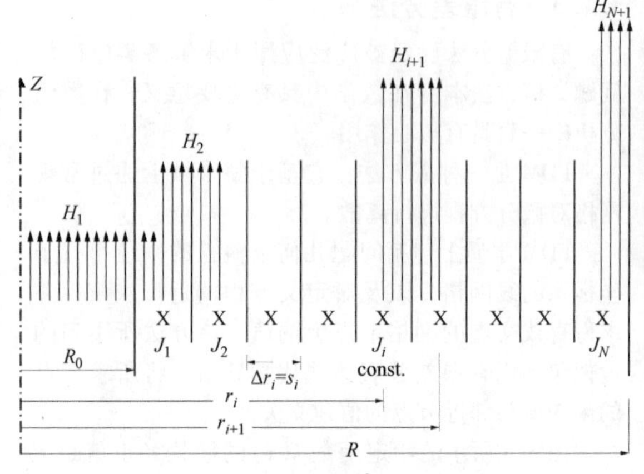

图 3-7 圆柱工件的划分示意图（管形工件，$R_0 \neq 0$）

$$\mu_1=f\ (H_1)$$

与半径为 r_1 的线圈耦合计算磁通量：

$$\underline{\Phi}_1=\pi\,\underline{H}_1\left[\mu_0 R_0^2+\mu_1 \Delta r_1\left(R_0+\frac{\Delta r}{4}\right)\right]$$

计算半径为 r_1 线圈的感应电场：

$$\underline{E}_1=-\mathrm{j}\omega\,\underline{\Phi}_1$$

每层的电阻（由于每层的电流密度不同，因此用直流电计算）：

$$R_1=\rho_1\frac{2\pi r_1}{\Delta r_1 \ell}$$

每层的电流（假设电流集中于半径为 r_1 的面上）：

$$\underline{I}_1=\frac{-\mathrm{j}\omega\underline{\Phi}_1}{R_1}$$

第一层的电流密度：

$$\underline{J}_1=\frac{-\mathrm{j}\omega\,\underline{\Phi}_1}{\rho_1 2\pi r_1}$$

计算第二层的物理场：

采用导数项 $\frac{\partial H}{\partial r}=-\underline{J}$ 和向前差分公式可得

$$\underline{H}_2=\underline{H}_1-\Delta r_1\,\underline{J}_1$$

$$\mu_2=f(H_2)$$

$$r_2=r_1+\Delta r_1$$

$$A_2=\pi\Delta r(2r_2-\Delta r_1)$$

$$\underline{\Phi}_2=\mu_2\,\underline{H}_2 A_2$$

$$\underline{J}_2=\frac{-\mathrm{j}\omega(\underline{\Phi}_1+\underline{\Phi}_2)}{\rho_2 2\pi r_2}$$

计算第 i 层的物理场：

$$H_{i+1}=H_i-\Delta r_i J_i$$
$$\mu_{i+1}=f(H_{i+1})$$
$$r_{i+1}=r_i+\Delta r_i$$
$$A_{i+1}=\pi\Delta r_i(2r_{i+1}-\Delta r_i)$$
$$\Phi_{i+1}=\mu_{i+1}H_{i+1}A_{i+1}$$
$$J_{i+1}=\frac{-\mathrm{j}\omega(\Phi_1+\Phi_2+\cdots+\Phi_{i+1})}{\rho_{i+1}2\pi r_{i+1}}$$

当计算到表层时，计算终止。

在外表层上，磁场 H_{N+1} 在最后的层深 $\Delta r_N/2$ 中为常数。

由于 H_1 的值为任意值，H_{N+1} 的值也和表面设定的 H_0 无法对应。

在非磁性材料中，由于材料为线性，不同层的物理场各个量之间成比例关系 H_0∶H_{N+1}。在铁磁材料中，需要用迭代方法来不断在每次迭代中修正 H_1，直到 H_{N+1} 和 H_0 之间的收敛达到设定值。

这一过程可以允许考虑每层中不同的 ρ_i 和 μ_i。

当每层的电流密度和电阻值已知，就可以计算功率系数 $w_i=\rho_i G_i^2$，进而可以将其作为热分析的热源进行求解。

用该方法可以利用初始的温度分布来确定时间步 Δt 结果时每一层最终的温度。

因此该方法需要在每层单元的每一次时间间隔不断更新随温度和磁场强度变化的电阻率和磁导率，进而进行该步长下的电磁场计算。

定义 T_{i-1}、T_i、T_{i+i} 为第 $i-1$、i、$i+1$ 层单元在 t 时刻（时间步 Δt 初始时刻）的温度，T'_{i-1}、T'_i、T'_{i+1} 为在相同单元层在 $t+\Delta t$ 时刻（时间步 Δt 结束时刻）的温度：

$$a_i=\frac{s_i+s_{i+1}}{2};\quad b_i=\frac{s_i+s_{i-1}}{2}$$

式中，s_i 和 s_{i+1} 是第 i 和 $i+1$ 层单元的厚度，对于单位长度的系统，可以计算任意层单元在任意时间步下的热守恒，同时可以用下面的公式计算各个物理量：

从面 $2\pi\left(r_i+\dfrac{s_i}{2}\right)$ 输入的热流：

$$Q_{ei}=\lambda_i 2\pi\left(r_i+\frac{s_i}{2}\right)\frac{T_{i+1}-T_i}{a_i}\Delta t$$

从面 $2\pi\left(r_i-\dfrac{s_i}{2}\right)$ 输出的热流：

$$Q_{ui}=-\lambda_i 2\pi\left(r_i-\frac{s_i}{2}\right)\frac{\vartheta_i-\vartheta_{i-1}}{b_i}\Delta t$$

单元层内产生的热量：

$$Q_{wi}=2\pi r_i s_i w_i\Delta t$$

温度从 ϑ_i 升高到 ϑ'_i 所需的热量：

$$Q_i=2\pi r_i s_i c_i\gamma\ (\vartheta'_i-\vartheta_i)$$

热守恒为

$$Q_{ei}+Q_{ui}+Q_{wi}=Q_i$$

将之前计算的热量和焦耳损耗代入热守恒方程，在电磁计算步 $i=2,\ 3,\ \cdots,\ N-1$ 的步长内有

$$T'_i=T_i+\frac{k_i\Delta t}{s_i^2}\left\{\frac{s_i}{a_i}\left(1+\frac{s_i}{2r_i}\right)T_{i+1}-\left[\frac{s_i}{a_i}\left(1+\frac{s_i}{2r_i}\right)+\frac{s_i}{b_i}\left(1-\frac{s_i}{2r_i}\right)\right]T_i+\frac{s_i}{b_i}\left(1-\frac{s_i}{2r_i}\right)T_{i-1}\right\}+\frac{w_i\Delta t}{c_i\gamma}$$

该方程为显式计算第 i 层单元在 $t+\Delta t$ 时刻下的温度，该温度为相同和相邻单元层在 t 时刻温度的函数。

第一层单元的热平衡需要单独计算，而最后一层（第 N 层）单元的温度与边界条件有关。

对于内层，由于设定条件为轴向上没有热流存在，因此可以得出

$$T'_1=T_1+\frac{2k_1\Delta t}{s_1^2(1+s_2/s_1)}\left(1+\frac{s_1}{2r_1}\right)(T_2-T_1)+\frac{w_1\Delta t}{c_1\gamma}$$

对于外层（第 N 层），热平衡计算中需要考虑对流和辐射造成的热损耗。热损耗可以表示为

$$Q_{eN}=-\alpha 2\pi\left(r_N+\frac{s_N}{2}\right)(T_e-T_a)\Delta t$$

其中：

$\alpha=\alpha_c+\alpha_i$；

α_c = 对流传热系数；

$\alpha_i=\varepsilon\sigma\dfrac{T_e^4-T_a^4}{T_e-T_a}$ = 辐射系数；

$T_e=T_N+\dfrac{T_N-T_{N-1}}{b_N}\dfrac{s_N}{2}$ = 表面温度；

T_e 和 T_a 分别为外层温度和环境温度；

ε = 工件表面辐射率；

σ = Stefan- Boltzmann 常数，为 5.67×10^{-8} [$\mathrm{W/m^2\cdot K^4}$]

在单元层厚度为常数，且假设 $T_e\approx T_N$，$T_a=0$ 时，最终可得：

$$\begin{cases}T'_1=T_1+\dfrac{2k_1\Delta t}{s^2}(T_2-T_1)+\dfrac{w_1\Delta t}{c_1\gamma}\\ T'_i=T_i+\dfrac{k_i\Delta t}{s^2}\left(1+\dfrac{s}{2r_i}\right)T_{i+1}-\left(1-\dfrac{s}{2r_i}\right)T_{i-1}+\dfrac{w_i\Delta t}{c_i\gamma}\\ T'_N=T_N+\dfrac{k_N\Delta t}{s^2}\left\{-\left[\left(1-\dfrac{s}{2r_N}\right)-\dfrac{\alpha s}{\lambda_N}\left(1+\dfrac{s}{2r_N}\right)\right]T_N+\left(1-\dfrac{s}{2r_N}\right)T_{N-1}\right\}+\dfrac{w_N\Delta t}{c_N\gamma}\end{cases}$$

由于问题的解为显式形式，因此计算较为简单。为了保证求解的稳定性，还需要满足条件：

$$\frac{k_i\Delta t}{s_i^2}\leqslant\frac{1}{2}$$

因此，当单元层厚固定，时间步长需满足条件：

$$\Delta t \leqslant \frac{s_i^2}{2k_i}$$

3.1.4 有限单元法和能量变分法

有限单元法（FEM）是求解物理场问题最常用的数值方法，而且有很多商业软件包采用该方法。该数值方法是将系统的微分方程转化为线性方程组来求解。

和所有的数值方法一样，由于未知量（通常为标量势或矢量势）只在离散单元的节点或边界上求解，因此也需要进行离散。

这里再次使用 Laplace 方程来阐述该方法。为了简单起见，这里也介绍了所谓的能量变分法，但大多数商用软件应用了其他技术，如伽辽金（Galerkin）法、加权余数法等。

Laplace 方程为

$$\nabla^2 V = 0$$

在二维平面体系中可以写作：

$$\frac{\partial^2 V}{\partial x^2} + \frac{\partial^2 V}{\partial y^2} = 0$$

电场强度 E 可以用标量电势 V 推导得出：

$$\overline{E} = -\nabla V = -\frac{\partial V}{\partial x}\hat{x} + \frac{\partial V}{\partial y}\hat{y} \tag{3-39}$$

可以通过使泛函最小化来求解微分方程。在静电问题中，平衡点可以通过最小静电能求得，而变分原理就是基于平衡点的确定。

在域 Ω 中，静电能为

$$W = \int_{\Omega} \frac{1}{2} \overline{E} \cdot \overline{D} \mathrm{d}\Omega \tag{3-40}$$

对于线性和各向同性材料，上述方程可以简化为

$$\begin{aligned} W &= \frac{1}{2}\int_{\Omega} \varepsilon \overline{E}^2 \mathrm{d}\Omega \\ &= \frac{1}{2}\int_{\Omega} \varepsilon \left\{ \frac{\partial V^2}{\partial x} + \frac{\partial V^2}{\partial y} \right\} \mathrm{d}\Omega \\ &= \frac{1}{2}\int_{\Omega} \varepsilon |\nabla V|^2 \mathrm{d}\Omega \end{aligned} \tag{3-41}$$

为了应用 FEM，求解域可以划分为很多小子域（单元），在子域中，可以用简单的方程来定义能量。

图 3-8 所示为求解域细分为简单单元。细分过程称为网格划分，划分的网格由边界和节点构成。

在每个单元中，势能函数可以近似为一个简单的函数，例如：

$$V = a + bx + cy + dxy + ex^2 + fy^2 \cdots \tag{3-42}$$

多项式的阶次与单元类型有关，不同阶数的单元及其相关的插值方程如图 3-9 所示。

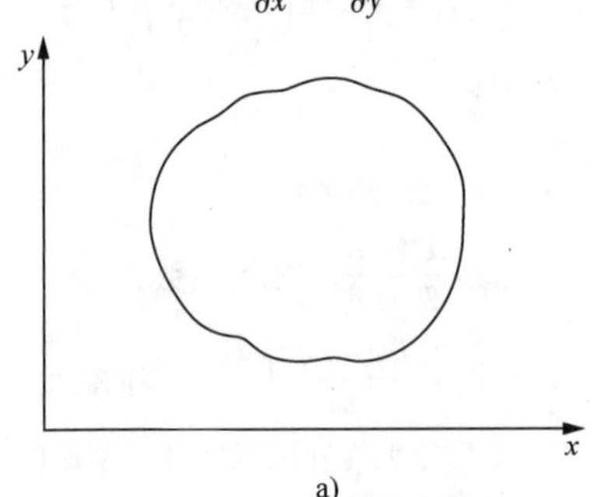

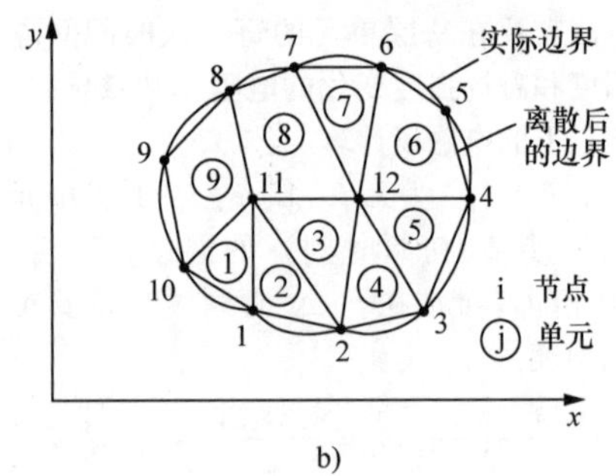

图 3-8 求解域细分为简单单元

a）离散为有限元网格的几何区域 b）网格由单元、界线及节点构成

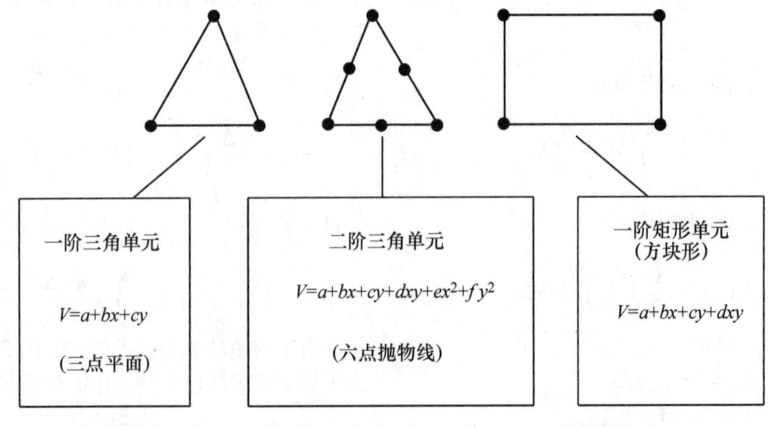

图 3-9 不同阶数的单元及其相关的插值方程

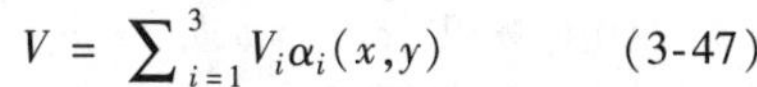

目前该求解域划分为一阶单元（三角形单元）。体系的静电能，也就是每个单元能量之和，需要最小化来进行问题的求解（也就是静电问题中未知电势的求解）。

在一阶三角形单元中，电势能可以用多项式描述：

$$V_1 = a + bx_1 + cy_1$$
$$V_2 = a + bx_2 + cy_2$$
$$V_3 = a + bx_3 + cy_3 \tag{3-43}$$

其中，x_i和y_i为未知项（i是顶点坐标＝1，2，3），a，b，c为未知参数。

线性体系中也可以用矩阵形式来表示：

$$\begin{vmatrix} V_1 \\ V_2 \\ V_3 \end{vmatrix} = \begin{vmatrix} 1x_1y_1 \\ 1x_2y_2 \\ 1x_3y_3 \end{vmatrix} \begin{vmatrix} a \\ b \\ c \end{vmatrix} \tag{3-44}$$

式（3-44）中，3×3 矩阵由于只与单元几何有关，因此是已知的。

逆矩阵可以用来求解系数 a、b、c：

$$\begin{vmatrix} a \\ b \\ c \end{vmatrix} = \begin{vmatrix} 1x_1y_1 \\ 1x_2y_2 \\ 1x_3y_3 \end{vmatrix}^{-1} \begin{vmatrix} V_1 \\ V_2 \\ V_3 \end{vmatrix} \tag{3-45}$$

此处的 V 在整个单元网格中是已知的：

$$V = |1, x, y| \cdot \begin{vmatrix} 1x_1y_1 \\ 1x_2y_2 \\ 1x_3y_3 \end{vmatrix}^{-1} \begin{vmatrix} a \\ b \\ c \end{vmatrix} \tag{3-46}$$

$$V = \sum_{i=1}^{3} V_i \alpha_i(x, y) \tag{3-47}$$

其中（x，y）为单元内的任一点，V_i为第 i 个节点的电势，α_i（x，y）称为形函数。

一阶单元的形函数为线性多项式，其参数（常数）只与单元节点的坐标有关。

$$\alpha_1 = \frac{1}{2A}\{(x_2y_3 - x_3y_2) + (y_2 - y_3)x + (x_3 - x_2)y\}$$

$$\alpha_2 = \frac{1}{2A}\{(x_3y_1 - x_1y_3) + (y_3 - y_1)x + (x_1 - x_3)y\}$$

$$\alpha_3 = \frac{1}{2A}\{(x_1y_2 - x_2y_1) + (y_1 - y_2)x + (x_2 - x_1)y\}$$

(3-48)

式中，A 是单元面积。

形函数在单元对应的顶点处为 1，而在其他两个顶点处为 0：

$$\alpha_1 = (x_1, y_1) = \mathbf{1} \quad \alpha_1(x_2, y_2) = \mathbf{0} \quad \alpha_1(x_3, y_3) = \mathbf{0}$$
$$\alpha_2 = (x_1, y_1) = \mathbf{0} \quad \alpha_2(x_2, y_2) = \mathbf{1} \quad \alpha_2(x_3, y_3) = \mathbf{0}$$
$$\alpha_3 = (x_1, y_1) = \mathbf{1} \quad \alpha_3(x_2, y_2) = \mathbf{0} \quad \alpha_3(x_3, y_3) = \mathbf{1}$$

当 $i \neq j$ 时，形函数为 0；当 $i = j$ 时，形函数为 1。图 3-10 所示为一阶形函数。

每个单元的静电能可以用计算获得：

$$W_e = \frac{1}{2}\int_{\Omega_e} \varepsilon |\nabla V|^2 \mathrm{d}\Omega_e \tag{3-49}$$

式中，Ω_e是单元域。

$$\nabla V = \sum_{i=1}^{3} V_i \nabla\alpha_i(x, y) \tag{3-50}$$

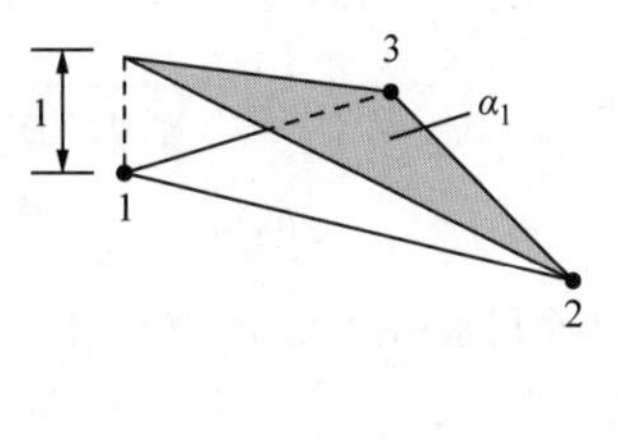

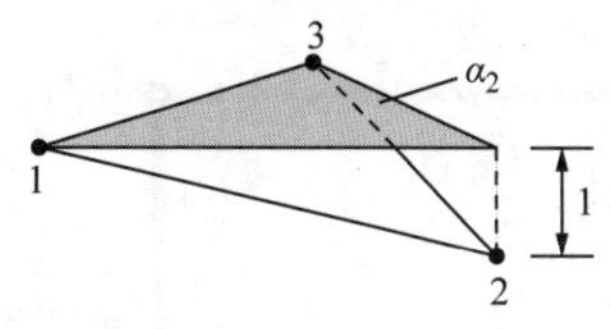

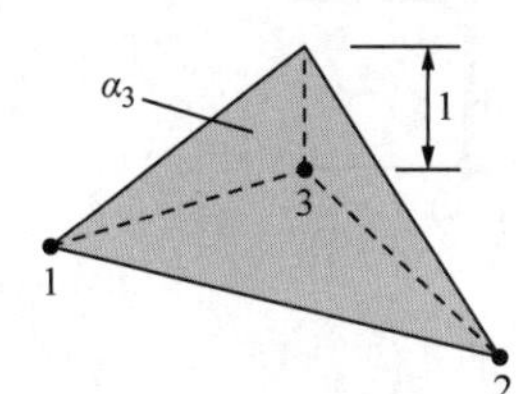

图 3-10　一阶形函数

通过代入可得

$$W_e = \frac{1}{2}\varepsilon \sum_{i=1}^{3} \sum_{j=1}^{3} V_i \int_{\Omega_e} \nabla\alpha_i \nabla\alpha_j \mathrm{d}\Omega_e V_j \tag{3-51}$$

其矩阵形式为

$$W_e = \frac{1}{2}\varepsilon [V]^T [N]^e [V] \tag{3-52}$$

式中，$[N]^e$是局部刚度矩阵，矩阵内的各项可以通过形函数计算得到：

$$N_{i,j} = \int_{\Omega_e} \nabla\alpha_i \nabla\alpha_j \mathrm{d}\Omega_e \tag{3-53}$$

形函数 α 的梯度为

$$\nabla\alpha_2 = \frac{\partial\alpha_2}{\partial x}\hat{x} + \frac{\partial\alpha_2}{\partial y}\hat{y} = \frac{1}{2A}[(y_3 - y_1)\hat{x} + (x_1 - x_3)\hat{y}]$$

$$\nabla\alpha_3 = \frac{\partial\alpha_3}{\partial x}\hat{x} + \frac{\partial\alpha_3}{\partial y}\hat{y} = \frac{1}{2A}[(y_1 - y_2)\hat{x} + (x_2 - x_1)\hat{y}]$$

(3-54)

梯度只与单元顶点坐标有关，即均为常数。

应用标量积，$\overline{a}\cdot\overline{b}=a_xb_x+a_yb_y$，局部刚度矩阵的每一项可以计算得到

$$N_{1,1}=\frac{1}{4A}\{(y_2-y_3)^2+(x_3-x_2)^2\}$$

$$N_{1,2}=\frac{1}{4A}\{(y_2-y_3)(y_3-y_1)+(x_3-x_2)(x_1-x_3)\}$$

局部刚度矩阵中的其他项可以通过替换表 3-1 来求得。当然，所有项都与单元面积 A 和节点坐标有关。

系统总能量 W 为每个单元能量之和：

$$W=\sum_{N_e}W_e \tag{3-55}$$

用矩阵表示为

$$W=\frac{1}{2}\varepsilon[V]^T[S][V]$$

式中，$[S]$ 是全局刚度矩阵，可以通过有效的局部刚度矩阵之和得到；$[V]$ 是所有节点标量电势的列矩阵。

令总能量的导数为 0，可以求解未知势能 V_f：

$$\frac{\partial W}{\partial V_f}=\mathbf{0} \tag{3-56}$$

例子：有限单元法（FEM）的几何示例及其对应的边界条件如图 3-11 所示，应用 FEM 求解的例子与采用分离变量法求解的方法十分类似，但是在模型上施加的边界条件不同。图 3-12 所示为由一阶三角单元构成的网格，是模型的离散。

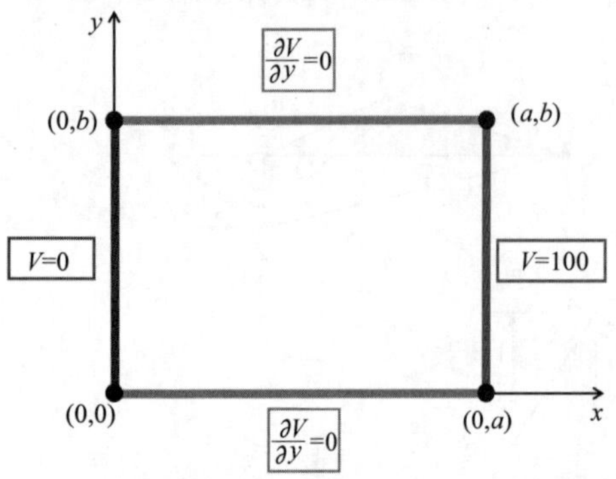

图 3-11 有限单元法（FEM）的几何示例及其对应的边界条件

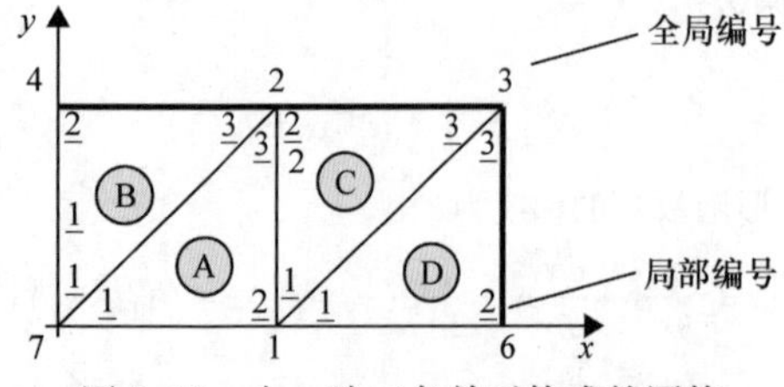

图 3-12 由一阶三角单元构成的网格

节点坐标和局部势能的值，也就是 Dirichlet 边界条件。

表 3-1 全局节点

全局节点	x	y	V
1	1	0	?
2	1	1	?
3	2	1	100
4	0	1	0
5	2	0	100
6	0	0	0

每个单元的局部节点编号见表 3-2。

表 3-2 每个单元的局部节点编号

单元	局部节点 1	局部节点 2	局部节点 3
A	6	1	2
B	6	4	2
C	1	2	3
D	1	5	3

为了计算单元 A 的局部刚度矩阵，首先要计算每个局部节点坐标的距离：

$$x_3-x_2=0 \qquad x_3-x_2=-1$$

$$x_1-x_3=-1 \qquad x_3-x_2=1$$

$$x_2-x_1=1 \qquad x_3-x_2=0$$

单元 A 的局部刚度矩阵为

$$N_{1,1}=\frac{1}{4A[(y_2-y_3)^2+(x_3-x_2)^2]}$$

$$=\frac{1}{2[(-1)^2+(0)^2]}=\frac{1}{2}$$

$$N_{1,2}=-\frac{1}{2}$$

将全局坐标代入局部坐标可得

$$[N]^{(A)}=\begin{vmatrix}1/2 & -1/2 & 0\\ -1/2 & 1 & -1/2\\ 0 & -1/2 & 1/2\end{vmatrix}$$

全局刚度矩阵可以计算得到

$$[N]^{(A)}=\begin{vmatrix}N_{6,6} & N_{6,1} & N_{6,2}\\ N_{1,6} & N_{1,1} & N_{1,2}\\ N_{2,6} & N_{2,1} & N_{2,2}\end{vmatrix}$$

$$[S]=\begin{vmatrix}2 & -1 & 0 & 0 & -1/2 & -1/2\\ -1 & 2 & -1/2 & -1/2 & 0 & 0\\ 0 & -1/2 & 1 & 0 & -1/2 & 0\\ 0 & -1/2 & 0 & 1 & 0 & -1/2\\ -1/2 & 0 & -1/2 & 0 & 1 & 0\\ -1/2 & 0 & 0 & -1/2 & 0 & 1\end{vmatrix}$$

该矩阵为稀疏矩阵，这是由于每个节点只与相

邻节点有关。每一行非零单元的数量与相邻节点的数量有关，因此一个典型的二维模型比三维模型矩阵更为稀疏。

总能量为

$$W=\frac{1}{2}\varepsilon[V]^T[S][V]$$

为使能量最小化，函数 W 对 k 个未知势能 V_f（V_f 未知势能；V_p 已知值）求偏导数：

$$\frac{\partial W}{\partial[V_f]_k}=\frac{\partial}{\partial[V_f]_k}\left|[V_f]^T[V_p]^T\right|\begin{vmatrix}[V_f]\\ [V_p]\end{vmatrix}\begin{vmatrix}[S_{f,f}][S_{f,p}]\\ [S_{p,f}][S_{p,p}]\end{vmatrix}$$

式中，$[V_f]$ 是未知势能的列向量（在当前例子中有两个未知量）；$[V_p]$ 是预设值。

令上述方程等于 0，对 k 个方程就可以求得 k 个 V_1，$V_2\cdots$，最终可以写作

$$\frac{\partial W}{\partial V_k}=|[N_{f,f}][N_{f,p}]|\begin{vmatrix}[V_f]\\ [V_p]\end{vmatrix}=0$$

$$[N_{f,f}][V_f]=-[N_{f,p}][V_p]$$

$$[V_f]=-[N_{f,f}]^{-1}[N_{f,p}][V_p]$$

根据该例中的具体数值：

$$N_{f,f}=\begin{vmatrix}2 & -1\\ -1 & 2\end{vmatrix}$$

$$N_{f,p}=\begin{vmatrix}0 & 0 & -1/2 & -1/2\\ -1/2 & -1/2 & 0 & 0\end{vmatrix}$$

等式 $[N_{f,f}][V_f]=-[N_{f,p}][V_p]$ 可以写作

$$\begin{vmatrix}2 & -1\\ -1 & 2\end{vmatrix}\begin{vmatrix}V_1\\ V_2\end{vmatrix}=$$

$$\begin{vmatrix}0 & 0 & -1/2 & -1/2\\ -1/2 & -1/2 & 0 & 0\end{vmatrix}\begin{vmatrix}V_3\\ V_4\\ V_5\\ V_6\end{vmatrix}$$

结果为

$$2V_1-V_2=50\quad V_1=50$$

$$-V_1+2V_2=50\quad V_2=50$$

本节为了简要概述这一技术，由 Laplace 微分方程开始，定义了静电能泛函。通过能量最小化，转化成了一个线性体系，可以计算单元节点处的势能。

3.1.5　体积积分耦合电路法

在众多基于麦克斯韦积分方程组的方法中，体积积分与电路法的耦合由于通常占用很少的计算资源，因此从 19 世纪 70 年代末期就得到了成功且广泛的应用。在圆柱对称系统且材料为非铁磁性时，该方法被公认为是一种极为方便的方法。

该方法首先需要将感应器-工件轴对称系统沿电流密度方向划分为有限多个环形单元，通常单元截面为矩形。为确保电流密度在每一个单元截面上均为一个已知的常量，每个单元的截面尺寸需要事先选定。网格可以是不均匀的。所有单元可以看作是一系列互相耦合的电路，此外在计算了自动和交互阻抗后，可以通过 Kirchhoff 电流定律进行求解。Kirchhoff 电流定律用复系数来求解复杂体系，用矩阵形式表示为 $[A]\{x\}=\{b\}$，其中 $[A]$ 是全填充复矩阵；$\{x\}$ 是未知矢量列向量，如电压和电流；$\{b\}$ 是已知矢量列向量。

图 3-13 所示为感应加热系统的轴对称模型及其同轴环形单元网格划分，其中所有的简单环形单元都是互相耦合的。假设电流和电压为正弦，也就是用电量的向量表示，需要求解下面的线性复方程：

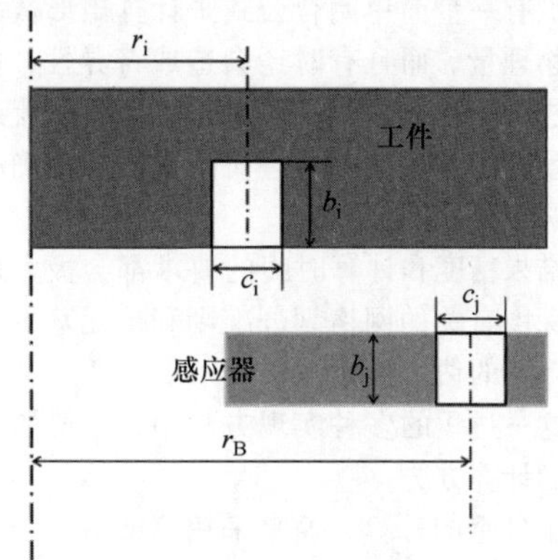

图 3-13　感应加热系统的轴对称模型及其同轴环形单元网格划分

$$[\underline{Z}]\{\underline{I}\}=\{\underline{V}\}\tag{3-57}$$

式中，$[\underline{Z}]$ 是固有阻抗 $z_{ii}=R_i+j\omega L_i$ 和耦合阻抗 $\underline{Z}_{ik}=j\omega M_{ik}$ 的 $n\times n$ 矩阵；$\{\underline{I}\}$ 是第 i 个单元的电流向量；$\{\underline{V}\}$ 是第 i 个单元的电压向量，在工件中 $V_i=0$。

R_i，L_i，M_{ik} 是第 i 个单元的电阻和电感及第 i 和第 k 个单元的互感。

下面的公式可以应用于多匝线圈。

每匝感应线圈上的所有单元电流之和，也就是感应器电流 $\underline{I}$

$$\underline{I}=\sum_{i=1}^{P}\underline{I}_i=\cdots=\sum_{i=(N-1)P+1}^{NP}\underline{I}_i\tag{3-58}$$

式中，P 是每匝感应线圈离散后的单元数量；N 是线圈总匝数。

每匝线圈上的单元都有相同的电势 $\underline{V'}_k$（即每匝线圈上的所有单元都是并联的）：

$$\underline{V'}_k=\underline{V}_i=\underline{V}_{i+1}=\cdots=\underline{V}_{i+P-1}\tag{3-59}$$

式中，$k=1$，2，$\cdots$，N，$i=1$，$P+1$，$\cdots$，$(n-1)$

$P+1$。

电势总和 V 在每匝线圈中下降 $\underline{V'_k}$：

$$\underline{V} = \sum_{k=1}^{N} \underline{V'_k} \tag{3-60}$$

运算中有 $n+N$ 个复未知量，可以应用高斯消去法和部分主元消元来分离实部和虚部，进而求得结果。

阻抗 R_i 的计算较为繁琐，这是由于所计算的是图 3-13 中矩形截面环形单元的直流阻抗：

$$R_i = \rho_i \frac{2\pi r_i}{b_i c_i} \tag{3-61}$$

另一方面，自感和互感的计算也较为困难。这是由于没有一个简单闭合公式来计算矩形截面环匝上这些物理量，而且有时还会造成奇异性，使得计算无法进行。基本方程只适用于环形线电流或忽略径向厚度的圆柱电流片等理想情况，其精确解可以通过椭圆积分进行求解。

对结果精度和计算时间的要求都会极大地影响与透入深度有关的网格划分准则和单元基本电路中自感、互感的估算精度。

在这一过程的多种实现方法中，主要的不同在于电感的计算方法。

关于自感的计算，通常采用 Wenstein 公式。仅仅在环形单元的矩形截面边长存在特殊比例时，必须采用不同的方程求解。

对于计算具有矩形截面的环形单元之间的互感，如果考虑电流密度分布，可以利用 Garrett 公式或采用 Lyle 法进行求解。

在这些方法中，最常用的是 Lyle 法，其方法是用两个环形线置于截面中来代替每个矩形截面单元，然后通过基本公式来计算 4 对环线的互感。图 3-14 所示为计算环形单元之间互感的示意图。

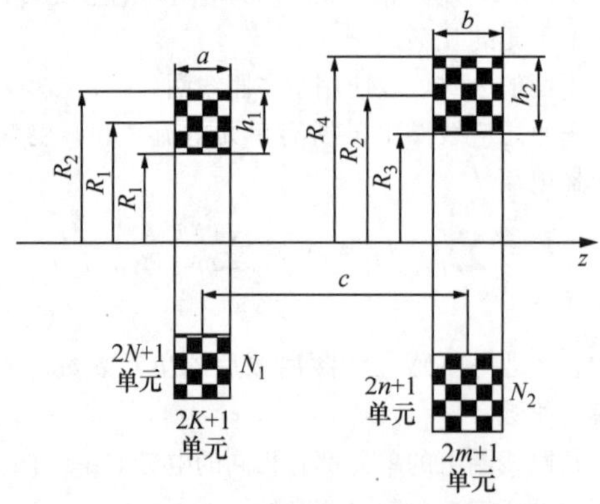

图 3-14 计算环形单元之间互感的示意图

2 个环形单元的互感就是 4 个值的平均值。

$$M = \mu_0 N_1 N_2 \sqrt{ab}\left[\left(\frac{2}{k} - k\right) K(k) - \frac{2}{k}E(k)\right] \tag{3-62}$$

其中

$$k = \sqrt{\frac{4ab}{D^2 + (a+b)^2}}$$

式中，a，b 是线半径；D 是两个环线圆心之间的距离；$K(k)$ 是第一类完全椭圆积分；$E(k)$ 是第二类完全椭圆积分。

近来也提出了一个新的方法。两个具有矩形截面的环形单元划分为一定数量的基本环（单元）。平均半径为 R_{I} 的第一个线圈截面被划分为（$2K+1$）长、（$2N+1$）宽的矩形单元。平均半径为 R_{II} 的第二个线圈截面被划分为（$2m+1$）长、（$2n+1$）宽的矩形单元。每个基本环依次用一个中心环线代替，并假设电流密度在截面上是均匀分布的。

通过这种方法，就可以利用式（3-62）计算出所有环线对的互感，并通过式（3-63）导出线圈单元之间的互感：

$$M = \frac{N_1 N_2 \sum_{g=-K}^{g=K} \sum_{h=-N}^{h=+N} \sum_{p=-m}^{p=+m} \sum_{l=-n}^{l=+n} M_{g,h,p,l}}{(2K+1)(2N+1)(2m+1)(2n+1)} \tag{3-63}$$

该技术被证明是有效快速计算具有任意长宽比矩形截面的同轴环形感应器的互感。

3.1.6 典型的数值模拟程序结构

本节简要介绍可以求解场问题的商用软件，主要参考了应用 FEM 的软件。市场上有很多商用软件而且更新换代速度很快，因此这部分内容可能逐渐过时。

一些商用软件通常采用多场耦合的方法来求解多个不同的物理场问题。有些工程仿真软件可以求解几乎所有在工程中应用到的物理场问题，如结构、热、流体和电磁，包括从直流和微波。也有一些软件只关注从直流到低频电磁和热的物理场的求解。

无论哪一种软件，都主要由三个模块组成：前处理、求解和后处理。即使最新的软件版本可以将这三个模块整合在一个工作界面，也可以通过经典的这种细分来描述数值模拟的主要步骤。

1. 前处理——计算机辅助设计（CAD）、网格划分、材料数据、边界条件、对称

前处理是建立模型的过程。用户需要进行的主要步骤有：

1）画几何。

2）网格划分。

3）定义材料属性并赋值到不同的几何实体上。

4）设定边界条件和场源。

首先要对物理问题做初步评估来确定使用二维还是三维模型。当然，创建二维模型所花费的时间要远少于创建三维模型，而且计算二维模型所需的时间也较少。

当物理场（如磁场）的一个分量可以忽略时，就可以采用二维模型。图 3-15 所示为可以用二维模型计算的典型例子，其中系统 z 轴方向的长度远大于其截面。在这个例子中，电流方向仅沿着 z 轴，而磁场（和感应场）没有 z 方向的分量。换句话说，磁场位于法线为 z 轴的平面上。本例中，根据积分值（总功率、诱发功率、无功功率）随 z 轴方向的分布可以看出，应用二维平面模型可以获得较为准确的结果。当然，该模型无法考虑边界和端部效应。商用有限元软件通常在平面模型中采用矢势公式或所谓的 AV 公式（其中 A 为磁矢势，V 为电标势）。在本例中，磁矢势 A 只有一个非零空间分量（z 轴分量）。

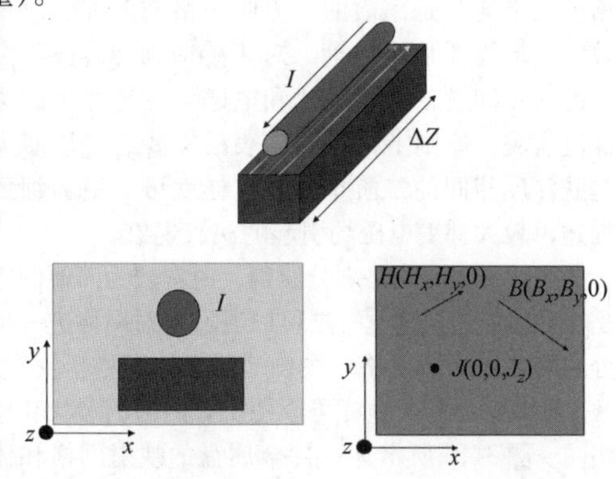

图 3-15　可以用二维模型计算的典型例子

在轴对称模型中，整个模型可以通过一个围绕中心轴的完整旋转来建立。在这种情况下，模型为几何的截面，电流只有方位角方向，而磁场处于二维区域中。图 3-16 所示为轴对称几何的例子。由于轴对称模型被认为是准三维模型，因此具有较好的结果。

在轴对称模型中，磁矢势 A 只有方位角分量。

当电流密度场一个方向上的分量可以忽略，所产生的磁场（感应场）方向垂直于电流平面时，也可以应用二维模型，电流在二维区域内分布的二维平面几何如图 3-17 所示。

在该模型中，H（或 B）垂直于所研究的二维平面。但在实际中并不会采用这种模型，这是由于该公式（没有引入任何电势而直接求解磁场）有很多局限，并且计算结果不够精确。

通常，可以通过用导入 CAD 模型或直接在嵌入

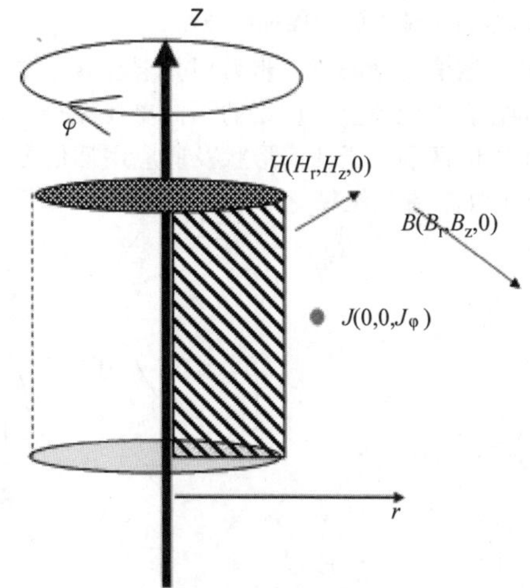

图 3-16　轴对称几何的例子

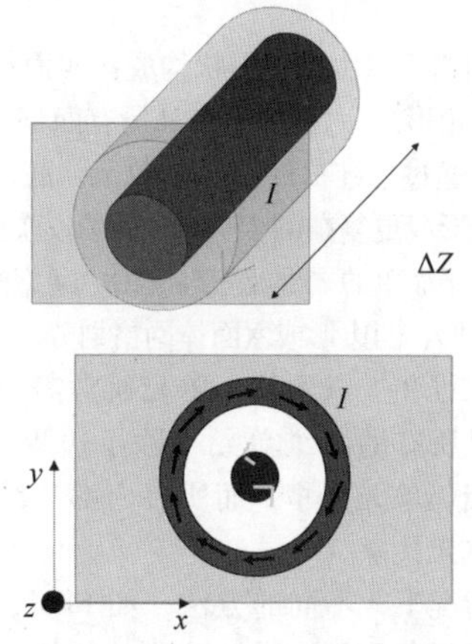

图 3-17　电流在二维区域内分布的二维平面几何

的 CAD 模块中进行建模。FEM 软件中用来建模的 CAD 工具有时会有较大的局限性，因此，在模型较为复杂时通常选择用外部 CAD 软件创建模型并导入的方法。一方面，导入的模型很难再进行修改，而利用 FEM 软件中的 CAD 模块可以进行参数化建模，也就是全部或部分尺寸可以定义为变量值。参数化建模特别适用于设计人员开发不同的结构或优化工艺。

模型的建立需要进行初步研究，主要是为了将求解域中的零件足够简化。例如，用户需要验证是否存在对称性，或者将一些对物理场不产生影响的材料删除。此外，如果模型是从外部 CAD 中导入，设计人员需要删除所有对物理场不会产生影响的细节：例如，为了避免使用过多单元来对细小零件进行网格划分，一些小的细节必须除去。目前还没有一个通用的规则来说明如何简化模型。但一个大的方向是，设计人员需首先有一个预期结果，最终只

在感兴趣的区域内创建详细的模型。

建立数值模型的第二步为划分求解域。图 3-18 所示为在有限元模型中应用的不同单元类型。这些单元类型的区别在于几何形状及所应用插值方程的阶次：例如，在二维模型中有一阶三角形单元，其中未知的矢量势可以用线性方程来描述，此外节点数为 3；另外还有相同三角形形状的单元，用二阶方程（抛物线）描述，有 6 个节点。二维映射网格由矩形单元构成，单元类型有 4 节点单元（一阶单元）和 8 节点单元（二阶）。

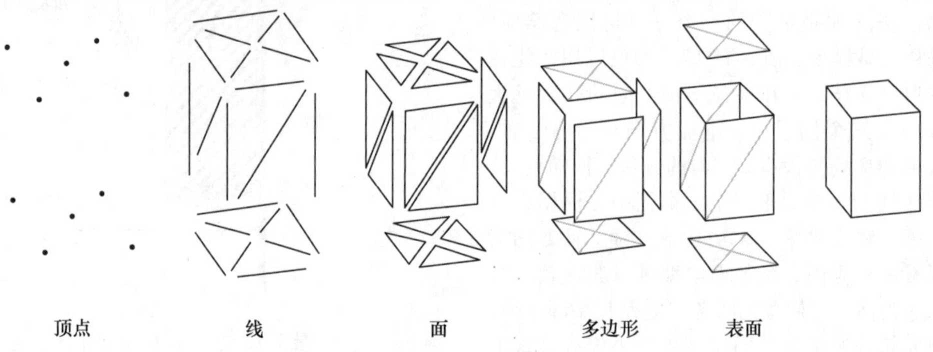

图 3-18　在有限元模型中应用的不同单元类型

三维网格可以由以下形状构成：四面体网格（所有面都是三角形）、六面体网格（所有面都是四边形）、棱形网格（通过三维扩展获得的单元，底面可以是三角形、四边形或更复杂的多边形，侧面为矩形）。映射网格仅适用于简单的二维或三维模型，通常复杂形状的模型用三角形、四边形或六面体网格划分。

对于二维和三维网格，单元通常需要具有连续性。也就是所有的二维单元（除了边界上的单元）的边都和相邻单元共享，而所有内部三维单元的面都和相邻单元共享。

通常情况下，不同的方法，如 FEM，都要求对整个求解域进行网格划分。这也就是说，空气（空间）域也需要进行网格划分。相反，积分法不要求对空气域进行网格划分。在三维网格中，空间域的网格较难处理，这是由于通常我们只关注作用区（也就是用电阻和磁导描述的区域）的网格质量，而在空间域中自动划分网格。

作用区的单元尺寸必须仔细选取：求解结果在网格节点上通常是离散的，因此网格密度在磁场梯度较大区域需要加密处理。对于感应加热，或更为一般的涡流问题，网格尺寸和电磁场在导体中的透入深度有关。原则上，在导体表层需要有一层厚度与趋肤深度相同的二阶单元。这样就可以更为细致地描述由较大梯度电磁场引起的涡流现象。

为了遵守这一网格划分原则，通常较为简便的方法是在导体的表层建立一层可以通过映射网格进一步划分的简单六面体网格。在自动四面体网格生成中，也常采用映射网格，这样可以使所有网格的形状和尺寸相同。图 3-19 所示为一片金属盘的映射网格和体网格：外表面划分为矩形面，单元体为四方体。图 3-20所示为用四面体单元划分的相同物体。表面单元与前例一致；但四面体单元只在金属盘边界上符合透入深度，内部单元远大于表面单元，导致计算结果较差。一些商用软件允许在物体边界附近预定义单元

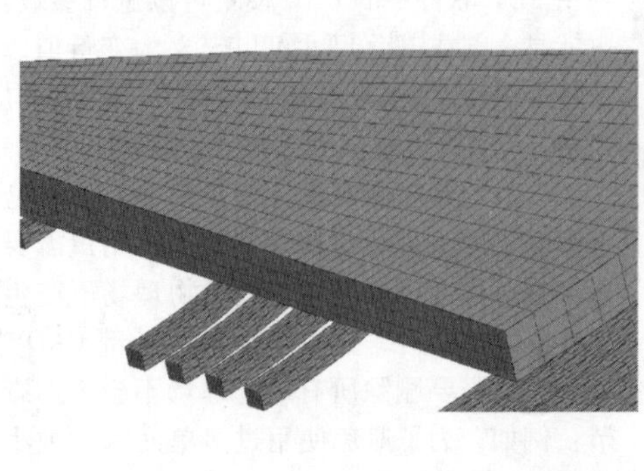

a)

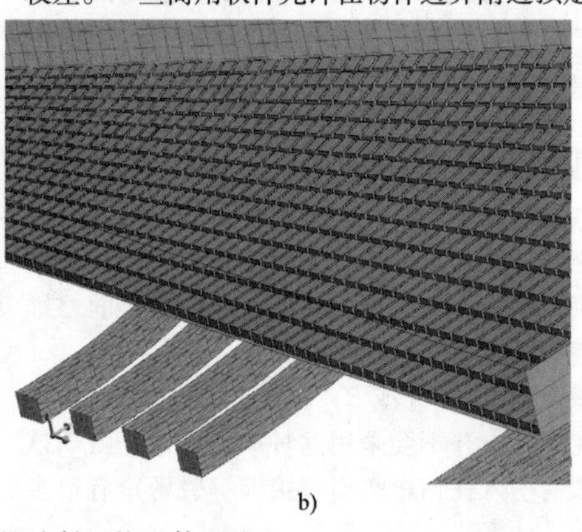

b)

图 3-19　一片金属盘的映射网格及体网格

a）映射网格　b）体网格

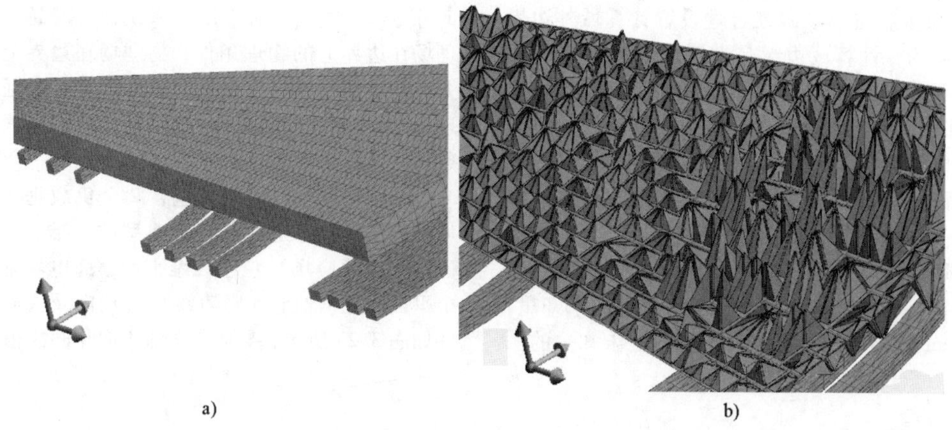

图 3-20　用四面体单元划分的相同物体
a）三角形　b）四面体

尺寸，避免了所建单元尺寸过大的问题。

如果作用区用四方体网格划分，与其相邻的空气域用锥形单元划分，并与映射网格和四面体单元相连（也可能用六面体单元划分整个区域），如图 3-21所示。

图 3-21　四方体单元与映射网格之间用四面体单元联系

有时不能用锥体单元作为连接单元，因此需要在映射网格周围的空气域中保证，单元尺寸和四方体尺寸相同，这样更有利于生成较好的锥体单元。

在前处理部分中，需要对不同的几何实体（点、线、面、体）赋予材料属性，并定义物理域。若干相同类型的几何体赋予相同的材料属性就可以建立一个物理域。

对于每种类型的物理域，都需要定义相应的材料属性，即电磁问题中的磁导率、电导率（电阻率），热问题中的热导率，以及瞬态问题中的热容等。

基本上所有的有限元软件都为用户提供了材料数据库，用户通常进行材料数据的定义。对于用户来说，材料数据可能很难获得。真实的电磁性能（$B-H$曲线）及其与温度的关系测定困难。需要对用户再次说明的是，这些不确定的参数可能导致计算结果和实测值之间的巨大差异。因此，在使用数值工具之前，需要首先用传统设计工具来分析这些问题。

为了防止出现零解，需要定义场源。对于静态和瞬态磁场问题，场源为涡流和硬磁材料（磁铁）；对于电场问题，场源为电压和电荷。

在求解电磁问题中，可能需要设置外电路来进行加载。例如，图 3-22 所示为一个典型的感应器和轴对称工件的纵截面，在考虑与 x 轴的对称后，该二维模型可以很容易进行求解。感应器由几组互相连接的线圈组成。如果用户需要获得感应线圈内真实的电流密度分布，那么在该计算域中未知量应为磁矢势（$A\varphi$，方位角方向分量）和电标量。对于这种类型的计算，场源为每匝线圈之间的电压复标量。该电压值不可能事先获得，但必须要选择合适的电压值来计算每匝线圈的电流值（模态和相）。那么用户就需要在每匝线圈上尝试不同的电压模态值和相，为了求解这一问题，就要确认 6 个正确的值。因此考虑外电路时，该问题就过于复杂了。

电路可以看作是单独的模块，这是由于电路计算采用的是电压和电流求解的经典的网络理论，通常进行节点分析。网络求解与有限元求解有关，这是由于导体的电压和电流值由材料参数决定（等效电阻 R 和电感 L），此外有限元求解与电路计算值有关。几乎所有的电流商用软件都可以进行互相耦合。

最后，还需要定义计算域边缘的边界条件，才能完成建模。边界条件在电磁问题中进行了描述。通常采用三种不同的边界条件：Dirichlet 边界条件、Neumann 边界条件和无限边界条件。

1）无限边界条件。由于电磁场在无限远处消失，用户需要在远离场源处合理设置计算域外边界（实际原则为，计算域边缘需为研究设备的 15 ~ 20 倍大）。为了减小计算域的几何尺寸并限制自由度的数量，几乎所有的商用软件都可以设置无限边界条件，即 IBC。IBC 其实并不是一个边界条件，通常软件采用特殊单元在无限远处设置零点。在这些特殊单元中，采用解析公式来描述这一条件。

2）Dirichlet 边界条件和 Neumann 边界条件。众所周知，Dirichlet 边界条件固定了边界上的未知量，而 Neumann 边界条件固定了关于边界上未知量的法向分量。事实上，对于用户来说，只需简单分析物理场在边界上的物理条件：物理场在边界上是法向方向还是切线方向？现代有限元软件可以通过在物理场中强加物理条件（法向还是切向）来固定边界条件，而不是指定一个可能的值。

一个简单的电磁例子包含 2 个负载垂直于研究域的线性导体。这就是一个典型的二维例子，其中磁场（或感应场）位于二维平面，而电场垂直于这个平面。在 y 轴上（竖直线）的切向及法向边界条件如图 3-23 所示，导体中电流方向相同或相反。

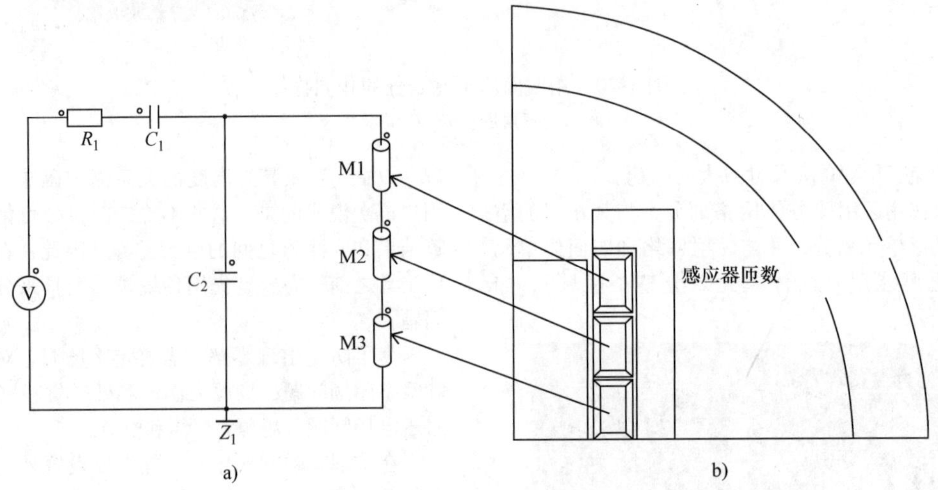

图 3-22 一个典型的感应器和轴对称工件的纵截面

a）外电路 b）感应线圈

注：FEM 模型中的感应线圈由外电路提供电源，原件 M1、M2、M3 与 FE 中的区域相偶接。

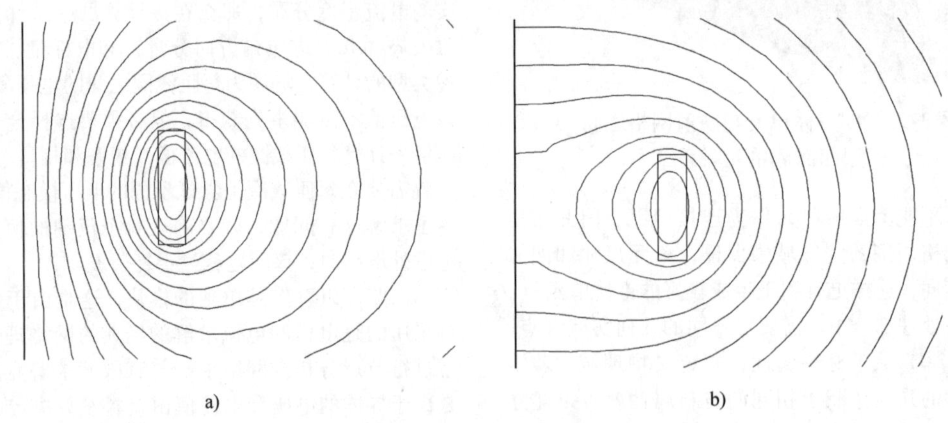

图 3-23 在 y 轴上（竖直线）的切向及法向边界条件

a）切向 b）法向

由于大部分求解二维电磁问题都采用了磁矢势（最后与电标量耦合），直线上的法向和切向物理场造成了 A 的这些条件。

由于 $B = \text{rot}A$，感应场的 x 和 y 分量可以用磁矢势 A 在空间上求导获得，只有在 z 方向上是非零的 $(0, 0, A_z)$。

$$B_x = \frac{\partial A_z}{\partial y} \tag{3-64}$$

$$B_y = -\frac{\partial A_z}{\partial x} \tag{3-65}$$

当磁场与 y 方向平行时，如图3-23a 所示，该条件可以表示为

$$\left[\frac{\partial A_z}{\partial y}\right]_{x=0} = 0 \xrightarrow{yields} [A_z]_{x=0} = 0 \tag{3-66}$$

用式（3-66）可以将磁势切线场条件转变为 Dirichlet 边界条件。

当磁场与 y 方向正交时，如图 3-23b 所示，该条件可以表示为

$$\left[\frac{\partial A_z}{\partial x}\right]_{x=0} = 0 \tag{3-67}$$

用式（3-67），可以将磁势法向场条件转变为 Neumann 边界条件。

2. 求解——直接迭代非线性不稳定性

数值方法提供了方程的非线性系统的发展，通常用包含实数或复数的大型刚度矩阵来表示。

差分方法产生稀疏矩阵，而积分方法产生完全填充矩阵。求解过程提供了单元节点和边缘上的变量（势能、温度等）的值。

当仅存在固定电荷、恒定直流电流或永磁体时，该问题为静态问题，其求解过程为实数非线性求解。

当上述性能随时间变化时，该问题为瞬态问题。其求解过程为不同时间步下的一系列求解过程。时间方程为一阶微分方程，可以用隐式方法进行积分。因此，所有的物理量（包括感应电流）都在每个时间步结束时可以计算获得。瞬态问题会产生实系数矩阵。当物理场量在给定频率下正弦变化，该问题为时谐问题。对于这类问题，通常采用 Steinmetz 变换，物理场量用复数表示。一个典型的例子就是涡流问题，即计算导体中的感应电流，同时考虑趋肤效应和邻近效应。这类问题可以用来模拟不同领域的各种设备，如感应加热、电磁兼容性、电磁屏蔽（如变压器箱）、静态旋转电动机等。在时谐分析中，通过求解含有复系数的方程组来进行稳态计算。

求解过程的主要步骤为：

1）单元的积分和刚度矩阵的总装，这两步通常是同时进行的。首先，求解器对每个单元进行分析，计算积分，并建立每个单元的子矩阵。在建立单元子矩阵后，会总装成全局矩阵，来表示一系列待求解的线性方程组。在总装过程中，需要考虑边界条件，将某些节点（边界）的自由度或导数固定。

2）用直接或迭代的方法求解线性方程组。

3）如果方程组是非线性的（物理性能参数与求解结果有关），将会在非线性区域根据迭代过程进行重复计算。

含有 n 个方程和 n 个未知量的线性方程组，可以用以下的矩阵形式表示：

$$[A][x][b] \tag{3-68}$$

式中，$[A]$ 是 $n\times n$ 的方阵（n 行 n 列）；$[x]$ 是 n 维列向量，n 表示了未知量（自由度）的个数；$[b]$ 是已知分量的 n 维列向量，通常在等式右边。

为求解该方程组，有两种不同的方法：直接法和间接法。

直接法的一个优点就是求解的稳定性，即直接法一般都可以在计算后获得结果。

基本的直接法为高斯消元法。高斯消元法可以将线性方程组转变为等效方程组，可以用上三角矩阵形式表示。高斯三角化包括一步步、一列列的消去过程及矩阵的对角线化。

还可以用更多高效的算法：

LU 分解是一种矩阵的分解方法，矩阵 A 可以写成下三角矩阵 L 和上三角矩阵 U 的乘积。对于 3×3 矩阵，可以表示为

$$\begin{bmatrix} a_{11} & a_{12} & a_{13} \\ a_{21} & a_{22} & a_{23} \\ a_{31} & a_{32} & a_{33} \end{bmatrix}\begin{bmatrix} l_{11} & 0 & 0 \\ l_{21} & l_{22} & 0 \\ l_{31} & l_{32} & l_{33} \end{bmatrix}\begin{bmatrix} u_{11} & u_{12} & u_{13} \\ 0 & u_{22} & u_{23} \\ 0 & 0 & u_{33} \end{bmatrix} \tag{3-69}$$

$$[A] = [L][U] \tag{3-70}$$

LDU 分解是指矩阵 A 分解为下三角矩阵 L、对角矩阵 D 和上三角矩阵 U 的乘积。此处的 L 和 U 均为单位矩阵。

其他 LU 分解也包含部分或全部消元技术，用置换矩阵的方法。

给定一个矩阵方程：

$$[A][x][L][U] = [b] \tag{3-71}$$

方程组求解可以分为两个步骤：

1）求解方程组$[L][y] = [b]$。

2）求解方程$[U][x] = [y]$。

需要注意的是，所有例子中可求解的三角矩阵（上矩阵和下矩阵）都可以直接使用向前和向后带入，而不用采用高斯消元过程（但在 LU 分解中还需要用到这一过程或等效的过程）。

直接法计算需要大量的内存，因此该方法适用于具有合理大小的矩阵。计算时间与矩阵未知量的数量几乎呈正比关系。下三角矩阵因子一般远大于初始总装的稀疏矩阵，因此直接法运算需要较大的内存。

直接法求解的参数条件操作描述起来较为复杂。真正影响计算时间、求解内存大小及求解质量的因素为：

1）部分主元消元。

2）列重新编号。

3）条件估算。

4）迭代细化。

不同的研究机构开发了多种并行求解器，如苏黎世 ETH 开发的 PARallelDIrect SOlver（PARDISO），大部分在图卢兹 ENSEEIHT 开发的 MUltifrontal 大规模并行稀疏直接求解器（MUMPS）。

迭代法（CG、BiCG、BiCGStab、GMRES）是一个不断重复的过程，将近似解不断逼近真实解的方法。用户可以自定义阈值来使近似解达到可以接受的精度。迭代法用于大型方程组的求解，这是由于采用直接法将会消耗大量的计算时间和内存。迭代近似解需要与精度进行妥协，迭代的精度会受到迭代判定准则及计算时间和内存的影响。但在一些情况下，迭代求解会不收敛。

如果线性方程组模拟的一个物理过程，等式右边项［B］通常容易出现误差。有时［A］或［B］的一个微小变化，将会造成［X］的巨大变化。在这种情况下，线性方程组就不再适用。确定方程组的适用性也就是在确定求解的稳定性。

方阵 A 的适用性可以用实数 $\chi(A)$ 表示，例如：

$$\chi(A) = \|A\| \, \|A^{-1}\| \tag{3-72}$$

A 可以表示为：

1）良态：$\chi(A)$ 约为 1，也就是说结果的相对误差与［B］的误差有相同的量级。

2）劣态：$\chi(A)$ 值较高。

3）错误构造：$\chi(A)$ 值无穷大。

适用性可以受到以下因素的影响：

1）物理特性：常量或物理系数之间的巨大差异（即计算域用低导材料或高导材料表示，电路包括高低电阻和电感）。

2）网格：

① 网格质量低，且采用平面网格。

② 最小网格和最大网格之间较大的差异。

③ 网格数量巨大。

④ 插值——高度插值。边界插值：节点插值会产生可逆的线性方程组，边界插值会产生不可逆的线性方程组。在瞬态情况下，不可逆方程组可以采用测量技术转化为可逆方程组，但该技术会使矩阵质量变差。

迭代的收敛速度取决于矩阵的质量。如果矩阵的适用性较好，那么收敛速度也会更快，迭代次数会较少。为了提高矩阵的适用性，通常可以采用预适应技术，将初始方程组转化为等效的性能更好的方程组。

预适应技术需要将待求解方程组：

$$[A][x] = [b] \tag{3-73}$$

用等效方程组取代：

$$[M^{-1}A][x] = [M^{-1}b] \tag{3-74}$$

最常用的算法见表 3-3。

表 3-3 最常用的算法

名 称	初始条件	求 解	模型体系
ICCG①	LDL^T 的不完全 Choleski 分解 LDU 的不完全分解	共轭梯度 双共轭梯度	对称 非对称
GMRES②	用 ILUT 的不完全分解	重新生成最小残差	对称/非对称
BiCGStab③	LDL^T 的不完全 Choleski 分解 LDU 的不完全分解	稳态双共轭梯度	对称 非对称

① 不完全 Choleski 共轭。

② 生成最小残差。

③ 双共轭梯度稳态。

不同迭代求解的优点和缺点见表 3-4。

表 3-4 不同迭代求解的优点和缺点

求解器	可靠性	存储
ICCG①	+	−
BiCGStab②	+ +	− −
GMRES③	+ + +	− − −

① 不完全 Choleski 共轭。

② 双共轭梯度稳态生成最小残差。

③ 生成最小残差。

在一些条件下，用户可以改变一些参数，如精度和最大迭代次数（通常与方程数量相同）。

有用的前处理——缩放操作，线性方程组的缩放操作可以提高方程组的适用性，即对方程组进行归一化处理。适用性会影响迭代的质量及迭代的稳定性。通常求解非标量方程组会造成迭代发散和迭代收敛速度减小，在直接求解过程中还会造成求解结果的质量不高。

线性方程组的缩放操作以一种理想化的方法来限制数值误差。用户可以利用以下两个参数：

① 缩放精度：该参数为矩阵每行上的最大项和 1 的比值，以及每列最大项和 1 的比值。

② 最大迭代数：该参数可以使用户通过限制迭代次数来避免浪费求解时间。

直接法和迭代法的比较。稀疏直接求解力图减小矩阵参数化的成本及参数大小。迭代法不需要进行矩阵参数化，而是通常采用一系列非常稀疏的矩阵向量乘积对求解结果进行迭代。迭代法比直接分解法需要更少的内存和计算时间。然而，迭代法的收敛性无法保证，为了得到精度较好的解，有时会需要大量的迭代次数，这种情况下直接法用的时间会更短。

由于直接求解基于直接消元，质量较差的矩阵用该方法进行求解不会有任何困难。直接分解法通常用于非奇异方程组。当方程组接近于奇异方程组时，求解器也可以得到一个结果（但精度无法保证）。

并行计算是一种同时进行很多计算的运算形式。其运算原则是将复杂的问题分解为较小的问题，然后同时（并行）进行求解。有几种不同形式的并行计算形式：比特级、指令级、数据及任务并行。并行计算比顺序计算程序更为复杂，这是因为并行会产生几种新的程序错误。子任务之间的通信和同步是获得良好并行性能的几个重要的阻碍。

并行计算无论在直接还是迭代求解中，都已经十分普遍。有多种直接和迭代求解器版本来开发共享内存系统，也就是基于 OpenMP（消息传递）的软件库和分布式存储系统，也就是基于 MPI（消息传递接口）的软件库。类似的软件库和迭代求解器都是免费可用的。

近年来，科学通信关注于图形处理器（GPU）这一新架构。采用低成本的 GPU 来使科学计算加速，将会是未来几年的新挑战。

当其中一个材料属性与变量值有关时，该问题就为非线性问题。例如磁导率与磁场强度有关，因此磁场问题为非线性问题。为了求解这类问题，采用迭代法求解时通常基于 Newton-Raphson 法（牛顿-拉斐逊法）。

非线性求解过程的原理如图 3-24 所示，分为以下几步：

1）求解器首先用非线性材料性能的初始值（磁导率和电容率的起始斜率值，在重新开始求解过程情况下之前的求解结果）执行求解过程。

2）然后开始进行迭代，直到获得结果。在每一次迭代中，求解器需要：

① 依据之前计算的变量值（磁场、温度等）进行非线性材料性能值的更新。

② 再次进行求解。

③ 与之前求得的结果进行对比，如果差异远大于所选的精度准则，那么就会进行新的迭代。

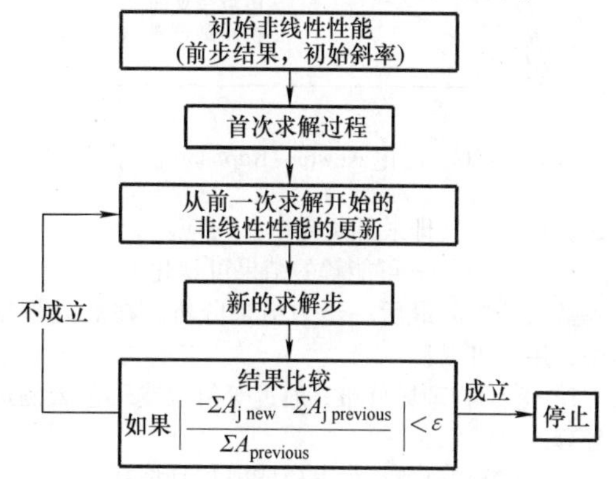

图 3-24　非线性求解过程的原理

Newton-Raphson 法，也称为切线法，用泰勒级数展开的方法来求解方程，如 $f(x)=0$，其过程如图 3-25所示。

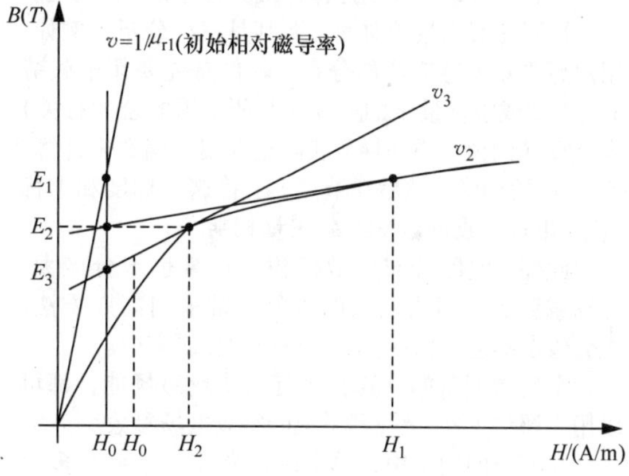

图 3-25　Newton-Raphson 法的原理

停止准则用来控制迭代，精度准则用来定义非线性计算的精度。用比率来表示：

$$\left|\frac{\sum A_{j\ new}-\sum A_{j\ previous}}{\sum A_{j\ previous}}\right|<\varepsilon$$

式中，A 是变量。

当材料高饱和或初始磁导率（电容率）较高，采用经典算法时迭代次数可能非常多，这时就需要采用更有效的方法来加快求解过程如优化 Newton-Raphson 法，其原理如图 3-26 所示。

饱和曲线用一系列位于初始磁导率定义的直线间的线段代替。在每次迭代中，程序都会采用某一线段。为了更快收敛，需要选择初始磁导率来与一

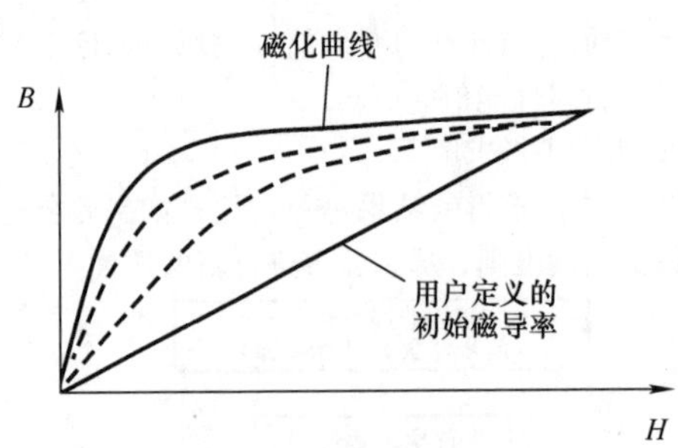

图 3-26 优化 Newton-Raphson 法原理

处最饱和区相（即最低磁导率）对应。

3. 后处理——可能解的结果可视化

数值分析的最后一步为结果分析。在后处理模型中，用户可以：

1）显示物理场分布，通过等值线或彩色云图进行处理。

2）计算积分值，如电磁能或焦耳损耗。

3）获得几何上，如几何路径和网格点的物理量值。

4）以图形或数值的形式输出结果，来进行进一步分析和报告生成。

尽管后处理表面上是操作最为简单的一个步骤，但也需要花费大量的时间，尤其是三维分析。例如，用户想要知道感应场的分布，软件首先要用磁矢势 A 的旋度或电标量 φ 的梯度（与所采用的公式有关）来计算 B 的值。空间导数实际上要用形函数来计算，计算 α_i 的梯度，然后在节点 i 上将这一梯度和电标量 φ_i 相乘，或与磁矢势 A_i 矢量相乘。

此外，空间分布的数值积分计算也十分庞大。计算域上的空间物理量的积分通常采用高斯方法。积分值求解通常用在参数分析或时变研究中。

全局物理量的计算，如有效能或磁场能，都可以用来评估工件-感应器系统的等效电场参数。

在下面的例子中，单个感应器在一个或更多个被动域中，也就是导体区（感应涡流产生区）、真空区和磁聚器中，产生了磁场。总功率 P_{all} 可以由积分值获得：

$$P_{all} = \int_{Domain} \rho J^2 d\Omega \tag{3-75}$$

磁能 E_{mag}：

$$E_{mag} = \int_{Domain} \frac{1}{2} \frac{|B|^2}{\mu} d\Omega \tag{3-76}$$

等效电阻和电感可以用来计算串联的等效 R_S 和 L_S：

$$R_S = \frac{P_{all}}{I^2} \tag{3-77}$$

$$L_S = \frac{2E_{mag}}{I^2} \tag{3-78}$$

也可以用来计算并联的等效 R_P 和 L_P：

$$R_P = \frac{V^2}{P_{all}} \tag{3-79}$$

$$L_P = \frac{V^2}{2E_{mag}} \tag{3-80}$$

式中，I 是感应电流的均方根值；V 是感应器末端的电压均方根值。

从这些结果中，也可以很容易计算其他用来设计电磁系统的基本物理量，如功率系数和品质因数。

为了计算感应器-工件系统的效率，必须要知道感应器中的焦耳损耗。通常 FEM 软件将场源区域（感应器）用两种方法来处理。简单的方法是将电流源在导体上的分布视为均匀分布。当线圈为 Litz 线或线圈截面小于该频率下电流在铜中的透入深度时，通常可以接受该假设。在这种情况下，由于影响不大，FEM 软件通常不计算感应器中的焦耳损耗，在导体中将其视为恒定功率密度。

在较大的感应器中，焦耳损耗在不同的厚度处差异巨大。焦耳损耗在该区域中的积分表示了感应器上的损耗 P_{ind}，或者总的有效功率 P_{all} 没有全部转移到工件上。计算 P_{ind} 就可以计算出感应器-负载的电效率。

P_{ind} 表示了感应器上的焦耳损耗；P_{wp} 表示了工件上的焦耳损耗：

$$P_{ind} = \int_{ind} \rho J^2 d\Omega_{ind} \tag{3-81}$$

$$P_{wp} = \int_{load} \rho J^2 d\Omega_{load} \tag{3-82}$$

电效率 η 为

$$\eta = \frac{P_{all} - P_{ind}}{P_{all}} = \frac{P_{wp}}{P_{all}} \tag{3-83}$$

当只有一个感应器且所有的材料属性都是线性时，之前介绍的计算电感的方法也是有效的。当有两个或更多感应器时，电感的计算会更加复杂。

多个感应器存在时，可以用阻抗矩阵（其维度对应于感应器的个数）获得合理的集中参数描述。

显然，每个商用软件都有其各自的特点来使用户更加方便地获得所需的信息。

参考文献

1. V. Rudnev, *Handbook of Induction Heating*, Vol 61, CRC Press, 2003
2. J.D. Lavers, State of the Art of Numerical Modeling for Induction Processes, *COMPEL,* Vol 27 (No. 2), 2008, p 335–349
3. H. Conrad, A. Mühlbauer, and R. Thomas, *Elektrothermische Verfahrenstechnik (Electrothermal Process Engineering),* Vulkan-Verlag, Essen, 1993, p 240
4. I.A. Tsukerman, A. Konrad, and J.D. Lavers, A Method for Circuit Connections in Time-Dependent Eddy Current Problems, *IEEE T. Magn.,* Vol 28 (No. 2), 1992, p 1299–1302
5. P.P. Silvester and R.L. Ferrari, *Finite Ele-*

ments for Electrical Engineers, Cambridge University Press, 1996

6. K.J. Binns, P.J. Lawrenson, and C.W. Trowbridge, *The Analytical and Numerical Solution of Electric and Magnetic Fields*, Wiley, New York, 1992, p 343–382
7. O. Biro and K. Preis, On the Use of the Magnetic Vector Potential in the Finite-Element Analysis of Three-Dimensional Eddy Currents, *IEEE T. Magn.*, Vol 25 (No. 4), 1989, p 3145–3159
8. K. Preis, I. Bardi, O. Biro, C. Magele, W. Renhart, K.R. Richter, and G. Vrisk, Numerical Analysis of 3D Magnetostatic Fields, *IEEE T. Magn.*, Vol 27 (No. 5), 1991, p 3798–3803
9. J. Jin, *The Finite Element Method in Electromagnetics*, 2nd ed., Wiley, New York, 2002, p 553–554
10. V. Rudnev, Subject-Oriented Assessment of Numerical Simulation Techniques for Induction Heating Applications, *Int. J. Mater. Prod. Tec.*, Vol 29 (No. 1), 2007, p 43–51
11. F. Dughiero, M. Forzan, and S. Lupi, Solution of Coupled Electromagnetic and Thermal Problems in Induction Heating Applications, *Computation in Electromagnetics, Third International Conference on (Conf. Publ. No. 420)*, April 10–12, 1996, IEEE, 1996, p 301–305
12. P. Di Barba, A. Savini, and S. Wiak, *Field Models in Electricity and Magnetism*, Springer, 2008
13. G. Meunier, Ed., *The Finite Element Method for Electromagnetic Modeling*, Wiley-ISTE, 2010
14. S. Salon and M.V.K. Chari, *Numerical Methods in Electromagnetism*, Academic Press, 1999
15. T. Itoh and B. Houshmand, *Time-Domain Methods for Microwave Structures: Analysis and Design*, Wiley-IEEE Press, 1998
16. W. Yu, *Electromagnetic Simulation Techniques Based on the FDTD Method*, Vol 221, Wiley, 2009
17. MUltifrontal Massively Parallel Solver (MUMPS 4.10.0) Users' Guide, May 10, 2011, http://graal.ens-lyon.fr/MUMPS/doc/userguide_4.10.0.pdf (accessed Feb 3, 2014)
18. FLUX2D-3D User's Manual, CEDRAT Corporation, Meylan, France, 2012
19. A. Canova, F. Dughiero, F. Fasolo, M. Forzan, F. Freschi, L. Giaccone, and M. Repetto, Simplified Approach for 3-D Nonlinear Induction Heating Problems, *IEEE T. Magn.*, Vol 45 (No. 3), 2009, p 1855–1858
20. J.D. Lavers, An Efficient Method of Calculating Parameters for Induction and Resistance Heating Installations with Magnetic Loads, *IEEE T. Ind. Appl.*, (No. 5), 1978, p 427–432
21. P. Amestoy, C. Ashcraft, O. Boiteau, A. Buttari, J.-Y. L'Excellent, and C. Weisbecker, Improving Multifrontal Methods by Means of Low-Rank Approximations Techniques, *SIAM 2012 Conference on Applied Linear Algebra (LA12)*, June 18–22, 2012 (Valencia, Spain), Society for Industrial and Applied Mathematics, 2012
22. S. Lupi and V.S. Nemkov, Analytical Methods for the Computation of Cylindrical Induction Heating Systems, *Ėlektrihestvo, Ed. Energija*, (No. 6), Giugno 1978, p 43–47 (in Russian)
23. V.S. Nemkov and R. Goldstein, Computer Simulation for Fundamental Study and Practical Solutions to Induction Heating Problems, *Proc. of HIS-01—Int. Seminar on Heating by Internal Sources,* Sept 12–14, 2001 (Padua, Italy), p 435–442
24. M.N. Sadiku, *Numerical Techniques in Electromagnetics*, CRC Press LLC, 2001
25. P. Karban, I. Doležel, F. Mach, and B. Ulrych, Advanced Adaptive Algorithms in 2D Finite Element Method of Higher Order of Accuracy, *Selected Topics in Nonlinear Dynamics and Theoretical Electrical Engineering*, Springer, Berlin Heidelberg, 2013, p 255–271
26. F. Dughiero, M. Forzan, and S. Lupi, 3D Solution of Electromagnetic and Thermal Coupled Field Problems in the Continuous Transverse Flux Heating of Metal Strips, *IEEE T. Magn.*, Vol 33(No. 2), 1997, p 2147–2150
27. H.K. Versteeg and W. Malalasekera, *An Introduction to Computational Fluid Dynamics: The Finite Volume Method,* Prentice Hall, 2007

3.2 电磁问题求解

Jerzy Barglik and Dagmara Dolega, Silesian University of Technology

电磁问题求解基于电磁场（EMF）连续模型的宏观理论，用 5 个矢量的积分或偏微分方程组来描述：

1）电场强度 E。

2）电通量密度 D。

3）电流密度 J。

4）磁场强度 H。

5）磁通量密度 B。

所有这些物理量都通常为空间和时间的函数，在分析中为连续和连续可导函数。

电磁场可以用以下方法分类：

1）电磁场源的类型（电流、伏特、永磁、电荷）。

2）维度，描述电场分布所用的最少的坐标数，也就是一维、二维、三维。

3）边界类型。

4）物理场量随时间的演变。

5）所包含环境的类型。

6）是否存在移动。

3.2.1 麦克斯韦方程组

电磁场可以用麦克斯韦方程组来描述，并用本构关系来描述材料性能的影响。方程组可以用积分或微分形式来表示。

1. 积分形式的麦克斯韦方程组

麦克斯韦方程组用积分形式可以写为

$$\oint_c \boldsymbol{H}\mathrm{d}\boldsymbol{l} = I_t = I + \frac{\mathrm{d}\Psi}{\mathrm{d}t} \tag{3-84}$$

$$\oint_c \boldsymbol{E}\mathrm{d}l = -\frac{\mathrm{d}\Phi}{\mathrm{d}t} \tag{3-85}$$

$$\iint_S \boldsymbol{D}\mathrm{d}S = Q \tag{3-86}$$

$$\iint_S \boldsymbol{B}\mathrm{d}S = 0 \tag{3-87}$$

式中，I_t 是流过环 c 的全电流；I 是传导电流；Ψ 是非导体环境的电通量；Φ 是磁通量；Q 是电荷。

式（3-84）表示了磁场强度 H 在任意环路 c 上的积分等于穿过此环路所围面积的全电流，即传导电流和位移电流之和。若待分析域中的电导率 γ 远大于场电流角频率 ω 和介电常数 ε 的乘积：

$$\gamma >> \omega\varepsilon \tag{3-88}$$

式（3-84）中等式右边第二项位移电流就可以忽略不计。感应加热过程一般都满足式（3-88）中的条件。可以用一个简单的例子来说明。加热中金属的电导率数量级至少为 10^6S/m。工件中的介电常数可以看作与真空的介电常数相同（$\varepsilon = \varepsilon_0$）。即使电流频率足够大（$f$=1MHz），式（3-88）不等号右边项乘积的数量级为 10^{-4}S/m，不等式成立。

式（3-85）表示了电场强度的一个相似的规律。电场强度沿任意闭合曲线 c 的线积分等于穿过由该曲线所限定面积的磁通对时间的变化率的负值。式（3-86）表示电通量 D 在任意闭合曲面 S 上的面积分等于该闭合曲面所包围的总电荷 Q。式（3-87）表明，磁通密度 B 由于为无散度场，因此在闭合曲面的面积分为 0。

然而，尽管积分形式的麦克斯韦方程组较好地解释了电磁场场源和场量之间的关系，但其在求解电磁场分布的应用中，只局限于求解一定数量的线性和简单几何的情况。因此，为了分析感应加热过程，更加常用麦克斯韦方程组的微分形式。其主要优点就是能处理非线性和各向异性的问题。

2. 麦克斯韦方程组的微分形式

为了简化分析，没有考虑感应加热体系中的运动问题。在这种情况下，对式（3-84）、式（3-85）应用斯托克斯定理，对式（3-86）、式（3-87）应用高斯定理，那么麦克斯韦方程组可以用微分形式表示为

$$\mathrm{curl}\,\boldsymbol{H} = \boldsymbol{J} + \frac{\partial \boldsymbol{D}}{\partial t} \tag{3-89}$$

$$\mathrm{curl}\,\boldsymbol{E} = -\frac{\partial \boldsymbol{B}}{\partial t} \tag{3-90}$$

$$\mathrm{div}\,\boldsymbol{D} = \rho_v \tag{3-91}$$

$$\mathrm{div}\,\boldsymbol{B} = 0 \tag{3-92}$$

式中，ρ_v 为电荷的体积密度。

式（3-89）等号右边的第二项由于之前所述的原因可以省略。静态感应加热系统中，本构关系为

$$\boldsymbol{D} = \varepsilon\boldsymbol{E} \tag{3-93}$$

$$\boldsymbol{B} = \mu\boldsymbol{H} \tag{3-94}$$

$$\boldsymbol{J} = \gamma(\boldsymbol{E} + \boldsymbol{E}_{ext}) \tag{3-95}$$

式中，μ 是磁导率；$\boldsymbol{E}_{ext}$ 是外力造成的电场强度。

材料属性参数通常有张量形式，但通常用简单标量的常数表示，或者作为空间位置或其他物理量的函数。当环境材料属性与空间位置无关时，环境可以视为均匀同质。在感应加热的情况中，计算域包含几个不同材料属性的均匀子域，因此可以分别赋予均匀的属性。

当环境参数与所用到的物理场量没有关系时，为线性环境。该特征适用于气体、主要的几种液体，非铁和无磁性金属如铝、铜、锌或其合金。

在非线性环境中，材料属性与物理场量有关（如铁的磁导率为磁通密度和温度的函数）。在这种情况下，这些参数为标量。

当材料属性与物理场的方向无关时，环境为各向同性。否则，材料属性为张量，可以用矩阵的形式来表示。包含绝缘片的叠片磁心就是这样一个例子。

电场强度（$\boldsymbol{E}_{ext}$）由诸如电化学、光伏或其他形式的作用力产生。

传导电流的连续方程可以通过式（3-89）的散度和式（3-91）计算得到：

$$\mathrm{div}\boldsymbol{J} + \frac{\partial \rho_v}{\partial t} = 0 \tag{3-96}$$

在介电环境中，电极化可以用极化矢量 $\boldsymbol{P}$ 来表示，其为空间坐标和时间的函数：

$$\boldsymbol{P} = \varepsilon_0\chi_e\boldsymbol{E}_{ext} = \varepsilon_0\varepsilon_r\boldsymbol{E}_{ext} \tag{3-97}$$

式中，χ_e 是介电材料的磁化系数；ε_r 是相对介电常数。

在这种情况下，式（3-93）可以表示为

$$\boldsymbol{D} = \varepsilon_0\boldsymbol{E}_e + \boldsymbol{P} \tag{3-98}$$

根据矢量 $\boldsymbol{E}$、$\boldsymbol{P}$、$\boldsymbol{D}$ 之间的关系，非导体环境可以

划分为线性和非线性、软和硬、各向同性和各向异性。

而对于磁场来说，外磁场（用矢量 $\boldsymbol{H}_{ext}$ 表示）为空间和时间的函数，影响其他材料原子中的电子运动，最终影响其磁矩。根据磁矩大小，材料可以分为抗磁性、顺磁性和铁磁性。抗磁性材料在没有外磁场存在时，不会产生磁矩。当有外磁场存在时，将会影响材料中的电子运动，并感应产生新的磁场，与原始磁场相抵消。原始磁场强度（$\boldsymbol{H}_{ext}$）就会减小。顺磁材料中的粒子即使在不存在外磁场的情况下，也可以用非零磁矩来表示。当外磁场存在时，材料中会产生与其方向一致的磁矩，因此会使磁场较为增强。而铁磁材料中除了有非零磁矩（与顺磁材料相同）外，还包含磁畴，在磁畴中的多个磁矩方向一致。每个磁畴中的磁矩方向不同，因此互相抵消，整体上不表现出磁性。但当存在外磁场时，每个磁畴中的磁矩方向转到与外磁场相同的方向，极大地加强了磁场强度。

上述所描述的效应可以用磁化强度 $\boldsymbol{M}$ 来表示，其为空间坐标和时间的函数。矢量 $\boldsymbol{H}$、$\boldsymbol{M}$、$\boldsymbol{B}$ 之间的关系可以表示为

$$\boldsymbol{B}=\mu_0(\boldsymbol{H}+\boldsymbol{M})=\mu_0(1+\chi_m)\boldsymbol{H}=\mu_0\mu_r\boldsymbol{H} \tag{3-99}$$

式中，μ_0是真空磁导率（$\mu_0=4\pi\times10^7\boldsymbol{H}/\mathrm{m}$）；$\chi_m$是磁化率；$\mu_r$是相对磁导率。

铁磁材料为非线性材料，矢量 $\boldsymbol{M}$ 和 $\boldsymbol{B}$ 不仅为磁场强度 $\boldsymbol{H}$ 的函数，而且还与材料性能的演变有关。磁化强度 $\boldsymbol{M}$ 首先随磁场强度 $\boldsymbol{H}$ 的增加而增大，当达到一定磁场强度时（与材料有关），磁化强度不再变化，铁磁材料达到饱和。

这种特性还受到温度的限制。当高于居里温度时，铁磁性转变为顺磁性。铁磁材料磁通密度 $\boldsymbol{B}$ 和磁场强度 $\boldsymbol{H}$ 之间的稳态关系可以用磁滞曲线表示。软磁材料（如钢）的磁滞曲线较窄，而硬磁材料（如铁氧体）的磁滞曲线较宽。在实际的感应加热中，较窄的磁滞曲线与首次测得的磁化曲线相接近。

3.2.2　电磁场数学模型

本节讨论了势的定义、数学建模方法、边界条件和能量、功率密度及电磁力分布。

1. 势的定义

如前所述，电磁场的数学建模可以通过求解麦克斯韦方程组来实现。有时，应用积分模型或随机模型更加方便。然而，电磁场计算需要确定电场和磁场矢量的三个分量。但一些矢量在某些界面上是不连续的。为了消除这些缺陷，采用势方法。目前，势方法作为一种高效的方法，已经在专业软件中广泛用于电磁场的计算。式（3-100）~式（3-103）用来求解低频域，如感应加热中涡流问题的 4 个势函数。

$$\boldsymbol{B}=\mathrm{curl}\boldsymbol{A} \tag{3-100}$$

$$\boldsymbol{E}=-\mathrm{grad}\varphi_e \tag{3-101}$$

$$\boldsymbol{H}=-\mathrm{grad}\varphi_m \tag{3-102}$$

$$\boldsymbol{J}=\mathrm{curl}\boldsymbol{T} \tag{3-103}$$

式中，$\boldsymbol{A}$ 是磁矢势；φ_e是电场标量势；φ_m是磁场标量势；$\boldsymbol{T}$ 是电流密度场矢量势。

磁通密度 $\boldsymbol{B}$ 的分布可以仅仅基于式（3-100），并用标量函数的梯度进行确定。为了获得磁通密度 $\boldsymbol{B}$ 的准确结果，可以用库伦条件来规范：

$$\mathrm{div}\boldsymbol{A}=0 \tag{3-104}$$

磁矢势方法特别适用于二维电磁场情况。这是由于，在这种情况下，磁矢势只有一个非零分量。因此可以将磁矢势方程作为标量形式使用。

稳态电场中可以引入标量电势 φ_e，并满足

$$\mathrm{curl}\boldsymbol{E}=0 \tag{3-105}$$

标量电势的值可以用常数来改变。标量电势 φ_e 的准确值可以用方程 $\varphi_e(\infty)=0$ 来获得。

对于永磁体或低频电流产生的磁场来说，与稳态电场类似，可以用式（3-102）的定义来引入磁场标量势。然而，仅仅适用于定义没有场电流的区域，其磁场满足：

$$\mathrm{curl}\boldsymbol{H}=0 \tag{3-106}$$

磁标量 φ_m连续可微，而且可以在令计算域某一点为 $\varphi_m=0$ 时确定其值。该量并不适用于在场电流不为零的部分描述磁场。

式（3-103）定义的矢量势 $\boldsymbol{T}$ 特别适用于三维计算中的涡流问题。

2．数学建模方法

如前所示，感应加热过程电磁场的数学建模主要基于不同物理量的麦克斯韦偏微分方程组。计算开始先要确定相应的矢量场。应用式（3-95），且 $\boldsymbol{E}_{ext}=0$：

$$\boldsymbol{J}=\gamma\boldsymbol{E} \tag{3-107}$$

如果考虑加热体的移动，那么式（3-107）可以写为更为通用的形式

$$\boldsymbol{J}=\gamma(\boldsymbol{E}+\boldsymbol{v}\times\boldsymbol{B}) \tag{3-108}$$

然而，在实际应用中，工件移动有关的项是可以忽略的，并且可以用式（3-109）的形式来考虑欧姆定律。因此，不考虑位移电流时，式（3-89）有如下形式：

$$\mathrm{curl}\boldsymbol{H}=\gamma\boldsymbol{E} \tag{3-109}$$

磁场强度的微分方程有如下形式：

$$\mathrm{curl}\left(\frac{1}{\gamma}\mathrm{curl}\boldsymbol{H}\right)=-\mu\frac{\partial\boldsymbol{H}}{\partial t} \tag{3-110}$$

对于电场强度：

$$\mathrm{curl}\left(\frac{1}{\mu}\mathrm{curl}\boldsymbol{E}\right)=-\gamma\frac{\partial\boldsymbol{E}}{\partial t} \tag{3-111}$$

考虑到式（3-99）和式（3-104），则有

$$\mathrm{curl}\boldsymbol{E}=-\mathrm{curl}\frac{\partial\boldsymbol{A}}{\partial t} \tag{3-112}$$

积分后有

$$E = -\frac{\partial A}{\partial t} - \mathrm{grad}\varphi_e \tag{3-113}$$

式（3-107）可以写为

$$J = \gamma E = -\gamma\frac{\partial A}{\partial t} + J_s \tag{3-114}$$

式中，J_s是场电流密度。

$$J_s = -\gamma \mathrm{grad}\varphi_e \tag{3-115}$$

最终磁矢势基本方程为

$$\mathrm{curl}(\mu^{-1}\mathrm{curl}A) + \gamma\frac{\partial A}{\partial t} = -J_s \tag{3-116}$$

若磁滞现象可以忽略，并且磁导率μ为常数（或者至少在均质子域中作为常数），就可以在公式中将其提到第一个旋度前面。因此式（3-116）可以写为

$$\mathrm{curl}(\mathrm{curl}A) + \mu\gamma\frac{\partial A}{\partial t} = -\mu J_s \tag{3-117}$$

这种简化可以用于大部分感应加热应用，包括焦耳损耗远大于磁滞损耗的感应淬火过程。然而，在一些情况下，特别是低温感应加热，磁滞所产生的热量明显较高。为了避免这种误差，需要考虑磁滞现象。与式（3-117）类似形式的方程也可以用来表示磁场强度和电场强度。众所周知：

$$\mathrm{curl}(\mathrm{curl}A) = \mathrm{grad}(\mathrm{div}A) - \nabla^2 A \tag{3-118}$$

式中，$\nabla^2 A$是拉普拉斯算子，其形式与坐标有关。

对于笛卡儿坐标系（x，y，z）：

$$\nabla^2 A = \frac{\partial^2 A}{\partial x^2} + \frac{\partial^2 A}{\partial y^2} + \frac{\partial^2 A}{\partial z^2} \tag{3-119}$$

对于圆柱坐标系（x，y，z）：

$$\nabla^2 A = \frac{1}{r}\frac{\partial}{\partial r}\left(r\frac{\partial A}{\partial r}\right) + \frac{1}{r^2}\frac{\partial^2 A}{\partial \varphi^2} + \frac{\partial^2 A}{\partial z^2} \tag{3-120}$$

应用库伦条件［式（3-104）］，可以得到：

$$\nabla^2 A + \mu\gamma\frac{\partial A}{\partial t} = -\mu J_s \tag{3-121}$$

下一步的简化基于电磁场的准静态假设，即所有的电磁场量都是时谐的，且环境为线性。因此，矢量都可以用其向量$\underline{A}$、$\underline{H}$、$\underline{E}$来表示。

对于磁矢势，式（3-118）可以转变为

$$\mathrm{curl}(\mathrm{curl}\,\underline{A}) = \mathrm{j}\omega\gamma\mu\underline{A} = \mu\,\underline{J_s} \tag{3-122}$$

式中，j是虚数单位。

在笛卡儿坐标系下，磁矢势$\underline{A}$有

$$\nabla^2\underline{A} = \mathrm{j}\omega\mu\gamma\underline{A} - \mu J_s \tag{3-123}$$

磁场强度$\underline{H}$可以表示为

$$\nabla^2\underline{H} = \mathrm{j}\omega\mu\gamma\underline{H} \tag{3-124}$$

电场强度$\underline{E}$可以表示为

$$\nabla^2\underline{E} = \mathrm{j}\omega\mu\gamma\underline{E} \tag{3-125}$$

总电流密度等于外部电源输入的场电流和时变磁场产生的涡流之和：

$$\underline{J} = \underline{J_s} + \underline{J_{\mathrm{eddy}}} \tag{3-126}$$

外部电源输入的场电流密度可以事先得到，或者可以通过电压、感应器-负载系统的阻抗和感应器几何尺寸来求得：

$$\underline{J_{\mathrm{eddy}}} = \mathrm{j}\omega\gamma\underline{A} \tag{3-127}$$

式（3-122）和式（3-123）主要用于二维电磁场的数值计算。这两个方程也可以用于三维场的计算，但是求解较为复杂。在感应加热分析中，主要的分析方法为轴对称或平面。主要应用二维分析还有几个重要的原因。最重要的原因就是使模型简化，缩短计算时间，进而可以针对不同几何和不同材料进行多种方案的分析。从数值的角度看，三维分析要使用大型刚度矩阵及大量复杂的多维矢量。三维感应加热的计算机模拟，即使使用超级计算机及特殊的并行计算，也需要进行大量的时间用于前处理、计算和后处理。这将会导致在工程应用中，模拟效率较低。三维模拟较为适用于处理一些复杂的问题，如金属在冷坩埚感应炉中的感应融化及医用感应加热。然而，大部分感应加热以及热处理方面的工程模拟仍然选择合理的边界条件和假设来进行二维模拟。

对于处于非均匀环境中的三维电磁场，主要采用另一种形式的求解。此处考虑磁场强度包含两个分量，H_S和H_M。前一个分量由均匀环境中的场电流密度产生：

$$\mathrm{curl}H_S = -J_s \tag{3-128}$$

可以直接用毕奥-萨伐尔定律计算：

$$H_S = \frac{1}{4\pi}\int_\Omega \frac{J_s \times r}{r^3}\mathrm{d}l \tag{3-129}$$

第二个分量为材料在磁场中磁化的结果：

$$\mathrm{curl}\,H_M = 0 \tag{3-130}$$

考虑到

$$\mathrm{curl}\,\mathrm{grad}\varphi_e = 0 \tag{3-131}$$

标量磁势Φ可以用来描述矢量分量H_M：

$$\mathrm{div}(\mu\mathrm{grad}\Phi_m) = \mathrm{div}(\mu H_S) \tag{3-132}$$

在数值计算中使用该方法可以确定在磁场中任一点的磁通量密度矢量：

$$B = \mu(H_S - \mathrm{grad}\Phi_m) \tag{3-133}$$

T-Φ方法特别适用于求解三维涡流问题。可以得到

$$\mathrm{curl}(\mathrm{curl}T) = -\mu\gamma\frac{\partial}{\partial t}(T - \mathrm{grad}\Phi_m) \tag{3-134}$$

$$\mathrm{div}(T - \mathrm{grad}\Phi) = 0 \tag{3-135}$$

标量势Φ可以定义为

$$H = T - \mathrm{grad}\Phi \tag{3-136}$$

最后采用库伦规范：

$$\mathrm{div}\,T = 0 \tag{3-137}$$

可以得到方程组：

$$\nabla^2 T - \mu\gamma\frac{\partial}{\partial t}(T - \mathrm{grad}\Phi) = 0 \tag{3-138}$$

$$\nabla^2\Phi = 0 \tag{3-139}$$

3. 边界条件

电场和磁场分析都需要考虑边界条件，也就是物理场矢量在界面两边的关系。界面两边材料的相

对介电常数为 ε_{r1} 和 ε_{r2}。界面上的电荷密度为 σ_s。符号 t 和 n 在式（3-140）~式（3-154）中分别表示界面切面的切向方向和法向方向。由积分方程组获得的电场界面条件为

$$E_{1t}=E_{2t} \tag{3-140}$$

$$D_{2n}-D_{1n}=\sigma_s \tag{3-141}$$

可以采用相似的过程，利用各自材料的相对磁导率 μ_{r1} 和 μ_{r2} 来进行磁场分析。界面上的电流密度假设为 J_s。

界面上的磁场条件为

$$B_{1n}=B_{2n} \tag{3-142}$$

$$H_{2t}-H_{1t}=J_1 \tag{3-143}$$

式中，J_1 是比电流。

当电流密度从一个介质传递到另一个介质，且介质之间的电导率不同时，电流密度之间的关系遵循如下连续性方程：

$$J_{1n}=J_{2n} \tag{3-144}$$

通常来说，电磁问题通常应该用开放边界来分析。实际上，为了减少计算时间，应该在离感应器-工件系统足够远的地方人为设置一个外边界。在这个边界上，磁矢势为 0：

$$\boldsymbol{A}=0 \tag{3-145}$$

4. 能量、功率密度及电磁力分布

电磁场在传到环境中会产生热效应。在感应加热中，温度场的分布似乎比电磁场量的分布更为重要。电场能量的计算首先要确定矢量 $\boldsymbol{E}$ 和 $\boldsymbol{D}$ 在电场中的分布。电场能 w_e 的体积密度可以表示为

$$w_e=\int_0^D \boldsymbol{E}\mathrm{d}\boldsymbol{D} \tag{3-146}$$

在线性各向异性介质中：

$$w_e=\frac{1}{2}\varepsilon|\boldsymbol{E}|^2 \tag{3-147}$$

式中，$|\boldsymbol{E}|$ 是指定点电场强度的模。体积 V 的分析域上的总电能可以用积分形式求得。对于线性情况：

$$W_e=\frac{1}{2}\int_V \varepsilon|\boldsymbol{E}|^2\mathrm{d}V \tag{3-148}$$

类似地，对于之前提到的电场强度的例子，磁场的体积能可以用磁场矢量来表示：磁场强度 $\boldsymbol{H}$ 和磁通密度 $\boldsymbol{B}$ 积分可得

$$w_m=\int_0^B \boldsymbol{H}\mathrm{d}\boldsymbol{B} \tag{3-149}$$

在线性情况下，体积为 V 的计算域上的总能量为

$$W_m=\frac{1}{2}\int_V \mu|\boldsymbol{H}|^2\mathrm{d}V \tag{3-150}$$

可以转换为如下形式

$$W_m=\frac{1}{2}\int_V \boldsymbol{J}\cdot\boldsymbol{A}\mathrm{d}V \tag{3-151}$$

这是基于已知电流密度 $\boldsymbol{J}$ 及磁矢势 $\boldsymbol{A}$ 在体积 V 上的分布。

在感应加热应用中，电磁问题仅仅是下一步多物理场分析的开端，如温度、流场、机械、热应力、冶金组织等。不同的情况下所涉及的问题不同。对于感应加热，分析频率最高的物理场为温度场。基于已知的感应涡流密度在导体上的分布，工件上的体积焦耳损耗可以用下面的方程计算：

$$p_v=\frac{|\boldsymbol{J}_{eddy}|^2}{\gamma} \tag{3-152}$$

对于准静态形式：

$$p_v=\frac{\underline{\boldsymbol{J}}_{eddy}\underline{\boldsymbol{J}}_{eddy}^*}{\gamma}=\gamma|\underline{\boldsymbol{A}}|^2 \tag{3-153}$$

式中，$\underline{\boldsymbol{J}}_{eddy}^*$ 是电流密度 $\underline{\boldsymbol{J}}_{eddy}$ 的共轭。

体积焦耳损耗为计算感应加热体上的温度热源。

对于感应熔化过程，还需要考虑另一种物理场：流场。在这种情况下，需要确定磁场中的力。

通常来说，电荷 Q 以一定速度 $\boldsymbol{v}$ 在磁通密度为 $\boldsymbol{B}$ 的磁场中运动，所受的力 $\boldsymbol{F}_m$ 可以表示为

$$\boldsymbol{F}_m=Q(\boldsymbol{v}\times\boldsymbol{B}) \tag{3-154}$$

相应的每个单位体积上的力为

$$\boldsymbol{f}_m=\frac{\mathrm{d}\boldsymbol{F}}{\mathrm{d}V}=\rho_v(\boldsymbol{v}\times\boldsymbol{B}) \tag{3-155}$$

对于导体来说：

$$\rho_v\boldsymbol{v}=\boldsymbol{J} \tag{3-156}$$

因此式（3-155）可以写为

$$\boldsymbol{f}_m=\boldsymbol{J}\times\boldsymbol{B} \tag{3-157}$$

在磁通密度为 $\boldsymbol{B}$ 的磁场中，体积 V 的导体上的电流密度为 $\boldsymbol{J}$，那么所受到的力可以积分得到

$$\boldsymbol{F}_m=\int_V(\boldsymbol{J}\times\boldsymbol{B})\cdot\mathrm{d}V \tag{3-158}$$

导体上磁力的体积密度可以直接通过体积磁场能获得

$$\boldsymbol{f}_m=-\mathrm{grad}\,w_m=-\frac{1}{2}\mathrm{grad}(\boldsymbol{H}\cdot\boldsymbol{B}) \tag{3-159}$$

体积为 V 的单元上的总力为

$$F_m=\int_V f_m\mathrm{d}V=-\mathrm{grad}W_m \tag{3-160}$$

参考文献

1. E.J. Davies, *Conduction and Induction Heating,* Peter Peregrinus, 1990
2. C.R. Paul, *Electromagnetics for Engineers,* Wiley, 2004
3. J.D. Kraus and K.R. Carver, *Electromagnetics,* McGraw-Hill, 2004
4. J. Bladel, *Electromagnetic Fields,* Wiley IEEE Press, 2007, p 1176
5. J. Barglik, Induction Heating of Thin Strips in Transverse Flux Magnetic Field, *Advances in Induction and Microwave Heating of Mineral and Organic Materials,* S. Grundas, Ed., InfoTech, Rijeka, 2011, p 207–232
6. J. Barglik., I. Doležel, and B. Ulrych, Induction Heating of Moving Bodies, *Acta Technica*

CSAV, Vol 43, Academy of Sciences of the Czech Republic, Prague, 1998, p 361–373
7. I. Dolezel, J. Barglik, P. Solin, P. Karban, and B. Ulrych, Overview of Numerical Methods for Computation of Electromagnetic and Other Physical Fields in Power Applications, *Proc. Int. Conf. Research in Electrotechnology and Applied Informatics (ICREAI)*, Polska Akademia Nauk, 2005, p 13–26
8. D. Dołęga and J. Barglik, Computer Modeling and Simulation of Radiofrequency Thermal Ablation, *COMPEL*, Vol 31 (No. 4), 2012

3.3 温度问题求解

Jerzy Barglik and Dagmara Dolegn, Silesian University of Technology

3.3.1 概述

温度是表征物体加热程度的基本参数。从微观角度来说，温度与热振动和运动成比例（此处的热振动和运动与液体中粒子的位移或固体中的振动有关）。然而，几乎所有的感应加热设备通常采用宏观检测的方法。采用这种方法使得应用经典的数学方程描述热传导现象成为可能。在加热小颗粒的情况下，只能采用微观检测的方法。该方法的一个很好的例子就是感应加热在人体医疗方面的应用。

温度场是用求解域中各个点的温度来描述的一种物理系统。有几种方式可以将热能传入单元中，或者在单元中产生热能。可以通过单元表面进行直接热传导，或者通过直接的电热转换在单元内部生成热能，如焦耳损耗、涡电流或磁滞现象等。热能在域内可以通过诸如化学转变的方式消耗，也可以积累。

3.3.2 数学模型

1. 基本方程

温度场在充满某种聚集状态的材料的任意区域内，都可以用傅里叶-基尔霍夫公式来描述：

$$\operatorname{div}(\lambda \operatorname{grad}T) - \rho c(v \operatorname{grad}T) = -p_V \quad (3\text{-}161)$$

式中，λ 是热传导系数；ρ 是密度；c 是比热容；v 是速率；p_V是热源的体积功率，在感应加热中表示了体积焦耳损耗。热传导系数 λ 通过试验测定其为温度的函数，或从包含材料属性的数据库中获得。

通常，流体速度矢量的分量可能有任意值，而且通常是空间坐标和时间的函数。这种情况在感应加热或直接的交流电阻加热中是十分典型的。此外，材料一般是各向异性的。可以看出，即使在简单的边界条件下采用解析解求解这类问题也是十分困难的。因此，应该采用基于合理假设和简化的数值模拟方法。

对于稳态来说：

$$\frac{\partial T}{\partial t} = 0 \quad (3\text{-}162)$$

当求解域只存在固体材料时：

$$\boldsymbol{v} = 0 \quad (3\text{-}163)$$

如果求解域内的材料为各向同性，且其参数与温度无关，热扩散率 a 可以定义为

$$a = \frac{\lambda}{\rho c} \quad (3\text{-}164)$$

那么式（3-161）可以转变为

$$\frac{\partial T}{\partial t} + v \operatorname{grad}T = \frac{p_V}{\rho c} + a\nabla^2 T \quad (3\text{-}165)$$

或者，在笛卡儿坐标系下为

$$\nabla^2 T = \frac{\partial^2 T}{\partial x^2} + \frac{\partial^2 T}{\partial y^2} + \frac{\partial^2 T}{\partial z^2} \quad (3\text{-}166)$$

该方程在二维或一维条件下可以做进一步的简化。所有的简化处理可以单独进行，也可以任意组合。

基于方程

$$\operatorname{grad}T = 0 \quad (3\text{-}167)$$

以及进一步考虑到式（3-162）和式（3-163）的条件，工件在整个体积上均匀加热。这种情况在工件小且热传导系数大（良好的热导体如铜、铝、银或其他金属）时出现，式（3-165）可以简化为

$$\frac{\partial T}{\partial t} = \frac{\mathrm{d}T}{\mathrm{d}t} = \frac{p_V(t)}{\rho c} \quad (3\text{-}168)$$

对于典型的感应加热，傅里叶-基尔霍夫方程通常写为柱坐标（r，φ，z）形式，有时也写作球坐标（r，φ，ψ）形式。

对于静态的固体来说，傅里叶-基尔霍夫方程用柱坐标可以写为

$$\frac{\partial T}{\partial t} = \frac{1}{\rho c}\left[\frac{1}{r}\frac{\partial}{\partial r}\left(r\lambda\frac{\partial T}{\partial r}\right) + \frac{1}{r}\frac{\partial}{\partial \varphi}\left(\frac{1}{r}\lambda\frac{\partial T}{\partial \varphi}\right) + \frac{\partial}{\partial z}\left(\frac{1}{r}\lambda\frac{\partial T}{\partial z}\right)\right] + \frac{p_V(r,\varphi,z,t)}{\rho c} \quad (3\text{-}169)$$

对于轴对称各向同性材料，当圆柱形工件的长远大于其直径时，式（3-169）在 $t>0$ 时可以转换为一维形式

$$0 < r < R \quad (3\text{-}170)$$

$$\frac{\partial T}{\partial t} = a\left(\frac{\partial^2 T}{\partial r^2} + \frac{1}{r}\frac{\partial T}{\partial r}\right) + \frac{p_V(r,t)}{\rho c} \quad (3\text{-}171)$$

对于静态的固体来说，傅里叶-基尔霍夫方程用球坐标可以写为

$$\frac{\partial T}{\partial t} = \frac{1}{\rho c}\left[\frac{1}{r^2}\frac{\partial}{\partial r}\left(r^2\lambda\frac{\partial T}{\partial r}\right) + \frac{1}{r\sin\psi}\times\right.$$

$$\frac{\partial}{\partial\varphi}\left(\frac{1}{r\sin\psi}\lambda\frac{\partial T}{\partial\varphi}\right)+\frac{1}{r\sin}\times$$
$$\frac{\partial}{\partial\psi}\left(\frac{\sin\psi}{r}\lambda\frac{\partial T}{\partial\varphi}\right)\Bigg]+\frac{p_{\mathrm{V}}(r,\varphi,\psi,t)}{\rho c}$$
(3-172)

考虑到半径为 r 的球满足式（3-164），傅里叶-基尔霍夫方程可以简化为

$$\frac{\partial T}{\partial t}=a\left(\frac{\partial^2 T}{\partial r^2}+\frac{2}{r}\frac{\partial T}{\partial r}\right)+\frac{p_{\mathrm{V}}(r,t)}{\rho c} \quad (3\text{-}173)$$

求解傅里叶-基尔霍夫方程的完整形式［见式(3-161)］或简化形式与所选坐标系有关。对于瞬态过程，方程 $T(x, y, z, t)$，$T(r, z, \varphi, t)$ 或 $T(r,\varphi,\psi,t)$通常可以确定。在简单的情况下，如静态问题，$T(x, y, z)$ 的分布与时间无关。

2. 初始条件和边界条件

求解温度场首先要确定初始时刻（$t=0$），也就是温度开始变化时的温度场。然后求解系统中的某个基本单元与周围环境间的热传递。有两种热传递形式：对流和辐射。这两种能量交换在大部分电热系统中存在。在求解瞬态过程中，这两种形式需要优先考虑。从数学角度来说，对于这两种情况必须建立初始条件和边界条件。在两者综合作用的情况下，还需要采用不同的方法。这些方法称为逆问题。

模拟温度场过程中采用三类边界条件。第一类边界条件为 Dirichlet 条件，针对的是电热系统中基本单元边界面上的温度分布（也就是单元边界上）：

$$T(S,t)=T_{\mathrm{S}}=f(S,t) \quad (3\text{-}174)$$

对于稳态分析，考虑到式（3-162）中的条件，方程可简化为

$$T_{\mathrm{S}}=f(S) \quad (3\text{-}175)$$

在实际使用该边界条件时，需要假设在瞬态过程中，边界面 S 上的温度与时间无关。温度场只在单元内部随时间变化，在表面则是定值。

第二类边界条件为 Neumann 条件，针对的是电热系统中基本单元边界上的热流密度分布：

$$q_{\mathrm{s}}(S,t)=q_{\mathrm{s}}=\lambda\left.\frac{\partial T}{\partial n}\right|_S \quad (3\text{-}176)$$

式中，n 表示表面 S 的外法线。

方程 $q(S, t)$ 是不确定的。如果式（3-176）是表面 S 上唯一的条件，那么基本单元的温度分布可以准确地计算出一个常数。

第三类边界条件为 Henkel 条件，该条件将对流和辐射相结合。系统中的基本单元可以看作流体：假如边界面 S 上的任意点和远离边界的部分（边界层的外部）存在温度差，那么就会发生基本单元边界面 S 和流体之间的热对流。此外，边界面上的任一点均和周围环境存在热辐射。

对流换热有如下关系：

$$q_{\mathrm{c}}(S,t)=\alpha_{\mathrm{c}}(T_{\mathrm{s}}-T_{\mathrm{Ac}}) \quad (3\text{-}177)$$

式中，q_{c}是对流换热的热流密度；α_{c}是对流换热系数；T_{Ac}是对流环境温度。

式（3-177）中的所有物理量都是空间坐标和时间的函数，因此这类问题只能采用合适的数值方法求解。然而，需要指出的是，α_{c}与所计算的表面温度有关，因此边界条件是非线性的。

辐射热流密度 q_{r}有如下关系：

$$q_{\mathrm{r}}(S,t)=\sigma_0\varepsilon(T_{\mathrm{s}}^4-T_{\mathrm{Ar}}^4)=\alpha_{\mathrm{r}}(T_{\mathrm{s}}-T_{\mathrm{Ar}}) \quad (3\text{-}178)$$

式中，$\sigma_0=5.67\times10^{-8}\mathrm{W/(m^2\cdot K^4)}$，表示了 Stefan-Boltzmann 常数；ε 是总辐射率；α_{r}是辐射换热系数；T_{Ar}是辐射环境温度。

其中辐射换热系数 α_{r}可以表示为

$$\alpha_{\mathrm{r}}=\sigma_0\varepsilon(T_{\mathrm{s}}+T_{\mathrm{Ar}})(T_{\mathrm{s}}^2+T_{\mathrm{Ar}}^2) \quad (3\text{-}179)$$

T_{Ar}实际上表示了任意周围面上的温度，包括凹陷的边界面。当周围面远离单元，且满足：

$$T_{\mathrm{Ac}}\approx T_{\mathrm{Ar}} \quad (3\text{-}180)$$

该问题可以通过加入一种通用热传递系数 α_{g}来简化：

$$\alpha_{\mathrm{g}}(S,t)=\alpha_{\mathrm{c}}(S,t)+\alpha_{\mathrm{r}}(S,t) \quad (3\text{-}181)$$

如果式（3-180）不满足，则需要通过考虑对流-辐射环境温度 T_{Acr}对 α_{c}和 α_{r}进行修正：

$$\alpha_{\mathrm{g}}(S,t)=\left.\left(\alpha_{\mathrm{c}}+\alpha_{\mathrm{r}}\frac{T_{\mathrm{s}}-T_{\mathrm{Ar}}}{T_{\mathrm{s}}-T_{\mathrm{Ac}}}\right)\right|_{T_{\mathrm{Acr}}=T_{\mathrm{Ac}}} \quad (3\text{-}182)$$

$$\alpha_{\mathrm{g}}(S,t)=\left.\left(\alpha_{\mathrm{r}}+\alpha_{\mathrm{c}}\frac{T_{\mathrm{s}}-T_{\mathrm{Ac}}}{T_{\mathrm{s}}-T_{\mathrm{Ar}}}\right)\right|_{T_{\mathrm{Acr}}=T_{\mathrm{Ar}}} \quad (3\text{-}183)$$

热传递计算的根本问题是确定合适热传递系数 α_{c}和 α_{r}。系数 α_{c}和 α_{r}需要通过试验方法来确定，试验结果用相似准则进行处理。在确定对流换热系数 α_{c}时，通常需要应用 Nusselt 准则作为其他一些准则（如 Grashof、Reynolds、Prandtl 或 Rayleigh 准则）的函数，有时也按比例处理一些物理和几何参数来表征对流换热环境。

确定 α_{c}首先要选用合适的准则方程，选用 Nusselt 准则可得

$$\alpha_{\mathrm{c}}=\frac{Nu_\delta}{\delta} \quad (3\text{-}184)$$

式中，δ 是对流换热的特征尺寸，如板的厚度、圆柱

直径等，用来制定标准方程。确定辐射换热系数 α_r 则更为复杂。

3. 多次反射现象

对电热计算的精度要求不断增长。为了获得更高的精度，必须考虑多次反射现象，这样可以避免物体反射一部分能量而造成的误差。在高温加热中，这种现象尤其重要。但在低温加热中，该方法在很多情况下也可以进行应用。

该类情况需要在对流中输入数据，并采用数值程序来获得热辐射阻抗。当工件在真空中加热时，仅仅存在辐射换热。相反，在低温体系中，仅仅存在对流换热。因此，必须综合考虑两种类型的换热。

在研究中，可以采用考虑了多次反射现象的经典方法和修正后的方法。在某些情况下，可以假设工件为绝对黑体，即可以完全吸收辐射。两种方法都是基于表面 S_i 之间的辐射通用条件，这些表面的温度为 T_i，用于表面对换热的角系数为 $\varphi_{k,i}$ 时。角系数 $\varphi_{k,i}$ 定义了有多少总功率从面 k 辐射到面 i。其值（0~1）只取决于双单元传热系统的几何外形。有很多确定 $\varphi_{k,i}$ 的方法，但在专业程序包中大部分基于解析法。原因在于表面辐射的数字化总是和基本平面有关。对于这类体系，每个平面的能量守恒用式（3-185）表示，其描述了辐射面间的热传递：

$$\sum_{i=1}^{N}\left(\frac{\delta_{k,i}}{\varepsilon_{Ri}}-\varphi_{k,i}\frac{1-\varepsilon_{ri}}{\varepsilon_{ri}}\right)\frac{P_i}{S_i}=\sum_{i=1}^{n}(\delta_{k,i}-\varphi_{k,i})\sigma_0 T_i^4-\left[1-\sum_{i=1}^{n}(\varphi_{k,i})\right]\sigma_0 T_s^4 \tag{3-185}$$

式中，$\delta_{k,i}$ 是克罗内克符号，定义如下：

$$\delta_{k,i}=\begin{Bmatrix}1, k=1\\0, k\neq 1\end{Bmatrix} \tag{3-186}$$

其中

ε_{ri}——面 i 的有效辐射率；

$\varphi_{k,i}$——面 k 和 i 间的角系数；

P_i——面 i 的能量损失；

S_i——面 i 的面积；

T_s——环境温度。

辐射环境的温度可以用没有多次反射的辐射吸收面的温度表示。这种类型的表面一般远离基本辐射面。应用方程组[式(3-184)和式(3-185)]可以求解出表面之间传递的热量。必须确定提供到表面的功率 $P_{D,i}$，且至少确定一个表面的温度。存在多次反射现象的二维体系中，两个表面间热辐射传递的能量可以用式（3-187）计算：

$$P_{1\to 2}=\frac{\varepsilon_{r1}\varepsilon_{r2}\sigma_0(T_1^4-T_2^4)S_1}{1-(1-\varepsilon_{r1})\varphi_{1,1}-(1-\varepsilon_{r2})\varphi_{2,2}+(1-\varepsilon_{r1})(1-\varepsilon_{r2})(\varphi_{1,1}\varphi_{2,2}-\varphi_{1,2}\varphi_{2,1})} \tag{3-187}$$

如果广义的角系数 $\varphi_{1,2}^*$ 定义为

$$\varphi_{1,2}^*=\frac{\varepsilon_{r1}\varepsilon_{r2}\sigma_0\varphi_{1,2}}{1-(1-\varepsilon_{r1})\varphi_{1,1}-(1-\varepsilon_{r2})\varphi_{2,2}+(1-\varepsilon_{r1})(1-\varepsilon_{r2})(\varphi_{1,1}\varphi_{2,2}-\varphi_{1,2}\varphi_{2,1})} \tag{3-188}$$

式（3-187）转变为如下形式：

$$\begin{aligned}P_{1\to 2}&=\sigma_0\varphi_{1,2}^*S_1(T_1^4-T_2^4)\\&=\sigma_0\varphi_{1,2}^*S_1\frac{T_1-T_2}{\dfrac{1}{(T_1+T_2)(T_1^2+T_2^2)}}\\&=\frac{T_1-T_2}{W_r}\end{aligned} \tag{3-189}$$

式中，W_r 是面 S_1 和 S_2 之间的热阻，可以定义为

$$W_r=\frac{1}{\alpha_r S} \tag{3-190}$$

面 S_1 上的辐射热交换系数 α_r 为

$$\alpha_r=\sigma_0\varphi_{1,2}^*(T_1+T_2)(T_1^2+T_2^2) \tag{3-191}$$

计算热辐射系数的经典方法，不考虑多次辐射现象。该方法只适用于平面或凸面上的热量传递到较远的周围环境中。对于这种情况：

$$\varphi_{1,2}^*=\varepsilon_{r1} \tag{3-192}$$

且

$$P_{1\to 2}=\sigma_0\varepsilon_{r1}S_1(T_1^4-T_2^4) \tag{3-193}$$

大部分研究者在研究感应加热过程时采用经典方法，即简单地考虑了热辐射而忽略了多次反射现象。然而，目前这种情况即使在低温加热分析中也不够合理，这是因为很多已有的专业模拟软件已经可以自动计算角系数。

参考文献

1. J.P. Holman, *Heat Transfer*, 10th ed., McGraw Hill, 2010, p 725
2. D. Dołęga and J. Barglik: Computer Modeling and Simulation of Radiofrequency Thermal Ablation, *Compel*, Vol 31 (No. 4), 2012
3. J. Barglik, M. Czerwiński, M. Hering, and M. Wesołowski, *Radiation Modelling of Induction Heating Systems*, IOS Press Amsterdam, Berlin, Oxford, Tokyo, Washington DC, 2008, p 202–211

3.4 耦合问题求解

Jerzy Barglik and Dagmara Dolega, Silesian University of Technology

感应加热计算是一种多场耦合问题，包括了多个耦合的物理场之间的分析，如电磁（加热体中的

涡流分布和体积焦耳损耗）、温度（工件中的热分布及与周围环境之间的热交换）、应力（热应力）和冶金（组织转变）。该问题的求解需要特殊的整理。感应加热的基本分析至少应该包括电磁和热传递现象，这两者由于加热体中的焦耳热生成、材料性能与物理场量之间的关系及与温度有关的边界条件而互相耦合。在温度计算中，加热体的内部热源为生成的体积焦耳损耗。电磁场计算涉及材料属性有电导率 γ、磁导率 μ 以及电流频率 f。其中电导率与温度有关；磁导率不仅与温度有关，而且与磁场强度 $\boldsymbol{B}$ 有关。温度场计算涉及材料属性为比热容 c 和热导率 λ，两者均与温度有关。加热体和周围环境之间的热传递参数为对流换热系数 α_c 和辐射换热系数 α_r，也与温度有关。所有这些变量通常都是非线性的。为了求解电磁场-温度场之间的耦合问题，必须开发合适的算法和数值程序，来处理这些非线性耦合问题。由于电磁和传热现象的时间尺度不同，求解这些问题也较为复杂。感应加热中的电磁过程相比热传递来说是十分迅速的。电磁过程的时间常量数量级通常为 ms。时间常量的值与交流电源的频率有关。热传导过程相比来说则十分缓慢。在某些应用中，例如在横向磁场中连续感应加热非铁磁性带状金属，材料的温度急剧升高，其加热速度高达 1000℃/s 或 1800℉/s。即使在如此极端的情况下，温度过程的时间常数数量级也最少只有几百毫秒。很多感应加热过程时间更长，达到几百秒或更多。其中一个例子就是连续感应加热大型坯料。

电磁场和温度场之间的实现可以用弱耦合、准耦合及硬耦合法。

3.4.1 弱耦合法

弱耦合法采用独立连续的两步算法，首先是电磁场计算，其次为温度场计算。弱耦合法示意图（见图 3-27）的起始为输入数据的说明，其定义了感应加热系统中的几何、场源以及从数据库获取或试验测定的材料属性。材料参数在加热体平均温度 T_{av} 下为常数。基于这些输入数据可以计算电磁场。第一步的结果为加热体上的体积焦耳损耗（p_V）分布。其结果作为求解温度场问题的输入内热源。该方法需要假设电导率和磁导率在整个加热过程中为常数：

$$\gamma = \gamma\,\Big|_{T=T_{av}} = 常数;\ \mu = \mu\,\Big|_{T=T_{av}} = 常数 \tag{3-194}$$

该方法主要的优点是计算时间短，可以很容易分析不同的情况。然而，这种方法也存在严重的不足。感应加热中，金属及其合金的电导率随温度变

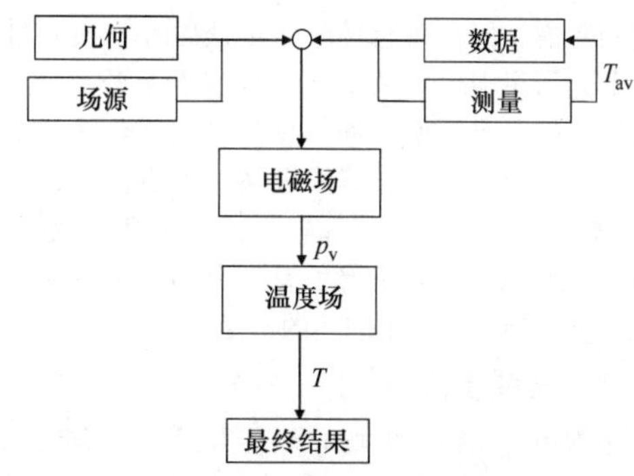

图 3-27　弱耦合法示意图

化很大。对于感应加热铁磁性物质，磁导率 μ 会有更大的变化。同样的情况也存在于温度场计算中的材料参数，即比热容 c、热导率 λ 以及对流和辐射换热系数 α_c 和 α_r：

$$c = c\,\Big|_{T=T_{av}} = 常数;\ \lambda = \lambda\,\Big|_{T=T_{av}} = 常数;$$
$$\alpha_c = \alpha_c\,\Big|_{T=T_{av}} = 常数;\ \alpha_r\,\Big|_{T=T_{av}} = 常数 \tag{3-195}$$

因此，式（3-195）中对材料参数在整个加热过程中为常数的假设是十分粗糙的近似。可能导致明显的、不能被接受的误差。因此，该方法仅仅适用于有限的应用中，如低温非铁磁性金属的感应加热。

修正后的算法示意图如图 3-28 所示。该算法特别适用于钢件的感应加热。电导率 γ 此处依然为常数，但其他参数（电导率、比热容、热导率及 2 个换热系数）可以作为其他基本场量的函数：

$$\gamma = \gamma\,\Big|_{T=T_{av}} = 常数;\ \mu = \mu(\boldsymbol{B})\,\Big| \tag{3-196}$$

$$c = c(T);\ \lambda = \lambda(T);\ \alpha_c = \alpha_c(T);$$
$$\alpha_r = \alpha_r(T) \tag{3-197}$$

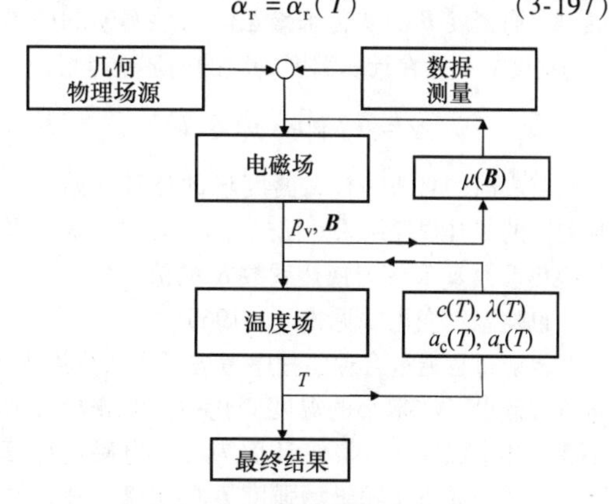

图 3-28　修正后的算法示意图

首先计算电磁场。其结果为加热体中的磁通密度 $\boldsymbol{B}$ 分布和体积焦耳损耗。如有需要，也可以考虑磁导率随磁通密度的变化。磁导率与温度的关系没

有进行考虑，但在高温感应加热铁磁性物质到最终温度超过居里温度的情况下，这一点十分重要。用最终磁导率μ_f计算所得的体积焦耳损耗作为求解温度场的内热源。然后计算温度场。如有需要，比热容c、热导率λ以及对流和辐射换热系数α_c和α_r可以随温度变化。最终获得了温度分布。该方法也有前述优势，但也保留了前述的不足。

3.4.2 准耦合法

最常用的耦合电磁场和热传导问题的方法称为准耦合法或间接耦合法。该方法需要迭代过程。图3-29所示为准耦合法示意图。

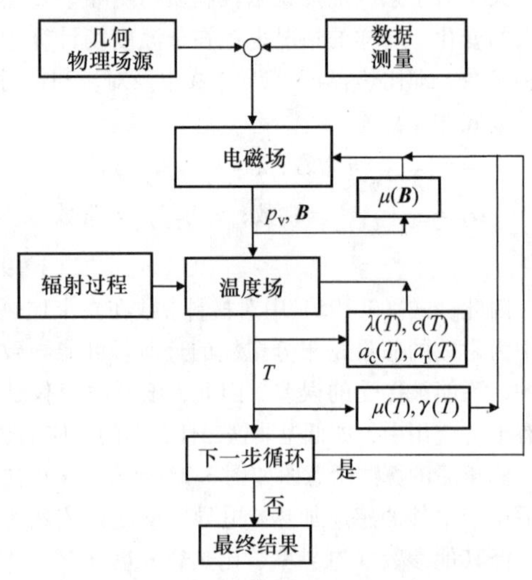

图3-29 准耦合法示意图

目前，所有的材料属性都可以根据电磁场和温度场量的变化而改变。在计算电磁场时，磁导率μ通过磁通密度$\boldsymbol{B}$的变化来修正。电导率γ和磁导率μ与温度的关系在计算温度场后的循环中考虑。

$$\gamma=\gamma(T);\mu=\mu(\boldsymbol{B},T) \tag{3-198}$$

与之前的算法一样，温度场的计算开始于电磁场计算的焦耳损耗结果。比热容c、热导率λ以及对流换热系数α_c和辐射换热系数α_r的值在每一步的计算中也随温度变化［见式（3-196）］。

辐射过程通过合理的程序考虑了多次反射现象。该方法假设了在很小的温度变化中，电磁场近似于不变。几个温度场计算循环后为一个电磁场计算循环，包括磁导率μ随磁场强度$\boldsymbol{B}$的更新。在这些温度场计算循环中，温度值的计算不考虑体积焦耳损耗的变化。对于每一时间步，加热体上的温度分布在接下来的热传导计算中用来更新比热容c、热导率λ以及对流换热系数α_c和辐射换热系数α_r的值。当电导率γ和磁导率μ的变化足够大，收敛条件不再满足，电磁场和体积焦耳损耗就会重新计算。当全局收敛条件满足时，计算停止。对大多数感应加热应用来说，这种耦合方式十分高效。计算时间较长，但较为合理，精度也较高。然而，在一些情况下，特别是感应淬火应用中，需要应用更为精确的方式。

3.4.3 硬耦合法

电磁场和热传导问题最精确的耦合方法称为硬耦合或直接耦合法。图3-30所示为硬耦合法示意图。

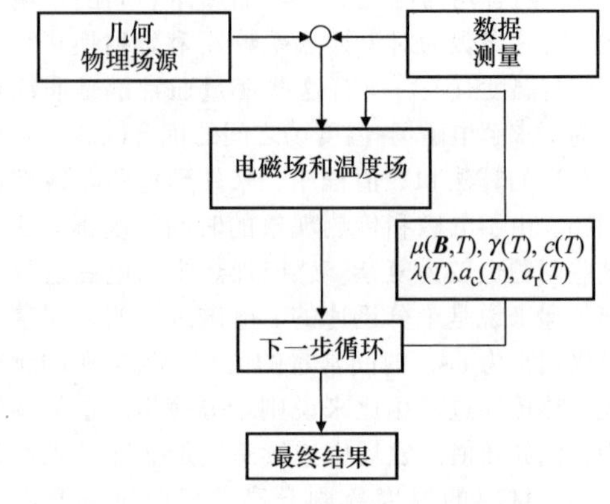

图3-30 硬耦合法示意图

该方法仅仅在绝对需要时才使用，例如在Ac_3温度刚刚高于居里温度的高能感应淬火中。在这种方法中，电磁场和温度场在一个计算循环内同时求解，并在每个时间步内修正所有的材料参数。也就是一个全局矩阵需要同时求解。这种方法较为精确，但缺点是需要极长的计算时间和高性能的计算机内存。

参考文献

1. J.G. Van Bladel, *Electromagnetic Fields*, 2nd ed., Wiley-IEEE Press, 2007, p 1176
2. J.P. Holman, *Heat Transfer*, 10th ed., McGraw-Hill, 2010, p 725
3. V. Rudnev, D. Loveless, R. Cook, and M. Black, *Handbook on Induction Heating*, Marcel Dekker, 2003
4. J. Barglik, M. Czerwiński, M. Hering, and M. Wesołowski, *Radiation Modelling of Induction Heating Systems*, IOS Press Amsterdam, Berlin, Oxford, Tokyo, Washington DC, 2008, p 202–211
5. J. Barglik, Induction Heating of Thin Strips in Transverse Flux Magnetic Field, *Advances*

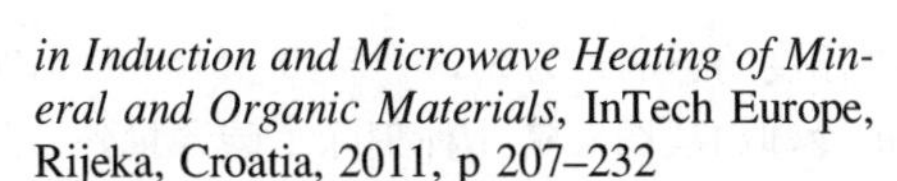

in Induction and Microwave Heating of Mineral and Organic Materials, InTech Europe, Rijeka, Croatia, 2011, p 207–232

6. I. Dolezel, J. Barglik, P. Solin, P. Karban, and B. Ulrych, Overview of Numerical Methods for Computation of Electromagnetic and Other Physical Fields in Power Applications, *Proc. of the International Conference on Research in Electrotechnology and Applied Informatics* (ICREAI), Aug 31–Sept 3, 2005 (Katowice, Poland), 2005, p 13–26
7. P. Karban, F. Mach, I. Dolezel, and J. Barglik, Higher-Order Finite Element Modeling of Rotational Induction Heating of Nonferromagnetic Cylindrical Billets, *COMPEL*, Vol 30 (No. 5), 2011, p 1517–1527

3.5　钢感应淬火中应力应变的建模和模拟

B. Lynn Ferguson and Zhichao Li DANTE Soldtions, Inc.

感应淬火包括使用感应器将钢件快速奥氏体化，然后通过淬火将奥氏体转变为马氏体。通过对钢件感应淬火过程的模拟，包括电磁、温度、应力应变及组织转变，可以深入了解这一过程。模拟中加入组织转变的模拟，对于了解最终应力状态、开裂和变形的原因以及工艺对最终组织和性能的影响都十分重要。

在相变硬化过程中，组织转变伴随着应力状态的变化。感应加热和淬火后的最终零件上的应力状态反映了加热和冷却中产生的热应力和相变应力。由于马氏体转变产生体积增大，马氏体区域会产生残余压应力。淬火的目的就是为了在表面获得有残余压应力存在的马氏体层。当没有加热到奥氏体化温度时，如果硬化层存在一定程度的塑性变形，则会存在残余压应力。如果没有塑性变形，也不会存在残余应力。同样地，在非铁合金中，由于存在塑性变形才会产生残余应力。对于存在相变的非铁合金，若新相密度高于母相，则产生残余拉应力；若新相密度低于母相，则产生残余压应力。密度差异的程度、塑性变形和相变的程度和时间都会影响最终残余应力的大小和状态。

本节讨论零件中残余应力的建模和模拟，分析最终应力状态的原因。采用解析模型阐述应力状态的不同以及导致最终应力状态和零件变形的应力应变演变机制和金属学理论。为理解钢件淬火的潜在机理，本节简单介绍了钢的组织转变数学模型，组织转变在相变淬火中是应力变化的驱动力。在这一节中阐述了合金钢中的组织转变如何在感应淬火模拟中应用，同时介绍相变对应力和变形的影响。本节的重点是感应淬火，这也是在钢的感应热处理中重要的应用。尽管如此，本节最终以轴（材料为碳素钢、合金钢和限制淬透性钢）的表面淬火和整体淬火作为例子。计算机模拟在钢的淬透性和淬火工艺的优化设计方面提供了重要的数据，可以帮助设计者根据材料成本和性能对制造工艺进行优化。

3.5.1　钢的化学成分和显微组织

就所有可用于铁合金的元素来说，碳对钢的强度、硬度和相变动力学有最显著的影响。低碳钢（碳质量分数小于 0.2%）强度较低（相对于中高碳钢），而且在淬火过程中很难避免形成扩散型组织：铁素体、珠光体和贝氏体。因此，感应淬火通常使用碳质量分数高于 0.2% 的钢。对于表面硬化来说，更适宜采用碳质量分数为 0.4% ~0.6% 的钢，这是因为这类钢可以产生硬度高于 50HRC 的马氏体组织，而且可以在表面下产生足够的硬化层来强化零件性能。

图 3-31 所示为 AISI 5140 合金钢膨胀试验中，加热和冷却过程长度方向应变和温度的关系，将初始组织为淬火马氏体的小试样加热，最终产生热膨胀。这组膨胀数据可以确定马氏体的热膨胀系数，同样的方法也可以测定铁素体-珠光体和贝氏体的热膨胀系数。可以看出当样品温度达到 400℃（750℉）时发生马氏体回火。图 3-31 中加热曲线斜率的变化表明淬火马氏体转变为回火马氏体。当样品温度达到 760℃（1400℉）时，马氏体组织转变为奥氏体组织。当温度达到 800℃（1470℉）时，显微组织包括奥氏体和碳化物，此时体积膨胀起主要作用。继续加热发生碳化物分解，当温度达到 830℃（1525℉）时，组织完全转变为奥氏体，发生奥氏体的热膨胀。超过奥氏体形成温度区后，样品在长度方向上收缩，这是因为奥氏体较马氏体更为致密，也比铁素体-珠光体和贝氏体组织更为致密，也就是说，面心立方晶体（fcc）比体心立方（bcc）和体心四方（bct）晶体都更为致密。这样导致了负方向的相变应变，在新生成的奥氏体中产生了拉应力，应力大小是奥氏体形成量的函数。

快速冷却的长度应变曲线表明，在达到马氏体转变开始温度 300℃（570℉）之前，奥氏体不断收缩。马氏体为 bct 晶体结构，没有奥氏体致密，因此发生膨胀，产生正方向相变应变。由于无法自由膨胀，在硬化层中的马氏体最终产生的合力为压应力。对存在奥氏体层的零件进行喷水淬火过程中，马氏体转变加强了由于体积膨胀形成的压应力。

图 3-32 所示为 51××族合金钢碳含量对马氏体开始转变温度的影响，为 5120、5140、5160 和 5180 合金钢的冷却曲线图。这几种钢除了碳含量外，其他合金元素成分都相同。马氏体转变开始温度随着碳含量的增加而降低。相变应变的大小也与转变温度呈负相关。

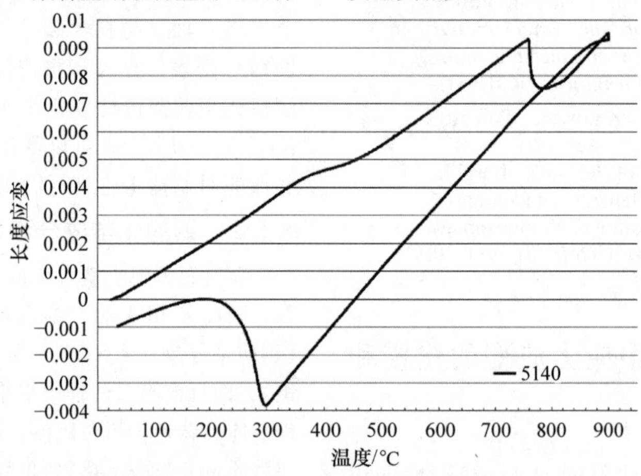

图 3-31 AISI 5140 合金钢膨胀试验中，加热和冷却过程长度方向应变和温度的关系

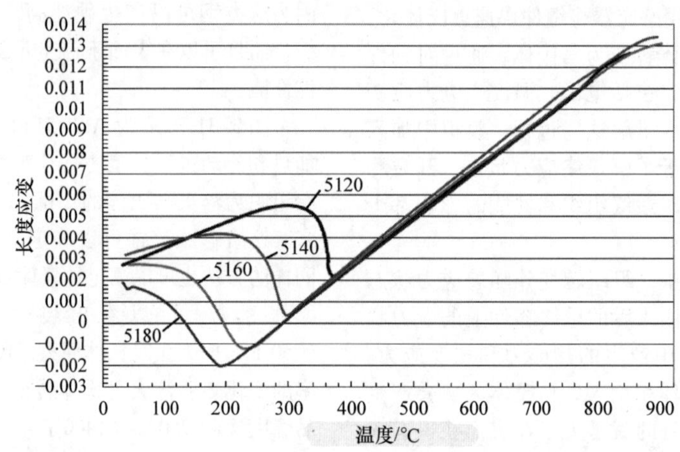

图 3-32 51××族合金钢碳含量对马氏体开始转变温度的影响

3.5.2 奥氏体形成和分解模型

组织转变在相变硬化过程中影响了应力变化，因此本节讨论组织转变模拟的数学模型。许多文献从热力学和唯象学的角度，讨论了扩散型和马氏体相变动力学。本节介绍了组织转变如何应用于感应淬火过程的模拟，以及相变如何影响应力和变形。

（1）奥氏体形成和碳化物分解　形成奥氏体是一个扩散控制过程，控制参数为时间和温度。平衡相图（见图 3-33）显示了缓慢加热和冷却下的临界温度。然而，对于发生在感应加热中的快速加热来说，奥氏体形成温度超过了平衡临界温度。奥氏体形成所需的过热量随着加热速度的增加而增加。52100 钢的连续加热奥氏体化曲线（见图 3-34）表明，奥氏体开始和结束温度都需要较高温度。

用于感应淬火的典型原始组织为铁素体-珠光体组织和回火马氏体组织。由于显微组织尺寸将影响奥氏体转变速度，因此鉴别原始组织是十分重要的。回火马氏体转变最快，这是由于其组织细密，有大量可以进行奥氏体形核的位置。图 3-35 所示为 AISI 1042 钢退火态、正火态、调质态的上临界温度与加热速度的关系。粗大的退火组织在加热中转变最慢，而细化的回火马氏体组织最快转变为奥氏体。

由于感应淬火用钢的碳质量分数通常为 0.2% ~ 1.00%（大部分为 0.35% ~0.5%），因此碳化物溶解也是加热中的重要部分。铁素体可以快速形成低碳奥氏体，而组织中的碳化物溶解较慢。图 3-36 所示为两种碳含量钢中 1μm 碳化物的溶解。由于含碳质量分数 0.4% 钢的上临界温度低于含碳质量分数 0.1% 钢，故高碳钢碳化物溶解温度较低。图 3-37 所示为加热时间和温度对碳化物溶解的影响，表明大尺寸碳化物的溶解比细小碳化物溶解需要更多的时间，这也意味着回火马氏体较退火组织发生转变更为容易。对于球化退火组织（典型的为 52100 钢），碳化物溶解通常不完全，因此所淬火的组织为中碳奥氏体。同样地，渗碳钢经渗碳冷却后再进行感应加热，由于加热时间短，在渗碳层中也存在未溶解的碳化物。在这两种情况下，由于奥氏体中的碳含量降低，淬火开裂的阻力增加。

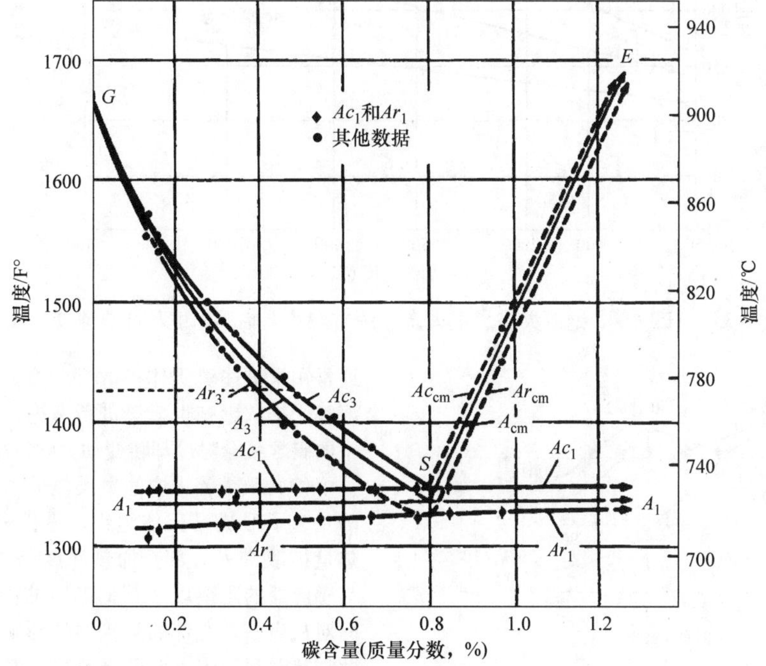

图 3-33 平衡相图中的加热和冷却临界温度

注：温度变化速度为 0.125℃/min。

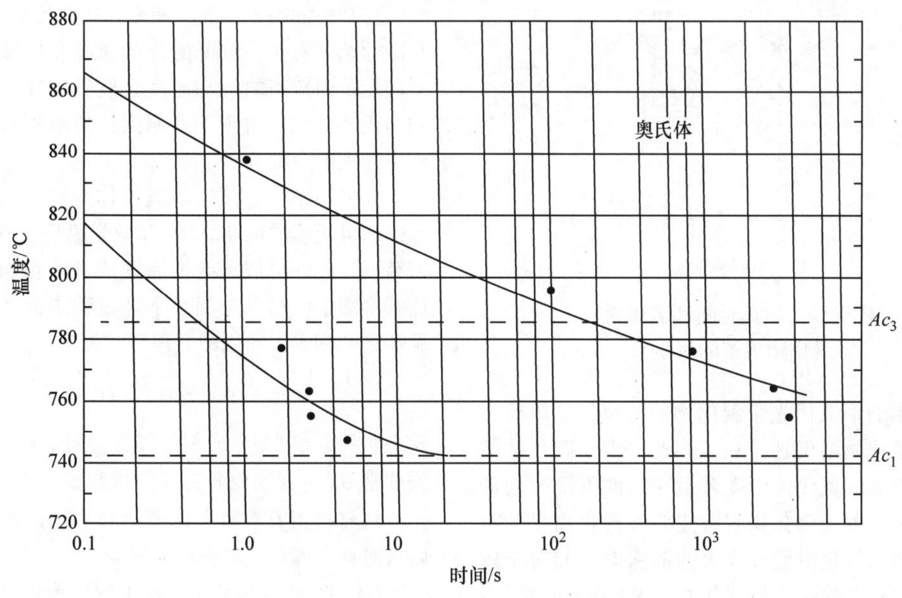

图 3-34 52100 钢的连续加热奥氏体化曲线

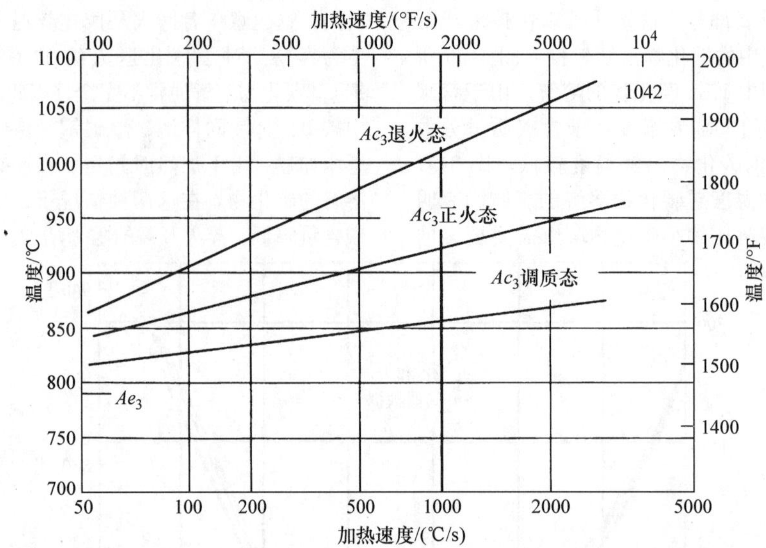

图3-35 AISI 1042 钢退火态、正火态、调质态的上临界温度与加热速度的关系

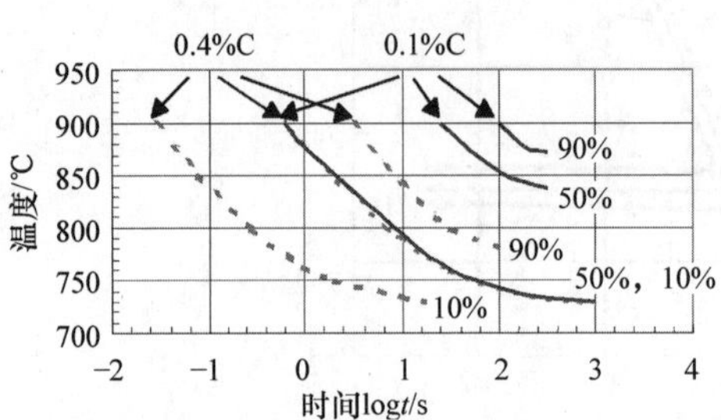

图3-36 两种碳含量钢中1μm碳化物的溶解

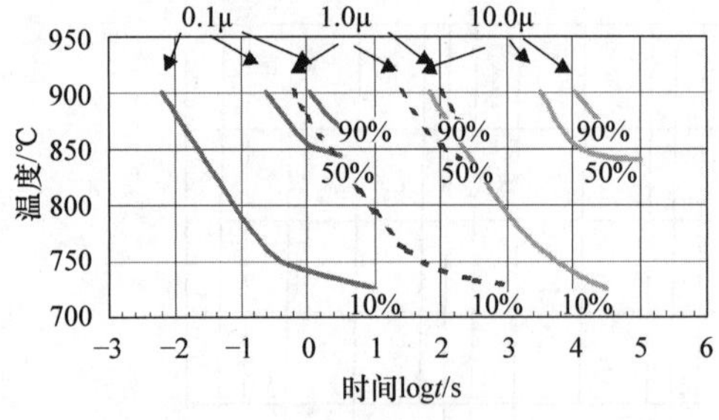

图3-37 加热时间和温度对碳化物溶解的影响

奥氏体的形成优先于碳化物的溶解，且奥氏体化速度比碳化物溶解速度快。因此，由于碳化物的溶解，新生成的奥氏体中碳含量在高温下随时间的延长而增加。由于碳化物溶解主要和碳化物尺寸有关，因此奥氏体化时间和淬火前的保温时间对于感应淬火零件最终的硬度和应力状态是十分重要的。

Johnson-Mehl-Avrami-Komolgorov（JMAK）方程通常用来描述奥氏体扩散型转变。同样地，碳化物溶解受扩散影响也应该进行考虑，这是由于奥氏体中的碳含量会对冷却转变动力学产生影响。

（2）喷液淬火中的奥氏体分解 淬火冷却的目的是为了形成马氏体组织。零件表面形成奥氏体，热量扩散进入心部。加热深度是关于功率、频率、与感应器的距离以及其他参数的函数。在本节，时间对从表面到心部的热传导的影响是一个重点，因此加热时间和淬火前的自由冷却时间将会影响奥氏体和原始组织之间的过渡层。过渡层的突变程度会影响应力状态。

冷却中的临界温度（相变开始温度和结束温度）与冷却速度有关。较低的冷却速度会导致发生扩散型相变，而较高的冷却速度会使奥氏体转变为所需的马氏体组织。由于上述原因，喷液淬火通常作为感应淬火的一部分。

在模型中，必须考虑奥氏体分解为铁素体、珠光体和贝氏体的可能。JMAK数学模型通常用于扩散型转变，此外也假设叠加原理成立。叠加原理是指连续冷却中的时间与温度下降过程中的微小等温增量步之和相等。通用的方程形式为

$$X = 1 - \exp(-kt^n) \tag{3-199}$$

式中，X是t时刻生成相的体积分数；k是与材料有关的常数；n是与材料有关的指数。

对材料相关参数考虑形核长大、晶粒度及其他因素时，方程形式将会更加复杂。

DANTE软件中的模型在求解扩散型相变时，没有采用叠加原理，而是基于转变速度。其通用方程

形式为

$$\dot{X}=vX^{\alpha}(1-X)^{\beta}X_{A} \quad (3\text{-}200)$$

式中，$\dot{X}$是新相的形成速度；v是与温度有关的修正量；α是与材料有关的指数；β是与材料有关的指数；$(1-X)$是除了新相以外的其他相体积分数；X_A是母相体积分数。

对于铁素体、珠光体和贝氏体相变来说，还需要一些限制条件，如铁素体平衡转变最大量及贝氏体转变最大量。

大多数钢中，奥氏体转变为马氏体是热驱动。最常用的描述这种转变类型的模型是来自 Koistinen 和 Marburger 的工作，其方程为

$$X_M=X_A\{1-\exp[-k(Ms-T)]\} \quad (3\text{-}201)$$

式中，X_M是马氏体体积分数；X_A是奥氏体体积分数；k是与材料有关的参数（通常为 0.011）；Ms是马氏体转变开始温度；T是当前温度（需低于Ms）。

目前也有用其他方程来描述马氏体转变，如在 Magee 方程中考虑了切应力能够促进马氏体转变，这是基于在经典理论中将马氏体转变描述为切变相变或非扩散型相变。

DANTE 软件中的马氏体转变依然使用热驱动模型，但其形式为温度变化速度的叠加形式。由于应力在马氏体转变中起着重要的作用，因此需要考虑应力的因素。拉应力的增大会扩大马氏体相变的温度范围，也就是说，加入拉应力可以使马氏体转变以及相应的体积膨胀在较高的温度条件下发生。换句话说，拉应力的存在降低了马氏体转变的能量壁垒，而压应力提高了能量壁垒，抑制了马氏体转变。DANTE 中通用的方程为

$$\dot{X}_M=(\mathrm{d}T/\mathrm{d}t+c\mathrm{d}P/\mathrm{d}t)vX_M^{\alpha}(1-X_M)^{\beta}X_A \quad (3\text{-}202)$$

式中，$\dot{X}_M$是马氏体X_M转变速度；$\mathrm{d}T/\mathrm{d}t$是温度变化速度；c是与材料有关的常数；$\mathrm{d}P/\mathrm{d}t$是静水压变化速度；v是与温度有关的修正量；α是与温度有关的指数；β是与温度有关的指数；$(1-X_M)$是除了新相以外的其他相体积分数；X_A是母相体积分数。

相变动力学模型中的材料参数测定可以通过膨胀测试来获得。样品在一定的加热和冷却速度下，连续测定尺寸的变化。应记录的三组数据分别为时间、温度和尺寸变化量。应变可以通过尺寸变化量计算获得。通过等温测试可以确定相变的转变速度，此外马氏体转变和避免发生扩散型相变的临界冷却速度可以从连续冷却测试中获得。ASTM A1033 标准中介绍了用膨胀法表征相变动力学的测试方法和数据结构。

（3）感应加热应力预测实例　本例选用半轴的扫描感应淬火模拟来预测加热中的温度分布和奥氏体化、冷却中的马氏体转变、最终的应力应变。半轴可以看作由三部分构成，包括一端的法兰和另一端的键槽。采用 Flux 二维和三维模拟法兰/圆角端、轴身及键槽部分的感应加热过程。然后将功率密度随时间的变化关系输入到三维 DANTE 模型中预测加热过程的温度分布和奥氏体转变。DANTE 也可以用来模拟喷液淬火过程中的马氏体转变及最终的应力和尺寸变化。图 3-38 所示为 DANTE 感应淬火模拟中的电磁、温度、应力、相变的耦合模型。表 3-5 为车轴扫描感应淬火工艺。在扫描开始之前，法兰和圆角感应加热 9s。扫描开始后，同时进行淬火冷却，在设备的加热区和冷却区之间有一段间隔。淬火喷冷液为质量分数 6% 的聚合物溶液，在巨大的喷速下其换热系数达 12kW/(m² · K)。

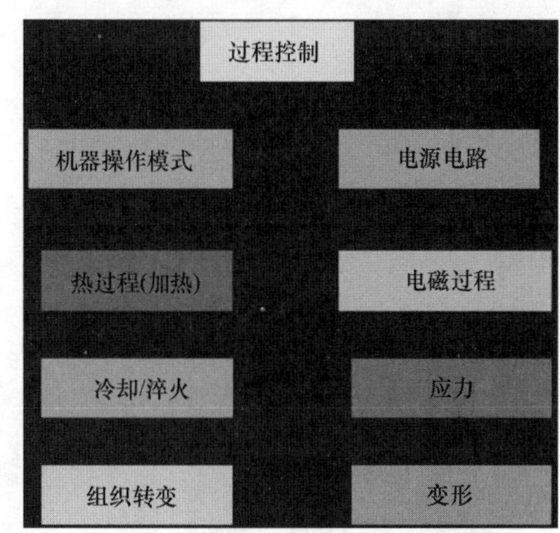

图 3-38　DANTE 感应淬火模拟中的电磁、温度、应力、相变的耦合模型

表 3-5　车轴扫描感应淬火工艺

阶段	时间/s	扫描速度/(mm/s)	功率/kW	喷淬
1（预热）	9	—	36.5	否
2	1.5	15	23.9	否
3	6	8	35.4	是
4	99	8	35.4	是
5	14.65	8	32.0	是
6	60	8	—	是

图 3-39 所示为在三个不同时间预测的温度分布。可以看出，温度场模拟较为吻合，意味着 Flux 二维中的功率密度成功导入到了 DANTE 三维的体热流中。图 3-40 所示为用 DANTE 计算的感应加热并空冷 9s 后车轴法兰和倒角处的预测结果。是法兰和圆角处的温度、奥氏体体积分数、轴向应力、径向位移和轴向位移的云图。根据温度分布和奥氏体区分布，拉应力在高于奥氏体区域的轴中产生。

图 3-41 和图 3-42 为距法兰端 614.15mm (24.18in) 处的位置，在距表面一定深度上的时间历程曲线。图 3-41 为温度、奥氏体和马氏体含量，图 3-42 为轴向应力和径向、轴向位移随时间的变化曲线。由于加热奥氏体化及冷却马氏体转变，界面上存在很多应力变化。表面应力状态变化十分迅速，其过程为热膨胀、奥氏体收缩、奥氏体热膨胀，接着是淬火过程中的奥氏体收缩、马氏体转变膨胀及最终的马氏体热收缩。表面应力需要和生成的内应力相平衡，最终应力为表面应力和心部拉应力的合力。最大拉应力位于硬化层-心部之间的过渡层及轴的中部。

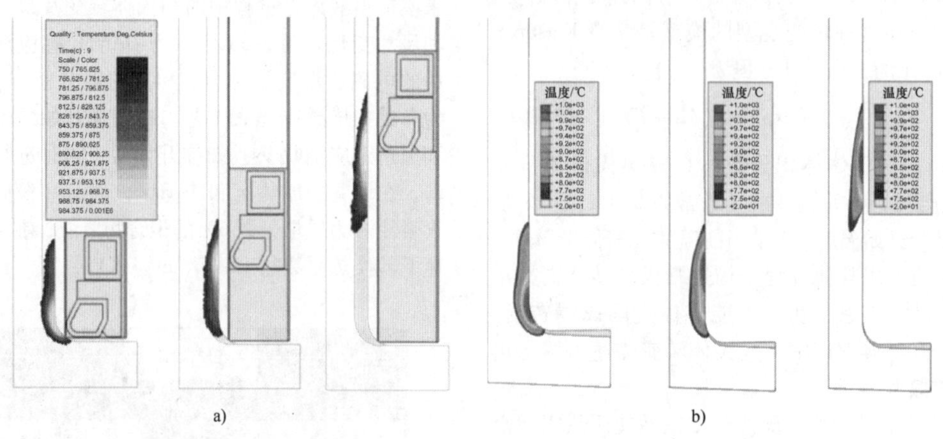

图 3-39 在三个不同时间预测的温度分布

a) Flux 二维 b) DANTE 三维

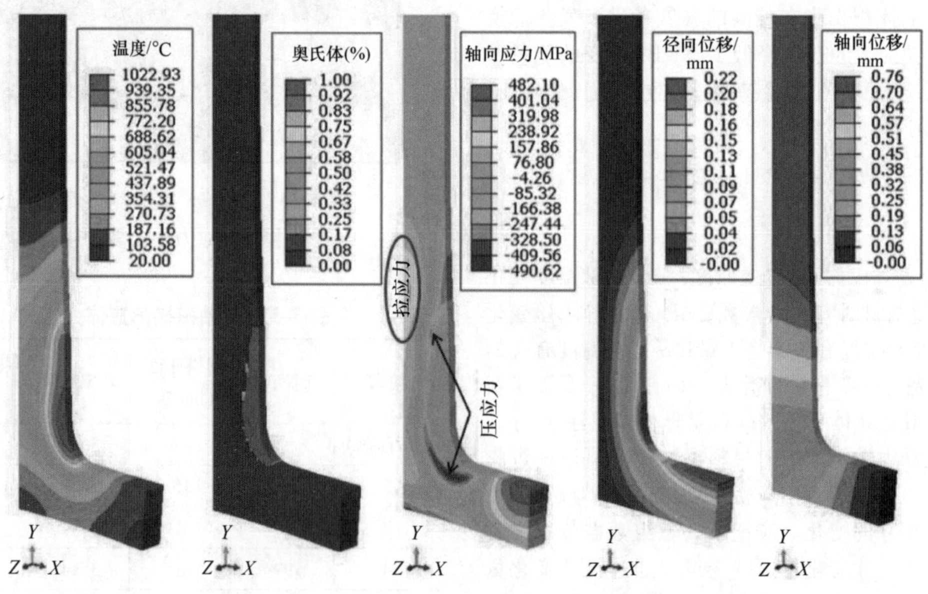

图 3-40 用 DANTE 计算的感应加热并空冷 9s 后车轴法兰和倒角处的预测结果

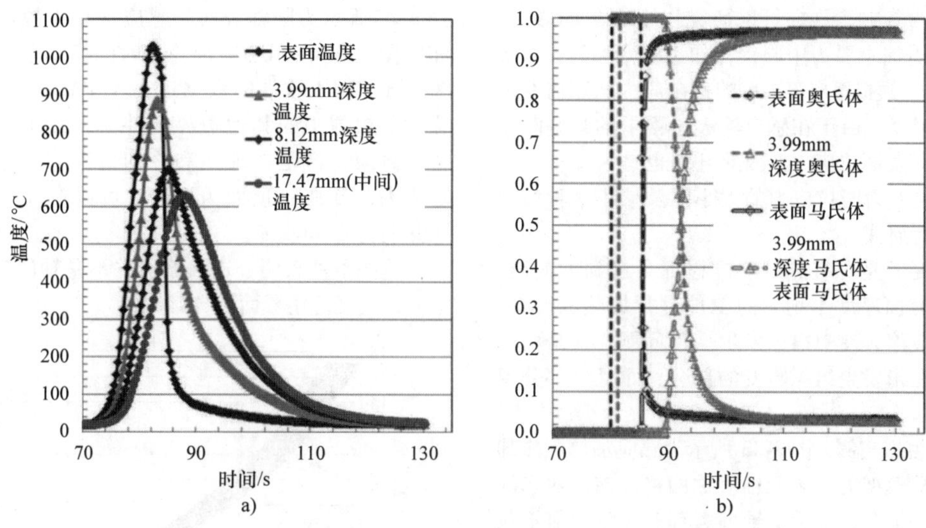

图3-41　车轴在距法兰端614.15mm处截面的感应加热过程

a）温度　b）相分数

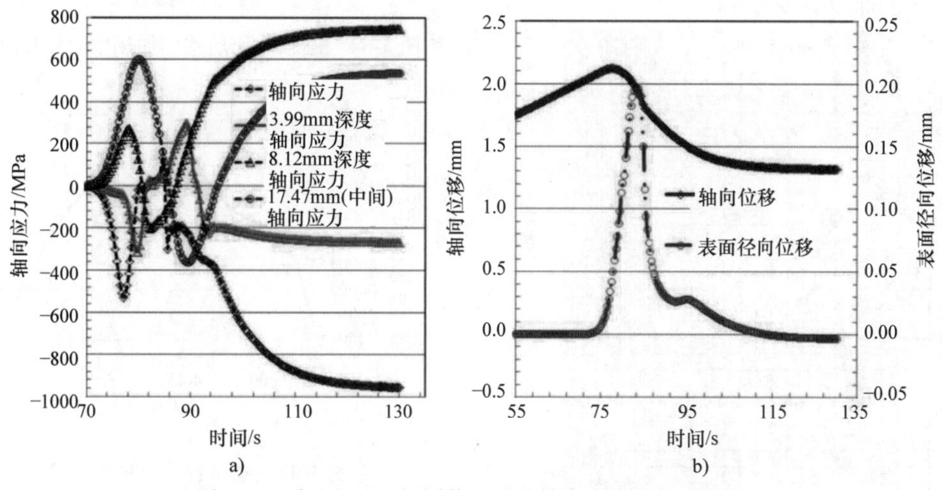

图3-42　与图3-41相同截面处的轴向应力和轴向位移

a）轴向应力　b）轴向位移

3.5.3　应力和变形的数值模拟

在热处理过程中，温度、应力、相变尺寸变化很难或不可能测量得到。由于加热和冷却不均匀，材料就会产生应力。无论任何形式的加热和冷却，如果材料可以均匀加热和冷却，就不会有应力产生。此外，如果在非均匀加热和冷却中只存在弹性变形，且没有密度变化（没有相变），那么当温度回到起始温度值时也不会产生残余应力。

在感应淬火过程中，需要有意识地进行局部加热和冷却，使得工件中产生局部硬化和残余应力。为了在工件中获得硬化层，需要将表层在加热中奥氏体化，然后在淬火中转变为马氏体。

计算机模拟为更深入了解这一过程提供了可能。同时也是研究边界条件和工艺参数对这一过程影响的工具，从而可以避免缺陷、其他组织、过度硬化、过度变形以及不良的残余应力。

简单圆柱件的感应淬火模拟可以深入了解表面和心部应力的演变，以及为何在工艺合适时在硬化层中产生残余压应力。数值模拟方法可以研究感应加热和淬火中的多种应力源的影响。应力应变的类型包括：由于热膨胀产生的弹性应力应变、由于局部屈服产生的塑性应变、相变应力应变、相变诱发塑性应变、可能存在应力释放。

传统加热中，如果加热时间很长，还会产生蠕变效应。

简单圆柱件的感应加热和冷却模拟中，材料参数可以人为控制，这样可以研究以上现象的影响。感应淬火用钢主要为中碳钢，如1045、4130、4340和5160钢。模拟感应淬火后的残余应力状态需要一定的数学模型。由于在感应淬火过程中的某些时刻会出现瞬间表面拉应力，因此开裂也是一个重要的问题。也会对瞬间拉应力的大小以及减小这种应力的方法进行研究。

零件变形是所有热处理过程都会遇到的问题，特别是对截面厚度不均匀的工件进行加热和冷却。然而，感应淬火件中很少发生变形问题，这是由于零件中存在未发生组织转变的部分，而且这部分温度较低。

（1）模拟实例　图3-43所示为感应加热和冷却过程中圆柱模型的有限元轴对称网格。该截面实际为长轴的一部分，表示了轴的大部分长度，但不包含端部（此处忽略端部效应）。本例模拟了静态感应加热和喷液淬火过程。网格中部表示的点是用来获得温度、相变和应力演变历程。

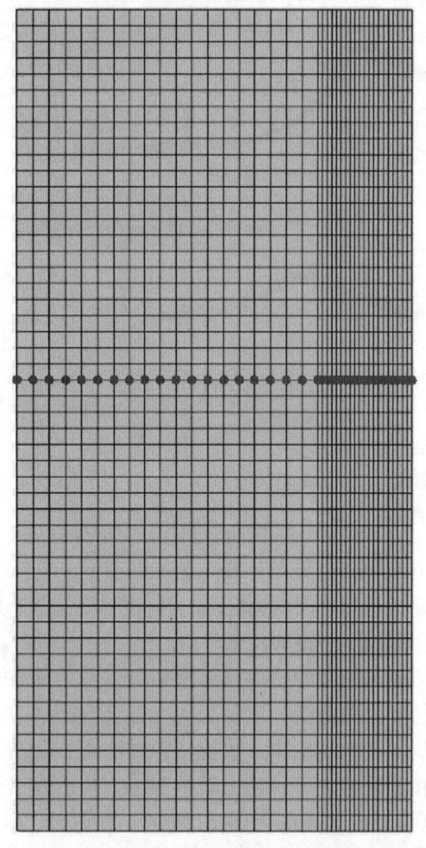

图3-43　感应加热和冷却过程中圆柱模型的有限元轴对称网格

本例的基本工艺为将表面加热至约为1025℃（1875℉），保持0.1s，随后用PAG水溶液喷冷。图3-44所示为圆轴表面层感应加热中的焦耳热分布，图3-45所示为喷液淬火时的换热系数。这些来源于ELTA软件的数据适用于PAG聚合物喷冷设备。模拟中的其他边界条件为：底面在轴向上固定约束，但是在加热和冷却情况下，可以在径向上发生膨胀；顶面为平面，可以在轴向和径向上进行膨胀和收缩。

这些条件表明，这段截面并不是轴的一端，而表示的是任意中截面。

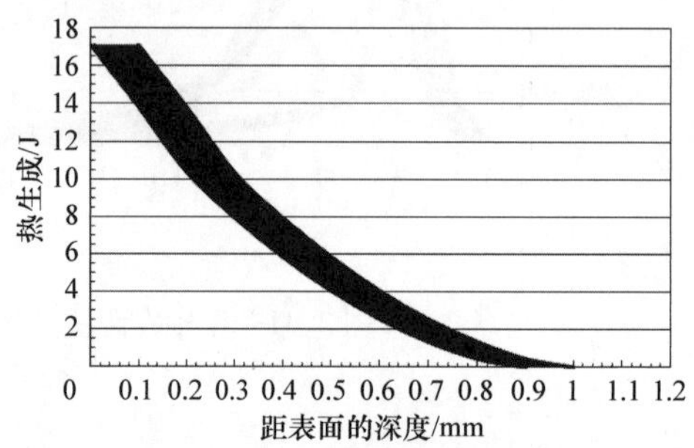

图3-44　圆轴表面层感应加热中的焦耳热分布

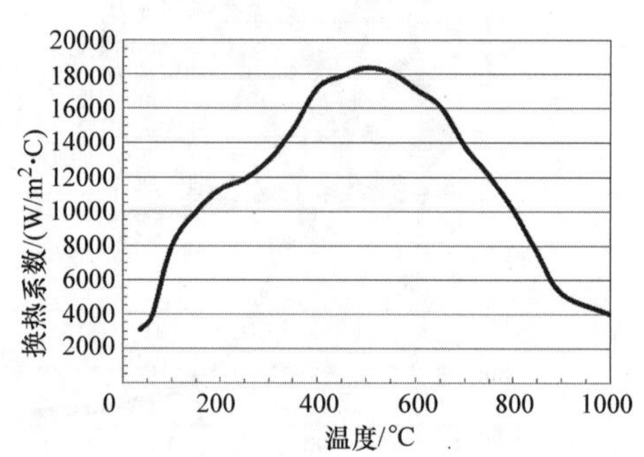

图3-45　喷液淬火时的换热系数

（2）例1-弹性材料　表3-6为圆柱零件在感应加热过程中的弹性性能。

表3-6　圆柱零件在感应加热过程中的弹性性能

温度/℃（℉）	弹性模量/ 10^5 MPa（10^6 psi）	泊松比	热膨胀系数/（10^{-5}/℃）
20（68）	2.057（29.82）	0.283	6
600（1110）	1.502（21.78）	0.300	—
800（1470）	1.161（16.83）	0.306	—
1000（1830）	0.7425（10.76）	0.312	—
1100（2010）	0.5032（7.29）	0.315	6.5

在加热和淬火过程中，只发生热膨胀，且材料保持为弹性体。所用材料的热物性参数见表 3-7。

表 3-7　所用材料的热物性参数

温度/℃(℉)	比热容/(J/kg·K)	热导率/(W/m·K)
0（32）	450.0	43.0
200（390）	527.5	39.0

对于本模型，采用有限元软件 ABAQUS/STANDARD（Simulia Corp.）来模拟热-应力过程，当然其他线弹性有限元软件也可以用来模拟该例。

图 3-46 所示为工件加热 3s 后的温度和周向应力分布。在加热过程中，表面膨胀被心部限制，从而产生了较高的表面压应力，且由于材料为弹性体，这部分应力不会释放。在喷液淬火过程中，表面冷却开始收缩，并回到弹性体原始的无应力尺寸。图 3-47所示为弹性材料的不同位置在感应加热和淬火过程中的温度及周向应力演变。

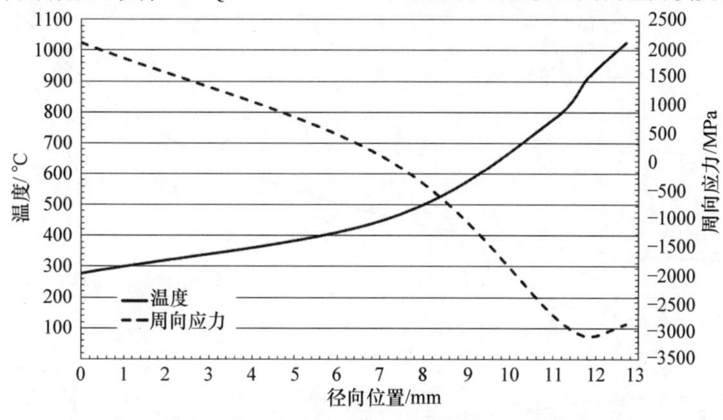

图 3-46　工件加热 3s 后的温度和周向应力分布

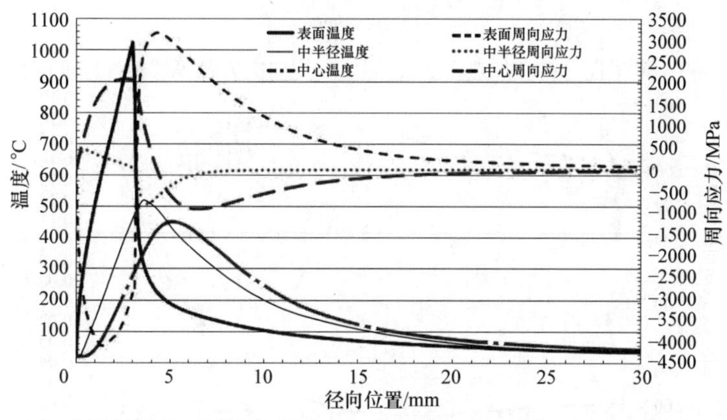

图 3-47　弹性材料的不同位置在感应加热和淬火过程中的温度及周向应力演变

这组数据表明，弹性材料在感应加热过程中由于表面一直为压应力状态，因此表面并不会发生开裂。而在加热过程中，心部会产生较高的拉应力（见图 3-47 中较高的周向应力），因此会产生内部裂纹。图 3-47 表明，不仅周向应力，弹性工件中部的轴向和径向应力也很大。当采用感应加热来对工件进行热膨胀，如收缩环，加热速度一定不能过快，否则会导致内部破裂。同样地，当加热大型零件，必须使心部应力低于开裂应力，即单轴屈服强度的 1/3。

（3）例 2-弹塑性材料　在模拟中考虑塑性会更加符合实际。由于材料温度升高，材料变软，发生局部屈服。图 3-48 所示为弹塑性材料的屈服强度和

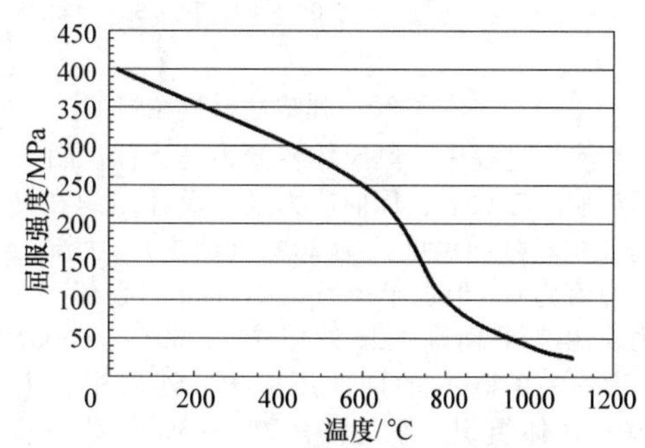

图 3-48　弹塑性材料的屈服强度和温度的关系

温度的关系。加热和冷却过程中的高应力会造成屈服。图 3-49所示为弹塑性材料在加热 3s 后，温度、周向应力及等效塑性应变的分布。图 3-50 所示为弹塑性材料在喷液淬火后的温度、周向应力及等效塑性应变的分布。

（4）例 3-可相变的弹塑性材料　在本例中加入了相变过程。DANTE 热处理软件在计算中加入了钢的相变计算。DANTE 是基于 ABAQUS/STANDARD 软件，因此在例 1 和例 2 中都采用相同的求解器。本例所用的材料参数为 DANTE 数据库中的 1045 钢。

图 3-51 所示为弹塑性材料在加热 3s 后，温度、周向应力及奥氏体组织在中截面上的分布。在半径大于 11mm（0.5in）的部分由于高温生成奥氏体。奥氏体区的压应力值较小，而且相变区的应力曲线存在一个很小但是很明显的变化。材料在半径为 5 ~ 11mm 的部分为压应力，心部为拉应力。

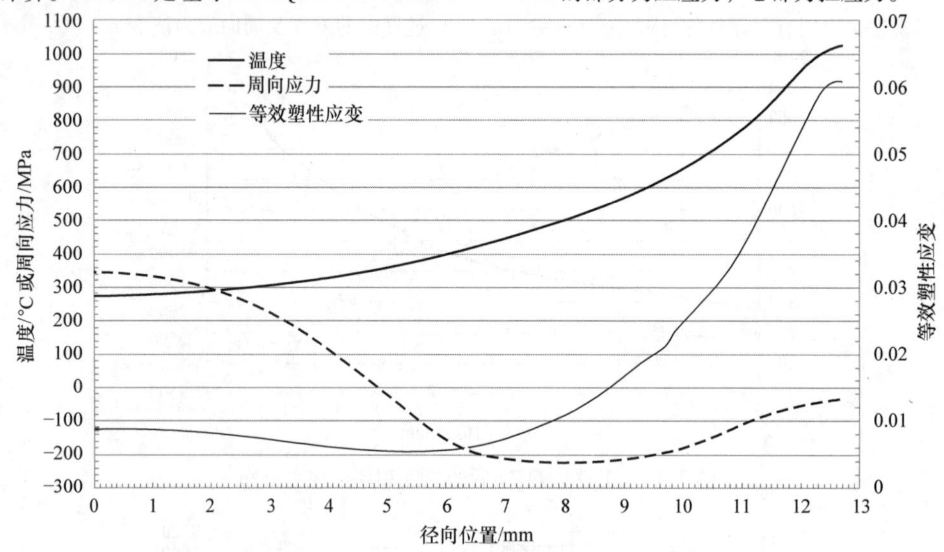

图 3-49　弹塑性材料在加热 3s 后，温度、周向应力及等效塑性应变的分布

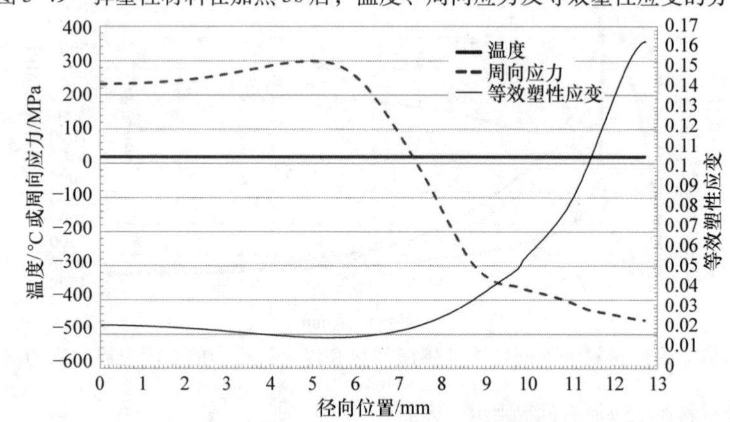

图 3-50　弹塑性材料在喷液淬火后的温度、周向应力及等效塑性应变的分布

在淬火过程中，奥氏体转变为马氏体。图 3-52 所示为喷液淬火后，周向应力及马氏体组织在截面上的分布。截面温度均为 20℃（68℉）。大部分心部应力值为 0，但在半径为 8 ~ 11mm 的心部存在拉应力，用来平衡马氏体外层中 －400 ～ －600MPa（－58 ～ －87ksi）的周向压应力。外层中也并非 100% 马氏体组织，而是含有 2% ～3% 的残留奥氏体，以及少量（小于 1%）珠光体和贝氏体。

图 3-53 所示为弹性、弹塑性及含有相变的弹塑性材料在加热和淬火过程中，周向应力、等效塑性应变及奥氏体相的演变。在所有例子中，表面在加热中均为周向压应力。对于例 2（弹塑性材料），产生了塑性变形，周向压应力的大小降低。同样地，在例 3 中，当加热过程中发生奥氏体转变时，周向压应力的大小也会降低（弹塑性 + 相变）。在加热 3s 后，例 1 中的表层压应力较高（－3000MPa 或 －435ksi），而在例 2 和例 3 中，压应力水平降低。由于亚表层加热发生热膨胀，表层周向压应力从 2s 时的 －4000MPa 降为 3s 时的 －3000MPa（－580 ~ －435ksi）。

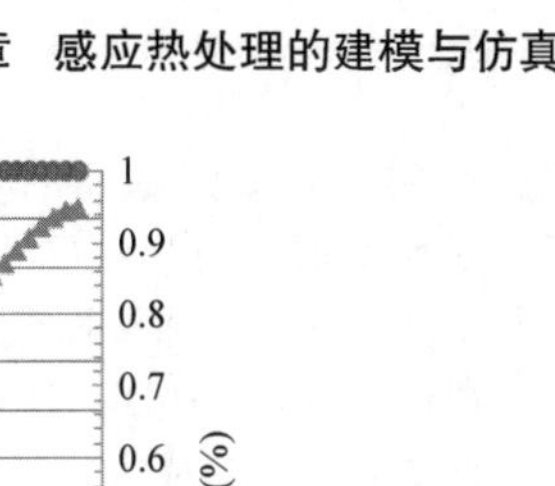

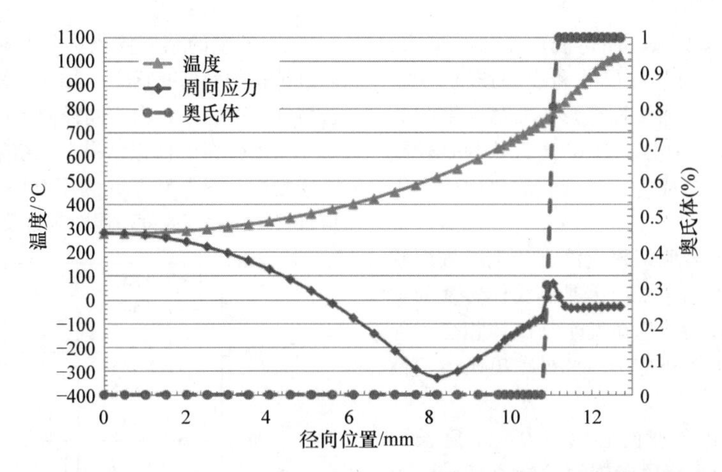

图 3-51 弹塑性材料在加热 3s 后，温度、周向应力及奥氏体组织在中截面上的分布

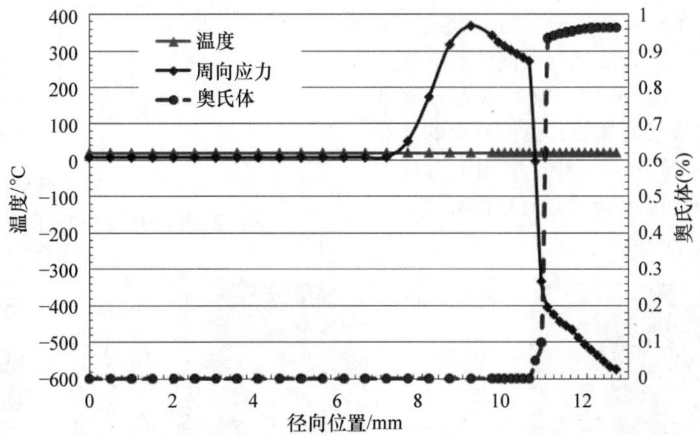

图 3-52 喷液淬火后，周向应力及马氏体组织在截面上的分布

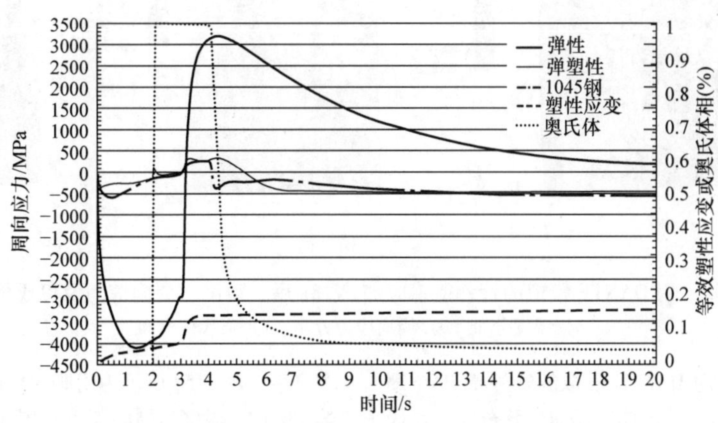

图 3-53 弹性、弹塑性及含有相变的弹塑性材料在加热和淬火过程中，周向应力、等效塑性应变及奥氏体相的演变

当喷液淬火开始，外表层温度迅速降低，发生收缩，造成周向拉应力。例 1 中的表面在内部开始降温收缩前，其应力可达 3000MPa。例 2 和例 3 中，表面应力由于发生塑性变形以及马氏体相变，其应力不超过 500MPa（72.5ksi）。在例 2 中，塑性变形释放了表面应力；而在例 3 中，由于奥氏体塑性变

形和马氏体相变体积膨胀，使得表面张应力减小，且奥氏体塑性变形量与零件尺寸和冷却速度有关，其中一些塑性变形为普通塑性变形，而另一部分为相变诱发塑性变形（TRIP）。TRIP通常认为是较硬马氏体体积膨胀产生的应力，对较软的奥氏体产生纯塑性变形。

计算机模拟结果表明，感应淬火产生的表面硬化和表面残余压应力的主要原因是奥氏体转变为马氏体。马氏体组织较硬，且在发生马氏体相变时伴随着体积膨胀，产生了压应力。此外，奥氏体塑性变形也是重要原因。

（5）例4-钢管内外壁的感应淬火　对管长为16cm的AISI 4140合金钢厚壁钢管（外径28cm，内径16cm）内外壁的感应淬火模拟淬硬区的应力状态。采用单发线圈对整体长度方向上的内壁或外壁加热18s，随后用PAG淬火液进行喷液淬火，加热结束和淬火开始相隔3s。采用一维有限差分软件（ELTA）来模拟钢管表层的加热，模拟所得的加热过程的功率密度导入到DANTE中，利用轴对称的热-机耦合模型来预测加热和淬火过程中的温度、相变、应力状态以及尺寸变化。

① 外壁的感应淬火。图3-54所示为用DANTE软件模拟的管外壁感应淬火的功率密度与时间和径向位置之间的关系，为不同径向上的位置及不同时间，功率密度分布的模拟结果。该结果映射到DANTE瞬态模型中。图3-55所示为用DANTE模拟的管外壁感应加热18s后，温度、周向应力及奥氏体分布。

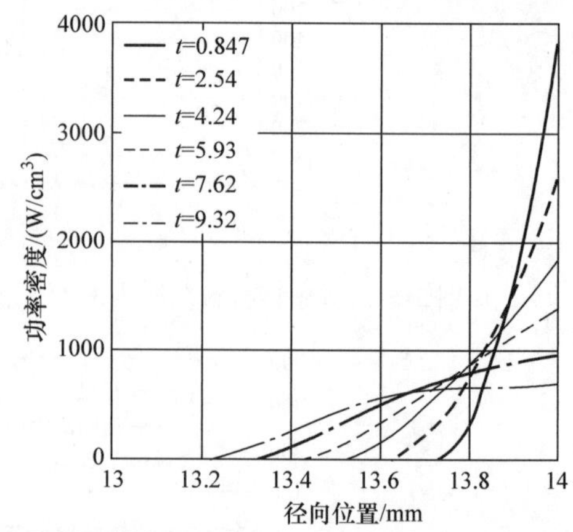

图3-54　用DANTE软件模拟的管外壁感应淬火的功率密度与时间和径向位置之间的关系

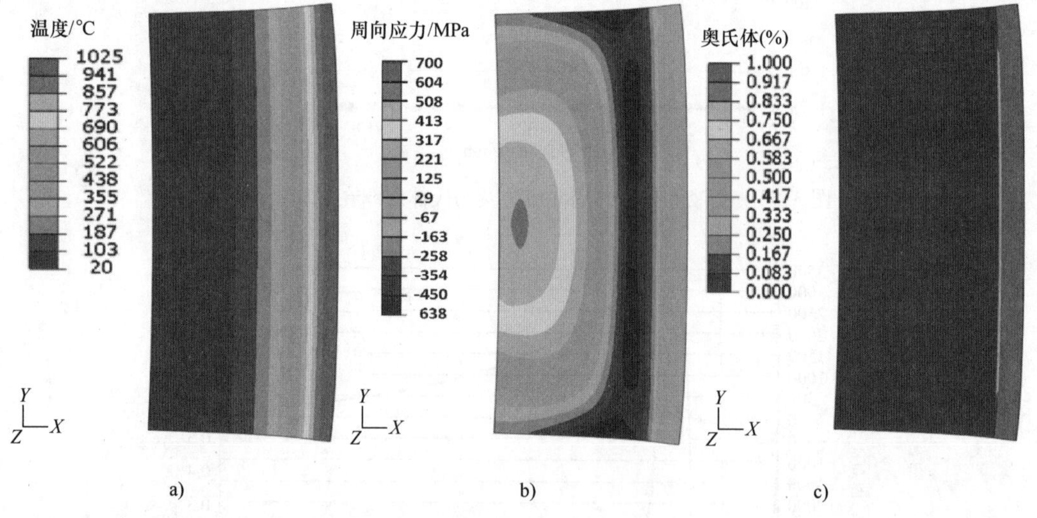

图3-55　用DANTE模拟的管外壁感应加热18s后，温度、周向应力及奥氏体分布

a）温度分布　b）周向应力分布　c）奥氏体分布

图3-56所示为用DANTE模拟的管外壁PAG喷液淬火后，周向应力、马氏体、径向位移分布。马氏体层存在明显的超过400MPa（58ksi）的压应力。外径中部在径向增加了60μm，而内孔收缩了5~10μm。也就是说，外径膨胀，内孔有微小的沙漏形变形。

② 内孔的感应淬火。图3-57所示为用ELTA软件模拟的管内壁感应淬火过程中，功率密度与时间和径向位置之间的关系。焦耳热在0.8cm（0.3in）层深中产生。图3-58所示为用ELTA模拟的管内壁感应加热18s后，温度、周向应力及奥氏体分布。加热结束后，奥氏体层由无应力状态转变为低周向拉应力，而未发生相变的亚表层为周向压应力，应力值约为600MPa（87ksi）。采用PAG喷液淬火冷却至室温时，内孔的马氏体层形成周向压应力（见图3-59）。然而，内孔压应力的大小在轴向上变化很大，内孔中截面的周向压应力值较低。径向位移云图显示，内孔为

沙漏形，外壁有少量膨胀。内孔中截面收缩 90μm，而与外壁的感应加热不同，此处外径增大了 20μm。模拟结果表明，内孔感应淬火获得了所需的马氏体硬化层，但没有获得所需的压应力水平。

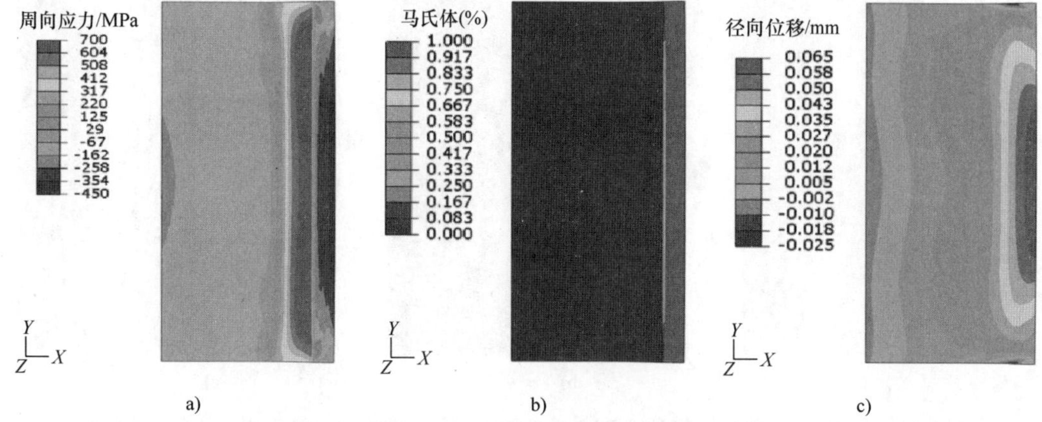

图 3-56　用 DANTE 模拟的管外壁 PAG 喷液淬火后，周向应力、马氏体、径向位移分布

a）周向应力分布　b）马氏体分布　c）径向位移分布

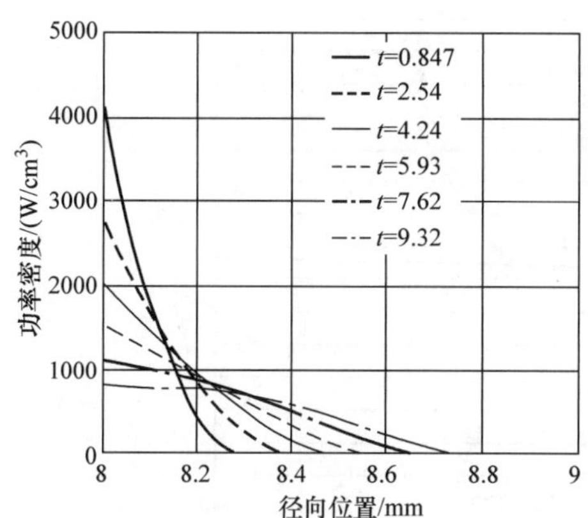

图 3-57　用 ELTA 软件模拟的管内壁感应淬火过程中，功率密度与时间和径向位置之间的关系

③ 内外壁感应淬火的区别。内外壁感应加热最大的不同发生在钢管中的未相变区域。模拟的内外壁感应淬火的中截面周向和轴向应力（见图 3-60）表明，最终的应力状态分布，特别是周向应力，有明显不同。对于外壁淬火，马氏体相变过程中的热收缩为径向向内，促进了压应力。而内壁淬火中，最终的硬化层热收缩有少量径向向外，降低了内孔压应力。解决这个问题的一个方法就是对钢管进行预热，这样最终钢管的热收缩均为径向向内。

3.5.4　开裂问题

感应淬火开裂的原因包括局部过热、尺寸改变以及几何不连续（如钻孔）。过热弱化了晶界强度，导致晶界裂纹。局部过热一般不会导致晶界强度减弱，但是热应力梯度过高会导致裂纹。尺寸变化可能导致温度不均匀及热应力过大。不均匀加热导致奥氏体化不均匀，最终导致淬火过程中的相变应力产生裂纹。计算机模拟可以深入了解裂纹源的产生，以及如何避免温度和应力状态导致的裂纹，此处用几个例子来说明这些问题。

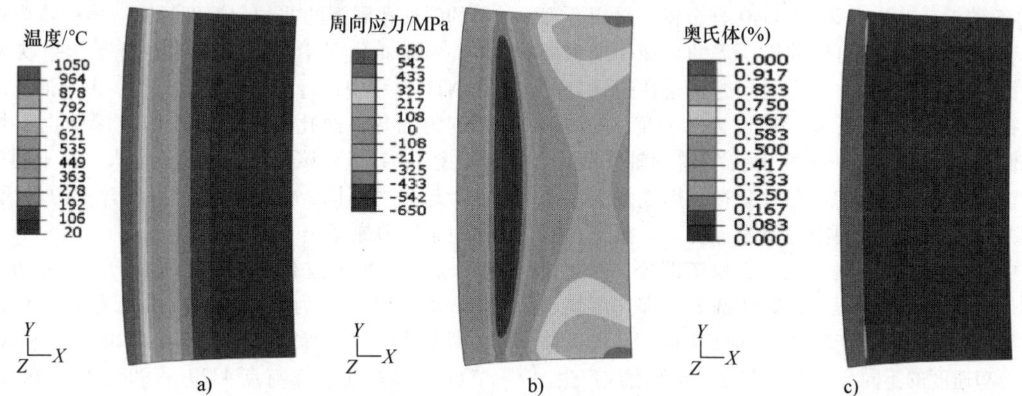

图 3-58　用 ELTA 模拟的管内壁感应加热 18s 后，温度、周向应力及奥氏体分布

a）温度分布　b）周向应力分布　c）奥氏体分布

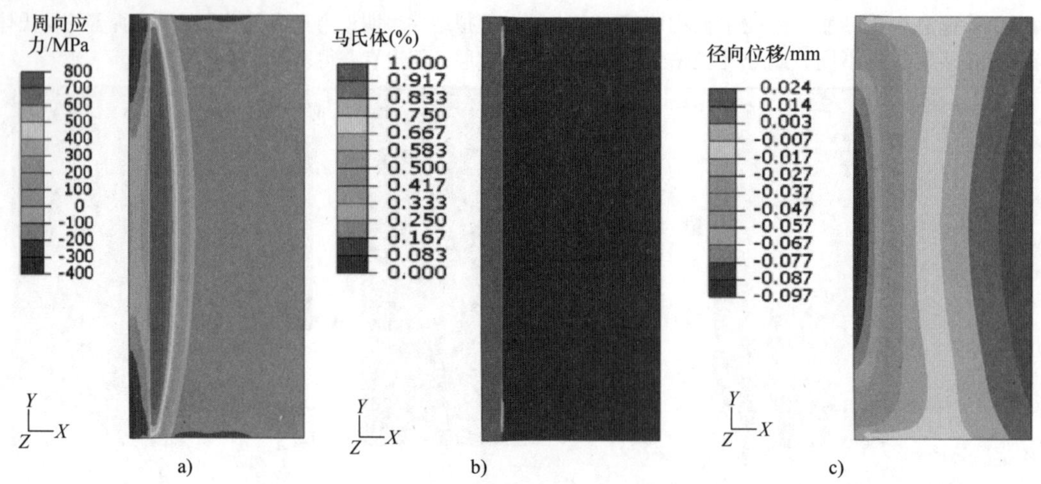

图 3-59 用 DANTE 模拟的管外壁 PAG 喷液淬火后，周向应力、马氏体、径向位移分布

a）周向应力分布 b）马氏体分布 c）径向位移分布

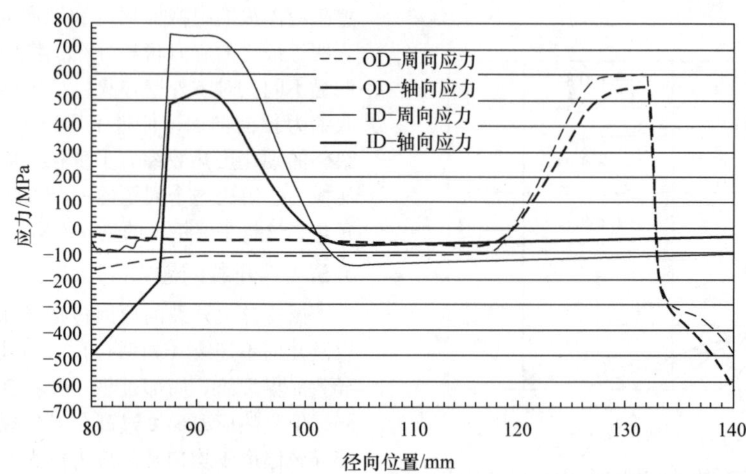

图 3-60 用 DANTE 模拟的管的内壁和外壁感应淬火后，在中界面上的最终应力分布

通常对曲轴的轴颈和销轴进行感应淬火来提高耐磨性。其典型的材料包括改良的 AISI 1038、1040 和 1045 碳钢，以及 4140 和 4340 合金钢。采用合理的合金成分和碳含量可以获得所需的表面硬度和硬化层深度。感应淬火中常见的问题就是在边缘处的润滑孔中出现裂纹。图 3-61 所示为一个简单的曲轴轴承侧视图，其中有一个润滑孔斜通到轴承表面，因此油孔的壁厚不均匀。有时会在孔周围加工一个储油井，从而减小孔周围的质量差异。在感应加热过程中，薄壁部分加热速度快于厚壁部分，因此很容易过热。在淬火过程中，薄壁部分冷却速度快于厚壁部分，在孔周围产生很大的硬度梯度。奥氏体区域冷却速度的不同会产生拉应力，导致裂纹产生。

对实体模型采用六面体单元划分（见图 3-62），油孔周围单元加密，进而可以捕获温度、应力及组织上的微小差异。图 3-63 所示为用 DANTE 模拟的曲轴轴承部分感应加热 3s 后的温度分布，为模拟所得的斜油孔周围的非均匀温度云图。第一步模拟在 Inductorheat 公司中进行，然后将温度结果映射到 DANTE 模型中进行相变和应力分析。由于油孔周围不均匀加热，油孔周围的奥氏体层深度也不均匀（见图 3-64）。对该区域进行喷液淬火，在不同位置的冷却速度不同，最终形成了不同含量的马氏体，产生了应力梯度。

在喷液淬火过程中，油孔周围的应力分布不均匀。图 3-65 所示为曲轴轴承油孔边缘的节点位置，为两个节点的位置示意图，节点 4320 位于薄壁处，节点 4344 在孔边缘与点 4320 呈 90°。图 3-66 所示为最大主应力与淬火时间的关系。喷液工艺为：加热停止后立即喷液、加热停止 2s 后喷液。两个位置

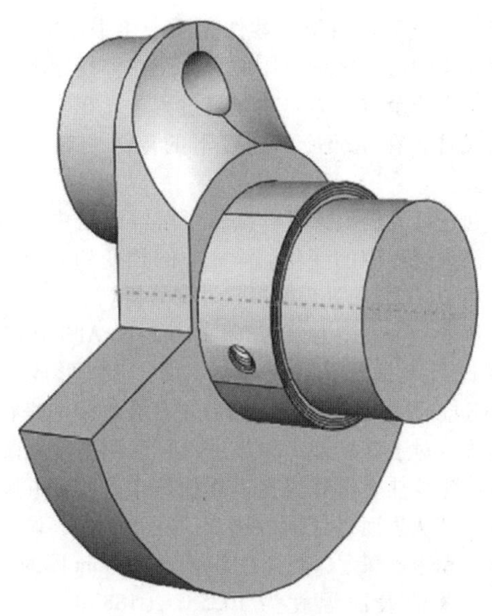

图 3-61 一个简单的曲轴轴承侧视图

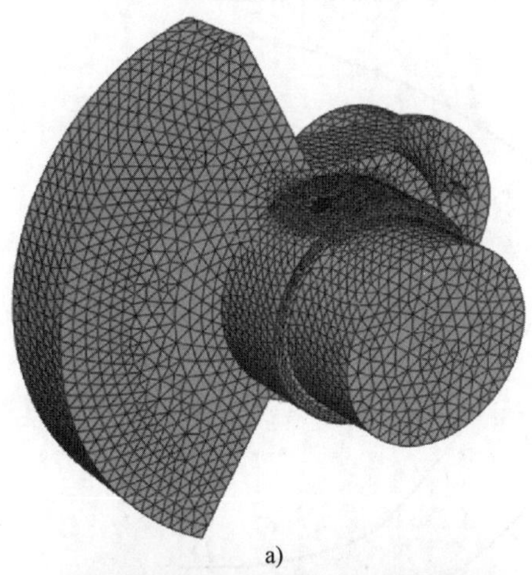

a)

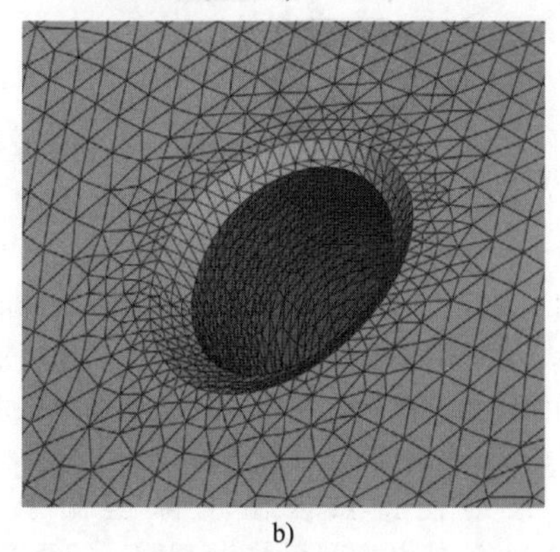

b)

图 3-62 对实体模型采用六面体单元划分
a）曲轴的四面体网格 b）油孔处的网格细化

都在不同时间出现了高应力值。薄壁位置在喷液冷却结束后才产生最高应力，当冷却到室温时此处组

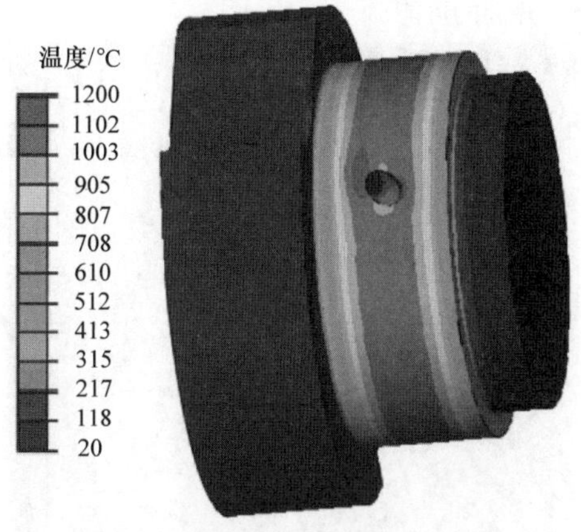

图 3-63 用 DANTE 模拟的曲轴轴承部分感应加热 3s 后的温度分布

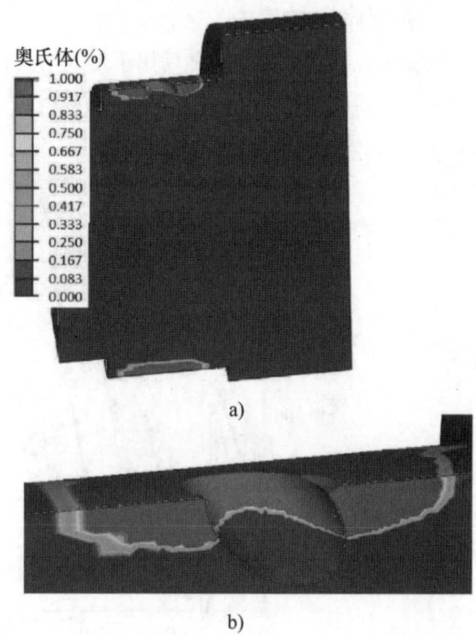

a)

b)

图 3-64 曲轴轴承在感应加热 3s 后的奥氏体分布
a）轴承截面 b）放大后的油孔周围

织为马氏体，应力大小为 800MPa（116ksi）。延迟淬火可以明显降低最高应力到 670MPa（97.1ksi）。在无延迟淬火条件下，4344 节点的应力峰值出现在淬火开始 3s 后，为 760MPa（110.2ksi）。但 2s 的淬火延迟使得该处应力峰值降为 630MPa（91.35ksi），峰值出现在淬火 2.2s 后。其他可以进一步降低油孔周围拉应力的因素为淬火冷却介质类型、淬火冷却介质覆盖面积以及孔的大小。

延迟 2s 淬火由于热量传导到曲轴冷区，因此可以降低温度，这样有助于减小两个位置的拉应力峰值。该例说明工艺的一个小小改动，正如此处加入的一个加热和淬火间的延时，都会影响到材料性能和减小开裂的可能。

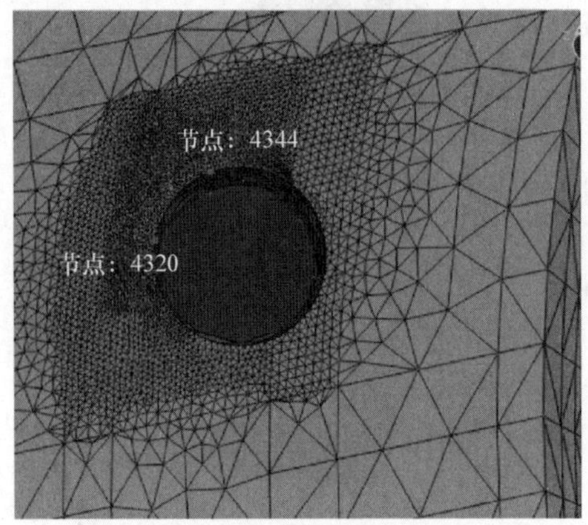

图 3-65 曲轴轴承油孔边缘的节点位置

3.5.5 感应淬火的应力

感应淬火包括表面加热和随后用于形成马氏体的淬火，该工艺用于在零件表面产生强硬的表层。最终在淬硬层产生残余压应力，而在淬硬层下的次表层产生残余拉应力。在加热过程中，在表层中形成奥氏体，在充分冷却速度下的淬火中转化为马氏体。

通过计算机模拟可以深入了解淬硬层中应力状态在淬火过程中的变化。淬火中的相变和应力变化可以用 DANTE 热处理模拟软件来分析。

例如一个直径为 25.7mm（1in）的 AISI 1045 圆柱钢进行表面淬火，感应加热 2s 可以形成 1mm（0.04in）厚的奥氏体层，然后用聚合物溶液进行喷液淬火。对于该模型，加热过程可以用对应区域单元生成焦耳热。焦耳热在表面加热中产生，并随着温度升高从表面迅速向内透入。在该例中，调整电流密度和透入深度，使其在 2s 内产生 1mm 厚的奥氏体层，并使表面温度为 1025℃（1880℉）。延迟 0.1s 后进行喷液淬火。

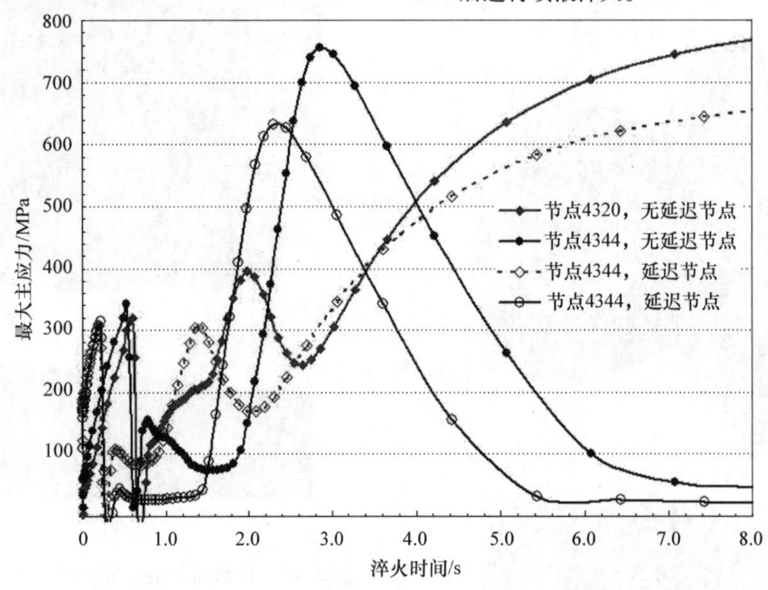

图 3-66 最大主应力与淬火时间的关系

图 3-67 所示为用 DANTE 模拟的直径为 25.7mm 1045 碳钢圆柱的感应淬火截面模型，为整个径向截面的轴对称网格划分。在图 3-67 中还表明了两个节点，一个位于圆柱表面，另一个位于距表面 1.65mm（0.065in）处的位置。

图 3-68 所示为圆柱模型在加热 2s 后的温度、奥氏体、径向应力、周向应力及轴向应力分布。模拟的表面最高温度为 1024℃（1875℉），而心部温度升至 170℃（305℉）。外表层转变为奥氏体组织。中心位置为拉应力，位于奥氏体层下的半径中点处为压应力，而奥氏体层大致为无应力状态。

图 3-69 所示为圆柱模型在加热后淬火前的 0.1s 停留后，预测的温度分布云图，圆柱工件喷液淬火形成马氏体层。在延迟期间，只有小部分热量传导到工件内部，另一部分表面热量损失主要原因为热对流，最终使得热区温度降至低于 900℃（1650℉），心部温度升至约为 185℃（365℉）。图 3-70 所示为感应加热 2s 且淬火前的 0.1s 停留后，所预测的温度和奥氏体从圆柱中心到半径位置的关系。

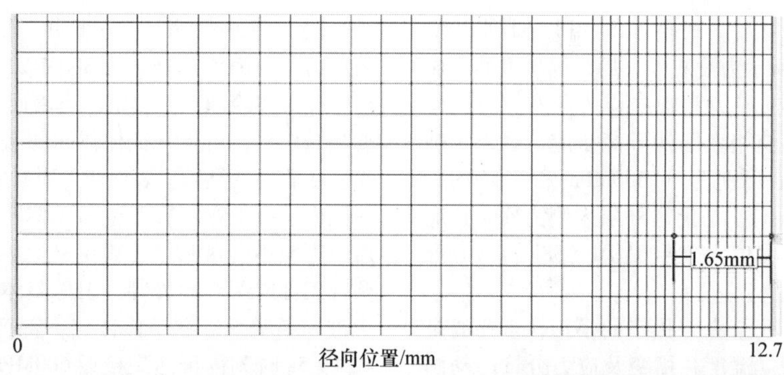

图 3-67　用 DANTE 模拟的直径为 25.7mm 1045 碳钢圆柱的感应淬火截面模型

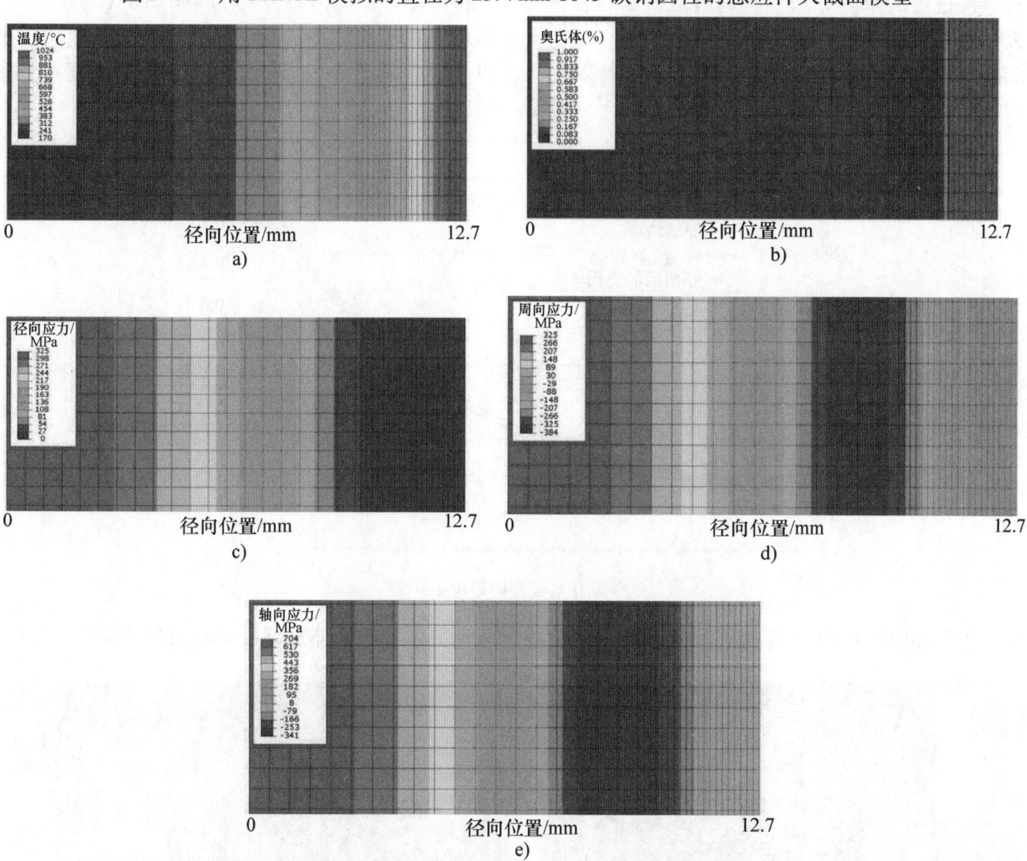

图 3-68　圆柱模型在加热 2s 后的温度、奥氏体、径向应力、周向应力及轴向应力分布
a）温度分布　b）奥氏体分布　c）径向应力分布　d）周向应力分布　e）轴向应力分布

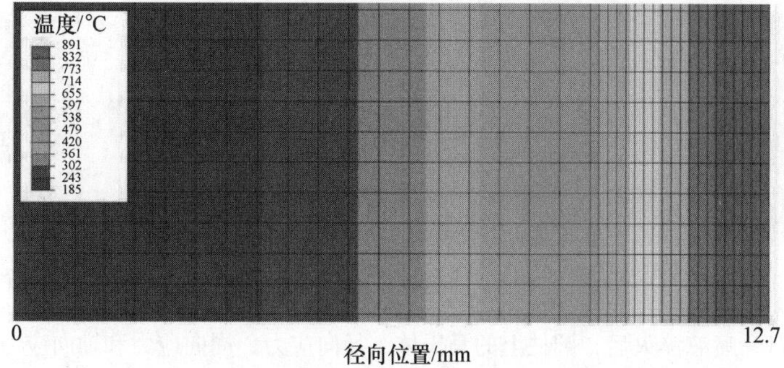

图 3-69　圆柱模型在加热后淬火前的 0.1s 停留后，预测的温度分布云图

喷液淬火结束后，圆柱工件温度回到20℃（68℉）。图3-71所示为喷液淬火后，圆柱上的马氏体、径向应力、周向应力和轴向应力分布。奥氏体层转变为马氏体，使相变层处于高压应力状态，轴向和周向应力值分别为 -600MPa 和 -550MPa（-87ksi和-79.7ksi）。马氏体外层内侧为残余拉应力，周向和轴向应力值大于400MPa（58ksi）。心部为压应力。

对淬火过程中残余应力状态的模拟，重要的是了解组织转变过程。温度、相变及应力分量的动画是研究这些过程的最好方法。所选节点的历程曲线是研究该过程的另一种很好的方法，例如图3-72为表面和距表面1.65mm（0.065in）处的马氏体含量、周向应力和温度曲线。

图3-72中的淬火部分表明，表面首先产生周向拉应力，应力值达到约为300MPa（43.5ksi），这是由于奥氏体冷却产生收缩。当表面在2.8s时开始转变为马氏体，由于马氏体体积膨胀，周向拉应力减小。随着转变继续，表面产生周向压应力。在3~4s时刻内，由于亚表层产生马氏体转变，表面的周向压应力减小。4s后，亚表层马氏体转变完成，由于圆柱工件内部开始冷却，工件整体收缩，周向压应力进一步增大。在马氏体层下部产生周向拉应力，在4~5s时刻内可达到接近600MPa（87ksi）。随着工件冷却，拉应力降到约为400MPa（58ksi）。马氏体相变和零件冷却的交互作用，对残余应力的变化以及最终状态有着重要影响。模拟的主要优势就是追踪感应热处理过程中的应力响应。

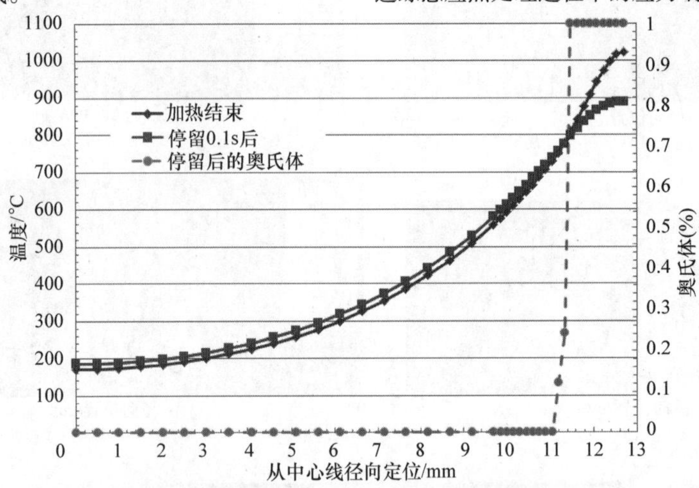

图3-70 感应加热2s且淬火前的0.1s停留后，所预测的温度和奥氏体从圆柱中心到半径位置的关系

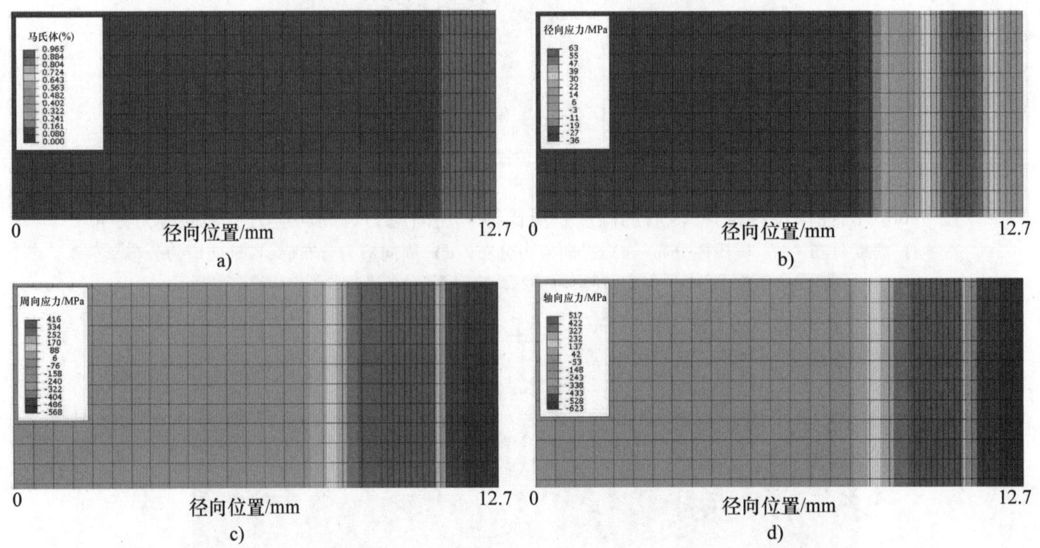

图3-71 喷液淬火后，圆柱上的马氏体、径向应力、周向应力和轴向应力分布

a）马氏体分布 b）径向应力分布 c）周向应力分布 d）轴向应力分布

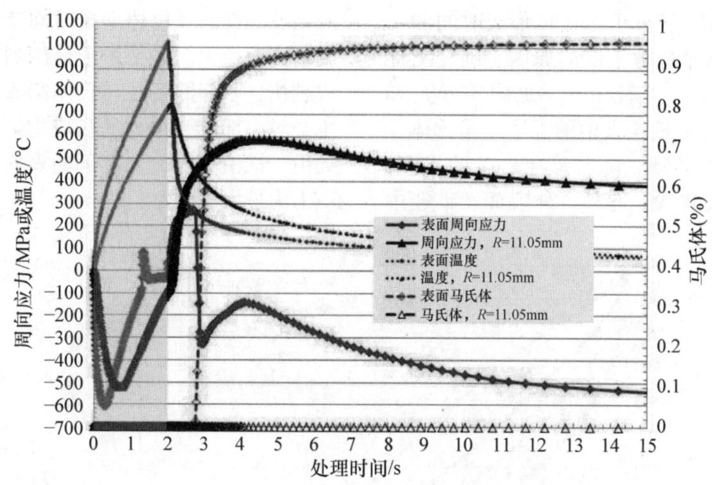

图 3-72　感应加热和淬火过程中，圆柱表面和距表面 1.65mm（0.065in）处的温度、周向应力和马氏体组织演变曲线

注：阴影区为加热阶段。

3.5.6　整体感应淬火的应力状态

对于完全奥氏体化的钢件（整体加热），由于淬火能力和合金钢的淬透性不同，淬火可以产生各种结果。

对于可硬化钢，合金含量足够可以使整个零件在标准喷液淬火和浸入淬火中转变为马氏体组织。一个简单的例子如一个直径为 25.4mm（1in）的 AISI 4340 圆柱合金钢，假设其整体温度均为 900℃（1650℉），因此在喷液淬火前为完全奥氏体组织。

对喷液淬火过程进行模拟，外表面换热系数范围为 5～25kW/m^2·K。这个换热系数范围包括了淬火油、水、强力水以及用于感应淬火的很多淬火冷却介质。在所有例子中，可硬化钢截面上的最终组织均为马氏体（见图 3-73）。然而，周向应力曲线（见图 3-74）表明残余应力状态有显著的不同。

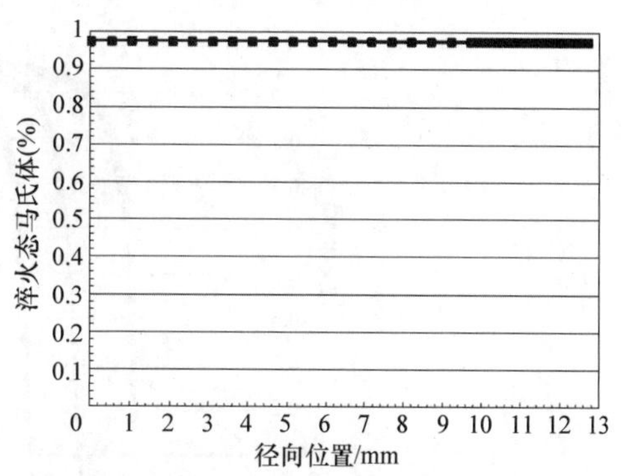

图 3-73　直径为 25mm 的 AISI 4340 合金钢圆柱在喷液淬火换热系数为 5～25kW/m^2·K 时感应淬火后的马氏体分布

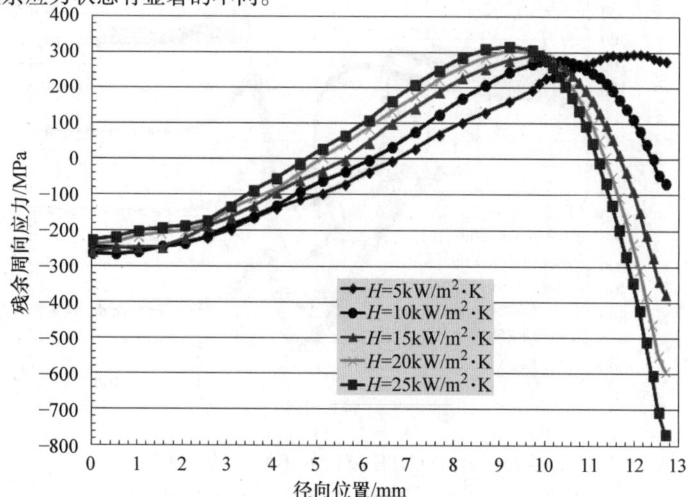

图 3-74　不同喷液淬火换热系数冷却后的残余周向应力

通过比较不同淬火速度下马氏体形成时间的不同，进而可以说明残余应力不同的原因。圆柱工件的外表面（见图3-75）、半径中点（见图3-76）和心部（见图3-77）在喷液淬火中的温度、马氏体含量以及周向应力曲线表明，随着淬冷烈度的提高，周向压应力的值也在增大。此外，外表面、半径中点以及心部的马氏体形成时间差异也随着淬冷烈度的提高而增大。这是由于淬冷烈度越高，马氏体形成越快，心部即使在马氏体膨胀结束后，其热收缩也会对心部产生很大的压应力。然而，在半径中点处由于抵消高淬冷烈度下的表面压应力，此处周向应力为最大拉应力。

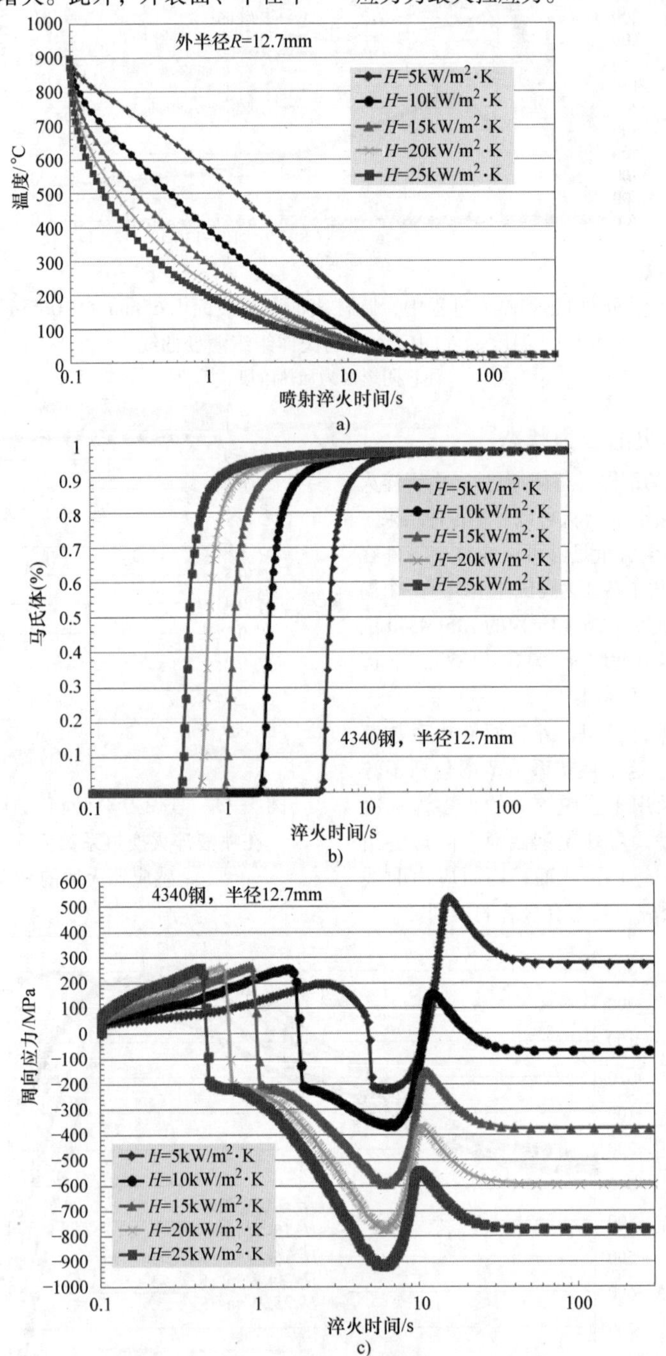

图3-75　用DANTE模拟的不同淬冷烈度下，圆柱表面上温度、马氏体及周向应力随时间的变化

a）温度随时间的变化　b）马氏体随时间的变化　c）周向应力随时间的变化

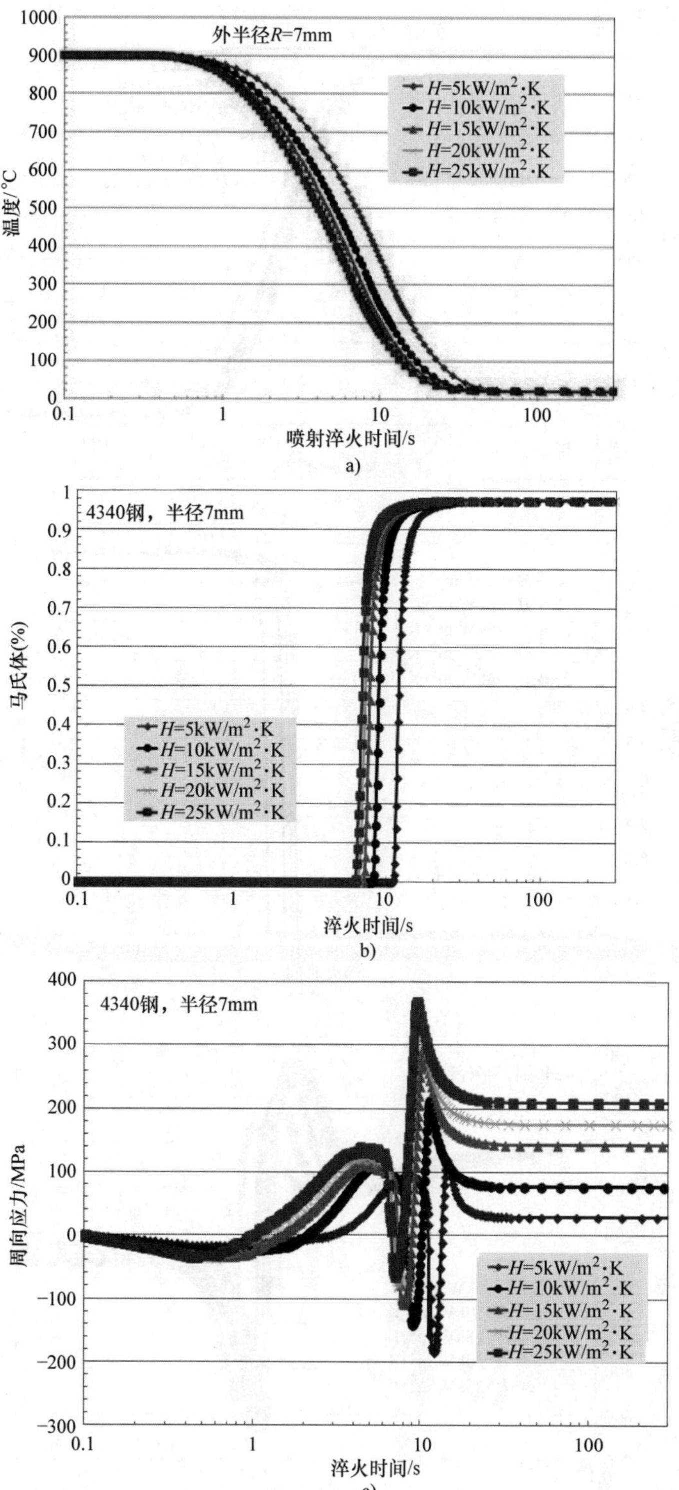

图 3-76 不同淬冷烈度下，圆柱截面上温度、马氏体及周向应力随时间的变化

a）温度随时间的变化 b）马氏体随时间的变化 c）周向应力随时间的变化

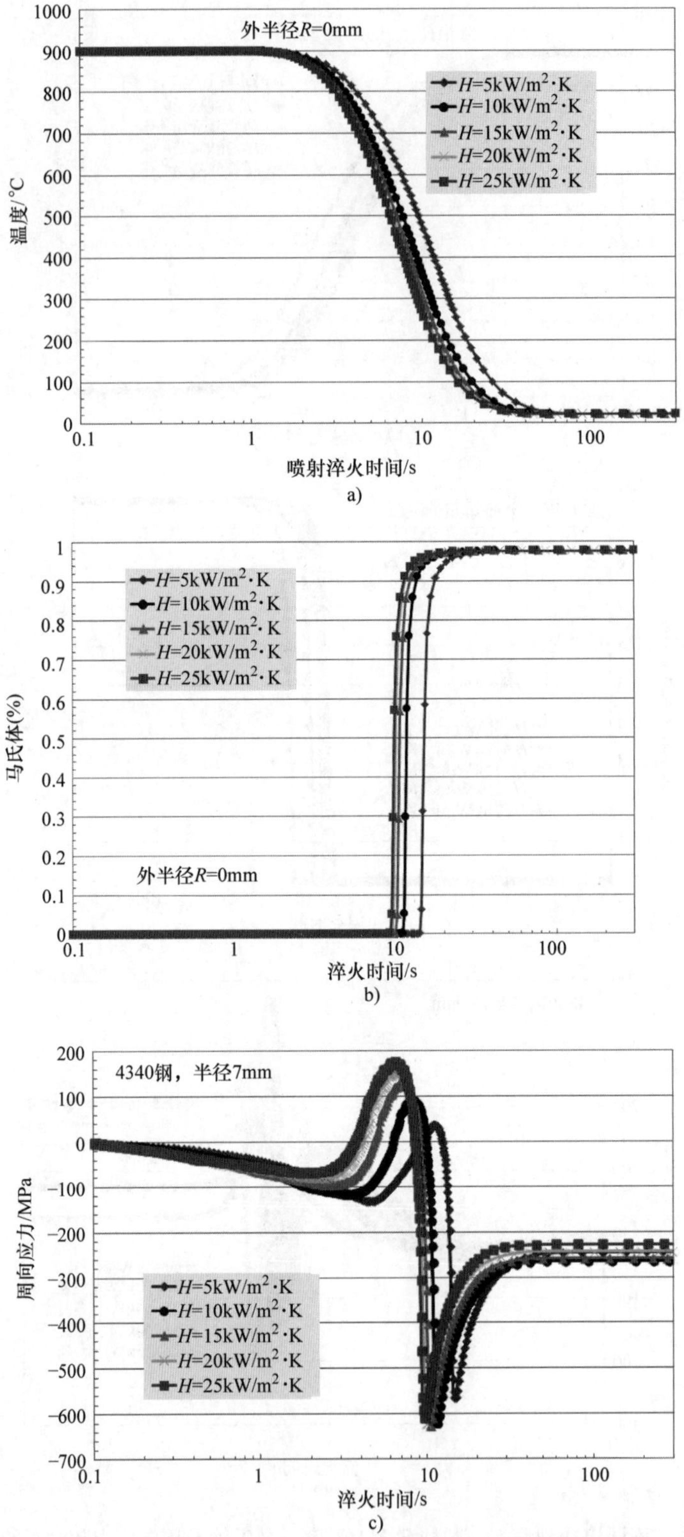

a)

b)

c)

图 3-77 用 DANTE 模拟的在不同淬冷烈度下，圆柱中线上温度、马氏体及周向应力随时间的变化

a）温度随时间的变化 b）马氏体随时间的变化 c）周向应力随时间的变化

当采用低合金钢来降低材料成本，也就意味着使用低淬透或限制淬透性钢。表 3-8 为两种限制淬透性钢的化学成分。优化后的 1050 碳钢锰含量较低，采用这种钢来说明模拟中的热处理响应。直径为 25mm（1in）的圆柱工件整体加热，然后喷液淬火，其他条件与之前的模拟例子相同。由于是限制淬透性钢，马氏体并不会在整个截面上都形成。即使在很高的冷却速度下，心部也通常为珠光体，并含有少量贝氏体及更少量的铁素体。图 3-78 所示为不同喷液淬冷烈度下，直径为 25mm（1in）AISI 1050 限制淬透性钢圆柱的马氏体分布，是在所研究的淬火强度下预测的最终马氏体含量，图 3-79 所示为喷液淬冷烈度为 25kW/m² · K 时，圆柱体内各相含量。最终的残余应力状态差异很大（见图 3-80）。

表 3-8　两种限制淬透性钢的化学成分

钢	化学成分（质量分数,%）							
	C	Mn	Cr	Ni	Si	Cu	S	P
60LH	0.55～0.63	0.1～0.2	<0.15	<0.25	0.1～0.3	<0.3	<0.04	<0.04
80LH	0.77～0.83	0.1～0.2	<0.25	<0.25	0.1～0.25	<0.3	<0.04	<0.04

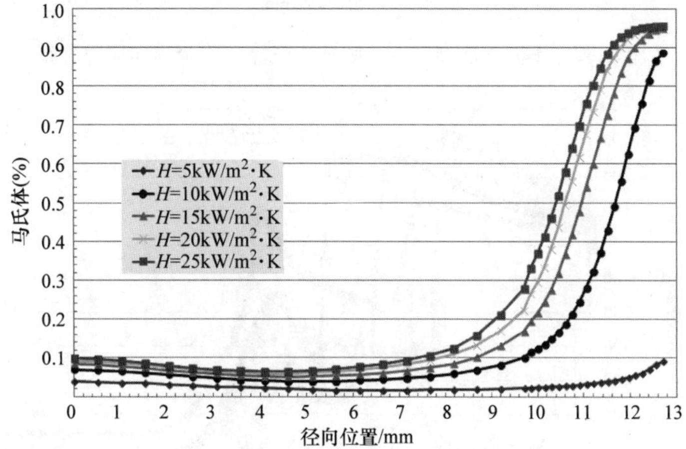

图 3-78　不同喷液淬冷烈度下，直径为 25mm（1in）AISI 1050 限制淬透性钢圆柱的马氏体分布

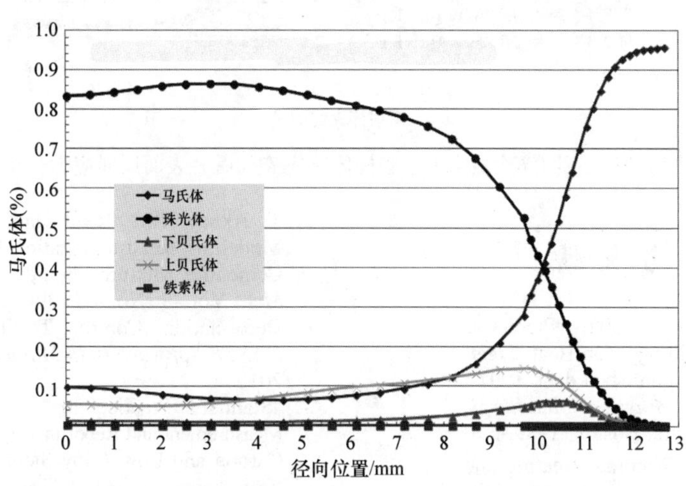

图 3-79　喷液淬冷烈度为 25kW/m² · K 时，圆柱体内各相含量

对于这种限制淬透性钢，即使在强度不高的淬火中也会形成明显的表面压应力。这是由于低淬透性钢心部不可能形成马氏体组织，而珠光体转变会伴随着比马氏体转变更低的体积膨胀，因此表面应力在淬火结束后仍然为压应力。此外还研究了在不同范围喷液淬火强度下，周向应力变化导致的表面压应力（见图 3-81）。

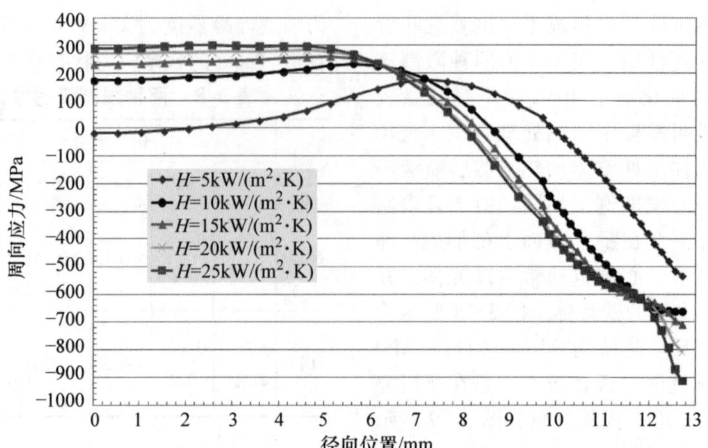

图 3-80　不同淬冷烈度下，圆柱感应淬火残余周向应力分布

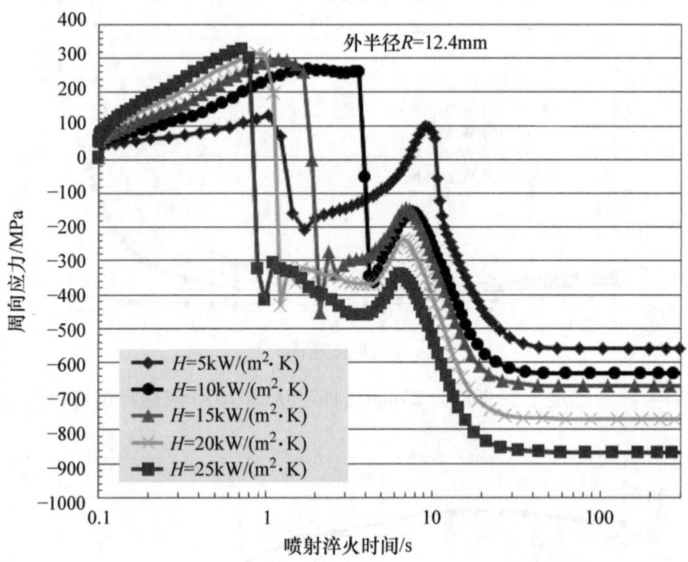

图 3-81　不同淬冷烈度下，圆柱体感应淬火后，表面周向应力分布

参考文献

1. NCMS Project No. 140302, "Predictive Model and Methodology for Heat Treatment Distortion", unpublished data, 1997
2. A.K. Sinha, *Ferrous Physical Metallurgy*, Butterworth Publishers, Boston, 1989, p 8
3. M. Melander and J. Nicolov, Heating and Cooling Transformation Diagrams for Rapid Heat Treatment of Two Alloy Steels, *J Heat Treating*, Vol 4 (No. 1), 1985, p 32–38,
4. P.A. Hassell and N.V. Ross, Induction Heat Treating of Steel, *Heat Treating*, Vol 4, *ASM Handbook*, ASM International, 1991, p 164–202
5. T. Akbay, R.C. Reed, and C. Atkinson, Modelling Reaustenitization From Ferrite/Cementite Mixtures in Fe-C Steels, *Acta Met.*, Vol 47 (No. 4), 1994, p 1469–1480
6. Deformation Control Technology, Inc., *DANTE Software Help Manual*, Cleveland, 2013
7. "Standard Practice for the Quantitative Measurement and Reporting of Hypoeutectoid Carbon and Low-Alloy Steel Phase Transformations," A1033, ASTM, 2004
8. L. Ferguson, et al., "Modeling Stress and Distortion of Full-Float Truck Axle during Induction Hardening Process," *HES-13*, Padua, Italy, May 2013
9. Flux 2D and 3D Software, Cedrat Technologies
10. NSG Electro-Thermal Analysis Software

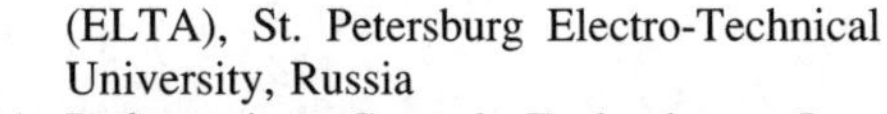

(ELTA), St. Petersburg Electro-Technical University, Russia
11. Deformation Control Technology, Inc., *DANTE User Manual,* Cleveland, 2011
12. V. Nemkov, et al., Stress and Distortion Evolution during Induction Case Hardening of a Tube, submitted to *JMEP*, 2011
13. V. Nemkov, et al., Stresses and Distortions during Scan Induction Case Hardening of Thick Tube, *XVII Congress UIE 2012 Proc.*, St. Petersburg, Russia, 2012, p 104–111
14. B.L. Ferguson, Z. Li, V. Nemkov, and R. Goldstein, Stress and Deformation during Induction Hardening of Tubular Products, *Proc. 6th Intl. Quenching and Control of Distortion Conf.*, ASM Heat Treating Soc., IFHTSE, and IWT, Sept 2012
15. V. Rudnev, Computer Modeling Helps Prevent Failures of Heat Treated Components, *Advanced Materials & Processes*, Oct 2011, p 28–33
16. W.E. Dowling, et al., Development of a Carburizing and Quenching Simulation Tool: Program Overview, *Proc. 2nd Intl. Conf. on Quenching and Control of Distortion*, eds. G. Totten, et al., ASM International, 1996, p 349–355
17. B.L. Ferguson, G.J. Petrus, and T. Pattok, "A Software Tool to Simulate Quenching of Alloy Steels", *3rd Intl. Conf. on Quenching and Control of Distortion*, ASM International, 1999, p 188–200
18. S. Brayman, A. Kuznetsov, et al., Contour Hardening Bevel, Hypoid and Pinion Gears, *Thermal Processing*, 2012, p 50–53

选择参考文献

- *Steel Heat Treating Fundamentals and Processes*, Vol 4A, *ASM Handbook*, ASM International, 2013
- C. Emmanuel Clouet, Modeling of Nucleation Processes, *Fundamentals of Modeling for Metals Processing*, Vol 22A, *ASM Handbook*, D.U. Furrer and S.L. Semiatin, eds., ASM International, 2009, p 203–219
- G.B. Olson and A. Saxena, Models for Martensitic Transformations, *Fundamentals of Modeling for Metals Processing*, Vol 22A, *ASM Handbook,* D.U. Furrer and S.L. Semiatin, eds., ASM International, 2009, p 191–202
- C. Shen and Y. Wang, Phase Field Microstructure Modeling, *Fundamentals of Modeling for Metals Processing*, Vol 22A, *ASM Handbook,* D.U. Furrer and S.L. Semiatin, eds., ASM International, 2009, p 297–311
- *ASM Handbook*, Volume 22A: *Fundamentals of Modeling for Metals Processing*, D.U. Furrer and S.L. Semiatin, Ed, ASM International, p 297–311, 2009
- P.M. Pauskar and R. Shivpuri, Simulation of Microstructural Evolution in Steels, *Fundamentals of Modeling for Metals Processing*, Vol 22A, *ASM Handbook,* D.U. Furrer and S.L. Semiatin, Ed, ASM International, 2009, p 491–509
- R.A. Wallis, Modeling of Quenching, Residual Stress Formation, and Quench Cracking, *Metals Process Simulation*, Vol 22B, *ASM Handbook,* D.U. Furrer and S.L. Semiatin, eds., ASM International, 2010, p 491–509
- V. Rudnev, Simulation of Induction Heat Treating, *Metals Process Simulation*, Vol 22B, *ASM Handbook,* D.U. Furrer and S.L. Semiatin, eds., ASM International, 2010, p 501–544
- M.T. Lusk, et al., On the Role of Kinematics in Constructing Predictive Models of Austenite Decomposition, *Austenite Formation and Decomposition*, E. Buddy Damm and M.J. Merwin, eds., ISS and TMS, 2003, p 311–331
- B.L. Ferguson, et al., Limited Hardenability Steels and Intensive Quenching, *2009 HTS Conf. Proc.*, ASM Heat Treating Soc., Materials Park, OH
- N.I. Kobasko, et al., Correlation Between Optimal Quenched Layer, Stress Distribution, and Chemical Composition for Low-Hardenability Steels, *New Aspects of Heat Transfer, Thermal Engineering and Environment*, WSEAS Press, 2008, p 543–550
- N. Kobasko, Optimized Quenched Layer for Receiving Optimal Stress Distributionj and Superstrengthened Material, 3rd WSEAS Intl. Conf. on Applied & Theoretical Mechanics, Spain, Dec 2007, p 168–174

第4章 感应加热成形

4.1 温成形与热成形

Chester J. Van Tyne, Colorado School of Mines

John Walters, Scientific Forming Technologies Corporation

金属的温成形和热成形能使关键材料加工成零部件的形状，且具有所需求的强度、韧性和塑性，并在各种环境下得到广泛应用。本章对多种可进行热成形和温成形的金属材料进行了研究，总结了各种金属体系热成形和温成形的特点，并描述了成形过程中的注意事项。对每一种材料体系的成形应用都进行了探讨，同时由于锻造是一种集合冷成形、温成形和热成形过程的综合性的金属成形工艺，因此将其作为本章的主要讨论对象。

本章讨论的金属体系包括钢、不锈钢、铝合金、钛合金、高温合金及铜合金。这些金属的温成形和热成形工艺能够生产小到几千克，大到 45000kg (100000lb) 的零部件。

4.1.1 普通碳素钢和低合金钢

钢是一种含有少量碳元素的铁基合金，同时添加一些其他合金元素来提高材料的各种性能，是用途最广的金属材料。钢是强度高的材料。钢的组成成分和微观组织范围非常宽广，因此选择某些钢种来满足所需的材料性能时，具有很大的选择性。低温时，钢的微观组织通常是铁素体和碳化物；高温时，钢的微观组织为奥氏体。不同的组织意味着不同的晶体结构，但更重要的是具有不同的材料性能。热成形和温成形是在奥氏体状态下进行的，而冷成形则是在铁素体状态下进行的。

钢通常由质量分数为 95% ~99% 的 Fe 和质量分数为 0.005% ~1.0% 的 C 组成。C 能够提高合金的强度和淬透性。钢中也会加入其他合金元素，这些元素对材料性能的影响包括：

1）Mn：提高热成形性能。

2）Cr 和 Mo：提高韧性和淬透性。

3）Ni：增加强度和韧性。

4）Si：主要作为脱氧剂，也能提高强度。

5）Al：脱氧剂。

钢中含有有害元素包括 P 和 S，虽然有时也会人工添加 S 来提高材料的切削性能。含 S 的钢通常较难进行锻造成形。另外一种有害元素为 Cu，随着从废料中生产的钢产量的提高，Cu 元素的含量也越来越高。在将废旧汽车转变成废料进行电弧炉炼钢时，汽车内部铜质电路并没有去除，过量的 Cu 会促使钢的热脆性倾向增大。

（1）应用　钢是一种应用非常广泛的优良结构材料。由于其在合理成本价内优异的强度、韧性、刚度及抗疲劳性能，钢是用于交通运输领域的主要材料。生产一辆典型的乘用车所需的钢材占整个车身总重的 50% 以上。大部分紧固件、工程机械和矿山设备、机床、大型构件的主要材料是钢。管材、铁路、农业设备、船舶、飞机起落架等也是采用钢材制造。最后，钢材也在从常规武器到航空母舰的军事国防领域发挥着中流砥柱的作用。

（2）成形温度　除了有良好的切削性外，钢还具有非常优秀的热成形性能。热成形会影响材料的力学性能，如塑性、冲击韧性、最终工件的疲劳寿命。这些力学性能的变化源于高温成形过程中材料偏析的消除、气孔的闭合和均匀化过程。热锻在减小晶粒尺寸的同时在工件中产生纤维状晶粒组织（如晶粒线性流动）。如果晶粒流向与裂纹方向垂直，晶粒流向就能阻碍裂纹的扩展，提高材料的抗冲击和抗疲劳性能。虽然锻钢具有更好的抗疲劳性能和韧性，但必须注意锻造对工件最终的硬度和抗拉强度的影响极小，材料的硬度和抗拉强度通常受控于成分选择和热处理。

热成形对钢来说是一种最常用的成形工艺。在高温阶段，钢的塑性好，同时其流变应力只有室温屈服强度的 10% ~20%。最初热成形温度的选择首先取决于钢的碳含量，合金元素的影响则小得多。碳含量或合金元素含量较高的钢，具有较低的最高允许的成形温度，因为其熔化温度较低。如果热成形温度过高，钢可能会产生过烧或初始晶界熔化现象。典型的热锻温度为 1175 ~1300℃，远低于钢的熔化温度（大于 1370℃），而热锻过程中的变形

（绝热条件）会产生局部加热。局部温度升高90℃或更高会导致工件局部熔化，这会严重降低材料的力学性能。

热成形的应变速度影响钢材抗变形的能力。较高的变形速度会产生更大的强度（流动应力），同时需要更大的力来产生变形。

有时也用温锻（815～980℃）来成形一些不同的钢种。温锻工艺能够减小加热所需的能源成本，同时也能减少表面氧化、锻造后冷却过程中的热收缩。温锻所需的压力载荷相比传统的热锻要大得多，这是因为在较低温度下进行锻造需要更大的流变应力。载荷的提高会缩短模具的寿命。温锻也能够产生较好的微观组织，使工件无需进行后续热处理工序。用于温锻的设备成本更高，因为设计时需要考虑设备要承受更大的应力。温锻工件最常见的是大型机械压力设备应用，如汽车动力传动系统组件。

冷成形通常在低于260℃的温度下进行。由于将材料温度升高100～200℃进行冷成形时得到的益处相比巨大的加热成本几乎可以忽略不计，因此通常在室温下进行冷成形。进行冷成形的工件必须相对较小，因为冷成形过程中的加工硬化会使材料的屈服强度显著增大，从而大大提高冷轧所需载荷。冷成形过程中的流变应力极大，并且当复杂的装配系统所需承受接触压强远高于690MPa时，设备的成本和复杂性呈指数性增长。冷成形工件通常冲压成形和用于较大机械挤压的场合，如紧固件、火花塞、轴承零件和手工工具。

（3）操作方法　对于小批量大型工件、镦锻、开式锻模及定制生产车间，钢坯的预热主要是采用燃气炉进行。对于大型工件，加热时间可能会超过30h。如此长的时间会使表面产生氧化皮，该氧化皮须在进行锻造之前去除，否则会造成表面光洁度较差。氧化皮可以通过镦锻或机械方法去除。在成形过程中，经常可以看到操作工人采用高压气体或高压水使大型锻件表面的氧化皮脱落。对于高质量的中小型锻坯（直径小于255mm），通常采用卧式感应加热设备进行加热，可以缩短加热时间、提高过程控制并显著减少氧化皮。电阻加热也是可行的，但使用相当少。

在热锻和温锻过程中，钢对环境温度的承受能力较强。在热锻过程中，通常需要在工装上采用润滑，最常用的润滑剂为石墨。在进行钢的锻造生产时，工具（模具）温度很少严格控制。当工件温度高达1285℃时，操作工具的预热温度却低于150℃的情况在锻造车间并不少见。对于大多数工件来说，钢对锻造成形条件的要求具有较宽的范围。

（4）合金钢的命名　钢的牌号通过合理的分类表进行分类。普通碳素钢通常表示为10××，××表示钢中碳的质量分数。例如，1050钢表示碳的质量分数为0.5%。15××仍然表示普通碳素钢，但其Mn的质量分数较高。40××表示含有Mo的合金钢。这几种钢相比普通碳素钢更容易淬硬，且能够得到更大的强度。CrMo钢表示为41××，NiCrMo钢表示为43××或86××，含Cr的钢可以表示为51××。以上这几种合金钢能够较容易地进行热锻成形。还有一些其他特殊的低合金钢，但这里列出的钢种均为最常用的钢牌号。

（5）冶金学问题　在通常情况下，可以通过合金化或热处理来提高钢的强度。有时也会在合金化的同时配合热处理，通过选择合适的钢种和热处理工艺，可得到优异的力学性能。

热成形后热处理工艺之一为淬火，淬火能够形成马氏体组织从而大大提高材料的强度，该强度为材料抵抗外在载荷的能力。通常在淬火后需要进行回火热处理，在不明显降低材料强度的同时提高材料的韧性。韧性是材料抵抗冲击开裂的能力。在大多数情况下，材料强度的提高会伴随着韧性的降低。先淬火后回火的两步热处理工艺能够使材料同时获得较好的强度和韧性。

可以通过晶粒细化提高钢的强度和韧性。事实上，生产细晶粒结构的材料也是提高材料强度和韧性的唯一方法。生产细晶粒材料通常需要在相对低温下进行成形（温成形），然后在略低于奥氏体转变温度下进行热处理，从而防止晶粒的过度长大。在略低于奥氏体化温度下进行多次循环加热（约3次以上）能够得到晶粒细小的产品。

另外一种提高材料强度的方法是增加钢的碳含量。相比碳含量低的钢，碳含量较高的钢具有更高的强度（但韧性较低）。添加的合金元素特别是能够形成碳化物的元素，如Cr、Mo、V、W能够提高材料的强度，但会增加额外的成本。

材料的强度还能够通过低温变形来提高（如低于260℃）。用于冷成形的设备强度必须高于待加工的材料，因为材料在变形过程中，强度得到了提高。

（6）成形后的处理　热处理能够协调和控制材料的强度和韧性。钢加热到奥氏体化温度以上，然后通过缓慢冷却可以得到铁素体和珠光体组织，这是一种较软的但适合冷成形的组织。这种缓慢冷却工艺生成包含铁素体和珠光体的正火组织。珠光体是铁素体和渗碳体的层片状混合物，其中碳化物层和铁素体层呈交替分布状态。碳化物层之间的间隙通常能够反射出像珍珠般闪耀的光，因此取名为珠光体。正火钢应用在塑性需求较高但是强度需求不大的场合。

从奥氏体状态进行淬火，可以得到马氏体组织。淬火介质可以采用水、油或聚合物淬火液。水能够提供最大的冷却速度，同时产生最剧烈的淬火条件。生成的马氏体组织强度较高，但缺乏韧性和塑性。钢在淬火过程中生成马氏体的能力称为淬透性，可以通过添加合金元素来提高钢的淬透性。

回火是一种通常在淬火后进行的低温热处理工艺。回火能生成回火马氏体组织，在强度降低很少的情况下，提高材料的韧性。这种通过先淬火再回火的工艺得到的钢为调质钢。调质钢应用于强度和塑性需求都较高的场合。调质钢的缺点是具有较高的成本，这主要是因为添加的合金元素含量高和复杂的热处理工艺都会增加生产成本。

大多数钢都具有机械切削性能，而最佳的机械切削状态为较软的球化组织。球化组织是一种铁素体基体上分布着粒状碳化物的微观组织。这种组织结构是通过在略低于奥氏体形成温度下长时间热处理而形成。如果在热处理过程中形成了球化组织，则通常需要进行后续热处理将工件中的球化组织转变成强度更高的其他组织。

可以在钢中添加 S 来提高材料的机械切削性能。也可以添加 Mn 来防止材料的热脆性，但硫化处理的钢在进行热成形时较为困难。

(7) 典型的物理性能 表 4-1 为普通碳素钢正火态的典型力学性能。当材料中碳的质量分数从 0.15% 增加到 0.80% 时，钢强度的增加超过 1 倍。相反地，钢的断后伸长率随着碳含量的增加而降低。

表 4-1 普通碳素钢正火态的典型力学性能

钢种	屈服强度/MPa	屈服强度/ksi	抗拉强度/MPa	抗拉强度/ksi	断后伸长率（%）
1015	306.8	44.5	413.6	60.0	37.5
1020	320.6	46.5	437.8	63.5	35.5
1022	330.9	48.0	472.2	68.5	34.0
1030	344.7	50.0	510.2	74.0	29.5
1040	368.8	53.5	596.3	86.5	28.0
1050	424.0	61.5	751.5	109.0	20.0
1060	419.8	60.9	779.1	113.0	18.0
1080	486.0	70.5	972.1	141.0	10.5

表 4-2 为调质钢的典型力学性能。普通碳素钢（如 1040）通过调质后，其屈服强度和抗拉强度相比正火态增大并不明显。为了使强度得到较大提高，需要在材料中添加合金元素。

表 4-2 调质钢的典型力学性能

钢种	屈服强度/MPa	屈服强度/ksi	抗拉强度/MPa	抗拉强度/ksi	断后伸长率（%）
1040	468.8	68.0	655.0	95.0	29.0
4140	799.7	116.0	965.3	140.0	17.5
4340	1103.1	160.0	1172.1	170.0	16.0
5140	689.4	100.0	882.5	128.0	19.5

尽管钢是一种非常优秀的结构材料，通常在较低温度（低于 535℃）下使用。长期在高温下使用时，会造成材料的过度回火，从而大大地降低钢的强度。其他的一些非铁合金则适合在高温下进行服役（如超级合金）。

钢并不是一种耐腐蚀的材料，在钢的表面会产生一种叫氧化铁的红色物质，通常称为铁锈。一旦铁锈层达到一定的厚度，工件会产生开裂或剥落，使得更多的基体材料暴露在空气中发生氧化，最终导致工件的进一步腐蚀。腐蚀性的服役环境也会降低工件的抗疲劳性能。如果工件在 H_2S 气体环境中承受载荷，会产生应力腐蚀开裂从而导致失效。在腐蚀环境中服役的钢制工件，通常会采用表面喷漆、电镀或涂覆来防止腐蚀失效的发生。采用合金元素，如 Si、Cr 及 Ni 等能够降低钢的腐蚀速度。因此，含有大量 Cr 和 Ni 的钢被称为不锈钢。

4.1.2 微合金锻钢

和其他所有钢一样，微合金钢也是一种铁基合金。在通常情况下，微合金钢是在普通碳素钢或低合金钢中添加少量的合金元素（如微合金），该元素为三种特殊元素中的一种。该种类型钢开发于 20 世纪 60 年代，主要用于钢板和管道。直到 20 世纪 80 年代，微合金钢工件才开始进行大批量的生产。

对于同样的微观组织，微合金钢相比低合金钢具有更高的强度和韧性。微合金钢虽然没有调质钢的强度和韧性，但其性能已经能够满足很多应用。微合金钢的主要优势是能够节约成本，因为其不需要进行热处理。微合金钢性能的控制主要依靠锻造工艺和后续冷却速度的控制，不需要进行奥氏体化、淬火、回火。

图 4-1 所示为典型的低合金钢和微合金钢的时间-温度工艺流程图，可以看到，低合金钢需要在锻造后进行淬火、回火和校直后的应力释放工序，在此过程中工件需要进行多次反复的加热。这种反复的加热过程将消耗巨大的能量和成本。相反，对于微合金钢，如果锻造工艺和冷却速度控制合理，可以不需要进行额外的热处理而直接使用，这将大大

地节约生产成本。

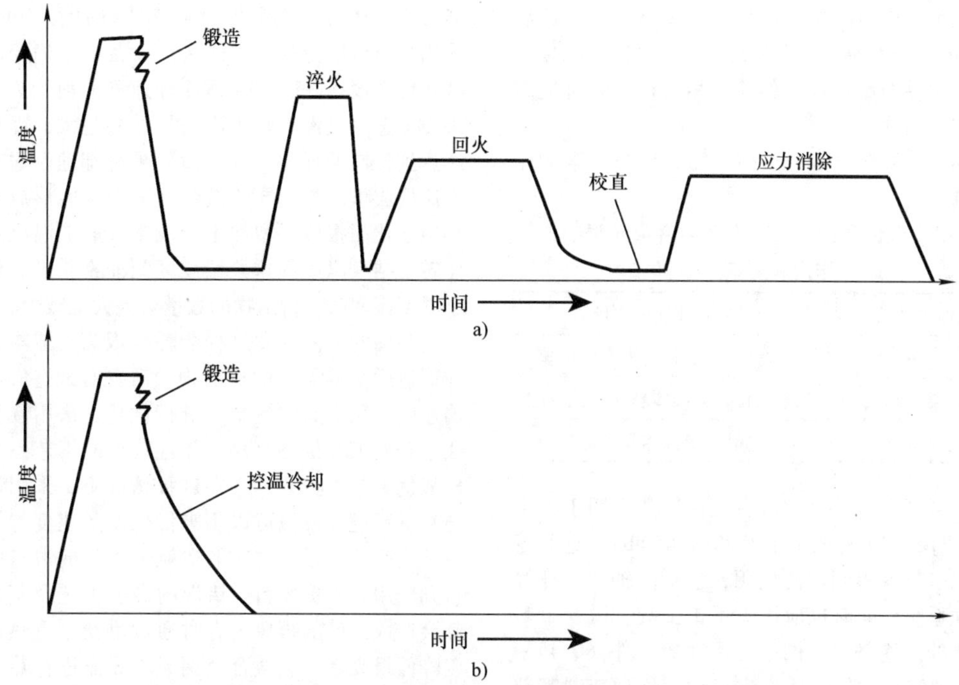

图 4-1　典型的低合金钢和微合金钢的时间-温度工艺流程图

a）低合金钢　b）微合金钢

微合金锻钢的含碳质量分数为 0.15% ~0.55%，同时含有质量分数为 0.6% ~1.65% 的 Mn、质量分数为 0.15% ~0.65% 的 Si。

微合金钢中需要添加的三种微量元素为 V、Nb（在美国也称为钶 Cb）和 Ti。大多数微合金钢为铁素体-珠光体组织，有些材料生产商也会在钢中添加少量的 Mo，使微合金钢在锻造后生成贝氏体组织。这些贝氏体微合金钢有时被称为第三代微合金钢。

钢中 V 的质量分数为 0.03% ~0.10%。V 在奥氏体相中的溶解度很高，因此将钢加热到锻造温度时，所有的 V 均扩散到奥氏体相中（类似于糖溶解到热水中）。当微合金钢经过锻造和后续的控温冷却时，V 会和 C 及 N 发生反应，生成钒碳氮化物，然后以颗粒状的形式从钢中析出。这种颗粒状析出物大大地提高了室温时微合金钢的强度。这种强化过程称为析出强化或弥散强化。均匀分布的颗粒状析出物为钒碳氮化物，也可表示为 V（CN），是纳米技术的一个范例。

V 的另外一个益处是，能够在钢中的 MnS 颗粒上形成钒碳氮化物。这种表面上具有 V（CN）的 MnS 颗粒能够使铁素体在奥氏体晶内形核，并最终存在于珠光体层片中。晶体内的铁素体组织能够使钢的韧性小幅增大。

Nb 或 Cb 在锻钢中并不常用，它主要用于高强度轧制板钢的微合金钢。锻钢中 Nb 的质量分数为 0.02% ~0.10%。Nb 在奥氏体中的溶解度受温度影响非常明显。在锻造温度较高时，大部分 Nb 会溶解到奥氏体中，而在冷却过程中，会类似于 V 以颗粒状析出。在锻造温度较低时，Nb 无法完全溶解。如果 Nb 能够在较低温度时以较细的析出物形式存在，则这种析出物能够对奥氏体产生晶界钉扎作用，防止奥氏体晶粒过度长大。如果奥氏体处于较细的晶粒状态，那么冷却过程中的相变产物（如铁素体、珠光体、贝氏体）也将拥有一个细的晶粒结构。细小的晶粒不仅能够提高材料的强度，同时也能提高韧性。这种晶粒细化是所知的唯一的能够同时提高材料强度和韧性的机制。其他所知的所有金属强化机制在提高材料的强度时，都会造成韧性的降低。在锻造车间控制这种 Nb 含量较高的析出物非常困难。相比添加 V 的微合金钢，添加 Nb 的微合金钢的锻造工艺要求更加严格。因此，虽然 Nb 的成本相对 V 更低，但 V 是生产微合金钢常用的合金元素。

Ti 是第三种用于微合金锻钢的主要微合金元素。锻钢中 Ti 的含量非常低，其质量分数为 0.01% ~0.02%。即使是在温度较高的情况下，Ti 在奥氏体中的溶解度也很低。Ti 在钢中随时会和任何形式的 N 发生反应，生成 TiN。这种 TiN 颗粒通常在钢厂时的凝固过程中生成。如果 TiN 析出物的分布状态较好，它们就能在加热和锻造过程中对奥氏体晶界起到钉扎作用，产生晶粒细小的奥氏体晶粒。与低温锻造的 Nb 微合金钢相似，晶粒细小的奥氏体在冷却过程中生成晶粒结构较好的其他相组织，同时提高钢的强度和韧性。

表4-3为微合金钢中三种主要微合金元素的作用和影响。

表4-3　微合金钢中三种主要微合金元素的作用和影响

元素	奥氏体中的溶解度	碳氮析出物的影响
V	高	弥散强化，晶粒内铁素体形核
Nb	与温度相关	弥散强化，奥氏体晶界钉扎效应
Ti	低	阻碍再结晶，奥氏体晶界钉扎效应

（1）应用　微合金钢锻造工件通常应用于大中批量的零件，零部件质量小于 20kg（50lb）。这些零部件在汽车行业得到广泛应用，包括曲轴、连杆等动力传动系统，同时也应用于手工工具。微合金锻钢最主要的用途是量大的中等尺寸的工件（0.45～4.5kg），这种尺寸较为适合汽车动力传动装置零部件。对于无须锻造的产品，微合金钢在高强度钢板、高强度钢管及船舶、汽车和货车等结构件方面应用非常广泛。在美国，微合金锻钢在汽车行业的应用已经落后于日本和欧洲。这种落后不是因为材料技术方面的局限性，而主要是因为美国的汽车企业不愿意去解决潜在的法律方面的问题。从这种材料最开始发明到 20 世纪 90 年代，微合金锻钢一直都被列为试验等级材料。虽然该种材料已经被证明性能十分优秀，美国的汽车企业均不愿意采用试验阶段的材料进行批量生产。直到 1992 年，它们才被正式命名为 ASTM－909，不再属于试验类别。

（2）微合金钢锻造注意事项　当不添加微合金元素时，微合金钢的热锻温度与普通碳素钢及低合金钢一致。有些企业已经成功采用微合金钢进行温锻（锻造温度约为 980℃或更低）来生产高质量的产品。相比没有微合金化的钢种，微合金钢的锻造载荷略大。而当采用温锻时，其锻造载荷会显著增大。事实上，所有的工件都是通过感应加热来升温，因为感应加热具有更高的生产率并且能够适应中小型的工件尺寸。

相比需要进行热处理的常规锻造工艺，微合金钢锻造具有更高的工艺控制要求。除了在感应加热生产线对钢坯加热时需要进行温度控制外，微合金钢锻造更严格的产品控制是工件在锻压后的控温冷却。为了获得尺寸合适和分布均匀的析出物，冷却速度必须大于自然冷却，但又必须低于油淬或水淬的冷却速度。正确的冷却速度需严格控制以获得性能最好的微合金钢锻件，尤其是添加了 V 的工件。采用带有风扇冷却的带式传送设备或精确控制的喷雾式传送设备是获得合适冷却速度的典型方式。如果冷却速度过慢，则析出物尺寸会过大，以至于无法达到最佳的强化效果。而如果冷却速度过快，则无法形成析出物，导致微合金钢中不能形成有效的析出强化而报废，增加生产成本。锻造温度到奥氏体转变结束温度的这段温度区间非常重要，低于这个温度区间时，析出物的数量会大大地减少。

初期的工艺开发过程会耗费很高的成本，为了在锻造后获得需要的析出物，需要对锻造温度、传输速度、风扇的传热系数进行优化。采用逐步逼近法来开发工艺价格高昂，并且获得的工艺参数往往比最优工艺参数要差。在这种情况下，采用计算机仿真进行过程模拟可以用来优化冷却速度与热传导系数之间的关系，这在航空航天设备的锻造中已经得到应用。不良坯料、错误的锻造工艺及其他问题都会造成工件的报废。有时通过重新进行热处理可以降低报废率，但微合金钢原本无需进行热处理的优势恰恰被这种返工所掩盖。通过工艺控制来生产最佳的微合金锻件，其要求类似于航天航空合金。微合金钢的锻造工艺需要严格设计，不能通过简单的加热和锻打来进行生产。

（3）特别注意　微合金钢工件的一个严重问题是，经过锻造后更难进行机械加工。研究表明，微合金钢的机械加工与普通碳素钢和低合金钢不同。机械加工设备采用相同的进给速度、加工速度和切削深度时，相比无微合金元素的钢，微合金钢加工时的刀具磨损更快。为了使刀具具有相同的耐用度，加工设备的工艺参数需要进行调整。

4.1.3　不锈钢

和其他钢种一样，不锈钢也是铁基合金。之所以将它们列为特殊的一类钢种，是因为它们具有更高的合金含量和相对于普通碳素钢、低合金钢具有特殊的材料性能。钢如其名，“不锈”表示这种类型的钢具有很好的耐蚀性。这种耐蚀性主要源于在金属表面形成了一层氧化铬薄膜。该层氧化铬薄膜较薄，但能够防止基体像其他铁基合金那样从表面开始腐蚀。总体来说，不锈钢具有相当高的强度和相对好的塑性。

（1）化学成分和牌号　不锈钢中 Fe 的质量分数为 55%～90%，Cr 的质量分数为 10%～28%。通常也会在不锈钢中添加质量分数为 0～22% 的 Ni。由于 Ni 的成本比较高，因此含 Ni 的不锈钢价格也比较高。这些不锈钢中的 C 含量通常较低，事实上，有些不锈钢在命名时在牌号后面加一个“L”，表示其碳含量非常低。较低的碳含量使得这种合金具有良好的焊接性。此外，不锈钢中还含有质量分数为1% ~2% 的 Mn。

目前，有 4 种基本型不锈钢：奥氏体型不锈钢、铁素体型不锈钢、马氏体型不锈钢和沉淀硬化型不锈钢。这种分类是基于不锈钢基体材料的微观组织。200 系和 300 系不锈钢为奥氏体型不锈钢，其微观组织为面心立方结构（如奥氏体）。奥氏体型不锈钢同时拥有高的强度和塑性。奥氏体型不锈钢中需要添加 Ni，因此其价格也较高。有些 400 系不锈钢是铁素体型不锈钢，也有一些是马氏体型不锈钢。铁素体型不锈钢的微观组织为体心立方结构（如铁素体）。铁素体型不锈钢不具有奥氏体型不锈钢较高的强度和韧性。500 系的不锈钢为马氏体型不锈钢，马氏体型不锈钢具有最高的强度，但其韧性和塑性也最低。马氏体型不锈钢中的碳质量分数能达到 1.2%，并且碳含量越高，强度越大。沉淀硬化型不锈钢为 PH 级。PH 级钢需要在锻造后进行特殊的热处理来形成析出物，从而提高最终产品的强度。因此，这种类型不锈钢的服役温度也更加严格受限。

与普通碳素钢及低合金钢不同的是，铁素体型不锈钢和奥氏体型不锈钢在冷却过程中不会发生相变。铁素体型不锈钢在高温成形时为铁素体，并且在冷却过程中仍然为铁素体组织。同样地，奥氏体型不锈钢在高温成形和冷却过程中也都是奥氏体组织。相反地，马氏体型不锈钢在高温成形时为奥氏体组织，而在淬火过程中转变成高强度的马氏体组织。有些奥氏体型不锈钢在室温时是亚稳态的，如果在室温时使其发生变形（如冷成形），奥氏体组织将会转变成马氏体组织。这个相变过程会造成局部强度的提高，但是极难调控。

在服役过程中，不锈钢工件通常能够承受高达 425℃的温度。这是因为不锈钢为单相组织，在相对温度较高时，不会产生明显的微观组织转变。

（2）应用　不锈钢材料常用于阀门、螺钉、轴、厨房设备及食品工业。由于不锈钢具有优秀的耐蚀性，因此此类材料非常适合应用于以上场合。在恶劣的腐蚀性环境中，如炼油、化工、采矿及钻探机械等，普通碳素钢和低合金钢零部件非常容易出现腐蚀失效，而采用不锈钢工件可以避免这种情况的发生。另外一种有时被忽视的腐蚀环境是人体，医疗设备和部分植入性的生物材料也是采用不锈钢制造。不锈钢在人体中不容易发生腐蚀降解，这种特性非常适合用来制作辅助骨骼愈合的板材和螺钉。马氏体型不锈钢，如 410 不锈钢，在紧固件、泵、阀门、蒸汽系统及陆用燃气轮机系统等领域应用十分广泛，因其相对于普通奥氏体型不锈钢具有更高的强度。

（3）不锈钢的高温成形　根据不锈钢种类的不同，其热成形温度范围为 925 ~ 1260℃。

不锈钢的热成形性能总体上是合理的。相比碳素钢和低合金钢，由于 Cr 和 Ni 提高了材料 50% ~100% 的流变应力，不锈钢热成形需要更大的变形载荷和能量。而由于其抗变形能力低于镍基高温合金，因此不锈钢高温锻造设备的尺寸有一定的局限性。除此之外，高的 Cr 含量和 Ni 含量使得不锈钢具有更高的强度，而不锈钢的锻造温度又受限于其略低于低碳钢的熔化温度。由于不锈钢具有更高的流变应力和更低的热传导率，其热成形温度要高于普通碳素钢和低合金钢。因此，锻造过程中的过热危险不可忽视。有些型号的不锈钢在热锻过程中会发生加工硬化（变形导致强度升高），这一点与其他合金钢完全不同。室温时，几乎所有的金属都会发生加工硬化，而不锈钢比其他大多数合金更容易发生加工硬化。

过热现象会造成不锈钢发生韧性断裂（热脆性）或服役过程中的微观结构问题。如果奥氏体型不锈钢在锻造过程中温度过高，会形成一种称为 δ 铁素体的有害组织，这不仅会降低材料的性能，还会影响材料的可锻性。在任何情况下，不锈钢都对热成形温度非常敏感。

相比普通碳素钢和低合金钢，不锈钢对应变速度更加敏感。变形速度也会影响金属高温阶段的流动性。因此，在填充模具遇到困难时，降低冲压速度可能有利于达到期望的填充效果。

与普通合金钢不同，不锈钢表面产生的氧化皮薄且致密。在某些车间，工件表面会涂覆一层润滑油，这种润滑油能够减小摩擦与表面剥离，起表面氧化阻滞剂的作用。

不锈钢的加热通常在燃气炉中进行，这是因为奥氏体型不锈钢具有非铁磁性，采用感应加热的效率极低。

（4）微观组织　与普通碳素钢和低合金钢不同，大多数不锈钢的微观组织通常为单一相组织。单一相成分的材料微观组织中仅仅显示晶界。同时，由于大多数不锈钢为单一相金属，其晶粒尺寸需要进行严格控制。与普通碳素钢和低合金钢不同，合适的材料性能通常必须通过热成形过程获得，而不是后续的热处理工艺。为了获得细小的晶粒尺寸，需要精确控制热成形温度，成形后的冷却过程也必须严格遵循规范。

（5）特别注意　有些不锈钢在完成热成形之后可以通过加热到925～1090℃进行软化或退火。这种工艺能够提高工件的塑性，并降低抗拉强度。

有些奥氏体型不锈钢会产生敏化。敏化是指不锈钢在服役过程中对晶间腐蚀较为敏感。为了避免敏化的发生，在敏化温度925℃以上使用时，需要完全快速冷却到480℃以下。这种快速冷却能够阻碍富铬析出物的产生，使得晶界处Cr含量降低，产生腐蚀倾向。

4.1.4　铝合金

铝合金锻件是在铝金属中加入少量的其他能够增强工件性能的合金元素。铝合金锻件通常为大批量生产，其主要应用于汽车及航空航天领域。

（1）化学成分和牌号　铝合金锻件中的主要元素为Al，同时添加了其他合金元素来提高合金的性能。Cu的质量分数为0.1%～5.0%。Cu和Al形成一种金属化合物，并在进行合适的热处理时产生细化的析出物，这种析出物使得合金具有更高的强度。以Cu为主要合金元素的铝合金牌号有2014、2025、2219、2618。对于2000系铝合金，有时会添加Mg来提高合金热处理后的强度。同时，Mg也是5083铝合金的主要合金元素，它能够在不影响塑性的前提下提高合金的强度。6061铝合金的主要合金元素成分为质量分数1%左右的Mg，质量分数0.75%左右的Si、质量分数0.3%左右的Cu。这三种合金元素的配比使铝合金在经过热处理后能够达到适当的强度。6061铝合金是可锻性最好的铝合金，在锻造温度下，其具有相对较低的流变强度，能够较容易地填满模具。常用的可锻铝合金为7×××系列，主要为7010、7039、7049、7050、7075、7079。这些铝合金均是采用了质量分数为5%～8%的Zn和少量的Cu和Mg。合金成分中也会含有少量的Cr和Mn。这些7×××系列铝合金，如果经过合适的热处理，可以达到工业商品级的要求，获得所有锻造铝合金中最高的强度等级。

铝合金的牌号后面通常会有一个附加的标号，称为状态代号。这个代号一般是一个字母加一个数字的组合。例如，一种常用的铝合金为6061-T6，其中T6就是状态代号。最常用的代号有：O代表退火，H代表应变强化，T代表固溶处理。获得这些状态的工艺过程通常在热成形后进行。退火状态的铝合金是强度最低的合金。大多数锻造铝合金在锻后都没有加工硬化（如冷作），因此H代号在锻造铝合金中不常用到。铝合金中最常用到的状态代号为T4（固溶处理和自然时效）、T5（高温锻造后冷却和人工时效）、T6（固溶处理和人工时效）。

（2）微观组织　锻造铝合金的微观组织是一种典型的有色金属组织。观察到的组织通常为一种等轴晶粒结构，同时在低放大倍数下能够看到少量粗大析出物。通过合适的热处理后，采用高放大倍数的电子显微镜能够在微观组织中观察到细小的析出相。这些细小的析出相能够增强铝合金的强度。随着析出相的增大，析出相的数量会减少，并伴随着铝合金强度的降低，这种强度的降低称为过时效。时效处理就像存酒，存放的时间有一个最优值，超过这个最优值，酒的质量就会下降。

（3）应用　铝合金零件应用范围非常广泛，尤其是在对重量敏感的领域。铝的密度只有钢的1/3，然而其强度却达到钢的一半以上，因此，铝合金具有更高的比强度。归因于油耗标准，锻造铝合金在汽车零部件中的使用越来越多，铝合金在飞机上的应用也非常广泛。此外，铝合金在运动器材方面的应用也非常普遍，如自行车、赛艇、徒步旅行器材。铝合金在轻量级消费品中十分常见，比如学步车、轮椅、手推车。铝合金的一个重大缺陷是，其强度在温度达到205℃后开始降低，因此并不适合在高温环境中应用。

（4）铝合金的热成形　由于其具有较低的熔化温度，相比其他常见的金属，铝合金通常会在相当低的温度下进行热成形。铝合金较小的密度也使其具有更小的比热容，因此为了避免工件的温度快速降低，保持一定的模具温度非常有必要。模具温度通常为工件的温度或接近该温度。幸运的是，大多数工具钢在进行铝合金等温锻造时并不会产生回火。铝合金典型的热成形温度范围是410～470℃。具体的变形温度取决于铝合金的合金成分。铝合金的流动行为包括高应变下的软化现象，导致产生局部塑性流动。可以通过等温和低速压力锻造将铝合金加工成各种形状，这种锻造方式有时称为精密锻造。

大多数用来锻造的坯料需先进行某些变形加工（如开坯、轧制或挤压加工）来破碎初始的铸造晶粒结构。对于铝合金，连铸坯更为常见。当需要更均匀化的微观组织时，连铸坯要进行均质化处理。在铸坯中会存在一些小孔，这些小孔必须通过热成形修复。当然有时也会用到挤压和锻造坯料。坯料主要采用带锯进行切割。不会采用砂轮机对铝合金进行切割，因为铝合金具有较高的塑性和较低的熔点。

大部分坯料是通过燃气炉或电阻炉加热后进行锻造，铝合金的熔点相比其他常见金属要低得多，由于其相对较低的锻造温度，对流是铝合金锻造过程中主要的热传导模式。热辐射是锻造温度超过815℃的金属的主要热传导模式。因为铝是非铁磁材料，极少用到感应加热。

由于铝合金的应变速度敏感性较高，因此其锻造载荷主要是采用液压，而锻锤和机械压力则极少使用。冲压速度通常最小能达到 2.54cm/s，或更小。热作模具，包括等温锻模具，都采用普通模具。大多数情况下，模具温度在 120℃（工件温度）以内。对于精密锻造，等温成形和较低的应变速度应作为准则。铝合金采用锻锤进行锻造时，需格外小心。因为采用锻锤时变形速度较大，所以采用锻锤时较易产生热脆性。在过去几十年，润滑剂也得到了长足的发展，早期的含铅润滑剂早在 20 世纪 80 年代被淘汰。如今，油基润滑剂已经被水基润滑剂和合成润滑剂所取代。由于铝合金极易磨损（如黏附在模具上），锻造过程中的润滑剂也是一个重要因素。

相比其他金属，铝合金具有更低的流变应力和更好的塑性，因此能够锻造成复杂的形状。铝合金锻造存在的潜在缺陷包括折叠缺陷、磨损、局部塑性流动、局部填充不足等。局部塑性流动会引起折叠或裂纹。很多高产量铝合金工件在精密锻造后不存在缺陷。小批量工件（主要是航空航天领域）在进行精密模锻后，会移出打磨掉其缺陷并采用相同模具将其整形成需要的尺寸。这种加工顺序对于其他合金来说无法实施，因为会产生氧化皮或晶粒长大。

锻造后，大批量生产的工件（汽车行业）会立即在自动生产线上进行在线热处理。对于一次性使用的工件（航空航天领域），采用空冷即可。对于特殊的应用，可以采用整形进行锻后冷成形来控制工件尺寸和残余应力。

（5）特别注意　总的来说，铝合金可以通过两种机制进行强化：加工硬化或析出强化。温室时铝合金发生变形，会产生加工硬化，即通过变形来提高铝合金的强度。对于大多数热锻工件，在成形成特定形状后，不会再产生较大的变形。因此，加工硬化并不是一种针对铝合金锻件热成形后的强化手段。第二种强化机制，即析出强化机制，能够适用于几乎所有的商用锻造合金。为了采用这种方式得到更高的强度，需要一套多步的热处理工艺。第一步为固溶处理，即将合金加热到熔点以下的一个较高温度。在固溶处理过程中，大量合金元素（如 Cu）溶解到 Al 中，形成固溶体。第二步是在高温时进行淬火，淬火通常在水中进行。由于铝合金并不像碳钢容易产生淬火开裂，因此淬火程度并不存在问题。在淬火过程中，第一步生成的固溶体保留到室温。热处理的第三步为时效处理。很多合金会产生自然时效，发生自然时效时，铝合金的强度随着时间增加而增大。当合金达到最大强度后，如果时效处理进一步进行，合金会进入过时效状态，同时其强度将会慢慢降低。有些合金在服役前，会在低于室温条件下进行自然时效处理。最常见的时效处理为人工时效，即将淬火后的工件加热到一个中间温度，随着时间的增加其强度会增大。如果合金在该温度下的时间过长，会产生过时效。无论是自然时效还是人工时效，铝合金强度的提高都是源于固溶体中形成了细小的析出物。这些析出物的形成是由于原子在金属中产生扩散，与其他原子发生反应形成化合物并析出。关于析出强化有一个很有趣的故事，铝合金的析出强化是德国人 Alfred Wilm 于 1902 年发现的。他想看看铝合金是否可以像钢那样通过淬火来提高强度。星期五他做了第一次试验，发现铝合金在淬火后强度降低，让他感到非常沮丧。紧接着他在星期一重新做了测试，惊奇地发现铝合金的强度得到了极大的提高，从而发明了自然时效。

4.1.5　钛合金

Ti 是钛合金中的主要元素，但同时钛合金中还含有大量其他合金元素。这些合金元素的添加是因为各种各样的冶金学原因。钛合金的强度通常能够和钢相当，但其优点是只有钢质量的 60% 左右。钛合金较低的密度使其能够应用到以质量轻为优势的领域中。与 Fe 类似，纯 Ti 具有两种固态晶粒结构。低温时，Ti 的晶相称为 α 相，且其具有六方紧密堆积结构。高温时 Ti 的晶相称为 β 相，其为体心立方结构。组织完全转变成 β 相时的温度称为 β 相转变温度。随着添加的合金元素的不同，钛合金 β 相的转变温度范围为 675～1050℃。

（1）化学成分和牌号　锻造钛合金中 Ti 的质量分数为 70%～100%。添加到钛合金中的主要合金元素及它们对材料性能的影响包括：

1）Al，质量分数为 0～6%：使 α 相更稳定。

2）Sn，质量分数为 0～6%：使 α 相更稳定。

3）V，质量分数为 0～13%：使 β 相更稳定。

4）Mo，质量分数为 0～11%：使 β 相更稳定。

5）Cr，质量分数为 0～11%：使 β 相更稳定。

上述所有合金元素，只有 Al 能够降低钛合金的密度，其他所有元素都会引起合金密度的提高，同时因为使用时质量的增加而小幅度提高成本。

纯钛的 β 相转变温度是 910℃。使 α 相更稳定的合金元素会提高 β 相的转变温度，而使 β 相更稳定的合金元素会降低 β 相的转变温度。

钛合金主要分为三类：α 型钛合金、β 型钛合金、α + β 型钛合金。每一种类型的钛合金都需要特殊热成形温度和工艺条件。

最常用的钛合金主要为α型的工业纯钛（Ti-CP）、质量分数为6% Al和质量分数为4% V的α+β型钛合金（Ti-6Al-4V或Ti-6-4）。与钢和铝合金不同，钛合金没有系统性的牌号。钛合金经常表示为Ti-加上一串数字的形式，数字表示不同合金元素的质量分数。例如，Ti-13-11-3表示Ti中含有质量分数为13%的V，质量分数为11%的Cr、质量分数为3%的Al，为β型钛合金，其β相转变温度为675℃。

（2）微观组织　很多钛合金的微观组织为α相和β相的混合组织。热成形温度和随后的冷却过程对这两种组织的分布形态有较大影响。不同的成形条件会产生不同的微观组织，导致最终的工件具有不同的性能。

（3）应用　Ti是一种综合性能非常优秀的材料，包括高强度、低密度、耐蚀性、相当高的工作温度。锻造钛合金在航空航天领域应用十分广泛。钛合金较高的比强度能够让结构受益。由于钛合金能够在超过425℃的温度下工作，因此在涡轮发动机的风扇和压缩机上使用了大量的钛合金。钛合金可以应用在生物医用、能源行业，例如心脏瓣膜和深海钻探阀门和水管。相对于碳钢来讲，在较低质量时具有较高的强度，使钛合金十分适合应用在这些领域。钛合金零件也可应用于医疗行业的假肢器官，例如全膝关节置换术和外科紧固装置（螺钉和固定针），因其具有良好的耐蚀性及与人体骨骼接近的模量。由于其较高的比强度，钛合金也会应用在高性能运动器材上，昂贵的高尔夫球杆上的钛合金球头，高端自行车也会有大量的钛合金组件。

（4）钛合金的热成形　总体来说，相对于α+β型和α型钛合金，β型钛合金更容易成形。开坯的初始成形温度要高于中间成形温度，而中间成形温度要高于成形结束温度。所谓传统的锻造在β相转变温度以下进行，通常在钛合金的α+β相区间。β锻造在β相转变温度以上进行。

相对于碳钢和铝合金，钛合金的热成形工艺具有更大的挑战，因为其需要进行更严格的工艺控制。为了获得更好的加工性能、生成具有服役所需力学性能的微观组织，成形温度的控制非常重要。温度控制不局限于炉子温度的设定，还要考虑隔热、模具、环境中的热量损耗。Ti在温度较高以及应变速度较大时，能够迅速变得非常柔软，导致（有时较严重）局部塑性流动。这种类型的缺陷会造成金属折叠，甚至是锻造开裂。因此，钛合金的锻造通常是采用液压机或螺旋压力机，以获得较低的应变速度。采用锻锤锻造时需要格外注意，在大多数重要应用中并不常用。

由于其较低的比热容和较低的密度，相比钢来说，钛合金的热量更容易传输到温度较低的模具和环境中去。因此，最佳的做法是采用热模具或进行等温锻造。这种锻造工艺虽然成本较高，但是能生产高价值、材料性能更好的产品。热模锻和等温锻能够使工件在锻造后与最终产品尺寸更接近，从而降低机械加工成本并减少昂贵材料的浪费。

钛合金锻造时，模具的损耗非常快，尤其是近净成形。

当温度在590℃以上在空气中进行锻造时，钛合金的表面会形成氧化皮，并且氧原子能够扩散到工件中去。该表面称为α层，表面的氧化皮需要在工件投入使用前去除。对很多钛合金来说，α层具有较低的塑性，并且伴随着中度-重度的表面开裂。很多商业的表面涂料可以用来辅助表面润滑，同时产生隔氧层。控制表面涂层的工艺包括预热和表面清洁，需要慎重考虑，否则表面涂层将失效。

（5）钛合金的生产工艺　需要注意的是，无论是α+β型钛合金还是β型钛合金，都可以在锻造后通过热处理来获得各种各样的强度。热处理工艺为两步法。首先是初始的高温固溶处理，以获得β相。第二步是低温处理以获得α相和β相的混合组织。这第二步也称为分级时效。钛合金的热处理工艺类似于铝合金，但钛合金的热处理温度更高。

钛合金零部件的价格非常昂贵。首先是原材料较贵，同时在生产适合用于后续变形加工的坯料时需要大量的能源和精细的工艺。由于热成形过程需要进行精密控制，其成本也相对较高。此外，钛合金的机械加工成本相对于铝合金也要高出1~2个数量级。

在热成形过程中，机械加工过程中刀具的磨损也是一个问题。机械加工过程中产生的热量要高于热传导的热量，因此通常需要采用快速冷却剂。其他机械加工过程中的问题，包括化学反应、脆性的α层、切削刀具的热量累积及高温刀具与工件表面的反应，所有的这些都会造成更高的加工成本。

4.1.6 高温合金

虽然已经发明了钴基和铁基高温合金，但大多数高温合金主要为镍基合金，并在基体金属中加入大量的其他合金元素。高温合金的体系非常复杂，通常在基体金属中存在各种各样的第二相颗粒。之所以称为高温合金，是因为它们通常应用在高强度和高温度要求的重要设备中，温度经常高于535℃。在最终使用时，高温合金零件具有很高的蠕变断裂强度和良好的抗氧化性，因此它们非常适合在高温

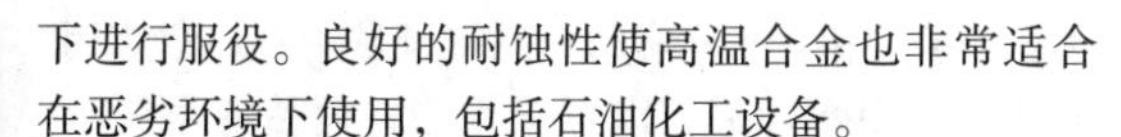

下进行服役。良好的耐蚀性使高温合金也非常适合在恶劣环境下使用，包括石油化工设备。

(1) 化学成分和牌号 镍基高温合金中 Ni 质量分数为 50% ~78%。其复杂体系中所含的其他合金元素包括：

1) Cr，质量分数为 14% ~23%：提供固溶处理强化并形成碳化物。

2) Mo，质量分数为 0 ~18%：提供固溶处理强化并形成碳化物。

3) W，质量分数为 0 ~5%：提供固溶处理强化并形成碳化物。

4) Fe，质量分数为 3% ~20%：提高强度。

5) Co，质量分数为 0 ~5%：提供固溶处理强化并提高合金熔点。

6) Ti，质量分数为 0 ~6%：形成析出物。

在发明高温合金时，冶金专家会采用元素周期表中的多种金属元素。

高温合金的命名体系与铁基合金或铝合金不同。从高温合金牌号的数字编码上只能获得一小部分信息。例如，6××系列（×代表其他的数字）合金由 Ni + Cr + 其他合金元素组成。7××系列合金同样是由 Ni + Cr + 其他合金元素组成，但其强度通过析出强化增大。C-×××系列合金主要由 Ni、Cr、Mo 和其他合金元素组成。

最常用的高温合金为 718 合金，通常称为镍基合金 Inconel 718 或简单地称为镍基合金。Inconel 名字的由来是因为该合金最早由 International Nickel 发明，Inconel 的名称是一个注册商标。

(2) 微观组织 7××系列高温合金通过细小的析出物来提高强度，称为 γ'。由于镍基为面心立方结构（fcc），因此被称为 γ 相或有时也称为奥氏体。在高温变形过程中，在原晶界上会形成再结晶，但如果没有足够的变形产生完全再结晶，就会产生一种混合晶粒组织。混合晶粒组织是在原晶粒的晶界轮廓上产生再结晶晶粒。这种类型的结构称为环状组织，因为粗大的原始晶粒周围新形成的小晶粒形似项链。虽然这种结构非常有趣，但其性能通常都不会太好。

6××系列合金主要是一种 fcc 结构的单相组织，通常通过其他合金元素的固溶强化及在再结晶温度以下进行变形加工来提高强度。这个系列合金的微观组织由含有晶界的单相组织组成。

需要注意的是，高温合金中的其他元素能够形成各种各样的碳化物或金属间化合物的析出相。这些析出相有时是有益的，但大多数时候是有害的，因为会降低材料使用过程中的抗蠕变性能。

(3) 应用 高温合金通常用在温度高达 650 ~ 980℃的场合。飞机发动机的涡轮盘、发动机箱体、轴和叶片等需要使用高温合金，因为提高飞机性能和燃油利用率时，常常需要较高的温度。高温合金配件、管道、阀门通常在高温和腐蚀性环境中使用。鉴于高温合金良好的耐蚀性，医疗领域的固定针和替换关节也会采用高温合金。由于一部分人对 Ni 有过敏反应，因此医用高温合金通常采用钴基合金，而不是镍基合金。

高温合金的应用范围相比文中讨论的其他合金要广泛得多。有意思的是，对于热成形领域，高端的应用领域正开始受到低端应用的冲击。

(4) 高温合金的热成形 对于大部分合金，锻造车间的作用是生产出一定形状，并在热处理后具有一定力学性能的产品。相反地，高温合金是通过基体的化学成分、第二相颗粒（通过热处理控制）以及晶粒尺寸来获得强度。为了满足大多数商业和军事标准，通常需要细小的晶粒尺寸。然而，晶粒总是会在锻造预热或热处理的高温环境中长大。因此，成形过程中的温度控制需要非常严格，以确保材料在一定温度下具有合适的变形来产生再结晶，同时晶粒不至于过度长大。

高温合金的热成形流变应力相比其他金属较高。对于合金钢和不锈钢，通常采用冷成形来加工紧固件和固定针。当对高温合金进行精密冷成形加工时，通常会在加工前进行 150℃预热。

高温合金的热成形非常具有挑战性。对于特定的某一种高温合金，其成形温度范围通常很窄。高的流变应力也使得高温合金具有更大的变形抗力，因此也很难在不施加额外锻造载荷的情况下，在封闭模中填满整个模腔。生产钢件时选择冲击压力和锻锤的方法对于高温合金并不适用。在偏小的锻造设备上进行高温合金锻造会带来无法解决的困难。较小设备的结果是需要采用锻锤进行更多次的冲击，或者一次冲击下产生不充分的变形。这种形式的成形过程通常会产生不完全再结晶，从而导致强度不足。提高成形温度有助于模具填充更完全和再结晶的完成，但是晶粒在加热炉中的过度长大可能会使整个成形过程前功尽弃。

由于高温合金在高温时具有较高的流变强度，锻工需要在锻造高温合金时预估到工具较短的使用寿命。大量报道的事例显示冲模在进行少量高温合金锻造循环后产生严重的开裂。即使工具具有足够的强度避免低循环疲劳开裂，工具的磨损相对于锻造其他金属也要大得多。在很多情况下，高温合金常用来作为模具材料。对于某些公司，在工件表面增加涂层来补充原有的润滑工艺也较为常见，因为原有的润滑剂在所需的锻造压力下极易失效。

(5) 热处理　对于析出强化的高温合金，锻造后通常采用三步法进行热处理。第一步为高温固溶处理并进行淬火；第二步为在低于固溶温度下进行析出处理，该步中可以生成 γ' 析出相；第三步是在低于第二步温度下进行第二次析出处理，在第三步中可以形成更好的析出物。因此，相比大多数其他合金，高温合金不仅仅是具有更复杂的化学成分，其锻后热处理工艺也更加复杂。

(6) 特别注意　需要指出的是，这些高温合金不仅在进行热成形时面临更多挑战，它们在机械加工和焊接过程中也会遇到很多困难。因此，高温合金成形后处理需要仔细严格按照正规程序进行。

类似于有些不锈钢，有些高温合金对敏化也特别敏感。冷却过程中，在敏化温度区间容易沿晶界产生析出物导致敏化的发生，这种晶界产生的析出相会消耗相邻区域的合金元素（主要为 Cr）。晶界相邻区域合金元素减少，导致其更容易产生腐蚀或氧化。为了避免在工件中产生这些不利的性能，高温合金应进行快速冷却，减少敏化温度区间的停留时间。

对于非析出强化的合金，其强度是通过加工变形增强。对于这种类型的合金，其热成形必须严格按照加热和变形作业流程进行。

4.1.7　铜合金

纯铜较软，因此通常需要加入合金元素来提高铜合金的强度。当在 Cu 中加入 Zn 时，通常称为黄铜。青铜是另外一种铜合金，添加的合金元素为 Sn。铜镍合金，如其名所示，就是 Cu 和 Ni 的合金。Ni 含量较高的铜合金，称为蒙乃尔合金。铝青铜为含有 Al 和 Fe 的铜合金。无论是哪种合金，其强度均比纯铜要高得多。

铜是热和电的良导体，并且具有出色的耐蚀性。绝大多数电缆和连接器均采用铜制造，因其相比同等价格的其他材料具有更低的电阻率。较小的电路连接器通常采用冷成形，而较大的连接器更多是采用热成形，尤其是大电流、高功率的电力传输装置。良好的导热性能使铜合金成为热交换器和加热设备的理想材料，这些设备对于热效率要求非常严格。焊嘴几乎都是采用铜合金制造，因为要求具有良好的导热和导电性，同时具有很好的耐蚀性。以上这些应用主要采用冷成形。由于其优异的耐蚀性，铜合金也是一种理想的屋顶材料。公共设施和炼油厂通常在户外设施中使用黄铜挂锁。锁扣和锁体通常采用锻造成形（或挤压成形）。铜制管、阀门、龙头、连接件在自来水和蒸汽系统领域中有广泛应用，尤其是饮用水领域。海洋应用中，包括海水管道、连接器、阀门及部分结构件，很多都是采用锻造成形或挤压成形。

随着时间的推移，采用铜合金制作的铜屋顶和雕塑表面会形成一种蓝绿色的铜绿，这种铜绿能够提供良好的耐蚀性。

当选用铜或铜合金来制造零部件时，机械工程师通常会非常高兴，因为铜合金具有良好的机械加工性能。

铜合金表面具有非常吸引人的金色，因此很多艺术作品会采用铜合金来制造，这也避免了采用黄金的高昂费用。

(1) 化学成分和牌号　铜合金通常采用固溶处理或析出强化来增加其强度。对于首选采用固溶处理作为强化机制的合金，铜锌合金或黄铜最为常见。单相的 α 相黄铜是 Zn 质量分数高达 32% 的铜锌合金，该种类型的合金还能采用冷加工进行强化。α 相黄铜还有一种不同寻常的性能是，有些情况下，增加 Zn 的含量能够同时提高合金的强度和韧性。α-β 相黄铜是 Zn 质量分数为 32% ~40% 的双相金属。

Sn 质量分数超过 10% 的青铜通常不会采用热成形，而是采用铸造成形。Al 质量分数超过 10%、Fe 质量分数超过 4% 并且含有除 Zn 以外的少量其他合金元素的铝青铜具有相当好的可锻性。可进行热成形的白铜（铜镍合金）Ni 质量分数超过 30%。

强度最高的铜合金为铍铜合金，其强化机制为析出强化。该类型铜合金的 Be 质量分数超过 2%，且需格外小心。铍铜合金的强度能够达到 1380MPa 以上，并且经常使用于需要高强度的电气接触器。

(2) 微观组织　α 相黄铜是一种单相材料。这种类型的合金在退火过程中可以生成退火孪晶，即在两个相邻的晶粒间存在一条直线晶界。冷加工成形的铜合金存在明显的晶粒畸变，并且相对退火黄铜具有更大的强度。

(3) 应用　锻铜和锻造黄铜合金经常用于电气元件、装饰用品及耐蚀性元件等。铜管和铜板在传热设备上非常普遍。

(4) 铜合金的热成形　铜及铜合金具有良好的塑性，因此通常被认为易于加工。当进行热成形时，典型的预热温度为 730 ~925℃。

热成形性能最好的铜合金是含有质量分数为 38% Zn 和少量 Pb 的铜锌合金。室温下，该种合金为两相的 α-β 黄铜；而在热成形的高温阶段，两相组

织转变成 β 相的单相组织，此时变形加工更易进行。成形过程中润滑需求总体较低，因为合金表面形成的氧化铜本身就是一种天然的润滑剂。

铜及铜合金可以进行冷锻。冷锻尤其适合小尺寸的工件，能够实现净成形且精密度高。冷锻过程中也会采用冷加工来提高工件的强度。需要注意的是，铜合金的加工硬化相比其他大多数金属要更加明显，随着流动应力的增大，在过度冷加工后最终导致开裂。

在进行铍铜合金锻造加工时，需格外小心，并且操作员应该穿着适当的安全装备。因为 Be 具有毒性，能够引起严重的肺部问题（如 Be 中毒或慢性铍病）。

（5）热成形后处理　铍铜合金可以使用类似于铝合金析出强化的设备进行热处理。首先将其加热到高温进行固溶处理，使所有的合金元素溶解并生成单相组织。通常接着会进行淬火冷却至室温，使铍铜合金保持单相组织结构。最后在低于固溶温度的条件下进行第二次热处理，得到一种较好的第二相固态析出物，使合金强度得到显著提高。最后一种热处理称为时效处理。

如果通过冷锻来提高铜合金的强度，其塑性在应用时可能过低。可以通过低温退火热处理重新提高合金的塑性，但同时其强度也会降低。

（6）特别注意　需要注意的是，纯铜极易锻造。同时，α-β 黄铜也容易进行锻造，尤其是在 β 相温度区间。α 黄铜虽然可以进行锻造加工，但更加困难。铝青铜也可以进行锻造，同样也具有挑战性。相比其他合金，镍铜合金具有更高的锻造温度。

关于铜合金有一个有趣的记载，古代很多用于熔炼的铜矿都含有砷，因此铜合金中也含有这种毒性元素。砷中毒早期的表现是无法控制肌肉并且出现疯癫状。古希腊的铁匠之神，即火神赫菲斯托斯，通常是一个嘴里胡说八道的瘸子，其形象很有可能是希腊早期砷中毒的铁匠。

4.2　碳素钢和合金钢的温热成形

Chester J. Van Tyne, Colorado School of Mines

Kester D. Clarke, Los Alamos National Laboratory

本节重点介绍与感应加热成形工艺相关的钢的具体特征，同时也讨论了钢的应用趋势，以及钢在感应加热锻造过程中需要考虑的温度及相关参数等细节。

钢的感应加热是一种极具吸引力的加热方式，因为其极快的加热速度能够减少工艺时间并节约能源。感应加热通常用来提供精确的、可重复性的加热。在工业生产的热循环设计时，通常希望用最少的加热时间，获得合适的、有时并非是最优的微观组织，用于后续的锻造和热成形。此外，当对钢坯内部的特定位置进行检测时，感应加热过程中不同位置的热循环过程差别显著，尤其是从表面沿深度方向的变化以及相对于感应线圈/感应磁场的距离。材料初始状态的可变性，增加了热循环的差异，导致加热的精度和可重复性相比工艺设计时具有更大的误差。

现代感应加热工艺能够在可控的时间内，为一定体积的材料快速提供精确的能量，使得感应热处理过程具有可重复性，并且使特定区域获得精确的性能。然而，感应热处理工艺的设计直到现在仍然是采用大量的反复试验和线圈及工艺工程师的经验来进行。现代的数值模拟软件在感应加热的电磁热耦合计算方面取得了长足进步，并且感应加热工艺的设计开发也得益于计算机仿真的进步。

感应加热工艺设计的目的是在较短时间内为工件的特定位置提供精确的能量。所需的能量输入产生热循环过程，这种热循环过程受到工件温度以及与温度相关的材料电磁性能的影响。感应加热的加热速度随着材料温度的升高而降低。这是因为在较高温度时，材料表面通过辐射和热传导损耗的热量更大，所以材料温度的升高需要更多的能量。此外，在居里温度附近时材料具有最高的比热容，这会进一步降低材料的加热速度。

4.2.1　微观组织对钢感应加热的影响

室温条件下对钢进行感应加热时，钢处于铁磁性状态，会产生涡流和磁滞损耗。加热时，钢在居里温度（碳质量分数低于 0.45% 的碳素钢约为 768℃，相当于 Ac_1 温度；过共析钢为 727℃；碳质量分数为 0.45% ~0.78% 的钢约为 Ac_3 温度）时，会从铁磁性材料转变成顺磁性材料。高于居里温度时，涡流的电阻将显著降低，同时热损失增加。此时，工件中的感应加热磁滞现象消失，造成给定功率输入时材料的升温速度降低。因此，相比高温阶段，低温阶段时材料的加热速度较快。加热速度的变化非常重要，因为加热过程中奥氏体相变在相似的高温（取决于加热速度）下开始形核，造成钢在相变临界区升温速度降低。

为了对钢进行热成形或温成形，首先需要将钢坯加热到奥氏体化温度区间。在设计感应加热工艺时，有两个主要考虑的变量，其一是加热速度和最高温度；其二是母材的显微组织尺寸和类型。因为这两个因素都会影响奥氏体化程度和工件的最终性能。针对不同合金成分、微观组织、加热速度、加热方式对奥氏体化的影响，学者们已经做了大量的研究并采用试验进行评估。其中，Orlich 等人所做的研究最为全面。他们研究了大量的合金钢在不同加热速度下的奥氏体化机制，同时利用膨胀测定法制作了多种合金钢的奥氏体等温转变曲线（TTA 曲线）。图 4-2 所示为奥氏体等温转变曲线。

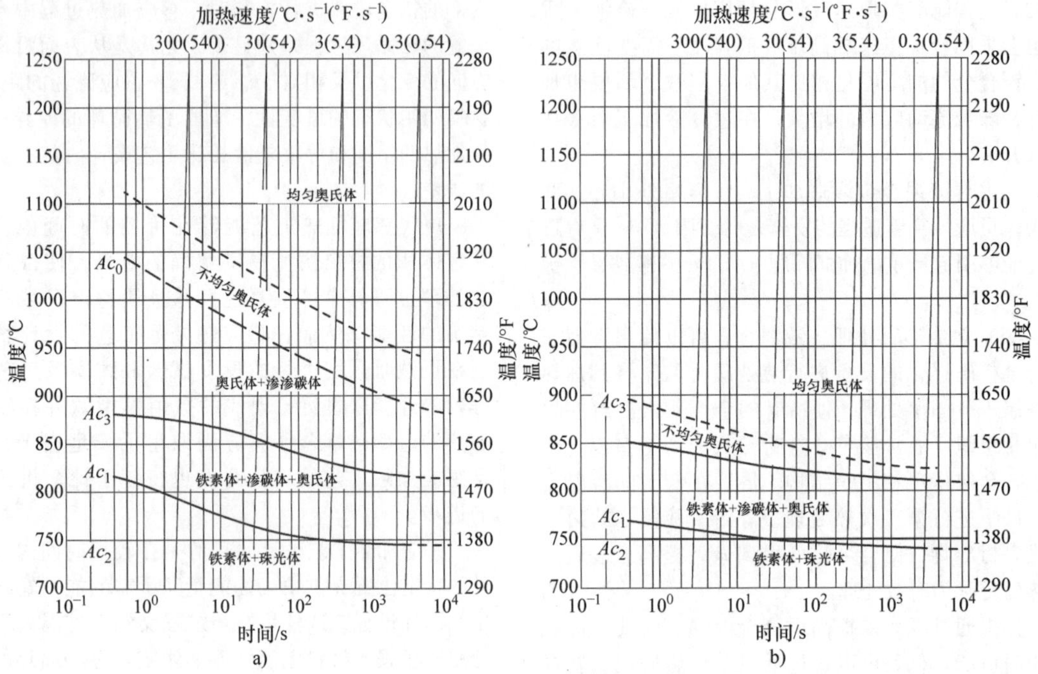

图 4-2 奥氏体等温转变曲线

a）原始组织为铁素体 + 珠光体的 46Cr 2 b）调质状态的 41Cr4

注：两种材料的成分与 AISI 5150 钢类似。

相变温度标注为"*Ac*"，表示加热过程中发生相变，同时增加一个下脚标表示相变类型。下脚标"1"表示铁素体 + 渗碳体的组织开始转变成铁素体 + 奥氏体（亚共析钢）或铁素体 + 渗碳体开始转变成渗碳体 + 奥氏体（过共析钢）。下脚标"2"表示居里温度。对于亚共析钢，下脚标"3"表示铁素体 + 渗碳体完全转变成奥氏体 + 渗碳体。下脚标"0"表示渗碳体完全溶解时的温度。需要注意的是，所有的 *Ac* 转变温度具有很大的不确定性，并且随着加热速度的增加而升高。从 Orlich 的研究中可以知道，相变温度的变化范围为 ±10℃。在升温速度较低时，Ac_1 的变化范围为 ±5℃，而当升温速度较高时，Ac_1 的变化范围高达 ±25℃。

Ac 表示加热相变，是由法语 arrêt chauffant（arrest on heating）演变而来。*Ar* 表示冷却相变，来源于法语 arrêt refroidissant（arrest on cooling）。*Ae* 或 *A* 表示相变平衡温度。

"非均匀奥氏体"区域表示奥氏体转变已经完成，但仍然存在碳浓度梯度。这种浓度梯度随着时间的增加而降低，最后达到均匀奥氏体区域。

大部分的研究主要集中在加热速度对奥氏体转变机制的影响，针对原始组织对热处理过程影响的试验研究则相对较少，尤其是在快速的感应加热情况下。图 4-2 所示的两组图为微观组织对奥氏体化机制影响的对比，两种材料的成分类似，但是组织差别较大。原始组织为较细调质态马氏体的材料相比粗大铁素体 + 珠光体的材料具有不同的 TTA 曲线。可以看到，当加热速度较高时，Ac_1 和 Ac_3 温度差别较小。对于原始态为铁素体 + 珠光体的组织，最大的不同是奥氏体完全均匀化所需的时间/温度，该原始组织奥氏体均匀化时间/温度相比调质态初始组织要明显较高。

Misaka 等人针对感应加热过程中不同原始组织的影响做了直接的试验研究，本文中引用他们的研究成果作为检验不同原始组织对奥氏体化机制影响的实例，尤其是 AISI 1045 钢。对于给定成分的钢，微观组织尺寸对加热过程的影响是比较直观的，因为合金元素需要在材料中发生扩散。一般来说，由于粗大的组织需要更长的扩散距离来形成均匀奥氏体，因此也需要更长的时间或更高的温度使材料完全奥氏体化。对于 AISI 1045 钢，Misaka 等人改变了其原始组织，形成了以下不同原始组织的材料：调质态、20%（体积分数）铁素体＋珠光体、32%（体积分数）铁素体＋珠光体、45%（体积分数）铁素体＋珠光体、铁素体＋球化渗碳体。虽然没有对微观组织尺寸进行定量分析，但调质态组织很可能最细小（也就是扩散距离最短），而球化组织最为粗大（也就是扩散距离最长）。

图 4-3 所示为合金 Ck 45 和 AISI 1045 两种合金不同加热速度下 Ac_3 温度的对比，为以上 5 种原始组织不同加热时间对应的完全奥氏体化温度 Ac_3。尽管测量这些奥氏体化温度的方法在 Misaka 的研究中没有明确指出，然而，他们极有可能是采用光学显微镜来确定得到完全淬火马氏体组织时所需的最高加热温度，因为试验采用齿轮的表面淬火进行的。在图 4-3 中，Misaka 的结果也和 Ck 采用热膨胀法所测的 45 钢的 Ac_3 温度进行了对比。图 4-3 中的 Ac_3 温度表示在给定的时间内渗碳体完全溶解且铁素体完全转变成奥氏体所需的最高温度。在给定成分和加热速度下，微观组织尺寸对原始组织完全转变成奥氏体所需的最高温度有显著影响。

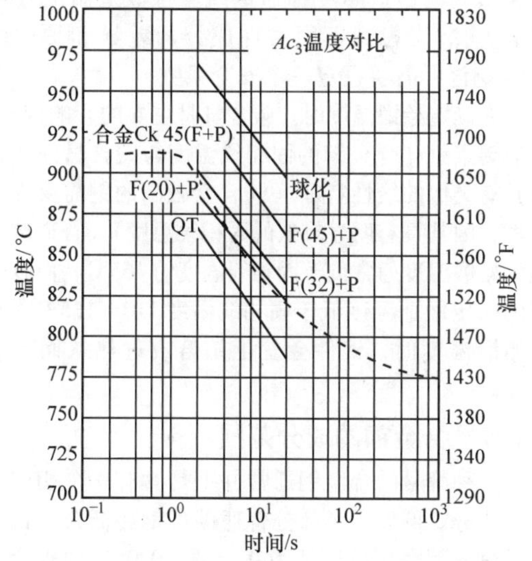

图 4-3　合金 Ck 45 和 AISI 1045 两种合金不同加热速度下 Ac_3 温度的对比

注：图中包括 5 种原始组织：调质态（QT）、三种不同比例的铁素体＋珠光体（F＋P）、铁素体＋球状碳化物（球化）。F＋P 组织括号中的数字表示铁素体的体积分数。

4.2.2　不同合金钢感应加热注意事项

（1）材料状态　对于表面热处理，用于感应淬火的钢（尤其是齿条或轴）通常为锻态，其微观组织经过大量的加工后具有较大密度并能使夹杂的影响最小化。这种类型的材料用于感应加热较为理想。然而，对于铸件、粉末冶金工件或具有不足压缩比的锻件，任何的组织结构不规则性（比如气孔、型砂缺陷或较大夹杂物）会显著影响感应加热带来的局部涡流密度加大，为了避免局部过热，需要采用较低的热流密度，尤其是在低温状态时。局部过热会引起应力集中、开裂、局部硬度变化。该组织结构的不规则性和缺陷还会影响材料的淬火性能，导致内部应力过高以致剧烈淬火时产生开裂。对于可能具有严重铸造缺陷的材料，减小材料的淬火强度可能会较为有利。

在进行感应热处理时，钢的硬度也需要注意，尤其是集中于表面淬火的热处理，因为温度梯度会产生巨大的热应力。在加热阶段，该应力会产生较大应变，并使碳含量较高的脆性、高硬度钢产生开裂。因此，降低初始低温状态时的加热速度对于减小温度梯度和材料的开裂倾向较为有利。

（2）微合金化　目前用于各种锻钢产品来提高性能和/或降低成本的方式是添加微量合金元素，添加质量分数通常为 0.1% 或更少。Ti、Nb、V 等微量合金元素用在中碳锻钢中来提高材料锻态的力学性能。因此，相比传统的调质钢（QT），这种微合金锻钢具有更好的经济利益，因其能够减少合金元素含量（如 Cr、Ni、Mo）和锻后处理过程，尤其是锻后热处理。虽然这些微合金钢相比 QT 钢具有更好的硬度和疲劳性能，但其冲击强度比 QT 钢更低，较低的冲击强度限制了其在某些应用中使用的可行性。

通过在钢中添加微量合金元素，能够在热成形或热机械加工（TMP）中析出碳氮化合物，从而显著提高材料的性能，这种碳氮化合物可以增加材料强度（通过弥散强化）或增强韧性（通过组织细化）。表 4-4 为主要微量合金元素在奥氏体中的溶解度、析出物效应对性能的影响。

表 4-4　主要微量合金元素在奥氏体中的溶解度、析出物效应对性能的影响

微量合金元素	奥氏体中的溶解度	碳氮析出物效应	溶质效应
V	高	弥散强化 晶粒内铁素体形核	固溶强化，防止奥氏体晶粒长大（溶质拖拽），防止再结晶（溶质拖拽）
Nb	与温度相关	弥散强化 奥氏体晶界钉扎效应	
Ti	低	阻碍再结晶 奥氏体晶界钉扎效应	

由于其在奥氏体中较高的溶解度、在冷却过程中析出的能力，V 微合金钢比 Nb 微合金钢更受欢

迎。采用相同的锻造方式，Nb 微合金钢相比 V 微合金钢具有更严格的锻造温度。对于以上两种微合金钢，锻后冷却速度的控制要求都非常严格，以确保得到最好的材料性能。

（3）钢中的残留物 Cu　随着电炉钢的使用越来越多，且由于其主要来源于废料回收，所以锻钢中能发现一些残留元素。在过去的几十年中，大多数常用锻钢中残留 Cu 的含量在增加，并且在炼钢的过程中，残留的铜并没有被消除。此外，Cu-Fe 合金体系的特点给合金本身带来了一些问题，比如铜具有较低的熔点（1085℃），低温时 Cu 在 Fe 中具有较低的溶解度。

另外一个需要指出的问题是，Cu 不溶于氧化铁。在高温时，Fe 的氧化速度非常快，会阻碍 Cu 溶解到金属中，在氧化铁表面形成一个富铜区。在高温时，Cu 处于液体状态并能够轻易地沿着晶界进行渗透，这种渗透会降低晶界的强度，使晶界在拉应力载荷下产生开裂，这种缺陷称为热脆性。

热脆性并不是一个新问题，早在 20 世纪初人们就已发现这种现象，当时称为红脆性。到 20 世纪 50 年代末和 60 年代，该问题又一次被提出，此时钢中残留 Cu 的含量大大增加，同时钢铁行业遭遇了生产问题。自 20 世纪 90 年代末以来，这个问题再一次变得严重，主要是由于经济和环境原因。热脆性的定义为钢在热锻过程中出现的脆性断裂，主要出现在含有较低熔化温度合金元素的钢中，尤其是 Cu。这种现象通常发生在钢的表面，因为在锻造加热时或之前的预热过程中，诸如 Cu 这种不发生氧化的元素的浓度会不断增加。正是由于该原因，金属表面的热脆时有发生。这种在含 Cu 元素的钢中发生的热脆现象受其他残留元素的影响较大，如 Sb、Sn、As，这些元素在 Cu 中的溶解度要大于在 Fe 中的溶解度。Ni 对含 Cu 元素钢的热脆性也有影响，因为热锻时 Ni 完全转变成液态，并且与 Cu 形成固溶体。

700～1250℃范围内 Fe 的氧化是 Fe 通过不同的氧化物层扩散形成的，氧化物层有：赤铁矿 Fe_2O_3（质量分数为 1%）、磁铁矿 Fe_3O_4（质量分数为 4%）、方铁矿 FeO（质量分数为 95%）。钢的氧化与 Fe 的氧化类似，但是通常只有两种氧化物：Fe_3O_4 和 FeO。然而，像 Cu 这样的贵重金属比较不容易发生氧化。Cu 在 FeO 中的溶解度较低，因此 Cu 会从氧化物表面析出，从而形成一个富铜区域。在钢的热加工温度（高于 1100℃）阶段，这个富铜区域实质上是纯铜并且为液态。因此，Cu 会沿着晶界向钢中扩散，并且当液态 Cu 润湿了晶界，晶界的强度会降低。而当存在拉应力时，会产生晶界开裂，从而引起热脆。

为了避免残留合金元素引起热脆，需要对高铜合金钢锻造过程中的温度进行精确控制，感应加热能够实现更精确的温度控制。

4.2.3 热锻温度

普通碳素钢和合金钢热锻温度的选择主要是基于以下因素：碳含量、合金元素成分、最优塑性的温度范围（即最大可锻性）、锻压比。基于以上 4 个因素选择合适的锻造温度，确保材料具有最低的流动应力（也就意味着具有最低的锻造压力）且维持在一个避免产生晶间熔化的较高温度。晶间熔化，也可以称为过烧或晶界熔融，是发生在奥氏体晶界的局部熔化现象。在锻造过程中，工件会产生变形和摩擦生热，如果这种热量叠加到工件的预变形加热后，使工件温度升高到足以产生晶间熔化，此时就会发生晶间开裂。使工件的锻造温度低于所有材料的固相线温度，同时保持工件具有最高温度以使材料达到最小的流动应力至关重要。这样可以使锻造压力达到最低，这种最高的锻造温度称为最高可行锻造温度（始锻温度），考虑到不同工件成分的差异和炉中温度的变化，需要设定一个安全系数。

在确定始锻温度时，碳含量是主要的影响因素。普通碳素钢和合金钢的固相线温度与碳含量的关系都具有类似的线性特征（Si 含量较高的钢需要格外注意，因其具有明显较低的固相线温度）。普通碳素钢的始锻温度通常低于固相线温度约 165℃，而合金钢的指定锻造温度低于固相线温度 110～135℃。高于始锻温度时，钢件会发生初熔或过热从而产生损坏。

4.2.4 合金钢的成分范围

一种牌号的合金钢通常并不是具有一个相同的精确成分。例如，大部分普通碳素钢和低合金钢的碳质量分数变化范围约为 0.05%。0.05% 的碳含量变化能够对钢的固相线温度引起 90℃的改变。因此，指定牌号钢的最优锻造温度取决于该类型钢的精确化学成分。

近年来，炼钢设备得到了飞速发展，从良好信誉供应商处获得的钢通常具有比较稳定的化学成分。如果给定材料的成分有一定波动，采用感应加热设备来对钢坯进行锻造加热时，通常能够进行更精确的温度控制。对于锻工来说，理解钢中成分的变化以及怎样去调整感应加热工艺来获得最佳锻造温度是极其重要的。

参考文献

1. S.L. Semiatin and D.E. Stutz, *Induction Heat Treatment for Steel*, American Society for Metals, Metals Park, OH, 1986
2. C.R. Brooks, *Principles of the Surface Treatment of Steels*, Techomic Publishing Company, Inc., Lancaster, PA, 1992
3. V.I. Rudnev, Simulation of Induction Heating Prior to Hot Working and Coating, *Metals Process Simulation*, Vol 22B, *ASM Handbook*, 2009, p 475–500
4. V.I. Rudnev, "Intricacies of Computer Simulation of Induction Heating Processes," Forging Industry Technical Conference, 2011
5. G. Krauss, *Steels: Processing, Structure, and Performance*, ASM International, Materials Park, OH, 2005
6. V. Rudnev, D. Loveless, R. Cook, and M. Black, *Handbook of Induction Heating*, Marcel Dekker, New York, 2003
7. J. Orlich and H.-J. Pietrzeniuk, *Atlas zur Wärmebehandlung der Stähle - Band 4, Zeit-Temperatur-Austenitisierung-Schaubilder 2. Teil*, Verlag Stahleisen, M.B.G., Düsseldorf, Germany, 1976
8. J. Orlich, A. Rose, and P. Wiest, *Atlas zur Wärmebehandlung der Stähle - Band 3, Zeit-Temperatur-Austenitisierung-Schaubilder*, Verlag Stahleisen, M.B.G., Düsseldorf, Germany, 1973
9. Y. Misaka, Y. Kiyosawa, K. Kawasaki, T. Yamazaki, and W.O. Silverthorne, "Gear Contour Hardening by Micropulse Induction Heating System," SAE Technical Paper 970971, 1997
10. *Forging and Casting*, Vol 5, *Metals Handbook*, 8th ed., American Society for Metals, Metals Park, OH, 1970
11. I. Le May and L.M. Schetky, *Copper in Iron and Steel*, John Wiley & Sons, 1982
12. Forging Ferrous Alloys, *Forging Handbook*, T.G. Byrer, S.L. Semiatin, and D.C. Vollmer, Ed., Forging Industry Association/American Society for Metals, 1985
13. G.E. Hale and J. Nutting, Overheating of Low Alloy Steels, *Int. Met. Rev.*, Vol 29, 1984

4.3　高温合金和不锈钢加热温度要求

David U. Furrer, Pratt & Whitney

感应加热和热处理工艺应用范围非常广泛。这种工艺也应用在不锈钢和镍基高温合金材料及其相关应用。不锈钢和镍基高温合金材料的感应加热工艺与其他材料类似，如普通碳素钢和合金钢。但由于不锈钢和镍基高温合金具有特殊的性能，其感应加热工艺也具有更大的挑战性。与普通碳素钢和合金钢相比，不锈钢和镍基高温合金合金元素、热物理学性能及电磁性能的不同，会影响感应加热效率、加热速度、加热均匀性及后续的残余应力。

不锈钢和镍基高温合金的感应加热应用非常广泛，包括初炼过程、二次加热成形、焊接、热处理及去应力退火。精确的温度和控制方式对上述合金的成形具有特殊意义。化学成分、前道工序、偏析及工件的最终微观组织决定了高合金钢和镍基合金感应加热过程中的工艺参数。

建模和仿真技术在零件、材料和工艺的设计及优化方面的应用越来越广泛。工件的感应加热过程也可以采用计算机建模，进行磁场耦合仿真。为了使感应加热过程仿真更加准确，精确的材料性能是必需的。仿真感应加热过程所需的重要的材料性能包括电阻率、磁导率、热导率、比热容、密度、热膨胀系数。这些材料中很多性能都较难获得，同时对微观组织结构也较为敏感，尤其是电磁性能。本节提供了不锈钢和镍基高温合金感应加热过程中所需的特殊的材料性能。

4.3.1　不锈钢

不锈钢的种类非常多，包括几种主要的系列，每一种都有特殊的性能和特定的应用。不锈钢通常为铁基合金，含有大量的 Cr，在表面形成氧化铬保护层，从而使合金具有一定的耐蚀性。不锈钢主要通过材料中的主要组织来进行分类。奥氏体型不锈钢的主要组织为面心立方（fcc）的奥氏体晶体结构，这种类型的不锈钢通常可以通过室温时的非铁磁性来区分。以此类推，铁素体型不锈钢的主要组织为体心立方的铁素体（bcc），这种类型的不锈钢在室温时具有铁磁性，能够使用到结构应用领域。另外一种不锈钢称为马氏体型不锈钢，这种类型的不锈钢具有大量的 Cr，同时也含有其他的合金元素，使材料在热处理后能够形成马氏体组织。有些不锈钢还会含有一定量的 C，能够形成数量可控的碳化物，从而提高材料的强度和耐磨性。马氏体型不锈钢室温时也具有铁磁性。为了协调和优化材料的各种性能，发明了双相不锈钢。类似地，沉淀硬化型不锈钢中含有一种析出相，能够通过合适的热处理提高材料的力学性能，如抗拉强度。

不锈钢材料性能十分全面，正是由于其独特的性能，应用范围非常广泛。不锈钢经常用于商业产品中，因为其具有优秀的耐蚀性及经过各种表面处理后独特的外观，包括表面抛光或拉丝。这种材料也可以用于工业用途，包括化工容器和传输系统（如油罐和管道）、材料加工工具（如轧辊和切削系统)、高温设备（如炉子和能源)。

4.3.2 镍基高温合金

镍基高温合金是一类主要元素为 Ni，并含有少量其他合金元素的合金。这类合金通常根据应用和加工工艺进行分类，包括：铸造和锻造高温合金(C&W)、粉末冶金高温合金（P/M)、铸造耐热合金、铸造单晶镍基高温合金。镍基高温合金应用在大量的高强度和耐高温设备中，包括炉体结构、高温工艺设备和燃气轮机。

镍基高温合金主要是通过固溶强化和析出强化来提高其高温力学性能和耐蚀性。有些镍基高温合金也可以通过加工硬化来提高其目标强度，但该方式通常限制其使用温度，需低于合金的再结晶温度。

固溶强化镍基高温合金，如 Inconel 600 或 Inconel 625，需要进行固溶热处理来达到设计的高温力学性能和耐蚀性。采用上述材料制造的工件，需要进一步的固溶热处理，并采用可控冷却速度冷却至室温。

析出强化高温合金，如 IN718，需要进行固溶热处理来溶解析出物，接着采用可控冷却速度冷却至室温并进行时效处理。在固溶处理阶段，IN718 高温合金中的 δ 相发生部分或完全溶解。在随后的冷却和时效处理过程中，会形成 δ 相和 γ''相。其他的镍基高温合金，如 Udimet 720，由 γ'相和 γ 相组成。在固溶处理阶段，γ'相发生部分或完全溶解，并在随后的可控淬火至室温和时效处理过程中产生尺寸和分布更好的 γ'析出相。

4.3.3 不锈钢和高温合金的感应加热工艺

不锈钢和镍基高温合金的感应加热工艺常常和感应器的特殊几何形状及电流、磁通方向紧密相关。感应加热的控制与采用不锈钢和高温合金制造的工件中电流、磁通的分布及控制直接相关。感应加热在不锈钢和高温合金工件中的应用包括：初炼工艺、一次和二次成形预热、热处理、熔焊的辅助加热、钎焊。

（1）初炼工艺　不锈钢和镍基高温合金的化学成分决定了需要对加热过程进行控制，以减少氧化和贵重合金元素的损耗，同时也减少影响工件冲击性能的杂质。不锈钢和高温合金可以通过各种各样的方式进行加工，包括铸造、锻造、成形加工及焊接。加工过程中通常会伴随着加热过程，使加工更易进行。感应加热是针对大体积、洁净熔炼的最常用的加热方式之一。真空感应熔炼（VIM）是在耐火材料制作的炉体中填充合金炉料，并通过环绕炉体的感应线圈产生感应磁场进行加热，感应磁场和炉料产生耦合效应并给合金的加热和随后的熔化提供了主要的热量。真空感应熔炼提供了所需的炉内环境控制及清洁能源，对不锈钢和镍基高温合金进行熔炼，并且每年可以生产大批量的合金铸块和轧制产品。

感应熔炼能够通过感应电流和产生的电磁力进行磁力搅拌。感应熔炼中产生的感应电磁场可以用来控制熔炼过程中液态金属的总体形状。感应电磁场能够使液态金属形成可控的形状，也具有针对连续熔炼工艺的“无接触”或“无模”控制潜力。人们已经研究了一种先进的双频感应熔炼技术，即采用一种频率对材料（如不锈钢）进行熔炼加热，同时采用另外一种频率的线圈对液态金属的形状进行控制，这种方法非常特别且高效，能够通过全连铸工艺生产先进的无模成形轧制产品。

（2）一次成形和二次成形的预热　除了初炼工艺外，感应加热也应用在大量的成形加工和二次成形过程中。采用自动传输设备或步进式加热对不锈钢钢坯和钢棒进行多次感应加热具有较高效率。锻坯（钢坯或钢棒）采用感应加热时，能够进行快速加热并使高温停留时间最小化。在箱式炉中高温停留时间过长时会产生较厚的氧化皮、在去除氧化皮工艺中损耗原材料且晶粒过度长大。由于不锈钢中含有 Cr，且通常含有大量的 Ni，因此不锈钢相比普通碳素钢和合金钢具有更高的价格。因而使氧化皮最小化并减少合金的损耗能够直接产生经济效益。锻坯的感应加热同样能够降低工件的高温停留时间，从而能够在预热时控制晶粒尺寸并能够显著地提高锻造过程的成功率和最终工件的微观组织与性能。

通过感应加热对 316 不锈钢进行挤压成形前的预热非常成功。通过计算机建模和仿真整个加热和变形过程来研究预热的最优化是一种有效的方法。结果显示，采用计算机仿真挤压成形得到的应力-应变结果与试验所测结果吻合度较好。与假定工件中温度分布完全均匀相比，采用热模拟得到的特定感应加热工艺下的温度梯度能够提高初始挤压力降低后稳定压力的准确性。

不锈钢二次成形的整体加热也可以采用计算机建模进行仿真。对不锈钢工件进行整体均匀加热非常困难。感应加热也可应用在不锈钢的半固态成形加热工艺中，材料的半固态成形加热工艺非常严格，以获得相对均匀的温度分布和适当且一致的固态、液态体积分数。310 不锈钢的感应加热数值模拟方法已经证明可行，并能够开发和优化实现理想的升温过程和温度分布所需的感应加热工艺参数。

除了锻造和大塑性变形的整体加热，感应加热还可以应用在很多预热工艺中。此外，感应加热也能够对不锈钢钢板和钢带进行加热，从而进行随后的高温锻造。不锈钢钢板和钢带的感应加热工艺会影响加热速度、温度均匀性和加热效率。可以采用纵向磁场感应器或横向磁场感应器对钢板进行感应加热。不同的加热条件和目标温度具有不同的最优感应电磁场方向。由于不锈钢具有较低的磁导率，且对不锈钢板和钢带的传统纵向磁场感应加热产生影响，所以发明和优化了针对不锈钢板横向磁场加热的感应线圈，这种横向磁场加热方式能够提高加热的均匀性和加热效率。

采用感应加热可以对不锈钢带进行快速加热，从而进行后续的各种其他工序。学者们用横向电流感应器对不锈钢钢带快速加热的能力进行了大量研究，不锈钢钢带最大的加热速度能够达到 1000℃/s。研究表明，当不锈钢加热到再结晶温度时，能够在无需停留时间的情况下，发生完全再结晶。这种工艺的优化需要对每一种不同的不锈钢再结晶机制进行研究。以往的研究表明，通过快速加热过程能够有效减小再结晶晶粒尺寸，同时相比传统加工工艺生产的材料，能够维持相当高的力学性能。

（3）热处理　感应加热通常用来对成品不锈钢和镍基高温合金工件进行整体加热或表面热处理。很多以往采用传统炉子或连续式炉进行的普通热处理工艺都可以采用感应加热来完成，并且是逐个工件进行热处理。不锈钢的热处理工艺取决于材料的具体牌号和成分，表 4-5 为几种典型不锈钢的感应热处理工艺和相关参数。

表 4-5　几种典型不锈钢的感应热处理工艺和相关参数

AISI 牌号	退火				淬火				回火			
	温度/℃	温度/℉	冷却剂	硬度 HBS	温度/℃	温度/℉	冷却剂	硬度 HRC	温度/℃	温度/℉	冷却剂	硬度 (HRB/HRC)
302	1066 ~ 1149	1950 ~ 2100	水	150	淬不硬				淬不硬			
304	1066 ~ 1149	1950 ~ 2100	水	150	淬不硬				淬不硬			
316	1066 ~ 1149	1950 ~ 2100	水	150	淬不硬				淬不硬			
321	1010 ~ 1149	1950 ~ 2100	水	150	淬不硬				淬不硬			
347	1066 ~ 1149	1950 ~ 2100	水	150	淬不硬				淬不硬			
410	788 ~ 843	通常炉中退火			1010 ~ 1066	1850 ~ 1950	油/空气	43	204 ~ 649	400 ~ 1200	空气	41HRB ~ 97HRC
420		通常炉中退火			1038 ~ 1066	1900 ~ 1950	油/空气	54	177 ~ 510	350 ~ 950	空气	48 ~ 52HRC
430		1450 ~ 1550	空气	150 ~ 180	通常不淬火				通常不淬火			
440A		通常炉中退火			1038 ~ 1121	1900 ~ 2050	油/空气	56 ~ 57	177 ~ 510	350 ~ 950	空气	50 ~ 57HRC
440B		通常炉中退火			1038 ~ 1121	1900 ~ 2050	油/空气	58 ~ 59	177 ~ 510	350 ~ 950	空气	54 ~ 59HRC
440C		通常炉中退火			1038 ~ 1121	1900 ~ 2050	油/空气	59 ~ 60	177 ~ 510	350 ~ 950	油/空气	55 ~ 60HRC

马氏体型不锈钢较易通过感应加热加热到奥氏体化温度。紧接着在淬火过程中产生马氏体组织，并提高材料的力学性能。据文献报道，已经成功采用感应加热奥氏体化和淬火使不锈钢轴获得理想的微观组织和材料性能。感应加热对于横截面面积较小工件的整体热处理具有较高的速度和效率，并且能够提供良好可重复性的结果。在上述报道中，通过感应热处理，轴的硬度提高到了 2 倍。

马氏体型不锈钢的熔焊较为复杂。焊缝和热影响区复杂的加热流程产生了各种各样的相变过程，从淬火态马氏体到过度回火的基体组织。感应加热用来对焊接材料进行预热，从而降低焊后的冷却速度。或作为一种焊后立即加热基体材料和焊缝材料的手段，从而控制相变产物来优化材料的力学性能。410 不锈钢的研究表明，焊后感应热处理能够提高最终工件的塑性、韧性和断裂应变。在线热处理是一种能够使复杂材料和工件达到最终性能要求的节约时间的工业制造方式。采用不锈钢材料是一种减轻系统质量的有效方法，如未来的汽车结构材料。

镍基高温合金的整体热处理也可以采用感应加热来进行。与不锈钢类似，镍基高温合金的热处理方式也有很多种。针对高温合金 IN738LC 时效处理的一个非常有趣的研究表明，采用感应加热进行时效处理有很大的优势。研究中对比了 IN738LC 试样三种固溶处理和淬火方法的时效机制：传统的炉子加热和时效处理、盐浴加热和时效处理、感应加热和时效处理。该研究证明，相比其他两种热处理方法，采用感应加热和时效处理能够在开始的 2min 快速加热，在时效阶段产生更大的 γ'相形核速度，即使感应加热和盐浴加热的加热速度几乎相同。研究者认为，感应加热产生的电磁力能够增加元素的扩散速度，提高 γ'相析出物的形核和长大速度。研究者还认为，相比盐浴热处理，感应加热能够加强高温时间增加情况下的过时效。感应加热对析出物形核和长大机制影响的发现，非常有益于镍基高温合金局部热处理的应用，以及工件快速、高效热处理方法的开发。进一步探讨和研究上述研究结论具有较大意义，这样能够进一步证实时效增强的原因确实是电磁场加强了元素扩散而不是从内部加热的感应加热相比表面加热方式（如盐浴加热）具有更高的加热效率。

对于合金钢和很多不锈钢来说，钢材的局部感应热处理非常普遍。而镍基高温合金的表面热处理或局部热处理则相对较少，但已经成功应用到要求材料具有特殊性能的航空航天领域，并在进一步发展。学者们针对 718 高温合金局部热处理工艺的开发和验证做了大量研究。这些研究的实施归因于成功采用数值模拟的方法对 718 高温合金进行了感应加热仿真。结果显示，数值模拟结合感应加热工艺控制，能够使用少量的工件来优化加热工艺和参数，使高温合金工件的局部区域实现所需的显微组织和材料性能。在模拟感应加热过程时，采用了商用有限元模拟软件。研究得到了成功的结果，并能够优化和控制最终工件局部区域的显微组织。

其他高温合金材料和工件也可以采用感应加热进行局部热处理。人们发明了一种针对镍基高温合金涡轮发动机转子圆周局部区域感应热处理工艺并申请了专利，能够产生局部晶粒长大并优化局部材料性能。镍基合金局部感应热处理装置包括优化的感应线圈及集成的冷却系统，这与其他更传统的钢的表面感应淬火工艺类似。与钢的表面淬火类似，镍基合金转子特殊的热处理工艺目的是改变局部的显微组织，从而优化工件局部的力学性能。涡轮发动机内部的温度较高，而为了提高发动机效率需要进一步提高内部温度，这对于组织均匀的工件器具来说有较高难度。因此，需要对工件进行局部优化处理。镍基合金转子圆周区域感应淬火能够增加该处的晶粒尺寸并提高其蠕变性能，同时优化心部组织，提高心部抗拉强度和疲劳强度。图 4-4 所示为镍基合金转子局部感应加热原理。

表面感应热处理通常用来提高各种材料局部的力学性能，比如合金钢的硬度和强度。这种类型的热处理也用来提高不锈钢材料的性能。针对不锈钢的表面感应热处理工艺也有特殊的设备。有研究报道，亚稳态不锈钢在使用前需要进行过冷处理并通过将奥氏体转变成马氏体来提高材料的强度，但是这种组织容易受到环境的影响。研究者设计了一种独特的工艺，首先使整个材料中产生所需的马氏体组织，然后通过高频感应加热工艺使材料表面升温并使表面的马氏体组织转变成稳定的奥氏体组织。这种独特的感应加热工艺，使得在使用较为廉价不锈钢的基础上，通过变形和马氏体转变获得有利的较高强度，同时在后续的热处理过程中恢复材料表面的耐蚀性。这是感应加热灵活性的一个突出案例。

（4）焊缝热处理　感应加热在一些材料残余应力的处理中也有广泛应用。在有些情况下，感应加热在成形或在焊接之前进行，用来减小残余应力。而在有些情况下，倾向于采用感应加热在材料内部产生残余应力。在核能工业中，不锈钢管由于其特有的耐蚀性得到广泛应用。在对不锈钢管进行焊接时，会产生较大的不利的残余应力，从而导致应力腐蚀开裂（SCC）。对不锈钢管进行感应加热，可以在与反应器水环境接触的不锈钢内表面产生有利的压应力。产生的残余压应力能够减缓应力腐蚀开裂的形成。通过仔细的检测，发现焊后钢管的内表面上形成的残余应力为拉应力，而在经过最佳的感应热处理后，内表面的拉应力完全转变成了压应力。与没有经过热处理的不锈钢钢管相比，采用最佳感应热处理后钢管内表面产生的压缩残余应力能够使晶间应力腐蚀开裂 SCC（IGSCC）降低 93%。

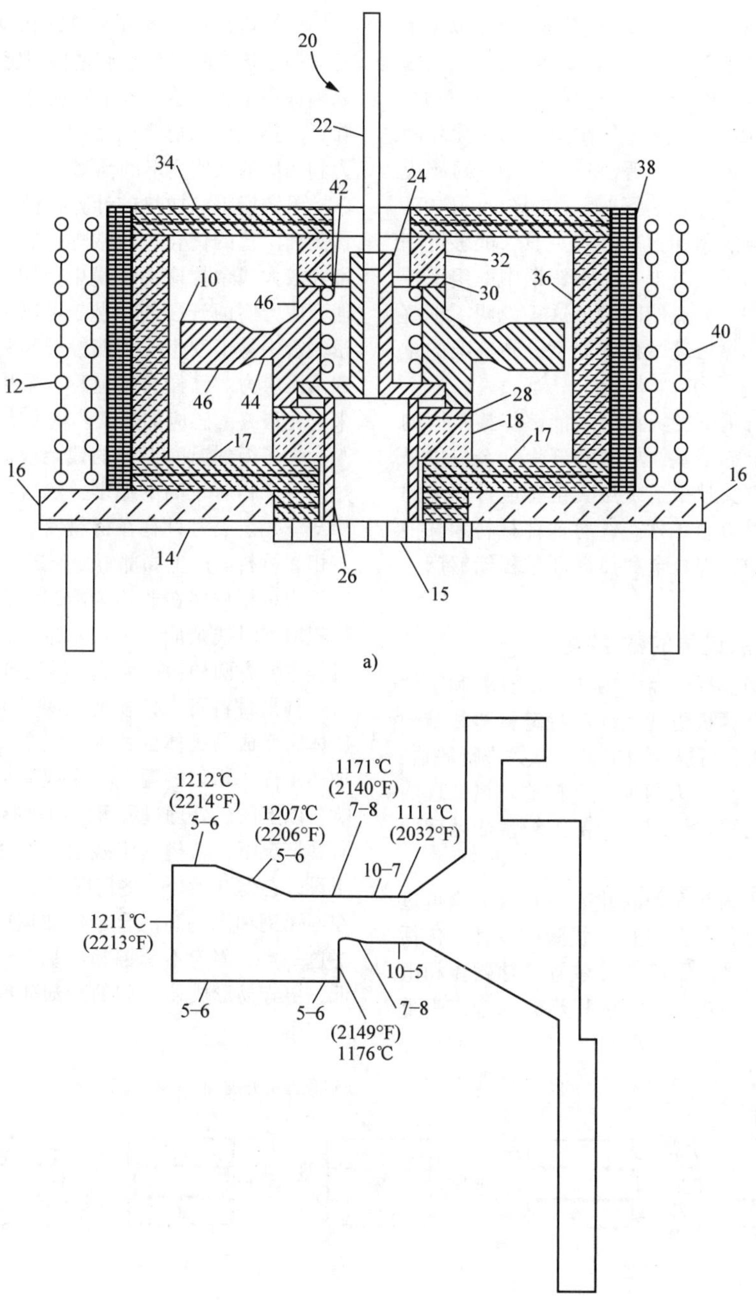

图 4-4 镍基合金转子局部感应加热原理

a）镍基合金汽轮机转子局部感应加热示意图（其中 40 为感应线圈，36 为石墨内胆，42 为冷却附件）

b）镍基合金转子局部温度及其晶粒尺寸（ASTM 晶粒度号）标注

（5）钎焊的加热过程 感应加热也可应用在钎焊过程中。钎焊是一种需要将钎焊合金熔化并使其润湿到基体材料上形成接头的局部、清洁加热过程。感应钎焊需要弄清楚整个钎焊过程中基体材料和钎焊合金温度的变化过程。切削工具可以通过感应钎焊连接到高强度、高韧性的不锈钢材料上。这种焊接方式需要进行控制，以使得热过程不能对基体材料有不利的影响。以将硬质合金通过感应钎焊焊接到 420 马氏体型不锈钢为例，研究者发现在不锈钢中出现了软点，并进行了研究。在早期的感应钎焊过程中，420不锈钢的温度允许加热到很高，以至于会产生有害的组织转变。当温度达到500℃时碳化物开始析出，且析出率在650℃时达到最大，在700℃时可以观察到晶粒长大，这些显微组织的变化伴随着强度和硬度的降低。为了解决这个问题，对感应加热过程和材料温度变化过程进行了更详细的研究。采用了优化的感应线圈和铜冷钎焊夹具，能够得到更好的温度分布结果，减少420不锈钢中的组织转变并消除成品工件中软点的问题。这正说明了理解和控制感应钎焊和热处理过程中温度分布情况的重要性。

钎焊过程具有很好的灵活性，能够焊接不同的材料。感应加热能够给基体材料和钎焊合金提供最佳的能量分布。有文献报道采用真空感应钎焊来焊接钛合金和镍铬铁合金工件。针对这种材料和其他相似材料，最佳的钎焊合金和热循环过程能够产生较好的焊接接头。

4.3.4 感应加热过程的数值模拟

计算机建模和仿真已经应用在许多材料和工件的加工过程中。计算机仿真在针对特定材料和结构预测结果的基础上，可以对加工工艺参数进行评估。感应加热的模拟主要分为两种：材料整体热处理的整体加热，材料局部热处理和局部组织性能处理的表面加热。

感应加热过程很复杂，因此需要有效的模拟过程以确保得到最佳的加热过程。线圈的设计，包括线圈绕组、几何尺寸、距离工件位置、导磁体和电源功率，都会对材料电、磁、焦耳热的耦合产生重要影响。

计算机仿真在各种不锈钢和镍基高温合金中都有应用。仿真的目的是通过模拟感应加热的热效应，来确保在感应加热过程中实现目标温度和温度曲线。除了加热过程，仿真的目的还包括热应力、残余应力和相应的几何变形的预测。

不锈钢感应加热的计算机模拟包括残余应力的预测和工艺的优化，包括焊接管。对于在腐蚀性环境和较大残余拉应力环境中使用的不锈钢，通常会遇到应力腐蚀开裂的问题。可以采用感应加热使不锈钢管中易于发生应力腐蚀开裂的区域产生有利的残余压应力。已经有报道称，采用数值模拟的方法来优化最终的感应加热工艺较为成功。

为了得到温度引起的残余应力，需要将材料加热到一个相对较高的温度，然后在特定条件下进行冷却。残余应力只有在材料发生不均匀冷却且受限于相邻材料而产生局部塑性变形时才能产生。图4-5所示为单相材料在非均匀冷却条件下发生相变伴随体积增加时残余应力形成示意图，残余应力的形成过程主要有两种：一种是材料没有发生明显的相变；另一种是材料发生体积变化明显的相变过程，如奥氏体转变成马氏体的相变，这个过程会受到冷却前加热工件非均匀的温度分布或局部加热的进一步影响。以上的热处理过程可以通过感应加热轻易实现。有些情况下，希望产生残余应力并且在工艺中进行了设计；但在另外一些情况下不希望形成残余应力，在不锈钢和镍基高温合金的加热冷却过程中需要考虑这一点。因为不锈钢和镍基合金的热导率相对较低，更容易形成非均匀的冷却速度从而导致热应力的产生。

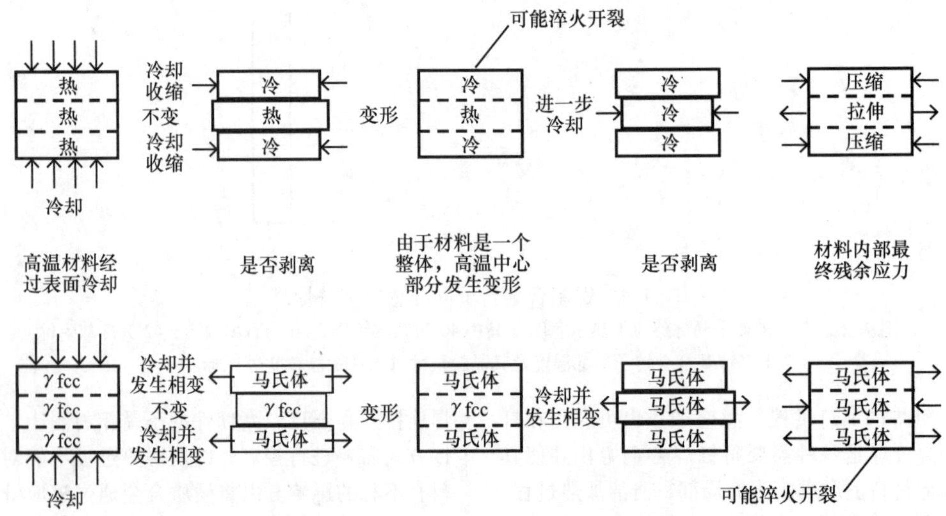

图4-5 单相材料在非均匀冷却条件下发生相变伴随体积增加时残余应力形成示意图

感应加热通常用于不锈钢管加工成形或弯曲成形前的预热。学者们对感应加热和加热过程中的温度变化曲线做了大量的研究，包括热循环和成形过程对工件几何尺寸的影响。对管子折弯过程中变形和回弹的理解对确保工件具有合适的最终几何尺寸至关重要。针对不锈钢管感应加热和折弯过程中回弹的数值计算，学者们做了大量工作。为了预测工件最终的回弹量和变形，需要对成形过程中不同区域及不同温度下的弹性应变和塑性应变进行准确预测。有文献指出，热成形不锈钢管变形的预测需要非常准确，但还是容易做到。

由于管子的非等温条件和几何尺寸具有很大的复杂性，相比传统经验的方式，采用数值模拟是一种较为理想的工艺优化的方法。

感应加热过程的数值建模和仿真包括了几组基于电磁感应耦合、焦耳热和热传导的物理学公式。为了能够精确模拟感应加热过程，需要准确输入感应加热边界条件（如感应线圈、电磁场、几何尺寸等）和所需加热材料的热物理性能（如电阻率、热导率、比热容、线胀系数和磁导率等）。感应加热过程的边界条件需要进行精确测量和控制，但却较易获得。感应加热仿真所需的材料性能通常较难获得，尤其是电磁性能。我们知道，这些性能与温度、组织构成和晶粒结构有关。原始材料具有不同的微观组织，并且在加热过程中会发生变化，这将改变材料的性能。不锈钢和镍基高温合金的动态力学性能与温度和微观组织相关，较难从文献中获得，但是这些性能已经通过测量或计算机仿真进行分类统计获得。文献中对双晶结构和多晶结构高温合金的电气性能进行了研究。结果显示，高温合金的冷作处理会影响其所有的电气性能。理解感应加热材料的微观组织及其对感应加热过程数值模拟的影响至关重要。在另外一个相似的文献中，研究了一种镍基高温合金（沃斯帕洛伊合金）电气性能与析出相 γ' 的关系。结果显示，γ' 相的尺寸和数量对该种合金的电气性能有直接影响。

过渡金属的磁性能可以通过研究每一个原子的磁性能和它们的电子结构来理解。过渡金属的磁矩与金属原子外围电子的数目呈规律性变化。Slater-Pauling 曲线（见图 4-6）给出了多组过渡金属和由过渡金属组成合金的原子平均磁矩。可以看出，Ni 的原子平均磁矩低于 Fe 的一半。Co-Cr 合金、Fe-Cr 合金、Ni-Cr 合金的磁矩对合金成分比例有较大的依赖性。这也说明了不锈钢和镍基高温合金的磁性能相对普通合金钢有较大不同的原因。由于合金 IN718 为顺磁性材料，其磁导率具有一致性。很多商用不锈钢和高温合金的磁性能已经通过表征并发表。

虽然对于相同牌号的金属具有较多不同的报道，但通过文献获得不锈钢和镍基高温合金的热物理性能较为容易。这进一步说明了在研究某种材料的特殊性能时理解该种类型材料性能的重要性。即使给定了材料的成分表或不同组织的相对体积分数，由于材料中成分通常具有不均匀性，会显著改变该材料所测得的热物理性能，这在工业材料中较为常见。

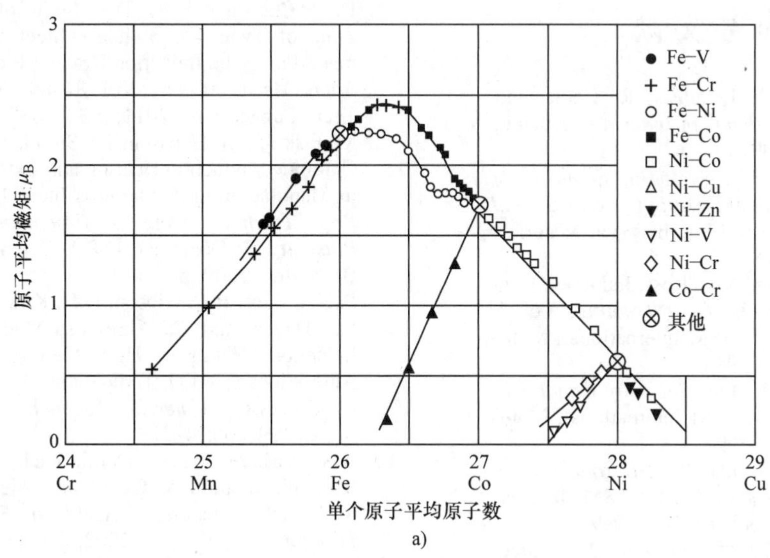

a)

图 4-6　过渡金属及其合金的 Slater-Pauling 曲线

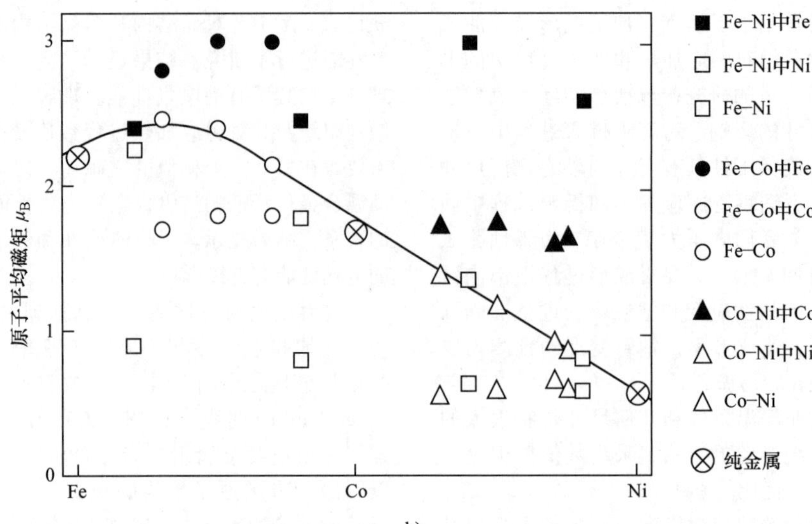

图 4-6 过渡金属及其合金的 Slater- Pauling 曲线（续）

不锈钢、镍基高温合金和其他材料的感应加热及相关工艺的数值模拟具有较大益处，但是材料和边界条件的输入数据要求非常严格。如果没有仔细考虑输入数据，模拟和实际所测得的感应加热速度、温度将会有较大误差。因此，如果对材料和相关工艺进行仿真的目的是获得绝对准确的预测结果，则需要格外谨慎。通常情况下，需要先使用尽可能准确的输入信息，然后采用一组基于某种特定材料和工艺边界条件的试验对模型进行校正，使该特定材料和工艺边界条件下预测结果的误差与不确定性最小化。

参考文献

1. V. Rudnev, D. Loveless, R. Cook, and M. Black, *Handbook of Induction Heating*, CRC Press, 2002
2. S. Zinn and S.L. Semiatin, *Elements of Induction Heating: Design, Control, and Applications*, ASM International, Materials Park, OH, 1988
3. P.A. Hassell and N.V. Ross, Induction Heat Treating of Steel, *Heat Treating*, Vol 4, *ASM Handbook*, ASM International, Materials Park, OH, 1990
4. J.R. Davis, Ed., *ASM Specialty Handbook: Stainless Steels*, ASM International, Materials Park, OH, 1994
5. J. Beddoes and J.G. Parr, *Introduction to Stainless Steels*, 3rd ed., ASM International, Materials Park, OH, 1999
6. H.M. Cobb, Ed., “Stainless Steels: A Steel Products Manual,” AIST, 2008
7. M.J. Donachie, Jr., Ed., *Superalloys Source Book*, American Society for Metals, Metals Park, OH, 1984
8. R.C. Reed, *The Superalloys: Fundamentals and Applications*, Cambridge University Press, 2006
9. C.T. Sims, N.S. Stoloff, and W.C. Hagel, Ed., *Superalloys II: High-Temperature Materials for Aerospace and Industrial Power*, John Wiley & Sons, 1987
10. J.W. Pridgeon, F N. Darmara, J.S. Huntington, and W.H. Sutton, Principles and Practice of Vacuum Induction Melting and Vacuum Arc Melting, *Metallurgical Treatises*, J.K. Tien and J. F. Elliott, Ed., The Metallurgical Society of AIME, 1983, p 261–276
11. D.-H. Chou and H.-L. Tsai, Study of Soft Zone of Type 420 Stainless Steel Weldment during the Induction Brazing Process, *Appl. Mech. Mater.*, Vol 84–85, Trans. Tech. Publications, 2011, p 382–387
12. M. Fisk and S. Hansson, FE-Simulation of Combined Induction Heating and Extrusion in Manufacturing of Stainless Steel Tubes, *Proc. Tenth Int. Conf. on Computational Plasticity*, E. Onate and D.R.J. Owen, Ed., Barcelona, 2009, p 1–4
13. P. Kapronos, R.C. Gibson, D.H. Kirkwood, P.J. Hayes, and C.M. Sellars, Modelling Induction Heating of High Melting Point Alloy Slugs for High Temperature Mechanical Processing, *Mater. Sci. Technol.*, Vol 12, March 1996, p 274–278
14. A.S. Vasilyev, V.B. Demidovich, G.D. Komrakova, and F.V. Chmilenko, Methods for Induction Heating of Steel Strip, *Electr. Technol. Russ.* (No. 2), 2002, p 131–142
15. Transverse-Flux Inductive Heating of Austenitic Stainless Steel Strips, *Steel Times*,

Nov 1993, p 484–485
16. I. Salvatori and W.B. Moore, "New Cold Rolled Stainless Steels with Deep Drawing Qualities Obtained by Ultra-Rapid Heat Treatment," European Commission on Science Research Development, Contract No. 7210-MA/432-822, Final Report, July 1995–Dec 1998
17. J.F. Libsch and P. Capolongo, Heat Treating Stainless Steel by Induction, *Met. Prog.*, July 1968, p 75–78
18. C.R. Brooks, *Heat Treatment, Structure and Properties of Nonferrous Alloys*, American Society for Metals, Metals Park, OH, 1982
19. T. Honda, E.C. Santos, K. Kida, and T. Shibukawa, Microstructural Evaluation of 13Cr-2Ni-2Mo Stainless Steel Quenched by Induction Heating, *Adv. Mat. Res.*, Trans. Tech. Publications, Vol 457–458, 2012, p 525–530
20. D.S. Codd, Post-Weld Induction Heating Provides Controlled Cooling of MSS Welds, *Heat Treat. Prog.*, ASM International, Sept 2008, p 57–65
21. S.H. Razavi, S.H. Mirdamadi, J. Szpunar, and H. Arabi, Improvement of Age-Hardening Process of a Nickel-Base Superalloy IN738LC by Induction Aging, *J. Mater. Sci.*, Vol 37, 2002, p 1461–1471
22. M. Fisk, Validation of Induction Heating Model for Alloy 718 Components, *Int. J. Comp. Methods Eng. Sci. Mech.*, Vol 12, 2011, p 161–167
23. G.F. Mathey, Method of Making Superalloy Turbine Disks Having Graded Coarse and Fine Grains, U.S. Patent 5,312,497, May 17, 1994
24. J. Gayda and D. Furrer, Dual-Microstructure Heat Treatment, *Adv. Mater. Process.*, July 2003, p 36–39
25. T. Tsuchiyama et. al., Surface-Layer Microstructure Control by High-Frequency Induction Heating in Metastable Austenitic Stainless Steel, *18th IFHTSE Congress*, International Federation for Heat Treatment and Surface Engineering, 2010, p 4134–4143
26. D.C. Bertossa, Induction Heating Stress Improvement Qualification, *Proc. Seminar on Countermeasures for Pipe Cracking in BWRs*, Report WS 79-174, Vol 1, Electric Power Research Institute, May 1980, Paper No. 16
27. N.R. Hughes, T.P. Diaz, and V.V. Pestanas, Qualification of Induction Heating Stress Improvement for Mitigation of Stress Corrosion Cracking, *Trans. ASME*, Vol 104, Sept 1982, p 344–350
28. R.L. Koch, E.F. Rybicki, and R.D. Strattan, A Computational Temperature Analysis for Induction Heating of Welded Pipes, *Trans. AIME*, Vol 107, April 1985, p 148–153
29. D.D. Berger, Vacuum Brazing Titanium to Inconel, *Weld. J.*, Vol 74 (No. 11), Nov 1995, p 35–38
30. D.U. Furrer and S.L. Semiatin, Ed., *Fundamentals of Modeling for Metals Processing*, Vol 22A, *ASM Handbook*, ASM International, Materials Park, OH, 2009
31. D.U. Furrer and S.L. Semiatin, Ed., *Metals Process Simulation*, Vol 22B, *ASM Handbook*, ASM International, Materials Park, OH, 2010
32. V. Rudnev, Simulation of Induction Heating Prior to Hot Working and Coating, *Metals Process Simulation*, Vol 22B, *ASM Handbook*, ASM International, Materials Park, OH, 2010, p 475–500
33. V. Rudnev, Simulation of Induction Heat Treating, *Metals Process Simulation*, Vol 22B, *ASM Handbook*, ASM International, Materials Park, OH, 2010, p 501–546
34. H. Zhong and X. Fuqiang, Investigation into the Springback of Pipe Bending Using Induction Heating, *Chin. J. Mech. Eng.*, Vol 11 (No. 1), 1998, p 54–68
35. K. Pinkos, C. Laboy, and R.A. Gerhardt, Effect of Grain Boundaries and Indentation Load on the Electrical Properties of Nickel-Base Superalloys, *MRS Symp. Proc.*, Vol 699, 2002, p R2.5.1–R2.5.6
36. R.L. Whelchel et. al., Effect of Aging Treatment on the Microstructure and Resistivity of a Nickel-Base Superalloy, *Met. Trans. A*, Vol 42A, 2011, p 1362–1372
37. M. Getzlaff, *Fundamentals of Magnetism*, Springer, 2008
38. C. Moosbrugger, Ed., *ASM Ready Reference: Electrical and Magnetic Properties of Metals*, ASM International, Materials Park, OH, 2000
39. "Magnetic Effects of Stainless Steels," ASSDA Technical Report No. 3, Australian Stainless Steel Development Association, Brisbane, Australia
40. Kaye and Laby Table of Physical and Chemical Constants, National Physical Laboratory, http://www.kayelaby.npl.co.uk/general_physics/2_6/2_6_6.html (accessed September 13, 2013)
41. Magnetic Properties of Stainless Steels, Carpenter Technical Article, Carpenter Technologies, 2006, http://www.cartech.com/techarticles.aspx?id=1476 (accessed September 13, 2013)
42. J.J. Valencia and P.N. Quested, Thermophysical Properties, *Metals Process Simulation*, Vol 22B, *ASM Handbook*, ASM International, Materials Park, OH, 2010, p 18–32
43. K.C. Mills, Y. Su, Z. Li, and R.F. Brooks, Equations for the Calculation of the Thermo-Physical Properties of Stainless Steels, *ISIJ Int.*, Vol 44 (No. 10), 2004, p 1661–1668

44. M.J. Assael and K. Gialou, Measurement of the Thermal Conductivity of Stainless Steel AISI 304 up to 550K, *Int. J. Thermophys.*, Vol 4 (No. 4), 2003, p 1145–1153
45. R.H. Bogaard, P.D. Desai, H.H. Li, and C.Y. Ho, Thermophysical Properties of Stainless Steel, *Thermochim. Acta*, Vol 218, 1993, p 373–393
46. A.S. Dobrosavljevec and K.D. Maglic, Measurements of Specific Heat and Electrical Resistivity of Austenitic Stainless Steel in the Range of 300K–1500K by Pulse Calorimetry, *Int. J. Thermophys.*, Vol 13 (No. 1), 1992, p 57–64
47. T.K. Chu and C.Y. Ho, Thermal Conductivity and Electrical Resistivity of Eight Selected AISI Stainless Steels, *Proc. 15th Int. Conf. on Thermal Conductivity*, 1977 (Ottawa, Canada), Plenum Press, p 79–104
48. P.N. Quested et. al., Measurement and Estimation of Thermophysical Properties of Nickel-Based Superalloys, *Mater. Sci. Technol.*, Vol 25 (No. 2), 2009, p 154–162
49. G. Pottlocher, H. Hosaeus, E. Kaschnitz, and A. Seifter, Thermophysical Properties of Solid and Liquid Inconel 718 Alloy, *Scand. J. Metall.*, Vol 31, 2002, p 161–168
50. J. Clark and R. Tye, Thermophysical Properties Reference Data for Some Key Engineering Alloys, *High Temp.—High Press.*, Vol 35/36, 2003/2004, p 1–14
51. Y.G. Yang, D.M. Paxton, K.S. Weil, J.W. Stevenson, and P. Singh, "Materials Properties Database for Selection of High-Temperature Alloys and Concepts of Alloy Design for SOFC Applications," PNNL-14116, Pacific Northwest Laboratory Report, 2002
52. J.M. Corsan, N.J. Budd, and W.F. Hemming, An Inter-Comparison Involving PTB and NPL of Thermal Conductivity Measurements on Stainless Steel, Inconel, and Nomonic Alloy Reference Materials and an Iron Alloy, *High Temp.—High Press.*, Vol 23, 1991, p 119–128
53. L. Filoni and G. Rochini, Thermal Conductivity of Iron, Plain Carbon, and Stainless Steels, and Inconel 718 from 360K to 900K, *High-Temp.—High Press.*, Vol 19, 1987, p 381–387
54. J.N. Sweet, E.P. Roth, and M. Moss, Thermal Conductivity of Inconel 718 and 304 Stainless Steel, *Int. J. Thermophys.*, Vol 8 (No. 5), 1987, p 593–606

4.4 钛合金、铝合金、镁合金和铜合金的加热温度要求

Alexey Sverdlin, Bradley University

金属材料可以根据其可成形性进行分类。如果材料较难加工成形，则该种材料的工件通常采用铸造进行制造，因此称为铸造合金。如果材料较易成形，则称之为锻造合金。材料通常采用两种方式进行强化：冷作和热处理。热处理强化包括析出强化和马氏体相变，两者都需要特殊的热处理工艺过程。如果一种材料无法通过热处理进行强化，则我们称之为不可热处理合金。

非铁材料相比铁质材料具有独特的优势，它们较易加工成形，具有相对较低的密度、较高的电导率和热导率。然而，不同的材料具有不同的性质，能够满足特定的使用目的。不同的材料具有不同的电磁性能和热力学性能，会对感应加热的关键工艺参数产生巨大影响（包括但不限于能量、温度分布、加热的最佳时间、感应线圈和电源的匹配性）。在进行感应加热系统设计和工艺开发优化时，需要对以上变量进行充分理解。

本节介绍了几种典型的非铁金属及具有重要商业用途的合金。

4.4.1 铝及铝合金

铝合金是一类以 Al 为主要元素的合金。它们以低密度、高热导率和电导率、良好的耐蚀性著称。铝合金中典型的合金元素有 Cu、Mg、Mn、Si、Sn。铝合金的分类主要有两种：铸造合金和锻造合金，两者可以根据是否能进行热处理进一步细分。大约85%的铝合金用于锻造产品，如轧制板、铝箔、挤压制品。铸造铝合金用于生产低成本产品，虽然相比锻造铝合金强度较低，但其具有较低的熔点。最主要的铸造铝合金为硅铝合金，较高的 Si 含量（质量分数为4.0% ~13%）使铝合金具有更好的铸造性能。铝合金在工程结构材料和零部件中应用十分广泛，因为它们具有所需的较轻自重和良好的耐蚀性。铝合金通常应用在易拉罐、汽车零部件、客车车身、飞机结构等领域。有些铝合金可以进行析出强化，而有些铝合金则必须通过冷作或固溶处理进行强化。

铝及铝合金的特点是具有较低的密度（2.7g/cm^3）、高的电导率和热导率、在普通环境中良好的耐蚀性，包括空气环境。高热导率是一个非常好的特点，因为这意味着材料较易实现所需的温度均匀性。然而，高的电导率使铝及铝合金可以作为电的良导体，这也导致在采用多匝线圈进行感应加热时具有较低的加热效率。纯铝和铝合金典型的感应加热效率为45% ~60%，具体的数值取决于铝合金成分和线圈设计细节。

由于铝具有面心立方晶体结构（fcc），所以即使在较低的温度下，铝仍然保持着良好的塑性。铝

最主要的缺点是熔点较低（660℃），限制了它能够使用的最高温度。

铝的力学强度可以通过冷作加工和合金化进行强化，然而，两种方式都会降低它的耐蚀性。

锻造铝合金和铸造铝合金具有不同的命名系统，锻造铝合金采用 4 个数字来标定合金元素，见表 4-6。

表 4-6　铝合金的分类

系列	元素系统	热处理状态	典型应用
锻造铝合金			
1×××	超纯或商业纯 Al	不可热处理	食品和化学物品加工和储存、热交换器、反光镜
2×××	Al-Cu-(Mg、Li)	可热处理	飞机结构、铆钉、货车车轮、机械螺钉
3×××	Al-Mn-Mg	不可热处理	厨具、压力容器、管子
4×××	Al-Si	不可热处理	焊丝或钎焊焊条
5×××	Al-Mg	不可热处理	飞机燃料及油管路、油箱、铆钉及导线
6×××	Al-Mg-Si	可热处理	货车、皮划艇、有轨电车、家具及管线
7×××	Al-Zn-Mg-Cu	可热处理	飞机结构零件及耐高压力设备
8×××	Al-Mg-Li	可热处理	具有较高抗损伤容限的飞机结构
铸造铝合金			
1××.×	Al 最少 99.0%（质量分数）	不可热处理	铸造电动机转子
2××.×	Al-Cu	可热处理	货车和拖车上的各种结构部件、变速箱和泵的壳体，汽车结构部件
3××.×	Al-Si-Mg、Al-Si-Cu Al-Si-Mg-Cu	可热处理	飞机曲轴箱、变速箱、外壳和支撑件、增压器叶轮 A356 是铝合金结构铸件的主力材料，同时也是挤压铸件和半固态成形加工中应用最为广泛的铝合金，过共晶合金（390、B390、393）主要应用在耐磨设备中（发动机组、压缩机、活塞、泵、滑轮刹车系统等）
4××.×	Al-Si	不可热处理	船用铸件、办公设备框架、食品加工设备、化工设备
5××.×	Al-Mg	不可热处理	装饰品、乳制品和食品加工设备、海洋管道和化工系统、船用五金、建筑/装饰用品
7××.×	Al-Zn	可热处理	大型机床零件、家具、园艺工具、办公设备、拖车和采矿设备部件，尤其是需要热处理和淬火且不能产生应力和变形的零部件
8××.×	Al-Sn	不可热处理	专用于铸造套管和滑动轴承。在过热条件下具有优异的压缩性能和独特的润滑性能

铸造铝合金采用 4 个或 5 个数字再加上一个小数点来命名。百位数上的数字代表合金元素，小数点后的数字则表示形态（铸件或铸锭）。

1. 锻造铝合金

1×××系列为超纯和商业纯铝：不可热处理铝合金，含有质量分数超过 99.0% 的 Al。其他主要元素为 Fe 和 Si。主要性能：

1）较高的热导率和电导率。

2）较差的力学性能。

3）良好的加工性能。

4）优秀的耐蚀性。

实例：1050，1100，1200，1350。

2×××系列为 Al-Cu 和 Al-Cu-Mg 合金：可进行热处理的铝合金，主要合金元素为 Cu 或 Cu 和 Mg。主要性能：

1）具有类似低碳钢的力学性能。

2）有限的耐蚀性，并具有晶间腐蚀倾向。

实例：2024，2219，2618，2090。

3×××系列为 Al-Mn（-Mg）合金：不可热处理铝合金，主要合金元素为 Mn，微量元素主要为

Cu。主要性能：中等强度的合金，广泛应用于具有应变硬化倾向的领域。

实例：3003，3104，3105。

4×××系列为 Al-Si 合金：不可热处理铝合金，约含有质量分数为12%的 Si。主要性能：

1）塑性较差。

2）Fe 杂质降低了材料的塑性。

实例：4045，4043。

5×××系列为 Al-Mg 合金：不可热处理铝合金，主要合金元素为 Mg。主要性能：

1）中高强度。

2）良好的耐蚀性。

3）良好的焊接性。

4）Mg 质量分数大于3%时具有应力腐蚀倾向。

实例：5005，5052，5454，5083，5182。

6×××系列为 Al-Mg-Si 合金：可进行热处理，主要合金元素为 Mg 和 Si。主要性能：

1）相比2×××系列和7×××系列具有较低的强度。

2）良好的可成形性。

3）良好的耐蚀性。

实例：6063，6151，6061。

7×××系列为 Al-Zn-Mg（-Cu）合金：可进行热处理，主要合金元素为 Zn，其他重要合金元素有 Mg、Cu 和 Cr。主要性能：

1）非常高的强度。

2）较差的耐蚀性。

3）中等抗疲劳性能。

实例：7075，7475。

8×××系列为 Al-Li（-Cu）合金：可进行热处理，主要合金元素为 Li。主要性能：

1）较易进行焊接和成形。

2）可制造成薄板、铝板、挤压制品和锻造制品。

3）在高温高压水中具有良好的耐蚀性。

实例：8006，8011，8017，8030，8079，8090，8176，8177。

2. 铸造铝合金

2××.×系列为 Al-Cu 合金：可进行热处理。主要性能：

1）高强度。

2）较低的耐蚀性（有应力腐蚀开裂倾向）。

3）较差的流动性。

4）较低的塑性。

5）易产生热裂纹。

3××.×系列为 Al-Si-Cu/Mg 合金：可进行热处理。主要性能：

1）高强度。

2）较低的塑性。

3）良好的耐磨性。

4）较低的耐蚀性（含 Cu 合金）。

5）良好的流动性。

6）良好的机械加工性（含 Cu 合金）。

应用：汽车发动机气缸及气缸盖、车轮、飞机零部件、飞机外壳、压缩机和泵等部件。

4××.×系列为 Al-Si 合金：不可热处理。主要性能：

1）中等强度。

2）中等塑性。

3）良好的耐磨性。

4）非常好的可铸性。

5）良好的耐蚀性。

应用：泵壳、薄壁型铸件、炊具。

5××.×系列为 Al-Mg 合金：不可进行热处理。主要性能：

1）较高的耐蚀性。

2）电解抛光后表面形貌出色。

3）中等可铸性。

应用：砂型铸造部件。

7××.×系列为 Al-Zn 合金：可进行热处理。主要性能：

1）良好的几何稳定性。

2）良好的耐蚀性。

3）较差的可铸性。

4）良好的机械加工性能（含 Cu 合金）。

应用：大型机床零部件、家具、园林工具、纺织机械、办公设备、车辆配件和采矿设备部件，尤其是需要热处理和淬火且不能产生应力和变形的零部件。

8××.×系列为 Al-Sn 合金：不可进行热处理。主要性能：

1）较低的强度。

2）非常好的耐磨性。

3）良好的机械加工性能。

应用：专用于铸造套管和滑动轴承。在过热条件下具有优异的压缩性能和独特的润滑性能。

铝合金的固溶处理主要是为了提高其力学性能。为了获得相应的结果，需要对以下变量进行严格控制：

1）固溶处理温度。

2）固溶处理温度停留时间。

3）出炉和淬火之间的时间间隔。

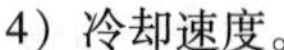

4）冷却速度。

如果加热温度过低，Al-Cu-Mg 合金中的硬化成分在固溶阶段无法在铝中完全溶解，即使其他所有的变量都进行合适的调控，铝合金的力学性能仍然较差。相反地，如果固溶处理温度过高，可能会超过材料的共晶温度从而导致产生初熔，这会对金属材料产生毁灭性影响从而使材料报废。

4.4.2 铜合金

铜及铜合金是一类可用的功能最全面的工程材料。良好的物理性能，包括强度、导电性、耐蚀性、机械加工性、塑性、使得铜适用于各种各样广泛的应用。同时，这些性能还可以通过调整化学成分和制造工艺进一步加强。铜及铜合金主要的选择标准包括：

1）导电性：Cu 在工程金属中具有最高的导电性。可以在铜中加入 Ag 或其他合金元素来提高合金的强度、抗软化性及其他性能，且不会对导电性产生较大影响。

2）导热性：导热性和导电性相似。铜合金可能会因为良好的导热性而被使用，同时随着合金元素的增加导热性会下降，但耐蚀性增强可以弥补热导率的损失。

3）颜色和外观：很多铜合金具有靓丽的颜色，并且会在环境中发生变化。对于大多数铜合金，即使在不利的腐蚀条件下，仍然较容易得到并维持一个高质量的表面。很多铜合金通过采用金属的自然状态或表面金属镀层来用于装饰。铜合金具有某些特殊的颜色，在不同天气条件下会呈现橙红色、黄色、金色、绿色、黑古铜色。

商业纯铜较柔软且塑性好，含有质量分数约 0.7% 的杂质元素。纯铜的使用主要依赖于其优秀的电导率、热导率、耐蚀性、漂亮的外观及易加工性。纯铜在工程金属中具有最好的导电性，塑性好且易于钎焊，同时通常也较容易进行焊接。典型的应用包括电缆和电气配件、热交换器、屋顶、墙板、水管和空气处理设备。无氧高导电铜（C101000 和 C102000）几乎专用于制备感应线圈，因为该类型的铜具有良好的电性能、热性能和力学性能。

高铜合金含有的合金元素比例较少，包括 Be、Cr、Zn、Sn、Ag、S 或 Fe。这些合金元素会改变铜合金的一种或几种基本性能，如强度、蠕变抗性、机械加工性或焊接性。这些铜合金的用途与上述介绍的 Cu 的用途类似，但是其使用条件更加恶劣。

最有名的传统铜合金有青铜，其中 Sn 为主要的合金元素；还有黄铜，其中 Zn 为主要的合金元素。目前有多达 400 种不同的铜及铜合金，总体来说可进行以下分类：铜、高铜合金、黄铜、青铜、白铜、Cu-Ni-Zn（Ni-Ag）合金、铜铅合金、特殊铜合金。表 4-7 为铜合金的分类、主要合金元素和 UNS 牌号。

表 4-7 铜合金的分类、主要合金元素和 UNS 牌号

铜合金	主要合金元素	UNS 牌号
黄铜	Zn	C1×××× ~ C4×××× C66400 ~ C698000
磷青铜	Sn	C5××××
铝青铜	Al	C60600 ~ C64200
硅青铜	Si	C54700 ~ C66100
白铜，镍黄铜（德国银）	Ni	C7××××

黄铜主要分为两个级别：

1）α 合金，Zn 质量分数小于 37%。这种合金具有较好的塑性并能够进行冷加工。

2）α-β 合金或双相铜合金，质量分数为 37% ~ 45% 的 Zn。这种合金具有有限的冷冲压性，通常硬度和强度较高。

可锻黄铜合金主要分为三类：

1）Cu-Zn 合金。

2）Cu-Zn-Pb 合金（含铅黄铜）。

3）Cu-Zn-Sn 合金（含锡黄铜）。

铸造黄铜合金（生黄铜）可以分为四类：

1）Cu-Sn-Zn 合金（红黄铜、浅红黄铜或黄铜）。

2）锰青铜合金（高强度黄铜）和含铅锰青铜（含铅高强度黄铜）。

3）Cu-Zn-Si 合金（硅黄铜和硅青铜）。

4）铸造铜铋合金和 Cu-Bi-Se 合金。

青铜是一种 Cu – Sn 合金，并至少含有一种以下合金：P、Al、Si、Mn、Ni。这种类型的合金具有较高的强度，并且具有良好的耐蚀性。青铜通常用作弹簧和夹具、金属成形模、轴承、轴瓦、端子、接触器和连接器、建筑配件和装饰。采用铸造青铜来制造铜像则众所周知。

白铜是一种 Cu-Ni 合金，含有少量的 Fe，有时还含有其他微量元素，如 Cr 或 Sn。这种合金在水中具有优秀的耐蚀性，广泛用于海水设备中，如热交换器、冷凝器、泵和管道系统、船体的外壳。

镍黄铜（德国银）含有质量分数为 55% ~65% 的 Cu，合金元素为 Ni 和 Zn，有时增加一定的 Pb 来提高合金的机械加工性。该合金的名字（德国银）令人误解，主要是因为它们的外观与纯银相似，但它们本身并不含有 Ag。镍黄铜主要用于珠宝和铭牌、银盘的基体材料（电镀镍黄铜、EPNS）、弹簧、紧固件、硬币、钥匙、相机零件。表 4-8 为铜合金的分类和应用。

表 4-8 铜合金的分类和应用

命名	成分（质量分数,%）	热处理状态	典型应用
铜（ASTM B1，B2，B152，B124，R133）	99.9Cu	退火、冷拔、冷轧	电气设备、屋顶、屏
装饰金（ASTM B36）	95.0Cu，5.0Zn	冷轧	硬币、弹头壳
弹壳黄铜（ASTM B14，B19，B36，B134，B135）	70.0Cu，30.0Zn	冷轧	适合冷加工、散热器、五金器具
磷青铜（ASTM B103，B139，B159）	89.75Cu，10.Sn，0.25P	弹性回火	高疲劳强度和弹性
黄铜（ASTM B36，B134，B135）	65.0Cu，35.0Zn	退火、冷拔、冷轧	良好耐蚀性
锰青铜（ASTM B21）	58.5Cu，39.2Zn，1.0Fe，1.0Sn，0.3Mn	退火、冷拔	锻件
海军铜（ASTM B21）	60.0Cu，39.25Zn，0.75Sn	退火、冷拔	抗盐腐蚀
蒙次黄铜（ASTM B111）	60.0Cu，40.0Zn	退火	凝汽器管
铝青铜（ASTM B169，B124，B150）	92.0Cu，8.0Al	退火、硬化	—
铍铜（ASTM B194，B196，B197）	97.25Cu，2.0Be，0.25Co/Ni	退火、固溶处理	电气、阀门、泵
易切削黄铜	62.0Cu，35.5Zn，2.5Pb	冷拔	螺钉、螺母、齿轮、钥匙
镍黄铜/德国银（ASTM B149）	76.5Cu，12.5Ni，9.0Pb，2.0Sn	—	易于加工、装饰品、水管
镍黄铜/德国银（ASTM B112）	65.0Cu，17.0Zn，18.0Ni	退火、冷拔	五金器材
白铜（ASTM B111，B171）	88.35Cu，10.0Ni，1.15Fe，0.4Mn	退火、冷拔管	冷凝器、海洋管道
白铜	70.0Cu，30.0Ni	锻造	管子、阀门、卫浴
高铜黄铜/铜合金 C83600（ASTM B62）	85.0Cu，5.0Zn，5.0Pb，5.0Sn	铸造	—
炮铜（也称红黄铜）	80~90Cu，<5Zn，10.0Sn，<1 其他元素	—	—

与铝合金类似，铜及铜合金较高的热导率是令人满意的特点，因为快速的热传导使得加热工件内部产生较大的热流，这将帮助实现所需的温度均匀性。除此之外，作为一个电的良导体，铜能够减少感应线圈中的焦耳热损耗。但是，铜较低的电阻使得其在使用多匝感应线圈进行加热时具有较低的加热效率。纯铜进行感应加热时，其典型的电流效率范围是 35%～55%，具体数值取决于合金的成分、温度和感应线圈设计。然而，当采用感应线圈对黄铜、青铜和其他铜基合金进行加热时，线圈效率有明显提高，达到 45%～65%。

4.4.3 镁合金

Mg 在地壳中的总含量排名第八。大部分的 Mg 都溶解在海水中。由于其具有较高的反应活性，从来没有找到天然的镁金属。相比其他所有结构金属，Mg 最具有吸引力的性能是具有低密度（$1.7g/cm^3$）。Mg 为六方紧密堆积（hcp）晶体结构，因此在室温时，Mg 合金较难成形。Mg 相对较软，且具有较低的弹性模量：45GPa。室温时镁及镁合金均难以加工成形。因此，镁合金通常采用铸造或热成形（200～350℃）进行制造。与 Al 相同，镁合金分为铸造镁合金和锻造镁合金，同时有些镁合金可以进行热处理。镁合金中主要的合金元素有 Al、Zn、Mn 和稀土金属。从化学角度讲，镁合金相对不稳定，尤其是在海洋环境中容易发生腐蚀。细镁粉在空气中加热时极易燃烧。镁合金的应用范围包括手持设备如手锯、工具箱，汽车配件如方向盘、座架，电子设备如计算机外壳、摄像头、手机等。

纯镁是一种具有相当强度、银白色的质量较轻的金属（是铝密度的2/3）。Mg放在空气中会发生轻微氧化，但与碱金属不同，Mg无需保存在无氧环境中，因为Mg的外表面会形成一种氧化物薄层，较难渗透和磨损，对Mg起到保护作用。与元素周期表中同族相邻元素Ca相似，Mg在室温时也会与水发生反应，但相比Ca反应速度要慢得多。当把Mg放入水中后，开始在金属表面形成氢气，但几乎观察不到气泡，但如果采用Mg粉，反应速度则要快得多。随着温度的升高，反应速度加快。利用Mg可以与水发生反应的能力，可以用来产生能量从而形成一个Mg基发动机。Mg也可与大多数酸发生放热反应，如盐酸（HCl）。与Al、Zn和很多其他金属一样，Mg和盐酸反应会生成金属氯化物同时产生H_2。室温时，Mg会产生快速加工硬化，冷成形性降低。Mg的铸造温度与Al几乎相同，可以采用热室压铸和冷室压铸对Mg进行铸造加工，同样也可以采用传统的永久铸模和砂型铸造。Mg的浇注速度很快，因为其比热容较低。正是由于这个原因，将金属加热到浇注温度所需的能量也更低。表4-9为镁合金中的合金元素及其影响，表4-10为美国国家标准协会（ANSI）对镁合金命名的前两个字母。

表4-9　镁合金中的合金元素及其影响

元素	影　响	元素	影　响
Al（A）	当镁合金中含有合金元素Al时，通常会增加质量分数为0.2%左右的Mn来改进晶粒结构；含Al镁合金通常用作铸造	Mn（M）	增强耐蚀性；改进晶粒结构
Cu（C）	允许热处理；可提高耐蚀性	Li（L）	铝合金中添加质量分数为10%的Li能够改进采用MnO_2作为负极的电池的正极性能，Mg-Li合金通常较软，具有较好的塑性
稀土金属（E）	95℃以上使用时添加稀土元素；Mg-稀土-Zr形式的合金较为常见	Ag（Q）	同时提高室温和高温的力学性能；显著增加了合金的成本
Th（H）	Th质量分数超过2%的镁合金意味着该合金为放射性材料，含Th镁合金有很大的氧化倾向	Si（S）	提高物理特性；提高Al-Mg-Si合金导线中的导电性；铸造过程中提高流动性和降低断面收缩率；提高焊接性
Zr（K）	在没有Al和Mn时使用；采用特殊熔炼工艺可以克服氧化倾向；Zr可以有效细化镁合金晶粒；含Zr镁合金通常用于锻造；Zr基合金可以在高温下使用，在航空领域中较为常用	Zn（Z）	添加Zn用于挤压铸造；提高强度和抗蠕变性能；允许热处理
		Y（W）	含Y的合金在高达300℃时仍然不会发生蠕变；具有相当高的耐蚀性

根据美国国家标准协会（ANSI）的命名规则，前两个字母代表了含量最高的两种合金元素。字母的顺序是按照元素含量从大到小排列，如果两种合金元素含量相同，则按照字母先后顺序排列。字母后面有两个数字，分别代表两种合金元素含量四舍五入后的整数。镁合金的牌号后面还会有一个后缀字母，这个后缀字母表示元素含量有微小差异或其他杂质的合金。镁合金牌号后缀字母，如A、B或C，表示后续开发的、相比第一代或前代合金成分具有微小差异的合金，这种差异较小，不至于改变初始的合金命名。有时也会在牌号后面通过连字符增加一个热处理代码。代码的命名与ASTM B296一致。表4-11和表4-12为镁合金ANSI牌号的第三、第四位数字和热处理后缀代号。

表4-13为部分镁合金的成分、力学性能和典型应用。

对纯镁进行感应加热的一个巨大挑战是安全方面的考虑，这与纯镁具有较高的易燃性、爆炸性、自燃性和燃烧特性相关。例如，纯镁的自燃温度约为510℃。

表 4-10 美国国家标准协会（ANSI）对镁合金命名的前两个字母

字母	特征	字母	特征
AE××	含 Al 和稀土金属 具有较高的强度 150℃以下具有良好的抗蠕变性	QE××	含 Ag 和稀土金属 砂型铸造和金属型铸造 具有焊接性
AM××	含 Al 和 Mn 具有很好的焊接性 常采用铸造 具有高韧性和冲击强度 已经没有广泛采用	QH××	含 Ag 和 Th 具有良好的可锻性 250℃时具有良好的抗蠕变性和较高的屈服强度
AS××	含 Al 和 Si 具有优秀的抗蠕变性 适用于高温设备 压铸汽车结构部件	WE××	含 Y 和稀土金属 砂型铸造和金属型铸造 250℃具有优秀的抗蠕变性 具有焊接性
AZ××	含 Al 和 Zn 最为广泛使用的镁合金 具有中等强度、良好的塑性和韧性 可以进行铸造、成形和锻造	ZC××	含 Zn 和 Cu 具有优秀的铸造性和较高的强度 可以进行焊接
EA××	含有稀土金属和 Al 航空航天材料	ZE××	含 Zn 和稀土金属 用于小截面锻件 具有较高的机械强度
EQ××	含稀土金属和 Ag 高达 200℃时仍具有高强度 砂型铸造和金属型铸造	ZK××	含 Zn 和 Zr 用于高压力航空铸件 可能会由于收缩产生微孔和开裂 较高的成本 不可焊接
EZ××	含有稀土金属和 Zn 砂型铸造和金属型铸造 几乎没有微孔 245℃以下具有抗蠕变性	ZM××	含 Zn 和 Mn 具有良好的可锻性 具有中等强度和良好的阻尼特性
		ZW××	含有 Zn 和 Y

表 4-11 镁合金 ANSI 牌号的第三、第四位数字

第三、第四位数字	化学成分（质量分数,%）
AM60	6.0 Al，0 Mn
AS41	4.0 Al，1.0 Si
AZ61	6.0 Al，1.0 Zn
AZ91	9.0 Al，1.0 Zn
WE43	4.0 Y，3.0 Nd
WE54	5.0Y，4.0 Nd

表 4-12 镁合金的热处理后缀代号

后缀	热处理
F	预制
O	退火
H	冷作
H1	仅应变强化
H2	应变强化随后局部退火
H3	应变强化随后稳定化处理
H4	固溶处理
H5	人工时效
H6	固溶处理随后人工时效
H7	固溶处理和稳定化处理
H8	固溶处理、冷作和人工时效

4.4.4 钛合金

钛及钛合金具有相对较低的密度、较高的强度、非常高的熔点。与此同时，钛及钛合金也较易于进行机械和锻造加工。钛及钛合金在各种各样的气氛环境中具有优秀的耐蚀性和极佳的耐磨性。Ti 的主要缺点是其在高温下具有化学活性，需要特殊的工艺来进行冶炼提取，因此钛合金的价格比较高昂。钛及钛合金的主要应用范围包括航天器、飞机结构、外科植入物、石油化工行业等。

（1）物理性能 如果将所有的元素按照原子序

表 4-13　部分镁合金的成分、力学性能和典型应用

ASTM 牌号	成分（质量分数,%）	热处理状态	抗拉强度/MPa	抗拉强度/ksi	屈服强度/MPa	屈服强度/ksi	断后伸长率（%）	典型应用
锻造合金								
AZ31B	3.0 Al, 1.0 Zn, 0.2 Mn	挤压成形	262	38	200	29	15	结构和管材，阴极保护
HK31A	3.0 Th, 0.6 Zr	应变强化局部退火	255	37	200	29	9	315℃时具有较高强度
ZK60A	5.5 Zn, 0.45 Zr	人工时效	350	51	285	41	11	具有最高强度的飞机锻件
AZ91D	9.0 Al, 0.15 Mn, 0.7 Zn	铸造	230	33	150	22	3	汽车压铸零件、行李箱、电子设备
AM60A	6.0 Al, 0.13 Mn	铸造	220	32	130	19	6	车轮
AS41A	4.2 Al, 0.20 Mn	铸造	210	31	140	20	6	要求蠕变性能较好的压铸件

数进行排列，可以发现元素的性能与原子序数之间有一定的关系。在元素周期表中可以看到 Ti 属于第四列（第ⅣB 族），与 Zr、Hf 和 Th 化学性能相似。因此，Ti 具有与这些金属相似的物理性能并不奇怪。

Ti 核外第三层有 2 个电子，第四层有 2 个电子。当金属中存在这种电子排列时（即外层电子先填满而内层电子没有填满），被称为过渡金属。这种电子排列使得 Ti 具有独特的物理性能。如 Cr、Mn、Fe、Co、Ni 均为过渡金属。

Ti 的原子量为 47.88，而 Al 的原子量为 26.97，Fe 的原子量为 55.84。晶体结构意味着原子呈周期性排列并具有均匀的物理性质。这种周期性的排列方式影响了金属的物理性能。大多数金属不是体心立方结构（bcc）、面心立方结构（fcc）就是密排六方结构（hcp）。

Ti 具有较高的熔点，1725℃。该熔点比碳钢高约 205℃，比铝高约 1095℃。

（2）热导率　金属传导热的能力称为热导率。因此，一种作为绝热体的材料，应该具有较低的热导率，而作为散热器的材料需要拥有较高的热导率来进行热扩散。物理学家对热导率的定义为材料在单位时间、单位厚度、单位截面积和单位温度差时传递热量的大小。

（3）线胀系数　在熔点以下对金属进行加热会引起材料膨胀或长度增加。如果对一个长棒进行均匀加热，棒料长度方向的每一个单位材料都会伸长。这种单位长度材料每升高 1℃ 的伸长量称为线胀系数。当金属进行多次的加热和冷却循环并且需要材料尺寸保持在一定的范围以内时，需要较低的热膨胀系数。当两种不同线胀系数的材料接触时，这方面的考虑尤为重要。

钛具有较低的线胀系数，为 $9.0\times10^{-6}K^{-1}$，而不锈钢的线胀系数为 $14.0\times10^{-6}K^{-1}$，铜的线胀系数为 $16.5\times10^{-6}K^{-1}$，铝的线胀系数为 $23.0\times10^{-6}K^{-1}$。

（4）电导率和电阻率　电子由于电势差在金属中发生流动的能力称为电导率。金属的原子结构显著影响材料的电性能。钛并不是一个电的良导体。如果铜的导电性认为是 100%，那么钛的导电性只有 3.1%。这说明在需要较高电导率的情况下，钛并不适用。作为对比，不锈钢的导电性也只有 3.5%，而铝则能达到 30%。

电阻率是材料阻碍电子流动的能力。由于钛不是一个良好的导体，因此它可以作为一种电阻器来使用。

（5）磁性能　如果将金属置于磁场中，会在金属中产生磁力。金属在磁场中磁化的强度表示为 M，磁化强度可以通过测量产生的磁力和相应的磁场强度来获得。磁化强度取决于磁化率 K，这是金属材料的基本属性。不同金属材料的磁化率差别很大，因此可以将金属划分为以下三类：

1）抗磁性材料的磁化率 K 很小且为负数，这种材料在磁场中会受到微小的排斥。抗磁性材料有 Cu、Ag、Au 和 Bi。

2）顺磁性材料的磁化率 K 也很小且为正数，这种材料在磁场中会受到微小吸引。碱和碱土金属以及非铁磁性的过渡金属主要为顺磁性材料（可以发现钛具有微小的顺磁性）

3）铁磁性材料具有较大的 K 值，并且为正数。Fe、Co、Ni、Ga 均为铁磁性材料。

除了在磁场中受到强烈的吸引力之外，铁磁性材料的一个重要特点是，将其从磁场中移除后，材料仍然保留着磁性。

纯钛通常为 hcp 结构的 α 相，但在加热到 880℃

后会转变成 bcc 结构的 β 相。在钛中添加合金元素可以影响相转变温度，同时在很多钛合金中，可以使材料在室温时仍然保留有 β 相。这样可以使钛合金同时含有 α 相和 β 相，甚至完全是 β 相。任何特定钛合金中 α 相和 β 相的相对比例对材料的性能有重要影响，如抗拉强度、塑性、蠕变性能、焊接性、可成形性。纯钛在常温常压下的晶体结构为 hcp 结构的 α 相，其 c/a 值为 1.587。在 890℃左右时，钛会发生同素异构转变生成 bcc 结构的 β 相，直到其达到熔点温度时仍然保持稳定。

有些合金元素能够提高 α-β 转变温度（称为 α 相稳定剂），而有些合金元素能够降低 α-β 转变温度（称为 β 相稳定剂）。Al、Ga、Ge、C、O、N 为 α 相稳定剂。Mo、V、Ta、Nb、Mn、Fe、Cr、Co、Ni、Cu、Si 均为 β 相稳定剂。

在冶金工业中，通常习惯按照钛合金的金相结构对其进行命名，比如 α 合金、α-β 合金、β 合金。

钛合金主要分为以下四类：

1）α 钛合金，即为仅含有中性合金元素（如 Sn）或 α 稳定剂（如 Al 或 O）的钛合金。这种类型的钛合金不能进行热处理。

2）近 α 钛合金，其中含有少量塑性较好的 β 相。除了含有 α 相稳定剂，近 α 钛合金中还含有质量分数为 1%～2% 的 β 相稳定剂，如 Mo、Si 或 V。

3）α-β 钛合金，该种合金为亚稳态，通常含有一定的 α 相稳定剂和 β 相稳定剂，且该种合金可以进行热处理。

4）β 钛合金，为亚稳态合金。该合金中含有较多 β 相稳定剂（如 Mo、Si、V），以使得淬火时 β 相保持稳定。β 钛合金可以通过固溶处理和时效处理进行强化。

总体来说，α 钛合金具有更高的强度和较低的塑性、韧性，而 β 钛合金具有更好的塑性和韧性，α-β 钛合金的力学性能处于前两种钛合金之间。

高温时，TiO_2 可以溶解到钛中，该过程对钛金属的性能具有很大的影响。这也意味着，除了高纯化处理的钛，所有的钛金属均含有大量溶解的 O，因此也可以将其称为 Ti-O 合金。钛中析出的氧化物（之前溶解的 O）能够在一定程度上使材料的强度增大，但会使钛合金对热处理敏感性降低且会大大地降低材料的韧性。

很多合金也会含有 Ti 作为添加的微量元素。但由于合金通常按照主要的合金元素进行分类，因此这些含有少量 Ti 的合金并不是钛合金。

Ti 本身就是一种具有高强度、低密度的材料。Ti 的强度比钢要高，但其密度要低 45%。同时，Ti 的强度能够达到铝的 2 倍，但密度只比 Al 高 60%。Ti 在海水中不易被腐蚀，因此被用作船舶的螺旋轴、索具和其他会暴露在海水中的部件。钛及钛合金在飞机、导弹、火箭上也有大量应用，因为其具有高强度、低密度、抗高温等重要性能。此外，由于不与人体发生化学反应，钛及钛合金通常用来制作接骨和其他生物移植所需的人造髋关节和骨钉。

表 4-14 为温度对商用纯钛物理性能的影响。

表 4-15 为部分钛合金的成分、力学性能和典型应用。

表 4-16 为钛及钛合金的物理性能。

表 4-17 为钛及钛合金的物理性能。

表 4-14 温度对商用纯钛物理性能的影响

温度/℃	温度/℉	热膨胀系数/$10^{-6}K^{-1}$	热导率/[W/(m·K)]	电阻率/μΩ·cm	比热容/[J/(g·K)]	磁化率/10^{-6}	弹性模量/GPa
20	68	—	17	0.48	500	3.4	110
100	212	7.6	16	0.65	550	3.5	101
200	390	8.9	15	0.83	580	3.6	92
300	570	9.5	15	1.00	595	3.7	85
400	750	9.6	15	1.15	605	3.9	78
500	930	9.7	15	1.29	615	4.0	72
600	1110	—	16	1.41	—	—	—

表 4-15 部分钛合金的成分、力学性能和典型应用

合金型号	成分（质量分数,%）	热处理状态	抗拉强度/MPa	抗拉强度/ksi	屈服强度/MPa	屈服强度/ksi	断后伸长率（%）	典型应用
商用纯钛	99.1 Ti	退火	484	70	414	60	25	喷射发动机外壳、机身外壳、海洋和化工行业耐腐蚀设备
α Ti-5Al-2.5Sn	5Al, 2.5Sn	退火	826	120	784	114	16	汽轮机铸件、耐 480℃ 高温的化工设备
近 α Ti-8Al-1Mo-1V	8Al, 1Mo, 1V	退火（双重）	950	138	890	129	15	喷射发动机铸件
α-β Ti-6Al-4V	6 Al, 4V	退火	947	137	877	127	14	高强度假肢、化工设备、机身结构部件
α-β Ti-6Al-2Sn	6 Al, 2 Sn, 6V, 0.75 Cu	退火	1050	153	985	143	14	火箭发动机箱、高强度机身结构
β Ti-10V-2Fe-3Al	10V, 2 Fe, 3 Al	固溶 + 时效	1223	178	1150	167	10	具有所有商用钛合金中最好的强度和韧性综合性能，应用于表面和心部需要均匀拉伸性能的领域和高强度机身结构

表 4-16 钛及钛合金的物理性能

合　　金	名称或牌号	密度/(g/cm^3)	熔化温度/℃	熔化温度/℉	比热容/[J/(g·K)]	电阻率/$10^{-8}\Omega\cdot m$
商用纯钛	ASTM 1 级	4.51	1670 ± 15	3040 ± 60	0.54	56
商用纯钛	ASTM 2 级	4.51	1677 ± 15	3050 ± 60	0.54	56
商用纯钛	ASTM 3 级	4.51	1677 ± 15	3050 ± 60	0.54	56
商用纯钛	ASTM 4 级	4.54	1660 ± 15	3020 ± 60	0.54	61
Ti-3Al-2.5V	ASTM 9 级	4.48	1704 ± 15	3100 ± 60	—	124
Ti-0.8Ni-0.3Mo	ASTM 12 级	4.51	—	—	0.54	51
Ti-3Al-8V-6Cr-4Zr-4Mo	Beta C	4.81	1649 ± 15	3000 ± 60	—	—
Ti-15Mo-3Nb-3Al-0.2Si	1Timetal 21 S	4.90	—	—	0.49	135
Ti-6Al-4V	ASTM 5 级	4.42	1649 ± 15	3000 ± 60	10.56	170
Ti-2.5Cu	IMI 230	4.56	—	—	—	70
Ti-4Al-4Mo-2Sn-0.5Si	IMI 550	4.60	—	—	—	160
Ti-6Al-6V-2Sn	—	4.54	1704 ± 15	3100 ± 60	0.65	—
Ti-10V-2Fe-3Al	—	4.65	1649 ± 15	3000 ± 60	—	—
Ti-15V-3Cr-3Sn-3Al	—	4.76	1524 ± 15	2775 ± 60	0.50	147
Ti-8Al-1Mo-1V	—	4.37	1538 ± 15	2800 ± 60	—	198
Ti-11Sn-5Zr-2.5Al-1Mo	IMI 679	4.84	—	—	—	163
Ti-5.5Al-3.5Sn-3Zr-1Nb-0.5Mo-0.3Si	IMI 829	4.54	—	—	—	—
Ti-5.8Al-4Sn-3.5Zr-0.7Nb-0.5Mo-0.3Si	IMI 834	4.55	—	—	—	—
Ti-6Al-2Sn-4Zr-2Mo	—	4.54	1649 ± 15	3000 ± 60	0.42	191
Ti-6Al-2Sn-4Zr-6Mo	—	4.65	1635 ± 15	2975 ± 60	—	—
Ti-6Al-5Zr-0.5Mo-0.2Si	IMI 685	4.45	—	—	—	—
Ti-6Al-3Sn-4Zr-0.5Mo-0.5Si	Ti 1100	4.50	—	—	—	180

表 4-17 钛及钛合金的物理性能

合金	名称或牌号	热导率/[W/(m·K)]	热膨胀系数(0~100℃)/$10^{-6}K^{-1}$	热膨胀系数(0~300℃)/$10^{-6}K^{-1}$	β相转变温度/℃	β相转变温度/℉
商用纯钛	ASTM 1 级	16.3	8.6	9.2	888±15	1630±60
商用纯钛	ASTM 2 级	16.3	8.6	9.2	913±15	1675±60
商用纯钛	ASTM 3 级	16.3	8.6	9.2	921±15	1690±60
商用纯钛	ASTM 4 级	16.3	8.6	9.2	949±15	1740±60
Ti-3Al-2.5V	ASTM 9 级	7.6	—	7.9	935±15	1715±60
Ti-0.8Ni-0.3Mo	ASTM 12 级	22.7	9.5	—	888±15	1630±60
Ti-3Al-8V-6Cr-4Zr-4Mo	Beta C	8.4	9.4	9.7	793±15	1460±60
Ti-15Mo-3Nb-3Al-0.2Si	Timetal 21 S	7.62	4.4	4.9	785±15	1445±60
Ti-6Al-4V	ASTM 5 级	7.2	8.8	9.2	999±15	1830±60
Ti-2.5Cu	IMI 230	16.0	9.0	9.1	895±15	1643±60
Ti-4Al-4Mo-2Sn-0.5Si	IMI 550	7.9	8.8	9.2	975±15	1787±60
Ti-6Al-6V-2Sn	—	7.2	9.0	9.4	946±15	1735±60
Ti-10V-2Fe-3Al	—	—	—	9.7	796±15	1465±60
Ti-15V-3Cr-3Sn-3Al	—	8.1	—	9.7	760±15	1400±60
Ti-8Al-1Mo-1V	—	6.5	8.5	9.0	1038±15	1900±60
Ti-11Sn-5Zr-2.5Al-1Mo	IMI 679	7.1	8.2	9.3	950±15	1742±60
Ti-5.5Al-3.5Sn-3Zr-1Nb-0.5Mo-0.3Si	IMI 829	—	9.45	9.77	1015±15	1860±60
Ti-5.8Al-4Sn-3.5Zr-0.7Nb-0.5Mo-0.3Si	IMI 834	—	10.6	10.9	1045±15	1913±60
Ti-6Al-2Sn-4Zr-2Mo	—	6.0	9.9	—	996±15	1825±60
Ti-6Al-2Sn-4Zr-6Mo	—	7.1	9.4	10.3	932±15	1710±60
Ti-6Al-5Zr-0.5Mo-0.2Si	IMI 685	4.8	9.8	9.5	1025±15	1877±60
Ti-6Al-3Sn-4Zr-0.5Mo-0.5Si	Ti 1100	6.6	8.8	9.5	804±15	1479±60

4.4.5 钛合金、铝合金、镁合金和铜合金的电阻率与电导率

表 4-18 为不同材料 20℃时的电阻率、电导率和温度系数。

在有些应用中，产品的质量非常重要，而产品的电阻率密度积要比纯粹的低电阻率更为重要。通常可以将导体做得更厚，以获得更高的电导率。因此，低电阻率密度积（等效于高的电导率密度积）的材料是非常需要的。例如，对于长距离的高压电线，Al 比 Cu 的使用频率要高得多，因为相同的电导率 Al 具有更轻的质量。表 4-19 为 Al、Mg、Cu 的电阻率密度积。

表 4-18 不同材料 20℃时的电阻率、电导率和温度系数

材料	$\rho/\Omega\cdot m$	$\sigma/(S/m)$	温度系数/K^{-1}
Cu	1.68×10^{-8}	5.96×10^{-7}	0.0039
退火 Cu	1.72×10^{-8}	5.80×10^{-7}	—
Al	2.65×10^{-8}	3.50×10^{-7}	0.0039
Ti	4.20×10^{-7}	2.38×10^{-8}	—

表 4-19 Al、Mg、Cu 的电阻率密度积

材料	电阻率 $\rho/10^{-9}\Omega\cdot m$	密度/(g/cm^3)	电阻率密度积/($10^{-7}\Omega\cdot g/cm^2$)
Al	26.5	2.70	72
Mg	43.90	1.74	76.3
Cu	16.78	8.96	150

1. 铝合金的电性能

1）高纯度铝室温时的电阻率为 2.62×10^{-8} ~ $2.65\times10^{-8}\Omega\cdot m$，相当于国际退火铜标准（IACS）的65% ~66%。表4-20为室温时质量分数0.1%的合金元素对铝合金电阻率的影响。主要是在二元合金体系中测量电阻率增量，没有考虑两种不同合金元素之间的相互影响，而这种不同合金元素之间的作用会大大影响每一种合金元素对铝合金电阻率的影响。商业固溶处理和淬火得到的金属相比退火析出Si的金属的电导率要低几个IACS百分点。

对于纯度为99.5%或更低的铝，Fe-Si比例越高，电导率也越高。对于纯度较高的金属，Fe-Si比例的影响则低得多。在用作导体的金属中，Ti和V（通常为合金的杂质元素并且大大降低材料的电导率）在金属熔化状态作为硼化物析出。可以发现，当铝合金中含有质量分数为0.03%的Cu时，其电导率得到提高。

晶粒尺寸对商业材料电导率的影响几乎可以忽略。单晶材料的电导率是各向同性的，除非存在位错。通过冷加工的多晶材料在变形方向上具有更高的电导率，通常约高0.5% ~1%。对于冷加工的时效强化合金，析出物的取向可能会产生纤维效应，导致材料产生2% ~2.5%的各向异性。在商业铝合金中，当变形量达到99%时，电导率会降低3% ~4%。

表4-20　室温时质量分数0.1%的合金元素对铝合金电阻率的影响

添加的合金元素	质量分数0.1%中所占的量(%)	不同研究者所得电阻率增量/$10^{-8}\Omega\cdot m$				添加的合金元素	质量分数0.1%中所占的量(%)	不同研究者所得电阻率增量/$10^{-8}\Omega\cdot m$			
		W. Fraenkel	H. Bohner	G. G. Gauthier	D. Altenpohl			W. Fraenkel	H. Bohner	G. G. Gauthier	D. Altenpohl
Ag	0.005	0.028	0.04	0.060	0.030	Li	0.390	0.370	—	—	0.38
As	0.056	—	0.02	—	0.015	Mg	0.110	0.050	0.05	0.04	0.051
Au	0.014	—	—	0.020	0.030	Mn	0.049	0.240	0.30	0.33	0.36
B	0.250	—	—	—	0.12	Mo	0.028	—	—	—	—
Be	0.300	—	—	—	—	Ni	0.046	—	0.02	0.004	—
Bi	0.013	—	0.01	—	0.017	Pb	0.013	—	0.01	—	0.013
Ca	0.066	—	—	—	0.027	Sb	0.022	—	0.01	—	0.02
Cd	0.029	—	0.02	—	0.014	Si	0.096	0.008	0.20	0.037	0.068
Co	0.046	—	0.01	—	—	Sn	0.023	—	—	—	0.02
Cr	0.052	—	0.40	0.36	0.41	Ta	0.016	—	—	—	—
Cu	0.043	0.035	0.04	0.022	0.033	Ti	0.057	—	—	0.28	0.31
Fe	0.049	—	0.02	0.026	0.032	V	0.052	—	0.40	0.40	0.43
Ga	0.039	0.0095	—	0.04	0.009	W	0.015	—	—	—	—
Ge	0.037	0.035	—	—	0.029	Zn	0.041	0.010	0.01	0.009	0.01
In	0.023	0.0014	—	—	—	Zr	0.030	—	—	—	0.20

铝合金的温度系数约为 4.00×10^{-12} ~ $4.33\times10^{-12}\Omega\cdot m/K$，且铝合金等级越低，温度系数越小。商业铝和高纯度铝室温时微小的电阻率差异在加热后会更小甚至消失。图4-7所示为不同文献中固态铝和液态铝电阻率随温度的变化规律。液态金属的数据有些散乱，但并不明显。液态铝的温度系数要低于其固体状态下的一半。

在温度低于0℃时，商业铝和高纯度铝电阻率的差异变得较为明显（见表4-21），例如99.965%的Al在4.2K时的电导率是其273K时的200倍，而99.99998%的Al在4.2K时的电导率是其273K时的45000倍。99.99%或更高纯度的Al在1.1 ~1.2K时即可成为超导体。

在0℃以下时，薄膜高纯铝或电缆高纯铝相比块状铝具有更高的电阻率。

表4-22为铝合金室温时典型的物理性能。

表4-23为几种锻造金属室温时典型的物理性能和力学性能。

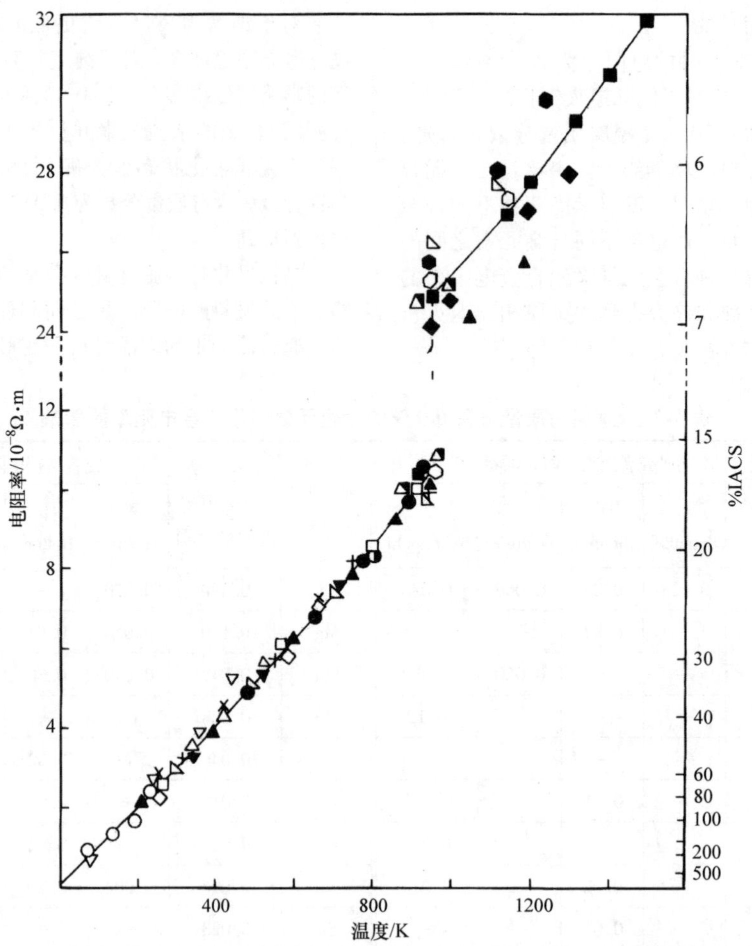

图 4-7 不同文献中固态铝和液态铝电阻率随温度的变化规律

×—文献［12］ □—文献［13］ □—文献［14］ ○—文献［15］ ◇—文献［16］ △—文献［17］
●—文献［18］ ■—文献［19］ ▲—文献［20］ +—文献［21］ ▼—文献［22］ ◁—文献［23］

表 4-21 零下温度时不同等级纯铝的电阻率

级别	电阻率			
	$R_{273}/R_{1.59}$	$R_{273}/R_{4.2}$	R_{273}/R_{14}	R_{273}/R_{20}
99.965	200	200	180	170
99.98	350	350	350	300
99.99	700	650	600	450
99.992	800	780	730	540
99.996	1850	1800	1500	1000
99.9975	2200	2150	1750	1120
99.9982	3200	3150	2500	1500
99.9992	6800	6700	4100	2300
99.99997	40000	35700	—	3600
99.99998	—	45000	—	—

注：表示为273K 时电阻率 R_{273} 与较低温度电阻率的比值 R_{20}、R_{14}、$R_{4.2}$、$R_{1.59}$ 分别表示 20K、14K、4.2K、1.59K 时的电阻率。

2）对于 Al－Cu 合金，其电导率对能够产生固溶体的 Cu 非常敏感，而对 Mg 或 Zn 的敏感性则低得多，并且几乎不会受到不产生固溶体的合金元素的影响。对于 Cu 质量分数为 5% 的铝合金，其电导率约为纯铝的一半（30% ~ 33% IACS），但对于 Cu 含量 12% 以及其他合金元素超过 5% 的退火铝，其电导率为 37% ~ 42% IACS，仅比纯铝低 25% ~ 30% IACS。经过热处理的铝合金暴露在空气环境中达到 24 年时，其电导率会降低，主要是由于腐蚀作用，同时老化也会产生一定的影响。热处理后的冷加工会略微降低铝合金的电导率。随着温度的降低，铝合金的电导率或多或少会增大。相应地，随着温度的升高，铝合金的电导率也会降低，约为 $1.16\times10^{-12}\ \Omega\cdot m/K$。此外，时效硬化和固溶反应也会在一定程度上对电导率产生影响。

表 4-22　铝合金室温时典型的物理性能

牌　　号	20℃时密度/(g/cm³)	20℃时密度/(lb/in³)	熔点近似值/℃	熔点近似值/℉	20℃时电导率/(%IACS①)	25℃时热导率/CGS 制②单位
1060-O	2.703	0.0977	646～657	1195～1215	62	0.56
1060-H18	2.703	0.0977	646～657	1195～1215	61	0.55
1100-O, -H18	2.712	0.0980	643～657	1190～1215	59	0.53
1145-O, -H19	2.706	0.0978	646～657	1195～1215	61	0.55
1170-O, -H19	2.702	0.0976	648～660	1200～1220	62.5	0.56
1180-O, -H19	2.700	0.0975	654～660	1210～1220	63.0	0.57
1188-O, -H19	2.700	0.0975	657～660	1215～1220	63.5	0.57
1199-O, -H19	2.699	0.0975	660	1220	64.0	0.57
1345-O, -H18	2.705	0.0977	646～657	1195～1215	61	0.55
2011-T3	2.833	0.1023	535～643	995～1190	39	0.36
2011-T8	2.833	0.123	535～643	995～1190	45	0.41
2014-O	2.800	0.1012	510～637	950～1180	50	0.46
2014-T3, -T4, T451	2.800	0.1012	510～637	950～1180	34	0.32
2014-T6, -T651	2.800	0.1012	510～637	950～1180	40	0.37
2017-O	2.791	0.1008	512～640	955～1185	50	0.46
2017-T4, T451	2.791	0.1008	512～640	955～1185	34	0.32
2024-O	2.781	0.1005	501～637	935～1180	50	0.46
2014-T3, -T36, -T4	2.781	0.1005	501～637	935～1180	30	0.29
2014-T6, -T81, -T86	2.781	0.1005	501～637	935～1180	38	0.36
2025-T6	2.805	0.1013	521～640	970～1185	40	0.37
2117-T4	2.751	0.0994	582～648	1080～1200	40	0.37
2218-T72	2.802	0.1012	532～635	990～1175	40	0.37
2219-O	2.832	0.1023	543～643	1010～1190	44	0.41
2219-T-31, -T37	—	—	—	—	28	0.27
2219-T61, -T81, -T87	—	—	—	—	32	0.30
2618-T61	2.764	0.0999	560～640	1040～1185	39	0.36
3002-O	2.704	0.0977	645～657	1195～1215	51	0.47
3003-O, -H18	2.735	0.0988	643～654	1190～1210	46	0.42
3004-O, -H38	2.719	0.0982	629～654	1165～1210	42	0.39
3005-O, -H12, -H14	2.730	0.0986	637～657	1180～1215	—	—
3105-H14, -H16, -H25	2.716	0.0981	637～657	1180～1215	45	0.41
4032-O	2.674	0.0966	532～571	990～1060	40	0.37
4032-T6	2.674	0.0966	532～571	990～1060	35	0.33
4043-O, -H19	2.685	0.0970	573～632	1065～1170	42	0.39
5005-O, -H38	2.697	0.0974	632～654	1170～1210	54	0.49
5050-O, -H38	2.688	0.0971	623～651	1155～1205	50	0.46
5052-O, -H38	2.676	0.0967	607～648	1125～1200	35	0.33
5056-O, -H38	2.642	0.0954	568～637	1055～1180	29	0.28
5083-O, -H343	2.660	0.0961	579～640	1075～1185	29	0.28
5086-O, -H34	2.662	0.0962	585～640	1085～1185	32	0.30
5154-O, -H38	2.662	0.0962	593～643	1100～1190	32	0.30
5252-H25, -H28	2.699	0.0964	607～648	1125～1200	—	—
5257-H25, -H28	2.696	0.0974	640～657	1185～1215	—	—
5356-O	2.643	0.0955	571～637	1060～1180	29	0.28

（续）

牌　　号	20℃时密度/(g/cm³)	20℃时密度/(lb/in³)	熔点近似值/℃	熔点近似值/℉	20℃时电导率/(%IACS①)	25℃时热导率/CGS制②单位
5357-O，-H28	2.694	0.0973	629～654	1165～1210	43	0.40
5405-H25	2.689	0.0971	643～657	1190～1215	56	0.51
5454-O，-H34	2.683	0.0969	601～646	1115～1195	34	0.32
5456-O，-H343	2.652	0.0958	568～637	1055～1180	29	0.28
5457-O，-H28	2.694	0.0973	629～654	1165～1210	43	0.40
5557-O，-H28	2.698	0.0975	637～657	1180～1215	49	0.45
5657-H25，-H28	2.691	0.0972	635～654	1175～1210	—	—
6053-O，-T5	2.690	0.0972	593～651	1100～1205	45	0.41
6053-T4，-T451	2.690	0.0972	593～651	1100～1205	40	0.37
6053-T6，-T651	2.690	0.0972	593～651	1100～1205	42	0.39
6061-O	2.702	0.0976	593～651	1100～1205	47	0.43
6061-T4，-T451	2.702	0.0976	593～651	1100～1205	40	0.37
6061-T6，-T651	2.702	0.0976	593～651	1100～1205	43	0.40
6063-O	2.694	0.0973	615～654	1140～1210	58	0.52
6063-T1	2.694	0.0973	615～654	1140～1210	50	0.46
6063-T5	2.694	0.0973	615～654	1140～1210	55	0.50
6063-T6，-T83	2.694	0.0973	615～654	1140～1210	53	0.48
6070-O	2.708	0.0978	576～648	1070～1200	52	0.47
6070-T4，-T4511	2.708	0.0978	576～648	1070～1200	40	0.37
6070-T4，-T6511	2.708	0.0978	576～648	1070～1200	44	0.41
6151-O	2.704	0.0977	587～648	1090～1200	54	0.49
6151-T4	2.704	0.0977	587～648	1090～1200	42	0.39
6151-T6	2.704	0.0977	587～648	1090～1200	45	0.41
6201-T81	2.691	0.0972	610～651	1130～1205	54	0.49
6262-T9，-T651	2.719	0.0982	593～651	1100～1205	44	0.41
6463-O	2.693	0.0973	615～654	1140～1210	58	0.52
6463-T1	2.693	0.0973	615～654	1140～1210	50	0.46
6463-T5	2.693	0.0973	615～654	1140～1210	55	0.50
6463-T6	2.693	0.0973	615～654	1140～1210	53	0.48
6951-O	2.703	0.0977	615～654	1140～1210	—	—
6951-T6	2.703	0.0977	615～654	1140～1210	—	—
7001-T6	2.837	0.1025	476～626	890～1160	31	0.29
7072-O	2.720	0.0983	646～657	1195～1215	59	0.53
7075-O	2.803	0.1013	476～635	890～1175	45	0.41
7075-T6，-T651	2.803	0.1013	476～635	890～1175	33	0.31
7075-T73，T7351	2.803	0.1013	476～635	890～1175	39	0.36
7079-T6，-T651	2.750	0.0993	482～637	900～1180	32	0.30
7178-T6，-T651	2.829	0.1022	476～629	890～1165	31	0.30
8001-O，-H18	2.731	0.0987	635～654	1175～1210	58	0.52
8280-O，-H12	2.838	0.1025	504～635	940～1175	—	—

① %IACS，相比国际退火铜标准百分比。

② CGS制，cm、g、s制。

表 4-23　几种锻造金属室温时典型的物理和力学性能

金属		力学性能					熔化温度/℃	熔化温度/℉	电导率/(%IACS①)	热导率/CGS 制②单位	热膨胀系数
		抗拉强度/MPa	抗拉强度/ksi	屈服强度/MPa	屈服强度/ksi	断后伸长率(%)					
黄铜（质量分数为 35% 的 Zn）	硬化	510	74	413	60	8	905 ~ 935	1660 ~ 1715	27	0.28	10.2
	退火	337	49	120	17.5	57	905 ~ 935	1660 ~ 1715	27	0.28	10.2
青铜（质量分数为 5% 的 Sn）	硬化	558	81	517	75	10	954 ~ 1048	1750 ~ 1920	15	0.17	9.9
	退火	558	81	517	75	10	954 ~ 1048	1750 ~ 1920	15	0.17	9.9
Cu	硬化	344	40	310	45	6	1065 ~ 1082	1950 ~ 1980	97	0.93	9.3
	热轧	234	34	68	10	45	1065 ~ 1082	1950 ~ 1980	100	0.93	9.3
AZ61A-F（镁合金）		296	43	213	31	16	510 ~ 621	950 ~ 1150	12.3	0.19	14.4
Ti	质量分数 90% Ti	620	90	551	80	20	1660 ~ 1915	3020 ~ 3480	2.2	0.05	4.8
	64Al-4V	999	145	896	130	13	1604 ~ 1660	2920 ~ 3020	0.5	0.02	5.4

① %IACS，相比国际退火铜标准百分比。

② CGS 制，cm、g、s 制。

3）Al-Mg 合金的电阻率，随着固溶 Mg 的增加几乎呈线性增大，直到达到 Mg 的固溶极限时（质量分数为 17.4% Mg）其电阻率达到 10×10^{-8} ~ 11×10^{-8} Ω · m。冷成形能够提高合金的电阻率：变形量为 60% 时，电阻率增加 2% ~3%。中子辐射同样能够提高 Al-Mg 合金的电阻率。Mg 质量分数为 5% 时，Al-Mg 合金的电阻温度系数呈指数下降至 2×10^{-12} Ω · m/K，Mg 质量分数为 25% 时，该系数为 1×10^{-12} Ω · m/K。温度为 875K 时，电阻率从纯铝的 8.5×10^{-8} Ω · m 升高到 Mg 质量分数为 12% 时的 14.5×10^{-8} Ω · m。对于 Mg 质量分数为 1% 的 Al-Mg 合金，熔点温度时的电阻率约为 12×10^{-8} Ω · m（固态）和 29×10^{-8} Ω · m（液态）。

4）对于 Al-Mn 合金，Mn 质量分数从 0.2% 增加到 1% 时，其电阻率呈线性从 3.6×10^{-8} Ω · m 增大到 7×10^{-8} ~ 8×10^{-8} Ω · m。当 Mn 质量分数达到 20% 时，其电阻率约为 28×10^{-8} Ω · m。

5）随着 Si 含量增大到其固溶极限，Al-Si 合金的电阻率呈线性增大到 3.7×10^{-8} ~ 3.88×10^{-8} Ω · m。而对于退火态 Al-Si 合金，其电阻率在 Si 质量分数为 20% 时达到 5.8×10^{-8} Ω · m。当温度达到 1000K 时，Si 质量分数为 2% ~5% 的液态 Al-Si 合金的电阻率达到峰值 32×10^{-8} ~ 33×10^{-8} Ω · m。当 Si 质量分数升高到 7% 时电阻率降低到 27×10^{-8} Ω · m，然后随着 Si 质量分数达到 10%，电阻率又慢慢增大到 40×10^{-8} Ω · m。对于亚共晶合金，电阻率随温度变化曲线在固液线附近会产生不连续现象。

6）固溶处理的 Al-Zn-Mg 合金的电阻率为 5×10^{-8} ~ 5.5×10^{-8} Ω · m，而退火态的电阻率为 3.7×10^{-8} ~ 4.3×10^{-8} Ω · m。电阻率随着温度的降低而减小，当温度为 50K 时减小到约为 2.0×10^{-8} Ω · m，随后趋于平稳。

表 4-24 为铸造铝合金室温时典型的物理性能。

表 4-25 为镁及镁合金的电导率和电阻率。

表 4-24　铸造铝合金室温时典型的物理性能（砂型铸造和金属型铸造）

合金牌号	密度/(g/cm³)	密度/(lb/in³)	熔化温度/℃	熔化温度/℉	电导率/(%IACS①)	热导率/(CGS 制②单位)
A214-F	2.68	0.097	579 ~ 637	1075 ~ 1180	34	0.32
A319-F	2.79	0.101	515 ~ 604	960 ~ 1120	27	0.26
333-F	2.77	0.100	515 ~ 585	960 ~ 1085	26	0.25
333-T5	2.77	0.100	515 ~ 585	960 ~ 1085	29	0.28
333-T6	2.77	0.100	515 ~ 585	960 ~ 1085	29	0.28

（续）

合金牌号	密度/（g/cm³）	密度/（lb/in³）	熔化温度/℃	熔化温度/℉	电导率/（%IACS①）	热导率/（CGS制②单位）
333-T7	2.77	0.100	515～585	960～1085	35	0.33
355-T51	2.71	0.098	546～621	1015～1150	43	0.40
355-T6	2.71	0.098	546～621	1015～1150	36	0.34
355T61	2.71	0.098	546～621	1015～1150	37	0.35
355-T7	2.71	0.098	546～621	1015～1150	42	0.39
A355-T51	2.74	0.099	537～618	1000～1145	32	0.30
C355-T61	2.71	0.098	546～621	1015～1150	39	0.36
356-T51	2.68	0.097	577～612	1035～1135	43	0.40
356-T6	2.68	0.097	577～612	1035～1135	39	0.36
356-T7	2.68	0.097	577～612	1035～1135	41	0.37
A356-T61	2.68	0.097	577～612	1035～1135	40	0.36
A357-T61	2.67	0.096	577～612	1035～1135	39	0.36
359-T61	2.67	0.096	562～601	1045～1115	35	0.33
A612-F	2.81	0.102	596～646	1105～1195	35	0.33
C612-F	2.84	0.103	604～643	1120～1190	40	0.37
D612-F	2.81	0.100	612～648	1135～1200	25	0.25
750-T5	2.88	0.104	—	—	47	0.43
A750－T5	2.83	0.102	—	—	43	0.40
B750-T5	2.88	0.104	—	—	45	0.41

① %IACS，相比国际退火铜标准百分比。

② CGS制，cm、g、s制。

表4-25 镁及镁合金的电导率和电阻率

材料	电导率/（%IACS）	电阻率/$10^{-8}\Omega\cdot m$	材料	电导率/（%IACS）	电阻率/$10^{-8}\Omega\cdot m$
锻造合金			ZK60A-F	29.00	5.945
AZ10A	26.94	6.400	ZK60A-T5	30.00	5.740
AZ31B，AZ31C	18.50	9.200	铸造合金		
AZ61A	11.60	1.250	纯镁	38.60	4.437
AZ80A	10.60	1.450	镁合金（铸造）	15.00	1.149
HK31A-H24	28.26	6.100	AZ80BTA	10.80	1.596
HK31A-O	28.74	6.000	A280	14.60	1.181
HM21A-H24	33.16	5.200	A231	17.2	1.002
HM21A-O	34.48	5.000	A251	12.80	1.347
HM31A-F	26.00	6.600	A261	12.30	1.149
M1A	34.50	5.000	T454	12.50	1.379
ZC71	31.93	5.400	AM100A-F	11.50	1.500

（续）

材料	电导率/(%IACS)	电阻率/$10^{-8}\Omega\cdot m$
铸造合金		
AM100A-T4	9.90	1.750
AZ61A-F	15.00	1.150
AZ63A-T4	12.30	1.400
AZ63A-T5	13.80	1.250
AZ81A	12.00	1.300
AZ91A-F	10.10	1.700
AZ91C-F，AZ91E-F	11.50	1.500
AZ91C-T4，AZ91E-T4	9.90	1.750
AZ91C-T6，AZ91E-T6	11.20	1.515
AZ92A-F	12.30	1.400
AZ92A-T4	10.50	1.650
AZ92A-T6	12.30	1.400
EQ21	25.50	6.850
EZ33A	25.00	7.000
HK31A-T6	22.00	7.700
HK31A-H24	28.26	6.100
HK31A-O	28.74	6.000
HZ32A	26.50	9.500
K1A	30.25	5.700
QE22A	25.20	6.850
QH21A	25.17	6.850
WE43	11.65	1.480
WE54	9.97	1.730
ZC63	31.93	5.400
ZE41A-T5	28.74	5.600
ZE63A	30.90	6.100
ZH62A	26.50	6.510
ZK51A	28.00	6.200

2. 铝合金的磁性能、热电性能和光电性能

Al为顺磁性材料。图4-8所示为铝合金的磁化率随温度和纯度的变化曲线。铝合金中Fe的影响有限，因为Fe在铝合金中形成了FeAl或FeSi金属化合物，这些化合物的磁化率与Al非常接近。$FeAl_3$的磁化率为$27\times10^{-3}mm^3/gr\cdot at$，并且随着Si的添加而降低。大多数合金元素的添加会略微降低合金的磁化率，Mn除外。Mn的添加会使合金的磁化率增大。Al相对于Pt、Ni、Fe、Cu或Ag的温差电动势约为0.5～1.5V/100K。弹性变形和塑性变形都会改变材料的温差电动势，但熔化过程不会改变温差电动势。杂质元素对温差电动势的影响随其分布形式和性质的不同而不同：固溶状态时，低价态的杂质元素能够提高Al的温差电动势，而高价态的杂质会降低Al的温差电动势；当杂质从固溶状态析出或在位错位置发生偏析时，它们的影响就可以忽略。淬火态材料的冷加工会使偏析的杂质重新分布，从而恢复其对温差电动势的影响。强磁场可能会改变Al在低温状态下的温差电动势。

Al-Cu合金的磁化率主要取决于Mn的含量。合金中不含Mn时，其磁化率约为$1\times10^{-3}mm^3/gr\cdot at$，而当Mn质量分数为1%时，磁化率为$20\times10^{-3}$～$25\times10^{-3}mm^3/gr\cdot at$。

Al-Mg合金的磁化率在Mg质量分数为7%～8%时达到最低值$9.7\times10^{-3}mm^3/gr\cdot at$，随后其磁化率随着Mg含量的增加缓慢增大，直到达到$Mg_{17}Al_2$相的Mg含量时呈平稳状态，为$10.5\times10^{-3}mm^3/gr\cdot at$。相反的，在液态时，Al-Mg合金的磁化率随着Mg含量的增加缓慢增大，在900K时达到$13.5\times10^{-3}mm^3/gr\cdot at$。

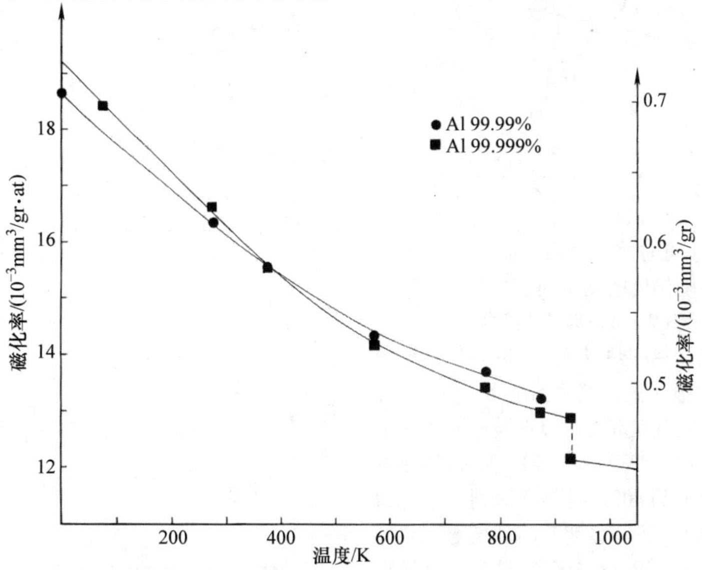

图4-8　铝合金的磁化率随温度和纯度的变化曲线

3. 铝合金的热性能

铝的熔点受纯度的影响非常明显，所有测得的纯度低于99.99%金属的熔点至少要低1~2K。铝的熔点随着压力的增大略低于线性增加。铝合金的熔点和沸点受杂质元素的影响，商业铝合金通常有一个凝固范围，凝固温度上限通常要比纯金属低约0.5~1℃，较低的熔点可能达到848K，对应的合金为Al-$FeSiAl_5$-Si共熔合金。杂质对铝合金沸点的影响要低于杂质自身含量的不确定性。铝合金在933K时的熔化潜热为342~405kJ/gr。

图4-9所示为不同文献中铝的比热容随温度的变化曲线。图4-9中曲线为材料在平衡态下的数据，同时没有发生任何相变（如固相析出、回复和再结晶）。众所周知，这些相变过程会在一定温度范围内释放或吸收热量，有时这些热量还较大。图4-10所示为可时效硬化铝合金比热容随温度的变化曲线，其中缺陷的形成、析出及固溶体都会产生影响，使测量结果严重偏离直线。

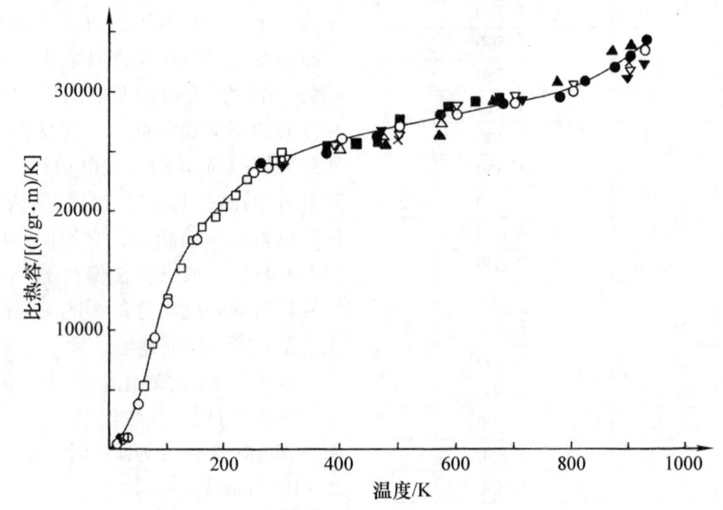

图4-9 不同文献中铝的比热容随温度的变化曲线

×—文献［25］ ○—文献［26］ □—文献［27］ □—文献［28］ △—文献［29］
●—文献［30］ ■—文献［31］ ▲—文献［32］ ▼—文献［33］

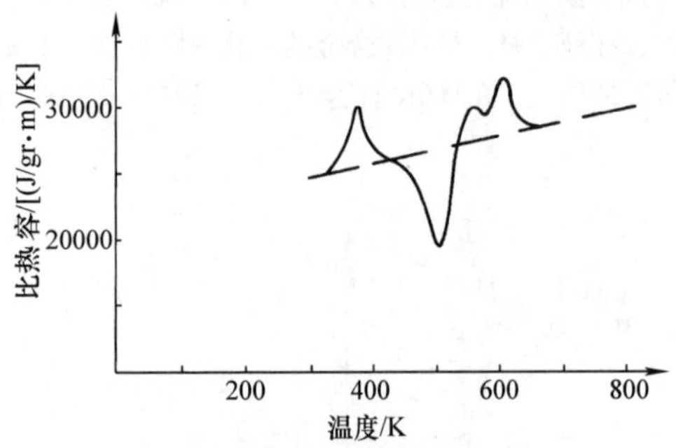

图4-10 可时效硬化铝合金比热容随温度的变化曲线

注：虚线表示不发生相变时的比热容。

随着温度的升高，铝的热导率从0K时的0迅速增大到20~30K时的最大值，随着温度进一步升高，热导率会快速减小，然后在室温时缓慢减小到极小值2.35×10^{-12}~2.37×10^{-12}W/(m·K)。随后热导率会缓慢增大，在温度约为400K时再度达到一个峰值2.4×10^{-12}W/(m·K)。随着温度升高到熔点，热导率稳步下降到2.1×10^{-12}W/(m·K)。液态铝在熔点处的热导率为0.9×10^{-12}W/(m·K)，随着温度达到1250K，其热导率缓慢增大到1.0×10^{-12}W/(m·K)，高纯度铝热导率随温度的变化曲线如图4-11所示。

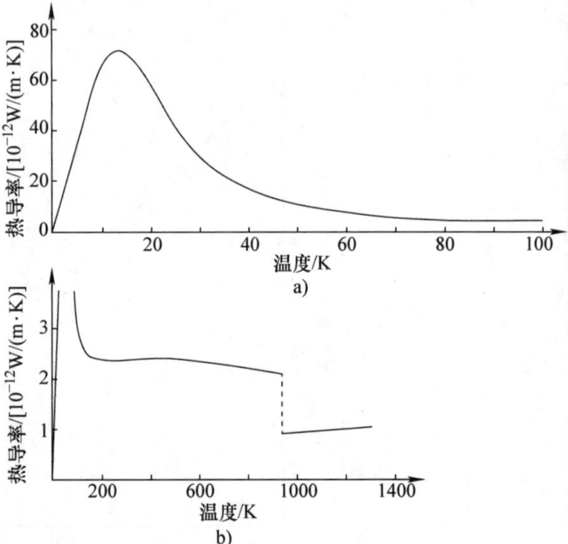

图4-11 高纯度铝热导率随温度的变化曲线

a）0~100K b）0~1300K

合金元素会提高 Al-Cu 合金的热膨胀系数。Al-Cu 合金 300～400K 的平均热膨胀系数为 21×10^{-6}～$24\times10^{-6}K^{-1}$，300～700K 的平均热膨胀系数为 23×10^{-6}～$25\times10^{-6}K^{-1}$。同时，其热膨胀系数随着 Mg 含量的增加和 Cu 含量的降低而升高。

Al-Si 合金的热导率要降低 20%～30%。当 Si 质量分数为 80% 时，Al-Si 合金的热导率降低到 3.2×10^{-12} W/(m·K)。

Al-Zn-Mg 合金的热导率为 1.1×10^{-12}～1.4×10^{-12} W/(m·K)，取决于元素成分比例和热处理工艺，退火铝合金具有更高的热导率。

4. 铜及铜合金的电性能

铜及铜合金是各种设备中最重要的导电材料之一，这主要得益于 Cu 具有优异的电性能。浓度低于 0.01% 的杂质即能够大大地增大纯铜的电阻率。图 4-12 所示为铜合金电阻率增量与所加合金元素的关系。在这个浓度范围内，杂质元素的含量对铜电阻率的影响可以认为是线性的。Ag、Ca、Zn 所带来的电阻率增量相对较小。随着元素浓度的增大，在考虑合金的电阻率时，需要注意合金元素在 Cu 中的最大溶解度。

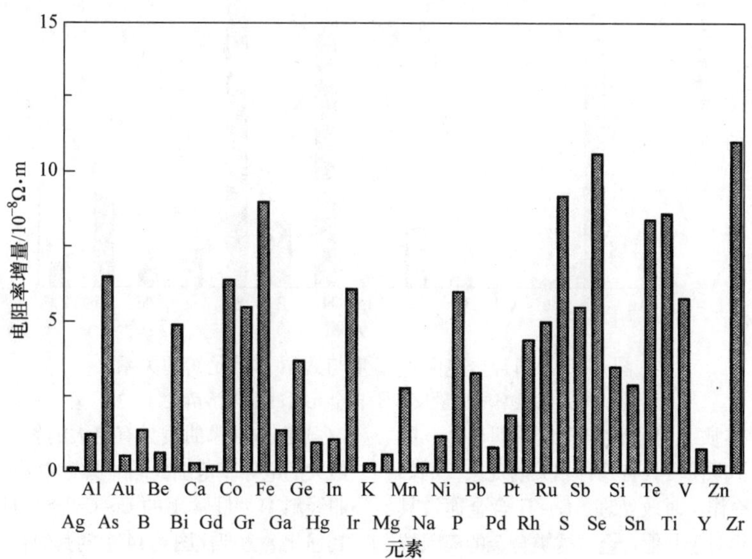

图 4-12　铜合金电阻率增量与所加合金元素的关系

注：为了便于比较，对原子分数进行归一化处理。

铜合金的电导率可以在标准模型的基础上进行计算得到：

$$\rho=\rho_0+\rho_{ss}+\Delta\rho_{vac}+\Delta\rho_{disloc}+\Delta\rho_{prec}+\Delta\rho_{GB}+\Delta\rho_{size}+\Delta\rho_{imp}$$

式中，各个电导率分量：ρ_0 = 基体值，ρ_{ss} = 固溶体值，$\Delta\rho_{vac}$ = 缺陷电导率增量，$\Delta\rho_{disloc}$ = 位错电导率增量，$\Delta\rho_{prec}$ = 析出物电导率增量，$\Delta\rho_{GB}$ = 晶界电导率增量，$\Delta\rho_{size}$ = 尺寸效应电导率增量，$\Delta\rho_{imp}$ = 杂质元素电导率增量。

对于原位铜基合金，晶体位错和缺陷对于应变和电导率的影响较小。析出物会影响铜合金的电导率，因为电子在相界等不规则区域的分布较为散乱。

表 4-26 为几种铜合金室温时的电导率。

表 4-26　几种铜合金室温时的电导率

铜合金	电导率（%IACS①）
Cu-10Ni-20Zn-1.5	50
Cu-Ti（高达 5.5%）	26
Cu-Ti（高达 4%～5%）	10
Cu-1.6Cr-0.4Zr	43
Cu-2.7Cr-0.25Zr	43
Cu-Ag-Nb	46
Cu-7.5Ag	75
Cu-6Ag-0.25Zr	55
Cu-8.2Ag-4Nb	46
Cu-6Ag-1Cr	57
Cu-9Fe-1.2Ag	56

① %IACS，相比国际退火铜标准百分比。

由于在固溶强化过程中，铜合金的电阻率也会增大，因此固溶强化并不能作为铜基导体唯一的强化机制。相比固溶强化，在提高合金强度时，析出强化对铜合金电阻率的影响要小得多。

充分利用析出效应和加工硬化效应，科学家开发了一系列具有优良机械强度和导电性的材料。很多合金元素在 Cu 中的溶解度随着温度的降低而下降，因此，这些元素原则上适合添加到铜基体中产生析出强化。形成析出物而产生强化也意味着在铜基体中残留着第二种元素。残留的第二种元素也会产生固溶强化，不仅会提高材料的强度，也会提高材料的电阻率。图 4-13 所示为铜合金电阻率增量与残留合金元素的关系。

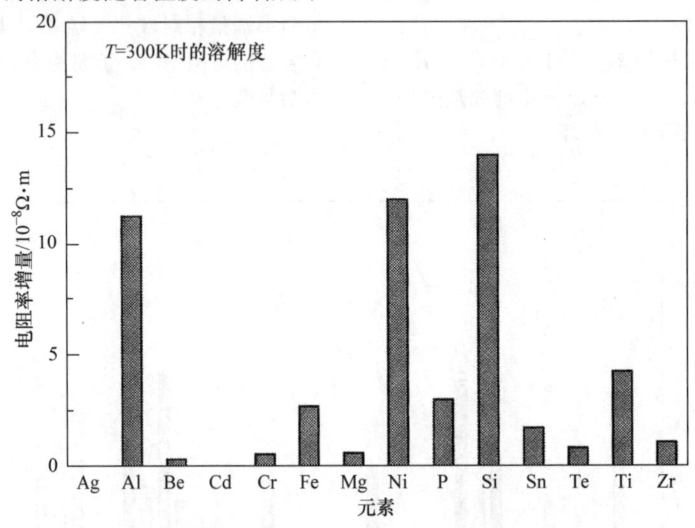

图 4-13 铜合金电阻率增量与残留合金元素的关系

注：电阻率增加量反映了合金元素的室温溶解度。

对于各种各样本质上符合析出强化的铜合金，通常会在析出强化的不同阶段具有几种相关的现象，例如固溶处理、淬火、冷作、时效处理。Cu-Ti 合金通常具有较低的电导率。相对于其他合金，这类合金的极限抗拉强度-电导率曲线具有更大的斜率。Cu-Be 合金具有最大的电导率范围，同时具有中等的抗拉强度-电导率曲线斜率。最常用的 Cu-Cr 合金具有较高的电导率，其强化潜力要比图 4-14 中的其他合金低得多。

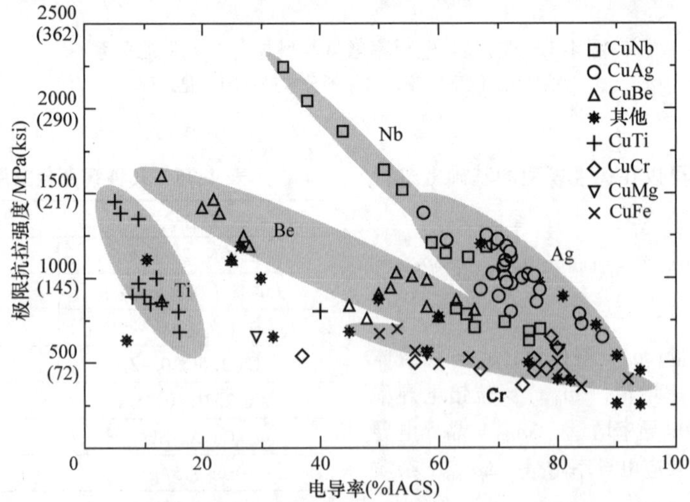

图 4-14 不同可时效硬化铜基合金极限抗拉强度随电导率变化曲线

注：图中标出了五组重要合金，分别是 Cu-Ti（左）、Cu-Be（中间）、Cu-Cr（底部右侧）、Cu-Ag（中间右侧）、Cu-Nb（上部右侧）。

众所周知，稀土元素，包括 La 和 Y，作为合金中的第三组分，在传统的铜基合金的微观组织和性能方面（尤其是电导率）展现出优良的微合金化效应。图 4-15 所示为 Cu-7Ag-xR 合金的极限抗拉强度（空心符号）和电导率（实心符号）与对数应变的关系。Cu-7Ag-0.1Ce 合金的电导率相比 Cu-7Ag-0.1Y 要高（即 67% IACS 相比 62% IACS）。两种合金的稀土元素含量均为溶解度极限，同时也可以看到在极低的工程应变（1.1%）下材料达到最大的冷作硬化。

图 4-16 所示为 Cu-7Ag-M 合金的极限抗拉强度（空心符号）和电导率（实心符号）与对数应变的关系，可以看到，铜合金的电导率对合金元素的含量较为敏感。仅添加质量分数为 0.3% 的 Ni 且完全溶解到铜基体中时，Cu-Ag-Ni 合金的电导率会降低到 47% IACS。而对于含 Mg 的铜合金，电导率对 Mg 含量的敏感性则低得多。

图 4-17 所示为 Cu-7Ag-xCr（x=0.1，0.3，0.5）合金和 Cu-7Ag-0.1Fe 合金的极限抗拉强度（空心符号）和电导率（实心符号）与对数应变的关系。Cu-Ag-0.1Cr 的电导率最大，达到 63% IACS，并且随着 Cr 含量的增加而降低。Cu-Ag-Fe 合金的电导率相当低，因为 Fe 元素减小了析出反应。

图 4-18 所示为 Cu-7Ag-0.1Zr 合金极限抗拉强度（空心符号）和电导率（实心符号）与对数应变的关系。由于加工硬化、析出物尺寸和取向的关系，随着应变的增加，合金的强度也得到了提高。应变量最大时，最高强度达到 1300MPa，而电导率降低到 58% IACS。

控制合金中的析出反应能够有效优化材料的性能，尤其是材料的极限抗拉强度和电导率。第三合金元素（Ce、Cr、Ni、Mg、Y、Zr）质量分数为 0.1% 和 0.3% 的 Cu-7Ag 合金极限抗拉强度随电导率变化曲线如图 4-19 所示。增加第三种合金元素后，Cu-Ag 合金的电导率几乎都会下降。这主要是由于 Cu-Ag 基体中残留了第三组分元素、存在非平衡相和不良的析出反应造成。相比其他合金元素，Zr 的添加对 Cu-Ag 二元合金电导率的影响最小，但增加或减小 Zr 的含量同样会影响合金的极限抗拉强度和电导率。

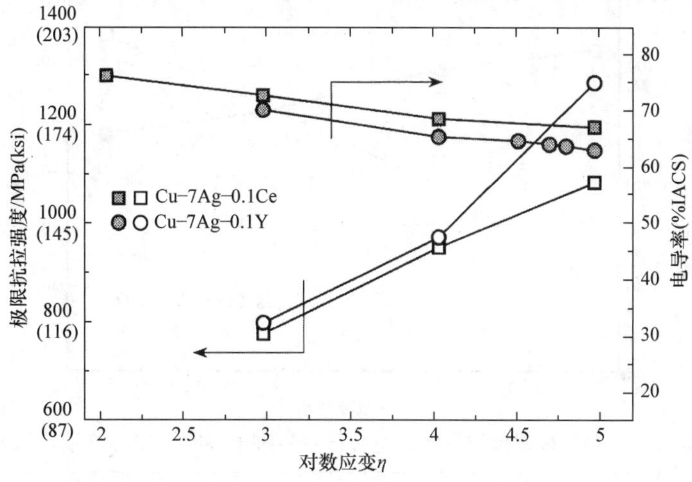

图 4-15　Cu-7Ag-xR 合金的极限抗拉强度（空心符号）和电导率（实心符号）与对数应变的关系

注：R=Y，Ce；x=0.1，0.3。

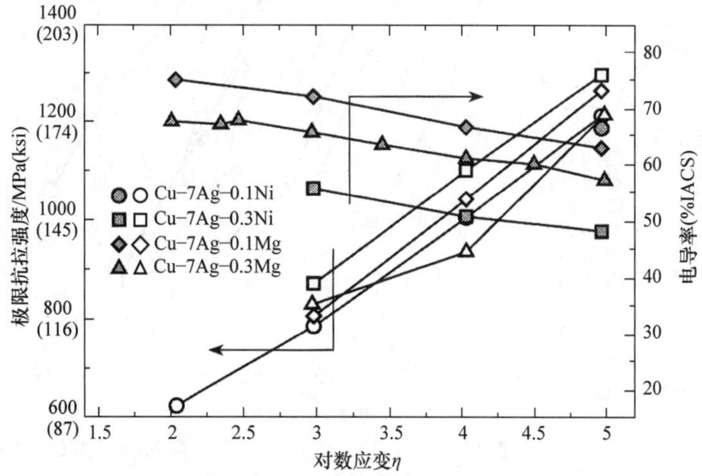

图 4-16　Cu-7Ag-M 合金的极限抗拉强度（空心符号）和电导率（实心符号）与对数应变的关系

注：M 表示 Ni 的质量分数为 0.1% 和 Mg 的质量分数为 0.3%。

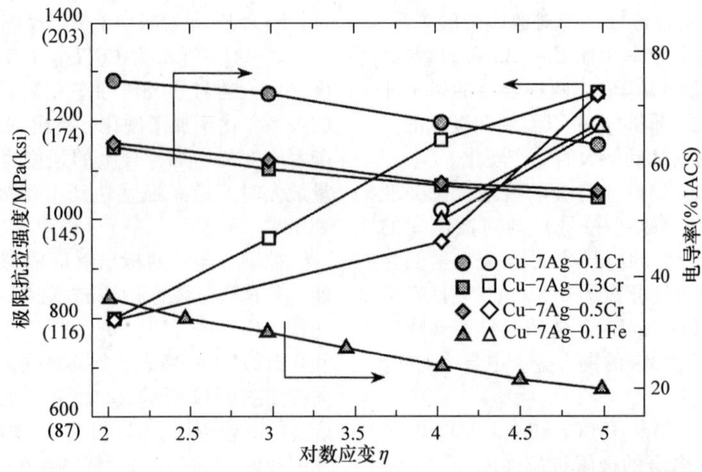

图 4-17 Cu-7Ag-xCr（x=0.1，0.3，0.5）合金和 Cu-7Ag-0.1Fe 合金的极限抗拉强度（空心符号）和电导率（实心符号）与对数应变的关系

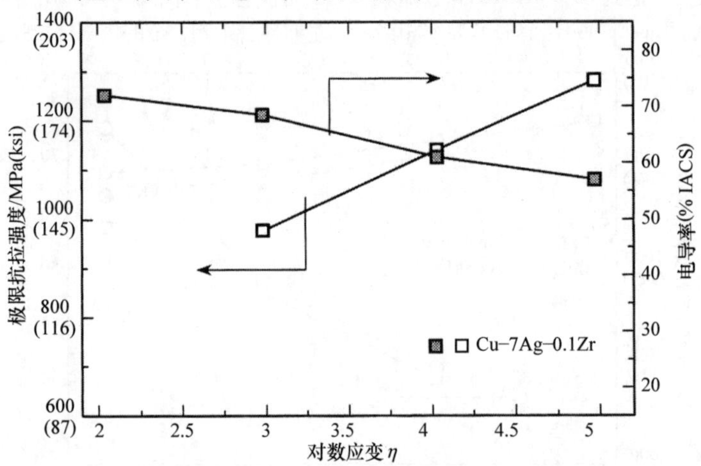

图 4-18 Cu-7Ag-0.1Zr 合金极限抗拉强度（空心符号）和电导率（实心符号）与对数应变的关系

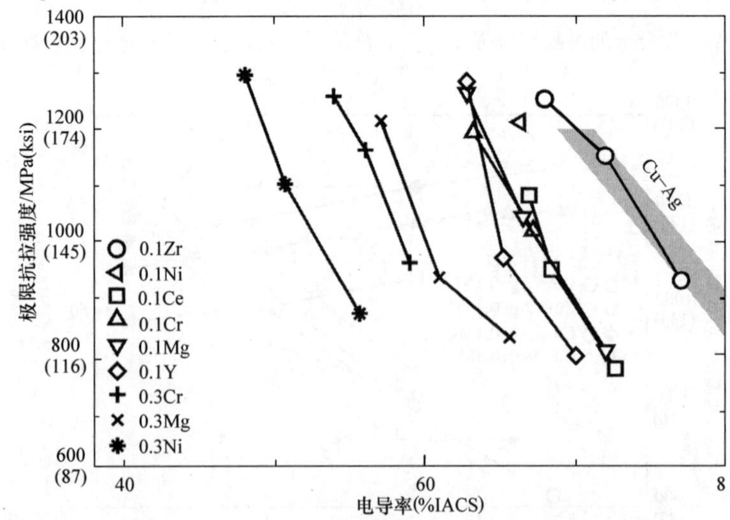

图 4-19 第三合金元素（Ce、Cr、Ni、Mg、Y、Zr）质量分数为 0.1% 和 0.3% 的 Cu-7Ag 合金极限抗拉强度随电导率变化曲线

注：图中数据对应的对数应变 η 为 3 ~5，作为对比，图中阴影部分代表 Ag 质量分数为 6% ~8% 的 Cu-Ag 合金的趋势。

很多 bcc 结构的金属，如 W、Ta、Nb、Mo、V 能够用来提高 Cu 的极限抗拉强度。在这类合金元素中，Nb 能够提供最佳的综合性能。Cu-Nb 合金具有最佳的抗拉强度和电导率组合。其中一种制备工艺是采用较大的冷加工变形。Cu-Nb 金属基复合材料可以在熔化状态下进行加工成形。在这种情况下，Nb 以不同尺寸的颗粒形式分散在铜基体中。粗拉丝工艺可以用来使 Nb 颗粒形成长、细丝状态。通过这种工艺，可以使 Cu-Nb 合金达到 1800MPa 强度级别，同时具有 48% IACS 的电导率。

图 4-20 所示为 Cu-14Nb 的机械强度和电导率与对数应变的关系。900℃的热处理使压缩试样的电导率从 23% IACS 提高到了 37% IACS。在加工的最后阶段（$\eta=4$），极限抗拉强度达到 1210MPa，同时具有 47% IACS 的电导率。图 4-20 中所示的抗拉强度和电导率相互依赖，同时还与 Cu-Nb 合金的机械合金化以及不同热处理和变形工艺相关。它们之间的相互关系如图 4-21 所示。其中 Cu-7Nb 和 Cu-10Nb 合金分别在 700℃或者 900℃下进行热处理，而 Cu-14Nb 合金仅在 900℃下进行热处理。在所研究的 Cu-Nb 合金中，Cu-14Nb 具有最高的抗拉强度。而 Cu-7Nb 合金和 Cu-10Nb 合金具有最佳的抗拉强度和电导率综合性能，分别为 1180MPa 和 44% ~ 45% IACS。

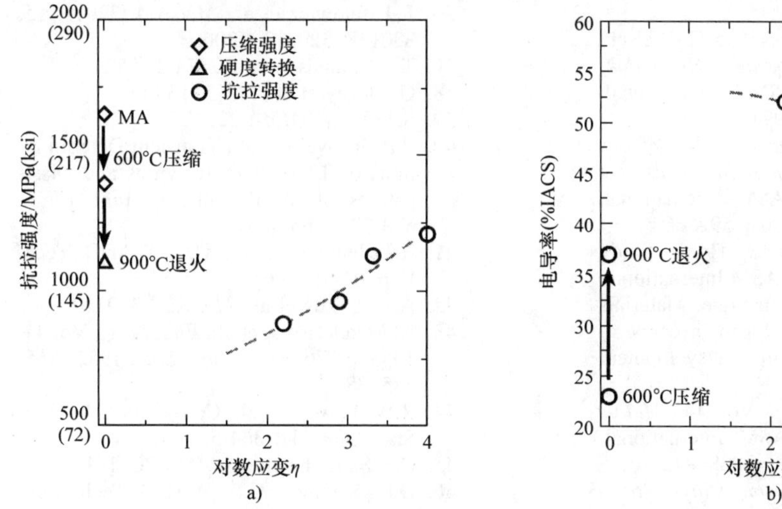

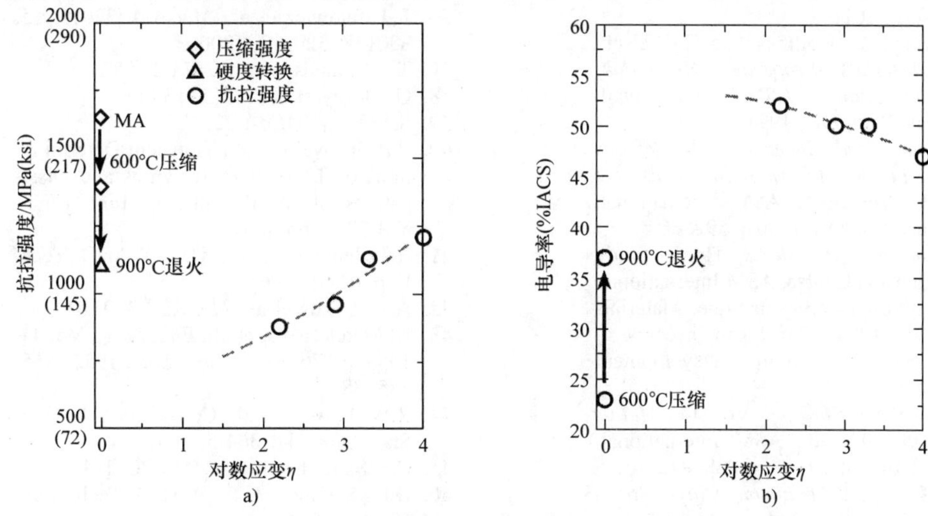

图 4-20　Cu-14Nb 的机械强度和电导率与对数应变的关系

a）机械强度　b）电导率

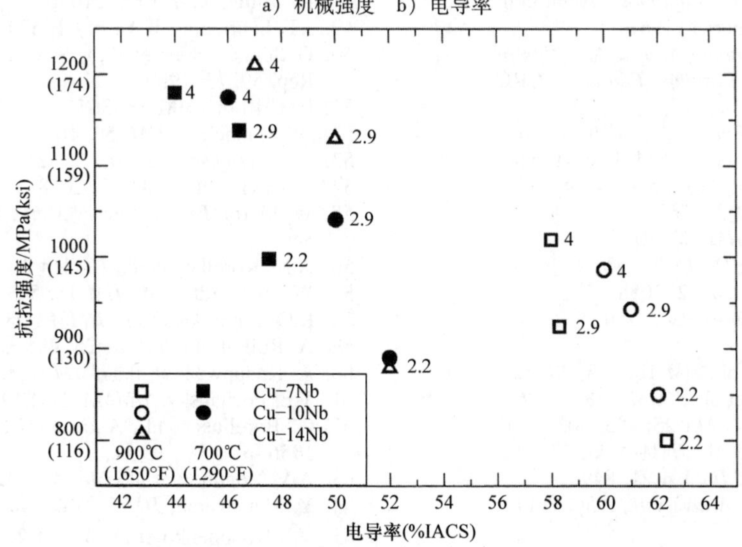

图 4-21　Nb 质量分数为 7% ~14% 的机械合金化 Cu-Nb 合金加工后抗拉强度与电导率的关系

注：对比了两种不同热处理温度情况下的数据，符号旁边的数字表示冷加工应变量。

参考文献

1. *Forming and Forging*, Vol 14, *Metals Handbook*, 9th ed., ASM International, Metals Park, OH, 1988, p 845–848
2. W.D. Callister, Jr. and D.G. Rethwisch, *Fundamentals of Materials Science and Engineering: An Integrated Approach*, 4th ed., John Wiley & Sons, Inc., 2012
3. J. Freudenberger, High Strength Copper-Based Conductor Materials, *Copper Alloys, Preparation, Properties and Applications*, M. Naboka and J. Giordano, Ed., Nova Science Publishers, Inc., New York, 2011
4. R. Boyer, E.W. Collings, and G. Welsch, Ed., *Materials Properties Handbook: Titanium Alloys*, ASM International, Materials Park, OH, 1994
5. *Properties and Selection: Nonferrous Alloys and Special-Purpose Materials*, Vol 2, *ASM Handbook*, ASM International, Materials Park, OH, 1990, p 592–660
6. *Titanium and Its Alloys*, Home Study and Extension Course, ASM International, Materials Engineering Institute, Materials Park, OH, 1994. (Developed in cooperation with Titanium Development Association.)
7. *Forming and Forging*, Vol 14, *Metals Handbook*, 9th ed., ASM International, Metals Park, OH, 1988, p 838–845
8. L.F. Mondolfo, *Aluminum Alloys, Structure & Properties*, Butterworths, London-Boston, 1979
9. *Alcoa Aluminum Handbook*, Aluminum Company of America, 1967
10. V.A. Joshi, *Titanium Alloys: An Atlas of Structures and Fracture Features*, CRC Press, 2006
11. *Forming and Forging*, Vol 14, *Metals Handbook*, 9th ed., ASM International, Metals Park, OH, 1988, p 788–808
12. E. Griffiths, *JIM* 38, 367
13. W. Männchen, *JIM*, 50, 10
14. A. Avramescu, *JIMMA* 6, 393
15. F. Pawlek et al., *MA* 2, 2058
16. W. Marty, *Brown-Bovery Mett.*, 1958, 45, 549
17. W. Bungardt et al., *JIM* 18, 503; 20, 129
18. R.O. Simmons et al., *JIMMA* 28, 43 962
19. A. Roll et al., *JIMMA* 25, 495, 503, 776
20. A. Knappwost et al., *JIMMA* 23, 276
21. T.E. Pochapsky, *JIMMA* 21, 849
22. G. Borelius et al., *Arkiv Fysik*, 1956, Vol 11, 137
23. A.M. Korolkov et al., *JIMMA* 20, 520, 794
24. H. Borchers et al., *Met A* 3, 330748
25. J.H Awbery et al., *JIM* 37, 431
26. L. Terebesi, *CA* 28, 5748
27. H. Quinney et al., *JIMMA* 5, 37
28. W. F. Giauque et al., *JIMMA* 8, 317
29. K.K. Kelly, "Contributions to the Data on Theoretical Metallurgy, X, High-Temperature Heat-Control, Heat-Capacity, and Entropy Data for Inorganic Compounds," Bulletin 476, U.S. Department of the Interior, Bureau of Mines, 1949
30. T.E. Pochapsky, *JIMMA* 20, 720
31. K. Hirano et al., *JIMMA* 23, 513
32. C.R. Brooks et al., *Met A* 1, 320768
33. V. Schmidt, *Met A* 1, 320343
34. R.W. Powell et al., *Met A* **1**, 720082, **2**, 320152
35. G.E. Childs et al. *Met A* 7, 720027
36. J. Fafalowicz et al., *Met A* 4, 320155; 5, 320138, 320213, 320665
37. T. Admundsen et al., *MA* 1, 552
38. G. Davey et al., *MA* 1, 1390
39. S.T. Hsu, *JIMMA* 22, 517
40. P.B. Jacovelli et al., Transient Determinations of Thermal Diffusivities and Dissipations of Metal Foils, *J. Appl. Phys.*, Vol 37, 1966, p 4117
41. R.J. Jenkins et al., U.S. WADD Tech. Rep. 61-95, 1961
42. A.V. Lykov et al., *Met A* 3, 320329
43. K. Mendelssohn et al., *Phil. Mag.*, Vol 44, 1953, p 776; *Proc. Phys. Soc.*, 1952, A65, 285, 388
44. R.W. Powers et al., Cryogenic Lab. Ohio State Univ. TR 364-5, 1951
45. C.B Satterthwaite, *JIMMA* 30, 161
46. D.L. Schmidt, U.S. WADD Tech. Rep. 60-862, 1961
47. M.P. Zaitlin et al., *Met A* 6, 320609
48. K. Mittag, *Met A* 6, 321080
49. J.T. Schriempf, *WAA* 6, 62, 620064
50. G. Sonnenschein et al., U.S. WADC Tech. Rep. 59273, 1960
51. E. Griffiths, JIM 38, 367
52. W. Männchen, *JIM*, 50, 10
53. A. Avramescu, *JIMMA* 5, 521
54. F. Pawlek et al., *MA* 2, 2058
55. W. Marty, *Brown-Bovery Mett.*, 1958, 45, 549
56. A.M. Korolkov et al., *JIMMA* 20, 520, 794
57. W. Bungardt et al., *JIM* 18, 503; 20, 129
58. R.O. Simmons et al., *JIMMA* 28, 43 962
59. A. Roll et al., *JIMMA* 25, 495, 503, 776
60. A. Knappwost et al., *JIMMA* 23, 276
61. T.E. Pochapsky, *JIMMA* 21, 849
62. G. Borelius et al., *Arkiv Fysik*, Vol 11, 1956, p 137
63. A.V. Logunov et al., *Met A* 2, 320294
64. Y. Matsuyama, *JIM* 37, 426, 480
65. V.I. Kononenko et al., *Met A* 2, 320477
66. T. Matsuda et al., *MA* 2, 250
67. A.V. Romanov et al., *Met A* 6, 332111
68. H. Borchers et al., *Met A* 3, 330748
69. S.I. Hong and M.A. Hill, Mechanical Sta-

bility and Electrical Conductivity of Cu-Ag Filamentary Microcomposites, *Mat. Sci. Eng. A*, Vol 264, 199, p 151–158
70. L. Nitzshe and H.J. Ullrich, Ed., *Funktionswerkstoffe der Elecrotechnik und elekronik*, Deutscher Verlag für Grundstoffindustrie, 1993
71. F.M. Dheurle and A. Gangulee, Electrotransport in Copper Alloy-Films and Defect Mechanism in Grain-Boundary Diffusion, *Thin Solid Films*, Vol 25 (No. 2), 1975, p 531–544
72. D.S. McLachlan, M. Blaszkiewicz, and R.E. Newnham, Electrical-Resistivity of Composites, *J. Am. Ceram. Soc.*, Vol 73 (No. 8), 1990, p 2187–2203
73. F. Heringhaous, H.J. Schneider-Muntau, and G. Gottstein, Analytical Modeling of the Electrical Conductivity of Metal Matrix Composites: Application to Ag-Cu and Cu-Nb, *Mat. Sci. Eng. A*, Vol 347 (No. 1–2), 2003, p 9–20
74. J.D. Verhoven, H.L. Downing, L.S. Chumbley, and E.D. Gibson, The Resistivity and Microstructure of Heavily Drawn Cu-Nb Alloys, *J. Appl. Phys.*, Vol 65, 1989, p 1293–1301
75. D.P. Lu, J. Wang, W.J. Zeng, Y. Liu, L. Lu, and B.D. Sun, Study on High-Strength and High Conductivity Cu-Fe-P Alloys, *Mat. Sci. Eng. A*, Vol 431 (No. 1–2, Sp. Iss. SI), 2006, p 254–259
76. F. Heringhaus and D. Raabe, Recent Advances in the Manufacturing of Copper-Base Composites, *J. Mater. Proc. Tech.*, Vol 59 (No. 4), 1996, p 367–372
77. D.G. Morris, A. Benghalem, and M.A. Morris-Munoz, Influence of Solidification Conditions Thermomechanical Processing and Alloying Additions on the Structure and Properties of in situ Composite Cu-Ag Alloys, *Scripta Mater.*, Vol 41, 1999, p 1123–1130
78. D. Raabe and D. Mattissen, Microstructure and Mechanical Properties of a Cast and Wire-Drawn Ternary Cu-Ag-Nb in situ Composite, *Acta Mater.*, Vol 46 (No. 16), 1988, p 5973–5984
79. D. Raabe, K. Miyake, and H. Takahara, Processing, Microstructure, and Properties of Ternary High-Strength Cu-Cr-Ag in situ Composites, *Mat. Sci. Eng. A*, Vol 291, 2000, p 186–197
80. W. Grunberger, M. Heilmaier, and L. Schultz, Microstructure and Mechanical Properties of Cu-Ag Microcomposites for Conductor Wires in Pulsed High-Field Magnets, *Z. Metallkd.*, Vol 93 (No. 1), 2002, p 58–65
81. A. Gaganov, J. Freudenberger, W. Grunberger, and L. Schultz, Microstructural Evolution and its Effect on the Mechanical Properties of Cu-Ag Microcomposites, *Z. Metallkd.*, Vol 95 (No. 6), 2004, p 425–432
82. J.B. Liu, L. Meng, and L. Zhang, Rare Earth Microalloying in As-Cast and Homogenized Alloys Cu-6wt. %Ag and Cu-24wt. %Ag, *J. All. Comp.*, Vol 425, 2006, p 185–190
83. H.-A. Kuhn, A. Kaeufler, D. Ringhand, and S. Theobald, A New High Performance Copper Based Alloy for Electromechanical Connectors, *Mat.-wess. u. Werkstofftech.*, Vol 38 (No. 8), 2007, p 624–634
84. Z. Li, Z.Y. Pan, Y.Y. Zhao, Z. Xiao, and M.P. Wang, Microstructure and Properties of High-Conductivity, Super-High-Strength Cu-8.0Ni-1.8Si-0.6Sn-0.15Mg Alloy, *J. Mater. Res.*, Vol 24 (No. 6), 2009, p 2123–2129
85. The Landolt-Börnstein Database: Multiphase Systems, http://www.springermaterials.com, 2010
86. J.B. Liu, Y.W. Zeng, and L. Meng, Crystal Structure and Morphology of a Rare-Earth Compound in Cu-12 wt.% Ag, *All. Comp.*, Vol 468 (No. 1–2), 2009, p 73–76
87. J. Li, B. Ma, S. Min, J. Lee, Z. Yann, and Likun Zang, Effect of Ce Addition on Macroscopic Core-Shell Structure of Cu-Sn-Bi Immiscible Alloy, *Mater. Lett.*, Vol 64 (No. 7), 2010, p 814–816
88. X. Wang, Y. Liang, J. Zou, S. Liang, and Z. Fan, Effect of Rare Earth Y Addition on the Properties and Precipitation Morphology of Aged Cu-Cr-Ti Lead Frame Alloy, Vol 97–101, *Adv. Mater. Res.*, 2010, p 578–581
89. M. Xie, J.L. Liu, X.Y. Lu, A. Shi, Z.M. Den, H. Jang, and F.Q. Zheng, Investigation on the Cu-Cr-RE Alloys by Rapid Solidification, *Mat. Sci, Eng, A*, Vol 304 (Ap. Iss. SI), 2001, p 529–533
90. F. Guo, M. Zhao, Z. Xia, Y. Lei, X. Li, and Y. Shi, Lead-Free Solders with Rare Earth Additions, *J. Mater.*, Vol 61 (No. 6), 2009, p 39–44
91. J.D. Verhoeven, S.C. Chuen, and E.D. Gibson, Strength and Conductivity on in-situ Cu-Fe Alloys, *J. Mater. Sci.*, Vol 24, 1989, p 1748–1752
92. A. Gaganov, J. Freudenberger, E. Bocharoval, and L. Schultz, Effect of Zr Additions on the Microstructure, and the Mechanical and Electrical Properties of Cu7 wt.%Ag Alloys, *Mat. Sci. Eng. A*, Vol 437 (No. 2), 2006, p 313–322
93. J.B. Liu, L. Meng, and Y.W. Zeng, Microstructure Evolution and Properties of Cu-Ag Microcomposites with Different Ag Content, *Mat. Sci. Eng., A*, Vol 436, 2006, p 237–244
94. W. Grungerger, M. Heilmaier, and

L. Schultz, High-Strength, High-Nitrogen Stainless Steel-Cooper Composite Wires for Conductors in Pulsed High-Field Magnets, *Mater. Lett.*, Vol 303, 2001, p 127–133
95. Y. Sakai and H.-J. Schneider-Muntau, Ultra-High Strength, High Conductivity Cu-Ag Alloy Wires, *Acta Mater.*, Vol 45 (No. 3), 2007, p 1017–1023
96. D.G. Morris and M.A. Morris, Mechanical Alloying of Copper-BCC Element Mixtures, *Scripta Metall. Mater.*, Vol 45 (No. 3), 1997, p 1017–1023
97. L.G. Fritzemeier, High Strength, High Conductivity Composites, *Nanostruct. Mater.*, Vol 1, 1992, p 257–262
98. F. Hweinghaus, D. Raabe, L. Kaul, and G. Gottstein, Schmelzmetallufgische Herstellung eines Kupfer-Niob-Verbundwerkstoffes, *Mittelwirt. -wiss. -technol.*, Vol 47 (No. 6), 1993, p 558–561
99. U. Hangen and D. Raabe, Modeling of the Yield Strength of a Heavily Wire Drawn Cu-20%Nb Composite by Use of a Modified Linear Rule of Mixtures, *Acta Metall. Mater.*, Vol 43 (No. 11), 1995, p 4075–4082
100. D. Raabe and U. Hangen, Observation of Amorphous Areas in a Heavily Cold Rolled Cu-20 wt% Composite, *Mater. Lett.*, Vol 22, 1995, p 155–161
101. D. Raabe and U. Hangen, Correlation of Microstructure and Type II Superconductivity of a Heavily Cold Rolled Cu-20 Mass% Nb in situ Composite, *Acta Mater.*, Vol 44 (No. 3), 1996, p 959–961
102. Y. Leprince-Wang, K. Han, Y. Huag, and K. Yu-Zhang, Microstructure in Cu-Nb Microcomposites, *Mat. Sci. Eng. A*, Vol 35 (No. 1–2), 2003, p 214–223
103. W.A. Spitzig, and P.D. Krotz, A Comparison of the Strength and Microstructure of Heavily Cold Worked Cu-20% Nb Composites Formed by Different Melting Procedures, *Scripta Metall.*, Vol 21, 1987, p 1143–1146
104. W.A. Spitzig, V.L. Trybus, and F.C. Laabs, Structure Properties of Heavily Cold-Drawn Niobium, *Mat. Sci. Eng. A*, Vol A145, 1996, p 179–187
105. E. Botcharova, J. Freudenberger, A. Gaganov, K. Khlopkov, and L. Schultz. Novel Cu-Nb-Wires: Processing and Characterization, *Mat. Sci. Eng. A*, Vol 416 (No. 1–2), 2006, p 261–268

4.5 坯料、杆材和棒料的感应加热技术

Doug Brown, Valery Rudnev, and Peter Dickson, Inductoheat, Inc.

温度对金属的成形性能具有重要影响。通过对坯料、杆材和棒料进行整体加热，使其达到具有相应塑性变形范围的温度，对于后续通过各种途径将材料压制成所需形状非常有利。在本节，采用钢坯料代表一系列类似形状的工件，包括棒料、杆材、线材及厚壁管等。有多种方法可以在温锻和热锻前对工件进行加热（即锻造、镦锻、轧制、挤压成形等），包括感应加热器、燃气炉、红外加热炉、电炉和燃油炉等。

近几十年来，在对金属材料进行加热时，感应加热已经发展成为越来越受欢迎的方式之一。由于感应加热具有较快的加热速度，可同时对工件的表面和内部进行加热，因此其应用趋势正不断快速增长。感应加热能够快速实现表面与心部温度的均匀性，同时缩短工艺循环时间（高的生产率），在最小占地面积情况下实现高质量的重复性生产。此外，相比其他可选择的加热工艺（如燃气炉），感应加热系统几乎可以不需要预热而直接进行生产。

相比其他热源，感应加热具有更高的能量利用率，因此更节能、环保。同时，感应加热还能大大降低高温工件暴露于空气中的时间，更环保。

现代锻造车间必须具有快速适应局部环境改变的能力、最大的流程柔性和电效率，同时能够满足日益增长的高质量产品要求。感应加热工艺是能够满足这些要求的最有效的方法。

感应加热还具有以下吸引人的特点：

1）大大减少表面氧化皮和表面脱碳。

2）能够进行在线加热和加工。

3）缩短启动和关断时间。

4）适合自动化生产，节省人力成本。

5）仅在加热工件时需要能量，无需维持炉内温度所需的能量，仅在感应器通电情况下开始加热。

6）如需要，可在保护气氛中进行加热。

7）感应加热的其他优势在参考文献［1－6］中有详细介绍。

图4-22所示为坯料和棒材可以采用分段、连续进行整体加热或局部加热，然后采用压力机、锻锤（反复打击）或镦锻机进行锻造。

现代锻造工业旨在生产更精密的净成形、高质量零部件，对于客户来讲最有价值的是对锻件质量进一步提高的需求，这种需求与感应设备的优化设计概念及锻造过程中的每一步的工艺控制优化相关。现代锻造工艺设计方法不能将感应加热只当作独立的工艺过程进行考虑，而是作为集成化系统中的一部分，包括感应加热过程、加热系统到金属成形系统传输过程中的温度变化及坯料自身的塑性变形

过程。

钢坯（包括普通碳素钢、微合金钢及合金钢）代表了主要的热成形坯料，其他可以进行感应加热成形的材料还有钛、高温合金、铝、铜、黄铜、青铜、镁、镍等。

图 4-22 坯料和棒材可以采用分段、连续进行整体加热或局部加热

通常在进行感应加热之前，工件的初始温度为均匀的且相当于环境温度。然而，有时坯料的初始温度并不均匀。几种典型的非均匀初始温度的例子包括感应加热设备安装在连续铸造系统和轧制系统之间的情况，或穿孔后、挤压成形前的二次感应加热。由于前道工序（包括不同区域的非均匀冷却）的本质特征，工件的外表面，尤其是末端和边缘区域，相比中间和心部区域具有更快的冷却速度。例如，不锈钢空心坯料后续正挤压前需要进行二次加热，图 4-23 所示为不锈钢空心坯为后续正挤压而进行二次感应加热之前的非均匀温度分布。

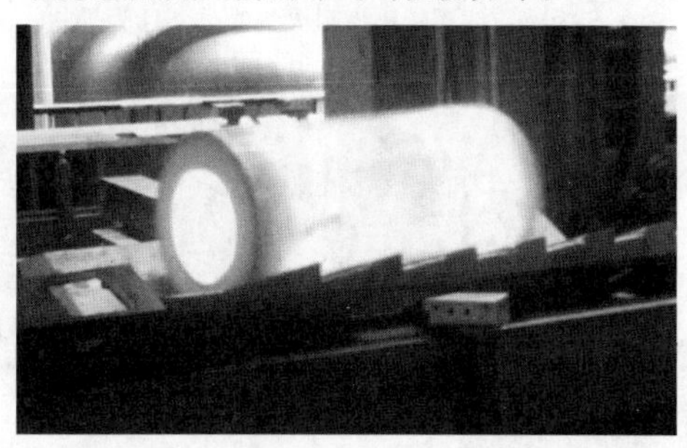

图 4-23 不锈钢空心坯为后续正挤压而进行二次感应加热之前的非均匀温度分布

在通常情况下，需要将坯料加热到一定的温度，并且具有一定的温度均匀性。温度均匀性要求包括不同位置的最大允许温差，如表心温度差、端端温度差、边边温度差。

在有些应用中，需要在工件中产生一定的温度梯度而对温度均匀性并无要求。当对某些特定材料的坯料进行加热时，需要在长度方向上产生纵向温度梯度，例如纯铝和铝合金正挤压或连续挤压工艺之前的加热。坯料的梯度加热会形成一个高温的“鼻子”和一个低温的“尾巴”，这种温度分布可以平衡正挤压时产生的热量，从而产生等温挤压所需的均温条件。

感应加热设备的额定功率范围较大，低到小于 10kW，高到几万 kW，典型的频率为中低频（50Hz ~ 30kHz）。当对高电阻率（如镍基高温合金、钛）和相对较小直径（小于 6.35mm）的材料进行感应加热时，将采用更高的频率（70 ~ 400kHz）。

圆柱形和螺旋形多匝感应线圈在坯料的感应加热过程中最为常见（见图 4-24）。加热过程中，感应线圈环绕工件进行工作。圆形、正方形和方形截面的铜管是制作线圈的典型材料。铜管的壁厚主要取决于工作频率和机械强度要求。厚壁铜管常用于低频设备中，而薄壁铜管则多用于高频设备中。

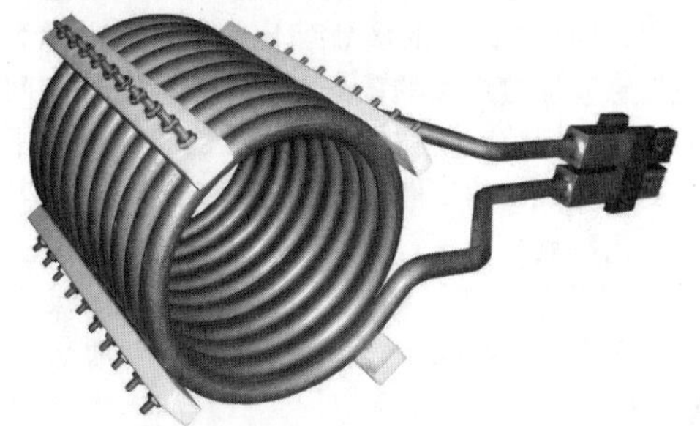

图 4-24 圆柱形和螺旋形多匝感应线圈在坯料的感应加热过程中最为常见（由应达公司提供）

各匝线圈之间必须相互绝缘，否则会发生短路并产生电弧火花。特殊的绝缘胶带、绝缘树脂及其

他绝缘材料被用于解决线圈间的绝缘问题。为了提高线圈效率和功率因数，需要尽量减小线圈匝距。但是，线圈之间的间隙又需要足够大，以保证线圈之间的电绝缘。

可替换的衬管或浇注式耐火材料可用来保护铜线圈以免其暴露在高温环境中，同时避免工件在加热过程中意外撞击感应线圈而导致线圈损坏。例如，图4-25所示为采用耐火材料浇注制作的线圈箱。耐火材料大大地降低了坯料表面的能量损耗，显著地提高线圈的热效率，这也同时降低了线圈对水冷却系统的需求。

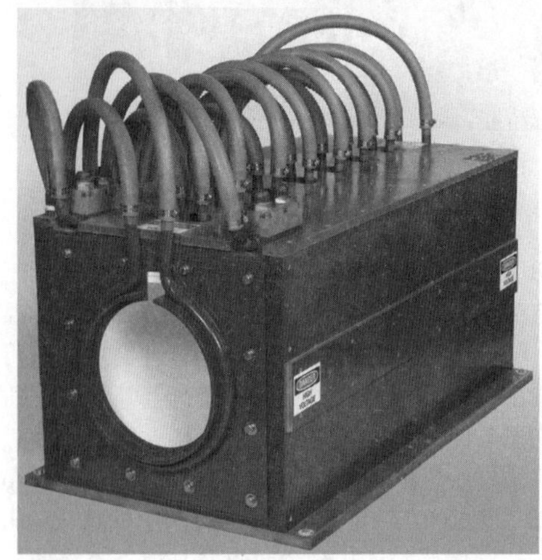

图4-25 采用耐火材料浇注制作的线圈箱（由应达公司提供）

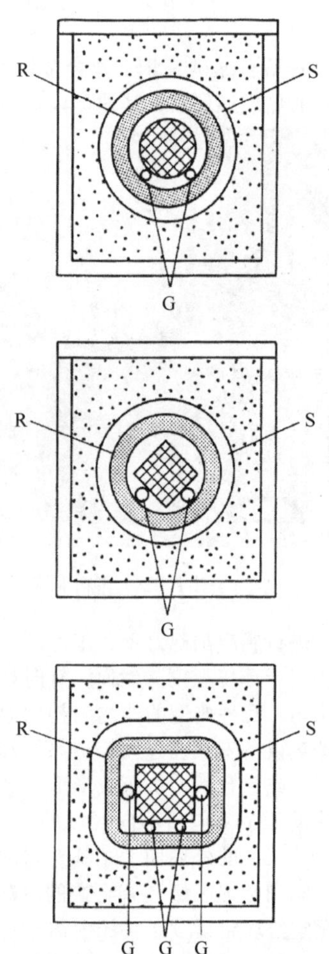

图4-26 典型坯料感应加热线圈的截面图

注：S为感应线圈；R为耐火绝缘体；G为导轨。

不同方式布置的导轨（水冷导轨或非水冷导轨）能够使坯料在感应线圈中进行移动。导轨通常由钢或高温合金制造。尽量减少导轨的数量以减小导轨尺寸非常有必要，因为导轨也会被感应加热引起功率损耗，从而降低线圈的总体热效率。此外，水冷导轨还会造成坯料局部温度过低，这种温度过低通常发生在导轨与坯料的接触面上。图4-26所示为典型坯料感应加热线圈的截面图。线圈和工件之间需要有足够的间隙。间隙的最小值取决于工件的平直度（尤其是细长的工件）、上下料系统的特征及其他相关工艺参数。

在有些应用中，感应加热系统为立式（见图4-27），有些情况下则采用卧式感应加热系统（见图4-28）。

4.5.1 感应加热基本工艺参数的估算

坯料的感应加热过程包含了几种相关的物理现象，包括但不限于：热传导、电磁感应及冶金现象。这里仅需要强调的是，趋肤效应是电磁感应加热的基本特性，代表导体截面上交变电流的非均匀性分布。

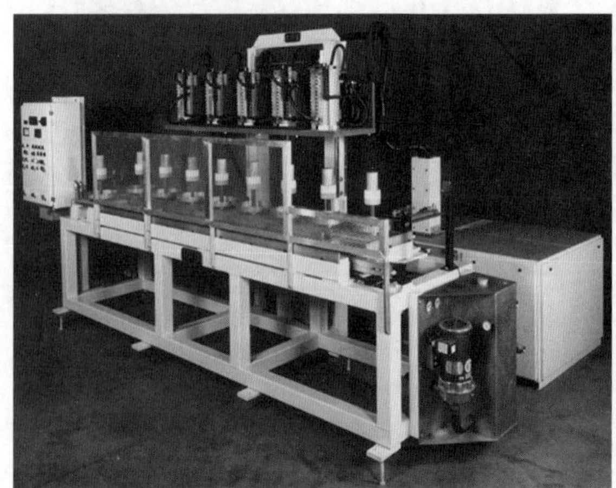

图4-27 立式感应加热炉（由应达公司提供）

任何置于感应线圈中或距离线圈较近的导体中都会存在趋肤效应。感应加热工件中形成的涡流主

图 4-28　卧式感应加热器（由应达公司提供）

要在工件的表层中，这个表层中集中了 86% 的感应电流。具有 86% 感应电流的表层的厚度称为参考深度或电流渗透深度 δ。渗透深度的数值与导体电阻率的平方根成正比，与频率及相对磁导率的平方根成反比，表示为

$$\delta = 503\sqrt{\frac{\rho}{\mu_r F}} \tag{4-1}$$

式中　ρ——金属的电阻率（Ω · m）；

μ_r——相对磁导率；

F——电源频率（Hz）；

δ——透入深度（m）。

从数学角度讲，渗透深度 δ 是导体心部电流密度降低到导体表面电流密度的 1/exp 处与导体表面的距离。该位置的能量密度会降低到表面能量密度的 $1/\exp^2$。图 4-29 所示为趋肤效应，是从圆柱形工件表面到心部的电流密度分布。工件渗透深度位置的电流为表面电流的 37%，而该位置的能量密度只有表面的 14%。因此可以断定，工件中约为 63% 的电流和 86% 的能量集中在厚度为 δ 的表层中。

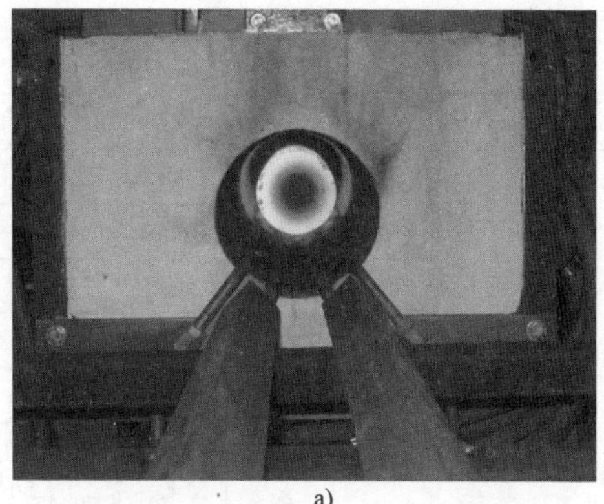

a)

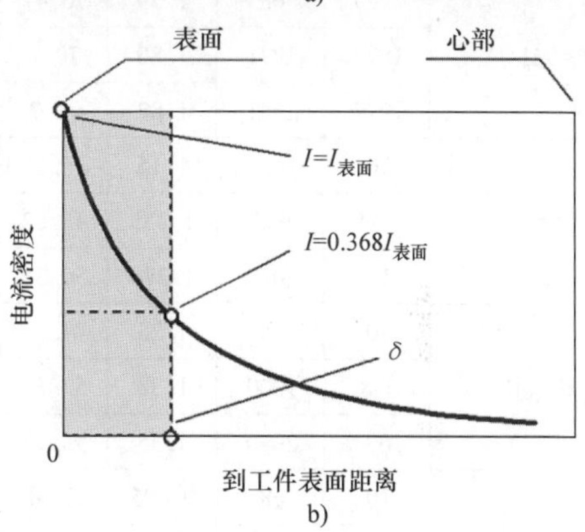

b)

图 4-29　趋肤效应（由应达公司提供）

a）碳钢坯料感应加热　b）电流密度与工件表面距离的关系

通过分析式（4-1）可以发现不同材料的渗透深度并不相同，同时渗透深度也是频率和温度的函数。材料的电阻率在加热过程中会增大 4 ~ 6 倍，具体的数值取决于所加热材料的类型。磁性材料加热过程中相对磁导率 μ_r 的变化更具有戏剧性。因此，即使是加热非磁性金属材料，其电阻率也会随着加热循环相应地增加。表 4-27 为常用非磁性金属及合金的渗透深度。

表 4-27　常用非磁性金属及合金的渗透深度

金　属	温度/℃	温度/℉	ρ/ μΩ · m	ρ/ μΩ · in	渗透深度/mm						
					0.06kHz	0.5kHz	1kHz	3kHz	6kHz	10kHz	30kHz
纯 Al	20	68	0.027	1.06	10.7	3.7	2.61	1.51	1.07	0.83	0.48
	250	482	0.053	2.09	15.0	5.18	3.66	2.11	1.5	1.16	0.67
	500	932	0.087	3.43	19.2	6.64	4.69	2.71	1.91	1.48	0.86
纯 Cu	20	68	0.018	0.71	8.71	3.02	2.13	1.23	0.87	0.68	0.39
	500	932	0.050	1.97	14.5	5.03	3.56	2.05	1.45	1.12	0.65
	900	1652	0.085	3.35	18.9	6.6	4.64	2.68	1.89	1.49	0.86

（续）

金属	温度/℃	温度/℉	ρ/μΩ·m	ρ/μΩ·in	渗透深度/mm						
					0.06kHz	0.5kHz	1kHz	3kHz	6kHz	10kHz	30kHz
黄铜	20	68	0.065	2.56	16.6	5.74	4.06	2.34	1.66	1.28	0.74
	400	752	0.114	4.49	21.9	7.6	5.37	3.1	2.19	1.7	0.98
	900	1632	0.203	7.99	29.3	10.1	7.17	4.14	2.93	2.27	1.31
纯 Ti	20	68	0.500	19.7	45.9	15.9	11.2	6.49	4.59	3.65	2.05
	600	1112	1.400	55.1	76.8	26.6	18.8	10.87	7.68	5.95	3.44
	1200	2192	1.800	70.9	87.1	30.2	21.3	12.3	8.71	6.75	3.90
Ti-6Al-4V	20	68	1.79	70.47	86.9	30.1	21.3	12.3	8.7	6.73	3.89
	1077	1971	1.80	70.9	87.1	30.2	21.3	12.3	8.71	6.75	3.90
	1277	2331	1.82	71.7	87.6	30.4	21.5	12.3	8.76	6.79	3.92
IN-690	20	68	1.15	45.28	69.6	24.1	17.1	9.85	6.96	5.39	3.11
	500	932	1.235	48.62	72.2	25	17.7	10.2	7.22	5.59	3.23
	1100	2012	1.278	50.31	73.4	25.4	18	10.4	7.34	5.69	3.28
IN-718	20	68	1.25	49.21	72.6	25.2	17.8	10.3	7.26	5.62	3.25
	538	1000	1.33	52.36	74.9	25.9	18.3	10.6	7.49	5.8	3.35
	1093	2000	1.35	53.15	75.5	26.1	18.5	10.7	7.55	5.84	3.37
304 不锈钢	20	68	0.695	27.36	54.1	18.8	13.3	7.66	5.41	4.19	2.42
	700	1292	1.111	43.74	68.4	23.7	16.8	9.68	6.84	5.3	3.06
	1200	2192	1.241	48.86	72.3	25.1	17.7	10.2	7.23	5.6	3.24

1. 工件功率的估算

金属热成形前感应加热功率、频率及线圈长度的选择受设计师经验、加热金属或合金的种类、所需的温度均匀性和循环时间、特殊应用及其他工艺相关参数的影响。

文献［1，4，9］中讨论了坯料加热所需功率（P_w）的两种粗略估算方法，其中 P_w 单位为 kW。

其中一种方法是假设所加热的材料具有平均比热容 c，则所需功率为

$$P_w = mc\frac{T_f - T_{in}}{t} \tag{4-2}$$

式中 m——加热工件的质量（kg）；

c——材料的平均比热容[J/(kg·℃)]；

T_{in} 和 T_f——初始和最终温度（℃）；

t——加热所需时间（s）。

另外一种功率的计算方法是基于热含量 HC 的数值：

$$P_w = HC \times 产量 \tag{4-3}$$

式中 HC——热含量（kW·h/t）。

产量单位为 t/h。图 4-30 所示为不同金属加热到不同温度的热含量。

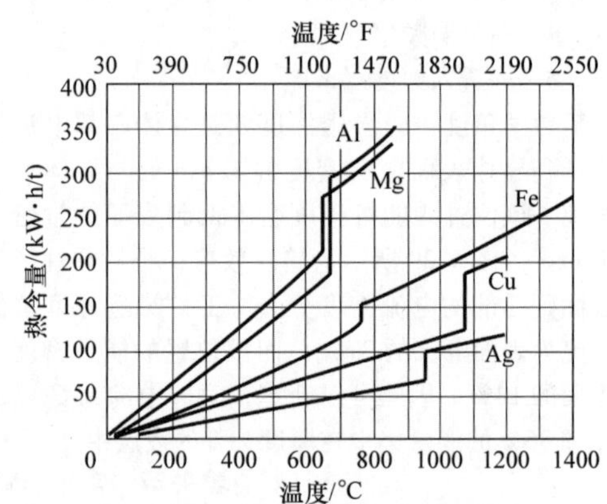

图 4-30 不同金属加热到不同温度的热含量

必须注意到 P_w 并不是代表所需的线圈功率。式（4-4）表示所需的线圈平均功率 P_c^{av} 与加热工件所需平均功率 P_w^{av} 之间的关系：

$$P_c^{av} = \frac{P_w^{av}}{\eta} \tag{4-4}$$

从式（4-5）可以看到，线圈的总功率是线圈电效率和线圈热效率的乘积。

$$\eta = \eta_{el}\eta_{th} \tag{4-5}$$

式中，η_{el}和η_{th}的取值范围均为 0 ~ 1。

η_{el}的数值表示工件的有效功率与线圈总功率的比值，表示为

$$\eta_{el}=\frac{P_w^{av}}{P_w^{av}+P_{loss}^{el}} \tag{4-6}$$

式中　P_{loss}^{el}——包括铜线圈中的能量损耗P_{loss}^{turns}和感应器附近其他导体中的能量损耗P_{loss}^{sur}，可以表示为

$$P_{loss}^{el}=P_{loss}^{turns}+P_{loss}^{sur} \tag{4-7}$$

P_{loss}^{sur}的值表示对工装、衬板管、磁分路器、辊轮、夹具、箱体、支撑梁及其他导体产生的感应加热能量损耗，这些导体都位于感应线圈附近。

感应线圈的效率受多个设计参数的综合影响，包括线圈-工件径向间隙（耦合间隙）、感应加热的材料性能、线圈长度、电源频率、开槽端板或未开槽端板及其他因素。

线圈电效率随频率变化曲线如图 4-31 所示，当电源频率高于 F1 时，线圈具有较高的电效率。该频率对应了坯料外径与渗透深度的比值大于 3（$OD/\delta>3$）。当电源频率对应的外径与渗透深度比值大于 8 时（$OD/\delta>8$），线圈的电效率η_{el}仅有微小增大。当频率继续增大（大于 F2），由于需要更长的时间使坯料的表面和心部温度达到充分均匀，从而产生更大的能量传输损耗及更低的热效率，导致线圈电效率不升反降。如果选择频率对应的$OD/\delta<3$，（见图 4-31 频率小于 F1），则线圈的电效率显著降低。这主要是由于圆柱体坯料中产生反向的感应涡流而引起电流抵消。

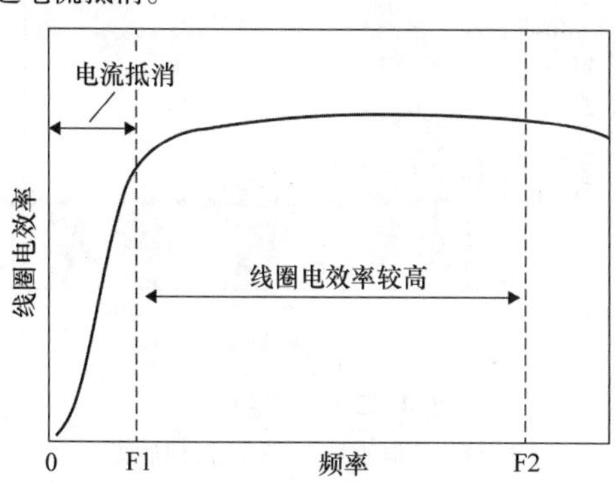

图 4-31　线圈电效率随频率变化曲线

η_{th}的值为热效率，代表了整个加热循环过程中的热损耗，表示为

$$\eta_{th}=\frac{P_w^{av}}{P_w^{av}+P_{loss}^{th}} \tag{4-8}$$

P_{loss}^{th}包含了工件表面由于热辐射和对流损耗的热量及热传导损失的热量（如从坯料到水冷衬管、导轨、底座及其他支撑结构中的热传导）。

采用热绝缘材料（隔热耐火泥）能够显著地降低工件表面的热量损耗。耐火泥通常采用热导率较低的材料制作，如耐高温水泥、陶瓷及其他材料。

参考文献［1，7－9］中针对线圈总效率η、电效率η_{el}、热效率η_{th}及它们之间的关系和估算方法做了大量的介绍。

应该时刻铭记，结合以往的工作经验对所需功率进行快速的预估非常重要。这种经验对于快速给出特定工件加热所需功率具有重要意义。

不幸的是，大部分估算技术和简化公式具有较大的局限性，很难获得设计细节。基于电磁热耦合的先进数值模拟软件使设计师能够精确地给出所需的电源功率和详细的工艺参数，而这些参数通过试验来确定时价格将会非常高昂、耗时长且有时还较为困难。

2. 频率的选择

感应加热频率的选择通常需要折中。频率过低时容易产生不希望的较大的电流渗透深度，同时会产生电流抵消效应而导致线圈效率过低。当频率过高时，感应电流主要集中在坯料的表层中，因此需要更长的感应加热时间，导致感应加热生产线过长。显然，针对特定的应用，存在一个最优化的电源频率。

（1）非磁性圆柱形棒料感应加热频率的选择　频率的选择受到诸多因素的影响，包括但不限于以下因素：

1）加热材料的类型。

2）坯料的尺寸。

3）坯料的几何特征（如圆柱、圆锥、矩形、梯形、中空或实心等）。

4）加热所要求达到的温度均匀性。

5）坯料的初始温度状态。

6）客户工厂具有特定频率的逆变器等。

感应加热的一个重要挑战是需要提供特殊的表面-心部温度均匀性。相对于表面，工件的心部加热速度更慢。工件心部加热不足的主要原因是由于趋肤效应。

较低的频率对应了较大的渗透深度δ，因此也会产生更深的加热效果。这种较低的频率适用于大尺寸坯料和具有良好电导率材料（如 Cu、Al、黄铜等）的感应加热。然而，当频率过低时，坯料中会产生涡流抵消现象，导致产生较低的线圈电效率。

另一方面，如果电源频率过高，趋肤效应会在坯料表层上形成涡流聚集，该表层厚度相对于坯料的直径或厚度非常小。

与频率无关，实心坯料的中心始终不会产生感

应电流而被加热，即坯料的中心总是通过热传导进行加热。

在具有明显趋肤效应的情况下，为了保证坯料中心得到充分加热，需要更长的加热时间。延长加热时间会导致表面能量损耗的增加，因此会降低感应加热设备的总效率。所以，频率的选择通常为一种合理的办法。

在对实心圆柱体进行感应透热时（如杆料、棒材、坯料和线材），使用以下频率会得到较高的线圈电效率：

$$(\text{工件直径 } D)/(\text{渗透深度 } \delta) > 4 \quad (4\text{-}9)$$

表4-28为不同材料的实心圆柱体有效感应加热最小直径与频率和温度的关系。

表4-28 不同材料的实心圆柱体有效感应加热最小直径与频率和温度的关系

材料	温度/℃	温度/℉	最小直径/mm						
			0.06kHz	0.2kHz	0.5kHz	1kHz	2.5kHz	10kHz	30kHz
纯 Cu	900	1652	68	35	23	17	11	5	3
纯 Al	500	932	68	35	23	17	11	5	3
黄铜	900	1652	102	56	35	26	16	8	5
纯 Ti	1200	2192	304	168	105	74	47	23	13
纯 W	1500	2732	168	92	58	43	27	14	8
碳钢	1200	2192	253	140	94	65	41	19	12

如果 $D/\delta<3$，线圈电效率 η_{el} 会由于工件中环形感应涡流的反向抵消而显著减小。这种线圈效率的降低通常伴随着线圈铜损耗的增加，并需要对线圈进行更大流量的水冷却。

涡流抵消现象、线圈效率的显著降低及线圈铜损耗的增加对感应加热的客户产生了一种迷惑现象：当采用相同的感应加热电源时，对于大直径工件，线圈具有更长的使用寿命；但对于小直径工件，线圈容易过早失效。

图4-32所示为不同频率下Ti棒/坯料感应加热初期和后期线圈相对铜损耗的比较，假设单位时间内平均温度的升高相同。作为参考，假设70kHz时感应加热初期线圈的铜损耗为100%。

对于大部分金属，电阻率 ρ 随着温度的升高而增大。这种电阻的增加量相当大，会在加热阶段产生显著的电流抵消现象。表4-29为几种金属电阻率随温度升高的增量。

表4-29 几种金属电阻率随温度升高的增量

材料	电阻率增量/倍	温度/℃	温度/℉
Al	3.2	21～500	70～932
Cu	4.7	21～900	70～1652
Ti	2.15	21～885	70～1625
1045号钢	6.8	21～1200	70～2192
W	10.6	21～1800	70～3272

在选择最佳运行频率时，考虑电阻率随温度的变化关系非常重要。然而，很多数据源只有材料室温时的电阻率数据。如果仅在室温电阻率基础上选择 D/δ 的比值，那么电阻率随温度升高的增加量将会对线圈的效率、所需功率及铜线圈的冷却要求产生潜在的不利影响。对上述影响的估算会使线圈产生过热，并且会大大地降低线圈的使用寿命。

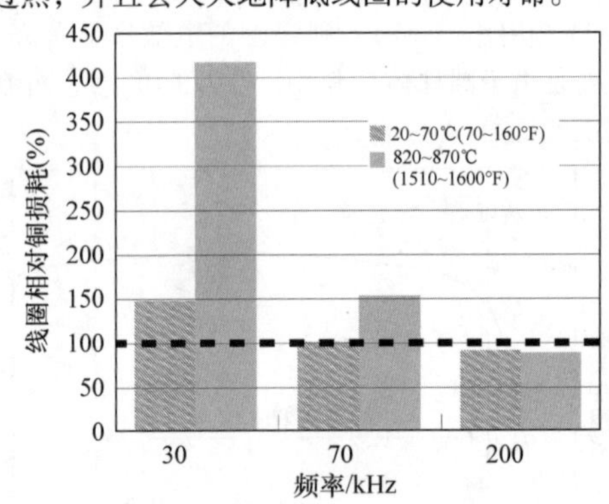

图4-32 不同频率下Ti棒/坯料感应加热初期和后期线圈相对铜损耗的比较

为了确保高的加热效率、最小的电源功率、较低的能量损耗及更长的线圈寿命，需要根据式（4-9），在加热后期电流渗透深度的基础上对频率进行选择。

（2）非磁性合金实心圆柱体感应加热频率的选择　上文讨论了非磁性金属感应加热频率选择的影响。然而，在真实的应用过程中，很少有使用纯金属的情况。所有商品级金属材料都会含有相当数量的其他化学元素。在这些元素中，有些是以原材料中的残留杂质元素的形式存在，且含量较少；而有些则是人为添加到金属中，目的是为了提高材料的某些性能。添加的合金元素对感应加热和关键工艺参数的选择（如功率、频率、铜线圈冷却条件）具有重要影响。潜在的误差可能超过 10 倍，会对感应加热效率和感应器的寿命产生严重的负面影响。

合金元素如何影响电阻率 ρ，杂质元素的存在会使金属的晶格点阵产生畸变，进而显著影响金属的电阻率 ρ，这种影响对于金属合金来说尤其明显。不同合金元素对电阻率的影响各不相同，具体取决于其组成相的类型。

不幸的是，感应加热工艺开发人员通常错误地假设了二元合金的某些物理特性，极端地认为其物理特性是这两种金属的平均值。然而，实际情况是，金属合金的电阻率可能随着合金元素含量的增加连续升高或降低。例如，普通碳钢的电阻率随着碳含量和其他某些合金元素含量的增加而增大。图 4-33 所示为钢铁中不同合金元素对其电阻率的影响。

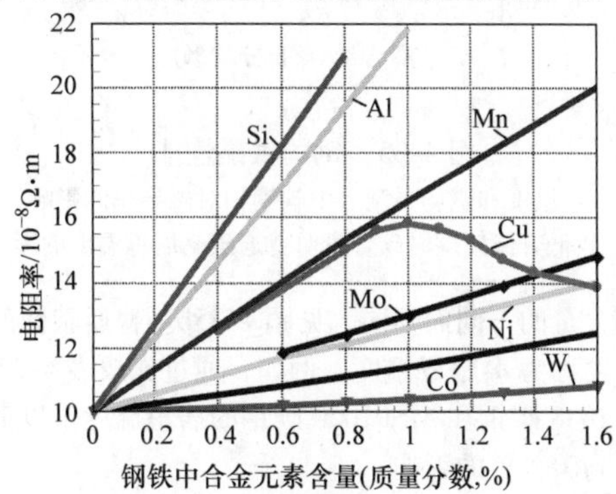

图 4-33 钢铁中不同合金元素对其电阻率的影响

在另一些情况下，尤其是对于能够形成固溶体的材料，合金元素含量对电阻率的影响具有非线性。同样，还有一些情况，电阻率 ρ 随合金元素含量的变化可以用一个钟形曲线来描述，Cu－Ni 合金不同温度下的电阻率如图 4-34 所示。这种曲线的特点是，在合金元素质量分数为 50% 时，合金的电阻率达到最大值。

在对非磁性二元合金（如 Cu-Ni 合金）进行感应加热时，采用两种金属电阻率的平均值（见图 4-34 中的虚线）作为频率选择的依据非常危险。采用直径为 6.4mm 的 50Cu-50Ni 合金棒料作为研究对象，将其从室温加热到 200℃。

表 4-30 为不同材料的渗透深度，分别采用电阻率平均值（错误的假设）和钟形曲线（正确的数值）计算得到 50Cu-50Ni 合金不同频率下的透入深度。频率分别为 3kHz 和 6kHz，温度为室温。

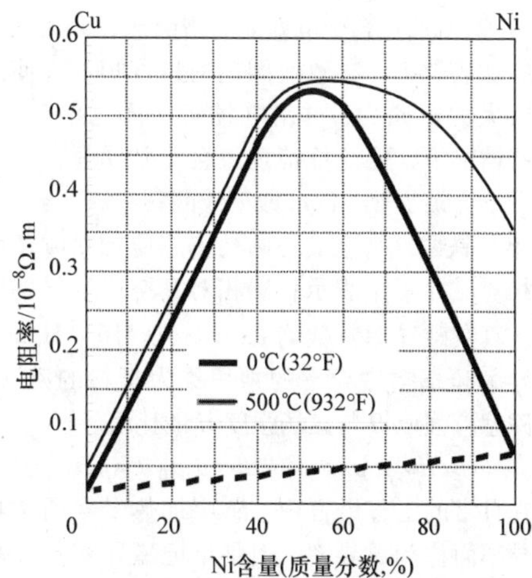

图 4-34 Cu-Ni 合金不同温度下的电阻率

表 4-30 不同材料的渗透深度

材料(0℃)	3kHz		6kHz		说明
	渗透深度/mm	渗透深度/in	渗透深度/mm	渗透深度/in	
纯 Cu	1.2	0.05	0.85	0.03	—
纯 Ni	2.34	0.09	1.65	0.065	—
50Cu-50Ni	1.9	0.075	1.3	0.05	采用电阻率的平均值（错误的假设）
50Cu-50Ni	6.62	0.26	4.7	0.185	采用正确的电阻率数据

表 4-31 为有效加热直径 6.4mm 的 50Cu-50Ni 合金所需的最低频率。在两种合金元素的电阻率平均值（错误的假设）基础上会得出错误的建议频率（相差 10 倍以上），大大地降低线圈效率并且会造成严重的线圈铜损耗从而导致线圈过早失效。事实上，在某些情况下，工件（如棒料、坯料或线材）可能被感应线圈的电磁场穿透或半穿透，即使在加载线圈功率的情况下也几乎不会被加热。

表 4-31 有效加热直径 6.4mm 的 50Cu-50Ni 合金所需的最低频率

纯 Cu	纯 Ni	频率/kHz	
		采用错误的电阻率	采用正确的电阻率
1.5kHz	5.2kHz	3.3	42

对于频率的选择得出以下两个主要结论：

1）电阻率的变化对合金采用煤气炉或其他燃料炉、红外加热器、流化床加热炉、盐浴加热没有实质影响，但对感应加热及其频率等主要工艺参数的选择有显著影响。

2）对所加热合金电性能的错误估算会大大地降低感应加热效率，导致线圈铜的过度损耗，使线圈承受巨大的电磁力，并潜在缩短线圈的使用寿命。在有些情况下，涡流抵消现象会非常明显，以致工件几乎不会被加热，除非改变线圈频率。

（3）铁磁性合金实心圆柱体感应加热频率的选择 相对磁导率μ_r表示材料相对真空或空气的导磁能力。真空磁导率常数为$\mu_0=4\pi\times10^{-7}$H/m。相对磁导率和真空磁导率的乘积称为材料的磁导率，等于磁感应强度B与磁场强度H的比值。

$$B/H=\mu_r\mu_0=\mu \text{ 或 } B=\mu_r\mu_0H=\mu H \quad (4\text{-}10)$$

在日常的工程语言中，感应加热专家通常将相对磁导率简称为磁导率。但是牢记磁导率μ和相对磁导率μ_r的区别非常重要。

根据磁化能力的不同，可以将所有的材料分为三类：顺磁性材料、抗磁性材料和铁磁性材料。顺磁性材料的相对磁导率略大于1（$\mu_r>1$），而抗磁性材料的相对磁导率略小于1（$\mu_r<1$）。由于顺磁性材料和抗磁性材料的相对磁导率相差不大，因此在感应加热过程中通常称之为非磁性材料。典型的非磁性材料有Al、Cu、Ti、W。

与顺磁性材料和抗磁性材料相反，铁磁性材料具有较大的相对磁导率（$\mu_r>>1$）。室温条件下的普通碳钢即为典型的铁磁性材料。

材料的铁磁性能与材料的化学成分、结构、频率、磁场强度和温度有关，见图4-35a，相同材料在相同温度和频率条件下，在不同的磁场强度中具有不同的相对磁导率μ_r。例如，在坯料的感应加热过程中，铁磁性钢的相对磁导率μ_r取决于磁场强度H和温度，变化范围从最小的8～12到最大的大于100。

材料从铁磁性转变成非磁性的温度称为居里温度。当温度超过居里温度时，$\mu_r=1$。几种材料的居里温度见表4-32。

表4-32 几种材料的居里温度

材料	温度	
	℃	℉
AISI 1008 碳钢	768	1414
AISI 1060 碳钢	732	1350
Ni-Fe 合金	440	824
钴	1120	2048
镍	358	676

材料的化学成分也是另外一个对居里温度有重要影响的因素。即使是普通碳钢，居里温度也会根

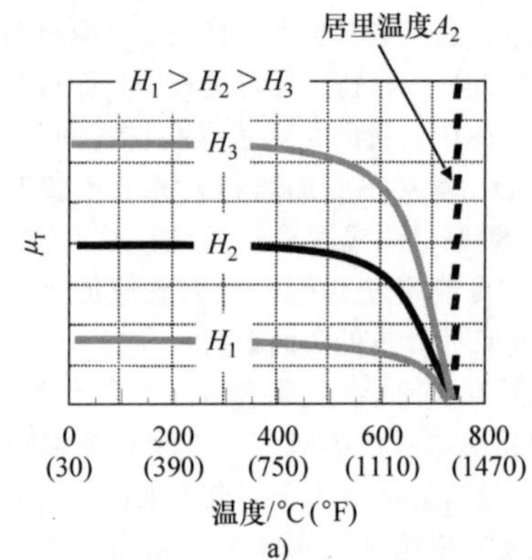

a)

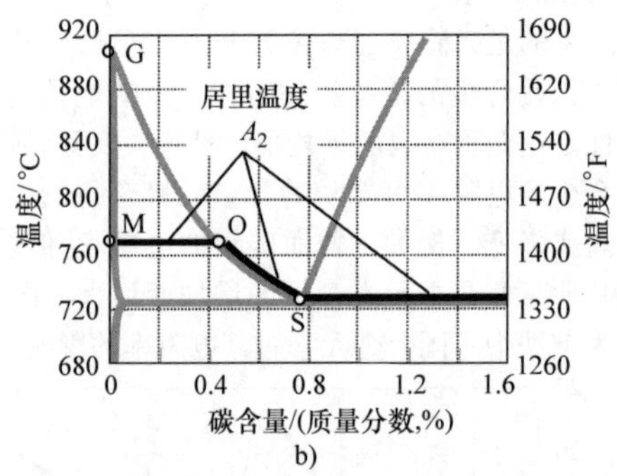

b)

图4-35 钢的铁磁性能

a）温度和磁场强度对中碳钢相对磁导率的影响

b）较低升温速度时碳含量对普通碳钢居里温度的影响

据碳含量的不同而不同，见图4-35b。普通碳钢的居里温度称为A_2临界温度。例如，通过比较表4-32中AISI 1008碳钢和AISI 1060碳钢的居里温度可以清晰地看到碳含量的影响。

由图4-35a可知，碳钢的磁导率随着温度的升高而降低。这在大多数坯料的感应加热应用中真实存在。然而，在相对较低的磁场强度中，相对磁导率μ_r可能随着温度的升高先增大，仅仅在居里温度附近才开始急剧减小。

相比非磁性材料，类似于碳钢和铸铁这类铁磁性材料的感应加热具有其独特性。在加热初始阶段，材料具有铁磁性，渗透深度δ较小并且线圈的效率较高（通常至少达到80%）。碳钢的电流渗透深度随着温度的升高而缓慢增大，因为金属的电阻也在缓慢增大。然而，当温度超过550℃时，材料的磁导率开始出现明显的降低，从而导致电流渗透深度显著增加。

当温度达到居里温度附近时，由于金属开始转变成非磁性材料，其磁导率直线下降。因此，电流渗透深度也显著增大（10倍甚至更大），这将会在加热工件中产生涡流抵消现象，从而大大降低线圈

效率，对能量损耗产生不利影响。线圈效率的降低会使线圈中能量损失增大，显著提高线圈中冷却水的要求。因此，在进行频率选择时必须慎重考虑工件中是否会发生涡流抵消现象。

（4）案例研究 采用双频感应加热技术对坯料进行加热十分有利。在双频感应加热技术中，在加热初期，当钢为铁磁性时，采用相对较低频率的电源对材料进行加热。而在加热后期，工件转变成非磁性，采用较高频率的电源对工件进行加热具有较高的效率。以直径3.18mm碳钢棒的感应加热为例，分别采用10kHz的单频电源和10kHz/200kHz的双频电源将工件从室温加热到1120℃（见图4-36）。

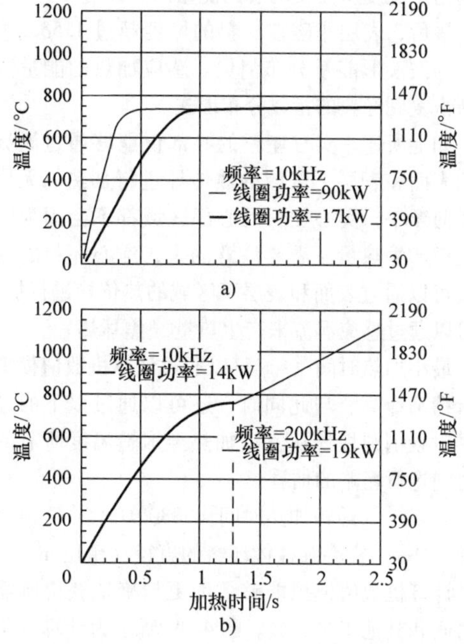

图4-36 直径3.18mm碳钢棒感应加热过程中温度-时间变化曲线的对比

a）10kHz单频电源，0.5m长感应线圈

b）10kHz和200kHz双频电源，双线圈，均为0.25m长

对于频率为10kHz的单频电源，当电源功率从17kW提高到90kW时，工件加热的最终温度几乎没有变化。提高功率后唯一明显的不同是加热初期时间-温度曲线的斜率。该不同主要是由于感应加热初期钢具有铁磁性。而当工件温度达到居里温度后，几乎看不到明显的温度升高。这是由于工件温度超过居里温度后的涡流抵消引起的。功率差异代表着额外的线圈铜管的能量损耗。

相反地，图4-36b说明采用双频感应加热技术能够在居里温度以上显著提高线圈的加热能力。在居里温度以下采用14kW/10kHz的电源对钢棒进行加热，而在居里温度以上则采用19kW/200kHz的电源进行加热。双频电源总功率为33kW，而频率为10kHz，功率90kW的单频电源却无法将工件加热到所需温度。

结论：该案例说明了选择合适的工作频率来避免电流抵消效应的重要性。人们通常想要采用单频率的感应加热系统实现对各种各样尺寸的工件进行加热。而在不同的案例中，如不同尺寸的工件或加热阶段，为了能够获得较高的加热效率，必须选择合适的频率以保证$D/\delta>3.4$。

在计算材料的电流渗透深度时，需要意识到材料ρ和μ_r的取值必须对应整个加热过程中材料达到的最高温度，这点非常重要。

4.5.2 坯料感应加热设计理念

针对坯料的感应加热，有几种设计理念。其中两种最主要的理念分别是静态加热和连续多段卧式加热。针对加热不同材料所需要选择的最终温度和瞬态温度，以及化学成分和残留元素的影响在其他文献中已经有详细的讨论。

1. 静态加热

所谓静态加热，指将坯料置入竖直或水平排列的感应线圈中，加载一定的电源功率进行加热，直到工件达到所需的加热状态（目标温度和温度均匀性）。随后将工件从线圈中取出并传送到下一个加工位进行加工。然后在感应线圈中置入另一个冷坯料再次进行加热，并重复上述过程。

图4-37所示为用于实心和空心坯料静态加热的立式感应加热器。坯料的直径范围为0.2~0.45m，长度范围为0.4~1.4m。感应线圈上有若干抽头，以便在加热不同长度的坯料时能够调整线圈的高度。

感应线圈功率和加热时间的配方决定了瞬态温度分布和最终的加热条件。如果有需要，增加气氛保护装置也十分便利。

如果要提高生产率，则需要多个感应器进行连续加热，即采用多组静态加热方式。

图4-38所示为非磁性圆柱坯料静态感应加热时间-温度变化简化曲线。假设平均温度为一条直线。在初始和中间阶段，表面和心部温度为非线性。经过一个初始阶段后，坯料开始稳定升温，为稳定阶段。在稳定阶段，分别代表工件表面、心部和平均温度的三条线处于平行状态，这意味着表心温度差ΔT保持不变。当达到所需平均温度后，线圈功率关闭，同时进入保温阶段。在保温阶段，表面温度开始下降并伴随着心部温度的升高，从而使最终的温度差ΔT_{final}与所需的温度均匀性相匹配。保温阶段可以在线圈中进行，也可以在传输至下一操作工位（如锻造）过程中进行。

图 4-37 用于实心和空心坯料静态加热的立式感应加热器（由应达公司提供）

事实上，即使是加热非磁性材料，时间-温度曲线也远比图 4-38 中所描述的复杂。例如，表心温度差 ΔT 在进入保温阶段之前就已经开始降低。表面的加热强度在加热阶段会产生下降，原因至少有两种：①表面热损失随着温度的升高而增大（热对流和热辐射）；②热源的增大和重新分配以及加热过程中电流渗透深度 δ 的增加。以上两种因素都会使 ΔT 减小，尤其是在加热后期。

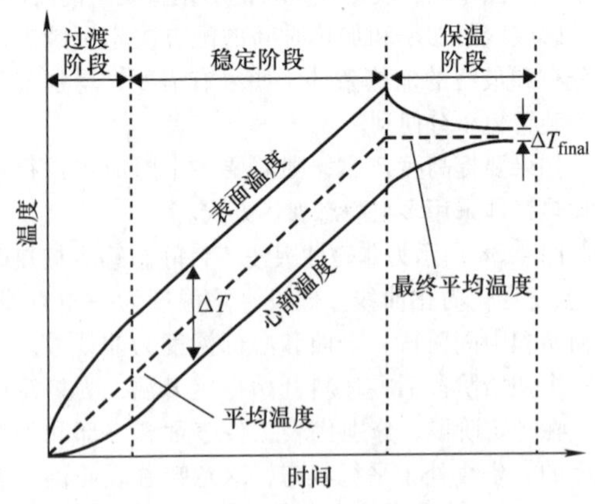

图 4-38 非磁性圆柱坯料静态感应加热时间-温度变化简化曲线

当铁基合金加热到超过居里温度时，其时间-温度曲线会发生显著变化。在磁性阶段，表面温度会发生急剧上升，这主要取决于加热磁性材料时非常明显的趋肤效应。磁性阶段具有较高的线圈效率。

当工件表面温度超过居里温度时转变为非磁性，此时表层下的区域仍然保持为磁性，该阶段为过渡加热阶段。与磁性阶段能量的指数分布形式不同，过渡加热阶段能量密度沿着半径/厚度方向的分布形态具有独特的波浪形。即能量密度在工件表面处最大，并随着深度的增加而减小，当达到一定深度后，能量密度突然开始升高，再次达到最大值后又开始降低。

除了热源的重新分配外，过渡加热阶段还伴随着钢的最大比热容。比热容的值反映了金属材料加热到指定温度所需要的总的能量。

最后，表层非磁性材料的厚度超过 1.5δ，感应加热的波浪形能量分布消失。感应加热的能量分布重新恢复到经典的指数分布形式。

如上所述，实心坯料的心部仅能够通过涡流生热的表面和表层下区域的热传导进行加热。无论采用任何频率，实心坯料的心部区域都不会因为感应电流而产生热量。需要注意的是，空心坯料的内径不仅可以通过表面和表层下区域的热传导进行加热，还可以通过感应涡流来产生热量（焦耳热）。

最小加热时间（s）可以通过计算机数值模拟来进行精确计算。与此同时，还可以通过以下的经验公式对碳钢圆柱体从室温加热至锻造温度所需的加热时间进行粗略的估算：

$$\text{最短加热时间} = 38800D^2 \quad (4\text{-}11)$$

式中 D——实心圆柱体坯料的直径（单位 m）。

计算机数值模拟能够帮助更精确地获得所需加热时间和其他工艺参数。图 4-39 所示为计算机仿真得到的 Ti-6Al-4V 坯料采用静态立式感应加热的动态温度分布结果。其中频率为 60Hz，坯料直径为 0.2m，长度为 0.665m。系统初始状态为冷态，即耐火隔热材料的初始温度为室温。坯料被置于电绝缘底座上。工件在纵向上希望得到温度梯度（温度曲线），并使坯料的顶部温度较低。坯料在空气中传输时的温度分布也在图 4-39 中给出。

2. 步进式/连续加热

当需要高生产率时，连续和步进式多段卧式加热是针对中小型尺寸（通常直径小于 200mm）坯料杆和杆棒料的两种最受欢迎的感应加热方式。

采用步进式/连续卧式加热时，有两个或多个坯料在单线圈或多线圈卧式感应加热器中移动（如通过推杆、机械进料、辊轮或步进梁）。这样，坯料在感应加热器中对预定的位置依次进行加热。有些感应加热系统可能包含多个感应线圈。在通常情况下，

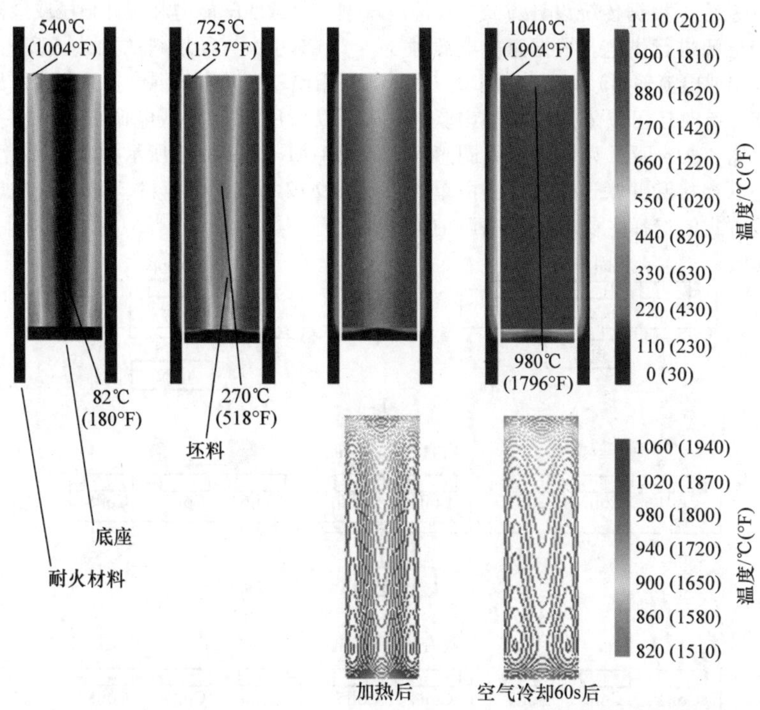

图 4-39　计算机仿真得到的 Ti-6Al-4V 坯料采用静态立式感应加热的动态温度分布结果

这种感应系统的长度会超过 5m，而有些情况下，感应系统的长度还可能达到 20m 甚至更长。图 4-40 所示为普通单线多线圈感应加热器。

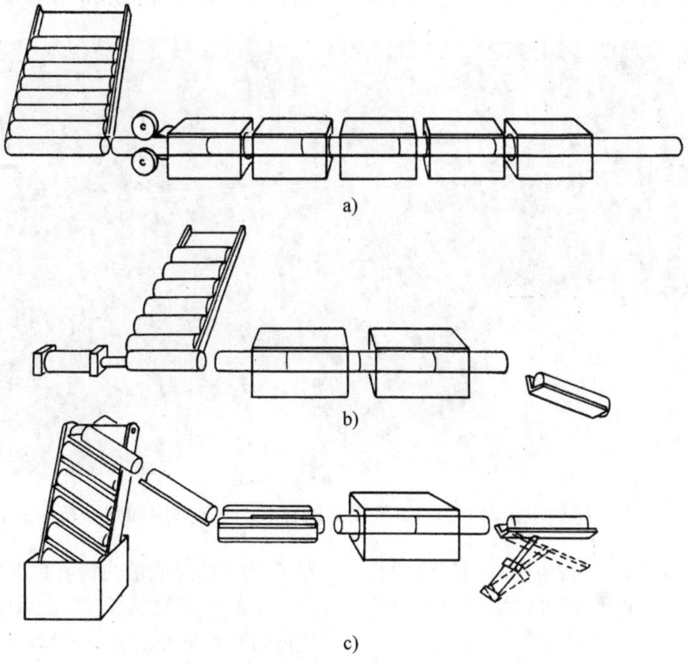

图 4-40　普通单线多线圈感应加热器（由应达公司提供）
a）普通连续单线多线圈感应加热器　b）半自动型　c）全自动型

(1) 传统设计系统　根据传统设计方式，所有的线圈都采用单个电源进行供电。根据感应电源种类的不同（电压输出或电流输出），感应线圈可以采用串联或并联连接，有时还可以采用并联和串联的混合连接。例如，图4-41a所示为单线三线圈感应加热系统的线圈串联连接和并联连接，线圈由单电源供电。线圈连接方式的选择主要取决于电源的类型、负载匹配能力和避开限压或限流的需求。

对于大直径坯料的加热或高生产率需求，通常采用串联加并联的混合连接形式，见图4-41b，此时可以采用单个大型电源或引入多个大型电源，见图4-41c。图4-42所示为采用4台大型感应电源和单线12节线圈的棒料/坯料感应加热系统。

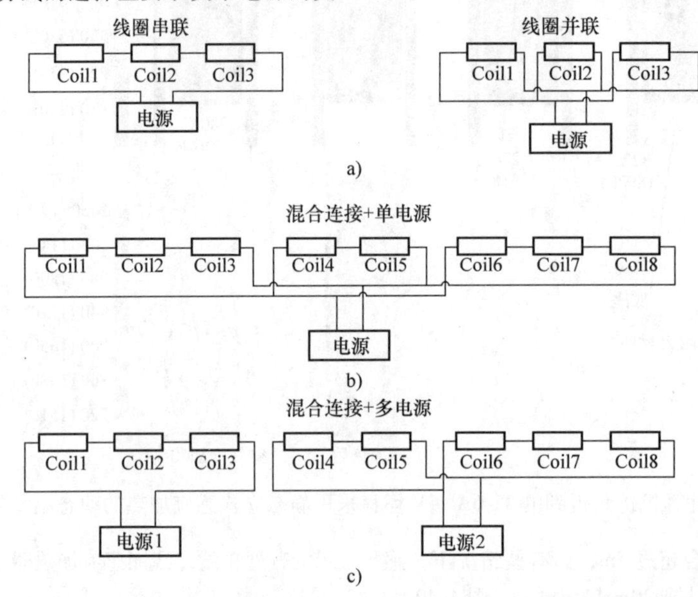

图4-41　步进式/连续卧式坯料感应加热系统线圈串联/并联连接的传统设计原理

图4-42　采用4台大型感应电源和单线12节线圈的棒料/坯料感应加热系统（由应达公司提供）

卧式加热系统基本参数（如加热时间、线圈长度、功率、频率等）的粗略估算可以采用前面讨论过的方法和建议。

工业中常用不同的经验法则来确定沿加热方向的能量分布。两种最常用的法则为60:40和70:30。例如，70:30法则表示入口一端一半加热长度部分分布了70%的总能量，剩余的30%的总能量分布在出口一端的一半加热长度上。因此，根据该法则，相比能量平均分布的感应加热设计，70:30法则在加热开始阶段材料加热更剧烈，将会向坯料的内部和心部区域产生更大的热流（由于热传导）。

当坯料的表面温度和平均温度足够高后，加热强度开始下降。给后半部分线圈提供能量的电源功率显著减小。因此，后半部分感应线圈在坯料中生成的热量仅使表面温度适度提高。表面生成的热量主要补偿了通过热传导传输到坯料心部的热量、平衡表面热辐射和对流散热损耗的热量。

由于感应加热系统通常用来给一系列不同尺寸的坯料进行加热，因此沿加热方向能量分布的选择通常会基于最高产量对应的最大功率。

沿加热方向的功率分布可以通过串联/并联的混合线圈连接或采用不同匝数的感应线圈（如初始加热位置的线圈匝数可以与中间或末端的线圈匝数不同）来实现。

在有些情况下，将大部分电源功率施加到加热初始阶段具有一些优势（如缩短加热生产线长度）；然而，在有些情况下也会带来一些弊端，比如造成表层过热、脆性材料开裂、过度氧化皮、坯料黏连等。

（2）表层过热及起因　如上所述，采用经验法则预估的最合适的工艺参数和相应的线圈设计方案具有很强的主观性和内在的局限性。这些方法仅适合在快速预估近似参数时使用。需要意识到，在很多应用中，采用上述参数的计算方法会带来错误和不合适的结果。

随着现代计算机的发展和产品质量要求的日益提高，结合通过缩短了解升温曲线和减少研发时间（自然与缩短设备的发货时间相关联）来提高总成本效益的必要性，采用简化公式和经验法则来粗略估算参数具有明显的局限性。

与采用具有很多局限性和非精确性的预估方法来确定参数不同，现代感应加热专家更倾向于采用高效率的数值模拟技术，包括有限差分法、有限元分析、边界元法和棱单元法。这些数值模拟技术大大提高了主要工艺参数、设计细节和温度分布的准确性，并能提供更详细的信息。

图 4-43 所示为直径 64mm 的碳钢坯料采用单线三节线圈感应加热系统加热的表心温度分布，产量为 2500kg/h。所有的线圈相同并采用串联连接，电源为中频（1kHz）单电源。

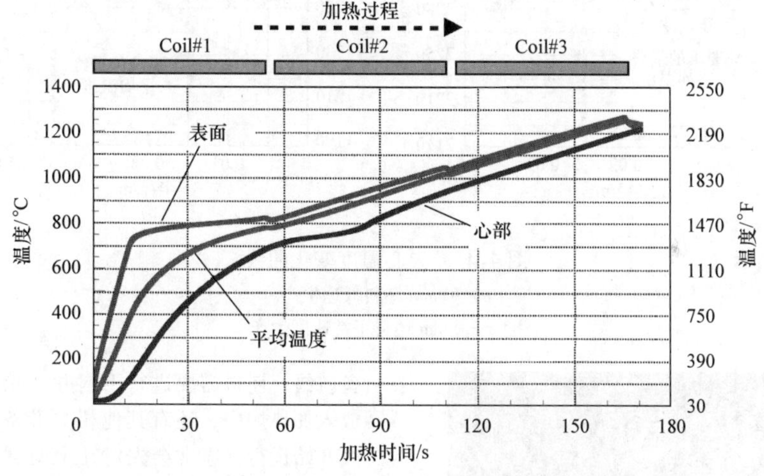

图 4-43　直径 64mm 的碳钢坯料采用单线三节线圈感应加热系统加热的表心温度分布

有些从业者错误地假设感应加热过程中最低温度总是位于坯料的心部，而最高温度总是位于表面，也通常会认为采用高温计检测工件的表面温度时，不会产生过热，不会超过最高允许温度。此外，预测平均温度、表面温度和心部温度的工艺控制系统也被认为能够足以确保加热的正常进行。

认识到坯料表面的热损耗（由于热辐射和对流散热）将最高温度从工件表面转移到表面以下某一位置非常重要。

过热的具体位置和过热的程度与四个主要因素密切相关：频率、耐火材料、最终温度、沿加热方向的功率分布。

1）频率。较低的频率会增加电流渗透深度，从而引起更深的加热并导致坯料心部产生更大加热速度。这会缩短加热生产线的长度，但另一方面，较低的频率也会使工件的最高温度转移到离表面较远的位置，从而引起过热。

2）耐火材料。采用较大厚度的耐火材料将会提高加热系统的隔热效果，反过来，这将增大耐火材料厚度能够降低表层过热倾向，并使最高温度区域向坯料表面靠近。

3）最终温度。提高锻造温度产生的结果与降低频率类似，会改变最高温度的位置并增加表面过热倾向。

4）沿加热方向的功率分布。沿加热方向的功率分布对坯料温度分布的影响更为复杂。正如先前所讨论的，强烈建议沿加热方向的功率分布采用在加热初期加载更大能量的形式。在加热初期加载更大的功率可能是一种普遍采用的经验法则，因为这样能够在加热线前端使更多的能量进入坯料中，增加热量向心部的扩散时间并缩短加热生产线长度。这种方法适用于单电源、分段多匝线圈的感应加热系统，线圈可采用串联或并联连接。

然而，这种方法的问题是，如果生产率、金属类型、坯料尺寸发生改变时，沿加热方向的能量分布不容易进行调整。如果生产率降低，使用原来的加热生产线时工件表面的温度将会过高，这将会对表层的微观组织结构产生潜在的负面影响。同时，也会经常发现黏料现象，即工件表面温度过高导致相邻坯料熔化黏结到一起，表心温度变化曲线如图4-44所示。在沿加热方向功率分级分布，并且系统运行速度低于设计的常规速度时，这个问题更加突出。由于在加热的初始阶段，坯料中输入了更多的能量，当运行速度降低时，过多的能量传递到了坯料的表层材料中。表面的热损耗改变了传统预期的径向温度分布，导致表层下的温度高于表面温度。

例如，直径51mm坯料采用传统63.5mm坯料感应加热生产线并进行低速生产时表心温度变化曲线（见图4-44）。要注意的是，两种情况下的工件表面温度都采用高温计进行测量并一致。坯料直径的进一步减小将会使表层的过热现象更为严重，并导致坯料黏连问题、晶界熔化现象（初熔）和晶间裂纹。图4-45所示为两相邻坯料产生熔化黏连，图4-46所示为晶界熔化现象（初熔）和晶间裂纹实例。

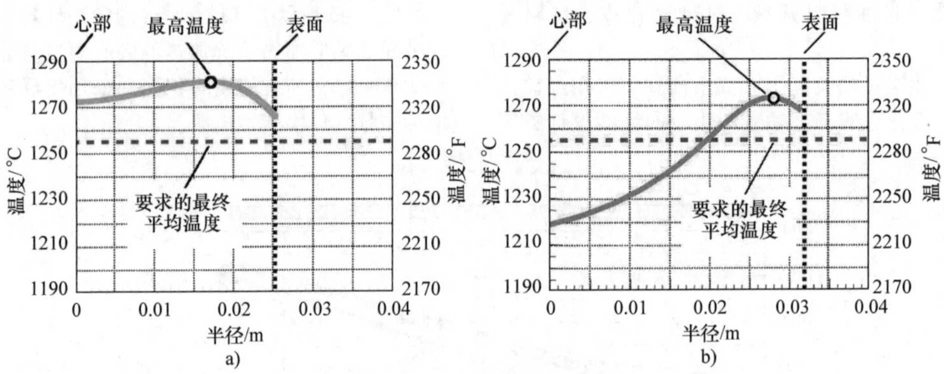

图4-44 表心温度变化曲线

a）51mm坯料低速生产

b）63.5mm坯料正常速度生产

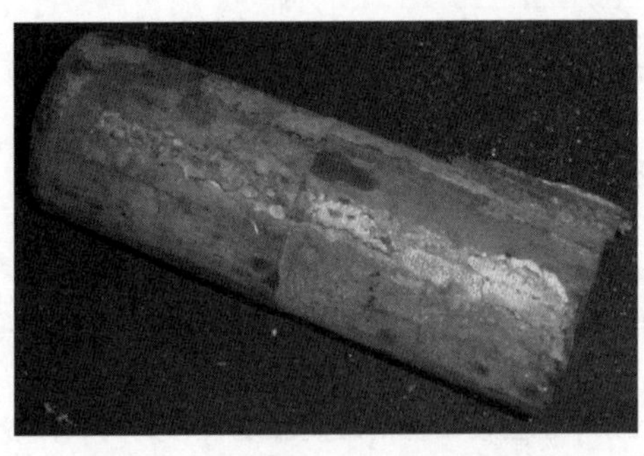

图4-45 两相邻坯料产生熔化黏连

（3）中间转运阶段 工件加热后没有停留时间而直接进行锻造是理想的情况，但在实际生产中这种情况不会出现。

新工件调试的挑战。当一条锻造线开始启动时，需要预先进行很多相关设备的调试和设定，以使得锻造能够合适和正确地运行。模具需要事先安装和预热；切边机必须预先进行设定；润滑系统必须准备就绪；坯料需要进行下料并入箱，以便能够随时放入加热炉中，还有其他相关准备工作。一旦锻造线开始运行，通常会先对几个调试试样进行成形以确保模具已经正确安装。调试试样的成形需要一定的时间，并且在检测以后才能够正式开始成批生产。如果出现问题，生产线的正式工作可能需要进一步的延时。

坯料在感应加热器中移动的停留时间（转运阶段）最难进行补偿。如果在所有系统都达到平衡（稳态条件）的正常生产过程中出现中断，较容易想到办法来停止和控制加热生产线。然而，平衡状态只有在加热过程进行了20～30min时才能达到，在加热开始阶段出现启动和停止使得控制更为复杂。与这种复杂性相关的因素包括耐火材料状态较难预测、加热坯料的瞬态温度分布及一些其他因素。

生产中断可能有多种原因，包括：

1）模具批号（DLN）的改变；与模具相关的其

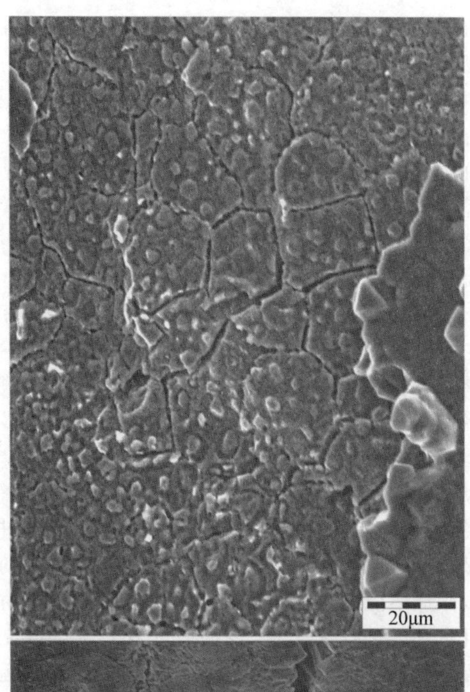

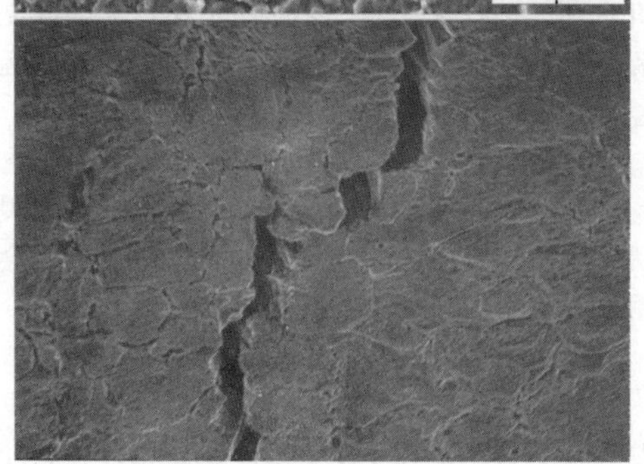

图 4-46　晶界熔化现象（初熔）和晶间裂纹实例

他问题；切边机、锻锤和镦锻机的机械问题等。

2）锻造后工序中的问题（传送带、切边机、冷却输送带等）。

3）等待叉车运输料箱。

有些问题需要较长的时间进行修复，而有些问题可以进行快速纠正。采用待机或其他控制装置并不简单，但在稳定生产时进行处理则要方便得多。感应加热炉工作达到 20min 以后，耐火材料达到平衡温度状态，沿线圈方向的温度分布也达到正常工作状态（见图 4-43）。

当坯料进入感应线圈时，将会获得必要的能量使其从初始温度升高到最终的锻造温度。所有控制算法的目的都是在任何外在因素和干扰的条件下保持这种加热过程的进行。

当感应线圈为冷态时，意味着耐火材料也为冷态。相比处于热态平衡温度的耐火材料，冷态的耐火材料能够更强烈地吸收坯料的辐射热量。这也意味着在耐火材料的升温过程中，坯料表面的热损耗在持续发生改变。因此，需要对坯料加载额外的功率来补偿这种热量损耗。

人们尝试过用多种方法来处理新工件调试时的问题。其中一种方法是，在启动时假设坯料进入空载线圈。电源调节方式通常设置为电流控制或电压控制。如果设备采用功率控制，那么系统尝试将正常生产时整条生产线上的能量集中到单个或少量几个坯料中（因为只有它们在线圈中）。这样会由于瞬态电磁场末端效应而使第一根坯料（尤其是第一根坯料的前端）进入线圈后产生严重过热。采用电流控制或电压控制时，能够根据进入线圈的坯料数量，在一定程度上调整功率的分布。纵然如此，第一个坯料的“鼻子”仍然会产生较大的过热。

根据其他的操作方法，加热设备启动时线圈中已经放满或放部分冷态钢坯。当传统的坯料感应加热系统启动时，如果线圈中放满冷态磁性钢料，感应加热电源会面临电流大的限制或关断时间的问题，具体取决于电源的设计。这严重限制了电源能够传输给感应线圈的总功率。通常情况下，需要进行 3 ~ 4 根坯料的加热，才能够使电源在不超过限制时使坯料加热到所需温度并最终达到稳态条件。这种启动方式不可避免地会带来能量、材料和时间浪费。

如果生产线运行一段时间后停止并关闭电源，那么设备的重启能力取决于生产线停止生产的时间和目标温度。如果生产线仅停止几秒钟，那么设备的重启几乎不会有任何影响并能够快速重新进行满负荷批量生产。设备的待机时间越长，线圈中相应位置的坯料从稳态状态下降的温度越大。线圈越多且线圈间距越大时，这种情况越明显。

假如停机的时间比较长（如 5 ~ 10min 或更长），可能需要相当长的时间才能恢复到稳定的生产状态，这将产生一些废料。

在坯料由于停机冷的时间比较长时要重启生产线，需要运行一定数量的坯料才能达到所需要的温度，如坯料冷到某一温度点，还将导致电源出现一些限制（如电压限制、电流限制、关断时间 TOT 限制），这将造成生产损失和能量的浪费。

由于传统坯料感应加热设备仅采用单个电源对多个线圈提供能量，过去通常在待机时将坯料的上料速度降低至正常生产的 20%。电源功率也相应地降低，以维持出料的目标温度。

这种方法对于非磁性材料的加热具有较好的效果，然而不幸的是，对于碳钢坯料的待机过程没有效果。

当坯料以正常速度的 20% 在线圈中进行移动时，

已经处于感应线圈中的磁性坯料将会被加热到比正常温度更高的温度，因为在居里温度以下时磁性材料具有更高的加热效率。当感应加热炉重启后，出料的温度将会高于目标值。新进入感应线圈的磁性坯料也会被加热到高于正常温度。3～5min之后，如果感应加热炉按照正常设置重启，坯料甚至可能在离开线圈前达到使其熔化的温度。当使用这种待机方式时，需要格外注意。

过渡过程对感应加热器的整体性能具有较大影响。优化过渡阶段的主要目的是生产更多的合格加热坯料，降低成本（停机）。

(4) 单电源的优点和缺点　采用单个或几个大型电源为整条感应加热生产线提供功率的优点和缺点可以总结如下。

优点：

1）使电源数量最小化，降低设备制造成本。

2）较易控制整条感应加热生产线的功率。

缺点：

1）坯料过热。感应加热生产线的运行速度低于正常速度是较为常见的。如果感应加热器的运行速度低于最大值，可能会发生表层过热。由于加热材料中的热流包括热传导、热对流和热辐射，坯料在出料时其表面的温度并不是最高，在表面以下某位置可能存在温度更高的点。这对产品质量和加热金属的微观组织具有不利的影响（如表层过热、晶界熔化/初熔、晶粒过度粗大、热脆性、晶间开裂）。

2）可调性有限、潜在较长停机时间和生产损失。采用传统设计的感应加热设备的实践表明，对大型坯料采用正常移动速度进行加热时，需要在开始阶段加载较大的功率。然而，对于加热较小尺寸的坯料且采用较小的移动速度时，将能量转移到加热线后端进行功率重新分配较为合适。不能对功率进行有效的重新分配是传统设计的一个明显弊端。此外，如果变频电源出现意外的技术问题，则整条感应加热生产线都将瘫痪，会带来生产损失。

3）低速运行时的低效率。当已经按照正常速度完成功率分配的加热系统在较低速度下运行时，碳钢在感应加热开始阶段的升温速度更快，因为相比非磁性材料，磁性材料的感应加热效率更高。因此，沿加热线长度方向的温度分布相比预期的稳态温度分布状态具有明显的差异。由于表面热量的过度损耗而引起的过热将大大地降低感应加热系统的整体效率。由于传统设计的感应加热系统无法通过控制单个线圈的功率来便利和有效进行功率重新分配，因此也很难改变这种不利的温度分布。

4）增加氧化皮的形成。与上述提到的原因相同（在加热开始阶段具有较高的表面和平均温度），材料将在氧化皮形成温度停留更长时间，从而生成大量的氧化皮并造成金属材料的浪费。

5）解决过渡阶段问题时效率较低（冷启动、温启动和热启动）。如果坯料在感应线圈中存放一整晚或持续较长时间，那么可能较难对感应加热器进行重新启动。如前所述，电源系统可能会产生大的限制，限制电源能够输出的最大功率。通常只能对前面几批坯料进行加热后，才能在不超过大的限制的前提下将坯料加热至锻造温度。在设备的开始运行和结束运行阶段都会产生大量的能量损耗。

6）安全。除了锻锤和压力机造成模具过早磨损的潜在危险以及上述提到的改变锻件质量的相关不利因素，不恰当加热的坯料（如表面过热）也会增加锻造过程中的安全性隐患。

3. 柔性最大化，提高感应加热在线系统质量

随着成形和锻造技术的进步，服务于锻造工艺的材料加热技术也在不断进步。提高坯料感应加热设备的柔性最大化、确保大范围锻造应用具有最高加热质量和最优加热参数的一种方式，是采用模块化加热技术。图4-47所示为四模块坯料感应加热系统。模块化技术允许每个线圈的功率和频率可以独立调节，为整条感应加热线提供最大的柔性。

模块化感应加热系统的设计理念相当简单：每一条线圈都匹配一个独立的感应电源。这些电源和线圈组成的模块可以通过组合形成一条感应加热生产线，可增加或减少模块来满足不同生产速度的需求（见图4-48）。

图4-47　四模块坯料感应加热系统

线圈和电源模块是模块化系统的基本组成单元，此外还需要其他几种组件。在柜体的上部需安装重型上料机或辊轮传输系统，推动坯料在感应线圈中行进，同时也需安装重型出料系统。吊挂式操作系统安装可编程逻辑控制器（PLC）、人机界面（HMI）、其他控制装置以方便操作人员进行控制和监控，见图 4-49。

模块化坯料感应加热技术的设计和开发是为了

图 4-48　合并多个电源和线圈模块形成感应加热生产线（由应达公司提供）

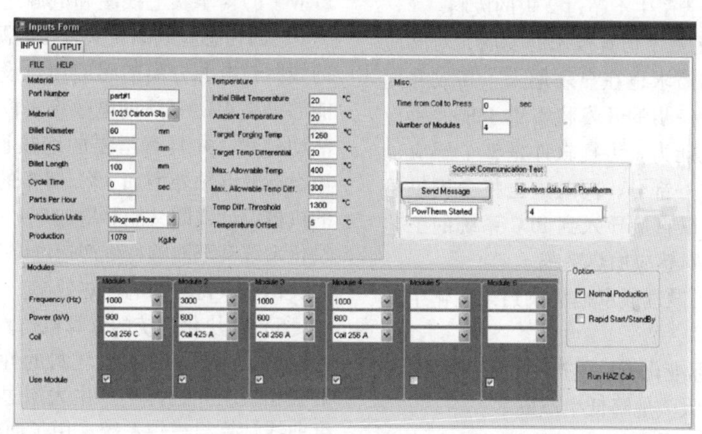

图 4-49　模块化感应加热系统面向应用的仿真软件可为每一个变频电源提供功率设置，并能直接导入到 PLC 系统的工艺菜单（由应达公司提供）

满足现代锻造工业的需求。为了克服前述讨论过的传统感应加热系统的缺点，模块化感应加热系统中增加了一系列重要元素来提高其性能。

1）生产方式具有更灵活性的国际竞争力。长期合作的客户可能在短时间内改变他们的产品。锻造部门必须开展新的业务来弥补这种损失。因此，在市场发生改变的情况下，能够不更换整个感应加热系统或其重要部件具有很大的益处和优势。当客户的需求改变时，坯料的尺寸、加热材料的牌号、生产率及其他很多方面都可能发生变化。模块化设计理念能够在对设备进行最小改变的情况下满足大范围产品生产的需求。例如，有些模块允许频率在 500Hz ~ 6kHz 之间进行快速切换，并在对不同直径的坯料加热时提供高效的负载匹配能力。模块化坯料感应加热系统的设计能够针对直径范围为 25 ~ 125mm 的坯料加热完成自动匹配并提供所需的功率。该功能是通过两种线圈尺寸和一个线圈切换机构来实现。

2）加热脆性和低塑性材料时（如高碳钢、工具钢、铸铁等），需要考虑纵向和横向开裂。这种裂纹会由于温度提高超过允许范围时引起的巨大热应力（热收缩）而产生。材料避免产生开裂的允许温度的梯度取决于金属的化学成分、原始组织、坯料尺寸、温度、缺陷、孔隙、应力集中等。大部分的开裂通常在趋肤效应明显的感应加热初期（磁性阶段）产生，此时产生较大的温度梯度，同时坯料内部的材料处于非塑性状态。模块化设计可以通过“软”启动来避免开裂的发生，即在易于产生裂纹的开始加热阶段加载低于正常运行功率的电源。“软”启动要求感应加热系统具有较好的可调性，而传统的感应加热系统无法轻易实现。

3）待机过程也是影响锻造系统竞争力和柔性的一个重要因素。压机重启、加热批号变更、模具调整和其他问题都需要加热系统停止一段时间。非计划性停产，通常会带来成本的损失，从而大大影响生产的收益率。模块化坯料感应加热系统可以采用待机操控系统在不进行上料的情况下，使线圈中的坯料保持在特定的温度。模块化设计在待机模式下能够进行有效操作，在系统重新启动时几乎可以使坯料迅速进入压机进行锻造。通常只有一到两根坯料温度不达标，因为它们处于线圈的边缘位置。

4）模块化坯料加热系统采用电流或电压控制模式，这对冷或热启动的优化非常有必要，例如，电源能自动补偿对线圈中坯料施加的功率，这样在开始正常加热循环前一般产生不超过2根的废料。

5）随着锻造工艺数字仿真技术的发展，对感应加热过程仿真能力的需求也在显著增大。高效并面向应用的仿真软件下一步的开发将着重于现代感应加热设备的工艺优化能力。仿真软件是整个感应加热系统中非常重要的一部分，同时这也将会提供给客户。仿真的结果可以直接导入到PLC系统的工艺配方中，从而控制坯料感应加热系统。

6）模块化系统可顺理成章地集成到柔性化生产系统。

7）较容易建立标准化模块生产平台，能够对模块进行大批量生产，大大地降低生产成本。

模块化系统的很多优势主要得益于对单个线圈的控制能力和特定制造商开发的独特特征与能力。模块化系统的某些设计特点如下：

1）系统优秀的可调控性，能够优化沿加热方向的功率和频率分布，改善工艺运行。每个模块的频率可以轻易地在500Hz～6kHz之间进行调节，从而匹配大部分不同尺寸锻造坯料的感应加热效率需求。如果今天市场行情需要对较大坯料（如直径为0.12m）进行感应加热，那么较低的频率（如500Hz）能够得到更深的加热效果（$\delta=25$mm）并缩短加热所需时间，提供更好的径向温度分布的均匀性。但如果明天市场行情发生改变，需要对小尺寸坯料（如直径为0.025m）进行加热，那么可以容易地对感应电源进行重新配置，产生更高的电源频率（如6kHz）。这将产生更加明显的趋肤效应（$\delta=7.2$mm），避免发生涡流抵消从而降低加热效率。

2）传统的设计在特定的感应加热工况下具有很好的效率，而模块化系统在一定范围的工况下仍然能够保持高效率，包括在较低生产速度情况下。因为每个线圈可以进行单独控制，对于特殊的生产工况，沿整条加热线的功率分配也可以进行重新平衡和优化。如果生产线运行速度较慢，则最大功率可以分配到温度较高的线圈一端，提高加热效率。

3）模块化设计能够改善坯料的温度均匀性。该特点可以进行如下解释：如果坯料的心部温度较低且客户需要给心部提供更多的热量，此时可以在进料端的线圈中加载更大的功率。这种方式能够增大坯料心部的热流密度。相反地，如果相比表面，心部的温度较高，则出料一端的线圈需要加载更大的功率，平衡表面、表层和心部的温度。

4）模块化设计通常对应更高的电效率（相比老式、传统的感应加热系统提高20%）。模块化感应加热炉在低生产率下运行时，电效率的提高尤为明显。实际测得的能量损耗通常会超过3.2kg/(kW·h)。事实上线圈和电源之间的传输损耗几乎为0，因为感应线圈就安装在电源的上方。相比传统的线圈与电源分离的感应加热设备，单单这一点就能够提高4%～5%的电效率。模块化感应线圈采用活动衬套，并具有增强的绝热设计来降低热损耗。该设计能够额外增加3%～5%的效率。此外，先进的机械设计线圈又能够增加7%～10%的电效率。模块化系统甚至能够在生产速度降低到标准速度的1/3时，仍然获得较高的加热效率。

5）模块化系统的计算机仿真能力和先进的温度控制能力能够显著提高坯料的性能，确保得到优化的金相组织并选择不产生表层过热的工艺配方。温度曲线计算机模拟系统采用了面向应用的专用软件，可以通过调节一系列系统参数来优化感应加热系统的性能。软件可以为每个变频电源生成功率设定，并导入到PLC工艺配方中（见图4-49），同时产生出料的温度信号（见图4-50）。该温度信号可作为计算后续工艺参数的输入数据。

6）以往使用的坯料感应加热设备在坯料的直径小于线圈最大可用直径的70%时，需要对线圈进行更换，因为坯料直径的变化与线圈的电效率密切相关。然而，在大多数情况下，更换线圈的主要原因与电源达到电压或电流限制相关。如果没有采用双线加热系统，在进行更换线圈时将会损失较大产量。需要注意的是，由于更换的线圈处于冷启动状态，因此在更换过程中不可避免地会造成能量损耗。模块化设计则克服了坯料直径发生变化的局限性。模块化双线感应加热系统如图4-51所示，模块化系统可以在坯料直径降低到最大可用直径的50%时仍然无需进行线圈更换。

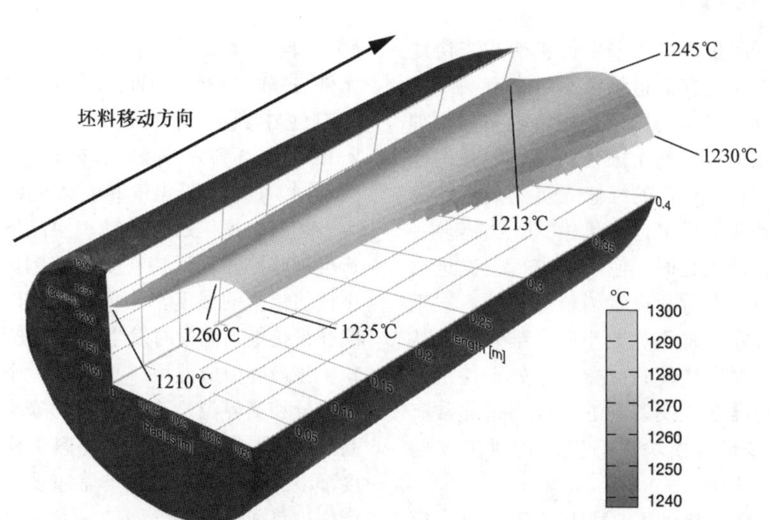

图 4-50 出料的温度分布特征（由应达公司提供）

图 4-51 模块化双线感应加热系统（由应达公司提供）

7）模块化设计的启动、关闭和待机能力使得设备的柔性和整体效率进一步最大化。由于每一个线圈都匹配有独立的可控电源，当压机或锻锤出现问题并进行维修时，感应加热炉可以暂停加热并使坯料保持在相应温度长达 20min 以上。可以在每个线圈上加载不同的电流，使不同位置坯料的温度与稳态温度曲线相符。由于系统已经开发了纵向热流分布曲线（系统近似平衡），较容易在冷启动过程中保持更多的坯料处于正确的温度。具备耐火材料补偿功能的控制系统能够在耐火材料处于冷态时在加热过程中加载额外的功率，直到系统达到平衡时恢复到正常工艺设定，这点非常重要。这种快速启动的特点非常鼓舞人心，能够使设备在早晨或假日后快速开始生产。采用传统坯料感应加热设备时，如果坯料整晚都留在线圈中，那么需要加热 2 ~ 3 根坯料后才能达到合适的温度。模块化系统的快速启动技术能够使线圈中的温度分布更快。显著降低能量损耗。

4. 采用模块化坯料感应加热技术的案例分析

（1）采用 1250kW、1kHz（三模块）模块化感应系统的 3630t（4000t）重型货车零件锻造线 锻工越来越擅长使用待机和冷启动模式来提高锻造生产线的生产率，同时也进一步采用待机模式来协助维修压力机。锻造系统在锻造结束后，会有一个将加工完成的锻件移出模具的脱模过程。脱模的原理通常是在工艺完成后扳动一个限位开关，但是内部机制却没有限位开关。企业的维修人员则负责解决该问题。他们将感应器设置为待机模式。当需要一个坯料测试压力机的变化时，他们会进行一次进出料循环，然后将感应器重新设定为待机模式。锻工会对感应器进行该重复操作达数小时。维修人员从来没有想过在这段时间内使感应器一直处于待机模式，其实发现感应器在该模型下进行使用是非常有趣的，这将进一步扩大模块化感应炉待机模式的能力。

（2）2720kg 锻锤、900kW、1kHz（双模块）模块化系统　经验表明模块化系统的待机特点非常便利，如锤锻车间。某一客户的锻造产品为重型道路作业工具。大多数早上的生产都不会出现问题，而在接下来生产过程中，开始出现模具不匹配的问题。此时需要将感应炉设置成待机模式，并采用大锤来调整与模具对齐的楔形块。加热炉待机时间约为 5min。当重新开始启动后，锻工会舍弃一个坯料（虽然所有人都承认舍弃的坯料也能够成功进行锻造加工）。他们锻造了两个锻件后，认为模具仍然没有对齐。锻工重新将感应器设置为待机模式，并继续对模具进行调整约 10min。重新启动后，他们仍然舍弃了一个坯料并再次进行锻造加工，发现能够勉强用力使上模回到合适位置。再次将感应器设置为待机模式，通过约 20min 的调试后，锻造设备开始能够进入正常工作状态。此后感应加热设备开始满负荷生产并且整个调试过程中只损失了前面的两根坯料。所有人都对模块化感应加热炉的运行表示满意。在以往使用传统设计的感应加热炉时，每次关闭加热炉后，锻工需要加热好几根料后才能使工件的温度达到锻造温度。采用模块化感应加热设备的待机模式不仅能够节约很多材料和能量，每次重启节约的时间也是一个巨大的成本优势。

5. 先进的温度控制技术

采用高温计仅能够有效测量坯料表面某些点处的温度，而通常在局部或表层以下会出现过热而产生危险。因此，基于采用先进的计算机模拟能力进行坯料温度分布曲线有效预测的精确温度控制和监测，对于现代长棒料和坯料感应加热系统的设计非常重要。

温度分布曲线模拟软件的发展代表了整体锻造工艺优化和坯料加热质量保障的长足进步。相比任何一种高温计，该软件能够提供更详细的关于坯料感应加热状态的信息。不幸的是，高温计无法测量工件内部的温度。因此，虽然坯料表面的温度分布均匀性在典型的锻造应用范围以内（±25～±30℃），坯料内部径向和纵向的温度分布可能有很大不同，具有最低温度和最高温度的区域。

坯料中每一处（包括表层区域）的温度能够进行准确监控并且保持在要求范围内至关重要。坯料中任何位置的温度都不能过高，以防止钢的微观组织在维持最高温度时发生永久的破坏。

该最高锻造温度，再乘以一个与所加热坯料化学成分和临界温度变化相关的安全系数，被称为最高建议锻造温度。因此，坯料中任何位置的最高温度都不能超过某一数值非常重要，确保坯料中不会产生过热和热脆性。

准确理解所加热坯料中的温度分布能够确保工件的加热质量，帮助开发避免表层中可能产生过热的工艺策略。

软件的输出结果不仅是感应加热炉工艺控制和提供加热坯料温度状态详细信息中重要部分，在优化锻造工艺和模具设计中也十分有效。此外，软件还能计算能量消耗，这在评定新坯料成本时确定电费非常重要。

6. 结论

当生产过程不发生重大变化且很少存在过渡阶段（启动、停止、待机等）时，采用传统设计的卧式加热生产线效率较高。这意味着感应加热设备大部分时间在稳定状态下运行，不发生明显的中断。

模块化系统在设备柔性要求较重要和较高温度均匀性时，能够提供重大帮助。

参考文献

1. V. Rudnev, D. Loveless, et al., *Handbook of Induction Heating*, Marcel Dekker, NY, 2003
2. G. Doyon, D. Brown, V. Rudnev, and C. Van Tyne, Ensuring the Quality of Inductively Heated Billets, *Forge Magazine*, April 2010, p 14–17
3. T. Byrer, *Forging Handbook*, Forging Industry Association, 1985
4. "Induction Heating," Course 60, ASM International, 1986
5. S. Zinn and S.L. Semiatin, *Elements of Induction Heating: Design, Control, and Applications*, ASM International, Materials Park, OH, 1988
6. C. Dipieri, *Electrowärme Int. B, Ind. Electrowärme*, Vol 38 (No. 1), Feb 1980, p 22
7. S. Lupi and V. Rudnev, Principles of

Induction Heating, *Induction Heating and Heat Treating*, Vol 4C, *ASM Handbook*, V. Rudnev and G. Totten, Ed., ASM International, Materials Park, OH, 2014
8. S. Lupi and V. Rudnev, Electromagnetic and Thermal Properties of Materials, *Induction Heating and Heat Treating*, Vol 4C, *ASM Handbook*, V. Rudnev and G. Totten, Ed., ASM International, Materials Park, OH, 2014
9. S. Lupi and V. Rudnev, Estimation of Basic Process Parameters, *Induction Heating and Heat Treating*, Vol 4C, *ASM Handbook*, V. Rudnev and G. Totten, Ed., ASM International, Materials Park, OH, 2014
10. C. Van Tyne, Carbon Steels and Alloy Steels Used in Warm and Hot Working, *Induction Heating and Heat Treating*, Vol 4C, *ASM Handbook*, V. Rudnev and G. Totten, Ed., ASM International, Materials Park, OH, 2014
11. V. Rudnev, Systematic Analysis of Induction Coil Failures, Part 11a: Frequency Selection, *Heat Treat. Prog.*, July 2007, p 19–21
12. V. Rudnev, Systematic Analysis of Induction Coil Failures, Part 11b: Frequency Selection, *Heat Treat. Prog.*, Sept/Oct 2007, p 23–25
13. R.M. Bozorth, *Ferromagnetism*, IEEE Press, New York, 1993
14. P. Neelakanta, *Handbook of Electromagnetic Materials*, CRC Press, Boca Raton, FL, 1995
15. M. Hansen and K. Anderko, *Constitution of Binary Alloys*, McGraw Hill, NY, 1958
16. K. Schroder, *CRC Handbook of Electrical Resistivities of Binary Metallic Alloys*, CRC Press, Boca Raton, FL, 1983
17. V. Rudnev, Systematic Analysis of Induction Coil Failures, Part 11c: Frequency Selection, *Heat Treat. Prog.*, Jan/Feb 2008, p 27–29
18. V. Rudnev, How Do I Select Inductors for Billet Heating?, *Heat Treat. Prog.*, May/June 2008, p 19–21
19. V. Rudnev, Computer Modeling Helps Identify Induction Heating Misassumptions and Unknowns, *Ind. Heat.*, Oct 2011, p 59–64
20. D. Furrer, Temperature Requirements for Heating Super Alloys and Stainless Steels, *Induction Heating and Heat Treating*, Vol 4C, *ASM Handbook*, V. Rudnev and G. Totten, Ed., ASM International, Materials Park, OH, 2014
21. A. Sverdlin, Temperature Requirements for Heating Titanium, Aluminum, Magnesium, and Copper Alloys, *Induction Heating and Heat Treating*, Vol 4C, *ASM Handbook*, V. Rudnev and G. Totten, Ed., ASM International, Materials Park, OH, 2014
22. V. Rudnev, Simulation of Induction Heating Prior to Hot Working and Coating, *Metals Process Simulation*, Vol 22B, *ASM Handbook*, ASM International, 2010, p 475–500
23. V. Rudnev, Tips for Computer Modeling Induction Heating Processes, Part 1, *Forge*, July 2011

4.6　局部感应加热

Valery Rudnev, Inductoheat, Inc.

当今很多进行热加工的工件（如棒料、坯料、板材、杆件等）都是将整个工件加热后，放入特定设备中进行后续处理。然而，在某些应用中，仅需要对工件的特定区域（如端部）进行局部加热。这些局部加热的例子包括石油工业的抽油杆、杆的一端或两端具有孔或螺纹的结构连接件。轴的花键的回火、不完全退火、应力消除则代表另一类需要进行选择性区域感应加热的应用。厚板、传动杆、钢板和钢带的边缘预热和管材的中间部位加热也是需要进行选择性感应加热应用。

图 4-52a 所示为磁场分布，图 4-52b ~ e 所示为钢轨精整前选择性区域感应加热动态仿真，采用双圈蝴蝶形感应加热器放置在钢轨两边。采用两组位置合适的 U 形铁心可以提高线圈的电效率，避免由于相邻线圈电流反向而产生电流抵消现象，并集中加热需要加热的区域。电源频率为 10kHz，加热区域的目标温度是 1200℃。

局部感应加热设计参数和感应器结构的选择与整体加热形式类似，但仍需要考虑几种额外的特殊设计。

4.6.1　棒材、杆材和坯料的端部加热

端部加热是通过将棒料的端部放入合适形状的感应器中并加热一定的时间来实现。多个棒料的端部加热可以通过单匝或多匝的圆形、椭圆形或方形感应线圈进行加热（见图 4-53 和图 4-54），同样也可以采用隧道形感应器（也称为槽形线圈）（见图 4-55）和分相回流式线圈、采用多个传统螺旋形感应线圈组成的并排式线圈组（见图 4-56）进行加热。离开线圈时，棒料端部将会达到所需求的温度，然后移动下一工位进行后续加工，如金属成形。

与整体式加热相同，在棒料端部加热过程中，为得到所需的心表温度均匀性需要特定的最短加热时间。频率的选择不仅会影响径向温度均匀性，也会影响纵向的温度分布和系统总效率。

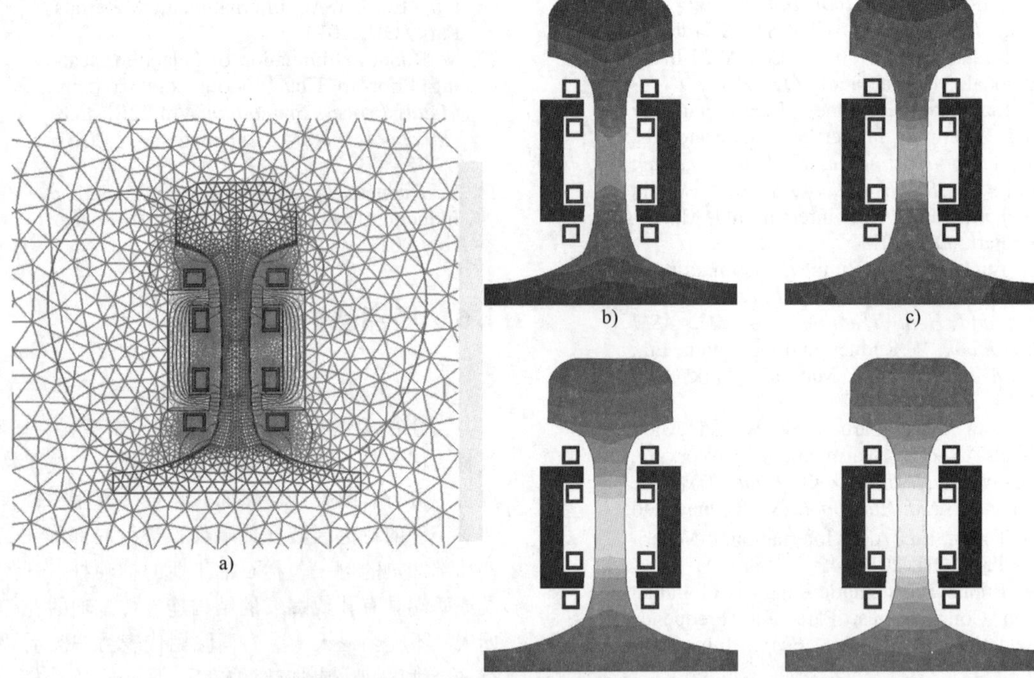

图4-52 磁场分布和钢轨精整前选择性区域感应加热动态仿真

a）磁场分布 b~e）钢轨精整前局部区域感应加热动态仿真

图4-53 采用多圈螺旋形线圈进行棒料端部加热（由应达公司提供）

具有较高热导率的材料能够更快地传导热量，帮助减小温度梯度并提高工件的温度均匀性。因此，对于Al、Ag、Cu等具有较高热导率的材料，通常较容易实现均匀的心表温度。具有较低热导率的金属材料，如不锈钢、镍基高温合金、钛、碳钢，为了获得所需的均匀的心表温度，需要额外考虑其他因素。这些因素包括选择适当的加热模式、频率、加工时间和其他参数。

与整体式加热相比，在局部感应加热中，较高的热导率通常是一个缺点，因其倾向于同时在径向和轴向产生较大的热传导。这种倾向会使纵向的温度分布更加均匀化，导致不仅在工件所需区域产生加热，还会由于热传导（散热效应）产生更大的加热区域。散热效应引起的热流不仅会使温度分布发生三维重新分布，还会影响加热金属的总质量。这种重新分布直接影响与所需加热区间相邻的区域，增加了能量消耗，同时在某些情况下会产生加热工件夹持的相关问题。

在对实心和空心圆柱体材料进行加热时，采用螺旋形线圈会获得最高的效率。因此，在设计时应尽可能地使用螺旋形线圈。

产量较低时，采用单个螺旋形线圈也可进行加热。随着生产率的提高，可以同时使用多个线圈来实现快速生产。工件可以通过简单的分度过程依次进入一系列线圈中（如鸽笼式线圈）。分度过程在心表温度差的均匀化方面发挥着重要作用，提供必要的径向温度分布均匀性。

然而，当分度过程时间较长时，也会影响工件轴向的热流分布，并在某些情况下阻碍长度方向温度均匀性的实现。分度过程中工件处于线圈外部，会因为热辐射和热交换而引起表面热损失，从而需要更大功率的电源。为了降低能量功耗，采用多线圈排列形式进行静态加热是一种更好的选择。在这种情况下，每个工件被单独放入一个独立线圈中，并在整个加热循环过程中不被移出，直至出料。

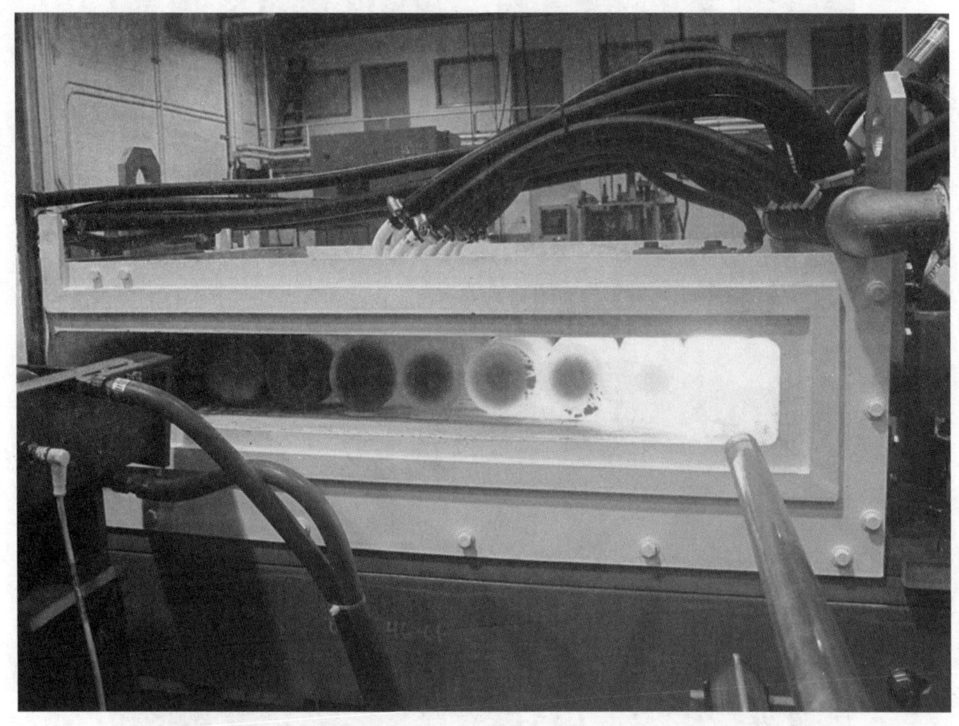

图 4-54　采用多圈椭圆形或矩形螺旋形线圈对多个棒料同时进行端部加热（由应达公司提供）

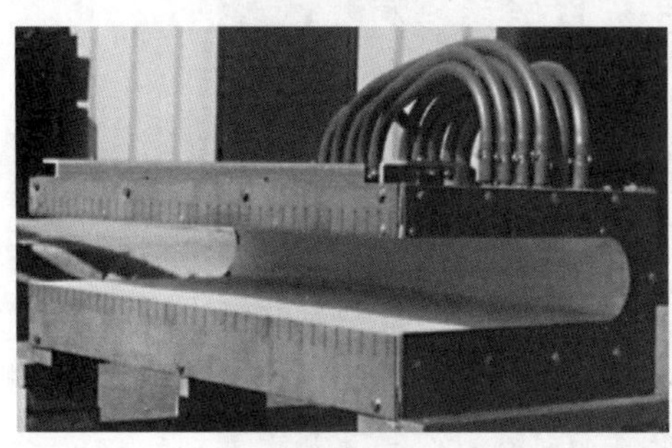

图 4-55　用于棒料端部加热的隧道形感应器（由应达公司提供）

在较高生产率情况下（1800 件/h 或更高），椭圆形线圈和隧道形感应器则为最合适的选择（见图 4-54和图 4-55），通常在全自动和半自动生产中得到应用。然而，使用这种类型的线圈通常会带来较低的电效率，同时在提供需要的温度均匀性时遇到挑战。对于该类型的线圈，使加热工件尽可能地紧密排列非常重要，最大可能地提高线圈内的占空系数。

某些端部加热的应用中需要在工件的加热方向上形成特殊的温度分布（也叫作梯度加热），包括温度曲线的剧烈或缓慢下降，并形成一定长度的纵向过渡区。根据应用特殊要求的不同，端部加热可以采用水平感应器（见图 4-56）或垂直感应器（见图 4-57）。

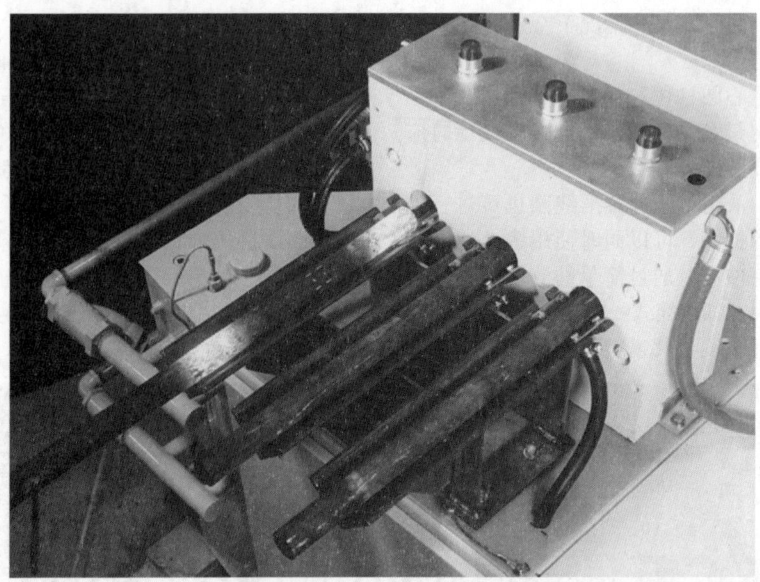

图 4-56　多个独立传统螺旋形线圈并排排列提高生产率（由应达公司提供）

注：这种排列形式的线圈能够提供棒料端部同时加热且在弯曲区域具有较小环箍。

图 4-57　采用垂直排列的感应器进行棒料端部加热（由应达公司提供）

虽然针对端部加热的感应器设计各式各样，但在端部区域获得所需温度分布的基本原理非常相似。按照最简单的方式，单次或静态加热模式均可用来进行端部加热。这是通过将工件放入合适线圈的合适位置来实现的，在所需的生产率和设计的温度分布前提下，加载一定频率和功率的电源进行工作。

4.6.2　螺旋形端部感应加热线圈

电源频率是感应加热系统最重要的参数之一。如果频率过低，工件内部会产生涡流抵消现象，产生较差的线圈电效率。另一方面，如果频率过高，会产生较明显的趋肤效应，使电流聚集在相对于工件直径和厚度极小的表层中，迫使需要更长的加热时间使得工件心部通过热传导而得到充分加热。加热时间的延长会带来表面热辐射和热交换热损失的增大，从而降低感应器的总效率。因此，频率的选择是基于一种合理的折中。

对于任何形式的实心圆柱体感应加热，当使用频率满足下列公式时具有较高的线圈电效率：

$$(\text{工件直径}\ D/\text{电流透入深度}\ \delta)>4 \tag{4-12}$$

电流透入深度的值与电阻率 ρ 的平方根、频率 F 和相对磁导率 μ_r 的平方根倒数成正比。

$$\delta=503\sqrt{\frac{\rho}{\mu_r F}} \tag{4-13}$$

式中　ρ——金属的电阻率（$\Omega\cdot m$）；

μ_r——材料的相对磁导率；

F——频率（Hz）；

δ——电流透入深度（m）。

或者也可以表示为

$$\delta=3160\sqrt{\frac{\rho}{\mu_r F}} \tag{4-14}$$

式中，δ 的单位为 in；电阻率 ρ 的单位为 $\Omega\cdot in$。

对于给定的材料，电阻率 ρ 是温度的函数，而相对磁导率 μ_r 是温度和磁场强度 H 的函数。因此，谨记电流透入深度 δ 是材料电磁性能和频率的非线性函数非常重要。

如果 D/δ 的值小于 3，线圈的电效率会由于工件中的涡流抵消效应而显著下降。在这种情况下，工件在电磁场中具有半穿透性。线圈效率的降低还会引起线圈铜损耗的增大，且需要更大的线圈水冷却。在极限情况下，就实际情况而言，工件可以被螺旋形线圈产生的磁场完全穿透。这种情况意味着无法采用感应加热将工件加热到所需温度。

提供热成形足够的心表温度均匀性所需的最小加热时间，可以通过经验法则进行粗略估算。例如，采用传统设计的螺旋形线圈将圆柱体普通碳钢从室温加热到锻造和镦锻温度所需的最小加热时间可以通过以下公式进行粗略估算：

$$\text{最小加热时间}=K_{time}D^2 \tag{4-15}$$

式中，加热时间单位为 s；D 是实心圆柱体的直径；K 是取决于直径 D 的单位的系数（D 单位为 m 时，$K_{time}=38750$；D 单位为 in 时，$K_{time}=25$）。计算机数值模拟技术在确定加热时间和其他工艺参数时，能够提供更高的精度。

在采用端部感应加热器时，除其他诸多因素以外，温度分布还受到电磁场端部效应的影响，即加热工件处于感应线圈端部区域的产生变形的电磁场中（见图 4-58）。图 4-59 所示为功率密度沿加热棒料长度方向的分布示意图。采用传统的螺旋形线圈时，圆柱体棒料最末端的电磁场端部效应（见图 4-59 中的 $A-B$ 区域）主要通过 5 个变量进行定义：趋肤效应 R/δ、线圈凸出长度 σ、半径比 R_i/R、能量密度、线圈占空系数 K_{space}。其中 R 是工件的半径；R_i 是铜线圈内径；δ 是工件表面的电流透入深度。这些参数错误的组合会造成工件端部加热不足或过度加热。

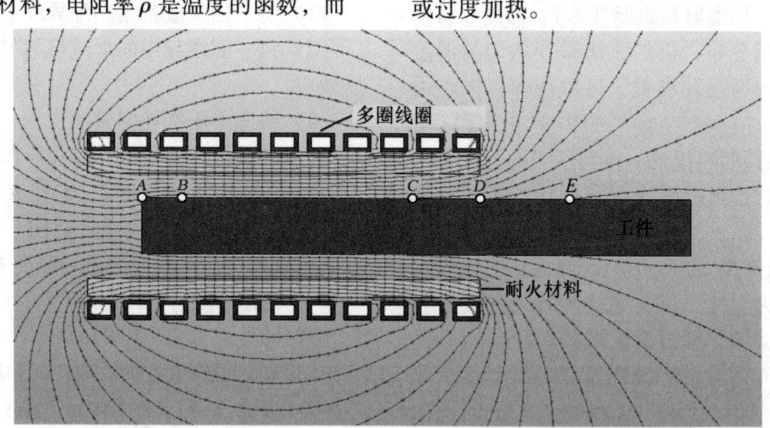

图 4-58　计算机仿真结果显示的电磁场端部效应

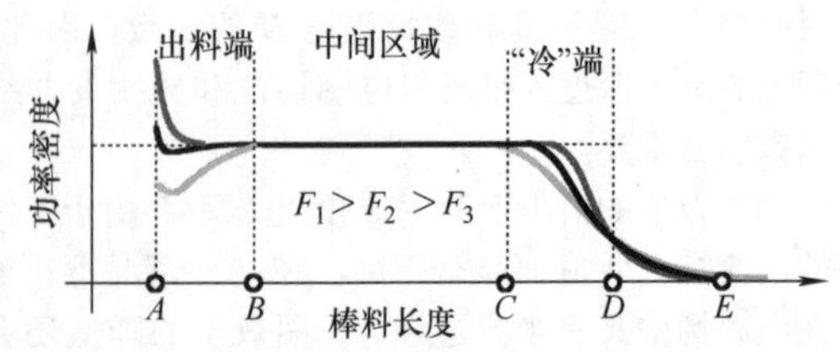

图 4-59 功率密度沿加热棒料长度方向的分布示意图

研究表明，对高电阻率金属材料棒料进行感应加热时（如非磁性不锈钢、镍基高温合金、钛、钨等），电磁场端部效应区域的长度不会超过棒料直径的 1.2 倍（$l_{A-B} < 3R$，l_{A-B} 是端部效应区域的长度）。相反，对电阻率较低的材料进行感应加热时，电磁场端部效应区域的长度不会超过电流渗透深度的 8 倍（8δ）。

较高的频率和功率密度、较大的线圈凸出长度都会使工件端部的能量过大，从而使端部产生明显的过热。图 4-60 所示为空心铜管坯料由于采用较大的线圈凸出长度和过高的频率而导致端部严重过热，即使铜具有较高的热导率也无法避免。

a)

b)

图 4-60 空心铜管坯料由于采用较大的线圈凸出长度和过高的频率而导致端部严重过热

当频率和功率密度过低，线圈-工件耦合间隙过大且线圈凸出长度较小时，工件端部会出现能量过低，从而使工件加热不充分。

相比非磁性材料，磁性材料具有克服端部加热不充分的倾向（假设其他所有参数和性能类似）。

相比棒料的中间部位，由于端部区域会产生额外的表面热损失（热辐射和表面散热），即使棒料端部具有均匀的能量分布，仍然无法得到均匀的温度分布。通过合理选择设计参数，可以使棒料末端由于电磁场的端部效应而产生额外的感应加热源（电源），从而补偿表面的热损耗，得到所需的温度分布状态。合理的参数选择能够在棒料的加热区域获得较为均匀的温度分布。

图 4-58 和图 4-59 的 C-D-E 区域为感应线圈右侧端部附近（称为“冷”端）的电磁场端部效应和线圈磁场分布。加热工件过渡区域的热量分布主要取决于半径比（R_i/R）、能量密度、线圈设计细节和趋肤效应 R/δ。根据该区域电磁场端部效应的物理学原理，无论在何种频率下线圈端部都会存在能量不足，除非在线圈端部采用耦合间隙较小或匝数更密的分级线圈。通过简单假设螺旋形线圈中不存在棒料并进行解析求解，能够更好地理解感应线圈中右侧的电磁场端部效应。

理想螺旋形线圈空载情况下端部区域磁场的轴向分布可以通过求解单回路导线的磁场分布来得到。假设理想螺旋形线圈存在以下特征：

1）每一圈线圈都采用细导线紧密排列。

2）每一圈线圈中的电流都均匀分布，可忽略趋肤效应。

3）线圈中不存在漏磁通。

4）螺旋形线圈周围不存在导体或导磁体。

图 4-61 所示为长度 l、半径 R、圈数为 N 且紧密排列的理想螺旋形线圈示意图。空载情况下单圈线圈电流产生的沿轴向的磁场强度 B 为

$$B_z = \frac{\mu_0 R^2 I}{2(R^2 + Z^2)^{3/2}} \tag{4-16}$$

式中，Z 是到线圈中心的距离；I 是线圈电流；μ_0 是真空磁导率，$\mu_0 = 4\pi \times 10^{-7}$ H/m［或 Wb/（A·m）］。

假设 $Z=0$ 时，可以采用式（4-16）得到单圈空载线圈中心的磁场强度：

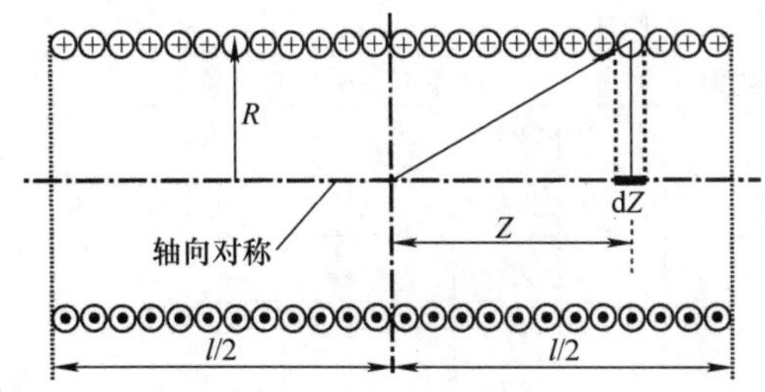

图 4-61 长度 l、半径 R、圈数为 N 且紧密排列的理想螺旋形线圈示意图

$$B_z = \frac{\mu_0 I}{2R} \tag{4-17}$$

空载螺旋形线圈轴向磁场分布可以通过求解单回路多匝线圈的磁场强度 B_z 得到。考虑到假设螺旋形线圈每匝线圈都紧密排列，且假设不存在漏磁通，极小段载流线圈（dZ）对螺旋管中心磁场的贡献可以表示为

$$\mathrm{d}B_z = \frac{\mu_0 R^2}{2(R^2+Z^2)^{3/2}}\frac{NI}{l}\mathrm{d}Z$$
$$= \frac{\mu_0 R^2 NI}{2l}\left[\frac{\mathrm{d}Z}{(R^2+Z^2)^{3/2}}\right] \tag{4-18}$$

线圈中心总的磁场强度即为所有分段载流线圈的总和。因此，对 dB_z 在线圈长度方向进行积分，可以得到线圈中心总的磁场强度，表示为

$$B_z = \frac{\mu_0 R^2 NI}{2l}\int_{-L/2}^{L/2}\frac{\mathrm{d}Z}{(R^2+Z^2)^{3/2}} \tag{4-19}$$

通过简单的数学变换，螺旋形线圈中心总的磁场强度可以表示为

$$B_z = \frac{\mu_0 NI}{\sqrt{4R^2+l^2}} \tag{4-20}$$

如果线圈的长度远大于线圈半径 $l >> R$（长线圈），那么 R 相对于 l 可以忽略不计，则式（4-20）可以简化成

$$B_z = \frac{\mu_0 NI}{l} \tag{4-21}$$

式（4-21）是长螺旋形线圈中心轴向磁场强度 B 的经典表达方式。如果改变式（4-19）中的积分范围计算线圈两端的磁场强度，式（4-16）和式（4-19）可以转变成

$$B_z = \frac{\mu_0 NI}{2\sqrt{R^2+l^2}} \tag{4-22}$$

对于长螺旋形线圈，式（4-22）可以近似为

$$B_z = \frac{\mu_0 NI}{2l} \tag{4-23}$$

因此，比较式（4-21）和式（4-23）可以知道，空载线圈两端的磁场强度 B_z 相比中心区域降低了一半。这个结论对于无限长均匀非磁性工件在长的多匝线圈中的磁场分布依然有效。

通过比较式（4-21）和式（4-23），可以发现线圈两端的感应电流密度只有其中心的一半。这意味着线圈两端的功率密度只有中心位置的 1/4（$P_{\text{end}} = 0.25P_{\text{center}}$）。区域 C-D-E 的长度主要取决于工件的趋肤效应、线圈内径与工件外径的比值和线圈的占空系数（K_{space}）。

在通常情况下，区域 C-D-E 的长度（见图 4-59）约为线圈半径的 1.5～4.5 倍。较高的频率、较短的加热时间、明显的趋肤效应、较小的线圈工件耦合间隙都能够减小端部效应区域范围。不开槽的端板、外部的导磁体、U 形或 L 形的磁分路器同样能够减小端部效应区域范围。

影响线圈长度的另外一个重要因素是，在 C-D-E 区域中，存在明显的纵向温度差，这将在棒料中产生从高温区流向冷端的轴向热流，表现出散热的现象。C-D-E 区有时也定义为轴向过渡区或热影响区（HAZ）。当对具有较高热导率的金属材料（如铝、铜、银、金）进行加热时，这种散热现象更为明显。在有些应用中，可能会对过渡区的长度有一定的限制（尤其是最大长度），因为过渡区长度与机器人生产时的上下料有关。

在大多数情况下，棒料端部感应加热器并不能当做无限长螺旋形线圈来对待。因此，会产生局部热流不足。从另一方面说，工件的最末端（见图 4-58 中的 A-B 区）无法提供热流传导的路径，而其冷端（见图 4-58 中的 C-D-E 区）可随时提供散热而轻易地发生热传导。合理地选择工艺参数并进行线圈设计，能够帮助减小冷却的影响，在较小过渡区的情况下获得棒料端部加热需求的温度分布。

加热功率的预估可以采用前面讨论的方法实现，例如，采用比热容或热含量进行预估。这些方法在对工件整体加热的功率进行预估时具有较高的效率。然而，采用上述方法对大多数金属的加热功率进行准确估算时具有较大挑战。如前所述，工件表面产生的热流损耗不仅会使工件的温度分布发生改变，而且会影响加热金属的总量，这会直接影响加热所需的总能量，即线圈功率。

端部加热电磁场和温度分布的准确预测，线圈参数的设计（包括功率和最佳频率）和工艺细节的评估均可采用数值模拟技术来实现。

图 4-62 所示为采用多匝螺旋形线圈进行棒料端部感应加热过程的计算机模拟结果，在棒料的冷端采用排列较密的线圈。加热材料为普通碳钢 AISI 1045，棒料的外径为 54mm，长度为 0.3m，电源频

率为2.7kHz。需要将棒料左侧0.12m长的区域加热到1260℃以上。

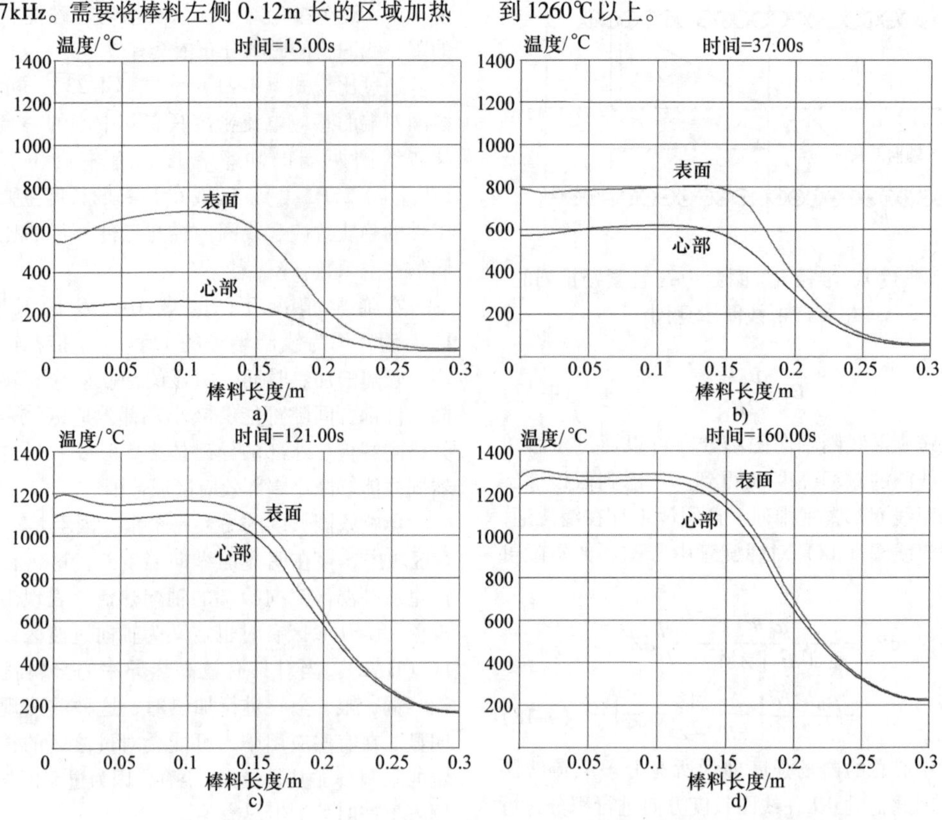

图4-62　采用多匝螺旋形线圈进行棒料端部感应加热过程的计算机模拟结果

在初始加热阶段，整个棒料都为铁磁性材料（加热时间<15s），产生明显的趋肤效应（$R/\delta>20$）。由于明显的趋肤效应，在棒料的表层中产生较大的感应电流，而棒料的中心是通过表面和表层区域的热传导进行加热。因此，相比棒料的心部，其表面加热速度明显较快（见图4-62a）。由于温度相对较低，工件表面通过热辐射和热交换产生的热损耗也较少。在初始加热阶段，会产生明显的径向温度差。最大表面温度发生在距离端部0.06～0.13m处。电磁场的端部效应在棒料的端部到约0.05m处之间表现得非常明显，能够看到热量密度和温度都降低。

随着时间增加（见图4-62b），开始进入过渡加热阶段。此时工件表面的温度略微超过居里温度，并相应的失去磁性，表面材料的相对磁导率μ_r下降到1。此外，随着温度的升高，相比初始加热阶段，普通碳钢的电阻率升高了2～3倍。这两种因素（相对磁导率的下降和电阻率的升高）都使得棒料的电流透入深度δ大大增加，从而产生更深的加热效果。由于棒料的表面材料转变成非磁性（但是其内部材料和心部仍为磁性），此阶段会出现一种磁波现象。由于磁波现象，涡流密度和能量密度的分布早已不是经典的指数分布形式。需要注意到，这种现象可能显现在最大的热流密度存在于工件的内层材料中，而不是在工件表面。

需要意识到，能量密度分布的磁波现象不仅出现在工件的径向或厚度方向上，在研究棒料冷端能量密度分布时发现在轴向方向上也会出现磁波现象。轴向方向出现磁波现象的原因相同。

最终，整个位于线圈中的棒料端部，包括其心部，都转变成非磁性（见图4-62c）。此时透入深度较大，且趋肤效应开始变得不太明显（$R/\delta<2.5$）。因此，在棒料的内部区域产生了大量的热量，心部区域开始更快速的升温，平衡径向的温度分布。注意到，当棒料端部的温度达到居里温度以上时，电磁场端部效应的现象发生明显变化。原来的磁性材料端部效应被非磁性材料端部效应所替代，因此，端部温度较低的磁性部分发生更剧烈的加热，从而平衡轴向的温度分布。由于电流透入深度和棒料表面热损耗的增大，以及径向方向的热传导，实现了需求的表心温度均匀性和期望达到的温度状态（见图4-62d）。

4.6.3　椭圆形线圈

当需要更高的生产率时，会使用椭圆形感应器。

棒料进入椭圆形感应线圈后，按图 4-54 所示进行并排排列（横向）。感应加热设备与棒料进料、线圈中的传送、出料相关的机械部分更为复杂。工件在上料和下料过程中需要横向移动，这在一定程度上降低了该种线圈的功率输出（见图 4-63）。

椭圆形线圈可为单圈或多圈，具体取决于加热区域的长度和与电源负载匹配的特性。

相比用于单个棒料加热的传统螺旋形线圈，椭圆形线圈的电效率可能较高、较低或相似。这取决于线圈的占空系数，即受到棒料在线圈中排列紧密度、横向移动机械装置及其他某些因素的影响。通过将工件更紧密地排列，能够略微提高线圈的电效率和功率因数。如果工件之间间隔较远，线圈的电效率和功率因数将下降。较低的电效率将会增大能量消耗。此外，较低的功率因数会导致线圈电压的明显升高，可能达到线圈的电压限止。

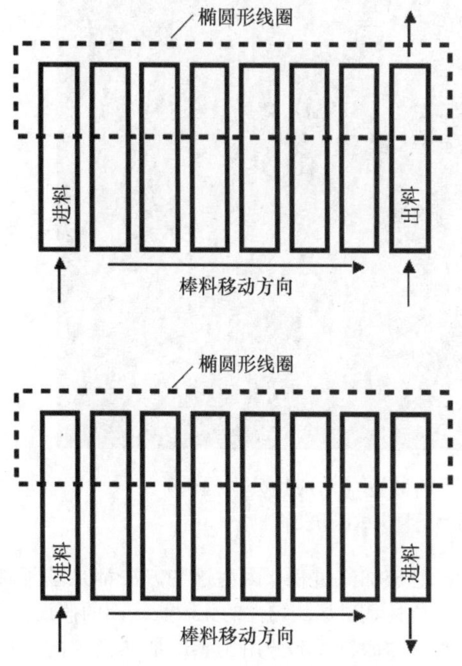

图 4-63 采用椭圆形线圈加热时棒料的进料、传输、出料的机械示意图

必须注意，由于电磁场的邻近效应，加热工件靠近铜线圈的区域将会产生更大的热量（见图 4-64）。如果加热的材料具有较低的热导率但热流密度较高且加热时间较短，那么工件在线圈中传输时需要进行旋转，或至少在线圈中旋转一圈。如果工件不进行旋转，那么需要足够长的加热时间，利用材料的热传导使得工件的周向温度实现均匀分布。

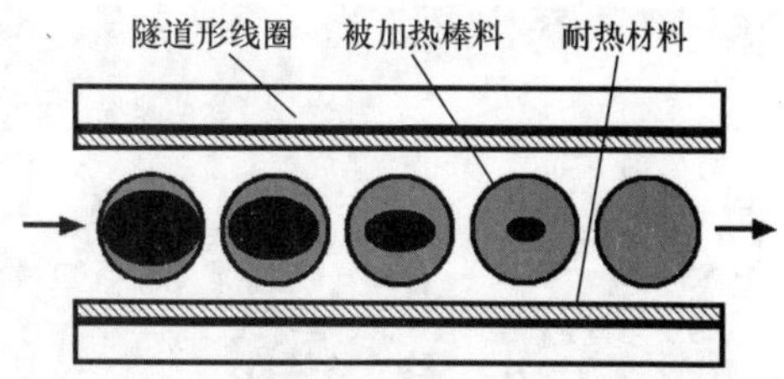

图 4-64 采用椭圆形或隧道形感应器时发生的电磁邻近效应

注：靠近铜线圈的部位产生大功率热流。

4.6.4 隧道形感应器

隧道形感应器主要在高生产率需求时采用，此时在加热时利用传输机、旋转台或分度工作台进行连续传输或分度。图 4-65a 所示为用于碳钢棒料端部加热的隧道形感应器出料口，图 4-65b 所示为棒料加热过程中通过传输机穿过感应器（冷端）。

相比椭圆形线圈，隧道形感应器的机械传输相对简单。隧道形感应器可以采用简单的上下料装置（见图 4-66）。根据不同的加热长度和匹配能力需求，隧道形感应器既可以采用单圈设计也可以采用多圈设计。

根据电磁场分布，相比传统的用于单个工件加热的螺旋形线圈，采用隧道形感应器进行感应加热具有两个主要特点：

1）第一个现象是，相比中间区域，隧道形感应器加热时交叉区域（进料和出料）处的磁场具有不同的方向。不同的磁场方向在工件中产生明显不同的涡流。进料区域和出料区域处的感应涡流与中间区域的涡流相差 90°。这种现象使用于模拟整个加热阶段具有相同涡流方向的螺旋形线圈的计算方法不再有效。这种现象还会严重影响端部效应和长度方向的温度分布。

2）第二个现象与电磁场的邻近效应有关，这与椭圆形线圈相似。然而，隧道形线圈的邻近效应更加明显，主要是由于交叉区域与中间区域的涡流方向不同引起。

以上两种现象使得在进行 3D 仿真时，必须考虑加热过程中工件位置的影响。而在有些情况下，需要采用专用软件进行模拟。

在某些应用中，可以将交叉区域的线圈断开来防止末端过热，同时也能够帮助工件在线圈中的传输。隧道形线圈可以通过合理选择铜管、匝间距、线圈耦合及其他能够控制电磁场的手段来进行仿形加热或梯度加热。

a)

b)

图 4-65 隧道形感应器（由应达公司提供）

a）用于碳钢棒料端部加热的隧道形感应器出料口 b）棒料加热过程中通过传输机穿过感应器（冷端）

图 4-66 隧道形感应器可以采用简单的上下料装置（由应达公司提供）

注：相比椭圆形线圈，隧道形感应器的上下料机械部分更简单。

4.6.5 棒料和坯料端部加热的计算机模拟

随着世界经济的快速发展，感应加热厂家通过计算机仿真来缩短报价和合同规定的交货周期，这对于一个公司的成功至关重要。与学术界相反，工业生产无法等待好几天的时间来获得模拟的结果，而是需要在几个小时以内得到可靠的计算机仿真结果。

考虑到计算机模拟在预测参数的差异性、相关性、非线性可能对坯料和棒料加热过程及最终温度状态影响的重要性，同时也用来改进工艺的有效性并确定最优工艺配方，几种面向主题、高效的数值模拟软件得到了应用。

事实上，工件仅部分在线圈中进行加热，采用解析法或等效回路的方式进行计算分析并不能准确地模拟感应加热过程，因为这些方法都是基于具有工件对称性和磁场均匀性的无限长线圈的假设。

另一方面，大部分用于感应加热模拟的商用仿真软件都是通用型程序，都是为其他应用（如变压器、无损检测、磁记录等）而进行开发的，而后才被用于进行感应加热模拟。虽然通用的软件具有公认的仿真能力，但考虑到棒料端部感应加热的某些特征，也会遇到一定的困难：

1）多个工件在感应器中并排移动。

2）不同加热阶段工件中具有不同方向的涡流。

3）隔热材料的使用及必须考虑的热辐射因素。

4）可能具有非均匀的初始温度分布。

5）端板、异形线圈、水冷导轨、夹具、衬板及其他部件的影响。

意识到棒料端部加热器某些特殊的特征可能会

限制通用软件的应用非常重要，这会显著影响仿真的准确性和有效性。这种限制也说明了开发不同应用主题的软件具有很大的必要性，能够选择最合适的模拟技术并考虑特殊感应加热工艺的细节与变化。

图 4-67 所示为采用专用棒料端部感应加热软件得到的碳钢棒料椭圆性线圈端部连续加热数值模拟结果。5 根棒料在椭圆形线圈中依次并排加热，频率为 3kHz，棒料的外径为 0.05m，需要加热的长度为 0.135m，生产率为 122 个/h。4 个特征位置的温度变化见图 4-67。由于系统的对称性，仅显示了加热棒料上半部分的结果。图 4-68 所示为假定恒定线圈电流情况下，满负荷冷启动、稳态、线圈空载情况下线圈功率的变化。

为了避免冷启动的初始阶段功率需求过大，通常会采用一些特殊的措施，如在开始阶段仅给线圈部分加载对棒料进行加热。

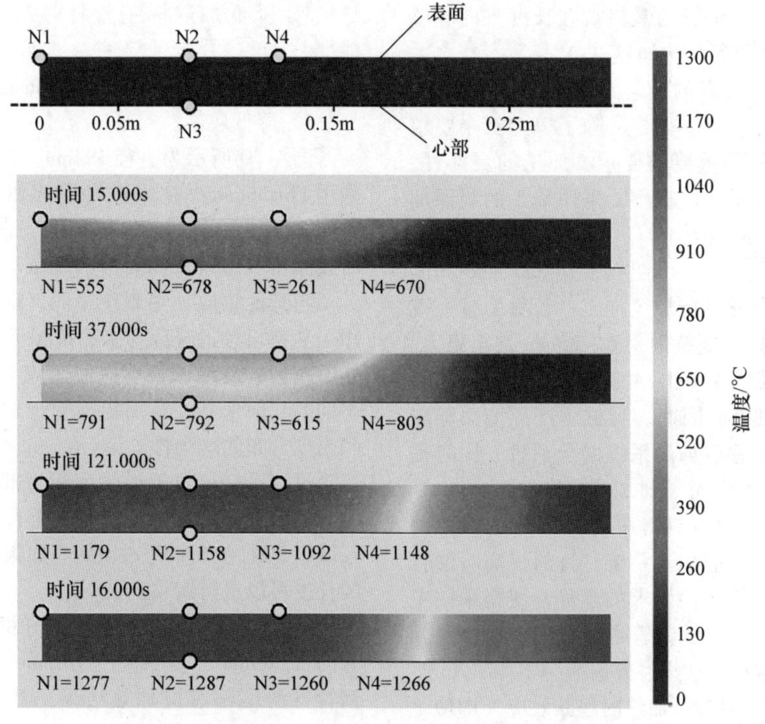

图 4-67　采用专用棒料端部感应加热软件得到的碳钢棒料椭圆形线圈端部连续加热数值模拟结果

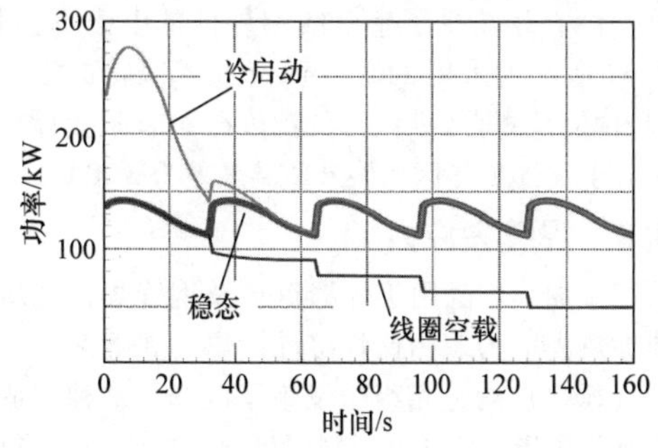

图 4-68　假定恒定线圈电流情况下，满负荷冷启动、稳态、线圈空载情况下线圈功率的变化

4.6.6　局部去应力

感应加热集中电磁场并加热工件某一特定区域的能力被广泛用于管材产品的局部加热。受益于局部感应加热能力的应用包括局部去应力、钎焊、切割前的预热、感应焊接、弯曲、焊缝退火。

4.6.7　管子端部去应力

钢管端部的去应力通常在螺纹加工前进行。为了采用感应加热进行去应力，需要将管子端部置于多匝感应线圈中采用特定的工艺参数加热特定的时间。

管子的直径范围为 10 ~ 600mm，厚度为 3 ~ 35mm。加热端的长度范围是 50 ~ 450mm，主要取决于产品的特殊用途。有些应用需要较窄的纵向加热过渡区，也称为热影响区（HAZ），而有些应用则要求较缓的温度过渡。

获得均匀温度分布的巨大挑战与厚壁管的端部加热相关，如天然气和石油行业使用的管道产品。高质量的管材产品可用于钻井和生产。当钻井完成后，将钢管（套管）放入孔中并采用水泥进行加固。这种方式为钻井孔提供结构部件。套管可以使用较大尺寸范围和等级的材料。套管通常采用碳钢来制造，通过热处理来获得特殊的力学性能。

去应力过程在生产高质量连接件时是非常重要的一个步骤。不恰当的热处理工艺可能会产生几种不利的现象，比如接头的整体失效和双金属腐蚀。

去应力通常在工件螺纹加工前进行。为了获得最好的去应力效果，钢管的镦粗端在长度方向和整个壁厚方向都必须进行均匀加热。

感应加热设备具有的均匀加热能力、高质量、成本效率已被广泛认可。如今，除了以上三个要求外，还有第四个同等重要的要求：加工的灵活性，即在不降低产品质量的前提下，采用最少的线圈加工各种各样零部件的能力。

现代连接件生产厂家可能有多达250种不同的管直径和壁厚组合要进行螺纹加工。管材的直径范围是70 ~500mm，厚度范围是6~35mm甚至更大。此外，加工长度范围为120~400mm，取决于管材直径、壁厚及应用细节。因此，管材生产厂商面临着较大的挑战去改进感应加热系统的灵活性，同时提高生产率并改进不同尺寸管材加热的均匀性。

目前已经开发了大量的频率为1~30kHz针对薄壁管材端部加热的感应加热系统。目前提高石油行业管材厚度和加热均匀性要求的趋势，使得采用中频和高频电源对厚壁磁性钢管进行去应力加热时相比工频具有一些劣势。这些劣势包括：

1）当对厚壁管材进行加热时趋肤效应（即使是采用工频）非常明显，管壁厚度与δ的比值非常大。更高的频率会使该比值继续增大。如采用1kHz的电源对厚壁管材进行加热时，管厚与δ的比值会非常容易超过15。而当频率达到10kHz时，该比值会超过40。因此，为了使管材内径处温度达到要求，由于明显的趋肤效应，厚壁磁性管材的表面很可能会产生局部过热的危险。较大的管厚和δ比值可能产生不利的非均匀应力消除组织。

2）由于明显的电磁场邻近效应，较高的频率对管材在感应线圈中的位置更加敏感。邻近效应会使得多匝螺旋形线圈中局部位置热量过剩。这种敏感性意味着即使是线圈凸出长度出现很小的误差，或线圈和管子的耦合间隙由于在线圈中的定位不对称性造成的微小偏差，都会引起管子端部区域圆周方向温度分布的不同。这种潜在的变化降低了工艺的可重复性，并对工艺可控性产生不利影响，代表性的结果是产生局部温度过高或过低。

3）高频电源有时需要固态逆变器，这将增加设备的制造成本。

为了改进传统的采用500Hz甚至更高的频率进行的去应力工艺的不足之处，发明了FluxManager技术，见图4-69。同时，该技术克服了采用传统工频感应加热器（60Hz）导致的管子端部区域热量不足的缺点。它具有以下优势：

1）提高径向和纵向的温度均匀性。

2）提高灵活性和稳定性。

3）降低加热厚壁管材时产生表面过热的可能性。

4）减小感应线圈周围外部的磁场强度。

5）降低成本。

图4-70所示为直径194mm、厚度19mm的钢管采用FluxManager技术进行端部加热得到的温度分布。需要加热的长度为382mm，加热时间为93s，同时线圈功率约为100kW/60Hz。$\Delta T=\pm 20℃$。

与其他感应加热系统不同，FluxManager技术采用了独特设计的导磁体来提高管子端部的功率密度，能够较为容易地调整感应器适应不同直径、壁厚及不同的几何形状，从而提高管子端部加热的灵活性和温度分布的均匀性。

过渡区——位于加热区间后部的区域——存在较大的温度梯度证明了能量主要集中在需要加热的区域，并在需要时优先加载。如果有需要，过渡区的长度可以进行调整。

图4-71所示为采用有限元分析（FEA）仿真计算的长305mm、端部直径370mm、壁厚16mm的碳钢管材的端部感应加热结果，温度从室温加热到600℃，频率为60Hz。有限元网格划分见图4-71中右侧。感应线圈由5组线圈组成（8+4+4+4+12）。感应线圈外部的硅钢片提高了加热效率和工艺可重复性，并减少了感应线圈外部的电磁场损耗。图4-72所示为采用FluxManager技术获得的管子外壁和内壁沿轴向（纵向）的温度分布有限元计算结果。管子端部加热区域内外壁温度差为±20℃。

4.6.8 焊缝去应力

感应加热广泛用于焊缝退火及钢管焊接区域非圆周加热去应力。相比焊接前，焊后焊缝区及热影响区（HAZ）的金相组织发生了改变。这种生成的组织称为魏氏组织，在材料温度过高的情况下形成。该组织是一种不利的非均质结构，具有较差的塑性和韧性，由粗大的长片状晶粒组成。焊缝区域由于热量向较冷的相邻材料中快速传导而形成自淬火现象，从而在该焊缝中形成脆性马氏体组织。热影响区（HAZ）范围越窄，温度越高，冷却速度越快，较易形成粗大的晶粒结构，同时焊缝区域脆性更大。

图 4-69　FluxManager 技术改进传统去应力工艺的不足（由应达公司提供）

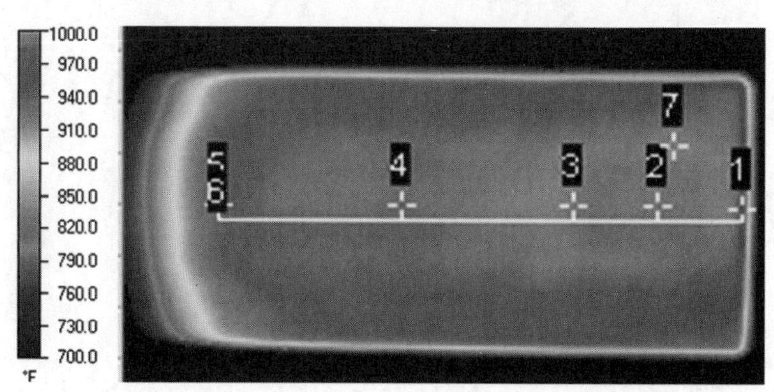

图 4-70　直径 194mm、厚度 19mm 的钢管采用 FluxManager 技术进行端部加热得到的温度分布（由应达公司提供）

将焊缝加热到 Ac_1 临界温度以下进行焊缝退火处理（临界温度以下退火）非常有必要。通常在焊接和表面清理后立即采用感应器进行在线退火。

图 4-73 所示为用于钢管轴向焊缝退火的分支返回式感应器的示意图。一个分支返回式感应器包含一个主线圈，然后分离成两个回流线圈，从而在工

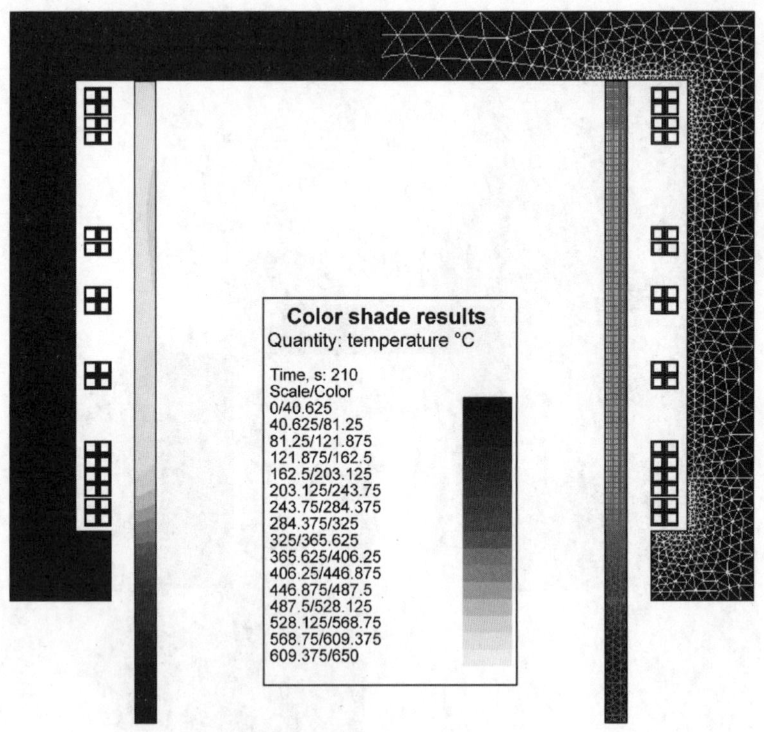

图 4-71 采用有限元分析（FEA）仿真计算的长 305mm、端部直径 370mm、壁厚 16mm 的碳钢管材的端部感应加热结果

注：温度从室温加热到 600℃，频率为 60Hz。

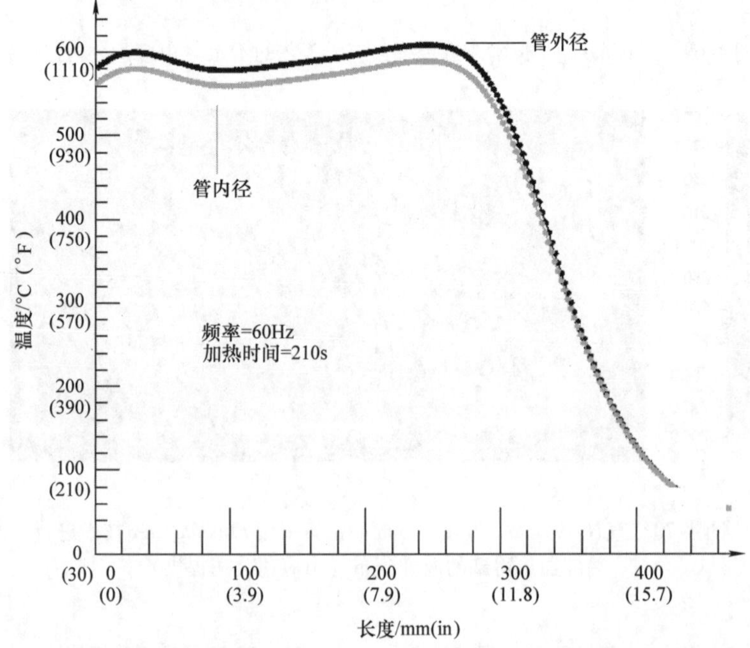

图 4-72 采用 FluxManager 技术获得的管子外壁和内壁沿轴向（纵向）的温度分布有限元计算结果

件中产生特殊的涡流分布。通常认为回流线圈在工件中产生的功率损耗是一种能力的浪费。因此，需要采取一定的措施来减小这种损失。相反的，主线圈在工件中产生的功率消耗会产生有利的焦耳热，因此需要采取措施来提高这种功率消耗，从而获得最高的效率。

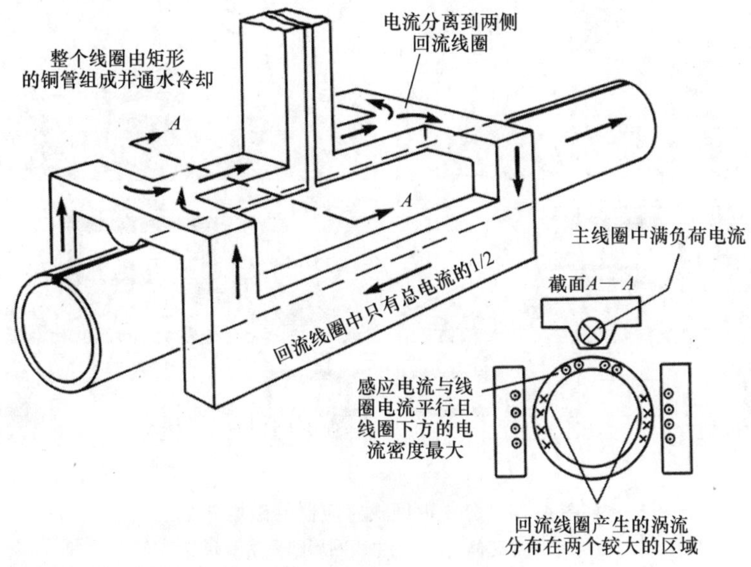

图 4-73　用于钢管轴向焊缝退火的分支返回式感应器的示意图

感应器主线圈中的电流密度是回流线圈中的 2 倍，因此，主线圈中的功率密度（热源）约为回流线圈中的 4 倍。当回流线圈中铜管的载流面积大于主线圈中的载流面积，或主线圈采用导磁体时，该比例会更大。这将使主线圈下方的管子区域具有非常高的功率密度。

导磁体（通常为硅钢片）在提高分支返回式感应器的效率时是非常有必要的。

不采用导磁体时，电磁场主要分布在线圈周围（见图 4-74a）。由于回流线圈中的电流方向与主线圈电流方向相反，所以产生了电磁临近效应，使电流发生彼此相对的偏移。这种偏移大大降低了感应器总的电效率（需要更大的线圈电流和电源功率），并增大了铜损耗（浪费能量）。主线圈和回流线圈距离减小时使这种情况更加恶化。感应加热系统在这种情况下的电效率会下降到 20% 甚至更低，尤其是加热非磁性材料或高于居里温度的磁性材料。

在主线圈周围安装 U 形导磁体能够形成有效磁路，从而磁通量更好地分布在设计的区域，有效地分离主线圈和回流线圈产生的磁场（见图 4-74b）。感应器的电流向工件表面方向发生偏移，提高了加热效率，减小了线圈电流电磁力，改进了感应器的工作状况进而延长感应器寿命。这些提高就是强烈推荐在分支返回式感应器中使用导磁体的原因。

当要确定需求的工艺参数时（包括功率和频率），必须考虑焊缝区域的残余温度。需要时刻注意，感应焊接的残余热量相比接触焊接或激光焊接要高得多。

4.6.9　弯管的局部加热

感应加热具有局部加热的能力被有效用于管子弯曲加工区域的圆周加热。感应弯管通常适用于直径范围为 0.1 ~ 1m 的管材。同时，有报道感应弯管也可用于更大尺寸管子的弯曲（如直径 1.5m 甚至更大）。

图 4-75 所示为感应弯管机。管子在定位并两端固定后，在螺旋形线圈上加载电源。当加热带金属达到具有足够塑性的温度分布后，将管子以一定的速度从线圈中移出。管子的前端采用工装固定在回转臂上，并加载弯曲扭矩。回转臂弯曲角度可达到 180°。在对碳钢管材进行感应弯管时，加热带的宽度通常为 25 ~ 50mm，目标温度范围为 800 ~ 1080℃。根据用途的不同，弯管速度为 12 ~ 150mm/min。在某些弯管应用中——更大的半径需求——会采用能够提供弯曲力的滚弯机来替代回转臂。在弯管过程中，弯管的外径承受拉应力并伴随截面减小，而弯管的内径承受压应力且导致壁厚增大。

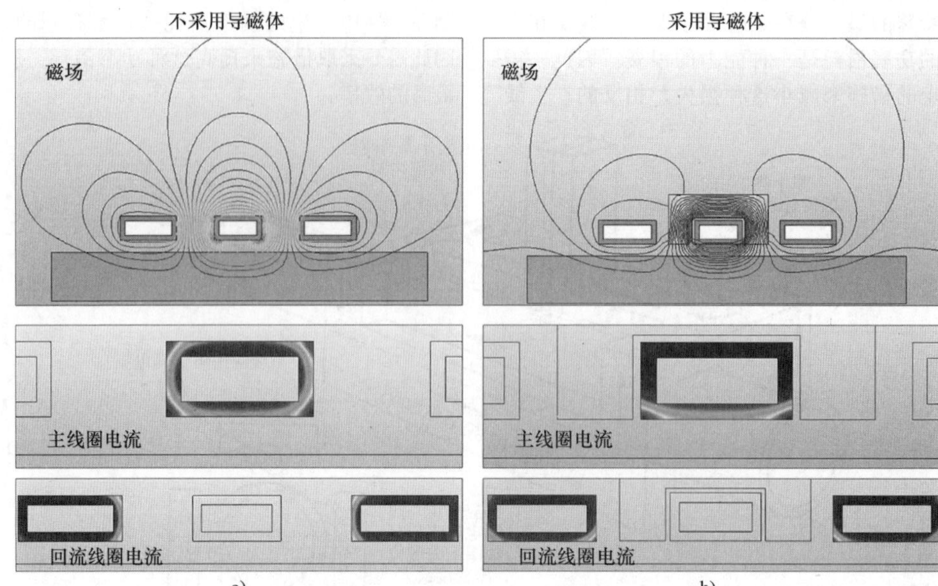

图 4-74 分支返回式感应器的磁场分布

a）不采用导磁体 b）在主线圈周围采用 U 形导磁体

图 4-75 感应弯管机

在生产具有高压需求的工业用管材时，如核电或石油天然气工业，最小化及预测管材的壁厚减薄量非常关键。

在弯管工序完成后，采用喷雾、压缩空气或自然冷却的方式使管材冷却至室温。

感应弯管是一种非劳动密集型工艺，具有加工小半径管材的能力，能够生产多个半径形状和/或多次弯曲的管材、薄壁型管材。感应弯管对表面粗糙度影响极小。

4.6.10 其他应用和感应器设计

针对各种需要对工件进行局部感应加热的应用，由于篇幅所限，不再进行深入讨论。除了前述讨论的感应器样式，还可以采用其他设计形式的感应器来满足特殊几何尺寸和加热曲线的要求。横向磁场感应器可以用于平板工件的边缘预热，如薄板、带材、厚板、传动杆。在这些应用中，横向磁场感应器天生能够在工件的边缘区域产生更大的能量密度，这被认为是该种感应器的一种有利能力。

其他应用的独特特征可能会要求特殊设计的感应器，这些不同设计的感应器包括：薄饼形、发夹形、蝴蝶形、U 形、互耦形、嵌入形、C 形、波形、闭合形、仿形及很多其他类型。

理解感应加热的原理，以往的不同类型线圈和应用的工作经验，以及采用数值模拟技术都是评价选择一款特定感应器适用性和有效性必不可少的要素。

参考文献

1. V. Rudnev and D. Loveless, et al., *Handbook of Induction Heating*, Marcel Dekker, NY, 2003
2. V. Rudnev, Simulation of Induction Heating Prior to Hot Working and Coating, *Metals Process Simulation*, Vol 22B, *ASM Handbook*, D.U. Furrer and S.L. Semiatin, Ed., ASM International, Materials Park, OH, 2010, p 475–500
3. V. Rudnev and R. Cook, Bar End Heating, *Forging*, Jan 1995, p 27–30
4. *Heat Treating*, Vol 4, *ASM Handbook*, ASM International, Materials Park, OH, 1991
5. S. Zinn and S.L. Semiatin, *Elements of Induction Heating*, ASM International, Materials Park, OH, 1988
6. V. Rudnev, Computer Modeling of Induction Heating Processes, Part 2, *Forge*, Oct 2011, p 25–28
7. P. Hammond, *Electromagnetism for Engineers*, Pergamon Press, New York, 1978
8. S. Nasar, *2000 Solved Problems in Electromagnetics*, McGraw-Hill, 1992
9. V. Rudnev, Simulation of Induction Heat Treating, *Metals Process Simulation*, Vol 22B, *ASM Handbook*, D.U. Furrer and S.L. Semiatin, Ed., ASM International, Materials Park, OH, 2010, p 501–546
10. V. Rudnev, Tips for Computer Modeling of Induction Heating Processes, Part 1, *Forge*, July 2011, p 25–28
11. V. Rudnev, Computer Modeling of Induction Heating: Things to Be Aware of, Things to Avoid, *Ind. Heat.*, May 2011, p 41–45
12. V. Rudnev, Intricacies of Computer Simulation of Induction Heating Processes, *Proc. of the 28th Forging Technical Conf.*, Forging Industry Association (FIA), April 2011, p 40–48
13. V. Rudnev, Computer Modeling Helps Identify Induction Heating Misassumptions and Unknowns, *Ind. Heat.*, Oct 2011, p 59–64
14. J. Vaughan and J. Williamson, Design of Induction Heating Coils for Cylinder Nonmagnetic Loads, *Trans. AIEE*, Vol 64, Aug 1945
15. "Induction Heating," Course 60, American Society for Metals, Metals Park, OH, 1986
16. P. Ross, V. Rudnev, R. Gallik, and G. Elliott, Innovative Induction Heating of Oil Country Tubular Goods, *Ind. Heat.*, May 2008, p 67–72
17. D.L. Loveless et al., Electric Induction Heat Treatment of an End of Tubular Material, U.S. Patent 7,317,177, Jan 8, 2008
18. C. Tudbury, *Basics of Induction Heating*, Vol 1, John F. Rider, Inc., New York, 1960
19. V. Rudnev, Systematic Analysis of Induction Coil Failures, Part 14: Split-Return Inductors and Butterfly Inductors, *Heat Treat. Prog.*, March/April 2009, p 17–19
20. Barnshaws Bender Ltd., The Induction Bending Process, *Tube and Pipe J.*, Vol 60, June 2001
21. J. Gillanders, *Pipe and Tube Bending Manual*, Fabricators & Manufacturers Association, 1994
22. "Recommended Standards for Induction Bending of Pipe and Tube," TPA-IBS-98, Tube and Pipe Association International, 1998
23. "The I-Team: Induction Forge Technologies," Inductotherm Group, 2008

4.7 电磁设备的优化设计原理和多目标优化

Paolo Di Barba, University of Pavia

4.7.1 设计、优化和电磁学计算

优化在任何机构或系统的设计方面都扮演着重要角色，电磁设备也不例外。问题是为设备找到设计空间来满足性能要求。通常，一个设备包括几种设计标准，并且不能同时被满足。在这种情况下，设计师需要决定如何给标准排序。这就引出了多目标优化的概念，即尝试同时满足多个目标。多目标优化的理论背景是建立在帕累托优化理论之上的。

例如，当模拟一个物理设备时，所有的真实参数总会存在一定程度的不确定性。所有的数值都会存在一定的偏差，因此，任何真实设计的系统都需要寻找一种优化的结果，从而使其性能对参数微小变化的敏感性尽可能地小。事实上，这是除了性能要求之外的另一个设计要求，从而出现了这个双目标优化问题。

虽然优化概念的基本原理（找到基于一系列变量的目标函数的最小值或最大值）相当明显，在电磁设备设计程序的框架之下实施这个过程并不容易。

开始之前，过程的目标需要很清晰：一个设备的设计过程可能需要对现有的原型进行改进，而不是直接得到最优的设备。

计算成本是另一个问题的来源：每一组进行测试的可能的设计变量组合都需要进行电磁场分析来确定其性能。这个工作的计算量较大，因为电磁场分析是建立在二维或三维有限元模型之上的。此外，电磁场分析可能意味着高成本的数值解析，如非线性或时间相关问题。因此，低成本优化算法的目的是减少搜索过程中函数求值的数量。

直到开始关心算法问题，在局部的二维设计空间中，斜率数据才用来将猜测解推向最优解。该过程称为确定性优化过程。优化的移动方向可以通过极小化方法来确定，如共轭梯度法。然而，梯度无法直接从数值解中得到，因此，这种方法较难实施。此外，该方法也可能在局部最小值处收敛而得到错误的结果。还有一种可供选择的方法，设计空间中可以采取随机抽样的方式在当前点位进行随机移动。如果在移动方向上找到更好的解，那么该解就作为下一次移动的当前解。人们已经发明了几种随机算法，而目前最流行的算法是基于进化算法，该算法的原理是尝试模仿生物适应。

由于拥有高性能计算机及现代数值模拟方法，自动优化设计的主题逐渐包括了设计师关心的真实工程设计的解决方案。然而，多核 CPU 及 GPU 对电磁设计优化领域的影响仍然处于未开发阶段。事实上，在文献中，很少有论文讨论并行多目标优化，大部分学者的研究方向都远离电气工程，如航空航天工程。

总之，采用多目标优化方法来解决问题要胜过采用单目标函数的分层结构设计标准，因为后者会面临更多的约束。最佳的折中方案是，沿着帕累托前沿进行求解，可能从设计的角度完成创新。采用信息技术的软计算资源，结合公司现代的工业研发中心，可能会创造自动化设计的革新技术。

4.7.2 设计问题的多目标公式化

一般来说，电磁场设计中的问题可以作为约束优化问题进行公式化。通常，多目标函数会进行同步优化：此类问题归类为多目标、多判据问题。这类问题的公式化采用矢量化的目标函数来表征。

考虑到存在 n_v 个变量，一个多目标优化问题可以表述为如下形式：

$$\text{如果 } \vec{x}_0 \in \Re^{n_v}\text{，求}\inf_{x} \vec{F}(\vec{x}), \vec{x} \in \Re^{n_v} \tag{4-24}$$

n_c满足不等式约束，n_e满足等式约束：

$$g_i(\vec{x}) \leqslant 0, i=1,n_c \tag{4-25}$$

$$h_j(\vec{x})=0, j=1,n_e \tag{4-26}$$

同时满足 $2n_v$ 界限：

$$l_k \leqslant \vec{x}_k \leqslant u_k,\ k=1,\ n_v \tag{4-27}$$

式（4-24）~式(4-27）主要针对方向相关性问题求解；边界值问题的相关函数由求解电磁场的麦克斯韦方程描述。如果同时存在两个或多个物理域，并在同一个设备中互相影响，则形成了一个耦合场问题，如感应加热问题。

需要注意，有些设计变量（$\vec{x}$）的子集并不属于 $\Re^{n_v}$，如离散型变量或整数型变量。

在式（4-24）中，$\vec{F}(\vec{x})=\{f_1(\vec{x}),\cdots,f_{n_f}(\vec{x})\}\subset\Re^{n_f}$为由 $n_f \geqslant 2$ 个分量组成的目标矢量函数。因此，F 定义了从设计空间（$\Re^{n_v}$）到相应目标空间（$\Re^{n_f}$）的转换。通常，n_f个目标分量不能直接进行比较，因为它们具有不同的物理维度：可能表示需要同时优化的不同的设备特征或性能（如材料的成本、设备的体积、物理场的均匀性、功率损耗等）。所以，设计者被迫要对所有的目标值寻找到最佳方案。为了使式（4-24）~式(4-27）具有非平凡解，$(f_i,\ f_j)$ 在 $i \neq j$ 时，必须代表不同的目标函数；事实上，当 $\exists\ \vec{\tilde{x}}_i \in X$ 时，n_f 个目标函数必须具有互异性，即

$$f_i(\vec{\tilde{x}}_i)=\inf_{x} f_i(\vec{x}) \tag{4-28}$$

满足 $\vec{\tilde{x}}_i \neq \vec{\tilde{x}}_j$，$i \neq j$，$i$，$j=1$，$n_f$。目标函数的互异性是为了防止它们同时达到最小值。

习惯上，多目标问题会通过引入偏好函数 $\boldsymbol{\Psi}(\boldsymbol{x})$ 将其转换成单目标问题。例如，多目标的加权和

$$\boldsymbol{\Psi}(\vec{x}) = \sum_{i=1}^{n_f} c_i f_i(\vec{x}) \tag{4-29}$$

其中，$0<c_i<1$，$\sum_{i=1}^{n_f} c_i = 1$，满足式（4-25）~式(4-27)时，在 $\vec{x} \in \Re^{n_v}$域中求函数的最小值。每一个目标函数的权重可以通过改变相应的权重值来调整，对于给定的一组权重值，如果能够求得相关解，即为函数的最优解。

然而，最通解的代表为帕累托前沿的非支配解，即目标函数的值只有在其他至少一个目标函数同时增大的情况下，才可能减小。基本上，这意味着拥有一个最优解的集合可以进行比较；根据经验，设计者可以根据额外的决策标准来选择一个独立解。

最近的一项关于电磁场最先进的优化设计方法的调研，可以在参考文献［5］中查看。

4.7.3　帕累托优化方法概述

式（4-30）中的集合称为可行设计域或设计空间。换一种说法，X 为包含所有满足边界条件和约束的设计向量的集合。目标空间的定义则较为明确。

$$X = \{\vec{x} \in \Re^{n_v} \mid \ell_k \leqslant \vec{x}_k \leqslant u_k, k=1, n_v, g_i(\vec{x}) \leqslant 0,$$
$$i=1, n_c, h_j(\vec{x})=0, j=1, n_e\} \tag{4-30}$$

定义 $X \subseteq \Re^{n_v}$ 为设计空间，$\vec{F}(\vec{x}): X \to \Re^{n_f}$ 为标量函数的一个矢量 $f_i(\vec{x}), i=1, n_f$，将其称为目标函数。假定后者具有边界，即假设存在常数 $m_i \in \Re^+$ 使得 $f_i(\vec{x}) \leqslant m_i, i=1, n_f$。则式(4-31)中的集合称为目标空间(见图 4-76)。

$$Y = \vec{F}(X) = \{y \in \Re^{n_f} \mid \exists \vec{x} \in X \text{ 使 } y = \vec{F}(\vec{x})\} \tag{4-31}$$

同时，假设 X 和 Y 均为度量空间；即同一空间中两个单元之间的距离可以被定义。

根据帕累托优化原理，对于某一个目标函数，每一个解都代表其相对上一个解得到了优化，同时对其他目标函数没有消极影响。另一方面，如果某些目标函数的第一个解优于第二个解，则两者之间不相关，即使对于其他目标函数来说第二个解优于第一个解。这种概念代表了帕累托优化理论的关键点，如下述公式所示：

假设 $X \subseteq \Re^{n_v}$ 为设计空间，$\vec{F}(\vec{x}): X \to Y \subseteq \Re^{n_f}$ 为目标函数 n_f 的向量，其中每一个分量 $f_j(\vec{x}), j=1, n_f$ 均为关于 $\vec{x}$ 的最小值。选取两个向量时，如 $\vec{x}_1 \in X$，$\vec{x}_2 \in X$ 且 $\vec{x}_1 \neq \vec{x}_2$，则存在以下关系：

如果存在以下关系时，$\vec{x}_1$ 支配 $\vec{x}_2$：

$$\exists i \text{ 使 } f_i(\vec{x}_1) < f_j(\vec{x}_2) \text{ 且 } f_j(\vec{x}_1) \leqslant f_j(\vec{x}_2),$$
$$\forall j=1, n_f, j \neq i \tag{4-32}$$

如果存在以下关系时，$\vec{x}_1$ 与 $\vec{x}_2$ 不相关：

$$\exists i \text{ 使 } f_i(\vec{x}_1) < f_j(\vec{x}_2) \tag{4-33}$$

并且

$$\exists q \text{ 使 } f_q(\vec{x}_2) < f_j(\vec{x}_1), \forall j=1, n_f, j \neq i, j \neq q \tag{4-34}$$

通过观察可以得到下面的结论：

如果有两组有效解，则存在三种不同的逻辑关系，见图 4-76 和表 4-33。

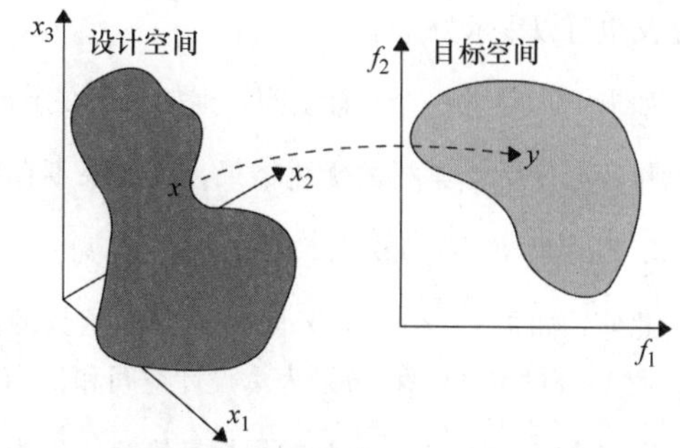

图 4-76　设计空间到目标空间的映射关系

表 4-33　解的对比——逻辑排序

情况	结果
x_1 支配 x_2	x_1 好于 x_2
x_2 支配 x_1	x_2 好于 x_1
互不支配	x_1 和 x_2 无关

应该注意的是，不相关的概念并不适用于单目标优化。事实上，给定目标函数 $\Psi(\vec{x})$ 和两个有效向量 $\vec{x}_1$ 与 $\vec{x}_2$ 且 $\vec{x}_1 \neq \vec{x}_2$。如果 $\Psi(\vec{x}_1) \neq \Psi(\vec{x}_2)$，即 $\Psi(\vec{x}_1) < \Psi(\vec{x}_2)$ 或 $\Psi(\vec{x}_2) < \Psi(\vec{x}_1)$。

此外，在两种目标函数的情况下，即 $n_f = 2$，存在如式（4-32）~式（4-34）的几何解释（见图 4-77）。

多目标优化过程的理想目的是找到所有的非支配解，即在设计空间内不相关的解或相关面为空的解集。

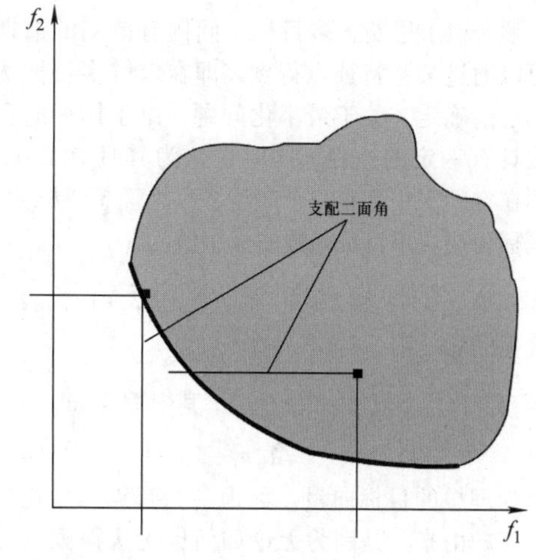

图 4-77　二维目标空间的最小化问题：非支配解的支配二面角为空

非支配解也称为优质解或有效解。因此，优化

的定义也可以表示为

如果 $Y \subseteq \Re^{n_f}$ 为一个目标空间，则如果存在 $\vec{y} \in Y$ 则意味着点 $\vec{y}$ 为帕累托的优化结果，而如果不存在 $\tilde{y} \in Y$，则说明 $F^{-1}(\tilde{y})$ 支配 $F^{-1}(\vec{y})$。

此外，如果 $F(\vec{x}): X \rightarrow Y$ 为 n_f 个目标函数的向量，且 $X \subseteq \Re^{n_v}$ 和 $Y \subseteq \Re^{n_f}$ 分别表示设计空间和目标空间，则集合 $\Phi = \{\vec{y} \in Y \mid \vec{y}$ 为帕累托最优解$\}$ 称为帕累托前沿（PF），集合 $\Xi = \{\vec{x} \in X \mid F(\vec{x}) \in \Phi\}$ 称为帕累托集（PS）。有时，帕累托前沿（Φ）也称为权衡曲线。

集合 Ξ 和 Φ 分别表示多目标优化问题中的 X 空间和 Y 空间。即 Φ 使 Ξ 通过函数 F 的映射。

根据前面的定义，针对多目标优化问题可以给出一个通用公式。

如果（$\vec{F}$, X, Y）为相关设计空间和目标空间的优化函数矢量的集合。则相应的多目标最小化问题可以描述为

$$\text{找到 } \Phi \subset Y \text{ 和 } \Xi \subset X \text{ 使 } F(\Xi) = \Phi \tag{4-35}$$

最后一个定义为式（4-24）~式(4-27）的归纳推导，表示多目标优化问题具有一个优化的解集，而不像单目标问题仅有一组解。

需要注意到，在工程问题中，找到帕累托优化目标函数最小值对应的集合 $\Xi = F^{-1}(\Phi)$ 具有较大意义。目标空间 Y 仅仅是一个控制空间，即为判断是否为非支配解而提供度量值，反过来以设计空间 X 的形式给出。

顺着以上思路，多目标空间固有范围的前期数据可以通过某些特征点得到，即在求解多目标优化问题之前确定。关于最小化问题，由于标量的目标函数具有一定的边界，同时也认为其具有最小值，因此在空间 Y 中存在一个向量，称为理想目标向量，其坐标为相应单目标函数的极小值。

如果 $X \subseteq \Re^{n_v}$ 和 $Y \subseteq \Re^{n_f}$ 的（$\vec{F}$, X, Y）代表多目标优化问题，则

$$\vec{\boldsymbol{U}} = (\vec{\boldsymbol{U}}_1, \ldots, \vec{\boldsymbol{U}}_i, \ldots, \vec{\boldsymbol{U}}_{n_f}), \text{其中 } \vec{\boldsymbol{U}}_i = \inf_x f_i(\vec{\boldsymbol{x}}), \quad i = 1, n_f \tag{4-36}$$

以上为理想的目标向量，称为乌托邦点。乌托邦点的名字的由来，是因为无论如何也无法得到这样的解。换一种说法，并不存在向量 $\tilde{\vec{x}} \in X$ 使 $\vec{F}(\tilde{\vec{x}}) = \vec{U}$。另一方面，如果存在这个向量，则其将是优化问题的唯一解；然而，只有单目标问题才具有唯一解，而不是多目标问题。

采用与乌托邦点对称的方式，可以为非乌托邦点进行定义。

如果 $X \subseteq \Re^{n_v}$ 和 $Y \subseteq \Re^{n_f}$ 的（$\vec{F}$, X, Y）代表一个多目标问题。则

$$\vec{A} = (\vec{A}_1, \ldots, \vec{A}_i, \ldots, \vec{A}_{n_f}), \text{其中 } \vec{A}_i = \sup_x f_i(\vec{\boldsymbol{x}}), \quad i = 1, n_f \tag{4-37}$$

以上称为非乌托邦点。

总之，即使下面的定义仅仅针对两目标优化的情况，仍然可以对最低点进行定义。

如果 $X \subseteq \Re^{n_v}$ 和 $Y \subseteq \Re^{n_f}$ 的（$\vec{\boldsymbol{F}}$, X, Y）代表一个两目标问题，即 $n_f = 2$。则满足 $\vec{\boldsymbol{R}} = (\vec{\boldsymbol{R}}_1, \vec{\boldsymbol{R}}_2)$ 的点为

$$\vec{\boldsymbol{R}}_j = \sup_{\Phi} y_j, \quad j = 1, 2 \tag{4-38}$$

以上即称为最低点。

换一种说法，最低点 $\vec{R}$ 为乌托邦点 U 在 $\vec{F}$ 空间关于连接 PF 端点直线的镜像。

不能将双目标问题的最低点定义直接外推到多目标问题最低点的定义，因为 Φ 的维度也相应地增大。为了这个目的，通过评估矩阵 M 可以获得 PF 的先验信息，M 的定义如下：

$$M_{ij} = U_i, \quad i = j \tag{4-39}$$

$$M_{ij} = f_j(\vec{\boldsymbol{x}}) \mid_{f_i(\vec{x}) = U_i}, i \neq j \tag{4-40}$$

其中 i 和 j 的取值范围是 $1 \sim n_f$。采用矩阵 M，最低点的坐标可以表示为

$$R_i = \max_{j=1:n_f} M_{ij}, \quad i = 1, n_f \tag{4-41}$$

从实用性角度出发，计算 $n_f \times n_f$ 的矩阵 M、向量 $\boldsymbol{U}$ 和 $\boldsymbol{R}$，需要进行 n_f 个单目标优化。

二维情况优化的总体概况见图 4-78。基本上（$\vec{\boldsymbol{U}}$, $\vec{\boldsymbol{R}}$）和（$\vec{\boldsymbol{U}}$, $\vec{\boldsymbol{A}}$）代表了两种不同的边界 Φ；此外，需要注意 $\vec{\boldsymbol{U}}$ 和 $\vec{\boldsymbol{A}}$ 根据定义为无效点，而 $\vec{\boldsymbol{R}}$ 可能为有效点。这些点也提供了一个度量准则：事实上，Y 空间中两点之间的距离可以采用 $\|\vec{\boldsymbol{R}} - \vec{\boldsymbol{U}}\|$ 的值作为参考来测量。

注：Y 为目标空间；f 为帕累托前沿；U 为乌托邦点；A 为非乌托邦点。

几何学上对前沿（PF）的定义要远比理论上复杂。事实上，如果事先知道这点，对于选择合适的算法来确定前沿很有帮助，或者相反地，能够预测一个无效的前沿。图 4-79 所示为二维最小化问题帕累托前沿（PF）4 种可能的几何形状：凸面、非凸

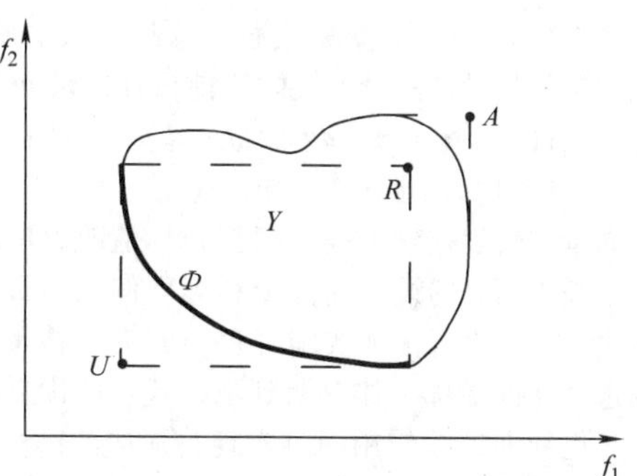

图 4-78 二维目标空间的几何意义

面、非连续、弱帕累托前沿。特别地，非连续分量组成的帕累托前沿是由非连续的目标函数引起；此外，如果f_1或f_2在一段前沿上为常数，则该前沿称为弱帕累托前沿。

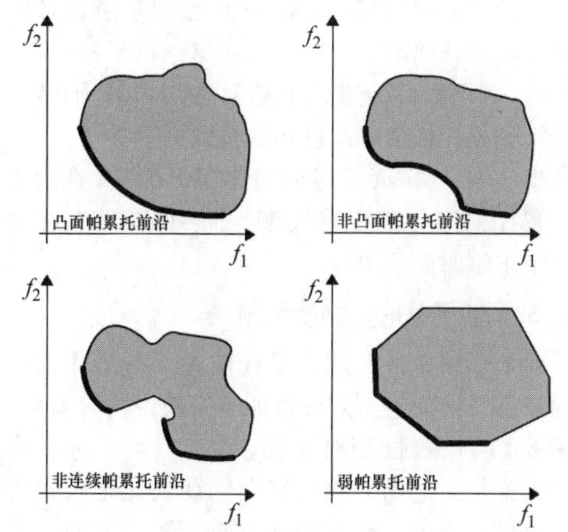

图 4-79 帕累托前沿（*PF*）的 4 种可能几何形状

还存在另外一种前沿的定义方法，即与目标空间的数值离散难度相关。由于目标函数的非线性，设计空间 *X* 的均匀离散可能在 *Y*（见图 4-80，也称为虚假前沿）的前沿方向上产生非均匀的求解空间；相反地，如果想要在 *Y* 中得到均匀的前沿取样，*X* 的取样必须满足非均匀化规则。

最终，一个多目标优化问题，在当且仅当存在多于一个 *PF* 时称为多峰模式。

在单目标问题中，一个非凸函数除了全局最小值以外，还存在一个或多个局部最小值。同样地，在多目标问题中，除了全局帕累托前沿外，非凸函数的存在会产生局部帕累托前沿。采用正式的方式，假设 $P \subset X \subseteq \Re^{n_v}$ 为一组非支配解（$\vec{\xi}$）。如果 $\forall \vec{\xi} \in P$，不存在 $\vec{\tilde{\xi}} \in X$ 使得 $\vec{\tilde{\xi}}$ 支配 $\vec{\xi}$ 且 $\| \vec{\tilde{\xi}} - \vec{\xi} \| \leqslant \varepsilon$，其

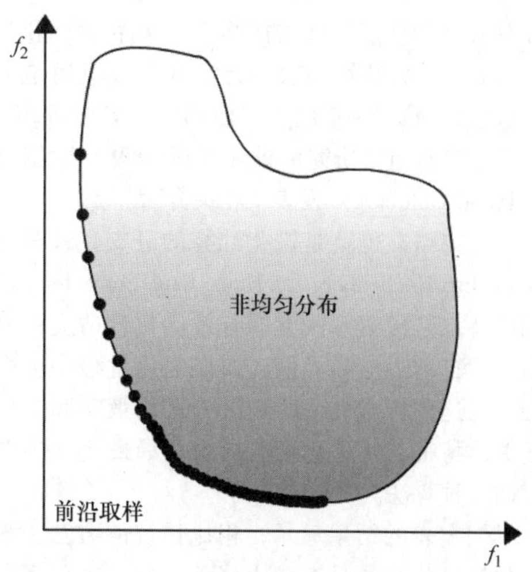

图 4-80 非均匀取样的帕累托前沿（虚假前沿）

中 $\varepsilon > 0$ 且足够小，则 *P* 为局部帕累托集；相应的投影 $F(\vec{\xi})$ 为局部帕累托前沿（见图 4-81）。

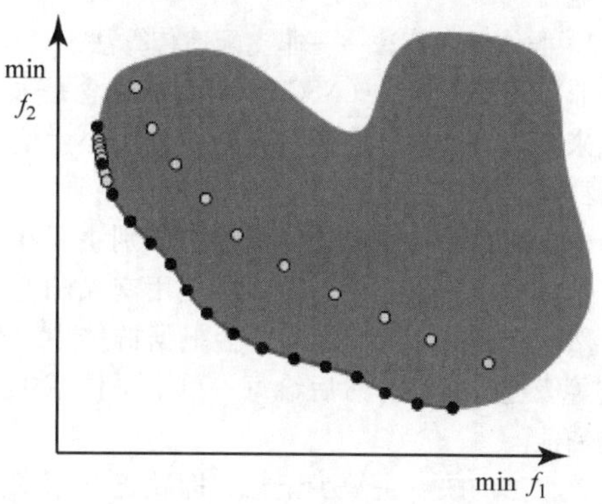

图 4-81 具有局部和全局帕累托前沿的目标空间

4.7.4 进化计算

在过去这些年的电磁场计算中，自动优化设计的主题在研究领域得到了很大重视。

迄今为止，目前该领域的工艺水平以非确定性优化法的扩展应用为代表，主要以自然进化原理为基础。对于自然进化原理，给定环境中适者生存的自然法则即为寻找适合给定边界条件的最佳设计参数的模型。在本质上，一定区域群体中的个体通过交叉繁殖来适应自然生存环境，从而在新生代的个体中形成最适应生存的有利特征。同样地，在计算中，各种各样设计方案，在进行进化繁殖后，结合最优秀的特征产生了新一代的设计方案，这种设计方案能够更好地满足设计目标。

回顾进化计算的发展史，1967 年理查德罗森伯格（Richard Rosenberg）提出了一种遗传搜索法用来

寻找具有多种性能/目标的单细胞生物物种的化学过程。然而，该方法第一次进行实际有效应用是在很多年以后，即1984年的大卫谢弗（David Schaffer）。此后几年没有重大研究成果，直到1989年大卫戈德堡（David Goldberg）发表了相关专著。

进化策略，也就是进化计算的分支，最早由德国学者 IngoRechenberg 和 Hans Paul Schwefel 提出。它们的特点是搜索算法能够有效优化自适应策略的参数，即自动适应临界值，如最优化过程中突变的标准差。这种特点被证明是区分进化策略和其他方法的关键特征，使进化策略成为全局最优化中非常高效的一种算法。

早期发表的结果显示，相比传统的方法，多目标优化的进化算法具有较大优势。此后，许多研究者开发了不同版本的多目标优化进化算法，其中最有名的几种为向量评价遗传算法（GA），多目标遗传算法，小生境遗传算法，强度帕累托进化算法，非支配遗传算法。后者尤其是在电磁场计算领域越来越流行。

1. 群体导向算法——非支配遗传算法

非支配遗传算法（NSGA）背后的理念是采用选择法来突出当前的非支配解，然后采用小生境法来维持群体的多样性。

非支配算法与简单遗传算法的区别主要在于采用了选择算子。事实上，通常会使用交叉和变异算子。然而，在执行选择之前，会根据群体中个体的非劣等级进行排序，然后给每一单个个体赋予一个合适的值。

该算法的缺点是缺少记忆，即缺乏利用求解过程的能力。事实上，在新一代的求解过程中，某个个体可能与以往评估过的个体极其相似或完全相同，在评估该个体时，运行时间可能会产生不必要的浪费。一般来说，这样会产生收敛：一种可行的补救方法是记录所有已经评估过的个体，避免对目标进行重复评估而造成时间浪费。

2. 个体导向算法——多目标进化策略算法

大部分进化算法的提出都是为了控制目标函数求解的计算成本。当处理电磁设备优化设计的问题时，每一个目标值的评估都需要在有限元分析的基础上进行至少一次场变量模拟。这种场变量的模拟可能会受到不同因素的影响而产生内在复杂性，比如采用二维或三维模型而产生复杂的设备形貌、耦合场分析、非线性材料性能及瞬态条件。定向问题的标准计算时间严重限制了进化算法的应用，即使是借助了功能强大的计算机设备。考虑到这个问题，提出了基于多目标（1+1）进化策略（MOESTRA）的更简单的算法。该算法是通过这种方式实施的：当且仅当新的设计向量 $\boldsymbol{x}$ 支配当前设计向量 $\boldsymbol{m}$ 并满足边界条件时，$\boldsymbol{x}=\boldsymbol{m}+\boldsymbol{du}$ 成立；$\boldsymbol{d}$ 为 $\boldsymbol{m}$ 的标准偏差，$\boldsymbol{u}\in[0,1]$ 满足正态分布。

向量 $\boldsymbol{d}$ 代表搜索方向，根据目标值改善的成功率而不断更新；即设计向量 $\boldsymbol{x}$ 和标准偏差向量 $\boldsymbol{d}$ 都会发生突变。进行标准实施（1+1）时，帕累托算子的选择允许最优个体存活到下一代：即优良的搜索步长也能够继续使用同时实现自适应。这样，给定一个初始值，即存在非零的概率使得最优化轨迹达到某一属于帕累托前沿的点。

基于自动化设计节约成本的过程，列出以下几点实用性原则较为合理：

1）将设计问题数学归纳为一个多目标优化问题。

2）将初始设计定义为目标空间的起始点。

3）采用遗传算法（NSGA）近似求解设计空间的整个帕累托前沿。

4）采用多目标进化策略算法（MOESTRA）找到单个帕累托最优解改进初始设计。

事实上，NSGA 已经证明比 MOESTRA 在逼近整个帕累托前沿方面更有效率，而 MOESTRA 在对进行单个求解时做得更好。

4.7.5 基于场的优化问题

对于形状设计问题，设计向量 $\boldsymbol{x}$ 代表了需要优化的设备几何变量。这种特征本身使得其对第 j 个目标函数 f_j 的依赖性相对复杂，其中 $j=1$，n_f。事实上，无论是通过场方程的定向问题还是通过目标函数的最优化问题，都取决于几何变量 $\boldsymbol{x}$。因此，由于目标向量 f_j 通常为基于场的数值，其取值直接取决于 $\boldsymbol{x}$ 且间接受到场求解的影响。通常，可以采用下面的映射表示：

$$\text{geometry }\{\boldsymbol{x}\}\rightarrow\text{field s }(\boldsymbol{x})\rightarrow\text{objective }[f_j\ (\boldsymbol{x},\ s\ (\boldsymbol{x}))],\ j=1,\ n_f \tag{4-42}$$

相应地，最小化问题可以表示为

$$\text{find }\inf_{x} f_j\ [\boldsymbol{x},\ s\ (\boldsymbol{x})],\ \boldsymbol{x}\in\Omega\subseteq R^{n_v},\ j=1,\ n_f \tag{4-43}$$

式中 $s(\boldsymbol{x})$——关于设计向量 $\boldsymbol{x}$ 的定向问题的解。

事实上，对于形状设计问题，通常包含两个方面：即设备中场量 s 的最优综合及设备几何尺寸 $\boldsymbol{x}$ 的最优化设计。式（4-43）显示这两个方面是紧密联系的。

然而情况甚至会更加复杂，因为场中可能会规定不等式约束 $n_c\geqslant1$，即可以定义以下集合：

$$C=\{s(\boldsymbol{x})\mid g_k[\boldsymbol{x},s(\boldsymbol{x})]\leqslant c_k,c_k\in\Re,k=1,n_c\} \tag{4-44}$$

在这种情况下，式（4-43）中的最小化问题受到式（4-44）的约束，即 $s(\boldsymbol{x}) \in C$。

第 j 个目标函数 f_j 的形式提供了另外一种方式对形状设计问题进行分类；事实上，这可能代表了计算结果与已知结果或局部数据（如设备某处的场分量）的不符，或者更普遍性的，设备的某些特征，如质量、体积、成本等。如果 $\boldsymbol{r}(\boldsymbol{x})$ 为代表优化质量理论值和实际值差距的剩余向量，那么 $f_j(\boldsymbol{x}) = \sqrt{[\boldsymbol{r}(\boldsymbol{x})]^T\boldsymbol{r}(\boldsymbol{x})}$ 或 $f_j(\boldsymbol{x}) = \sup\limits_j \boldsymbol{r}_j(\boldsymbol{x})$ 为可能的第 j 个目标函数的形式。对于前者，形成了一个最小二乘优化问题，而后者为第 j 个目标函数的最小-最大最优化问题。

式（4-43）的求解相当复杂。函数 f_j 既不可微，也不是凸函数；从数值的角度来看，f_j 为一个非光滑函数。此外，式（4-43）中函数的评估及式（4-44）中约束条件的评估非常耗时、耗力，因为调用上面任何一个函数都至少需要求解一个场方程，并且该场方程很可能是非线性的。这是解决基于场的最优化问题的最大潜在问题，即需要权衡精确度、计算时间和存储空间。

从数值角度来看，一般来说，优化设计问题的求解需要一个用于场计算的模块和进行目标函数最小化计算的模块。

在传统的计算机辅助设计中，上述两种模块通过试错法关联在一起。即以初始设计作为初始条件，采用数值模拟的方法进行场分析。然后检查设备确定其是否具有所需的性能；如果没有，更新模型中的某些变量并重新进行场分析，直到一定程度上满足设计需求。这种方法极度烦琐且消耗时间。

不同的是，自动化最优化设计的目的是获得一个高度集成的模块进行场分析并同时包含最小化算法，从而使整个最优化设计过程完全自动化。这意味着上述两个模块在一个循环过程中相互关联。通常，场分析可以通过不同的基于麦克斯韦方程的方法或基于格林公式（边界元法）的积分法来实现。而数值最小化分析可以通过确定性优化算法或进化算法实现。结合任意一种场分析方法和最小化分析是求解一个最优化设计问题的各种各样迭代过程的基础。

目前，大多数用于电磁场分析的商用软件都是基于有限元法（FEM），主要针对通用、灵活性的场分析。此外，商用软件通常配备高级用户界面，允许设计者通过图形操作创建二维或三维模型。这种特征使得仿真更容易实现；因此，在实际应用中，有限元法成了最流行的方法，主要在工业中心中用于产品的研发。

4.7.6　盘状石墨的感应加热——饼状感应器的优化设计

在不同的工业应用中，都需要在工件中形成需要的温度分布。感应加热之所以应用于各种各样的热加工工艺中，是因为其能够高效地在工件内部产生加热，并能对温度进行很好地控制。感应器的设计意味着需要求解电磁热耦合场，并借助于最优化设计确定最佳的设备或工艺。下面介绍一种多目标优化设计的方法。

1. 定向问题——耦合场

研究的设备为一个包含 3 组、每组 4 个线圈的感应器，且线圈呈平面分布（因此称为饼状感应器）。所有的线圈串联连接，且电流和频率分别为 1kA_{rms} 和 1kHz。图 4-82 所示为盘状石墨感应加热三维模型的 1/12 的形貌及其设计变量：每组线圈的中心半径为 R_k，线圈匝距为 d_k，每组线圈与工件的轴向间距为 H_k（$k=1$，3 等，共 9 个变量）。即使模型为轴向对称，为了模拟的通用性，仍然采用了三维模型进行计算，并最终由于非对称性因素而成了更复杂的模型，例如，在感应器下端采用导磁体，从而使电流聚集。

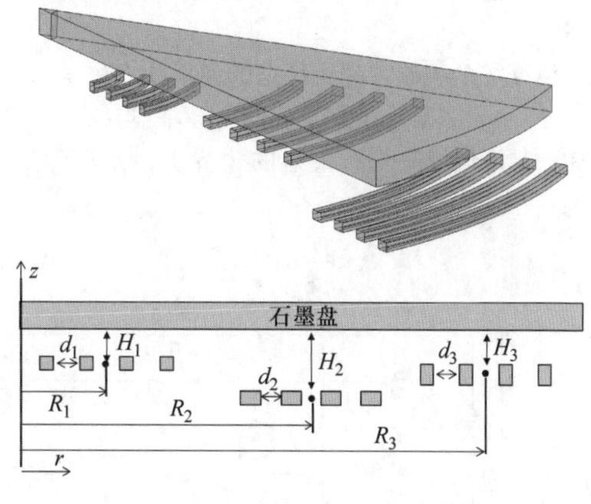

图 4-82　盘状石墨感应加热三维模型的 1/12 的形貌及其设计变量

电磁（EM）问题的求解是在时间谐波的条件下进行，以公式 $\vec{\vec{T}} - \Omega$ 为依据，求解域包括感应器、盘状工件和周围的空气。根据上面的公式，矢量电位 $\vec{\vec{T}}$ 可以定义为

$$\bar{\nabla} \times \vec{\vec{T}} = \bar{J} \tag{4-45}$$

式中，$\bar{J}$ 是电流密度矢量。

在低频限制时，磁场矢量 $\bar{H}$ 和矢量电位 $\vec{\vec{T}}$ 具有相同的旋度；因此，它们需要采用梯度函数 Ω（标量磁位）进行区分：

$$\overline{H} = \vec{T} - \overline{\nabla}\Omega \tag{4-46}$$

这样，矢量$\overline{J}$和$\overline{H}$可以采用双电位的形式进行定义。在时间谐波条件下，复向量$\dot{\overline{T}}$和复标量$\dot{\Omega}$在求解域D内及边界条件Γ时的控制方程为

$$\overline{\nabla}^2 \dot{\overline{T}} - \mathrm{j}w\mu\sigma \dot{\overline{T}} = -\overline{\nabla} \times \dot{\overline{J}}_0 \tag{4-47}$$

式中，J_0是外加电流密度；σ是电导率，并且

$$\nabla^2 \dot{\Omega} - \mathrm{j}w\mu\sigma \dot{\Omega} = 0 \tag{4-48}$$

满足合适的边界条件，即

$$\overline{n} \times \dot{\overline{T}} = 0,\ \dot{\Omega} = 0 \tag{4-49}$$

或者

$$\overline{n} \cdot \dot{\overline{T}} = 0, \frac{\partial \dot{\Omega}}{\partial n} = 0 \tag{4-50}$$

假设上述边界分别为法向或磁通线方向。

模拟时每个线圈中实际的电流分布采用实心导体的形式进行考虑，这样可以通过功率密度的体积积分来评估感应器的效率。

接着，在电磁场分析获得功率密度的前提下，再在稳态条件下对温度场进行求解。温度场的求解域为石墨盘，而在其边界上采用合适的热传导条件。电导率和热导率的数值均采用稳态的平均温度进行考虑。

温度T的控制方程为稳态的傅里叶方程：

$$-\overline{\nabla} \cdot (\lambda \overline{\nabla} T) = \sigma^{-1} \| \dot{\overline{J}} \|^2 \tag{4-51}$$

式中，λ是热导率。石墨盘的边界上，傅里叶方程满足：

$$\frac{\partial T}{\partial n} = 0 \tag{4-52}$$

而在$r=0$处，满足

$$-\lambda \frac{\partial T}{\partial n} = h(T - T_0) \tag{4-53}$$

式中，h是对流交换系数；后者忽略了石墨盘表面的空气流动及热辐射损耗。最后，T_0是环境温度，为50℃。

电磁耦合问题的数值求解是建立在三维有限元分析基础上的。本例中典型的有限元网格由约130000个线性四面体单元组成。

2．最优化问题

当考虑最优化问题时，需要定义两种设计准则。电效率η，定义了传输到石墨盘的有效功率与感应器和石墨盘功率总和的比值，电效率需要最大化。此外，热稳态时石墨盘温度分布均匀性也需要最大化。因此，建立了以下的目标函数：

$$f_1 = 1 - \eta \tag{4-54}$$

$$f_2(\gamma) = T_{\max}(\gamma) - T_{\min}(\gamma) \tag{4-55}$$

式中，$T_{\max}$和$T_{\min}$分别是石墨盘表面下1mm处沿径向的最高温度和最低温度。实际中，式（4-54）和式（4-55）都需要根据图4-83中的设计变量进行最优化。式（4-55）与磁场相关，而式（4-55）与温度场相关：这样就形成了一个多物理场和多目标的最优化问题。

4.7.7 计算结果

图4-83中所示分别为经过10次和16次迭代后式（4-54）和式（4-55）的帕累托前沿，采用NS-GA-Ⅱ算法计算得到。图4-83中同时给出了石墨盘表面的温度分布。

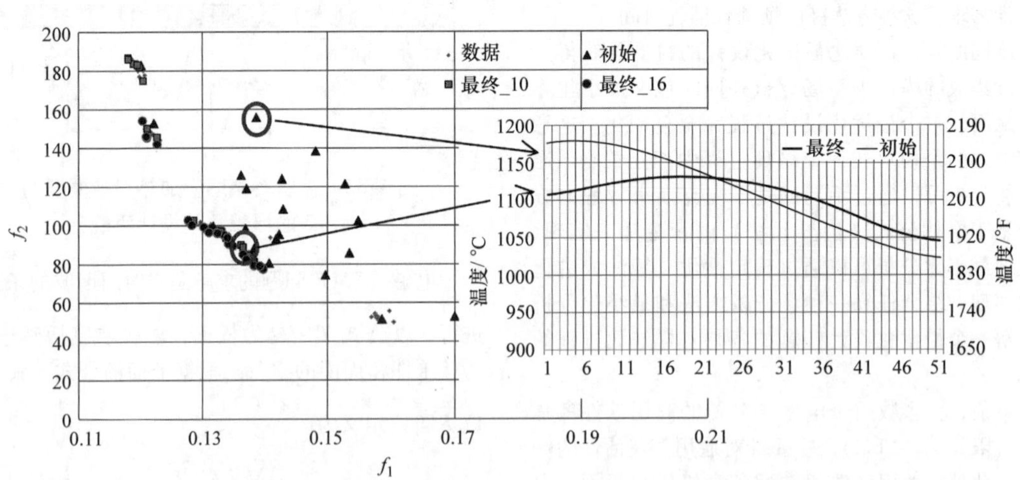

图4-83 式（4-54）和式（4-55）的帕累托前沿及初始分布（$f_1=0.139$，$f_2=155.79$℃）和最终温度分布（$f_1=0.137$，$f_2=85.15$℃）

对应初始温度分布和最终温度分布的感应器的几何尺寸如图4-84所示，相应的尺寸数值见表4-34。

初始解为一个支配解，而最终解（第 16 次）位于数值计算的帕累托前沿上。显然，在石墨盘感应加热系统的电效率没有降低的情况下，石墨盘表面的温度均匀性得到了提高。当然，决策者可以根据个人偏好，选择图 4-83 中其他的帕累托最优解。

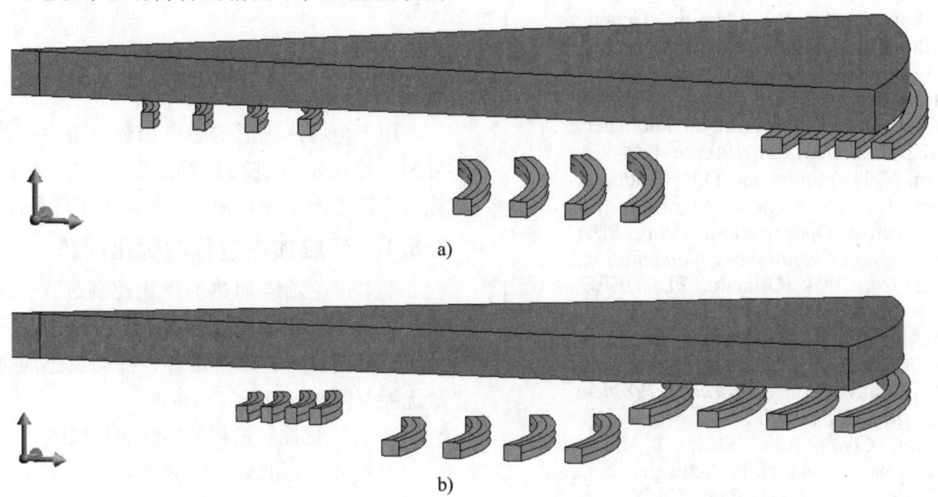

图 4-84　对应初始温度分布（$f_1=0.139$，$f_2=155.79$℃）和最终温度分布（$f_1=0.137$，$f_2=85.15$℃）的感应器的几何尺寸

表 4-34　图 4-84 中对应的设计变量及目标函数值

状态	d_1/mm	d_2/mm	d_3/mm	H_1/mm	H_2/mm	H_3/mm	R_1/mm	R_2/mm	R_3/mm	f_1	f_2/℃	f_2/℉
初始	13.47	12.73	5.43	25.89	3.00	26.88	72.57	179.54	273.70	0.139	155.79	312.42
最终	4.35	15.14	16.58	17.02	7.96	21.03	92.94	162.98	253.05	0.137	85.15	185.27

4.7.8　小结

随着多目标优化设计的功能得到了巨大的提高和进步，留给工业设计者选择的空间已经相对有限，这可能由两种原因引起。首先是工业层面的原因，即基于计算机的最优化过程能够明显提高设计者的能力，进而设计更好的产品。第二个原因是大多数最优化软件目前仅能针对单个目标和优先的设计参数进行最优化计算。不受设计空间尺寸限制、目标和约束条件相对简单和灵活的合适的最优化系统，能够帮助解决设计者的需求。

参考文献

1. P. Di Barba, *Multiobjective Shape Design in Electricity and Magnetism*, Springer, 2010
2. P. Di Barba, H. May, M.E. Mognaschi, R. Palka, and A. Savini, Multiobjective Design Optimization of an Excitation Arrangement Used in Superconducting Magnetic Bearings, *Int. J. Appl. Electrom.*, Vol 30 (No. 3–4), 2009, p 127–134
3. D.A. Van Veldhuizen, J.B. Zydallis, and G.B. Lamont, Consideration in Engineering Parallel Multiobjective Evolutionary Algorithms, *IEEE T. Evolut. Comput.*, Vol 7 (No. 2), 2003, 2003, p 144–173
4. P. Di Barba, B. Forghani, and D.A. Lowther, Discrete-Valued Design Optimisation of a Multiple-Coil Inductor for Uniform Surface Heating, *COMPEL*, Vol 24 (No. 1), 2005, p 271–280
5. P. Di Barba, Remarks on Optimal Design Methods in Electromagnetics, *Int. Compumag Soc. News.*, Vol 18 (No. 2), 2011, p 3–18
6. P. Di Barba, Strategies of Game Theory for the Automated Optimal Design in Electromechanics, *Int. J. Appl. Electromag.*, Vol 27, 2008, p 1–21
7. I. Rechenberg, *Evolutionsstrategien: Optimierung Technischer Systeme nach Prinzipien der Biologischen Evolution*, Frommann-Holzboog, 1973
8. H.P. Schwefel, *Numerische Optimierung von Computer-Modellen mittels der Evolutionsstrategie*, Birkhäuser, 1977
9. Th. Bäck, *Evolutionary Algorithms in Theory and Practice*, Oxford University Press, 1996

10. J.D. Schaffer, *Some Experiments in Machine Learning Using Vector Evaluated Genetic Algorithms*, Ph.D. dissertation, Vanderbilt University, Nashville, 1984
11. C.M. Fonseca and P.J. Fleming, Genetic Algorithms for Multiobjective Optimization: Formulation, Discussion, and Generalization, *Proc. Fifth Int. Conf. on Genetic Algorithms*, Morgan Kaufmann Publishers Inc., San Francisco, CA, 1993, p 416–423
12. J. Horn, N. Nafploitis, and D.E. Goldberg, A Niched Pareto Genetic Algorithm for Multiobjective Optimization, *Proc. First IEEE Conf. on Evolutionary Computation*, June 27–29, 1994 (Orlando, FL), IEEE, 1994, p 82–87
13. E. Zitzler and L. Thiele, Multiobjective Optimization Using Evolutionary Algorithms. A Comparative Study, *Parallel Problem Solving from Nature—PPSN V: Proc. of the Fifth Int. Conf.*, A.E. Eiben, T. Bäck, M. Schoenauer, and H.-P. Schwefel, Ed., Sept 27–30, 1998 (Amsterdam, The Netherlands), Springer Berlin Heidelberg, 1998, p 292–301
14. N. Srinivas and K. Deb, Multiobjective Function Optimization Using Non-dominated Sorting Genetic Algorithms, *IEEE T. Evolut. Comput.*, Vol 2 (No. 3), 1994, p 221–248
15. K. Deb, *Multiobjective Optimization Using Evolutionary Algorithms*, Wiley, 2001
16. P. Di Barba, A Fast Evolutionary Method for Identifying Non-inferior Solutions in Multicriteria Shape Optimisation of a Shielded Reactor, *COMPEL*, Vol 20 (No. 3), 2001, p 762–776
17. P. Di Barba and M.E. Mognaschi, Industrial Design with Multiple Criteria: Shape Optimization of a Permanent-Magnet Generator, *IEEE T. Magn.*, Vol 45 (No. 3), 2009, p 1482–1485
18. P. Di Barba, F. Dughiero, S. Lupi, and A. Savini, Optimal Shape Design of Devices and Systems for Induction Heating: Methodologies and Applications, *COMPEL*, Vol 22 (No. 1), 2003, p 111–122
19. P. Di Barba, A. Savini, and S. Wiak, *Field Models in Electricity and Magnetism*, Springer, 2008
20. Flux 2D/3D, www.cedrat.com/en/software/flux (accessed September 1, 2013)
21. NSGA-II, www.iitk.ac.in/kangal/codes.shtml (accessed September 1, 2013)
22. P. Di Barba, M. Forzan, C. Pozza, and E. Sieni, Optimal Design of a Pancake Inductor for Induction Heating: a Multiphysics and Multiobjective Approach, Proceedings 15th CEFC Conference, 11-14 November 2012, Oita (Japan)

4.8 金属温热成形前的感应加热优化控制

Edgar Rapoport and Yulia Pleshivtseva, Samara State Technical University

用于金属热成形的感应加热设备生产线的主要目的，是在工件进行后续工艺（如热成形、锻造、轧制、挤压加工等）前提供所需的工件温度。

4.8.1 感应加热过程的优化问题

本节讨论感应加热的优化控制过程、加热过程的数学模型、成本标准、加热工件所需的最终温度分布、控制输入、约束条件、扰动及感应加热过程最优控制问题（OCP）的说明。

1. 可优化控制过程的感应加热概述

随着时间的推移，感应加热逐渐成了一个动态控制系统。控制感应加热过程的能力意味着能够根据达到设计目标而改变温度场的分布。因此，温度分布可以定义为加热过程的输出控制函数。需要意识到温度场的分布随着时间及工件中的空间坐标变化而变化。

所需的最终温度分布可以采用不同的方法来实现，包括不同运行模式的加热系统、不同的线圈设计细节等。为了选择合适的控制参数，需要确定一个成本函数（如性能指标、成本标准等），即一个反映感应加热系统技术和经济效率的函数。因此，需要选择一个能够达到所需工件温度分布且使成本函数最小化（或可能最大化）的空间型时变控制输入。求解所描述问题而得到的控制方程结果即为最优化控制，而求解过程称为感应加热过程的最优化控制问题（OCP）。为了能够合理模拟感应加热过程的OCP，需要定义以下因素：加热过程的数学模型、成本方程、工件中所需的最终温度分布、一组容许控制参数、施加于输入参数和加热工件温度场的边界条件以及对温度场有不良影响（干扰）的因素。

2. 加热过程的数学模型

总体来说，加热工件中温度随时间和空间的分布 $T(x,t)$——感应加热过程的可控输出——在体积空间 Ω 中是时间 t 和空间坐标 $x\in\Omega$ 的函数，并由傅里叶函数控制：

$$c(T)\gamma(T)\frac{\partial T}{\partial t}=\mathrm{div}[\lambda(T)\mathrm{grad}T]-c(T)\gamma(T)\bar{V}\mathrm{grad}T+W \tag{4-56}$$

式中，$c(T)$是材料的比热容；$\gamma(T)$是密度；$\lambda(T)$是材料的热导率；grad$T$ 是温度梯度；$\bar{V}$ 是速度向量；W 是内部热源密度。内部热源密度 W 由单位体

积内单位时间的涡流引起，通过求解电磁方程得到

$$W = -\mathrm{div}[\overline{E} \cdot \overline{H}] \tag{4-57}$$

式中，$\overline{E}$ 和 $\overline{H}$ 分别是电场密度向量和磁场密度向量。温度梯度和差异满足式（4-56）和式（4-57）中的向量场，并在迪卡儿坐标、柱坐标、球坐标中进行向量分析和经典微分运算得到。

通过式（4-57）中描述的内部热源密度求解式（4-56）需要指定的合适初始条件和边界条件。初始温度即为时间为 0 时工件不同位置的温度分布$T_0(x)$：

$$T(x,t)\mid_{t=0} = T(x,0) = T_0(x), x \in \Omega \tag{4-58}$$

感应加热过程经典的边界条件，即为温度的法向导数$\frac{\partial T}{\partial n}$。该边界条件称为诺依曼边界条件或第二类边界条件。诺依曼边界条件满足

$$\lambda \frac{\partial T}{\partial n}\mid_{x \in S} = Q_s(x,t)\mid_{x \in S} \tag{4-59}$$

式中，$Q_s(x, t)$ 代表工件表面 S 的热流损耗。

对于大多数感应加热问题，边界条件都包括热交换的热流损耗 Q_s。该边界条件称为罗宾斯边界条件或第三类边界条件。对于表面热交换系数为常数 α 的情况，第三类边界条件可以表述为

$$\lambda \frac{\partial T}{\partial n}\mid_{x \in S} = \alpha(T_a - T)\mid_{x \in S} \tag{4-60}$$

式中，T_a是环境温度。

式（4-59）和式（4-60）中的边界条件是感应加热热传导过程数值模拟中应用最为广泛的两个公式，但取决于 Q_s和 T_a是否被认为是外部热源（一般来说可能作为干扰）。如果工件表面 S 的热交换系数 α 随时间和位置发生变化，式（4-60）中定义的边界条件将会是更为复杂的热交换过程，如热交换和热辐射线性组合的热传导过程。

通过式（4-56）~式（4-60）可以考虑感应加热过程中重要的特征，例如具有不规则几何形状的工件、复杂的感应器形状、非线性的材料性能和边界条件。求解这些方程代表着一个非常复杂的问题。

感应加热过程的数值建模差异很大，从简单的人工建模计算到极其复杂的数值分析等各不相同。特定模型的选择取决于几个因素，包括工程问题的复杂性、精度需求、时间限制和成本。

在有些情况下，会做相应的假设，从而获得合理简化的数值模型。这些近似和简化可以在某些感应加热模拟时获得线性微分方程的数值模型。这种模型能够在最大程度上进行优化过程的特征分析，同时提供定性分析温度场分布的工程手段。简化模型的结果可以作为复杂数值模型的初始近似值。

复杂的数值模拟方法通常需要求解非线性、电热耦合的方程，从而获得精确的定量结果进行最优化控制计算。

3. 成本标准

为特殊感应加热装置的 OCP 选择最恰当的成本函数时，会用到系统方法。解决广义最优化问题时，将操作复杂加热/热成形设备的技术和经济因素整合考虑在内，会出现新的可能性。对于技术性复杂操作的稳态模式，最优化的主要目的之一是产能最大化或降低成品成本。因此，在感应加热装置优化控制的一些特殊情况下，技术和经济因素可由产能、产品质量和成本、材料损耗和其他标准来衡量。

需要将产能最大化时，最小总加热时间 t^0 可以作为成本函数。以积分形式表达 t^0，成本标准 I_1 可表示为

$$I_1 = \int_0^{t^0} \mathrm{d}t = t^0 \to \min \tag{4-61}$$

最常用优化控制方法，通过 $T(x, t^0)$ 与所需温度 $T^*(x)$差值的范数 $\| T(x, t^0) - T^*(x) \|_\Omega$，对加热精度进行估算。例如，通过均方根误差，或通过所加热工件体积内最大绝对值误差。由上可得出成本标准 I_2 为

$$I_2 = \| T(x,t^0) - T^*(x) \|_\Omega \to \min \tag{4-62}$$

在一些情况下，加热过程中的能耗成本成为总体成本的最主要部分。因此，需要成本函数 I_3 来进行描述，其形式为

$$I_3 = \int_0^{t^0} P(t)\,\mathrm{d}t \to \min \tag{4-63}$$

式中，$P(t)$是与时间相关的电能损耗。

在许多情况下，材料成本是总体成本的主要部分。对于高温加热，由于氧化造成的金属损耗值可由成本标准 I_4 来表示，其积分形式为

$$I_4 = \int_0^{t^0} f[T_{\mathrm{Surf}}(t)]\,\mathrm{d}t \to \min \tag{4-64}$$

式中，$f[T_{\mathrm{Surf}}(t)]$是表面温度 T_{Surf}（t）的已知的非线性时间相关函数。

OCP 的复合标准可采用一个整体函数来表示：

$$I_\Sigma = \sum_{i=2}^{4} C_i I_i + C_\tau t^0 \to \min \tag{4-65}$$

式（4-65）从整体角度考虑了各部分的成本，各部分成本带有权重系数 C_i，可以得出各部分的相对成本及各部分占整体成本的比重。由式（4-65）中相关的权重因子 C_τ 还可以看出，相应成本随着加热时间的延长而增加。所有上述成本函数适用于复杂加热/热成形设备感应加热的稳态操作模式。

典型瞬态模式包括（但不限于）生产速度改变、工件尺寸变化、所加热金属的性质改变、启动和关闭模式等。瞬态模式优化的最终目的是：减少稳态

模式发生变动时带来的损耗。

适用于相应优化问题的整体函数可表示为

$$I_{tc} = \beta_1 \sum_{r=1}^{B_1} \left| t_r^* - t^* \right| + \beta_2 \sum_{r=1}^{B_1} \| T_r(x,t_r^0) - T^*(x) \|_{\Omega} \to \min \tag{4-66}$$

式中，β_1和β_2是权重因子；B_1是所考虑批次的工件数；t_r^*、t_r^0和T_r（x，t_r^0）分别是产量、加热时间、瞬态模式下r个工件的最终温度分布；t^*和$T^*(x)$是：临界瞬态模式的稳态最优加热模式下的产量和工件内最终温度分布。

式（4-66）中，第一个加和项表示在瞬态模式下，由于t_r^*与t^*的偏差（其中$r=\overline{1,\ B_1}$），感应加热装置产量的总损耗（总生产率损耗）。第二个加和项表示T_r与T^*的偏差，由$\| T_r(x,t_r^0) - T^*(x) \|_{\Omega}$范数来估算所考虑批次内所有工件的$B_1$。

一个典型的OCP，是将生产率损耗降至最低，并在感应器端部使工件内部达到预想的温度分布，使得式（4-66）中$\beta_2=0$，如果生产率不能调整，OCP就转化为减小控制标准I_{tc}问题，使$\beta_1=0$。

4. 加热工件所需的最终温度分布

在许多情况下，金属热成形之前的感应加热需要使加热工件内部达到均匀的温度分布，即$T^*(x)=T_k^*=$常数，$x\in\Omega$。所需温度与金属的性质和热加工的操作细节相关。然而，由于感应加热的本质特性，不可能获得绝对均匀的温度分布。这是由于工件表面的热损耗会导致工件表面区域会存在一个负温度梯度。

在实际情况中，最终温度与需求温度之间总允许存在一定的误差（偏差）。在多数流程中，温度分布$T(x,\ t^0)$与所需温度T_k^*绝对偏差的最大允许值须遵循规定。因此，当一个热循环结束时，工件体积Ω内任意一点的温度偏离所需温度T_k^*的值均不能超过ε。

$$\max_{x\in\Omega} \left| T(x,t^0) - T_k^* \right| \leqslant \varepsilon \tag{4-67}$$

偏差ε被称为在空间域$x\in\Omega$内$T(x,\ t^0)$与T_k^*一致逼近的误差。

如果成本函数中涉及温度分布因素，OCP就被缩小为ε的最小化问题。在这种情况下，式（4-67）或其他相似因素可以不予考虑。

此外，对于许多流程，如果所加热区域仅限于工件的一个特定部分Ω（如表面层），或与空间坐标l相关，那么，与式（4-67）相比，加热精度非关键因素。在这类情况下，最终温度分布$T(x,\ t^0)$也要包含在式（4-67）内。

5. 控制输入

控制系统应允许预设系统参数，从而使特定的控制算法产生预想的输出。最终温度分布体现了主控制输出函数在批量加热中的应用。

内部加热功率是最重要的工艺参数，它影响着温度的分布。合理控制加热工艺涉及适当的内部热源密度（由函数W表示）的选择。因此，给定函数一般被看作是一种时-空控制函数，可以微分方程的形式应用于加热过程的数学模型。

适用于感应加热过程的控制输出可分为三组：

1）与空间坐标无关的控制输入。这类输入是与时间相关的参数（集总输入）。线圈电压$U(t)$和电磁热源功率密度是常用的与时间相关的控制函数，专用于感应加热过程。如果可以调节电源的频率，操作频率也是一种与时间相关的控制函数。连续式多段加热器的生产速度和连续加热装置的工件进给速度也属于集总控制输入。

2）时间固定，与空间相关的控制函数（空间和分布控制输入）。空间相关的控制输入体现了在感应加热设备设计阶段所融入的设计解决方案。在一定的电感负载下，所有的感应器设计都提供了所需的电磁热密度分布。

在实际中用到的设计解决方案包括（但不限于）多线圈感应器设计（具有不同形状和功率的在线线圈）、在一批感应加热设备中适当的线圈突出长度、适当的线圈绕组选择（锥形绕组）和考虑系统功率-感应器-金属的不同方案。

3）复合时间相关控制和空间相关控制的分布控制函数。空间相关控制一个常见应用是多线圈连续性加热器，不同线圈带有独立的可控电压。这种方式可以实时在加热器长度方向上改变加热功率。这也是最广泛应用的一种设计解决方案，用以控制感应加热器的瞬态加热模式。

6. 约束条件

在实际工业生产中，能源和材料都是有限的，这也就是为什么每种感应加热系统都存在最大和最小允许值。只有控制输入的极值会被用于多数最优化控制算法中，来为特定感应加热系统的成本函数提供极值数据。因此，约束是重要的一项输入，因此需要将它们纳入OCP公式的考虑范围。优化控制的一项合理需求是将控制输入限制在设定范围内，即让它们满足约束条件。

感应电压的最大允许值$U(t)$（作为集总输入）常被一个最大值U_{max}（预先已知）限制，而这个值又由供电电源的极限所确定。最小值一般为零（电源被切断）。因此，将控制输入值$U(t)$限制在一定区间内是合理的：

$$0\leqslant U(t)\leqslant U_{max},t\in[0,t^0] \tag{4-68}$$

式中，U_{max}可以在整个热循环过程中随时间的延长而变化。

同理，沿加热器轴向，$y\in[0, L]$（这里 L 是感应器的长度），对热源功率 $P(y)$（空间控制）在空间上的约束，可描述为一个在稳态操作模式下的连续加热器：

$$0\leqslant P(y)\leqslant P_{max}, 0\leqslant y\leqslant L \tag{4-69}$$

在这种情况下，热源功率 P_{max} 可随空间坐标 y 变化，尤其是加热铁磁性工件。

然而，与式（4-68）相比，在任何情况下都满足式（4-69）的 $P(y)$是通过空间控制得不到的。因此，源自 OCP 解决方案的优化控制函数应采用可获得的加热功率空间分布函数来近似描述。

采用可获得的函数需要对空间控制进行其他处理，还需要对它们的行为进行约束。一个感应加热器 N 个线圈的功率 P_i，$i=\overline{1, N}$（或电压 U_i，$i=\overline{1, N}$）可作为多线圈感应器设计的空间控制输入。所选择线圈的数量 N 及尺寸可作为未知的感应加热设备设计参数。所需功率（电压）值 P_i，$i=\overline{1, N}$不要超过电源所能提供的最大值 $P_i$max（或 $U_i$max）。

金属热成形之前的加热工艺，在加热过程中，对温度分布也有一定要求。如果这些要求没有达到，产品质量就会下降。

一个被加热工件内部的最高温度 T_{max} 不能超过允许值 T_{adm}。超过这个值，则会导致金属结构性质的不可逆转变，甚至会发生融化。这种约束可表示为

$$\begin{aligned} &T_{max}(t)=\max_{x\in\Omega} T(x,t)\leqslant T_{adm}, 0\leqslant t\leqslant t^0; \\ &T_{adm}\geqslant T_k^* \end{aligned} \tag{4-70}$$

在加热过程中，应对整个被加热工件内部的温度差异进行约束，这样可使由温度梯度引起的热拉应力 $\sigma(x, t)$ 的最大值 σ_{max} 不超过允许值 σ_{adm}，这个允许值与所加热材料的应力极限相关。因此，与式（4-70）类似，热应力场的约束可表示为

$$\sigma_{max}(t)=\max_{x\in\Omega}\sigma(x,t)\leqslant\sigma_{adm}, 0\leqslant t\leqslant t^0 \tag{4-71}$$

如没达到上述要求，会对产品造成不可修复的损伤，如裂纹扩展。

在工件内部，热应力与温度分布的关系十分复杂。根据近似简化形式，当 σ_{max} 与温度场相关时，就可以采用最简单的热应力模型。

在感应加热-热成形工艺中，不同操作应逐一进行。加热阶段之后，工件被传送至下一工序，如锻造、轧制、冲压、镦锻和挤压成形。加热流程的总时间 t_1^0 是加热所需时间 t^0 与转移工件到金属成形站所需时间 t_{tr}的和：

$$t_1^0=t^0+t_{tr} \tag{4-72}$$

在这些因素中，t_{tr} 由感应加热设备和热加工设备之间的距离和进给机理的设计所决定。

必须保证被加热工件在金属成形的开始阶段处于所需温度，而不是在感应加热的结束阶段。工件传送会使热循环结束时所获得的温度分布发生显著变化。只有在少数情况下，感应加热装置和热成形设备的距离足够近，工件传送速度足够快，从而可忽略 t_{tr}。因此，当优化感应加热-金属热成形循环时，所有的热过程都必须考虑，包括加热、工件运输过程中的冷却/均热处理和金属成形。

对于这类最优化问题的基本加热模型，应该采用一些描述工件在传送过程中热条件变化的方程来作为补充。工件传送之后的温度分布 $T(x, t_1^0)$ 可作为输出控制函数，$T(x, t_1^0)$ 可以表达成与式（4-67）类似的形式。

7. 扰动

人们相信，只要所获得的与感应加热过程相关的信息准确完整，允许范围内的控制输入就可影响温度分布。然而，在感应加热模型中不可避免地存在各种不确定性，使得对系统的描述仅能保证一定程度的准确性。

在一般情况下，不易确定的信息包括未知因子的变化范围仅一端约束确定（如仅有最大值或最小值）和因子可以在约束范围任意变动。在很多情况下，传统的统计计算方法不适用。因此，对感应加热过程来讲，约束不确定性情况是非常典型的。这些情况不能提前矫正。

将上文中所有讨论过的特征处理为对预测值或计算值的未知偏差是可能的。这些因子被称作干扰行为，或简单称为扰动。扰动可影响控制输出而不受控制输入影响。这就是为什么它们可以影响工件的温度分布；可以改变加热过程对控制输入的预设响应。在存在相当大不确定性的情况下，它们的影响可能很大。因此，必须在 OCP 公式中考虑扰动因素。

在上述感应加热过程的数学模型中［见式（4-56）~式(4-60)］，典型扰动可分为函数扰动和参数扰动。典型的函数扰动包括：未完全确定的初始和边界条件下的初始温度 $T_0(x)$分布、热流损耗 Q_s和周围温度 T_a随时间变动（提前完全未知）。

在被加热材料-感应器系统的电磁、热和设计特征中，不确定性可能属于一组参数扰动。这些参数值[见式(4-56)、式(4-59)、式(4-60)中的 c、γ、λ 和 α]也被认为是参数扰动。

8. 感应加热过程最优控制问题（OCP）的说明

这部分考虑最广义的优化控制问题，假设对加热过程的所有信息完全了解，满足所有施加条件。还假设没有扰动影响加热系统，传送工件至热成形设备的时间［见式（4-72）］可以忽略。

一个最优化感应加热控制问题的描述是建立在过去数据的基础上。对于温度场模型 $T(x, t)$［见式(4-56)～式(4-60)形式］所表达的加热过程，有必要选择与时间相关和空间相关的控制，这些控制使工件以满足式（4-67）的方式，从它的初始状态向最终温度分布转变，并且将所选择最优化准则的值最小化，优化准则的对象是在式（4-68）～式(4-72）所描述的约束条件下，由式（4-61）～式(4-66)所表示的类型。

一般来讲，这个问题可在最优化控制的理论和技术基础上，由带有分布参数的系统方法解决，一些有效方法可用于工程实际。

（1）静态感应加热过程时间优化控制的基本问题　上文中所涉及 OCP 的相关模型，可适用于不同金属感应加热流程的大量特殊优化控制问题。

对于一个静态加热过程中最简单和最典型的优化控制问题，过程持续时间 t^0 可作为成本标准，即一个时间优化控制问题。当最终目的是在被加热工件的温度状态已给定的前提下获取最大产能时，上述问题就可以涵盖感应加热装置优化。

在理想情况下（可获取涉及加热过程控制的所有准确初始信息），可由式（4-56）～式(4-60)（$V=0$）来描述这个数学模型。时间相关的电感电压 $U(t)$ 被选作由式（4-58）内条件约束的集总控制输入。由于假定技术约束符合所有允许控制，故对其未作考虑［见式(4-70)和式(4-71)］。

因此，需要选取一个控制函数 $U^*(t)$。在最短流程时间内 $t^0=t^0_{\min}$［见式(4-67)］，这个函数可以按规定精度 ε 将工件的初始温度分布转变到预想温度 T_k^*。控制输入的边界约束分别为最大允许值 $U_{\max}$ 和最小允许值 $U_{\min}=0$，温度场由式（4-56）～式(4-60)描述。基本数学模型所获得的结果可应用于不同类更为复杂的 OCP。

对于上述模型，可以从数学角度证明，时间优化控制由以最大电压 $U(t)=U_{\max}$（加热运行）交替（区间）加热和随后的均热处理（$U\equiv 0$，加热停止）组成。区间的数量 $N\geqslant 1$ 由式（4-67）中给定的加热精度 ε 所决定，它随着 ε 的减小而增加。因此，优化控制算法 $U^*(t)$ 的形状已知，但是区间的数量 N 及其持续时间（见图 4-85）Δ_1，Δ_2，…，Δ_N 未知。

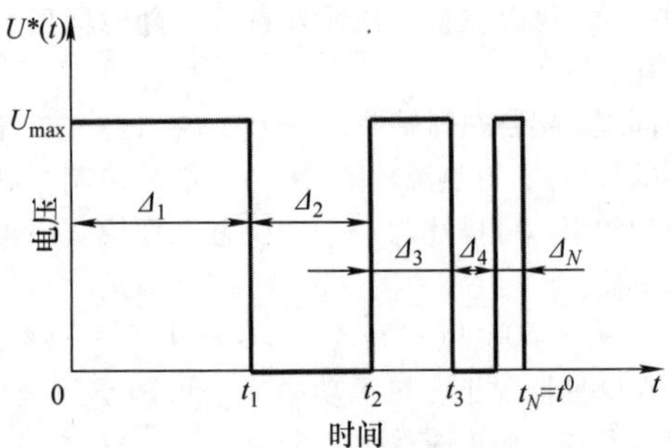

图 4-85　静态感应加热时间优化控制的一般形式

注：$U_{\max}$ 为常数。

对于任意特定过程，区间数量 N 及其持续时间 Δ_1，Δ_2，…，Δ_N 应在随后的计算中确定。因而，时间优化控制问题是参数化的。控制问题的参数化是指通过一个或多个变量来确定控制输入函数，这些变量可以在一定范围内取值。故此，最初的问题转化为寻找参数 Δ_1，Δ_2，…，Δ_N，以专门确定优化控制输入 $U^*(t)$。至此，控制函数可表示为

$$U^*(t)=\frac{U_{\max}}{2}[1+(-1)^{j+1}],\ t_{j-1}<t<t_j;\quad j=1,2,\ldots,N \tag{4-73}$$

式中，t_j 是第 j 个阶段［第 j 个控制 $U^*(t)$ 转换］的终点，见图 4-85。令 $t_j=\sum_{i=1}^{j}\Delta_i$，假定 $t_0=0$，$t_N=t^0$。根据式（4-73），所处阶段为奇数时，$U^*(t)=U_{\max}$，所处阶段为偶数时，$U^*(t)=0$。

在与控制输入函数（4-73）相关的加热过程中，任一点 $x\in\Omega$ 的温度场 $T(x, t^0)$ 可由关系 $T(x, \Delta)$ 来表示。这里，$\Delta=(\Delta_i)$，$i=\overline{1, N}$，Δ_i 为一系列区间［Δ 是 $U^*(t)$ 所有控制阶段的时间区间向量］。上述关系可由式（4-56）～式(4-60）及电磁场方程以所需精度得出（分析或数值方法），并考虑内部热源功率的时空分布，以式（4-73）的形式取代电感电压 $U^*(t)$。

故此，给定最终温度分布 $T(x, \Delta)$ 所需的条件［见式(4-67)］可重新表示为

$$\phi(\Delta)=\max_{x\in\Omega}\left|T(x,\Delta)-T_k^*\right|\leqslant\varepsilon \tag{4-74}$$

当前问题被简化为决定交替加热和均热处理阶段的时间区间 Δ_i，$i=\overline{1, N}$，这些区间需在时间最短的前提下满足式（4-74）。总时间等于所有 Δ_i 的加和。这时，成本标准可表示为

$$I(\Delta)=\sum_{i=1}^{N}\Delta_i\rightarrow\min_{\Delta} \tag{4-75}$$

从正式角度来看，上述最优化控制问题被简化

为一个数学规划问题，将带有 N 个变量 Δ_i 的目标函数最小化，其中，变量 Δ_i 需满足一定的约束条件[见式(4-74)的形式]。式（4-74）中的不等式代表了对每个 x 值的一系列无限约束[见式(4-67)的形式]。因此，在与式（4-74）~式(4-75）相关的问题和经典数学规划问题之间存在着本质的区别，在后者中，仅需考虑有限约束。

所搜寻参数的数量 N（预先未知）必须在解决问题[见式(4-74)和式(4-75)]的过程中获取。这个数量与式（4-75）所规定的 ε 相关。与传统方法相比，搜寻增加了问题的复杂性。

（2）静态感应加热达到最大加热精度所存在的问题　与时间优化标准一起，一个重要的典型成本函数定义为所需温度分布与加热循环完成时获得的温度分布之间的误差。这个误差在所有其他情况下称为加热精度。根据式（4-62），并与式（4-67）相似，加热精度可由绝对偏差 ε 来估算，将范数 $\|T(x,\ t^0)-T_k^*\|_\Omega$ 作为最终温度分布 $T(x,\ t^0)$ 与所需温度 T_k^* 之间的最大绝对偏差。

在式（4-67）中，如果 $\varepsilon=\varepsilon_1$ 成立，那么，在同一值 t^0 下，$\varepsilon>\varepsilon_1$。因此，时间优化的加热过程的最短时间 $t_{\min}^0$ 随着 ε 的增大而缩短。接着，对于规定值 $t^0=\widetilde{t}^0$，由于需要更多时间，故在时间点 $t_{\min}^0(\widetilde{\varepsilon})=\widetilde{t}^0$，不可能获得对所需温度状态的绝对偏差 ε，并且使偏差值小于 $\varepsilon=\widetilde{\varepsilon}$。

这意味着，对于一个静态加热过程，优化控制（在规定时间点 $\widetilde{t}^0$ 提供最大加热精度）与时间优化控制一致，获得精度为 $\varepsilon=\widetilde{\varepsilon}$，满足等式 $t_{\min}^0(\widetilde{\varepsilon})=\widetilde{t}^0$。在时间点 $\widetilde{t}^0$ 可得到的最小绝对误差值等于 $\widetilde{\varepsilon}$。

因此，对于一个给定时间点的最大绝对加热精度问题，优化控制的表达形式与时间优化控制问题相同。取代式（4-74）和式（4-75）所针对问题被简化为成本函数最小化的问题，其约束条件为

$$I(\Delta)=\max_{x\in\Omega}|T(x,\Delta)-T_k^*|\to\min_{\Delta}\qquad(4\text{-}76)$$

$$\phi(\Delta)=\sum_{i=1}^{N}\Delta_i=\widetilde{t}^0\qquad(4\text{-}77)$$

通过解决一系列带有不同 ε 值的时间优化问题，可以建立 $t_{\min}^0$（ε）与 ε 的函数关系，见图 4-86。因此，在给定时间点，式（4-76）和式（4-77）中 ε 最小值由函数 $t_{\min}^0(\varepsilon)$ 唯一决定。

（3）静态感应加热过程功率损耗最小化问题　另一个重要的成本标准是功率损耗。一般来讲，功率损耗是金属感应加热成本中最主要的部分。

假定温度场由简化静态模型描述，采用电感电

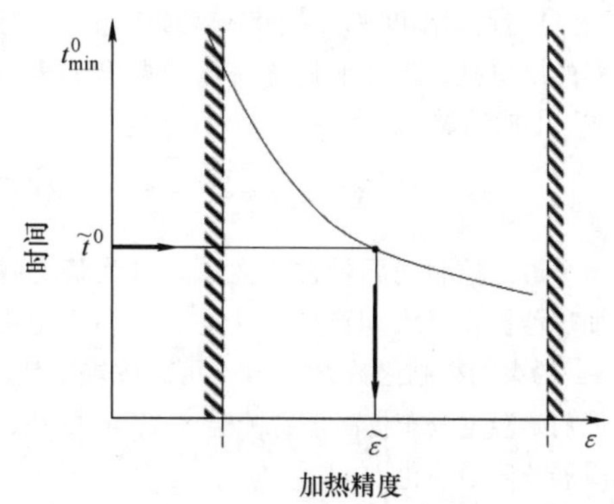

图 4-86　最小加热时间与所需加热精度的关系

压为一个控制输入，其边界约束由式（4-68）给出。这样，功率损耗最小化问题就被简化为时间变量控制式 $U^{**}(t)$ 的选择，这一公式可以规定精度 ε，将工件初始温度分布转变到所需温度 T_k^*，并将能量损耗最小化。

可以证明，控制函数 $U^{**}(t)$ 与时间优化控制 $U^*(t)$ 的表达形式相同。因此，与时间优化控制问题类似，$U^{**}(t)$ 可采用参数化形式表达，最终温度分布的要求可采用式（4-74）表达。

同时，总功率损耗与奇数控制区间的总和成比例关系，$U^{**}(t)=U_{\max}$，这是由于在每个阶段中 $U^*(t)=0$。功率消耗最小问题与时间优化问题的区别在于，后者的成本函数是所有控制区间的总和，而不仅是奇数区间的总和。

因此，功率损耗最小化问题被简化为成本函数最小化的问题：

$$I(\Delta)=\sum_{i=1,3,5,\ldots,N_1}^{N_1}\Delta_i\to\min_{\Delta}\qquad(4\text{-}78)$$

式中，对于奇数 N，$N_1=N$；对于偶数 N，$N_1=N-1$，约束条件见式（4-74）。

然而，在式（4-74）中，对于相同的给定值 ε，优化控制算法 $U^*(t)$ 与 $U^{**}(t)$ 并不一致。由于成本函数的差别，两种控制算法也因适当参数 Δ_i 的特殊值而存在差异。

（4）稳态工作条件下连续加热器优化控制的问题　假设一个连续感应加热装置，工件以恒定速度 $V=$常数$\neq0$ 从一端移向另一端，通过感应器。对于连续感应加热的稳态过程，优化控制问题可采用上述相似方式来表达。

由于内部热源 $P(y)$ 的功率分布沿加热器长度方向发生改变，函数 $P(y)$ 被看作空间控制。对于大多数过程，绝对温度分布偏差的最大允许值 ε 是给定的，上述偏差是指感应器出口处 $y=L$ 温度

$T(x|_{y=L})$与目标温度 T_k^* 之间。这意味着，在感应加热器的出口处，工件上任意一点的温度偏离目标温度 T_k^* 不能超过 ε。

$$\max_{x|_{y=L}\in\Omega}|T(x|_{y=L})-T_k^*|\leqslant\varepsilon \qquad (4\text{-}79)$$

一个最优控制问题就被建立了，可为稳态操作连续加热器提供最大生产力。这需要选择一个由式（4-69）约束的控制函数 $P^*(y)$，可以按规定精度 ε 将工件初始温度分布提高至目标温度 T_k^* = 常数，而将感应器长度最小化 $L=L_{min}$。

基于分布参数系统的最优控制理论，可证明，最优加热功率分布可采用一个分段函数 $P^*(y)$ 来展示，与式（4-73）中函数表达形式相似：

$$P^*(y)=\frac{P_{max}(y)}{2}[1+(-1)^{j+1}],y_{j-1}<y<y_j;$$

$$j=1,2,\ldots,N \qquad (4\text{-}80)$$

式中，y_j是优化控制 $P^*(y)$转换到第 $j+1$ 个阶段的轴向坐标，或 $y_j=\sum_{i=1}^{j}\Delta_i^*$，$y_0=0$。

功率脉冲代表在线线圈的最大功率，线圈的长度或绕组数量不同，或分别取自不同的电源。因此，最优加热功率分布可通过交互式在线线圈实现，其中 $P^*(y)=P_{max}$和 $P^*(y)=0$ 分别代表长度为 Δ_i^*，$i=\overline{1,N}$的主动与被动区间。

因此，初始问题就简化为寻找参数 Δ_1^*，Δ_2^*，…，Δ_N^*，可唯一确定最优控制输入 $P^*(y)$（见图4-87）。参数数量 $N\geqslant1$（预先未知）取决于式（4-79）的规定值 ε，必须在解决问题过程中找到，N 随 ε 的减少而增加。

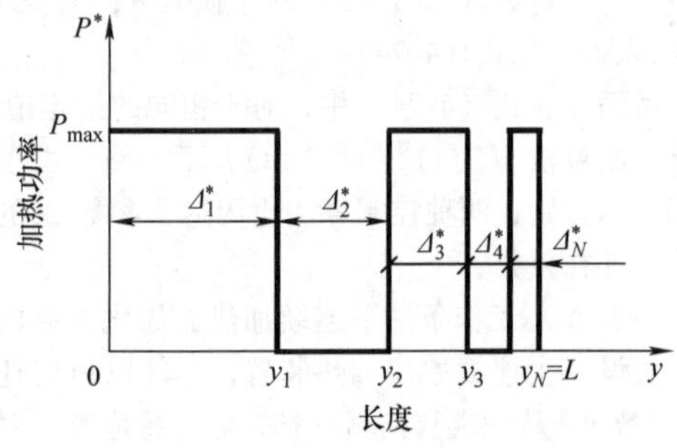

图4-87 连续感应加热器长度方向最优加热功率分布

注：P_{max}为常数。

连续加热器加热功率控制的最优算法是被视为静态加热时间最优控制的空间扫描，可以以多线圈感应加热装置的方式实现。然而，如果最优算法控制 $U^*(t)$能以实际生产中需要的精度来实现，那么，应用控制算法的瓶颈就在于感应加热过程的物体性质。内部热源功率沿加热器长度均匀分布，因此，只有一种近似分段算法是可能的。

在稳态操作条件下，连续加热器出口处被加热工件内部温度场 $T(x|_{y=L},P_y^*)$ 可由 $T(x|_{y=L},\Delta^*)$ 与 $\Delta^*=\Delta_i^*$ $(i=\overline{1,N})$ 向量的依赖关系来表达，其可在解决模型方程组后获得，该方程组以式（4-80）的形式取代了最优控制。

加热器的长度等于优化控制所有阶段的长度 Δ_i^*，$i=\overline{1,N}$的总和。与式（4-74）和式（4-75）相似，可将感应加热器长度最小化问题简化为一个数学规划的问题：

$$I(\Delta^*)=\sum_{i=1}^{N}\Delta_i^*\rightarrow\min_{\Delta^*} \qquad (4\text{-}81)$$

$$\phi(\Delta^*)=\max_{x|_{y=L}\in\Omega}|T(x|_{y=L},\Delta^*)-T_k^*|\leqslant\varepsilon \qquad (4\text{-}82)$$

结果可推广至稳态操作条件下，连续加热器的其他最优控制问题。例如，在稳态连续加热条件下（感应加热器长度 $L=L^0$，已知生产率，V = 常数），逼近所需最终温度 T_k^* 的精度最大化问题可表示为

$$I(\Delta^*)=\max_{x|_{y=L}\in\Omega}|T(x|_{y=L},\Delta^*)-T_k^*|\rightarrow\min_{\Delta^*} \qquad (4\text{-}83)$$

$$\phi(\Delta^*)=\sum_{i=1}^{N}\Delta^*=L^0 \qquad (4\text{-}84)$$

如前面部分段落提到的"静态感应加热达到最大加热精度所存在的问题"，最优控制 $P^*(y)$可以式（4-80）的形式表示，这个问题的解决涉及式（4-81）和式（4-82），以降低式（4-82）中的 ε 值。

在一些情况下，为多线圈连续加热器的 N 个线圈选择电压 U_1，U_2，…，U_N（由约束 $U_i\in[0,U_{imax}]$，$i=\overline{1,N}$来限制）被视为参数空间控制（见图4-88）。在该情况下，精度最大化问题就转化为稳态连续加热问题，与式（4-83）和式（4-84）类似：

$$I(U)=\max_{x|_{y=L}\in\Omega}|T(x|_{y=L},U)-T_k^*|\rightarrow\min_{U} \qquad (4\text{-}85)$$

$$0\leqslant U_i\leqslant U_{i\,max},\ i=\overline{1,N} \qquad (4\text{-}86)$$

式中，$U=(U_i)$，$i=\overline{1,N}$；所搜取的电压 U_i用以取代式（4-83）和式（4-84）中的 Δ^*，函数 $T(x,U)$ 与式（4-83）中 $T(x,\Delta^*)$ 的相似。$T(x,U)$ 由向量参数 U 决定，可通过求解热传导方程获取。

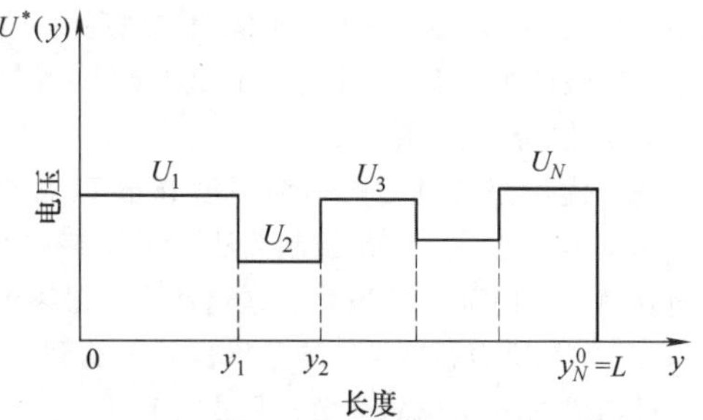

图 4-88　多线圈连续感应加热器长度方向的空间控制分布

最优化加热功率 $P^*(y)$ 以式（4-80）形式表达，其可以规定的精度 ε 将工件的初始温度分布升至所需温度 T_k^*，并将能量损耗最小化。因此，与式（4-74）和式（4-78）类似，在稳态连续加热的功率损耗最小化问题中，成本函数应当进行最小化处理。

$$I(\Delta^*) = \sum_{i=1,3,5,\ldots,N_1}^{N_1} \Delta_i^* \rightarrow \min \qquad (4\text{-}87)$$

式中，$N_1=N$ 和 $N_1=N-1$ 分别对应奇数和偶数情况，约束条件参照式（4-82）。

（5）感应加热过程参数化优化的一般问题　金属热加工之前的感应加热的优化控制的几个简化问题已经涉及这一点。更准确的模型需考虑一些复杂且互相关联的现象。有必要考虑其他标准（单个或多个）及整个系列的外加技术约束、扰动和一个控制系统的不确定性。

即使将几乎所有的重要因素考虑在内，也很可能仅进行了优化控制输入搜寻的初步参数化。故此，初始问题就简化为搜寻参数 Δ_i（$i=\overline{1,N}$）的数量 N 和最优化值，而它们可唯一确定优化控制输入。在这些情况下，所选择的成本函数 $I(\Delta)$ 和加热过程结束时工件内部的温度分布是 $\Delta=(\Delta_1, \Delta_2, \cdots\cdots, \Delta_N)$ 系列和空间坐标向量 x 的函数。

假设需要提供最终温度 $T(x, \Delta)$ 与加热过程结束时的预设温度 T_k^* 之间的绝对温度偏差 ε。与式（4-74）和式（4-75）相似，寻找向量 Δ 的任务简化为下列数学规划问题：

$$I(\Delta) \rightarrow \min_{\Delta} \qquad (4\text{-}88)$$

$$\phi(\Delta) = \max_{x \in \Omega} | T(x,\Delta) - T_k^* | \leqslant \varepsilon \qquad (4\text{-}89)$$

将带有 N 个变量 Δ_i 的成本函数最小化。一系列 Δ_i 准许值的约束参照式（4-89）的形式，为每个 x 值的无限约束。应用于特殊简化情况的相似问题已在前文中有过说明。

可证实式（4-88）和式（4-89）涉及的问题比前文中讨论的那些问题更难，这是由于成本函数 $I(\Delta)$ 要比式（4-75）、式（4-78）、式（4-81）和式（4-87）中相应的线性函数复杂得多。

此外，最终温度的空间分布 $T(x, \Delta)$ 与上文的情况存在显著差异，从而使得难度增加。当前问题是处理温度场的非线性和多维模型。此外，在不同情况下，参数 Δ_i（$i=\overline{1, N}$）具有许多不同的物理含义。

对于带有非光滑约束的函数的最小化的数学规划问题，常用的方法是采用特殊复杂的数值方法，而与具体问题无关。这正是这些方法在实际应用中的主要缺点。

下一部分涉及一种优化控制方法的基础。这种方法可解决多种最优化问题，其基于感应加热过程的定性物理特征，能够开发有效的工程技术来进行优化控制算法的计算。

4.8.2　金属感应加热优化过程的计算方法

参考文献［16－20］讨论了由电热模型描述的感应加热过程的 OCP，它们是一个带有二次最优化标准的分布参数系统的典型情况。上述标准是两个加和项的加权和：①对实际最终温度分布 $T(x, t^0)$ 与所需温度 T^* 偏差的二次误差的积分值；②由内部热源功率的第二功率的积分值估算的能量损耗。标准的最小化不能保证满足最终温度分布 $T(x, t^0)$ 的要求[见式(4-67)]。在这些情况下，优化控制输入可以通过复杂的计算程序来获得，计算程序通过标准梯度方法将拉格朗日函数最小化。采用一种适当的变分方法，对感应加热过程的数学模型进行离散逼近。

此处介绍最优控制方法的基础，即变换法。该方法可在大范围内，能解决金属感应电热器参数化优化问题。在这种情况下，需要指定一个允许绝对误差，该误差为工件内最终温度分布与所需温度间的偏差。这些优化控制问题就简化为数学规划问题，表达形式参照式（4-88）和式（4-89）。

这种转换法基于优化加热过程结束时被加热工件内部温度分布的定性特征。这些特征有明确的物理意义，与给定函数向零的最佳一致逼近的性质相似。

1. 优化感应加热过程结束时，被加热工件内部温度分布的普遍性质

在感应加热过程的许多优化问题中，一个优化

控制输入可由 N 个参数 Δ_i （$i=\overline{1, N}$）组成的向量唯一确定。优化控制的参数化是基于分布参数系统的一般优化控制理论的已知优化条件。因此，初始OCP被简化为搜寻控制输入参数数量 N 和数值 Δ_1^0，Δ_2^0，…，Δ_N^0。对于一些特殊过程，数量 N 和数值 Δ_1^0，Δ_2^0，…，Δ_N^0 取决于逼近规定温度分布所需精度 ε。

$\varepsilon_{\min}^{(N)}$ 代表 ε 的极小值，可通过控制输入获取。在最优化问题中，控制输入由一个 N 元素的向量 Δ 确定，数量 N 预先未知。对于一系列控制输入，这个最大最小值 $\varepsilon_{\min}^{(N)}$ 代表最大可达到加热精度，或最终温度分布 $T(x, \Delta)$ 与所需温度 T_k^* 的最小可达到偏差。根据式（4-89），$\varepsilon_{\min}^{(N)}$ 可表示为

$$\varepsilon_{\min}^{(N)} = \min_{\Delta}[\max_{x\in\Omega}|T(x,\Delta) - T_k^*|] \quad (4\text{-}90)$$

作为一条规则，对于任意两个值 $N=N_1$ 和 $N=N_2>N_1$，参数向量 $\Delta|_{N=N_1}=(\Delta_1, \Delta_2, \cdots, \Delta_{N_1})$ 被认为是向量 $\Delta|_{N=N_2}=(\Delta_1, \Delta_2, \cdots, \Delta_{N_1}, 0, 0, \cdots, 0)$ 的特例。其中，对于所有 $i=N_1+1$，N_1+2，…，N_2，所有元素 Δ_i 的值都等于零。例如，在时间最优控制问题中，时间优化控制函数 $U^*(t)$ 的最后区间 $N_2-N_1=0$，见式（4-73）。

不等式序列接着就变成

$$\varepsilon_{\min}^{(1)} > \varepsilon_{\min}^{(2)} > \cdots > \varepsilon_{\min}^{(v)} > \varepsilon_{\min}^{(v+1)} > \cdots > \varepsilon_{\min}^{(\rho)} = \varepsilon_{\inf} > 0 \quad (4\text{-}91)$$

式中，对于任何特殊值 $N=\rho$，在任何维度向量 Δ 的参数化控制输入中，最大最小值 $\varepsilon_{\min}^{(\rho)}$ 等于最难获取值 $\varepsilon_{\inf}$。

在由内部热源控制的感应加热流程的OCP中，不等式 $\varepsilon_{\inf}>0$ 永远成立，这是由于被加热工件的表面热损失一直在发生。从控制理论角度来看，将被加热工件内所有点 $x\in\Omega$ 从初始温度状态改变至目标温度 $T(x, \Delta)=T_k^*=$ 常数，而无任何误差，是不可能的。因此，式（4-88）和式（4-89）只有在下列关系成立且满足规定允许误差 ε 的前提下才有解：

$$\varepsilon \geqslant \varepsilon_{\min}^{(N)} \geqslant \varepsilon_{\inf} \quad (4\text{-}92)$$

假设式（4-92）满足此处考虑到所有情况。

作为最优化问题的解决办法，优化控制有确定的参数集 Δ_1^0，Δ_2^0，…，Δ_N^0。优化过程结束时，空间温度分布 $T(x, \Delta^0)$ 是对向量 Δ^0 的一个反应，且应满足约束条件［见式（4-87）］，即对于被加热工件体积内 Ω 的所有空间坐标 x，最终温度与所需温度的绝对偏差 $|T(x, \Delta^0)-T_k^*|$ 不应超过规定值 ε。这些偏差或被证明对于 $x\in\Omega$ 均小于 ε，或在一个或多个最大偏差单点处，等于 ε。

任一优化控制过程的最终温度分布 $T(x, \Delta^0)$ 的一个基本特征是，优化控制算法的未知参数不能超过加热工件内部点的数量。在这些点，最终温度 $T(x, \Delta^0)$ 与所需温度 T_k^* 的允许偏差 ε 达到最大。本特征与成本函数 $I(\Delta)$ 无关，见式（4-88）。

若式（4-89）中的 ε 为规定值，且满足不等式 $\varepsilon>\varepsilon_{\min}^{(N)}$，只有 Δ_i^0 （$i=\overline{1, N}$）为未知参数，且被加热工件内的点数不能少于 N。在这些点，$T(x, \Delta^0)$ 与 T_k^* 的允许偏差 ε 达到最大。

如果需要提供最优加热精度 $\varepsilon_{\min}^{(N)}$，那么，最大最小值 $\varepsilon_{\min}^{(N)}$ 可代表其他未知参数。$\varepsilon_{\min}^{(N)}$ 可通过应用控制输入获取，控制输入可由 N 元素 Δ_1，Δ_2，…，Δ_N 向量 Δ 来表示。因此，未知参数的数量变为 $N+1$。所以，被加热工件内部点的数量也增加1，在这些点，$T(x, \Delta^0)$ 与 T_k^* 的允许偏差 ε 达到最大。

因此，基于所描述的最终温度分布特征 $T(x, \Delta^0)$，优化过程结束时存在 Q 点。这样，根据工件体积 Ω 内的这些点的坐标 $x_j^0\in\Omega$，$j=\overline{1, Q}$，我们就可推出

$$|T(x_j^0, \Delta^0) - T_k^*| = \varepsilon, \ j=\overline{1, Q};$$
$$\Delta^0 = (\Delta_1^0, \Delta_2^0, \cdots, \Delta_N^0) \quad (4\text{-}93)$$

式中

$$Q = \begin{cases} N, \varepsilon > \varepsilon_{\min}^{(N)} \\ N+1, \varepsilon = \varepsilon_{\min}^{(N)} \end{cases} \quad (4\text{-}94)$$

该特征被称作变换特征，类似切比雪夫的逼近理论。

在多数典型实践案例中，可以证明，N 维向量 Δ^0 可通过 ε 值在式（4-91）中的位置而获得。因此，下列本构关系成立：

$$N=v, \ \varepsilon_{\min}^{(v)} \leqslant \varepsilon < \varepsilon_{\min}^{(v-1)}, \ v>1,$$
$$N=1, \ v=1 \quad (4\text{-}95)$$

式（4-95）中补充了式（4-94）的变换特征。

2．变换法的计算技术

式（4-94）与式（4-95）的根本重要性为，对于优化过程中的所有参数，它们代表了一个在数学意义上的封闭系统。这潜在为式（4-93）转换为方程组 Q 提供了可能性，从而求解 Q 中的未知参数：N 维 Δ_1^0，Δ_2^0，…，Δ_N^0 向量和最大最小值 $\varepsilon_{\min}^{(N)}$，对于所考虑控制函数，如果需要，ε 值应等于其极限值 $\varepsilon_{\min}^{(N)}$。解决这个方程可以获得初始优化控制问题的最终解决方案。应该强调的一点是，定义最大最小值 $\varepsilon_{\min}^{(N)}$ 的可获得最小值有着特殊的意义。

然而，最终温度分布 $T(x, \Delta^0)$ 的不同变量可由式（4-93）获取，最终温度分布有不同的组合点，这些点最终温度 $T(x, \Delta^0)$ 与所需温度 T_k^* 的允许偏差 $\pm\varepsilon$ 达到最大。

适当选择特殊温度分布 $T(x, \Delta^0)$ 只能通过特定温度分布的附加信息来实现。该特定分布是基于金属感应加热过程中非稳态传递现象的物理特征。

关于式（4-88）中的成本函数 Δ^0，优化加热过程结束时，温度场 $T(x, \Delta^0)$ 的空间形状主要由 N 维向量 Δ^0 及一定边界条件下热损失水平来定义。因此，$T(x, \Delta^0)$ 由式（4-89）中的 ε 值决定，且与数量 N 相关。

式（4-93）中的 Q 点集合 x_j^0 包括 Q_1 点集合 x_{ni}^0 $(i=\overline{1, Q_1})$，Q_1 位于工件体积 Ω 的边界 S 处，体积 Ω 内绝对偏差 $T(x,\Delta^0)-T_k^*$ 的极值（最大值或最小值）的 Q_2 内部点 x_{em}^0 $(m=\overline{1, Q_2})$。在上述条件下，式（4-96）成立。

$$\frac{\partial T(x_{em}^0,\Delta^0)}{\partial x}=0, m=\overline{1,Q_2} \tag{4-96}$$

Q_1 和 Q_2 的关系为 $Q_1+Q_2=Q$。

考虑到式（4-95），式（4-93）与式（4-94）可重新表示为

$$T(x_{ni}^0,\Delta^0)-T_k^*=\pm\varepsilon, i=\overline{1,Q_1}$$
$$T(x_{em}^0,\Delta^0)-T_k^*=\pm\varepsilon, m=\overline{1,Q_2}$$
$$Q=Q_1+Q_2=\begin{cases}N, \varepsilon_{\min}^{(N)}<\varepsilon<\varepsilon_{\min}^{(N-1)}\\ N+1, \varepsilon=\varepsilon_{\min}^{(N)}\end{cases} \tag{4-97}$$

式中，在点 x_{ni}^0 和 x_{em}^0 处，与所需温度 T_k^* 的允许偏差值 ε 分别达到其正负极限值，上述两点处的温度分别为最高温度和最低温度。

为特殊温度分布 $T(x, \Delta^0)$ 选择一个随机变量（所需数量 $N\geqslant1$），可以确定点 x_{ni}^0 和 x_{em}^0 的数量 Q_1 与 Q_2，在点 x_{ni}^0 的温度偏差极限和它们的坐标。结果，式（4-97）的基础系统与式（4-96）的表达一起代表了式 $Q+Q_2$ 的一个封闭系统，可通过常用的数值方法来求解这个方程中优化过程的 $Q+Q_2$ 未知参数。这组参数包括，优化控制算法的 N 个参数 Δ_1^0，Δ_2^0，…，Δ_N^0，内部点坐标 x_{em}^0 $(m=\overline{1, Q_2})$，最大最小值 $\varepsilon_{\min}^{(N)}$ ［如果 $\varepsilon=\varepsilon_{\min}^{(N)}$，见式（4-89）］。

转换法的目的是求解相关优化问题。对于求解优化控制算法的所有未知参数，可通过将问题简化为一个方程组［同式（4-97）］来实现。上述过程可通过使用感应加热优化控制过程结束时的最终温度分布的转换性质来完成。

通过最终温度分布 $T(x, \Delta^0)$ 与空间坐标关联关系的附加信息，可为所有待求值 N 建立类似式（4-97）的方程组。在给定的一系列条件下，建议使用下列计算程序去决定感应加热过程的优化控制算法。有两种方法为所需精度 ε 赋值：

1）假定对于给定数量 $v\geqslant1$，ε 与其中一个最大最小值 $\varepsilon_{\min}^{(v)}$ 相等，从而将 OCP 简化为在条件 $\varepsilon=\varepsilon_{\min}^{(v)}$，$N=v$，$Q=Q_1+Q_2=N+1=v+1$ 下求解方程组。这种方式需要定义最大最小值 $\varepsilon_{\min}^{(v)}$ 及决定优化控制算法的相应向量 Δ^0。

2）根据技术条件，预先设定一个固定的 ε 值，这种方式可实现两阶段计算程序。

在方法 2 的第一阶段，求解一系列最优化问题的不同 $\varepsilon_{\min}^{(v)}$ $(v=1, 2, \cdots, N^*)$ 值。本阶段包括，对于给定值 ε 和 $N^*\geqslant1$，不等式 $\varepsilon_{\min}^{(N^*)}\leqslant\varepsilon<\varepsilon_{\min}^{(N^*-1)}$ 成立。当 $\varepsilon=\varepsilon_{\min}^{(N^*)}$ 时，最优化问题已在本阶段解决。如果给定值 ε 满足条件 $\varepsilon_{\min}^{(N^*)}<\varepsilon<\varepsilon_{\min}^{(N^*-1)}$，仍有必要求解式（4-97），获取向量 Δ^0 的未知参数，条件为 $N=N^*$，$Q=Q_1+Q_2=N=N^*$。

当最终温度分布 $T(x, \Delta^0)$ 不能明确不同 N 值时，更复杂的情况就会出现。应求解式（4-97），设定 $\varepsilon=\varepsilon'$，并从 $\varepsilon'=\varepsilon_{\min}^{(1)}$ 以微量 $\mathrm{d}\varepsilon$ 递减。按计算程序开始求解时，假定 $\varepsilon'=\varepsilon_{\min}^{(1)}$，且在式（4-95）条件下，等式 $N=1$ 简单控制输入，并适用于典型感应加热技术。对于 $\varepsilon'=\varepsilon_{\min}^{(1)}$，温度分布 $T(x, \Delta_1^0)$ 的形状已知，且 Δ_1^0 和 $\varepsilon_{\min}^{(1)}$ 可通过式（4-97）解出。在计算程序的每一步，对于 $\varepsilon=\varepsilon'-\mathrm{d}\varepsilon$，$T(x, \Delta^0)$ 可由最终温度场和所有优化过程参数与 ε' 关联性的连续性所确定，还可使用上一步计算结果 $\varepsilon=\varepsilon'$，式（4-93）和式（4-94）的转换特征，及式（4-95）的规律。这样，可以建立一个与式（4-97）类似的方程组，并可以利用前一步的计算结果作为起始点来对其求解。

这个迭代过程一直重复直到设定值 ε 满足 ε'。如果 $\varepsilon_{\min}^{(v)}$ 值可通过求解最优化问题获取，且设定值 $\varepsilon<\varepsilon_{\min}^{(v)}$，计算程序初始条件可假设为：当 $v>1$ 时，$\varepsilon'=\varepsilon_{\min}^{(v)}$。

前面部分对变换优化控制方法及其实施的计算方法的基础方面进行了介绍。下面部分将详细介绍把变换法拓展应用于更多典型最优化问题的方法，这些问题均涉及金属感应加热过程。与复杂、耗时的数值计算方法相比，变换法有一些显著优点：

1）变换法基于感应加热过程物理本质的显著定性特征。这些特征被用于计算程序，也可作为核查计算结果的有效方法。

2）该方法能确定（根据给定所需加热精度）优化过程结束时最高和最低温度点的数量和位置。因此，它可以通过将多种最优化问题简化为特殊、易于求解的方程组，从而大幅降低计算量。

3）它为计算最大加热精度提供了一种方法，即式（4-91）中的最大最小值 $\varepsilon_{\min}^{(i)}$（$i=\overline{1,\ N^*}$），包括在一特殊类控制输入中最大可达到的精度 $\varepsilon_{\inf}=\varepsilon_{\min}^{(N^*)}$。这对感应加热技术有特殊的意义。

4）对于任意给定加热精度，该方法都能建立优化过程结束时最终加热温度分布的轮廓。这一信息可用来生成技术图形和程序，还可将温度反馈与优化控制系统综合。

4.8.3 静态感应加热过程的优化控制

这部分讨论关于金属静态感应加热（在热成形之前）的典型优化控制问题。参数优化的变换法被用作解决多种数学模型中最优化问题的基础。这部分主要涉及与空间维度相关的情况，首先从一维情况开始。

1. 静态感应加热过程一维模型的优化控制

静态感应加热一维模型。假设该过程是对圆柱形工件的轴对称静态感应加热，其中，沿工件长度方向温度的不均匀分布可以忽略。在任意时刻 t，沿径向坐标温度分布 $T(x,\ t)$（$x=l\in[0,\ R]$，其中，R 为圆柱工件半径）都可用热传导方程来表达（$V=0$）。这被认为是基本的一维模型：

$$c(T)\gamma(T)\frac{\partial T(l,t)}{\partial t}=\frac{1}{l}\frac{\partial}{\partial l}\left[\lambda(T)l\frac{\partial T(l,t)}{\partial l}\right]+W(l,t,T),\quad 0<l<R;0\leqslant t\leqslant t^0 \tag{4-98}$$

在初始与边界条件下，第三种情况如下：

$$T(l,0)=T_0(l);\frac{\partial T(0,t)}{\partial l}=0;\frac{\partial T(R,t)}{\partial l}=\alpha[T_a-T(R,t)] \tag{4-99}$$

这类模型提供了一种定性估算温度场的方法，假设如下：

沿轴坐标方向的任何功率不均匀分布均可忽略。

被加热工件末端表面的热损失很小。

内部加热功率 W（l，t，T）为

$$W(l,t,T)=W_1(l,T)P(t) \tag{4-100}$$

式中，$P(t)$ 是被加热工件单位体积所吸收的总功率密度。沿加热工件半径 W_1（l，T）的热源分布可依据金属中电磁波的扩散规律来界定。

此处进一步将加热功率 $P(t)$ 或施加在感应线圈上的电压 $U(t)$ 视作一个典型的控制函数，受与式（4-68）同类型的限制条件所约束：

$$0\leqslant P(t)<P_{\max}(t);0<t\leqslant t^0 \tag{4-101}$$

电压 $U(t)$ 与加热功率 $P(t)$ 为二次函数关系。

通过在适当的温度区间平均热物理过程参数 c、γ、λ，电磁特性和函数 W_1，式（4-98）可以表示为

$$\frac{\partial T(l,t)}{\partial t}=a\left[\frac{\partial^2 T(l,t)}{\partial l^2}+\frac{1}{l}\frac{\partial T(l,t)}{\partial l}\right]+\frac{1}{c\gamma}W_1\left(\xi,\frac{l}{R}\right)P(t) \tag{4-102}$$

约束条件为式（4-99）给出线性边界条件，$a=\lambda/c\gamma$ 是金属热扩散系数。

通过亥姆霍兹方程可得到磁场强度，进而可获得式（4-102）中函数 $W_1\left(\xi,\ \frac{l}{R}\right)$ 的表达形式：

$$W_1\left(\xi,\ \frac{l}{R}\right)=\xi\frac{ber'^2\left(\xi\frac{l}{R}\right)+bei'^2\left(\xi\frac{l}{R}\right)}{ber\ (\xi)\ ber'\ (\xi)\ +bei\ (\xi)\ bei'\ (\xi)} \tag{4-103}$$

式中，ξ 是特定参数，可定义为

$$\xi=R\ \sqrt{2\pi\mu_a f\sigma_e} \tag{4-104}$$

式中，μ_a、σ_e 和 f 分别是绝对磁导率、材料特定电导率和线圈电流频率，$ber\ z$、$bei\ z$、$ber'\ z$、$bei'z$ 是开尔文函数及其一阶导数。

假设内部加热功率 $P(t)$ 与周围温度 $T_a(t)$ 已知。那么，在边界条件下线性导热方程的常用解法可将温度场 $T(l,\ t)$ 以无穷收敛级数 $\left[\text{贝塞耳函数的零阶 } J_0\left(\eta_n\frac{l}{R}\right)\right]$ 的形式来表达。本征值 η_n（$n=1,\ 2,\ \ldots,$）代表超越函数递增根的无穷序列：

$$BiJ_0(\eta)-\eta J_1(\eta)=0 \tag{4-105}$$

式中，$Bi=\dfrac{\alpha R}{\lambda}$ 是毕奥数；$J_1(\eta)$ 是贝塞耳函数的一阶函数。

以最简单的典型情况为例，当式（4-106）中下列条件 $T_0(l)=T_0=$ 常数，$T_a(t)=T_a=$ 常数，$T_0=T_a$ 成立时，线性传热方程的解法可表示为

$$T(l,t)=T_0+\frac{2}{c\gamma R^2}\sum_{n=1}^{\infty}\frac{W_n(\xi)J_0\left(\eta_n\frac{l}{R}\right)}{J_0^2(\eta_n)+J_1^2(\eta_n)}\times\int_0^t\exp\left[-\eta_n^2\frac{a}{R^2}(t-\tau)\right]P(\tau)\mathrm{d}\tau \tag{4-106}$$

式中

$$W_n(\xi) = \int_0^R W_1\left(\xi, \frac{l}{R}\right) l J_0\left(\eta_n \frac{l}{R}\right) \mathrm{d}l \tag{4-107}$$

通过特殊算法对式（4-106）序列中固定有限数量的项进行计算。如果数值足够大，在所有点 l：$0 \leqslant l \leqslant R$ 都能保证序列收敛，并能获得温度场 $T(l, t)$ 计算所需的精度。

感应加热过程参数优化问题也可简化为类似式（4-88）与式（4-89）所述问题。对于非线性模型，通过取代控制输入 $P(t)$，以数值方法求解边界问题，可获得 $T(l, \Delta)$ 与其自变量 l 和 Δ 之间的关系，这一关系由所选参数向量 Δ 唯一确定。

对于式（4-99）与式（4-102）提出的感应加热数学模型的线性近似，通过替代 $P(t)$，并使之成为参数向量 Δ 的已知函数，可从式（4-106）获取这些函数关系。

在时间优化控制问题的典型情况下（即达到最大加热精度且能耗最低），优化控制输入 $P^*(t)$ 可以式（4-73）的形式出现，可由转换阶段的次数 N 及这些阶段的持续时间 Δ_1，Δ_2，…，Δ_N 唯一定义。根据式（4-101）中的限制条件，优化控制成为一系列允许值之一。因此，根据控制输入式（4-73），在加热过程中，点 $l \in [0, R]$ 的温度场 $T(l, \Delta)$ 可表示为

$$T(l,\Delta) = T_0 + \frac{2P_{\max}}{\lambda} \sum_{n=1}^{\infty} \frac{W_n(\xi) J_0\left(\eta_n \dfrac{l}{R}\right)}{\eta_n^2 [J_0^2(\eta_n) + J_1^2(\eta_n)]} \left\{ \sum_{m=1}^{N} (-1)^{m+1} \left[1 - \exp\left(-\frac{a\eta_n^2}{R^2} \sum_{i=m}^{N} \Delta_i\right)\right] \right\} \tag{4-108}$$

（1）静态感应加热过程一维模型的时间优化控制　式（4-98）和式（4-99）所描述的感应加热过程优化控制问题，可作为一个数学规划问题，其中，$x = l$，$\Omega = [0, R]$。该问题可简化为优化控制程序 $P^*(t)$ 或 $U^*(t)$ 的固定区间［以式（4-73）形式］寻找转换阶段的次数 N 及这些阶段的持续时间 Δ_i^0 $(i = \overline{1, N})$。这个可以使工件在最短优化时间内，以规定精度 ε，从初始温度分布转变成所需温度 T_k^*。

对于温度场的一维模型，优化加热过程结束时的径向温度分布 $T(l, \Delta^0)$ 的所有可能形状变化由值和圆柱体侧表面的热损失共同决定。该变换特征［式（4-93）~式(4-95)］可表达为方程组的形式［式（4-97）］。求解优化控制系统内优化控制 $P^*(t)$ 的所有未知参数，可促成解决初始时间优化控制问题。

最终温度分布的特征：在利用一维模型所描述的时间优化控制问题中，最终温度分布 $T(l_j^0, \Delta^0)$ 与所需温度 T_k^* 的最大偏差等于 $\pm\varepsilon$。在区间时间［0，R］内，每对连续配点 l_j^0 都以不同符号出现。考虑到这一点，基本转换特征［式（4-93）~式(4-95)］可表达成等式形式，转换形式与式（4-97）相似：

$$T(l_j^0, \Delta^0) - T_k^* = (-1)^j \psi\varepsilon;\ j = \overline{1, Q},$$
$$\Delta^0 = (\Delta_1^0, \Delta_2^0, \ldots, \Delta_N^0),\ \psi = \pm 1$$
$$0 \leqslant l_1^0 < l_2^0 < \ldots < l_Q^0 \leqslant R; \tag{4-109}$$

$$Q = \begin{cases} N, \varepsilon_{\min}^{(N)} < \varepsilon < \varepsilon_{\min}^{(N-1)} \\ N+1, \varepsilon = \varepsilon_{\min}^{(N)} \end{cases} \tag{4-110}$$

式中，乘法系数 $(-1)^j$ 提供了 l_j^0 点上温度偏差的符号转换，l_j^0 点连续位于［0，R］区间时间内。系数 ψ 等于 +1 或 −1，且在每个点 l_j^0 处，都以“−”或“+”号指示温度偏差。

新增信息需要将式（4-109）和式（4-110）转化为式（4-97）类型的方程组，新增信息涉及温度曲线 $T(l, \Delta^0)$ 极值点 l_{em}^0 $(m = \overline{1, Q_2})$ 的数量 $Q_2 \leqslant Q$（在区间时间 $l \in [0, R]$）。

基于初始温度均匀分布 $T_0(l) \equiv T_0$ = 常数的感应加热过程［见式（4-99）］的物理特性中统一温度分布常量，曲线 $T(l, \Delta^0)$ 极值点的最大可能数 $Q_{2\max}$ 可依据式（4-111）确定：

$$Q = \begin{cases} N,\ N\text{为偶数} \\ N+1,\ N\text{为奇数} \end{cases} \tag{4-111}$$

第一个极值点相当于圆柱轴上 $l = 0$ 处的边界条件［式（4-99）］。根据式（4-99）的边界条件，由于热损失，由表面 $l = R$ 处负温度梯度形成了第二个极值点。因此，$l = R$ 处一个点不能成为温度曲线 $T(l, \Delta^0)$ 上的一个极值点。

点 l_j^0 的集合包括 $Q_{2\max}$ 极值点 l_{em}^0 $(m = \overline{1, Q_{2\max}})$ 和一个边界点 $l = R$。所以，类似于式（4-109）中的 l_j^0 点，候选点的最大数量 $Q_{\max}$ 等于 $Q_{2\max} + 1$。因此，与式（4-110）与式（4-111）一致，如果 N 是偶数，且符合条件 $\varepsilon = \varepsilon_{\min}^{(N)}$，则 l_j^0 点数 Q 等于 $Q_{\max}$；对于 N 与 ε 的所有其他可能值，$Q < Q_{2\max}$（通过一个或两个点）。对于第一种情况，温度曲线 $T(l, \Delta^0)$ 可唯一确定。对于第二种情况，基于感应加热过程中非静态温度场的附加信息，有必要从一组变量中选择点 l_j^0 的一个最优组合。

时间优化控制过程的计算方法：先前分析可帮助获得温度曲线 $T(l, \Delta^0)$，并建立计算方程组（基

于变换方法)，该方程组的不同 ε 值［见式（4-74）］从 $\varepsilon=\varepsilon_{\min}^{(1)}$ 逐序递减。

基于式（4-95）、式（4-110）和式（4-111），如果 $\varepsilon=\varepsilon_{\min}^{(1)}$，则可表示为

$$N=1;\ Q=N+1=2;\ Q_{2\max}=N+1=2;$$

$$Q_{\max}=Q_{2\max}+1=3 \tag{4-112}$$

当 $\varepsilon=\varepsilon_{\min}^{(1)}$ 时，意味着优化模式是恒定最大功率加热，并且最终温度有所需温度的允许偏差在沿圆柱体半径方向的两个点［$l_{e1}^0=0$ 和 $l_{e2}^0\in(0, R)$］处达到最大 $\pm\varepsilon_{\min}^{(1)}$。当被加热工件表面的热损失足够小，且表面温度 $T(R,\ \Delta^0)$ 与所需温度 T_k^* 的偏差未达到允许值 $-\varepsilon_{\min}^{(1)}$，这种分布会发生。所以，有可能获得如图 4-89 所示的温度曲线 $T(l,\ \Delta^0)$。

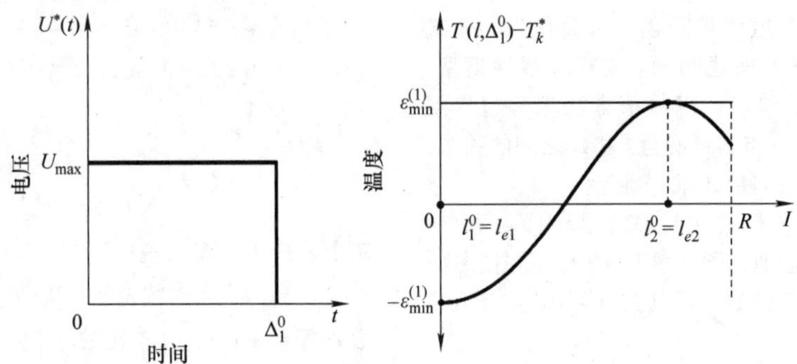

图 4-89 给定加热精度下单阶时间优化控制过程结束时的最优控制和温度分布

可以得出这样的结论，在给定的加热精度下，单阶时间优化控制过程结束时，温度曲线在工件心部存在一个最小允许温度。同时，最高温度区域处于工件内部的一个极值点。在这种情况下，式 $\varepsilon_{\min}^{(1)}>\varepsilon_{\inf}$ 永远成立。

极值点处温度梯度为零，这个现象可被用来确定位置坐标 l_{e2}^0。因此，可取代图 4-89 中温度曲线所对应的方程组（4-109），等式可表示为

$$\begin{cases}T(0,\Delta_1^0)-T_k^*=-\varepsilon_{\min}^{(1)}\\ T(l_{e2},\Delta_1^0)-T_k^*=+\varepsilon_{\min}^{(1)}\\ \dfrac{\partial T(l_{e2},\Delta_1^0)}{\partial l}=0\end{cases} \tag{4-113}$$

式（4-113）可通过常用方法求解三个未知参数 Δ_1^0、$\varepsilon_{\min}^{(1)}$ 和 l_{e2}^0，从而得到初始问题［$\varepsilon=\varepsilon_{\min}^{(1)}$］的解。

假设 $\varepsilon_{\min}^{(2)}<\varepsilon<\varepsilon_{\min}^{(1)}$，则根据式（4-95）、式（4-110）和式（4-111），可以表示为

$$N=2;\ Q=N=2;\ Q_{2\max}=N=2;$$

$$Q_{\max}=Q_{2\max}+1=3 \tag{4-114}$$

对于这些 ε 值，优化控制包括两个阶段，加热和温度流平。对于这种控制输入，温度分布 $T(l,\ \Delta_1^0,\ \Delta_2^0)$ 的形状与单阶控制相似（见图 4-90）。在这种情况下，只有一组点 l_j^0 存在，这与 $\varepsilon=\varepsilon_{\min}^{(1)}$ 的情况相似。因此，式（4-113）可以表示为

$$\begin{cases}T(0,\Delta_1^0,\Delta_2^0)-T_k^*=-\varepsilon\\ T(l_{e2},\Delta_1^0,\Delta_2^0)-T_k^*=+\varepsilon\\ \dfrac{\partial T(l_{e2},\Delta_1^0,\Delta_2^0)}{\partial l}=0\end{cases} \tag{4-115}$$

图 4-90 所示为给定加热精度下的最优控制和最终温度分布，图 4-91 所示为给定加热精度下感应加热过程两阶优化的最优控制和最终温度曲线。这个方程组应求解三个未知变量：两个控制区间的优化持续时间 Δ_1^0 和 Δ_2^0 及单个内部点（此处以达到最大允许温度）的坐标 $l_2^0=l_{e2}$。

如果 $\varepsilon=\varepsilon_{\min}^{(2)}$ 成立，根据式（4-95）、式（4-110）和式（4-111），可表示为

$$N=2;\ Q=N+1=3;\ Q_{2\max}=N=2;$$

$$Q_{\max}=Q_{2\max}+1=3 \tag{4-116}$$

式（4-116）涉及 3 个点 l_j^0（$j=1,\ 2,\ 3$），工件表面的 2 个配点（$l_1^0=l_{e1}=0$；$l_2^0=l_{e2}>0$）和一个附加点 $l_3^0=R$。由于值从 $\varepsilon>\varepsilon_{\min}^{(2)}$ 下降至 $\varepsilon=\varepsilon_{\min}^{(2)}$，故点 l_3^0 出现，从而形成图 4-91 中所示的单温度曲线 $T(l,\ \Delta_1^0,\ \Delta_2^0)$。在工件表面负温度梯度 $\dfrac{\partial T(R,\Delta_1^0,\Delta_2^0)}{\partial l}<0$ 下，对于 $\psi=\pm1$，式（4-109）中关于指示转换的

规律成立。

因此，对于给定加热精度，若在时间优化的两阶流程时，$\varepsilon=\varepsilon_{\min}^{(2)}$，温度曲线在工件表面和心部有最小可允许温度 $T_k^*-\varepsilon_{\min}^{(2)}$。同时，一些内部点到达最高温度 $T_k^*+\varepsilon_{\min}^{(2)}$。图 4-92 所示为加热过程的两阶优化，为 $\varepsilon=\varepsilon_{\min}^{(2)}$ 时最终温度分布的时间-温度关系。

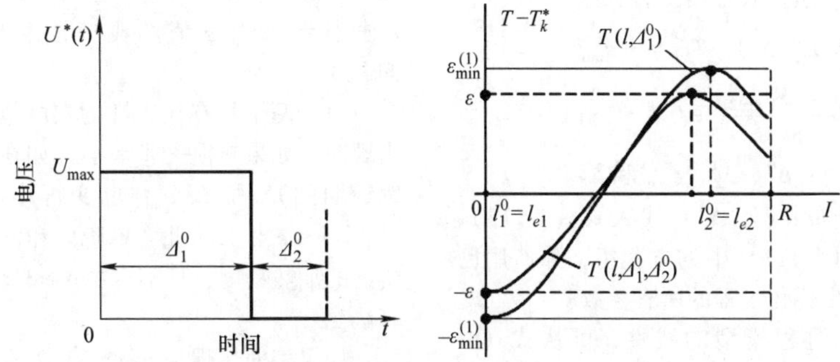

图 4-90 给定加热精度下的最优控制和最终温度曲线

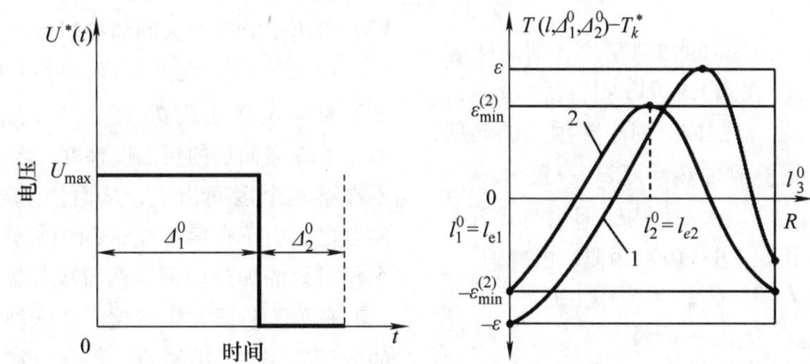

图 4-91 给定加热精度下感应加热过程两阶优化的最优控制和最终温度曲线

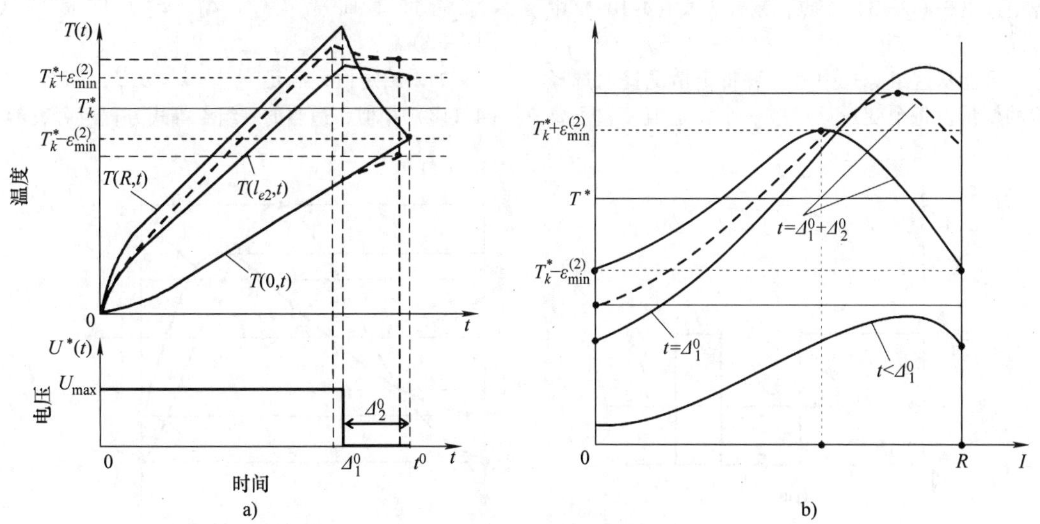

图 4-92 加热过程的两阶优化

a）$\varepsilon=\varepsilon_{\min}^{(2)}$（实线）、$\varepsilon\in[\varepsilon_{\min}^{(2)},\varepsilon_{\min}^{(1)}]$（虚线）时的优化控制和时间-温度曲线

b）不同时间节点 $\varepsilon=\varepsilon_{\min}^{(2)}$（实线）、$\varepsilon\in[\varepsilon_{\min}^{(2)},\varepsilon_{\min}^{(1)}]$（虚线）时工件径向的温度分布

将一个已确定的温度曲线纳入考虑范围，则可取代式（4-109）和式（4-110），可得一个包含4个等式的方程组：

$$\begin{cases} T(0,\Delta_1^0,\Delta_2^0) - T_k^* = -\varepsilon_{\min}^{(2)} \\ T(l_{e2},\Delta_1^0,\Delta_2^0) - T_k^* = +\varepsilon_{\min}^{(2)} \\ T(R,\Delta_1^0,\Delta_2^0) - T_k^* = -\varepsilon_{\min}^{(2)} \\ \dfrac{\partial T(l_{e2},\Delta_1^0,\Delta_2^0)}{\partial l} = 0 \end{cases} \quad (4\text{-}117)$$

式中有4个未知变量：Δ_1^0、Δ_2^0、$\varepsilon_{\min}^{(2)}$和l_{e2}。

将最终温度分布$T(l,\ \Delta^0)$代入式（4-113）、式（4-115）和式（4-117）中的方程组，并使用已知数值方法，可解出优化过程的所有参数。

由于考虑近似过程模型的线性，可从式（4-108）发现一些关于$T(l,\ \Delta^0)$的关系，当$\varepsilon=\varepsilon_{\min}^{(1)}$成立时，$N=1$；当$\varepsilon$满足条件$\varepsilon_{\min}^{(2)}\leqslant\varepsilon<\varepsilon_{\min}^{(1)}$时，$N=2$。

如果加热过程需要更高的加热精度，那意味着偏差ε必须小于$\varepsilon_{\min}^{(2)}$［在式（4-91）中$\varepsilon_{\min}^{(2)}>\varepsilon_{\inf}$］，并且$\varepsilon$在$\varepsilon_{\min}^{(3)}\leqslant\varepsilon<\varepsilon_{\min}^{(2)}$范围内。对于热损失的典型程度，$\varepsilon_{\min}^{(3)}$值与最小可达到加热精度$\varepsilon_{\inf}$一致。

如果ε在范围$\varepsilon_{\min}^{(3)}<\varepsilon<\varepsilon_{\min}^{(2)}$内，那么与式（4-112）、式（4-114）和式（4-116）相似，可得到

$$N=3;\ Q=N=3;\ Q_{2\max}=N+1=4;$$
$$Q_{\max}=Q_{2\max}+1=5 \quad (4\text{-}118)$$

因此，对于3阶段优化过程的加热温度的平稳再加热，需要为每个特定温度曲线从5（$Q_{\max}=5$）个点中选出3（$Q=3$）个点，来代表式（4-109）中的点。

不可能从这组等式中为每种特定情况提前选择相应的变量。每个变量只对应一个特定值。它主要与加热过程中表面处的热损失值相关。基于转换法，可以在一个特殊计算流程中适当选择一个特定温度曲线并建立一组合适的等式。如前文所述，一系列优化问题可以采用固定的值ε并从$\varepsilon=\varepsilon_{\min}^{(2)}$以$d\varepsilon>0$逐步下降来解决。然而，对于特定热损失值，可通过考虑对ε值的典型技术要求来简化这个问题。

对于两个具有代表性的实际情况，当其中之一出现时：如果热损失非常小（如在热加工之前加热铝锭期间），那么$\varepsilon_{\min}^{(2)}$也变得小，且所需值满足$\varepsilon_{\min}^{(2)}\leqslant\varepsilon\leqslant\varepsilon_{\min}^{(1)}$。因此，单阶段和两阶段控制可提供所需的加热精度，且不需要$N\geqslant3$条件下复杂的控制算法。

如果表面热损失非常大（如在热加工之前加热钛合金和钢合金期间），$\varepsilon_{\min}^{(2)}$增加至一定程度，使$\varepsilon<\varepsilon_{\min}^{(2)}$成立。在这种情况下，需要求解时间优化问题，得出带有三个区间的控制函数$P^*(t)$。

如果热损失程度较高，可以为$\Delta^0=(\Delta_1^0,\ \Delta_2^0,\ \Delta_3^0)$明确定义曲线$T(l,\ \Delta^0)$的最简单可能变量。由于工件表面层的负温度梯度，温度的“尖峰脉冲”不在第三个区间出现，从而使上述变量非常明显。换言之，由于在第三个区间中加热功率较小，或一个相对短的加热时间，两阶段控制的最终温度分布没有在第三阶段发生变化。在这种情况下，配点Q_2的数量等于2，小于$Q_{2\max}=4$。所以$\varepsilon_{\min}^{(3)}<\varepsilon<\varepsilon_{\min}^{(2)}$条件下曲线$T(l,\ \Delta_1^0,\ \Delta_2^0,\ \Delta_3^0)$的形状重复了$\varepsilon=\varepsilon_{\min}^{(2)}$条件下曲线$T(l,\ \Delta_1^0,\ \Delta_2^0)$的形状（见图4-93）。

如果给定值ε满足$\varepsilon_{\min}^{(3)}<\varepsilon<\varepsilon_{\min}^{(2)}$，那么，与式（4-118）相似，适当的一组4等式方程组可表示为

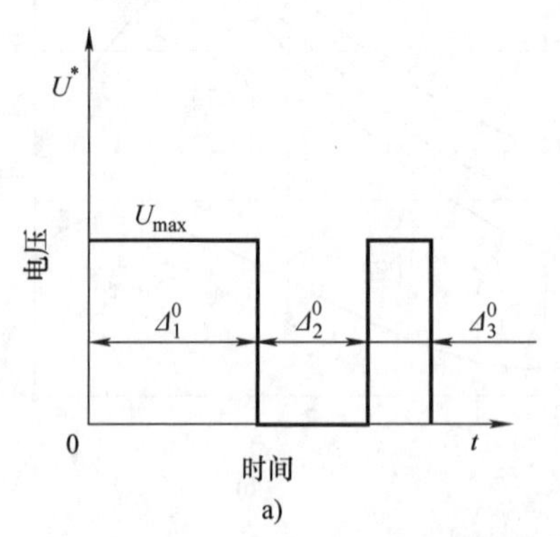

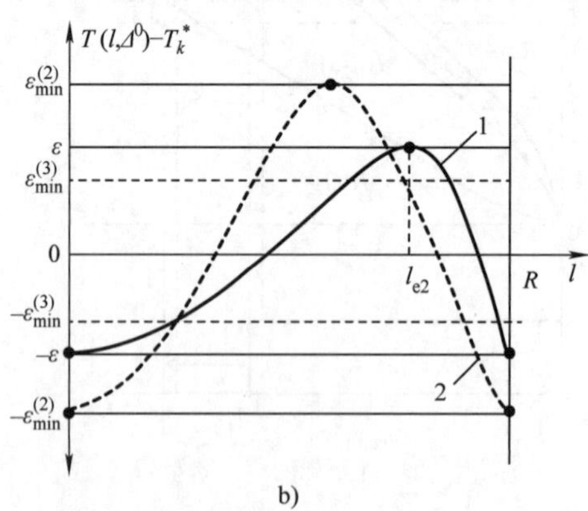

图4-93 优化控制和温度曲线

a）优化控制 b）$\varepsilon\in[\varepsilon_{\min}^{(3)},\ \varepsilon_{\min}^{(2)}]$时较高热损耗下的温度曲线：$\varepsilon\in[\varepsilon_{\min}^{(3)},\ \varepsilon_{\min}^{(2)}]$（曲线1），$\varepsilon=\varepsilon_{\min}^{(2)}$（曲线2）

$$\begin{cases} T(0,\Delta_1^0,\Delta_2^0,\Delta_3^0) - T_k^* = -\varepsilon \\ T(l_{e2},\Delta_1^0,\Delta_2^0,\Delta_3^0) - T_k^* = +\varepsilon \\ T(R,\Delta_1^0,\Delta_2^0,\Delta_3^0) - T_k^* = -\varepsilon \\ \dfrac{\partial T(l_{e2},\Delta_1^0,\Delta_2^0,\Delta_3^0)}{\partial l} = 0 \end{cases} \tag{4-119}$$

这组方程可以在给定加热精度 ε 下，求解三个控制阶段的最优化持续时间（Δ_1^0，Δ_2^0，Δ_3^0）及温度分布内部配点的坐标 l_{e2}。

在实际感应加热过程中，可达到的极限加热精度 $\varepsilon_{\inf}>0$ 且通常等于 $\varepsilon_{\min}^{(3)}$。$\varepsilon_{\inf}$ 值主要由工件表面的热损失程度决定。在许多情况下，当热损失足够大时［当 ε 接近 $\varepsilon_{\min}^{(3)}$ 时，所需过程时间将会无限制延长］，这个值 $\varepsilon_{\inf}$ 是达不到的。在实际情况中，当且仅当 ε 不是很接近 $\varepsilon_{\min}^{(3)}$ 时，才可以求解时间优化问题。

$\varepsilon<\varepsilon_{\min}^{(3)}$ 的情况，在理论上是可能的，但在实际中并不可行。例如，对于一个高热效率的感应加热装置，$\varepsilon_{\inf}$ 比较小，且所需的加热精度满足条件 $\varepsilon>\varepsilon_{\min}^{(3)}=\varepsilon_{\inf}>0$。在这种情况下，求解式（4-119）中的方程组可以定义一个时间优化控制算法，并可将这种算法应用于实际生产。

因此，根据式（4-98）中的数学模型，考虑时间优化控制问题［见式（4-74）和式（4-75）］是合理的；式（4-99）的条件为式（4-74）中的 ε 在 $\varepsilon_{\min}^{(3)}<\varepsilon\leqslant\varepsilon_{\min}^{(1)}$ 范围内。

图 4-94 ~ 图 4-96 为从线性加热过程模型［见式（4-99）~ 式（4-110）］中获得的计算结果。在 $\varepsilon\in[\varepsilon_{\min}^{(3)}，\varepsilon_{\min}^{(1)}]$ 条件下温度曲线 $T(l,\Delta^0$ 的形状见图 4-94。在 $\varepsilon\in[\varepsilon_{\min}^{(2)}，\varepsilon_{\min}^{(1)}]$ 条件下，优化控制区间持续时间与加热精度及热损失的关系见图 4-95。

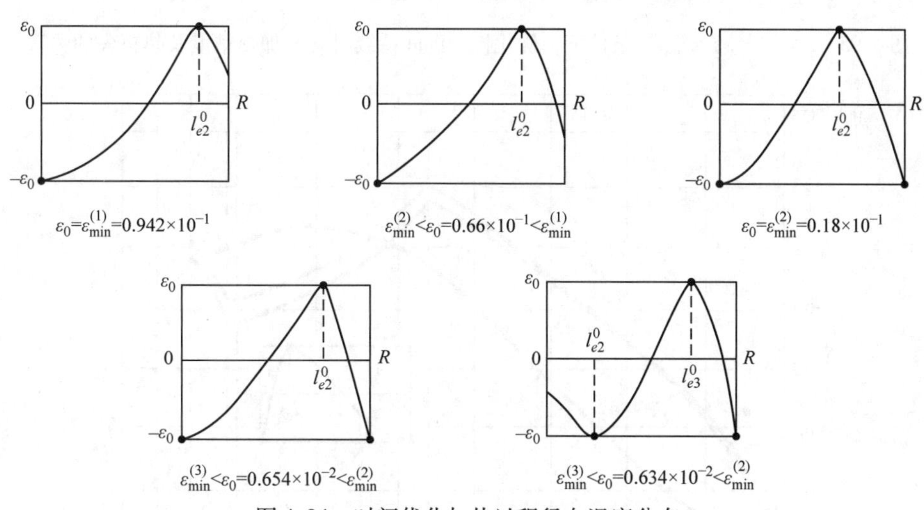

图 4-94　时间优化加热过程径向温度分布

注：$\varepsilon=\varepsilon_0$，$\xi=4$，$\lambda\ [T\ (l,\ \Delta^0)\ -T_k^*/P_{\max}R^2]\ =0.5$，$Bi=0.5$。

图 4-96 所示为优化过程中温度分布 T（l，t）变化与不同 ε 值之间的关系。当热损失和加热精度变化范围更大时，关于温度曲线 T（l，Δ^0）可能形式的更详细研究，可参考参考文献［2，3，15，23－27］。

（2）静态感应加热过程一维模型的节能优化控制　重要的感应加热过程成本标准包括最大加热精度和最小能量损耗，最大加热精度问题可以简化为一个时间优化控制问题，从而可以用先前部分说明过的计算方法来求解。

能量消耗最优化问题可以数学规划问题的形式来表达［见式（4-74）和式（4-78）］。这个问题就被简化为寻找最优化加热功率控制 $P^{**}(t)$［或感应电压 $U^{**}(t)$］的恒定区间的数量 N 和持续时间 Δ_i^0（$i=\overline{1,\ N}$），加热功率控制可使工件温度以所需精度 ε 升至所需温度，并保证最小能量损失［由式（4-78）中的成本函数估算］。对于能量损耗，控制输入 $P^{**}(t)$［或 $U^{**}(t)$］可按时间优化控制 $P^*(t)$［或 $U^*(t)$］形式进行优化。这并不是指，对于同一给定的 ε 值，优化控制算法 $P^*(t)$ 和 $P^{**}(t)$ 完全一致；它们可以通过一些参数的特殊值进行区分。

在节能优化加热过程结束时，温度分布的基本特征［见式（4-93）和式（4-94）］仍然有效。然而，转换指示的转换特征［见式（4-119）］却在点 l_j^0 超出了最大温度偏差 T（l_j^0，Δ^0）－T_k^*，式（4-95）所给的规律不适用于恒定区间 N 的定义。

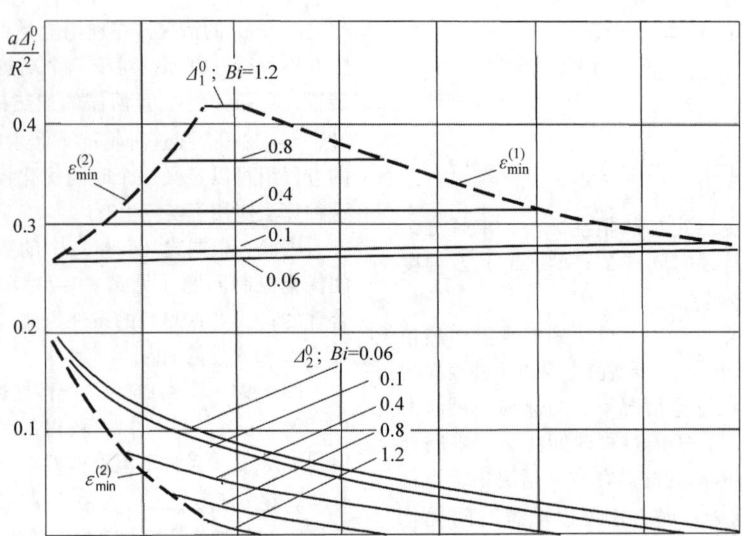

图 4-95 $\varepsilon\in[\varepsilon_{\min}^{(2)},\ \varepsilon_{\min}^{(1)}]$ 条件下，优化控制区间持续时间与加热精度及热损失的关系

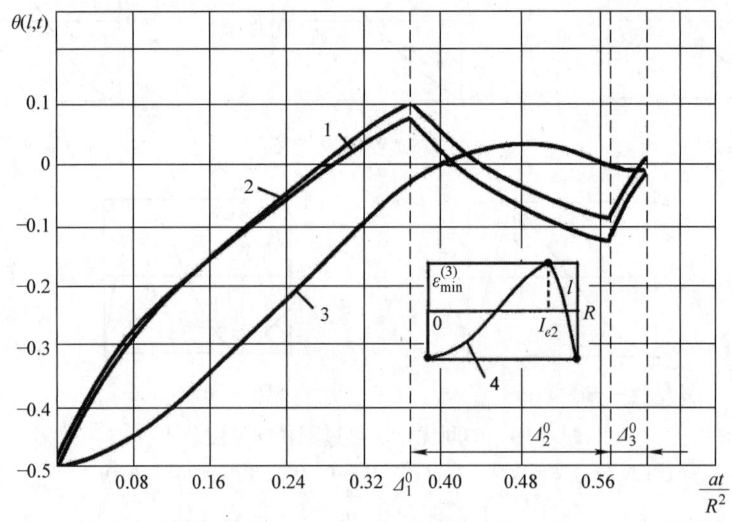

图 4-96 优化过程中温度分布 T（l，t）变化与不同 ε 值之间的关系

因此，在 $\varepsilon=\varepsilon_{\min}^{(1)}$ 情况下，等式 $N=2$ 成立。可以证明，等式 $N=2$ 对所有满足 $\varepsilon_{\min}^{(2)}\leqslant\varepsilon\leqslant\varepsilon_{\min}^{(1)}$ 条件都有效。在 $\varepsilon_{\min}^{(2)}<\varepsilon\leqslant\varepsilon_{\min}^{(1)}$ 情况下，根据式（4-93）、式（4-94）和式（4-111），式（4-114）对于式（4-93）中所需 l_j^0 点数都成立。

与时间优化加热过程结束时的温度分布（见图 4-90）相比，能量优化加热过程结束时的最终温度分布可由工件心部（$l=l_1^0=0$）和工件表面（$l=l_2^0=R$）可达到的最小允许温度（等于 $T_k^*-\varepsilon$）来表征。配点处 $l=l_{e2}$ 最终最大温度不能达到最大允许值 $T_k^*+\varepsilon$。因此，转化指示规律［见式（4-109）］超出了点 l_j^0 的温度偏差。在 $\varepsilon_{\min}^{(2)}<\varepsilon\leqslant\varepsilon_{\min}^{(1)}$ 情况下，适当的温度曲线 T（l，Δ^0）见图 4-97。所以，对于给定值 ε，两等式方程组可表示为

$$\begin{cases}T(0,\Delta_1^0,\Delta_2^0)-T_k^*=-\varepsilon\\T(R,\Delta_1^0,\Delta_2^0)-T_k^*=-\varepsilon\end{cases}\tag{4-120}$$

这组方程与式（4-113）和式（4-115）不同，可以求解两个未知参数 Δ_1^0 和 Δ_2^0，它们的值一般与那些时间优化控制参数不同，尽管两种问题所采用的加热精度相同。

在 $\varepsilon=\varepsilon_{\min}^{(2)}$ 的情况下，式（4-116）成立。因此，与转换性质一致，点 l_j^0 候选点的最大可能数量 $Q_{\max}=3$ 即数量 $Q=3$［见式（4-93）和式（4-94）］。这样可得出唯一的温度曲线 T（l，Δ^0）和适当的方程

组［见式（4-117）］。对于这种特殊情况，当 $\varepsilon=\varepsilon_{\min}^{(2)}$时，能量损耗最小化问题的解也依据最短时间标准被强制优化。

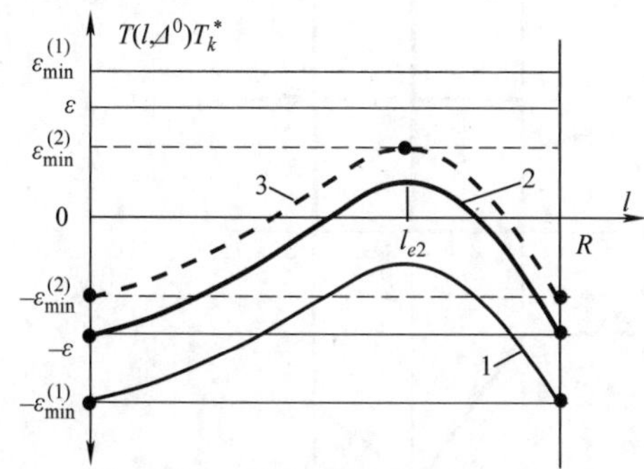

图 4-97　最低能耗下不同加热精度的温度曲线

1—$\varepsilon=\varepsilon_{\min}^{(1)}$　2—$\varepsilon_{\min}^{(2)}<\varepsilon<\varepsilon_{\min}^{(1)}$　3—$\varepsilon=\varepsilon_{\min}^{(2)}$

在 $\varepsilon_{\min}^{(3)}<\varepsilon<\varepsilon_{\min}^{(2)}$情况下，讨论就被限定在专门适用于感应加热过程且与 $\varepsilon=\varepsilon_{\min}^{(2)}$情况对应的温度曲线。这里可与前文所涉及的时间优化控制问题进行一般类比。一方面，在 $\varepsilon_{\min}^{(3)}<\varepsilon<\varepsilon_{\min}^{(2)}$条件下，$N\geqslant 3$。另一方面，如果 $Q\leqslant 3$，则根据式（4-94）的基本条件，$N<4$。因此，在条件 $Q\leqslant Q_{\max}$下，$N=3$，从而 $Q=N=3$。在这种情况下，唯一最有可能的最终温度分布形状见图 4-93。这组控制方程可表示为式（4-119）。根据时间最小化标准和能量损耗最小化标准，这组方程的解可以决定优化控制。

因此，当 ε 满足时 $\varepsilon_{\min}^{(3)}<\varepsilon\leqslant\varepsilon_{\min}^{(2)}$，对于两种标准，使用这种方法获取的控制算法是最优化的。当 ε 在 $\varepsilon_{\min}^{(2)}<\varepsilon\leqslant\varepsilon_{\min}^{(1)}$范围内时，优化的最短时间与最少能耗的算法彼此不同。式（4-95）中的规律对所有情况下的能量损耗最小化问题都有效，除了情况 $\varepsilon=\varepsilon_{\min}^{(1)}$（$N=2$），这一规律对数量 N 与 ε 值的关系进行定义。

对于两种标准，图 4-98 所示为最优加热时间和能量损耗与所需加热精度的关系，是优化控制算法的对比计算结果。计算采用感应加热过程的线性模型。图 4-99 所示为 $U_{\max}$为常数时的最优化控制及工艺约束条件下优化过程中最高温度和最大热应力与时间的关系。

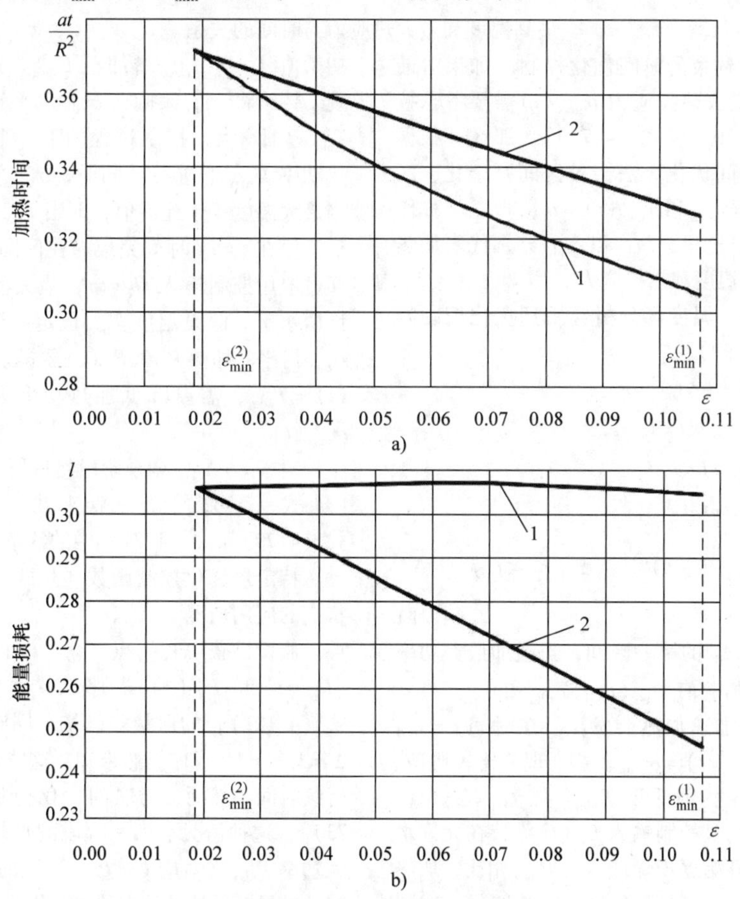

图 4-98　最优加热时间和能量损耗与所需加热精度的关系

1—时间最优化　2—能量损耗最优化

a）最优加热时间　b）能量损耗

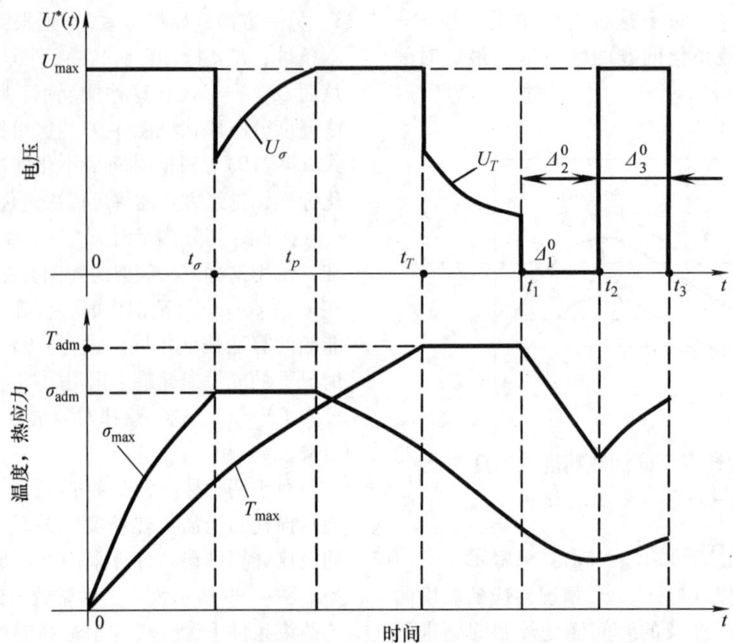

图 4-99　U_{max}为常数时的最优化控制及工艺约束条件下优化过程中最高温度和最大热应力与时间的关系

（3）考虑技术约束的时间优化控制　如果对最高温度$T_{max}(t)$和最大热拉应力$\sigma_{max}(t)$需要考虑技术约束［见式（4-70）和式（4-71）］，那么（根据常见优化条件）时间优化算法会被区间复杂化，区间中等式$T_{max}(t)=T_{adm}$和$\sigma_{max}(t)=\sigma_{adm}$成立（称作沿约束运动区间）。这里，$T_{adm}$和$\sigma_{adm}$分别代表加热过程中最高可允许温度和热拉应力。

在常规情况下，温度场分析会用到优化控制的基本算法（见图 4-99）：

$$U^*(t)=\begin{cases}U_{max},0<t<t_\sigma\\ U_\sigma(t),t_\sigma\leqslant t\leqslant t_p\\ U_{max},t_p\leqslant t<t_T\\ U_T(t),t_T\leqslant t\leqslant\Delta_1\\ \dfrac{U_{max}}{2}[1+(-1)^{j+1}],t_{j-1}<t<t_j,j=\overline{2,N}\end{cases}\tag{4-121}$$

在持续时间为Δ_1的第一区间，当施加最大功率$U^*(t)=U_{max}$时，随着值$T_{max}(t)<T_{adm}$和$\sigma_{max}(t)<\sigma_{adm}$的连续增加，加速加热会发生。在时间$t=t_\sigma$，达到第一个极限$\sigma_{max}(t)=\sigma_{adm}$，这个现象比较典型。在那一点，最高温度仍低于$T_{adm}$。接着，在（$t_\sigma$，$t_T$）区间，热拉应力被控制输入$U_\sigma(t)$维持在允许水平$\sigma_{adm}$，从$t=t_\sigma$开始逐步降低。与$U_{max}$相比，加热功率$U_\sigma(t)$迅速减小，以避免进一步增加$\sigma_{max}$。同时，在区间（$t_\sigma$，$t_T$），最高温度$T_{max}$继续增加。

得到等式$\sigma_{max}(t)\equiv\sigma_{adm}$，须进一步将$U_\sigma(t)$从初始值（$<U_{max}$）增加至$U_{max}$，这可在$t=t_p$时实现。持续将$\sigma_{max}$保持在$\sigma_{adm}$水平是不可能的。随着$T_{max}$逐渐增大，控制过程的下一个阶段将在最大加热功率$U_{max}$下进行。同时，$\sigma_{max}$从$\sigma_{adm}$开始降低。当最大温度等于允许值，即当$T_{max}(t_T)=T_{adm}$时，这一阶段在$t=t_T$时刻完成。在区间（$t_T$，$\Delta_1$）期间，通过应用控制输入$U_T(t)$，最大温度维持在最大允许值水平。假设温度$T_{max}$恒定，类似于$U_\sigma(t)$，与$U_{max}$相比，加热功率$P_T(t)$骤减。为满足等式$T_{max}(t)=T_{adm}$，需要降低加热功率$P_T(t)$，从而降低$\sigma_{max}(t)$。

对于$t>\Delta_1$，剩余阶段将依据一般控制算法进行［见式（4-63）］。一般来讲，在这些阶段中，式（4-70）和式（4-71）中的约束条件也需要遵循。

特定最优化控制函数［见式（4-121）］代表了特定的应用情况。

假设已获得时间点（t_σ、t_p和t_T）与控制输入［$U_\sigma(t)$和$U_T(t)$］。那么，优化控制算法［见式（4-121）］的形状即已知。同时，N与控制参数$\Delta=\Delta_i(i=\overline{1,N})$仍然未知。这些值代表控制阶段的持续时间。然而，与时间优化控制相比［见式（4-73）］，这种情况下第一阶段的加热模型，比恒定最大功率P_{max}（对应$U=U_{max}$）下的加热更加复杂。

结果，受技术约束的时间优化控制问题就简化为式（4-74）和式（4-75）形式的数学规划问题。为获取最终温度分布情况$T(l,\Delta)$（l和Δ的函数），需要解决涉及更为复杂控制的模型等式［见式（4-121)］。

对于感应加热的线性模型来讲，把式（4-121）中的控制函数 $P^*(t)$ 代入式（4-106)，同步控制函数 $P_\sigma(t)$ 和 $P_T(t)$ 可通过下列指数近似法获得

$$P_\sigma(t)=a_\sigma+b_\sigma\exp[-\beta_\sigma(t-t_\sigma)]$$

$$P_T(t)=a_T+b_T\exp[-\beta_T(t-t_T)] \quad (4\text{-}122)$$

时间点 t_σ、t_p 和 t_T 可通过下列条件找到:

$$\sigma_{\max}(t_\sigma)<\sigma_{\mathrm{adm}};P_\sigma(t_p)<P_{\max};T_{\max}(t_T)<T_{\mathrm{adm}} \quad (4\text{-}123)$$

在已知条件 $\sigma_{\max}(t)(0<t\leqslant t_\sigma)$ 与 $T_{\max}(t)(0<t\leqslant t_T)$，基于参考文献［2］中提到的计算方法，式（4-122）中的系数 a_σ、b_σ、β_σ、a_T、b_T 与 β_T 能通过式（4-102）~式(4-107）预先计算。

如果通过应用单阶段控制输入［以式（4-121）形式］可获得的最大可达到加热精度变得小于最佳可达到加热精度（如当 $\varepsilon_{\min}^{(1)}>\varepsilon_{\inf}$)，最终温度分布 $T(l,\Delta^0)$ 的形状及其在式（4-109）和式（4-110）中的变换特征［包括式（4-95）中定义数量 N 的规律］在对 $\sigma_{\max}$ 和 $T_{\max}$ 的技术约束下仍然有效，而不用管另一类型中 $T(l,\Delta^0)$ 对 Δ^0 的依赖关系。

在这种情况下，对于所有的 ε 都满足 $\varepsilon_{\min}^{(3)}<\varepsilon\leqslant\varepsilon_{\min}^{(1)}$，时间优化控制问题可利用前文中描述的方法来求解。这个问题就简化为建立恰当的方程组［从式（4-113)、式（4-115)、式（4-117）和式（4-119)中选取］。采用式（4-121）中的控制输入，而非式（4-93)，并带入最终温度分布 $T(l,\Delta^0)$（通过模型公式求解获得）后，即可求解这个方程组。

对于 $\varepsilon=\varepsilon_{\min}^{(1)}>\varepsilon_{\inf}$ 和 $N=1$，当问题得以解决时，一个独特的特性出现。根据式（4-121)，在温度保持在 T_{adm} 水平的区间中，单阶段优化控制过程终结。在 $T_{\max}$ 技术约束条件下，最大最终温度与所需值的偏差等于 $T_{\mathrm{adm}}-T_k^*$。这意味着 $\varepsilon_{\min}^{(1)}$ 值（等于 $T_{\mathrm{adm}}-T_k^*$）已知。因此，优化加热时间 Δ_1^0 可由式（4-124)得到:

$$T(0,\Delta_1^0)-T_k^*=-\varepsilon_{\min}^{(1)}=-(T_{\mathrm{adm}}-T_k^*) \quad (4\text{-}124)$$

采用式（4-124)，而非式（4-113)，式（4-124）对应于圆柱中心处 $l=l_1^0=0$ 点上的温度。在区间（t_T，Δ_1^0）内，通过控制输入 $U_T(t)$ 可满足条件 $T(l_{e2},\Delta_1^0)-T_k^*=+\varepsilon_{\min}^{(1)}$。

同时，类似于忽略技术约束的优化控制问题，当 $T(R,\Delta_1^0)>T(0,\Delta_1^0)$ 时，条件 $\varepsilon_{\min}^{(1)}>\varepsilon_{\inf}$ 成立，这对于图4-89中所给出的温度曲线 $T(l,\Delta_1^0)$ 比较典型。如果区间（t_T，Δ_1^0）持续时间长，不等式 $T(R,\Delta_1^0)<T(0,\Delta_1^0)=T_k^*-\varepsilon_{\min}^{(1)}$ 变得有效，这有悖于式（4-74）中关于最终温度分布的要求（见图4-100a)。在这种情况下，$\varepsilon=\varepsilon_{\min}^{(1)}$ 值超过偏差 $T_{\mathrm{adm}}-T_k^*$，等于最小可获得值 $\varepsilon_{\inf}$。只有图4-100b中的温度曲线呈现转换特征，式（4-93）和式（4-94)、式（4-95）和式（4-109）中的条件依旧有效，方可使得式（4-125）成立:

$$\begin{cases}T(0,\Delta_1^0)-T_k^*=-\varepsilon_{\min}^{(1)}=-\varepsilon_{\inf}\\ T(R,\Delta_1^0)-T_k^*=-\varepsilon_{\min}^{(1)}=-\varepsilon_{\inf}\end{cases} \quad (4\text{-}125)$$

式中有两个未知变量：Δ_1^0 和 $\varepsilon_{\inf}=\varepsilon_{\min}^{(1)}$。

没有必要满足条件:

$$T(l_{e2},\Delta_1^0)-T_k^*=T_{\mathrm{adm}}-T_k^*<\varepsilon_{\min}^{(1)}=\varepsilon_{\inf} \quad (4\text{-}126)$$

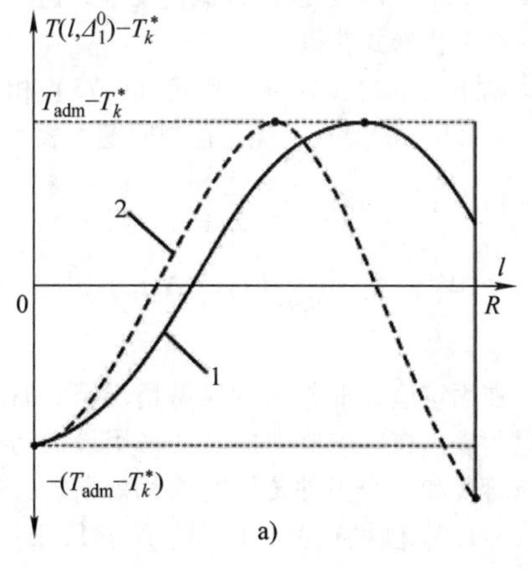

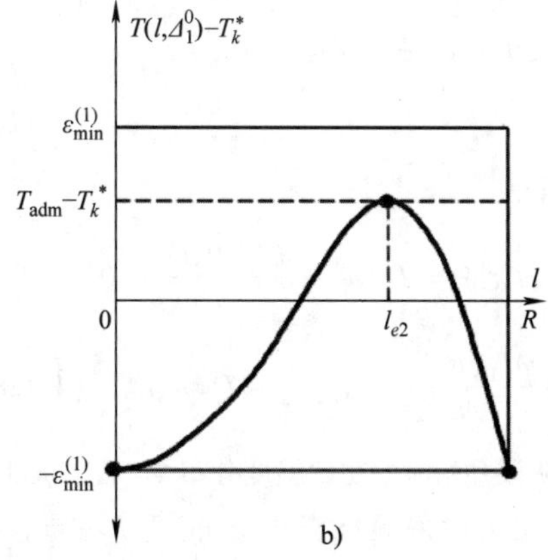

图4-100 最高温度约束下的时间优化加热

a）边界条件 $T(R,\Delta_1^0)>T(0,\Delta_1^0)$（曲线1）和 $T(R,\Delta_1^0)<T(0,\Delta_1^0)$（曲线2）时式（4-124）得到的时间优化后的最终温度分布 b）$\varepsilon=\varepsilon_{\min}^{(1)}=T_{\mathrm{adm}}-T_k^*\geqslant\varepsilon_{\inf}$ 时的最终温度分布

引入控制方程组，因为它由控制输入 $P_T(t)$ 满足。

与式（4-109）和式（4-110）的一般特征形成对比的是，相对于 $T(l,\Delta_1^0)$ 与 T_k^* 的绝对值，它们的指示转换最大偏差［见式（4-125）和式（4-126）］是不对称的。在 $T_{adm}=T_k^*$ 条件下，优化控制的最简单形式与加速的恒温感应加热模型相吻合。

估算差异 $T(R,\Delta_1^0)-T(0,\Delta_1^0)$ 的指示［可由式（4-124）的一个解 Δ_1^0 决定］可以建立值 $\varepsilon_{min}^{(l)}$ 与 ε_{inf} 的关系。如果 $T(R,\Delta_1^0)\geqslant T(0,\Delta_1^0)$，且 $\varepsilon_{min}^{(l)}=T_{adm}-T_k^*\geqslant\varepsilon_{inf}$，这个问题可在给定的加热精度 ε 下，采用前文中描述的计算流程进行求解。否则，可以得出式（4-125）的根 Δ_1^0 和 ε_{inf}，且在 $\varepsilon<\varepsilon_{min}^{(l)}=\varepsilon_{inf}$ 情况下，这个初始问题变的无解。技术约束以与涉及其他效率标准的最优化问题相似的方式引入。

（4）时间优化问题的传输问题 考虑静态感应加热过程的时间优化控制问题，需将工件运输到金属成形站的过程纳入。在金属成形开始时，而不是在感应加热结束时，被加热工件必须保证适当的温度。长的运输时间会增加被加热工件表面的热损失，热损失包括辐射和对流。因此，当对整个感应加热－金属成形过程进行优化控制时，必须将输送时间 t_{tr} 考虑在内。

加热过程中 t^0 的工件温度由式（4-98）表示，其边界条件由式（4-99）给出，包括一个热传导系数 α，该系数与整个加热过程中（感应器内）工件表面的热损失相关。

在运输期间 t_{tr}、温度场 $T_1(l,t)$ 满足式（4-98），没有热源（$W=0$）：

$$c\gamma\frac{\partial T_1(l,t)}{\partial t}=\frac{1}{l}\frac{\partial}{\partial l}\left[\lambda l\frac{\partial T_1(l,t)}{\partial l}\right];$$

$$0<l<R;\ t^0\leqslant t\leqslant t^0+t_{tr} \tag{4-127}$$

边界条件下为

$$T_1(l,t^0)=T(l,t^0);\ \frac{\partial T_1(0,l)}{\partial l}=0;$$

$$\lambda\frac{\partial T_1(R,l)}{\partial l}=\alpha_1[T_a-T_1(R,t)] \tag{4-128}$$

输送阶段开始时的初始温度分布 $T_1(l,t^0)$ 即是加热阶段结束时的最终温度分布 $T(l,t^0)$。在式（4-128）中的边界条件下，输送阶段的热损失可由值 α_1 来估算；与电感线圈内的热损失相比，输送阶段的热损失急剧增加（$\alpha_1>\alpha$）。

因此，式（4-98）、式（4-99）、式（4-127）和式（4-128）给出了加热和运输阶段工件内的温度场分布。必须得到等式 $T_1(l,t^0)=T(l,t^0)$，以保证加热阶段结束时 $t=t^0$ 与运输阶段开始时的温度场一致。

在时间 $t=t^0+t_{tr}$，所需绝对加热精度 ε 可表示为

$$\max_{l\in[0,R]}|T_1(l,t^0+t_{tr})-T_k^*|\leqslant\varepsilon \tag{4-129}$$

对于由式（4-98）、式（4-99）、式（4-127）和式（4-128）描述的控制系统，时间优化控制问题也可用公式表示。有必要为电感电压［由式（4-101）约束］选择一个控制函数 $U^*(t)(0<t<t^0)$，以将工件从初始温度分布以给定精度 ε［根据式（4-129）］升至所需温度 $T_1(l,t^0+t_{tr})(t=t^0+t_{tr}$ 时刻）。控制函数 $U^*(t)$ 也应提供一个总过程时间 $t_{min}^0+t_{tr}$ 的最小可能值。对于固定值，工件加热过程必须是时间最优化的。在这种情况下，总过程时间是最短的。

可以通过数学方法证明，时间优化控制算法 $U^*(t)$ 由以最大功率加热的转换阶段和随后的均温/冷却过程组成。因此，优化控制 $U^*(t)$ 可由式（4-73）来表达。输送阶段（固定的持续时间已知）被看作加热过程的一个附加的最后阶段，加热条件为 $U^*(t)=0,t^0<t\leqslant t^0+t_{tr}$。

因此，优化控制算法的形状已知，但过程阶段的数量 N 和持续时间 $\Delta=\Delta_i(i=\overline{1,N})$ 还未知。最终温度状态 $T_1(l,t^0+t_{tr})$ 可由 $T_1(l,\Delta,t_{tr})$ 与参数 $\Delta=(\Delta_1,\Delta_2,\cdots,\Delta_N)$ 和 t_{tr} 值的关系来表达。对于控制输入 $U^*(t)$ 的任何特殊形式，都可通过式（4-98）、式（4-99）、式（4-127）和式（4-128）来求解函数 $T_1(l,\Delta,t_{tr})$。在线性近似情况下，这一关系可通过一个分析形式获得。

结果，与式（4-74）和式（4-75）相似，根据式（4-129）的要求，优化控制问题可表示为

$$I(\Delta)=\sum_{i=1}^{N}\Delta_i\rightarrow\min_{\Delta} \tag{4-130}$$

$$\varphi(\Delta^*)=\max_{l\in[0,R]}|T_1(l,\Delta,t_{tr})-T_k^*|\leqslant\varepsilon \tag{4-131}$$

在固定值 t_{tr} 非常大的典型情况下，时间优化控制过程表示在感应器中加热（采用最大功率）的一个单阶段和一个工件传输时的均温阶段，这相当于式（4-130）和式（4-131）的 $N=1$，$\Delta=\Delta_1$（见图 4-101a）可以证明，在控制类输入中，可达到的最大加热精度 $\varepsilon_{min}^{(1)}$ 与最低可达到的加热精度 ε_{inf} 一致。

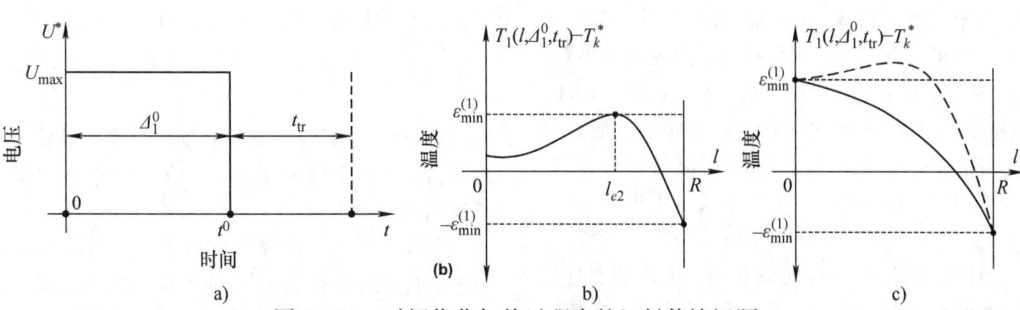

图 4-101　时间优化加热过程中的坯料传输问题

a）$N=1$ 时的时间优化控制　b）$T_1(l_{e2},\Delta_1^0,t_{tr})-T_k^*=\varepsilon_{min}^{(1)}$ 时的最终温度曲线

c）$T_1(0,\Delta_1^0,t_{tr})-T_k^*=\varepsilon_{min}^{(1)}$ 时的最终温度曲线

最终温度 $T_1(l,\Delta_1^0,t_{tr})$ 满足转换特性［式（4-109）和式（4-110）］，但是由于输送过程的不可控性，导致径向温度分布的形状明显发生变形。根据式（4-93）和式（4-94）的基本性质，在 $\varepsilon=\varepsilon_{min}^{(1)}$ 情况下［见式（4-131）］，有两个点 $l_j^0\in[0,R]$，$j=1,2$ 存在最大偏差，上述偏差为最终温度 $T_1(l_j^0,\Delta_1^0,t_{tr})$ 和所需温度 T_k^* 之间的偏差。

较长输送阶段的结果，根据式（4-109）的指示转化性质，只有点 $l_1^0=l_{e2}$，$l_2^0=R$ 或 $l_1^0=0$，$l_2^0=R$ 被看作配点。因此，根据特定值 t_{tr}（见图 4-101b，c），适当的方程组可表示为

$$\begin{cases}T_1(l_{e2},\Delta_1^0,t_{tr})-T_k^*=+\varepsilon_{min}^{(1)}=\varepsilon_{inf}\\ T_1(R,\Delta_1^0,t_{tr})-T_k^*=-\varepsilon_{min}^{(1)}=-\varepsilon_{inf}\\ \dfrac{\partial T_1(l_{e2}^0,\Delta_1^0,t_{tr})}{\partial l}=0\end{cases}\tag{4-132}$$

或

$$\begin{cases}T_1(0,\Delta_1^0,t_{tr})-T_k^*=+\varepsilon_{min}^{(1)}=-\varepsilon_{inf}\\ T_1(R,\Delta_1^0,t_{tr})-T_k^*=-\varepsilon_{min}^{(1)}=-\varepsilon_{inf}\end{cases}\tag{4-133}$$

对于固定值 t_{tr}，这个方程组可用来求解式（4-132）中的优化过程参数 Δ_1^0 和 $\varepsilon_{min}^{(1)}$ 及坐标 l_{e2}。式（4-133）可用来求解 Δ_1^0 和 $\varepsilon_{min}^{(1)}$。如果所获得的值满足 $\max\limits_{l\in[0,R]}T_1(l,\Delta_1^0,t_{tr})>T_1(0,\Delta_1^0,t_{tr})$（见图 4-101c，短画线），就需要求解式（4-132）。

优化加热模式可能需要对工件进行一定量的过热处理，以补偿运输过程中发生的任何冷却。这种过热处理可能会超出式（4-70）和式（4-71）中的技术约束，即超过加热过程中的最大可允许温度。

在这种情况下，技术约束应该纳入考虑范围。因此，在传输阶段之前的优化功率控制算法 $U^*(t)$ 可以式（4-121）的形式来表达。从描述最终温度分布 $T_1(l,\Delta_1,t_{tr})$ 依赖关系的公式、沿圆柱体径向的优化温度分布 $T_1(l,\Delta_1^0,t_{tr})$ 的形状和构建恰当的方程组过程中可以发现很多显著差别。

在控制输入条件 $U^*(t)$［以式（4-121）形式］下的单阶优化过程，在保持 T_{max} 为 T_{adm} 水平的阶段结束。接着，最高温度在输送阶段开始降低。因此，根据式（4-93）和式（4-94）的转换性质，与图 4-101b和 c 中的曲线相比，优化过程结束时只存在两个可能的径向温度分布 $T_1(l,\Delta_1^0,t_{tr})$ 变量。在与 t_{tr} 值相关的温度曲线的形状中，这些变量（见图 4-102）发生了改变。在图 4-102a 所表达的情况中，两等式方程组可表示为

$$\begin{aligned}T_1(0,\Delta_1^0,t_{tr})-T_k^*&=-\varepsilon_{min}^{(1)}=-\varepsilon_{inf}\\ T_1(R,\Delta_1^0,t_{tr})-T_k^*&=-\varepsilon_{min}^{(1)}=-\varepsilon_{inf}\end{aligned}\tag{4-134}$$

式（4-134）可求解未知变量 Δ_1^0 和 $\varepsilon_{min}^{(1)}=\varepsilon_{inf}$。

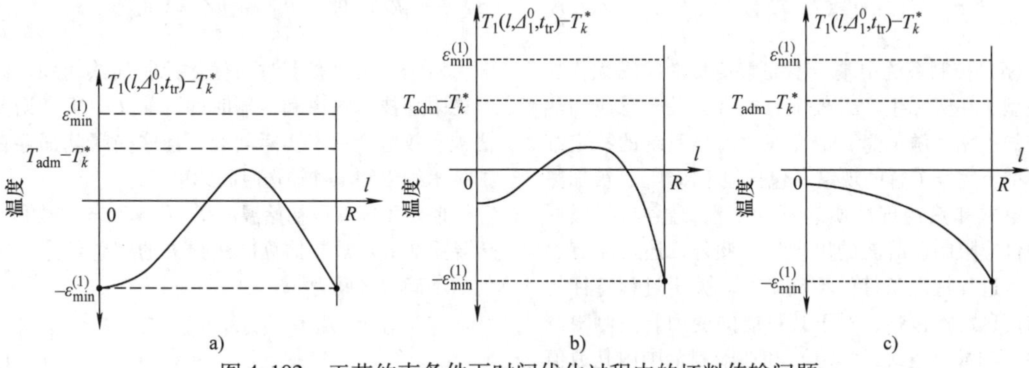

图 4-102　工艺约束条件下时间优化过程中的坯料传输问题

a）最终温度分布　b）、c）长时间传输过程导致的最终温度分布的不同

如果传输阶段较长，那么，只能满足式(4-134)的第二个等式。这意味着，温度曲线 $T_1(l, \Delta_1^0, t_{tr})$ 中只有一个最低温度点 $l_1^0 = R$（见图4-102b, c)。根据式（4-93）和式（4-94）的转换性质，在 $\varepsilon = \varepsilon_{min}^{(1)}$ 条件下，优化控制 $U^*(t)$ 可提前完全确定，且没有未知参数，即 $N = 0$［见式（4-93）和式(4-94)］。对于式（4-121）中的 $t_T = \Delta_1^0$，这个结论成立，即传输阶段从 $t = t_T$ 时刻开始，也在这个时刻达到最大可允许温度 T_{adm}。在这种情况下，控制输入为 U_T 的均温处理阶段的持续时间为零，且对于任意值 $t_{tr} \leqslant t_{tr}^*$，温度分布 T_1（l, Δ_1^0, t_{tr}）的形状如图4-102a所示。

将 $\Delta_1^0 = t_T$ 和 $t_{tr} = t_{tr}^*$ 代入式（4-134）可得到

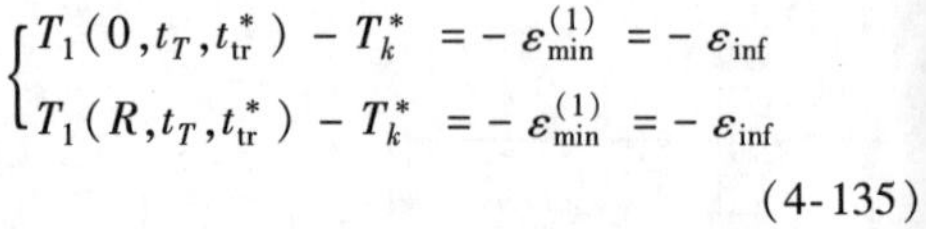

$$\begin{cases} T_1(0,t_T,t_{tr}^*) - T_k^* = -\varepsilon_{min}^{(1)} = -\varepsilon_{inf} \\ T_1(R,t_T,t_{tr}^*) - T_k^* = -\varepsilon_{min}^{(1)} = -\varepsilon_{inf} \end{cases} \tag{4-135}$$

式（4-135）可用来求解优化加热过程的参数，包括传输阶段的 $t_{tr} = t_{tr}^*$ 和 $\varepsilon_{min}^{(1)}$。t_T 值可由式（4-123）中的适当方程来求解。

对于满足 $t_{tr} > t_{tr}^*$ 条件的传输阶段持续时间的所有值，优化控制算法 $U^*(t)$ 具有相同的形式。如果 $\varepsilon_{min}^{(1)} = \varepsilon_{inf}$ 成立，对于任意 t_{tr}，式（4-134）中的第二个等式可在取代 $\Delta_1^0 = t_T$ 后来求解未知 ε_{inf} 值。

关于加热过程线性近似模型的计算结果见图4-103。通过求解输送问题获取 t_{tr} 值的一般计算流程可参考参考文献［2，3］。

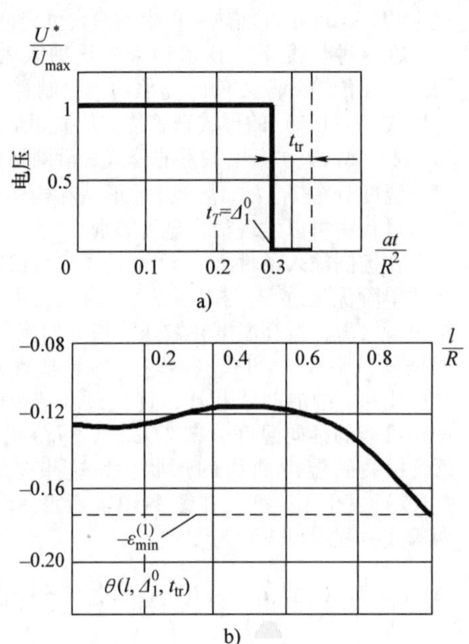

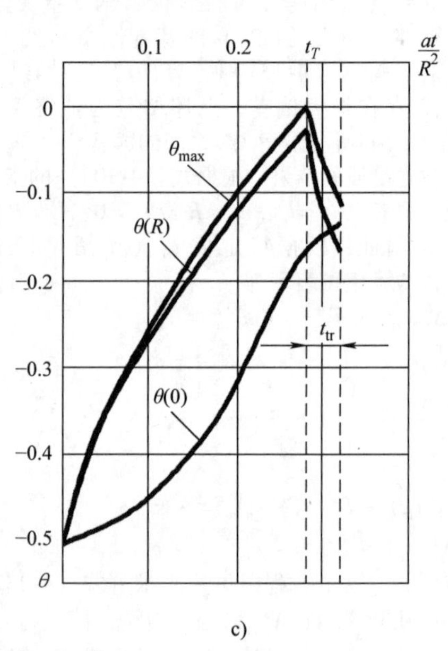

图4-103 最高温度 T_{max} 约束下时间优化过程中的坯料传输问题

a）优化控制 b）最终温度分布

c）加热精度 $\varepsilon_{min}^{(1)}$ 为 $T_{adm} - T_k^* = 0$ 和 $t_{tr} = t_{tr}^*$ 时的时间－温度变化曲线

注：$\theta = (T - T_k^*)\lambda / P_{max}R^2$, $\xi = 4$, $\theta(l,0) = -0.5$，$Bi = \alpha R/\lambda = 0.7$，$Bi_1 = \alpha_1 R/\lambda = 1.8$。

（5）控制系统中基于不完整信息的时间优化加热模型　在实际生产条件下，经常有关于感应加热系统的不完整源信息，也存在对加热系统的特定细节特征不完全了解的现象（包括但不限于）：被加热工件电磁和热物理性质的不确定性、感应器结构、电源供应限制、谐波的出现等。此外，还可能有关于技术过程特定条件的不确定性。关于过程特征的事前信息通常包括，对于其可能的变动有一侧限制条件（如最小值或最大值）和在限制范围内其数值可任意变动。

对于一维状态下时间优化控制加热问题，没有考虑附加技术约束和传输时间。前文中所讨论的方法被有效地应用于实际问题，且这些问题都存在附加技术约束和工件输送时间约束。

假定不能获取初始温度 $T_0(l) = T_0 =$ 常数和由热传导系数 $\alpha =$ 常数估算的热损失的完整信息，则它们的不确定区间为

$$T_{0min} \leqslant T_0 \leqslant T_{0max};\ \alpha_{min} \leqslant \alpha \leqslant \alpha_{max} \tag{4-136}$$

式（4-136）是指每个独立的工件在恒定热损失 $\alpha =$

常数下从初始温度 T_0 = 常数开始加热，上述常数分别在［$T_{0\min}$，$T_{0\max}$］和［$\alpha_{\min}$，$\alpha_{\max}$］范围内。

在式（4-136）条件下，对于预先未知的具体值 T_0 和 α，在给定精度下，加热过程结束时温度分布的要求可由式（4-137）获得［取代式（4-67）]：

$$\max_{T_0,\alpha}\left[\max_{l\in[0,R]}|T(l,t^0)-T_k^*|\right]\leqslant\varepsilon \tag{4-137}$$

式（4-137）对每个可能的 T_0 和 α 组合都有效。

因此，由式(4-98)～式(4-101)和式（4-136）描述的加热过程的时间优化控制问题可通过以下方式表达。选择时间相关的功率控制输入 $U^*(t)$［由式（4-68）约束]，该输入可以最短时间 $t^0=t^0_{\min}$ 将工件的初始温度分布达到式（4-137）中的目标状态。

在感应加热过程模型（模型有关于 T_0 和 α 值的完整信息）的时间优化问题中，优化控制算法与分段函数［见式（4-73)］的形式相同。因此，优化控制算法的简况已知，但是控制区间的数量 N 和持续时间（Δ_1，Δ_2，…，Δ_N）仍然未知。

一个向量参数 $v=(l,\ T_0,\ \alpha)$ 被引入来表示一组任意固定值（$l\in[0,R]$；$T_0\in[T_{0\min},T_{0\max}]$；$\alpha\in[\alpha_{\min},\alpha_{\max}]$)。接着，根据式（4-136）中的不等式，这个问题被简化为［与式（4-74）和式（4-75）相似］

$$I(\Delta)=\sum_{i=1}^{N}\Delta_i\rightarrow\min_{\Delta} \tag{4-138}$$

$$\varphi(\Delta)=\max_{v}|T(v,\Delta)-T_k^*|\leqslant\varepsilon \tag{4-139}$$

式中，$T(v,\ \Delta)$是指对于任意允许值 T_0 和 α 的最终温度分布。

对于式（4-99）和式（4-102）中的线性近似，式（4-139）中的温度分布 $T(v,\ \Delta)$可以采用式（4-138）定义。在式（4-138）中，所有数量可以被看作式（4-135）（对于固定值 α）的根。这个问题比式(4-134）更加复杂，这是由于向量组 v 中引入了最大温度偏差，v 本身包含参数 T_0 和 α 及空间坐标 l。

对于最大最小值 $\varepsilon^{(N)}_{\min}$，与式（4-91）相似的一系列不等式成立。可取代式（4-90），最大最小值 $\varepsilon^{(N)}_{\min}$ 的定义可表示为

$$\varepsilon^{(N)}_{\min}=\min_{\Delta}[\max_{v}|T(v,\Delta)-T_k^*|];$$
$$\Delta=(\Delta_i),\ i=\overline{1,N} \tag{4-140}$$

对于任意给定值 T_0 = 常数和 α = 常数，前文中所描述的性质适合温度分布 $T(l,\ T_0,\ \alpha,\ \Delta)$。这意味着，最终温度分布的基本性质［见式（4-93）和式（4-94)］对于问题［见式（4-138）和式（4-144)］仍然有效。对于参数向量 v 中 T_0 和 α 值的任意组合，在 $l\in[0,\ R]$区间内，都有相应的优化过程结束时的特殊温度分布 $T(l,\ T_0,\ \alpha,\ \Delta)$。

因此，决定优化控制算法的控制方程组和计算流程保持不变。与 T_0 和 α 值完全已知的问题相比，若每个 l_j^0 点 T_0 和 α 值不同，其最终温度与所需温度的允许偏差达到最大。固定值 T_0 和 α 应基于普通物理意义提前确定。

在最简单的情况下，条件 $\varepsilon=\varepsilon^{(1)}_{\min}$ 成立［见式(4-139)]。这里，$N=1$，且符合典型情况 $\varepsilon^{(1)}_{\min}>\varepsilon_{\inf}$，方程组可以式（4-113）的形式写出。在最低初始温度 $T_0=T_{\min}$ 和最大热损失 $\alpha=\alpha_{\max}$ 的条件下，圆柱体轴上点 $l=0$ 达到最低温度。与此相反，在最高初始温度 $T_0=T_{\max}$ 和最小热损失 $\alpha=\alpha_{\min}$ 的条件下，点 $l=l_{e2}$ 达到最高温度。由上可得

$$\begin{cases}T(0,T_{0\min},\alpha_{\max},\Delta_1^0)-T_k^*=-\varepsilon^{(1)}_{\min}\\ T(l_{e2},T_{0\max},\alpha_{\min},\Delta_1^0)-T_k^*=\varepsilon^{(1)}_{\min}\\ \dfrac{\partial T(l_{e2},T_{0\max},\alpha_{\min},\Delta_1^0)}{\partial l}=0\end{cases} \tag{4-141}$$

式（4-141）可用以求解未知参数 Δ_1^0、$\varepsilon^{(1)}_{\min}$ 和 l_{e2}，从而得到式（4-138）和式（4-139）的结果［$\varepsilon=\varepsilon^{(1)}_{\min}$］。

与式（4-115）类似，若所有 ε 值满足条件 $\varepsilon^{(2)}_{\min}<\varepsilon<\varepsilon^{(1)}_{\min}$（$N=2$），则可表示为

$$\begin{cases}T(0,T_{0\min},\alpha_{\max},\Delta_1^0,\Delta_2^0)-T_k^*=-\varepsilon\\ T(l_{e2},T_{0\max},\alpha_{\min},\Delta_1^0,\Delta_2^0)-T_k^*=\varepsilon\\ \dfrac{\partial T(l_{e2},T_{0\max},\alpha_{\min},\Delta_1^0,\Delta_2^0)}{\partial l}=0\end{cases} \tag{4-142}$$

对于固定的值，式（4-142）可求解加热/均温处理区间的优化持续时间（Δ_1^0，Δ_2^0）和最高温度的坐标 l_{e2}。

在两阶时间优化的控制过程结束时，若 $\varepsilon=\varepsilon^{(2)}_{\min}$，工件的初始温度最低（$T_0=T_{\min}$），且其热损失最大（$\alpha=\alpha_{\max}$），则工件心部 $l=0$ 和表面 $l=R$ 达到最低可允许温度。接着，方程组可取代式（4-117)表示为

$$\begin{cases}T(0,T_{0\min},\alpha_{\max},\Delta_1^0,\Delta_2^0)-T_k^*=-\varepsilon^{(2)}_{\min}\\ T(l_{e2},T_{0\max},\alpha_{\min},\Delta_1^0,\Delta_2^0)-T_k^*=\varepsilon^{(2)}_{\min}\\ T(R,T_{0\min},\alpha_{\max},\Delta_1^0,\Delta_2^0)-T_k^*=-\varepsilon^{(2)}_{\min}\\ \dfrac{\partial T(l_{e2},T_{0\max},\alpha_{\min},\Delta_1^0,\Delta_2^0)}{\partial l}=0\end{cases} \tag{4-143}$$

式（4-143）可求解四个未知参数 Δ_1^0、Δ_2^0、$\varepsilon^{(2)}_{\min}$ 和 l_{e2}。

若式（4-139）中条件 $\varepsilon<\varepsilon^{(2)}_{\min}$ 满足，可采用前

文中类似的计算流程来进行求解。

通过求解式（4-138）和式（4-139）中关于加热过程的线性模型所获得的一些计算结果见图4-104。

a)

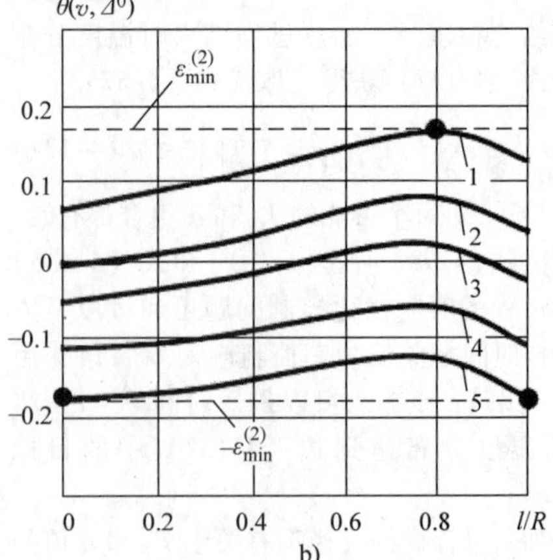

b)

图4-104 不同加热精度时的最终温度分布

a）$\varepsilon=\varepsilon_{min}^{(1)}$ b）$\varepsilon=\varepsilon_{min}^{(2)}$

注：$\theta=(T-T_k^*)\lambda/(P_{max}R^2)$；$Bi\in[0.4,\ 0.7]$；$\theta_0=\theta(l,0)\in[-0.7,\ -0.5]$；$\xi=4$；1 − $Bi=0.4$；$\theta_0=-0.5$；2 − $Bi=0.5$；$\theta_0=-0.55$；3 − $Bi=0.55$；$\theta_0=-0.6$；4 − $Bi=0.64$；$\theta_0=-0.65$；5 − $Bi=0.7$；$\theta_0=-0.7$。

2. 静态感应加热过程二维模型的优化控制

加热过程的多维模型应可以对实际感应加热应用过程中的温度场给出非常准确的描述。基于感应加热过程，多维数学模型可以描述工件内不同空间坐标处的温度分布。这一部分讨论使用二维模型的优化控制问题，该二维模型涉及圆柱体工件和方形薄板感应加热过程中的不均匀温度分布。

（1）静态感应加热过程的二维模型 对于大多数涉及静态感应加热过程的实际问题，在被加热圆柱形工件中，沿轴向 $y\in[0,\ L]$ 和径向 $l\in[0,\ R]$ 的温度分布 $T(x,\ t)[x=(l,\ y)]$ 可被很精确地看作轴对称温度场（见图4-105）。任意时刻 t 的温度分布 $T(l,\ y,\ t)$ 可由热传导方程［见式（4-56），其中 $V=0$］以二维方式来表示：

$$c(T)\gamma(T)\frac{\partial T(l,y,t)}{\partial t}=\frac{1}{l}\frac{\partial}{\partial l}\left[\lambda(T)l\frac{\partial T(l,y,t)}{\partial l}\right]+\frac{\partial}{\partial y}\left[\lambda(T)\frac{\partial T(l,y,t)}{\partial y}\right]+W(l,y,t,T),0<l<R;\ 0<y<L;\ 0<t\leqslant t^0 \tag{4-144}$$

式中，L 是圆柱体的长度；R 是其半径。

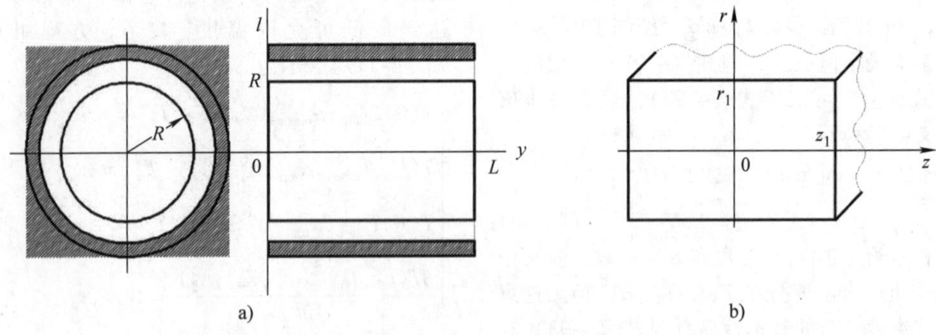

图4-105 二维热传导问题中加热工件的几何参数

a）有限长度的圆柱体 b）长方体

根据式（4-58）~式(4-60)，第三种初始条件和边界条件可表示为

$$T(l, y, 0) = T_0(l, y);\ \frac{\partial T(0, y, t)}{\partial l} = 0;$$

$$\lambda(T)\frac{\partial T(R, y, t)}{\partial l} = \alpha(T)[T_a - T(R, y, t)];$$

$$\lambda(T)\frac{\partial T(l, L, t)}{\partial y} = \alpha(T)[T_a - T(l, L, t)];$$

$$-\lambda(T)\frac{\partial T(l, 0, t)}{\partial y} = \alpha(T)[T_a - T(l, 0, t)] \tag{4-145}$$

在适当的温度区间中，忽略平均过程参数 c、γ、λ、α 和内部加热功率 W 中的非线性，与式（4-102)类似，线性加热方程式（4-144）可以表示为

$$\frac{\partial T(l, y, t)}{\partial t} = a\left[\frac{\partial^2 T(l, y, t)}{\partial l^2} + \frac{1}{l}\frac{\partial T(l, y, t)}{\partial l}\right] + a\frac{\partial^2 T(l, y, t)}{\partial y^2} + W(l, y, t) \tag{4-146}$$

在式（4-144）和式（4-145）中，当 $W=0$ 和 $\alpha=\alpha_1$时，被加热工件在被输送到成型站过程中的冷却可以表示出来。

如果沿工件长度方向的温度不均性可以忽略，那么一个矩形板横截面内部的轴对称温度场($T(x, t)$，$x=(r,z)$，$r\in[0, r_1]$，$z\in[0, z_1]$)可以式（4-56）中等式的形式表示：

$$c(T)\gamma(T)\frac{\partial T(r, z, t)}{\partial t} = \frac{\partial}{\partial r}\left[\lambda(T)\frac{\partial T(r, z, t)}{\partial r}\right] + \frac{\partial}{\partial z}\left[\lambda(T)\frac{\partial T(r, z, t)}{\partial z}\right] + W(r,z,t,T) \tag{4-147}$$

其中，r_1是被加热工件长方形横截面短边长度的一半；z_1是长边长度的一半（见图 4-105)。

初始条件和边界条件可以表示为

$$T(r, z, 0) = T_0(r, z);\ \frac{\partial T(0, z, t)}{\partial r} = 0;$$

$$\frac{\partial T(r, 0, t)}{\partial z} = 0$$

$$\lambda\frac{\partial T(r_1, z, t)}{\partial r} = \alpha[T_a - T(r_1, z, t)];$$

$$\lambda\frac{\partial T(r, z_1, t)}{\partial z} = \alpha[T_a - T(r, z_1, t)] \tag{4-148}$$

与式（4-146）相似，在平均过程参数和内部加热功率中忽略非线性，式（4-147）可改写为

$$\frac{\partial T(r, z, t)}{\partial t} = a\left[\frac{\partial^2 T(r, z, t)}{\partial r^2} + \frac{\partial^2 T(r, z, t)}{\partial z^2}\right] + W(r, z, t) \tag{4-149}$$

电感电压 $U(t)$与内部加热热源的总功率 W 成二次关系，代表了一种典型的与时间相关的控制输入，该输入由式（4-68）中的条件约束。

（2）二维优化控制问题　涉及感应加热过程二维模型［见式（4-144)、式（4-146)、式（4-147）和式（4-149)］的时间优化控制和最小能量损耗的一般问题可以分别简化为式（4-74）和式（4-75）或式（4-74）和式（4-78）中的数学规划问题。在这种情况下，优化控制算法保持不变，并可采用式（4-73）的形式。对于一些特殊过程，应该确定那些阶段的阶段数 N 和持续时间 $\Delta=(\Delta_1, \Delta_2, \cdots, \Delta_N)$。然而，温度场二维模型的优化问题看起来与前文中描述的 OCP 明显不同，这是由于两者对最终温度场的要求有重要区别。

在一个二维 OCP 中，对于加热过程结束时的温度分布 $T(x, \Delta)$，式（4-74）中的要求包括在二维区域 $\Omega=\Omega_1=\{l\in[0, R], y\in[0, L]\}$ 和 $\Omega=\Omega_2=\{r\in[0, r_1], z\in[0, z_1]\}$ 内的给定加热精度。与一维问题相比，这个要求需考虑二维区域。加热过程模型的二维本质导致多种可能的最终温度分布，这些分布的形状特别复杂，并且对于那些达到最大可允许偏差的点，它们之间的温度分布也各不相同。对于这些偏差，不可能像式（4-109）中那样得到指示转换的规律。同时，对于二维最终温度分布 $T(x, \Delta^0)$，式（4-93）和式（4-94）中的基本转换特性保持有效。

然而，可以看到，文中所述的控制优化方法的基础方面，可以应用于许多实际二维优化问题。这个结论基于下列总则。转换性质［见式（4-93）和式（4-94)］仍然有效，且基于常识和明显的技术条件，一维问题的类推较容易建立。这样可在空间区域 Ω_1 或 Ω_2 内［见式（4-94）的给定值 ε］得到最终温度分布 $T(x, \Delta^0)$的形状，也可基于转换方法的计算流程获取时间优化问题的解。

在一般情况下，依赖于 x 和 Δ［见式（4-74)］的温度分布 $T(x, \Delta)$可利用感应加热的数值二维电热模型获得［见式（4-144）和式（4-145）或式（4-147）和式（4-148）的形式］。对于式（4-146)和式（4-149）中线性近似，在适当的边界问题中，这样的一个 $T(x, \Delta)$可以显式解析形式将扩展成为一系列本征函数 $T(x, t)$，类似式（4-148)中的一维 OCP 问题。

（3）圆柱工件感应加热的时间优化控制　与一维情况相比，沿工件长度方向电磁热源分布的不均匀性，及从工件端部和侧面的热损失，现在都被纳

入考虑范围。这些影响所造成的温度场变化，又主要会引起被加热工件内部的径向温度数值的变化。然而，在许多实际情况下，这些影响在轴向上仅会造成较小的温度梯度。因此，在圆柱体的任意横截面上，这些影响的存在不会导致径向温度分布形状的定性变化。

在 $y=$常数$\in[0, L]$条件下，任意横截面内曲线 $T(l, y, \Delta^0)$ 的配点数量可通过式（4-111）确定，这样可直接将控制区间的数量 N 与配点 l_{em}^0（$m=\overline{1, Q_2}$）数量 Q_2 联系起来。

存在 $T(l, y, \Delta^0)$ 与 T_k^* 的最大和最小温度偏差的区域位于圆柱体横截面的一些内部点 $x_j^0=(l_j^0, y_j^0)$ 上。与一维情况类似，轴向坐标 y_j^0 可确定横截面的位置，在横截面处又可确定点 x_j^0 的位置。基于转换方法，坐标代表了方程组内的一些新增未知变量。

如果轴向温度分布不均匀，那么点 x_j^0 位于不同的圆柱体横截面上，这是二维问题的一个特征。而提前确定所有情况下点 x_j^0 的位置是不可能的。因此，对于给定值 ε，也不易找到控制方程组。对于感应加热工件，这个特征为二维优化控制问题的求解增加难度。

由于转换方法的一般方程仍然有效，故可以通过涉及一维问题的式（4-113）、式（4-115）和式（4-117）进行类推。最终温度分布 $T(l, y, \Delta^0)$ 和所有的优化过程参数 Δ_i^0 可表示为 ε 的连续函数。接着，基于时间优化控制问题［见式（4-74）和式（4-75），$\Omega=\Omega_1$］中非静态温度场的物理特性，可以获取下列结果。

情况 1：如果 $\varepsilon=\varepsilon_{\min}^{(1)}$，那么 $N=1$，且时间优化加热过程是一个采用最大功率的单阶段过程。这里仅考虑加热精度为 $\varepsilon_{\min}^{(1)}>\varepsilon_{\inf}$ 的典型情况。这种情况下，在坐标平面（l, y）内，轴上的一个特定点 $x_1^0=(l_1^0=0, y_1^0)$ 达到最低温度，配点 $x_2^0=(l_2^0=l_{e2}^0, y_2^0=y_{e2})$ 处达到最高温度（见图 4-106a、c）。

与式（4-113）相似，适当的方程组可以表示为

$$
\begin{gathered}
T(0, y_1^0, \Delta_1^0)-T_k^*=-\varepsilon_{\min}^{(1)} \\
T(l_{e2}, y_{e2}, \Delta_1^0)-T_k^*=+\varepsilon_{\min}^{(1)} \\
\frac{\partial T(l_{e2}, y_{e2}, \Delta_1^0)}{\partial l}=\frac{\partial T(l_{e2}, y_{e2}, \Delta_1^0)}{\partial y}=0
\end{gathered} \tag{4-150}
$$

假设最小温度点位于工件的中心轴上，式（4-150）应由式（4-151）来补充：

$$
\frac{\partial T(0, y_1^0, \Delta_1^0)}{\partial y}=0;\ y_1^0=0;\ y_1^0=L \tag{4-151}
$$

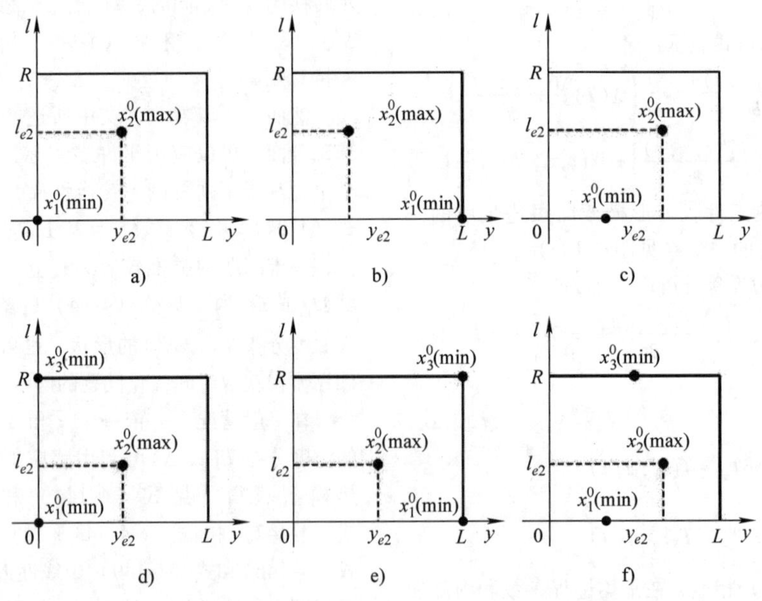

图 4-106 有限长度圆柱体时间优化加热过程后最低温度和最高温度的位置

a）~c）$\varepsilon=\varepsilon_{\min}^{(1)}$ d）~f）$\varepsilon=\varepsilon^*$

根据沿圆柱体长度方向的热源分布和工件端部的热损失，可选择适当的单个等式。式（4-150）和式（4-151）可用来求解未知的 Δ_1^0、$\varepsilon_{\min}^{(1)}$、l_{e2}、y_{e2} 和 y_1^0。一些计算结果见图 4-107。

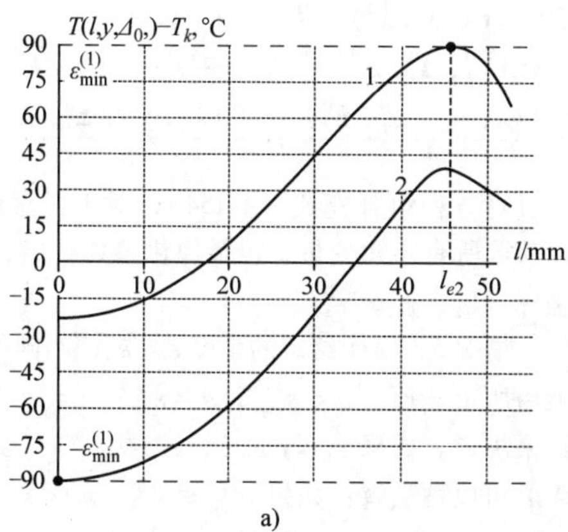

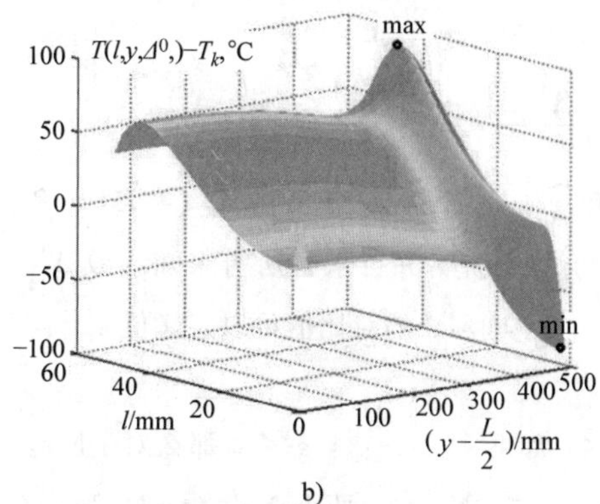

图 4-107　在长度为 1.046m 长感应器中经过时间优化加热后的最终温度分布

a）径向温度分布　b）圆柱形钢坯（$R=0.0525\text{m}$，$L=0.9\text{m}$，$T_0=20℃$，$T_k^*=1200℃$）

1—$y=y_{e2}=0.432\text{m}$　2—$y=L=0.9\text{m}$

注：$\varepsilon_0=\varepsilon_{\min}^{(1)}=90.1℃$。

情况 2：$\varepsilon^*<\varepsilon<\varepsilon_{\min}^{(1)}$，从 $\varepsilon_{\min}^{(1)}$ 略微降至一定值，优化控制算法有两个阶段组成（$N=2$）：加热阶段和均温阶段。在 $\varepsilon=\varepsilon_{\min}^{(1)}$ 情况下，在相同点 x_1^0 和 x_2^0 达到最高和最低温度。与式（4-115）相似，方程组可表示为

$$T(0,y_1^0,\Delta_1^0,\Delta_2^0)-T_k^*=-\varepsilon$$

$$T(l_{e2},y_{e2},\Delta_1^0,\Delta_2^0)-T_k^*=+\varepsilon \qquad (4\text{-}152)$$

$$\frac{\partial T(l_{e2},y_{e2},\Delta_1^0,\Delta_2^0)}{\partial l}=\frac{\partial T(l_{e2},y_{e2},\Delta_1^0,\Delta_2^0)}{\partial y}=0$$

对于给定值 ε，由式（4-151）补充的这个方程组可以求解所有未知变量 Δ_1^0、Δ_2^0、l_{e2}、y_{e2} 和 y_1^0。

对于值 $\varepsilon=\varepsilon^*$，达到最低可允许温度的第三点 $x_3^0=(l_3^0,y_3^0)$ 出现在工件侧面处 $x_3^0=R$（见图 4-106d～f）。因此，对于 $\varepsilon=\varepsilon^*$，式（4-152）可由式（4-153）补充：

$$T(R,y_3^0,\Delta_1^0,\Delta_2^0)-T_k^*=-\varepsilon^* \qquad (4\text{-}153)$$

它是涉及 y_3^0 位置的式（4-151）内的一个等式。ε^* 值可被看作一个新增的未知量，其可通过求解式（4-152）和式（4-153）得到，从而确定优化向量 $\Delta^0(\varepsilon^*)$ 和 OCP 的解。根据式（4-94），在这种情况下，$\varepsilon^*\geqslant\varepsilon_{\min}^{(2)}$。

在 $\varepsilon^*=\varepsilon_{\min}^{(1)}$ 情况下，这个问题可简化为求解式（4-150）～（4-152）、式（4-152）和式（4-153）。对于所有值 ε：$\varepsilon_{\min}^{(2)}\leqslant\varepsilon\leqslant\varepsilon_{\min}^{(1)}$，再采用前文中的计算方法即可求解。对于 $\varepsilon^*=\varepsilon_{\min}^{(2)}$ 点可能的位置相当于情况 $y_3^0=0$ 和 $y_3^0=L$［式（4-153），$y_3^0=y_1^0$］。问题的这个变化发生在小线圈突出的典型情况中（见图4-106d、e）。

情况 3：如果 $\varepsilon^*>\varepsilon_{\min}^{(2)}$，那么对于 $\varepsilon=\varepsilon^{**}=\varepsilon_{\min}^{(2)}$，基于式（4-93）和式（4-94）的两阶段优化加热过程在 $x_1^0=(R,y_1^0)$、$x_2^0=(l_{e2},y_{e2})$ 和 $x_3^0=(R,y_3^0)$ 三个点可获得最终温度的极限值。这些点与情况 $\varepsilon^*=\varepsilon_{\min}^{(2)}$ 不同。在圆柱体表面（$l=R$）的点 x_1^0 和 x_3^0，最终温度分布可通过达到最低允许温度来表征。与情况 $y_3^0\in\{0;L\}$ 相比［见式（4-153）和图 4-108］，上述其中一个点位于端部横截面（$y_1^0=0$ 或 $y_1^0=L$）。第二个点位于圆柱体（$0<\widetilde{y}_3^0<L$）的内部横截面。在这种情况下，可获得下列条件：

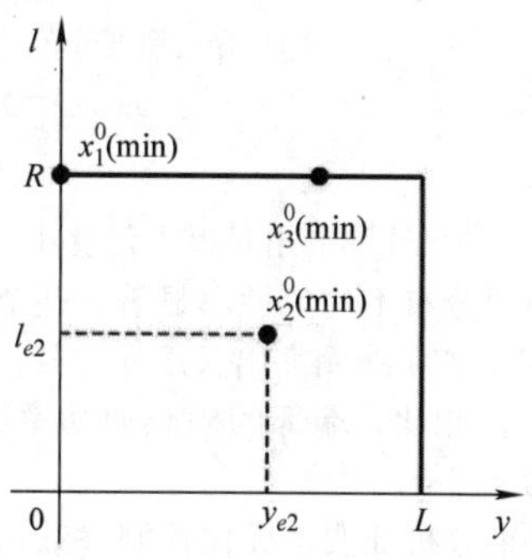

图 4-108　有限长度圆柱形坯料时间优化加热过程后最低温度和最高温度位置

注：$\varepsilon=\varepsilon^{**}=\varepsilon_{\min}^{(2)}$

$$\frac{\partial T(R,\widetilde{y}_3^0,\Delta_1^0,\Delta_2^0)}{\partial y}=0 \qquad (4\text{-}154)$$

对于 $\varepsilon=\varepsilon^{**}$，适当的方程组可表示为

$$T(R,y_1^0,\Delta_1^0,\Delta_2^0)-T_k^*=-\varepsilon^{**}$$

$$T(l_{e2}, y_{e2}, \Delta_1^0, \Delta_2^0) - T_k^* = +\varepsilon^{**}$$

$$T(R, \widetilde{y}_3^0, \Delta_1^0, \Delta_2^0) - T_k^* = -\varepsilon^{**} \qquad (4\text{-}155)$$

$$\frac{\partial T(l_{e2}, y_{e2}, \Delta_1^0, \Delta_2^0)}{\partial l} = \frac{\partial T(l_{e2}, y_{e2}, \Delta_1^0, \Delta_2^0)}{\partial y} = 0$$

对于 y_1^0 和 $\widetilde{y}_3^0$，这个方程组可由式（4-151）和式（4-154）来补充，并可求解所有未知参数 Δ_1^0、Δ_2^0 和 ε^{**}。ε^* 与 ε^{**} 的对比值可以定义值 $\varepsilon_{\min}^{(2)} = \min(\varepsilon^*, \varepsilon^{**})$。

情况 4：如果 $\varepsilon^* > \varepsilon_{\min}^{(2)} = \varepsilon^{**}$，那么对于所有 ε：$\varepsilon_{\min}^{(2)} < \varepsilon < \varepsilon^*$（$N=2$），两个点 x_j^0（$j=1, 2$）分别代表温度的最高值（l_{e2}，y_{e2}）和最低值（R，$\widetilde{y}_3^0$）。方程组可以表示为

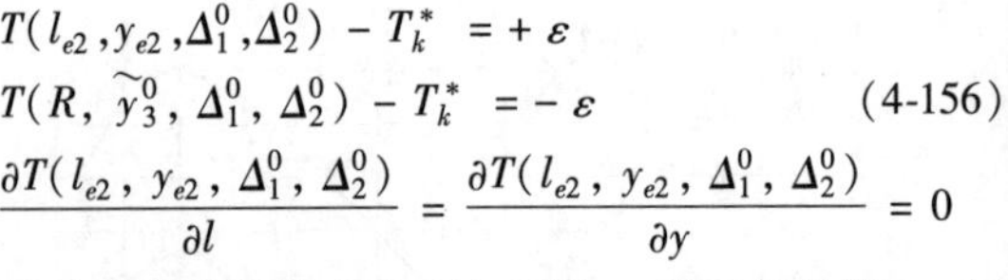

$$T(l_{e2}, y_{e2}, \Delta_1^0, \Delta_2^0) - T_k^* = +\varepsilon$$

$$T(R, \widetilde{y}_3^0, \Delta_1^0, \Delta_2^0) - T_k^* = -\varepsilon \qquad (4\text{-}156)$$

$$\frac{\partial T(l_{e2}, y_{e2}, \Delta_1^0, \Delta_2^0)}{\partial l} = \frac{\partial T(l_{e2}, y_{e2}, \Delta_1^0, \Delta_2^0)}{\partial y} = 0$$

通过对方程组补充式（4-154），对于任意值 ε，可以获取所有未知变量，包括优化参数（Δ_1^0，Δ_2^0）和坐标（l_{e2}，y_{e2}，$\widetilde{y}_3^0$）。

情况 5：对于给定的精度 $\varepsilon = \varepsilon_0$，不同的结果可能由所定义值［$\varepsilon = \varepsilon_{\min}^{(1)}$；$\varepsilon = \varepsilon^*$；$\varepsilon = \varepsilon^{**}$］的对比来决定。如果 ε_0 与 $\varepsilon_{\min}^{(1)}$、ε^* 或 ε^{**} 一致，初始 OCP 可以被求解；如果 $\varepsilon_{\min}^{(2)} \leqslant \varepsilon^* < \varepsilon_0 < \varepsilon_{\min}^{(1)}$，其被简化为式（4-152）；如果 $\varepsilon_{\min}^{(2)} = \varepsilon^{**} < \varepsilon_0 < \varepsilon^*$，其被简化为式（4-156）。初始数据（见图 4-107）的计算结果见图 4-109。

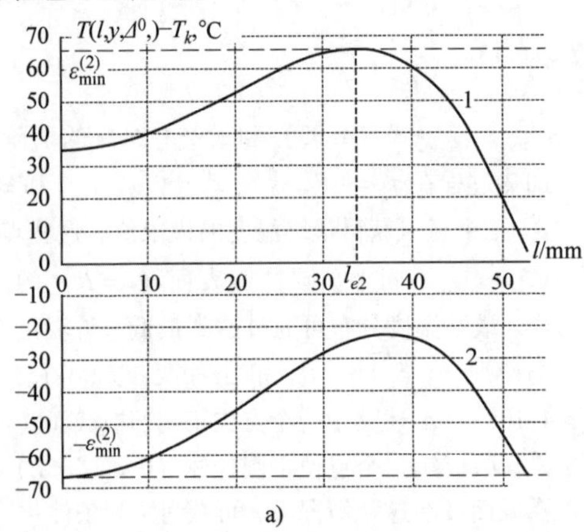

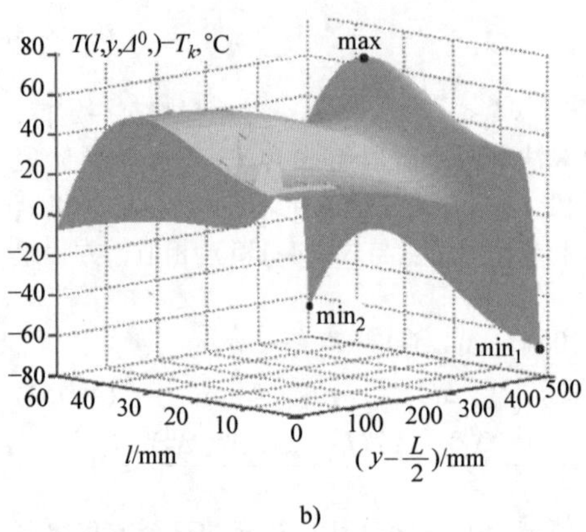

图 4-109 初始数据的计算结果

a）径向温度分布 b）圆柱形坯料时间优化加热后的最终温度分布

1—$y = y_{e2} = 0.415\text{m}$ 2—$y = L = 0.9\text{m}$

注：$\varepsilon = \varepsilon^{**} = \varepsilon_{\min}^{(2)} = 66.4$℃。

情况 6：如果线圈突出长度 h 足够小，且沿圆柱体轴向的热源分布不均匀性不显著，这个典型情况是 $\varepsilon_{\min}^{(2)} = \varepsilon^*$。如果线圈突出长度 h 非常大，且与内部横截面热源相比，端部的内热源功率显著增加，这种情况为 $\varepsilon_{\min}^{(2)} = \varepsilon^{**}$。

前文中的分析证明，优化控制参数依赖于线圈突出长度 h。因此，h 是优化过程中的一个未知参数。解决 OCP 需要找到优化控制参数向量 Δ^0 和线圈突出长度 h^*，后者相当于在两阶段控制下可达到的最佳加热精度 $\varepsilon_{\min\min}^{(2)}$：

$$\varepsilon_{\min\min}^{(2)} = \min_h \varepsilon_{\min}^{(2)}(h) = \varepsilon_{\min}^{(2)}(h^*) \qquad (4\text{-}157)$$

与 h 值和 h^* 值不同的情况相比，根据式（4-93）和式（4-94），增加一个未知参数需要至少增加一个点 x_j^0。

如果 $\varepsilon = \varepsilon_{\min}^{(2)}$，可能存在两组极值点 x_j^0：对于 $\varepsilon_{\min}^{(2)} = \varepsilon^*$，式（4-152）和式（4-153）适用；对于 $\varepsilon_{\min}^{(2)} = \varepsilon^{**}$，式（4-155）适用。这些方程组的复合符合情况 $h = h^*$（见图 4-110）。下列方程组涉及 4 个点 x_j^0，$j = \overline{1, 4}$，坐标分别为（0，y_1^0）、（l_{e2}，y_{e2}）、（R，y_1^0）和（R，$\widetilde{y}_3^0$）：

$$T(0, y_1^0, \Delta_1^0, \Delta_2^0, h^*) - T_k^* = -\varepsilon_{\min\min}^{(2)}$$

$$T(l_{e2}, y_{e2}, \Delta_1^0, \Delta_2^0, h^*) - T_k^* = +\varepsilon_{\min\min}^{(2)} \qquad (4\text{-}158)$$

$$T(R, y_1^0, \Delta_1^0, \Delta_2^0, h^*) - T_k^* = -\varepsilon_{\min\min}^{(2)}$$

$$T(R, \widetilde{y}_3^0, \Delta_1^0, \Delta_2^0, h^*) - T_k^* = -\varepsilon_{\min\min}^{(2)}$$

$$\frac{\partial T(l_{e2}, y_{e2}, \Delta_1^0, \Delta_2^0, h^*)}{\partial l} = \frac{\partial T(l_{e2}, y_{e2}, \Delta_1^0, \Delta_2^0, h^*)}{\partial y} = 0$$

通过取代最终温度分布 $T(0, y, \Delta, h)$（由 Δ 和 h 决定），并在方程组中增加关于 y_1^0 和 $\widetilde{y}_3^0$ 的等式，式（4-158）可以求解所有未知变量，包括优化控制

参数 h^* 和 $\varepsilon_{\min\min}^{(2)}$。如果 $h<h^*$，则 $\varepsilon_{\min}^{(2)}=\varepsilon^*$；如果$h>h^*$，则 $\varepsilon_{\min}^{(2)}=\varepsilon^{**}$。在任意一种情况下，对于所有值 h，满足条件 $h\neq h^*$。

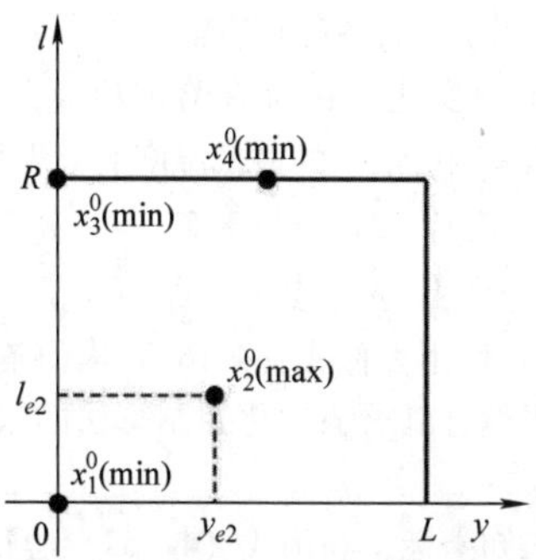

图 4-110 有限长度圆柱形坯料在两阶优化控制中，具有最佳加热精度的优化线圈突出长度时的最低温度和最高温度位置

情况 7：在一个典型的时间优化输送问题中，时间优化加热过程由一个采用最大功率的单阶段过程和一个从工件运输到成形设备的冷却阶段组成。通过类推一维问题［见式（4-132）和式（4-133）］，方程组可表示为

$$
\begin{gathered}
T_1(R,\ y_1^0,\ \Delta_1^0,\ t_{tr})-T_k^*=-\varepsilon_{\min}^{(1)}=-\varepsilon_{\inf}\\
T_1(l_{e2},\ y_{e2},\ \Delta_1^0,\ t_{tr})-T_k^*=+\varepsilon_{\min}^{(1)}=\varepsilon_{\inf}\\
\frac{\partial T_1(l_{e2},\ y_{e2},\ \Delta_1^0,\ t_{tr})}{\partial l}=\frac{\partial T_1(l_{e2},\ y_{e2},\ \Delta_1^0,\ t_{tr})}{\partial y}=0
\end{gathered}
\tag{4-159}
$$

式中 $l_{e2}\geqslant0$。这个方程组由 y_1^0 中的等式来补充。对于式（4-158），有可能通过控制方程得到所有运输问题的未知变量，包括线圈突出长度 h^*。

在圆柱体侧表面的内部横截面处（$0<\widetilde{y}_3^0<L$）和一个端面处（$y_1^0=0$ 或 $y_1^0=L$）达到最低可允许温度时，第三点 x_3^0［与式（4-159）相比］在 $h=h^*$ 条件下出现。汇总这些因素可得到方程组：

$$
\begin{gathered}
T_1(R,\ y_1^0,\ \Delta_1^0,\ t_{tr},\ h^*)-T_k^*=-\varepsilon_{\min\min}^{(1)}=-\varepsilon_{\inf}\\
T_1(l_{e2},\ y_{e2},\ \Delta_1^0,\ t_{tr},h^*)-T_k^*=+\varepsilon_{\min\min}^{(1)}=\varepsilon_{\inf}\\
T_1(R,\ \widetilde{y}_3^0,\ \Delta_1^0,\ t_{tr},\ h^*)-T_k^*=-\varepsilon_{\min\min}^{(1)}=-\varepsilon_{\inf}
\end{gathered}
\tag{4-160}
$$

$$
\frac{\partial T_1(l_{e2},\ y_{e2},\ \Delta_1^0,\ t_{tr},\ h^*)}{\partial l}=\frac{\partial T_1(l_{e2},\ y_{e2},\ \Delta_1^0,\ t_{tr},\ h^*)}{\partial y}=0
$$

式（4-160）可由式（4-154）补充。

使用计算方法，如前文中所描述的算法对 $T_{\max}$ 和 $\sigma_{\max}$ 的技术约束及过程参数的区间不确定性均可纳入考虑范围。一些求解 OCP 所获得的计算结果，求解中考虑了运输时间 t_{tr} 和对 $T_{\max}$ 的约束（见图 4-111）。

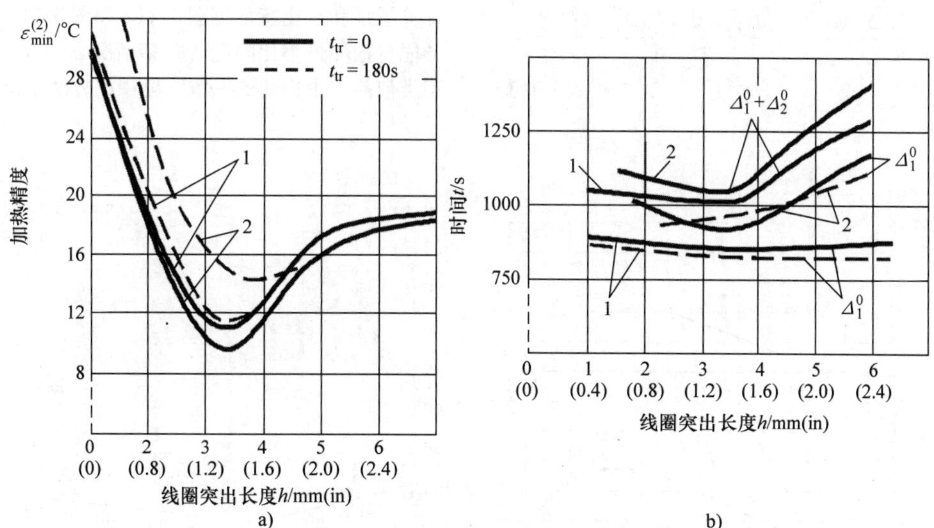

图 4-111 二维数值模拟模型中非磁性圆柱体坯料感应加热过程中时间优化控制参数与线圈突出长度的关系

a）最大加热精度 $\varepsilon_{\min}^{(2)}$ b）最优控制阶段时间

1—无最高温度限制曲线 2—最高温度 $T_{\max}\leqslant500$℃

注：$R=0.24$m，$L=1.0$m，$T_0=20$℃，$T_k^*=460$℃

在 $\varepsilon < \varepsilon_{\min}^{(2)}$ 情况下，可采用推荐的计算方法求解 OCP。通过对一维问题和转换法的一般计算方案类推，可以进一步简化计算流程。

（4）圆柱形工件感应加热的节能优化控制　同一维模型所描述的感应加热过程一样，能量优化加热过程结束时的最终温度分布 $T(l, y, \Delta^0)$ [见式(4-75)和式(4-78)] 与时间优化加热过程结束时的温度分布不同。因此，将转换法应用于能量优化问题，需要构建相应的与时间优化问题方程组不同的方程体系。

尤其是对于情况 $\varepsilon_{\min}^{(2)} < \varepsilon \leqslant \varepsilon_{\min}^{(1)}$ [见式(4-120)]，在节能优化的两阶段加热过程结束时，最终温度分布可由在工件轴和侧表面上的两个点（x_1^0 和 x_2^0）达到最低允许温度（等于 $T_k^* - \varepsilon$）来表征。这些坐标由线圈突出长度 h 和热损失的程度来决定。最终最高温度 $\max\limits_{l,y} T(l, y, \Delta^0)$ 没有达到最大允许值 $T_k^* + \varepsilon$。

如果线圈突出长度 h 足够小，点 $x_1^0 = (0, y_1^0)$ 和 $x_2^0 = (R, y_2^0)$ 位于工件中心和表面，通常在一端的横截面：$y_1^0 = y_2^0 = 0$ 或 $y_1^0 = y_2^0 = L$。如果 h 足够大，端部横截面处的内部热源功率急剧增加，在圆柱体表面、内部横截面内和轴上达到最低温度。在这种情况下，有必要使 $x_1^0 = (0, \widetilde{y}_1^0)$ 和 $x_2^0 = (R, \widetilde{y}_2^0)$；坐标 $\widetilde{y}_1^0$ 和 $\widetilde{y}_2^0$ 可从附加等式获得：

$$\frac{\partial T_1(l_0, \widetilde{y}_1^0, \Delta_1^0, \Delta_2^0)}{\partial l} = \frac{\partial T_1(l_R, \widetilde{y}_2^0, \Delta_1^0, \Delta_2^0)}{\partial y} = 0 \tag{4-161}$$

如果 h 有一个中间值，为最低温度的两个点在工件的表面处：$x_1^0 = (R, y_1^0)$ 和 $x_2^0 = (R, \widetilde{y}_2^0)$。其中一个点在工件端部，$y_1^0 = 0$ 或 $y_1^0 = L$；另一个向一个内部横截面（坐标为 $0 < \widetilde{y}_2^0 < L$）移动，这些可通过类似式（4-161）的条件来确定。

对于每种变化，在所有给定值 $\varepsilon_{\min}^{(2)} < \varepsilon \leqslant \varepsilon_{\min}^{(1)}$ 下，描述点 x_1^0 和点 x_2^0 的最低温度的方程组可表示为

$$\begin{aligned} T(x_1^0, \Delta_1^0, \Delta_2^0) - T_k^* &= -\varepsilon \\ T(x_2^0, \Delta_1^0, \Delta_2^0) - T_k^* &= -\varepsilon \end{aligned} \tag{4-162}$$

式（4-162）可由类似式（4-161）内的条件来补充，并且该方程组可以求解优化控制算法的未知参数 Δ_1^0 和 Δ_2^0。

对于未知坐标，利用式（4-162）尝试性求解每个特殊问题时，需对坐标平面（l, y）内点 x_1^0 和 x_2^0 的真实位置做出明确选择。如果所得结果满足式(4-74）关于区域 $\Omega = \Omega_1$ 内最终温度分布的要求，那么各个结果是优化的。反之，需要进一步去求解这个问题。

当 $\varepsilon = \varepsilon_{\min}^{(2)}$ 时，时间优化控制算法与对于最小能量损耗进行优化的控制算法一致。求解满足 $\varepsilon = \varepsilon^* = \varepsilon_{\min}^{(2)}$ 条件的方程组 [见式（4-152）和式（4-153）] 或满足 $\varepsilon = \varepsilon^{**} = \varepsilon_{\min}^{(2)}$ 条件的方程组 [见式（4-155）] 时，可采用这种算法。对于优化感应加热过程，过程时间最小化能量损耗最小化的计算结果和对比特征见图 4-112 和图 4-113。更复杂的能量损耗最小化问题（包括情况 $\varepsilon < \varepsilon_{\min}^{(2)}$）也可采用类似前文中描述的一维问题中的方法来求解。

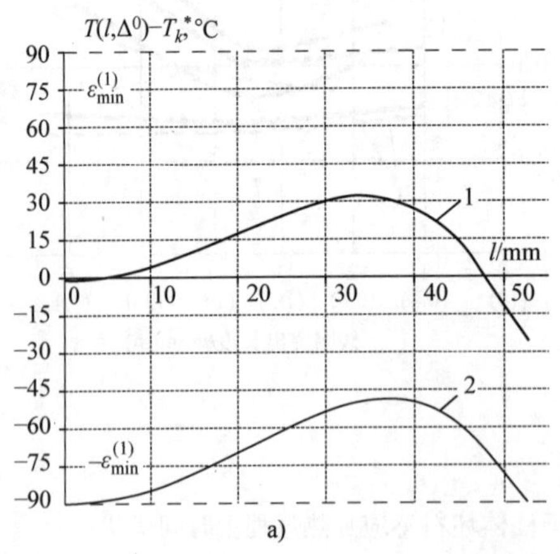

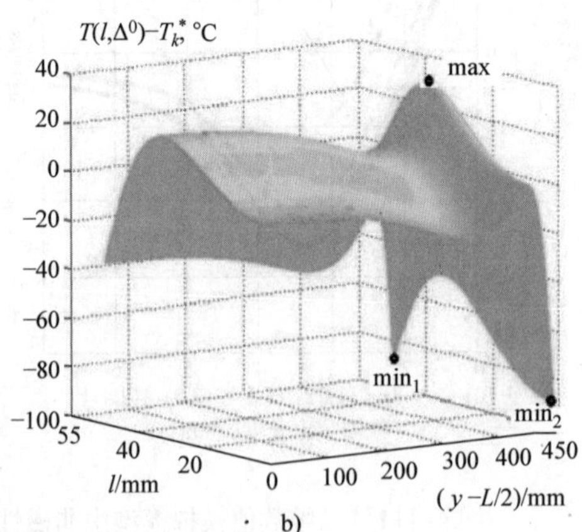

图 4-112　温度分布

a）径向温度分布　b）圆柱形钢坯最小能量损耗时的最终温度分布

1—$y = y_{e2} = 0.032\text{m}$　2—$y = L = 0.9\text{m}$

注：$\varepsilon = \varepsilon_{\min}^{(1)} = 90.1℃$。

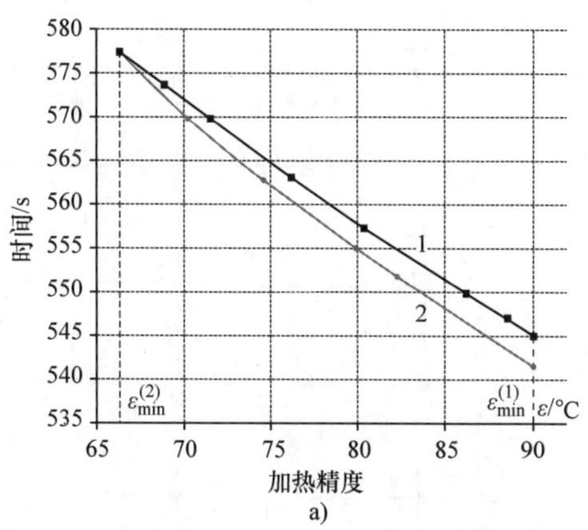

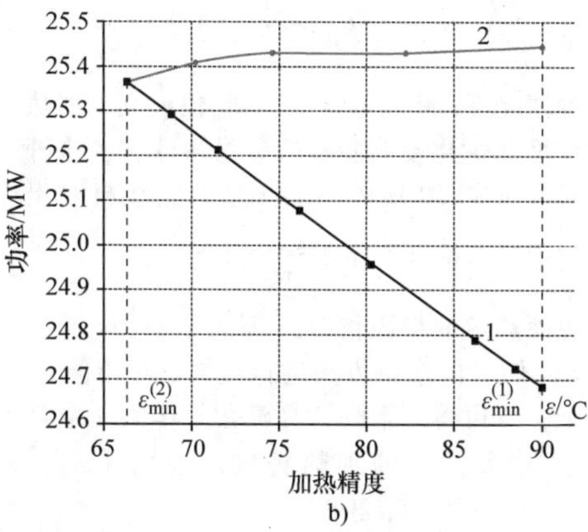

图 4-113 加热精度

a）加热精度与优化时间的关系 b）$\varepsilon_{min}^{(2)}<\varepsilon\leqslant\varepsilon_{min}^{(1)}$时不同加热精度对应的能量损耗

1—最低能量损耗控制 2—时间优化控制

（5）长方形工件感应加热的优化控制 介绍长方形工件［见式（4-147）和式（4-148）］的优化感应加热。关于最短过程时间和最小能量损耗的优化问题被简化为式（4-74）和式（4-75）或式（4-74）和式（4-78）的形式，这与加热圆柱形工件的问题相似。同时，在区域 $\Omega=\Omega_2$ 内，最终温度分布 $T(r, z, \Delta^0)$ 的复杂形状为 OCP 的求解增加了难度。温度分布复杂性的原因是：工件横截面内热源不均匀分布的交互作用效应及边界的热损失。这种情况与一维情况不同。一般来讲，达到最终温度与所需温度最大偏差的点 $x_j^0\in\Omega_2$ 的位置不能提前确定。因此，在随后对优化问题［对于值 ε，从 $\varepsilon=\varepsilon_{min}^{(1)}$ 开始以固定步长下降］的求解过程中，仅推荐使用基于转换方法的一般计算流程去获得温度分布 $T(r, z, \Delta^0)$ 的表达形式。

时间优化控制是最简单、最实用的案例。通过使用温度场（温度场在典型加热过程中不断演变）配置的附加信息，可使问题容易解决。

当通过应用一种典型的单阶加热模式（采用最大功率），达到所需加热精度 $\varepsilon=\varepsilon_{min}^{(1)}$ 时，最简单的情况出现。在这种情况下，所得到温度分布可由单个内部最高温度点 B 和矩形 $OCAD$ 的顶点 O、C、A 和 D 来表征。根据式（4-93）和式（4-94）中的转换特性，上述矩形的 4 个点中，至少有一个点代表最低可允许温度（见图 4-114）。

在实际板坯的感应加热过程中（尤其是非磁性材料的加热），R 取代 z_1 后，参数 ξ 取极限值［见式（4-104）］。这些值之间存在显著差异。如果参数 ξ 较小，并满足条件 $\beta\frac{\xi}{\sqrt{2}}\leqslant1.5$ $\left(\beta=\frac{z_1}{r_1}>1\right)$，矩形的角部 A 是温度最低的区域。

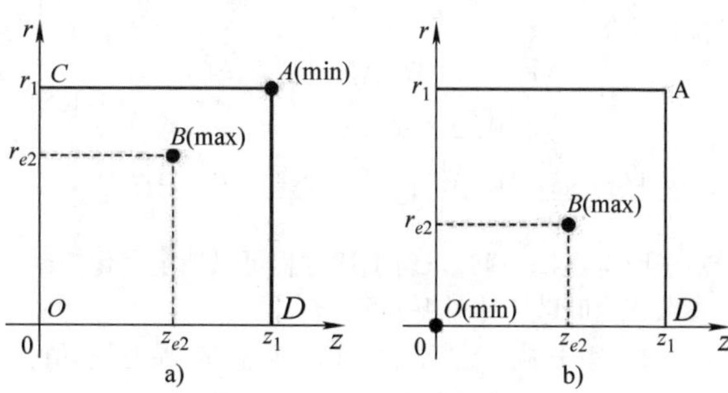

图 4-114 矩形工件在恒定功率感应加热后截面最高温度和最低温度的位置

a）$\beta\frac{\xi}{\sqrt{2}}\leqslant1.5$ b）$\beta\frac{\xi}{\sqrt{2}}>1.5$

根据式（4-93）和式（4-94），在这种情况下，只有点 A 和点 B 被看作 x_1^0 和 x_2^0（见图 4-114）。这个控制方程组可表示为

$$\begin{gathered}T_1(r_{e2}, z_{e2}, \Delta_1^0)-T_k^*=+\varepsilon_{min}^{(1)}\\ T_1(r_1, z_1, \Delta_1^0)-T_k^*=-\varepsilon_{min}^{(1)}\\ \frac{\partial T_1(r_{e2}, z_{e2}, \Delta_1^0)}{\partial r}=\frac{\partial T_1(r_{e2}, z_{e2}, \Delta_1^0)}{\partial z}=0\end{gathered}\quad(4\text{-}163)$$

式（4-163）以求解未知变量 Δ_1^0、$\varepsilon_{min}^{(1)}$、r_{e2} 和 z_{e2}，$T(r, z, \Delta_1)$ 可由选择的温度场数学模型来获取。

还会出现一种情况，例如，轧制之前，用 50Hz 的频率加热钛合金板。$\varepsilon_{min}^{(1)}$ 值代表最高可达到精度，即 $\varepsilon_{min}^{(1)}=\varepsilon_{inf}$。对于满足 $\varepsilon<\varepsilon_{min}^{(1)}=\varepsilon_{inf}$ 的给定加热精度值，在所需精度下进行加热的问题是不能解决的。

当 ξ 值足够大时，且满足条件 $\beta\frac{\xi}{\sqrt{2}}>1.5$，在板坯的心部［$x=(0, 0)$］达到最低最终温度（见图 4-114b）。在这种情况下，方程组可表示为

$$\begin{gathered}T(r_{e2}, z_{e2}, \Delta_1^0)-T_k^*=+\varepsilon_{min}^{(1)}\\ T(0, 0, \Delta_1^0)-T_k^*=-\varepsilon_{min}^{(1)}\end{gathered}\quad(4\text{-}164)$$

$$\frac{\partial T(r_{e2}, z_{e2}, \Delta_1^0)}{\partial r} = \frac{\partial T(r_{e2}, z_{e2}, \Delta_1^0)}{\partial z} = 0$$

在这种情况下，不等式 $\varepsilon_{\min}^{(1)} > \varepsilon_{\inf}$ 恒成立，加热精度可通过增加优化控制阶段的数量来改善。这种情况尤其是在使用 50Hz 频率加热铝合金板材时出现。这些过程通常符合条件 $\beta\frac{\xi}{\sqrt{2}} >> 1.5$。

对于表面热源的极限情况（等同于 $\xi \to \infty$ 的情况），可以对 OCP 的求解方法进行类推。对于值 ε：$\varepsilon_{\min}^{(2)} \leqslant \varepsilon < \varepsilon_{\min}^{(1)}$，可得到下列计算流程。作为一个规律，对于铝合金板材的加热精度，范围 $[\varepsilon_{\min}^{(2)}, \varepsilon_{\min}^{(1)}]$ 覆盖了所有的实际要求。

1）ε 值逐步从 $\varepsilon_{\min}^{(1)}$ 以小步长下降，方程组与 $\varepsilon = \varepsilon_{\min}^{(1)}$ 的情况相似，对于达到最大温度偏差的相同点 $x_1^0 = (0, 0)$ 和 $x_2^0 = (r_{e2}, z_{e2})$，可以改写为两阶段优化控制：

$$\begin{aligned} T(r_{e2}, z_{e2}, \Delta_1^0, \Delta_2^0) - T_k^* &= +\varepsilon \\ T(0, 0, \Delta_1^0, \Delta_2^0) - T_k^* &= -\varepsilon \end{aligned} \qquad (4\text{-}165)$$

$$\frac{\partial T(r_{e2}, z_{e2}, \Delta_1^0, \Delta_2^0)}{\partial r} = \frac{\partial T(r_{e2}, z_{e2}, \Delta_1^0, \Delta_2^0)}{\partial z} = 0$$

对于所需值 ε，通过求解上述方程可以确定优化控制参数 Δ_1^0 和 Δ_2^0（见图 4-115b）。

2）对于从 $\varepsilon_{\min}^{(1)}$ 下降到一定值的所有 ε 值，式(4-165)是有效的。在 $\beta > 1$ 条件下，第三点 $x_3^0 = (r_1, 0)$ 出现在板材横截面 OCAD 的左面角上（见图 4-115c）。并在这个点达到最低允许温度，从而得到

$$T(r_1, 0, \Delta_1^0, \Delta_2^0) - T_k^* = -\varepsilon_1^{(2)} \qquad (4\text{-}166)$$

结果，对于 $\varepsilon = \varepsilon_1^{(2)}$，式（4-165）和式（4-166）可求解优化过程的未知参数，包括值 $\varepsilon_1^{(2)}$。当三个点 x_j^0（$j = 1, 2, 3$）达到最大温度偏差时，转换性质［见式（4-93）和式（4-94）］可保证 $\varepsilon_1^{(2)} \geqslant \varepsilon_{\min}^{(2)}$。如果 $\varepsilon_1^{(2)} = \varepsilon_{\min}^{(2)}$，对于所有 $\varepsilon \in [\varepsilon_{\min}^{(2)}, \varepsilon_{\min}^{(1)}]$，上述分析可用于时间优化控制问题。

3）如果 $\varepsilon_1^{(2)} > \varepsilon_{\min}^{(2)}$，对于所有值 ε：$\varepsilon_2^{(2)} < \varepsilon < \varepsilon_1^{(2)}$，优化控制过程有两个阶段组成。分别在点（$r_{e2}$，$z_{e2}$）和点（$r_1$，0）达到最高和最低温度（见图 4-115d、e）。与式（4-164）和式（4-165）相比，这里的方程组没有包括关于横截面中心处（0，0）最低温度的等式：

$$\begin{aligned} T(r_{e2}, z_{e2}, \Delta_1^0, \Delta_2^0) - T_k^* &= +\varepsilon \\ T(r_1, 0, \Delta_1^0, \Delta_2^0) - T_k^* &= -\varepsilon \end{aligned} \qquad (4\text{-}167)$$

$$\frac{\partial T(r_{e2}, z_{e2}, \Delta_1^0, \Delta_2^0)}{\partial r} = \frac{\partial T(r_{e2}, z_{e2}, \Delta_1^0, \Delta_2^0)}{\partial z} = 0$$

对于所有给定的 ε 值，该方程组可求解所有未知变量。

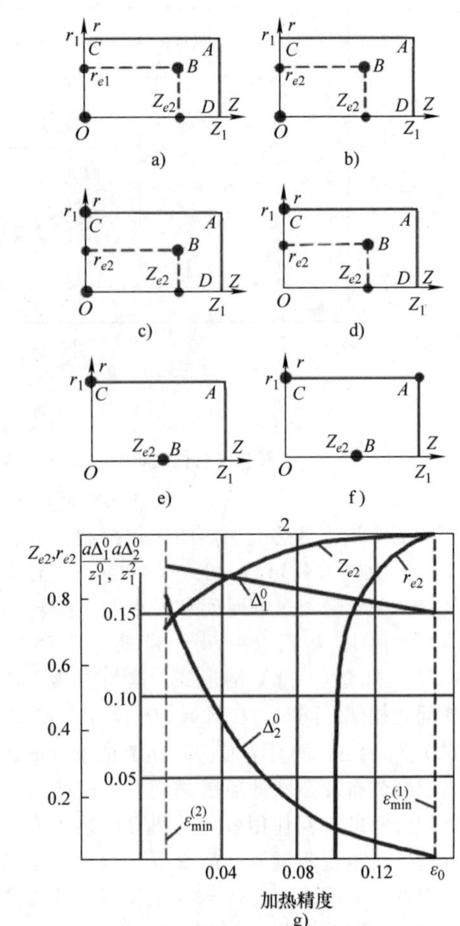

图 4-115　$\varepsilon_{\min}^{(1)} > \varepsilon_{\inf}$ 时铝合金板两阶感应加热的时间优化

a）~ f）最高和最低温度位置：a）$\varepsilon_0 = \varepsilon_1^{(2)} = 0.15$
b）$0.104 < \varepsilon_0 < 0.150$　c）$\varepsilon_0 = \varepsilon_1^{(2)} = 0.104$
d）$0.0984 < \varepsilon_0 < 0.104$　e）$0.0118 < \varepsilon_0 \leqslant 0.0984$
f）$\varepsilon_0 = \varepsilon_2^{(2)} = \varepsilon_{\min}^{(2)} = 0.0118$
g）优化阶段时间和最高温度坐标（z_{e2}，r_{e2}）与 ε_0 的关系
注：$\theta = (T - T_k^*)\lambda/(P_{\max}R^2)$；$\theta(l, 0) = \theta_0 = -0.95$；
$\xi = 52.3$；$\beta = 5.5$；$\varepsilon \in [\varepsilon_{\min}^{(2)}, \varepsilon_{\min}^{(1)}]$。

4）如果 $\varepsilon_1^{(2)} > \varepsilon_{\min}^{(2)}$，优化控制过程会考虑 ε 值在 $[\varepsilon_{\min}^{(2)}, \varepsilon_1^{(2)}]$ 范围的情况。在这种情况下，当加热精度 ε 降至一定水平 $\varepsilon_2^{(2)} < \varepsilon_1^{(2)}$ 时，在一个附加点 $x_3^0 = (r_1, z_1)$ 达到最低允许温度，这个点为横截面 *OCAD* 的右侧顶点（也包括 *B* 点和 *C* 点）。上述情况与最小最大值 $\varepsilon_{\min}^{(2)}$ 情况一致。可获得的方程组为

$$\begin{aligned} T(r_{e2}, z_{e2}, \Delta_1^0, \Delta_2^0) - T_k^* &= +\varepsilon_2^{(2)} \\ T(r_1, 0, \Delta_1^0, \Delta_2^0) - T_k^* &= -\varepsilon_2^{(2)} \\ T(r_1, z_1, \Delta_1^0, \Delta_2^0) - T_k^* &= -\varepsilon_2^{(2)} \end{aligned} \qquad (4\text{-}168)$$

$$\frac{\partial T(r_{e2}, z_{e2}, \Delta_1^0, \Delta_2^0)}{\partial r} = \frac{\partial T(r_{e2}, z_{e2}, \Delta_1^0, \Delta_2^0)}{\partial z} = 0$$

该方程组可以求解 Δ_1^0、Δ_2^0 和 $\varepsilon_2^{(2)}$ 及最高温度点的坐标 r_{e2} 和 z_{e2}。

5）在第一阶段，对于给定加热精度 $\varepsilon = \varepsilon_0$，可以求解式（4-164）~式（4-166）［$\varepsilon = \varepsilon_1^{(2)}$］和式（4-168），从而计算预先未知值［$\varepsilon_{\min}^{(1)}$、$\varepsilon_1^{(2)}$ 和 $\varepsilon_2^{(2)}$］及优化过程的相关参数。最小值 $\varepsilon_{\min}^{(2)} = \min[\varepsilon_1^{(2)}, \varepsilon_2^{(2)}]$是值 $\varepsilon_1^{(2)}$ 和 $\varepsilon_2^{(2)}$ 中较小的一个。

如果给定的数值与所获得最小值 $\varepsilon_{\min}^{(1)}$ 相符［即 $\varepsilon = \varepsilon_0 = \varepsilon_{\min}^{(1)}$］，优化控制问题就可以在这个阶段解决；对于情况 $\varepsilon_0 = \varepsilon_1^{(2)}$ 和 $\varepsilon_0 = \varepsilon_2^{(2)}$，初始问题也可以解决。

如果 $\varepsilon_{\min}^{(2)} < \varepsilon_0 < \varepsilon_{\min}^{(1)}$，必须继续进行计算。如果 $\varepsilon_{\min}^{(2)} \leqslant \varepsilon_1^{(2)} < \varepsilon_0$，仍旧需要求解式（4-164）；如果 $\varepsilon_{\min}^{(2)} = \varepsilon_2^{(2)} < \varepsilon_0 < \varepsilon_1^{(2)}$，必须求解式（4-167）。

优化过程的计算结果见图 4-115，该结果是通过式（4-149）所描述的线性加热过程模型获取的。板材表面的热损失为平均水平（不超过最大加热功率的 10%）时，可采用解析近似对函数 W 进行计算。根据所描述的计算流程，转换法可拓展应用于很多关于矩形工件感应加热方面更复杂的优化控制问题中。

（6）计算流程　这个方法被应用于关于感应加热过程数值模型的优化控制问题。当最终温度分布 $T(x, \Delta_0)$用解析方法不能求解时，可使用不同难度的数值模型去直接求解控制方程组，这成为一个复杂的计算问题。

然而，它的计算法可通过求解等价问题来简化，上述等价问题为在参数 $\Delta_i\ (i = \overline{1,N})$ 定义的空间内寻找中间成本函数 $I^*(\Delta)$的极值。这个函数的全局最小值等于零，通过达到这个最小值可获取 Δ_i^0。

成本函数 $I^*(\Delta)$可表示为点 $x_j^0 \in \Omega$ 处最终温度 $T(x_j^0, \Delta)$线性组合平方和的形式，这些点达到了与所需温度 T_k^* 的最大和最小偏差。如果这些组合被表示为相应方程组内等式左侧项的代数和，那么，对于向量 $\Delta = \Delta^0$ 参数的优化值，这些组合等于零。

可采用数值模型对函数 $T(x_j^0, \Delta)$进行数值模拟。最高温度和最低温度可由数值模型中网格空间节点处的扫描温度确定。这个问题可通过考虑关于点 x_j^0 位置的附加信息来简化，这些信息被用于构建控制方程组。

成本函数 $I^*(\Delta)$表示为与前面部分所介绍的方程组相似的形式。

假定，圆柱形工件感应加热的时间优化控制问题，在 $\varepsilon = \varepsilon_{\min}^{(2)}$ 情况下，式（4-152）和式（4-153）［如果 $\varepsilon_{\min}^{(2)} = \varepsilon^*$］或式（4-155）［如果 $\varepsilon_{\min}^{(2)} = \varepsilon^{**}$］可被成本函数 $I_1^*(\Delta)$和 $I_2^*(\Delta)$分别取代：

$$I_1^*(\Delta) = [T_{\max}(\Delta_1, \Delta_2) + T_{\min1}(\Delta_1, \Delta_2) - 2T_k^*]^2 + [T_{\max}(\Delta_1, \Delta_2) + T_{\min2}(\Delta_1, \Delta_2) - 2T_k^*]^2 \tag{4-169}$$

$$I_2^*(\Delta) = [T_{\max}(\Delta_1, \Delta_2) + T_{\min3}(\Delta_1, \Delta_2) - 2T_k^*]^2 + [T_{\max}(\Delta_1, \Delta_2) + T_{\min4}(\Delta_1, \Delta_2) - 2T_k^*]^2 \tag{4-170}$$

式中，$T_{\max}$（Δ_1，Δ_2）是工件内部横截面中达到的最高温度；$T_{\min1}$ 和 $T_{\min2}$ 分别是工件轴和侧面上的最低温度；与 $T_{\min2}$ 相比，$T_{\min3}$ 在工件内部横截面的侧表面，$T_{\min4}$ 是工件端部横截面的侧表面上（$l = R$，$y = 0$，或 $y = L$）的最低温度。

类似地，对于 $\varepsilon_{\min}^{(2)} < \varepsilon < \varepsilon_{\min}^{(1)}$ 情况，与式（4-152）和式（4-156）中控制方程组相应的$I^*(\Delta)$的等式为

$$I_3^*(\Delta_1, \Delta_2) = [T_{\max}(\Delta_1, \Delta_2) - T_k^* - \varepsilon]^2 + [T_{\min1}(\Delta_1, \Delta_2) - T_k^* + \varepsilon]^2 \tag{4-171}$$

$$I_4^*(\Delta_1, \Delta_2) = [T_{\max}(\Delta_1, \Delta_2) - T_k^* - \varepsilon]^2 + [T_{\min3}(\Delta_1, \Delta_2) - T_k^* + \varepsilon]^2 \tag{4-172}$$

对于被加热工件的运输问题，式（4-159）中的方程组相等于成本函数：

$$I_5^*(\Delta_1, t_{tr}) = [T_{\max}(\Delta_1, t_{tr}) + T_{\min2}(\Delta_1, t_{tr}) - 2T_k^*]^2 \tag{4-173}$$

通过模拟控制算法［以式（4-121）形式］中的稳定控制函数 $P_\sigma(t)$和 $P_T(t)$，可将技术约束引入。

采用时间相关函数 $T_{\max}(t)$和 $T_{\min}(t)$的简单解析近似，去减少数值模型的调用次数。这种方式大幅减少了计算时间，计算时间用于通过标准数值方法寻找 $I^*(\Delta)$的全局最小值。这些近似通常采用代数多项式的形式，并保证几乎完全收敛。因此，这种计算流程被简化为一系列寻找向量 Δ^0 的迭代。通过使用数值模型，近似关系可在每个迭代步骤中通过前一次迭代的结果来准确确定。通过这些流程，对成本函数 $I^*(\Delta)$进行最小化处理即可获得计算结果。

4.8.4 步进式和连续式感应加热过程的优化控制

基于前文所提出的参数优化的转化法，这部分讨论了步进式和连续式加热模式下的优化控制问题，并考虑了典型的实际加热操作要求（金属热成形之前）。

1. 稳态操作条件下连续加热器的优化

假设一个连续感应加热装置，工件以恒定速度

V = 常数 ≠0 穿过加热器，并在其中从一端移向另一端，且在感应器出口处的温度分布满足式（4-79）。内部热源功率 $P^*(y)$ 沿加热器长度方向的空间分布被看作一个与时间无关的优化控制函数，并用沿加热器长度方向的空间坐标取代静态加热中的时间点。因此，对于连续加热，加热功率控制 $P^*(y)$ 的优化算法被认为是对静态加热时间优化控制的"空间化"。

在优化问题中，对于给定设计的多线圈加热器，所有感应线圈与时间无关的电感电压被看作参数化空间控制输入。在任何情况下，对于连续感应加热器的稳态模式，与空间相关的控制都代表在感应加热装置设计阶段的设计解决方法。

如果控制函数利用常用优化条件进行参数化［如式（4-80）的典型形式］，稳态感应加热模型的优化控制问题就被简化为式（4-88）和式（4-89）中的一般参数优化问题，然后可采用转换法求解。

（1）温度场分布的数学模型　轴对称圆柱体坯料在恒定移动速度 V 下连续加热时的温度场分布 $T(l,y)$，由二维静态热传导方程来描述，此时定义 $\frac{\partial T}{\partial t}=0$：

$$c(T)\gamma(T)V\frac{\partial T(l,y)}{\partial y}=\frac{1}{l}\frac{\partial}{\partial l}\left[\lambda(T)l\frac{\partial T(l,y)}{\partial l}\right]+\frac{\partial}{\partial y}\left[\lambda(T)\frac{\partial T(l,y)}{\partial y}\right]+W(l,y);$$

$$0<l<R,0<y<L \tag{4-174}$$

其边界条件为

$$\frac{\partial T(0,y)}{\partial l}=0;\ \lambda\frac{\partial T(R,y)}{\partial l}=\alpha[T_a-T(R,y)];$$
$$-\lambda\frac{\partial T(l,0)}{\partial y}=\alpha[T_a-T(l,0)]; \tag{4-175}$$
$$\lambda\frac{\partial T(l,L)}{\partial y}=\alpha[T_a-T(l,L)]$$

以上公式所有的符号意义与式（4-144）和式（4-145）一致。

式（4-174）与式（4-144）的形式差异是采用 $V\frac{\partial T}{\partial y}$ 代替了 $\frac{\partial T}{\partial t}$。对于线性近似的情况，式（4-174）的右侧部分与式（4-146）相同。

矩形工件的连续感应加热过程可以采用三维静态热传导方程来描述。内部热功率 $P(y)$ 沿加热方向的空间分布（视为控制函数）受到式（4-69）中约束的限制。热功率 $P(y)$ 与式（4-174）中的内部热流密度相关。函数 W 与式（4-57）中的一致，可以通过求解与式（4-174）相关的电磁场麦克斯韦方程得到。

（2）最小尺寸感应器的设计　对于稳态操作条件下（V 为常数）的连续感应加热器，最优化控制问题可以采用下面的方法进行公式化。首先选择一个约束条件为式（4-69）的控制方程 $P^*(y)$，即将具有一定初始温度分布的坯料加热到需求温度 T_k^*，并满足规定的精度 ε［根据式（4-79）］，同时最小的感应器长度为 $L=L_{min}$。

如前所述，对于式（4-80）形式的控制方程 $P^*(y)$，感应器长度的最小化问题可以简化成 $\Omega=\Omega_1=\{l\in[0,R],y\in[0,L]\}$ 空间中式（4-81）和式（4-82）所描述的问题：

$$\begin{cases}I(\Delta^*)=\sum_{i=1}^{N}\Delta_i^*\to\min\limits_{\Delta^*}\\ \Phi(\Delta^*)=\max\limits_{l\in[0,R]}|T(l,L,\Delta^*)-T_k^*\leqslant\varepsilon|\end{cases} \tag{4-176}$$

式中，N 是 $P^*(y)=P_{max}$ 或 $P^*(y)=0$（活跃区和钝化区）时轴向不同截面的数量，同时 $\Delta^*=\Delta_i^*$，$i=1,N$ 为包含这些不同截面长度的向量。感应器出口 $y=L$ 处的径向温度分布 $T(l,L,\Delta^*)$ 通过求解式（4-174）和式（4-175）得到。

对于求解式（4-176）中 $\Delta^*=(\Delta^*)^0$ 的一维温度分布 $T[l,L,(\Delta^*)^0]$、式（4-113）、式（4-115）、式（4-117）、式（4-119）及其数值求解技术在解决时间最佳控制问题时与一维静态加热模型保持一致。连续加热过程中加热功率控制方程 $P^*(y)$ 的最优算法代表了静态时间最佳控制的空间化问题。

可以注意到，上述控制方程中关于静态加热的等式描述了加热过程结束时的温度分布。在连续加热情况下，这些表达式表示在感应器出口处（$y=L$）工件横截面的温度分布。

与静态加热优化问题相比，这里存在空间坐标和控制参数与温度分布 $T(l,L,\Delta^*)$ 的函数关系。可以通过求解二维热传导方程来获取这个函数关系［见式（4-174）和式（4-175）］：

基于数值模型［见式（4-174）和式（4-175）］的计算算法可以通过求解等价问题来简化，上述等价问题为在参数 $\Delta_i(i=\overline{1,N})$ 定义的空间内寻找中间成本函数 $I^*(\Delta)$ 的极值。这个函数的全局最小值为零，可在所寻找的 $(\Delta^*)^0$ 达到极值。

当采用线性近似求解式（4-174）和式（4-175）时，连续感应加热中优化设计问题的计算结果见图 4-116。对于典型值 $\varepsilon=\varepsilon_{min}^{(1)}$ 和 $\varepsilon=\varepsilon_{min}^{(2)}$，通过求解与式（4-113）和式（4-117）相似的方程组（使用前面部分描述的计算方法）可获得上述结果。

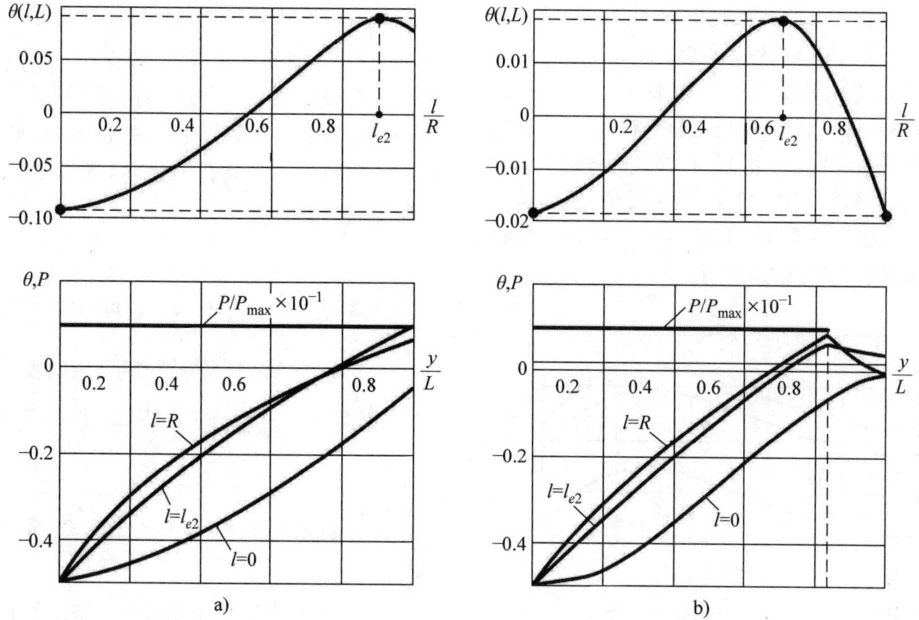

图 4-116 稳态连续感应加热最优空间控制出料口处坯料径向和轴向的温度分布

a) $\varepsilon=\varepsilon_{\min}^{(1)}$ b) $\varepsilon=\varepsilon_{\min}^{(2)}$，$\Delta_1^*/L=0.84$

注：$\theta=(T-T_k^*\lambda/P_{\max}R^2)$，$\xi=4$，$\theta(l,0)=\theta_0=\theta_a=-0.5$，$\alpha R/\lambda=0.5$，$VR/a=100$。

如果 $\varepsilon=\varepsilon_{\min}^{(1)}$，当最大加热功率 $P^*(y)=P_{\max}$ 均匀分布在感应器的长度方向上时，优化设计由一个单段感应器组成。如果 $\varepsilon=\varepsilon_{\min}^{(2)}$，优化设计是一个由两段组成的加热器。最大功率 $P^*(y)=P_{\max}$ 施加在第一段，第二段进行均温处理，功率 $P^*(y)=0$。感应加热器的第二段可看作一个恒温器，不需要加热。这个感应器的长度等于第一段的长度。这个问题被简化为对感应加热装置加热器长度的最小化问题。

如果将工件运输至热成形设备所需的时间纳入考虑，那么，发生在优化周期内运输阶段的温度均匀化足以保证所需的温度均匀性。在这种情况下，可以求解运输问题。

照此类推，感应加热过程一维模型的时间优化控制问题可以拓展为更复杂的连续感应加热优化问题。这些问题可以通过前文中介绍的计算方法进行求解。

特别是，加热过程中对温度分布的技术约束为，工件内沿加热器长度方向的任意点的最高温度不要超过一定的允许值 T_{adm}：

$$T_{\max}=\max_{\substack{l\in[0,R]\\ y\in[0,L]}}T(l,y)\leqslant T_{\text{adm}}\tag{4-177}$$

在 $\varepsilon=\varepsilon_{\min}^{(1)}\geqslant\varepsilon_{\inf}$ 情况下，加热功率 $P^*(y)$ 沿加热器长度方向的优化分布可处理为时间优化控制问题的“空间化”：

$$P^*(y)=\begin{cases}P_{\max}, & 0<y<y_T\\ P_T(y), & y_T\leqslant y\leqslant\Delta_1^*\end{cases}\tag{4-178}$$

当最高温度等于允许温度 T_{adm} 时，以最大功率 $P_{\max}$ 进行加热的区间在点 $y=y_T$ 完成。在区间（y_T, Δ_1）内，通过施加控制输入 $P^*(y)=P_T(y)$，最高温度维持在最大允许水平。同式（4-121）中的 t_T 值，y_T 值可从坐标条件内获得，在该坐标处，最高温度 $T_{\max}$ 与最大允许值 T_{adm} 相等。

在这种情况下，优化设计解决方案为由两段组成的加热器。在第一段中，工件加热采用均匀分布的最大功率 $P^*(y)=P_{\max}$。在第二段，与式（4-122）中的 $P_T(t)$ 相似，应用稳定控制 $P_T(y)$ 将工件内的最高温度维持在最大允许水平，$P_T(y)$ 中加热功率沿加热器长度方向连续变化。通过使用静态感应加热器，优化控制输入可以一种相对简单的方式实现。然而，在第二段长度方向上的线圈功率分布 $P_T(y)$ 不均匀时，会存在一定问题。因此，采用函数 $P_T(y)$ 的恒定近似 $P_A(y)=$ 常数是合理的，该近似通过使用 $T_{\max}$ 与 T_{adm} 的最小偏差进行了数值化定义。如果这个近似不够精确，则需要在感应器的多个段（而不是仅一个段）采用不同的恒定加热功率 $P_A(y)$ = 常数来获取分段恒定近似。

对于已知的 y_T 和 $P_T(y)$，如果 $\varepsilon = \varepsilon_{\min}^{(1)} = \varepsilon_{\inf}$，以式（4-178）内控制形式进行加热器长度最小化的问题可以简化为求解式（4-125）形式的方程组［相对于优化的加热器长度$(\Delta^*)^0$ 和 $\varepsilon_{\min}^{(1)}$ 值］。通过温度场模型［见式（4-174）和式（4-175）］的线性近似获得的计算结果见图 4-117。

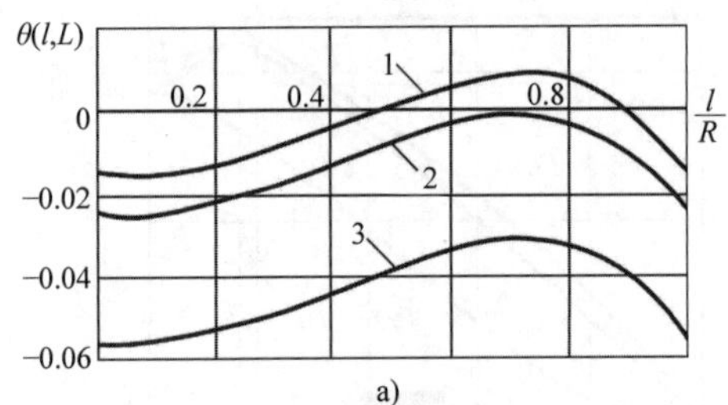

a)

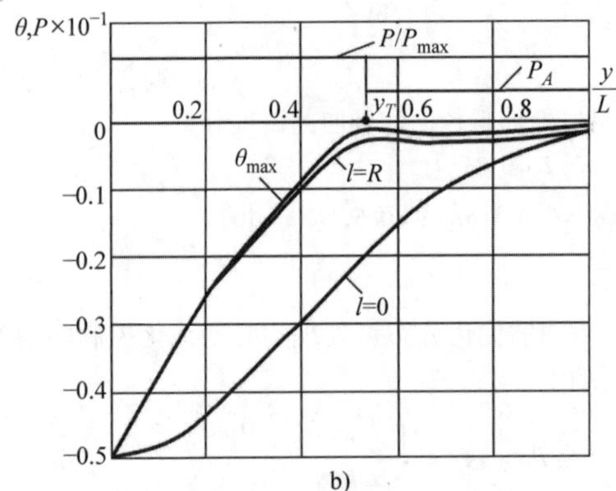

b)

图 4-117　连续加速加热并在 $T_{\max}$ 保温的最优空间控制

a）出料口径向温度分布　b）轴向功率和温度分布（$P_A/P_{\max}=0.36$，$y_T/L=0.54$）

注：$\theta = T - T_k^* \lambda P_{\max} R^2$，$\xi=4$，$\theta(l,0)=\theta_0=\theta_a=-0.5$，$\theta_{adm}=(T_{adm}-T_k^* \lambda P_{\max} R^2)=0$，$\alpha R/\lambda=0.5$，$VR/a=100$，$\varepsilon=\varepsilon_{\min}^{(1)}=\varepsilon_{\inf}$。

对于连续感应加热装置，使用实际设计解决方法不能精确实现以式（4-80）或式（4-178）形式的优化空间控制的分段算法。由于长度方向的电磁尾端效应及各段之间的间隙，且分段式功率随着段的切换而改变，故不可能提供绝对均匀的功率分布。通过将施加在控制段的线圈电压作为实际控制输入，这些复杂因素可被更复杂的关于感应加热过程的数值模型引入。

（3）最小能量损耗的加热器设计　对于连续加热的能量损耗最小化问题可简化为选择由式（4-69）约束的控制输入函数 $P^{**}(y)$，这个函数可以提供加热器（给定产量）出口处所需的温度分布［基于式（4-79）］及将能量损耗最小化。与静态感应加热情况及将加热器长度最小化的优化控制$P^*(y)$类似，控制函数与式（4-80）的形式相同。因此，能量损耗最小化的问题可简化为式（4-82）和式（4-87）中所给同类型问题：

$$\begin{cases} I(\Delta^*) = \sum\limits_{i=1,3,5,\cdots,N_1}^{N_1} \Delta_i^* \rightarrow \min\limits_{\Delta^*};N_1 = N \text{或} \\ \quad N_1 = N-1(N\text{分别为奇数或偶数}) \\ \Phi(\Delta^*) = \max\limits_{l\in[0,R]} \left| T(l,L,\Delta^*) - T_k^* \right| \leqslant \varepsilon \end{cases} \tag{4-179}$$

这个问题的成本函数$I^*(\Delta)$类型与式（4-176）中的不同。

对于式（4-179）中相似的 ε 值，由于成本函数的差异，优化控制算法 $P^*(y)$ 和 $P^{**}(y)$ 因合适参数 Δ_i^* 的特殊值互不相同。对于静态感应加热过程，这种差异也发生在介于时间优化和能量损耗最小化之间的控制问题。

感应器出口处 $y=L$ 径向温度分布 $T[l,L,(\Delta^*)^0]$的基本特征和基于转换法的方程组对式（4-179）中问题的求解$(\Delta^*)^0$ 保持有效。在静态感应加热过程一维模型的最小能量损耗控制过程结束时，上述特征建立［静态感应加热过程一维模型的节能优化控制可用于求解最终温度分布 $T(l,\Delta^0)$］。

如果 $\varepsilon_{\min}^{(2)} < \varepsilon \leqslant \varepsilon_{\min}^{(1)}$，控制算法 $P^{**}(y)$ 的参数可通过求解与式（4-111）同类型的方程获得，将式（4-111）中在点 $l=0$ 和 $l=R$ 的温度 $T(l,\Delta^*)$（由一维模型模拟）替换为在 $\Delta^*=(\Delta^*)^0$ 条件下［见式（4-179）］的温度 $T[l,(\Delta^*)^0]$（由二维模型模拟）。

如果 $\varepsilon_{\min}^{(3)} < \varepsilon \leqslant \varepsilon_{\min}^{(2)}$，优化控制算法 $P^{**}(y)$ 与优化功率分布 $P^*(y)$ 一致，均对加热器长度进行最小化处理。

（4）由供电电压控制的连续多线圈加热器的优化　如果感应器段的数量 N 及其尺寸 $\Delta_i^*(i=\overline{1,N})$ 由给定设计的感应加热设备确定，所选择的感应器所有 N 个线圈的电压 $U=(U_1,U_2,\cdots,U_N)$ 被看作空间控制输入，故此也被处理为未知参数。在这种情况下，确定优化线圈电压 $U=(U_1,U_2,\cdots,U_N)$ 的问题可转化为获取最大加热精度问题，与式（4-85）和式（4-86）相似，即感应器出口处径向温度分布 $T(l,L,U)$ 对所需最终温度分布 T_k^* 的最精确近似为

$$I(U)=\max_{l\in[0,R]}|T(l,L,U)-T_k^*|\to\min_U;$$
$$0\leqslant U_i\leqslant U_{i\max},\ i=\overline{1,N}\qquad(4\text{-}180)$$

获得的温度 $T(l,L,U)$ 是 l 和参数 $U_i(i=\overline{1,N})$ 的函数，可采用温度场分布模型［式（4-174）和式（4-175）］获得，模型中内部加热功率 W 与电感电压 U 可通过电磁方程和温度场分布方程获得。

工件横截面内最佳最终温度分布和确定它的方程组与一般时间优化问题类似，而与数学模型的复杂性无关。因此，如果温度为空间坐标和电压 $U_i(i=\overline{1,N})$ 的函数，转换法可以在这种情况下使用。

然而，选择线圈电压作为空间控制输入会导致一些独特的特性。与 N 个给定长度的线圈相应的最佳输入电压可使加热功率在多线圈连续加热器方向上的分布达到最优化。这个分布代表了沿感应加热器长度方向上与时间相关的加热功率的控制扫描。因此，加热过程有预设的阶段数量及相应的持续时间，上述信息均由给定的感应加热设备设计定义。通过一组控制输入可以影响温度分布，控制输入可通过为每个线圈选择电压 U_i 来确定。因此，通过线圈电压进行的优化加热功率控制可以实现多位置控制；值 $U_i^0(i=\overline{1,N})$ 与它们的允许极限值不同。

当将加热功率作为控制输入时，就会出现相反的情况。根据式（4-73），优化控制 $U^*(t)$ 只取固定的极限值，且工件内温度分布可以通过选择转换加热/均温处理阶段的数量和延续时间对其进行修改。

在加热功率分布随时间变化的情况下，将优化电压看作参数可使精度最大化问题［见式（4-180）］转化为等价的时间优化问题［见式（4-74）和式（4-75）］，时间优化问题的控制函数 $U^*(t)$ 以式（4-73）的形式。这个优化控制函数 $U^*(t)$ 代表一个开－关控制，该控制只取两个允许极限值。

假设式（4-95）中的条件仍然有效，等价的时间优化问题可将所需精度 ε 与所需最佳控制区间的数量联系起来。在每个控制区间内，电压是恒定的。在这种情况下，控制区间的数量与感应线圈的数量相等。每个区间的延续时间与工件通过每个线圈所需的时间一致。

如果 $\varepsilon_{\min}^{(s)}\leqslant\varepsilon<\varepsilon_{\min}^{(s-1)}$，所需线圈的数量［根据式（4-95），等于 s］与式（4-180）中固定数量 N 不同。如果 $N<s$，在给定设计的感应加热装置中，所需感应加热精度是达不到的。这是一种稀有情况。典型情况是 $N\geqslant s$，这样 $N-s$ 感应线圈所施加的电压相同。因此，感应加热器的 s 段处于控制之下；即这里有 s 个控制区间及相应的 s 个参数 U_1，U_2，…，U_s。每个控制区间被看作一个感应器段，该段由一个或多个感应线圈组成。

求解相似的时间优化控制问题可确定可能的最短加热时间，从而获取加热精度。这种控制算法可提供在给定加热时间内可达到的最大加热精度 ε。对于稳态感应加热（给定长度和产能的感应器），求解式（4-180）可简化为对独立控制段数量 $s\leqslant N$ 的选择及将 N 个线圈最优化分配至 s 个段。因此，加热精度最大化的问题转化为一系列增加 s（从 $s=1$ 开始）的问题。

与涉及一维模型或感应器最小长度设计的时间优化控制问题相比，感应器出口处径向温度分布的最优化形状和转换法中的控制方程组均没有改变。

如果 $s=1$，所有感应器段的电压 U_1 相同。在一个单参数控制算法中，工件厚度方向的最终温度分布 $T(l,L,U_1)$ 及相应方程组与式（4-113）相似。求解这个方程组可以确定优化值 U_1^0 和最大加热精度 $\varepsilon_{\min}^{(1)}$（可从这类单参数控制输入中获取）。如果 $\varepsilon_{\min}^{(1)}$ 满足技术要求，那么最初的优化控制问题式（4-180）就解决了。如果 $\varepsilon_{\min}^{(1)}$ 不能提供所需的加热均匀性，对于式（4-91）的不等式，需要考虑 $s=2$ 的情况。

对于 $N>2$，这里有 $N-1$ 种方式将 N 种线圈分成两个控制段（见图 4-118）。对于每个段，这个问题被简化为通过求解式（4-117）类型的方程组来获取被控制段最优化供应电压（U_1^0 和 U_2^0）和适当的最大加热精度 $\varepsilon_{\min}^{(2)}$。

进一步列举变化形式可以找到 $s=2$ 下的最优变形，其可以提供的 $\varepsilon_{\min}^{(2)}$ 最小值。这个值代表了两阶段控制加热中的极限可达到的精度。

在许多情况下，所获得的 $\varepsilon_{\min}^{(2)}$ 值可满足技术要求。然而，如果不能接受这个精度，需要考虑三个控制阶段（$s=3$）的情况。与静态加热模式一样，对于 $s=3$，可达到的加热精度 $\varepsilon_{\min}^{(3)}$ 与最大精度 $\varepsilon_{\inf}$ 一致。与前文中静态加热优化部分相同，这里所描述的一般方法应用于涉及附加复杂因素的式（4-180）。

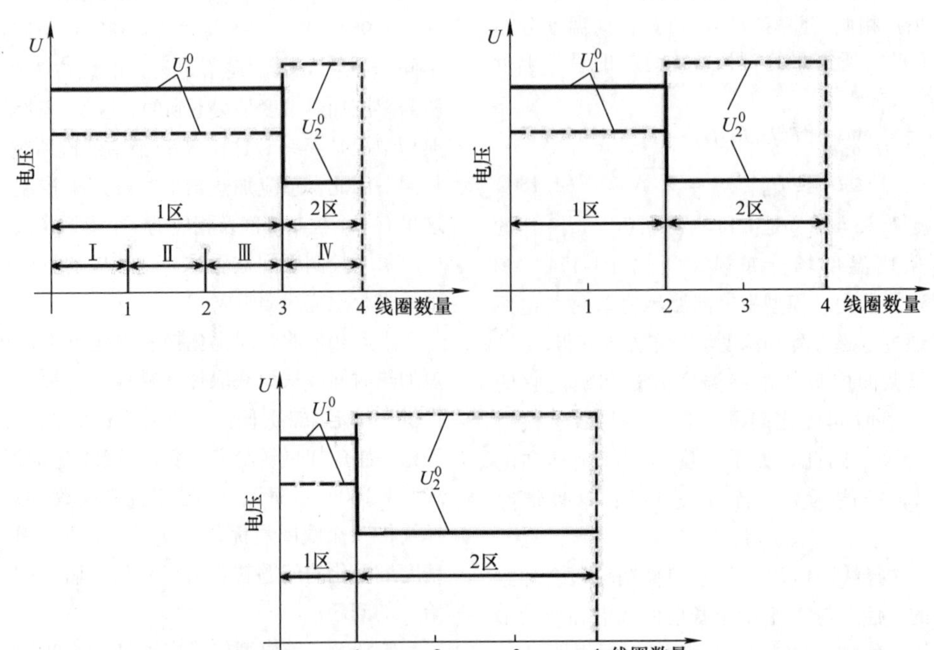

图 4-118 将 4 个线圈分成两个控制段的几种不同方式

考虑一种带有 10 个线圈的工业连续加热器，设计用来将钢坯加热至 1250℃（2280℉）。所有计算均基于一个关于铁磁工件内部温度分布的复杂电热模型。这个模型由德国汉诺威莱布尼兹大学电工研究院开发。

这个优化问题的计算见图 4-119～图 4-122。对于 $s=2$，可达到的加热精度与第二段线圈的数量无关（见图 4-119）。同时，作为第二段线圈数量函数的最高温度余量有一个非常显著的最小值，当第二段含有 4 个感应器时达到这个最小值。基于这个结论，在技术性最高温度约束下，这种设计被推荐为多线圈加热器的最优设计方案。

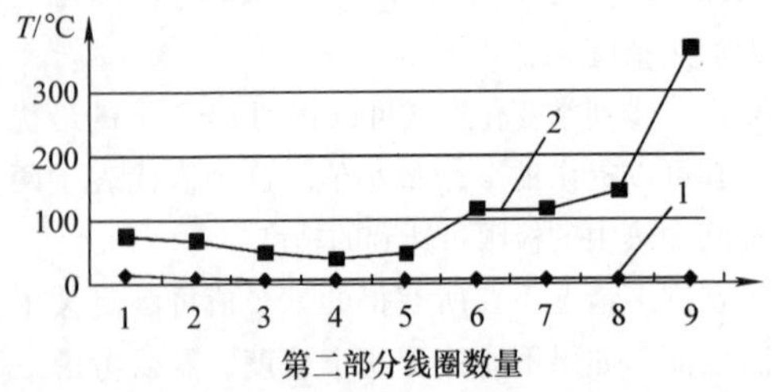

图 4-119 最大生产率时 $\varepsilon_{\min}^{(2)}$（曲线 1）和 $T_{\max}-T_k^*$（曲线 2）的极大极小值与第二段线圈数量的关系

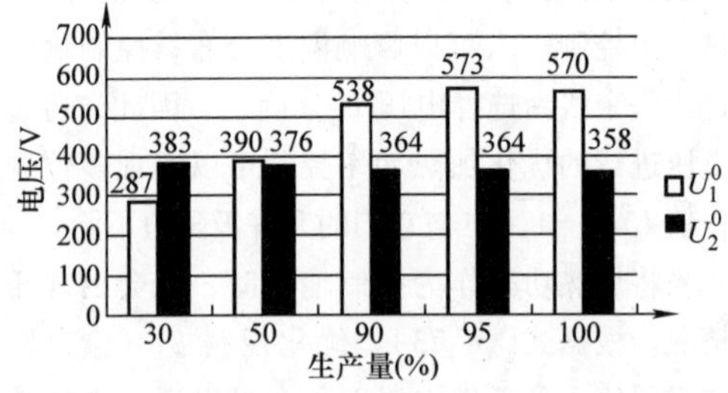

图 4-120 第二段线圈数量为 4 时最佳电压 $U_1{}^0$ 和 $U_2{}^0$ 与生产量的关系

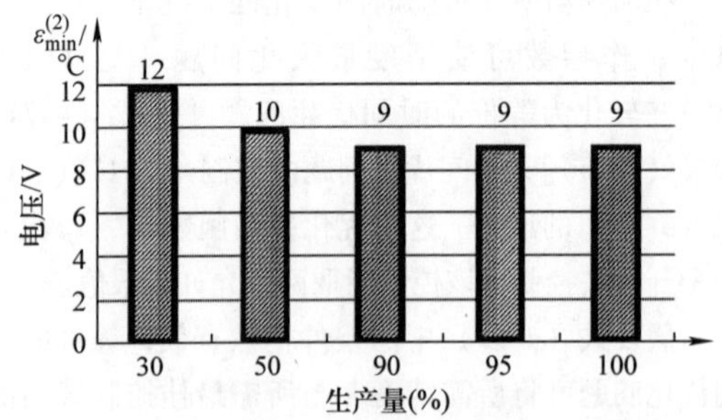

图 4-121 第二段线圈数量为 4 时 $\varepsilon_{\min}^{(2)}$ 的最大最小值与产量的关系

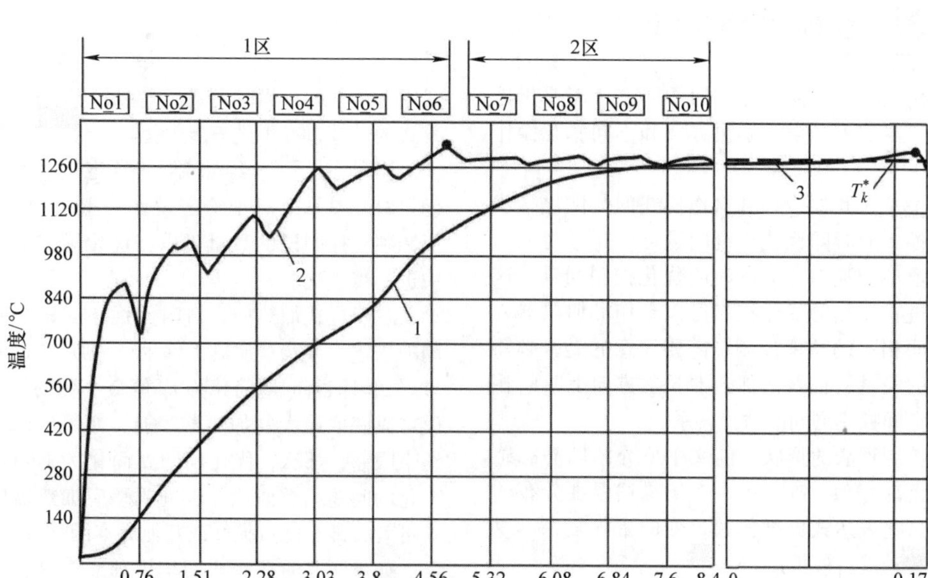

图 4-122 两个独立控制部分在加热精度为 $\varepsilon=\varepsilon_{\min}^{(2)}$ 时最大产量情况下坯料中心（曲线 1）和表面（曲线 2）沿加热方向的温度分布及出料口坯料径向温度分布（曲线 3）

2. 稳态操作条件下步进式加热器的优化

（1）步进式加热器优化问题的关键特征　步进式多阶段加热模式是一种工艺流程，在流程中，一个或多个工件移动通过单个线圈或多个线圈的感应加热器。在加热器内，这些工件在特定的预设阶段被连续加热（以步进形式）。在每一步，工件在一个静态位置加热，然后快速向远端线圈出口方向的另一个位置移动。在一个新工件被放入加热器的同时，另一被加热过的工件被卸下。步进式感应加热装置在一产量周期内持续操作，产量周期由可放进加热器的工件数量和所采用的控制算法决定。

以步进方式加热每个工件与静态加热的不同之处在于，工件在加热器的许多静态位置处依次逐步加热，而不是在一个固定位置加热。结果，与静态加热器内的温度场分布相比，步进式感应器内的温度分布发生变化，这是由于沿加热器长度方向上加热功率的不均匀分布。这一不均匀性是由装载/卸载操作时对加热器的功率切换、线圈间间隙、电磁和热尾端效应及这种非静态加热模式特有的现象造成。

对于加热功率随时间离散变化的静态工件加热，通过采用一种逆向方案可将上面因素纳入考虑。使用这种方法，稳态操作条件下步进式加热器的优化问题就被简化成为一些适当静态加热模式的优化控制问题。步进式加热的最优化控制可看作一种在多线圈加热器长度方向上（线圈可以被独立控制）与时间相关的功率控制，这也代表了一种对 OCP 的解决方案，将加热器设计的特性纳入考虑。

这种逆向方案不会改变最优化静态加热过程中已建立的定性特征。这意味着，将上述方案应用于静态加热的优化问题时，优化控制函数的类型、基本性质和最终温度分布形状不会改变。

因此，转换法可以拓展至广泛范围的步进式加热器的优化问题。然而，采用转换法解决步进加热条件的特性时，出现了一些关键问题。

需要更复杂的电热模型去精确模拟步进加热模式。此外，当考虑沿加热器长度方向加热功率变化的最佳的时间相关程序时，会涉及线圈长度的特定约束。对于每个生产流程中，需要感应线圈的长度在工件长度方向上可以分割。如果这个要求不能满足，那么至少会有一个工件不能被最优化加热，这是由于，在静态位置对工件加热过程中，工件位于两个线圈内，而线圈的功率和/或频率不同。这种环境会导致在工件长度方向上形成不可接受的温度梯度。

此外，一种时 - 空控制方法的典型应用涉及一种多线圈设计，每个线圈都有独立的功率控制。这种方法可在加热器长度方向上根据需要调节加热功率。因此，在与控制输入变化（如保持在允许水平 T_{adm} 的温度 $T_{\max}$ 的区间）相关的优化程序中，这一部分可在适当步骤（卸载临近工件期间）中对每个工件进行实施。这与静态加热模式相似。因此，与连续加热模式（工件以恒定速度 V 通过感应器）相比，步进式移动的感应加热装置的优化需要考虑一种时－空控制函数。

实施优化时－空控制输入的不同方式需要步进式感应加热器的不同设计解决方案和不同稳态操作模式。

（2）感应加热器设计和操作模式的最优化 步进式加热模式的时间优化控制问题可以简化为关于静态加热模型的逆向方案的时间优化控制问题。这意味着步进式加热的优化控制可以看作沿加热器方向上与时间相关的功率控制。需要注意的是，必须考虑所有的关键特征及沿加热器长度方向上时间相关控制和空间控制之间的适当关系。

优化控制算法的形状与前文中所介绍的静态感应加热的情况相似。唯一区别在于描述温度分布的表达式。这些表达式已被修改，变的更加复杂，以对工件的移动进行模拟。

在许多实际情况下，当仅需要将最高温度保持在最大允许水平时［采用式（4-121）类型的控制算法］，优化设计解决方案代表了一种由两个在线部分组成的加热器，两个部分的长度不同，见图4-123。

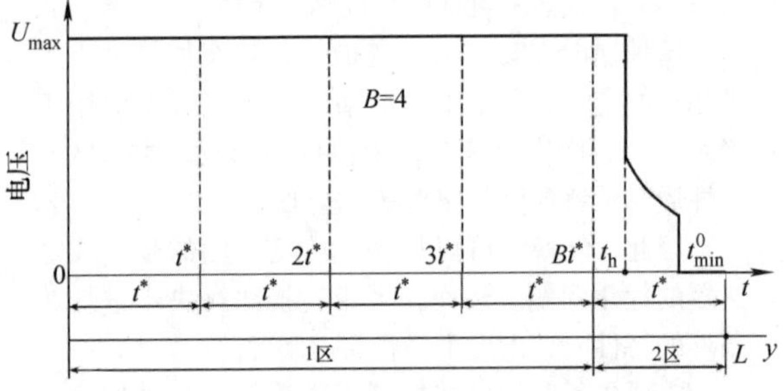

图4-123 具有两个独立控制部分的连续加热器的最优控制算法

将步进式加热（生产周期）一步的持续时间表示为 t^*。在第一段中，$B \geqslant 1$ 个工件被同时装入，并在 Bt^* 时间内施加最大加热功率，这是一个提供密集加热的阶段。在第二个独立控制段，仅可放入一个工件。持续时间为 t^* 的第二个控制阶段（包括保持在 T_{adm} 水平的温度 T_{max} 的区间）将会在这部分实现。如果优化控制程序［见式（4-121）］的持续时间 $t^0_{min} - t_{tr}$ 没有超过出产周期 t^*，那么这个加热器设计是最优化的。如果 $t^0_{min} - t_{tr} > t^*$，那么这个优化设计方案会变得更加复杂，这是由于需要增加独立控制段的数量，而在这些控制段中，只能放入一个最大长度的工件。

对于给定的同时放进感应器的固定工件数量 $B_1 \geqslant B+1$，出产周期 t^* 为

$$t^* = \frac{t^0_{min}}{B_1} \tag{4-181}$$

式中，最佳的过程时间 t^0_{min} 可在最优化感应加热装置模式的计算过程中进一步优化。

当 t^* 由技术约束唯一确定时，B_1 可由式（4-181）获取。对于给定设计的感应加热设备，B 值和独立控制段的数量可以在优化模式的计算过程中进一步优化。

在步进式加热中，对时间优化问题会有两种不同的描述，涉及被加热工件生产周期 t^* 的各方面要求。如果能将问题简化为 t^* 值最小化的问题，那么就可以获取最大的加热器产能。如果生产率受技术约束限制，那么，优化问题就简化为加热器长度最小化的问题。类似地，步进式感应加热器的稳态模式可就其最小能量损耗或其他成本函数进行优化。

如果所有的在线线圈均可独立控制，且每个线圈内仅放置一个工件，那么多线圈感应器设计会在控制方面展示出巨大潜力。然而，类似设计的感应加热装备非常复杂和昂贵，主要用于一些关键应用，如加热大型工件和贵重合金制成的工件。

与上文相比，当感应器中每个段的加热功率可以不同，但不随时间改变时，充分简化的多线圈感应器设计就可以应用于实际情况。这就允许在加热线上采用分段功率分布。这种功率分布被认作一种沿加热器长度方向上与时间相关的加热功率程序。因此，应该确定线圈段的数量及它们的长度和功率。假设在一个生产周期中，每个独立段内同时只能放入整数数量的工件；在整个加热周期中，生产周期 t^* 恒定。每个段可由一个或多个独立线圈组成。对于静态加热，独立段的数量应与最优的时间相关加热功率程序的区间数量一致，上述区间覆盖整个加热器长度。

为了简化感应器设计，这个问题常在加热精度为 $\varepsilon = \varepsilon^{(1)}_{min}$ 的简单情况下求解，相应条件为，温度均匀化在工件运输至金属成形站的过程中进行。如果仅采用最简单、实用的算法［见式（4-121）］，需要利用三段感应器设计。第一段中，在电源供应的最大允许功率下，通过提供最大功率进行加速加热。在第二和第三段，工件内的最大热应力 $\xi_{max}(t)$ 和最高温度 $T_{max}(t)$ 应维持在最大允许水平。

在第一加热阶段中，如果 σ_{max} 值保持低于 σ_{adm}，或 T_{max} 没有达到 T_{adm}，保持 σ_{max} 或 T_{max} 的区间应该分别从最优化加热功率控制算法中排除出去。

在两种情况中，两段式加热器被看作一种优化设计解决方案，也包括第一段和第二段功率稍有不同的情况。然而，将区间温度维持在 T_{max} 的持续时

间相对较长，在恒定感应器功率下，可能会产生不可接受的不准确温度稳定性。在这种情况下，若想应用所需的控制算法，至少需要两个可独立控制的感应器段。最终设计解决方案可通过逐次逼近法选择。

通过将最大温度或最大热应力与它们允许值的偏差最小化，独立段加热功率的近似值可以利用先前讨论的方法获取。

在同时运行在感应器内的工件数量给定的条件下，如果需要提供最大生产率，可采用式（4-181）获取 t^* 值，采用式（4-121）的算法确定最佳的段数、每段长度及同时运行在每段内的工件数。优化设计的参数可通过逐次逼近法进行优化。在每步迭代中，应当求解适当的方程组以获取最终温度分布。可采用静态加热的逆向方案获取每个独立段的最优化加热功率。

t^* 值固定时，每段中的加热时间也是固定的。这个问题被简化为，在每段出口处均达到最大允许值 σ_{max} 和 T_{max} 的条件下，为每个独立段寻找最优的加热功率。

下列计算将所提出的方法应用于时间优化感应加热，将尺寸为 7000mm × 700mm × 1580mm（275.5in × 27.5in × 62.2in）的铝合金板加热至 470℃（520℉），其计算结果见图 4-124。感应加热装置由三段组成，生产率为 600t/h；T_{adm} = 520℃（970℉），σ_{adm} = 80MPa（11600psi）。从一个段到另一段的传输时间被假定为 120s。每段中所需的加热时间与预设生产周期一致，为 700s。

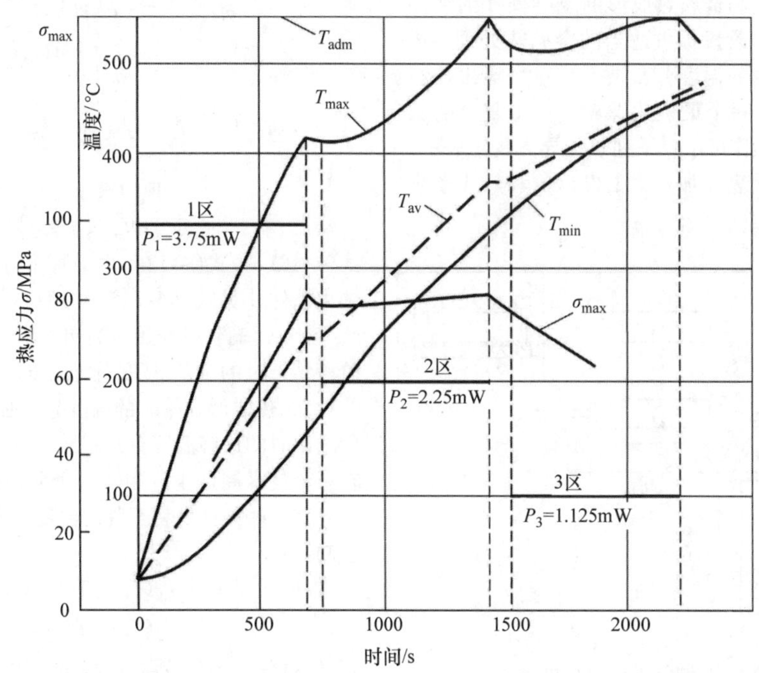

图 4-124　三段感应加热器约束为 σ_{max} 和 T_{max} 时的铝合金板感应加热时间优化

注：T_{avg} 为平均温度。

在最简单的情况下，每个独立工件的优化控制算法被简化为在整个加热过程中将控制输入维持在最大允许水平。当最大温度值 T_{max} 和最大热应力值 σ_{max} 在优化控制过程中没有达到最大允许值时，即当所需加热精度值 ε 与运输时间（$t_{tr} \geqslant 0$）的最大最小值 $\varepsilon_{min}^{(1)}$ 一致时，这个简单策略就可以使用。

最优化的过程时间 Δ_1^0 可通过求解适当的方程组来获取。通过使用单段加热器，并对所有线圈施加普通电压，上述优化加热模型就可较为容易地在实际工程中应用。

4.8.5　复杂金属热成形操作中技术流程的复合优化

感应加热装置优化问题的解决方案只能在预先给定的技术要求范围内提供控制算法。这意味着，只能在被加热工件所需的最终温度分布提前已知情况下，才可获得优化控制的输入。

如同多数金属成形过程，热成形操作对工件的初始温度分布有一定的要求。例如，在热成形之前，被加热工件内存在一个允许温度变化的最大范围。热成形之前，被加热工件内的温度分布对复杂生产过程的整体效果有非常重要的影响。

将一个复杂操作的技术和经济指标综合在一起，在解决一个一般优化问题时，会出现一些新的可能性。一个一般优化问题需要在一定条件下解决，该条件为：在为加热和热成形操作选择参数时，给予最大的自由度。在这种情况下，有可能为每个作为单独过程的操作找到最优化的参数（根据一定的优化标准）。

这里所描述的方法涉及在工艺流程图中寻找最优化的技术参数和地点的优化设计，从而为复杂的生产过程提供最优化的操作模式。对圆柱形工件的感应加热操作及随后液压式热成形操作的优化可作为转换法应用的一个案例。

1. 控制过程的数学模型

一个复合加热和金属热成形的复杂操作的终极目标是为所有技术阶段提供适当的金属热处理。这也是为什么工件内的温度分布被看作一个输出控制函数。因此，作为一个最优化课题，一个复合的感应加热－热成形操作可由一系列热传导方程组表示，这些方程组分别代表了加热、工件运输和热成形阶段（见图4-125）。

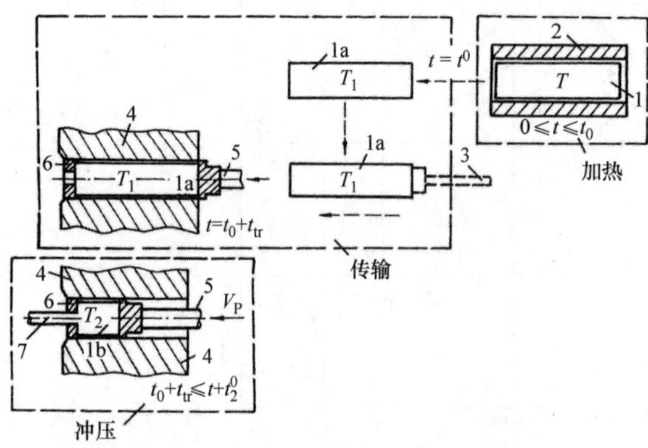

图4-125 复合加热和金属热成形的生产设备

1—加热坯料（1a—传输过程中的坯料，1b—热成形过程中的坯料）
2—感应加热器 3—上料装置 4—冲压装置 5—冲头
6—模孔 7—压缩成形产品

在加热过程中，圆柱形工件的温度分布 $T(l,y,t)(0<t\leqslant t^0)$ 可由二维热传导方程［与式(4-144)相似］表示为

$$c\gamma\frac{\partial T(l,y,t)}{\partial t}=\frac{1}{l}\frac{\partial}{\partial l}\left[\lambda l\frac{\partial T(l,y,t)}{\partial l}\right]+\frac{\partial}{\partial y}\left[\lambda\frac{\partial T(l,y,t)}{\partial y}\right]+W(l,y,t),\quad 0<t\leqslant t^0 \tag{4-182}$$

在工件运输至成形设备过程中，温度分布 $T_1(l,y,t)(t^0<t\leqslant t^0+t_{tr})$ 可由 $W=0$ 条件（这里没有热源）下的热传导方程［见式(4-182)］表示：

$$c\gamma\frac{\partial T_1(l,y,t)}{\partial t}=\frac{1}{l}\frac{\partial}{\partial l}\left[\lambda l\frac{\partial T_1(l,y,t)}{\partial l}\right]+\frac{\partial}{\partial y}\left[\lambda\frac{\partial T_1(l,y,t)}{\partial y}\right],\quad t^0<t\leqslant t^0+t_{tr} \tag{4-183}$$

在正向挤压过程中，圆柱形工件内部温度分布 $T_2(l,y,t)(t^0+t_{tr}<t\leqslant t_2^0)$ 的轴对称模型可由一个等式来表示，这个等式需考虑金属分别沿径向和轴向的流动速度 V_l 和 V_y，及由塑性变形能量定义的内部热源的功率 W^*：

$$c\gamma\frac{\partial T_2(l,y,t)}{\partial t}=\frac{1}{l}\frac{\partial}{\partial l}\left[\lambda l\frac{\partial T_2(l,y,t)}{\partial l}\right]+\frac{\partial}{\partial y}\left[\lambda\frac{\partial T_2(l,y,t)}{\partial y}\right]-V_y\frac{\partial T_2(l,y,t)}{\partial y}-V_l\frac{\partial T_2(l,y,t)}{\partial l}+W^*(l,y,t),\quad t^0+t_{tr}<t\leqslant t_2^0 \tag{4-184}$$

式(4-181)～式(4-184)内的每个等式都需要适当的约束条件［见式(4-145)类型］作为补充。当 $t=t^0$，工件运输阶段开始时的初始温度分布必须与加热阶段结束时的最终温度分布相同。同样地，当 $t=t^0+t_{tr}$，热成形开始时的温度分布必须与工件运输阶段结束时的最终温度分布一致。这些条件是必要的。在一个技术周期中，当从一个阶段向另一个阶段过渡时，这些条件可将工件的温度状态 T、T_1 和 T_2 联系起来：

$$T(l,y,t^0)=T_1(l,y,t^0);\ T_1(l,y,t^0+t_{tr})=T_2(l,y,t^0+t_{tr}) \tag{4-185}$$

式(4-184)中的 V_l、V_y 和 W^* 代表了与空间坐标（l 和 y）和正向挤压速度 V_P 相关的复杂函数。这些函数可通过解决连续介质力学的特殊问题来获得。

复合感应加热－热成形设备操作的最终产品是一个长度为 z 的成形产品，z 可根据参考文献[2, 3]定义：

$$\frac{dz}{dt}=kV_P,\ z(t^0+t_{tr})=0;\ z(t_2^0)=z_{end} \tag{4-186}$$

式中，k 是伸长率，在挤压阶段结束时 $t=t_2^0$，$z(t_2^0)$ 的所需值等于 z_{end}。

金属加热过程中提出两个关于 T_{max} 和 σ_{max} 的常规要求［见式(4-80)和式(4-81)］。在挤压过程中，被加热工件的温度分布 $T_2(l,y,t)$ 可由模孔处最大允许温度 T_{2cr} 来约束：

$$T_2(l_k, L, t) \leqslant T_{2\mathrm{cr}};\ t^0 + t_{tr} < t \leqslant t_2^0 \tag{4-187}$$

这些要求需要模具变形区域（$l = l_k$，$0 < l_k < R$；$y = L$）的最高温度 $T_2(l_k, L, t)$ 不超过允许的极限 $T_{2\mathrm{cr}}$。如果违反这些条件，会导致工件的不可逆损伤，如裂纹扩展。

由于某些与挤压机功率、设备强度、金属塑性的温度区间及其他因素相关的技术限制，只可在初始温度状态属于一个特定区域 H 的情况下进行挤压操作：

$$T_2(l, y, t^0 + t_{\mathrm{tr}}) \in H \tag{4-188}$$

感应器电压 $U(t)$ 和冲压速度 $V_P(t)$ 被看作加热和挤压过程的控制输入。在由式（4-68）中约束条件提供的极限内，感应器电压可随着加热时间而变化。$V_P(t)$ 也被一定允许值限制：

$$0 \leqslant V_P(t) \leqslant V_{P\max};\ t^0 + t_{\mathrm{tr}} < t \leqslant t_2^0 \tag{4-189}$$

式中，$V_{P\max}$ 是由已知方法确定。

带有边界条件和约束条件［由式（4-18）、式（4-70）、式（4-71）、式(4-187) ~ 式(4-189)提供］的式(4-182) ~ 式(4-186)将一个复合感应加热－正向挤压操作的数学模型，描述成带有输出变量 $z(t)$ 和控制输入［$U(t)$ 和 $V_P(t)$］的一个控制系统。

2. 复杂操作最优化的一般问题

这部分对下列加热器－热成形设备优化问题的操作模式进行了介绍。

在预先给定的对感应器电压 $U^*(t)(0 \leqslant t \leqslant t^0)$ 和挤压速度 $V_P^*(t)(t^0 + t_{tr} \leqslant t \leqslant t_2^0)$ 的约束［见式（4-68）和式（4-189）］下，选择这类控制，可使最终产品达到需要的长度 $z = z_{\mathrm{end}}$，整体质量标准 I 达到极值［在式（4-68）、式（4-71）、式（4-187）和式（4-188）条件下］。时间 t_{tr} 被看作一个固定的运输时间。如果这个条件可以满足，那么控制系统可以由式(4-182) ~ 式(4-186)描述。

根据实际应用，系统产能或生产成本会被作为目标函数 I。为了获取最大产能，一个工件运行完整流程所需的最短时间 t_c 被看作一个成本函数。当需要最小生产成本时，作为控制输入的一个函数，总体成本函数是所有成本部分的加权和，这些部分均带有反映其重要性的系数。

所表述的问题可为选择热成形阶段前的工件温度分布 $T_2(l, L, t^0 + t_{\mathrm{tr}})$ 提供自由，而温度分布的选择需满足加热和热成形操作过程中的技术要求。求解这个问题可以获得适当的温度分布 $T_2^*(l, L, t^0 + t_{\mathrm{tr}})$，通过该分布可获得所选择优化标准及优化函数［$U^*(t)$ 和 $V_P^*(t)$］的最小值。从 Ω 组允许温度分布中选择 $T_2^*(l, L, t^0 + t_{\mathrm{tr}})$ 可使工艺流程图中的技术参数发生变动，从而为感应加热装置和成形设备提供最优化的操作模式。

此外，将工艺参数具体化可将一般问题有效分解为一系列局部最优化问题。对于感应加热器和挤压机，这些问题可以单独考虑。

通过采用在挤压过程开始时对温度的一系列要求，可对温度分布 $T_2^*(l, L, t^0 + t_{\mathrm{tr}})$ 的适当选择进行简化。在最简单的典型情况中，挤压之前需要一个温度均匀分布的被加热工件。与式（4-129）中的条件相似，这意味着，在加热阶段结束时，工件内任意一点的温度对所需温度 $T_2^{**} = T_k^* =$ 常数的偏差不能超过给定精度。然而，$T_2^{**} = T_k^* =$ 常数值预先未知，在求解优化控制问题时才能确定。

根据式（4-188）中的条件，允许值 T_2^{**} 的范围应满足下列不等式：

$$T_2^{**} \geqslant T_{2\min}^{**} \tag{4-190}$$

3. 复杂操作的最大产能问题

这部分考虑，稳态操作条件下，使复杂的感应加热器－热成形设备操作达到最大产能的一般问题。

对于每个固定值 T_2^{**}，加热器操作和挤压机操作的时间优化模式相当于适当的 $t_{\min}^0(T_2^{**})$ 和 $t_{g\min}(T_2^{**})$ 值。这里，$t_{\min}^0(T_2^{**})$ 值代表了将工件加热至温度 $T_2^{**} \pm \varepsilon$ 所需的最短时间，这一时间包括工件的运输阶段。$t_{g\min}(T_2^{**})$ 值是将初始温度为 $T_2^{**} \pm \varepsilon$ 的工件冲压成给定长度产品 z_{end} 所需的最短时间。

在稳态模式下，生产周期的最短持续时间 $t_{c\min}(T_2^{**})$ 是 $t_{\min}^0(T_2^{**})$ 和 $t_{g\min}(T_2^{**})$ 两个值的最大值，并考虑了感应加热装置的类型及与冲压操作结合的具体方式：

$$t_{\mathrm{copt}} = \min_{T_2^{**} \geqslant T_{2\min}^{**}} \left[\max\left(\frac{1}{B} t_{\min}^0(T_2^{**}), t_{g\min}(T_2^{**}) + \psi t_{\mathrm{tr}} \right) \right] \tag{4-191}$$

式中，B 是可同时在感应加热装置中加热的工件数量；$\psi \in [0, 1]$ 值是考虑所有可能变化的因子，上述各种可能变化发生在卸载下一个工件的时刻与完成冲压上一个工件的时刻之间的关系中。

函数 $t_{\min}^0(T_2^{**})$ 和 $t_{g\min}(T_2^{**})$ 被确定为对加热过程和工件挤压过程的独立局部时间优化控制问题的解。对于满足式（4-190）条件的固定值 T_2^{**}，一系列优化问题被求解。第一个问题采用上文描述的方法进行求解，而第二个问题代表了一个独立问题，需要专门求解。

如果函数 $t_{min}^{0}(T_2^{**})$ 和 $t_{gmin}(T_2^{**})$ 已知，加热阶段结束时的最优温度 T_{2opt}^{**} 可由式（4-191）获得：

$$T_{2opt}^{**} = \arg\min_{T_2^{**} \geqslant T_{2min}^{**}} \left\{\max\left[\frac{1}{B}t_{min}^{0}(T_2^{**}),\ t_{gmin}(T_2^{**}) + \psi t_{tr}\right]\right\} \tag{4-192}$$

这个值相当于生产周期的最优持续时间 t_{copt}；因此，t_{copt} 值也可以确定。当 t_{copt} 值被确定时，就可以对关于复合操作的联合性最大产能优化问题进行分解。

这个分解可以将问题简化为周期阶段的最大产能问题。在 $T_2^{**}=T_{2opt}^{**}$ 条件下，该阶段有较长的持续时间。因此，为了缩短 t_{copt} 值，最长的操作阶段按照时间优化标准进行了优化。最短阶段按照减少生产成本的成本函数进行了优化。

在一系列温度 T_2^{**} 下，对于工件加热和冲压过程的最短持续时间之间关系中的不同变化，关于这个问题［见式（4-191）和式（4-192）］所有可能发生的情况见图 4-126。

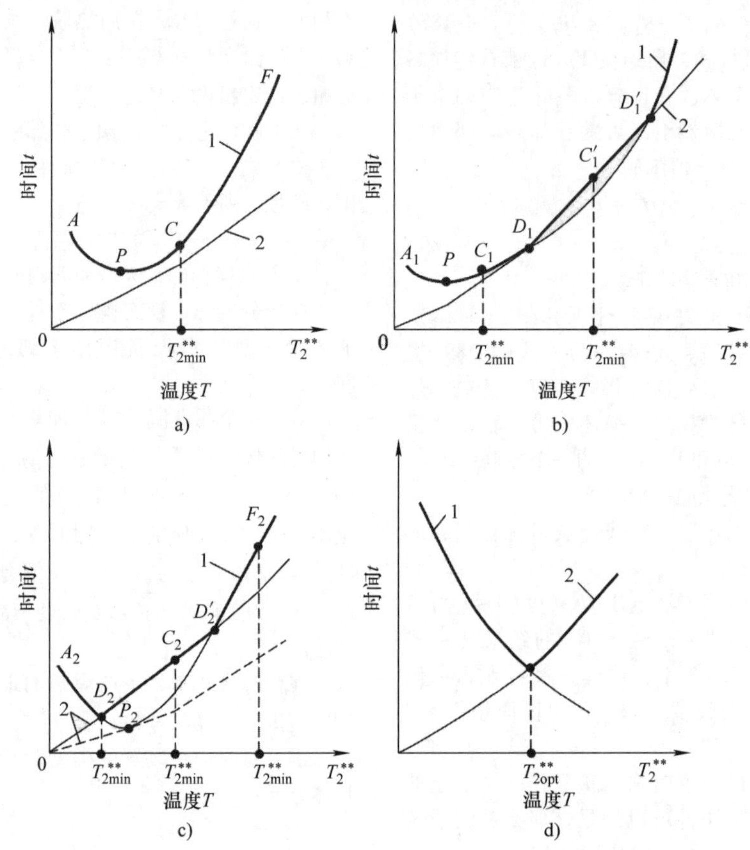

图 4-126　最小生产周期与加热温度的关系

a)～c) 挤压操作的感应加热　d) 轧制操作的感应加热

1—$t_{gmin}+\psi t_{tr}$　2—t_{min}^{0}/B（静态和连续感应加热器分别为 $B=1$ 和 $B>1$）

$t_{min}^{0}(T_2^{**})$ 值单调增加，但 $t_{gmin}(T_2^{**})$ 曲线有一个明显的极值，这是由于液压传动的最大挤压速度减小，而随着工件温度的下降，挤压压力增加。在式（4-187）中的约束条件下，强制减小挤压速度时，相似的情况会发生。

对于每个可能值 $T_2^{**} \geqslant T_{2min}^{**}$，根据式（4-191）中的算法，进行了从 t_{min}^{0} 和 $t_{gmin}+\psi t_{tr}$ 两个值中选择最大值的运算。对于在曲线 $t_{min}^{0}(T_2^{**})$ 和 $t_{gmin}(T_2^{**})+\psi t_{tr}$ 相对位置上的所有可能变化，这个体现了最短周期 t_{copt} 与 T_2^{**} 的关系（见图4-126a～c 中加粗线）。通过这个关系，可确定式（4-192）中的 T_{2opt}^{**} 值和最优化周期 t_{copt}。此外，与 $T_2^{**}=T_{2opt}^{**}$ 的情况相似，对于任意一个预先给定的允许温度值 T_2^{**}（其不等于 T_{2opt}^{**}），通过上述关系还可以对感应加热

装置和冲压设备的局部最优化问题的一般问题进行有效分解。

对于复合操作的最大产能，优化控制问题可用相似方式求解。上述复合操作包括了其他类型的金属加工，例如，感应加热－轧制。在这种情况下，$t_{g\min}$（T_2^{**}）单调下降，可能会得到如图4-126d所示情况。

对于铝合金工件在感应加热－冲压流程中的最大产能，其相应优化问题的计算结果见图4-127。根据前文中描述的计算方法，可通过求解时间优化控制问题来获取 $t_{\min}^0(T_2^{**})$。优化控制程序 $V_P^*(t)$ 可用最短时间冲压出符合长度要求（$z=z_{\mathrm{end}}$）的产品。可通过关于被冲压金属工件内部温度场的近似数学模型来定义$V_P^*(t)$。在初始阶段，式（4-189）给出 $V_P^*(t)=V_{P\max}$。当模具变形区域的温度分布 $T_2(l_k,L,t)$ 等于最大可允许极限 $T_{2\mathrm{cr}}$ 时，这个阶段结束。在下个阶段期间，通过控制输入 $V_P^*(t)$，最高温度被保持在最大允许水平 $T_{2\mathrm{cr}}$，没有温度升高（等温冲压模式）。

在这种情况下，从图4-127可以发现，最优化温度 $T_{2\mathrm{opt}}^{**}$ 与最小允许温度值 $T_{2\min}^{**}$ 一致。由于感应加热装置的生产率有限，且优化的周期变得与感应加热装置的生产率相等，所以不能达到理论最大产能。根据经济标准，冲压过程中的时间预留被用来进行最优化操作。例如，降低冲压速度可以减少高压液体的损耗。

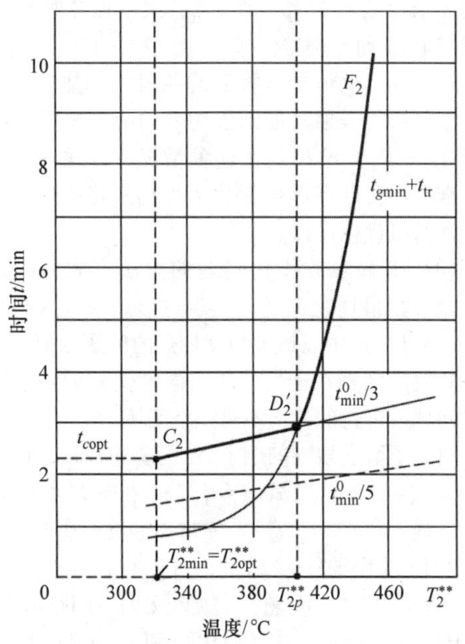

图4-127 铝合金坯料感应加热和压制过程最小时间与加热温度的关系

在图4-127中，当挤压之前的初始温度满足条件 $T_2^{**}<T_{2p}^{**}$ 时，也达不到最大产能。如果$T_2^{**}>T_{2p}^{**}$，t_{copt}值仅受挤压机技术极限的限制。如果 $T_2^{**}=T_{2p}^{**}$，且加热器和热加工设备均以最大产能操作，可获得值 t_{copt}（T_2^{**}）。

如果加热－挤压流程需要最小生产成本，可采用最大产能问题中的同样方法来解决这个复合最优化问题。取代 $t_{\min}^0(T_2^{**})$ 和 $t_{g\min}(T_2^{**})$，有必要为加热流程［$I_{H\min}$（T_2^{**}）］和挤压流程［$I_{g\min}$（T_2^{**}）］寻找独立的值，这些值相当于以加和公式内适当项［由式（4-65）给出］形式的最小花费。这些值可在固定值 T_2^{**} 条件下通过求解适当的局部最优化问题来获取。

与式（4-191）和式（4-192）一致，通过对 T_2^{**} 的最小化流程可以获得产品成本的最优值 I_{opt}：

$$I_{\mathrm{opt}}=\min_{T_2^{**}\geqslant T_{2\min}^{**}}[I_{H\min}(T_2^{**})+I_{g\min}(T_2^{**})] \tag{4-193}$$

代表初始挤压温度的优化值：

$$T_{2\mathrm{opt}}^{**}=\arg\min_{T_2^{**}\geqslant T_{2\min}^{**}}[I_{H\min}(T_2^{**})+I_{g\min}(T_2^{**})] \tag{4-194}$$

4. 复杂操作的复合优化问题的多参数陈述

求解复合优化问题可以将复杂的感应加热器－热成形设备操作的产能最大化，它是基于将热成形之前对金属所有可能的初始温度状态 $T_2(l,y,t^0+t_{\mathrm{tr}})$ 考虑进单参数函数中。在预先给定的固定绝对精度 ε 下，均匀分布在工件内部的温度 T_2^{**} 被看作这个单独参数。

当被处理工件的允许温度状态的区域 H 以参数形式给出，作为参数 $\Delta=(\Delta_1,\Delta_2,\cdots,\Delta_N)$ 的函数时，这种问题会拓展为涉及复合加热－热成形操作的更复杂的复合优化问题，且可以单独描述一个优化控制输入 $U^*(t)$。

现在，有必要考虑式（4-191）和式（4-192）类型的方程与这组参数（取代 T_2^{**}）的基本关系，从而确定最优化周期 t_{copt} 和向量 Δ^0：

$$t_{\mathrm{copt}}=\min_{\Delta\in H^*}\left\{\max\left[\frac{1}{B}t_{\min}^0(\Delta),\ t_{g\min}(\Delta)+\psi t_{\mathrm{tr}}\right]\right\} \tag{4-195}$$

$$\Delta^0=\arg\min_{\Delta\in H^*}\left\{\max\left[\frac{1}{B}t_{\min}^0(\Delta),\ t_{g\min}(\Delta)+\psi t_{\mathrm{tr}}\right]\right\} \tag{4-196}$$

式中，H^* 是一组值 Δ，对于这些值，相当于参数化控制输入的初始热压温度 $T_2(l,y,t^0+t_{\mathrm{tr}})=T_2(l,y,\Delta)$ 满足式（4-188）中的约束［与式（4-189）形式相似］：

$$H^{*} = \{\Delta:\min_{l,y}T_2(l,\ y,\ \Delta) \geqslant T_{2\min}^{**}\} \tag{4-197}$$

根据前文中的总体方案，对基于式（4-195）和式（4-197）的复合优化问题进行了进一步求解。同时，对于值 $\Delta_i^0(i=\overline{1,N})$ 的多维搜索流程可根据式（4-195）和式（4-196）中的算法进行，这种搜索流程比一维情况［见式（4-191）和式（4-192）］更加复杂。

这个对初始冲压温度参数化的方法没有预先确定冲压流程过程中工件内部的空间温度分布的形状。因此，相对于式（4-190），更容易对式（4-197）中的区域 H^* 进行扩展，并且对优化的复合成本函数值有所改善。

5. 复杂加热－热成形操作中梯度加热阶段的最优化

(1) 最大最小优化准则　多参数最优化问题［像式（4-195）和式（4-197）］对于热成形之前温度分布 $T_2(l,\ y,\ \Delta)$ 不均匀情况下的高级梯度加热技术是最重要的。沿工件长度方向（挤压方向）的初始正温度梯度可以提高加压速度，同时还可满足一个重要的限制条件［见式（4-187）］。在这种情况下，挤压阶段之前的所需温度分布被定义成至少包含两个参数的函数。

在时间优化程序 $V_P^*(t)$ 的主要阶段中，通过选择一个挤压速度为 $V_P^*(t)$ 的控制，该挤压速度可使其满足式（4-187）中的约束，从而使模孔处最高温度 $T_2(l_k,\ L,\ t)$ 保持在最大允许水平 $T_{2\mathrm{cr}}$。在这种典型情况下，这个阶段中，挤压速度 $V_P^*(t)$ 变化的优化程序可在所需精度下由一种典型的操作模式（挤压速度 $V_P=V_P^{**}$ = 常数恒定）来代表。冲压设备的OCP可简化为，在冲压流程期间 $t^0+t_{\mathrm{tr}}\leqslant t\leqslant t_2^0$，模具变形区域温度 $T_2(l_k,\ L,\ t)$ 与最大允许水平 $T_{2\mathrm{cr}}$ 的最大偏差的最小化问题。根据一个关于加热－热成形操作的数学模型［见式(4-182)～式(4-184)］，上述偏差代表了一个最大最小优化标准，其可以表示为

$$I(\Delta) = \max_{t\in[t^0+t_{\mathrm{tr}},t_2^0]}|T_2(l_k,\ L,\ t,\ \Delta) - T_{2\mathrm{cr}}| \rightarrow \min_{\Delta} \tag{4-198}$$

式中，模孔处的温度分布是通过在任意时刻 $t\in[t^0+t_{\mathrm{tr}},\ t_2^0]$，$T_2(l_k,\ L,\ t,\ \Delta)$ 与控制输入参数向量 Δ 的显式依赖关系来表示的。

求解式（4-198）问题中的 Δ^0 可以确定控制输入的最优化参数。如果受成形压力机功率的限制，那么还可通过优化参数获得整个加热－冲压操作的最大产能。

(2) 控制输入的参数化　梯度加热可在静态多段感应加热器中［在式（4-195）和式（4-196）中 $B=1$］进行。沿工件长度方向上选定段的可独立控制的加热功率被看作控制输入，根据适当的最优化程序［如式（4-121）中类型］，这些输入可以随时间和空间坐标的变化而变化。

在一个两段式加热器（见图4-128）中，考虑一种典型的单阶段梯度加热模式，其中施加给独立控制段的恒定功率（$P_1=P_{1\max}$，$P_2=P_{2\max}>P_{1\max}$）与时间无关。温度均匀化发生在将被加热工件运输至冲压设备的过程中。

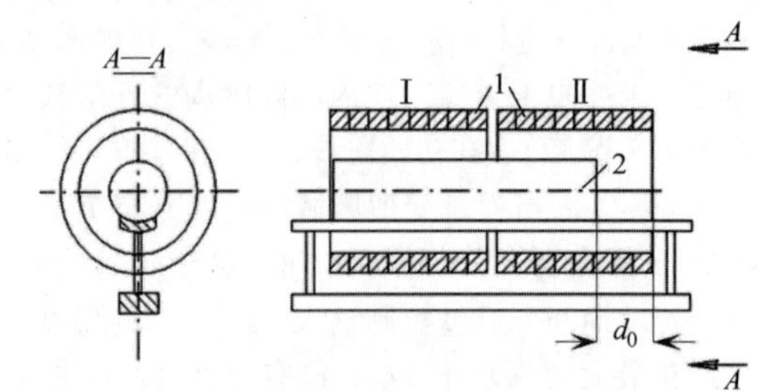

图4-128　两段静态感应加热器
1—感应加热器　2—坯料

对于选定值 $V_P(t)=V_P^{**}$ = 常数，冲压阶段的总时间依赖于冲压产品的预设长度，且与式（4-186）一致，总时间可由式 $t_P=\dfrac{z_{\mathrm{end}}}{kV_P^{**}}$ 确定。为了将热加工设备操作的间断时间最小化，一个附加的要求可表示为 $t_P=t^0+t_{\mathrm{tr}}$，式中加热时间 t^0 可由固定值 t_P 和 t_{tr} 确定。

对于一个电恒电压控制的两段式加热器，其优化控制可由代表独立控制段功率的两个参数（$\Delta_1=P_1$ 和 $\Delta_2=P_2$）给出。在这种情况下，式（4-198）中标准最小化的问题可简化为加热－热成形操作中加热器的最优化设计。

(3) 求解参数优化问题的方法　式（4-198）是一个参数最优化问题，其表达形式与式（4-176）和式（4-177）中以最大精度加热的问题相似。它们唯一的关键区别在于，与所需温度偏差的最小化是在时间域内进行的，而不是在空间域。

建立了数学规划问题解 Δ^0 的普遍性质，而没有考虑式（4-176）和式（4-177）中极大函数参数（$x\in\Omega$ 或 $t\in[t^0+t_{\mathrm{tr}},t_2^0]$）的物理本质。基于这个事实和冲压过程的一些细节，可以得出结论，对于式（4-198）中的问题，与涉及时间优化的式(4-90)～式(4-95)、式（4-109）和式(4-110)相比，温度分布 $T_2(l_k,\ L,\ t,\ \Delta^0)$ 的转换性质保持不变；该温度分布在时间区间 $t\in[t^0+t_{\mathrm{tr}},\ t_2^0]$ 内也保持有效。

在 $\Delta=(\Delta_1,\Delta_2)$；$\Delta_1=P_1$；$\Delta_2=P_2$ 情况下，一个成本函数的最小值 $I(\Delta^0)$ 等于极限允许精度 $\varepsilon_{\min}^{(2)}$，以将模孔的温度分布 $T_2(l_k, L, t, \Delta_1, \Delta_2)$ 逼近最大允许温度 T_{2cr}。根据式（4-93）、式（4-95）、式（4-109）和式（4-110）的基本规则，这种情况下的温度分布 $T_2(l_k, L, t, \Delta_1^0, \Delta_2^0)$ 有3个与温度 T_{2cr} 的偏差［偏差值 $\varepsilon_{\min}^{(2)}$］，对应冲压过程中的3个时间点为 $t=t_1^*$；$t=t_2^*$；$t=t_3^*=t_2^0$，上述时间点满足 $t^0+t_{tr}<t_1^*<t_2^*<t_3^*=t_2^0$。对于每对连续时间点（$i=1, 2, 3$），偏差 $T_2(l_k, L, t, \Delta_1^0, \Delta_2^0)-T_{2cr}$ 以不同的标识出现，见图4-129。

因此，基于转换法的一个适当方程组可以表示为

$$T_2(l_k, L, t_1^*, P_1, P_2)-T_{2cr}=+\varepsilon_{\min}^{(2)}$$

$$T_2(l_k, L, t_2^*, P_1, P_2)-T_{2cr}=-\varepsilon_{\min}^{(2)}$$

$$T_2(l_k, L, t_2^0, P_1, P_2)-T_{2cr}=+\varepsilon_{\min}^{(2)} \quad (4\text{-}199)$$

$$\frac{\partial T_2(l_k, L, t_1^*, P_1, P_2)}{\partial t}=\frac{\partial T_2(l_k, L, t_2^*, P_1, P_2)}{\partial t}=0$$

在冲压流程结束时 t_2^0，冲压速度恒定 V_P^{**}，这个方程组可以求解优化过程的5个未知参数 P_1、P_2、$\varepsilon_{\min}^{(2)}$、t_1^* 和 t_2^*。

通过求解铝合金冲压产品制作的最优化问题，可获得如图4-129所示的计算结果。

通过使用冲压流程的一个特殊模型可得到模孔处温度 $T_2(l_k, L, t, P_1, P_2)$。该模型是根据关于球形横截面的著名假设，在对假设条件简化的基础上开发的，假设涉及金属流速 V_l 和 V_y。

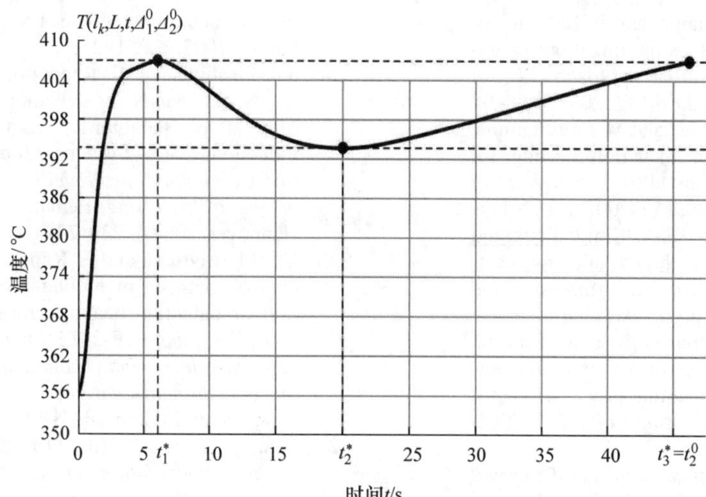

图4-129 最优冲压工艺中模孔的温度曲线

注：$V_P=450\text{mm/min}$，$T_{2cr}=400℃$，$\varepsilon_{\min}^{(2)}=7℃$，$P_1=2.73\times10^6\ \text{W}\cdot\text{t/m}^3$，$P_2=3.62\times10^6\ \text{W}\cdot\text{t/m}^3$，$R=125\text{mm}$，$L=430\text{mm}$，$d^0/2R=0.1$

参考文献

1. A.G. Butkovskij, S.A. Malyj, and Yu.N. Andreev, Optimal control of metal heating, *Metallurgy*, Moscow, 1981
2. E.Ya. Rapoport, Optimization of Induction Heating of Metals, *Metallurgy*, Moscow 1993
3. E. Rapoport and Yu Pleshivtseva, *Optimal control of induction heating processes* CRC Press, Taylor & Francis Group, Boca Raton, FL, 2007
4. V.I. Rudnev, et al., *Handbook of Induction Heating*, Marcel Dekker, New York, 2003
5. A.G. Butkovskii, *Optimal control theory for systems with distributed parameters*, Nauka, Moscow, 1965
6. A.G. Butkovskii, *Methods of control of systems with distributed parameters*, Nauka, Moscow, 1975
7. A.G. Butkovskij, S.A. Malyj, and Yu N. Andreev, Control of metals heating, *Metallurgy*, Moscow, 1981
8. V.M. Vigak, *Optimal control of non-stationary temperature modes*, Naukova Dumka, Kiev, 1979
9. V.M. Vigak, *Control of temperature stresses and movements*, Naukova Dumka, Kiev, 1988
10. T.K. Sirazetdinov, *Optimization of system with distributed parameters*, Nauka, Moscow, 1977
11. E.Ya. Rapoport, *Optimal control of systems with distributed parameters*, Vysshaya Shkola, Moscow, 2009

12. E.Ya. Rapoport and Yu.E. Pleshivtseva, Optimal control of nonlinear objects of engineering thermophysics, *Optoelectronics, Instrumentation, and Data Processing,* ISSN 8756-6990, Vol 48, Issue 5, Sept. 2012, p 429–437
13. V.F. Demyanov and V.N. Malozemov, *Introduction into minimax*, Nauka, Moscow, 1972
14. V.F. Demyanov and V.N. Malozemov, *Non-differential optimization*, Nauka, Moscow, 1981
15. Yu.E. Pleshivtseva and E.Ya. Rapoport, The Successive Parametization Methods of Control Actions in Boundary Value Optimal Control Problems for Distributed Parameter Systems, ISSN 1064-2307, *J. Comp. Syst. Sci. Int.*, Vol 48, (No. 3), 2009, p. 351–362
16. Y. Favennec, V. Labbe, and F. Bay, Induction heating processes optimization: a general optimal control approach, *J. of Computational Physics*, 187, 2003, p 68–94
17. H. Jiang, T.H. Nguyen, and M. Prud'homme, Optimal control of induction heating for semi-solid aluminum alloy forming, *J. of Matls. Process Tech.*, 189, 2007, p 182–191
18. S. Hansson and M. Fisk, Simulations and measurements of combined induction heating, *Finite Elements in Analysis and Design*, 46, 2010, p 905–915
19. O. Bodart, A-V. Boureau, and R. Touzani, Numerical investigation of optimal control of induction heating processes, *Applied Mathematical Modelling*, 25, 2001, p 697–712
20. A.I. Yegorov, *Optimal control of thermal and diffusion processes*, Nauka, Moscow, 1978
21. L. Collatz and W. Krabs, *Approximations Theorie. Tschebysheffsche Approximation mit Anwendugen*, B.G. Teubner, Stuttgart, 1973
22. E.Ya. Rapoport, *Structural modeling of objects and systems with distributed parameters*, Vysshaya Shkola, Moscow, 2003
23. Yu. Pleshivtseva, E. Rapoport, A. Efimov, B. Nacke, A. Nikanorov, S. Galunin, and Yu. Blinov, Potentials of Optimal Control Techniques in Induction through Heating for Forging, *Proc. Intl. Scientific Colloquium on Modelling for Electromagnetic Processing*, Hannover, Germany, 2003, p 145–150
24. Yu. Pleshivtseva, E. Rapoport, A. Efimov, B. Nacke, A. Nikanorov, S. Galunin, and Yu. Blinov, Optimal Control of Induction Through Heating for Forging Industry, *Proc. of the Intl. Symp. on Heating by Electromagnetic Sources (HES-04)*, Padua, Italy, 2004, p 97–104
25. Yu. Pleshivtseva and B. Nacke, Optimal control of induction heating processes for forging industry, *Proc. of Seminar of DAAD Scholars*, Moscow, Russia, April 2007, p 170–172
26. Yu. Pleshivtseva, A. Efimov, E. Rapoport, B. Nacke, and A. Nikanorov, Optimal Design and Control of Induction Heaters for Forging Industry, Intl. Symp. on Heating by Electromagnetic Sources (HES-07), Padua, 2007, p 251–258
27. Yu. Pleshivtseva, E. Rapoport, A. Efimov, B. Nacke, and A. Nikanorov, Special Method of Parametric Optimization of Induction Heating Systems, *Proc. Intl. Scientific Colloquium on Modelling for Electromagnetic Processing*, Leibniz University of Hannover, 2008, p 229–234
28. Yu. Pleshivtseva and E. Rapoport, Optimal control methods in problems of optimization of induction heating processes, *Proc. XVII Congress UIE-2012 Energy efficient, economically sound, ecologically respectful, educationally enforced electrotechnologies*, May 2012, p 183–190
29. V.S. Nemkov and V.B. Demidovich, *Theory and computations of induction heating installations*, Energoatomisdat, St. Petersburg, 1988
30. L.S. Zimin, Specificities of rectangular-shaped workpieces heating: Application of high frequency currents in electrothermics, *Mashinostroenie*, Leningrad, 1973, p 25–34
31. Yu.E. Pleshivtseva and E.Ya. Rapoport, Joint Optimization of Interrelated Thermophysical Processes in Metal Working Systems Based on System Quality Criteria, ISSN 8756-6990, *Optoelectronics, Instrumentation, and Data Processing*, Vol 49 (No. 6), 2013, p. 527–535

第5章

感应熔炼

5.1 感应熔炼的基本原理

Egbert Baake and Bernard Nacke, Leibniz University of Hannover

感应熔炼技术已由汉诺威莱布尼兹大学的埃格伯特·巴克和伯纳德·纳克在金属行业中成功应用了数十年；同样也可用于各种不同的非金属中，如玻璃、氧化物或陶瓷的熔炼；它还可用于半导体行业中，广泛用于半导体的晶体生长。

在金属生产和金属加工行业中，感应熔炼和保温得到了广泛应用。为此，主要发展了两种类型的感应电炉：坩埚式感应炉（ICF）（也称为无心感应电炉）（见图5-1）和沟槽式感应炉（CIF）（也称为有心感应电炉）（见图5-2）。

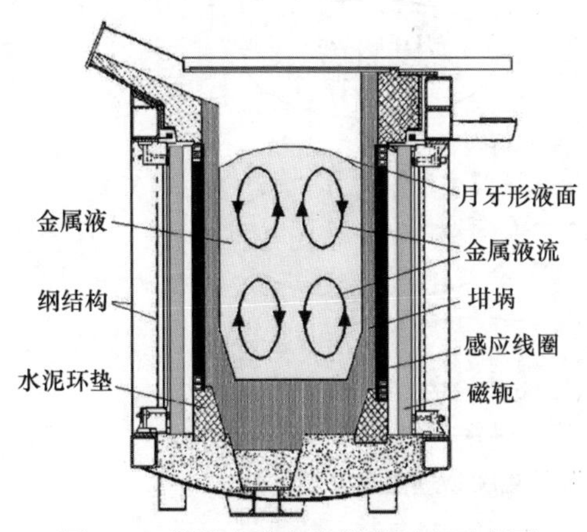

图5-1　坩埚式感应炉设计原理示意图

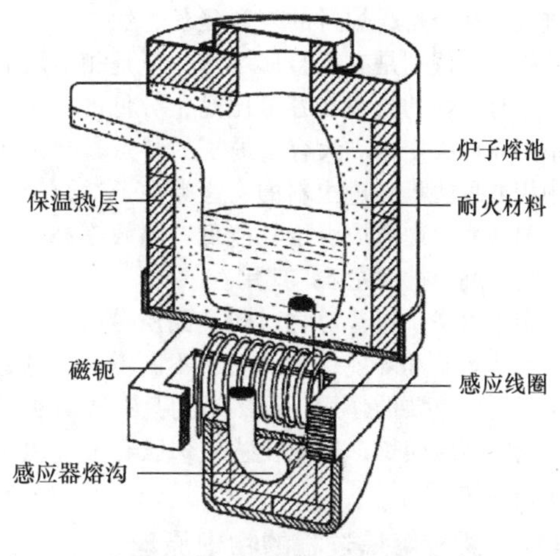

图5-2　沟槽式感应炉设计原理示意图（来源：RWE Energie AG）

第一台具有技术可行性的感应电炉是根据沟槽形炉原理建造的。德·费兰蒂（Ferranti）在1887年取得的第一个专利成为这项技术发展的里程碑。瑞典人凯林（Kjellin）在1899年建造出了第一个感应电炉，在凯林的感应炉中，熔炼是在水平开口槽里的线圈中进行的，因此得名沟槽式感应炉。经美国人怀亚特的进一步改进将开口沟槽变成了一个垂直立式的U型封闭式耐火沟槽。从1930年开始，随着由电动发电机（称为旋转变频器）供电的高频（HF）电炉的发展，坩埚式感应炉在这个行业中变得越来越重要，短短数年时间里，大量这类电炉就被广泛应用在美国、俄罗斯和欧洲各地，铸铁和有色金属材料的熔炼容量最高可达到7.25t。

自第二次世界大战之后，首先由发展高频（HF）转变为中频（MF）坩埚炉，电源为旋转变频器或者静止倍频器（3倍或5倍倍频器）；随后是线（工）频（LF）坩埚炉发展的时代。线（工）频（LF）坩埚炉作为熔炼设备，其优越性在于可直接与50Hz或60Hz的工业电网连接，使之在铸造工业中得到迅速发展，1970年发展达到了顶峰，炉子容量为54.4t，功率为21MW，工作频率为60Hz。

在铸铁生产中，由于经济适用性和技术上的可行性，感应熔炼可替代冲天炉，也可以替代燃气或燃油的有色金属熔化炉，其缺点是需要留有剩余金属液㊀，目的在于减少能耗，一方面有少量的炉渣，另一方面，加入的铁屑需要逆向气流干燥，以保证运行的可靠性。

从1980年开始，由于大量晶闸管应用于静止变

㊀ 感应熔化炉浇注金属液时，在炉内需要留存少量金属液（称为开炉料），以利于熔化下一炉固体金属时减少能耗。——译者注

频器，感应熔炼发生了突变式发展。此时变频器的效率从60% ~80%提高到97% ~98%。在具有可靠性和适用性的同时，价格降低了一半，与工频电炉相比，更高、更合理的线圈电流频率，使得变频电源能对相同容量的坩埚炉提供3倍的炉子功率，不需要开炉残留铁液，也不降低其熔化性能。

由于沟槽式有心炉受到炉衬寿命的影响，长期制约了其额定功率的容量。20世纪80年代有了突破性进展，基于耐火炉衬的寿命延长，性能上有了显著的提高，特别是有色金属熔炼。但是相对坩埚炉而言，有心炉的功率与容量比是十分低的，这是由其结构原理决定的。大容量炉子的特点是在密封气室中用虹吸法操作进出料的，这类炉子适合于存贮大量的铁液。沟槽炉由于耗能低、电效率高，在有色金属熔炼中被优先推广应用。

多年以来，随着对材料和产品质量的重视，以及对经济效益和环境保护的需求不断增长，电熔炼显示了更加重要的作用，虽然最初只有高等级的金属才应用感应熔炼，但现在感应炉已经被应用于批量生产铸件。

5.1.1 感应熔炼过程的物理原理

铸造金属和非金属材料的感应熔炼、保温时，热量产生于炉料本身，在线圈与导电炉料之间不接触的情况下传输能量。在感应炉中，能量的传输是通过接入多匝线圈的交流电来加热炉料的，通常炉料是导电的，交流电输入线圈产生了磁场，在磁场中的炉料感应出电动势，因此在导电的炉料中产生涡流，感应电流（涡流）根据焦耳定律对炉料加热，加热一定时间后炉料熔化。

在炉料中的涡流会产生一个与初级磁场反向的次级磁场，磁场相互作用的结果，炉料内部的磁场减弱，因此在内部的感应作用衰减，磁场的重叠使炉料中电流移向外侧，趋肤效应使电流密度由外向内衰减。

此外，金属液中由焦耳热和电磁场产生的感应电流的共同作用下产生了电磁力（洛伦兹力），这些电磁力构成了感应熔炼的两个重要特点：自由金属液表面形变和金属液流动，金属液流体成为典型的环流回路（见图5-1）。金属液自由表面形变有多种有益的应用，例如：在单晶硅生产过程非接触的悬浮区域提纯（FZ）；感应熔炼过程中金属液的流动使加热加速，使得全部金属液的温度和化学成分均匀。感应电炉内熔炼过程中的相关物理因素如图5-3所示。

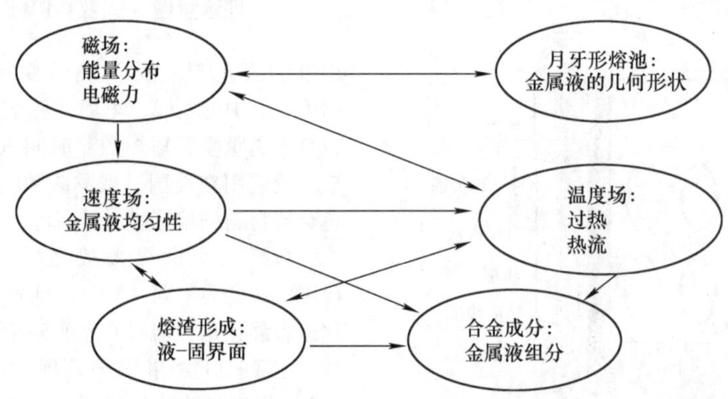

图5-3 感应电炉内熔炼过程中的相关物理因素

除了典型的坩埚式感应炉和有心（沟槽式）感应炉以外，还有多种特殊用途的感应熔炼设备和工艺，例如悬浮熔炼技术，全部炉料由电磁力支撑，熔炼过程绝对没有接触物，可使金属液保持很高的纯度。

5.1.2 坩埚式感应炉的基本原理

坩埚式感应炉（ICF）主要用于熔炼，在熔炼和保温的双联炉中也用于保温。通常坩埚感应炉熔炼的材料是装入圆筒形耐火材料坩埚中的小块炉料，水冷的感应线圈围绕在坩埚和熔炼材料的外侧，同时产生将能量传输给工件所需要的电磁场，线圈电磁场外侧通常置有导磁的磁轭（见图5-1）。

在坩埚式感应炉中，金属中的电流穿透深度与炉子的尺寸相比是很小的。例如，50Hz电流在铁液或钢液中的穿透深度约为80mm（3.15in），而500Hz电流则为25mm（1in）；如果开炉时加热冷态金属屑其穿透深度大于冷金属块，则其比例约为1/10，甚至更小；为了达到相对高的电效率，设计选用的频率为坩埚直径 D 与电流穿透深度 δ 之比大于6，图5-4所示为坩埚式感应炉的电效率与金属液直径对各种材料的电流穿透深度之比的函数关系。

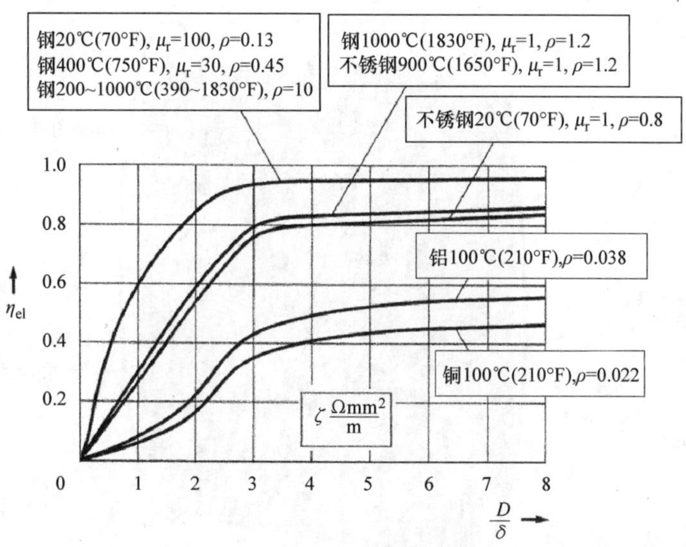

图5-4 坩埚式感应炉的电效率与金属液直径对各种材料的电流穿透深度之比的函数关系

加热冷态铁磁性的生铁或钢材时，电效率最高可达90%，温度超过居里温度约770℃（1420℉）以及加热奥氏体钢时，电效率降至80%，加热有色金属的最低电效率为50%~70%，甚至更低。

在感应电炉中的电磁场以及炉料中产生加热炉料的涡流，这些可以用数学分析方法近似计算，现在的计算机技术可以广泛应用于数值计算，即模拟坩埚中二维对称电磁模型可以得到更为精确的结果。随着数值计算方法的发展，使之已成为更方便的快速设计坩埚式感应炉的标准方法，此类计算程序既能求得感应炉的外部电参数，又能正确地确定坩埚内的磁场线。图5-5所示为坩埚式中频感应炉的电磁场模型。

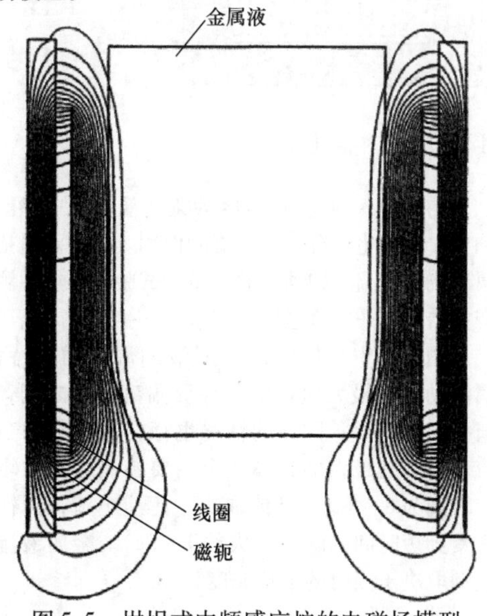

图5-5 坩埚式中频感应炉的电磁场模型

由线圈电流产生的磁通会部分穿过金属液，绝大部分穿过线圈与金属液之间的坩埚壁。外侧的磁轭成为磁通返向回路，并引导外部的漏磁通。由此避免了炉子的结构件被加热，消除了不允许有的炉外强漏磁通。由图5-5可以看到磁轭要远伸出线圈的端部，以集聚向上和向下的漏磁通，这是设计制造工业坩埚炉的重要原则。该图也显示了在耐火层中有高的磁场密度，透入耐火层中的磁场加热金属。

坩埚式感应炉感应熔炼的重要特点是在电磁力（洛伦兹力）作用下，产生金属液的运动和凸起的月牙形液面。金属液的运动促进温度和化学成分的均匀性及金属液表面的混合作用；加入小块的炉料和合金，减少了金属液的损耗，即使使用价格低廉的炉料，仍然能获得稳定可再现的高质量铸件。

由线圈的初级电流在金属液中感应电流和磁场相互作用产生电磁力。坩埚式感应炉中电磁力作用形成的月牙形液面和流体模型如图5-6所示。

电磁力沿坩埚的径向指向心轴，使金属液离开坩埚壁向心部挤压，金属液的重力与其相反，所以在熔炉表面形成凸起的月牙形。在轴心部的月牙高度 h_m 为

$$h_m = K\frac{P_m}{\sqrt{f}} \tag{5-1}$$

式中，P_m 是熔化的功率；f 是线圈的电流频率；K 是比例常数，它与炉料、炉子的几何尺寸，特别与炉内金属液的高度有关。图5-7所示为坩埚式感应炉金属液的月牙形液面和液流模型，其容量为1.8t，输入功率为2000kW/570Hz，可以清楚地看出，月牙形高度 h_m 只是充填了线圈的部分高度，当炉中充注金属液高出线圈有效区时，金属液的高出部分降为零。

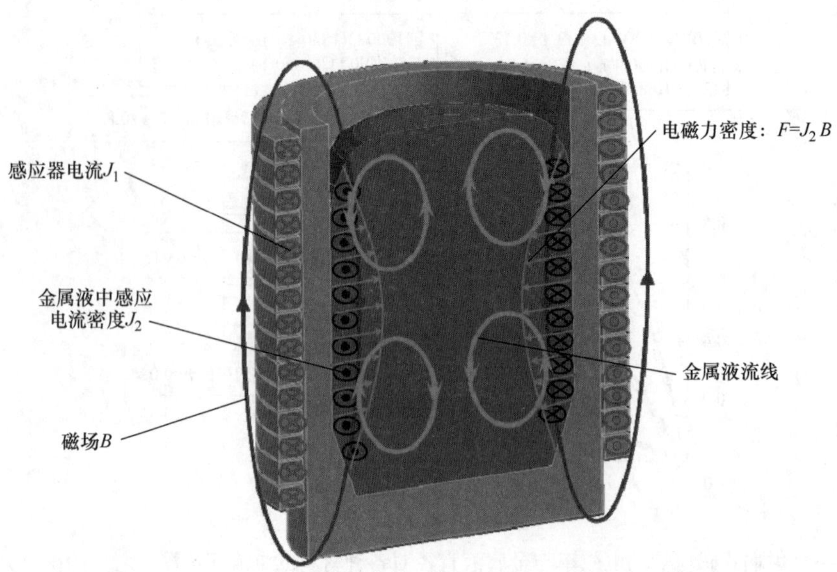

图 5-6 坩埚式感应炉中电磁力作用形成的月牙形液面和流体模型

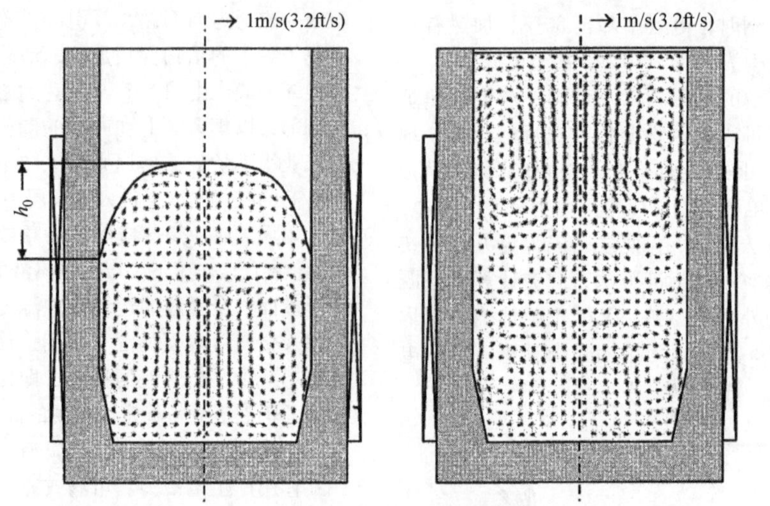

图 5-7 坩埚式感应炉金属液的月牙形液面和液流模型

炉中形成月牙形液面的同时，金属液中强烈的湍流搅拌作用，对熔炼有重要的工程应用意义，在坩埚式感应炉中有叠加的作用，各个液流的平均速度分布，取决于两个反向的环流的组成（见图5-6）。典型的优质中频炉的最大流速可达 1.5m/s（4.9ft/s），在靠近坩埚壁的流速高于漩涡中心处的流速。

式（5-2）是由试验和数值分析研究得出的，其平均速度 v 与炉子有效功率 P_s 的平方根成正比，反之在近似 4.5t 的较大型炉子中与输入功率的频率 -0.4次方成正比，即

$$v \approx \sqrt{P_m} f^{-0.4} \tag{5-2}$$

平均流速、湍流的波动运动对于金属液中热能传输和物料的熔化具有十分重要的作用。可以定量描述金属液流体中湍流和动能的分布，试验坩埚炉中测试的有关结果和平均流速见图5-8。

从图 5-8 中可以看出金属液的湍流动能特性，金属液动能的最大值在两个环形湍流漩涡之间，极大值指向坩埚壁；同样的情况也存在于低频的金属液流动中，其最大的紧靠两个主要漩涡之间的坩埚壁，时间为 8～12s，具体取决于感应电流，同样也能观察到短时间的脉动（大约 1～2s）。金属液流动的波动取决于当时的平均速度。

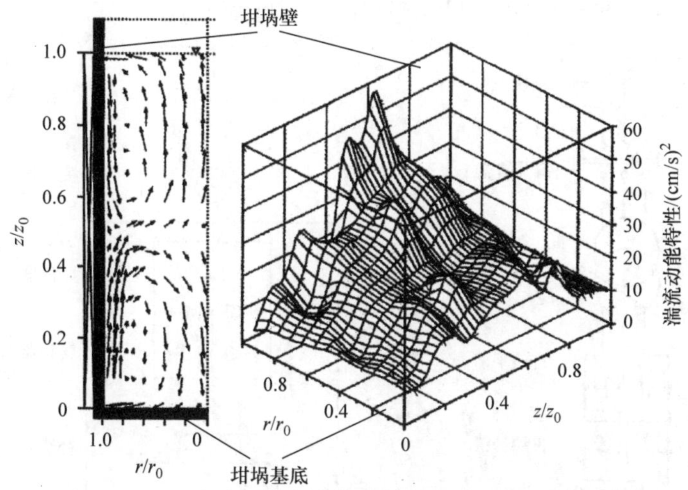

图5-8 在试验坩埚感应炉中测定的平均流速和湍流动能

在两个环流之间的低频振荡及高频脉冲，使金属液上部和下部温度以及材料成分均匀，同时有助于分离出悬浮的氧化物，使之沉淀于坩埚的壁部。

金属液流体的湍流动能 k 作用下的传输金属液中的热量和物质，其作用正比于炉子的设定功率，随着频率的增加而减弱，由式（5-3）确定。

$$k \approx \frac{P_{\mathrm{m}}}{f} \tag{5-3}$$

熔池中的搅动作用是坩埚式感应炉的重要特性，由此使得金属液的成分和温度均匀。当坩埚熔池中的液面较低时，坩埚壁的高速液流和湍流相互作用，此时是加入较轻溶剂和合金的良好时机，但是如果炉子的输入功率过大时，熔池形成的月牙形液面和液流也是无益的。

由于金属液的运动及形成的月牙形限制了输入金属液的最大功率密度，如果采用中频电源，上述现象可以减弱。由于频率的提高，具有更高的功率密度，从而使熔化速度加快。坩埚式感应炉采用工（低）频（56/60Hz）或中频（1000Hz）取决于炉子的尺寸、熔炼材料的种类及应用范围。工频和中频坩埚式感应炉容量和额定功率的典型规格见表5-1。

表5-1 工频和中频坩埚式感应炉容量和额定功率的典型规格

炉型	熔炼金属	容量/t	功率/MW	频率/Hz
工频炉	铸铁、钢	1.3~100	0.5~21	50~60
	轻金属	0.5~15	0.2~4	50~60
	重金属	1.5~40	0.5~7	50~60
中频炉	铸铁、钢	0.25~30	0.3~20	150~1000
	轻金属	0.1~8	0.2~4	90~1000
	重金属	0.3~72	0.3~16	65~1000

对比最大功率密度，例如低频炉熔化灰铸铁的最大功率为330kW/0.9t，而中频坩埚式感应炉发展了高负载节能型高功率的熔炼设备，其比功率为1000kW/0.9t用于熔炼铸铁，可在大约40min内熔炼完，能耗约为550kW·h/0.9t。

中频坩埚式感应炉的电流穿透深度小于工频炉，允许使用小块炉料，因而没有残留贮液时仍能有效地熔炼，对各种炉料和多种合金的生产具有高度的适应性。

坩埚式感应炉的供电电源：

如上所述，自1980年以来，变频器替代工频作为坩埚式感应炉的供电电源，同时改用中频作为电源，中频电源将在后面做更详细的讨论。下面主要叙述这两类供电方式，坩埚式工频炉与经过平衡的三相线路联接，如图5-9a所示，由电容器组将炉子补偿到 $\cos\phi=1$，重组成形似 δ 的单相回路，相同容量的电容器和电抗器阻抗分别接入其余两相，在炉子运行时，线路电流可以达到完全平衡相等；如果感应炉有异常状态，可以适当调整补偿装置和平衡装置中的组件。

坩埚式中频炉由变频器供电，如图5-9b所示，变频器首先要有整流器，该整流器与炉子变压器相联，将工（线）频电流转换为直流电压/电流，随后逆变器将直流转换为所需要的中频电流，由变频器产生的谐振频率（标准频率的70%~110%）变频电流，在炉子线圈与电容器组之间的大功率回路中单独运行，并且可用简易方法控制回路的功率来保持负载稳定。在坩埚中熔炼原料的不同阶段，都可以有效的利用能源，变频器可以将较大电流或较小的电流输入炉内。如果熔炼的原料是冷态有磁性且散乱装填的，是高电阻，则输入小电流、低频率，但是需要高电压；反之，如果炉内装满金属液，电阻小，则需要用大电流、高频率，在输入相同的功率时电压较低。

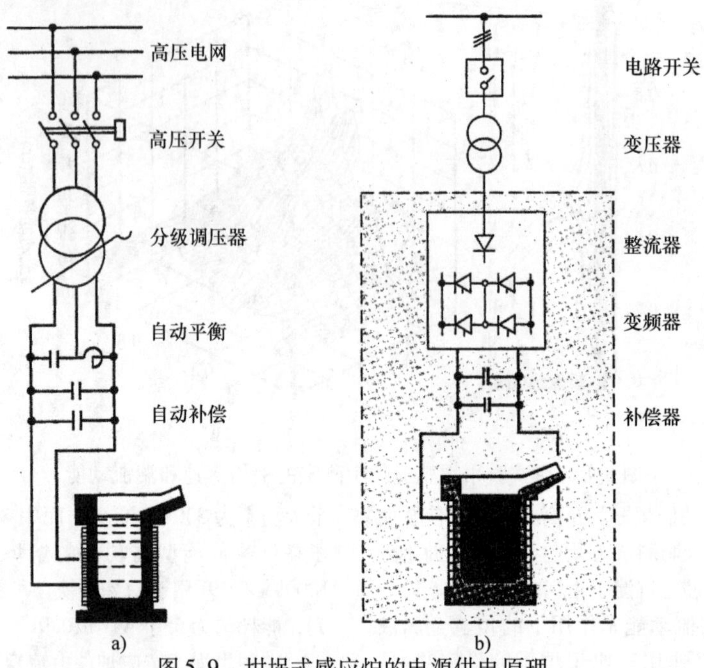

图 5-9 坩埚式感应炉的电源供电原理

a）线频（工频） b）中频

与传统具有固定电网频率的低频炉相比，由变频电源供给恒定的负载，则具有下列显著优势：频率较高而且是可变的中频炉，在熔池的工作过程中，装入固体炉料时不需要残剩铁液，不会丧失其熔炼能力，而且在相同容量的情况下，输入功率会增加好多倍。

变频器按原理分有两类：串联谐振变频器（见图 5-10a）和并联谐振变频器（见图 5-10b），这是以感应线圈和电容器组之间形成振荡回路的不同形式来分别命名的，前者电容器串联在回路中，后者并联在回路中。

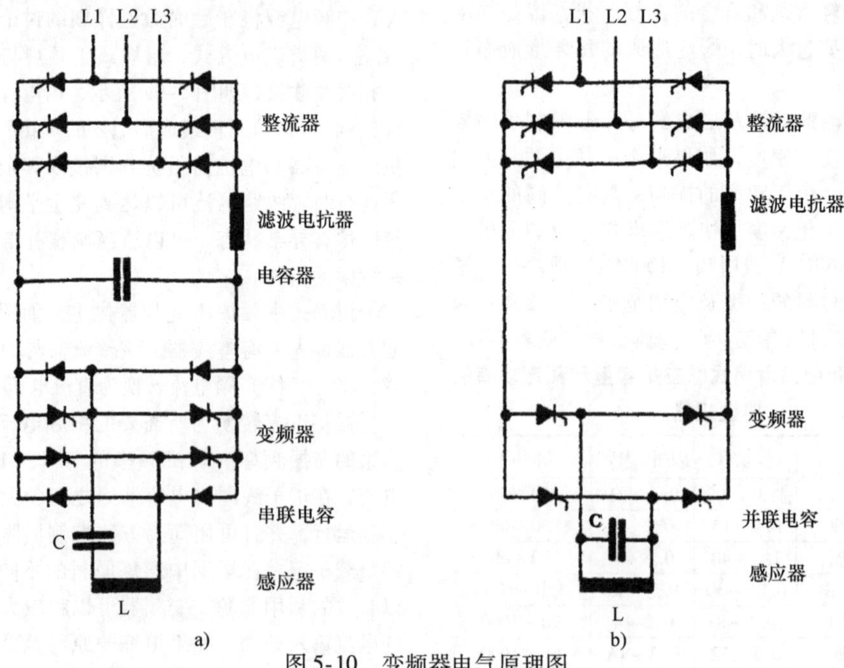

图 5-10 变频器电气原理图

a）串联谐振 b）并联谐振

由于系统的特性，并联谐振具有高的短路阻抗。回路中的扼流电抗器可以预防电流快速升高，一旦发生故障，能够可靠地切断电路，更多的好处在于变频器部分的损耗较少（只有低的有功电流通过），并且限制了炉子的电压（等于最大限度的利用电容器的最大许可电压）。与这些优点相反，其缺点是在部分负载中的功率因数（$\cos\phi$）比串联振荡的低，不过，并联变频器可以采用附加装置来补偿。

如果考虑电气装置的运转，需要关注最长的用电时间与可能低谷时用电的优惠电价。现代中频熔炼设备有两种方法可以实现，用上述变频器供给预先确定的恒定功率，以及在各个炉子间切换供电电源。由前述变频电源供电的炉子以正常速度熔化炉料时，达到最大功率的可能性极小，扒渣、取样和出炉等辅助操作时的间断用电要尽量减少。要达到规定的生产率，必须提高供电水平，这样可以避免在第一个炉子熔炼炉料时关断第二个炉子的电源。

在两台坩埚式感应炉之间电源可以切换的称为双联炉。切换可以用机械操作（见图 5-11a）或无滞后电动操作，或者采用第二台逆变器任意比例的分配不间断地向两台炉子供电（见图 5-11b），下述场合需要无固定比例的供电：

1）其中一个炉子在熔化时，另一个炉子能够保温，准备浇注。

2）两台炉子同时出炉，输入熔炼的功率为 50%。

3）一个炉子的炉衬在烧结，另一个正在熔炼。

4）根据需要分别对两台炉子输入合理的功率。

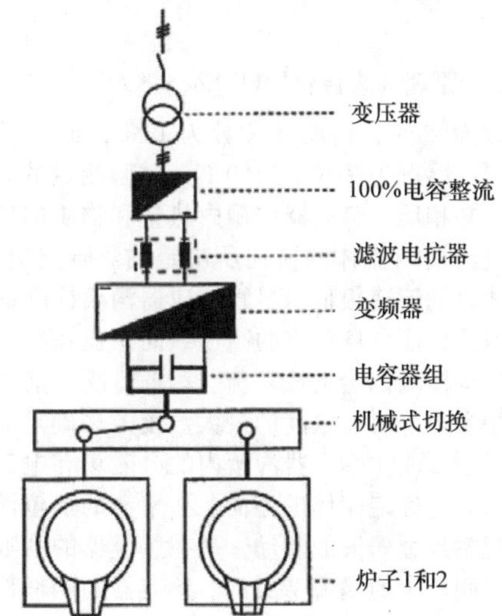

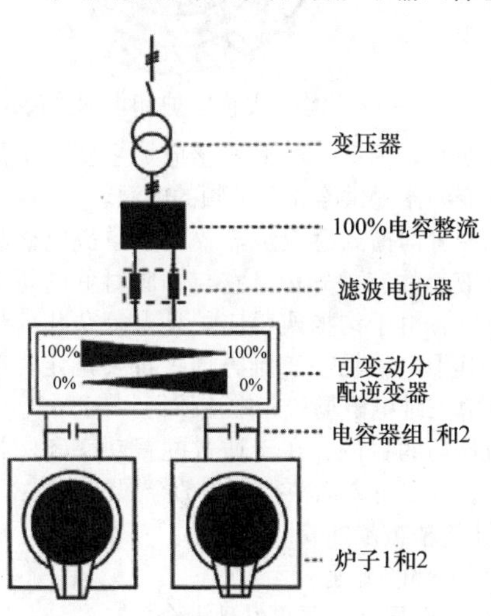

图 5-11 串联联接的电气原理（来源：ABP 感应系统）

a）机械切换 b）电功率分配

5.1.3 沟槽式感应炉的基本原理

沟槽式感应炉（CIF）如图 5-2 所示，用于铁合金和有色金属的保温和浇注，且由于其高效率也用于熔炼有色金属。沟槽式感应炉主要由陶瓷炉衬熔池和一个或多个砌造于炉体内的加热或熔炼金属的感应器。与坩埚式感应炉不同，它在原理上类同于一个空气变压器。沟槽式感应炉的工作原理如同带铁心的变压器，铁心由一个或多个初级线圈环绕在磁铁心上，次级绕组是短路线圈，输入感应器初级线圈的电流产生交变的电磁场成为铁心的电磁通。感应器耐火炉衬的沟槽内注满的液态金属是单匝的次级回路，在液态金属中，感应短路大电流，沟槽式感应炉和坩埚式感应炉电流工作原理如图 5-12 所示。

由感应器沟槽中产生的热能（焦耳热）传输给熔池内的金属液，在电磁力和热力作用下形成涡流。这一原理使沟槽炉具有更高的电效率，成为超越坩埚式感应炉的主要优势。

沟槽炉的电路原理导致感应线圈与金属液之间具有良好的磁耦合，自然会比坩埚式感应炉有更好的电效率。其熔炼生铁时的典型效率为 95% ~98%，熔炼有色金属时的效率可达 80% ~90%。

沟槽式感应炉与坩埚式感应炉相比，其中电磁穿透层深度和频率显现不同的功能，因为电流在沟槽内的炉料中通过，电磁穿透效应实际上并不影响炉子的电性能。研究电流频率对沟槽式感应炉金属液流的影响表明，由于频率增高对熔沟周围的箱体以及其他炉子构件焦耳热的增加效应即会显现，所以较高频率在坩埚式感应炉中的优势，在沟槽式感

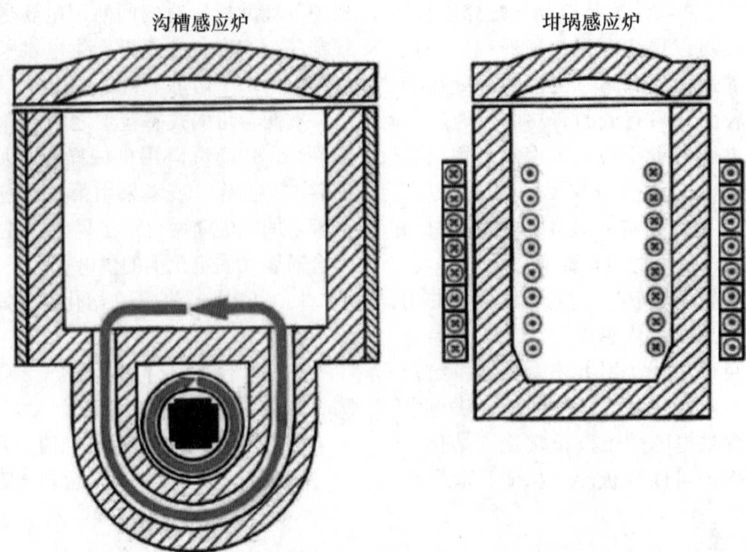

图 5-12 沟槽式感应炉和坩埚式感应炉电流工作原理（来源：RWE Energie AG）

应炉中并不明显。因此，沟槽式感应炉主要是采用工频或者由变频器提供略高于工频的电源。

设计和配置沟槽式感应炉需要正确掌握电磁场和电磁力及液流的有关知识，它与轴向对称的坩埚式感应炉不同，由于沟槽式感应炉具有复杂几何形状的沟槽，其中电磁场在三维方向上都要确定，需要数值法计算三维电磁场和三维流体场。

计算流体场的目的，在于通过配置功率和沟槽的几何形状，在以下方面获得完美的金属液流体：

1）防止沟槽被浸蚀或结渣堵塞。

2）降低局部的流速。

3）炉体内金属液需要更好地混合。

4）预防堵塞。

图 5-13 所示为实测的沟槽式感应炉内速度分布，该试验装置中的流体分布，是经过计算并采用伍德合金（合金成分：铋质量分数为 50%，铅质量分数为 25%，锡质量分数为 13%，镉质量分数为 12%，熔点为 71℃或 160℉）试验测定的。与通常的认知相反，感应器沟槽内热量和物质的传送并不是由沟槽内流体的流向所决定的。研究结果显示，流体总的流速很低，尽管感应器沟槽横断面有强烈的涡流，而自身恒定的高速纵向涡流在感应器的出口处沟槽端部会形成环流。因此，既不能以感应器沟槽和炉子熔池之间的最大温度差来确定流体的流向，也不能在感应器沟槽内的电磁场和电磁力的分布基础上确定流体的流向。在熔池的低位液面有时能观察到金属液的流动，是在感应器的咽喉部与熔池之间产生的涡流造成的。感应器的咽喉部与沟槽端部的形状影响流体的涡流，感应沟槽内热量和物质的传送主要取决于湍流的横向涡流（双涡流、蝶状结构的涡流），其湍流搅动的结果能有效地传送热量和物料。

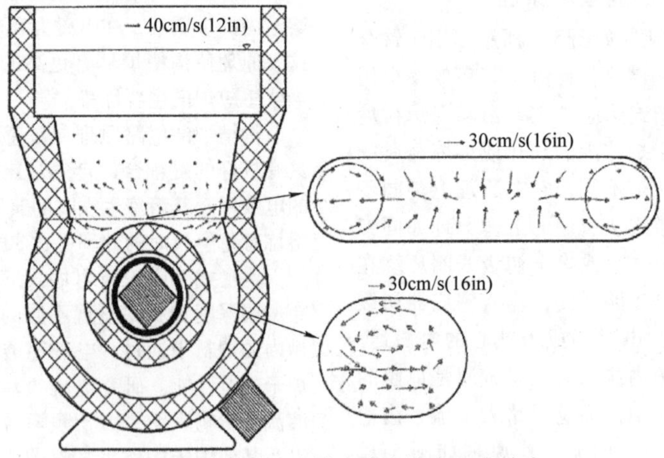

图 5-13 实测的沟槽式感应炉内速度分布

不管感应器沟槽内的流体如何流动，总之是由综合电磁力推挤的结果，类似于坩埚炉金属液被推离紧靠线圈的耐火炉衬，而与重力的方向相反；如果电磁压力过大，在感应器熔沟中金属液自动涨缩，其压缩到一定程度时，感应电流（以及电磁力效应）断路，补充的金属液倒流回熔沟，又开始或大或小的推挤。炉子发生重度振动时，必须切断炉子的电源，降低功率，重新启动。优选的感应器功率和沟槽形状的设计要避免这种挤压冲击效应，这种效应即使金属液液面低于熔池很多时，也会产生。尽管在实践中改变了沟槽的尺寸，挤压效应仍然会发生（可能由于堵塞），因此感应器的输入功率还要暂时调整。

沟槽式感应器由缠绕成圆柱形的冷却线圈、密闭的铁心、感应器壳体以及沟槽形的耐火炉衬组成。金属液在沟槽中，作为输出中等功率的感应器线圈（2250kW），一般采用水冷，高性能感应器的钢壳也是水冷的，铁心通常进行有效的空冷。耐火炉衬砌在钢壳的外侧，面向线圈，紧挨冷却套。冷却套同样是水冷的，其作用在于感应器泄漏时，保护线圈，冷却套是由铜或非磁性钢制成的。根据需要，感应器熔沟可以设计成单个或双联的，单个熔沟（见图 5-2）主要用于铸铁的保温和浇注，功率不大于 3000kW。

与此不同的是双联感应器，一种用于铜及铜合金熔炼的双联感应器如图 5-14 所示，主要用于有色金属的熔化和保温，功率可达 2500kW。这种相同尺寸的双联模式是高性能的感应器，在感应器熔沟内熔化的比功率较低，特别是在制铝和制铜工业中，应用大功率沟槽式感应炉达到几兆瓦，因为在高电效率之外，氧化损失也小，所以具有很大的经济意义。

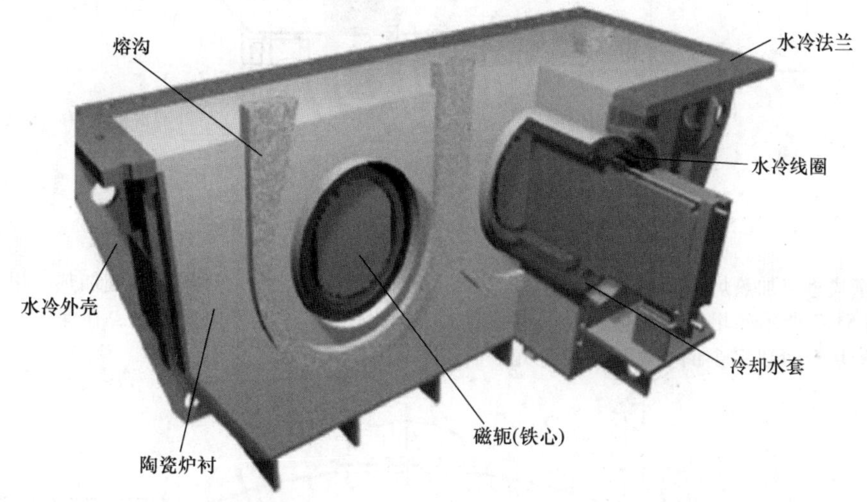

图 5-14 一种用于铜及铜合金熔炼的双联感应器（来源：Otto Junker）

沟槽式感应炉与相同尺寸的坩埚式感应炉相比，其功率配置要小得多，因为加热熔炼的金属仅仅是整体金属液的一小部分。由于熔沟内金属液总量受到限制，也就制约了熔化率，受限的因素：

1）熔沟内金属液的挤压效应。

2）在金属液与耐火炉衬之间界面上过高的金属液流速（浸蚀效应）。

3）金属液流动的湍流太大，金属液中的氧化物会集聚在耐火炉衬上，最坏的情况会堵死熔沟。

近年来的发展旨在减少各种影响寿命的因素，或者为了不降低感应器熔沟中耐火炉衬的寿命而改善功率比。

表 5-2 列出了沟槽式感应炉的容量及功率，特别是用于熔炼大功率沟槽炉的应用发展总体状况。

表 5-2 沟槽式感应炉的容量及功率

熔体材料	容量/t	功率/MW	频率/Hz
铸铁	10 ~ 135	0.1 ~ 3	50 ~ 60
铝及铝合金	5 ~ 70	0.1 ~ 6	50 ~ 60
铜及铜合金	4 ~ 160	0.5 ~ 10	50 ~ 60
锌及锌合金	10 ~ 100	0.2 ~ 10	50 ~ 60

沟槽式感应器也可以作为感应加热铸铁的设备，但主要是用于保温，因为以熔化为目的的沟槽式感应炉功率比坩埚式感应炉小。沟槽式感应炉保温时，一般容量不大于 145t，通过液压倾转炉子熔池进行浇注。物料通过位于电炉倾转轴附近的虹吸管流入和流出，这样物料能够同时流入和流出，虹吸法的

流入口和流出口可以根据需要设置在左侧或者右侧。

定量浇注的气压沟槽式感应炉如图 5-15 所示，图中沟槽式感应炉正在作为浇注炉进行密封压力定量浇注金属液。不同于倾斜沟槽炉，其虹吸装置可呈 90°、120°或 180°，在虹吸浇注的末端，顶部有一个带有塞杆的贮液槽；此槽内的液面高度用浮子或激光测量，以保持压力控制系统的恒定；用塞杆的升降控制浇注量，浇注是根据铸型需要量来确定的。浇注炉是可以纵向和横向移动的成套装置，这种液压倾斜系统可以通过虹吸浇口将炉内全部浇完，这类压力浇注炉铁液使用容量不小于 27.2t。

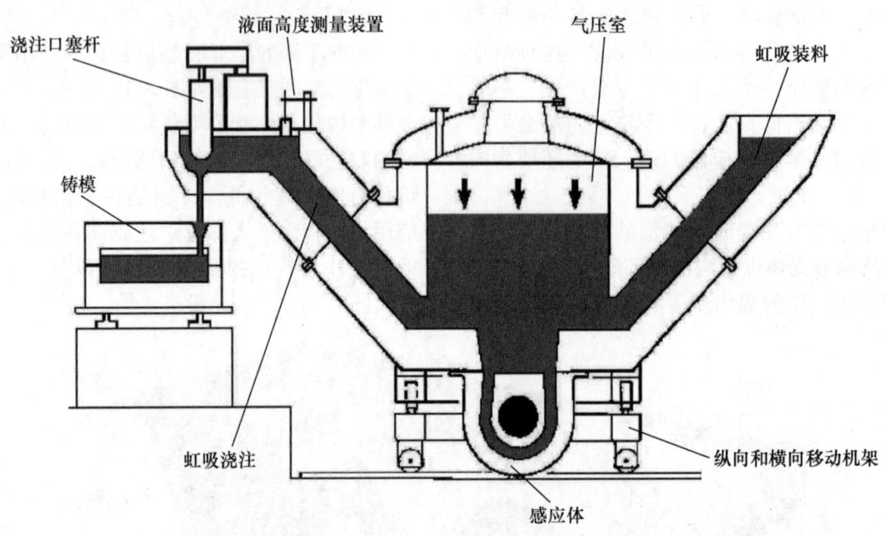

图 5-15　定量浇注的气压沟槽式感应炉（来源：ABP 感应系统）

替代沟槽式感应加热炉用于浇注的可以采用如图 5-16 和图 5-17 所示的坩埚式感应炉。其主要优点是在适当的场合可以完全倒空铁液，而且允许长期处于空炉状态，只需用燃气加热。坩埚炉与沟槽炉比较，其缺点是电效率低，在保温和过热时能耗要高 15%。

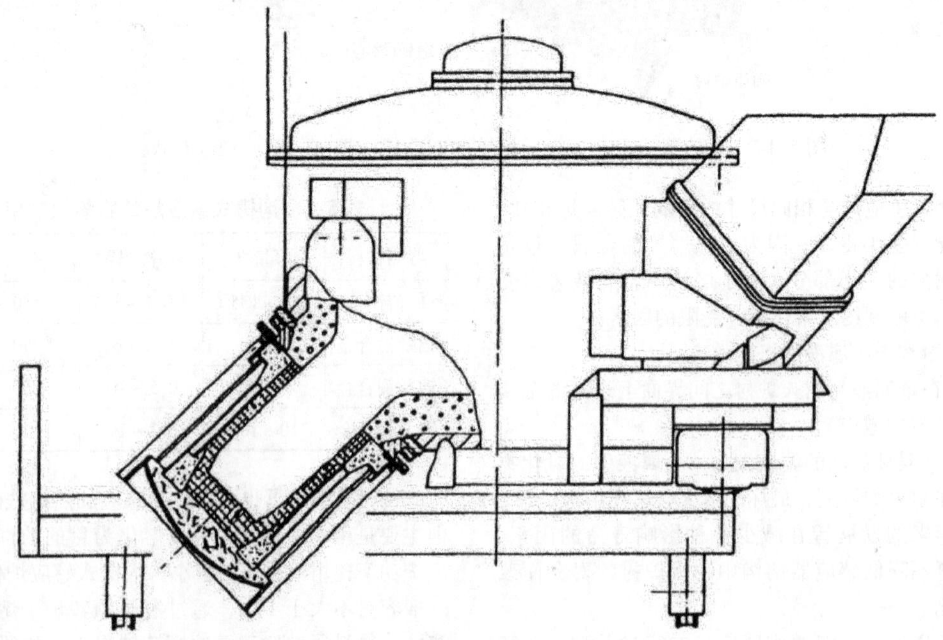

图 5-16　用于铸铁浇注的坩埚式感应加热炉（4.5t）（来源：ABP 感应系统）

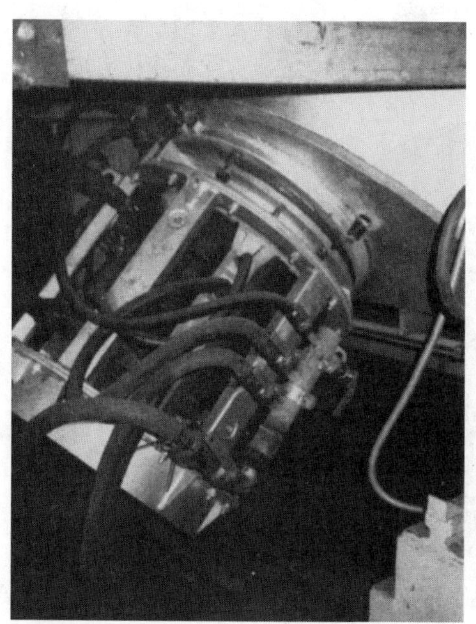

图5-17 一台300 kW/250 Hz容量4.5t坩埚式感应炉（来源：ABP感应系统）

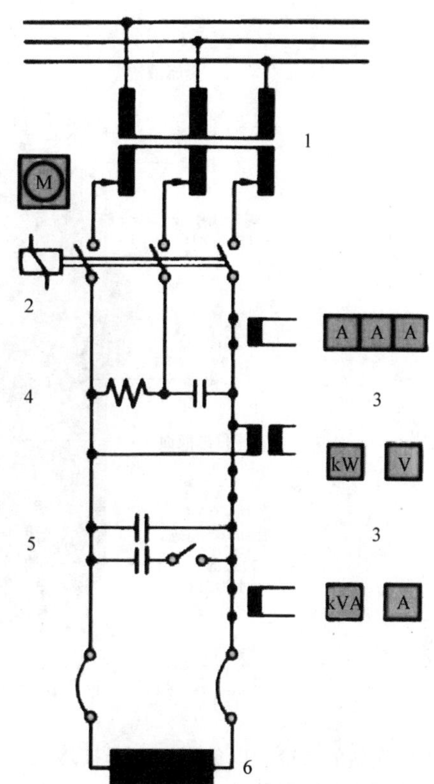

图5-18 沟槽式感应炉工频电源
1—分级变压器 2—断路器 3—控制器 4—相平衡系统 5—补偿电容器 6—感应器

沟槽式感应炉电源：

虽然沟槽式电炉熔炼有色金属时越来越多地采用变频电源，可因为谐振变频输出300kW时比功率低、费用比较高，因而用于铸铁的沟槽式电炉仍然应用工频系统，期待绝缘栅双极型晶体管（IGBT）变频器技术能够在未来提供可能的解决方案。

在工频供电时，沟槽式炉直接和主电网变压器的低压或高压端连接（见图5-18）。

在低压连接时，变压器有三档电压。保温阶段以重载开关连接；出料阶段电动机启动转换分接头并固定在浇注阶段。因为感应器为单相，应用平衡回路使得电网中的三相是均衡的。平衡装置是由电抗器和相关的电容器组成的；在炉子工作时，达到相等的完全平衡，如果感应炉处于不正常状态时，能够适当地调整补偿平衡部分，以及切换调整与感应器并联的电容器，电容器组调整补偿感抗、无功功率。

熔化有色金属的沟槽式炉其变频器供电部分已经在前文叙述过，经过整流变换的变频器频率略高于工频，变频器除了运作方便以外，还可以用简单的方法无级调控功率。由于变频器的振荡回路谐振频率自动调节的结果，即使感应器阻抗有较大变化（熔沟中产生蚀损或堵塞），也总能得出最大功率；无级可调的功率输入使得运行的每个工艺过程都处于最佳的供电状态。

5.1.4 冷坩埚式感应炉的基本原理

传统的陶瓷坩埚在高温时很容易和金属液发生反应，在金属液中产生有害的污染物。在生产高纯度金属如钛、钽、铌、钼等时，这是不允许有的。而采用冷坩埚式感应加热（ICCP）熔炼上述金属时，有可能不产生坩埚材料对金属液的污染，因此高纯铸件的熔化通常采用冷坩埚式感应炉（IFCC），它具有多种技术和经济上的优势，如可获得高纯度的铸件，以及熔炼、合金化、铸造成形一步完成。但是金属液中电磁场、热力场和流体流场以及在冷坩埚壁与热金属液之间形成固态外壳间的各种物理关系是非常复杂的，因此研究冷坩埚感应熔炼是十分尖端的技术。自20世纪90年代中期以来，各种材料的冷坩埚感应熔炼和浇注在工业中已经广泛应用，不同成分的合金，如钛铝合金（TiAl）具有特殊的物理和化学性能，用作特殊结构材料，如汽车的排气阀或涡轮叶片。图5-19所示为冷坩埚式感应炉的示意图。

冷坩埚感应炉是由互相分隔开的扇形片组成的铜坩埚，扇形片之间相互绝缘，以使围绕坩埚的感应线圈产生的交变电磁场与炉料耦合，扇形片块和底

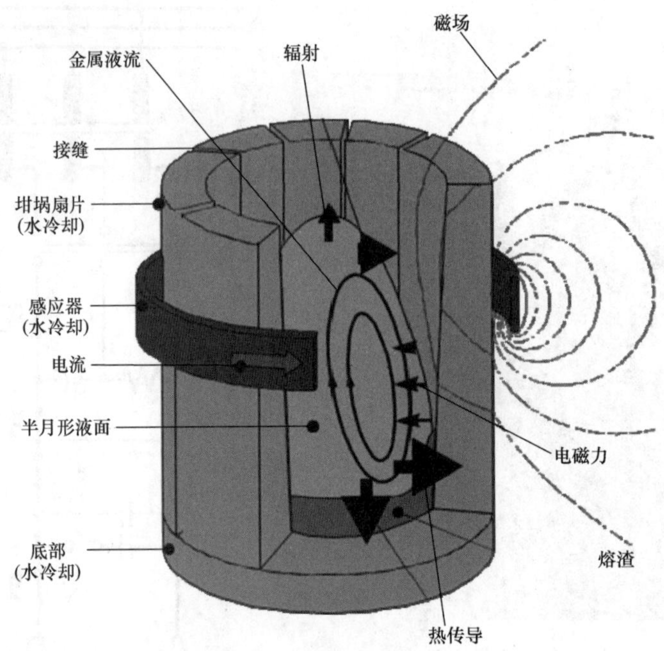

图 5-19 冷坩埚式感应炉的示意图

板都需要强烈的水冷，以免坩埚本身被熔化。由于炉料和坩埚的接触部分一直是固体状态，因此可有效地使金属液与污染物之间隔离。典型工作频率约为 10kHz。绝大部分金属液被电磁力推离坩埚壁（半悬浮状态），因此避免了过多的热损失，并且能够产生过热高温。由于洛伦兹力的强烈搅拌结果，使得熔化合金的化学成分均匀化。熔炼是在可控气氛或真空的环境中进行的，熔炼过程中定期分别浇注铸型中（从口部或倾转整个坩埚），也可以连续浇注，此时炉底的固体材料连续下降，新的材料从顶部装入。真空室中的冷坩埚式感应炉装置如图 5-20 所示。

图 5-20 真空室中的冷坩埚式感应炉装置

冷坩埚式感应炉的典型电效率，也就是用于感应加热炉料部分的能量约为 30%，其余部分消耗于感应器（约 15%）以及扇形的坩埚壁。在坩埚扇片中的感应电流不仅增加了能耗，而且使电磁场呈非轴向对称，因此冷坩埚熔炼过程中需要研讨三维模拟。最佳的感应加热熔炼方案在于研究开发最优的坩埚高度与直径之比、感应器线圈的匝数、坩埚的截面尺寸、电流的强度和频率，其中任一参数的改变将影响金属液月牙面的形状及金属液的流体形态和能量的平衡。因此，要解决上述问题，就在于确定参数的变化趋势，可以用数值计算仅有一个参数变化时的系统配置。

水冷坩埚中的金属液和坩埚接触区是固体渣壳，因此材料是高纯度的。实践经验表明，加热到完全熔化温度取决于电磁、流体的加热参数，而加热是这项技术的关键。

汽车工业中的阀门选用 TiAl 合金制造，是应用冷坩埚式感应炉大量生产的一个实例。低成本大批量生产的新技术是建立在应用冷坩埚感应加热熔炼以及预热离心铸型基础上的。这项技术和经济上的优势在于综合了熔化、合金化、加热和铸造集成在一个工艺中，因为不需要预先合金化，低廉的金属屑可以再循环使用，这一特点具有良好的经济效益。

冷坩埚感应加热熔炼的技术潜力有待改善和优化，由于工业需要，有下列重要课题：

1）最高加热温度是关键参数。

2）提高总效率，降低能耗。

3）控制金属液的成分以及渣壳的形成。

4）可靠的、可重复的以及稳定的熔炼工艺。

为了使过热温度最大，需要尽可能大的感应熔炼功率；尽量减少热损失，即辐射热，尤其是尽可能减少传导给坩埚底部和壁部的热量。理想的自由表面形状如图5-21所示，此时金属液与感应器之间的耦合是最佳的，传导给坩埚底和坩埚壁的热量最小，但是实现这种形状的自由表面几乎是不可能的。

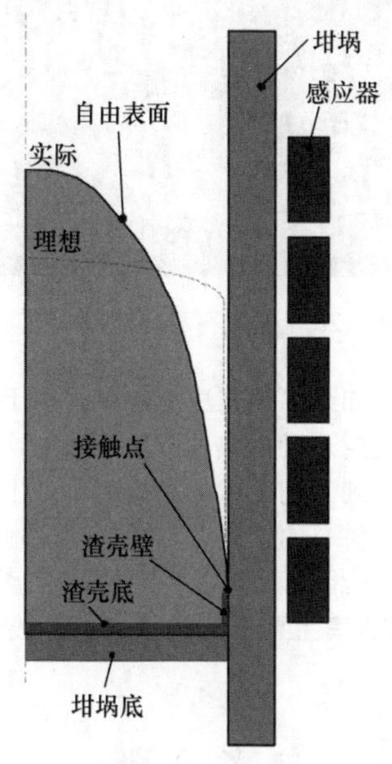

图5-21 冷坩埚式感应炉中溶体的自由表面形状

冷坩埚式感应炉也可以用于悬浮熔炼，与传统的冷坩埚式感应加热相比，这种方法的优点在于减少了由于金属液浮动产生的热损失。用这种工艺悬浮金属液是稳定的，但质量受到制约，这是由于没有了炉子轴向对称的电磁力，这是需要解决的课题。

5.1.5 渣壳感应熔炼的基本原理

感应熔炼提供了很多可能的新方向，尤其是在高科技材料的熔炼和电磁处理方面，一个创新的实例是高频渣壳感应熔炼技术（ISMT），这是熔炼诸如用于生产激光晶体和高纯度光学玻璃的氧化物和玻璃等物料的绝佳方法。这些材料的熔点高达3000℃（5430℉），在低温时的导电性和导热性很低。

渣壳感应熔炼技术（ISMT）采用扇片状铜管制的冷坩埚，铜管制的感应线圈围绕坩埚（见图5-22）或者应用水冷感应器坩埚，后者一方面是熔炼装炉料的容器，另一方面则可以同时是单匝感应器（见图5-23）。上述两种方法都没有炉衬材料，避免了熔炼时的污染，可保证最终产品的高纯度。

渣壳熔炼技术的主要优势如下：

图5-22 冷坩埚熔渣感应熔炼装置

图5-23 感应器坩埚渣壳感应熔炼装置

1）生产过程的温度可达3000℃以上。

2）生产过程可以通入各种气氛：空气、氧气、惰性气体或处于真空状态。

3）冷坩埚有利于熔炼的化学反应、单相反应和非均相的反应。

4）能够在周期性的或连铸型中熔化并结晶。

5）生产能力可达每小时数百克或数千克。

相比传统的熔炼方法，原材料消耗率低；生产设备具有通用性，可以用于众多的金属材料熔炼或重熔。现在，渣壳熔炼技术在工业的许多领域中有多种应用，其中包括：

1）激光、珠宝、陶瓷和磨料行业的单晶体制造。

2）易熔炉衬的制造。

3）高温玻璃制造。

4）装载核放射废料的器皿。

5）难于化合的化合物的合成。

6）易熔粉末及隔热材料的制造。

用于渣壳感应熔炼的坩埚感应技术原理如图 5-24 所示，室温时将不导电的炉料直接装入感应线圈内。熔炼过程中渣壳起了隔绝 3000℃ 以上高温金属液、保护感应线圈的作用，也防止了对金属液的污染。相比之下，带冷坩埚的渣壳感应熔化技术比应用感应器坩埚的渣壳感应熔化技术具有很高的电效率，超过 90%。

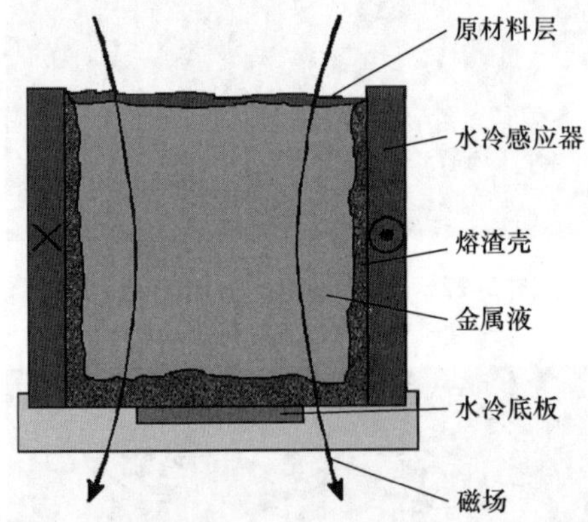

图 5-24 用于渣壳感应熔炼的坩埚感应技术原理

但是在熔化非金属材料时，会存在一个本质问题。炉料在室温时的导电性很低，忽略了启动时电磁能的传输，只有炉料加热到足够高的温度时，电磁能才能有效地耦合，由涡流加热材料，有下列解决方案可供选择：

1）插入一个到一定温度后能燃烧掉的金属环。

2）插入金属碎片（见图 5-25）。

图 5-25 插入金属碎片启动工艺

3）插入石墨环（见图 5-26），但在化学反应开始之前必须将其取出。

4）采用气体燃烧或用等离子火炬从炉料的顶部进行加热。

图 5-26 插入石墨环启动工艺

其中第一和第二种方法是典型的用于工业生产中氧化物融化时启动加热的方法。因为这项技术简单，当炉料达到工艺要求的温度时，产生由固相向液相的转变，材料的金属液形成相同质地的固态薄壳（熔渣），可将金属液和水冷坩埚壁隔离，这一过程中需要的功率主要取决于渣壳的厚度和材料的性质。

参 考 文 献

- F. Beneke, B. Nacke, and H. Pfeifer, *Handbook of Thermoprocessing Technologies*, Vulkan-Verlag, Essen, 2012
- E. Dötsch, *Inductive Melting and Holding*, Vulkan-Verlag, Essen, 2009
- A. Mühlbauer, *History of Induction Heating and Melting*, Vulkan-Verlag, Essen, 2008
- H. Pfeiffer, *Pocket Manual of Heat Processing*, Vulkan-Verlag, Essen, 2008

5.2 感应熔炼的计算模型和试验验证

Andris Jakovics and Sergeis Pavlous, The University of Latvia

本节介绍了感应熔炼过程模型的数学基础。

5.2.1 基本热现象

本节描述了感应熔炼基本热现象的计算模型。这些基本热现象的深入讨论见参考文献［1－5］。感应熔炼的基本方程和应用公式以及它的近似数值计算研究，见参考文献［6－31］。

1. 热传递方式

热传递方式如图 5-27 所示，在这里描述的是热传导、对流和辐射基本原理。热传导的物理机制与由原子和分子活动引起的能量扩散有关；能量从较高能量的粒子转移到较低能量的粒子，这是由于它们之间的相互作用。粒子的能量与粒子的随机传递运动和分子的内部旋转和振动有关。

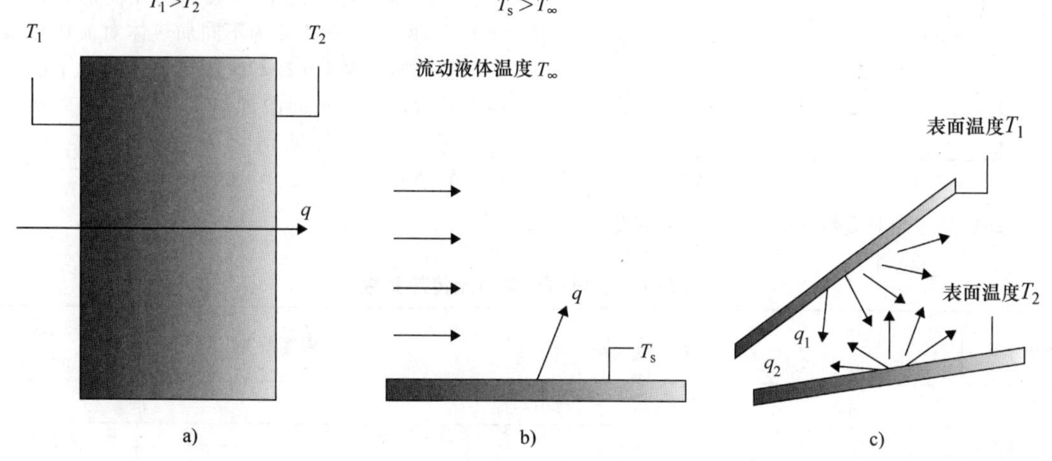

图5-27 热传递方式

a）通过固体或静止流体的传导 b）从表面到流动液体的对流 c）表面之间的热交换（辐射）

由热传导微分方程可知，热传导的热流密度（q_{cond}）与负的表面温度梯度（$-\mathrm{grad}T$）或（$-\nabla T$）方程成正比。

$$q_{cond}=-\lambda \mathrm{grad}T \tag{5-4}$$

式中，比例系数 λ 是材料的热传导系数。热传导规律［式（5-4）］是由约瑟夫·傅里叶在1822年通过试验发现的，也称为傅里叶热传导定律。

对于感应熔炼模型，金属、金属液、金属间化合物和陶瓷的热导率通常被认为是一个恒定数值，不考虑其随温度而变化。对于某些类型的氧化物和合金，其热导率是温度的函数。特别是某些类型的氧化物和合金的热扩散方程在这种情况下是非线性的［见式（5-17）］。

在各种熔炼过程中，熔炼材料的物理特性见表5-3。作为液态金属试验装置中被熔炼的材料有伍德金属、铝（非铁金属）、铸铁（铁合金）、钛铝（合金）和耐火砖（陶瓷）。

表5-3 熔炼材料的物理特性

性　质	伍德金属	铝	铸铁	钛铝化合物	耐火砖
熔化温度 T/K	343	933	≈1880	≈1775	—
固态热导率 λ_{solid}/[W/(m·K)]	18.6	235	≈60	130	≈0.8
液态热导率 λ_{liquid}/[W/(m·K)]	14.05	120	18.5	70	—
比热容 c_p/[J/(kg·K)]	168	1133	775	1000	0.88
熔化状态密度 γ_0/(10^3kg/m^3)	9.40	2.3	6.8	3.75	1.7~2.0
体胀系数 α_V/(10^{-4}/K)	1.0	1.16	1.80	1.0	0.03~0.09
电导率 σ/[10^6/(Ω·m)]	1.0	3.6	1.8	1.0	0
熔化或结晶的比热容 Q^{λ}_{melt}/(10^5J/kg)	0.4	4.0	≈1.0	≈4.5	—
动态黏度 η/[10^{-3}kg/(m·s)]	4.2	1.29	5.6	1.1	—

（1）对流传热 冷却加热表面的对流换热存在两种物理机制：微观分子随机运动热扩散、宏观的在热边界层流动和热传递的整体运动的物理机制。热表面对流热通量 q 随温度 T 的变化如图5-28所示。

流体边界层中流体的膨胀运动与速度分布引起边界层的变化。

（2）冷却定律 热通量的表面密度 q_{conv} 是和加热的固体（炉壁）T_{body} 和冷却液（气体）T_{liquid} 之间的温度差成正比例的：

$$q_{conv}=\alpha(T_{body}-T_{liquid})=\alpha\Delta T \tag{5-5}$$

式中，α 是对流传热系数。这个冷却定律［式（5-5）］又称为牛顿冷却定律，是由依萨克·牛顿在1701年试验发现并提出的。

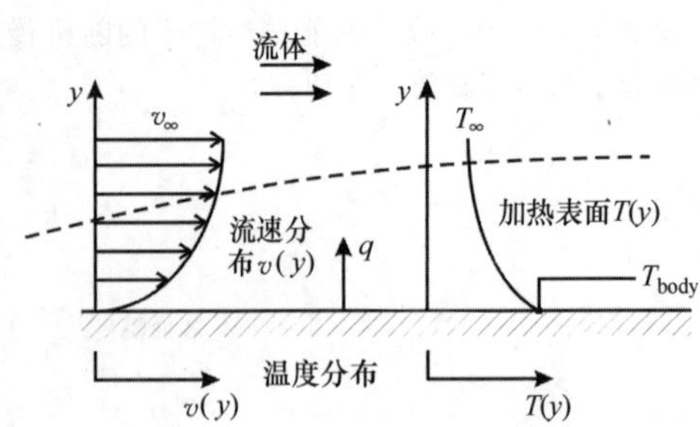

图 5-28 热表面对流热通量 q 随温度 T 的变化

对流传热系数由以下因素决定：冷却液（气体）的对流（自由或强迫）运动、冷却液的相态（液态、沸腾以及蒸馏）、固体表面的几何形状和冷却液的流动结构。表 5-4 为不同加热体对流传热系数的试验数据，表 5-4 冷却或加热液体情况下的对流换热系数的值，不同的加热机制可以在文献中找到，它是一个无量纲努塞尔特准数 Nu［见式（5-38）］。

表 5-4 不同加热体对流传热系数

冷却介质	加 热 体	温度差 ΔT/℃（℉）	传热系数/[W/(m^2·K)]
自由对流			
气体	—	—	2~25
空气	约 0.3m（12in）高的垂直墙体	30（55）	4.33
水	直径约 40mm（1.6in）的水平管	30（55）	570
其他液体	—	—	50~1000
强制对流			
气体	—	—	25~250
空气	流过厚度为 1m（39in）的宽板，流速为 30m/s（100ft/s）	70（125）	80
水	流过厚度为 60mm（2.4in）的宽板，流速为 2m/s（6.6ft/s）	15（27）	590
其他液体	—	—	100~20000
金属液	与同样条件下非传热液体的比较	—	更大
	类似条件下与非导电液体相比		
相变对流			
—	沸腾或冷凝	—	2500~10^5
水	水在茶壶里的沸腾	—	4000

来源：参考文献［4］。

（3）辐射传热 辐射传热的物理机制与电磁波传播性能相关。辐射传热的射线频谱由红外线（波长 30~1000μm）、近红外线（波长 0.7~30μm）、可见光（波长 0.4~0.7μm）和远红外线（波长 3~400μm）组成。

由于液态金属具有较高的熔化温度（见表 5-3），这就必须要考虑辐射传热。在熔融金属材料表面，辐射的射线波，根据材料的反射率、透射率、辐射率和吸收率可以被反射、吸收和透射（见图 5-29）。

按辐射定律，辐射热流（功率）密度 q_{rad} 与黑体灰体温度 T_{body} 的 4 次方成正比：

$$q_{rad} = \varepsilon\sigma_{SB}T_{body}^4 \tag{5-6}$$

式中，ε 是辐射率（一个特定的物质辐射能量与相同温度下黑体的辐射能量之比）；σ_{SB} 是斯特凡－玻尔兹曼常数。一个绝对黑体的黑度，$\varepsilon=1$，而一个灰色的黑体为 $0\leqslant\varepsilon<1$。

辐射定律［式（5-6）］又被称为斯特凡－玻尔兹曼定律，由约瑟夫·斯特凡－玻尔兹曼在 1879 年从约翰·丁达尔的试验中得出的数据，然后路德维希在 1884 年由路德维希－玻尔兹曼理论推导而成，斯特凡－玻尔兹曼常数（比例系数）为

$$\sigma_{SB} = \frac{2\pi^2k^4}{15c^2h^3} \approx 5.67\times10^{-8}\mathrm{J/(s\cdot m^2\cdot K^4)} \tag{5-7}$$

以下常数是来自自然界的基本常数：玻尔兹曼常数 k、光速 c 以及普朗克常数 h。

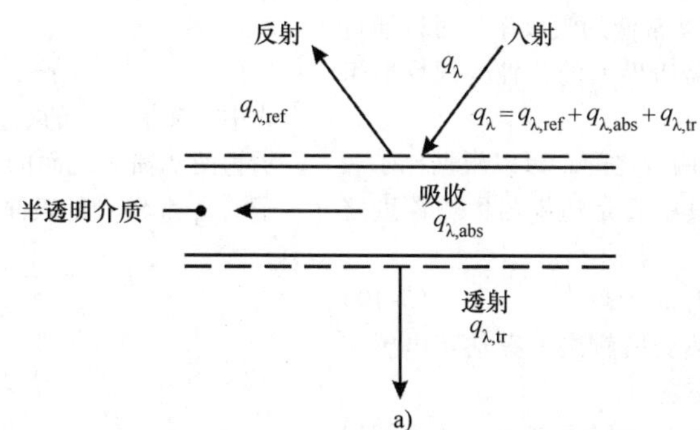

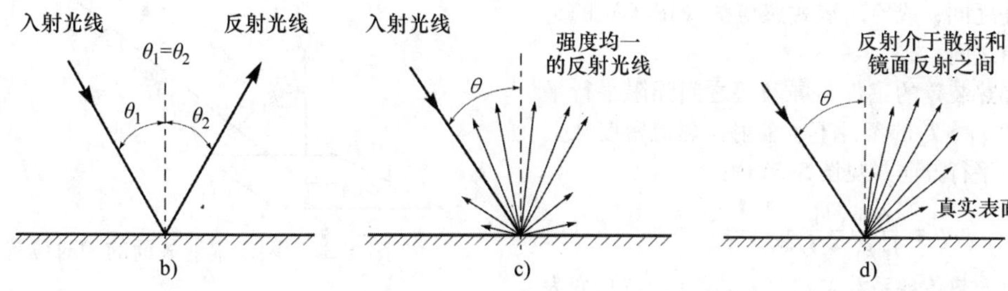

图 5-29 辐射的射线波

a）入射光线在半透明介质表面的反射、入射和透射 b）镜面反射 c）散射面

d）在反射镜和散射面上的反射与真实表面的反射一样

辐射热流密度与射线波长的关系如图 5-30a 所示。根据普朗克定律，在各种黑体温度下，辐射射线波长与辐射强度的关系如图 5-30b 所示。根据维恩位移定律，在温度较低的情况下，黑体辐射强度峰值随波长的增加而降低。

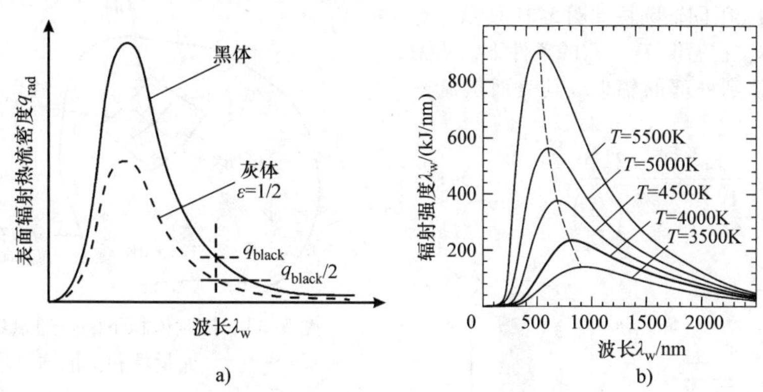

图 5-30 单色辐射（功率）流体密度与黑体和灰体辐射波长的关系

a）辐射热流密度与射线波长的关系 b）辐射射线波长与辐射强度的关系

另一个在热平衡状态下的热辐射定律表明，物体（或者表面）的辐射率并不取决于物体的形状和化学组分，而是等于它在特定辐射波长和温度下的吸收率。

$$\varepsilon_\lambda = \alpha_\lambda \tag{5-8}$$

这被称为热辐射定律或基尔霍夫定律，它是由古斯塔夫·基尔霍夫在 1859 年提出的。

对于一些具有光学透明性的氧化物和合金类型，应当考虑吸收率与温度和波长之间的相关性。在这种情况下，根据式（5-6）得出的辐射量具有两种类型的非线性特征：

$$q_{rad} = \varepsilon(\lambda_w, T)\sigma_{SB}T_{body}^4 \tag{5-9}$$

对于透明的氧化物或合金，应考虑到补充的热扩散方程式（5-17）和对流方程式（5-82）。

1）如果金属液具有非常高的吸收率以及非常薄的层能够完全吸收辐射，可以引入传热系数的有效值。

2）如果金属液具有非常低的吸收率，可以通过含有氧化物或合金的容器边界上的几种光线反射来估算辐射能。

3）如果是介于上述两者之间，可以根据比尔－朗伯定律来计算辐射，其中 L 是边界与区域深度之间的距离：

$$I_{\lambda,L}=I_{\lambda,0}\mathrm{e}^{-\alpha(\lambda_{\mathrm{w}})L} \tag{5-10}$$

使用几种典型辐射热交换解决方案估算电感应加热工艺装置中辐射热交换：

如在感应坩埚炉（ICF）的金属液和炉渣之间以及钢包和盖之间，或冷坩埚式感应炉（IFCC）的金属液和炉渣之间。

感应加热装置的工件与屏蔽层之间无限平行平面。在温度 $T_1>T_2$ 的条件下，辐射面热流密度从上到下沿无限平行方向（见图5-31a）：

$$q=\frac{\sigma_{\mathrm{SB}}(T_1^4-T_2^4)}{1/\varepsilon_1+1/\varepsilon_2-1} \tag{5-11}$$

引入有效热传导系数 λ_{eff} 之后，式（5-11）变为

$$q=\frac{\sigma_{\mathrm{SB}}(T_1^4-T_2^4)}{(1/\varepsilon_1)+(1/\varepsilon_2-1)}=\lambda_{\mathrm{eff}}(T_1-T_2)$$

$$\lambda_{\mathrm{eff}}=\frac{\sigma_{\mathrm{SB}}(T_1^2+T_2^2)(T_1+T_2)}{(1/\varepsilon_1)+(1/\varepsilon_2-1)} \tag{5-12}$$

如果 T_1 为常数，且 T_2 为常数，则 λ_{eff} 也为常数。无限平行的平面和无限同轴圆柱如图5-31所示。对于无限同轴圆柱体，在温度 $T_1>T_2$ 的条件下，从无限共轴圆柱体内部到外部的辐射，其表面热流密度为

$$q=\frac{\sigma_{\mathrm{SB}}(T_1^4-T_2^4)}{\dfrac{1}{\varepsilon_1}+\dfrac{1-\varepsilon_2}{\varepsilon_2}\left(\dfrac{r_1}{r_2}\right)} \tag{5-13}$$

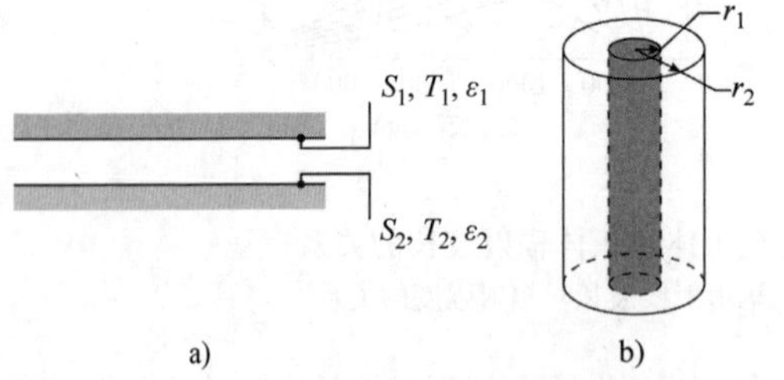

图5-31 无限平行的平面和无限同轴圆柱
a）无限平行的平面 b）无限同轴圆柱

（4）多表面辐射 考虑表面之间的相互作用，每个辐射率为 ε_i 且温度为 T_i 的表面 S_i 的辐射功率 Q_i^{rad} 可以根据下列矩阵方程确定：

$$\sum_{j=1}^{N}\left[\frac{\delta_{ij}}{\varepsilon_j}-\frac{(1-\varepsilon_j)S_iF_{ij}}{\varepsilon_jS_j}\right]\sigma_j^{rad}$$

$$=\sum_{j=1}^{N}S_iF_{ij}\sigma_{\mathrm{SB}}(T_i^4-T_j^4) \tag{5-14}$$

式中，N 是曲面的数量；δ_{ij} 是等同张量。图5-32所示为两个辐射表面的相对位置。对于每一个视角因子（S_1 和 S_2）的表面积 F_{12} 可以表示为

$$F_{12}=\frac{1}{S_1}\iint_{S_1S_2}\frac{\cos\beta_1\cos\beta_2}{\pi r^2}\mathrm{d}S_1\mathrm{d}S_2 \tag{5-15}$$

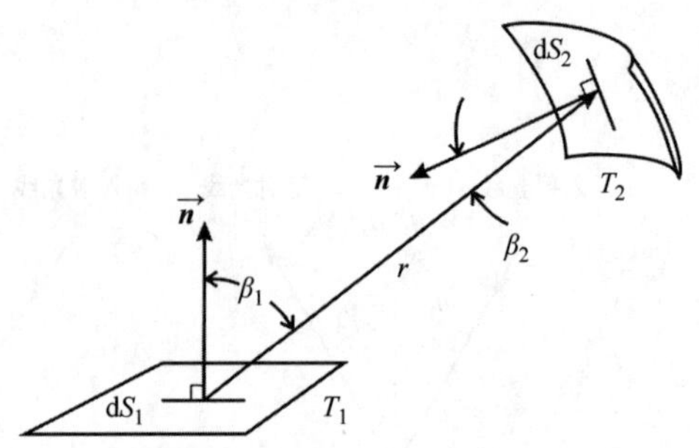

图5-32 两个辐射表面的相对位置

2. 热扩散

热扩散方程表示了加热装置在控制体积条件下的热平衡。控制体积下的热通量场、液体质量通量场和扩散通量场如图5-33所示。在图5-33中，$\mathrm{d}\boldsymbol{S}=\boldsymbol{n}\mathrm{d}S$，是控制体积的表面积；$\boldsymbol{n}$ 是外法线；γ 是密度；c 是比热容；q_{vol} 是热源的功率密度。

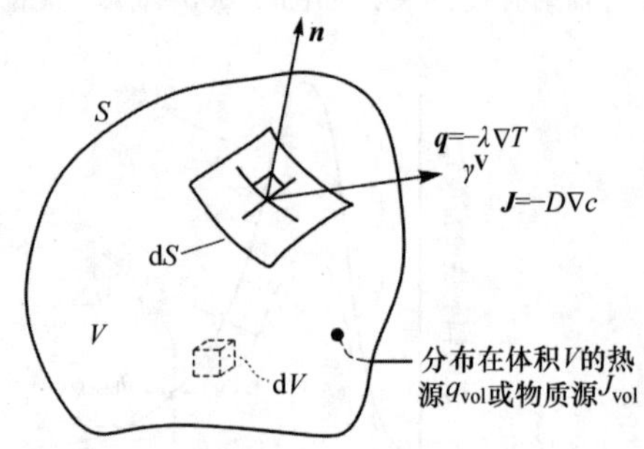

图5-33 控制体积下的热通量场、液体质量通量场和扩散通量场

式（5-16）可以按照下列方程进行表达：

$$\int_V\gamma c_p\frac{\partial T}{\partial t}\mathrm{d}V=\oint_S\lambda\,\mathrm{grad}T\mathrm{d}S+\int_V q_{\mathrm{vol}}\mathrm{d}V \tag{5-16}$$

它是一个单位时间里任意控制被加热体积内的热通量场（见图5-33）。等式左侧是控制体积 V 的能量积分在每个单位时间的变化，等式右侧的两项则分别是被加热体积的热源能量以及整个控制体积表面上的传导热通量积分。

式（5-16）也可以写成微分方程式

$$\gamma c_p\frac{\partial T}{\partial t}=\mathrm{div}(\lambda\,\mathrm{grad}T)+q_{\mathrm{vol}} \tag{5-17}$$

将焦耳热作为热流来考虑，可得

$$q_{\mathrm{vol}} = q_{\mathrm{Joule}} = J^2/\sigma \tag{5-18}$$

式中，J是传导或感应电流密度；σ是电导率。在准静止场条件下作为一个交流感应电流$\underline{J} = \underline{J_a}\mathrm{e}^{j\omega t}$。式（5-18)也可以表示为

$$q_{\mathrm{Joule}} = \frac{1}{2\sigma}\underline{J_a}\,\underline{J_a^*} = \frac{1}{2\sigma}|\underline{J_a}|^2 \tag{5-19}$$

式中，$\underline{J_a}$和$\underline{J_a^*}$分别是电流密度及其共轭的复振幅值。

表5-3给出了熔炼材料和合金的比热容、密度和电导率的数值。热膨胀系数可以用来显示熔炼温度下密度的影响。热膨胀的有效容积系数为

$$\alpha_V = \frac{1}{V}\left(\frac{\partial V}{\partial T}\right)_{\mathrm{p}} \tag{5-20}$$

在各向同性的条件下，固体、液体和气体的α_V是温度的函数。对于大多数材料，$\alpha_V > 0$，但有一些材料在一定温度范围内，其$\alpha_V < 0$（如0~3.98℃的水)。密度γ（T）作为温度的函数，在特定的温度范围内可以表示为

$$\gamma(T) = \gamma_0[1 - \alpha_V(T - T_0)] \tag{5-21}$$

3. 热扩散方程的特例

具有恒定热导率的介质的瞬态热力场，如果热导率λ是一个常数，式（5-17）可变为

$$\frac{\partial T}{\partial t} = \frac{\lambda}{\gamma c_{\mathrm{p}}}\mathrm{div}(\mathrm{grad}T) + \frac{q_{\mathrm{vol}}}{\gamma c_{\mathrm{p}}}$$

或

$$\frac{\partial T}{\partial t} = \chi\Delta T + \frac{q_{\mathrm{vol}}}{\gamma c_{\mathrm{p}}} \tag{5-22}$$

式中，$\chi = \lambda/\gamma c_{\mathrm{p}}$是热扩散系数，在稳态热力场条件下，式（5-22）可变为泊松方程

$$\Delta T = -q_{\mathrm{vol}}/\lambda \tag{5-23}$$

若无体积热源，即$q_{\mathrm{vol}} = 0$，则式（5-23）变为拉普拉斯方程：

$$\Delta T = 0 \tag{5-24}$$

对于稳态热场可以应用静电场来模拟，相当于静电场的标量电势方程。在存在两种物质的体积之中的瞬态热力场与这两种物质都有关系，例如：

1）金属液和陶瓷坩埚（感应坩埚炉)。

2）金属液和渣壳（冷坩埚式感应熔炉)。

3）熔化后的液态金属和熔化前的固态金属。

4）结晶前的液态金属和结晶后的固态金属。

5）具有不同性质的两种工件。

一般而言，两种物质具有不同的物理性质。通过V_i（$i = 1, 2\cdots$）所有物理场和物质特性对式(5-17）进行改写，得到

$$\gamma_i c_{\mathrm{p},i}\frac{\partial T_i}{\partial t} = \mathrm{div}(\lambda_i, \mathrm{grad}T_i) + q_{\mathrm{vol},i} \tag{5-25}$$

式（5-25）的计算，与两种物质接触表面条件的计算式（5-42）或式（5-43）是相似的。

为了以无量纲形式重新改写有量纲的热扩散方程，需要确定所有适宜于所研究问题物理变量的特征值。

这里考虑的具体例子是物质具有恒定物理性质的热扩散方程式（5-22)。特征值可以通过下列方式确定：

T_0——特征温度（即熔化温度)；

t_0——特征时间（即从热力场最初的不稳定分布转变成稳态分布的过渡时间)；

l_0——特征长度（即所考虑模型的典型尺寸)；

$q_{\mathrm{vol},0}$——特征容积热源（即在坩埚式、沟槽式和冷坩埚式感应炉内由于金属液中涡流引起的平均焦耳热)。

对于热扩散方程式（5-17）的一般情况下，需要确定物质的密度γ_0、比热容c_{p0}和热导率λ_0的特征值。无量纲变量$\hat{X}$可以通过有量纲的变量X而确定：

$$\hat{X} = X/X_0 \tag{5-26}$$

热扩散方程式（5-22）的无量纲形式为

$$\frac{\partial\hat{T}}{\partial\hat{t}} = \frac{\lambda t_0}{\gamma c_{\mathrm{p}} l_0^2}\hat{\Delta}\hat{T} + \frac{q_{\mathrm{vol},0}t_0}{\gamma c_{\mathrm{p}} T_0}\hat{q}_{\mathrm{vol}} \tag{5-27}$$

或者省略^符号（因为它们在无量纲方程中会出现）之后变成

$$\frac{\partial T}{\partial t} = Fo\Delta T + Po q_{\mathrm{vol}} \tag{5-28}$$

式中，无量纲参数分别是傅里叶数和波梅兰采夫数。傅里叶数［式（5-29)］是材料的热导率和热能存储率的比值。如果$t_0 = l_0^2/x$被确定为热扩散的特征时间，则$Fo = 1$。

$$Fo = \frac{\lambda t_0}{\gamma c_{\mathrm{p}} l_0^2} \tag{5-29}$$

波梅兰采夫数［式（5-30)］是热力场由于热源影响而引起的热通量场变化率和材料热能存储率的比值。

$$Po = \frac{q_{\mathrm{vol},0}t_0}{\lambda c_{\mathrm{p}} T_0} \tag{5-30}$$

4. 热力场的初始条件和边界条件

式（5-17）或式（5-22）提供了在指定物质体积V选择表面S边界条件和形成瞬时的初始条件下，热扩散方程的唯一解（见图5-33)，也就是在那里对热场分布的研究。

为了确定热扩散方程的初始条件（其中包含了一阶时间导数)，需要先确定体积V的所有点上的初始温度分布。热边界条件的主要类型如下。

在固体或液体的边界表面S上的温度分布定义如下：

$$T = T_{surf} \tag{5-31}$$

在数学上，这些边界条件称为第一类（或者迪依希勒）边界条件。

在固体或液体的边界表面 S 上的热通量分布可表示为

$$-\lambda \frac{\partial T}{\partial n} = q_{surf} \tag{5-32}$$

在数学上，这些边界条件称为第二类（或者诺依曼）边界条件。从这一点上来说，当热传导系数成为温度的函数 $\lambda(T)$ 时，边界条件是非线性的。对于热绝缘 $q_{surf}=0$ 的特殊情况，式（5-32）定义的边界条件将被改写为绝热边界条件：

$$\frac{\partial T}{\partial n} = 0 \tag{5-33}$$

对流冷却热通量并在固体或者液体的边界表面 S 处的分布可根据牛顿冷却定律确定：

$$-\lambda \frac{\partial T}{\partial n} = \alpha(T - T_\infty) \tag{5-34}$$

在数学上，这些边界条件称为第三类（或者罗宾）边界条件。接近表面边界条件的特征温度可以由式（5-34）所定义。式（5-34）中边界条件下表面附近的温度分布如图 5-34 所示。

对于一个固体表面的冷却条件，$\lambda=\lambda_{solid}$，其由式（5-34）定义的边界条件的无量纲形式可表示为

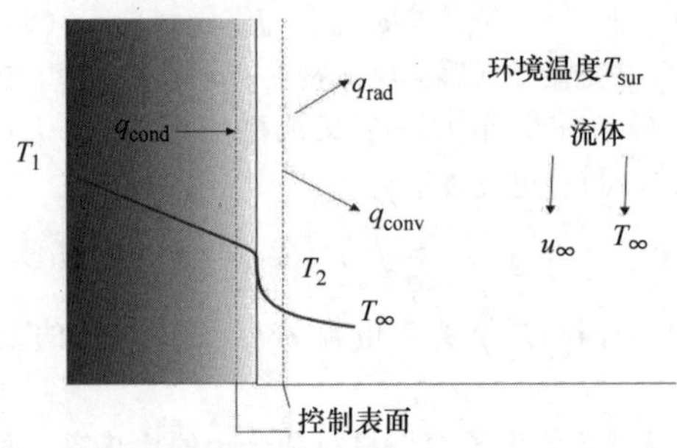

图 5-34 式（5-34）中边界条件下表面附近的温度分布

$$\frac{\partial T}{\partial n} = -Bi(T - T_\infty) \tag{5-35}$$

式中，无量纲参数是毕奥数，定义如下：

$$Bi = \frac{\alpha l_0}{\lambda_{solid}} \tag{5-36}$$

毕奥数是指固体的内热阻与周边流体的边界层热阻之间的比值。具有不同毕奥数的固体的温度分布如图 5-35 所示。$Bi \ll 1$，对于固体的温度分布几乎只与时间构成函数有关。

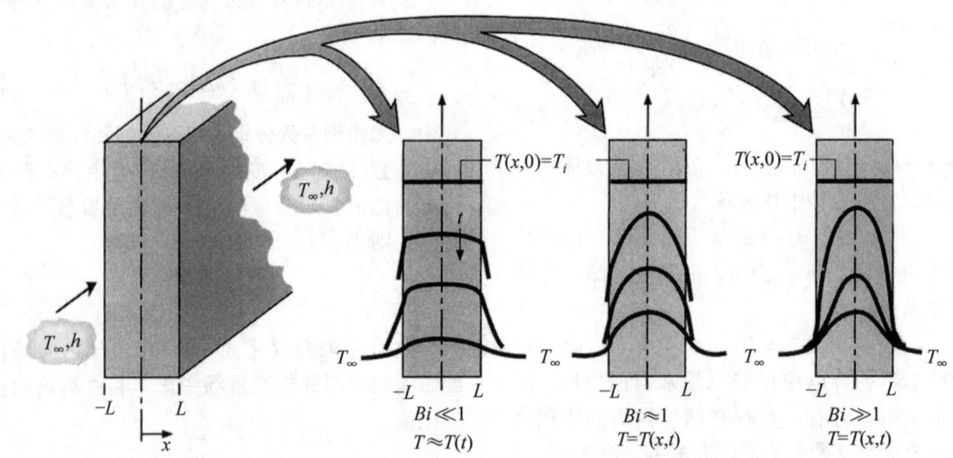

图 5-35 一个具有不同毕奥数固体的温度分布

如果是对液体进行冷却，$\lambda=\lambda_{liq}$ 且边界条件是无量纲形式，则式（5-34）变成

$$\frac{\partial T}{\partial n} = -Nu(T - T_\infty) \tag{5-37}$$

式中，无量纲参数是努塞尔数 Nu，定义如下：

$$Nu = \frac{\alpha l_0}{\lambda_{liq}} \tag{5-38}$$

努赛尔数表示了对流和扩散热通量之间的关系。

热辐射：固体或液体边界表面的热通量分布可以根据斯特丸－玻尔兹曼定律由式（5-6）确定：

$$-\lambda \frac{\partial T}{\partial n} = \varepsilon\sigma_{SB}(T^4 - T_{surf}^4) \tag{5-39}$$

式中，T_{surf} 是周边环境的温度。热传导系数与温度构成函数关系 $\lambda(T)$。这种边界条件代表了两种不同的非线性特性。

如果是固体物体（$\lambda=\lambda_{solid}$）且边界条件是无因次形式，则式（5-39）变成

$$\frac{\partial T}{\partial n} = -Bi_{rad}(T^4 - T_{surf}^4) \tag{5-40}$$

式中，无量纲参数是辐射毕奥数，定义如下：

$$Bi_{\mathrm{rad}} = \frac{\sigma_{\mathrm{SB}} T_0 l_0}{\lambda} \tag{5-41}$$

式（5-41）可以对扩散和辐射热通量之间的关系进行评价。没有表面热源的两种物质之间的接触，在边界表面 S 处，两种物质的温度通量和热通量分布分别是

$$T_1 = T_2 \tag{5-42}$$

$$\lambda_1 \frac{\partial T_1}{\partial n} = \lambda_2 \frac{\partial T_2}{\partial n} \tag{5-43}$$

与这种形式的边界条件相对应，例如：与陶瓷坩埚接触的液态金属，如果是多层隔热体，边界条件式（5-42）和式（5-43）适用于相互之间形成接触的每两个层（见图5-36）。应当注意，如果没有热源的静态问题，热通量在所有层之中都相同，但温度分布对每个 λ 为常数的层来说都是线性的。

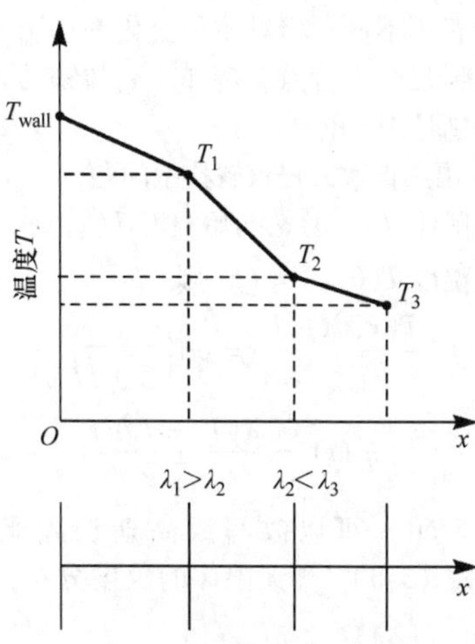

图5-36　复层绝缘体中的温度分布

具有热阻的两种物质在接触表面以及表面焦耳热源处之间的接触，这种情况的边界条件定义如下：

$$\lambda_1 \frac{\partial T_1}{\partial n} = \frac{1}{R_s^{\mathrm{T}}}(T_2 - T_1)_1 + \frac{1}{2} R_s^{\mathrm{e}} J_{n,1}^2 \tag{5-44}$$

$$\lambda_2 \frac{\partial T_2}{\partial n} = \frac{1}{R_s^{\mathrm{T}}}(T_2 - T_1)_2 - \frac{1}{2} R_s^{\mathrm{e}} J_{n,2}^2 \tag{5-45}$$

式中，R_s^{T}是接触热阻；R_s^{e}是接触电阻。电流密度的正常分量 J_n 和切向分量 J_τ 的边界条件为

$$J_{n,1} = J_{n,2} \tag{5-46}$$

$$J_{\tau,2}/\sigma_2 - J_{\tau,1}/\sigma_1 = R_s^{\mathrm{e}} \frac{\partial J_n}{\partial \tau} \tag{5-47}$$

这种边界条件可以用于实例：在冷坩埚式感应炉中金属液和具有接触电阻与接触热阻的超薄渣壳冷坩埚的接触层内。作为一超薄层厚渣壳接近于零的模型（见图5-37），这些边界条件可以模拟在边界表面的温度约1000K上下变动。

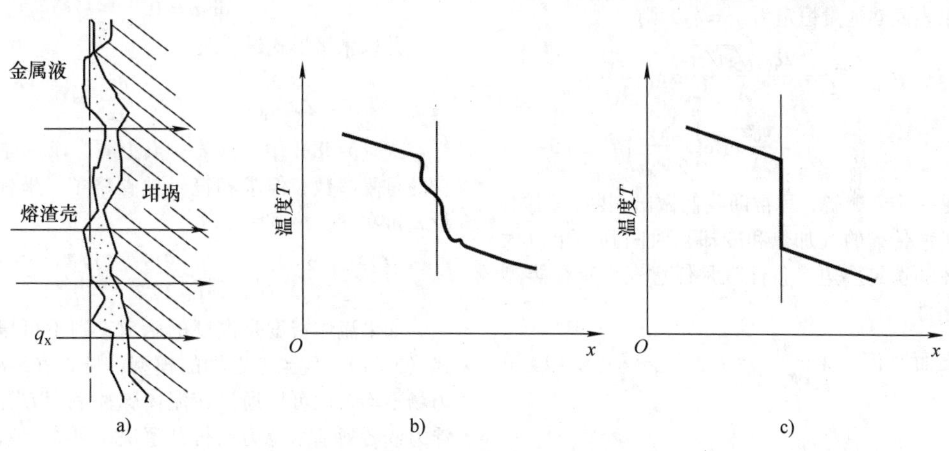

图5-37　实际接触区和温度分布

a）金属坩埚、熔渣壳和金属液的实际接触区　b）在超薄渣壳接触层的实际温度分布

c）通过热阻模拟的厚度为零的超薄层内温度分布

预估冷坩埚式感应熔炉的接触电阻和热阻可在以下范围内：

接触电阻 R_s^{T} 为 $10^{-3} \sim 10^{-1} \mathrm{W}^{-1} \cdot \mathrm{m}^2 \cdot \mathrm{K}$。

接触热阻 R_s^{e} 为 $10^{-5} \sim 10^{-10} \Omega \cdot \mathrm{cm}^2$。

具有相态变化（熔化或结晶）的两种物质之间的接触，在从液体到固体的结晶前沿处，温度和热通量分布的边界条件为

$$T_{\mathrm{liq}} = T_{\mathrm{solid}} \tag{5-48}$$

$$\lambda_{\mathrm{solid}} \frac{\partial T_{\mathrm{solid}}}{\partial n} - \lambda_{\mathrm{liq}} \frac{\partial T_{\mathrm{liq}}}{\partial n} = \gamma_{\mathrm{liq}} Q_{\mathrm{melting}}^{\lambda} (v_{\mathrm{front}} \boldsymbol{n}) \tag{5-49}$$

式中，v_{front}是结晶前沿的速度；$Q_{\mathrm{melting}}^{\lambda}$是金属液或结晶体的比热容。金属液和合金的熔化和结晶比热容见表5-3。应当注意，在熔化之后，液体和固体的体

积可能会有所不同，相对体积变化率（$V_{liq}-V_{solid}$）/V_{solid}会达到几个百分点。例如，铝和铁的相对体积变化率分别是6%和3%。

5. 利用热扩散方程求解典型问题

半无限体（$x\geqslant0$），初始温度$T(x,0)=T_i$为恒定的表面温度$T(0,t)=T_s$，则

$$\frac{T(x,t)-T_s}{T_i-T_s}=\mathrm{erf}\left(\frac{x}{2\sqrt{\chi^t}}\right) \tag{5-50}$$

$$q_s(t)=\frac{\lambda(T_s-T_i)}{\sqrt{\pi xt}} \tag{5-51}$$

式（5-50）可以改写成高斯误差函数$\vartheta=\mathrm{erf}(\gamma)$，式（5-50）半无限体的温度分布如图5-38所示。

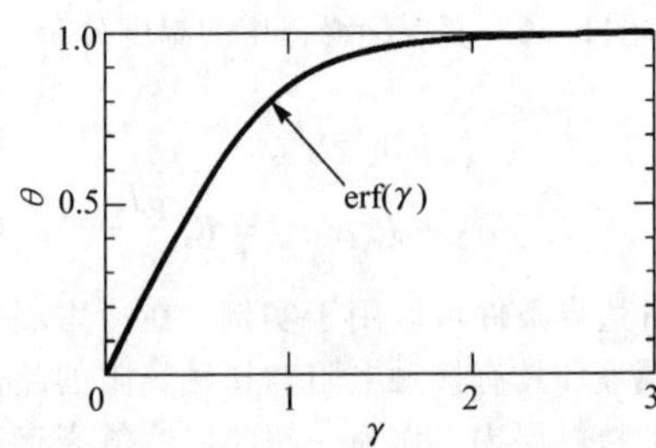

图5-38　式（5-50）半无限体的温度分布

如果表面热通量恒定为$q_s=q_0$，则

$$T(x,t)-T_i=\frac{2q_0\sqrt{\chi t/\pi}}{\lambda}\exp\left(\frac{-x^2}{4\chi t}\right)-\frac{q_0x}{\lambda}\mathrm{erfc}\left(\frac{x}{2\sqrt{\chi t}}\right) \tag{5-52}$$

这是一个经典解，可帮助我们做出判断，例如：由于热扩散传播的（加热和冷却）时间到一个巨大的平行体的选定层边界条件就是任意三个特征类型的边界条件。

在表面对流$-\lambda\frac{\partial T}{\partial x_{x=0}}=\alpha[T_\infty-T(0,t)]$条件下：

$$\frac{T(x,t)-T_i}{T_\infty-T_i}=\mathrm{erfc}\left(\frac{x}{2\sqrt{xt}}\right)-\left[\exp\left(\frac{\alpha x}{\lambda}+\frac{\alpha^2\chi^t}{\lambda^2}\right)\right]\left[\mathrm{erfc}\left(\frac{x}{2\sqrt{\chi^t}}+\frac{\alpha\sqrt{\chi^t}}{\lambda}\right)\right] \tag{5-53}$$

$$\mathrm{erfc}(\zeta)\equiv1-\mathrm{erf}(\zeta)\quad \mathrm{erf}(\zeta)=\frac{2}{\sqrt{\pi}}\int_0^\zeta\exp(-u^2)\mathrm{d}u$$

$$\zeta=\frac{x}{\sqrt{4\chi^t}} \tag{5-54}$$

5.2.2　流体动力学的基本现象

本节介绍了对感应熔炼过程中的物理过程进行建模的流体动力学基本现象。有关流体动力学现象的深入讨论见参考文献［32-45］，构成的基本方程和用于对感应熔炼进行数值研究的方法见参考文献［6-31］。

1. 连续性方程

连续性方程表现了图5-33所示控制体积的液体质量平衡：

$$-\frac{\partial}{\partial t}\int_V\rho\mathrm{d}V=\oint_S\gamma\boldsymbol{v}\cdot\mathrm{d}\boldsymbol{S} \tag{5-55}$$

式中，$\mathrm{d}\boldsymbol{S}=\boldsymbol{n}\mathrm{d}S$是控制体积的表面积；$\boldsymbol{n}$是外法线；$\gamma\boldsymbol{v}$是液态流体质量通量密度；$\gamma$是液体密度；$\boldsymbol{v}$是流体速度。

要理解式（5-55），需要考虑单位时间中任意控制体积的液态流体质量通量场，见图5-33。式（5-55）的左侧是流体质量积分在整个控制体积V上按照时间单位发生的变化。方程式右侧是整个控制体积表面积S上的流体质量通量积分。

通过微分形式进行改写，式（5-55）变成

$$\frac{\partial\gamma}{\partial t}+\mathrm{div}(\gamma\boldsymbol{v})=0 \tag{5-56}$$

对于包括熔体和合金在内的不可压缩流体，连续性方程可以根据密度常量（γ＝常数），从式（5-56）中得出

$$\mathrm{div}\boldsymbol{v}=0 \tag{5-57}$$

并以张量形式进行改写：

$$\sum_{i=1}^{3}\frac{\partial v_i}{\partial x_i}=0\quad\Leftrightarrow\quad\frac{\partial v_i}{\partial x_i}=0 \tag{5-58}$$

式（5-58）中，从某一点上看，求和是一个隐含的重复参数，但求和符号被省略了。坐标系的矢量$\boldsymbol{r}$和$\boldsymbol{v}$可视为一阶张量：

$$\boldsymbol{r}\{x_1,x_2,x_3\}=r_i\quad\boldsymbol{v}\{v_1,v_2,v_3\}=v_i\qquad i=1,2,3 \tag{5-59}$$

如果流体密度是温度的函数，则不可压缩条件式（5-57），应当考虑别的模型，见式（5-81）。热力场不均匀性可以通过在流体脉冲平衡方程中引入浮力或者阿基米德力而得到解决，可参见对流传热的纳维-斯托克斯方程式（5-78）。

2. 流体黏度、牛顿流体和应力张量

任何液流中的各个流体层都是以不同速度运动的。流体黏度由层之间的剪切应力引起，它与作用力的方向相反。图5-39所示为两平板间流体的剪切应力，是一个简单的模型用来说明流体黏度是二个流体面之间薄层剪切板应力所引起的，称为库艾特流动。由于液体和移动边界之间产生的摩擦力，会发生流体剪切。流体黏度可以通过应力F，即需求的流体剪切力来测量。这个应力与流体的面积S和速度梯度$\partial v/\partial y$成正比，而单位面积的应力值F/S等

于流体中的剪切应力。

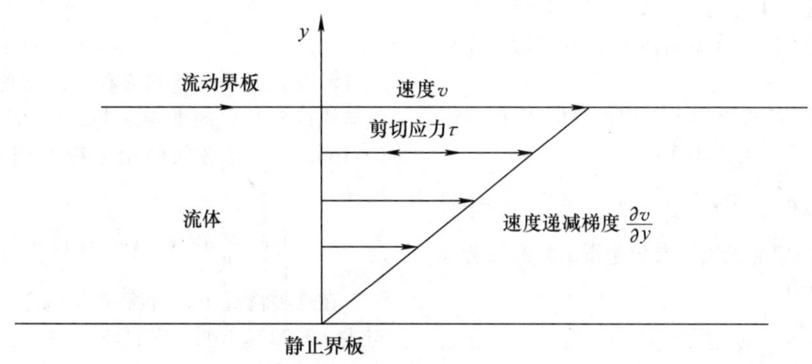

图5-39 两平板间流体的剪切应力

这些参数之间的相互关系可以用微分方程形式表示为

$$\tau = \eta \frac{\partial v}{\partial y} \tag{5-60}$$

式中，比例系数 η[kg/(m·s)]称为流体的动力黏度。这个定律是由依萨克·牛顿针对直流、平行流和均匀流而提出的。具有式（5-60）所定义的动力黏度的流体称为牛顿流体；黏度性质与式（5-60）存在差异的流体称为非牛顿流体、流变流体或磁性流体等。

描述不可压缩流体的剪切应力张量的式（5-60）也可扩展为

$$\tau_{ij} = \eta\left(\frac{\partial v_i}{\partial x_j} + \frac{\partial v_j}{\partial x_i}\right) \tag{5-61}$$

不可压缩流体的总应力张量 σ_{ij} 为常规压力 p 和剪切应力张量 t_{ij} 的组合：

$$\sigma_{ij} = -p\delta_{ij} + \eta\left(\frac{\partial v_i}{\partial x_j} + \frac{\partial v_j}{\partial x_i}\right) \tag{5-62}$$

式中，δ_{ij} 是一个标识张量。

应力张量 σ_{ij} 是二阶张量。在三维笛卡儿坐标系中的矩阵形式张量组件可以表示为

$$\sigma_{ij} = \begin{pmatrix} \sigma_{11} & \sigma_{21} & \sigma_{31} \\ \sigma_{21} & \sigma_{22} & \sigma_{23} \\ \sigma_{31} & \sigma_{32} & \sigma_{33} \end{pmatrix} = (\boldsymbol{F}^{(e_1)} \boldsymbol{F}^{(e_2)} \boldsymbol{F}^{(e_3)}) \tag{5-63}$$

矩阵的列是作用在范围为 $F^{(e_1)}$、$F^{(e_2)}$ 和 $F^{(e_3)}$ 的立方体面上的正法线 e_1、e_2 和 e_3 方向上的力（见图5-40）。表5-3中列出了一些金属液和金属的动态黏度值。

3. 流体运动方程（纳维－斯托克斯方程）

流体运动方程显示了图5-33所示的流体控制体积的动量守恒定律（牛顿第二定律）：

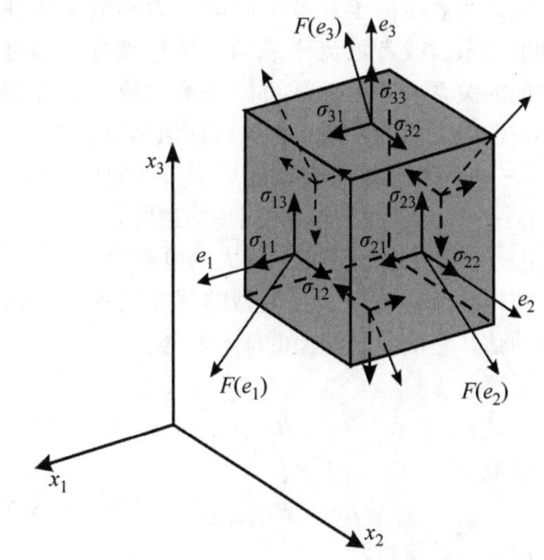

图5-40 流体应力张量

$$\int_V \gamma \frac{\mathrm{d}v_i}{\mathrm{d}t}\mathrm{d}V = \oint_S \sigma_{ik}\mathrm{d}S_k + \int_V f_i^{\mathrm{ext}}\mathrm{d}V \tag{5-64}$$

式中，$\mathrm{d}S_i = n_i\mathrm{d}S$ 是控制体积表面的要素，n_i 是外法线，f_i^{ext} 是外部物体（体积）作用力密度矢量。描述不可压缩流体且考虑了应力张量表达式（5-62）的式（5-64）可表示为

$$\gamma\left(\frac{\partial v_i}{\partial t} + v_k\frac{\partial v_i}{\partial x_k}\right) = -\frac{\partial p}{\partial x_i} + \frac{\partial}{\partial x_k}\left[\eta\left(\frac{\partial v_i}{\partial x_k} + \frac{\partial v_k}{\partial x_i}\right)\right] + f_i^{\mathrm{ext}} \tag{5-65}$$

式（5-64）中的速度全导数等于速度的偏导数和对流导数的总和，并可写成张量和矢量形式，即

$$\frac{\mathrm{d}v_i}{\mathrm{d}t} = \frac{\partial v_i}{\partial t} + v_k\frac{\partial v_i}{\partial x_k} \quad \frac{\mathrm{d}\boldsymbol{v}}{\mathrm{d}t} = \frac{\partial \boldsymbol{v}}{\partial t} + (\boldsymbol{v}\nabla)\boldsymbol{v} \tag{5-66}$$

在流体性质是恒定值的情况下，$\gamma \approx$ 常数，$\eta \approx$ 常数，则式（5-65）可以改写成更加简单的形式：

$$\frac{\partial \boldsymbol{v}}{\partial t}+(\boldsymbol{v}\nabla)\boldsymbol{v}=-\frac{1}{\gamma}\nabla p+v\Delta\boldsymbol{v}+\frac{1}{\gamma}\boldsymbol{f}^{\text{ext}} \quad (5\text{-}67)$$

式中，$v=\eta/\gamma$ 是流体的运动黏度。式（5-65）和式（5-67）都是针对不可压缩流体的纳维－斯托克斯方程。

按照与得到热扩散方程无因次形式的相同方式，可以得到式（5-67）的无因次形式：

$$\frac{\partial \boldsymbol{v}}{\partial t}+(\boldsymbol{v}\nabla)\boldsymbol{v}=-\nabla p+\frac{1}{Re}\Delta\boldsymbol{v}+\frac{1}{Fr}f^{\text{ext}} \quad (5\text{-}68)$$

式中，外部应力 f^{ext} 的无因次参数是雷诺数和弗劳德数，可分别表示为

$$Re=\frac{v_0 l_0}{v} \quad (5\text{-}69)$$

$$Fr=\frac{\gamma v_0^2}{f_0 l_0} \quad (5\text{-}70)$$

雷诺数表示由于黏度引起的应力和液流惯性力之间的关系，或者液流中总动力转移和分子动量转移之间的关系。弗劳德数可以理解为液流中外部应力和惯性力之间的关系。相关特征值如下：

l_0——特征长度（流动区域中一维的尺度）；

v_0——特征速度（最大或平均速度）；

f_0——特征应力密度（最大的电磁力）。

实体磁流体动力装置模型的建立要求对雷诺数进行预估，它决定了液流的流动状态：

层流

$$Re<Re_{\text{critical}} \quad (5\text{-}71)$$

湍流

$$Re>Re_{\text{critical}} \quad (5\text{-}72)$$

层流向紊流过渡

$$Re\approx Re_{\text{critical}} \quad (5\text{-}73)$$

雷诺数的临界值取决于流体流动的特性，取决于 Re 特征值的确定，但典型数值如下：

$$Re_{\text{critical}}\approx 10^3 \quad (5\text{-}74)$$

在绝大多数冶金用途中（如熔炼炉），流动是高湍流的：

$$Re\approx 10^4\sim 10^7 \quad (5\text{-}75)$$

例如：工业坩埚式感应炉的特征值是：$l_0\approx 1\text{m}$，$v_0\approx 1\text{m/s}$，$\eta/\gamma\approx 10^{-7}\text{m}^2/\text{s}$ 和 $Re=10^7$。

4. 非均匀热力场中的流体流动（对流换热）

对于非均匀热力场中的不可压缩流体，纳维－斯托克斯方程式（5-67）中的外部应力 $\boldsymbol{f}^{\text{ext}}$ 分别是重力 $\boldsymbol{f}^{\text{gravity}}$ 和阿基米德力（浮力）$\boldsymbol{f}^{\text{Archimedes}}$，可表示为

$$\boldsymbol{f}^{\text{gravity}}=\gamma\boldsymbol{g} \quad (5\text{-}76)$$

$$\boldsymbol{f}^{\text{Archinedes}}=-\gamma\alpha_V\boldsymbol{g}\Delta T \quad (5\text{-}77)$$

式中，g 是重力加速度；α_V 是体胀系数；$\Delta T=(T-T_0)$ 是温度 T 与特征值 T_0 的差。

因此，纳维－斯托克斯方程是非均匀热力场的流体流动方程：

$$\frac{\partial \boldsymbol{v}}{\partial t}+(\boldsymbol{v}\nabla)\boldsymbol{v}=-\frac{1}{\gamma}\nabla p+v\Delta\boldsymbol{v}+\boldsymbol{g}-\alpha_V\boldsymbol{g}\Delta T \quad (5\text{-}78)$$

式（5-78）必须与传热方程一同求解。对流换热方程与式（5-22）的推导是类似的，积分形式方程式（5-16）的计算必须使用方程左侧温度的全部导出项：

$$\int_V \rho c_p\frac{\mathrm{d}T}{\mathrm{d}t}\mathrm{d}V=\oint_S \lambda\,\mathrm{grad}T\mathrm{d}\boldsymbol{S}+\int_V q_{\text{vol}}\mathrm{d}V \quad (5\text{-}79)$$

在这种情况下，对流导出项式（5-66）的计算与式（5-22）类似，它们是

$$\frac{\partial T}{\partial t}+(\boldsymbol{v}\nabla)T=\chi\Delta T+\frac{q_{\text{vol}}}{\gamma c_p} \quad (5\text{-}80)$$

按照与得到热扩散方程无因次形式的相同方式，可以得到式（5-78）和式（5-80）的无因次形式：

$$\frac{\partial \boldsymbol{v}}{\partial t}+(\boldsymbol{v}\nabla)\boldsymbol{v}=-\nabla p+\frac{1}{Re}\Delta\boldsymbol{v}+\frac{\boldsymbol{e}_{\text{g}}}{Fr_{\text{g}}}-\frac{\boldsymbol{e}_{\text{g}}}{Fr_{\text{Archimedes}}} \quad (5\text{-}81)$$

$$\frac{\partial T}{\partial t}+(\boldsymbol{v}\nabla)T=\frac{1}{Pe}\Delta T+Poq_{\text{vol}} \quad (5\text{-}82)$$

式中，$\boldsymbol{e}_{\text{g}}$ 是重力加速度方向上的单位矢量。式（5-82）决定于一个流体是自然对流还是热重力对流。无因次参数是重力的弗劳德数、阿基米德力（浮力）的弗劳德数以及匹克莱脱数，分别表示为

$$Fr_{\text{g}}=\frac{v_0^2}{gl_0} \quad (5\text{-}83)$$

$$Fr_{\text{Archimedes}}=\frac{v_0^2}{gl_0\alpha_V\Delta T} \quad (5\text{-}84)$$

$$Pe=\frac{v_0 l_0}{\chi} \quad (5\text{-}85)$$

弗劳德数可以判定流体重力和惯性力之间的关系。而 $Fr_{\text{Archimedes}}$ 可以判定流体阿基米德力和匹克莱脱惯性力之间的关系。匹克莱脱数显示扩散和对流热交换之间的关系。在传热过程中匹克莱脱数和流体动力学中的雷诺数具有类似的重要意义。

同样的，玻尔兹曼数可以表示为

$$Bo=\frac{\gamma c_{\text{p}}v_0}{\sigma_{\text{SB}}T_0^3} \quad (5\text{-}86)$$

该式确定了对流热交换和热辐射之间的关系。

自然对流问题中用到了两个无因次参数（格拉斯霍夫数和普朗特数）：

$$Gr=\frac{Re^2}{Fr_{\text{Archimedes}}}=\frac{\alpha_V g l_0^3\Delta T}{v^2} \quad (5\text{-}87)$$

$$Pr=\frac{Pe}{Re}=\frac{v}{\chi} \quad (5\text{-}88)$$

格拉斯霍夫数确定了作用在流体上的阿基米德力和黏性力之间的关系。普朗特数确定了动量扩散率（运动黏度）和热扩散率之间的关系。它也可以用来判定流体动力边界层厚度 δ_{HD} 和热边界层厚度 $\delta_{thermal}$ 之间的关系（见图5-45）。

对层流的判定如下：

1）气体：$Pr \approx 1$，$\delta_{HD} \approx \delta_{thermal}$（扩散引起的能量和动量传递是类似的）。

2）液态金属：$Pr << 1$，$\delta_{HD} << \delta_{thermal}$（能量扩散率大大超过了动量扩散率）。

3）油：$Pr >> 1$，$\delta_{HD} >> \delta_{thermal}$（动量扩散率大大超过了能量扩散率）。

5. 电磁场中导电流体的流动

对于电磁场中不可压缩的导电流体流动，纳维－斯托克斯方程式（5-67）中的外部应力 $\boldsymbol{f}^{ext}$ 是由重力 $\boldsymbol{f}^{gravity}$ 和电磁力 $\boldsymbol{f}^{EM}$ 组成的：

$$\boldsymbol{f}^{gravity} = \gamma \boldsymbol{g} \tag{5-89}$$

$$\boldsymbol{f}^{EM} = \boldsymbol{JB} \tag{5-90}$$

式中，$\boldsymbol{J}$ 是电流密度；$\boldsymbol{B}$ 是磁感应强度。

这个电势形成的力表现为一个“开放”系统，即具有开放表面或瞬时流动的系统，就像泵和金属管道一样。

阿基米德力式（5-77），是由温度差确定的，也可以表现为一个“封闭”系统，即没有瞬时流动的系统。对感应熔炉（坩埚式感应炉、沟槽式感应炉、冷坩埚式感应熔炉等）进行正确的建模和流动模式分析来说，判定热对流和电磁对流之间的关系是非常重要的。

式（5-90）中电流密度 J 的最为普遍的表达式为

$$\boldsymbol{J} = \sigma \boldsymbol{E} + \sigma \boldsymbol{vB} \tag{5-91}$$

因此，电磁力可以改写为

$$\boldsymbol{f}^{EM} = \sigma[\boldsymbol{EB} + \boldsymbol{vB} \times \boldsymbol{B}] \tag{5-92}$$

式中，σ 是电磁传导率；$\boldsymbol{E}$ 是电场强度。式（5-91）中的第一项是导电流体中的传导（电极提供的直流电或交流电）和感应（交变磁场引起的交流电）电流。第二项是磁场中导电流体运动引起的感应电流。

对于电磁场中不可压缩传导性流体而言，最为普遍的形式是纳维－斯托克斯方程（5-67）：

$$\frac{\partial \boldsymbol{v}}{\partial t} + (\boldsymbol{v}\nabla)\boldsymbol{v} = -\frac{1}{\gamma}\nabla p + v\Delta \boldsymbol{v} + \boldsymbol{g} + \frac{\sigma}{\gamma}[\boldsymbol{EB} + \boldsymbol{vB} \times \boldsymbol{B}] \tag{5-93}$$

这个麦克斯韦尔方程和纳维－斯托克斯方程式（5-93）的系统被称为磁流体动力（MHD）方程系统。

关于电磁力的一些表达式可以通过使用麦克斯威尔方程和使用电磁场模型得到。

电流密度 $\boldsymbol{J}$ 与电磁强度和旋度的关系可以表示为

$$\boldsymbol{J} = \frac{1}{\mu_0}\mathrm{rot}\boldsymbol{B} \tag{5-94}$$

式中，$\mu_0 = 4\pi \times 10^{-7}$H/m，它是磁导率。

因此，式（5-90）可以写成

$$\boldsymbol{f}^{EM} = -\nabla\frac{B^2}{2\mu_0} + (\boldsymbol{B}\nabla)\boldsymbol{B} \tag{5-95}$$

式中，电磁力可以被划分为势能（左侧项）和涡流（右侧项）两部分。

导电液体在封闭体积中的移动可以通过涡流部分进行估算。

$$rot(\boldsymbol{f}^{EM}) \neq 0 \tag{5-96}$$

势能部分是与电磁压力 p^{EM} 相关的

$$p^{EM} = \frac{B^2}{2\mu_0} \tag{5-97}$$

式（5-93）可以改写为

$$\frac{\partial \boldsymbol{v}}{\partial t} + (\boldsymbol{v}\nabla)\boldsymbol{v} = -\frac{1}{\gamma}\nabla p^{total} + v\Delta \boldsymbol{v} + \boldsymbol{g} + \frac{1}{\gamma}[(\boldsymbol{B}\nabla)\boldsymbol{B}] \tag{5-98}$$

式中，p^{total} 是总压力，是由流体动力学压力 p 和电磁压力 p^{EM} 组成的：

$$p^{total} = p + \frac{B^2}{2\mu_0} \tag{5-99}$$

式（5-95）表明通过流体动力学压力 p 对电磁力的势能部分进行补偿是可能的，但电磁力的涡流部分 $(\boldsymbol{B}\nabla)\boldsymbol{B}$ 始终都是造成导电流体流动的原因，这一点可以通过式（5-98）形式的纳维斯托克斯方程和麦克斯威尔方程一同进行计算。对于包括泵等液态金属运输系统在内的开放系统，电磁压力具有重要影响。

一个在坩埚式感应炉中的自由熔化表面（见图5-41）的实例。使用流体静力学方法进行计算：

$$\begin{aligned} p^{EM} &= \frac{B^2}{2\mu_0} = \gamma g h \\ \frac{B^2}{2\mu_0} &= \gamma g h - \alpha_{surf}\left(\frac{1}{R_1} + \frac{1}{R_2}\right) \end{aligned} \tag{5-100}$$

式中，α_{surf} 是表面张力系数；R_1 和 R_2 是表面曲率半径；h 是液体最大高度和现有表面位置高度之间的差值。

对于准稳态电磁场的电磁力。如果可用交流感应电流 $\underline{\boldsymbol{J}} = \underline{\boldsymbol{J}}_a e^{j\omega t}$ 和磁感应强度 $\underline{\boldsymbol{B}} = \underline{\boldsymbol{B}}_a^* e^{j\omega t}$ 表示，式（5-90）可以改写为

$$\boldsymbol{f}^{EM} = e^{j\omega t}(\underline{\boldsymbol{J}}_a \ \underline{\boldsymbol{B}}_a^*) \tag{5-101}$$

式中，$\underline{\boldsymbol{J}}_a$ 是电流密度的复振幅值；$\underline{\boldsymbol{B}}_a^*$ 是磁感应振幅

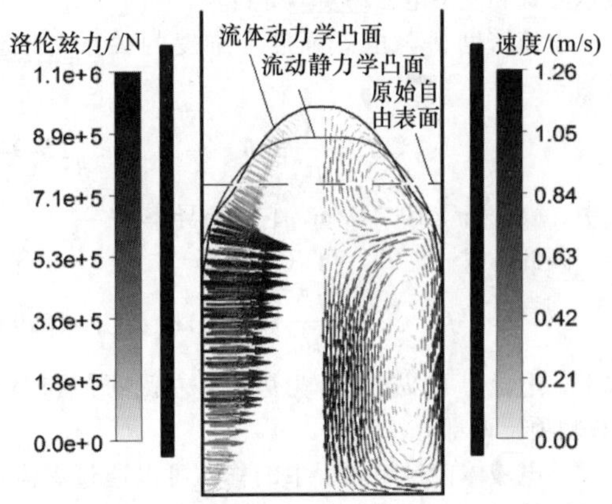

图 5-41 坩埚式感应炉中的电磁力密度和金属液自由表面（利用流体动力方法计算金属液自由液面，并与自由表面准静态形状进行比较）

的复共轭值；ω 是角频率。

图 5-41 和图 5-42 所示为金属液表面附近的电磁力密度和坩埚式感应炉中的金属液流动的形态。

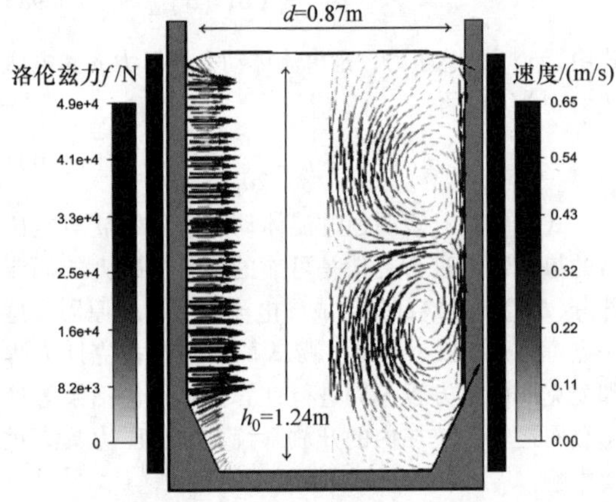

图 5-42 利用电磁力涡流部分计算工业坩埚式感应炉的电磁力密度和熔体流动形态

按照与得到热扩散方程无因次形式的相同方式，可以得到最为常见的电磁场中导电不可压缩流体流动的纳维－斯托克斯方程［式 (5-93)］的无因次形式：

$$\frac{\partial \boldsymbol{v}}{\partial t}+(\boldsymbol{v}\nabla)\boldsymbol{v}=-\nabla p+\frac{1}{Re}\Delta\boldsymbol{v}+\frac{\boldsymbol{e}_{\mathrm{g}}}{Fr_{\mathrm{g}}}+Al[\boldsymbol{EB}+Re_{m}(\boldsymbol{vB})\times\boldsymbol{B}] \tag{5-102}$$

无因次参数是阿尔文数和磁雷诺数，定义如下：

$$Al=\frac{j_0B_0l_0}{\gamma v^2} \tag{5-103}$$

$$Re_{\mathrm{m}}=\frac{v_0l_0}{v_{\mathrm{m}}} \tag{5-104}$$

式中，$v_{\mathrm{m}}=1/\mu_0\sigma$，它是磁性黏度（$\mathrm{m^2/s}$）。阿尔文数表示流体的电磁力和惯性力之间的关系。磁雷诺数则可以进行导电流体流动引起的磁力场与外部磁力场之间的对比。

与流动和磁力场相关的问题可以分开进行考虑（近似相互无感应状态），这时

$$Re_{\mathrm{m}}\ll 1 \tag{5-105}$$

一般来说，麦克斯威尔和纳维－斯托克斯方程的复合解在下列情况中是需要的：

$$Re_{\mathrm{m}}\approx 1 \tag{5-106}$$

但在液态流动几乎平行于磁感应的情况下或电磁场对导电流体的贯穿深度非常小的情况下（即使在 $Re_{\mathrm{m}}\approx1$ 条件下），液态金属在电磁场中的流动而引起的电磁力可以忽略不计。

特征值包括：

B_0——磁感应强度的特征值（即外部的恒定磁力场）；

$E_0=J_0/\sigma$——电场强度的特征值。

电流密度的特征值 J_0 可以通过感应器的线性电流密度 I_{linear} 和交流电磁场在电感材料中的穿透深度 δ_{EM} 得出（$J_0=I_{\mathrm{linear}}/\delta_{\mathrm{EM}}$）。

感应电磁场的重要无因次参数是无因次频率 $\hat{\omega}$，它是与无因次穿透深度 $\hat{\delta}_{\mathrm{EM}}$ 相关的：

$$\hat{\omega}=\mu_0\sigma\omega l_0^2\quad \hat{\delta}_{\mathrm{EM}}=\delta_{\mathrm{EM}}/l_0=\sqrt{2/\hat{\omega}} \tag{5-107}$$

6. 流体动力学的初始条件和边界条件

为了确保流体动力学系统方程的解在任何表达形式下的唯一性，有必要确定选定时间的初始条件以及在需要实现流体动力场分布的物质体积 V 的表面 S 处的边界条件（见图 5-33）。

有必要将选定时间的速度分布确定为流体动力方程的初始条件，其中包含一阶时间导数。

固定形状的流动区域的流体动力边界条件的主要类型定义如下。

边界表面 S 处的流体不可渗透性速度的法向分量：

$$v_n=0 \tag{5-108}$$

黏附于固体壁边界表面 S 处（壁面）速度的切向分量：

$$v_\tau=0\quad 或\quad v_\tau=v_{\tau,\mathrm{wall}} \tag{5-109}$$

边界表面 S 处（自由表面）的自由滑动的切向速度分量：

$$\frac{\partial v_\tau}{\partial n}=0 \tag{5-110}$$

边界条件也可以适用于上部有气体存在的导电流体的自由表面。两个流体（1和2）的接触表面在边界表面 S 的表面张力和它的温度依赖性：

$$v_i^{(1)} = v_i^{(2)} \tag{5-111}$$

$$\left[(p_1 - p_2) - \alpha_{surf}\left(\frac{1}{R_1} + \frac{1}{R_2}\right)\right]n_i = (\tau_{ik}^{(1)} - \tau_{ik}^{(2)})n_k + \frac{\partial \alpha_{surf}}{\partial T}\frac{\partial T}{\partial x_i} \tag{5-112}$$

式中，α_{surf}是表面张力系数；R_1 和 R_2 是表面的曲率半径。

式（5-112）是杨－拉普拉斯方程的广义化形式。表面张力对温度的依赖性是产生内热或马兰古尼对流的原因。被称为马兰古尼数的无因次参数 Mg 用来表征马兰古尼对流特性：

$$Mg = -\frac{\partial \alpha_{surf}}{\partial T}\frac{l_0 \Delta T}{\eta \chi} \tag{5-113}$$

马兰古尼数确定了由于热力场不均匀性而引起的表面张力和作用在流体上的黏性力之间的关系。

表5-5列出了金属液的表面张力系数。

表5-5 金属液的表面张力系数

金属液	熔化温度/K	表面张力系数 α_{surf}/(N/m)
铝	973	0.85
铜	1356	1.35
铁	1813	1.86
钢	1973	1.78

7. 典型流体动力学和磁流体动力学问题的解

（1）圆柱管中的泊松流动　对于不可压缩黏性液体的稳定层流流动而言，速度的轴向分量 v_z（平行于无限圆柱管的轴线）是半径 r 的一个函数：

$$v_z(r) = \frac{\Delta p}{4l\eta}(R^2 - r^2) \tag{5-114}$$

式中，R 是管道半径；l 是管道长度；$\Delta p = (p_{inlet} - p_{outlet})$是指 R 在管道入口和出口之间且长度为 l 上的压力降。式(5-114)说明圆柱管的速度分布是呈抛物线形的泊松流动。

质量流动速率(流量强度)Q_{flow}和管道的阻力系数 λ_{resist} 由下式确定：

$$Q_{flow} = \frac{\pi \Delta p}{8lv}R^4 \quad \lambda_{resist} = 64/Re \tag{5-115}$$

式中，Re 和管道中的平均速度 $v_{average}$ 可表示为

$$Re = 2Rv_{average}/v \quad v_{average} = Q_{flow}/\gamma\pi R^2 \tag{5-116}$$

若$\boldsymbol{v} \approx 10^{-6}\text{m}^2/\text{s}$，$R = 0.1\text{m}$，$\boldsymbol{v}_{average} \approx 0.01\text{m/s}$，则流体流动的雷诺数 $Re \approx Re_{critical}$（Re 的临界值）。

由于一般情况下 Re 都会超过临界值，因此式（5-115)在工业磁流体动力装置中的应用是有限的。

图5-43所示为各种不同横截面积的管道中附加（二次）涡流的生成情况。

（2）哈特曼流动　对于一个稳定的传导性不可压缩黏性流体的层流，两无限水平面磁感应强度为 B_0 的恒定切向外磁场见图5-44。

在 X 轴方向上的速度分量 v_x 和 Ha 在垂直坐标方向 z 的一个函数，可表示为

$$v_x = v_0 \frac{\text{ch}Ha - \text{ch}Ha\dfrac{z}{a}}{\text{ch}Ha - 1} \tag{5-117}$$

式中，Ha 是哈特曼数，它说明了黏性力和电磁力之间的关系。哈特曼数可表示为

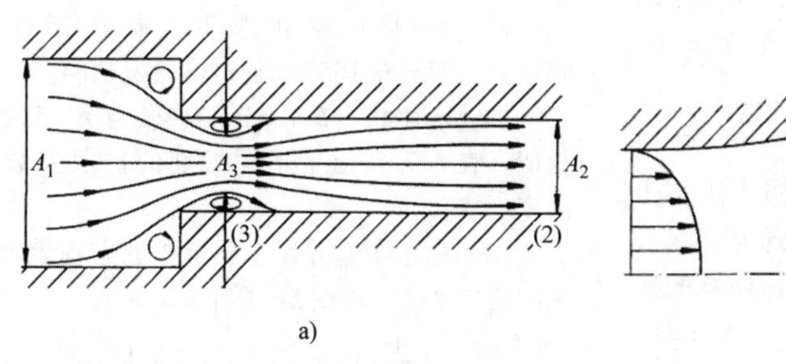

a)

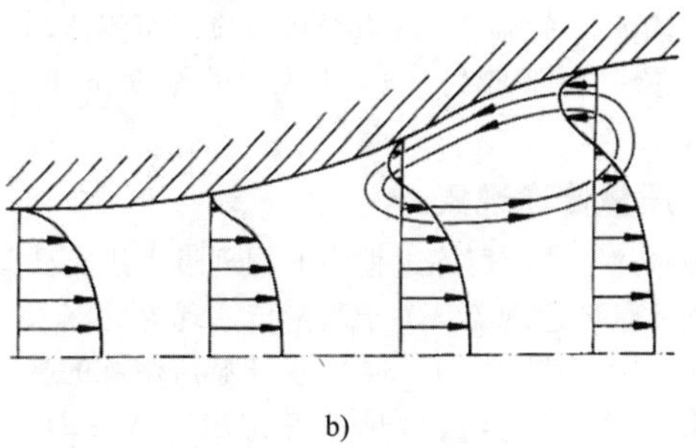
b)

图5-43　各种不同横截面积的管道中附加（二次）涡流的生成情况
a）台阶变化的截面　b）平滑变化的截面

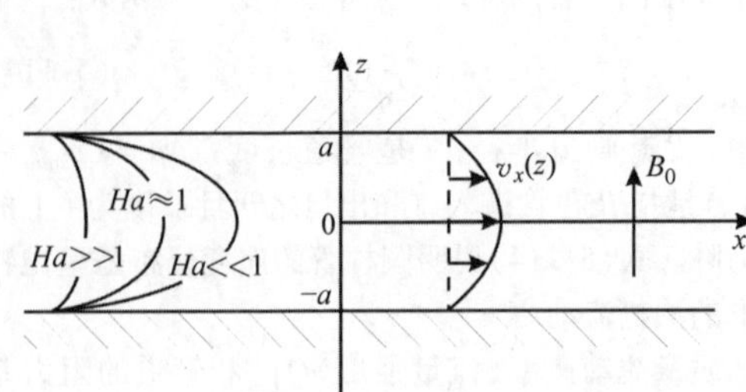

图 5-44 两个无限平面之间的哈特曼流动

$$Ha = B_0 a \sqrt{\frac{\sigma}{\eta}} \quad (5\text{-}118)$$

如果数值较小（$Ha << 1$），速度分布曲线是抛物线形的（见图 5-44），根据这种情况对于泊松流的解为

$$v = v_0\left(1 - \frac{z^2}{a^2}\right) \quad v_{avg} = \frac{a^2}{3\eta} \cdot \frac{\Delta p}{l} \quad (5\text{-}119)$$

如果数值较大（$Ha >> 1$），速度分布曲线是平面形的（见图 5-44），可表示为

$$v = v_0\left[1 - \exp\left(-a + Ha\frac{|z|}{a}\right)\right]$$

$$v_{avg} = \frac{a^2}{\eta Ha} \cdot \frac{\Delta p}{l} \quad (5\text{-}120)$$

式中，l 是长度。

感应磁场强度 B_x 由下式确定：

$$B_x = -\frac{B_0 Re_m}{Ha} \cdot \frac{\frac{z}{a}\text{sh}Ha - \text{sh}Ha\frac{z}{a}}{\text{ch}Ha - 1} \quad (5\text{-}121)$$

在这种情况下，确定了感应磁力场和外部磁力场之间关系的磁雷诺数 Re_m 可表示为

$$Re_m = \frac{v_0 a}{v_m} \quad (5\text{-}122)$$

对于 $Re_m >> 1$ 而言，磁力场在理想情况下是通过流动传输的，称为冻结磁力线场效应，而流体动力学哈特曼层在平壁处（$z = |a|$）的厚度很小，$\delta_{Ha} << a$。

5.2.3 质量传递现象

本节描述了感应熔炼过程中的物理过程进行建模的基本质量传递现象。关于质量传递现象的深入讨论可见参考文献［2、4、34］，关于感应熔炼的基本方程和数值研究方法可见参考文献［19－21、23－26］。

金属液中的颗粒来源包括加入的合金添加剂以及因为陶瓷内衬腐蚀而渗入金属液的杂质。表 5-6 列出了几种合金元素和氧化物的密度。

表 5-6 几种合金元素和氧化物的密度

类型		密度/(g/m^3)(lb/in^3)
合金元素	镍	8.91 (0.322)
	锰	7.21 (0.260)
	铬	7.19 (0.259)
	钒	6.00 (0.217)
	硅	2.33 (0.084)
	硼	2.08 (0.075)
氧化物	氧化镁 (MgO)	3.58 (0.129)
	二氧化硅 (SiO_2)	2.65 (0.096)
	氧化铝 (Al_2O_3)	4.03 (0.146)
	二氧化锰 (MnO_2)	5.03 (0.182)

进行质量传递建模的两种粒子（类似于热交换）跟踪方法是欧拉方法和拉格朗日方法。

1. 质量传递方程

质量扩散的物理机制是金属液中颗粒从高浓度区域向低浓度区域的随机移动，即扩散是靠浓度梯度驱动物质传递的。浓度在空间分布中的时间相关性可以根据扩散方程得出。

使用扩散方程描述质量传递属于对金属液中的分散颗粒进行数学处理的欧拉方法。颗粒特性被视为连续相，金属液中的颗粒浓度被视为一个场。因此，质量传递的欧拉描述与之前描述的热扩散类似。

（1）物质扩散定律 扩散定律（微分方程形式）表明按照时间单位的局部表面扩散通量密度 $J_{diffusion}$ 与负局部浓度梯度呈正比：

$$J_{diffusion} = -D\text{grad}c \quad (5\text{-}123)$$

式中，比例系数 D 是扩散系数或称为扩撒率。

式（5-123）被称为菲克扩散定律，是由阿道夫·菲克在 1855 年通过试验发现的。

扩散定律式（5-123）与热传导定律式（5-4）相似。表 5-7 列出了不同熔剂的扩散系数和熔融温度。

（2）质量传递方程 质量扩散方程表示控制体积的质量平衡，如图 5-33 所示。

$$\int_V \frac{\text{d}c}{\text{d}t}\text{d}V = \oint_S D\text{grad}c\text{d}\boldsymbol{S} + \int_V J_{vol}\text{d}V \quad (5\text{-}124)$$

式中，$\text{d}\boldsymbol{S} = \boldsymbol{n}\text{d}S$ 是控制体积的单元表面积；$\boldsymbol{n}$ 是外法线；J_{vol} 是物质的体积密度。浓度的全导数位于方程的左侧，因为它把对流传质也考虑在内。

表5-7 不同熔剂的扩散系数和熔融温度

熔剂		熔融温度/K	扩散系数/($10^9 m^2/s$)
铝熔剂	铁	973	1.40
	铁	1273	20.00
	镍	980	3.86
	镍	1320	8.92
	锌	973	6.20
	锌	1073	14.00
	镁	973	7.54
	镁	1073	6.40
	铜	973	7.20
	铜	1300	11.61
铁熔剂	镁	1823	0.55
	碳	1833	0.32
	氮	1873	4.41
	氧	1888	4.2×10^2
	镍	1473（固态）	0.22×10^{-5}
	镍	1673（固态）	4.80×10^{-5}

为了解释式（5-124），应该考虑任意控制体积在单位时间内的扩散通量场，如图5-23所示。方程左侧代表控制体积V物质积分在单位时间内的变化，方程右侧的两项分别是横穿控制体积的表面S和物质来源体积的扩散通量积分。

在考虑对流导数的定义式（5-66）之后，式（5-124）还可以被改写成微分形式：

$$\frac{\partial c}{\partial t}+(\boldsymbol{v}\nabla)c=\mathrm{div}(D\mathrm{grad}c)+J_{\mathrm{vol}} \tag{5-125}$$

或者，在扩散系数恒定的情况下$D\approx$常数。

$$\frac{\partial c}{\partial t}+(\boldsymbol{v}\nabla)c=D\Delta c+J_{\mathrm{vol}} \tag{5-126}$$

在考虑了对流质量传递和热传递之后，式（5-126）类似于式（5-80）热扩散。

（3）特殊情况下的质量传递方程　无对流物质扩散方程为

$$\frac{\partial c}{\partial t}=\mathrm{div}(D\mathrm{grad}c)+J_{\mathrm{vol}} \tag{5-127}$$

式（5-127）中恒定扩散系数D的浓度场为

$$\frac{\partial c}{\partial t}=D\Delta c+J_{\mathrm{vol}} \tag{5-128}$$

稳定状态下的浓度场，式（5-128）变成泊松方程：

$$\Delta c=-J_{\mathrm{vol}} \tag{5-129}$$

没有单位体积物质来源时，即$J_{\mathrm{vol}}=0$式（5-129）变为拉普拉斯方程：

$$\Delta c=0 \tag{5-130}$$

物质和热扩散的相应方程的特殊情况之间存在类似。

（4）质量传递方程的无因次形式　为了要以无因次形式改写成有因次的方程，需要为所有可用于上述问题的物理变量选定特征值。特征值设定如下：

c_0——浓度；

t_0——时间；

l_0——长度；

v_0——速度；

$J_{\mathrm{vol},0}$——原始体积密度。

一般情况下的质量传递式（5-125），也需要为物质扩散系数D_0选定特征值。对于D为常数的扩散方程的无因次形式为

$$\frac{\partial c}{\partial t}=Fo_{\mathrm{m}}\Delta c+Po_{\mathrm{m}}J_{\mathrm{vol}} \tag{5-131}$$

对于D为常数的质量传递方程的无因次形式为

$$\frac{\partial c}{\partial t}+(\boldsymbol{v}\nabla)c=\frac{1}{Pe_{\mathrm{m}}}\Delta c+Po_{\mathrm{m}}J_{\mathrm{vol}} \tag{5-132}$$

无因次参数为质量传递傅里叶数、质量传递波梅兰采夫数和质量传递贝克兰数，可分别定义为

$$Fo_{\mathrm{m}}=\frac{Dt_0}{l_0^2} \tag{5-133}$$

$$Po_{\mathrm{m}}=\frac{J_{\mathrm{vol},0}t_0}{c_0} \tag{5-134}$$

$$Pe_{\mathrm{m}}=\frac{v_0l_0}{D} \tag{5-135}$$

质量传递傅里叶数是指物质扩散速率和物质储存速率之间的比值。如果$t_0=l_0^2/D$被选定为特征值，则$Fo_{\mathrm{m}}=1$。

质量传递波梅兰采夫数是指由于物质来源引起的浓度场变化和物质储存速率之间的比值。

贝克兰数是指质量对流交换和扩散交换之间的关系。Pe_{m}对热传递贝克兰数Pe的重要性类似于雷诺数Re在流体动力学中的重要性。

（5）浓度边界层　其他两个无因次参数（施密特数和刘易斯数）也被用来判定各边界层厚度之间的关系：

$$Sc=\frac{Pe_{\mathrm{m}}}{Re}=\frac{v}{D} \tag{5-136}$$

$$Le=\frac{Pe_{\mathrm{m}}}{Pe}=\frac{\chi}{D} \tag{5-137}$$

施密特数显示了动量扩散率（运动黏度）和物质扩散率之间的关系。与普朗特数类似，施密特数

也被用来评估流体动力学层流边界层厚度 δ_{HD}（见图 5-45a）与浓度层流边界层厚度 δ_{conc}（见图 5-45c）之间的关系。刘易斯数显示了热扩散率和物质扩散率之间的关系。刘易斯数也被用来评估热力层流边界层厚度 $\delta_{thermal}$（见图 5-45b）与浓度层流边界层厚度 δ_{conc}（见图 5-45c）之间的关系。

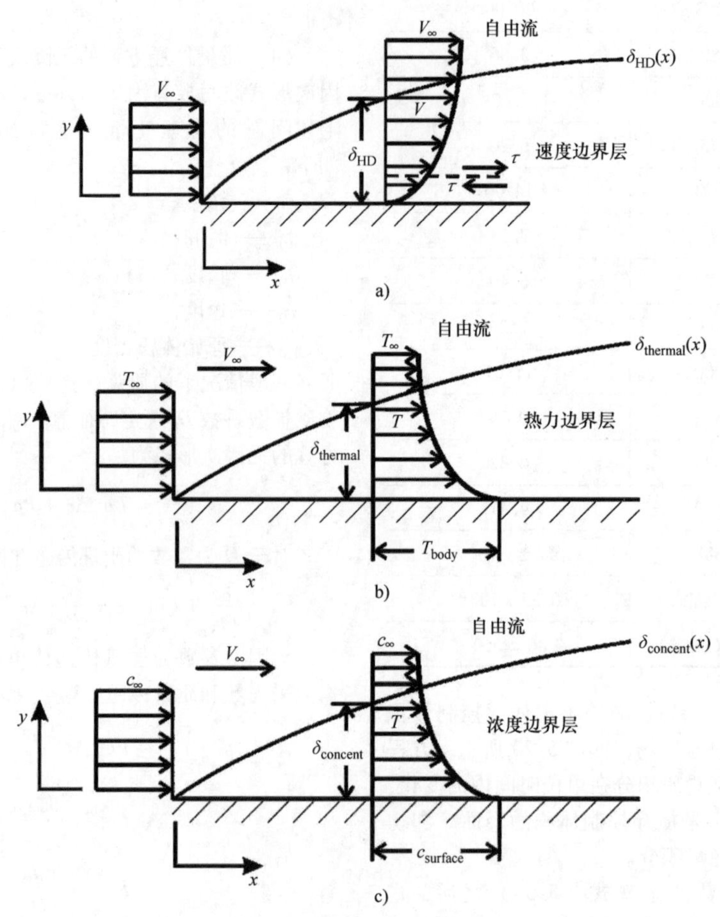

图 5-45 层流边界层

a）流体动力学层流边界层 b）热力层流边界层 c）浓度层流边界层

（6）浓度场的初始条件和边界条件 物质对流和扩散方程［式（5-126）和式（5-128）］的解的唯一性，可以通过确定选定时刻的初始条件（见图 5-33）和要求实现浓度场分布的控制体积表面处的边界条件而得到保证。

为了确定含有一阶时间导数的物质扩散方程的初始条件，有必要确定体积 V 的所有点处的初始浓度分布。

浓度边界条件的主要类型包括：

在第一类或狄利克雷类边界条件下的边界表面处的浓度分布可表示为

$$c = c_{surf} \tag{5-138}$$

在第二类或诺伊曼类边界条件的边界表面处的物质通量分布可表示为

$$-D\frac{\partial c}{\partial n} = J_{surf} \tag{5-139}$$

在不具渗透性的物质表面 $J_{surf}=0$ 的特殊情况下，式（5-139）可以改写成

$$\frac{\partial c}{\partial n} = 0 \tag{5-140}$$

表面的对流质量传递：

在第三类或罗宾类边界条件下，边界表面处的物质通量分布为

$$-D\frac{\partial c}{\partial n} = \alpha_m(c - c_\infty) \tag{5-141}$$

式中，α_m 是对流质量传递系数。式（5-141）的无因子形式可表示为

$$-\frac{\partial c}{\partial n}=Sh(c-c_{\infty}) \tag{5-142}$$

无因子参数舍伍德数为

$$Sh=\frac{\alpha_m l_0}{D} \tag{5-143}$$

式中，Sh 通常称为传质努塞尔数，即 $Nu_m=Sh$。

2. 粒子追踪拉格朗日方法

在拉格朗日方法中，分散相的分布称为粒子云。每个云的粒子被描述为一个单一的点，借助于它自身的速度运动。关于粒子性质的假设，包括：

1）它们是刚性球体。

2）它们不影响金属液流动的结构和速度。

3）粒子对粒子的相互作用可以忽略不计。

每个粒子的运动是在拉格朗日参考框架中决定于力平衡总和的：

$$\frac{dv_p}{dt}=\boldsymbol{f}_{drag}+\boldsymbol{f}_{buoyancy}+\boldsymbol{f}_{lift}+\boldsymbol{f}_p^{EM} \tag{5-144}$$

式中，v_p 是粒子速度。在式（5-144）的右边，可用几种方法来确定力密度（单位质量的力）。由于金属液黏度作用在粒子上产生的阻力为

$$\boldsymbol{f}_{drag}=\frac{18\eta}{\gamma_p d_p^2}\frac{C_D Re_p}{24}(\boldsymbol{v}-\boldsymbol{v}_p) \tag{5-145}$$

式中，C_D是一个光滑球形颗粒的阻力系数，可以给定为

$$C_D=\frac{24}{Re_p}(1+0.15Re_p^{0.687}) \tag{5-146}$$

式中，Re_p是粒子的雷诺数，可表示为

$$Re_p=\frac{\gamma d_p|\Delta\boldsymbol{v}|}{\eta} \tag{5-147}$$

γ 和 v 分别是金属液的密度和速度；γ_p 和 d_p 分别是粒子的密度和直径。

$$\Delta\boldsymbol{v}=\boldsymbol{v}-\boldsymbol{v}_p \tag{5-148}$$

作用在粒子上的阿基米德力（浮力）是由于粒子密度和金属液密度之间的差异而产生的。

$$\boldsymbol{f}_{buoyancy}=\boldsymbol{g}\frac{\gamma-\gamma_p}{\gamma_p} \tag{5-149}$$

由于金属液周围流动的粒子作用在粒子上产生的上升力为

$$f_{lift}=\frac{\gamma}{\gamma_p}C_L\Delta\boldsymbol{v}(\nabla\Delta\boldsymbol{v}) \tag{5-150}$$

对于高粒子雷诺数的升力系数可以给定为

$$C_L=\frac{1+16/Re_p}{2\times(1+29/Re_p)} \tag{5-151}$$

由体积电磁力作用在粒子上产生金属液中的电磁力，可表示为

$$\boldsymbol{f}_p^{EM}=-\frac{3}{2}\frac{\sigma-\sigma_p}{22\sigma+\sigma_p}\boldsymbol{f}^{EM}V_p \tag{5-152}$$

式中，σ_p和 V_p分别是粒子的电导率和体积；f^{EM}是粒子坐标点上的电磁力密度。

对于非导电粒子 $\sigma_p=0$，作用在每个粒子上的电磁力是最大的，它与作用于金属液上的电磁力方向相反：

$$\boldsymbol{f}_p^{EM}=-\frac{3}{4}\boldsymbol{f}^{EM}V_p \tag{5-153}$$

这是一个适用于轻量级粒子的力的系统。坩埚式感应炉壁附近熔体密度小于粒子密度的作用力系统如图5-46所示。

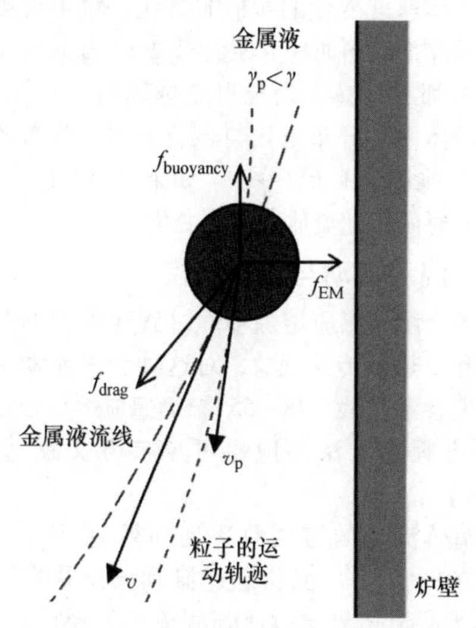

图5-46 坩埚式感应炉壁附近熔体密度小于粒子密度的作用力系统

附加质量力和加速度，因为金属液是湍流而不是斯托克斯流动，可以利用式（5-144）通过考虑额外的质量力（在左侧）和额外的加速度（在右侧）来修正：

$$\left(1+\frac{C_A}{2}\frac{\gamma}{\gamma_p}\right)\frac{d\boldsymbol{v}_p}{dt}=\boldsymbol{f}_{drag}+\boldsymbol{f}_{buoyancy}+\boldsymbol{f}_{lift}+\boldsymbol{f}_p^{EM}+\left(1+\frac{C_A}{2}\frac{\gamma}{\gamma_p}\right)\frac{D\boldsymbol{v}}{Dt} \tag{5-154}$$

式（5-154）给出了加速度系数：

$$C_A=2.1-\frac{0.132}{0.12+A_{accel}^2} \tag{5-155}$$

加速度参数：

$$A_{accel}=\frac{(\Delta\boldsymbol{v})^2}{d_p}\left(\frac{d|\Delta\boldsymbol{v}|}{dt}\right)^{-1} \tag{5-156}$$

随着材料金属液生成拉格朗日的速度$\boldsymbol{v}$，这是一个粒子的运动路径速度$\boldsymbol{v}_p$：

$$\frac{D\boldsymbol{v}}{Dt}=\frac{\partial\boldsymbol{v}}{\partial t}+(\boldsymbol{v}_p\nabla)\boldsymbol{v} \tag{5-157}$$

比较式（5-157）和式（5-66）是一个粒子运动全导数的特征无量纲参数，称为斯托克斯数。可表示为

$$St = \frac{\gamma_p d_p^2 v_0}{18\eta l_0} \tag{5-158}$$

它也可以使用粒子流体响应时间 τ_p 和消散时间 τ_K 判定，见式（5-183），是基于翻转时间柯尔莫哥罗夫涡流路径的 λ_K［见式（5-182）］：

$$St = \tau_p / \tau_K \tag{5-159}$$

如果 $St \ll 1$，粒子和流体的速度几乎相等，即粒子对流体速度变化的响应非常快，粒子可以被视为流体示踪剂。当斯托克斯数超过1，流场中的粒子变得没有那么敏感，表现得更像随机运动，因此，粒子在流体中的分布更均匀。最不均匀分布的结果是，当 St 接近于1（$St \to 1$）。如果 $St \gg 1$，颗粒基本上没有时间跟随流体速度的变化。

5.2.4 湍流流动与热质交换

本节介绍了感应熔炼物理过程建模中的基本湍流流动和传热及传质现象，对这种湍流流动更深入的讨论见参考文献［48－55］，而感应熔炼数值研究中基本方程和方法的应用可见参考文献［6-22、29－31］。

当流体流动的雷诺数达到临界值 $Re_{critical}$［见式（5-74）］时，层流状态过渡到湍流状态。图5-47所示为层流边界层过渡到湍流边界层的示意图。湍流边界层的结构由层流子层、缓冲层和紊流区组成，其黏性力不足以防止流体流动旋涡的形成和进一步发展。

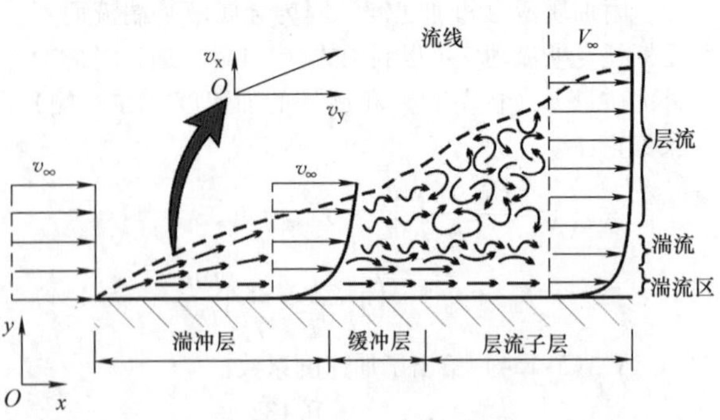

图5-47 层流边界层过渡到湍流边界层的示意图

1. RANS（雷诺平均纳维－斯托克斯方程）湍流热和热质交换方程

一种用于金属液湍流数值计算的数学模型是基于雷诺平均纳维－斯托克斯方程。这些是流体流动的时间－平均方程，是从纳维－斯托克斯方程式（5-65）推导出的RANS方程，所有变量都表示为时间－平均变量（见图5-48）$\overline{X}$和湍流脉动的 X' 的总和：

$$X = \overline{X} + X' \tag{5-160}$$

变量 X 的时间－平均值$\overline{X}$可表示为

$$\overline{X} = \lim_{T\to\infty}\left(\frac{1}{T}\int_{t_0}^{t_0+T} X\mathrm{d}t\right) \tag{5-161}$$

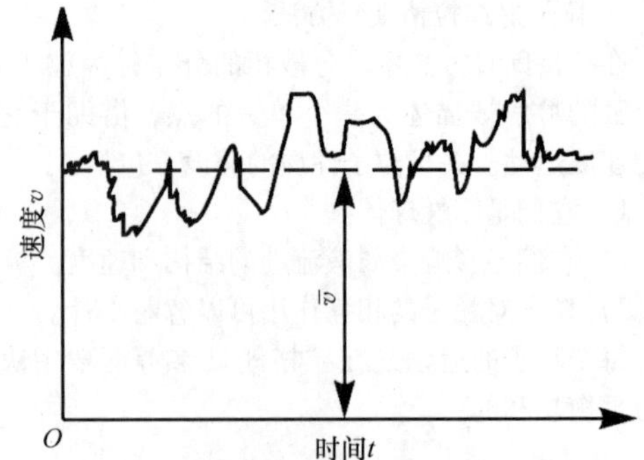

图5-48 流体流速的瞬时速度和时间以及平均速度的函数关系

对于不可压缩牛顿流的非定常流动，RANS方程可写为

$$\gamma\frac{\partial \overline{v}_i}{\partial t} + \gamma\frac{\partial \overline{v}_j\overline{v}_i}{\partial x_j} = \frac{\partial}{\partial x_j}\left[-\overline{p}\delta_{ij} + \eta\left(\frac{\partial \overline{v}_i}{\partial x_j} + \frac{\partial \overline{v}_j}{\partial x_i}\right) - \gamma\overline{v'_i v'_j}\right] + \overline{f}_i^{\text{ext}} \tag{5-162}$$

式中，$\overline{p}$是时间平均压力；$\overline{v}_i$ 和$\overline{f}_i$ 分别是时间平均流速和外力分量；v'_i是脉动速度；而 $\gamma\overline{v'_i v'_j}$是湍流雷诺张量，是由速度场脉动引起的应力。

张量形式的热传导方程式（5-79），由速度的全微分式（5-66）和普朗特数式（5-88）计算而得，可表示为

$$\frac{\partial T}{\partial t} + \frac{\partial v_i T}{\partial x_i} = \frac{\partial}{\partial x_i}\left(\frac{v}{Pr}\frac{\partial T}{\partial x_i}\right) + \frac{1}{c_p\gamma}q_{\text{vol}} \tag{5-163}$$

随着时间平均的热传递式（5-163）可变为

$$\frac{\partial \overline{T}}{\partial t} + \frac{\partial \overline{v}_i\overline{T}}{\partial x_i} = \frac{\partial}{\partial x_i}\left(\frac{v}{Pr}\frac{\partial \overline{T}}{\partial x_i} - \overline{v'_i T'}\right) + \frac{1}{c_p\gamma}\overline{q}_{\text{vol}} \tag{5-164}$$

式中，$\overline{T}$是单位时间内的平均温度；$\overline{q}_{\text{vol}}$ 是热源功率的体积密度；T'是温度脉动。

$c_p\gamma\overline{v'_i T'}$是由速度脉动和温度场引起的湍流热通量的矢量。

张量形式的质量传递方程见式（5-125），考虑到总生成速度式（5-66）和施密特数式（5-136），可计算得

$$\frac{\partial c}{\partial t} + \frac{\partial v_i c}{\partial x_i} = \frac{\partial}{\partial x_i}\left(\frac{v}{Sc}\frac{\partial c}{\partial x_i}\right) + J_{\text{vol}} \tag{5-165}$$

随着时间－平均质量传递方程式（5-165）可变成为

$$\frac{\partial \bar{c}}{\partial t}+\frac{\partial \bar{v}_i \bar{c}}{\partial x_i}=\frac{\partial}{\partial x_i}\left(\frac{v}{Sc}\frac{\partial \bar{c}}{\partial x_i}-\overline{v_i'c'}\right)+\bar{J}_{\mathrm{vol}} \tag{5-166}$$

式中，$\bar{c}$是时间平均浓度；$\bar{J}_{\mathrm{vol}}$是物质源的体积密度；c'是湍流的浓度脉动；$\overline{v_i'c'}$是物质流引起的湍流脉动速度场和浓度场。

2. 封闭的湍流、热量和质量交换方程

（1）湍流应力张量的波希尼斯克假设　对于封闭 RANS 方程式（5-162），根据波希尼斯克涡流黏度假设，由于速度场脉动引起的湍流（雷诺）应力为

$$\gamma\,\overline{v_i'v_j'}=-\eta_t\left(\frac{\partial \bar{v}_i}{\partial x_j}+\frac{\partial \bar{v}_j}{\partial x_i}\right)+\frac{2}{3}\gamma k\delta_{ij} \tag{5-167}$$

式中，η_t是湍流或涡流黏度；k 是湍流动能。因此式（5-162）可以改写为

$$\gamma\frac{\partial \bar{v}_i}{\partial t}+\gamma\frac{\partial \bar{v}_j\bar{v}_i}{\partial x_j}=\frac{\partial}{\partial x_j}\left[-\bar{p}\delta_{ij}+(\eta+\eta_t)\left(\frac{\partial \bar{v}_i}{\partial x_j}+\frac{\partial \bar{v}_j}{\partial x_i}\right)-\frac{2}{3}\gamma k\delta_{ij}\right]+\bar{f}_i^{\mathrm{ext}} \tag{5-168}$$

（2）湍流传热和传质矢量的雷诺模拟　雷诺类比法用于封闭的时间平均的热传递方程式（5-164），利用湍流导热率 λ_t对湍流热通量矢量进行了数值模拟。

$$c_p\rho\,\overline{v_i'T'}=-\lambda_t\frac{\partial \bar{T}}{\partial x_i} \tag{5-169}$$

$$\overline{v_i'T'}=-\frac{v_t}{Pr_t}\frac{\partial \bar{T}}{\partial x_i} \tag{5-170}$$

式中，$v_t=\eta_t/\gamma$ 是动态湍流黏度；$Pr_t=v_t/\chi_t$ 是湍流普朗特数；$\chi_t=\lambda_t/(\gamma c_p)$是湍流热扩散系数。因此，式（5-164）可以改写为

$$\frac{\partial \bar{T}}{\partial t}+\frac{\partial \bar{v}_i\bar{T}}{\partial x_i}=\frac{\partial}{\partial x_i}\left[\left(\frac{v}{Pr}+\frac{v_t}{Pr_t}\right)\frac{\partial \bar{T}}{\partial x_i}\right]+\frac{1}{c_p\gamma}\bar{q}_{\mathrm{vol}} \tag{5-171}$$

雷诺类比法是用于封闭的时间－平均传质方程式（5-166），利用湍流扩散 D_t对湍流物质通量矢量进行了建模：

$$\overline{v_i'c'}=-D_t\frac{\partial \bar{c}}{\partial x_i} \tag{5-172}$$

$\overline{v_i'c'}$也可以写为

$$\overline{v_i'c'}=\frac{v_t}{Sc_t}\frac{\partial \bar{c}}{\partial x_i} \tag{5-173}$$

式中，$Sc_t=v_t/D_t$ 是湍流施密特数，D_t是湍流的物质扩散。

因此，式（5-166）可以重写为

$$\frac{\partial \bar{c}}{\partial t}+\frac{\partial \bar{v}_i\bar{c}}{\partial x_i}=\frac{\partial}{\partial x_i}\left[\left(\frac{v}{Sc}+\frac{v_t}{Sc_t}\right)\frac{\partial \bar{c}}{\partial x_i}\right]+\bar{J}_{\mathrm{vol}} \tag{5-174}$$

3. 湍流流动的计算模型

不同湍流模型是用于确定 η_t、Pr_t、k 和 Sc_t的数值模型。

（1）双参数模型　这种模型（基于各向同性湍流的假设）是对流体流动的湍流特性半经验模型的开发：$k-\omega$，这里的 ω 是特效耗散率；$k-\varepsilon$，这里的 ε 是湍流耗散率；$k-\omega SST$（SST 是传输剪切应力）。

在这种情况下，引入湍流特性值的传输方程的叠加是必要的。

大涡流模拟（LES）是对于各向异性湍流的模型，在该模型中可直接计算大规模湍流漩涡和进行小漩涡经验模型的开发。

（2）直接数值模拟（DNS）　湍流问题的解，要使用非常大的计算资源，可能需要使用亿亿位级的超级计算机。

湍流的 LES 模型是广泛应用于解决工程问题的标准方法，这里提出了几种湍流模型。

（3）几种湍流特性的定性评估　大小相应尺度的漩涡，包含了相互不同强度和尺寸漩涡的湍流。图 5-49 所示为大尺度和小尺度的涡流漩涡。

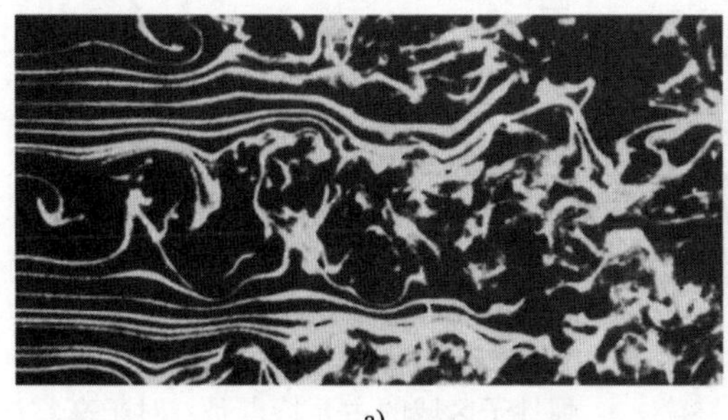

a)

b)

图 5-49　大尺度和小尺度的涡流漩涡

a）筛分后的层流向湍流的过渡　b）平面附近的湍流边界层和远离平面的层流

对于大型漩涡，其空间尺度（根据含有大漩涡能量的湍流）是完整的尺寸 L，这是对应于流体流动的湍流动能，与其最大值的特征长度有关：

$$L \approx \frac{k^{3/2}}{\varepsilon} \tag{5-175}$$

湍流动能可给定为

$$k = \frac{1}{2}\overline{v_{ii}'^{2}} \tag{5-176}$$

单位质量的湍流动能耗散率为

$$\varepsilon = 2v\,\overline{S_{ij}'S_{ij}'} \tag{5-177}$$

由于速度脉动，式（5-177）产生变形的应变率为

$$S_{ij}' = \frac{1}{2}\left(\frac{\partial v_i'}{\partial x_j} + \frac{\partial v_j'}{\partial x_i}\right) \tag{5-178}$$

式中，v'是速度 v 的变量。

对于大型漩涡由完整尺度来确定，对于开放流由漩涡边界条件的空间度来确定，对于封闭流由漩涡的特征尺寸来确定。对应于大型漩涡的时间尺度可以由式（5-179）确定。

$$\tau_L \approx \frac{L}{\sqrt{\overline{v'^2}}} = \frac{L}{k^{1/2}} \tag{5-179}$$

耗散率 ε 由式（5-180）确定：

$$\varepsilon \approx \frac{\overline{v'^3}}{L} \tag{5-180}$$

脉动雷诺数由式（5-181）确定：

$$Re' = \frac{v'L}{v} \tag{5-181}$$

对于小漩涡，耗散过程的空间尺度可以使用柯尔莫哥洛夫微尺度分子黏度耗散来确定：

$$\lambda_K = \left(\frac{\nu^3}{\varepsilon}\right)^{1/4} \tag{5-182}$$

式中，ν 是流体运动黏度。时间尺度由式（5-183）确定：

$$\tau_K = \left(\frac{\nu}{\varepsilon}\right)^{1/2} \tag{5-183}$$

而湍流速度尺度为

$$v_K \approx (\nu\varepsilon)^{1/4} \tag{5-184}$$

能以相似的方式导出。

（4）能谱能量特征值 k 和 ε　可以由湍流能量密度谱 $E(k_w)$ 表示：

$$k = \int_0^\infty E(k_w)\,\mathrm{d}k_w \quad \varepsilon = 2\nu\int_0^\infty k_w^2 E(k_w)\,\mathrm{d}k_w \tag{5-185}$$

波数 k_w 可以由式（5-186）给定：

$$k_w = \frac{\omega_w}{v_{\text{avg}}} \tag{5-186}$$

式中，$\omega_w = 2\pi f_w$ 是角频率；v_{avg} 是平均速度。

能谱可以通过快速傅里叶变换（FFT）导出的瞬时速度场算法。高雷诺湍流能谱如图 5-50 所示。光谱分为三个区域：长波子区域、耗散子区域和惯性子区域。

长波子区域，就是大尺度湍流区，它的主要特征是：

1）大漩涡积累了主要部分（80%～90%）的流动能量，这个区域也被称为一个含能漩涡区。

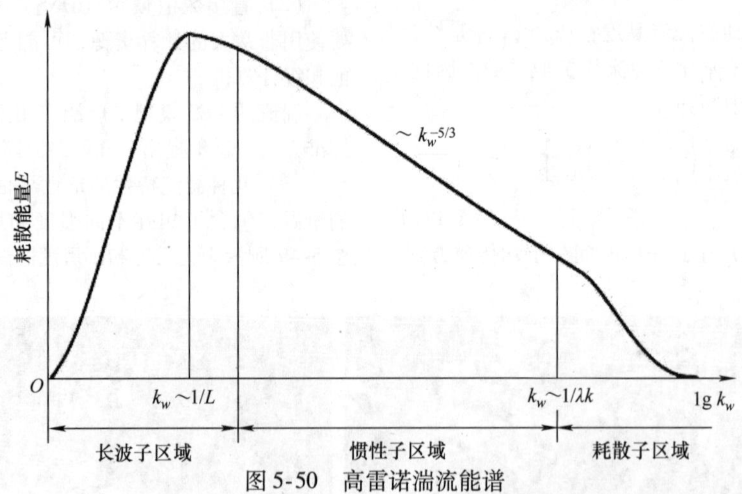

图 5-50　高雷诺湍流能谱

2）脉动是各向异性的。

3）主要由惯性力决定的流动机制。

4）黏性力较小，在大多数流动中是被忽略的。

湍流耗散区（耗散子区域）的主要特征是：

1）在小漩涡区，湍流动能耗散是由于分子的黏性引起的，这个区域也被称为耗散漩涡区。

2）在小漩涡区积累的流动能量很少。

3）脉动是各向同性的。

惯性子区域的主要特点是：对于高雷诺数的湍流惯性子区域，均匀和各向同性作为一项规则，因为它是由柯尔莫哥洛夫 - 奥布霍夫定律所描述的。湍流能量的转换是局部的，这是一个从大漩涡区向

小漩涡区叠加能量的转换机制（见图5-51）。

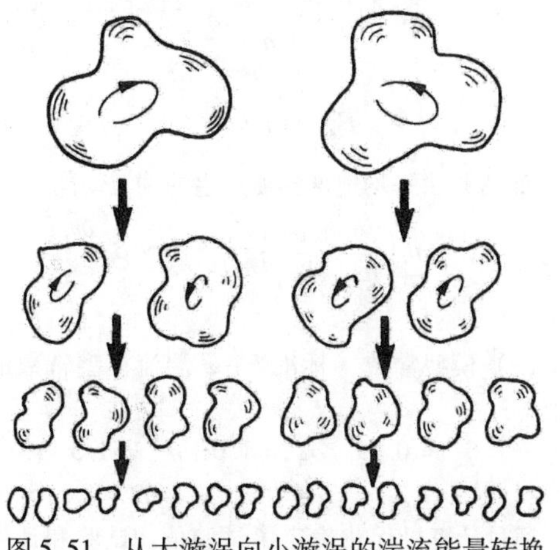

图5-51 从大漩涡向小漩涡的湍流能量转换

$$E(k_w)=C_K\varepsilon^{2/3}k_w^{-5/3}\quad E(k_w)\approx k_w^{-5/3}\tag{5-187}$$

式中，柯尔莫哥洛夫常数 $C_K=1.4\sim1.5$。

能谱和湍流模型，湍流模型的特性分析是通过全部能谱几个部分的解析和建模进行的。湍流能量的模型如图5-52所示。

（5）MHD－湍流　对恒定磁场中导电液体的湍流结构有以下几个特点：

1）漩涡流的轴线垂直于涡流中的流体循环面，沿磁场感应方向排列（见图5-53）。因此，涡流特性呈现为二维并被称为二维MHD湍流。

2）在低磁雷诺兹数 Re_m 下，由于磁场感应方向上的旋涡排列，磁场中均匀各向同性的MHD－湍流变得各向异性。然而，由磁场排列的旋涡分布仍然是保持均匀的（见图5-54）。

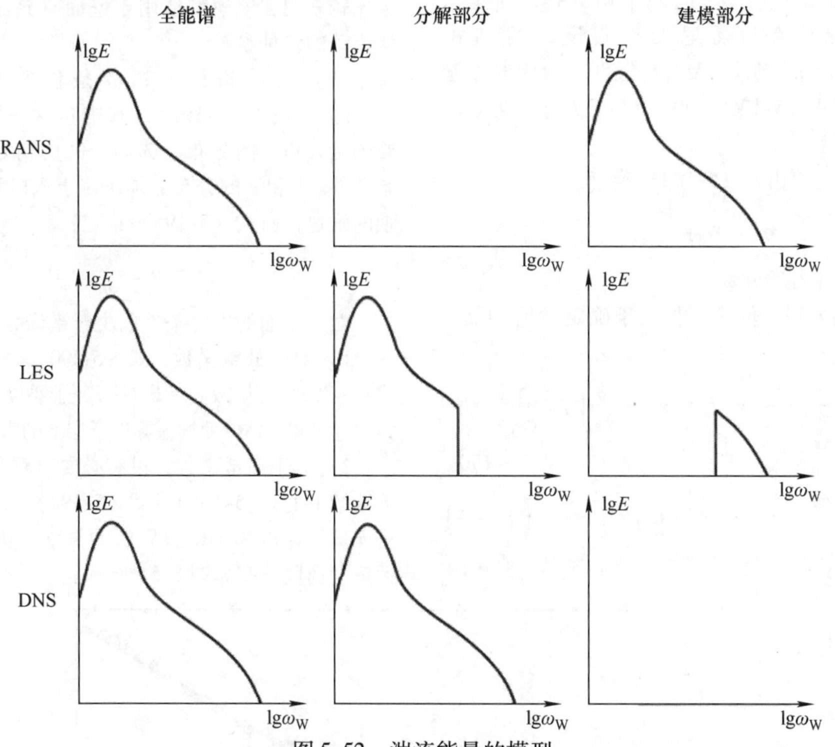

图5-52 湍流能量的模型

注：部分全谱湍流能量分解和雷诺平均纳维－斯托克斯（RANS）方程模型、大涡模拟（LES）模型和直接数值模拟（DNS）。

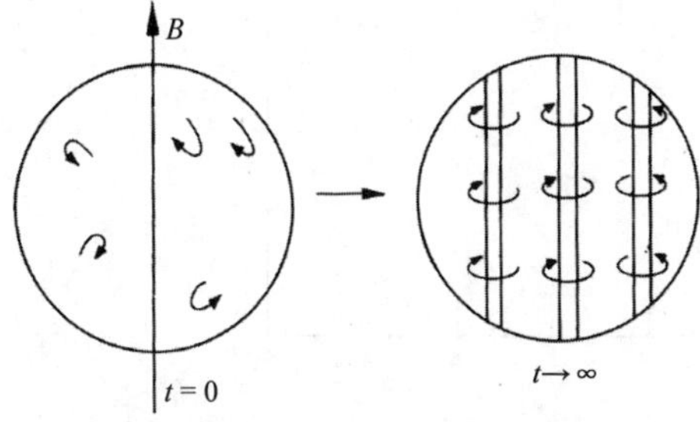

图5-53 磁场感应将湍流组织成柱状涡

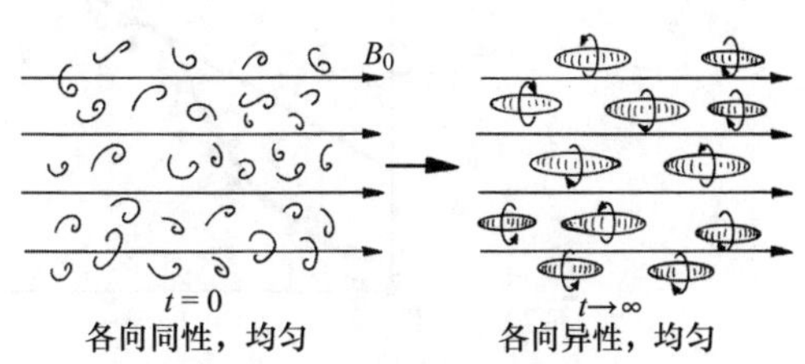

图5-54 磁场排列的旋涡分布

(6) 流体的惯性力与交变磁场　对于交流电源电磁力的一般表达式为

$$f^{EM} = \frac{1}{2}[\cos\varphi + \cos(2\omega t - \varphi)]\boldsymbol{J}_a\boldsymbol{B}_a \tag{5-188}$$

$\boldsymbol{J}=\boldsymbol{J}_a\cos\omega t$，$\boldsymbol{B}=\boldsymbol{B}_a\cos(\omega t-\varphi)$，其中 φ 是相位移。

对于一个工业电源（$f>50$Hz），由于它的惯性使频率加倍，流体电磁力的变化已经不用时间来表示，见式（5-188）。因此，式（5-101）（平均电磁力的表达式）用于冶金设备中金属液湍流流动的数值计算，式（5-188）必须用于低频率（$f\approx5$Hz）。

标准 $k-\varepsilon$ 模型，有两个主要假设：

1）分子黏度效应可以忽略不计。

2）流动是完全湍流及其性质是各向同性的。

根据 $k-\varepsilon$ 湍流模型，时间平均 RANS 方程式（5-162）封闭后在波希尼斯克假设下得到式（5-167），它是湍流动能 k 及其耗散率 ε 两传输方程的解［分别用式（5-176）和式（5-177）］，确定涡流黏度 η_t。

涡流黏度可以由式（5-189）确定：

$$\eta_t = C_\eta \gamma \frac{k^2}{\varepsilon} \tag{5-189}$$

式中，C_η 是一个经验常数。

(7) 传输方程　传输方程用于确定湍流动能 k 和它的扩散率 ε：

$$\frac{\partial(\gamma k)}{\partial t} + \frac{\partial(\gamma \bar{v}_j k)}{\partial x_j} = P_k - \gamma\varepsilon + \frac{\partial}{\partial x_j}\left(\Gamma_k \frac{\partial}{\partial x_j}\right) \tag{5-190}$$

$$\frac{\partial(\gamma\varepsilon)}{\partial(t)} + \frac{\partial(\gamma \bar{v}_j \varepsilon)}{\partial x_j} = C_{\varepsilon1}\frac{\varepsilon}{k}P_k - C_{\varepsilon2}\gamma\frac{\varepsilon^2}{k} + \frac{\partial}{\partial x_i}\left(\Gamma_k \frac{\partial\varepsilon}{\partial x_i}\right) \tag{5-191}$$

式中

$$\Gamma_k = \eta + \frac{\eta_t}{\sigma_k}$$

$$\Gamma_\varepsilon = \eta + \frac{\eta_t}{\sigma_\varepsilon} \tag{5-192}$$

而 P_k 是由平均速度梯度产生的湍流动能：

$$P_k = \eta_t\left(\frac{\partial \bar{v}_i}{\partial x_j} + \frac{\partial \bar{v}_j}{\partial x_i}\right)\frac{\partial \bar{v}_i}{\partial x_j} + \frac{2}{3}\gamma k\delta_{ij}\frac{\partial \bar{v}_i}{\partial x_j} \tag{5-193}$$

(8) 模型常数　标准 $k-\varepsilon$ 湍流模型常数的默认值：

$$C_\eta = 0.09 \quad \sigma_k = 1.0 \quad \sigma_\varepsilon = 1.3$$
$$C_{\varepsilon1} = 1.44 \quad C_{\varepsilon2} = 1.92 \tag{5-194}$$

通过计算机优化确定了试验值。试验和计算结果比较表明，该模型适用于壁面有界流动和自由剪切流动的多种参数。

(9) 初始条件和边界条件　对于模型式（5-190）和式（5-191），其中包含一阶时间导数，要确定 k 和 ε 的分布，选择时间的初始时刻作为初始条件。k 和 ε 的分布必须决定于入口和出口或对称轴的确定，由式（5-195）给定：

$$\frac{\partial k}{\partial n} = 0 \quad \frac{\partial \varepsilon}{\partial n} = 0 \tag{5-195}$$

对于壁面的边界条件取决于雷诺数：

1）对于低雷诺数，式（5-190）、式（5-191）和式（5-192）的修改要考虑计入分子黏度，因为黏性应力超过相邻固体壁面湍流黏性子层上的雷诺应力。

2）对于高雷诺数，没有必要求解在固体壁面附近区域上的式(5-190)～式（5-192），由于壁面函数是无量纲速度为 HD 边界层的算法，固体壁面附近无量纲速度分布如图 5-55 所示。

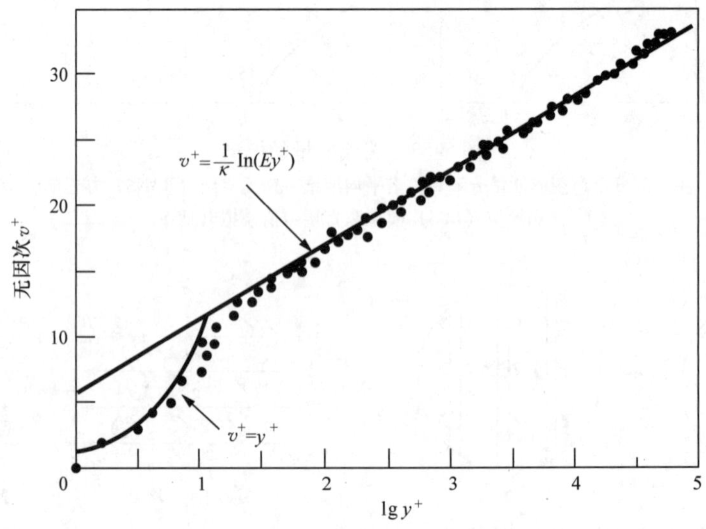

图 5-55　固体壁面附近的无量纲速度分布

$$v^{+} = \frac{v}{v_{\tau}} = \frac{1}{k}\ln(Ey^{+}) \tag{5-196}$$

式中，$k=0.41$，是冯·卡门常数；$E=0.98$，是粗糙壁面参数。

摩擦速度为

$$v_{\tau} = \sqrt{\tau_w/\gamma} \tag{5-197}$$

决定于壁面剪切应力 τ_w。

壁面的无量纲距离由式（5-198）给定：

$$y^{+} = \frac{y}{\eta/(\gamma v_{\tau})} \tag{5-198}$$

式（5-196）中 y^{+} 值在下列范围内：

$$30 < y^{+} < 500 \tag{5-199}$$

对于 k 和 ε 的壁面函数分别为

$$k = \frac{v_{\tau}^2}{\sqrt{C_{\eta}}} \quad \varepsilon = \frac{v_{\tau}^2}{ky} \tag{5-200}$$

（10）$k-\varepsilon$ 模型的变量　已经发展到超过了标准模型的极限，包括：

1）实际的 $k-\varepsilon$ 模型，其中在式（5-189）模型的临界系数 C_{η} 代表平均流和湍流特性。

2）重新规范（RNG）$k-\varepsilon$ 模型。

3）经验常数集的变异。

$k-\varepsilon$ 模型（描述各向同性的湍流）高估了小漩涡区和壁面上的湍流黏度，使其无法获得正确的结果，甚至不能得到定性的结果。两个方向相反的漩涡（见图5-56a）是在坩埚式感应炉的电磁驱动的封闭湍流，湍流黏度的最大值（见图5-56b）是在围绕循环中心部位获得的定性和定量的结果，可以使用更先进的湍流模型（见图5-56c）。

（11）剪切应力传输（SST）的 $k-\omega$ 模型　该模型基于湍流动能 k 模型的传输方程式（5-176）和特定的耗散率：

$$\omega = \frac{\varepsilon}{k} \tag{5-201}$$

该模型结合了 $k-\varepsilon$ 和 $k-\omega$ 模型最好的功能加上一个等于1的混合函数 F_1（在外部的壁面0附近或自由剪切流）。这个混合函数用于模型在近壁区域（边界层的内部）和流动的其他部分。它可以通过黏性子层将模型应用到墙面上。

（12）模型的建立　获得湍流动能 k 和特定耗散率 ω 的传输方程为

$$\frac{\partial(\gamma k)}{\partial t} + \frac{\partial(\gamma \bar{v}_j k)}{\partial x_j} = \bar{P}_k - \beta^{*}\gamma\omega k + \frac{\partial}{\partial x_i}\left(\Gamma_k \frac{\partial k}{\partial x_i}\right) \tag{5-202}$$

$$\frac{\partial(\gamma\omega)}{\partial t} + \frac{\partial(\gamma \bar{v}_j \omega)}{\partial x_j} = \frac{\xi}{v_t}P_k - \beta\gamma\omega^2 + \frac{\partial}{\partial x_j}\left(\Gamma_{\omega}\frac{\partial\omega}{\partial x_j}\right) + 2(1-F_1)\gamma\sigma_{\omega 2}\frac{1}{\omega}\frac{\partial k}{\partial x_j}\frac{\partial\omega}{\partial x_j} \tag{5-203}$$

式中，

$$\Gamma_k = \eta + \frac{\eta_t}{\sigma_k},\quad \Gamma_{\omega} = \eta + \frac{\eta_t}{\sigma_{\omega}},\quad P_k = \tau_{ij}\frac{\partial \bar{v}_i}{\partial x_j}$$
$$\bar{P}_k = \min(P_k; c_1\beta^{*}k\omega) \tag{5-204}$$

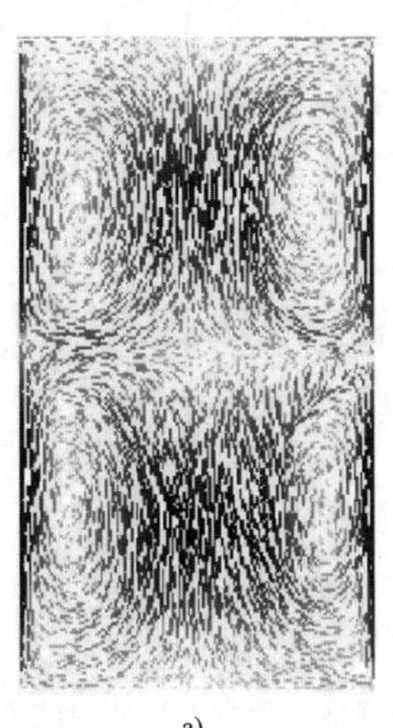
a)

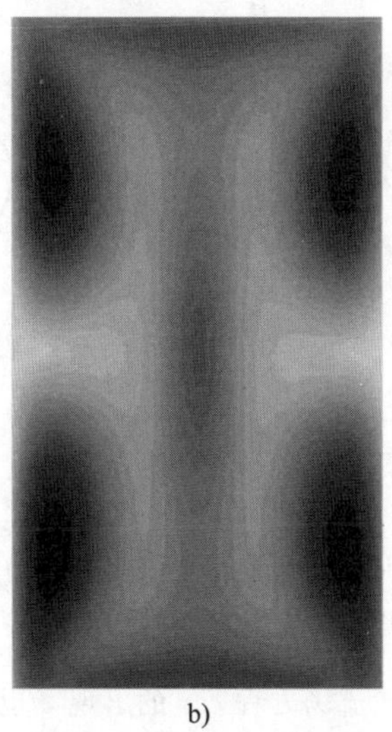
b)

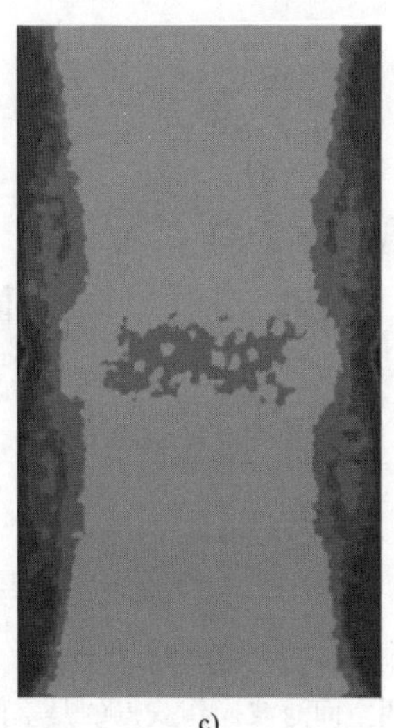
c)

图5-56　使用 $k-\varepsilon$ 模型得到的各向同性湍流黏度

a）速度场　b）湍流（漩涡）　c）大漩涡模拟

（13）模型系数　可以使用混合函数在式(5-202)~式(5-204)中 φ 指定值找到每一个经验系数：

$$\varphi = F_1\varphi_1 + (1 - F_1)\varphi_2 \tag{5-205}$$

式中，φ_1 是 $k-\omega$ 模型的系数；φ_2 是 $k-\varepsilon$ 模型的系数。

混合函数由式（5-206）确定：

$$F_1 = \tanh\left[\left(\min\left(\max\left(\frac{\sqrt{k}}{\beta^*\omega y};\frac{500v}{y^2\omega}\right);\frac{4\gamma\sigma_{\omega 2}k}{CD_{kw}y^2}\right)\right)^4\right] \tag{5-206}$$

$$CD_{k\omega} = \max\left(2\gamma\sigma_{\omega 2}\frac{1}{\omega}\frac{\partial k}{\partial x_i}\frac{\partial\omega}{\partial x_j};1.0\mathrm{e}^{-10}\right) \tag{5-207}$$

$k-\omega$ 模型的经验系数为

$$\sigma_{k1} = 2.000;\ \sigma_{\omega 1} = 2.000;\ \xi_1 = 0.5532;$$
$$\beta_1 = 0.0750;\beta^* = 0.09,\ c_1 = 10 \tag{5-208}$$

而 $k-\varepsilon$ 模型的经验系数为

$$\sigma_{k2} = 1.000;\omega_{\omega 2} = 1.168;\xi_2 = 0.4403;$$
$$\beta_2 = 0.0828;\beta^* = 0.09 \tag{5-209}$$

SST $k-\omega$ 模型的涡流黏度可表示为

$$\eta_t = \gamma\frac{\alpha_1 k}{\max(a_1;\ \omega;\ \sqrt{2}SF_2)} \tag{5-210}$$

式中，$\alpha_1=0.31$，S 可以用式（5-211）给定：

$$S = \sqrt{2S_{ij}S_{ij}} \tag{5-211}$$

拉伸率 S_{ij} 可由式（5-212）确定：

$$S_{ij} = \frac{1}{2}\left(\frac{\partial v_i}{\partial x_j}+\frac{\partial v_j}{\partial x_i}\right) \tag{5-212}$$

混合函数 F_2 的表达式与 F_1 类似：

$$F_2 = \tanh\left[\left(\max\left(2\frac{\sqrt{k}}{\beta^*\omega y};\frac{500v}{y^2\omega}\right)\right)^2\right] \tag{5-213}$$

SST 模型的另一个特征，引入边界层湍流剪切应力上限，以避免通常由波雪尼斯克涡流黏性模型预测的剪切应力水平过高。SST $k-\omega$ 模型超过 $k-\varepsilon$ 模型的主要优点是不会过高地评估近壁的涡流黏度。

4. 大漩涡模拟模型

（1）空间滤波　大漩涡模拟（LES）方法可以建模的基于网格与 RANS 模型相等关系的湍流特征。识别 LES 模型流动波动的两个尺度：大规模的波动可用于直接计算；小规模的波动可用于间接模拟。它是一个空间过滤操作的数学表达式：

$$\bar{f}(x,\ t) = \int f(\zeta,\ t)G(x-\zeta,\ t,\ \overline{\Delta})\mathrm{d}\zeta \tag{5-214}$$

式中，f 变量场可以用滤波部分 $\bar{f}$ 和子滤波部分 f' 表示：

$$f = \bar{f} + f' \tag{5-215}$$

速度的空间滤波长度和分解及模拟流量表示的结果如图 5-57 所示。在式（5-214）中，变量 G 是一个对称的空间滤波函数，而 $\overline{\Delta}$ 是过滤网格的宽度。

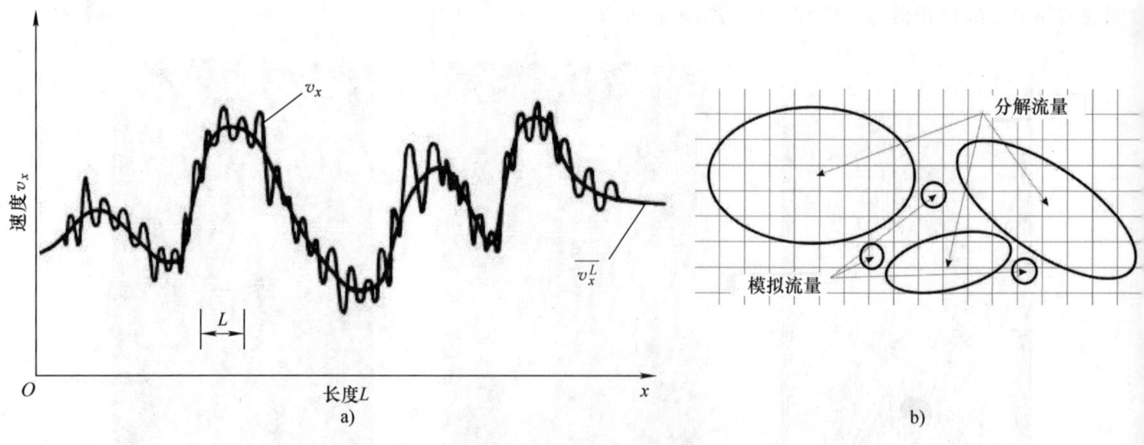

图 5-57　速度的空间滤波长度及分解和模拟流量表示的结果

a）速度的空间滤波长度　b）分解和模拟流量表示

采用空间滤波操作获得的是空间过滤流场方程式（5-214）的纳维－斯托克斯方程式（5-65）。空间滤波过程类似于时间－平均过程，由于非线性对流项在原始的式（5-65）中，附加（剩余）应力项的出现（也叫子网格尺度应力）使滤波方程的结果为

$$\tau_{ij}^r = \bar{v}_i\bar{v}_j - \overline{v_i'v_j'} \tag{5-216}$$

式中，$\bar{v}_i$ 是可分辨尺度；v_i' 是子网格尺度。

斯马哥令斯基-利来模型是一个LES模型的子网格尺度应力其偏离部分采用波雪尼斯克假设模型（如RANS湍流模型）：

$$\tau_{ij}^{r}-\frac{1}{3}\tau_{kk}^{r}\delta_{ij}=-2v_{t}\overline{S_{ij}} \tag{5-217}$$

式中，子网格尺度湍（涡）流黏度可表示为

$$v_{t}=(C_{s}\overline{\Delta_{g}})^{2}\sqrt{2\overline{S_{ij}}\,\overline{S_{ij}}}=(C_{s}\overline{\Delta_{g}})^{2}|\overline{S}| \tag{5-218}$$

而应变率可表示为

$$\overline{S_{ij}}=\frac{1}{2}\left(\frac{\partial\bar{v}_{i}}{\partial x_{j}}+\frac{\partial\bar{v}_{j}}{\partial x_{i}}\right) \tag{5-219}$$

C_s 的常数值为 $0.05\leqslant C_s\leqslant0.2$。

（2）初始条件和边界条件　因为过滤后的运动方程包含一阶时间导数，它需要确定初始条件，即初始流动速度分布，以及所需的入口和出口流动分布。

如果非定常流取决于边界处的初始状态或流动分布，必须指定更精确地使用外部来源的 T 的数据，要么实证测量或是通过直接数值模拟（DNS）得到计算结果。固体壁面被定义为无滑移的边界条件。在高雷诺数的情况下，使用一个壁面函数（类似于RANS方法）在薄壁边界层中可节省近壁区域中的网格点［如式（5-200）］。

LES模型的变体包括：

1）动态子网格（DSGS）模型。

2）RNG-LES。

3）壁面适应局部条状漩涡黏度模型。

4）动能子网格-尺度模型。

DSGS模型是一个斯马哥令斯基模型，其中斯马哥令斯基常数 C_s 是不同的空间、时间和每个时间步长的局部计算，从而能够适应流动的瞬时状态；LES模型的变体是基于有利的流动结构 i 描述的无分解漩涡和降低计算价值为正确的目标。

（3）直接数值模拟（DNS）　涉及不应用湍流模型的纳维-斯托克斯方程的数值解，这就要求包括湍流空间和时间尺度的整个范围。

（4）空间尺度与计算网格　湍流空间尺度必须考虑到网格结构的计算。满足这些空间分辨率要求，必须是一些沿着给定网格方向点的个数 N_h 的特征距离 h 在两封闭网格点之间（网格通常是不均匀的），$N_h h>L$ 这样的积分尺度 L 里的一部分计算区域内。柯尔莫哥洛夫尺度可以综合考虑，即 $h\leqslant\lambda_K$。

式（5-180）为网格的脉动雷诺数的湍流动能耗散率，式（5-181）为对于三维DNS网格点数量，可以判定为 $N_h^3\geqslant Re'^{9/4}$。因此，随着脉动雷诺数的增加，DNS所需的计算机内存增长得非常快。

（5）时间尺度和计算时间步长　为了达到足够的精度，该积分在纳维-斯托克斯方程得到的DNS必须使用足够小的时间步长 Δt，确保流体运动粒子只能移动网格间距 h 在每一个时间步长 Δt 部分实现。就是说，要满足柯仑脱-费利特列-路易条件：

$$C=\frac{v\Delta t}{h}<1 \tag{5-220}$$

式中，C 是柯仑脱数。

式（5-220）和式（5-179），后者总模拟时间间隔的保证，是对湍流时间尺度的比例，h 约等于 λ_K 数，是时间步长 $N_{\Delta t}$ 的平均数。事实必须使用 $L/(C\lambda_K)$ 的比例，对 Re、λ_K 的定义和预先给定的 L，就是下面表示的 $L/\lambda_K\approx Re^{3/4}$，因此，$N_{\Delta t}$ 随着雷诺数的幂律增长。

（6）浮力点操作的判定　浮力点操作数 N_{FLOP}、网格点数 N_h 和时间步数 $N_{\Delta t}$ 要求具有完全类似的比例。因此，这些操作数可以用 $N_{\mathrm{FLOP}}\approx Re^3$ 来判定。这样，即使很低的雷诺数DNS的计算价值仍是很高的。对于高雷诺数的最大的工业应用，DNS的计算需要具有最大功率和大容量超级计算机。

在基础研究中，DNS是一个有用的工具，可以更好地了解湍流物理的数值试验，其提取的信息计算结果是很难或不可能在实验室获得的，它建立的湍流模型在实际应用中也是很有用的，包括LES和RANS湍流模型；DNS是2002年采用日本的性能为35.86万亿次的TFLOPS，有 4096^3 个网格点的超级以太模拟计算机计算获得的。

5.2.5 流体流动的数值计算

本节描述了用有限体积法（FVM）和控制体积法（CVM）来讨论传输方程离散化的一般方法。对于计算流体动力学（CFD）的更详细讨论可以参考有关文献。

这里讨论传输现象方程的数值解（特别是流体流动方程），包括传输方程的对流项和流体动力学方程的近似计算方案，其中包括压力梯度，以保证连续性方程的有效性。此外还考虑由于磁场和金属液流动自由表面形状变化对于特定的MHD问题计算算法的共同影响。这些方面将进一步应用于金属液和搅拌装置建模的发展。在参考文献［6-31］中还讨论了对感应熔炼数值研究中CFD方法的应用。

1. 有限体积法

以简单传输过程的有限体积法（FVM）为基础，说明了几何公式化问题数值求解的主要步骤：即一个以特性 Φ、传输系数 r 和源 G 的稳态扩散过程，这个过程是由一个用有限控制体积 V 和外表面积 S 的积分形式的扩散方程描述：

$$\oint_S \Gamma \mathrm{grad}\phi \mathrm{d}S + \int_V G\mathrm{d}V = 0 \tag{5-221}$$

传输方程有先前形成的流体运动方程式（5-64）、热传递方程式（5-79）和传质方程式（5-124），式（5-124）类似于式（5-221），它没有考虑到过程稳态和对流传输过程。

（1）网格生成　第一步是将区域划分为离散控制元。图5-58所示为基于有限元法（FVM）最简单传输过程问题数值解使用的正交矩形的一维、二维和三维网格。

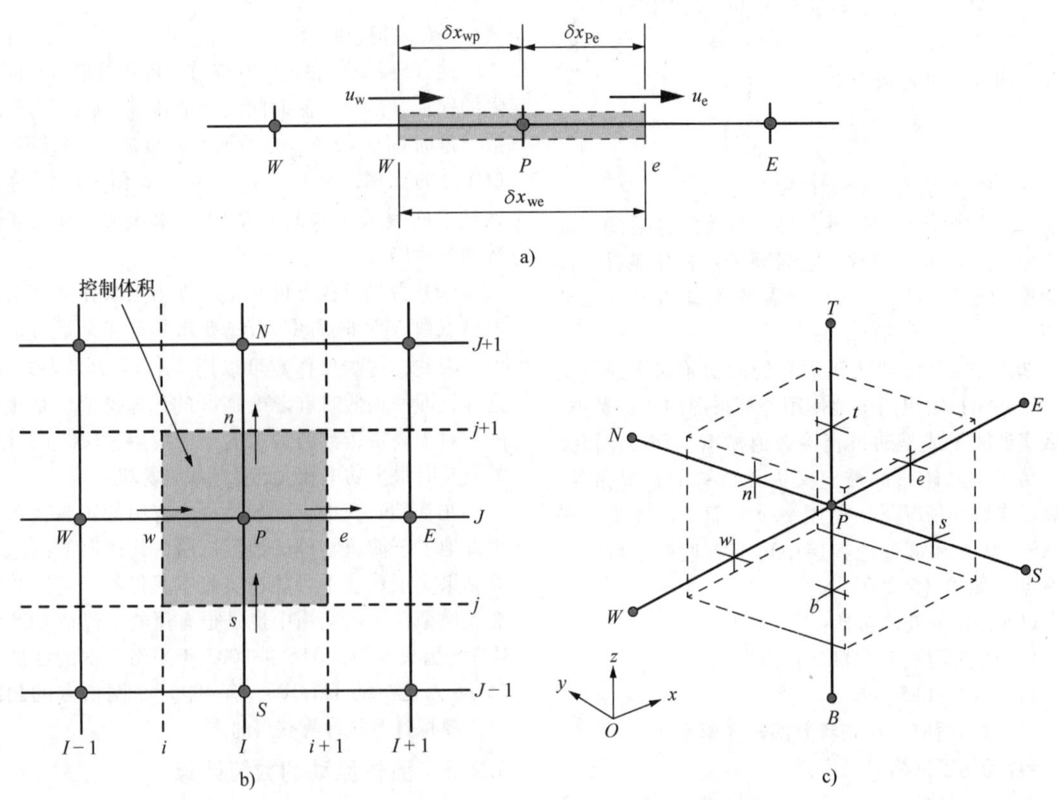

图5-58　基于有限元法（FVM）最简单传输过程问题数值解使用的正交矩形的一维、二维和三维网格
a）一维　b）二维　c）三维

1）点 P 附近的基准点可指定为 W（西）、E（东）、N（北）、S（南）、T（顶部）和 B（底部）。

2）在节点的点之间的子点定位为 w（西）、e（东）、n（北）、s（南）、t（顶部）和 b（底部）。

3）基础网格的实线的交点（二维情况下）可指定为 $I-1$、I、$I+1$ 和 $J-1$、J、$J+1$。

4）子网网格的虚线交点（二维情况下）可指定为 i、$i+1$、j 和 $j+1$。

5）子网网格面的边缘交叉子点显示为虚线（三维情况下）。

6）控制元的子点（一维情况下）、线（二维情况下）和面（三维情况下）的子网网格由阴影部分表示。

7）子网点矢量场的分量指定为 u_w 和 u_e（注意速度分量指定为 $\{u, v, w\}$ 减少方程的离散类似指标数）。

8）非均匀分格的一个网格是由两个约束点区间间隔的，即由 δx_{wP}、δx_{Pe} 和 δx_{we} 指定。

控制体积在区域边界上考虑的是哪一半或全部的典型控制元，可根据网格点在边界上的位置，例如，基本节点（见图5-59a）和子网节点（见图5-59b）。

对于具有复杂形状的区域，网格（二维情况下）可以产生正交曲线网格（见图5-60a）或三角形网格（见图5-60b）。

注意，计算 EM、HD、热和浓度场时，必须依据边界层厚度 $\delta_{\mathrm{boundary}}$ 而形成的在边界附近的网格步长：

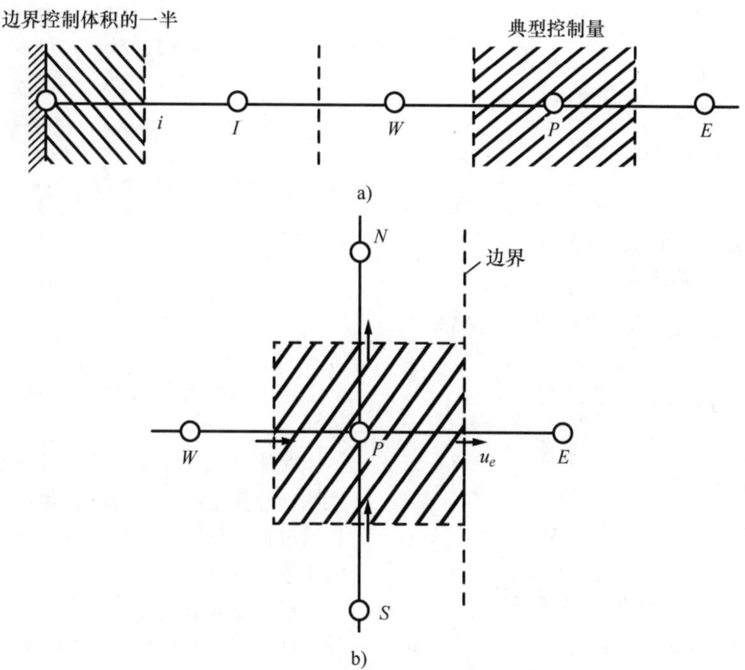

图 5-59 边界控制体积的变体
a）基本节点 b）子网节点

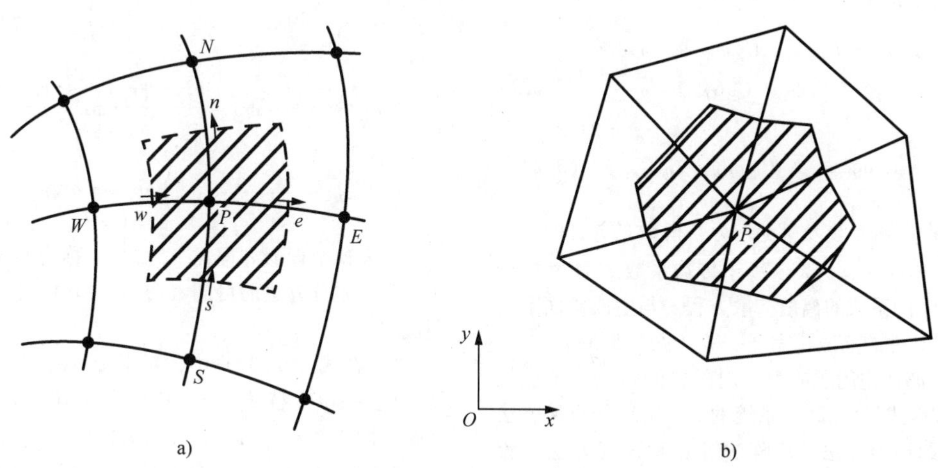

图 5-60 用于具有复杂形状区域的正交曲线网格和三角形网格
a）正交曲线网格 b）三角形网格
注：阴影部分代表控制体积。

$$\delta_{\text{boundary}}^{\text{EM}} << \delta_{\text{EM}}, \delta_{\text{boundary}}^{\text{HD}} << \delta_{\text{HD}},$$
$$\delta_{\text{boundary}}^{\text{thermal}} << \delta_{\text{themnal}}, \delta_{\text{boundary}}^{\text{concent}} << \delta_{\text{concent}} \tag{5-222}$$

可利用无量纲频率式（5-107）和雷诺数式（5-69）、匹克莱脱数式（5-85）、传质匹克莱脱数式（5-135）判定：

$$\delta_{\text{EM}} \neq \delta_{\text{HD}} \neq \delta_{\text{thermal}} \neq \delta_{\text{concent}} \tag{5-223}$$

困难在于使模型的网格划分要考虑到相互矛盾的要求［式（5-223）］和大规模计算资源的要求。一个可行的解决方案是对每个边界层施加一个类似于式（5-196）的适当的壁面函数。

（2）离散化 一个微分方程式（5-221）可以使用FVM控制元的积分来建立。在二维情况下，在网格上进行线性近似见图5-58b。

$$\oint_S \Gamma \text{grad}\phi \text{d}\boldsymbol{S} = \left(\Gamma \frac{\partial \phi}{\partial x}\right)_e (\delta y_{Pn} + \delta y_{sP})$$

$$-\left(\Gamma\frac{\partial\phi}{\partial x}\right)_w(\delta y_{Pn}+\delta y_{sP})$$
$$+\left(\Gamma\frac{\partial\phi}{\partial y}\right)_n(\delta x_{Pe}+\delta x_{wP})$$
$$-\left(\Gamma\frac{\partial\phi}{\partial y}\right)_s(\delta x_{Pe}+\delta x_{wP}) \quad (5\text{-}224)$$

式中，负标记项表明，控制体积的表面扩散流方向（见图 5-58b 的箭头）与外法线方向相反。

控制体积表面的扩散流为

$$\left(\Gamma\frac{\partial\phi}{\partial x}\right)_e=\frac{1}{2}(\Gamma_P+\Gamma_E)\frac{\phi_E-\phi_P}{\delta_{x_{PE}}}\left(\Gamma\frac{\delta\phi}{\partial x}\right)_w$$
$$=\frac{1}{2}(\Gamma_W+\Gamma_P)\frac{\phi_P-\phi_W}{\delta x_{WP}}\left(\Gamma\frac{\partial\phi}{\partial y}\right)_n$$
$$=\frac{1}{2}(\Gamma_P+\Gamma_N)\frac{\phi_N-\phi_P}{\delta x_{PN}}\left(\Gamma\frac{\partial\phi}{\partial y}\right)_s$$
$$=\frac{1}{2}(\Gamma_S+\Gamma_P)\frac{\phi_P-\phi_S}{\delta x_{SP}} \quad (5\text{-}225)$$

在控制体积上式（5-221）中的积分是

$$\int_V G\mathrm{d}V=G_P(\delta x_{Pe}+\delta x_{wP})(\delta y_{Pn}+\delta y_{sP}) \quad (5\text{-}226)$$

式（5-225）和式（5-226）一起使导出的特性 Φ 值的中心节点 P 作为一个在相邻的点值的函数在下式中相邻的点为 N、S、E、W：

$$C_P\phi_P=C_E\phi_E+C_W\phi_W+C_N\phi_N+C_S\phi_S+C_P^GG_P \quad (5\text{-}227)$$

或

$$C_P\phi_P=\sum_{nb}C_{nb}\phi_{nb}+C_P^GG_P \quad (5\text{-}228)$$

式中，nb 是一个涉及邻近 nb 点指数的求和，C_P、C_E、C_W、C_N、C_S、C_P^G 依赖于传输系数 Γ 和网格步长 δx 和 δy 的系数的离散扩散方程。与生成壁面附近网格边界条件的离散化完全一样（见图 5-59）。

（3）离散化问题的解　对网格的每一个节点线性离散方程式（5-225）系统的解，可以用直接方法（高斯－约当消去法、矩阵法等）和迭代方法（雅可比、高斯－赛德尔、逐次超松弛和再松弛方法等）。这些方法的选择取决于线性方程组的刚性（通常以最高到最低的特征值之比来测定）。

2. 对流扩散方程中对流项的离散化

稳态对流扩散方程可以写成

$$\oint_S\gamma\phi\boldsymbol{v}\mathrm{d}\boldsymbol{S}=\oint_S\Gamma\mathrm{grad}\phi\mathrm{d}\boldsymbol{S}+\int_V G\mathrm{d}V \quad (5\text{-}229)$$

中心差分方法　在式（5-229）中对流项可以采用 FVM 近似地决定于式（5-230）。

$$\oint_S\rho\phi\boldsymbol{v}\mathrm{d}\boldsymbol{S}=(\gamma\phi u)_e(\delta y_{Pn}+\delta y_{sP})$$
$$+(\gamma\phi u)_w(\delta y_{Pn}+\delta y_{sP})$$
$$+(\gamma\phi v)_n(\delta x_{Pe}+\delta x_{wP})$$
$$-(\gamma\phi v)_s(\delta x_{Pe}+\delta x_{wp}) \quad (5\text{-}230)$$

对于不可压缩流体（γ 为常数）

$$\oint_S\gamma\phi\boldsymbol{v}\mathrm{d}\boldsymbol{S}=\gamma\left(u_e\frac{\phi_P+\phi_E}{2}u_w\frac{\phi_W+\phi_P}{2}\right)(\delta y_{Pn}+\delta y_{sP})$$
$$+\gamma\left(v_n\frac{\phi_P+\phi_N}{2}-v_s\frac{\phi_S+\phi_P}{2}\right)(\delta x_{Pe}+\delta x_{wP}) \quad (5\text{-}231)$$

这个近似计算方程式（5-231）称为中心差分方法。

对流（如流体流动）传输现象的数值模拟经验表明，计算过程是高值的无量纲数具有惯性和分子传输过程，它们之间的关系是不稳定的，如高值的雷诺数（$Re>>1$）。

迎风差分格式，是一个考虑可以用来满足稳定性条件的速度方向相对应的计算过程：

$$\oint_S\gamma\phi\boldsymbol{v}\mathrm{d}\boldsymbol{S}=\gamma\left(\frac{u_e+|u_e|}{2}\phi_P+\frac{u_e-|u_e|}{2}\phi_E-\frac{u_w+|u_w|}{2}\phi_w-\frac{u_w-|u_w|}{2}\phi_P\right)(\delta y_{Pn}+\delta y_{sP})$$
$$+\gamma\left(\frac{v_n+|v_n|}{2}\phi_P+\frac{v_n-|v_n|}{2}\phi_N-\frac{v_s+|v_s|}{2}\phi_S-\frac{v_s-|v_s|}{2}\phi_P\right)(\delta x_{Pe}+\delta x_{wP}) \quad (5\text{-}232)$$

上面这个近似方程式（5-232）称为迎风差分方法。迎风差分方法的目的（见图 5-61）可以考虑下列说明：

1）在式（5-232）中，对于 $u_e>0$，取 P 点的 ϕ 特性值 $-\phi_P$ 代替式（5-231）中 e 点的 ϕ 特性值 $-\phi_e$，即速度 u_e 的方向是相反方向。

2）在式（5-232）中，对于 $u_e<0$，取 E 点的 ϕ 特性值 $-\phi_E$ 代替式（5-231）中 e 点的 ϕ 特性值 $-\phi_e$，即速度 u_e 的方向是相反方向。

3）在式（5-232）中，对于 $u_w>0$，取 W 点的 ϕ 特性值 $-\phi_W$ 代替式（5-231）中 W 点的 ϕ 特性值 $-\phi_W$，即速度 u_W 的方向是相反方向。

4）在式（5-232）中，对于 $u_W<0$，取 P 点的 ϕ 特性值 $-\varphi_P$ 代替式（5-231）中 W 点的 ϕ 特性值 $-\phi_W$，即速度 u_W 的方向是相反方向。

这是一个类似 y 分量速度方向的完整的近似计算。式（5-232）是稳定高值的无量纲数为特征的惯性和分子传输过程（如 $Re>>1$）之间的关系。

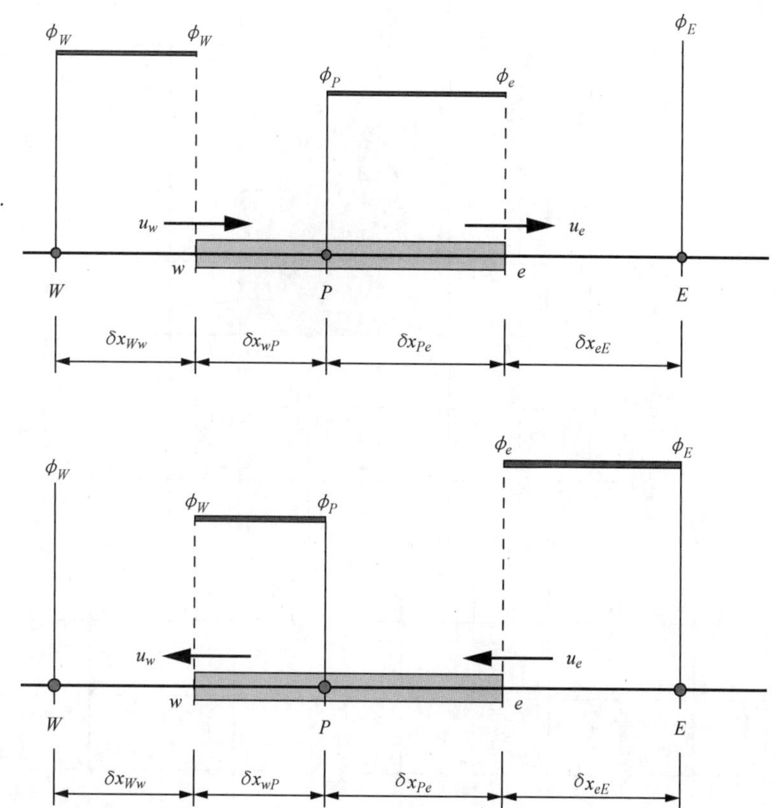

图 5-61 迎风差分方法的案例解读（一个考虑可以用来满足稳定性条件的速度方向相对应的计算过程）

迎风差分方法对流项近似计算（也叫近似或数值计算）的主要缺陷，是离散动量方程的黏度、离散热传导方程的热扩散系数和离散扩散方程的离散化方法的近似计算存在不完善之处，黏度近似计算的补偿方案以及高阶精度的逼近，是用来克服这些不完善之处的。

3. 流体流动的压力 - 速度耦合算法

包含控制体积的不可压缩流体稳态流动方程组积分形式的连续性方程为

$$\oint_S \boldsymbol{v} \mathrm{d}\boldsymbol{S} = 0 \tag{5-233}$$

纳维 - 斯托克斯方程：

$$\int_V (\boldsymbol{v}\nabla)\boldsymbol{v}\mathrm{d}V = -\frac{1}{\gamma}\int_V \nabla p\mathrm{d}V + v\int_V \Delta\boldsymbol{v}\mathrm{d}V + \frac{1}{\gamma}\int_V \boldsymbol{f}^{ext}\mathrm{d}V \tag{5-234}$$

这个方程组的以下两个问题必须解决：

问题 1。式（5-233）和式（5-234）的主要问题是：系统中包含 4 个未知变量（3 个速度分量和 1 个压力分量），每个系统包含 4 个方程；3 个不可压缩条件下的速度分量，但没有专门压力的方程。

问题 2。在式（5-234）中导出的 FVM 用在标准网格项的压力梯度离散算法中不包含中央点 P。在一个一维网格（见图 5-58a）压力梯度 x 分量的近似方程是

$$\left(\frac{\partial p}{\partial x}\right)_P = \frac{p_E - p_W}{\delta x_{WP} + \delta x_{PE}} \tag{5-235}$$

（1）交错网格和离散动量方程　交错网格是问题 2 适当的解，以下讨论的是以网格布局成一个二维情况的例子（见图 5-62）。

压力 p 是定义在基于网格指定点的节点（见图 5-62a）。中心点 P 和它的周边（nb）点 E、W、N 和 S 的压力是 p（I, J）、（$I+1$, J）、（$I-1$, J）、（I, $J+1$）和（I, $J-1$）。

速度 u 的 x 分量指在子网格压力基础网格和垂直虚线水平实线的交叉节点。节点标记为水平箭头（见图 5-62b）。中心点和它的周边（nb）点 E、W、N、S 的 u 是（i, J）和（$i+1$, J）、（$i-1$, J）、（i, $J+1$）、（i, $J-1$）。

用图 5-59b 所示 u 的离散方程可以由式（5-234）导出，CVM 的控制量可以表示为

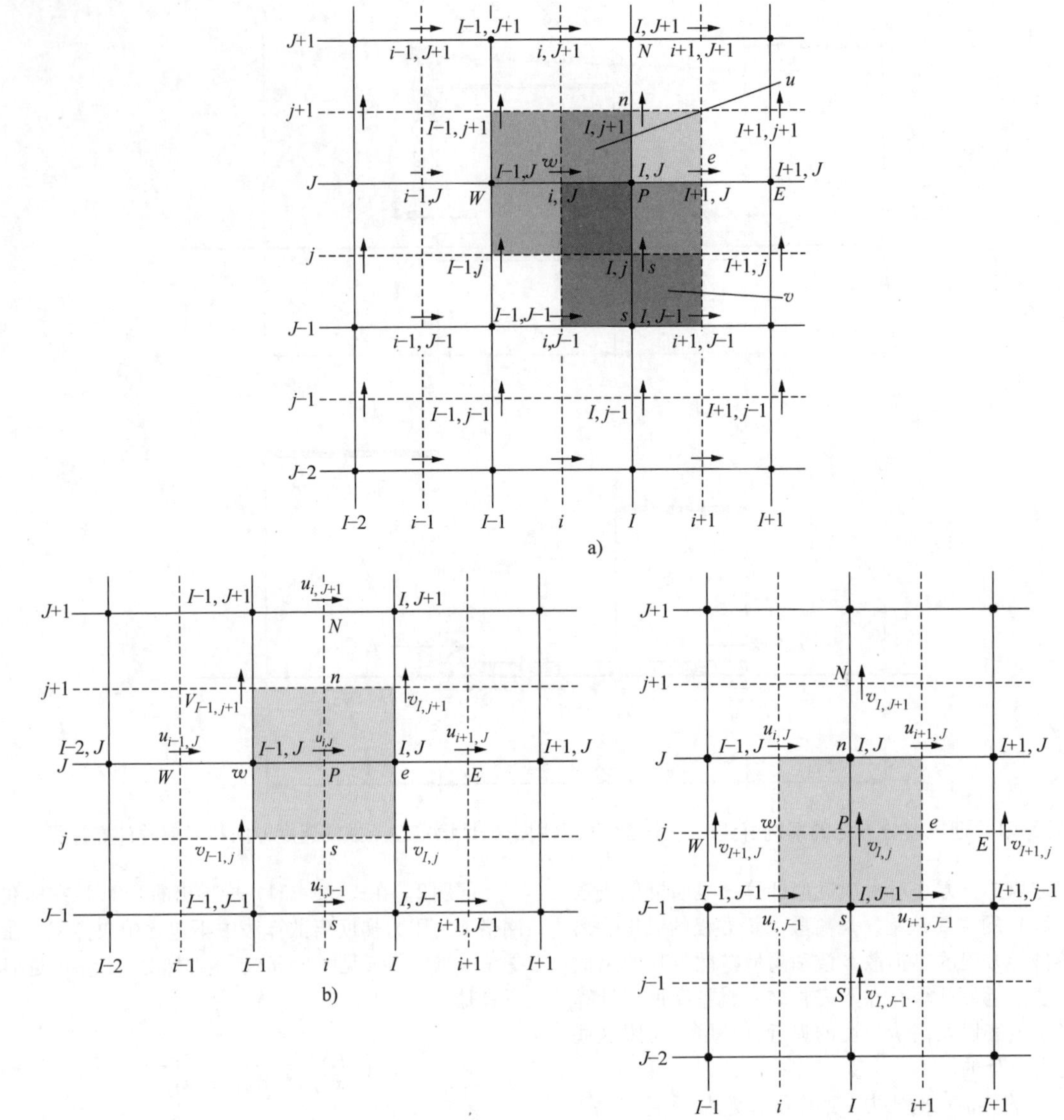

a)

b)

c)

图 5-62 交错网格求解

a）压力 b）速度 u 的 x 分量 c）速度 v 的 y 分量

$$C^{u}_{i,J}u_{i,J} = \sum_{nb} C^{u}_{nb}u_{nb} - C^{\nabla p}_{i,J}(p_{I,J} - p_{I-1,J}) + C^{fx}_{i,J}f^{x}_{i,J} \tag{5-236}$$

式中，nb 是一个求和指数，涉及邻近点和 $C^{u}_{i,J}$、$C^{u}_{i+1,J}$、$C^{u}_{i-1,J}$、$C^{u}_{i,J+1}$、$C^{u}_{i,J-1}$、$C^{\nabla p}_{i,J}$；$C^{fx}_{i,J}$是 u 离散方程的系数，这取决于流体运动黏度和密度，以及网格步长 δx 和 δy。

速度 v 的 y 分量，是由压力的基础网格与水平虚线的子网格和垂直的实线的交叉节点所定义的。这些节点是用垂直箭头所标记的（见图 5-62c）。

中心点 P 和它的相邻点 E、W、N 和 S 的速度分别是（I，j）、（$I+1$，j）、（$I-1$，j）、（I，$j+1$）和（I，$j-1$）。

图 5-62c 所示 v 的离散方程可以由式（5-234）导出，CVM 图上的控制量可以表示为

$$C^{v}_{I,j}u_{I,j} = \sum_{nb} C^{v}_{nb}v_{nb} - C^{\nabla p}_{I,j}(p_{I,J} - p_{I,J-1}) + C^{fy}_{I,j}f^{y}_{I,j} \tag{5-237}$$

式中，nb 是一个求和指数，涉及邻近点和 $C^{v}_{I,j}$、$C^{v}_{I+1,j}$、$C^{v}_{I-1,j}$、$C^{v}_{I,j+1}$、$C^{v}_{I,j-1}$；$C^{\nabla p}_{I,j}$、$C^{fy}_{I,j}$是 v 离散方程的系数，这取决于流体运动黏度和密度，以及网格步长 δx 和 δy。因此，交错网格分辨率的问题 2 确

保了中心节点 P 或（I，J）在离散类似式（5-236）和式（5-237）的速度方程的分量压力值的存在。

（2）简单算法　一个正确的预测算法，计算了对于问题1的解决方案和交错网格上的压力（见图5-62）。

计算的压力和速度分量为压力耦合方程，是半明确法的完整算法。

采用交错网格上的速度分量和压力计算的压力耦合方程的半明确法流程如图5-63所示。设置初始预测的压力 p^* 值。

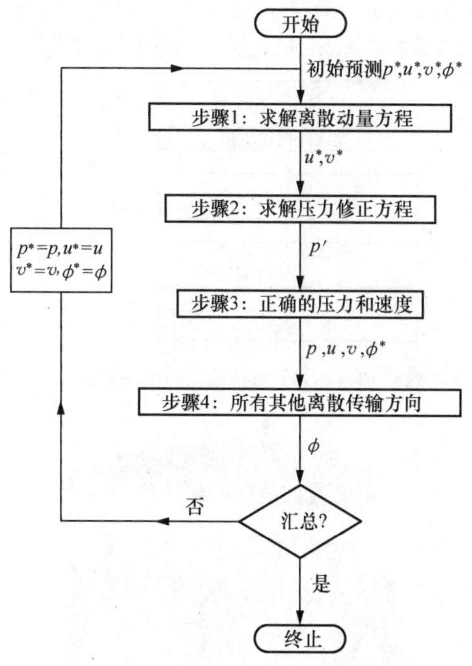

图5-63　采用交错网格上的速度分量和压力计算的压力耦合方程的半明确法流程

步骤1：用速度分量离散动量方程作为式（5-236）和式（5-237）的解，给定 p^* 速度分量。

$$C^u_{i,J}u^*_{i,J} = \sum_{nb} C^u_{nb}u^*_{nb} - C^{\nabla p}_{i,J}(p^*_{I,J} - p^*_{I-1,J}) + C^{fx}_{i,J}f^x_{i,J} \tag{5-238}$$

$$C^v_{I,j}v^*_{I,j} = \sum_{nb} C^v_{nb}v^*_{nb} - C^{\nabla p}_{I,j}(p^*_{I,J} - p^*_{I,J-1}) + C^{fy}_{I,j}f^y_{I,j} \tag{5-239}$$

式中给出了速度分量 u^* 和 v^* 的分布。

步骤2：求解压力修正方程 p'，这个方程是考虑了分布条件下满足流体不可压缩条件的连续性方程式（5-233）。

修正压力可定义为修正压力场 p 和预测压力场 p^* 之间的差，类似的修正速度分量 u' 和 v' 可定义为

$$p = p^* + p' \tag{5-240}$$

$$u = u^* + u' \tag{5-241}$$

$$v = v^* + v' \tag{5-242}$$

修正的速度场是通过修正的压力场的动量方程而获得的。因此，修正压力必需是从修正速度场预测速度场导出的。

从式（5-238）和式（5-239）分别减去式（5-236）和式（5-237）可得

$$C^u_{i,J}u'_{i,J} = \sum_{nb} C^u_{nb}u'_{nb} - C^{\nabla p}_{i,J}(p'_{I,J} - p'_{I-1,J}) \tag{5-243}$$

$$C^v_{I,j}v'_{I,j} = \sum_{nb} C^v_{nb}v'_{nb} - C^{\nabla p}_{I,j}(p'_{I,J} - p'_{I,J-1}) \tag{5-244}$$

主要近似值由忽略了式（5-243）和式（5-244）中合计项 $\sum_{nb} C^u_{nb}u'_{nb}$ 和 $\sum_{nb} C^v_{nb}v'_{nb}$ 而获得的。其中简化了的方程中的修正速度分量分别为

$$u'_{i,J} = -\widetilde{C}^u_{i,J}(p'_{I,J} - p'_{I-1,J}) \tag{5-245}$$

$$v'_{I,J} = -\widetilde{C}^v_{I,j}(p'_{I,J} - p'_{I,J-1}) \tag{5-246}$$

式中，$\widetilde{C}^u_{i,J} = C^u_{i,J}/C^{\nabla p}_{i,J}$，$\widetilde{C}^v_{I,j} = C^v_{I,j}/C^{\nabla p}_{I,j}$。

因此，用式（5-245）和式（5-246）从式（5-241）和式（5-242）可导出修正速度场为

$$u_{i,J} = u^*_{i,J} - \widetilde{C}^u_{i,J}(p'_{I,J} - p'_{I-1,J}) \tag{5-247}$$

$$v_{I,j} = v^*_{I,j} - \widetilde{C}^v_{I,j}(p'_{I,J} - p'_{I,J-1}) \tag{5-248}$$

而类似的节点 $u_{i+1,J}$ 和 $v_{I,j+l}$ 为

$$u_{i+1,J} = u^*_{i+1,J} - \widetilde{C}^u_{i+1,J}(p'_{I+1,J} - p'_{I,J}) \tag{5-249}$$

$$v_{I,j+1} = v^*_{I,j+1} - \widetilde{C}^v_{I,j+1}(p'_{I,J+1} - p'_{I,J}) \tag{5-250}$$

这里

$$\widetilde{C}^u_{i+1,J} = C^u_{i+1,J}/C^{\nabla p}_{i+1,J},\ \widetilde{C}^v_{I,j+1} = C^v_{I,j+1}/C^{\nabla p}_{I,j+1}$$

这时连续性的离散化的式（5-233）变成

$$C^{\nabla p}_{i+1,J}u_{i+1,J} - C^{\nabla p}_{i,J}u_{i,J} + C^{\nabla p}_{I,j+1}v_{I,j+1} - C^{\nabla p}_{I,j}v_{I,j} = 0 \tag{5-251}$$

修正压力方程，通常是在连续方程中式（5-251）由式（5-247）取代式（5-250）而导出为

$$C^p_{I,J}p'_{I,J} = C^{\nabla p}_{i+1,J}p'_{I+1,J} + C^{\nabla p}_{i,J}p'_{I-1,J} + C^{\nabla p}_{I,j+1}p'_{I,J+1} + C^{\nabla p}_{I,j}p'_{1,J-1} - C^*_{I,J} \tag{5-252}$$

式（5-252）中的系数可以由式（5-253）和式（5-254）决定：

$$C^p_{I,J} = C^{\nabla p}_{i+1,J} + C^{\nabla p}_{i,J} + C^{\nabla p}_{I,j+1} + C^{\nabla p}_{I,j} \tag{5-253}$$

$$C^*_{I,J} = C^u_{i+1,J}u^*_{i+1,J} - C^u_{i,J}u^*_{i,J} + C^v_{I,j+1}v^*_{I,j+1} - C^v_{I,j}v^*_{I,j} \tag{5-254}$$

步骤3：计算新的修正压力 p 和修正速度 v 的分量。

步骤4：为验证收敛条件求解 ϕ 的附加传输方程。如果不满足收敛准则，新的校正值成为连续过程预测值。如果满足收敛准则，新的修正值成为问题的解决方案。

（3）高级算法　高级算法是单算法的各种变异：

1）SIMPLER（SIMPLE Revised）算法是一种校正算法，它是基于压力（不是修正压力）方程推导出的连续性离散化方程。

2）SIMPLEC（SIMPLE Components）算法，是对于修正速度分量改良关系的算法。

3）PISO（pressure implicit splitting of operators）算法，是一种最先进的算法，它是用于非稳态非迭代的可压缩流压力－速度的计算方法。PISO 涉及一个预测和两个修正的简单算法的扩展和提升。

4. 磁流体流动自由表面计算算法

测定金属液在坩埚式感应炉中的自由表面，说明了经典的磁流体动力学问题的 EM 和 HD 场的相互关系。从金属液自由表面形式的例子中可以获得，接近于流体静力学和流体动力学的方法见图 5-41 和5-42。瞬态自由表面的确定算法的主要步骤可以利用 ANSYS、ANSYS/CFX 中关于 EM 和 HD 的计算，分别为其自行研制的两种方法，图 5-64 和图 5-65 所示为任意时间步长显示瞬间分布的电磁力（EM）矢量、速度场矢量和金属液自由表面的形状的计算结果。

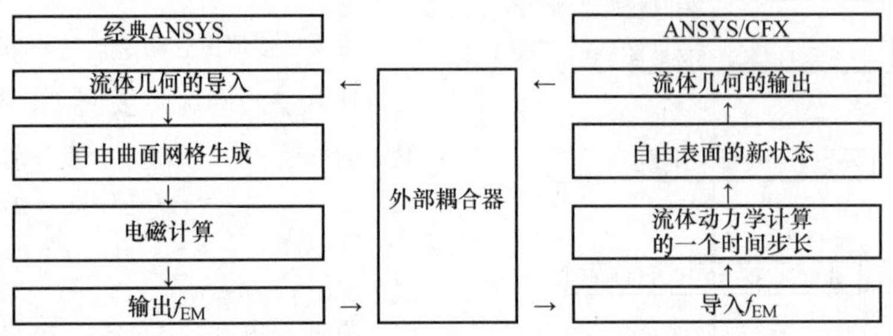

图 5-64　用 ANSYS 和 ANSYS/CFX 分别计算了耦合电磁波和自由液面的瞬态自由面算法

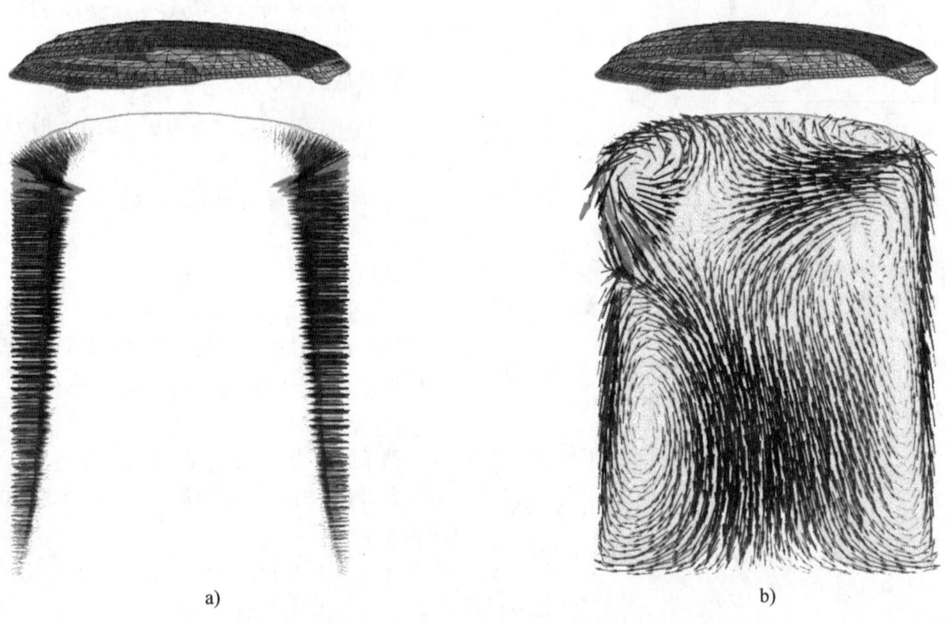

图 5-65　感应陶瓷炉内的自由液面瞬态三维计算

a）洛伦兹力密度　b）正交平面上速度矢量

5.2.6　坩埚式感应炉内湍流流动的数值模型

本节介绍了坩埚式感应炉中电磁场和熔体湍流流动的数值模型、坩埚式感应炉（ICF）研究应用的基本方程和方法。ICF 模型不断改善，源于所采用的计算机的性能和计算流体力学模型的开发，这是在拉脱维亚大学、电气工程学院和德国汉诺莱布尼茨大学，合作开发的环境和工艺过程的数学模型实验室完成的。

1. ICF 模型描述

图 5-66 所示为 ICF 的运行过程。要开发一个 ICF 模型，必须进行选择，ICF 结构的主要因素对电磁场分布、熔体流动结构和 ICF 热场元素有重要影响。ICF 各单元结构主要计算模型（见图5-67）是：

a)

b)

图 5-66　ICF 的运行过程

a）在特雷霍特工业公司加特兰德铸造厂操作运行的 ICF　b）坩埚炉出钢后的熔体流动

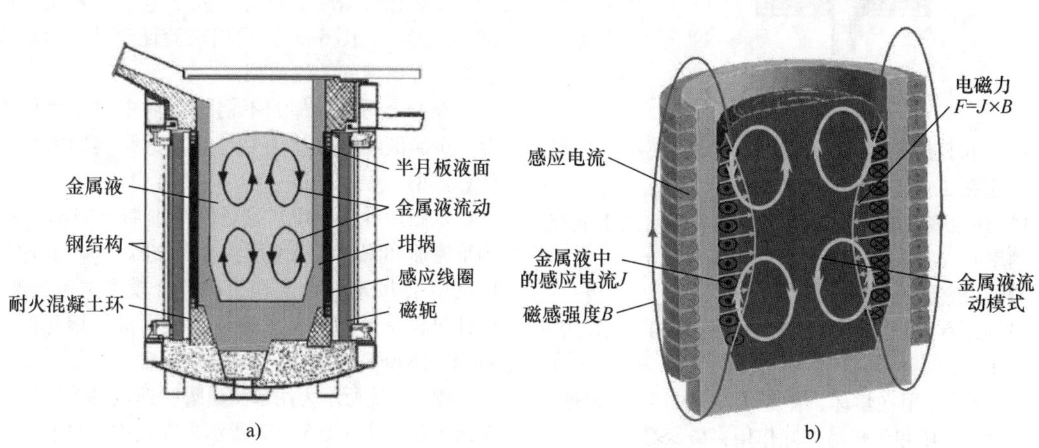

图 5-67　ICF 各单元结构主要计算模型

a）坩埚式感应炉的设计元素　b）电磁（EM）和流体动力（HD）场

1）金属液：导电流体（金属液），涡流的相互作用使金属液通过感应磁场产生流动，顶面的金属液（半月形）是自由表面。

2）坩埚：由非导电耐火材料（如耐火砖）制成的容器。

3）感应线圈：水冷铜线圈产生的交变电磁场的单相或多相电源；磁场可以集中使用磁轭。

4）如果分别建立电磁和传热模型时，钢结构或混凝土环也在考虑之列。

一个基于 MHD 方程建立的实验室规模 ICF 计算模型的参数和预测值见表 5-8。

用于验证一个陶瓷感应炉的计算模型和选择描

表 5-8　根据 MHD 方程实验室规模计算 ICF 模型的参数和预测值

参　　数	预测值
坩埚半径 r_0/m(in)	0.158(6)
特征速度 v_0/(m/s)(ft/s)	0.2(0.66)
特征磁感应强度 B_0/T	0.1
特征温度差 ΔT_0/K	10
感应器电流频率/Hz	50
EM 趋肤深度/m(in)	0.05(2.0)
无量纲频率	9.9
雷诺数 *Re*	0.7×10^5

（续）

参　数	预测值
普朗特数 Pr	0.036
葛拉索夫数 Gr	5.7×10^{7}
磁雷诺数 Re_m	0.04
阿尔芬速度 v_a，$B_0/(\gamma\mu_0)^{-1/2}$	0.45

述金属液流动的湍流模型的伍德金属试验装置如图5-68所示。

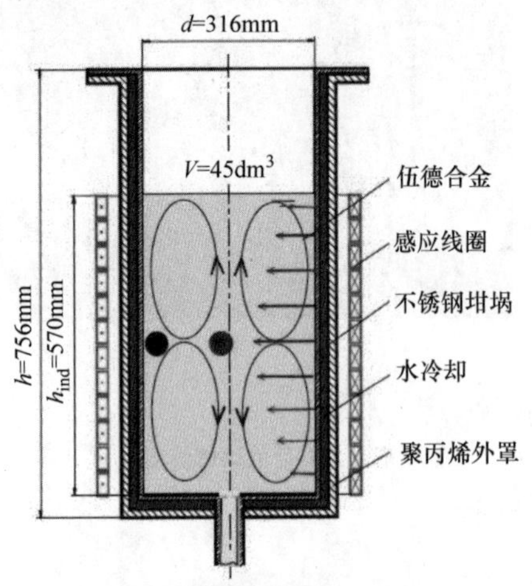

图5-68　伍德金属试验装置

一个ICF的EM、HD和传热场计算模型的主要特征（包括工业设备和试验装置）：

1）在金属液中独特的趋肤效应（即使是工业交流电频率），$\hat{\delta}_{EM}\ll1$。

2）湍流流动金属液流，$Re\gg1$。

3）没有考虑熔体流和磁场的相互作用，$Re_m\ll1$。

4）浮力作用在熔体，由于温度场的不均匀性，必须考虑HD场和传热场交互作用，$Gr\gg1$。

在计算中使用的湍流模型，金属液温度被视为一个常数。EM的计算是利用ANSYS Classic，HD的计算是利用ANSYS/CXF和FLUENT，ANSYS建模软件中的经典网格在伍德金属熔体坩埚式感应试验装置电磁计算中的应用如图5-69所示，是显示电磁计算网格在ANSYS Classic经典生成的试验装置。

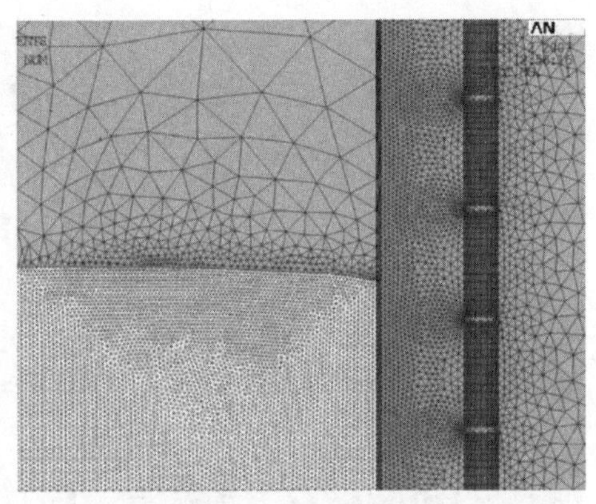

图5-69　ANSYS建模软件中的经典网格在伍德金属熔体坩埚式感应试验装置电磁计算中的应用

2. 在一个坩埚式感应炉中熔化伍德合金的试验装置

安装在汉诺威莱布尼茨大学电气工程研究所的试验装置（见图5-68）是用来验证和计算坩埚式感应炉中金属液的湍流模型。

在一个用水冷却的不锈钢坩埚中熔化的伍德合金，金属液温度被认为是恒定，这是实验室规模的计算模型。

永磁探针（PMP）或是用维韦斯（Vives）探针测量流速和测量湍流速度见参考文献［60］。探针被广泛用于InGaSn合金和伍德合金模型试验的测量，探针包含一个AlNiCo永磁体，最大液体熔化温度为450℃（840℉），适用于实验室规模的模型。

图5-70a所示为用于测量瞬时速度的维韦斯探针的结构和尺寸，图5-70b所示为安装中的试验装置探头。探头的工作原理是基于法拉第电磁感应定律：当一个导体运动通过磁场时，在其中就会产生和导体的运动方向一致的电动势磁场。

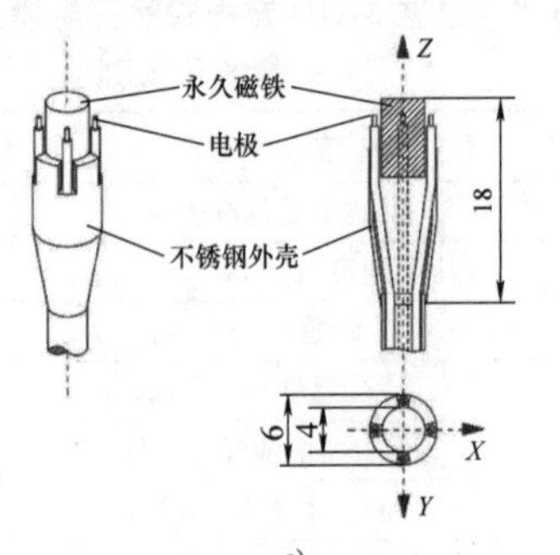

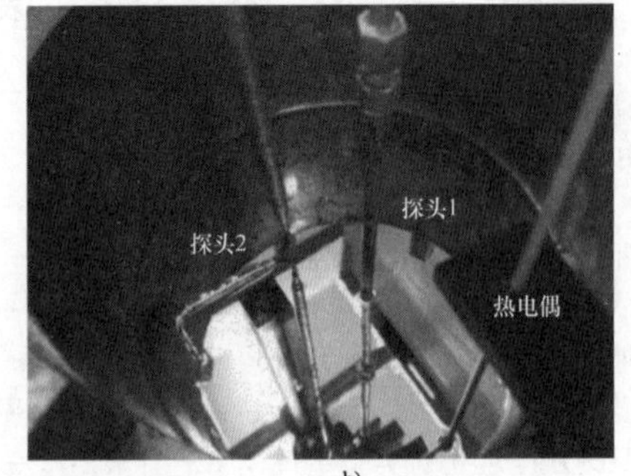

图5-70　探针和探头

a）用于测量瞬时速度的维韦斯探针的结构和尺寸　b）安装中的试验装置探头

对于工业规模熔炼炉的测量，探头包含一个直流线圈，而不是一个永久磁铁（见图 5-71）。其最高使用温度为 750℃（1380℉），直流探针可用于熔化铝的测量。

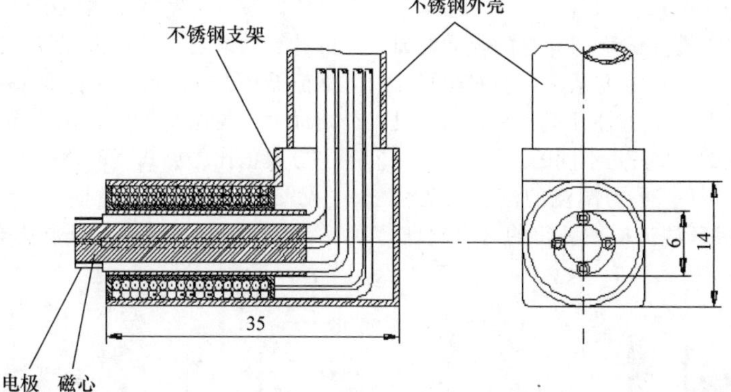

图 5-71 汉诺威莱布尼茨大学电气工程研究所设计的直流线圈探头用于工业规模熔炼炉的测量

3. 测量和计算结果的比较

（1）熔体速度 图 5-72 所示为得到的熔体平均速度分布和多种湍流测量获得的速度分布模型：

1）二维计算标准 $k-\varepsilon$ 模型。

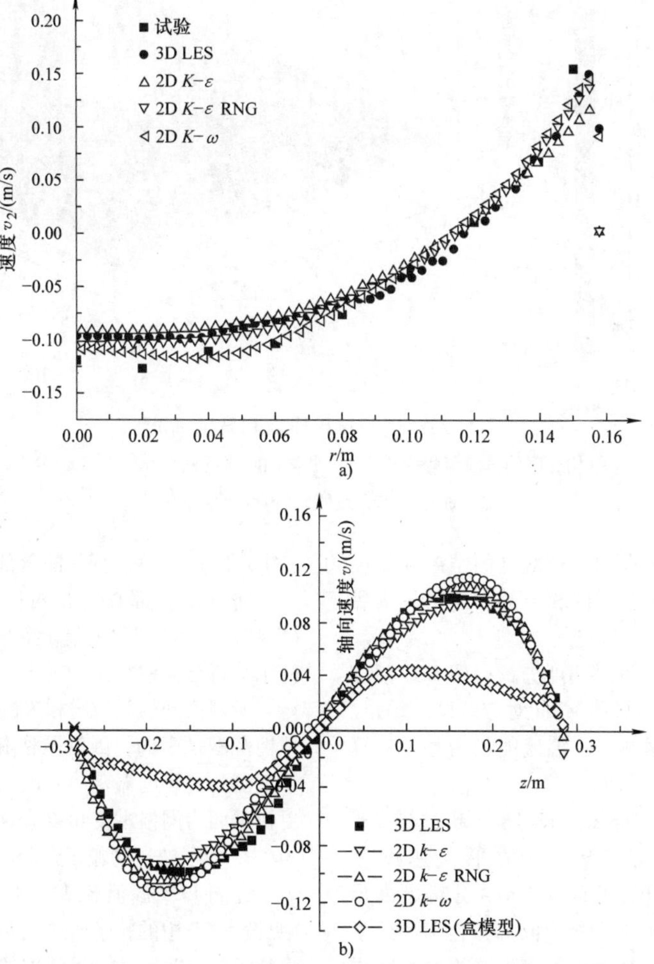

图 5-72 比较采用不同湍流模型的计算研究结果与速度轴向分量的试验结果（坐标系原点在熔体对称点）

a）$z=0.13$m 时的径向坐标 r b）$r=0$ 时的轴向坐标 z

2）二维计算与 RNG $k-\varepsilon$ 模型。

3）二维计算 $k-\omega$ 模型。

4）三维计算与 LES 模式。

对所有验证的湍流模型试验和计算的径向与轴向平均速度分布都得到了良好的结果，但对盒模型是一个例外（见图 5-72b），圆柱几何和平行管道几何形状的 ICF 试验装置，与其是不同的。

（2）湍流动能　计算平均湍流的流态（见图 5-56a）即包含由两涡环湍流模型获得的所有验证。所利用的 ICF 试验装置对应流态的平均测量结果（见图 5-73a）。

两参数速度脉动试验结果和各向同性湍流模型的计算结果之间的巨大差异，在近壁区之间的两个涡流循环方向相反（见图 5-73a），出现平均脉动动能最大（见图 5-73b）。涡流黏度和湍流动能能量的平方成正比，见式（5-189），甚至不是定性正确的（见图 5-56b）。

LES 模型是唯一验证湍流模型计算结果对应的试验结果；从 LES 模型得到涡流黏度的结果（见图 5-56c），它们是涡壁附近方向相反的湍流的最大黏度值。

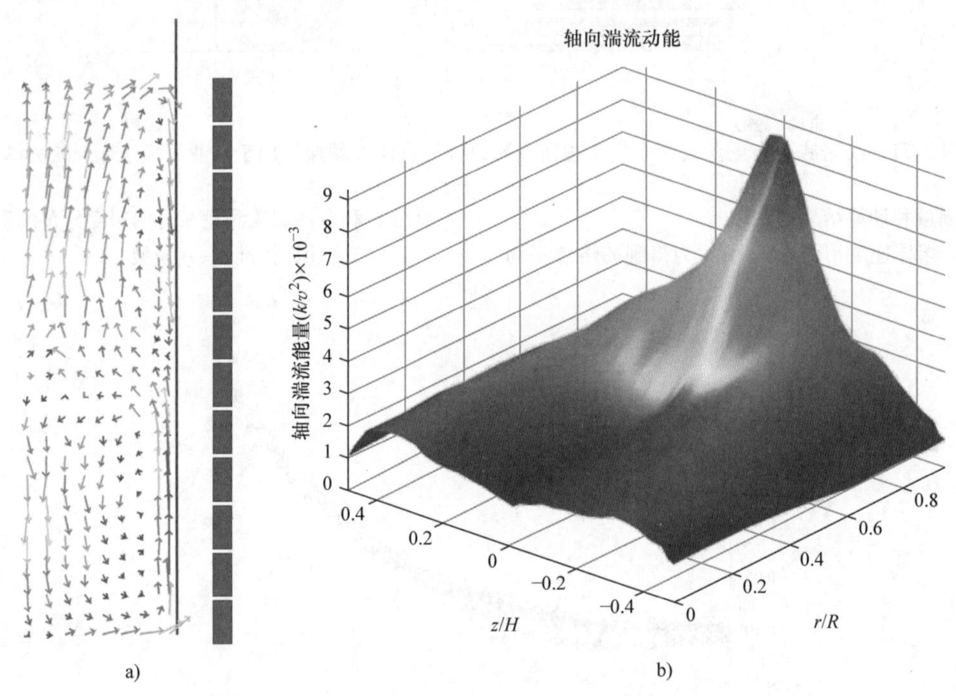

图 5-73　试验流程模式和脉动动能

a）平均速度的试验流程模式　b）平均轴向速度脉动动能$\overline{v_z'^2}/2v_a^2$ 分布

注：通过阿尔文速度 $v_a\approx1$m/s 规范化。

（3）湍流能量谱　瞬时速度分量得到 LES 模型定性的时间依赖性分布见图 5-74a 对应的试验结果。注意只是轴向速度分量测量，湍流能量谱基于计算速度的特征如图 5-74b 所示。

试验测量频率为 20Hz 和频谱的解不超过波数式（5-186），$k_w^{max}=500\text{m}^{-1}$ 条件下的平均速度为 0.09m/s（0.3ft/s），计算时间为 5ms，分辨率高出解的 10 倍。然而，有必要考虑空间离散化模型元素特征，尺寸为 3mm（0.125in），截止波数均匀网格可以估算为 $k_w^d\approx17\text{m}^{-1}$。因此，当用于计算，LES 模型不能计算湍流结构尺度小于 1/170m≈0.006m（约 0.25in），这与探头测量部分的尺寸相当。

所有光谱都具有相对高能量的几个频率。式（5-187）为计算和试验光谱可以在惯性子区与理论柯尔莫哥洛夫谱相比。

所观察到的区域与相等的斜坡对应的惯性范围，惯性范围是窄的，因为网格和选定的时间步长限制了观测的高尺度振荡。在高 k_w 值的计算曲线的衰减更快是因为网格黏度和数值效应。

4. 粒子轨迹的粒子云分布

连同 LES 湍流模型，可以计算拉格朗日粒子（见图 5-75 中的粒子轨迹）以及粒子云（见图 5-76 中粒子的分布）注入熔体中的瞬间时刻。

密度为 9400kg/m^3（0.339lb/in^3）的粒子注入伍德合金金属液的粒子参数见表 5-9。

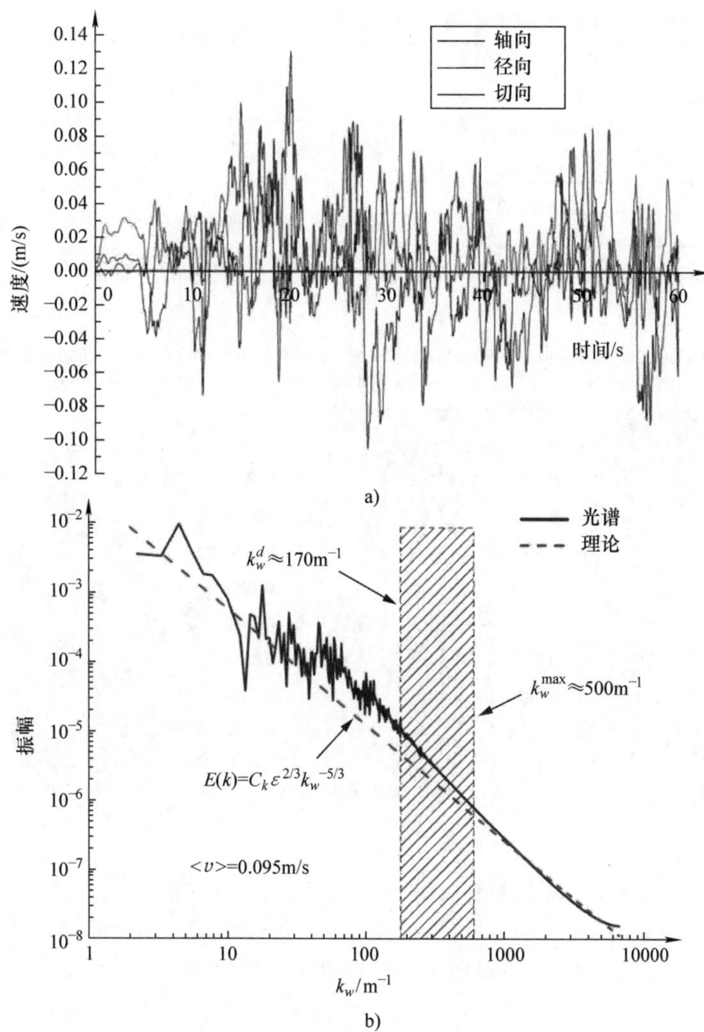

图5-74 壁面附近的湍流特性

a）瞬时速度分量采用大涡模拟（LES）方法 b）波数空间的湍流能量

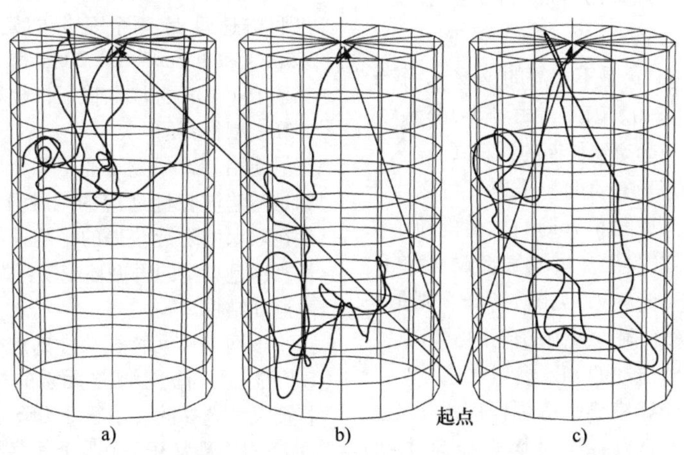

图5-75 不同密度 γ_p 的0.002mm直径粒子的运动轨迹

a）8545kg/m^3（0.308lb/in^3） b）9400kg/m^3（0.339lb/in^3） c）10340kg/m^3（0.373lb/in^3）

表 5-9 注入伍德合金金属液的粒子参数

直径 d_p/mm(in)	0.02(≈0.001)
密度 γ_p/(kg/m³)(lb/in³)	8545、9400、10340 (0.308、0.339、0.373)
电导率 σ_p/[1/(Ω·m)]	σ_{melt}
注入粒子数 N	1 或 30000
斯托克(Stokes)数 St	3×10^{-5} ~0.09
粒子雷诺数 Re_p	<200

图 5-75 说明了一个单粒子在两个环形涡旋之间的可能路径。用于跟踪一个单一粒子轨迹过程中的类似图形作为合金的均匀化，见图 5-76，可以更详细地研究由于陶瓷坩埚中合金元素的加入而使金属液均匀性恶化，在选定层的粒子浓度是可以计算的。

粒子速度矢量图（见图 5-76）用于定性可视化的瞬时流量循环结构流动模式。

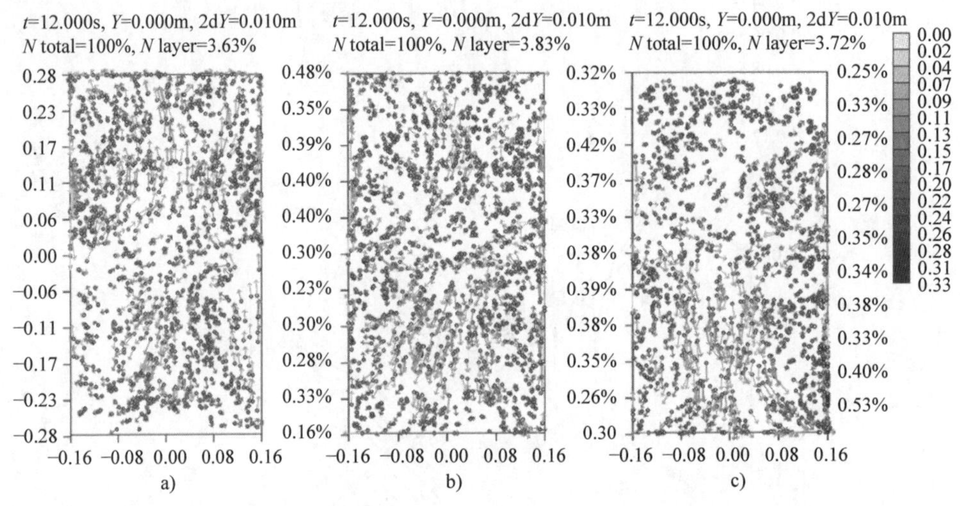

图 5-76 不同密度 γ_p 的 10mm 子午层中粒子云的速度分布

a) 8545kg/m³ (0.308 lb/in³)(轻粒子) b) 9400kg/m³ (0.339 lb/in³)
c) 10340kg/m³ (0.373 lb/in³)(重粒子)

金属液中的粒子行为由其速度决定，最大值为 0.33m/s (1ft/s)。如果粒子密度（如轻粒子的 γ_p = 8545kg/m³，重粒子的 γ_p = 10340kg/m³，或分别为 0.308lb/in³ 和 0.373lb/in³）和流体密度（γ = 9400kg/m³或 0.339lb/in³）是不相等的 $\gamma_p \neq \gamma$，粒子的雷诺数 Re_p 值可高达 200。因此，式（5-145）、式（5-144）成为决定粒子运动延长期的计算式。

如果 $\gamma_p < \gamma$，则向下流动的粒子速度可以小于向上流动的粒子速度（见图 5-76a)，大量的粒子在自由表面顶部附近可以找到，坩埚底部没有粒子。在中央区域的重粒子（$\gamma_p > \gamma$，见图 5-76c）则是一个略高于坩埚底部对称轴附近重力的向下熔体流。

5. 工业 ICF 中湍流流动的 LES 模型

LES 是一个湍流计算模型，也可以应用于工业 ICF 模型。图 5-77a 所示为一个坩埚半径为 0.49m (1.6ft)，感应器高为 1.33m (4.36ft)，ICF 的熔体充满水平为 90%，电功率为 4540kW 的工业 ICF 的计算结果。循环结构由具有两个相反方向旋涡的平均流型来说明。

与试验 ICF 模型相比，工业 ICF 的瞬时大尺度和平均速度是一个基本的定量差异，即分别为 2.5m/s 和 1.7m/s (8.2ft/s 和 5.6ft/s)。金属液液面是工业 ICF 的基本特征，金属液液面形状是利用计算模型得到的。

使用 LES 研究工业 ICF 金属液流计算的关键指标是与湍流特性适应的定性分布。图 5-77b 所示的是在双涡壁附近获得的平均速度脉动动能的最大能量。这是典型的再循环流动，类似于各种 MHD 装置的流动结构。

该网格单元特征尺寸的选择是使用 LES 对工业 ICF 的主要研究。网格元素的数量 N 是基于设备的特征尺寸选择的。用三维 LES 湍流模型对 N 进行估计，表明 N 为 10×10^6 个元素得到了正确结果，而当 N 为 1~1.5 个数量级或更小时得到了不正确的结果。

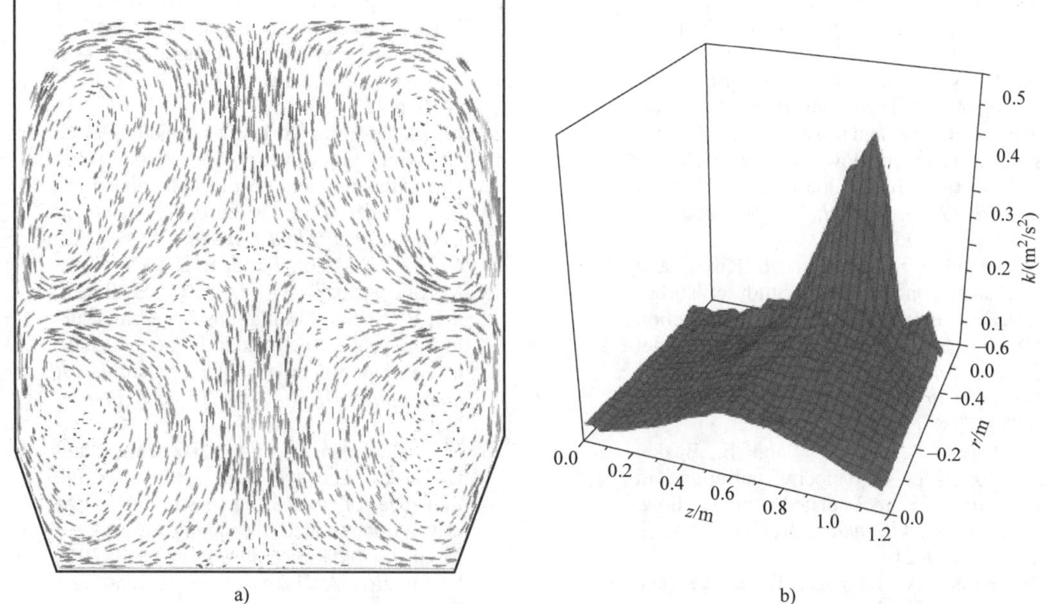

图5-77 工业陶瓷感应炉（ICF）的三维大涡模拟（LES）模型

a）熔体弯月面和平均流型分布 b）平均速度脉动动能

6. 结论

三维瞬态LES熔体湍流模型是用于工业坩埚式感应炉（ICF）的MHD数值模型。数值研究表明，这种方法是有效的，对其他类型的冶金设备也是有效的，包括通道式感应炉（CIF）和冷坩埚式感应炉（IFCC）。

参考文献

1. A. Bejan and A.D. Kraus, *Heat Transfer Handbook*, Wiley & Sons, New York, 2003
2. F.P. Incropera and D.P. de Witt, *Fundamentals of Heat and Mass Transfer*, 5th ed., Wiley & Sons, New York, 2002
3. S.S. Kutateladze, *Similarity Analysis in Heat Transfer* (in Russian), Science Publishing House, Moscow, 1982
4. J.H. Lienhard (IV) and J.H. Lienhard (V), *A Heat Transfer Textbook*, Phlogiston Press, Cambridge, Mass., USA, 2008
5. D.R. Pitts and L.E. Sissom, Schaum's *Outline of Theory and Problems of Heat Transfer*, 2nd ed., McGraw-Hill, New York, 1998
6. E. Baake, A. Jakovics, S. Pavlovs, and M. Kirpo, Numerical analysis of turbulent flow and temperature field in induction channel furnace with various channel design, Intl. Scientific Colloquium Modeling for Material Processing, Riga, Latvia, Sept., 2010, p 253–258
7. E. Baake, A. Jakovics, S. Pavlovs, and M. Kirpo, Long-term computations of turbulent flow and temperature field in the induction channel furnace with various channel design, *Magnetohydrodynamics*, Vol 46, No. 4, 2010, p 317–330
8. E. Baake, A. Jakovics, S. Pavlovs, and M. Kirpo, Influence of channel design on heat and mass exchange of induction channel furnace, *COMPEL: The Intl. J. for Computation and Mathematics in Electrical and Electronic Engineering*, Vol 30, No. 5, 2011, p 1637–1650
9. E. Baake, M. Langejuergen, M. Kirpo, and A. Jakovics, Analysis of transient heat and mass transfer processes in the melt of induction channel furnace using LES, *Magnetohydrodynamics*, Vol 45, No. 3, 2009, p 267–273
10. E. Baake, B. Nacke, A. Jakovics, and A. Umbrashko, Heat and mass transfer in turbulent flows with several recirculated flow eddies, *Magnetohydrodynamics*, Vol 37, No. 1–2, 2001, p 13–22.
11. E. Baake, B. Nacke, A. Umbrashko, and A. Jakovics, Large eddy simulation modeling of heat and mass transfer in turbulent recirculated flows, *Magnetohydrodynamics*, Vol 39, No. 3, 2003, p 291–297
12. E. Baake, B. Nacke, A. Umbrashko, and A. Jakovics, Turbulent flow dynamics, heat transfer and mass exchange in the melt of induction furnaces, *COMPEL: The Intl. J.*

for Computation and Mathematics in Electrical and Electronic Engineering, Vol. 22, No. 1, 2003, p 39–47

13. A. Jakovics, S. Pavlovs, D. Bosnyaks, S. Spitans, E. Baake, and B. Nacke, Influence of channel and yoke design and clogging on turbulent flow and heat exchange in induction channel furnaces, *J. of Iron and Steel Research Intl.*, Vol 19 (suppl. 1), 2012, p 749–753
14. A. Jakovics, S. Pavlovs, M. Kirpo, and E. Baake, Long-term LES Study of Turbulent Heat and Mass Exchange in Induction Channel Furnaces with Various Channel Design, *Fundamental and Applied MHD*, Borgo, Corsica, France, Vol 1, 2011, p 283–288
15. M. Kirpo, A. Jakovics, and E. Baake, Characteristics of velocity pulsations in a turbulent recirculated melt flow, *Magnetohydrodynamics*, Vol 41, No. 2, 2005, p 199–210
16. M. Kirpo, A. Jakovics, E. Baake, and B. Nacke, Modeling velocity pulsations in a turbulent recirculated melt flow, *Magnetohydrodynamics*, Vol 42, No. 2–3, 2006, p 207–218
17. M. Kirpo, A. Jakovics, E. Baake, and B. Nacke, LES study of particle transport in turbulent recirculated liquid metal flows, *Magnetohydrodynamics*, Vol 42, No. 2, 2006, p 199–208
18. M. Kirpo, A. Jakovics, E. Baake, and B. Nacke, Analysis of experimental and simulation data for the liquid metal flow in a cylindrical vessel, *Magnetohydrodynamics*, Vol 43, No. 2, 2007, p 161–172
19. M. Kirpo, A. Jakovics, B. Nacke, and E. Baake, Particle transport in recirculated liquid metal flows, *COMPEL: The Intl. J. for Computation and Mathematics in Electrical and Electronic Engineering*, Vol 27, No. 2, 2008, p 377–386
20. S. Pavlovs, A. Jakovics, E. Baake, B. Nacke, and M. Kirpo, LES modeling of turbulent flow, heat exchange and particle transport in industrial induction channel furnaces, *Magnetohydrodynamics*, Vol 47, No. 4, 2011, p 399–412
21. S. Pavlovs, A. Jakovics, E. Baake, and B. Nacke, LES long-term analysis of particles transport in melt turbulent flow for industrial induction channel furnaces, 8th Intl. Conf. on Clean Steel, May, 2012, Budapest, Hungary
22. S. Pavlovs, A. Jakovics, D. Bosnyaks, F. Baake, and B. Nacke, Turbulent flow, heat and mass exchange in industrial induction channel furnaces with various channel design, iron yoke position and clogging. *Proc. XVII Congress UIE-2012*, May, 2012, Saint Petersburg, Russia
23. M. Shchepanskis, A. Jakovics, and B. Nacke, Homogenization of non-conductive particles in EM induced flow in cylindrical vessel, *Magnetohydrodynamics*, Vol 46, No. 4, 2010, p 413–423
24. M. Shchepanskis, A. Jakovics, and B. Nacke, The simulation of the motion of solid particles in the turbulent flow of induction crucible furnaces, *Proc. V European Conf. on Computational Fluid Dynamics ECCOMAS CFD 2010*, Lisbon, Portugal, 2010
25. M. Shchepanskis, A. Jakovics, E. Baake, and B. Nacke, Oscillations appearing during the process of particle homogenization in EM induced flow in ICF, *Fundamental and Applied MHD*, Borgo, Corsica, France, Vol 2, 2011
26. M. Shchepanskis, A. Jakovics, and E. Baake, The statistical analysis of the influence of forces on particles in EM driven recirculated turbulent flows, *J. of Physics: Conference Series*, Vol 333, 2011
27. S. Spitans, A. Jakovics, E. Baake, and B. Nacke, Numerical modeling of free surface dynamics of conductive melt in the induction crucible furnace, *Magnetohydrodynamics*, Vol 46, No. 4, 2010, p 425–436
28. S. Spitans, A. Jakovics, E. Baake, and B. Nacke, Numerical modeling of free surface dynamics of melt in the induction crucible furnace, *Fundamental and Applied MHD*, Borgo, Corsica, France, Vol 2, 2011, p 675–679
29. A. Umbrashko, E. Baake, B. Nacke, and A. Jakovics, Experimental investigations and numerical modeling of the melting process in cold crucible. COMPEL: *Intl. J. for Computation and Mathematics in Electrical and Electronic Engineering*, Vol 24, No. 1, 2005, p 314–323
30. A. Umbrashko, E. Baake, B. Nacke, and A. Jakovics, Numerical modeling of recirculated liquid flows in induction furnaces with cold crucible, Magnetohydrodynamics, Vol, 43, No. 2, 2007, p 243–251
31. A. Umbrashko, E. Baake, B. Nacke, and A. Jakovics, Numerical studies of the melting process in induction furnace with cold crucible, COMPEL: *Intl. J. for Computation and Mathematics in Electrical and Electronic Engineering*, Vol 27, No. 2, 2008, p 359–368
32. G.K. Batchelor, *An Introduction to Fluid Dynamics*, Cambridge University Press, Cambridge, UK, 2002
33. L.D. Landau, E.M. Lifshitz, and L.P. Pitaevskii, Course of Theoretical Physics, Vol 8, *Electrodynamics of Continuous Media*, 2nd ed., Butterworth–Heinemann, Oxford, 1984
34. E.Ya. Blum, Yu.A. Mihailov, and R.Ya. Ozols, *Heat and Mass Exchange in Magnetic Field* (in Russian), Zinatne, Riga, 1980

35. V.V. Boyarevich, Ya.Zh. Freiberg, E.I. Shilova, and E.V. Shcherbinin, *Electrovortex Flows*, Zinatne, Riga, 1985
36. G.G. Branover and A.B. Tsinober, Magnetohydrodynamics of Incompressible Medium (in Russian), Science Publishing House, Moscow, 1970
37. P.A. Davidson, *An Introduction to Magnetohydrodynamics*, Oxford University Press, Cambridge, UK, 2001
38. Y.M. Gelfgat, O.A. Lielausis, and E.V. Shcherbinin, Liquid Metal under the Action of Electromagnetic Forces (in Russian), Zinatne, Riga, 1976
39. L.D. Landau and E.M. Lifshitz, Course of Theoretical Physics, Vol 6, *Fluid Mechanics*, 2nd ed., Butterworth–Heinemann, Oxford, 1987
40. L.G. Loiciansky, Fluid Mechanics (in Russian), 6th ed., Science Publishing House, Moscow, 1987
41. R. Moreau, *Magnetohydrodynamics*, Kluwer Academic Publishers, Dordrecht, the Netherlands, 1990
42. J.A. Shercliff, *A Textbook of Magnetohydrodynamics*, Pergamon Press, Oxford, UK, 1965
43. J. Szekely, *Fluid Flow Phenomena in Metals Processing*, Academic Press, New York, 1979
44. L.L. Tir and A.P. Gubchenko, *Induction Melting Furnaces for Processes of Higher Fidelity and Purity* (in Russian), Energy and Atom Publishing House, Moscow, 1988
45. L.L. Tir and M.Y. Stolov, Electromagnetic Devices for Control of Melt Circulation in Electrically Heated Furnaces (in Russian), 2nd ed., *Metallurgy*, Moscow, 1991
46. A.K. Roy and R.P. Chhabra, Prediction of solute diffusion coefficient in liquid metals, *Met Trans* A, Vol 19A, 1988, p 273–279
47. D. Leenov and A. Kolin, Theory of electromagnetophoresis, I. Magnetohydrodynamic forces experienced by spherical and symmetrical oriented cylindrical particles, *J. of Chemical Physics*, Vol 22, 1954, p 683–688
48. P.A. Davidson, *Turbulence: An Introduction for Scientists and Engineers*, Oxford University Press, 2004
49. W. Frost and T.H. Moulden, Ed., *Handbook of Turbulence, Fundamentals and Applications*, Plenum Press, New York, 1977
50. M. Lesieur O. Metais, and P. Comte, *Large-Eddy Simulation of Turbulence*, Cambridge University Press, Cambridge, 2005.
51. G.F. Hewitt and J.C. Vassilicos, Ed., Prediction of Turbulent Flows, Cambridge University Press, Cambridge, UK, 2005
52. M.D. Van Dyke, *An Album of Fluid Motion*, The Parabolic Press, Stanford, Calif., USA, 1982
53. D.C. Wilcox, Turbulence Modeling for CFD, 3rd ed., DCW Industries, Inc., La Cañada, Calif., USA, 2006
54. A.D. Votsish and Yu.B. Kolesnikov, Transition from three- to two-dimensional turbulence in a magnetic field, *Magnetohydrodynamics*, Vol 12, No. 3, 1976, p 378–379
55. A.D. Votsish and Yu.B. Kolesnikov, Anomalous transfer of energy in a shear MHD flow with two-dimensional turbulence, *Magnetohydrodynamics*, Vol 12, No. 4, 1976, p 422–426
56. H.K. Versteeg and W. Malalasekera, *An Introduction to Computational Fluid Dynamics*, Pearson Education Ltd., Essex, UK, 2007
57. T.J. Chung, Computational Fluid Dynamics, Cambridge University Press, Cambridge, UK, 2002
58. S.V. Patankar, Numerical Heat Transfer and Fluid Flow, Hemisphere Publishing Corp., New York, 1980.
59. P.J. Roache, *Fundamentals of Computational Fluid Dynamics*, Hermosa Publishers, Albuquerque, N. Mex., USA, 1998
60. R. Ricou and C. Vives, Local Velocity and Mass Transfer Measurements in Molten Metals Using an Incorporated Magnet Probe, *Int. J. Heat Mass Transf.*, Vol 25, 1982, p 1579–1588

5.3 坩埚式感应炉的构成与设计

Erwin Dötsch，ABP Induction Systems

Bernard Nacke，Leibniz University of Hannover

高性能坩埚式感应炉（见图 5-78）系统由以下部分组成：

1）炉体的机械部件，包括耐火内衬、线圈和磁轭、倾斜支架和炉盖。

2）供电电源，包括变压器、变频器、电容器组、电缆和炉子线圈。

3）控制系统，包括称重装置、程序处理控制器。

4）外围组件，包括循环冷却装置、装料装置、排烟装置、扒渣装置。

5.3.1 炉体

熔炉自身是一个结构简单的熔炼装置，是由圆筒形的围绕感应线圈的耐火坩埚、磁轭以及带轴承的倾转钢构架组成的（见图 5-79），线圈底部放置在炉子的陶瓷底板上，炉顶是混凝土。

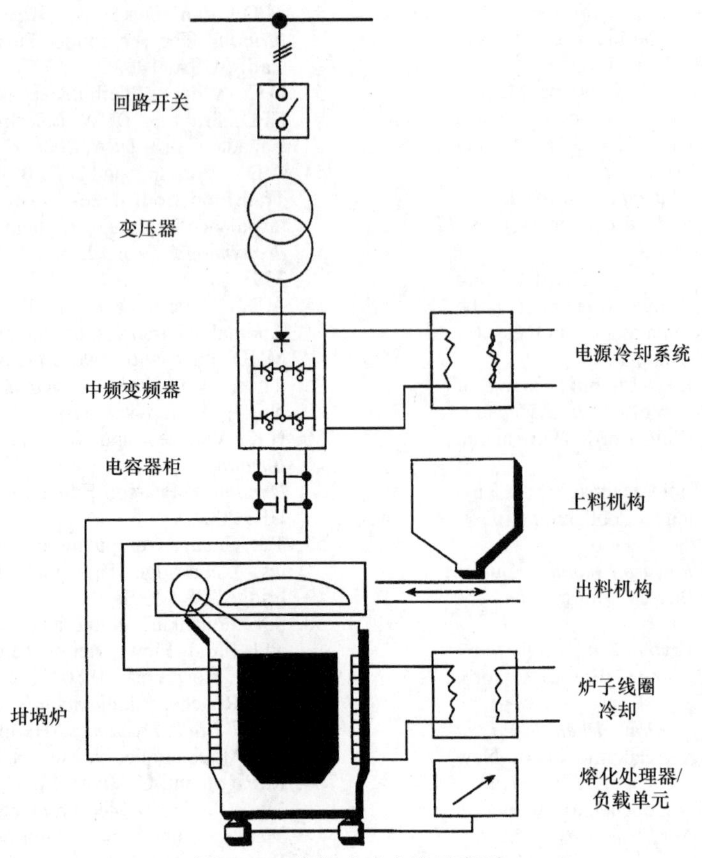

图 5-78 坩埚式感应炉示意图

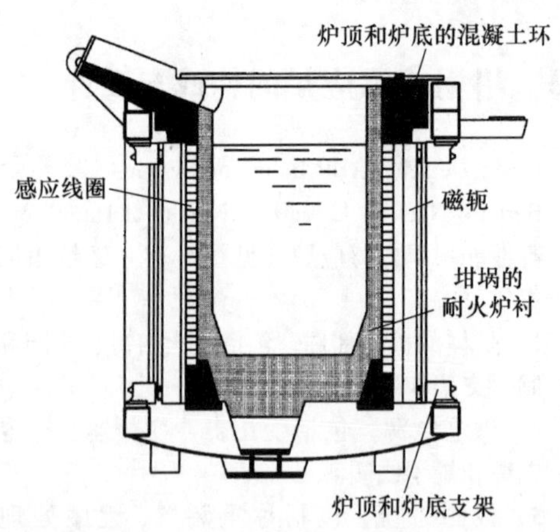

图 5-79 坩埚感应炉的剖面图（由 ABP 感应系统提供）

1. 耐火炉衬

耐火炉衬是坩埚式感应炉的主要部件。炉衬的性能将影响其运行的可靠性、安全性、冶金性能以及经济效益。特别重要的是感应能量的传递，其他熔化装置并没有这样的要求：

1）炉壁的厚度尽可能最小，以保持高的电效率。

2）金属液不允许渗入耐火的炉壁内，进而渗向线圈，因为它具有导电性，致使炉子的耐火炉衬被感应加热，这意味着未能阻止金属液渗入，以致进一步会渗入到线圈中造成短路。

3）力学和化学/冶金性能高度持久的稳定，能承受熔池搅动的撞击。

炉衬材料可分为酸性（SiO_2）、中性（Al_2O_3）和碱性（MgO）的氧化物，一般使用干燥的材料，例外的情况是坩埚用砖砌或浇注炉衬或者作为预制（随时可用）件使用的时候。

烘干的石英岩。使用的主要材料是烘烤过的酸性材料，其主要特征如下：

1）二氧化硅（SiO_2）的质量分数大于98%。

2）几乎不含水（湿度<0.2%）。

3）颗粒：0~7mm（0~0.275in）的石英岩。

4）烧结剂：质量分数为 0.3% ~2% 的硼酸（H_3BO_3）或三氧化二硼（B_2O_3）。

5）烧结后的气孔率：12% ~18%。

除了价格低以外，烘干的石英岩还有两个重要原因特别适应高性能要求。首先，石英具有特殊的热膨胀功能，热膨胀曲线如图 5-80 所示。700℃

(1290℉) 左右时，膨胀不超过1.4%，温度进一步升高时，体积保持恒定。因此，酸性炉衬工作过程中，如果坩埚的温度不允许低于700℃，那么温度波动会导致炉衬开裂的风险几乎是不存在的。

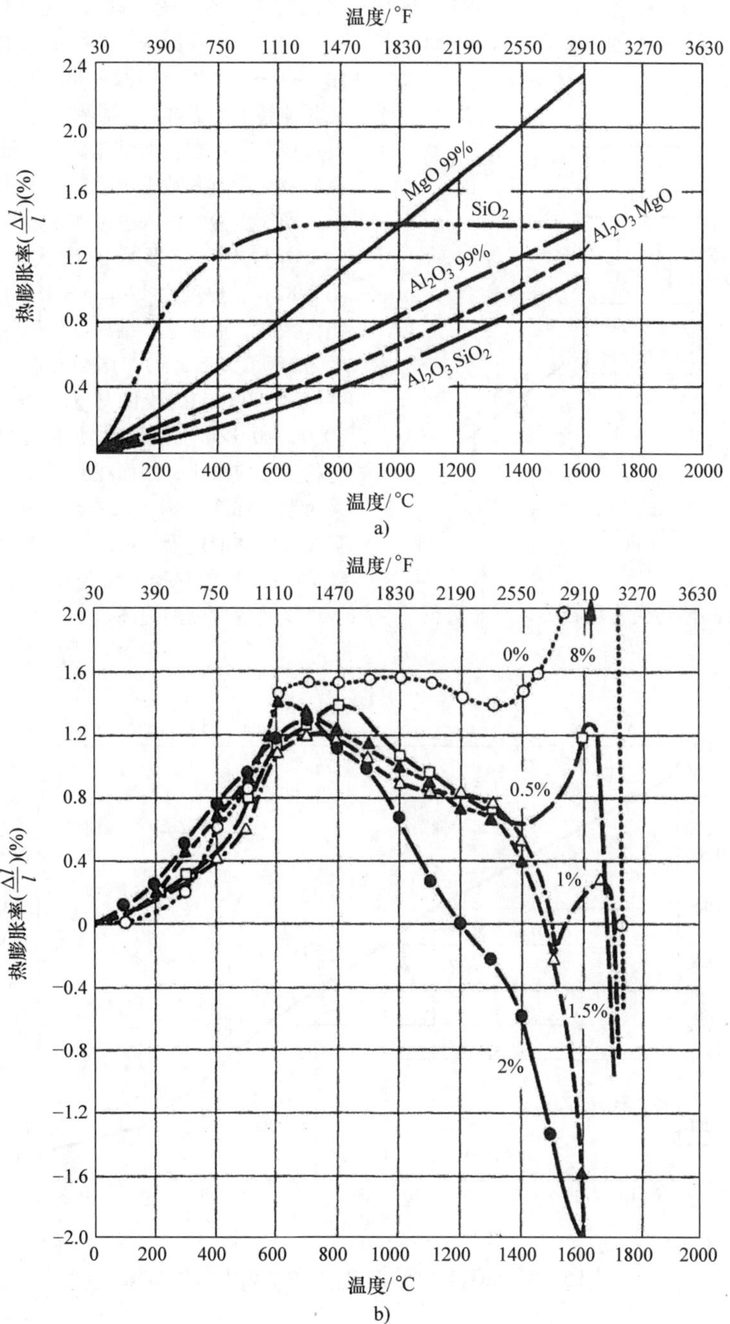

图5-80　热膨胀曲线

a) 各种耐火材料　b) 加入不同比例硼酸的石英材料

其次，酸性耐火炉衬用下面的方法容易使天然晶体 SiO_2 的晶态转化。

烧结烘燥的第一个步骤中，在干石英砂中掺入黏结剂硼酸或二氧化硼与 SiO_2 之间发生反应，生成硼硅酸盐，其共晶的液相线温度近似700℃，在石英颗粒的表面形成液相。随着烧结温度继续升高，SiO_2 颗粒烧结成整块结构，发生烧结体的收缩（见图5-80b）。由晶态转变补偿，烧结产生晶态的转变如图5-81所示。石英晶体从 870℃（1598℉）起转变为磷石英，从接近 1000℃（1830℉）起转变为方晶石英，上述两种转变都是不可逆的，相应地体积增加 16%，这是由于磷石英和方晶石英的密度为 2.23g/cm³，而石英的密度为 2.53g/cm³。

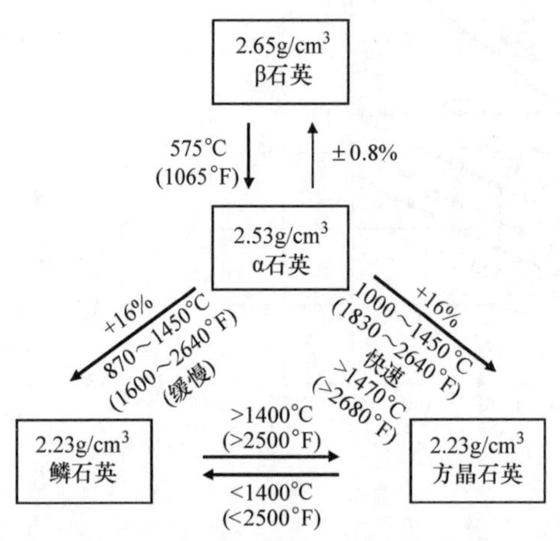

图 5-81 石英晶体转变为鳞石英、方晶石英

从技术应用的观点来看，石英在 1450℃（2642℉）转化成方晶石英是特别有利的，因为石英转化成鳞石英是受到动力学控制的，作为长期的效应，它仅仅产生膨胀。新烧结的坩埚炉衬用于铸铁熔化 1500～1550℃（2732～2822℉）的经验表明，由石英晶体转变为方晶石英非常迅速，其体积的增加与石英颗粒和在颗粒表面硼化硅金属液产生的烧结层，与金属液接触时其致密度已经能阻止金属液渗透到炉衬中，即使缓慢的渗入也可防止。

由上述反应形成的耐火坩埚的炉壁结构见图 5-82，在厚度为 120mm（4.7in）的坩埚壁中，熔化铸铁时会形成这种结构。如果线圈水冷铜管表面温度为 100℃（212℉），则 20mm（0.8in）线圈层的温度接近 80℃，在线圈体内侧放置一个厚 1～3mm（0.04～0.12in）的箔片使坩埚炉衬与线圈体隔离，它的热效应很小，因而在此可以忽略不计。坩埚壁的最大温度梯度如图 5-82 所示。绝热保温层并不是装置在线圈体的前沿，可以不设绝热保温层。高性能中频炉（MF）的热损失略为高一点是容许的，更有利于坩埚使用寿命的提高。

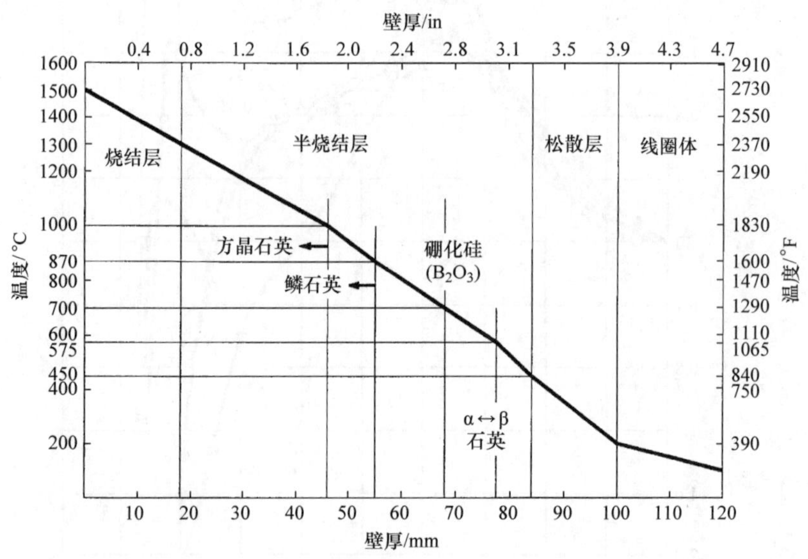

图 5-82 SiO_2 与黏结剂 B_2O_3 炉壁烘干后的结构

松散层始于 180℃ 的温度区（360℉），其厚度为 35mm（1.4in），具有机械压实层炉衬的基本性能。坩埚加热时，由于热膨胀而更加密实，松散层从 575℃（1067℉）开始，产生 α 相转变为 β 相的可逆转变，对 SiO_2 坩埚炉的功能而言这一点是次要的；硼化硅在 700℃（1292℉）开始，烧结的第一步在耐火炉衬中形成玻璃相层，鳞石英从 870℃（1598℉）加热到 1000℃（1832℉）时生成方晶石英，由此在 1300℃（2732℉）左右完成上述转变。烧结第二步，形成的烧结层厚度约为 20mm（0.8in），直接和表面温度达 1500℃（2732℉）的金属液接触。

基于上述特性，在一定范围内可以采用石英（细颗粒石英）作为感应炉的耐火炉衬材料。例如，熔化生铁、铜、黄铜时，其最高温度不超过1600℃和1250℃（2912℉和2282℉），酸性炉衬具有化学适应性，如果主要用于铜的熔化，在石英中渗入某些催化物使上述由石英转变为方晶石英的过程加速，甚至在接近1100℃（2010℉）就能产生这种转变。

尖晶石成形炉体：如果对出炉温度和化学稳定性要求高，例如熔化钢时以MgO或Al_2O_3为基的尖晶石烧结成形炉体最为合适。由于这类炉渣的特殊要求，还要加入Cr_2O_3，除了良好的化学稳定性外，还要有高达1750℃（3180℉）的高温稳定性以及低的渗透性，这些物理性能的要求类似于酸性炉衬。

后者的性能主要是在炉体烧结时形成尖晶石产生的，含有方镁石和刚玉组成的尖晶石（MgO、Al_2O_3）形成时，体积增加7.9%，不仅补偿了1200℃（2192℉）烧结过程中由于没有类似反应而产生的收缩，而且增加了炉体的抗渗性，如同酸性炉体烧结时石英晶体转变成磷石英和方晶石英。

2. 筑炉工艺

感应炉的炉衬必须小心翼翼地砌筑，因为炉衬中的缺陷是炉衬过早损坏的主要原因。机械压实烘干装置如图5-83所示。筑炉过程如下：

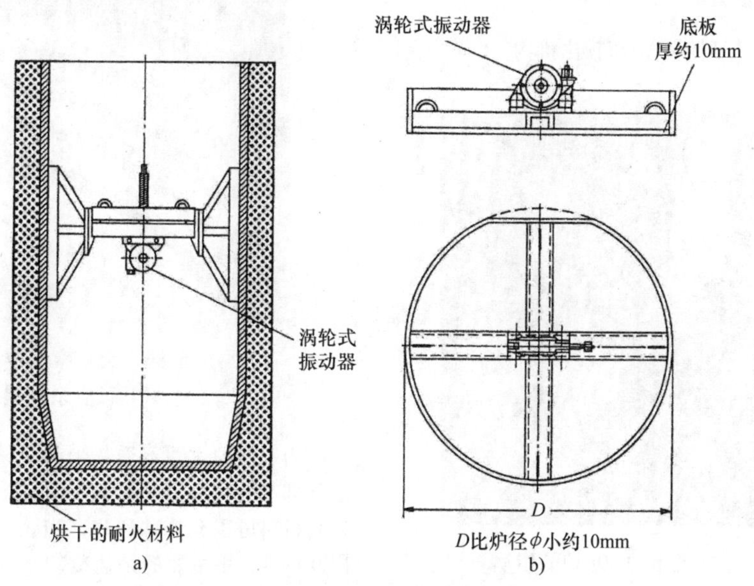

图5-83 机械压实烘干装置
a）用于坩埚壁上 b）用于坩埚底层

1）在线圈套内侧衬以云母片。

2）装入制作坩埚炉的干料，用所示带底板的振动器机械压实。

3）将烧结的圆筒（模型）安放在中心。

4）在线圈与烧结的模型之间的空间注入干料，以图5-83所示的方式机械压实。

5）炉衬加热到1000~1200℃（1830~2190℉），一般采用气体或油为燃料，升温速度为100~200K/h。

6）填充固体或液体烧结料，加热到烧结温度，在此温度保温1~2h。

另一种方法，耐火内衬不用火焰加热，而只用电加热烧结，在带有合适模型的坩埚内装入预先准备的金属液，并按照规定的升温程序进行感应加热。永久性模型还有一种特别经济的方法，这种方法是在坩埚模型和耐火材料冷却前加热到400℃（750℉）左右，然后取出坩埚模型，向预烧结的坩埚中装入金属液，进行烧结。

另一个相当简单的操作方法，是以机械方式取出已经用过的坩埚，冷却6~8h后，由液压顶出机构（见图5-84）将蚀损的坩埚从炉体中推出，顶出机构悬挂在炉底板上的转向装置上。

为此事先将线圈部分设计为锥体，其厚度为20~30mm（0.8~1.2in），从顶部到底部倾斜约10mm（4in），这样，在坩埚推出过程中耐火炉衬不会被挤坏。图5-85所示为正在推出的50t炉的坩埚。

5t以下中小容量铸铁用的坩埚炉应用很广，耐火材料如石英加入专用的黏结剂按上述方法制作，坩埚放置于炉子中央，振动压实装置悬挂在炉内中间，可以来回伸缩压实干燥细颗粒的筑炉料。这种制作方法的优点在于能得到可再生的高密实的坩埚，一般使用寿命比较长；另一方面，可避免在使用过

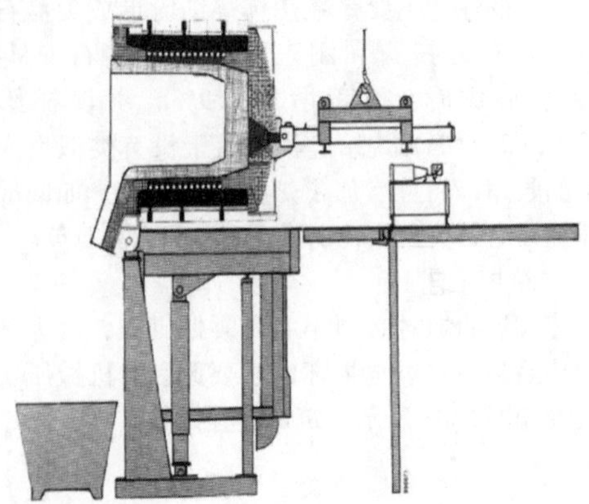

图 5-84 坩埚的液压顶出机构

图 5-85 正在推出的 50t 炉的坩埚

程甚至在运输或操作过程中产生裂缝的危险。

熔炼有色金属合金也可以使用石墨坩埚，它大约含有 40%（质量分数）的碳，容量为 750L (198gal)。石墨坩埚放在感应炉中是不固定的，如为了熔化新的合金，需要快速取出炉子的坩埚，装入新的炉衬或填入干燥的筑炉材料，由于石墨坩埚具有高的导电性，在熔化过程中，坩埚要吸收感应加热的部分能量，并将能量传输给炉料。在这类熔炉的设计中应当考虑到石墨坩埚的加热。

3. 线圈和磁轭

感应线圈是感应炉的核心装置，除了产生电磁场的电能外，还承担着在径向上支撑陶瓷坩埚的重要机械作用。因此精致的线圈制作以及合理的铜导体断面设计可以获得最佳的电效率、线圈、炉衬、寿命、噪声及冷却效果。

图 5-86 所示为大功率感应线圈。感应线圈是由空心铜管制成的，通水冷却，厚壁的矩形截面有必需的机械强度，以抵消作用在耐火坩埚上的强烈应力膨胀。铜管表面的底层刷多层绝缘涂料，不耐压的玻璃纤维布硬板，是线圈绕组的主要部分；铜管导体之间的间隙成为线圈墙体的开口通道，是新烧结坩埚炉衬的潮气或线圈泄漏时排水的紧急出口，在线圈间距 30 ~ 40cm 处，焊上 10mm（4in）的埋头螺栓，螺栓在线圈内侧高出浇灌层，如图 5-85 右侧所示。在多触头线圈的早期报警系统中，可预报坩埚与线圈之间有金属（从裂缝中泄漏或渗出的金属），警告会在坩埚渗漏或线圈漏水、渗出金属与线圈之间产生电接触之前发出。

图 5-86 大功率感应线圈
（由 ABP 感应系统提供）

为了保护线圈不受灰尘和金属飞溅的影响，线圈外部都会包上柔软的陶瓷板或玻璃纤维布的外套。外套材料可以允许水通过，当装入新炉衬后，不妨碍其烘干，更主要的是让冷却水在线圈发生险情时及时流出，并还能报警。

高性能线圈由于绝缘性能的原因在 3kV 的极限电压下工作，铜管导体在工频供电时允许极限电流为 15kA。如果特定质量为 8 级且视在容量为 45MVA 的熔炉，通入最大的电流达到输出功率 18MW 几乎是不可能的事。这个问题可通过以下方法得到解决：设置高功率的线圈段，与坩埚炉组成整体线圈，交替连接成多个线圈并联运行，2 ~ 4 根导体在线圈的初端和终端并联。

图 5-87 所示为 4 根导体的线圈，用于功率为 16MW 的 35t 坩埚炉。这种型式的线圈是解决力学性能方面问题的先进范例，通常这种线圈比大截面线圈有更高的效率和更长的寿命，其中某些线圈的端部超出线圈的高度，要掌握好超出的范围。

图 5-79 中的线圈是由磁轭径向支撑，磁轭控制线圈外侧的电磁场，磁轭兼有机械和电的功能，线圈必须安全可靠地承载，避免受到坩埚炉衬的压力而变形；在电功能方面，磁轭的设计应使线圈外侧上磁通全部集中在磁轭内，散磁尽可能最小。

图5-87 4根导体的线圈（由ABP感应系统提供）

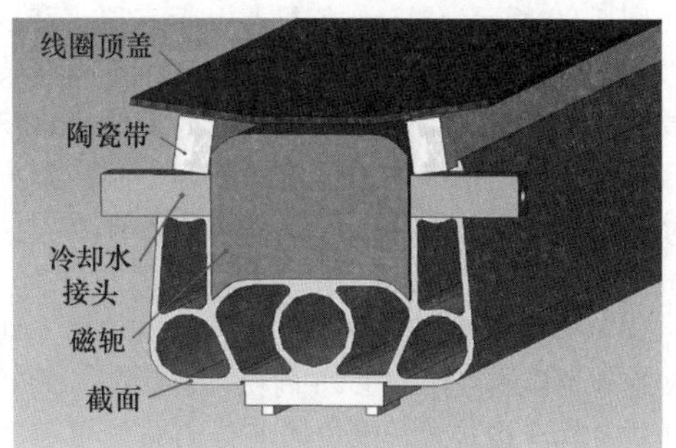

图5-88 坩埚炉磁轭端部三维示意图
（由ABP感应系统提供）

在高功率大尺寸的炉子中，特别重视磁轭的应用，在机械和电的要求方面分别予以充分的考虑。坩埚炉磁轭端部三维示意图如图5-88所示。磁轭三面水冷，水冷管是由导电和导热性能良好的材料制成。这一特殊系统具有高的阻尼特性，减轻线圈的振动和噪声，炉体旁边磁轭的机械稳定性，对线圈的端部和底部起了限位的作用（见图5-79），附带的好处是安全性，确保了磁轭与导电线圈之间的绝缘，将数厘米厚的陶瓷带插入其端部用于隔离所支撑的线圈内，磁轭与线圈之间的间距大约为10mm（0.4in）。

为了尽可能减少线圈端部的漏磁，磁轭要伸出有效感应线圈的顶端和底部。在磁轭与耐火坩埚之间上端空间为冷却线圈所密闭，底部空间也可同样会被冷却线圈或为混凝土环所封闭。冷却线圈除了支撑功能以外，还有利于在整个耐火坩埚高度上为耐火材料提供均匀的温度分布。

4. 倾转机架和炉盖

炉体安装在由液压系统驱动的可倾转的装置上，倾动轴安装在出料口的底端，避免出炉时金属液流偏。

炉盖的设计应当同时考虑到抽烟装置，有两种不同的抽烟装置可供选择：

（1）环式抽烟装置　由钢板制成的开口环装在炉盖上，围绕一圈。当炉盖关闭时，抽烟特别有效。耐火内衬的炉盖的开合及回转运动是由液压驱动的。

（2）罩式抽烟装置　炉盖和开合式的抽烟罩结合为一体，见图5-89。抽烟罩由液压推动前后移动，而并不阻断安装在倾动轴中的抽烟气通道，在炉子整个工作过程中，装料、熔化、加热、扒渣和倾倒出料都能吸走烟气。

图5-89 罩式抽烟装置（由ABP感应系统提供）

注：在6t中频炉上抽烟罩与炉盖结合一体，与装料装置相连接。

图 5-90 所示为置于倾斜机架上带有顶盖和抽烟装置的炉体完整结构。可以看到，磁轭排列在线圈的周围，形成空笼型的钢架结构，为了便于维修炉子，抽烟装置与抽烟通道连接在一起，倾转到方便维修的位置。这种设计结构甚至能和各种不同位置的抽烟罩连接。

这种结构的特点，是在最后一次出炉后，就可以快速地更换热炉体，在 2h 内松开倾转架、倾转的液压缸及其连接装置，热炉体由分离式的可移动的冷却系统冷却。图 5-91 所示为炉体从倾转装置移到起重机吊绳上的三维立体示意图，炉子线圈中间冷却的水箱布置在炉子的平台上。

图 5-90 置于倾斜机架上带有炉盖和抽烟装置的炉体完整结构（由 ABP 感应系统提供）

5.3.2 供电电源

正如前文所介绍的，坩埚感应炉的工频供电从 20 世纪 80 年代就开始被变频电源所替代，后者又被称为中频（MF）供电电源。下面主要介绍上述两种供电电源。

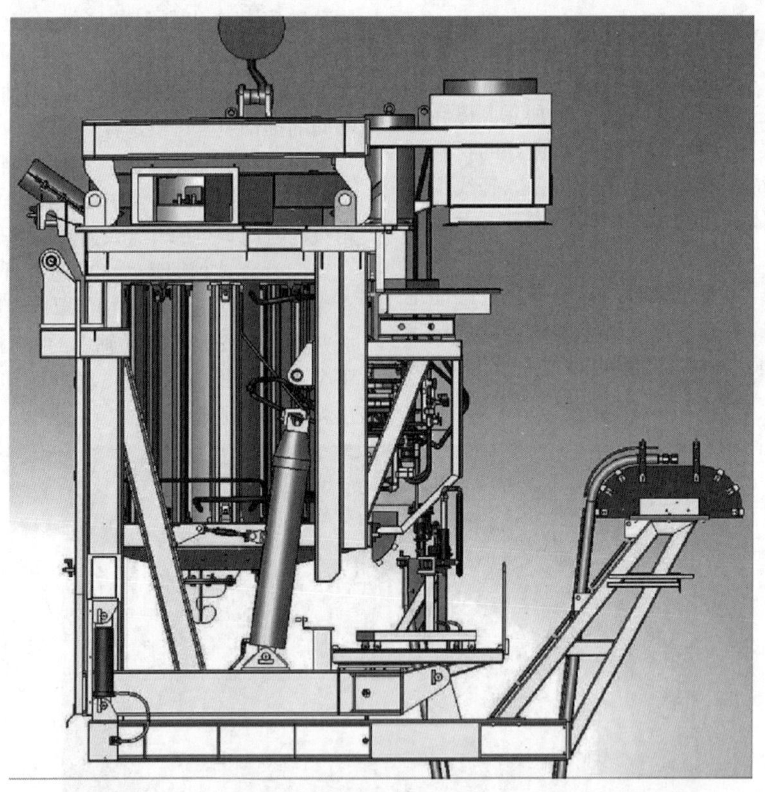

图 5-91 炉体从倾转装置移到起重机吊绳上的三维立体示意图

1. 工频和中频电源

工频坩埚式感应炉通过平衡回路与三相电网连接（见图 5-92a）。电容器组将炉子功率因数补偿到 $\cos\phi = 1$，成单相 σ 形回路，其他两相接入相同容量的电容抗和电感抗，相等的导体电流使炉子在正常运作中达到完全的平衡。如果感应炉处于不正常的操作状态，则要适当调整补偿和平衡组件。

中频坩埚炉是由变频器供电的（见图 5-92b）。

变频器首先由整流器与炉子变压器连接，将工频转变成直流电压/电流，其后由逆变器产生所需的中频。

振荡谐振频率（数值为额定频率的 70% ~ 110%）的变频器电源电流，成为线圈与电容器组之间独立的高功率回路电流，线圈中的炉料熔化时电

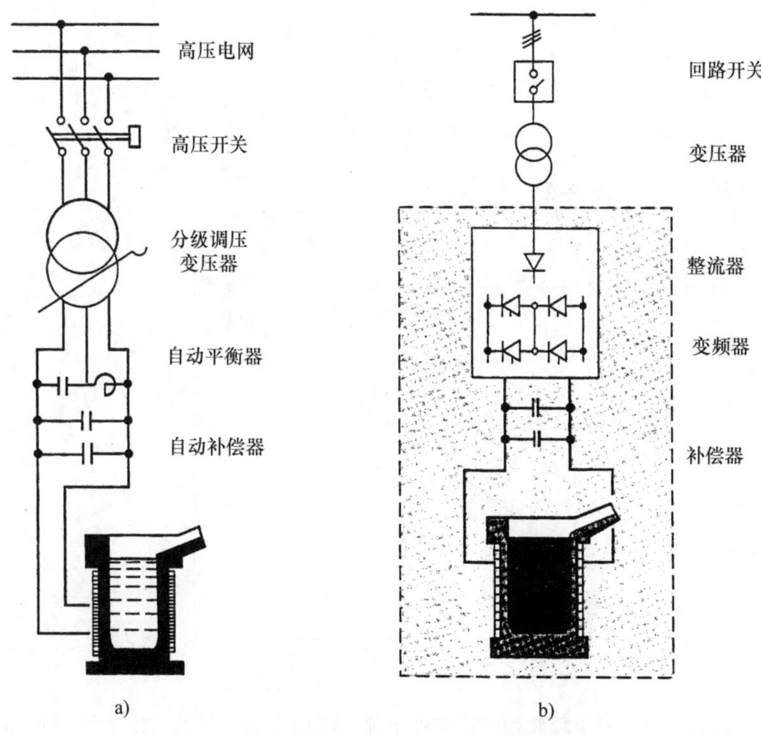

图 5-92　工频和中频感应电炉的供电回路

a）工频　b）中频

流和电压可以自动调控，用简单的方法使回路中的功率保持恒定。在坩埚中熔化炉料的各个阶段，由变频器产生的或大或小的电流传输给炉子是特别有利的。

如果熔化的是冷炉料（其温度低于居里温度），其磁导率高，阻抗小，大电流、低电压和低频率、可达到满载功率。超过居里温度（768℃ 或 1414℉），熔化阻抗的大小决定于炉料堆积的密实度，低电流、低频率和最高电压条件下可达到满载功率。反之，如果炉子中装满了金属液，则又是低阻抗，要达到额定的功率，则需要供给大电流、低电压和较高的频率，图 5-93 所示为负载曲线与恒定负载调控时变频器电流与电压之间的关系。在熔化过程中，电流和电压的数值都是在其各自额定值的 70% 和 100% 之间。变频器是由晶闸管组成，目前单台输出功率达到 42MW。图 5-94 所示为 16MW 变频器的示意图。

与传统固定的工频相比，变频器电源可以为负载恒定供电，另外，还有以下优点，有可变的较高频率，中频炉在批量生产过程中不需要为下道加热固体炉料而残留铁液，不浪费任何熔化能力，能长时间输入相同大容量的额定功率。

2. 并联和串联谐振变频器

变频器在原理上有两种形式：并联谐振变频器和串联谐振变频器（见图 5-95），这是由感应线圈与电容器组构成的不同形式的回路构成的。在第一种形式中电容器是并联的，第二种形式中电容器是串联的。

谐振变频器并联系统对短路具有高的工作阻抗，中间回路中的滤波电抗器能防止电流快速升高，当发生干扰时，能够可靠地关闭（晶闸管），更多的优点是逆变器的损耗较少（因为只有较小的炉子有功电流通过），而且炉子的电压受到限制（可以达到最大电容器的许用电压）。与串联回路相比，并联回路的缺点是在部分负载中功率因数（$\cos\phi$）较低，但是这种差别，对于并联回路还有补救的方法。

与此相反，串联谐振变频器的功率因数接近于 1，即使是在部分负载时也如此。但是由于串联时缺

少中间回路的滤波电抗器，容易干扰损坏回路中的组件，增加报警系统可以获得与并联相当的可靠性。其他缺点是，有大电流通过逆变器，串联谐振回路上的线路电流，相当于炉子上满载的视在电流，要比炉子的有功电流大 5 ~ 10 倍，与并联相比，为了减少损耗，回路中导体要有非常大的截面积。

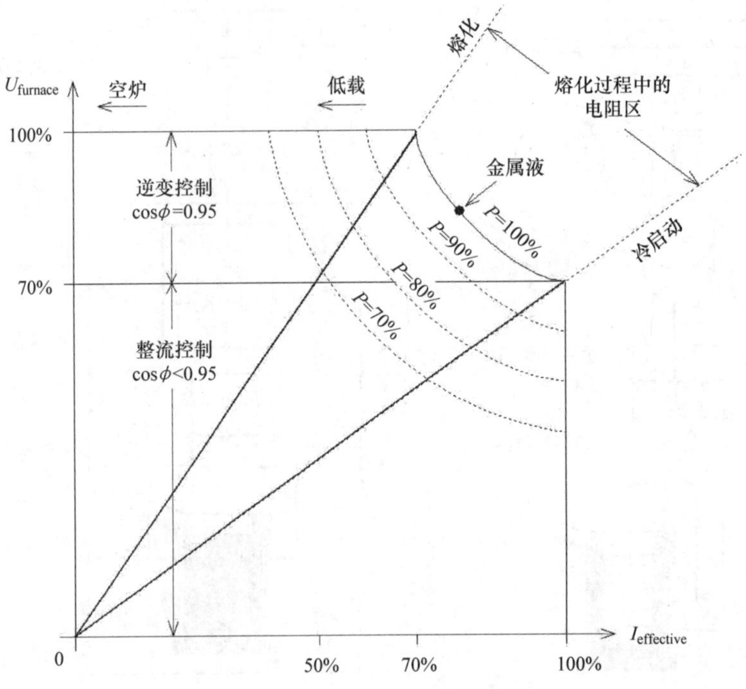

图 5-93　负载曲线与恒定负载调控时变频器电流与电压之间的关系（由 ABP 感应系统提供）

图 5-94　16MW 变频器的示意图（由 ABP 感应系统提供）

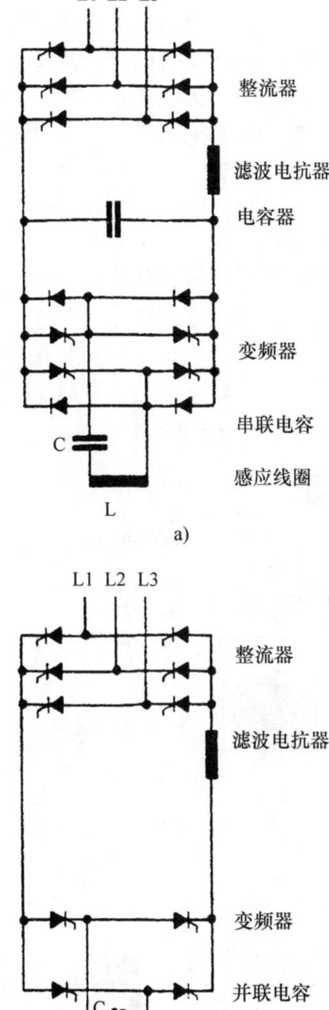

图5-95 变频器运行模式

a）串联谐振型 b）并联谐振型

3. IGBT模块的变频器

20世纪90年代末以来，更加适用的绝缘栅双极晶体管（IGBT）变频器越来越多地替代晶闸管作为半导体电源。这种器件与并联晶闸管结合的主要优点在于炉子的有功电流较小时，即使在部分负载的条件下，同样具有高功率因数。此外，晶体管是间接冷却（没有冷却水直接透过其截面，与水冷晶闸管的冷却箱相似），所以对冷却水的质量要求不高，炉子线圈和电气系统都可以用普通水冷却。模块化设计的IGBT变频器一般输出功率可达6000kW，大功率输出的晶闸管变频器具有更好的经济性。

4. 回路的反馈

变频器与主供电源连接后，不能忽视整流回路产生的谐波，谐波回馈到电网，整流器产生谐波$i(t)$，6脉冲桥电路如图5-96所示。其强度和特性取决于整流器的设计，是6脉冲、12脉冲，还是24脉冲。图5-96是简单的6脉冲整流器电路，是供给小功率变频器的，中等和大功率的变频器则需要有两个整流器桥组成的12脉冲的电路，甚至4个整流器桥的24脉冲电路。

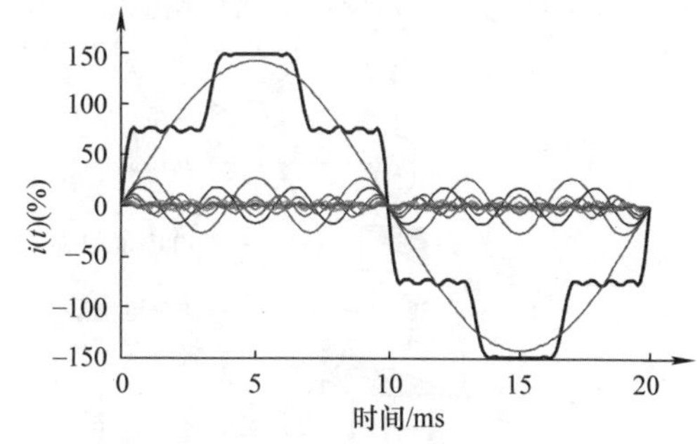

图5-96 6脉冲桥电路

表5-10列出了各种整流器模式产生的电流组成，在12脉冲中5次和7次谐波衰减到很小，24脉冲中11次和13次谐波进一步减少。

表5-10 各种整流器模式产生的电流组成

谐波电流	6脉冲	12脉冲	24脉冲
5	18.6	1.8	1.8
7	12.4	1.1	1.1
11	6.4	5.6	0.6
13	4.6	38	0.4
17	2.2	0.2	0.2
19	1.5	0.1	0.1
23	0.6	0.7	0.7
25	0.6	0.7	0.7

由于谐波电流的存在而以谐波电压的形式干扰主电网，谐波电压取决于主电源短路为特征的电网阻抗以及以短路电压为特征的炉子变压器阻抗。下列措施有助于电源处于良好的工作状态：

1）选用正确的电网连接点。

2）选用与主回路短路特性相适应的整流回路，而主回路的短路特性是由炉子的功率决定的。

3）合理的炉子变压器尺寸。

4）整流器的最佳控制。

5. 双联炉的能源优化利用

期望用电设备有尽可能长的运行时间，以及尽可能低的峰值用电量和优惠的电价。现代中频熔化装置有两种方法，如上述的恒定功率变频器，可在不同炉子间切换电源。

由上述变频器供电的炉子，在炉料熔化时电网以恒定的功率供电，但在如扒渣、取样和出炉等辅助操作时间内，应尽可能降低最大用电功率。为了达到规定的生产率仍需要提升功率，在第一个炉子的炉料熔炼后，将电源切换到第二个炉子，可以避免加大功率。

双联作业是在两个坩埚炉之间切换电源。串联装置原理如图 5-97 所示。图 5-98 所示为切换改变频率，电源以机械切换或无滞后的电动切换，安装第二台变频器使得两个炉子之间可以按任何比例分配供电。下列时段可以无级分配电源：

1）一个炉子正在熔化，另一个炉子的金属液能保温，准备以后浇注。

2）两个炉子可以同时工作，供给每个炉子 100% 的熔化功率。

3）一个炉子的炉衬在烧结时，另一个炉子在熔化。

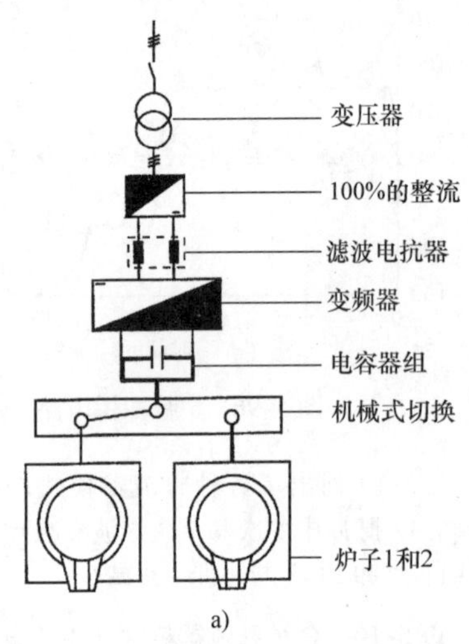

a)

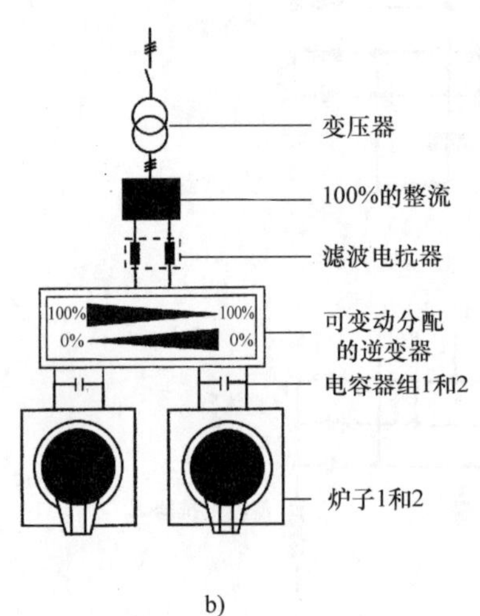

b)

图 5-97 串联装置原理

a）机械开关 b）电功率分布

6. 频率选择

当中频炉运行时，可以任意地连续改变输入功率，而在坩埚炉熔化的不同阶段自动调节频率。如果有特殊要求，频率也可以作为一个可调参数，用附加的切换方式对供电的中频电源的负载回路进行调控。

为此目的，炉子的线圈或电容器组可各分为两部分。炉子线圈的电感 L 或电容器组的电容 C 可以用开关实现由并联切换成串联，见图 5-98，相应的比例为 1∶4 或 4∶1。由并联谐振变频器的电感 L 和电容 C 产生的谐振频率 f 为

$$f = \frac{1}{2\pi\sqrt{LC}} \tag{5-255}$$

通过线圈或电容器开关电路，频率可以按照2∶1 的比例进行变化，如频率由 250Hz 改变为 125Hz，则输入功率同时减少一半，如由 800kW/t 降为 400kW/t。切换电容比切换线圈匝数的成本更高一些，其优点在于炉子线圈成为一个均衡且紧凑的组件，有很好的稳定性和很高的操作可靠性（分段线圈替代整体线圈）。

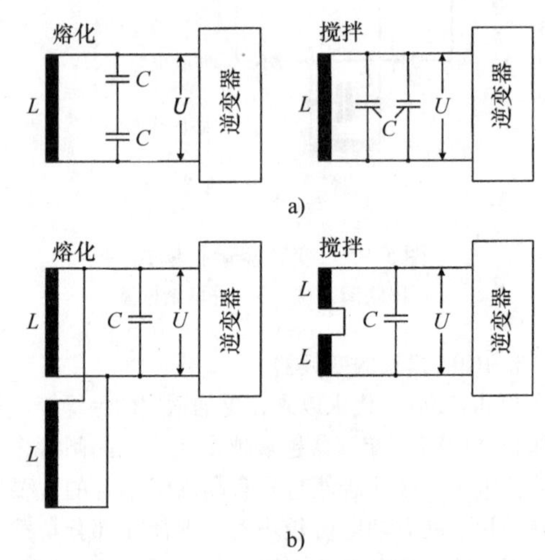

图 5-98 切换改变频率

a）电容器 b）线圈组件

7. 散漏电磁场

散漏电磁场对人体有伤害的可能，因此高性能

坩埚感应炉应当测定散漏电磁场密度。图5-99所示为炉子平台平面上的磁通密度分布，是12t 10MW中频坩埚炉的测量结果，磁通密度以μT计量，测点在炉子平台面和平台以上的整个工作区。从图中可以看出，最大的磁通密度在坩埚中间，约为100μT，炉子以外的周围地区不大可能有杂散的磁场。图5-100及表5-11的数值证明漏电磁场的最大磁通密度接近欧洲电子技术标准化委员会（CENELEC）规定的允许值的一半，而且漏磁场只有在平台上方的1～1.5m（3.3～4.9ft）高处才会对人体构成危害。根据测定数据，平台面的磁通密度只有其1/10。

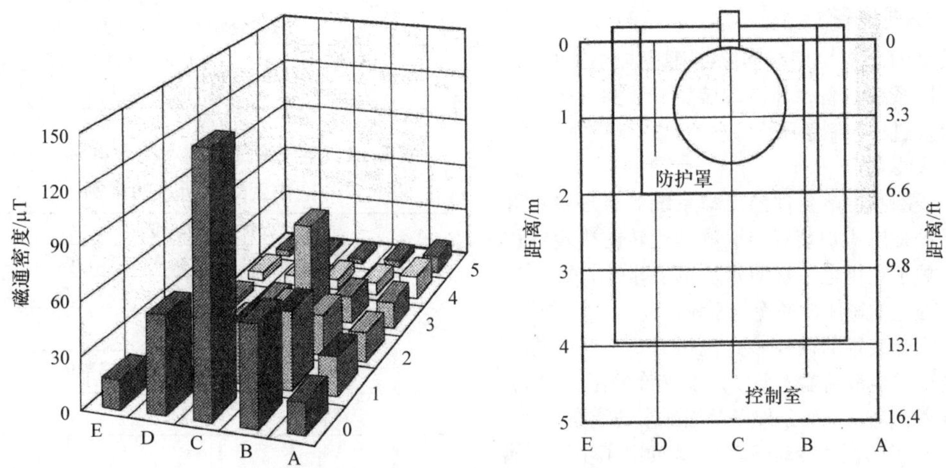

图5-99 炉子平台平面上的磁通密度分布

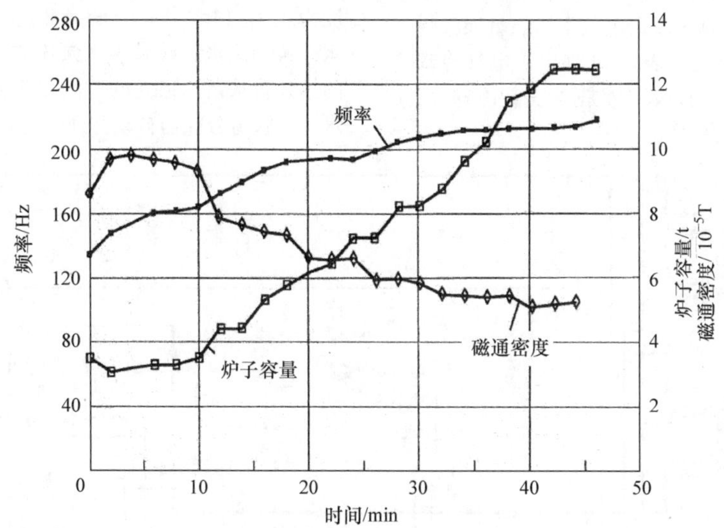

图5-100 一台9.5MW坩埚炉整个熔化期的磁通密度、频率、炉子容量

表5-11 实测数据与阈极限建议值比较

频率/Hz	测定的磁通密度/μT	阈极限建议值/μT	频率/Hz	测定的磁通密度/μT	阈极限建议值/μT
135	85	185	191	73	130
155	98	161	196	59	127
161	95	155	205	57	121
171	78	146	209	53	119
178	76	140	210	53	119
186	74	134	211	50	118

由此得出结论，漏磁通并不会对人身体造成不良影响，即使是高性能的坩埚感应炉产生的漏磁通也如此。感应线圈外部的磁通密度低的原因在于导磁的磁轭的屏蔽效应，因此，需要对无磁轭的坩埚炉进行慎重的检查，因为根据各种屏蔽计算，发现无磁轭的漏磁通密度要高出6倍。

5.3.3 外围设备

高质量的感应熔炼车间除了感应炉本身以外，还需要外围系统设备，如冷却装置、装料装置、扒渣装置以及过程控制系统。

1. 冷却装置

炉子线圈和供电器件的冷却系统的合理设计和可靠的维护是感应炉装置能够顺利运转的决定性因素。由于炉子和供电系统对水质的要求不同，一般设置两个独立的密闭循环冷却系统。

这类冷却装置的设计参数包括需要冷却部件对水质量的要求、最高输入温度以及允许的温度增幅，因此必须考虑当地气候条件以及当地水的质量。

（1）炉子的循环冷却　表5-12列出了不同金属熔化时配置炉冷系统占变频器功率的百分比，表中数据表示不同金属熔化时需要的炉子循环冷却的能力（容量），这些数据是根据电效率和热量损失再加上安全系数计算得出的。表5-13列出了电气冷却系统中变频器所占的比例，表中数据为交替冷却设计，主要取决于变频器的效率。

表5-12　不同金属熔化时配置炉冷系统占变频器功率的百分比

单台炉子的冷却量	
铸铁和铸钢	27%～30%
铝	35%～38%
青铜	42%～45%
铜	52%～55%
双联炉子的冷却能力	
1～0t炉	冷却量一台加75kW考虑
12～40t炉	冷却量一台加150kW考虑

表5-13　电气冷却系统（变频器和电容电池）中变频器所占的比例

250～500Hz变频器	
单台	6%
双台	8%
65～200Hz变频器	
单台	9%
双台	12%

图5-101所示为用于双联炉的循环冷却系统示意图。其进水温度为40℃（104℉），最高的出水温度为67℃（152.6℉），缺水时水位探测器关闭，向水槽自动注水；如果主水泵出现故障时，启动备用的第二台水泵，独立的监测器为两个炉子之间分配水量，管道分配器自动开通，应急供水。

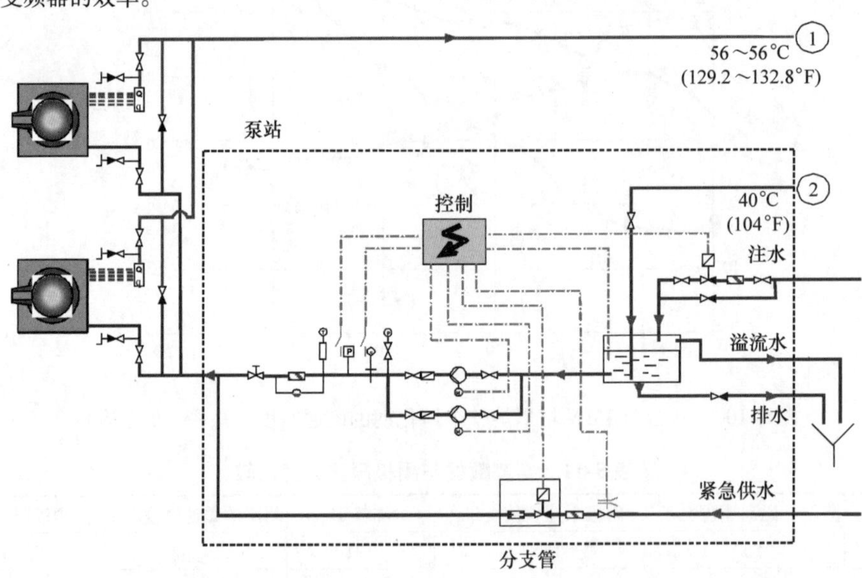

图5-101　用于双联炉的循环冷却系统示意图（由ABP感应系统提供）

当发生供电故障、压力下降或超温时，使用应急水对感应炉进行冷却是非常有必要的，以保护线圈免受损坏。此外，炉子停用之后应对炉子冷却16h；应急供水系统通常是和主供水系统相连的，不同的热转换方式如图5-102所示，限位接触球形阀、过滤器以及按德国水资源管理法要求使用的系统分隔器见参考文献［19］。另外，可以使用应急发电机电源供给冷却水泵和相应热交换器继续运转。

图5-102所示是常用的三种散热系统，1和2为连接点：

1）水－水热交换器是有效的水冷却系统，由中央冷却塔或井水或河水供给冷却水，后者必须特别注意水质及当地的法律法规。

2）密闭式的蒸发式冷却塔特别适合于高的环境温度，湿球温度为22～28℃（71.6～82.4℉），缺点是水消耗量相对较高，并且维修时需要清除沉积物。

3）空气/水冷却器是干式冷却器，依据载体冷却器的冷却原理，能够应用于环境温度32℃（89.6℉）的条件下，室外高温时，需要增加冷却器，在风扇驱动器的设计中，必须考虑噪声和排放法规。

（2）电气系统的循环冷却　图5-103所示为变频器和电容器的循环冷却示意图，除了应急供水系统以外，其系统设计与炉子的循环冷却大致相似。此外不需要冷却转换阀门，因为即使电源发生故障时，余热也无须冷却。

电气系统与炉子的冷却水循环相同，其进水温度为34℃（93.2℉），出水温度为40℃（104℉）。

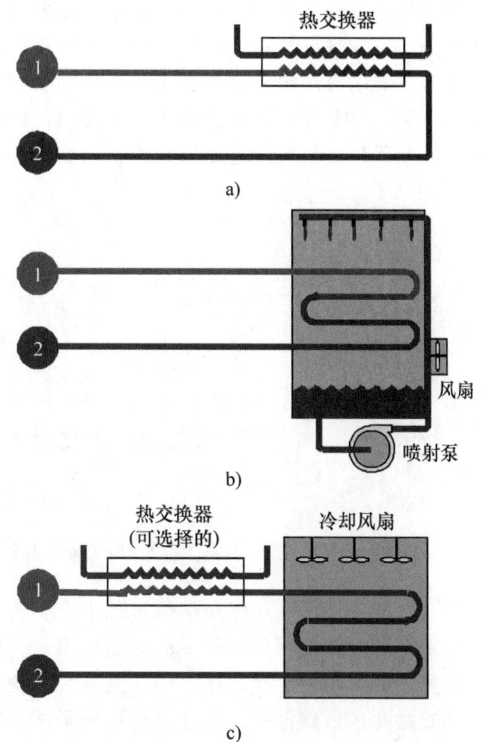

图5-102　不同的热转换方式

a）水－水热交换器　b）密闭式的蒸发式冷却塔　c）空气/水冷却器

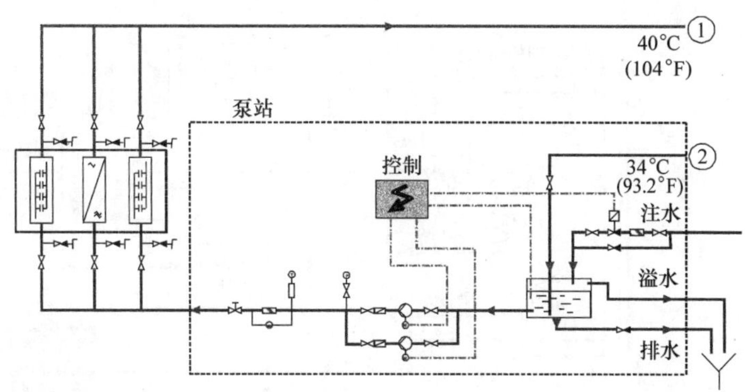

图5-103　变频器和电容器的循环冷却示意图（由ABP感应系统提供）

（3）电气系统和炉子的常用循环冷却　在变频器中以电力半导体的晶体管替代晶闸管导致了冷却水系统的变化。与晶闸管不同，晶体管的冷却元件是无电压的，因此对冷却水的导电性有较大的许用范围，而且电腐蚀的风险也非常低。更有利的是器件具有更大的冷却横截面，这就使得整个系统对冷却的要求不严。由于对冷却水的水质要求不高，有可能对炉子和电气系统采用一般的冷却循环回路。

（4）冷却水的防冻及水质的调整　当室外温度降至0℃（32℉）以下时，而感应炉设备又处于停产状态（如周末），此时冷却水有结冰的危险，为此许多年前就开始在冷却水中加入乙二醇，而采用乙二醇/水的混合液必须重视的问题是其配比。除了增加生产成本以外，使用乙二醇的缺点还在于高的检测费用，以及在线圈和热交换器中传递热量的减少。

还有更先进的方法防止冷却水结冰，需要时，将冷却系统中的水放空，流入备用的装置内或可加热的水槽中，在水槽内设置加热器，需要时自动加热。这种加热方法几乎不需要维护，虽然需要增加能耗费用，但放空水方案的缺点会产生氧化和腐蚀。

通常主要用控制水质的方法来避免冷却系统中的腐蚀。图 5-104 所示为脱盐和防腐装置的设计示意图，该装置是由脱盐的过滤器和带有防腐剂的容器组成的。由定量泵补充一定量的冷却水，炉子和电气系统的导热性能不同，可通过人工方式调节其冷却水。随后自动检测并保持恒定，补充水和清除污垢是自动完成的。

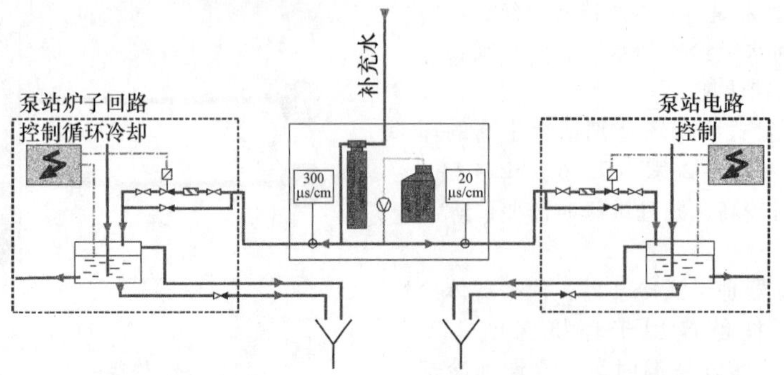

图 5-104　脱盐和防腐装置的设计示意图（由 ABP 感应系统提供）

（5）废热利用　利用感应熔炼过程中产生的大量废热来提高能源效率似乎是显而易见的事。优势在于这些热量就存在于冷却水之中。但最大的缺点在于它的温度水平较低。因为存在这种局限性，所以目前主要采用以下两种系统：

1）利用热空气来烘干铁屑或给建筑物供热。干燥铁屑的效益并不高，因为有大量的空气需要一定压力才能使其有效地将热量传递至大量铁屑之中，这就需要消耗能量，在一定程度上不利于能量平衡，而用于建筑物供热，需要增加动力，使大量气体流动。

2）用于热水淋浴或加热水，为此目的在炉子循环冷却系统中增加了水－水热交换器，见图 5-105，由线圈中自动排出的水温是固定的，温度相当高的水流入热水槽，用于淋浴或加热。水槽的新鲜水或加热系统中的回水来补充流出的水。

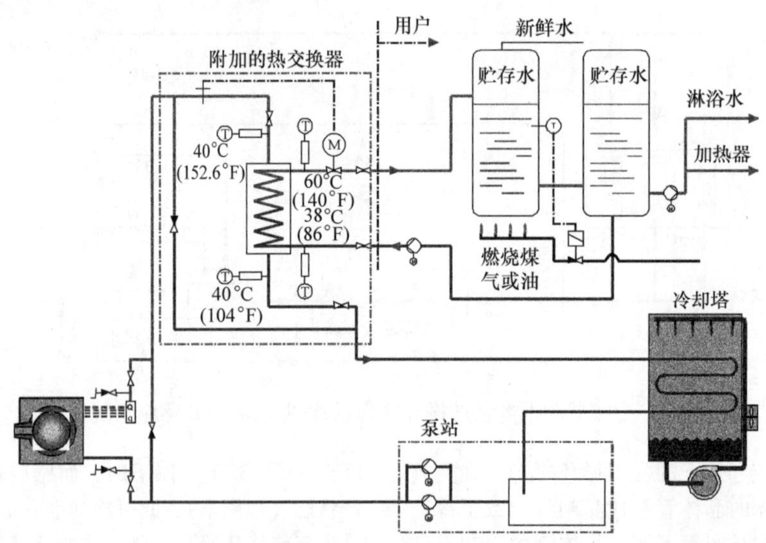

图 5-105　带有水－水热交换器的废热利用示意图（由 ABP 感应系统提供）

如果允许从炉子线圈中流出的警戒水温高于正常规定的 70℃（158℉），利用回路中废热的效率就会增加，在个别场合，线圈的水温达 90℃（194℉），旨在远程输送到高温水的供热管网如图 5-105所示。但是实践表明，在密闭循环冷却系统中，随着水温的升高，成本也逐渐增加，特别是冷却水软管寿命的降低；而且冷却水温度接近沸点，增加了生产运作危险，对此，还在研究观察是否继续升高冷却介质的工作温度，以获得更好的废热利用效果，并且在实践中完善。

2. 装料装置

向工频炉中装料是通过底开式料桶的桶底打开（见图5-106），而高性能的中频炉主要以横向连续供料的方式装料。供料中包括下一炉熔炼需要的合金。供给坩埚的炉料，根据生产线的需要一般通过振动料槽或传送带连续式输送，见图5-107，装料车停靠到打开的排气罩处，从而构成了一个包括排气罩和前部装料车在内坩埚炉封闭系统。这种设计可以可靠地防护金属飞溅并且确保在熔炼过程中产生的全部烟雾都被排出（见图5-108）。

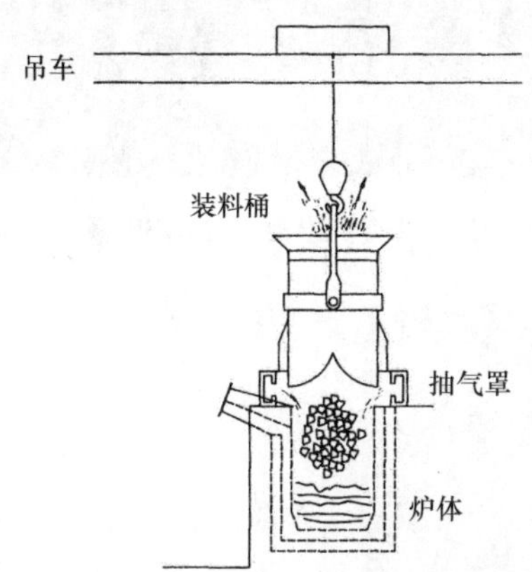

图5-106 坩埚炉装料装置

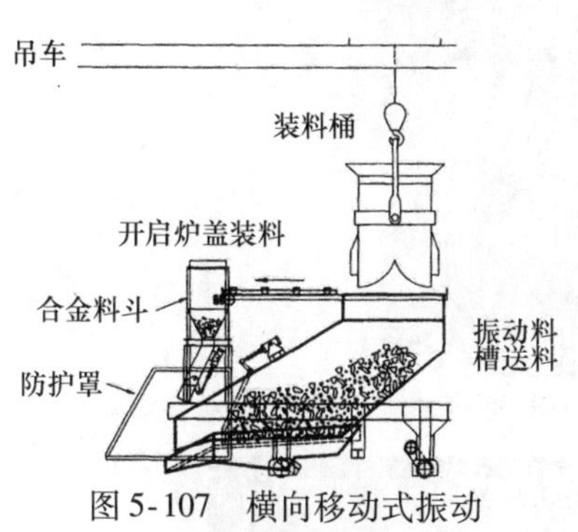

图5-107 横向移动式振动料槽的连续装料装置

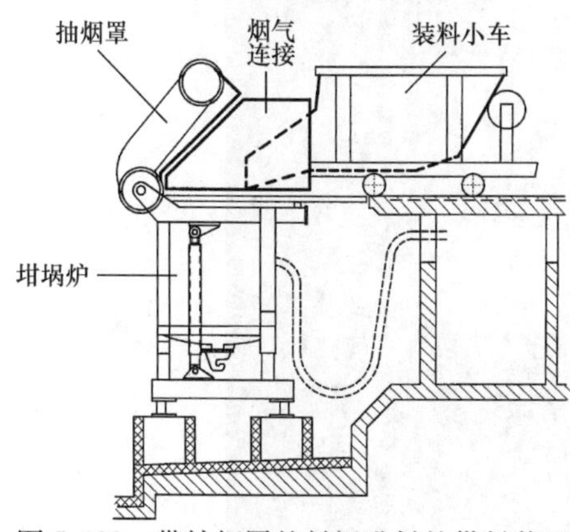

图5-108 带抽烟罩的封闭进料的供料装置

图5-109所示为可供多个熔炉用的横向移动加料装置。一般熔化到75%时，装料小车应处于每台炉子的装料位置，见图5-108。随后，装料车会后退至炉料场，它一般会在此利用起重磁铁装载一批炉料。从图5-107和图5-110中可以看到，在装料车的前部有一个为加料用的分隔料箱，它是用来装载添加剂的。在熔炼过程中，这些炉料会在适当的时间点上通过一个翻板阀被及时地装入坩埚之中。

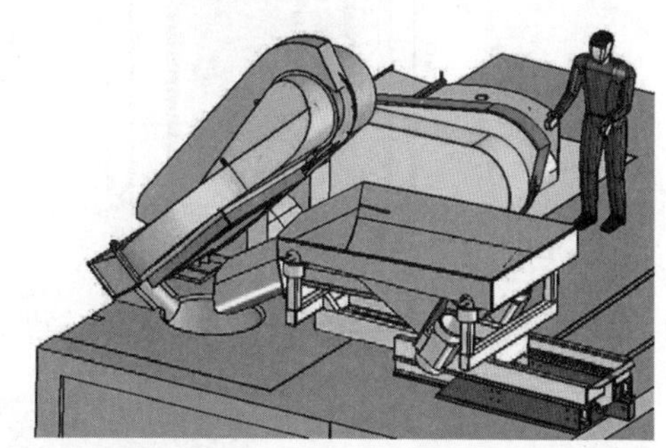
图5-109 可供多个熔炉用的横向移动加料装置（由ABP感应系统提供）

图5-110 进料装置（赛勒斯模型）

3. 扒渣装置

除了较小炉子一般还采用人工扒渣，有两种更先进的方法，从炉子的渣口扒渣。

（1）机械扒渣（见图5-111和图5-112） 这种方法的优点是使用机械而不是笨重的人工劳动，为了防止在浇注钢液或铁液时炉渣溅射到人体，扒渣器在扒渣前先浸上碳的镀层。

（2）倾转炉子除渣（见图5-113和图5-114） 这种操作相当容易，因为炉盖仅仅稍为斜开，同时热损失也能减少。这种方法的缺点是将炉子向后倾转产生机械损耗，以及上部混凝土环的损伤，需要维修扒渣的流槽口，另外，炉底板升高会发出很大的噪声。

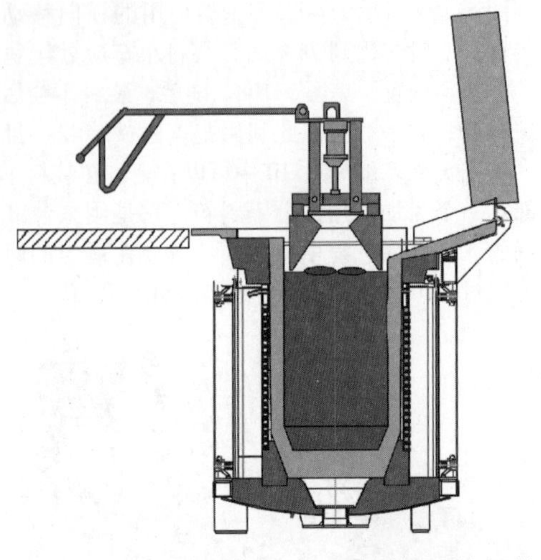

图 5-111 扒渣机示意图（由 ABP 感应系统提供）

图 5-112 使用扒渣机出渣（由 ABP 感应系统提供）

图 5-113 倾转炉子除渣示意图（由 ABP 感应系统提供）

图 5-114 倾转炉子除渣（由 ABP 感应系统提供）

4. 过程控制系统

20 世纪 80 年代末以来，高性能熔炼炉的熔炼过程就是可控的。炉子装有称重传感器，记录下炉内的容量，而这些数据也会被发送给处理器；处理器会计算需要的热能并监测输入功率，从而确保熔炼操作的可靠性和可重复性，即使在高功率输入的情况下也是如此。整个生产过程，从装入炉料到成分分析和熔化温度，都是自动控制和监测的。

PMD 熔炼处理器是一个典型的应用实例。如图 5-115所示，PMD 熔炼处理器的组成为带有中央处理器的个人计算机、动力单元，以及下列各单元的接口：称重系统点、光学测温仪、变频器的调控端及终端，其他硬件包括液晶彩色显示器（LCD）、输入数据和选用程序的键盘，并附有打印机，打印出炉料相应生产过程的记录及有关事故的信息。此外，系统还设置了与主控制系统耦合的调制解调器，包括能量管理系统。

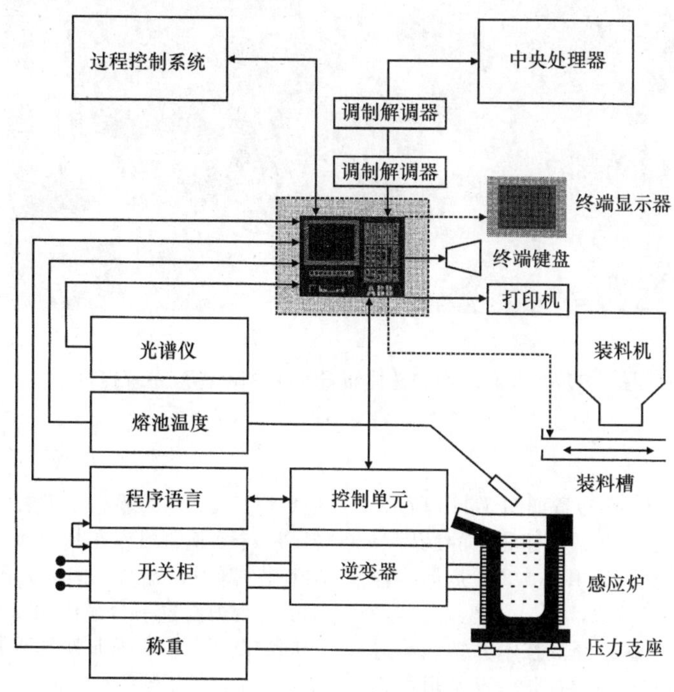

图 5-115　PMD 熔炼处理器设计示意图（由 ABP 感应系统提供）

下列程序输入直接运行的储存器中：

1）新筑炉衬后的烧结。

2）冷炉的开炉，如在周末之后。

3）批量或者单次熔炼。

4）加热。

5）装有固体或液体炉料时的保温。

6）记录生产数值以及生产不正常的信息并带有评价系统。

7）监控坩埚的磨损。

图 5-116 所示为串联装置的 PMD 终端操作控制盘。通过液晶彩色显示器（LCD）可以看到倾转炉子的主开关，按钮可控制炉子的启动、排烟罩液压泵的开启以及紧急停止等。

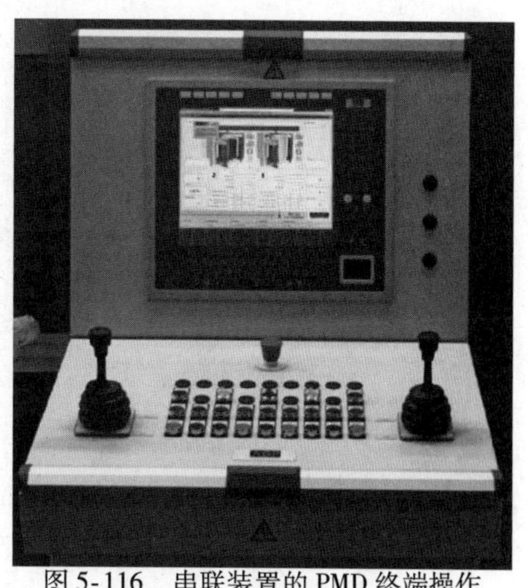

图 5-116　串联装置的 PMD 终端操作控制盘（由 ABP 感应系统提供）

5.3.4 总体布置

图5-117所示为双联坩埚炉总体布置。操作台上有两台坩埚炉，其中一台装有抽烟罩，从操作平台上可看到另一个炉子。在炉子前方有紧急坑道，这些坑道是按照VDG公告第40页的要求而设计的，见参考文献［23］。在炉子箱体的背面有宽1.5m(4.9ft)的通道，熔炉冷却水监测装置在过道对面靠墙的独立的柜中。在通道的另一边是带有隔离的电气设备的小屋，其中有两台电源的两组电容器柜、有两台逆变器的变频器以及4个滤波电抗器，在这些装置的后面有两台供24脉冲变频器用的变压器，而液压操作装置和水冷装置则置于最远的房间内。

图5-117 双联坩埚炉总体布置（由ABP感应系统提供）

带有装料车的坩埚炉厂房布置如图5-118所示。感应炉规格如图5-119所示。型号标注中的最后一个数字表明了炉子的吨位，如IFM 6/8.4是标准容量为8.4t的坩埚炉。

图5-120所示为中国烟台经济技术开发区铸造厂熔炼车间中的三联方式坩埚感应炉。这是坩埚感应炉炉安装在熔炉平台中沿着平台移动的装料车装料的一个实例，料库在其后面，电磁起重机将炉料装在装料车中，熔炼车间由装备三联的6t熔炉组成的，每台炉配置一台输出4800kW的变频器。这个车间的设计可以实现非常灵活的生产量，可以生产相对小批量的不同品种的铸件。

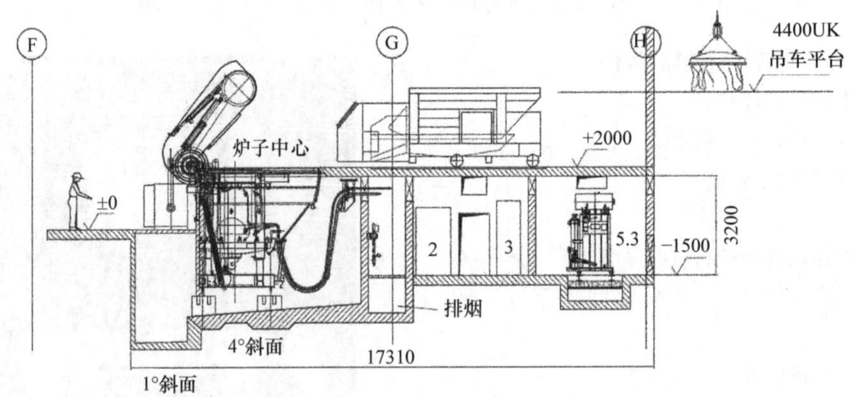

图5-118 带有装料车的坩埚炉厂房布置（由ABP感应系统提供）

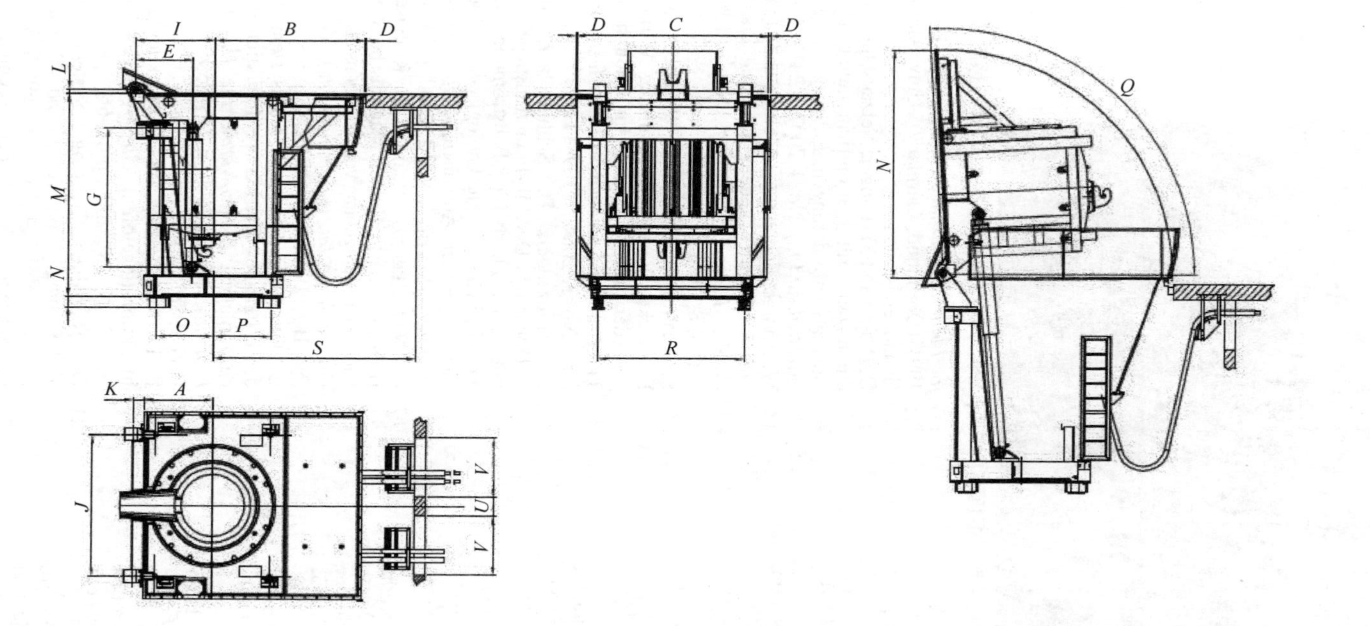

型号	尺寸/mm																						
	A	*B*	*C*	*D*	*E*	*F*	*G*	*I*	*J*	*K*	*L*	*M*	*N*	*O*	*P*	*Q*	*R*	*S*	*U*	*V*	*W*	*X*	*Y*	*Z*
6/8.4 6/9.9	1170	2750	3250	25	1005	690	2525	1370	2455	200	130	3510	230.5	1070	1140	93	2455	3900	800	800	1050	130	1070	4254
7/11.7 7/13.4	1300	2875	3550	25	1140	735	2630	1500	2715	200	130	3785	230.5	1100	1200	92	2715	4175	845	900	1050	130	1200	4509
8/16.7 8/18.8	1420	3070	3940	30	1200	820	2940	1650	2985	230	85	4290	230.5	1180	1180	93.3	3000	4400	900	1000	1050	70	1320	4805
9/23.2 9/27.0	1550	3505	4100	30	1327	865	3205	1795	3290	295	80	4715	230.5	1245	1545	92	3290	4575	1000	1000	1050	90	1575	5381

图5-119　感应炉规格（由ABP感应系统提供）

图 5-120 中国烟台经济技术开发区铸造厂熔炼车间中的三联方式坩埚感应炉（由 ABP 感应系统提供）

参考文献

1. E. Dötsch, *Inductive Melting and Holding*, Vulkan-Verlag, 2009, p 15–53
2. E. Dötsch, Refractory Demands on Inductive Melting of Cast Iron, *Refractories Worldforum*, Vol 3 (No. 3), 2011, p 99–105
3. F. Hegewaldt, Induktives Schmelzen: Aufgabenstellung für den Konstrukteur, *Elektrowärme Int. (Electroheat Int.)*, Vol 28, 1970, p 197–207)
4. G. Abelli, S. Bonari, and E. Dötsch, Sintern von Hochleistungsinduktoren zum Schmelzen von Messing. 15. ABP Kundentagung, Dortmund, April 2006
5. K.-E. Granitzki, H. Hess, and P. Schiefer, Die Zustellung von Induktionsrinnen- und -tiegelöfen für Schwermetalllegierungen, *Gießerei (Casting)*, Vol 57, 1970, p 708–714
6. G. von der Crone and W. Bierbrodt, Mechanisiertes Ausbrechen des Verschleißfutters von Induktionstiegelöfen, *Gießerei (Casting)*, Vol 70 (No. 6), 1983, p 197–198
7. Anon., Hydraulik Ram Slashes Furnace Relining Time, *Foundry Manage. Technol.*, Vol 113 (No. 6), 1985, p 108–109
8. G. Thomas, Efficient Systems for High Powered Melting Installations, *The Foundryman*, Vol 86 (No. 6), 1993, p 233–238
9. E. Dötsch, Induktives Schmelzen in großen Tiegelöfen, *Elektrowärme Int. (Electroheat Int.)*, No. 2, 2008, p 107–144
10. E. Dötsch and H. Gillhaus, Der leise Mittelfrequenz-Tiegelofen für hohe Schmelzleistungen, *ABB Technik*, No. 4, 1993, p 233–238
11. K.-H. (Hrsg.) Heinen, *Elektrostahl-Erzeugung*, 4th ed., Verlag Stahleisen Düsseldorf, 1997, p 397–425, 857–859
12. G.-W. Drees, Netzrückwirkungen von Umrichteranlagen, *12th Int. ABB Congress for Induction Furnace Plants*, April 17–18, 1991 (Dortmund, Germany), University of Hannover
13. D. Blume and M. Langer, Netzanschlussbedingungen für Stromrichteranlagen – Qualitäts-anforderungen, *Elektrowärme Int. (Electroheat Int.)*, No. 4, 2007, p 241–243
14. W. Andree, Economical Melting and Holding in Modern Tandem Induction Plants, *Casting Plant Technol. Int.*, No. 1, 1996, p 4, 6, 8, 10–11
15. E. Baake, E. Dötsch, G.-W. Drees, and B. Nacke, Verfahrenstechnische Wirkungen der Badbewegung im Induktions-Tiegelofen, *Elektrowärme Int. (Electroheat Int.)*, No. 3, 2000, p 109–117
16. D. Trauzeddel, D. Schluckebier, and F. Donsbach, Der MF-Induktionstiegelofen mit kontrollierbarer Badströmung zur Verwirklichung technologischer und metallurgischer Aufgaben, *Gießereipraxis (Foundry Practice)*, Vol 2, 2000, p 53–56
17. G. Nauvertat, E. Raake, M. Krahlisch, B. Nacke, and D. Köhler, Magnetische Streufelder in der Umgebung von Induktionsanlagen, *Elektrowärme Int. (Electroheat Int.)*, Vol 56 (No. B 2), 1998, p B 61–B 68
18. E. Dötsch and J. Schmidt, Kühlsysteme für den effizienten Betrieb von Induktionsschmelzanlagen, *Elektrowärme Int. (Electroheat Int.)*, No. 4, 2009, p 255–259
19. DIN 1988, Part 8.5.1
20. E. Dötsch, Beitrag zur Beschickung von Induktionstiegelöfen, *Gießerei (Casting)*, Vol 87 (No. 8), 2000, p 64–66
21. D. Ramalia, Charging Systems for Today Hungry Furnaces, *Foundry Manage. Technol.*, Vol 124 (No. 11), 1996, p 35–38
22. F. Schröder, Stand der Technik von leistungsstarken MF-Induktionstiegelöfen, *Gießerei-Erfahrungsaustausch (Foundry Experience)*, Vol 42 (No. 2), 1998, p 53–54, 56–58
23. VDG (Verein Deutschen GieBereifachlente) Düsseldorf, Merkblitt 580

5.4 坩埚式真空感应炉的组成、设计和操作

Eg bert Baake, Leibniz University of Hannover

20世纪初，威廉·罗恩就提出真空感应熔炼（VIM）炉中熔炼和处理金属，但是花了30多年的时间在真空熔炼技术上，才实现了规模化生产。新的熔炼和精炼技术如真空电弧重熔（VAR）、电子束熔炼（EBM）、等离子熔炼、电渣重熔（ESR）和钢材真空除气等是平行发展的。真空除气可作为二次冶金技术，如应用钢包真空氧脱碳（VOD）或用真空感应炉。早在1928年就在工业中应用真空感应熔化，当时 Heraeus Vakuumschmelze AG 在德国的 Hanau 建造了两台4t炉（见图5-121）。

图5-121 Heraeus Vakuumschmelze AG 在德国 Hanau 生产的两台4t炉

真空冶金方面的突破性进展是在出现了大功率真空泵以后才实现的，由此不断地提升了金属和钢的纯洁度水平。在第二次世界大战期间，根据需求制造了高质量的材料，使真空冶金工业有了重大的进步，现代真空冶金成为发展燃气涡轮发动机和火箭推进器的基础，特别重要的是镍基高温合金的出现，其中包括含有活性合金成分的如铌、钼、钛以及其他元素等，为真空熔炼技术的发展提供了动力。

新的特殊合金族随之出现，如哈斯特洛伊耐蚀镍基合金、尤迪麦特镍基耐热合金、因科内尔铬镍铁合金和尼孟镍克合金，这些都有专门的供应商。这些合金可以用于生产旋转发动机的部件——涡轮叶片、翼片和座盘，使得其在高温条件下，运转并具有合理的使用寿命。1960年，材料研究工作者确认，断裂韧性和低频疲劳是旋转发动机部件寿命的最主要的制约因素。这些知识对发展真空冶金技术再次产生了巨大的推动作用，包括真空感应熔炼（VIM）、真空电弧重熔（VAR）以及电渣重熔（ESR）。在电渣重熔中，以熔渣替代真空，熔渣覆盖层中产生最小的不希望有的反应氧气，而在金属与专用成分的炉渣之间产生特殊的冶金反应，目前使用的密闭式电渣炉可能会被引入的惰性气体炉所取代。

现在，大量不同的特殊金属都是使用真空冶金技术进行熔炼和铸造的，如高温合金、特殊的高强度钢、镍钴基合金、铁-镍基合金等，这些特种合金的应用市场主要为汽车工业、航天工业、燃气涡轮工业等（见图5-122）。

真空冶金具有以下特性：

1）在气压降低过程中，减少了气氛与液态金属的反应，从而改善了精炼的效果。

2）降低气压的过程影响了整个与气体压力相关的冶金反应，如在铁液中碳-氧的平衡。

3）真空可以去除高分压气体的元素，尤其是微量元素及其气体，如铅、铋、碲、锡、银、硒、氢和氮，这些元素会降低旋转发动机部件在高温条件下的使用寿命。

目前将真空定义为从整个压力由 10^4 Pa 抽气到 10^{-2} Pa 用于悬浮区熔炼或单晶生长。

5.4.1 真空感应炉

真空感应炉的电工原理和传统的感应炉是相同的。

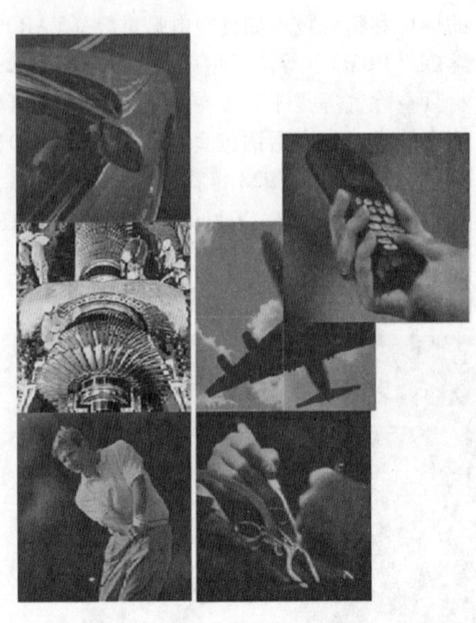

真空精炼材料的用途

汽车
发动机部件
涡轮增压器
排气系统
安全系统
框架和车身部件
仪器仪表和控制系统
赛车车轴

空间/喷气发动机
涡轮叶片、盘和轴
机身和发动机紧固件
起落架齿轮机翼型芯
发动机轴
发电机
气动管道
维修工具
航空电子设备

工业燃气轮机

生活消费/医疗
骨科整形
自行车车架和辐条
移动电话
调制解调器
接地故障断路器
眼镜架
船轴

商店
防盗装置
高尔夫俱乐部

工业/化工
工具
热交换器
高压容器的耐磨件
制造业
阀门、配件和泵
螺旋管
钻挺

图 5-122 当代特种真空精炼材料的应用

由于电场很强，而且炉膛气氛的压力处于放电效应（电晕）状态，所以感应线圈必须要有良好的绝缘性能。

5.4.2 放电的物理原理

在低压气氛中放电的物理原理：电路突然切断，形成绝缘的两个断路电极，被电击穿，产生电离碰撞或电子发射；电离碰撞发生在空气或其他气氛或电介质中，而在真空无气体中的电击穿为电子发射。

电离碰撞的机理如图 5-123 所示。首先电场加速了有效载电粒子，载电粒子与气体分子碰撞将会减速，如果载电粒子的速度足够高，能将载电体分子电离，称为汤森德雪崩效应开始，由此产生电击穿，两个撞击的平均距离称为平均自由行程。

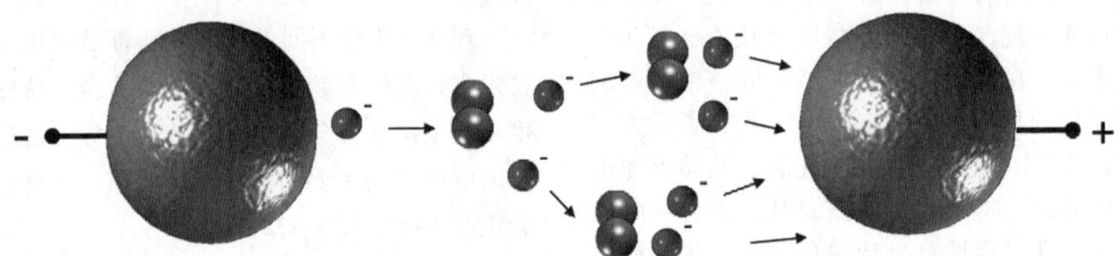

图 5-123 电离碰撞的机理

三个压力区段对电离碰撞的影响如下。

1）高电压：

① 大量气态分子。

② 平均自由行程很短。

③ 加速度期短。

④ 撞击多/减速。

⑤ 需要高电压。

2）中电压：

① 平均自由行程可以得到足够的能量。

② 撞击多。

③ 在低压下能击穿。

3）低电压：

① 平均自由行程长。

② 撞击较少/无雪崩。

③ 仅仅在高压下击穿（发射电子）。

击穿电压与电极距离和压力乘积之间的函数关系首先由德国物理学家 Friedrich Paschen 阐明，因此称为 Paschen 曲线（见图 5-124），其中显示最小击穿电压与电极距离和压力相乘之间的关系，据此来考虑真空炉感应线圈的绝缘性能，这是真空炉与传统大气中感应炉之间电工性能的最重要的差别。

Paschen 曲线还与下列因素有关：

1）炉内气氛。

2）电极材料。

3）电极的几何形状。

4）温度。

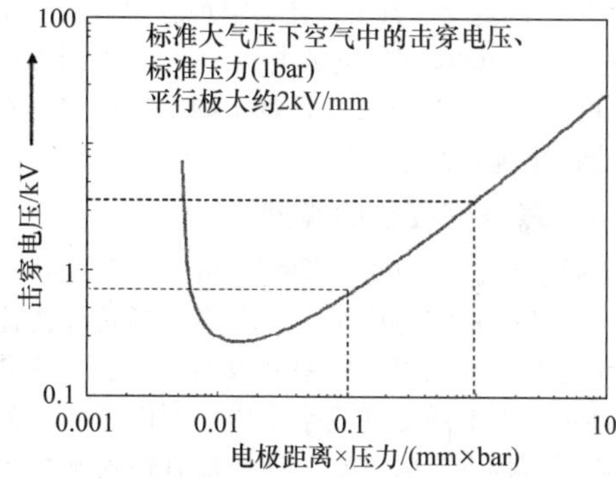

图 5-124 击穿电压与电极距离和压力乘积之间的函数关系（Paschen 曲线）

5）湿度。

6）尘埃的含量。

7）微粒/气雾。

对于电极的间距和炉膛内的气压，在设计和操作真空感应熔化炉时也应考虑。

5.4.3 真空感应炉的线圈设计

在真空和惰性气体条件下工作的感应线圈的设计和性能要求，与标准大气中工作的线圈是有区别的。真空炉线圈设计必须与炉子的冶金和操作的功能相适应，包括用于熔炼的原材料质量以及坩埚所使用耐火材料的类型（捣结、砖衬或砌筑）、工作时间和炉子的操作程序。

特殊绝缘的概念是在 600V 条件下，自由放电是安全的，这是真空炉的标准电压。为了将熔炼功率传递至每个熔炉的熔炼池，应当计算每个线圈的特定匝数。为了得到最佳的电效率和较高的可靠性，全部线圈分为若干个并联组，分别在线圈端部连接，有效的线圈段可达到熔池液面的高度。在其顶部和底部有非磁性钢制的冷却环和支承环，高出坩埚，使整体温度接近均匀，线圈用无磁性的铜制成，截面为矩形或椭圆形。匝间有垫片，这种截面比圆形截面有更高的电效率，其理由是矩形或椭圆截面对靠近炉子侧的线圈电流（趋肤效应）有更多的有效通过面积。

真空感应炉感应线圈的绝缘措施如图 5-125 所示。绝缘层是由环氧树脂与玻璃丝带缠绕而成的，可保证足够安全且能承受 600V 的自由辉光放电。在理想情况下，这种绝缘材料会与铜型材表面黏附在一起。即使在高温下工作，绝缘层也能够承受坩埚作用的机械力，甚至有坩埚破裂的抗力，因为绝缘层在高温时是柔软的，而在室温时是坚硬的。依据线圈绝缘层性能要求，绝缘层中不能有气泡或气孔，否则将破坏绝缘。绝缘层中的孔洞将产生辉光放电，所产生的热量，会使坩埚与线圈/冷却水之间的热平衡受到破坏。

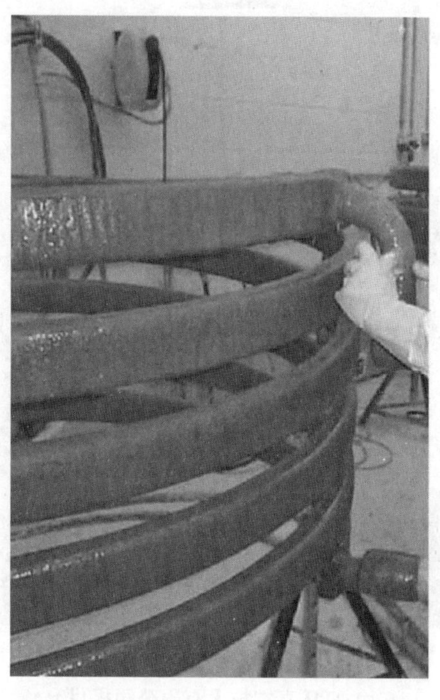

图 5-125 真空感应炉感应线圈的绝缘措施（由 ALD 真空技术有限公司提供）

线圈应当安装在非常坚固的圆柱形炉壳之内，感应线圈由大量的磁轭固定，磁轭与线圈边对边，尽可能地覆盖，矩形截面的线圈能够将径向力由坩埚传递给磁轭（圆形剖面会发生变形），磁轭通过螺杆将径向力传递至圆柱形炉壳。这种刚性结构始终能够保证作用在坩埚上的径向对称，以提高坩埚的使用寿命。

考虑到坩埚的轴向膨胀，线圈的匝间用垫片固定，不用螺栓固定。整个线圈是很坚固的，顶部的混凝土压力环将其压向熔炉底部，真空感应炉的感应线圈内侧如图 5-126 所示。在这个刚性线圈筒中的坩埚可以向上热膨胀，因为矩形截面的线圈涂上水泥（一般稍有锥度）坩埚有光滑的圆柱形滑动表面。

在线圈装入炉体之前，对制造出来的真空感应线圈进行周密的质量监控是非常重要的，线圈质量控制过程的典型步骤包括：

1）外观尺寸检验。

2）线圈截面的 X 射线检验。

3）最大压力 10bar 的压力试验。

4）泄漏试验（氦喷试验）。

图 5-126 真空感应炉的感应线圈内侧（由 ALD 真空技术有限公司提供）

5）在低真空气氛下，在真空炉膛中对每一个线圈段进行电晕试验（辉光放电），对接地的线圈施加 800V 的交流电。这种检验是基于绝缘层中如存在气孔，会产生辉光放电现象。

5.4.4 真空感应炉的类型

标准真空感应炉的典型配置如图5-127所示。

在老式的真空感应炉中，坩埚的倾转和浇注铸型内都是在巨大的真空室中完成的。液压装置和水冷柔性供电力电缆也在真空室内，所以真空室的容积和内表面特别巨大，室内到处都有快速解析出气体的污染物颗粒，污染物难于清理和维修，由于需要密封的面积大，还可能产生泄漏，需要大容量的真空泵。作为工业应用的真空感应炉，一个容量为 22t 的标准真空感应炉如图 5-128 所示。

为了减小真空室的容积和真空泵的容量发展了新的真空感应炉。这种熔炉为真空感应脱气和浇注（VIDP）炉。真空感应脱气和浇注（VIDP）炉的熔铸操作如图 5-129 所示。

20t 真空感应熔炼（VIM）炉与 20t 真空感应脱气和浇注（VIDP）炉对比显示了真空感应脱气和浇注（VIDP）炉的优势（见图 5-130）。VIDP 炉的真空室容积比较小，因为电缆、液压和水冷系统都在

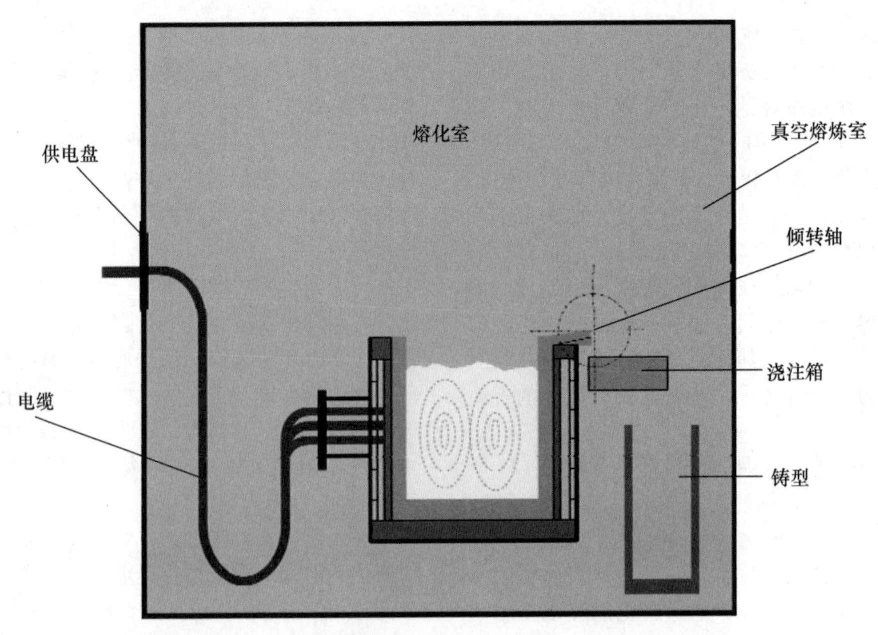

图 5-127 标准真空感应炉的典型配置（由 ALD 真空技术有限公司提供）

图5-128 一个容量为22t的标准真空感应炉（由ALD真空技术有限公司提供）

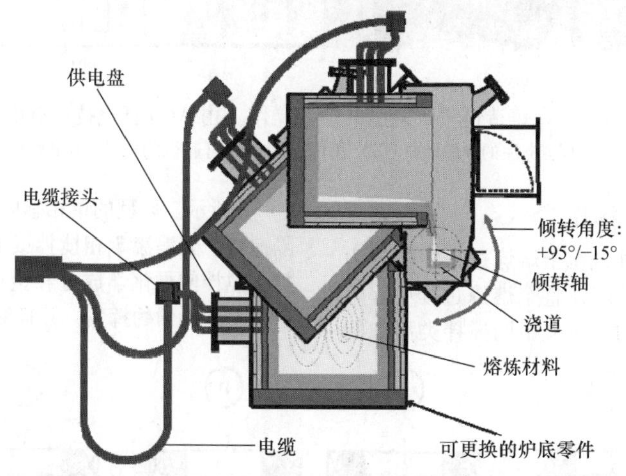

图5-129 真空感应脱气和浇注（VIDP）炉的熔铸操作（由ALD真空技术有限公司提供）

真空室外部。因此，VIDP炉需要的真空泵站比较小，较小的炉子容积解析速度比较低（1:10，与真空室型相比），真空泵系统也比较小。炉体的更换可以非常迅速，加热坩埚的时间少于1h。

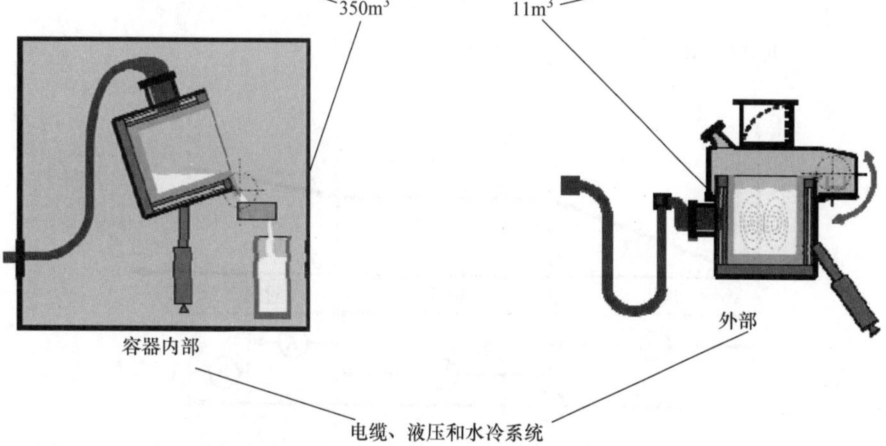

图5-130 真空感应熔炼（VIM）炉和真空感应脱气和浇注（VIDP）炉真空室的体积对比（由ALD真空技术有限公司提供）

VIDP炉在铸造过程中铸型的柔性操作如图5-131所示。一台VIDP炉可适应一个或两个铸造系统。不同尺寸坩埚的灵活选择是可能的。VIDP炉可以灵活地应用于传统的铸锭或电极铸造，也可用于大型结构件的熔模铸造、粉末雾化喷雾成型及连续铸造。

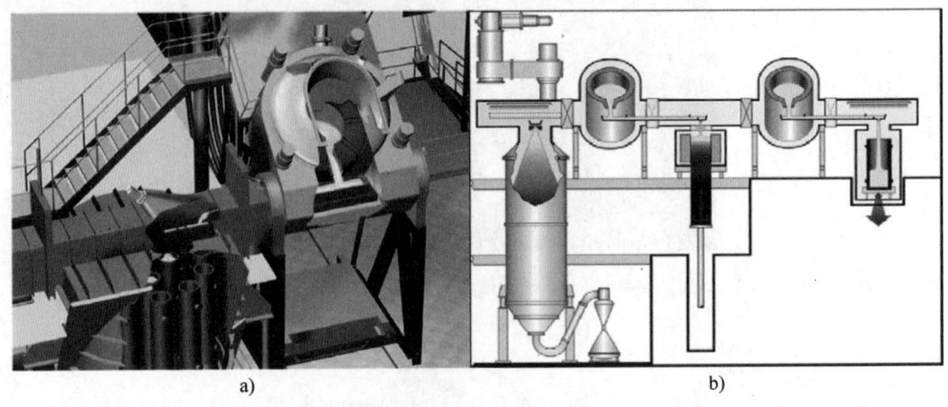

图5-131 VIDP炉在铸造过程中铸型的柔性操作（由ALD真空技术有限公司提供）
a）正在浇注的VIDP炉 b）不同铸造系统可通行的柔性VIDP炉

5.4.5 真空感应炉的操作

感应炉最重要的特性，在于熔炼过程中电磁力搅拌，使得金属液均匀化。在整个熔炼过程中，熔化、精炼和过热各阶段的金属液不同搅拌类型如图5-132所示。典型的单相感应搅拌模式为两股湍流间隔搅拌、大涡流3相搅拌或通过坩埚底部的充气搅拌，搅拌使得化学成分和金属液温度均匀化，增进了挥发性元素的挥发，并且缩短了脱气时间。

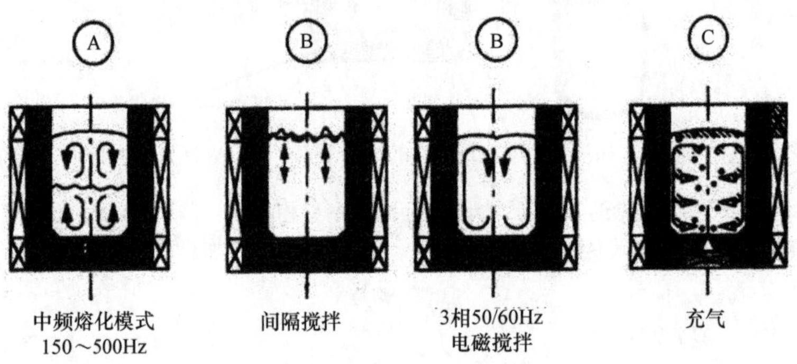

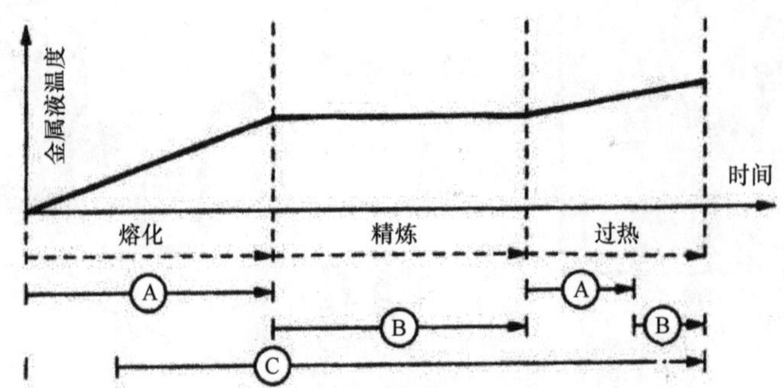

图5-132 在整个熔炼过程中，熔化、精炼和过热各阶段的金属液不同搅拌类型
（由ALD真空技术有限公司提供）

为了达到熔炼产品的再现性，所有相关工艺步骤的监测和控制都是必要的。必须重视的参数包括：熔池和浇注的温度、真空状态、控制泄漏率、冷却水的状态、能源管理、金属液的趋势分析、浇注件的质量。

选择参考文献

- ALD Vacuum Technologies GmbH, http://web.ald-vt.de/cms/en/ (accessed August 22, 2013)
- F. Beneke, B. Nacke, and H. Pfeifer, *Handbook of Thermoprocessing Technologies*, Vulkan-Verlag, Essen, 2012
- H. Pfeifer, *Pocket Manual of Heat Processing*, Vulkan-Verlag, Essen, 2008

5.5　沟槽式感应炉的组成及设计

Erwin Dötsch, ABP Induction Systems
Bernard Nacke, Leibniz University of Hannover

沟槽式感应炉主体是由耐火炉衬组成的可倾转的熔池，熔池内安置一个或多个感应器，以法兰连接。

5.5.1　炉子熔池

这部分内容包括保温炉的设计、定量浇注的设计、熔炼的设计以及耐火炉衬等。

1. 保温炉的设计

保温炉主要用于铸铁金属液保温，其熔池有管式、坩埚式，也有球形的，带有可移动的密闭炉盖。液压可倾转的通道式炉子结构如图 5-133 所示。

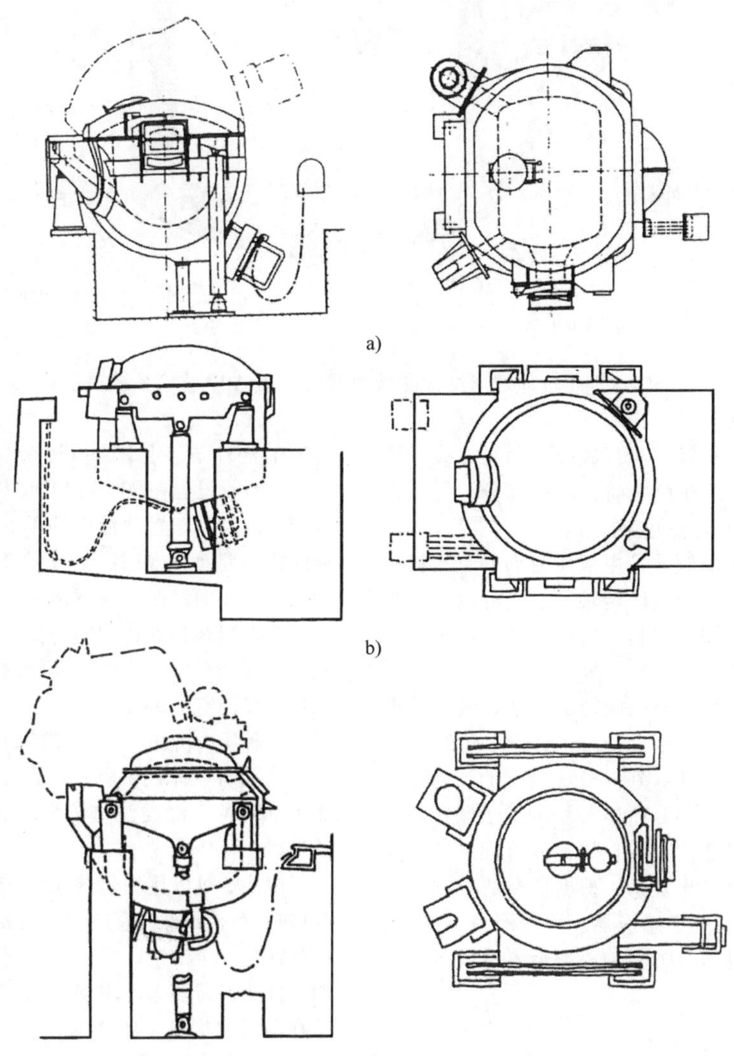

图 5-133　液压可倾转的通道式炉子结构（由 ABP 感应系统提供）
a）管式　b）坩埚式　c）球形

管状沟槽式炉（IRV）具有结构高度低的优势，可以直接安装在铸造车间的地面上，不需要花费较多的地基成本，但是扁平的结构设计需要很大的笨重炉盖，使用不够灵便，虹吸口低，清理不方便，相对较大的熔池表面，会产生较多的炉渣而又难于扒掉。

圆筒坩埚式结构（LFR）制作炉衬和维修方便，而球形结构（IRT）特别适合于大容量炉，一般容量可达16t。

图5-134所示为近似球形结构的熔池截面。该熔池具有碟形的炉底和弧形的炉顶，这种类似球状形不仅减少了热损失，而且炉盖的尺寸最小，还具有弧形的耐火炉衬，特别有利于提高大容量炉子耐火炉衬的使用寿命。熔池的耐火炉衬寿命与工作条件有关，一般可达2~6年。

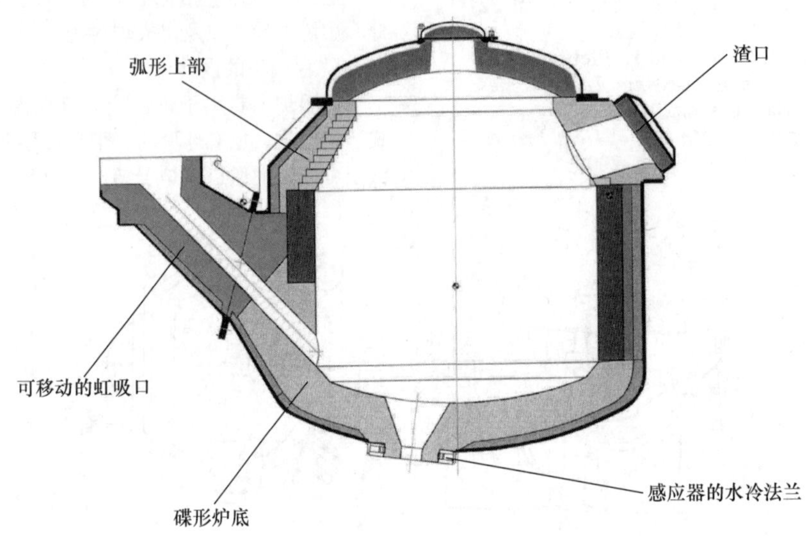

图5-134 近似球形结构的熔池截面（由ABP感应系统提供）

特别是与冲天炉联用时，铁液储存在虹吸管周围，球形沟槽式感应炉虹吸管以上的部分，可以拆卸，以便机械清理熔池的虹吸入口处。

浇注时，熔池的倾转是由液压驱动的，装料和出料的虹吸口靠近炉子的倾转轴，这样可以同时装料和出料，并根据需要装料、出料的吸口可设置在左侧或右侧。

LFR和IRT型炉子可以倾转倒空金属液然后返回除渣。图5-135所示为处于倾转位置的105t 200kW的沟槽式炉，其中图5-135a所示的炉内留有残剩的浇注金属液，图5-135b所示的炉子倾转回来进行扒渣，表明炉渣门设置在熔池的背面。这种结构同样适用于沟槽式感应炉，根据负载的应用条件炉体可前倾或后倾更换感应器。炉盖用螺栓拉紧，炉盖上密封的小孔可以方便地检测金属液或者焊接浇注烧嘴。

2. 定量浇注设计

沟槽式炉是耐压密闭的，可以用作定量浇注金属液的浇注炉（见图5-136），与倾转式沟槽炉不同，虹吸管设置在90°、120°或180°的位置，浇注虹吸管的末端位于熔池液面顶部，并装置有塞杆，浇注流槽的液面高度用浮子或激光测量，并且通过压力来控制液面，保持高度恒定。浇注量是以塞杆的升降来控制并达到铸型的需要量，浇注炉可以纵向或横向移动至铸型工段。液压倾转系统将炉子倾转从虹吸口倒空金属液。

这种压力浇注炉可浇注的铸铁金属液容量可达30t，某浇注炉车间中浇注炉的容量为20t，感应器功率为500kW，浇注流槽安装有两个塞杆（见图5-137）。

浇注炉可以用坩埚式感应炉（见图5-138和图5-139）替代沟槽式感应炉，主要优点是可将浇注炉中的铁液完全倒空，空炉在长时间的等待过程中以燃气加热保持热态。坩埚炉与沟槽炉相比，其缺点是在保温和加热金属液时，要多消耗15%的电能，因为其电效率比较低。

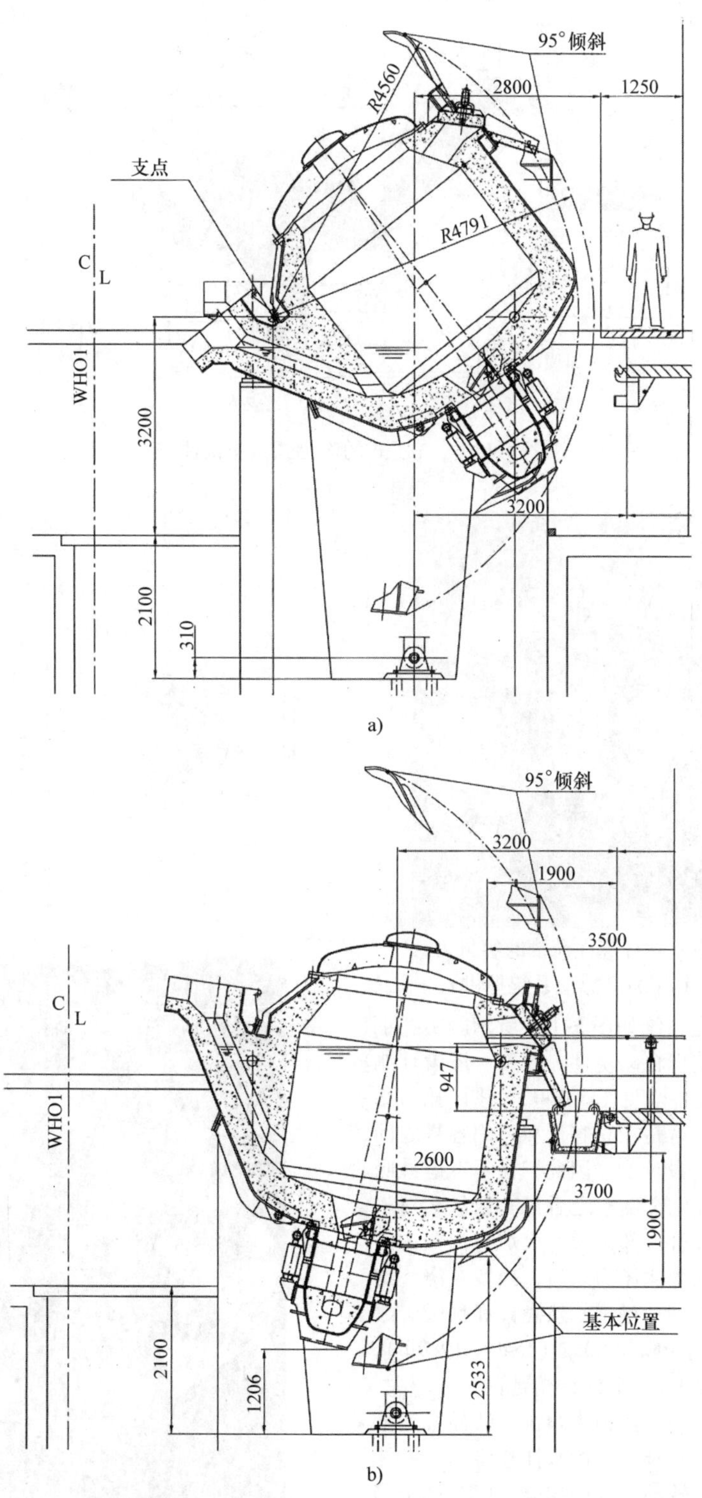

图5-135 处于倾转位置的105t 200kW的沟槽式炉（由ABP感应系统提供）

a）向前倾斜带有残剩金属液 b）向后倾斜除渣

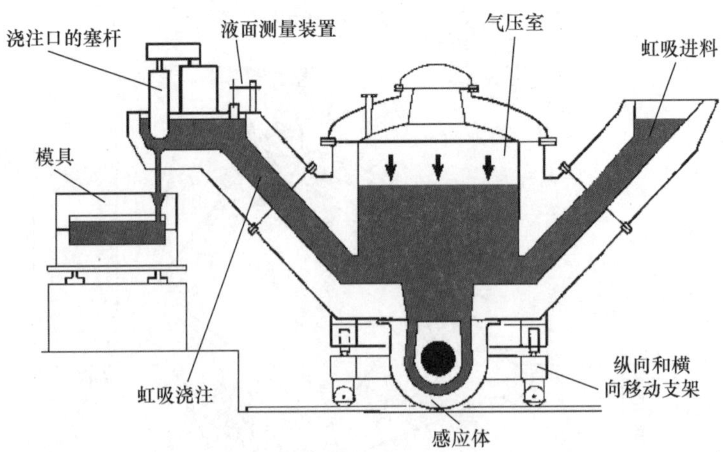

图 5-136 气压式的沟槽式定量浇注炉

图 5-137 带有双塞杆浇注流槽的容量为 20t 的浇注炉（由 ABP 感应系统提供）

所谓茶壶式浇注系统如图 5-136 所示。实践证明，这种系统可以实现自动浇注。此外，还设计制造了不加热的浇注设备（见图 5-140）。密闭压力熔池的形状及其耐火内衬是在总容量和可用容量之间取得最佳匹配关系而设计的。因此，在不考虑虹吸管原则的情况下，在完全倒空之后只有数量相对较小的残留铁液。虹吸管口部位于耐火炉衬沟槽的底部，因此在达到最高浇注压力之后，残留在浇注熔池中的金属液残留在横向槽道、外浇口和虹吸管之中，残留铁液的量为 700～900kg（1540～1980lb），量的多少与实际容量 1.5～5.5t 的熔池的尺寸有关。由于有良好绝缘的炉衬，热损失很少，装满金属液设备的温降为 1～1.5K/min。将塞杆移走后，浇注熔池可以快速更换，转动塞杆的摇臂，四个塞头移开后即可更换。

3. 熔炼炉设计

熔炼炉与保温炉相比，其主要的结构不同在于熔

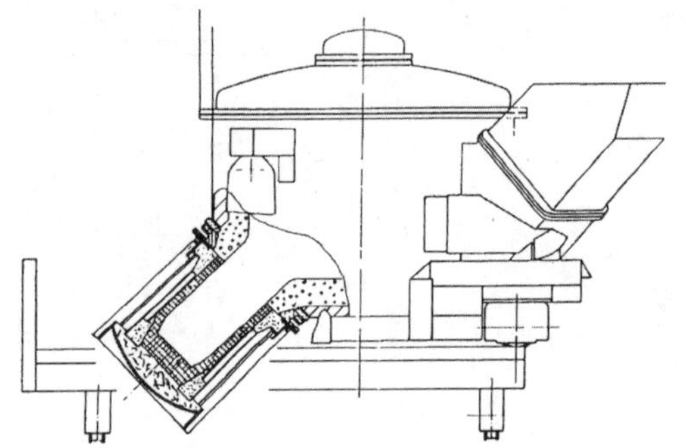

图 5-138 5t 坩埚式感应浇注炉

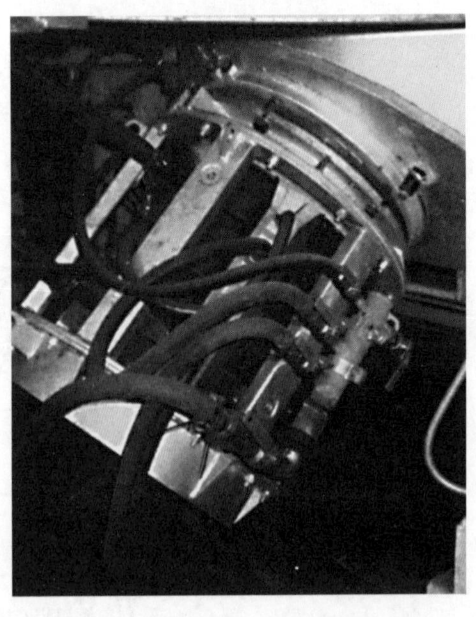

图 5-139 300kW/250Hz 容量 5t 的坩埚式感应浇注炉

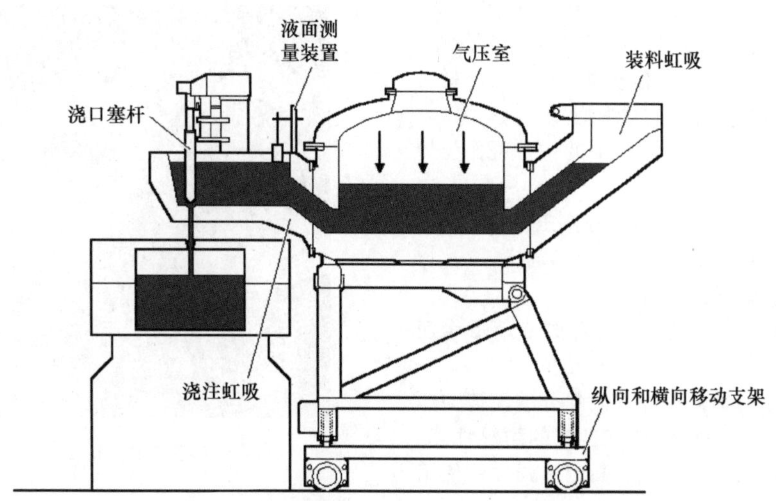

图5-140 不加热的浇注设备（由ABP感应系统提供）

池中没有虹吸装置，有液压可移动的炉盖便于装炉料，还有浇注用的浇口，与坩埚式感应炉中的装置一样。较小功率的熔炼炉是圆筒形的，感应器是通过炉子底部的法兰连接；大功率的熔炼炉是管式的，一般带有1~4个感应器，特殊的有6个感应器，绝大多数用于熔炼铝材和铜材（见图5-141）。

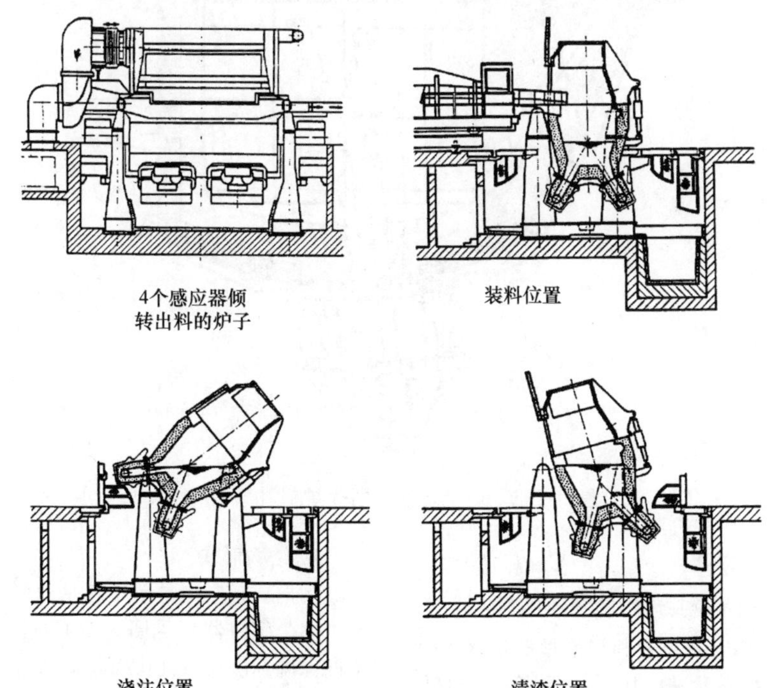

图5-141 55/45t沟槽式熔铝炉有4个1200kW感应器（熔化率11t/h）（由ABP感应系统提供）

这类炉子的特点是：

1）炉料由振动料槽装入，从排烟罩内打开的挡气门进入。

2）通过熔炉向后倾斜实现机械化撇渣。

3）倾转炉体，金属液从炉内流入同一水平面的中间浇道进行浇注（见图5-142）。

4. 耐火炉衬

对于铁液保温炉，炉子熔池的耐火炉衬（见

图 5-143）是由绝缘、安全和耐火的材料组成的。作为绝缘耐火材料，陶瓷纤维板首先应用于铸钢中，然后覆盖轻质隔热砖或喷涂绝缘物，安全耐火材料采用硬质耐火砖或喷涂优质的绝缘物。

烘干的炉体或下列多样衬垫中的一种可作为炉子的耐火炉衬：

1）半塑性材料捣打料（通常在刚玉的基体上加入抗炉渣蚀损的材料，以磷酸盐为黏结剂捣打）。

2）以刚玉为基础的煤渣砖。

3）整体浇注（含水量少的、低的或超低水泥类）。

除了振实烘干的炉衬以外，低水分的模铸炉体的应用也有所增加，炉衬要具有良好的耐火性能、高密度、低孔隙度以及小孔隙、高耐热强度和使用便捷。

图 5-142　倾转炉体的铝液浇注

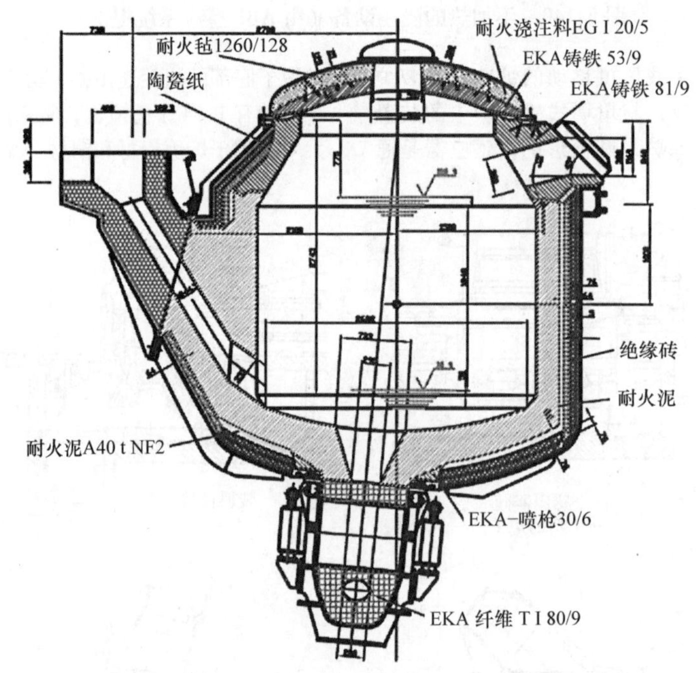

图 5-143　炉子熔池的耐火炉衬和感应体

5.5.2 沟槽式感应体

沟槽式感应体由带密封冷却的圆环形感应线圈、紧靠线圈的铁心、感应器外壳和沟槽形的耐火炉衬组成，金属液置于沟槽中，中等输出功率（>250kW）的感应线圈都采用水冷。

高性能感应器的钢质外壳也是水冷的，而铁心一般用空冷就足够。耐火炉衬外侧为钢套压紧，而面向线圈的内侧紧靠冷却套，冷却套同样也采用水冷，因此在感应器渗漏时可以起到保护线圈的作用，冷却套的材料为铜或无磁性的钢材。

1. 结构形状

沟槽式感应体是单个还是双联取决于应用的需要，单个感应器（见图 5-144）主要用于铸铁金属液的保温和浇注，其功率最高可达 3000kW。这类炉壳内耐火炉衬壁厚均匀无棱角，这种结构形式的最大好处是可以避免耐火炉衬产生应力裂纹，在整个沟槽长度上实现整体均匀烧结。

与此不同的是双联槽形感应器（见图 5-145）主要用于有色金属的熔炼和保温，功率可达 2500kW。虽然尺寸相同，却创立了一种沟槽中金属液的低比功率（译者注：比功率指单位体积的功率）

高性能感应器的模式。

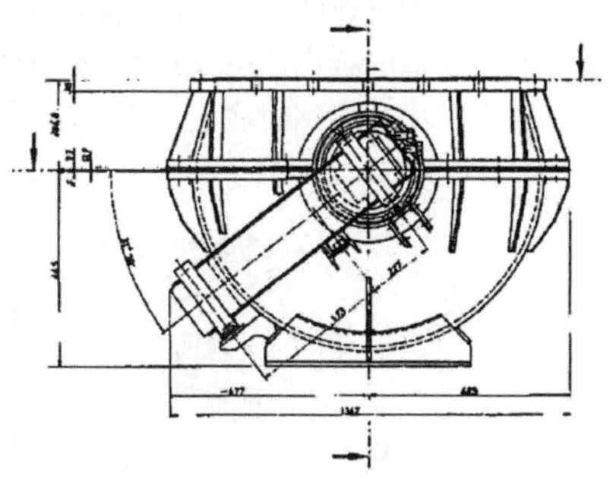

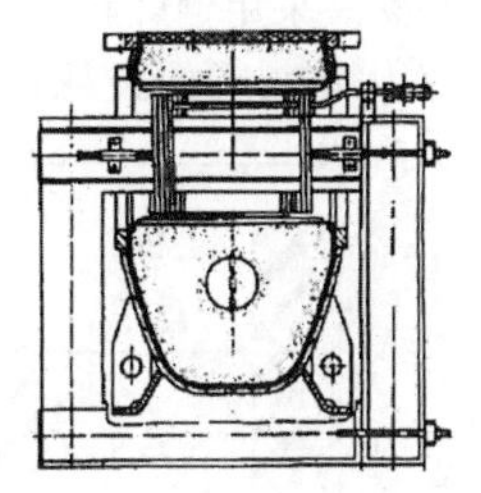

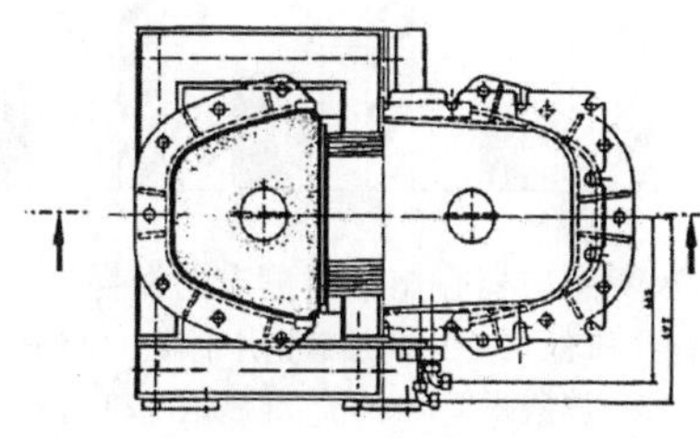

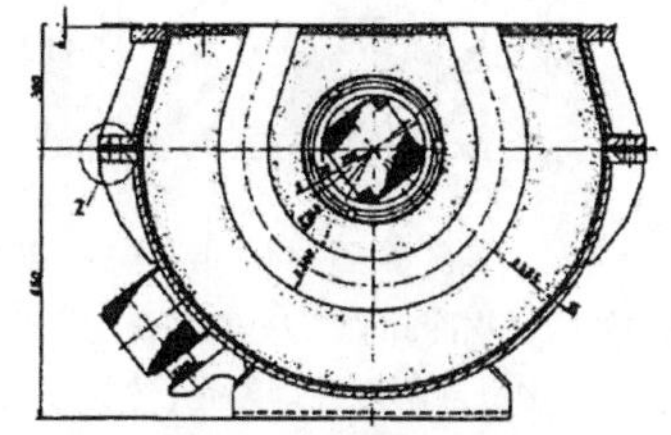

图 5-144 用于铸铁的单个感应器（由 ABP 感应系统提供）

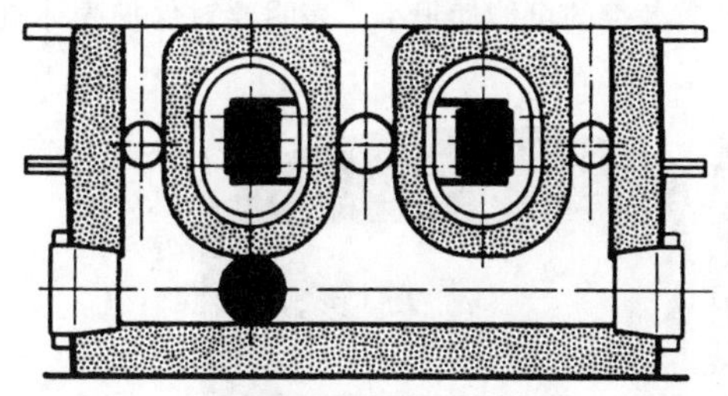

图 5-145 用于铸铝的双联槽形感应器（由 ABP 感应系统提供）

尤其在熔炼铜的时候，在感应器外壳中的涡流场损失相对要高，这些问题可以通过结构设计降至最低。这种措施的基础是针对由磁性钢制造的传统外壳（见图 5-146a）和外覆铜层的外壳（见图 5-146b）的电磁场的数值模拟得出的；图 5-146a 中的冷却夹套是由铜制造的，而图 5-146b 中的冷却夹套是由不锈钢制造的。由图中可见电磁场线强烈地透入钢壳中，因此产生相应的损耗，反之在图 5-146b中，在铜保护壳中具有屏蔽作用，电磁场线难于透入保护壳中，进一步的计算分析得出结论，由低导电性的材料、非磁性钢制造的壳体（见图 5-146b），有助于进一步减小损耗。

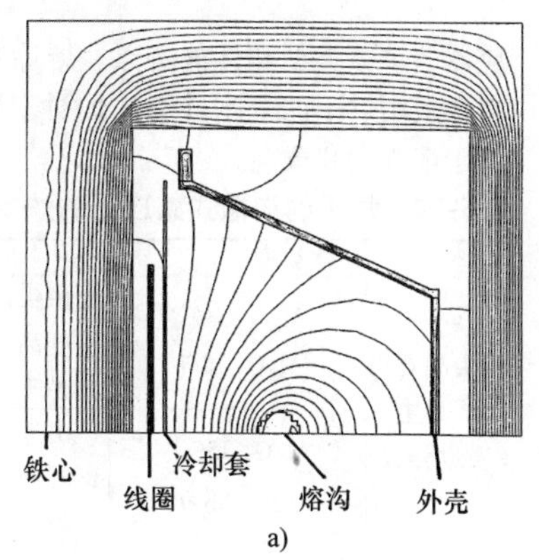

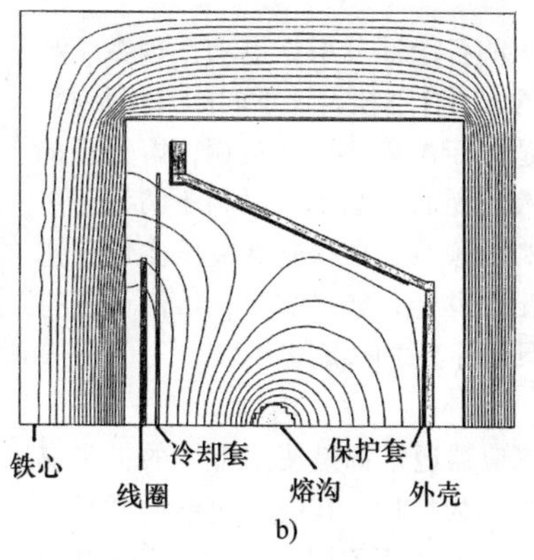

图 5-146 感应器的计算电磁场线

a）传统外壳 b）有保护套的外壳

图 5-147 所示为不同结构的 2000kW 感应器在熔铜时测定的损耗。传统的是结构 2，损耗约为 310kW，占载荷的 15%。采用铜屏蔽壳体和无磁钢冷却套（结构 5）的优化结构的损耗仅为 170kW，因而使得输入功率增加了 7%；以硅钢片制造的保护壳，由于过热致使保护层损坏，在实践中并未成功，反之，铜屏蔽壳体，厚约 5mm（0.2in）的铜板用爆炸成形法贴在钢衬底上，成为耐用的双层材料。

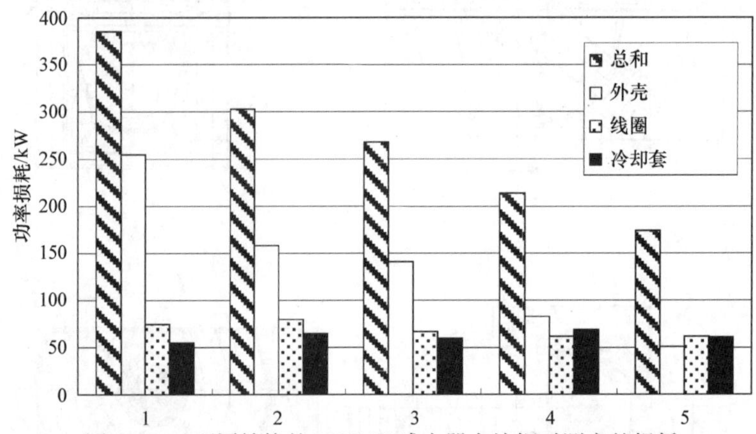

图 5-147 不同结构的 2000kW 感应器在熔铜时测定的损耗

1—无磁钢外壳，铜冷却套 2—磁性钢外壳，铜冷却套 3—中间加硅钢片的磁性钢外壳，铜冷却套 4—屏蔽磁性钢外壳，铜冷却套 5—屏蔽磁性钢外壳，无磁钢冷却套

图 5-148 所示为熔炼黄铜的 2400kW 感应器（带有铜屏蔽涂层）。感应器保护套的内侧有铜板垫层，外壳由普通磁性钢材制成的双层壁的水冷套。至今为止的实践证明，此类感应器中应用铜或黄铜材料，在熔炼铝材的沟槽式感应炉也可以期望在效率方面获得类似的改善，虽然目前尚未实现。采用低碳钢料改善效率的可能性很小，表明要对保护壳体进行更多的研究。

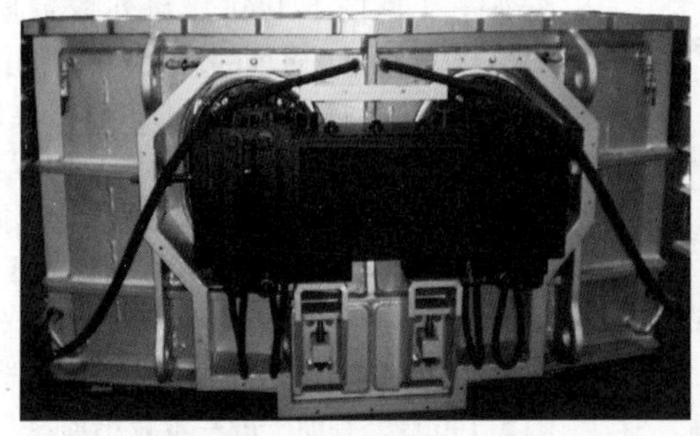

图 5-148 熔炼黄铜的 2400kW 感应器（带有铜屏蔽涂层）（由 ABP 感应系统提供）

沟槽式感应炉的各个部分根据电功率因数、金属液流动和除渣的需要合理地设计不同的几何形状。圆形截面的熔沟适用于熔炼铸铁和黄铜，熔铝炉的感应体沟槽的结构应是直线型的，以利于清渣。可以将捣打耐火材料的模具，在感应器被压实后从垂直和水平方向取出并移走，如果需要，熔沟可以打开并以适当的工具清除沟中的沉积物。

2. 耐火炉衬

用于铸铁的感应器通常都是使用干燥的由尖晶石构成的镁基物质作为炉衬，其中氧化铝的质量分数为 10% ~15%。与此比例不同，以氧化铝为基加入质量分数为 10% ~15% 的镁砂的耐火材料，则用于较低的工作温度。表 5-14 列出了烘干的沟槽式感应器的炉体类型和性能特点。熔炼有色金属的感应器一般用烘干的金刚砂浇注炉衬，烘干的酸性炉衬用于熔炼铜和黄铜。

表 5-14 烘干的沟槽式感应器的炉体类型和性能特点

炉体类型		性能特点
以尖晶石组成为主（质量分数）	MgO 85%/ Al_2O_3 12%	由尖晶石的成形，烧结密度高，耐火度高 易于堵塞
	Al_2O_3 85%/ 12% MgO	由尖晶石的成形，烧结密度高，较少堵塞 耐火性能最低
以莫来石烧结为主（质量分数）	Al_2O_3 >93%/ SiO_2 4%	堵塞倾向最小，抗温度变化性能好 耐火性能最低

感应器以法兰连接在炉子的熔池后，利用燃气烧嘴加热烧结。在第一个阶段，感应器模型按照制造工艺的温度曲线逐步升温加热；在第二个阶段，注入金属液，连续完成感应器耐火内衬的烧结。用于熔铝的感应器不采用这样的工艺，将感应器模型拆卸后，在炉子熔池外以燃气或电阻加热烧结。根据感应器蚀损或堵结程度，由监测熔沟的电气和热的数据来决定其更换时间。

5.5.3　供电电源

虽然熔炼有色金属的沟槽式感应炉越来越多的应用变频器供电，而熔炼铸铁的沟槽式感应炉主要是工频供电，这是因为输出功率 300kW 以上的谐振变频器很贵，以及铸铁感应器功率因数的原因。不过，绝缘栅双极晶体管（IGBT）变频器技术可以在未来提供可以实施的解决方案。

1. 工频电源

采用工频电源供电时，沟槽式感应炉是通过低电压或者高电压抽头变压器与工业供电电网连接在一起（见图 5-149）。如抽头在低压连接端，有三个或多个变压调压区段，一个保温段和两个加热段，以大容量接触器操作连接；如抽头在高压连接端，要匹配相应的电压，由电动机驱动连接对应的分接开关，并固定在分接头点。

由于感应器一般是单相的，平衡电流装置用于使三相网络的三相负载平衡。平衡装置是由电抗器和并联电容器组成的，完全平衡是炉子在工作（熔化）状态时电流相等。如果感应炉处于工作不正常时，需要调整补偿和平衡的器件，可开合调节与感应器并联的电容器组，补偿电抗产生的无功功率。

2. 变频电源

采用略高于工频的变频器，除了电气工程的维护简单，还可以实现以方便的方式进行无级的功率调节。变频器自动调控相应的振荡谐振频率，即使感应器阻抗有很大变化，其最大功率往往也是下降的（由于沟槽蚀损或堵塞），无级调节输入功率，是运行过程最佳的供电方式。

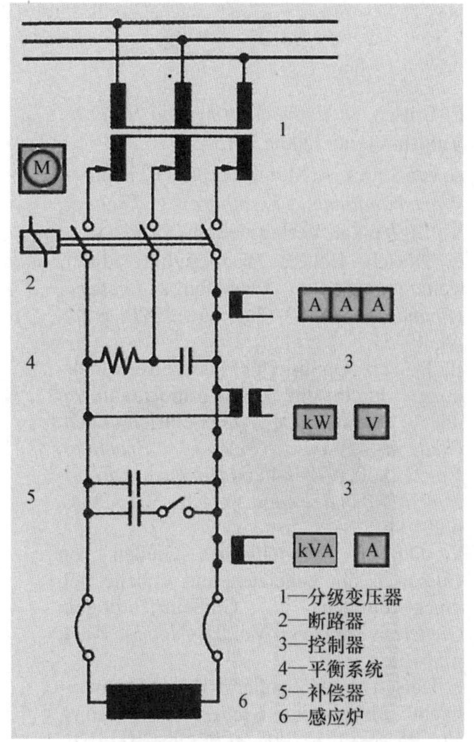

图 5-149　用于铸铁的工频电源
（由 ABP 感应系统提供）

5.5.4　冷却装置

感应器及炉体法兰接头的冷却，如同坩埚炉一样采用密闭循环冷却。针对感应器更换而设置了第二个冷却回路，因此，感应器一旦拆卸下来，对热感应器仍要供给冷却水，使线圈不至于毁坏。

不同感应器部件的实际冷却效果可以为感应器运行状态监测提供有益的指导。感应器冷却回路如图 5-150 所示，冷却回路中有 4 个单独的分测点，分别检测线圈、冷却套、壳体以及法兰接头处水的流量和温度，并不间断地记录。这些数据，更重要的是分析其长期趋势用以判断耐火炉衬状态。

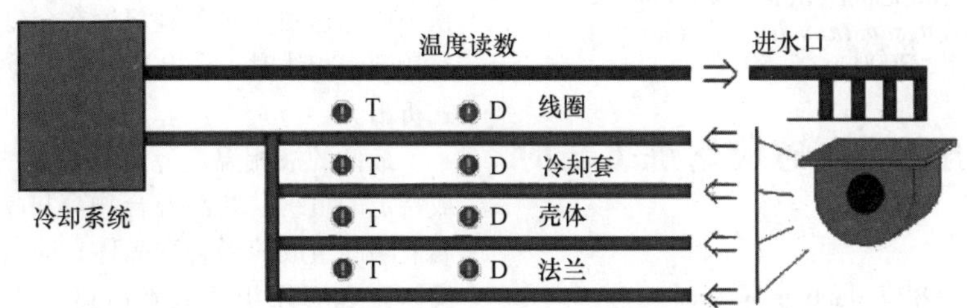

图 5-150　感应器冷却回路（由 ABP 感应系统提供）

参考文献

1. E. Dötsch, *Inductive Melting and Holding*, Vulkan-Verlag, 2009, p 15–53
2. A. von Starck, A. Mühlbauer, and C. Kramer, *Praxishandbuch Thermoprozess-Technik*, Vol II, Vulkan Verlag, Essen, 2003
3. E. Dötsch, Höhere Produktivität durch weiterentwickelte Gießöfen, *Gießerei (Foundry)*, Vol 83 (No. 16), 1996, p 42, 44, 49–51
4. E. Dötsch, Optimierte Flüssigeisenversorgung durch Induktions-Tandemanlagen und automatische Gießeinrichtungen, *Gießerei Praxis (Foundry Practice)*, No. 2, 2000, p 79–84 and *Hommes et Fonderie (Men and Foundry)*, No. 301, 2000, p 29–34
5. E. Dötsch, Automatisches Gießen von Gusseisen mit beheizten und unbeheizten druckbetätigten Gießeinrichtungen, *Gießerei (Foundry)*, Vol 91 (No. 3), 2004, p 56–62
6. E. Dötsch and H. Sander, Rinnenofen intelligent eingesetzt, *Gießerei (Foundry)*, Vol 95 (No. 5), 2008, p 96–98, 100–101, 103–105
7. B. Nacke, A.-M. Walther, A. Eggers, and U. Lüdtke, Optimierung des Betriebsverhaltens von Rinneninduktoren, *Elektrowärme International (Electroheat International)*, Vol 49 (No. B4), 1991, p B176–B187
8. B. Nacke, K.-H. Idziok, and A.-M. Walther, Entwicklung von neuen effizienten und leistungsstarken Rinneninduktoren zum wirtschaftlichen Schmelzen von Kupferlegierungen, *Elektrowärme International (Electroheat International)*, No. B1, 1999, p B13–B19
9. R. Lürick, Moderne Energiequellen für die Elektroprozesstechnik, *Elektrowärme International (Electroheat International)*, No. 1, 2004, p 11–15
10. E. Dötsch, Schmelzen von Kupfer und Kupferlegierungen in Induktionstiegel- und -rinnenöfen mit Umrichter-Stromversorgung, *Gießerei-Erfahrungsaustausch (Foundry Experience)*, Vol 2, 2000, p 45–50

5.6 钢铁和有色金属感应熔炼工艺的冶金学

Erwin Dötsch，ABP Induction Systems

熔炼是所有涉及与材料有关的制造技术的基础工艺。在冶金工艺过程中，通过液相浇注＋制造出成形部件，理想的材料性能主要通过调控熔炼工艺得到；铸件通常是不需要热处理的。熔炼工艺对于半成品的后续变形和热处理过程都具有非常重大的意义。

在熔炼及其后续的浇注中，熔融金属的调控对于铸件质量有着决定性的作用，而实现这些目标的先决条件是要掌握冶金中的相互影响。

5.6.1 铸铁

与钢一样，铸铁也是由铁元素和其他非金属或者金属元素组成的合金，其中最重要的非金属合金元素是碳和硅以及磷和硫；金属合金元素主要是镁、铜、铬、镍和钼；碳和硅对于晶体结构的选择以及铸铁材料性质的形成都具有特殊的重要性。

1. 铁碳相图

图5-151所示为不同晶体结构的铁－碳相图；纵坐标为温度，横坐标为碳或渗碳体（Fe_3C）的质量百分含量。这是一个铁碳二相平衡图，显示了稳定的铁－碳体系（虚线）和亚稳定的 $Fe-Fe_3C$ 体系（实线）；*ABC* 线是液相线，在其上方，溶解有碳的铁熔体仅仅是液体。*AECF* 线是固相线，在其下方，金属液已经完全固态化。液相线和固相线之间存在着与液体和固体比例相对应的凝固间隔。在固相线下方则是不同晶体结构的区域，其中包括：

1）渗碳体：碳化铁（Fe_3C）。

2）铁素体：混合晶体。

3）奥氏体：混合晶体。

4）莱氏体：奥氏体和渗碳体组成的共晶混合组织结构。

5）珠光体：铁素体和渗碳体组成的共析混合组织结构。

纯铁金属液在1536℃（2791℉）时固化形成体心立方的δ铁，在1392℃（2537℉）时转化成面心立方的γ铁，只有在911℃（1671℉）时会再次转变成体心立方排列的晶体点阵，由于性能不同称为α铁。溶解在铁金属液中的碳固化时，碳原子排列在铁晶格的中间点，从而形成γ和α的混合晶体。碳在固态γ铁基体中的溶解度可以达到2%，而在α铁中仅能达到0.02%；溶解在金属液中的大部分碳，在达到固相线时，会以石墨或化合物 Fe_3C 的晶体方式析出。

最低的液相温度降至 *C* 点处的固相温度时会形成特定的组织：共晶混合物。共晶体是由铁－碳金属液凝固组成的混合型晶体，即由γ混合晶体（奥氏体）和石墨组成或者由奥氏体和碳化铁（渗碳体）组成的细晶结构，也就是所谓的莱氏体。这个点的金属液中碳饱和量达4.3%，铁金属液的温度则从初始的1536℃（2796℉）降至1147℃（2096℉）。

碳致使液相线温度降低是铸铁金属液具有良好铸造性的主要原因之一。

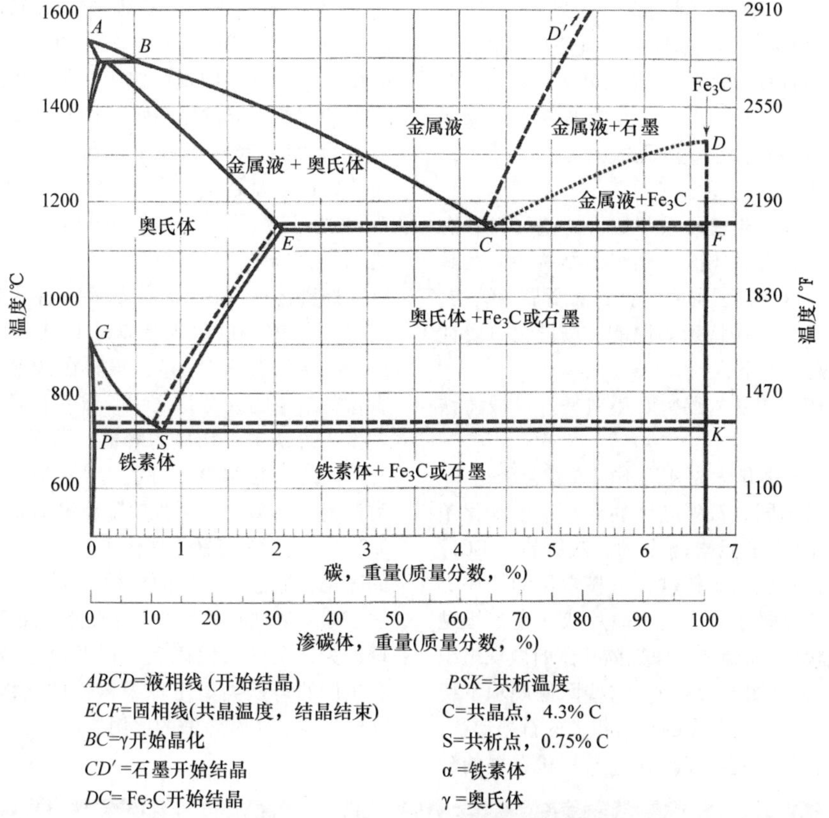

图 5-151 不同晶体结构的铁 - 碳相图

723℃（1333℉）时发生在 *PSK* 线的 γ - α 转变称为奥氏体的共析转变。由此得到的混合晶体是铁素体和石墨（稳定体系）或者铁素体和渗碳体（亚稳定体系）的共析体，也就是所谓的珠光体。

在碳之后，硅是铸铁材料最重要的伴生元素；Fe - C - Si 三元体系一般含有质量分数为 2% ~4% 的碳和质量分数为 1.5% ~3% 的硅。硅含量的增加可以促进其固化成为一个稳定的铁 - 碳体系，使铁 - 碳相图上低共晶点转移至较低的含碳量（见图 5-152)。

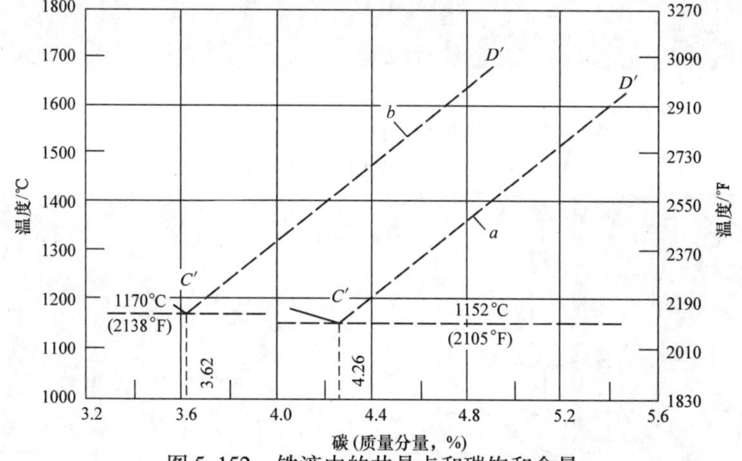

图 5-152 铁液中的共晶点和碳饱和含量

a—Fe - C 二元体系 *b*—加入质量分数为 2% Si、0.5% Mn、0.1% S、0.1% P 的铁液

在非合金铸铁中的其他伴生元素对降低共晶点的作用小得多，但依然非常重要，简单说包括镁、硫和磷，它们的影响已经与碳和硅一起进行了总结，从而构成了所谓的饱和度 *SC*。按照定义，共晶混合物应当满足 $SC=1$，当铸铁金属液中 $SC<1$ 时为亚共晶成分，而 $SC>1$ 时为过共晶成分。

2. 铸铁类型

首先从 Fe－C－Si 三元系开始，铸铁材料具有金属显微结构，石墨晶体嵌入到组织结构中，其具有的显著特性与钢形成了鲜明对比；除了显微结构，石墨形状还给予了铸铁特殊的性能。按量化重要性先后排序，可总结如下：

灰铸铁、球墨铸铁、致密石墨铸铁、可锻铸铁以及合金铸铁。

其显微结构可因化学成分的不同或者合金化和/或热处理而有所不同。石墨晶体的形状是由固化条件和金属液中的微量元素确定的。灰铸铁（GCI）更准确的叫法是片状石墨铸铁，是最常见的铸铁类型。灰铸铁中的大部分单体碳为薄片状（在二维抛光面中如同线状），即镶嵌在珠光体基体的微观组织中（见图 5-153a 和图 5-154a），这些图像展示了所谓的 A 型石墨，即均匀分布的相对粗大的石墨形状，如果硬度要求较低，就可以使用它。片状石墨的分类包括从 A 型石墨到 E 型石墨，结合化学组分（质量分数为 3.2% ～ 3.8% C、1.4% ～ 2.8% Si、0.3% ～ 1.0% Mn、0.05% ～ 0.2% S、0.08% ～ 0.15% P），这些因素决定了灰铸铁的力学性能。其主要特征在于抗拉强度处于 100～200MPa 的范围内，硬度为 155～265HBW。再者脆性也是灰铸铁的主要特点，这主要是由于当承受外部应力时，作用在微观结构上石墨薄片末端的应力峰值造成的，见图 5-155a。

球墨铸铁（NCI）体现着一种明显的优势，在这种结构中，自由碳会以球状从基体中析出（见图 5-153c和图 5-154c），镶嵌在铁素体、珠光体或者这些结构的混合物之中。球状石墨主要能够防止发生灰铸铁中的切应力峰值，见图 5-155b。NCI 具有更高的抗拉强度，可达 350～900MPa，以及具有类似钢的高塑性，膨胀极限范围为 220～600MPa 的 0.2%。然而，铸铁依然优于铸钢，例如易浇注、低的固化收缩性、良好的机械加工性和阻尼性；灰铸铁、球墨铸铁和铸钢的阻尼性能见图 5-156。这就是球墨铸件大量取代铸钢（以及可锻铸铁）的原因；在生产的铸铁类型中球墨铸铁的比例在持续增加，同时也减少了灰铸铁的比例。

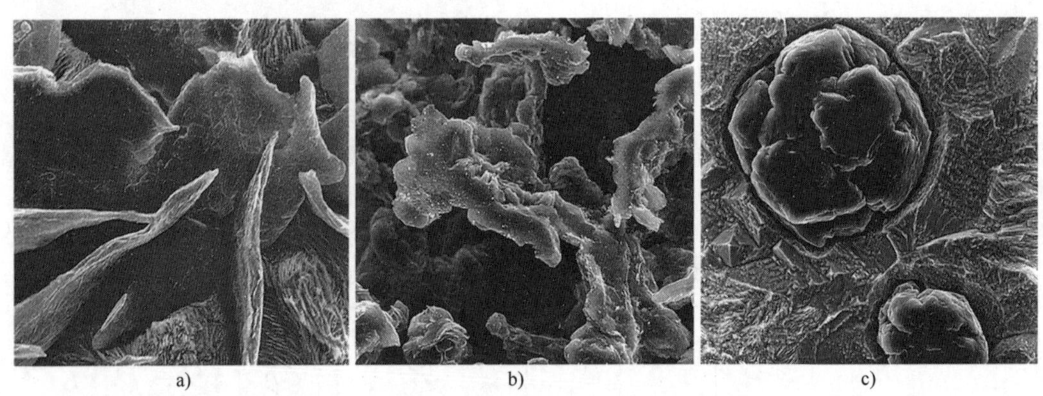

a)　　b)　　c)

图 5-153　不同类型铸铁中石墨晶体的空间结构

a）片状石墨　b）蠕状石墨　c）球状石墨

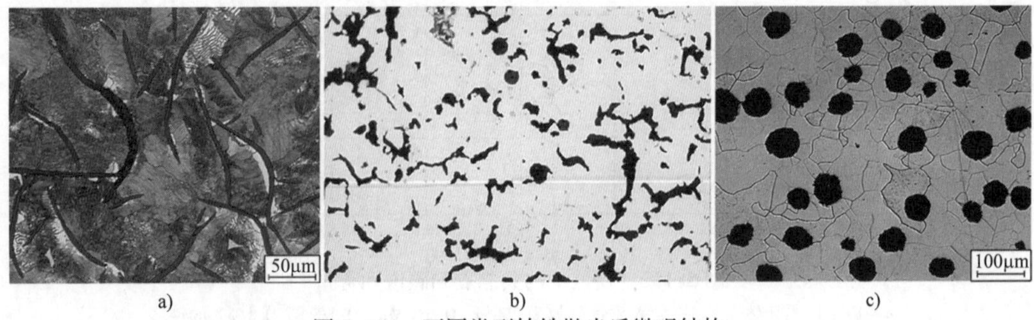

a)　　b)　　c)

图 5-154　不同类型铸铁抛光后微观结构

a）片状石墨　b）蠕状石墨　c）球状石墨

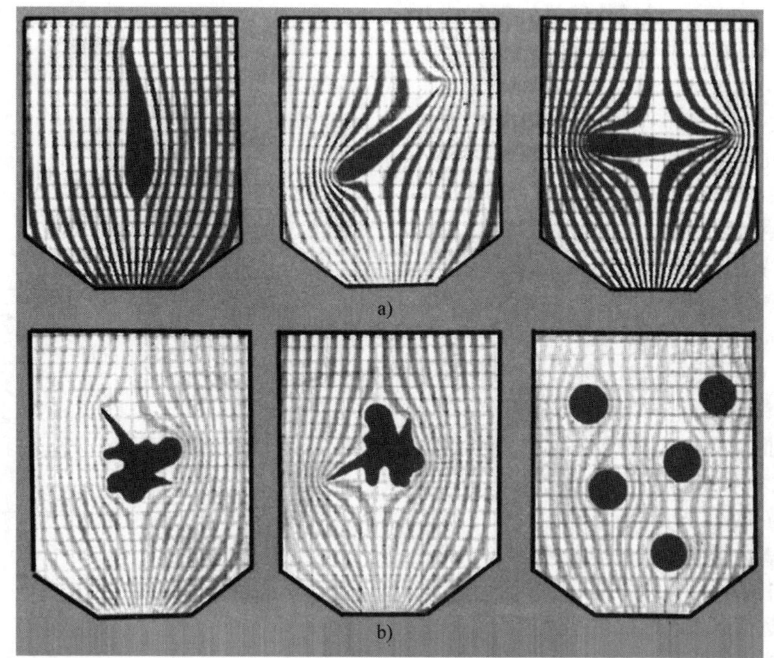

图5-155 片状石墨和球状石墨的缺口效应
a）片状石墨 b）球状石墨

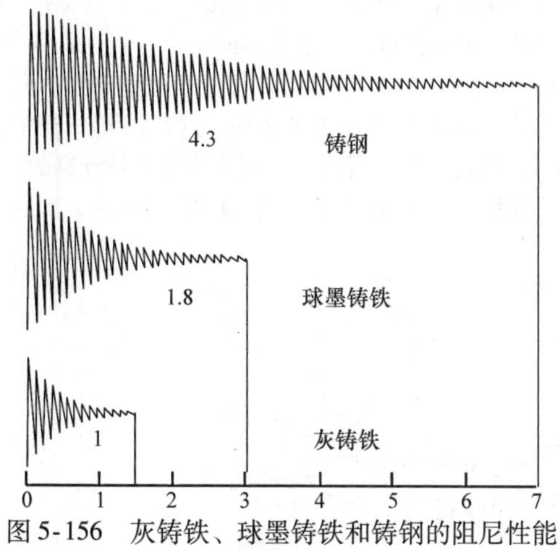

图5-156 灰铸铁、球墨铸铁和铸钢的阻尼性能

球墨铸铁材料有着不同的名字，球墨铸铁是最常用的名字。其他名字包括球墨生铁、韧性铸铁或者SG（球状石墨）铸铁。

铁素体显微组织的强度较低，但具有最佳的塑性和韧性；相反，珠光体显微组织具有最好的强度，但其塑性和韧性较低；可以通过使用铁素体和珠光体的混合体将这些特性优化。

蠕墨铸铁（CGI）的性能在灰铸铁和球墨铸铁之间：相比于灰铸铁，具有更好的力学性能（如抗拉强度），这是由于石墨的蠕虫状结构造成的（见图5-153b和图5-154b）；而相比于球墨铸铁，它具有更好的热传导性和减振能力。这使得蠕墨铸铁不仅可用来制造排气导管，尤其还可用于制造公路用车的发动机缸体，因此蠕墨铸铁材料已经成为铝铸造合金的有力竞争者。

可锻铸铁是具有较高韧性和抗冲击强度的铸铁材料。在制造过程中，冶金条件可以按照以下方式进行调节：凝固时不析出石墨晶体，而是铁-碳金属液按照$Fe-Fe_3C$相图中的亚稳体系进行固化（白口化）。可锻铸铁是对在白口铸铁在温度约为950℃（1740℉）的中性气氛中进行热处理而得到的。共晶碳化物首先衰变成为奥氏体与石墨晶体，进一步热处理则会转变成石墨分布在铁素体或者珠光体基体上（回火碳偏聚）。这种材料称为黑心可锻铸件（BMCI）。

如果回火是在温度约为1050℃（1920℉）的脱碳气氛中进行的，那么碳化物衰变析出的碳将会扩散到大气中，因此铸件外层不会留有回火碳元素，这就是所谓的白心可锻铸件（WMCI），这种材料因其良好的焊接性而广受欢迎。白心可锻铸件化学成分的部分特性在于较低的硅含量，质量分数为0.4%～0.8%。可锻铸铁的制造已经急剧下降，主要是由于较高的热处理成本造成的。除了要求具有良好焊接性的用途之外，它已经越来越多地被球墨铸铁所取代。

合金铸铁材料是针对所有要求特殊性能，如耐热性、耐蚀性、耐磨性、低温韧性或无磁性的石墨改性制造而成的，其中包括：

1）奥贝球铁（ADI）：经过特殊热处理制造而成，主要特性是具有超高的强度，同时也具有非常高的塑性和韧性。

2）硅钼铸铁：经高硅含量的合金处理而提高其抗氧化腐蚀性，同时通过钼来提高高温强度。

3）高镍铸铁：镍质量分数达到12%～36%，具有低温韧性好、耐蚀性好和抗氧化性强的特点。

对于要求有特定性能的铸件金属液，其冶金学状态主要是控制氧的含量，这一点反过来要控制在金属液中按照下列反应溶解的碳和硅：

$$2[C]+2[O]=2\{CO\} \tag{5-256}$$

$$[Si]+2[O]=(SiO_2) \tag{5-257}$$

众所周知，推动化学反应的动力为负自由焓（ΔG）。根据巴兰和莱克数据，CO 和 SiO_2 的 ΔG 值表示了温度与氧亲和力之间关系，如图5-157所示。将这些数据和铸铁金属液相关的一些纯物质的其他氧化反应进行对比，结果表明，镁、铝、硅、锰和碳对氧的亲和力远高于铁，因此这些元素会在铁之前进行氧化。另外，还可以认识到这个问题：CO 的氧势具有温度特性，这一点与其他氧化物截然相反，势能线会出现交叉，而这些交叉位置则代表了有关元素已经转变成氧化反应的预备状态。如果不考虑动力学的影响，一旦达到了温度改变点，则一个元素的氧化反应会被其他元素所取代，或者至少它的强度会有所变化。在交叉点自身所在位置，两个氧化反应都是相等的。

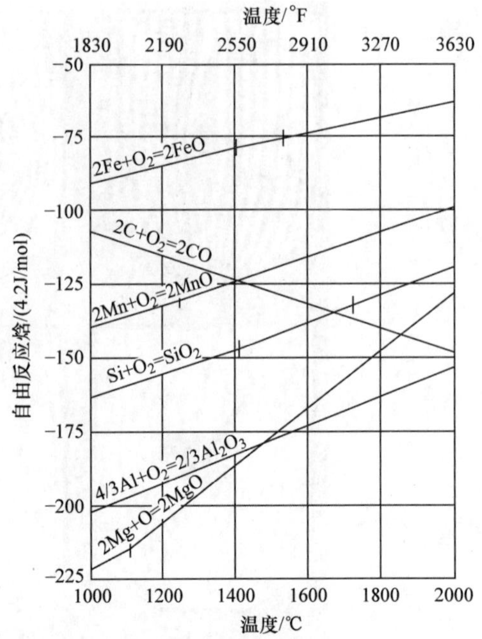

图5-157 氧化物的自由反应焓与温度的关系

与铁相比，合金元素的氧化性较强，即使这些元素是溶解在铁液之中也是如此。这一点在图5-158所示的硅和碳元素的对比中表现得比较明显，除了纯物质与温度的关系曲线之外，这些溶解在铁液之中的元素氧势是按照三个不同的浓度进行计算的。

这里，CO 的压力假设为 10^5Pa（1bar），稍后将

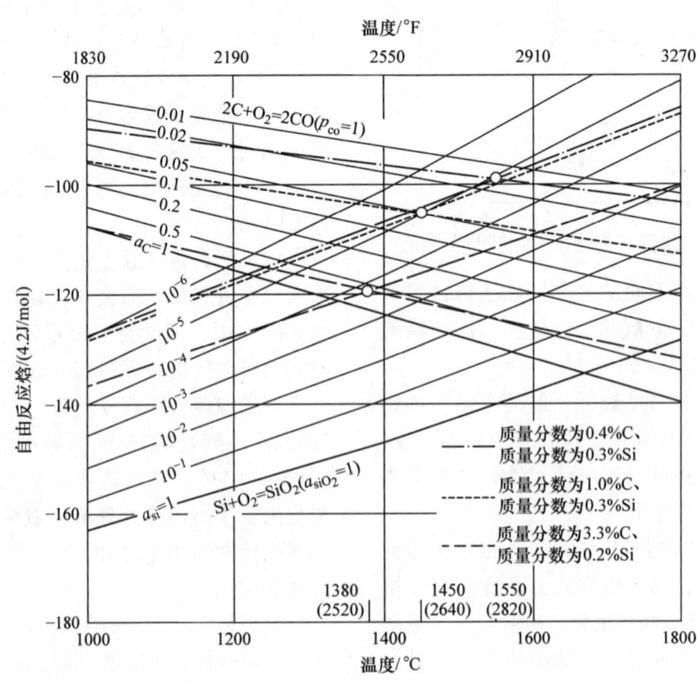

图5-158 铁熔体中各种碳硅反应活度及氧化物自由反应焓与温度的关系

对此进行讨论。式（5-256）和带负号的（5-257）反应式相加，即所谓的坩埚反应。

$$(SiO_2)+2[C]=[Si]+\{2CO\} \quad (5\text{-}258)$$

因此，下列公式可以用于计算自由反应焓的数值：

$$\Delta G26-\Delta G27=\Delta G28 \quad (5\text{-}259)$$

以及温度转变点：

$$Cu_2S+2O_2=Cu_2SO_4 \quad (5\text{-}260)$$

因此，上述反应平衡点的变化［式（5-258）］可以表示为碳和硅含量与碳/硅等温线之间的关系，在此线之上的硅氧化以及在此线之下的碳氧化都有利于热力学的反应。图5-159所示为1.5、1.75和2个CO标准气压下的C－Si等温线。假设CO反应是在出现气泡的相界面上，则碳和氧原子就会扩散，此反应［式（5-258）］会受到气泡内压力的影响，这个内压力是由大气压力和金属液的液体静压力组成的，因此$(1.5\sim2)\times10^5$Pa（1.5～2bar）的压力范围是一个合理的假设。

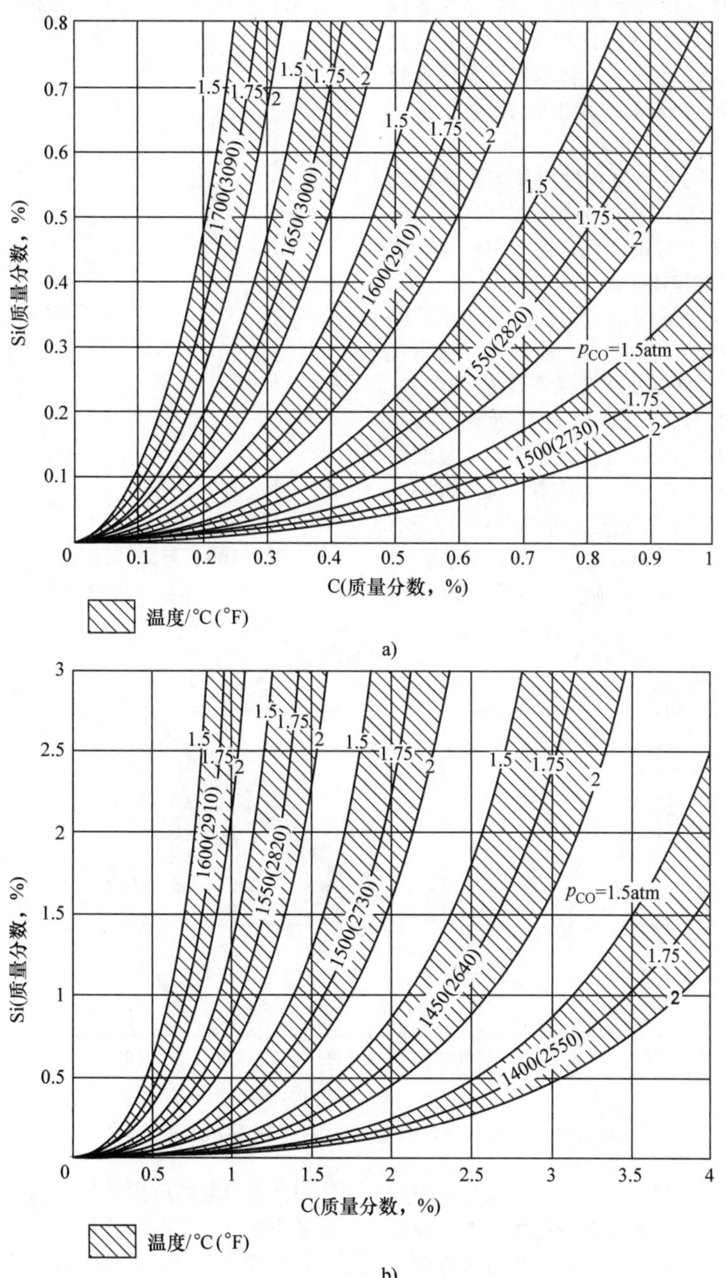

图5-159 1.5、1.75和2个CO标准气压下的C－Si等温线

注：1atm＝101.325kPa。

CO 气泡容易在坩埚壁或坩埚边缘区域附近形成，这些区域都具备有利于晶核形成的条件，这是由于耐火材料内衬的表面粗糙度所致。相反，电磁力是大气压力和液体静压力的反压力，可降低气泡的内压力。

然而，在过饱和体系新相形成过程中仍然需要一定数量的成核条件，因而CO气泡才是金属液中形成新相的核；这意味着反应式（5-258）的热力学平衡温度（TG）在所谓的沸腾温度（TK）相关的一定范围内，且在CO反应开始前就已被超过了，因此，温度差（TK－TG）成为超饱和的一种度量，这个温度差的范围为50～100K，具体取决于气泡成核的条件，如坩埚壁的表面粗糙度和可润湿性、湍流搅拌的强度以及金属液的黏度。

图5-160所示为与碳和硅含量相关的平衡温度和沸腾温度图。由于前面描述的影响因素的存在，这些温度的数值会有明显的波动，图5-160只是提供了获得真实数值的粗略取向。

金属液中加氧可以调控冶金过程，其作用就是前面专门论述的碳/硅氧化的影响，由此可以获得理想铸造质量和大量晶核以及优化石墨形成的条件。为了实现这个目的，熔化之后要过热处理，约在1400℃（2550℉）时加载氧气。过热对含氧量的影响如图5-161所示。因为氧的溶解含量受硅控制，较高的温度下硅的氧亲和性较低，再者CO反应只有在达到过饱和极限（TK－TG）之后才会受到限制。在图5-161选择的实例中，CO反应会从1460℃（2660℉）开始，此时的氧含量不会再随着温度的升高而增加，而是保持在相同或稍低的程度。金属液的加氧为孕育处理提供了一个理想的条件。

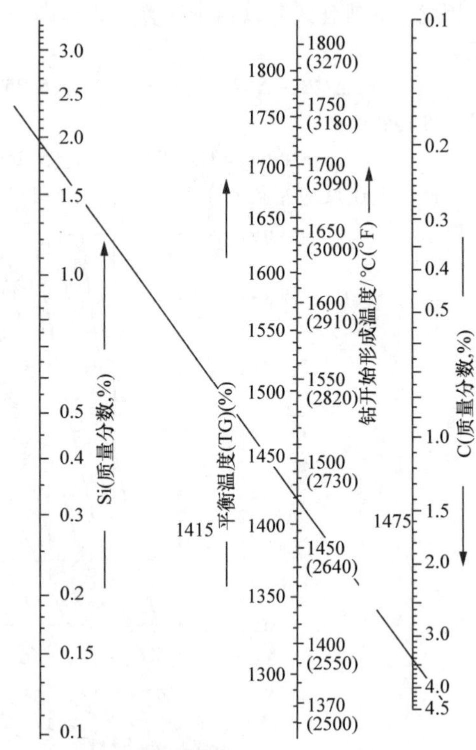

图5-160　与碳和硅含量相关的平衡温度和沸腾温度图

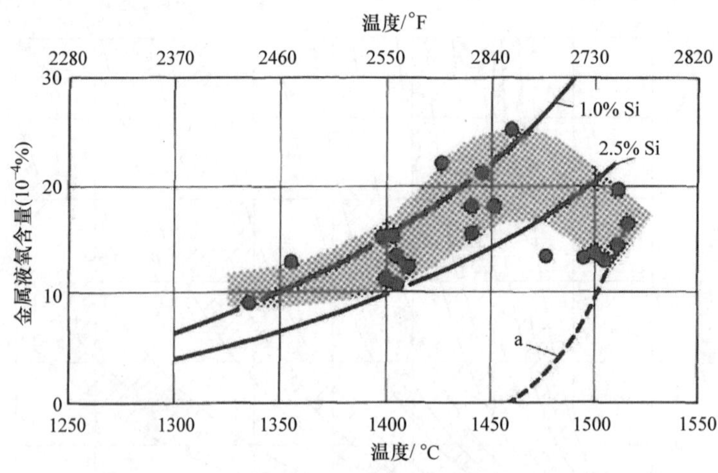

图5-161　过热对含氧量的影响（从CO反应开始）

作为沸腾过程，在过热处理中的CO反应具有净化金属液的作用：悬浮的氧化物，尤其是铁和镁氧化物，会因为碳的存在而减少，而上升的气泡会将悬浮物和溶解的气体排出。很显然，这种物理净化作用会因为电感应搅动熔池湍流而增大，进而造成悬浮物凝聚并上浮在熔渣中。

3. 孕育处理和成核作用

金属液凝固时，原子在空间排列成几何形并开始构造单位晶胞，这些晶胞会生长成为晶体或者晶粒，直至其边界（晶界）并一直生长到金属液消失为止。根据凝固条件的不同，会创造出数量或多或少的晶核。晶核的数量决定了结构是细晶粒还是粗晶粒，这对铸件的力学性能有极大的影响，因而目标是在于获得最多数量的晶核，同时析出优化的石墨。

除了冷却速度之外，金属液成核状态取决于晶核数量和石墨形状。

晶核是凝聚成团的原子或者分子，晶体就是由晶核生长成的。异质晶核在金属液中呈现为小型的固体颗粒，铸铁的熔化技术决定了晶核的形成。为了控制晶粒的尺寸，对氧有亲和力的物质，诸如硅、铝、钙、锶、钡和锆会被添加到金属液中，由于金属液的高含氧量会促使这些成核物质在脱氧过程中形成细小的氧化物，金属晶核尤其是石墨在共晶凝固过程中就是在这些氧化物上开始生成的。添加的孕育剂的数量决定了它的有效性，这由其化学成分所决定；孕育剂在 0.05% ~0.5%（质量分数）的范围内，晶粒尺寸在 0.2 ~0.7mm 及 2.0 ~6.0mm（0.007 ~0.027in 及 0.078 ~0.236in）之间。

根据熔炉到铸型的时间和温度变化选择相关孕育工艺如图 5-162 所示。孕育工艺过程包含了多个阶段，目的是在金属液中获得理想的成核状态并对要求的目标产生影响：

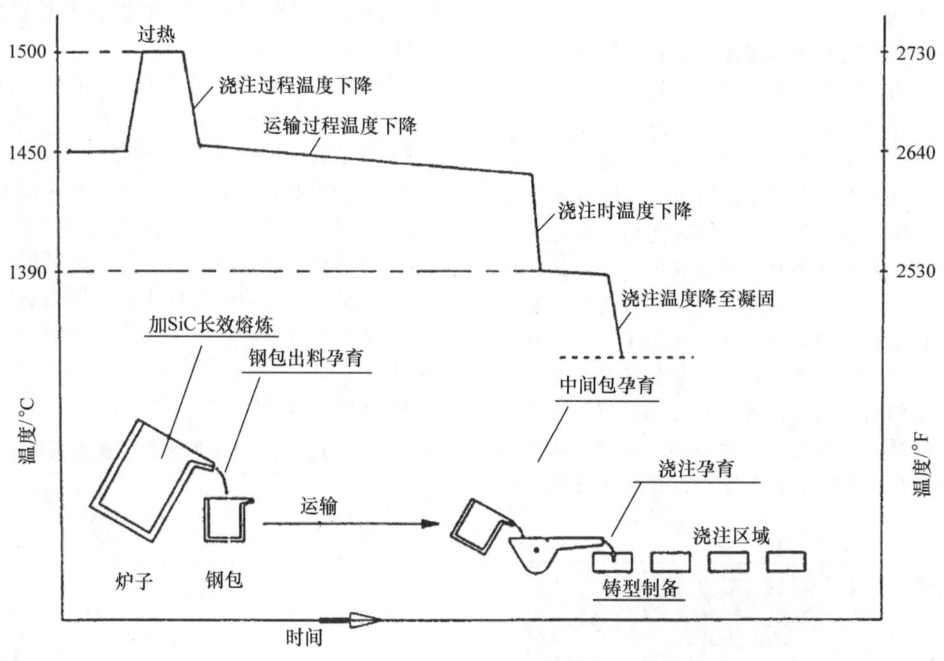

图 5-162 根据熔炉到铸型的时间和温度变化选择相关孕育工艺

1）金属液凝固。

2）石墨形成。

3）共晶晶粒数量。

4）晶粒或者结核尺寸。

5）铁素体/珠光体含量。

6）对壁厚的不敏感。

7）无孔性。

8）力学性能

首先选定加入坩埚炉中金属液的合金。最新的实验室内试验和生产规模的试验研究表明，增碳剂的晶体结构会影响 A 型石墨在灰铸铁中的形成，而 SiC 作为合金剂对石墨形成的重要作用在感应熔炼中已经有了介绍。同样的，在坩埚炉的金属液中添加所谓的预调节剂也可获得类似的良好结果。这些情况表明了一个事实，即成核过程看起来远比前面提出的简要说明更加复杂。浇包孕育可以在运输包和/或浇包的浇注中进行。不仅可以通过在浇包底部放置孕育剂，而且还可以在浇注时间大约 2/3 时添加到金属液流中，以实现所需的均匀分布和高利用率。如果金属液已经运送到了浇注包中，则应尽可能避免使用浇包孕育。这主要是因为孕育作用会随着浇注包中的时间增长而衰退，由于孕育剂生成的氧化物会在浇注包的湍流点上产生不希望的沉淀物，尤其是进口虹吸内管以及感应器喉部由于孕育的衰退效应：在一定时间之后，孕育剂形成氧化物悬浮在凝聚的金属液之中；进而成为炉渣，上升并失去其孕育作用。因此，从孕育到浇注的时间跨度不应当超过 10min。

在这种情况下，后期铁液流孕育法具有一定优势，因为在浇注铸型时向铁液流中连续添加，则孕育效应不会衰减。反之，孕育剂的溶解时间非常短，这意味着只有相对小且细粒度的孕育剂才能按照准确的剂量添加。因此可能的话，添加机制应当是自动化的，线性法添加孕育剂尚未被证明是成功的。

最后的孕育方案是铸型孕育。在铸型的浇注系统中添加预制成型的孕育剂或者细粒度孕育剂，这个过程的主要特点是无衰退和溶解时间短，这表明随金属液流在铸型中孕育具有特殊的效能，这种方法一般不会单独使用，而是作为一种后续的孕育方法。

4. 镁处理

铸铁中低浓度的镁能促使石墨在稳定固化过程中以球状析出。因此，生产球墨铸铁时，基础金属液应当进行镁处理。一般来说，浇注铸型中的金属液含有 0.03% ~0.05%（质量分数）的镁，就可以获得理想球状石墨。图 5-163 所示为不同孕育工艺加镁处理作用下的石墨形态，它是使用孕育剂和镁处理金属液而生成的各种石墨形状的一个综述，由此可知，未经孕育的金属液在绝大多数情况下都生成了没有石墨析出的白色晶体。未加镁的弱孕育的铸铁最初会形成带有蠕状石墨的灰色结晶，之后随着孕育强度的增强而转化成球状石墨；随着镁含量的升高，由蠕状石墨变成球状石墨，再随着孕育强度的继续增强，从较厚的石墨颗粒变成无数较小的颗粒。

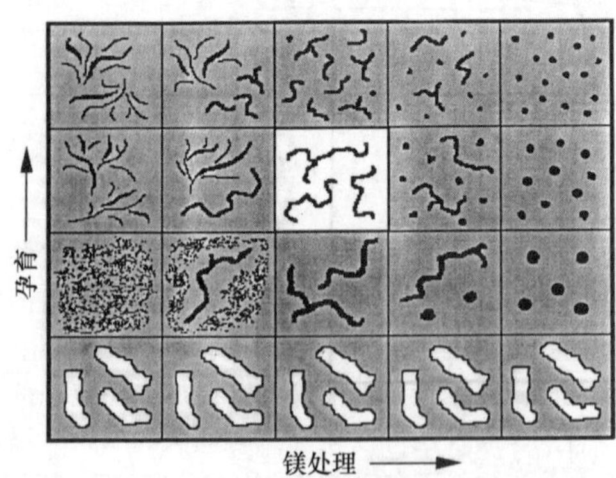

图 5-163 不同孕育工艺加镁处理作用下的石墨形态

镁处理过程中应当注意下列镁的固有特性：

镁的熔化温度是 650℃（1202℉）；气化温度是 1107℃（2024℉）。1430℃（2606℉）时的蒸气压力是 8.5×10^5Pa（8.5bar）。虽然溶解在铸铁金属液中的镁浓度较低，但它的分压仍然相对较高，所以它会不断蒸发进入大气中。

根据图 5-157 可知，镁对氧具有最高的亲和力。因此，在镁处理过程中，金属液中的氧会被镁还原。如果空气中的氧接触到溶解的镁，则在处理过程中还原还会继续，以致造成金属液中的镁含量下降。

镁对硫的亲和力很高。因此，基础金属液中较低的硫含量是在处理过程中获得较高的镁收益率的先决条件。

感应熔炼的一个主要优势在于它可以相对容易的调控硫含量使之≤0.02%（质量分数）。表 5-15 为球墨铸铁基础金属液和最终金属液的化学成分。当在化铁炉中熔炼时，硫含量大约是这个数值的 10 倍，所以基础金属液需要在镁处理之前进行脱硫处理，只有在以后叙述的转炉工艺中，才需要基础金属液中有较高的含硫量。

当镁添加进铸铁金属液中时，需要特别注意之前所述镁的固有性质。方法之一是用具有硅、铜或者镍成分的镁合金而不是用纯镁来降低蒸气压力，这些所谓的预制合金其镁含量为 3% ~15%（质量分数）；另外，它们还通常包含有成核物质，可以将预先孕育与镁处理同时进行。另一种可能的冶金方法，即选择随后介绍的处理工艺。所有这些工艺的目标在于尽可能准确地调节浇注金属液中的含镁量为0.03% ~0.055%（质量分数），具体取决于金属液的后续处理及铸件的自身特性。

表 5-15 球墨铸铁基础金属液和最终金属液的化学成分

元素		基础金属液	最终金属液
化学成分（质量分数,%）	碳	3.6~3.8	
	硅	1.4~1.7，用 FeSiMg 处理	≈2.5
		2.0~2.4，用纯镁处理	≈2.5
	锰		0.3，用于铁素体铸件
			0.6，用于珠光体铸件
	硫	≤0.02 推荐：在化铁炉或转炉处理中可容许更高的含量	≤0.001
	磷	≤0.015	
	铜		0.2~0.5 用于珠光体铸件
	镁		0.035~0.055

（1）三明治夹层工艺 将基础金属液倒在浇包中的预制合金上是最简单的镁处理形式。三明治夹层工艺如图 5-164 所示，这种方法是应用最为广泛的工艺。预制合金通常是由含镁量为 3% ~10%（质

量分数）的FeSiMg合金，放置于细长（高度/直径比大约是1.5）铁液包底部的凹槽处，再用细小的钢屑覆盖。当金属液注入铁液包的1/3时，覆盖层熔化，镁反应开始，虽然预制合金的含镁量较低会使反应减弱，但还是可以形成相对浓密的火焰和烟雾，因为有没溶解在金属液中的镁的燃烧，所以它的收益率只有30%～50%。虹吸包的使用可以提高收益率，尽管这种方法需要更多的维护。从预制合金中释放的绝大多数硅都溶解在金属液中，这一点可以在基础金属液和最终金属液里含硅量的变化中观察到（见表5-15）。

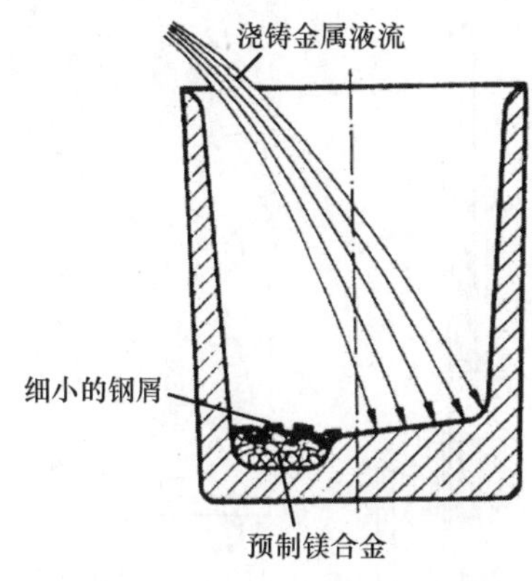

图5-164 三明治夹层工艺

（2）中间包法 应用覆盖物密封浇注包使三明治夹层工艺得到进一步发展。所谓的中间包，如图5-165所示，具有耐火内衬，底部还有一个处理槽。中间包在很短的浇注时间内就会注满，如果准确的操作并维护包的边缘和包盖，则处理区可以得到很好的保护，从而防止大气中的氧进入，如此可以将镁的收益率提高至60%～70%，而且还会极大地减少火焰和烟雾。如果使用带有排气装置的坩埚炉，则在出铁和处理过程中释放出的烟雾绝大多数都可以被吸走，并且不需要采用任何进一步的技术措施。对于使用越来越多的中间包法，依然存在着一些非常重要的争论。

（3）乔治·费舍尔（GF）转筒炉法 这个工艺使用了一种旋转筒形浇注包（称之为转筒炉，其中设置有抽排系统的处理室），镁处理剂放置在顶角处的多孔陶瓷盖板内，如图5-166所示。处理周期开始，从外部向炉膛室内装入纯镁，直至装满后将其密封。装注金属液时转筒炉回转到水平位置，使其不会与顶角中的镁接触。在盖上盖板之后，转筒炉回转到垂直位置，通常是使用铲车完成这个过程，这样金属液就会从顶角的多孔陶瓷盖板中渗入，与其中的镁接触并蒸发镁。因此，这种处理工艺从一

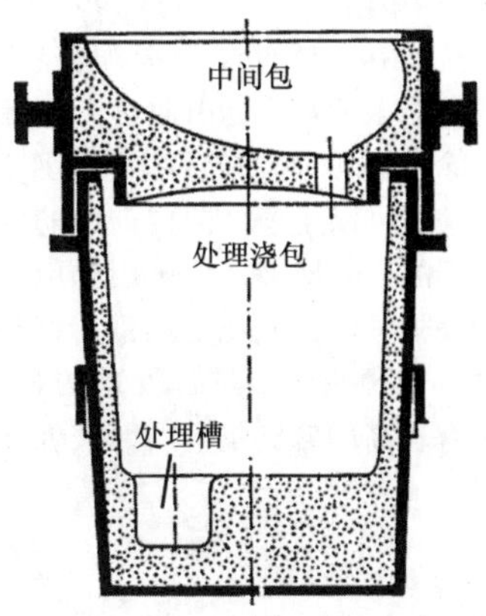

图5-165 中间包法处理钢液

开始就涉及一个较高的金属液液柱以及镁的受控蒸发，由此用纯镁作处理剂，但仍然可以获得大约70%的收益率。镁蒸气造成的强烈湍流可以同时进行含碳量高达0.2%（质量分数）的增碳处理。

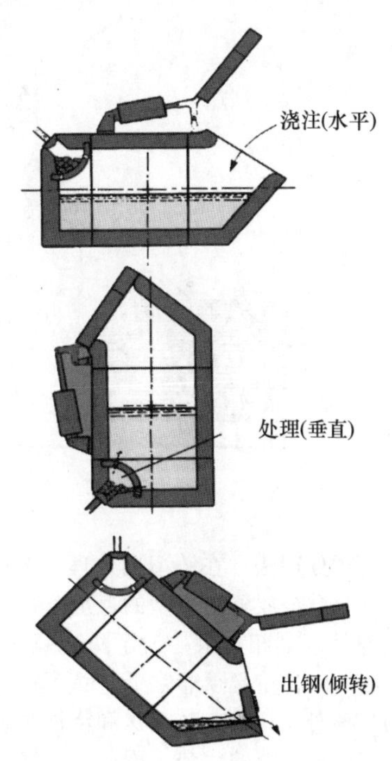

图5-166 乔治·费舍尔（GF）转筒炉工艺

除了装填纯镁的方案之外，转筒炉工艺的主要特点在于可以实现经济的脱硫处理。因此，经常用于没有前期脱硫处理的化铁炉生产的铁进行镁处理。根据初始含硫量的不同，镁的收益率会下降到50%以下，换言之就是镁的消耗量会因为与硫的反应而有所增加。

在转筒炉中的反应持续时间是60～90s；完整的处理周期要持续10～15min。转筒炉在装料量为3～6t时，需要相对多的热量，由此这个工艺在经济上并不划算，除非是以12t/h的高生产率连续运转。

加入纯镁还可以生产出同样洁净的（即悬浮氧化物比例较低的）金属液，如果用感应加热浇注炉盛装已经用镁处理的待浇注金属液，这种金属液性质是有益的。与预制合金进行处理的金属液相比，预制合金具有较高的含钙量，则纯镁处理的金属液中产生沉淀物的可能性就要小得多。

（4）喂丝法　喂丝工艺处理站如图5-167所示。这个工艺使用由钢表皮内装填纯镁或预制合金的成卷线状镁处理剂，通过机械控制下降至细长处理包的金属液中；按照此方式，镁首先会在包的底部释放反应。由于其具有灵活性、准确的剂量和可靠的控制，获得了众多的关注；尤其适宜于处理制造致密石墨铸铁的金属液。

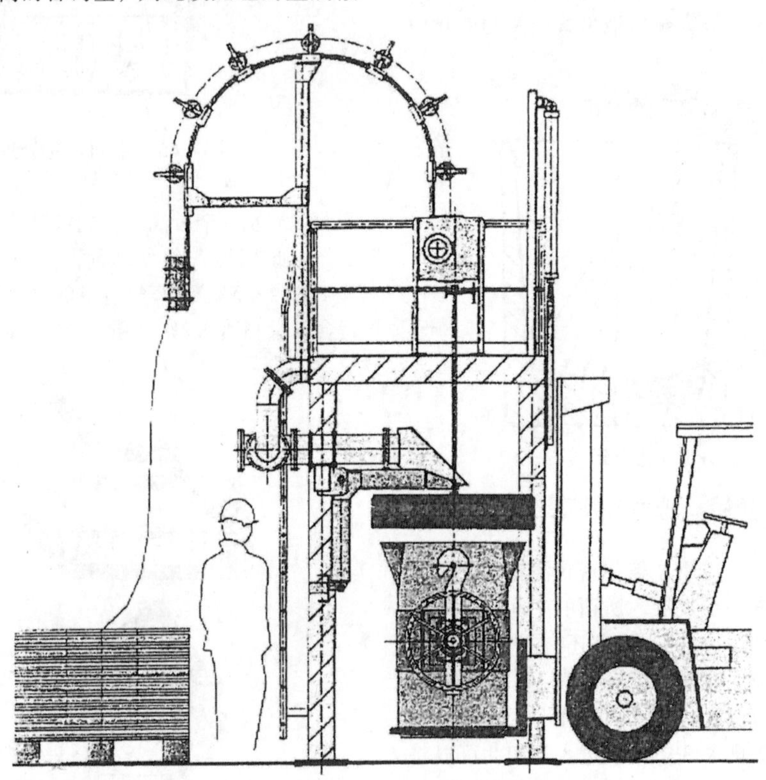

图5-167　喂丝工艺处理站

（5）型内处理法　在铸型内处理工艺中，镁含量较低的预制合金放置在铸型的反应室内，金属液进入铸型与处理剂相接触；为了防止硫化物偏析，基础金属液的硫含量必须非常低。除了镁的收益率可以达到80%外，还具有在运送和浇注过程中是未经处理的基础金属液的优势，因此，与镁衰退相关的所有问题都不会存在，但是，这种工艺的缺陷在于铸型的覆盖较低、返回率较高以及质量风险增高，这又会导致增加检查铸件的费用。

（6）镁处理的其他工艺方法　包括浸入法、弗罗瑞特法、压力法和吹入法。

1）浸入法：镁的质量分数高于40%的预制合金或者纯镁装在陶瓷钟罩内浸入金属液中，镁在处理包底部附近蒸发。这个工艺主要用于较大的处理量，如用于制造球墨铸铁管，否则会失去其优势，主要是由于冷炉钟罩浸入时会造成金属液温度急剧下降，由此产生的磨损也需要额外的维护。

2）弗罗瑞特（Flotret）法：金属液从坩埚炉中流入运转浇注包的过程中，会流经一个由耐火内衬制成的放置有适量预制合金的处理室。

3）压力法：处理包放置在高压釜中，进行处理反应。

4）吹入法：镁粉通过多孔炉砖吹入金属液中，以氮气为载体。

5. 脱硫

根据表5-15，基础金属液中的硫的质量分数应当远低于0.02%才能确保从技术和经济上实现最佳镁处理。当在冲天炉中进行熔炼时，这个数值几乎是超过 10 倍之多，因此基础金属液应当在镁处理前进行脱硫，处理中会使用预制合金。纯镁处理有两个阶段：金属液应首先脱硫，然后进行镁处理，其间还可以储存一段时间。

穿透流动工艺脱硫如图 5-168 所示。碳化钙（CaC_2）是通常用作脱硫处理的化学剂。在铁液流入浇包的过程中，用氮气将碳化钙连续吹入铁液中从而实现脱硫。另外，金属液也可以在摇包中一批批地脱硫，金属液与其中活性炉渣持续接触达 20min，加入质量分数为 0.75% ~ 1.4% 的 CaC_2。CaC_2工艺生产的炉渣处理（多数是由含镁硫化物和碳化物组成）是非常昂贵的，因此，正在研究替代工艺：使用石灰和钙铝酸盐类生成的交叉反应产物较少的工艺。

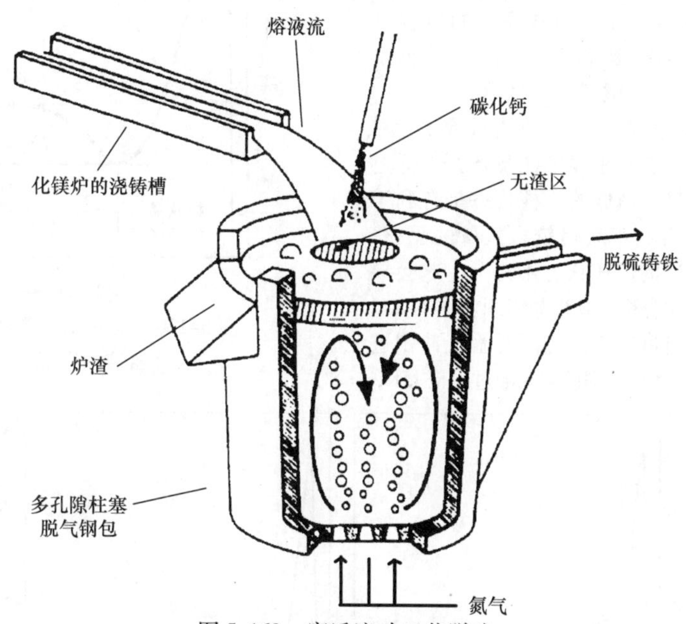

图 5-168 穿透流动工艺脱硫

6. 金属液检测

待浇注金属液的冶金状态开始是用普通的化学成分光谱分析和浸入式热电偶来测量与记录温度的。另外，下列两种方法也可以使用。

（1）楔形试片 楔形试片是铸造后打碎成片，这样就可以在碎片处看到灰口或白口。楔片锐角的冷脆性可以测定，单位为 mm，从而可预测是稳定的或亚稳定的结晶。图 5-169 所示为片状石墨铸铁楔形测试片。含硅质量分数为 2% 的试样 1 相对强的冷脆趋势在试样 2 中有所降低，这是因为含硅质量分数增加到了 2.5%，可以确定，硅会促进灰铸铁的生成。含硅质量分数为 2% 的试样 3 中，又增加了 0.5% 的孕育硅，由此有了更多的片状石墨；在停滞一定时间之后，孕育处理的效应已经减弱，试样 4 与试样 3 是相同的金属液，只是停滞了 20min。

（2）热分析 在碳和硅含量确定后，铸铁金属液的成核状态就可以通过热分析的方式进行技术性测

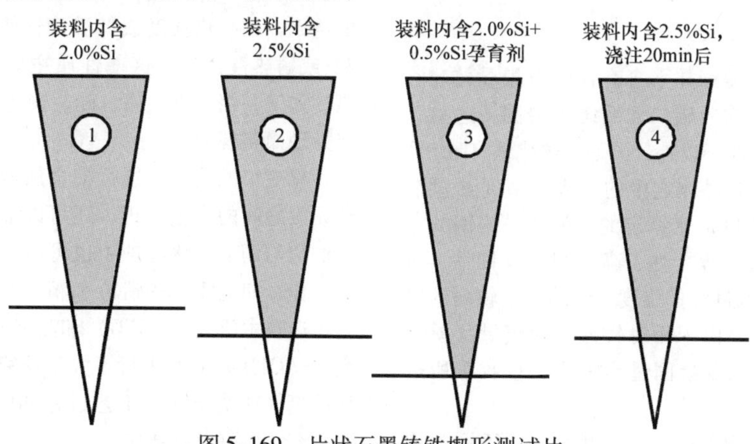

图 5-169 片状石墨铸铁楔形测试片

定。以相应的测量设备记录和评估铁液试样整个凝固过程中温度随时间的变化。这种测量是基于潜热从液态到固态的转变中释放出来的，结果表明，凝固温度在短时间保持稳定或者甚至有所升高，这取决于凝固条件。当亚共晶合金开始凝固时，在冷却曲线中以拐点进行表示，层片状石墨亚共晶灰铸铁金属液的样品冷却曲线见图 5-170。拐点位于奥氏体析出的液相温度线（T_L）上，而共晶凝固以温度 T_{Emin} 和 T_{Emax} 表示。共晶平衡温度 TG 稍高于或低于 T_{Emax}。快速冷却的灰铸铁如图 5-171 所示。

温度差（DTE = TG − T_{Emin}）被称为过冷，它对于成核状态来说是一个非常重要的测量数据：低过冷 DTE，也就是平衡温度稍低的成核状态是有利于碳的石墨结晶，并且有利于获得较多数量的晶核；高过冷则意味着金属液的成核状态不充分，这会导致产生不允许的白口铸铁并形成粗晶组织。图 5-172 所示为中频感应炉中通过熔渣反应同时氩气冲刷进行脱硫与净化，未经过孕育处理的金属液过冷至 15K，而孕育处理的平衡温度下降 6K。

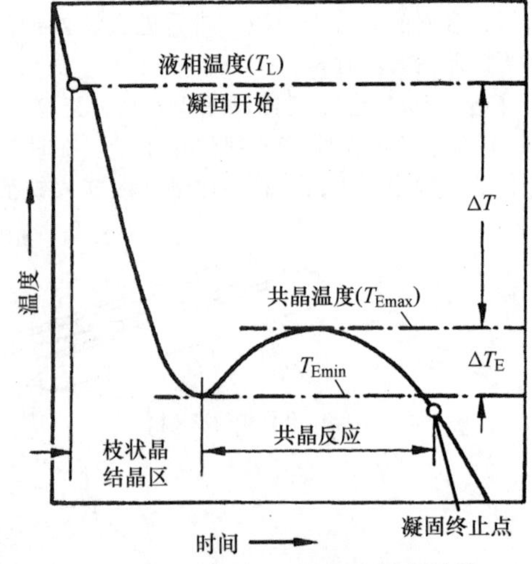

图 5-170 层片状石墨亚共晶灰铸铁金属液的样品冷却曲线

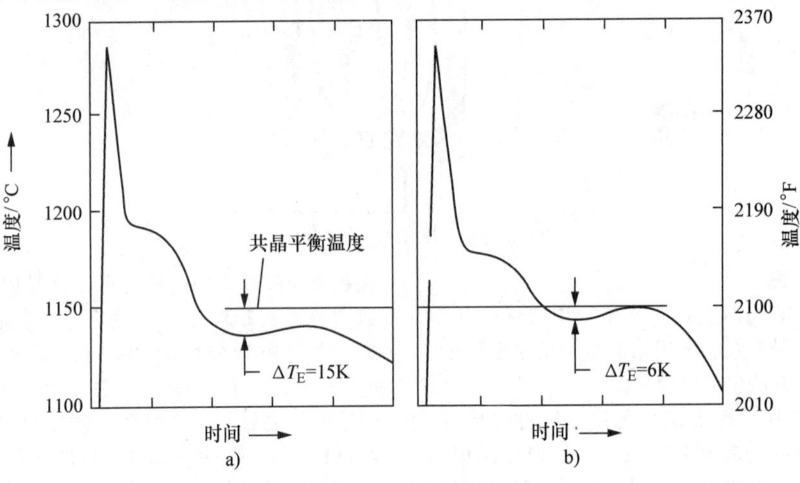

图 5-171 快速冷却的灰铸铁

a）非孕育状态 b）孕育状态

5.6.2 铸钢

不同于铸铁，铸钢并不含有任何石墨晶体。它是以亚稳态形式在铁－碳二元系统中凝固，这意味着除了晶格中的碳原子以外，碳是以碳化铁（Fe_3C）的形式存在于化合物晶体之中的，从 γ 型到 α 型混合晶体的共析转变也是亚稳定的。因此，铸钢的主要特点就包括良好的焊接性、高的塑性及韧性，再加上高达 380 ~ 1250MPa 的强度；缺陷在于较高的熔化和浇注温度，这是由于相对较低的含碳量（质量分数最大为 2%）以及凝固过程中的严重收缩所造成的。

针对不同的使用条件，已经开发出了不同类型的铸钢，如高热强度或低温韧性铸钢，以及耐蚀性和/或耐热性铸钢。这些性质主要通过加入金属元素，如铬、钼、钒、镍、硅、铜等进行合金处理和热处理而实现的。

感应炉尤其适宜进行钢金属液与高收益率的合金元素之间的合金处理，还可以准确地进行化学成分的均匀调节。感应炉中也可以进行部分其他的冶金工作，如电弧炉的造渣和精炼反应。杜塞尔多夫的铸造技术研究所（IFG）和法国的冶炼技术中心研究所（CTJF）对此进行了大量研究。2t 中频感应坩埚炉氩气冲洗金属液工艺过程如图 5-173 所示。相关研究结果可以总结如下：

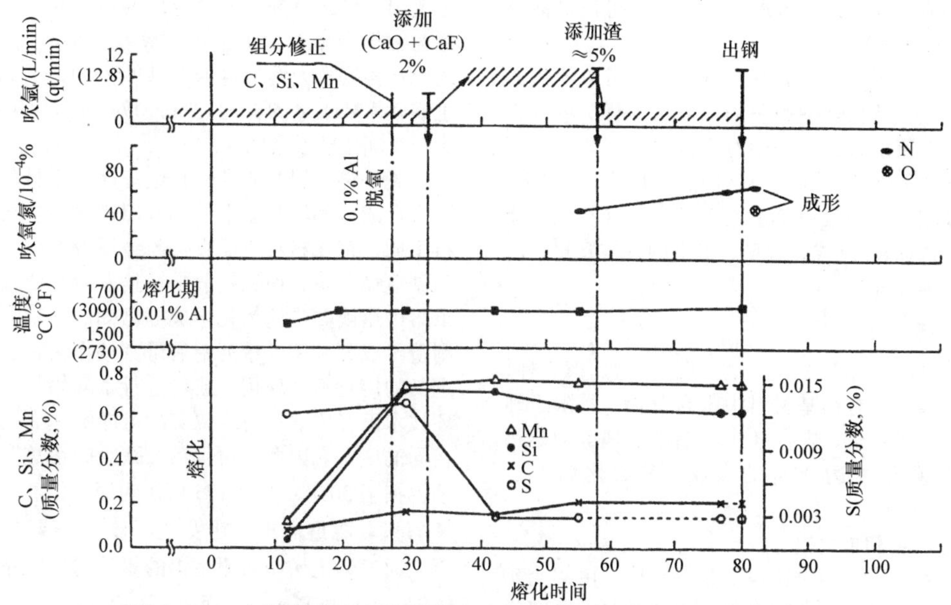

图5-172 中频感应炉中通过熔渣反应同时氩气冲刷进行脱硫与净化

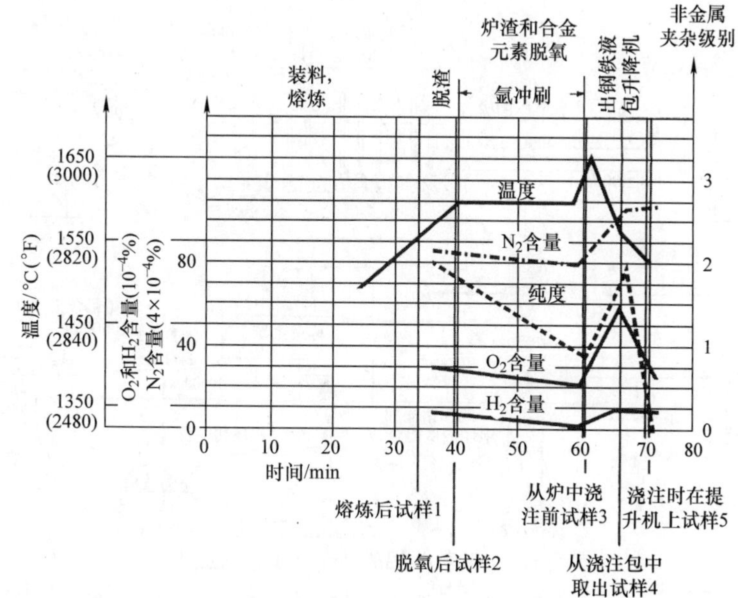

图5-173 2t中频感应坩埚炉氩气冲洗金属液工艺过程

1）可以精确调控化学成分。

2）同时使用脱硫炉渣和氩洗处理，有助于在不到20min的时间内脱硫至质量分数为0.01%~0.003%。

3）较低的气体含量及金属液通过轻微稳定的沸腾脱氮，这种状态持续到出钢时用弱氩冲洗和严格密封精炼渣洗。

4）如果含铝质量分数为0.03%~0.04%，可以进行良好的纯氧化反应。

试验结果到何种程度才具有实施的经济性价值，尚无定论。另一方面，在感应炉中使用纯粹的冲洗气体处理金属液来清除氢、氮、氧和悬浮氧化物的做法已经在规模工业生产中得到证明。图5-173所示为氩气通过安装在炉膛底部的多孔管金属液净化的研究结果。从图中可以看到，金属液的纯洁度和气体含量在净化后已经得到了改善，尽管这些数据在出钢过程中又回到原来的数值，但是，这种工艺依然有了进步，例如可以降低铅和锌等有害微量元素的含量。

总而言之，感应炉中进行的冶金过程在特殊情况下才是经济的。由于耗时多和有损耐火内衬使用寿命，一般情况下，感应炉生产铸钢是可以灵活选用炉料重熔装置的。

如果对金属液质量有严格的要求，可以使用二次冶金过程，就如炼钢中采用的方法一样。可以在熔炼后的专用浇包或转炉中对钢液进行处理。氩氧脱碳（AOD）转炉、真空氩气精炼工艺（VARP）转炉以及相关改型设备都适用于铸钢，这些工艺能够获得最低的碳和/或硫含量、最低的气体含量，以及最高的纯净度。

5.6.3 铝

铝的密度为 2.7 g/cm^3，它和镁、钛、铍一样，都是轻金属。所有铝基材料中都含有铝，不限于纯铝，还包括铝合金。未合金化的铝可以理解为是铝的质量分数至少达 99% 的金属，其熔化温度是 660℃（1220℉）。

1. 原生铝和再生铝

大量生产铝有两个阶段：第一阶段，由铝土矿制得氧化铝；在第二个阶段中，通过金属液电解将氧化物还原成液态的金属铝，铝液周期性地从电解槽中流出，经精炼并加入合金元素后，在铸造车间浇注为铝棒或铝锭。由于铝对氧有着极高的亲和力，还原过程要求大约用电 13400kW · h/t，因此制造原生铝就需要大量的电能。图 5-174 所示为年产 8t 铝生产车间工艺示意图。

关于再生铝的技术性和经济性，原料是各种不同合金成分和回收车上的那些旧铝废料。与钢铁材料不同，钢铁材料不能直接与金属液混合，重新回到制造循环中，而铝一般是在具有冶金活性的盐的重熔中熔解并浇注为化学成分已知的铸锭。在上次制造半成品和铸件中的铝屑可直接作为符合冶金学定义的熔化材料使用，或者进行重新熔炼。这种循环技术已经成熟，再生铝实际上能够达到与原生铝相同的质量。因此，再生铝在欧盟的铝总产量中几乎占据了 50%。图 5-175 所示为原生铝和再生铝生产的基本能量需求。在发电厂效率是 43% 的条件下，通过铝土矿制造原生铝的累计初始能量要求大约是 45000kW · h，而再生铝的平均值仅为 5500kW · h。

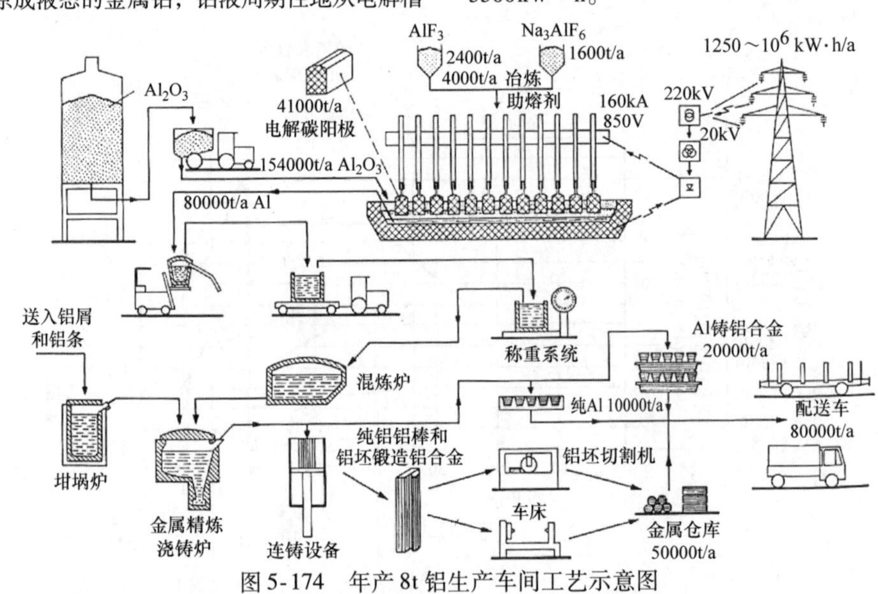

图 5-174 年产 8t 铝生产车间工艺示意图

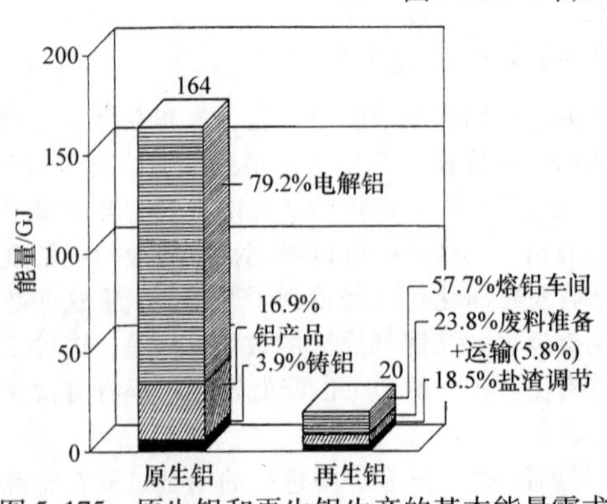

图 5-175 原生铝和再生铝生产的基本能量需求

2. 铸造铝合金和锻造铝合金

原生铝、再生铝和已知成分的回收废料在独立的铸造车间熔化，用于制造铸造铝合金铸件或锻造铝合金半成品（见图 5-176）。

感应熔化与燃气炉或燃油炉形成了技术/经济竞争；如果各种合金的金属液质量有着非常严格的要求，那么几乎总是用感应炉。

铸造铝合金的主要合金元素是硅、镁、铜和锌。相应二元相图如图 5-177 ~ 图 5-180 所示。这些图只是大致的说明，因为合金大多具有多种功能，硅提高了浇注（流动）性，降低凝固时的收缩；镁的加入使铸件具有良好的研磨和抛光性，并增强了耐蚀性；铜　　可以提高强度和硬度，尤其是与镁和锌共存时。

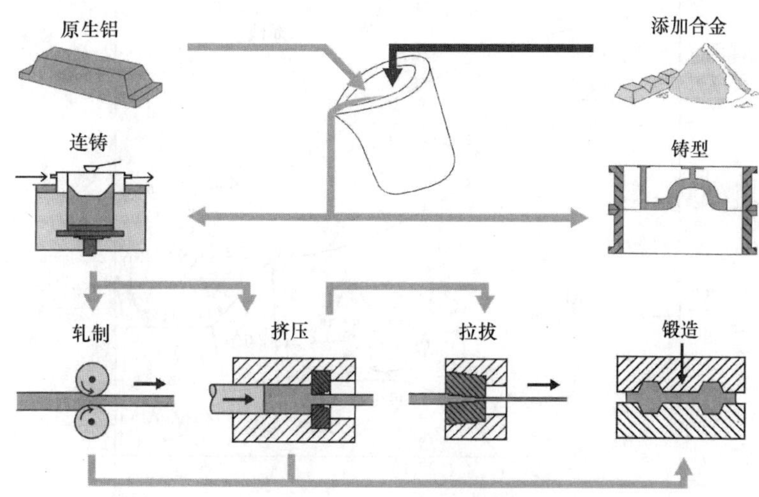

图 5-176　生产半成品铝和铸件

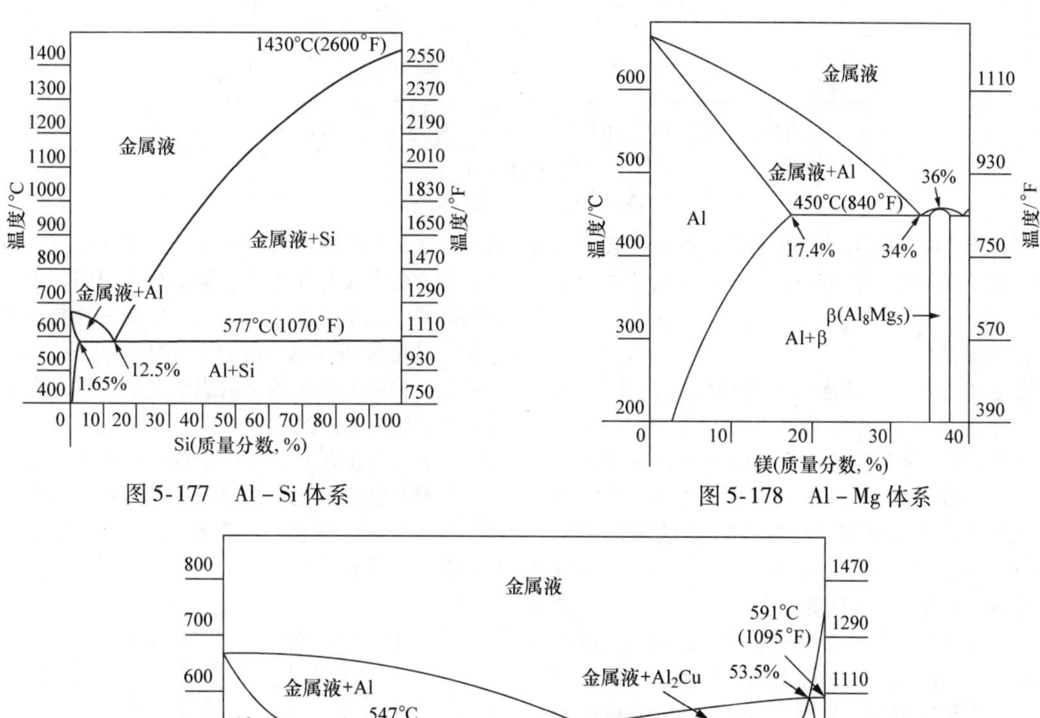

图 5-177　Al－Si 体系

图 5-178　Al－Mg 体系

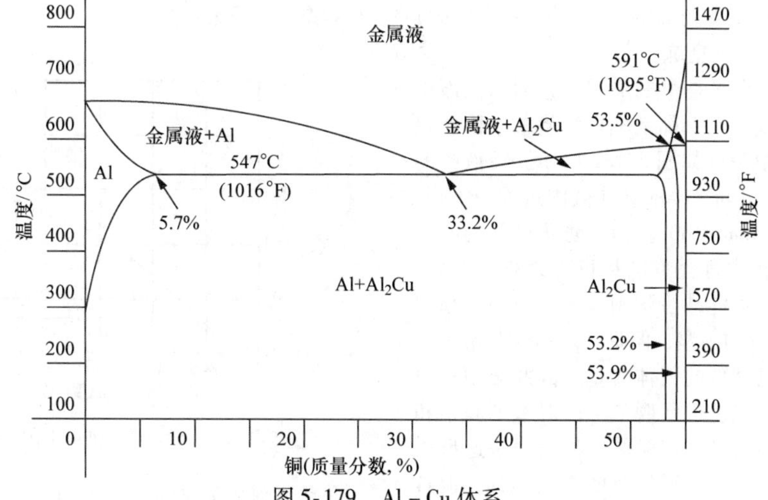

图 5-179　Al－Cu 体系

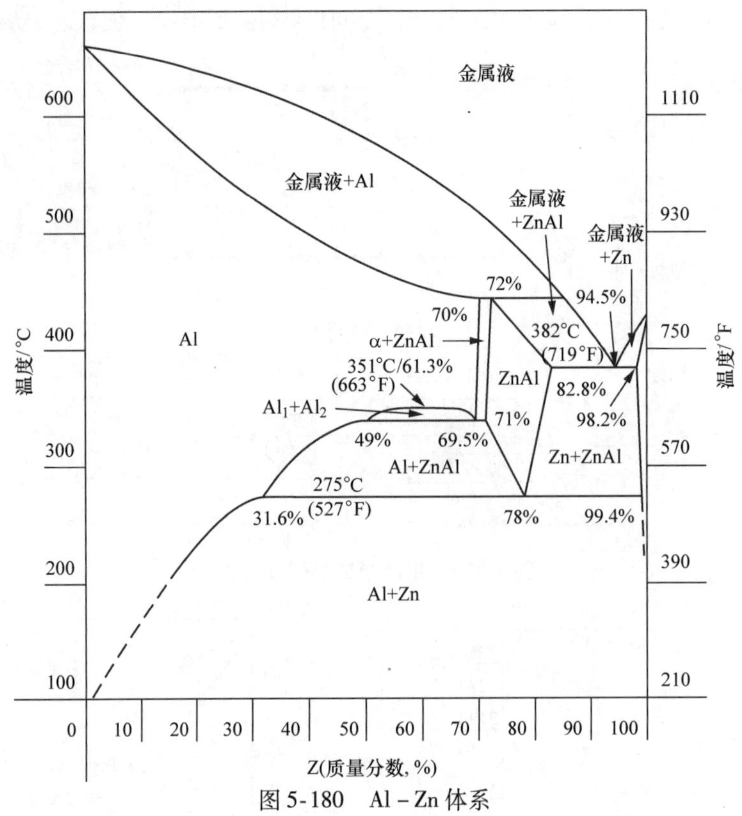

图 5-180 Al – Zn 体系

锻造合金的合金化程度非常高，重要的合金元素包括锰、镁、硅、铜和锌。合金特性见参考文献[35]。

3. 铝液的质量

当铝液凝固时，铝材料的组织特性就确定了，受后续处理阶段（如热处理或变形）影响的程度有限。因此，待浇注铝液的冶金状态对于产品性能具有决定性的影响。除了调节化学成分之外，熔炼冶金必须要考虑三个因素：铝液有较高的氢溶解度（气体吸收）、铝对氧有较高的亲和力（氧化反应）以及成核状态的调控（精炼）。

铝液中的气体含量是由氢决定的，因为铝液中的所有其他气体或多或少都是不可溶解的。固相铝和液相铝中氢的溶解度如图 5-181 所示，铝液中的氢平衡浓度超过 $1.0cm^3/100g$ 会在凝固过程中下降，固体状态低于 $0.05cm^3/100g$。为了防止气孔的间接形成，在熔解过程中氢含量应尽可能地低。为此，采取了各种措施尽可能减少炉料、耐火炉衬、添加料、工具和/或大气的潮湿，但是，采用这些措施无法在铝液中达到足够低的气体含量，因此必须在浇注之前采用单独的工艺进行脱气。铝对氧的高亲和力是源于与大气中的氧相接触的铝液表面快速形成氧化膜的原因。虽然氧化膜的厚度不足 1μm，但具有高强度和特别的韧性，可保护金属铝不再进一步氧化，永远都不允许氧化膜在浇注过程中进入铸型中，因为会形成有损力学性能偏析点组织，再次浇注的时候，氧化层会融入铝液，形成一种包含液态金属、氧化层和气泡的混合金属液（见图 5-182），这些混合物会上浮到熔池的表面并被清除。在熔化过程中，感应池的搅动可以将金属液周围的氧化物搅碎，并可防止在金属液上形成漂浮的氧化层。这些工艺都是感应熔化中相对低的气泡发生率以及金属铝的高收益率的原因。熔化后期调控金属液的形核状态，生成大量晶核。

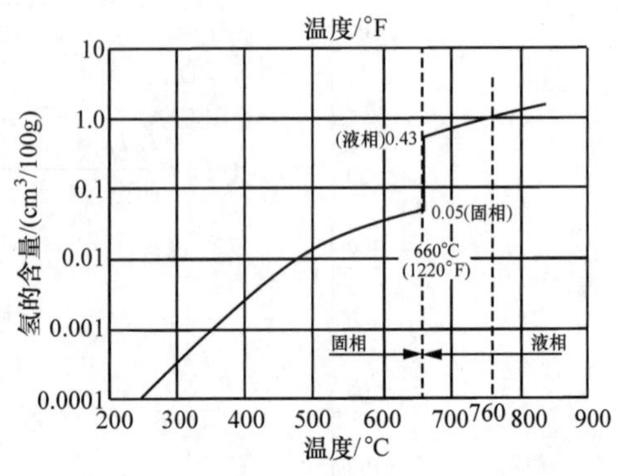

图 5-181 固相铝和液相铝中氢的溶解度

注意到铝液的低黏度是非常重要的。图 5-183

所示为与水对比不同金属在不同熔点的黏度。由该图可见，铝液具有与水一样的黏度数量级，这就对后续讨论的耐火炉衬提出了要求。

4. 金属液的处理

吹气处理主要用于清除氢气和悬浮的氧化物。用喷枪、喷射器或转轮式喷枪对转运包/浇包、保温浇注炉吹入氩气或氮气，或者甚至在熔化和浇注之间用特殊装置吹入氩气和/或氮气。如果还需要去除微量的钠、锶或者钙等，可以使用含氯的气体。图5-184所示为转轮式旋转喷嘴惰性气体浮选（SNIF）工艺吹洗气体处理铝液。

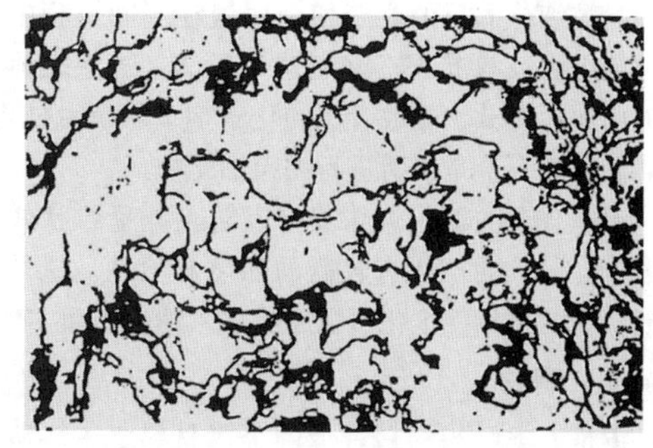

图5-182 凝固铝气泡微观形貌

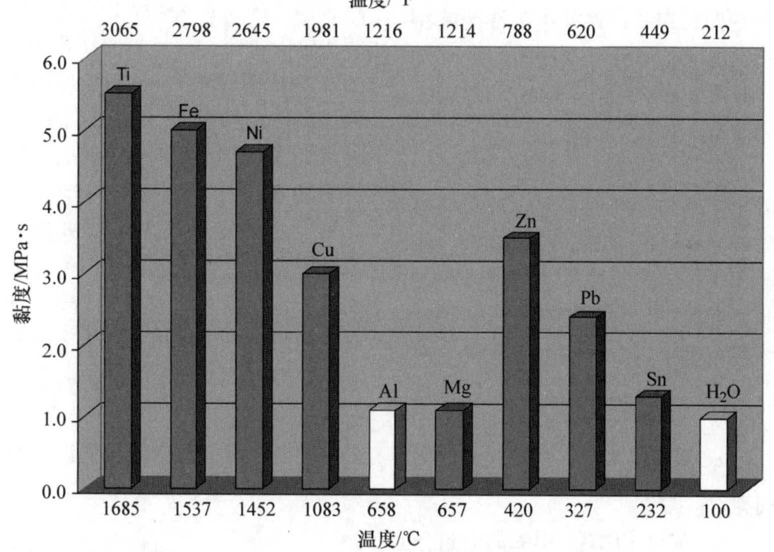

图5-183 与水对比不同金属在不同熔点的黏度

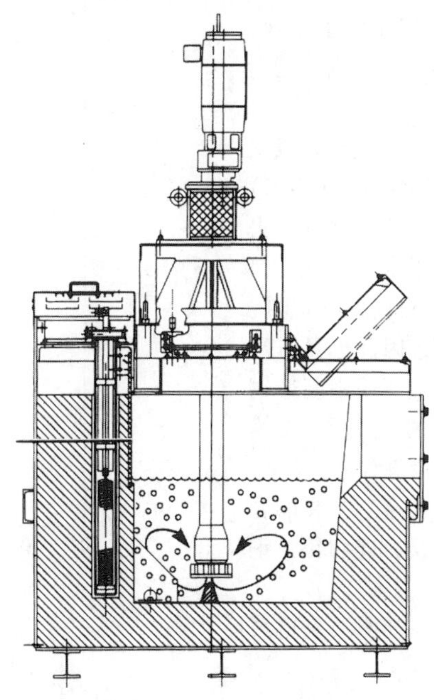

图5-184 转轮式旋转喷嘴惰性气体浮选（SNIF）工艺吹洗气体处理铝液

晶粒细化的目的在于使金属液在凝固过程中形成精细组织成核状态。基于这个目的，浇注之前对铝液用加入有钛、硼或者碳的化学剂进行孕育处理。过共晶铝硅合金是以磷进行晶粒细化的。

铝硅合金的细化意味着可以防止硅呈粒状或片状偏析，分散的硅相有较高的强度和塑性，这是共晶混合物的目标。细化可以通过加入钠或锶而实现。

5.6.4 铜材

铜是人类已知的最古老的金属材料之一。从历史上来说，它的重要性很大，以至于铜合金出现后用来命名了整个时代：青铜时代，它开始于公元前2000年。以铜作为基础元素的材料其主要特性就在于它们高的耐蚀性、强度、塑性以及较高的导电性和导热性。铜是一种重金属，密度是8.96g/cm^3，熔点是1084℃（1983℉）。

1. 铜的生产

生产原生铜需要一系列复杂的工艺，从铜矿的浮选，到沥滤、焙烧、高温冶炼等，再到电解，使得原材料变得如此昂贵，因而希望从老旧废料和镀锌行业产生的废水中回收铜。与铝相似，已经研发了成熟的回收技术提取再生铜，其占了全球铜总产量的40%。

2. 铜的类型和合金

依据氧含量，铜含量>99.9%（质量分数）的纯铜可再分成下列类别：

1）含氧类型：电解韧铜（ETP）中氧的质量分数在4×10^{-2}%以下，主要是以氧化亚铜（Cu_2O）的形式存在。绝大多数电解韧铜应用于电子工业，它是由阴极和洁净的ETP回炉废料熔化而成，是不费力的冶金工作。

2）无氧材料：该类材料还会进一步被划分成仅通过还原反应熔解的材料、无氧高导性铜（OFHC）以及通过特殊后续处理即额外去氧处理的材料（去氧高残磷铜或DHP）。由于无氧高导性铜不存在任何氧化夹杂物，因此具有抗氢脆性和极高的导电性。去氧高残磷铜是用磷进行去氧处理，因此也具有抗氢性，可以用作焊接和硬焊料；它主要用于制造铜管或屋顶构件的铜板。残余磷的质量分数为0.015%~0.04%，可减少铜中的残余氧含量。

铜合金可用于各种锻造和铸造合金。主要的合金元素包括锌、锡、铅、铝、镍、镁、硅和铬。铜合金通常使用下列名称和成分：

1）黄铜：铜的质量分数为55%~90%、锌的质量分数为45%~10%的铜锌合金。

2）青铜：主要成分是铜，通常还含锡，但有时也含有其他元素，如铝或其他多种物质。锡青铜是最常见的，其锡的质量分数最高可达21%。

3）镍银（镍白铜和镍黄铜）：是由质量分数45%~67%的铜、10%~26%的镍及其余为锌组成的银色合金。

4）红铜：由锌、锡和铅组成的铜合金。

5）含锌黄铜：铜的质量分数为70%~90%。

图5-185~图5-188所示的二元相图对合金的性质提供了一个大致的说明。

3. 铜熔炼中的氧化和还原

铜及铜合金金属液中的氢溶解度应该在铜的熔炼冶金中考虑，它与氧的作用相近。图5-189所示为氢在纯铜中的溶解度随温度的变化过程。随着从液相到固相的过渡，出现了溶解度跳跃式的升高，这从金属液溶解气体的巨大能力也可以看到（因而有必要在浇注之前降低氢含量以避免铸件形成气孔）。在这种背景下，图5-190所示为铜熔体在不同氧度下氧和氢组分的关系。氢、氧平衡具有非常大的重要性：高含氢量意味着低含氧量，反之亦然。在这种情况下，氧并未以气体的形式溶解，而是以氧化亚铜（Cu_2O）的形式存在，形成一个含铜质量分数（Cu_2O）为3.49%且熔点为1065℃（1949℉）的共晶混合物，因此在含氧铜液的凝固过程中就会形成铜-氧化亚铜的共晶结构。

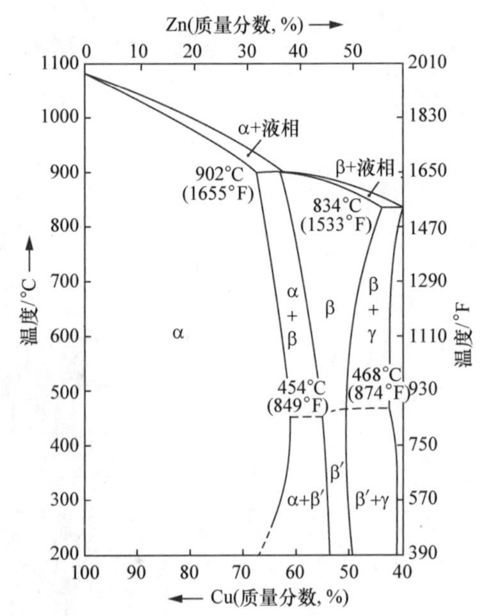

图5-185 Cu-Zn相图

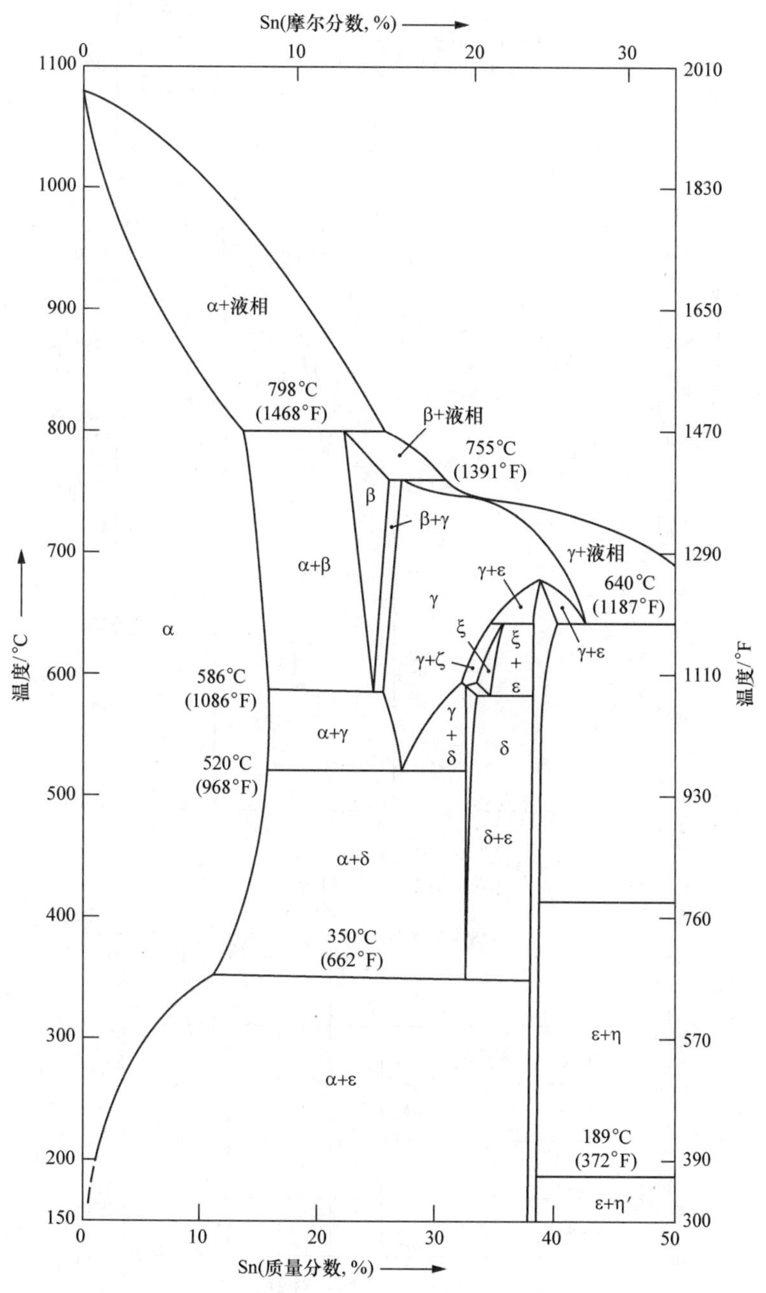

图 5-186 Cu－Sn 相图

图 5-190 中的氧－氢平衡是基于氢在下列公式中的还原作用：

$$Cu_2O + H_2 = 2Cu + H_2O \qquad (5\text{-}261)$$

反应物水不可能溶解在金属液中，由于水蒸气有助于气孔的形成，因此水被无害的蒸发，除非在凝固过程中发生反应。当含氧固体铜与氢接触时，按照式（5-261）进行的氧化亚铜还原反应的另外一个负面作用就会出现，而形成的水蒸气会造成材料呈现易脆性。

熔炼的氧化是将金属液中的氢保持在低含量的最

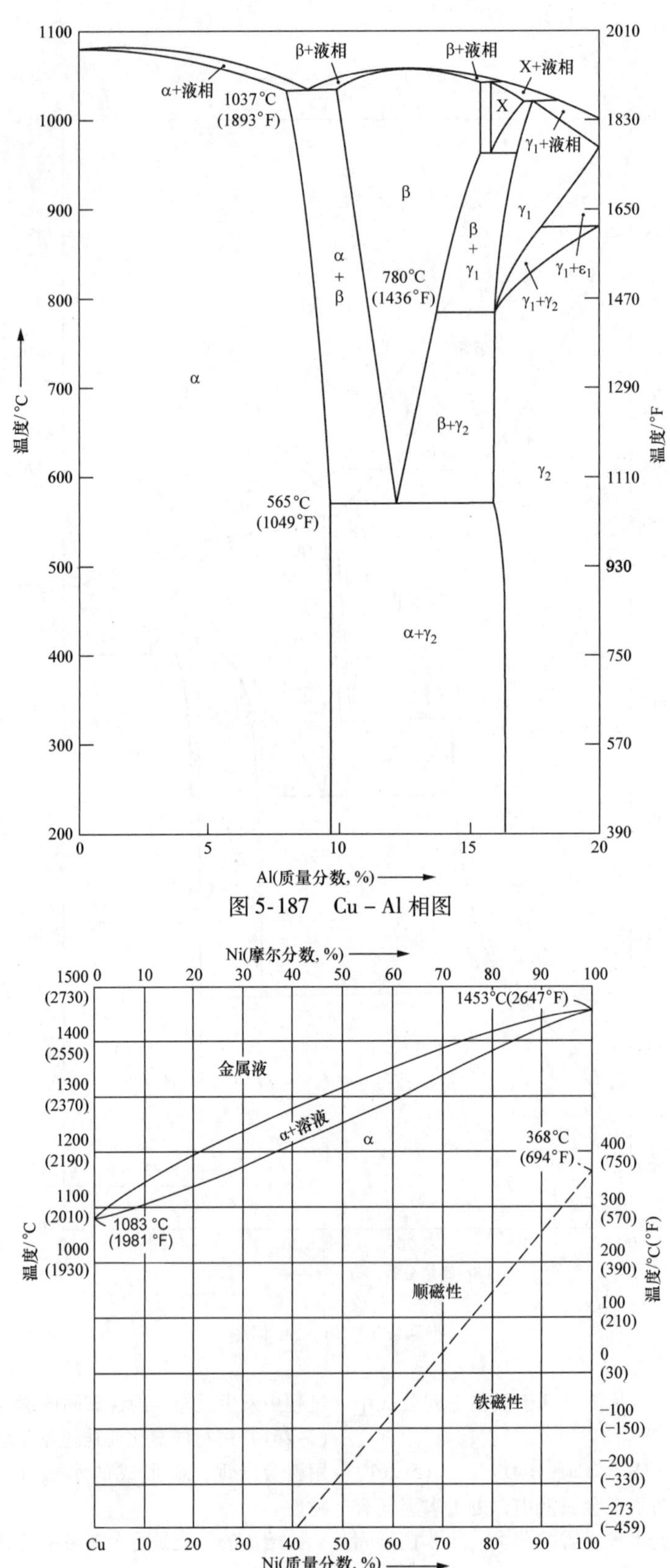

图 5-187　Cu – Al 相图

图 5-188　Cu – Ni 相图

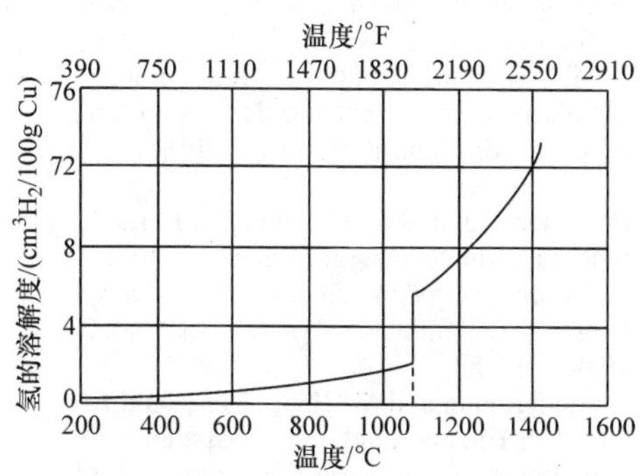

图 5-189 氢在纯铜中的溶解度随温度的变化过程

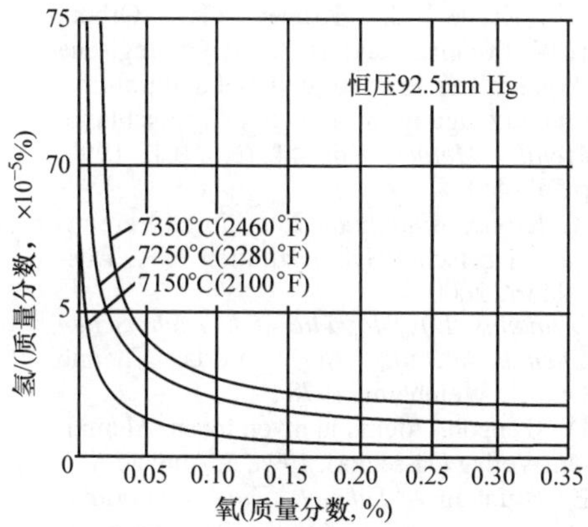

图 5-190 铜液在不同氧度下氧和氢组分的关系

注：1mmHg = 133.322Pa。

容易的方法。潮湿是氢气的主要来源，应尽可能去除金属液；如果熔池表面没有加盖，与空气中的氧气接触，就会按图 5-190 的氢 - 氧平衡对金属液调整到相当低的含氢量，由此产生的相对较高的氧化亚铜含量，或者认可或者另加去氧处理。

熔炼的还原方法用于生产无氧金属液，因为熔池表面覆盖有厚度为 150 ~ 250mm（6 ~ 10in）的干燥碳层，产生的一氧化碳气体具有一定的还原作用，它至少可以防止从空气中吸收氧。含氢量会由于使用氮气或氩气冲洗等而降低；具有化学活性的气体（如含氯气体）也经常用于除气，同时，使用气体冲洗能够清除悬浮在金属液中的杂质。

脱氧处理通常以磷还原氧化亚铜。

$$3Cu_2O + P = CuPO_3 + 5Cu \qquad (5\text{-}262)$$

磷氧化物是液态的，可以很容易地从熔池表面中清除。通过还原熔炼工艺，尤其是含磷添加剂的剂量可以精确地确定，从而使得残余磷的质量分数达到 0.015% ~0.04% 的理想范围。

晶粒细化可以改善铜材料的力学性能，但是，相比于钢铁和铝的材料，铜材料的晶粒细化的作用有限。异质晶核有助于形成大量的晶胞，因此有助于控制晶粒细化。这类异质晶核在浇注之前加入金属液中孕育，用锆、硼混合物孕育处理有助于成核作用，因此对绝大多数含铜材料都有晶粒细化作用。

参考文献

1. D. Horstmann, *Das Zustandsschaubild Eisen-Kohlenstoff*, 5th ed., Verlag Stahleisen, Düsseldorf, 1985
2. F. Neumann, W. Patterson, and H. Schenck, Einfluss der Eisenbegleiter auf Kohlenstoflöslichkeit und Sättigungsgrad im Gusseisen, *Gießerei (Casting)*, Vol 47 (No. 2), 1960, p 25–32
3. C. Troglio, Eisenguss, *Gießerei (Casting)*, Vol 96 (No. 5), 2009, p 24–26, 28, 30–39
4. *Data Handbook for Grey Cast Irons*, Castings Dev. Centre, Sheffield, Great Britain, 1997
5. E. Piwowarsky, *Hochwertiges Gusseisen*, Springer-Verlag, Berlin/Göt-tingen/Heidelberg
6. K.-H. Heinen (Hrsg.), *Elektrostahl-Erzeugung*, 4th ed., Verlag Stahleisen Düsseldorf 1997, p 397–425, 857–859
7. H. Timmerbeil, Gusseisen mit Kugelgraphit als Werkstoff für Mechanisch, Thermisch und Chemisch Beanspruchten Guss, *Gießerei (Casting)*, Vol 42 (No. 1), 1955, p 7–15
8. C. Bartels et al., Gusseisen mit Kugelgraphit. Herstellung-Eigenschaften-Anwendung, *Konstruieren und Gießen*, Vol 32 (No. 2), 2007, p 1–101
9. I. Barin and O. Knacke, Thermochemical Properties of Inorganic Substances, Düsseldorf, 1973
10. E. Dötsch and F. Neumann, Beitrag zur Thermodynamik von Eisen-Kohlenstoff-Silizium-Schmelzen, *Gießerei-Forschung (Casting Research)*, Vol 27 (No. 1), 1975, p 31–38
11. Institut für Gießereitechnik (IFG), Düsseldorf, Germany. Handblatt Nr. 109
12. K. Orths and W. Weis, Die Beeinflussung des Kieselsäuregehaltes von Gusseisen durch die Schmelztechnik, *Gießerei-Forschung (Casting Research)*, Vol 25 (No. 1), 1973, p 9–19

13. F. Neumann, *Gusseisen: Schmelztechnik, Metallurgie, Schmelzbehandlung*, Renningen-Malmsheim, Expert-Verlag, 1994
14. A. Jentsch, Influence of Recarburizers in the Microstructure and Properties of Cast Components: Cast Analysis, *Foundry Trade J.*, Vol 179 (No. 10), 2006, p 262–266
15. O. Mouquet, F. Delpeuch, and P. Godinot, Ermittlung des Metallurgischen Zustands von Induktionsofeneisen durch Thermische Analyse, *Gießerei-Praxis (Casting Practice)*, No. 5, 2001, p 199–213
16. T. Beneke, A. Tuanta, G. Kahr, W.D. Schubert, and B. Lux, Auflösungsverhalten und Vorimpfeffekt von SiC in Gusseisenschmelzen, *Gießerei (Casting)*, Vol 74 (No. 10), 1987, p 301–306
17. K.-H. Caspers, Untersuchungen zur Qualitätsfrage von Induktiv Erschmolzenem Gusseisen, *Gießerei-Erfahrungsaustausch (Casting—Exchange of Experiences)*, No. 9, 2001, p 387–396
18. C. Hartung, C. Ecob, and D. Wilkinson, Richtig kombiniert: Verbesserung der Graphitmorphologie in Gusseisen, *Gießerei-Erfahrungsaustausch (Casting—Exchange of Experiences)*, No. 1/2, 2008, p 54–57
19. P. Dawson, Das Sintercast-Verfahren zur Herstellung von Gusseisen mit Vermiculargraphit, *Gießerei-Praxis (Casting Practice)*, No. 1/2, 1995, p 29–34
20. A. Hugot, Fonte Nodulaire Traitée au Magnesium par le Procédé «Tundish Cover», *Hommes et Fonderie (Foundryman)*, No. 145, 1984, p 19–29
21. A. Alt, H.A. Lustenberger, and H.G. Trapp, Herstellung von Gusseisen mit Kugelgraphit mit Metallischem Magnesium, *Gießerei (Casting)*, Vol 59, 1972, p 1–12
22. D. Holmes and R. Reisinger, Automation of Magnesium Cored Wire Injection to Produce Ductile Iron, *Foundryman*, Vol 91 (No. 6), 1998, p 196–199
23. T. Enzenbach, Schmelzen von Basiseisen für verschiedene Gusseisenwerkstoffe im Kupolofen. Gießerei 99 (2012) Nr. 12, p 34–41
24. K. Herfurth, N. Ketscher, and M. Köhler, *Gießereitechnik Kompakt 2003*, Gießereiverlag GmbH, Düsseldorf, (revised reprint) 2005
25. P. Hasse, *Gießereilexikon*, 2008 ed., 19th Version, Verlag Schiele & Schön, 2008
26. K.-H. Caspers, Beitrag zur Impfbehandlung von Synthetischen Gusseisenschmelzen aus Induktions-Tiegelöfen, *Gießerei (Casting)*, Vol 69 (No. 18), 1982, p 496–500
27. E. Hofmann and W. Siefer, Kennzeichnung Signifikanter Kriterien der Sekundärmetallurgie und ihre Übertragung auf den Primärmetallurgischen Bereich mit dem Ziel einer Wirtschaftlichen Herstellung von Stahlguss sehr hohen Reinheitsgrades im Freiluftofen, *Gießerei-Forschung (Casting Research)*, Vol 45, 1993, No. 2, Part 1: p 44–49, No. 3, Part 2: p 82–91
28. M.-O. Arnold et al., Stahlguss, Herstellung-Eigenschaften-Anwendung, *Konstruieren + Gießen*, Vol 29 (No. 1), 2004, p 1–81
29. J.-M. Masson, Fours à Induction et Métallurgie des aciers moulé P. Fonderie Fondeur d'aujourdhui, No. 246, 2005, p 41–48
30. D. Wieck and M. Velinkonja, Besserer Stahlguss durch Argon-Spülen im Induktionsofen, *Gießerei-Erfahrungsaustausch (Casting—Exchange of Experiences)*, No. 2, 1989, p 49–53
31. J. Sundermann and M. Haite, Zur Metallurgie der Hitzebeständigen Gussstähle im Induktionsofen, *Gießerei (Casting)*, Vol 85 (No. 6), 1998, p 41–44
32. *Ullmanns Enzyklopädie der Technischen Chemie*, 4th ed., Vol 7, Verlag Chemie GmbH, Weinheim, 1978
33. K. Krone, J. Krüger, H. Orbon, H.W. Sommer, and H. Vest, Ökologische Aspekte der Primär- und Sekundäraluminiumerzeugung in der BR Deutschland, *Metall (Metal)*, Vol 44 (No. 6), 1990, p 559–568
34. K. Krone, *Aluminium Recycling*, Vereinigung Deutscher Schmelzhütten e.V., Düsseldorf, 2000
35. *Ullmanns Enzyklopädie der Technischen Chemie*, 4th ed., Vol 15, Verlag Chemie GmbH, Weinheim, 1978
36. D. Altenpohl, Aluminium von Innen, Aluminium-Verlag Düsseldorf, 1994, 5. Auflage
37. E. Brunhuber, *Schmelz- und Legierungstechnik von Kupferwerkstoffen*, Fachverlag Schiele&Schön GmbH, Berlin, 1968

5.7 铸铁感应熔炼炉的运行

Erwin Dötsch，ABP Induction Systems

感应炉主要用于铸铁熔炼。坩埚炉作为冲天炉的熔炼替代装置，变得越来越重要，同样地，沟槽形炉作为储存和浇注的保温装置，也变得越来越重要。浇注铁熔炼生产线如图 5-191 所示。从生产准备到浇注金属液的主要流程如下：

1）简单的熔炼模式（在坩埚中熔化和处理），将铁液包中的铁液，无论是否经过镁处理，输送到感应加热浇注炉或浇包系统。在特殊情况下，为了保温，在中间布置一个沟槽炉。

2）无论是否经过中间脱硫过程，在冲天炉中熔炼的金属液不断地通过钢包输送到沟槽式感应炉中保温。在特殊情况下，冲天炉的金属液被送到坩埚炉中进行精炼（双联式）。如前文所述，将金属液从沟槽炉或坩埚炉以钢包炉送至浇注位置，在钢包鼓式转炉中熔化的意义并不大。

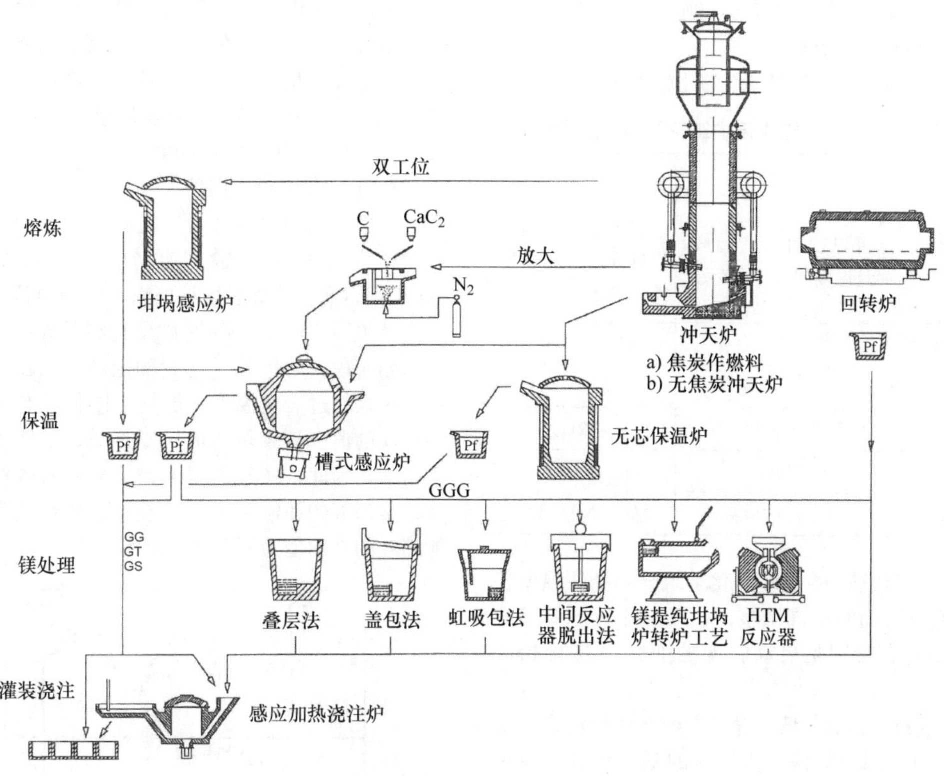

图 5-191 铸铁熔炼生产线

5.7.1 坩埚式感应炉的熔炼

除冲天炉外，中频坩埚式感应炉已成为铸铁厂的标准熔炼设备，它可采用变频电源，具有以下先进水平：

1）炉子的功率密度高达 1000kW/t，熔化时间为 40～45min。

2）可连续进料、熔炼，坩埚完全清空（但仍有残留铁液，虽然每炉清空更经济）

3）电源共享串联运行，一个变频感应电源提供给两个串联运行的坩埚式感应炉，其中一个熔炉处于熔化模式，而另一个处于保温模式。这样可使连接到负载的电源得到充分利用，并且在不需要额外保温设备的情况下，向成形设备连续提供铁液。

4）现代化程序处理器对熔炼和浇注过程的控制，减轻了操作人员的负担，实现了熔炼设备利用率的最佳化，提高了操作的可靠性。

5）对于熔炉外围设备，采用的加料系统与罩盖装置相结合，确保在线装料要求，无飞溅。在熔化、加热、扒渣、保温和出渣过程中排出所有烟气。

1. 工艺过程特性

这种技术的发展有助于感应熔炼得到更加广泛的应用，具有以下工艺过程特性：

1）电能可以直接生成热量熔化，无需过高温度给热，其电效率超过 80%。与用燃料燃烧熔炼过程相比较，不会产生大量废气的排放，也不会发生高温反应。这样导致冶金熔炼的优势和环境兼容性更好，利于环保。

2）可精准能量配置。通过有针对性地调整出钢温度和冶炼成分，以规范的方式和合理的人员开支等来精准控制出炉温度和成分，大多数过程都可以实现自动化。

3）通过电磁力对金属液进行强力搅拌。感应熔池搅拌使金属液的温度和化学组分更加均匀，使熔池表面和熔池内部的气相、液相和固相之间产生更多的交换。这为熔炼特殊材料、轻熔化材料（如碎片或金属废料），以及增碳和合金化创造了有利条件。

4）前文所述的直接能量转换原理产生的粉尘排放量较低，工作环境更加环保和友好。由于电源组件（平滑电抗器、变频电源、组合电容器）安装在封闭空间内，而且在炉子设计制造中要考虑降低噪声到 83～85dB（A）及以下可接受的水平，炉子壳体和平台必须要隔声。因而相对较低的散热，使坩埚炉成为对工作环境友好的熔炼装备。

5）感应电能传输对耐火炉衬提出特殊要求，这是对感应熔炼装置仅有的特定准则。

2. 感应炉与冲天炉的比较

感应炉与冲天炉工艺过程的比较见表5-16。

表5-16 感应炉与冲天炉工艺过程的比较

特征	感应炉	冲天炉
化学组分和浇注温度	可以随时改变温度，而且温度调节可靠性好	取决于熔炉的操作过程，只能按生铁的等级来调节
对硫的吸附	无	0.12% ~0.15%
排放		
灰尘	0.5kg/t	8 ~12kg/t
炉渣	10 ~20kg/t	40 ~100kg/t
有害气体排放	无（用清洁炉料）	SO_2、NO_x、CO

1）可熔铸铁的类型多。化学组分和浇注温度各种类型变量可随时精准调整，相反，冲天炉要随着铁液的变化，特别是启动温度的变化而进行相应更改。

2）铁液中含硫量低。对于生产球墨铸铁来说是有益的，尤其对于熔炼蠕墨铸铁的基础铁液来说更加有益。一般来说，不必对基础铁液脱硫，这样处理金属液或处理反应产物不会增加成本。

3）环境友好的工作场所和较低的处理成本。感应炉炉渣废料和灰尘排放量是冲天炉的炉渣废料和灰尘排放量的1/10，感应炉也不产生有害的废气，如SO_2和NO_x。至于CO_2的排放，随着可再生能源发电比例的上升，与燃料燃烧系统相比，感应熔炼变得更加有利。

4）评估上述两种熔炼装置的经济性，即投资成本和运行成本，必须就具体问题进行分析，一般来说，整个熔炼包括炉子、炉料、装料和除尘系统以及基建费用，感应熔炼工厂明显较低，通常只是冲天炉熔炼工厂相应成本的一半左右。

这种运行成本对比的具有以下特征：

① 感应熔炼炉的人员成本低。

② 耐火材料和用水成本基本相同。

③ 能源成本（焦炭的成本和质量波动很大）通常较低。

④ 冲天炉的熔炼材料成本通常较低（由于质量要求较低），通过向感应炉中加入碎料可实现部分平衡。

⑤ 沟槽式感应炉在运行中（包括周末）的保温成本相对于冲天炉通常并不增加。

⑥ 感应炉的废弃物处理费用更低，同样地，也不需要对铁液进行脱硫处理。

因此，坩埚式感应炉通常是中小型铸造厂较便宜的熔炼装置。只有在超过40t/h的高生产率生产各种类型铸件的情况下，冲天炉的经济性更好；这就是为什么目前感应炉在铸铁领域里占大多数的原因，按吨位计算，其比例约为40%。

3. 工频或中频坩埚炉

工频坩埚炉的主要特征是：当使用固态熔炼材料时，功率因数低，输出功率小。图5-192所示为24t工频坩埚炉熔炼时熔炉填满程度与单位时间输出功率的关系。由于冷废钢料具有高磁导率，在熔炼的起始阶段，熔炉几乎达到额定功率，在熔炼进料中，一旦超过居里温度，能耗会降低到与散松炉料相对应的值。随着炉渣的不断形成，电能消耗会再次增加，因此，随着金属液完全充满有效线圈的高度，金属液的耗电会增长，直至达到额定功率；电能消耗的平均值为额定功率的62.5%。

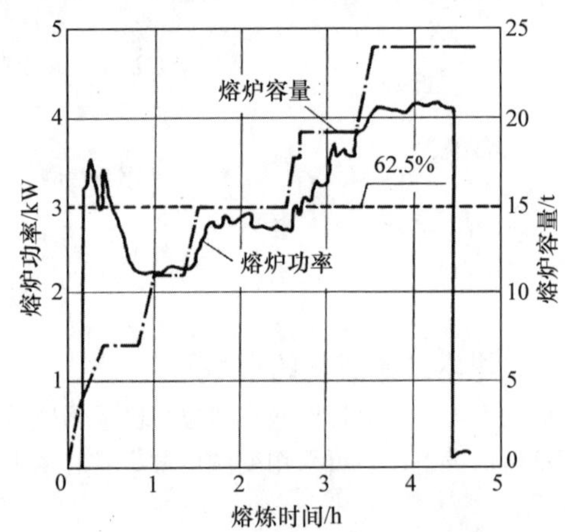

图5-192 24t工频坩埚炉熔炼时熔炉填满程度与单位时间输出功率的关系

然而，从熔炼的经济性要求需尽可能地满载运行。所谓开炉料是指工频感应炉在开炉的短时间内加入少量的金属液（约占满载的20% ~50%）作为炉料，以提高熔化效率。

中频坩埚炉是并联谐振变频电源的负载，可自动调整线圈内炉料的电流、电压和频率。

在整个熔化过程中，变频器几乎将100%的装机功率输出，中频炉可以随时在空炉中装入固体炉料，一炉接一炉地装炉，不需要开炉料，每次能够完全倒空，既没有残余的金属液，又不影响熔炼性能。如果提高频率，在相同容量下，输出功率密度随着频率成倍增加，其技术优势如下：

1）可以随时调整合金成分。因为每次金属液出料后，中频炉是倒空的，按照下一炉熔化所需金属液的化学组分可以调整炉料。

2）可使用潮湿或油脂金属炉料。第一次往空的、热的坩埚炉中加料时，炉料表面的潮湿和油脂马上就蒸发了，不会与金属液接触，随后间隔一定时间剩余的炉料被及时地装入，因此，潮湿和油脂不能侵入坩埚底部的金属液中。这种方法意味着表面潮湿的熔炼材料可以毫无问题地装料，但出于安全考虑，为了连续操作，这些材料必须提前干燥。

3）保温的能耗较少。当周末时，停炉时间较长，中频炉是清空的，不会消耗任何能量。特别是小型中频炉，功率因数更高，因而具有能量损失更低的优势。因此，总体来说，中频炉的热效率高于工频炉。

4）电效率更高。由于炉料体积大，其电阻大，而且输入的铁磁材料磁导率高，进料过程中的电效率大约比连续熔炼进料高7.5%，在整个熔炼周期内，电能感应传输到熔融金属中。

5）耐火材料的使用寿命得到提高。除了加热阶段之外，在整个熔炼周期内，坩埚炉进料的温度大约在液相温度附近，因此比残留铁液运行时低。把冷炉料装入热坩埚炉内时，在短时间内再次启动开炉，使坩埚附近的熔化炉料迅速加热到赤热，这样使温度骤变保持在合理的范围内。

6）最佳状态的成核。由于熔炼期间的平均温度较低，以及出钢前的一次性快速过热，金属液中的大部分晶核被保留下来，这对成形过程中金属液的凝固有良好的影响。表5-17中给出的示例证明了中频炉具有更好的电效率和热效率系数，因此可以节省能源。炉子电能消耗为4800kW，对于每小时熔化8t铸铁，占两个班次，首先是在18t工频炉中，其次在6t中频炉中，这表明使用中频炉年节能1974000kW·h，或者每吨铁液节能64kW·h。

表5-17 中频感应炉和工频感应炉熔铁节约能源的比较

8t/h两种班次熔炼方式				
炉子功率	4800kW	热能		当保温时
炉子容量	工频熔炉18t，保温功率240kW		三班倒	工频熔炉铁液保温 1920h/年×240kW=460800 kW·h/年
	中频熔炉6t，保温功率140kW			工频熔炉固态材料保温 1920h/年×70kW =134400 kW·h/年
生产率	8t/h×3840h/年=30720t/年			二者相差326400kW·h/年
节约能源			周末停	工频熔炉铁液保温 2304h/年×240kW=553000kW·h/年
耗电量	25kW·h/t电效率较高			中频熔炉停工/冷启动 48周/年×1200kW/周=57600kW·h/年
	25kW·h/t×30720t/年=768000kW·h/年			二者相差495400kW·h/年
热能	当熔炼时			
	3840h/年×（240-140）kW=384000 kW·h/年	合计		1974400kW·h/年或64kW·h/t

4. 炉料

感应熔炼使用的炉料包括废钢、生铁、废铸铁、碎屑以及回收料。加入的添加剂是碳化硅、煤、硅铁以及其他铁合金，如锰铁和铬铁合金。加入的炉料对熔炼质量有非常大的影响，对铸件的应用性能也有很大影响，因此，炉料应该尽可能不含水、油及灰尘，也应没有有害元素和非金属涂层，其堆积密度要尽量大，可依据炉膛尺寸来选配，炉料最大长度约为坩埚炉内直径的1/2～7/10倍。

生产铸铁的成本较高，这主要是炉料成本高造成的。

（1）废钢料　适用的废钢料可分为切屑、建筑和打包用废钢，这些材料，可以从废料经销商处购买，其化学组分已知，一般来说，都有合同保证。切割废料通常由冲压和锯割产生的废料组成，通常按废钢料类型分类，其化学成分已知并且是稳定的，缺点是经常带有压力机和锯床加工时的润滑剂。

同样地，建筑废料的成分通常是已知的，并具有适当的尺寸大小。从冶金学观点看，较高的含氮量可能会是个问题，因为氮的质量分数可高达$150\times10^{-4}\%$（如在钢轨中）。当给越来越普遍的微合金钢通电时，需要特殊处理，因为它们的微量元素会导致形成碳化物夹杂，对石墨形状造成破坏。

包装废钢的质量需要通过与废钢供应商签订合同来保证，因为所进废钢材料的内部结构不能通过外观检查来确定。废钢中拉拔薄板的镀锌层对熔炼质量是有害的，随着汽车工业的发展，熔炼这种废料的要求变得越来越重要。

（2）生铁　与有色金属相比，生铁在有特殊冶炼要求的情况下，只能用作初级熔炼的原料铁。通常对于感应炉，由于价格原因，用作炉料组成部分的生铁比例较低。生铁的用量可从图 5-193 所述的数量关系中反映出来，在铁素体球墨铸铁或厚壁铸件球墨铸铁制造中会例外。与废钢料相比，生铁的主要优点在于微量合金含量低，且成分稳定，但如果供应商对生铁储存方面不细心，可能会产生问题，因为储存不当会导致其生锈。只有采用适当的技术对这种铸锭进行处理以预防部分炉渣的形成，因为熔炼中产生炉渣会缩短熔炉的寿命。

（3）回收料　必须将回收炉料按合金分组并干燥储存，以防受潮和生锈。结块的沙子易导致生成更多的炉渣，因此，会消耗更多的能源和/或形成沉淀物。在装填的喷丸处理清洁再生炉料时，成分应在酸性范围内，即 SiO_2 的有效比例应足够高（可添加少量沙子）。发热添加剂或陶瓷过滤器的残留物会导致形成炉渣（这会影响耐火材料的使用寿命）。如果回收料体积庞大，在装料过程中，要打碎并防止其堆结，可以使回收料的堆积密度增大，以提高熔炼时的电效率。

（4）废铸铁　废铸铁是比较便宜的炉料，但是通常不知道其化学组成，这是它的缺点，因此，废铸铁仅限于生产质量要求相对较低的铸件，或限制在相对较小的使用比例上（见图 5-193）。否则，如同所讨论的回收料一样进行处理。

（5）碎屑　坩埚式感应炉由于熔池搅拌，特别适合于熔炼松散和成团块的碎屑。最好的铸铁碎屑是那些来自于机械零件加工过程中产生的切屑，因为它们的化学成分，正如从生产中回收的材料一样，是已知和恒定的。这些切屑经过干燥后能够以较高的比例进行熔炼，甚至超过炉料的 30%，无需任何特殊处理。比较起来，潮湿的碎屑占炉料的比例应该小，这是由于含油黏附的润滑剂对熔化会造成影响，这种熔化需要特殊的熔炼技术。任何情况下，通过预先离心处理或压块，残余润滑油可以减少到 1.5% 以下。

（6）添加剂　这类材料包括增碳剂、铁合金和碳化硅。表 5-18 为增碳剂及其氮、氢含量，增碳剂的差别在于含碳量、灰分、硫和气体含量不同，且化学成分会影响其溶解度、碳收益率及金属液质量。当熔炼灰铸铁时，如果使用石墨增碳剂进行最终增碳，则会生成有利的成核状态。为了满足所需要的溶解要求和熔液质量，必须与供应商签订关于化学组分和粒度分布的协议，对于铁合金和碳化硅也如此。在储存期间，必须保证大多数添加剂是吸湿性的。

表 5-18　增碳剂及其氮、氢含量

增碳剂	碳（质量分数,%）[=100% −（灰、水与挥发物的质量分数之和）]	灰（质量分数,%）	湿度（质量分数,%）	挥发物（质量分数,%）	硫（质量分数,%）	氮（质量分数,%）	氢（质量分数,%）
合成石墨	99.50	0.40	0.20	0.10	0.05	0.005	—
天然石墨	86.30	13.2	0.06	0.44	0.35	0.060	—
煅后中硫石油焦炭	98.90	0.40	0.40	0.30	1.50	0.600	0.15
煅后低硫石油焦炭	99.30	0.40	0.10	0.20	0.30	0.080	0.04
干燥冶金焦炭	89.70	9.00	0.30	1.00	1.00	1.000	—
褐煤焦炭（澳大利亚）	92.00	2.50	2.00	3.50	0.25	0.600	1.10
沥青焦炭	98.00	0.50	0.50	0.50	0.40	0.700	0.20

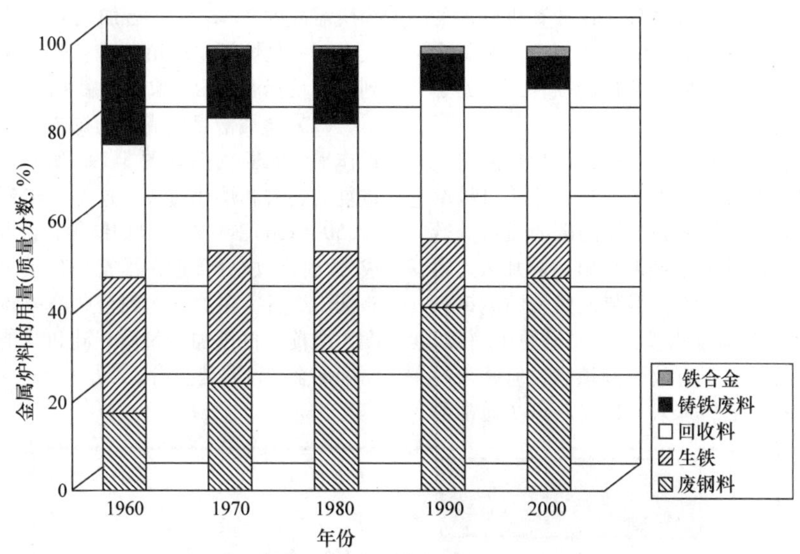

图 5-193 每年生铁、钢和铸件金属炉料的用量

5. 金属液的生产

本节内容包括炉料装料、金属液目标成分调整、加热到出钢温度、熔炼过程控制以及熔渣和渣壳形成等。

（1）炉料的准备和装入 批量生产的中频坩埚炉几乎都需要连续加料。因此，炉料场的铁合金炉料用磁力起重机装在振动运输车上，按程序作为炉料加入（见图 5-194）。定量的添加剂装在一个单独的容器中，装入位于进料设备前部附近的小料仓中，装载全部炉料的进料器沿着炉子运输平台运至加料位置，将第一批炉料倾倒进热的空熔炉中，炉料高度大约到有效线圈的顶部。当炉子功率切换到满负荷后，熔化开始。在熔炼过程控制器的控制下，更多炉料只需按下一个按钮就可以连续进料。

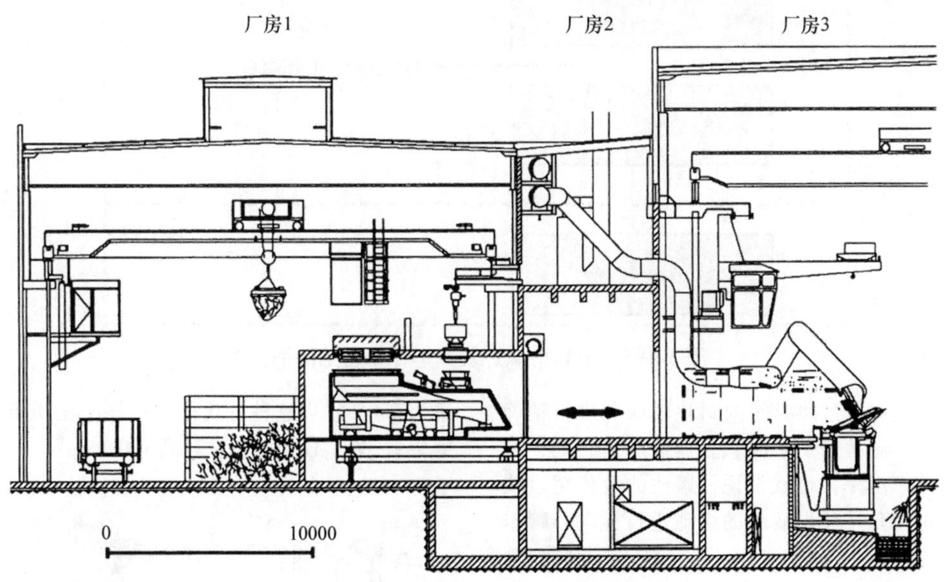

图 5-194 中频熔炼炉平台厂房的立面图

出于场地空间或工艺的考虑，装料车的容量往往与满负荷炉料不匹配。在这种情况下，在废料场应该备有中间料包，用于补充部分炉料，中间料包输送以及每次倾斜再填满进料车或倒空中间包的时间不应该超过 5min，以便保持连续进料，不间断熔炼。

为了获得规定的金属液成分，在计算机软件的帮助下，配置炉料中各种原料的数量，再将炉料和添加剂一并加入炉内，利用测试过的软件，可使加料过程完全自动化。

首先将薄而轻的废钢料碎片加到已加热的清空的坩埚炉中，覆盖炉底，使坩埚炉具有防止机械磨损的能力。按最终金属液成分计算的碳的质量分数为50%～75%的钢碎片或生铁混合料一起加入，料高达到有效线圈顶部。然后，再装入回收的废钢料和生铁，将线圈有效高度内填满，炉子并未超载，随后启动按钮装料将炉子有效线圈填满，但并未超载。在炉料填装一半后，加入 SiC 或 FeSi（通常约为所需硅的75%），然后加入其余的碳及其他合金元素；一旦炉子完全填装满，开始测量温度，在达到理论目标温度后，取样、撇去炉渣。

（2）金属液目标成分的调整　中频熔炼炉及其运作平台的断面图如图5-195所示。该图描述了可重复的装料和熔化过程，这是加热到1400～1430℃（2550～2605℉）时得到的结果，说明这时的金属液成分与目标成分接近，尽管合金元素可能比目标值略低。然后，在炉子达到金属液最高温度（出钢温度）之前，再添加少量碳、硅和其他合金元素，从而确保金属液最终成分。

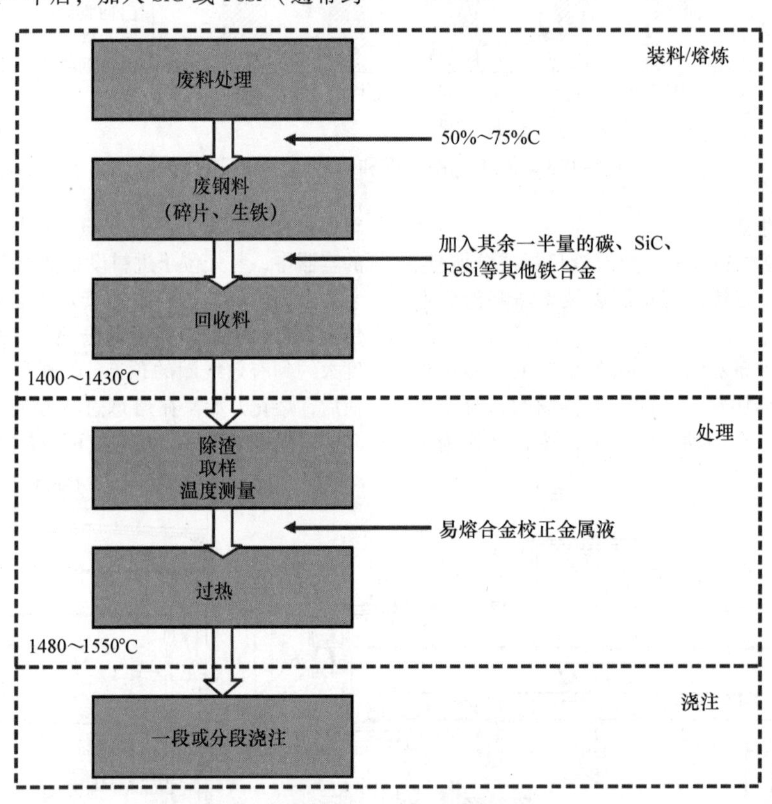

图5-195　中频熔炼炉及其运作平台的断面图

这种在规定的过热时间内对化学成分进行精确调整的方法，通常是炉子满载金属液时进行的，可获得良好的产出率，也就是说，熔池的液位超过线圈顶部，对没有月牙形液面的熔池进行搅动。碳添加的百分比限定在 $\Delta w(C)=0.1\%$ 左右，如果需要更多的增碳，熔池的液位应达到线圈的顶部或超过熔池液面最大为100mm（4in）。6t 坩埚炉（200Hz、5800kW）渗碳后熔池上部月牙形液流如图5-196所示，这时会形成熔池的月牙形液面，碳由金属液流传输到金属液和坩埚壁之间的缝隙中。由于此时的金属液流动形成的湍流，所以短时间内其收益率几乎为100%。以这种方式作为指导，在3min内实现渗碳0.3%，使熔池温度升高100K。

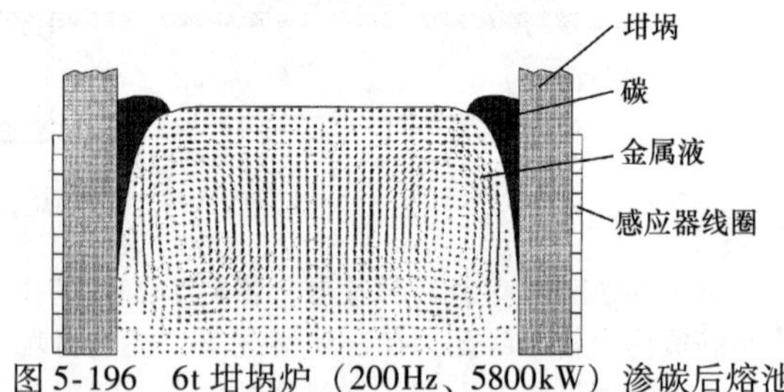

图5-196　6t 坩埚炉（200Hz、5800kW）渗碳后熔池上部月牙形液流

前面所述使用添加剂来生产非合金铸铁流程中，即尽可能后加入添加剂，使熔化损失保持在合理范围内。但另一方面，要考虑添加剂熔炼和过热期间，在熔液中还需要一定的溶解时间。过长的合金化加热时间会降低熔炼的生产率，这是在任何情况下都是应该避免的，这种方式普遍适用于合金铸铁液的生产。

（3）加热到出钢温度　一般来说，出钢温度是由浇注温度和从熔炼炉运送到浇注台的操作方式决定的。必须记住在相同时间内金属液中的氧化和成核行为，在大多数情况下，冶金学要求过热温度和持续时间与生产相关的要求相一致。在炉子熔炼满功率条件下以最短时间使金属液加热到出钢温度；而以部分负荷加热时，金属液温度没有加热到要求的温度，也就是说，除非是特殊的冶金条件，加热需要更长时间。也可以发生这种情况，如果在炉子满载功率下温度设定在CO起泡沸腾反应（高含氧金属液在电磁力作用下形成的泡沫反应）非常强烈，金属开始飞溅，会产生溢出。

（4）熔炼过程的控制　高中频感应炉具有高的操作可靠性、熔炼过程的稳定性，以及其在铸造厂整体生产中的地位，成为熔炼过程控制系统必不可少的设备。熔炼过程控制系统是由一台配有彩色监视器的微型计算机、设备操作键盘以及打印运行数据的打印机组成。炉子安装在与称重系统相连的工房中。该系统连续测量装炉或在炉中熔化的炉料数量，并将评估信号传输到熔炼过程控制系统。控制系统根据输入信号调控电源输入。根据炉料量和已消耗的功率，确定炉料的平均温度，并在监视器屏幕上连续显示。图5-197所示为串接坩埚炉熔炼显示屏。

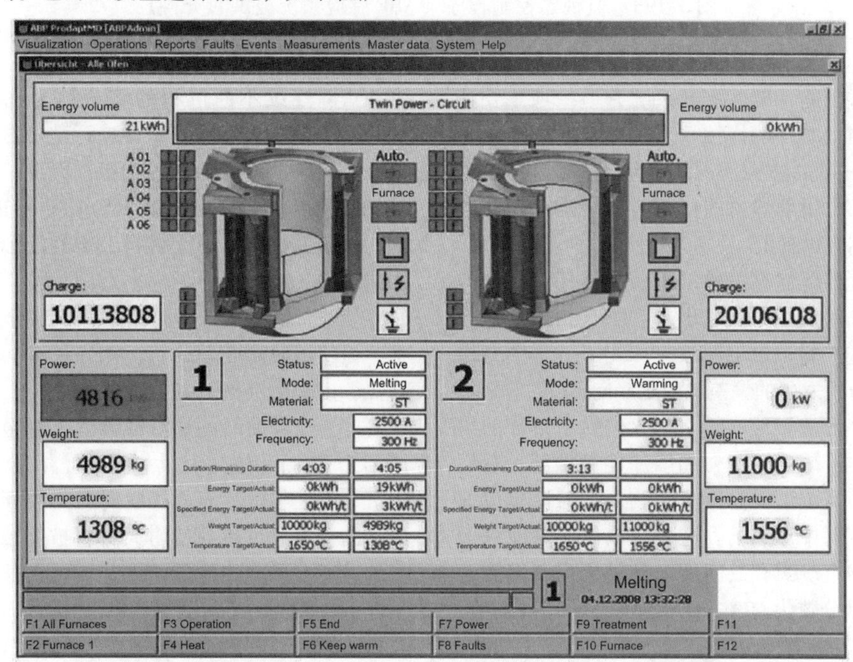

图5-197　串接坩埚炉熔炼显示屏（ABP系统提供的资料）

在供给部分炉料熔化所需的能量之后，熔炼过程控制系统发出“给炉子再进料”的指令；如果操作者未遵守这一要求，熔炉将自动切换到“保温”状态。熔炼过程中规定的部分熔化能量小于各种情况下炉料全部熔化的能量。这种方法保证后来的固体炉料不会沉入炉内金属液下，炉料进炉量符合熔炼炉标准。在熔炼周期内，控制系统将连续发给炉子进料的指令，直至达到指定的目标重量，然后炉料自动加热到设定温度。操作人员测量温度控制系统随后切换到保温状态，所测的熔池温度以大数字显示在监视器上，并自动传送到熔炼过程中。当终端温度达1400～1430℃（2550～2605℉）时，将炉渣从炉中撇去，然后取一份金属液样品，用热力学分析和/或在分光仪中进行分析。结果送到熔炼控制系统，将实际分析结果与设定值进行比较，确定校正后续炉料数量并在显示器上显示。

人工将校正后的炉料放置在炉子平台上，并添加到金属液中时，由熔炼控制系统计算出的加热能量在按下按钮后开始供给，金属液加热到出钢温度。熔炼控制系统随后将炉子切换到保温状态，并要求操作员开始出钢。一旦这个过程完成，就可以开始下一个熔炼过程。

在周末熔炉较长时间停止运行后，熔炼控制系统要有一个冷启动程序来加热冷坩埚。这种程序是在冷炉装满了炉料后，安全启动感应加热的，这样不会在第一班开始时出现熔炼操作问题。还有用于新砌筑的坩埚炉专用程序，在新砌筑好耐火材料炉衬之后，控制系统利用时间温度曲线控制炉衬的烧结过程。图5-198所示为监视器控制程序。

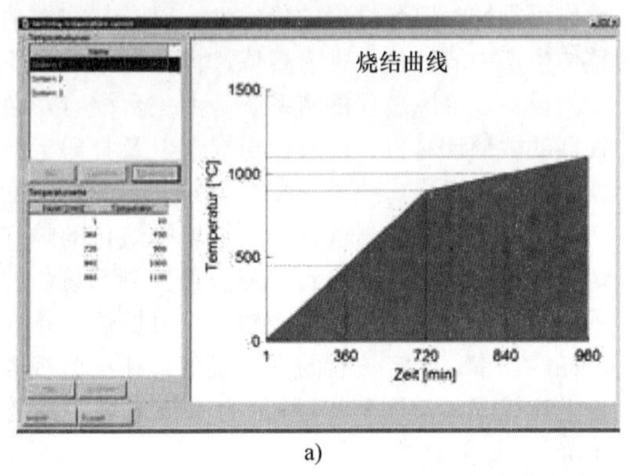

a)

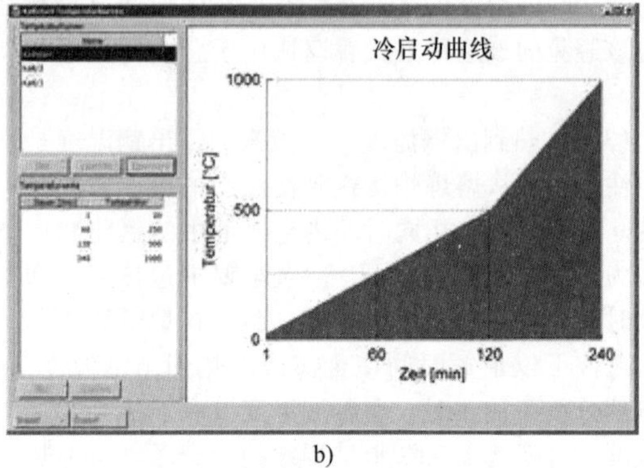

b)

图5-198　监视器控制程序（ABP感应系统提供的资料）
a）槽式炉烧结过程　b）冷启动过程

除了这些功能，熔炼控制系统有另一项重要任务，即监视坩埚炉衬的烧蚀情况。根据熔炉的电参数计算坩埚炉衬的烧蚀情况。在坩埚炉运行期间，随着时间推移，坩埚炉衬的壁厚与熔炉运行期间的电流值会显示在屏幕上。

所有与现场熔炼有关的结果，包括任何发生的偏差，都被及时记录并打印出来。所有相关的运行数据都作为进炉料记录定期被打印出来。一个专用软件模块能分析发生的偏差并确定趋向。

（5）熔渣和渣带形成　在耐火炉衬上形成的熔渣，会降低炉子的生产能力和增加能量消耗，它们是由金属液中高浓度的悬浮氧化物，在熔池感应搅拌中的重湍流区中形成的。这种区域位于熔池液面上，以及在感应线圈有效高度中间的周围。熔渣外壳通常由质量分数为60% SiO_2、25% Al_2O_3和3.5% CaO组成，其余是微量元素、氧化铁和金属夹杂物，这些氧化物或是和炉料一起被装入进来，或是在金属液中氧化生成。形成下列物质的主要原因为：

1）SiO_2：回收炉料没有吹扫干净。

2）Al_2O_3：炉料里废钢中的铝含量较高。

3）CaO：添加了增碳剂和/或铁合金中的钙含量较高。

最好的避免方法是先清洗回炉料，这不仅可减少和节省清洁熔炉时间，也可达到节能目的，因为在脱渣过程中消耗的能量大约为500kW·h/t，这几乎与熔化铸铁消耗的能量相当。为避免回炉料中铝和钙含量太高，应该选择合适的废钢料和/或添加剂来减少铝和钙。

去除连续不断沉积的熔渣称为洗渣。在接近1600℃的高温下，每周都要进行洗渣。操作时，炉内有高碳铸铁液或低硅的钢液。此外，可以利用碳酸钠（Na_2CO_3）或氟化钙（CaF_2）组成的助熔剂，因为这种助熔剂对耐火材料上熔渣的形成有极好的影响。

熔渣带的形成认为是坩埚炉上部金属液温度偏低，而使熔液形成黏结状，并导致坩埚下部金属液过热。由于用机械装入大块废钢铁料，在坩埚的一半高度，生成硬结的炉渣或装入大量金属液时，易于形成渣桥。例如，一大块废铁，在金属液中不会下沉，但在与熔池表面接触时就会凝固。如果炉子底部的金属液过热到使耐火材料被烧蚀，并在其上方的通道上形成绝缘层堵塞，则特别危险。在极端情况下，甚至由于水蒸气和/或一氧化碳的积聚，而与过热的金属液接触造成爆炸，致使熔炉破损。

这种灾难性的后果可以通过熔炼过程控制器监控金属液的运行来预防。即使未经培训的人员没有注意到渣桥的形成，仅根据当时炉中的炉料量，控制器所调控的能量通常不足以使金属液温度达到加热温度，超过耐火炉衬内的液体温度。如果熔桥不能通过机械“戳破”表层方式去除，也可以通过倾斜熔炉或缓慢提高输入功率来熔化掉。

6. 烟气的排放

在炉盖上添加一个可移动的排烟气罩，并安装在炉子的平台上用来排烟。可以在各种运行状态下，在进料和熔化、保温、加热、扒渣和除渣以及在出钢过程中，将烟气排除。位于炉子平台下方的液压传动装置将炉盖上的排气回收管道移到适当位置，排气柜通过安装在炉子回转轴上的敞开式法兰与排气管连接，回收烟气。图5-199所示为感应炉排烟气罩在不同工作阶段的位置，图5-200所示为13.5t感应坩埚炉上的排烟气罩。

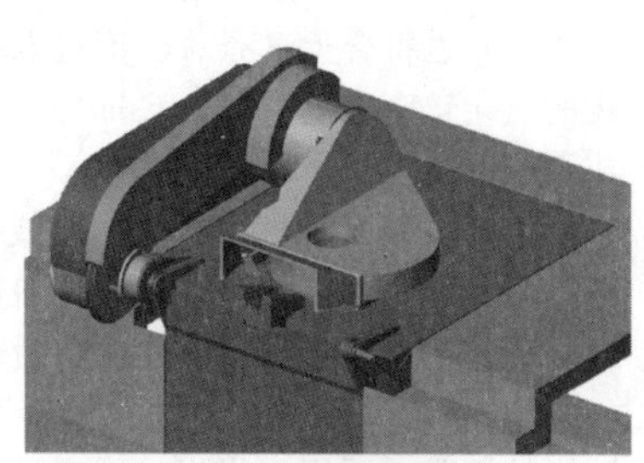

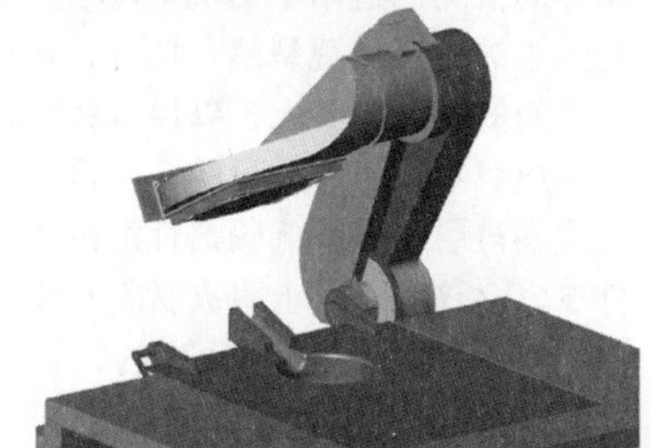

图5-199 感应炉排烟气罩在不同工作阶段的位置（ABP感应系统提供的资料）

图5-200 13.5t感应坩埚炉上的排烟气罩

安装在加料机前部的排烟气罩与平台之间大约成45°角，与坩埚熔炉装料口以及排烟气罩相通形成一个封闭系统，在装料和熔化期间产生的烟气可通过此系统全部排掉。即使像装入含油或涂锌炉料熔化时产生的大量烟雾，也一样可以被排放掉。10t炉的排除烟气量（标态）为30000m^3/h，同时，这个封闭系统还可以减少从坩埚炉产生的噪声，并提供防止金属液飞溅的保护措施。

在保温和加热期间，烟罩和炉盖是封闭的，使排气量和热损失减少到最小，尤其重要的是，在出炉期间高速产生的浓重烟雾也可被排放掉。图5-201所示为13.5t坩埚感应炉镁处理后在铁液包中浇注和炉罩抽风情形。

7. 熔炼锌涂层碎片

汽车工业产生的金属薄片碎料是铸钢厂重要的回收炉料来源，尤其是经过深拉深的低锰合金薄片

图 5-201　13.5t 坩埚感应炉镁处理后在铁液包中浇注和炉罩抽风情形

回收料。它们或是散装的切屑或是成块料。随着汽车制造领域的发展，这种涂有锌层的薄片金属使用比例越来越高，尽管无锌金属碎片回收价贵 10% 也很难买到。铸钢厂的熔炼工艺必须调整到能够处理每吨含 10～20kg 锌的废钢。

纯锌密度为 7.4 kg/dm^3，熔点为 420℃（790℉），蒸发温度为 906℃（1663℉）。空气中锌在 500℃（930℉）时开始燃烧，生成蓝白色火焰，排出由氧化锌粉尘组成的白色烟雾。这些特性对熔炼技术（包括烟气排放、除尘、耐火炉衬及冶金等技术）提出了挑战。

回收废料上的大部分锌涂层可在熔化过程中燃烧生成氧化锌并蒸发，烟雾中氧化锌粉尘的含量为 6～12kg/t 金属液。前文中提到的排烟装置满足了每吨炉量排量（标态）至少为 $3000m^3/h$ 时对排烟的高要求，并且当封闭的装料车紧靠料台时，能与排烟罩精准地对接。通常，烟气排放要遵守 VDG 工作场所规定的允许排放值。

当废气中氧化锌的质量分数至少要达到 40% 才值得回收锌，如果炉料由 20%～30% 的镀锌废钢料组成，则也符合上述条件。不过在粉尘过滤器中出现的氧化锌密度低于 0.3kg/dm^3；氧化锌粉尘须被制成颗粒以供进一步处理和运输。

为了防止锌沉积物造成感应线圈短路，在锌蒸气压力高的条件下，要求耐火材料炉衬有足够密度以防止锌蒸气的渗透。要确保在后面的三次熔炼中没有含锌材料，这样能够防止锌蒸气渗透耐火炉衬。同样的情况也适用于坩埚炉冷启动后的前两次，这是因为炉衬会出现裂缝。此外，建议金属液与感应线圈间的温度差要大，以保持锌高浓区尽可能地远离感应线圈；为达此目的，应该使用具有高导热率的线圈衬层和具有低隔热性能的绝缘体。在这些条件下，含锌量终止于耐火材料炉壁上。含锌量与其渗入坩埚耐火材料表面深度的关系如图 5-202 所示。12t 坩埚熔炉壁厚为 120mm（4.8in），炉子功率为 7000kW，频率为 190Hz，熔炼质量分数为 36% 镀锌薄钢板的炉料。可以看出，当锌的质量分数为 0.64%，大部分锌渗透到烧结好的炉壁中部。由于含锌量朝着线圈冷却方向减少，可以认为有少量的锌渗入线圈内衬层，灌浆的内衬起了过滤锌的作用：作为最终过滤器，阻止锌渗入线圈。然而，在较长的运作后炉衬中仍会出现一定程度的锌富集。最迟在熔炼运行一年后，可以用更换感应线圈的灌浆浇注内套来解决此问题。在非冷却坩埚底部，含锌量会持续增加，直至底部基板含锌量超过炉衬壁部中含锌量最高值的 2 倍。根据所用的镀锌废料的百分比，在长期的运行之后，这就不可能防止在底部基板上形成锌片，甚至出现锌液。

当装入含镀锌废钢的炉料时，不应该将其直接倒入金属液中，因为这可能导致突然蒸发的锌发生爆炸，并造成熔化金属四处飞溅。因此，建议尽可能早地装入含镀锌废钢的炉料，不希望产生沸腾反应。

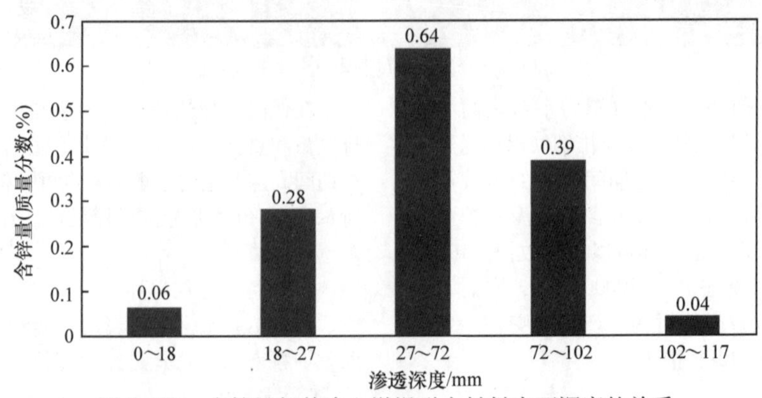

图 5-202　含锌量与其渗入坩埚耐火材料表面深度的关系

实践经验表明，如果将质量分数为15%～20%的涂锌熔炼材料作为炉料，在熔化过程结束时，在熔化的金属液中含锌质量分数达0.2%～0.3%饱和值；即使镀锌废钢的比例上升到50%，这个值也不会增加。将相应的熔池搅拌下延长保温停留时间，熔池中含锌质量分数有可能降低到0.15%以下。在某些情况下，进一步的金属液处理，含锌质量分数可以减少到0.1%以下，如在特殊的镁处理情况下，含锌量对铸铁的力学性能不会产生负面影响。图5-203所示为在熔炉浇铸过程中由于铁液的温度变化引起含锌量和含镁量的变化。

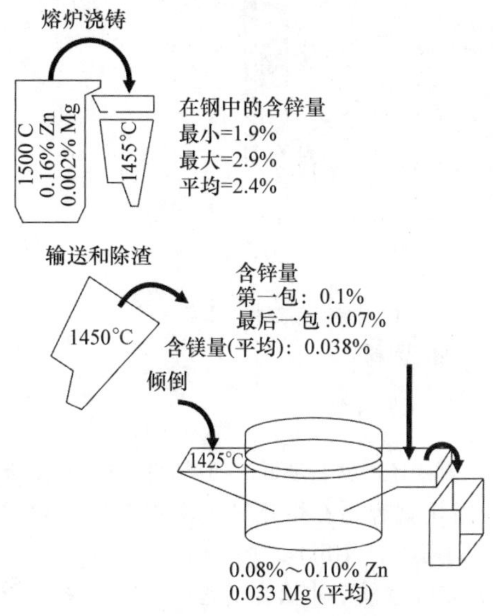

图5-203 在熔炉浇注过程中由于铁液的温度变化引起含锌量和含镁量的变化

注：图中的百分数均为质量分数。

8. 熔炼碎片

装入碎片炉料可使感应熔炼的材料成本降低。一个必要条件是，该材料在应用中可能存在问题的化学成分（可以是干燥的或湿松散状或团块状的碎片）是已知的。图5-204所示为炉料堆中的铁块。废钢市场上的钢屑是不分类的，由于了解了这些条件，可以适量使用钢屑作为炉料加入，但无法大规模地用于铸造厂。此类在铸造厂准备和熔炼的铸件具有以下优势：在熔炼过程中残留的碎片可以根据类型可靠地分类，然后将良好的作为炉料来使用。对特定比例含氧量高的碎片，具有冶炼优势。举个实例，装入炉料中铸铁碎片的比例能够在10%～15%之间变化，而熔炼质量不受影响。

（1）装松散的碎片料　由于坩埚式感应炉具有强烈的熔池搅拌，可以用40%的干燥的、松散的碎片作为炉料加入炉中，如果装料正确，熔化中可以不附加其他措施。装料车装的是碎片料和废钢的混合物，要与装入炉中碎片料的总比例相适应，炉中金属液面达到有效感应线圈顶部。装入炉中碎片料所含氧的比率越高越要注意，因为这些碎片料中含氧量高易导致过早的增碳，使沸腾反应更加强烈。

图5-204 炉料堆中的铁块

潮湿碎片料应妥当储存，并在使用前进行离心干燥，使其剩余润滑剂乳液百分比不超过1.5%。对这种湿料熔化时用与处理干碎片料相同的方法，残留润滑剂乳液燃烧时会产生强烈的火焰。经验表明，如果碎片料的比例控制在15%～20%，这些火焰就能够通过高性能排烟装置来控制。图5-205所示为功率为5800kW、频率为250Hz的10t中频感应炉熔炼碎屑图。至少要保持炉子容量的30%上一炉留下的金属液，并将干碎片料装至坩埚边缘，然后通过感应熔池的搅拌进入金属液中，熔池液位可到感应线圈高度，约充满感应炉的85%。如果炉内熔液液面较高，碎片料易漂浮在表面形成炉渣，这是因为在有效线圈上方搅拌作用不够充分，而导致熔池的月牙面较平。

实践经验表明，在比功率为650kW/t和频率为170Hz的条件下，适用于熔炼100%的干碎片料。也适用于装载100%的潮湿碎片料，其最大湿度为1.5%。为了控制火焰，应减少炉料的装入，从而将单位功率降低至400kW/t或500kW/t。

（2）熔炼团块料　起初团料只用于冲天炉，散松的团料只能够少量装炉。与此同时，这种团料证明也适用于感应炉的熔炼，其优点是容易处理和储存，更重要的是，密度达5.7kg/dm^{3}的团块料适用于熔炉启动，而无需任何其他大块的熔炉料。干碎片料通常有大约1%的水被压入团块。潮湿切屑通过离心干燥，其中冷却润滑剂的原始含量由10%～15%减少到大约3%，随后再压缩成团块状减至

1%。由于存有残留湿气，团料不应该装入敞开熔池内。在连续成批装入炉料模式下，这种装载炉料的方法可以参考控制熔炼运行中所述的模式。炉内有预留金属液时，先将碎片装入敞开的熔池中，然后装入团料，在装入金属液之前先将团块料残留的湿气蒸发掉。

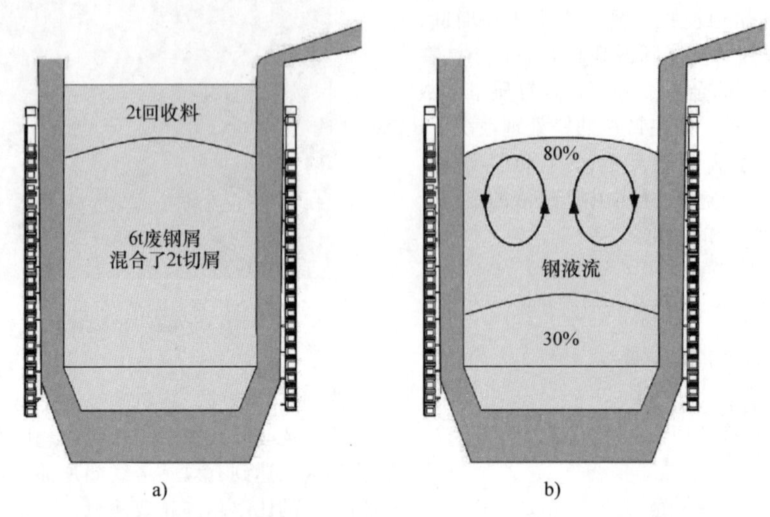

图 5-205　功率为 5800kW、频率为 250Hz 的 10t 中频感应炉熔炼碎屑图（ABP 感应系统提供的资料）

a）20%潮湿碎屑　b）100%碎屑炉料

9. 熔炼海绵铁

下面主要介绍海绵铁的生产、性能特点和熔炼工艺以及利润。

（1）海绵铁的生产　海绵铁作为一种炼钢生产的原材料，是由铁矿石直接还原的产物。作为高炉（焦炭冶金）中应用的金属冶金过程的一种替代方法，直接还原过程遵循图 5-206 中所介绍的流程进行，用一氧化碳和氢气组成的混合气体作为还原剂来还原制备铁矿球团，将其还原成多孔海绵铁。海绵铁球团即所谓的直接还原铁（DRI），是在大约 800℃（1470℉）的温度下生产的，冷却后经进一步加工或压制成团块，即所谓的热压铁块（HBI）。然后，将直接还原铁和热压铁块作为含铁原料，在电弧炉中熔化以生产钢铁。

只要海绵铁是由钢铁行业或独立的直接还原工厂提供的，铸造行业就可使用海绵铁作为熔炼原料。海绵铁首先是在煤炭储量少而天然气供应丰富的地区生产，在这些地方钢铁工业不是以焦炭冶金为基础，而是以直接还原为基础发展起来的。

（2）海绵铁的性能特点　最初推荐使用海绵铁是因为其是一种性能优良的冶金炉料，具有恒定的组分，而且它不含有有害的金属元素。然而，其缺点是熔炼工艺对性能影响较大和利润较低。

1）直接还原铁密度低。如果它们储存在露天或受潮，团块就容易在熔化过程中重新氧化和漂浮（二者都不适用于 HBI）。

2）熔炼过程中非铁含量超过 3%～5%（质量分数）时，会产生大量炉渣。

3）当以氧化铁形式存在的残余氧含量达到 1%～4%（质量分数）时，会导致硅和锰的烧损，并与碳发生沸腾反应。

（3）海绵铁熔炼过程　与熔炼碎片和压制的团块一样，此处，在装松散团块和压块原料之间也必须要有所区别。图 5-207 所示为用坩锅式感应炉连续熔炼海绵铁的原理。在连续装入炉料中，海绵铁团块在有效感应线圈内的金属液中连续搅拌，这取决于炉内剩余铁液的多少，团块在大约 1400℃（2550℉）条件下熔化。图 5-208 所示为 50t 坩埚炉熔炼海绵铁时传送带从敞开式炉顶进料。

海绵铁中的残余氧在熔炼过程中主要与硅和碳反应。反应产物 SiO_2 进入炉渣中，与矿石一起，都是酸性的，而炉渣对酸性 SiO_2 炉衬起到中性反应。在沸腾过程中，CO 是氧与碳发生反应而生成的，在金属液上方燃烧，变成 CO_2。沸腾过程强烈的火焰限制了加料速度，也限制了炉子的熔炼产量。

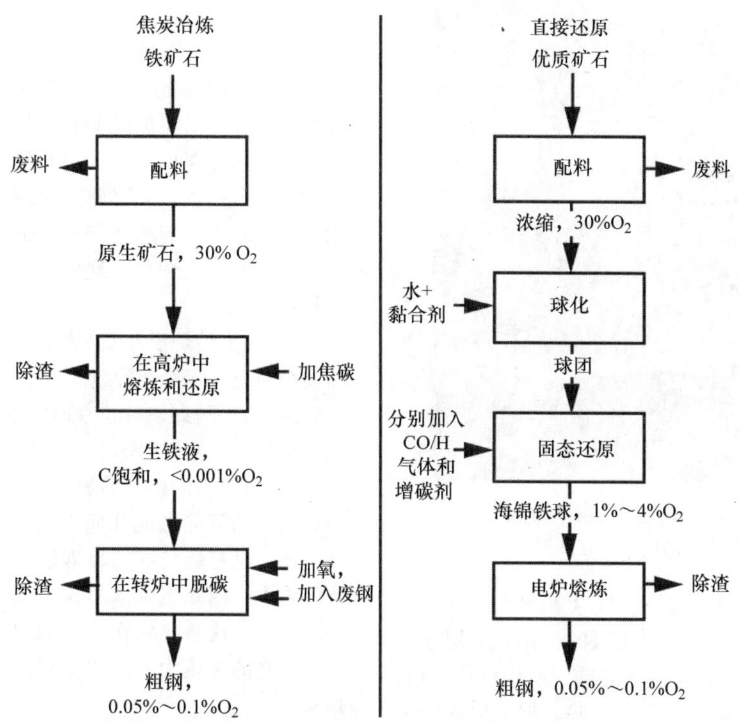

图 5-206 使用焦炭冶炼和矿石直接还原法的处理生产线

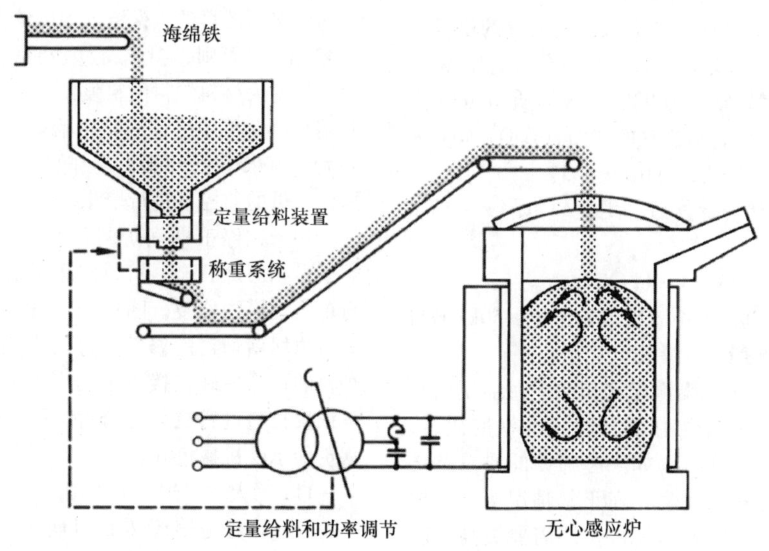

图 5-207 用坩埚式感应炉连续熔炼海绵铁的原理

在熔炼过程中泛起的炉渣泡沫量与生成金属液的体积几乎相同，且大部分漂浮在熔池表面。如果炉渣层较厚，那么，尽管熔池的月牙形液面在感应线圈范围以内，团块也不会落入金属液中，这时应中断熔炼过程，从炉子中撇去炉渣。酸性炉渣是稠密的，能够用炉渣漏勺撇去，即使炉子中只有一半金属液也可以。

同样地，海绵铁团块也是在连续不断的装料中熔

图 5-208 50t 坩埚炉熔炼海绵铁时传送带从敞开式炉顶进料

化的。在随后的沸腾过程中，残余氧的减少和火焰的产生对熔化团块可以起到相似的作用。渣层厚唯一的好处是允许在炉渣被撇去之前，使用可控火焰，以 HBI 法压块启动炉子。下面一些数据可以作为海绵铁熔炼特性的参考。这些是在 24t/8MW 工频坩埚式感应炉全功率连续试验中的参数。

1）装入的海绵铁团块的参数：残余氧的质量分数为 6% ~9%（相对较高），碳的质量分数为1.5% ~2.5%，总铁的质量分数为 92%，铁的质量分数为 86%，金属化率 92%，不含铁的矿石（$CaO + MgO + SiO_2 + Al_2O_3$）的质量分数为 0.5% ~5%。

2）融化 2 ~ 3t 海绵铁后，用漏勺每隔 2 ~ 3min 除去炉渣。

3）能量消耗：560kW · h/t 金属液。

4）加入添加剂以保持铸铁组分恒定：50kg FeSi（75）和 50kg 渗碳剂/t 海绵铁。

（4）利润　与熔炼废铁相比，加工海绵铁以减少残余的氧化铁，以及熔化和清除不含铁的矿石，须增加额外的费用。而且，如果海绵铁的质量不是最好的，其中会存在残余氧，在正常情况下，添加硅和碳的消耗成本也较高。此外，还需要更高的能量消耗和熔化时间，由于中间撇渣需要增加时间，不利于熔炼的产出。

考虑到这些缺点，为了实现相同的熔炼成本，海绵铁的价格应该比废铁价格便宜 20% ~25%，然而，这并没有考虑到从海绵铁生成纯金属液的冶金优势。例如，当生产球墨铸铁时，用大约 20% 的优质海绵铁作炉料是优质生产的方案。正如熔炼碎片料一样，碎片料和海绵铁应尽可能以均匀的混合物形式进行装料。

10. 停炉程序

中频坩埚炉在较长时间的停工期间，例如一班制的第二和第三班，在两班制熔炼的第三个班次或者在周末，由于停炉时间长，炉子冷却到室温。最后一炉熔炼金属出炉后，仍然热的坩埚炉要装满固态炉料（包括碳），直到有效线圈的高度。将炉盖盖紧使启动的炉料与耐火炉衬一起缓慢冷却下来。一定要先装入熔化炉料，这样下次再启动时避免空炉装料：

1）因为熔炉没有及时密闭，部分熔化的金属液可能会渗透进入冷却裂缝。

2）由于耐火炉衬的冷却收缩，坩埚没有感应线圈的支撑，大块炉料落下，危及坩埚。

3）对于不同尺寸的炉子，其感应线圈绝缘层和冷坩埚之间可能形成几厘米的缝隙。在机械振动的情况下，没有烧结好的坩埚耐火材料会剥落进入这种间隙中，因此当坩埚再次加热时，不会膨胀到原来的位置。这会导致在感应线圈的底部数匝上出现不能承受的高压力，造成线圈变形与接电点处形成短路。

装满下批炉料的坩埚炉既可以在室温下运行，也可以通过自动控温装置保温在 800℃（1470℉），以达到保温的目的。保温的温度绝不允许超过 800℃（1470℉），否则，会形成过多的氧化物，这会造成坩埚炉耐火材料炉衬的自发浸蚀。在生产开始之前，利用冷启动程序迅速地把坩埚熔炉的炉衬自动加热到大约 1000℃（1830℉），随后第一次装料可以在操作人员的监控下进行熔化。

炉子在停工期间炉料仅装至感应线圈的高度，炉子是相对冷状态，可以对坩埚的上部和出钢槽进行更大规模的修复。随后用煤气燃烧器以相同的方式对坩埚新炉衬的修补点进行干燥或烧结，坩埚新炉衬的边缘最好在接下来的周末用耐火混凝土浇筑料或捣打料进行更好地修补，因为这样会比 SiO_2 坩埚更能承受机械负载。

11. 耐火材料炉衬的作用

SiO_2 炉衬是熔炼铸铁坩埚炉的标准耐火材料。根据不同原材料的质量、化学成分、金属液和炉渣的温度以及炉子的操作方法，这种坩埚炉衬的使用寿命介于 200 和 500 次装料之间。磨损行为是由于耐火材料在物理或化学作用下的侵蚀和金属的渗透而产生气孔或裂纹。

（1）化学腐蚀　耐火炉衬的损坏一般较少是由于物理耗损，更多是由化学侵蚀造成的，即熔池熔液流动的加速和高温反应。在最初的反应条件中，

应该关注的是 SiO_2 的还原反应，见式（5-263）。

$$2[X] + <SiO_2> = 2<XO> + [Si] \quad (5\text{-}263)$$

由于氧对镁和铝有高亲和力，尤其是按照式（5-263）浸蚀 SiO_2，因此，这些关键元素在金属液中应该保持较低含量。当生产用于球墨铸铁金属液时，在回收料中不可避免的要有含镁炉料，能部分地观察得到这种反应。这意味着在这种条件下坩埚炉衬必须承受更高的烧损，虽然它能够通过适当熔炼运行和控制温度而保持在一定的范围内。在温度超过1450～1480℃（2640～2700℉）时，沸腾过程开始时发生碳对坩埚的侵蚀化学反应式［见式（5-263）］。在熔炼高含碳量期间，而坩埚相应地材料周转率又低，是在过热状态下运作的，这会导致坩埚炉衬的烧损。

第二种类型的化学侵蚀反应是生成低熔点的 SiO_2 混合氧化物。与此相关的是铁橄榄石 $(FeO)_2 \cdot SiO_2$，熔点为 1180℃（2155℉）；硅酸锰 $MnO \cdot SiO_2$，熔点为1250℃（2280℉）。这两种氧化物通常会黏结在炉渣上，SiO_2 的质量分数分别为 10%～30%和 2%～10%，其中饱和 SiO_2 的质量分数为50%～70%，所以 SiO_2 的耐火材料不会被侵蚀。如果在进料中出现了高比例的氧化铁，情况那就不一样了，因为这些材料会导致炉渣中含氧量升高，从而会对耐火材料造成化学侵蚀。

在熔池液位上面的蚀损是由于铁橄榄石的翻滚或强烈的 CO 反应撞击 SiO_2 炉壁，并在较长时间内氧化成 FeO，使铁橄榄石在坩埚炉壁上结成炉渣，这会使炉子炉壁的上部烧蚀造成深深的沟槽。

（2）通过液相或气相的渗透　金属液透过炉衬的裂缝一直到达感应线圈。通常在冷态启动时，预热时间不足，生成金属液时，冷却裂缝没有足够的时间闭合，所以必须按冷启动程序对炉衬进行修补。由于在坩埚炉烧结区温度的变化，造成网状的细裂纹和渗透点，不可避免地会造成坩埚炉的烧蚀，这将意味着坩埚炉衬不能再使用了。

气相金属渗透到炉衬中也能够引起坩埚寿命的结束。如前面所述，首先注意的应该是锌蒸气，此外，碳可以沉积在感应线圈周围，根据碳的化学反应式（5-264），渗透进入靠近感应线圈的耐火材料壁炉衬中的 CO 可形成 CO_2 和 C。

炉料中的含油物质或渗碳剂中存在的硫呈雾状，与新换的坩埚或修补感应线圈水泥垫时的潮气结合在一起所产生的化学腐蚀性和导电性，对线圈的绝缘造成损害。

依据碳/硅平衡来确定 CO 的分压。CO 渗透过炉壁，在感应线圈周围冷却区域分解成 CO_2 和 C。这种情况下运行的反应为

$$2\{CO\} = \{CO_2\} + <C> \quad (5\text{-}264)$$

在金属液中具有较高硫含量，或者来自回收球墨铸铁材料中的镁硫化物，形成较高硫蒸气分压，因此，气态硫渗透入炉壁，与氧和湿气一起，在感应线圈周围形成硫酸：

$$\{S_2\} + 3\{O_2\} + 2(H_2O) = 2(H_2SO_4) \quad (5\text{-}265)$$

硫酸破坏了线圈铜表面的防护涂层，使铜释放出来与硫和氧发生反应：

$$2Cu + S = Cu_2S \quad (5\text{-}266)$$

$$2Cu + O_2 = 2CuO \quad (5\text{-}267)$$

导电的硫酸铜与式（5-264）的碳和湿气一起，在铜表面上形成黑色团块，造成漏电，最终在铜线圈之间产生打弧短路，以致熔化，破坏感应线圈。图5-209所示为硫蒸气和 CO 渗透引发感应线圈短路。这种事故通过采取下列方法是可避免的：

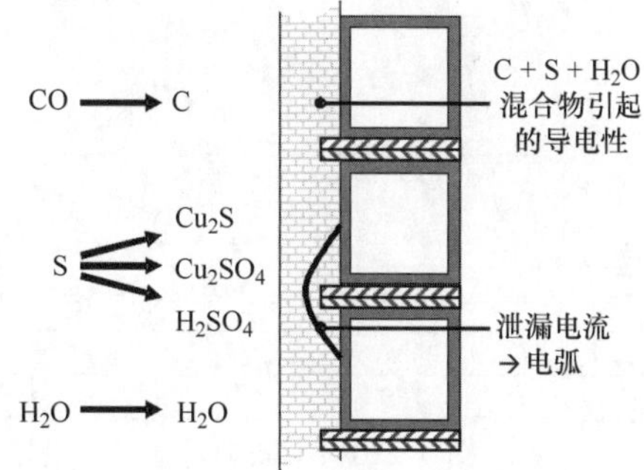

图5-209　硫蒸气和 CO 渗透引发感应线圈短路

1）在添加低含硫量的增碳剂和合金时，保持金属液中含硫量较低，炉料去油（至少用无油料烧结），在熔炼过程的末期再装入回收的球墨铸铁炉料。

2）防止中间过热和超过规定的出钢温度。

3）在感应线圈封装前，缠绕具有低透气性的薄绝缘层，这样可以较好地封闭炉衬的多孔性。

4）通过定期维护保养，可修复感应线圈衬套中的裂缝。

（3）坩埚监控　对坩埚损蚀的监控是保证坩埚无故障、可靠运行的重要因素。这包括：

1）出钢后定期进行外观检查，正常坩埚炉壁的表面是暗红色的。

2）利用熔炼控制系统中电源的功率和频率的变化进行检测和评估。

3）检查金属液和感应线圈之间的电阻（接地故障检测器）。

正如其名字所表明的，熔炼处理器的控制模块用于对坩埚炉耐火材料炉衬烧损的整体评估。其物理原理是线圈到金属液的距离改变时感抗也会变，频率和

有效功率随着壁厚减薄而相应地增加。连续不断地测量这些值并与事先确定的极限值进行对比。图5-210所示为不同炉衬服役阶段频率和功率的变化。结合目测检测，可获得坩埚熔炉状态的可靠图像。

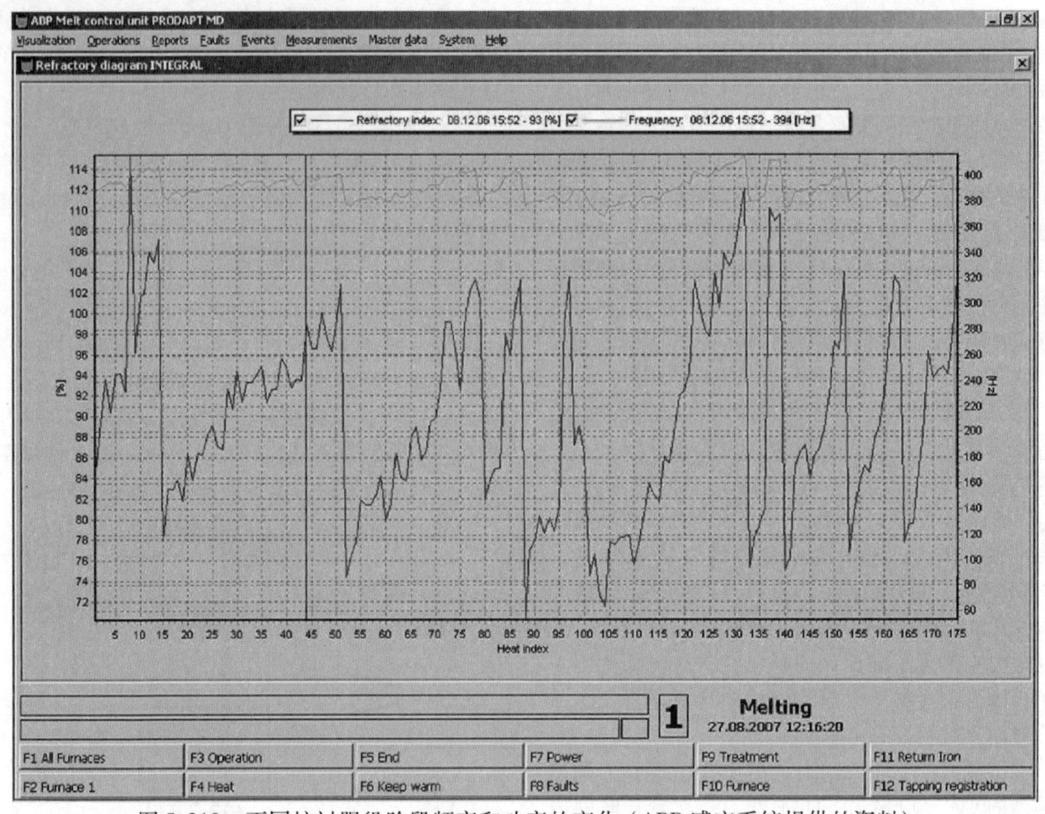

图5-210 不同炉衬服役阶段频率和功率的变化（ABP感应系统提供的资料）

图5-211所示为感应线圈与金属液之间的绝缘监测，显示了熔炉绝缘监测的电路图（也称为接地故障监测器）。基板电极由3～4mm（0.12～0.16in）厚的电极片组成，高熔点奥氏体合金基板安装在底部耐火材料炉衬上。当金属液通过基板电极接地，由监测系统识别所有的接地故障。如果金属液与感应线圈接触会发出信号，炉子会自行切断电源。无论是否有接地故障，或金属液和线圈之间的接触，或者由于线圈与炉子其他结构的接触（如偏转线圈），或者炉子的供电处故障，首先要进行辨认。如果没有发现这种类型的电气故障，必须切断炉子的电源，并分析金属液与线圈接触的原因。

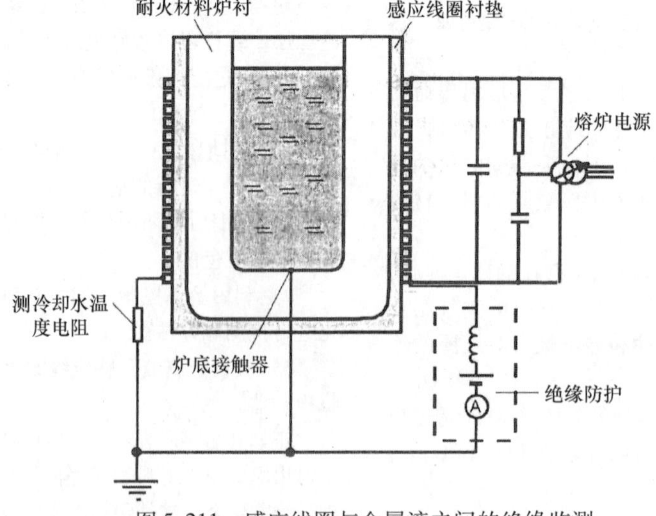

图5-211 感应线圈与金属液之间的绝缘监测

接地故障指示器的可靠性通过所谓的刺猬线圈来改善。将大约10mm（0.4in）长的销子焊接在间距30～40cm（12～16in）的铜断面上，涂上薄浆在渗透金属和线圈发生电接触之前，作为早期的警报系统来显示由于裂缝的增大或由于作为贴近线圈的最后绝缘衬套的多孔性渗漏产生的金属渗透量的累计情况。

壁厚测量系统可连续地定位显示监测耐火坩埚磨损。这种系统要求传感器安装在感应线圈绝缘层的衬套上（见图5-212）。耐火炉衬的烧损测量以耐火材料的电阻为基础，耐火材料电阻随温度的变化而急剧变化。如果金属液通过坩埚炉壁向线圈渗透，在传感器前面定点的耐火材料温度增加，它的电阻下降很快。经过传感器的测量电流相应地增加，从一个最热点传感器电极传至第二个传感器电极。这样使最小的金属点到所有的点都显示出来。传感器的衬垫是易损的部件，可用普通的云母薄片来替换。每次传感器都是及时安装在新炉衬上，然后，连接到监测设备上。

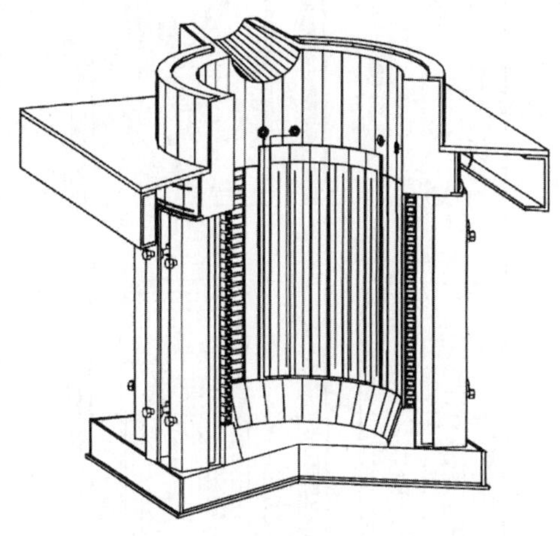

图5-212 安装了传感器衬垫的感应炉

光学线圈保护传感器系统同样地利用蚀损引起的温度变化来监测坩埚。所谓的喇曼效应可以使局部温度精准地测定到±5K。如果传感器布置合理，就可以对耐火材料炉衬烧损状态分析得出结论。

5.7.2 坩埚炉用于双联、保温以及熔炼-保温两用

重熔模式是指在一个炉子熔化的金属液为下一步熔炼做准备，通常是在冲天炉中熔化的铁液，转到感应坩埚炉中增碳并加热到要求的出炉温度和化学成分。与单一制熔炼相似，通常采用串联系统，特别是金属液直接从冲天炉经有盖的流槽输送到感应炉，一个感应炉用于装料和精炼处理，而另一个用于分批浇注。

一方面，双联炉子能耗很低，但另一方面熔池会强烈的搅拌。因此，这种坩埚炉采用设计功率为200～400kW/t，频率为60～100Hz，目的是缩短增碳与合金化时间，提高碳和合金元素的含量。熔池内金属液面可达到感应线圈高度，应用上述功率和频率对铁液的增碳，含碳质量分数可超过0.5%，在5～10min内加热提高温度40～50K。在熔炼增碳开始之前，可熔化在金属液中的合金元素已经达到规定值。

为满足熔炼厂柔性化发展需求，中频系统可以单一熔炼，也可用于双联。表5-19为5t和10t坩埚炉分别以不同功率过热100K时有效增碳时间与弯曲液面、金属液流速的关系。这些数据表明这种炉子可以用较高的功率和频率（单一模式）也可以用较低的频率和功率来处理金属液，而在双联模式中以低功率和低频率处理金属液。得到相同的熔池搅拌、熔池弯液面（h_u）和流速（v）（熔池液面大约填充到感应线圈顶部）。如果以一半的功率和频率分别加载到两个炉子上，当加热保温方式相同时，铁液加热约100K，而有效增碳时间翻了1倍。

在特殊情况下用于保温的坩埚炉，一般情况下坩埚炉比槽式炉具有优势，因为大容量的坩埚炉是酸性炉衬，能够清空并允许冷却到室温。如果在一周内金属液必须存储一天或者两天，这种方法尤其有用，例如生产单个大型铸件，应用比功率低、频率低以及有效感应线圈短的坩埚炉。图5-213所示为大容量坩埚炉。

表5-19 5t和10t坩埚炉分别以不同功率过热100K时有效增碳时间与弯曲液面、金属液流速的关系

参数	5t坩埚炉		10t坩埚炉	
功率/kW	1800	3600	4000	8000
频率/Hz	125	250	100	200
熔池液曲面高度/cm	20.6	29.1	30.4	43.1
流速/(m/s)	2	2.4	2.4	2.9
时间/min	5.6	2.7	5.6	2.8

需要指出的是，作为单纯的保温设备与带有虹吸的沟槽式炉相比较，坩埚炉的缺点在于它的开放式结构，由于保温时间较长和较低的装料位置，对于碳和硅会造成不利的烧损。浇注金属液时，熔池表面的炉渣连同金属液一起进入浇包，另外，不可能同时装料和清空坩埚炉。

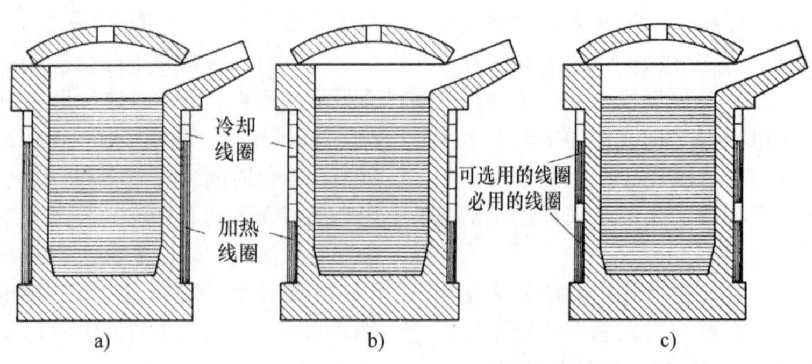

图 5-213 大容量坩埚炉
a）熔炼 b）保温 c）熔炼/保温

坩埚炉可以熔炼和保温相结合，通过添加废钢料来降低铸铁金属液中的含碳量，或者在一个设备中实施两种功能（熔化和保温）。为了达到这个目的，坩埚炉通常装配两个感应线圈单元。一个应用实例是40t坩埚炉，当第一个班次开始时，为利用电费便宜的电源，通宵熔化全部炉料，这样金属液就可以在第一班开始时准备好。这里感应电源的设计频率要尽可能接近工业频率，以便熔池能最优的搅拌。为了说明可选择的方案，图 5-214 所示为 50t 坩埚炉（3500kW）金属液的流速和流线。坩埚炉有两组线圈，半个坩埚一组线圈，适应 3500kW 的不同的应用功能。图 5-214a 中为频率 100Hz 半个坩埚炉的一组感应线圈，熔池月牙面很难形成，液流速度很低，这种炉子适合用于保温。如果熔化后不需要进行分析校正，则只能用于熔化和储存的组合；为保证金属液的温度和化学组成均匀，熔池要能足够有效的搅动。

图 5-214b 是采用双区段感应线圈，下部感应线圈为 50Hz 电源，下部线圈在坩埚的底部生成相对强烈的熔池搅动，尽管如预期在熔池表面没有弯液面，而只有低流速金属液。在图 5-214c 中，上部线圈负载 50Hz/3500kW 电源，在熔炉上部能看见相对高的熔池月牙面和高流速，因此具备这些特性的炉子非常适用于双联。相同感应线圈在图5-214d中以 100Hz 取代 50Hz 工作，则熔池弯液面和流速减少。然而，这些值仍比图 5-214a 中所示的单感应线圈有利。

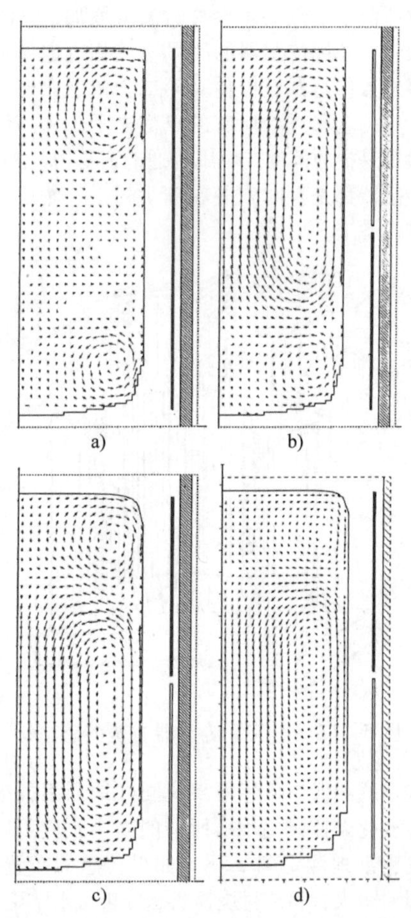

图 5-214 50t 坩埚炉（3500kW）金属液的流速和流线
a）单感应线圈 100Hz b）双感应线圈，有效线圈位于底部，50Hz
c）双感应线圈，有效线圈位于顶部，50Hz
d）双感应线圈，有效线圈位于顶部，100Hz

5.7.3 沟槽式炉的保温

沟槽式感应炉主要用于熔炼铸铁金属液，由于其虹吸结构，适合同时装料和出炉，具有良好的电效率和热效率。

1. 铸造生产过程

为了达到简化操作的目的，铸造厂的生产过程可以分为两个主要方面：铁液的熔炼和制模成型。图 5-215 所示为铸造生产过程流程图，可以看出，这两个主要部分在浇注区域工艺是重叠的；物资流转有波动或停顿，但不能对另一个生产周期产生负面影响，在任何生产周期中，尽管有很多的偶然因素。

在一个物流周期内，有可预见的和不可预见的波动，可以用储存来补足。在大量生产铸造厂，只要在熔炼周期内符合技术和财务相关要求，可以连续熔炼。

熔炼周期内的缓冲作用能够通过以下方式来实现：

1）以串联方式配置熔炼炉。

2）浇注炉要具有金属液0.5～1h以上的生产能力。

3）作为保温设备，沟槽式炉要能保温大约2h金属液的产量。

虽然灵活性降低了，但指定工厂变量的数目越多，缓冲作用就越大。必须通过评估相关案例的需求来找到最佳工厂概念，后续将讨论，首先讨论金属液的储存。

由于充分利用了模型厂，储存金属液使铸造工厂的产量增加。由于有了电加热的储存设备，提供了利用低成本电价的机会，因为它可以避开峰值负荷用电时间提供铁液在低峰值期间熔炼。在冲天炉熔炼中，沟槽式炉作为加热的熔池，不仅担负着铁液保温的任务，而且还承担着重要的熔炼技术功能，即调控冲天炉金属液的熔化温度和成分。

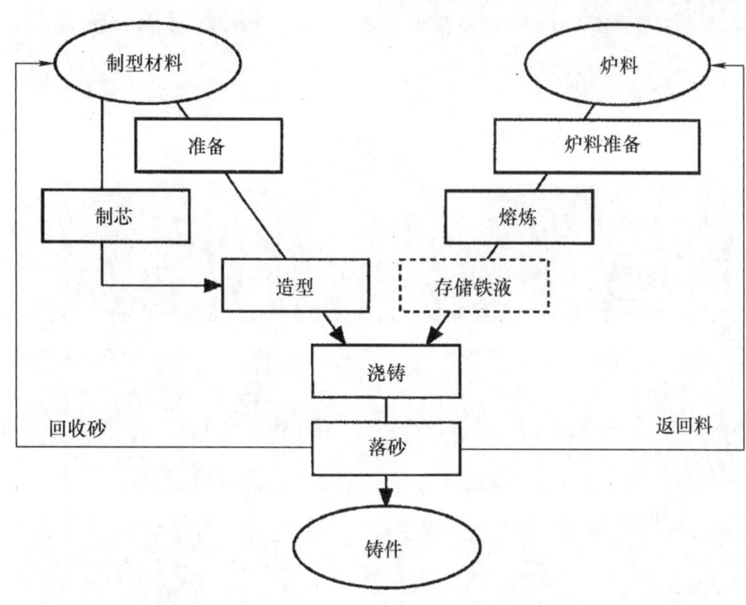

图5-215 铸造生产过程流程图

2. 沟槽式炉的特点

以密闭炉膛保温金属液是沟槽式炉的重要特征。在轻度的还原气氛中尤其是在低保温状态下，对金属液进行较长时间的保温，主要是防止金属液中碳和硅的损失。然而，必须提到的限制：沟槽式炉一般不是耐压密闭的，因此，当炉子在浇注时金属液清空过程中，空气中的氧流入金属液上方的气室，对金属液产生氧化反应。

利用虹吸管灌装和清空炉池具有以下优点：

1）当装入金属液时，由于炉渣漂浮在虹吸管的表面，所以清洗有效。

2）在倒入运输包或浇包时，金属液在熔池表面的底下流动，成为无渣浇注。

3）通过倾斜炉子入口和出口完成装料和出料。

这些特点使沟槽式炉特别适合用作连续工作的加热前炉；铁液可以通过流槽直接从冲天炉进入保温炉。

沟槽式炉的另外一个重要特征是混合效应，注入沟槽式炉中的冲天炉铁液的成分和温度会均匀一致。图5-216所示为进入沟槽式炉前后铁液中的碳和硅含量的波动以及经沟槽式炉后在外浇口中的硅和碳的含量。

可以看出，当碳的设定含量为3.33%（质量分数，下同）时，混合料中碳含量的波动从3.0%～3.7%下降到3.2%～3.4%；当硅的目标含量为2%时，硅含量从1.4%～2.6%降低到1.8%～2.2%；在浇注炉中，其波动范围会进一步缩小。

与坩埚炉相比，沟槽式炉作为保温装置有优势但也有以下缺点：

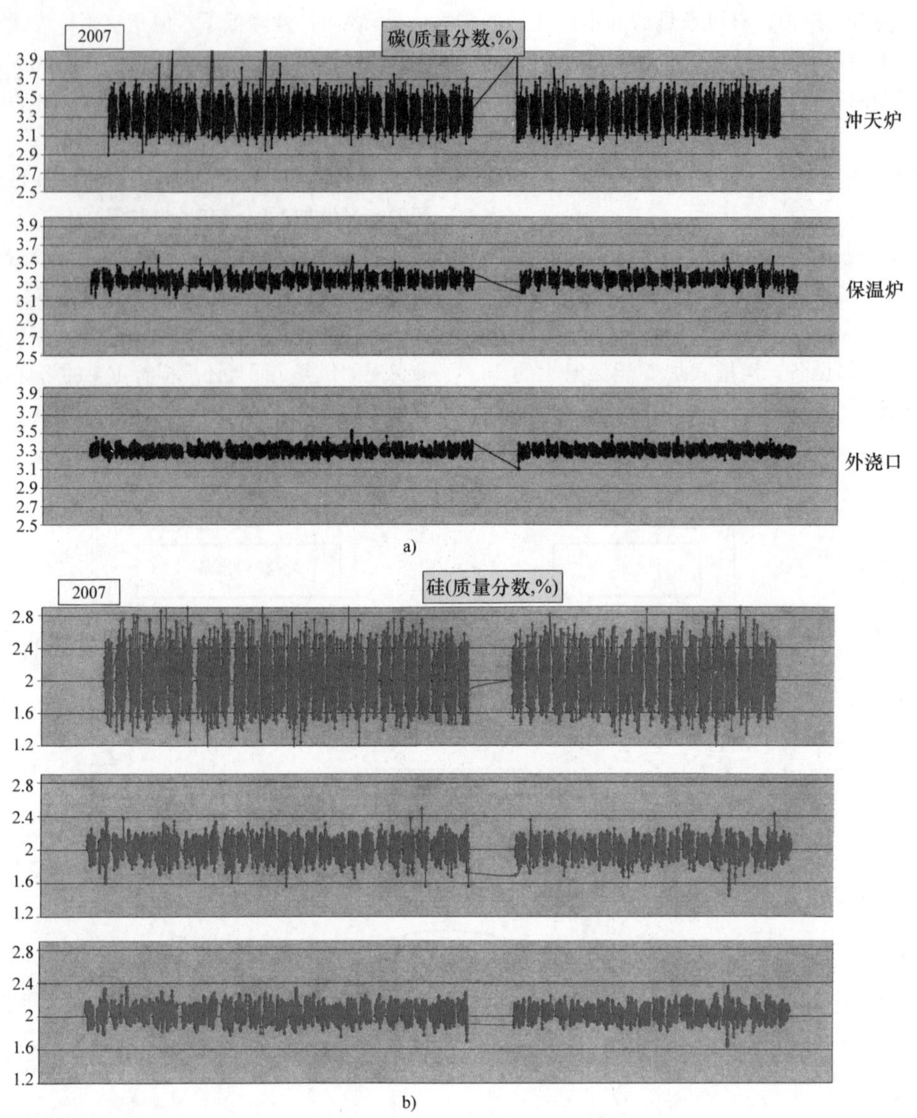

图 5-216 进入沟槽式炉前后铁液中的碳和硅含量的波动以及经沟槽式炉后在外浇口中的硅和碳的含量
a）碳含量 b）硅含量

1）感应炉的耐火炉衬对高温波动非常敏感（裂纹形成)，因此在操作过程中，在炉子中必须始终保留铁液。而在停产期间，保温也要消耗能量，而且合金化处理的灵活性也受到限制。

2）沟槽式炉只能够用液态金属来启动。

3）熔池搅拌相对较弱，因此，能够进行的冶金工作相当有限。

3. 炉子操作方法

下面所讨论的主题包括：调试、操作程序、过程自动监控、感应器更换及故障处理。

（1）调试 将熔炉的炉膛砌好并干燥后，按照耐火材料供应商提供的说明书进行操作，利用燃气或燃油烧嘴对其进行加热和初步烧结。感应器喉部（浇嘴）以螺栓固定密封在感应器的法兰盘上。组装和检查感应器的炉衬砌体，在其表面涂覆耐火材料涂层并干燥。在法兰表面垫上一定厚度的钢条，去掉钢条在感应器法兰上方可以空出大约 5mm (0.2in)，这样在感应器法兰连接之后，确保炉子和感应器法兰与耐火材料炉衬表面紧密接触，并有足够的压紧力。而且，通过炉体和感应器法兰之间的间隙可以进行外观检查，在运行期间用以检查耐火材料状态。在法兰安装之前，感应器顶端表面涂有氧化铬，此外，还有 0.5mm (0.02in) 厚的云母板，以形成一个干净的独立表面，以便日后拆卸感应器法兰，而不会将炉子和感应器耐火表层粘结。图5-217所示为感应器与炉子端部法兰连接间隙。

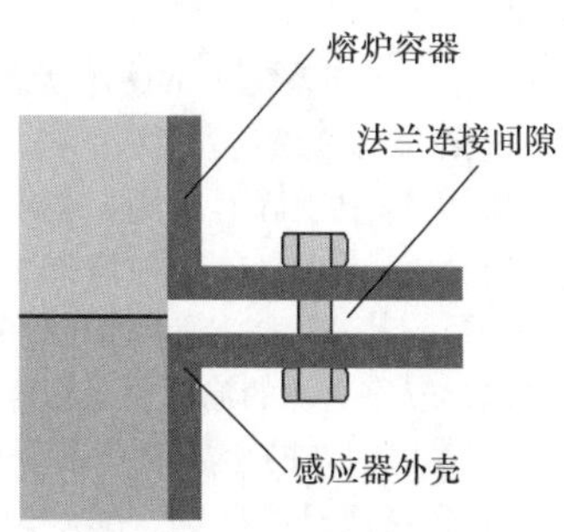

图5-217 感应器与炉子端部法兰连接间隙

在炉膛内温度达到1100～1300℃（2010～2370℉）之后（由热电偶测量），将钢板从法兰上拆除，检查炉子喉部上的法兰表面是否平整，如有必要，可以按前面所述方法重装感应器的法兰，对炉衬可用烧嘴干燥和再次烧结；烧结前先接通感应器的供水和供电管线，根据设定的升温曲线，以较低功率加热沟槽式炉的熔池，使熔池大约3h内充满金属液，然后，将接近1550℃（2820℉）铁液逐步注入炉内，以使沟槽式炉快速达到额定容量。每次补充铁液时，应以较低的功率加热到大约1450℃（2640℉）。注满铁液的熔炉应在耐火材料供应商规定的烧结温度下保温约24h，之后应清除炉渣，然后就可以生产了。

（2）操作程序 沟槽式炉用流槽连续装入金属液，或用铁液包。在这两种情况下，必须注意，尽可能不要让任何炉渣进入虹吸管入口，在连续进料时，虹吸管入口处设置炉渣分离器，当用铁液包料时，应仔细撇去炉渣；在装入铁液之前和之后，入口处必须保持清洁，然后盖上盖子。

炉子必须尽可能保持密封，以防止铁液氧化和炉渣的形成。因此，在连续工作时，当沟槽式炉清空时出入口处要留有金属液，随即关闭。当炉口倾斜到最低铁液清空时，通过终端切换开关来限制倾斜，以确保覆盖有炉渣的熔池表面不会进入感应器喉口处。一旦浇注了所需容量的金属液，无论是加炉料或用钢包来装入金属液补充，槽式炉都应向后倾斜到足够的位置，确保重新装满铁液，不需要随后再调整炉子的位置。

当装满金属液时由于虹吸管的喉口部在高液面的熔池内，最小程度的后倾所需的浇注时间最短，重要的是使虹吸管喉口堵塞最小，避免金属液倒灌或经过镁处理后形成沉积。一般来说，炉子每隔3周向后倾斜一次以便除渣。在长时间停工期间，例如，在周末，保持炉子装入铁液达到半满，以便在炉子再次启动生产之前补充新的金属液，重新装满。

（3）过程自动监控 除了监控设备、辅助传动装置和液压倾斜机构外，特别是连续监测炉子和感应器的相关数据有助于大大提高沟槽式保温炉的可靠性。自动监测和记录程序，不仅可记录电气参数，还可对冷却水数据、外壳温度和绝缘电阻进行计量和评估。图5-218所示为监控槽式炉的监视器显示。

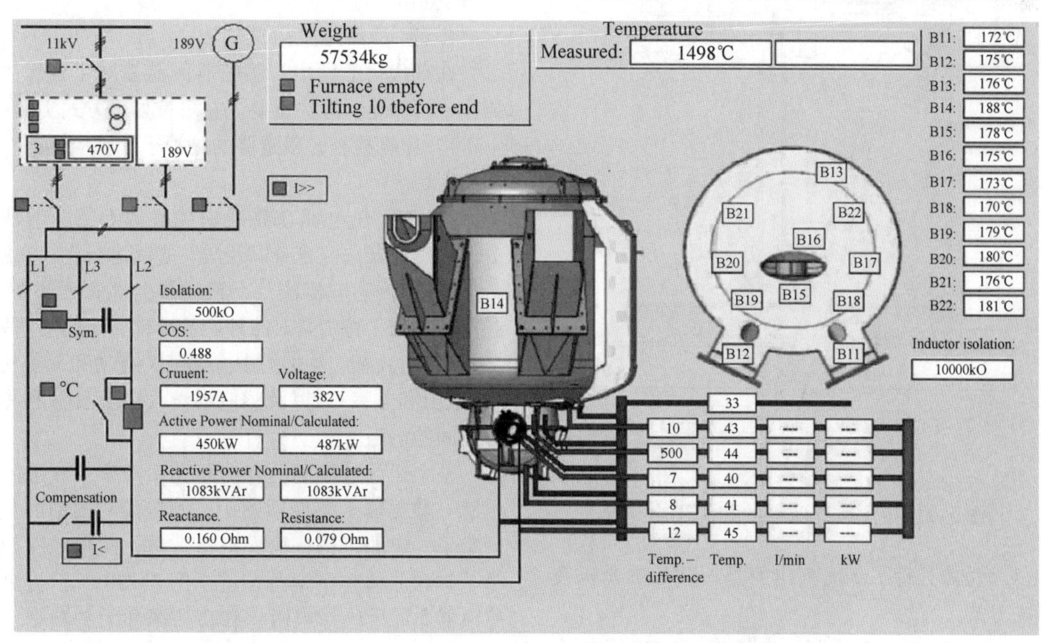

图5-218 监控槽式炉的监视器显示（ABP感应系统提供的资料）

有以下监测功能：

1）测量值的记录和可视化。

2）极限值监测和发出警报。

3）趋向监测。

4）故障信息登录。

5）所有测量数据的预测。

6）记录感应器的运行数据。

7）自动编制感应器运行图。

为了检查感应器，持续测量在运行过程中的有功和无功功率（或电阻和电感），称为感应器运行图。根据感应器的运行数据可以评估其实际状态和发展趋势，以便提前计划感应器的更换。

感应器的冷却系统分别对感应器法兰、外壳、冷却水套和线圈供冷却水，对其温度和流量进行独立监控，从而达到可靠的最佳控制和运行。

（4）感应器更换　为更换感应器，需清空熔炉并保持在90°倾斜位置。装置在平台上，如图5-219所示，感应器用长软管连接到第二个冷却水管后被移走。管口用矿物棉密封或用绝缘塞堵塞，随后清除炉渣残余，对炉衬进行黏结修补，以恢复原来的内部结构。维修过内衬的感应器，用法兰安装，烧结并启动。

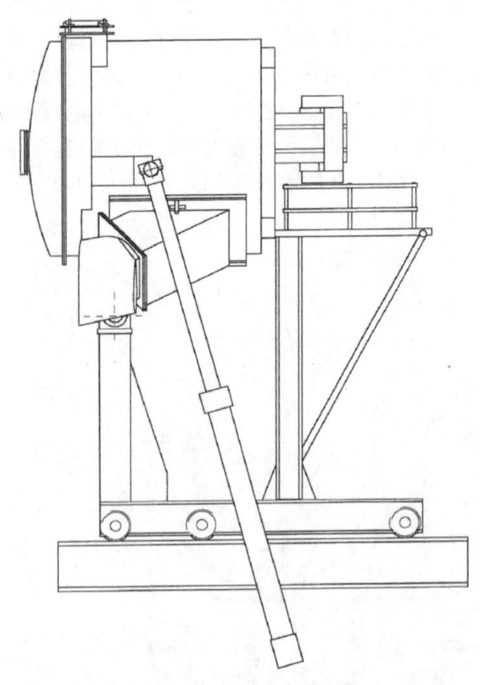

图5-219　更换感应器的装配平台

（5）故障处理　下面列出的是一些故障实例及其解决方案：

1）炉子冷却系统故障：电源在正常使用状态下，紧急冷却系统能自动启动。电源应该设置在“保温”状态。如果冷却系统也出现紧急故障，炉子必须迅速清空。

2）电源故障：冷却系统正常使用状态下，如果切断电源，感应器能够继续冷却1h左右，然后金属液开始在感应器熔沟中凝固。否则，必须切换到应急电源，将炉子倾斜清空，在这种情况下，迫使冷却水通道受阻，其最大允许水温约为60℃（140℉）。通常，应急电源的输出不足以使整个金属液保温，仅感应器熔沟内的金属液能够保温3～5h。而炉子熔池中的金属液已经冷却，随后炉子可以在变压器最低档电压将炉子中的铁液清空。

3）总电源故障：打开应急冷却系统，采取下面实例所述的步骤进行同样的操作。更长时间电源故障可参照2003年8月14日俄亥俄州克里夫兰福特汽车公司铸造厂发生事件的处理方法，当时具有11个感应器的9个沟槽式炉断电15h，决定首先启动应急冷却系统，并让感应器停止工作，等电源恢复后再重启；假定电源故障开始时感应器熔沟温度为1454℃（2649℉），17h后，在U形结构底部的温度下降到816℃（1501℉），也就是说，凝固的熔液已经贯穿整个熔沟；分5个阶段重新加热金属，最初1h内以最小功率（200kW）加热1min，停电9min，用以平衡耐火炉衬的温度，以后增加加热时间，停电时间每小时减少1min；10h后，假定熔沟中的金属是液态的，小心增加功率加热熔炉内的金属；在事故后72h，全部炉子重新准备生产，并且明确负载没有受到损坏。

4. 感应器的监控

在现代化工厂中，感应器的监控对于确保生产操作、可靠运行尤为重要。它可按如下方式实现：

1）定期检查，最重要的是炉子和感应器法兰之间的区域。

2）使用热电偶在靠近炉膛底部和感应器法兰处、在感应器法兰自身以及法兰之间进行连续测温。

3）监测感应器法兰、感应器上部和下部壳体、感应器线圈，特别是对冷却套的冷却回路的热损失。

4）监测感应器熔沟中金属液的有功和无功功率（或电阻和电感），以及感应器熔沟中金属液和冷却套之间的电阻。

整个运行过程中的有功和无功功率（或电阻和电感）数据输入感应器图中，制造商对图中的数据规定了一定的范围，输入电参数后，清晰的图表较易了解和评估整个运行情况。图5-220所示为更换感应器5周后绝缘电阻、有功功率和无功功率以及冷却套的热损失变化情况，图5-220中的最高线是金属液与冷却水套之间的电阻，更换感应器是由于绝缘电阻急剧下降。图5-220中顶部第二高的线在感应器更换后，略有上升，然后保持恒定，此线代表有功功率，而中线代表无功功率稍为下降。这是反映感应器状态的一种特殊的测量方法：无功功率下降（有功功率稍升）这表示熔沟发生堵塞，而无功功率升高（有功功率稍降）则表示熔沟受到侵蚀扩大，从图5-220中的实例可以看出，在运行的第一周，感应器熔沟冷却可关闭，然后到周末再开启。周末停工期间的开启是通过将金属液加热到大约40℃（72℉）来实现的炉子间歇冲洗。图5-220中从底部数到第二个曲线带表明冷却夹套的热损失；这些运行状态的曲线表明，在感应器更换前（由于耐火炉衬的烧蚀或渗漏），这些损耗比安装新法兰的感应器的要高。

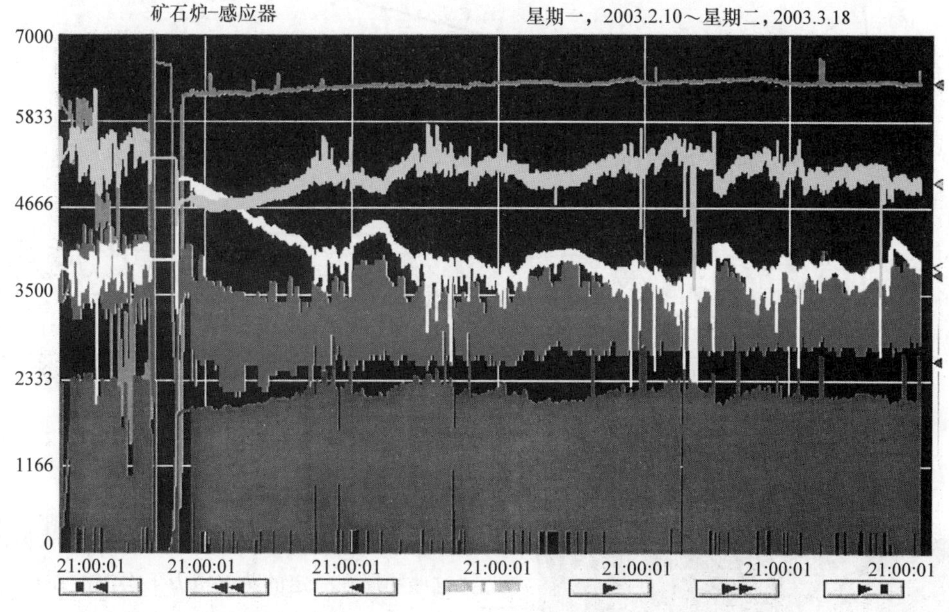

图5-220 更换感应器5周后绝缘电阻、有功功率和无功功率以及冷却套的热损失变化情况

在整个运行过程中，有功功率和无功功率的变化与感应器熔沟中的电阻和电感相对应。当熔沟受堵时（由于形成沉积物）R（电阻）值增加，反之，熔沟增宽（由于腐蚀）R（电阻）值减小。表5-20为感应器控制测量数据显示的解释，总结了R和X以及金属液/冷却水套绝缘电阻的变化，由此说明，冷却水套的热损失以及相应的结果，这种对感应器运行的跟踪方法，能为精确地在最佳时间更换感应器做好准备。

图5-221所示为100t沟槽式炉感应器的电感和电阻图，功率800kW，感应器运行11个月的R和X变化图表，用于储存球墨铸铁基础铁液。从图5-221a中相对靠近的测量点可以看出，熔沟截面保持不变，在启动时就有堵塞。在图5-221b中全过程的测量值也证明了这种情况。

5. 耐火炉衬的烧损

如果砌筑和处置正确，炉膛的耐火材料炉衬不应该出现问题，其使用寿命为2~6年不等，主要取决于上游熔炼装置的产量、熔化温度和金属液成分。尤其是虹吸入口的耐火材料炉衬容易烧损，必须要频繁地修理或替换。

沟槽式炉的熔沟里感应器耐火炉衬是最关键部分，在表5-20中列出了耐火材料的烧损情况。

（1）蚀损 如果正确选择表5-20中所列的耐火材料，生产普通铸铁金属液，则感应器耐火炉衬的烧损是很少见的。然而，如果发生这种蚀损，通常是由于感应器熔沟内金属液过热造成的，例如，在熔沟端部或出口处形成熔渣而发生的蚀损，后文中将予以进一步说明。

（2）渗漏 金属液和低熔点混合氧化物，如$(FeO)_2 \cdot SiO_2$，可以渗入夹套，在极个别情况下，会向外渗漏进入壳体。除了耐火材料粘结质量不均匀（如过热）外，原因通常是耐火材料的质量密度不够。这是由于耐火炉衬中存在不良晶粒结构或内衬制造时的压力不够造成的，特别是位于感应器模型连接的下方难以施压的位置影响更大。图5-222

所示为1200kW感应器耐火内衬出现渗漏到冷却水套的顶部截面，1200kW感应器，由于低气化点导电物质的气体渗透到冷却水套，破坏了绝缘以致工作10周后就损坏被拆除。

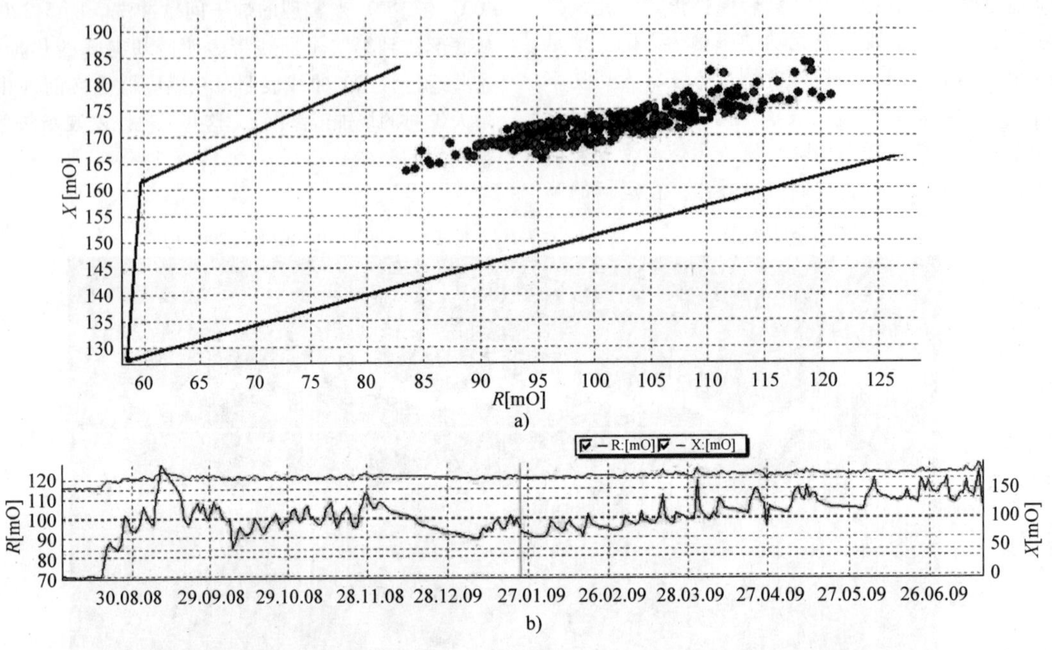

图5-221 100t沟槽式炉感应器的电感和电阻图（ABP感应系统提供的资料）

a）感应器的电感（X）和电阻（R） b）铁液保温炉800kW感应器运行1年后的X和R

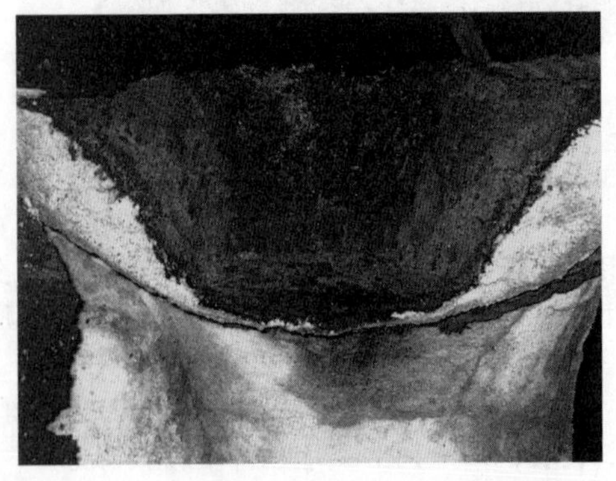

图5-222 1200kW感应器耐火内衬出现渗漏到冷却水套的顶部截面（由ABP感应系统提供）

由于含锌炉料生成的金属液含有未溶解的锌，这些物质在一定的蒸气压力下会沉淀在感应器耐火炉衬上。经过较长时间后，在冷却套和外壳上易形成锌层，导致感应器绝缘能力降低。金属中碳的析出过程中也会产生相同的效果。CO渗入后分解成CO_2和C，由于CO渗入炉衬，在冷却套冷却区域形成铁氧化物，见式（5-268）。

$$2[C]+2[O]\xrightarrow{>1450℃}2\{CO\}\xrightarrow{<300℃}<C>+\{CO_2\} \quad (5\text{-}268)$$

表5-20 感应器控制测量数据显示的解释

标　志	发生故障	原　因	解决措施
基底处热电偶红色升温显示	耐火砌体基底碎裂或渗透	耐火砌体破损和过热	更换感应器，维修耐火基体或炉膛重砌
法兰冷却水升温，产生红色的裂口	金属液穿透感应器与其喉管之间耐火层	耐火砌体破损，通常由于浇嘴部分堵塞	更换感应器，或维修浇嘴底座
p_w和p_b增加（R和X降低），冷却套热损失增加	感应器浇嘴蚀损	耐火砌体破损，耐火材料抗熔化蚀损差	更换感应器的接地漏电，用高阻抗的耐火材料，探讨工艺

（续）

标　志	发生故障	原　因	解决措施
p_w 缓慢增加而 p_b 降低（R 和 X 上升）	感应器堵塞	在湍流区悬浮氧化物沉淀	清理由于周末过热留下的沉淀物，更换感应器
由于显示的阻塞减轻（夹套冷却水可能会升温）	正面的：由于周末工作过热的作用 反面的：熔沟部分磨损	由于熔沟上部堵塞，下部磨损引起热交换减弱而导致局部过热	进一步观察接地电阻和水冷夹层热损失，一旦有波动，要更换感应器，最起码要更换接地电阻
接地电阻下降，p_w、p_b 正常，水冷夹套热损失正常	高电导的耐火材料无危险 耐火材料的导电性高	湿度，细小的金属导电，C－和 Zn－沉淀金属开裂	在清理接地漏电之前，精确观察所有控制指示器。更换感应器接地电阻
接地电阻下降，p_w、p_b 正常，水冷夹套热损失上升	砌体的高导电和导热性高	水冷夹套部分或全部饱和	更换感应器
接地电阻接近于0，p_w、p_b 增加，水冷夹套热损失增加	感应器熔沟磨损	耐火砌体过热和裂开	更换感应器

注：R—电阻，X—电感，p_w—有功功率，p_b—无功功率。

（3）裂缝形成　图5-223所示为1200kW感应器由于裂纹产生的耐火炉衬破碎，裂纹从感应器熔沟贯穿到冷却夹套。注满金属的深裂缝，这些裂缝通常出现在从熔沟端部法兰区到冷却套之间，是由于缺乏热稳定性和/或温度变化过大造成的，例如，电源或冷却水发生故障，与图5-223所示的深裂缝不同金属的凸出部分通常更易产生细裂纹，同样是由于剧烈的温度变化造成的。

（4）堵塞　限制感应器使用寿命的主要原因是熔沟末端和感应器口部的沉积氧化物（见图5-224）阻碍了热流从感应器进入炉体的流动，这样使感应器内金属液温度增加。结果是金属液渗漏进入耐火炉衬甚至造成感应器的烧蚀。

图5-223　1200kW感应器由于裂纹产生的耐火炉衬破碎（由ABP感应系统提供）

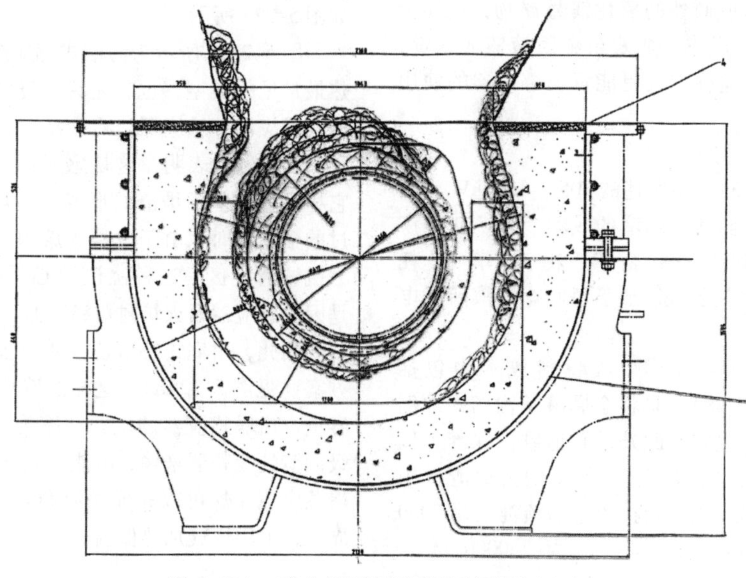

图5-224　感应器周围形成沉淀物的例子

特别是当沟槽式炉用作冲天炉的前炉时，会发生堵塞，沉积物主要由 Al_2O_3、SiO_2、CaO、FeO 组成，当球墨铸铁基础金属液保温时，还有 MgO。研究表明这些沉淀物不是由普通熔渣产生的，而是由悬浮在金属液中的氧化物（主要是在冲天炉熔炼过程中形成的）在湍流点析出，并在耐火材料炉壁上结渣。湍流点位于炉膛内虹吸入口处，由于此处有电磁力，因而需要定期对该区域以及熔沟端部和感应器出口处进行机械清洁。

建议采用下列措施来清除感应器周围大量沉积物：

1）所有氧化物含量比例保持较低，尤其是 Al_2O_3。为此，冲天炉以最低的含铝量运行熔化，以降低金属液中形成的相当稳定的铝氧化物悬浮物。

2）保持沟槽式炉金属液的热态温度，偶尔在生产作业期间和周末出现过热。每次温度下降都会促使形成氧化物，而每次温度上升则会导致氧化物的分解。为此，在生产操作中，通过具有相当高差异功率级别的循环来促进提升保温性能。然而，在一周内积累的氧化物，主要是周末通过加热炉子并在 1560℃（2840℉）下保温 2h 予以分解。

3）设计熔沟的形状时，使在熔沟末端的金属液流动中不会产生太严重的湍流。为达到此目的设计了流体的计算模型。它们有一个看似有些矛盾的任务，即以下列方式调整金属液流，首先，通过感应器出口处金属液中强烈运动来增进热量传输，而后，产生小湍流，这样会分离出悬浮的氧化物，氧化物会生成炉渣。

4）值得注意的是，将用镁处理的浇注金属液倒回沟槽式炉，会形成额外的氧化镁悬浮物，这样会快速促进沉积物的形成。把残余金属液铸成铁锭，似乎有些浪费，但这种方式更能延长感应器的使用寿命。

6. 能源消耗和利润

以参考文献［34］中所述的 105t、1200kW 沟槽式炉为例，说明了储存金属液的成本：2007 年年产 375000t，保温和加热金属液功率消耗 4468000kW · h，也就是说，加工每吨金属液所耗电为 11.4kW · h。

2007 年，整个保温厂耐火材料成本中包括 257000 欧元（$340758），是将金属液从沟槽式炉倒入铁液包再运到浇注炉。此外，其他维护保养工作费用为 60000 欧元（$79554），用于撇去炉渣费用 6000 欧元（$7955），用于维护紧急溢流池费用 7000 欧元（$9281）。运行成本总计为 330000 欧元（$437550）（每吨金属液 0.88 欧元或$1.17），加上 11.4kW · h/t 的能源成本。

5.7.4 压力浇注炉的浇注

无论是大批量或小批量的系列铸件，浇注装置面临熔化设备和成型系统之间的两项重要任务：首先，准备好用于浇注的金属液；其次，按照要求将金属液浇铸入符合要求的铸模中。为了满足这些要求，机械化和自动化浇注设备比手工浇注具有以下优势：

1）可以保有大量铁液，并可在较短时间内浇注，提高生产率和降低劳动力成本。

2）通过精确调节金属液温度和化学成分并保持稳定，可改善并提高铸件质量。

3）浇注和球墨铸铁孕育处理过程的重现性，降低了废品率和物料返回率。

4）改善质量控制和保障性。

5）工作场所和环境条件得到了改善。

30 多年来，自动浇注首选的都是在浇注槽中添加塞杆的压力浇注炉衬。它基本上是由带耐火材料衬里的圆柱形容器和一个压力盖、塞杆、压力控制系统组成，如果需要，还应有以法兰连接的感应器。通过虹吸管形状的通道来装入和清空铁液，虹吸管的末端与熔液槽体相通（茶壶原理）。虹吸管端部在浇注槽的顶部。该装置在成型车间可纵向和横向移动，到达每一个浇注位置。液压倾斜系统可使炉子向后倾斜，并通过虹吸管入口完全清空炉子。

1. 茶壶原理浇注设备的分类和特点

加热方式的不同导致压力浇注设备有各种型号，如图 5-225 所示。

图 5-225a 所示为沟槽式感应炉加热，是感应加热最常见的类型，也就是说，浇注容器上配备有沟槽式感应器，感应器以水冷法兰垂直连接安装在熔炉底部。经验表明，这是感应器的最佳位置，因为它尽可能减少了炉渣的形成，尤其当加工用镁处理过的金属液时，由于改善了熔沟和入口区域使之成为机械清洗区。这种浇注炉必须保持恒定的加热，是因为感应器耐火炉衬对温度的变化是很灵敏的。

因此，坩埚式感应浇注炉已发展成为一种替代方案（见图 5-225b）。这样的熔炉可以有 5t 的有效容量，坩埚感应器的电源功率为 300kW。通过可无级调节的变频器来输入电能，运行频率为 280Hz。坩埚感应浇注炉可以完成保温和全部清空，例如，在周末，可用煤气加热保温。

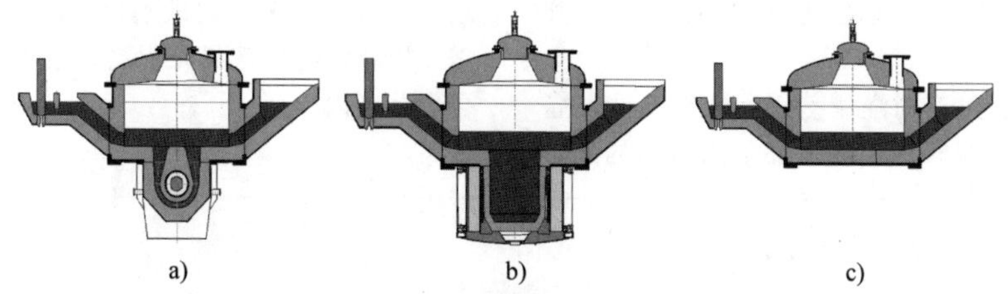

图5-225 不同压力浇铸设备操作情况

a）沟槽式感应炉加热 b）坩埚式感应炉加热 c）无热源的茶壶浇注系统

浇注炉的茶壶原理已在实践中得到证明，其特点如下：

1）相对大的缓冲能力。

2）虹吸管中析出的熔渣。

3）用保护炉内气氛密封炉膛。

4）在浇注槽中保持恒定的金属液高度（这样炉渣不会被带走），可在熔池表面下方无炉渣浇注，浇注过程易于实现自动化。

5）每个型模可移到浇注位置的端部。

然而，当熔炼的产品小批量生产时，浇注炉中合金必须要经常更换，浇注炉的缓冲能力就会成为问题。无加热的设备通常更适合这种应用情况，这就是利用茶壶原理浇注炉的优势。关键是其使用容量和总容量的比例，比在一般的浇注炉中更有利，这样可以通过清空炉子或预留铁液，来达到改变生产。图5-226所示为炉底有底沟通道的无加热的压力浇注系统浇注室的断面图，显示的是与图5-225c中目标相同而形状不同的浇注炉，其虹吸管口的端部在耐火炉衬底部的沟槽内。这意味着，在达到最大浇注压力后，在浇注容器中以及虹吸管处的底沟中残留的金属液作为熔沟炉的开炉铁液。

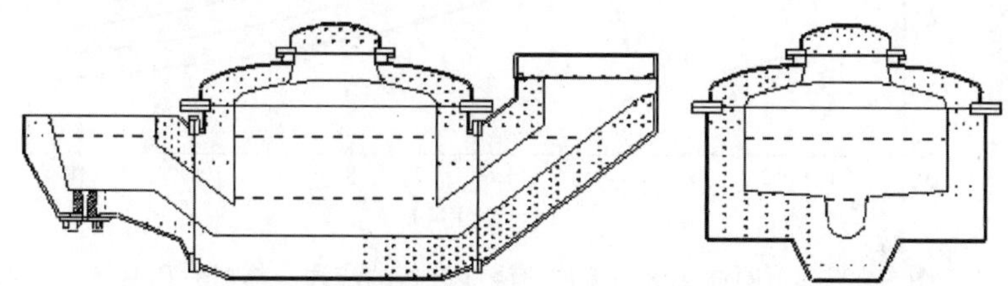

图5-226 炉底有底沟通道的无加热的压力浇注系统浇注室的断面图

与浇注炉相比，这种无加热的、压力浇注设备能够设计为扁平的，这是因为它的底熔沟在炉底。使虹吸管较短，容易清洁，且施工砌筑高度也较低，浇注设备可以安装在铸造厂地面上无需埋入地下。

2. 加热和无加热浇注设备的应用

感应加热浇注炉或无加热浇注设备的区别在于维护好浇注用的金属液。

浇注炉最主要的任务是存储铁液。首先，要保证计划内外的铁液都能不间断连续供应。其次，即使在型模厂较长的停机时间内，还是储存准备用于浇注的金属液，可以随时浇注，因此再启动时也不会有等待时间，这在浇注镁处理过的金属液时尤为重要。实践证明，这种功能使铸造厂的生产率提高了10%，且金属液的温度和成分在浇注炉中可进行均匀化处理，并保持大致恒定。因此带来了质量的改善和提升，特别是对于敏感铸件，减少了废品，而且从熔化炉/保温炉到浇注的温度能够降低30～60K。

无加热浇注装置灵活性好，更适用于批量小、化学成分不同的铸件生产。此外，由于在生产停工期间几乎不消耗任何能量，因此运行成本较低。此外是具有良好的维护保养条件，因为无加热的容器可以更容易实现炉子替换。

当用无加热设备浇注时，从熔化到浇注过程的温度变化需要特别注意。以下是铁液温降的结果：

1）温度降50～80K，可用适当预热的钢包从熔化炉出炉倒入预热的钢包，再进行镁处理、撇炉渣和运输到浇注装置。

2）进入浇注包后，降温约20K。

3）ΔT是在无加热浇注装置中的温降。

4）在每一单位时间添加的金属液体积与浇注出料的金属液体积相同的前提下，连续浇注操作过程中的温度差（DJ）可通过下列热平衡计算得出：

$$V = C_p \cdot DJ \cdot D \tag{5-269}$$

式中，V是浇注装置的热损失，单位是kW；C_p是金属液的比热容，0.23kW·h/(t·K)；DJ是局部温度差，$DJ = V/(0.23D)$，单位为开尔文；D 是生产量 t/h。

图 5-227 所示为不同浇注室用无加热浇注装备的浇注的热损失和温降，热损失必须用适当的隔热耐火材料炉衬来达到最小化，以保持较低温降，但需要以特定的生产量来保持温度差，大约在 50K 的合理范围内。

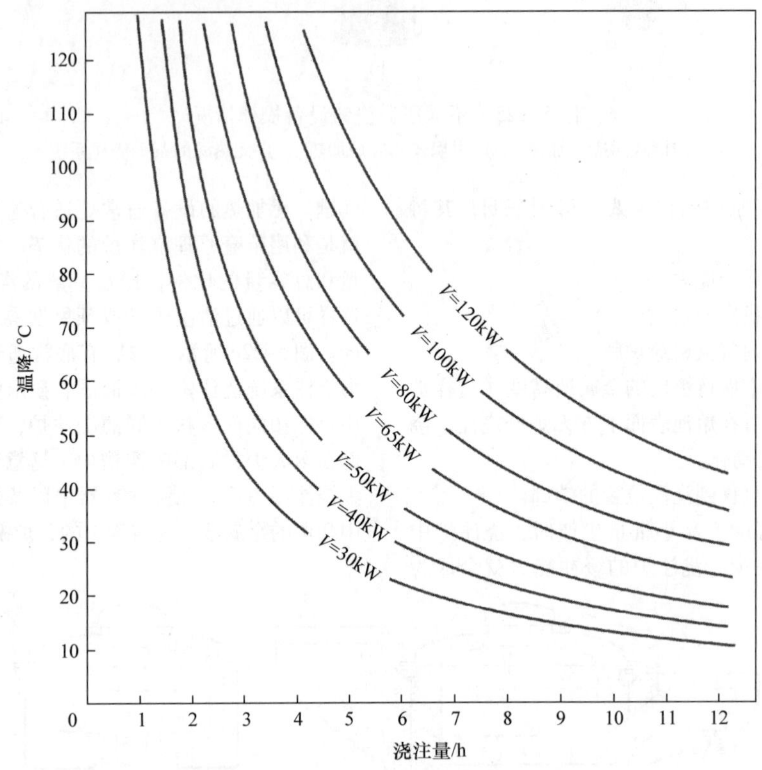

图 5-227 不同浇注室用无加热浇注装备的浇注的热损失和温降

浇注炉的热损失由感应器提供的能量来补充。在出炉温度相同的情况下，无加热浇注设备的会降低浇注温度。

3. 浇注镁处理的金属液

浇注炉用于镁处理的金属液比用于灰铸铁（GCI）具有更大的优势。首先，在保温炉中对镁元素含量进行均匀化处理，这样，单个炉料中镁元素的规定量能够降低大约 10%。其次，由于其他因素干扰中断了浇注操作，则不需要处理，金属液有等待时间。

在这种情况下，需要更加注意对备用金属液的保存。它们必须补充由于镁溶解在铁液中的特殊要求，即控制镁在较长等待时间内的球化衰退反应和炉衬上沉积物的形成。图 5-228 所示为在浇注炉中铁液镁处理过程球化衰退反应和沉淀结渣。

（1）由悬浮氧化物产生的沉积物　经镁处理的金属液中包含悬浮氧化物，这些沉积物可析出，主要是在虹吸管入口进入浇注容器处，这是由于在注入金属液时那里产生了湍流（见图 5-228 的区域①）。

可以采用下列有效的防止措施：

1）保持低浓度的悬浮氧化物，最好采用纯镁处理，但至少可以添加低钙含量的预制合金，并尽可能使金属液在处理后保持稳定。

2）在铁液充满前和处理后，尽可能地撇去铁液包和虹吸管进口上表面的浮渣。

3）每班至少机械清理一次金属液面下方的加注用的虹吸管入口端部。

4）认真添加助熔剂。

（2）镁的蒸发　镁蒸气渗透到浇注炉的密封气室中，金属液达到与溶解在金属液中的镁分压相应的饱和点（见图 5-228 的区域②）。考虑到金属液中镁的质量分数通常为 0.05%，温度为 1450℃（2640℉），在气室中饱和镁质量大约为 20/m^3。因此，在金属液中蒸发损失的镁取决于密闭气室中的饱和度。应该采取以下措施使镁处理过程球化衰退反应速度较小：

1）使用氮气（或另一种惰性气体）作为压力

介质，镁蒸气不会产生化学反应而分解，例如用空气作为压力介质，则会引起镁蒸气的氧化。

2）容器尽可能的密封（防止气体泄漏），并采用渐进式加压，保持浇注池中熔池液面恒定，增加新的压力介质——气体，对镁有新的饱和。

（3）镁与金属氧化物和硫的反应　镁与氧和硫的高亲和力是金属液中镁含量容易下降的原因，这是根据式（5-270）和式（5-271）镁与耐火材料炉壁上的金属氧化物（MeO）和硫（S）发生的反应造成的（见图5-228中的区域③）。

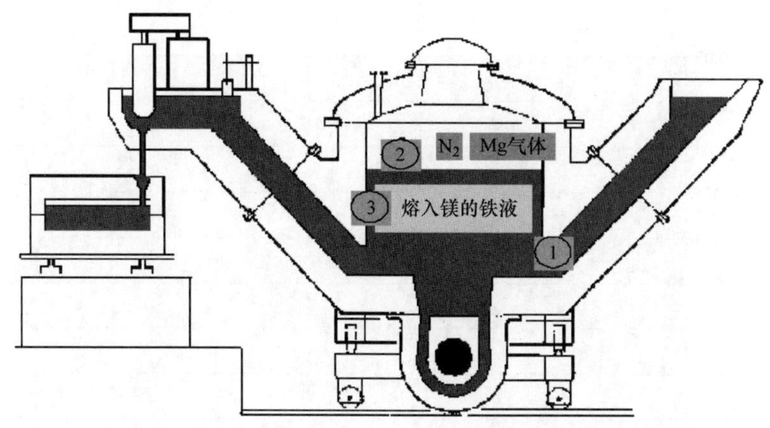

图5-228　在浇注炉中铁液镁处理过程球化衰退反应和沉淀结渣

$$[Mg] + \langle MeO \rangle = \langle MgO \rangle + (Me) \quad (5\text{-}270)$$

$$[Mg] + \langle S \rangle = (MgS) \quad (5\text{-}271)$$

式（5-270）是镁与金属氧化物的反应，主要为铁的氧化物，在熔池低液位的耐火材料炉壁上，同时熔炉是敞开的，由于炉中的残留金属在多孔壁或壁表面上氧化而形成的（在浇注炉清空后到再次注满铁液之间，如在周末的维护保养工作）。重启浇注操作时，这些氧化物与溶解在金属液中的镁接触，并按照式（5-270）进行还原，其结果是金属液中含镁量减少，主要原因是在壁上形成含有MgO的沉淀物。

金属液中的镁以相同的方式被硫分解。当在含硫GCI和NCI之间切换浇注操作时，通常会发生这种情况，然后镁按照式（5-271）与GCI中剩余的硫发生反应；只要氧化物和硫/硫化物保留在浇注炉中，镁与灰铸铁中的硫反应式（5-271）和氧反应式（5-270）就决定了含镁的衰退。这就是保温容器尽可能地在氮气保护下操作，避免与空气或含硫金属液接触的理由，这意味着炉渣应尽量少撇，一般每周撇渣一次就足够了，浇注炉不交换应用于冲天炉的铸铁液。

在周末，热浇注炉不可避免地被打开以后，重新启用浇注时镁的球化作用高度衰减，直到氧化物分解，炉子成为稳态，图5-229所示为在压力浇注炉中用不同气体、不同处理时间铁液中含镁量的变化，镁处理后的保温铁液在非稳态炉中的球化衰退的下降曲线，分别为在非稳态炉中10h后以及稳态炉中4天后。

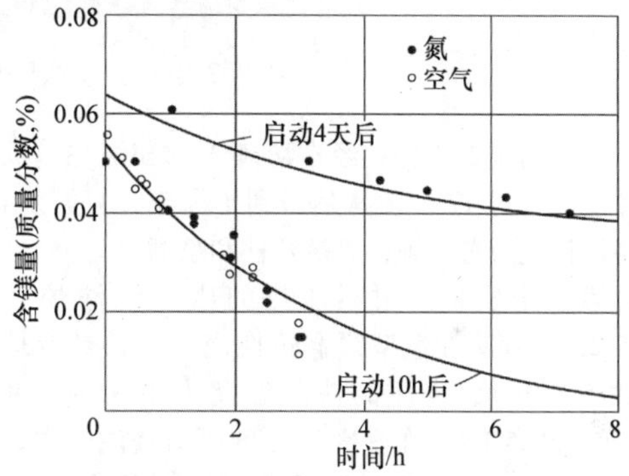

图5-229　在压力浇注炉中用不同气体、不同处理时间铁液中含镁量的变化

式（5-270）和式（5-271）的反应物会沉积在耐火炉壁上，必须每隔2～3个月，用机械方法清除，不要用氧化切割，此外，要对浇注炉体、虹吸管以及感应器的出料口清除其沉积物。

（4）实际经验　下面三个实例是压力浇注经镁处理铁液铸件的经验，首先，是容量为5t、功率为250kW感应加热的浇注炉，用于自动浇注多种球墨铸铁件，周末将炉子清空，只保留感应器熔沟中的剩余铁液，在启动生产时，注入处理过的4t转炉料铁液，将低合金类的炉料调整为浇注用的铁液。在一周内，生产一种铸件40t，另一种球墨铸铁件70t，调整合金结构时，无需中间停产，只有生产低铜或低锰材料时，才在周末将炉子清空。

第二个实例，浇注炉容量为30t，功率为500kW感应加热保温，用于自动造型工厂，其产量为25～

30t/h，5t 的转炉用于镁处理，提供铁液，浇注炉的铁液经称重后由双室电动操作定量流进铁液包，铁液从模型的上浇口注入，浇注的相关数据，如设定重量、实际重量、合金的含量、浇注温度、铁液包倾倒速度等都是可视的，并有文字记录，用于过程可靠性的监控。

在一个工作日浇注炉铁液中的含镁量，图 5-230 所示为每日运行图，在浇注炉中镁含量设定值为 0.04%，波动范围为 ±0.005%，生产停顿，炉中镁的球化衰退小于 0.04%/h，周末，耐火炉衬再次氧化，需要在已处理过的铁液中添加 0.1% 的镁达到稳定态。

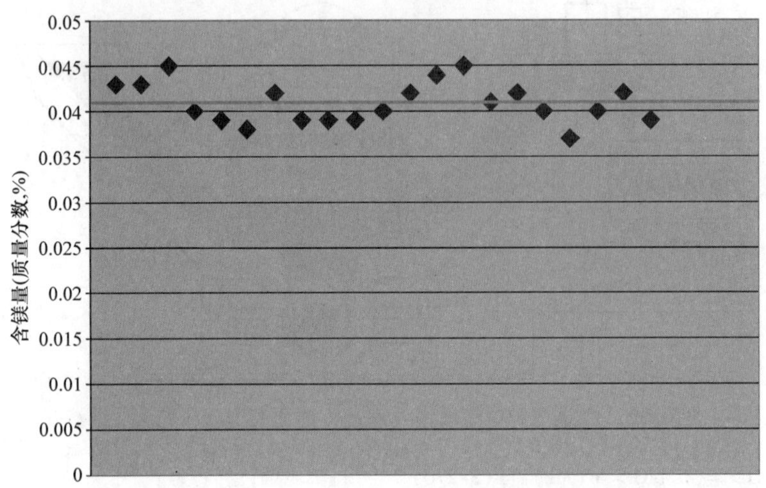

图 5-230 在一个工作日浇注炉炉池铁液中的含镁量

日常的维护工作：经常清理入口和浇注口周围的浮渣，经过 17 个班次后，到了周末，打开炉盖，对浇注口进行总清理，更换塞柱和喷嘴。

第三个实例，用不加热的压力浇注炉（见图 5-226）每天在造型线上轮换浇注灰铸铁及球墨铸铁 5 ~ 9t/h，浇注的铁液温度为 1400 ~ 1440℃（2550 ~ 2625℉）。在容量 3.5t 的压力浇注炉中装了 4.5t 铁液，三班生产时消耗 $N_2$100m^2/天。图 5-231 所示为非加热压力浇注系统新炉衬视图，是最新的浇注炉，炉中带有图 5-226 所述的底沟槽。图 5-232 所示为一个工作日浇注铁液中镁和硫的含量。

图 5-231 非加热压力浇注系统中新炉衬视图

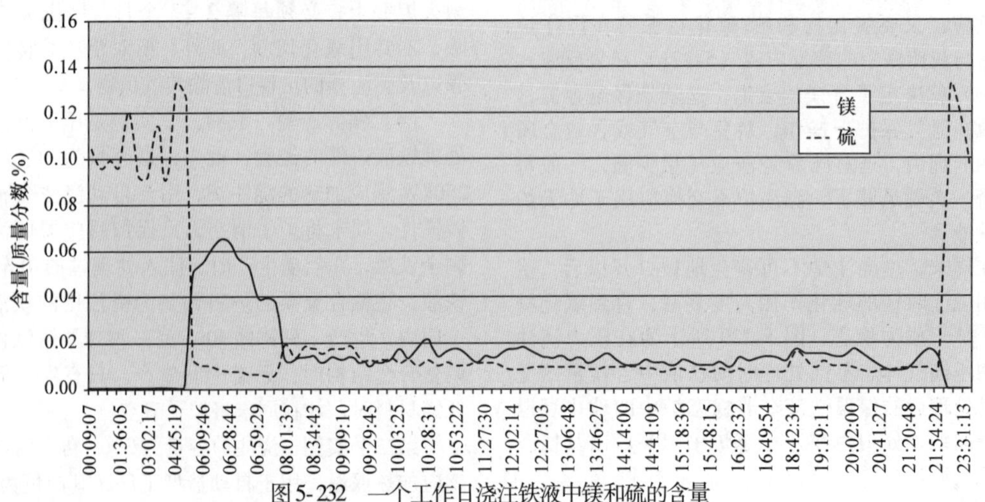

图 5-232 一个工作日浇注铁液中镁和硫的含量

在浇注操作期间，浇包中的金属液温度和浇注池中之间的温度差是60～80K，在浇注前铁液包和浇注炉池中生产时间4h内温度变化情况如图5-233所示，图5-233中曲线为4h生产过程中的记录，铁液包10min浇注1.2t，对应的产量为7.2t/h，停炉时温降保持在1～1.5K/min。经过周末，浇注炉冷却下来，重新生产时，需要以氧气烧嘴预热到1400℃（2550℉）。

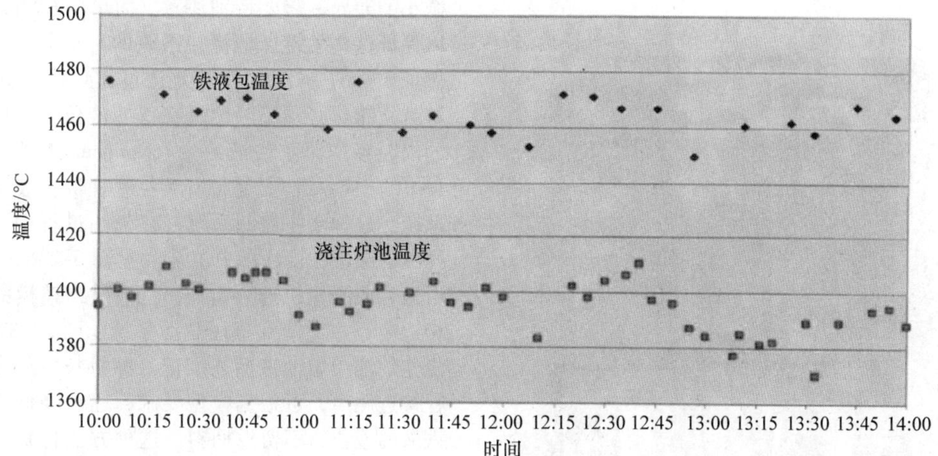

图5-233　流转铁液包中的铁液在浇注前的温度以及在整个4h内生产周期中浇注炉的温度

必须进行以下各项维护工作：

1）3～6班次后，必须更换虹吸的塞柱和出口管，每次15～20min。

2）每天需要对虹吸管出入口处进行机械清理。

3）周末冷却8h后，要用压缩空气冲洗浇注炉池、虹吸管的出入口和浇注炉体，每次需两个人操作，每人4h。

4. 中间铁液包浇铸

在某些条件下，需将铁液分为备用和正要浇铸用的，为此，备用铁液需要加热，并达到用于自动浇铸的中间包中，当浇铸连续移动中的型模，不能直接测定注入型模中铁液高度（如同在传送带上的瓶装水），或在浇注离心铸造铸模时，应按照严格的孕育期要求在浇铸前加入合金，改变铁液的化学成分。图5-234所示为带有称重装置的浇包，有倾斜的也有柱塞的，一般倾倒型模后，每次都是空包，而带塞杆的浇包，浇注后有残留铁液，在型模输送过程中补充铁液。如果需要，同时也可以加入配重剂量的合金元素孕育剂。

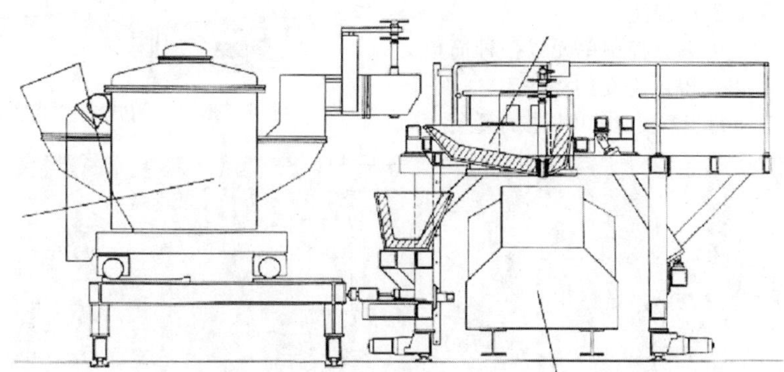

图5-234　可伸缩浇注炉和带塞柱的铁液包形成桥结构的浇注系统置于造型线上方

5. 用于自动浇注中的塞柱

现代电子和软件提供了成功自动浇注过程所需的智能控制。快速信号处理和高数字运算能力的控制系统，精确的操作塞柱为自动浇注设备运行带来了好处。图5-235所示为用于自动浇注和清理浇口的电动机传动的塞柱。电子控制塞柱位置的特征：调整塞柱的关闭压力可调控，定位速度高达170mm/s（7in/s），定位准确性≤0.2mm（0.008in），自动校正塞柱磨损电源故障时具有自动关闭功能。型模的过度扭曲使得对柱塞头位置的校准非常耗时，因此快速更换系统可使转换时间控制在10～15min。旋转机构确保塞柱紧密关闭；利用专利清洗装置来防止喷嘴堵塞。

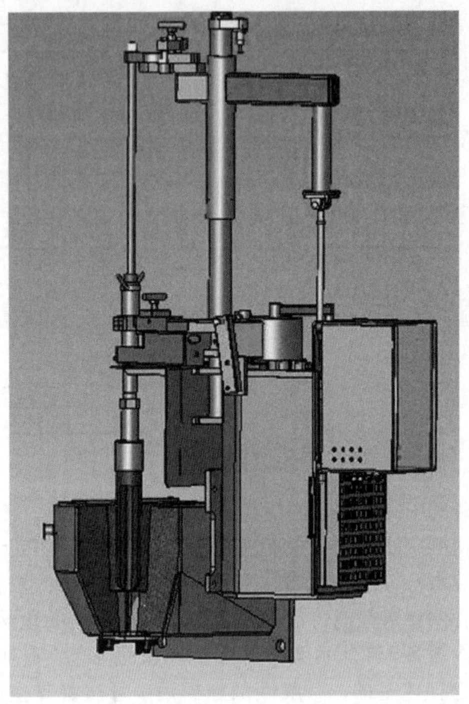

图 5-235 用于自动浇注和清理浇口的电动机传动的塞柱

6. 在规定的闭合回路中浇注

浇注过程可以通过可编程控制单元以一种简单的方式实现自动化，以获得可重复的浇注工艺。一旦确定了浇注的工艺，每当需要时就可以按此重复生产。多年来，已经在大量的应用实例中证明了这种示范方法是一种简单而稳定浇注控制系统。

然而，有一些铸件不能按照示范的方法来生产。尤其是那些有多个泥芯的型模，其涂层的厚度上有微小的差异，需要特别注意。简单的控制系统不足以保证这些关键区域浇注系统的可重复性，也不能保证质量的一致性。整个浇注过程必须是闭环控制，这就意味着必须不断测量浇口的液位，并根据型模的内腔容积调整铁液的量。Optipour 浇注控制系统（ABP 感应系统），是带有调控塞柱浇注装置的控制系统。这种浇注控制系统，在浇注过程中，能保持铁液的液位在浇注杯中恒定（见图 5-236）。浇注杯由激光或摄像机连续监控，铁液量与铸模的需要量相适应，并反馈到塞柱驱动系统。图 5-237 所示为浇注炉池中熔池液面连续记录测量技术。在浇注过程接近尾声，可根据模型要求，逐步降低铁液包中铁液的液位，不留返回料。这种方法特别适合于小铸件和短流程的铸造厂。

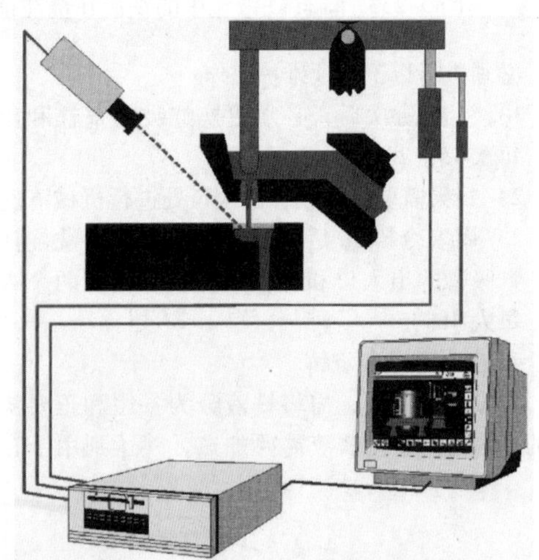

图 5-236 封闭式浇注液面控制原理

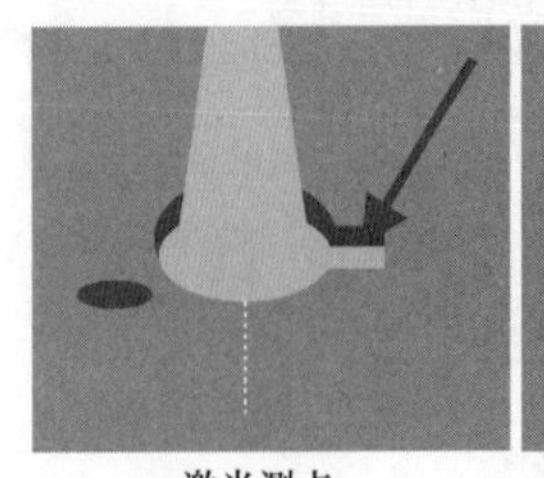

激光测点

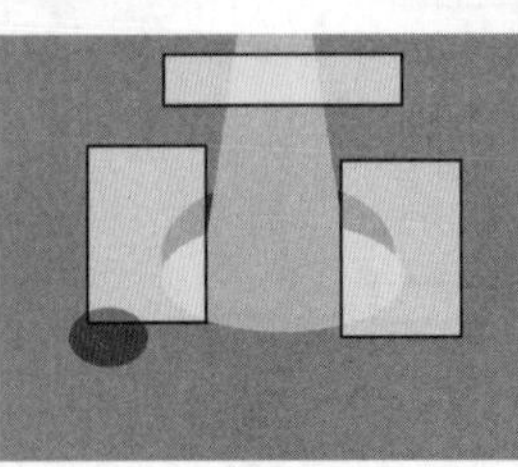

摄影技术

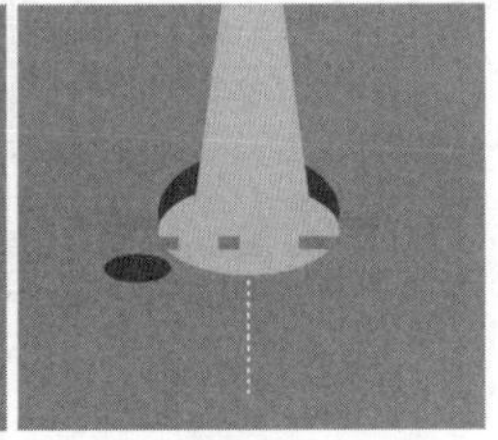

激光射线

图 5-237 浇注炉池中熔池液面连续记录测量技术

7. 孕育剂的加入

按要求孕育处理是熔炼生产工艺链末端的一个重要的步骤。浇注控制系统的集成保证了孕育过程的可靠运行。在流动的铁液中孕育（见图 5-238）是塞柱浇注最常用方案。粉末孕育剂由可调节的螺旋输送机送到带有显示存量的容器中，再由通过传感器的气流，将粉末孕育剂吹入流动的铁液中。压力传感器对气体载体的雾化过程进行监控，从而确保质量得到监控和记录，没有任何遗漏。确定了孕育剂的流量和输入的起止时间，并将其编程到浇注控制系统中。

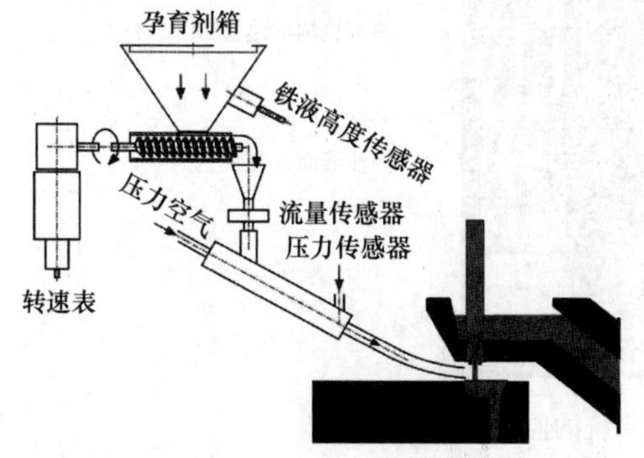

图5-238 跟踪孕育剂气流的连续监测图

由于熔渣和沉淀物容易在浇注容器中形成，在运送铁液包过程中，应严格观察并最好避免。如果关键铸件需要两级孕育，在浇注炉中投放封包的丝状孕育剂进行预孕育处理（见图5-239）已经证明是成功的。按照相同的方法，在浇注池中加入粉末球化剂已经成为常用的预孕育处理方法。图5-240所示为带有孕育剂搅拌器的改良式浇注头，当型模在浇注室的前面向熔池推进时，在浇注中断时添加孕育剂，简单搅拌装置将孕育剂搅拌进入金属液。

8. 过程监控

对整个浇注设备进行连续自动监控，使操作简单、无故障，同时为了达到质量控制的目的，记录所有需要的数据。控制系统（见图5-241）根据浇注池中的熔池液位确定塞柱的动作，监测停产期间加热浇注池的燃烧器，还监测孕育处理、感应器参数曲线数据，控制和记录制动器的动作、浇注温度（通过连续光学温度计或内置热偶测量、热电偶间歇地浸入式）、浇注炉膛中的压力变化情况（也测量充满的液位）以及对浇注池中的熔池液位进行过程监控。

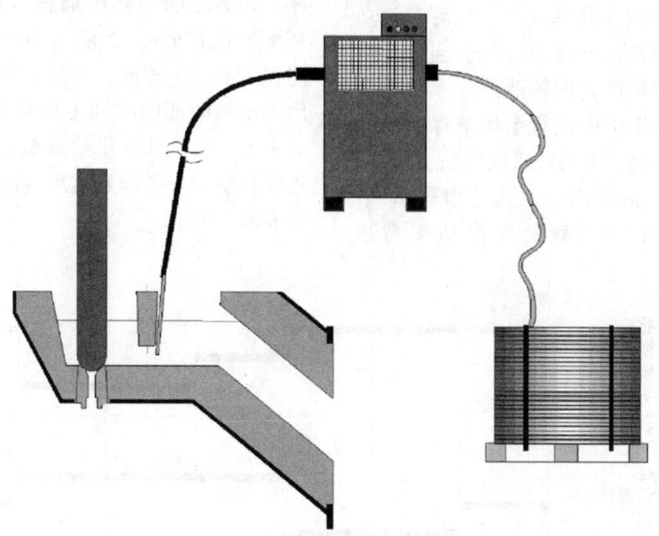

图5-239 向压力浇注的熔池中投放封包的丝状孕育剂

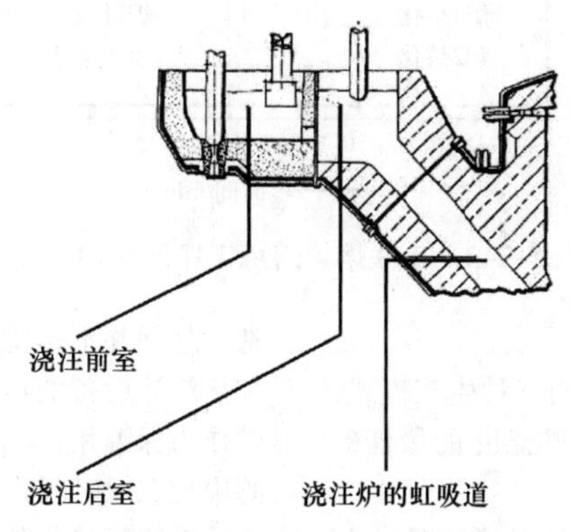

图5-240 带有孕育剂搅拌器的改良式浇注头

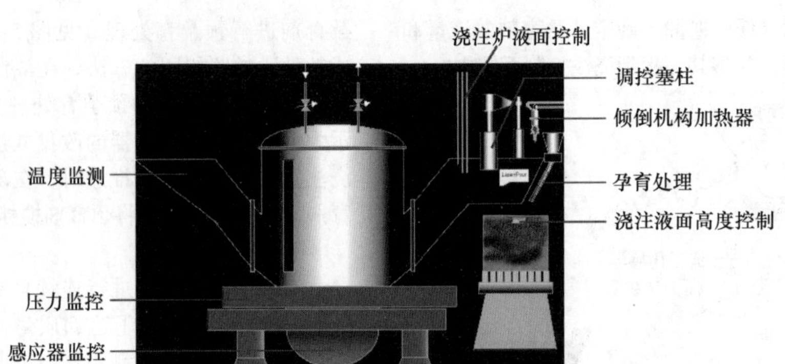

图 5-241 浇注平台控制系统的监控功能

5.7.5 铁液的连续供给

必须在铁液生产区安装一个储存装置或至少一个缓冲装置，以确保在连续铸造厂进行最优化的生产，这项任务最经济的是串联配置解决方案。包括将两个坩埚炉连接起来接入共享能源，然后有效功率可以在熔炼炉和保温炉之间任意分配。当一个熔炉在熔化时，另一个熔炉准备向铸造厂连续供应铁液。一方面，在第二个熔炉中进行金属液保温消耗的能量较少（如倒入保温炉不会造成损失）；另一方面，保持了中频炉调节的灵活性。这种串联系统，熔炼 25t/h 以上铁液需要变频器输出功率高达 16000kW；计划配置的电源功率为 18000kW，熔炼铁液的生产率超过 30t/h。

1. 串联设备的熔炼周期

图 5-242 所示为串联熔炉熔炼工序的时间顺序。在高性能中频坩埚感应炉中熔炼需要 45min，调配准备 15min，在随后 30min 内出铁液，以供给造型工部。一方面，连接电源的负载可 100% 利用，因为出铁的辅助时间不比熔炼时间长；另一方面，有 15min 没有铁液供给造型工部，因此，不能保证连续化供应。考虑到这种情况，下面的生产模式已经有所发展。

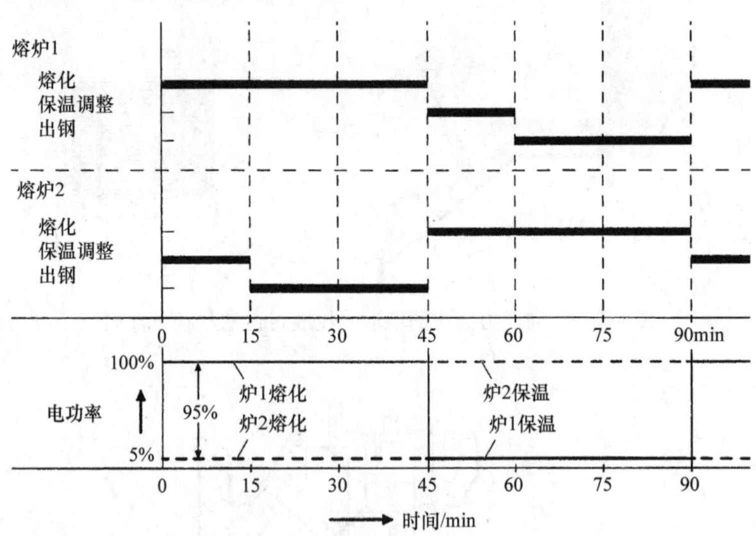

图 5-242 串联熔炉熔炼工序的时间顺序

2. 连续供给铁液的生产模式

图 5-243 所示为连续供给铁液的三种生产模式，每一种代表了不同生产条件下电加热熔化的最佳的且经济用电的方案。

图 5-243 中的生产模式 1 是传统的方案熔化与造型之间并不是配套的。在坩埚式感应炉与带有不加热浇注设备的造型工段之间，配置了沟槽式感应炉作为保温用。在图 5-243 的生产模式 2 中，串联感应炉在短时间内利用小型铁液装料车向无加热的浇注系统直接供给少量铁液。在图 5-243 的生产模

式3中，串联感应炉与浇注炉一起作为缓冲设备。这使得串联炉在大量出铁液时可以快速清空，从而提高电源利用率。一方面，浇注炉的有效容量与熔炼炉的容量相适应；另一方面，它的大小能够补偿铁液供应中容量的波动。

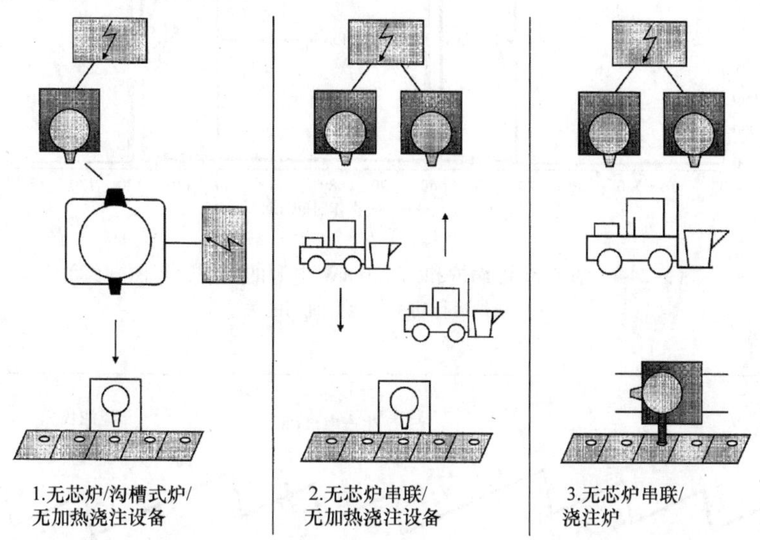

图5-243 连续供给铁液的三种生产模式

（1）用作缓冲的沟槽式炉在熔炼和造型之间的缓冲设备（见图5-243中生产模式1）完全实现了生产过程中的缓冲功能，熔化工段可以确保供应铁液。此外，还可使熔炉快速清空，甚至可以省去第二个炉子（串联模式）。然而，保温炉在很大程度上限制了熔炼工段的灵活性，并在其相对高的能耗和耐火材料情况下，增加了操作成本。

因此，图5-243中的生产模式1只有在炉料成分差异较小和/或钢液要求允许较大波动时，以及相对高的生产率条件下才是经济可行的。另一个有利于这种解决方案的观点是，不存在熔炼厂拉电或在夜间电费便宜时使用储存熔化设备。

（2）作为熔炼和缓冲的串联设备 可以用运作图说明按规定需要的铁液量和浇注设备。

图5-244所示为两个8t坩埚炉和一个6MW电源的串联运行图。每小时生产8t铁液由未加热的1t浇注铁液包连续浇注型模运行的生产线，浇注包中在不同时间的所存铁液，熔炼要求每间隔7.5min提供1000kg铁液。为此，选择了一个双电源，供给两个8t熔炉和一个输出功率为6000kW的中频感应电源。图5-245所示为两个6t坩锅炉和一个4600kW功率的电源以及10t浇注炉的组合的操作图，显示了每

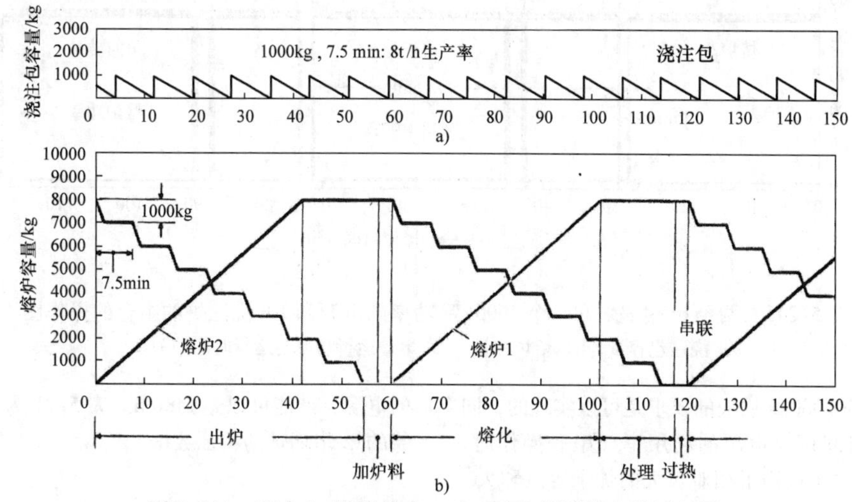

图5-244 两个8t坩埚炉和一个6MW电源的串联运行图

a）浇注铁液包容量 b）熔炉容量

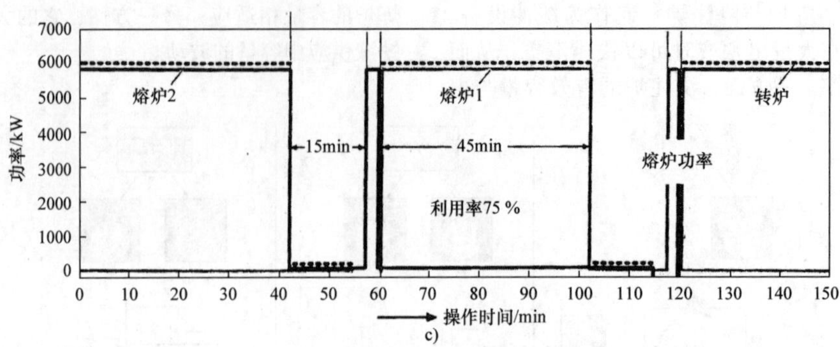

图5-244 两个8t坩埚炉和一个6MW电源的串联运行图（续）

c）熔炉运行功率与运行时间的关系

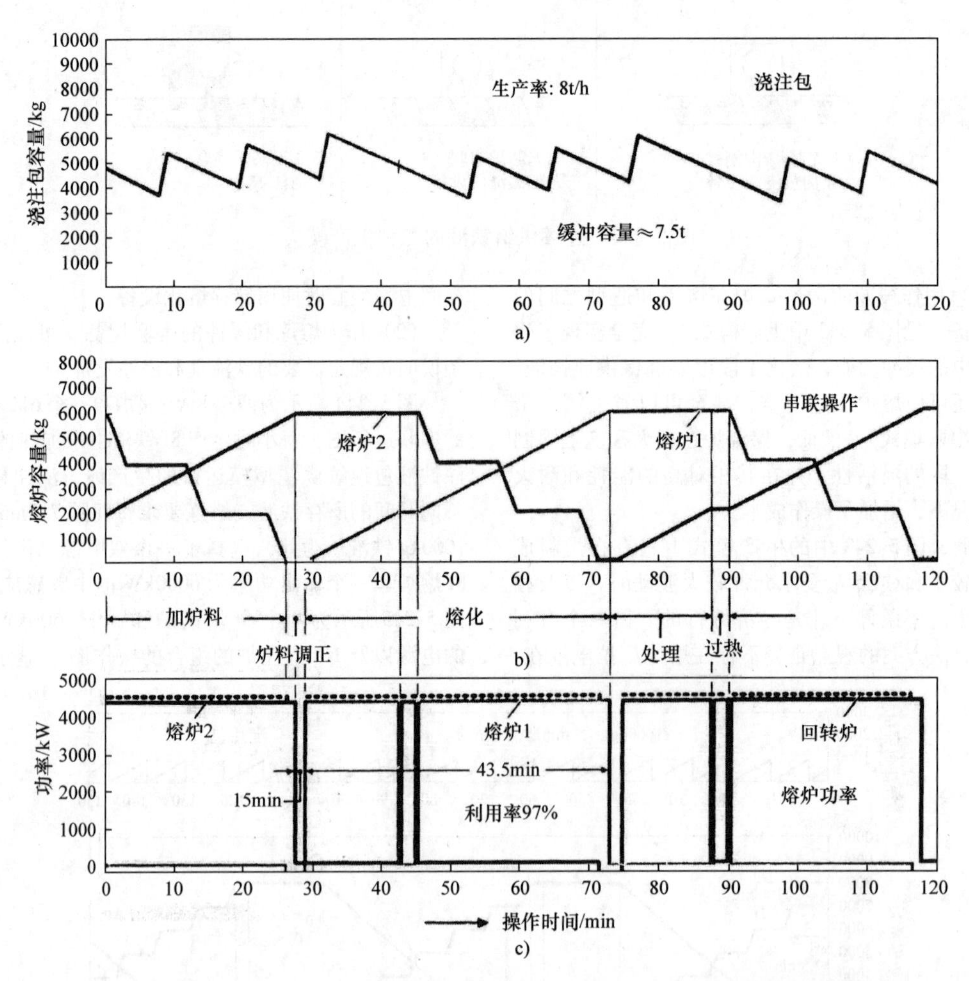

图5-245 两个6t坩埚炉和一个4600kW功率的电源和10t浇注炉的组合的操作图

a）浇注包容量 b）熔炉容量 c）熔炉运行功率与运行时间的关系

隔7.5min供应1000kg铁液的要求是可以实现的，同时有足够的时间调整电源的利用率（串联操作时，仅为75%），由于选用了相对较大的炉子容量和大的电源，产能可以达到8t/h。表5-21为两个串联安装的8t坩埚炉的特征数据。

表 5-21 两个串联安装的 8t 坩埚炉的特征数据

8t 铁液，1400℃（2550℉）	42min
除渣、取样、测温	15min
加热到浇注温度	3min
每 7.5min 的浇注量	1000kg
全部浇注时间	55min
熔炉向后倾斜第一次浇注	5min
每一炉总时间	120min
全串联系统的时间	60min

另外，串联/无加热浇注设备具有很大的灵活性，因为，一般来说，每一炉铁液的成分都可能不同。如果对铁液的需求有较大波动，则这种组合不太适合，因为所连接的电源是根据小时功率峰值的要求设计的。

（3）用作缓冲器的浇注炉　在不同条件下，有浇注炉的串联系统，其有效容量设计为 10t，以满足较大波动的铁液需求。与图 5-243 中的生产模式 2 对比，在与 8t/h 相同的生产率下可以利用容量 6t 的小熔炉替代 8t 熔炉，用较低的 4600kW 功率替代 6000kW，每 12min 出 2t 铁液。图 5-245 的是以表 5-22中的数据为基础的。

表 5-22 一个串联安装组合浇注炉的特征数据

熔化 6t 铁液，1400℃（2550℉）	43.5min
除渣、取样、测温	15min
加热到浇注温度	2.5min
每 12min 的浇注量	2000kg
全部浇注时间	26min
熔炉向后倾斜第一次浇注	3min
每炉总时间	90min
全串联系统的时间	45min

图 5-245a 所示为向浇注炉中注满至液位的过程；这表明缓冲容量可以满足不同时间的铁液需求。在保温模式下，完全清空相应的串联炉子所需的时间减少到 26min（见图 5-245b）。如果操作运行没有问题，则在剩余 15min 的同时用来作为冶金过程（见图 5-245c），电源的功率利用率可达 97%。采用浇注炉替代非加热系统，由于熔炉体积较小，负载较低，可进一步显著降低熔炼成本。与此相反的是灵活性有限，以及与无加热浇注系统相比其浇注炉成本较高。尽管在使用浇注炉时考虑了相关物流等配套系统因素，但与无加热系统比较其技术优势仍然存在，也就是说，在较长时间里，用于浇注的保温金属液，可以精准地调整浇注温度和金属液的化学成分，并保持恒定。

3. 熔炼和浇注的优化设计

为一个或多个铸造厂的特定生产范围正确选择熔炼、保温和浇注设备以及相关炉子的设计是一个优化课题。为满足不同时间不同的铁液要求，必须保证以最小的储存量连续生产，同时最大限度地利用最小功率，争取较高的电源利用率和最低的电源成本。工厂的生产模式必须将最低投资与运行成本以及操作过程的高可靠性和灵活性结合起来加以考虑。

根据上述运行图，为了解决这一复杂问题（见参考文献 47），在模拟软件包的基础上，开发了熔炼工厂的设计（ABP 感应系统）。通过为每个工艺（能量供应、熔炉、输送系统、造型工厂）建立单独的模型，可以模拟不同工厂的生产模式，并对特定生产过程的适应性进行评估。

图 5-246 所示为熔炼和保温优化设计的过程模拟，显示了铸造厂连续生产的熔炼和浇注系统的模拟过程。根据生产时间，使用上述运行图对工艺进行审查，运行图记录与工艺相关的变量，生产过程中的瓶颈通过可视化变量来识别，如功率消耗、熔炉和铁液包的液位高度，以及浇注系统中金属液的容量，然后通过修改设计来纠正调整。

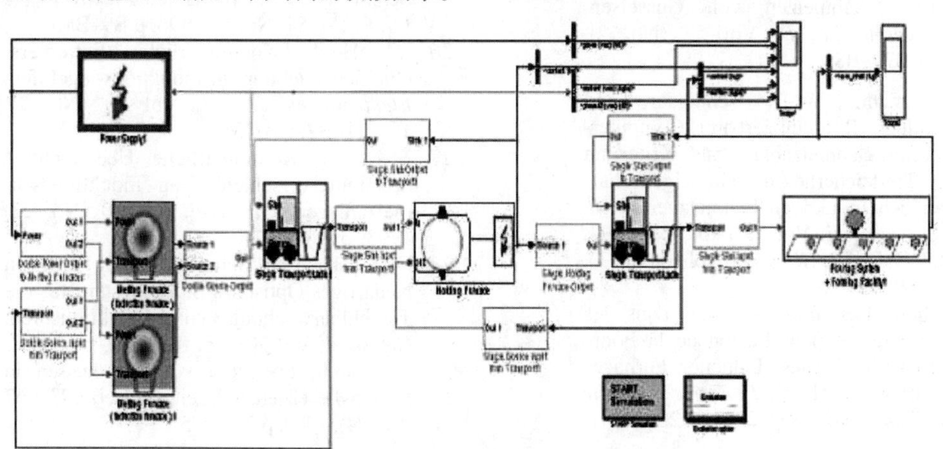

图 5-246 熔炼和保温优化设计的过程模拟

参考文献

1. F. Neumann, *Gusseisen: Schmelztechnik, Metallurgie, Schmelzbehandlung,* Renningen-Malmsheim, Expert-Verlag, 1994
2. E. Dötsch, Verfahrenstechnische Nutzung der Badbewegung im Induktionstiegelofen. *Giesserei,* Vol 88 (No. 6), 2001, p 43–48
3. E. Dötsch and H. Gillhaus, Der Leise Mittelfrequenz-Tiegelofen für Hohe Schmelzleistungen, *ABB Technik,* (No. 4), 1993, p 233–238
4. K. Hengstler, W. Schwanke, and E. Dötsch, Schmelzen von Gusseisen in Hochleistungs-Induktionstiegelöfen, *Giesserei,* Vol 81 (No. 3), 1994, p 60–66
5. E. Dötsch and H. Doliwa, Wirtschaftliches Schmelzen in Mittelfrequenz-Induktionsöfen, *Giesserei,* Vol 73 (No. 17), 1986, p 495–501
6. E. Dötsch, Energiesparendes und Umweltschonendes Schmelzen von Gusseisen im Induktonstiegelofen, *Giesserei,* Vol 88 (No. 10), 2001, p 25–29
7. G. Dybowski and D. Hartmann, Einsatz von Mikrolegierten und Verzinkten Stahlschrotten zur Herstellung von Gusseisen in Hochleistungs-MF-Induktionstiegelöfen, *Giesserei,* Vol 91 (No. 6), 2004, p 50, 52–54, 56, 58, 60
8. B. Harfer, Sprue Crasher Lowers Melting and Power Cost, *Foundry Manage. Technol.,* Vol 131 (No. 11), 2003, p 14–16
9. W. Bauer, Einfluss der Aufkohlung auf den Keimzustand von Induktiv Erschmolzenem Gusseisen, *Giesserei-Rundschau,* Vol 37 (No. 9/10), 1990, p 18–22
10. E. Baake, E. Dötsch, G.W. Drees, and B. Nacke, Verfahrenstechnische Wirkungen der Badbewegung im Induktions-Tiegelofen, *Elektrowärme Int.,* (No. 3), 2000, p 109–117
11. H.W. Egen, Effektive Anlagensysteme zum Induktiven Schmelzen von Gusseisen, *Elektrowärme Int. B,* Vol 53 (No. 2), 1995, p B79–B85
12. F. Neumann, W.-D. Schneider, and R. Schilder, Reproduzierbarer Computergesteuerter Schmelzablauf als Kriterium für die Treffsicherheit der Gusseigenschaften bei den Induktiven Schmelzverfahren, Part 1, *Giesserei,* Vol 79 (No. 23), 1992, p 973–979; Part 2, *Giesserei,* Vol 80 (No. 3), 1993, p 69–76
13. G. Tihon, Les Encrassements dans les Fours à Creuset pour Fusion de la Fonte (Build-Ups in Coreless Induction Furnaces for Melting Cast Iron), *Fonderie Fondeur Aujourd'hui,* (No. 239), 2004, p 20–32
14. R.L. Naro and D.C. Williams, Mild Fluxing Restores/Maintains Electrical Efficiency in Channel Induction Furnaces, *Foundry Manage. Technol.,* Vol 116 (No. 1), 2008, p 20–21
15. D. Richarz, Einschmelzen von Verzinkten Blechpaketen in Einer Mittelfrequenz-Schmelzanlage, *Giesserei-Erfahr.,* (No. 10), 2004, p 2–5
16. C. Cadarso and M. Losada, Schmelzen von Zinkbeschichteten Blechen in Modernen Induktionstiegelöfen, *Giesserei,* Vol 89 (No. 3), 2002, p 25–30
17. G. Dybowski, S. Niklaus, and W. Schmitz, Schmelzen von Kritischen Schrotten, *Giesserei,* Vol 91 (No. 9), 2004, p 30–32, 34, 36, 38, 40–41
18. G. Wirsig, High-Density Shavings Briquettes for Iron Foundries, *Cast. Plant Technol. Int.,* (No. 3), 2007, p 2–4, 6–7
19. A. Jenberger, Brikettieren von Gussspänen, *Giesserei,* Vol 94 (No. 5), 2007, p 70–72, 74
20. M.P. MacNaughtan, D. Eggleston, and N. Richardson, Advances in the Melting of High Quality Grey Iron Automotive Castings at Precision Disc Castings, *Foundry Trade J.,* Vol 180 (No. 9), 2006, p 231–234
21. U. Kalla, G.H. Lange, and H.D. Pantke, Die Verfahren der Direktreduktion von Eisenerzen unter Berücksichtigung ihrer Erzversorgung, *Stahl Eisen,* Vol 91, 1971, p 809–815
22. E. Dötsch, Zum Einsatz von Eisenschwamm in der Gießerei, *Elektrowärme Int. B,* Vol 32 (No. 5), 1974, p B273–B277
23. R. Kraus and H. Pyter, Induktionsofenanlage zum Schmelzen von Gusseisen aus Eisenschwamm, *BBC-Nachrichten,* Vol 95 (No. 1), 1983, p 25–34
24. E. Dötsch and G. Ulrich, “Kritische Bereiche der Feuerfestauskleidung von Induktionstiegelöfen,” Workshop AW 5.1, 15th Int. ABP Customer Congress, April 2006 (Dortmund, Germany)
25. B. Nacke, W. Andree, and F. Neumann, Wirtschaftliches und Umweltfreundliches Schmelzen in Induktionsöfen, *Elektrowärme Int. B,* Vol 54 (No. 1), 1996, p B9–B15
26. M. Hopf, Kontinuierliche Futterverschleißberwachung an Induktionstiegelöfen, *Elektrowärme Int. B,* Vol 50 (No. 2), 1992, p B229–B235
27. M. Hopf, Kontinuierliche Überwachung des Futterverschleißes an Induktionsschmelzanlagen, *Giesserei,* Vol 80 (No. 22) 1993, p 746–751
28. F. Donsbach, W. Schmitz, and H. Hoff, Ein Neuartiges Optisches Sensorsystem für die Tiegelüberwachung von Induktionsöfen, *Giesserei,* Vol 90 (No. 8), 2003, p 52–54
29. E. Dötsch, Speichern von Flüssigeisen in Induktivbeheizten Anlagen, *Giesserei,* Vol 67 (No. 24), 1980, p 771–775

30. B. Schulze Zumhülsen, Verbesserungen des Produktionsablaufes durch Einsatz von Speicher-und Duplizieröfen, 12th International ABB Congress for Induction Furnace Plants, April 1991 (Dortmund, Germany), p 111–130
31. G. Hesse, Betriebserfahrungen mit Einem 40t-Tiegelofen zum Speichern und Schmelzen von Gusseisen, 11th International BBC Congress for Induction Furnace Plants (Dortmund, Germany), 1986
32. E. Dötsch, Optimierte Flüssigeisenversorgung durch Induktions-Tandemanlagen und Automatische Gießeinrichtungen, *Giesserei-Prax.*, (No. 2), 2000, p 79–84; *Hommes Fonderie,* (No. 301), 2000, p 29–34
33. E. Dötsch and H. Sander, Rinnenofen Intelligent Eingesetzt, *Giesserei,* Vol 95 (No. 5), 2008, p 96–98, 100–101, 103–105
34. E. Dötsch, Automatisches Gießen von Gusseisen mit Beheizten und Unbeheizten Druckbetätigten Gießeinrichtungen, *Giesserei,* Vol 91 (No. 3), 2004, p 56–62
35. D. Rowe and W.J. Duca, Surviving a Blackout, *Mod. Cast.,* Vol 94 (No. 9), 2004, p 26–29
36. E. Dötsch, Höhere Produktivität durch Weiterentwickelte Gießöfen, *Giesserei,* Vol 83 (No. 16), 1996, p 42, 44, 49–51
37. E. Baake and M. Langejürgen, Numerische Simulation der Instationären Schmelzenströmung und Temperaturverteilung im Induktions-Rinnenofen, *Elektrowärme Int.,* (No. 1), 2009, p 35–40
38. E. Dötsch, H.A. Friedrichs, and R. Hengstenberg, Zum Magnesiumabbrand in Eisenschmelzen, *Arch. Eisenhüttenwes.,* (No. 12), 1980, p 501–505
39. E. Dötsch and W. Mainz, Zum Speichern und Gießen von Magnesiumbehandelten Gusseisen, *Giesserei,* Vol 67 (No. 18), 1980, p 555–558
40. U. Heymann, Erfahrungen mit dem Automatischen Gießen von Mg-Behandeltem Gusseisen bei Wechselnden Werkstoffsorten, *Giesserei-Erfahr.,* (No. 2), 1999, p 51–54
41. W. Knothe, Betriebserfahrungen mit Einem 30 t-PRESSPOUR-Gießofen, 15th International ABP Customer Congress (Dortmund, Germany), 2006, p A4.1–A4.4
42. H. Deinat, Betriebserfahrungen mit Unbeheizten Gießsystemen bei MTK Sachs Giesserei GmbH, 15th International ABP Customer Congress (Dortmund, Germany), 2006, p A5.1–A5.6
43. H.-J. Kroes and R. Sesing, Automatisches Gießen mit Optipour, 15th International ABP Customer Congress (Dortmund, Germany), 2006, p A3.1–A3.6
44. M. Lehmann and M. Schemionek, Gegenüberstellung von zwei Gießeinrichtungen, *Technikerarbeit,* Wilhelm-Maybach-Schule, Stuttgart, 2007
45. B. Nacke, Speichern von Gusseisenschmelzen in Induktionsöfen—Stand der Technik, *Giesserei,* Vol 85 (No. 8), 1998, p 51–54
46. C. Hövekenmeier, Automatisches Gießen von Fe-Werkstoffen mit Stopfenbetätigten Einrichtungen, *Giesserei-Erfahr.,* (No. 7), 2002, p 323–326
47. J. Himmelmann, Process Engineering mit dem ABP Melt Shop Designer (MSD), 15th International ABP Customer Congress (Dortmund, Germany), 2006, p A13.1–A13.4

5.8 感应炉在钢和有色金属生产中的应用

Erwin Dötsch，ABP Induction Systems

坩埚式感应炉越来越多地在中小型钢铁厂得到应用，与电弧炉相比，其在工作环境的友好及熔炼过程的经济性方面都具有优势。坩埚式感应炉主要用于炉料重熔设备，酸性耐火炉衬是由烘干的以 Al_2O_3 为基的尖晶石组成，其余部分与坩埚炉熔化铸铁大致相同，第一台大型工频感应炉早在20世纪70时代末就已问世，更先进（如使用中频电源）的大型熔炉也已经开发出来，用于生产合金铸钢件。图5-247所示为钢铁铸造厂38t/16MW/250Hz坩埚感应炉出钢前的情况。此类炉主要生产优质的大型汽轮机和压缩机等重型机械用的铸钢件，炉子的功率为1600kW/250Hz，这是目前为止（2013年）铸钢厂最大的感应炉，是具有金属液量大、回收率高等经济优势的熔化设备。

早期的实践表明，对这种新熔化炉的高期望值是能够实现的，在中性烧结炉衬中的钢金属液，装料过程中可以采用气体燃烧保温在1100℃（2010℉）左右，长时间停炉，冷却到室温。可以用程序控制的燃烧器加热重新启动，扒渣后，合金金属液从感应炉倒入钢包，立即送入真空吹氧脱碳装置中。

（1）电源频率与气体的吸收　铸钢金属液熔化中的关键在于吸收气体，氢吸收问题特别敏感。甚至会受到空气湿度的影响，以致铸件凝固中会产生气泡，造成铸造缺陷。采用频率为1000Hz的中频（MF）炉（较铸铁熔炉的频率高），以便降低熔池的搅拌，减少气体吸收。由于较小的匝间电压和炉子电流，以及更好的操作可靠性，增强了消除较低频率中频炉的缺点，降低了金属液对炉衬的渗透，并且由于悬浮氧化物高度的均匀分散，提高了金属液的质量，即使金属液由于强力搅动，易产生合金偏析。

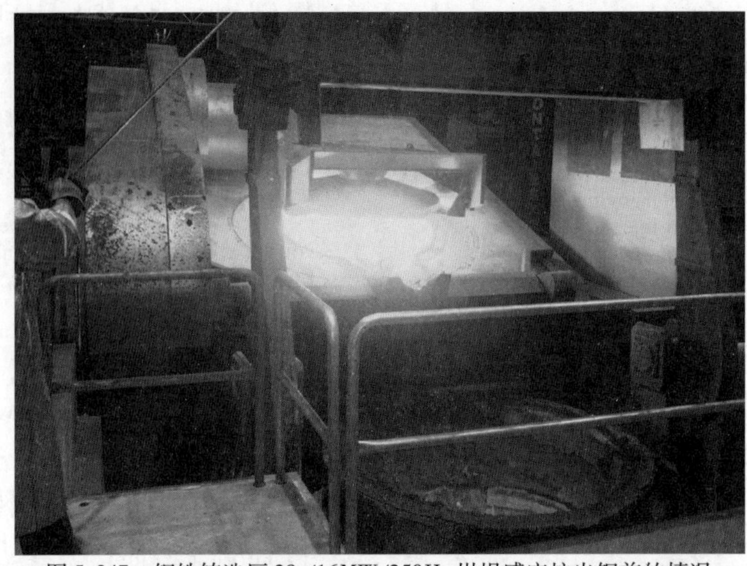

图 5-247 钢铁铸造厂 38t/16MW/250Hz 坩埚感应炉出钢前的情况

尽管已经知道熔池搅动与溶解气体之间的关系，但是如果遵照以下规定，仍然可以使气体含量保持在临界值以下：即以正确的频率熔化铸钢。炉料尽量干燥、不生锈，没有油脂和润滑剂。炉料装入空炉后，马上加热坩埚，后续的炉料随即连续装入，同时继续加热到熔化，熔池表面持续覆盖固体炉料，这种方法的气体吸收量最少，因为金属液的温度接近熔化温度，可以避免金属液与大气的密集接触。

熔化期结束时，熔池搅拌开始，此时炉内金属液比线圈高出 200～300mm（8～12in），表面既无凸出的液面，也没有湍流，当金属液被加热到出炉温度时，通过加入适量覆盖剂，即使是快流速，金属液在覆盖剂的密盖下，也能有效避免大量吸收气体。

鉴于此，必须力图避免以下两种情况：部分金属液倒出，以致炉内金属液面低于线圈高度而过热，在过热过程中，金属液和大气的过度接触，增加了气体的溶解度；再者炉内的残留铁液，多次过热成为富含气量的金属液。来自铸钢厂的实例如下，不同的合金钢分别在 500kW/1000Hz 的 550kg 坩埚炉和 1250kW/500Hz 的 1600kg 坩埚炉中熔化。由于技术上的原因，两熔炉的装液量相同，均为 550kg，如此较小的炉子每次将钢液倒空（装入炉料—熔化—浇注型模），而 1600kg 的炉子中约有⅔的残留钢液。图 5-248 所示为在 1.6t/1250kW/500Hz 中频感应坩埚炉中氢吸入量与出钢次数和残留铁液操作时间的关系。在两个不同的炉子中熔化操作全过程的氢含量，开始冷启动时，炉料中的氢含量是相同的，约为 3～5cm^3/100g 金属液，但是在每次有残留钢液的炉内，氢含量会随着出钢次数而上升，在第三次出钢时，钢液中的氢含量严重超标，为 8～9cm^3/100g 金属液，可见，氢含量的决定因素并不是频率，而是炉子的运行方式。

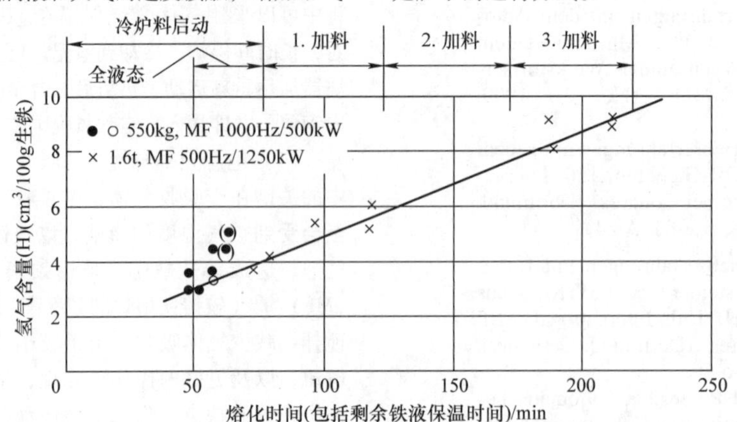

图 5-248 在 1.6t/1250kW/500Hz 中频感应坩埚炉中氢吸入量与出钢次数和残留铁液操作时间的关系

（2）成分调整 铸钢生产中产品的各种合金成分范围很大，如同铸铁一样，调整装料顺序以在熔化期结束时获得尽可能接近目标规定的金属液成分，这意味着合金元素主要以铁合金材料加入，必须考虑到不同合金熔化的损耗，因此需要对合金化进行差异化管理，并允许熔化操作者进行这些基础工作，具有一定的经济意义。

与铸铁熔炼相比，铸钢工作者需要组织管理低成本的炉料，铸钢的成分控制并不是依靠一种原料，而是多种原料的叠加，才能达到规定所需要的成分，需要考虑不同成本的原料。例如，关于碳的成本，要考虑石墨的各种存在形式以及合金渗碳剂。

铸钢工作者要应用铸钢专用计算软件模块，优化原材料的输入和控制合金化过程。

5.8.1 坩埚式感应炉在小型钢厂的应用

在全球的电炉钢生产中，电弧炉（经典的熔化设备）的比例超过了40%并有上升趋势。随着变频器生产发展到18MW，坩埚式感应炉成为年产量在100000~600000t之间的小型钢厂电弧炉的替代品。

1. 感应炉与电弧炉的对比

由于操作简单且投资成本相对较低，以下特点使小型钢铁厂对应用感应炉很感兴趣：

① 对电网的要求较低，可用柴油机或燃气发电机供电。

② 较少的环境和工作场所兼容性的费用。

③ 特别是炼制合金钢，金属炉料的收益率高。

④ 无电极材料的消耗。

⑤ 相对小的空间要求。

1）与电弧炉相比感应炉的第一个特征是：耐火材料炉衬的壁厚较薄，存在形成裂缝的风险，可能会导致操作故障。因此，耐火炉衬必须在任何时候都保持高温。另一方面，以金刚砂为基的尖晶石成形耐火材料炉衬的应用经验表明，这种类型的炉衬能够满足钢液熔化过程中温度变化的要求。

2）与电弧炉相比感应炉的第二个特征是：对废钢质量的要求比较高。涉及废钢的几何尺寸，必须调整到坩埚炉的相对表面/体积比；废钢的大小不应超过坩埚直径的一半。非金属含量会影响炉渣量和耐火材料的使用寿命，因此，必须保持在合理的范围内。关于金属液的化学成分，应注意的是，由于感应炉特有的熔池搅动效应，可以随时添加（合金化处理）合金。然而，它去除钢液中有关成分的能力是非常有限的，例如，降碳要用吹氧处理。

感应炉熔池的搅动也使感应炉适合于熔炼海绵铁，如在铸铁熔炼中所叙述的，向钢液吹火使残余铁氧化物分解起泡，并阻止金属液流出。印度钢铁厂有容量高达16t、功率8000kW中频坩埚式感应炉的生产经验，直接加入还原铁和热压块铁高达70%。

2. 熔炼要求

生产电炉钢时，长期的经济效益表明，在熔化炉中不作大量的冶炼操作，而是在下游设备中进行，如钢包炉、真空系统或吹氧的转炉。生产金属液的过程为熔炼、处理和铸造三个阶段，见图5-249。工艺流程是由连续浇注的要求决定，通常，从位于上面的钢包向中间浇包连续供给钢液，并从钢包炉底部流完；浇注40~60min后，更换钢液包，用时3~5min。在这段时间内中间包有足够的金属液，可不间断地浇注20次（即所谓的连续浇注），然后进行维护工作。最重要的是需更换中间包，通常大约需要2h。在从准备直至浇注钢液的过程中，周期为22h/天，40~60min是准备，大约2h用于熔化和处理系统的维护。

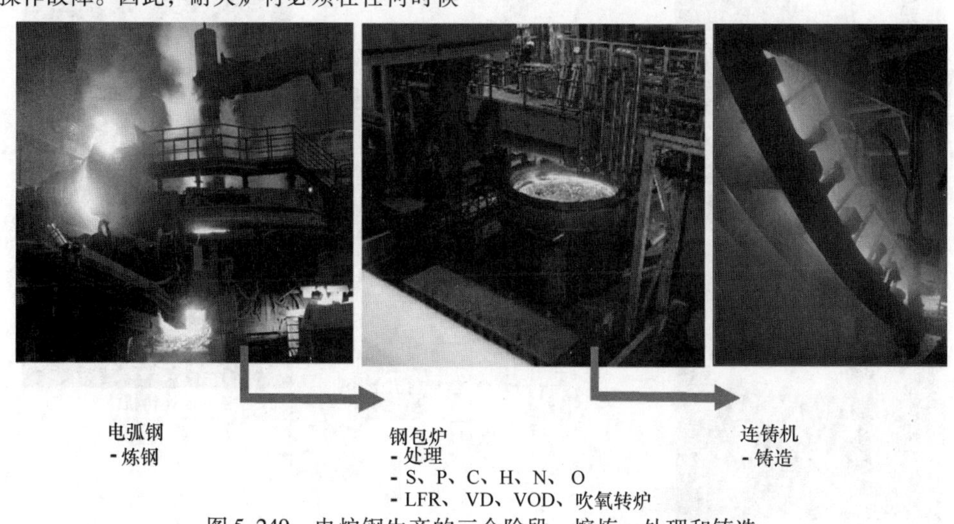

图5-249 电炉钢生产的三个阶段：熔炼、处理和铸造

LFR—铁包炉精炼 VD—真空脱气 VOD—真空吹氧脱碳

3. 多品种钢的生产

小型钢铁厂（100000～600000t/年）生产钢的品种包括简单的结构钢和高合金特殊钢。对于它们的处理系统以及熔化过程有着不同的要求，随后将予以说明。

（1）结构钢　只有在极少数情况下，钢屑的化学成分完全符合要求时，感应炉可以作为冶金厂里少量的重熔设备。图 5-250 所示为感应炉生产结构钢时以挑选的废钢和铸件为原料，炉料不需处理的车间布局。

图 5-251 所示为在电弧炉和感应炉中熔炼结构钢，再装入钢包炉处理后，连铸，这是在炼钢厂使用感应炉生产结构钢的第二个应用实例。除电弧炉坩埚炉，也用作熔化设备。50min 周期中可生产 100t 的钢液，其中电弧炉熔化 80t，加上坩埚式感应炉熔化的 20t，这 100t 钢液在钢包炉内进行脱硫、脱氧，调整成分和温度，并在浇注前用氩气冲洗。感应炉为两个 25t 坩埚炉，由 16MW/250Hz 的双电源供电。一个熔炉在熔炼，另一个炉子是用新的耐火炉衬准备，炉衬中的尖晶石在 60～80 次装料后形成块状 Al_2O_3。以废钢屑作原料向 100t 炉的炉料中加入合金成分，再将炉料装入高回收率的感应炉钢液中，并在钢包炉中进行进一步的熔炼。

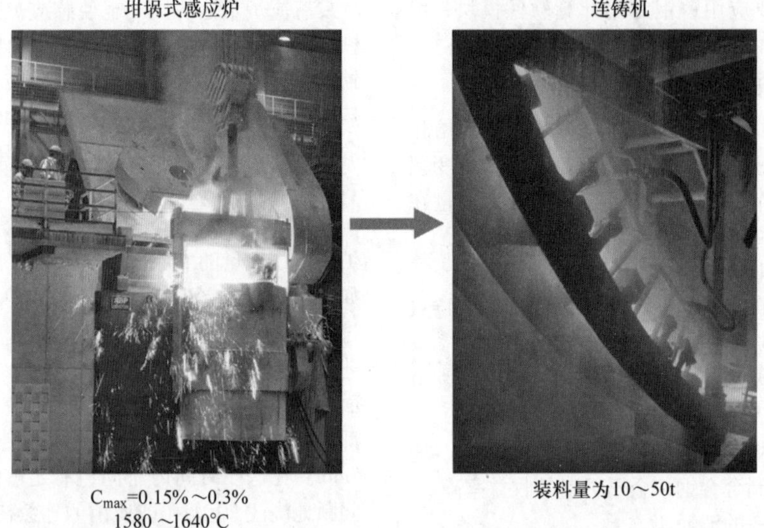

图 5-250　感应炉生产结构钢时以挑选的废钢和铸件为原料

电弧炉

材料添加

电能输入

炉渣称重和成分调整

硫平衡

脱硫

钢液温度

搅拌气体

钢包炉

连铸机

坩埚式感应炉

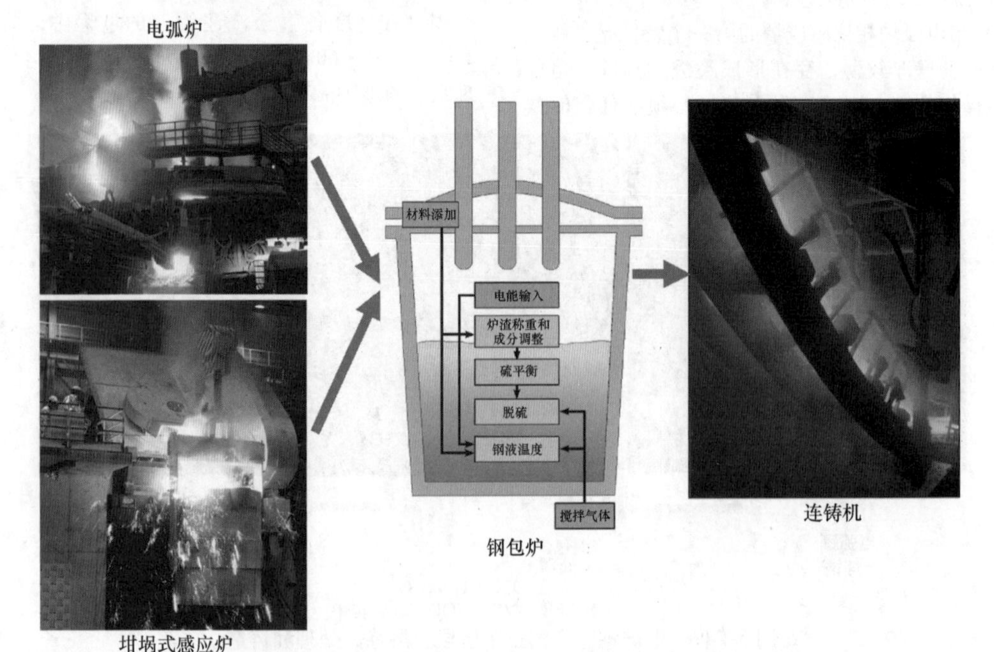

图 5-251　在电弧炉和感应炉中熔炼结构钢，再装入钢包炉处理后，连铸

在第三个案例中，坩埚式感应炉是唯一的熔炼设备。炉料主要在坩埚炉中熔化，冶金处理完全在其中进行。与上述情况不同的是，除磷和脱碳等是预先在电弧炉熔化中吹入氧气。众所周知，在感应炉这是不可接受的，因为不适当的炉料表面/体积比对感应炉的内衬易造成高磨损。为了妥善解决该问题，要选用钢屑和比例较小量的铸铁（不需要脱碳）作炉料，或采用连接负载相近的电弧炉作为处理设备替代钢包炉。脱碳和除磷以及其他冶金过程通常在钢包炉中进行，然后在电弧炉中进行熔炼。

(2) 合金钢 图5-252所示为一个感应熔化炉和一个吹氧转炉（或真空系统）组合用于钢液连铸生产线。与电弧炉熔炼相比，感应炉熔炼可以采用较高含碳量的廉价铁合金，同时减少了熔炼中的损耗，提高了经济效益。另一个优点是，与前述相比，出钢温度较低（约100K），延长了耐火材料的使用寿命、降低了能耗。

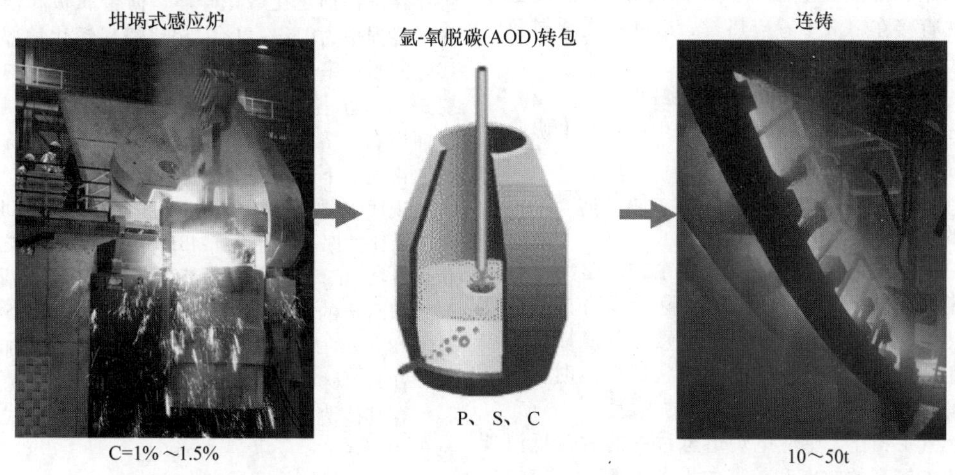

图5-252 一个感应熔化炉和一个吹氧转炉（或真空系统）组合用于钢液连铸生产线

4. 感应熔炼装置生产结构钢钢坯的实例

表5-23为所需生产结构钢钢坯的成分。

表5-23 所需生产结构钢钢坯的成分
（质量分数,%）

碳	0.15%～0.3%
锰	0.6%～1.6%
硅	0.15%～0.5%
磷	<0.04%
硫	<0.04%

较低比例的铸铁以及经过分选和粉碎的废钢作为炉料的生产数据见表5-24。

感应熔炼炉的布置如下：配置3台坩埚式感应炉，每台的有效容量为23t，其中两台用于熔化46t的炉料，而第三台是维修准备更换新的耐火材料炉衬。每台熔炉的负载是根据65min的周期计算得来的。扣除15min的清渣、出钢和第一次进装炉，余下50min作为熔化时间。因此，功率P为

$$P=560\text{kW}\cdot\text{h/t}\times23\text{t}\times(60\text{min/h}\div50\text{min})\approx16000\text{kW}$$

耐火材料的使用寿命是70～100炉，或在每天进料22次的生产条件下，持续3.2～4.5天。维修重新砌筑耐火材料约需1.5天，要保持两台炉在熔化，每台炉的开炉时间为3天，另一台炉维修耐火炉衬作备用。

两台平行运行的23t熔炉每65min熔炼46t的炉料。熔化后在钢包炉中进行处理，然后运到连铸生产线，23t/16MW坩埚式感应炉的消耗数据见表5-25。

表5-24 所选炉料的相关生产数据

结构钢钢坯产量	300000t/年	结构钢钢坯产量	300000t/年
每年的工作日，包括维护22日、停机23日，93.7%的可利用性	310	全年生产310天，每天生产310000t金属液	1000t/天
进料量的收益率	95%	装炉料46t	22装炉次量/天
20次装炉量中返回料的比率	3%	每次装炉料的时间(24÷22)×60	65min
熔化钢液量	310000t		

表 5-25　23t/16MW 坩埚式感应炉的消耗数据

熔炼炉耗电	560kW·h/t
耐火材料消耗量（70 炉为一个周期）	3.25kg/t
钢包炉的能耗	32kW·h/t
钢包炉的电极耗量	0.3～0.4kg/t

5.8.2　感应熔炼设备在铝工业中的应用

铝工业中应用感应炉熔炼和浇注的甚多，主要优点为金属液质量高、灵活性大、操作简单和环境良好。与燃料加热或电阻加热炉的间接加热不同，感应加热直接在熔液中感应热量。这种不需要过热的热源传输热能有以下优点：

1）金属和合金材料的熔炼损耗最小。

2）在表面上形成浮渣，金属液中氧和氢的吸收率保持在较低的水平。

3）不会发生液面上方温度高于金属液而导致耐火炉衬的烧损。

另一个优点是没有能源燃烧残余物，避免了金属液质量的下降，符合环保要求。除了没有加热时的过程热源，感应熔炼的特点是电磁力有搅拌金属液的作用。熔化小炉料（碎片、箔状废料）时，感应熔池搅拌的好处是能改善金属液的质量。

与燃气炉相比，感应电炉熔炼过程的效益抵消了电力成本较高的缺点和较高的设备投资。感应炉较低的金属损耗、更大的灵活性、严格的金属液质量要求和更好的环境相容性，相比燃油炉，在技术和经济各方面都有优越性。

1. 坩埚炉在铸造厂的应用

当制造铝铸件时，通常需要各种成分的铝合金。尽管与槽式感应炉相比其电效率低，大约相差 12%，坩埚式中频感应炉通常都是合适的熔炼设备。在钢铁厂它已经成为一个标准的熔化装置部署在化铁炉旁边，先进的中频电炉也适用于熔铝。

（1）冶金过程的效益　直接的电能传输和熔池搅拌（能有目的地影响），可控制坩埚炉的熔化过程，使炉料和合金材料的气体吸收及熔化损失达到最小化。特别是在熔化碎屑、薄金属板和箔状炉料时，烧损率为 1%～2%，相比燃料熔化炉部分高达 10% 的损耗率是非常有利的，金属液吸收的气体主要是氢，防止办法是金属液尽可能避免接触潮湿。然而坩埚式熔化炉容器的形状适合于搅拌除气，脱气通常是在下游设备中进行的。

现代中频坩埚炉的另一个优点是可达 500kW/t 容量的高比功率。能耗介于 485～525kW·h/t 之间，熔化炉料约 1h，且任何炉料都可以采用，只要满足几何形状和冶金的要求。例如，工厂用容量 13.5t、功率 4MW/85Hz 的坩埚炉，假设残余铝液 2.5t，加入铝碎片、管、型材等回收料，可达到铝熔化率为 7.7t/h。

在其他情况下，中频坩埚炉的操作方式与熔化过程相同：

1）串联系统连续供给浇注站。

2）移动的装料容器，通过振动给料机或输送带，将炉料输送入坩埚炉。图 5-253 所示为从一个 2.5t 的熔铝保温炉中浇注出铝液。

图 5-253　从一个 2.5t 的熔铝保温炉中浇注出铝液

3）熔化操作通过控制系统实现自动化，并由计算机监控。

（2）坩埚炉重熔　如果上游是燃料燃烧炉或铝液由熔炼车间提供，坩埚式感应炉则作为金属液合金化和过热处理装置，进行精确的温度控制以及强烈的熔池搅拌，坩埚炉为较低的功率，电源频率接近工业频率。一个实例是在汽车厂的压铸车间，由两台3.7t坩埚式感应炉装置串联组成，每台都配有1000kW/200Hz双频器中频感应电源。即使工厂生产处理容易偏析或难以溶解的硅合金化的铝硅合金，也能获得精确成分和均匀温度的金属液。

原生铝和再生铝主要是考虑回收再生铝的收益率，其中大部分是重熔的。超过一半的铸造铝合金在这里熔化，铸成块和锭送到铸造厂再次融化。一个更合理的解决方案是在金属液状态下交货，这样可以大大节省能源和金属损失，在生态和经济上均具有较大意义。在这种情况下，以坩埚炉中铝液交货是具有特殊意义的。

（3）耐火材料的性能　中性、干燥的氧化铝块通常用于耐火炉衬，如质量分数为90% Al_2O_3 和4.5% SiO_2 的砌块，在这些材料中先加入烧结剂，在相对低的温度下，即在形成陶瓷链之前进行预烧，夯实的莫来石或耐火黏土的基体（质量分数为25% Al_2O_3、61% SiO_2、4% H_2O）具有良好的效果。然而，由于它们在制成新的耐火炉衬时需要较长的干燥时间，目前这些材料都较少使用。在坩埚壁上炉料的黏结堵塞是一种值得注意的现象，尤其在熔化小块炉料时。由于炉料的表面积大且携带空气中的氧，熔池中的金属液易产生氧化物；熔池搅拌会使一些氧化物分离在坩埚壁上，有净化金属液的作用，但炉壁厚度会增加，导致电能利用率降低，且对耐火炉衬有害。图5-254所示为熔炼铝时在坩埚壁上形成的沉积层。如果炉壁中允许形成这样充满金属的洞穴，那么封闭在炉壁中的金属会感应过热，且这种低黏度的金属夹杂物会渗入到耐火炉衬中，导致炉衬过热；在极端情况下，温度超过耐火材料的熔点，造成炉壁开裂。

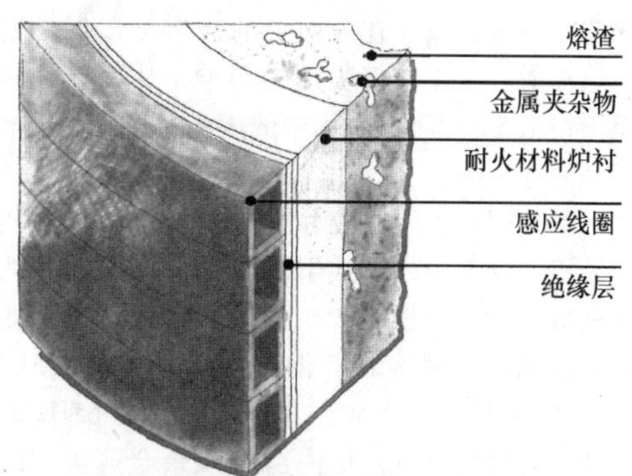

图5-254　熔炼铝时在坩埚壁上形成的沉积层

因此，必须定期清理坩埚壁，至少每班一次。现在已经有了清除坩埚壁的机械设备，可以避免这种令人不愉快的体力劳动。这些设备安装在充满金属液的坩埚炉上方，利用液压工具在几分钟内即可从顶部到底部铲掉坩埚炉壁上的沉积物（见图5-255）。

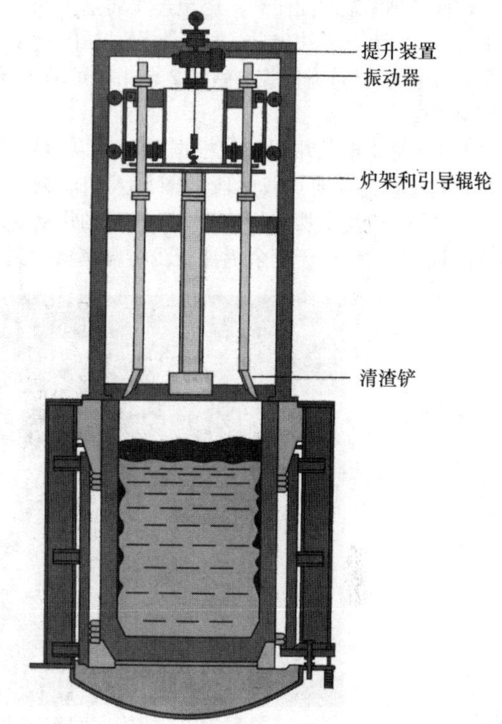

图5-255　坩埚清洗设备

2. 铝屑的熔化

碎切屑和薄壁金属是一种廉价的原料，坩埚式感应炉在熔池中的感应搅拌作用，特别适合于熔化这类炉料。通常，铸铝厂将内部回收的碎屑和从市场上收购来的炉料一起用来生产半成品。

有记载的第一次采用工频（LF）炉生产船用机械零件的是美国一家铸造厂。主要是从内部生产回收的切屑及从外部市场收购使用过的饮料罐（UBC），废料在三个3.2t工频（LF）感应炉中熔化，每台功率为900kW。切屑中的乳化润滑剂比例高达18%，废料在气体燃烧的旋转炉中加热到350℃（660℉）干燥，特别要注意避免氧化，然后运送到一个三段间隔的料仓（按合金分类），再由传送带、气动管道、中间仓、装料坡道装入熔化炉。饮料罐（UBC）和其他大型废料按合金分类由单独装料系统分别装料。假设熔炉的铝液为1.5t，残余炉料模式熔化。碎切屑炉料逐渐加入，达到大约坩埚线圈的高度，漂浮在表面上的碎屑可以保护熔池减少热辐射、气体和氧吸收的影响，从而使金属损耗保持在1.5%以下。坩埚中的熔渣每班使用长柄铁铲手动清理一次。

一家美国铸造厂生产用于热挤压和热/冷锻压的半成品铝，以类似的方式熔炼内部生产中回收的干燥薄壁料及切屑。图5-256所示为西北特种铝业股份有限公司的铝材废料。相互独立的4台7.5t炉，每一台的功率为2200kW，变频器频率为65Hz的感应电源，装料熔化时，炉内留有残余金属液。两条生产线，每条生产线配置2台坩埚炉，铝液倒入用气体燃料加热保温的浇注炉，送至连续铸造生产线。熔化操作由计算机控制，并在监视器上显示，图5-257所示为熔炼车间控制室内2台坩埚炉的监视器控制面板。

由变频器供电的坩埚炉，根据需要可以切入优化的频率或者在不同负载区段线圈切入相应频率。一个例子是在熔化干切屑的7.5t/2500kW的坩埚炉。在熔化期开始时，由于剩余铝液较少将频率增加到100Hz，以半功率加热相对较少的剩余金属液，保护炉衬。然后当金属液加到较高的液面时，用75Hz的全功率。

图5-256 西北特种铝业股份有限公司的铝材废料

图5-257 熔炼车间控制室内2台坩埚炉的监视器控制面板

3. 半成品的熔化

除了用坩埚炉熔炼碎切屑以外，槽式炉通常作为熔化半成品的设备，由于其较高的电效率和生产能力。所需电能由安装在炉底法兰连接的感应器线圈提供，每个感应器功率1500kW产能在0.8~3.1t/h之间。熔池可以配置1个、2个或4个圆柱形感应器；当有多个感应器时，感应器为管状。沟槽式感应铝熔炼炉断面图如图5-258所示。排气罩和炉盖连成一个单元，打开液压滑动门，通过振动送料机进行加料；炉体向后倾斜，从同一个开口，用机械方式从金属液中除去炉渣。这种熔炉的一个特殊功能是转轴倾斜浇注金属液，金属液在密闭的氧化层保护下，从相同高度的流槽，流到浇包炉。

（1）生产工厂的实例　前些年，熔铝厂曾经使用燃气炉，现在应用槽式感应炉已经有一段时间，主要原因是可以减少金属的烧损，这要归因于电磁搅拌的作用。用电加热替代燃气加热熔铝是不是一个总趋势还有待观察。筑炉工程特别是感应加热炉，根据工厂实际获得的经验，将在随后进行讨论。

1981年在汉诺威的一家棒料铸造厂开始了这种类型的大型熔炼厂的生产。由一台50t的感应熔炉和4套800kW的感应器，以及一台配置了2套800kW结构相同感应器的50t浇注炉，还有装料机、金属过滤装置以及铸造机等组成，铝熔化和浇注炉的特征参数见表5-26，总效率高于50%，收益率良好，感应器的使用寿命为7~9个月，运行维护成本相对较低，可以在任何时候综合使用燃气式坩埚熔化炉。

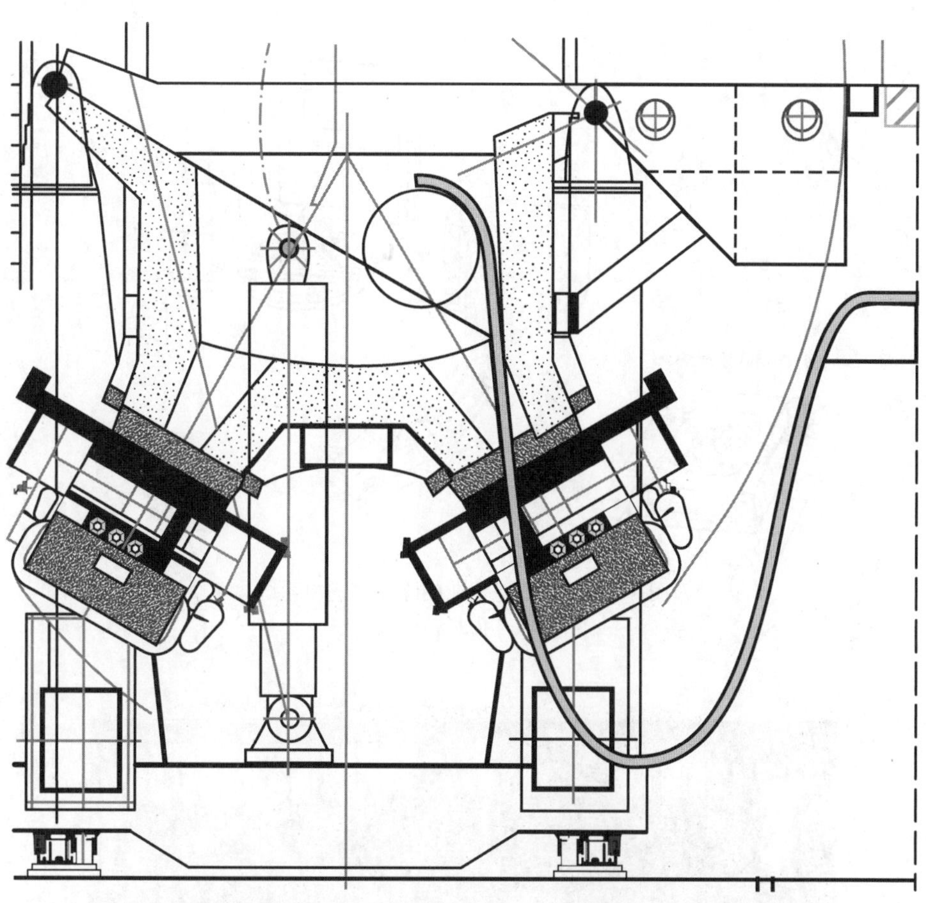

图 5-258 沟槽式感应铝熔炼炉断面图（由 ABP 感应系统提供）

表 5-26 铝熔化和浇注炉的特征参数

熔炉的参数	熔化炉	浇注炉
残留铝液/t	8	5
有效装料量/t	40	40
总容量/t	48	45
感应器个数	4	2
功率/kW	3200	1600
熔化率/(t/h)	7	3
保温功率/kW	430	320
熔化电耗/(kW·h/t)	460	500
总日产量/(t/天)	75～140	

芬斯蓬铝业的除漆和进料系统如图 5-259 所示，备料时首先进行除油，然后在沟槽式感应炉中熔化为（$AlMn_1Mg_1$）合金，炉子容量为 32t，配置有 4 台 750kW 感应器，熔化效率为 4.7t/h，能耗为 530kW·h/t，是在优化了感应器沟槽的几何形状和计算机控制之后，感应器不需要清理，选择沟槽式炉可以熔化大面积的废料而烧损最小。

1991 年，新建铸造铝棒厂装置有一台沟槽式感应炉用于熔化铝合金（见图 5-260）。感应熔炼车间有 4 台 9t 感应炉，每台感应炉配置了 2 套 500kW 感应电源，金属液产量为每炉 2t/h 和 6t 的浇注量；该炉配有排气罩，排气罩安装在各个炉子上；以纯金属、合金化金属、冲压和锻造废料、碎片和条状废料为炉料；熔化铝合金的品种一周更换 2～10 次。

比利时一家工厂，采用感应熔炼生产半成品铝，是这个行业拥有最高性能产品的工厂之一，隶属于具有感应熔炼铝几十年经验的 Aleris 铝业国际。2004 年在该厂投产了一台 70/53t 的沟槽形炉，配置有 4 个 1500kW 的感应器。

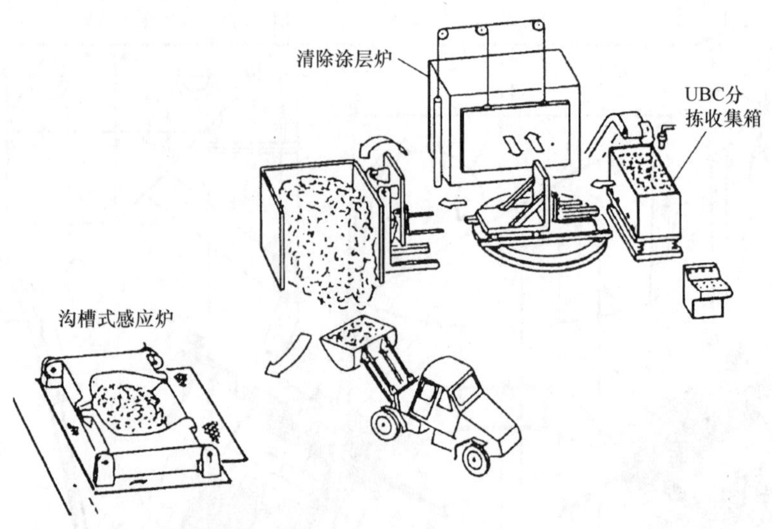

图 5-259 芬斯蓬铝业的除漆和进料系统

UBC—用过的易拉罐

图 5-260 沟槽式感应炉（由 ABP 感应系统公司提供）

（2）感应器耐火衬里的性能 与燃料炉相比，高性能铝熔炼感应器的使用寿命，是此类感应熔铝厂获利的一个决定因素；耐火炉衬的预期使用寿命为 9 ~ 12 个月。熔沟的堵塞和局部浸蚀导致耐火炉衬受损；堵塞可以通过加大熔沟横截面防止，虽然会降低电效率，增加了能耗。采用合适的工艺可以控制熔槽的堵塞，这已经在熔炼铝合金过程中得到证实，在一家法国工厂生产的铝合金半成品中，质量分数为 1% Mn、1.2% Mg 和 0.26% Si 是最关键的堵塞元素，该厂有 2 台槽形炉，每台槽形炉配置 4 个 1000kW 的感应器，除了优化合金外，冲洗也起了主要作用，冲洗包括出炉后倾转熔池及感应器全功率运行 5min。

在感应器的某些部分会发生难以防止的浸蚀，炉衬产生环状浸蚀，见图 5-261，是由于大小从几微米到几毫米的陶瓷颗粒，这些颗粒随金属液的流动在感应器通道中移动，并在非常高速的湍流点上明显形成如图 5-261b 所示的深槽。大多数的陶瓷颗粒似乎源于炉池的耐火炉衬，最佳感应器使用寿命是由新炉衬的熔池实现的。类似的统计数据显示，位于顶部的感应器平均使用寿命高于底部感应器的平均使用寿命，当炉子倾倒时，这些底部的感应器几乎是垂直的，因此更易集聚沉降的颗粒。

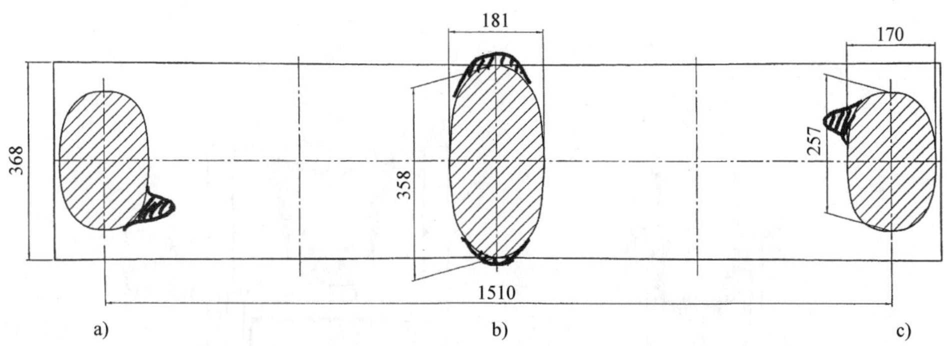

图5-261 铝合金熔炉的感应器中耐火材料炉衬的环状浸蚀（由ABP感应系统公司提供）

尽管采取了各种措施，但不可能完全防止在感应器沟槽内出现陶瓷颗粒。因此，设计工作的目的是设计合理的沟槽几何形状和金属液的流动方式，以尽量减少粒子的有害影响。图5-262所示为感应器沟槽和端部中理想的金属液流动形态。通过计算和测量，感应器沟槽尺寸应设计成在整个通道表面尽可能均匀分布功率密度，以防止过高的局部流速，导致对沟槽的浸蚀。同时，尽可能减小沟槽的横截面，以保持较高的电效率。

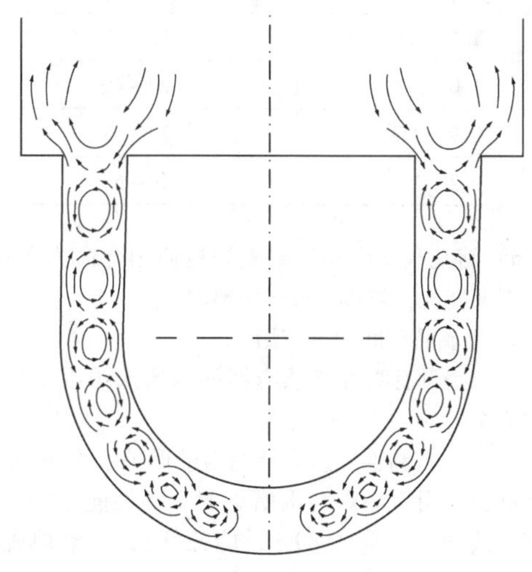

图5-262 感应器沟槽和端部中理想的金属液流动形态

可以采取更多的措施以应对局部浸蚀，铝液接触的耐火炉衬应有一个高度稳定的烧结层。如前所述，以莫来石为基的原料需要熟练的技术捣筑成耐火炉衬，在Al_2O_3干料中加入钢钉加固，经过机械压实，以电或燃气加热到250℃（480℉）进行预烧结，在感应器型模冷却后，将其拆下，并在熔炉上以铝液烧结炉衬。

5.8.3 感应加热在铜材加工中的应用

与燃料冶炼相比，感应加热已广泛应用于熔化铜及铜合金。为适应不同的工艺要求开发了多种设计的设备。在此主要应用的是沟槽式炉，它由于铜的高导电性与坩埚炉相比具有更高的电效率，所以坩埚炉只在一些小企业的铸造车间应用，熔化碎屑生产半成品和熔炼合金，周期很短。

1. 铜铸造厂的感应设备

本节讨论铜熔化炉和浇注铜合金材料的压铸用炉。

（1）熔化 各种结构的中频感应熔化炉可用于熔炼纯铜、黄铜、青铜等生产铸件或以小规模生产多种合金的连续浇注和离心浇注：

1）常规生产的倾倒式坩埚炉。

2）带有弹射坩埚的倾倒式坩埚炉，可以快速更换耐火炉衬，以适应合金化处理（见图5-263a）。

3）升降式坩埚炉，同一个坩埚可用于熔化、转运和浇注（见图5-263b）。

表5-27为熔炼重金属合金用中频坩埚感应炉的特性数据。

运营和冶金工艺过程的经验表明，中频坩埚炉比旧式的燃油炉在环境保护和工作条件等方面，具有更多的优势。以一个红黄铜的熔化和浇注生产厂为例，设置有一台1.7t的中频坩埚熔化炉，功率为1000kW，频率为500Hz，金属液产量为3.25t/h，压力浇注炉，其有效容量为2.3t，感应器电源的功率为130kW。在中频炉中熔化的金属液，每小时倒入浇注炉，金属液通过流槽浇入铸模，计算机控制的流槽塞每隔13s开启一次。

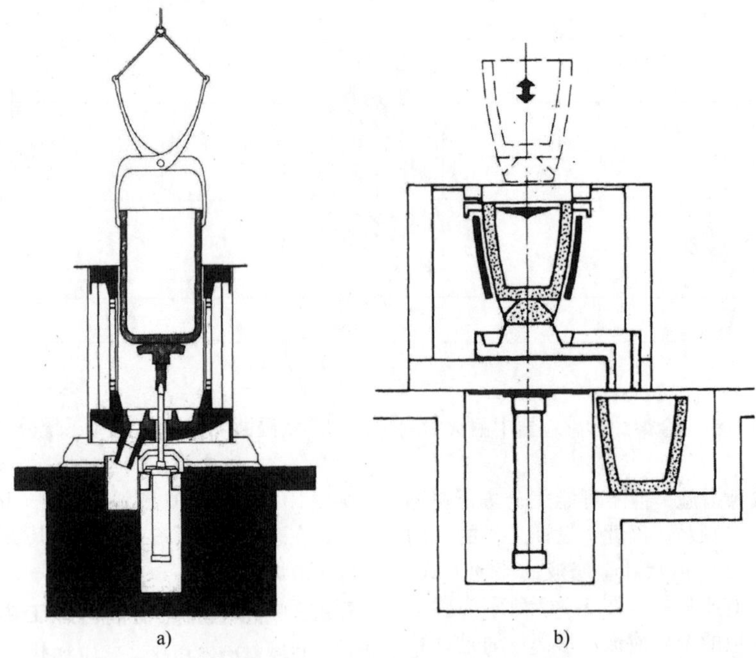

图 5-263 重金属用中频感应坩埚炉

a）带弹射坩埚的倾倒式坩埚炉 b）升降式坩埚炉

表 5-27 熔炼重金属合金用中频坩埚感应炉的特性数据

坩埚容量/kg	频率/kHz	中频电源功率/kW	单位能耗/(kW/kg)	熔炼时间/min
120～200	1	100～200	2.0～1.0	15～30
250～550	1～0.75	200～500	1.0～0.9	20～45
550～1100	0.75～0.50	320～810	0.9～0.7	20～35
1100～2200	0.5	500～1000	0.7～0.5	20～65

（2）压力浇注炉浇注铜材 压力浇注炉通常用于铸铁厂，也适用于自动浇注铜棒料的机械模型厂。这种设备特别适用于铜合金，其特点如下：

1）以 N_2 为压力介质，因此，高气压下的金属液氧化率低，合金成分的金属液可以像镁处理的铸铁金属液一样，保温较长的时间以准备浇注。

2）密闭的熔池可用 N_2 冲洗，电阻加热保温，浇注温度高于 1200℃（2190℉），不需要除渣，熔池每隔 3 周清理 1 次。

3）钼塞的使用寿命为 3 周，多孔砖同样是每 3 周就要更换。塞头可以使用 2～3 次，然后可用作浮子记录熔池的液位，平均使用寿命为 4 周。

4）连续测量浇注炉和熔池的温度，保持稳定在 1265～1235℃（2310～2255℉）。

5）金属液定量自动注入模具 310 个/h，由控制系统面板操控。

6）熔池和感应器的耐火炉衬使用寿命为 3 年；在停工期间浇注炉以 70kW 保温。

2. 半成品车间的感应熔炼

下文是具有高性能感应器的沟槽形炉以及坩埚炉的应用。

（1）具有高性能感应器的沟槽形炉 表 5-28 为铜及铜合金用坩埚炉和沟槽炉的主要性能比较。由于其电效率（约高于 80%，能耗低），沟槽炉通常是半成品铸造厂的首选熔化设备，其高效、高功率感应器，是在 20 世纪 90 年代中期开发的。它具有以下特征数据：

1）最大输出功率：2400kW。

2）感应器的熔化生产率：铜 8t/h，黄铜 11t/h。

3）耐火炉衬使用寿命：6～9 个月。

4）总效率：纯铜 91%，黄铜 80%。

表 5-28　铜及铜合金用坩埚炉和沟槽炉的工艺性能比较

坩　埚　炉	特　　性	沟　槽　炉
相对较低，大约 65%	热效率	比较好，大约 85%
因为很容易清洗，灵活性高	灵活性	低，因为很难清空和关闭
比沟槽炉高约 25%，但可在生产中长时间停炉（如在周末）	能源消耗	低，即使在生产中断期间也有少量保温能源消耗
基本良好，强度取决于功率和工作频率	金属液流动性	上部较低，感应器内部和感应器附近流动性良好
适用于碎屑和固体材料，不适合阴极和大块废料	加料	固体材料和阴极，不太适合切屑；上炉段适应性强
密封困难，不适用	还原熔炼	由于形式灵活，密封性好
很适合，因为良好的金属液流动	氧化熔炼	不太适合，因为金属液流动性较差
换衬容易且便宜，但通常使用寿命短	耐火衬里	感应器换衬容易，上部衬里比较复杂，但使用寿命长
没有问题，通过多孔塞	脱气	无缺陷，通过多孔塞或顶部喷枪
效率低，不太适用	保温	功耗低，性能优异
以牺牲耐火衬里使用寿命为代价	铸造	形式多样
非常好，因为完全排空简单和良好的金属液流动	合金化	不太适合，因为合金的变化和均匀化需要时间
毫无问题	完全排空	存在合金通道结渣问题
更多的铜例外，但对铜合金非常有益	结论	是所有铜牌号的最佳选择，包括青铜和黄铜

这样的高性能感应器熔铜得到验证以后，在 Zutphen 首次建造熔铸黄铜炉，1997 年安装了 2 台沟槽式感应炉，每台容量为 30t，感应器功率为 2.4MW，用于铜带制造厂。黄铜的熔化量为 15t/h，其中 13t/h 通过流槽输送给 24t 的浇注炉，浇注炉由 500kW 的沟槽式感应器加热（见图 5-264），金属液连续不断经另一个流槽流入立式浇注系统。该设备（见图 5-265）已经证实，有特别令人满意的耐火炉衬的使用寿命。低水泥耐火混凝土熔化炉的炉衬寿命为 2.5 年，保温炉的耐火材料炉衬寿命为 7 年。所有的感应器都使用酸性干料的炉衬，用于熔炉的寿命是 7 个月，而保温炉是 7 年。

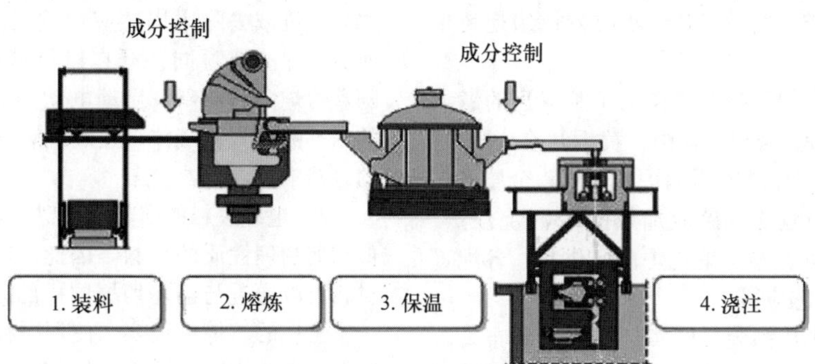

图 5-264　黄铜感应熔炼、保温和浇注的过程

图 5-265 黄铜熔炼浇注装置（由 ABP 感应系统公司提供）

注：由两台 27 / 13t 感应沟槽形炉组成，每台沟槽形炉配 2. 4MW 的中频感应电源和 20t/500kW 压力浇注炉。

同样，变频电源首次被用于该系统的感应器，成为有色金属用高性能感应器的标准供电电源。在 65Hz 的标称频率下，与工业频率运行的线路相比较，变频装置的特点是维护费用低、无级可控和自动化。变频电源可以按照预先规定的最佳工艺要求调整功率，例如，在熔化期开始阶段（当时熔池的低液位），可以按熔化程序以逐步提升的方式控制。这种优化的操作状况，提高了感应器耐火材料炉衬的使用寿命。

（2）坩埚炉的应用　与沟槽形炉相比，坩埚感应炉的优势是其更强烈的熔池搅拌，它在固体进料开始时就搅拌，也不会产生任何问题。尽管它对铜材的电效率不利，但其适用小零件，如金属钣金废料或铜切屑，必须采用搅拌熔化，或在金属液生产时需要频繁的改变合金成分。

1）熔化黄铜碎屑。回收再利用铜碎屑对铜工业生产过程具有很高的经济意义。合理的熔池搅拌，可使坩埚炉金属回收率高达 98%。传统的铜材感应熔炼设备包括一台或多台沟槽形炉，而沟槽形炉含有一个或多个高性能感应器，适用于熔化大的原材料，高性能坩埚炉主要用于熔化铜屑。这些炉子熔化的金属液经流槽被输送到用感应加热或燃气加热的保温炉和浇注炉，然后在几个小时内供给连铸生产线。

这种类型最大的设备安装在位于基亚里的意大利 Carlo Gnutti S. A. 公司，其中，黄铜片在 16MW/100Hz 中频感应电源的 70t 坩埚炉中熔化；金属液以每小时 40t 的量被输送到感应加热的 180t 浇注炉，该炉还有两台 120t 沟槽形熔化炉向其供料，各配置有 4 个 2. 4MW 的感应器。

另一个生产半成品装置的实例在意大利布雷西亚。设置有两台 40t 沟槽形炉，每台沟槽形炉配置有两个 2. 4MW 的感应器和一个 30t 的 6MW/ 100Hz 的坩埚炉熔化切屑，一个燃气浇注炉作为连铸生产线的上游；坩埚炉和沟槽形炉内的感应器使用酸性干材作为炉衬，以黄铜液烧结。图 5-266 所示为 30t 6MW/100Hz 感应坩埚炉铜液出炉，倒入铜液浇包，铜液被输送到沟槽炉内用于烧结感应器的新内衬。可以看到黄铜液流入到浇注炉之前，流槽系统用气体加热，也可看到连续供应铜切屑的进料系统，由振动槽从上方的料仓加料。

图 5-266 30t 6MW/100Hz 感应坩埚炉铜液出炉（由 ABP 感应系统公司提供）

碎屑在 30t 有预留铜液的坩埚炉中熔化，出料 18t 后，12t 的黄铜液在炉内保温。随着全功率启动，碎屑被送入炉内直到感应线圈的顶部，并保持此高度，直到 15. 5t 碎屑被全部加入。由于强烈的熔池搅拌，碎屑被搅动，液面保持凸形，会发生金属液高出感应线圈顶部的情况；在熔化末期，加入 2. 5t 固体炉料，在 50min 的熔化期内生产了 18t 980℃ 的备用金属液，耗能 250kW/h。

所谓的“狗屋”是建立在炉台上的一个炉罩（见图 5-266）。除了覆盖功能，还确保了在整个熔化过程烟雾被完全抽走，切屑由振动槽装入炉罩狗屋里的侧开口处，前面的滑动门再向上打开装入固体炉料；因此，固体炉料由振动料斗从前面装入坩埚炉，机械去除坩埚感应炉黄铜液浮渣如图 5-267 所示，浮渣通过同一开口以机械从金属液中除去，随着熔炉向后倾斜，启动电动刮渣板，由坩埚后部的扁平吸管吸出气体，经滴沉管进入炉子平台下面的容器中。

2）电缆废料的回收。小型铜电缆废料是一种类似切屑物理性质的炉料。因此，这些有价值的回收材料可以通过与前述切屑同样的方法熔化，如法国一家工厂的熔炼已证实，使用同样的感应炉可熔化电缆；另一个好处就是，由于废电缆炉料的高容重，30t 炉可加入炉料的高度约 350mm（14in），高出线圈

图5-267 机械去除坩埚感应炉黄铜液浮渣
（由ABP感应系统公司提供）

顶部，而不再添加固体炉料。

3）铜合金的灵活性熔炼。大型坩埚炉被用作世界上最大的铜合金产品生产商的毛坯铸造厂的熔化和浇注装置，主要是由于合金炉料有良好的灵活性。感应设备由两台35t熔炼炉和一台45t的浇注炉组成，这三台熔炉均由变频电源供电，每台电源输出功率为4.8MW/120Hz。不同合金在其专用坩埚中熔化，由于合金成分的不同，它们之间是相互独立的。为此感应炉配备了快速转换装置，可在2h内对炉体进行热更换。

图5-268所示为铜合金金属液流入浇注炉中，同时还设有狗屋炉罩。可以看到总共有6台可转换炉体中的2台已准备就绪，以快速热转换的方式来熔化不同的合金。

图5-268 铜合金金属液转移到浇注炉中
注：后面两台是备用的热炉体。

5.8.4 熔炼锌感应装置

感应炉用于重熔锌阴极材料为锌金属液生产锌合金，以及钢带镀锌。坩埚和沟槽形炉都可以用。

1. 重熔锌阴极材料

与铝相似，锌是通过电解法生产的。不定形的锌阴极板重熔后，铸成常用的形状。长期以来的实践证明，与曾经使用的燃料燃烧炉相比较，沟槽形感应炉更适合重熔工艺，主要是由于以下原因：

（1）能源消耗较低 密闭的炉体熔池、优化的耐火衬里有较高的整体效率，感应器具有高电效率和低热损失，再加上温度的最佳分布，合理的感应器布置和自动温度控制致使能量消耗最小化。

（2）金属收得率高 密闭运行和控制温度导致金属烧损较低。如果使用100%阴极材料铸造锌锭的锌回收率达97.5%。

（3）高适用性 炉子熔池和感应器的耐火衬里都有数年的使用寿命，由此提供了高适用性。感应器可在一个班次的操作期间内更换，炉体以液压装置倾斜。

装有6个空冷感应器的沟槽式炉的结构如图5-269所示。根据熔化量的不同，在固定炉子熔池的炉盖上，安装有1个或2个与排烟罩相连的进料杆，阴极锌材码成堆质量为700~2000kg，成堆的锌材置于斜料台上，由推料杆成堆的推到装料台，锌料堆立在炉料台上，从堆料底部抽取入炉并连续熔化，一次装料15t。

熔炉全自动操作连续测量炉子熔池装料高度和熔池温度，测量信号用来控制驱动倾斜工作台和控制感应器的运行，装料台的推杆送料高度也要测量。

在正常的操作条件下，20t熔化炉的能源消耗水平为90~110kW·h/t，锌金属液的温度为450~500℃（840~930℉）。能源的使用增加与熔炉的容量和熔化产量增加成正比。作为一个实例，图5-270所示为一台熔化产量为22t/h的75t熔炉，能源利用率达到 85.5%。

炉型设计和感应器布置对温度的分布有影响。将炉熔池分为熔化室和浇注室是很重要的，这意味着金属液进入浇注室时，先流经感应器，其作用在于金属液流过了一个加热器，直接影响从浇注室中输出的金属液浇注温度，该过程也是自动控制。

两个沟道和两个线圈的感应器，适用于熔化铝。每个感应器的功率为 500kW，线圈的热损失是由空气冷却排走的，在高达 800kW 或更高的功率等级下，感应器需配备水冷系统。耐火炉衬通常由耐火黏土捣打混合料组成（约 35% Al_2O_3/ 55% SiO_2）。高性能感应器也越来越多的使用 Al_2O_3 干料的内衬。

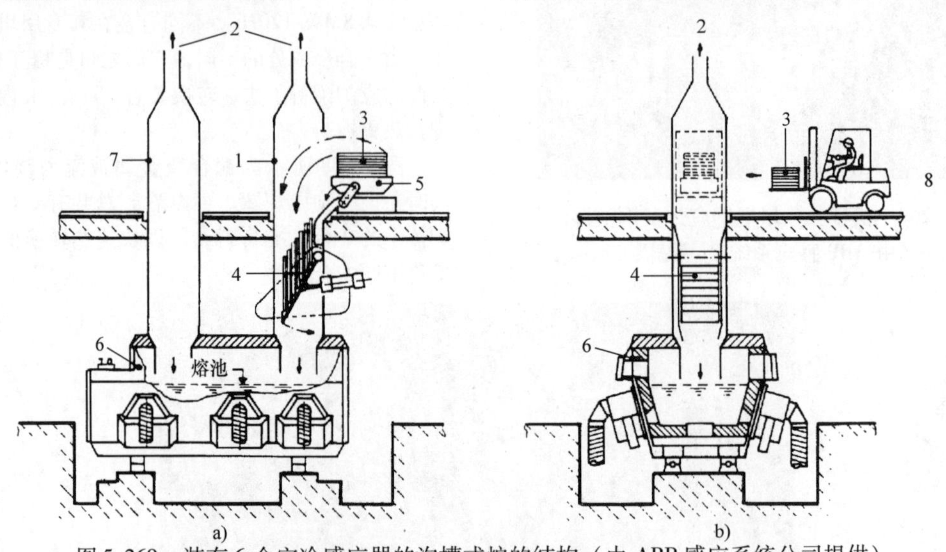

图 5-269 装有 6 个空冷感应器的沟槽式炉的结构（由 ABP 感应系统公司提供）

1—装料台 2—排烟罩 3—阴极锌材堆料 4—进料斜槽 5—进料台 6—熔化炉 7—二次装料台 8—进料准备

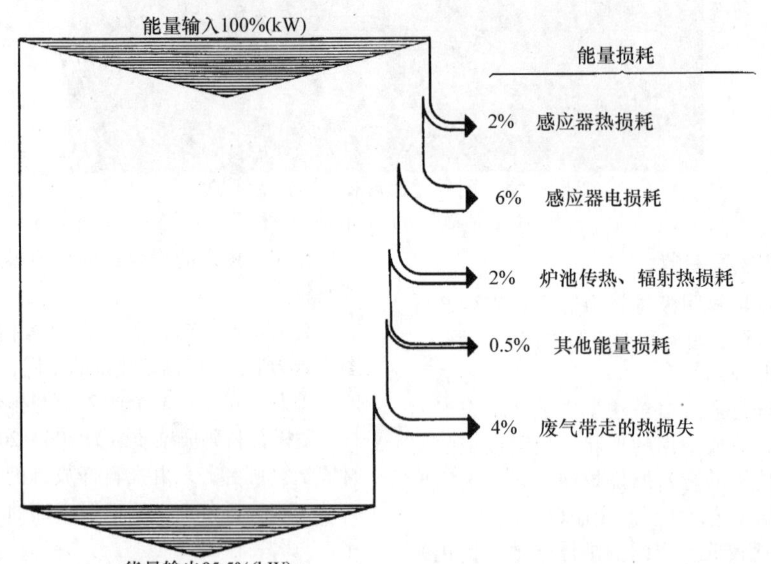

图 5-270 一台熔化产量为 22t/h 的 75t 熔炉

在现代工厂中，通过变频器转变工作频率为 60 ~ 70Hz 作为供电电源，替代分级调压、带有平衡装置的工频电源，同样可用于熔化铜和铝。静止变频器通过变频变压器可直接连接到电网，则开关、熔断器和平衡设备便成为多余，由此也可以节省定期更换这些部件的维修费用。除了低维护要求，无触点的、全系统的控制还具有高适用性、体积小、设计紧凑、低成本的特点。变频器的另一个优点，是其无级可调及自动化，这使得每个运行阶段可达到最佳的供电状态。

2. 熔炼锌合金

沟槽形感应炉被证明是生产锌合金半成品的经济熔炼设备，这种感应熔炉的设计与前述的重熔炉的设计方式相同。通常是由重熔装置供应锌金属液，而合金元素铝、铜、镁等材料以固体形式装炉，形成金属液—加固体合金—出炉的流程。

为了缩短周期和提高金属液的均匀性，特别是在合金比例较高的情况下，合金在单独的感应炉（通常是坩埚炉）进行预熔化，并以液体形式供给合金化熔炉。

在多样化工艺中，锌合金在坩埚或沟槽形炉中熔化，随后倒入浇注炉中，然后供给连续铸锌锭装置。

3. 镀锌带材

沟槽形感应炉和坩埚炉都可用于钢带连续涂锌和锌铝合金。与燃料炉相比，由于熔池的搅拌作用，感应炉整个熔池的温度均匀。

图5-271所示为感应加热的带钢镀锌系统，是一台带有两个感应器的沟槽形炉的涂装系统。如果一个感应器发生故障，仍然有足够的可用能源，允许其在操作间隙更换感应器。

由于堵塞的风险较低，容量高达50t的大型坩埚炉被更多地用于镀铝合金，通常在一条涂装线上可镀多种合金，经过短时间装配后，多个移动式坩埚炉可移到连续运作的带钢涂装线上。

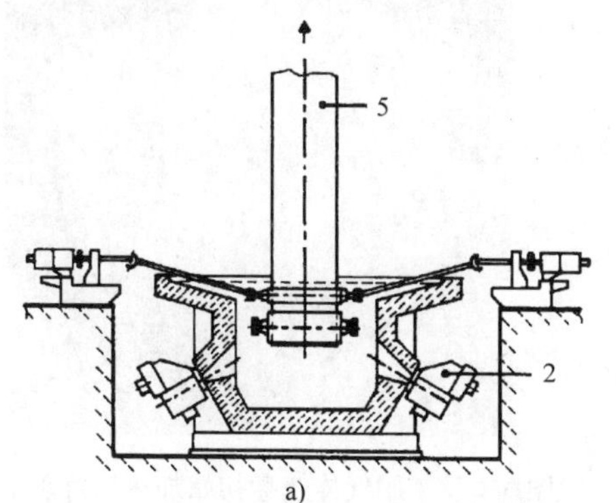

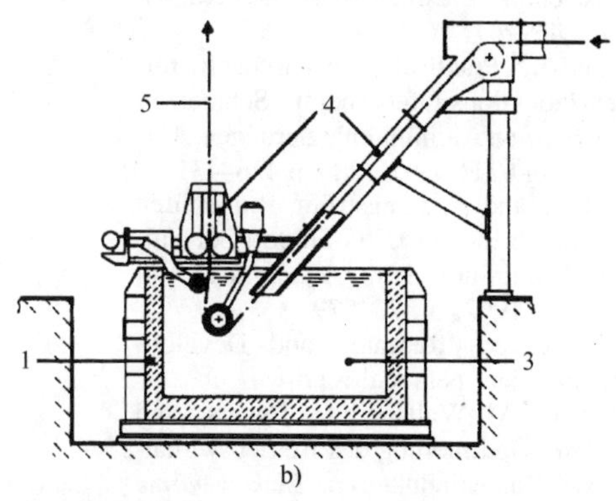

图5-271 感应加热的带钢镀锌系统

1—熔炉 2—感应器 3—锌金属液 4—导轮 5—钢带

参考文献

1. M. Arnold, "Ersatz einer Lichtbogen—Durch eine Mittelfrequenz-Ofenanlage,"13th ABB Induction Furnace Congress, Sept 1997 (Dortmund)
2. K. Wilke, Basisch Zugestellte Induktionstiegelöfen mit einem Fassungsvermögen von 3, 6 t und 32 t für die Erschmelzung von Stahl, *Metec 79*, Vol II, p 129–146
3. E. Dötsch and B. Schulze Zumhülsen, Netzfrequenz-Induktions-Tiegelöfen einer Großstück-Stahlgießerei, *BBC-Nachrichten*, No. 3, 1980, p 110–116
4. E. Dötsch, Induktives Schmelzen in Großen Tiegelöfen, *Elektrowärme Int.*, (No. 2), 2008, p 107–144
5. E. Dötsch, Induktives Schmelzen in Großen Tiegelöfen, *Elektrowärme Int.*, (No. 2), 2008, p 107–144
6. F. Neumann, *Gusseisen: Schmelztechnik, Metallurgie, Schmelzbehandlung*, Renningen-Malmsheim, Expert-Verlag, 1994
7. M. Ullrich, "Berechnung Kostenminimaler Mengen für Einsatz und Nachsatzstoffe im Schmelzprozess," Thesis, Dortmund University, Faculty of Informatics, Nov 2007
8. F. Cabai and P. Lumley, The Micro Mill—A Solution to Local Needs, *Millennium Steel*, p 115–118
9. E. Dötsch, Fortschritte beim Schmelzen von Eisen und Nichteisenmetallen im Induktionstiegelofen, *Giesserei*, Vol 75 (No. 9), 1988, p 282–287; (No. 18), p 541–544
10. J. Nacken, D. Trauzeddel, and G. Voswinkel, Innovative Anlagentechnik für Schmelz-Gieß-, und Wärmebehandlungsprozesse, Part 1: Aluminium-Formgussherstellung, *Aluminium*, Vol 78 (No. 4), 2002, p 232–242
11. D. Trauzeddel and W. Schmitz, Innovative Induktionsöfen zum Schmelzen und Gießen von Leichtmetallwerkstoffen, *Elektrowärme Int.*, (No. 4), 2008, p 261–263
12. M. Kuom and R. Urbach, Erweiterte Belieferungsmöglichkeiten von Aluminiumgießereien mit Flüssigaluminium, *Giesserei*, Vol 94 (No. 6), 2007, p 142–164, 167–171
13. K. Gamers, Induktionsöfen zum Schmelzen und Gießen von Nichteisenmetallen, *12th International ABB Congress for Induction Furnace Plants*, April 1991 (Dortmund), p 273–305
14. T. Schmidt, Recycling Aluminium with Induction Melting at Mercury Marine, *Foundry Manage. Technol.*, Vol 116 (No. 9), 1988, p 80–82, 84, 86

15. J. Shaver, "Aluminium Recycling in Induktionsöfen," 15th International ABP Customer Congress, April 2006 (Dortmund)
16. R. Starczewski, EMP System and the Lotuss Vortex, *Aluminium*, Vol 83 (No. 3), 2007, p 40–42
17. F. Niedermair, L. Mitter, and G. Hertwich, Elektromagnetische Pumpen und Rührer, *Aluminium*, Vol 81 (No. 7/8) 2005, p 616–620
18. E. Baake and F. Beneke, Kriterien zur Energieeffizienz in der Elektro-Thermischen Prozesstechnik, *Elektrowärme Int.*, (No. 4), 2008, p 243–247
19. P. Günther, Praktische Erfahrungen mit Rinnen-Induktions-Öfen beim Schmelzen und Gießen von Aluminiumlegierungen, *Aluminium*, Vol 62 (No. 6), 1986, p 426–431
20. G. Sjöberg and A. Lungström, Rinnenöfen zum Schmelzen von UBC-Schrott bei Finspong Aluminium S.A., *Aluminium*, Vol 68 (No. 7), 1992, p 576–579
21. von Hoogovens Research and Development, Ijmuiden, personal report
22. B. Nacke, A. Walther, A. Eggers, and U. Lüdtke, Optimierung des Betriebsverhaltens von Rinneninduktoren, *Elektrowärme Int. B*, Vol 49 (No. 4), 1991, p B176–B187
23. B. Nacke, K.-H. Idziok, and A.-M. Walther, Entwicklung von Neuen Effizienten und Leistungsstarken Rinneninduktoren zum Wirtschaftlichen Schmelzen von Kupferlegierungen, *Elektrowärme Int. B*, (No. 1), 1999, p B13–B19
24. F. Donsbach and D. Trauzeddel, Use of Induction Furnaces for Melting and Pouring Copper-Based Alloys, *Erzmetall*, Vol 57 (No. 6), 2004, p 319–326
25. A. von Starck, A. Mühlbauer, and C. Kramer, *Praxishandbuch Thermoprozess-Technik*, Vol II, Vulkan Verlag, Essen, 2003
26. E. Kempermann, Induktive Schmelz- und Gießverfahren von Messing bei Outokumpo Copper Zutphen, *15th International ABP Customer Congress*, April 2006 (Dortmund), p A7.1–A7.3
27. E. Dötsch, Schmelzen von Kupfer und Kupferlegierungen in Induktionstiegel und Rinnenöfen mit Umrichter-Stromversorgung, *Giesserei- Erfahr.*, Vol 2, 2000, p 45–50
28. G. Abelli, S. Bonari, and E. Dötsch, "Sintern von Hochleistungsinduktoren zum Schmelzen von Messing," ABP Kundentagung, April 2006 (Dortmund)

5.9 玻璃和氧化物熔炼

Andris Jakovics and Sergejs Pavlovs, The University of Latvia

本节简要介绍用于低电导率材料渣壳成形用的感应加热熔炼装置的模型。

1）坩埚式感应炉，或称为 IFC（见图 5-272）。

2）缝隙感应炉或分段水冷的坩埚式感应炉，或称为 IFCC（见图 5-273）。

图 5-272 用气体烧嘴初始加热熔炼玻璃的坩埚式感应炉（IFC）

图 5-273 分段水冷的坩埚式感应炉（IFCC）

这两类熔炉均能应用高频（80～350kHz）进行玻璃、陶瓷和氧化物（如 ZrO_2 和 ZrO_2-SiO_2）的感应渣壳熔炼，这些材料具有室温下低电导率特性，同时又具有高熔点（约 3000℃或 5430℉）。

熔炉的主要操作问题是如何提供低温下熔炼的能源，这就需要专门的初始加热方法。例如，在坩埚式感应炉中，通过气体燃烧器加热（见图 5-272）或使用等离子体，以及通过插入钼环加热。分段冷却的坩埚式感应炉具有以下特点：

1）最终材料的高纯度取决于金属液和冷却感应器－坩埚之间或金属液和冷坩埚之间的渣壳层。

2）最终材料的均匀性及其晶体结构。

3）一步法加工高科技材料的可行性。

近 35 年来，随着计算机计算性能的提高，以及计算流体力学方法的扩展提供了新的能力，由此冷坩埚式感应炉模型的精度得到了不断提高。

目前，正在从事研究与开发冷坩埚式感应炉（用于熔化具有高或低电导率的材料）的有多个机构，包括圣彼得堡电工大学（或 LETI，俄罗斯）、格勒诺布尔国家科学研究中心材料电磁处理实验室（法国）、格林威治大学（英国）、爱达荷国家工程与环境实验室（美国）、韩国原子能研究所、莱布尼茨汉诺威大学电工研究所（德国）等类似机构。

目前大学专业课的内容是以这项研究为基础的，其中已经完成从 20 世纪 90 年代到 21 世纪间，由拉脱维亚大学与汉诺威大学莱布尼茨的电工技术研究所实验室之间合作的环境和工艺过程的数学建模。该研究领域包括先进的冷坩埚式感应炉模型和最新的研究成果（用于熔炼具有高导电性的金属和合金，以及具有低导电性的玻璃、陶瓷和氧化物的渣壳熔炼），同样也包括坩埚式感应炉模式熔炼。在 20 世纪 70 ~ 80 年代，由于拉脱维亚大学电动力学和连续介质力学的教授与莫斯科电热设备研究所（俄罗斯科学院电热研究所）的合作，已经开发了早期的冷坩埚式感应炉模型（用于熔炼高导电性的金属和合金）。

可以借鉴相关参考文献以探索冷坩埚式感应炉模式的演变过程。开发坩埚式感应炉模型的主要成果已在一些出版物上发表。

5.9.1 感应器－坩埚炉的物理模型

感应器－坩埚炉如图 5-274 所示，能够看到坩埚式感应炉进行玻璃熔炼前后的演示过程。

为了开发坩埚式感应炉模型，必须选择坩埚式感应炉结构中的主要元素，其对电磁场（EMF）的分布、金属液流动结构以及热模拟影响都很大。

图 5-275 所示为感应器－坩埚炉构造的组成部分，图 5-276 所示为感应器－坩埚炉示意图。

在图 5-275a 和图 5-276a 中，可以看到坩埚式感应炉垂直剖面的全貌和总体方案。

a)

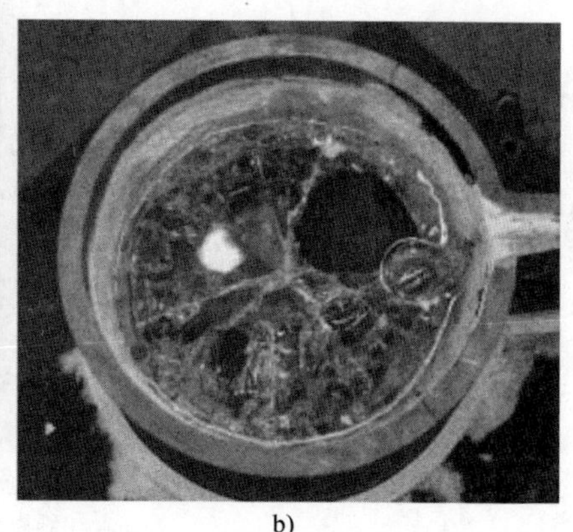

b)

图 5-274 感应器－坩埚炉

a）熔融前的玻璃片和粉末 b）熔融后的玻璃锭

对于计算建模来说，坩埚式感应炉结构的主要元素有：

1）金属液是一种液体氧化物或玻璃，其物理性能：电导率、黏度和热导率等基本都取决于温度。特别是在低温时的液态金属，电导率一般为 $10^3 \sim 10^6$。

2）金属液的表面层是自由的，其形状是扁平的。由于辐射热损失在自由表面上占主导地位，因此可以使用陶瓷外壳（见图 5-275a）和炉盖。

3）金属液流动是由电磁力决定的，这是由于金属液中合成磁场产生的涡流相互作用结果，电动势来源是电感应器－坩埚（见图5-276a）。

4）金属液流动也受到温度场不均匀性的影响：

① 由于温度引起的金属液密度的不均匀性而产生的浮力是形成热重力对流的原因。

② 由于表面张力系数的不均匀性导致了热虹吸（马兰古尼）对流出现，这取决于金属液自由表面的温度。

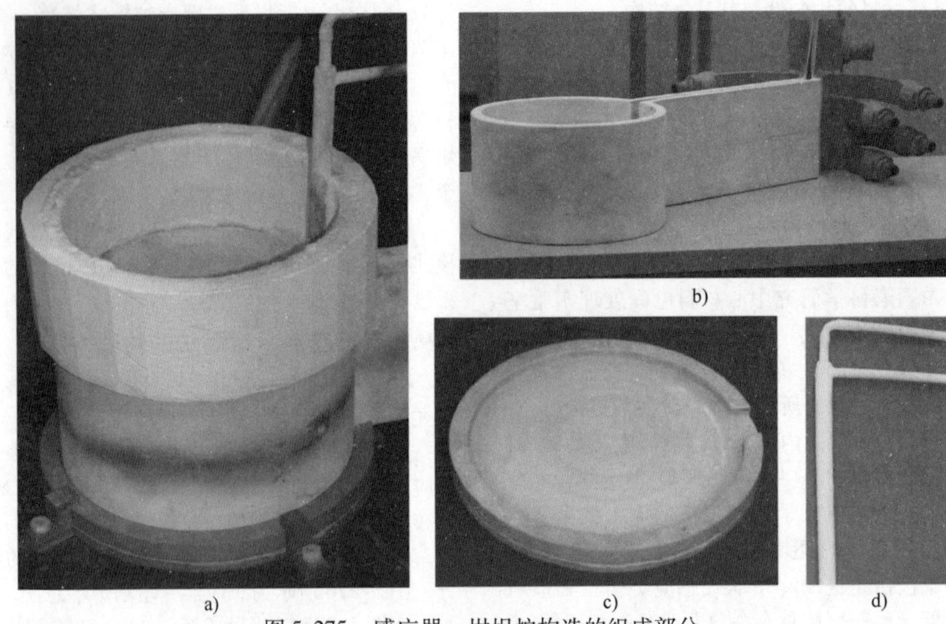

图 5-275 感应器-坩埚炉构造的组成部分

a）为减少热量损失的陶瓷防护层全貌 b）带缝隙的水冷感应器-坩埚炉环 c）感应器-坩埚炉水冷底部 d）减少感应器-坩埚炉环缝隙影响的指针

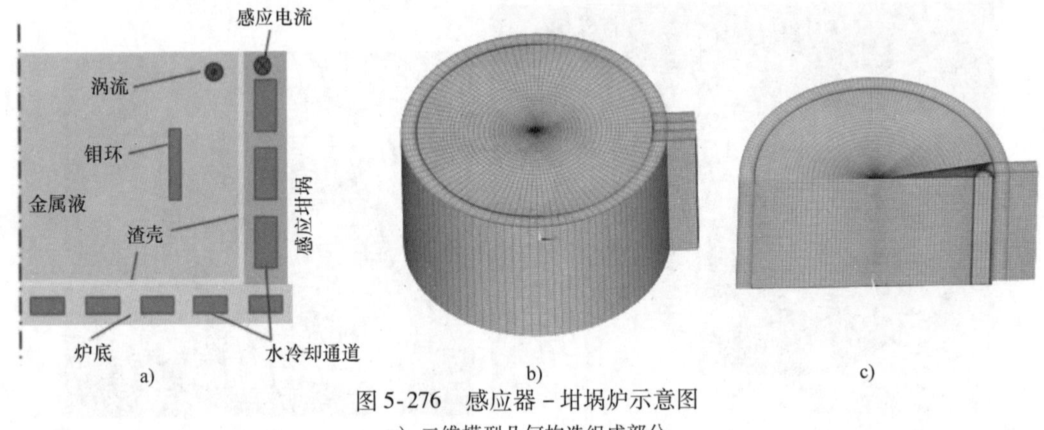

图 5-276 感应器-坩埚炉示意图

a）二维模型几何构造组成部分

b）、c）电磁计算的三维网络（考虑到感应器-坩埚炉的缝隙和带有陶瓷涂层的金属指针）

5）感应器-坩埚是一个铜制带缝隙的水冷循环回路（见图 5-275b），既是产生交变磁场的能量来源，也是用于熔化的容器装置。

6）容器装置底部（见图 5-275c）配有由铜或氮化铝（AlN）陶瓷制成的水冷却通道。

7）指针（见图 5-275d）可用于减少缝隙感应器-坩埚回路的电磁效应。在较高的金属液温度下，当电导率增加时，指针可以防止感应器-坩埚回路缝隙部分的电击穿。

8）渣壳（法语：garnissage）是一种可使金属液和感应器分离的冷态细颗粒或多孔氧化物薄层，感应器-坩埚的稳定性和功率需求很大程度取决于这一层的性能。

9）插入金属液中的钼环，可用于初始加热，其能量来源于钼环中产生的感应电流的焦耳热。

5.9.2 冷坩埚式感应炉的物理模型

图 5-277 所示为冷坩埚式感应炉熔化后的 ZrO_2 铸锭。冷坩埚式感应炉的结构全貌如图 5-278 所示。

冷坩埚式感应炉设计的主要元素，对于计算建模非常重要，尤其在冷坩埚靠近高温金属液接触区附近，图 5-279 所示为基于冷坩埚式感应炉设计的分段三维模型，图 5-280 所示为冷坩埚式感应炉设计的基本组成元素及在分段（缝隙）坩埚中产生的涡流示意图。

图5-277 冷坩埚式感应炉熔化后的ZrO_2铸锭

图5-278 冷坩埚式感应炉的结构全貌

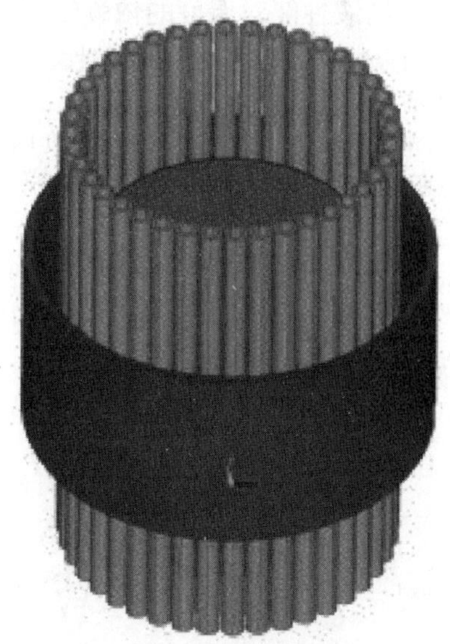

图5-279 基于冷坩埚式感应炉设计的分段三维模型

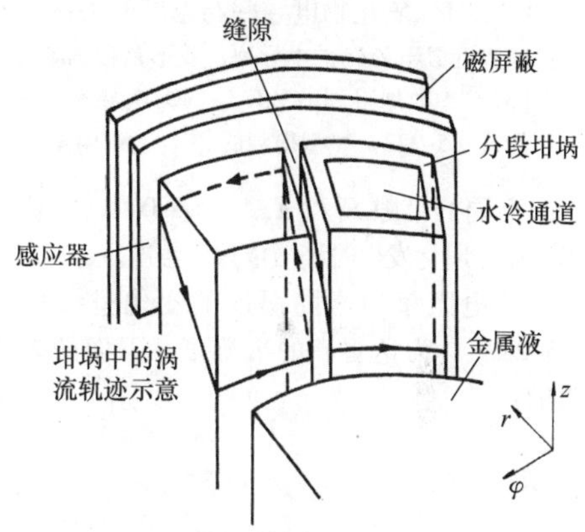

图5-280 冷坩埚式感应炉设计的基本组成元素及在分段（缝隙）坩埚中产生的涡流示意图

1）冷坩埚是冷坩埚式感应炉与其他类型冶金磁流体动力学装置结合的基本设计。

2）冷坩埚设计的特点如下：

① 坩埚由高导电性材料制成。

② 坩埚是分段或切开的，即垂直切分并彼此电绝缘。

③ 每个坩埚都设计有水冷却通道，水温高达80~90℃（175~195℉），在某些情况下，水温高达100℃（212℉）要利用泵送入通道。

④ 坩埚底部也可以是水冷的。

3）金属液是一种液体氧化物或玻璃。金属液的特性与坩埚式感应炉设计的熔炼特性类似，电导率、黏度和热导率都与温度有关。

4）金属液的湍流是由电磁力决定的，电磁力是金属液中感应涡流与磁场相互作用的结果，其由感应器和导电分段坩埚组成的系统产生，图5-280中所示的方案表明，由于每个坩埚截面的径向边缘，致使涡流重新分布并集中在金属液最高处。

5）与坩埚式感应炉的设计一样，金属液的流动也会受到浮力和马兰戈尼效应的影响，这可能与电磁力对金属液流动的影响高度相似。

6）感应器通常是由水冷铜管制成的一个单相或多相线圈，由此产生交变磁场。

7）感应器的磁场可以通过磁轭集中。

8）在集中冷却的坩埚壁上，渣壳是一薄层细颗粒或多孔的凝固金属液，渣壳能使高温金属液实现高纯度。

9）如果需要的话，还可以考虑冷坩埚式感应炉的其他设计元素，如电磁和热模型。

5.9.3 金属液性能对温度的依赖性

为说明金属液性能对温度的依赖性，都是选择氧化物中的 ZrO_2 和 ZrO_2-SiO_2 为例。

（1）电导率　氧化物电导率与温度的关系如图 5-281所示。它可以由以下方程近似得到，其数值相似于含杂质半导体的电导率。

$$\sigma(T)=\sigma_i\exp\left(-\frac{E_i}{2kT}\right)+\sigma_p\exp\left(-\frac{E_p}{2kT}\right) \tag{5-272}$$

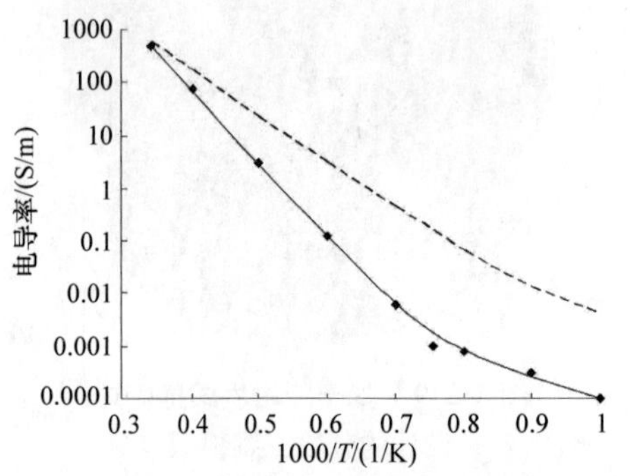

图 5-281　氧化物电导率与温度的关系

注：虚线近似于 ZrO_2 的电导率；菱形是根据参考文献［37］中数据得到的 ZrO_2-SiO_2 电导率；实线是由式（5-272）模型得到的 ZrO_2-SiO_2 电导率。

对于不同的带隙 E_i 和 E_p，$T>2000$℃（3630℉），电导率仅在金属化发生时稍微依赖于温度。

钼环的电阻率通常随温度的变化呈线性增长（见图 5-282），为达更高的准确度，下面的表达式是有效的：

$$\rho_{Mo}(T)=C_1\mathrm{I}\exp\left(-\frac{C_2}{kT}\right) \tag{5-273}$$

式中，C_1 和 C_2 是常数。这种近似法也适用于低温环境。

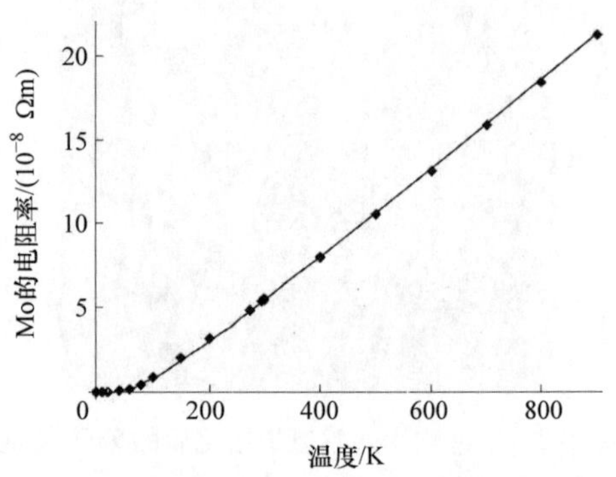

图 5-282　Mo 的电阻率与温度的关系

注：黑色菱形是参考文献［38］得到的数据；实线是模型方程得到的近似曲线。

（2）焓值　氧化物的焓值 h 与比热容（c_p）的关系为

$$\rho c_p=\frac{\partial h}{\partial T} \tag{5-274}$$

在热量守恒方程中，可以用 h 代替 c_p，然后分析相变。

焓值和液相氧化物（见图 5-283）的温度依赖关系与其相图是一致的（见图 5-284）。

（3）材料的孔隙率　初始材料通常是由小颗粒组成的粉末。因此，初始材料是多孔的，具有一定的孔隙率，通过空隙体积分数得到其系数为 $\Pi\in[0,1]$。

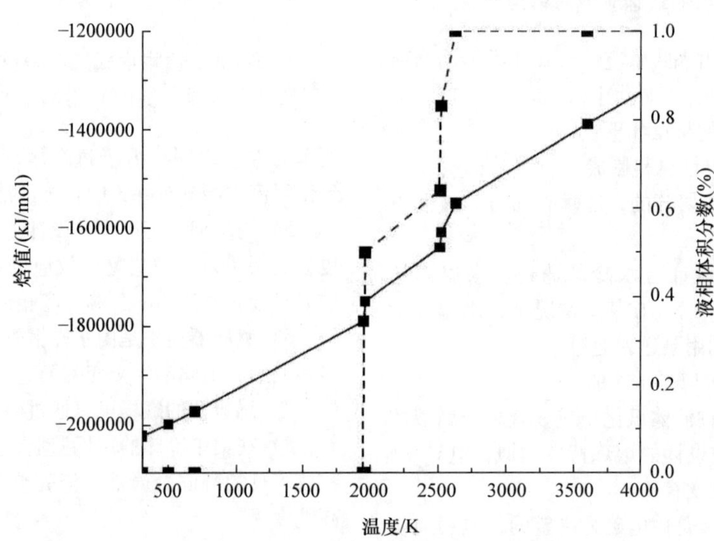

图 5-283　ZrO_2-SiO_2混合相中焓值（实线）和液相体积分数（虚线）与温度的关系

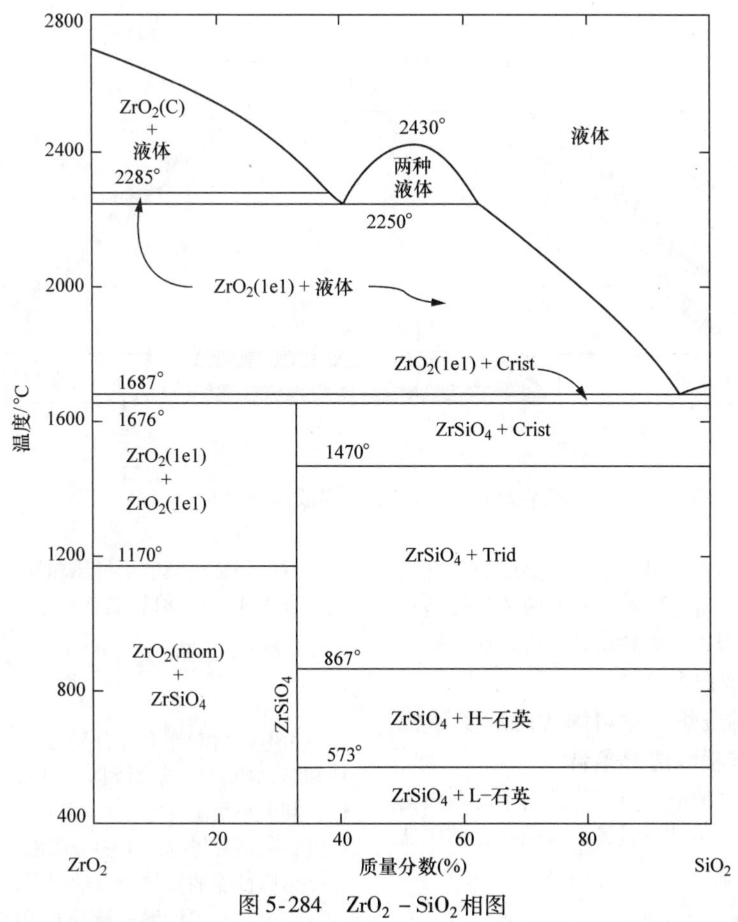

图 5-284　ZrO_2-SiO_2 相图

孔隙率降低了电导率和热导率，使表层变得更小，其线性关系近似表示为

$$\sigma_{\Pi}=\sigma\left(1-\frac{\Pi}{\Pi_{critical}}\right)\quad\lambda_{\Pi}=\lambda\left(1-\frac{\Pi}{\Pi_{critical}}\right)$$

$$r_{\mathrm{II}}=r(1-\mathrm{II})\tag{5-275}$$

式中，$\Pi_{critical}$是临界孔隙率。对于等粒径颗粒的致密堆积，孔隙率 $\Pi_{critical}\approx 0.26$。在二元混合物的熔点或固相线附近的孔隙率会减小。孔隙率的不可逆降低是与几何因素相适应的，其中不包括金属液过滤。孔隙率对渣壳层的性能也有很大影响。

不同的孔隙度变化模型被用于玻璃熔化，其中不存在明显的相变。非晶玻璃颗粒孔隙率的降低应该与压力 p 成正比，与动态黏度系数 η 成反比：

$$\frac{\partial\Pi}{\partial T}=-\frac{p}{\eta}\tag{5-276}$$

由于黏度系数随温度的变化而呈指数级下降，所以玻璃的孔隙率只有在温度高于 1000℃（1830℉）时会发生显著变化。由于表面张力的影响，对于较小颗粒在流体静压过程中，需额外加入拉普拉斯压力。

（4）黏度系数　在温度 $T\approx 2000\sim 3000$℃（3630～5430℉）下，获得金属液的黏度系数是非常困难的。熔融玻璃的有效黏度系数（η_{eff}）可由下列经验公式计算：

$$\eta_{eff}(T)=C_{\eta1}\exp\left(\frac{C_{\eta2}}{T-C_{\eta3}}\right)\tag{5-277}$$

式中，$C_{\eta1}$、$C_{\eta2}$和 $C_{\eta3}$是常数。

（5）热导率　热导率的有效值（$\lambda_{eff}>>\lambda_{oxide}$）用于定性描述该工艺过程，对于熔融玻璃可以利用下列方程式计算：

$$\lambda_{eff}(T)=C_{\lambda1}T^2+C_{\lambda2}T+C_{\lambda3}\tag{5-278}$$

式中，$C_{\lambda1}$、$C_{\lambda2}$和 $C_{\lambda3}$是经验常数。

因为熔融的玻璃是透明的，热导率的有效值（λ_{eff}）不仅代表了金属液中的强对流换热，而且还代表了内部辐射条件下的热导率的有效值。

5.9.4　坩埚式感应炉和冷坩埚式感应炉中物理场与熔炼性能的相互关系

在坩埚式感应炉和冷坩埚式感应炉中，物理场和金属液性能的关系如图 5-285 所示。

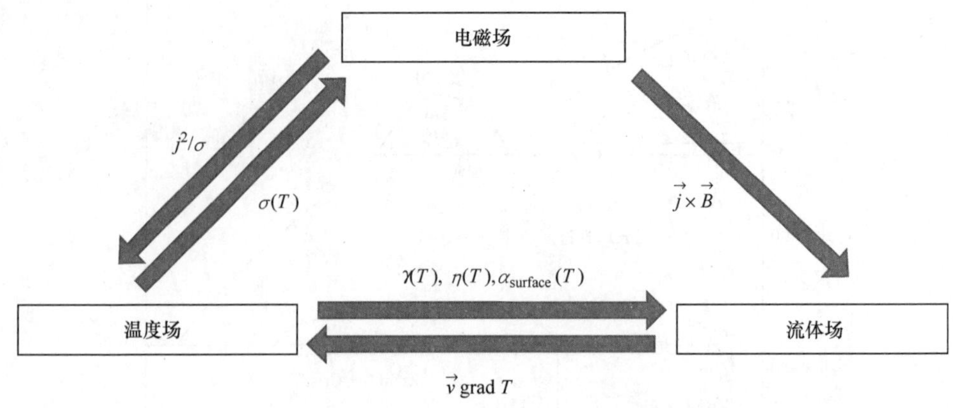

图 5-285 物理场和金属液性能的关系

对于在坩埚式感应炉和冷坩埚式感应炉物理场之间的所有相关性，熔炼性能对温度的依赖性是至关重要的。诸如方程式和边界条件，概括地说熔炼特性取决于温度（见图 5-285）。

5.9.5 坩埚式感应炉和冷坩埚式感应炉建模的控制方程和边界条件

（1）电磁场 谐波电势使用下面用于复杂矢量势的公式$\underline{A}(t)=\underline{A}_a e^{j\omega t}$获得，磁场$\underline{B}_a=\mathrm{rot}\underline{A}_a$在感应器中给定电压 U_0或电流：

$$\mathrm{rot}\left(\frac{1}{\mu}\mathrm{rot}\ \underline{A}_a\right)=\mu_0\sigma(T)(\mathrm{j}\omega\ \underline{A}_a+\mathrm{grad}U_0) \tag{5-279}$$

由于金属液电导率对温度的依赖关系 $\sigma(T)$，磁矢量势方程式（5-279）必须与温度场方程式（5-280)结合考虑，由于磁雷诺兹数很小（Re_m <<1），因而金属液运动对磁场的影响可不予考虑。

（2）温度场 可以用焦耳热计算焓值 h 的方程式计算得到温度场的分布：

$$\frac{\partial h}{\partial t}+\frac{\partial v_i h}{\partial x_i}=\frac{\partial}{\partial x_i}\left[\lambda(T)\frac{\partial T}{\partial x_i}\right]+\frac{1}{2}\sigma(T)\ |A|^2\omega^2 \tag{5-280}$$

熔炼性能的热边界条件取决于温度。

因为考虑到热对流（见图 5-285），温度场确定的方程和边界条件式（5-280）要与磁矢量势方程式(5-279）耦合，同时还必须与动量方程式（5-281）耦合。

（3）速度场 金属液流动由速度分量方程确定：

$$\gamma(T)\left(\frac{\partial v_i}{\partial t}+v_k\frac{\partial v_i}{\partial x_k}\right)=-\frac{\partial p}{\partial x_i}+\frac{\partial}{\partial x_k}\left[\eta(T)\left(\frac{\partial v_i}{\partial x_k}+\frac{\partial v_k}{\partial x_i}\right)\right]+f_i^{\mathrm{ext}} \tag{5-281}$$

考虑到金属液的不可压缩性。

方程式（5-281）是作用于金属液的外力：

$$\boldsymbol{f}^{\mathrm{ext}}=\frac{1}{2}\Re\mathrm{e}(\underline{\boldsymbol{J}_a}\times\underline{\boldsymbol{B}_a^*})+\gamma_0\boldsymbol{g}(1-\alpha_V\Delta T) \tag{5-282}$$

由电磁力和浮力［分别为式（5-282）中的第一项和第二项］组成，依据金属液密度对温度的依赖性，其大小由温度差 $\Delta T=T-T_0$（T_0是金属液参考温度，γ_0是参考温度下的金属液密度）确定。

熔炼性能的流体动力学边界条件取决于温度。

注意，对于坩埚式感应炉和冷坩埚式感应炉中的渣壳熔炼，由于表面张力对温度的依赖性，导致热虹吸或马兰戈尼对流必然出现。对于平直的自由表面，其边界条件可以改写为

$$\frac{\partial v_\tau}{\partial n}=\frac{\partial\alpha_{\mathrm{surface}}(T)}{\partial T}\frac{\partial T}{\partial\tau} \tag{5-283}$$

速度场计算的方程式和边界条件（方程式5-281~283）与电磁力引起的磁矢量势方程式（5-279）以及浮力引起的热场方程式（5-280）及金属液密度 $g(T)$、黏度 $Z(T)$ 和表面张力系数 $a_{\mathrm{surface}}(T)$ 与温度的依赖性（见图 5-285）必须相耦合。

相比与电磁对流占主导地位的高导电性金属和合金的熔炼，低电导率的渣壳在坩埚式感应炉和冷坩埚式感应炉的熔炼过程中，电磁对流、自然（热重力）对流和马兰戈尼（热虹吸）对流，强度范围可能都是接近的，或热重力对流可能占主导。因此，金属液流动模式是上述对流之间的相互作用结果。

（4）浓度场 金属液包括过滤以后的浓度，由以下方程计算：

$$\frac{\partial c}{\partial t}+\mathrm{div}\boldsymbol{J}_c=0 \tag{5-284}$$

式（5-284）中的质量通量包括对流、扩散和漂

移项：

$$J_c = v_c - D(T) \cdot \mathrm{grad}c + \frac{2r_p^2}{9\eta}f^{ext} \quad (5\text{-}285)$$

式中，r_p 是粉末颗粒（如 $ZrO_2 - SiO_2$）的特征尺寸。这里指的是在给定位置的材料体积分数。

孔隙率（Π）与浓度（c）相反：

$$c = 1 - \Pi \quad (5\text{-}286)$$

可以依据尺寸进行扩散系数的简化估算：

$$D(T) \approx \frac{r_p^3}{\eta(T)}\gamma_0 g \quad (5\text{-}287)$$

式中，γ_0是金属液在参考温度 T_0下的密度。

金属液特性浓度的边界条件，取决于温度。

5.9.6 冷坩埚式感应炉电磁场建模特点

本节包括二维（2D）、准三维和三维（3D）模型的讨论。

1. 二维和准三维模型

从历史上看，对于冷坩埚式感应炉性能的计算，已经开发了二维和准三维模型，这些模型分别显示了冷坩埚式感应炉的水平（见图5-286）以及垂直或径向（见图5-287和图5-288）截面特征。

这些模型只代表在冷坩埚式感应炉物理场分布的几个形貌。数值计算是使用参考文献［12－16］编写的代码完成的。

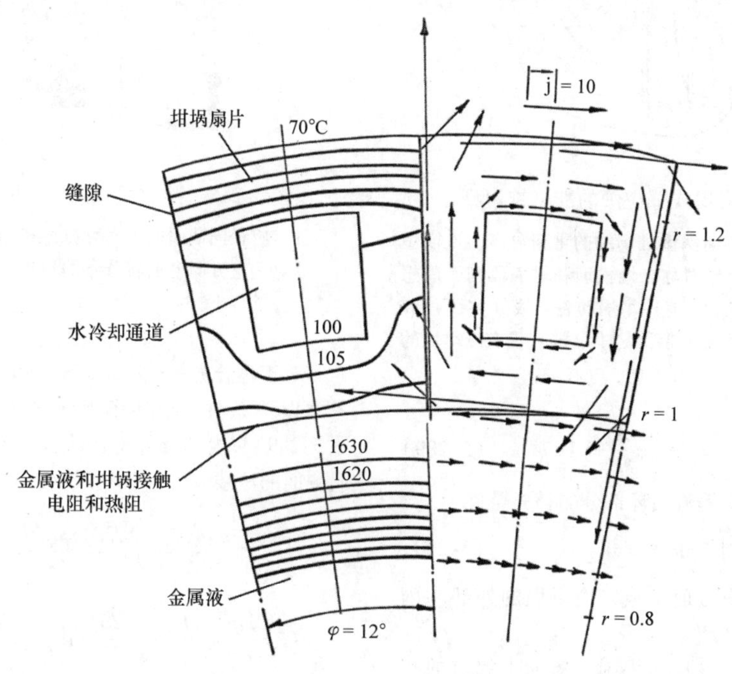

图5-286 冷坩埚式感应炉的水平截面旋转对称二维模型

注：该图显示了在金属液和冷坩埚的接触区域中涡流密度矢量（右侧）和温度的分布（左侧）。

（1）冷坩埚式感应炉水平截面的二维模型　冷坩埚式感应炉水平截面的旋转对称模型（见图5-286）将冷坩埚式感应炉视为无限大，即装置的高度远大于其直径。这种情况下需要计算磁感应强度的轴向分量 $B_z(r,\phi)$ 以及径向 $J_r(r,\phi)$ 和方位角 $J_\varphi(r,\phi)$ 的涡流分量。

该模型可以估算涡流分布和温度场（见图5-286），考虑到在金属液与冷坩埚接触面之间边界条件下的渣壳特性，引入接触电阻和热阻。

（2）冷坩埚式感应炉径向剖面的准三维模型　一个冷坩埚式感应炉由两个二维模型结合而得出的准三维模型：

1）径向截面的轴对称二维模型，最初是为坩埚式感应炉开发的，另外考虑到冷坩埚内部和外部的涡流层（见图5-287），添加了2个额外的圆柱壳。

2）坩埚扇片侧面的二维模型，用于垂直方向再分配涡流的计算。

通过坩埚扇片侧面所谓的理想模型，对矢量势的方位分量 $\boldsymbol{A} = (0, A_\varphi, 0)$ 模拟迭代过程的有限差分方程式（5-288）进行求解：

$$\Delta_\varphi \boldsymbol{A} = 0 \quad (5\text{-}288)$$

进一步确定涡流和磁感应组件：

$$J_\phi = -\mathrm{j}\mu_0\sigma\omega A_\phi \quad B_r = -\frac{\partial A_\phi}{\partial z}$$

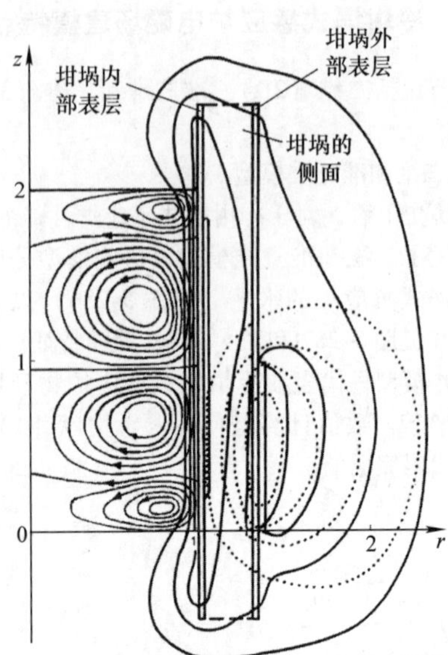

图 5-287 冷坩埚式感应炉的准三维模型

注：考虑到垂直方向涡流磁场线的重新分布，该模型将径向方向上轴对称二维模型和坩埚段侧面理想二维模型相结合。有冷坩埚的磁场线（实线）和金属液流动模式（带箭头的实线）；没有冷坩埚的磁场线（点）。

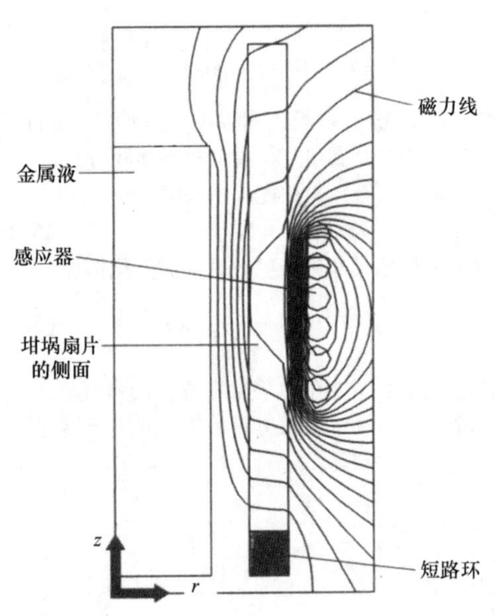

图 5-288 冷坩埚式感应炉的准三维模型

注：将径向截面的轴对称二维模型和具有实际涡流在垂直方向上重新分布的坩埚的侧面的二维模型相结合。

$$B_z = \frac{1}{r}\frac{\partial(rA_\phi)}{\partial r} \tag{5-289}$$

关闭每个冷坩埚涡流循环部分的补充条件：

$$\int_S J_\phi \mathrm{d}r\mathrm{d}z = 0 \tag{5-290}$$

其中，S 由两部分横截面组成，冷坩埚的外部和内部的表层（见图 5-287）。

理想模型不考虑在冷坩埚附近侧面上涡流的相互作用。

通过理想模型得到的金属液中的电磁力分布，并考虑到冷坩埚截面涡流的垂直方向的再分配。使实现金属液流动结构的定性估计（见图 5-287）成为可能。

根据实际模型（见图 5-288）与矢量势方位分量方程式（5-288），以下标量可用拉普拉斯方程求解：

$$\Delta\Phi = 0 \tag{5-291}$$

仅针对坩埚分段部分侧面引入标量函数 Φ：

$$\boldsymbol{J} = \mathrm{grad}\Phi \tag{5-292}$$

冷坩埚每一段中涡流环路闭合条件的结果式（5-290）：

$$\mathrm{rot}\boldsymbol{J} = 0 \tag{5-293}$$

对于耦合方程式（5-288）和式（5-291）的解，考虑以下条件，描述了涡流分量的共轭方案（见图 5-289）、内部或外部的表层方位角（J_ϕ）、冷坩埚侧面的法线（J_n）和切线（J_τ）。

$$\frac{\mu_0 n(b_{\mathrm{slit}}+\sqrt{2}\delta)}{2\pi}\frac{\partial\Phi}{\partial\tau} = \frac{\partial(rA_\phi)}{\partial\tau} \tag{5-294}$$

$$J_\phi = \frac{\partial\Phi}{\partial n} + \frac{(b_{\mathrm{slit}}+\sqrt{2}\delta)}{\pi}\ln\left[\frac{2\pi r}{n(b_{\mathrm{slit}}+\sqrt{2}\delta)}\right]\frac{\partial^2\Phi}{\partial\tau^2} \tag{5-295}$$

式中，n 是冷坩埚分段扇片的数量；b_{slit} 是缝隙的宽度；δ 是冷坩埚材料中电磁力的穿透深度。

进一步的计算表明，在轴对称二维模型中的冷坩埚可以被建模为具有虚拟磁导率的非导电（$\sigma = 0$）区域：

$$\mu_{\mathrm{fictive}} = \frac{n(b_{\mathrm{slit}}+\sqrt{2}\delta)}{2\pi r_{\mathrm{aver}}} \tag{5-296}$$

式中，r_{aver} 是冷坩埚截面的平均半径。实际模型可以在不考虑物理场的角度分布情况下，对冷坩埚感应炉的熔炼过程进行分析。

2. 三维模型

通过三维模型对冷坩埚感应炉进行定性和定量

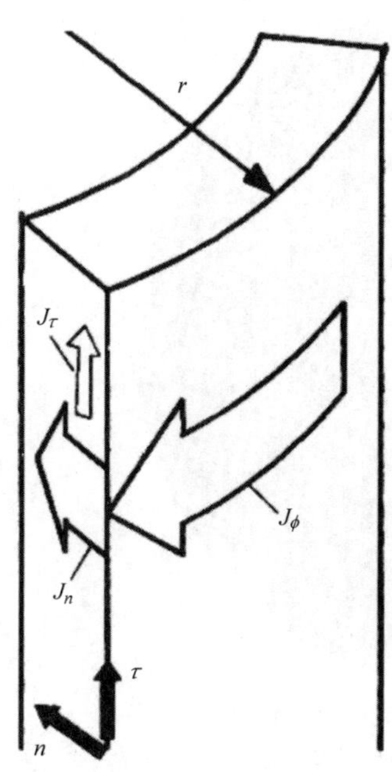

图 5-289 分段（缝隙）坩埚的截面图

注：该图显示了涡流分量共轭方案，外表面方位角（J_ϕ）和 侧面的法线（J_n）与切线（J_τ）。

分析。为了冷坩埚式感应炉三维模型的电磁计算（见图 5-279），考虑到冷坩埚式感应炉的对称性，选择了单个扇区（见图 5-290），当炉子沿着旋转轴以冷坩埚部分的角直径旋转（所谓的旋转对称性）。

对于具有高导电性的金属液和合金，可使用边界元素法（见图 5-290）。为了建立低导电性材料的渣壳熔炼模型，必须采用有限元法，网格生成和计算都可以按市场定制进行。

5.9.7 冷坩埚式感应炉中渣壳形成的数值模拟

为验证该方法，利用三维稳态 $k-\varepsilon$ 模型对具有高导电性的钛铝合金进行渣壳形成的计算，并用电磁模型三维磁场中的洛伦兹力和焦耳热源作为输入数据。

在坩埚内表面形成的一层固体会影响温度分布和流动模式。

渣壳高度在两个径向和方位角方向上都有变化（见图 5-291）。计算结果与试验得到的渣壳轮廓（见图 5-292）的比较表明，渣壳层真正的轮廓是不均匀的。

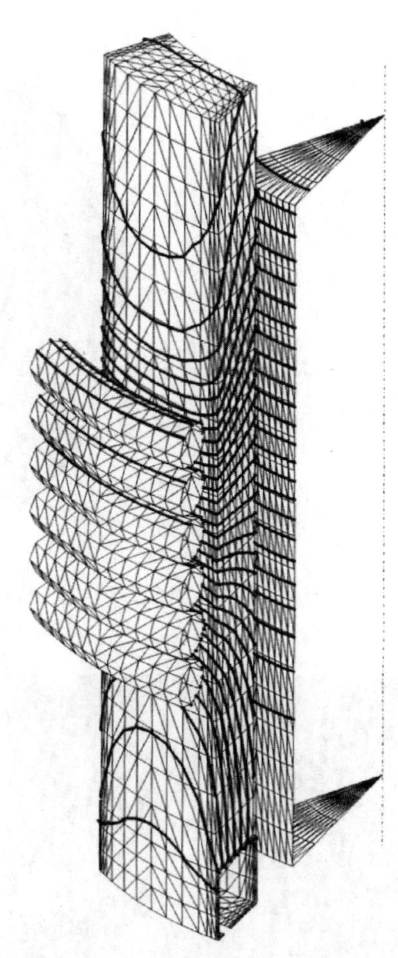

图 5-290 冷坩埚式感应炉单个扇区的三维模型和基于边界元素法进行电磁计算的网络

这一事实可以解释如下：实际钛铝合金流动由于多个局部涡流而远离轴对称结构，其流动比平均流动的涡流量小 1 ~ 2 个数量级，这些结论与采用瞬态三维大涡流模拟模型的计算结果相一致。

5.9.8 坩埚式感应炉中玻璃和渣壳建模结果

本节讨论瞬态轴对称二维模型和三维瞬态模型，包括两种方法的初步成果。

1. 瞬态轴对称二维模型

氧化物 ZrO_2-SiO_2 的熔炼计算是通过坩埚式感应炉的瞬态轴对称二维模型完成的，其初始加热是利用自主开发的程序，通过钼环或燃气燃烧器进行的。取得了以下主要成果：

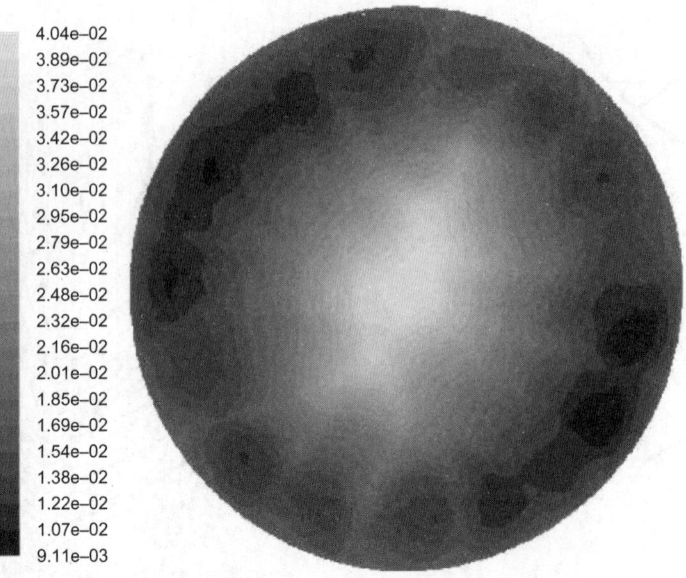

图 5-291 用三维稳态 $k-\varepsilon$ 模型进行渣壳高度的计算

注：从三维电磁模型中得到焦耳热和洛伦兹力。

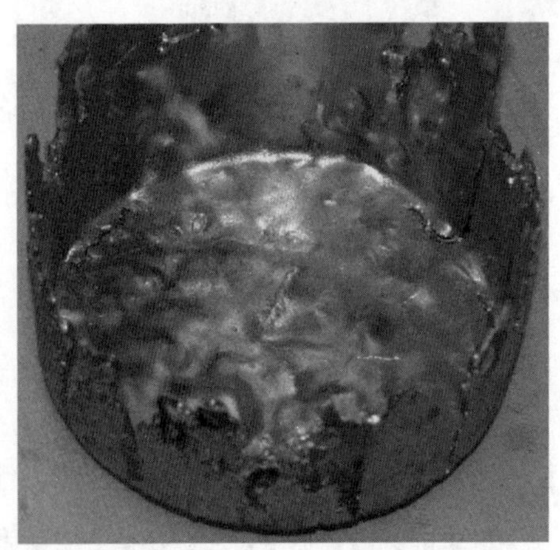

图 5-292 熔炼试验后凝固的钛铝合金

1）该模型可以预测金属液循环。流动形态的分布取决于金属液中不同区域的电磁力与浮力之间的相互关系。图 5-293a 所示为熔化初期小体积金属液的循环；熔化的发展阶段如图 5-293b 所示，在体积较大的范围内，由固体渣壳包围。

2）在坩埚式感应炉中渣壳熔炼的电磁力分布规律与在冷坩埚式感应炉中渣壳熔炼过程中电磁力的分布相似（见图 5-294）。电磁力的最大值位于低电导率的渣壳内部，取决于温度，相反，在导电区域（无论是液体还是固体）具有高电导率的外表面电磁力最大。

它是本节所考虑的几个模型中唯一的一种用热焓［见式（5-279）］来描述的模型，可以预测渣壳的相变，使得在计算热场的过程中能够获得液体和固体的形状。

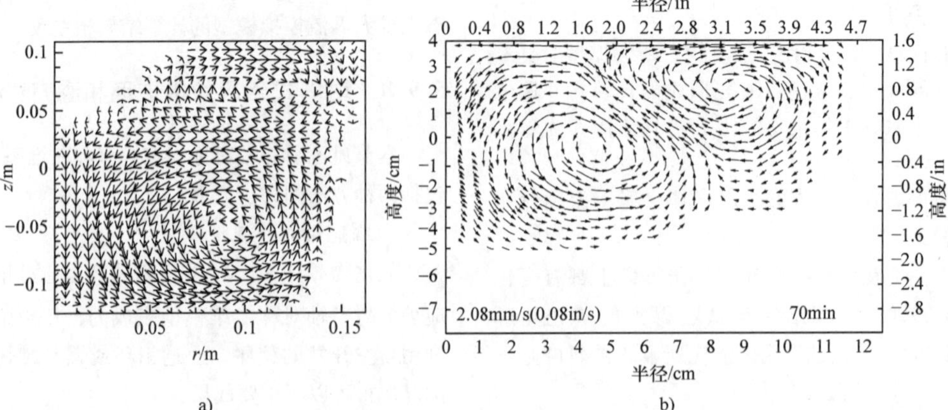

图 5-293 各种循环区域中不同流动模式下熔体中速度向量分布情况

a）初始阶段 b）熔化的发展阶段

图5-294 在冷坩埚式感应炉渣壳熔体中电磁力的分布情况

该模型可以预测金属液温度分布的主要特征，包括：

1）渣壳层（见图5-295）的温度梯度非常陡和熔炼试验时渣壳的特征截面图（见图5-296）。

2）由于巨大的辐射损失，在金属液顶部出现了一小层不熔化的材料。

该模型可用于控制感应炉熔炼过程中的各种参数，包括功率参数和特征温度。

锆英石在试验炉中感应加热过程的功率参数和温度的变化如图5-297所示。在钼环烧断前后以及达到锆英石的熔化温度后，电压的振幅值分别为1450V、2350V和1350V，频率设置为300kHz。初始材料是含有ZrO_2和SiO_2颗粒的混合物。

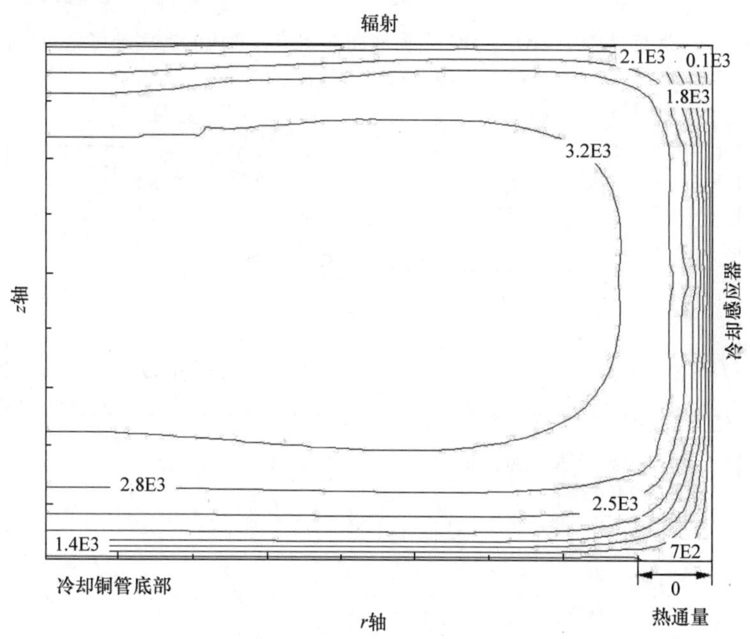

图5-295 在感应器-坩埚炉冷却表层和底部的渣壳层

注：在巨大的温度梯度下，锆英石熔液中温度的稳态分布。

2. 瞬态三维模型

利用计算机软件通过一个瞬态的坩埚式感应炉三维模型对玻璃熔炼进行计算。

该模型考虑了带陶瓷涂层的金属指针对电磁场和流体动力学场分布的影响。与前文中提出的二维模型不同，这种三维模型不能进行熔化过程的预测，也不能计算玻璃的液体状态和渣壳的固体状态之间的相变。有关流态分布、热场分布以及几种结构相应的几何表面的详细讨论见参考文献［1］，不同类型的玻璃参数见表5-29。

主要研究结果总结如下：

该模型可以用来预测熔炼过程中坩埚式感应炉任意截面和任意时间的电磁场、流体动力学以及温度场分布的主要特征。图5-298所示为通过三维模型计算的坩埚式感应炉垂直截面的熔体流线和温度分布。

金属液流动模式（见图5-298）显示了金属液对流中电磁和热引力的相互作用，其强度大致相似。

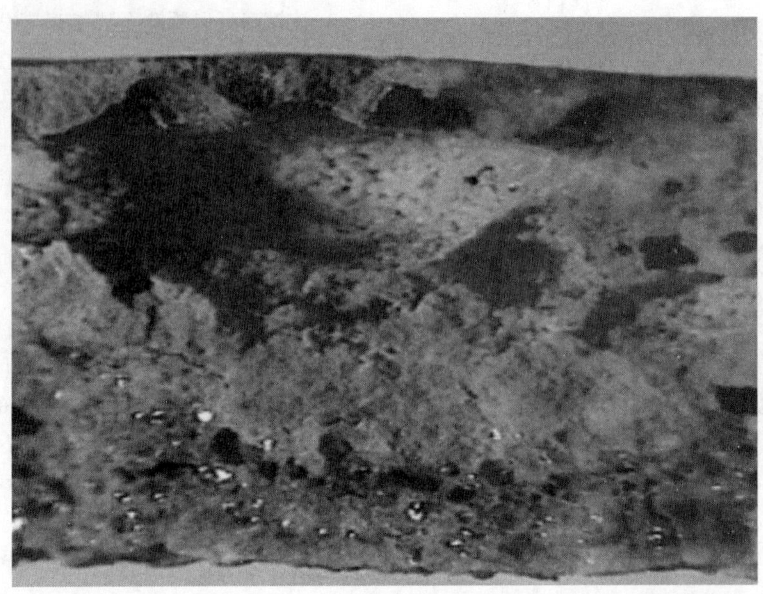

图 5-296 熔炼试验中 ZrO_2-SiO_2 金属液局部烧结后形成的在底部可见的渣壳层

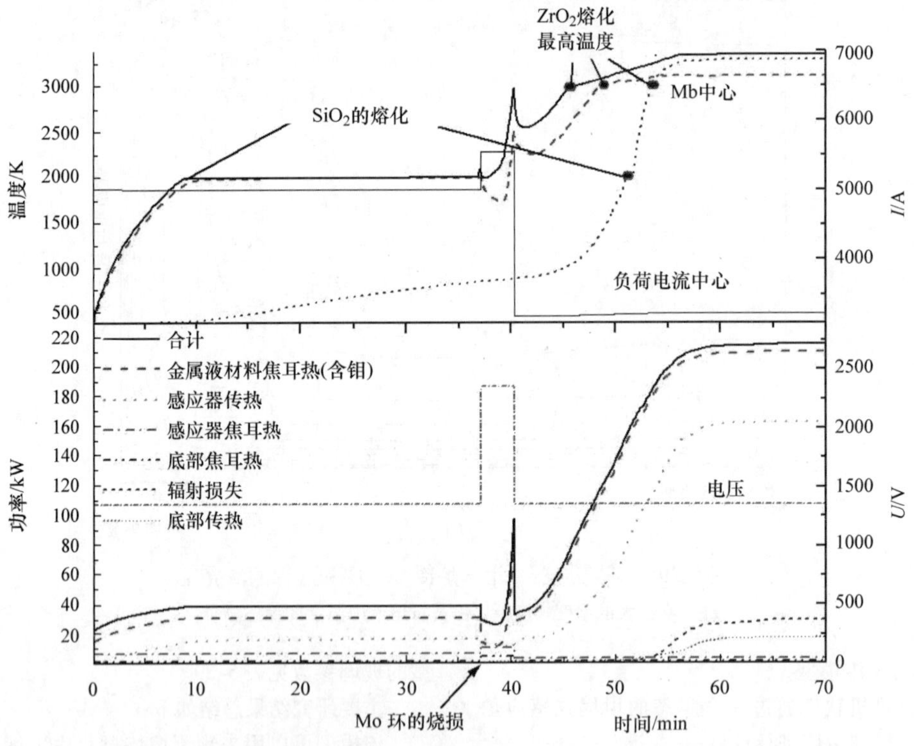

图 5-297 锆英石在试验炉中感应加热过程的功率参数和温度的变化

表 5-29 不同类型的玻璃参数

玻璃类型	温度范围/℃	电导率/(1/Ω·m)	密度/(kg/m³)	热膨胀系数/(1/K)	动态黏度/(N·s/m²)
玻璃 1	1200 ~ 1250	45…60	1200℃时 3800	4.5×10^{-5}	1250℃时 0.075
玻璃 2	1500 ~ 1600	115…150	1300℃时 2750	9.0×10^{-5}	1550℃时 0.475
玻璃 3	1100 ~ 1150	33…40	1000℃时 6300	2.57×10^{-5}	1120℃时 0.0012

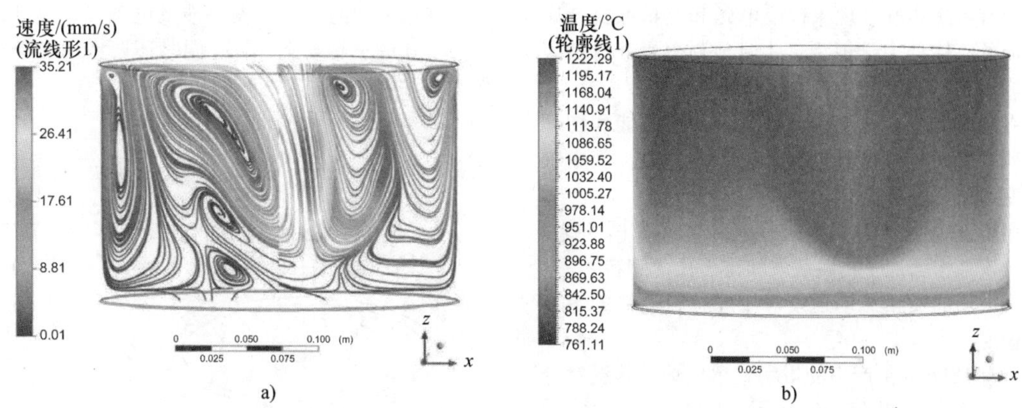

图 5-298 通过三维模型计算的坩埚式感应炉垂直截面的熔体流线和温度分布

a）熔体流线 b）温度分布

在熔融玻璃自由表面的电磁力密度、金属液流速和温度分布是固有的相似形状（见图 5-299a ~ c）。

该模型的验证是通过对直接观察得到的金属液自由表面（见图 5-299d），不同温度下的结构进行比较，并通过三维模型进行数值模拟完成的（见图 5-299c）。

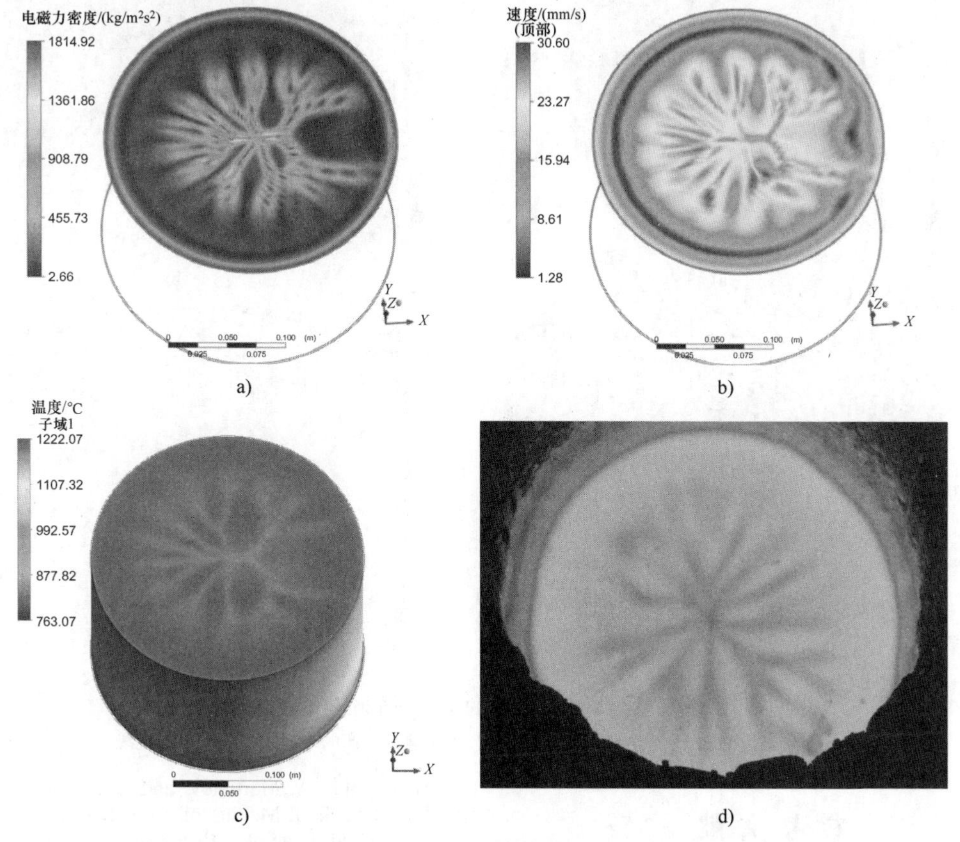

图 5-299 在熔融玻璃自由表面的电磁力密度、金属液流速和温度分布以及金属液自由表面图像

a）电磁力密度 b）金属液流速 c）通过三维模型计算的坩埚式感应炉自由表面温度 d）坩埚式感应炉运行时金属液自由表面

只有考虑热虹吸现象以及电磁和热扩散类金属液对流的流体动力学模型，才能预测金属液自由表面不同温度下的这些结构。

在感应器坩埚狭缝区域附近，渣壳性能和物理场在所有表面的分布具有显著的不对称性，其中轴对称变形是必不可少的。

用于连续生产的坩埚式感应炉方案如图 5-300 所示，该结构增加了物料装入和排出孔（卸料）。排出熔融玻璃的质量流动速度等于原材料进料的熔化质量速度。

具有 18kg/h 生产率的坩埚式感应炉，其温度分布和金属液流动如图 5-301 所示。

装料后，将冷原料加热，然后与熔融玻璃混合（见图 5-301b）。在熔融玻璃准备排放之前，装入的原料在坩埚中处理时间不少于 150s（见图 5-301d）。

考虑模型的进一步发展涉及电磁场、流动模式和热交换的三维瞬态计算，同时还要考虑玻璃的液体状态和渣壳的固态之间的相变。

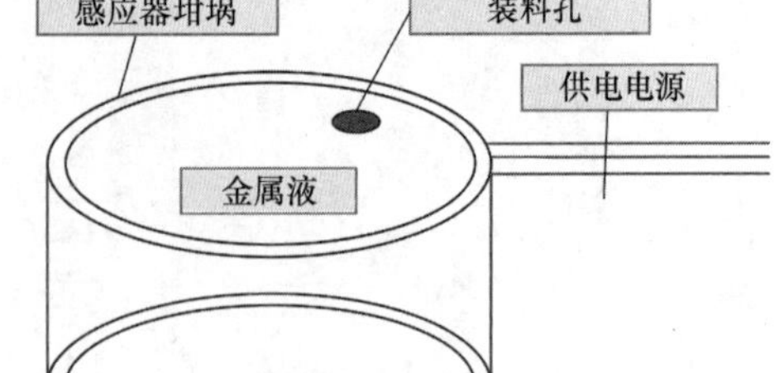

图 5-300 用于连续生产的坩埚式感应炉方案

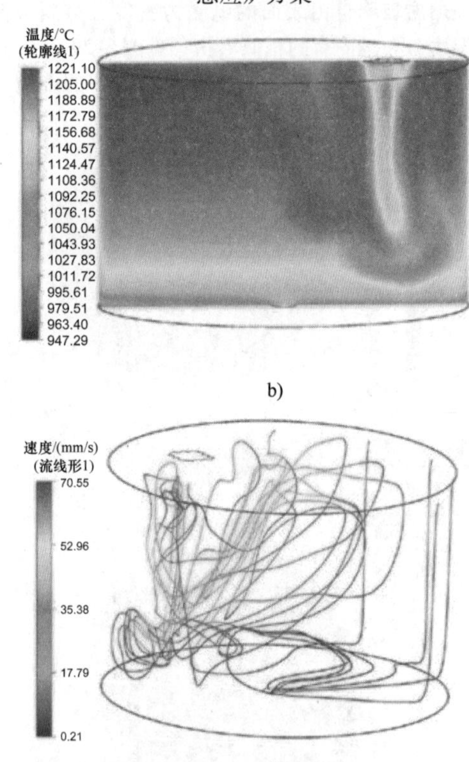

图 5-301 坩埚式感应炉的温度分布和金属液流动

a)、b) 温度分布 c) 熔体中的速度 d) 用于连续生产的坩埚式感应炉中的流线

参 考 文 献

1. B. Niemann, “Untersuchung der 3D Wärme and Stofftransportes von flüssigem Glas im Induktortiegel,” Dissertation, Universität Hannover, 2010, p 161
2. T. Behrens, M. Kudryash, B. Nacke, D. Lopukh, A. Martynov, and I. Loginov, Induction Skull Melting of Y_2O_3-BaO-CuO in a Cold Crucible, *Proc. Int. Scientific Colloquium: Modelling for Electromagnetic Processing*, Hannover, 2003, p 209–214
3. D. Gombert, J. Richardson, A. Aloy, and D. Day, Cold-Crucible Design Parameters for Next Generation HLW Melters, *Proc. Waste Management 2002 Symp.*, Feb 24–28,

2002 (Tucson, Arizona), 2002, p 9

4. S.W. Hong, B.T. Min, J.H. Song, and H.D. Kim, Application of Cold Crucible for Melting of UO_2/ZrO_2 Mixture, *Mater. Sci. Eng.*, Vol A357, 2003, p 297–303
5. I.V. Pozniak, A.Yu. Pechenkov, and A.N. Shatunov, Induction Furnace with Cold Crucible as a Tool for Investigation of High Temperature Melts, *Proc. 9th Russian-Korean Int. Symp. on Science and Technology (KORUS 2005)*, June 26–July 2, 2005 (Novosibirsk State Technical University, Russia), 2005, p 372–376
6. B. Nacke, M. Kudryash, T. Behrens, B. Niemann, D. Lopukh, A. Martynov, and S. Chepluk, Induction Skull Melting of Oxides and Glasses in Cold Crucible, *Proc. 4th Int. Scientific Colloquium: Modelling for Material Processing*, June 8–9, 2006 (Riga, Latvia), University of Latvia, Riga, 2006, p 209–214
7. M. Kudryash, "Experimental Investigation of Induction Melting in Cold Crucible for High Temperature Processing of Oxides Using HF Transistor Power Supply," Dissertation, Universität Hannover, 2010
8. B. Riemer, E. Lange, and K. Hameyer, Investigation of the Skull Melting Method for the Generation of Particulate Material of Inorganic Compounds, *Archives of Electrical Engineering*, Vol 60 (No. 2), 2011, p 197–209
9. D.B. Lopukh, B.S. Polevodov, S.I. Chepluk, A.P. Martynov, A.V. Vavilov, and J.A. Roach, Numerical 2D Electrohydrodynamic Model of Induction Melting of Glass in Cold Crucible at Two-Frequency Heating, *Induction Heating* (Saint-Petersburg, Russia), 2011, No. 15 (in Russian)
10. L.L. Tir and A.P. Gubchenko, *Induction Melting Furnaces for Processes of Higher Fidelity and Purity*, Energy and Atom Publishing House, Moscow, 1988, p 120 (in Russian)
11. S.I. Pavlov, "Numerical Modeling of Closed Flows of Conductive Fluid in Electromagnetic Field," Summary of Doctoral Thesis ("Mechanics of Fluids, Gases and Plasma"), Polytechnic Institute, Leningrad, 1984, p 18 (in Russian)
12. U. Bethers, A. Muiznieks, N. Nikiforova, S. Pavlov, L. Tir, and A. Yakovich, Numerical Simulation of an Electromagnetic Field in Meridional Section of Induction Furnace with Segmented Cold Crucible, *Proc. Latvian Academy of Sciences (Series of Physical and Engineering Sciences)*, 1989, No. 1, p 81–88 (in Russian)
13. N.V. Nikiforova, S.I. Pavlov, L.L. Tir, and A.T. Yakovich, Numerical Determination of Melt Circulation in an Induction Furnace with Segmented Conducting Crucible Involving the Utilization of a Meridian Section Model, *Magnetohydrodynamics*, Vol 26 (No. 2), 1990, p 215–221
14. E. Westphal, A. Muhlbauer, and A. Muiznieks, Calculation of Electromagnetic Field in Cylindrical Induction Systems with Slitted Metallic Walls, *Electr. Eng.*, Vol 79 (No. 4), 1996, p 251–263
15. E. Westphal, A. Muiznieks, and A. Muhlbauer, Electromagnetic Field Distribution in an Induction Furnace with Cold Crucible, *IEEE T. Magn.*, Vol 32 (No. 3), 1996, p 1601–1604
16. A. Mühlbauer, E. Baake, A. Muiznieks, M. Vogt, and G. Jarczyk, Schmelzen von Sonderwerkstoffen im Kaltwand-Induktions-Tiegelofen, *Elektrowärme International* (Electroheat International), ed. B (No. 3), 1997, p B86–B93
17. E. Westphal, "Elektromagnetisches und thermisches Verhalten des Kaltwand-Induktions-Tiegelofens," Dissertation, Universität Hannover, VDI Verlag, Düsseldorf, 1996, p 125
18. M. Vogt, "Einsatz des Kaltwand-Induktions-Tiegelofens zum Schmelzen und Gießen von TiAl-Legierungen," Dissertation, Universität Hannover, VDI Verlag, Düsseldorf, 2001, p 157
19. F. Bernier, "Optimierung des thermischen Verhaltens metallischer Schmelzen im Kaltwand-Induktions-Tiegelofen," Dissertation, Universität Hannover, VDI Verlag, Düsseldorf, 2001, p 125
20. V. Frishfelds, A. Jakovičs, and B. Nacke, Two-Fluid Model of Melting Dynamics of Metals in Cold Crucible, *Proc. HES-04: Heating by Electromagnetic Sources* (Padua, Italy), 2004, p 405–412
21. A. Umbrashko, E. Baake, and A. Jakovics, Melt Flow and Skull Formation Modeling Possibilities for TiAl Melting Process in Induction Furnace with Cold Crucible, *Proc. 5th Int. Scientific Colloquium: Modelling for Electromagnetic Processing*, Hannover, 2008, p 331–336
22. M. Kirpo, "Modeling of Turbulence Properties and Particle Transport in Recirculated Flows," Ph.D. thesis (Physics), Riga, Latvia, 2008, p 196
23. A. Umbrashko, Heat and Mass Transfer in Electromagnetically Driven Recirculated Turbulent Flows, Ph.D. thesis (Physics), Riga, Latvia, 2010, p 108
24. B. Nacke, V. Frishfelds, and A. Jakovičs, Stability Conditions in Inductive Melting of Oxides in Inductor Crucible Furnace, *Proc. Fifth PAMIR Conf. Fundamental and Applied MHD*, Vol 2, Sept 16–20, 2002 (Ramatuelle, France), University of Latvia, Institute of Physics, 2003, p 47–52

25. B. Nacke, V. Frishfelds, and A. Jakovičs, Modeling of Inductive Melting of Oxides in Inductor Crucible Furnace, *Elektrowärme International* (Electroheat International), No. 3, 2002, p 105–109
26. V. Frishfelds, A. Jakovičs, and B. Nacke, Modeling of Key Factors in Melting of Oxides in Inductor Crucible, *Proc. Fourth Int. Conf. Electromagnetic Processing of Materials*, Oct 14–17, 2003 (Lyon, France), p 6
27. V. Frishfelds, A. Jakovičs, and B. Nacke, Study of Melting Dynamics of Oxides in Inductor Crucible, *Proc. HES-04: Heating by Electromagnetic Sources* (Padua, Italy), 2004, p 157–164
28. A. Jakovičs, V. Frishfelds, B. Nacke, and T. Behrens, Simulation der Schmelzdynamik von Oxiden im Induktor-Schmelztiegel. Erwärmen und Schmelzen mit elektrotechnischen und alternativen Verfahren, Ilmenau, Germany, 2004, p 10
29. A. Jakovičs, I. Javaitis, B. Nacke, and E. Baake, Simulation of Melting Process in Cold and Inductor Crucible, *Proc. Joint 15th Riga and 6th PAMIR Int. Conf. on Fundamental and Applied MHD*, Vol 2, June 27–July 1, 2005 (Rigas Jurmala, Latvia), p 15–18
30. V. Frishfelds, A. Jakovičs, A. Mühlbauer, and B. Nacke, Dynamics of Incongruent Melting of ZrO_2-SiO_2 in Inductor Crucible, *Proc. 4th Int. Scientific Colloquium: Modelling for Material Processing*, June 8–9, 2006 (Riga, Latvia), University of Latvia, Riga, 2006, p 149–154
31. V. Frishfelds, A. Jakovičs, and B. Nacke, Influence of Crust and Hole Formation on Inductive Melting of Circon in Inductor Crucible, *International Symposium on Heating by Electromagnetic Sources: Induction, Dielectric, Conduction and Electromagnetic Processing*: June 19–22, 2007 (Padua, Italy), 2007, p 167–172
32. V. Frishfelds, A. Jakovičs, and B. Nacke, Simulation of the Melting Process of ZrO_2-SiO_2 in an Inductor Crucible, *Magnetohydrodynamics*, Vol 43 (No. 2), 2007, p 213–220
33. B. Niemann, B. Nacke, and M. Kudryash, Investigation of Mass and Heat Transfer of Molten Glass in the Inductor-Crucible, *Proc. 5th Int. Scientific Colloquium: Modelling for Electromagnetic Processing*, Hannover, 2008, p 277–282
34. B. Niemann, B. Nacke, and M. Kudryash, New Innovative Induction System for the Production of Pure High Temperature Glasses, *XVI Int. Congress on Electricity Applications in a Modern World*, May 19–21, 2008 (Kraków, Poland), Stowarzyszenie Elektryków Polskich, 2008
35. B. Niemann, B. Nacke, V. Geza, and A. Jakovičs, Simulation of the 3D Mass Transfer of Molten Glasses in the Inductor-Crucible, *Proc. 6th Int. Conf. Electromagnetic Processing of Materials*, Oct 19–23, 2009 (Dresden, Germany), 2009, p 525–528
36. T. Behrens, “Prozessororientierte Analyse der Induktiven Skull-Melting-Technologie bei Verwendung eines Transistorumrichters,” Dissertation, Universität Hannover, Curvillier Verlag, Göttingen, 2007, p 226
37. F. Walter, Grundlagen der elektrischen Ofenheizung. Leipzig: Akademische Verlagsgesellschaft Geest & Portig, 1950
38. D.R. Lide, Ed., *Handbook of Chemistry and Physics*, 84th ed., CRC Press, 2003–2004
39. A. Mühlbauer, E. Baake, and H.J. Lessman, Untersuchung der Funktion einer Zirkon-Silikat-Schmelzanlage. Bericht. Hannover, Institut für Elektrowärme, 1995, p 40
40. N.A. Toropov, F.Ya. Galakhof, Izvest. Akad. Nauk SSSR. Otdel Khim.Nauk, 1956, p 160 (in Russian)
41. A. Mühlbauer, F. Bernier, and M. Vogt, Schaffung der theoretischen Grundlagen für die industrielle Anwendung der KIT-Technologie, Institut für Elektrowärme der Universität Hannover, bmb+f Abschlußbericht 03N3016F, Hannover, 1999
42. D.B. Lopukh, B.S. Polevodov, S.I. Chepluk, J.A. Roach, A.P. Martynov, and A.V. Vavilov, Mathematical Model of Induction Melting of Glass in Cold Crucible, *Induction Heating* (Saint-Petersburg, Russia), 2009, No. 9, p 23–29 (in Russian)

选择参考文献

- P.A. Devidson, *An Introduction to Magnetohydrodynamics*, Oxford University Press, Cambridge, United Kingdom, 2001, p 430
- R. Moreau, *Magnetohydrodynamics*, Kluwer Academic Publishers, Dordrecht, the Netherlands, 1990, p 313
- A. Mühlbauer, Innovative Induction Melting Technologies: A Historical Review, *Proc. 4th Int. Scientific Colloquium: Modelling for Material Processing*, June 8–9, 2006 (Riga, Latvia), University of Latvia, Riga, 2006, p 13–20
- A. Mühlbauer, *History of Induction Heating and Melting*, Vulkan-Verlag, Essen, 2008, p 212

5.10 感应熔炼过程的能源和环境

Egbert Baake and Bernard Nacke, Leibniz University of Hannover

金属感应熔炼和加热属于高耗能工业过程，随着熔炼和加热技术的竞争增强，能源利用率的不断提高越来越受到关注。在此背景下，除了单纯的能源评估外，还必须考虑过程和装置的 CO_2 排放量。必须确定和减少整个能源过程产业链中的 CO_2 的排放平衡，以应对未来熔炼和加热技术领域发展的挑战。

为了对比熔炼或加热的不同工艺，有三组重要的评估标准，分别是应用要求、经济要求和生态要求（见图5-302）。适用或工艺要求是主要条件，不同的过程只有在其满足工艺要求，如工艺温度、炉内气氛或确定的生产率时才可能具备竞争条件。如果特定的工艺要求只能通过一个过程实现，一般来说是没有竞争力的；只有要求将所有其他标准都必须考虑在内，才会有竞争力。然而，如果不同的工艺能够满足相同或至少相似的要求，那么经济和生态要求将是最佳可用技术的最终决定因素，最主要的多是成本方面，如投资成本和维护成本，特别是最终的应用能源成本。然而，近几年来，由于 CO_2 排放许可证方面的交易，无论从生态角度还是经济角度来看，依赖最终能源使用的 CO_2 排放总量的平衡已经变得越来越重要。

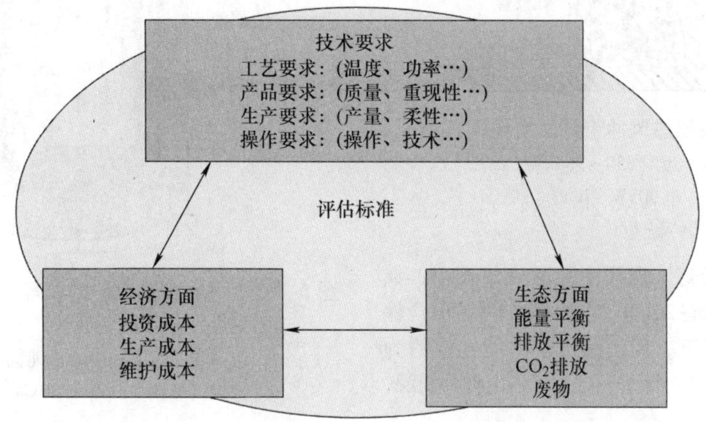

图5-302 不同熔炼加热过程比较的评估标准

5.10.1 不同熔炼过程的能源要求

熔炼炉广泛应用于熔炼铁、钢和有色金属。在铸铁铸造厂中，有冲天炉、感应炉以及部分燃气或燃油旋转炉（见图5-303）。从生产要求方面看，冲天炉对连续化熔炼和大批量生产而言有较大优势；而感应炉较小，操作非常灵活，是针对熔炼生产中经常变换合金成分和小批量生产优质熔炼产品的最佳选择。尽管如此，能量消耗在这两种情况下都起着重要作用。

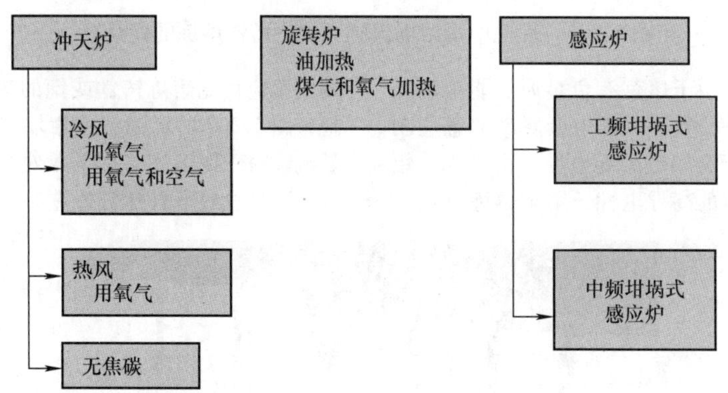

图5-303 铸铁熔炼炉

图5-304所示为现代化大型热风冲天炉的主要配置情况。这种大型炉子的熔炼速度为60t/h。冲天炉应用于大型铸造厂，应用的铸铁种类很少。熔炼铸铁的单位消耗为900～1000kW·h/t。热风冲天炉的主要能源是焦炭，小部分是天然气和电。在德国的铸铁铸造厂，目前冲天炉大约占所有类型熔炼炉的50%。

图5-305所示为坩埚式感应炉的原理，主要用

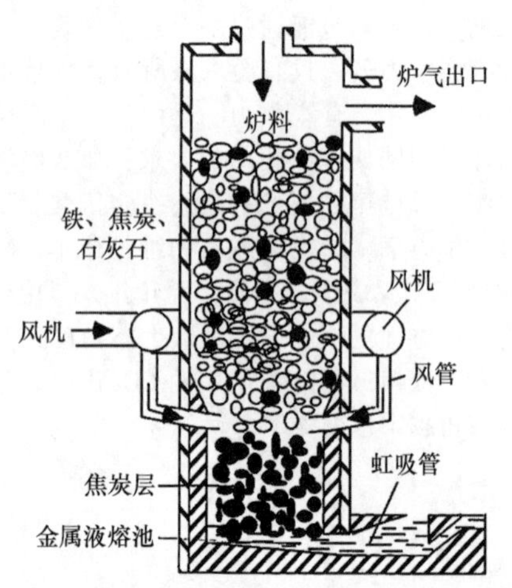

图 5-304 现代化大型热风冲天炉的主要配置情况

注：典型的能耗值，焦炭 850 ~ 950kW · h/t，气 20kW · h/t，电 30kW · h/t，共计 900 ~ 1000kW · h/t。

于各类铸铁的柔性熔炼。现代中频感应炉较小，典型的铸铁熔化率为 10 ~ 20t/h。在熔炼铸铁（不含保温操作损失）的情况下，现代感应炉的能耗值约为 520kW · h/t，远远低于冲天炉。但由于以电作为能源，其能源成本相当甚至更高。图 5-306 所示为现代中频，坩埚式感应炉中铸铁熔炼的能量流。线圈能耗是炉子能源损失中最大的部分，而热量和其他损失则占较小部分，铸铁的总熔炼效率约为 75%。

考虑到以初级能源计算，这两种类型炉子的能耗大致相同，将在下面部分进行讨论。

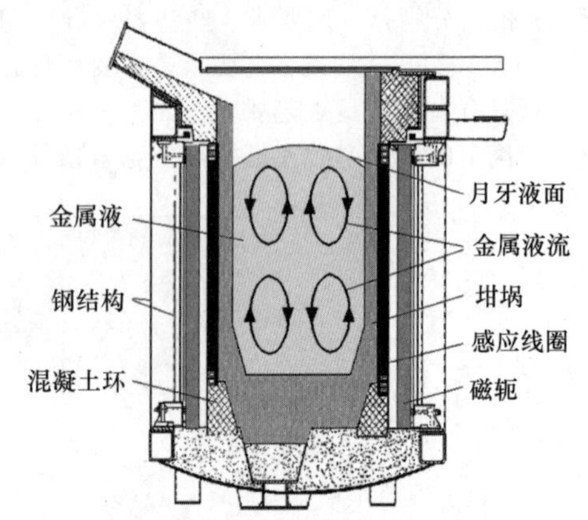

图 5-305 坩埚式感应炉的原理（频率为 50 ~ 100Hz）

注：最终的能耗值，铸铁 520 ~ 530kW · h/t，铝 600 ~ 650kW · h/t，纯铜 360 ~ 390kW · h/t，黄铜（Ms58）260 ~ 280kW · h/t。

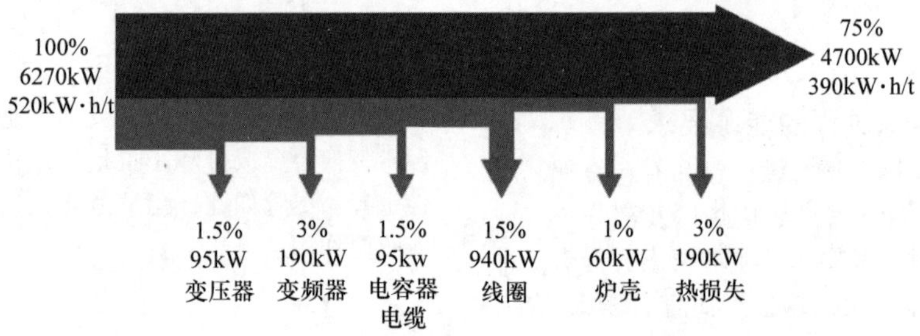

图 5-306 现代中频坩埚式感应炉中铸铁熔炼的能量流

坩埚式感应炉也用于熔炼有色金属。能源消耗取决于金属热焓和炉子效率。因为金属液的感应功率很大程度上取决于金属液的导电性，由于铜、铝及其合金等有色金属的高导电性，用于熔炼有色金属的感应炉比熔炼铸铁或钢的感应炉效率低。相应地，图 5-307 所示为铜在坩埚式感应炉中熔炼的能量流。对于铜熔炼，在线圈处的能耗比铸铁要高得多，而且总效率只有 53% 左右。

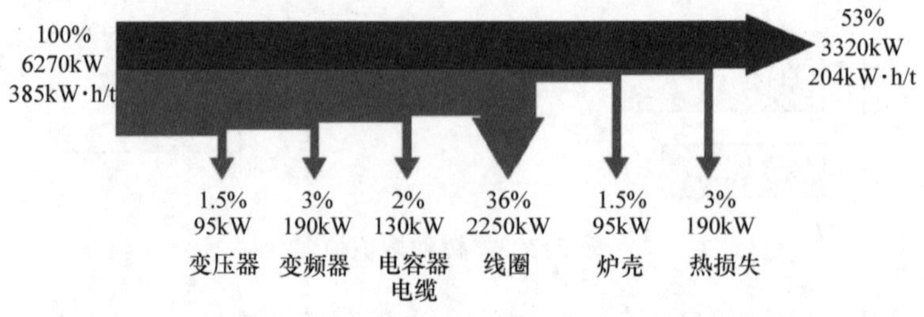

图 5-307 铜在坩埚式感应炉中熔炼的能量流

因此，对于铜和其他有色金属（如黄铜、铝和锌）的熔炼，通常首选沟槽式感应炉（见图 5-308），这是由于其在熔炼有色金属时效率更高。

相应地，图 5-309 所示为铜在沟槽式感应炉中

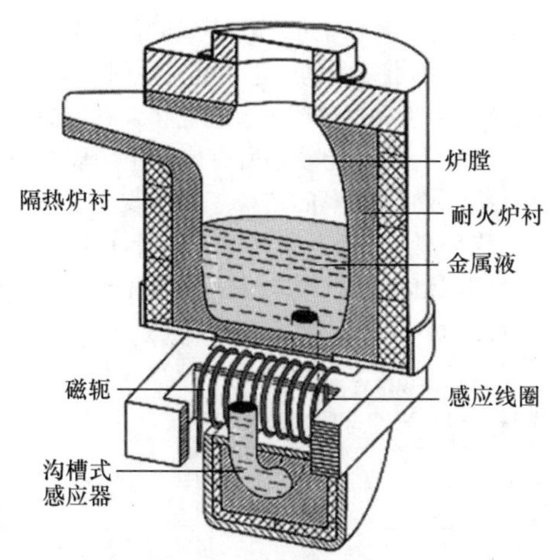

图 5-308 沟槽式感应炉的工作原理（频率为 50～70Hz）
注：最终的能耗值，铝 410～450kW·h/t，
纯铜 250～280kW·h/t，黄铜（Ms58）
225～235kW·h/t，灰铸铁熔炉 600～650kW·h/t。

熔炼时的能量流。在沟槽式感应炉中，线圈的能量损耗低得多，这是基于电力变压器工作原理的关系，因此，熔炼铜时，使用沟槽式感应炉的总效率大约为 82%，甚至更高，而相比之下，使用坩埚式感应炉约为 53%。因此，在使用沟槽式感应炉时，熔炼铜的能源消耗大约为 250kW·h/t，而使用坩埚式感应炉则为 385kW·h/t。

如果只考虑铸铁熔炼的最终能源消耗，坩埚式感应炉是效率非常高的装置，甚至现代化冲天炉最终能源需求几乎是感应炉的 2 倍，两种设备的能源需求对比将在后面给出。

对于熔炼有色金属，沟槽式感应炉效率比坩埚式感应炉更高。如果金属液需要强力搅拌，应使用坩埚炉，这是因为沟槽炉不可能实现强力搅拌。

5.10.2 提高坩埚式感应炉熔炼效率的研究

虽然坩埚式感应炉已经有了较高的能源效率，但仍有 25% 的能源被消耗掉，因而是有一定潜力来减少损失和提高用能效率的。在坩埚式感应炉熔炼铸铁的领域里，已发现提高潜力的方法如下：

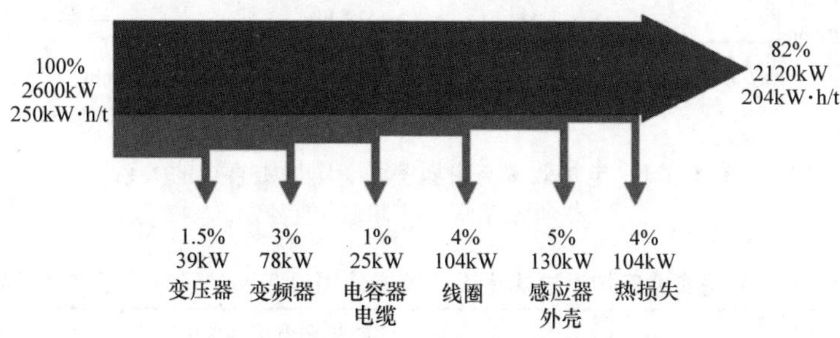

图 5-309 铜在沟槽式感应炉中熔炼时的能量流

1）提高线圈效率（降低冷却温度，提高铜线圈的导电性，优化铜线圈的管形。

2）冷却线圈的优化设计（最佳剖面和最佳材料）。

3）减薄坩埚壁厚度，并使坩埚寿命相当或更长（选用优质衬里材料）。

4）坩埚底部圆锥形的优化设计。

5）由于外围设备（冷却泵、冷却塔风扇、排气系统）的最优化运行，减少能量损失。

下面为一些实际的研发结果。图 5-310a 所示为电炉效率与冷却水电导率的关系，由于冷却水温度较低，使线圈平均温度降低，实质就减少了线圈能耗，因而也就提高了炉子效率。图 5-310b 所示为电炉效率与冷却线圈电导率的关系。例如，使用由不锈钢制造的冷却盘管，可以大幅度提高炉子效率。

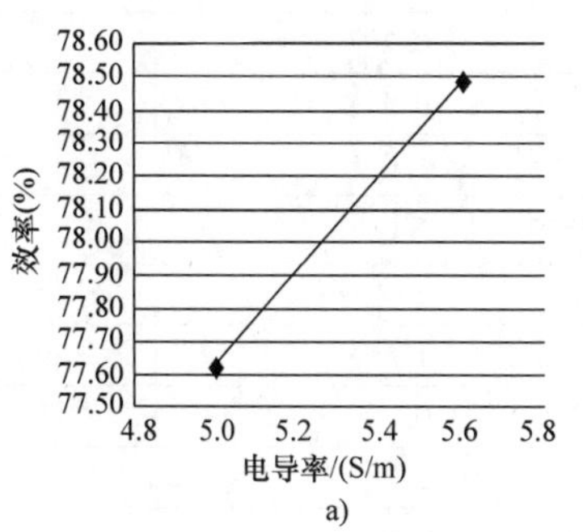

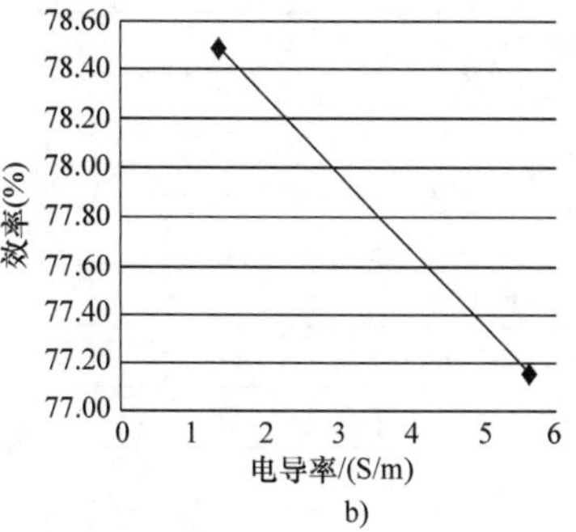

图 5-310 电炉效率与冷却水电导率、冷却线圈电导率的关系
a）电炉效率与冷却水电导率的关系 b）电炉效率与冷却线圈电导率的关系

图5-311所示为电炉效率与坩埚壁厚、坩埚直径的关系，在降低坩埚壁厚和减小坩埚圆锥直径的情况下，可提高电炉效率。

在整个熔炼过程中，炉子的操作运行对提高效率尤为重要。现代中频炉熔炼铸铁，如前述，熔炼过程的最终能量需求大约为520kW·h/t，但由于运行损耗，包括运行在内的总能源需求通常为550～650kW·h/t范围内。随着操作运行过程中能量损耗的减少，如保温时间缩短、减少开炉盖次数、缩短运输时间等，都有很大的改进和提升空间。

表5-30为坩埚式感应炉通过优化设计改进外围设备和炉子运行后节能效果所有研究主题以及通过减少能耗提高熔炼效率的结果。总体改进结果，可使运行损失降低8.0%，最终能耗降低48kW·h/t。理论研究的改进可在坩埚式感应炉设计和铸铁铸造厂的实际运行操作中实现。

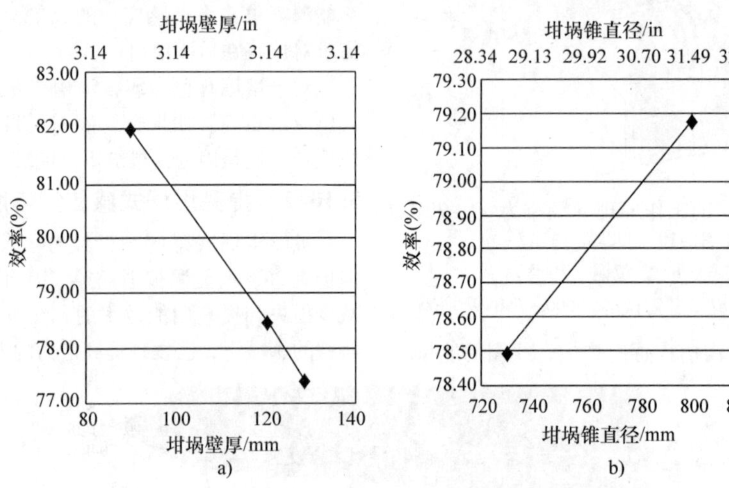

图5-311 电炉效率与坩埚壁厚、坩埚锥直径的关系
a）坩埚壁厚 b）坩埚锥直径

表5-30 坩埚式感应炉通过优化设计改进外围设备和炉子运行后节能效果

	能源消耗占比（%）	能源消耗量/（kW·h/t）
	熔炉设计	
有效线圈（最佳线圈剖面）	0.5	3.0
冷却线圈（不锈钢最佳剖面）	0.8	5.0
	坩埚设计	
壁厚 -20mm	1.5	9.0
锥体直径 +30mm	0.5	3.0
合计	3.3	20.0
	外围设备	
冷却循环泵（压力控制）	0.3	1.8
冷却塔风扇（功率控制）	0.2	1.2
排气系统（功率控制）	0.5	3.0
合计	1.0	6.0
	熔炉运行	
缩短保温时间（-15min）	1.5	9.0
缩短炉盖打开时间（-10min）	1.5	9.0
减少金属液输送时的热损失（降低过热15K）	0.7	4.0
合计	3.7	22.0
总计	8.0	48.0

5.10.3　熔炼炉的能量和生态对比

本节讨论铸铁的熔炼和铝的熔炼。

1. 铸铁的熔炼

各种熔炉的能耗对比和 CO_2 排放量的对比，除了考虑最终的能源需求，还必须考虑每个熔炉的初级能源消耗。一次能源和 CO_2 的排放量是通过保存完整的能源过程链来完成的（见图 5-312）。

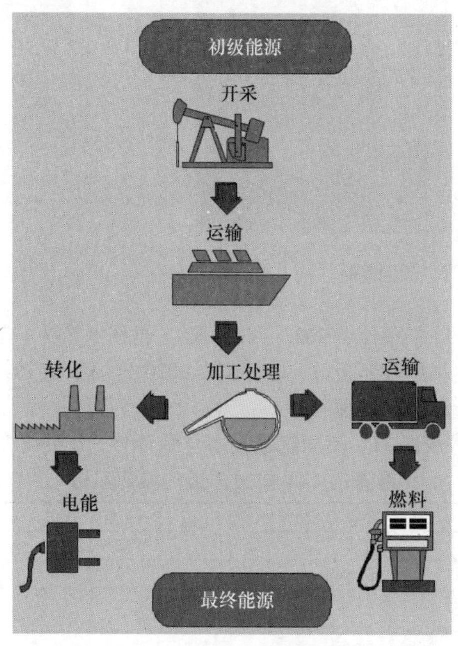

图 5-312　能源过程链

为了说明熔炼过程中全部能源消耗，在第一步，必须考虑如熔化金属或加热工件时，物体本身需要的热能；在第二步，有必要考虑熔炼或加热过程中由于氧化引起的材料损失的客观能量需求。这些损失必须由新材料来平衡，或从能量的观点通过累积能量来平衡，这对于材料和产品的过程来说是必要的。可根据技术规范 VDI 4600 “累积的能量需求”进行完整的工艺链分析。

各种铸铁熔炉的最终能耗对比如图 5-313 所示。考虑最终能量消耗，坩埚式感应炉特别是中频坩埚式感应炉由于其工艺效率高，具有最低的能耗。根据最终的能量需求，可以应用图 5-312 所示完整的能量过程链，来计算初级能量。图 5-314 所示为各种铸铁熔炉的初级能耗。对于初级能源消耗量，冲天炉与坩埚式感应炉相比具有优势。这种效果是以不同的能量转化因素为基础，对于在冲天炉中作为主要能量载体的焦炭和发电站的发电率为 35% ~ 40%。尽管如此，由于其他运行标准，目前冲天炉和感应炉在铸铁铸造厂是相互竞争的一对。

从环境的角度来看，除了能量评估，还必须考虑熔炼过程产生的 CO_2 排放。必须确定并减少整个能量过程链的 CO_2 排放平衡，这样做是为了适应熔炼和加热技术领域里未来的需求做准备。

根据所用的电、天然气或煤炭的最终能源，不同的能量过程链导致不同的 CO_2 排放。虽然，与燃料加热相比较，电熔炼有着相似的初级能源消耗，但电熔炼过程的 CO_2 排放通常较低。然而，由于可再生能源的比例增加，电熔炼工艺的使用将导致未来 CO_2 排放量的进一步减少。

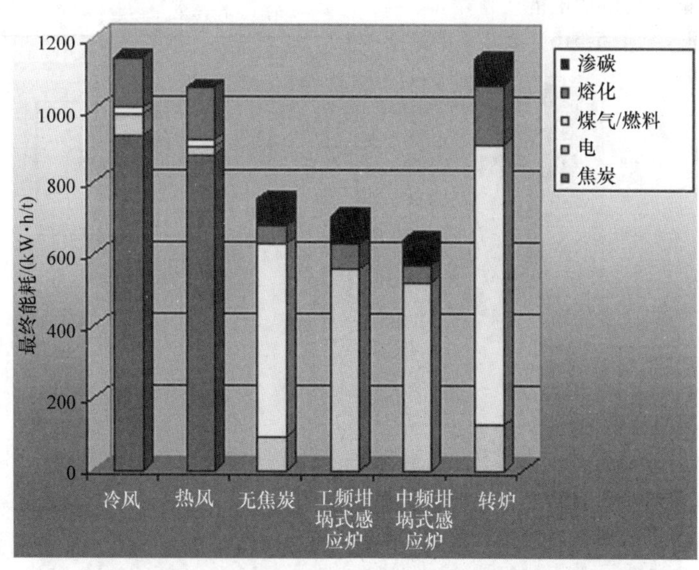

图 5-313　各种铸铁熔炉的最终能耗对比

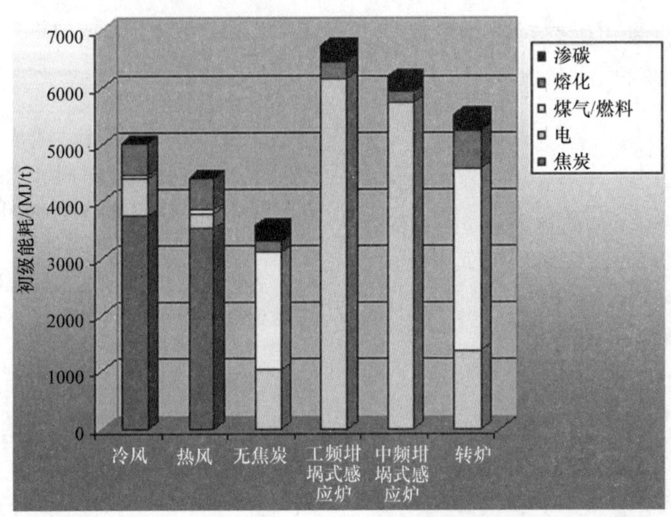

图 5-314 各种铸铁熔炉的初级能耗

通过利用新型炉子的设计可改进和改善操作过程的运行，在高效电熔炼和加热技术中，进一步减少 CO_2 排放是可行的。

如果考虑各种熔化炉的 CO_2 排放，可以有另一种对比。表 5-31 为不同能源载体利用 1kW · h 最终能量的 CO_2 排放总量的换算系数。焦炭和天然气的相应因素可以假定在未来是恒定的，且仅有焦炭和天然气的品种或地区差异，生产电能的数值很大程度上取决于煤炭、天然气、核能或再生能源的发电量。1996 年世界 CO_2 排放的平均值（见图 5-315）非常低，这是因为世界上有大量的电力来自水力发电。从德国的换算系数来看，1996 年高于世界平均值，但由于其可再生能源发电的电能产量增加，在 1996 年和 2007 年之间（见图 5-316）换算系数会有所下降，预计在 2007～2020 年（见图 5-317）期间的换算系数还会进一步下降。2020 年的数值来自德国能源研究的预测。

表 5-31 不同能源载体利用 1kW · h 最终能量的 CO_2 排放总量的换算系数

能量媒介	kg/kW · h
焦炭	0.473
气体燃料	0.227
电能	
世界，1996 年	0.293
法国，1996 年	0.615
法国，2007 年	0.509
法国，2020 年（预测）	0.345

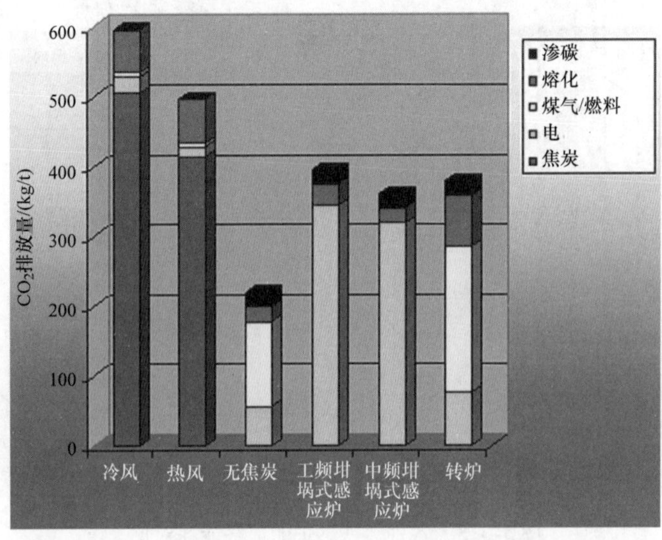

图 5-315 熔炼铸铁时不同熔炼炉的 CO_2 排放量（1996）

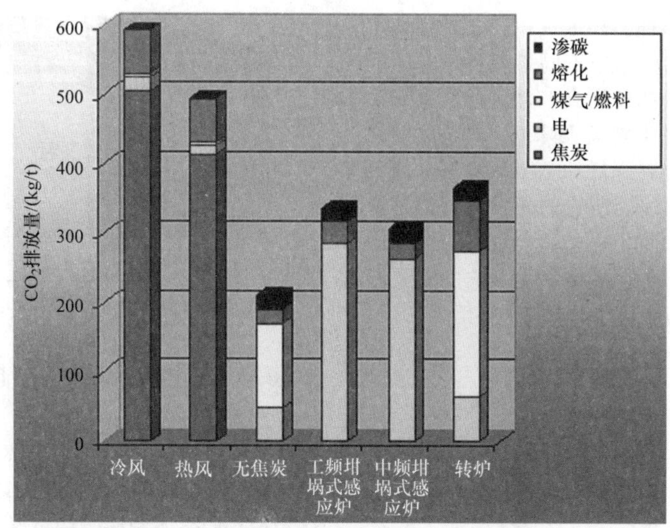

图 5-316 熔炉铸铁时不同熔炼炉的 CO_2 排放量（2007）

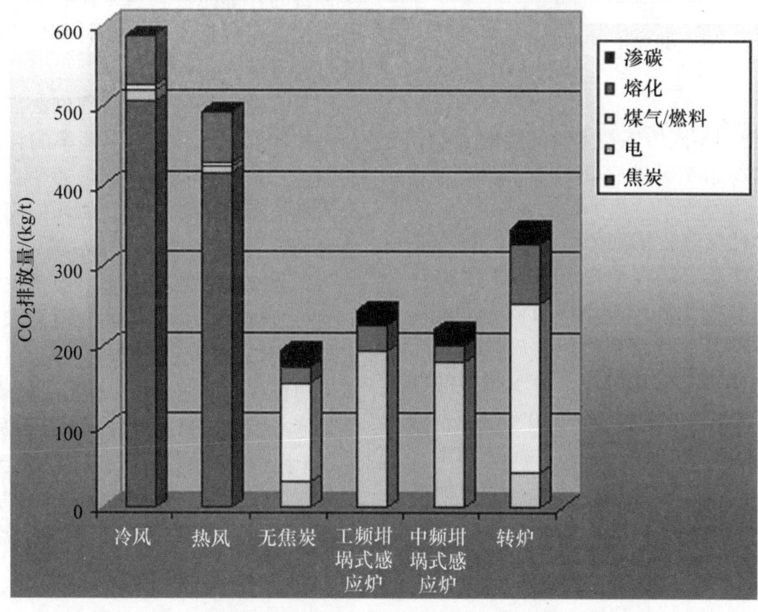

图 5-317 熔炉铸铁时不同熔炼炉的 CO_2 排放量（2020）

考虑到德国的发展趋势，这种方式可以推荐到很多其他工业国家，如果考虑到 CO_2 的排放，在工业加热过程中应用电能会成为一种新趋势。然而，不仅在德国，而且还在其他很多国家，电加热的重要性会增加，尤其当从生态观点出发，以及与燃料加热过程对比时。

2. 铝的熔炼

在感应炉内熔炼铝满足了铸造行业的所有典型技术要求，如高产量、熔化周期短以及金属液流动产生的金属液均匀化作用、精确的功率和温度控制，还有自动化过程控制简单、操作方便以及高度灵活性。此外还有电效率和热效率高等优点。由于氧化损失少、减少了原材料的损耗、单位能耗低故在环保方面具有良好的竞争力。感应熔化与燃料燃烧炉相比有高的总效率，这是通过计算机模拟电磁场、热流、液流在熔炼、保温和浇注过程中的作用，再经过实践研究不断地改进和优化得到的结果。

从能耗和生态观点看，熔化铝过程中材料的氧化损失是需要特别重视的。这些氧化损失取决于熔炼工艺、方法以及原料铝的清洁度、温度的高低，金属液中温度的分布、熔炼时间、炉内气氛以及其他有关因素。根据研究表明，燃料燃烧与电加热熔化铝相比感应炉可以节能，降低成本，又是环境友好型的。图 5-318 所示为铝用不同熔炼技术时的能量需求和 CO_2 排放量，当使用高产能沟槽式感应炉（50t）时，熔炼 1t 铝的能耗大大降低，其最终能耗可减少约 60%，初级能耗降低约 20%。此外，温室气体的排放量也明显减少。所有的研发数据都是基于德国能源转换系数和特定电站组合的 CO_2 换算系数得出的，其结果凸显了熔炼中氧化损失的重要影响，这种损失必须用高能量的铝原料来补偿。

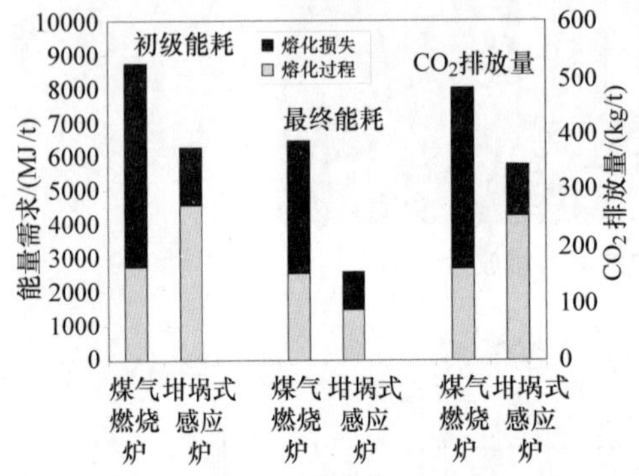

图 5-318　铝用不同熔炼技术时的能量需求和 CO_2 排放量

利用电磁搅拌可以改善铝在燃气炉中的熔炼过程，水冷式电磁搅拌器安装在炉底下方或炉壁的外侧（见图 5-319）。搅拌力和搅拌方向可以人工或自动控制，在整个熔炼过程及精炼阶段实施搅拌，导致温度和化学成分快速完全均匀化。由于强烈的电磁搅拌作用，供电的熔化时间可缩短 20% 以上，电耗减少 10% ~15%，炉渣（氧化损失）减少 20% ~ 50%。这样的例子证明了复合技术（化石燃料加热与电磁技术联合）产生最佳工艺解决方案。

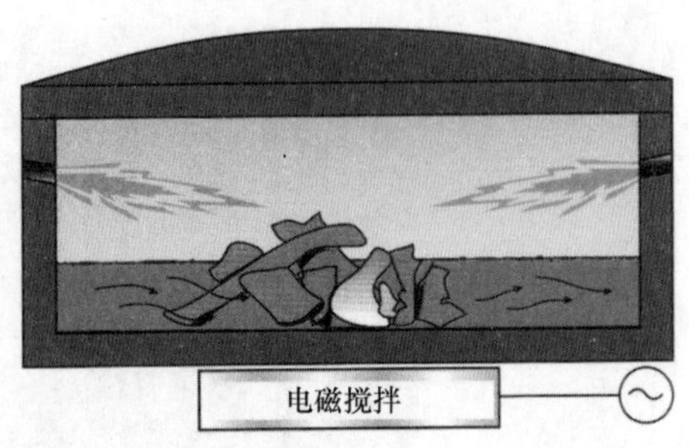

图 5-319　燃气铝熔炼炉的电磁搅拌

5.10.4　感应熔炼过程的能量和电源管理

能量市场的自由化为通过运营能源和电力或所谓的负荷管理来降低能源成本提供了很多可能性。任何现代化负载管理的目的都是在不以任何方式对生产过程产生不利影响的情况下，使节约需求的潜能得到最优化利用，从而将电能成本降到最低。根据各自的外部条件，可采用各种方法。降低电成本的措施主要包括工厂生产计划、生产过程控制和负载自动管理。

了解确定各种负载管理方法需要详细了解电力公司的计价方式。能源消耗率的计算是根据 kW · h 的消耗总量来计算的，需求速率直接与给定计费阶段的峰值需求成正比，其中峰值用电是依据表记峰值最大数再增加 0.25h。

作为实例，德国一家中型铸铁铸造厂研究了如何通过改善冶炼车间内的能源需求结构和运行负载管理，大幅度降低了电能成本。最初应用于完整铸造厂的负载周期记录和分析允许对最优化电势进行评估，基本上都是调配给熔炼运行。因此，分别对现有的 5 个感应熔炼炉的功耗进行了监测（见图 5-320），精确地记录了 5 个感应炉相应的熔炼和浇注步骤，如装料、熔化、渗碳、加热、清渣和浇注等。

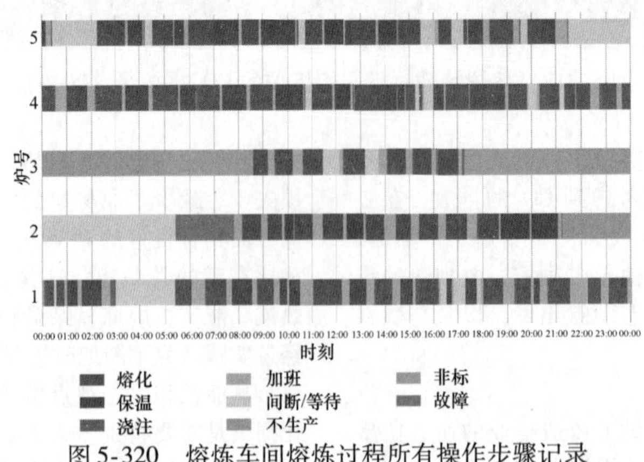

图 5-320　熔炼车间熔炼过程所有操作步骤记录

通过更改熔化工序的周期，可以在不影响生产结果情况下，实现峰值耗电量减少 1000kW 或 20%（见图 5-321），很多实践表明，通过几乎不需要成本的组织措施和比较低投入的负载控制系统，可以显著降低铸造厂的能耗成本。

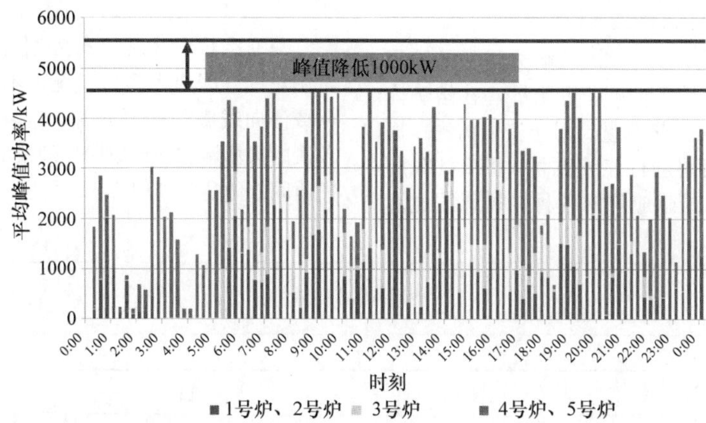

图 5-321 通过调整熔炼过程操作循环、改善能量需求结构而减少的最大功率值

参考文献

1. B. Nacke and E. Baake, "Reduction of CO_2 Emission Using Efficient Melting Technology," presented at the 16th International Customer Meeting (Dortmund, Germany), ABP Induction, Oct 1–2, 2009
2. F. Beneke and E. Baake, Energy Efficiency in Thermo Processing Plants, *Heat Processing*, Vol 8 (No. 1), 2010, p 23–29
3. E. Baake, *CO_2-Reduktion durch effiziente elektrothermische Prozesstechnik*, Vulkan-Verlag Essen, 2011, p 476–490
4. E. Baake, U. Jörn, and A. Mühlbauer, *Energiebedarf und CO_2-Emission industrieller Prozesswärmeverfahren*, Vulkan-Verlag Essen, 1996
5. "Kumulierter Energieaufwand (KEA) - Begriffe, Berechnungsmethoden" ("Cumulative Energy Demand [KEA]—Terms, Definitions, Methods of Calculation"), Technical Rule VDI 4600:2012-1, Beuth Verlag GmbH, Jan 2012
6. *Strom versorgnag 2020–Wege in eine moderne Energiewirtschaft*, Berlin, Germany, January 2009
7. Lastmanagement, RWE Energie AG (Hg.), Essen, 1994
8. T. Behrens and E. Baake, Kostenreduzierung durch betriebliches Lastmanagement in einer Gießerei, *Elektrowärme International*, Vol 60 (No. 3), 2002, p 96–101

5.11 感应熔炼炉的运行安全

Manfred Hopf, Saveway

坩埚式感应熔炼是一项成熟可靠的技术，包括机械与电气结构、电源、耐火炉衬，与此相关的测量与控制装置也一直都在不断地发展和提高，必须定期有计划地对其进行维护和保养，以确保熔炉的安全操作和运行。任何事故都会造成生产损失，而金属液泄漏会对操作人员造成伤害或构成危险。

5.11.1 一般监测和管理

根据熔炉的尺寸、结构设计、功耗和应用领域，安装相应的测量和控制系统。更新和更大功率的熔炉会配置电子或计算机控制装置，可对检测结果进行总结、评估和演示。

对下列不依赖于熔炉尺寸大小的特殊项目必须实施监测：

1）冷却水的温度、压力和流速。

2）漏地电流。

3）功率/电压/电流。

4）熔化温度（周期性）。

5.11.2 耐火内衬的监测

当熔化的金属中进水时其危险性最大，基本上有下面两种情况会导致这些危险：潮湿炉料或带冰的原料进入金属熔液；金属液泄漏，烧穿水冷感应器或冷却器的铜管。

根据操作说明第一个问题可以通过预热铁屑（装料）来避免，第二个问题可以通过有效的监测并采取安全设备来避免。

尽管已有了较大发展，坩埚式感应炉的耐火炉衬仍是易耗品。由于耐火炉衬蚀损得快，因而必须定期更换。大多数不可预见的工厂故障停产和对熔炉操作人员造成的伤害都是由于没有识别的和没有检测出的耐火炉衬蚀损造成的。因此，对蚀损类型进行更加详细的研究是必要的，必须对耐火炉衬使用精准的检测设备。图 5-322 所示为炉衬的各种耗损情况。

5.11.3 蚀损检测/蚀损监测方法

有连续和间歇的方法用以识别耐火材料的蚀损情况。一种是在熔炉运行期间进行测量（在熔炉内熔化金属）；另一种是空炉测量。对于安全监测，通常首选在熔炉运行期间进行连续测量。图 5-323 所示为当前应用于坩埚式感应炉的各种炉衬耗损显示方法。

1. 人工检测

只有空炉时才能进行外观检测，然而，这是非常困难的，因为大多数情况下不可能看到金属的渗漏或渗向线圈的金属翅片。这种隐藏的蚀损是不可预测的损坏熔炉并形成爆炸的根源，因金属翅片引发的匝间故障危险如图 5-324 所示。

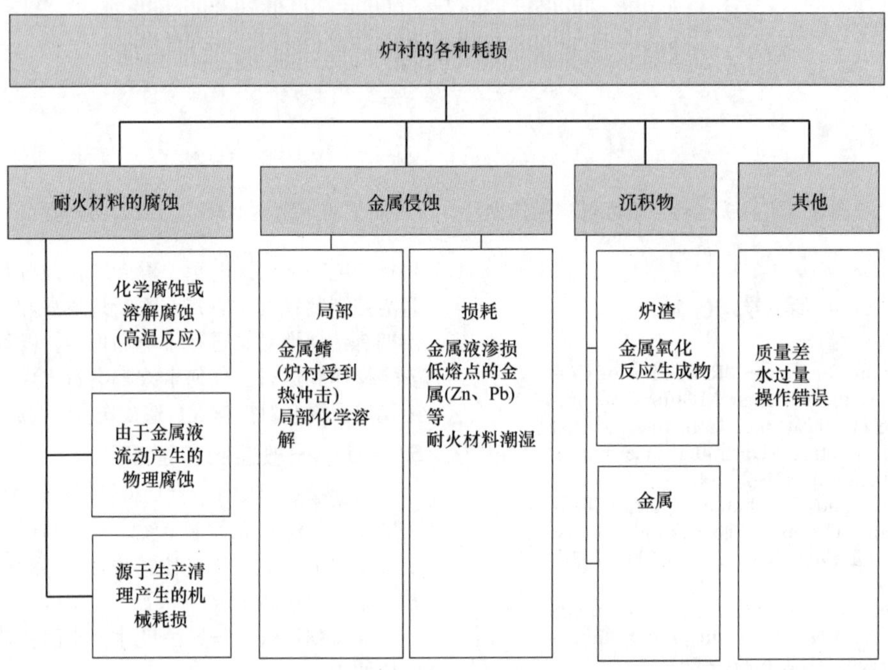

图 5-322 炉衬的各种耗损情况

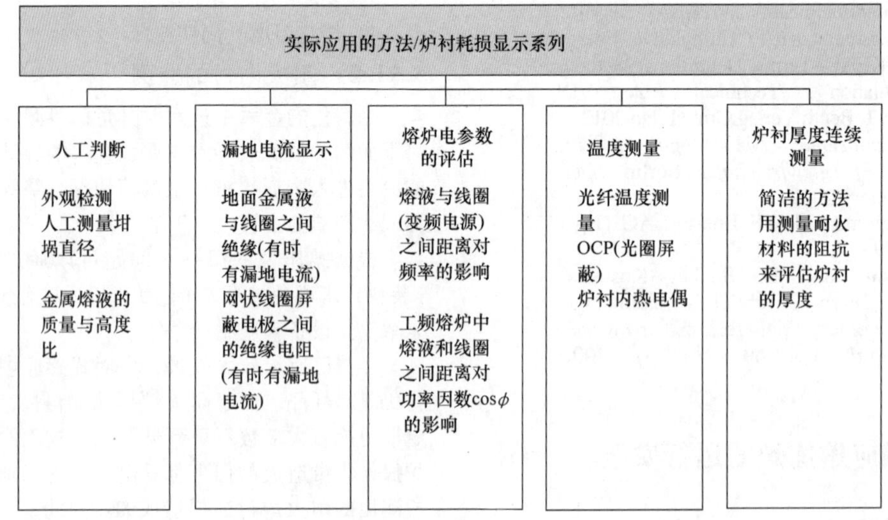

图 5-323 当前应用于坩埚式感应炉的各种炉衬耗损显示方法

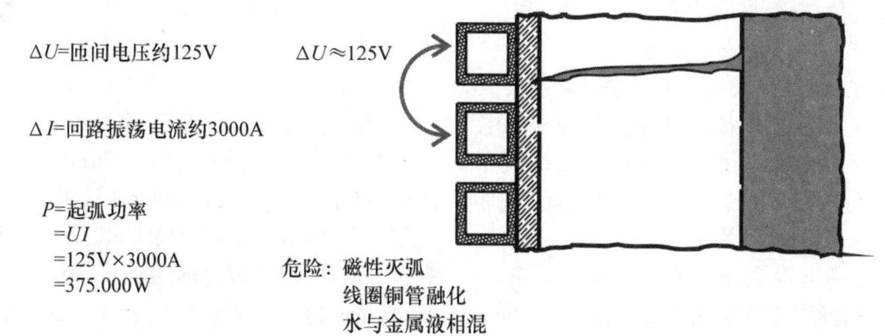

图5-324 因金属翅片引发的匝间故障危险

如果熔化金属与冷却水接触，则存在蒸气爆炸的危险。在标准条件下，1L水会转化成1244L蒸汽。在1500℃（1723℉）和等压条件下，1L水会产生8047L蒸汽（在相同的大气压条件下，温度越高，产生的水蒸气量就越大）。如果在坩埚式感应炉中发生爆炸，实际产生的蒸汽量会根据金属温度和其他条件而变化（见图5-325）。

标准状态下气体摩尔体积
标准状态：22.414L/mol
（标准状态的标准压力101.3 kPa，温度273K）

18.015g H_2O → 22.414L 蒸汽
1 L H_2O → 1244L 蒸汽

在等压状态下，温度升高到T爆炸增加的体积为V

$$V_1 T_2 = V_2 T_1$$

$$V_{1500℃} = V_{标准} \times 1773\text{K}/273\text{K}$$

$$V_{1500℃} = V_{标准} \times 6.49$$

在常压下101.3kPa，温度升高1500°C，1L水转变为8047L蒸汽

图5-325 物理爆炸（蒸汽爆炸）

2. 接地漏电显示

下面讨论工作原理、物理限制、极限和注意事项。

（1）工作原理 这是坩埚式感应炉的标准。1931年，Frank Theodore Chesnut在美国申请了专利，从此以后，对感应加热炉系统进行了各种各样的技术改进和升级改造，但其基本的测量方法始终是相同的。

图5-326所示为感应线圈和接地熔体之间漏地电流测量。因此，金属液必须与炉底电极（也称为炉膛电极或蛛网形电极）接触。为此，首先使用2～5mm（0.08～0.2in）厚的电极丝。电极丝由奥氏体合金制成（液相线温度为1470℃或2678℉），在砌筑炉衬时，该合金被捣入耐火材料底部，为增加电接触的可靠性，电极弯成三角形，放置于坩埚内表面。

在大多数情况下，接地漏电系统使用直流电

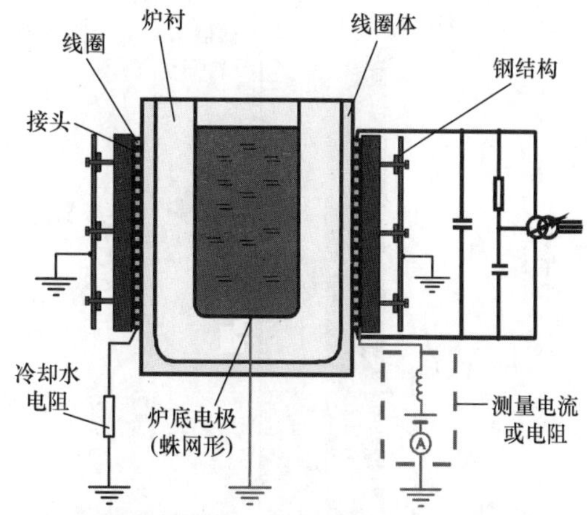

图5-326 感应线圈和接地熔体之间漏地电流测量

（dc），以有别于炉子用的交流（ac）电压，从而可以比较容易测量接地漏电信号。

底部（炉底）电极将熔化的金属与电路的接地侧相连。通常，系统会识别线圈和地面（接地）电位之间的接地漏电或低电阻连接（见图5-326中测量电流或电阻的电路）。如果金属液（接地电位）和线圈之间直接接触，则会激活信号和/或断开熔炉电压。

（2）物理限制、极限和注意事项

1）系统显示不能清晰地识别坩埚的蚀损状态究竟是金属或是坩埚的蚀损，只是测量显示出线圈与大地之间很低的电阻。线圈可以通过分流器来接地（损坏的线圈并联隔离），或通过位于电源内部的接地故障来接地。

2）耐火材料的蚀损不是连续地显现。这种现象的第一个原因是冷却水的电阻与测量装置并联（见图5-326）；第二个原因是低温耐火材料具有高绝缘电阻（线圈灌浆或非常耐久的炉衬）；只有在金属液和线圈之间有一个直接接触时，才会出现信号，在这种情况下，熔炼过程必须迅速中断，并需要紧急清空炉子。

3）如果炉底电极和金属液之间的接触中断，系

统将停止运行。这种中断是由炉底板上炉渣堆积造成的，或由炉底电极的熔化或氧化造成的。

4）在熔渣加热期间，或在修复线圈灌浆或安全衬里后，由于潮湿，线圈和接地电位之间存在低电阻连接。因此，系统显示线圈接地漏电或出现临界状态。为此，不可能对某个点的实际蚀损情况及时给出结论，除非非常接近金属液。

5）这种接地漏电探测器一般不具备自诊断功能。因此，应根据操作说明定期手动检查系统功能，特别是炉底电极和金属液之间的电接触。如前所述，通过金属液多重接触，可以增加绝缘监测的可靠性。

6）一个常见的误解是炉底电极（蜘蛛）能监视炉底的状态。

3. 网状线圈：接地漏电显示的改进

这是前述系统的改进版，可对大型炉金属液渗入炉衬内进行有限的、较早期的监测。线圈内侧相隔一定距离处（大约200mm或8in）焊上铜螺栓。图5-327所示为铁丝网状线圈的示意图和照片。

只有当即将熔化的熔体接触铜螺栓时，才会显示较早的监测。而在存在金属鳍缝的情况下，早期监测可能会严重受限。其测量基本原理和测量手段的局限性是本方法中难以克服的技术限定。

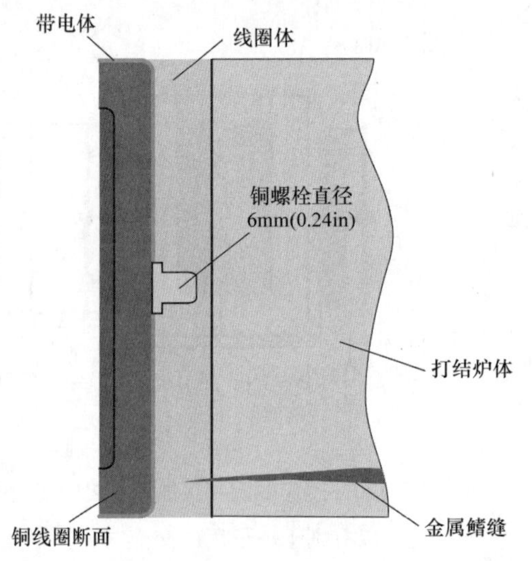

图5-327 铁丝网状线圈的示意图和照片

4. 屏蔽：修正接地漏电原理

（1）工作原理 在金属液和置于耐火材料中的屏蔽电极之间进行测量。图5-328所示为接触熔体和屏蔽电极之间的漏电电流（绝缘体）测量。

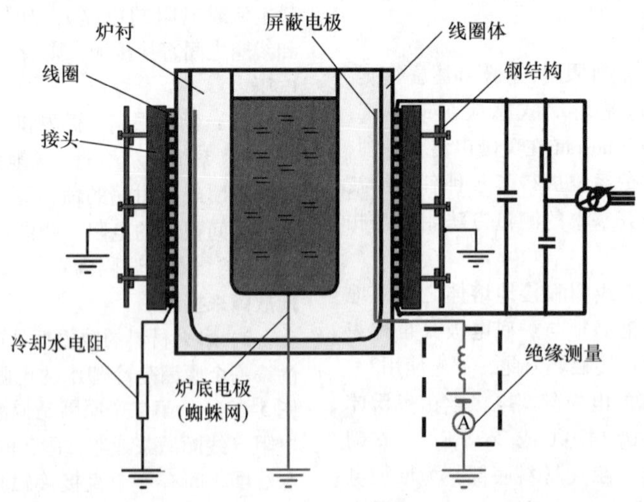

图5-328 接触熔体和屏蔽电极之间的漏电电流（绝缘体）测量

屏蔽电极的结构以及屏蔽位置可以变化，屏蔽电极是不锈钢的致密网状钢丝布。例如，通常称为

"Cogebi"的栅格筛孔尺寸约为2mm（0.08in），电线直径约为0.5mm（0.02in）。重要的是屏蔽电极沿着线圈周围开槽，以免产生连续圆圈。否则，栅格网会产生涡流而被破坏。屏蔽电极通常直接置于线圈体的表面。在灌浆线圈体的安全炉衬里还布置有电极导线，在金属丝网和单线之间，放有奥氏体金属带（≤0.3mm或0.01in厚；大约40mm或1.6in宽）用作屏蔽电极。炉底电极的设计与前述的标准系统相似。

与标准的接地漏电显示比较，这种监测方法具有以下优点：会较早地监测到金属即将熔化的趋向；线圈对地的电阻由于冷却水的导电性而消失，但是，该系统不能或只能在有限的基础上用于大功率中频炉。

（2）物理限制、极限、注意事项

1）安全运行的基本要求是炉底电极与金属液接触。若电极的顶部累积炉渣，或在电极被熔化或被氧化的情况下，与测量系统的连接被中断，系统就不能工作。

2）该系统一般可用于工频（50Hz/60Hz）炉和低功率密度炉。由于在线圈端部区域存在电磁场的切向分量，屏蔽电极与磁场的磁通线相交。其结果是产生局部涡流造成屏蔽电极的热破坏（烧坏）。

3）该系统不具有对炉膛现有电接触或电极与金属液或测量系统与屏蔽电极之间接触的自诊断功能。而化学因素或高温腐蚀通常会破坏屏蔽材料。造成腐蚀的原因是耐火材料烧结剂中存在卤族元素（氟、溴和氯）。如果将电极置于线圈体中或安全炉衬内，则在正常的更换熔炉衬里期间，无法对其进行检查。

4）在大多数情况下，屏蔽电极是易耗品，在衬里（安装在线圈体的表面）拆卸期间，屏蔽电极可能会损坏。

5）热耐火材料类似于电介质。用直流电源来测量金属液和屏蔽电极之间的电阻，会产生电介质吸收电流，从而造成假显示。不能连续显示实际炉衬里的厚度。只有在金属液与屏蔽电极直接接触的情况下，才能给出有价值的信号。

5. 电气运行数据的分析

（1）工作原理　该方法用于对坩埚式感应炉上的蚀损进行综合评估。测量方法的物理背景是通过改变即将熔化的熔体和线圈之间的距离来改变感应线圈的电感。因此，在线圈和金属液之间的空间作为基本数值。

由于感应线圈电磁场积分参数计算的复杂性，需要进行以下简化：冲刷坩埚使全部电感总体变小。

根据电工原理，感应炉可以看作为变压器，图5-329所示为感应炉的等效电路示意图。感应线圈是一次绕组，坩埚壁将感应线圈和邻近的金属液分隔开来，金属液中感应的即是短路二次线圈或绕组。线圈通过耦合对金属液产生电感，而金属液的电感和电阻反过来也会对线圈产生影响。在技术上，该电路能够被转化为具有两个终端的总电感和总电阻电路。

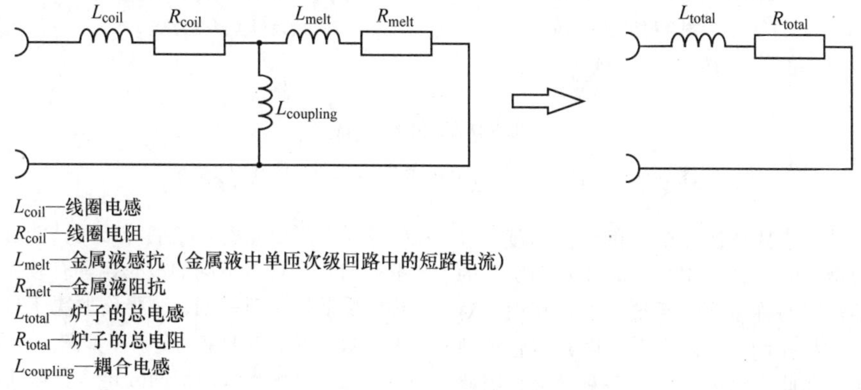

图5-329　感应炉的等效电路示意图

因而 L_{melt} 和 R_{melt} 的变化会改变 L_{total} 和 R_{total} 的值。其对整个炉子的有功功率 P、无功功率 Q 及功率因数（$\cos\phi$）都有影响，这里，有功功率 P、无功功率 Q 和功率因数 $\cos\phi$ 是能够测量得到的。图5-330所示为有功功率、无功功率和视在功率之间的关系。

如果减薄耐火材料，在变压器的两个绕组之间的距离就会减小。如果线圈与金属液的距离变小，$L_{coupling}$会减小，进而，L_{total}减小，如此导致角度 ϕ 变得更小，会产生更高的功率因数 $\cos\phi$（见图5-330）。

基于这一原理，对于恒定频率（主频炉），这会导致较小的无功功率 Q，即角度 ϕ 值更小，产生更

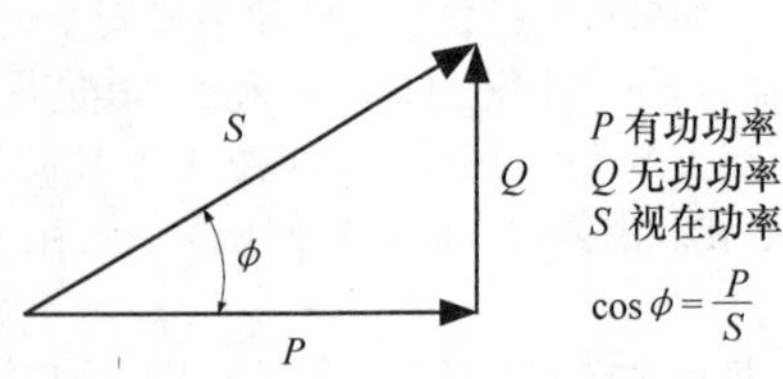

图 5-330 有功功率、无功功率和视在功率之间的关系

高的功率因数 cosϕ（有功功率对视在功率的比值）。

在频率可变的情况下（配有逆变电源的中频炉），会导致工作频率提高。

它是以这样的事实为基础：L_{total} 和 R_{total} 是组成谐振电路的一部分，电路的另一部分是具有固定值的电源电容器。

$$2\pi f_r = \frac{1}{\sqrt{LC}} \tag{5-297}$$

式中，f_r 是谐振频率；L 是电感；C 是电容量。L（较薄的耐火材料）值减小导致频率增加。

必须指出这种讨论是关于大面积范围的，均匀减薄对耦合感应有影响，从而影响功率因数和工作频率。金属鳍不能改变耦合感应。

（2）物理限制、极限、注意事项

1）小金属鳍或局部腐蚀不能导致电参数的分析变化。因此，不能检测到这种蚀损条件，然而，这种金属渗漏鳍具有很高的危险性。

2）必须了解炉子的典型蚀损模式，才能判断蚀损情况。尽管金属液向线圈的透入深度是变化的，但是能够观察到电参数的相同变化。例如，在较低的熔炉区域，局部腐蚀的耦合感应是相同的，剩余衬里厚度为35%，而65%的衬里厚度来自全部熔炉高度上的均匀侵蚀（见图 5-331）。

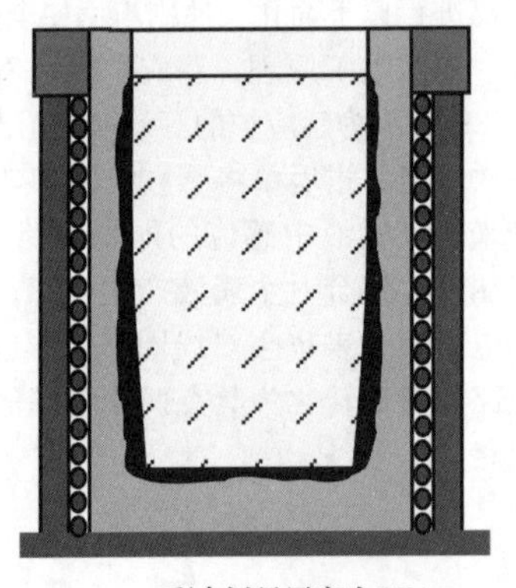

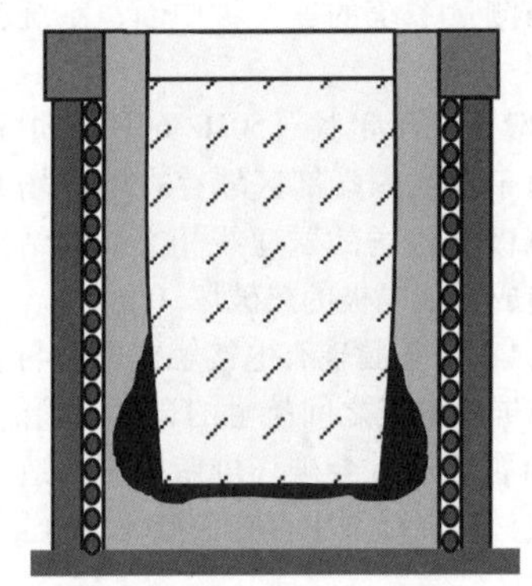

图 5-331 耦合感应间距对电气运行数据的整体影响

电气运行数据主要取决于炉子的装液高度、金属液温度、合金性能（磁导率、导电性）和实际的炉子运行电压。当与称重测量系统一起使用时，对炉子运行进行过程控制，可减少上述因素对整体蚀损的影响。由于在此系统内存在着各种差异，因此建议实际蚀损测量和预警装置结合使用。

6. 温度测量：光纤测量系统

（1）工作原理 使用这种系统可以测量沿着光纤传感器的温度分布。这种传感器通常是由普通的多根或单根模式玻璃纤维组成。该技术自 2003 年开始就已应用于坩埚式感应炉了。

光纤测量系统中使用的分布式温度传感技术是以拉曼效应（见图 5-332）为基础的。拉曼在 1927 年发现，当把光引入玻璃纤维时，能够观察到向后散射的光线具有不同的波长，具有较大波长的光谱称作反斯托克斯振幅，其强度取决于玻璃纤维的温度。激光闪光下的空间分辨率如图 5-333 所示。

这种时域测量的空间分辨率受限于时间接受光的能力。在光线穿过特定距离的时间内，电子门必须开放和关闭。最快的光闸在 1.5ns（6.67GHz）关闭时间内工作，这意味着在电子门介于开闭之间，光在玻璃纤维中传播了 300mm（12in）的距离，根据图 5-333 中的方程，接收到的信号表示测量区域 300mm 纤维长度上的整体（平均）温度。换句话说，例如，10mm（0.4in）的局部热点将不能被正确地测量出来。

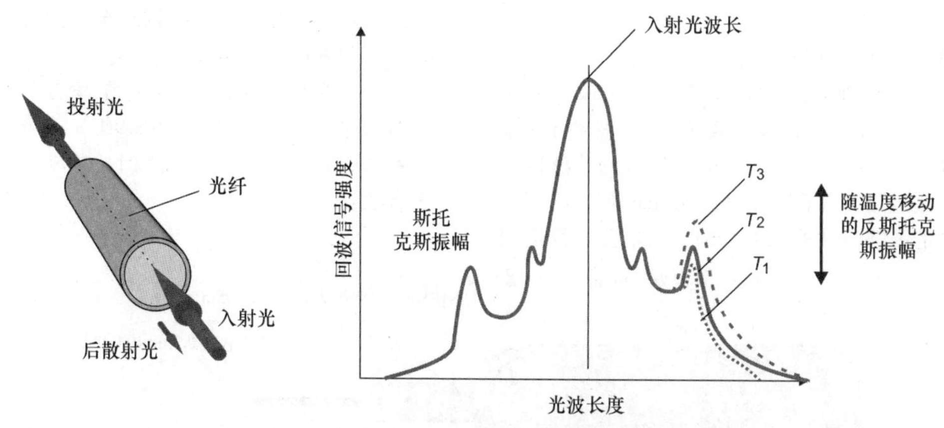

图 5-332 拉曼效应：斯托克斯和反斯托克斯光谱

玻璃纤维安装在线圈体内部线圈的前面（见图 5-334）。光纤约厚 0.2mm（0.008in）排列放置于内径为 1mm（0.04in）的不锈钢管内（机械和化学防护）。不锈钢护管涂层为 2mm（0.08in）厚的硅橡胶，起电绝缘作用（见图 5-335）。

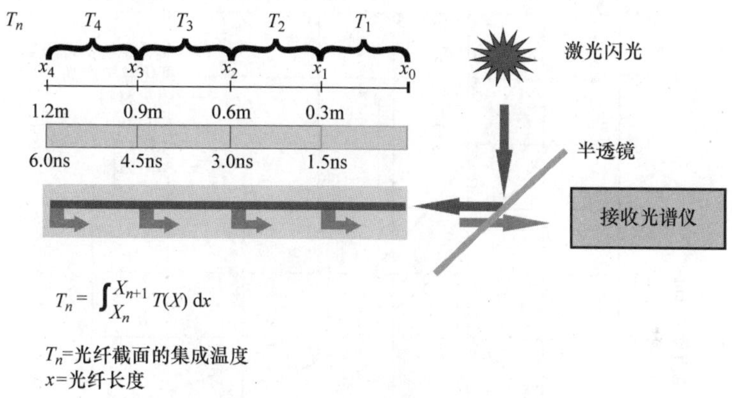

图 5-333 激光闪光下的空间分辨率

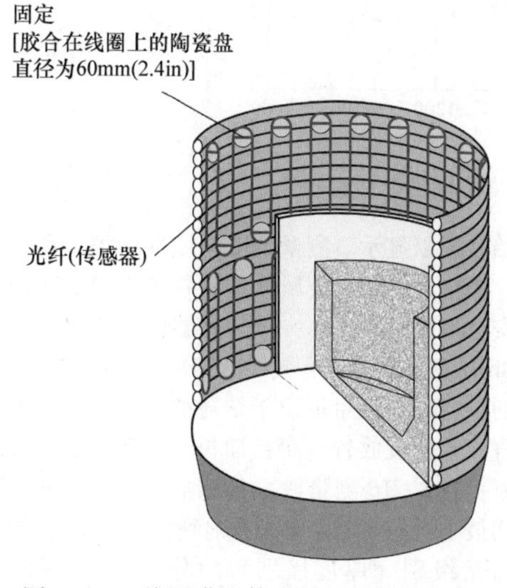

图 5-334 线圈灌注体内部纤维排列原理

（2）物理限制、极限、注意事项

1）该系统可测量长 300mm 以上光纤维的平均温度。金属鳍片和小的局部蚀损无法检测出来。

2）系统显示温度、标定的剩余炉衬厚度是以均匀蚀损的假定为前提的。这是由于冷却水温度存在波动（通电、断电及线圈长度增加），并且在间距为 60mm（2.4in）的光纤维传感器之间产生局部蚀损，导致个别部位的光纤产生不同的温度。

3）光纤最高工作温度为 200 ~ 250℃（390 ~ 480℉）。较高的温度会导致玻璃纤维再结晶，从而造成测量不正确。硅树脂聚合物涂层在 200℃时会被破坏，如果发生这种情况，在感应线圈与不绝缘的传感器不锈钢管之间，发生打弧的风险非常高。

4）玻璃纤维不能抵抗拉伸应变，其断后伸长率只有 0.2%。此外，光纤上的径向压力会使测量结果失真。由于耐火材料的热膨胀，灌浆线圈体会出现裂缝（鼓形线圈），因而需要更换传感器和灌浆线圈体。

7. 温度测量：剩余炉衬的连续测量

（1）工作原理 自1992年以来，所谓的Saveway系统就已经应用于坩埚式感应炉。该技术允许熔炉运行期间，在邻近的金属液区和安装的传感器面板之间的最短距离进行测量。测量原理是以耐火材料电阻抗的强非线性关系为基础。如果金属渗透到炉衬中，或炉衬受到侵蚀，则在金属渗透或侵蚀之前的耐火材料的温度会升高。

图5-336所示为耐火材料电阻率与温度之间的非线性关系。增加1000℃（1800℉）会导致10^5的电源损失，其从100000变化到1，并以此确定剩余炉衬厚度。

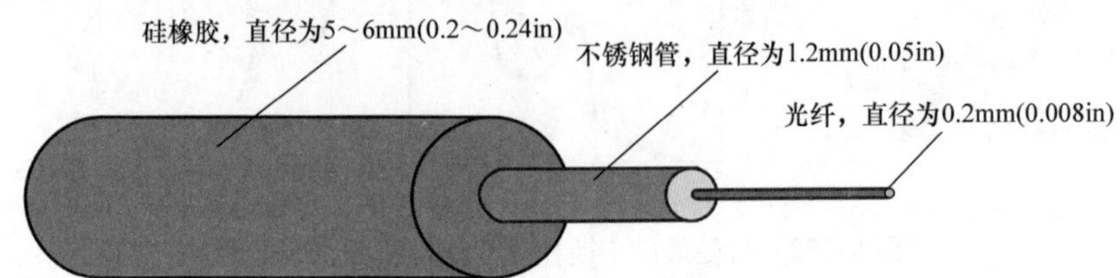

图5-335 纤维设计原理

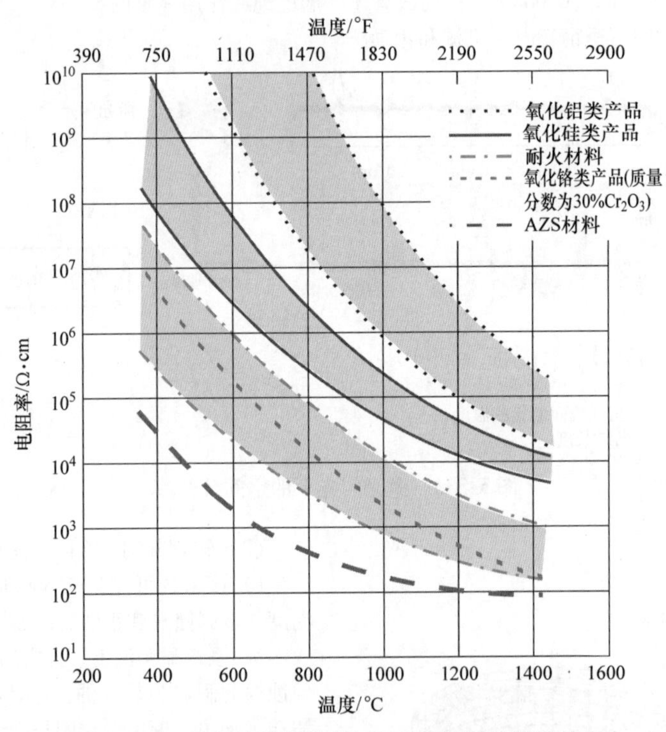

图5-336 耐火材料电阻率与温度之间的非线性关系

通过传感器面板检测出耐火材料电阻（阻抗）的变化（见图5-337），传感器面板安装在灌浆线圈体的表面，替代原先的光面材料（面板替代光滑面作用）。这些传感器可以被认为是一组互锁的电极（钢丝梳）。电极嵌入到一种特殊的可弯曲的云母材料中，这种材料在热表面上具有与所使用耐火材料相同的比电阻，测量电流从一个电极通过阻抗最低（金属渗透或侵蚀最深的位置）的耐火材料区到达熔液，再回到另一个电极。

临近熔融的金属液与传感器面板之间的最小距离始终可以显示。测量精度与蚀损的类型和尺寸无关，最小金属鳍、金属渗透和各种类型的腐蚀都可以安全地显示出来。一个传感器面板通常为500mm（20in）宽，覆盖了有效线圈和冷却线圈的高度。监测的炉衬砌段数量取决于炉衬的外周长，也可以在垂直面上分段放置传感器面板。通常剩余炉衬的厚度显示在8～16测量段（传感器面板）之间，在最大和最小衬里厚度之间，原则测量上制定有16个厚度增量级别（厚度级别）的分辨率，如图5-338所示。

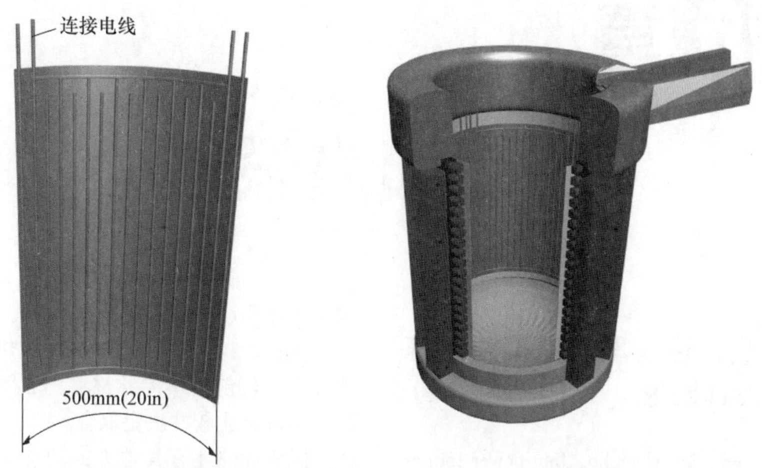

图5-337 线圈灌浆表面上安装传感器面板

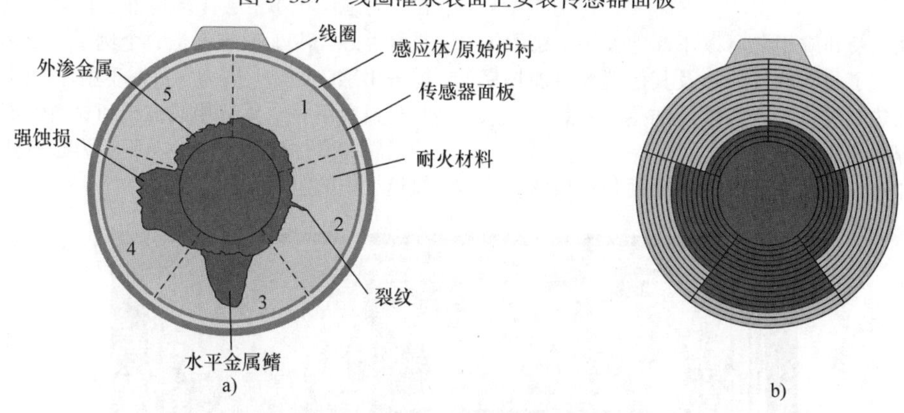

图5-338 测量系统的蚀损状况及对应展示

a）5个传感器面板沿炉内圆周方向分布 b）最大和最小衬里厚度之间分为16个等级

根据熔炉尺寸，一种厚度级别的分辨率一般为5~10mm（0.2~0.4in）。

系统具有自诊断功能，可定期检测传感器和电子设备的功能。

该系统不需要炉底电极进行测量，但可以与常规的接地漏电表相结合，不存在任何相互干扰。系统适用于各种频率和功率范围的坩埚式感应炉。

（2）物理限制、极限、注意事项

1）高电导体的耐火材料，如石墨坩埚或含碳砖，只能在有限范围内进行监测。对这类材料必须使用改进的传感器。

2）应防止灌浆线圈体上的锌沉积或其他电子导体的污染，使灌浆线圈体的起弧风险最小化。

3）电极面板是易耗品，在灌浆线圈体的表面上安装电极面板以取代普通的光滑面板（云母层），但由于拆卸或推出过程中的粗暴操作，传感器面板经常会被损坏。

参考文献

1. F.T. Chesnut, Protective Device for Induction Furnaces, U.S. Patent 1,922,029, Aug 15, 1933

选择参考文献

- VDG Verein Deutscher Gießereifachleute e.V., VDG Fachbericht 079; 2000; Schmelzen, Speichern und Gießen von Eisengusswerkstoffen in induktiv beheizten. Anlagen; Teil 1; Induktionstiegelofen
- VDG Verein Deutscher Gießereifachleute e.V. VDG Fachbericht 089; 2006; Schmelzen, Speichern und Gießen von Eisengusswerkstoffen in induktiv beheizten. Anlagen; Teil 2; Rinnenöfen zum Speichern und Gießen
- M. Hopf, Kontinuierliche Futterverschleißüberwachung an Induktionstiegelöfen (Continuous Lining-Wear Monitoring in Crucible-Type Induction Furnaces), *Elektrowärme Int. (Electroheat Int.)*, Vol 50 (No. B 2), August 1992

第6章

感应加热设备

6.1 感应加热、热处理、焊接和熔炼用电源设计概论

Michael Rugg and Gary Gariglio, Interpower Induction

感应加热及其应用之所以不断地发展，是因为感应加热提供了与天然气加热及其他碳燃料加热完全不同的加热方式。与这些传统加热方式相比，感应加热的应用越来越广泛。

常规加热炉，如那些车间占地面积比较大，为满足加热温度需要长期空载运行，而且需要日常维护，现在正越来越多地被感应加热替代。同样，一些加热工艺包括热传导材料，工程设计都可能与感应加热进行比较并决定取舍。

感应加热还有其他方面的优点，如与同类工艺比，占地面积小、工作环境好、在多数情况下工艺重复性好。汽车工业就是一个例子，很多零件设计就采用感应加热，因为它习惯于用环保的工艺替代，并且或者用一个具有相同机械和材料性能的更小巧而紧凑的零件代替。图 6-1 所示为感应热处理在螺纹退火中的应用。

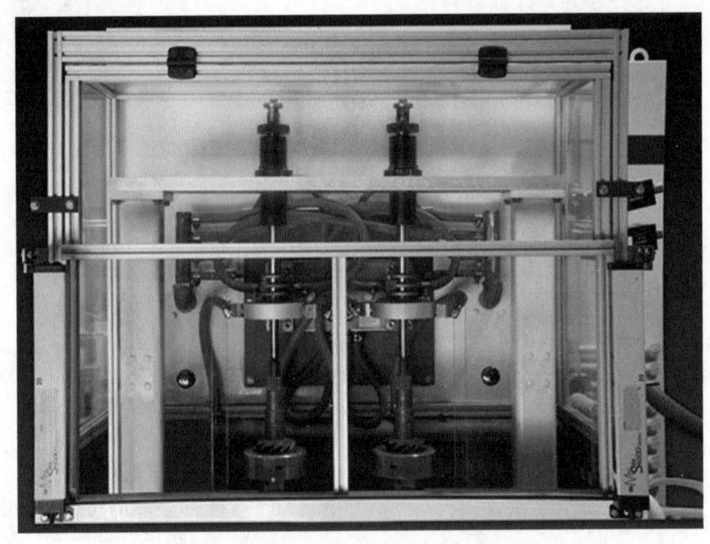

图 6-1　感应热处理在螺纹退火中的应用

感应加热应用包括四个主要组成部分（见图 6-2），感应电源、加热装置或送料机械部分、感应线圈和需加热工件。这些部分组成的关键在于为高效而实实在在地完成一个任务或围绕这个任务进行的系统设计。

感应电源通常有两个主要的输出性能。输出功率通常用 kW 表示，输出频率通常用 Hz 或 kHz 表示。功率、频率综合性能是所有感应加热应用的基础。

感应负载的尺寸决定了频率是否合适，功率大小决定了相应加热工件的尺寸，或需加热零件的功率密度是否合适。

当一套 600kW、3kHz 的系统运行时，还有许多其他的条件来确保这个系统能满足工作的需要。输出电压需要与感应线圈匹配。电容器柜内的谐振电容数量需要能满足设备负载加热工艺调整的要求。图 6-3 所示为 1250kW、1kHz 绝缘栅双极晶体管（IGBT）电源。

图 6-2　端部感应加热应用包括四个主要组成部分

图 6-3　1250kW、1kHz 绝缘栅双极晶体管（IGBT）电源

投入商业用途的感应加热电源的发展是随着应用于其他工业领域，比如空间站电动机驱动、汽车及制造工业的高速开关元件的发展同步进行的。这些开关元件的设计人员坚持不懈地努力，采用更小的面积、更大的功率和更高的运行温度，具有更长的使用寿命。

从早期的火花隙振荡器和中频发电机组，到最新的由各个厂家提供的晶体管电源，感应加热系统的效率越来越高，性能越来越可靠，可控性也比原来更好。效率的提高来源于降低系统的损耗和尽可能地选用合适的电源逆变部分元件参数。再加上对系统中的磁性元件（电抗器、电感和变压器）进行类似设计改进，以减小外形尺寸并提高效率。

现在中频发电机和真空管振荡器都仍然在生产，但它们作为主流的应用已经呈下降趋势，因为基于半导体的系统正被大量使用。

6.1.1 感应加热系统的发展

1900 年工频（60Hz）。

1920 年中频发电机组（1 ~10kHz）。

1950 年 3 倍频（180Hz）。

1950 年真空管振荡器。

1955 年 9 倍频（540Hz）。

1965 年晶闸管（SCR）逆变器（180Hz ~10kHz）。

1990 年金属氧化物半导体场效应晶体管（MOSFET）逆变器（35kHz 以上）。

1990 年绝缘栅双极晶体管（IGBT）逆变器（180Hz ~100kHz）。

早期的感应加热，工频设备首先用于熔炼。中频发电机组的出现开创了从熔炼、锻造到热处理的全范围的应用。一些锻造应用的早期系统中工频设备用于预热，然后中频发电机组用于最终的加热，因为中频发电机组的功率受到了限制。

真空管振荡器因能输出更高的频率，更多地应用于更小的零件或更薄的硬化层。3 倍频是一个能产生 3 次谐波的固态单元，同样，9 倍频是一个能产生 9 次谐波的固态单元。

晶闸管是德国电气公司在 20 世纪 60 年代早期发明的。晶闸管可以将主电源转化为直流（DC），然后再逆变成所需频率的交流。IGBT 是开关技术进一步发展的产品并克服了晶闸管单元的缺陷。图 6-4 所示为晶闸管与绝缘栅双极型晶体管的外形比较。

高效的 IGBT 正毫无疑问地在 150kHz 以下的大部分应用中替代晶闸管。同样地，MOSFET 在输出频率高于 150kHz 的场合替代真空管振荡器。这些装置可靠性的提高得益于每一项感应设备制造商为延长使用寿命和比前几年更低的损耗所做的改进。

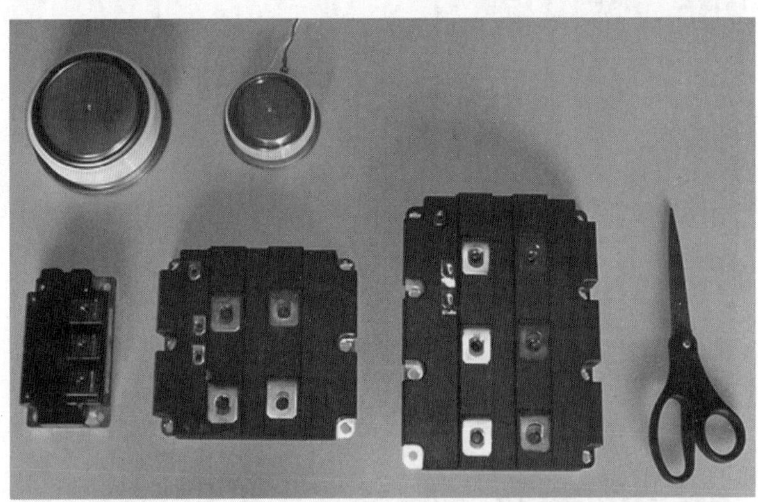

图 6-4 晶闸管与绝缘栅双极型晶体管的外形比较

6.1.2 电力电子元件

电力半导体器件是电力电子系统的关键元件。它们对系统的效率和成本产生极大的影响。损耗决定了系统的重量和尺寸及运行频率。电力电子系统效率的提高得益于器件的发展和工艺的改进，能运行于更高的频率和功率。这就是为什么我们要讨论电力整流、IGBT、MOSFET 和 SCR 的性能的原因。

电力半导体分为两类：可控器件和不可控器件。第一类主要包括 SCR，功率 MOSFET 和 IGBT；第二类包括功率二极管。图 6-5 所示为各种半导体的典型功率、阻断电压和开关频率范围分布。我们可以看到，没有完美的元器件，每种元器件都有优缺点。

直到 20 世纪 70 年代，电力电子技术还是以 20 世纪 50 年代开始应用的二极管元件为基础。最重要的是大功率整流器和晶闸管 SCR。这些应用范围的扩大受限于纯硅圆片的最大有效直径，开关频率的提高受限于半导体的掺杂技术。MOSFET 是在 20 世纪 70 年代开始投入商业应用。随后 IGBT 在 20 世纪 80 年代也投入商业应用。IGBT 和 MOSFET 都需要很小的功率控制它们导通和关断。这个特性使得它们非常适宜在电力电子应用领域，以至于它们在功率元器件市场的份额快速上升。事实上在电机控制领域已将它们作为标准的元器件。如此大的市场使得在感应加热领域，最新的感应电源选择它们就更经济。

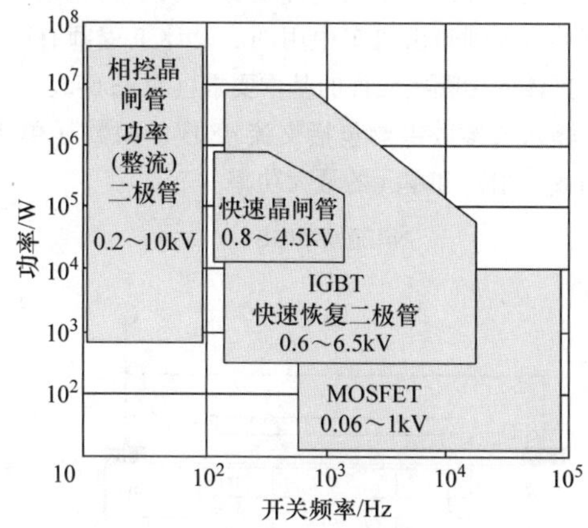

图 6-5　各种半导体的典型功率、阻断电压和开关频率范围分布

1. 二极管

一个二极管有一个 P 型和一个 N 型半导体引导区。P－N 结是半导体的最基本特征。图 6-6 所示为二极管的结构和符号，正向导通无电阻，反向电阻无穷大，电流只能从正向流入，反向将阻断电流。

二极管的伏安特性如图 6-7 所示。它显示两部分，反向截止特性和正向导通特性。当反向偏置电压达到几千伏时，从阳极到阴极的反向电流只有几毫安泄漏。当施加的电压为正向电压时，通过的电流可以达到几千安培。

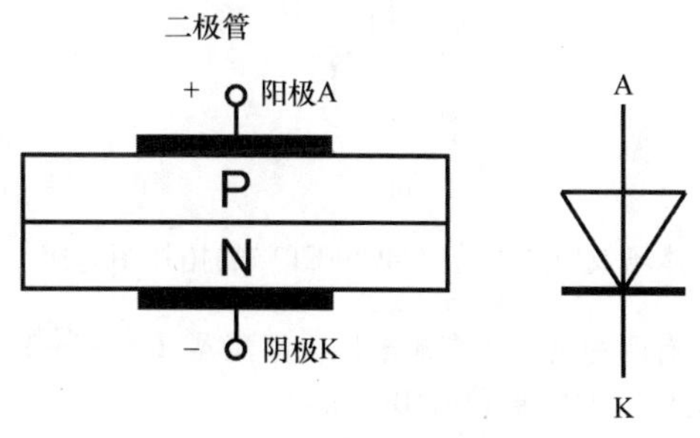

图 6-6　二极管的结构和符号

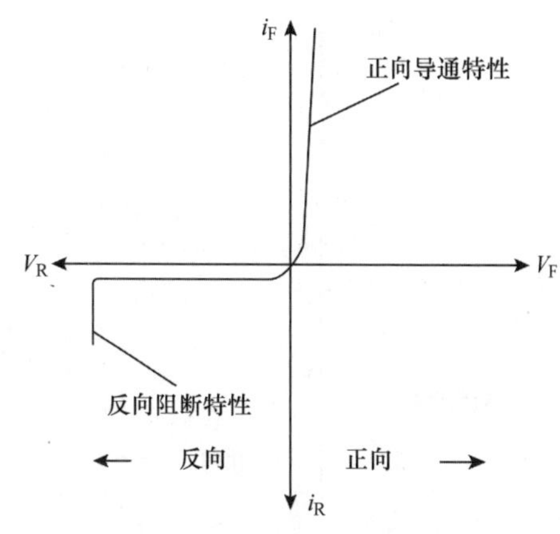

图 6-7　二极管的伏安特性

2. 晶闸管（SCR）

图 6-8 所示为晶闸管结构图，它总共有 4 个 P 和 N 的半导体引导区，因此，形成了 3 个 PN 结。

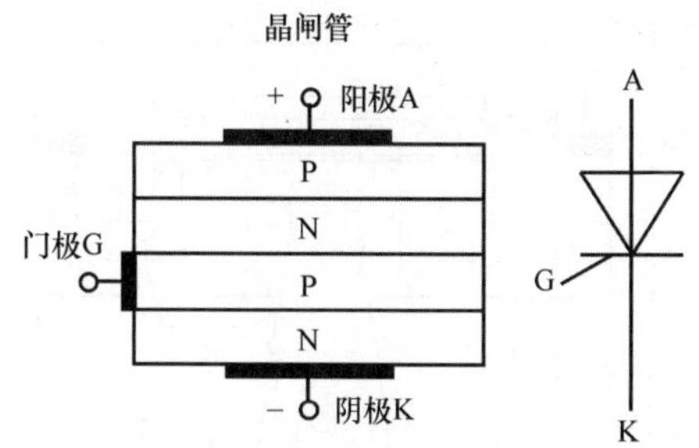

图 6-8　晶闸管结构图

晶闸管的开关特性如图 6-9 所示。它由三部分组成：正向阻断特性、正向导通特性和反向阻断特性。可以看出，晶闸管不管是正向还是反向，最初都是关断的。通常它的正向阻断能力和反向大致都是一样的。即使施加的电压达到几千伏，只有极小的泄漏电流在阳极和阴极间流过。只有在控制门极与阴极之间有控制电流（IG）流过，同时在阳极和阴极之间的电压（VD）为正向时，它才会导通转为导通特性。然而，它不因控制极而关断。只有在负载电路中的正向电流发生变化，低于维持电流（IH）时，它才能关断。

3. 金属氧化物半导体场效应晶体管（MOSFET）和绝缘栅双极晶体管（IGBT）

IGBT 是可以通过控制极施加的电压控制的开关管。元件驱动和结构都与那些绝缘栅极场效应管（IGFET）相似，和 MOSFET 很接近。这两种元件的主要区别在于 IGBT 是通过电导率调节方式来降低导通损耗的。

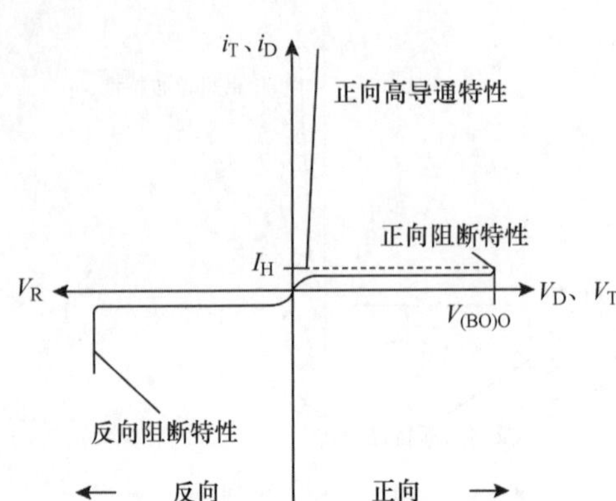

图 6-9　晶闸管的开关特性

图 6-10 所示为绝缘栅双极晶体管（IGBT）和金属氧化物半导体场效应晶体管（MOSFET）的拓扑图对比。MOSFET 和 IGBT 都是电压控制元件，它们仅需要通过控制极的电压维持元件的导通。IGBT 要比 MOSFET 多一个缓冲区，这个缓冲区能承受高的反向电压和在随后描述的在导通时进行电导率调节。然而这个增加的缓冲区会限制 IGBT 的开关频率。

6.1.3　电源装置

今天有许许多多的电源装置，从小到移动电话中用的，大到牵引机车中用的。设计工程师有一些关于具体使用哪些元件的基本要求（见图 6-5）

输入的参数主要包括交流 480V、相数（单相、三相或六相）和单元的最大功率。

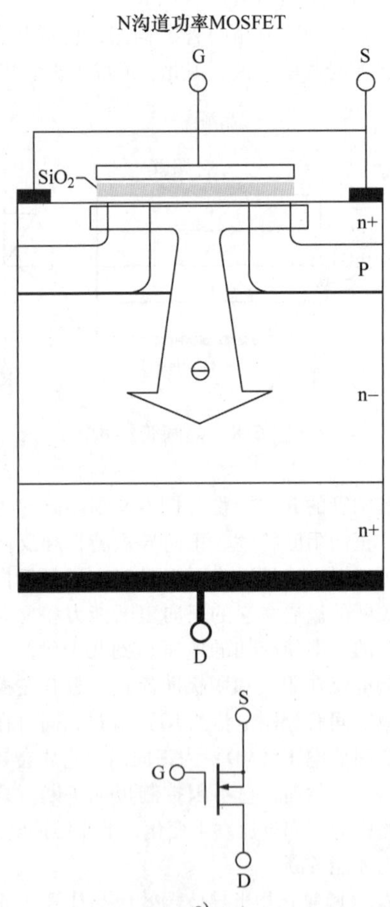

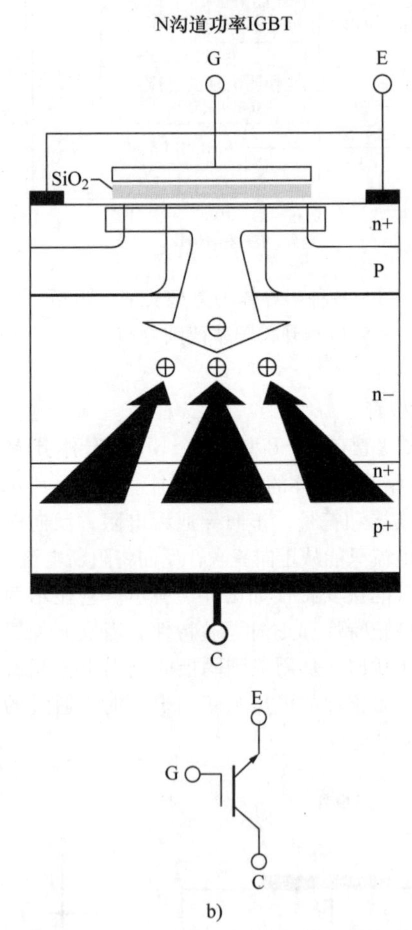

图 6-10　绝缘栅双极晶体管（IGBT）与金属氧化物半导体场效应晶体管（MOSFET）的拓扑图对比

输出的电压、电流、频率和功率都取决于电源的负载谐振类型、加热的工件、加热的温度、是否是透热、加热速度等。设计工程师还需要了解设备的运行环境，以确定所需的控制的输入和输出信号。

有两种典型的直流电压：整流器（AC/DC）和直流开关变换器（DC/DC）。

（1）交流/直流（AC/DC）　交流电压的整流器通常采用二极管或晶闸管。在市场上可以找到许多不同的拓扑。它可以是简单的二极管整流桥，输出稳定的直流电压，或者是晶闸管的，通过改变晶闸管的导通时间改变输出的直流电压。这两种技术都应用在感应加热电源装置中。图 6-11 所示为单相、三相不可控整流桥和三相全控整流桥。

（2）直流/直流（DC/DC）　将一个给定的电压变换成不同数量级的直流电压或降压，多采用直流开关变换器或直流斩波器。近年来，在市场上出现很多种不同的拓扑。每一种都适用于具体的应用。尽管技术不同，主要应用在感应加热电源中，通常我们称为降压型变换器（见图 6-12）。这个直流控制的应用已经有几十年了。MOSFET 因为自身速度快，相应地减小了磁性元件的尺寸，主要应用在小功率电源中，但在中等规模的电压，甚至到几兆瓦的电源中，开关元件还是用 IGBT。基本的电路功能是不变的。主要是通过开关 IGBT，周期性地开断将直流电压 + dc 经过电感 L1 加在负载上。时间的比率就是导通时间 t_{on} 与总时间 t 的比值，又称为占空比 D。输出电压 V_{out} 等于 D 乘以 + dc。因此，对于 50% 占空比，输出电压就是 50% 的输入电压。

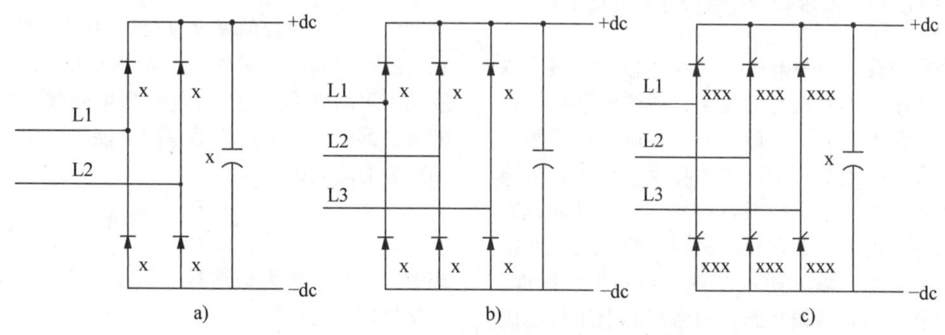

图 6-11　单相、三相不可控整流桥和三相全控整流桥

a）单相不可控整流桥　b）三相不可控整流桥　c）三相全控整流桥

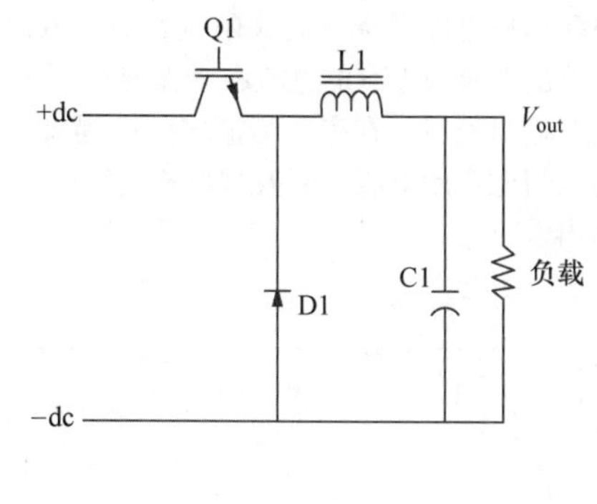

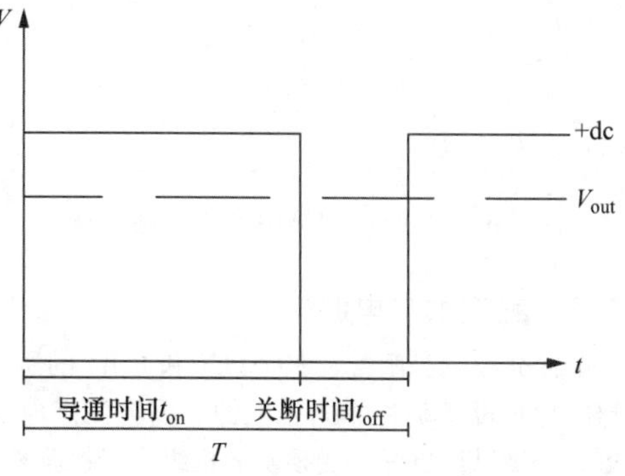

图 6-12　一种经常用于感应加热电源中的降压型直流变换器

（3）直流/交流（DC/AC）　一种将直流转换成交流的技术叫电压源逆变（VSI）。图 6-13 所示为电压源逆变器的基本结构，直流电压提供给全桥，它包括 4 个 IGBT 及与之相连的续流二极管。通过有效控制这些开关，VSI 可以提供不同频率的电压和不同幅值的电流。

另一种将直流转换成交流的技术是电流源逆变器（CSI）。在电压源逆变器（VSI）中直流母排电压通过直流母排电容保持连续的同时，CSI 有着不同的原理。在 CSI 中，直流电流基本需要保持连续。因此，在直流母线中需要电抗器。逆变器的固态开关元件必须支持反转电压，所以，晶闸管可以用。如果采用 IGBT，就需要串联一个二极管。图 6-14 所示为电流源逆变器的基本结构。

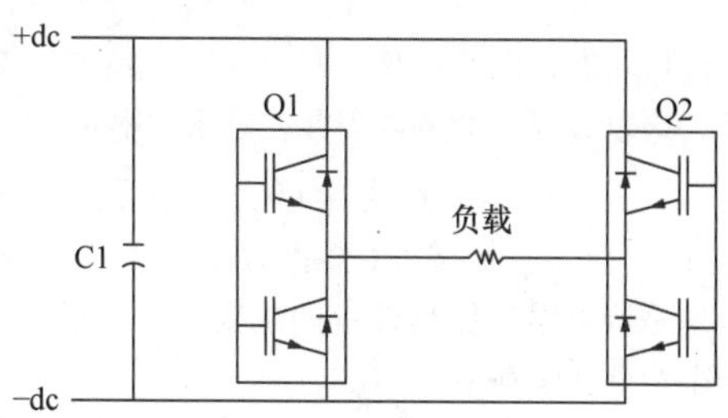

图 6-13　电压源逆变器的基本结构

6.1.4　电路

这节开始分析在同时有电容和电感的电路中出

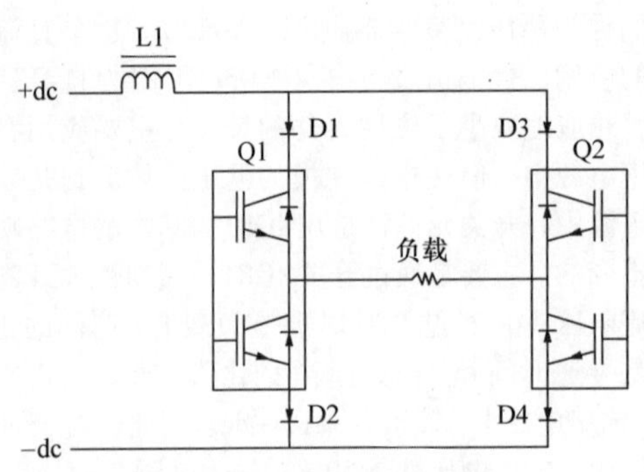

图 6-14 电流源逆变器的基本结构

现的一个重要现象——谐振。这就是感应加热工件的原因。谐振是大家熟悉的现象，就像汽车行驶在非常差的公路上，上下颠簸，一旦颠簸的频率刚好合适时，汽车将产生一个巨大的振动。如果这个振荡太快或者太慢，这个振动就很小。更特殊的，在一个包括一个电感、电容和电阻的二端口电子网络中，谐振状态下，输入阻抗变成了纯电阻。因此，这时的网络被称为谐振状态，网络端的电压与电流相位相同。这里我们将探讨两种谐振电路：并联谐振和串联谐振。图 6-15 所示为感应应用中的并联谐振电路。

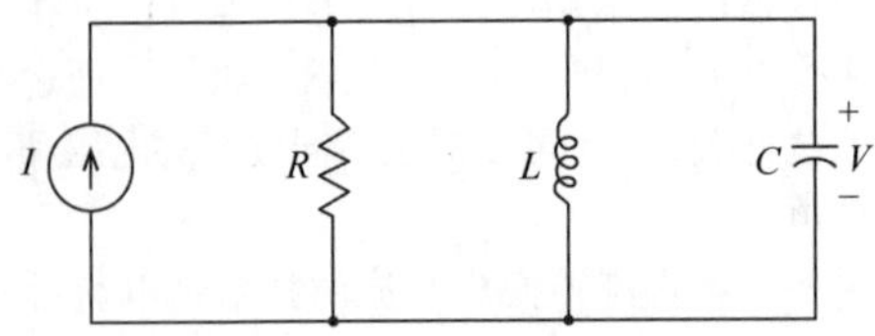

图 6-15 感应应用中的并联谐振电路

在理想状态下，电流源的电导是

$$Y=\frac{1}{R}+j\left(\omega C-\frac{1}{\omega L}\right) \tag{6-1}$$

因此，在谐振状态下要求

$$\omega C-\frac{1}{\omega L}=0 \tag{6-2}$$

谐振状态可以通过调节 L、C 或 ω 来实现，需要注意，这里 ω 是变化的。因此，谐振频率 ω_0 为

$$\omega_0=1/\sqrt{LC} \tag{6-3}$$

$$f_0=1/2\pi\sqrt{LC} \tag{6-4}$$

这是调整感应加热设备的主要公式。谐振电路的频率特性如图 6-16 所示。

响应值从零点开始，在固有谐振点附近达到最大值，然后又开始下降，当 ω 为无穷大时回到零点。最大值响应值等于 R 乘以电流源的电流值，意味着在最大值时电路为一个单独电阻，且它恰恰在谐振点上。另外两个频率点 ω_1 和 ω_2 显示了频率响应曲线

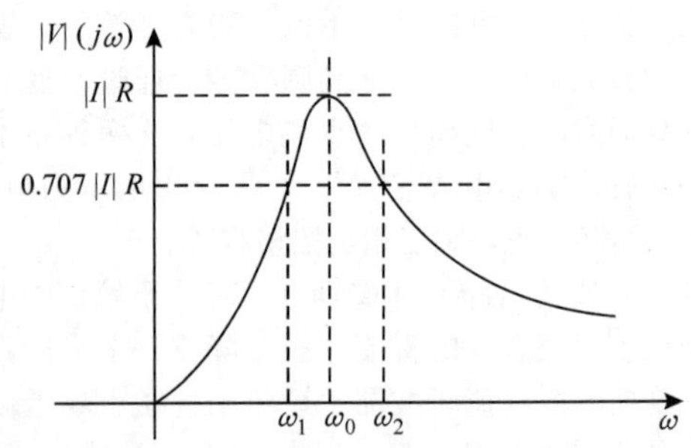

图 6-16 谐振电路的频率特性

的宽度。频率曲线的高度仅仅取决于 R 值，曲线的宽度或陡度取决于另外两个元件 L 和 C。曲线的宽度相当于品质因数 Q。任何谐振电路频率响应曲线的陡度都取决于电路中储存的总能量与整个响应期间损失的能量比值。

$$Q_0=\frac{R}{\sqrt{C/L}}=R/X_0 \tag{6-5}$$

式中，Q_0是一个无量纲的，是与并联谐振电路中三个变量相关的函数。

在感应加热应用中还用到串联谐振电路（见图 6-17）。串联电路的方程式与先前电流源电路是一样的。串联谐振电路的响应曲线呈现低阻抗特性，而并联谐振电路呈现的是高阻抗特性。电流源提供给电感的电流与电容的电流在谐振时相当于 Q_0倍的电流源输出电流；在串联谐振电路中提供给电感上的电压与电容的电压在谐振时也相当于 Q_0倍的电压源输出电压。

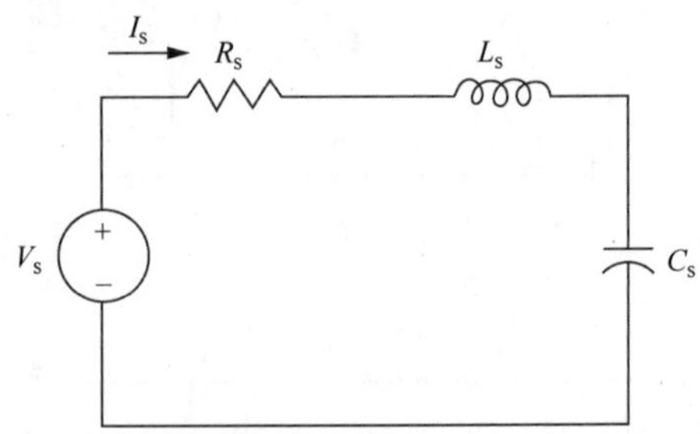

图 6-17 感应加热用串联谐振电路

6.1.5 感应加热电源

前面介绍的晶闸管及 MOSFET 和 IGBT 的所有新的感应加热设备都称为固态电源。因为固态电源效率更高，操纵性更好，变频发电机组已经被淘汰了。功率和频率决定了采用哪种元件，在低频和大功率时，晶闸管是首选；在频率高且功率不大时，IGBT 最合适；在最高的频率时，MOSFET 就当之无愧了。

因为晶闸管必须要在关断时才能关断电流，所以，采用晶闸管的电源被称为负载换流。负载反转

元件上的电压，然后元件关断。对于新的门极控制元件（IGBT 和 MOSFET），这就不需要了，这也是这些新元件的优点。

谐振负载可以并联，或串联，或串并联。业界通常用 CSI 对应并联电路，VSI 对应串联电路和串并联电路。

图 6-18 所示为典型的整流及逆变都采用晶闸管的电流源逆变电路。电源的控制就是调整输出电压与电流之间的相位及恒定的功率输出。功率通过控制晶闸管的触发脉冲来实现。因为负载对晶闸管关断的要求，晶闸管的电流源有其固有的启动问题，因此需要辅助的启动电路。在启动时触发晶闸管的 PP + 和 PN - 而不是 P + 和 N - 。在输出回路中串联一个电容，在启动时晶闸管换流过程中充电。经过几个周期后，PP + 和 PN - 的触发脉冲切换到 P + 和 N - 。另一个不足之处就是除了满功率输出状态外，电网的功率因数都偏低。至今为止大型感应加热设备仍然采用这种设计。

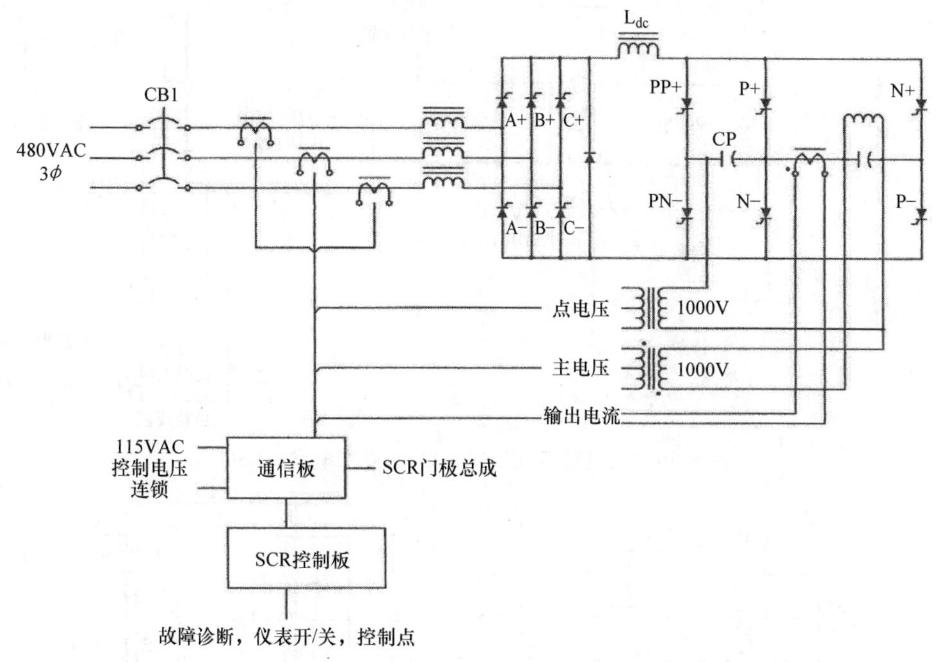

图 6-18　典型的整流及逆变都采用晶闸管的电流源逆变电路

图 6-19 所示为输出采用 IGBT 的电流源逆变电路（CSI）。然而，基于 IGBT 的原理，一些采用晶闸管线路的问题已经消除了。因为整流电路采用了二极管的不可控整流桥，电网的功率因数比较高。逆变采用 IGBT，也避免了逆变需要关断逆变晶闸管的不足。控制还是一样的，调整输出的相位和通过直流斩波器控制功率输出。随着具有大电流和高压的大型 IGBT 技术的发展，类似于图 6-18 所示的晶闸管逆变单元将被淘汰。

图 6-20 所示为采用 IGBT 的电压源逆变电路匹配一个串联输出电路。因为逆变器需要输出线圈电流，所以采用了一个输出变压器。与图 6-18 所示电流源逆变电路相同的控制技术：调整输出相位和通过改变晶闸管整流桥的控制角调节功率输出。它的不足之处是电网功率因数低，但优点是逆变桥 IGBT 损耗小。

图 6-21 所示为采用带直流斩波器的不可控整流桥代替晶闸管的全控整流桥。这样解决了晶闸管整流桥电网功率因数低的问题。控制逻辑还是一样的：调整输出相位和通过改变逆变桥的输入直流、电压调节功率。

图 6-22 所示为取消了直流斩波器，通过改变相位差调节输出功率。这得益于控制逻辑的改变。采用改变相位差调节输出功率的方式取代了调节参考相位的方式。这就是通常所说的扫频控制。这个技术的不足之处就是提高了 IGBT 的开关损耗。但是，取消了的直流斩波器的成本还是要比增加的并联 IGBT 成本高。回头再看图 6-19，有一些电源还是采用晶闸管全控桥，对直流电容慢慢充电，减少对电网的浪涌影响和出现故障时快速关断电源。晶闸管全控桥的 100% 直流电压运行特性与图 6-21 中的二极管整流器非常相似。

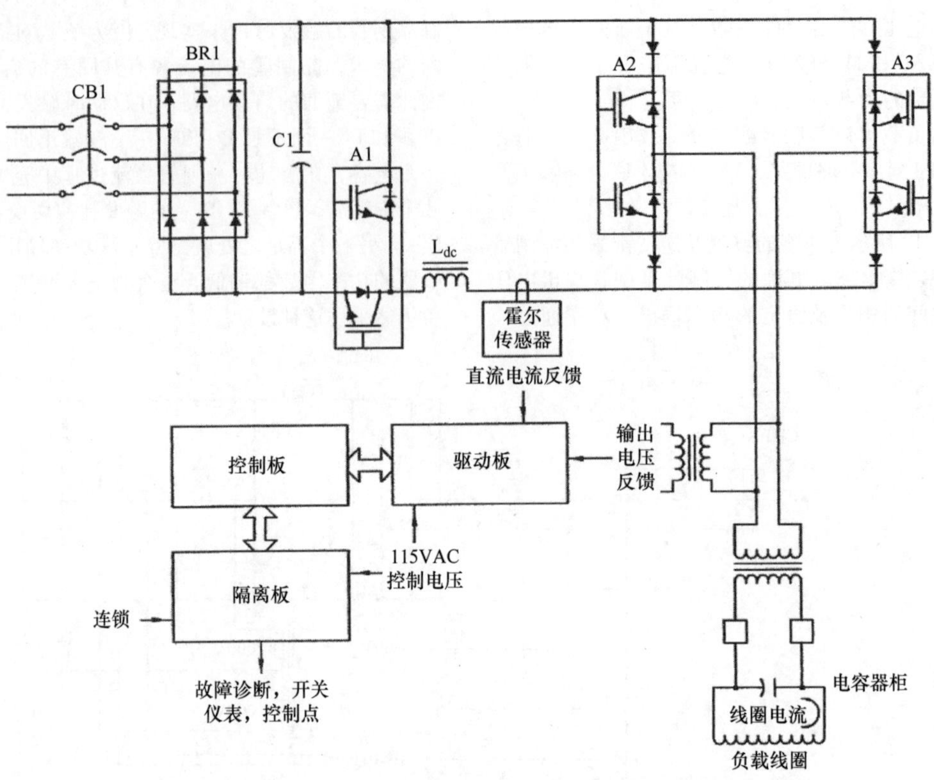

图 6-19 输出采用 IGBT 的电流源逆变电路（CSI）

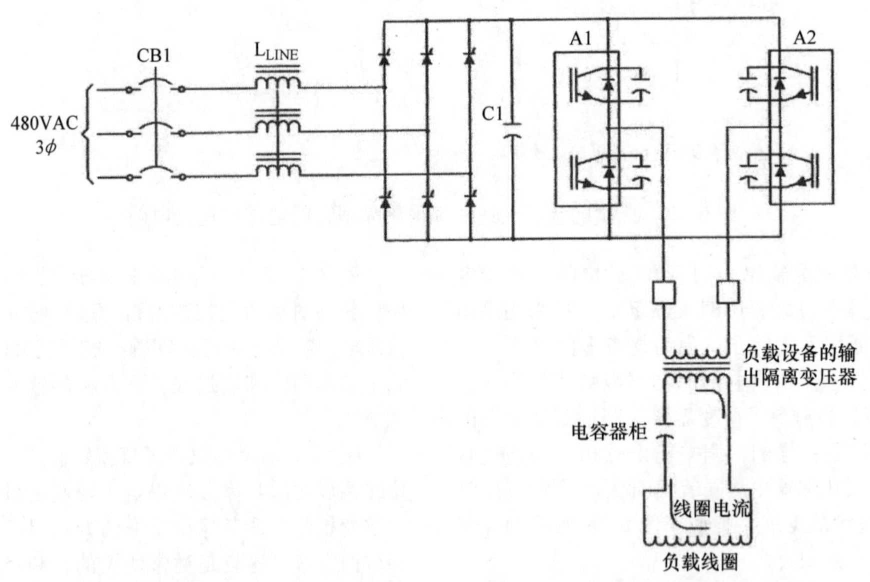

图 6-20 采用 IGBT 的电压源逆变电路匹配一个串联输出电路

图 6-23 所示为电压源逆变电路（VSI）通过一个串联电感连接并联输出电路（LLC）。晶闸管整流器，但它有时根据电源控制类型的要求而采用二极管整流器。线圈上的电压大小取决于串联电感与线圈电感的比值。

电路拓扑就像制造厂家一样多。上面的逆变电路都采用了 IGBT，可晶闸管还是在大多数但不是全部设计中使用。正如没有十全十美的半导体开关元件一样，也没有十全十美的感应加热电源。

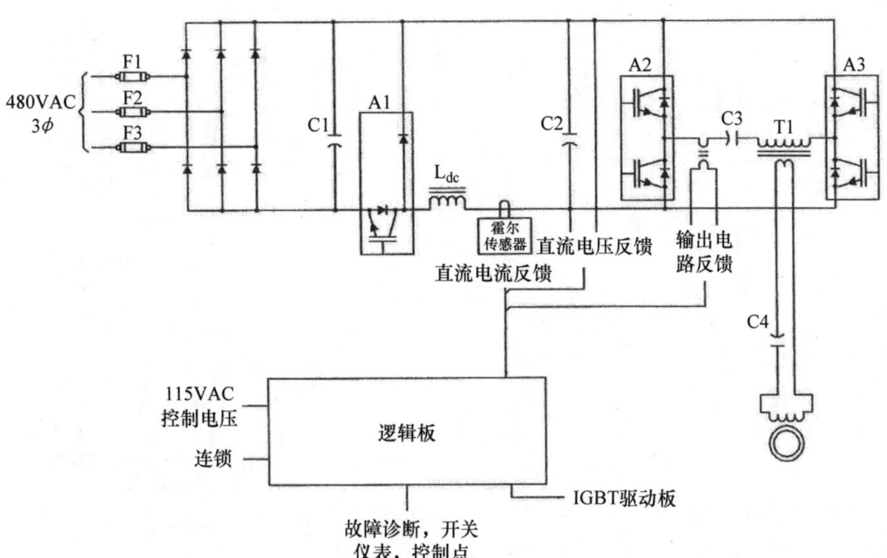

图 6-21 采用带直流斩波器的不可控整流桥代替晶闸管的全控整流桥

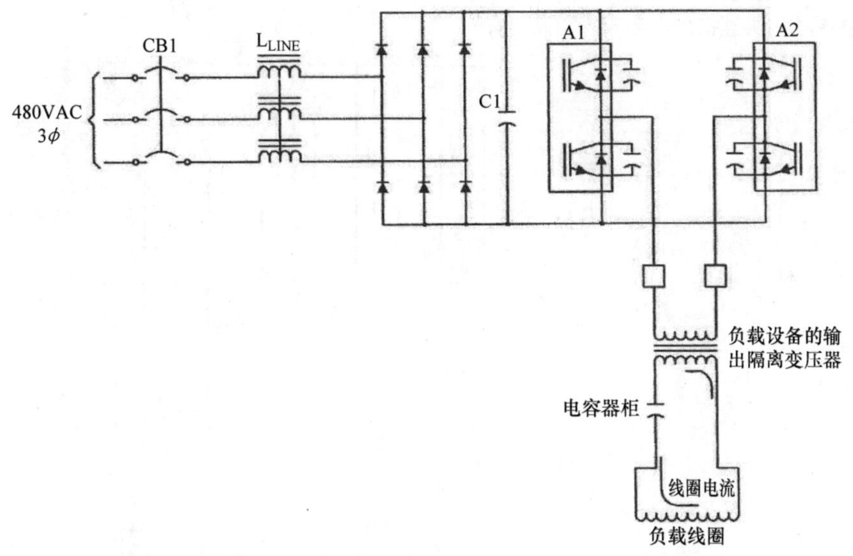

图 6-22 取消了直流斩波器，通过改变相位差调节输出功率

感应加热电源通常都只有一种功率输出和频率。感应热处理复杂形状件，如齿轮是需要采用两种电源分两步做。高频电源加热靠近线圈的齿顶和齿缘表面，低频电源加热齿根部。

最近有一种电源能同时输出两种不同频率和功率。两个逆变电路可以通过线圈与电容的串联/并联简单匹配一个负载线圈，因此，工件可以同时由两种频率处理。

6.1.6 串联与并联拓扑对比

感应加热装置的负载主要是内部有加热工件的感应线圈。为补偿功率因数，需要外接电容，因此工作频率下的功率因数比较接近。

补偿电容与感应线圈可以采用串联或并联。第一种情况，电容与线圈串联，负载就需要匹配电压源逆变电路（VSI）。第二种情况，负载是并联谐振电路，就需要匹配电流源逆变电路（CSI）。

在非常低的频率下，晶闸管是功率开关的首选，但在 3kHz 以上，IGBT 更有优势。

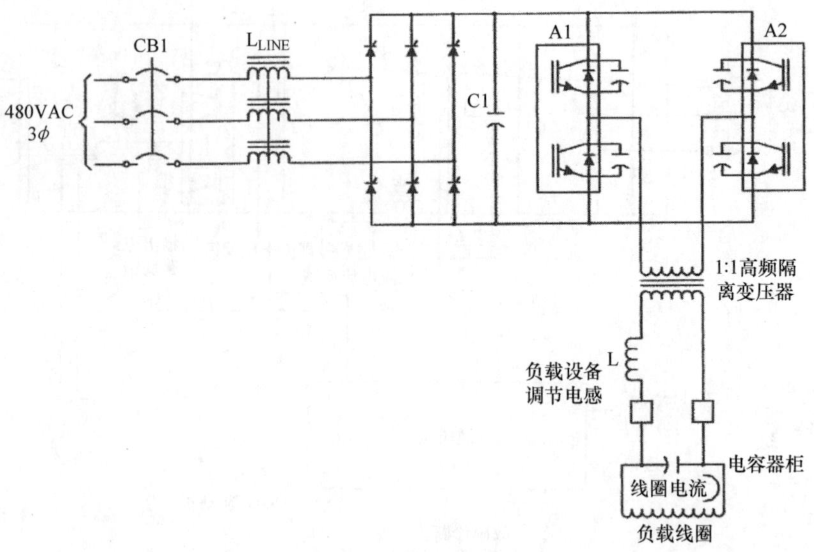

图 6-23　电压源逆变电路（VSI）通过一个串联电感连接并联输出电路（LLC）

图 6-24 所示为谐振电容分开布置的电压源半桥逆变电路。谐振电容分开并连接在直流/交流电路的右侧。

图 6-25 所示为 1/4 桥或单开关逆变电路。

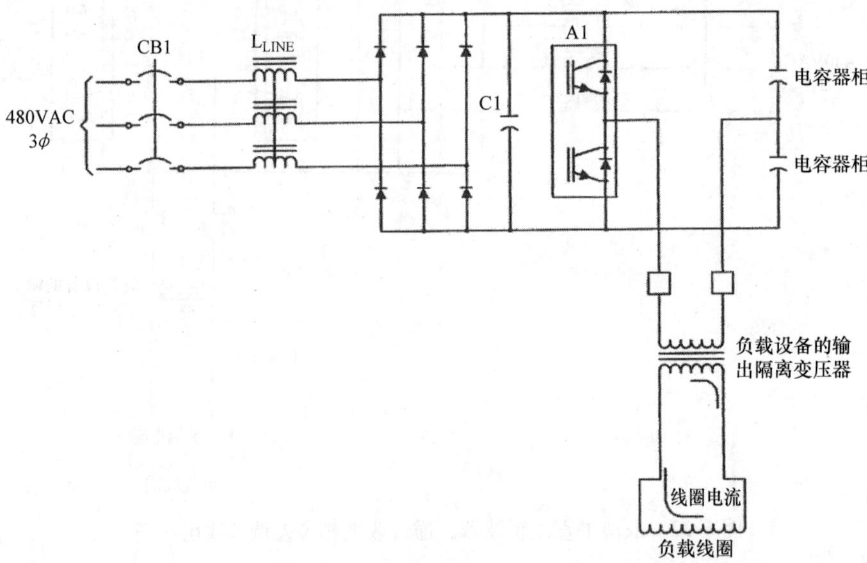

图 6-24　谐振电容分开布置的电压源半桥逆变电路

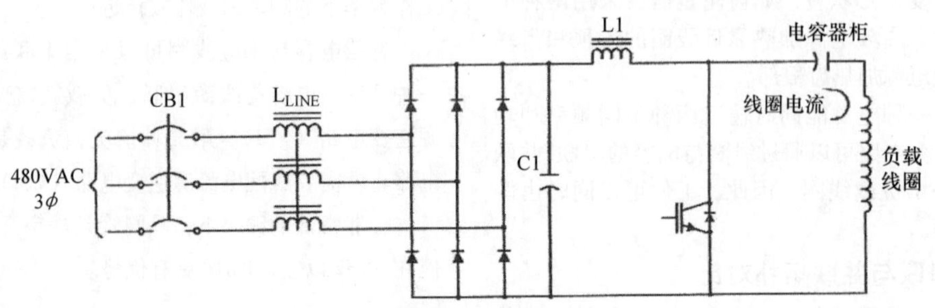

图 6-25　1/4 桥或单开关逆变电路

使用 IGBT 在两种不同电路拓扑中的区别：

（1）电压源逆变电路

1）通过调节输出相位，就可以在固定直流电压输入状态下调整输出功率，成本低，体积小。

2）更符合 IGBT 的特性，双向电流流过和单向电压阻断。

3）在加热站不具有自身短路保护能力，需要复杂的控制保护。

4）在需要用一个电源完成淬火和退火的热处理应用时，因频率比谐振频率高太多，不太适合低功率退火。在这种情况下，输出需要维持在固定的功率因数，并通过采用晶闸管整流或斩波器来调整直流电压，这样成本会很高。

5）因为逆变电路输送给输出线圈电流，所以需要一个降压变压器来匹配逆变电路的输出与串联负载。

（2）电流源逆变电路

1）主要是通过晶闸管整流或斩波器控制直流电流来调节输出功率，成本很高。

2）需要一个大型的直流滤波电路来调整直流电流，增加了成本和体积。

3）需要额外增加一个功率二极管与 IGBT 串联阻断反向电压。

4）功率半导体仅流过与负载相同的功率。

5）在加热站短路时很容易保护。

6）对于大多数加热站需要一个输出变压器提高输出电压。逆变电路的电压受限于 IGBT 的耐压。

以上内容可供应用工程师在选择串联或并联加热站时参考。

6.1.7　低频电源

有些电源运行在工频（50/60Hz），甚至有时低于工频。感应加热的一个通用原则就是，频率越低，加热工件的透热深度越深。每种应用都需要合适的频率。然而，在实际应用中，采购的产品往往有一个规定的范围。低频电源非常有利于那些大型工件或加热温度非常低、加热深度要求深的应用。

6.1.8　带多个加热站的电源

1．开关单元

一个标准的感应加热电源包括一个电源，只有一个输出线圈的加热站。在很多情况下，需要一个电源输出给两个加热站，每个都有单独的感应线圈。电源通过开关切换到每个加热站并在每个加热站完成相同的加热工作或完全不同的工作。这就给用户提供了更柔性的操作。

开关可以是人工操作的或可设计成自动操作的。开关类型可以是铜的刀开关，也可以是采用晶闸管或 IGBT 的固态开关。

有些操作需要一段设置时间来上下料和循环加热。这时，一个零件正在 A 工作站加热，而 B 工作站正在上下料。一旦 B 工作站上下料结束，操作者发出循环信号，在 A 站加热结束后，马上切换到 B 站加热，这实际上就是不间断地使用电源。另一个优点就是在有很长的上下料时间时让系统可以为另一个工作做好准备。与其在等待上下料，不如让系统转到另一个加热站工作。当运行到一个预先设置的空档时间时，通过一个简单的开关，系统立刻准备好投入运行。这就是“准时制”管理，在一天中做一些转变。如果一个电源需要在两个加热站间切换，而且操作工人或上下料工人在其中一个加热站工作，这就需要一个手动的安全自锁开关，以防因疏忽而将电源切换到了操作者或上下料工人正在工作的加热站。

2. 多个（模块）输出

还有一种应用是多个电源输出给几个加热站。在电源中有些情况要求共用一个直流部分且有两个以上有各自相应的加热站和感应线圈的独立的逆变部分。直流部分的容量和每个逆变部分的容量取决于每个线圈的效率及运行程序中设定的容量大小。如果每个逆变部分都需要满功率运行，那么直流部分的容量就必须能涵盖所有逆变部分的输入容量。如两个 750kW 逆变部分，都需要运行在 750kW 左右。直流部分的容量就需要大于 1500kW。其他案例需要工作时间运行的功率达到 750kW，但不是同时达到。比如在熔炼时，一个输出 750kW 在熔化状态，另一个输入因为保温、加料或其他类似的状态，最大运行功率只需要 250kW。当熔化加热（750kW）结束后，输出就降到了 250kW，另一个加热站的输出就能升到 750kW。这也需要两个 750kW 的加热站输出，但直流部分只需要 1000kW，因为这是在运行过程中的最大输出容量。还有一个例子是一个总的输出匹配两个相互独立的逆变部分，正如在应用中预热只需要 50kW，而最终加热需要 450kW。在这种情况下，逆变部分根据需要进行设计（50kW 和 450kW），直流部分总共需要 500kW。实际上，各种功率组合都是可行的，但是，设备的总体设计还需要根据需要的位置进行斟酌。多输出方法与多个单独电源输出相比，优点就是大大地减小了设备的占地面积和公用配套连接工作。它的缺点就是有时太专一，不容易根据其他应用进行更改。这些问题需要在系统设计时认真考虑。图 6-26 所示为 5 个模块感应锻造加热系统。

图 6-26 5 个模块感应锻造加热系统

6.1.9 电源控制

1. 运行控制

对感应加热系统中开关装置的改进也就是改进感应加热电源的控制。过去最基本的控制就是采用模拟仪表和数字电位器对系统的运行进行设置和监测。

功率的大小通过数字电位器设定，输出特性通过模拟仪表显示。更换一个工件意味着需要调整数字电位器的设定，精确度取决于操作人员对机器的调整。调整中细小的变化都会影响系统工艺的需求。同样，在观察模拟表时，观测的角度和个人的理解都是影响因素。

采用数字电位器，功率设定的局限性在于它是一个固定的范围直到重新调整。为了克服这个缺陷，制造商都为每个所需要的功率外加一个数字电位器。为了调整不同的加热功率，设备需要一个复杂的时间继电器组合、接触器或其他类似的开关，来决定何时开关工作。许多热处理应用中都要求在过程中根据工艺的要求调整功率的变化。外形尺寸的变化可能需要在不同位置根据功率和每次加热时间调整，都需要调整正确的数字电位器。

显然，这使得设备调整中需要做很多工作，尤其是需要不同的功率时，即使像刻度盘一样将功率调整到位，仍然会在有些方面上存在局限性。今天有些电源根据应用仍然采用相同的控制方式，许多采用个人计算机（PC）或可编程控制器（PLC）控制系统，使得电源的控制更加灵活方便，就像检测输出参数的仪表一样好。这个的好处在于设备最简单化，因为不再需要靠估计来调整了。数值的选择意味着根据需要可重复地设定输出功率。还有一个重要的地方就是逻辑控制不再是电源的主要部分。它可以在设备上，电源与 PLC 或 PC 相连接，甚至远程控制。这降低了电源的成本，但不一定增加系统的成本。根据设备的配置，检测值可以以数值形式查看，这些数据还可以追踪和储存。

2. 电源的保护电路

改进电源内部检测电路就是通过监测输出电压和电流在允许范围内，并将装置与损坏的部分隔离开来保护电源装置。今后控制功能设定输出范围和通过出错显示或通过简单阻止电源输出上升防止电源的输出超出范围，即使操作者或控制人员设定了功率值。在许多情况下，这些出错情况都显示给操作者看并让其重新调整。

大部分电源内部都需要水冷却，使元件在合适的工作温度下，以延长元件的使用寿命。这些水路中都有温度监控，当温度超出范围时会发出故障报警。其他保护电路还会切断电源，比如通过门限开关以保护操作人员，电容压力异常或输入电力异常。

6.1.10 电源的特殊参数

1. 占空比

在感应加热应用中，加热过程仅是热处理过程的一部分。还需要加上电源停止时所进行的喷淋、上料和下料时间。生产商经常根据占空比来选用更低规格的元件，包括磁性元件、铜排、电缆等。半导体不能降规格选用，因为它的升温时间太快，以至于在热处理周期很短的加热零件过程中就达到了温度。

晶闸管封装技术的优点在于它们没有热循环速率。这种在塑料整流模块，晶闸管、IGBT 和 MOSFET 等所有采用固态技术的设计，就是采用固态技术，将硅安装在一个与之绝缘的铜座上，并且它的寿命取决于它们承受过的热应力。图 6-27 所示为 IGBT 产品的热循环能力表，是模块制造商英飞凌公司提供的，这家公司提供了三种采用不同连接材料的元件。

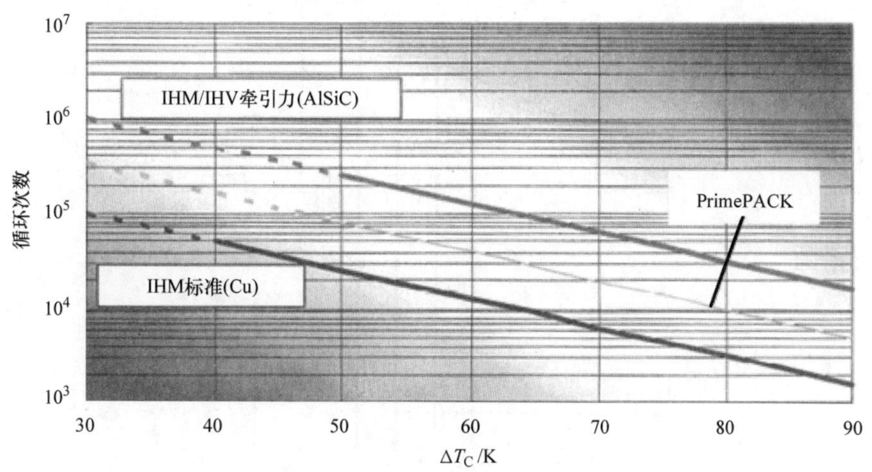

图 6-27 IGBT 产品的热循环能力表

注：显示标准基块（铜）和导热基块（铝碳化硅）的热循环能力

2. 功率因数

功率因数 PF 是作为实际功率与无功功率的比值。

$$PF = kW/kVA$$

供电系统的电流会引起变压器和电缆的发热。因此，功率因数越高，在这些元件功率损耗与工艺中总的使用功率相比就越小。这也就是交流/直流整流器和晶闸管作为导通和关断控制的整流器得到广泛应用的原因。它们的功率因数典型值是 0.95。用来控制电源功率的晶闸管全控交流/直流整流器的功率因数通常不能被用户接受。

3. 谐波

限定非线性负载对公用电网的影响需要制定一整套规则。这些规则都是电气和电子工程师协会 IEEE 制定的，参见 IEEE 519—1992。他们提出了一个标准便于论述系统谐波问题。

电压畸变彰显了总的谐波电压与基波电压的关系。线性缺口正是在公用电网电压上的影响。线性缺口来源于两个半导体同时导通，一个导通，开始把另一个即将关断的元件上电流传输给负载。在很短的期间（换流时间），两个元件都导通，在公用电网的相与相之间短路。在 IEEE 519 中可接受的总的谐波畸变是 5%，缺口量为 22800V · μs，电压缺口深度为 20%。电流畸变彰显了总的谐波电流与基波电流的关系，与同时产生的电压畸变非常一致，但应用不同，包括由短路电流容量决定的基波电流的大小和谐波电流百分比用于衡量单个谐波电流。表 6-1 是最大谐波畸变电流与基波电流的百分比。

表 6-1 最大谐波畸变电流与基波电流的百分比

I_{sc}/I_L	奇次谐波限制值					
	<11	11≤h<17	17≤h<23	23≤h<35	35≤h	TDD
<20[①]	4.0	2.0	1.5	0.6	0.3	5.0
20~50	7.0	3.5	2.5	1.0	0.5	8.0
50~100	10.0	4.5	4.0	1.5	0.7	12.0
100~1000	12.0	5.5	5.0	2.0	1.0	15.0
>1000	15.0	7.0	6.0	2.5	1.4	20.0

注：偶次谐波电流限制值不超过奇次谐波电流的 25%；电流畸变来自直流关断点，如不允许采用半桥整流。

①不管实际的 I_{sc}/I_L 多少，所有的电力通用设备电流畸变不能超过上表数值。I_{sc} 是电力控制中心 PCC 的最大短路电流；I_L 是电力控制中心 PCC 最大负荷电流（基波频率）；PCC，公共接入点总畸变量 TDD。

为了降低谐波电流的百分比，通常将 3 相 6 脉冲整流桥改成 6 相 12 脉冲整流器。图 6-28 所示为采用并联模式减少谐波电流的整流器，图 6-29 所示为采用串联模式减少谐波电流的整流器。

这些都是常用的减少谐波电流的方式。还有很多特殊的并很少用于感应热处理电源，但随着 IGBT 元件尺寸的减小和成本的降低，适当了解它们还是有好处的。图 6-30 所示为有效降低谐波电流的恒定功率因数整流电路。这些 IGBT 脉动方式呈现出电网电流为正弦波且电压相位与电网电压同相。

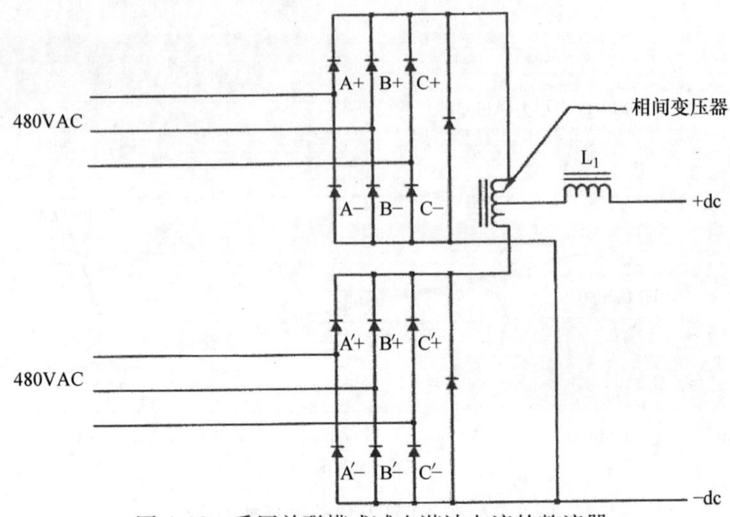

图 6-28 采用并联模式减少谐波电流的整流器

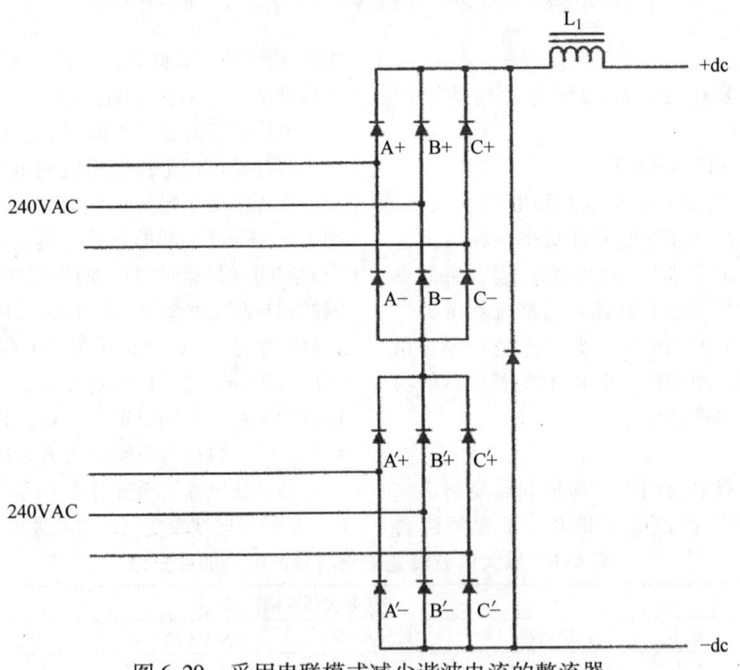

图 6-29 采用串联模式减少谐波电流的整流器

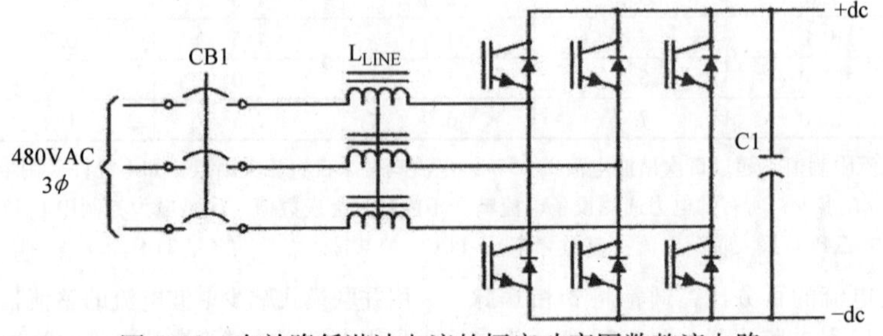

图 6-30 有效降低谐波电流的恒定功率因数整流电路

6.1.11　系统设计 – 电源的选择

这一节我们将讨论系统参数、软件分析——计算、人工分析——决策、多机系统布置和区域控制系统。

1. 系统参数

当一个工程师面临一个感应热处理应用时，需要根据很多因素为工艺需要决定或提出最终的解决方案。为综合分析需要考虑以下信息：

（1）材料或被加热的材料　决定了诸如电阻率、磁导率和导热性等特性。这些因素影响了输出频率的选择。

（2）前道冶金工艺　所使用材料的这些情况对频率选择更有影响：铸造材料的加热与轧制材料完全不同。轧制的方式、温度（热轧或冷轧）和前道处理，比如调质、正火或退火都会严重影响系统执行过程中的生产率、加热温度和所需的硬度。在所选材料中的化学成分也是非常重要的。如在热处理中，材质是能否达到满意的淬火要求的决定性因素。

（3）加热的物理尺寸　工件的外形和尺寸直接影响了频率选择。圆形、有圆角的方形、方形和其他几何形状都必须独立考虑。这也影响了这一系列产品的线圈设计和所需的线圈数量。长条状零件加热与钢管加热，并且锻造加热不同于熔炼加热。

（4）零件的加热效果　在热处理和其他许多应用中，工件不需要整体加热的。有的还可能要求在工件上达到一个温度梯度。这对所需功率产生影响。一个温度梯度的例子就是在棒料直径上。表面加热仅影响涂覆工艺；然而，棒料的总质量要远远大于所需加热的棒料质量。同样，在热处理过程中，工件所需加热深度很多时候都不包括整个工件整体，所以，实际的加热质量和总质量是不一样的。在进行这种情况估算时，也需要考虑因热传导引起的热影响区的受热。例如，在棒料端部锻造加热中，直径 2.54cm（1in），加热长度 12.7cm（5in），根据在感应线圈内的加热时间，在通过加热质量精确计算所需功率时，有必要在所需的 12.7cm 长度基础上直径增加 2.54cm 到 5.08cm。

（5）加热节拍　许多感应加热应用都是用重量来估算工艺所需的功率。

（6）占空比考虑　包括工艺是否工作与停止，和材料是否在系统中持续通过。人工上下料导致的停机时间，在统计生产节拍时必须要考虑。这对所需功率都产生影响。

（7）所需温度　因为材料是被加热的，所以，在升温过程中输入功率的不同会产生不同的反应。这是所选功率和频率的直接影响。输入功率越大，被加热的工件温度越高，材料的高温特性是选择合适频率的依据。

（8）硬化层深度　在热处理中，热处理硬化层要求决定了设备频率。还有其他因素，如输入的功率密度，但一般来说，频率是主要的决定因素。

（9）感应线圈技术　不同的线圈技术需考虑到使用的频率，它可能不完全符合近似频率选择表。同时，导磁体的应用，或其他类似装置都将提高工艺过程的效率和使用比通常设计更少的功率。

（10）其他应用和未来发展　在做更完全的预算需要考虑未来的使用，因此，装置不能为一种应用设计成唯一的。如现在工件只需要 200kW，但将来可能有很多工件需要 300kW，所以，在最初设计时保有足够的能力，能在今后长期使用中节省费用。

（11）系统安排　几乎每个工厂中，车间的空间是非常宝贵的。关键是根据前面设计的设备可用空间及配套的维修能力和功能的空间。设备可以采用配套电源安装在平台上，加热部分安装在地上。有时电源与加热站部分是分体的。高频长距离传输中尽可能将损耗及成本降到最低。

2. 软件分析——计算

一旦所有的变量都知道，计算就开始了。几年前，这是一个繁重的“捣鼓数据”工作量，或者手工计算来决定系统的需要。现在可将这些变量输入一个计算机程序辅助设备选择，分析出包括了系统产品计算机数据，以及让设计人员理解所预计的极端状况。在大多数情况下，这不是一个在产品工艺范围内的电源单独的功率和单独频率。根据这些与实际应用相符的实用数据，系统设计人员能做出决定。

3. 人工分析——决策

一旦软件数据出来以及通过软件汇总的功率和频率范围推荐出来，就需要做出具体决策。软件还可能根据所用线圈的电流、电压、加热站变压器和所需电容数据给出输出数据图表。

在通常情况下，电源采用低电压输出或高电压输出模式，总会有介于两者中间的要求和根据具体应用的其他解决方案。大多数电源生产中会按照要求扩大容量，那就是 100kW 扩容，或 250kW，或每个制造商根据要求特制。在不同的功率档次有着不同的功率范围。越小的系统可能只有很小的范围：在低电压高频单元中功率规格为 1kW、3kW、5kW、7.5kW 和 10kW。

于是面临的挑战来了：根据具体的应用要求，最合适的范围是什么？除了电源以外，加热站的零件是同时设计的。即使有一个完美的线圈非常匹配，输出功率达到 100%，那也通常在适合要求的范围内，一种需求补偿另一种需求——限制可用的来自电源的能量。

一种情况是线圈功率因数。线圈功率因数本质上就是感应线圈和加热工件与电源的匹配。如果匹配在设计范围内，输出功率就接近铭牌范围。经常出现的情况是线圈或工件尺寸发生变化补偿了原线圈或工件的功率因数。这种改变会影响用在感应线圈上的功率，从根本上说是系统输出数量。这个现象在前面探讨功率电路中关于谐振电路时讨论过。在谐振点，输出的功率是最大的。能应对调整变化的措施是要么电源的容量足以满足不同线圈因不同的生产节拍导致功率因数不同的要求，要么纠正功率因数以更接近谐振状态。

这些可以通过加热站设计来实现，如改变变压器匝比、调整电容器、根据生产能力的要求特制输出能力更强的电源。例如，为一个实际输出要求在900kW 的线圈和加热工件匹配 1 台 1200kW 的电源。这种方法就不需要操作工或电气技师对电气柜内元件进行重新安装设置就可以满足不同的生产需要。

通过增加或减少电容器可以改变串联电路的谐振频率，使得加热站与线圈及工件更好地匹配。增加电容器，谐振频率降低，反之，减少电容器，谐振频率增高。这是当电容器接在变压器副边时。如果电容器接在变压器原边时，那么改变变压器匝比，也可以改变谐振频率。在系统中需要注意设计足够的电容器量以满足操作的要求。在串联电路中变压器匝比调整时，线圈中的电流（能量）随着匝比的增加而增加。此时负载特性线圈中足够的高阻抗，导致限压时，限制了输出功率。在并联电路中，增加电容器的效果是一样的，但变压器的匝比越大，线圈和电容器上的电压越高，输出功率越大。加热站中变压器设计时必须要考虑适用范围，或在做最终决定时知道需要的匝比。

在确定了电源容量的大小和加热站设计要求后，如何制造这个系统就很清楚了。

4. 多机系统布置

事实上根据加热的需要，系统最终可能需要几台电源。在连续生产线上，为满足生产工艺的要求，可能需要几台不同频率的不同的功率电源。因此，在很多加热情况下需要采用低频预热及高频做最终加热，它有可能预热采用 1500kW/3kHz 电源，终热采用 500kW/10kHz 电源。或者在有的系统中只采用2000kW/10kHz 电源，或者采用两台 1000kW/10kHz 电源，这样制造成本会非常高。

5. 区域控制系统

因为每个区域都是一台独立的逆变系统，所以在系统设计时采用区域控制系统具有非常大的柔性。直流部分是按照满功率设计的，而每个逆变单元和加热站是根据实际应用的需要（功率和频率）设计与加热线圈去匹配的。

6.1.12 加热站的构成

当电源的功率和频率确定后，加热站有很多种形式组成。首先，我们需要明确的是组成的完整性，加热站负载中管道是与电源柜内的管道接在一起，还是与电源柜分开，单独接在一个柜内的管道上。另一个组成形式就是电源的直流部分是与逆变部分和加热站分开安装（对于区域控制而言）。

在一个感应负载系统中为了形成谐振，需要很多零件去匹配，这包括变压器和电容器。变压器和电容器有很多不同的形式及结构。

感应电源具有电流和电压输出特性。输出电路极少要求匹配的电源工作不需要调整的。调整就是让电源在尽可能的输出状态下感应线圈得到最好的效果及更能满足感应线圈需要的过程。实质上，感应线圈的要求指导了电源及加热站的整个设计。

1. 变压器

变压器用于匹配电源输出与负载要求的。变压器的规范根据电路需要的 kVA、工作频率、匹配线圈或电容的电压所需要的匝比和安培数确定。变压器根据需要有很多种结构形式，它们都是根据实际应用及调整的要求确定的。

2. 电容器

电容器用于调整所需线圈的输出频率。电容器单位为 kVar（千乏），范围根据感应线圈匹配要求确定。通常电容器通过调节桩头来改善匹配情况和改变频率。

3. 匝比调整

在有些感应加热应用中，需要改变变压器的匝比，增加或减少电容器桩头。典型的方法就是关掉电源，切断电源的供电，进入电源柜内人工调整抽头。这是很容易的事情，并且经常有一个根据已经有的工件需要匹配组合的表格。在电源关机时改变抽头实在是太容易了。

在有些情况下，抽头调整需要满足特殊的加热工艺。在这些情况下，这些机械抽头通过电信号驱动开关装置自动改变的。当实际输出停止时，因电路的特性，在开关上会短时有一个很高的电流。例如，用于零件淬火和回火的设备。在淬火时，采用一种抽头组合。淬火后，电源停止，马上根据回火工艺要求改变抽头。

很多系统都有多个需要处理的零件，同时匝比调整需要满足零件调整中尽可能减少操作者进入电气柜内的要求。匝比调整可以通过一个选择开关或多个选择开关来完成。重要的一点是所有可能出现的设置都需要预先考虑并在设备生产时完成。然而，一个外接的开关用来改变变压器匝比，每一匝都要这样接在电路上才能实现调整。同样，通过增加或减少电容器桩头或电容器块，内部的导排设计能允许不同的匹配。

6.1.13 电源的维护

感应电源装置，正如工业设备一样，需要定期维护。这些维护包括下列各种检查和任务。只有熟悉感应加热电源装置的员工才能进入系统。当进入电气设备工作时安全永远是第一位的和最重要的。断电措施和安全规程永远是不可缺少的。

1. 预防安全

1）警告。在感应加热设备运行中必然会采用高电压。每一个预防措施都已经在设备设计时考虑，让设备不仅对操作者而且对服务人员都尽可能地安全。然而，因为不是所有的联锁和安全设施是绝对安全的，所以，当在感应加热设备上工作时，预先的检测永远是需要做的。

2）远离现场电路。在没有关闭电源并锁住开关时不要进入设备或任何电器柜内。禁止给现场任何没有关门设备和安全操作屏送电。

3）当维修设备时请格外小心。不要连接任何外部仪器到柜内的设备内部电路。采用这种方式连接仪器，会增加巨大的风险，甚至会导致设备自身的故障。

4）不要任意改动连锁。在任何情况下，任何门或安全联锁装置都不应失效，也不应依靠任何安全装置移除设备的电源。

5）需要全面了解设备。在没有完全熟悉设备之前禁止试着开机。禁止假定设备停止了，必须对其进行确认。

6）必须穿防护服并戴防护眼镜。当在柜内工作时必须穿防护服并佩戴防护眼镜。建议穿电弧防护服，而且有些工厂也是这样要求的。

7）当人在柜内时不要站在水里或地面上。站在一块厚木板上或其他绝缘板上，能起到一个隔离作用。

8）电容器带电。千万不可相信一个完全放电的电容器。在手触碰前必须要用万用表或接地带检查每一个桩头。有些没有接到母排上的电容器桩头（未使用的）可能会积累相当多的静电荷，因此最好接到电容器外壳上。手触碰前接地。根据手册中提供的接地说明或电容器供应商提供的操作信息操作。

2. 例行检查和维修

大部分电源都是按照在一些恶劣环境下能正常工作设计。然而，预防性的维护是提高感应加热设备寿命和耐久性的一个重要方面。

下面的检查需要定期进行。检查的频率通常根据特定设备预防维护的时间表进行，但至少不能超过每 3 个月或 600h。

1）观察。定期观察是一个良好的实践。需要观察有无渗漏、灰尘堆积、结露和所有那些会对设备造成危害的现象。过多的灰尘堆积，尤其是金属颗粒的存在，会降低设备和导排所能达到的工作电压。变色的部分或不明的气味都是潜在问题区域内零件发生故障前的警示。

2）连接处。电源和导排工作连接处应当像设备出厂时或维护后那样紧固。然而，粗心或热胀冷缩都会导致连接不良，接触电阻因此出现。这通常可以通过导排的变色、设备的功率达不到预先设置功率或在没有明显故障时出现了一些令人讨厌的问题来判断，需要避免过分紧的连接。

3）晶闸管整流桥。采用晶闸管时，需要遵守晶闸管特定夹紧压力规范。通常在晶闸管组件上有识别标志显示压紧力，这个需要定期检查。

4）水路。在感应加热系统中冷却水路是一个关键部分。冷却水是保证装置维持在允许的温度范围，一旦忽略，必定是导致设备故障的根本原因。根据用于冷却感应加热电源的水源情况，每两个月需要进行一次检查，以确保水质是否满足要求。如果冷却水不是来自推荐的水供应商或水循环装置自给自足的，如蒸馏水或去离子水，这个定期检查还应该更频繁一些。

对于来自不可控水源的水（如水井、自来水等），需要定期检测硬度、固体颗粒度、电导率、pH 值和化学成分。硫酸盐、硝酸盐和氯化物都会腐蚀冷却管路，除非它们的浓度在可接受的范围内。在寒冷地带，冷却系统中会加入防冻液；但是，需要注意在不同温度情况下所加的防冻液。每个厂家都会推荐适合他们系统的防冻液。

定期拆开软管接头检查并定期更换不合适的配件并清除水垢，以确保系统能长期工作。一旦发现水垢过多，或者有电蚀现象，就需要按照制造商推荐的方式对系统进行酸洗、中和，然后用纯水反复冲洗。

参考文献

1. "IEEE Recommended Practices and Requirements for Harmonic Control in Electrical Power Systems," 519-1992, IEEE Standards Association, 1992

6.2 感应热处理、钎焊和焊接电源

Justin Mortimer, Andrew Bernhard, Carlos Rodriguez, Gregg Warner, and Tim Williams, Radyne Corporation

热处理、钎焊和热装所用感应电源是一种特殊电源，设计为感应加热的高感性负载提供能源。机械变频发电机电源发明之初，它们有时被称作变频发电机，或被称作变频器，因为它们将输入的 50/60Hz 电

能转换成其他频率输出。称其为转换器也是恰当的，因为这些电源通常输出高功率因数电能，并将电能传递给感应加热场合典型的低功率因数负载。

功率因数是无量纲参数，它描述了系统中的总视在功率以及将视在功率转化为有功功率的多少。低功率因数意味着有功功率在总视在功率中的百分比低，相反，高功率因数意味着有功功率在总视在功率中的百分比高。

$$功率因数=\frac{有功功率}{视在功率}=\frac{\mathrm{kW}}{\mathrm{kVA}} \tag{6-6}$$

功率因数之所以重要，是因为从电网输送的高压线路规格必须与总视在功率及对应的电流相匹配。功率因数可以看作是电力传输线为负载提供有功功率的效率的度量。电力公司主要的功率损耗来自于高压线路电阻所引起的发热损耗。功率因数越低，传输线中的损耗与传输到负载的功率的比率就越高。与大功率因数负载相比，同等损耗下，低功率因数负载所需的导线截面更大。电力公司倾向于尽可能减少传输损耗，并在电力市场交易中向低功率因数负载用户收取大量额外费用。

品质因数是感应加热中的术语。负载的品质因数 Q 是负载阻抗与负载电阻的无量纲比。感应加热线圈的品质因数为

$$品质因数=Q_{\mathrm{L}}=\frac{负载阻抗}{线圈电阻+等效负载电阻}=X_{\mathrm{L}}/(R_{\mathrm{L}}+R_{\mathrm{LR}}) \tag{6-7}$$

需要说明的是：阻抗的大小依赖于频率的高低，关系式为 $X_{\mathrm{L}}=2\pi fL$，其中 f 是频率；L 是负载电感（单位 H）。

另外，事实上两个电阻（R_{L} 和 R_{LR}）的大小也依赖频率并随趋肤效应而增加，但这不在本文研究范围之内。而且在感应加热周期中，所有这些参数都会发生或大或小的变化，这使得设计感应电源有趣且具有挑战性。

正如机动车辆会针对客户不同的用途为其量身定做出许多型号，感应电源也有很多类型。车辆有发动机功率、制动距离、燃油经济性、牵引力、底盘高度、乘客人数和货架数量等参数。在选择诸如家庭旅行、越野旅行或货物运输等特定用途车辆时，均应考虑这些参数。感应电源也因所面对的负载不同而规格众多。这些都是通过分析所针对负载的需求并经一系列设计方案和调整实现的，包括输出电压、电流、频率、负载功率因数、占空比、响应时间以及使用时是否要求感应器远离电源本体。设计方案受技术发展水平的限制，并最终受电力电子元件的最大规格限制。在购买感应电源前，要了解使用要求或至少了解预期的使用范围，并与供应商沟通，以确保所购电源能够满足长期需求。

各种感应加热应用的负载条件大不相同。当在低于居里温度对钢棒进行回火作业时，负载功率因数可能为 0.25。当加热温度高于居里温度时，同样材料和规格的钢棒负载功率因数可能为 0.1。而加热相同直径的铝棒，负载功率因数可能为 0.05。

6.2.1 一发法热处理的负载条件示例

图 6-31 所示为球销热处理的负载状况，是对球销进行一发法热处理产生的硬化层。在这种情况下，宽的感应线圈靠近碳钢部件，逆变器采用电压控制。由于负载的几何形状，整个加热周期中负载特性的变化相对较小。当对负载加电时，随着工件的温度升高，电流流经钢件的电阻率随之增加。负载电感增加，功率逐渐下降，直到温度达到居里温度时负载电感显著下降，而这使负载的 Q 值降低，功率因数增加，进而施加到工件上的功率增加。居里转变的主要作用是将钢的相对磁导率降至 1 个单位，这导致更深的透入深度。许多参数间的非线性相关（见磁场强度与磁饱和度、电阻率与温度和居里温度与磁导率）都导致相应的加热周期期间电参数的改变。

6.2.2 垂直扫描感应加热的负载条件

图 6-32 所示为当加热温度高于居里温度时，钢件退出扫描感应线圈对线圈负载条件的影响。线圈的初始位置如图 6-32 的轴对称模型所示。当线圈向上移动超过工件的末端时，Q 值从起始值 7 一直升至 16。电感增加，该电压控制的扫描感应工艺的总功率和功率因数减小。

用户发现在许多情况下当线圈对零件边缘扫描时（如在轴的末端扫描以对零件边缘进行感应加热），功率调节模式下的扫描感应会有偏差。现代电源控制通过同时调节功率、电压、电流，并设定这些参数的限值来克服这一问题，进而消除此类偏差。

当用高频对高电导率的非铁工件进行加热，或工件和线圈的耦合系数较低时，负载的 Q 值都将很高。这通常也受到采用的设备或其特定应用所使用的感应器的影响。这个工艺的典型 Q 值为 40，而在频率更高的情况下，Q 值可能达到 75 甚至更高。

6.2.3 钎焊的负载条件

尽管在许多实际应用中，当多个零件同时进行钎焊或零件以高速率移动通过通道线圈时钎焊容量较大，但通常情况下，钎焊负载较感应热处理负载所消耗功率小，如燃油轨、管道配件、阀门及用于采矿及加工的钻孔和切削钻头。

钎焊所选择的频率随零件几何形状变化很大。而感应热处理，所选择的感应加热频率要与所达到的感应加热效果严格匹配。

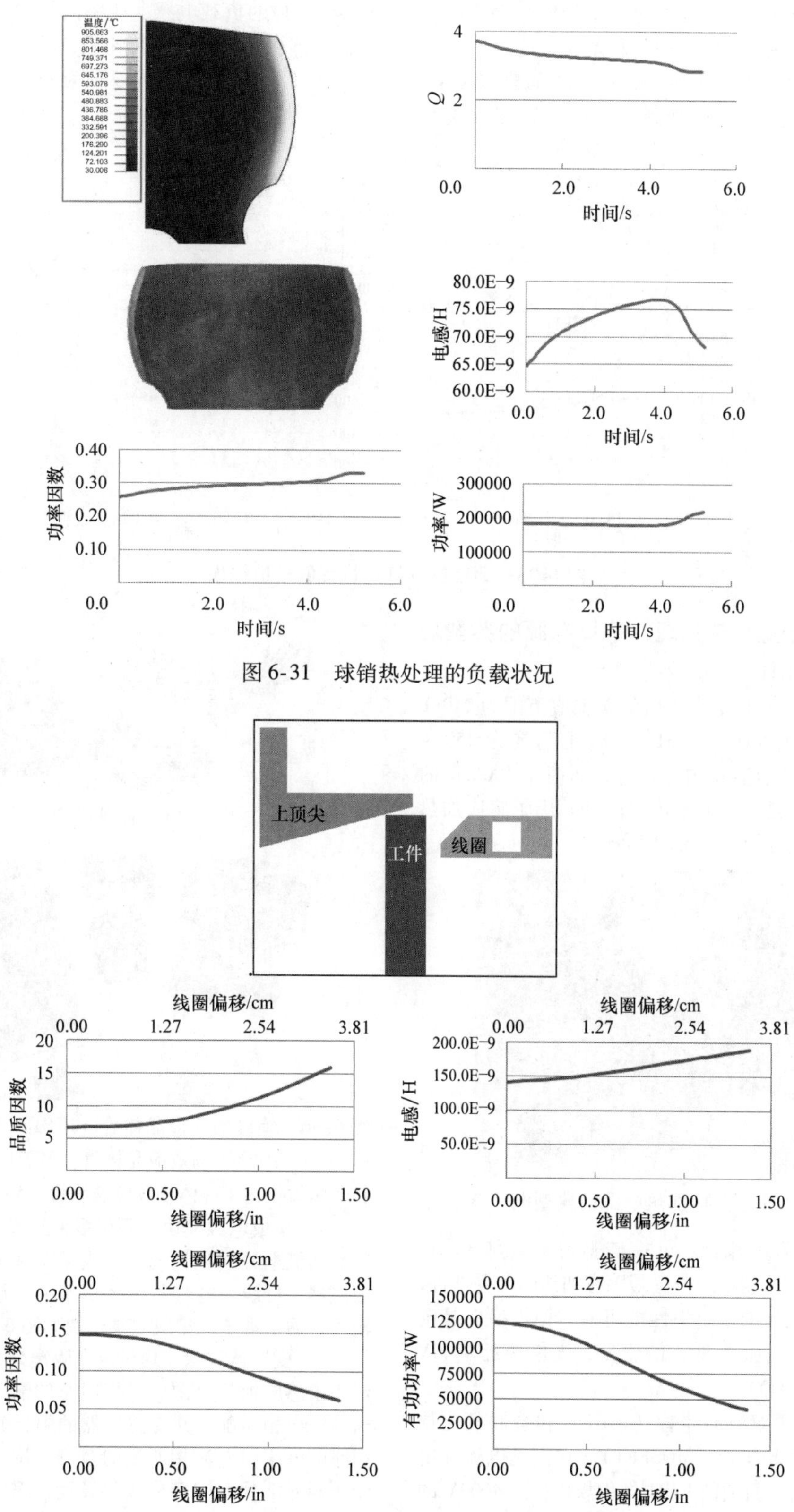

图 6-31　球销热处理的负载状况

图 6-32　当加热温度高于居里温度时，钢件退出扫描感应线圈对线圈负载条件的影响

当钎焊薄壁钢管时，随着整个管壁几乎瞬间从磁性转变为非磁性，钢管的负载条件可能会产生突变。图6-33所示为薄壁钢管钎焊过程的模拟结果。在该模拟中，钢管从磁性到非磁性的转变发生在8.5s，对应的负载电感、功率因数和总功率此时也发生剧烈变化。为了进行比较，使用铝代替钢，在同等条件下，模拟结果的Q值为18。

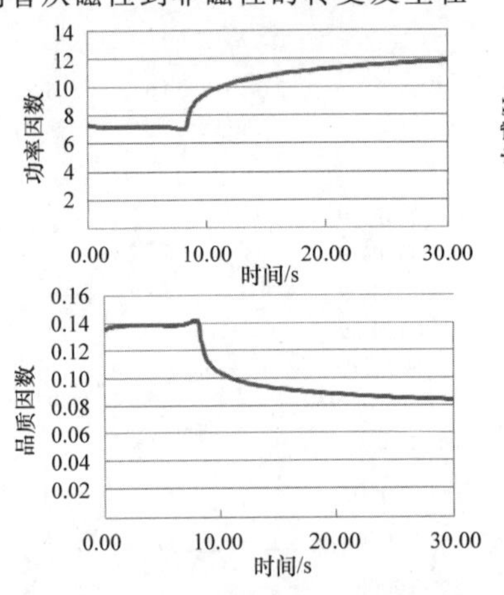

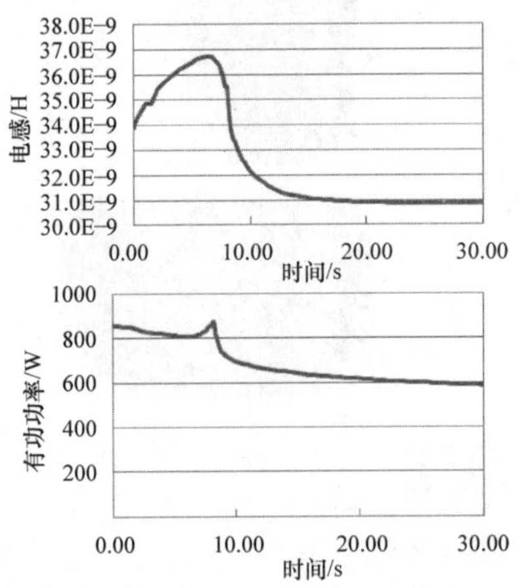

图6-33 薄壁钢管钎焊过程的模拟结果

6.2.4 用于感应热处理、钎焊电源的典型功率元件

1）电容器。调谐电容值的典型值范围为210nF（500kHz）~625μF（500Hz），电压范围为250~2000V。低频电容直接内部水冷，而高于100kHz的高频电容通常是空气或水传导冷却。用于感应加热电源的典型电容器如图6-34所示。

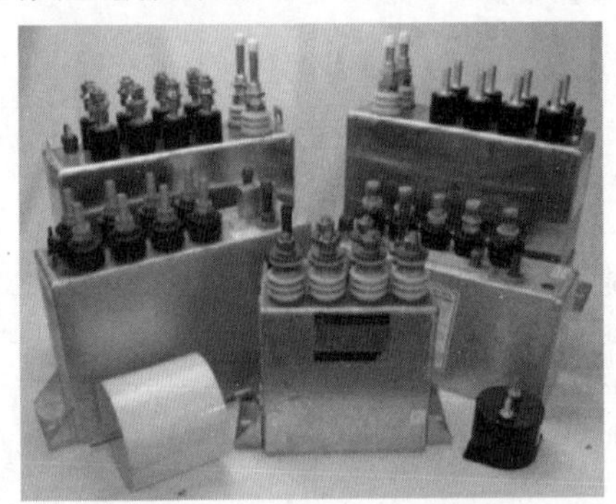

图6-34 用于感应加热电源的典型电容器

2）晶闸管整流器。可控硅整流器（SCR）如图6-35所示，长期以来一直是感应加热的主要部件，而且在精心设计的系统中性能可靠。栅极换向晶闸管（GCT）的电压是SCR的变量，规格接近6000V的均方根和4000A。

3）绝缘栅双极晶体管（IGBT）和金属氧化物半导体场效应晶体管（MOSFET）。它们是电流和电压的开关器件。目前的IGBT器件规格接近4000V的均方根和1200A。MOSFET使用在容许开关电阻的高频应用中。图6-36所示为绝缘栅双极晶体管（IGBT）和金属氧化物半导体场效应晶体管（MOSFET）。

图6-35 晶闸管整流器

图6-36 绝缘栅双极晶体管（IGBT）和金属氧化物半导体场效应晶体管（MOSFET）

4）集成电源模块。采用多种形式，但通常由封装的功能电源模块构成，集成了功率开关器件及其散热器、母线、电容器以及用于高电压和高电流的输入、输出端子。集成电源模块如图6-37所示。

5）变压器。除了提供电气隔离之外，变压器广泛用于感应加热电源，以将回路的输出阻抗与逆变器的输出相匹配，并将感应器的阻抗转换至与输出回路的电压和电流相匹配的范围。用于感应加热的变压器通常具有许多分接头设置，因此用户加热感应器可以在不同频率和不同类型中灵活匹配。感应加热变压器如图6-38所示。

图 6-37 集成电源模块

6.2.5 电源类型

大多数工业场合都需要进行电力转换，但是对电源输出的要求很少有像感应加热这样苛刻的：工作线圈可能需要数千伏特的电压和数千安培的电流。例如，在 Q 值为中等水平时，1MVA 的视在功率输出下，电源提供的有功功率仅为 100kW。为了满足这些要求，电源需要进行特殊的设计。感应加热的原理简图如图 6-39 所示，感应加热器的关键构件是将直流输入转换为高频电源的逆变器，以及将功率传输到工作线圈的输出回路。随着时间的推移，已经探索了许多设计方法，不同方法各有优缺点。因此，对于给定的负载条件，电源、逆变器和输出回路的选择是感应加热过程选择和设计着重所要考虑的因素。

图 6-38 感应加热变压器

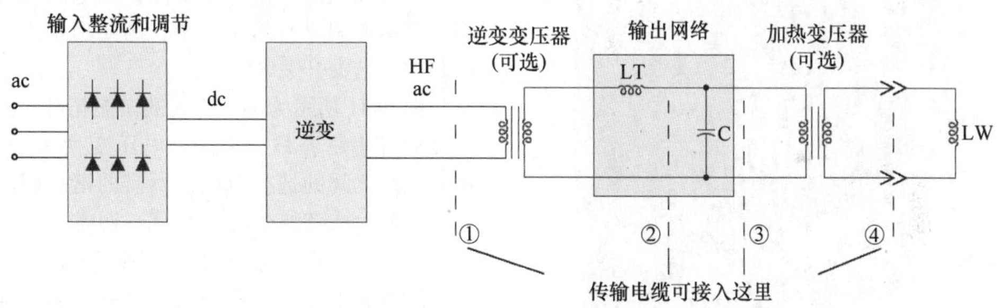

图 6-39 感应加热的原理简图

向感应线圈提供无功功率最常用的手段是谐振电容器。谐振的限制如下：

1）不能随意改变工作频率。

2）必须严格控制开关频率。

3）必须在运行条件下仔细选择输出回路的参数值。

4）所使用的回路类型决定了与其匹配的逆变器类型。

上述第三种谐振限制导致了电容器对工作条件的敏感性，如线圈引线长度和工件在线圈中的位置、间距等。大多数感应加热电源所设计的适用负载条件范围很窄，这使得在允许范围对感应加热处理进行调整的难度相当大且未知甚多。

6.2.6 逆变器

逆变器类型众多，应用广泛。逆变器是基于电路串并联原理对应开发的。特定电路的性能取决于其功率传输方式（恒定电压或恒定电流）、所使用的开关器件类型、可接入的输出回路类型。

6.2.7 开关器件

在现代设计中，最常用的开关器件是 SCR、MOSFET 和 IGBT。电源开关器件特性见表 6-2。尽管 SCR 是目前大功率感应加热器中最常见的开关器件，但以前的供应商大多用于较小装置且功率仅为 10kW。旧式电源也有采用双极结型晶体管（BJT）的，但现今已被用于中低功率和中频段的 IGBT 元件完全取代。开关器件的选择主要取决于工作频率和功率。SCR 如今仅用于 10kHz 以下频段，绝缘栅双极晶体管（IGBT）工作频率可达 100kHz，功率可达 MW。IGBT 由于其损耗小、造价低的优点，已经成为现今电源中最常用的器件。MOSFET 较 IGBT 损耗更多、造价更高，因此仅在更高频段时才会使用。

表 6-2 电源开关器件特性

器件	传导		应用频率	开关速度	功率
	正向导通	反向导通			
SCR	锁定开启	关	低	慢	>300kW
MOSFET	可控	开	高	很快	<2000kW
IGBT	可控	开	低/中	中速	10kW～5MW

注：SCR—可控硅整流器；MOSFET—金属氧化物半导体场效应晶体管；IGBT—绝缘栅双极晶体管。

6.2.8 倍频谐波感应电源

部分谐振电源使用低于谐振频率的次谐振频率对零件进行加热，这是倍频的一种形式。采用这种技术可将 SCR 工作频率提升至 50kHz，图 6-40 所示为 Radyne 公司的 TQ 感应加热电源。IGBT 和 MOSFET 也可以使用倍频技术。

图 6-40 Radyne 公司的 TQ 感应加热电源

逆变器拓扑结构的选择与开关器件所能传输导通的类型间关系不大。使用串联二极管表示单向器件，如 SCR（仅在触发之后正向导通、反向不导通）。反向并联二极管开关用于表示沿相反方向导通的器件（MOSFET 或 IGBT 自带或人为在其内部设计此类二极管）。通常将 SCR 与反向并联二极管连接，以便在需要时使器件沿相反方向导通，且并不影响电路效率；IGBT 和 MOSFET 有时与串联二极管相连以使器件单向导通，但其电路效率有所降低。

准谐振，这是所有可能的逆变器中最简单的，仅需很少部件。但是这种简化的代价在于：储能电路需先由开关充电然后才能谐振。充电时，储能电路不起振；输出功率是间歇性的。由于工作频率与谐振频率不同，所以称为准谐振作业。脉冲驱动器对开关器件和支持电路要求苛刻，其额定值较连续输出电路高很多。由于其缺点，该电路通常用于小型、严格控制成本的应用中，例如功率为几千瓦的电磁炉和谐振开关电源。

图 6-41 所示为 1/4 桥式准谐振拓扑，这两类逆变器通过串－并联，电流－电压变换来进行区分。这些电路之间的选择取决于所需的谐振回路是串联还是并联，或者哪个电源更优。通常，电压源通过受控电压源实现，然后与大电感连接，其经济性更好，降低了恒定电流源的成本。对于远程加热操作（谐振回路与变频器间相隔一定距离），并联谐振回路是最佳选择；串联谐振回路的优点在于稳定性好、可用来隔离电路（因为变压器通常耦合至低阻抗电路）、总造价低。

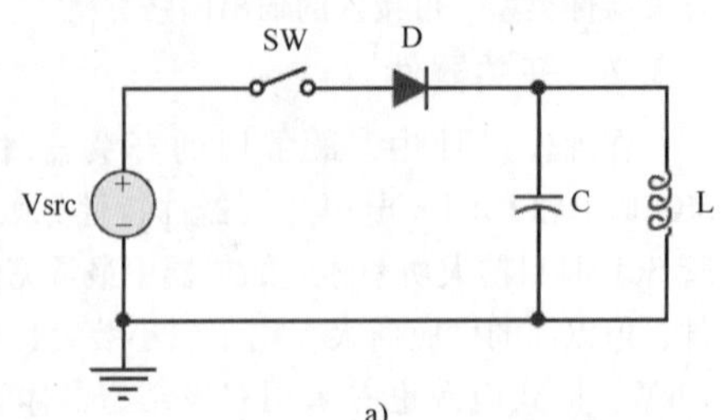

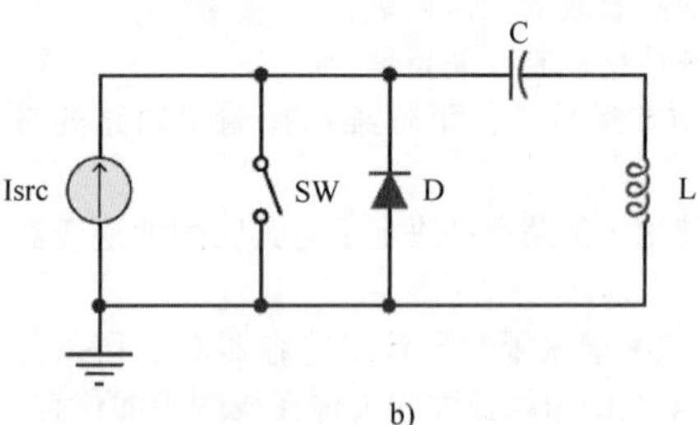

图 6-41 1/4 桥式准谐振拓扑
a）1/4 桥式恒压逆变器 b）1/4 桥式恒流逆变器

推挽逆变器如图 6-42 所示，主要适用于低电压，优先将开关电流最小化。恒压电路在汽车工业中应用广泛，但仅限 12V 可用。恒压电路中各开关上的峰值电压为电源电压的 2 倍，这对电压为 480V

的工业应用极具挑战，但在低电压下容易适应。该电路的缺点在于中心抽头耦合电感的漏电感必须小，以保持开关上的电压幅值相等、极性相反。

恒流电路较为少见。在保持电流的同时，恒压形式使电压加倍，该电路需在保持负载电压的同时将电源电流翻倍。

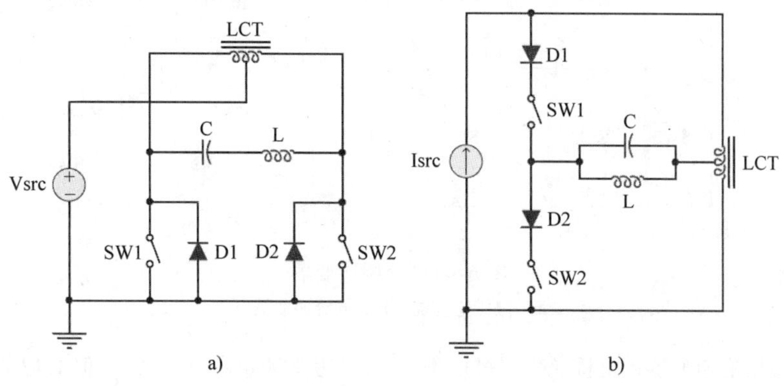

图 6-42　推挽逆变器

a）恒压逆变器　b）恒流逆变器

半桥逆变器如图 6-43 所示，半桥恒压电路是一个重要电路，原因在于：它可以输出对称波形，可以从高压电源端轻松操作，且使用最少的开关器件。其输出电压约为电源电压的一半，而输出电流为 2 倍。相对于全桥电路，这适用于所需输出电流较高的应用。谐振电容可以设置在逆变器侧，而不会产生过高的电压；然而，这种设置的大多数负载都将需要一个能够承载全部无功功率的工作线圈变压器。该电路的缺点为需要多个电源或模拟该功能的方案。例如，分离电源可以用单个电源代替，并使用电容来建立接地点。这些电容器与负载串联起来，从而使谐振回路电容器发挥其本身的作用。这种方式下产生的电压可能很大，因此该方法对 Q 值低的负载更为适用。

恒流源（CCS）增加了半桥恒流电路的复杂性，但是，推挽电路需要中心抽头电感来实现平衡，该电路则不需要。如果电感和 CCS 优于两个 CCS，则可以像恒压推挽电路一样，使用中心抽头电感。然而，耦合系数并不重要，使其设计得以简化。该电路或其衍生电路有时用于工业加热；自振形式为 Royer 或 BaxandallClass D 振荡器，其输出波形失真率很低。

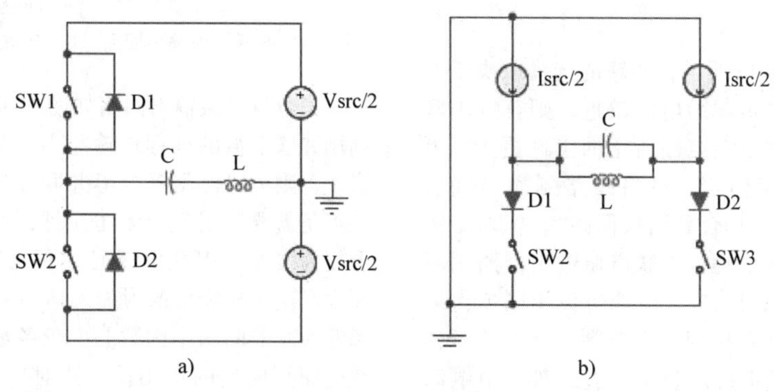

图 6-43　半桥逆变器

a）恒压逆变器　b）恒流逆变器

全桥逆变器如图 6-44 所示，全桥电路是逆变器电源中最普遍的配置。主要优点在于减少了电源部件（无需额外的电容器或感应器）并将输出电压最大化（其输出电压与直流电源电压相当，而不像恒压半桥电路只有约一半的输出电压）。全桥电路的主要缺点是开关部件数量较多，这需要更多的控制和驱动电路。因此，全桥电路通常不用于功率低于 1kW 的电路。

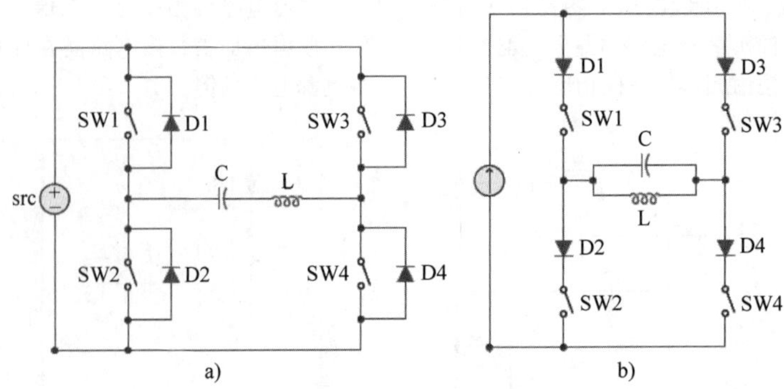

图 6-44 全桥逆变器

a）恒压逆变器 b）恒流逆变器

作为目前最通用的逆变器，全桥逆变器可以用 SCR、IGBT 或 MOSFET 搭建，通过 4 个开关实现对负载电流和电压的全控制。当对角线相对的两个开关处于导通状态时（导通状态即为 ON，输出恒定电压，OFF 则为恒流形式），电能流向负载；当横向相对的开关处于导通状态时，不输出功率。逆变器通过在功率输出和不输出两种状态之间交替工作，可以实现对负载电流（或端电压）完全控制，因此，感性负载的脉宽调制（PWM）较容易实现。

通常，恒压全桥逆变器与变频器输出端变压器配套使用。该变压器需承载次级线圈的全工作电流，但仅需传输由变频器提供的视在功率。而对于谐振电容器直接连接在逆变器上的半桥电路，对应的变压器则需要处理工作线圈的全部无功功率。恒流全桥逆变器通常根本无需输出变压器，因为变频器的输出电压范围可能与电源的额定输出电压相同。

6.2.9 输出回路

输出回路如图 6-45 所示，回路的选择取决于电源的最终用途。如果负载距电源较近，则首选串联谐振电路，因为串联谐振电路所用的组件更少、更经济，且有短路容量恒定、可将线路隔离等优点（通过变压器将变频器耦合到谐振回路）。但对于距离电源较远的感应热处理，串联谐振输出回路则不太适用。在串联谐振回路中，线圈电流串联依次从逆变器流向储能电容器再到工作线圈。此电流可达数千安培，导致传输电缆造价高昂。此外，由电源逆变器（通常在降压输出变压器之后）的输出电压可能仅有 100V，电缆传输效率很低。

如果负载要求距离电源一定距离，建议将振荡回路尽可能多地放置在负载侧，使电源与负载间的传输电缆不必承担线圈所需的无功功率。

这是并联谐振回路的主要优点，回路中电容器吸收线圈的无功电流。电源需向线圈提供全电压（可达 2000V 甚至更高），但对应的电流可能只有 100A，所以变频器及电缆只需要传输有功电流分量和有功功率。传输电流的减少降低了所需传输电缆的载流截面积，提升了系统传输功率。因为高无功电流将导致传输电缆的电流密度和传输损耗增大。并联谐振回路的主要缺点是需要恒流型逆变器，并且必须适应传输线电缆的杂散电感，而不会产生过大的电压。

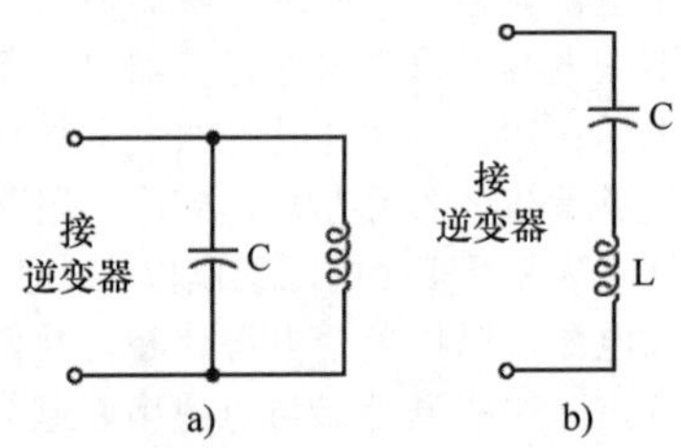

图 6-45 输出回路

a）并联谐振输出回路 b）串联谐振输出回路

三分量谐振输出回路如图 6-46 所示，如果需要利用并联谐振的远程传输能力，并且节省恒流源的成本，则可以使用混合串并联输出回路。该回路的缺点是需要使用 3 个无功元件，调整起来在关系式上较为复杂。串联电感必须很大才能实现高效率，而串联电感所需要的附加无功功率会提高谐振频率，降低逆变器的功率因数。比较各输出回路对于需要感应加热应用的适用性，针对传输电缆中的损耗，串并联谐振在串联谐振和并联谐振之间提供了中间选项。

LLC 回路（两个感应器和一个电容器）的类似转换是 CCL 回路（两个电容器和一个感应器）。和并联谐振电路一样的是，此回路需要恒流逆变器；和并联谐振电路不同的是，该回路无需全电压，并联电容器用于吸收串联谐振电流，以保持逆变器的低电压，代价是对应的电流将偏小。该电路可在高频下使用，而高频下MOSFET逆变器的输出电压受限（因为MOSFET在低电压下性能更好），且电压较高的器件造价高，而高频下变压器又不实用。在高频下，常规变压器的杂散电感将使电路无法操作。由于特定应用所需的大电流，使得CCL回路无法用于远程电力传输。

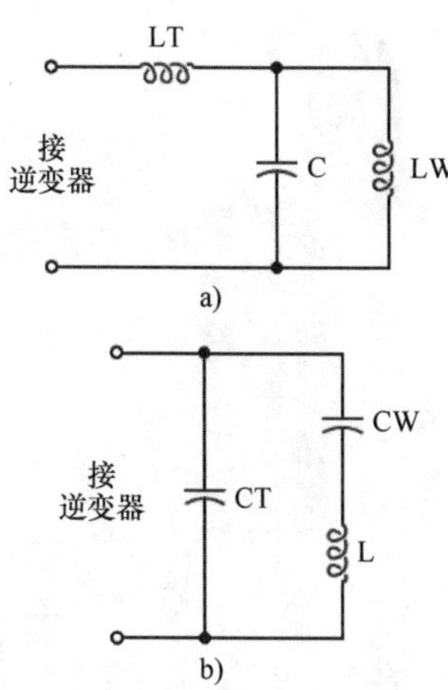

图6-46 三分量谐振输出回路

a）LLC回路 b）CCL回路

串联谐振调谐计算示例：对于给定工作线圈电感和Q值，电源的逆变器输出电压和电流已知，其匹配的解决方案如下。恒压变频器输出电平（全波、基波分量）见表6-3。

表6-3 恒压变频器输出电平（全波、基波分量）

输入电压/V	逆变电压/V
240	150
400	250
480	300
240	300
400	500
480	600

注：工作线圈：2μH；$Q=20$；所需工作频率：20kHz；恒压全桥变频器，电源电压：480V，3相；所需功率输出：150kW。

解决方案：首先，计算振荡回路电容和等效串联电阻。然后，找到逆变器最大传输功率下对应的电阻。最后，确定所需耦合变压器的变比。

电容可由谐振频率公式求得：

$$C=\frac{1}{(2\pi F)^2L}=\frac{1}{(2\times3.14\times20000)^2\times2\times10^{-6}}\text{F}=31.7\mu\text{F}$$

振荡回路等效串联电阻由电感、电容和Q值决定：

$$R_{\text{tank}}=\frac{1}{Q}\sqrt{\frac{L}{C}}=\frac{1}{20}\sqrt{\frac{2}{31.7}}\Omega=0.0126\Omega$$

接下来需要确定如何将这个微小的电阻匹配到逆变器。

确定变频器输出电压：由于该电源使用固定电压逆变器，见图6-43a。逆变器输出电压为600V。当功率因数为1时（即在共振时提供全部功率），匹配电阻为

$$R_{\text{inv}}=\frac{U_{\text{inv}}^2}{P}=\frac{600^2}{150000}\Omega=2.4\Omega$$

逆变器输出端所接变压器匝比为

$$\frac{N_{\text{P}}}{N_{\text{S}}}=\sqrt{\frac{R_{\text{inv}}}{R_{\text{tank}}}}=\sqrt{\frac{2.4}{0.0126}}=13.8$$

匝比取最接近的整数比14∶1。如果电源允许，比率低时，较大的逆变输出电流可以增大谐振调频的范围。通常，电源的最大逆变输出电流在其设备手册中给出。

并联谐振调谐计算示例，退火（长度为25.4mm或1in）的螺纹为16mm（0.63in）铬镍铁合金螺栓至510℃（950℉）。

线圈内径为32mm（1.25in），4圈（3/16in铜管），长度为30.22mm（1.19in）。线圈在2.5s加热时间内所要求的输入参数为：70V，1280A，30kHz，8.1kW。所配备电源的输出参数为：10kW，600V，200A（120kVA），频率范围为20～60kHz。该电源是一个负载谐振单元，可以提供$Q=12$的完整输出功率。将线圈匹配到本电源的步骤如下：

1）确定逆变器可向线圈提供的视在功率容量（kVA）：

$$UI=U_{\text{coil}}I_{\text{coil}}=70\times1280\text{VA}=89.9\text{kVA}$$

2）所需变比计算：

$$\frac{N_{\text{P}}}{N_{\text{S}}}=\frac{U_{\text{inv}}}{U_{\text{coil}}}=\frac{600}{70}=8.57$$

3）负载映射至逆变器的阻抗计算：

$$Z_{\text{inv}}=\frac{U_{\text{coil}}}{I_{\text{coil}}}\left(\frac{N_{\text{P}}}{N_{\text{S}}}\right)^2=\frac{70}{1280}\times8^2\Omega=3.5\Omega$$

4）电容计算：

$$C=\frac{1}{2\pi fZ_{\text{inv}}}=\frac{1}{2\times3.14\times30000\times3.5}\text{F}=1.516\mu\text{F}$$

为简单起见，该回路的完整数学分析不再赘述。但是一些一般性的问题可以很容易地得到证明。

通常，实际谐振频率比由工作线圈电感和谐振回路电容单独计算出的谐振频率高5%～20%。谐振回路电容通过公式可求得，但需输入比所需频率低5%～20%的频率以补偿上述效应。

而在串联谐振电路中，需要逆变器输出端变压

器变比可调，进而调节负载。这些电源通常对应固定变比的变压器。类似的功能由串联调谐感应器提供。

一般的迭代调谐步骤为：

1）安装工作线圈和所需电容。

2）将调谐电感设置为中档值。

3）以低功率（如额定功率的10%）启动电源。注意工作频率、逆变器电流及限值参数。

4）确定调整的方向：

① 在10%的功率设置下，变频器电流不应超过满量程的25%。如果电流高于此值，应选择更大的电感。

② 如果达到相位或共振极限，变频器电流很低，应选择小电感。

③ 如果频率低于设计值，应减小电容。

④ 如果频率高于设计值，应增加电容。

5）如果电压幅值受限，则需设法解决工作线圈传输能量所需的高电压。个别设备具有“倍压器”选项，允许电容器串联连接提高整体额定电压。电源的内置保护是必须的。如果无法达到所需的电压，可以考虑低频率运行或使用低电感工作线圈。

调谐电感第一次估算值的最佳计算式为

$$L_{\text{tuning}} = L_{\text{work}} \sqrt{\frac{2\pi F L_{\text{work}} Q}{R_{\text{src}}}} \tag{6-8}$$

式中，R_{src}是逆变变压器输出电阻。

$$R_{\text{src}} = \frac{U_{\text{inv}}^2}{P}\left(\frac{N_{\text{S}}}{N_{\text{P}}}\right)^2 \tag{6-9}$$

该近似计算式（6-9）仅针对高$Q_{负载}$值，当Q值低于5时误差较大，因此应将其用于起点值计算。

6.2.10 同步双频感应加热电源

同步双频感应加热系统的开发是用于高速率处理汽车齿轮。这些电源在一台机器中集成了200～400kHz的高频率和3kHz、10kHz或30kHz的低频率。这些频率使得系统可以同时对齿轮根部和齿部进行加热。各个频率下电源均可以单独控制。该系统可以通过高频电容耦合电源和低频电感耦合电源实现。图6-47所示为同步双频热处理系统，图6-48所示为加热线圈电流。

该电源专为汽车零件大批量制造设计，其配置为齿顶径18.5cm（7.3in）和齿根径17.5cm（6.9in）的齿轮提供了1.5s的极快加热时间。图6-49所示为齿轮同步双频感应加热，该热处理切片显示了沿齿轮周边的表层硬化是均匀的。

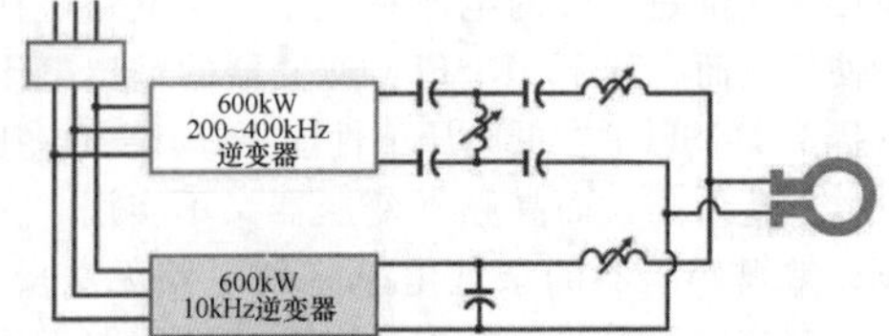

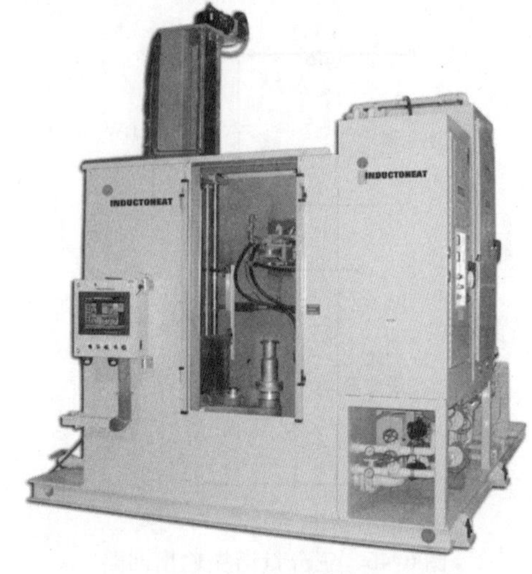

图6-47 同步双频热处理系统

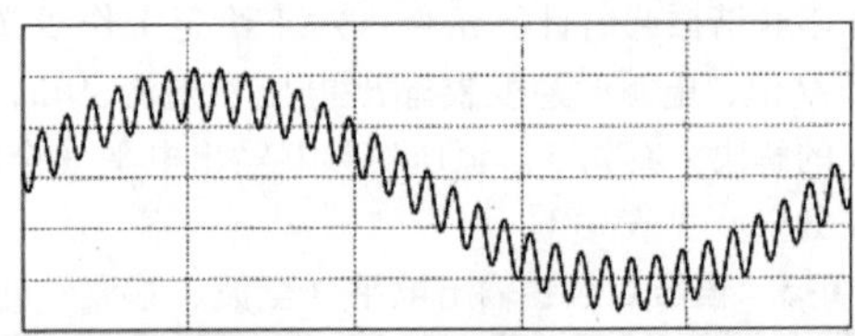

图6-48 加热线圈电流

图6-49 齿轮同步双频感应加热

6.2.11 独立控制频率和功率的感应加热电源

独立控制频率和功率（IFP）的感应加热电源是一种新型热处理应用技术。该技术利用了功率半导体器件不断增长的容量和稳定降低每千伏安成本的优点，并消除了感应电源通常所需的谐振回路。这样可以在无需更换变压器抽头或调整电容的加热过程中实现宽频段的自由频率调节和自由负载（功率）调节。

IFP 的优点如下：

① 用一个线圈在一个加热位置进行淬火和回火。

② 多个应用而不必多个加热位置。

③ 免除以不同频率调谐的另外逆变器。

④ 较短的加热工艺周期。

⑤ 小批量热处理进行调试的时间较短。

⑥ 工艺灵活性高。

⑦ 通过使用同一感应器，可调节的硬化层深度为 1.52～4.06mm（0.06～0.16in）。

⑧ 能够通过在一个工件上使用不同频率来实现较宽泛的淬火工艺要求。

⑨ 通过在低频率预热减少材料应力。

⑩ 无需专业知识即可调整逆变器以用于新应用。

⑪ 独立的频率和功率控制输出。

⑫ 确定新应用的热处理最佳频率。

1. IFP 的适用范围

IFP 是钢加热应用的理想选择，如表面淬火和扫描淬火、回火、应力消除、退火、加热用于热装、黏结剂固化和许多其他特殊应用。特别适用于负载 Q 值低于 7 的热处理应用，如众多的钢热处理。IFP 还特别适用于对灵活性要求较高（部分情况下要求加热深度变化很大和频率变化灵活）并要求设置时间最小化的热处理环境。

图 6-50 所示为边缘、拐角和孔的表面硬化。这类热处理应用所面临的挑战包括达到均匀的热形分布、避免表面过热和熔化、避免心部加热穿透、调整硬度和硬化层深度、肩部淬火层和轴向表面淬火层分布的工艺优化、减少有缺口效应区域的裂纹风险。IFP 克服了这些难题，使得操作员在工艺处理过程中，无需通过任何机械配置和设置而根据需要调整工作频率和功率来增加或减少透入深度。

图 6-51～图 6-53 是匀速扫描的热处理结果。此时采用不同的频率得到不同的硬化层深度结果。图 6-51所示为 IFP 电源进行扫描淬火过程中连续频率变化的影响。由图 6-52 可以看出，低频率可以使肩部区域热穿透更深。在图 6-53 中，频率的改变使得凹槽中的热透入更深，同时避免了淬透，并且能够在任何位置进行淬火和回火。

图 6-54 所示为齿轮与工件轮廓热处理，图 6-54a 所示的齿轮轮廓热处理是通过选择在 10kHz 的低频下进行 5s 预热，然后在 40kHz 的高频下进行 62s 的淬火处理实现的，图 6-54b 所示工件的轮廓以 10kHz 的频率对其预热 3s，以减小其应力，然后以 40kHz 的频率对其表面淬火处理 2～5s。

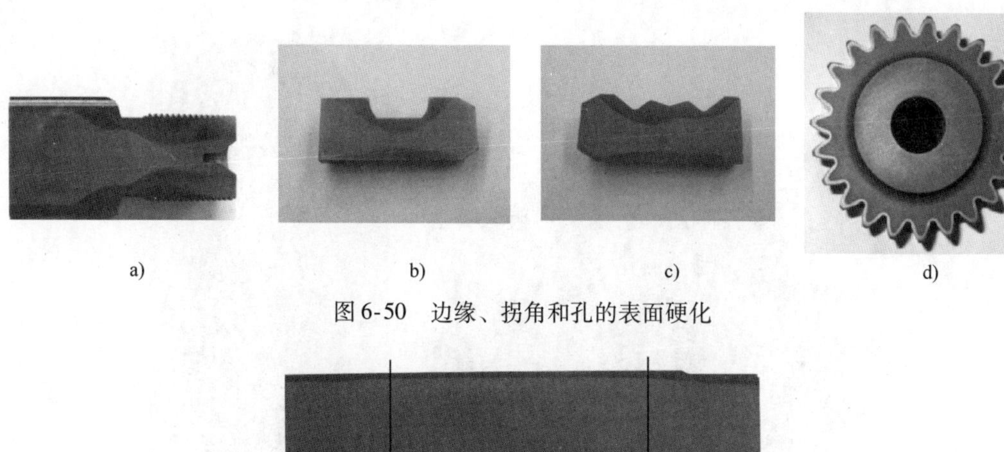

a)　　b)　　c)　　d)

图 6-50　边缘、拐角和孔的表面硬化

图 6-51　IFP 电源进行扫描淬火过程中连续频率变化的影响

2. IFP 的技术背景

在感应加热中，能量通过工作线圈（感应器）中的电场强度（电流）频率和振幅的快速变化传递到工件。由于许多应用所需的高频（几十 kHz）和系统感应器－工件的电感相对较小，使得使用具有脉宽调制（PWM）全控制开关（如 IGBT）和恒定或准恒定调制信号成为可能。图 6-55 所示为独立控制频率和功率（IFP）的感应加热电源。然而，目前广泛用于感应加热应用的为谐振变频器。其与 IFP 的简要比较如下：

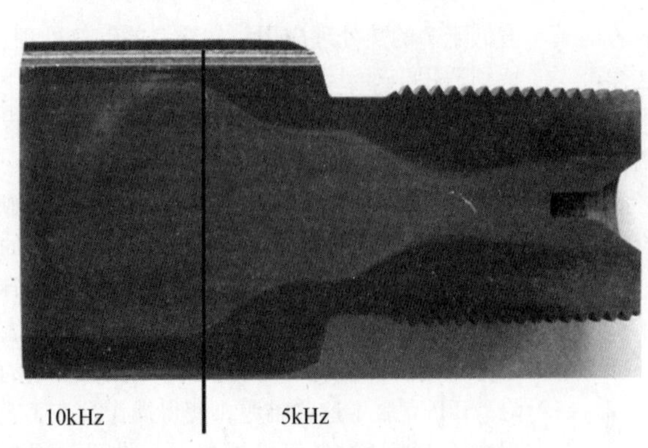

a)

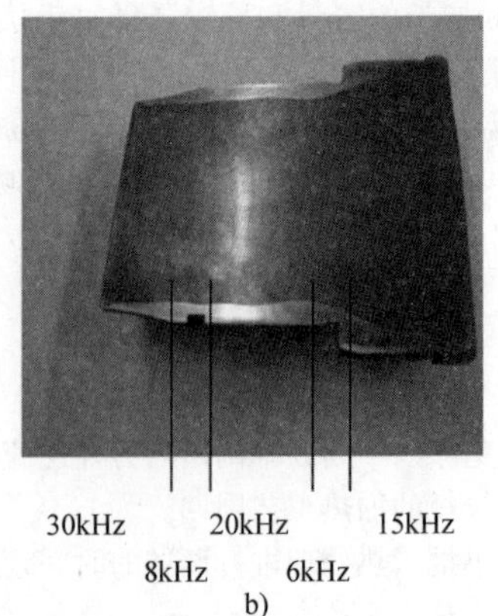

b)

图 6-52 对轴肩局部区域扫描热处理时不同频率下的硬化层分布

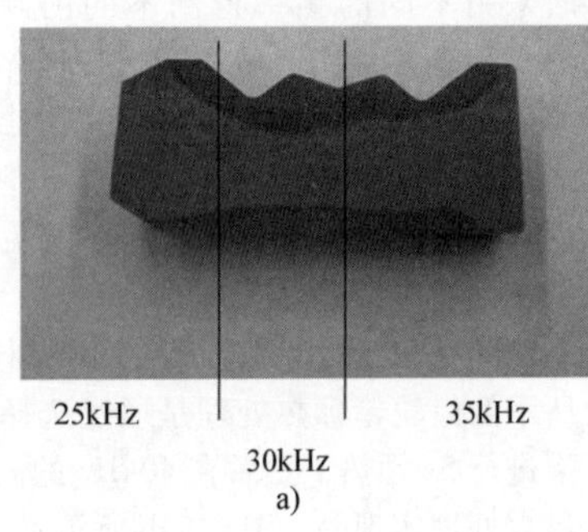

a)

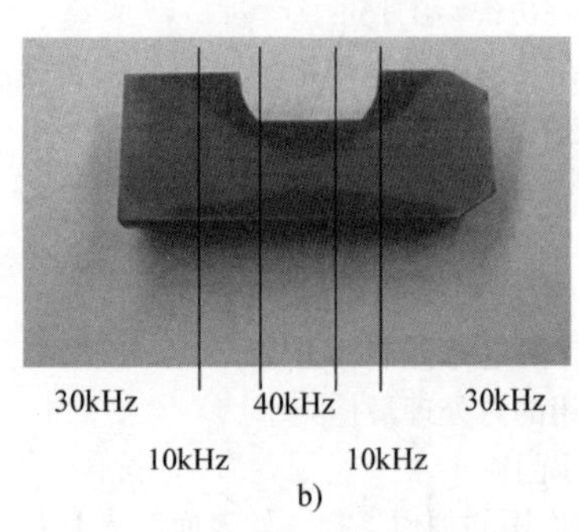

b)

图 6-53 针对复杂的几何形状通过频率变化使热处理的淬火深度分布优化

a）增加能量穿透深度，以避免肩膀过热和开裂 b）增加能量穿透深度，以进入凹槽

a)

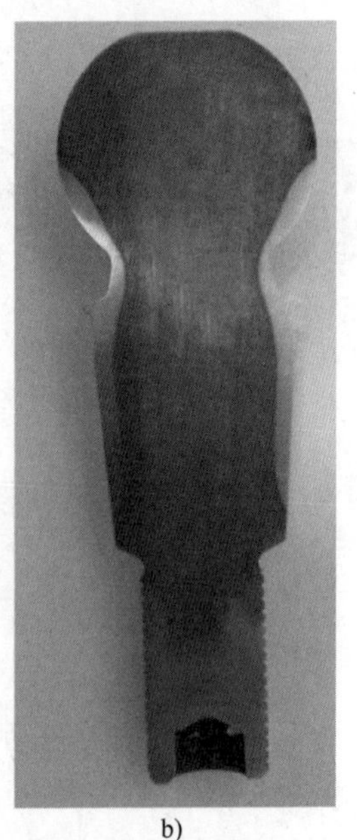

b)

图 6-54 齿轮轮廓与工件轮廓热处理

a）齿轮轮廓热处理 b）工件轮廓热处理

谐振变频器的一个特征是其所需无功功率由负载匹配电路（即感应器－电容系统）来适应。这意味着负载所需的无功功率将由负载匹配电路的电容提供。由于工作线圈和负载间的磁耦合通常非常利于钢件热处理（Q 为 2～7），因此，感应加热应用的无功功率要求是可控的。

图 6-56 所示为频率响应，由于谐振电路的频率响应，谐振电源只能在相对较窄的频段有效工作。对于需要在连续施加功率的宽频段中定义功率的感应加热应用，谐振变换器的现有技术无法为其提供所需功率。

独立频率和功率控制感应加热电源能够在宽频段上实现恒定功率输出。然而，在实际设计中，较高频率下输出功率受电力电子开关器件和感应器电感的限制。

图 6-55　独立控制频率和功率（IFP）的感应加热电源

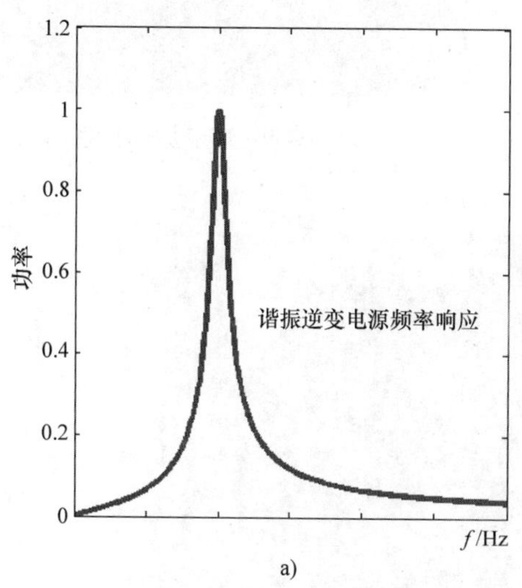

a)

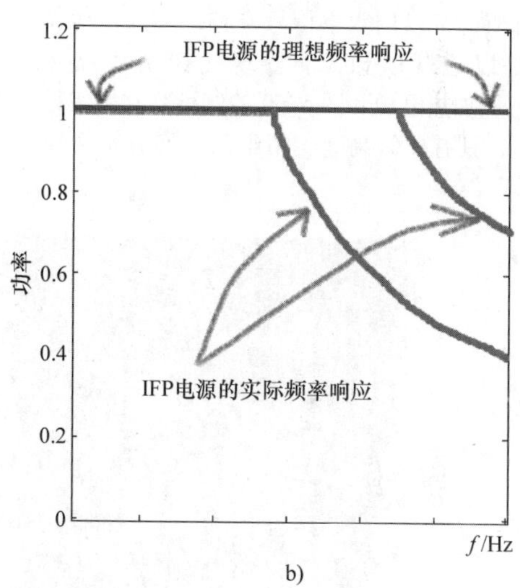

b)

图 6-56　频率响应

a）谐振电路的频率响应　b）IFP 的频率响应

图 6-57 所示为电压源逆变器 IFP 的简化电路。与变频器连接时，只有加热线圈和工件从匹配变压器的次级反射回来。通过调整逆变桥开关频率，可简单控制 IFP 的频率。另一方面，功率也可以通过 PWM 或全桥逆变器的 IGBT 导通、关断时间调节。IFP 逆变器的脉宽调制控制如图 6-58 所示，工作线圈上的最大电压（功率）和限制电压（功率）分别如图 6-58a 和 b 所示。

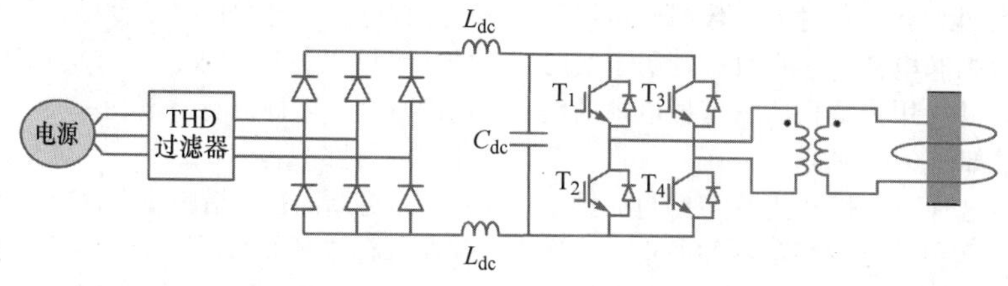

图 6-57　电压源逆变器 IFP 的简化电路

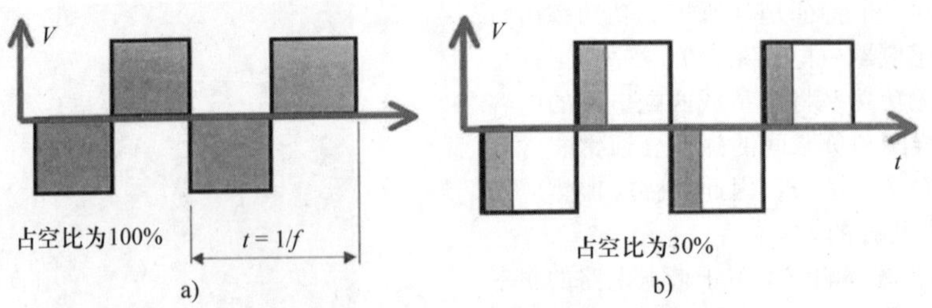

图 6-58 IFP 逆变器的脉宽调制控制

a）工作线圈上的最大电压（功率） b）工作线圈上的限制电压（功率）

6.2.12 现代感应电源控制系统的发展

随着集成电子设备技术的进步，器件的运算速度不断增加。这些设备还允许数字处理元件的快速定制。此外，数据采集系统的巨大进步已经实现了高速、高保真的数字信号采集。这些技术和软件技术的融合使得可以用数字信号来控制感应电源，其速度也是以往难以想象的。现代控制系统（见图 6-59感应加热电源和图 6-60 控制板）在数字处理器控制下，具有非常高速、精细的切换分辨率控制等特点。

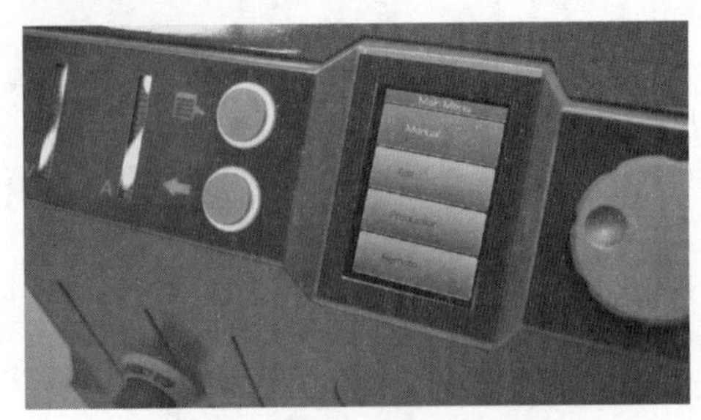

图 6-59 感应加热电源

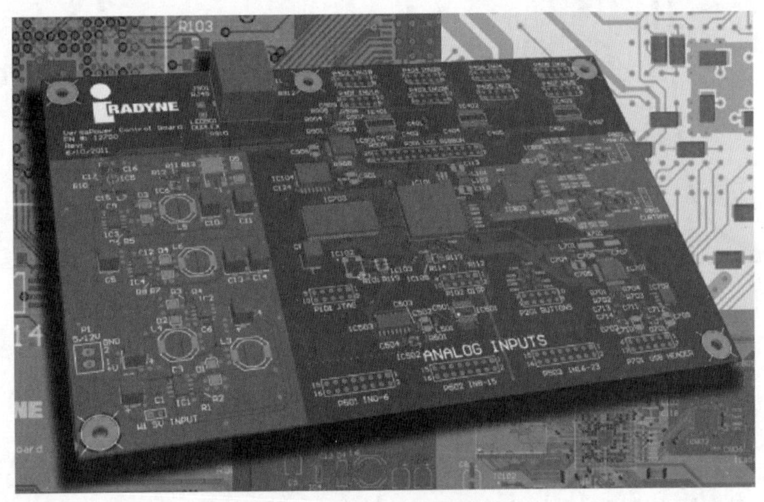

图 6-60 控制板

现代控制系统辅助调谐高速数据采集和处理使得负载特性得以实时计算，实时采样数据包括线圈电压等关键电压数据和电流。这些数据可用于实时计算负载的 Q 值，并向用户提供所需谐振电源的配置建议。辅助调谐如图 6-61 所示。

高级编程功能这种新一代现代数字控制提供了简单的用户可以加载和运行的特定零件的程序。通过直观的用户界面，编程得以简化，该界面为每一步操作添加了步骤并设置了需求限制。图 6-62 所示为编程流程。

此外，在已知良好工件的运行期间每一步所需的功率可以得以记录，并与实际运行值进行比较，以确定实际工件运行所需功率是否与已知良好工件相符。

这些新的控制措施使得感应电源得以充分利用，并在所有情况下都可以受控，而不像旧式感应电源那样跳闸。现代控制系统还可以提供以太网接入以及通用串行总线（USB）主机和设备模式。

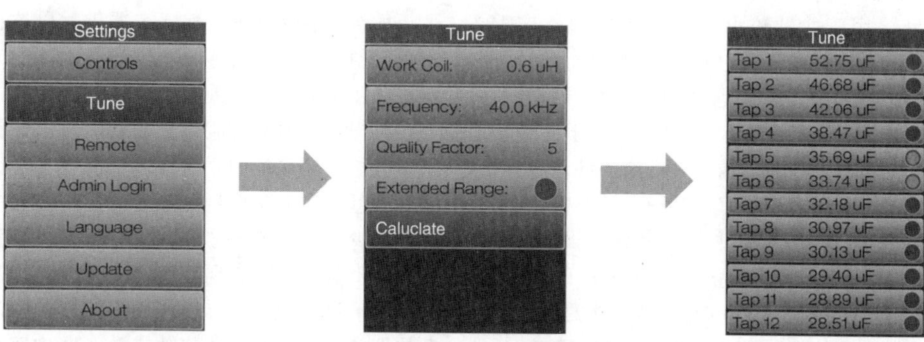

图 6-61　辅助调谐

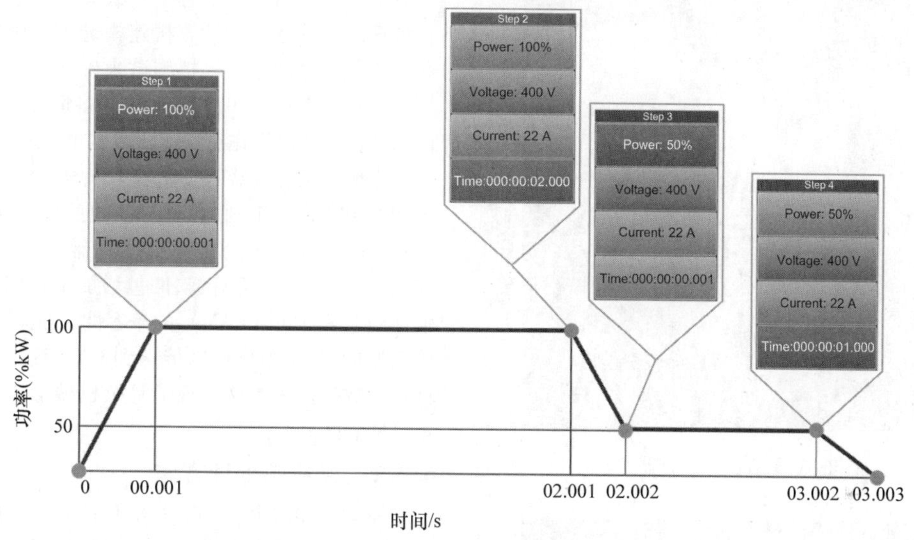

图 6-62　编程流程

向厂家自动化工程师提供的标准软件接口可以实现高级软件接入。active - x 控件便是此类软件接口之一。基于此控件，程序员可以轻松编写出系统的操控和监视代码，且该控件支持 HTML、JAVA、C#、Visual Basic 等多种语言。以太网可以通过连接到局域网（LAN）实现对工厂环境中的众多电源实现监视和控制。热处理每小时、每班次、每周的跟踪数据都会在报告中体现。当设备空闲时间超过规定的时间时，所设置的报警信号就会通知管理人员。系统可以自动收集和记录废品率，并监控该过程中的总能耗。所有这些都可以连接和传输到智能手机上并可进行远程监控。

基于所有这些数据，可以采用高级分析来预测何时进行系统维护。使用这些技术使得在实际中消除非计划的系统维护成为可能。有了这些数据，一切皆有可能。

6.2.13　未来的感应加热电源

随着电子产品处理能力的不断提高和成本的不断下降，未来对感应加热电源的控制将越来越多。这些控制包括各种非破坏性测试算法，提前预测、分析和提供维护通知及其他诊断。未来将出现可以判断插入夹具的材料是否正确的智能系统。

在电源前端，随着功率半导体器件的电压增加，输入电压将持续上升。此外，这些器件中的大电流将驱动功率密度的增加，从而减小感应加热系统的尺寸。随着电力电子设备价格的下滑，有源整流器将出现在感应加热电源前端。随着器件开关速度的增加，感应电源的工作频率也将增加。

6.3　感应热处理感应器的设计和制造

Rob Goldstein，Fluxtrol
William Stuehr，Induction Tooling
Micah Black，Tucker Induction Systems

对于感应熔炼和坯料加热，早期的感应器是由铜管围绕一个中心轴旋绕成多圈结构。到 20 世纪 30

年代，开发了用于曲轴淬火的感应热处理感应器（见图6-63和图6-64）。与感应熔炼和坯料加热感应器不同，曲轴热处理感应器是通过机械加工制作的。这些感应器由两个部件组成，其中一个位于曲轴轴颈一侧，其通过铰链和曲轴轴径另一侧的部件相连，通过铰链实现开关闭合。感应器内壁上钻有喷水孔，可在加热后把淬火液喷到淬火部位完成淬火。这种开拓性的进步是一个大团队多年辛勤工作的成果，并清楚地展现了感应熔炼和坯料加热之外的新的感

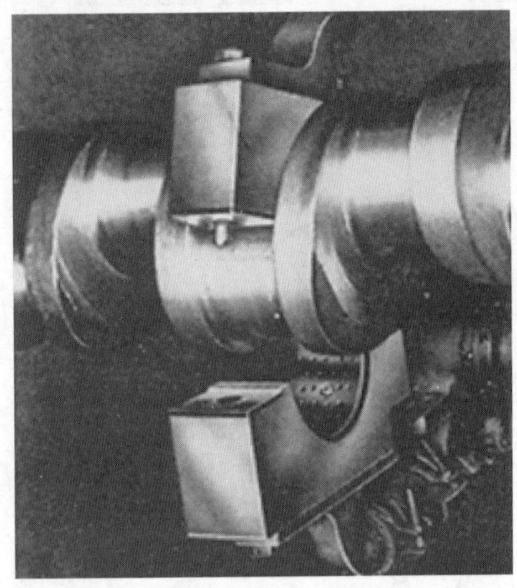

图6-63　Tocco感应器

图6-64　Vologdin感应器

应热处理领域。在感应热处理感应器的发展初期，感应器的设计和具体参数的确定主要依靠分析、经验和试验。感应器的概念由物理学家创建，通过人工计算来确定感应器的参数。感应器设计首先要进行草图绘制，大多数感应器是由工匠将铜管、手工加工的部件和铜板以铜钎焊的方式组合在一起制成的。因为测试和修改花费的时间比计算少得多，所以是通过试错法获得的试验结果来进行感应器的优化。

虽然许多感应热处理感应器仍然以这种方式进行设计制造，但复杂感应器设计和制造的工具这些年来已经有了长足发展。在多年的经验数据的基础上，对于许多类型的应用方面，应该优选什么类型的感应器都是清楚的。在很多情况下，对比原有的结果就可以确定获得良好热形的感应器尺寸，这样大大减少了试验测试时间并缩短了开发周期。

对于新的应用或现有应用的优化，计算机模拟正被用于感应器的设计过程中。计算机中运行的复杂软件能够在数秒、数分钟或数小时内完成，这在以前需花费数天、数周或数月的手动计算量。在大多数情况下，感应器没有分析公式，在测试之前进行计算的唯一方式是计算机建模分析。感应器设计和工艺参数通过虚拟模拟测试来确定将会产生的热形。在目前为止（2013年）的许多情况下，虚拟测试和评估比实际操作更快速，成本也更低。

机械加工感应器的设计多年来也已有较大发展。最初的图样是手工画的，现在可使用计算机辅助设计（CAD）软件来绘制并对感应器进行详细描述。在过去的几年中，CAD软件包增加了它们与计算机辅助制造软件包（CAM）的兼容性。在许多情况下，感应器的CAD图形可以传送到CAM程序再传送到计算机数控机床，这实现了复杂机械加工感应器的重复性制造。

6.3.1　感应热处理方法

如今（2014年），有很多不同类型的感应热处理感应器。感应器的类型取决于感应热处理工艺。所有的感应热处理工艺可以分为两类：一次加热法和扫描加热法，分类的依据是加热过程中感应器相对于工件是否移动（不包括旋转）。

图6-65所示为一次加热法感应热处理应用，感应器的位置相对于工件的加热长度方向不发生移动。在许多一次加热法的应用中，加热和淬火的同时，工件一直旋转以保证热形的均匀性。在一次加热法热处理的应用中，根据淬火工艺动作的不同，有多种感应器的结构形式。

机械加工组合感应器（MIQ）的淬火冷却装置可以集成到感应器本身。最常见的方法是通过感应器本体进行喷液淬火。这些感应器通常具有相互独立的冷却水和淬火液通道。在某些情况下淬火液还可以经导磁体喷出。

轴淬火应用的原位淬火感应器如图6-66所示。原位淬火与MIQ类似，因为喷水器是感应器部件的一部分。与MIQ装置不同的是，原位喷水淬火感应器的喷水部件不是感应器电路设计的部件。

分离式淬火喷水器如图6-67所示。在这种装置

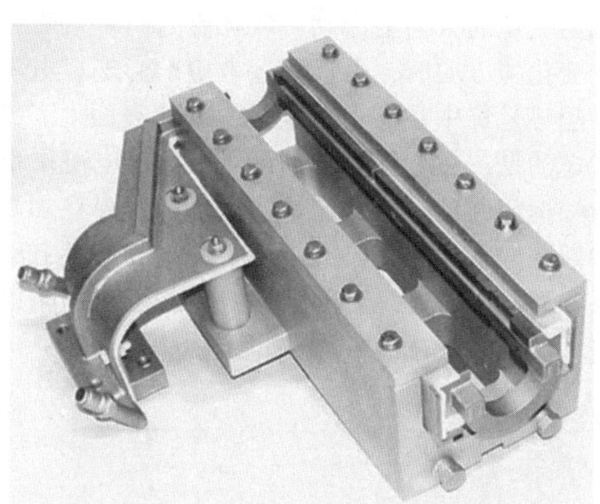

图 6-65　一次加热法感应热处理应用

图 6-66　轴淬火应用的原位淬火感应器

中，淬火喷水器设计不是感应器组件的一部分。在分离式淬火的设备中，淬火喷水器通常设置在机器的不同工位。这些系统常用于加热和淬火之间需要有一定间隙时间的情况。

图 6-67　分离式淬火喷水器

带导磁体的扫描加热淬火感应器如图 6-68 所示。在扫描淬火过程中，感应器相对于工件进行移动。类似于一次加热法，感应器可以是自喷水或原位冷却淬火感应器，它们也可以是分离式喷水感应器，但这不常见。

图 6-68　带导磁体的扫描加热淬火感应器

6.3.2　感应器设计的注意事项

感应热处理感应器的形状和尺寸较多，并且必须在特定的感应热处理工艺中完成工作。根据应用条件，感应器设计要求包括：以期望的生产率安排生产并满足热处理技术要求；足够坚固以适应不同的生产条件；能够与感应加热机床匹配；具有与感应电源匹配的电气参数；可进行淬火冷却；使用寿命长；效率高；可重现性强。

在开发新的感应热处理感应器和工艺过程中，第一个要考虑的问题是该部件是否能在现有设备上生产还是必须制造新设备。在许多情况下，零件制造商的愿望是利用现有机器的功能来开发新的感应器。这就降低了感应器设计的自由度并且使感应器设计过程更复杂，因为依据现有设备设计的感应器，其工作频率或感应器样式可能并不理想。

为了确定使用现有设备的可行性，有必要对要热处理的工件进行分析。其中工件材料、预先处理工艺、几何形状、生产节拍和热处理技术条件都很重要。工件材料和预先处理决定了最低热处理温度、冷却时间。工件的几何形状和热处理技术条件决定能量需求、优选频率范围及什么类型的感应加热方法（即一次加热或扫描加热）最适合于本次应用。最后，生产节拍决定了需要多少台感应电源和需要多少台设备或工位。

6.3.3　工件中的电流

在大多数感应热处理应用中，涡流是功率消耗的主要来源。正如所有其他电流一样，涡流必须形成闭合回路。在大多数情况下，由于邻近效应，工件中的电流流动遵循感应器的形状。工件给定截面中的功率密度取决于电流密度，电流密度受电磁效应（端部效应、边缘效应等）、是否有导磁体、铜管的宽度、工件的几何形状、感应器和工件之间的距离（耦合间隙）的影响。

感应器设计过程中的第二步是确定电流在工件中将如何流动，这是至关重要的，特别是在工件几何形状发生变化的情况下。在感应热处理中一些常见几何形状变化有圆角、凹槽、边角、肩部、倒角、花键、键槽和油孔。这些临界区域的加热强度取决于感应器类型和加热频率。

关于电流流动的首要选择，是在平行还是垂直于几何变化的方向上流动。当电流方向垂直于几何形状变化的方向时，由于邻近效应的影响，电流的自然趋势是集中在靠近感应器的工件表面上。另外要考虑的是，在工件的端部区域，由于电磁端部效应，根据部件是磁性的还是非磁性的，存在加热加强和减弱的现象。在淬火应用中，端部热量有一些加强，而对于回火，热量则有减少。变化的幅度取决于频率的高低，端部效应如图6-69所示。

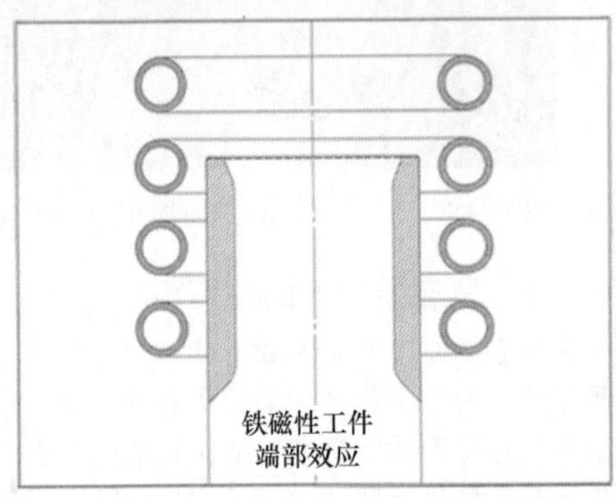

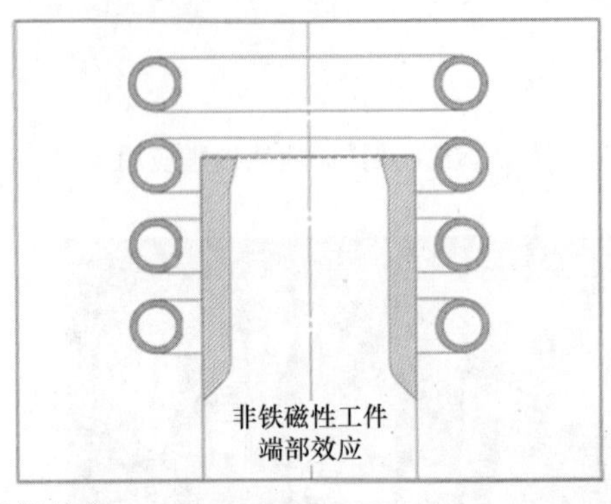

图6-69 端部效应

当电流在几何形状改变的方向上流动时，电流在感应器下方接近感应器宽度的区域范围内流动。当感应器尺寸变化时，沿着工件轮廓流动的电流随着尺寸的变化而变化。在尺寸变化的位置，加热的变化受电磁边缘效应影响。边缘效应小于端效应，意味着在该区域中的温度差更小。随着感应器和工件之间距离的增加，电流大小几乎保持不变，但是电流开始在较宽的区域内流动。加热分散导致功率密度降低。不过该情况下功率密度之间的差异小于当电流在几何形状改变的方向上流动时与电流垂直于几何形状改变方向流动时的差异。边缘效应如图6-70所示。

为了说明这个概念，以图6-71所示的一个简单主轴作简要讨论，图中浅灰色区域为热形形貌。这部

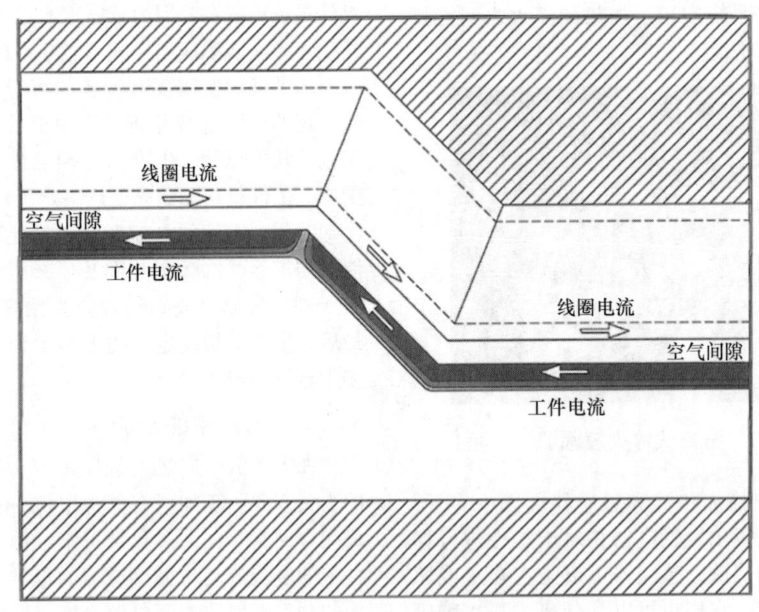

图6-70 边缘效应

分可以通过扫描加热法或一次加热法进行加热。扫描感应器通常会是一个环形感应器，其长度小于热形长度。在一次加热法中，该主轴也可以由机加工的环形感应器或所谓的环绕/非环绕形感应器加热淬火。

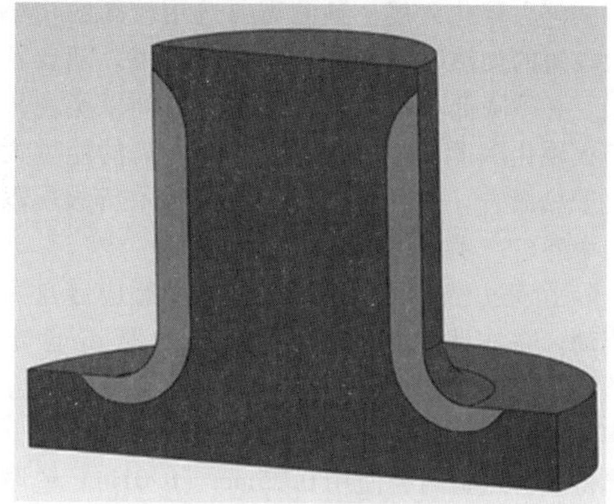

图 6-71　轴的热形

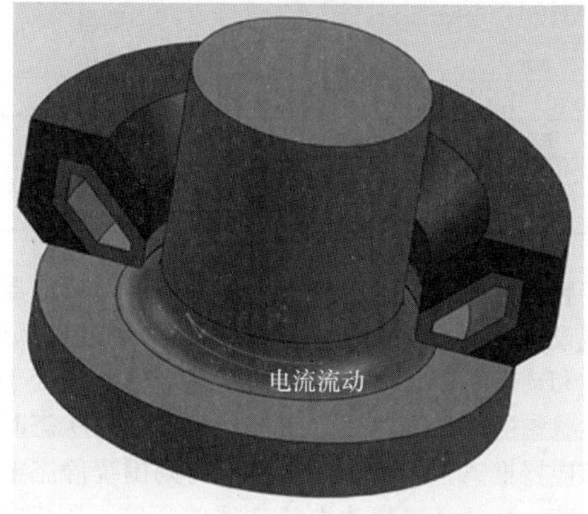

图 6-72　轴的环形感应器

对于环形感应器（扫描加热法或一次加热法），感应器和工件中的电流沿着最短的路径流动，分别沿着感应器的内径和圆柱外圆表面直径流动。为了改变这种趋势，可以改变感应器和工件之间的间隙以通过邻近效应来补偿电流流动的较短路径。在圆角区域，存在从头盖上的较小间隙到直径上较大间隙的过渡。对于单匝机械加工感应器，该区域的感应器设计涉及微妙的平衡，其必须在圆角上实现足够的淬火硬化深度，而又不会在紧邻圆角上方的外圆区域中加热太深。对于圆柱区域淬火硬化深度相对于横截面较大的情况，上述平衡变得更加困难，因为心部温度升高，导致热的传导散热较少。对于较短的扫描感应器，导磁体的使用可以很容易地完成上述热分布的平衡，导磁体驱动电流从圆柱表面向下流动并进入工件的圆角区域。轴的环形感应器如图 6-72 所示。

环形/非环形感应器（即矩形感应器）是由竖档铜管连接的多个部分回路构成，沿轴向的竖档铜管轮廓与工件的外部轮廓相同。图 6-73 所示为轴的环形/非环形感应器简图。对于这种感应器，工件必须旋转以确保均匀加热。对于一个类似于图 6-73 所示那样的简单工件，可能只需要有一个顶部和一个底部回路。在这种情况下，电流在感应器下流动并且沿着工件上感应器的轮廓流动。这样，顶部和底部的热形由端部回路控制，竖档部分决定中间区域的热形。沿着工件表面的路径，电流流过工件的圆角区域。图 6-74 所示为轴的一次加热式感应器简图。这使得线形感应器在处理图 6-74 所示的类型工件时，所获得的热形轮廓比环形或非环形感应器获得的热形更均匀。

图 6-73　轴的环形/非环形感应器简图

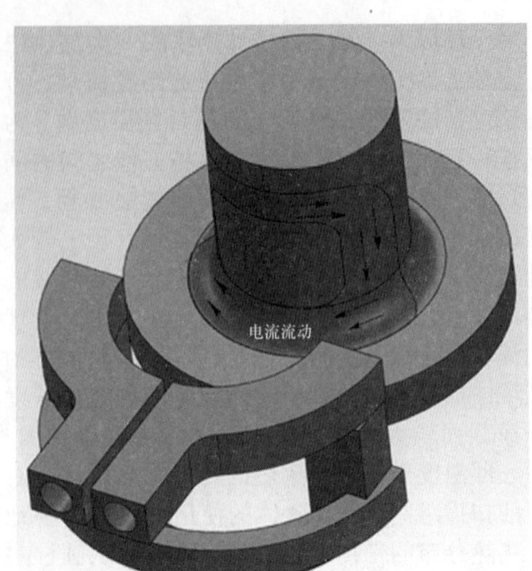

图 6-74 轴的一次加热式感应器简图

6.3.4 频率的影响

感应加热电流的频率对感应器和工艺设计有很大的影响。它将影响所需的功率、加热时间、感应器损耗、工件上的功率分布及所需的结构支撑。

通常可以在比较宽的频率范围内实现相同的淬火硬化深度。对于较大的工件，其处于铁磁性（冷态）或非磁性（热态）状态时，电流密度在表面最高并且沿着深度方向由表及里呈指数衰减。这一现象，被称为电流的趋肤效应。其参考电流透入深度的计算公式为

$$\delta = k\sqrt{\frac{\rho}{\mu f}} \tag{6-10}$$

式中，δ 是参考电流透入深度；k 是取决于材料的常数；ρ 是材料的电阻；μ 是材料的磁导率；f 是电流频率。

对于大型块体，63%的电流和86%的功率都集中在参考电流透入深度内，因此在参数估算中通常会设想所有的功率都集中在 δ 层。图 6-75 所示为大工件深度方向上的电流 S 及功率密度 P_V 分布。

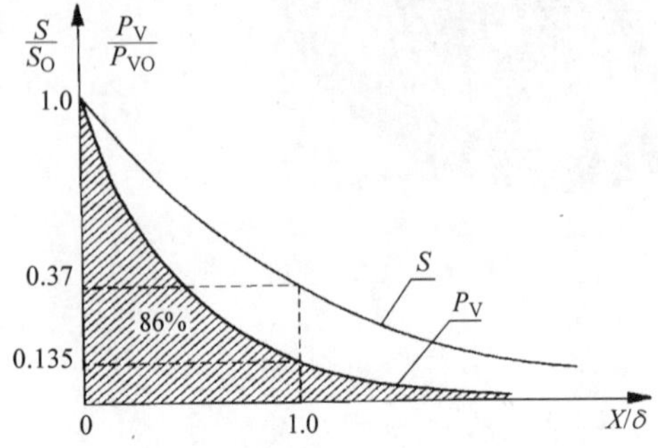

图 6-75 大工件深度方向上的电流 S 及功率密度 P_V 分布

在感应淬火应用中，电流和功率密度的分布与参考电流透入深度的预测结果不同，因为居里温度以下的铁磁性钢仍然与非磁性热表层以外的磁场相互作用。为了在频率较低的情况下，在工件上实现相同的淬火硬化深度，预测需要选用较高的功率等级、较短的加热时间和较低的表面温度。随着频率增加，必须降低功率并且增加加热时间以实现相同的淬火硬化深度而不使表面过热。所需的能量大小取决于热损失（热浸）、感应器效率和在淬火层以下材料中感应产生的功率之间的平衡。

除了该过程，频率还影响电流在感应器自身中的流动。在实践中，最有效的导电壁厚 d_1 假定为 $d_1 \approx 1.6\delta_1$。感应器管壁小于 $1.6\delta_1$ 时会导致感应器效率降低；此外，在一些情况下，管壁可以比上述值厚得多。这是因为使用 0.25mm（0.01in）壁厚的管在机械上不可行。铜管的标准壁厚见表 6-4。

表 6-4 铜管的标准壁厚

铜管壁厚		频率/kHz
mm	in	
0.75～1	0.032～0.048	50～450
1～2	0.048～0.090	8.3～25
1.5～4	0.062～0.156	3～10
4～6.5	0.156～0.250	1～3

频率也会影响到电磁力，这将影响到感应器的机械设计。感应加热中的电磁力有两个组成部分：静态和动态。静态电磁力起初将感应器拉向处于铁磁性状态的工件，然后当工件处于非磁性状态时又将感应器推离该工件。动态电磁力则围绕静态电磁力振荡，其振荡频率为电流频率的 2 倍。系统中电磁力大小与感应器中电流的平方成正比；也就是说，电磁力大小与功率成正比。图 6-76 所示为电流 i 与动态电磁力 F 及静态电磁力 F_c 之间的关系图。

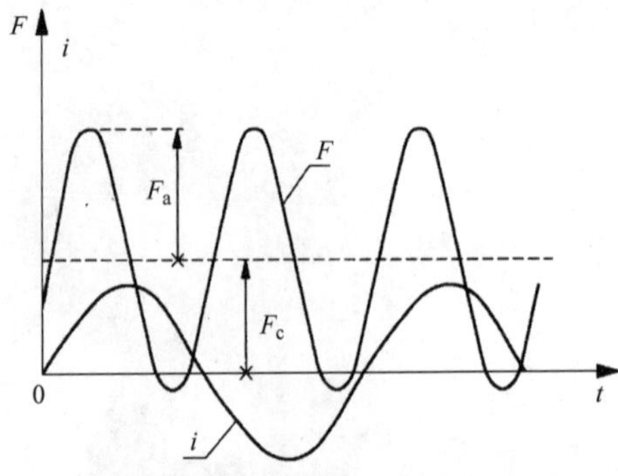

图 6-76 电流 i 与动态电磁力 F 及静态电磁力 F_c 之间的关系图

当工件直径或厚度远大于参考电流透入深度时，获得相同功率所需的电流与频率比的 4 次方根成正

比，见式（6-11）。可以看出，相同功率所需的电流随着频率的增加而减小：

$$I_2 = I_1 \sqrt[4]{\frac{f_1}{f_2}} \tag{6-11}$$

由此，频率较低时，电磁力较高。此外，频率较低时，功率等级通常倾向于更高，电磁力也更高。因此，频率越低，感应器的机械强度设计应更稳固。除了较大的铜板厚度之外，感应器支撑结构也必须更坚固以承受感应器的机械负载。在一次加热式感应器设计时更应如此。

6.3.5　工件不同位置的加热控制

在许多感应热处理应用中，需要选择性地对工件的一些区域淬火而其他区域不淬火。在某些情况下，在工件的不同区域中需要获得不同的淬火硬化深度。通常，需要在相同的感应热处理操作中实现以上各种目标。对于扫描加热淬火，这些差异通常通过在工件穿过感应器时调整功率和扫描速度来实现。对于一次加热式感应器，必须在感应器设计时就可以实现以上目的。以下三个主要因素用于调整感应器设计：耦合间隙、铜感应器轮廓和导磁体。

耦合间隙是控制热形最直接的因素。感应器越靠近工件，该区域相对于其他区域的加热强度就越大。这是因为工件中的电流在更接近感应器的狭小的区域流动。随着耦合间隙的增加，电流在较宽的区域上扩展，导致较低的电流密度和功率密度。

控制热形的另一种方法是改变感应器有效圈截面的轮廓。面对工件的感应器有效圈为感应器的加热面，其承载了大部分的电流。对于加热面简单的感应器，通过改变加热面的几何形状来实现功率分布调整。例如，为缩短感应淬火工件端部的过渡区，通常在感应器中间的间隙设计的比端部大。这种方法通常用于控制热形的端部位于退刀槽或长环槽之外。这有助于补偿磁通量的分散和感应器端部附近额外的热损失。图 6-77 所示为感应器加热面示意图。

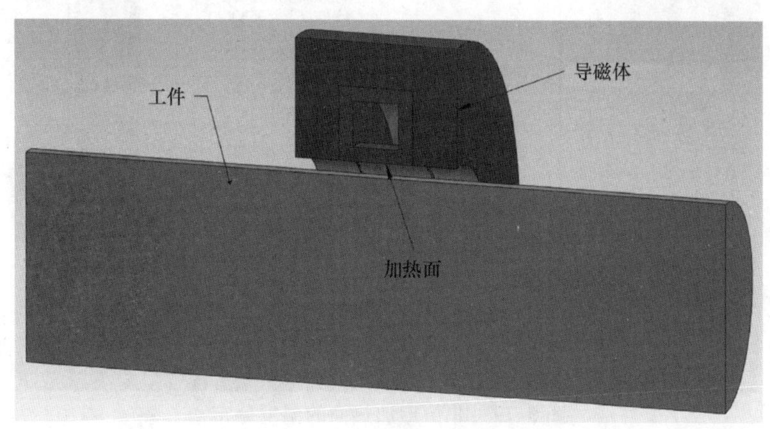

图 6-77　感应器加热面示意图

使用环形感应器（开合式或 sharp－C 技术）对曲轴轴径淬火便是这方面的例子。使用 Flux 2D 计算机模拟程序，可以对比查看感应器轮廓对温度分布的影响。图 6-78 所示为用于模拟的非旋转感应器截面。工件上的线代表最小和最大硬化深度。这次对比使用的频率为 50kHz，耦合间隙为 2mm（0.08in），感应器两侧有 Fluxtrol 50 导磁体薄板作为磁场屏蔽层，以防止与侧壁耦合。在距离感应器的每个端部 2.5mm（0.10in）处，铜凹进 1mm（0.04in）。该感应器与几何形状完全相同但中心不凹陷的感应器作对比，两种情况下的加热时间均为 4s。

图 6-79 所示为非仿形加热面的温度分布，是中间不凹陷的非仿形感应器中的温度分布。在接近加热面边缘即将获得所要求的最短热形之前，高温区域逐渐减弱。此时表面温度已经很高了，因此不可能通过增加加热时间以延长热形。

图 6-80 所示为仿形加热面的温度分布，表示出了仿形感应器的温度分布。可以清楚地看出，高温区域比非仿形感应器的高温区域长。其较长的热形对应较低的最高表面温度。为了更好地比较这两种情况，可参考图 6-81，图 6-81 所示为仿形和非仿形感应器加热非旋转曲轴温度分布对比，对比了长度方向上的表面温度分布。

对于具有多个加热面或截面的感应器，除了耦合间隙之外，也可以通过改变不同加热区域的加热面截面宽度来控制热形。工件中的功率密度与电流密度的平方成正比，假设感应器中的所有电流都被转移到工件上并且正好在感应器的加热面下流动，则电流密度将与加热面的宽度成反比。这意味着功率密度将与加热面的宽度的平方成反比。而实际上，功率密度并没有那么大，因为不是所有的电流都集中在加热面上， 并且感应器外部的一些磁通会与工件耦合。

图 6-78 用于模拟的非旋转感应器截面

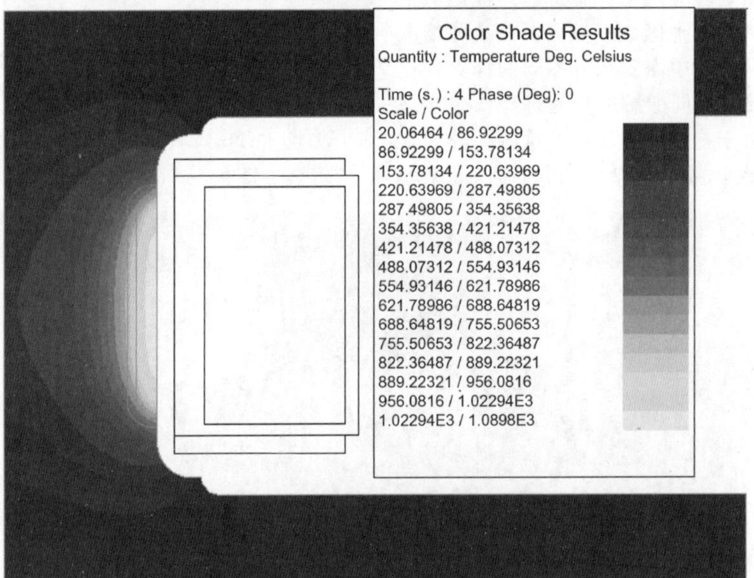

图 6-79 非仿形加热面的温度分布

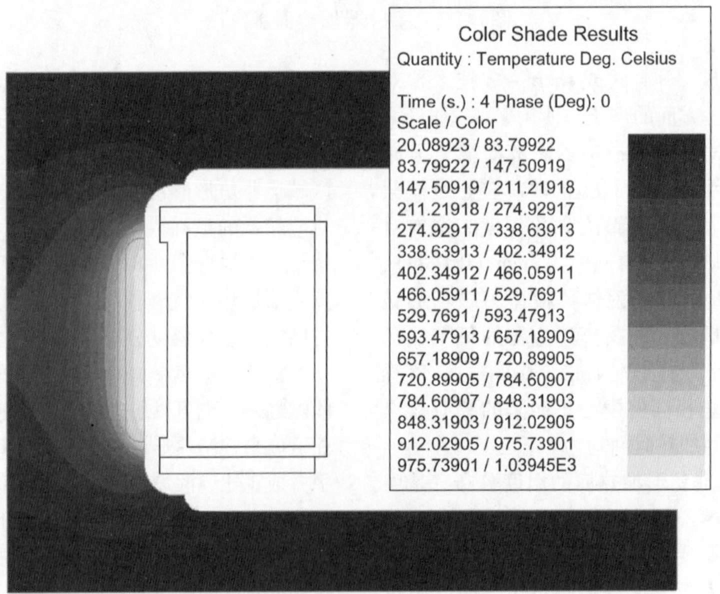

图 6-80 仿形加热面的温度分布

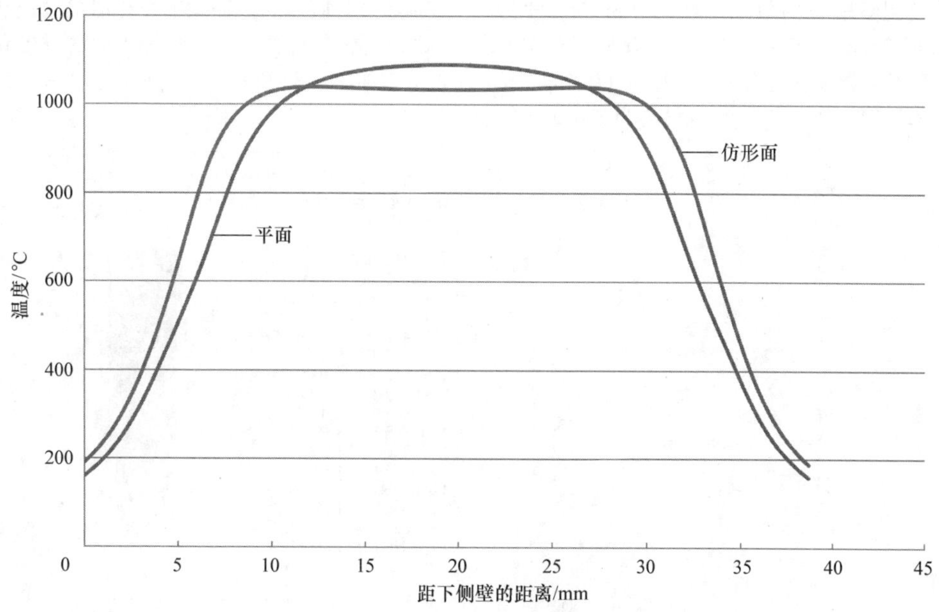

图 6-81　仿形和非仿形感应器加热非旋转曲轴温度分布对比

对于采用矩形感应器加热圆形工件的情况，由于矩形感应器和圆形工件之间间隙的不均匀，上述影响并不强。

为了证明加热面宽度的影响，对比分析了分别采用尺寸为 9.5mm×12.7mm（3/8in×0.5in）铜管以及 12.7mm×12.7mm（0.5in×0.5in）铜管加热厚度为 12.7mm（0.5in）薄板的情况。计算机仿真程序 Flux 2D 用于计算电磁问题。板的上半部分具有温度位于居里温度以上的钢的性质，而下半部分具有冷态钢的性质。频率为 10kHz，耦合间隙设置为 3.2mm（1/8in）。两个感应器中的电流相同，为 3000A。这两种情况下的磁场和功率密度分布见图 6-82，图 6-82 所示为不同加热面宽度下的温度分布。理想情况下，与 12.7mm（0.5in）加热面相比，9.5mm（3/8in）加热面的功率密度将高 78%。实际上，最大功率密度的差异仅为 17%。这是由于感应器加热面以外的部分中也存在大量电流。

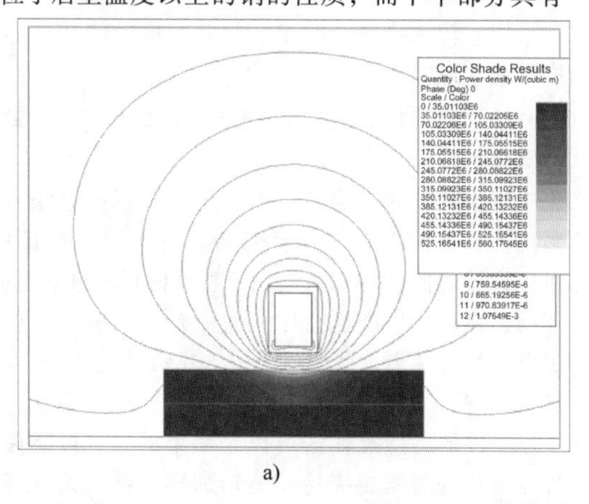

a)

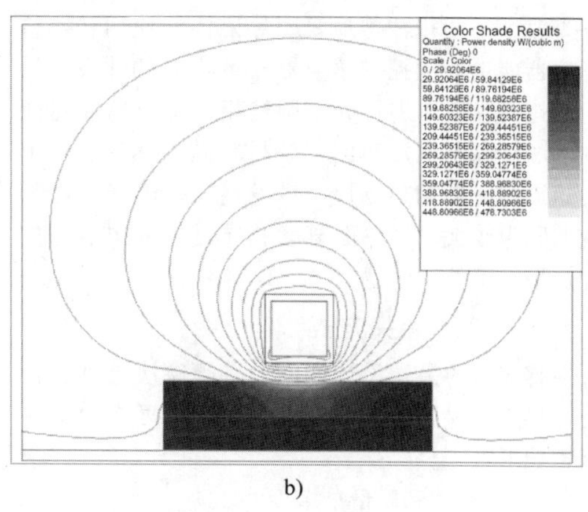

b)

图 6-82　不同加热面宽度下的温度分布

a）9.5mm（3/8in）　b）12.7mm（0.5in）

控制感应器长度方向上热形分布更有效的方法是使用导磁体。感应热处理应用中，导磁体的最常见材料是硅钢片和软磁性复合材料。导磁体提供磁场流动的低磁阻路径，磁场集中存在于感应器周围，在感应器中的电流几乎都集中在加热面上，感应器加热面下方工件中的电流更为集中。

为了说明导磁体的效果，对比分析了尺寸为12.7mm×12.7mm（0.5in×0.5in）铜管带有C型形状导磁体和不带导磁体时加热12.7mm（0.5in）厚的板件时的情况。使用的导磁体材料为Fluxtrol A，其他条件与研究加热面宽度变化时的情况相同。带有导磁体的感应器加热平板样件时的磁场和功率密度分布如图6-83所示。

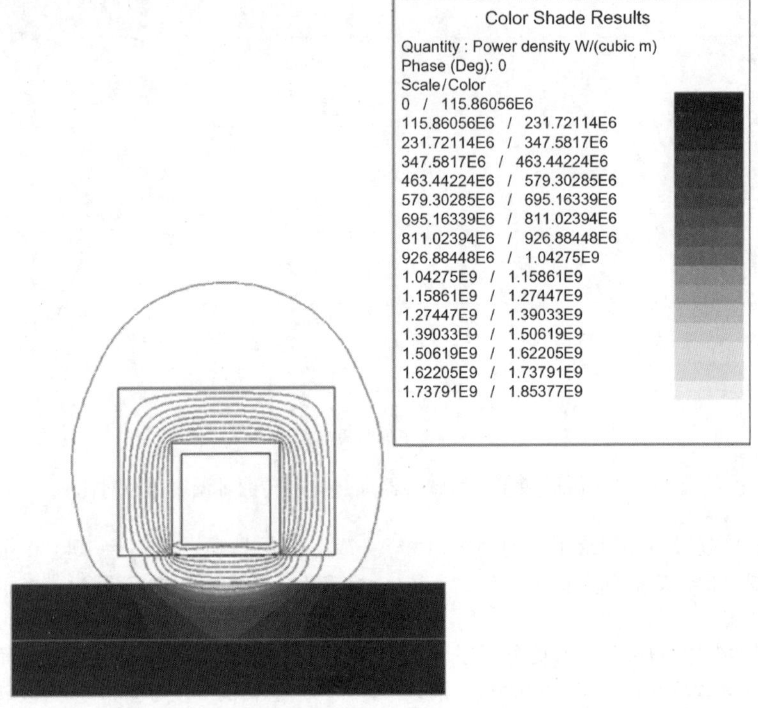

图6-83 带有导磁体的感应器加热平板样件时的磁场和功率密度分布

当加装了导磁体时，磁场和功率密度更加集中。三种不同平板加热情况下的表面功率密度曲线如图6-84所示，可以清楚地表明导磁体的使用相比仿形感应器能更好地控制感应器长度方向的热形。另外，通过对导磁体进行分布调整相比仿形感应器能更加平顺地在不同加热区域获得不同的热形。对于采用矩形感应器加热圆形工件的情况，由于工件与感应器间隙较大，加热面宽度和导磁体的影响不如在加热平板工件时显著。

6.3.6 工件的装夹方式

在感应器的最初设计期间，必须解决工件夹持方法和将工件输送至感应器的方法。需要考虑的一些因素如下：

1）工件尺寸和质量是多少？

2）淬火或回火采用什么工艺？

3）是扫描加热还是一次加热？

4）加工过程中工件是否旋转？

5）生产节拍是多少？

6）需要什么类型的物料搬运设备？

7）如何夹持工件，夹持什么部位？

8）需要多大的功率和多高的电源频率？

9）如何将工件装入感应器：手动还是机械？

10）淬火方法：喷液、浸淬、搅拌浸淬、静止空气或吹风？

11）使用什么类型的夹具：中心顶尖、卡盘或特殊夹具？

根据工艺的不同，可以采用多种机械方法来夹紧工件并且将其输送给感应器。在大批量生产中，可以设计和制造专用机器用于特殊的材料输送过程。然而，在简单生产运行中，只需要淬火槽内简单的提升和旋转装置。无论哪种方式，必须解决工件的夹持问题。

工件的夹持及输送可以是简单的，也可能像工件完全热透时需要夹持和旋转那样复杂。无论哪种情况，在设计夹持装置应该考虑来自感应器的电磁场及其对工件的影响。临近感应器的铁磁性钢会发热，因此应该慎重考虑感应器周围的空间。常采用的非磁性材料制备夹持工具，如300系列不锈钢、铝和黄铜，其靠近感应器的地方也会发热，但发热不严重。当针对特殊应用而设计夹具时，可以选用

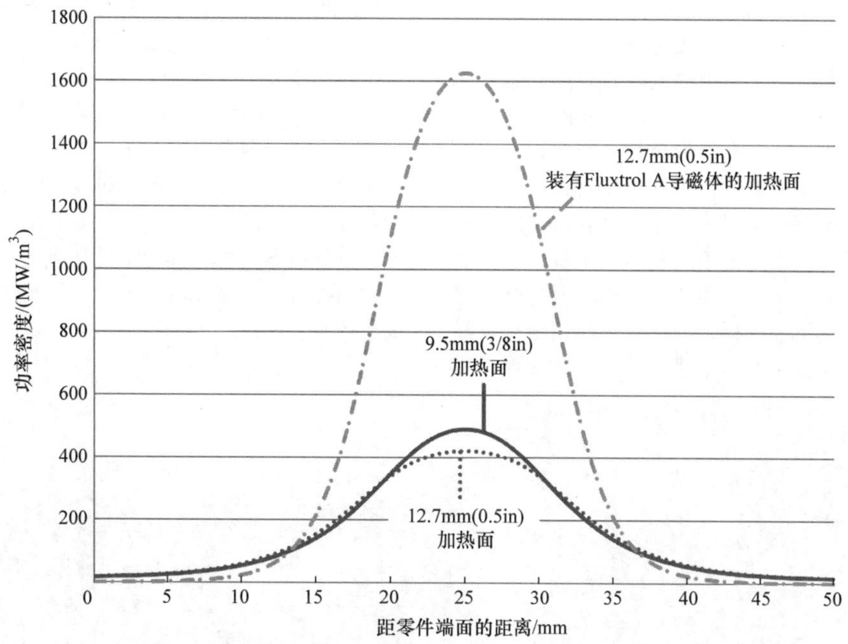

图 6-84　三种不同平板加热情况下的表面功率密度曲线

一些陶瓷材料制造出优异的工件夹持工具。

比较典型的例子是感应加热淬火应用中淬火槽内的提升旋转装置。尺寸和形状合理的工件，如汽车车轮主轴，采用非磁性不锈钢制成的夹持器进行夹持，并使用相同材料制造上顶尖保证轴旋转过程工件稳定。用于车轮主轴热处理的感应器安装在淬火槽内的电源安装板上，喷液淬火装置也集成到感应器中。轮轴装载在夹持器中举升至感应器，轮轴开始旋转，接着施加感应功率车轮主轴被加热，然后立即喷液淬火，最后轮轴下降并卸载。整个工艺过程用时不到30s。在高产能的生产应用中，通过使用专用材质制成的输送系统的热处理机床来增加产能。

虽然热处理的许多工艺都是比较常规的，但当工件很大或几何形状比较复杂时，把工件移动到感应器时可能需要用到工程设备。对于许多感应淬火工件，加热过程的旋转可使热形均匀。有些工件，如货车转向臂，其形状为J形，由于J钩与感应器干涉而不能360°旋转；但是，为了均衡淬火热形，需要某种形式的旋转来均衡加热J钩端部的支承轴颈部分。为了实现这一点，工件夹持装置与曲柄连接并可在淬火循环过程中摆动210°，近似于完全旋转。

应用于特殊应用的大型工件需要特定的设备工装以把工件移动至感应器中，这些工装需要周到的设计、选材和测试以保证加热效果。在某些装置中，有时则将感应器移动至工件上。更加复杂的情况下有时还需要通过机器人沿着待淬冷的路径移动感应器。感应器和变压器有时被机器人一起移动，而其他时候，根据功率和频率的情况，变压器与感应器之间可以采用柔性电缆，这样移动感应器时，变压器便可以保持不动。其他加热应用可能会使用手持式感应加热设备。所有应用都取决于所需的功率、部件的尺寸和待加热的区域。

6.3.7　感应器的结构

1）对于低频、大功率的感应热处理应用，电磁力较强，感应器需要额外的机械支撑结构。当感应器很重或由薄壁铜管制造时，也同样需要一个机械支撑结构。使用机械支撑的一些常见类型的感应器包括用于加热轴或杆的一次加热型感应器、多匝感应器、非圆周对称感应器及加热面垂直于总线安装板的感应器。

2）对于感应热处理感应器，机械支撑部件包括螺栓板、固定圈、安装板和感应器与喷水器连接的部件。在绝大多数情况下，感应器的结构材料多由高温纤维增强的塑料部件制成。在一些极端情况下，如用于车轴淬火的较长的一次加热形感应器，纤维增强的固定板可以另外由铝制壳体或板支撑。在这种情况下，应注意使感应器和螺柱与导电的支撑外壳绝缘。

3）需要强机械支撑系统的且更具挑战性的感应加热应用之一是采用U形感应器对曲轴进行旋转淬火。图6-85所示为U形曲轴淬火感应器组件。从变压器输出端到感应器加热区域的距离必须足够长，以确保曲轴的平衡块不会撞击变压器。这是一个挑战，因为这种类型感应器中的电磁力较高并且在多个方向上起作用。感应器组件在旋转期间会与工件接触，在感应器上还存在机械负载。当曲轴在冷态时，感应器被拉向曲轴的轴颈和曲柄臂，而当工件温度达到居里温度以上时，电磁力则相反，感应器被推离曲柄臂和轴径。由于这些多重挑战，感应器的结构通常由以下几部分组成。在感应器外部，通常有两个黄铜或铝制侧板，所有的部件包括有效圈都固定在侧板上。为了防止感应器与工件接触，将陶瓷或硬质合金定位块安装在有效圈两侧周边的三个位置（恰好位于有效圈的端部和环路之间）。陶瓷定位块通常安装到黄铜或铝侧板上。

4）除了定位块之外，侧板也用于将有效圈的位置固定。感应器通常在以下三个位置需要固定：每个有效圈头部的两边由螺柱和 G－11 环氧树脂绝缘螺母固定，汇流排由 G－11 环氧树脂夹板固定。用于曲轴感应器结构的其他零件还有连接感应器和变压器的连接板、喷水器和用于增加感应器刚度的侧面支撑复合材料。

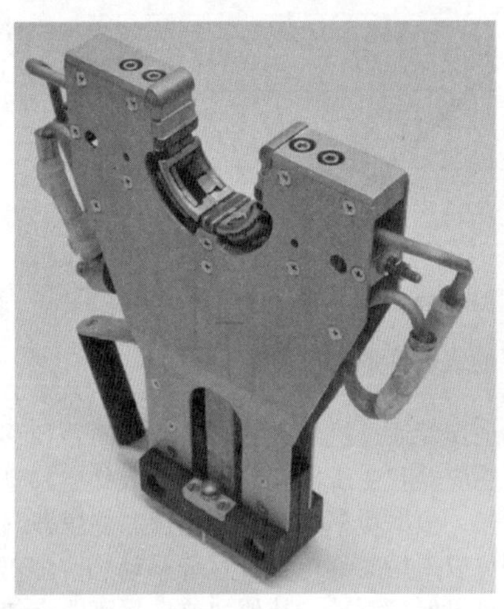

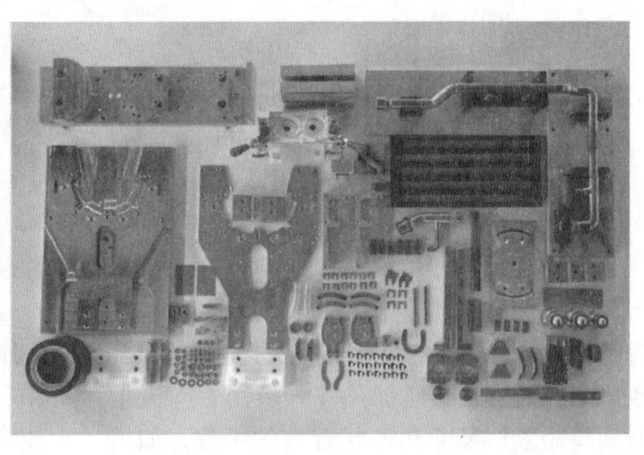

图 6-85　U 形曲轴淬火感应器组件

6.3.8　感应器的汇流排/管和连接板

1）感应器里，在感应器头部实现感应加热能量输出的部分（即有效圈）和变压器、电源或快速更换适配器之间存在中间机构，感应器的这一部分称为感应器汇流排/管，其作用是实现感应器头部和电源之间机械及电气上的连接。通常，感应器头部—有效圈的冷却水也通过感应器汇流管/板供应。

2）汇流排应该靠近在一起，在它们之间有一片聚四氟乙烯板，以将两个级彼此电绝缘。设计中汇流排的高度应明显大于感应器加热面的高度。

3）在大多数情况下，感应器汇流排必须承载与感应器头部相同的电流。因为汇流排承载高频电流，会有涡流发热。由于邻近效应电流被吸引到汇流排的内侧，所以汇流排中的电流密度与其宽度成反比，涡流发热损耗近似与长度的平方成正比。两个汇流排彼此接近会对导线中的压降造成主要影响，汇流排彼此越近，电感越低，因此压降越小。

4）感应器的连接板结构有多种形式，有简单的扩口式或夹紧式接头，也有带定位键的机加工块体或特殊的结构，具体取决于变压器配合面的结构。根据热处理环境的不同，带有定位键的机械加工块状连接板优先用于高功率密度和低中频的工况，夹紧或扩口接头仅用于高频、低功率情况或多匝数和低电流的螺线管感应器。

5）机械加工块体连接板可以分为两类：标准螺栓连接和快速更换适配器连接。对于标准螺栓连接，有两种主要接触类型：鱼尾型（也叫杰克逊型）和平板型。鱼尾型由用于调整垂直高度位置的带槽的铜板组成，背面有一个定位键，该键用于固定水平方向位置（见图 6-86a）。这种类型的连接板在 1～30kHz 频率范围的热处理应用中比较常见，感应器直接安装在变压器上。这种类型连接板的冷却水通常由单独的水管进入感应器，而不是通过连接板上的孔，因为感应器的垂直高度不总是在相同的位置。

6）平板型连接板通常有两个用于螺栓连接的孔，这两个孔之间有冷却水通孔（见图 6-86b）。冷却水孔略微下沉一个台阶用于放置 O 形密封圈。平板连接板通常用于较高频率（50～450kHz）的电源输出。

7）除了螺栓连接，还有几种类型的快速更换适

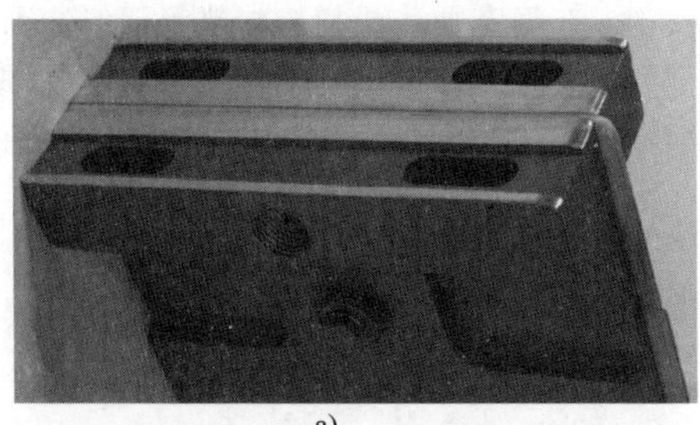

a)

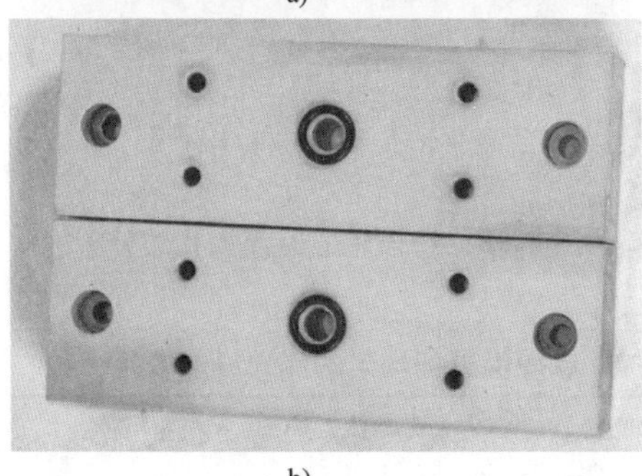

b)

图 6-86　接触类型
a) 鱼尾型　b）平板型

配器（见图 6-87）用于工业应用。所有这些装置都借助机械键和杠杆来按压接触位置，并快速固定感应器位置。感应器冷却水可以集成到快速更换适配器中。在高功率密度或在快速更换适配器垂直位置可变的情况下，通常向感应器提供单独的冷却水。

6.3.9　感应器设计中淬火冷却方面的注意事项

1）一般情况下，加热后的工件需要通过淬火冷却最终完成钢件的淬火硬化工艺，典型的淬火液为具有小百分比的淬火介质水溶液。这就是热处理过程的下半个阶段，这个阶段与加热阶段一样重要。在工件表面温度升高到奥氏体化温度之上后，应该淬火（或快速冷却）。在大多数情况下，应该在达到奥氏体化温度之后立即进行淬火。淬火之前的加热时间可以根据钢的不同成分而不同。淬火设计不仅必须快速冷却而且需要均匀的冷却。不均匀或缓慢淬火的结果是工件上硬度分布不均匀或发生变形。硬度不均匀可导致工件的过早失效或开裂。由于淬火均匀性很重要，所以在淬火过程中圆形或对称的工件都是要旋转的。淬火设计的其他需要重点考虑因素是工件的几何形状和工件如何移动至淬火工位（水平、垂直方向等）。对于一些不规则形状的工件，不能进行旋转，或可通过减慢转速以帮助控制淬火。当工件表面需要较高的淬火硬度时，通常需要剧烈或强烈的淬火冷却。正因为如此，淬火喷水孔通常是由一系列相对较小的孔组成。这些孔通常交错分布。小孔径和交错分布可实现强烈的淬火冷却，有助于避免蒸汽层的产生。如果使用浸没（或浸入式）淬火，则通常在工件表面上形成微细的蒸汽层，这种蒸汽是屏障或隔离体，导致淬火冷却速度降低。根据工件的几何形状和尺寸的不同，淬火孔的直径为 1.5 ~ 5mm（1/16 ~ 3/16in）。通常希望使这些孔尽可能小以保持更高的喷水压力，这有助于减少前述的蒸汽层，也有助于完成完全马氏体转变来实现高硬度。小淬火孔的一个缺点是它们更容易被碎屑或淬火残余物堵塞，由于这个原因，淬火孔直径通常为 2 ~ 3.2mm。

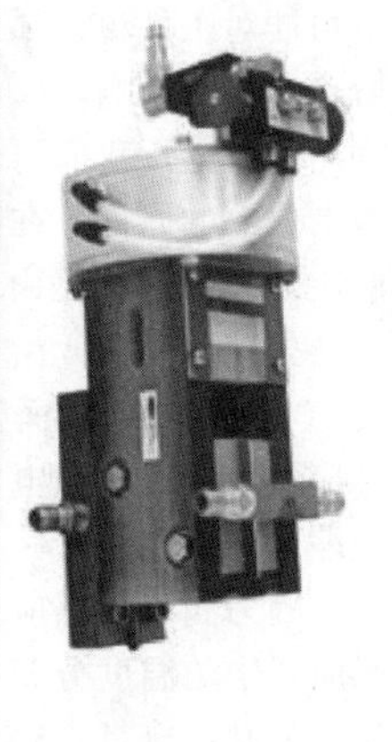

图 6-87　快速更换适配器（图片由 Capital Induction 提供）

2）图 6-88 所示为扫描感应器淬火孔的分布。孔的大小和工件直径有关，也和淬火区域、喷水器与工件表面之间的间隙等相关。表 6-5 为随轴径的增加，喷水孔的大小也要随着增加，以提供更加均匀的淬火冷却效果。喷水器设计和感应器设计一样，应根据工件确定。在某些情况下，喷水器可以设计成与有效圈一体。在大多数情况下，喷水器设计为单独的喷水环或喷水板。淬火冷却的持续时间通常需要比加热时间更长，一个经验法则是淬火时间应为加热时间的 1.5 倍。使用静态加热或一次加热法加热，无论是在加热位置淬火还是移动到淬火工位淬火，淬火时间都可以通过定时器进行控制。为了节省热处理节拍时间，一些设备在加热位置先进行短暂的淬火冷却，随后到另一个位置来完成后续淬火过程。扫描加热淬火时，淬火喷水器设计时应该使淬火水的直接喷射距离至少为感应器加热面长度的 1.5 倍。当扫描时淬火孔的方向与工件行进方向相同并与感应器保持一定的角度。这有助于防止水回流到感应器中，并且可使水尽可能长时间地保留在工件上。在静态加热或扫描加热等任何情况下，淬火冷却过程应在工件表面温度下降至淬火温度以下之后结束，以确保材料完全转变为马氏体。

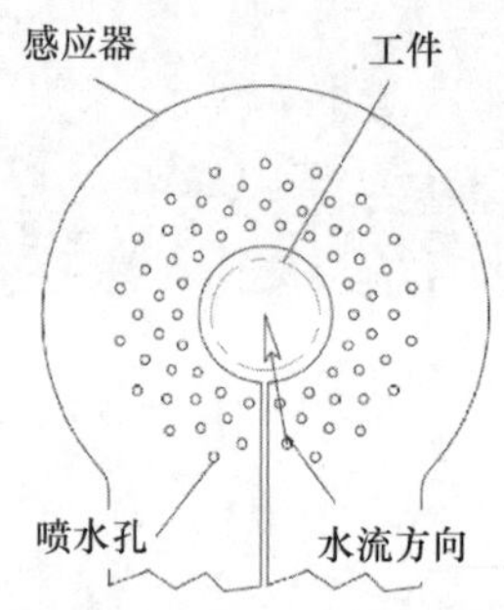

图 6-88　扫描感应器淬火孔的分布

表 6-5　随轴径的增加，喷水孔的大小也要随着增加，以提供更加均匀的淬火冷却效果

轴径		喷水孔大小	
mm	in	mm	in
6.5 ~ 13	0.25 ~ 0.50	1 ~ 1.5	0.046 ~ 0.063
13 ~ 38	0.50 ~ 1.50	1.5 ~ 2.5	0.063 ~ 0.094
>38	>1.50	3.5 ~ 4	0.125 ~ 0.156

6.3.10 感应器的冷却

如前所述，感应加热使用大电流和高功率。因此大多数热处理感应器是用水冷却的。一些感应器由内部可通水的铜管构成，其他类型的感应器由机械加工的铜部件构成，其中集成有冷却通道。无论哪种情况，冷却水通道的设计必须适应预期的功率水平并且必须有最小的水流阻力和最大水流量。

感应器的热失效由感应器头部的局部或总体过热造成，而引起过热的因素有感应器中的涡流损耗、导磁体中的磁损耗及来自工件表面以对流和辐射方式的热传递。过热可导致感应器开裂或变形以及导磁体材料老化。裂纹通常发生在短周期循环热处理感应器中，因为这种感应器中的机械热应力较大，而感应器的逐渐变形在连续工艺中更为常见。过热效应强烈增加电磁力的影响并加速电绝缘老化。

过热是重负荷热处理感应器失效的主要原因，用于连续生产的感应器在处理工件的特定范围时，在感应器对应的位置容易出现裂纹。以下方法可提高感应器寿命：提供更大的冷却能力、降低功率或完全改变感应器设计。

通过增加水的流速、降低水温度、调节水道结构或增加另外的冷却回路可以增加更大的冷却能力。水流速度是第一步，直到增加到水泵的输出极限。感应器制造商通常有自己的关于水道和冷却回路设计的最佳方案指南，这些指南多年来已有较大发展，它们通常是基于频率和功率密度而定的。一旦这些基本措施都采取了还达不到要求，下一步是用较大的泵替换现有的泵或冷却系统中加增压泵。

有时感应器的功率密度非常高，达到了极限，即使有最好的冷却回路设计和非常大的水泵，感应器寿命仍然不能令人满意。此时有必要尝试使感应器的薄弱点处的局部功率密度最小化。这对于复杂的感应器来说通常是具有挑战性的，因为改变该部分可能对工件该区域的热形有一些影响，对其他部分也会有所影响。

通过分析我们可以知道，过高的功率密度是感应器失效的原因。在高功率感应器中可以用水冷却解决的失效模式是由热循环引起的机械疲劳。在每个热处理循环中，由于感应器中有电流，感应器温度随着电源的开启而升高，随着感应器温度的升高，感应器会膨胀。当电源关闭时，感应器迅速冷却和收缩。

因为涡流在感应器截面中不均匀地分布，所以感应器中的温度分布也是不均匀的。感应器中的水通过强制对流带走热量。散热速率与传热系数、感应器和水之间的温度差成正比。传热系数取决于水的流速、水压以及水的温度。

近年来计算机模拟已经成为模拟热处理过程中感应器热循环的有效工具。这些研究综合运用了电磁、热和流体动力学相关数字模型。使用该方法，可以预测导致尺寸变化和应力产生的温度。并对确保感应器良好使用寿命的最大使用温度提供依据。预计今后这些模型可以耦合到结构、应力和失效模拟中。

6.3.11 案例研究：一次加热型感应器的温度

在此我们讨论使用计算机模拟一次加热型感应器中的温度分布。Flux 2D 用于电磁和热仿真、传热系数的分析计算，模拟了冷却水压高低、壁厚（1mm、1.5mm 和 3mm）、感应器中的电流（5000A、7500A 和 10000A）和频率（1kHz、3kHz 和 10kHz）等的影响。与传热系数相关的水冷铜壁界面上的温度约为 250℃（480℉），因为如果不考虑该因素，则感应器中的温度将不太准确。

用于研究的正方形截面铜管的宽度为 19mm（3/4in），并装有 Fluxtrol A 型导磁体，用于加热的轴的直径为 38mm（1.5in）。用于研究的耦合间隙为 3.2mm。为了限制变量的数量，该研究期间不对工件模拟。该工件近似为一个模型，该模型的表面非磁性厚度为 6.3mm（1/4in），心部铁磁性部分直径为 25mm（1in）。

图 6-89 所示为在频率 10kHz、低压力、壁厚为 1mm（0.048in）、电流为 5000A 的情况下加热 10s 后感应器横截面的温度分布。在加热面的边角处位置温度最高，在感应器的中间部位稍低。导磁体温度明显较低，其局部较高温度区域是通过粘接胶到导磁体的热传导形成的，最高温度为 117℃（243℉）。图 6-90 所示为热循环过程中温度的动态图。可以看出，在前 2s 的时间内，铜管的整体温度都在上升。

图 6-91 所示为不同壁厚时感应器中的温度分布，如果冷却水压力加倍，温度分布见图 6-91a。边角处的最大温度降至 99℃（210℉）。铜管边角处的温度和心部之间的差异更大。图 6-91b 显示出了如果壁厚增加到 1.5mm（0.062in）时的温度分布。铜管最高温度略微升高，为 102℃（216℉）。如果壁厚增加到 3mm（0.125in），最高温度增加到大约 111℃（232℉），见图 6-91c。

这些温度被认为是合理的，并且根据温度情况认为感应器的寿命预期较长。如果电流增加到 7500A，计算结果发生明显变化。图 6-92 所示为多种不同情况下感应器中的温度分布。1mm 壁厚（见图 6-92a）的铜管与低压水接触的管壁温度已高于安全值，这意味着存在形成蒸汽层的危险，感应器寿命将会非常短。同样值得注意的是最大温度从边角处转移到管子的中部，这是冷却不充分的迹象，增加水压可显著增加感应器寿命。

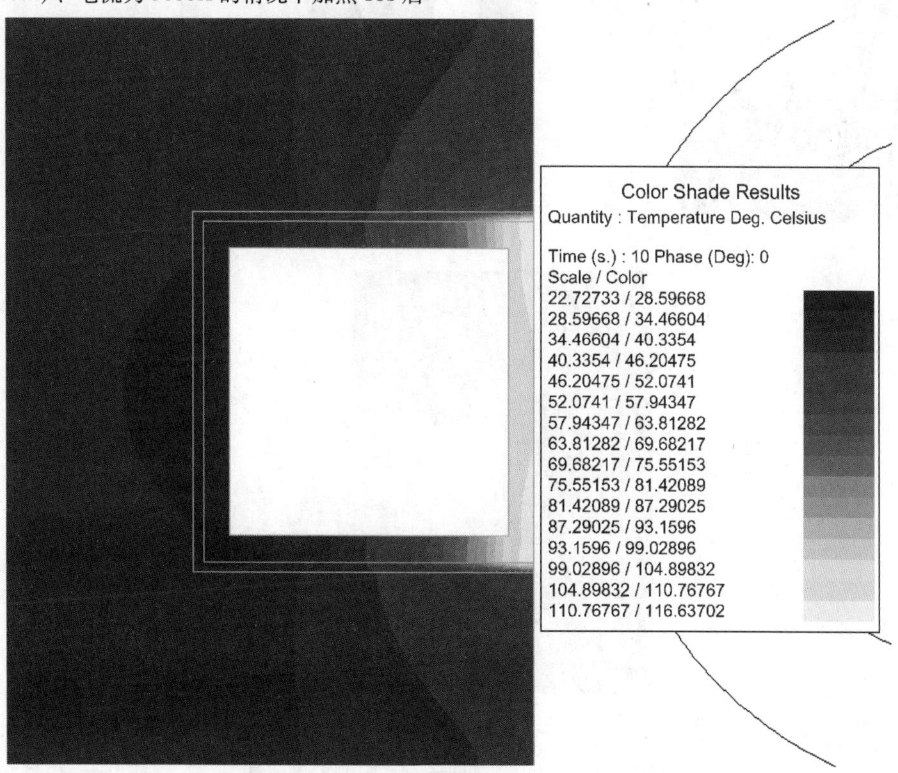

图 6-89 在频率 10kHz、低压力、壁厚为 1mm（0.048in）、电流为 5000A 的情况下加热 10s 后感应器横截面的温度分布

注：低压冷却

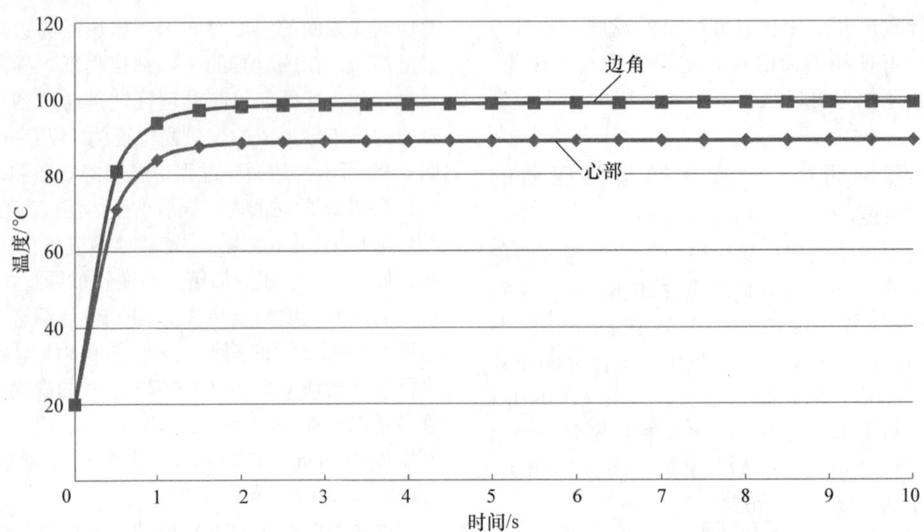

图 6-90 热循环过程中温度的动态图，

注：壁厚 1mm（0.048in），频率 10kHz，电流 5000A，高压冷却。

a)

b)

c)

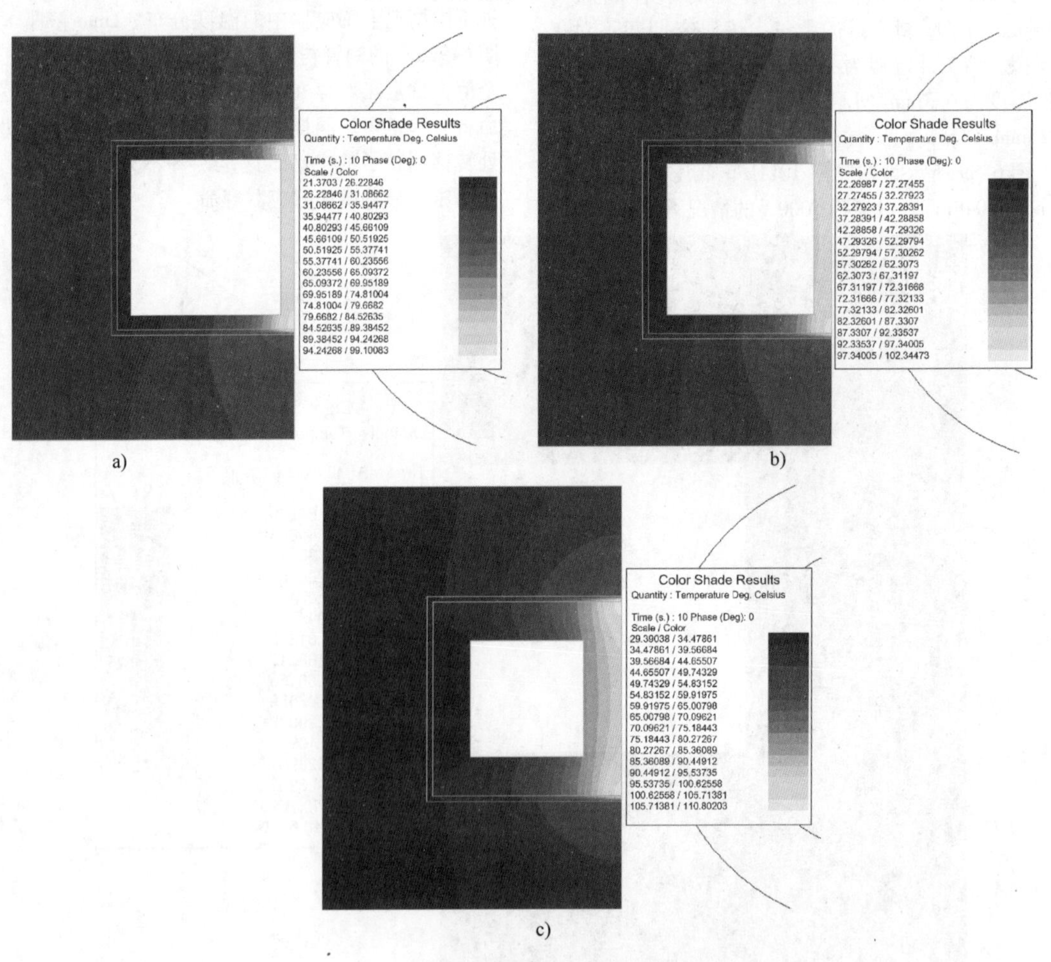

图 6-91 不同壁厚时感应器中的温度分布

a）1mm（0.048in） b）1.5mm（0.062in） c）3mm（0.125in）

注：频率 10kHz，电流 5000A，高压冷却。

当压力增加时，铜管内壁上的温度降至可接受的水平（见图 6-92b）。最高温度再次出现在边角位置。然而，边角处铜的温度仍然升高（225℃或 437℉）。对于较大的壁厚，最高温度分别为 230℃和 263℃（446℉和 505℉）（见图 6-92c、d）。这意味着在每个循环中，管道边角处铜的膨胀量是较低电流情况下的 2 倍多。当电源关闭时，管子收缩到原始形状。在这些工作温度下，感应器的寿命可能不会令人满意。

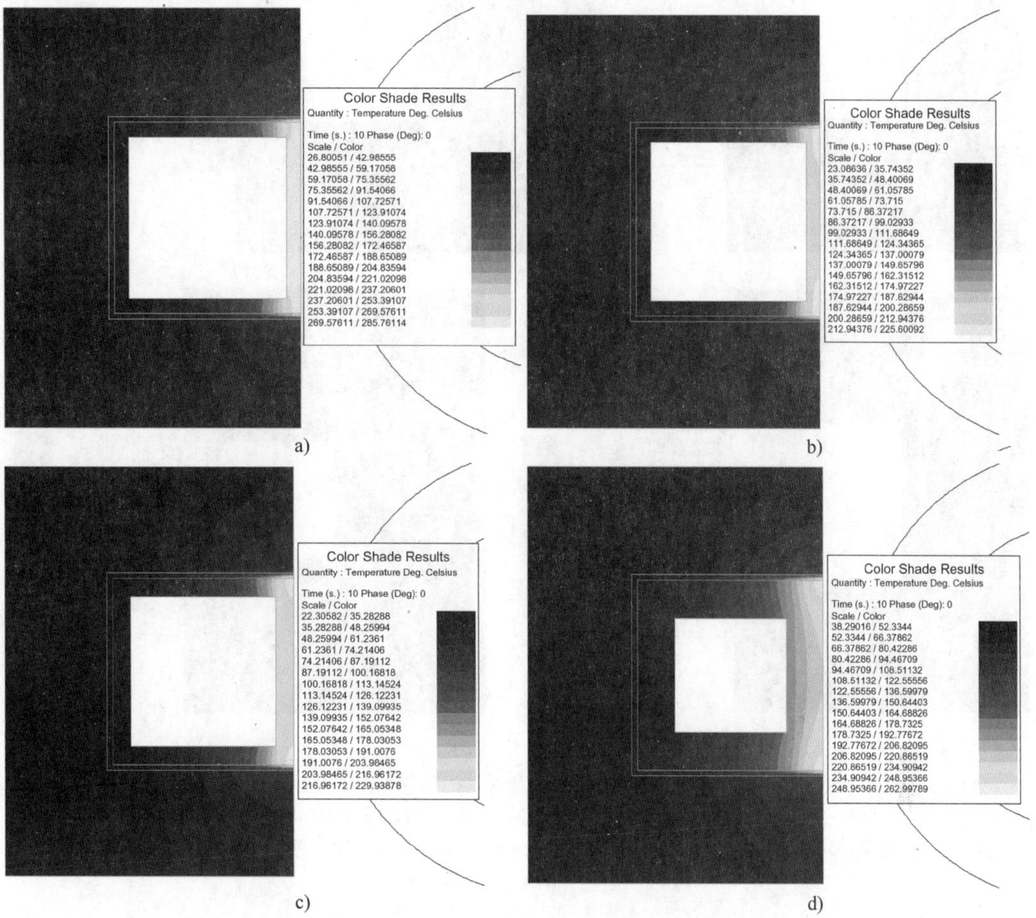

图 6-92　多种不同情况下感应器中的温度分布（一）

a）壁厚 1mm（0.048in），频率 10kHz，电流 7500A，低压冷却　b）壁厚 1mm（0.048in），频率 10kHz，电流 7500A，高压冷却　c）壁厚 1.5mm（0.062in），频率 10kHz，电流 7500A，高压冷却　d）壁厚 3mm（0.125in），频率 10kHz，电流 7500A，高压冷却

如果频率降低，但电流保持为 7500A，则感应器温度显著降低（见图 6-93）。对于低水压的情况，壁厚为 1mm（0.048in）时，最大温度降低到 178℃（352℉）（见图 6-93a）。边角处的温度显著低于中部的温度。如果压力增加，则铜管的温度降低到 133℃（271℉）（见图 6-93b）。然而，最大温度仍然在铜的中部而不是边角处。这是由于铜管的壁厚小于最佳（1.6d）壁厚值。低的管壁厚度增加了感应器的电阻和涡流损耗。

当壁厚增加到 1.5mm（0.062in）时，铜管温度降至 114℃（237℉）（见图 6-93c）。铜管的中部温度相对于边角也有所降低。温度的最大值刚好位于水冷铜管边缘的内侧，这意味着此时的壁厚略小于最佳壁厚。对于壁厚为 3mm（0.125in）的情况，最高温度再次升至 125℃（257℉）（见图 6-93d）。此时的最大温度值明显位于边角处。感应器中部的温度实际上比这种情况时的温度要低。最高温度的升高是由于它离冷却水的距离更远。这两种情况（3kHz，壁厚 1.5mm 和 3mm）所对应的感应器中的损耗几乎相同，并且比 1mm（0.048in）壁厚时低 20%。因此 3kHz 时的感应器最佳载流能力所对应的最佳壁厚应介于这两个厚度之间。

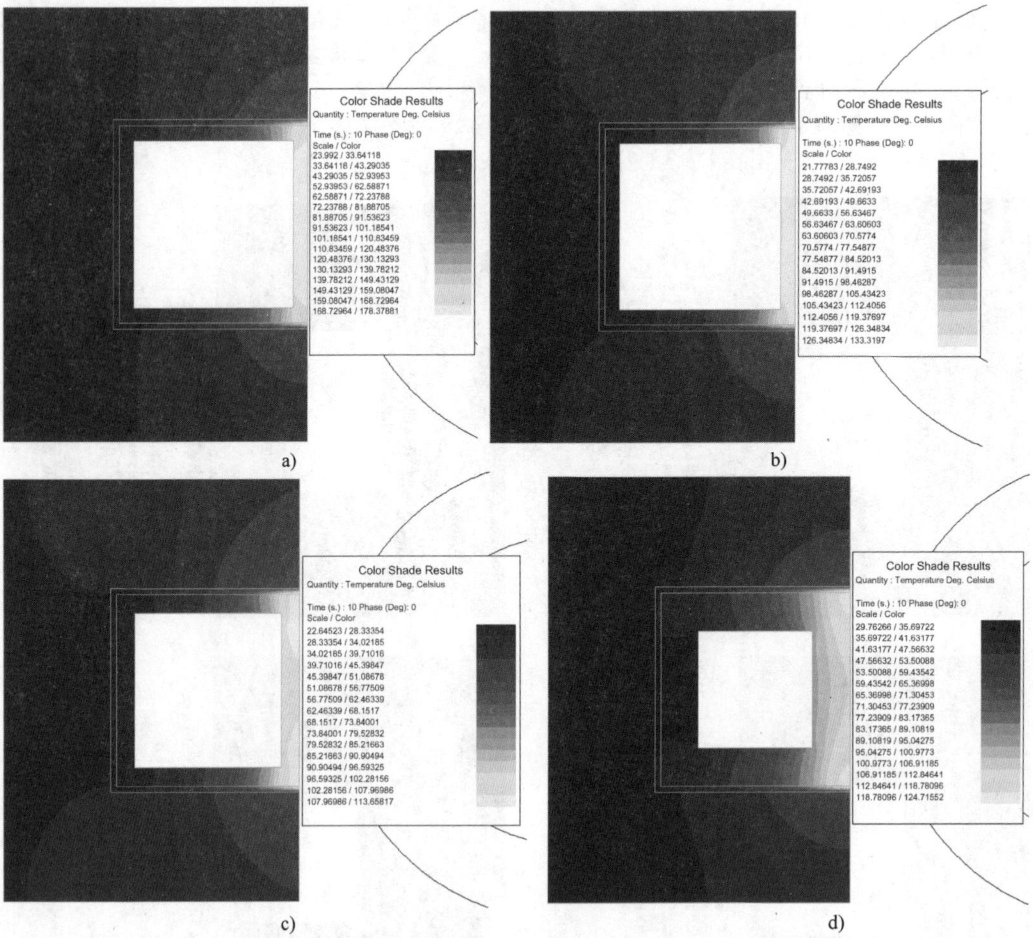

a)

b)

c)

d)

图 6-93 多种不同情况下感应器中的温度分布（二）

a）壁厚 1mm（0.048in），频率 3kHz，电流 7500A，低压冷却 b）壁厚 1mm（0.048in），频率 3kHz，电流 7500A，高压冷却 c）壁厚 1.5mm（0.062in），频率 3kHz，电流 7500A，高压冷却 d）壁厚 3mm（0.125in），频率 3kHz，电流 7500A，高压冷却

在 1kHz 时，用 10000A 电流来做对比（见图 6-94）。对于 1mm（0.048in）的壁厚和低水压力，感应器中的温度明显过高，并且从中部到边角存在显著的温度梯度（见图 6-94a）。当压力增加时，边缘的温度是 230℃ 或 446℉（壁温），并且从中部到边缘仍然存在显著的温度梯度（见图 6-94b）。这是因为壁厚明显小于最佳壁厚。

对于 1.5mm（0.062in）的壁厚，最高温度下降到大约 144℃（291℉）（见图 6-94c）。感应器的损耗比壁厚为 1mm（0.048in）降低约 40%。加热面的温度分布几乎是平的，这意味着壁厚不是最佳的。对于 3mm（0.125in）的壁厚，最高温度仅为 100℃（212℉），位于边角处（见图 6-94d）。壁厚 3mm（0.125in）的损耗比壁厚 1.5mm（0.062in）低约 30%。

另外一个与感应器冷却有关的因素是水温。水温以两种方式影响感应器的温度。因为冷却方式为对流，很明显，水温越低感应器温度越低。如果水温降低 10℃（18℉），则铜管的最高温度预测也将降低 10℃（18℉）。

因为铜管的温度变化（ΔT）将是相同的，可以预测铜管变形的幅度将是相同的，并且感应器寿命也将是相同的。然而，事实并非如此，因为铜的热膨胀系数与温度的对应关系不是恒定的（见图 6-95）。随着温度升高，铜的热膨胀系数持续上升。这意味着温度越高，相同 ΔT 下对应的变形就越大。

实际上铜的 ΔT 也不一样，它实际上稍小，因为铜的电阻率随温度的升高而升高。因此铜中的损耗较低，所得到的 ΔT 较小。这改变了在较低温度下水的传热系数略低的情况。

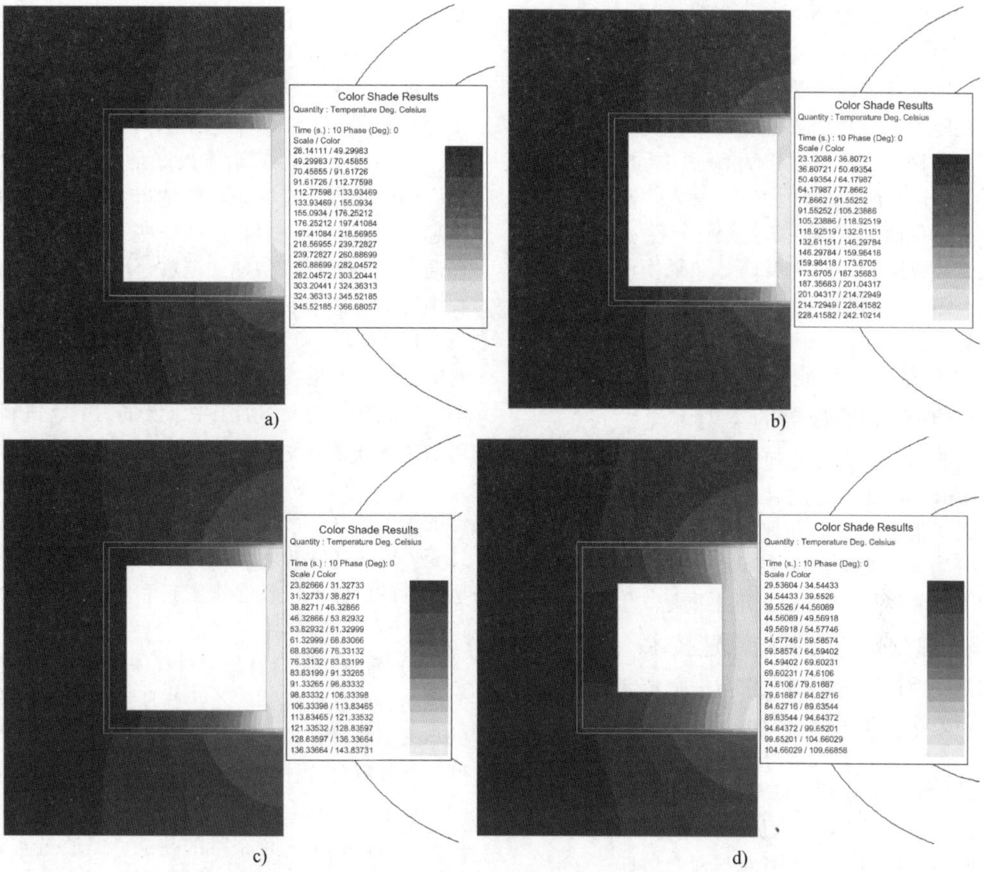

a)　　b)

c)　　d)

图 6-94　多种不同情况下感应器中的温度分布（三）

a）壁厚 1mm（0.048in），频率 1kHz，电流 10000A，低压冷却　b）壁厚 1mm（0.048in），频率 1kHz，电流 10000A，高压冷却　c）壁厚 1.5mm（0.062in），频率 1kHz，电流 10000A，高压冷却　d）壁厚 3mm（0.125in），频率 1kHz，电流 10000A，高压冷却

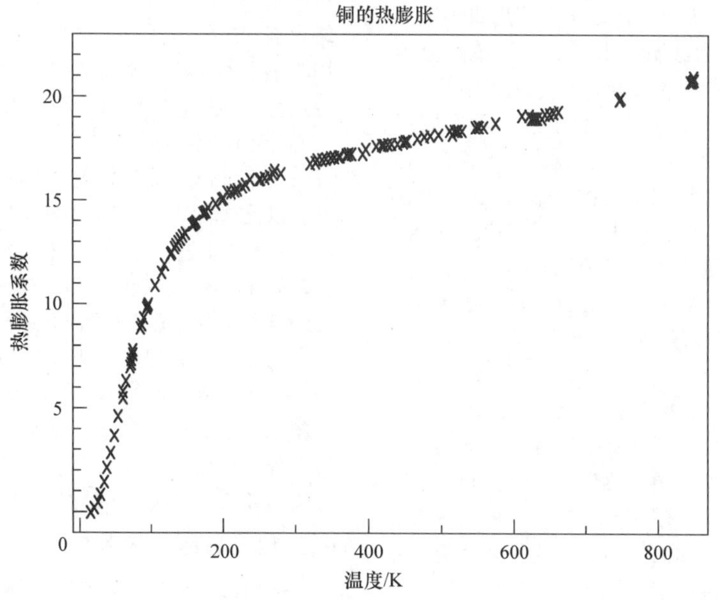

图 6-95　铜的热膨胀系数与温度的关系

影响感应器冷却的最后一个因素是水质。在热处理应用中用于冷却感应器的最佳流体是纯的软化水。纯水天然具有高传热系数，几乎所有添加剂对水的传热能力都有负面影响，矿物质尤为严重。随着时间的推移，它们倾向于从溶液中析出并积聚在铜管壁上。这有两个负面影响：首先，矿物层减小了水流的横截面；其次，矿物层还产生了热传递的阻挡层，导致铜管的温度升高。如果使用含有矿物质的水，随着时间的推移，铜管温度会持续升高并达到临界水平，导致感应器失效。使用这种类型的冷却流体，感应器必须定期清洁和冲洗。

6.3.12 热处理感应器的类型

如前所述，感应热处理感应器有许多形状和尺寸。Richard Haimbaugh 的《实用感应热处理》这本书中记录了很多感应热处理感应器照片。这些照片收录在《美国金属学会热处理手册 A 卷 钢的热处理基础和工艺流程》，因此这里不再重复。

6.3.13 热处理感应器的制造技术

铜是一种独特的金属，它与一个古老的技能职业铜匠相关联。在培训一个工匠或技工时，学生铜匠跟随一个熟练的工人学习这种金属的特性和加工方法。虽然美国已经将铜匠同化到其他技术职业中，但是在整个工业世界中，铜匠仍然是公认的职业。

铜匠的工具和技术完美地与铜金属匹配。是一个铜匠因为职业需要制造了一个铜感应器吗？答案是不；然而，在制造热处理感应器的过程中，在熟悉大功率电路的同时，也必须学习铜匠的技能。

1. 基础技术

因为铜的成形非常好，所以工人使用钳工工具、烙铁和乙炔焊炬就能够制造出较好的简单感应器。在成形过程中，铜会发生硬化。但当把铜加热至暗红色并在水中淬火时，它又变软了容易再次成形。简单感应器是把铜管围绕一个中心轴进行缠绕制成的，铜管提供了冷却感应器的快捷路径。根据感应电源的配置，简单的电连接可以采用现成的或压制的黄铜管接头，尽量优选现成的铜管，或用如前所述的软钎焊到铜管上的铜接头。在 10kW 或更小的功率需求下，采用软钎焊方式就足够了。

2. 先进技术

经过传统训练的技师常被雇佣来制造热处理感应器。合适的候选人必须具有模型制作的能力及灵巧性和耐心。大多数人在铜加工方面会面临困难，除非给他们提供特殊切削工具，速度、进给量和铜的专用冷却液等这些加工参数。制造复杂感应器中的大量工作涉及机械加工、成形、银钎焊和大量小部件和各种材料的组装。热处理感应器的制作通常是一次一个，一个技师可能做不了所有的工作。一个基本的机械加工车间，必须包括铣床、车床、带式台锯、带照明设施的通风铜焊台及带有各种手动工具的装配台、一个合适的工作区域。

大多数感应器的制作最好是从图样设计开始。良好的图样包括有一张材料清单、所有组件的详细信息及装配和检查表格。在一些情况下，感应器可以通过逆向工程来构建。在热处理感应器的制造过程中应该考虑以下问题。

1）加工：典型热处理感应器中的大多数原材料是电解铜片、板或圆棒。由于铜比较软，需要对铣削、钻孔和车削操作加工中涉及的刀具、进料方式、进给速度和铜的专用冷却液做出相关说明。

2）装配：可能需要许多组件来完成热处理感应器的组装。这些部件中的一些适合用作冷却腔体的外壳，或用作冷却水腔或淬火水腔的辅助零件。这些零件的整体匹配性是水密封和电连接良好的必要条件。

3）钎焊：适合钎焊燃料气体很多，要选择适当的燃料，如乙炔气体。乙炔与压缩氧气混合是最好的。火炬热量必须足以维持整个感应器上的钎焊温度。此外需要各种软钎焊技巧、焊剂和 1.5mm 直径的钎焊条。最适合银钎焊条的银质量分数为 5% ~ 45%。银钎焊是一种很难的技能，但通过实践，加上耐心和毅力，还是可以掌握该技术的。

3. 修复技能

感应器有时会经受各种极端条件：电磁应力、强热、油烟、蒸气、污垢和尘垢。这些对铜的影响可能是严重的，导致感应器的老化和疲劳，并且最终影响到热处理过程，感应器的维护至关重要。使用肥皂水和软塑料刷清洁感应器，并对感应器和部件进行定期检查，可以让操作人员注意到恶化程度和性能下降程度问题。

现今维修技能比较先进，感应器可被清洗、拆卸，以检测泄漏和裂纹。通常可以在不进行退火的情况下对感应器进行外观式修补，如矫正变形。辅助部件，如导磁体、支架、导轨和淬火装置也需要进行清洁和检查受损情况，必要时要进行修理或更换。

感应器中的裂纹可来源于以下任何一种元素：循环疲劳、感应器的不均匀冷却、不良的钎焊接头和粗暴使用损伤。裂缝通常用银钎焊修复。虽然银钎焊成本较高，且修补后的感应器也不能长久使用。较为稳妥的是应在适当的时间或寿命期更换感应器。

6.3.14 导磁体的附件

前面已经解释了需要导磁体来调节感应加热应用的电流流动。将它们安装到感应器上的过程中必须十分仔细，保证正确的安装和固定。导磁体任何部分的错位或部分漏装都可能导致不合格的热处理结果。导磁体的选用与频率相关，导磁体由硅钢、软磁铁氧体或软磁复合材料制成。将这些材料安装到感应器对设计者和制造者都提出了挑战。以下是几个具体示例。

1. 硅钢片

这种材料拥有多个等级、厚度和表面处理方式。其两侧一般都具有绝缘涂层。它首先被设计成一个具体的形状，然后进行固定或加工并安装到感应器。最常见的形状是截面为矩形或正方形的 C 形。叠片并排堆叠在感应器上，槽口朝向工件被加热的部分。将形状相同的铜片以不同间隔钎焊到感应器上，以便固定该叠层。通过高温环氧树脂胶或机械夹持来实现叠层在感应器上的固定。可使用各种夹紧方法，最常见的是使用半刚性玻璃环氧树脂电路板材料，如 G-10，其被切割并装配到叠片的背面并且在两端固定。在感应器环路的外部或内部堆叠薄片层都是可行的。安装在圆形感应器上的叠层，叠片从中心点向周围呈辐射状，具有明显的间隙，特别是在小直径的圆形感应器上，但通过仔细设计，这个间隙可以被最小化。

2. 软磁材料和烧结铁氧体

这些软磁材料是为特定感应加热应用而设计和制造的。由于烧结铁氧体是脆性的并且难以加工，它们主要限于变压器上应用。而软磁复合材料是专为感应加热工业而设计的，这些产品可在通用电源频率下使用，它们可制造成各种块体尺寸，易于加工，并适用于感应器。铁氧体和软磁复合材料用螺栓和螺钉或用胶水机械连接到感应器上。

6.3.15 感应器制造的最后工序

主要讨论焊剂和氧化物去除，泄漏和流量检查，镀银和电参数测量。

1. 去除焊剂和氧化物

在钎焊之后，铜感应器的钎焊接头附近会有焊剂和来自高温钎焊过程的氧化。在组装之前，应清除焊剂和氧化物。该过程的第一步是将感应器置于温度为 70～80℃ 的流动水中。热水有助于排出钎焊工序残留的大部分焊剂。此外还建议使用热水冲洗感应器的水冷却通道，以去除可能积聚在管内侧的焊剂。

热水清洗后，下一步是将感应器进行喷砂处理以去除氧化物。喷砂工艺还可除去剩余的焊剂。喷砂后，应使用精细的玻璃珠饰工艺来改善感应器的表面状况。

玻璃珠饰后感应器表面是干净的，如果不做处理，感应器会在空气中氧化并变色。最好的做法是在感应器的表面涂上一层清漆（电触点除外），清漆可防止铜氧化。

对于重负荷热处理感应器，其可在 200℃（400℉）下进行几个小时的低温回火或在空气中进行更高温度的退火处理。这个回火过程消除了应力，并将铜氧化成深橙色（回火）或深褐色（退火）。在该状态下，铜不会进一步氧化，并且不需要涂覆透明清漆涂层。

2. 泄漏和流量检查

在清洁感应器后，必须确保其密封性，水通道不能堵塞。感应器的泄漏检查通常通过将感应器浸没在水箱中并施加高压空气来进行，测试应进行几分钟。如果出现气泡，则必须将感应器送回给感应器的制造者修复泄漏。在一些特殊气氛热处理应用中，漏水是特别危险的，在这些情况下，应进行氦侦测仪泄漏检查。

泄漏检查后，感应器应连接到水管上，施加特定的压力，测量通过感应器的水的流量。对于每个感应器，应该规定其最小流量。如果流量没有达到这个最小水平，则意味着冷却通道被阻塞了，在感应器发货前必须去除阻塞物，因此，感应器应该被送回到感应器制造者就行修复。

3. 镀银

感应器接触点的镀银通常在清洁之后进行。银镀层主要用作电接触点的腐蚀抑制剂。腐蚀会增加接触电阻，并可能导致感应器过早失效。

镀银材料可以是液体、糊料或粉末形式。HM Products Inc. 的液体银电镀溶液是行业中最常用的。溶液被刷或涂抹到接触区域上，之后需用水冲洗接触区域。如果表面在涂镀银液后不经过短时间清水冲洗，镀银液会腐蚀触点，并且产生绿色氧化物。在使用银镀层材料时应该小心，因为大多数银镀层材料都含有氰化钠，这是一种有毒材料。

4. 电参数测量

在一些感应器上，如浇注式或罐形感应器，不可能在肉眼上看到或机械检查感应器的所有相关尺寸。此外，在具有导磁体的感应器上，计数层叠片的数量也是不实际的，或者可能难以确定是否使用了正确的软磁性复合材料等级。

为了确保感应器的性能与图样设计一致，应该在发货前测量感应器的电参数。最好的检查方法是在设计频率下通过加热该感应器对应的热处理工件来测量感应器的电感、阻抗或电阻。如果这种方法不可行，可以测量没有工件时的感应器电感来获得关于感应器一致性的有价值参数信息。

能够在可选频率范围内测量感应器电感、阻抗或电阻的仪器（LCR 计）通常要花费数千美元，有许多制造商生产，然而仅用于电感测量时，可以使用价格较低的器件。L/C Meter IIB 便是这样的一种器件，其由 Almost All Digital Electronics 公司制造，成本不到 200 美元。随着时间的推移，新的器件将会被开发出来并能更好地检测感应器的质量。

参考文献

1. A. Muhlbauer, *History of Induction Heating and Melting*, Vulcan Verlag GmbH, Huyssenallee, Essen, Germany, 2008
2. H.B. Osborne, Jr., *Induction Heating and Hardening*, Part A, American Society for Metals, Metals Park, OH, 1977
3. V.P. Vologdin and B.N. Romanov, Device for Hardening Crankshafts Using HF Currents, USSR Patent 48416, filed Dec 16, 1935, issued 1936
4. V.P. Vologdin, *Induction Surface Hardening*, Oborongiz, Moscow, 1947
5. R.E. Haimbaugh, *Practical Induction Heat Treating*, ASM International, Materials Park, OH, 2001
6. C.A. Tudbury, *Basics of Induction Heating*, Vol 1, John F. Rider, New York, NY, 1960
7. S.L. Semiatin and D.E. Stutz, *Induction Heat Treatment of Steel*, American Society for Metals, Metals Park, OH, 1986
8. M.G. Lozinskiy, *Industrial Applications of Induction Heating*, Pergamon Press, Oxford, London, New York, 1969
9. V. Rudnev et al., *Handbook of Induction Heating*, Marcel Dekker, New York, NY, 2003
10. R.C. Goldstein et al., "Virtual Prototyping of Induction Heat Treating," 25th ASM Heat Treating Society Conference, Sept 14–17, 2009 (Indianapolis, IN)
11. J. Cai et al., Integration of Induction Heat Treat Simulation into Manufacturing Cycle, *J. Heat Treat. Prog.*, Vol 3 (No. 2), 2003
12. V.S. Nemkov, Modeling of Induction Hardening Processes, *Handbook of Thermal Process Modeling of Steel*, C.H. Gur and J. Pan, Ed., CRC Press, 2009
13. W.I. Stuehr and D. Lynch, "How to Improve Inductor Life," 23rd ASM Heat Treating Society Conference, Sept 25–28, 2005 (Pittsburgh, PA)
14. W.I. Stuehr and D. Lynch, "How to Improve Inductor Life, Part II," 24th ASM Heat Treating Society Conference, Sept 17–19, 2007 (Detroit, MI)
15. Ajax Tocco Magnethermic, http://www.ajaxtocco.com/default.asp?ID=134
16. V.S. Nemkov and R.C. Goldstein, Design Principles for Induction Heating and Hardening, Chap. 15, *Handbook of Metallurgical Process Design*, G. Totten, K. Funatani, and L. Xie, Ed., Marcel Dekker, New York, NY, 2004
17. V.S. Nemkov, *Resource Guide for Induction Heating*, CD-R, Fluxtrol Inc., 2006
18. V.I. Rudnev, Systematic Analysis of Induction Coil Failure, Parts 1–11, *Heat Treat. Prog. Mag.*, Aug 2005–Sept/Oct 2007
19. H. Svendsen and S.T. Hagen, "Thermo-Mechanical Fatigue Life Estimation of Induction Coils," International Scientific Colloquium on Modeling of Electromagnetic Processing, Oct 27–29, 2008 (Hannover, Germany)
20. R.C. Goldstein and V.S. Nemkov, "Influence of Cooling Conditions on Induction Coil Temperatures," International Symposium on Heating by Internal Sources (Padua, Italy), 2007
21. H. Svendsen and S.T. Hagen, "Temperature Distribution in Selected Cross-Sections of Induction Heating Coils," International Symposium on Heating by Internal Sources (Padua, Italy), 2007
22. Case Studies in Process Modeling, *Engineering Statistics Handbook*, NIST/SEMATECH, http://www.itl.nist.gov/div898/handbook/pmd/section6/pmd6.htm
23. Fluxtrol, Inc. internal documents
24. L/C Meter IIB, Almost All Digital Electronics, http://aade.com/lcmeter.htm

6.4 棒、块、板加热感应器的设计和制造

Joe Stambaugh，Ajax Tocco Magnethermic

感应加热已被广泛用于金属零件加热的各个应用领域中，棒、块、板的加热是该技术最好的应用对象之一，通常用于热成形、热锻和金属加工。这项技术广泛应用于现代感应加热系统中，在现代工业中占有重要地位，并有望进一步扩大其应用范围。这些应用的感应器设计非常典型，被认为是整个感应加热领域中最重要的一部分。感应器设计必须：

1）能够将电流导入棒、块、板，从而可以进行适当的和有效的加热。

2）阻抗合适以与电源匹配，使最大的能量可以有效地转移到需要加热的零件上。

3）尽量针对具体应用进行设计，使用寿命长、热效率高、故障少。

在感应加热系统的设计中，最重要的部分也许就是针对要加热的产品设计感应器的能力。设计工程师必须根据感应电源进行负载匹配并优化感应器匝数，从而在适当的频率达到全功率输出的效果。

该过程包括设计具有适当匝数的感应器，然后确定将谐振电路调谐到谐振所需的电容量。此外，还需考虑系统的效率、感应器电路中的总电流、感应器本身的效率及感应器连接环节的损耗。

现在整个设计过程可以用复杂的计算机模拟程序来完成，大大提高了精确度。然而这个过程仍然非常依赖于有经验的感应器设计师正确设计和评估结果的能力。模拟过程中的错误可导致整个系统和感应器设计的严重问题。

对高生产率、高质量和创新的追求给现代感应器设计、制造、运用增加了新的压力。很多时候，感应器关系到整个系统是否能成功运作。

在感应器的设计和制造中，现代新技术的运用贡献很大，主要体现在减少了由于感应器失效引起的停机时间，减少维修相关成本，减少更换感应器或感应器组所造成的生产时间损失。

下面就介绍一组现代感应器设计和制造的最佳实例。

6.4.1 设计理念

自感应加热技术被用来加热棒、块、板以来，制造者对于感应器设计有很多不同的理念。通常用于描述感应器的术语多涉及在感应器的设计中使用的机械构造。基本结构设计包括有铝框架结构、开放结构和浇棒体结构。制造商的目标是机械完整性、低维修成本和低制造成本。行业内要理解这一点很重要：虽然每个设计师都使用相同的感应器电气设计，但所有设备制造商似乎对于感应器外壳机械结构的设计却有各自独特的方式。

6.4.2 特异性设计

除了感应器外壳结构设计，对于感应器形状也有特定的设计，下文将详细介绍。

串联式隧道感应器如图 6-96 所示，一般都用于块和棒材的连续加热。这些通常由单个或多个感应器组成，这些感应器被独立或组合起来安装在一个通用的可以实现快速更换的框架上。棒、块、板加热有许多种方法，这个设计是使用最广泛的。在此系统中，棒材和块材由气缸或液压缸、夹紧驱动器、牵引驱动器、从动辊等机构从感应器的一端被输送到另一端。

图 6-96 串联式隧道感应器（图片由 Ajax Tocco Magnethermic 提供）

椭圆形感应器包括窄椭圆形感应器和宽椭圆形感应器。图 6-97 所示为椭圆形感应器，通常用于棒材端部加热和块材加热，也有使用该感应器加热整个棒材的应用。一般来说，有一套输送系统将棒材送入、通过和移出椭圆形感应器。在一些设计中，在尾部推力装置的作用下，通过重力将块或棒材输入感应器并在感应器内部滚动，然后由安装在气缸尾部的水冷式推料装置将工件从感应器中推出来。

鸽笼式感应器如图 6-98 所示。在棒材端部加热中，鸽笼式感应器或通道式感应器的使用更为普遍。相比于通道式感应器设计，鸽笼式感应器更为节能，这种设计通常由一个或多个感应器排列组成。在这种设计中，操作工只需将棒材顶端插入感应器，也可以使用步进梁或专用机构上下料。棒材进出感应器可以棒材移动也可以感应器移动（棒料很重或不方便移动的情况下）。

通道式感应器设计（见图 6-99）或 C 形感应器设计，在输送机的作用下，棒材可自动穿过感应器。这个设计非常节能，由于操作简单方便，这种设计非常受欢迎，可用于高产量生产中。

图 6-97 椭圆形感应器（图片由 Ajax Tocco Magnethermic 提供）

图 6-98 鸽笼式感应器
（图片由 Pillar Induction 提供）

6.4.3 铜感应器设计和锻造加热感应器的构造

本节将讨论感应器设计的基础知识及设计中应注意的各种要点，之后将对感应器设计的特定领域展开讨论。

感应器耦合效率损失应该保持在最低限度。这就意味着必须仔细评估棒材直径与感应器内径 *ID* 的比率。比率越大，感应器效率越高，加热过程中所需的能量就越少。通常，锻造加热感应器电感较高，因此，必须通过电容或调谐来抵消，以确保电源在其设计频率范围内工作。一般的经验法则是感应器中允许通过的棒材的最小直径为棒材的最大直径乘以 0.75。如一个感应器可加热棒材的最大直径为 50mm，则感应器里可通过棒材的最小直径为 38mm。若低于这个范围，感应器的效率及从电源获取功率的能力将大大降低，电效率也会降低。

如今通过使用计算机模拟程序可以确定感应器的设计参数。在计算机中输入工件外径、材料成分（磁性和非磁性）、所需的耐火材料厚度、间隙、感应器内径、生产速度、频率、所需的温度、总功率、电源的运行频率、高效操作所需的输出电压、块或棒材直径等，这个专业的计算机模拟程序将提供适当的感应器匝数、匝宽、占空系数、线圈的长度等。图 6-100 所示为计算机建模程序以确定感应器设计。

图 6-99 通道式感应器
（图片由 Pillar Induction 提供）

铜管尺寸选择，为了确保最大的用电效率和良

	Coil 1 Sec 1	Coil 1 Sec 2	Coil 2 Sec 1	Coil 2 Sec 2
Cu Width	0.375	0.375	0.375	0.375
Turns	58	24	58	24
SF	0.835	0.501	0.835	0.501
Length	26.05	17.95	26.05	17.95
HT	26.05	17.95	26.05	17.95
KAT	110.2	45.6	110.2	45.6
Avg KW	387.8646	55.06015	195.7796	53.00943
V/T	22.59867	12.94557	22.43389	13.11963
Volts	1621.42		1616.04	

Part OD	2.25	in
Refrac	0.5	in
Air Gap	1.5	in
Coil ID	6.25	
Mill Speed	4065.139	lb/hr
	1	in/sec
Current	1900	A
Freq	950	Hz
Max Avg	2257.707	F
Max Core	2222.869	F
Max Surf	2265.299	F
Power	691.7137	KW

图 6-100　计算机建模程序以确定感应器设计

好的机械完整性，设计者必须考虑一系列因素。电效率受铜管宽度的影响，计算机建模程序可以确定铜管宽度，但也要根据实际情况做出适当调整。其中比较重要的一点是根据感应器线圈的空间因子 *K*space 设计的铜线圈相对于被加热材料的覆盖率要达到 70%。如果相邻感应器匝与匝之间中心线的距离是 25mm，那么匝间的距离应不大于 7.6mm。从实际情况和本次应用对象综合考虑，可以使用 19mm 宽的铜管，其将提供 75% 的覆盖率，满足 70% 覆盖率的要求。一个 16mm 宽的铜管也可以工作，但是最好的选择应该是 19mm 宽的铜管。用于制造感应器的铜管的实际厚度也必须适合于应用的频率。

在制造用于锻造的感应器线圈过程中，最好使用无氧高导电性（OFHC）铜管。OFHC 铜管电阻率很低且普遍经过完全退火。图 6-101 所示为用于感应器的各种铜管，制造感应器线圈的无氧高导电性铜管的横截面和形状，可选用具有各种壁厚的圆形、正方形、椭圆形和矩形以适应锻造加热感应器的设计参数。基于锻造加热感应器的工作频率，必须特别强调铜管壁厚。

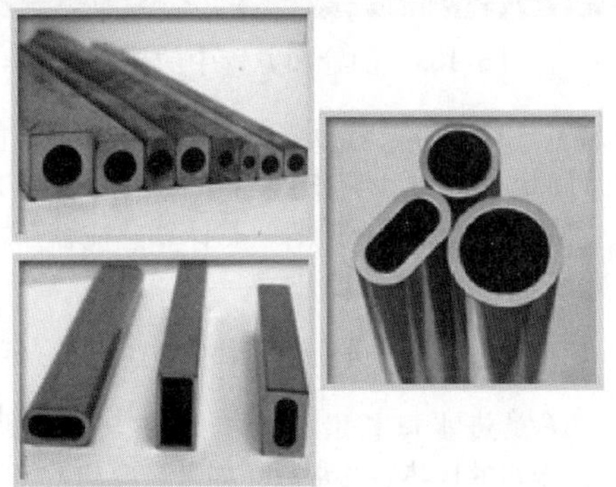

图 6-101　用于感应器的各种铜管

采用感应器对棒、块、板等进行加热时，感应器线圈通常使用浇注的耐火材料或衬里以防止热辐射。这种辐射和对流热会被吸收到铜感应器的冷却通道中，连同线圈电阻引起的焦耳损耗（I^2R），感应器必须具有足够的冷却横截面来带走所有的热量。在热量不能被带走的情况下，铜线圈的温度将升高，会导致更高的感应器损耗，也将导致铜线圈的过早失效。此外，铜线圈的高绝缘性也可能被损坏，这可能导致被加热的工件在感应器线圈的匝之间和连接感应器线圈的汇流排之间产生电弧。感应电源通常具有接地故障检测，其将指示感应器的绝缘故障。通常，在单个感应器线圈内可以存在若干个冷却水回路。给定感应器线圈中水回路的数量是在设计过程中决定的，需要考虑到应用环节的所有运行特征。

1. 铜管的选择

在选择用于线圈的铜管时，还必须考虑感应器的工作频率。感应器线圈中的电流在特定的参考深度内作用，该参考深度取决于电源的工作频率和所选择的铜的电阻率。用于制造感应器线圈的铜管的壁厚应与加热频率相匹配。流过感应器的电流导致焦耳损耗（I^2R）。这些热损耗及感应器内部其他热损失必须由感应器内的冷却水带走。铜管的较大横截面将有助于实现大的电效率。同样，确定什么频率用于加热给定直径的棒材也决定了所需铜管的厚度，这被称为邻近效应。邻近效应是描述由电流频率决定的铜导体表面上电流流动的术语，大部分电流将在参考深度范围内流动。该参考深度表示用于特定频率的最小铜壁厚度。例如，1.57mm 壁厚的铜管可以成功地用于 3kHz，而 1kHz 下应该使用 3.17mm 壁厚的铜管。表 6-6 为感应器铜管的选择。

设计工程师必须考虑合适铜管的可用性。有时，由于商业可用性，如需要使用小于最佳壁厚的铜管，自然也会造成一定的效率损失。铜管的选择必须在感应器设计的合理准则内进行。低频或线路工作频率低至 50～60Hz 时需要选用最厚的铜管。电流总是在感应器的内径或感应器面向加热材料的部分流动。可以将铜排通常钎焊到铜管上，以形成适当的壁厚以用于低频应用。在许多应用中，采用具有偏置冷却或厚壁的特殊轧制挤压铜管是获得最佳铜截面以制造铜感应器线圈的最佳成本方案。将一个铜排钎焊到铜管上可能需要耗费大量的人力，价格也较高，而使用特殊的轧制挤压铜管则可以有效降低成本。图 6-102 所示为感应器制造中所用的厚壁型管材。

表 6-6　感应器铜管的选择

频率	理论壁厚① （=参考深度×2）		实际壁厚		最小管径②	
	mm	in	mm	in	mm	in
60Hz	16.8	0.662	14.0	0.550	42.0	1.655
180Hz	9.70	0.382	8.13	0.320	24.3	0.955
540Hz	5.59	0.220	4.67	0.184	14.0	0.550
1kHz	4.11	0.162	3.43	0.135	10.3	0.405
3kHz	2.39	0.094	1.98	0.078	5397	0.235
10kHz	1.32	0.052	1.07	0.042	3.30	0.130
450kHz	0.15	0.006	0.89	0.035	0.38	0.015
1MHz	0.08	0.003	0.89	0.035	0.19	0.0075

① 铜的电阻率假定为 $1.67\times10^{-6}\Omega\cdot cm$（$0.66\times10^{-6}\Omega\cdot in$）。

② 冷却水流量对铜管内径的需求也要考虑在内。

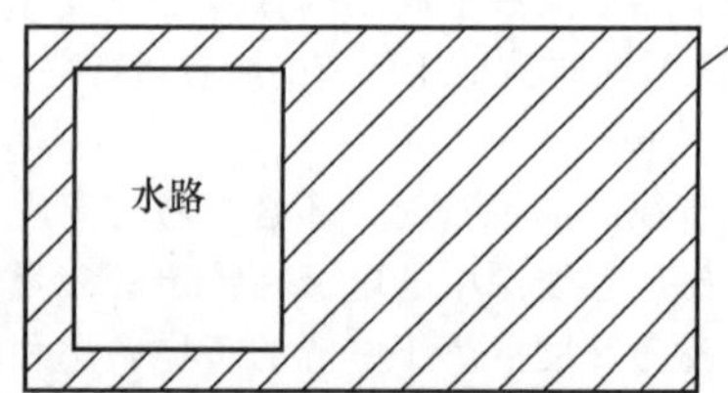

图 6-102　感应器制造中所用的厚壁型管材

在 1~3kHz 的中频范围内，用于感应器线圈的铜管的壁厚选择变得比较灵活。比较理想的适合于感应器线圈的制造和设计铜管货源也比较充足。矩形和正方形的横截面将提供最大的水流，从而减少热损失并且需要较少的冷却水回路、软管、管夹等。方管中的加热热形比圆管中的加热热形稍好，如图 6-103所示。

2. 冷却水注意事项

感应器线圈完成之前的最终计算是确定冷却感应器所需要水的总量和需要多少水路。

当感应器计算完成后，通常需要计算感应器效率。下一步是计算需要从感应器线圈中带走的热量(单位 Btu/h)。如果感应器设计用于 300kW 的应用并且效率计算为 63%，则感应器的无用效率为 37%。因此，0.37×300kW 表示每小时水必须从感应器带走 111kW 的热量，算出来的每小时需带走的热量约为 379000Btu/h。大多数感应加热系统的最高进水温度通常为 35℃（95℉）。允许的最大出水温度为 57℃（135℉）。因为感应器中的水流量可能随使用时间增加而减少，感应器中流水的温度升高 22℃（40℉）是比较合理的。要计算感应器所需的水流量，可使用式（6-12）。

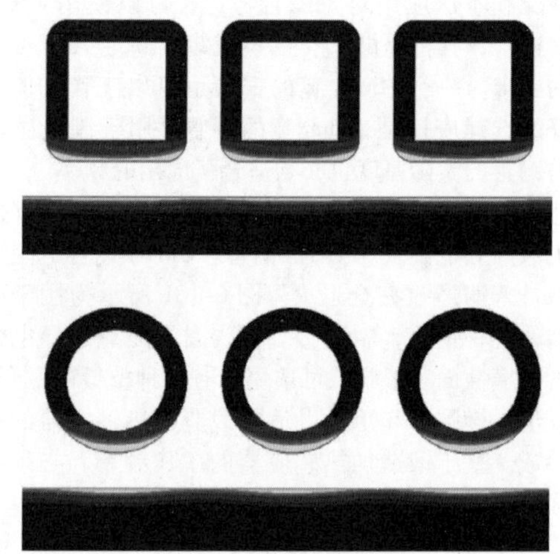

图 6-103　圆管和方管中的热形

$$\frac{\mathrm{Btu/h}}{\Delta T\times500}=\text{流量}(\mathrm{gal/min}) \qquad (6\text{-}12)$$

式中，ΔT 是进水口和出水口水流的华氏温度差；500 是基于水的比热容的常数。如果在冷却系统中使用乙二醇，该常数将改变。因此，使用前面的例子：

$$\frac{379000}{40\times500}\mathrm{gal/min}=18.9\mathrm{gal/min}$$

现在所需的水的总流量是已知的，接着需要确定需要多少水路以确保这么多的水在内部正常流动。

如果水流较大，则 ΔT 可能太小；然而，这本身不会影响到感应器的性能，但是它可以影响冷却水系统向系统平衡地提供足够的水压和冷却能力的能力。通过计算铜管内通道的尺寸，人们还可以计算在特定的水压下，水流在所需的流速下流动所需的水的路径的数量。通常，大多数应用中，水压设定为 30psi（1psi = 0.00689MPa）。

3. 钎焊和铜感应器线圈制造

使用银合金钎焊材料把铜管、堵头、供水接头、汇流排等钎焊在一起。这些银合金通常含有质量分数为 6% ~ 15% 的银。含银质量分数为 15% 的合金是自助熔性的，这种合金也是最佳选择。强烈推荐在塑性要求很高且需要保持紧密配合的连接焊接应用中使用含银质量分数为 15% 的合金。这种材料在 645℃（1190℉）下熔化，在 800℃（1475℉）下具有缓慢的流动特性。它具有更大的塑性、吸收振动和应力的能力，这是制造感应器线圈中需要着重考虑的因素。钎焊技术基本上是高温形式的焊接，并且适当地处理后，其焊接接头非常坚固，防漏、耐蚀性也较好。在钎焊过程中，被连接的铜管不会熔化，但是填充的银合金可以与铜达到冶金结合。钎焊接头的抗拉强度取决于以下几个因素，包括部件之间的间隙、接头设计、合金成分和接头质量（低孔隙、良好的渗透）。银钎焊合金的抗拉强度通常为 40000 ~ 70000psi。当两个铜管钎焊在一起时，通常在铜管部位而不是在焊接合金部位发生失效。一些制造商使用质量分数高达 45% 银含量的合金，但这大大增加了钎焊合金的成本。因为必须保证焊接接头的精密配合，焊剂的使用是很有必要的。焊剂必须在焊接工艺完成之后和电绝缘工艺开始之前被清理干净，从而使绝缘材料能黏附到清洁的表面上。这种较高银含量的材料非常昂贵，对锻造加热感应器的制造应用没有实质性的好处。

为了更容易地把铜管围绕心轴进行缠绕，制造过程中，通常把铜管加热至明亮的红色温度进行退火并在水中冷却。铜管的退火既能防止铜管断裂，又使其更容易成形。铜管的退火温度通常在 370 ~ 650℃（700 ~ 1200℉）的温度范围内。

当把铜管围绕一个中心轴进行缠绕以形成一定的形状时，如果要保障缠绕过程中铜不坍塌，需要在铜管中填充低温合金、砂或铅以防管材的塌陷。这种技术在使用尺寸较大、壁厚较厚的铜管制备直径较大的线圈感应器时很少需要。然而，这种技术对于通常在较高频率下使用的较小感应器是必要的，且该技术在缠绕用于加热小直径产品的紧密感应器时也是比较有用的。

6.4.4　感应器电绝缘

锻造加热感应器线圈必须选用合适的电绝缘材料进行适当的电绝缘处理，图 6-104 所示为锻造加热感应器的电绝缘。

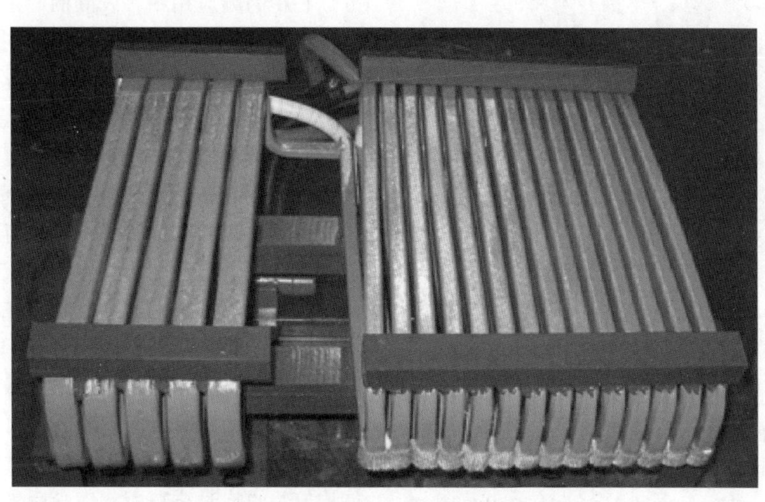

图 6-104　锻造加热感应器的电绝缘

这是任何应用条件下感应器返修前的使用寿命能持续较长时间的众多因素之一。电绝缘必须是高绝缘的、耐高温的，并且有一定的柔性。电绝缘也必须均匀地施加。电绝缘设计应提供连续的、坚固的、防潮和耐化学腐蚀的电绝缘涂层。一些制造商只在感应器线圈上涂油漆或涂清漆。该方法提高了电绝缘性能，但几乎不能增强感应器的整个寿命。静电喷雾（见图 6-105）、流化床（见图 6-106）和静电流化床能够采用厚度更大且电绝缘能力更好的材料。高端熔融工艺处理的绝缘材料确保每个单独的粉末颗粒都包含了可促进完全固化和实现稳定的性能所需的所有组分。这些绝缘材料许多是可以在铜管冷态时涂加的，然后放在烘箱中固化，或者由预热至 205 ~ 230℃ 温度范围的感应器加热固化。当这些材料应用于热态工件时，树脂熔化，熔化至一定的程度后，再进行固化处理，绝缘材料与基底结合并聚结成光滑、连续、厚度基本均匀的电绝缘涂层。对于不同制造商和用于该绝缘涂层工艺的材料，材料的连续使用温度范围变化很大。低端清漆的连续使用温度为 200℃（390℉），高端材料的连续使用温度为 340℃（645℉）或更高。使用具有最高绝缘性能、强度高、更高使用温度范围、边缘覆盖性优异的并能在感应器线圈上均匀覆盖的绝缘材料将有助于使感应器免于接地短路故障而失效。它还将有助于降低接地故障检测的工作量。

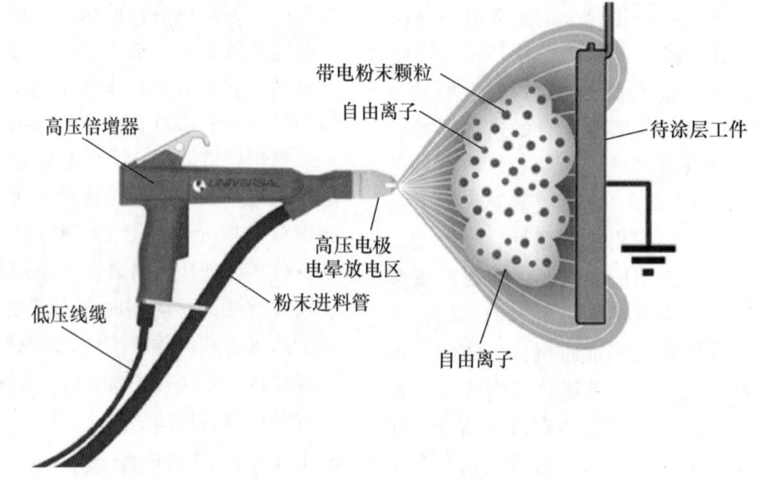

图 6-105 静电粉末喷枪的一般原理

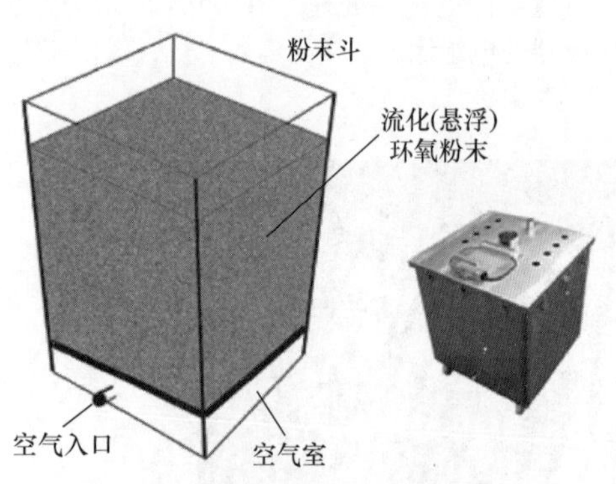

图 6-106 用于粉末涂覆线圈绝缘层的流化床系统的典型组成

在锻造加热感应器的正常工作期间，由于负载和感应器线圈中有电流，负载和感应器线圈之间的力可能相当大，并且可能导致感应器线圈的移动。感应器线圈必须以某种方法被固定或支撑以稳固感应器线圈或防止感应器线圈移动。在非常低频率的应用中，感应器线圈实际上被固定在感应器的两个端板之间以防止它移动或振动（见图 6-107 和图 6-108）。如果在这些应用中感应器线圈能够移动，则铜最终会冷作硬化，并且将导致失效。在低频应用中，感应器两个端板之间的双头螺柱必须是电绝缘的，从而不产生次生电流回路。

在中高频应用中，线圈的固定也很重要。通常是由感应器线圈侧面的螺柱穿过刚性玻璃纤维板来固定感应器线圈。这种设计的感应器线圈可以是整体浇注式的或可更换的感应器衬套。在一些设计中，在感应器线圈的 3 个或 4 个侧面通过木质支撑板将线圈进行固定。然后将耐火材料灌浆到适当位置，填充线圈之间的空隙。一个非常简单且成本低廉的设计可以仅包括完整的整体浇注式感应器，其通过耐火材料封装将感应器线圈固定在适当位置。这种设计的两个版本见图 6-109 和图 6-110。

用于支撑感应器线圈并作为感应器端盖的板的类型有许多。早期，感应器端板由石棉材料制成直到其由于安全原因被取代，这种材料被机械和热性能均较差的临时材料所代替。后来，几个制造商开发了被称为耐火板材的材料（见图 6-111）。这些材料与石棉替代材料相比非常昂贵，但它们具有更高的强度并且能够承受高达 1260℃（2300℉）的温度，并且它们是绝缘的，几乎可以用在感应器设计中的任何地方。

图 6-107　低频感应器设计，其中感应器线圈被固定在端板之间（一）
（图片由 Ajax Tocco Magnetomic 提供）

图 6-108　低频感应器设计，其中感应器线圈被固定在端板之间（二）

图 6-109　用于加热棒料的整体浇注式感应器

图 6-110　用于加热棒材端部整体浇注式槽形感应器
（图片由 Ajax Tocco Magnetomic 提供）

图6-111 用于制造感应器的耐火板材

通过向耐火材料中混入不锈钢针而制得的强度增强的浇注耐火端板一定程度上降低了更换以前许多运用中使用的厚度较厚感应器端板的成本。这种类型板的制造成本更低，并且更坚固，并且由于这些板主要由耐火材料组成，它们也可以在非常高的温度下使用。在该设计中，通常在板的外缘周围安装玻璃纤维条（见图6-112），作为加强和抗冲击材料以保护端板的外边缘。

图6-112 双坯料加热感应器，其特征在于在其铸造耐火端板外围安装有玻璃纤维条（图片由 Pillar Induction 提供）

用于支撑感应器和用作感应器外壳的螺柱板通常由电工层压板和聚酯电绝缘板制成。这些材料为自熄性的，具有良好的抗冲击性和优异的机械强度，耐划伤和阻燃性好，并具有优异的电绝缘性能。通常这种材料的电工等级为 GPO-2 和 GPO-3。这种材料的温度指数，GPO-2 是 160℃（320℉），GPO-3是 140℃（285℉）。当然，还有许多其他玻璃层压电绝缘板，其具有更大的机械强度和更高的温度等级。通常被人知晓的有美国电气制造商协会（NEMA）的 G5，其对应的材料为一种三聚氰胺玻璃布片，G7 对应的材料为硅氧烷玻璃布片，这些类型材料的温度等级最高。

6.4.5 感应加热用耐火衬里及其安装

锻造加热感应器通常使用耐火材料来保护线圈免受感应加热棒、块或板加热过程中产生的热的影响。大部分感应器是由耐火材料浇注制造的。在一些设计中，把耐火材料作为浆料，仅在线圈的内部覆盖一层耐火材料，多余的耐火材料向上覆盖在感应器线圈之间。一些设计仅包括耐火材料和一个用以支撑和保护感应器线圈的整体浇注式结构。另外一些设计中用铝框架结构或玻璃纤维板以包围和支撑感应器，然后在感应器的内部填充耐火材料。

在适当的地方也使用可更换的衬里设计。铸造陶瓷管采用合适的耐火材料制造，有时会借助一些非磁性不锈钢针以提高材料的结合力。这种管子烘干后用纤维陶瓷材料、薄云母纸包裹，然后用胶带缠绕并将其插入锻造加热感应器。云母纸可以为铜感应器线圈提供高温绝缘保护并在更换衬里时可以作为一个滑动平面以有利于衬里拔出。

1. 耐火材料的使用

为选择最合适的耐火材料以保护加热感应器，通常将感应加热分为两类：一类是高温锻造中棒料和坯料加热应用；另一类是较低温度的淬火回火应用。大多数高温应用的温度通常为 1100～1300℃（2000～2350℉），而大多数淬火加热温度低于 1100℃（2000℉）。

熔融二氧化硅耐火材料是可在较宽温度范围内选择的耐火材料。在需要耐高温或耐机械冲击的应用中则应使用氧化铝质量分数为55%～99%的氧化铝基耐火材料。耐火材料选择过程中需要慎重考虑水垢形成。

2. 耐火材料的选择

熔融二氧化硅耐火材料是最常用的耐火材料，因为其具有优异的热稳定性。这种等级的材料能很好地抵抗因热循环导致的开裂。大多数熔融二氧化硅材料的标准使用温度大约为1200℃（2200℉）。在高于1200℃（2200℉）的温度下，熔融二氧化硅转化为石英岩，其将不能抵抗热循环而开裂。这也导致该材料的最大使用温度约为1315℃（2400℉）。

氧化铝耐火材料，其包含有两种成分，分别为莫来石基成分（质量分数为55%～70% Al_2O_3）和片状氧化铝基（质量分数>94% Al_2O_3）成分。低氧化铝耐火材料具有良好的耐热裂性和机械冲击性。高氧化铝耐火材料具有优异的强度和抗垢性，但在实用过程中它们在反复加热和冷却时更容易破裂。

3. 一般耐火材料的安装指南

因为在感应加热应用中，耐火衬里的作用为保护感应器，所以设计上通常是比较复杂的，且横截面较薄。这要求在感应器匝之间使用流动性良好的细粒浇注耐火材料，该耐火材料的成形表面比较光滑，且不会干扰感应加热过程。

以下为感应加热应用中常用的耐火浇注材料放置和固化的一般说明，仅作一般性指导，更具体的说明可从耐火材料制造商处获得。

1）模具。因为耐火浇注材料在安装过程中以液态形式流动，所以必须使用模具作为容纳耐火材料的装置。在初始固化之后，模具也可用于定型耐火材料的最终形状。可折叠钢制铸模的重复使用性好，尺寸公差小。木制模具可偶尔应用于不需要在较大横截面上保持较小尺寸公差的情况。

2）脱模剂。浇注料被放置在模具中并且已经初始硬化后，使用脱模剂可以让木制或钢制模具以最小的损伤从还未完全固化的耐火材料中脱离。脱模剂的类型可以从轻质食用油到气溶胶硅喷雾剂。不应使用机油、石油基产品和工业润滑脂，因为耐火浇注材料中的添加剂可能与石油基材料反应，并可能延迟耐火浇注材料的固化时间。片状产品如云母，乙酸酯或聚乙烯适合作为阻力释放层。当使用片状产品时，浇注过程中应注意保持表面平整无任何褶皱或皱纹，以防止在浇注结束后产生表面缺陷。

3）混合器。耐火浇注料在浇注之前必须充分混合。该过程需要一个干净、运行良好的混合器。混合过程只应使用高剪切桨式混合器来混合耐火浇注料。桨式混合器提供了将水均匀地添加并分布于整个耐火材料中的最佳方法。图6-113所示为混合耐火材料的典型桨型混合器的内部，图6-114所示为实际桨式搅拌机。

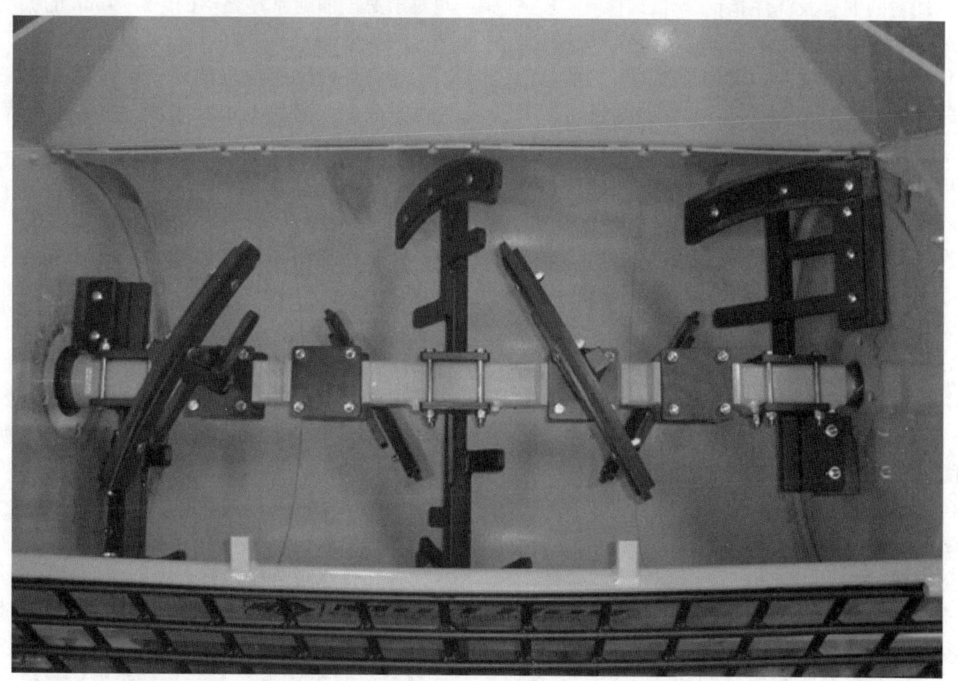

图6-113　混合耐火材料的典型桨型混合器的内部（图片由Allied Mineral Products提供）

图 6-114 实际桨式搅拌机（图片由 Allied Mineral Products 提供）

旋转混凝土混合器不能提供适当的剪切或混合操作而使水均匀地分布在耐火浇注料中。因此，应避免使用手动混合器和旋转混凝土混合器。

4. 浇注料的混合及浇注指南

耐火浇注料和用于混合的水应保持在 16～32℃。在低于 16℃的温度下浇注，增加了收缩开裂的可能，延长了凝固时间，并且降低了强度。温度超过 32℃，则会降低使用寿命。

重要的是采用饮用水用于浇注时，应使用容积式水表来测量特定的用水量。通常所需的加水量可在产品数据表中找到。

1）干混合。耐火浇注料应干混 30s 以搅匀任何可能在运输中沉淀的粗料。

2）湿混合。在混合器转动时，应逐渐加水以使水在整个耐火材料中均匀分散。湿混合不应超过 3～5min，时间取决于所使用耐火浇注料的类型。确保混合时间为耐火材料制造商建议的混合时间。

混合后，应使用机械振动器（内部或外部）以致密化耐火材料。振动处理材料时必须小心，以防大量的空气进入耐火材料体。

5. 振动方法

可浸入的混凝土振动器优选用于致密化的较大的横截面，如围绕在感应器外部的耐火层。振动器头部大小应在 19～35mm 的范围内，形状为正方形或圆形。振动器头应当缓慢浸入浇注料，振动 15～30s，然后从浇注料中缓慢移出。

当振动诸如感应器内的薄截面时，高频振动是用于致密化耐火浇注料的优选方法。1～2min 振动时间对于薄截面通常是足够的，3～4min 的振动则用于更大的横截面。

当浇注围绕感应器的耐火层时，浇注完成后需要刮平表面，避免毛巾状表面，这会使干燥期间的水难以排除。

6. 固化、去模和干燥

耐火浇注料放置并开始初始固化后可以去除模具，并且在加热固化之前应将浇注料在空气中固化至少 24h。空气固化的优选温度范围为 18～32℃（65～90℉）。

耐火浇注料的干燥和加热必须十分仔细，以避免产生高蒸气压力，这可能导致爆炸性剥落。建议使用 K 形热电偶监测和控制加热过程。必须避免直接的火焰冲击，局部过热可能导致蒸气式剥落。应该使用优质的商业烘烤炉对耐火材料进行烘干。

如果耐火材料安装在金属外壳内，则应该钻泄水孔并在排水过程中敲打外壳以帮助去除水分。

干燥时间取决于耐火浇注料的厚度和环境温度。注意：当窑烧（三维加热）时，升温速度必须每小时 15℃（25℉）直至 450℃（850℉），450℃以上温度时，升温速度必须每小时 30℃（50℉）。随后列出耐火浇注料的一般加热时间表。具体时间计划应与耐火材料制造商的指导说明进行对比。

图 6-115 所示为感应加热应用中常规浇注衬里的一般干燥加热时间。在大多数情况下，冷却水必须循环通过感应器以保护绝缘和涂层。请向原始设备制造商确认这些材料能承受的最高温度。如果在加热过程中产生了高压蒸气，要保持加热温度直到蒸气消失。

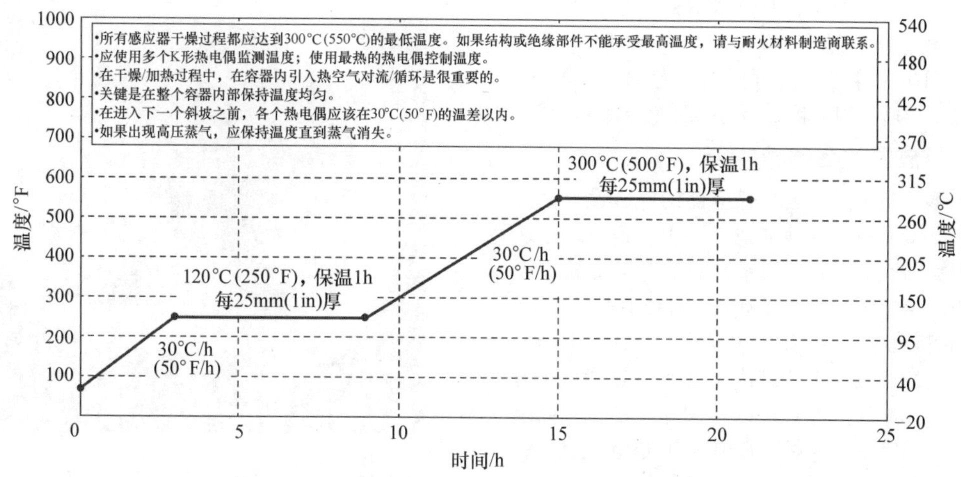

图 6-115 感应加热应用中常规浇注衬里的一般干燥加热时间
（图片由 Allied Mineral Products 提供）

7. 感应器衬套

图 6-116 所示为用于感应器设计和制造的可更换的圆形感应器衬套，图 6-117 所示为用于感应器设计和制造的可更换的矩形感应器衬套，这两种可更换的感应器衬套，其用于感应器中，如果其能被合理地设计和维护，那将会非常有用。这些衬里通常由耐火材料浇注制成，该浇注耐火材料与非磁性不锈钢针混合并浇注到特殊的模具中。然后采用标准的耐火浇注材料干燥方法将衬里进行干燥。

图 6-116 用于感应器设计和制造的可更换的圆形感应器衬套

其他材料，如亚硝酸硅和碳化硅，也已经用于部分设计中。这些材料通常用于小直径低功率的应用中。这些产品通常由专门从事陶瓷制造的公司制造。

图 6-117 用于感应器设计和制造的可更换的矩形感应器衬套

在大多数情况下，可替换的感应器衬套包裹有一层高温绝热材料以减少热冲击。这种材料有助于隔离感应器衬套免受感应器中的热传导的影响。除了这种纤维衬里材料之外，通常使用薄的云母层来作为一个耐高温、高电绝缘保护层以保护感应器线圈免受裂纹扩展的影响。

8. 感应器耐火材料预热

无论新的或是长期放置的锻造加热感应器必须在生产运用之前进行预热。具有耐火衬里的感应器也应该经历这样一个过程。常用的方法是长时间缓慢加热感应器内部的坯料，直到耐火材料中的剩余水分被全部除去。如果可能，感应器里应该装满坯料，并以静态模式加热。如果做不到这样，应把加热速度设置为最低水平。然后在1h的时间内将坯料逐渐加热至260℃（500℉）的温度。之后，再在1h的时间内将坯料逐渐加热至540℃（1000℉）。然后将坯料在30min内逐渐加热至815℃（1500℉），并在接下来的30min内再次升温至1095℃（2000℉）。将坯料在此温度下保持15min，一旦将坯料调整到所需的温度和生产速度，就可开始正常的机器操作。在此过程中的所有细节将有助于延长感应器的寿命。

6.4.6 感应器的耐磨导轨

用于棒、锭和板加热的感应器的许多设计都会利用某些类型的耐磨导轨或滑轨，用于把块输送通过感应器。图6-118所示为水冷耐磨导轨。轨道设计可防止对感应器耐火材料和感应器线圈造成损坏。最常见的耐磨轨道结构由在感应器长度方向上延伸的一对连接的非磁性不锈钢或合金水冷管构成。考虑到适用性，这些水冷管可以是圆形、正方形或矩形。水冷管导轨所用的材质通常采用专为工业加热设计的合金，它们由锰含量较高的耐热材料组成，以阻止热裂纹的产生。铬镍铁合金和其他特种合金也会用于某些特殊场合，这些特殊应用要求导轨材料为非磁性并在高温应用中具有良好的耐磨性。

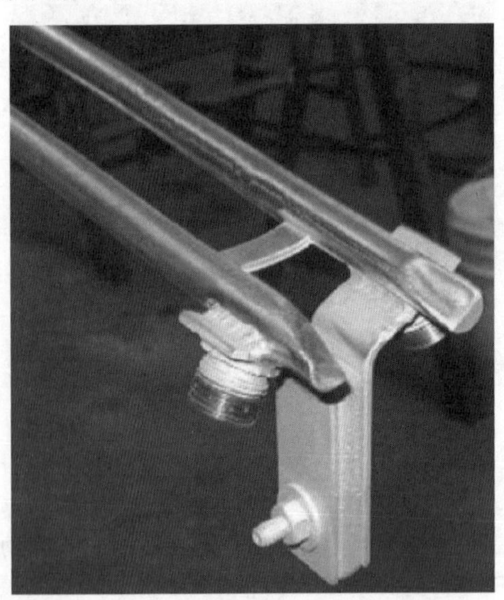

图6-118 水冷耐磨导轨（图片由 Ajax Tocco Magnetomic 提供）

水冷耐磨轨道的表面有一层耐磨涂层，涂层将延长导轨的使用寿命。图6-119所示为等离子电弧喷涂导轨的截面放大图。含有复合碳化物的钴基合金耐磨损、耐划伤和耐蚀性较好，并且在高温下可以保持这些性能，是耐磨导轨涂层的最好用材料。其特殊的耐磨性主要是归因于钴铬合金基体中离散分布的硬质碳化物相的固有特性。它们具有优异的抗冲击性，硬度为36～45HRC。这些理想特性使这种类型的涂层成为耐磨性应用中的标杆。轨道本身的水冷却使这些材料即使在感应器的最热部分也能保持其高硬度水平。

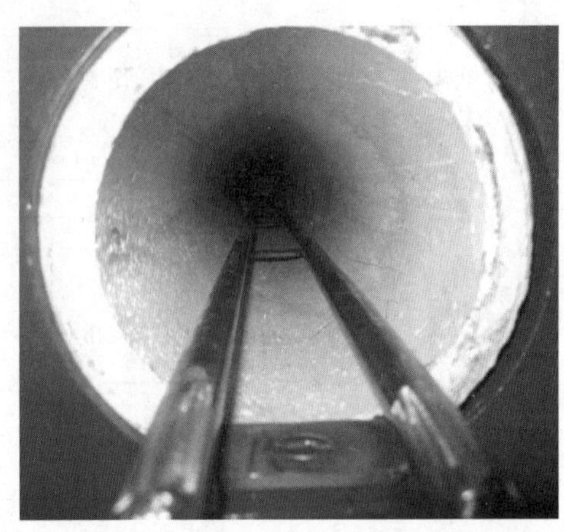

图6-119 等离子电弧喷涂导轨的截面放大图（图片由 Ajax Tocco Magnetomic 提供）

这些表层硬化涂层通常由火焰喷涂或等离子体反式（PTA）喷涂工艺制备。火焰喷涂工艺非常依赖于技术人员的技能，并且过程缓慢、冗长。它是用于涂覆感应器耐磨导轨最广泛使用的方法，也是行业标准。另一方面，PTA工艺通过机器自动运行，因此需要较少的人力。PTA工艺产生更精细的微结构，因此获得比其他工艺如火焰喷涂和金属惰性气体工艺更高的硬度。在PTA工艺中，载气将喷涂材料经柔性管送到压缩喷嘴，然后让其以会聚性方式进入等离子体电弧。PTA工艺产生更好的光洁度、更好的浸润性和更宽的耐磨珠面积。图6-120所示为等离子体转移电弧工艺的基本工作原理，图6-121所示为等离子体转移电弧工艺用于将耐磨颗粒喷涂到导轨。

在一些应用中使用热导轨，热导轨的意思就是工作中不采用水冷却，这类合金具有质量分数为70%或更高的镍含量，如Inconel 600合金。这些合金是非磁性的镍基高温合金，具有较高的使用强度并能承受普通的腐蚀。在这些应用中，必须有足够的空间用于材料延伸，因为轨道受热后会从感应器末端的出口膨胀出来。图6-122和图6-123所示为热导轨端部的典型安装。由于这种热膨胀，它们的应用范围有时会受到限制。大部分用于制造热导轨的材料在温度高于980℃时强度会下降，因此高温运用中，通常感应器的端部附近导轨磨损最严重。随着时间的推移，氧化铁黏附在铬镍铁合金材料上，这是该材料失效的根本原因。过去常使用氧化铬作为热导轨的涂层。在新开发的热导轨上已经使用氧化铝替代氧化铬作为涂层，氧化铝更耐铁氧化物腐蚀，应用结果表明可延长热导轨寿命。

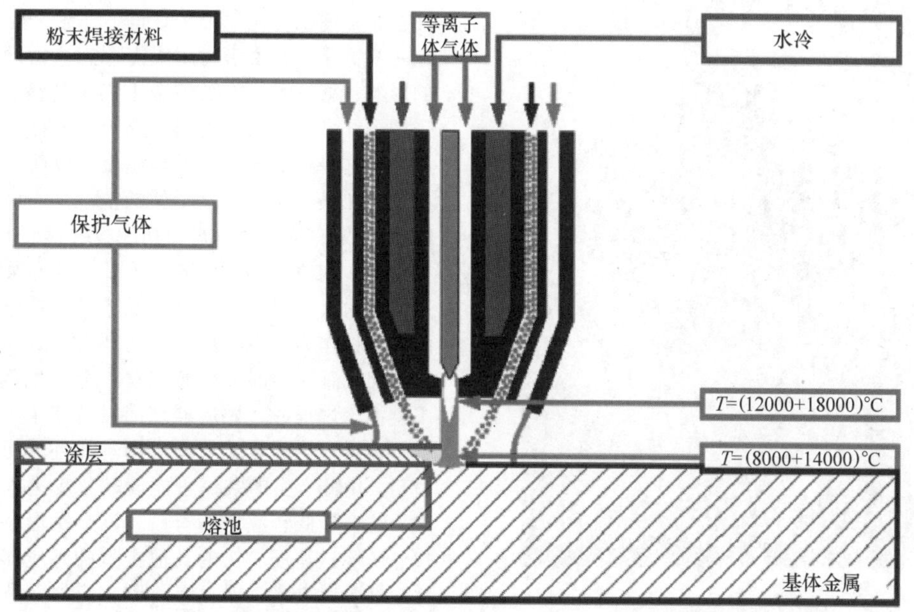

图 6-120 等离子体转移电弧工艺的基本工作原理

注：其中耐磨涂层粉末通过等离子体流以极高的温度和速度熔合到轨道的表面。

图 6-121 等离子体转移电弧工艺用于将耐磨颗粒喷涂到导轨

当不能使用水冷轨道时，由硅亚硝酸盐制造的梯形耐磨轨道多年来已经用于部分感应器设计中。这种材料非常硬、耐磨，具有低摩擦系数，并且耐热冲击。然而像大多数陶瓷一样，在没有正确支撑和安装时，它也容易破裂。图 6-124 所示为带有梯形氮化硅耐磨导轨的感应器，梯形导轨必须嵌入耐火材料中并且与耐火材料的表面齐平或略微凸起约 1.6mm（1/16in）。梯形导轨的边缘倒角与耐火材料的表面呈 45°。还有一点必须注意的是，在使用这些陶瓷材料的区域中应填充足够厚度耐火材料来支撑陶瓷材料，保护感应器线圈，并减少靠近感应器线圈一侧可能发生的热冲击。

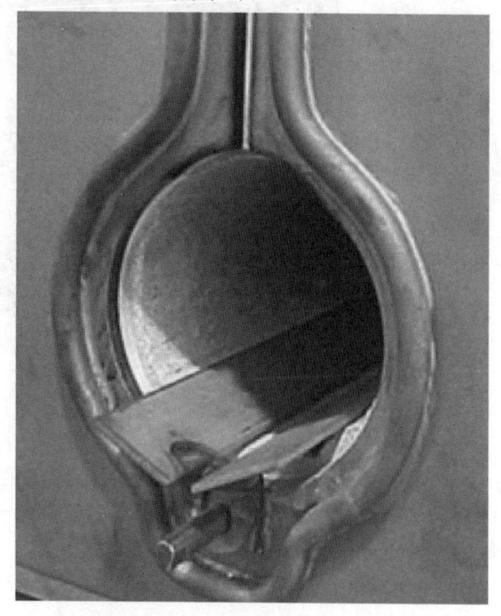

图 6-122 热导轨端部的典型安装（一）

（图片由 Pillar Induction 提供）

图 6-123 热导轨端部的典型安装（二）
（图片由 Pillar Induction 提供）

6.4.7 首次使用电源时的注意事项

首次对感应器通电时必须十分小心。一些制造商在装货前都会花费很多时间小心地干燥耐火材料。在一些情况下，由于封闭或支撑感应器的结构材料的影响，感应器不能被完全干燥。当感应器设计时采用了纤维板等低温材料，感应器整体烘烤温度不应超过这些材料的最大使用温度，以防止损坏这些材料。在感应器未完全干燥的情况下，最好在感应器中放入坯料，手动施加功率，并缓慢加热坯料。在 15min 内将块缓慢升至 980℃，然后保持 10min。这将在耐火材料中发生化学反应，并且该反应产生的水分将作为蒸汽释放。这就是为什么许多用户在初次启动感应器时发现感应器中会产生蒸汽。如果不遵循该过程并且感应器之前没有完全干透，则通常将在感应器的热端上发生剥落并且可能损坏耐火材料。由此产生的裂纹可能使氧化皮进入感应线圈中，这会降低感应器的寿命。该干燥程序可以用于块体、棒材和板加热的其他类型的感应器，如鸽笼感应器、通道感应器、椭圆形感应器、槽形感应器等。这些程序使整体浇注耐火感应器成为这些应用的最佳设计之一。

图 6-124 带有梯形氮化硅耐磨导轨的感应器（图片由 Ajax Tocco Magnetomic 提供）
注：导轨嵌入耐火材料表面，在表面上方凸起约 1.6mm（1/16in）。导轨用在入口端和出口端及横跨椭圆形感应器中心的两个区域，用于通过表面传送钢条。

6.4.8 锻造加热感应器的预防性维护

锻造加热感应器的预防性维护操作可能包括：

1）确保耐火材料在新的或返修的感应器上已经固化，因为这将显著提高感应器的寿命。

2）确保感应器与工件夹持结构对准，保证待加热工件不与耐火材料接触。

3）查看坯料上的剪切边缘，并尽量减少坯料上的尖锐边缘，确保切口是正方形。避免坯料与感应器的接触，特别要避免发生短路。

4）及时清理感应器里的氧化皮，它会引起感应器的过早失效。

5）检查耐火材料是否有裂纹或断裂，并用相同的耐火材料或相容的材料修补和密封耐火材料。

6）确保电连接的完好，并定期检查。松散的总线连接将导致电连接不良和在连接处发热，这最终将导致连接失败。

7）当感应器用螺栓固定在输出总线上时，切勿使用碳钢紧固件。硅青铜或黄铜是用于将总线和感应器连接在一起的最佳螺栓材料。这将确保维持良好的电连接。

8）感应器失效的最常见原因是水。始终保持适当的水质、流量和温度，以防止感应器线圈、轨道等过热。如果使用高质量、非导电纯水，则感应器工作效果最好。

9）如果系统具有流量或温度监视器，请确保它们已连接并能正常工作。这些装置的存在可以预防锻造加热感应器的灾难性故障。

10）确保软管夹密封较紧，并且软管夹都是100%的非磁性以防止夹子本身被感应加热，这是在高频率的应用中特别重要的。

11）确保水连接软管完好，并更换损坏的软管或配件。

12）如果感应器使用水冷导轨，请定期检查导轨并在它们失效之前更换，否则可能导致锻造加热感应器故障。

13）采取预防措施以防止工件在感应器内熔化。如果系统使用空程控制设备，请确保它们正常工作。

14）如果每个感应器都相同，可以在允许的系统上轮换使用感应器可以延长感应器组的寿命。热端感应器总是经受最高温度和最恶劣的环境，冷端感应器和热端感应器的轮换可以使整个感应器组件寿命提高。

这些用于加热棒、块和板的感应器的预防措施适用于几乎所有类型的感应器。

6.4.9 小结

必须仔细考虑用于加热坯料、棒材和板的感应器的设计和制造。由于现代感应加热系统中的感应器故障，1h 的停机时间可能造成数千美元的损失。在今天全球化竞争性市场中，使用带切割角的劣质材料、不合标准的修复和制造技术等将会被淘汰。使用最好材料和工艺的前期花费可能更多，但它总是会通过减少停机时间和所有相关成本而最终产生收益。

正确的维护程序还将延长感应器的寿命，并有助于防止过早失效。遵循前面列出的许多简单过程将实现这个目标。

重要的是将材料和技术的进步纳入新的和现有的感应器应用中，可以提供更长的寿命、更少的停机时间和更大的系统可靠性。

价格不应该是决定性因素，因为较低的价格通常会随着时间的推移而花费更多。选择感应系统、感应器维修和设计的供应商应该是一个精心考虑的过程，需对先进材料、设计、经验、声誉和能力进行全面评估，以产生持久、可靠的产品设计，减少停机时间，提高整个系统的效率。

6.5 热处理、钎焊和软钎焊感应器的设计和制造

Scott Larrabee and Andrew Bernhard, Radyne Corporation

钎焊和软钎焊过程非常相似。在这两个过程中，组件是由焊料连接在一起，焊料金属的熔点低于构成组件材料的熔点。不同的是，钎焊和软钎焊的温度不同。据美国焊接学会的分类，使用焊料将两个组件在低于 450℃（842℉）结合在一起的过程叫做软钎焊；若超过 450℃（842℉）则为钎焊。在本文中，软钎焊和钎焊可作同一意思使用。

在软钎焊和钎焊的过程中，随着温度升高，基体材料会发生氧化。因为钎焊温度更高，钎焊过程中组件将会发生更加明显的氧化。感应钎焊的一个优点是它可以快速局部加热，将加热区域限制在与焊接接头相关的区域，从而使钎焊过程中氧化量最小化。控制气氛工作室和保护气氛可以用于软钎焊或钎焊，以减少或消除对焊剂的需要并消除氧化。

与感应热处理一样，感应钎焊的成功高度依赖于感应器设计。在理想情况下，用于钎焊的感应器应该将整个钎焊接头均匀加热至某一温度，或者使施加钎焊合金的位置之外的温度略高，以便更好地使钎焊合金融入接头。

用于钎焊的感应器（通常称为感应线圈或线圈）在许多方面与用于感应热处理的感应器相似。表 6-7 为热处理感应器和钎焊感应器之间的差异。

表 6-7 热处理感应器和钎焊感应器之间的差异

属　性	热处理感应器	钎焊感应器
感应器加热面积	加热感应器面积与所需的淬火热形直接相关 明确的热形、层深和宽度要求 感应器面积可以小于待热处理的面积	整个钎焊接头区域。为了控制接头区域的冷却、加热速度，通常需要在接头区域之外加热
加热材料类型	通常，在一次操作中加热单一材料	感应器设计可能需要兼容不同材料在一次操作中加热。通常，多种类型的材料被加热
功率密度	高功率密度用于实现良好的加热热形	较低的功率密度，以提高钎焊接头区域和邻近位置的温度均匀性
淬火冷却	通常使用水基淬火液	不常用，除非是气体淬火。同时需要钎焊和硬化的应用例外
加热方法	一次加热：整个待热处理的区域被一次加热；工件可以旋转以获得均匀热形 扫描热处理：扫描加热和淬火，用于细长的热处理区域，如轴	钎焊接头区域以一次加热法（通常不旋转）或在连续移动通过感应器时被整体加热

钎焊感应器的尺寸和形状取决于钎焊接头区域的尺寸和形状。钎焊感应器可以是简单的单匝管状感应器或精细的多匝轮廓感应器。图 6-125 所示为在感应钎焊中使用的典型接头和感应器设计，显示了用于钎焊的各种感应器结构和几何形状。一般来说，由铜管制成的多匝感应器是钎焊中最常见的感应器。图 6-126 所示为具有淬火冷却附件的内径淬火感应器。该感应器使用导磁体，并在载流面上具有加工轮廓，该设计用于精确控制待处理部件上的硬化区域的形状。钎焊感应器通常不需要这类特别的加工轮廓，这是因为其加热区域通常不必像感应淬火那样被严格控制。

6.5.1 制造感应器的材料

钎焊感应器（线圈）通常由退火的高纯度铜材制成，因为铜具有高导电性、高导热性、良好的力学性能和相对其他金属（如银或铝）较低的成本。高导电率或低电阻率的材料在感应器的应用中非常重要，可最小化感应器的焦耳损耗（I^2R）。由于铜材料容易加工、易成形、易退火，并且容易钎焊或软钎焊到其他铜或黄铜部件，这些使其成为制造感应器的常用材料。当连接两个铜感应器部件，如连接两个不同尺寸铜管时，最好使用某种银钎焊（BAg）合金来进行钎焊，因为其强度高、耐用性好、操作简单。钎焊也是将盖板连接到机械加工感应器冷却通道的一种较好方法，也是将冷却管连接到加工感应器的优选方法。由交叉钻孔水路形成的封闭水冷回路的感应器，堵头通常钎焊在交叉钻孔通道的端部。应当尽量避免将堵头设计在感应器的载流面上。注意，应避免感应器的载流区域中出现尖角。将尖角过渡化处理有助于降低局部电流密度，延长感应器的寿命。

感应器用紧固件和外围装置，在某些情况下，感应器的尺寸较大时需要增加额外的支撑以防止由于自重和感应器通电期间产生的电磁力而发生变形。当遇见这种情况时，需要将黄铜螺柱钎焊到感应器上并且连接到用作支撑结构的聚合物基复合材料板条上（如 G10），帮助固定感应器防止变形。图 6-127所示为典型感应器。如何使用黄铜螺柱和聚合物基复合材料条来保持多匝感应器各匝之间的间隔，黄铜配件通常用于将黄铜螺柱固定到聚合物复合支撑结构上。图 6-128 所示为由实心铜块机械加工制成感应器。

临近感应器使用的所有材料应当是非磁性的，并且最好是不导电的。当组件如紧固件和软管夹因为强度或可用性限制需要使用金属部件时，应使用非磁性金属如黄铜、铝或奥氏体（300 系列）不锈钢。黄铜通常是用于将感应器连接到电源的紧固件优选材料。当无法使用黄铜紧固件或黄铜的机械强度不足，可以用奥氏体型不锈钢紧固件将感应器连接到电源上。当临近感应器使用不锈钢紧固件如软管夹时，应注意确保该紧固件不会由于感应电流而过热。

当外接冷却回路连接到感应器以防止感应器过热时，通常使用黄铜连接或聚合物管配件进行连接。可使用橡胶软管（非金属编织物加强）或塑料管（如聚丙烯管）将感应器连接到用于保持感应器和感应电源冷却的冷却回路。

多年来已经有几种不同类型的材料和方法用于屏蔽磁场以防止不需要加热的区域被加热，并且将磁通集中在需要加热的区域中。

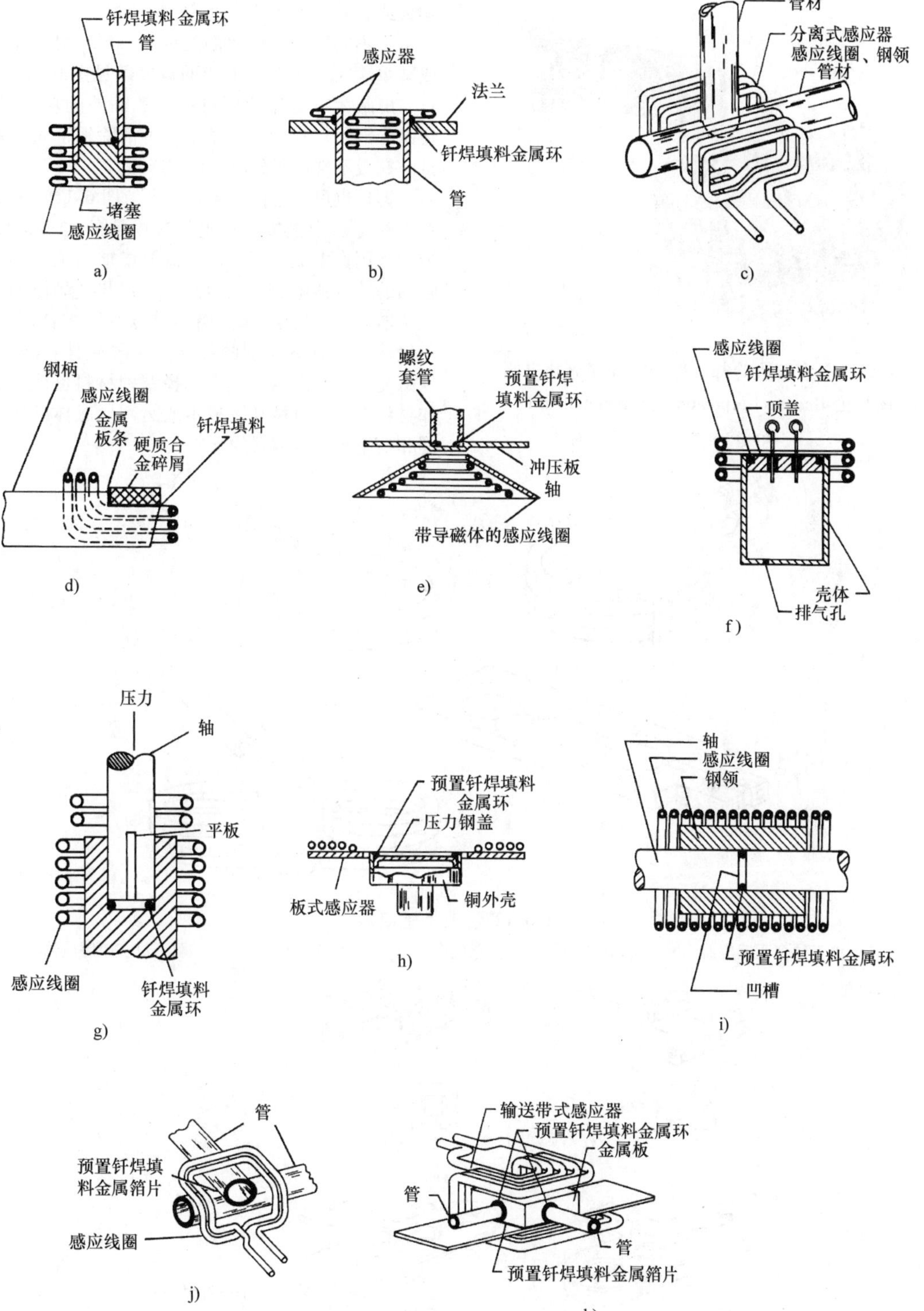

图 6-125 在感应钎焊中使用的典型接头和感应器设计
（图片由 Lepel Corporation 提供）

图 6-126 具有淬火冷却附件的内径淬火感应器（图片由 Radyne Corporation 和 Inductotherm Group Co 提供）

屏蔽不需要加热区域的最早的方法之一是使用铜板或金属板来帮助消耗一些感应器功率。图 6-129 所示为不同感应器产生的磁场和热形，可用于屏蔽或减少输入到工件上能量的铜屏蔽见图 6-129f。注意，屏蔽太靠近感应器可能导致额外的功率损耗。将水冷铜管钎焊到铜屏蔽上，可消除铜屏蔽中的热量。铜板不常用于分散磁场的屏蔽。

铜板也可以用作电流集中器。图 6-125e 和 h 所示为感应器中铜板用作电流集中器的实例。通常，当铜板用作电流导磁体时，需要增加与工件屏蔽的附加的感应器电感，从而使感应器与变频电源正确地调谐，以输出足够的功率来满足所需的钎焊应用。一般来说，以下类别的材料用于导磁体：硅钢片、软磁复合材料和铁氧体。选择哪种材料可能受到诸如材料成本、机械加工成本或运用导磁体的频率范围和功率水平等因素的影响。

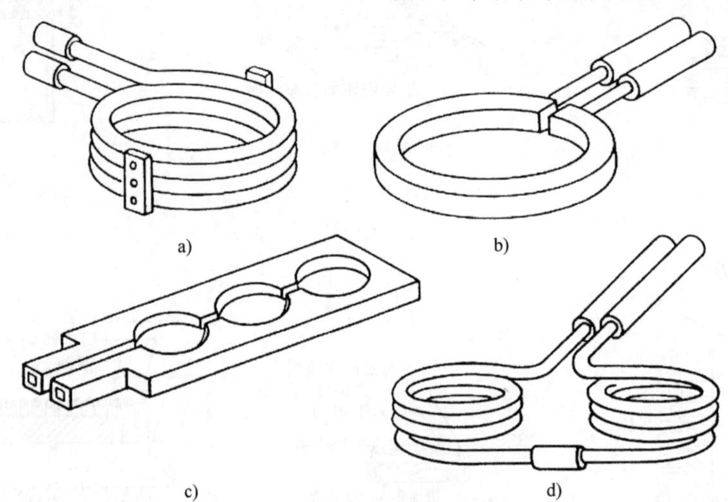

图 6-127 典型感应器

a）单工位多匝感应器 b）单工位单匝机械加工感应器 c）三工位单匝感应器 d）双工位多匝感应器

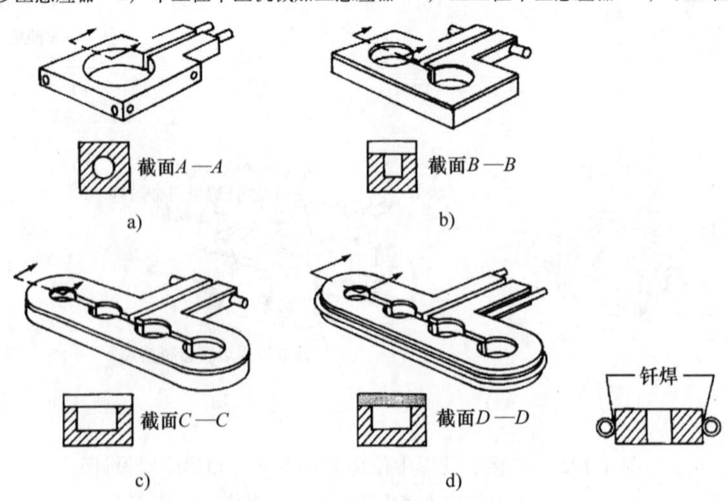

图 6-128 由实心铜块机械加工制成感应器

a）单圈 b）双工位 c）四工位内部冷却 d）四工位外部冷却

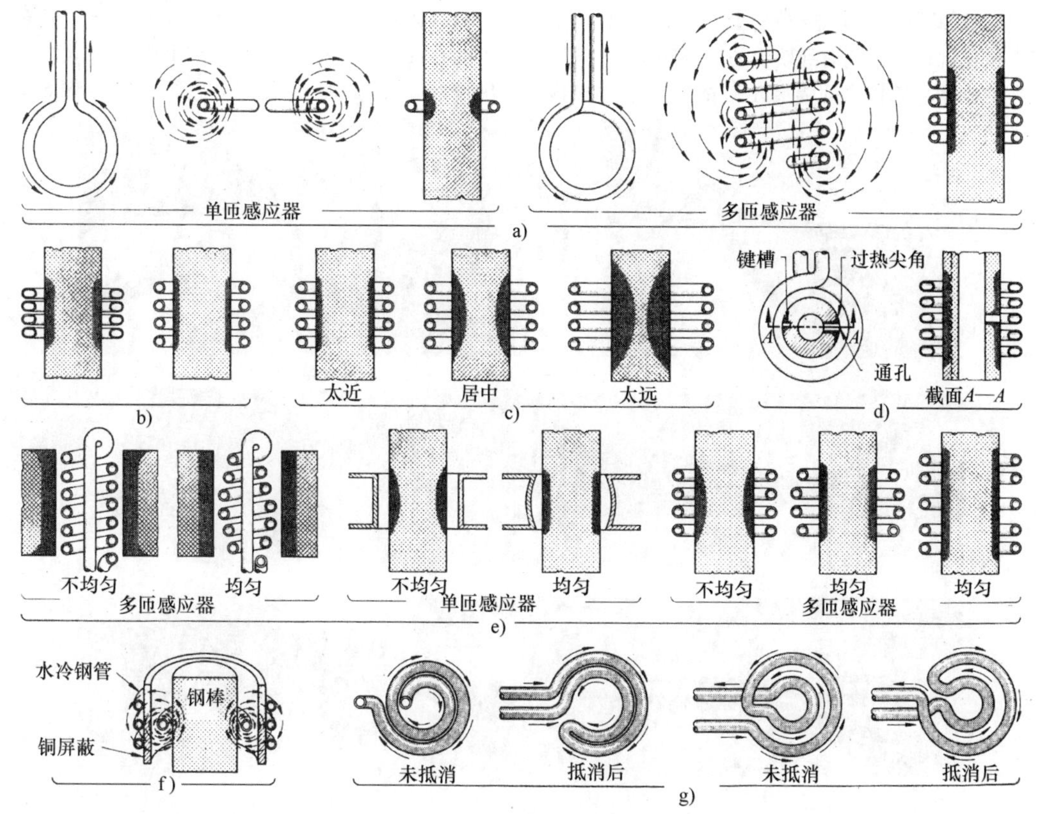

图6-129 不同感应器产生的磁场和热形

a）磁力线分布及其热形 b）线圈间距对热形的影响 c）耦合距离对热形的影响 d）尖角效应 e）不均匀热形的调整方法 f）屏蔽（减弱局部加热功率） g）磁通抵消

厚度为0.06～0.60mm（0.002～0.02in）的硅钢片叠层是一种已经应用多年的导磁体材料，且一般用于低中频场合。使用硅钢片的一个原因是它们相对便宜，并且它们比其他材料（如铁氧体和软磁性复合材料）能承受更高的磁场强度和温度。其承受高温的能力在工件温度为900～1200℃范围内时显得特别重要，此时感应器受到的辐射热十分显著。

随着软磁复合材料（Fluxtrol、Ferrotron等）的发展，这些材料通常用于控制磁场。一般来说，软磁复合材料是针对特定频率范围设计的。为低频设计的材料在1～50kHz频率范围内使用，而为高频设计的材料通常在50～1000kHz范围内使用。这些软磁材料通常是可机械加工的或可模制的。

除了铁氧体是硬的脆性陶瓷，其只能用金刚石工具加工外，铁氧体与软磁复合材料或硅钢片的使用方式非常相似。与任何其他材料相比，铁氧体在相对弱的磁场中具有最高的相对磁导率。然而使用过程中必须小心，以免这些材料在使用中发生磁饱和。

由于涡流和磁滞损耗，任何导磁体材料在使用中都会产生一些热量，因此必须对导磁体进行充分冷却。它们可以通过导热环氧树脂或通过机械固定到感应器上，与水冷感应器的紧密接触对于防止导磁体材料的过热非常重要。

绝缘材料用于防止感应器的匝之间及感应器与周围的导电（即金属）部件之间产生电弧。清漆是最古老的绝缘材料之一，并且多年来它们已经用于各种应用中硅钢片之间的绝缘材料，如变压器硅钢片或感应器上的导磁体。当感应器和工件之间的距离足以防止绝缘涂层受热碳化时，可将清漆和聚氨酯用作感应器的绝缘涂层。当清漆和聚氨酯的耐温性不足以承受来自工件的辐射热时，环氧树脂和具有环氧树脂涂层的玻璃纤维带可用作感应器的绝缘材料。之所以使用环氧树脂和玻璃纤维带涂层，因为它们相对便宜，易于使用，并且不需要厚的涂层。

通常，感应器的汇流排应尽可能地靠近，以使感应器汇流排中的电感最小。最小化汇流排中的电感可以降低感应器的压降，从而降低所需的总电源输出电压并减少汇流排之间产生电弧风险。根据所使用的电源不同，被加热的工件需要或期望调整到一定的工作频率，有时需要增加汇流排中的电感，以能够将电源适当地调谐到期望的谐振频率。

在感应器汇流排之间需要足够的电绝缘保护以防止电弧和电晕。通常，合成含氟树脂（见聚四氟乙烯）或一些其他耐高温和高电阻的聚合物片材多用作汇流排之间的绝缘体（见图6-130～图6-133）。

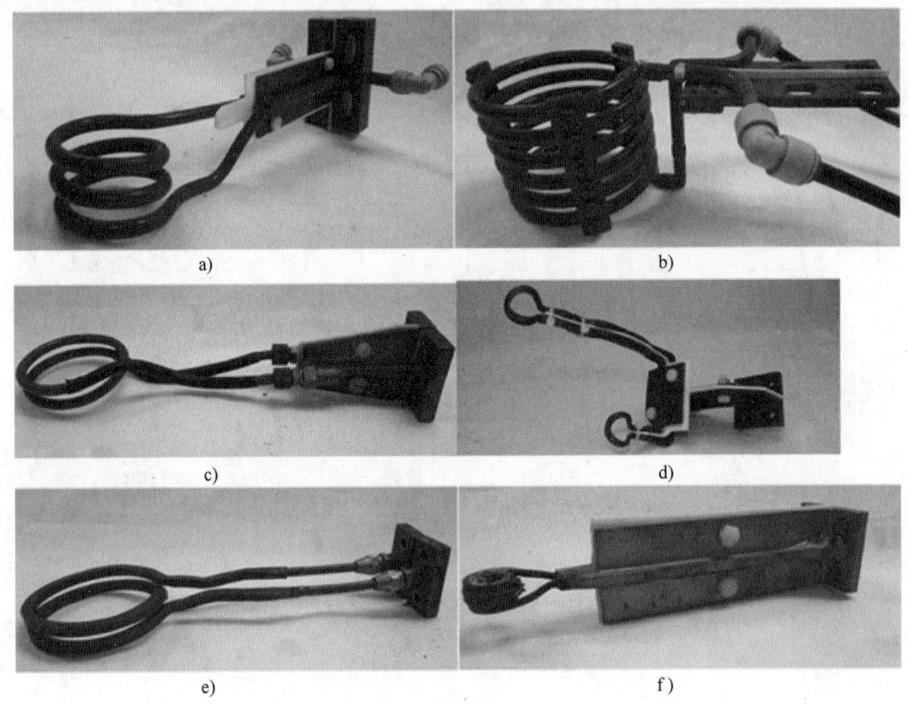

图6-130 螺旋钎焊感应器与各种感应器的安装方式
（图片由 Radyne Corporation 和 Inductotherm Group Co 提供）
a）带杰克逊接口安装和鱼尾接触板的螺旋感应器 b）带螺栓安装的螺旋感应器，用于连接到L汇流排 c）鱼尾安装，其中接触板安装到电源，螺纹连接头连接到感应线圈 d）带鱼尾接触板和螺栓安装接触板的多工位单匝感应器 e）电源板与喇叭形配件相固定的感应器接触板 f）鱼尾接触板式螺旋感应器

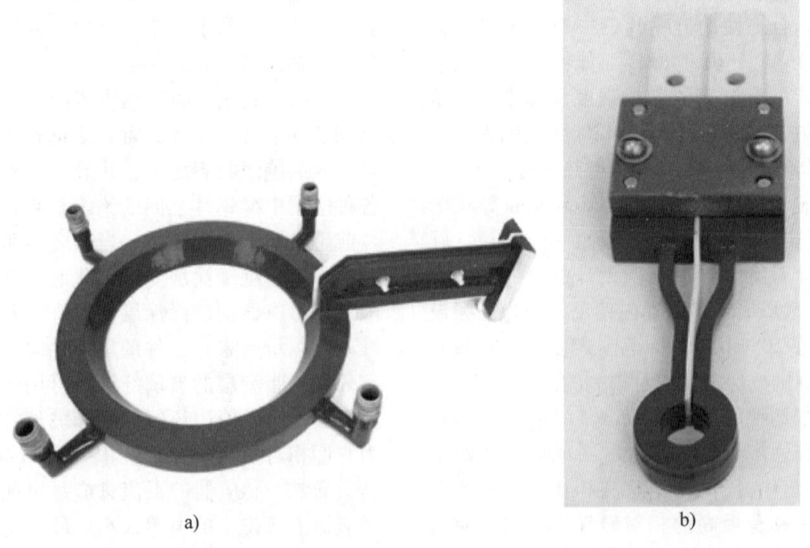

图6-131 带有快换接头安装的单匝感应器
（图片由 Radyne Corporation 和 Inductotherm Group Co 提供）
a）用于热处理的单匝机械一体式淬火感应器 b）感应器顶面加了导磁体板的感应器

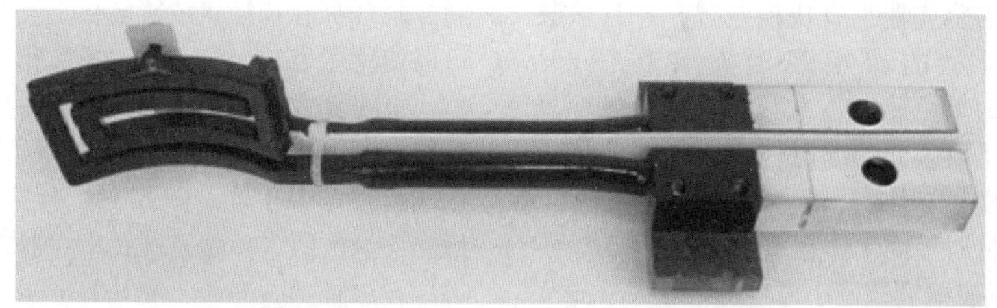

图6-132 连接到快换装置的扁平感应器
（图片由 Radyne Corporation 和 Inductotherm Group Co 提供）

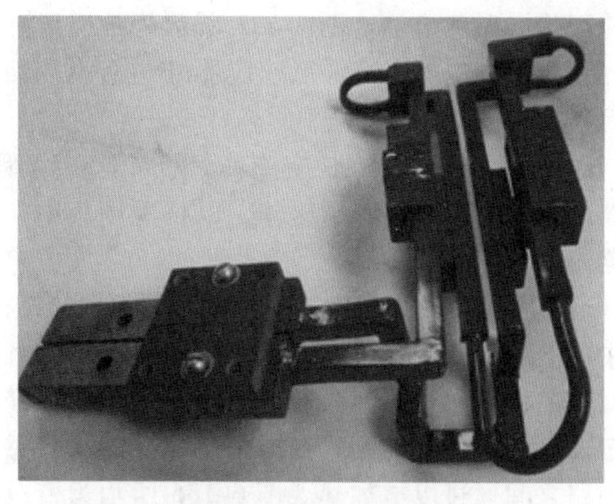

图6-133 带有快换装置的蝶形感应器
（图片由 Radyne Corporation 和 Inductotherm Group Co 提供）

合成含氟树脂片材通常以多种不同的方法装在感应器的汇流排之间：

1）聚合物绑带缠绕在汇流排和合成含氟树脂周围，将其固定在适当位置（见图6-130d 和图6-132）。

2）尼龙螺栓延伸穿过汇流排和合成含氟树脂片，把合成含氟树脂片固定在适当位置并将其与汇流排固定在一起（见图6-130a、c、d、f）。

3）聚合物套管用于将黄铜螺栓和螺母与感应器汇流排进行绝缘，并且这些黄铜螺栓把汇流排和合成含氟树脂片材固定在一起。

当工件温度为 800 ~ 1200℃（1470 ~ 2200℉）时，该温度范围与银（618 ~ 1038℃ 或 1144 ~ 1900℉）、铜（664 ~ 1177℃或 1227 ~ 2150℉）和镍（927 ~ 1204℃或 1700 ~ 2200℉）钎焊应用的温度范围一致，需要使用耐热绝缘材料来防止工件和感应器之间的电接触和电弧。常用的耐热绝缘材料是硼硅酸盐玻璃、石英和各种陶瓷、耐火材料。当形状合适时，耐热绝缘材料可通过反射热辐射和减小气体对流来减少工件的热能损失。无孔耐热绝缘材料也常用于制造工件周围的可控气氛室。

6.5.2 一般感应器的结构、制造和电源连接技术

用于钎焊的感应器可以由实心铜块加工或由铜管制成，这取决于待加热钎焊接头的几何形状和尺寸以及复杂性。由铜管或通过机械加工制造的感应钎焊应用中不同布局型式的感应器见图 6-127 和图6-128。

由铜管制成的感应器是钎焊感应器中最常见的结构类型，因为它们的成本通常较低，它们通常是多匝结构。用于感应器的铜管形状可以是正方形、矩形或圆形。管道形状及壁厚选择由加热过程所需的磁场形状、感应器电流、频率和保证感应器冷却所需的水流量来确定。

感应器管的壁厚选择基于感应电源的工作频率和商业可用性。为了获得最佳的感应器效率，感应器管的壁厚应至少为两个参考深度的最小值，其中参考深度 d 为

$$d = 503\sqrt{\frac{\rho}{\mu_r f}} \tag{6-13}$$

或

$$d = 3160\sqrt{\frac{\rho}{\mu_r f}} \tag{6-14}$$

式中，ρ 是铜的电阻率（Ω · m 或 Ω · in）；μ_r是相对磁导率；f 是感应电源的频率（Hz）。对于铜，20℃（70℉）时铜的电阻率ρ 为$0.018\times10^{-6}\Omega\cdot m$，$\mu_r$为 1。表 6-8 为针对不同工作频率所计算的感应器铜壁最小厚度。在选择壁厚时也应该考虑机械强度，使得即使对于高于 30kHz 的频率，通常仍然可使用最小壁厚为 0.75mm 的铜管。

图 6-130 为各种感应器的安装布局，其中图 6-130a、b 所示的感应器设有冷却回路，通常情况下其冷却回路与电源冷却回路是分离的。图 6-130c ~ f 所示的感应器是由直接来自电源的冷却回路冷却的感应器。图 6-130a、c、d 和 f 中的鱼尾形安装座用于最小化感应器安装汇流排中的电感和电阻损耗。

快换式感应器，通常安装到感应电源上以实现感应器的快速更换。图 6-134 所示为用于感应器切换的快换装置。图 6-131 中为具有两种不同类型的快换装置的两个螺旋管感应器。图 6-131a 中的快换式感应器是用于热处理的机械加工整体式淬火感应

器。图6-131b中的感应器也有快换装置，并且该装置与图6-134所示的快换装置安装在一起。图6-131b为简单的单匝感应器，它有一个通过环氧树脂黏结到感应器顶表面的导磁体盘，以帮助将磁场聚焦在感应器的内径中。

表6-8 针对不同工作频率所计算的感应器铜壁最小厚度

频率/kHz	感应器铜壁最小厚度	
	mm	in
1	4.25	0.167
3	2.45	0.097
10	1.34	0.053
30	0.78	0.031
135	0.37	0.014
200	0.30	0.012
350	0.23	0.009
450	0.20	0.008

图6-134 用于感应器切换的快换装置（图片由Radyne Corporation 和 Inductotherm Group Co 提供）

6.5.3 感应器设计

用于钎焊、软钎焊、冷缩配合和热处理的感应器设计具有许多相似性，并且通常可以以多种方式分类。最常见的感应器设计分类方法是根据感应器的形状、电流如何流过感应器（如分支返回）或感应电流如何在工件中流动（如横向磁通）或如何运用感应器（如内部）来分类。感应器通常分为螺线管式（也称为环形或螺旋形）感应器、通道（槽）式感应器、薄饼形感应器、发夹式感应器、蝶形感应器、分支返回感应器或内径感应器。当工件以连续方式（如在传送机或旋转台上）呈递给感应器时，可以使用通道式、发夹式、蝶形和薄饼形感应器。

螺线管式感应器通常为简单的圆形。螺线管式感应器可以是单匝或多匝感应器结构，这取决于加热区的直径和长度。图6-130为具有不同类型汇流排和接触板的各种螺线管式感应器。

在多匝感应器中，感应器产生的磁场相对于理论上的磁场形状会发生变化，具体位置为汇流排进入、离开感应器的区域和从一个绕组到下一个绕组的过渡区域。为了最小化这些特征对磁场的破坏，可使用阶梯形感应器。图6-135所示为阶梯形感应器和无阶梯感应器，阶梯形感应器结构使第一圈和最后一圈更完整，这加强了磁场。

图6-131b为安装在快换接头上的单匝螺线管感应器。感应器顶部装有导磁体，以将磁场集中在感应器内部。

通道（槽）式感应器基本上是相同类型的结构。其中电流沿着感应器一侧的感应器支路进入并且在相对侧的支路中返回。由通道感应器加热的工件以一定速度的连续移动方式在通道感应器的平行感应器支路之间通过以被加热。图6-136所示为带有螺栓安装孔的双匝通道式感应器，可以用于钎焊接头。

发夹式感应器，基本上是单匝通道式感应器，不同的是工件在感应器的侧面加热。当使用发夹式感应器时，感应器效率高度依赖于工件和感应器面之间的距离。导磁体常用于提高发夹式感应器的效率。如果发夹式感应器的两个支路彼此靠近，则邻近效应将使得两个支路中的大部分电流在彼此面对的感应器支路的内表面上流动。围绕感应器支路安装U形导磁体，使U形导磁体开口侧面向工件从而使感应器电流重新分布。槽口效应使得电流在面向工件的感应器的表面上流动，这极大地改善了感应器和工件之间的耦合。改进的耦合可以增加效率。工件上的热形通常是感应器的镜像。

薄饼式感应器是从感应器的中心向外圈逐步螺旋缠绕的感应器，形状通常看起来像平坦扁平的饼，这种类型的感应器用于面加热。薄饼式感应器的效率高度取决于工件和感应器面之间的距离。薄饼式感应器的缺点之一是由于电流抵消现象导致在热形心部经常出现加热死点。图6-132是设置有快换装置的薄饼式感应器示例。

蝶形感应器，顾名思义，通常是形状类似蝴蝶的感应器。这些感应器的构造使感应器中心的所有支路电流方向相同。图6-137所示为蝶形感应器的示意图，可以看出电流如何在感应器的中心支路中流动。蝶形感应器通常用于面加热，类似于扁平感应器，但蝶形感应器在中心不像薄饼形感应器那样有加热死点。图 6-138 所示为蝶形感应器中的电流流动方向和所产生的磁场。感应器被用来模拟加热铜板。图 6-138 中的顶部图像所示为在中心匝上添加导磁体后的加热效果。图 6-139 所示为用图 6-138 所示的感应器加热时铜板表面的功率密度。在两种情况下，工件中的总功率相同。增加的导磁体通过增加中心匝下的功率密度和降低外匝下的功率密度来改变工件中的功率分布。

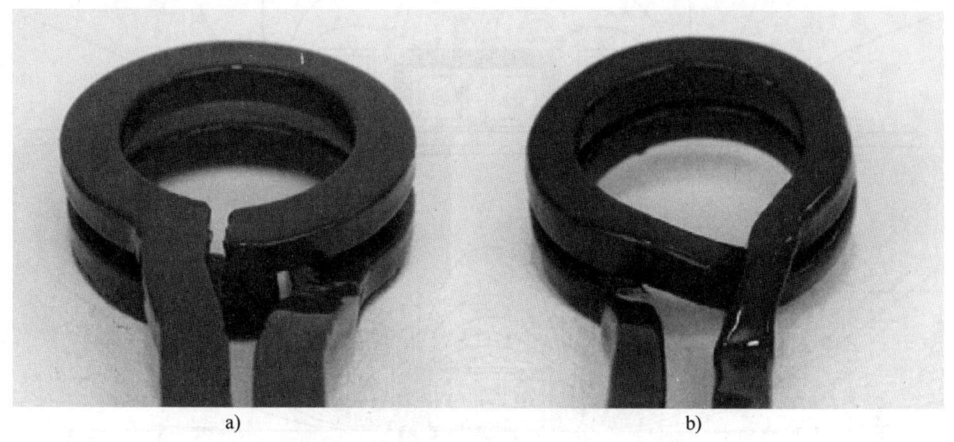

图 6-135 阶梯形感应器和无阶梯感应器
（图片由 Radyne Corporation 和 Inductotherm Group Co 提供）
a）阶梯感应器 b）无阶梯感应器

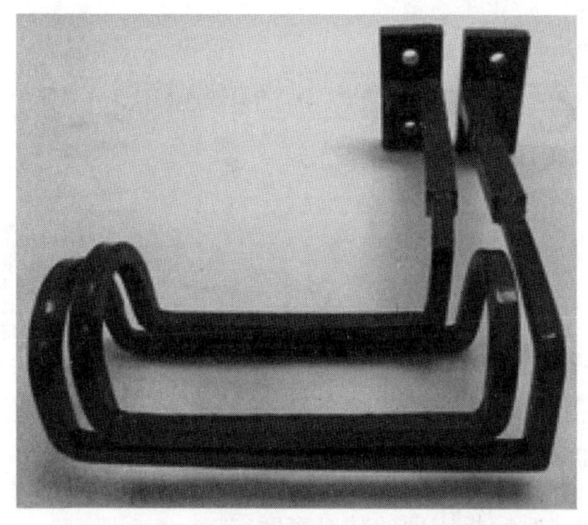

图 6-136 带有螺栓安装孔的双匝通道式感应器（图片由 Radyne Corporation 和 Inductotherm Group Co 提供）

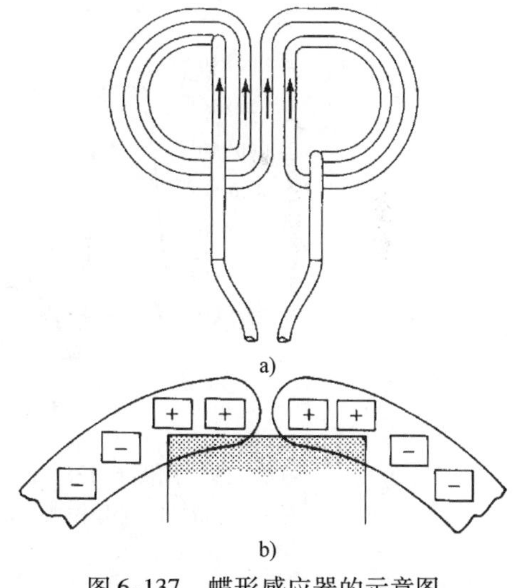

图 6-137 蝶形感应器的示意图
a）感应器结构（箭头表示感应器中的强化电流）
b）调节感应器匝和工件端部之间的耦合，以产生均匀的热形

在需要加热工件侧面的情况下，蝶形感应器的侧翼可以向下折叠以形成类似于通道（槽）式感应器的形状，以连续方式进行加热钎焊。图 6-133 是蝶形感应器，其外侧支路被向下弯曲以形成形状像通道（槽）式感应器的感应器，从而形成能够加热钎焊正面和侧面的感应器。

分支返回感应器，顾名思义，感应器中返回到电源的电流在两个汇流排之间分开。图 6-140 所示为中心支路装有导磁体的分支返回感应器。在分支返回感应器中，通过感应器的所有电流流经感应器的中心支路，然后通过两个外部支路返回到电源。中心支路是感应器的主要磁场产生区域，因此工件上最接近感应器中部的区域获得最多的加热能量。分支返回感应器能够产生长而窄的加热区域，用于钎焊或软钎焊搭接缝。图 6-141 所示为分支返回感应器的磁场分布。图 6-142 所示为被加热铜板表面上的功率密度分布。与蝶形感应器类似，功率密度在中心圈下最高，在外圈下显著降低。

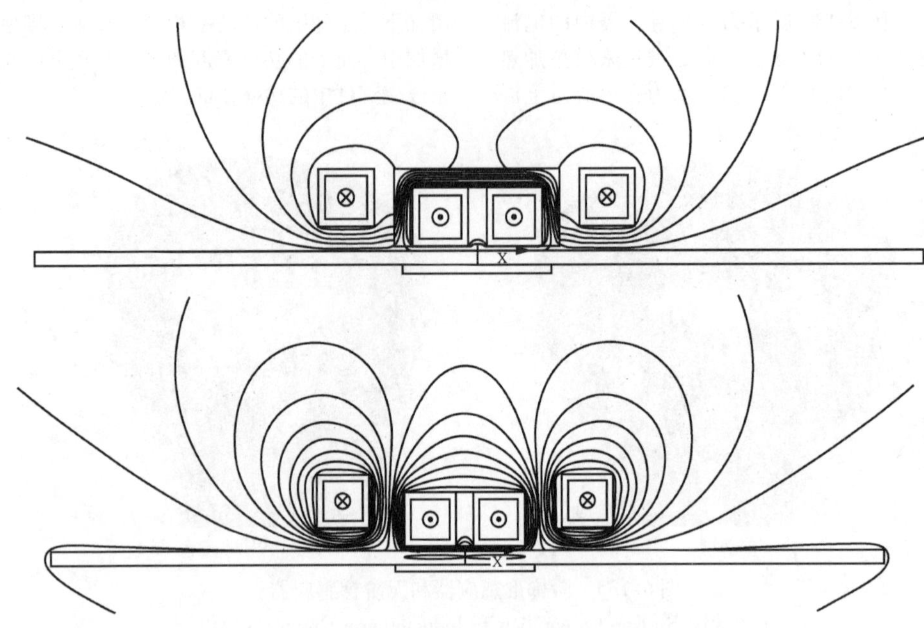

图 6-138 蝶形感应器中的电流流动方向和所产生的磁场

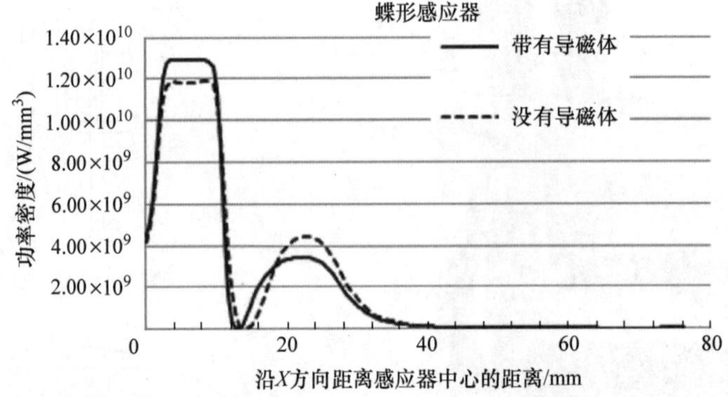

图 6-139 用图 6-138 所示的感应器加热时铜板表面的功率密度

注：可以看出中心匝添加导磁体后，其下方铜板表面的功率密度较强。

图 6-140 中心支路装有导磁体的分支返回感应器

（图片由 Radyne Corporation 和 Inductotherm Group Co 提供）

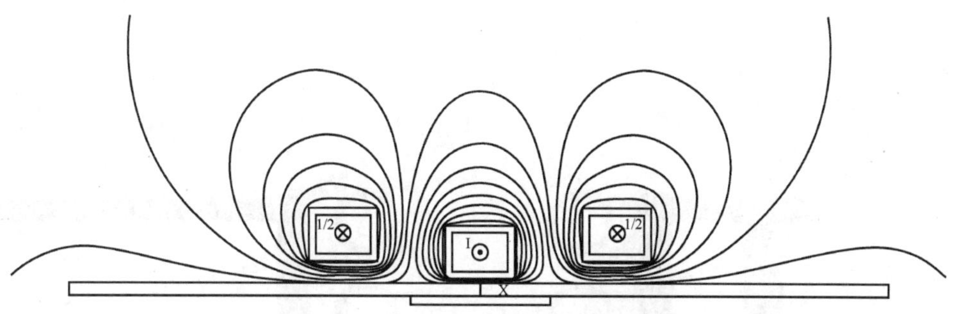

图 6-141 分支返回感应器的磁场分布

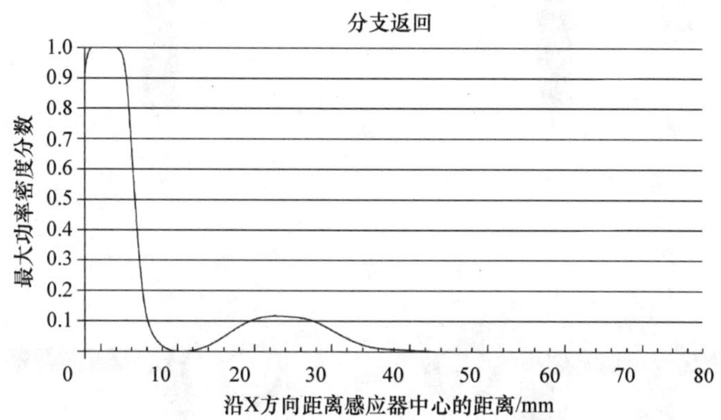

图 6-142 被加热铜板表面上的功率密度分布

内径感应器是感应器各种设计中效率最低的，因为电流总是想要沿着最短路径流动，即围绕圆形感应器的内表面流动。使用内径感应器时，工件处于感应器外部，磁场是最弱的。图 6-143 所示为带有导磁体的内径感应器。为了提高内径感应器的效率，使用导磁体来对感应器的内部磁场进行控制以迫使磁通朝向感应器的外部。图 6-144 所示为内径感应器加热应用中的电流密度分布。对于相同的感应器电流，当导磁体被放置在感应器的中心时，在工件中感应出更大的电流。

图 6-143 带有导磁体的内径感应器（图片由 Radyne Corporation 和 Inductotherm Group Co 提供）

属于特殊感应器设计组的感应器包括：横向磁通感应器、带附件的感应器及不属于前面讨论的感应器设计类别的特殊形状的感应器。横向磁通感应器是被设计成使感应电流在工件的表面流动而不是在工件周围或通过工件流动的感应器。图 6-125c、j 和 k 是可以归类为横向磁通感应器。横向磁通感应器的加热对感应器和工件之间的距离非常敏感。通道式感应器、发夹式感应器、蝶形感应器和扁平感应器也可以被分类为横向磁通感应器，因为它们在工件的表面诱导产生感应电流。

带附件的感应器多用于经济性生产应用，如每批次处理 30 ~ 40 个工件的小批量生产场合。

6.5.4 感应器设计的关键变量

当设计用于钎焊、软钎焊或热处理的感应器时，感应器和工件之间的关系类似于变压器，其中感应器是变压器的初级侧，而工件是变压器的次级侧。

与感应器设计有关的变量有：形状、匝数、匝间距、感应器和工件之间的距离（耦合间隙）、磁场中工件上存在的锐角、在感应器内或附近存在金属屏蔽或导磁体、工作频率、交流输入、冷却。

（1）形状 感应器的形状是设计感应器时最重要的变量。感应器的形状决定：

1）感应电流流入工件的哪些区域，进而决定零件的哪些区域被加热（热形）。

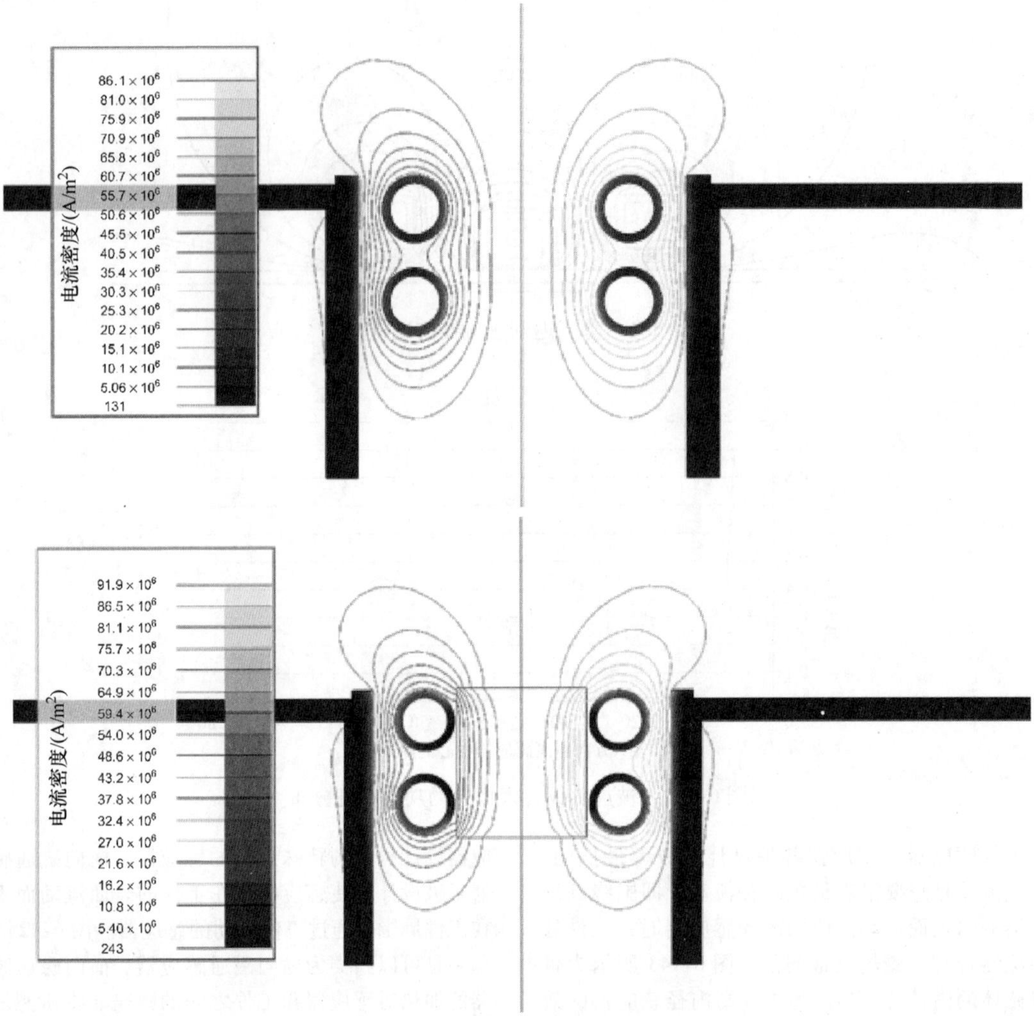

图 6-144 内径感应器加热应用中的电流密度分布

注：上部图像为没有使用导磁体时内径感应器中的电流，下部图像为感应器中心放有导磁体的效果及在工件中感应出的增加的电流。

2）感应电流在工件中流动的方向。

3）工件的哪些区域磁通量集中强烈，工件加热迅速；或哪些区域磁通量抵消感应电流，导致在工件的这些区域中不被加热。

4）感应器效率，或输入感应器的功率的哪部分用来加热工件。未传递到工件上的功率被转换成热量通过感应器冷却水带走。

（2）匝数 较多的匝数增加了给定电流的感应器产生的磁通量的密度。钎焊感应器设计中在需要更多热量的区域中放置更多的匝。图 6-145 所示为螺线管感应器钎焊铜对铜接头时的热形。顶部管的壁厚为下部管壁厚的一半，因此在那里需要较少的热量。为了获得钎焊接头处的正确温度，在底部壁厚较厚的铜管周围设置更多的匝。

单匝感应器的电感非常低，必须使用阻抗匹配变压器来调谐电源以使其在工作频率范围内运行。如果可行，则阻抗匹配变压器通常安装在电源柜内并且可以具有可调节抽头设置以针对各种感应器和负载条件调节变压器匝比。

多匝感应器比单匝感应器具有更多的电感，相比于单匝感应器，相同的功率输出，多匝感应器具有更高的电压、较低的电流。如果感应器汇流排占据螺线管式感应器中的电阻损耗的绝大部分，则可以通过增加感应器匝数来提高效率。这样，对于工件中的相同加热效应，感应器中的电流将减小，汇流排中的电阻损耗也较低。

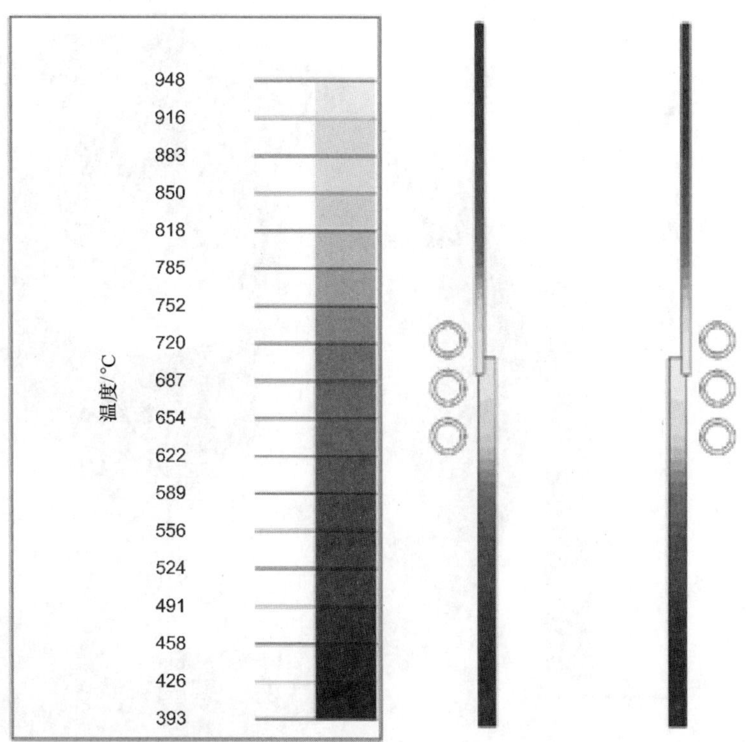

图 6-145　螺线管感应器钎焊铜对铜接头时的热形

注：通过感应器定位以在较厚的横截面中产生更多的热量，以使两个部件同时在接合部处达到钎焊温度。

(3) 匝间距　感应器匝间距通常为 1.6～3.2mm（1/16～1/8in）。1.6～3.2mm（1/16～1/8in）的间隙主要用于防止感应器的匝之间的电弧。小匝间距与松散的感应器相比可以产生更深的热形。匝间距的影响见图 6-129b。图 6-129e 为使用非均匀匝间距感应器以沿着感应器的长度方向实现更均匀的加热深度的示例。

(4) 感应器和工件之间的距离（耦合距离）　感应器和工件之间的功率传递效率与它们之间的距离的平方成反比。因为根据毕奥－萨伐尔定律，磁场强度（dB）与电流元件和空间中点 P 之间距离的平方成反比。因此，感应器应尽可能接近零件。较小的耦合距离可以产生更好的加热区，见图 6-129c。为了防止局部过热，在一些区域中可以增加耦合距离。具有不均匀耦合距离的多匝感应器的实例见图 6-129e，以实现沿着感应器的长度方向获得更均匀的加热深度。

磁场中的工件上存在尖锐边角，电流会在尖锐边角处集中，尖锐边角的加热快于材料基体。这种效应见图 6-129d 和图 6-146，其中在孔和键槽周围产生更多的热量。图 6-129d 为尖锐边角影响加热的二维展示。图 6-146 所示为孔和键槽周围的尖锐边角影响加热的三维展示。为防止尖锐边角过热可能需要较慢的加热速度。

(5) 导磁体的使用　图 6-147 所示为邻近效应和槽口效应对电流分布的影响。图 6-147a 所示为承载交流电的单个导体中的电流分布。当承载相反方向交流电的两个导体彼此接近时，邻近效应将导致电流的重新分布，其中电流密度在两个导体彼此接近的内表面上最大。邻近效应可以在图 6-147b 中反映出来，导体靠近导电负载。负载中的感应电流沿与感应器导体中电流方向相反的方向流动，因此导体中的电流被重新分配，在面向导电负载的表面上具有更大的电流密度。然而导体的侧面也还存在一些电流。在导体周围添加 U 形导磁体，导磁体会将导体中的所有电流推到槽的开口端，见图 6-147c，这被称为槽口效应，并且其可以增加感应器效率，因为它有效地减小了导体中的电流和负载之间的耦合距离。

图 6-125e、图 6-138、图 6-144 和图 6-147 为如何使用导磁体来强化工件特定区域中的加热。根据导磁体安装到感应器的方式，导磁体也可以通过转移磁场的方式来减少工件不需被加热的区域中的加热。

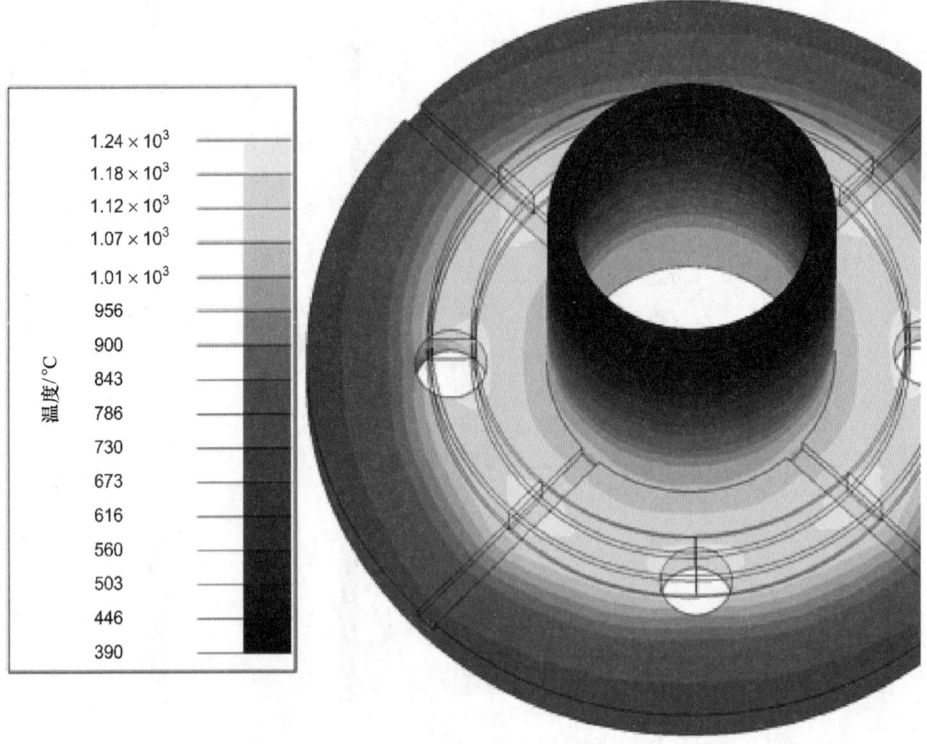

图 6-146 孔和键槽周围的尖锐边角影响加热的三维展示

注：将厚 6.3mm（1/4in）钢板钎焊到壁厚为 3.2mm（1/8in）、直径为 38mm（1.5in）板的情景。目标钎焊温度为 1000℃（1830℉）；孔周围和键槽的边缘温度达到 1240℃（2260℉）；图中线框为感应器；在 30kHz 下施加 10kW 的总功率，加热时间为 30s。

（6）工作频率 感应器中的电流频率决定了工件中感应涡流的深度。频率越高，感应电流越接近表面；频率越低，感应电流在工件中流动越深。感应电流流动层的深度称为参考深度。

（7）交流输入 根据法拉第定律，交流电在感应器内产生随时间变化的磁场；毕奥 - 萨伐尔定律规定流过感应器的电流量决定了由感应器产生的磁场的强度。围绕感应器的这些磁场会在场内的导体中感应出涡流，并且涡流以与感应器电流相同的频率变化，但感应涡流沿着与感应器电流方向相反的方向流动。这些涡流导致导体的焦耳热（I^2R）。

采用水冷却带走由导体中的电流产生的热及通过工件的辐射传递到感应器的热是必要的。冷却通常通过在空心导体中通水来实现。所需的冷却水流量为：

$$Q = \frac{6.81P}{\Delta T} \tag{6-15}$$

式中，Q 是水流量（gal/min）；P 是需要由水吸收的功率（kW）；ΔT 是水温的升高量，（℉）。

6.5.5 不同材料钎焊的感应器设计

设计用于不同材料钎焊的感应器在感应钎焊领域中是一个独特的挑战。由于具有不同的电和热性质，当放置在相同的电磁加热场中时，两种不同的材料将以不同的速度加热。感应器的设计应该最小化这两种不同材料之间的温度差。应选择熔点比硬钎焊中任何基体金属低的金属焊料。待加热工件的相对质量在决定如何将热传导至硬钎焊工件的不同部分时仍然是很重要的因素。图 6-145 说明了如何移动螺线管式感应器的位置以便更大质量的工件在钎焊接头处获得均匀的加热。注意，待接合的组件是由铜制成的。图 6-148 所示为当图 6-145 中的底部工件变为钢件时的钎焊接头热分布，不过，壁厚较厚的工件是由钢制成的除外。钢部件比铜部件加热更快，因为它是逆磁性的并且比铜的导电性和导热性差。为了防止过热，感应器的位置应该更高，以在铜中产生更多的热量，或者必须增加感应器和钢部件之间的耦合距离。

当将钢钎焊到铜或其他非磁性金属时，钢件更容易受热。对于这些类型的或类似金属接头，通常情况下，可通过与钢件接触传热来帮助非磁性金属部件的加热。

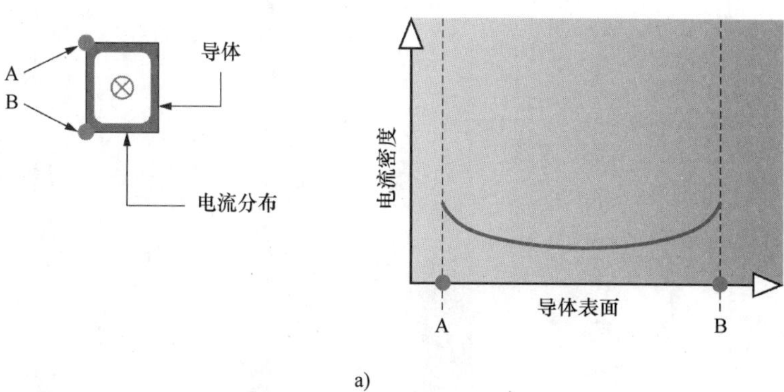

a)

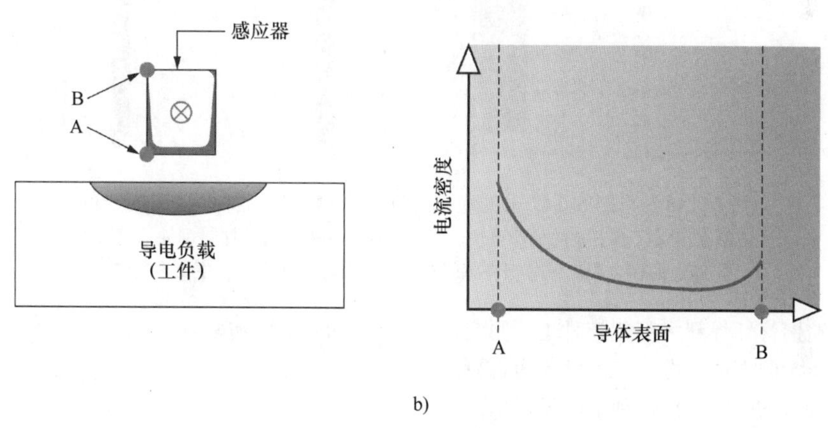

b)

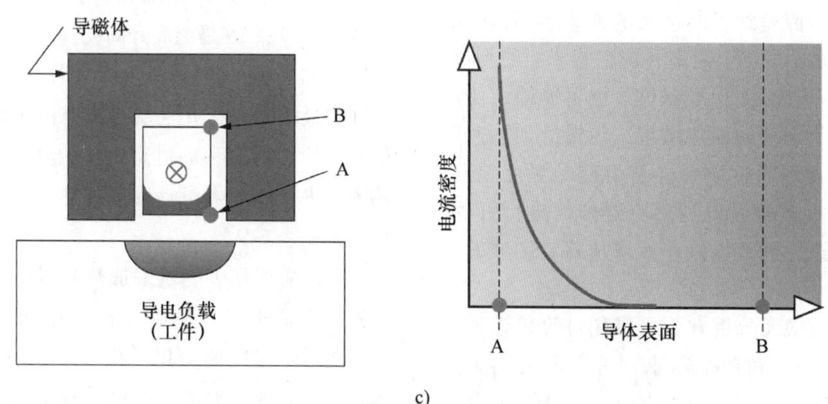

c)

图 6-147　邻近效应和槽口效应对电流分布的影响

a）承载交流电的单个导体中的电流分布　b）邻近效应　c）槽口效应

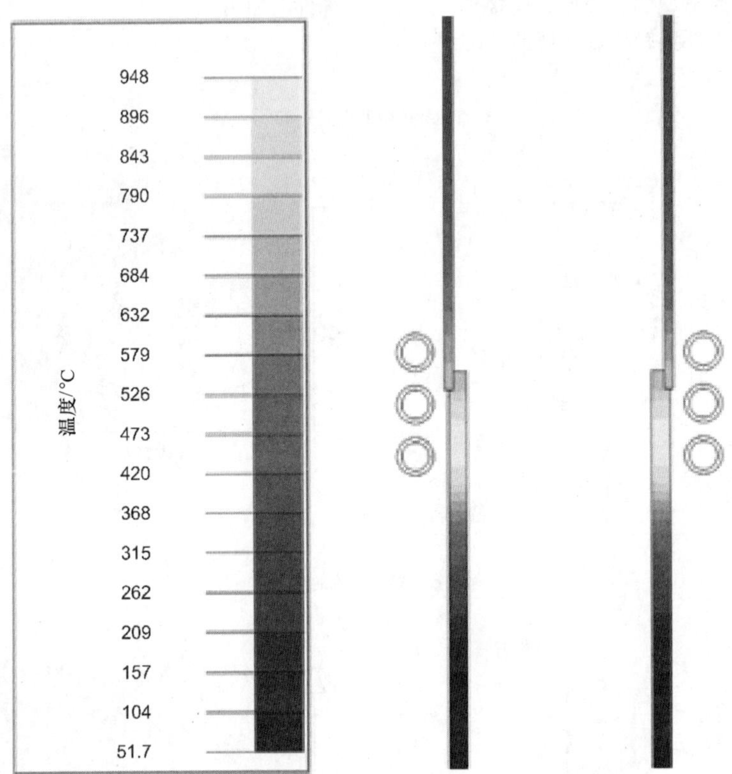

图 6-148 当图 6-145 中的底部工件变为钢件时的钎焊接头热分布

注：钢在接头区域下方的加热更快。为了钎焊过程中不过度加热钢件，应该增加与钢件的耦合距离或应当将感应器定位的更高以在铜中产生更多的热。

如果将薄壁铜管钎焊到大型铝铸件上，则应使用类似于图 6-145 的方法，将感应器设置为将更多的热量传递给较大的铝块。钎焊到铝时所使用的焊料金属的熔点必须比钎焊到铜可能使用到的任何焊料熔点低，因为铝的熔点比铜低得多。

控制将热量传递到不同金属的方式包括：改变感应器和工件之间的耦合距离，调整感应器的匝数，在感应器的某一部分使用导磁体。也可能综合使用以上方法以获得期望的加热结果。较慢的加热速度将有助于平衡由材料性质差异所引起的温度差异。通常，必须进行试验以识别感应器如何进行钎焊。可以对感应器进行调节以减小或增加特定区域的加热效果。

通过使用有限元分析软件可以用计算机建模来帮助预测温度分布和功率需求。这方面的例子如图 6-145、图 6-146 和图 6-148 所示。最准确的分析软件还将考虑到加热循环期间材料性质随温度的变化。基于材料本身和钎焊温度，金属的电阻率在加热循环期间可以增加 6 倍或更多。

可估算的功率为

$$P = \frac{mc\Delta\theta}{t} \tag{6-16}$$

式中，P 是输入到工件所需的功率（W）；m 是零件的质量（kg）；c 是加热材料的平均比热容（J/kg · ℃）；$\Delta\theta$ 是温度升高度（℃）；t 是达到钎焊温度的加热时间（s）。式（6-16）仅计算了输入到工件的最小功率，并且没有考虑由于感应器效率和热损失（如对流和辐射）造成的其他损失。感应器效率取决于感应器设计和被加热材料。不同材料的比热容见表 6-9。

确定需要多少能量来加热材料到给定温度的另一种方式是使用图 6-149 所示的热量图，该图考虑了比热容随温度的变化，使用该图时，需读取被加热材料所处加热温度时所对应的 kWh/lb（kWh/kg）值，然后乘以生产率，单位为 lb/h（或 kg /h），以获得所需的输入功率，单位为 kW。生产率应根据单一钎焊循环的加热质量和加热时间确定。

表 6-9　不同材料的比热容　（单位：J/kg·℃）

材　　料	760℃（1400℉）	870℃（1600℉）	1095℃（2000℉）
铝（1100）	964	—	—
铍青铜	419（100℃或 212℉）	—	—
黄铜（70－30）	4106	4190	—
磷青铜（5%）	377	—	—
铜（电解）	385	385	—
金	130	134	—
石墨	1048	1467	1550
铁	461	670	670
镁	1006	—	—
钼	277	—	—
UNS N 04400	545	—	—
UNS N 06004	461	—	—
镍	545	—	—
铂	134	—	—
银	235	—	—
不锈钢（300 系列）	503	—	—
不锈钢（400 系列）	461	—	—
钢（碳钢或低合金钢）	461	—	
钛	545	670	712
钨	138	—	—
锆	281	—	—

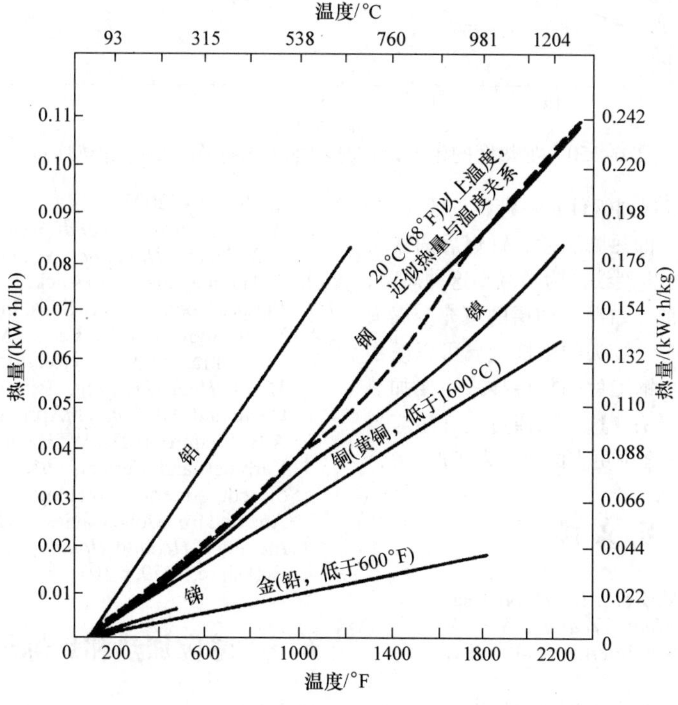

图 6-149　热量图

在上述计算中使用的加热质量应包括接合区域及由接合区的热传导所加热的远离接合区域的材料质量。图6-150所示为加热区的延伸以估算功率需求计算中的总加热质量，曲线可用于确定远离钎焊接头的额外长度部分，其应被视为加热到钎焊温度的总质量的一部分。不同的材料具有不同的曲线，因为它们有不同的热扩散系数α（m^2/s）：

$$\alpha=\frac{k}{\gamma c} \tag{6-17}$$

式中，k是热导率（W/m·K）；γ是密度（kg/m^3）；c是比热容（J/kg·K）。不在图6-150中但具有与图6-150中所示材料之一相似的热扩散率的材料也将具有类似的曲线。图6-150是基于一维热传导方程的解决方案开发的，其假设温度在热传导部件的一端上随时间呈线性增加，工件近似为恒定功率输入。图6-150还假定热导率、比热容和热扩散率为恒定的。

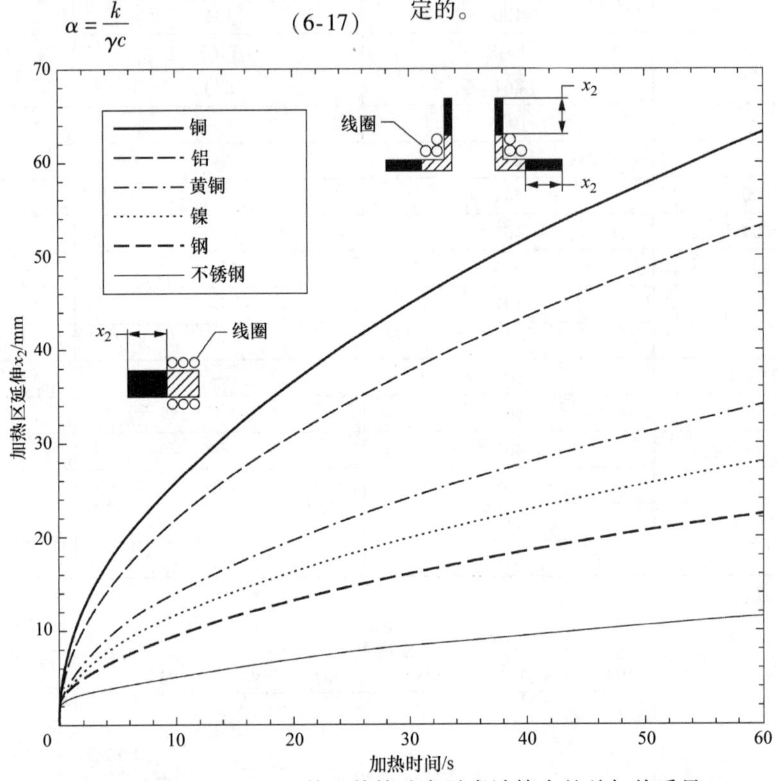

图6-150 加热区的延伸以估算功率需求计算中的总加热质量

将硬质合金工具钎焊到钢件是一种常见的应用。由于钢和硬质合金之间的热膨胀差，钎焊后的残余应力会在硬质合金中产生裂纹。为了减小这种风险，可以使用包含塑性金属（如铜）内层的填充金属夹层。在钎焊接头冷却时，接头的塑性金属可以减小应力。最好是通过来自钢工件的热传导来主要加热硬质合金以获得钎焊接头。这可以通过设计感应器在钢中产生比在硬质合金中更多的热量来实现。

参考文献

1. P.A. Hassel and N.V. Ross, Induction Heat Treating of Steel, *Heat Treating*, Vol 4, *ASM Handbook*, ASM International, 1991, p 164–202
2. S. Skewes and K. Krause, Induction Brazing, *Brazing Handbook*, 5th ed., American Welding Society, 2007
3. *Welding, Brazing and Soldering*, Vol 6, *ASM Metals Handbook*, 9th ed., p 968
4. D. Halliday and R. Resnick, *Fundamentals of Physics*, John Wiley & Sons, Inc., 1974, p 569
5. V. Rudnev and R. Cook, Magnetic Flux Concentrators: Myths, Realities, and Profits, *Metal Heat Treating*, Penton Publishing, Cleveland, OH, March/April 1995
6. A.E. Shapiro and D.W. Bucholz, Cemented Carbides and Cermets, *Brazing Handbook*, 5th ed., American Welding Society, 2007
7. Adapted from John Davies and Peter Simpson, *Induction Heating Handbook*, McGraw-Hill, Berkshire, 1979, p 104

6.6 感应加热和熔炼用导磁体

Robert Goldstein，Fluxtrol，Inc.

导磁体是除了感应器线圈之外可改变感应加热

系统中磁场流动的另一种材料。本文不讨论电源组件中使用的导磁体。

自感应加热技术开发以来，磁通控制器已经存在。迈克尔·法拉第在他的试验中使用导线缠绕铁心的两个线圈，发现了法拉第电磁感应定律，该定律表明在电路中的感应电动势（emf）与电路中磁通量随时间的变化率成正比。在电磁感应定律之后，层叠硅钢片形式的导磁体被发明并广泛应用于变压器的开发，以使其更有效率地传输电能。

磁心在变压器工业中广泛使用，因为它们增加了相同交流电下所产生的磁通量。磁通量越高，电动势越高，这就可以增加从一次绕组到二次绕组的能量传输效率。类似于变压器，磁心只是在早期感应熔炼炉中使用。导磁体在不同应用中体现出不同的优点。在感应加热中，导磁体可以为磁通量流动提供有利的和不利的路径，从而使其在期望加热区域中加热，并且减少在不期望加热区域中的加热。导磁体尚未应用在所有的感应加热中，但是它的使用已经越来越多。

6.6.1　感应加热应用中的磁路

感应加热应用类似于具有短路二次绕组的变压器。电路的一次绕组是感应器，二次绕组是工件。在这两种情况中存在三个闭合回路：感应器中的电流流动、磁通量的流动、工件中的电流流动。

在大多数情况下，感应加热应用和变压器之间的区别在于该磁路是开放的。磁场路径不仅包括具有导磁体的区域，还包括工件表面层及工件表面和感应器之间的空气，这些都不能被改变。因此，磁路的磁阻仅部分地取决于导磁体的磁导率。磁阻在磁学术语中类似于电阻在电学术语中的意思。

图 6-151 所示为单匝感应器的磁路，该感应器上装有导磁体，从外部加热圆柱形工件。电路中的磁通量等于感应器的匝数除以磁路的磁阻。磁路的磁阻包含三个部分：磁通的返回路径、耦合间隙和工件。应用导磁体可以在很大程度上减少磁通量返回路径的磁阻。所有的感应加热系统都可以这样描述。

导磁体对于给定应用系统的电参数的益处取决于磁通的返回路径磁阻与系统中的总体磁阻的比率。还可以将基本系统组件分解成子组件，以确定在给定应用中最经济地使用导磁体。导磁体的其他益处，如屏蔽被加热区域，也可以通过以这种感应系统描述方式来加以理解。

6.6.2　导磁体在感应系统中的作用

导磁体是感应加热技术领域的强有力工具。通常，在感应系统中使用导磁体的两个主要原因是减小和增加给定区域中的磁场。可以通过在闭合环路中使用软磁材料或导电材料来减小磁场，该闭合环路垂直于感应器和期望获得较小磁场区域之间磁通量的流动方向。软磁材料可改善感应器参数，而高导电材料具有负面效果。软磁材料主要用于增加磁场。

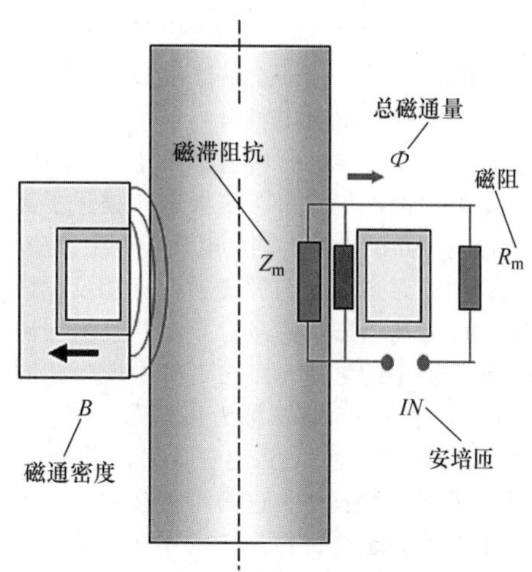

图 6-151　单匝感应器的磁路

在感应加热系统中使用导磁体的好处包括：

1）改进感应器和工艺效率。

2）改善感应器功率因数。

3）降低感应器电流。

4）减小机器组件的意外受热。

5）减小工件不期望被加热区域的加热。

6）精确控制磁场和热形。

7）提高高频电源电路的效率。

8）减少感应器周围的外部磁场。

在大多数应用中，通常会出现上述多个优点。最近，通过计算机模拟和试验的综合研究（见 Fluxtrol Inc 网站），对感应加热系统中导磁体的作用有了进一步的了解。研究结果表明，导磁体的正确使用通常都是有利于感应加热系统的。导磁体在感应加热装置中起不同的作用。根据应用对象，它们被称为导磁体、磁通控制器、磁通转向器、磁心、阻抗器、磁轭、磁通分流器和屏蔽器等。这就描述了导磁体在不同类型感应加热应用中的作用。

6.6.3　磁通控制用材料

用于磁通控制的两种主要材料类型是导电材料和磁性材料。导电材料通常用在分流器和屏蔽上，以减少外部磁场。磁性材料的两种主要形式是硬磁材料和软磁材料。差别是在它们脱离磁场之后所保留的磁通密度的量。硬磁材料保持大量的磁通，而软磁材料几乎不保留磁通。软磁材料专门用作感应系统中磁通量控制的导磁体、磁通控制器、磁通转向器、磁心、阻抗器、磁轭、磁通分流器和屏蔽器等。

1. 弱化磁场的高导电材料

闭环形式的高导电材料通常用于感应系统以降低某些区域中的磁场水平。楞次定律描述了高导电材料对磁场分布的影响，感应电动势产生感应电流，该电流产生的磁通总是与原磁通变化相反。该电流产生的感应磁场会影响磁场分布，并且增加磁路的磁阻和感应器中的电流，以在工件中产生相同能量的热量。这些闭环，通常称为法拉第环或"强化"环，其承载高频电流，导致由焦耳损耗引起的加热。损耗降低了系统的效率，这是不期望的。因此，具有高导电性的非磁性材料优选用作法拉第环。铜是最常见的材料，但是由于成本或质量考虑，也使用其他材料，如铝。

2. 磁通控制的软磁材料

最常用于感应系统的软磁材料是硅钢片和软磁复合材料。软磁铁氧体在某些高频应用中偶尔使用。对软磁材料的主要要求是它们的相对磁导率大于1，并且不应具有产生强涡流的良好导电路径。

将软磁材料放置在磁通路径中降低了磁路该部分的磁阻。因此，它需要较少的电流来驱动磁通通过电路的部分，并且在磁性材料中的磁通的百分比高于仅包含空气的相同空间中流动的百分比。然而，这种积极效果具有一些限制，因为磁路都是不连续的。

对于相同的感应器电流，工件功率最初随着导磁体磁导率的增加而快速增加，然后逐渐接近阈值。同时，感应器中的损耗通常随着导磁体磁导率的增加而缓慢增加。

计算机模拟用于演示较高磁导率在感应应用中逐渐衰减的明显效果。在实际感应加热应用中，导磁体的磁导率取决于导磁体本身（不是其正在加热的工件）的磁通密度、频率和温度。在该研究中，导磁体横截面上各处的磁导率被认为是相同的，并且对于每次计算是固定的。该研究没有针对特定材料进行，而是仅用于显示磁导率对感应器参数的影响。

图6-152所示为磁导率对感应器电流和功率的影响，在3kHz和10kHz的频率下使用感应器的单个支路加热平板时磁导率对感应器电流和效率的影响。相关研究表明，在大多数感应加热应用中，功率的阈值出现在导磁体磁导率<100时。在高频感应加热应用中，工件功率阈值出现在更低磁导率的情况。因此，增加磁导率到更高值将不会明显改善感应器参数。在一些情况下，使用高于最佳磁导率的材料缩短了感应器的寿命而无任何益处。

软磁材料的其他重要性质，如良好的饱和磁通密度、稳定的力学性能、低磁损、耐化学性和耐高温性都与具体应用情况有关。

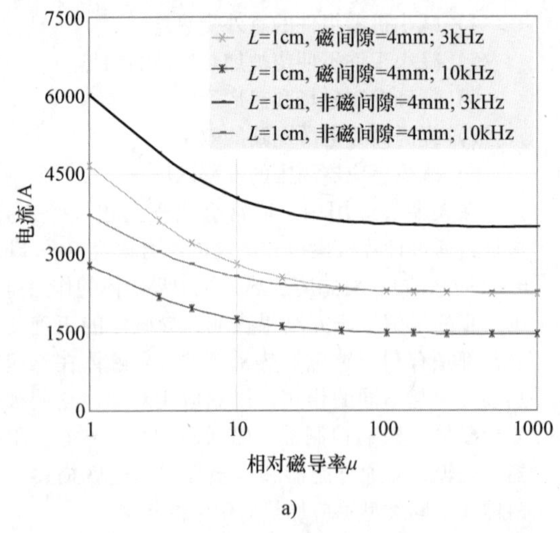

a)

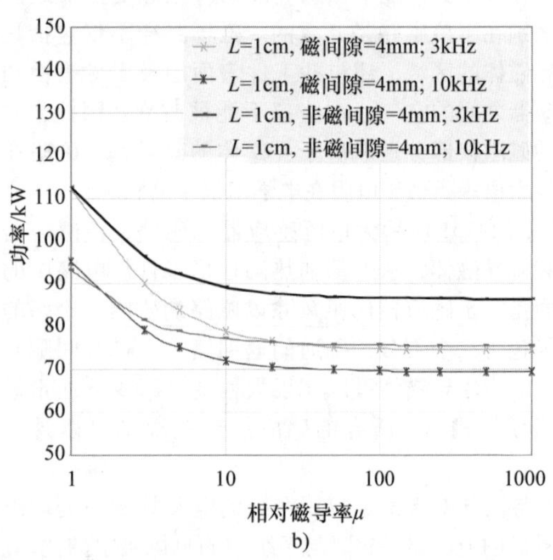

b)

图6-152 磁导率对感应器电流和功率的影响

注：曲线为采用计算机模拟单支路感应器加热平板样件的曲线；感应器加热下面工件的功率为50kW。

硅钢片通常由含有质量分数为3%～4%硅的硅钢涂层薄片制成。硅钢片被切割（通过水切、激光、CNC和放电加工）或冲压成所需的形状用于感应器。

感应器上安装的硅钢片导磁体固定在被称为保持器或挡板的机械支撑件之间，见图6-153。硅钢片的横截面必须处于磁场流动的平面中，如果它不在平面中，则会发生强烈的涡流加热。

硅钢片厚度随限制平面内磁场的涡流损耗的频

率而变化。硅钢片涂层用于防止各个硅钢片之间的电连接。在工频的应用中，单个硅钢片的厚度通常在0.020~0.040in（0.5~1mm）之间。在较高频率的应用中，硅钢片可以薄至0.002in（0.05mm）。

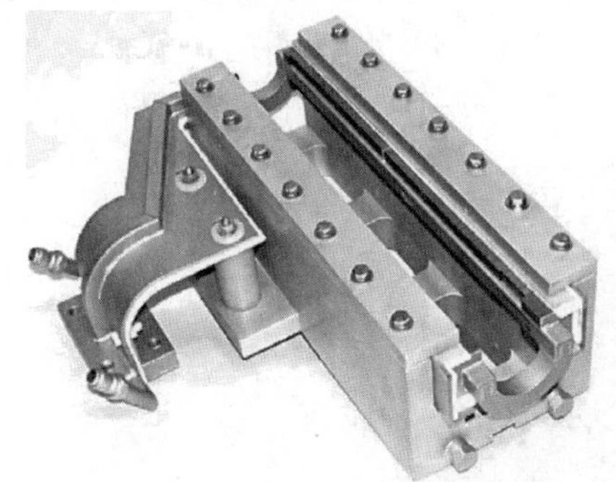

图6-153 机械支撑件之间装有硅钢片的感应器（图片由Tucker Induction提供）

硅钢片具有非常高的磁导率和饱和磁通密度。它们表面的涂层也使其具有一定的耐高温性能。硅钢片的主要缺点是在3D磁场和较高频率范围（高达约30kHz）会发生强烈加热。

软磁复合材料含有软磁组分（通常是铁和铁基合金粉末）和绝缘组分（通常是有机聚合物黏结剂）。软磁组分提供磁场流动的有利路径。绝缘部分使磁性颗粒彼此电绝缘以限制涡流损耗。

软磁复合材料的两种主要形式为可机械加工和可成形。可加工材料通常由粉末冶金压实技术制造并且经过热处理以改善磁性和力学性能。对软磁复合材料进行加工比加工硅钢片更容易。使用黏结剂和机械支撑将复合材料安装到感应器上，图6-154所示为带有软磁导磁体的感应器。

可加工软磁复合材料具有良好的磁导率、饱和磁通密度、良好的耐高温性，其耐高温性主要受聚合物黏结剂的限制。与硅钢片不同，软磁组件可以定制，可以在感应加热和熔化的全部频率范围内工作，并可在3D磁场中良好运行。

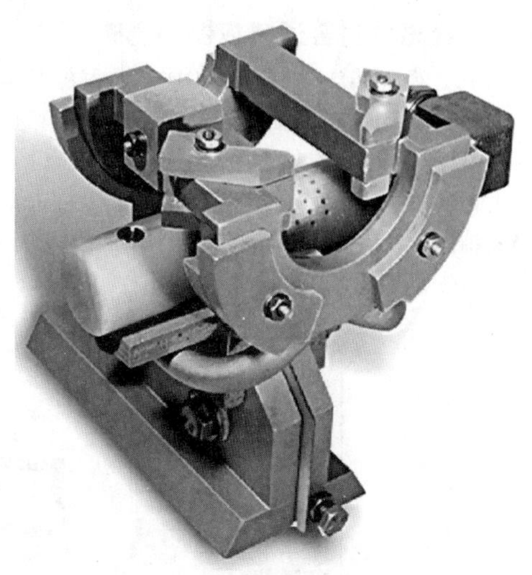

图6-154 带有软磁导磁体的感应器

可成形软磁性复合材料围绕感应器表面成形，机械化定位，并在烘箱中固化成形。可成形软磁复合材料的磁性能不如可加工的复合材料，其多用于不规则几何形状和很难使用机械加工材料时的情况。

图6-155所示为一些常见软磁性复合材料的磁导率与磁场强度的关系。它们的多样性为在同一感应器上使用不同材料以实现精细控制提供了有利条件。

6.6.4 在感应器上使用导磁体的设计指南

决定使用导磁体的位置主要取决于感应加热感应器的形状。许多感应器是复合的，由多个基本类型感应器组成。因此，了解磁通量的流动及导磁体对其流动的影响，从而将导磁体更好地应用于更复杂的感应器是很重要的。

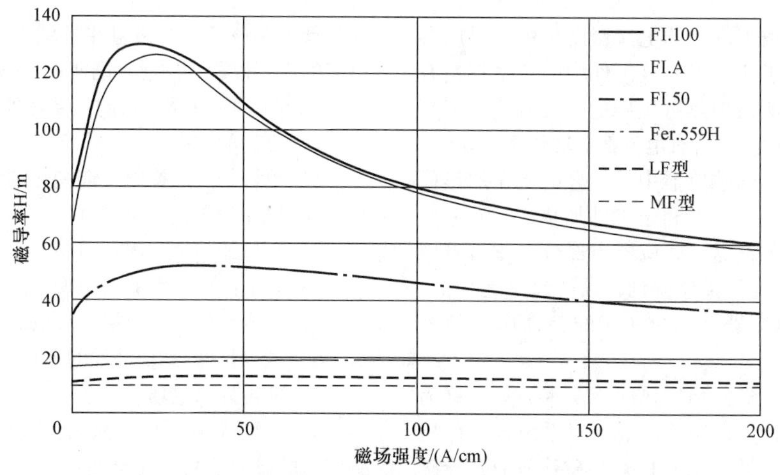

图6-155 一些常见软磁性复合材料的磁导率与磁场强度的关系

6.6.5 导磁体对普通感应器的影响

(1) 外径（OD）感应器　OD感应器的基本磁路（见图6-151）在前面已有描述。通过计算机模拟可视化和量化导磁体对感应加热系统有影响，图6-156所示为带有（左边）和不带有（右边）导磁体的情况下加热圆柱形铜工件的单匝OD感应器中的磁场和电流密度的分布情况。对每个感应器施加相同的电压（磁通量大小相同）。使用Cedrat Technologies Flux 2D软件模拟该过程。模拟中使用铜工件，这样便使感应器和工件中的电流密度接近，从而使导磁体效果的可视化更容易。

对于带有导磁体的感应器，磁场分布在更小的区

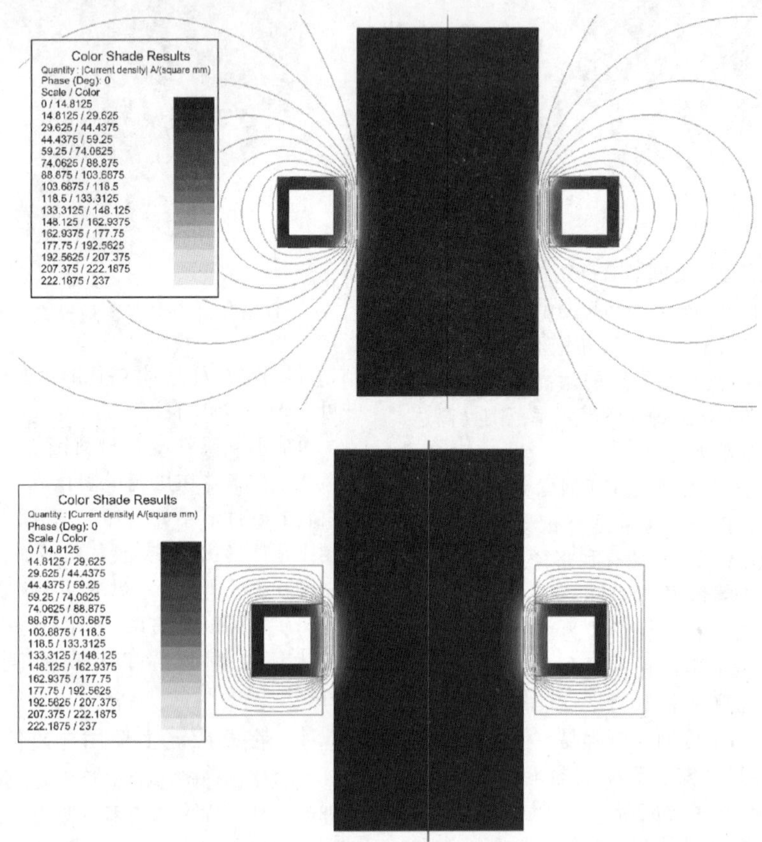

图6-156　带有（左边）和不带有（右边）导磁体的情况下加热圆柱形铜工件的单匝OD感应器中的磁场和电流密度的分布情况（图片由Fluxtrol, Inc提供）

域中，从而导致工件中的电流密度集中在感应器的加热面下。几乎所有引入该工件中的功率都是有用的，并且导致所需加热区域中的温度升高。带有导磁体的感应器中几乎所有电流都在加热面上流动。

在没有导磁体的感应器中，部分电流在加热面以外的区域中流动，这不利于工件加热，反而需要从电源获取额外的能量。感应器中部分电流沿着感应器有效圈的侧面和背部流动，该电流是无用的，并且只会导致感应器、总线和匹配部件中的额外损耗。

感应器中电流降低和加热面下功率的集中称为导磁体效应，并且可以用磁路观点对系统进行分析来解释这一效应（见图6-151）。导磁体效应是导磁体降低磁路该部分的磁阻并且减少感应器该区域对电流的需要以驱动磁通量围绕返回路径的结果。

导磁体对OD感应器的主要好处是：

1）更高的效率。

2）更好的热形控制（能加热圆角，防止肩部过热，获得更清晰的过渡区等）。

3）更好的功率利用（节能）。

4）降低感应器电流（电源电路中的损耗减少）。

5）减少工件不需要加热区域的加热。

6）减少机器/结构部件的加热。

7）减少外部磁场。

必须考虑感应器的纵横比，以确定导磁体对OD感应器的影响。两个关键变量是感应器长度与直径

的比率、耦合间隙与感应器长度的比率。当长度与直径的比率和耦合间隙与感应器长度的比率都较小时，导磁体效果显著。导磁体的效果随着这些比率的增加而减小。对于相对于感应器长度非常大的耦合间隙，导磁体的效果较低。

（2）内径（ID）感应器　ID 感应器的基本磁路如图 6-157 所示。磁通的返回路径在感应器的内侧。工件中的功率密度与磁通密度的平方成正比，磁通密度为磁通量除以其流过的横截面面积。某区域的磁阻抗与其长度成正比并与横截面面积成反比。因此，磁阻（R_m）分量占 ID 感应器上总磁阻的百分比高于其在 OD 感应器上的百分比。

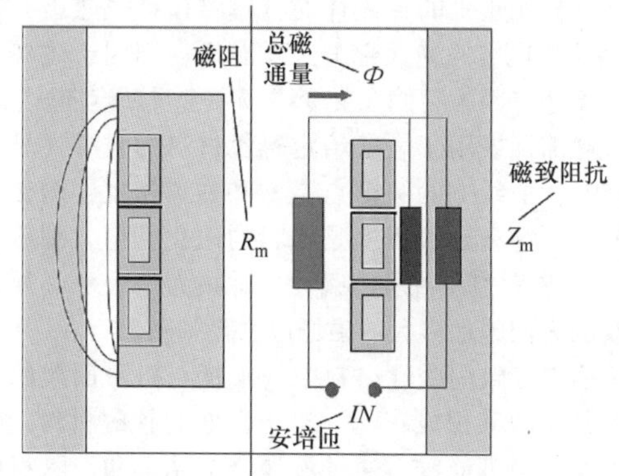

图 6-157　ID 感应器的基本磁路

由于 R_m 的较大影响，导磁体对 ID 感应器的影响远大于对 OD 感应器的影响。导磁体对 ID 感应器的好处包括：

1）提高感应器效率（节能）。

2）提高工件中的功率使用率（节能）。

3）减小感应器中的电流（减少供电电路、感应器引线中的损耗）。

4）减少零件非加热区的加热。

5）改善热形控制。

导磁体可以显著改善几乎所有 ID 感应器的效率。为了确定对感应器的影响，必须考虑感应器的纵横比。与 OD 感应器类似，两个关键变量是感应器长度与直径的比率和耦合间隙与感应器长度的比率。与 OD 感应器不同，当两个比率较大时，导磁体的效果较明显。

（3）矩形感应器　矩形感应器的三种基本类型如下：

1）在工件的相对侧具有返回电流的感应器（如一次加热式感应器、椭圆形感应器、隧道式感应器）。

2）感应器有一个主加热支路且电流返回支路分布在工件的同一侧的感应器（垂直回路、分支返回感应器）。

3）具有两个主动加热方向且电流返回在工件同一侧的感应器（发夹式感应器）。

矩形感应器和圆柱形感应器之间的差别是矩形感应器没有由于感应器半径的变化导致磁通集中和分散效应。因此，唯一存在的其他电磁效应是感应器和工件之间的邻近效应以及当电流返回在工件的同一侧时感应器匝自身之间的邻近效应。

发夹式感应器（见图 6-158）用于说明矩形感应器磁路的概念。如果感应器支路尺寸相同，并且在每个支路下的工件属性相同，则每个支路产生系统中的总磁通量的一半。磁通量围绕感应器每匝的支路流动。在两匝之间的区域中，磁通量是来自每个匝磁通量相加的，并且系统所有的磁通量流经该区域。同时，磁通量必须流过的横截面小于磁通量的反向路径的面积。因此，发夹式感应器上的 R_m 值较高，并且 R_m 的主体位于两匝之间的区域中。

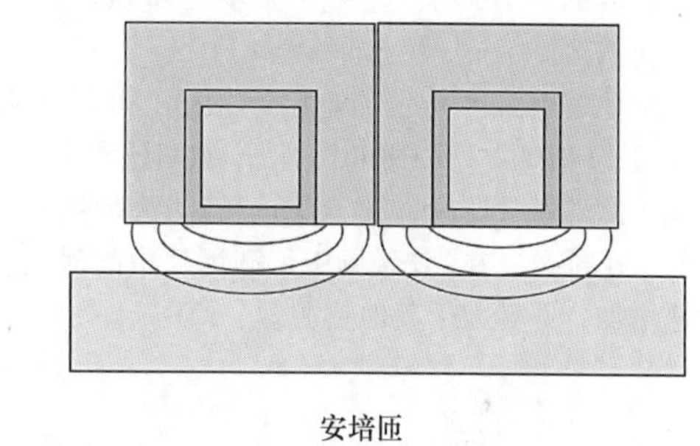

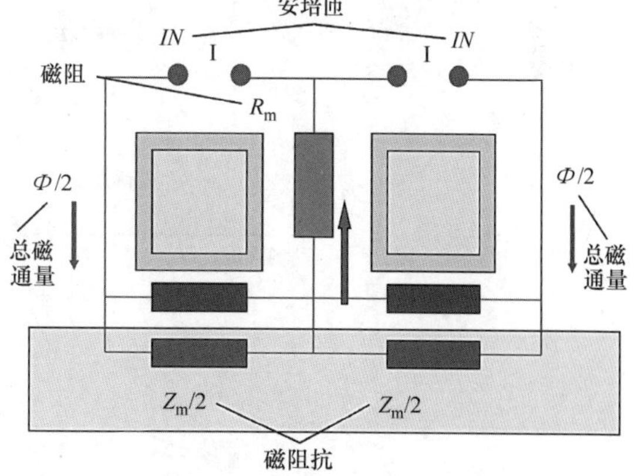

图 6-158　发夹式感应器中的磁路

这种现象也发生在其他类型的矩形感应器（如垂直环路、分支 - 返回类感应器）中，其中返回回路位于感应器的同侧。大部分 R_m 位于方向相反的匝之间的区域。在该区域中使用导磁体是非常有益的。对于其中匝之间的距离相对于耦合间隙较小的纵横比，导磁体的益处是最大的。当加热面长且返回部分在工件的相对侧时，益处较小。

6.6.6 导磁体的冷却

装有导磁体的感应加热感应器的使用寿命为几天到几年不等。冷却导磁体可最大限度地减少机械损伤，延长使用寿命。

（1）导磁体中的热源　当暴露于交变磁场时，所有导磁体会产生并吸收热量。热量取决于感应系统参数、感应器和工件几何形状、导磁体材料、工件温度和感应器周围的气氛。

高导电非磁性材料通过涡流、来自热工件的辐射和传导以及来自热环境的对流来加热，主要热源是涡流。根据法拉第环利用涡流反应场原理，减少损耗的主要方法是使用低电阻率材料并增加屏蔽面的长度。

软磁材料通过涡流、来自热源的热量、磁滞损耗以及偶尔来自感应器的热传导来加热。与高导电性非磁性材料不同，软磁性材料中的屏蔽是通过反应场的集中而不是通过场的减少。因此，软磁材料在参考深度的一小部分上垂直于磁场平面分段放置，以最小化涡流。

硅钢片的电阻率与钢的电阻率接近，单个硅钢片的厚度为 0.002 ~ 0.040in，基于频率进行选择。利用适当的硅钢片厚度，2D 磁场中的涡流损耗占发热量的一小部分。在 3D 磁场中，硅钢片中的涡流损耗快速增加，并且大于其他热源。

软磁性复合材料通常具有比硅钢片高几个数量级的电阻率。通常，复合材料在需要较高电阻率和较高频率应用中使用。因此，软磁性复合材料的允许厚度大得多，从而能够由一个或少数几个部分来制造导磁体。软磁复合材料中的总体涡流损耗通常占总热量的一小部分。

对于软磁复合材料，除了总体涡流损耗之外，在各个磁性颗粒中也存在涡流。与较大体积中的涡流类似，单个颗粒中的损失也由颗粒尺寸和成分控制。较小的颗粒通常用于较高频率。在大多数感应加热应用中，单个颗粒中的涡流损耗仅占总热量的一小部分。

当使用正确的导磁体时，磁滞损耗发热占必须去除的总热量的绝大部分。磁滞损耗归因于磁畴的内部摩擦，因为它们在交变磁场中会重新定向。

磁滞回线用于表征给定磁性材料的磁滞（见图 6-159）。曲线上的关键点是饱和磁通密度、剩磁和矫顽力。饱和磁通密度是材料的磁化阈值，剩磁是在去除磁场之后剩余的磁性，矫顽力是表示必须在相反的方向施加多大的磁场以去除剩磁。

磁滞导致的磁性材料中的损耗与磁滞回线的面积和频率的乘积成正比。对于良好的软磁材料，磁滞回线应尽可能窄。通过添加合金元素和消除材料应力可以最小化磁滞损耗。

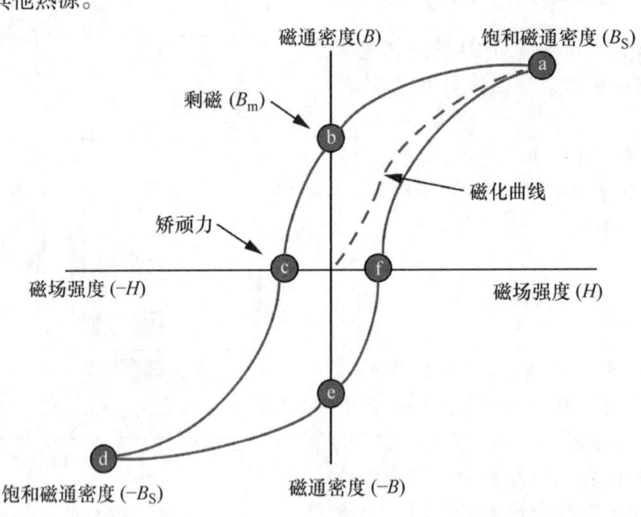

图 6-159　磁性材料的磁滞回路

（2）导磁体的冷却　冷却方法取决于所使用的导磁体的类型和工艺环境。法拉第环中的功率密度损耗高于软磁材料。然而，由于法拉第环用材（铜材）的性质，去除这种热量更容易。根据涡流损耗的大小，法拉第环可以使用内部水冷却，自由对流和热传导到大结构来冷却。

软磁材料中的损耗（近似与频率成正比）小于铜感应器中的损耗（通常与频率的平方根成正比）。对于低频，铜损耗和软磁损耗之间的比率很大。而它在较高频率下时较小，然而在低于几 MHz 的情况下，铜损耗仍占总感应器损耗中的绝大部分。

对于在低频或低功率密度下使用的软磁材料，

通过自由对流的冷却足以保持令人满意的温度，条件是气氛处于足够低的温度以带走热量，并且磁心不会连续地暴露在来自热工件的热辐射中。

对于中频和适中的功率密度，散热的最常见方法是把热传导到水冷铜结构中（见图 6-160）。在软磁材料和铜管之间涂导热黏结剂以促进散热。硅钢片和软磁性复合材料的理想导热性比铜的导热性低，黏结剂的导热性甚至更低。黏结剂的层厚，间隙填充的一致性和黏结剂热导率都在导磁体的降温中起关键作用。使用 0.010in（0.25mm）厚含有 Fluxtrol 材料环氧黏结剂层［1W/(m·K) 的热导率］足以在大多数情况下带走热量。在重负载的情况下，为导磁体背面加装水冷却板可以加快散热。

在涉及非常大的负载应用中可能需要直接水冷却。冷却方法包括在导磁体中设置水通道（仅用于软磁复合材料），补充冷却水的喷嘴和喷水器用于实际淬火应用（见图 6-161）。当使用导磁体的直接水冷时，为防止水冷却系统污染，建议在水冷通道上进行涂层。

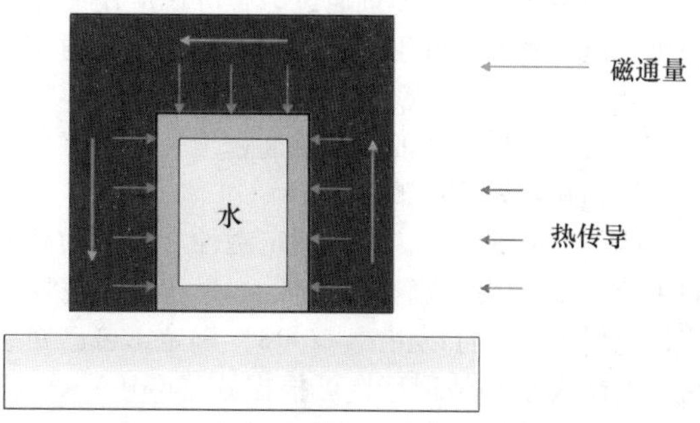

图 6-160　导磁体散热的最常见方法是通过水冷铜管传导散热

计算机模拟表明，采用直接水冷时，Fluxtrol 100 材料可以承受磁通密度为 1T、频率为 1kHz 下的连续操作，并可直接暴露于温度为 1200℃（2190℉）的零件辐射下（见图 6-162）。

图 6-161　带有直接水冷通道的软磁复合材料导磁体

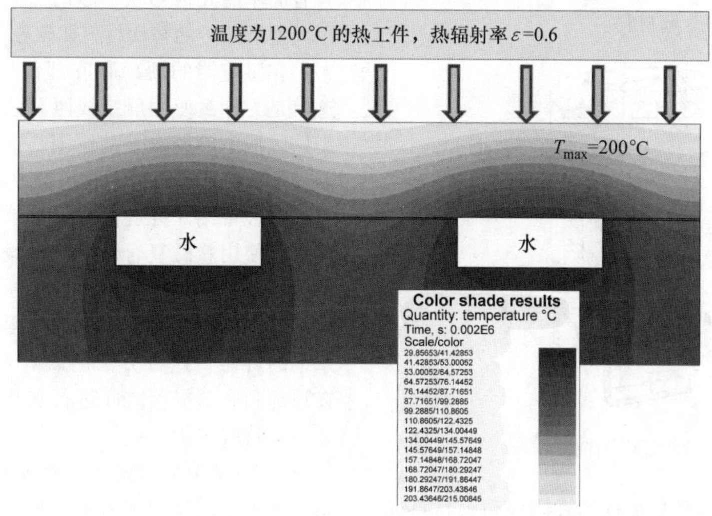

图 6-162　计算机模拟暴露在磁通密度为 1T、频率为 1kHz，通过直接水冷的 1200℃工件中的软磁材料的散热过程

6.6.7 确定软磁材料的厚度

所需的软磁材料的量通过综合考虑应用的磁通密度、机械强度和可用物理空间来确定。磁通密度是重要的，因为磁导率和磁损耗都取决于它。磁通密度不应超过导磁体的饱和磁通密度，除非可用空间有限，并且只需要部分屏蔽。

为了确定磁负载，需要确定磁性材料中的磁通密度 B。对于长螺线管感应器，如果已知感应器头上的电压大小，可以由式（6-18）确定，若已知感应器电流大小的情况下，可根据式（6-19）确定。在电路中，材料的磁导率是磁通密度的函数：

$$B = \frac{U}{\omega SN} \tag{6-18}$$

$$B = \frac{\mu IN}{L} \tag{6-19}$$

式中，B 是磁通密度；U 是感应器电压；ω 是角频率；S 是横截面面积；N 是匝数；μ 是磁导率；I 是感应器电流；L 是长度。

对于大多数其他感应器样式，式（6-18）和式（6-19）可以提供磁通密度的粗略计算。式（6-18）最适用于 ID 感应器。而计算机模拟则可提供最好的信息。

感应熔炼系统有三种类型：通道式、坩埚式和冷坩埚式。这里只讨论导磁体在感应熔化系统中的作用。

1）通道式熔炉类似于变压器或 ID 感应器。图 6-163所示为通道式感应熔烧炉。它们应该总是安装有导磁体而有更好的系统效率。通道式炉在低频下工作，主要用于生产大体积的金属。由于这个原因，硅钢片因为其较低的成本和大尺寸的可用性成为通道式炉导磁体的首选材料。

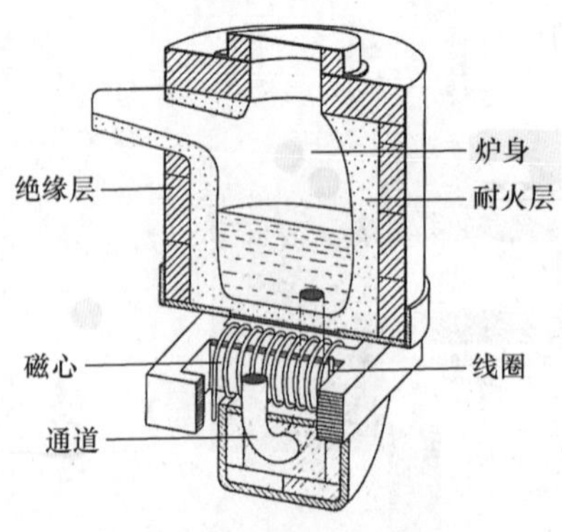

图 6-163 通道式感应熔烧炉

2）坩埚式炉由螺线管感应器和陶瓷耐火材料或导电（石墨或金属）坩埚组成。在这些炉子上使用导磁体主要用于减少可能导致设备结构发热的外部磁场，或者处于职业安全限制，防止人员在工作区受到外部磁场辐射。

① 大型低频熔化炉。法拉第环和分流器在许多大型熔炉都有运用。在感应器的 OD 上使用分流器，并且在感应器的顶部和底部使用法拉第环和反绕线匝的组合。坩埚式感应熔化炉如图 6-164 所示。该设计是典型的用于熔化大体积金属的低频（几十到几百 Hz）炉。

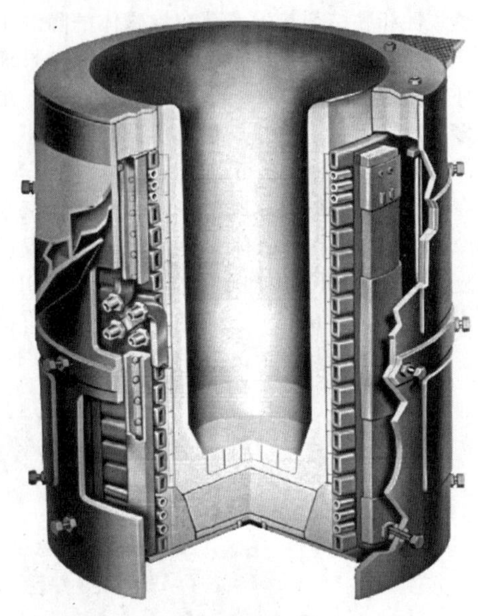

图 6-164 坩埚式感应熔化炉（无磁心的）

在这些炉中使用的分流器通常为包含在金属支撑结构中的硅钢片。硅钢分流器可在感应器的背面良好工作，因为磁场是规则的，在一个方向上并且具有简单的几何形状。硅钢片分路的分流组件比用于大型低频炉的替代材料如软磁复合材料便宜。

在感应器的顶部和底部使用硅钢片更加困难，这就是为什么使用反绕线匝和法拉第环的组合来减小该区域中磁场水平的原因。这些方法可有效地控制外部场，但是降低了感应器效率。

一种替代方法是在由法拉第环支撑的感应器的顶部上使用软磁复合环。与反绕线匝相比，复合材料以较低的损耗大幅度降低法拉第环所暴露的磁场水平。这种类型组合的损耗低得多，同时提供同等水平的屏蔽。这种方法的缺点是较高的初始成本。在顶部和底部屏蔽之间进行选择时，应考虑初始成本与运营成本。

② 中型中频熔炉。导磁体在 1 ~ 10kHz 频率中型炉上的运用目的和大型炉相同，但是使用的材料不同。许多这类炉子在可控气氛中操作，导磁体比在空气炉中的更重要。导磁体可用于屏蔽腔室免受

加热。将炉子尺寸做成更大可不使用导磁体，但是这增加了制造成本。

硅钢片厚度随着频率的增加而减小，这使它们运用起来更难。而且，在更高的频率下，分流组件结构材料更易发热，导致使用硅钢片分流组件的成本增加。

由于这些因素，软磁复合材料在中型熔炉变得越来越受欢迎。图6-165所示为带有软磁性分流器的中型熔化炉。这样就可以在感应器的顶部和底部上并入磁极，因此不需要反绕上下匝或使用法拉第环。因此，感应器的整个长度可以都参与工作以产生内部磁场。

图6-165 带有软磁性分流器的中型熔化炉
(图片由 Fluxtrol Inc 提供)

这些炉中的导磁体的另一个好处是当多个熔化坩埚彼此靠近放置时，炉子可以使用一个电源也可以多个电源进行控制。如果不同坩埚彼此太靠近，则不同坩埚的磁场会相互作用，这种现象称为串扰，并且可能导致不均匀的熔池性能，而导磁体则可大大减少这种现象。

3）在冷坩埚炉中，感应器和熔体之间安置有分段水冷铜环。磁通量流过冷坩埚的缝隙并加热熔体。水冷法拉第环通常运用于炉底。通常在熔体和铜部件之间形成金属渣皮，这可形成阻止杂质污染熔体的屏障。

由于分段铜环和下部法拉第环中的电损耗以及熔体与水冷铜组件之间的热损失，这些熔炉的效率低于无心熔炉。因此，冷坩埚熔化炉通常仅用于生产熔融时活性较高或需要非常低杂质的金属。冷坩埚熔融工艺几乎总是在受控气氛中进行。

导磁体提高了冷坩埚炉的效率。与其他可控气氛熔化应用类似，在感应器的外径上使用导磁体来屏蔽腔室免受加热。

通过在感应器的顶部和底部使用磁极以减少与冷坩埚的顶部和底部上的法拉第环相关联的损耗，实现了特殊的改进。与传统感应器设计相比，在感应器顶部和底部使用具有软磁复合材料磁极（见图6-166和图6-167），研究表明感应器效率提高了50%。

6.6.8 透热加热应用中的磁通控制

透热加热系统中导磁体的作用取决于应用类型。在许多类型的透热加热设备中，最大的应用是在成形工艺，如锻造、成形和轧制之前对工件进行预热。这里主要讨论导磁体在整体和局部透热加热应用的作用。

1. 整体透热加热

大多数整体透热加热应用中的工件都是比较大的，并且工件穿过感应器。零件形状和感应器长度是决定这些系统中使用导磁体类型的主要因素。

长螺线管感应器用于长圆柱体或管状工件。软磁性导磁体不能为长螺线管感应器（长度为直径的几倍）提供显著效益。通常使用多个感应器来使坯料达到期望的温度分布。在这些装置中，感应器末端的法拉第环是唯一使用的导磁体（见图6-168）。它们执行两个功能：屏蔽机械输送轴以防止加热，防止坯料加热线上多个感应器间的交叉串扰。

对于矩形工件，导磁体的益处取决于待加热的横截面的纵横比。对于方形和接近方形的工件，导磁体和感应器选择方法与针对圆柱形和管状工件的指导类似。导磁体对于一个尺寸明显大于另一个尺寸的矩形部件（如板、片、条）起更大的作用。在这种情况下，使用纵向和横向磁通加热方法。

纵向感应器在横截面中产生均匀的温度。当感应器的长度相对于感应器内部横截面的周长较小时，使用软磁材料是有益的。

软磁材料应用于横向磁通加热感应器。导磁体材料选择取决于频率。硅钢片用于低频，软磁复合材料用于中频和高频。软磁复合材料也用于3D磁场中低频横向磁通感应器的端部附近。

2. 局部透热加热

在许多情况下，仅期望加热成形工件的某一部分。局部批量加热可以使用静态和连续加热装置来实现。

对于静态加热，可使用单匝和多匝感应器。应用于感应器中的软磁导磁体改善了温度分布和感应器效率，因为导磁体的使用提高了工件中的功率利用率并减少了感应器的电流需求。

连续加热应用中使用通道式感应器，其可以是图6-169所示的加热紧固件的单匝感应器，或如

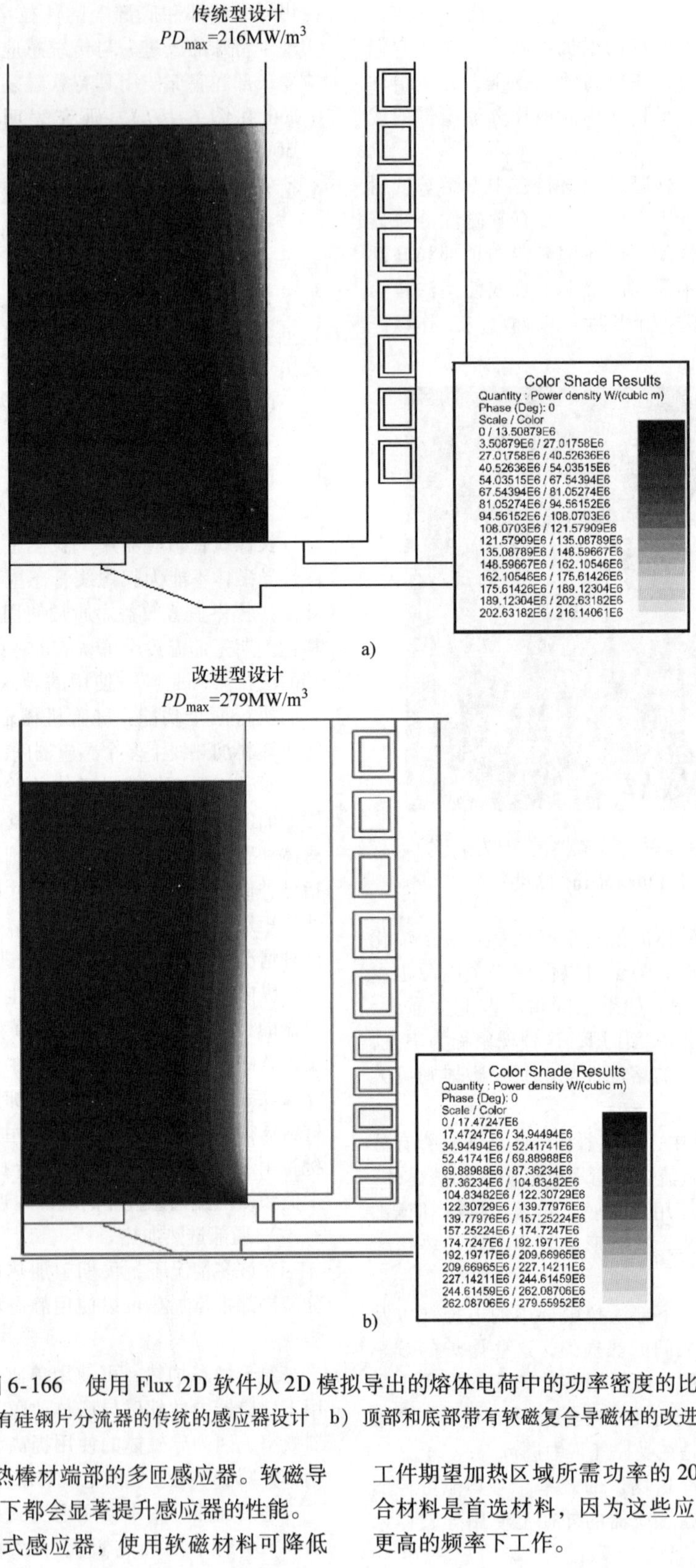

a)

b)

图 6-166 使用 Flux 2D 软件从 2D 模拟导出的熔体电荷中的功率密度的比较

a）带有硅钢片分流器的传统的感应器设计 b）顶部和底部带有软磁复合导磁体的改进型设计

图 6-170所示的加热棒材端部的多匝感应器。软磁导磁体在这两种情况下都会显著提升感应器的性能。

对于单匝通道式感应器，使用软磁材料可降低工件期望加热区域所需功率的 20% ~50%。软磁复合材料是首选材料，因为这些应用通常在 10kHz 或更高的频率下工作。

Fluxtrol设计

P_{total}/kW	P_{leads}	P_{melt}	P_{coil}	$P_{crucible}$	I/A
122.5	6%	47%	15.5%	31%	1600

传统设计

P_{total}/kW	P_{leads}	P_{melt}	P_{coil}	$P_{crucible}$	I/A
135	6.5%	31%	21%	41.5%	1900

图 6-167　带有硅钢片分流器的传统设计感应器与 Fluxtrol 设计感应器（其具有顶部和底部分流的软磁复合材料导磁体）的积分功率值的比较

图 6-168　两端带有法拉第环的坯料加热感应器（图片由 Pillar Induction Inc 提供）

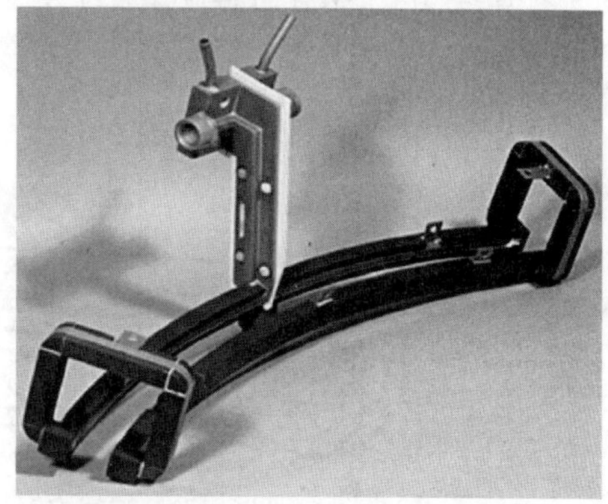

图 6-169　加热紧固件的单匝感应器（图片由 Fluxtrol Inc 提供）

图 6-170　加热棒材端部的多匝感应器（图片由 Fluxtrol Inc 提供）

软磁材料对用于加热较长截面的多匝通道式感应器的影响不如较短的单匝感应器那么强；节能通常是在5% ~20%之间。

6.6.9 感应焊管应用中的磁通控制

感应焊管是感应加热的主要应用，用于大量生产碳钢管。它也用于生产不锈钢、铜和铝管。导磁体在焊管线中，在焊接过程和焊后热处理中都起着至关重要的作用。

1. 用于连续式感应焊管的导磁体

在感应焊管工艺中，钢带被轧制成管形，并且通过圆环形感应器，在感应器中加热带材的边缘。带材通过最终的一组扎辊时，管的轮廓闭合并且在此时进行焊接。用于钢管的感应焊系统在高频（100 ~500kHz）和高功率（在100kW到几MW的范围内）下操作。

图6-171所示为连续式钢管感应焊缝过程电流流动示意图。感应器在管的外径上感应出感应电流。当电流到达管的开口边缘时，它转向轧制的闭合处形成电流回路。电流回路流动的三个路径是：

1）沿着钢带的边缘流向扎辊，在焊接顶点处连接，并沿着管对称面返回。

2）沿着远离V形槽的边缘流动，接着在管外径上返回。

3）沿着管道内径流动。

第一电流路径是最期望的，第二路径稍微有用，而第三路径是不期望的。在感应焊接应用中，将软磁材料放置在管内以减少沿着管内径的加热并且增强沿着管边缘朝向V形槽的电流流动。管内安装的软磁材料被称为阻抗器，因为它阻碍沿着管内径流动的电流。

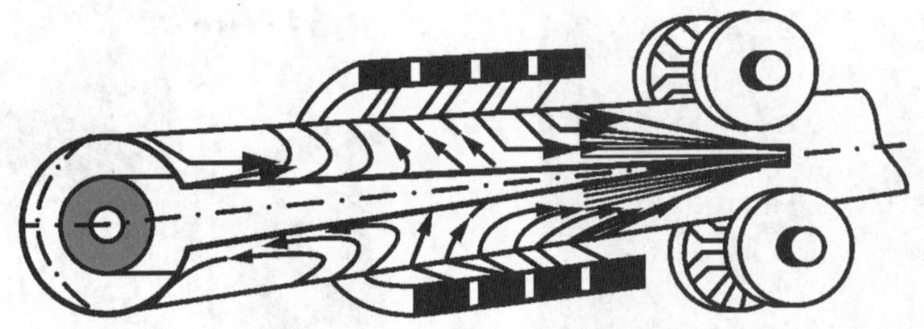

图6-171 连续式钢管感应焊缝过程电流流动示意图

阻抗器由软磁铁氧体制成，包裹在具有水冷却的玻璃纤维管中。该管保护铁氧体免受金属烟雾的影响，为脆性铁氧体提供机械支撑。该管还将铁氧体保持在适当位置，因为它们在生产中会由于热冲击而经常断裂。图6-172所示为小管焊接阻抗器，阻止电流沿着管的内径流动。对于大型焊管系统，阻抗器由组装在一起的多个阻抗器组成，称为集群阻抗器（见图6-173）。

图6-172 小管焊接阻抗器

图6-173 集群阻抗器

（图片由电子加热设备公司提供）

铁氧体是大多数焊管应用中的材料，因为它们的成本低，在较低磁通密度下有高的磁导率并在高频下的损耗小。铁氧体的缺点是低饱和磁通密度、对热冲击的敏感性、磁性能对温度变化敏感。

小管焊接运用中的铁氧体的寿命从几小时到一周不等。由于管的内部横截面较小，阻抗器心部的磁通密度较高，铁氧体饱和。在某些阻抗器寿命较短的运用中，铁氧体已被 Fluxtrol 75 软磁复合材料替代，从而节省 10% ~30% 的能量并延长使用寿命。

使用外部磁桥可显著提高焊管系统的效率。管开口上方的软磁性复合材料增强了焊接 V 形口的电流并帮助平衡管壁顶部边缘和底部边缘的加热。图 6-174 所示为外径 40mm、厚 2.5mm 的管以 75m/min的线速度运行过程中，磁桥对焊接温度分布的影响。在一些应用中，使用外部磁桥的好处是节能 20% ~30% 并且改善焊接质量。使用磁桥后系统的性能取决于磁桥的结构。为了获得显著的效果，磁桥必须在靠近感应器的焊缝顶点上方。

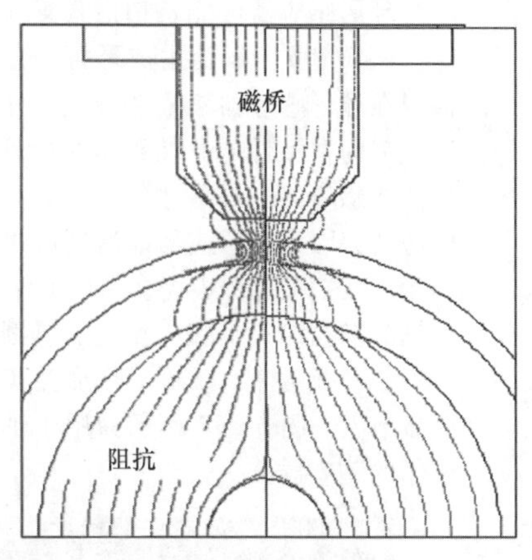

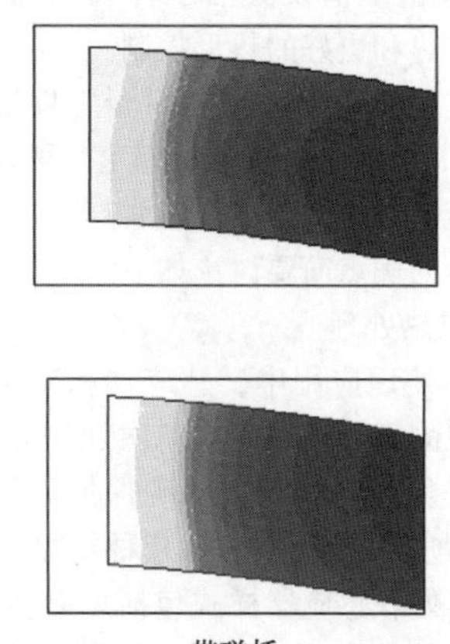

图 6-174 外径 40mm、厚 2.5mm 的管以 75m/min 的线速度运行过程中，磁桥对焊接温度分布的影响

注：磁桥帮助均衡管壁的顶部和底部的加热。

2. 焊缝退火感应器的导磁体

在一些情况下，焊缝需要退火以释放焊接过程的应力或改善微观结构。为此，通常使用感应加热，称之为焊缝退火。对于高生产率和厚壁、厚管的情况，几个焊缝退火炉可采用串联放置。

焊缝退火感应器是矩形感应器，分为垂直环式和分离返回式感应器，其工作频率为 1kHz 或 3kHz，功率水平为几百千瓦。图 6-175 所示为焊管生产线用焊缝退火炉。C 形软磁材料（硅钢片或软磁复合材料）放置在中心圈上以将热集中在焊缝上。在回路支路或返回支路上不使用导磁体，因为需要增大返回电流的分布面积以使这些回路产生的热量最小。

图 6-175 焊管生产线用焊缝退火炉（图片由 EFD Induction 提供）

6.6.10 局部热处理应用中的磁通控制

机械部件的表面感应热处理是比较常见的应用。与其他热处理方法相比，感应热处理的主要优点是能够快速且选择性地加热仅需要加热的工件区域。这使工件具有较低的变形、有利的残余应力分布，有更好的显微组织，并显著地节省能量，可以将感应系统与其他制造操作保持一致。主要以软磁材料形式组成的导磁体特别适用于热处理应用，因为它们明显地影响功率密度值及其沿工件表面的分布，从而实现更快的加热和更好的热形控制。

根据在加热过程感应器是否相对于工件发生移动（不包括旋转），所有的感应热处理工艺可以分为两类：一次法感应热处理和扫描式感应热处理。这些情况下的导磁体的优点简要讨论如下。

1. 一次法感应热处理

在单次感应热处理应用中，感应器相对于工件加热长度的位置是固定的。在多次单次加热应用中，部件旋转，同时发生加热和淬火以确保加热的均匀性。在单次热处理应用系列中，有几种类型的感应器装置。常用的热处理感应器样式包括矩形感应器、内孔感应器、环形感应器、环形/非环形组合感应器。

软磁材料在这些应用中最重要的作用是控制温度分布并确保良好的热处理质量。这在靠近感应器的端部以控制磁场范围或在几何形状发生改变的中心区域中尤其重要。

在这些应用中软磁材料的另一个优点是节省能量和降低感应器电流。这在诸如齿轮的双频淬火应用中尤其重要，其中高频时的功率非常高。较低的电流降低了感应器功率，这允许使用较小的变压器和匹配组件，降低了系统的整体成本。

最常用于感应热处理应用的软磁材料是硅钢片和软磁复合材料。在一些应用中，在同一感应器上会使用硅钢片和软磁性复合材料的组合。在较低的热处理频率下（1～10kHz），硅钢片在较长矩形感应器段上更为常见。软磁复合材料在中高频时（10kHz及以上）更为常见，感应器的矩形部分较短。对于具有圆形截面的感应器，由于易于应用，软磁复合材料在大多数情况下更受欢迎。

2. 扫描式感应热处理

在扫描式感应热处理应用中，感应器相对于工件加热长度的位置是在移动的。在许多扫描应用中，工件在加热和淬火期间旋转以确保热形的均匀性。在扫描应用系列中，感应器样式不如一次加热时那样多。用于扫描的普通感应器样式包括环形感应器、短矩形感应器和通道式感应器。

环形感应器可能是扫描式感应热处理中最常见的。图6-176所示为由成形管制备的扫描淬火感应器。在环形感应器扫描热处理应用中，导磁体的主要优势为在工件的开始和结束处的热形控制。扫描加热式感应器中导磁体的节能效果小于一次加热式感应器，因为在感应器前后的许多逸散磁场仍然起作用，在扫描过程中仍会加热工件。在一些情况下，如轴的扫描淬火，感应器上加热圆角区域的位置设计安装了导磁体，改善了热形并实现15%～50%的能量节省。图6-177所示为用于轴扫描淬火的带导磁体的感应器。

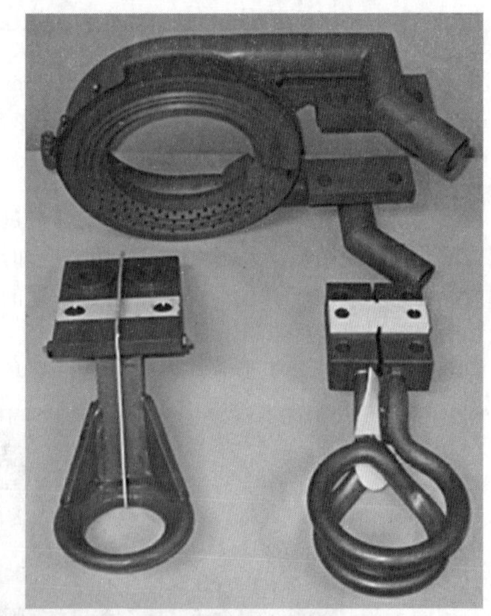

图6-176 由成形管制备的扫描淬火感应器

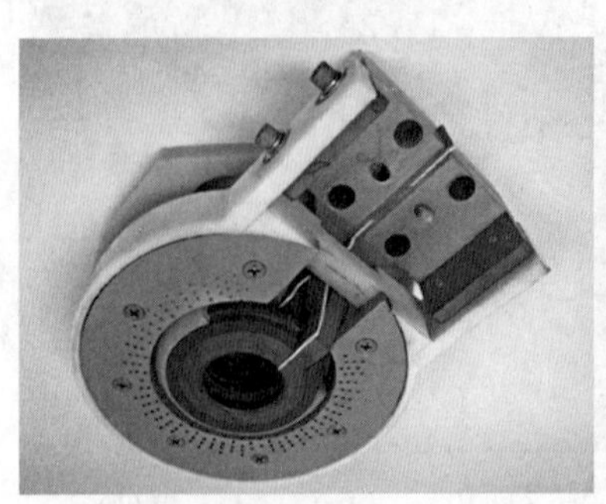

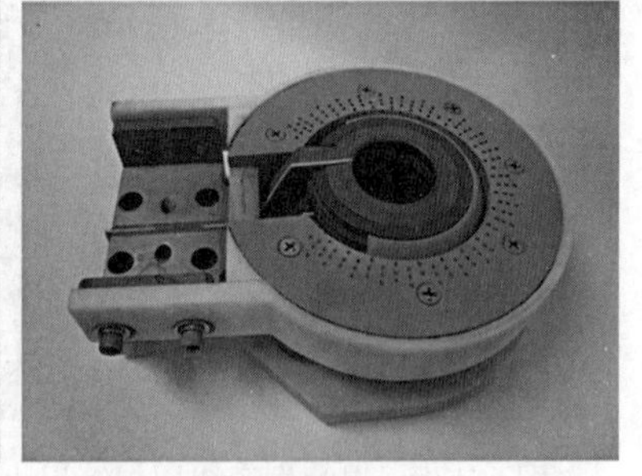

图6-177 用于轴扫描淬火的带导磁体的感应器

矩形感应器通常用于扫描大部件，如淬火回转环上的轴承座圈及大齿圈淬火。其他应用还有大几何形状变化的部件扫描淬火。几乎所有短矩形扫描感应器都使用软磁材料，因为它们对于热形控制是很有必要的并可大大节省能量。

通道式感应器通常用于在线热处理和较小部件的钎焊，如螺母和螺栓的淬火或回火、切削刀头的钎焊和锯片齿的淬火。导磁体用于热形控制和效率改进。大多数的这些设施在高频下运行，软磁性复合材料是导磁体的最佳选材。

参考文献

1. A. Muhlbauer, *History of Induction Heating*, Vulcan Verlag GmbH, Huyssenallee, Essen, Germany, 2008
2. V. Rudnev, et al., *Handbook of Induction Heating*, Marcel Dekker, New York, 2003
3. V.S. Nemkov, "Resource Guide for Induction Heating, CD-R," Fluxtrol Inc., 2006
4. www.fluxtrol.com
5. R.S. Ruffini, R.T. Ruffini, and V.S. Nemkov, Advanced Design of Induction Heat Treating Coils, Part I: Design Principles, *Industrial Heating*, June 1998.
6. R.S. Ruffini, R.T. Ruffini, and V.S. Nemkov, Advanced Design of Induction Heat Treating Coils, Part II: Magnetic Flux Concentration and Control, *Industrial Heating*, Nov 1998
7. R.T. Ruffini, V.S. Nemkov, and R.C. Goldstein, "Prospective for Improved Magnetic Flux Control in the Induction Heating Technique," presented at 20th Heat Treating Society Conference and Exposition, St. Louis, 2001
8. R.C. Goldstein, et al., "Virtual Prototyping of Induction Heat Treating," 25th Heat Treating Society Conference and Exposition, Indianapolis, Sept, 2009
9. Myers, et al., Optimizing Performance of Crankshaft Hardening Inductors, *Industrial Heating, Dec 2006*
10. S. Lupi, et al., Induction Heating Industrial Applications, France 1992
11. V.S. Nemkov, and R.C. Goldstein, Design Principles for Induction Heating and Hardening, *Handbook of Metallurgical Process Design,* G. Totten, K. Funatani, and L. Xie, Eds., Marcel Dekker, New York 2004
12. V.S. Nemkov, et al., "Optimal Design of Internal Induction Coils," Intl. Symposium on Heating by Electromagnetic Sources, Padua, Italy, June 2004
13. Bialod, et al., Induction Heating: Industrial Applications, UIE, 1991
14. Heidlhoff, et al., "Advancements in Ti Alloy Powder Production by Close-Coupled Gas Atomization," Advances in Powder Metallurgy & Particulate Materials, 2011
15. Spagnolo, et al., "Space Control Optimization of Multi-Coil Transverse Flux Induction Heating of Metal Strips," Intl. Symposium on Heating by Electromagnetic Sources, Padua, Italy, May 2010
16. www.startechnologica.com.br
17. Fluxtrol internal documents
18. V.S. Nemkov, Magnetic Flux Guide for Continuous High Frequency Welding of Closed Profiles, U.S. Patent Application 20080308550, Dec, 2008
19. R.C. Goldstein, et al., "Optimizing Axle Scan Hardening Inductors," 24th Heat Treating Society Conference and Exposition, Detroit, Sept 2007

6.7 感应器故障和预防的系统分析

Valery Rudnev, Inductoheat, Inc.

感应器是有使用寿命的且具体寿命是不确定的。本节旨在提供一些理论解释和实际建议，让感应加热从业者和设计者大幅度提高各种感应加热和热处理感应器的寿命。

了解与感应器的故障模式相关的因素是设计和制造长使用寿命的感应器，防止其过早故障、开发成功的感应加热和感应热处理工艺的重要步骤。本节主要基于首次发表在 2003—2009 年由 ASM 在《热处理进展》杂志的“感应教授”专栏中的材料。与延长感应器使用寿命相关的新材料也纳入了本节，强调感应器故障分析的某些方面，提供良好实践和案例研究的示例，回答与延长感应器寿命主题相关的常见问题。

6.7.1 感应器的基本知识

感应器是感应加热系统中最关键的部件。虽然感应器是感应加热的核心，但它们通常被认为是最薄弱的环节。这些部件对系统可靠性和可重复性、正常运行时间和维护成本、热处理工件的质量影响最大。

感应器是围绕工件或安装在其附近的电气装置。在感应器中流动的交流电流产生交变磁场，其在感应器和工件之间提供电磁回路，使整个工件或其选定区域非接触加热。

在日常实践中，感应器也被称为电磁感应线圈或简单地称为线圈。然而，无论怎么想象，其几何形状通常都是类似于传统感应器的圆环形状。本节的加热感应器、感应器，感应线圈和线圈这些术语可互换使用，都是指提供感应加热效应的电气装置。

图6-178所示为各种样式的感应器。实际感应器装置取决于应用的具体情况，包括但不局限于工件的几何形状、加热模式（即单次、静态、连续、渐进、扫描、振荡等）、生产率、温度均匀性或所需热形、可用功率和频率等。

圆柱形和矩形多圈螺线管式感应器（见图6-179）大多用于温热成形（如锻造、轧制、挤压、镦锻等）、涂层、干燥、淬火之前加热坯料、棒、管材、管线、杆、线缆、回火、应力消除及一些其他需要透热或工件深层加热的应用等。

图6-178 各种样式的感应器（图片由 Inductoheat Inc 提供）

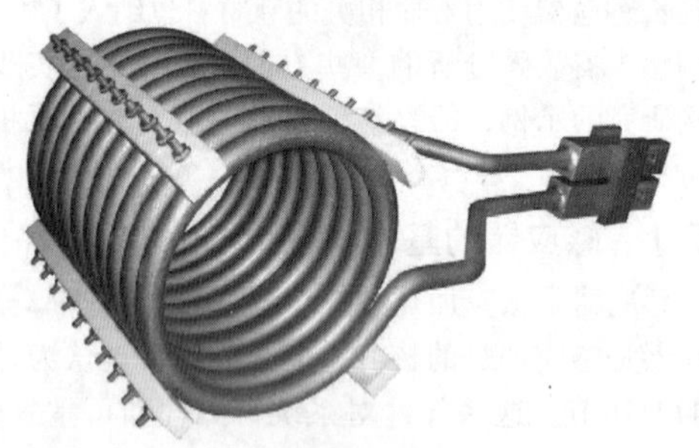

图6-179 圆柱形和矩形多圈螺线管式感应器

在选区感应淬火（如表面、边缘或带状淬火）和接合（如钎焊、焊接、黏结）中，情况是非常不同的。多年来，工业界已经开发了所谓的大家族的特殊或特定感应器，解决了特定感应应用对应的特定特征（如工件的几何形状、所需的热形、材料运转细节、工艺参数选择、生产率等）。特殊感应器包括扁平式、发夹式、分支返回式、蝶形、U形、被动形、主动形、蛤壳式及有门、无门、通道、C芯、横向磁通、波浪式、轮廓式和许多其他类型。

感应器的故障是一个复杂的问题，因为通常导致故障的因素并不单一，而是相互关联的多因素的组合。同时，给定类型的感应器可能容易受某些因素或现象的影响，这些因素或现象（包括次要原因）可能导致感应器的过早失效。建立和了解引起感应器故障的根本原因，作为改进设计、材料选择、制造技术、维护和储存程序、积累知识的基础，以确保制备“健康”和持久性的感应器。

至少，感应器故障分析人员必须具有电磁学、冶金学、材料科学、力学、热传递和化学的知识。虽然不同的感应器往往有不同的主要故障原因，次要原因通常与过大的感应器电流密度和局部过热有关。因此，重要的是在感应器故障分析期间牢记可能导致感应器过早故障的特定模式的事件链。

感应器是由铜制成的，因为铜具有独特的性能，具有良好的导电性和导热性、良好的耐蚀性、优异的冷加工性和热加工性。铜的可用性、力学性能和成本是使其成为感应器首选材料的其他重要因素。

用于复杂几何零件淬火的感应器通常是由实心

铜材经计算机数字控制（CNC）加工制备的，这使得它们非常牢固、耐用且可重复性好。在其他情况下，可以使用铜管（矩形或圆形截面），而在一些低感应器电流、低工件温度应用中，则可以成功使用利兹线。利兹线是从德国单词“litzendraht”得出，意思为编织线。它由多个单独绝缘的电线绞合或编织成均匀的图案，使绞线几乎占据整个多绞线导体横截面中所有可能的位置。利兹线消除了导致电流承载面积增加、感应器电阻减小和感应器功率损耗的趋肤效应。与早期感应器失效相关的大多数因素可以分为四大类（见图 6-180）：

1）工艺过程相关因素（包括异常工作条件和意外暴露于过高的温度和磁场）。

2）铜感应器相关因素。

3）不当的感应器设计、制造、装配、维护、存储和运输。

4）工夹具、配件、导磁体等。

本节提供了包括上述各种因素的最关键的因素，“鱼骨”图用于检修感应器故障。

在开始讨论具体感应器的过早失效之前，需要重点回顾一下感应加热的主要现象，因为它们涉及感应器失效。

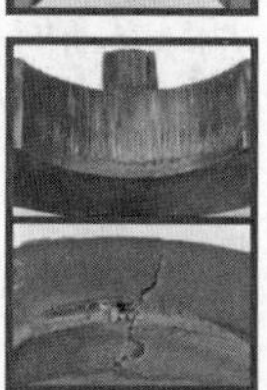

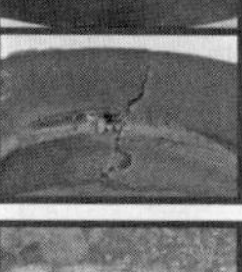

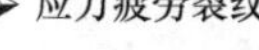
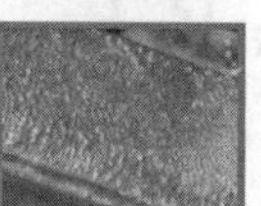
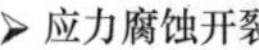
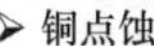

 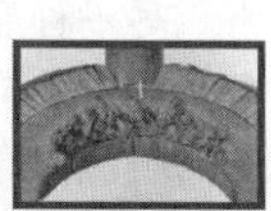
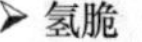

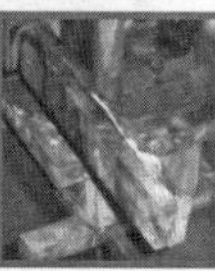

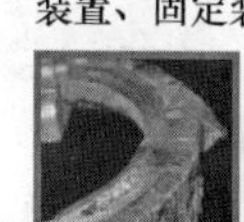
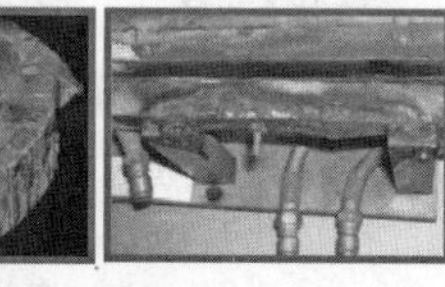

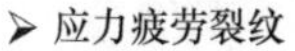

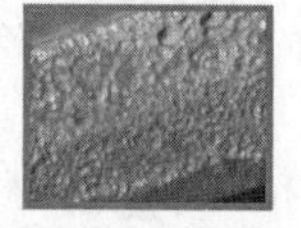

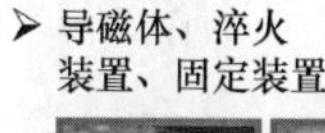

图 6-180　造成感应器过早失效的四类因素

6.7.2　电流对裂纹扩展的影响

本节讨论电流密度分布和趋肤效应、邻近效应和裂纹扩展特性，并给出了一个案例。

1. 电流密度分布与趋肤效应

当交流电流流过电导体（即母线或感应器支路）时，电流分布不均匀。由于载流金属导体中的趋肤效应，电流密度的最大值将从导体表面向其内部逐渐减小（见图 6-181）。该现象的详细讨论见参考文献［1-4、8］。

由于这种效应，大约 63% 的电流将集中在导体的表面层中，电流集中层被称为导体的穿透深度 δ。铜中电流的穿透深度 δ_{Cu} 取决于铜合金的电阻率和电流频率。

表 6-10 为纯铜中的电流穿透深度与频率的关系，环境温度为（20℃ 或 68℉）。例如，如果是 6.35mm（0.25in）厚的铜板在 30kHz 的频率下承载 2000A 的电流，实际上大部分电流（大约 1260A）将集中在小于 0.5mm（0.02in）厚的薄层内。实际

上，整个电流将聚集在表面层内等于 1.6δ_{Cu} 的深度内，其在该频率下的电流穿透深度大约为 0.62mm (0.024in)。铜材的其余部分主要用于机械目的，包括提供抗扭和抗弯能力。

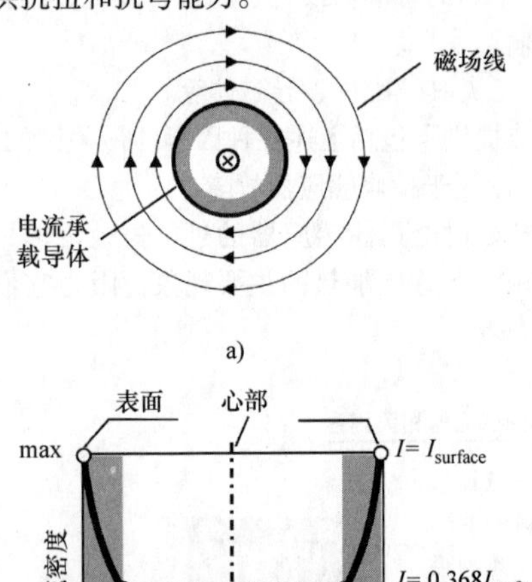

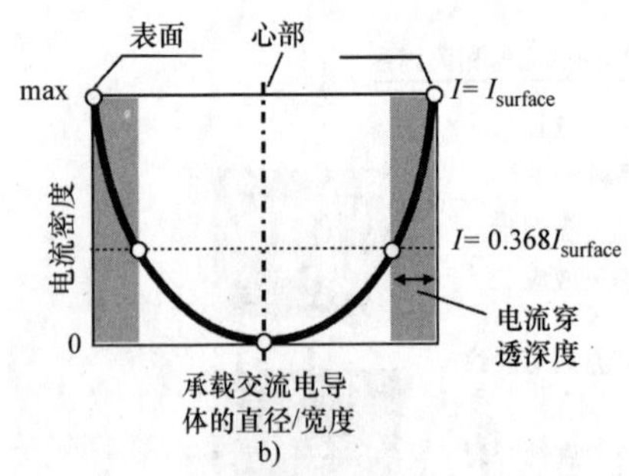

图 6-181 趋肤效应对电流密度分布的影响
a）单个电流承载导体的磁场线分布
b）承载交流电的导体表面不均匀的电流密度分布

表 6-10 纯铜中的电流穿透深度与频率的关系

频率/kHz	δ_{Cu}/mm
60Hz	8.8
0.5	3.1
1	2.16
3	1.2
10	0.68
30	0.39
70	0.26
200	0.15
500	0.1

2. 邻近效应

另一种显著影响载流导体内电流分布的电磁现象是邻近效应。图 6-182 所示为邻近效应对磁场分布与电流分布的影响，当电流以相反方向或沿相同方向流动时铜棒中的磁场分布（左）和电流分布（右）。邻近效应影响直接与实际感应加热有关。

一个感应系统还包括至少两个导体。导体之一是承载源电流的感应器，而另一个是位于感应器附近的工件。工件中的感应涡流是由源电流（感应器电流）的外部交变磁场产生。基于法拉第定律，工件内的感应涡流方向和感应器的源电流方向相反。因此，由于邻近效应，感应器电流和工件涡流将集中在面对面的区域。

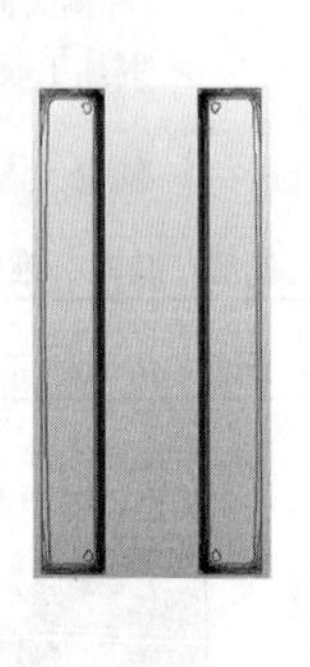

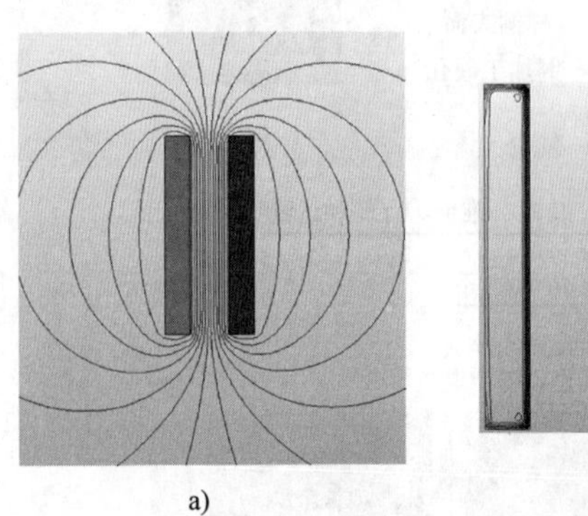
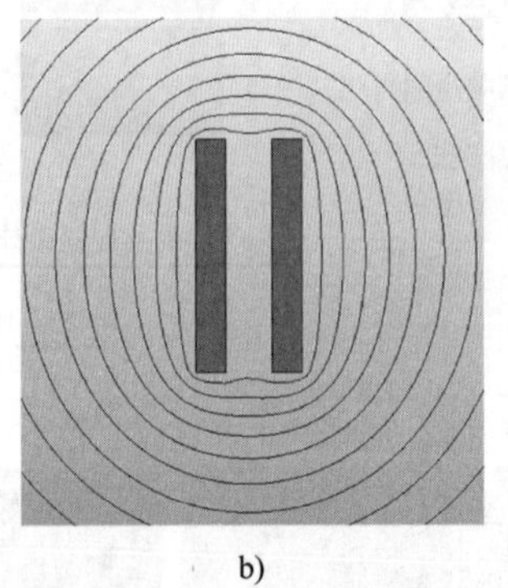
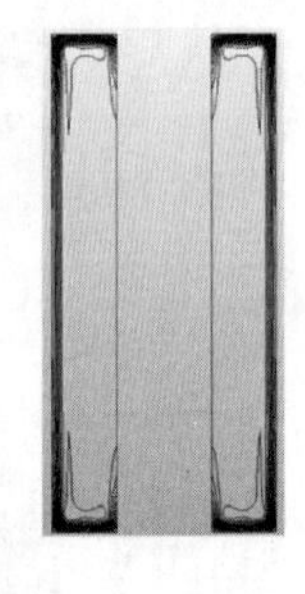

图 6-182 邻近效应对磁场分布与电流分布的影响
a）电流流向相反 b）电流流向相同

趋肤效应和邻近效应与环、槽、端和边缘效应导致感应器内的电流分布不均匀。由这些现象引起的高电流密度区域是局部加热的主要区域，有导致感应器过早失效的潜在可能。

3. 裂纹扩展细节

在大多数感应加热应用中（但不是在每种情况下），前面所述的各种电磁现象的组合将会导致电流集中在感应器面向被加热工件的表面薄层内。这是大多数感应器裂纹发生的地方。

图 6-183 所示为铜感应器厚度方向上的开裂（假设工件位于感应器上方）。如前文所指的那样，对于在感应热处理中使用的大多数频率，大部分感应器电流占据非常薄的表面层。这就是为什么即使看起来很小的缺口、压痕、加工痕迹、磨损、电弧痕迹或划痕也可能变成关键的应力集中区域，并导致该区域的电流异常。

图 6-183a 所示为感应器电流正常流动。然而，正常的电流流动将会受感应器载流表面上的细小裂纹、深度划痕或加工痕迹的干扰。裂纹如何阻挡电流正常流动，导致局部出现流动异常，表面上的电流被迫围绕裂纹进行深迂回，见图 6-183b。结果，电流密度将在裂纹根部达到最大值，在那里它将产生更大的热量。

该异常电流与过量的热生成相结合，产生有利于裂纹开口产生的条件。类似于雪球效应，将加速裂纹扩展，并且随着裂纹根部区域的局部过热的加强而快速扩展，见图 6-183c，裂纹根部感应器的机械强度会降低。

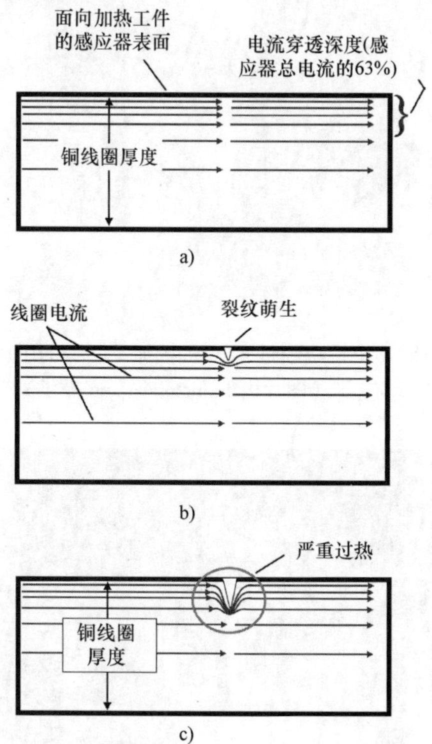

图 6-183　铜感应器厚度方向上的开裂

a）感应器电流正常流动　b）小裂纹或缺口阻止感应器电流的正常流动

c）伴随着裂纹根部严重过热，裂纹扩展加速

为了完成电流对感应器裂纹扩展影响的研究，需要重点记住的是，实际上裂纹的扩展具有三维性质，并且所有上述电磁现象可能具有复杂的相互作用。因此，裂纹不仅随着其传播而加深，它也在扩大。图 6-184 所示为裂纹扩展阶段的雪球效应，面对被加热工件的铜感应器表面宽度方向上发生的裂纹扩展期间的类似雪球效应见图 6-184a。

从一开始，裂纹阻塞了正常的电流分布并迫使电流围绕裂纹流动。这导致在裂纹边缘处的电流密度过高。过高的电流密度在裂纹边缘处产生极高的热量，并且出现热点，这又导致那里的铜线圈强度降低，并且产生有利于进一步加速裂纹扩宽的条件，见图 6-184b ~ d。

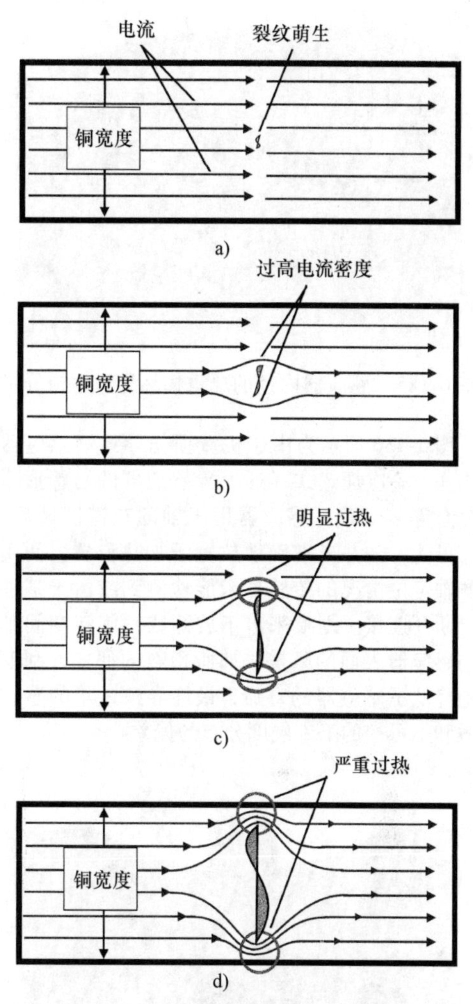

图 6-184　裂纹扩展阶段的雪球效应

这就得出如下结论：除了其他因素之外，感应器断裂的方向通常与感应器电流具有特定关系。

因此，感应器的表面（特别是其载流区域）应该是平滑的、清洁的，以使几何应力的集中最小化。可以理解，由不适当的制造技术、粗心的装配、存储或装运导致的表面不连续性和不规则性可能对感应器寿命产生显著的负面影响。应避免损坏电流承载感应器表面，无论是先前存在的裂纹、加工痕迹、凹口或其他应力集中点都要避免。

4. 案例研究

导致感应器机械损坏的异常使用条件和意外情况是导致感应器过早失效的最典型的因素。图 6-185 所示为感应器内径的严重损坏导致电流异常，其中感应器的内径在使用中由于异常与工件磕碰而损坏，导致不适当的电流流动，接着裂纹快速生长，最终感应器断裂，在损坏区域发生失效。

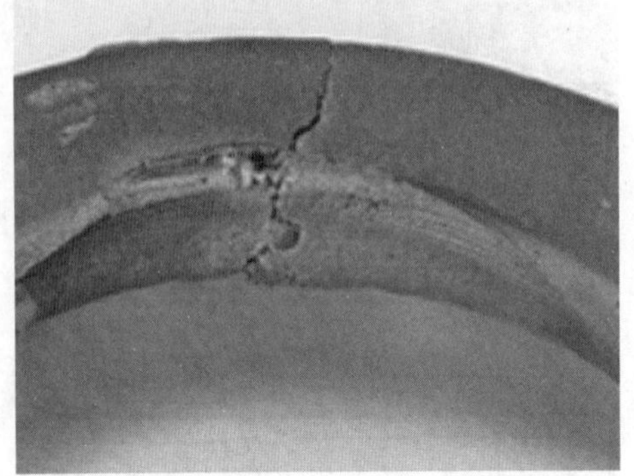

图6-185 感应器内径的严重损坏导致电流异常

图6-186所示为由于机械损伤导致铜感应器表面损伤。一次加热式（通道）感应器的马蹄形弧段部分有许多划痕，感应器用于轴的花键区域淬火。很有可能，轴并未准确地放置于加热位置，而用于检测轴定位情况的传感器未能检测到或由于某种原因已断开连接。划痕来自于装卸或轴旋转期间轴花键与感应器表面的摩擦。如所预料的那样，刮痕显著地降低了感应器的寿命，最终导致过早的感应器失效和不可控的工件硬度分布的偏差。

图6-186 由于机械损伤导致铜感应器表面损伤

6.7.3 感应器材料的选择

淬火感应器通常是由实心铜材（见图6-187）经过CNC加工而成，从而使它们刚性好、耐用且可重复性好。在其他情况下（包括在热成形之前加热、正火、去应力、回火），铜管（正方形、矩形或圆形）可用于感应器制造（见图6-188）。如参考文献［1］和［10］中所讨论的，铜用于感应器制造而不采用其他金属，主要是因为铜所特有的性能、良好的电和热传导性、固有的耐蚀性、优良的冷和热加工性。铜的可用性及其力学性能和成本是使其成为感应器制造优良选材的重要因素，各种铜合金也有被用到。

图6-187 由铜块经过CNC机械加工制备的感应淬火感应器（图片由Inductoheat Inc提供）

图6-188 用于感应加热和熔炼感应器制造的铜管（矩形、方形或圆形）

由于篇幅所限，关于铜合金的所有性能及其对感应器寿命的影响的详细讨论不作阐述。此处仅有选择地讨论部分属性。

铜的导电性，δ_{Cu}是重要的物理性质，显著影响感应器的寿命。材料的导电率是其传导电流容易程度的度量。δ_{Cu}的倒数是电阻率ρ_{Cu}。δ_{Cu}和ρ_{Cu}的SI单位分别是mho/m和$\mu\Omega\cdot m$。与IACS编写的国际退火铜标准的体积导电率相比，还可以表示特定铜等级的导电率。δ_{Cu}和ρ_{Cu}都可以用于工程实践。然而，大多数工程数据书主要包含电阻率数据。因此，在本文中多使用ρ_{Cu}数值。

电阻率随温度、化学成分、金属结构、晶粒尺寸等而变化并且在很大程度上取决于铜的纯度。磷、锡、硒、碲和砷是商业纯铜中常见的一些杂质。杂质会造成铜晶格畸变，并在很大程度上影响ρ_{Cu}。图 6-189所示为随着不同合金元素的增加，铜的电阻率ρ_{Cu}逐渐增加。图 6-190 所示为随着固态铜中添加不同量的合金元素，铜的电阻率ρ_{Cu}在固溶体中发生变化。注意，即使相对少量的杂质或微量元素，包括氧（会氧化铜），可以明显增加铜的电阻率，导致相应的铜感应器的电阻率和焦耳损耗增加，这会影响所需的水冷条件。

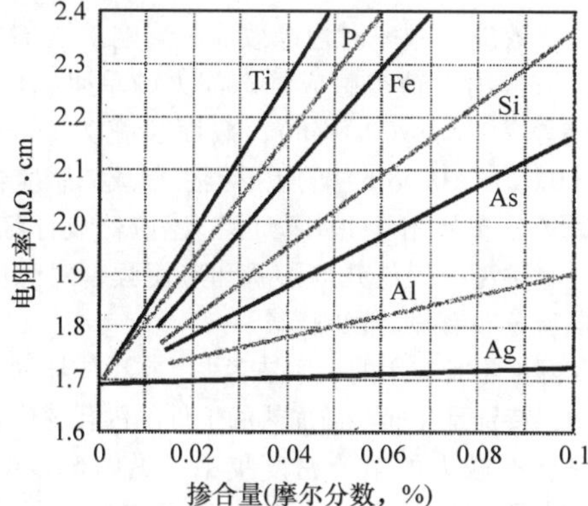

图 6-189　随着不同合金元素的增加，铜的电阻率ρ_{Cu}逐渐增加

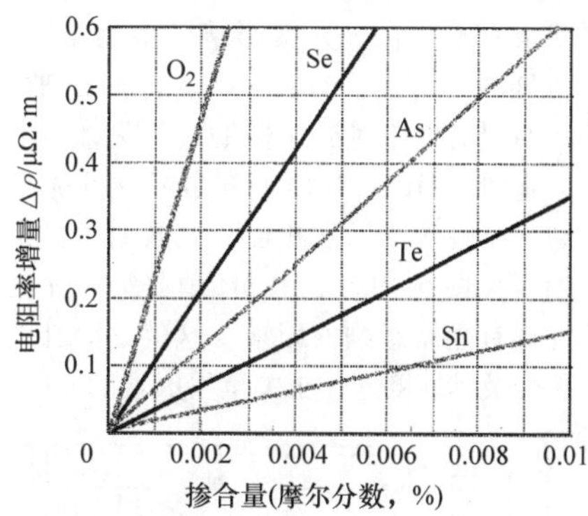

图 6-190　随着固态铜中添加不同量的合金元素，铜的电阻率ρ_{Cu}发生变化

所有这些因素都会导致感应器电效率的降低，这就需要更高的感应器电流和功率以便在被加热的工件中感应相同的功率。较高的感应器电流为局部过热点的出现创造了有利的条件，并且明显增加了感应器中裂纹的扩展速率。

尽管合金化可以显著地提高铜材料的力学性能和耐蚀性，但是它也降低了材料的导热性，降低了水路对局部热点的冷却能力。

如前所述，感应器是在高频（高达 600kHz 并且甚至更高）和高功率密度下使用的电气装置。在一些应用中，由于工艺过程的需要，感应器经常暴露于恶劣的工作环境（见图 6-191）。这包括重复的加热和冷却、烟气、蒸汽、特殊气氛和骤冷流体的存在、外来颗粒的存在等。

图 6-191　在一些应用中，感应器经常暴露在恶劣的工作环境中（图片由 Inductoheat 提供）

受残余元素和合金元素影响的应力腐蚀开裂、应力疲劳开裂、电蚀、铜蚀、点蚀、加工硬化和一些其他不期望的现象对感应器的过早失效具有显著影响。在施加70MPa（10ksi）的拉应力下通过应力腐蚀开裂，一些残留元素和合金元素对铜的断裂时间的影响（见图6-192）。水pH值是另一个对铜裂纹敏感性具有显著影响的因素。这就是为什么要选择铜的牌号及其纯度这一至关重要因素的原因。

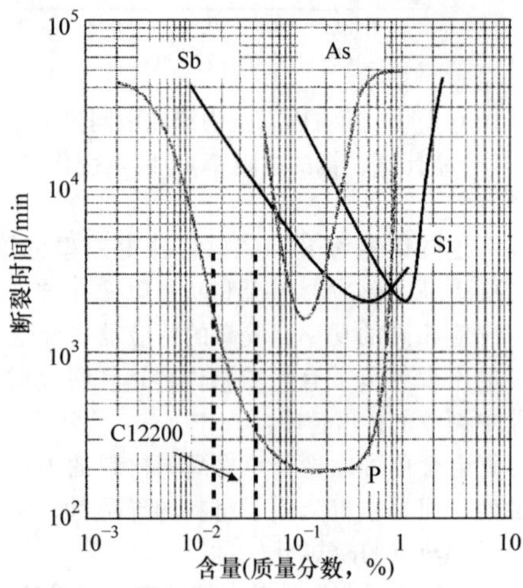

图6-192　低含量残留合金元素的存在对发生断裂时间的影响

通常，无氧高导电性铜用于制造长效感应器。除了优异的电性能和热性能，无氧铜显著降低氢脆的风险，改善抗蠕变性，并且塑性更好。塑性是非常重要的，因为感应器总是会经受较大的弯曲和电磁力影响。更高成本的无氧铜通常通过提高感应器的使用寿命来补偿。但也有例外，如在温度和功率密度相对较低的一些应用中（如回火、去应力、涂覆、过盈装配和一些其他应用），可以使用其他具有成本优势的铜有效替代无氧铜。

6.7.4　感应器匝的电磁边缘效应

由于不同电磁现象产生的不均匀的感应器电流分布对感应器寿命和感应器中的裂纹扩展具有显著的影响。感应器端效应和电磁边缘效应是在设计长寿命感应器时应该考虑的另外两个重要因素。

有经验的感应加热设备用户可能已经注意到失效的感应器通常在铜边缘区域有裂纹（见图6-193）。电磁边缘效应是这种铜边缘开裂的主要原因。注意，铜边缘区域是电磁及热学上的特殊区域，边缘也是一个原始应力集中区。

1. 频率影响

图6-194所示为由矩形铜管制备的单匝感应器中的边缘效应及频率对边缘效应的影响。图6-194a所示为通常用于轴类感应静态淬火的单匝感应器。其由壁厚为1mm（0.04in），截面长宽为19mm×8mm（0.75in×0.33in）的矩形铜管制成。感应器周围的磁场分布如图6-194b所示。感应器设计细节、加热金属类型、工件几何形状和应用频率对感应器内的电流分布有显著影响。

图6-193　感应器铜边缘区域的裂纹萌生

实际上不管应用的频率是多少，在感应器的边缘区域中，特别是在面向被加热的工件的内孔感应器拐角处总会有较大的电流密度集中（见图6-194c）。在感应器匝的外拐角处（其中磁场包围在铜管周围）也还存在轻微的电流密度集中，但是随着频率降低，集中程度变得不太显著，并且最终会基本消失。

高频率导致内孔感应器拐角处较高的电流密度集中。感应器电流密度的这种边缘捕获效应导致在铜管的拐角处出现过热点。原始应力集中区域及该区域过高的电流密度的组合使这些内部拐角区域成为主要的潜在裂纹产生位置，特别当冷却不足时，这也是为什么优选矩形水冷通道代替圆形通道的原因，特别当使用中频和高频时。

注意，为了可视化的目的，每个电流分布图都标示了不同频率（见图6-194c）。在100kHz下铜的电流穿透深度（0.216mm）比1kHz时的电流穿透深度（2.16mm）小。因此100kHz时的局部电流密度将远大于1kHz时的电流密度（假设总感应器电流相同）。

2. 其他影响感应器匝边缘效应的因素

频率对铜感应器的电磁边缘效应具有显著影响，然而，频率的选择通常由具体应用和热形要求决定，并且不能轻易地改变。避免尖角并且使用较大半径的感应器对于减少感应器边缘效应的发生将非常有帮助，特别是当使用高频时。

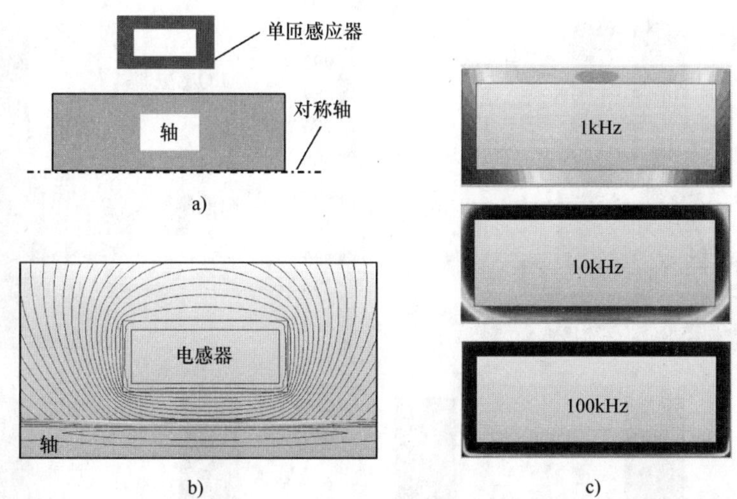

图 6-194 由矩形铜管制备的单匝感应器中的边缘效应及频率对边缘效应的影响

a）通常用于轴类感应静态淬火的单匝感应器 b）感应器周围的磁场分布 c）感应器电流分布（每种情况下有各自的值）

感应器样式和几何形状是对感应器电磁边缘效应具有显著影响的其他关键因素。对于给定的感应器使用相同的铜合金和几何形状的铜管，如分离-返回式感应器、薄饼式感应器或发夹式感应器的设计可以显著影响感应器的电流分布和幅度，并且出现感应器的边缘效应。两个具有相同直径、长度及匝数的多圈螺线管（螺旋）感应器，其中一个为外径式感应器，而另一个为内径式感应器，则铜感应器内的电流分布和功率损耗也会显著不同。

被加热金属的物理性质，包括导电性和磁导率，也可以影响感应器匝内的电流分布。如果将相同的感应器用于感应扫描和静态淬火，则对于这两种淬火工艺，电流分布将是完全不同的。

图 6-195 所示为采用计算机模拟单匝机械加工整体式淬火（MIQ）感应器进行感应扫描淬火钢轴的模拟结果。在这种扫描淬火中，位于感应器前缘附近的工件区域温度低于居里温度。因此，位于单匝感应器的前沿的磁性材料具有相对低的电阻率。相比之下，在感应器后缘下的钢工件是非磁性的，因为其温度超过居里温度，因此也具有高得多的电阻率。结果是最大感应器电流密度倾向感应器内径拐角的后缘区域移动。图 6-196 所示为扫描淬火轴的过程中感应器表面的电流密度分布。

除了承载最大电流密度集中之外，感应器后边缘暴露于来自被加热工件表面（由于热辐射和对流）的热量比前缘多得多，这些综合因素使得感应器后缘成为扫描淬火感应器的全部区域中最有可能产生裂纹开始的地方。

当扫描感应器包括两匝或更多匝时，水冷入口应连接到尾匝，水冷出口连接到前匝。

零件几何形状不规则（包括直径变化、圆角、肩部等）会扭曲磁场并导致感应器内匝电流密度的再分布。因此，水冷腔的几何形状及其轮廓应该适应这种电磁现象并且能保证对所有关键区域的充分冷却。毫无疑问，相比于试验-切割-试验这种方式，通过计算机建模精确预测感应器工作条件是完善感应器设计、确保其寿命、避免感应器过早失效的更好途径。

3. 案例研究

图 6-197 所示为由于铜过热而失效的双匝感应器。黑色感应器匝是引导（进入）匝，明亮感应器匝是尾部（出口）匝。两个原因导致感应器过早失效：

1）感应器的水冷却能力从较大的线圈到具有较小截面的线圈没按正确的比例缩小。由于较大的扫描速度，较小的线圈具有与较大的感应器几乎相同的感应器功率。因此，这导致较低的电压，但过大的电流，意味着将有更大的感应器功率损失。

2）冷却水入口连接到引导匝，而水出口连接到尾部匝。

不适当的水冷却和冷却回路的不正确连接导致引导匝的过热及过早的感应器失效。

附件和工具也可以对磁场和感应器电流分布产生实质性的影响。除其他因素外，使用 U 形导磁体将对感应器电流的重新分布产生显著影响，具有进一步增加感应器边缘处电流密度的趋势（见图 6-198）。导磁体的电磁性能和几何形状是影响感应器边缘效应的重要因素。

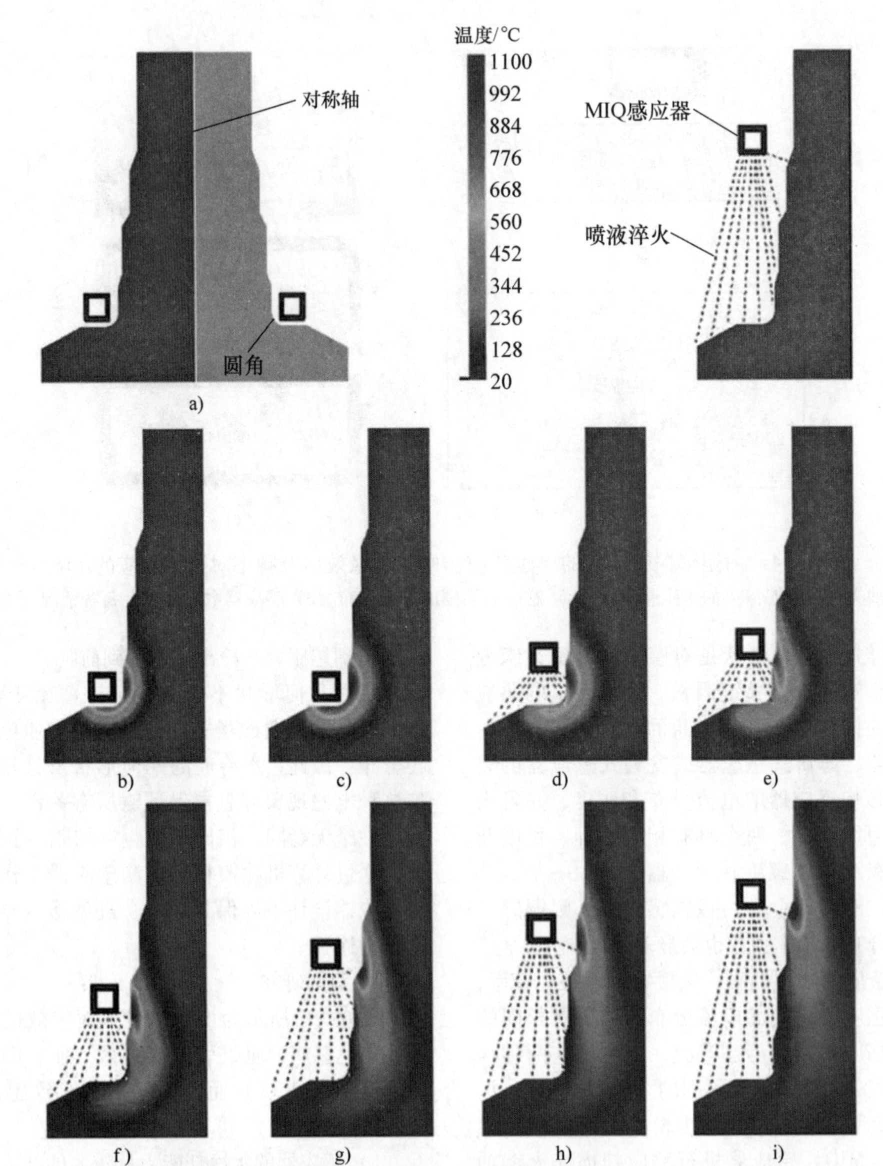

图6-195 采用计算机模拟单匝机械加工整体式淬火（MIQ）感应器进行感应扫描淬火钢轴的模拟结果（图片由 Inductoheat Inc 提供）

6.7.5 导磁体对感应器寿命的影响

导磁体（也称为通量增强器、转向器和控制器）由高磁导率、低功率损耗材料制成。它们以类似于电力变压器中磁心的方式用于感应加热应用中。

没有导磁体，磁通量可以围绕感应器散布并连接到其周围的导电环境（如辅助设备、工夹具）。导磁体形成磁路以在精确限定的区域引导感应器主磁通量。在感应加热中的导磁体具有三种传统功能：提供对工件某些区域进行选择性加热、提高感应器的电效率、用作电磁屏蔽以防止相邻区域不期望的加热。

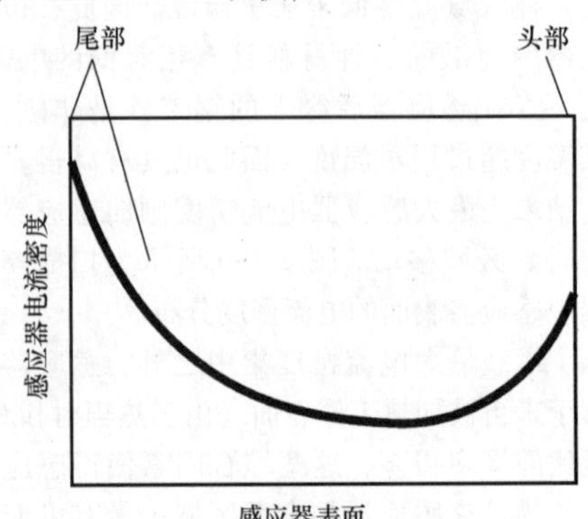

图6-196 扫面淬火轴的过程中感应器表面的电流密度分布

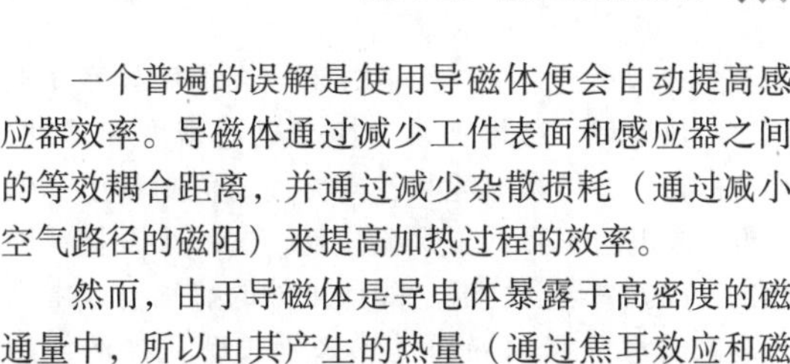

一个普遍的误解是使用导磁体便会自动提高感应器效率。导磁体通过减少工件表面和感应器之间的等效耦合距离，并通过减少杂散损耗（通过减小空气路径的磁阻）来提高加热过程的效率。

然而，由于导磁体是导电体暴露于高密度的磁通量中，所以由其产生的热量（通过焦耳效应和磁滞损耗）将导致一些功率损耗。导磁体内的功率损耗可能导致感应器效率降低，过量的功率损耗可能导致导磁体由于过热而失效。

前两个因素（缩短耦合距离和降低杂散损耗）倾向于抵抗第三个因素（功率损耗），感应器电效率的任何变化都将是以上三个因素的综合结果。

在一些应用中，导磁体会提高效率。而在一些情况下，效率不会提升，甚至可能下降。例如，当感应加热用于回火及应力消除时，导磁体通常不会提高感应器的效率。同样的效果也出现在运用长螺旋管感应器在锻造、轧制、镦锻、挤压之前加热坯料、带材和棒材或在感应熔融炉中运用导磁体的情况。

当导磁体应用于某些类型的感应器时，可以实现效率的显著提高。这方面的示例包括矩形式、发夹式和分支返回式感应器，短单匝或多匝感应器，用于加热内表面的感应器。

1. 导磁体材料

不同的感应加热应用可能要求不同的导磁体材料。可用的导磁体材料包括硅钢片（见图 6-199）、纯铁氧体和含有由铁和铁氧体基的压缩粉末颗粒（见图 6-200）、复合层状材料等。如何选用需要考

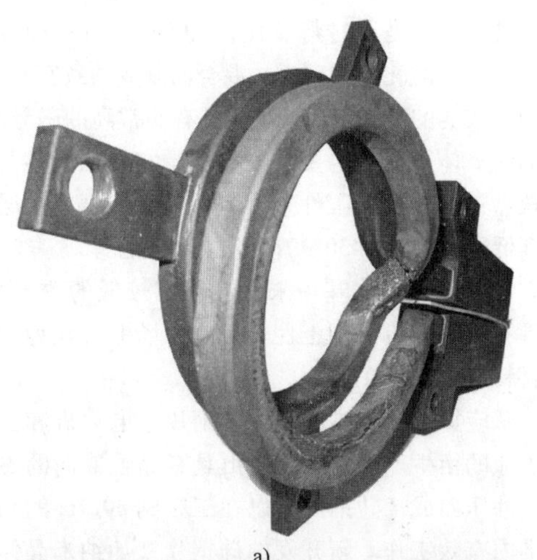

a)

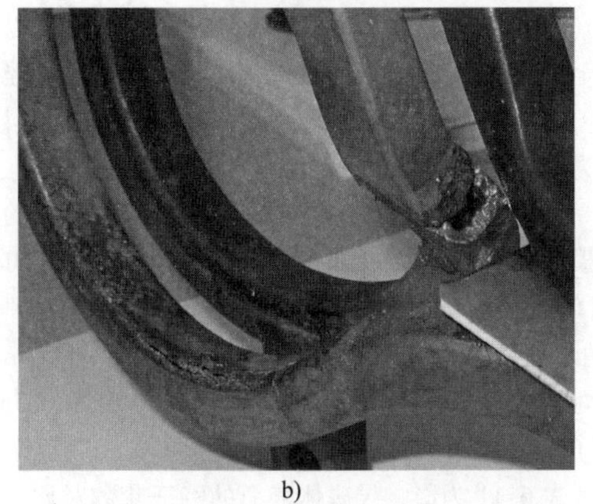

b)

图 6-197 由于铜过热而失效的双匝感应器

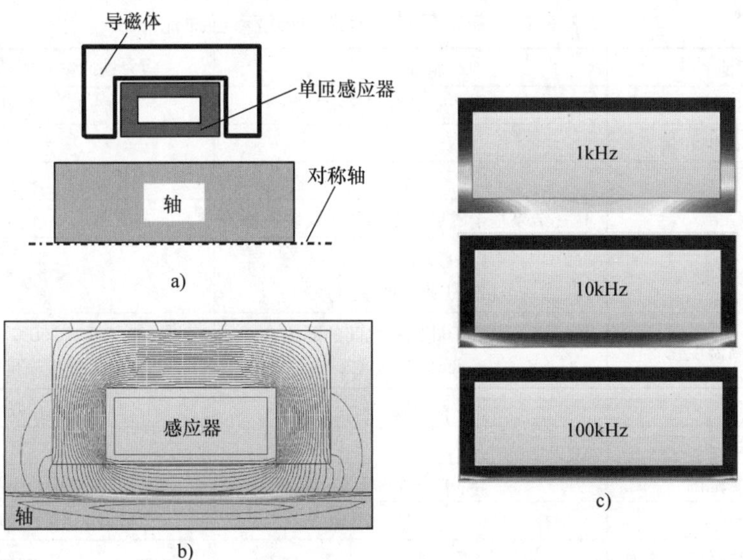

图 6-198 U 形导磁体对单匝感应器电磁边缘效应的影响

a）单匝感应器和轴 b）磁场分布 c）感应器电流分布（每种情况对应其各自的数值）

虑到多种因素。通常，希望寻求较高的磁导率、电阻率、热导率、居里温度、饱和磁通密度和塑性，而磁滞损耗、焦耳损耗和各向异性的值则希望越低越好。高电阻率降低了涡流损耗，这减小了材料温度的升高。高导热性通过降低工件的热辐射或由高密度磁通量引起的局部过热来延长感应器的使用寿命。

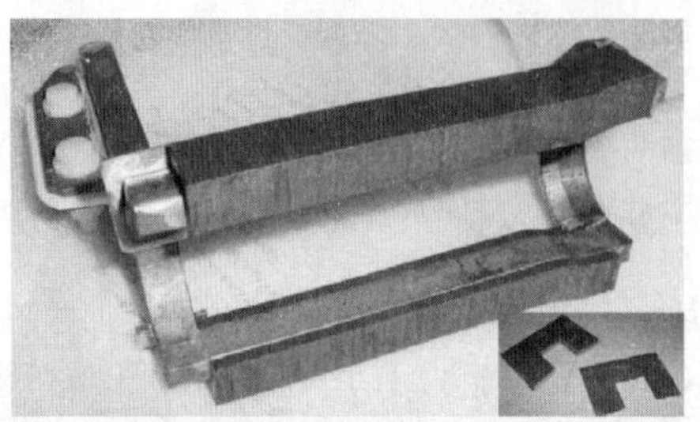

图 6-199　用于矩形感应器的硅钢片导磁体

图 6-200　用于单匝淬火感应器的铁基粉末导磁体

纯铁氧体是通过将氧化铁（FeO）与一种或多种其他金属氧化物或碳酸盐混合而制成的致密陶瓷。在相对较弱的磁场中，铁氧体具有非常高的磁导率。影响铁氧体寿命的主要缺点之一是它们的脆性。其他缺点包括机械加工性差、饱和磁通密度小、居里温度低（220℃或 430℉）和抗热冲击性差。

铁基或铁氧体基粉末材料具有较低的磁导率，但具有较好的机械加工性。目前市场上有几种这样的材料（2013 年）。

感应加热导磁体使用的硅钢片是电动机和变压器工业的衍生产品。硅钢片由具有晶粒取向的磁性合金冲压而成。硅钢片可以在工频到 30kHz 的频率范围内有效工作。新开发的硅钢片（如纳米晶体合金）可以在 50kHz 的频率下有效地工作，还可以在甚至更高的频率（高于 100kHz）下成功运用硅钢片。硅钢片之间必须彼此绝缘，矿物和有机涂料常作为绝缘涂层。

单个硅钢片的厚度应保持最小，以保持低的涡流损耗。硅钢片常用的厚度范围为 0.05 ~ 0.8mm（0.002 ~ 0.03in）。较薄的硅钢片用于较高的频率（纳米硅钢片的厚度可薄至 0.0178mm 或 0.0007in），而对于低于 500Hz 的频率通常选择厚度为 0.5mm（0.02in）的硅钢片。

表 6-11 为影响导磁体寿命的特征参数对比，该表可以用作确定导磁体使用可靠性应用范围的指南。

表 6-11　影响导磁体寿命的特征参数对比

属性或特征	硅钢片	铁或铁氧体基粉末材料
均相性	一般（明显多相异构）	高（多相异构）
磁性能（磁导率、磁饱和量等）	高	一般
居里温度	高	一般
电阻率	高（结果基于磁场取向和频率安装正确）	高
热导率和被冷却能力	高于一般（基于硅钢片相对于磁场的取向）	一般
长期使用最高温度	好（取决于硅钢片之间的隔热，一般高于 500℃）	一般（低于 250℃，因为黏结剂的使用温度较低）
机械加工性	一般	好
耐蚀性	一般	好
常规工作频率范围	50Hz ~ 50kHz	50Hz ~ 800kHz
局部过热	一般	一般
承受高温热辐射及热对流的能力	好	一般
冲击强度	高于一般（取决于硅钢片相对于冲击力的取向）	一般
复杂感应器的实用性	一般	好

2. 导磁体的优缺点

重要的是要记住所有的导磁体在使用中都会发生老化。即使在正常工作条件下，由于磁性颗粒的降解，用于将磁性粉末颗粒粘在一起的黏结剂的老化、生锈等原因，导磁体集中磁场的能力会缓慢下降。

（1）积极影响　如前所述，在一些应用中，但不是全部，使用导磁体可以提高感应器效率，导致感应器电流显著减小。如果铜材过热是导致感应器失效的主要原因，则感应器电流减小可降低感应器的功率损耗，可以延长感应器寿命。

此外，感应器电流的减小可以减小电磁力。如果感应器故障与过早应力疲劳开裂、接头漏水或焊缝开裂有关，则较低的电磁力也可以延长感应器寿命。当使用 180kW/1kHz 的功率/频率组合淬火 50mm（2in）直径的轴时，双匝感应器所经受的磁力可以达到928N（209lbf）。设想一种情况，两个成年男子，每个重95kg（209lb），挂在双匝感应器的每一圈，试图拉开它们。显然，这么强的力不能被忽略，因为它显著地影响感应器寿命并且应该在设计感应系统时认真考虑。因此，减小感应器电流非常有助于减小电磁力和提高感应器寿命。

（2）警告　上述因素对感应器寿命具有潜在的积极影响。然而，导磁体是感应器的附加物，也会对感应器的可靠性和寿命产生不利影响。没有一种导磁体是完全没有潜在问题的。

例如，即使使用导磁体可以减小总感应器电流，在感应器的某些区域上产生的局部电流密度可以大于裸感应器中的局部电流密度（见图6-194和图6-195）。这可能导致局部过热，如果原始感应器设计易受这种情况的影响，则加速应力开裂的开始（如感应器的加工硬化）。因此，必须考虑感应器的几何形状、感应器冷却及MIQ感应器中淬火孔的定位。

3. 由于过热导致的失效

由于导磁体过热导致导磁体老化是最典型的失效形式（见图6-201）。导磁体的过热有以下三个原因：

1）来自被加热工件表面的热（由于热辐射和热对流）。在大多数感应淬火应用中，工件间隙通常为1.6～6.35mm（1/16～1/4in）。因为淬火温度通常为845～980℃（1550～1800℉），在这样的应用环境下，导磁体面向工件的表面可以被快速加热。注意，多种类型的环氧基黏结剂通常用于制造复合材料导磁体。任何环氧树脂都是相对较差的热导体，它使导磁体表面受热后向水冷铜感应器传热的能力非常低。当短加热时间与相对较低占空比组合施加时，导磁体内的热可以缓慢散去，消除表面热量过高的影响。然而，高占空比和较长的加热时间（如使用较慢的扫描速度扫描加热长工件）的组合可能导致导磁体的表面过热（由于来自热工件表面的热辐射和热对流），降低了环氧基黏结剂性能，并导致其最终的过早失效。

2）来自导磁体安装位置的感应器的热传导。尽管大多数感应器都是水冷却的，但在一些情况下存在一些空间限制不能使水冷腔充分靠近感应器的载流面。在某些情况下，水冷腔和感应器表面之间的距离超过6mm（1/4in）。用于加热轴的圆角的仿形台阶感应器可以作为示例。感应器表面的温度可能达到或超过导磁体的最大允许温度，由于热传导使导磁体升到很高温度。

3）在导磁体内产生的热量（由于那里的功率消耗），特别是当使用相对高的感应器电流密度和频率时。在磁粉导磁体中将颗粒保持在一起的黏结剂通常被称为绝缘黏结剂。结果，一些人错误地认为导磁体是绝缘的（不导电的）。实际上，它们是不绝缘的；它们的电阻率不是无穷大，而是具有较高的电阻率。因此，因为它们是导电的，所以在施加的交流磁场下，它们内部将产生一些热量。

上述因素之一或这些因素的组合可导致导磁体的温度升高超过其最高工作温度，对于其中的一些材料（见表6-11），其最高工作温度可能相当低，结果就是导致显著的过热和过早失效（见图6-201）。

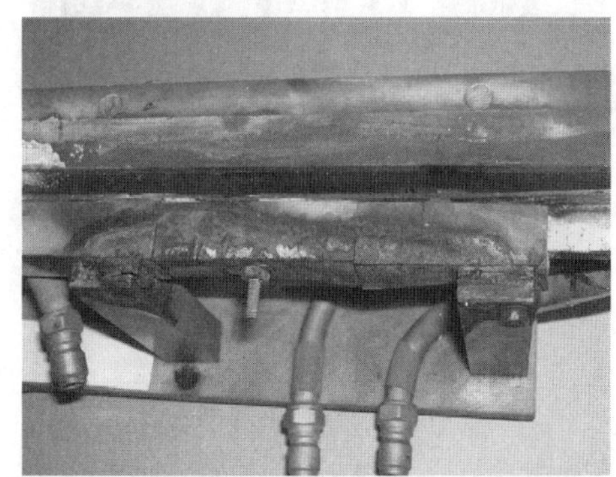

图6-201　由于过热导致粉末型导磁体的老化及失效

重要的是要清楚了解特定导磁体材料的适用性及其被冷却和避免磁饱和的能力，以便针对可能过早失效的情况做出明智的决定。

虽然硅钢片材料可以承受比粉末型导磁体高得多的工作温度，它们仍然可能过热，特别是在高频应用中。

导磁体和感应器的热膨胀与产生的热量密切相关。如果不密切注意热膨胀，可能导致过早的感应器失效。例如，矩形感应器应当被设计成在加热期间能适应铜材的任何可能的轴向延伸。类似地，硅钢片夹持器也应考虑热膨胀。

硅钢片导磁体也对侵蚀性环境（如淬火剂）特别敏感，可能导致生锈和老化（见图6-202）。在矫顽力和随后的磁滞损耗的作用下可以降低硅钢片的磁性能。如果多个硅钢片没有牢固地夹在一起，它们可能开始振动，导致机械损坏，与铜管黏连，最终感应器或工艺过程失效。

正面来说，硅钢片相对便宜，并且相比其他材料其可以在低频下承受更高的温度。另一个优点是在任何导磁体材料中，硅钢片具有最高的磁导率（在强磁场中）和最高的饱和磁通密度（1.4～1.9T）。这意味着硅钢片能够在常规感应淬火强磁场中更好地保持其磁性能。

图6-202 硅钢片导磁体对侵蚀性环境特别敏感

不管导磁体是哪种类型，都要避免尖角，因为它们有由于电磁末端效应而饱和及过热的趋势，可以通过感应器的精心设计来最小化或消除导磁体断裂的发生。

还可以通过在导磁体系统设计中使用多种材料的导磁体来避免拐角和端面的过热。例如，在分支返回感应器中，硅钢片可以位于感应器的中间，同时铁或铁氧体基粉末材料放置在感应器端部。这种设计成本较低，电效率高，并且增加了导磁体的寿命，因为考虑了由于电磁末端效应导致的三维磁场畸变，如果单独使用硅钢片，这将导致端部区域的失效。

4. 多匝螺线管感应器

在将导磁体应用于多匝感应器时应特别小心。使用这种类型的感应器，感应器匝间的电压可能很大，并且短路电流路径可能通过导磁体产生，导致产生电弧和过早的感应器失效。在这种情况下，导磁体电绝缘的可靠性在感应器设计中起着至关重要的作用。

5. 安装与稳定性

导磁体的另一个主要问题是其安装的可靠性。导磁体通常被焊接、螺纹连接或粘接到感应器。

铁和铁氧体基粉末导磁体通常使用“导热”黏结剂简单地黏结到感应器上。然而，该标签可能会产生误导。这些黏结剂的热导率实际上比任何金属差很多。用户不应下意识地假定黏结剂的热导率足够高到可以提供导磁体所需的冷却。如果使用，黏结剂层的厚度应当最小化，以使得从水冷感应器向导磁体的表面冷却效果最好。

还有另一个误解，可能导致与冷却相关的故障。一些用户误认为如果粉末型导磁体的表面与水冷感应器具有良好的接触，则整个导磁体将得到充分冷却。如上所述，铁和铁氧体基粉末导磁体含有特殊的黏结剂，它们的热导率通常情况下甚至低于所谓的导热黏结剂的热导率，导致导磁体的某些区域存在局部过热的可能性，无论其与水冷铜管接触有多好。

导磁体通常位于高磁通密度的区域中，其中电磁力是很大的。随着时间的推移，这些力可能导致导磁体松动并突然移动或移出位置。

导磁体松动的另一个可能的原因是不恒定的温度条件。在工艺循环期间，导磁体可以被加热到高于250℃（480℉），然后在淬火期间冷却。这种重复的加热和冷却分别伴随着体积的膨胀和收缩，这可能导致其松动和移动。导磁体的意外移动和复位可能导致加热参数的变化。

加热参数的意外变化，其代价可能是非常大的。例如，在汽车工业中，这可能导致召回许多车辆以更换有缺陷的部件。因此，应当定期检查导磁体。在某些情况下，可以安装特殊的监视器来记录导磁体性能的变化。然而，它们大大增加了系统总成本。

6. 结语

因为导磁体是安装到感应器上的，即使质量最佳的导磁体也将不能补偿设计不良的感应器。为了充分利用导磁体，该过程应当采用计算机模拟，并且感应器必须被合理地设计和制造。夹紧装置还应适当设计以将导磁体固定到位。

还存在一些与将导磁体安装到现有感应器相关联的费用。感应加热专业人员的一个常见的说法是，在没有导磁体的情况下，如果一个零件可以很好地正常生产，就没有理由增加感应器成本，潜在地降低其性能的可重复性和可靠性。

6.7.6　感应器端效应

由各种电磁现象产生的不均匀感应器电流密度分布对铜感应器寿命和裂纹扩展具有显著的影响。除了趋肤、邻近和铜匝边效应，感应器端效应是另一个在设计长使用寿命感应器时应该考虑的关键因素。

带有多匝螺旋感应器的感应加热设备，使用经验丰富的用户可能注意到，多匝感应器的故障通常与位于感应器端部的匝的故障相关。电弧、铜线圈过热甚至熔化、匝之间短路的发生及衬里或耐火材料分解仅是在与电磁末端效应有关的端匝处观察到的故障模式中的几个。

感应器端效应归因于感应器端部区域中的电磁场的扭曲（见图 6-203）。在感应器远离其端部（常规区域）的区域中，磁场分布通常可以被认为是相对一致和均匀的，特别是对于那些具有大的占空系数 K_{space} 且紧密缠绕的多匝感应器。

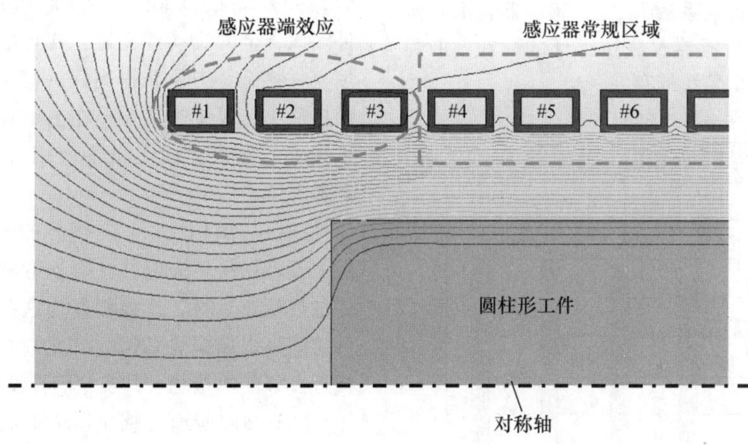

图 6-203　端效应对多匝感应器磁场分布的影响

感应器占空系数表示感应器匝被缠绕的紧密程度。例如，单匝感应器的占空系数通常为 1，对于大多数用于锻造之前的退火、去应力、棒和坯料加热、其他应用多匝感应器（见图 6-178），$K_{space}=0.7\sim0.9$。这意味着感应器匝紧密缠绕，匝之间磁场中的轻微扰动将不会对感应器常规区域中的场分布产生显著影响（见图 6-203）。

相比之下，感应器端部磁场的变形是急剧的并且会影响多个可能与该区域感应器过早失效的特定模式直接相关的多个因素。这些因素包括：

1）位于感应器端部区域的感应器匝内电流密度分布的变形（见图 6-204）。

2）功率损耗的再分配及每匝的压降。

3）感应器每匝的磁场力或磁场压力的复杂分布。

图 6-204　多匝感应器匝内的电流密度分布

注：图中感应器的匝数字编号与图 6-203 相对应。

图 6-205 所示为多匝感应器每匝三个方向的磁场强度，在这种特殊情况下，磁力的径向分量很小，

并且在感应器设计中可以忽略不计。感应器匝经受的最大力是轴向分量。该分量逐渐减小，变得与远离感应器端部的感应器常规区域中的径向分量一样低。然而，值得注意的是力的周向分量逐渐增加，在感应器的规则区域中达到其最大值。了解磁力的大小和方向对于防止过多振动是必不可少，从而确保感应器的可靠、持久、耐用。

感应器端部区域中的磁场分布是几个通常相互关联因素的复杂函数关系。这些因素包括但不限于：

1）被加热金属的电磁性能，是磁性还是非磁性，导电性好还是差。

2）频率和磁场强度。

3）工件的几何形状。

4）感应器设计的细节，包括感应器端部、感应器到工件的耦合、占空系数 K_{space}、感应器轮廓和匝数多少，导磁体和分流器及法拉第环的存在，助焊剂延伸器和其他类似装置的存在。

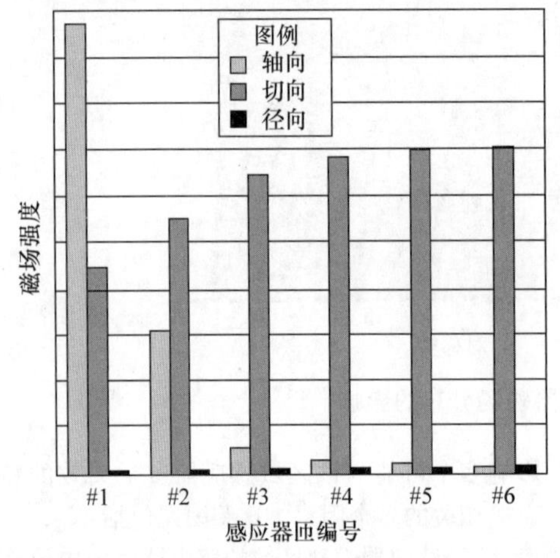

图 6-205 多匝感应器每匝三个方向的磁场强度

注：图中感应器的匝数字编号与图 6-203 相对应。

需要重点牢记的是，根据应用，这些因素可能有不同的影响。虽然每个应用情况应该单独考虑，但是有一些通用性的建议或倾向。例如，当加热电阻率较低（即铝、铜、银等）的非磁性金属时，与加热电阻率较高的磁性材料（铸铁、钢等）相比，前者感应器端匝内的功率损耗通常更大。这种现象在设计感应器水冷回路和感应器匝支撑固定装置时应当考虑。

甚至还有一些经常被忽视的参数，如感应器匝的轮廓（高度和宽度）在一些情况下可能对沿着感应器匝的磁场力和功率损耗分布具有显著的影响。

6.7.7 淬火感应器的制造

如前所述，因为其成本、可用性和电、热、力学性能等因素，主要用铜制造感应器。用于淬火应用的感应器通常是由实心铜材经 CNC 机械加工而成（见图 6-188），从而使它们具备一定的刚性、耐用且可重复性好。在其他情况下，铜管（正方形、矩形或圆形）可用于感应器制造。

铜管通常经过退火处理以改善其塑性、弯曲性和可操作性。当需要急剧弯曲、复杂感应器形状或小直径时，由管材制成的感应器部件通过钎焊组装起来。接头通常重叠，产生所谓的榫槽接头。CNC 加工的感应器也使用钎焊来封装水冷却通道。

不同的合金（填料）可以用于铜的钎焊。良好的润湿性和流动性是比较重要的特性。一种质量分数为 45% Ag 的银基钎焊合金通常用于钎焊感应器组件。该合金的流动性良好，并且电阻比其他大多数填充材料低。为了获得完好的接头，接合间隙应该保持最小，以使银基合金在毛细管作用下自由地流入接头。应该尝试尽量不使用含有大量铋和铅的焊料。

纯银与铜相比，具有优异的电热性能。接合间隙由银基材料填充时往往会误导感应器设计者和感应加热从业人员，让他们以为这些填充剂在钎焊构件之间可以像铜块 CNC 加工的感应器那样有良好或接近良好的电接触。其实它们真没有。

图 6-206 所示为感应器中电流流过钎焊接头时的示意图。与铜块相比，孔隙度、氧化物和其他元素的存在增加了接头处的电阻。结果，在接合区域中将产生过多的热量（除非接头位于感应器的无电流承载区域），过度的热聚集（由于焦耳损耗或热暴露）使钎焊接头结合质量变差。

如果热处理部件没有经过适当的清洗且它们的表面上含有大量的油和其他污染物，则在工件加热到淬火温度时可能发生燃烧。燃烧气态污物和污垢的结合为钎焊接头的脆化提供了条件，并且通常会加速铜表面老化（即腐蚀）。

如果感应器包含许多钎焊接头，特别是如果有 90°接头（见图 6-206 中的接头）的话，则冷却感应器匝中的水流可能会受到阻碍。如果将小直径管材用于感应器制造，则更可能发生这个问题。因此，可能需要增压泵来为感应器的水冷却提供足够的压力。然而，使用增压泵存在潜在的“Catch－22”问题：过大的压力增大了感应器受力，与电磁力和热应力造成了叠加。这可能进一步削弱感应器焊接头

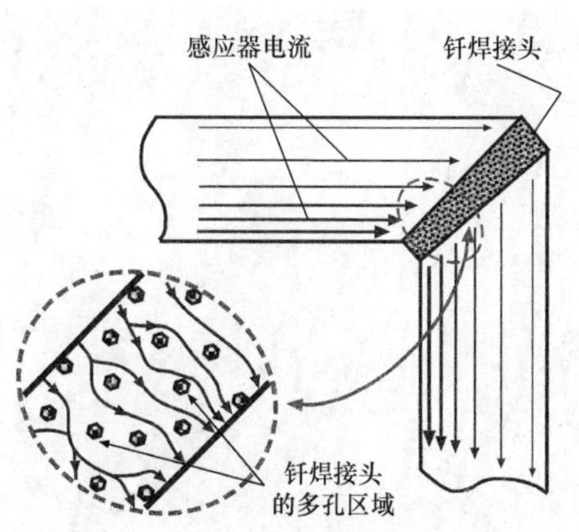

图 6-206 感应器中电流流过钎焊接头时的示意图

并导致开裂和漏水。

此外，在感应器使用寿命期间，由于加工淬火、钎焊接头及铜本身可能削弱、变脆并产生疲劳裂纹。

消除钎焊接头或大量减少其数量，特别是在电流承载区域，是制造耐用、可靠和可重复性好的感应器的关键。这可以通过利用 CNC 加工或改进铜的弯曲技术来实现。图 6-207 所示为矩形铜管的弯曲长度。注意，这种 6.4mm×6.4mm（¼in×¼in）和 1mm（0.04in）厚的小矩形铜方管可容易地弯曲成 90°的复杂形状，甚至可以在接近 180°的角度双重扭曲。使用该技术对感应加热系统的感应器寿命和正常运行时间具有显著的积极影响。

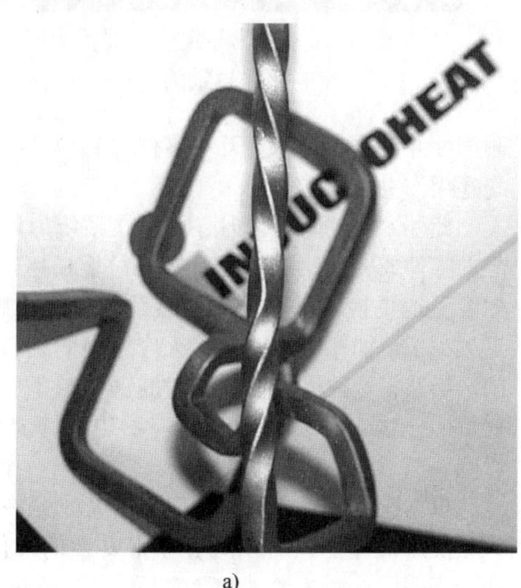

a)

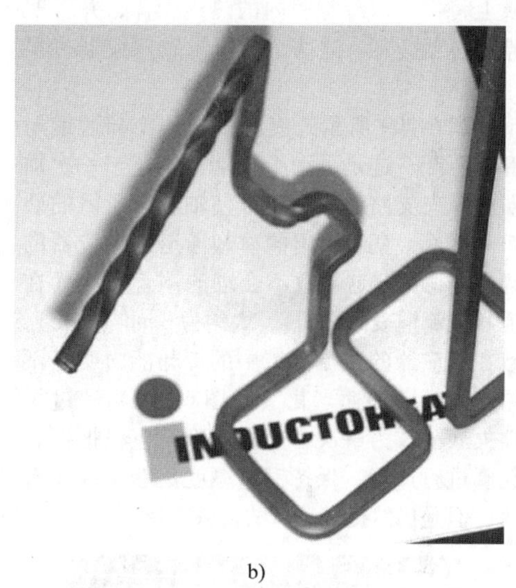

b)

图 6-207 矩形铜管的弯曲长度

注：这种小型矩形铜管（尺寸为 6.4mm×6.4mm，1mm 厚）可以很容易地弯曲成复杂的形状，而不会使管壁塌陷。

铜管加热面壁厚度应随着频率的降低而增加。这与铜中的电流渗透和感应器的边缘效应直接相关，并且对于由实心铜材加工制成的感应器和由管制成的感应器都是真实存在的。可以使用式（6-20）和式（6-21）快速估算铜中电流穿透深度 δ_{Cu}：

$$\delta_{Cu}, \text{mm} = 70/(\text{频率}, \text{Hz})^{1/2} \tag{6-20}$$

$$\delta_{Cu}, \text{in} = 2.75/(\text{频率}, \text{Hz})^{1/2} \tag{6-21}$$

感应器的有效铜管壁厚度应为 $d_1 > 1.6\delta_{Cu}$。管壁薄于 $1.6\delta_{Cu}$ 的感应器会导致铜感应器功率损耗增加和感应器效率降低。在一些情况下，管壁 d_1 可以比 $1.6\delta_{Cu}$ 大很多。这是因为使用 0.25mm（0.01in）壁厚的铜管在机械上是不切实际的。除了承载电流之外，感应器组件还用于其他机械目的，如作为冷却通道和淬火水容器，并提供抵抗机械弯曲的支撑。

在感应器钎焊之后，仔细地把感应器的其余部分组装到一起，接着添加其他的感应器保护装置。有几种常见方法来保护感应器免受其操作过程中恶劣环境的影响。在大多数淬火应用中，工件表面被加热到高于 900℃（1650℉）。来自工件表面的强烈辐射热对未被保护的感应器是有害的。随着热工件靠近感应器，例如当感应器和工件之间的间隙小于 3.2mm（in），冷却水腔的设计将是非常关键的。感应器冷却应该充分接近加热面。

图 6-208 所示为一次加热淬火感应器的水冷套钻孔位置不正确。水冷却孔位置的偏移显著降低了那里的铜壁的力学强度。同时，它也阻碍了感应器电流流动，挤压电流进入窄铜壁通道。这导致电流密度的急剧增加和强热的聚集。强烈的热聚集可以促进水蒸发并在该区域中形成蒸汽屏障。因此，无论出现什么形式的足够的冷却水流量，蒸汽屏障的

图 6-208 一次加热淬火感应器的水冷套钻孔位置不正确

存在本质上将作为水冷却腔内的热绝缘体，并且明显地阻碍感应器冷却。这两个因素导致感应器过早失效。

相反，图 6-209 所示为直线钻削的冷却通道与铜的轮廓不匹配，这是另一个极端的例子。一次加热感应器的纵向支路仿形加工以使轴获得所需的硬化层分布。然而，直线钻出的冷却通道跟感应器的外形轮廓并不协调。这导致不合理的铜管厚度（在水冷通道和载流铜表面之间），大约为 8mm（⅓in），并且导致在感应器的载流区域中的冷却能力明显不足。结果是铜表面加速老化（见图 6-210）和过早的感应器失效。作为解决方案，水冷腔应根据铜管的外形轮廓进行成形，保持铜壁厚度足够小以便有效地散热，但是仍然提供足够的机械支持。

图 6-209 直线钻削的冷却通道与铜的轮廓不匹配

在较高频率下，感应器电流通常较小。随着频率降低，必须更多地注意感应器支撑和钎焊接头。更多的振动和更大的磁力通常与使用较低频率相关。与绝缘体连接在一起的非磁性金属柱可以用于提供额外的支撑。

在多匝感应器的匝之间常常用环氧树脂涂层达到隔离目的。陶瓷涂层通常用于单匝感应器。将陶瓷薄层经火焰喷涂到感应器的选定区域上以改善其耐磨性并用作热屏障。万一零件与感应器接触，陶瓷还用作电绝缘体。

图 6-210 过热导致感应器铜表面加速老化并导致的过早失效

此外，当空间允许时，可以在系统内增加陶瓷导向零件或铸造耐火衬套。如果衬里损坏，通常可以容易地更换，而不必从加热系统中拆除感应器。这减少了诸如棒或管在线淬火应用中的设备停机时间。当然，这种优点是以更大的铜管与工件间隙为代价的，这对电磁耦合和感应器电效率产生不利影响。

根据应用特性，一些感应器（特别是在局部淬火中使用的那些）可以具有非常复杂的几何形状。在完成感应器制造及其组装之后，下一个重要步骤是确保整个组件在尺寸上的正确性。便携式三坐标测量仪在这方面是一个非常有帮助的工具，可进行形状检查、外形检查，并进行感应器复检和数据收集（见图 6-211）。无论感应器的形状有多复杂，便

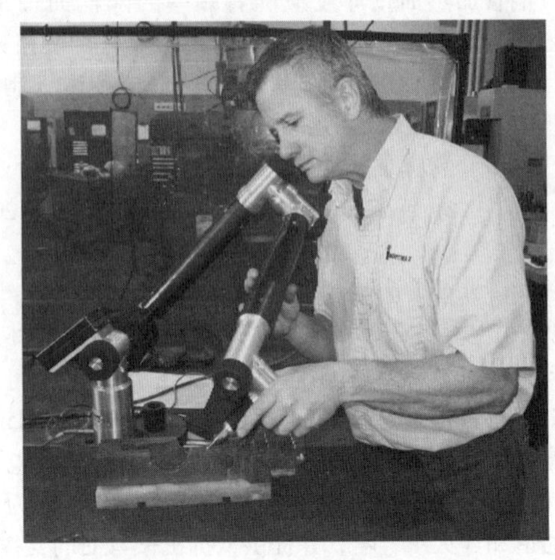

图 6-211 便携式三坐标测量仪

携式三坐标测量仪都能提供精度高达0.02mm（0.0008in）的精确测量，这对于大多数感应加热应用来说已经足够了。

6.7.8 逐齿齿轮淬火感应器

齿轮通过用感应器围绕工件来进行感应加热淬火（所谓的旋转淬火），或者对于较大的齿轮，通过逐齿（逐齿尖或逐齿沟）淬火。由逐齿尖或逐齿沟技术淬火的齿轮可以相当大，具有2.5m（100in）或更大的外径，甚至可以重几吨。该技术可应用于外齿轮或内齿圈和小齿轮。

感应器的几何形状取决于齿廓和所需的硬度分布。逐齿尖淬火技术的感应器环绕单个齿的外形加热淬火，即包齿淬火。在目前（2013年），这种技术很少使用，因为用这种技术获得的硬度分布使用范围有限。

逐齿沟技术更受欢迎，感应器对称位于相邻齿的两个侧面之间。感应器可以设计成仅在齿的根部或侧面扫描加热，使齿顶和齿心部保持原有的塑性和韧性。扫描速度可以相当高，达到8mm/s（0.32in/s）甚至更高。但逐齿沟技术通常不是非常适合于小型齿轮和小间距齿轮（模数<6mm）。用该原理设计的感应器变化很多。图6-212所示为用于齿轮逐齿淬火的沿齿沟感应器，这是比较流行的设计。

使用逐齿沟感应器在齿轮中感应出的涡流形状是蝶形环状的。最大电流密度位于齿根区域（蝴蝶的中心或躯干处）。为了实现这个效果，在感应器的相应部分设计最高的感应器电流密度。

使用导磁体（通常是硅钢片）进一步增加齿根部位感应出的功率密度。硅钢片的开口朝向齿根。当硅钢片放置在载流铜导体周围时，实际上所有电流将集中在导磁体的开口面上，导磁体驱使电流汇集到开口面上。这是一种电磁“槽口”效应，将电流集中在感应器面向齿圆角的表面改善了感应器与齿轮的磁耦合，这导致加热密度增强。

应用频率通常在1~30kHz范围内，有时70kHz频率或是更高的频率在某些情况下也会用到。例如，NATCO - Delapena（国家自动工具公司 - Delapena&Son有限公司）的埋液式逐齿沟技术应用频率为450kHz。

由于要求的感应器与齿轮之间的间隙很小（0.5~1.2mm或0.02~0.05in）及恶劣的工作条件，逐齿沟感应器都需要经常维护，并且与环绕整个齿轮的淬火感应器相比寿命较短。

逐齿沟感应器失效的最常见原因是：

1）感应器打弧。

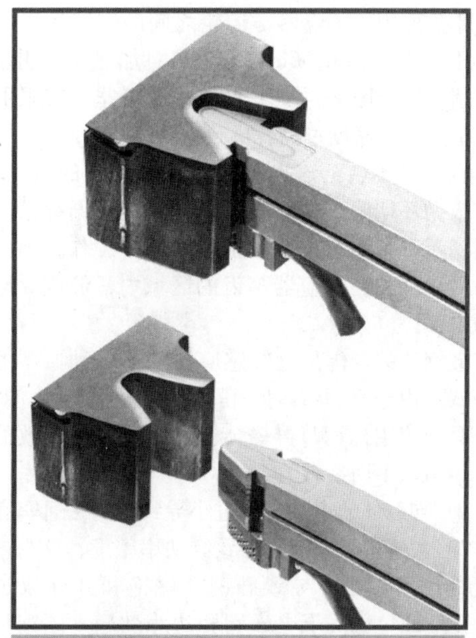

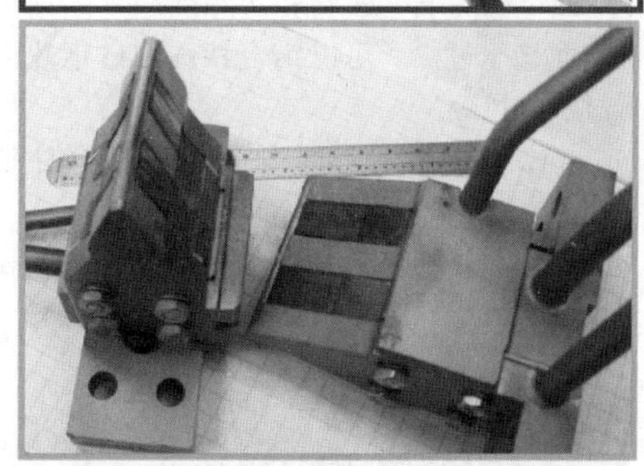

图6-212 用于齿轮逐齿淬火的沿齿沟感应器

2）感应器操作不当和机械损伤。

3）感应器过热。

4）硅钢片老化。

逐齿沟式感应器比环绕式感应器对定位更加敏感。感应器必须精确对称地位于两个齿之间的间隙中。非对称定位将导致不均匀的硬度分布。例如，感应器的某一侧与齿轮的间隙相比感应器的另一侧与齿轮的间隙较大，则间隙较大的齿轮一侧的表面硬度较低，淬火层深度也较浅。不适当的间隙可能导致感应器与齿轮之间产生电弧，从而导致感应器过早失效。

过大的齿形变形及不正确的定位可能导致感应器与齿轮相撞，致使感应器机械损伤。在确定正确的感应器与轮齿间隙时，应考虑加热期间的金属热膨胀。特殊定位器（机械或电子）用于确保感应器在齿槽中适当的定位。精密的感应器制造技术，感应器的刚度和感应器精确对准对于避免逐齿感应器的过早失效至关重要。

感应器过热是这种类型的感应器过早失效的另

一个常见原因。感应器与齿轮之间的间隙较小（通常小于1.5mm或0.06in）导致来自加热面的明显的热辐射。这个因素再加上水冷却通道非常有限的空间，促使功率密度过高，导致铜管过热。

在将钢加热至淬火温度时形成一定的氧化皮。在淬火循环期间，氧化皮的颗粒从钢表面掉落。如果过滤器系统不工作或不正确地维持工作，则污垢颗粒可以沉积在感应器与齿的区域中，形成导电桥导致电弧。

硅钢片的老化是这些感应器的另一种典型的失效模式。由于条件苛刻，粉末型导磁体无法使用，几乎只能使用硅钢片导磁体。硅钢片过早失效的典型原因与以下因素有关：

1）导磁体的安装空间过小导致高的磁通密度。

2）大感应器电流也导致高功率密度，这与之前讨论的因素结合，导致硅钢片磁饱和并导致过热（见图6-213）。由于电磁端和边缘效应，硅钢片的拐角和端面趋于过热。可以结合特殊的硅钢片设计来降低过热的风险。

3）硅钢片对侵蚀性环境比较敏感，导致生锈和老化。

对感应器和导磁体的情况进行定期检查，在必要时采取适当措施（维修或更换）非常重要。

图6-213 由于硅钢片导磁体过热导致的逐齿沟感应器的过早失效

6.7.9 蛤壳式感应器

选择感应器类型的主要考虑因素是零件的形状、待加热区域或所需的热形以及用于生产的工艺方法。工艺方法包括将工件移动至感应器中以及将感应器分度到工件中。如果需要，工件的旋转以及工件在热处理后如何转移也可能是选择特定感应器样式的决定性因素。

当淬火处理形状不规则的工件（见图6-214）时，由于相邻区域的形状限制，有时可能无法将零件放置到圆柱形感应器内。还有一些其他情况，为了装卸工件，感应器与工件之间的间隙可能要非常大，以至于显著降低了感应器的电效率，甚至可能由于感应器端效应和零件几何形状的不利组合导致无法获得所需的热形。一个相关例子是凸轮轴的淬火，某些凸轮有尖锐的“鼻子”和小尺寸的基圆。在这种情况下，可能需要使用分离式或蛤壳式感应器（见图6-215）。

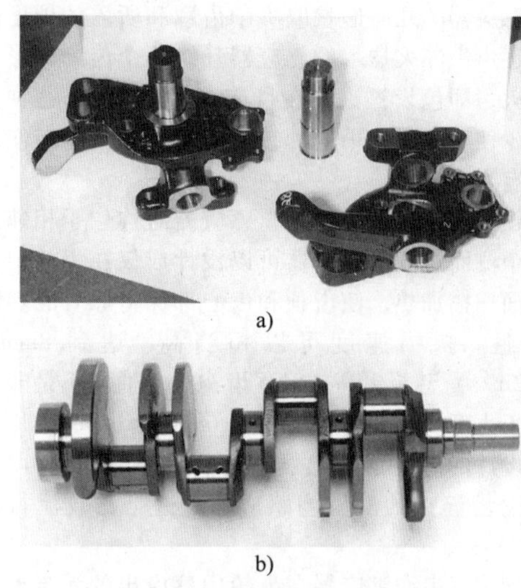

a)

b)

图6-214 形状较为复杂的工件

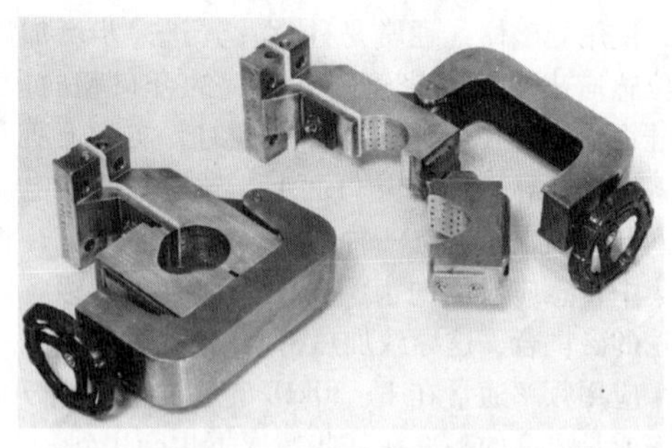

图6-215 具有集成淬火功能的分离式或蛤壳式感应器

1. 蛤壳式感应器

蛤壳式感应器如此命名，是因为它们通常铰接在一起，所以工件可以装夹到正确的加热位置。对于淬火工序，淬火喷水器可以集成到加热感应器中，或者淬火喷水器可以安装在感应器附近的位置。根据实际情况，感应器可以依据零件的形状进行仿形设计，这提供了最小的且一致的感应器与工件之间的耦合间隙（气隙）。结果便是沿着形状不规则的零件周围进行高效且均匀的加热。

蛤壳式感应器的内部或零件的某些区域通常需要定位销，以确保零件在整个加热和淬火循环中保持其位置。通过使用定位销获得的形状不规则工件上的均匀热形的好处有时被影响生产率的不利影响抵消。

如果在中频或高频感应器内使用定位销，则通常选择陶瓷销。但陶瓷是脆性的，可能由于不正确的工序过程、机械损坏或加热和淬火引起的热冲击而过早失效。

2. 蛤壳式感应器的缺点

寿命短、可靠性差、生产率低是蛤壳式感应器的一些主要缺点。感应器寿命短是由于触点必须通过大电流。

接触区域是这些感应器中最薄弱的环节，也是感应器寿命短的主要原因。当感应器闭合时，必须用足够的压力来夹紧感应器，以确保在可移动的两极之间产生良好的电接触。实际上，没有感应器的接触表面是完全光滑的。因此，表面粗糙度对流经接触区域的感应器电流的影响最大。

不管抛光效果如何，都会出现气穴，迫使感应器电流流过接触点。与感应器的实心铜材区域相比，其结果便是接触区域的局部电流密度增加及接触区域的电阻增加（见图 6-216）。

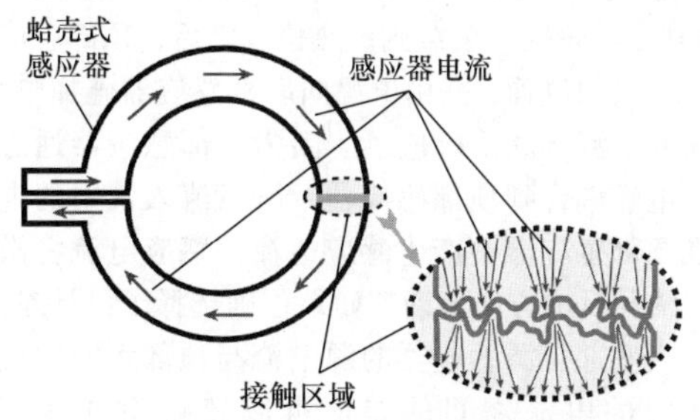

图 6-216　蛤壳式感应器中的电流流动

图 6-217 所示为蛤壳式感应器的等效电路。由于相同的电流通过感应器和感应器接触区域，后一区域将由于 I^2R（焦耳）损耗产生更多的热。接触区域的电阻通常是铜块的 10 倍以上，发热与电阻的变化成正比。

感应器的夹紧区域由于磨损和污染物也会导致感应器寿命缩短，磨损以及污染物可能导致该区域的过热和电弧，最终导致过早的感应器失效。电接触的质量及其清洁度在感应器多次开启和关闭后明显降低。污染物迅速积聚在接触面上，这也增加了

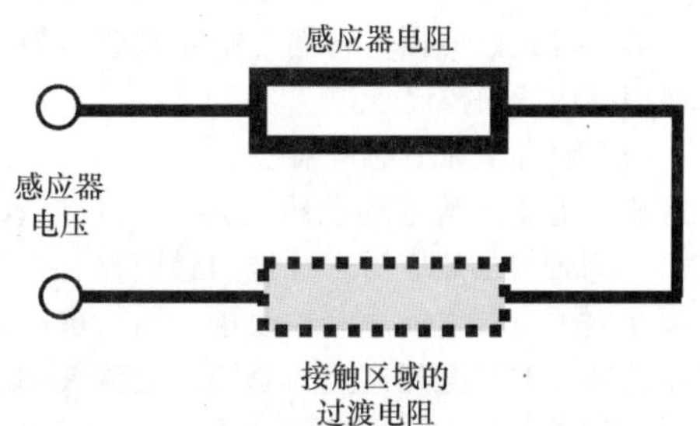

图 6-217　蛤壳式感应器的等效电路

接触面的电阻。

这些因素导致接触表面之间过渡区域的电阻在感应器工作期间不断变化，导致工件得到的功率发生变化，从而导致热形的变化。热处理工作者通常需要增加接触压力以补偿蛤壳式感应器加热期间的功率损耗。这种做法可能导致夹紧区域中的感应器变形。

3. 提高感应器寿命的可行措施

通常使用银合金电镀来提高感应器寿命并降低感应器夹紧区域的电阻。不幸的是，它不会将感应器的寿命明显提高到常规感应器的水平。蛤壳式感应器的寿命通常不超过 10000 次，并且只有 3000 次或 4000 次寿命的感应器也并不罕见。

新开发的创新型非接触感应器设计是蛤壳式感应器的替代品，并具有显著持久的感应器寿命。

6.7.10　非接触式感应器

在一些应用中，带状或板状样件热处理和涂覆（如镀锌、合金化、非金属涂层和涂装干燥），将感应器从加热位置移动到离线位置的功能很重要。以往在这些运用中通常使用带有水冷门的螺线型感应加热器（见图 6-218）。具有水冷门的感应器实际上与分离式感应器或蛤壳式感应器非常相似。

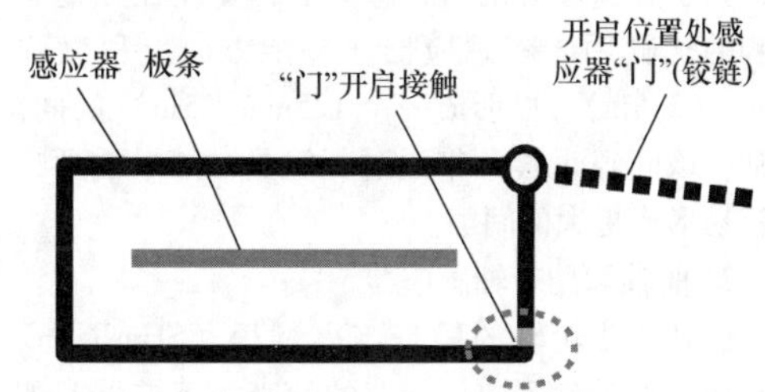

图 6-218　带门的螺线型板条感应加热器的横截面

接触区域的固有特性是电路从此处断开，是蛤壳式感应器和带有水冷门感应器的最弱环节。前面讨论过这些感应器的缺点，包括寿命短、可靠性差、维护成本高。

为了大大减轻这些缺点，感应加热设备制造商开发了非接触式感应器，它们是蛤壳式感应器和带有水冷门感应器的替代品。

1. 无门式带材加热感应器

螺线型电磁感应器能获得均匀加热和高效率，使它们成为带材加热应用中首选的感应器。无门式感应器是对原有技术的适应性改进。两个单匝感应器串联连接，并且互相连接的总线使电流转向，使一个感应器位于另一个感应器之上（见图6-219）。带材通过两个感应器加热至最终温度。互连总线之间的间隙允许带通过，而不需要断开电路的门。

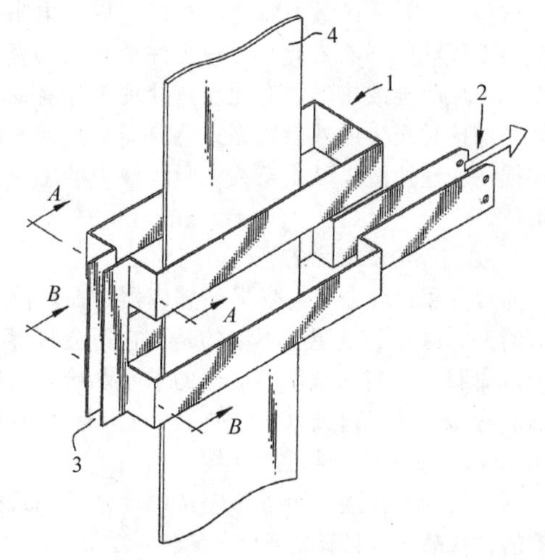

图6-219 无门式带材加热感应器

没有了门，就可以免去了感应加热单元每次停机卸料需要断开电连接。通过消除这些高电流承载的连接，感应器寿命和可靠性大幅增加，可维护性显著提高。

为了离线移动无门式感应器，安装在互连总线两侧的气缸用于将感应器在每个方向上稍微弹起65mm（2.5in），以形成一个125mm（5in）的间隙，通常，该间隙足够条带通过。但是，如果需要，也很容易形成更大的间隙。

2. 曲轴和凸轮轴感应器

曲轴和凸轮轴的静态淬火过程（SHarP－C技术）也同样消除了使用环绕的蛤壳式感应器时的大电流触点，使用这种技术可以提高感应器的可靠性和寿命，并且不需要旋转淬火的工件。

在这个工艺过程中（见图6-220），感应器由两个感应器组成：顶部无源感应器和底部有源感应器。底部的有源感应器连接到电源，而顶部无源感应器实际上是一个电短路环路。底部感应器是静止的，而顶部感应器可以打开和关闭。每个感应器都有两个半圆形区域，工件需要淬火的部位位于环中。

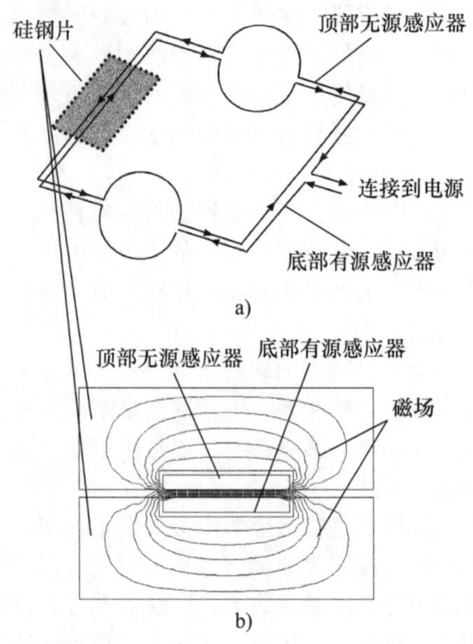

图6-220 曲轴和凸轮轴感应器

a）曲轴和凸轮轴静态淬火过程中感应器电路的原理示意图 b）顶部和底部感应器的磁耦合

由于位于非加热区域的硅钢片导磁体的作用，两个感应器可以实现紧密的电磁耦合。在将零件（曲轴或凸轮轴）装载到加热位置之后，顶部感应器移动到关闭位置，并由电源向底部感应器施加电力，电流开始流入底部感应器。因为底部感应器通过硅钢片电磁耦合到顶部感应器，所以流入其中的电流将在顶部感应器中产生感应电流，感应电流将沿与源电流相反的方向流动。如果正确选择了设计参数，则流入底部有源感应器的源电流与顶部无源感应器中感应的电流之间的差值可以忽略不计（小于3%）。对于被热处理的工件的任何部位，SHarp－C感应器（见图6-221）都可视为具有沿着加热工件（如轴颈）圆周流动的感应涡流的经典环绕圆柱形感应器。因此，包括在所谓的“鱼尾”区域（或感应器的分离区域）加热是高效的、对称的，且硬度分布一致。而在传统的感应加热系统中，由于电流递减现象，导致鱼尾区域的电磁场失真。几种电磁解决方案有助于消除或大大减少这些不良现象。

图6-222所示为常规U形感应器与SHarP－C感应器的比较，U形感应器使用硬质合金定位块定位于需要淬火的轴颈上方，加热期间曲轴旋转，而SHarP－C感应器则为非接触不旋转加热。

图6-221　位于开启位置的SHarP－C感应器（图片由Inductoheat inc提供）

注：顶部感应器是无源的，底部感应器是有源的。

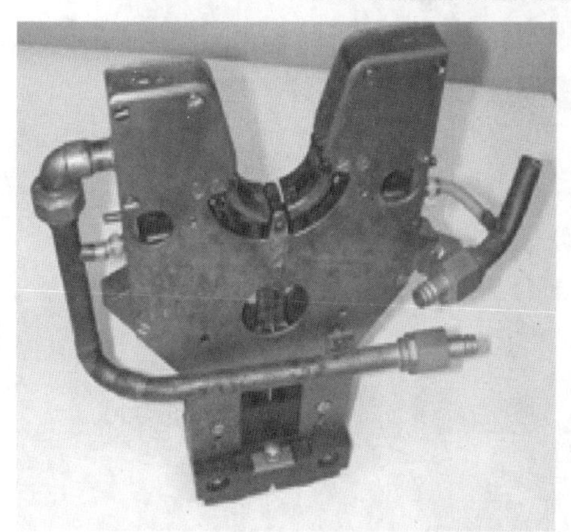

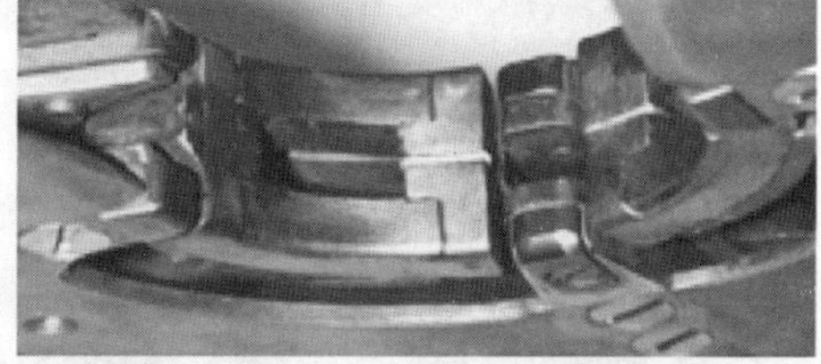

a)

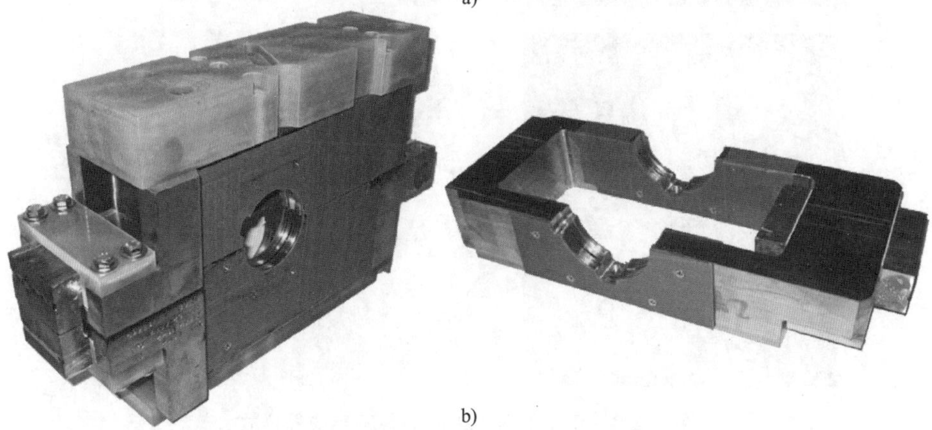

b)

图6-222　常规U形感应器与SHarP－C感应器的比较

a）常规U形感应器　b）SHarP－C感应器

不难看出，制造一个U形感应器需要一个精细的工作工程，包括许多影响感应器寿命的钎焊接头或弯曲、制造重复性和可维护性差。相比之下，SHarP－C感应器的刚性和坚固性要好得多，采用铜块进行CNC加工，没有磨损的碳化物定位器，并且在载流区域没有钎焊接头。统计表明，SHarP－C感应器的寿命至少是需要曲轴旋转的常规U形感应器的2倍。

该案例研究表明，除了以前讨论的延长感应器寿命的措施（改进感应器设计、制造、水冷却等），在某些情况下，使用不同的感应器样式可以显著提高感应器寿命、韧性和可维护性。

6.7.11 内表面加热感应器及其失效模式

工件内表面的感应加热可用于淬火、回火、过盈配合装配、钎焊、固化等应用。图6-223所示为用于加热内表面的各种感应器样式，包括螺线管式单匝、多匝感应器和发夹式感应器。

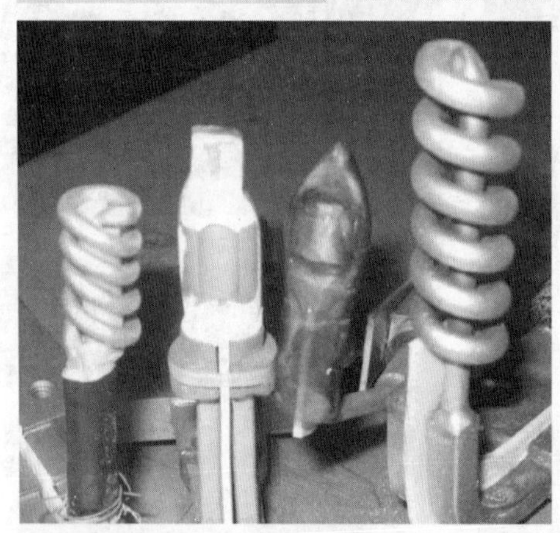
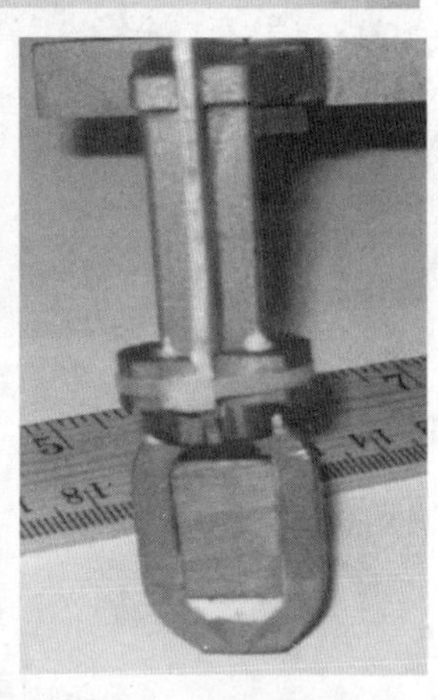

图6-223 用于加热内表面的各种感应器样式

单匝和多匝螺线管感应器是用于加热内表面的最受欢迎的感应器。这种感应器被称为ID感应器或内孔感应器。内孔感应器通常由铜管制成，其铜管的螺旋缠绕与螺线管感应器的缠绕方式相同。在其他情况下，内部电感的头部是由实心铜材通过CNC加工制成。这不仅提供了刚性和坚固的结构，而且还使得感应器的表面轮廓与特定的零件几何形状相匹配，并使感应器螺旋的端头效应最小化。

使用内孔感应器的主要限制是加热小直径孔的难度。由于螺线管感应器的回路通常通过感应器的中心，所以螺线管型ID感应器的最小外径限制在约16mm（0.625in），但通常19mm（0.75in）以下就很难做到了。但当最终加热温度低于居里温度时，直径小至12mm（0.5in）的内孔工件可以被加热。

如果加热工件的内径小于19mm，那么也可以使用发夹式感应器（发夹式感应器的名称源自于电感感应器形状与女人的发夹相似）。这种感应器通常由弯曲或钎焊的铜管制成。当使用发夹式感应器时，通常需要工件在加热时旋转。尽管有些工件在进行低温预热的时候可以不强制旋转，但仍然优选旋转。

1）失效模式1。与用于加热外表面或外径的感应器相反，内孔感应器的效率更大程度上取决于感应器与工件的间隙。内孔感应器的电效率随着感应器对工件耦合间隙的增加而迅速减小，尤其是当加热高于居里温度的非磁性金属或碳钢时。感应器电效率的降低直接关系到感应器损耗的增加。因此，切记与加热外部表面的类似感应器相比，在使用加热内表面感应器时，耦合间隙的增加会导致铜损耗大大增加。这反过来又需要比外表面加热感应器更高的水冷却要求。

在过去广泛用于计算铜损耗的基于Baker或Williamson方法的感应器计算技术对于绝大多数内孔感应器并不适用，主要是因为数学限制和这两种技术的精度较差。使用有限元或边界元法的数值计算机建模更适合于这种计算。

2）失效模式2。根据应用情况，保持感应器与工件之间的间隙尽可能小（由于前面所述的原因），间隙为2～4mm（0.08～0.16in），并且在一些情况下小至1mm（0.04in）。这种小间隙伴随着电弧发生的危险（见图6-224）或由于工件和感应器处理不当，感应器意外接触工件，或加热期间金属不可预料的变形，引起潜在的感应器机械损伤（见图6-225）。这需要重点注意，在加热的初始阶段，工件的孔收缩，其内径减小，间隙也减小。考虑到待加热材料的热膨胀系数，应适当估算这一现象。

使用适当的固定装置和引导装置以提供牢固的、可靠的装卸操作对于内径感应器至关重要。

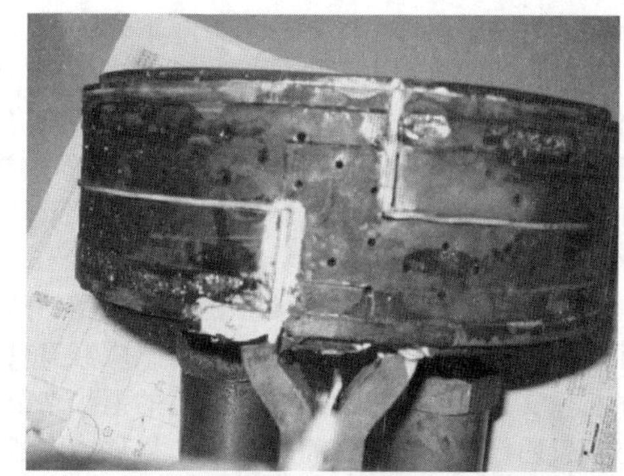

图6-224 与较小的工件、感应器间隙相关的电弧损伤

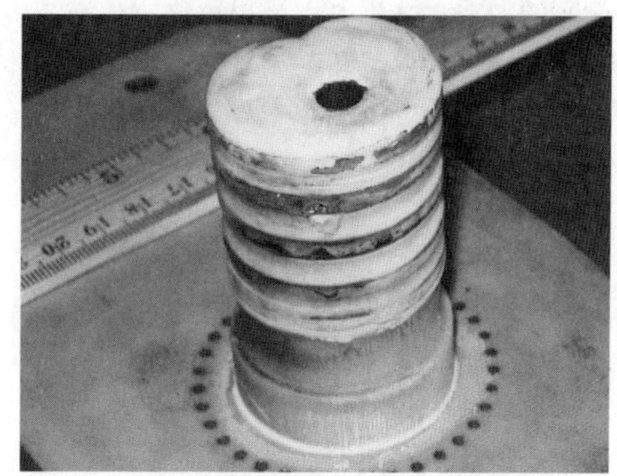

图6-225 工件与感应器的意外接触造成感应器表面机械损伤

使用陶瓷薄涂层或电绝缘带可以帮助防止感应器和加热工件之间发生电弧。

3）失效模式3。内孔感应器内部通常都安装导磁体，是为了提高感应器效率并减少感应器电流和功率损耗，特别是用于加热中小直径的内表面时。相比电磁环形效应，导磁体对感应器电流分布有着更为显著的作用，并且迫使感应器电流朝向感应器外部区域移动，以使电流更靠近加热工件的内部表面。这样提高了等效耦合并增加了工件内表面的磁场强度和热强度。

在内孔感应器上使用导磁体可显著减少所需的感应器电流和功率，降低感应器水冷要求，提高感应器寿命，并且通常简化了感应器和逆变器的负载匹配。

然而，如前所述，导磁体通常被认为是感应加热系统中最薄弱的环节之一。ID感应器尤其如此，这是由于导磁体可能的磁饱和及其随后的过热，可能导致导磁体过早老化和缩短寿命。仔细评估过程参数和计算机建模有助于选择合适的参数并防止导磁体的过早失效。

4）失效模式4。一些感应器制造者制造具有许多钎焊接头的感应器。钎焊接头的漏水为这种类型感应器的第四大典型失效模式。电磁力的存在与较大的感应器损耗的结合使ID感应器的接头特别容易损坏。如前所述，消除或尽量减少钎焊接头的数量，特别是在载流区域，是制造耐用、可靠和可重复性好的长寿命ID感应器的关键。

5）失效模式5。与这种类型的感应器相关的另一个典型失效形式涉及在加热位置为感应器提供足够的机械支撑的难度。承载交流电流的铜线路很多时候不仅用作电气装置，而且还用作提供感应器支撑的机械装置。当使用水平感应器布置时，铜汇流条经受弯曲载荷以支撑感应器重量。弯曲载荷和磁力的叠加及暴露于逐渐升高的温度场可能导致铜汇流条变形、下垂、移位和汇流条之间的电绝缘体老化失效，最终导致电弧产生（见图6-226）。

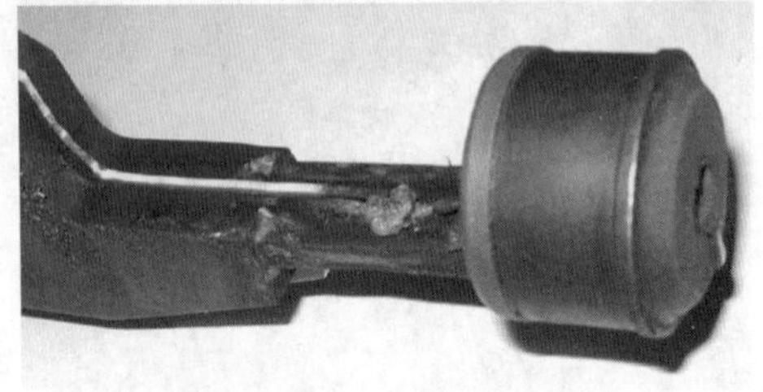

图6-226 弯曲载荷和磁力的叠加及暴露于逐渐升高的温度场可能导致铜汇流条变形、下垂、移位和汇流条之间的电绝缘体老化失效

使用ID感应器时，淬火引起的电弧不常见。在维护不良的淬火槽中可能会发现鳞片、污垢、异物和其他污染物（见图6-227）。导电颗粒和其他污染物可以通过感应器匝之间的淬火剂，在汇流条的边缘区域和汇流条之间沉积（中空铜汇流条的边缘区域具有最高的电流密度并作为磁铁，吸引磁性颗粒和残留物）。随着时间的推移，可能会堆积出足够数量的颗粒，导致汇流条之间及感应器匝之间发生电弧。

图6-227 维护不良的淬火槽中所发现的鳞片、污垢、异物和其他污染物

因此，定期清洁电流承载流部件，正确维护淬火槽和过滤系统，将淬火剂保持足够的清洁对于防止电弧是非常重要的。机械稳固支持结构是设计ID感应器时的另一个重要因素。

6.7.12 分支返回式感应器和蝶形感应器

多年来，感应加热从业人员建立了一个特殊或专业的感应器大家庭。通用名称已经被用来描述它们的外观或功能，如薄饼式、矩形、发夹式、分支返回式、蝶形等。

1. 分支返回式感应器

分支返回式感应器用于各种应用，包括淬火、退火、回火、去应力、连接、钎焊、焊接等。图6-228所示为用于管焊缝退火和局部淬火的分支返回式感应器。

分支返回式感应器具有一个分为两个相等的返回支路的主（中心）支路，从而在工件内产生独特的涡流分布。图6-229所示为分支返回式感应器的电路。感应器主路的电流密度是返回支路的2倍。另外，主支路的功率密度（热源）是其返回支路功率密度的4倍。如果返回支路的铜管的载流面宽于主支路铜面的宽度，并且主支路上装有导磁体，从而使位于主支路下方的工件的狭窄带内的功率密度更大，则该比率甚至更大。

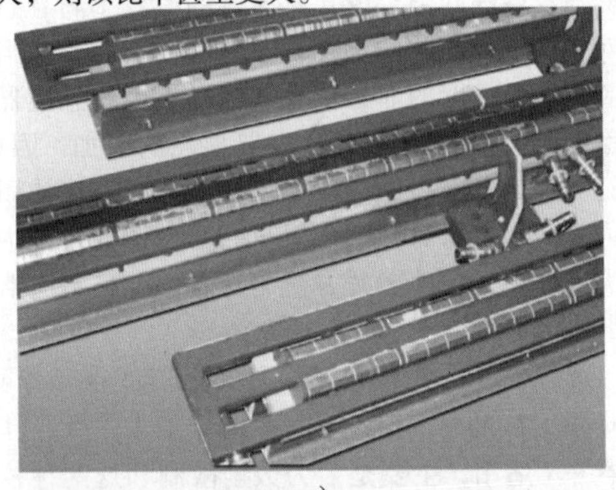

a)

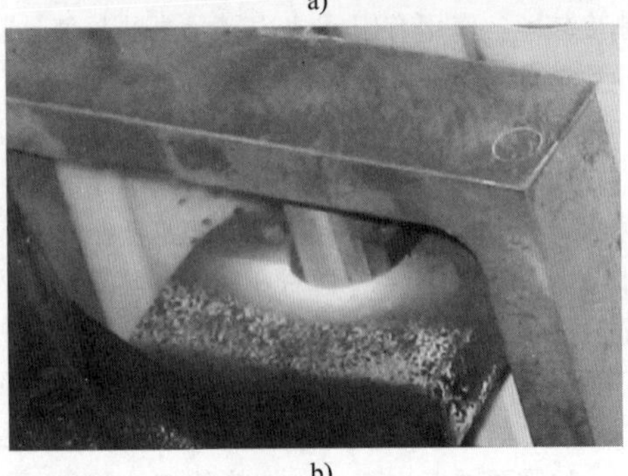

b)

图6-228 用于管焊缝退火和局部淬火的分支返回式感应器

a）管焊缝退火 b）局部淬火

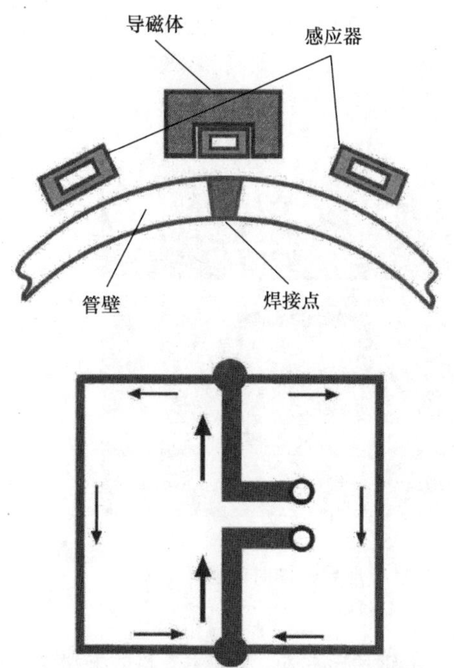

图 6-229　分支返回式感应器的电路

除非是横向扫描，否则通常认为通过返回支路在工件内诱导产生的功率损耗是浪费能量的。因此，应采取措施尽量减少这些损失。相比之下，主支路在工件上引起的功率损耗为有用的焦耳热。因此，应采取措施使其最大化以获得最大的电效率。

2. 蝶形感应器

图 6-230 所示为用于加热后视镜按钮的蝶形感应器，其基本上是一个类似蝴蝶形状的多匝分支返回式感应器。一只蝶形感应器用到两个薄饼式感应器（“翅膀”），并且感应器匝被缠绕成如前所述的那样，在感应器的中心匝中流动的电流都处于相同的方向（“主体”），中心匝区域的功率密度最高，为主要加热区域。

图 6-230 所示的蝶形感应器，当该按钮达到均匀的温度（约 140℃或 285℉），按钮和风窗玻璃之间通过添加黏结剂结合。该感应器的心部感应器匝上装有 U 形导磁体，以集中热量并增加感应器中心匝的效率，并确保返回（外）支路不耦合到需要加热的工件的区域，产生电流减弱的效果。

3. 失效模式和预防

为更好地了解分支返回式感应器和蝶形感应器典型失效的主要原因，必须了解磁场分布的细节。图 6-231 所示为分支返回式感应器的中心支路加和不加 U 形导磁体时的磁场分布。

不加 U 形导磁体时，磁通量遍及感应器的周围支路。因为返回支路中的电流与主路的流动方向相反，所以会产生电磁邻近效应，使所有电流彼此相近。这会降低感应器与工件的电磁耦合，显著降低了整体电效率（需要更高的感应器电流和功率来提供所需的加热），并增加感应器损耗（浪费能量）。减少主路和返回支路之间的距离使这种情况更差。这种系统中的感应器电效率可能下降到 20% ~30% 甚至更低，特别是当加热非磁性金属或加热高于居里温度的磁性金属时。

图 6-230　用于加热后视镜按钮的蝶形感应器

主路上装有的 U 形导磁体形成了一个磁路以将主磁通量引导至一个明确的区域中，并将由主路和返回支路产生的磁场分离。感应器电流向工件表面移动，提高加热效率，减少所需的感应器电流和磁力，并改善整体条件以增加感应器寿命。这就是为什么强烈建议在大多数分支返回式感应器中使用导磁体的原因。

因为面向工件的铜感应器的边缘经受最高的电流密度，特别是当使用 U 形导磁体时，应避免存在锋利的边缘。相反，如果感应器支路具有小的半径（弧度），则是有益的。

在这种情况下，局部铜感应器过热或感应器钎焊接头的断裂或导磁体的劣化是感应器失效的最典型的原因。

在分支返回式感应器中，导磁体可能被挤压到最高磁通密度区域的狭小空间，并且由于其暴露于来自加热工件表面的热辐射，与导磁体寿命有关的两个主要问题是由于磁饱和和局部过热而老化。图 6-232 所示为设计不合理的硅钢片导磁体由于过热和过度的磁饱和而发生老化。为了使感应器尽可能紧凑，图 6-232 所示的分支返回式感应器的设计者决定使用窄铜管作为返回支路。如前所述，分支返回式感应器的中心主路应该提供大部分加热，因为它承载 2 倍于在返回支路中流动的电流。

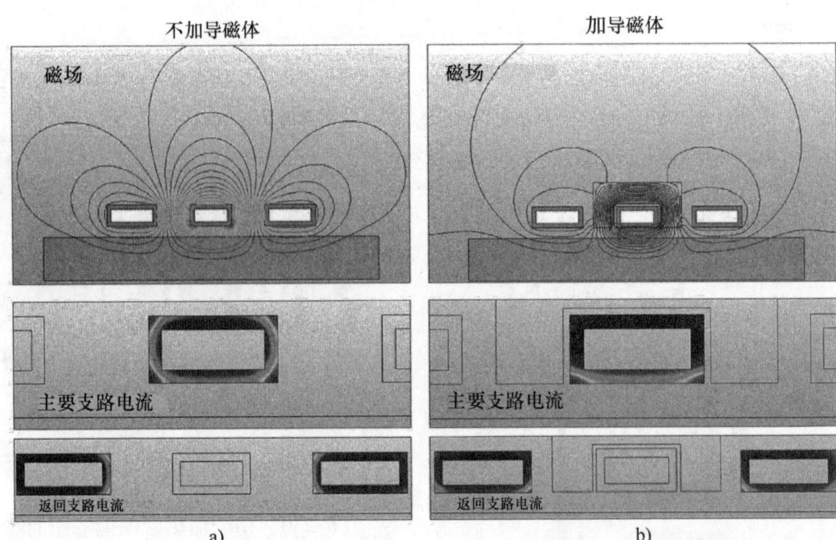

图 6-231 分支返回式感应器的中心主路加和不加 U 形导磁体时的磁场分布
a) 不加 U 形导磁体 b) 加 U 形导磁体

图 6-232 设计不合理的硅钢片导磁体由于过热和过度的磁饱和而发生老化

在这种设计中，返回支路的铜管的载流面的宽度不到主支路的 50%。因此，返回支路的电流密度加倍，超过主支路的电流密度。这导致导磁体的磁通量密度发生不必要的增加。

此外，位于中心和返回感应器支路之间的区域中的层叠硅钢片的宽度相当窄，小于 6mm（0.24in）（尽管还存在填充硅钢片的有可用空间）。这样窄的硅钢片宽度也导致磁通量密度的增加。这两个因素导致硅钢片的磁饱和与过热。

如前所述，与铁氧体和铁基粉末材料相比，硅钢片材料具有最高的磁饱和度。它们还能承受比粉末型导磁体高得多的工作温度。如果设计合理，硅钢片能有效地用于工频至 30kHz，甚至更高的情况。不幸的是，硅钢片具有显著的不均匀物理性质，导致感应器主支路与返回支路连接的端部区域呈现过热的趋势。这是分支返回式感应器中在主支路上中间安装硅钢片导磁体，而在主支路的末端安装铁或铁氧体基粉末导磁体的原因之一。这种设计具有成本效益、电效率并且延长了感应器的使用寿命，因为它考虑到了由于电磁端部和边缘效应所引起的三维磁场失真，这将导致额外的热损失，并且如果仅使用硅钢片导磁体，容易发生潜在的过热。

6.7.13 电磁邻近效应

当交流电流流经电导体时，电流分布是不均匀的。电磁邻近效应是众多能够强烈影响任何电流导体（包括感应器的铜）内的电流分布的电磁现象之一。这种现象的不正确认识常常导致局部过热、不期望的硬度分布或过早的感应器失效（见图 6-233）。

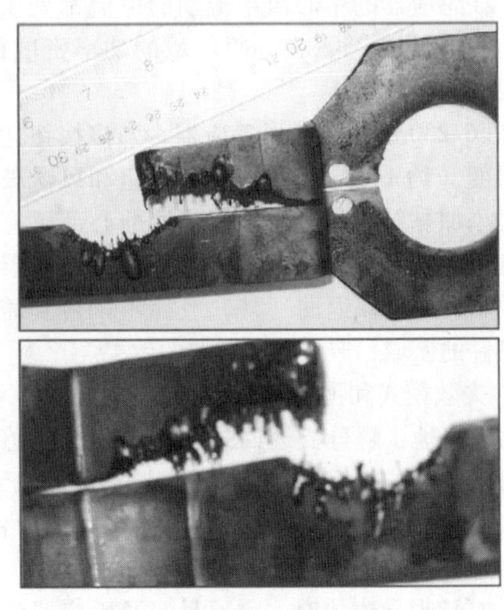

图 6-233 由于对电磁邻近效应的错误判断所导致的感应器汇流板过早失效

如前所述，趋肤效应是通常与感应加热相关的最知名的电磁现象。根据趋肤效应，交流电集中在导体的表层（皮肤）中。该层称为参考（或穿透）深度。通常使用固体导体作为示例来说明趋肤效应，并且通常假设导体独立存在（在周围区域中不存在其他载流导体）。在大多数实际应用中，情况并非如此，因为存在其他导体。这些导体可能具有与附近场相互作用的自己的磁场，以及扭曲的电流和功率密度分布。

当载流导体放置在另一个导体附近时，两者的电流密度将由于电磁邻近效应而重新分布。如果在导体中流动的电流具有相反的方向，则两个电流将集中在彼此面对的区域（内部区域）中；如果电流具有相同的方向，则这些电流将集中在相对侧。

当电流以相反方向流动时，在导体之间的区域形成强磁场。这是因为在这个区域，每个导体产生的磁力线方向相同。因此，导体之间产生的磁场将很强。然而，由于电流集中在内部区域，因此外部磁场将变弱。由两个导体产生的外部磁场将具有相反的方向并趋于相互抵消。这种现象有效地用于同轴电缆和复合总线设计中。

如果电流具有相同的方向，则是相反的，因为磁力线在导体之间的区域中具有相反的方向，因此在该区域中相互抵消。由于这种消除，导体之间存在弱磁场。然而，由于由两个导体产生的磁线在外部区域具有相同的方向，因此外部磁场相当强烈。

如果导体之间的距离增加，则邻近效应的强度降低。图 6-234 所示为计算机模拟邻近效应的结果，是系统对称和不对称情况下邻近效应的外观比较。高电流密度区域是形成局部热点的主要区域，这可能导致铜过热、老化、电弧，甚至熔化，最终导致感应器过早失效。图 6-235 所示为不同电流流向下的邻近效应。图 6-233 和图 6-235（上图）的比较表明，当引线以窄面相互面对时，由于感应器引线边缘处的电流密度大幅增加，导致铜过热并最终导致感应器的失效。这就是为什么强烈建议始终尝试降低电流密度，避免出现局部过热，采用水对铜管进行冷却，并始终按图 6-235（右）所示而不是图 6-235（左）那样定向感应器引线的方向。

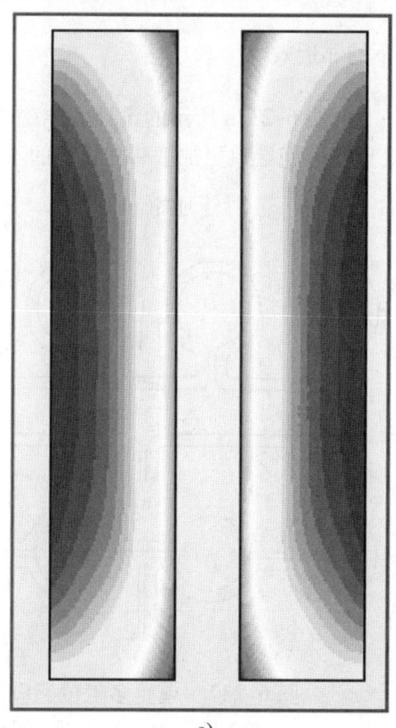
a)

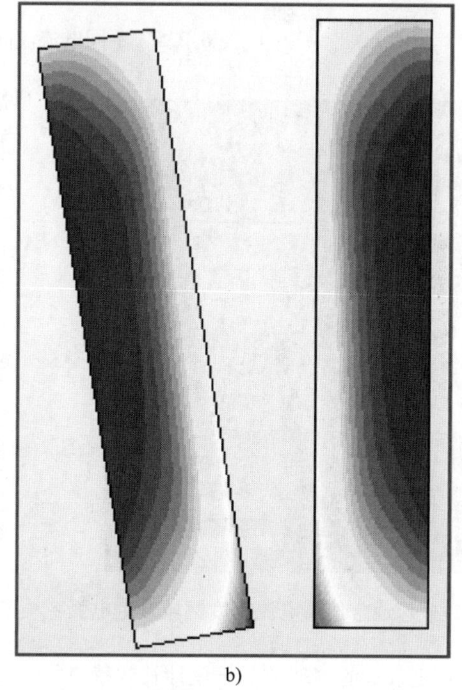
b)

图 6-234　计算机模拟邻近效应的结果

a）对称　b）不对称

注：该图显示了系统对称和不对称情况下受邻近效应影响的电流密度重新分布。

邻近效应通常也是电流密度最高的地区发生电弧的原因，见图 6-236，在一次加热感应器区域发生电弧的证据，该区域负责将热量驱入轴的圆角区域。大大减少的铜管表面导致在圆角区域中诱导产生足够热量所需的最高电流密度。在这种应用中，特别重要的是该区域内需要保持铜与工件之间安全的间隙，从而最小化主轴轴承磨损和工件变形摆动带来的影响。

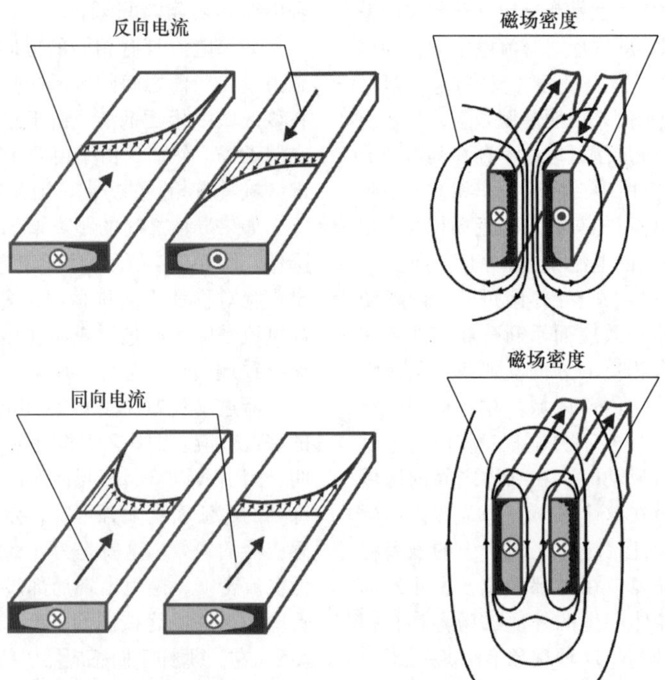

图 6-235 不同电流流向下的邻近效应

图 6-236 邻近效应通常使高电流密度区域发生电弧

了解电磁邻近效应的物理学对于设计长效感应器（包括母线设计和获得所需的加热/淬火形貌）是非常重要的。母线的正确设计显著降低了其阻抗，并降低了传输损耗和压降，并降低电弧发生的可能性。

图 6-237 所示为单匝多工位感应器。图 6-237a 所示的设计，电感过大，可能导致感应器终端电压不必要的增加。如果升高到一定的水平，电压过高可促进电弧发生。图 6-237b 所示的改进设计大大降低了所需的电压并降低了电弧发生的可能性。顺便说一下，图 6-237a 所示的设计中电磁邻近效应的不当处理也可能导致更加敏感和显著的不均匀加热。

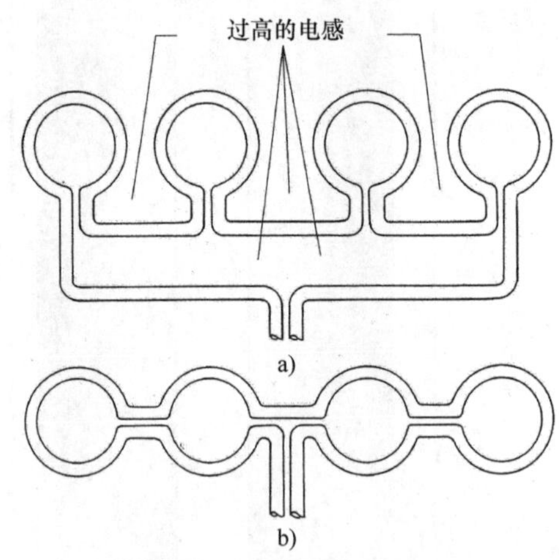

图 6-237 单匝多工位感应器
a）较差的设计 b）改进的设计

图 6-238 所示为薄饼式感应器的感应器匝之间互连的设计。由于邻近效应，在逆向绕线的情况下会出现剧烈的磁场抵消，导致感应器效率的相应降低，这导致所需感应器功率的强制性和显著性增加。这将与感应器功率损耗的显著上升相关联，导致其最终过热。如果将感应器匝相互放置得足够紧密，而被加热的工件被放置在逆向绕组的薄饼式感应器的下方或上方，则大部分的加热将发生在感应器中而不在

工件中。因此，这种感应器用作热水器。

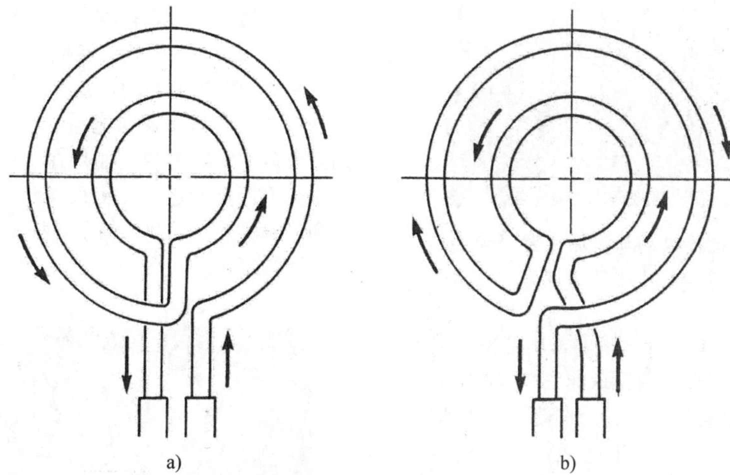

图 6-238　薄饼式感应器的感应器匝之间互连的设计

a）正确的设计　b）不正确的设计

这也解释了图 6-239 所示的感应器失效的原因。无论施加任何感应器功率，那里的工件均没有任何明显的加热。几乎所有功率在感应器内消耗，并且在达到过量时，感应器由于过热而失效。

使用逆绕感应器（见图 6-238b）的唯一例外是将工件（如容器的边缘）放置在电流流向相反的感应器匝之间。在这种情况下，逆绕薄饼式感应器将用作传统的矩形感应器。

图 6-239　感应器失效

6.7.14　正确的电连接

图 6-240 所示为总线连接处或附近发生电弧的示例，这可能是由于螺栓对母线支撑结构的夹紧力不足引起的。图 6-241 所示为由于螺栓松动与污垢积聚引起的感应器连接板中发生电弧。松动的螺栓导致螺栓接触区域的电阻增加、局部过热并产生电弧。图 6-240 和图 6-241 清楚地表明了具有适当和可靠的电接触的重要性。紧固件必须牢固才能完成工作，这一点很重要。然而，太紧也不正确。通常情况下，紧固件根据人们的主观意识来判断收紧，它只是“感觉到”足够紧。实际上，它要么没紧要么过紧，这都不可取。如果使用适当校准的扭力扳手用于螺栓连接，则可以防止这种情况。

图 6-240　总线连接处或附近发生电弧的示例

防止与不适当的电连接有关的故障的另一个重要步骤是适当的、定期的维护，包括对感应器和总线（包括总线本身、感应器适配器、总线扩展等）的彻底检查。执行检查时，所有电源都应关闭，使设备安全放电。

在感应器的紧邻区域也要考虑电磁场。在靠近感应器的区域最好使用低电阻率有色金属材料（最好是不导电材料）。用作电连接的紧固件和垫圈应具

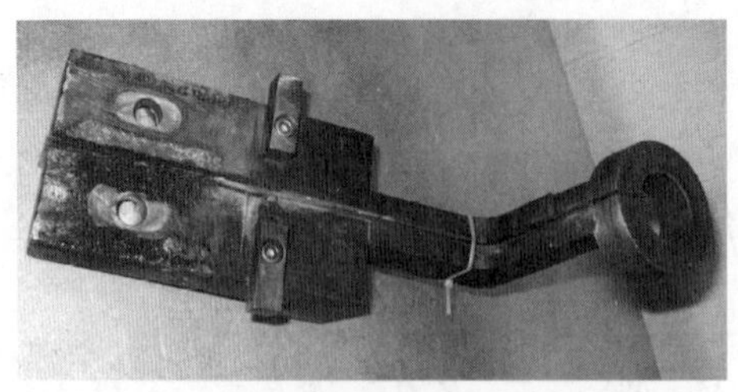

图 6-241 由于螺栓松动与污垢积聚引起的感应器连接板中发生电弧

有适当的尺寸和类型（根据原始设备制造商规格），并且必须是有色金属（如硅青铜或非磁性不锈钢）。

在一些不常见的应用情况下，非磁性金属螺栓、螺母和垫圈不起作用（如由于电磁过热或过度腐蚀），可以使用陶瓷、聚合物和其他塑料紧固件。

电磁感应对陶瓷夹具没有加热效应。此外，它们可以承受相当高的温度（超过 1000℃或 1830℉），并且在暴露于许多腐蚀性环境中时几乎不受腐蚀。不幸的是，陶瓷紧固件的使用与其脆性断裂的风险相关。陶瓷具有极低的扭矩或冲击抗力。由于它们非常脆，它们的安装非常棘手。

由聚合物和塑料材料（尼龙、聚四氟乙烯或 PTFE、聚甲醛或 POM、聚醚醚酮或 PEEK 等）制成的紧固件的使用受到低强度的限制，并且与温度限制有关。例如，上述材料的最高适用温度：尼龙，65 ~ 70℃（150 ~ 160℉）；POM，80 ~ 85℃（175 ~ 185℉）；PEEK，245 ~ 250℃（475 ~ 485℉）。

根据经验，任何黑色金属材料应位于离感应器至少一个感应器直径处。通过数值计算模拟可以获得更准确的建议。

应定期检查电绝缘体是否有破损、磨损或污染，否则可能会发生电弧。根据其大小，接地故障信号可能会或可能不会关闭机器。操作员或电工看到甚至听到电弧的发生并不总是那么容易。有时，出现一系列偶然的接地故障后，人们可能会做出降低接地故障灵敏度的决定。这可能会暂时解决机器关机的问题。然而，它可能会在未来引发更严重的问题，导致设备损坏。因此，不应该那么做，而应联系原设备制造商（OEM）进行检查并对问题进行适当的修复才是非常明智的。

接地故障信号的出现也可能预示不合适的感应器与工件之间的定位或工件和感应器之间存在物理接触（即工件或导磁体可能偏移或移动不适当的位置）。因此，如果出现接地故障信号，重要的是检查可能导致其产生的所有因素。

应检查感应器端部和快速断路装置的平整度、灼痕痕迹或弧痕。必须保持接触面清洁、无灰尘、油污、碎屑等。污染物和不平整表面的存在导致与局部过热相关的较差的电连接。

图 6-242 所示为铜汇流排的某一部分被严重氧化并覆盖一层氧化铜绿色粉末。与纯铜相比，氧化铜具有非常大的电阻，如果在感应器与汇流排或汇流排与汇流排的连接处出现氧化铜，则可能导致过热和最终失效。因此，铜汇流排需要按照 OEM 建议进行适当维护。

图 6-242 铜汇流排的某一部分被严重氧化并覆盖一层氧化铜绿色粉末

红外摄像仪的使用是必要的且被人们用来预防性检查电气设备和电路，它可以检测连接不良及外壳、机柜、总线或组件上的各种过热点。图 6-243 所示为红外摄像仪用于检测电缆和总线之间的不良连接以及过热后的螺钉颜色。图 6-243a 为由于电缆和总线之间不适当的电连接（松动螺栓）而导致的温度明显升高区域的过热图像。过热螺钉的变色如图 6-243b 所示。

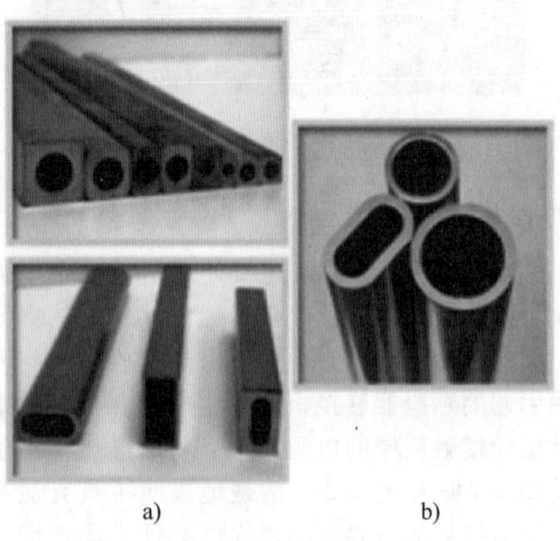

a) b)

图 6-243 红外摄像仪用于检测电缆和总线之间的不良连接以及过热后的螺钉颜色

6.7.15　小结

回顾与感应器早期失效相关的众多因素。已经讨论了各种措施，以帮助增加感应器的寿命及其稳固性。在某些情况下，特定的感应器样式可能更倾向于出现特定的失效模式，这种趋势必须在设计和制造阶段得到解决。在其他情况下，可以通过选择最合适的材料、夹具、工具、工艺参数等来显著改善感应器的耐久性。研究表明即使是相对少量的杂质或微量元素可明显影响感应器的使用寿命。

另外，清楚地了解感应加热中发生的不同的热现象和电磁效应（即趋肤效应、邻近效应、端部和边缘效应、磁力的存在）会如何影响感应器的寿命和裂纹扩展也是很重要的。

钎焊接头的消除或数量的显著减少，特别是在载流区（见图 6-244）是制造耐用、可靠、重复性好、使用寿命长的感应器的关键。这可以通过利用改进的铜弯曲技术或使用 CNC 机械加工的感应器（见图 6-245）来实现。

图 6-244　易发生漏水的钎焊接头

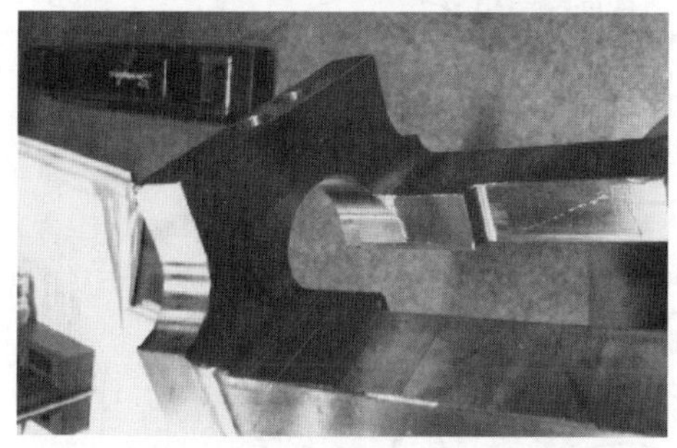

图 6-245　CNC 机械加工制作的感应器

充分的水冷却对于设备的使用寿命至关重要。在某些情况下，感应器有自己的水冷管路，但在大多数情况下，它们连接到电源冷却回路上。避免水凝结（其对电力电子设备有害），冷却电源的水温应维持在露点以上，通常为 32 ~ 33℃（90 ~ 92℉）。如果发生感应器过热，则使用单独的水回路用于感应器冷却可能会有用，允许进水温度维持在 20 ~ 22℃（68 ~ 72℉）。

水冷槽应根据感应器的型材进行成形，保持铜壁厚度足够薄以有效地带走热量，但仍然可以提供足够的机械支撑。

虽然感应器是感应加热过程的关键，但预防性维护经常被延迟、简化、执行不完整或忽视。应该强调的是，密切关注 OEM 手册中提供的建议和指示是很重要的。

三种感觉：听觉、嗅觉和视觉是确定问题的最佳手段。常规的听觉和视觉检查对于寻找任何异常运行或恶化的迹象至关重要。如果感应器组件或母线支撑结构的目视检查显示过热或铜变色，则意味着存在潜在的问题，应采取措施彻底调查其原因。检测到的问题越早，可以越容易地修复，对设备和过程的损害也越小。

如果在感应器和工件之间产生电弧，则铜颗粒可以自动沉积在工件表面上（因为铜具有比钢更低的熔点），并且其熔融颗粒可以自动放电。这导致感应器表面的铜腐蚀和点蚀。在一些情况下，钢液颗粒也可能沉积在感应器上（见图 6-246）。因此，可以在感应器表面或工件表面上发现证据。

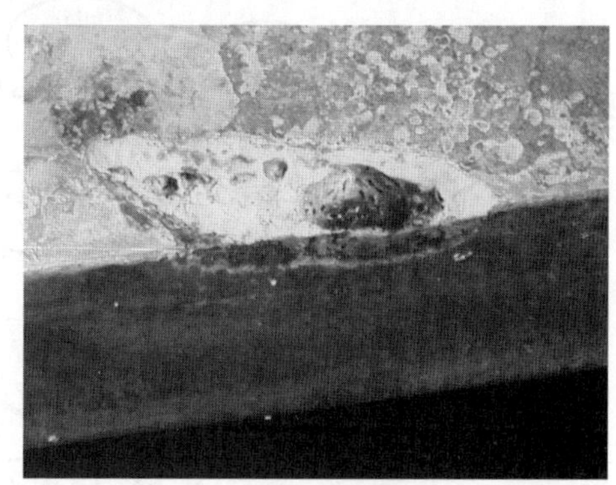

图 6-246　由于电弧导致的感应器表面沉积的熔融钢粒

如果发生电弧，应立即消除其原因，并对碳迹和弧痕进行彻底清洗，使其处于“新的”状态。尘土、污垢、不正确的扭矩、漏水和局部热点是母线支撑结构失效的最常见原因。应该特别努力，通过重新设计感应器匝绕组来减小感应器电压。

导电颗粒和其他污染物可以通过感应器匝之间的淬火剂，在汇流排的边缘区域和汇流排之间沉积。随着时间的推移，可能会积累足够数量的颗粒，从而导致电弧发生。因此，定期拆卸并清洁载流部件，正确维护淬火槽和过滤系统，保持淬火液足够的清洁对于防止电弧至关重要。

识别夹具、工具和导磁体的作用也很重要。具有稳固机械支撑结构和固定装置是确保感应器长久使用的必要条件。如前所述，所有导磁体在使用中会逐渐老化。不存在完全没有潜在问题的导磁体。即使在正常工作条件下，由于将磁性粉末颗粒保持在一起的黏结剂的降解、生锈和其他原因，它们集中磁场的能力从安装后就开始缓慢下降。尽管使用导磁体可以减小总感应器电流，但是在感应器的某些区域中出现的局部电流密度可能大于感应器裸露区域中的局部电流密度。图6-247所示为导磁体安装位置发生的严重熔融。

红外热像仪的使用作用很大，其优点包括：

1）简化预防性维护。

2）显示感应系统的异常。

3）识别组件的冷却不足。

4）可视化与水冷不足有关的潜在问题（即内部堵塞、气泡、螺栓连接松动等），有助于防止灾难性失效。

图6-247 导磁体安装位置发生的严重熔融

图6-248所示为感应器过早失效分析的鱼骨图，该图可能有助于确定与特定感应器过早失效相关的因素。

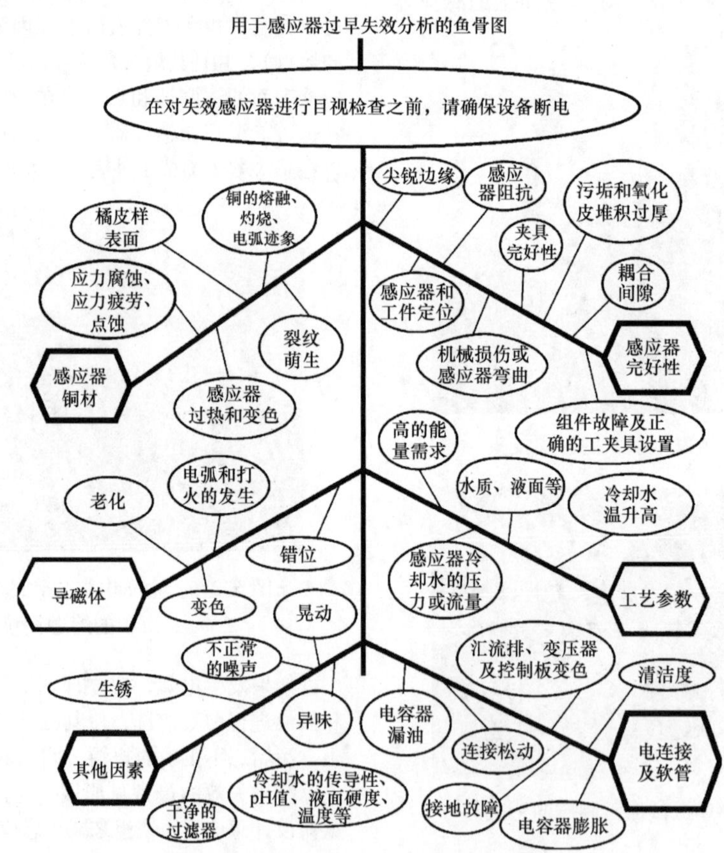

图6-248 感应器过早失效分析的鱼骨图

计算机模拟能力的影响不容小视。计算机模拟可以预测许多影响感应器性能的相关因素。感应器制造商或工艺开发人员可以准确地识别特定感应器设计的最弱环节，然后确定为了优化感应器性能及其使用寿命所必须完成的任务，相对于简单猜测或执行的传统方法，计算机模拟具有相当大的优势，因为其建立在过去错误所获得的经验并进行了大量试验的基础之上。计算机模拟缩短设计周期，节省原型设计时间和金钱，并促进制造长寿命的感应器。相比于过去的切割试验方法，通过计算机模拟对感应器工作条件进行预测是完善感应器设计和避免过早感应器失效的更好途径。

参考文献

1. V. Rudnev, D. Loveless, R. Cook, and M. Black, *Handbook of Induction Heating*, Marcel Dekker Inc., New York, 2003
2. S.L. Semiatin and D.E. Stutz, *Induction Heat Treating of Steel*, ASM International, 1986
3. S. Zinn and S.L. Semiatin, *Elements of Induction Heating: Design, Control, and Applications*, ASM International, 1988
4. "Induction Heating," Course 60, American Society for Metals, 1986
5. V. Rudnev, Systematic Analysis of Induction Coil Failures and Prevention, Part 1: Introduction, *Heat Treat. Prog.*, Aug 2005
6. J.R. Davis, Ed., *Copper and Copper Alloys, ASM Specialty Handbook*, ASM International, 2001
7. "Litz Wire Applications," HM Wire International Inc., Canton, OH, www.litz-wire.com/applications.html
8. S. Lupi and V. Rudnev, Principles of Induction Heating and Heat Treating, *Induction Heating and Heat Treatment*, Vol 4C, *ASM Handbook*, ASM International, 2014
9. V. Rudnev, Systematic Analysis of Induction Coil Failures and Prevention, Part 2: Effect of Current Flow on Crack Propagation, *Heat Treat. Prog.*, Sept/Oct 2005, p 33–35
10. V. Rudnev, Systematic Analysis of Induction Coil Failures and Prevention, Part 3: Coil Copper Selection, *Heat Treat. Prog.*, Nov/Dec 2005, p 19–20
11. G. Joseph, *Copper: Its Trade, Manufacture, Use, and Environmental Status*, K.J.A. Kundig, Ed., ASM International, 1999
12. F. Pawlek and K. Reichel, The Effect of Impurities on the Electrical Conductivity of Copper, *Z. Metallkd.*, Vol 47, 1956, p 347
13. N.J. Simon, E.S. Drexler, and R.P. Reed, "Properties of Copper and Copper Alloys," NIST Monograph 177, National Institute of Standards and Technology, U.S. Department of Commerce, Washington, D.C., Feb 1992, p 20.1–20.15
14. *Failure Analysis and Prevention*, Vol 11, *ASM Handbook*, American Society for Metals, 1986
15. V. Rudnev, Systematic Analysis of Induction Coil Failures and Prevention, Part 4: Coil Copper Electromagnetic Edge Effect, *Heat Treat. Prog.*, Jan/Feb 2006, p 27–28
16. V. Rudnev, Designing Inductors for Heating Internal Surfaces, *Heat Treat. Prog.*, Vol 5 (No. 1), Jan/Feb 2005, p 23–25
17. V. Rudnev, Systematic Analysis of Induction Coil Failures and Prevention, Part 5: Effect of Flux Concentrators on Coil Life, *Heat Treat. Prog.*, March/April 2006, p 21–26
18. V. Rudnev, An Objective Assessment of Magnetic Flux Concentrators, *Heat Treat. Prog.*, Vol 4 (No. 6), Nov/Dec 2004, p 19–23
19. "Nanocrystalline Alloy—NANO," Magnetic Metals Corp., Anaheim, CA, www.magmet.com
20. V. Rudnev, Electromagnetic Forces in Induction Heating, *Heat Treat. Prog.*, July 2005, p 25–28
21. "Fluxtrol Material Characteristics," Fluxtrol, Inc., 2013, www.fluxtrol.com
22. MagShape data sheet, MagShape SRL, www.magshape.com
23. G. Herzer et al., Present and Future Applications of Nanocrystalline Magnetic Materials, Round Table Discussion, *J. Magn. Magn. Mater.*, Vol 294, 2005, p 252–266
24. V. Leshchynsky and A. Khersonsky, Layered Alloys for Effective Magnetic Flux Concentration in Induction Heating, *Proc. 23rd ASM Heat Treat Conf.*, Sept 25–28, 2005, p 49–52
25. W. Stuehr and D. Lynch, How to Improve Inductor Life, *Heat Treat. Prog.*, Jan/Feb 2006, p 33–38
26. V. Rudnev, Systematic Analysis of Induction Coil Failures and Prevention, Part 6: Coil End Effect, *Heat Treat. Prog.*, May/June 2006, p 19–20
27. V. Rudnev, Systematic Analysis of Induction Coil Failures and Prevention, Part 7: Fabrication of Hardening Inductors, *Heat Treat. Prog.*, Sept/Oct 2006, p 17–18
28. V. Rudnev, Systematic Analysis of Induction Coil Failures and Prevention, Part 8: Gap-by-Gap Gear Hardening Coils, *Heat Treat. Prog.*, Nov/Dec 2006, p 19–20
29. General presentation, American Metal Treating Co., Cleveland, OH
30. V. Rudnev, Systematic Analysis of Induction Coil Failures and Prevention, Part 9: Clamshell Inductors, *Heat Treat. Prog.*, Jan/Feb 2007, p 17–18
31. V. Rudnev, Systematic Analysis of Induction Coil Failures and Prevention, Part 10: Contactless Inductors, *Heat Treat. Prog.*, March/April 2007, p 15–16
32. H. Rowan, J. Mortimer, and D. Loveless,

Continuous Strip Material Induction Heating Coil, U.S. Patent 5,495,094, Feb 27, 1996

33. D. Loveless, V. Rudnev, L. Lankford, and G. Desmier, Induction Heat Treatment of Complex-Shaped Workpieces, U.S. Patent 6,274,857, Aug 31, 2000
34. V. Rudnev, Systematic Analysis of Induction Coil Failures and Prevention, Part 12: Inductors for Heating Internal Surfaces, *Heat Treat. Prog.*, July/Aug 2008, p 21–22
35. F. Spect, Maintenance of Induction Heat Treating, *Induction Heating and Heat Treatment*, Vol 4C, *ASM Handbook*, ASM International, 2014
36. V. Rudnev, Systematic Analysis of Induction Coil Failures and Prevention, Part 14: Split-Return Inductors and Butterfly Inductors, *Heat Treat. Prog.*, March/April 2009, p 17–19
37. V. Rudnev, Systematic Analysis of Induction Coil Failures and Prevention, Part 13: Electromagnetic Proximity Effect, *Heat Treat. Prog.*, Oct 2008, p 23–26
38. F.W. Curtis, *High Frequency Induction Heating*, McGraw-Hill, New York, 1950
39. J. Snyder, "Maintenance of Induction Heating Equipment," Course 9, American Society for Metals, 1979
40. "Inductoheat's Preventive Maintenance Manual," Inductoheat Inc.
41. J. Stockman, Basics of Inductor Maintenance, *Proc. 20th ASM Heat Treat Conf.*, Oct 9–12, 2000 (St. Louis), p 915–923
42. V. Rudnev, Computer Modeling Helps Prevent Failures of Heat Treated Components, *Adv. Mater. Process.*, Oct 2011, p 28–33
43. V. Rudnev, Simulation of Induction Heating Prior to Hot Working and Coating, *Metals Process Simulation*, Vol 22B, *ASM Handbook*, ASM International, 2010, p 475–500
44. V. Rudnev, Simulation of Induction Heat Treating, *Metals Process Simulation*, Vol 22B, *ASM Handbook*, ASM International, 2010, p 500–546

6.8 变压器设计和负载匹配

Ray Cook，Inductoheat

Bill Terlop，Jackson Transformer

本节前半部分讨论了感应加热变压器、电抗器及选择时的考虑因素、电源电路的需求、负载电路的需求、典型制造商的数据表、用于感应加热和维护的变压器和电抗器类型。

本节后半部分讨论了负载匹配，主要涉及负载匹配时的考虑因素、负载电路、电源电路、所需工作点的选择及组件调整和安装测试。

6.8.1 变压器和感应加热电抗器

变压器和电抗器是感应加热电源和加热系统中的关键部件。随着高效半导体在现代电源中的使用，电源和加热系统的效率在很大程度上取决于所使用的变压器和电抗器。

为了达到负载匹配的目的，可以在电源的直流（dc）输入和（或）输出电路中使用电抗器。通常在电源输出端使用隔离和（或）自耦变压器来匹配加热组件（电容器和变压器）的电压。线性变频器用于电流型逆变器，将输入电压转换为逆变器所需的电压水平。在使用射频振荡器的旧系统中，变压器用于将输入电压升高到振荡器所需的高电平，并且还在灯丝电路中为灯丝提供足够低的工作电压。仪表变压器通常用于电源和加热系统，以达到为向控制电路提供低电平反馈信号来调节输出功率、电压或电流的目的。

1. 选择过程中的初步考虑

早些年，当电动发电机还作为主要电力来源时，所需变压器的选择是一个相对直接的过程，只需要工作频率、电压、kW、kVA、匝数比或输出电压。如今，随着各种固态电源和加热组件的出现，设计过程变得更加复杂。为了正确选择变压器，有必要了解电压和电流的波形，这些波形可能是方波、锯齿波或正弦波类型，并且有很多不同的基频谐波。为了确定对电路中使用磁性元件（硅钢片、铁氧体等）的影响，还需要知道电路中流动的电流是否有直流（dc）分量。

变压器在电源或电路中的主要目的是改变电压等级。多匝比可调节变压器可以成功地调节电源电路，从而以所需的电压向加热系统和负载电路提供所需的功率。在变压器中，一次绕组和二次绕组缠绕较近，因此匝数比近似等于主电路与二次电路之间的电压比。线圈通常缠绕在由磁性硅钢片或铁氧体组成的铁心上。在射频振荡器上，频率高至可以去除磁心。此类变压器被称为空心变压器。

在电源的输入端可以使用交流或直流电抗器，以减少由电源引起的谐波输入电流。在电路的直流部分，这些电抗器通常是大型空心电抗器。

变压器制造商为感应加热提供各种变压器、电抗器和其他磁性产品。频率覆盖从工频到大约800kHz。受限于功率、频率及成本、尺寸，此类产品多是水冷的。

2. 了解电源电路的需求

感应加热的典型电源包括电压馈电和电流馈电逆变器及斩波电路。电源的电压和电流波形在每种情况下都不相同。对于直流滤波扼流圈或电抗器，其大小必须足以限制输入谐波电流。超过电抗器的某个电感值时，除非使用12脉冲或更高的整流器型电路或使用造价昂贵的谐波限制电容器和电抗器组件，否则无法有效限制谐波。

对于电压反馈型逆变器，电桥输出电流为正弦波，电压为方波。对于电流型逆变器，电桥输出电流为方波，电压为正弦波。对于斩波电路，输出电流为正弦波，输出电压接近方波，但当电压值随时间从波的一个边缘上升至下一个边缘时，此时电流接近于0。

在电路中任何一点接入的变压器和电抗器的尺寸必须足够大，以适应最差运行情况下的频率、电压、电流及存在的波形和谐波类型。

3. 了解负载电路的需求

在负载电路中，主要考虑电路是以串联还是并联结构连接，以及电压和电流的最大值。波形的类型和频率对于正确确定负载电路中使用的变压器和电抗器的大小也很重要。

负载电路的另一个考虑因素是灵活性。在可能遇到多种不同感应器和负载匹配的安装中，关键在于所使用的变压器能够提供足够的电压范围以适应所有可能出现的感应器和负载匹配。

1）元件变化和组件布局的影响在使用电容器和变压器的并联负载电路中，需着重考虑自耦变压器在电路中的位置。如果放置在调谐电容器之前，所需的kVA额定值通常远低于放置在电容器之后和隔离变压器之前的额定值。这将意味着相差4~10倍的所需容量，并将决定变压器是否能正常使用。

2）占空比在大电流水冷式磁性元件上，相对于额定电流值，通常认为占空比是100%。是否需要考虑占空比是相对于磁心的额定电压而言的。工作电压应低于导致铁心饱和的电压值，但如果工作时间较短（几分钟），则变压器可短时间内工作电压高于导致铁心饱和的电压值。变压器的铁心损耗取决于几个参数。铁心损耗取决于输入电压的平方，与输入电压的平方成反比，且近似等于运行频率的4次根。

在制造商建议的变压器和电抗器工作区域以外的任何操作都应与制造商讨论，以获得最佳的预期结果。

4. 典型制造商数据表

图6-249所示为典型制造商的加热隔离变压器数据表。该变压器的额定工作值为1200kVA、800V、10kHz。给出每个可用抽头比以及引入电路预期电阻和阻抗的额定值。在规定的测试条件和最大允许限值下，给出每种比率的绕组损耗和铁心损耗。变压器的占空比显示变压器可以在特定比率和规定条件下的运行时长，以防止铁心过温。

JACKSON VARIABLE RATIO ISOLATION TRANSFORMER

MODEL 52V1-101 CHARACTERISTICS 52V1-101 C

RATING 800 VOLTS 10 KHZ 1200 KVA 300 KW

RATIO PRIMARY/SECONDARY	10-1	11-1	12-1	13-1	14-1	15-1	16-1	17-1	18-1	19-1	20-1	21-1	22-1
INPUT TAP CONNECTION	6-16	5-16	6-18	5-18	6-20	1-16	0-16	1-18	0-18	1-20	0-20	1-22	0-22
RESISTANCE-OHMS short circuit	.016	.018	.019	.021	.022	.024	.026	.027	.029	.030	.032	.034	.035
IMPEDANCE-OHMS short circuit	.065	.072	.078	.085	.091	.098	.104	.111	.117	.124	.130	.137	.143
LEAKAGE INDUCTANCE uH	1.03	1.14	1.24	1.34	1.45	1.55	1.66	1.76	1.86	1.97	2.07	2.17	2.28
(1) MAXIMUM KVA INPUT	1951	1860	1781	1711	1649	1593	1542	1496	1454	1415	1379	1346	1315
MAXIMUM WINDING LOSS-KW	95	95	95	95	95	95	95	95	95	95	95	95	95
WINDING LOSS-KW	36.0	39.6	43.2	46.8	50.4	54.0	57.6	61.2	64.8	68.4	72.0	75.6	79.2
CORE LOSS-KW	6.2	5.2	4.4	3.8	3.3	2.9	2.6	2.3	2.1	1.9	1.7	1.6	1.4
EXCITING CURRENT	22.1	18.3	15.4	13.1	11.3	9.8	8.6	7.7	6.8	6.1	5.5	5.0	4.6
(2) CORE DUTY CYCLE % TIME ON	100.0	100.0	100.0	100.0	100.0	100.0	100.0	100.0	100.0	100.0	100.0	100.0	100.0
SECONDARY VOLTS AT FULL LOAD	70	63	57	52	47	44	40	37	35	32	30	28	27
EFFICIENCY % (BASED ON KW)	85.9	85.1	84.1	83.1	82.1	81.0	79.9	78.8	77.7	76.6	75.4	74.3	73.1

(1) THE MAXIMUM KVA RATING IS BASED ON INLET WATER TEMPERATURE 35°C (95°F), OUTLET WATER TEMPERATURE 66°C (151°F), WATER PRESSURE DROP 2.1 KG/CM² (30PSI) AND WATER FLOWS BELOW:

OPEN CIRCUIT WATER FLOW:

PRIMARY	1 INLET(S)	2 OUTLET(S)	2.9 GPM / Outlet	5.8 TOTAL GPM
SECONDARY	1 INLET(S)	2 OUTLET(S)	2.9 GPM / Outlet	5.8 TOTAL GPM
CORE	1 INLET	1 OUTLET	3.0 GPM / Outlet	3.0 TOTAL GPM

WATER REQUIREMENTS:

HARDNESS MAXIMUM 12 GRAINS/GALLON (205 ppm)

INLET TEMPERATURE: MAXIMUM 35°C (95°F)

INLET TEMPERATURE MUST BE HIGHER THAN DEW POINT TEMPERATURE TO AVOID CONDENSATION

THE ABOVE CALCULATIONS AND WATER FLOW ARE BASED ON A PRESSURE DROP OF 2.1 KG/CM² (30PSI)

(2) CORE DUTY CYCLE IS BASED ON MAXIMUM STEEL CORE TEMPERATURE OF 135°C (266°F) AND THE TIME POWER IS ON THE CORE

30 SECONDS ON AND 30 SECONDS OFF = 50% DUTY CYCLE, 60 SECONDS ON OR MORE = 100% DUTY CYCLE

JACKSON® TRANSFORMER COMPANY

SPECIALISTS IN THE DESIGN AND MANUFACTURE OF MAGNETIC PRODUCTS

6800 BENJAMIN ROAD . TAMPA, FLORIDA USA 33634 (813) 879-5811 FAX (813) 870-6405

"This information is the property of *JACKSON*® Transformer Company, and is subject to recall and return on demand. Any use, disclosure, reproduction, duplication or use of information contained herein in any manner detrimental to the interest of *JACKSON*® Transformer Company is forbidden. All rights reserved."

Date: 1/18/1978 Rev.: 7/27/2012

图6-249 典型制造商的加热隔离变压器数据表

其他重要参数为每个回路所需的水压和水流量、变压器运行期间允许的最小入口和最大出口水温及所需水质。

和其他电气部件一样，如所需操作超出额定范围，应咨询制造商，包括非额定比率、电流、频率、电压、温度或压力下的操作。

5. 感应加热用变压器和电抗器的类型

讨论的变压器和电抗器类型如下：加热单元变压器、交流/直流电抗器、铁氧体磁心变压器、环形变压器、矩形（C形）变压器、射频变压器、仪表变压器、窄形变压器和专用集成磁性变压器。

由于系统中所用电容器的额定电压和电源的工作频率的标准化，加热单元变压器在许多方面已经变得标准化。对于典型的加热单元隔离变压器，电压额定值可能为 200～2000V，频率为 200Hz～15kHz，容量的范围为 50～20000kVA。变压器变比由加热线圈所需的电压决定，以便为负载提供所需的功率。

图6-250所示为多抽头加热变压器。输入端为螺栓连接，连接到水冷母线或电源线。输出连接是标准化的脚连接，通常称为“鱼尾”连接。这是一个大电流重载连接，可以将加热线圈连接到变压器。

由于10kHz的电流穿透深度仅为0.7mm，而1kHz的电流穿透深度仅为2.1mm，因此使用薄壁矩形铜管构建变压器。由于电流的趋肤效应，铜管一般具有圆形边缘。变压器绕组的这种几何形状在电流流动的区域提供铜，而在没有电流流动的地方提供水通道。

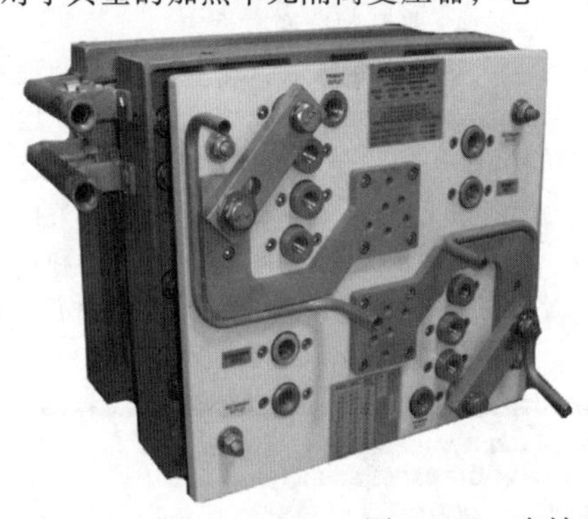

图6-250　多抽头加热变压器

加热单元变压器设计为具有匹配数的一次匝数和二次匝数，所有二次匝数并联连接，并且一次匝数通常串联连接或匝数组串联。因此，一次绕组和二次绕组的绕组损耗相等。绕组交错排列尽可能紧凑以将电阻和电感减至最小。

磁心由厚度为0.15～0.18mm的薄电工钢片构成，称为叠片。通过EE或EI配置切割叠片，并通过周期性地将水冷铜片插入叠片堆中进行水冷。当心组件完成后，绕组插入舌头（中心支腿）和心组件支腿之间。

（1）交流/直流电抗器　交流电抗器的设计频率可高达几百kHz，可以采用水冷或干式的开放或封装设计（见图6-251）。铁心的设计必须考虑到电路中可能存在的任何直流分量。更高频率时可使用Litz线和空气或铁氧体磁心。使用磁心的电抗器被缠绕以将磁通泄漏和噪声降至最低。商品磁心电抗器使用范围为10μH～20mH、100～10000A。空心扼流圈使用范围为0.5～5mA和300～5000A。

与加热变压器类似，铁氧体磁心变压器通常用于加热和退火，因为它们具有交错绕组。不同之处在于，铁氧体材料被制成铁心而不是钢片。当电源的输出功率较低时，即使频率低于10kHz，由于铁氧体的损耗较低，铁氧体比钢更有优势。输入电压为200～2000V，输出电压为5～800V，容量为25～4000kVA，频率为10～800kHz。图6-252所示为铁氧体磁心封装变压器。

铁氧体磁心变压器的一个现代变体是将绞合线一次绕组缠绕在水冷二次绕组铜管上。一次绕组在高频下具有非常低的电阻和损耗。一次绕组通过水冷二次间接冷却，并且在存在直流原件的电路中，不需要考虑一次绕组的电解问题。

（2）环形变压器　环形变压器（见图6-253）通常用于熔化、锻造、退火和淬火应用。环形设计的变压器使用环形心结构，使用类似于薄电工钢带形成的圆环，该钢带卷绕成所需的高度和厚度。然后使用圆铜管将线圈缠绕在心上以形成一次绕组和二次绕组。冷却方式为封装水冷。封装的缺点是在多数情况下不可修复。

环形隔离变压器通常比EE或EI变压器效率更高。输出电压可能较低，但高于输入电压，并且提供抽头以覆盖所需的电压范围。输入电压范围为200～2000V，输出电压为100～3000V，容量为50～3000kVA，频率为200Hz～10kHz。

环形自耦变压器比环形隔离变压器体积更小、

效率更高。在隔离变压器中，所有的功率都被转换，而在自耦变压器中，只有一部分功率被转换，剩余部分直接从一次转换到二次电路。自耦变压器通常在更高的输出电压下工作，并用作升压或降压变压器。由于较高比率时漏感会大幅增加，因此在这两种情况下降压时比率不宜大于 2∶1。

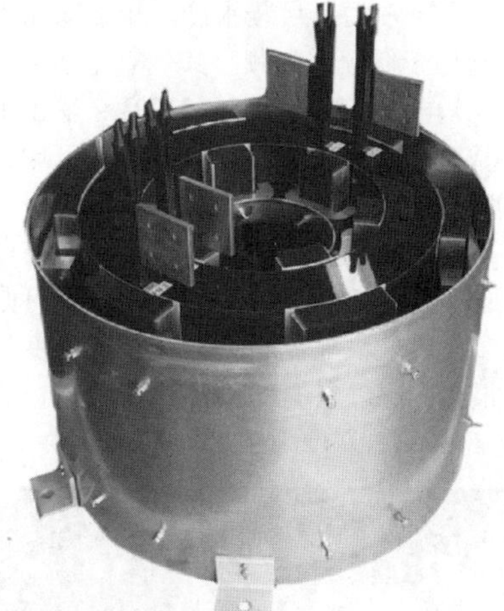

图 6-251 水冷扼流圈和电抗器

图 6-252 铁氧体磁心封装变压器

图 6-253 环形变压器

（3）矩形（C形）变压器　矩形（C形）变压器的结构使用薄电工钢带或铁氧体材料制成的矩形铁心。绕组缠绕在铁心长边上，并提供抽头以覆盖所需电压范围。冷却方式为封装水冷。矩形变压器（见图6-254）适用于低频到高频。其优点是漏电感小、效率高。输入电压范围为200～2000V，输出电压为200～3000V，容量为25～3000kVA以上，频率为300Hz～100kHz。

（4）空心射频变压器　空心射频变压器（见图6-255）通常被认为是电流互感器，因为设计目标是实现从一次到二次的最大电流转换。由于此类变压器的工作频率很高，所以它们的设计无需任何内心材料。由于介电应力很高，一次绕组（有时也是二次绕组）通常被封装在硅橡胶中，以防止从一次绕组到二次绕组的电晕和电压击穿。由于此过程中可靠性和安全性的重要性，封装通常在无尘室中进行。这种类型的变压器使用两种绕组技术：

1）圆形管用于一次绕组，封装并放置在二次（"护套"）绕组内。

2）采用适当绝缘的交错一次绕组和二次绕组，并且封装整个组件。

（5）仪表变压器　感应加热过程的关键部分是测量和控制系统运行的电压、电流和功率。为此，必须有变压器能够提供与输出电路的高电压和（或）

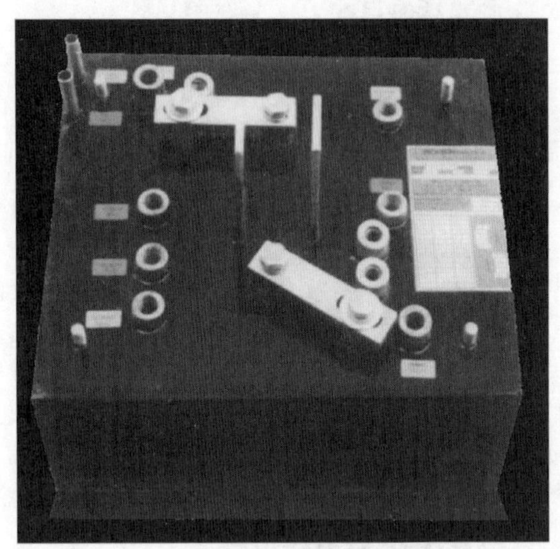

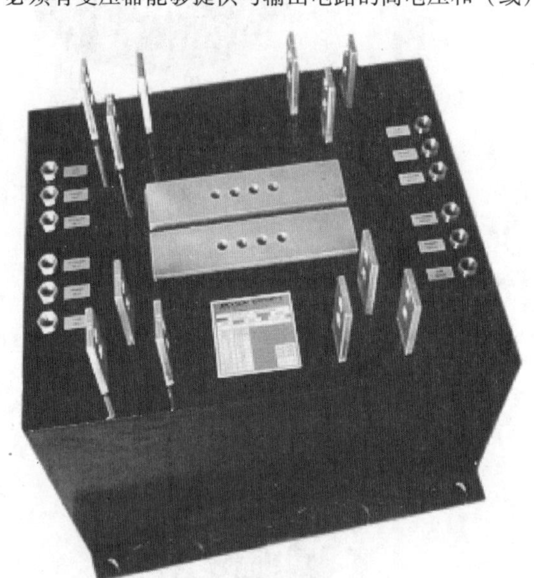

图6-254　矩形（C形）变压器

图6-255　空心射频输出变压器

电流成正比的低电平控制电压，并且准确地测量工作的电压、电流和功率。

这是电压互感器（PT）和电流互感器（CT）的功能（见图6-256）。这些变压器对额定容量值要求非常低（典型值为50VA），这是因为它们仅驱动控制电路。但是，由于电源和加热单元工作电压和电流限制取决于这些值，因此它们必须测量非常准确。这些变压器的工作频率为50Hz～200kHz，容量为5～100VA。电流互感器可以是干式或水冷式，比率可达1:10000A。

图6-256 电压互感器（PT）和电流互感器（CT）

（6）窄形变压器 窄形变压器被设计成并排放置，以同时对沿着长轴的轴向定位的轴承表面（如汽车曲轴的轴承表面）进行加热（见图6-257）。这种类型的变压器采用带铁氧体磁心的交错绕组设计，并采用环氧封装。这种变压器的电压范围为500～2000V，频率范围为5～40kHz，容量最高可达1500kVA。

杰克逊变压器公司开发并享有专利的专用集成磁性变压器，将变压器和感应器结合并使用通用内心进行封装。该产品通常被称为Transinductor，可以设计在主电路或二次电路中以提供固定电感，或同时在两者中提供。通过将这两个部件组合封装，其安装的空间要求远低于单独安装变压器和感应器。还有诸如效率高和漏磁通小的优点。

6. 维护注意事项

大多数水冷变压器和电抗器的故障原因都是绕组之间的绝缘损坏。这通常是由于缺乏适当的水冷而导致变压器过热。这可能是由于输入水温太高、水质差（可能阻塞回路）、水压低或完全没有水。如果变压器冷却回路的水压太高，也会对变压器造成机械损坏。

有时由于变压器绕组、接头或加热线圈安装板的连接松动，可能导致过热。电压或频率过高会导致磁心过热，进而造成磁心损耗高于额定值。如果铁损长时间过高，温度升高可能会导致变压器绕组绝缘失效，引发电弧或造成心线、其他绕组短路。

对于水冷变压器和电抗器而言，延长使用寿命的要点是：①良好的冷却水系统；②在所有并联电路上设置压力和温度开关保护。

7. 结论

变压器和电抗器是大多数感应加热系统的重要组成部分。市场上可以买到各种各样的变压器、电抗器和扼流圈。强烈建议这些组件的制造商与感应加热从业人员密切合作，以避免由于缺乏对这些组件运行限制的完整认知而导致实际运行中发生许多常见故障。

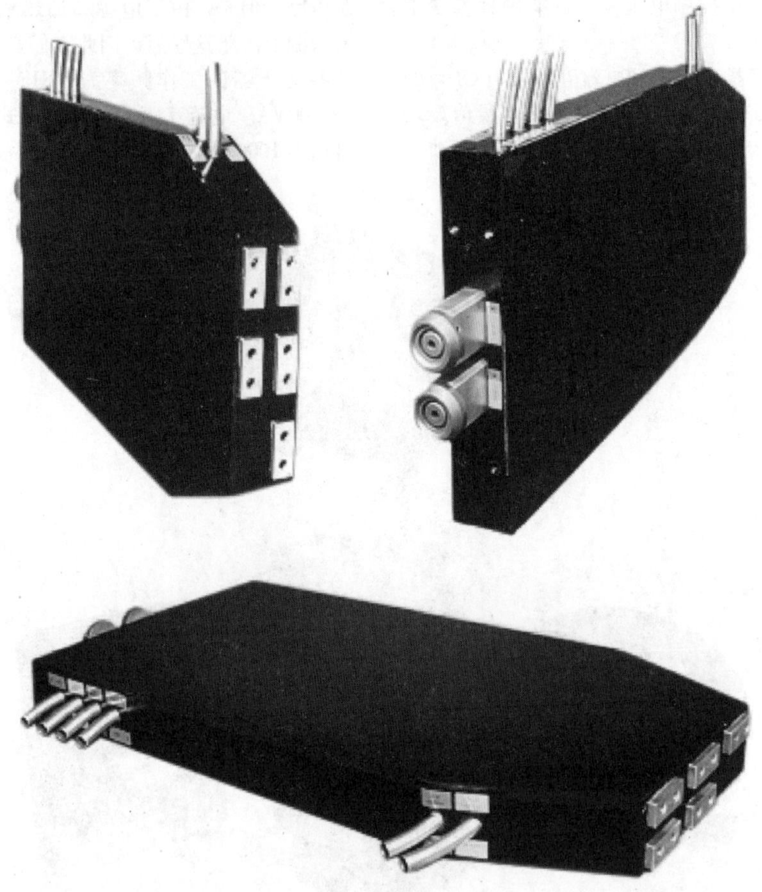

图 6-257 窄形变压器

6.8.2 负载匹配

由许多因素可使负载匹配过程复杂化，包括变压器的电感，线圈、电源引线及可能吸收能量的相邻结构等。为了便于将线圈和零件作为一体与电源相匹配，可在电源的输出端和感应线圈之间连接可变匝比变压器、电容器或感应器。这些组件的调整通常称为负载匹配或负载调整。

1. 负载匹配过程中初始注意事项

在感应加热系统的初始设计阶段经常忽略一个重要考虑因素，即以最低的成本从给定电源向工件成功输送所需功率。感应线圈通常在确定感应加热系统的电源类型之前几个月就已完成设计。加热线圈的设计可实现所需的温度分布、冷却速度和冶金模式，而不用考虑最终使用的电源类型。这种情况下就需要灵活的接口来将电源的输出特性与感应线圈和工件组合的输入特性相匹配。如果无法匹配，电源可能就无法提供所需的功率，因为线圈和组合部件可能需要比电源自身在极限或故障状态下所能提供更大的电压或电流。

2. 了解负载电路

可通过一个非常简单的电路说明负载匹配的概念，考虑当仅有可用电源为 120V、60Hz、1W 时，如何完成用其点亮一个 0.75W、6V 灯泡的任务。第一个需考虑的问题是它是什么类型的灯？它是一种需要直流电压工作的发光二极管灯（LED），还是一种工作频率为 50～60Hz 的简单白炽灯泡？

假设它是白炽灯泡，有几种方式可以处理这种情况。如果需要多个灯泡，可以串联 20 个灯泡，以便在 120V 电源下工作。如果需要一个灯泡，灯泡可以 20∶1 的比率连接到变压器，负载调谐的阻抗匹配如图 6-258 所示。这样电源将为灯泡提供所需的电压和电流。

感应加热负载的等效电路如图 6-259 所示，感应电路中线圈和工件的广义模型由工作线圈的铜阻 R_p、工件涡流路径对主电路的反射电阻 R_s、工作线圈电抗 X_{lp}、涡流路径反射到主电路的电抗 X_{ls} 及线圈和工件之间的二次空气间隙反映到主电路的电抗 X_{lg} 组成。这是电路中最大的电抗元件。

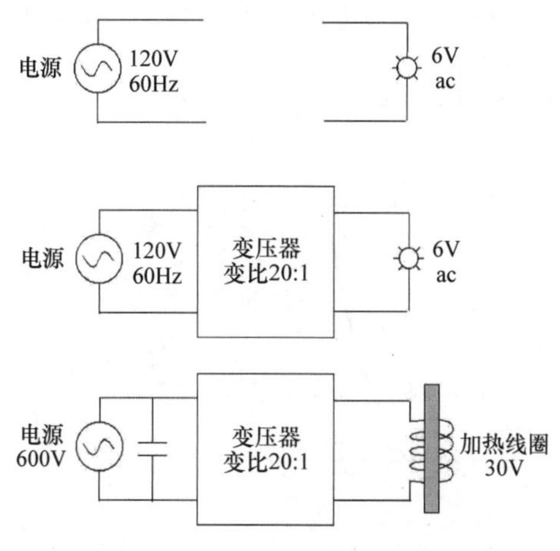

图 6-258　负载调谐的阻抗匹配

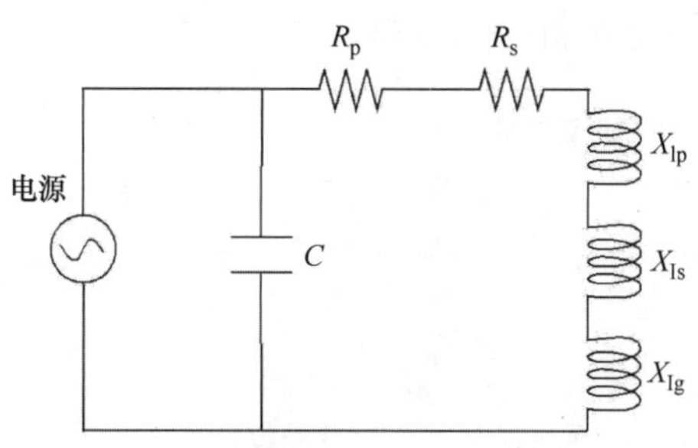

图 6-259　感应加热负载的等效电路

由于感应加热线圈需要大电流，因此在电源和感应加热线圈之间的电路通常包括变压器、自耦变压器和电容器。

在已经安装的系统中，很容易观察到电源和工作线圈之间的任何电阻或电感都会显著增加电路的电阻和电抗分量。这通常会影响设备调试的成败，因为阻抗增大导致压降升高，无法为工作线圈提供所需电压。

经验表明，应将电路中的全部压降限制在 10% 及以下，并且将电路中的所有功率损耗限制在 5% 或更少。其中，传输线功率损耗降低至关重要，很多感应加热设备都是因为传输线功率损耗过高而出问题。

图 6-260 所示为 Q 值与负载耦合的关系，Q 值越高，所需的匹配电容就越多。对于图 6-260 所示的电路，电路中的功率损耗为 $P = I^2\ (R_p + R_s)$。输出到电路的电流可用输出电压除以电路阻抗（V/Z）。电路阻抗为 $Z = (R_p + R_s) + \mathrm{j}(X_{lp} + X_{ls} + X_{lg})$。电路中除了电阻和电抗是几个其他电路参数（见线圈和工件的几何形状、材料属性、频率）的非线性函数外，其余部分相对简单。

而且，金属的电阻率和磁导率是工件特定区域温度的非线性函数。磁导率也是磁场强度的非线性函数。在加热循环过程中，电阻率和磁导率显著变化。不同尺寸的工件在同一加热线圈下加热的过程也会导致电源的负载变化。

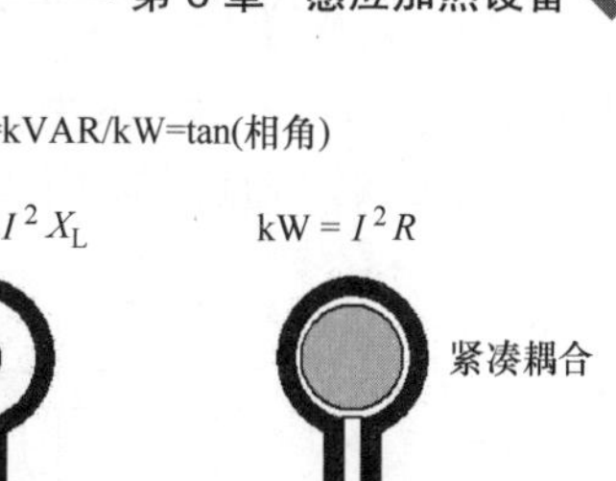

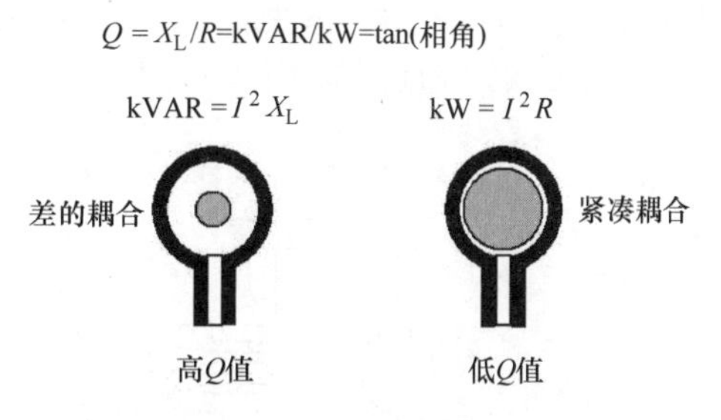

图 6-260　Q 值与负载耦合的关系

在图 6-259 所示的电路中，电路的电感、频率或电阻的变化将改变电压和电流之间的相角。相角的余弦值是电路功率因数。相角的正切值即（$X_{lp} + X_{ls} + X_{lg}$）与（$R_p + R_s$）的比值称为电路的 Q 值。根据与负载（见图 6-260）、频率、传输线等的耦合情况，感应加热电路 Q 值可以在 2～50 之间变化。感应加热电路的典型工作频率范围为 60Hz～600kHz。由于电路的电抗 $X = 2\pi fL$，电路功率因数和 Q 值在所示的频率范围内变化很大。

示例：一个典型的感应线圈可能需要 100kW、40V、10000A、10kHz。这种类型的线圈的典型电源的额定功率为 100kW、440V、350A、10kHz。如前所述，由于感应线圈的大电流和低电压要求，需要安装变压器以将电源电压与感应线圈相匹配。如果选择一个 11:1 的合适变压器，则电源电压将与感应线圈相匹配。接下来的问题是，所需的一次电流大约为 909A，这个值对于选定的电源来说太高。

但是，如果通过补偿电容器来增加功率因数，将电路的功率因数从 0.25 提升到接近 1.0，则来自所需电源的电流大约为 227A，这对所给电源而言不是问题。当功率因数提高时，这也降低了传输线、变压器、连接器和连接在电源输出端其他部件的载流要求。

将补偿电容连接到电路改善功率因数的常见方法有两种。电容可以与负载电路串联或并联。图 6-261 所示为串联谐振电路图和串联谐振电路阻抗曲线图，图 6-262 所示为并联谐振电路图和并联谐振电路阻抗曲线图，这是两种不同类型电路的阻抗差异。图 6-263 所示为串联和并联谐振电路的功率与频率曲线。在串联电路中，阻抗在电路的谐振频率下降至最小值；电容器和电感的端电压上升至电源电压的 Q 倍。图 6-264 所示为并联和串联谐振电路的谐振频率－阻抗变化图，并联和串联谐振电路 $Q = 10$。

工作线圈需要相同的电流，因此电源必须向变压器一次输送全电流。在前面的例子中，当一次提供909A电流时，二次感应加热线圈和工件电流将为10000A。

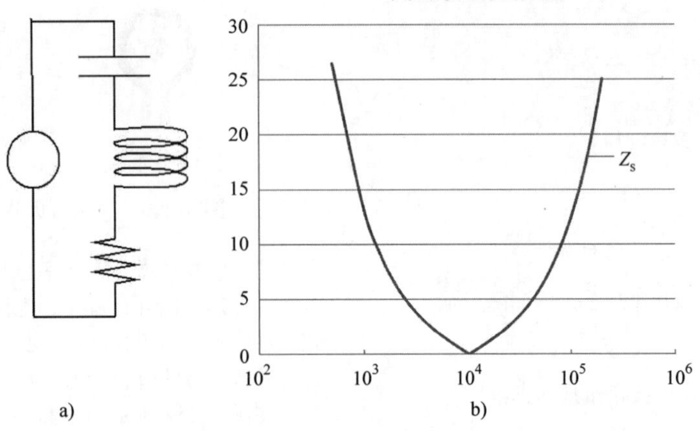

图6-261 串联谐振电路图和串联谐振电路阻抗曲线图

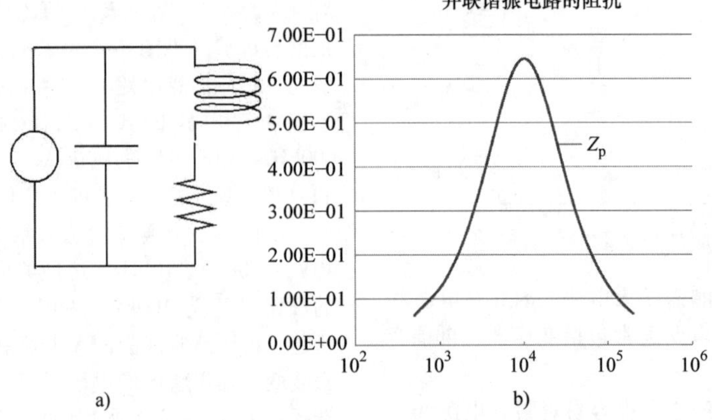

图6-262 并联谐振电路图和并联谐振电路阻抗曲线图

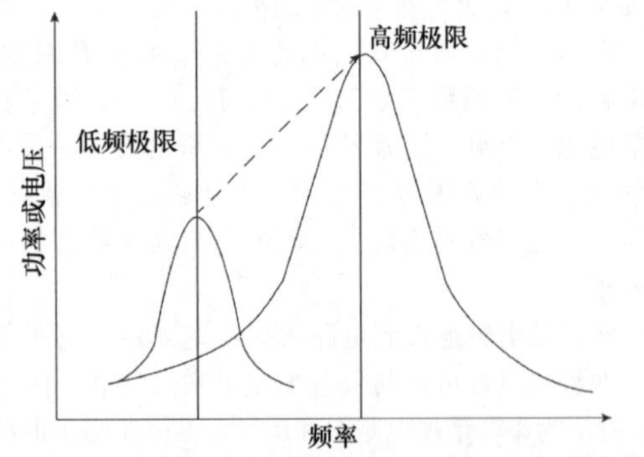

图6-263 串联和并联谐振电路的功率与频率曲线

在并联电路中，阻抗在谐振频率处上升到最大值，因此电流需求被最小化；电路中电感（见图6-264）的电流上升至电源电流值的Q倍即可满足变压器一次端所需的909A电流，而电源输出端仅需提供227A的电流。连接在电源和电容器组之间的任何组件都将因此而受益。

显然，理解谐振电路如何连接以了解匹配元件参数值变化的影响是至关重要的。

对于电动发电机组，电路电感和电容匹配较易实现。而使用固态电源时，电路电感和电容的匹配则更具挑战性。连接在固态电源的电容或电感的值可能会显著影响工作站的总电抗以平衡特定负载。电源中与输出电路串联的电容器可能会过早地限制负载电路在谐振频率附近的电流值。与工作站并联的电容器可能会影响工作站所需电容器的总量，从而影响电路调整到所需的功率因数。

为了正确匹配负载电路的电源输出特性，有必要了解电源在控制输出功率时的工作方式。

元件变化和组件布局的影响：如前所述，感应加热等效电路的最大无功元件分量为X_{lg}（线圈与工件之间的空气间隙反映到主电路的电抗）。感抗随着气隙增大而增加。此时，负载匹配就需要更多的电容以便在正确的频率和功率因数下平衡负载电路。图 6-260 显示了改变简单圆柱形线圈和工件的气隙的影响。气隙越大，电路 Q 值越高，所需的匹配电容器越多。

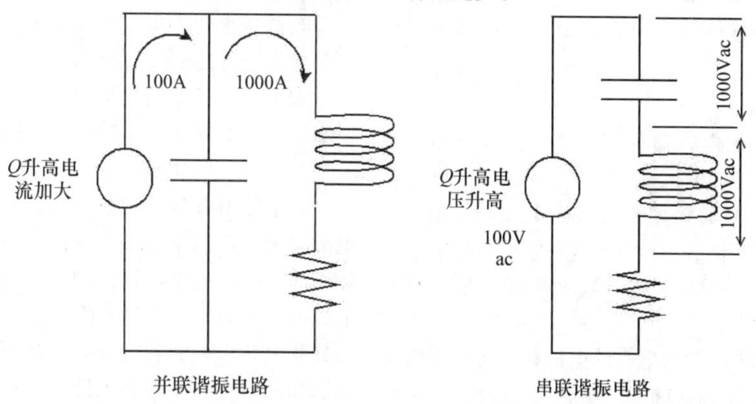

图 6-264　并联和串联谐振电路的谐振频率 - 阻抗变化图

如果在负载匹配过程中使用隔离变压器，从二次电路反射回一次的电感将与变压器匝数比的平方成正比。因此，任何相对较小的变化会导致反映到主电路的电感较大的变化。增加隔离变压器匝比将导致电感更高和运行频率更低。为了将运行频率保持在相同的值，必须从电路中去除成比例数量的电容器。

如果在电路中使用自耦变压器，其效果是根据所选择的比例将电压升高或降低较小的量。与隔离变压器相比，自耦变压器降压比通常较小，因此自耦变压器的漏感对频率的影响相对较小，则可能不需要改变电容值。自耦变压器的应用注意安装位置，以确保额定容量足以满足电路所需（见图 6-265）。自耦变压器通常应位于电路的低功率部分或匹配的电容器之前。图 6-266 所示为使用 kVAR 与微法的负载匹配感应系统。

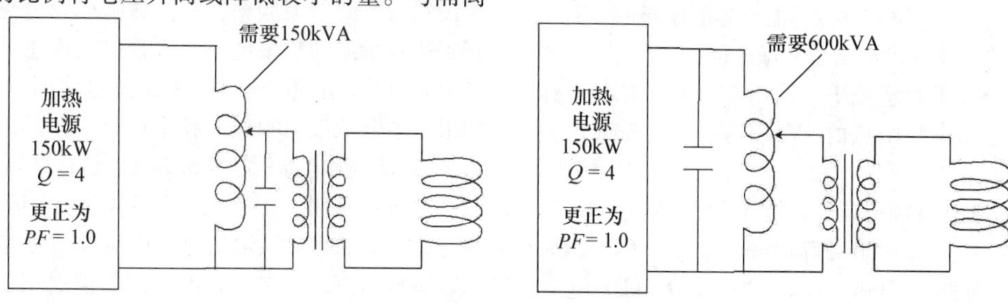

图 6-265　自耦变压器位置的重要性

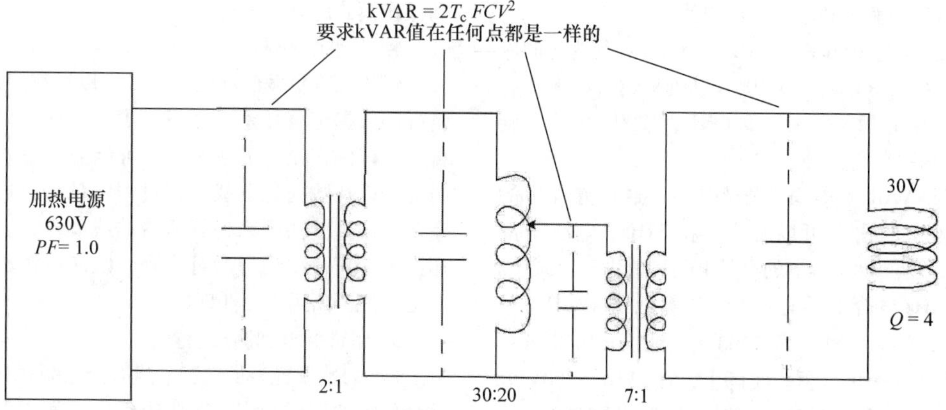

图 6-266　使用 kVAR 与微法的负载匹配感应系统

任何通过传输线引入到线圈和工件的电感都会对所需电压和电容产生很大影响，从而影响工作线圈的加热效果。由于线圈电感将通过隔离变压器放大到主电路，因此应控制感应加热线圈区域的传输线电感使其最小化。

增加电路中的电容会降低电路的谐振频率，反之亦然。忽略电阻分量的电路的谐振频率为 $F_r = 1/(2\pi\sqrt{LC})$。从这个等式很容易看出，谐振频率随 L 或 C 的增加而降低。

用于感应加热的电容器具有标准化的电压和频率范围，典型交流电压为 220V、440V、800V、1000V 和 1200V。典型频率范围为 60Hz 和 1kHz、3kHz、6.6kHz、25kHz 和 50kHz。这些电压和频率范围首先遵循的是电动发电机的典型额定输出值，随后是固态电源。

以微乏表示的电容值对电容的电压和电流额定值没有多大影响。电容器的电抗 X_c 等于 $1/(2\pi FC)$。这意味着，在施加恒定电压的情况下，随着电容器频率的增加，电容器电抗将降低，电流将增加。因此当电压或电流超出额定值，会导致电容器运行击穿。

在应用电容器时，kVAR 是提供额外信息的有用术语，其值等于 $2\pi FCV^2$，kVAR = QkW。对于给定几何图形的线圈，其 Q 值可能会落在相对较小的范围内。例如，如果根据经验可以得知某耦合良好的 10kHz 负载的 Q 值约等于 4，那么可以预估并调整该 75kW 负载在运行电压和频率下所需电抗为 300kVAR。这可以快速估算所需电容的微乏值，而无需计算电路电感并求解所需的微乏值。

在多个变压器系统中，使用 kVAR 还有利于计算，因为电路中每个点的 kVAR 均一致，而微乏值完全不同。

例 1：要计算额定运行情况下的允许运行电流，只需将 kVAR 乘以 1000 并除以额定电压：(kVAR × 1000)/V。因此，1200kVAR、1200V、9.6kHz 电容器的额定电流为 1200 × 1000/1200，即 1000A。注意：该电流为额定频率下的额定值。

例 2：考虑 100kW、3kHz、800V、Q 值为 3 的应用。kVAR = Q × kW，3 × 100 = 300kVAR。如果所有可用的电容是 1200kVAR，9.6kHz，1200V 电容，则需要使用多少个电容？

根据 kVAR 的等式（$2\pi FCV^2$），通过方程中的电压和频率的比率可以看出，在 3kHz、电压下降 400V 时，9.6kHz 电容器的有效 kVAR 值将显著减小。所以 9.6kHz 电容器的有效 kVAR 降低至 $\text{kVAR}_{9.6} \times (3/9.6) \times (800/1200)^2 = 1200 \times 0.3125 = 167\text{kVAR}$，因此需要 1.8 个电容器。实际上，在 3kHz、800V 电路中，使用了 9.6kHz，额定电压为 1200V 的 2160kVAR，用于提供 300kVAR 的补偿。

尝试以较高频率运行较低频率电容器时应格外小心，因为即使电压低于铭牌额定值，电流也有可能超过电容器的额定电流。或者，当试图以较低频率运行额定电流时，电压可能超过电容器的限制，因为较低频率时的电抗较高，并且在达到额定电流之前电压值可能超过额定值。

如果运行条件超出电容器铭牌的额定值，应联系制造商以获取在所需频率的安全使用建议。

3. 了解电源电路

为了能够有效地加热工件，必须有一种能控制电源输出给负载电路的功率的方法。由于阻抗随着频率而变化，所以一种控制手段是逐渐增加或减少电源的工作频率，直到输送到工件的功率为期望值。在并联电路中，随着电路阻抗接近最大，电路电压也增加到最大。在串联电路中，当阻抗接近最小值时，电路电流接近最大值。在任何情况下，功率与频率曲线都是平滑的钟形曲线，功率在共振点或最大阻抗点处增加到最大值。在此类电路中控制功率的一种方法在电路谐振频率以下的某个最低电平扫描或在谐振频率以上的某个最大电平扫描工件。频率（在扫频电路中）增加，直到电源输出功率达到所需，或者直到出现其他限制。为防止损坏电源，现代电源通常对各种参数有多个限制。

固态电源的另一种控制模式是将电源的运行频率设置为负载谐振频率，并提高施加到电路的电压直到达到所需的功率电平。这看似是理想的自调谐电源。但是，电源调谐到的是谐振电路调谐的频率。如果希望电源以 10kHz 的频率运行，但其调谐频率为 5.3kHz，则电源只能以 5.3kHz 运行。然后调谐组件必须重新调整，以将负载重新调整到 10kHz。通常，此类电源将最大输出电流限制在接近单位功率因数所需的值处。在负载不匹配的情况下，这有时会成为问题。参考文献中提供了大量关于电源类型和操作模式的有用信息。

4. 工作点的选择

经过几次负载匹配尝试后，可以很明显地看到，良好的数据记录技术是必不可少的。如果以前的数据未被仔细记录，负载匹配时可能需要花费大量的时间。以往数据是负载匹配过程的依据，通过实验室测试或经验法则来估算所需的线圈电压。可用变压器的变压比率设置为可升降，以使电源输出电压与工作线圈所需电压相匹配。

5. 组件调整和测试设置

1）初始设置为了确定电路的谐振频率并将其调整到所需的工作频率，需要用到信号发生器或类似设备。初始设置时要小心，以确保负载谐振频率不会接近扫描电路的启动频率。危险在于如果负载谐振频率设置在扫描电路的启动频率，那么，用于降低功率或防止电路过电压、过电流致使电源损坏的限制电路将不起作用。

2）试运行时，应在数据表上记录好所有匹配元件的设置，以便逐步更改电容器、隔离变压器、自耦变压器及从电源仪表和限制指示中读取所有参数。以便当特定组件值发生变化时对所发生的情况进行合理分析。

试运行的目的是确定初设的准确程度，以及需要更改哪些组件以便接近理想设置。图 6-267 所示为负载功率与负载电压的关系图，是用于平衡功率和电压的基准图，以便在宽范围内进行平滑调整。如果电压和电流的值在该图中变化很大，则电源可能会过早地运行到某个限制，使得负载功率匹配失败。

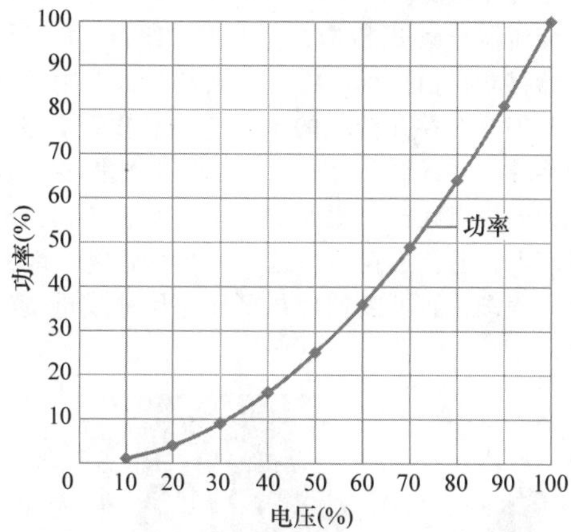

图 6-267　负载功率与负载电压的关系图

3）补偿调整时，电容器、隔离变压器和自耦变压器等元件的值应根据初始设置进行调整。每个元件的新值应输入数据表。用于选择新设置参数的有用等式是

$$P_1/P_2=(V_1/V_2)^2(F_2/F_1)^x(L_1/L_2)(N_2/N_1)^2 \tag{6-22}$$

式中，P 是功率；V 是电压；F 是频率；L 是线圈长度；N 是线圈匝数；下标 1 的值是第一次设置的值；下标 2 的值是所需设置的值；求解程序可以设置为这个方程，用以解决任何组件设置或用以观察某个参数调整所产生的变化。x 的值可以从小直径短线圈的 0.65 到大直径多匝线圈的 1.5。由于具有可变部件的工作站较灵活且电源的功率级可调，因此对于此类计算，误差在 10% 以内就很好了。

4）试运行时进行第二次试验以确定是否已经接近或远离期望的工作点。同样，应记录所有数据，以了解组件设置值、电源仪表读数和限制指示灯或警告。然后继续进行试验，记录结果，评估数据，重置组件，进行新的试运行等。

5）有条不紊地记录所有数据，通常当一个调试看起来很乏味时，它就会被抛弃，这对于后面的人是不利的。严格遵守步骤、有条不紊地记录所有数据、仪表读数和限制或告警等，不仅有利于个人对最佳解决方案的评估和响应，还将为制造商提供急需的数据，而且在负载匹配过程中他们也可以提供帮助。

6）保留所有数据记录以备后续参考，一旦负载匹配完成，所有参数设置和结果都应保存在档案中，以供将来参考，以便对相同或相似的待加工零件进行参数设置。

6. 结论

如果能够清楚地了解目标结果是什么样子，可以使用哪种类型的组件以及电源如何响应特定的设置和更改，则负载匹配过程不是令人沮丧的体验。负载电路，在处理负载匹配过程中，有效性和效率至关重要。有效性确保正确的事情正在完成；效率确保事情以最有利和最有成本效益的方式完成。

参考文献

1. V. Rudnev, D. Loveless, R. Cook, and M. Black, Handbook of Induction Heating, Marcel Dekker, 2003
2. C.A. Tudbury, *Basics of Induction Heating*, Rider, New York, 1960
3. E.J. Davies, *Induction Heating Handbook*, McGraw-Hill, New York, 1979
4. C.A. Tudbury, *Basics of Induction Heating*, Vol 2, Rider, New York, 1960
5. M. Orfueil, *Electric Process Heating*, Battelle Press, 1987
6. S.L. Semiatin and D.E. Stutz, *Induction Heat Treatment of Steel*, American Society for Metals, Metals Park, OH, 1986
7. S. Zinn, *Elements of Induction Heating: Design, Control, and Applications*, ASM International, Metals Park, OH, 1988
8. E.J. Davies, *Conduction and Induction Heating*, Peter Peregrinus, London, U.K., 1990
9. R.L. Cook, D.L. Loveless, and V.I. Rudnev, Load Matching in Modern Induction Heat Treating, *Ind. Heat.*, Sept 1995
10. W.E. Terlop and S. Cassagrande, Special Transformer Technology for Medium and High Frequency Applications, *Proc. of the 1st Int. Induction Heating Seminar*, São Paulo, Brazil, 1995
11. V. Rudnev, R. Cook, D. Loveless, and M. Black, Induction Heat Treatment: Basic Principles, Computation, Coil Construction, and Design Consideration, *Steel Heat Treatment Handbook*, G. Totten and M. Howes, Ed., Marcel Dekker, New York, 1997

6.9 立式、卧式和逐齿扫描淬火机床

Ronald R. Akers, Ajax Tocco Magnethermic

扫描淬火机床是热处理工业用于感应淬火设备中功能最多、最灵活的设备，也是最常用的感应热处理设备类型，约占感应热处理设备的50%。扫描机床的优点是能够通过简单工装、中心定位装置、线圈和程序切换来处理各种产品。

感应淬火使用的扫描机床是根据零件结构，牢固地将零件固定在芯轴、卡盘、夹具等之间的设备。零件和线圈相对彼此平移，并且零件被逐渐加热并喷淋冷却。典型的扫描淬火机床有一个托架、导杆或导轨（使得托架相对于支架移动）、用于支撑零件的主轴和驱动托架的机构（通常是一个伺服驱动的滚珠丝杠）。这与简单地扫描淬火零件的情况形成对比，扫描过程中零件未被刚性固定，而是由驱动辊、传动带或推杆机构来完成，零件相对于线圈和喷淋装置移动。扫描过程要求线圈和喷淋是一体化的实体，零件加热后立即进行喷淋冷却。

圆形零件利用扫描淬火与一次法加热淬火进行对比。一次法加热淬火可以采取两种形式：首先，零件通常由一个带有一次法加热淬火的感应器环绕，零件在加热和淬火时会旋转，电流的流动是周向的。一次法加热淬火的第二种形式包括将部件放置在中心并使其旋转，其中线圈设计使得电流在两个截然对立的表面上沿着纵向（轴向方向）流动。

当使用扫描淬火机床时，功率水平明显降低，因为与静态或一次法加热相比，在某一时间内扫描淬火是工件的局部在被加热，而一次法淬火是整个淬火区域的工件在被加热，这显著降低了设备成本和功率要求。这当然会降低生产速度，但可以通过使用双工位或多工位进行部分补偿。

从一次法淬火和扫描淬火之间的比较结果看，针对一个典型的汽车后桥轴淬火深度要求5mm（0.2in），一次法淬火需要900kW、10kHz，而达到相同深度的双主轴扫描机床频率为3kHz时仅需要400kW，100件/h的一次法淬火生产率远高于60件/h的扫描淬火生产率，成本和占地面积与相对功率水平和生产率相对应。

扫描淬火机床基本上分为立式和卧式两种类型：每种类型都会有许多变化。尽管双主轴立式扫描机床每根主轴质量为45kg（100lb），但立式扫描机床功能更多，涵盖范围更广，通常适用于小型零件。卧式扫描机床通常用于较大的零部件，可以在水平方向更安全、更稳定地进行热处理加工。但是，该规则也有许多例外，这要根据工厂里的零件物料运行情况来确定，如果工件通过传送带或步进梁等传输，则使用卧式扫描机床，以便于产品的连续转运。

6.9.1 立式扫描淬火机床

通常有两种立式扫描淬火机床，每种都有其独特的优点：工件移动式扫描淬火机床，其中工件相对于线圈移动，变压器移动式扫描淬火机床，其中线圈相对于工件移动。

工件移动式扫描淬火机床通常更容易适应要处理的工件范围，如果零件的质量仅为几磅，则不需要每个主轴质量达22kg（50lb）或45kg（100lb）的强度和刚度，并且扫描淬火机床的设计可以与待处理的零件相匹配。

变压器移动式扫描淬火机床如图6-268所示，变压器移动式扫描机床将变压器和线圈及附带的电源线和需要支撑并传输的水路、喷淋软管平移，以适应零件尺寸，更具挑战性。变压器/线圈移动式扫描机床的优点在于，底部中心固定安装在扫描机床的基座上，适合于在任一选定的平面进行安装并且非常坚固，从而可以处理几乎任何尺寸或重量的零部件。

图6-268 变压器移动式扫描淬火机床

由于线圈和喷淋器是彼此集成在一起的，因此立式扫描机床的待处理工件总是相对于线圈垂直向下运动。在使用零件移动式扫描机床时，零件先被升高到初始加热位置然后向下移动进行扫描淬火。对于没有法兰的零件，通常先把零件装在线圈上方，再扫描到起始位置。变压器移动式扫描机床，线圈先向下移动到初始加热位置，然后线圈和淬火圈向上移动扫描。在任何情况下，加热工艺的最后阶段都非常靠近装载/卸载位置。

工件可移动的立式扫描机床有两种基本设计：立柱和主干/框架式设计及中间悬挂式设计。总的来说，业界已经习惯在重载和长距离扫描时采用立柱和主干式设计，轻型应用时采用中间悬挂式设计。在应用允许的条件下，中间悬挂式设计肯定比较便宜，可能占目前扫描淬火机床 80% 的市场份额。

中间悬挂式扫描淬火机床如图 6-269 所示，设计由一个中间悬挂式组件组成，该组件包含导向衬套或轴承导轨，用作扫描机床立柱和扫描机床驱动机构导轨。扫描机床精度取决于衬套或轴承导轨的加工精度和整个立柱纵向上的公差。然后该中间悬挂式装置通常安装到扫描淬火机床的加固区域。导套的长度或间距必须能够承受与悬臂式支柱和相关零部件的扭矩；类似地，安装必须足够牢固以承受整个托架和零部件的扭矩。然后，零件的重量和立柱的长度决定了安装和轴承的要求，随之增加，其局限性越来越明显。在设计允许的情况下，这是一种实用而有效的方法。这种设计通常用于每根主轴承载量为 6.8kg（15lb）或更少、零部件长度小于 0.9m（36in）的情况，但也成功应用于每根主轴承载量为 22kg（50lb）的双工位主轴扫描机床。

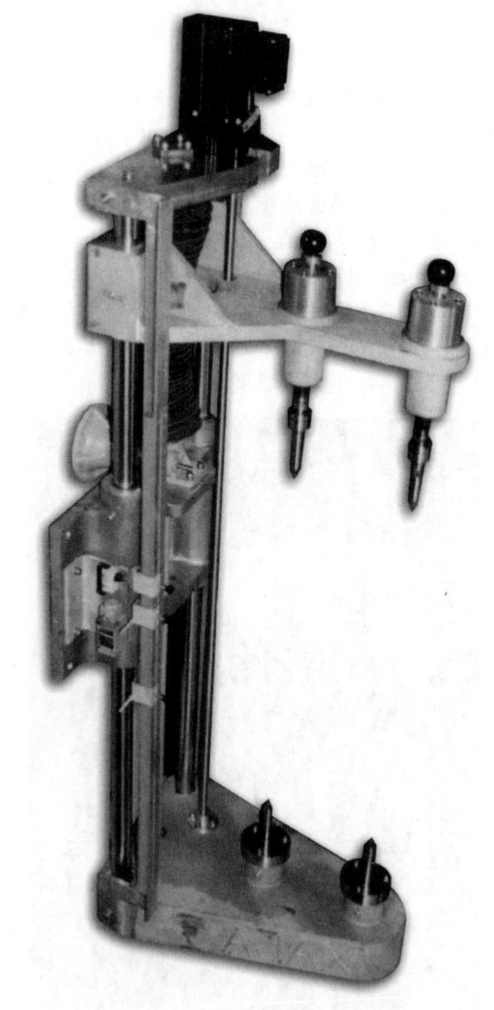

图 6-269　中间悬挂式扫描淬火机床

由于增加了材料和人力成本，基于立柱式的扫描机床通常仅适用于更长和更重的零部件。这种设计需要一个安装主扫描机床外壳的刚性主干或框架。后立柱扫描机床如图 6-270 所示，骨架连着具有一个或两个固定安装的用于引导滑厢的立柱，并且滑架同样具有与骨架接合的两个立柱。通过这两个彼此相距一定距离的立柱，可以增加刚性，为处理较大的零件做准备。许多制造商可以提供一系列特定应用等级的扫描机床，不同供应商的等级可能不同，但典型示例如下：中型设备的每根主轴承载量为 22kg（50lb），扫描距离为 1m（42in）；大型设备每根主轴承载量为 50kg（100lb），扫描距离为 1.2m（50in）；每根主轴承载量为大于 50kg，扫描距离为 1.5m（60in）的属于超大型机床。

1. 立式扫描机床的典型特性

（1）扫描速度　尽管通常空车返回速度介于 115 ~ 150mm/s 之间（4.5 ~ 6in/s）以最大限度减少滚珠丝杆上所承受的应力和振动，但是垂直扫描式淬火的最大扫描速度通常设计为 255mm/s（10in/s），以便空车返回至加热位置或扫描淬火至卸载/加载位置时可最大限度节约时间。

典型的扫描速度为 2.5 ~ 100mm/s（0.1 ~ 4in/s）。以低扫描速度进行操作时，以确保延迟淬冷不会产生混合显微组织；相反，在高扫描速度下，必须使得零部件保持足够时间并在结束淬火之前完全淬透。

正如后续要讨论的，扫描速度可根据可用功率水平、线圈长度和频率的综合情况，以及期望的淬火深度和原始材料的微观组织来决定。扫描速度为 100mm/s（4in/s）通常与 1mm（0.04in）的淬火深度相对应，例如连杆；2.5 ~ 12.7mm/s（0.1 ~ 0.5in/s）的速度通常对应的淬火深度为 2 ~ 5mm（0.08 ~ 0.2in）或在极端情况下高达 12.7mm

(0.5in)。低速扫描最常见的产品是越野装备的传动系统组件。

(2) 常用旋转速度　转速从 60r/min 到 300r/min 不等，最常用的是 150～180r/min，旋转速度在一定程度上取决于扫描速度。一般来说，对于感应淬火来说，在加热循环中进行 5 次旋转是可取的，但并非总是这样。例如，扫描速度为 50mm/s（2in/s）和 25.4mm（1in）长的线圈将计算为 600r/min 的转速，这是不实际的，在这种情况下将使用 300r/min。同一线圈的扫描速度为 6.35mm/s（0.25in/s），转速为 75r/min，这就非常实用了。

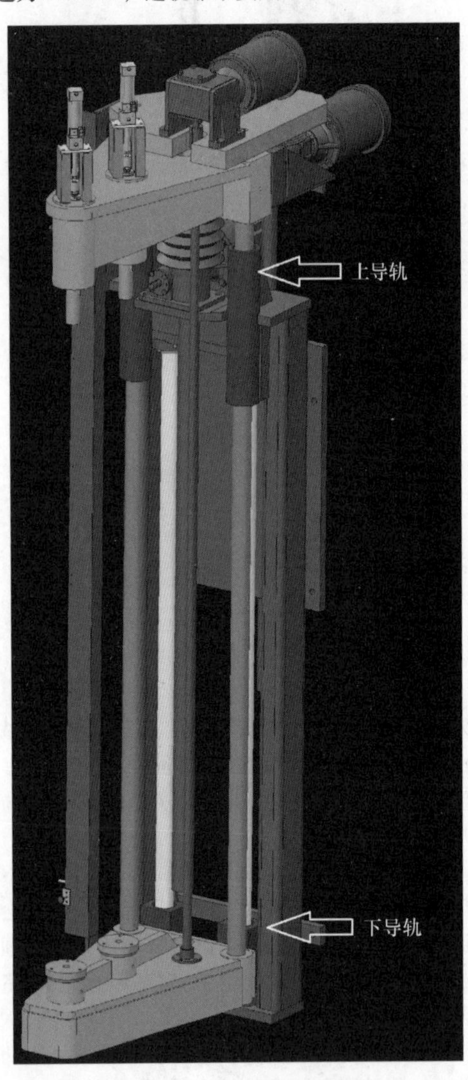

图 6-270　后立柱扫描机床

2. 立式扫描机床的关键参数

对于一台在给定应用条件下能够提供合适的设计参数，并能投入正常的工业化生产的扫描淬火机床来说，生产出优质产品的最关键因素是扫描淬火机床的维护、定位装置的对齐和总指标跳动量（TIR）。

(1) 对中　立式扫描机床最常见的缺点是上下主轴与运转轴不对齐。结果表明，由于在零件长度方向上扫描，而零件与线圈喷淋器的相对位置并不一致。这会改变零件的加热热形和淬火状态，从而导致淬硬层深度和显微组织的冶金变化。此外，在加工轴类时，这对总指标跳动量 TIR 也有影响。上下轴对齐应精确到 0.417mm/m（0.005in/ft），最大为 0.381mm（0.015in）。在安装扫描淬火机床时，应使基础处于水平位置，并将上下中心对准并垂直；这就建立了一个在检查时使用的水平基准面。

(2) 顶尖总指标跳动　所有感应热处理过程的克星是定位装置或顶尖的总指标跳动 TIR，这将导致相应的工件 TIR 波动。工件 TIR 波动会导致工件的一侧更靠近线圈，局部电流密度增加；相反，在相反的一侧上电流减小，导致相对侧上的加热热形不同。此外，工件的喷淋淬冷也将不同，喷淋冷却的角度原因，导致工件在靠近线圈的一侧距离喷淋更近，而远离线圈的一侧距离喷淋更远；这将会在工件上产生扭矩作用，从而导致轴的跳动增加，从而进一步增加了问题的复杂性。最终的结果是显微组织和淬硬层深的变化，以及最终的工件硬度不均匀。这种情况对于空心轴工件尤其重要。建议顶尖总指标跳动限制最大为 0.127mm（0.005in）。

(3) 刚性　根据应用的不同，扫描机床必须具有足够的刚性，才能可靠地保证工件与线圈在相对固定的位置上进行重复性淬火，并保证多个零件在垂直位置上一致。在这方面最大的问题是扫描机床设计要有一个悬臂支柱的中间安装板。安装板必须非常坚固，并且在淬火温度发生改变或在生产过程中加热时不会移动。对于轴承和顶尖的刚度也有要求，保证可靠坚固。

(4) 淬火液储存量　小型扫描淬火机床的一个常见问题是淬火液的存储量有限。推荐体积是 GPM（加仑每分钟）值的 5 倍，最小绝对值为其 1.5 倍。如果体积较小，淬火液的浓度变化迅速，难以维持不变。类似地，尽管淬火温度没有“飞轮效应”，但也有显著的变化。另外，体积有限的常见问题是淬火液的曝气，在运行一段时间后会产生不良淬火。大多数淬火液供应商都提供消泡剂，但它可能带来另外一个保养方面的问题，最好是保证足够体积的淬火液，以减少在扫描机床使用寿命内需要维护消泡剂程序的问题。

(5) 淬火液过滤　一般来说，如果扫描淬火机床在高生产率条件下工作，淬火液过滤必须成为淬火机床采购的一部分。大多数淬火过程产生的氧化皮会积聚并最终干扰淬火液系统的运行，并且会显著减少淬火液。出于经济原因，旁路过滤系统经常被纳入大多数扫描机床设计中；这样预算容易，但总的来说，其效果要比全流量过滤（推荐）差得多。全流量过滤需要巨大的投资回报，必须作为技术规范的一部分。为了具有价格竞争力，大多数供应商使用旁路过滤；因此，为了建立一个公平的竞争环境，需要在技术规范中提出要求，其中包括设备制造商进行专业安装以保证管道尺寸、单独的手动阀门等。

（6）注意事项　零件固定工装，无论是顶尖、托槽、夹持装置或卡盘，必须可靠地定位和固定零件并在整个过程中可以控制。它必须重复返回至每个工序结束时完全相同的位置，以恰当地得到处理，同时要考虑到零件制造方法和公差。大部分工件两端的顶尖孔是固定工件最简单也是最可取的特征点；然而，在许多情况下，零件中的中心孔仅用于制造过程，而不是零件设计中的基本公差参数，因而顶尖轴向公差往往不被认为是关键参数。在这种情况下，必须使用弹簧加载的顶尖来对工件进行对中加紧，顶尖孔的定位面必须与该工件接合，使其轴向定位。该方法常用于法兰轴上，其定位面为法兰的表面；工装定位面尽可能靠近法兰外直径（OD处），从而进行加工。图6-271所示为带定位表面的弹簧顶尖。

图6-271　带定位表面的弹簧顶尖

（7）上顶尖　上部的顶尖通常不是驱动的，只是为了自动化操作而配备气动装置，或是通过重力用于手动操作，从而使设备简单化，便于装夹，并降低了成本。可提供带有驱动的上顶尖的扫描机床，以进一步帮助工件旋转。在感应加热过程中，必须允许零件轴向变长/膨胀和收缩，因此轴向运动的自由度是至关重要的。轴向压力通常被认为是总跳动最小化的关键，但只要上顶尖有轴向运动的自由度，就不会有任何影响。研究已经证明有几百磅重对直径为2.54cm（1in）的轴件TIR跳动没有影响。问题是允许有轴向运动，而不是上顶尖轴向刚性。

（8）线圈/淬火设计注意事项　垂直扫描淬火机床的渐进过程需要线圈和淬火喷淋的集成，最常见的设计是机械加工而成的整体淬火线圈（MIQ）。机械加工整体淬火线圈由铜加工制成，内径为水冷式线圈（ID），周围是喷淋器，喷淋器通常安装在线圈下部与线圈保持水平，带有一定角度的孔对工件进行喷淋。淬火角度与水平方向的夹角如果小于40°则会出现问题，喷淋液体会回流到加热区域。因此，第一排淬火孔与线圈内径的相对位置是非常关键的设计参数。如果喷淋距离加热部位太远，则会造成淬火延迟而严重影响微观组织，特别是淬硬层的深度。设计者必须考虑加热时的扫描速度、淬硬层深度及喷淋器设计中的时间延迟。

如果工件允许的话，带单独喷淋装置的双匝线圈可以是一个很有吸引力的选择。双匝线圈具有减小传输电流的优点，与单匝线圈相比，减少了1/4的系统损耗。虽然线圈本身损耗略高，但在大多数情况下，净效应显示出的是整体效率的显著提高。双匝线圈的一个考虑因素是，它一般是由铜管制成；它不像单匝的MIQ线圈那样坚固，因此在低频和高电流的水平下对线圈的支撑则需要严格考虑。半轴圆角感应淬火用机械加工MIQ集成式双匝感应器如图6-272所示。

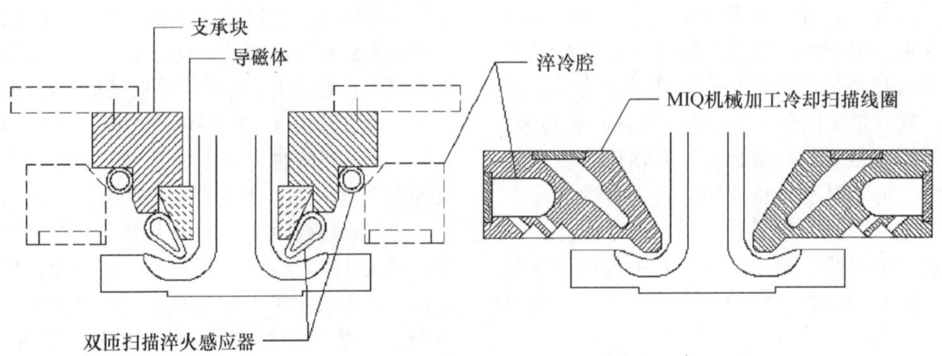

图 6-272 半轴圆角感应淬火用机械加工 MIQ 集成式双匝感应器

6.9.2 卧式扫描淬火机床

卧式扫描淬火机床的应用范围非常广泛，可以从重型销和轴杆的淬火到相对轻型的涡轮增压器叶轮轴的扫描淬火。设备的选型在很大程度上取决于集成到车间或者加工设备上的夹持方式的优化。最常见的方式是将工作站（如果合适，还有电源）悬挂在上面的龙门式结构中，下面安装线圈；这样可以将工作站与加热和喷淋隔离开来，以便于维护和提高可靠性。

卧式扫描机床的最终应用是用于小畸变淬火。低变形量淬火的原理是施加足够大的力使零件偏转大约 0.508mm（0.020in），由于工件旋转在扫描过程中允许有低水平的反向应力。带支撑的卧式扫描机床如图 6-273 所示，若干限位器轴向分布位于扫描机床的底座内部，限位器的位置较低，以便允许线圈和喷淋器通过，因此扫描淬火过程是连续的。至少有一个支撑总是起作用的；通常在有足够支撑的情况下，两个支撑力可以在长工件上起到分担偏转力的作用。通常这样夹紧的部件可以成功地淬火而不需要矫直；如果只使用顶尖，则淬火结果会有更多问题出现。

图 6-273 带支撑的卧式扫描机床

1. 卧式扫描机床的特性和关键参数

卧式扫描机床的许多特性，如扫描速度、旋转速度和顶尖跳动与之前针对立式扫描机床所涵盖的内容相同；然而，还有其他关键参数是卧式扫描机床所特有的。

如前所述，当水平扫描时，喷淋会更多地沿零件上部和侧面回流到线圈和加热区域。因此，与立式扫描机床相比，淬火孔的角度和位置会有不同。一个常见的“经验法则”是淬火孔的角度与水平方向夹角不应大于30°，以防止回流。

重力使冷却淬火液会残留在工件的上表面，因此，在几乎所有情况下，都必须有后续的随冷来确保零件完全淬火。

随冷还有第二个作用，由于水平淬火的角度通常比较小，随冷将会完成由于喷淋角度比较扁而可能喷不上水的深层区域的淬火处理。

2. 扫描淬火机床的参数选择

感应加热是一种表面加热现象，电流密度最大，因此在工件表面的功率密度最大。功率密度随频率和材料性质的不同而变化，与表面距离的关系而呈指数下降。

在热处理的情况下，尤其是在扫描淬火铁磁材料的情况下，其性能是不恒定的。在加热过程中，表面温度超过了居里温度，表面变得无磁性，但是心部还保持磁性。这大大增强了表层下的功率，功率密度随着接近心部的深度而增加。

对任何给定的加热应用，淬硬层深度是能量的函数。一旦选定，在加热过程中频率相对恒定，是系统原始设计的重要组成部分。选择的频率对工艺的鲁棒性有很大的影响，包括生产速度、表面温度、淬硬层深度、热处理结果的质量及零件内的最终应力分布。

为了得到理想的淬硬层深度，而选择最佳频率的一个很好的参考就是居里电流穿透深度。频率的选择当然受到许多因素的影响，诸如线圈长度、扫描速度、原始组织和预先热处理等变量。典型的淬硬层深度与上述居里温度电流穿透深度的比率为0.2～1.5，而最佳生产力和表面温度的最佳比率为0.3～0.5。

虽然不精确（它高了0.9%），但计算电流穿透深度的一个简单公式为

$$\delta = 2\sqrt{\rho / \mu_r f} \qquad (6\text{-}23)$$

式中，δ 是电流穿透深度（in）；ρ 是电阻率（μm · Ω）；μ_r是相对磁导率；f是频率（Hz）。

一种典型铁磁性材料在高于居里温度的电阻率应该是 $10^{-6}\Omega \cdot m$ 和 $\mu_r = 1$。

淬硬层深度，如果仅用于耐磨，一般为0.5～1.5mm（0.02～0.06in），淬火频率为100～450kHz。为提高周期性承载部件的强度，淬硬深度为1～3mm（0.04～0.12in），频率通常是10～40kHz。重型零件，如车轴和重型销轴可能需要深度为3～15mm（0.12～0.6in），频率一般为500Hz～10kHz。低至工频的频率已经成功地应用于淬硬层深度要求异常大的大轧辊。

作为频率选择的一个案例，在此选择以提高周期性疲劳强度为目的的轴淬火这一典型应用，轴类层深淬火参数见表6-12。

第一个分析案例是在淬硬层深度、线圈长度和扫描速度保持恒定的条件下，同时改变功率密度和频率来确定所产生的表面温度，结果见图6-274。正如预期那样，在选定的频率区间内，表面温度随频率的增加而增加，温度从可接受的水平上升到不可接受的水平。在感应条件下，可接受的最高温度要高于一般炉子加热的温度。感应加热的时间，特别是扫描时间较短，导致材料在很短的时间内处于较高的温度，但是没有足够的时间促使晶粒生长和脱碳。

表 6-12　轴类层深淬火参数

淬火参数	数　值
轴直径	35mm（1.37in）
淬硬层深度	2mm、3.5mm、5mm（0.07in、0.13in、0.19in）
线圈长度	40mm（1.57in）
名义扫描速度	20mm/s（0.78in/s）
名义加热时间	2s

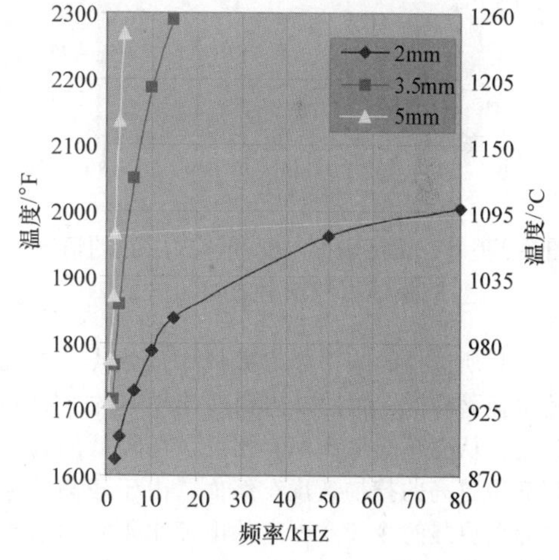

图 6-274　在淬火层深恒定情况下，表面温度与频率之间的关系

在恒定淬火层深的情况下，功率密度与频率之间的关系如图 6-275 所示，有趣的是，在高于选定的应用频率，功率密度相对恒定；然而，表面温度却上升到不可接受的水平。

图 6-276 所示为在恒定表面温度和淬火层深的情况下，扫描速度与频率之间的关系，说明了频率选择对扫描速度以及生产率的影响。图 6-276 所选

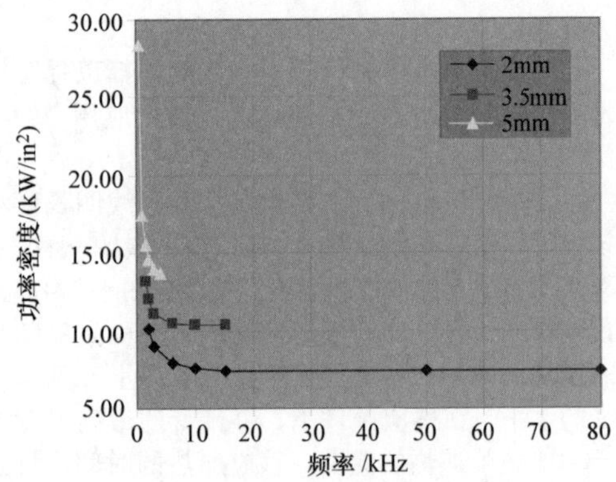

图 6-275 在恒定淬火层深的情况下，功率密度与频率之间的关系

择的表面温度为 970～1025℃（1780～1880℉）。在曲线的拐点处，选择频率增加了 2 倍的扫描速度，因此，虽然可能存在较宽范围的频率，但最佳频率是相对有限的。

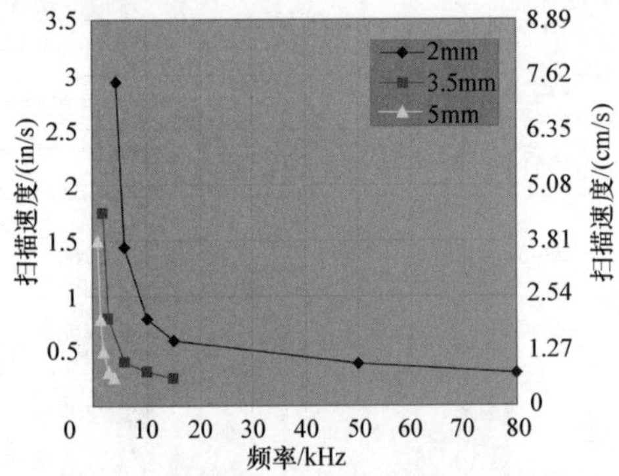

图 6-276 在恒定表面温度和淬火层深的情况下，扫描速度与频率之间的关系

一旦所选择的频率超出曲线中的拐点，扫描速度不会显著降低，而是以达到最佳频率的 1/2～1/4 的速度，从而降低生产率。相反，在较低的频率下可以获得更高的扫描速度；然而，由于较高的电磁力和需要更强的冷却及更高的电流水平从而会导致线圈寿命等问题。

图 6-277 所示为在表面温度和有效层深恒定的情况下，线圈电流与频率之间的关系，在低频率下，电流变得高的不可接受，并且仅随着频率在曲线中超出拐弯处的增加而略微降低。

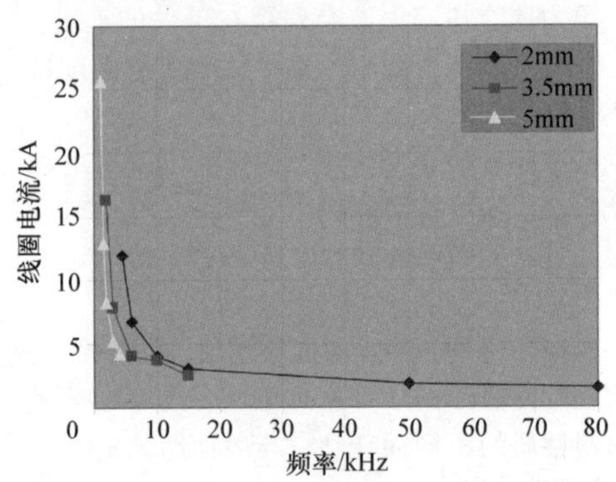

图 6-277 在表面温度和有效层深恒定的情况下，线圈电流与频率之间的关系

图 6-278 显示出了扫描速度作为有效淬硬层深度（ECD）与居里电流穿透深度（ACD）比值的函数；它基本上使数据归一化，并说明该比值如何作为一种快速分析工具来选择最佳频率。

表 6-13 为用淬火强化实例的典型参数，提供了在先前示例范围内的 3 个实际应用。

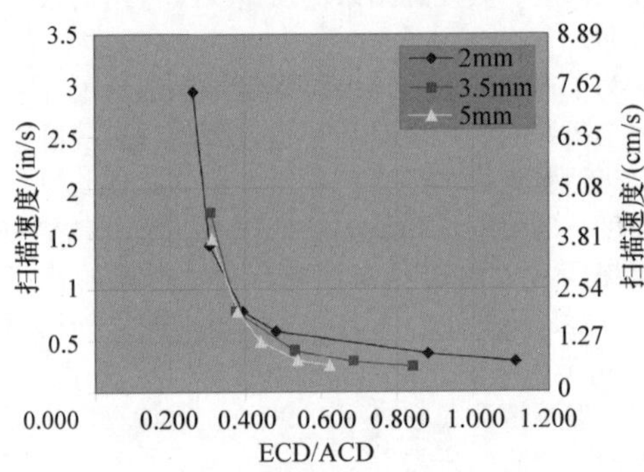

图 6-278 扫描速度与有效层深（ECD）和居里电流穿透深度（ACD）比值的关系

表 6-13 用淬火强化实例的典型参数

常规直径/mm	常规直径/in	常规层深/mm	常规层深/in	频率/Hz	有效层深与电流穿透深度的比值	正常功率密度/(kW/in²)	常规扫描速度/(mm/s)	常规扫描速度/(in/s)
28	1.10	4	0.23	4410	0.523	28	27.9	1.10
34	1.33	4.3	0.16	2460	0.420	20	16.7	0.66
34.8	1.37	6	0.15	900	0.354	15.7	9.6	0.38

6.9.3 逐齿扫描淬火机床

最好是采用固定的环形线圈和齿轮转动的方式进行齿轮感应淬火，以便使用简单的设备，达到较高的生产率。然而，对于具有大表面积的齿轮，由于静态线圈的应用和较大齿轮的典型额定功率在 1000 ~ 1200kW 的范围内，所以电源变得过热且成本高昂。基于螺距的齿轮的典型功率密度为 25kW/in^2，因此，用于静态加热齿轮的最大尺寸直径为 20.3 ~ 30.4cm (8 ~ 12in)，面宽为 2.5 ~ 2.8cm (1 ~ 1.5in)。

第二种选择是针对更大的齿轮，采用环形线圈和扫描的方式对齿轮进行淬火。这需要约为 500kW 的中等功率水平，与静态加热相比降低了生产率。这种方式可以将齿轮的加工直径扩大到 60.9 ~ 76.2cm (24 ~ 30in)，具有无限的面宽。

对于非常大的齿轮和 8DP 或更低的直径节距，优选的方法是使用逐齿硬化技术的扫描淬火，通常称为 Delapena 工艺。可以通过将蝶形 V 形线圈插入齿轮两齿之间的间隙并进行扫描来实现齿与齿的淬火；然后通过线圈后面合适的喷淋器立即进行冷却喷淋。

有许多类型的逐齿淬火技术，但通常应用需要淬火的部位为高弯曲强度的根部和高耐磨部位的相邻齿面。图 6-279 所示为逐齿淬火的工艺模式。

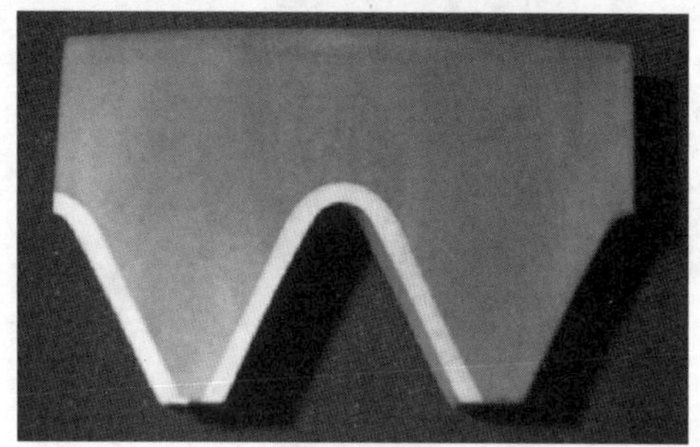

图 6-279 逐齿淬火的工艺模式

线圈中的感应电流路径与线圈的两条支撑腿在电气上和物理上平行，与中央根部加热匝串联连接；因此，中心匝承载两个侧翼加热返回支撑电流的 2 倍，从而造成工件内部功率密度的增加。这是由于设计造成的：根部被齿轮的整个质量所支撑，并且由于大量的热传导进入齿轮，需要更高的功率密度来获得比具有更小质量的齿截面积所需的深度。用于逐齿淬火的典型线圈和喷淋器如图 6-280 所示。

在返回支撑中电流的分离或共享增加了线圈相对于部件定位的精准度。平行的两个线圈返回回路将共享电流，并且只有当线圈两侧的线圈间距相等时，才提供均匀的热模式。定位是非线性的，因为较大的间隙不仅具有较小的电流，而且在更大的耦合距离下也不太有效。这个问题的正常解决方案是通过使用传感

图 6-280 用于逐齿淬火的典型线圈和喷淋器

器来定位线圈相对于工件的位置：机械探针或激光定位齿，并允许通过伺服定位器适当地移动线圈位置。建立和保持该机构的校准是至关重要的，特别是对于斜齿轮，因为有一个双边运动，大大提高了灵敏度。

只有在线圈中加入磁通增强器以增加磁场强度，同时保持可接受的电流，才有可能得到合理的线圈效率。通常使用的磁通增强器是薄硅钢叠片与铁氧体或导磁体 Fluxtrol（Fluxtrol Inc. 产）组合。叠片放置在线圈内，排成直线，使磁场分布更均匀，铁氧体被放置在线圈的末端外部或内部在拐弯的场区域中。单齿淬火的线圈必须很小，电流大，热负荷大。因此，维修问题需要密切关注，建议在现场留有备件。

单齿淬火过程中有许多关键参数的确定和开发问题。因为齿牙的单侧淬火正好在齿牙的对侧进行，所以规定的淬硬层深度必须是合理的，以便在对侧进行热处理时不发生回火。所选择的频率必须产生最佳的淬硬层深度，频率过高或过低都是不可取的。在较低的频率下，加热的深度会太大，牙齿的相对侧会回火；在过高频率下，扫描速度会太慢，也会产生相反的背面回火的倾向，当然对生产率也会有不利影响，正如前一节关于扫描淬火机床讨论的那样。指定淬硬层深度所需的最佳频率可产生最佳的淬硬层截面并避免回火，并允许最佳扫描速度以达到合理的生产率。典型的频率趋向为 3 ~ 10kHz 范围内，应用范围可达 50kHz。在固态电源应用之前，最初的 Delapena 工艺

是用射频管型电源在450kHz的频率下开发的，许多这样的装置现在仍应用于生产中。

减少相对侧的齿侧回火也可以通过水冷来实现，或者通过将工件浸没在淬火介质中进行淬火，正如Delapena工艺最初研发所证明的那样。在图6-281和图6-282中可看出一个探针齿定位系统和辅助的相对侧淬火头。

必须仔细研究确定最佳线圈位置和开始扫描淬火过程的停留时间，以获得最佳热形。在线圈两侧加装导磁体有利于提供更确定的磁场形状，从而进一步优化最终的热形。

齿轮逐齿感应淬火的生产率与普通感应生产标准相比相对较低，但是当与渗碳大齿轮在炉中加热几天相比时，它们可以被认为是合理的。图6-283所示为齿轮生产的典型生产率分析。

装载时间是一个问题，因为齿轮直径通常很大，达0.9～2.1m（3～7ft），并且相对较厚，达18～91cm（7～36in），质量数以吨计。它们通常必须单

图6-281 外齿轮淬火用线圈、淬冷和探针组件

图6-282 内齿轮淬火用线圈、淬冷和探针组件

独定位并固定在淬火机床工位上。除了典型的扫描加热时间之外，还必须考虑检测并验证零件的位置及将线圈移动到加热位置的时间。根据线圈设计、淬硬层深度、频率等，扫描速度将是一个变量，但单齿淬火的典型扫描速度为 6. 35mm/s（0. 25in/s）。在前面的例子中，113 齿对于 1. 8m（6ft）的齿轮来说是不寻常的，工艺循环大约需要 3h 才能完成。图 6-284 所示为齿面淬火设备实例，是一个逐齿淬火机床图，显示了支撑质量达 5t 齿轮的大型坚固设备，在扫描淬火过程中确保齿轮在一个准确的位置。

齿数	113				
		时间/s			
上料/下料时间/min	10	600		一次	
扫描至开始位置		2		"	
检查位置		9		每一个齿	
预热		3		"	
扫描长度/in	14			"	
扫描速度/(in/s)	0.25	56		"	
喷淋		15		"	
返回		6		"	
工件分度		5		"	
循环数量	113			齿数	
时间预估/min	6	678			
总工艺时间/s		11300			
总时间/s		11902			
		198min(总循环时间)			

图 6-283　齿轮生产的典型生产率分析

图 6-284　齿面淬火设备实例

参 考 文 献

1. V. Rudnev et al., *Handbook of Induction Heating*, Marcel Dekker, New York, 2003

选择参考文献

• R.E. Haimbaugh, *Practical Induction Heat Treating*, ASM International, Materials

Park, OH, 2001
- *Induction Hardening and Tempering,* American Society for Metals, Metals Park, OH, 1964
- V. Rudnev et al., *Handbook of Induction Heating,* Marcel Dekker, New York, 2003
- S.L. Semiatin and D.E. Stutz, *Induction Heat Treatment of Steel,* American Society for Metals, Metals Park, OH, 1986
- S. Zinn and S.L. Semiatin, *Elements of Induction Heating: Design, Control, and Application,* ASM International, Metals Park, OH, 1988

6.10 可控气氛室

Scott Larrabee，Radyne Corporation

地球大气层包括77%的氮气，21%的氧气，1%的水蒸气和1%其他气体。大多数金属在氧气和水蒸气的作用下氧化，形成金属氧化物。这种氧化物在室温下，一般是薄而紧密地附着在金属表面上的。然而，随着温度的升高，金属表面的氧化层变厚。温度越高，表面氧化层变得越厚。这些氧化物的形成消耗基体金属，导致零件尺寸和外观的改变。很多时候，这些氧化物会在零件加热和冷却时剥落和脱落，因为氧化层和基体金属具有不同的热膨胀率。防止工件的氧化和剥落是使用可控气氛室的主要原因之一。

可控气氛室用来控制进行热处理的金属的表面化学反应。以钢的热处理举例，氧气/水蒸气和钢中的碳反应，降低了钢表面含碳量（脱碳）。如果碳氢化合物作为一种富含碳的气氛被添加到炉内，在高温下钢表面会吸收碳（渗碳）。

采用可控气氛室的另外一个原因是控制材料表面的化合物或元素的挥发，并在钎焊工艺中消除或增强、延长钎焊应用中的助焊剂性能。许多金属氧化物，如氧化铝、氧化钛和氧化亚铁，都是多孔的，容易吸收与它们接触的水分和其他化学物质，如金属加工时的润滑介质和清洗时的溶剂。除非在非氧气氛的高温下，这些多孔氧化物不易于释放这些机械和化学吸收的物质。一般来说，在高温情况下，化合物的气压越低，机械和化学吸收的化合物从多孔氧化物中就越容易挥发。

6.10.1 可控气氛的种类

感应加热处理和感应钎焊中使用的气氛类型通常和加热炉热处理与钎焊中使用的气氛相同。然而，感应热处理和钎焊的工件加热时间－温度曲线与使用加热炉的工件加热时间－温度曲线有很大不同，在选择气氛时需要考虑工件加热时间－温度曲线。例如，零件在加热炉中处理，通常至少需要1h达到奥氏体化温度；但按照加热炉装载量、零件的几何形状和尺寸，加热炉中的工件可能需要几小时甚至几天，因为加热工件的所有热量只能通过外表面。因此，典型的加热炉加热工件的外表面通常会在高温下保持较长时间。然而，当零件采用感应加热热处理，零件通常只需要几秒到几分钟就能达到奥氏体化温度，因为加热工件的热量是通过涡流电阻加热在工件内部积累起来的。因此，在金属表面缓慢发生的冶金反应（需要几分钟到几小时）可能就无法观察到，或者也可能仅仅在表面生成一个薄层。这个感应加热时生成的薄层可以通过后续处理除去，除非感应加热工艺是专门设计用来将零件温度保持在长时间高温的情况下（相对较慢的冶金反应一般是由金属基体中的元素扩散速度控制的反应，如渗碳/脱碳。）。

由于感应加热的加热周期较短，最常用的气氛是惰性气氛和保护气氛，因为它们为加工中的金属提供了极好的最安全保护。

1. 惰性气氛

惰性气体作为一种保护气氛，对于不能容忍其他保护气氛中常规成分的金属特别有用。通常用于感应热处理和钎焊的惰性气氛是氩气和氦气，这些气体不与金属反应是因为其最外层的电子层已饱和。

1）氦气是宇宙中第二丰富的元素。然而，氦气在地球上相对稀少，是通过低温蒸馏从天然气中提取出来的。氦气比空气轻，当它被释放时，它会永久地在地球大气层之外消失，使它成为一种逐渐减少的资源。

氦气成本大约是氩气的2倍，所以氩气是金属加工过程中更常用的惰性气体。尽管它的成本高，氦气的使用是因为它的高导热性，在冷却方面更具有吸引力，而且完全惰性和无毒。

2）氩气是最常用的惰性气体，因为它是最经济和最丰富的惰性气体。氩气是地球大气中第三种最常见的气体，其体积浓度刚刚低于1%。氩比氮分子重1.4倍，比氧分子重1.25倍。氩最常用于利用空气的低温蒸馏与高纯度氧一起生产，它可以以气体或液体形式存在。由于氩的生产方法，它通常具有非常低的露点［－68℃（－90℉）或更低］。如果使用大量氩气，最经济的方式是液态。

氩气广泛应用于钛合金、不锈钢的制造和热处理。氩气被用作钛合金热处理的气氛，是因为这些合金需要不含氢、氧和含碳气体的气氛。加工不锈钢的时候，使用氩气，因为它是完全惰性的，不与不锈钢中的铬反应，特别是在高温下。在高温下，氮与不锈钢中的铬反应生成铬氮化物。对于氩气使用的另一个原因是它的低露点；露点低于 -51℃（-60℉），是高温过程如不锈钢光亮退火工艺中防止铬的氧化所必需的。据普莱克斯称，氩气用于脱碳（AOD）工艺生产世界上超75%的不锈钢。

2. 氮基气氛

氮基气氛是大多数低、中、高碳钢和有色金属零件感应热处理和钎焊最常用的气氛。典型的氮气气氛露点通常在 -40℃以下。在氮气气氛中没有 CO_2，使得氮气气氛既不会造成工件氧化也不会脱碳。分子氮对铁氧体是惰性的。

氮气气氛既可以是自制备氮基气氛，也可以是采购的商品氮基气氛。

1）自制备氮基气氛是通过燃料气和空气混合物燃烧，然后除去几乎所有的二氧化碳和水蒸气制备而成的。在这些系统中使用的空气 - 燃料混合物的数量需要非常严格地控制，以控制最终气氛中的一氧化碳和氢比例。添加到燃料中的空气量总是限制为防止燃料完全燃烧的量。根据燃料气体的分析，获得特定一氧化碳和氢气百分比所需的特定空气燃料比差别很大。天然气是产生氮基气氛最广泛使用的燃料气体。图 6-285 所示为原料气中空气 - 燃气比率和生成气氛中一氧化碳和氢气含量的对比，说明了一氧化碳和氢气比率随天然气的空燃比变化的近似模式。图 6-286 所示为氮基气氛发生器的流程图，图 2-287 所示为使用单乙醇胺（MEA）清洗系统的氮基气氛发生器的流程图，这是两种最常用的氮基气氛生成系统的示意图。制备的氮气气氛通常有 -40℃和较低的露点，并分为两大类，贫碳型（201）或富碳型（202），指的是气氛中的一氧化碳和氢的相对过剩度。主要加热炉气氛的分类和应用见表 6-14。使用制备氮基气氛的主要优点是与其他保护气氛相比，每单位体积的成本相对较低，但主要的缺点是设备的初始投入成本、设备的空间占地要求大，对发生器的严格维护和控制的成本。在标准温度压力条件下使用的典型分子筛系统和典型单乙醇胺系统产出 $28m^3$（$1000ft^3$）的 201 类淡型氮基气氛生产开支见表 6-15；两个系统都是在 9.5∶1 的空气 - 燃气比下运行。

除非使用大量的氮，按 2013 年的经济性分析，使用商品氮基气氛比制备氮基气氛更为经济。

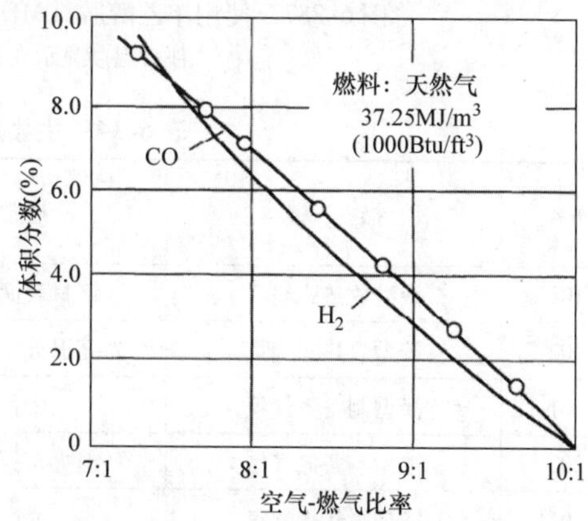

图 6-285　原料气中空气 - 燃气比率和生成气氛中一氧化碳和氢气含量的对比

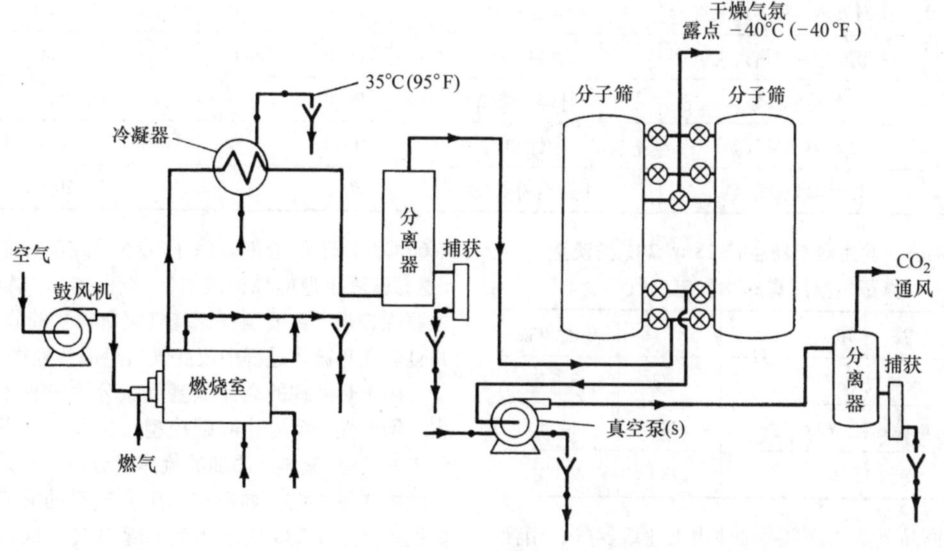

图 6-286　氮基气氛发生器的流程图

注：使用分子筛去除二氧化碳和水蒸气（使用负压重生分子筛）。气体管路使用实线显示；水管路使用带点实线显示；自动控制阀门使用位于分子筛中间的大圆表示。

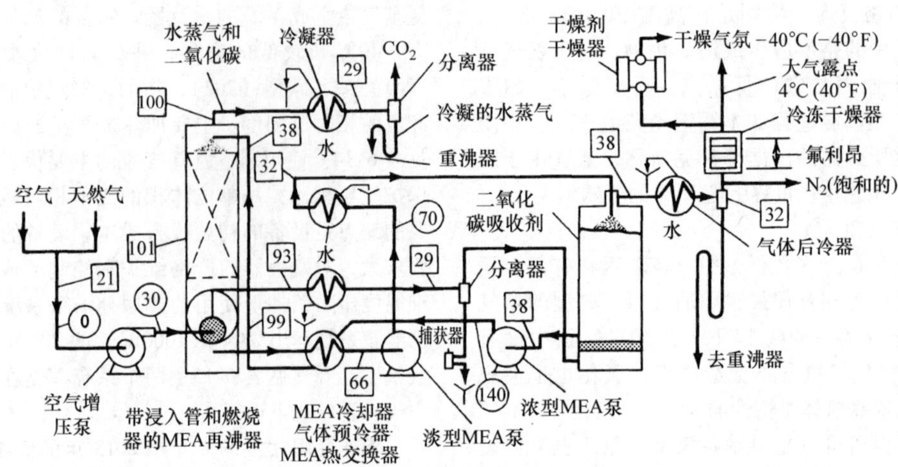

图6-287 使用单乙醇胺（MEA）清洗系统的氮基气氛发生器的流程图

注：温度显示在方框内，压力显示在圆框内。

表6-14 主要加热炉气氛的分类和应用

分类	描述	通常用途	额定组成（体积分数，%）				
			N_2	CO	CO_2	H_2	CH_4
101	淡型放热式气氛	钢材表面氧化处理	86.8	1.5	10.5	1.2	—
102	浓型放热式气氛	光亮退火、铜焊、烧结	71.5	10.5	5.0	12.5	0.5
201	淡型制备氮气氛	中性加热	97.1	1.7	—	1.2	—
202	浓型制备氮气氛	退火、钎焊不锈钢	75.3	11.0	—	13.2	0.5
301	淡型吸热式气氛	光亮淬火	45.1	19.6	0.4	34.6	0.3
302	浓型吸热式气氛	气体渗碳	39.8	20.7	—	38.7	0.8
402	木炭制备气氛	渗碳	64.1	34.7	—	1.2	—
501	淡型放热-吸热式气氛	光亮淬火	63.0	17.0	—	20.0	—
502	浓型放热-吸热式气氛	气体渗碳	60.0	19.0	—	21.0	—
601	氨分解气氛	钎焊、烧结	25.0	—	—	75.0	—
621	淡型氨燃烧气氛	中性加热	99.0	—	—	1.0	—
622	浓型氨燃烧气氛	不锈钢粉末烧结	80.0	—	—	20.0	—

表6-15 发生器系统生产28m^3 201类淡型氮基气氛所需的水、电、气

需求	分子筛	单乙醇胺
天然气/m^3	3.77	3.77
电能消耗/MJ	28	14.5
冷却水/L	2780	2500

2）商品氮基气氛主要是使用工业级氮气，由液氮储罐、汽化器和控制压力和流量控制站供应的氮气气氛。商品氮基气氛使用杂质水平很低，露点在-60℃及以下的液氮。除了气体的纯度和系统简单（这意味着更低的维护成本），商品氮基气氛的其他主要优势是不需要制备氮基气氛所需要的分析仪器，并且能在热循环过程中改变气氛组成达到优化结果。

用于热处理的商品氮基气氛分为三种不同的类型：保护性、反应性或碳控型，这取决于添加到氮气中的气体/流体。添加的流体组分由单个贮罐和一个能控制每一组分如何加入工艺气氛的流量控制面板提供。图6-288所示为商品氮基气氛混合设备的流程图。

表6-16是制备气氛和商品氮基气氛对比。

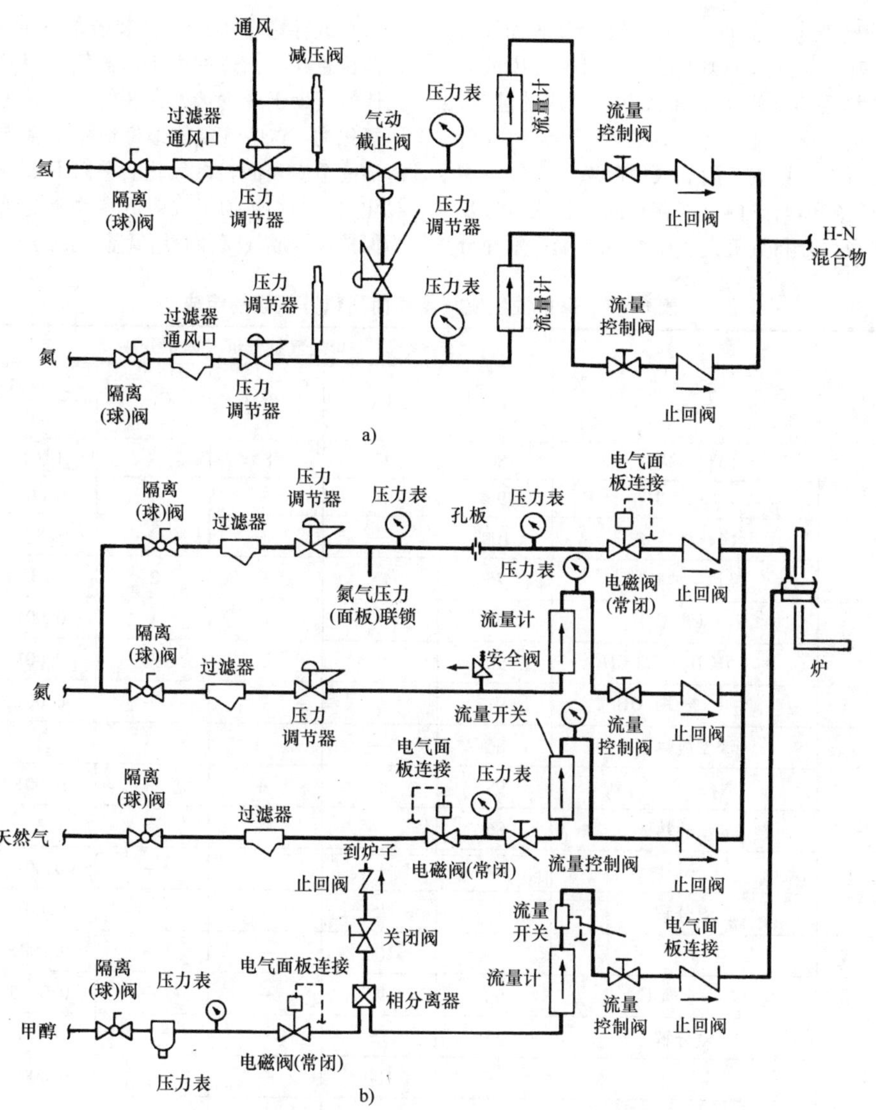

图6-288 商品氮基气氛混合设备的流程图

a）双组分混合系统 b）三组分混合系统

表6-16 制备气氛和商品氮基气氛对比

气氛类型	应用	制备气氛				氮基气氛				
		名称	额定组成（体积分数,%）			名称	额定组成（体积分数,%）			
			N_2	H_2	CO		N_2	H_2	CO	CH_4
保护性	退火	放热式	70~100	0~16	0~11	氮-氢	90~100	0~10	—	—
						氮-甲醇	91~100	0~6	0~3	—
		氨分解气氛	25	75	—	氮-氢	60~90	10~40	—	—
反应性	钎焊	放热式	70~80	10~16	8~11	氮-氢	95	5	—	—
		氨分解气氛	25	75	—	—	—	—	—	—
	烧结	吸热式	40	40	20	氮-氢	95	5	—	—
		氨分解气氛	25	75	—	氮-甲醇	85	10	5	—
可控碳	淬火	吸热式	40	40	20	氮-甲烷	97	1	1	1
	渗碳	吸热式	40	40	20	氮-甲醇	40	40	20	—
	脱碳	放热式	85	5	3	氮-氢	90	10	—	—

3）保护性气氛是防止加热过程中金属表面氧化或脱碳的氮基气氛。这种类型的气氛可能是由液态氮（具有非常低的杂质水平和露点）生成的纯氮，或者是与少量的反应性气体（通常小于5%）混合的氮气，如氢气、甲烷、丙烷或甲醇蒸气。气氛中存在的反应性气体与炉内可能存在的水分或氧气反应组合，这些水分和氧气是由于空气泄漏、不充分的吹扫或存在于不通孔或装载部件的复杂结构中，这些位置在吹扫过程中不易被气氛清除掉。反应性气体也有助于减少炉内存在的气态氧化物和表面金属氧化物。这些气氛能最好地防止氧化和去除相对清洁的金属表面轻微氧化。它们不太适合去除大量氧化物，如在热加工或锻造零件上发现的。表6-17为保护性生成气氛和商用氮基气氛的组成。

表6-17 保护性生成气氛和商用氮基气氛的组成

应用	输入气氛	炉内气氛分析（体积分数,%）					
		N_2	H_2	CO	CH_4	微量杂质	
						H_2O	CO_2
碳钢板、管、线	净化放热式	80	12	8	—	0.01	0.5
	$N_2-5\%H_2$	95	5	—	—	0.001	—
碳钢棒	净化放热式	100	—	—	—	0.01	0.5
	吸热-放热式	75	15	8	2	0.01	0.5
	$N_2-1\%\ C_3H_8$	97	1	1	1	0.001	0.01
	$N_2-5\%H_2-3\%CH_4$	90	7	2	—	0.001	0.01
	$N_2-3\%CH_3OH$	91	6	3	—	0.001	0.01
铜线、棒	淡型放热式	86	—	—	—	3	11
	$N_2-1\%H_2$	99	1	—	—	0.001	—
铝板	淡型放热式	86	—	—	—	3	11
	N_2	100	—	—	—	0.001	
不锈钢板、线	氨分解	25	75	—	—	0.001	—
	H_2	—	100	—	—	0.0005	—
	$N_2-40\%H_2$	60	40	—	—	0.0005	—
不锈钢管	氨分解	25	75	—	—	0.001	—
	H_2	—	100	—	—	0.0005	—
	$N_2-25\%\ H_2$	75	25	—	—	0.005	—
可锻铁退火	净化放热式	98	—	2	—	0.01	0.5
	$N_2-1\%\ C_3H_8$	97	1	1	1	0.001	0.2
镍铁层压	氨分解	25	75	—	—	0.001	—
	$N_2-15\%\ H_2$	85	15	—	—	0.001	—

4）反应性气氛是含体积浓度大于5%反应气体的氮基气氛。通常，在反应性气氛中，氢气或一氧化碳被用作反应气体。由于氢气浓度大于4%的是爆炸性的，一氧化碳是有毒的，当使用反应性气氛时，为防止伤害或死亡，必须采取特殊的安全预防措施。在使用反应性气体之前，应咨询气体供应商安全操作所需的程序。

表6-18为钎焊和烧结用反应性气氛的组成，反应性气氛在钎焊和烧结时最常用。

5）碳势控制气氛，顾名思义，是以可控制的方式用来除去或添加到钢表面可观碳元素的气氛。

碳势控制气氛通常包括10%～50% H_2，5%～20%CO和微量（高达3%）的 CO_2 和水蒸气。可控碳气氛最常见的应用包括加工零件的渗碳和碳氮共渗、中性淬火、电工钢箔的脱碳退火、粉末金属烧结及热加工或锻造材料的碳回复。表6-19列出了典型的可控碳气氛的组成。

表 6-18 钎焊和烧结用反应性气氛的组成

应用	输入气氛	炉内气氛分析（体积分数,%）					
		N_2	H_2	CO	CH_4	微量杂质	
						H_2O	CO_2
钢材铜焊	浓型放热式	70	14	11	1	0.05	4
	吸热式	40	39	19	2	0.05	0.1
	$N_2-5\%H_2$	95	5	—	—	0.001	—
	$N_2-3\%CH_3OH$	91	6	3	—	0.001	0.01
不锈钢银焊	氨分解	25	75	—	—	0.001	—
	$N_2-25\%H_2$	75	25	—	—	0.001	—
金属化陶瓷	氨分解+水	25	75	—	—	3	—
	$N_2-10\%H_2-2\%H_2O$	90	10	—	—	2	—
玻璃金属密封	放热式	75	9	7	—	3	6
	$N_2-10\%H_2-2\%H_2O$	88	10	—	—	2	—
碳钢烧结	吸热式	40	39	19	2	0.05	0.1
	$N_2-5\%H_2$	95	5	—	—	0.001	—
	吸热式	40	39	19	2	0.05	0.2
	N_2-吸热式	87	8	4	1	0.01	0.05
	$N_2-8\%CH_3OH$	76	16	7	1	0.005	0.05
	$N_2-8\%H_2-2\%CH4$	90	8	1	1	0.005	0.01
黄铜、青铜烧结	氨分解	25	75	—	—	0.001	—
	吸热式	40	39	19	2	0.05	0.3
	$N_2-10\%H_2$	90	10	—	—	0.001	—
不锈钢烧结	氨分解	25	75	—	—	0.001	—
	H_2	—	100	—	—	0.001	—
烧结和钎焊	氨分解	25	75	—	—	0.001	—
烧结	H_2	—	100	—	—	0.001	—
烧结前处理	$N_2-20\%H_2$	80	20	—	—	0.001	—
镍烧结	氨分解	25	75	—	—	0.001	—
	$N_2-10\%H_2$	90	10	—	—	0.001	—

表 6-19 典型的可控碳气氛的组成

应用	输入气氛	炉内气氛分析（体积分数,%）					
		N_2	H_2	CO	CH_4	微量杂质	
						H_2O	CO_2
中性淬火	吸热式+CH_4	39	40	19	2	0.05	0.1
	$N_2-2\%CH_4$或$1\%C_3H_8$	97	1	1	1	0.001	0.01
	$N_2-5\%CH_3OH-1\%CH_4$	84	10	5	1	0.005	0.01
渗碳	吸热式+甲烷	37	40	18	5	0.05	0.1
	$N_2-20\%CH_3OH-CH_4$	37	40	18	5	0.05	0.1
	$N_2-17\%CH_4-4\%CO_2$	70	16	7	7	0.005	0.05
	$N_2-20\%CH_4-5\%H_2O$	55	28	10	7	0.01	0.05

（续）

应用	输入气氛	炉内气氛分析（体积分数,%）					
		N_2	H_2	CO	CH_4	微量杂质	
						H_2O	CO_2
碳氮共渗	吸热式 + CH_4 + NH_3	36	40	18	5	0.05	0.1
	N_2 - 20% CH_3OH - CH_4 + NH_3	36	40	18	5	0.05	0.1
	N_2 - 17% CH_4 - 4% CO_2 + NH_3	68	18	7	7	0.005	0.05
	N_2 - 20% CH_4 - 5% H_2O + NH_3	53	30	10	7	0.01	0.05
电工钢片脱碳	吸热式 + H_2O	75	9	7	—	3	6
	N_2 - 10% H_2 - 4% H_2O	83	10	1	—	3	3
	N_2 - 5% CH_3OH - 4% H_2O	79	10	2	—	3	6

3. 钎焊气氛

在选择感应钎焊气氛时，钎焊气氛必须与母材和钎料兼容，以获得满意的结果。气体供应商和产气设备推荐必须是专业从事这一特殊工作的。用于生产气氛的设备必须能在钎焊温度下提供无害、无污染的气氛。表 6-20 为 AWS 规范气氛的露点、化学成分，针对不同的应用，给出了具体的成分。

表 6-20 AWS 规范气氛的露点、化学成分

AWS 钎焊气氛	来源	进气最高露点	气氛组成（体积分数,%）				填充金属	基材金属	备注
			H_2	N_2	CO	CO_2			
1	可燃气（低氢）	室温	1~5	87	1~5	11~12	BAg、BCuP、RBCuZn	纯铜、黄铜	通常称为放热式气氛
2	可燃气（脱碳）	室温	14~15	70~71	9~10	5~6	BAg、BCu、BCuP、RBCuZn	纯铜、黄铜、镍和镍合金、低合金钢和中碳钢	脱碳，通常称为吸热式气氛
3	干燥可燃气	-40℉（-40℃）	15~16	73~75	10~11		同 AWS-2	同 AWS-2 加上中高碳钢、镍和镍合金	通常称为吸热式气氛
4	干燥可燃气	-40℉（-40℃）	38~40	41~45	17~19		同 AWS-2	同 AWS-2 加上中高碳钢	—
5	氨分解	-65℉（-54℃）	75	25	—	—	BAg、BCuP、RBCuZn、BCu、BNi	同 AWS-1、AWS-2、AWS-3、AWS-4 加上含铬合金	—
6A	冷却或净化 N_2 + H_2	-90℉（-68℃）	1~30	70~99	—	—	同 AWS-5	同 AWS-3	—
6B	冷却或净化 N_2 + H_2 + CO	-20℉（-29℃）	2~20	70~99	1~10	—	同 AWS-5	同 AWS-4	—
6C	冷却或净化 N_2	-90℉（-68℃）	—	100	—	—	同 AWS-5	同 AWS-3	—
7	脱氧干燥 H_2	-75℉（-59℃）	100	—	—	—	同 AWS-5	同 AWS-5 加上钴、铬、钨合金和碳化物	—

（续）

AWS 钎焊气氛	来源	进气最高露点	气氛组成（体积分数,%）				填充金属	基材金属	备　注
			H_2	N_2	CO	CO_2			
8	热挥发材料	无机蒸气（即锌、镉、锂和挥发性氟化物）	—	—	—	—	BAg	黄铜	特殊用途，可能与 AWS－5、AWS－1 结合使用，以防止助焊剂的使用。氟化物内的氟离子清除基材和裂缝内的钛和铝及它们的氧化物
9	净化惰性气体	惰性气体（如氦气、氩气等）	—	—	—	—	同 AWS －5（加上钛、锆和铪）	同 AWS－5 加上钛、锆和铪	特殊用途，装配必须非常清洁，气氛必须净化
9A	净化惰性气体 + H_2	惰性气体（如氦气、氩气等）	1～10	—	—	—	同 AWS－5		—
压力									
10A	真空	高于 2Torr（266Pa）	—	—	—	—	BCu、BAg	纯铜	—
10A	真空	0.5～2Torr（67～266Pa）	—	—	—	—	BCu、BAg	低碳钢、纯铜	—
10B	真空	0.001～0.5Torr（0.133～67Pa）	—	—	—	—	BCu、BAg	碳钢、低合金钢、纯铜	—
10C	真空	1×10^{-3}Torr（0.133Pa）或更低	—	—	—	—	BNi、BAu、BalSi、Ti 合金	不锈钢、耐热或抗腐蚀合金、铝、钛、锆石和其他难熔金属	—

注：钎焊气氛类型 AWS－6、AWS－7 和 AWS－9 包括减少压力到 2Torr。当含有挥发性成分的合金使用时，除气氛外还需要助焊剂。铜材应该完全脱氧和无氧。加热应尽量缓慢，以防止不良脱碳。如果含有大量的铝、钛、硅或铍，则必须在气氛中使用助焊剂。

4. 气氛的安全性

每当使用可控气氛时，都需要考虑与用来产生可控气氛的每一种气体成分有关的安全隐患。用于可控气氛的气体成分通常有 4 种相关的危害：火灾、爆炸、中毒、窒息。大多数可控气氛组分都是易燃的，除了惰性气体、氮气和二氧化碳。表 6-21 为气氛组成气体的潜在危害和作用，除二氧化碳外，所有与还原和碳控制气氛相关的组分气体都是易燃、易爆的。当使用可燃气体时，必须留心这些和空气混合的气体在限制区域积累浓度和爆炸危险。相对少量的气体会突然燃烧并失去控制。美国国家消防协会标准 86C 涵盖了使用这些气体组件时的各种安全考虑。

表 6-21　气氛组成气体的潜在危害和作用

气　体	潜在危害				气氛作用
	空气中爆炸极限（体积分数,%）	可燃性	毒性	窒息[①]	
氩	—	—	—	是	惰性
氦	—	—	—	是	惰性
氮	—	—	—	是	惰性

（续）

气　体	潜在危害				气氛作用
	空气中爆炸极限（体积分数,%）	可燃性	毒性	窒息①	
氢	4.0～74	是	—	是	强还原
一氧化碳	12.5～74	是	是	—	渗碳和弱还原
二氧化碳	—	—	是	是	氧化和脱碳
天然气	4～15	是	—	是	强渗碳和脱氧
甲烷	6.7～36	是	—	是	天然气的主要成分
氨	15.0～28	是	是	—	强氮化
甲醇	6.7～36	是	是	—	生成一氧化碳和氢

① 在特定空间内能够置换氧气导致窒息。

虽然一氧化碳、氨气和甲醇并未列为简单窒息物，但这些气体具有毒性，应在使用这些气体时小心防止人员中毒。

在使用可控气氛设备时，包含设备的建筑物的通风是主要的安全考虑因素，需要进行评估以确保建筑物中的氧气水平不会被稀释。

6.10.2 选择可控气氛室应考虑的因素

通常使用的可控气氛类型是由感应加热处理的应用范围和加工材料决定的。基本上，任何不允许氧气或湿气存在的热加工都需要一个可控气氛室，而且材料和应用对氧和湿气的敏感度越高，可控气氛室就越要密封。需要良好可控气氛室的应用实例有特殊合金的真空熔炼、不锈钢钎焊、钛钎焊和硅锗的热处理。

使用感应加热时，零件的尺寸和几何形状，有多少部分需要加热，工件加热时间－温度工艺曲线都会影响将会使用的可控气氛室的尺寸和类型选择。这与典型的加热炉加热应用非常不同。

使用加热炉时，通常是整个工件加热，所以工件需要能够完全放置在可控气氛室的内部。感应加热只需要加热工件的选择区域，这可以快速加热达到处理温度并迅速冷却到不再需要保护气氛的温度，应用感应加热时通常允许使用仅覆盖加热区域的气氛箱。使用这些较小的箱室可以降低成本、减少时间、提高处理速度。通常这些只覆盖工件部分的可控箱室是正压箱室。

综合整个零件制造过程相关的经济因素和环境因素可以得出在一个应用中采取什么类型的可控气氛室。

例如：

1）采用可控气氛室以防止氧化和剥落，可以消除用于去除氧化和剥落的热后工艺的成本和环境影响。

2）一些行业发现，仔细选择和使用金属加工润滑剂，在真空室加热部件时，可以去掉钎焊前的清洗过程。

3）已经发现，钎焊中使用惰性气体，还原性，真空气氛，可以减少或消除钎焊助焊剂的使用和提高钎焊合金的润湿；这反过来将减少或消除与助焊剂的使用和可能需要的任何焊后清理有关的环境排放。注意：助焊剂不应在真空环境中使用。

6.10.3 可控气氛室的类型

可控气氛室通常被分为气氛腔室或真空腔室，这取决于箱内气体或气体在箱内的压力。

1. 气氛箱

气氛箱是指在大气压力下或在大气压力以上含有可控化学气体的气体室，以防止正常大气气体进入室内。

用于感应加热气氛箱内的气体通常是惰性的（氩气或氦气）、还原的或干燥的氮气，与可控气氛炉一样。因为运行在微弱的正压情况下，气氛箱在适当的箱式设计下可以应用于半连续和连续工艺。

图6-289所示为一个用于半连续加热部件的可控气氛室设计的图例。图6-290所示为线材感应加热使用的可控气氛箱室，它要求在退火过程中控制气氛以防止线材氧化。

可控气氛室结合感应加热提供了一些独特的制造能力。由于只有在感应线圈所产生的电场和磁场中的零件部位被感应加热，所以气氛室可以只包含需要保护气氛的零件的受热区域。

图6-291所示为一个用于在不锈钢管件接头周围创建可控气氛的气氛箱，以便它们可以使用感应加热来进行无助焊剂的铜焊。由于在工艺气体充满箱室以前气氛箱通常是不密封的并且漏气，气氛箱需要在加热过程开始之前清洗吹扫。通常的做法是在热处理开始之前，对气氛箱进行至少5倍体积的气体吹扫更换。

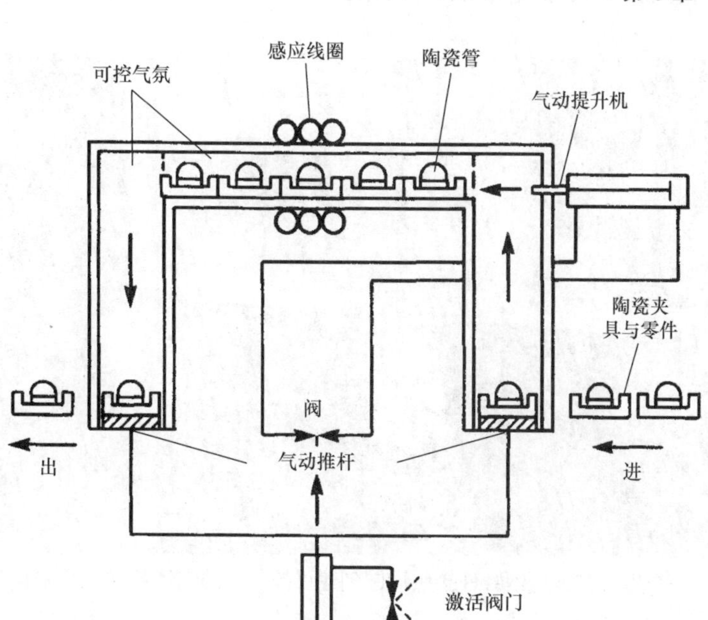

图 6-289 一个用于半连续加热部件的可控气氛室设计的图例

图 6-290 线材感应加热使用的可控气氛箱室（图片来自兰迪公司）

（1）箱室构造材料 当使用加热炉时，用于建造可控气氛室或隧道的常用材料是低碳钢、不锈钢或耐热合金，因为这些箱室的墙壁必须接触热气体，并且通常在较长时间内暴露在高温下。除了连续处理线外，当为了使用感应加热而建造气氛箱时，它们通常不需要长时间地接触高温气体，因此，选择箱室建筑材料可以超出典型加热炉建筑中使用的范围。一般来说，因为所有的材料靠近感应线圈，它需要非磁性和不导电的，如无孔的陶瓷、玻璃或耐高温聚合物。如果金属需要在感应线圈或线圈引线的范围内使用，金属应该是非磁性的，并且具有最低的电阻率；例如，常用的金属是经过退火的奥氏体型不锈钢、铜或铝。一般来说，用于建筑箱室和箱室内部的任何材料应该是无孔的，具有较低的漏气率、抛光的表面光洁度和低磁透率。

图 6-291 一个用于在不锈钢管件接头周围创建可控气氛的气氛箱（图片来自兰迪公司）

（2）气氛室的优点和缺点 使用气氛室的优点如下：

1）相对于真空室，较低的资金成本。

2）相对于真空室，较低的维护费用，因为不需要真空泵和维护密封。

3）能够控制或消除氧化。

4）减少、消除锡焊或钎焊中的助焊剂。

5）能够用于连续工艺。

气氛室的缺点如下：

1）不可能迅速改变气氛组成以获得最佳反应。

2）复杂形状零件的净化可能会产生问题。

2. 真空室

真空室，顾名思义，是一些气体或几乎所有气体都被抽空的箱室，而且箱室内的气体压力小于正常的大气压力。

真空室可以根据腔室内达到的真空度级别进行进一步分类。真空行业公认以下的压力分类：

1）低真空：大于 1Torr（1Torr≈133.332Pa）。

2）粗真空：10^{-3} ~ 1Torr。

3）高真空：10^{-8} ~ 10^{-4}Torr。

4）超高真空：10^{-12} ~ 10^{-9}Torr。

真空室中可以达到的真空度取决于真空室是如何密封的，以及真空室用来排空的真空泵类型。

配备机械泵的真空室可以实现真空级别低至 10^{-3}Torr。为取得真空水平低于 10^{-3}Torr，真空室需要配备 2 台真空泵，一台泵实现粗真空，第二台泵达到高真空。

大多数的真空室都设置有箱室回充能力，使用还原气体（氢）、氮气或惰性气体（氩气或氦气）来帮助控制或防止高蒸气压力在较高的温度下金属的升华。同时，真空室气体回充被用来帮助加快完成热处理的工件冷却。表 6-22 列出了回充气体的典型分析结果。

表 6-22 回充气体的典型分析结果

气体	纯度（%）	不纯组分（10^{-4}%）											相对冷却速度①
		O_2	N_2	CO_2	CO	H_2	烃类	含碳气体	露点/℃	露点/℉	热导率/[W/(m·K)]	热导率/[Btu·in/(ft²·h·℉)]	
氩	99.9995	2	2	1	—	—	1	—	-79	-110	5.77	32.3	0.74
氮	99.9993	3	—	—	—	—	—	1	-79	-110	8.65	48.4	1.0
氦	99.998	1	10	—	1	1	1	—	-62	-80	49.0	274	1.03
氢	99.9	10	1500	1	—	—	25	—	-59	-75	60.6	339	1.4

① 相对于氮气为 1。

用于回填真空室的大多数气体可以通过压缩气体或储存在低温容器中的冷凝液体获得。如果使用大量的氩气和氮气，购买这些液态气体便宜得多，并且确保具有干燥气体的优点。

如果氢气用作回充气体，则需要采取特殊预防措施防止爆炸。浓度大于 4% 的氢被认为是爆炸性的。氢气和氢气生产设备的供应商应参考安全使用氢气需要遵循的惯例和规定。

当使用感应加热的真空室时，设计该系统的一个重要考虑是感应线圈是位于真空室内或真空室之外。一般来说，真空系统设计用于需要大型真空室的应用场合，例如具有能够容纳较高产量的多个部件（图 6-292）的感应真空炉、感应真空熔化炉（图 6-293）或感应凝壳熔炼炉真空室内有感应线圈。图 6-292 所示为加热石墨基座的底装料感应炉，图 6-293 所示为小型真空感应熔炼炉。需要特别考虑线圈电压及室内的所有功率元件如何绝缘，其原因在于，随着气体压力和密度的降低，气体的介电效应也会降低。一般来说，所有总线引线组件和线圈都需要良好的绝缘，并且线圈电压需要限制在最大 550V 以防止电弧或产生电晕。图 6-294 所示为一个石英管真空系统，室内有感应线圈。对于允许使用小型非金属非导电真空室和螺线线圈的感应加热应用来说，将感应线圈置于真空室外部是用于避免与将线圈置于真空室中相关的潜在挑战的方法。图 6-295 所示为感应线圈位于腔室外部的真空室结构。玻璃和石英是真空室中最常用的两种材料，这时感应线圈位于箱室的外部。

（1）真空室的优点和缺点　使用真空室的最大优点是可重复性好和可以控制室内的气氛，特别是在处理高活性金属（如钛）时。在真空度为 10^{-4} ~ 10^{-3}Torr 的防漏真空室中，等效露点范围为 −90 ~ −80℃（−130 ~ −110℉），这相当于从高效率的气体脱水设备获得最干燥的惰性气体的状况。此外，真空可以抽出存在于正常大气中的各种气体，这些气体在加热过程中可能与工件表面发生反应。真空抽气的附加优势包括，去除表面的污染物和去除/减少氧化物，这些氧化物在高温和低真空水平下只能被还原。

图 6-292　加热石墨基座的底装料感应炉（图片来自康萨科公司）

图 6-293 小型真空感应熔炼炉（图片来自应达集团公司 PVT 分公司）

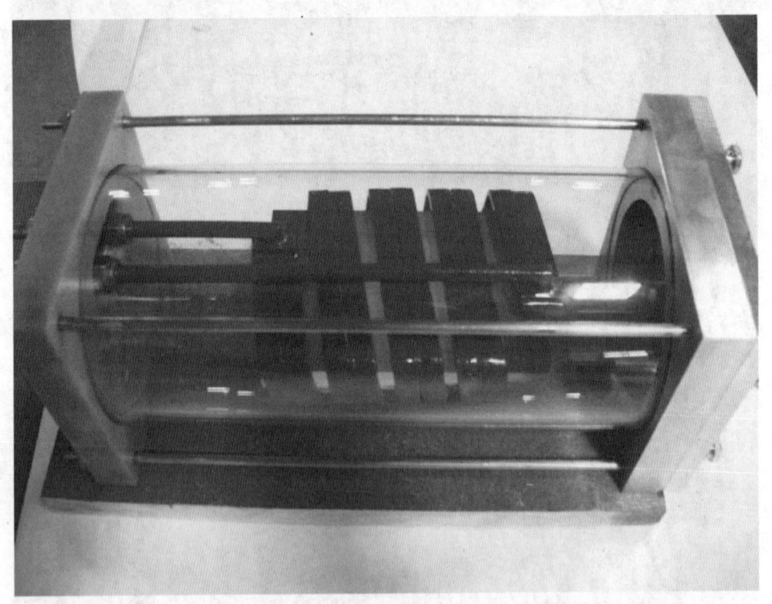

图 6-294 一个石英管真空系统（图片来自兰迪公司）

真空室的缺点是与真空系统有关的初始资金成本和维护费用高。另外，由于包含部件的真空室必须密封，所以它们是一个周期性过程，这就限制了生产量。为了提高真空系统的生产量，已经建立了多室真空系统。然而，随着附加的真空室数量的增加，附加的资本成本增加。作为真空系统如何工作的一个例子，采用并线三室系统时，两个外室通过中心工作室的气锁进行装载和卸载。

（2）维护 使用真空室的感应加热系统需要定期维护，以保持它们的持续运转。应参考真空室制造商推荐的维修计划。这些计划的典型维修项目如下：

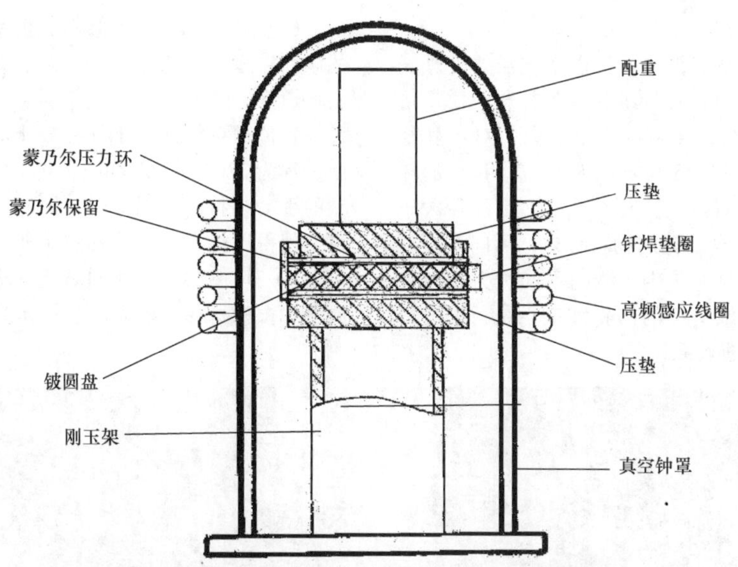

图6-295 感应线圈位于腔室外部的真空室结构

1）周期性的泄露检查，以保证箱室免于泄露。这些试验通常是定期泄漏试验和氦泄漏试验。

2）预抽真空泵维护：换油，泵的年度复原。

3）更换扩散泵油。

参考文献

1. Praxair Technology, Inc., industrial gas supply company, www.praxair.com (accessed June 25, 2013)
2. ASM Committee on Vacuum Heat Treating, *Heat Treating*, Vol 4, *ASM Handbook*, ASM International, 1991, p 492–509, 542–567
3. *Brazing Handbook*, 5th ed., American Welding Society, 2007, p 111, 257, 271
4. Controlled Brazing Atmospheres, *Brazing, ASM Handbook* Supplements, *ASM Handbook* Online, 2012
5. S. Zinn and S.L. Semiatin, *Elements of Induction Heating: Design, Control, and Applications*, ASM International, 1988, p 258
6. Anon., *Lepel Review*, Vol 1 (No. 10), p 1
7. M.M. Schwartz, *Brazing*, ASM International, 1987, p 30

6.11 感应加热系统的物料传送设备

Sean Buechner, Alpha 1 Induction Service Center

Brian P. Lockitski, Inductoheat, Inc.

坯料加热处理仅是感应加热系统的一个部分。坯料和棒材的物料传送系统是加热系统的第二个组成部分，在大多数情况下，由于可供应用的物料传送系统种类繁多，它也成为加热系统的主要部分。物料传送系统主要分为三种：进料传送系统、感应加热进料系统、热坯料传送系统。

一台感应加热设备既可以装配每一类物料传送设备，也可以完全不用。物料传送的自动化程度因不同工厂而异，主要取决于几个主要因素，如占地面积、资金、人员成本和物料传送系统的成本。

6.11.1 棒材和坯料送料传送系统

任何感应加热设备的第一个环节是搬运即将被加热的原材料。这些系统既可以是需要指定操作人员的手动系统，也可以是几乎不依赖人工的全自动系统。使用何种类别的物料传送系统也取决于需要进行感应热处理的物料是长棒材或被截断过的坯料。

当选择使用何种类型的物料传送系统时，需要考虑的其他关键因素包括：被加热材料的类型、坯料的表面状态、是否接受物料的裂纹、弯曲、划痕等。类似于铝材，由于非常软，如果不能适当地在加热前进行物料处理，将导致锻造成品带有明显的不可接受的可见痕迹。其他的材料，比如钛在热处理前需要进行玻璃涂层，碳素钢在加热前需要进行石墨涂层，这些材料都需要得到适当的处置，来保证设备不会刮伤涂层而在锻造环节产生问题。在大多数情况下，客户需要对没有涂层的碳素钢进行热处理，当材料处在自动物料传送系统时，如果发生了材料的裂纹和弯曲，并不会在锻造过程产生不合格品。为了避免坯料的裂纹和弯曲，客户可能会选择手动控制物料传送系统。然而，理解这些关键因素非常重要，这样才能在这个环节选择更适合的物料传送系统。

1. 棒材送料系统

对于棒材加热系统，物料传送系统需要处理长度为6～12m（20～40ft）的绑扎后的棒材，质量每捆可达2700～5400kg（6000～10000lb）。对于外径较小的棒材，如1.27～5.08cm（0.5～2.0in）的棒材，更推荐使用手动系统。典型系统加工外径大于5.08cm可以使用全自动化的物料传送，可同时处理多捆物料。针对棒材加热生产线的不同种类物料传送系统包括：带擒纵机构的倾斜坡道系统、带坡道和擒纵机构的吊带进料系统。

（1）带擒纵机构的倾斜坡道系统　带擒纵机构的倾斜坡道系统需要将绑扎好的棒材手动放置到倾斜坡道上，并将棒材在送料器上完全平铺一层。这种物料传送系统适用于外径较小的棒材且绑扎后的质量约为2700kg（6000lb）。图6-296所示为一种典型的手动装料的倾斜坡道，同时还包括一个置顶棒材架使得送料器可以将棒材按照要求放置在倾斜坡道上。一旦棒材到达倾斜坡道的末端，可实现每次放置一根棒材在送料滚轴上来给加热设备送料。

图6-296　一种典型的手动装料的倾斜坡道

（2）带坡道和擒纵机构的吊带进料系统　吊带进料系统是一种更自动化的送料系统，它每次自动放置一根棒材在倾斜坡道上。图6-297所示为一种典型的带坡道和擒纵机构的吊带进料系统。设备最初在吊带进料系统中填装多捆绑扎好的棒材。一旦完成装填，吊带变紧提升绑扎好的棒材直到棒材每次一根地放置到倾斜坡道上。棒材被持续放置到倾斜坡道上并由限位开关通过对控制吊带的收紧程度进行控制。一旦完成所有棒材的装载，吊带会自动松开以便添加新的绑扎好的棒材，来保证将棒材可以被不断地放置到倾斜坡道上，避免感应加热设备的中断运行。

图6-297　一种典型的带坡道和擒纵机构的吊带进料系统

2. 坯料送料系统

在加热前传送物料的另一种方法是将长棒材切割成较短的坯料。在采用这种方法时，通常将切割好的坯料放置在箱子里。针对坯料的物料传送系统同棒材传送系统相比区别很大，根据不同工厂的具体要求、加热程序、资金情况和占地面积等，坯料的传送也同样可以分为手动和自动两种。不同的坯料送料系统包括：翻转箱送料器、升降机送料器、旋转送料器、振动碗式送料器、弹夹式送料器、棒材送料器。

（1）翻转箱送料器　在所有的锻造车间中，都将预切割好的坯料放置在箱子中准备进行感应加热。锻造程序的第一个环节就是将坯料适当地放入送料器来不断地给感应加热机送料。对于翻转箱送料器来说，最好的方式就是将箱内的坯料按顺序自动倾倒进坯料送料器中。图 6-298 所示为一种典型的翻转箱送料器，可以传送宽 107cm（42in），长 107cm（42in），高 102cm（40in），质量达 2700kg（6000lb）的坯料箱。翻转箱送料器由高强度钢材焊接安装到一个管状框架结构上来保证其强度可以传送较重的坯料箱。

一台翻转箱送料器由叉车来进行填料，将装满坯料的料箱放置到送料斗中。一旦完成装载，翻转箱送料器通过液压动力系统驱动双液压缸来使料斗旋转来将坯料倾倒到送料器中。翻转箱送料器可以通过限位开关来控制多个倾倒角度来保证将坯料逐步地倾倒到送料器中，避免一次倾倒过多。

虽然翻转箱送料器可以控制倾倒的坯料的数量，但它却不能控制正在被倾倒的坯料的状态。因此，倾倒的过程中可能导致坯料表面出现裂痕、弯曲和刮伤，导致后续锻造环节的瑕疵。

图 6-298　一种典型的翻转箱送料器

（2）升降机送料器　另一种坯料送料器是如图 6-299 所示的升降机送料器。一台升降机送料器可以连续不断地把圆柱体坯料通过链式输送带首尾相连地送入感应加热设备。流程开始的时候，将坯料通过翻转箱送料器或客户设计的活底箱倾倒入料斗内。坯料倒入料斗后，送料器通过内部几个振动档位来使坯料上升至若干固定档位直到到达送料器的顶部。在最终的振动阶段，将坯料送入倾斜轨道上的变速链式传送机来将坯料输送至感应加热系统。

通过液压动力来操作振动档位直至档位运动平稳并具备足够动力将坯料升高调整为若干层。典型的升降机送料器可以处理的坯料外径范围为 5.08 ~ 10.16cm（2 ~ 4in）。为了使送料器的操作更加适当和高效，坯料的长度与外径比必须大于 1.3。不符合这个要求的坯料可能无法适当地完成送料过程并导致坯料在链式传送机上卡死。

图 6-299 升降机送料器

（3）旋转送料器 为了将坯料连续不断地送入感应加热设备，旋转送料器是另一种可替代的选择。可通过翻转箱或客户设计的活底箱来完成坯料装填。完成装料后，旋转送料器通过一项正在申请专利的分离器在料斗中做垂直旋转直至将坯料送至送料器的顶部后放置在变速链式输送器上。

图 6-300 所示的旋转送料器设计能处理外径为 2.54～12.70cm（1～5in），最大长度为 61cm（24in）的坯料。这种特殊设计的送料器不需要根据不同坯料的外径和长度范围调整分离器。旋转送料器配备高效电动机驱动分离器的旋转并通过可变速电动机来驱动给料输送器。

图 6-300 旋转送料器

（4）振动碗式送料器 图 6-301 所示为振动碗式送料器，最常见的坯料送料器是如图 6-301a 所示的振动碗给料机。通常使用翻转箱来完成振动碗式送料器的填料。振动碗式送料器设计在碗体内配备螺旋式轨道和安装在碗体中心处的一套抗衡电动机来完成送料过程。随着抗衡电动机的旋转，它使碗式送料器开始振动，并使坯料走进碗体内的螺旋轨道，见图 6-301b。在螺旋轨道的顶端，碗式送料器配备输出槽将坯料输送至倾斜轨道。倾斜轨道最终将坯料首尾相连地输送至感应热处理设备，见图 6-301c。

当应用振动碗式送料器时，需要考虑坯料的表面状态。在碗式送料器内部时，坯料持续振动并沿着碗体内部运动，这可能导致坯料表面出现缺陷。当对碳钢坯料进行锻造时，这些缺陷也许可以被忽略且不会在锻造环节产生问题。但是，对于有涂层的坯料，不推荐使用碗式送料器。

不同尺寸的振动碗式送料器可以处理尺寸范围较大的坯料。表 6-23 是不同碗式送料器尺寸对应的最大坯料外径和最大坯料长度。

a)

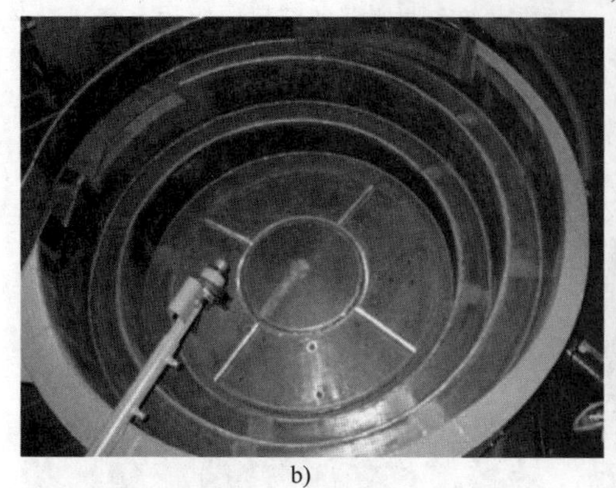

b)

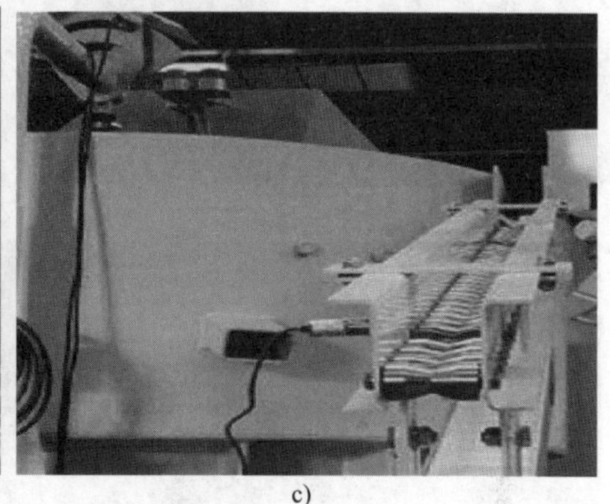

c)

图 6-301　振动碗式送料器

a）振动碗给料机　b）振动碗喂料辊轨道　c）斜辊轨道

表 6-23　不同碗式送料器尺寸对应的最大坯料外径和最大坯料长度

碗式送料器直径/cm（in）	最大坯料外径/cm（in）	最大坯料长度/cm（in）
152.40（60.00）	10.16（4.00）	34.93（13.75）
182.88（72.00）	12.07（4.75）	37.47（14.75）
220.98（87.00）	13.97（5.50）	59.69（23.50）
254.00（100.00）	20.32（8.00）	90.17（35.50）

（5）弹夹式送料器　弹夹式送料器就是通过一块小角度倾斜的平板来使坯料滚到唯一的送料位置上。一台典型的弹夹式送料器通常手动将一层坯料一个接一个地完成送料。弹夹式送料器的生产能力或者说倾斜平板的长度取决于坯料外径、可用占地面积和坯料处理周期。可调节的平板保证坯料被放置在常用的基准点上，避免坯料移动。在弹夹式送料器的底部是一套坯料擒纵机构将坯料一个接一个地放置在常用装料位置上。由于坯料是手动一个一个完成填料，因此弹夹式送料器是有效避免坯料裂痕、弯曲的可选送料系统。弹夹式送料器的缺点是，相较于其他类型的自动送料器，弹夹式送料器需要更多的人工操作。图 6-302 所示为弹夹式送料器。

（6）棒材送料器　棒材送料器就是在之前描述的弹夹式送料器前加装一个料斗来使弹夹式送料器实现自动化。料斗设计能承载堆放多层大量坯料。在料斗的底部是一台分离装置将坯料一个接一个地送至弹夹式送料器。一台典型的棒材送料器的一次装料数量根据坯料外径的不同可达 50 ~ 200 根。通常由操作人员手动完成料斗的装料，但是工作人员可以一次性完成大量的装料工作来尽可能地减少人力成本。

图 6-302 弹夹式送料器

6.11.2 感应加热送料系统

对于每一套系统来说，第一步都是将原材料送至感应热处理设备，每一套设备都有自己不同的运行机制来将坯料输送通过感应热处理线圈。感应热处理设备也因它们使用的物料处理系统不同而分为不同种类。主要的坯料送料系统包括：双夹送辊传送装置、牵引机驱动装置、坯料推杆装置、步进梁装置、连续输送机装置。

1. 双夹送辊传送装置

应用最广泛的热处理坯料输送系统是双夹送辊传送装置。双夹送辊传送装置如图 6-303 所示。送料传送器装配了可调的侧导板来适应各种不同的坯料外径。双夹送辊传送装置设计为可以从振动碗式送料器、旋转送料器和升降机送料器中首尾相连地接收坯料。

双夹送辊传送装置一套装备了齿轮箱、气动置顶主动轮和调速器的双反向驱动系统。双夹送辊传送装置设计通过夹两个主动轮之间的坯料来使坯料按照设定速度通过感应热处理线圈。该装置配备了空轮转动装置来监控坯料的连续运行并在坯料运行停止或卡死时报错。

图 6-303 双夹送辊传送装置

为了保证坯料连续不断地送料至双颊滚传送装置，设计送料传送器速度大于设备送料效率来保证进料首尾相连且坯料间不存在任何间隙。当选择这种送料系统时，需要注意的是由于送料传送器和坯料表面会发生摩擦，可能导致坯料表面出现划痕。

双夹送辊传送装置的好处是它会持续不断地使坯料通过感应加热线圈，不会使坯料在线圈中停留。这保证了坯料热处理的一致性。此外，通过不同的驱动频率，双夹送辊传送装置的进料效率可以在大范围内根据客户需要进行调节。

2. 牵引机驱动装置

牵引机驱动装置是另一种设计为可以从振动碗式送料器、升降机送料器或旋转送料器中联系不断的接收坯料的送料系统。牵引机驱动装置使用反向驱动链，类似于坦克履带，来夹坯料并使它们通过感应热处理线圈。反向驱动链通过使用夹头提供更长的坯料接触表面来避免坯料之间的间隙。夹头是将一种非常便宜的、小直径双头螺栓焊接在较贵的坯料中间来保证坯料在锻造环节可以被有效地固定住。

图 6-304 所示为一种重型牵引机驱动装置。该装置同样包括配备可调侧导板的进料输送器，气缸升降的链式轨道和调速驱动控制来进行速度调节。为了保证坯料不会过热，牵引机驱动装置同样装备了空轮转动装置来确保坯料正在连续不断地通过感应热处理线圈。

类似于双夹送辊传送装置，牵引机驱动装置也配备了速度大于牵引机驱动装置进料速度的链式进料传送器。当选择该设备的时候需要注意的是，进料传送器同坯料表面会产生摩擦，可能会导致坯料出现划痕。

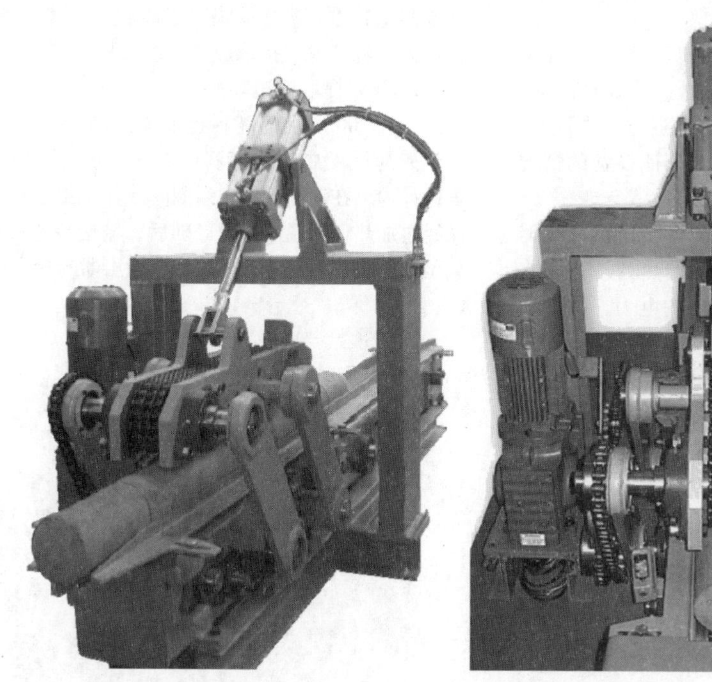

图 6-304　一种重型牵引机驱动装置

3. 坯料推杆装置

另一种可选的坯料送料系统是坯料推杆装置，见图 6-305。一台推杆装置使用柱状物将坯料推过感应热处理线圈。该装置通常应用于无法应用双夹送辊传送装置或牵引驱动装置的外观不规则的坯料和圆角方料。推杆装置根据坯料尺寸和感应线圈长度可以液压传动也可以气动。

不像双夹送辊传送装置或牵引机驱动装置那种连续驱动机制，推杆装置的缺点是一次推送一件坯料后后退接收另一件坯料并将前一件坯料放置在感应热处理线圈内。当坯料被放置在感应热处理线圈中时，坯料的个别部分可能会由于两个感应线圈中的间隔区域未被加热。这种未被加热的区域被称作环带，并可能导致锻造环节的更大的问题。

图 6-305　坯料推杆装置

4. 步进梁装置

步进梁装置使坯料在加热至指定温度时走过感应热处理线圈。使坯料走过热处理线圈的方式是通过将升高坯料、推动坯料前进并将坯料放置回感应线圈滑轨上。这一过程会一直重复直到坯料全部通过感应热处理线圈。步进梁装置设计应用一个安装在电动马达上的同心凸轮提升横梁来将坯料升高约 2.54cm（1in），并使坯料向前移动 2.54cm。为了保证坯料正常运动，感应热处理线圈和耐火层需要更大一些。

步进梁装置的优点是，由于整套系统不依靠另外一件坯料推动前一件坯料移动通过热处理线圈，因此它可以确保感应热处理系统每次通过一件坯料。该系统同时可以保证在不需要添加其他设备的情况下即可以自动使感应热处理线圈部分被清空。

步进梁装置的缺点是，由于配套步进梁系统需要更大的开放线圈空间，整套系统的热处理效率将会降低。这导致加热坯料需要更多的电力，导致成本提高。

5. 连续输送机装置

连续输送机装置系统应用于对棒材一端进行加热，典型应用为平锻。输送机装置配备 V 形部件来将棒材固定在指定的中心线和悬臂上，并将棒材通过输送机的末端。在棒材装载到输送机系统后，输送机将坯料传送通过感应热处理线圈。输送机的速度或转动周期可根据热处理周期、坯料外径和最终温度进行调节。

输送机系统的装载可以靠操作人员手动完成，或配套如弹夹式送料器或料斗装载系统来将坯料自动的每次一个地放置在输送机的 V 形部件上。完成棒材装载后，可以通过可调倒板来使棒材两端自动固定在输送机的同一位置上。

6.11.3 热坯料传送系统

随着坯料被送入感应加热系统并通过感应线圈，坯料被加热到指定温度。当离开感应线圈时，坯料状态已经准备好进入锻压机、锻压锤、墩锻机或撞击器。感应加热系统和锻造单元的中间过程对于保证坯料维持指定温度、减少结垢并及时输送至后续过程有重要意义。

用于传送热坯料的坯料处理设备必须具备在保证周期要求的情况下一次向锻造单元提供一件坯料的能力。如果坯料在离开感应线圈之前粘连或焊接到一起，这种要求将变得非常困难。坯料的粘连或焊接可能由于坯料切割环节坯料边缘毛边的融化或由于坯料表面下一层的加热温度过高导致的次表面过热。上述情况可能导致的潜在结果是，多件坯料被一次提取加热出感应线圈，这是导致锻造环节出现问题的主要原因。为了解决上述问题，大多数的热坯料传输系统会配备一台坯料分离器来将离开加热线圈时焊在一起的坯料分离开来，以保证向后续环节每次输送一件经过加热的坯料。热坯料传送设备同时必须能够结合各种不同的配置和工艺。因为这一原因，需要花费大量的时间同客户来完善设备布局和锻造设备的连接。用于将加热过的坯料输送至锻造设备的热坯料系统包括：坯料提取输送装置、高温测量接受/拒绝系统、分离辊装置、出料槽装置、夹送辊装置、提取放置系统、机器人装置。

1. 坯料提取输送装置

图 6-306 所示的坯料提取输送装置是一种典型的从感应线圈中提取坯料的方式。坯料提取输送装置设计为可在坯料输送出线圈时快速地提取坯料来保证经过加热坯料温度一致。随后，输送装置将坯料装载至锻压机、锻压锤、墩锻机或撞击器的指定位置。

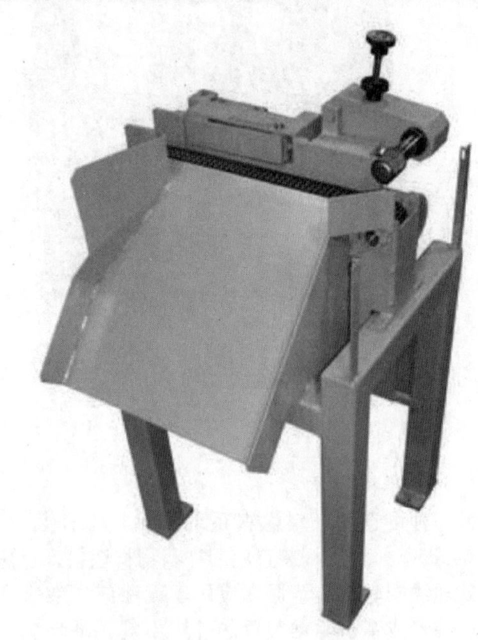

图 6-306 坯料提取输送装置

为了防止一次从感应线圈中提取多于 1 件的热坯料，一些坯料提取输送装置配置了一个压紧辊。压紧辊通过在输送器和上轧辊之间夹坯料来分离热坯料的连接来完成坯料从加热线圈里提取过程。坯料提取输送装置的可配套附件包括高温测量接受/拒绝系统、出料槽装置和机器人装置。

2. 高温测量接受/拒绝系统

对于锻造程序来说，温度测量系统非常关键。一台如图 6-307 所示的红外高温计，通过测量坯料离开感应加热线圈后的温度来判断坯料的加热是否适当。一旦完成了坯料离开加热线圈的温度测量，系统会将信号发给 PLC（可编程逻辑控制器）或温度指示系统来将温度显示给操作人员。此外，坯料温度也可用于激活系统将未被适当加热的坯料放置到废品箱等待重新进行加热或直接废弃。

高温测量接受/拒绝系统可以用于所有类型的提

取系统来帮助客户实现正确加热的坯料和加热不当坯料的分离。此外，高温传感系统可以根据一系列坯料的平均温度实现对于感应加热电源的控制。

图 6-307　红外高温计

3. 分离辊装置

分离辊装置是通过一套装置在感应线圈出口处的轧辊，来支撑离开感应加热线圈的坯料，并帮助迅速将坯料拉出加热线圈来避免坯料顶端冷却。图 6-308 所示为一种安装在感应加热线圈末端框架上的分离辊装置。分离辊装置由卷链电动马达分别驱动，可以实现同时操作。此外，在最初分离辊的顶部会放置一台顶辊使得坯料同时在顶部和底部夹住。顶部和底部的同时夹住使加热坯料可以以恒定的速率从线圈中被提取。坯料加热线圈完成提取后，将会被传送至另外几种热坯料输送装置，如出料槽装置、机器人装置或提取方式系统。分离辊会在底辊上放置几排粗大的焊接珠，通过振动方式分离连接在一起的坯料来保证每次只从热处理线圈中提取一件坯料。

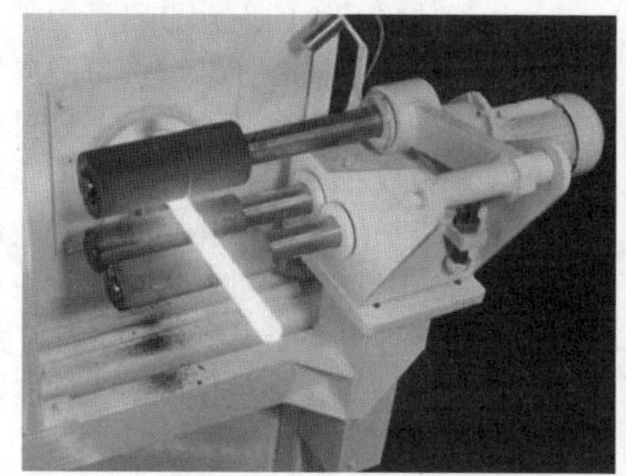

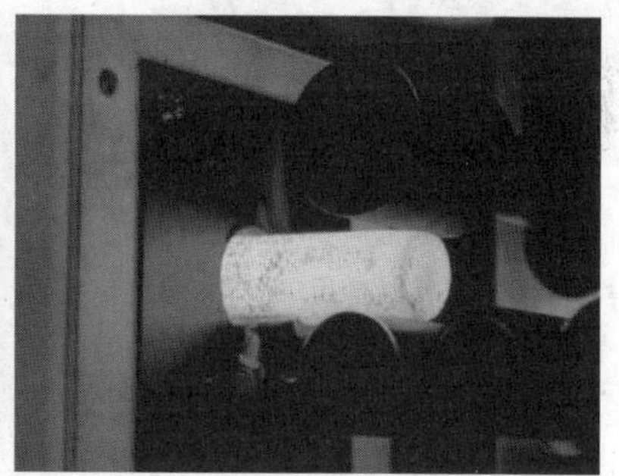

图 6-308　分离辊装置

4. 出料槽装置

出料槽装置是一种简单的热坯料传送系统，它从感应线圈处接收加热坯料并将它们输送至锻造设备。图 6-309 所示为一种典型的出料槽装置。出料槽装置的优点是非常容易实施，它可以在狭小的空间内完成热坯料的输送，并且适用坯料的尺寸范围较大。出料槽装置的缺点是出料槽会被持续地损耗并需要经常更换；为了保证热坯料沿着出料槽下滑，出料槽放置需要一个较大的角度；在处理较长坯料的情况下，有可能会对感应线圈内部造成损伤。需要额外注意尺寸较长的坯料输送过程中，有潜在的可能会损坏线圈的风险。如果发生坯料之间有焊接问题，需要安装顶辊和带有焊接珠的底辊来振动坯料，使得坯料分离来保证每次只有一件坯料被提取。

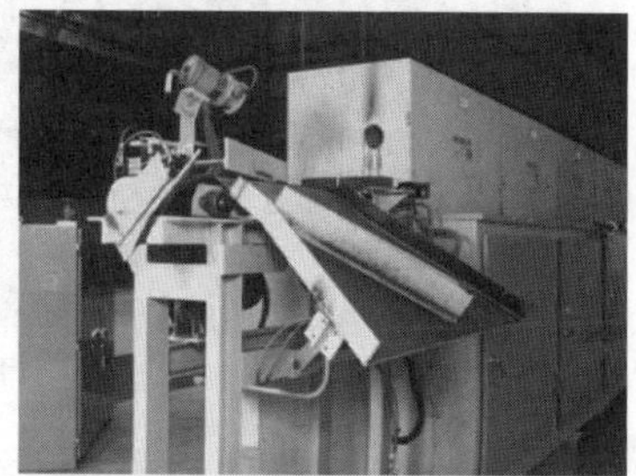

图 6-309　一种典型的出料槽装置

5. 夹送辊装置

在需要对大直径长坯料进行感应加热时，保证整根坯料在离开线圈时坯料所有位置的温度一致非常重要。为了满足这一要求，需要在感应加热设备上加装如图 6-310 所示的夹送辊装置。这种夹送辊装置通过挤压两个轧辊间加热过的坯料来将坯料拉出感应热处理线圈。下层的底辊上放置了几排珠子以打破坯料焊接在一起的可能性。然后将加热过的坯料放置在输送机或出料槽上运送至锻造设备。

图 6-310 夹送辊装置

为了保证夹送辊装置可以免受坯料高温的影响，系统在坯料、夹辊接触点和周围位置装备了水冷和防热罩设备。无论在夹送辊装置的设计中考虑了多少细节问题，由于夹送辊装置需要在持续的热辐射环境中工作，仍然需要对夹送辊的各部件进行额外的检验和维护。

6. 提取放置系统

为了实现将加热过的坯料自动地放置到锻造设备中，需要一台可以从感应加热设备中提取坯料并将它们放置到锻造设备的系统。对于这项工作来说，一套提取放置系统是完美适用于热坯料处理过程。总体来说，加热坯料被放置到指定位置并由一套抓取机构运送至锻造设备。热坯料可以被传递给锻造设备起始位置的操作人员或直接放置在锻造设备的起始点。图 6-311所示为提取放置系统，是一种气缸驱动的装备有延伸抓取机构的提取放置典型系统。该装置被安装在一台可以180°旋转的旋转底座上来将坯料放置在冲压模具上，通过操作旋转机构前后移动，提取放置设备使用抓取机构可以在两个方向上力求满足生产需求。

提取放置系统的设计思路是为了满足占地面积狭小、感应加热设备和锻造设备距离较近的情况需要。该设备可以进行高速运转并且可以通过加装简单机械来完成提取和放置任务。该系统运行更高效的关键是，加热过的坯料必须每次被放置在相同的提取位置来保证系统可以将其放置在锻造设备的适当位置。当客户需要操作不同外径和长度的坯料时，将会非常困难。在这种情况下，将需要一种更有优势的坯料处理系统，如机器人装置。

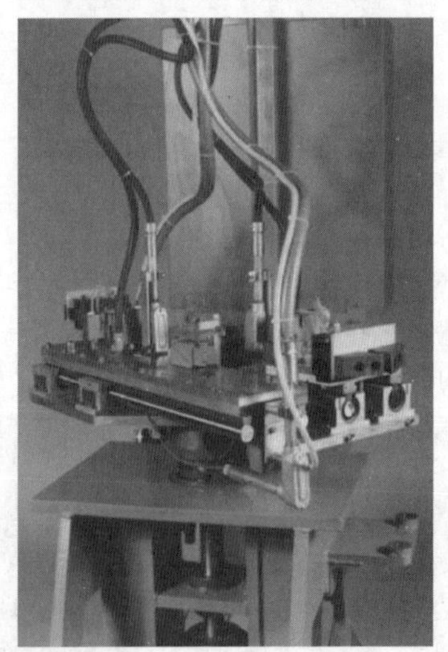

图 6-311 提取放置系统

7. 机器人装置

机器人装置对于任何钢厂来说都是是一种非常先进的热坯料处理系统。机器人装置几乎可以同任何锻造设备进行集成，唯一的限制只有机器人装置本身。对于热坯料的运转，一台机器人装置是实现锻造设备自动化的非常好的选择。机器人装置可以进行六轴旋转移动，使它可以在各个位置进行灵活操作。

一台机器人装置将在感应加热设备的出料槽处接收加热坯料，然后把坯料放置在锻造模具位置。机器人装置和感应加热设备之间必须进行即时通信，才可以使机器人装置确认何时加热后的坯料会出现在提取位置。同时，为了使整套系统运行的更加高效，必须将加热过的坯料放置在固定的提取位置上。机器人系统的优点是可以通过编程来使不同尺寸坯料的抓取变得非常简单。

选择参考文献

- *Alpha 1 Rotary Billet/Bar Feeders*, Alpha 1 Induction Heating Services, 2007
- *Billet Extractor Assembly*, Alpha 1 Induction Heating Services, 2006
- *Billet Infeed Systems*, Alpha 1 Induction Heating Services, 2006
- *Billet Step Feeder*, Alpha 1 Induction Heating Services, 2005
- *Bin Tippers*, Alpha 1 Induction Heating Services, 2006
- T. Byrer, *Forging Handbook*, Forging Industry Association, 1985, p 300
- J. Davis and P. Simpson, *Induction Heating Handbook*, McGraw-Hill, U.K., p 426
- *Induction Heating for Forging Reference Guide*, Forging Industry Associations, 2010, p 93
- *InductoForge Modular Induction Billet Heaters*, Inductoheat Inc., 2011
- *Solutions Dedicated to the World of Induction Heating*, Inductoheat Inc., 2011
- V. Rudnev, D. Loveless, R. Cook, and M. Black, *Handbook of Induction Heating*, Marcel Dekker, 2003, p 800
- S. Zinn and S.L. Semiatin, *Elements of Induction Heating: Design, Control, and Applications*, ASM International, 1988, p 335

6.12　感应热处理设备的维护

Fred R. Specht, Ajax TOCCO Magnethermic

感应加热系统的维护一直被忽视，这是因为通常认为只要生产出的工件质量良好，一切都很好。然而，与忽略常规的、定期维护相关联的是高成本。本节提供了一个项目清单，列出需要定期维护的注意事项及建议的时间。也可阅读 OEM 手册，让所有维护人员能够掌握手册内容，安排和执行所要求的预防性维护。

当计算所有因素时，停机时间的成本是巨大的。损失的生产成本是不可恢复的，正如外包工作的成本、配件的空运成本、OEM 服务电话费和加班费等可用来弥补生产损失，所有这些都会影响公司的净利润。本节旨在通过讨论设备的计划维护和安全检查来帮助缩短停机时间。每个部分都将推荐一个维修安排的时间表检查。

6.12.1　硬度测试设备

讨论从硬度测试设备开始，因为它一直被认为是不用维修的项目。这种测试设备很重要，因为所有的感应设备的结果都是由硬度测试设备分级评价的。不正确的硬度读数会导致生产中断，这些误差会导致零生产损失和可能不必要的零件划伤、不必要的维修和咨询服务，从感应淬火机上寻找问题，而实际上是硬度测试不可靠。关于硬度测试设备的维护技巧和要点包括：

1）每年通常有一个来自设备制造商或其代理商的有经验的专业人员对硬度测试仪进行校准和服务。训练有素的专家会在机器上放置一个认证标签，标明下一次需要的服务日期，这通常是年检。

2）每次取下硬度测试仪的金刚石压头时，必须用测试模块校准硬度测试仪精度。通常忽略第一次读数，取接下来的 3 个读数的平均值，并与测试标准模块硬度参考值进行比较。当使用测试块时，只使用一个侧面，而且也只能使用测试块的一侧。这使得另一侧没有压痕，如果放置在砧座平台上，则会影响测试读数。注意不要读取靠得太近的现有压痕的读数，因为这样读数会出现误差。根据需要更换测试块时，通常可以从每年来校准设备的专业人员那里购买。

3）每次砧座/平台有改变时，都要使用测试块再次确认平台定位正确，通常忽略第一次读数。

4）每天都要使用测试块来确认测试的准确性。

5）对于特定的一台热处理设备，可能还要考虑一些其他因素，这点非常重要。

6.12.2　电源和加热设备

电源和加热设备构成了感应加热系统的核心，是系统中价格最高的组件。关于电源的维护技巧和要点包括：

1）每天例行公事地打开电源门检查水冷却系统是否有泄漏、滴水和冷凝现象。这种检查必须在冷却泵开通时进行。最理想的检查时间是换班时间，这时系统还是温热的。发现泄漏的地方应立即拧紧。图 6-312 所示为电源的水冷软管。

2）每月手工检查一次所有带状连接器上的连接和接线端子上的电线。如果松了，用螺钉旋具拧紧，但也绝对不要过度拧紧。对于可控硅整流器（SCR）电源，不要增加拧紧 SCR 卡箍的扭矩。

3）每月查找一次铜总线连接是否过热（观察是否有脱色现象），检查 SCR、绝缘栅双极晶体管（IGBT）、二极管和其他组件，并使用扳手拧紧。这还包括检查变压器和电容器之间的任一连接。如果该系统具有任何机械接触器，需要检查接触垫和弹簧，并根据需要调整或更换磨损件。

4）每年对所有的门锁进行检测。检测时参考

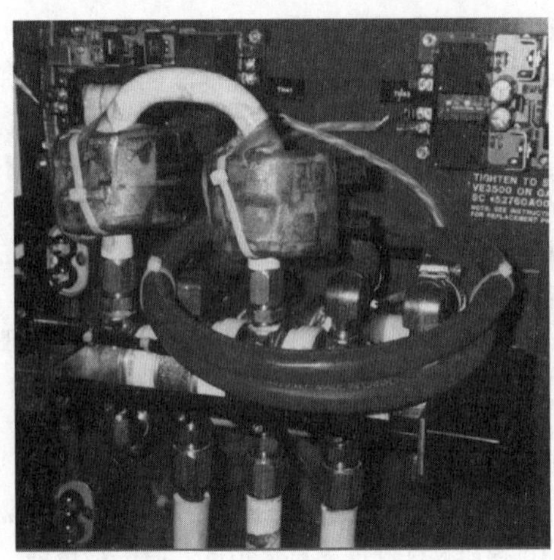

图6-312 电源的水冷软管

OEM提供的服务手册，因为每个设备制造商都对这个最重要的安全测试有特殊要求。

5）每年要用地面检漏仪进行测试。

6）每年要检查所有回到主线引入端的熔体。检查系统中的所有熔体。这些检查应该在系统断电，并锁定主回路的情况下进行。

7）一些电源具有逻辑存储器的电池备份。检查OEM手册，因为一些电池需要每年更换，另外一些寿命为5年。

8）根据环境温度和湿度等许多因素，可能需要每隔5~10年更换一些或所有的水冷软管。随着时间的推移，它们变得坚硬易碎，容易发生泄漏和完全失效。务必用不导电的无碳软管替换旧软管，不要使用任何其他类型的软管。软管长度的设计使得可能桥接电位差或电压差的水路电阻最大。因此，在更换软管时，不要缩短软管的长度。

9）用普通热水和洗涤剂每年擦拭电源和热站内部，清除任何浮尘。风扇将电源干燥后再投入运行。电柜地板上的锈斑应该涂上一层白色搪瓷，以便更容易发现未来的泄漏。切勿打开门，放置冷却风扇，在热浪中吹送空气以保持机组运转，因为这会导致灰尘大量进入机组，污垢不易清除。

10）每5年更换所有门垫气锁材料，保持良好的密封，以保持干净没有污垢。

6.12.3 控制器、可编程控制器和计算机系统

有关控制器、可编程逻辑控制器（PLC）和计算机系统的维护技巧和要点包括以下内容：

1）根据需要备份所有菜单，对菜单程序进行任何更改时都要这样做，这确保了所有菜单数据是最新的。

2）按照OEM手册的要求更换备用电池，在更换电池之前一定要备份所有数据，有的电池有1年的保养，有的是5年，具体参见OEM手册。

3）每年检查一次所有熔体。

4）如果一台计算机正在用于控制，则需要将硬盘碎片整理并清空废纸篓/回收站，至少每年一次，这将释放浪费的内存空间，这需要根据可用的内存空间，也可能需要更频繁地进行。

5）检查安全闩和主断路器是否正常工作。

6）用热水擦拭所有内部区域，并在设备运行前用风扇干燥。不要在重要部件上用水清洗；如果存在过多的污垢，控制板应该用电气清洁剂清洗，干净的、干燥的刷子可以很好地去除易碎组件中的污垢，及时清洁在任何空气循环风扇中的污垢。每年更换一次空气过滤器，并确认风扇运行正常。

6.12.4 水冷系统

水冷系统通常是闭环的，是感应系统的生命线。水冷却系统为电源、热站、水冷导线或母线和感应线圈提供冷却。重要的是要记住，感应系统90%的问题是与水有关的。水冷也是感应系中最被忽视的项目，它导致最长的停机时间和损坏。用户认为，如果设备运行，加工工件满足所要求的硬度要求，那么一切都可以了（事实可能不是这样，而且与冷却有关的灾难可能比预期的更严重）。关于水冷系统的维护技巧和要点包括：

1）每天检查水冷却系统的液位，必要时需要加水，而且只使用允许使用的水。一些OEM推荐不同类型的水和添加剂（通常是乙二醇）。蒸馏水、去离子（DI）水和反渗透（RO）水都是允许使用的冷却水类型，但都可能需要乙二醇。千万不要将井水或城市自来水注入系统，因为它会腐蚀系统。乙二醇有两个用途：首先，保证有质量分数为30%~40%的乙二醇水溶液（没有防锈剂），在冬季期间工厂的功率/热量不足时，该设备将不会被冻坏；其次，乙二醇起缓冲作用，防止水变化太快，以防止发生电解。

2）每三个月用手持式电导率仪检查一次循环水的电导率。当电导率达到OEM推荐的阈值时，则是排水和再填充的时间，然后再次排水并重新填充系统。请参阅OEM手册推荐的清洗法冲洗。由于忽视水质或用水错误，可能会造成数万美元的损失。

可查阅OEM手册中关于通过感应电源的循环水的水冷规范的建议，见表6-24。

3）每年春天，为了获得最大的冷却能力，所有的水都应该被排放掉，用新鲜的清水冲洗，循环几个小时，再次排水，然后重新添加。此时也清洗系统

表 6-24　循环水的水冷规范

水的总硬度（$CaCO_3$）	15×10^{-6}
溶解固体总量	25×10^{-6}
电导率	20 ~ 50μ/cm
电阻率	20000 ~ 50000Ω · cm
悬浮固体量	10×10^{-6}
pH	7.0 ~ 7.5

中的任何 Y 过滤器。在排水和清洗过程中，取下一些软管，特别是在软管中有回路的地方，检查铜配件和软管内部的腐蚀或沉积物。如果不存在，则表明系统维护良好。如果出现腐蚀或钙沉积，则需要更频繁地进行电导率测试、冲洗和清洗。腐蚀通常是由旧的导电水引起的。沉积物有在低流路中堆集的趋势，进一步减少水流动并使装置运行更热，这很快导致故障。这是最常见于任何 DC 链路区域，即 SCR、IGBT、二极管和变压器冷却路径。它也可以看到在任何地方都有正电荷和负电荷接近彼此。图 6-313 所示为电解损伤导致可控硅整流器的冷却水流动减少或过早失效。

图 6-313　电解损伤导致可控硅整流器的冷却水流动减少和过早失效

注：水管配件内部有锈迹。

4）在春季和秋季，系统的循环冷却水温度传感器或恒温器可能需要调整，以防止在电源和热站内部冷凝。水冷却控制装置上有一个可调节的设定点，它决定水循环的温度。通常在冬季使用 25℃（75℉），在夏季使用 30℃（85℉）。如果改变设定点可能会导致过早的温度故障，如果它设置得太高，或者可能发生损坏的冷凝，如果它设置得太低，则在电源精密部件上有冷凝液检查螺线管以确保它实际运行并按要求打开和关闭。

5）每隔一年取下急冷器和电源水冷却系统的热交换器，使用一桶除湿清洗机和一个蓝色巨型泵（见在室外喷泉中见到的），以使流体通过换热器的 2 条路径，以除去钙垢。需要一个调节流量的小阀门和一些用于连接的软管。泵送 2h 通常是足够长的时间。然而，换热器内部可能有大量的钙垢，除湿清洗液可能需要更换以获得整个系统的清洁。这种清洗是优选的，因为除湿清洁剂是用户友好型，没有毒性。换热器的全负荷散热能力将恢复。

6）冷却塔是用来将热量散发到大气中的室外机器。有两种类型：换热塔和蒸发塔。干式和蒸发式冷却塔的水质要求见表 6-25。

表 6-25　干式和蒸发式冷却塔的水质要求

水的总硬度（$CaCO_3$）	100×10^{-6}
溶解固体总量	200×10^{-6}
电导率	100 ~ 300μS/cm
电阻率	3300 ~ 10000 Ω · cm
悬浮固体量	10×10^{-6}
pH	7.0 ~ 7.5

7）热交换器塔包括一个电动机和一个带有膨胀管的泵，它由冷却管和散热片组成。与蒸发塔相比，换热塔是低维护的，但缺乏蒸发塔的冷却能力。干式换热塔的维护要求如下：

① 在春季，将所有来自线圈的积水排出并用清水冲洗，然后根据所在工厂的地理位置，补充质量分数为 30% ~40% 的乙二醇水溶液，以防止腐蚀和冻害。

② 关闭冷却塔的所有电源，并使用低压动力清洗来清除冷却翅片中的污垢。这将恢复冷却塔在夏季的最大冷却能力，污垢不是导热的良导体。

③ 为泵和电动机提供所需的润滑，检查密封件和垫片是否有泄漏。

④ 如果需要，根据润滑类型润滑风扇轴承或轴套。

8）蒸发冷却塔比干式换热器需要更多的维护，因为它们更复杂。它们通常有喷淋泵、膨胀水箱、集水池、集水池加热器、风扇、带散热片的冷却盘管和浮阀。贮槽是一个低位通到塔中的水箱，用于在冷却翅片上喷洒以实现蒸发冷却。浮子阀通常用来控制补给水到集水池的流量。补充水需要补充失去的蒸发冷却水。蒸发冷却塔的维护要求：

① 按照上述要求，使用干式水变空气换热器。

② 清除收集箱集水池区域积聚的所有污垢。

③ 检查水池加热器是否正常工作。这是非常重要的，因为加热器在冬季运行时能够预防水箱结冰。

④ 检查水池浮阀的运行是否正常，以确保它能够补充补给水，当集水池水位正确时关闭补给水。

6.12.5 夹具与机械装置

这个主题包括扫描、升降和旋转、动杆和用来定位感应线圈内工件的任何其他移动机械装置。它们可以包括滚珠丝杠、梯形螺纹螺母、齿条和小齿轮、气缸等。关于夹具与机械装置的维修技巧和要点包括：

1）按照 OEM 推荐维护所有运动部件，在所有移动/磨损的表面，只使用推荐的油或润滑脂，但不要过度润滑。

2）每 6 个月检查一次工件定位工装，如果定位工装过度损坏的话，需要更换。

3）每年通过千分表来判断定位的重复性，检查上下旋转精度和旋转总指示器读数（TIR）精度。这个测试通常会显示出滚珠丝杠和螺母、齿条和小齿轮等是否有过大磨损。

4）每年检查所有行程限制开关的功能/保护。在这个检测中，移除任何可能过度损坏的工装。

5）每年检查任何安全传感器的状态和功能，如限制进入装置和光栅。

6）每年检查和更换任何用于旋转或其他运动的磨损或擦伤的橡胶带。

7）根据需要，清空淬火槽去除任何淤泥或结垢，检查箱体表面涂层是否有损坏和是否有腐蚀迹象。

8）根据需要调整任何链条传动的惰辊。

9）每年检查淬火槽低位传感器是否能够正常工作。

10）检查电动机和驱动器中的电刷。根据需要进行替换，它们通常持续工作 5 ~ 10 年。

6.12.6 气动装置

不要忘记，设备可能有气动门、气动工件定位中心或气动螺线管淬火阀，需要定期维修。这些是系统容易被遗忘的部分。有关空气操作或气动装置的维修技巧和要点包括：

1）过滤器、润滑和调节器（FLR）需要按照 OEM 手册进行定期维护。在压缩空气中过量的水会导致脆弱密封件的腐蚀和过早磨损，每个品牌可能需要每周或每月进行一次特殊保养，具体时间取决于设备的大小。一些 FLR 是密封配件，但是，适当的维护也是必要的。过多的密封失效通常是由于 FLR 润滑不当造成的。

2）有些 FLR 有一个过滤器或集水碗，需要定期排水。排水不畅会影响气缸或螺线管的性能，并降低其使用寿命。

6.12.7 线圈和总线工作

所有感应线圈都需要不时地清洗，线圈正常高温的出口水温可以导致内部钙垢积聚在水冷路径。这种鳞片看起来像白色或绿色粉末或污泥，它可以充当绝缘体，影响良好的热传导。在没有任何明显原因的情况下，鳞片会导致线圈过早地在焊点处失效。罪魁祸首通常就是线圈内部的这种不起眼的水垢积聚，线圈和淬火喷淋组件的推荐维护规程如下：

1）在每次换班或至少作为日常检查时，用干净的湿抹布清洁感应热处理设备上线圈的暴露表面，以消除可能导致错误的接地检漏器故障的任何碳垢积聚。如果工件在热处理过程之前有过多的油或钢屑，则可能需要经常这样做。

2）每天检查输出变压器连接到任何总线扩展和线圈上的紧固螺栓，包括那些不易接近的螺栓，图 6-314 所示为变压器面板连接到快速接头的侧视图。总线和线圈连接上的螺栓和垫圈应该是非磁性不锈钢或硅青铜，不要使用碳钢垫圈或螺栓，因为它们的磁性能吸引杂散电磁场并通过感应加速加热。由于黄铜强度不足，应避免使用普通黄铜或五金件。在 10mm（0.375in）这个紧固应用中最常见的螺栓上的推荐扭矩：黄铜 31 ~ 34 N/m（23 ~ 25lbf/ft），不锈钢 61 ~ 68 N/m（45 ~ 50lbf/ft），硅青铜 54 ~ 61N/m（40 ~ 45lbf/ft）。

3）每次线圈停止使用时，要在热水中清洗，以除去碳垢积聚、淬火介质和润滑剂中的任何聚合物或混合油污。清洗后，检查线圈是否有过多的铜变色。

随着温度的升高，铜从明亮的颜色（无氧化物颜色）开始发生变化。图 6-315 所示为铜在不同温度下的热损伤，显示了铜已经达到各种温度；任何线圈铜温度高于 95℃（200℉）是值得关注的。这个规则也适用于汇流板和快速连接，使用非金属磨

图 6-314　变压器面板连接到快速接头的侧视图

注：该图显示了在生产开始前每天需要检查密封性的隐藏螺栓。

料海绵清除所有沉积物，这是非常容易的，当线圈首先从系统中取下来，如果已经干了，沉积物的去除变得非常困难。如果存在干燥沉积物，将线圈放入热水桶中，并在清洁前等待 1h。

图 6-315　铜在不同温度下的热损伤

4）每月在塑料桶中将整个线圈浸泡在除湿清洗液中 1h（戴上安全眼镜和防护手套），这将导致白色气泡，从而消除线圈内部的钙沉积，并恢复其自身冷却的能力。不要让线圈在这种溶液中放太长时间，这是因为漫长的浸没会发生永久性损坏（蚀刻）。如果线圈内置有任何类型的磁通集中器或硅钢叠片堆叠，则不要将线圈浸入溶液中，需要使用一个小的蓝色巨型泵（在小型室外喷泉中常见），通过清扫器的内部通道泵送清洁剂用于清洁，而不会损坏导磁体或硅钢片。将蓝色巨型泵放置在一个装有除湿剂的塑料桶内，泵通过线圈并回到桶中几个小时，用清水冲洗干净，再用热水清洗叠片或磁通集中器，除去任何炭黑或油污，检查叠片或磁通增强器与铜的良好接触，检查集中器是否良好接触，必要时更换接触水泥。

5）每天检查整体淬火线圈和带有可拆卸淬火清理板的淬火桶（见图 6-316）。这取决于淬火液的清洁程度。有些需要每一班清洗一次，其他需要每周或每月清理小骤冷喷雾孔，当淬火孔堵塞时，会出现不均匀的淬火痕迹或过度的理发杆（螺旋环），线圈和淬火桶没有可拆卸的盖或板是最困难的类型，为了保持孔清洁，它们仍然需要清洗；通常，插入孔中的硬钢丝（曲别针）用来将碎片推回到淬火袋中，然而，这只是暂时的修复，因为碎片不会总是被冲走，有人使用氧乙炔炬通常可以用非常小的焊炬尖烧掉碎片，将小火焰直接放入孔中，确保线圈本身不会因过热而熔化或损坏。

6）每周检查所有淬火和线圈软管是否卷曲，因为卷曲可以减少水流量，至少每隔一年更换一次，用系带做成整齐的不卷曲的束带。

7）每年拆卸所有总线扩展、快速连接组件和线圈。彻底拆卸总成部件并检查是否过热，使用冲刷垫清洗输出变压器的面板，检查其是否有电弧引发的点蚀。每年更换硬件和绝缘体，根据需要检查和更换连接片之间的绝缘体（通常是白色聚四氟乙烯），使用旧件作为模板，总是使用相同的厚度替换，使用硅橡胶或室温硫化（RTV）密封剂，以确保聚四氟乙烯发挥作用，以保持两个靠拢线圈腿之间的距离，这就防止了线圈腿之间的电弧。

图 6-316　带有使用室温硫化剂密封的可拆卸淬火清理板的整体淬火线圈

6.12.8　淬火系统

淬火剂通常是水、聚合物与水混合液，或水溶性油，不同的百分比取决于待热处理的钢种。这些流体具有有限的寿命，这取决于许多因素，例如执行速度、其他流体的污染和化学有效期。为了保持一致性的淬火，淬火系统维护是至关重要的。关于淬火系统的维护技巧和要点包括：

1）每天用折射仪或黏度管检查淬火聚合物或可

溶油百分比，以确定正确的百分比。当水蒸发时聚合物的百分比可能上升（水蒸发，聚合物和油不发生），这些百分比的变化可能改变淬火态硬度结果。当工件被加工时，湿工件可能减少淬火液的可用量。把淡水加入淬火槽，聚合物或可溶油百分比需要调整。

淬火添加剂可能带进磨削、切削、挤压用的润滑脂或流体，这就可以改变淬火液（特别是减缓）的冷却曲线。这可能导致硬度的损失，而唯一可靠的检查百分比的方法是黏度试验。光学读数在透镜中会有模糊，而黏度测试总是提供正确的读数。添加剂如消泡剂和生物杀剂也会影响折射计的读数。同样，为了保持淬火的一致性，淬火维护和适当的测试是至关重要的。

2）每天检查并清理所有淬火过滤器，根据工件的氧化皮量和毛刺情况，需要建立一个每天检查和清洁所有淬火过滤器定期日程安排，需要热处理的表面积越大，就会产生越多的氧化皮，就需要更多地关注袋子的维护。

3）如果现在没有淬火过滤器，请安装并执行常规清洗。有几种类型的过滤器，流行的是单篮或双篮式全流量，带离心分离器和旁路篮过滤器（见图6-317），为了消除常见的污垢，100～400μm 的过滤器通常效果很好，更高的数字更大，更大的网络，并不容易插入，使用的尺寸应能防止线圈或淬火头中的小淬火孔堵塞。如果没有过滤器，必须根据需要清理淬火槽，从淬火槽底部清除污泥和水垢。如果不清理淬火槽，将导致淬火加热器与工件相接触，并可能导致淬火加热器发生熔体故障，污泥堆积也会抑制低淬火液位开关的功能，此外，淬火喷孔会发生过度堵塞。由于许多因素，不可能预测这种清理应该多久发生一次，建议每3～6个月清理一次。良好的过滤会延长两次清理之间的间隔时间。

4）所有淬火添加剂都有随着时间（年）逐渐失效的趋势，并在长时间使用后开始变臭。根据经验，当淬火液开始变味时，它已经失效了。

5）大多数设备制造商会提供免费服务，他们通过邮件来检查淬火剂的剩余使用寿命及存在的污染物百分比和生物生长的现状。

6）许多淬火槽由低碳钢制成，内表面涂有环氧涂层。随着系统老化，环氧树脂分解，通常在第5年和第10年之间。板材之间环氧树脂变松并聚集在Y形过滤器中，而较小的颗粒聚集在线圈或冷却的冷却喷射孔中。OEM 制造商会推荐像大多数船舶那样完成的清洁、剥离和重涂过程。这需要大量的拆卸，但是如果在广泛的重建过程中完成，它可以进行协调以产生像新的机械系统。根据有多少班次操作，应每5～10年更换一次滚珠丝杠和螺母、气缸杆及所有衬套和轴承。

图6-317　淬火系统的离心分离器和旁路篮过滤器

6.12.9　感应设备的搬运和存放

如果设备需要从一个地方移动到另一个地方，请遵循以下规则：

1）在断开所有电源之前，请合格的电气人员备份所有数据，并复制到 PLC 或计算机。

2）为防止发生冻结，需清理掉所有的淬火冷却水，包括热交换器和泵壳两侧的冷却水。为防止在低排水点积水，请使用干燥的压缩空气吹出每一根软管中的冷却水。这个吹出程序非常必要，包括任何线圈、总线、冷却歧管和水冷电缆引线等软管，或是将质量分数为30%的乙二醇溶液泵入热交换器，泵等的两侧代替吹出冷却水，然后抽干。

3）如果在道路上发生移动，请使用空气防震拖车以减少损坏精密电子设备的可能性。用防水布覆盖所有设备。精巧的人机界面（HMI）和计算机请卸下单独装箱，以便运输。

4）电子管振荡器等易碎管必须拆下并分开包装运输。如果有的话，请使用原装纸箱和管材制造商的包装。

5）用木头挡住并固定任何移动的滑架或机械手以防止损坏（扫描仪、电梯旋转或步行横梁）。

6）在搬运电源、加热站和固定装置时需要加倍小心，因为这些部件是头重脚轻或一侧可能比另一侧更重，需要使用适当尺寸的肩带来防止倾斜。

将设备放置在仓库中时，先前列表中的所有项目均适用，最后一点也是如此：

1）不准将感应设备存放在室外的任何环境下。

2）应放置在干燥的温控区域，并用篷布覆盖。

3）切勿将设备存放在靠近强碱物质或酸性物质的地方。

6.12.10 小结

很多因素都会影响感应系统的性能，一些微小的变化并不明显，OEM无法感知，也并不需要维修。但是长期来看，机器和它所生产的工件的可靠性将受到影响，简单的常识性安装和维护保养可以帮助减少意外停机时间，从而增加用户的利润。

6.13 感应设备的水冷系统

冷却循环水回路是感应加热系统维护中最容易被忽视的环节，因而造成整体设备的停机时间最长、损坏最严重。正确的安装和维护保养可以减少意外的停机时间，从而提高使用者的获利空间。

感应设备的水冷系统是极其多样化的。水冷系统的生产厂家在不停地推出各种复合式的混搭设计以达到绿色化和节能，从而减少水消耗和水费。多年来，各家原始设备制造商（OEM）和用户根据自身所处的地理环境、水源条件和消耗、工厂的环境和本地建筑的规则开发了各种各样的系统。本节所讨论的类型和组合都是当今最主流的。冷却系统通常由一个非铁材质元件构成的闭式冷却水循环系统来冷却电源、热区、线圈、母线和水冷引线/电缆。采用水-水热交换器，用开环系统（脏水侧）连接来自工厂用水（脏水）、城市用水或井水的冷却塔、散热器/风扇或制冷机组，闭环系统（洁净水侧）中使用高质量、低电导率的水来冷却电源。工厂用水（通常是来自冷却塔）是换热器的脏水侧，但如其水质可在较好控制范围内且所有管道都是有色金属的话，冷却电源可以使用这样的循环水。

本节不能取代OEM的原设备手册中讲述水冷却系统的安装、维护和循环水工作的内容。

6.13.1 电源循环水系统

闭环循环水系统是感应系统的生命线，它们为电源、电容加热区、水冷导线和母线及感应线圈提供可控温的冷却。图6-318所示为电源循环水系统，该系统包括储水罐、循环水泵、过滤站、换热器和防冷凝温度控制器。循环水的温度必须避免太低（低于露点温度），以防止电源、热区和线圈中出现冷凝，并防止被电弧损伤。原水可以是冷却塔水、城市用水或井水。

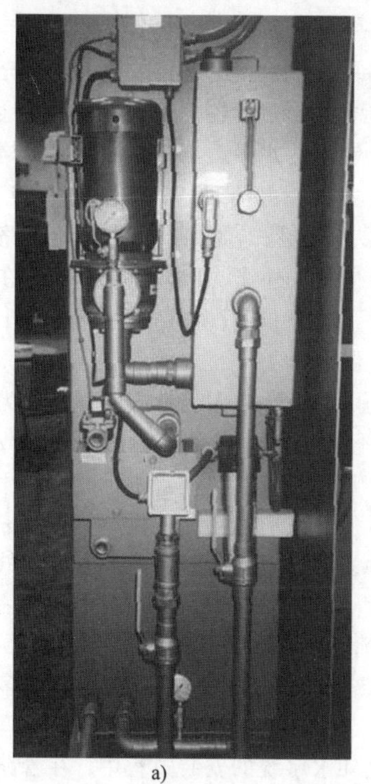

a)

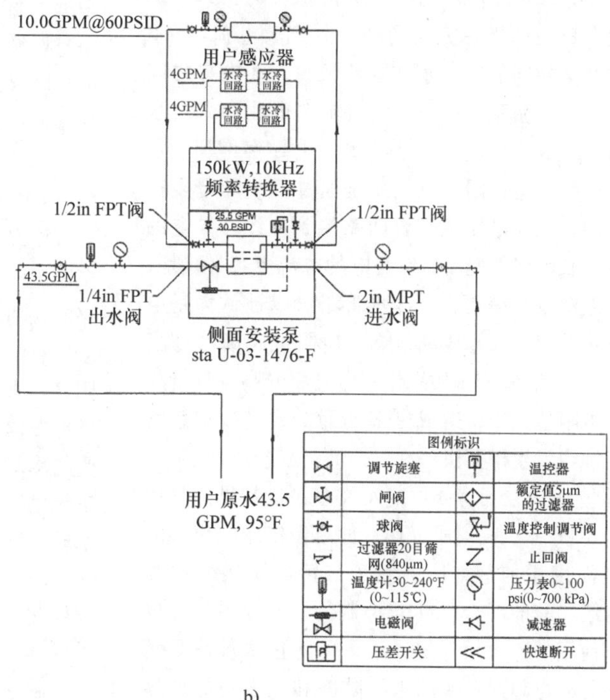

b)

图6-318 电源循环水系统

a）用于冷却感应电源的循环水系统（包括不锈钢泵、铜管、滤筒过滤器、非铁基材料板式换热器的和防止冷凝的温度控制器等） b）闭环水冷却系统示意图人们早已认识到，多达90%的感应加热系统的问题是与水有关。高电导率的水通常是罪魁祸首，其引发的电解效果导致冷却系统和感应电源产生腐蚀。该效果造成对关键的铜部件发生侵蚀，侵蚀碎片聚集在正负电极处，阻挡了循环回路中的水流（见图6-319）。减小的冷却水流造成设备高温工作，元件因过热而过早失效。这种问题在给大电流工作的元件配备的水冷回路中最常见，像晶闸管整流器（SCS）、二极管散热器、扼流圈（电抗器）和变压器中，并且被称为直流链路。

图6-319　高电导率水引起的钙堵塞水路

例如，SCR散热片的一侧电极是正的，另一侧电极是负的，两极在完全同一时刻充放电荷。SCR的两侧共享相同的冷却水和管路长度，在电势之间绝缘了来自水回路中的下一组件的高电压和来自水路总管的地线水零电压。伴随水的电导率增加，水回路上产生漏电，因为电流总是通过最小的电阻接地或通向负极，电压也需要回路接到地线。导电的水使水管长度似乎变短，使漏电的电流更容易接地，从而使电解发生得更快。冷水管路可以被认为是电阻。理想情况下，水管路越新，电阻值越高（在多兆欧范围内），随着水质恶化和电导率升高，且管路老化，电阻值减小，造成更多的漏电经过冷却水管路，腐蚀也发生得更快。

一些OEM会推荐不同的水类型，最常见的是反渗透（RO）水、去离子（DI）水和蒸馏水，更多的推荐是使用添加剂如防冻液乙二醇。质量分数为30%的乙二醇的混合水（非抑制的、非导电的，也非汽车使用的）可用作缓冲液，可防止水过快受腐蚀。同时，也起到对冷却水的防冻和在设备的加热不足的冻坏。

电导率过低的水同样具有腐蚀性。反渗透和去离子水处理系统可以产生0~10μS/cm的水。这些都是太急功近利的解决办法，因为同样可对直流回路造成腐蚀。使用交流电压的电路也需要同样高质量的冷却水。

冷却电源的闭环循环水系统应该由非铁基材料制成，如采用聚氯乙烯（PVC）、铜、黄铜、非磁性不锈钢和非导电橡胶材质的管路。电源的冷却循环水回路的管道绝对不要使用黑色铁基金属、镀锌、碳钢管或花园软管。在闭路循环中，任何一种铁基材料都会导致水的导电性迅速上升，并堵塞冷却电源中的循环水的小管径回路。更换管路软管时，不要缩短软管长度，因为长度是由OEM预先设计的。软管的长度设计是基于推荐的水电导率和被冷却的设备要求的电压值计算的。当更换软管的固定夹时，只能使用不锈钢螺丝支架夹和不锈钢螺丝支柱。更换前，一定用磁铁检查新夹子。现在，即便是自称非磁性的夹子也可能会有磁性，因为一些夹具的制造商在其夹具的使用材料中采用了便宜的磁性不锈钢和碳钢材料来降低成本。

直接使用湖水、井水、河水或城市自来水给感应设备电源或热区进行冷却，会对设备造成严重损害。即使是优质水也会随着时间的推移而与铜发生反应。推荐客户对pH值和电导率施行季度检验。应根据电源回路中的循环水的电导率情况，每年或18个月对循环水更换一次。定期排放掉旧水，充入新的洁净水，清洁Y形过滤器。仅通过补水不会使电导率保持在足够低的水平。当重新注水时，检查压差开关及其功能，并保持系统始终有0.2MPa（30psi）的压差，这是工业标准。为了诊断路径是否有堵塞，可使用红外线（IR）测量方式，在设备全额工作条件下重复检测，特别是对于有几十条水路的大功率电源部分。

有些老的电源设计使用牺牲阳极（也称为目标阳极）来保护DC连路。这些目标阳极是钨或不锈钢材质构成，几年后就溶解在水中。即使使用可接受的冷却水水质，它们也会导致堵塞。在过去的几十年里，这种设计已不受青睐，而关心优质的冷却水质已成为重点。另一趋势是在系统中添加一个几加仑的蓄水箱，从而减少清洗和维护。使用尺寸小、大容量的换热器提高冷却水的质量越来越多地被采用。

在冷却循环水系统的安装过程中，在管路的最高点安装一个排气阀，以对管路内的空气进行排气非常重要。空气是热的不良导体，如被困在感应设备中，会导致部件失效或寿命缩短。在对冷却系统进行每年的维护中，循环水被排放和重新添加时，必须把留在管路内部的气体排放掉。

表 6-26 是用于冷却不使用目标靶或牺牲阳极的感应电源的循环冷却水规范示例。

表 6-26　用于冷却不使用目标靶或牺牲阳极的感应电源的循环冷却水规范示例

水的总硬度（$CaCO_3$）	15×10^{-6}
溶解固体总量	25×10^{-6}
电导率	20 ~ 50μS/cm
悬浮固体量（最大值）	10×10^{-6}
pH	7.0 ~ 7.5

表 6-27 是用于可替换的目标靶或牺牲阳极或用于加热站和线圈冷却的感应电源中循环冷却水规范示例。

表 6-27　用于可替换的目标靶或牺牲阳极或用于加热站和线圈冷却的感应电源中循环冷却水规范示例

水的总硬度（$CaCO_3$）	100×10^{-6}
溶解固体总量	200×10^{-6}
电导率	50 ~ 300μS/cm
悬浮固体量（最大值）	10×10^{-6}
pH	7.0 ~ 7.5

建议始终遵循 OEM 手册的推荐值。

6.13.2　冷却塔

冷却塔用来除去水中的热量并将其散发到大气中。它有许多种可用的类型，其中三种最常用的类型是空冷式、闭式及蒸发式。

空冷式换热系统包含一个自带水箱和一个电动机水泵、一个空冷塔（由冷却管、翅片和风扇组成）。与蒸发系统相比，这些空冷系统的维护非常低，但它们比蒸发式冷却塔的换热能力（BTU）小。

带压的闭环冷却塔的循环水需使用乙二醇，以防内部的冷却管束被冻爆，冷却塔还包括一个集水盘及避免集水盘结冰的加热器，通常在冷却系统的管道外部需加装加热带保温防止管道冻坏。而采用重力回水（冬天时将冷却塔内的水引入室内）的开式蒸发塔则不需要乙二醇，也不需集水盘加热器。开式蒸发塔比空冷式塔因其地理位置需要更多的维护。

每年有必要对冷却塔系统中的乙二醇进行 pH 值、缓蚀剂和防冻剂的分析，并根据 OEM 规范进行调整。所有类型的冷却塔都需每年一次的春季清洗，使用适当的铝翅片清洁工具，对换热管及塔体进行低压冲洗，去除污垢和钙堆积，恢复其 100% 的冷却能力以应对即将到来的炎热夏季，这点尤为重要。

表 6-28 是对空冷式塔和蒸发式冷却塔的建议水质要求。

表 6-28　对空冷式塔和蒸发式冷却塔的建议水质要求

水的总硬度（$CaCO_3$）	100×10^{-6}
溶解固体总量	200×10^{-6}
电导率	20 ~ 300μS/cm
悬浮固体量（最大值）	10×10^{-6}
pH	7.0 ~ 7.5

建议始终遵循 OEM 手册给出的参考值。

6.13.3　空冷式换热器

空冷式换热器是使用风扇将空气吹过由不锈钢或铜管制成的冷却管束，进行冷却。空气 - 空气冷却器能将循环水冷却到设备的环境温度的 3℃（5℉）以下，即从 35℃（95℉）冷却到 32℃（90℉）。主要优点包括低维护和低电力消耗，等于降低运行成本。其在热处理圈应用的缺点是在炎热的夏季的白天，需要一台水 - 水热交换的小型制冷机，以达到设备要求的 32℃以下的温度。

空气 - 空气型冷却塔的放置或定位的重要性常常被忽视。理想的位置是放在建筑物的阴凉处，在建筑物的遮阳的北侧，不要面对直射的阳光，图 6-320所示为顶部带风机的空冷塔，如果放在阳光直射的南面或西侧，会降低塔的散热能力。不建议放置在黑色屋顶上，因为黑色屋顶吸收直射的阳光的热量，热气散发在冷却塔的周围，从而升高了设备的工作环境温度，增加 3 ~ 5.5℃（5 ~ 10℉），所以，如没有足够大的冷却设计，这些冷却塔安装在屋顶上不切实际。尽可能让空冷器远离屋顶，或实在不行就把它在屋顶上高架，也可对降温有帮助。考虑的主要出发点是让新鲜、凉爽的空气进入空气冷却器。

6.13.4　小型辅助风冷式换热设备

这些设备辅助空冷系统以增加冷却温度调节，图 6-321 所示为带水冷式冷却装置的空冷塔感应冷却系统示意图，当空冷塔不能达到冷却水温时才使用附加冷却装置；通常在夏季，当环境温度超过电源或淬火系统的输入温度 5.5℃（10℉）时，感应电源因温度报警出现故障并关闭。额外的冷却装置是通过一个板式热交换器，由城市/井水流入板换的非清洁侧进行冷却，并将水排掉。另一种冷却方式是采用包含同类的板式和一个管壳式换热器的压缩机/制冷器。图 6-322 所示为喷雾式空气冷却塔，这是另外一种采用自动雾化的辅助装置，仅在夏季温度达到32℃（90 F）的极热天气时才需要。自动雾化辅助冷却器使用的水应该是水质良好的城市过滤水或更好。大多数空冷塔在冬季、春季、秋季，夏季环境温度较低的夜晚都不需使用辅助冷却装置。

图6-320　顶部带风机的空冷塔

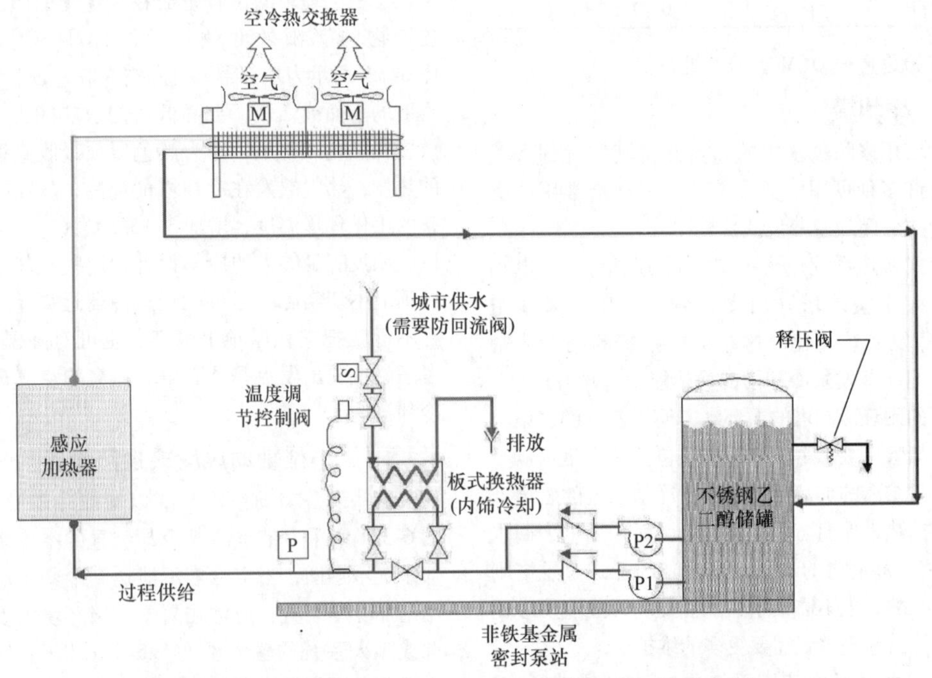

图6-321　带水冷式冷却装置的空冷塔感应冷却系统示意图

6.13.5　闭式蒸发冷却塔

闭式蒸发冷却塔广泛应用于使用封闭式加压再循环系统冷却工厂工艺用水。与敞开塔相比，封闭塔可以大大减少结垢和腐蚀产物的形成。避免水垢和淤泥在水冷管束（管）中形成是至关重要的。使用闭路塔有效防止了管中的水与流经管道的喷雾水或大气接触。

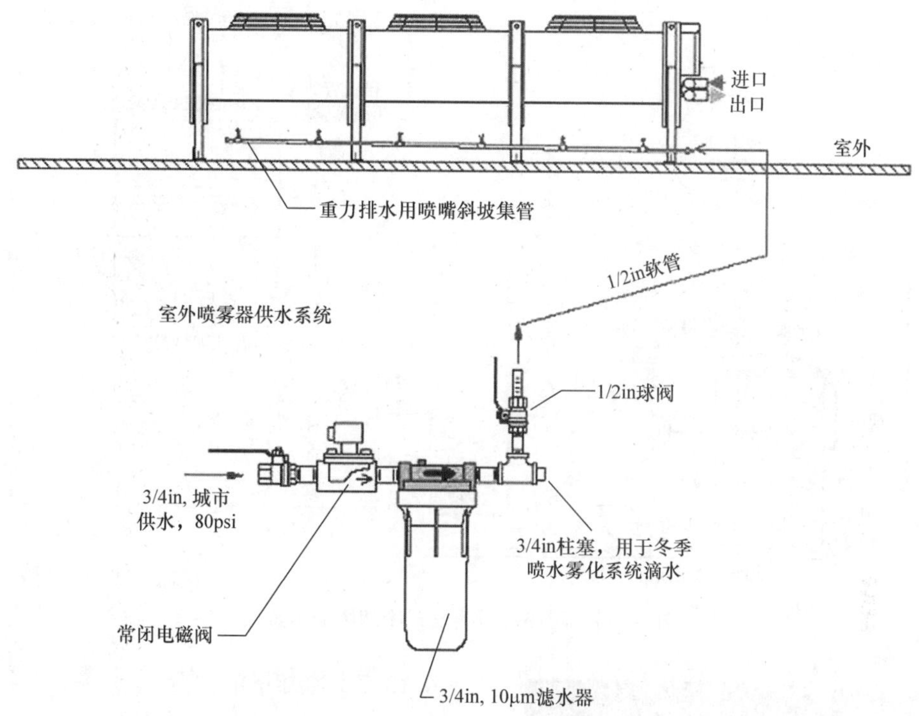

图 6-322　喷雾式空气冷却塔

蒸发冷却器和控制可在生产工厂集合安装在一起，控制可根据冷却塔的实际工作环境和需要开/关风扇和循环水泵，以保持设定的温度。冷却塔出口管道处有两个温度传感器，控制着冷却塔的出水温度。一个控制喷淋泵的启停，喷淋泵启动直至出水温度比进水温度约低 5.5℃（10℉）。第二个控制风机电动机的启停，风机启动直到出水温度比进水温度约低 3℃（5℉）。

闭式带压冷却塔为防止在寒冷的天气下结冰，大约 4℃（40℉）以下时，喷淋水槽内的恒温控制器将电加热器的开关打开（见图 6-323 和 6-324）。浮球阀控制着水槽的水位，系统包括排放控制，提供因水溢出而补足够的水，使得冷却水内的杂质和积垢排出集水槽。

6.13.6　敞开式蒸发冷却塔

开式蒸发塔不需加热器或乙二醇，但它包含一个重力回水的水箱，水箱放置在保温的室内。冷却塔高架在室外的平台上（见图 6-325 和图 6-326）。使用开式冷却塔花费较少，但需非常频繁地清洗和良好的过滤系统，以防树叶、动物羽毛和其他碎片杂物落入塔内。要求对任何一个 Y 形过滤器保持干净。开式冷却塔内部没有散热管束，只是冷却水像瀑布一样自上而下地倾泻经过一系列的鳍片后，通过重力回水方式将冷却水排入至厂房内部的设备里。

图 6-323　含有水槽加热器的闭式逆流带压蒸发冷却塔

定期对冷却塔彻底清洁，可减少冷却水里的各种细菌滋生带来的风险。如果一台冷却塔需闲置一段时间，就应完全排尽塔内所有的水。如排水不可行，则需使用杀菌剂通过化学方式杀死细菌。

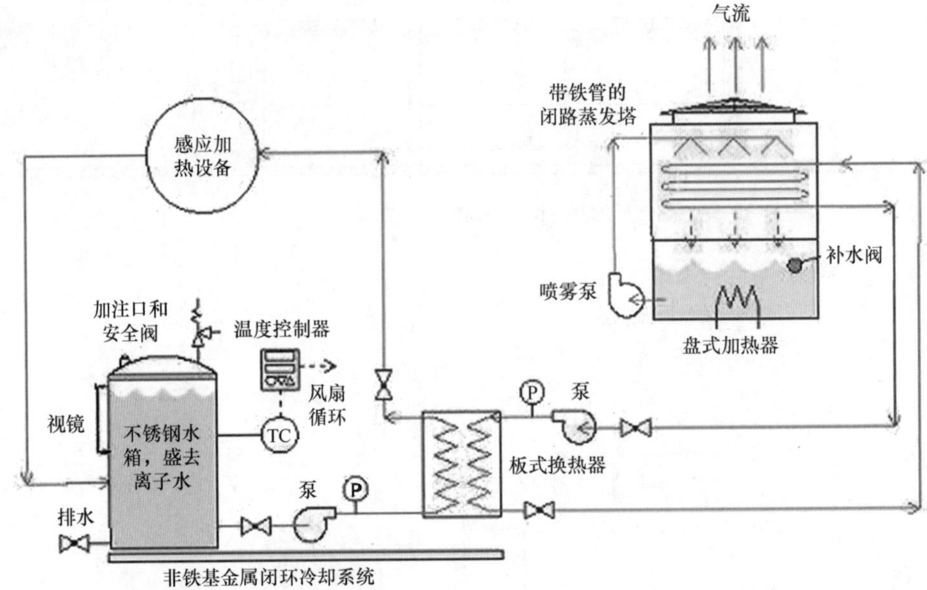

图 6-324 闭环带压蒸发式冷却塔的示意图

图 6-325 敞开式蒸发冷却塔

多台冷却塔的冷却系统设计最适于有多个感应设备的冷却（超过 500kW）；这消除了因一台冷却塔或一台水泵失效，而造成多个感应系统停机的可能（见图 6-327）。多塔的小型冷却塔比单一的一台大塔更容易清洁。这完全取决于经济上的决策，因为多台小塔的安装花费多，且占更多的空间，但避免了潜在的设备停机时间问题。

6.13.7 冷却塔的安置

避免把冷却塔安装在有碎石或泥土的停车场或有喷砂及喷砂系统附近。因为这些周边环境会将扬起的灰尘吸入冷却塔内，引发对冷却塔的额外维护和降低冷却塔的冷却能力（见图 6-328）。冷却塔的位置对于冷却塔是否可减少空气的再回流至关重要，当冷却塔排出的一些湿热空气被再抽入冷却塔的进气口时，空气再循环就会发生，造成冷却塔的冷却能力不足。安置冷却塔时，如没考虑夏季的主力风向和放置朝向，以及其与周边任何建筑物相关的距离和高度，循环水所需的冷却空气再循环现象就会发生（见图 6-329 ~ 图 6-331）。

禁止设置飓风防护栏或有美观镶嵌物的链环护栏，因为会限制新鲜空气进入冷却塔的摄入量并引起湿热空气的再循环（见图 6-332）。湿热的空气是饱和的，其比周边空气的湿球温度高 5.5 ~ 8℃（10 ~ 15℉）。湿热的空气再循环致使机组的冷却能力急剧下降。

在北部寒冷地区，冬天的温度可达到 -40 ~ -46℃，通常将蒸发式冷却塔安装在室内（见图 6-333）。使用帆布帘盖在通往室外的排气通风道上，防止冷空气回风进入工厂室内。室内安装的最大优点是防止了冷却塔的结冰和结霜，还可利用热量为工厂辅助供热。但在室内安装冷却塔，因排气管道的背压增大，需要更大功率的水泵。同时，通往室内新鲜空气的进气管口和排气管口的选择很重要，是防止湿热空气再循环的关键。

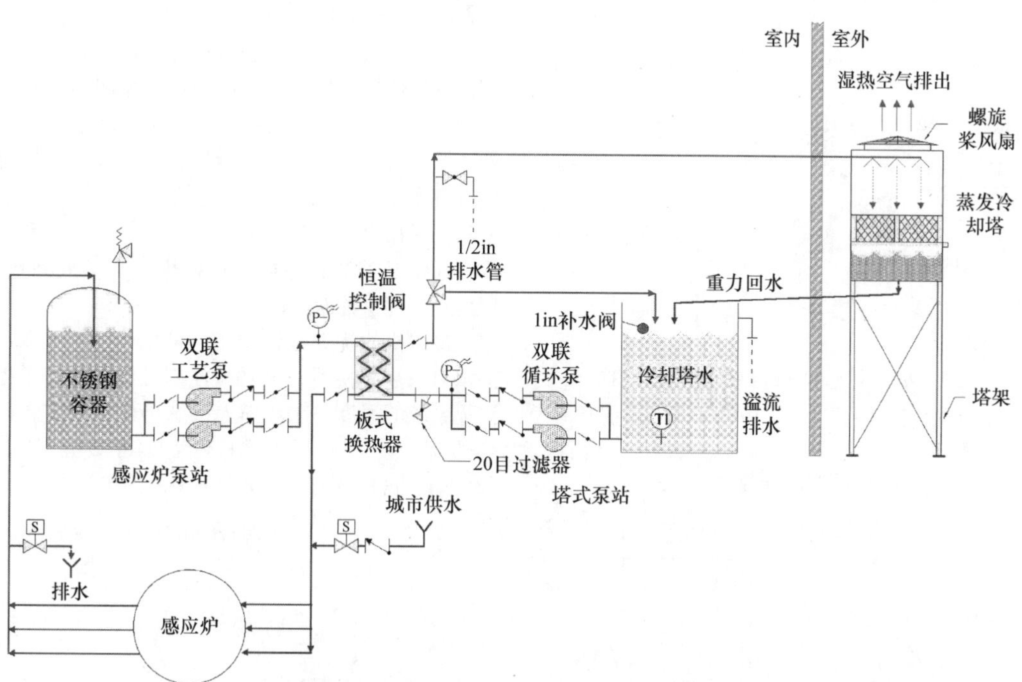

图 6-326 感应加热设备冷却系统及其敞开式蒸发塔和板式换热器（紧急情况下可选择城市用水）示意图（由 Dry Coolers Inc 提供）

图 6-327 多重冷却塔安装（每个感应系统一个塔）

图 6-328 冷却塔外禁止使用美观镶板作为防护栏（这样会减少新鲜空气），也不要安装在砂石停车场旁边

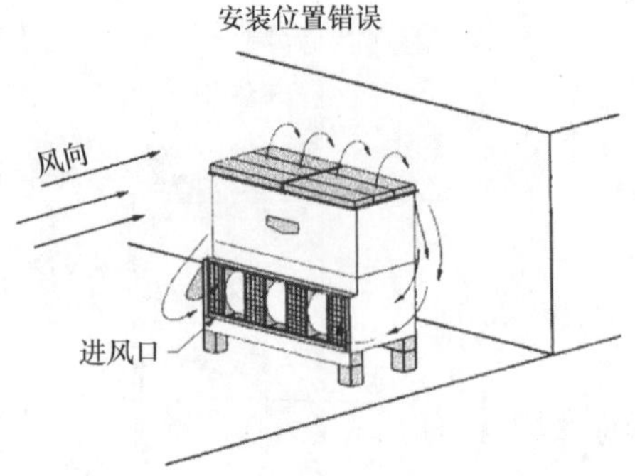

图6-329 安装位置不正确原因是自然风向会引起潮湿空气回流（由 EVAPCO Inc 提供）

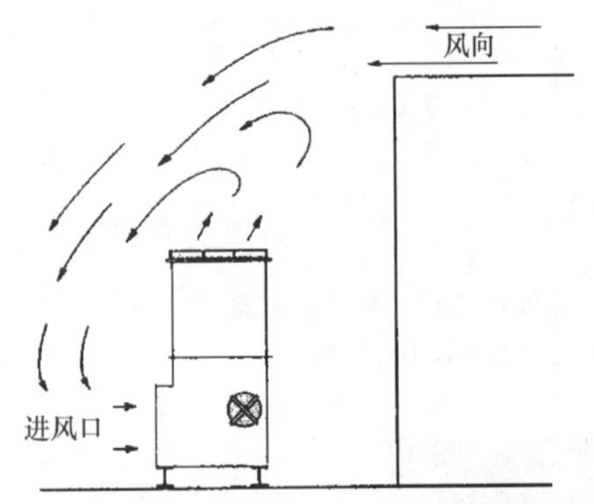

图6-330 安装位置不正确的原因是建筑物挡住了自然风（由 EVAPCO Inc 提供）

6.13.8 制冷机组

制冷机采用机械式制冷原理，冷凝器用无臭氧制冷剂，通过空气或水进行冷却（见图6-334）。主要用于对200kW以下的小型感应加热系统进行冷却，制冷机包含了整体蒸发器或二次换热器，可以是开环或闭环系统。就投资设备的成本而言，制冷机组是最昂贵的，运行成本也很高，但维护费用很少。通常是安装在室内，其把热空气排放到室内，可为工厂提供辅助加热。

冷水机的优点是体积小，可以代替图6-318中的水对水热交换器、水泵和控制见装置。为了控制淬火系统的温度，闭环淬火系统仍然需要有自己的换热器。冷水机组的循环温度可设定在29℃（85℉），这样就消除了电源的冷凝隐患。

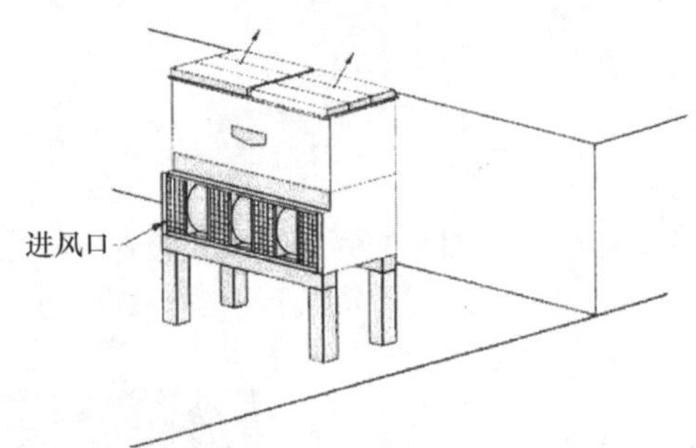

图6-331 正确的安装位置是与建筑物的高度相当（由 EVAPCO Inc 提供）

图6-332 不考虑新鲜空气送风、安装过于紧密的冷却塔机组

图 6-333　室内安装了闭式蒸发塔的室外景观

注：底部有新鲜空气入口，顶部以下有排气口。这家明尼苏达的铸造厂的屋顶还安装了排气风扇，以便为工厂内部送风，减少了工厂内部的湿度。

表 6-29 为制冷机组水质要求示例。

表 6-29　制冷机组水质要求示例

项目	要求
水的总硬度（$CaCO_3$）	15×10^{-6}
固体溶解总量	25×10^{-6}
电导率	20~70μS/cm
悬浮物最大浓度	10×10^{-6}
pH	7.0~7.5

6.13.9　小结

影响感应加热设备冷却循环水系统的因素很多。对水系统的维修不当会导致感应系统的长期可靠性降低。冷却塔的安置要适合主流风向并需考虑周围建筑物，否则，会影响塔的性能并增加运行成本。

图 6-334　带滤板的制冷机组

注：用于直接冷却感应电源及负载匹配元件、母线工作和线圈。

水冷回路是感应维修中最容易被忽视的项目，它会造成停机和损失，致使的损害也是隐伏的，所造成的损害也是不可见的。一旦系统运行到出现局部水路堵塞，昂贵的部件失效就接踵而至。绝缘栅双极晶体管（IGBT）、晶闸管、二极管和变压器故障可能要花费几千美元，但对没有经验的人来说，他是不会直接把问题与水的高电导率联系起来。

正确的安装和维护可帮助减少意外的停机，从而提高用户的利润。新开发和改进的混合冷却系统集结了各种冷却设备的组合以降低成本，但任一冷却系统，如能简单地遵守这些安装和维护的规则，感应加热的冷却系统即使在最热的天气里，也能以很低的成本很顺利地运行。

表 6-30 是一家工厂水冷系统的相对成本对比。

表 6-30　一家工厂水冷系统的相对成本对比

类　型	投资成本	运行成本	维护	最低可达温度/℃（℉）
空气-空气（干式闭环）	$$	$	$$	41（105）
闭环蒸发式	$$$	$$$	$$$	29（85）
开环蒸发器	$$	$$	$$$$	29（85）
制冷机组	$$$$	$$$$	$$	18（65）

致　谢

Photos and diagrams appear courtesy of Ajax TOCCO Magnethermic Corp., Warren, Ohio; BAC Jessup, Md.; and EVAPCO Inc., Taneytown, Md. The author is grateful for the significant contribution of Matt Reed of Dry Coolers Inc., Oxford, Mich. Special thanks to Ed Kubel, former editor of ASM's *Heat Treat Progress* magazine.

Portions of this paper were presented at the ASM Heat Treat Conference on November 7, 2001.

第7章

过程控制、检测、设计和质量保障

7.1 感应加热的过程控制、检测、设计和质量保障规范

Timothy Kennamer, Ajax Tocco Magnethermic Corp.

相比于大多数其他热处理过程，感应淬火工艺的控制要求更为苛刻。首先要精确控制传输到淬火零件的能量，并且具有极高的可靠性和可重复性；同时，将能量传递到零件内的精确位置，以确保每一个进机零件热处理热形的一致性。感应淬火过程的挑战在于测量时间的数量级是几秒或零点几秒，功率密度的数量级为每平方英寸几十千瓦。在某些情况下，零件表面温度会以高达2200℃/s（4000℉/s）或更高的速度上升，而且精度要求优于±2%。这样的温升发生在快速扫描零件期间，例如用2.54cm（1in）长的线圈，以10.16cm/s（4in/s）的速度扫描，或对空心薄壁小零件进行静态加热，加热时间一般仅为0.5s或更短。

同样严峻的是，控制系统还需要精确控制淬火介质的冷却速度，以获得所需的金相组织。此外，整个热处理过程的控制处于电磁干扰环境中，所以控制系统要具有极强的抗电磁干扰的性能、快速柔性的加工程序（机器代码）以及互不干扰的过程监控系统以保证产品质量。因此感应淬火过程控制是最具挑战性的工业控制过程。

有效的质量控制/保证体系是现代热处理技术中必不可少的环节。有效的控制程序主要包括：①独立的质量保障部门；②反映客户需求的质量标准；③涵盖所有阶段的热处理工艺的书面流程，从样机质检开始到包装运输；④过程控制文件；⑤热处理过程中零件检验方法和检验记录的存档；⑥产品检验流程：包括抽样、质检、不合格产品的剔除；⑦测试设备定期校准安排；⑧质检记录保存的安排和程序；⑨必要的质检培训和实施计划的确认；⑩质量保障制度，包括产品复查与配送环节；⑪定期审查。

为了符合热处理工艺规范，满足用户的生产率要求，设计控制系统时需要考虑所有系统内部要素，包括响应时间和控制特性，以及诸如加热电源、阀门、运行控制器和泵等外部要素的特性。

感应热处理的控制系统有简单的，也有复杂的，简单的控制系统可以是一个小型的PLC控制一个小型零件回转式淬火机床，配有5kW乃至更小的加热电源，单轴运动控制；复杂的淬火-回火生产线，长达上百英尺，包括多达10个以上的独立的淬火机床，并配有10个以上1000kW的加热电源、多台伺服驱动器、多台带有PID控制的PLC、计算机、远程I/O或基于以太网的I/O。

控制系统在设计时，每一个细节都是非常关键的：梯形图逻辑必须确保安全可靠的控制生产过程，机床正确接地、电源引线和控制信号线分开布线，低信号布线与高信号布线分离，伺服控制信号线要与其他信号线分离布线。

控制设计者还必须考虑制造工序和设备安装的环境。如果将机器安装在一个专门的车间里，有一到两名工人专门负责管理机器并了解控制程序和设备特点，控制设计可能会简单一些；如果它将安装在一个大型生产车间环境，机器可能由多个不熟悉操作和控制的工人操作，系统必须做到安全可靠，操作简单。

另一个需要考虑的是机器是否由不熟悉感应淬火工艺的操作者进行操作。许多操作者都知道增加功率将增加淬火零件的淬硬层深度，但他们可能意识不到改变控制系统的运行参数也可以有相同或类似的效果，如改变加热时间。我们的目标是控制能量，它是功率和时间的积分，时间可以对应静态（同时）淬火方式的加热时间或扫描淬火方式的扫描速度。

当前过程监控的应用已经非常广泛，特别是在汽车行业。能量监控的监测点应该尽可能接近淬火零件。例如，从线圈端检测到的反馈电压和电流信号与线圈能量成正比，可以同时反馈给能量监控系统和电源的集成电路。在线圈端进行能量监控可以检测到诸如螺栓松动所导致的功率变化以及负载匹配组件中元器件（如电容器和变压器）老化对输出能量的影响，也可以检测到其他辅助变量对输出能量的影响。高频电源的集成电路通常对集成器件的

温度波动非常敏感，可能在运行过程中产生温漂，导致能量监控不能准确反映加热过程中能量的变化。许多供应商通过测量线圈电压，以电压平方折算能量的方法解决这些问题，大大降低了干扰的影响，更经济且更准确。

过程监控是保证产品质量的必要条件，它的数据分析功能对淬火过程的监视与诊断同样不可忽视。如果每个生产周期都进行记录和存储数据，最佳的能量值和产品样本可以作为一个强大的工具，用于诊断加工过程的参数变化或追溯不合格零件。如果保存有监控数据，这些数据可以用于分析加热过程中参数的变化。就此而言，最佳的能量数据是从每个零件淬火过程选取的样板。用户很少有人具有这种技能并坚持使用样板数据作为质量检测的标准监视每一次淬火过程。然而它确实是一种强大的诊断工具，可以有效降低破坏性测试成本。这可能会增加几千美元的设备购置费用，但相应的它可以节省许多由设备供应商诊断问题的服务费用并能提高生产率。

优先推荐的监控系统可以记录数据并连续将记录数据传递给工艺技术人员，或者允许工艺技术人员随时下载记录数据，在任何地方均可进行数据分析。这样，工艺技术人员就可以对多台机床或多个淬火过程进行监视，并在需要的时候及时采取措施，修正工艺参数。

典型汽车热处理规范诸如 AIAG CQI－9 规范，特殊工艺过程：热处理系统评估，第 3 版和福特汽车公司 WHTX 热处理规范还没有认可用过程监控替代破坏性测试进行质量监控，但已经成功地允许供应商利用合格的零件自评估程序以替代现有的破坏性测试。

7.1.1 过程控制模式

离散型汽车、货车或越野车零件的热处理控制方式是典型的开环模式，包括扫描淬火方式的功率值和扫描速度控制及静态（单一脉冲）淬火方式的功率值和加热时间控制。这些淬火机床主要依靠加热电源的闭环控制（反馈到设定值）以确保所需要的功率值。常见的控制模式包括恒压、恒流或恒功率闭环控制。

通常，应用单脉冲或静态加热线圈的离散零件热处理，需要在最短时间内提供大量能量。只有这样，才能在满足淬火周期和生产率要求的情况下，通过设定足以达到目标温度的加热时间和功率值，确保淬火零件达到要求的表面硬度和淬硬层深度。这种方法可以直接设定多个加热时间和功率值，而不需要采用某个控制算法去控制，因此更容易实现。我们一般可以使用最多 5 个点完成这个任务，但一般认为设置 3 个点，或者 2 个点就足够了。

能量监控闭环控制模式通常需要使用光学高温计提供反馈。光学高温计用于表面一直清洁的光亮退火应用时，测温准确。然而，对于大多数热处理应用，存在能见度低或发射率问题，选择测温计时，可能需要具有几个不同波段的发射控制功能。光学测温计可以用于有温度工作范围的临界检测，如超过设定温度值的 10% 就报警，这样的应用对光学温度计是比较适合的。

控制系统设计的基本要求包括安全性、过程控制、过程验证、机器控制、生产率、可重复性及安装便利性。接下来讨论在常用感应淬火过程中的应用。

1. 扫描淬火

扫描淬火机床广泛应用于感应热处理，可以是垂直扫描淬火也可以是水平扫描淬火。典型的扫描淬火机床的控制设备一般采用伺服或数控系统，这两种控制系统可以进行精确的位置、速度、功率、旋转速度和冷却控制。扫描淬火设备可以是零件移动或变压器（感应线圈）方式，同样可以实现静态淬火，在这种方式下，控制系统可以精确地将零件移动到感应线圈的加热位置，零件升降和旋转均可精确控制，简单地改变参数，就可以改变工艺流程。图 7-1 和图 7-2 所示为典型立式扫描淬火机床及其控制系统。

2. 升降和旋转机床

简单的单轴运动机床，在线圈之外装卸零件，控制系统将零件升举或下移到线圈加热位置，喷液可以在线圈内或线圈外进行。先进的升降和旋转机床，如六工位回转式淬火机床，有旋转平台，可以在零件淬火过程中装卸零件。现代化的升降和旋转机床的零件升降系统使用伺服电动机控制。多工位淬火机床可以同时对多个零件进行淬火。

3. 静态加热系统

静态加热设备中零件不运动。零件置于感应线圈内部或附近，实现加热和冷却。这显然是最不灵活的系统，但使用正确，性价比会非常高。

7.1.2 过程监控信号

不同的感应热处理过程需要监控不同的信号。图 7-3 所示为过程监控信号。

可控制或监视的信号包括：

（1）加热时间　必须实时监控加热时间。加热时间通常由可编程控制器的内部定时器精确控制，但对于扫描过程中非常短的加热时间仍需特别注意（对于目前的电子时钟精度，时间变量已经不是问题）。

图 7-1 典型立式扫描淬火机床

图 7-2 典型立式扫描淬火机床的控制系统

(2) 功率 必须监控功率。通常功率可通过可编程控制器精确设置，但某些因素实际上也可能影响传递到线圈的功率，例如，噪声影响加热电源调节精度或引发电气连接部件过热。

(3) 加热位置 零件必须在线圈中精确一致的定位，某些零件需要用传感器进行检测，确保零件加热位置的精确性。

(4) 能量 必须监控能量，能量指的是整个淬火过程中加载到线圈的全部能量。能量、千瓦秒或电压的平方通常用于检测功率。测量消耗在零件内部的能量，单位为 kW·s，可以用来测量输入到零件上的热量。图 7-4 所示为功率波形，显示了以时间为自变量的功率测量及设定的上下限，这通常称为功率标准曲线。

(5) 转速 必须控制转速，许多应用都有固定的旋转速度，对旋转速度的精度要求并不苛刻。然而，在大功率、短时间的加热周期里，保证旋转速度的准确性是非常重要的。通常通过可编程控制器控制转速，但个别可能会导致故障，如润滑不良或轴承故障。

(6) 淬冷位置 通常由夹具及线圈、冷却圈的结构决定，冷却圈也可以集成到淬火线圈中。

(7) 淬冷延迟时间 淬冷延迟时间是感应淬火过程中非常重要的参数。淬冷延迟时间是指从加热结束到喷液开始之间的时间，必要的情况下，为了补偿喷液阀的动作延迟，可以从加热结束之前开始计算。喷液延迟时间可以由可编程控制器精确控制。

(8) 淬冷时间 对于静态淬火，冷却时间必须精确监控。对于扫描淬火，喷液可以在加热启动指令发出后立即启动，也可以在加热启动之后延时一定时间再开始。喷液时间通常可由可编程控制器精确控制。

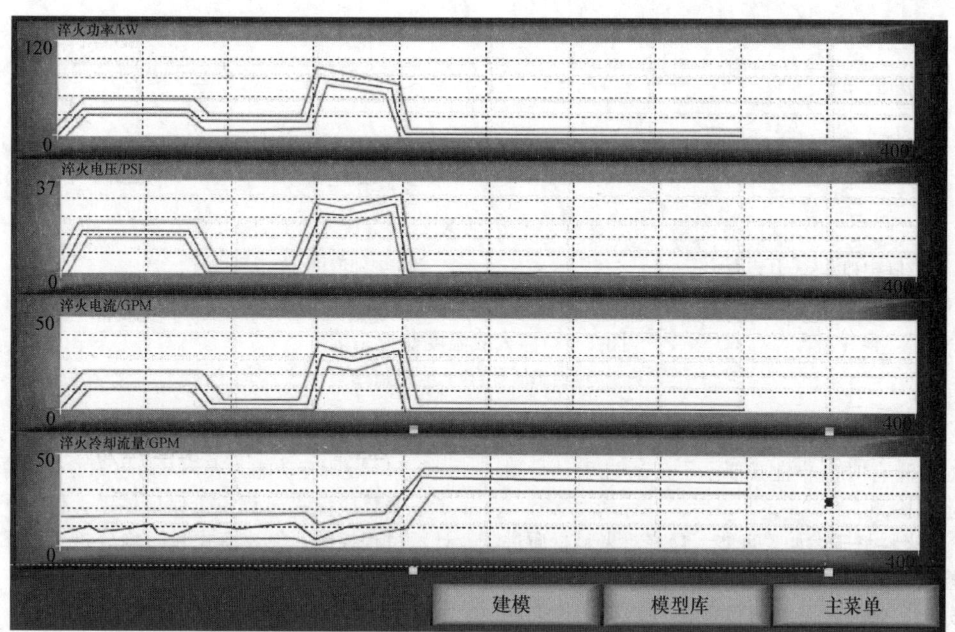

图 7-3　过程监控信号

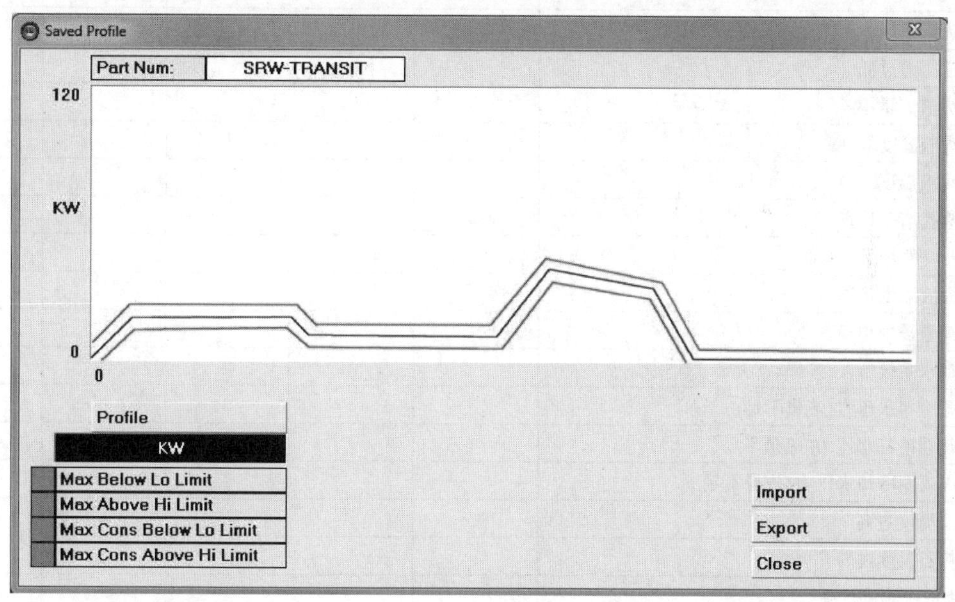

图 7-4　功率波形

（9）淬火液流量　淬火液流量必须监视和控制。手动调节阀用于产生固定流量，如果淬火过程中需要淬火液流量发生变化，也可以电动调节阀，由可编程控制器通过模拟信号控制。一般情况下，通过监测淬火液流量，确保流量高于最小设定值。

（10）淬火液压力　淬火液压力必须监视和控制。淬火液压力通常采用手动调节阀由操作人员手动控制，一旦喷液装置中的孔发生堵塞时，压力会增大。

（11）淬火液温度　淬火液温度必须监视和控制。水淬火剂喷液速度随温度上升下降很快，而聚合物淬火介质的温度范围一般在 5.5℃以内。淬火液温度可以采用温度传感器检测，转换成模拟量反馈，在需要时进行控制，控制系统包括热交换器、冷水端冷却电磁阀门、淬火端加热器等。图 7-5 所示为淬火液温度监控系统。

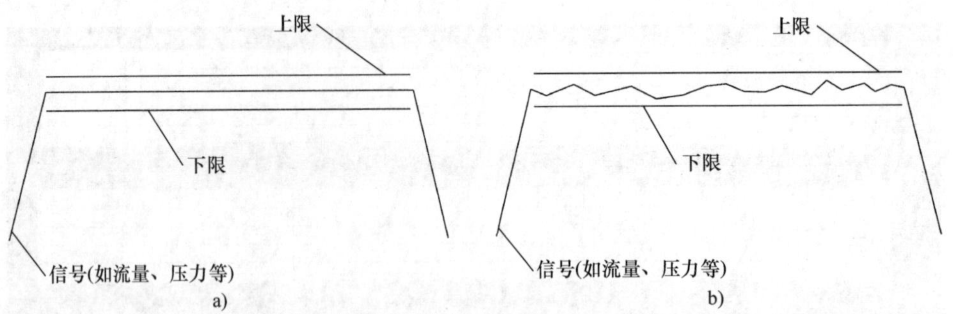

图 7-5 淬火液温度监控系统

a）理想信号 b）真空信号

（12）淬火液浓度　必须控制聚合物淬火剂的浓度，实时监测有时也非常必要。一般通过手动折射计进行定期检测。

（13）来料材质　如果可能，最好对来料材质进行存货控制，这样，用于热处理的材料就可以进行鉴别和分类。这通常是材料供应商的责任，他们在装运时正确鉴别，在热处理车间分开有序存放。

（14）所有功能　表 7-1 为故障检查清单，显示了一个感应淬火过程质量保证体系，包含了机械设计、过程控制、失效模式和影响分析（FMEA）、预防性维护及培训。

表 7-1　故障检查清单

项　目	所需设置	实际设置	故障指示	工艺终止	备注
1. 淬火液系统					
a. 管道压力过低					
b. 淬火液流量小					
c. 淬火液温度低					
d. 淬火液温度高					
e. 喷液孔堵塞检查					
f. 淬火液过滤器压力低					
g. 淬火液浓度检测					
h. 淬火液需要更换					
2. 冷却水系统					
a. 电源冷却水压力/流量不足					
b. 换热器冷却水压力/流量不足					
c. 淬火线圈冷却水压力/流量不足					
d. 电源温度过高					
e. 换热器温度过高					
f. 淬火线圈温度过高					
g. 冷却水电阻率低					
h. 系统过滤器需要更换					
3. 电源能量输出					
固态电源					
a. 记录实际功率输出					
b. 记录实际电压输出					
c. 记录实际电流输出					
d. 记录实际频率					
e. 记录其他系统故障					

（续）

项　　目	所需设置	实际设置	故障指示	工艺终止	备注
f. 记录系统上下限					
射频电源					
a. 记录阳极电流					
b. 记录阳极电压					
c. 记录栅极电流					
d. 记录 RF 过载故障					
所有电源					
a. 记录能量监控故障					
b. 记录低转速故障					
c. 记录零件周围故障					
d. 记录低温 IR 故障					
e. 记录其他系统故障					
4. 感应线圈					
a. 接地故障					
b. 线圈过热					
c. 汇流排、尾板、快换夹具过热					
d. 线圈未校准					
e. 有缺陷的线圈					
f. 线圈磁通集中器缺陷					
5. 机械故障					
a. 任意故障					
b. 任意击穿故障					
c. 其他问题					
6. 冶金质量					
a. 表面硬度					
b. 淬硬层深度					
c. 淬火热形长度					
d. 显微组织					
e. 其他参数					

检测到的电源功率曲线很难与标准曲线完全一致（见图 7-3），只要在限定的范围之内就可以。样板曲线的测量需要非常精确，传送到样板零件上的能量必须满足淬火质量的需求，这样测出来的功率值才是正确的。在计算高低能量（kW · s）时，过去的计算方法存在弊端，认为 50% 的功率输出 10s 与 100% 的功率输出 5s 结果是一样的，为了缩短淬火周期，通常采用高功率输出、缩短加热时间的办法。事实上，这种做法是错误的。

检查与记录方法。前面已经简单讨论了验证和日志记录，在这里将更详细地解释一下：

（1）曲线数据表　当过程中期望出现快速变化并需要跟踪时曲线数据表是最准确的过程测量方法。它在每一个过程中同时比较实际值与高低阈值。它可以捕捉振幅的高低变化或检测信号开始的早晚。波形数据也可以保存起来供日后观察分析，同样也可以导出到相应电子表格软件中。为了得到更好的控制效果，可以修改阈值限制并传递回系统。

（2）统计过程控制（SPC）　使用采集的数据，SPC 监控整个流程确保满足质量标准。统计过程控制能很好地反映过程的稳定性；SPC 的局限性在于它不能立即检查出一个零件是好还是坏。它的价值在于，通过长期采样，SPC 可以验证淬火过程的稳定性（见图 7-6）。

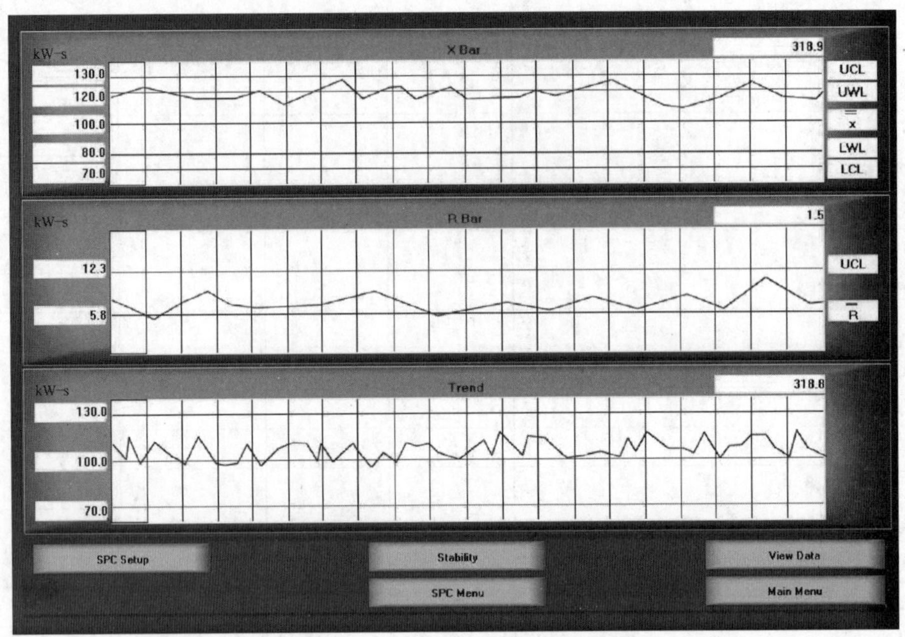

图 7-6 统计过程控制（SPC）

（3）典型故障 使用可编程逻辑控制器（PLC）或其他类型的控制器监测典型的故障。PLC 依据高低阈值检测数据。如果监测信号的幅度不随淬火循环改变，如冷却水温度，这就可以作为监测的均值（见图 7-2）。同样检测软件可以跟踪故障出现的次数并可根据需要导出现场数据，以便进行分析。

（4）数据记录 另一种收集有价值信息的方法是在淬火过程结束时或在淬火过程的间隙记录实际的数据值。在这个过程中，提取的信息可以保存在电子表格中供后续分析（见图 7-7）。

（5）金相分析 确定一个过程是否正确运行的最好方法当然是破坏性试验。金相分析是必须要做的，破坏性检验的信息必须手动记录。

	A	B	C	D	E	F	G	H	I	J	K	L	M	N
1	Date	Time	Heater #	Heat KWS	Soak KWS	Heat KW	Heat Amps	Heat Time	Soak Time	Billet Peak	Extruder Push	Pierce Ram	Main Ram	Container
2	12/1/2012	00:00:14	1	171879.73	7891.15	262.37	67.23	682.22	71.84	2051.16	8	3531.4	3344.63	3643.37
3	12/1/2012	00:30:17	1	169815.05	8164.79	263.47	94.46	666.6	70.2	2054.32	8	3425.6	3490.64	3639.82
4	12/1/2012	00:35:55	2	174502.64	9061.95	272.56	79.65	665.23	63.12	2039.84	8.01	3550.43	3426.21	3638.21
5	12/1/2012	00:42:21	1	168964.47	7471.54	265.09	93.54	661.63	64.87	2055.24	8	3551.61	3418.52	3636.91
6	12/1/2012	00:48:01	2	173987.78	8975.24	274.46	81.55	661.49	63.56	2047.53	8	3626.51	3396.65	3635.3
7	12/1/2012	00:54:01	1	169082.8	8744.83	265.54	86.01	655.69	63.15	2053.8	8	3668.12	3498.33	3633.68
8	12/1/2012	01:00:02	2	177645.72	9073.58	272.23	61.87	675.74	63.52	2049.64	8.01	3590.85	3439.21	3632.07
9	12/1/2012	01:25:52	1	173161.94	11302.02	266.9	100.62	671.1	92.36	2057.71	8	3549.24	3482.36	3634.65
10	12/1/2012	01:39:33	2	177288.34	12615.11	273.14	66.89	672.32	92.95	2042.56	8.01	3691.3	3573.99	3632.71
11	12/1/2012	03:56:13	1	134647.27	4299.73	258.93	65	392.82	40.3	2062.61	8	3688.92	3565.12	3679.55
12	12/1/2012	04:00:42	2	136593.36	4253.31	263.36	67.92	395.2	32.84	2066.18	8	3784.03	3581.08	3670.51
13	12/1/2012	04:05:27	3	140181.97	4311.48	254.74	16.66	418.47	37.17	2075.36	8	3751.34	3604.14	3666.95
14	12/1/2012	04:09:40	1	135096	4365.24	255.99	65.35	401.85	35.29	2074.41	8	3724.59	3645.52	3660.82
15	12/1/2012	04:14:05	2	136650.38	4282.02	263.14	66.98	397.56	33.01	2079.44	8	3848.82	3639.01	3657.59
16	12/1/2012	04:18:12	3	138651.38	3862.19	254.01	16.27	417.51	36.18	2090.73	8	3656.83	3675.07	3654.03
17	12/1/2012	04:22:31	1	135640.52	4172.55	258.4	64.94	403.16	40.11	2058.5	8	3757.28	3660.3	3650.16
18	12/1/2012	04:26:55	2	137132.31	4414.62	261.49	65.69	402.38	33.25	2099.36	8.01	3658.61	3605.91	3647.9
19	12/1/2012	04:30:55	3	138376.92	4046.88	255.59	16.01	413.78	36.98	2092.48	8.01	3656.83	3670.94	3645.31
20	12/1/2012	04:35:11	1	135121.55	4080.84	257.58	65.25	399.74	40.11	2055.02	8.01	3777.49	3507.19	3642.73
21	12/1/2012	04:39:39	2	136754.17	4268.71	261.73	64.94	401.69	33	2060.79	8	3657.42	3621.87	3641.44
22	12/1/2012	04:43:38	3	137951.92	3769.77	255.28	15.69	412.42	36.29	2074.01	8	3706.16	3556.26	3637.88
23	12/1/2012	04:48:12	1	134925.38	3758.55	258	63	397.45	39.31	2080.4	8	3747.77	3536.75	3636.27
24	12/1/2012	04:59:27	2	136090.64	4203.3	261.17	64.82	396.9	33.2	2068.47	8	3804.83	3623.05	3635.3
25	12/1/2012	05:03:41	3	138268.75	3878.76	253.32	15.43	420.76	36.76	2096.32	8	3721.62	3582.27	3630.45
26	12/1/2012	05:07:55	1	135202.22	3961.24	256.56	61.95	402.06	38.66	2062.76	8.01	3740.04	3588.18	3632.71
27	12/1/2012	05:12:18	2	135987.23	4215.35	260.6	61.58	400.18	32.94	2086.5	8	3743.61	3576.95	3630.78
28	12/1/2012	05:16:55	3	138846.2	4019.9	258.71	16.05	420.34	36.4	2082.95	8.01	3800.08	3504.83	3630.45
29	12/1/2012	06:18:47	1	117006.28	14427.66	241.85	52.31	376.67	126.13	2097.84	8	3690.11	3612.41	3650.48
30	12/1/2012	06:27:50	2	118344.48	14602.15	242.38	52.88	383.08	122.77	2095.47	8	3688.92	3576.35	3644.99
31	12/1/2012	06:34:00	3	120779.43	13825.44	238.02	13.18	396.69	126.09	2118.88	8	3682.98	3526.7	3643.7
32	12/1/2012	07:20:06	1	116841.85	15029.27	241.83	53.39	374.29	124.8	2087.54	8	3734.1	3695.76	3647.9
33	12/1/2012	07:29:19	2	117769.34	16463.18	244.19	52.45	371.68	122.68	2115.91	8	3704.38	3598.23	3642.08
34	12/1/2012	07:35:06	3	120400.89	13412.66	234.37	14.36	392.75	126.5	2111.87	8	3672.28	3575.17	3638.21
35	12/1/2012	07:40:07	1	116506.73	14238.99	237.95	53.47	376.16	122.3	2083.93	8.01	3648.5	3779.11	3635.94

图 7-7 数据采集

7.1.3　与监控对应的冶金破坏性测试

如果所有工艺参数都可以准确地监测，就能够大大减少破坏性测试的数量。然而在线检查可能会存在误诊断的情况，有些零件如关系到汽车安全的零件，对安全性要求很高，因此仍建议保留部分破坏性测试。这种检测涵盖了先前所有讨论的项目。

影响感应热处理显微组织的关键因素是传递到零件的加热功率、传递功率所用的时长、喷液时间、喷液量及喷液延迟时间。加热过程中，功率的变化会使零件出现淬硬层深度过浅或过深之类的情况。而喷液影响零件硬度，如果这些参数能够得到准确的监视与控制，就可以减少破坏性测试的次数甚至取消破坏性测试。控制好这些因素，加上平时严格控制材料的淬透性和组织结构、淬火液浓度和温度等因素，就可以全面控制整个热处理过程。

对热处理过程参数进行监视与控制，运用以下 6 步骤可大大减少更换零件的时间。当更换以前用过的感应线圈和加工过的零件时，执行以下步骤：

1）安装线圈。

2）载入正确的零件淬火参数。

3）手动将零件置于加工位置。

4）检查零件位置、淬火液流量和压力。

5）运行淬火程序，检查参数曲线图。图形应该设定在上下限之间。

6）通过破坏性测试试验验证产品，选取产品样板作为加工标准，然后进行大规模生产。

步骤 6 必须在恢复生产前完成。零件送到实验室进行检测验证。通常情况下，有了仿形切削分析系统，可以大幅度减少破坏性测试的频率，如每星期一次，而不是每个班一次。这节省了大量用于切割零件和分析的时间。

请注意，如果使用一个新的感应线圈或是修复的感应线圈，必须通过破坏性测试验证线圈能否符合要求，而不是由过程监控来验证，仿形切削分析系统也不能胜任。在零件被送到实验室进行检验之前，可以在机床上先进行分析，使其与标准曲线更加匹配，特别是在居里温度下的匹配，同样，这节省了切割零件的时间，尽管这个事实还没有被认可。

在前文中已经讨论过一些详细的信息，但必须遵循某些设计标准以确保尽可能准确地监测信号，这其中包括可重复转速。能量可以通过监测电源输出功率来检测，同时我们更希望在感应线圈或尽可能接近感应线圈的地方检测功率。零件必须精确且可重复定位，同时实际输出能量（kW·s）的测量计算也必须是准确和可重复的。淬火液流量和压力的监测必须准确迅速。如果这些设备放置于干扰性较强的场合，或者接近其他感应设备或噪声源，必须考虑抗干扰等问题。

7.1.4　可编程逻辑控制器

可编程逻辑控制器（PLC）在过去的几十年里得到了极大的发展。早期 PLC 仅能实现简单编程用于代替继电器。梯形逻辑也大多仅限于表征输出的常开或常闭触点。梯形图模拟继电器动作且梯形图逻辑与继电器接线图类似，这样的特性使得 PLC 编程更容易被接受。随着 PLC 的不断发展，其功能从简单到复杂。伴随着 PLC 硬件功能的发展，PLC 内部能够进行数学函数运算，PLC 可以更加有效地完成机床的监视和控制。现在，不仅仅是简单地监视开关状态或控制的开/关状态，设计者有更多的设计空间。大多数淬火机床都包含一定数量的模拟量检测与控制，譬如控制感应淬火过程的功率并确保功率达到给定值。一个先进的系统包含多个模拟量输入并控制多个模拟量输出。现在，在 PLC 内部可以通过内置的比例积分微分（PID）模块实现比例控制。在过去的 10 年中，伺服控制技术的发展令人瞩目，在伺服系统中采用 PLC 可以使系统拥有更高的抗干扰性能（鲁棒性）。基于 PLC 的伺服控制可以有效地实现多轴运行控制。在更复杂的淬火机床中，也可以使用 CNC 控制。随着功能的增强，PLC 本体却变小了，正如现在的家用计算机尺寸减小但速度却不断升高。现代的 PLC 集成了更多功能，从复杂数学计算，到 ASCII 码的功能、数据处理等。

7.1.5　系统设计时要考虑的问题

在设计感应热处理设备时，有些时候需要考虑干扰噪声，符合美国国家电气规范（NEC）设备间隙要求、监控要求和机器精度等问题。

解决感应加热设备中的噪声问题非常耗时，所以建议从一开始设计的时候就考虑。首先要考虑接地技术。正确的接地不一定能完全完成防止噪声问题，但能在一定程度上减小噪声或在噪声引发问题时更容易正确地解决。因此，一定要特别注意正确的接地（接地排、接地棒）并采用非常好的压焊技术，提供足够好的接地层。对噪声敏感的信号采用屏蔽电缆传输，屏蔽层确保在恰当的端正确接地。这些信号线应与高电压，特别是交流电流（交流电压）电压隔离。为了消除其他的噪声，可以考虑采用适当的滤波器。同时需要为所有电磁阀、接触器等加上浪涌保护。

在设计开始前就要确定需要监测的信号，在实际执行中适当的规划可以大大节约成本和时间。监测的水平和测控精度应该由终端用户的期望和生产厂商的经验来确定。例如，用户可能不理解准确监控淬火液温度的重要性，而制造商则清楚这是淬火过程的基本要求。另一方面，用户可能会意识到监控非常重要，但并没有意识到实现温度控制只需要相对简单的技术，因此生产厂商的知识可以在类似的情况中节约大量的时间和资金。

参考文献

1. "Special Process: Heat Treat System Assessment, 3rd Edition," AIAG CQI-9, Automotive Industry Action Group, 2011
2. "Control of Heat Treating Processes and Auxiliary Equipment," W-HTX, Ford Manufacturing Standards, Ford Motor Company, http://www.pbr.com.au/supplier/documents/ControlofHTProcessesW-HTX.pdf (accessed October 30, 2013)

7.2 使用红外测温仪控制感应加热温度

Vern Lappe，Ircon/Raytek Corporation，Retired

感应加热广泛应用于金属锻造、退火、热处理、焊接和其他数百个应用中。感应加热速度快，通常也易于控制。温度是其中一个关键参数，为了质量控制，需要对温度进行实时控制并记录。测量温度的仪器一般选择非接触式红外（IR）测温计。

红外测温仪可提高产品质量、快速启动、缩短加工周期并完善质量记录信息。为了实现这些目标，必须选择合适的仪器并正确地安装和维护。

本节论述了红外的基本原理，包括介绍辐射系数和 E - slope。之后进行测温计选择的讨论，特别是关于双色或单一波长测温计的选择，以及如何安装并维护。还提出了一些感应加热的典型应用及怎样通过红外测温计控制温度。虽然本节大部分篇幅讨论点测温计，也涉及了部分热像仪的内容，它也应用于感应加热过程的研究和控制。这部分内容在购买或使用热像仪记录加热过程时会提供有用信息。

红外测温仪是非接触式的，因此测量不干扰整个过程，这一点在产品移动时非常重要。红外测温仪响应时间小于6ms，测量温度范围为 -50 ~ 3500℃（-50 ~ 6500℉）。这么宽的温度范围不可能用一个测温计测量，只能用多模和多波段涵盖整个温度范围。如果安装正确，红外测温计可以克服诸如烟雾、蒸汽、灰尘、冷结垢及障碍物等阻挡问题。

7.2.1 红外测温原理

英国 William Hershel 爵士发现透过棱镜的一束白光可以变成一道彩虹。然后他使用能量计测量每一种颜色以及彩虹两端的能量，并观察每一个颜色的能量是否有差异。他发现每一种颜色确实有不同的能量，但更大的发现是当他测量高于红色部分波长的能量时，发现能量明显增大。

他称这种看不见的或不可视的能量为红外能量。这一红外光谱区域中的能量究竟有多大？一块在 800℃（1472℉）的钢炽热发光并明显地向外发散可见的能量。然而，事实上我们看见的同一块钢在红外区域发射的能量可见光区域的 100000 倍。

可见光能量与红外能量的差异在于电磁波的波长。红光比蓝光波长更长，而红外线的波长比二者更长。普遍认为所有的红外能量由所谓的光子携带。光子以光速传递，可以通过棱镜和反光镜聚焦与反射。由于速度非常快，红外能量从目标热源几乎在瞬间就传递到传感器。

以波长排列的电磁波谱见图 7-8。最短也是最强烈的 X 射线和伽马射线能穿透钢铁；最长通常也是能量最低的是无线电波。可视频谱在整个波长范围内只占非常小的一部分。

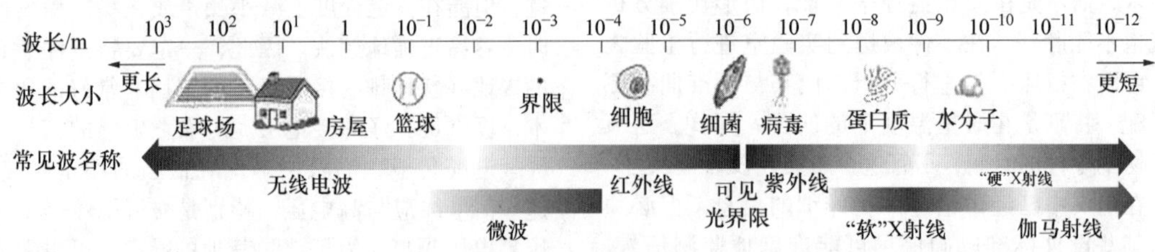

图 7-8 电磁波谱

描述红外波段的波长一般使用 μm，$1\mu m = 10^{-6}m$。人眼可以观察到的波长范围是 0.38 ~ 0.78mm。工业红外测温仪的操作范围为 0.65 ~ 14μm。总的红外区域延伸至约 1000μm，但超过 14μm 的能量通常不用于测量温度。下面是关于红外能量的一些常用信息：

1）任何 0K 以上的物体都会发射红外能量。

2）所有物体只要温度大于绝对零度 K（-273℃，-459℉），就能够发射覆盖所有红外范围波长的能量。它们同时也会发出可见光，但除非该物体被加热到高于 600℃（1100℉），否则人眼无法看到。

3）当物体变得越来越热，它在所有波长范围会释放更多的能量。

19 世纪后期，科学家们提出黑体辐射理论，并确定了红外能量与波长和温度的关系方程式。基于此，提出了普朗克（Plank）辐射曲线。这些曲线显示理想的黑体在任意温度、任意波长下能辐射出的能量值。一个理想发射器辐射出的能量与波长和温度的关系如图 7-9 所示。可以看到，可见区域的辐射能量相当低。低于 537℃（1000℉），可见光辐射几乎不可见。然而，此时仍然有大量的红外辐射。注意任意波长的辐射都随温度上升而增加，因此在特定波长下辐射值可以用于检测发射源的温度。

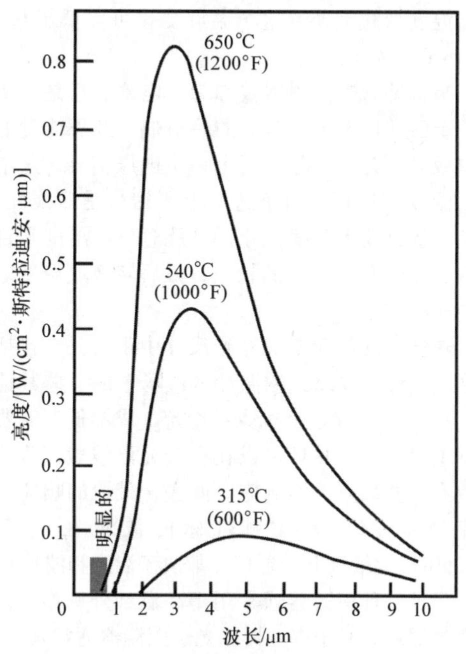

图 7-9　一个理想发射器辐射出的能量与波长和温度的关系

辐射性质。如前文所指出的，红外辐射和可见光辐射的区别是电磁波波长。红光波长比蓝光波长长，而红外辐射具有比两者更长的波长。在所有其他方面，这些辐射的特点都很相似。所有辐射都由能量的基本单元光子构成，而光子以光速直线传播，可以通过适当的反光镜反射。此外，可以通过适当的折射或棱镜使它们的传播路径弯曲或聚焦。红外测温计的响应时间是指传感器检测到能量，一直到在输出端输出信号所用的时间。红外传感器的测量较缓慢，响应时间为 0.5～2s。因此，如果温度在 10ms 内发生变化，测量仪表没有足够的响应速度实时显示正确的温度。

当被适当的机体吸收，所有的光子能量都会以热的形式消散。蓝色光子、红色光子或一个 2μm 红外光子的根本区别在于它们的波长和携带能量的大小。光子的能量与其波长成反比。

然而，如果用黑体制作测温计，针对某个应用进行测温，黑体曲线显示的温度很低。这是由于辐射系数的原因。辐射系数是指真实物体与黑体辐射量的比值。另一种定义的方式是，辐射系数是实际物体发射能量与黑体相比的百分比。例如，如果某物体的辐射系数是 0.80，这说明与黑体相比能发出 80% 的能量。另一个例子是 815℃（1500℉）的黑体和一块处于相同温度的受氧化钢在一起观察时，这块钢看上去会比黑体略冷。那是因为钢的辐射系数为 0.85，或者说它比黑体少辐射 15% 的能量。

物体的辐射系数总是小于 1，所以，为了获得目标的真实温度，必须对测量得到的目标温度进行修正。几乎所有的红外测温计（除了双色测温计），都必须设置表盘或数字键盘以便输入数字量辐射系数或辐射度。要获得正确的目标温度，需要正确设置目标的辐射系数。当设置仪器的辐射系数为 0.8 时，就会有额外的 20% 增量加到原信号进行修正，使它看上去像是从黑体辐射。请注意，20% 的增量不添加到温度上，而是被添加到检测的信号上，然后由该仪器提供正确的温度。

一旦知道了辐射系数的大小，必须将其输入到测量设备，下面有一些关于辐射系数的基本规则：

1）黑体的辐射系数是 1，这是一个完美发射器。

2）其他一切物体的辐射系数都小于 1。

3）除非测量目标是灰体，否则其辐射系数随波长发生变化。

这里需要解释一下，通常，如果两个红外测温计以不同的波长瞄准一个目标，为了获得正确的温度，测温计必须知道在相应波长的目标辐射系数。唯一的例外是一种被称为灰体的目标。灰体对于任意波长的仪器辐射系数都相同。灰体最好的例子就是被氧化的钢件。

任何在空气中被加热到 350℃（650℉）或更高温度的碳钢都会发生氧化，而它对于任何波长的测温计辐射系数都是 0.85。因此，除了发生氧化的钢件，对于任何测量目标，对应材料和波长的辐射系数必须事先确定。

辐射系数通常不变化或随温度的变化而剧烈变化，除非发生了诸如从固体到液体（如熔融的金属）

或从未氧化到氧化后等物理变化。例如：如果一个发光的钢件放置在真空炉中加热至 700℃(1300℉)，它的颜色会改变，但它仍然是同样发光。持续加热只要没有熔化，由于表面没有发生变化，辐射系数不会发生变化。当温度持续升高，金属发生熔化，这时辐射系数就会发生变化。如果钢件是在空气中加热到大约 350℃（650℉），它会被氧化而导致表面变化。如果金属继续加热到接近熔点，这时的辐射系数由于金属氧化而保持固定。但最终当它熔化的时候会有一个新的辐射系数值。

究竟目标的什么特性使辐射系数变化？这个问题的答案被称为 RAT 理论（见图 7-10），显示了一块被红外线辐射的玻璃（在这个例子中，使用 2mm 波长的测温计）。当红外能量辐射到玻璃时，首先，一些红外能量在表面被反射。所有材料都具有一定的反射系数，这是 RAT 理论中的 R（Reflection）；其次，剩余能量进入玻璃，会使玻璃升温，这是 RAT 理论中的 A（Absorption）；第三，剩余的能量会通过玻璃，这是 RAT 理论中的 T（Transmission）。现在的公式就是：$R + A + T = 1.00$。

RAT 理论与辐射系数有关。德国物理学家 Gustav Kirchoff，发现目标的辐射系数等于吸收率。如果这片玻璃在 2μm 波长处吸收了 50% 的能量，那么相同波长的测温仪器，辐射系数就是 0.50。

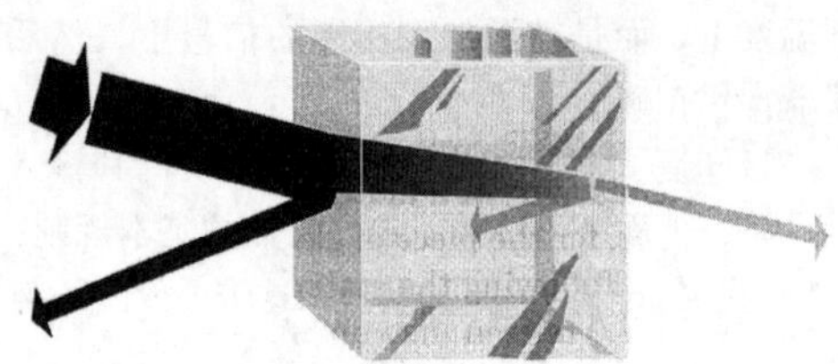

图 7-10　RAT 理论

为了确定辐射系数，要修改公式为：$E = A$，因此，$R + E + T = 1.00$，或简化为：$E = 1 - R - T$。因此，2 个影响目标体辐射系数的参数在当前波长下目标体的反射率 R 和透射率 T。对于金属，正如我们正在讨论的，$T = 0$，因此唯一需要考虑的参数就是表面反射率 R。考虑到黑色的被氧化的钢件反射率很小，这就是为什么它的辐射系数是 0.85。而像铜这样的具有光泽的材料的辐射系数大概为 0.4，就是因为它具有强烈的反射性。很多红外测温计手册中都会提供各种不同金属的辐射系数供参考。

7.2.2　红外测温计工作原理

最古老的非接触式测温计就是肉眼。如果观察对象发红光，结合实践肉眼可以确定大概的温度。肉眼拥有与红外测温计相同的基本组成。肉眼中的水晶体收集光能量并聚焦到视网膜，视网膜将光能转变为电信号并发送给大脑。大脑解释信号并基于经验得到温度。在炼钢厂、玻璃厂和热处理工厂，一些有经验的操作员通过观察发光的亮度就可以得到较为准确的温度估计。显然，肉眼测温仅适用于目测发红光的目标。红外线测温计的优势在于：可以测量低至 -50℃ 的温度并且可以一天 24h 不间断地工作。

为了测量红外能量需要一个探测器。红外测温计使用的两种基本类型探测器：热探测器或量子探测器。热探测器观测目标时也会被加热或冷却，当然，这并不意味着如果探测 1000℃ 的目标，热探测器自己也达到 1000℃。实际上，观测热源时，热探测器温度变化较小，这个温度变化可以低至 0.1℃(0.18℉)。

最常见的热探测器被称为热电堆。它是一块晶片，上面堆积了多个串联的热电偶。红外能量的辐射导致晶片升温，芯片输出一个电压信号，这个信号与温度成比例。由于这个电压信号是非线性的，该信号经过放大和线性化，以及对环境温度和目标参数（辐射系数等）的校正，最后转换成温度的形式传输给用户。

热探测器在低温红外测温计中很常见，包括便携式测温计、双线式测温计及市场上的一些其他产品。这些产品有几个优点：稳定、成本低、需要很低的电量供给，并且可以在多个光谱波段工作。它们也有一些缺点，如响应时间慢，最快的响应时间仅有 80ms，通常检测目标的波长在 6.35mm(0.25in) 数量级上或更长（取决于温度和波长）。

另外一种探测器通常用于高温红外测温计，这种探测器称为光子探测器。光子探测器通常是由硅、硫化铅、锗等材料制成，这里只列举了很少的几种材料。光子探测器实际上就是光子计数器。当由热源发出的光子辐射到探测器上，会产生某种形式的电信号，该信号与被测目标的温度成正比。这些探测器响应较快，通常为 10ms，并且使用精密光学装置以便于在相对长的距离测量较小尺寸目标的温度。

然而，仅仅一个探测器是无法获取最终的温度显示值。从探测器出来的信号要经过放大和线性化，并按照仪器内的算法和目标发射率校正后，转变为被测目标的温度值。如果仪器通过镜头聚焦，可以将可见光传播到传感器背面的操作者眼中。在可见光的传输路径中是一块小的玻璃窗口，窗口上黑色的小圆圈称为光点。光点的直径大小与探测器的直径相同。当红外线测温计聚焦时，光点用来确定测温目标的测量区域。

图 7-11 所示为一个典型红外测温传感器的组成框图。

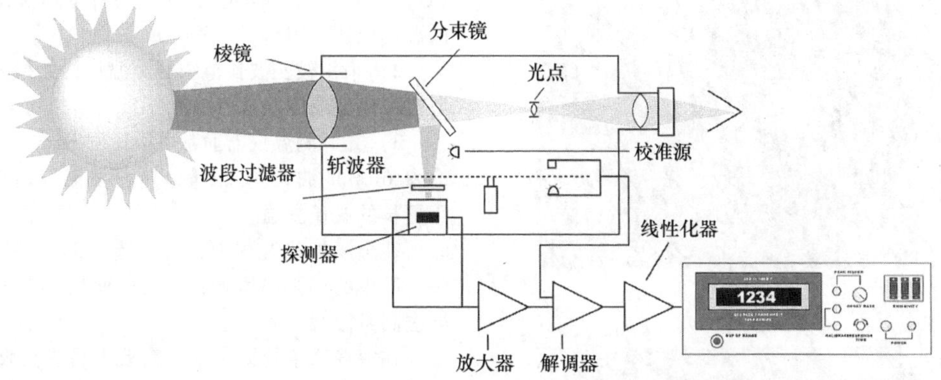

图 7-11　一个典型红外测温传感器的组成框图

（1）光学透镜　透镜主要用来聚焦探测器上的红外能量，如果测温仪器聚焦到测温目标的红外能量，透镜还能聚焦可见光供肉眼观测。透镜可以是定焦距或可变焦距的。

（2）分束镜　通常使用的是一个双色镜。双色镜设计有涂层以反射红外能量到探测器，同时将可见能量传送到操作者的眼睛。

（3）带通滤波器　探测器可以测量不同波长，所以需要告诉设备需要测量的波长范围。在探测器上放置有特殊涂层的基板，该涂层能反射所有其他波长的能量，只留下指定波长的能量。

（4）探测器　先前介绍过，这里不再赘述。

（5）斩波器　一些仪器需要用于测量尺寸很小或温度很低的对象。通常探测器采用直流（DC）电源供电，但是，探测器的输出信号甚至比探测器中的噪声幅度还低。因此，送入的红外信号被旋转斩波器转换成交流信号。这个交流电流信号经过放大和解调，转换为幅度较高的直流信号，并按照仪器内的算法和目标发射率校正后转变为被测目标的温度值。

（6）校准源　一些传感器内部有校准源。打开校准源开关，输出可以快速确定仪器自身是否准确。这不是一个经过认证的光源，必须遵循仪器使用说明书上的步骤，以便正确使用校准源。

1. 校准

黑体可以用来校准红外测温计。一个理想的黑体具有下面几个特征：

1）它是一个完美的发射器。换句话说，没有什么物体可以在相同温度或相同波长下比黑体发射出更多的红外能量。

2）这是一个完美的吸收体。任意波长的全部红外能量发射到黑体上都会被完全吸收。

3）它是所有红外测温计的校准标准。

高温校准黑体通常是一个带加热室的炉子。图 7-12 所示为典型的黑体腔体。最常见的腔体呈球形或圆锥形。腔体加热到一定的温度，用热电偶或参考辐射计（或者使用传递标准，即在测量标准相互比较中用作媒介的测量标准）测量出此时的温度值，作为标准。之后，用红外测温仪测量腔体温度，校正测温仪，使其与校准相匹配。下面是使用黑体的一些注意事项：

1）黑体必须经过校准，确保是准确的。

2）黑体不应该运输出去进行校准，因为它们在用过之后，经不起长途运输。取而代之，可以使用传递标准。就是用一个事先验证过的红外测温计检查黑体误差。

3）对黑体进行目测检查时，必须将黑体加热到 700℃（1500℉）后，再观察黑体腔体内部。腔体必须加热均匀，确保没有过热或过冷的点。

4）当选择黑体时，腔体的开口面积必须是红外测温计最小聚焦直径的 2 倍。在使用时，测温计的焦点最好设在腔体的入口处而不是后面。

2. 测温仪维护

红外测温计的常规维护相当简单：

1）透镜必须保持干净。在几乎所有的工业应用中，使用净化空气吹去传感器镜头上的污垢和灰尘。如果镜头必须要清洗，可以用软布蘸异丙醇擦洗。不能使用水作为清洗剂，因为有些镜头是水溶性的。

2）传感器必须保持适宜的冷温。有一个好的经验法则，如果一只手握住测温计感到烫手，说明传感头太热了。在这种情况下，由于温度过高导致温度补偿失效，最终造成测温计漂移或故障，此时必

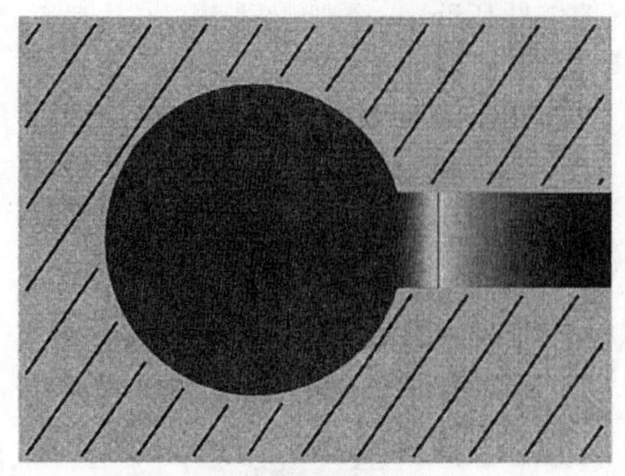

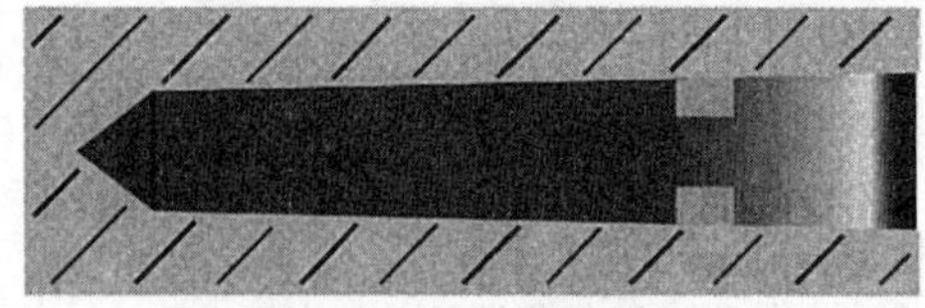

图7-12 典型的黑体腔体

须进行空冷或水冷，也不能冷却过度，这样会导致传感器内部空气凝结而充水。使用时，传感器头部保持在40℃（105℉）左右最佳，这时通常不会产生任何凝结。

3）仪器必须校准。建议传感器每年用黑体校验一次，这也是ISO国际标准化认证的要求。如果当前没有可用的黑体，用户又不想将仪器送出去进行校准，可以考虑就地使用转换标准进行校准。这是一个已经经过验证的仪器，可以用来测量目标的温度，并与现有的传感器的测量值进行比较。用作传递标准的仪器每年校准一次，并且只做验证使用。

7.2.3 如何正确选择仪器

生产厂家提供的红外线测温计种类繁多，不同型号的设备适合测量不同波长目标。对于感应加热应用，选择正确的仪器是很困难的。

图7-13所示为红外测温计的标准波长，是厂商用来测量温度的一些标准波长。在这里不讨论每个波长的细节，但是，以下内容提供了一些有用信息：

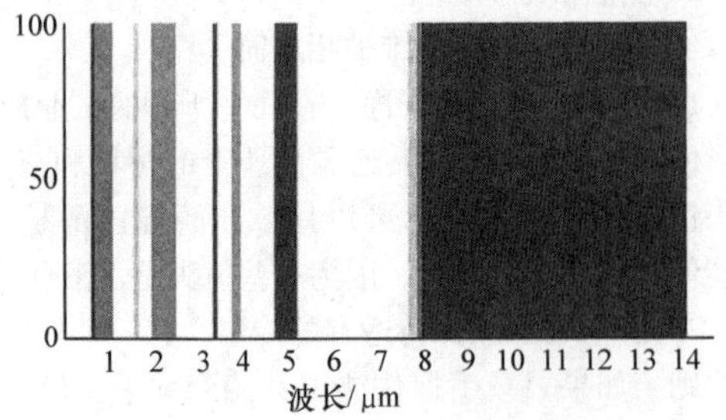

图7-13 红外测温计的标准波长

1）波长越长，可测量的温度越低。例如，0.65μm波长可以测量的最低温度约为700℃（1400℉）。而较长的波长（8～14μm）仪器可测量的温度低达-50℃（-50℉）。

2）采用较长波长范围的测温计，如果需要，可以提供更宽的测温范围。

3）光纤测温仪器通常可以使用1μm、1.6μm和2～2.6μm的波长进行测量。光纤测温仪通常不能使用更长的波长测温。

在金属加热过程中，为了选择正确的波长，有一个简单的规则可遵循：尽可能使用最短波长的仪器去测量温度。

在解释这条规则之前，需要考虑温度测量范围的选择。常规的红外测温计，波长范围较短，无法进行从室温到几千度变化的目标的温度测量。用于感应加热的测温计，其测量范围必须覆盖所要求或期望的最低温度到过程控制的最高温度。例如，与其选择一个0～1000℃（30～1830℉）的测温计，不如选择测量范围400～1000℃（750～1830℉）的测温计，后者更加实用。

为什么要用短波长测温计测量和控制金属零件加热的温度？图7-14所示为波长与辐射系数关系，显示了未氧化金属和被氧化的钢材的辐射系数曲线。对于所有波长，被氧化的钢材辐射系数均为0.85。未氧化金属或有色金属，使用一个波长较长的测温计进行温度测量，辐射系数会随波长的增加变得越来越低。辐射系数变化的原因是表面的反射增加。例如，以8～14μm波长测量较低温度的铝材，表面的反射过于强烈，导致测温计测量的是从周围环境反射的能量而不是金属本身。因此，图7-14中曲线表明，辐射系数随使用仪器波长的缩短而增加，而这符合我们的预期。

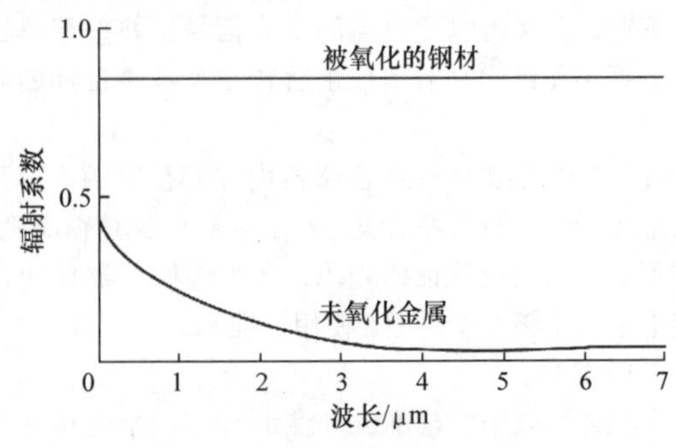

图7-14 波长与辐射系数关系

图7-15 10%辐射系数误差时不同波长测温计的测温误差，显示如果遇到辐射系数的误差为10%，选择不同波长的测温计，会发生什么样的情况。假

设目标温度为 1000℃（1830℉），辐射系数误差是 10%，可选择 4 种不同的红外测温计测量温度。首先，可以选择 0.9μm 的测温计。0.9μm 曲线是黑体在 1000℃的曲线，该曲线很陡峭，在该曲线下方的区域误差只有 10℃（18℉）。另外一个仪器选择 2～2.6μm 的波长，结果误差为 26℃（46℉）。最后选择仪器使用波长为 8～14μm，在该波长下的误差为 80℃（144℉）。很明显，如果可能的话，最好使用的波长是 1μm 的测温计。物理定律告诉我们，在相同波长下工作的任意红外测温计，温度会产生同样的误差。

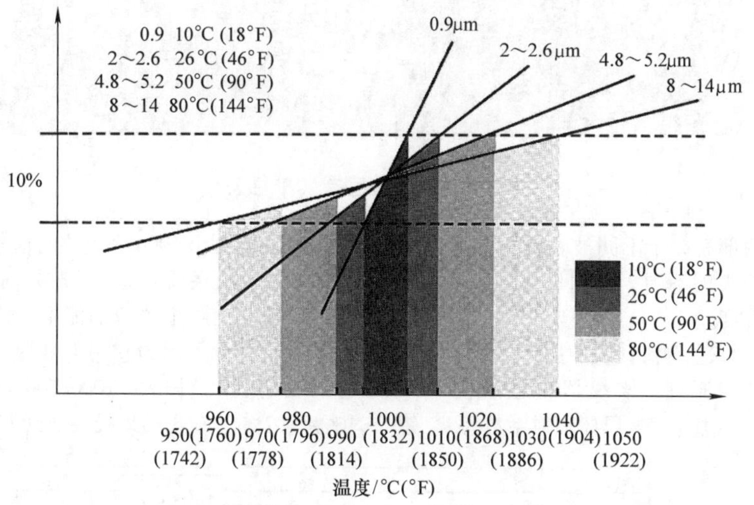

图 7-15 10% 辐射系数误差时不同波长测温计的测温误差

因此，对于所有金属加热过程的温度测量，基本规则就是使用最短波长的测温计测量温度，这将有助于针对不同的应用，选择合适的红外测温计。如果目标物体上涂有诸如涂料或塑料材料，选择可能会有变化，这将会在后文进行讨论。

1. 典型红外传感器

为了测量目标温度，有许多可供选择的红外传感器。本节介绍一些典型产品的规格供参考。典型的红外传感器采用单色的传感头（见图 7-16），并具备以下特点：

尺寸：90～200mm（3.5～8in），一些传感器甚至更小。

外壳：铝或不锈钢，NEMA 4，IP 65。

质量：1.8kg（4lb）。

焦距调整：手动和遥控。一些焦距是固定的，但大多数可通过透镜调整，使它更易于瞄准传感器。

激光瞄准：通常是可选项，但如果目标是红热的，不建议使用激光瞄准。

模拟输出：0～20mA 和 4～20mA，也可缩放到更小的输出范围。

数字输出：RS 485。

温度显示：℃或℉，视野可选择。

带有报警的持续故障自诊断功能。

可用于过程控制的内部警报机制。

可以用仪表或计算机、标准软件进行远程编程。

信号调理：均值、峰/谷选择。

现场校准：需要提供黑体。

配件：空气净化器、保护窗、水或空气冷却、观察孔、安装支架、电源 24V DC。

2. 双色红外测温仪

在感应加热行业，双色仪是一种非常常用的红外测温仪，也被称为比值测温计。一直到双色红外测温计出现之前，我们前面所讨论的红外测温计（单色测温计），实际上就是亮度测温计，这些测温计只有一种特定波长的探测器在工作。到目前为止，尽管还没有讨论这些测温计的安装问题，但是，在使用时，需要留意一些特殊的要求，否则可能会显示错误的温度。这些测温计需要使用光点聚焦，目标填满光点，同时保持测温视线通畅。烟雾和灰尘会导致测量温度变低，如果使用窗体则窗体必须保持清洁，包括测温计的镜头也必须保持清洁。任何这些干扰都将导致亮度测温计温度指示误差。双色测温仪基本上可以解决所有这些问题。

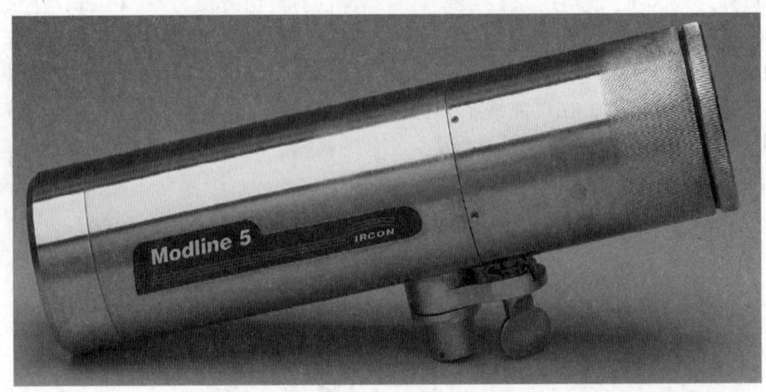

图 7-16 典型传感器（单色头）

双色测温仪内部有 2 个不同波长的检测器观测同一个热源。用户观测不到 2 个测量信号，仪器只显示目标的最终温度。

图 7-17 所示为双色测温计，用图形展示了一个双色测温计的详细原理。该仪器正在观测一个 1500℃（2730℉）的黑体，该黑体辐射系数为 1。短波长探测器测出 1000 个单位的信号（这些单位的意义在这里是无关紧要的）。长波长探测器探测同样的目标，测出 500 个单位的能量。该仪器通常被称为比值测温计就是因为它用 1 号探测器的值除以 2 号探测器的值，这样 $R = 1000/500 = 2$。当测温计得到比例为 2 时，输出结果被校准到 1500℃。

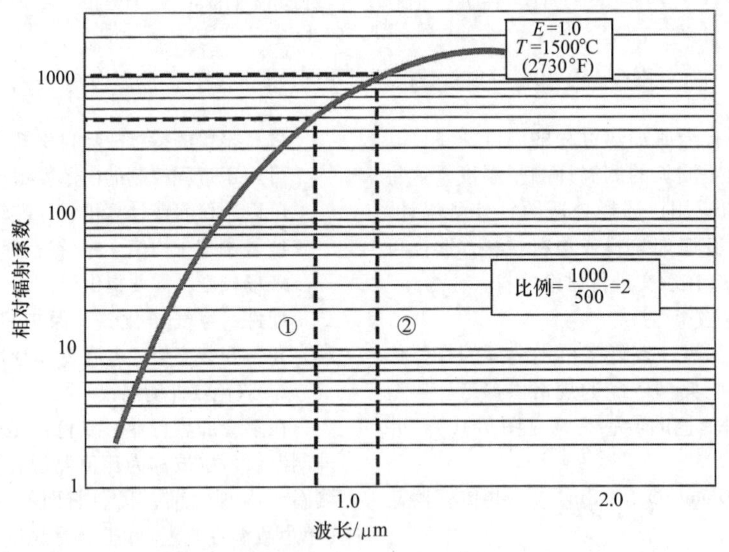

图 7-17 双色测温计

图 7-18 所示为信号损失 90% 能量时的情况，是使用相同的 1500℃ 的测量目标，但会遇到以下问题（也是单色测温计必须注意的问题）：

1）目标小于测温计的光学分辨率，无法充满光点。

2）视线中存在烟气、蒸汽和灰尘。

3）镜头变脏了。

4）测温视线中可能会出现诸如感应线圈边缘之类的阻碍。

假设由于所有这些干扰，我们丢失了 90% 的信号。这就如同我们观测一个热源目标，但它只有 0.10 的辐射系数。图 7-18 中的曲线就是设备观测能量损失 90% 情况下的黑体。这时候短波长探测器输出 100 个单位的能量而长波长探测器输出 50 个单位。这意味着 $= 100/50 = 2$，而当仪器读到 $R = 2$ 时会被校准到 1500℃，它仍然得到了正确的温度。因此，许多现实世界中影响亮度测温计的准确性问题，都通过使用双色测温仪消除了。

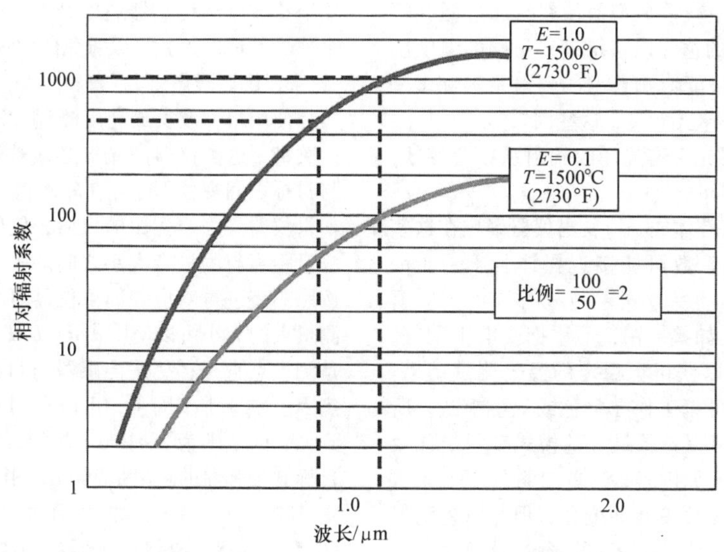

图 7-18　信号损失 90% 能量时的情况

首要问题是双色测温仪能够容忍损失多少百分比的信号，还能保证温度测量的准确性。这就是所谓的压缩比或衰减值。大多数双色测温计可以容忍 90% ~95% 的信号损失。如果损失超过 95%，该仪器通常有一个报警继电器提示超过阈值，这种情况下仪器可能显示无效（INV）且输出降为 0，以防止温度指示误差。一些仪器提供输出显示信号损失的百分比，使操作者意识到即将达到损失的警戒值。记住导致信号过低的原因是非常重要的：

1）首先要考虑的是目标的辐射系数。如果目标辐射系数是 0. 50，那么就至少已经损失了 50% 的信号，其他干扰因素只能再损失剩下大约 45% 的信号能量。

2）目标光点的填充量。希望目标尽量多地填充光点。

3）视野中的障碍物，包括烟、蒸汽、灰尘，还有脏了的窗体和/或透镜。

一旦所有这些干扰加起来超过 95%，该仪器将显示无效。由于不能改变目标的辐射系数，提高信号质量并避免无效读数唯一的方法就是移除所有可能的障碍物，并保持传感器与加热目标尽可能接近。

关于双色测温计的常见说法是：由于不依赖辐射系数控制，因此也没有必要担心辐射系数。这实际上是不对的。双色测温仪的调整（又称为 E - slope）就依赖于目标的辐射系数特性。在图 7-18 中，信号由于多种干扰被减少了 90%，90% 的损失是同时针对 2 个波长的。但是，如果一个波长损失 90%，而另一个损失 80%，斜率将不等于 2，这时候温度指示就是错误的。例如，使用一个钢化玻璃窗体而不是推荐的石英材料，一个波长透过钢化玻璃窗体的信号小于另一个，这就会导致斜率变化。

当丢失 90% 的信号时，我们假定目标的辐射系数针对 2 个波长都相同。如果不同的话，比值就不会是 2，从而导致测量误差。这类问题的典型例子就是测量熔融金属的温度，如钢液。钢液辐射系数随波长变化（即波长越短，辐射系数越高），因此，使用双色测温计需要考虑不同辐射系数值的问题。

为了修正斜率的误差，我们可以使用 E - slope 值。E - slope 设置范围为 0. 80 ~ 1. 200，它们与辐射系数设置不同。E - slope 调整设置基本上是从 2 个信号之一加上或减去一个增益量，以提供正确的斜率。以熔钢为例，通常设置斜率为 1. 08。灰体是一个例外，在之前讨论过。灰体在所有波长有相同的辐射系数。被氧化的钢件就是一个灰体，这意味着我们设定 E - slope 为 1. 000，这种材料不需要额外增加增益。这就使双色测温仪在几乎所有的感应加热应用中非常容易，因为感应加热的材料几乎都是被氧化后的钢件。但当加热其他金属，譬如铜、黄铜、不锈钢，必须设置正确的 E - slope，以获得正确的温度测量。

7. 2. 4　安装和维护

以下是红外测温计使用与安装的建议。

1. 辐射系数和 E - slope

确定这些值的最常用方法是用热电偶等另外的传感器测量目标温度。然而在感应加热过程中，热电偶可能会因为磁场的干扰而无法正常工作。同样的情况对于 E - slope 也适用。

也可以从手册中获取典型值，然后通过微调辐射系数或 E-slope 的值，以获得最终正确的温度读数。然而，有一些可能影响典型的辐射系数和 E-lope，甚至使其变得毫无意义，这些因素为

1）当表面变得光滑有光泽时辐射系数会变低，这时通常需要 E-slope 校正。

2）如果表面有腔体或开口，当仪器聚焦在这些腔体位置时，辐射系数可能接近黑体且 E-slope 为 1000。

3）有些金属，如钨、铂、不锈钢及电工钢等，使用单色测温计可以获得更稳定的温度测量结果。大部分双色测温计可以工作在单色或双色模式，所以根据实际需求，可以选择最好的模式获得最佳效果。导致这种情况的原因是，这些材料的辐射系数或 E-slope 会随着温度变化而变化，但与双色测温计相比，单色测温计受这种情况的影响更小。

4）如果表面覆盖了涂料或粉末等材料，就必须选择针对涂料等专门设计的仪器。例如，涂料和塑料通常需要选择 3.4μm 波长的红外测温仪器，这样涂层厚度和颜色就不会影响辐射系数。

2. 仪器瞄准

测温仪器不需要垂直于目标表面进行探测，保持与水平呈 30°的角度观测，依然可以得到真实温度。但只有目标表面足够粗糙的时候，才能使用这样低的角度。如果目标表面粗糙度大于测温仪器 5 倍波长，就允许低角度测温。例如，如果测温仪器波长为 1.6μm，而目标表面的粗糙度是 8μm 或更大，那么就允许以 30°的角度进行温度测量。有时改变观测角度是为了避免障碍物，或者由于加热源的辐射造成测温传感器温度升高。如果传感器置于一个凉爽的地区，就可以避免使用水冷。

3. 仪器聚焦

使用单一波长或亮度测温计时仪器聚焦是测量的关键。这类仪器的光点必须被热目标充满，仪器与目标之间视场不能存在障碍物，否则会发生错误。如果仪器是固定焦距的仪器，仪器的用户手册中有测量距离与测量点大小之间的关系图表，必须严格按照图表进行对应。如果仪器可调焦，不同距离下测量点的大小可以使用式 $d = D/F$ 进行计算，这里 d 是测量点直径；D 是传感器与目标的距离；F 是调焦因子或分辨率因子，可以在用户手册或文献中找到，它的范围为 5～300。例如，如果仪器 $F = 100$，目标到传感器的距离是 100in，相应的测量点直径就是 100/100 = 1in。如果目标直径只有 1.27cm（0.5in），就需要将传感器移到离目标更近的位置，如 127cm（50in）。

如前所述，双色测温计的聚焦问题不是那么关键。只要目标不是太小，以至于光点中填充量不足从而导致仪器指示无效，就不必完全填充光点，就能获取正确的温度。如果光点填充量太小，仪器显示无效，需要将测量仪器移近目标。

目标上的测量点大小也可以影响温度指示。图 7-19 所示为温度梯度效应，呈现了一个热钢坯和 2 个进行测量的仪器。一个仪器的测量点小而另一个测量点大。一个指示温度为 985℃（1805℉），另一个显示为 1000℃（1830℉）。两者都是正确的，这取决于测量点的大小和冷端平均效应。

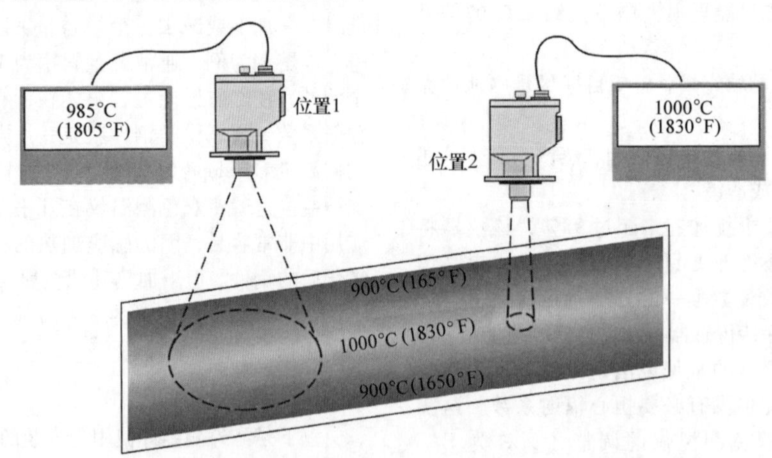

图 7-19 温度梯度效应

如果目标振动的话会发生什么，譬如正在退火的线状或棒状工件？图 7-20 所示为变化的距离，如果工件是静态的，仪器可以聚焦于很小的一点。如果工件上下振动，可能导致仪器看到一个更大的目标测量点，并在更大的区域内求平均值，只要目标还在测量仪器的可视锥体范围内，对测量结果就不

会有太大影响。如果测量点比目标还大，譬如图 7-20中显示最底部的情况，该仪表测量的温度将较实际温度低。只有双色测温计在这种情况下依然能显示目标的真实温度。

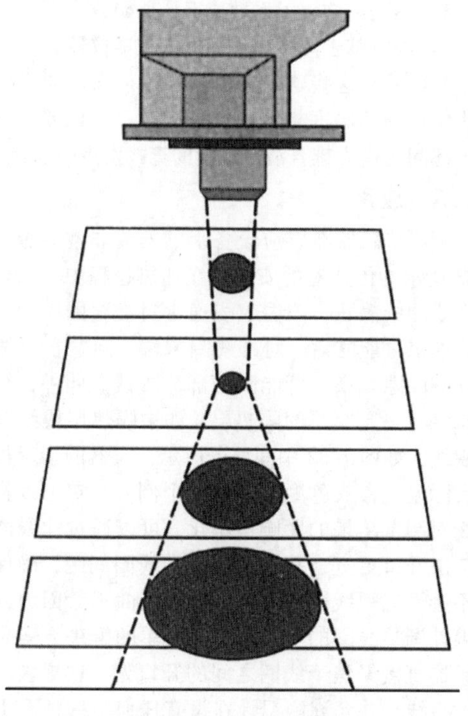

图 7-20 变化的距离

4. 视场中的障碍物

当存在诸如感应线圈、小的瞄准管和窗体开口等障碍物时会阻挡光线。如果是双色测温计，障碍物基本上对温度测量没有影响，因为它们的温度通常比实际目标低。很多感应加热应用场合，热源目标表面上存在局部冷斑点，这将导致普通的红外测温计测量温度过低。使用双色测温计能使这些局部斑点的影响最小化，但如果这些局部斑点完全充满光点就会对测量结果造成比较大的影响。随后会讨论这个问题的解决方法。

5. 间歇性目标和干扰

常见的应用以铸造的钢棒加热为例。当钢棒穿过感应线圈时，钢棒表面疏松的氧化层断裂脱落，都会产生局部冷斑。当这个斑点经过红外测温计温度将会下降。如果有大量不均匀的斑点，温度显示将变得非常不稳定。一些加热零件表面上有油渍，油渍随着温升可能形成烟雾。这些也将影响温度显示。幸运的是，大多数应用中干扰是间歇性的，而几乎所有的红外测温计都有称为峰值拣选或峰值保持的补偿功能。

图 7-21 所示为峰值拣选，显示了某个存在间歇性斑点及烟雾干扰工件的温度记录。峰值拣选器跟踪测量温度达到峰值温度，这是真正的温度值。当存在干扰时，仪器内部有一个可调节的衰减率，使用缓慢的衰减可以保证温度不会下降；因此，最终可以提供连续的实际温度显示输出。

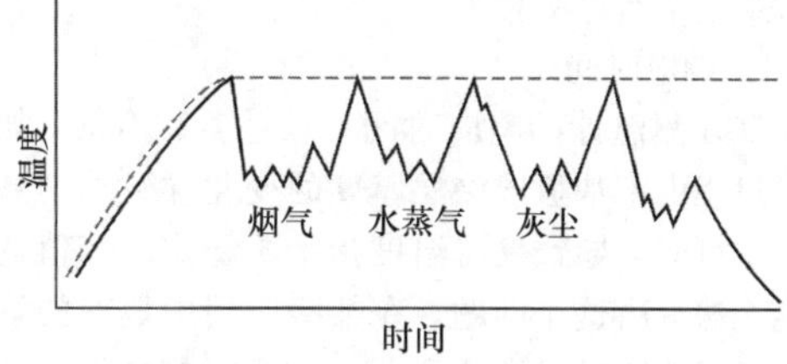

图 7-21 峰值拣选

此功能对于不连续目标的应用是非常理想的，如从感应线圈通过的小型钢坯，钢坯之间的空隙会使温度下降到 0，而之后的钢坯通过传感器又会使温度上升。打开峰值保持功能，钢坯间的空隙就会被忽略，从而保持连续温度显示。

6. 窗体

窗体对于真空炉或在工艺过程中需要导入空气的应用场合是必需的。在这些应用中，窗体必须保持清洁，而且窗体对测温计的波长必须完全透明。大多数短波长测温计推荐使用石英窗体，不推荐使用派热克斯玻璃，因为它会影响温度显示精度，特别是使用双色测温计时。

如果仅仅是为了让测温计的透镜保持清洁，没有必要使用窗体的。窗体也会变脏，需要进行清理并保持，否则仪器可能观察不到热源目标。在非常脏的感应加热应用场合，可以不使用窗体保护透镜，可以使用空气吹扫的方法将透镜上的灰尘清除。如果加热过程中不允许使用空气，就使用氮气或氩气等惰性气体。这些气体即使在温度很高时，对于红外测温计也是透明的。

7. 光纤

光纤是将红外能量传递到传感器的有利工具。光纤的优点是：

1）光纤很细，可以插入到普通光学传感器不能接近的区域。

2）光纤不冷却也能承受 200℃（400℉）的环境温度，这可以彻底消除水冷需求。

3）光纤可以弯曲，以避开周围诸如电气管道和机械装置的干扰障碍。光纤最小弯曲半径通常约为 75μm（3in）。

4）光纤不受电磁场的干扰。

光纤的缺点包括：

1）光纤不能反复或过度弯曲，否则会被折断。

2）如果光纤损坏，使用新光纤之前，仪器需要重新校准。

3）如果检查过程中存在较多水分，应该使用具有防水保护的光纤。

4）和普通测温计一样，透镜必须保持清洁，并包含空气吹扫等功能。

8. 响应时间

红外测温计的响应时间可快达 6 ~ 10ms。如果测量过程由于基板或涂层厚度的变化导致温度频繁变化，可能会导致仪器温度指示不稳定。峰值选择可能无法解决这个问题。在某些应用中最好的解决方案是将响应时间降低到 1s，对于极端情况，甚至要调整到 10s。

9. 电磁干扰

电磁干扰可能会导致仪器读数太高、不稳定，甚至在某些极端情况下损坏仪器。确保仪器不被电磁场或加热电源影响的建议如下：

1）测量仪器电源线必须干净，并良好接地。

2）信号线不能和供电电缆或继电器输出在同一个护线管道里。任何信号电缆必须单独使用一个护线管道。

3）如果传感器离感应线圈很近就会有电磁干扰，传感器必须向后移动或屏蔽。屏蔽的简单方法：可以把传感器放入钢管中并将钢管接地。

10. 反射

辐射能在热源目标表面反射也是一个常见的问题。在很多情况下，用户都希望红外线测温计能测量到炉子内部被加热零件的温度。问题是零件完全被炉壁包围，而炉壁温度比零件还高。测温计只能测量到被测热源和炉壁的混合能量，显示一个非常高的温度。这种问题可以用本底补偿的方法解决。这种方法使用 2 个红外传感器：一个传感器测量目标的红外能量及反射能量；另一个传感器测量炉壁温度。软件程序读取两路信号，减去反射的能量，提供零件的精确温度。唯一需要注意的是零件的辐射系数必须大于等于 0.75。

幸运的是，在感应加热应用中，最热的物体往往是工件本身。周围没有任何东西比工件温度高。通常，线圈内部安装有反射性能非常好的隔热材料用于改善加热。因为反射的能量来源于工件，因此不存在反射问题。

11. 精度

所有的红外测温计都有精确性和测量可重复性指标。不过，这些指标都基于测温计在出厂时的校准和特定的外部条件。现场下面这些因素都可能影响测温仪器的精度：

1）传感器过热或过冷。

2）没有保持镜头或窗体清洁。

3）电磁干扰。

4）没有正确地聚焦。

5）不正确的辐射系数或 E - slope。

6）没有基于黑体或传递标准校准仪器。

遵循所有这些建议安装仪器后，该仪器应该能够提供精确的温度指示。如果存在温度误差，建议将上述问题作为排查清单，帮助查找发生的问题。

7.2.5 应用

测温传感器在感应设备上的安装非常关键。图 7-22 所示为传感器的安装。在加热过程中，如果零件在线圈中静止，测温仪表通常对准线圈中间，或者，如果可能的话，对准线圈末端。问题在于线圈之间的间隙太小，可能阻挡部分视线。此外，线圈通常绕有一层厚厚的隔热层。如果隔热层或线圈挡住视线，如图 7-22 中间部分所示，仪器的指示将低于实际温度；双色测温计是一个例外，它可以将障碍物对测量结果的影响最小化。可以通过让线圈的隔热层开口更宽，并设置适当的线圈间距，确保它们不会干扰视线；然而，线圈制造商不会因为红外测温计调整线圈的间距。一个简单的解决方案是将传感器直接聚焦于线圈之间的开口处：这提供了最短的视线，并允许测温计在没有任何阻塞情况下观测线圈之间的加热零件。实际上可能会存在略不聚焦的情况，但并不严重。当遇到许多诸如干扰、烟雾、脏镜头和疏松的氧化皮等问题时，双色测温计往往是最佳的选择。

如果零件持续不断地穿过线圈，传感器瞄准的最佳位置是线圈末端，稍微超出一点的地方，如图 7-22 中右侧的示例。因为零件的加热在其离开线圈之后，仍会持续一段很短的距离。测温传感器安装的位置离感应线圈是近还是远，由目标最高温度点决定。

1. 温度控制

红外线测温计的最大优势就是使用简单的闭环开/关控制。使用控制器可以提高产品的质量和温度的可重复性，在某些应用中还可以缩短加热循环时间。通过使用控制器，第一个零件以正确的温度进行加工，不需要许多测试去确定工件温度，因此，可以有效减少废品率和投产时间。

更现代化的感应加热器拥有完整的计算机控制系统，可以接受来自传感器的 4 ~ 20mA 或数字输出信号，要么比例控制加热电源输送到感应线圈的功率，要么在加热周期中进行加热电源的开关控制。如果没有板载计算机或控制器，可以使用外部控制器实现能量控制。唯一需要注意的是，要确保这个控制器运行速度足够快，因为感应加热速度很快，控制速度慢的控制器可能会导致零件过热。比例或比例积分微分（PID）控制非常适合于连续的工件加热，如钢管或轧钢杆退火。一个理想的过程是：将零件加热到某个特定的温度，然后以特定的温度保温一段时间；保温时间可以是内部控制功能控制，也可用外部定时器。如果生产线速度、材料大小、管壁厚度，甚至电源频率发生变化，PID 控制器可以根据这些变化，并提供恒定的零件加工温度。

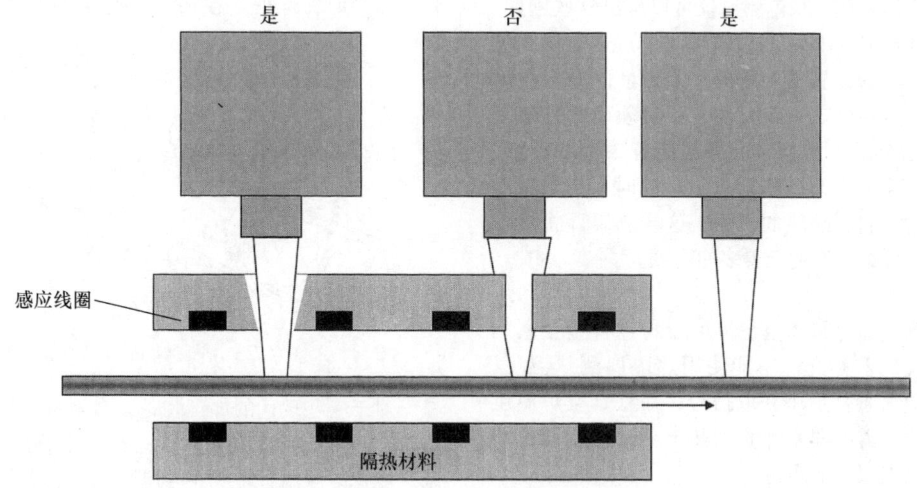

图 7-22　传感器的安装

有许多感应加热过程，将零件加热到特定温度，然后关闭加热电源，从线圈中取出零件。这是一个典型的开/关控制过程，开/关控制确保每一个零件都在正确的温度下加热，与电源线圈的功率无关。在白天电网负荷大，电源功率小的话，加热周期会长一些，而夜间有更多可用大功率，可以利用开/关控制器，缩短加热循环时间，不用对工艺过程进行修改。

2. 质量控制

许多行业，如汽车制造和航空航天零部件及紧固件生产等几乎所有行业，要求记录每一个零件的生产全过程，部分数据记录需要保留。红外测温计可以提供 4～20mA 线性输出，也可以采用 RS 485 或其他数字方法，提供温度数据记录。

3. 锻造

在放置到模具内锻造之前，钢坯需要进行预热，这是感应加热的一个巨大市场。如果锻造成形过程是自动的，那么钢坯被连续加热，利用 PID 控制，可以确保每一个钢坯在正确的温度下进行锻造。如果钢坯过热，冶金性能可能会受影响，导致零件报废。如果钢坯过冷，锻造时可能破坏模具，导致昂贵的维修费用和停机时间。

更常见的锻造工艺是对每个钢坯进行独立加热，然后将其放在模具中进行锻造。通常，钢坯在感应线圈中加热后，退出线圈，通过滑槽流入模具。当钢坯滑过传感器，传感器判定钢坯加热温度是否合格，要么让它继续进入模具，要么将其引回一旁重新加热。由于钢坯上有氧化铁皮存在，所以测温计选择双色传感器，因为双色传感器受氧化皮脱落的影响较小。此外，推荐用峰值选择法滤除各种干扰，使测温计能够测量到零件峰值或最高温度，使用仪器集成的开关控制功能，加上必要的继电器，指示出零件是否合格。需要注意的是，传感器不应安装在铁锤或其框架上，否则振动可能会造成传感器损坏。如果可能，给它提供独立的支撑架。

4. 感应钎焊

使用感应加热方式将两种金属进行钎焊是非常普遍的应用。然而，使用红外测温计控制温度，需要采用与众不同的方法。通常的做法是，在安装时，将仪器直接对准钎焊材料以确定钎料温度是否足够高。这种做法的问题是钎焊材料的熔化会导致目标辐射系数发生巨大变化，从而导致温度测量误差较大。建议将传感器对准紧挨钎焊点的要焊接的两个金属零件中的一个，这样可以消除由辐射系数变化引起的误差，确保金属零件加热到足够高的温度，使钎焊材料熔化并让两个金属零件焊接到一起。双色或亮度测温计都可以用于感应钎焊。让传感器尽可能接近焊点位置，但又不能对准焊点，这很重要。

5. 金属熔炼

钢铁、灰铸铁、铜、黄铜和青铜是少数可以通过感应加热熔化的金属。可以选择热电偶作为温度传感器，但由于经常损坏和更换，使得成本迅速增加。红外测温仪已经开始应用于测量和控制熔体温度，常用的是双色测温仪。这些应用的难点在于环境中存在的大量烟雾和灰尘，以及金属的辐射系数随温度变化而变化，双色测温仪可以解决这些问题。首先必须确定 E - slope 的值，可以通过热电偶测量熔体温度，然后设置 E - slope，让测量仪显示温度与热电偶温度一致。一定要注意，必须确保仪器观测的是实际金属的表面，上面不能有熔渣和浮渣。这些熔渣和浮渣会改变辐射系数。同时，如果熔渣足够厚，它将起到隔热的作用，这样测温计将会得到比实际金属熔化温度低得多的温度。

6. 真空炉

使用感应加热，真空炉可用于特殊合金金属的热处理、烧结和熔化。不能使用热电偶测量温度，因为热电偶很难从炉中获取信号，而且真空炉温度非常高，这将需要非常昂贵的热电偶。使用双色测温仪则可以克服以下问题：

1）为了观测目标温度，真空炉需要提供一个非常小的窗体，直径通常为 1.27cm（0.5in）。窗体很小的原因是防止高真空引发的破损。

2）窗体在加热过程中容易变脏。

3）感应加热线圈间的间隔非常小，可能会阻碍测温视线。

双色仪器在这些问题下仍可以正常工作，并且不影响温度测量精度。应与窗体制造商进行协商，包括窗体类型和可能对精度产生的影响等问题。

7. 紧固件

许多行业采用感应加热进行紧固件热处理，如汽车和航空航天领域。紧固件热处理包括螺纹温热成形、头部镦粗、特殊的紧固件锻造及热处理。温度控制是确保所需的金属特性至关重要的一环。大多数紧固件热处理使用开/关控制，以确保每一个零件都被加热到正确的温度。红外测温计提供模拟和数字两种形式的温度输出，为了保障质量和流程顺序的准确性，可以保存温度记录。

根据测温范围，可以选择单一波长或双色测温仪。双色测温计最低测量温度为 600℃（1112℉）。如果温度低于 600℃，就需要考虑在 1.6μm 波段工作的测温仪器，可测量从 250 ~ 2000℃（482 ~ 3632℉）的温度范围。

8. 管材加工

汽油、液压和制动管路及排气系统中的管子，由连续的扁平不锈钢板卷制而成。设备由一系列的滚筒组成，这些滚筒将带状钢板加工成管状。图 7-23所示为管材的感应焊接，显示的是一条钢管焊接生产线，钢板正通过感应加热线圈，感应线圈产生的磁场对钢板边缘进行加热，使其熔化，滚筒压迫两个边缘合拢并焊接到一起。红外测温计瞄准焊接后的位置，控制整个焊接过程。使用测温计解除了因为走线速度变化导致的质量问题。

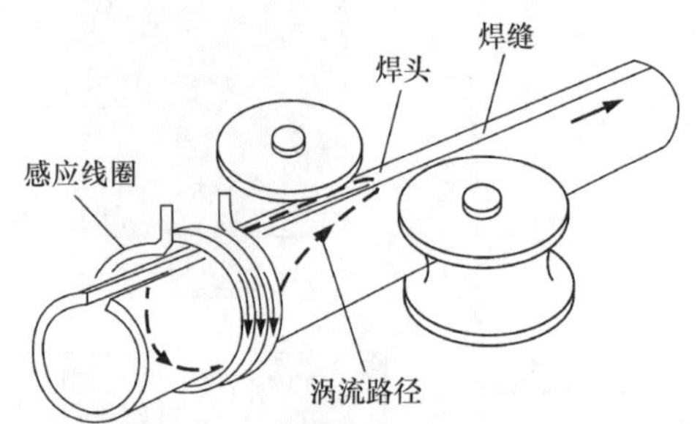

图 7-23 管材的感应焊接

对于一些现代的加工装备，金属板厚度的变化，钢管直径可能发生变化，这些都要求感应加热功率随之变化。测温计能检测到温度变化，并调整电源输出功率，实现良好的焊接。双色测温计是实现管材加工温度控制的最佳选择。焊接位置从一端移动到另一端，只要焊点在仪器的光点尺寸内就能够控制温度。通常钢管表面状态也可能发生变化，双色测温计也能够适应这些变化。在某些应用中焊接后立即使用喷淋水冷，测温计必须瞄准没有水的位置。如果喷水是间歇性的，使用峰值选择法就能解决干扰，毕竟没有任何红外线测温计可以透过水层测量温度。焊接后，钢管再由另一个感应线圈重新加热进行焊缝退火。焊缝退火同样可以由双色测温仪进行温度控制。

9. 涂料的固化与黏结

感应加热同样可以用于涂料的固化和黏结。这里介绍这类过程的一些例子。

（1）钢筋　在桥梁和混凝土路基建设中，加强筋通常覆有粉末涂料防止它们生锈或被渗入混凝土的盐损坏。钢筋先由感应加热器预热，然后将粉末涂料喷涂到钢筋上。钢筋预热到一定温度，固化钢筋上的涂层，确保与钢筋足够紧密的黏结，即使将钢筋弯曲成任何想要的形状，上面的涂层也不会有裂纹或脱落。对于这一类应用，使用单波长测温仪即可，根据测温范围需要，可以选择波长范围为 2 ~ 2.6μm 的传感器。

（2）卷材涂覆　涂上漆的金属卷材用于对排水槽、金属壁板，甚至家电的生产。金属卷材是在很长的热风炉中涂覆并烘烤。当操作员想要加快处理速度，或当需要处理较厚的金属时，需要更长的热风炉，然而由于空间限制未必可行。为了解决这个问题，在热风炉出口处加感应线圈，用来提供最终的温升确保涂层的固化。这时使用工作范围为 3.4 ~ 7.9μm 的仪器来测量涂层温度。选择这两个波长，可以确保测温计测量的是涂层的温度而不是金属工件的温度。如果涂料温度太低，它不能恰好黏结到金属上；如果涂料温度太高，颜色会受到影响。涂层金属材料在家电市场应用非常广泛，而且涂层颜色非常重要。

（3）电缆涂覆　电缆在感应加热炉进行预热，然后通过塑料挤压机将塑料覆盖在电缆表面。电缆的温度对于确保塑料与电缆的黏结至关重要。因为电缆比较细，温度低，需要使用工作范围为 2 ~ 2.6μm 的测温仪器，这种测温仪测量温度范围较窄，同时可以看到大小为 0.41mm（0.016in）的光点。这里由于电线的振动引起电线频繁的进入或离开光点，因此必须使用峰值选择功能。峰值选择功能确保温度连续准确地显示，PID 控制器确保温度控制精度。

（4）热浸镀锌生产线　在钢铁厂中进行钢板镀锌，涉及一个称为回流的过程。钢上面涂覆了一层要形成镀层的锌，但要使镀层光滑，必须使用感应加热器对钢板再次进行加热使锌熔化，这样，锌的涂层回流成一个更平滑的表面且锌花更小。这类应用需要一个短波长的测温计，通常工作范围为 1.6μm，测温计必须直接瞄准实际回流点，以提供准确的温度测量。

10. 其他应用

感应加热的应用有数百种，下面仅列出其中的几个主要应用。

1）齿轮、刀具、杆类、轴类零件的锻造。

2）铁路钢轨、齿轮和阀门的表面淬火。

3）钢带、管材、刀具等的退火。

4）食品罐金属盖的密封。

5）半导体晶体制备。

7.2.6　热像仪

感应加热零件的热成像技术变得越来越有用。在过去的几年里，热像仪制造商已经提高了软件效果并大幅度降低成本。热像仪有两种：便携式热像仪和在线式热像仪。

热像仪实际上是一个用于温度测量的相机，它可以捕捉完整的静态或动态目标的热图像。通过软件分析，很容易得到图像中任意点的温度。热像仪的主要功能都集中在热像仪提供的软件中。通过软件，可以定义比表面积，进而测量该区域内温度，温度输出用于闭环控制或报警。热像仪不仅可以用于温度测量，也可以用于机器视觉，它可以判断零件是否在正确的位置。

热像仪上的探测器是特有的，它是一块半导体芯片，包含很多个独立的嵌入式探测器。芯片通常被称为焦平面阵列（FPA），意味着所有的嵌入式探测器集成在一块平整的芯片上。每个嵌入式探测器被称为一个像素，典型探测器包含 320 × 240 的像素阵列，共计集成了 76800 个单体探测器在一个焦平面阵列中。图形质量就取决于像素点的数目，便携式热像仪像素点较少，而在线式热像仪的像素点可能多得多（如 640 × 480）。最初的探测器需要通过温度差制冷提高其灵敏度，现在大多数探测器都不需要冷却了。

此外，一些探测器被称为微测辐射热计。这种类型的探测器有以下特点：

1）单个像素接收来自目标的热量并被轮流加热。很明显它们与实际的目标温度并不一致。

2）已知的电压或电流通过每一个像素点。

3）这些元素或像素对温度敏感，温度上升会导致它们的电阻变化，电阻变化则反映了目标温度的变化。

4）集成在相机或安装在 PC 中的软件将这些来自个体像素的信号，以适当的顺序进行整理并最终呈现出热图像。

1. 热成像的技术术语

当购买热像仪时，建议仔细分析产品的技术指标。一些对用户非常关键的指标包括：

（1）像素　像素数越大呈现的图像越清晰。便宜的和便携式热像仪往往像素数较低。

（2）波长　就像红外测温计，热像仪在特定波长下工作。便携式热像仪通常工作范围为 8 ~ 14μm，这样它们可以测量低温。对于高温应用，有些热像仪通常工作在 1μm 或 1.6μm 波长，以及稍微长一点的波长，这些热像仪可以测量 2000℃（3630℉）甚至更高的温度。

（3）镜头　所有热像仪都有一个视场（FOV），视场决定在一定距离下热像仪观测目标的大小。广角镜头可用于非常宽的目标，因为视场变大热像仪可以距离目标更远，广角镜头使每个像素测到的独立点变大。

（4）最小可分辨温度差（MRTD）　这是热像仪对于目标和背景可分辨的最小温度差。

（5）噪声等效温度差（NETD）　对于特定透镜焦距比数，热像仪在电子电路噪声环境下，可以测量到的最小温度差。

（6）刷新率　每秒由传感器创建新图像的数量。

这个数字是由电子设备速度决定的，刷新率低则只能测量相对静态的目标。

（7）快门　一个像标志位的内部机械装置。当快门激活，会让所有的像素校准到一个统一的温度。这个过程可以是自动或手动的，但在成像仪中这是非常有必要的，否则微测辐射热计的像素会漂移并导致图像退化。

（8）关注的区域（AOI）　相机或PC中的软件允许操作员在热图像中绘制各种形状，这包括圆形、正方形、平行四边形或任意形状。软件可以提供相应区域内像素检测到的最高、最低和平均温度。也可以在每个AOI内设置独立报警和输出。

（9）辐射系数　与标准的红外测温计一样，热像仪必须考虑测量目标的辐射系数。有些热像仪对整个图像采用相同的辐射系数值。如果实际应用中有不同的表面材料，操作员必须根据实际辐射系数推断真实的温度。先进的热像仪可以在每个AOI设置局部辐射系数，以确保准确的温度测量。

（10）传输　如果仪器必须通过窗体观测，软件可能需要一个输入校正，由于透过窗体导致的信号损失，这个信号损失取决于窗体的材料和热像仪的波长。

（11）背景补偿：当观测目标周围背景比目标更热时，热像仪将遇到反射能量的问题，这将导致温度读数过高。如果背景温度恒定且已知，将背景温度值输入，软件将移除由反射引起的温度误差。

（12）色板　大多数热像仪允许操作人员确定图像的颜色应该如何呈现。可以是简单的黑白图像，或多达64色的彩色图像。通过设置温度跨度，每种颜色都可以表示小到1℃（1.8℉）的温度变化。色板的数量可能只有4～5个，也可以多达16个。

（13）温度跨度　热像仪能够测量很宽的温度范围，而操作者可以选择一个更具体的温度跨度，提高图像和输出的分辨率。当然，这并不能提高精度。

2. 便携式热像仪

便携式热像仪的结构相当复杂，它具有以下功能：

1）自动对焦，激光瞄准。

2）画中画，聚焦到目标真实的画面时，旁边显示其热图像。

3）图像可以保存并输入到计算机中，作为将来的参考。

4）具有录音功能，允许操作员在记录时描述目标。

5）多个调色盘和温度跨度。

6）用户可以设置报警限值。

7）可以用作视频摄像头。

8）刷新速度快达30Hz。

图7-24所示为典型的由便携式热像仪拍摄的泵的热像图。注意较热的区域表示可能出现问题。

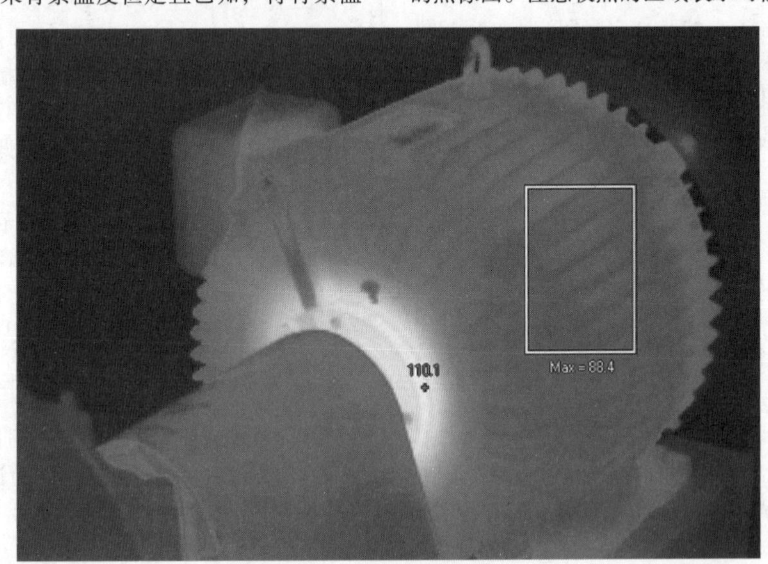

图7-24　典型的由便携式热像仪拍摄的泵的热像图（Fluke Corporation）

作为一个便于运输的设备，便携式热像仪可用于设备维修、维护。典型的应用包括电气连接局部过热检测，不正常的冷却水流量检测，进入锻造模具前钢坯温度检测及轴承、马达、泵和齿轮箱检测。

3. 在线热像仪

在线热像仪安装在固定位置，提供目标的连续图像和输出。该仪器具有以下额外优势：

1）实况连续图像。

2）定时成像。

3）多达 64 个 AOI 并可设置独立的报警和输出。每个 AOI 可以提供区域内最高温度、最低温度或平均温度，并可根据这三个参数中的任意一个进行报警。

4）输出可用于温度控制。

5）可以根据报警、时间或零件数自动保存图像和归档。

在线热像仪的应用包括：感应焊接的连续测量、焊缝退火的连续测量、凸轮轴或曲轴热处理的完整成像，确保每一个轴载表面都能得到准确加热，以及锻造工件从模具取出时的最终成像。

热像仪最关键的优势就是可以提供工件的完整温度图像。它可以预防零件局部过热或局部过冷的情况，而正常光点测温计无法做到这一点。热成像技术可以加速加热设备的安装甚至在零件的加热过程中。它甚至可以用来控制一个目标上多个位置的表面温度。需要指出的是，热像仪的成本比光点测温计要高，通常也需要 PC 运行相应的软件。

7.3 感应加热控制系统

Michael Rugg，Interpower Induction

在感应线圈和电源设计应用完成之后，感应加热系统的控制就提到了议事日程。

一个感应加热系统一般包括：

(1) 感应线圈　根据零件和热处理工艺要求设计。

(2) 加热电源　根据热处理工艺要求和感应线圈设计。

(3) 机床控制　采用计算机或 PLC 控制。

(4) 接线端口　从机床控制系统到加热电源的输入/输出（I/O）。

(5) 用户界面　用于操作控制的操作员输入设备。

(6) 安全控制　完整的安全控制和安装设计。

感应加热对控制系统的要求：

(1) 电源接口程序　能够启动电源的控制软件设计。

(2) 机床控制程序　能够满足机床和加热电源的所有控制要求。

(3) 用户界面程序　使用户能非常简单地设置参数和运行系统。

(4) 温度控制程序　能够实现对整个加热过程的精确控制。

除了电源控制器与 PLC 的接口，感应线圈和电源的内容不在本节的讨论范围之内。加热电源由功率半导体器件构成，加热电源是一个独立的系统，自身具有保障措施和参数监控功能，监控的参数包括功率、电压、电流、温度、冷却水流量等，安全措施包括门联锁装置、对设备和操作者的保护电路等。这些也可以采用 PLC 进行监控。

7.3.1 机床控制系统/接口布线

可以采用 PLC 或计算机作为机床主控制器，为了控制加热电源，需要采用通信方式或 I/O 与加热电源控制系统相连。通信可以是 Ethernet（以太网）、Ethernet I/P、DeviceNet，PROFIBUS（现场总线）或控制器能够识别的其他通信标准。通信或专用 I/O 的握手信息必须是相同的。专用 I/O 可以是集成在 PLC 上的，也可以是远程 I/O，安装在电源上。图 7-25所示为电源控制的远程输入/输出（I/O）控制，显示了一个安装在加热电源内的机架式远程 I/O 模组。

图 7-25　电源控制的远程输入/输出（I/O）控制

从 PLC 传送到加热电源控制模块中的信息至少包括：

(1) 启停控制　启动或停止向加热线圈输送功率。

(2) 故障复位　如果电源不能自动故障复位时需要 PLC 发出故障复位信号。

(3) 额定功率值　零件加热所需功率的模拟值。根据工艺要求可以是固定的或变化的。

来自加热电源的诊断信息包括：

(1) 备妥　加热电源已经准备好，可以发出控制指令，控制加热电源运行。

(2) 加热启动　在加热过程中，PLC 可以实时检测这个信号，确保电源正在运行。

(3) 欠流（故障）　供电电流低，无法满足要求，加热电源关闭。

(4) 过流（故障）　供电电流高，无法满足要求，加热电源关闭。

（5）入水口温度高（故障） 入水口温度检测开关显示当前水温高。

（6）出水口温度高（故障） 出水口温度检测开关显示当前水温高。

（7）水压低（故障） 冷却水压力低，系统冷却不充分。

（8）SCR 或 IGBT 故障 电源检测到自身内部电子线路问题。

（9）过电压（故障） 电源检测到自身内部过电压问题。

（10）欠电压（故障） 电源检测到自身内部欠电压问题。

（11）线圈短路（故障） 电源检测到线圈短路问题。

（12）功率限制（故障） 电源检测到自身内部功率限制问题。

（13）电压限制（故障） 电源检测到自身内部电压限制问题。

上面的任何一个或全部，包括其他没有列举出来的问题，可用于控制系统中对机床进行故障诊断。为了防止自身损坏，电源根据这些故障信息自动关闭。

7.3.2 操作界面

对于感应加热系统来说，数据显示和参数输入也是非常重要的。通过在后台运行故障诊断程序以及当前屏幕显示的故障信息，操作人员可以对电源问题做出诊断，必要时进行处理。图 7-26 所示为电源启停和状态显示屏，这是一个典型的加热电源手动操作界面（2 个电源），屏幕上显示的是电源的故障检测信息，在此界面，操作员可以手动对加热电源进行启停控制，屏幕上还可以显示诸如电流、功率、频率等运行参数。对于训练有素的操作者，这些参数可以表明机床的早期问题，以及零件加热特性和电源的所有参数。

比较 2 个不同的电源显示屏幕，见图 7-26 和图 7-27，很明显，感应加热应用中，加热电源的参数设置和控制并不复杂。图 7-27 所示为简单机床的电源控制面板，显示的是安装在感应线圈上的仪表读数，加热电源启停控制由“START”和“STOP”按键执行，功率调整由“AMPS UP”和“AMPS DOWN”按键执行。通过屏幕，还可以进行自动/手动模式选择，本地/远程模式启动，菜单（对应不同零件的加热电源参数）选择，比例积分微分（PID）设置等。远程启动功能允许用户从其他操作地点（如控制机床的 PLC 等）控制加热电源运行。

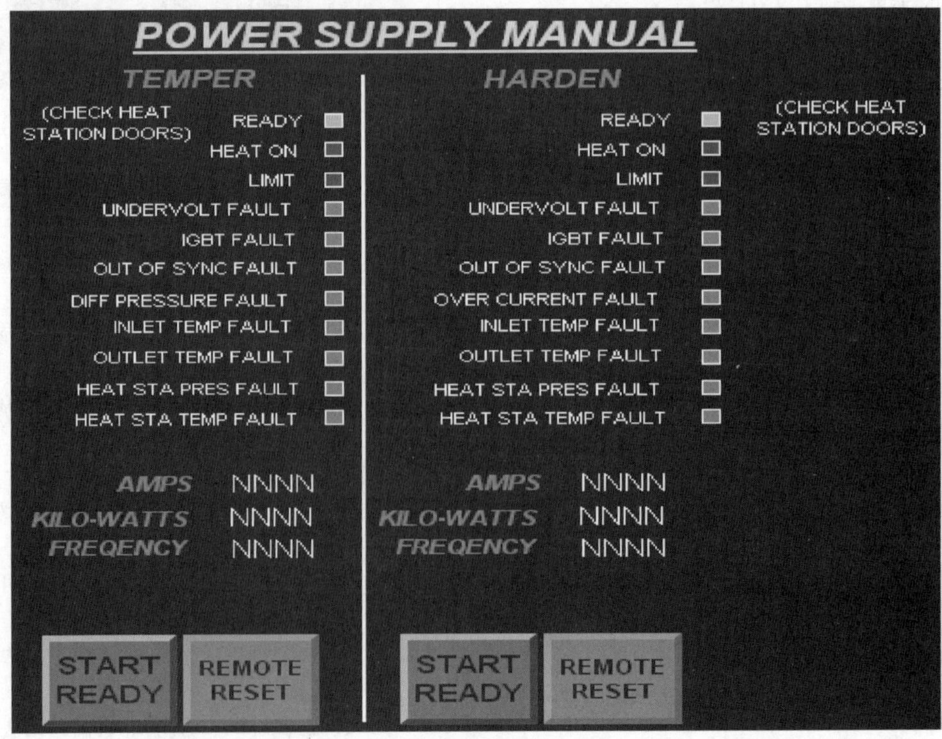

图 7-26 电源启停和状态显示屏

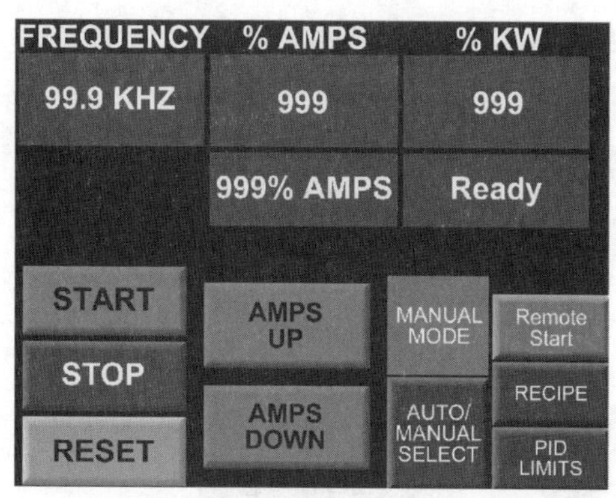

图 7-27　简单机床的电源控制面板

注意：除了当前显示信息之外，还有其他的一些界面，显示加热电源用于机床的其他功能信息。但这里仅关注感应加热部分，因此不再对这些信息进行详细介绍。

7.3.3　安全控制

由于在感应加热应用中使用有大功率电子元器件，必须考虑安全问题。如果加热电源自身具有安全启停功能，问题就简单了。为了保证安全，标准的机床配有急停按钮（E－STOP），主接触器配有控制继电器（CMR），继电器的配置简单方便。感应电源功率特别大，通常包含几个独立的馈电器，在配电装置前面安装一个安全接触器会使成本成倍增加，可以通过在主断路器前加入并联跳闸装置来实现这一功能。为了安全的需要，断路器可以随时切断电路。在某些情况下，可能需要加热电源提供大的供电电流，此时，可以在断路器后可以安装固态熔断器，有时使用并联跳闸装置来关闭系统是非常经济的。

7.3.4　电源、操作界面和机床编程

感应电源就像一种厨房煤气灶：它要么是开，要么是关。需要加热时控制器直接启动加热电源，达到所需要的热量时，立即关闭加热电源，只需要根据需求设置加热时间和功率。

感应加热应用非常广泛，简单的系统，可以用一个单线圈对汽车发动机罩进行 94℃（200℉）左右的边缘加热，进行密封胶的固化；复杂的，如应用于锻造行业的多匝复杂线圈加热系统。图 7-28 所示为装有红外测温的多匝线圈感应加热系统，是一个多匝线圈应用的生产线，每个感应线圈由独立加热电源供电，同时进行区域温度控制。温度传感器直接穿过感应线圈、检测零件温度、调节加热电源功率。在这条生产线上，安装了多个红外测温仪，一直瞄准线圈中的零件。在生产线内部，线圈弯曲环绕在这个区域，以便当零件通过线圈时可以看到零件。坯料从一端进入生产线，在每个线圈内被加热到相应的温度，达到锻造温度（1200～1290℃，或 2200～2350℉）后，在另一端被推下生产线，并输送到锻压机。

依据坯料不同的传送方式，生产线会有一定的差别。静态加热，坯料输送到感应线圈中，按照预先设定的电源输出功率，加热一定的时间，再被移出感应线圈，能量（kW·s）决定零件的温度。图 7-28所示的多匝线圈生产线，以设定的速度使坯料连续进入线圈，同样，能量（kW·s）决定零件离开线圈的温度。图 7-29 所示的辊筒感应加热装置中，分离式线圈装置，我们可以观测到从一个线圈到另一个线圈，零件温度逐步升高的过程。

图 7-28　装有红外测温的多匝线圈感应加热系统

7.3.5　温度控制和编程

温度控制是感应加热控制系统的核心。对于后续工序来说，必须保证加热零件温度的一致性。

图 7-29 辊筒感应加热装置

1. 手动温度控制

对于绝大多数的感应加热工序，采用的感应加热控制系统不同，对能量的控制都基于千瓦秒（kW·s），通过设置加热电源输出功率、零件在线圈中的移动速度或加热时间来实现。可以通过改变零件的移动速度（加热时间）或电源输出功率等工艺参数，保证零件加热温度的一致性。

使用手动控温，不管整个循环中零件的动作如何，在加热周期结束时，零件的一致性会非常好。对于采用多线圈的感应加热生产线，第一个进机零件，也是第一个加热到设定温度的出机零件。生产线应该可以剔除不合格的零件。使用一个或者两个感应线圈时，这是首选的方法。

2. 自动温度控制

比例积分微分（PID）控制是典型的温度自动控制方法，是所有独立温度控制器所使用的标准算法。除非是在加热过程中，出现大量氧化铁皮，导致升温速度太快的情况，否则，PID 算法的温度自动控制都可以应对自如。图 7-30 所示为有氧化皮的工件，这是一个典型的例子，由于出现氧化皮，导致温度上升。当然，这可以通过加入惰性气体，控制线圈内的气氛成分，解决氧化皮的问题（然而，加入惰性气体，可能会出现更大的问题）。

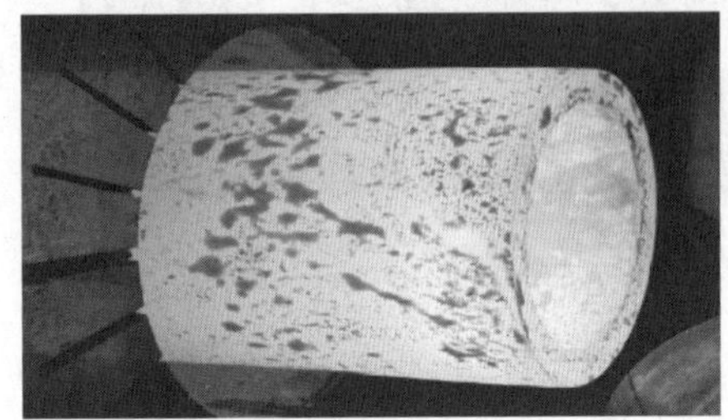

图 7-30 有氧化皮的工件

零件上的氧化皮会降低红外测温仪的输出值读数。PID 只是一种控制算法，计算结果与反馈精度有关，反馈温度低，加入电源的输出功率就会增加，控制的零件温度就可能会发生变化。在这一方面，现代的红外测温计已经取得很大进展，克服了早期红外测温计的问题，采用双色测温计，只需要较小的测温面积，就能得到精确读数，进而确保感应加热系统的精确控制。

在加热过程中，如果零件是移动的，可以通过使用红外热传感器中的峰值局部消除氧化皮的影响，降低零件温度衰减率。这种方法，当零件通过时可以保持较高的温度输出值，测温计可以透过氧化皮测温，并得到更为准确的读数。

分区控制系统在每一个逆变器上都使用一个 PLC，并与主 PLC 相连。对于给定工艺流程（菜单），每个区域都设定相应的功率，并且通过反馈进行监控。更高级的控制，可以采用红外测温计穿过线圈绕组，对准每一个区域测量温度。温度数据与程序设定数据进行比较，控制算法对加热电源输出做出适当调整，以获得期望的结果。许多因素可以影响期望值与实际值之间的差异，如进机钢坯的温度（例如，随季节不同，坯料的常规温度可能是 21℃或 100℉，也可能是 -7℃或 20℉）或不同进料批次金属材质的轻微差异。

分区控制技术在生产过程中可以提高效率。这项技术与传统热处理系统相比，具有一些显著优点。如果某天锻造操作停止，关闭感应加热器后，滞留的坯料会冷却。重新启动之前，例行程序要么手动清空线圈内部的材料，要么缓慢加热坯料，然而传统的热处理方式，将每一个线圈内的坯料从环境温度开始加热，所有的坯料都在居里点以下，因此，每一个坯料都需要使用相同的能量加热。启动后，生产线中的零件依次进入各级线圈，这就导致生产线前端坯料经过每一个线圈数次加热，加热功率总和更大，而出口端的坯料，因为加热次数少，功率总和小。这样，在加工每天的第一件坯料之前，会加工出很多次品。

分区控制允许用户启动一个完整的冷坯料生产线，保持坯料静止，并将每一个线圈中的坯料升温至产前温度。由于每个区域都是独立控制，整个生产线的温度梯度都是阶梯式的，出口端温度最高。这在日常热处理生产中非常具有代表性，它可以降低在低温启动时坯料加工的报废率。

通常对于大型工件，达到设定的温度需要非常高的能量，因此，需要花费相当长的时间。在升温到期望温度时，有时根据锻造工艺需要短暂的停歇。为了尽量减少废料，这时，通常的选择是不关闭感应加热器。如果加热器连续运行，即使以较慢的方式正确运行，加热工件也可能会报废。因此，分区控制技术对于锻造生产中的短暂停歇是非常理想的。如果操作员需要检修锻造设备，譬如拧紧螺钉，工具修整，甚至重新润滑，或只是测量一个锻造好的工件，以确保一切都符合规范，感应加热炉可以处于保持工作模式，而每一个独立的线圈可以在暂停期间提供适量的功率维持温度。区域控制技术的最大优势在于不是为了破坏零件而加热。

可以使用任何方法清空生产线中的坯料，可以简单地使用坯料模型、不锈钢管，也可以使用全自动清空系统，这种系统每一个线圈均可独立关闭，生产线中遗留的坯料可以在清空过程中继续锻造，连续生产以提高效率，最后，清空坯料，准备后续的生产。

3. 自动/手动温度控制

能否实现自动和手动温度控制的结合？答案是肯定的。首先，加热线上每一个线圈必须能够独立地进行功率控制和温度控制（区域控制）。该系统以自动温度控制方式启动，然后切换到手动温度控制方式。不一定整条生产线都需要这样的切换，只有高温下才可能产生氧化皮。生产线前端可以保持自动控制，而末端切换为手动。这种控制的优点之一在于进机零件的温度（环境温度）不影响最终输出温度。

4. 自动/手动温度切换

加热生产线启动时是自动温度控制方式。当生产线达到运行温度，预先选定的手动功率值使其切换到手动温度控制。这样的好处在于，系统具有两种温度控制方式，故启动时废品率降低，出口工件温度具有非常好的一致性。还有一种切换方式，响应速度较慢，具体方法是：预先设置红外测温计 PID 控制器的温度控制上限和下限，当生产线达到运行温度，PLC 或控制器根据 PID 控制器的输出电流，不断下调 PID 控制器的控制上限，上调温度控制下限，使功率维持在所需要的平均水平。

7.3.6　小结

对于现代感应加热系统，现代控制理论是必不可少的。对于操作者来说，一个良好的控制系统拥有更强的控制功能、最少的废品率和更长的使用寿命。对于故障事件，控制系统可以指示出故障位置，在某些情况下，能够提出相应的解决办法。随着计算机和智能手机技术的发展，感应加热控制系统需要与这些最流行的技术结合，与时俱进，取得更好的控制效果。

7.4　感应钎焊工艺设计

R. Gene Stout, Fusion Inc.

钎焊和软钎焊工艺流程设计过程与整体加热、表面加热、焊接等类似，最终目标都是加工符合所有用户要求的成品零件，不管用户是内部的还是外部的。

设计时，首先保证加热电源的类型和大小都合适，感应加热电源如图 7-31 所示，还有一个精心设计的感应线圈，经过试验验证，能够将所需的热量准确传送到需要加热的位置，也就是焊接区域。每个焊接零件的高温影响区必须与其质量大小相平衡，这样，两个母材的焊接区域才能以适当的温升速度同时上升，达到相同的焊接温度。正确的电源选择和线圈设计，可以消除零件局部过冷点和过热点。

如果钎焊或软钎焊是暴露在空气中进行，这也是最普遍的情况，匹配焊接温度和加热速度是非常重要的，因为在钎焊或软钎焊过程中，钎剂需要时间去除表面氧化物。当加热到焊接温度时，钎剂可以防止焊接区域形成表面氧化物。当钎剂清理了焊接区域，并且零件已达到足够的温度时，可以填充钎料，借助毛细作用被吸入和充满固态工件间隙之间，液态钎料与母材相互扩散溶解，在原子级层面实现合金化，这种现象被称为润湿。

为了简化，填充钎料（A）熔化并与母材（B）反应，形成了称为钎焊接头界面薄层（AB），见图 7-32。它冷却后形成一层完全不同的金属物质，实际就是母材和钎料的合金金属。因此，钎焊接触面形成三明治结构，母材和钎料之间彼此实现冶金结合。表面之间的相互润湿及适当焊缝间隙内焊剂流动，直接决定钎焊接头的强度。

图 7-31 感应加热电源（Fusion Inc）

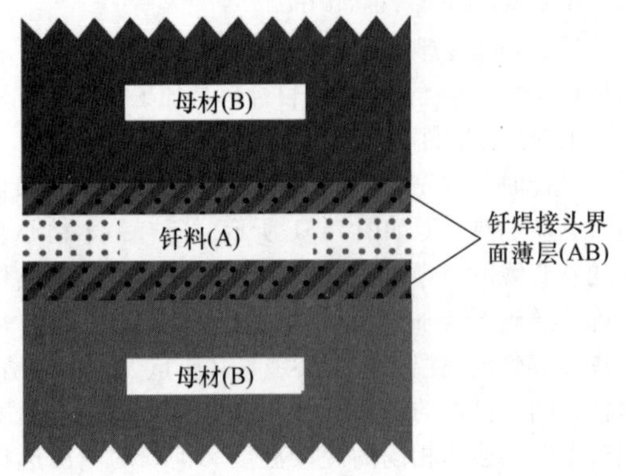

图 7-32 钎料熔化并与母材反应，形成钎焊接头

7.4.1 软钎焊与硬钎焊

软钎焊和硬钎焊都通过填充有色金属钎料实现，钎料的熔化温度在母材（即被焊接的金属）熔点以下。软钎焊温度为 450℃（840℉），而硬钎焊则高于这个温度。由于毛细引力和重力作用的原因，钎料在焊缝之间均匀分布。

在两种焊接过程中，钎剂流动去除所有暴露于空气中的金属零件表面的氧化物，同时也可以减少软钎焊加热过程中氧化物的形成。如果零件的表面存在氧化物，无论是硬钎焊还是软钎焊都不能进行。由于钎料的熔点很高，硬钎焊的钎剂需要加热到更高的温度。

一般来说，软钎焊应用于较低机械强度或较低温度场合，如电子和食品工业中空气、气体和流体密器件的焊接。如果焊缝要求较高的机械强度，或工作温度高于软钎料金属熔点温度时，则需要硬钎焊。

在焊接过程中，不同金属与软钎料产生的合金是不同的，产生的结果也不一样，了解这些是非常有用的。下面是两个软钎焊的例子，采用两种不同的锡铅组合物作为钎料，其相图可以帮助我们了解软钎焊如何工作。

首先，需要注意的是，合金在低于两种组分金属各自的熔点温度下就开始熔化。最常用的锡铅钎料金属含有质量分数为 30% ~63% 的锡，剩余部分是铅。开始熔化的最低温度点，称为固相线温度，是 183℃（361℉）。熔化刚刚完成的温度，称为液相线温度，这个温度仍然低于锡或铅的熔化温度。因此，软钎料可以在更低的温度自由流动并形成焊缝。

这些成分在一定范围内拥有很好的强度，并易于使用。总体而言，合金熔化范围越窄越容易使用。也就是说，钎料像纯金属一样，在某一个点，而不是一个范围内，这种合金称为共晶合金。只有质量分数为 63% 锡和 37% 铅组成的合金具有这种特性。

图 7-33 所示为 63Sn - 37Pb 钎料和 32Sn - 68Pb 钎料的典型冷却曲线，锡铅合金的相图如图 7-34 所示。

硬钎料也有类似的情况，这一点告诉我们，不同成分的钎料，具有不同的特性，使用者应该选择最适合的钎料。

鉴于这一基本情况，除了钎焊温度和接头强度，确定某一个具体应用使用软钎焊还是硬钎焊，还有另一个关键因素，这就是钎料。

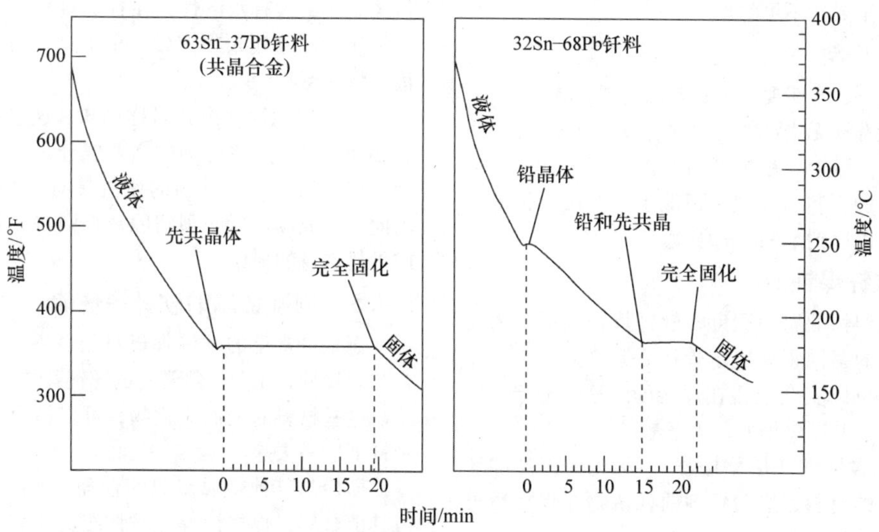

图 7-33　63Sn－37Pb 钎料和 32Sn－68Pb 钎料的典型冷却曲线

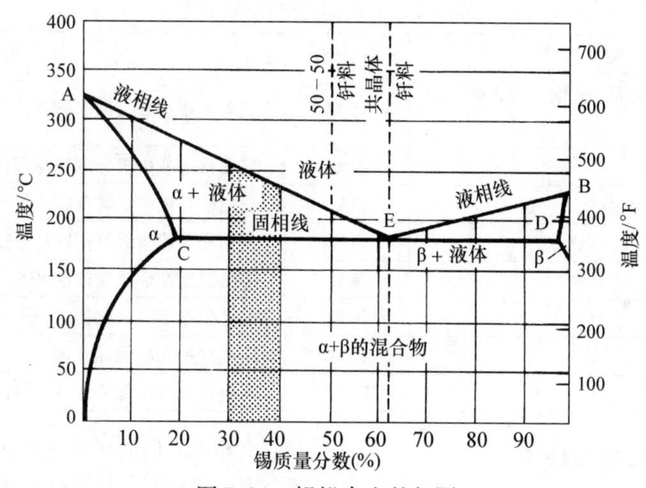

图 7-34　锡铅合金的相图

在许多应用中，钎料成本也是一个考虑因素。尽管锡铅钎料熔点低，可以自由流动，但是，因为铅对健康的危害，现在锡铅钎料并不像几年前那么流行。用其他金属替代铅，会导致钎料成本上升。目前，工业市场上的钎料，含有更高比例的锡，它比铅的成本高得多。传统锡银合金钎料依然在广泛使用，最近一段时间，锡铜合金应用也很广泛。

很多年来，锡的价格一直在上涨，其他贵金属和普通金属的价格也在上涨。这意味着，在很大程度上，与硬钎料相比，软钎料传统的价格优势仍将继续。在大多数情况下，与硬钎料相比，使用软钎料依然有较大优势，特别是银钎料。非常重要的是，由于存在磷脆化的风险，含磷钎料不能用作开放式黑色金属钎焊的钎料。

7.4.2　在钎焊前清洗母材

母材清洗是钎焊成功的关键。美国焊接学会《钎焊手册》中提到：由于钎焊过程涉及润湿或钎料与母材合金化，母材上的任何杂物都会影响接头的焊接质量。更进一步说，在不洁净的母材表面上很难甚至不可能进行焊接，因为钎料在不清洁表面无法铺展成膜，甚至可能形成小球，导致焊接不合格。

母材的表面上可能存在许多不同类型的杂物。这些与钎焊无关的杂物，如油、油脂、涂料、铅笔标记、切割时添加的润滑剂，大气中的灰尘、氧化物或防锈膜（表面膜）等，必须在焊接前被清除。完成清洗操作后，还会出现污染和氧化的情况，因此，应尽可能快地进行焊接操作。暴露在氧气中的铝基金属很快就会被氧化。为了确保良好的钎焊性能，清洁的重要性不可忽视。

7.4.3 软钎料

软钎料要么含铅要么无铅。因为铅对人体有害，因此，一般选择无铅钎料。主要有以下几组：纯锡、锡银、锡锑和锡铜。锡银钎料的焊接强度最强，但也是最昂贵的钎料。在很多情况下，使用无银的合金钎料也可以达到足够高的强度。

7.4.4 软钎焊钎剂

根据残留物的腐蚀程度，软钎焊钎剂可分为三组。残留物的腐蚀程度决定焊接后是必须清理，还是在焊接后可以安全地留在焊接处。这个分组，以助焊剂强度上升顺序排列，顺序是：

（1）无腐蚀性（俗称松香） 无论是天然的还是人工制成的材料，这些钎剂的残留物在焊接后可以保留在零件上。

（2）弱腐蚀性 这些钎剂通常由不同种类的有机酸制成，具有水溶性。在钎焊过程中产生的热量通常使大部分残余物挥发，出于谨慎考虑，焊接后最好将残留物清除。

（3）腐蚀性 由其名称可知，这些残留物焊接后必须除去。这些钎剂的主要成分是无机酸和无机盐，焊接后，这些钎剂的残渣具有很强的腐蚀性。因此，完成焊接后必须清除，否则将导致钎焊接头或母材本身的损伤。

7.4.5 铜基金属的软钎焊性能

铜是最常见的软钎焊母材。表7-2为铜及铜合金的焊接性，工业中最常见的纯铜其焊接性为优秀。

这些材料的表面氧化物，可以被上述提到的三种钎剂轻易去除。

即使与其他金属组成的合金，譬如锡、锌、镍或其他金属，焊接性等级被评级为良好。而与那些难以润湿的材料组成的合金，会导致评级下降。

表7-2 铜及铜合金的焊接性

类型	焊接性	备注
铜，包括天然纯铜、无氧铜、磷铜，及含砷、银、铅、碲、硒等的铜	优秀	只需要松香或其他非腐蚀性钎剂
铜锡合金	良好	使用松香或中级钎剂容易焊接
铜锌合金	良好	使用松香或中级钎剂容易焊接
铜镍合金	良好	使用松香或中级钎剂容易焊接
铜铬和铍铜	良好	需要弱腐蚀性或腐蚀性钎剂
铜硅合金	一般	硅产生难熔的氧化物，必须采用腐蚀性钎剂
铜铝合金	困难	需要采用强腐蚀性钎剂
高强度锰青铜	不推荐	需要电镀以确保钎焊的一致性

7.4.6 常见的软钎焊接头缺陷

将线缆焊接到接线端子上，是典型的软钎焊接头，表7-3为缺陷等级目测方法，列出了潜在的缺陷，并根据它们的严重性分级。显而易见，需要注意的是，这些问题都是由于错误的钎焊过程导致的，因此是可矫正的。

表7-3 缺陷等级目测方法

分类	接头外观	缺陷类型
无钎料	接头没有被焊上	严重①
冷焊	连接处有白垩或结晶现象，表明钎焊过程中，加热不足或发生移动 如果线缆移动 如果表面一致线缆没有移动	严重 可控②
钎料过多	总体上说，钎料为线缆厚度的1/3，钎焊后，线缆附在端口上，可以看到线缆轮廓 超过这个量，意味着钎料过多	可控
钎料接地	焊后钎料下滴或悬突，以至于出现接地短路	严重
钎料不充分	线缆与接头连接不稳定 如果设备最终用在严重振动场合 其他	严重 可控

（续）

分　类	接头外观	缺陷类型
无钎料	接头上没有钎料，或者，未焊接的线缆与焊接后的线缆在同一焊槽内	严重
松香连接	尽管钎料充足，但是，接头与线缆被一层薄薄的钎剂分离开来 如果接头中的线缆移动 如果接头移动	严重 可控
焊接短路	两个或更多钎焊点接触	严重
钎料毛刺	在套管中或者接头槽内有钎料	严重问题
钎料不流动	钎料在焊槽内不能均匀流动	可控
高压电路中非常尖锐的点	尖锐的焊点可导致潜在的焊弧或电晕效应	严重

① 严重：存在问题的零件必须报废。

② 可控：在最终检查前可以修复。

7.4.7　硬钎料

硬钎料种类繁多，以铝、银、铜、锰和镍为基的钎料应用最广。硬钎料分为一系列的类和子类，以下我们结合美国焊接协会（AWS）中定义的类别，讨论硬钎料的常规应用，以及它们是否适合在开放的场合下进行感应钎焊。

（1）传统的银基钎料，AWS 的分类是 BAg　属于低熔点，能够自由流动充分铺展的硬钎料，含有相当高的银含量（通常质量分数超过 20% 的银）。常见的能与银合金化的金属包括：铜和锌，偶尔用锡和镍。在感应钎焊中，这些钎料最为常用。

（2）铜磷和铜磷银合金钎料，AWS 的分类是 BCuP　如前所述，只有当有色金属作为母材时，本类钎料才能使用。这类钎料中，银含量比较低，质量分数为 2% ~18% 不等。这个类别中包含一个子类，含有少量锡作为银的替代品，在低温钎焊时，能够在母材表面充分铺展。再者，尽管只能在有色金属作为母材时使用，但它仍非常适用于感应钎焊。

（3）黄铜钎料，AWS 的分类是 RBCuZn　这些钎料通常用于低碳钢零件的露天钎焊，要么使用高温钎焊焊剂，要么使用硼砂型焊剂。不推荐感应钎焊使用该类型合金，除非使用可控气氛炉。

（4）纯铜钎料，AWS 的分类是 BCu　纯铜钎料不能在开放的空气中钎焊，因为没有足够高温度的钎剂，能够在铜的熔点 1100℃（2000℉）下工作。通常，钢或不锈钢作为母材。传统上，采用纯铜作为钎料，零件钎焊需要在可控气氛炉中进行。纯铜钎料目前还不能应用于感应钎焊。

（5）铝钎料，AWS 的分类是 BAlSi　这些类型的钎料用于铝基母材的露天钎焊。

（6）金和镍钎料，AWS 的分类是 BAu 和 BNi　这些都是典型钎料，用于可控气氛炉，也可用于可控气氛保护的感应炉。

7.4.8　可用于钎焊的母材

幸运的是，在工业中大多数常见的金属材料都可以进行软钎焊或钎焊，或者两者皆可。很多都适合多种金属之间的钎焊。

（1）纯铜　可以与大多数其他母材进行软钎焊和硬钎焊。

（2）黄铜　可以与大多数其他母材进行软钎焊和硬钎焊。

（3）低碳钢　高碳钢一般在可控气氛炉中进行硬钎焊，也可以在露天进行感应钎焊或火焰钎焊。这两种钎焊方式的最大缺点就是钎料成本极高，容易氧化变色，并需要在钎焊后消除焊剂残留。低碳钢可以与大多数母材焊接。

（4）不锈钢　它非常适合露天感应钎焊。加热速度快，母材局部发热。它可以与大多数母材焊接。

（5）铝　虽然也有例外，但大多数情况下，铝基金属只能与其他铝基金属进行钎焊。

（6）电镀表面　如果表面可焊接，软钎焊要优于硬钎焊，以避免对电镀表面造成热损伤。在硬钎焊的情况下，电镀要在钎焊后进行。

7.4.9　接缝形状设计与连接强度

通常情况下，焊缝形状是受限的，是由被钎焊母材的结构和形状决定，或者说，在很大程度上受母材的影响。如果母材是管状、槽形、弯角、片状或其他形状，那么对接缝设计就受到限制。图 7-35 所示为一些典型的钎焊接头设计。

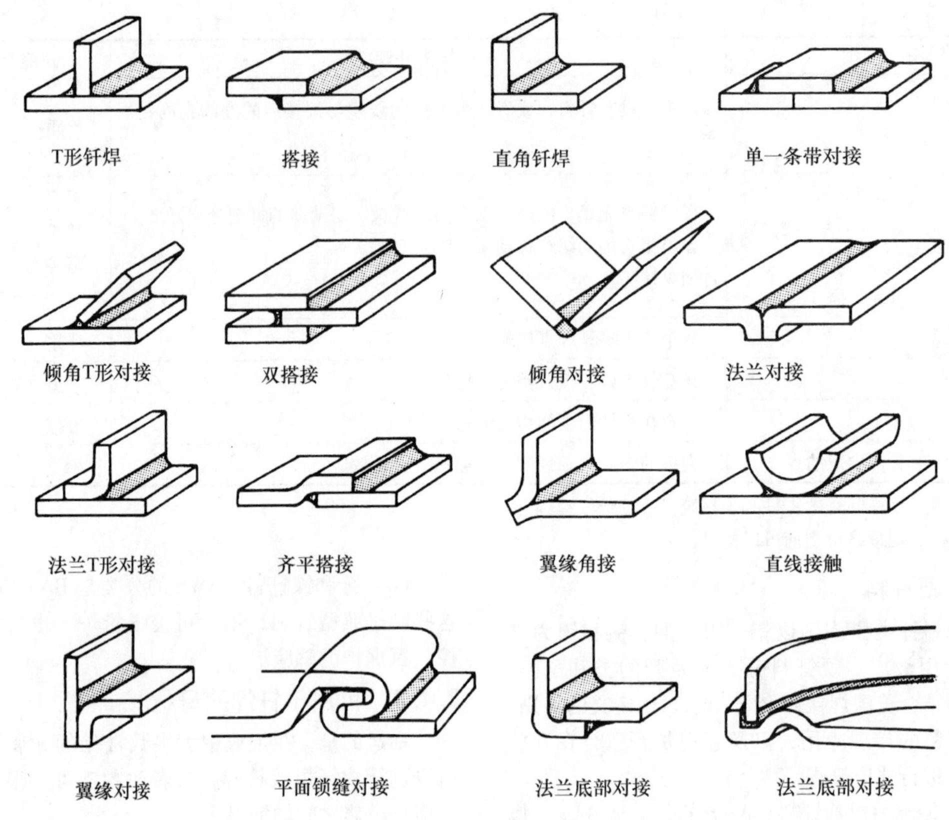

图 7-35 一些典型的钎焊接头设计

以增强接缝的强度，可考虑以下因素：

1）接触面积必须足够大以实现所需强度。大部分钎焊，接缝强度都与零件焊接面的接触面积有关。焊接时，钎料从外部流入钎缝，钎料的渗透性越强，焊接强度越大。

2）接缝处钎料的覆盖率。由于各种原因，钎料对母材接缝表面的润湿不可能做到很完美。那些没有润湿的地方称为脱焊。脱焊是影响强度的因素之一，所以，对于钎焊接缝质量来说，减少脱焊是非常有意义的。母材的清洁程度、钎剂的活性、加热温度和钎缝大小等许多因素，都有助于解决脱焊问题。

3）钎焊间隙，正如上面所述，是影响钎焊过程中钎料覆盖率的重要因素。钎焊间隙也是影响焊接强度的一个重要因素。图 7-36 所示为强度与钎焊间隙的关系，摘自美国焊接学会《钎焊手册》。我们可以看到，当被焊接的母材之间钎焊间隙为零或非常小，接头强度也很小。这是因为，仅有很少的钎料能够流入钎缝。钎焊间隙增加至 0.0508 ~ 0.127mm (0.002 ~ 0.005in)，达到最大强度。但当钎焊间隙继续增加，超出这个范围，接头强度会迅速下降。此时钎料本身的铸造强度成为接头强度的决定因素。而钎料基本上都是有色金属，没有较强的焊接强度，因此，接缝强度降低。

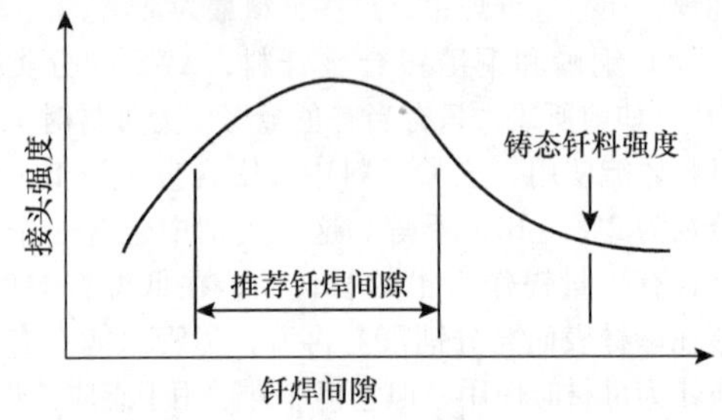

图 7-36 强度与钎焊间隙的关系
（用 Bag－1 钎焊低碳钢）

4）钎料的选择，也是影响接缝强度的重要因素。之前已经介绍过，硬钎焊接头强度高于软钎焊接头强度。即便是在两个类中，钎料的选择，也会影响接头强度。例如，与铅基钎料相比，使用银基钎料将具有更高的接头强度。

7.4.10 正确选择感应加热设备

很多时候，在进行自动钎焊操作时，为了验证购买的设备是否能够胜任，样机试验或设备完善是必须要做的工作。大多数感应加热设备制造商，拥有装备精良的现场测试实验室，可以完成这项工作。通常，这项测试需要付费。支付的费用包括提供服务的人工成本，因为并不是所有的测试费用都包含在设备费中。

客户提供要在试验设备上钎焊的零件，并给制造商提供一个钎焊零件样件，作为设备调试依据，或者提供打印的零件三维模型，以及钎焊零件标准的列表。

之后，制造商将评估分析这个应用，根据用户提出的生产率，使用试验设备确定功率需求，进行感应线圈设计和安装，优化设备工艺参数。

如果感应加热设备制造商同时也是自动钎焊设备的供应商，客户也可要求对基于特定需求设计的夹具进行标定，并提出建议。如果是另一家公司负责感应加热设备制造，那么客户就需要与自动钎焊设备的供应商协商，以确保重要的钎焊夹具设计是正确的。

以下是在测试过程中需要完成的项目清单：

1）固定零件的夹具设计，夹具与钎焊零件必须保持最小的接触面积。这样，感应线圈对零件进行加热时，夹具就不会过多地吸收零件需要的热量。如果夹具不能满足上述要求，夹具就成为吸热零件。

2）钎焊母材定位设计，确保在钎焊后零件规格尺寸保持不变。

3）零件在加热过程中，体积可能会变大，这一过程不能受到限制。

4）无论是手动还是自动操作，必须能够方便准确地装卸零件。

5）确保夹具和零件均匀冷却到室温，这可以消除不同夹具温度带来的过程变化，并确保操作员在卸载夹具和零件时不会被烧伤（见图 7-37 和图 7-38）。

加热线圈的设计也非常重要，需要由值得信赖的可靠的公司完成。该公司在设计时，需要考虑以下因素：

1）零件的形状。

2）零件的质量。

3）待钎焊材料。

4）线圈设计宗旨是钎焊效率最高。

5）是将线圈固定在钎焊机床上，还是线圈必须移动到钎焊位置，或者，零件移动，通常情况下，由于机床把零件从一个工位转移到另一个工位时，由于装夹工件与线圈之间间隙和线圈形状受限的原因（见图 7-39），一般不太可能固定线圈的位置。

在整个钎焊过程中，零件的加热过程对钎焊质量非常重要，必须谨慎设计，确保过程中的任意时刻，能量需求都在电源供给范围内。为了做到这一

图 7-37　用夹具固定零件（一）（Fusion Inc）

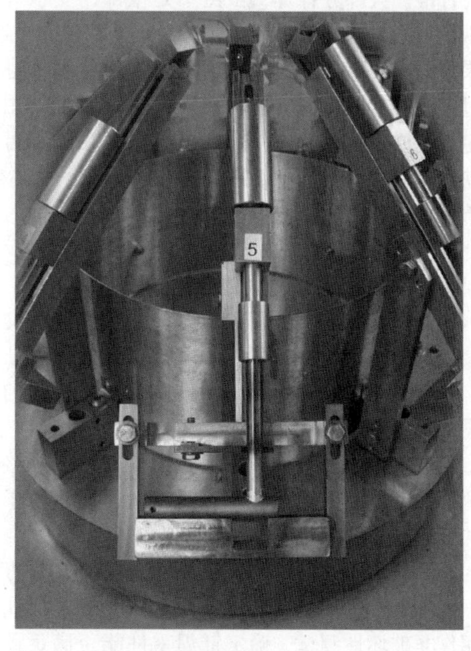

图 7-38　用夹具固定零件（二）（Fusion Inc）

图 7-39 固定好的待钎焊零件（Fusion Inc）

点，需要考虑以下几点：

1）要钎焊的母材。

2）母材的质量密度。

3）母材的形状。

4）要求的生产率。

加热速度必须符合钎焊工艺要求，既不太快也不太慢。加热速度严重依赖于待焊接零件的质量密度和材质，以及采用硬钎焊还是软钎焊方式。

7.4.11 钎焊质量检验

钎焊结束后，目测外观是确定焊缝可靠与否的首要标准。大部分钎焊，虽然不是全部，要求焊缝外观上可以看到在焊缝外部有一个完整可视的平边。如果焊缝有凹陷（空隙），或焊缝不完整，要考虑改变过程控制参数配置。有时，肉眼检查是唯一用于确定焊缝质量的检验方法，一旦焊缝存在肉眼可见的缺陷，必须调整加热时间、线圈位置等参变量，改善钎焊过程。

其他肉眼检查的通用标准包括：

1）钎焊过程中，母材过热导致表面损坏。

2）钎焊合金出现在不该出现的区域，如螺纹。

3）由于过热造成的焊剂残留，导致清理困难。

其他类型的检查包括力学性能检测。常用的检查设备见图 7-40～图 7-42。

(1) 量规检测　用于管状装配零件的钎焊接头检测。该量具可以检测管件是否弯曲，或者由于钎焊热量管材是否弯曲，或端头有变化。

(2) 拉力测试　通过试图把接头拉开，检查接头强度。通常这种测试会对零件造成损坏，但偶尔也用作非破坏性测试，确定钎焊零件能否满足预先设定的最小强度需求。

(3) 扭矩测试　用于确定接头的旋转强度，与拉力测试类似，可以用来作为一种破坏性或非破坏性检测。

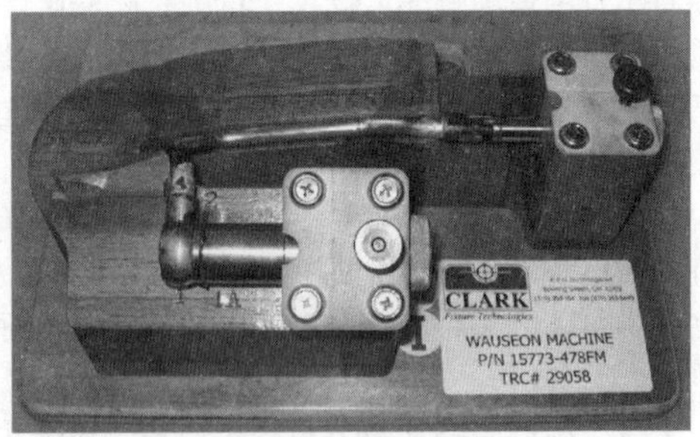

图 7-40 量规（Fusion Inc）

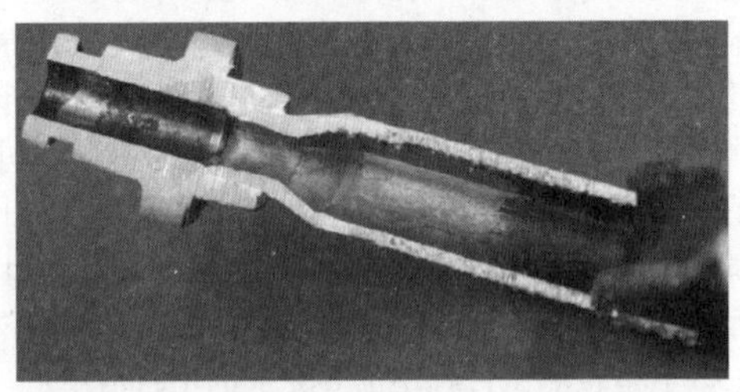

图 7-41 钎焊零件的剖面检测（Fusion Inc）

图 7-42 显微镜下检查焊接质量（Fusion Inc）

(4) 钎焊接头的 X 射线测试　这是一种无损检测方法，用于测量接头表面钎料的覆盖率。

(5) 钎焊零件拆卸　这是一个非定量的、破坏性的肉眼检测方法，用于确定钎焊界面金属覆盖率。可以将钎料熔化使两块母材分离，也可以在钎料凝固时，用力学方法将两块母材强行剥离。

(6) 电阻　如果钎焊的是电气元件接头，通过测量流经接头的电流，可以得到接触面电阻。

7.4.12 建立可靠钎焊的工艺过程

经过实验室测试，建立了钎焊接头的质量标准，并记录了初步的钎焊过程工艺参数后，通过改进，可以通过新的设置，进行小规模零件生产测试。可以用以往记录的过程工艺参数设置，进行小批量零件钎焊，显然“小批量”是一个相对名词，取决于要进行批量生产的零件总数量。

所有的钎焊接头都要进行非破坏性测试试验，检查是否符合用户提供的标准；至少 10% 的零件应该进行破坏性试验，以便验证钎焊接头的质量。如果样品数量足够多，建立 ASM 方法，有助于分析结果。

7.4.13　使用自动化设备钎焊零件

零件钎焊有很多种类不同的自动化设备可供选择，具体选择哪一种，在很大程度上取决于产品的年产量。选择一个可靠的自动化设备供应商是非常重要的，因为这是一项较大的固定资产投资，并且有可能使用很多年。根据钎焊特点，选择对设备，专业的供应商是值得信赖的。

市场上有很多感应钎焊设备可供选择，尽管其配置各不相同，但总体上可以分为：单工位设备（见图 7-43）、双工位设备（见图 7-44）、多工位设备（见图 7-45）、加热炉和加热箱、可控气氛感应钎焊系统（见图 7-46）等。

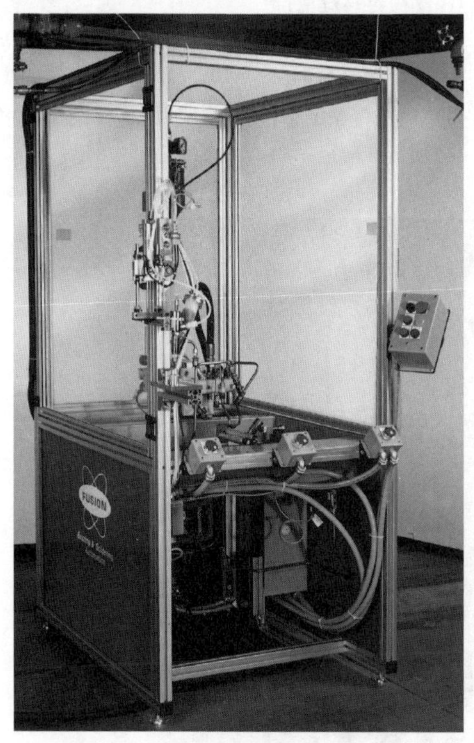

图 7-43　单工位设备（Fusion Inc）

根据不同种类的钎焊设备和生产率，必须注意实际生产时的各种因素，因为操作者不参与零件的实际钎焊和冷却过程。钎焊装备的自动化程度很高，操作者不需要像手动操作那样完成所有的工作，因

图 7-44　双工位设备（Fusion Inc）

图 7-45　多工位设备（Fusion Inc）

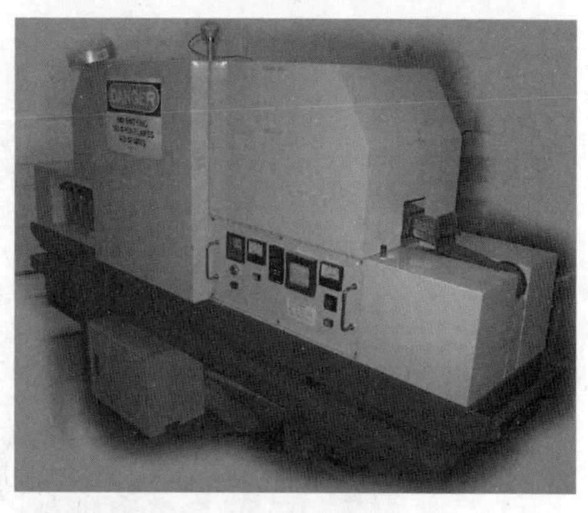

图 7-46　可控气氛钎焊炉（Fusion Inc）

此对于操作者的技术要求相对熟练钎焊工来说较小。因为在钎焊过程中，不再需要人工将一个个零件安装到钎焊位置，这意味着钎焊工作的成功，极大程度上取决于机器的正确设置。

对于感应加热钎焊装备，自动化生产方面的重要注意事项包括：

1）按照彼此之间正确的位置关系，感应线圈和工件必须尽量接近，以获得最大的加热能量（见图

7-47)。通常，这涉及感应线圈向工件的移动，或者工件向感应线圈移动。很多时候，由于零件外形和夹具形状的原因，要考虑线圈效率及其与零件之间距离的平衡。

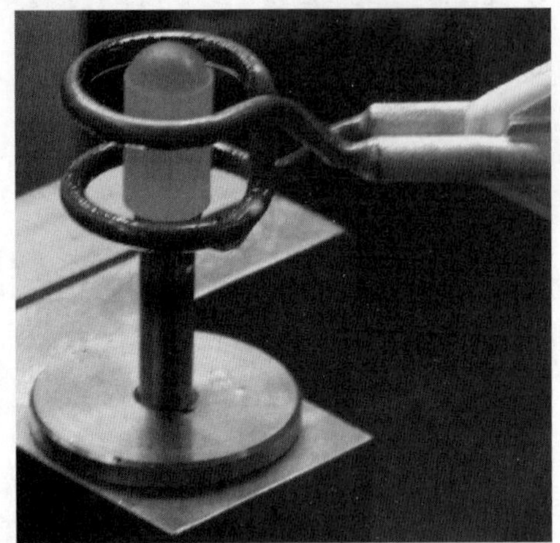

图 7-47 正在感应加热的工件 (Fusion Inc)

2) 在多工位钎焊设备中，将被钎焊的零件从一个工位移动到另一个工位。

3) 在多工位钎焊设备中，每个工位要执行各种不同的工序，如钎料和钎剂的放置、加热和冷却等。

4) 可从感应加热供应商处购买钎剂浓缩剂，这样，在某些应用中，可以保证焊接区域的能量一致性。必要的情况下，供应商可以提供某些建议。

5) 一个完美的钎焊过程，加热应尽可能地集中在焊接限定的区域内。

6) 在大批量应用中，尽管会增加相当大的设备成本，仍然要优先考虑零件的自动装卸功能。

7) 与手工钎焊相比，自动钎焊生产率较高，但是，在线圈及其附近表面上，可能附着钎剂。必须设定清洁工序，以维持最大效率。

8) 通过激光精确定位，可以确保线圈加热的位置准确。

9) 加热电源的容量要合理，必须能够满足预期的生产速度要求，同时保证设备负荷尽量接近电源容量的50%。应该避免电源负荷过大或过小情况。

一些钎焊过程，适合在少氧的保护气氛内进行，这种情况下可以不使用钎剂。如果这个工件非常适合这种方法，可以与供应商探讨这种可能性。

1) 如果采用可控气氛进行钎焊，需要大量的时间冷却零件。这可能意味着，需要在可控气氛系统中额外增加一个冷却工位。这个额外的冷却时间，将保证零件在冷却阶段不会被氧化。

2) 最大限度地减少加热腔室的尺寸，缩短可控气氛中的零件轮转时间。

3) 因为机床需要从一个工位到另一个工位轮转，因此气氛必须密封在腔中（见图 7-48）。

4) 组成气氛的惰性和氧化还原气体的流量很关键，必须精准确定。

图 7-48 感应钎焊用氧化还原气氛密封腔室 (Fusion Inc)

7.4.14 过程记录

在控制过程中进行记录非常重要，可以为将来可能出现的涉及机床设置或零件质量问题提供参考依据。一般有两种记录方法：①书面文件，包括公司工艺手册和作业指导书、流程图及国际标准化组织（ISO）的标准流程；②可视辅助文档，包括合格钎焊零件和不合格零件的照片，记录在光盘上的工艺视频和钎焊零件样品。

开始一个新的感应钎焊过程时，可能要花费一些时间，几天或几周，来完成工厂的内部调试和培训流程，以确保钎焊工艺的可重复性和可靠性。

当工艺过程运行良好、废品率低且生产率高时，必须监控整个钎焊过程，收集必要的数据，记录在案。操作员应该尝试了解任何在钎焊过程中“跑飞”的原因。“跑飞”是指那些较为罕见的钎焊结果，远远超出设备的正常范围，包含但不限于低温或过热导致不合格零件的情况。

现在比较流行向设备操作和安装人员提供书面和可视化辅助资料。它通常用透明塑料封装以保护不受车间环境影响。

完成了过程记录文档，并且被所涉及的所有当事人理解后，建立适当的行之有效的运行机制，以处理未来可能发生的失控情况。

7.4.15　小结

有了对钎焊基本原理的理解，可以经济合理地选择合适的感应加热设备和钎料，并完成正确的工艺设置和监控、可靠的钎焊流程。可以从感应加热设备供应商及钎料和焊剂供应商那里得到更多有价值的资料。

参考文献

1. F.W. Hussey et al., *Soldering Manual*, American Welding Society, New York, 1964
2. M.M. Schwartz, Fundamentals of Soldering, *Welding, Brazing, and Soldering*, Vol 6, *ASM Handbook*, ASM International, Materials Park, OH, 1993, p 126–137
3. F.W. Hussey et al., *Brazing Manual*, American Welding Society, New York, 1963

7.5　检测和无损检测方法

Vladimir Frankfurt and Philip Nash, Illinois Institute of Technology

历史上，无损检测技术已经广泛用于检测机构和零部件在制造过程或服役期间发生的缺陷。为保证公共环境安全和使用安全，有效检测并保证质量是刻不容缓的需求，无损检测评估（NDE）在该领域发挥重要作用。

人们总是认为只需要检测最终产品，但是在检测每道关键工艺之后，有助于使未检测工件的加工成本降到最低。每道关键工序之后按照一定的频次对产品和工艺过程进行检验，无损检测组合方法能够帮助确保感应热处理工序的质量。

无损检测技术可以用于检测制造过程中的材料性能，并在处理过程中采取措施为工艺过程提供更多的信息，这是因为不仅最终状态而且工艺过程中的所有变化都会影响零件（工艺过程）质量。实时监控和反馈材料性能能提供更为有效和更高效率的过程控制，从而提高产品质量和可靠性。

产品检验和质量管理应该能够表明感应热处理工艺的能力以达到预期结果和顾客要求。需要过程控制能够保证制造过程的稳定性，以及从一个零件到另一个零件的再加热可重复性，质量保障标准要求热处理人建立一个纸质版的感应热处理包括相关操作参数允差范围的工艺操作规范，对于工艺过程和决定零件符合设计要求的关键参数，需要通过改善工艺过程进行额外控制以使其变化最小，并保证在影响零件质量变坏之前采取相应的纠正措施。

7.5.1　过程检测

检测需要提供与零件技术要求相一致的质量保证，以确保顾客不会收到有缺陷的零件。

检测包括测量、试验和计量，以满足关键零件特性的需要。通常把检测结果与零件技术要求和相关标准作一比较以确定这件产品是否达标。检测方法通常分为破坏性检测和无损检测两种。

热处理厂必须使用统计技术和抽样检查或100%全检方式检验重要的产品特性。对于感应热处理淬火工艺，检测方案应该包括所有的待检测产品相关的标准和技术要求、检测方法、检测频率。表 7-4 给出了一个检测方案，当然，不同的公司、不同的工艺过程，检测方案也不同。

1. 首件检测

在感应设备安装之后和新产品开始生产后每次抽样检测，必须做首件检测才符合质量要求。通常，抽检不会超过 8h 或一天的生产量。工艺发生改变需要进行试验和纠错，进而需要停产，材料和工艺发生改变会引起工艺参数的连续调整。

在首件检测中，必须检测所有的热处理技术要求，这就需要破坏性的金相检测。

非破坏性的电磁试验能够帮助缩短停机时间，以便实现及时开工和转产。例如，伊利诺伊理工学院研发了一种轮轴轴承外圈的电磁检测方法。

表 7-4 检测方案

检 测	产品特性	评价技术手段	样品数量[①]
首件（单件）检测	表面硬度 层深 热形 显微组织 表面裂纹	显微硬度仪 显微硬度标准 目测 显微镜 磁粉检测	1/启动 1/启动 1/启动 1/启动 1/启动
周期性过程检测	表面硬度 层深 热形	显微硬度仪 显微硬度标准 目测	1/h 1/h 1/h
最终检测（如果所有的单件都在合格范围内，而且 $C_{pk}>1.33$）[②]	表面裂纹	磁粉检测	10%
最终检测（如果发现一件或多件废品，或者 $C_{pk}<1.33$）	表面硬度 层深 显微组织 热形 表面裂纹	涡流、磁粉、电学 超声、涡流、磁粉、电学 超声、涡流、电学 目测、涡流检测 磁粉、涡流	100% 100% 100% 100% 100%

① 抽样检测根据质量控制计划确定，不同公司有所差异。

② C_{pk}为工艺过程能力指数。

2. 定期检测

根据质量控制计划规定，应该进行一些定期检测，除非图样对检测频次另有规定。如果没有具体的规定，要求对以下内容进行定期检测：表面硬度、淬硬层深度、淬硬层显微组织、热处理扫描热形长度和位置。有些公司额外要求对心部硬度和心部组织进行检测。通常，每小时检测一次表面硬度、热形长度和位置，以及淬硬层深度。取样方案因热处理厂家不同而不同，定期检测通常通过冶金金相方法来完成，采用无损检测技术能够减少破坏零件的数量。

通常，不要求检测残余应力。尽管淬硬层深度合适，但是，在表面组织有可能存在拉应力。这会导致开裂和提前失效。无损检测技术可以用来检测拉应力。

3. 最终检测

通常，最终检测取决于工艺条件和抽样检测结果。

如果感应加热过程在可控范围内，以往工艺过程能力指数 $C_{pk}\geqslant1.33$，在抽样检测中没有不合格产品，那么，这种情况只需要进行10%抽样检测裂纹，有些公司要求在感应热处理后100%检测裂纹。

如果工艺过程在控制范围以外，那就需要100%抽样检测。

如果工艺过程在控制范围之内，但是以往工艺过程能力指数<1.33，那也需要100%抽检。

如果只发现了一件或多件不合格产品，那就100%分类抽检，因为最终要求是合格产品。

最终检测采用无损检测技术。

7.5.2 破坏性检测方法

1. 表面硬度测量

按照零件图样要求，使用与淬硬层深度相对应的硬度计，直接在规定的热形上测量表面硬度。

洛氏硬度检测和洛氏表面硬度检测执行标准为ASTM E18（DIN 50103），布氏硬度执行标准为ASTM E10（DIN 50351），维氏硬度检测执行标准为ASTM E92（DIN 50133），表面显微硬度也可以在按照ASTM E384（DIN 50190－3）标准截取的试样上测量。

2. 硬化层深度测量

通过测量试样横截面上的显微硬度分布曲线或通过显微镜进行金相观察，来确定淬硬层深度，显微镜下的马氏体层和铁素体－珠光体区的光学差异比较容易界定。图样或热处理技术规范规定的感应淬火硬化层深度可以定义为有效硬化层深度或总硬化层深度，通常根据规定用硬度值（硬度极限值）或显微组织来表达。

根据ISO 3754，有效硬化层深度就是从零件表面到用9.8N（1kgf）载荷测定的等于规定维氏硬度极限值处的距离，它是零件要求的最低表面硬度的函数，可以由下式来表示：

硬度极限值 HV＝0.8×最低表面硬度。

例如，如果最低表面硬度是 625HV，有效硬化层深度可以视为表面和硬度为 500HV 处之间的垂直距离。

有效硬化层的另外一个定义是硬度为 10HRC 那点和小于所要求的最低表面硬度之间的深度。

在多数情况下，硬度极限值为 50HRC，除非另有其他规定。有些技术规范规定含有 90% 马氏体的深度为有效硬化层，总硬化层则是从淬火表面到零件心部而不再通过化学或物理分析来区分。有时候，把总硬化层定义为从表面到大约超过心部硬度 5HRC 处的深度，还有时候，把总硬化层的 2/3 ~ 3/4 当作有效硬化层。

3. 感应淬火热形和热影响区

感应淬火热形的表面和横截面应该按照图样和工艺技术规范的要求来检查。感应淬火热形应该是连续的、均匀的，除非受零件几何形状或其他特征所限而中断。淬火热形起始位置必须能清晰地从加工面上显示出来，有些零件仅仅要求最小淬火热形长度允差。淬火表面可以通过过渡区来界定，过渡区是超出期望的处理区，通常以其低于未加热心部的硬度为特征。这里值得注意的是，这个过渡区通常存在对零件疲劳寿命有严重影响的残余拉应力，因而这个区域的位置和深度对零件的预期寿命非常重要。对一个好的设计实践来说，通常建议热影响区不应超过从表面到硬化层中间位置距离的 50%。

4. 感应淬火显微组织

钢件经过感应淬火之后显微组织有以下 3 个区间：

第一区，工件加热温度高于 Ac_3，经过适当冷却之后必然得到马氏体组织。

第二区，该区加热温度在 Ac_1 和 Ac_3 之间，因而，这个区冷却之后获得马氏体和铁素体 - 珠光体混合物。

第三区，该区加热温度低于 Ac_1，因而显微组织是珠光体 - 铁素体。

感应淬火后有效硬化层的显微组织检验应该呈现均匀的马氏体组织，没有过热组织，没有加热不足的组织，没有微熔组织，没有针状马氏体，没有晶粒长大，残留奥氏体量不超过 15%（图样另有规定除外），没有游离铁素体。零件表面区域必须是在淬冷之前完全奥氏体化，没有块状铁素体，淬冷之后呈现完全马氏体组织，另有规定除外。中间相变产物通常是不能接受的，如果表面硬度达到要求，有时候可以允许有些区域存在最多 5% 的中间相变产物。由低碳马氏体和高碳马氏体混合组成的显微组织不为人们接受，这种组织只有在时间和温度都不足以使原始组织完全转变为碳元素均匀分布的奥氏体时可观察到。

选取的淬火热形检验应该具有代表性。有关表面硬度、硬化层深和显微组织的检验应该选择淬火热形的中间区域，除非另有规定。

5. 感应淬火预备组织

零件材料必须在感应加热时能够快速、均匀、一致地发生相变，而且晶粒只长大一点点，淬火热形比较规整，热影响区比较窄。材料必须能够满足感应淬火后的硬度、层深和畸变最小的技术要求，含碳量及合金元素含量和预备组织决定了工件是否能够达到预期要求。

通常技术规范要求包括感应淬火前预备组织中珠光体或马氏体的数量。在高应力应用状态下，碳钢、合金钢和铸铁优选显微组织至少含有 80% 细珠光体或 90% 马氏体。硬度范围为 30 ~ 40HRC 的均匀细小的淬火回火马氏体组织会得到最佳效果，而最低硬度源于退火后的球化珠光体组织。

大面积铁素体的存在需要很长时间才能使碳元素扩散到铁素体的贫碳区，否则，铁素体会继续保留在奥氏体中。淬冷之后，会形成铁素体 - 马氏体混合物，这种组织特征是由分散的硬质点和软点组成，力学性能较差。铸铁中铁素体含量最多不应超过 8% ~ 9%，否则就会出现软点和硬度分散现象。合金元素偏析和大块聚集物应该避免，枝晶组织和石墨也应该避免。钢中含有大块碳化物也会影响感应淬火效果。

钢中化学元素偏析会产生与铁素体和珠光体平行的带状组织，可能会在感应淬火之后产生不均匀硬度分布，带状组织工件不推荐进行感应热处理，感应淬火预备组织的晶粒尺寸应为 5 级或者更细小，可参照 ASTM E112 标准。

疏松、微裂纹、缺口和其他表面和次表面不连续缺陷，都会引发淬火裂纹。这是因为在感应淬火过程中，金属发生膨胀和收缩时，热量梯度和应力一旦突破临界值，从而发生开口和微裂。

7.5.3 无损检测评价

无损检测评价技术包括那些不影响材料本身性能或服役而能用于评价材料、制造产品和组织结构的检测方法。通常通过应用传感介质（如电磁或声能）到工件来完成无损检测，介质接触到试验工件时，其某些性能会发生改变，以此确定试验材料性能也发生了变化。

电磁能谱包括电、磁、光、红外、紫外线和 γ 射线。动态或声谱包括声振动和超声波、热传导，必须选择辐射源的频率，以便使传感介质的波长与材料内部缺陷的有效尺寸有可比性或比较小。例如，可见光的波长范围为 380 ~ 740nm，无法显示比探头光波小的裂纹。

钢件感应热处理最常见的检测方法是宏观检测、电磁检测和超声波检测。

磁粉检测方法用于缺陷检查是最有效的。先用非常细小的磁粉覆盖在待检测工件的表面，磁粉便会被吸引到裂纹来，在荧光灯下呈现磁场影像，磁粉检测只适用于铁基磁性材料，而且要求在强磁场下使用，从而可以提供更敏锐、更确定的检测手段。

超声和涡流检测、磁通量泄漏定量测量技术，改变电流压差和电磁场方法，都能够用于测量金属的裂纹深度和其他缺陷。最简单的测量表面裂纹超声方法是把探针放在含有裂纹表面的对面，然后记录从裂纹前端返回脉冲的延迟时间。

电磁方法用于检测金属表面的裂纹深度通常更精确，涡流技术检测浅表裂纹更精确，交变电场更适合测量深裂纹，而涡流方法测量深裂纹可靠性差些，磁通量泄漏方法使用 Hall 有效探针，也可以用于测量表面开裂和次表面裂纹的尺寸。

用磁粉检测方法定位和测量钢件表面发生的裂纹的深度比使用涡流或交变电场更方便。

感应淬火工艺形成的淬硬层使得表面层和近表面层的电磁性能和弹性不同于心部组织，通过电磁和超声方法加以利用这些差异，以开发出相应的无损检测方法。差异值越大，可靠性越好，可信度越强。

根据 NDE 技术用途（检测缺陷、显微组织特征和过程监控等），对感应热处理工艺 NDE 方法进行分类。

1. 缺陷和显微组织无损检测技术

（1）目测　目测大概是最常用的无损检测技术。其特点是简单、便于使用、快速完成、通常成本低廉。肉眼观察通常是在其他无损检测方法之前进行。从实际出发，大多数无损检测方法离不开肉眼观察。例如，磁粉聚集在裂纹说明有不可见的不连续性缺陷。

目测和光学检验使用电磁谱线中的可见光部分作为传感能量，人眼或仪器可以看到光在接触到试验物体后发生了变化，平面镜、放大镜、管道镜或其他视野改进装置可以提高或改善检测效果。

最有价值的 NDT 工具还是人眼，具有很强的穿透力。在观察过程中，适当的光线强度是非常重要的，范围为 800 ~ 1000 lux。在人工检测时，连续工作时间不应该超过 2h，以避免由于视力下降和可靠性差引起误差。

对多种不同类型的物件来说，目测确定数量、尺寸、表面粗糙度和表面非连续性的存在。如果在样品检查中发现了一件或多件不合格品，通常进行 100% 目测检查。

通常根据颜色特征来判断回火状态、温度和时间对 SAE 1035 钢回火色的影响，这一结果是伊利诺伊理工学院通过观察在空气循环炉内加热表面光滑的机械加工样品所得到的。

但是，使用颜色特征来判定感应淬火零件是一件很冒险的事情，因为只有加热温度达到 370℃（700℉）才能根据其铁氧化物的厚度确定颜色。

（2）磁场无损检测　磁场无损检测方法的基础是利用在试验物体分析磁场间的交互作用，检测试验区域的磁通量变化情况。磁性是钢件独有的特性，利用钢件的铁磁性对材料的一系列性能（从裂纹到残余应力）进行无损检测。不过，相比其他国家，磁性检测方法在美国还没有充分应用于显微组织评价。

所有的裂缝磁性检测方法都是以磁性泄漏为基础的，磁化后的铁磁材料磁通线在进入磁导率较小的裂缝区域时会改变方向。如

$$\tan\phi/\tan\delta=\mu_1/\mu_2 \quad (7\text{-}1)$$

式中，ϕ 和 δ 分别是入射角和折射角；μ_1 和 μ_2 分别是铁磁零件和裂缝区域的磁导率。

如果裂缝位置靠近表面，磁力线存在并在重新进入试验零件时会在裂缝区域产生漏磁场，零件里的磁力线垂直于最大的不连续方向使得漏磁场最大化，所以检测钢件表面附近的漏磁现象可以用来判断裂纹。

漏磁可以通过几种方法来检测，其中包括铁粉（磁粉）、磁带、传感线圈、磁门探针、霍尔探针、超导量子干涉仪和永磁电阻。

（3）磁粉检测（MPI）　MPI 方法顾名思义，是检测漏磁场的一种特别的方法。

磁粉检测是一种使用最广泛的测定铁磁材料表面和次表面缺陷的方法。在这个方法中，使用一个磁场使得试验工件磁化并产生适量的磁力线，然后在零件表面覆盖一层细小的铁磁粉，最后对磁粉的聚集结果进行检验、解释和评价。磁粉沿着磁力线方向进行排列，这会在裂缝发生或者磁导率不连续的地方出现方向性变化。因为改变方向的磁力线远远覆盖了裂纹所在的位置，从而观察到缺陷的放大磁痕。磁粉检测执行标准 ASTM E1444/E1444M 和 ASTM E709。

（4）MPI 的实际应用　潜在裂纹检测常常会被忽视，因为这种裂纹可能会在检测之后发生，具体

见下面的两个案例。在样品检查时，含碳质量分数为 0.53% 的钢轮毂轴承外圈的滚道上发现一个环形裂纹（长 7mm 或 0.28in，深 1.1mm 或 0.04in），这个零件此时为感应淬火和回火状态。

硬度、显微组织、层深和热形位置均符合技术规范，感应淬火机床的工艺参数也在规定范围之内。在同样的工况条件下，一共处理了 16069 件，并使用 MPI 探伤机进行质检。经过 100% 检查，发现并检查出 474 件有裂纹的零件；第二天，又进行了一次重复检查，又发现了 306 件带有裂纹；第三天，发现了 23 件有裂纹的零件，在第四天、第五天不再发现产生裂纹的零件。

图 7-49 所示为磁粉检测，显而易见，如果在感应热处理之后马上进行磁粉检测，而且只做一次的话，将会有 41% 产生裂纹的零件被漏检。

在另外一次不同的样品检查中，在含碳质量分数为 53% 的钢轮毂轴承外圈滚道上发现了一个环形裂纹（长为 6mm 或 0.24in，深为 0.7mm 或 0.03in）。这个零件检验是在感应淬火和回火之后完成的，硬度、显微组织、层深和热形位置都在技术规范之内，感应淬火机床的工艺参数也在规范之内。使用多向坐标机床，进行了 7938 件热处理和分类检查。为了排除操作人员的错误，邀请工程师一起进行 MPI 检查。经过 100% 检测之后，发现了 231 件零件有裂纹，第二天又发现了 45 件有裂纹，只有等到第五天，才不再发现有裂纹的零件。如果在感应热处理之后立即进行 MPI 检测，而且仅仅只做一次的话，会有 43% 的带有裂纹的零件没有被发现。

有些公司对延迟裂纹问题很在行，要求在感应淬火热处理 5 天后再进行 MPI 检测。

这个问题与淬硬层中抗拉应力有关，也可能与不恰当的感应回火有关系。

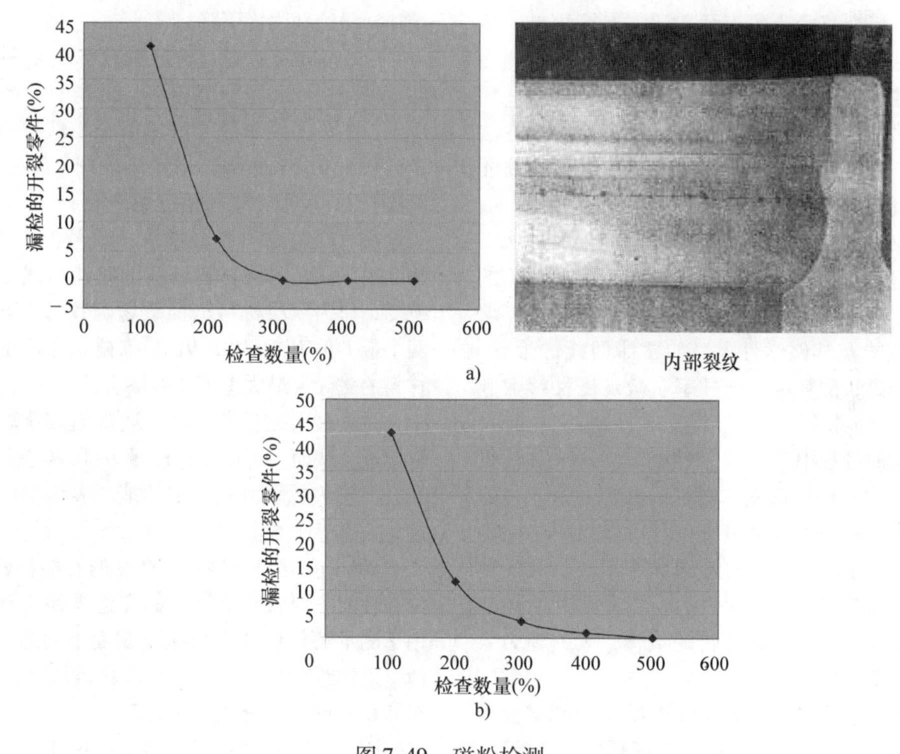

图 7-49　磁粉检测

a）100% 磁粉检测淬火裂纹漏检率为 41%，200% 检测漏检率为 7%（从 16069 件中检出 803 件裂纹零件，或者约 5%）

b）100% 磁粉检测淬火裂纹漏检率为 43%，200% 检测漏检率为 11%（从 7938 件中检出 406 件裂纹零件，或者约 5.1%）

磁场强度和方向对 MPI 来说是非常关键的参数，磁力线的方向应该和缺陷形成一个足够大的角度，以便使缺陷的敏感性最大化，这是通过两个成功试验获得的最佳结果，在第二个试验中磁场应该与第一次试验的磁场成 90°，这就保证了在不连续处成直角的地方有一个尺寸足够大的磁场分量。

利用现代化设备，在同一频率下，分别使用两个交流励磁或交流和直流混合励磁可以同时进行多项试验。同时使用两个相位差为90°的交流励磁时，形成的磁场矢量图是一个椭圆，当电流通过时，椭圆会以同一频率旋转，其主轴垂直于裂纹存在的那条线上。

三相交流电可以用来在三个方向上提供磁化，但是，用这种方法进行MPI试验会产生副作用，这可能与磁场质量欠佳有关。

磁导率最大的磁场，其检测敏感度也最大，强磁场会以噪声的形式呈现表面粗糙，从而降低了检测敏感性。磁场太强可能会引起饱和，磁导率因而降低到不能接受的程度。尽管有许多计算MPI电流大小的公式，但所有的计算都适合于简单形状的零件。用矢量场软件计算轴类零件，表明零件内部磁化非常均匀，有必要使用专家库根据裂纹的位置或定量显示值来选择复杂零件的精确磁化电流数值。

使用剩磁方法应采取的措施，MPI最常见的方法是利用两相交流励磁的连续方法。连续法是一步法，即在磁化的同时施加磁粉。有些公司采用剩磁方法，剩磁法是分两步进行，先在钢件上覆盖一层磁粉，等试样磁化之后，切断磁化电流，这种方法非常简单，而且对检测高顽磁性材料的表面裂纹非常敏感。但是，只限于用于已知不连续方向的情况，不可能发现那些位于剩余磁力线平行方向上的裂纹。

（5）显微组织特征磁性检测技术　前面讨论的磁性检测方法的物理基础是钢的显微组织特性，取决于力学性能及其磁学性能，如磁滞回线的形状、共轭力、剩磁、磁耗损、磁导率、微观磁性参数和磁滞回线的其他特征。

在热处理过程中生成的三种组织（珠光体、贝氏体和马氏体）中，珠光体组织的共轭力最小，磁滞损耗最小，初始磁导率最大；马氏体组织的共轭力最大，磁滞损耗最大，初始磁导率最小。贝氏体组织的三种参数居中。退火以后，含有薄片状碳化物网的试样比含有球状碳化物的试样，其共轭力大很多，而且硬度也很高。

俄罗斯做了许多钢件表面淬火质量控制磁性检测方法的研究和应用。Gorkunov报道感应热处理后，淬硬层的磁性能发生了很大变化。例如，淬硬层的共轭力是心部的2~4倍，这是因为心部含有珠光体和软磁性铁素体（共轭力小、剩磁性差、磁滞损耗小，但磁导率高）。表面层含有细针状马氏体组织具有硬磁性，其共轭力大、剩磁性好、磁导率低。

实际上，层深对剩余感应共轭力的影响与测量所用的磁场强度H_m有关，而且剩余感应共轭力对在弱磁场里局部磁滞回线测量的层深敏感性比强磁场下测量大。

事实上弱磁场（Rayleigh区域）的剩磁Br取决于瑞利（Rayleigh）系数ν，珠光体-铁素体组织比马氏体高很多。

$$Br = \nu H_m^2/2 \tag{7-2}$$

这个最近已经被Nakagawa等研究证实，S45S钢在组织状态下的瑞利系数和初始磁导率分别要比马氏体组织大约高2倍和20倍，所以，这种非线性性能的不一致性为确定淬透性层的特性测量方法奠定了基础。

必须注意只有在弱磁场下磁化才是正确的，因为这时的磁化性能不稳定。

Gorkunov等人发现磁性检测层深的敏感性随着直流-交流磁场的局部去磁而有所提高，因为零件心部和淬硬层的矫顽力有变化，也就是表面层和心部对去磁阻力不同。

磁导率差异与淬火试样关系密切，随着层深的增加，磁饱和强度下降。

Gorkunov等人还研究了双层铁磁材料的磁化特性，磁滞回线和微分磁导率与磁场的关系如图7-50所示，磁滞回线和磁导率差值是心部材料（含碳质量分数为0.4%的钢，未经热处理，编号为1），表面层材料（同样材料经过感应热处理，编号为2）及这些材料组成的双层材料（编号为3）磁场的函数。很显然，双层材料试样的磁滞回线形状发生了畸变，作为双层材料试样磁场函数的磁导率，具有两个最大值H_1和H_2，H_1和H_2磁场与心部和表面层材料的磁导率最大差值正好吻合。

材料最大磁导率的磁场通常与其矫顽力差值非常接近。从而，可以通过测量H_1和H_2获得材料心部和表面层的矫顽力和润滑性能，表面层厚度可以通过最大磁导率数值求得。

Mikheev建议分别评价产品的心部和表面层的层深和性能。他研究了磁力线穿透零件的有效深度和用于测量的轭铁几何形状（截面上的两极、极高和两极之间距离）有关系，发现穿透深度与S_p（极化截面积）的平方根成正比关系。

因而，通过改变轭铁的几何尺寸可以获得不同的磁力线穿透深度，所以可以选择一个只对表面层（相对于层深而言，截面磁极较小）或心部（截面磁极较大）的组织结构状态有关，或者给出表面层或心部的平均磁性能。这样可以检测从0.4mm（0.016in）到数十个毫米厚的硬化层。

带有U形电磁铁（轭铁）的矫顽磁性仪器在苏联广泛地应用于测量感应热处理后的层深和硬度，试验时，把轭铁放在铁磁性材料的表面上，使其形成磁回路，轭铁在直流电的作用下被激励使试样在一个方向上被激活并达到饱和状态。当恒定的磁场慢慢减小到零时，会得到剩磁密度，然后施加反向电流，一直到霍尔探针测得试样的磁通密度减小到零，这个去磁电流和材料的矫顽力相关。

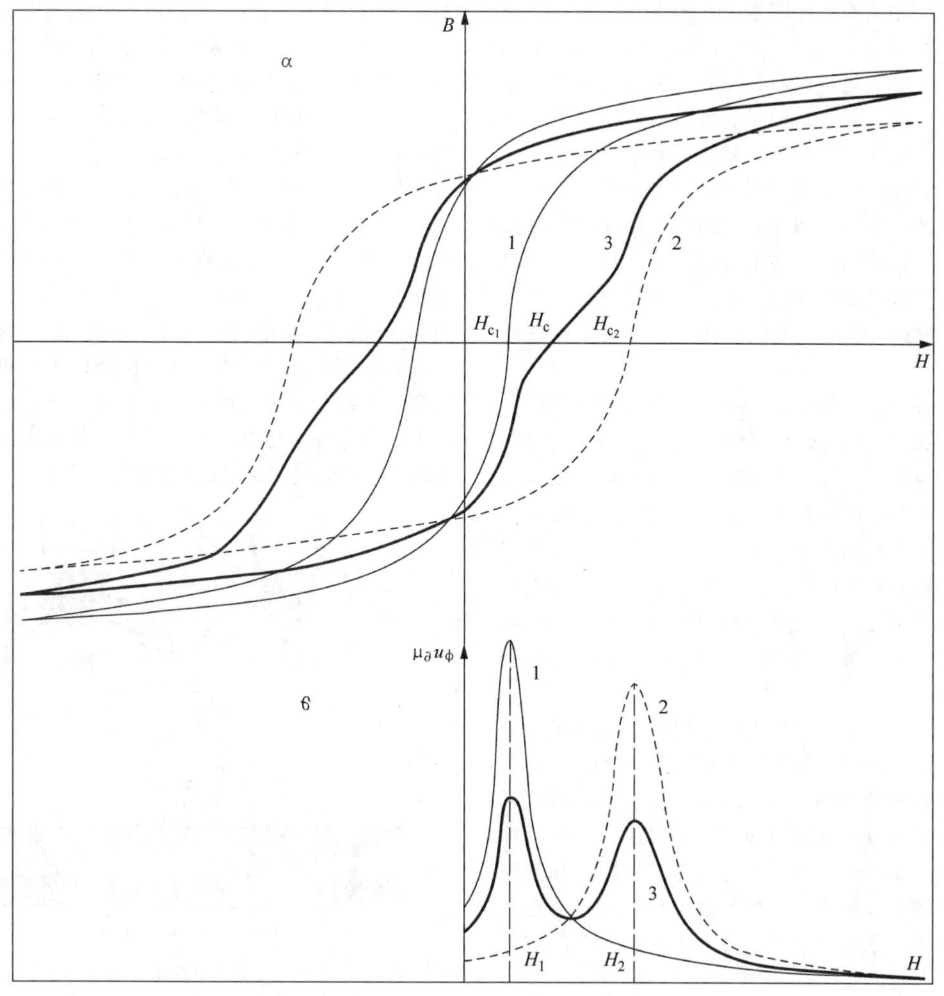

图 7-50 磁滞回线和微分磁导率与磁场的关系

1—未经表面热处理零件的心部 2—同一材料经感应热处理后的表面层

3—由两种材料组成的双层试样

另外一种矫顽磁性仪表设计是用两块电磁铁，其中第二块位于第一块的里面。当内部转换器零信号时，去磁电流强度反映了表面层性能的信息，而外部转换器零信号时去磁电流强度则反映了表面层和心部的性能信息。

当硬化层很薄时，借助于两极电磁铁检测是有难度的，就要采用一种基于单极磁化的测量仪器，这是因为磁化零件的局部去磁系数接近于 0.5 时，剩余磁矩与矫顽力成正比。

（6）高（超高）谐波磁感应方法 使用铁磁材料通过磁滞回线循环时产生的感应电磁高谐波的振幅和相位作为信息参数。在低频正弦外磁场中，铁磁材料的磁感应性能表现出的磁滞现象不是正弦而是畸形的，电磁感应的畸形波形含有奇特的外加磁场的谐波频率。尽管额外的直流磁场也会产生谐波。这些磁滞回线形状的非常细微的变化，源自显微组织结构的变化，对高谐波的参数有着重要作用。也正是这一作用决定了其在无损检测领域的应用机会和高灵敏性。

Fowler 和 Hatch 发现了第三谐波的振幅和相位之间有线性关系。各相关参数如冷却速度之间的相互作用远远低于第三谐波的相位和振幅的作用。

Kahrobaee 等人研究了 AISI 1045 感应淬火后有效淬硬层深和总硬化层深，以及第三、第五和第七谐波的振幅、真实值和假想值等相互关系，发现在频率 25Hz 下高谐波（3、5、7）的谐波，这些谐波的实分量随层深增加而下降，这些谐波的振幅最佳值为0.92～0.96，结论是高谐波方法适用于AISI 1045表面层最大有效深度为4mm（0.16in）。

（7）微磁技术　这一技术的基础是Barkhausen效应。当一块铁磁材料被磁化后，磁感应密度呈不连续变化，这就是Barkhausen跳跃效应。这些跳跃主要是由于磁场发生变化磁畴钉扎释放，磁畴壁突然发生不可逆位移和磁畴不可逆旋转所致。磁畴壁发生不连续位移的原因是在多晶体材料中位错、沉淀物、相界面或晶界这些显微组织障碍物被短暂钉扎，这些显微组织特性在力学载荷作用下影响了位错运动，同理，在磁性载荷作用下，影响了磁畴壁的位移。

每个分路都能作为电磁和声发射源，局部磁化在物体附近产生了脉冲式涡流，其频率大于直流，小于2～3MHz，沿着所有方向向空间扩展，紧靠零件表面上方的切向场强度是在两个磁极中间测量的，场强度H，通常为100A/cm，切向场强度传感器旁边的Barkhausen噪声传感器是由细铜丝的空气线圈组成的，其无线频率信号必须经过放大到100dB，然后经过整流，最后绘制成Barkhausen噪声信号$M(H)$。

改变激励频率（分析频率）以确定显微组织分布情况。通过选择激励频率（依据磁滞回线），测量可以限定在单纯表面（f为1kHz）或包括表面层以下几个毫米（5mm或0.2in，f为0.05Hz）。从待评估零件的Barkhausen噪声信号宽频带中，选择使用一个分析频率或频率带。高的分析频率适合最近表面层的信号，帮助定量评估薄的硬化层，而低的分析频率适合较深硬化层信号。

如果测量是在几个不同分析频率下进行的，可以检测到硬化层和心部的综合性能结果，这可以通过整流后的Barkhausen噪声分布$M(H)$中两个峰值来辨认，一个峰值对应于硬化层，峰值为M_s，磁场强度较高；而另外一个峰值对应于心部M_b，磁场强度较低。M_s/M_b比率可以用来定量确定其他零件未知硬化层深度。使用这一方法确定深度范围为1～5mm（0.04～0.2in）汽车曲轴和架硬化层深度。

（8）电测量方法　无损检测电测量方法是以分析试验物体电场的相互作用为基础。电位降方法被公认为是一种可靠的、经济的和精确的测定裂纹和材料性能特征的技术。测量时，4个电极直接与通电的物体接触，分析两个外极之间的电流，和其他两个电极之间产生电压（电位降），注入电流是直流电流（直流电位降或DCPD法）或者交流电流（交流电位降或ACPD法），探针间距控制电流穿透深度。

测定材料性能特征时，DCPD装置使用脉冲直流电流通过探针通过工件，电位降取决于感应淬火钢件的表面层平均电阻。马氏体态金属的电阻总是比珠光体/铁素体组织的电流的电阻大。因而，层深越大，其电位降读数越大（平均电阻越大），可以应用这一技术从刻度曲线获得绝对层深，直流电位降测定硬化层方法如图7-51所示。

Bowler使用ACPD四点方法通过两个传感器（不同于探测间隔法）测定感应淬火件的表面层深度和表面硬度。当交流电通过试样时，由于趋肤效应，电流只会通过外表面层。当频率约为5kHz时，铁磁性低碳钢的趋肤深度为0.1mm（0.004in）。在低频率时，趋肤深度大于层深，其电位降取决于表面层和心部的性能。当频率高到一定程度，穿透深度小于层深，电位降主要取决于表面层性能。因而，通过多频率ACPD测量评估材料性能。

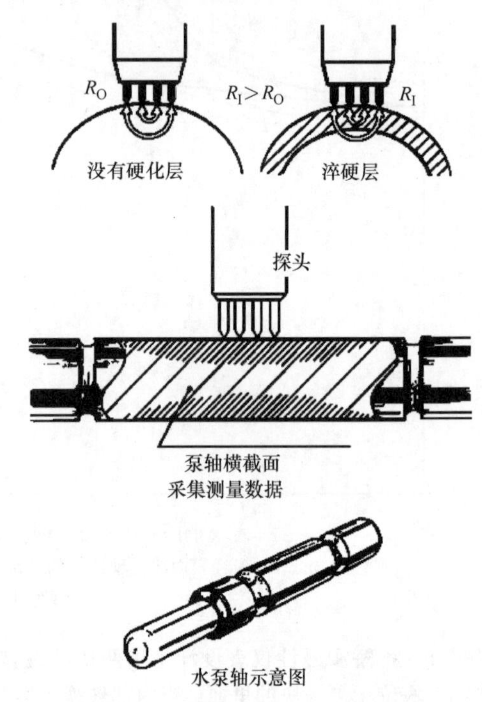

图7-51　直流电位降测定硬化层方法

（9）涡流无损检测　使用随时间变化的电磁场作为传感介质来检测材料的性能。通常使用线圈或一排导体作为探头，其周期性、交变或脉冲电流产生变化电磁场，把这些探头放置在待测工件上，探头感应工件产生电流，也叫作涡流。

最普遍的涡流检测硬化层深的方法是使用激励线圈，交变磁场在周围的金属结构中诱发电流，接收线圈传感由涡流产生的磁场，该磁场与零件的几何形状、导电率和磁导率有关系，零件里裂纹或缺陷干扰电流及其磁场。

靠近试件的线圈的参数对材料的导电率和磁导率非常敏感。因为低频激励穿透导电试样深度更深，高频激励只穿透浅表层，可以预测扫描频率试验对工件表层材料性能的变化非常敏感，据报道，在频率为5Hz时，使用实物阻抗（涡流损耗）测得的硬化层深度与实际吻合最好。

在多频率涡流试验中，激励一定范围内的频率，从而使用一个高频率测量表面硬度，另一个穿透深度大的频率测量硬化层深。因此，可以同时完成表面硬度和硬化层深度的精确测量，频率的最佳结果产生的穿透深度通常是待测层深的2倍多。

Banno 使用两个频率来检测感应热处理后的表面硬度和硬化层深度。研究表明当表面硬度下降时，25kHz信号的虚部 Y 提高。层深不影响 Y，因为频率较高，涡流聚集在表面层以下。同时，实部 X 在25Hz的低频率时，随着硬化层深度的增加而增加。从而，硬化层深及其数值比表面硬度有着比较强的依赖关系，用这种技术无损检测硬度分布是可行的，探测线圈固定在待测工件位置，根据探测到的波形，获得25kHz信号的虚分量和25Hz的实分量。然后，根据 Y 和 X 数值计算得到表面硬度和硬化层深，然后把探测线圈移动到试件的每一个部分，再根据每一部分的硬化层深确定淬火热形，在线使用测量设备样机，然后完成大规模试产。硬化层深度的测量精度是±0.2mm（0.008in）。

（10）电磁技术3MA　电磁技术3MA（微磁、多参数、显微组织和应力分析）是由 Fraunhofer 理工学院研发的，其基本原理如下：

磁性 Barkhausen 噪声（BN）测量，记录 BN 振幅和磁场强度 H。测量参数：BN 的最大值 M_{max}，BN 的矫顽力 H_{cm}，确切 M 点下 $M(H)$ 包线的宽度。

增量磁导率 μ 测量，记录：增量磁导率与磁场强度；测量参数：增量磁导率的最大值 μ_{max}，μ（$H_{c\mu}$）的矫顽力及其在清晰 μ 值（$\delta H\mu$）的包线宽度。

切向磁场谐波分析，记录：切向磁场强度与时间。测量参数：畸变率 K、矫顽力（H_{ck}），第三和第五谐波的振幅和相位。

涡流阻抗测量：测量参数为三个不同频率下的实部和虚部。

这些量化量纲的多参数特征可以使用智能化信号处理，其主要特征如抑制干扰、多靶向教化控制参数，可同时测量多达19个参数。应用最小平方分析和神经网络分析以获得3MA和材料性能之间的最佳吻合。量化无损检测结果要求校准程序，主要包括以下三步：

1）记录已知硬度和硬化层深零件的3MA数据。

2）通过回归分析进行近似函数的计算。

3）在3MA仪器上设置和安装可应用函数。

经过有效教化之后，在1s/数据点的时间周期内，完成表面硬度和硬化层深度的无损检测。把3MA传感器手动固定在感应淬火曲轴上，层深测量标准误差等于0.22mm（0.009in）。

不同硬化层检测方法的比较见表7-5。

表7-5　不同硬化层检测方法的比较

检测技术名称	应　用	校　验
多频涡流法 铁磁材料层深 0~3mm 非铁磁材料层深 0~10mm	导电材料、形状复杂	完成一套校验试样，并进行预测
高谐波分析法 层深0~6mm	铁磁材料、几何形状因素（磁化）	完成一套校验试样，并可轻松预测
Barkhausen 噪声法 层深0~2mm	铁磁材料、形状简单	即使是极端状态也完全可以测量，注意相关残余应力，可以预测发展趋势
超声波背散射法 层深>1mm	可透过声波的材料，相界阻抗梯度大	如果已知声速，无需校验，可以预测发展趋势

（11）超声波　在超声检测中，通常发射范围为0.1～15MHz的高频声波，有时最高用到50MHz的声波到金属零件，用来检测零件内部裂纹或表征材料。超声波是机械振动，因而，特别适用于检测弹性异常性能及物理性能、组织结构和弹性常数。

弹性常数与声波速度 c 和各向同性的材料密度 ρ 有关。

$$c=\sqrt{q/\rho} \tag{7-3}$$

式中，q 是适当的弹性模量（如各向同性材料的轴向或剪切弹性模量）。

最常用的超声波测试技术是脉冲回声，即把脉冲超声波导入试件，从缺陷处发出的回声返回到接收器。通常测量从试件表面到下一个明显反射面之间的运行时间，运行时间的脉冲回声测量提供了非常好的解决方案。

最近超声背散射方法应用于检测感应热处理硬化层深度。通常用术语散射来表述小颗粒或不均匀质点与波之间的相互作用，而当波与大表面相互作用时，通常发生反射。

对感应淬火零件来说，超声背散射方法应用时，事实上超声波（20MHz）几乎全部透过淬硬层（马氏体），而心部材料（铁素体和珠光体）对超声波散射非常强烈。

背散射超声波振幅取决于显微组织实际过渡梯度。在过渡区，晶界、晶粒尺寸和第二相使得声阻抗发生不连续变化，具体情况取决于超声波频率。在硬化层和心部发生的背散射信号不同，这些振幅特性可以通过简单的声波飞行时间测量，用来评估硬化层深度。

硬化层深度测量方法有两类，分别是接触法和浸没法。接触法通常使用便携式设备，适合于现场检测不同的材料和工件；浸没法适合用于连续或大规模生产，其试验参数保持前后相对恒定。

图7-52所示为超声检测技术。在浸没检测方法中，把试样和超声波探头一起放在水槽里，探头与试样正面成一定角度，发射剪切波进入试样（见图7-52a），由于表面粗糙，超声散射波在试样表面发生，一部分能量回传给探头（第一次回声），超声能同样也以剪切波的形式进入硬化层。硬化层是马氏体组织，因而在这个区域不发生超声散射。但是，当剪切波到达过渡层时，这时马氏体组织逐渐转化为晶粒比较大的铁素体－珠光体组织，一旦碰到晶界就会发生散射，过渡区散射产生了第二次回声。两次回声之间的声波波飞时间差与试样的硬化层深度成正比。钢轴感应淬火后的典型超声波反馈情况见图7-52b。为了测量AISI 4140感应淬火层深轮廓，制造一个特殊的浸没检测装置，沿着轴向扫描后生成一个硬化层扫描图像B。由于超声信号非常嘈杂，计算层深厚度需要适当的信号处理技术。

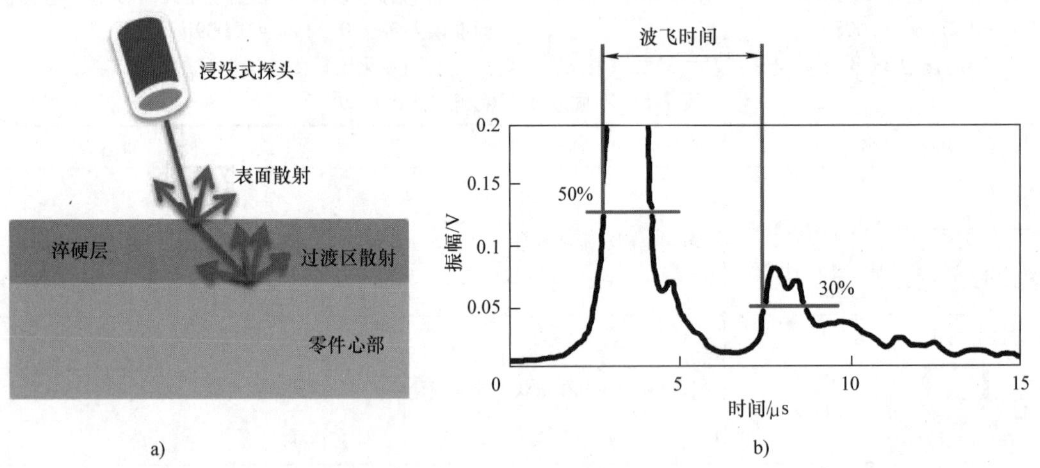

图7-52　超声检测技术
a）浸没式探头　b）钢轴感应淬火后的典型超声波反馈情况
注：测量指定水平线上两次回声发射点之间的距离

2. 实时监控感应过程无损检测评价方法

影响零件冶金性能的感应淬火关键参数是频率、传输给零件的功率、加热时间、淬冷延迟时间、淬冷速度、淬冷时间、回火前工件温度、淬火和回火的间隔时间。保持适当的零件－线圈间隙和线圈性能是非常关键的，淬冷系统应该是一个自动化过程，以确保工艺的一致性。

大多数感应淬火系统采用开环控制模式。通过精确调整输入功率，维持预先选定的停留时间或进给速度，使工艺过程得以控制。

但是，这种方法不能保证稳定的输入功率，从而得到稳定的输出功率，然后把同样的能量传送给每一个工件，保证同样的温度和奥氏体化热形。像磁通量集中器状态、总线电阻偏高、总线间距变化、槽路电容故障、冷却不当或接触不良等许多参数，都会对传送给零件的功率有影响。

因而，热处理人通常监控每一个工件的能量或平均能量。如果总能量高出或低于极限值，工件就会成为废品。工件必须运行正常并设置恰当的极限规定。

然而，能量和监控器的精度对有些应用不见得合适。功率 P 可以通过电流 I、电压 V 和相位移 ϕ 的测量结果计算得到。

$$P = IV\cos\phi \tag{7-4}$$

$$\mathrm{d}P/\mathrm{d}\phi/P = IV\sin\phi/IV\cos\phi = \tan\phi \tag{7-5}$$

功率与相位移的相对敏感度等同于 $\tan\phi$。例如，用于轮毂轴承外圈的感应线圈的耦合是非常弱的，通常电压和电流之间的相位移是 80°，高频生产条件下，相位移测量的精度为 2° ~ 3°，相对应的功率/能量测量误差为 20% ~30%。所以，使用能量/功率作为监控参数的开环控制不能 100% 保证感应热处理质量。

使用 NDE 技术来检查感应热处理过程的材料性能。用热处理过程监测会提供更多关于工艺的信息，而不仅仅是最终结果，还有所有影响零件（工艺）质量的过程变化，下面是伊利诺伊理工学院的研究结果。

研究选用三种不同含碳量的钢 1018、1045 和 1080，圆柱试样直径为 10mm（0.4in）、长度为 60mm（2.4in），使用 Gleeble 热性力学试验机，试样加热采用 60Hz 的电流穿透加热，加热电路由一个降压器和一个热控制仪，在降压器和试样之间有热电偶和连接棒，见图 7-53。试样加热到 860℃（1580℉），加热时间 3min，保温 3min，然后切断电流冷却。试验过程中使用热电偶监控试样温度。在第一次试验时，把一个膨胀仪放在试样上以检测其直径变化，膨胀测量采用跟踪钢中相变的传统方法；在第二次试验中，把转换器类型的涡流传感器安装在试样中间，传感器初级线圈和次级线圈之间的互感（f = 10kHz）取决于试样的电磁性能及其热处理过程中的变化。

1018 钢在 10kHz 加热和冷却过程中膨胀量、互感系数 M 与温度之间的关系如图 7-54 所示。

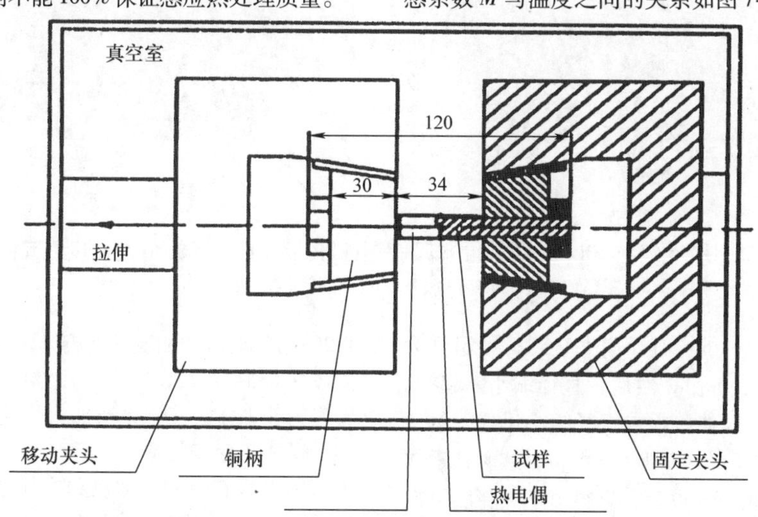

图 7-53　Gleeble 热模拟力学试验机

正如预测的那样，试样直径在加热过程中变大。当材料加热到 735℃（1355℉）(Ac_1) 时，直径收缩，而且继续收缩，原因在于相变生成了奥氏体（这种钢不会达到 Ac_3 温度）。

在冷却过程中，试样直径由于热收缩而变小直到温度达到 765℃（1410℉）(Ar_3)，这时材料迅速膨胀，原因是发生了相变，从奥氏体生成了先共析铁素体（试样直径在 750 ~765℃或 1380 ~1410℉温度区间内迅速膨胀）。在 Ar_1 = 640℃（1185℉）附近，少量的残留奥氏体转变为珠光体。Ar_1 之后，试样直径继续变小，在 Ar_3 和 Ar_1 温度区间属于非平衡冷却状态。

1018 钢试样的互感系数 M 在加热初期增大，在 680 ~700℃（1255 ~1290℉）达到最大，在这段加热过程中，钢的导电率下降（比磁导率下降还快），导致涡流电流下降，互感增加。在第二阶段加热时，M 在 735℃（1355℉）(Ac_1) 到 770℃（1420℉）(Ac_2) 区域快速下降，而在加热到 860℃（1580℉）时不再变化，这时磁导率下降，原因是相变铁磁性珠光体转变成了顺磁的奥氏体。在居里温度，铁素体失去磁性，这就解释了为什么在770℃（1420℉）以后 M 没有发生变化。

在冷却过程中，互感系数在765～750℃（1410～1380℉）迅速增大，对应于相变产物从奥氏体转变成铁素体。1045钢在10kHz加热和冷却过程中膨胀量、互感系数 M 与温度之间的关系如图7-55所示。

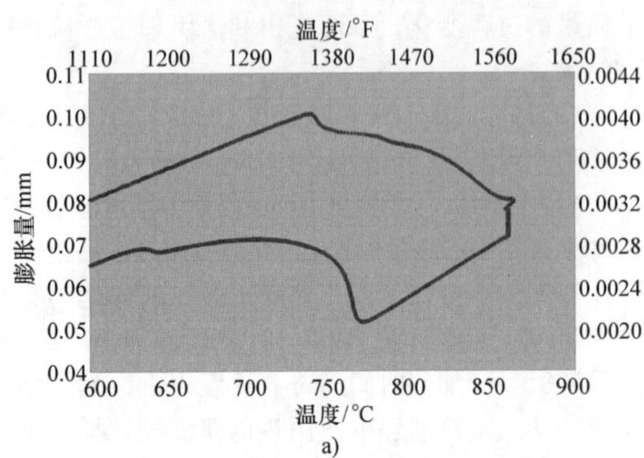

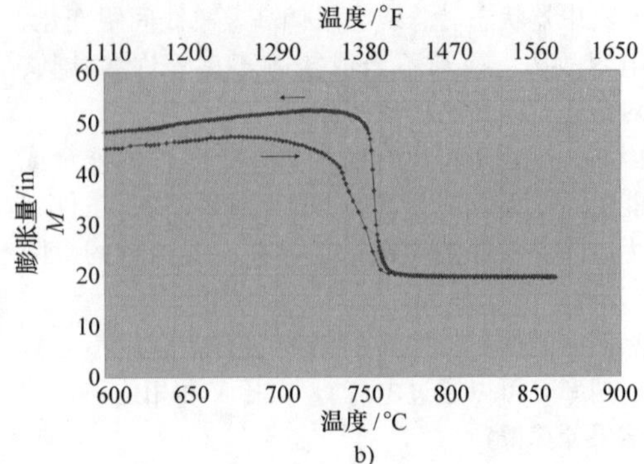

图7-54 1018钢在10kHz加热和冷却过程中膨胀量、互感系数 M 与温度之间的关系

a）膨胀量 b）互感系数

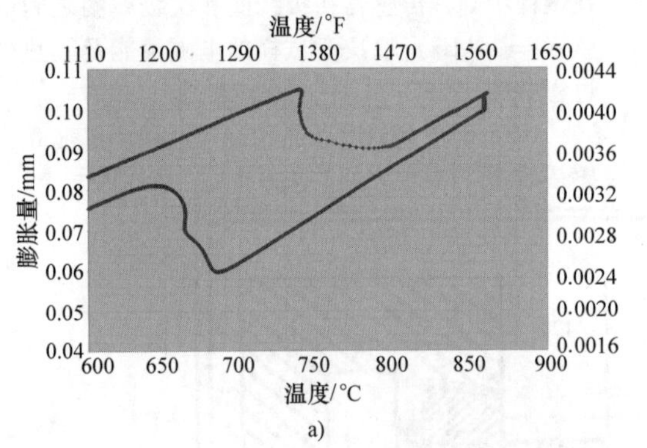

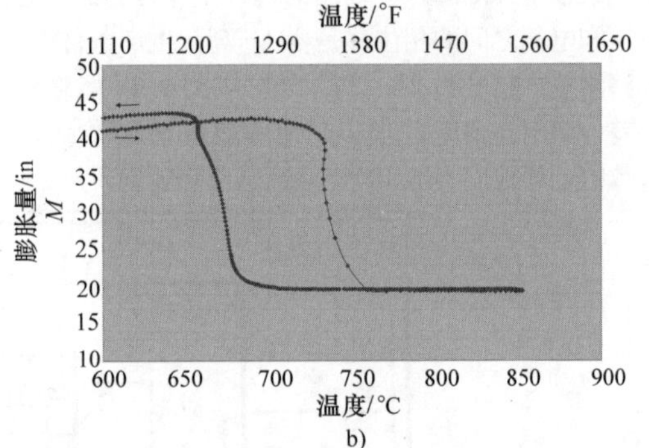

图7-55 1045钢在10kHz加热和冷却过程中膨胀量、互感系数 M 与温度之间的关系

a）膨胀量 b）互感系数

在加热过程中，试样直径增大直到材料温度为740℃（1365℉）（Ac_1），然后，直径缩小。起初，在珠光体转变成奥氏体阶段，直径缩小迅速，然后慢慢缩小直到790℃（1455℉）（Ac_3），这时铁素体转变为奥氏体区间。Ac_3 以后，直径由于热膨胀再次随着温度的升高而增大。

在冷却过程中，直径缩小直到680～685℃（1255～1265℉）（Ar_3）。在 Ar_3，材料迅速膨胀，初始温度在680℃和660℃（1255℉和1220℉），相变使奥氏体转变为铁素体，然后在655℃（1210℉）（Ar_1），更快速膨胀，相变使奥氏体转变成珠光体。

这种钢的互感系数在加热过程中不断增大，并在680～700℃（1255～1290℉）达到最大。在 Ac_1 点，互感系数开始突然下降直到 Ac_2 点。

在冷却过程中，1045的互感系数在两个阶段迅速提高：第一阶段是在680～660℃（1255～1220℉），对应的相变是奥氏体转变为珠光体；第二阶段在655℃（1210℉），与之对应的相变使奥氏体转变为珠光体。互感系数的大变化与第一阶段的初始铁素体转变有关系。

1080钢在10kHz加热和冷却过程中膨胀量、互感系数 M 与温度之间的关系如图7-56所示。

在加热过程中，直径增大，直到材料温度达到745℃（1375℉）（Ac_1）。然后直径在745～750℃（1375～1380℉）区间里缩小非常快，原因是相变生成奥氏体（1080钢的 Ac_1 和 Ac_3 非常接近），Ac_3 以后，直径开始随温度的升高而增大。

在冷却过程中，直径缩小，直到温度降到660℃（1220℉）（Ar_3），材料迅速膨胀，这是因为奥氏体完全转变为珠光体。

互感系数以同样模式发生变化。起初加热时增大，然后在大约750℃（1380℉）时突然下降，对应的相变是生成奥氏体。在冷却过程中，互感系数在大约 660℃（1220℉）突然增加，与之对应的是奥氏体相变成为珠光体。

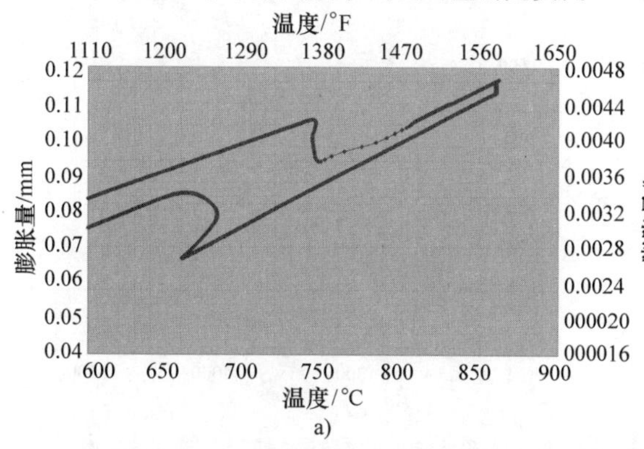

a)

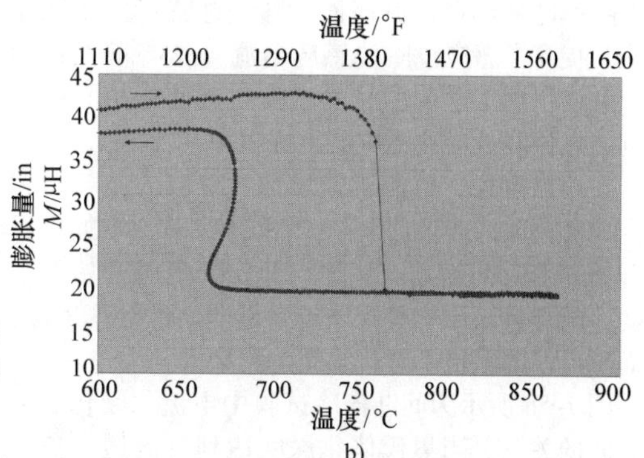

b)

图 7-56 1080 钢在 10kHz 加热和冷却过程中膨胀量、互感系数 M 与温度之间的关系

a）膨胀量 b）互感系数

这样，主要的冶金相变，特别是 1045 钢和 1080 钢，都发生在居里温度以下，从而可以使用电磁技术追踪生产过程中钢的冶金相变过程。

生产研究证明了上述结果。使用改进后的涡流技术监控加热过程，使用原位线圈作为实际的涡流传感器，线圈电流作为测量参数。该项研究应用于 1053 芯轴，通过一发技术加热工件材料，然后在质量分数为 14% ~18% 聚合物水溶液中淬冷。热处理条件包括如下参数：功率为 170kW，频率为 20kHz，加热时间为 3s，冷却介质温度为 25℃（75℉）。

研究表明热处理工艺参数（加热时间、功率和辅助冷却）对感应圈的电流分布、层深、硬度和显微组织有影响。

（1）加热时间和功率的影响 在加热过程中，电流随着时间而发生变化，见图 7-57。在表面奥氏体化过程中，存在 3 个明确的阶段，起初电流逐渐下降到一个最小值，然后，电流呈线性增加，最后趋于饱和状态。这些结果与 Verhoeven 等人的报道相近。

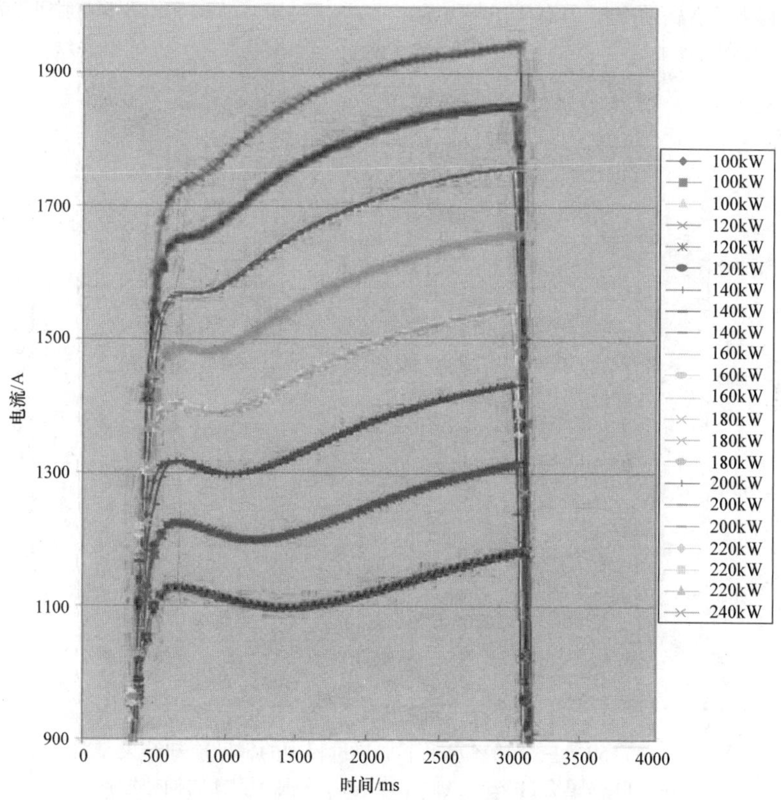

图 7-57 加热过程中电流随时间的变化情况

在加热初始阶段，钢件没有发生任何相变，钢的电导率随着温度的升高而下降，这就产生了涡流电流，提高了感应线圈的感应电流（这与前面提到的伊利诺伊理工学院的技术试验互感性能相同）和阻抗，电流降低导致感应器阻抗增加。

在第二阶段，电流迅速增加，对应的是开始相变生成奥氏体的时间最短 t_m，随着功率的增加奥氏体开始转变时间缩短。从这点开始，金属开始发生相变。随着表面层中奥氏体越来越多，磁导率下降，进而感应线圈阻抗下降，线圈电流增大。

图7-58所示为间断淬冷试验中电流、硬化层深与时间的关系。当奥氏体化深度达到电流透入奥氏体有效深度时，电流趋于饱和状态。由此可见，零件需要在大功率或较长时间内加热。为了验证加热时间与硬化层深之间的相互关系，根据图7-58a，对零件进行不同时间的中断加热。硬化层深数据见图7-58b。果然，零件在加热时间等于1s时，没有达到奥氏体化温度。因而，层深为0mm。随着时间的延长，层深增大，层深随时间增大的速度取决于时间：在1~2s内为1.65mm/s（0.065in/s）；在2~3s内为1.1mm/s（0.043in/s）；在3 ~ 4s内为1.0mm/s（0.04in/s）；在4 ~5s内为0.4mm/s（0.016in/s）。

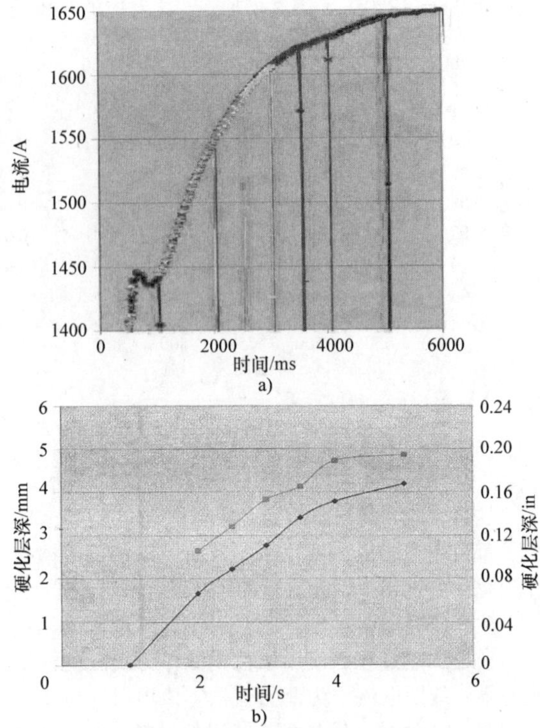

a）

b）

图7-58 间断淬冷试验中电流、硬化层深与时间的关系

a）电流与时间关系

b）硬化层深与时间关系

（2）辅助冷却的作用　在三种不同功率条件下，加热过程中辅助冷却的效果见图7-59，位于上方的曲线表示加热过程中没有辅助冷却，而位于下方的

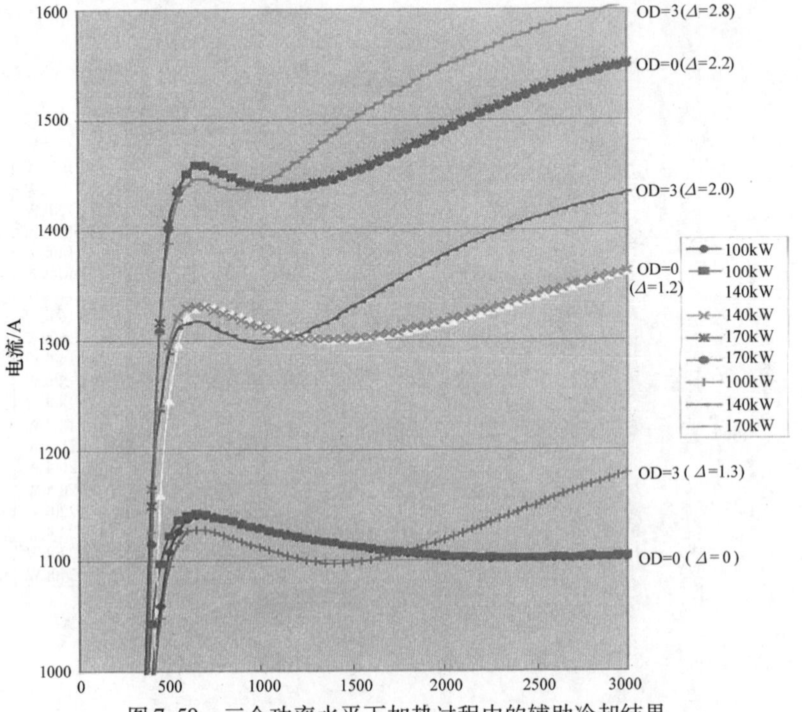

图7-59　三个功率水平下加热过程中的辅助冷却结果

注：OD，外围延迟冷却。试验1：OD=0s，外围冷却与加热同时进行，

试验2：OD=3s，外围冷却比加热晚3s。Δ为硬化层深，单位为mm。

曲线是加热过程带有辅助冷却。可以看出，辅助冷却使得奥氏体化开始时间晚了，在 100kW 加热后加辅助冷却没有相变发生。冶金学研究证实了这一点，加辅助冷却试样的淬冷层深浅很多（170kW 层深相差 0.6mm 或 0.024in，140kW 时层深相差 0.8mm 或 0.032in，100kW 时层深相差 1.3mm 或 0.05in）。

可以使用电流分布数据来监控感应加热过程。没有最低点的电流分布形状说明没有发生奥氏体相变，没有饱和状态的电流曲线形状表明并非电场内所有的金属都发生了奥氏体转变。由于表面是顺磁状态，次表面是铁磁状态，二者之间存在一个动态界面，因而通过电磁技术所表征的特性，为监控加热深度带来了希望。

一家跨国轴承公司在开发轮毂轴承外圈和芯轴感应加热检测系统已经使用了上述研究结果。

使用电磁 NDE 技术实时监控和反馈材料性能，使得过程控制更为有效，效率也更高，提高了产品质量和可靠性。可以采用与计算机系统相接的智能感应器来测量具有顺磁性的表面层深度，从而可以在合适的时间停止加热和开始冷却以获得理想的层深硬度。

在感应热处理中，可以采用电磁方法表征金属和合金的显微组织特性。

参考文献

1. R.E. Haimbaugh, *Practical Induction Heat Treating*, ASM International, 2001
2. S. Zinn and S.L. Semiatin, *Elements of Induction Heating*, ASM International, 1991
3. V. Rudnev, D. Loveless, R. Cook, and M. Black, *Handbook of Induction Heating*, Marcel Dekker, Inc.
4. *Nondestructive Evaluation and Quality Control*, Vol 17, *Metals Handbook*, 9th ed., ASM International, 1989
5. Nondestructive Testing Overview, *Nondestructive Testing Handbook*, Vol 10, American Society for Nondestructive Testing, Columbus, OH, 2004
6. V.I. Frankfurt and D.S. Kuperman, Review of Electromagnetic NDT Methods for Monitoring the Degradation of Nuclear Reactor Components, *Mater. Eval.*, 2001
7. *Heat Treating*, Vol 4, *ASM Handbook*, ASM International, 1991, p 960
8. D. Carpenter and V. Frankfurt, "Comparisons of the Magnetic Field Distributions in Magnetic Particle Inspection Systems Using FEA and Measurement Techniques," ASNT Fall Conference, 2001
9. E.S. Gorkunov, Magnetic Methods and Instruments for Quality Control of the Case-Hardening of Ferromagnetic Steel Object, *Defektoskopiya*, No. 1, 1991
10. N. Nakagawa and C.C.H. Lo, *Review of Progress in QNDE*, Vol 29, New York, 2010
11. E.S. Gorkunov, B.M. Lapidus, and I.A. Valtusheva, Resistance of the Magnetic States of Two-Layer Ferromagnetics to the Effect of Direct and Alternating Magnetic Fields, *Defektoskopiya*, No. 4, 1986
12. S. Kahrobaee, M. Nateq, and M. Kashefi, "Application of Harmonic Analysis for Determination of Hardened Depth in Surface Heat Treated Parts," Second International Conference on Materials Heat Treatment (ICMH), 2011
13. D.C. Jiles, Magnetic Methods in Nondestructive Testing, *Encyclopedia of Materials Science and Technology*, K.H.J. Buschow et al., Ed., Elsevier Press, Oxford, Sept 2001, p 6021
14. J.R. Bowler, Alternating Current Potential-Drop Measurement of the Case Depth Hardening in Steel Rods, *Meas. Sci. Technol.*, Vol 19, 2008
15. A. Banno, Toyota Motor Corporation, JEAE Autumn Technology Conference, 2004
16. W. Theiner, R. Kern, and M. Stroh, Fraunhofer Institute, ECNDT (Barcelona), 2002
17. R. Bageri, F. Honarvar, and R. Mehdizad, "Case Depth Profile Measurement of Hardened Component Using Ultrasonic Backscattering Method," 18th World Conference on Nondestructive Testing, April 16–20, 2012 (Durban, South Africa)
18. J.D. Verhoeven, H.L. Downing, and E.D. Gibson, Induction Case Hardening of Steel, *J. Heat Treat.*, Vol 4 (No. 3), June 1986
19. V. Frankfurt, Heat Treat Process, U.S. Patent 20,060,102,620 A1, 2006

7.6　职业磁场辐射的控制——国际标准及规定

Loris Koenig，SFinduction

只要对导体通电，就会产生电场，而磁场仅在电流通过时才会产生。20 世纪，随着对电力的持续需求，场源数量不断增加，电磁场（EMFs）辐射量也随之大大增加。

并非所有电磁场都是人类活动的结果。还有一些来自大自然，如：

1）地核熔岩浆流产生的地球磁场。根据纬度不同，磁场值为 30 ~ 55μT 不等。

2）星体释放的辐射。

3）高空大气（电离层）正电荷产生的地球表面电场。在大气和地球之间的电势差作用下，负电荷永久离开地球进入大气，因此便产生了 150V/m 范围内的持续电场。暴风雨经常通过闪电使这些电荷返回地球，以维持整体平衡。在暴风雨的作用下，电场可达 10kV/m。

如果没有任何外电场，在正常机体功能的化学反应下，人体可产生微电流。人体的神经系统传输的一些信号在脑电图上表现为电脉冲的形式；从心电图上看，心脏也是电流活动的场所。

本节旨在对主题进行阐明，将电磁场的频率范围限制在 50Hz ~ 10MHz，并提出工业活动中电磁场职业辐射相关的关键概念、对健康的影响、评价方法及规定和标准。

7.6.1 电磁场

电磁场包括：

1）电场 E，与正电荷或负电荷（带电导体）的存在有关。强度单位为 V/m。

2）磁场 H，与电荷（带电流的导体）有关。强度单位为 A/m。

这两种相互联系的波以光速传播，它们有自己的频率，即每秒的振动次数，单位为赫兹（Hz）或赫兹的倍数：千赫（$1\text{kHz}=10^3\text{Hz}$）、兆赫（$1\text{MHz}=10^6\text{Hz}$）和千兆赫（$1\text{ GHz}=10^9\text{Hz}$）。表 7-6 列出了国际电信联盟（ITU）规定的频带名称。

图 7-60 所示为电磁场强度随着距离的远去迅速变弱。这两种波以波的形式传播，相互同步，且在垂直于图 7-60 所示传播方向的平面上相互垂直。

我们可以用篝火的例子来理解电磁场的概念。靠近篝火的位置散发的热量能够感觉到，但看不到。随着渐渐远离篝火，能够感觉到的热量越来越少。这就是火的热场，电磁场也是同理。

表 7-6 国际电信联盟（ITU）规定的频带名称

ITU 频带	频 率	空气中的波长
ELF，极低频	50 ~ 300Hz	1000 ~ 6000km
VF，声频	300 ~ 3000Hz	100 ~ 1000km
VLF，超低频	3 ~ 30kHz	10 ~ 100km
LF，低频	30 ~ 300kHz	1 ~ 10km
MF，中频	0.3 ~ 3MHz	100 ~ 1000m
HF，高频	3 ~ 30MHz	10 ~ 100m

电磁场辐射取决于：

1）场源特征。

2）是否存在保护措施（个体或群体）。

3）与场源之间的距离。

电磁场对人的影响力度是频率高低和场强度大小的直接作用结果。

（1）非电离辐射　在本节，电场、磁场和电磁场被归类为非电离辐射（NIR）。实际上，这些辐射并没有足够的能量从原子或分子喷射出电子，以打破分子内和分子间的连接，这与放射性物质发射的宇宙射线和 X 射线或 γ 射线不同。

（2）近场和远场　场源和被辐射人员之间的距离小于波长的 1.6 倍时，该人员所处的区域称为近场。在此情况下，必须分别考虑并测量两个场（电场和磁场）。

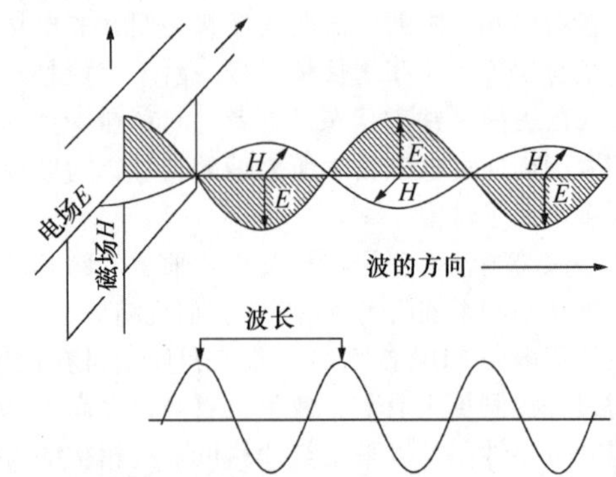

图 7-60　电磁场强度随着距离的远去迅速变弱

距离波长 1.6 倍以上的区域称为远场，通过下述关系式，已知其中一个场的大小即可计算出另一个场的数值：

$$E/H = 377\Omega \tag{7-6}$$

实际上，在工作场所，仅 1GHz 以上的辐射符合这种远场条件。

（3）磁感应强度　磁场还可由其磁通密度 B（或磁感应强度）界定，单位为 T：

$$B = \mu H \tag{7-7}$$

式中，μ 是磁导率（在真空、空气和生物体中 $=4\pi\times10^{-7}$）；H 是磁场强度（A/m）。

7.6.2 对健康影响的担忧

电磁场不可见，但它的存在会引起人们对健康的疑问和担忧。人们的担心来源于多种多样的媒体（电视、报纸和网络论坛）。十多年来，人们主要担心产生电磁场的各类设备，如微波炉、电源线、计算机显示器和电视屏幕、安防系统及近年来的手机和手机中继站。

1. 国际组织

国际辐射防护协会（IRPA）于 1974 年成立了一个工作小组，该工作小组旨在研究与非电离辐射防护相关的问题。1977 年在巴黎召开的 IRPA 大会上，该工作小组成为国际非电离辐射委员会（INIRC）。

随后，INIRC 与世界卫生组织（WHO）的环境卫生部密切合作编制非电离辐射相关的卫生标准文件。联合国（UN）环境规划署出资建立了 WHO

“环境卫生标准”计划。

通过合作，结合以下内容创建了科学数据库：

1）非电离辐射的物理特性。

2）非电离辐射的来源和应用。

3）测量技术和仪器。

4）对辐射生物效应科学文献的详细分析。

5）与非电离辐射相关的健康风险评估。

最终确定和编制了“良好行为”规范和非电离辐射限值。

1992年在蒙特利尔IRPA国际大会上，INIRC改名为国际非电离辐射防护委员会（ICNIRP）。这个新的独立科学机构负责研究不同类型非电离辐射相关的潜在风险，编制辐射限值相关的国际指南，并处理辐射防护各方面的工作。

1996年以来，WHO启动了一项研究电磁场的国际项目（国际电磁场项目）。这个广泛的多学科项目旨在与国内和国际大型组织及科学机构一并评估相关主题的知识和资源库。

2. 生物和健康效应

生物效应不一定对健康有害，而是生物体对环境刺激或改变的可测及自然反映。很多活动产生各种各样的生物效应。当然，运动、听音乐、玩计算机、阅读文章等活动不会直接危害健康。

人体很容易适应环境对其产生的影响，但是无法抵消所有生物效应的总和。实际上，长期或持续的生物效应可能对健康有害，这将会明显影响人类及子孙后代的健康。然而，并不是所有的生物效应都会对健康产生有害的影响。

7.6.3 对健康的直接影响

（1）频率<100kHz：人体耦合电场　身体表面的电场产生表面电荷，在体内产生电流，从而导致：

1）电荷流动。

2）连接电荷的极化，形成电偶极子。

3）已存在的偶极子再取向。

电流随着人体大小和形状及在电场中的位置不同而不同。因此，感应电流会在所有可兴奋细胞中的信息传输系统（如神经系统或肌肉）产生作用。

最广为人知的完全可逆效应是皮肤表面的刺痛感和能够感觉到的毛发振动（竖毛现象），视个人情况而定，通常为5kV/m、10kV/m或20kV/m。

（2）频率<100kHz：人体耦合磁场　磁场在人体内产生感应电场，产生电流，从而导致：

1）与前庭系统（运动知觉及头顶相关定向的主要感觉系统）相互作用。

2）刺激神经、末梢神经元和肌肉。

在磁场非常高的情况下（50Hz频率下约为10mT，是高压线下所获最大值的1000倍左右），视野内会出现发光的闪烁，即磁幻视。这些可逆闪烁是由视网膜中感应的电流引起的。

电场或磁场中的辐射通常仅有极少的能量会被吸收，不会造成明显的温升。

（3）频率<100kHz：感应电流的影响　当身体成为一个良好的电导体且频率和场强均较高时，电流会更高。表7-7列出了感应电流产生的影响。

表7-7　感应电流产生的影响（根据电流密度而定）

感应电流密度的有效值/(mA/m^2)	影响
<10	对健康的影响未知
10~100	视觉和神经影响，骨融合
100~1000	刺激兴奋性组织
>1000	纤维性颤动

（4）频率>100kHz：人体耦合电磁场　电磁场使人体组织将电磁能转化为热量（介电松弛现象）。生物分子的极化将辐射能量转变成机械能。与周围分子摩擦（与介质黏性相关）产生力，然后将机械能转变为生物组织中的热量。

根据人体位置（头、四肢、颈）和频率（频率越高，吸收越浅）不同，能量吸收不同。

温度升高1℃（1.8℉）就会观察到学习障碍等行为变化。

如果辐射量更大（>4W/kg），身体就不再具有温度调节功能，如果是局部辐射，可能会造成烧伤。

频率范围为100kHz~3MHz时，随着频率升高，躯干中的吸收量迅速减少，颈部和腿部的吸收量显著增加。

7.6.4 对健康可能产生的间接影响

将电导体放在电磁场中时，电磁场改变了电荷的分布。如果将两个导电体放在电磁场中，两个导电体接触或如果两个导电体之间存在电弧，这种电流称为接触电流。表7-8列出了根据频率和电流阈值确定的人体接触电流的生理影响。

表7-8　根据频率和电流阈值确定的人体接触电流的生理影响

间接影响	电流阈值/mA			
	50~60Hz	1kHz	100kHz	1MHz
触觉	0.2~0.4	0.4~0.8	25~40	25~40
手指接触痛感	0.9~1.8	1.6~3.3	33~55	28~50
痛击/肌肉松弛阈值	8~16	12~24	112~224	未知
严重休克/呼吸困难	12~23	21~41	160~320	未知

（1）被动医疗植入物　针状物、钉子和板等金

属植入物对磁场较为敏感。可能会造成植入物磁化、产生不舒适的高温或因吸引力造成植入物移动。

（2）主动医疗植入物　心脏起搏器或神经刺激器、助听器、除颤器和胰岛素泵等主动医疗植入物可能会因下述情况出现故障：

1）检测心外信号导致不适当的抑制。

2）引起最大速度起搏风险。

3）心脏起搏器程序改变或重编。

一般而言，这些现象均为瞬时现象，离开场源后就会停止。但是，对于带有异步起搏器的人员可能会产生长时间抑制等风险。

心脏起搏器符合1996年修订的BS EN 45502－2－1：2003、BS EN 45502－2－2：2008，但并不保证能够抵抗工业电磁场的干扰。

1. 电磁过敏

电磁过敏也称为电过敏、电敏性，和电磁场引起的突发性环境不相容。

电磁过敏包含因患者接近或使用电气设备引起的症状，导致不适和身体欠佳。这些症状均为皮肤病（泛红、刺痛、灼热感）、神经衰弱和营养类型（疲劳、头痛、睡眠障碍、肌肉疼痛、焦虑、恶心、注意力不集中和记忆障碍、头晕）或其他类型（喉咙刺痛、眼刺激）。

从各种研究来看，没有具体的症状表现；这些症状可能与其他不适或疾病密切相关，此外，普通人群可能会频繁出现这些症状。

研究的结果多种多样，以下为最经常提及的按降序排列的症状（答案可多选）。2002年，希拉特等人对167名电敏受访者发放了调查问卷，发现了以下症状：

1）疲劳，45.5%。

2）面部皮肤问题，36.3%。

3）感觉头重，24.6%。

4）眼睛刺激，23.2%。

5）鼻子不透气或鼻塞，17.0%。

6）头痛，16.8%。

7）注意力不集中，14.1%。

2004年，罗斯礼对394名电敏受访者发放了调查问卷，发现了以下症状：

1）睡眠障碍，58%。

2）头痛，41%。

3）精神紧张、焦虑，19%。

4）疲劳，18%。

5）注意力不集中，16%。

6）听力受损，14%。

7）头晕，11%。

8）四肢疼痛，11%。

2006年，许茨等人要求192名人员完成了一份调查问卷，得出下述结果：

1）疲劳，87%。

2）注意力不集中，87%。

3）睡眠障碍，86%。

4）疲倦，85%。

5）坏情绪，82%。

6）意识不清，80%。

7）头痛，76%。

8）感觉虚弱，76%。

2006年，胡斯和罗斯礼访问了375名全科医生，这些医生提供了患者与电磁场相关的下述症状之百分比：

1）睡眠障碍，43%。

2）头痛，39%。

3）疲劳，14%。

4）精神紧张，12%。

5）头晕，10%。

6）注意力不集中，8%。

7）听力功能受损，4%。

8）焦虑，3%。

9）肿瘤，2%。

10）心律失常，2%。

这些全科医生认为，在54%的案例中，电磁场和上述症状之间的关系似乎合理。

这些症状通常会迅速出现，离开场源时即消失，并未观察到与场源相关的症状特殊性。对于某些人员而言，电敏性会发展成为慢性病症并造成不同的后果：

1）身体和心理痛苦（焦虑、抑郁、压力）。

2）无法接近辐射地点。

3）需要根据该问题安排日常生活。

4）旷工、丧失劳动能力、社交孤立。

5）使用保健服务的次数增加。

不同国家电敏性的患病率各不相同。

如果这些症状和人们的感受均为真实的，没有合理的生物物理机制使他们客观地归因于电磁场。实际上，没有客观、明确的临床症状或明确或敏感的病理生理标记。流行病研究无法确定以上症状的实际原因是否与电磁场辐射相关或与所记录的风险和恐惧感知相关。在不考虑频率的情况下，包括使用双盲法在内的激发研究均无法确定出现这些症状与电场、磁场和电磁场辐射之间的直接因果联系。这些辐射不一定会导致上述症状，换言之，没有这些电磁场也可能会出现上述症状。

2. 电磁场和癌症

尽管已经进行了大量研究，但电磁场的潜在影响数据引发众多争议。虽然有证据表明电磁场对癌症有影响，但相应的风险概率增加幅度极小。迄今为止获得的结果存在大量矛盾，在任何情况下，并未证明成人或儿童患癌症的概率增加（不考虑癌症类型）。一些流行病研究显示，如果暴露在房间内产生的低频电磁场中，儿童白血病的风险会小幅增加。但是，科学家一般不认为这些结果表明暴露在这些磁场中与疾病之间存在因果关系（与这些研究的一些结果相反或这些影响与暴露在这些磁场中无关）。得出该结论的部分原因是，动物试验和实验室研究无法证明任何可再生的影响，不足以支持电磁场会诱发癌症这一假设。

当前的研究不足以确切证明电磁场的致癌性，人们正在尽力研究电磁场辐射与癌症之间的关系。

由于至今无法确定辐射与患白血病之间的因果关系，国际癌症研究机构（IARC、WHO资助的机构）将低频磁场归类在2B－可能致癌中，与咖啡和泡菜归为一类。

3. 电磁场和妊娠

WHO和其他机构对居住和工作环境中存在的大量不同电磁场源进行研究，其中包括：计算机屏幕、水床、电热毯、射频焊机、透热设备、雷达等。一般而言，暴露在这些环境的电磁场中不会增加自然流产、先天畸形、疾病或低出生体重等不良后果的风险。对于电子行业工人的早产儿和低出生体重案例，一般认为电磁场辐射与特定的健康问题有关，但科学界表示，这些案例未必与电磁场辐射相关（而是与溶剂暴露等其他因素有关）。

迄今为止，关于胎儿的电磁场辐射影响研究仍无定论，且研究仍在继续。

7.6.5 正常辐射水平

1. 家庭中的电磁场

（1）家用电器　通常在环境中发现的电磁场强度最大的就是在高压电线下产生的电磁场。在此频率下，最强磁场一般存在于电机和其他电器附近以及用于一些医疗用途的核磁共振（NMR）成像等设备附近。

家用电器附近测得的电场强度特征值见表7-9。

很多人对各种电气设备附近的磁场强度不同感到惊讶。场强与设备的尺寸、复杂度、功率或噪声无关。此外，每个设备的场强大相径庭，即使是外观上相似的设备也是如此。例如，一些吹风机被很强的磁场包围，而对于其他吹风机而言，这种磁场几乎不存在。这些差异的原因是设备的设计不同。表7-10列出了家庭和工作中经常使用的电器产生的磁场。这些值均在德国测量，电源对所有电器输送的频率均为50Hz。需要注意的是，根据电器的型号及距离，实际辐射水平差别很大。

表7-9　家用电器附近测得的电场强度特征值

（距离为30cm或12in）

电　　器	电场强度/(V/m)
立体声收音机	180
熨斗	120
冰箱	120
搅拌器	100
烤面包机	80
吹风机	80
彩色电视机	60
咖啡机	60
吸尘器	50
电烤箱	8
电灯泡	5
建议限值	50Hz时为5000，60Hz时为4170

表7-10　家庭和工作中经常使用的电器产生的磁场

电　　器	磁场强度/μT		
	3cm处(1.2in)	30cm处(11.8in)	1m处(3.3ft)
吹风机	**6～2000**	0.01～7	0.01～0.03
电动剃须刀	**15～1500**	0.08～9	0.01～0.03
吸尘器	200～800	**2～20**	0.13～2
荧光灯管	40～400	**0.5～2**	0.02～0.25
微波炉	73～23	**4～8**	0.25～0.6
便携式收音机	16～56	**1**	<0.01
电烤箱	1～50	**0.15～0.5**	0.01～0.04
洗衣机	0.8～50	**0.15～3**	0.01～0.15
熨斗	8～30	**0.12～0.3**	0.01～0.03
洗碗机	3.5～20	**0.6～3**	0.07～0.3
计算机	0.5～30	**<0.01**	—
冰箱	0.5～1.7	**0.01～0.25**	<0.01
彩色电视机	2.5～50	0.04～2	**0.01～0.15**

注：使用的正常距离以粗体显示。

表7-10反映出两个重点：第一，在所有情况下，离开场源时，家用电器产生的磁场迅速减小，而多数电器使用时并不接近身体。距离30cm时，多数电器的磁场未超过对普通人群建议的200μT的1/100。

（2）电视和计算机屏幕　计算机屏幕和电视的运行原理类似。二者均产生静电场和不同频率的交变电磁场。然而，一些笔记本计算机或台式计算机的液晶显示器不会产生很高的电场或磁场。现代计算机有导电屏幕，可将静电场的值降低至家庭或工作场所的空间磁场。如果操作人员在屏幕前的位置正确（30～50cm 或 12～20in），交变磁场的通量密度一般低于 0.7μT（在电源频率下）。在这些位置，交变电场的范围为 1～10V/m。

（3）微波炉　家庭用微波炉运行时需要的电能很高。但是，有效屏蔽减少了辐射泄漏，在设备外部几乎探测不到辐射。此外，离开微波炉时，泄漏引起的微波辐射迅速减低。很多国家出台的生产标准规定了新电器的辐射泄漏最高可容许水平；符合这些标准的微波炉对用户而言是安全的。

（4）无绳电话　无绳电话运行所需的电流强度比移动电话低得多，这是由于使用无绳电话时距离底座很近，不会出现长距离传输所需的强烈电磁场。在这种情况下，这些设备产生的射频场可以忽略。

2. 环境中存在的电磁场

（1）雷达　雷达用于导航、天气预报、各种军事用途及其他功能，雷达发射脉冲微波信号。即使平均功率较低，电磁脉冲的峰值功率也可能很高。很多类型的雷达在水平面旋转或在垂直面摆动，减少了这些设备附近辐射的平均功率密度。即使是固定的高功率军事雷达，公众所在区域的辐射量仍低于建议限值。

（2）高架和地下输电线路　长距离输电时使用高压输电线。向家庭和地方企业分配电力之前，使用变压器降低电压。输电和配电线路及家庭中的电路和电器产生电磁背景场，频率与线路供应相同。在距离输电线路较远的家庭中，背景磁场最大可达到 0.2μT 左右。输电线正下方的磁场较强，磁感应强度可达数 μT。输电线下方的电场可达 10kV/m。然而，随着与输电线的距离增加，场（电场和磁场）强度变弱。距离为 50～100m（165～330ft）时，两种场的强度均下降，与距离输电线距离较远区域测得的值相同。此外，家中的墙壁可降低电场强度，大大低于外部相应点测得的值。

地下电缆一般掩埋在地下 70cm～1.5m（2.3～4.9ft），现在主要用于保护景观（尽管比高架线路的成本高 10 倍且不容易维修）。地面上无电场，但随着同样的电流流过，地下电缆产生的磁场高于高架线路。随着埋藏深度和横向距离增加，地下电缆的磁场更快速地下降。图 7-61 和图 7-62 所示为与场源距离相关的电场强度和磁场强度。

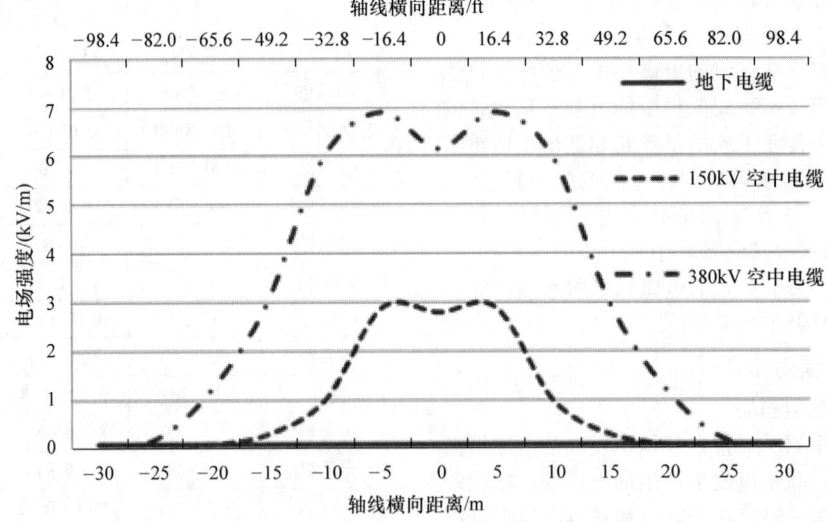

图 7-61　与场源距离相关的电场强度（BBEMG）

应该注意的是，线路的负载不同，辐射值也不同。图 7-63 所示为 5 个星期之内 380kV 高压线路下一个家庭的磁场强度。

（3）配电变压器　为确保高压线路的电力分配，变压器将电压逐步降低至工业和家庭用户所需的水平。以输出量为 400kVA 的 22kV～400V 变压器为例，变压器室的最大测量磁场强度值为 10μT，为低压侧最高值（磁场与电流强度有关，与电压值无关）。在距离变压器室 5m（16.4ft）的位置，1.5m 环境磁场下降至 0.4μT 以下（除了有可能使用地下配电电缆以外）。

（4）安防系统　为了防止入店盗窃，商品均贴有防盗标签或芯片，商店出口处放置的螺线管能够检测到这些标签或芯片。结账时会拆除或禁用防盗

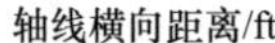

锁。螺线管产生的电磁场一般不超过建议限值。门禁系统也是同理，钥匙圈或门禁卡中安装一个电子装置。图书馆使用的系统包含防盗芯片，书借出时禁用，还回来的时候重新激活。机场的金属探测器和安全门产生 100μT 的强磁场，磁场会受到金属物体的干扰。

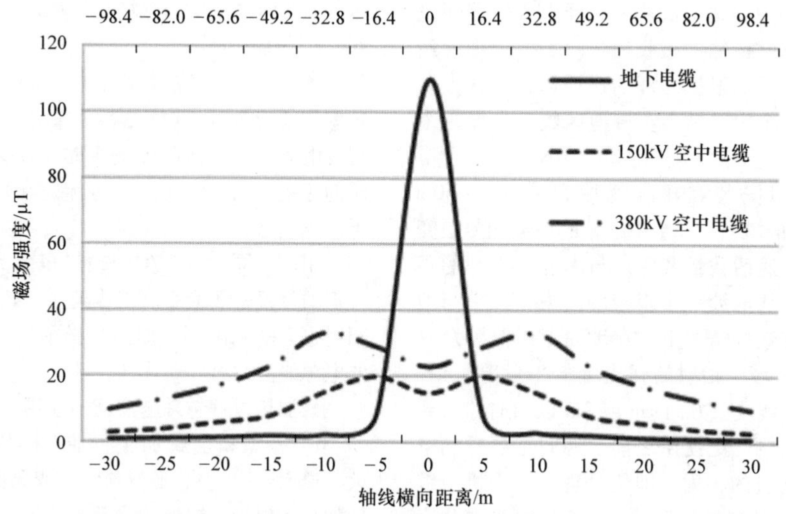

图 7-62　与场源距离相关的磁场强度（BBEMG）

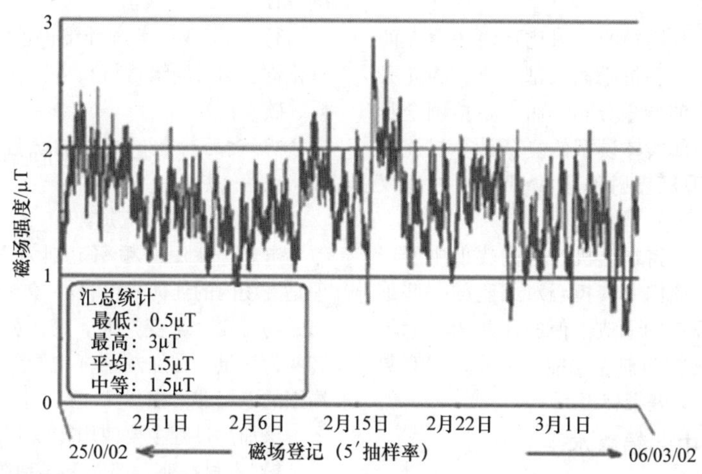

图 7-63　5 个星期之内 380kV 高压线路下一个家庭的磁场强度（来源：比利时生物电磁集团）

（5）电力牵引火车和有轨电车　城际线路的列车安装了一个或多个推进装置，与车厢分隔开来。乘客接受到的辐射主要源于列车的电源。在长途列车的车厢上，地板水平的磁场可达数百 μT，车厢其他位置的值较低（数十 μT）。电场强度可达 300V/m。居住在轨道线附近的人们可能会受到架空电缆产生的磁场影响，强度可能会达到高压输电线产生的磁场强度。

火车和有轨电车的电机、牵引装置一般封装在车厢地板下。地板在电机上方，地板水平的磁场强度可达数十 μT。随着与地板的距离增加，强度快速降低，因此车厢中乘客受到的辐射量很小。

（6）电视和收音机的发射天线　根据携带信息的方式，无线电波也称为调幅（AM）波或调频（FM）波。调幅传输距离较长，调频传输距离受到更多限制，但能够提供更高的音质。

调幅传输时，使用高度达数十米的天线进行传输，天线使用天线罩覆盖，禁止公众接近。接近天线和电源电缆的地方辐射量较大，但这是维修人员面临的问题，公众不会遇到此问题。

电视和调频无线电传输所使用的天线比调幅传输所使用的天线小得多，天线安装在天线杆上，天线杆起到支架的作用。公众可接近天线杆的底部，此处的辐射量低于建议限值。本地无线电和电视传输所用的小天线一般安装在某些建筑物的屋顶上，一般都会限制普通人员接近屋顶。

（7）手机和中继站　低功率无线电收发器通过低功率固定中继站传输和接收信号。每一个中继站覆盖一个特定区域。根据处理的通话数量，在大城市，数百米设一个中继站，农村地区数千米设一个中继站。

中继站一般安装在建筑物屋顶或 15～50m（50～165ft）高的塔上。一个中继站的传输能力是变化的，这取决于通话数量及用户与中继站之间的距离。天线传输无线电波一个很窄的波束，几乎与地面平行传播。在这种情况下，在地面上以及公众一般可接触到的区域，辐射的强度远低于危险限值。只有当人站在天线波束方向 1m 或 2m 以内时才会超过建议限值。手机广泛使用之前，人们主要受到电视和无线电发射机的辐射。即使是现在，手机中继站的整体辐射量增加幅度并不大，这是因为在公众常去的地方，信号强度一般比远处的无线电和电视台信号低或二者相等。

然而，手机用户所接触的辐射比环境中存在的辐射强得多。打电话时手机距离头部很近，因此必须确定用户头部吸收的能量分布，而不是检测全身产生的热效应。人头部实体模型的复杂计算机建模和测量显示，目前手机辐射的吸收量未超过建议限值。

人们还希望了解暴露在手机产生的辐射中所产生的非热效应风险。他们尤其担心对细胞的一些细微影响可能会刺激癌症的形成。他们还认为对电场刺激细胞组织会影响脑和神经功能。但是，现有数据并未证明手机对人类健康有害。

7.6.6　工业环境中的辐射水平

除了前文提到的配电和输电线产生的电磁场，工业中还经常有其他电磁场源，工作环境各不相同，因此有必要全面评估各种情况的风险。本节采用的工业应用频率范围为 50Hz～10MHz。

1. 电焊

电弧焊和电阻焊等大多数焊接设备的电源频率相同，为 50Hz 或 60Hz。在汽车领域，电阻焊技术的频率可能为数 kHz。

（1）电弧焊　相对较低的电流强度（约 300A）在焊枪和连接电缆附近产生一个低磁场。

（2）电阻焊或点焊压力机和焊钳　这些设备产生几千安的电流，附近的磁感应强度很大，电流环路一侧尤甚。

如果使用点焊压力机，电焊条附件的磁场可能会超过 500μT。对于带有一体式变压器的点焊钳，由于操作人员所在的位置（在变压器后），操作人员受到的辐射量明显较低。对于使用远程变压器的焊钳，连接电缆产生的磁场非常高。

2. 感应加热

各装置功率超过数兆瓦时，该电热过程采用的频率范围为 50Hz 到数兆赫兹不等。其中的原理为，将导电体放在变化的磁场中时，该导电体是感应电压的底座，感应电压产生电流，在焦耳效应的作用下产生热量。

用途不同，所产生的磁场也大为不同，紧邻感应器的位置磁场最高。工作场所一般距离场源较远，辐射也会受到限制。但是，必须注意可能产生辐射的电源线。

该加热过程越来越广泛地使用在以下行业中：

1）钢铁和金属加工行业：熔炼、热处理（淬火、退火、回火）、形变前整体或局部加热、焊接前后加热、焊接、铜焊、热拆装等。

2）电子业：真空、等离子体产生、微晶体的熔融/精炼。

3）化工业：生产纤维、坩埚高温熔融（玻璃、氧化物、耐火绝缘材料），粉类产品的干燥（粉状物质、碳酸钙）。

4）食品行业：产品的烹饪、成品的除霜、干燥、杀菌、热封。

3. 通过介电效应加热

电热法使用的频率范围为 3MHz～3GHz，其原理是磁场内的任何介电材料（电绝缘体）都会带电。当磁场可变（交变）时，交变负载反向伴随有损耗，转变为热量。在加热器（电极）附近，高频压力机周围的电场非常强。

该加热过程主要使用在以下行业中：

1）木材行业：部件干燥和成形，胶合板、刨花板和层压薄板的黏结。

2）纸、纺织品和塑料行业及复合材料生产：塑料（防水油布、透明护罩、游泳池内衬）焊接、干燥、切割和成形

7.6.7　政府监督

近年来，各国政府采取很多措施以确定环境中存在的电磁场强度。例如，德国联邦辐射防护局测量了各行各业、各种常见辐射环境下约 2000 人每日受到的辐射量。所有人每天 24h 佩戴个人辐射剂量器。测得的辐射值差别很大，但平均值为 0.10μT 左右，比对一般人群建议的正常上限 200μT 低 2000 倍，比对工人建议的限值 1000μT 低 10000 倍。此

外，居住在市中心的人们与居住在农村地区的人们遭受的辐射量差异并不大。即使是居住在输电线附近的人们，辐射量与人群平均辐射量也没有太大区别。

过去 30 年，约有 25000 篇科研论文探讨了非电离辐射的生物效应和医学用途。该领域的科学知识比多数化学品的知识更广泛。

众所周知，达到一定强度时，电磁场可触发特定的生物效应。对健康志愿者的试验显示，短时间暴露在强辐射环境下并无明显的不利影响。目前，有害的电磁辐射受到国家标准和国际指南的限制。

通过对现有文献进行全面回顾，WHO 得出结论，现有资料未能证明暴露在低强度电磁场中会对健康产生不利影响。但是，电磁场的生物效应相关内容仍存在一些不确定性，研究仍在继续。

这些工作有利于确定长期低水平辐射是否会产生生物效应或损害人类健康。

1. 现行规定

目前尚未出台国际规定，多数工业国家和一些专业组织或多或少地参考并汇总国际非电离辐射防护委员会（ICNIRP）的各种指南。关于职业辐射，值得提及的是，除了 ICNIRP 指南，还有很多重要的文件。

（1）欧洲标准

1）EN 12198－1：机械安全。评估和减少机械释放辐射引起的风险。辐射释放测量程序。

2）EN 50519：评估工人在工业感应加热设备电磁场中受到的辐射量。

3）EN 50413：人体在电场、磁场和电磁场中辐射量的测量和计算方法基本标准（0Hz～300GHz）。

4）EN 50499：工人在电磁场中辐射量的评估程序。

5）EN 50357：2001：人体在电子防盗系统（EAS）、射频识别（RFID）和类似应用所使用设备的电磁场辐射量评估。

（2）国际标准

1）IEC 62311：人体在电磁场中的辐射限制（0Hz～300GHz）相关的电子和电气设备评估。

2）IEC 62369－1：人体在频率范围为 0～300GHz 的短距离设备（SRD）不同应用中电磁场的辐射评估，第 1 部分：电子防盗系统、射频识别和类似系统所使用设备产生的电磁场。

（3）欧洲议会和理事会　2013 年 06 月 26 日欧洲议会和理事会关于工人在物理因子（电磁场）中受到辐射所引起风险的最低健康和安全要求之指令 2013/35/EU，指令 89/391/EEC 第 16（1）条含义范围内的第 20 条指令，并废止指令 2004/40/EC。

在该指令正式通过之前的讨论过程中，理事会和欧洲议会详细讨论了医学磁共振成像（MRI）的具体案例。国家辐射防护局（NRPB，英国），国家科研和安全研究所（INRS，法国），芬兰职业健康研究所（FIOH，芬兰）和联邦辐射防护局（BfS，德国）等机构的专家向理事会磋商提供了技术支持。理事会主席数次征求国际非电离辐射防护委员会的意见。

证实没有任何不利影响之后，联合立法者通过了该提议，根据最新的科研成果对委员会最初提出的值进行了部分修改，尤其是未设定静磁场（核磁共振成像的主要部分）的辐射限值，该提议已正式通过。

该提议采纳了很多重要的原则和规定，如：

1）包含所有行业活动。

2）100kHz～300GHz 频率范围内电磁场的辐射限值和行为值。

3）旨在避免或降低风险的规定。

4）向工人普及知识和提供培训。

5）与工人磋商，让工人参与进来。

6）处罚措施。

7）医疗监督。

根据该领域最新的科学研究成果，提议提出了最重要的变更：

1）定义更清晰，尤其是对健康不利的影响。

2）纳入频率范围 0～100kHz 的限值的修订体系。

3）提出一些指标进行测量和计算，考虑测量的不确定性。由于对公众设定的水平低于对工人设定的水平，且包含对长期影响的防护措施，在这种情况下，应遵守这些提议并采取足够的防护措施。

4）提出一些指导，确保风险评估简化但更有效，以便于完成评估工作、减少中小企业的负担。

5）引入适当的灵活性，提出一个限制工业的有限减损的框架。

6）纳入医疗监督的基本原理。

7）通过磁共振和相关活动特别关注医疗应用的具体案例。

8）提出补充性无约束力措施，如无约束力实用指南。

为确保未来提议的制定，采用了以下的新定义：

1）对健康不利的影响：对工人的精神、身体及总体幸福感造成有害影响的生物效应。在此提议中，仅考虑短期效应。

2）对安全不利的影响：造成临时干扰其他脑部

或肌肉机能的影响，从而影响工人安全工作的能力。

3）辐射限值：根据已知健康影响和生物注意事项设定的电磁场辐射限值。遵守对健康影响的辐射限值将保护接触电磁场的工人免受所有已知对健康和安全的伤害。

4）定向值和行为值：直接测量与频率相关的参数，大小根据电场强度 E、磁场强度 H、磁感应强度 B 和功率密度 S 而定，必须采取本提议规定的一个或多个措施。对于定向值的电磁场水平，在正常工作条件下没有对健康不利的影响，因此，风险评估程序的深度可降至最低。遵守定向值将确保相关辐射限值符合安全要求。

（4）德国标准　BGV B11：电磁场。

（5）美国标准　IEEE（电气与电子工程师学会）：C95.6 0～3kHz 频率下人体暴露在电磁场中相关的安全等级；IEEE：C95.1 3kHz～300GHz 下人体暴露在电磁场中相关的安全等级。

（6）丹麦标准　电子通信委员会（ECC）ECC 建议（02）04，测量非电离电磁辐射（9kHz～300GHz）。

如果仅考虑电网供电的单一频率（50Hz 或 60Hz）职业辐射，可得出符合法律规定的不同值。

一些国家 2012 年初更新的 50/60Hz 环境下的职业辐射限值见表 7-11。

表 7-11　一些国家 2012 年初更新的 50/60Hz 环境下的职业辐射限值

国家	电场强度/(V/m)	磁感应强度/μT	国家立法规定/建议
美国	25000	1000	指导性（美国工业卫生通用学会）
俄罗斯	—	100	强制性（辐射 2h 以内不得超过 2000μT）
澳大利亚	10000	500	指导性（辐射 2h 以内不得超过 30kV/m 和 5000μT）
瑞士	10000	500	强制性
英国	10000	500	指导性
法国	10000	500	指导性
德国	21320	1358	指导性（每天≤2h，不得超过 30kV/m 和 2546μT）
意大利	10000	500	自 2012 年 04 月 30 日起为强制性
奥地利	10000	500	指导性
卢森堡	5000	100	强制性（短暂辐射不得超过 21320V/m）
其他	—	—	荷兰、爱沙尼亚、芬兰、爱尔兰、比利时、斯洛文尼亚、西班牙和瑞典

注：所有限值均为均方根（rms）值。

2. 可能出台的规定

ICNIRP 回顾了对静磁场和低频交变磁场的指南以及 2009 年和 2010 年发布的现行建议。ICNIRP 与 WHO、国际劳工组织（ILO）、IRPA、国际标准化组织（ISO）、欧洲电工标准化委员会（CENELEC）、国际电工委员会（IEC）、国际照明委员会（CIE）、IEEE 等所有相关国际组织密切合作。在多数情况下，参考水平和基本限制条件高于之前建议的水平和条件。

我们得以考虑 ICNIRP 的建议及 WHO 根据电磁场对人类健康影响相关的最新科学研究制定的环境健康标准等其他最新建议。

3. 频率范围为 50Hz～100kHz

（1）辐射防护系统　频率范围在 100kHz 以下所采用的防护系统的主要原则为：

1）考虑世界公认的专业组织颁布的最新国际标准。

2）为了便于理解和实施，引入适当简化的保护系统。

3）根据实际提出分区体系，将各活动分类，雇主按照分类进行风险评估并采取必要的防护措施。

4）限制必须符合实际辐射限值的案例数量，因为所测量的辐射水平高于最高容许区域的上限。

（2）工作设备或活动的类别　在正常情况下，以下工作设备或活动视为工人暴露在定向辐射下。

1）使用符合指令 1999/5/EC 和 2006/95/EC 设备进行的活动（按既定用途使用），包括：

① 家用电器和类似电器（包括装有加热元件的移动设备、充电器、加热器、灰尘和水吸尘器、炊具、烤箱和工业及商用烹饪元件、水床加热元件和工业及商用微波炉）。

② 办公室（包括计算机设备、有线网络和无线电通信设备，如整体消磁器）。

③ 电气装置的运行：

a. 1000V 以下的低压电网。

b. 功率在 200kVA 以下的低压部件。

c. 距离功率小于 1000kVA 的低压部件 60cm 的工作场所。

d. 功率在 200kVA 以下的低压电网（相间 1000V 以下）所连接的电力变压器。

e. 距离功率小于 1000kVA 的低压电网（相间 1000V 以下）所连接电力变压器 60cm（24in）的工作场所。

④ 功率在 200kVA 以下的电机和电动泵，以及最小距离为 60cm、功率小于 1000kVA 的工作场所。

⑤ 使用 1Hz ~ 100kHz 的无线射频识别装置对物品和人员的检测。

⑥ 整体消磁器（如有厂商说明书且遵守该说明书）。

⑦ 感应加热，包括自动化系统（如有厂商说明书且遵守该说明书）。

⑧ 物品和人员检测：

a. 0.01 ~ 20kHz 电子防盗系统（磁）。

b. 20 ~ 100kHz 电子防盗系统（共振感应）。

c. 金属探测器。

⑨ 酒店和餐饮业的电磁炉（烹饪食物）。

2）手持式电动工具、便携式电动工具（包括电动操作的装置）、测试仪器（如无损磁力检测）以及安装和维护手持电动工具（如焊接设备）。

3）发电和配电。

① 变电站的母线/导电轨。

② 地上高压电缆。

③ 电力变电站。

④ 开关装置。

4）焊接。

① 自动化系统（如有厂商说明书且遵守该说明书）。

② 电弧焊 - 电缆（如有厂商说明书且遵守该说明书）。

5）医疗应用。

① 浅层热疗（如有厂商说明书且遵守该说明书）。

② 镇痛、刺激骨骼生长等。

③ 孵化器、光疗灯、无线通信系统等。

④ 深部热疗（如有厂商说明书且遵守该说明书）。

⑤ 电外科（如有厂商说明书且遵守该说明书）。

6）运输和牵引系统。

① 直流驱动的轨道运输。

② 车辆、船、飞机。

③（大型）电机。

7）运输和牵引系统，包括交流驱动的轨道运输（50Hz）。

① 发电和配电。

② 电化过程（特殊场所除外）。

下面的活动可能会使工人暴露在定向值之上，但在正常情况下会被认为是在操作值下暴露它们：

1）塑料密封材料。

2）感应加热。

3）木胶设备。

4）发电站。

5）电容器组中的风冷线圈。

6）电流供给系统（母线）。

7）电解车间（部分）。

8）大型熔炉。

9）电弧焊 - 电缆。

10）开放磁控管的使用。

11）无损检测。

下列活动需要进行特别评估，以确保辐射不超过对健康影响的限值：

1）安装和维护过程中的故障检修。

2）电化过程中接近整流器。

3）非自动化感应加热（小熔炉）。

4）半自动点焊和感应焊。

5）研究活动。

表 7-12 列出了辐射限值。影响安全的辐射限值源于头部中枢神经系统（CNS）的影响阈值。影响健康的辐射限值源于周围神经系统（PNS）的影响阈值，阻止了中枢神经系统对神经纤维的刺激。电场辐射的职业暴露限值和公众暴露限值见表 7-13。频率范围为 1 ~ 90Hz 的电场公众暴露限值限制在 20kV/m，以降低间接效应的风险，当工人接触到不同电势的导体目标时可能出现火花放电。火花放电风险的控制可通过技术手段和培训工人来实现，如果未超出辐射限值，超过公众暴露限值的辐射是可以接受的。

表 7-12　辐射限值

辐射限值/(V/m)		
频率/Hz	安全影响	健康影响
50 ~ 400	$0.002f$	0.8
400 ~ 3000	0.8	0.8
3000 ~ 100000	$2.7\times10^{-4}f$	$2.7\times10^{-4}f$

注：所有限值均为均方根（rms）。f 频率，用 Hz 表示。

表 7-13　电场辐射的职业暴露限值和公众暴露限值

频率/Hz	职业暴露限值/(V/m)	公众暴露限值/(V/m)
50 ~ 90	$500\times10^3/f$	20×10^3
90 ~ 3000	$500\times10^3/f$	$1800\times10^3/f$
3000 ~ 100000	170	670

注：所有限值均为均方根（rms）。

表 7-14 列出了磁场辐射的职业暴露限值和公众暴露限值。频率为 50 ~ 2500Hz 时，接触电流限值为 1.0mA，频率为 2500 ~ 100000Hz 时，限值为 0.4 ×

$10^{-3}f$mA。

表 7-14 磁场辐射的职业暴露限值和公众暴露限值

频率/Hz	职业暴露限值/μT	公众暴露限值/μT
50 ~ 300	1000	$0.666\times10^6/f$
300 ~ 3000	$3\times10^5/f$	$0.666\times10^6/f$
3000 ~ 9000	100	222
9000 ~ 20000	100	$2\times10^6/f$
20000 ~ 100000	$2\times10^6/f$	$2\times10^6/f$

注：所有限值均为均方根（rms）。

图 7-64 所示为 300kW 钢坯感应加热设备的磁场强度分布图。

4. 频率范围为 100kHz ~ 10MHz

（1）工作设备或活动的类别　在设备符合指令 1999/5/EC 和 2006/95/ EC 且按照预定用途使用的情况下，以下工作场所的活动视为将工人暴露在公众暴露限值下。

1）发射机（全球移动通信系统或 GSM 的小型发射机，基站，<1W）。

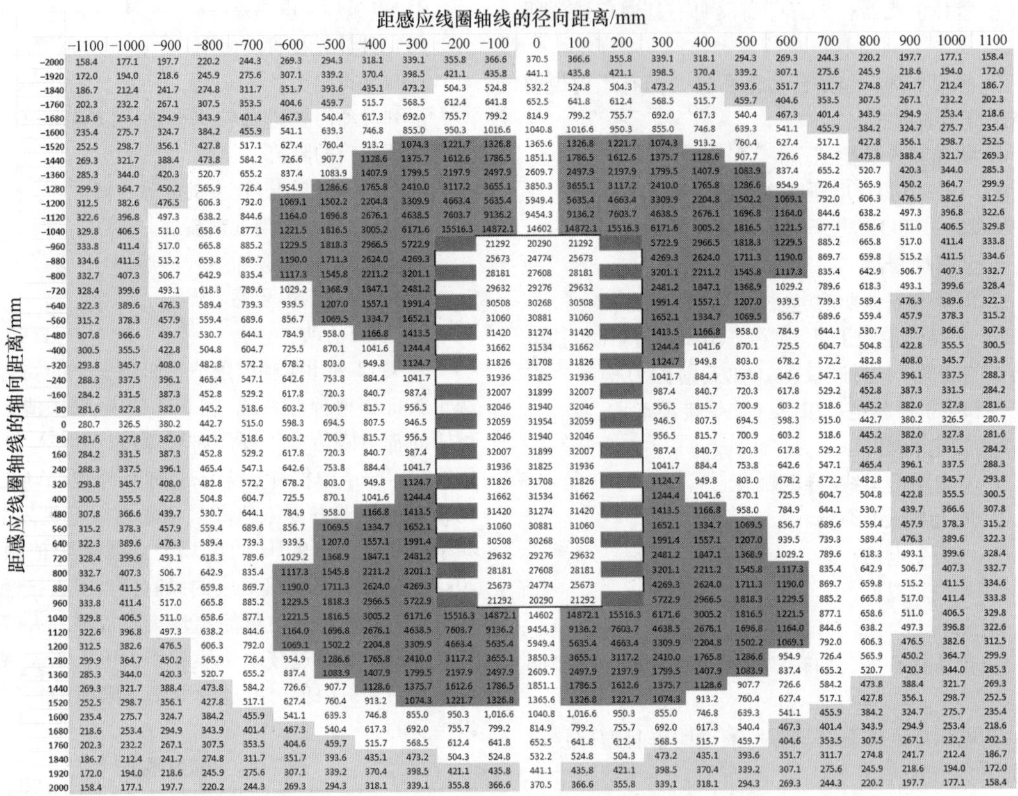

图 7-64 300kW 钢坯感应加热设备的磁场强度分布图

2）电话和手提式收音机。

3）雷达系统（速度检测、天气雷达）。

4）100kHz 以上的射频识别。

5）微波干燥。

6）桅杆上的专业移动无线电通信、双向收发机和发射机。

7）最大功率为 10W 的车载专业移动无线电通信、双向收发机和发射机。

8）整体消磁器。

9）移动电话基站，GSM 和通用移动通信系统（UMTS）。

在正常情况下，以下活动视为工人暴露在超出公众暴露限值的环境中。

1）正在安装或维护的设备（故障检修）。

2）在此频率范围内的非自动化感应加热工作。

3）射频和微波照明。

4）无损磁力检测。

5）公众在大型广播发射机、雷达系统（导航）和其他产生电磁场设备周围禁区的活动。

（2）辐射限制系统　频率范围为 100kHz 和 10MHz 时，为防止热应力应规定比吸收率（SAR）的辐射限值，为防止影响中枢神经系统和周围神经系统功能，应规定感应电场的辐射限值。

在频率范围为 100kHz ~ 10MHz 时，仅应考虑健康影响的辐射限值。表 7-15 列出了电场辐射的公众暴露限值和辐射限值。

表 7-16 列出了磁场辐射的公众暴露限值。100kHz ~ 10MHz 的接触电流限值为 40mA。

图 7-65 所示为 125kW 钢轴感应淬火设备的磁场强度分布图。

距感应线圈轴线的径向距离/mm（列）；距感应线圈轴线的轴向距离/mm（行）

距感应线圈轴线的轴向距离/mm	−500	−400	−300	−200	−100	0	100	200	300	400	500
−500	3	5	7	10	13	14	13	10	7	5	3
−480	3	5	8	11	14	15	14	11	8	5	3
−460	4	5	8	12	16	17	16	12	8	5	4
−440	4	6	9	13	18	20	18	13	9	6	4
−420	4	6	9	14	20	23	20	14	9	6	4
−400	4	6	10	16	23	26	23	16	10	6	4
−380	4	6	11	18	26	31	26	18	11	6	4
−360	4	7	11	20	30	36	30	20	11	7	4
−340	4	7	12	22	35	42	35	22	12	7	4
−320	4	7	13	24	41	51	41	24	13	7	4
−300	4	8	14	27	48	61	48	27	14	8	4
−280	5	8	15	30	57	75	57	30	15	8	5
−260	5	8	16	34	68	94	68	34	16	8	5
−240	5	8	17	38	82	119	82	38	17	8	5
−220	5	9	18	42	100	155	100	42	18	9	5
−200	5	9	19	46	123	207	123	46	19	9	5
−180	5	9	20	51	153	285	153	51	20	9	5
−160	5	9	20	56	190	409	190	56	20	9	5
−140	5	9	21	61	238	617	238	61	21	9	5
−120	5	10	22	65	297	997	297	65	22	10	5
−100	5	10	22	69	366	1764	366	69	22	10	5
−80	5	10	22	71	438	3565	438	71	22	10	5
−60	5	10	23	73	501	8713	501	73	23	10	5
−40	5	10	23	75	540	26224	540	75	23	10	5
−20	5	10	23	75	552	57422	552	75	23	10	5
0	5	10	23	75	552	48942	552	75	23	10	5
20	5	10	23	75	552	57422	552	75	23	10	5
40	5	10	23	75	540	26224	540	75	23	10	5
60	5	10	23	73	501	8713	501	73	23	10	5
80	5	10	22	71	438	3565	438	71	22	10	5
100	5	10	22	69	366	1764	366	69	22	10	5
120	5	10	22	65	297	997	297	65	22	10	5
140	5	9	21	61	238	617	238	61	21	9	5
160	5	9	20	56	190	409	190	56	20	9	5
180	5	9	20	51	153	285	153	51	20	9	5
200	5	9	19	46	123	207	123	46	19	9	5
220	5	9	18	42	100	155	100	42	18	9	5
240	5	8	17	38	82	119	82	38	17	8	5
260	5	8	16	34	68	94	68	34	16	8	5
280	5	8	15	30	57	75	57	30	15	8	5
300	4	8	14	27	48	61	48	27	14	8	4
320	4	7	13	24	41	51	41	24	13	7	4
340	4	7	12	22	35	42	35	22	12	7	4
360	4	7	11	20	30	36	30	20	11	7	4
380	4	6	11	18	26	31	26	18	11	6	4
400	4	6	10	16	23	26	23	16	10	6	4
420	4	6	9	14	20	23	20	14	9	6	4
440	4	6	9	13	18	20	18	13	9	6	4
460	4	5	8	12	16	17	16	12	8	5	4
480	3	5	8	11	14	15	14	11	8	5	3
500	3	5	7	10	13	14	13	10	7	5	3

图 7-65　125kW 钢轴感应淬火设备的磁场强度分布图

5. 处于特定风险的人员

带有植入式医疗装置（AIMD）的工人和怀孕的女性被视为处于特定风险的人员。

如果工人向雇主表明其带有植入式医疗装置，雇主应进行评估并采取适当的限制措施，以免干扰植入的装置。对此的建议由欧洲电工标准化委员会（CENELEC）予以规定。

如果工人向雇主表明其已怀孕，应根据理事会指令 92/85/EEC 的要求采取措施提高怀孕、生子或处于哺乳期工人的安全性和健康状况。雇主应确保工人不会进入辐射值超出理事会建议 1999/519/EC 或后续修订版本规定的辐射限值区域。

6. 评估辐射风险的方法

辐射风险可通过解析计算（见图 7-64 和图 7-65）、数值模拟和测量来查明。必须确定工人所处环境的电源频率。应尽可能使用厂商或安装者的数据，并评估场是否为正弦场或脉冲场。此外：

表 7-15　电场辐射的公众暴露限值和辐射限值

限值	100kHz ~ 1MHz	1MHz ~ 10MHz
公众暴露限值/(V/m)	600	$600\times10^6/f$
感应电场的辐射限值/(V/m)	$2.7\times10^{-4}/f$	$2.7\times10^{-4}/f$
全身的辐射限值，比吸收率/(W/kg)	0.4	0.4
头和躯干的辐射限值，比吸收率/(W/kg)	10	10
四肢的辐射限值，比吸收率/(W/kg)	20	20

注：所有限值均为均方根（rms）。f，频率，单位：Hz。

表 7-16　磁场辐射的公众暴露限值

限值	100kHz ~ 10MHz
公众暴露限值/μT	$2\times10^6/f$

注：所有限值均为均方根（rms）。

1）对于任何超过 6min 的时间段，应取所有比吸收率值的平均数。

2）10g 电气性能几乎相同的相邻组织，所获得的最高比吸收率可以用来估算辐射值。确定相邻组织质量时，一般认为本概念可用于辐射量测定，但直接物理测量存在困难，如果计算的辐射量低于辐射标准，可使用立方块组织等简单的几何结构。

预防措施见表 7-17。

首先，研发和操作设备的专业人员应考虑可能会影响到接近这些设备人员的电场、磁场和电磁场的实际值。公司作为直接用户，必须对员工负直接责任，确保从厂商处直接获得所有相关和必要的信息，以在最大程度上确保操作人员和维护人员的身体健康。

还须提请所有相关方注意所采用的评估程序、计算、模拟或测量结果、所考虑的推荐值和有效值，以及相应的场值图。

表 7-17　预防措施

地　点	电　磁　场	
	50Hz ~ 100kHz	100kHz ~ 10MHz
职业暴露限值以下的辐射区域	标志视情况而定	—
职业暴露限值以上、公众暴露限值以下的辐射区域	标志视情况而定 划界措施（如地板标记、栅栏），视情况限制或控制人员接近 告知工人并对工人提供专项培训 确认符合安全影响的辐射限值，或采取措施确保控制不利安全影响	标志视情况而定 划界措施（如地板标记、栅栏），视情况限制或控制人员接近 告知工人
公众暴露限值以上的辐射区域	标志视情况而定 划界措施（如地板标记、栅栏），视情况限制或控制人员接近 确认符合健康影响的辐射限值。采取措施通过技术手段及培训工人控制火花放电（仅适用于该区域的电场辐射） 采取适当的划界和接近措施 告知工人并对工人提供专项培训	标志视情况而定 划界措施（如地板标记、栅栏），视情况限制或控制人员接近 确认符合辐射限值，采取适当的划界和接近措施 告知工人并对工人提供专项培训

致　谢

The author wishes to acknowledge Eléonore Merkel Rossinelli for her kind participation in translating this article.

参考文献

1. "Medical Electrical Equipment —Part 1–3," IEC 60601-1-3-am 1, International Electrotechnical Commission,
2. Hillert et al., Prevalence of Self-Reported Hypersensivity to Electric or Magnetic

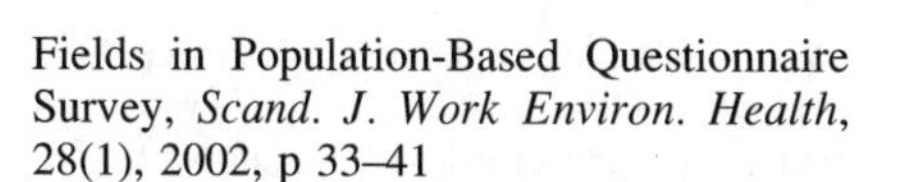

Fields in Population-Based Questionnaire Survey, *Scand. J. Work Environ. Health*, 28(1), 2002, p 33–41
3. Röösli et al., Symptoms of Ill Health Ascribed to Electromagnetic Field Exposure – A Questionnaire Survey, *Int. J. Hyg. Environ. Health*, Vol 207, 2004, p 141–150
4. Schüz et al., The "Mainzer EMF-Wachhund": Results from a Watchdog Project on Self-Reported Health Complaints Attributed to Exposure to Electromagnetic Fields, *Bioelectromagnetics*, 27(4), 2006, p 280–7
5. Huss and Röösli, Consultations in Primary Care for Symptoms Attributed to Electromagnetic Fields – A Survey Among General Practicioners. *B; MC Public Health*, Oct. 30, 2006, Vol 6, p 267
6. "Safety of Machinery. Assessment and Reduction of Risks Arising from Radiation Emitted by Machinery—Part 1: General Principles," BS EN 12198-1:2000+A1:2008, British Standards Institution, Sept 15, 2000, Amendment, April 2009
7. "Assessment of Workers' Exposure to Electric and Magnetic Fields of Industrial Induction Heating Equipment," BS EN 50519:2011, British Standards Institution, April 30, 2010
8. "Basic Standard on Measurement and Calculation Procedures for Human Exposure to Electric, Magnetic and Electromagnetic Fields (0 Hz–300 GHz)," BS EN 50413:2013, British Standards Institution, Feb 28, 2009
9. "Procedure for the Assessment of the Exposure of Workers to Electromagnetic Fields," BS EN 50499:2008, British Standards Institution, March 31, 2009
10. "Evaluation of Human Exposure to Electromagnetic Fields from Devices Used in Electronic Article Surveillance (eas), Radio Frequency Identification (rfid) and Similar Applications," SN EN 50357:2001, Swiss Standards, Oct 1, 2001
11. "Assessment of Electronic and Electrical Equipment Related to Human Exposure Restrictions for Electromagnetic Fields (0 Hz–300 GHz)," BS EN 62311:2008, British Standards Institution, May 30, 2008
12. "Evaluation of Human Exposure to Electromagnetic Fields from Short Range Devices (srds) in Various Applications over the Frequency Range 0 GHz to 300 GHz—Part 1: Fields Produced by Devices Used for Electronic Article Surveillance, Radio Frequency Identification, and Similar Systems," NEN EN IEC 62369-1:2009, Netherlands Normalisatie Instituut, April 1, 2009
13. Parliament, Directive 2013/35/EU of the European Parliament and of the Council of 26 June 2013 on the Minimum Health and Safety Requirements Regarding the Exposure of Workers to the Risks Arising from Physical Agents (Electromagnetic Fields) (20th Individual Directive within the meaning of Article 16(1) of Directive 89/391/EEC) and Repealing Directive 2004/40/EC, *OJ L*, Vol 179, June 29, 2013, p 1–21
14. "Electromagnetic Field," BGV B 11:2001, HVBG (German Federation of the Commercial Professional Associations), June 1, 2001
15. "IEEE Standard for Safety Levels with Respect to Human Exposure to Electromagnetic Fields, 0-3 kHz," C95.6-2002, IEEE, Oct 23, 2002
16. "IEEE Standard for Safety Levels with Respect to Human Exposure to Radio Frequency Electromagnetic Fields, 3 kHz to 300 GHz," C95.1-2005, IEEE, April 19, 2006
17. "Measuring Non-ionising Electromagnetic Radiation, (9 kHz–300 GHz)," Revised ECC Recommendation (02)04, Electronic Communications Committee (ECC) within the European Conference of Postal and Telecommunications Administrations (CEPT), Oct 2003
18. Federal Office for Protection against Radiation, Germany, 1999
19. Parliament, Directive 1999/5/EC of the European Parliament and of the Council of 9 March 1999 on Radio Equipment and Telecommunications Terminal Equipment and the Mutual Recognition of their Conformity, *OJ L*, Vol 91, April 7, 1999, p 10–28
20. Parliament, Directive 2006/95/EC of the European Parliament and of the Council on 12 December 2006 on the Harmonisation of the Laws of Member States Relating to Electrical Equipment Designed for Use within Certain Voltage Limits, *OJ L*, Vol 374, Dec 27, 2006, p 10–19
21. "Procedure for the Assessment of the Exposure to Electromagnetic Fields of Workers Bearing Active Implantable Medical Devices: Specific Assessment for Workers with Cardiac Pacemakers," BS EN 50527-2-1:2011, British Standards Institution, July 31, 2011
22. Council Directive 92/85/EEC of 19 October 1992 on the Introduction of Measures to Encourage Improvements in the Safety and Health at Work of Pregnant Workers and Workers Who Have Recently Given Birth or Are Breastfeeding (Tenth Individual Directive within the Meaning of Article 16 (1) of Directive 89/391/EEC), *OJ L*, Vol 348, Nov 28, 1992, p 1–8
23. Council Recommendation of 12 July 1999 on the Limitation of Exposure of the General Public to Electromagnetic Fields (0 Hz to 300 GHz), 1999/519/EC, *OJ L*, Vol 199, July 30, 1999, p 59–70

选择参考文献

- Champs Électromagnétiques ED 4201: Généralités sur les Rayonnements Non Ionisants Jusqu'à 300 GHz, INRS Institut National de Recherche et de Sécurité, France, May 2001
- Champs Électromagnétiques ED 4202: Les Sources de Rayonnements Non Ionisants (Jusqu'à 60 GHz), INRS Institut National de Recherche et de Sécurité, France, November 2004
- Champs Électromagnétiques ED 4204: La Règlementation en Milieu Professionnel, INRS Institut National de Recherche et de Sécurité, France, June 2005
- Champs Électromagnétiques ED 4206: Les Stimulateurs Cardiaques, INRS Institut National de Recherche et de Sécurité, France, May 2004
- Champs Électromagnétiques ED 4210: Les Lignes à Haute Tension et les Transformateurs, INRS Institut National de Recherche et de Sécurité, France, March 2008
- Champs Électromagnétiques ED 4215: Les Mécanismes d'Interaction avec le Corps Humain kHz, INRS Institut National de Recherche et de Sécurité, France, March 2008
- Comparison of International Policies on Electromagnetic Fields (Power Frequency and Radiofrequency Fields), National Institute for Public Health and the Environment, the Netherlands, May 2011
- Electromagnetic Hypersensitivity, *Proc. of the WHO International Seminar and Working Group Meeting on EMF Hypersensitivity*, Oct 25–27, 2004, (Prague, Czech Republic), K.H. Mild, M. Repacholi, E. van Deventer, and P. Ravazzani, Ed., World Health Organization, 2006
- Electrosensibilité, BBEMG, Belgian Bio-ElectroMagnetic Group, Belgium, Jan 2012
- EMF World Wide Standards Database, World Health Organization, http://www.who.int/docstore/peh-emf/EMFStandards/who-0102/Worldmap5.htm (accessed August 27, 2013)
- ICNIRP Guidelines for Limiting Exposure to Time-Varying Electric, Magnetic and Electromagnetic Fields (up to 300 GHz), *Health Phys.*, Vol 74 (No. 4), 1998, p 494–522
- ICNIRP Guidelines for Limiting Exposure to Time Varying Electric and Magnetic Fields (1 Hz–100 kHz), *Health Phys.*, Vol 99 (No. 6), 2010, p 818–836
- HST PR47-222: Lignes Directrices pour l'Établissement de Limites d'Exposition aux Champs Électriques et Magnétiques Variables dans le Temps (Fréquences de 1 Hz à 100 kHz), INRS Institut National de Recherche et de Sécurité, France, 2011
- T.G. Cooper, "Occupational Exposure to Electric and Magnetic Fields in the Context of the ICNIRP Guidelines," NRPB W24, National Radiological Protection Board, Oxon, England, Sept 2002
- Power-Frequency EMF Exposure Standards Applicable in Europe and Elsewhere, compiled by John Swanson, July 2013
- Protection of Workers from Power Frequency Electric and Magnetic Fields: A Practical Guide, International Labour Office Geneva, Switzerland, 1993
- ICNIRP Sci Review: Review of the Epidemiological Literature on EMF and Health, *Environ. Health Persp.*, Vol 109 (No. 6), 2001, p 911–933

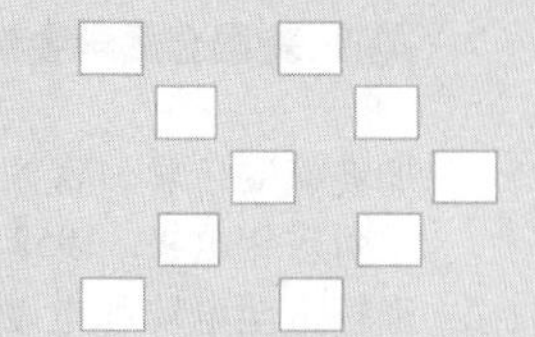

第8章

感应加热的特殊应用

8.1 玻璃感应熔炼的历史

David J. McEnroe, Corning Incorporated

本节是关于玻璃熔化感应加热的应用历史，特别是对当今玻璃制造工业中的应用给出了一些见解。本节介绍了一些历史专利，随后介绍了玻璃的传导性和电加热。本节的目的是要表明，感应加热已经在玻璃熔化行业中得到应用，并不排斥参考专利内容之外的任何观点。

在20世纪初，人们发现了玻璃配料（如用于玻璃熔化的原料混合物）的熔化可以由电流通过其内进行直接加热。在1902年，沃尔克获得了美国专利，其中玻璃配料由直接电加热熔化。他将导电成分（碳）添加到原料批次中，然后开始熔化。熔融玻璃主体内电流的传导，被认为是电解的，通常与存在于玻璃中的碱金属和/或碱土金属元素的数量相关。对于仅具有碱土金属元素（如钙）的无碱玻璃，除了在高温时，平时仅有低电导率。

图8-1所示为各式玻璃的温度与电阻的关系曲线，该图表示出了当玻璃熔体内的温度上升时，电阻降低或电导率增加。玻璃主要由钠成分组成，由于钠离子相对于其他组成成分的流动性好，因此具有较小的温度依赖性。玻璃是无碱或接近于无碱，只有碱土离子，如玻璃纤维组合物，在极高的温度时，发生突然变化且导电。温度和玻璃的成分决定该玻璃是否可被直接电加热。

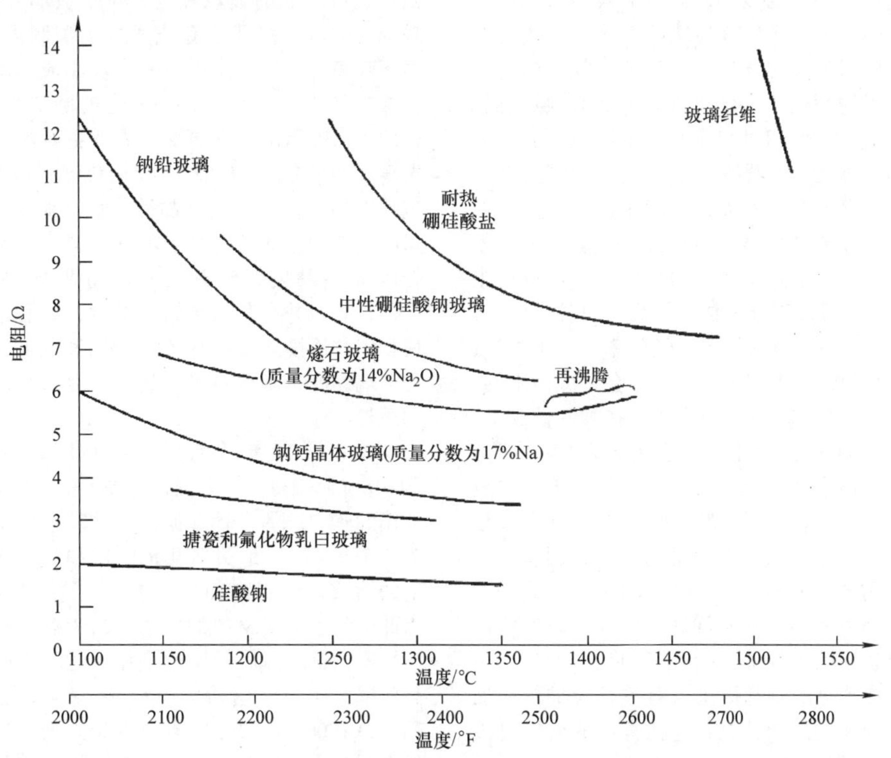

图8-1 各式玻璃的温度与电阻的关系曲线

在沃尔克的专利发表后，全电动玻璃熔窑的发展得到了提升。一系列不同的电极材料得以使用，但它们每个都有缺点。例如，碳电极会氧化且减少玻璃化学成分，在一定时间后会降解；铁电极会增加玻璃的色彩。直到二战之后玻璃的电熔演变发展才引进钼电极。1952 年，Penberthy 采用浸没的钼棒来打造全电动和电动提振熔化炉。在 20 世纪 60 年代后半期，Penberthy 还致力于提高氧化电极的效率，这推动了直接电加热玻璃熔窑的进一步发展。通过电加热玻璃表面下方的熔池并燃烧燃料以熔化玻璃表面上方的玻璃配料，钼和锡氧化物电极的使用使得混合熔炼技术得以发展。

有许多不同类型的熔化炉用于玻璃生产，这取决于体积、玻璃成分和质量要求。玻璃浮动罐可以每天生产 455～635t（500～700sh ton）的订单，它有小区游泳池的大小（无深水区），而饮料玻璃容器罐可以每天生产约 90t（100sh ton），而且特种的或眼科玻璃容器罐可以每天出产 9t（10sh ton）左右。特种玻璃罐经常发生玻璃组成的变化且保持在更小的体积端，以避免需要每天清空和重新填充455t 罐。玻璃熔炉有不同的尺寸和形状，但它们如何被加热多年来没有太大的变化。在 20 世纪 50 年代之前，大多数玻璃熔融罐是由气体烧嘴来加热的。原料批料装入一端且一系列的燃烧器被定位在玻璃表面的正上方，将表面上的原料熔融到下方的熔融玻璃主体。

为了提高燃烧器的效率，再生器被引入到熔化炉中，在加热陶瓷格子砖或砖块的炉子的一边捕获热废气体，然后流入燃烧器的空气和燃气逆向进入罐子相反侧的再生器中。已加热的再生器预热燃烧器的空气和气体，而相对较冷的再生器则收集热废气。两个再生器之间的循环大约每 15min 重复一次。

再生器的演变是换热器，它同时也充当热交换器，但热废气体流经金属或陶瓷管且围绕管道进入了空气和气体。这消除了空气和气体来回通过再生器循环的必要，众所周知那样会提高罐内各处温度。这些对燃气熔炉的改进是提高加热效率的一个尝试，但只使用气体燃烧的工艺是低效率，会造成污染的，并且对含有挥发性成分的玻璃不利。在某些情况下，还会发生玻璃的不均匀熔化，这会影响玻璃的质量。

由于这些因素，如今超过一半的再生炉通过电加热来提升。电燃烧炉通过减少燃烧器废气和直接加热熔融玻璃来改善从炉中产生的排放，创造了熔池内的更均匀的热分布。完全电炉的一个缺点是与使用气体燃烧器相比的成本问题，因此，玻璃熔炉制造趋势是采用燃烧器和电力混合加热。

检索感应加热的专利提供了有关感应加热在玻璃熔化行业使用的历史信息，包括直燃的或通过接受体/容器两种做法。

最早的一个专利是在 1931 年由 Edwin Northrup 撰写的发明。他的发明是基于使用碳化钨和镍制造的环，一个堆叠在另一个之上，以形成一个容器或坩埚，在它们内部进行熔融玻璃。Northrup 提出该发明非常适合于感应炉的设计，与之伴随的图表显示了周围的感应线圈和叠环。1933 年，Harry Hitner 与 PPG 工业公司合写了一篇专利，该专利在炉子的设计中既使用感应又使用电极来进行玻璃熔化。将炉子设计成使得混料进入一个垂直腔的顶部，那里周围有感应线圈。感应线圈直接加热玻璃，由于热流，在腔室的中心创造了一个玻璃的向下流向。这个玻璃的向下溢流使玻璃通过炉子底部的两个电极，然后流到第二个竖直腔室中，在该腔室中玻璃再通过电极加热，然后从炉中取出。这种独特的专利既使用电极加热也使用感应加热来熔化玻璃。

1953 年，Lee Upton 发表的专利中，采用一个感应单元加热一个装有玻璃电荷的大坩埚。他建议感受器或次级感受器采用石墨或碳质材料制成，以便不与周围耐火材料发生反应。Upton 声称他的炉子设计在熔融时可以得到更一致的热分布，并且还能在相同的炉子内进行精密退火。这种类型的炉子更类似于当今使用的感应熔炼炉。一项使用感应加热和电加热来进行感应熔化和成形玻璃纤维的专利在 1956 年被授予 Williams。这项发明使用感应加热以提高温度，并因此在内部特定位置和喷胶机成形端出口获得较低的玻璃黏度。对于玻璃纤维的生产，玻璃通常流入多孔衬套或通过喷嘴制得玻璃细丝。对于喷嘴的应用，流出喷嘴的玻璃流与高压空气或气体一起吹出，粉碎成更细的玻璃细丝或玻璃束。因此，从喷嘴出来的玻璃，需要更具液态或更高的温度。如果在流经电管炉子/熔化器到喷嘴的过程中玻璃冷却了，这将使其黏性更大，所以 Williams 的发明沿玻璃流动的路径上增加了感应线圈以更好地控制玻璃黏度。他建议使用电阻加热的碳化硅（SiC）管，并在其内部熔化玻璃，然后用耐熔型金属如钨，连接碳化硅管的出口点和成形喷嘴。这使得玻璃黏度得到更精确控制，并提高制造玻璃纤维的质量。

20 世纪 60 年代初，在 Bausch & Lomb 工作的 John Apple 获得一个专利，他提出了一种类似于今天使用的感应炉的设计。他的专利宣称使用铂容器作为一个基座，并通过氧化铝涂层和一个辐射能量反射的钛酸钾涂层来加强。这将允许壁更薄的容器，由此节省了金属材料的成本，因为氧化铝使得容器更结实。钛酸钾通过反射将辐射能量返回熔体来提高效率，而不是返回感应线圈。Apple 的第二个专利，在 1966 年，更进一步建议使用两个单独的感应线圈和基座，其中，第一个感应炉是熔化室，第二个是调节室。他描述了其熔化过程是连续的，通过添加原料到第一个感应加热腔室，然后通过管道，由电阻线圈加热，输送玻璃到第二感应加热腔室。

第二腔室将玻璃调整到合适的温度和黏度，并保持稳定的压力，以传送到成形处理工序。

一个专利没有直接关系到玻璃熔融，但用到感应加热，是由 Jean Reboux 在 1969 年撰写的。他采用一个感应线圈，围绕着一系列彼此电绝缘和水冷的纵向管状元件。这些元件组成一个圆柱体，它是感应产生的电磁场可以穿透的，并且允许直接加热护套内的材料。感应线圈可以被上下移动到护套外面，使里面的材料熔合。冷却的护套技术与称为凝壳熔炼法的玻璃熔融技术类似，其中被熔化的玻璃在其外侧被冷却并形成容器，使其在内熔化。专利建议炉子设计使用熔融浇注的耐火材料，如氧化锆或氧化铝。

另一个跟玻璃熔化没有直接关系的专利是由 Ted Loxley 持有的，用于制造石英玻璃坩埚。滑铸硅石制品经使用感应加热，被迅速加热在石墨基座上，成形为最终的物体形状。所需要的温度大约为 1700℃（3090℉），用于熔融二氧化硅形成透明的石英玻璃。快速加热真空或惰性气体环境下的硅石制品的能力使得能够大规模生产这些物品，不再需要长时间等待炉温的升高和降低。

接下来的两个专利有相同的目的，它们都在玻璃熔融罐的排放管上使用感应加热。玻璃熔融罐需要具有排出玻璃的能力，有时在沿着罐的不同位置。在某些情况下，仅部分排出是必需的，例如冲洗掉在罐底滞留的玻璃或校正玻璃的水平。因此，具有打开和关闭所述排放口或排出管的能力是很重要的，尤其是对大容量的玻璃罐。Siegfried Weisenburger 的一项专利，把感应线圈加在玻璃罐底部以垂直取向的陶瓷排出管上。他声称使用感应线圈直接加热玻璃而不是金属基座管将延长陶瓷排放管的寿命。此外，感应线圈的水冷，能够在感应加热停止时更快地冷却，从而使玻璃停止流动。在陶瓷排放喷嘴内部拥有金属基座管，并使用感应加热金属管以熔化玻璃塞，同时加热周围陶瓷耐火材料。在热循环中，陶瓷耐火材料不能保持良好的支撑，且会开裂并开始解体，从而缩短了罐子的寿命。另一方面，当试图通过冷却玻璃流来冻结它时，在感应电源切断的时候，金属管会阻碍玻璃冷却得更快，并要求更多的时间以冻结玻璃流。其他 Sasaki 的专利中，建议使用感应加热用于在玻璃熔罐上的排出喷嘴，但使用两个感应线圈，一个在另一个的顶部上，而不是只用一个线圈。有两个使用同一管子基座的线圈，Sasaki 建议一个感应单元可以被关闭，以允许其水冷线圈开始冷却玻璃和减缓溢流，而另一感应单元仍然是热的。当准备停止溢流时，另一个感应单元也被关闭，其冻结玻璃的速度比只有一个感应线圈来得快。当玻璃塞升温时，一个感应线圈用于加热而不产生溢流，然后第二个线圈被加热以引发溢流。

由 Joseph Matesa 发明的一对专利，描述了在连续融化罐区段中，使用感应加热直接加热熔融玻璃。在一个专利中，他建议使用感应加热作为能量源，在次级容器/腔中直接加热玻璃，在最初融化玻璃批料后，通过辐射热传送例如用燃烧的方式熔化。次级容器充当精熔或再精熔，以帮助熔融玻璃脱气，以消除冷却时气泡的形成。这和混合熔化有所不同，其中燃烧加热和电加热在同一位置完成；这个过程在罐内两个不同位置执行不同的加热。这背后的原因是通过更有效率而节约成本。Matesa 的第二个专利和他第一个相似，但取代次级容器感应加热来精炼，他提出在初始熔化阶段和精炼阶段之间加一个中间容器/腔室。这个中间容器通过用感应加热来直接加热小体积的熔融玻璃，以迅速升高玻璃的温度达到精炼温度。他的专利里包括冷却该容器，使得在容器的内壁（内腔）创建熔体的凝固层，来避免熔体的污染和容器的腐蚀。相对于熔融玻璃而言，当冷却玻璃层时，对感应电流较不敏感，但仍然有着显著的敏感性；再次，通过感应加热玻璃以提高温度，能量利用更有效。

Ronald Fogle 在 1988 年的专利描述了感应加热的输送管，从一个熔化炉或罐到一个成形装置传输熔融玻璃。该管由耐火金属（如钼）组成，由四周包围的感应线圈进行加热。管道如何被连接在一起，并且它可用于温度调节玻璃，先于达到成形/传送站之前，是该专利的基础。

如前所述，凝壳熔化或冷坩埚熔化的概念是在玻璃外部融化时形成外皮或壳，同时保持玻璃内部熔化。这是有利的，因为由熔化容器引起的污染是不被提取的，并且与玻璃接触的熔化容器的腐蚀也不是一个问题。项目涉及玻璃内的放射性废物已存在了许多年。Igarashi 的专利使用感应加热通过冷坩埚熔炼来封装玻璃中的放射性废物。为了开始熔炼，该专利描述了使用碳化硅棒放置在固体废弃碎玻璃中，碳化硅棒产生热量，作为一个基座，间接加热玻璃。一旦玻璃开始成为熔体，导电杆便缩回，且玻璃直接由感应线圈加热。外部玻璃与内部炉壁接触被冷却，并形成固体层或壳体。这个过程消除了使用可能遭到放射性废物污染的熔化容器。

比熔化工艺更一致的玻璃成形，是由 Daniel Gearing 拥有的专利，用于成形精确尺寸的压入镜头的玻璃球坯。玻璃球坯通常是从孔口滴下的一定计量的玻璃。较大的玻璃球坯是由螺旋推进器或剪切黏性流而形成的。对于镜头，Gearing 发明了一项充填玻璃的精密技术，是利用坩埚、喷嘴和平衡木称重系统一起的感应加热。控制在工作坩埚中的压力头并同步启用加热和冷却坩埚，可重复和精确地进行填充。

Marco Braglia 的专利使用感应加热来熔化氟锆酸盐玻璃，在线圈内设置不同的坩埚座，以提供更均匀的热分布。将坩埚作为基座设置在耐火材料或金属基座上，由于热量会损失进入到基座导致坩埚底部更冷。设置坩埚底座或支架，其中外墙使用设计的在径向向内隔开的附属物来支撑坩埚，使得坩埚加热得更均匀，不会由于坩埚放置在某些东西上而产生温度梯度。

玻璃的冷坩埚或凝壳熔化技术开始出现于 Roger Boen 提出的专利，他建议仅在炉子的底部使用一个感应线圈，而不是在侧面。底部的感应线圈是扁平形或煎饼形的，坐落在熔炉的底部下面，炉子的底面由非导电材料制成。炉底和炉壁是主动冷却或使用具有良好的热传导的材料，以创建冷却的玻璃表面或凝壳包封熔化玻璃。这种炉子的设计使较大的玻璃体积被熔化而不需要大的圆柱形感应线圈。凝壳熔化技术的另一个变化在 Schott Ag 公司的 Hildegard Römer 的专利里得到陈述。该专利是在一个熔炉的精炼部分使用感应加热和凝壳技术。其结论是，在玻璃熔化中使用铂或铂合金时，在铂表面上的氧气会再沸腾，从而引起气泡进入玻璃熔体。为了减少这种影响，围绕熔融玻璃的玻璃冷层是不可少的，它将阻止氧气转移到熔体。Römer 还建议在 1800℃和 2400℃（3270℉和 4350℉）之间的温度下使用多价离子。多价离子在高温下将适合精炼玻璃，消除对有毒精炼剂的需求。

Römer 的另一项专利涉及采用感应加热的玻璃凝壳熔化。在一个凝壳坩埚里快速熔化高纯度和/或活性和/或高熔玻璃，使用感应加热直接加热玻璃。坩埚壁是冷的，因为有水冷却，同时最热的区域是熔融玻璃的中心，它在熔体中产生强对流电流。这些电流促进整个熔融玻璃的循环，并有助于使玻璃均质化。线圈上面的侧面安置了一个出口用于排出玻璃，其中有一个冷却桥将熔体区域和出口分离。浸没冷却桥拦住不熔成分，通过冷却前表面使玻璃循环，并在后面提升较热的熔融玻璃。排出的玻璃流出出口并进入处理阶段的一个部件。Römer 设想在熔化区的每一侧可以存在多于一个的出口，这些出口由感应线圈包围。另外，通过不直接排出熔化区域的玻璃，但允许玻璃在冷却桥下流动、上升并排出出口，可进一步实现均质化，提高玻璃的质量。

本节中所描述的玻璃熔化专利，提供了用于玻璃熔化的感应加热的历史。大规模感应熔化用于每天制造几十到几百吨玻璃并不存在。然而，耦合感应加热及燃烧或电极加热用于玻璃熔融罐是可行的。独特的直接加热玻璃的能力或通过感应加热使用基座传导加热玻璃，使炉子设计和成形工艺不同。感应系统的紧凑性消除了传统的玻璃熔炉对大空间的需要。感应线圈的快速响应时间和冷却特性，也为设计新的玻璃熔化和成形设备提供了灵活性。

参考文献

1. A. Voelker, Manufacture of Glass by Electrical Heating, U.S. Patent 702,081, June 10, 1902
2. F. Tooley, *The Handbook of Glass Manufacture, Volume 1*, 2nd ed., Books for Industry, 1974, p 389–399
3. H.L. Penberthy, Current Status of Electric Booster Melting, *Glass Industry*, Vol 36 (No. 12), 1955, p 635
4. H.L. Penberthy, Electrical Contact System for Ceramic Electrodes, U.S. Patent 3,391,237, July 2, 1968
5. E.F. Northrup, Induction Electric Furnace, U.S. Patent 1,830,481, Nov 3, 1931
6. H.F. Hitner, Process and Apparatus for Melting Glass by Electricity, U.S. Patent 1,906,594, May 2, 1933
7. L.O. Upton, Glass Induction Furnace, U.S. Patent 2,635,125, April 14, 1953
8. S.D. Williams, Glass Melting Furnace, U.S. Patent 2,754,346, July 10, 1956
9. J.M. Apple et al., Glass Containing Pot Furnace, U.S. Patent 3,248,206, April 26, 1966
10. J.M. Apple et al., Regulated Flow Glass Melting Furnace, U.S. Patent 3,244,495, April 5, 1966
11. J. Reboux, Electric Induction Furnace, U.S. Patent 3,461,215, Aug 12, 1969
12. T.A. Loxley, et al., Apparatus for Making Vitreous Silica Receptacles, U.S. Patent 3,972,704, Aug 3, 1976
13. S. Weisenburger et al., Method and Apparatus for Discharging Glass from a Melting Furnace, U.S. Patent 4,402,724, Sept 6, 1983
14. N. Sasaki, Freeze Valve Having Multiple Heating-Cooling Means, U.S. Patent 4,460,398, July 17, 1984.
15. J.M. Matesa et al., Method and Apparatus for Inductively Heating Molten Glass or the Like, U.S. Patent 4,610,711, Sept 9, 1986
16. J.M. Matesa, Method for Rapid Induction Heating of Molten Glass or the Like, U.S. Patent 4,780,121, Oct 25, 1988
17. R.D. Fogle et al., Molten Glass Delivery and Conditioning System, U.S. Patent 4,726,831, Feb 23, 1988
18. H. Igarashi et al., Glass Melting Treatment Method, U.S. Patent 5,564,102, Oct 8, 1996
19. D.R. Gearing, Method for Producing Large Glass Preforms, U.S. Patent 5,709,723, Jan 20, 1998

20. M. Braglia et al., Induction Furnaces for the Synthesis of Glasses, U.S. Patent 6,014,403, Jan 11, 2000
21. R. Boen et al., Glass Induction Melting Furnace Using a Cold Crucible, U.S. Patent 6,185,243, Feb 6, 2001
22. H. Römer et al., Process for the Melting, Refining and Homogenizing of Glass Melts, U.S. Patent 6,810,689 B2, Nov 2, 2004
23. H. Römer et al., Method and Device for Melting Glass Using an Induction-Heated Crucible with Cooled Crust, U.S. Patent 7,444,837 B2, Nov 8, 2008

8.2　玻璃感应熔炼和成形

David J. McEnroe, Corning Incorporated

过去3500年，玻璃熔化一直存在，早期玻璃熔化以木材、煤为燃料，之后用气。如今玻璃熔腔采用通电或氧气/燃气直燃炉法，或两者兼用。对于小规模的玻璃熔化（小于250kg或550lb），大多数炉子采用通电和电阻加热，电阻加热则以硅碳棒、二硅化钼元器件或铂类金属线埋入绕组的形式进行加热。感应加热玻璃熔化是对电阻加热元件炉的替代，本节提供感应加热的使用背景、过程及其自身的优缺点。玻璃直接感应加热或导电加热熔化也有可能在工业中使用，本节不再讨论。

8.2.1　玻璃制备的基础知识

为理解感应加热应用作为一种提供热能将原材料熔化成玻璃的方式，对玻璃的一些基础知识了解是必要的。首先，术语玻璃是通用的（类似术语像金属和塑料），在玻璃复杂的大家族中，有数千种不同成分的玻璃。最普遍类型的玻璃成分是以二氧化硅（SiO_2）为基础，以碱金属氧化物（R_2O）、碱土金属氧化物（RO）、氧化硼（B_2O_3）、氧化铝（Al_2O_3）或这些成分的组合作为添加物。在玻璃化学行业里，原材料以它们的氧化物来计算和确定：例如，钠钙硅酸盐玻璃或窗户玻璃写成$76SiO_2-14Na_2O-10CaO$。为进一步定义玻璃成分，需列出原料的质量百分比或摩尔比来获得玻璃公式，例如，$76SiO_2-14Na_2O-10CaO$是以质量百分比计量的钠钙硅酸盐玻璃成分。

当启动熔化玻璃时，原材料的选择是重要的。在玻璃熔化中使用的原材料可以是复合氧化物或碳酸盐、氮化物、硝酸盐、卤化物、硫化物，或这些材料和其他材料的混合物。基于外来杂质、粒度分布或其他属性，原料来源需要考虑并不同于其他来源。在试验性熔化部门，存储和使用有许多不同的砂或二氧化硅源。

一旦选择了原材料并且确定了该批次配方，将材料称重并混合在一起。混合是很重要的，因为玻璃的实验室规模熔化通常是一批次的原料被装入容器中，加热，然后倒出。玻璃熔化生产通常在连续熔化池中进行，一端原料加入炉中，并被熔化，然后玻璃流到另一炉室中后保持状态、精炼（二次精炼）、搅拌（均匀），然后发送到另一端。典型的玻璃罐生产每天运行数吨的玻璃，而本节所描述的是单个熔化几十磅重的玻璃。

玻璃熔化的动力学有些复杂。玻璃的形成是通过加热原料到熔融状态，然后骤冷（冷却），从而使熔体冷却为不具有远程原子排序的固体。虽然对于远程原子排序的数量值有一些争议，但当范围足够大，材料都归类为晶体。还有一组被熔化和形成类似的玻璃材料称为玻璃陶瓷，它同时具有玻璃相和结晶相。

对于过程的详细说明，请参考相关文献。玻璃的质量由几个因素决定：杂质、气泡和均匀性。在玻璃工业中，用于夹杂物的术语是结石；气泡（取决于尺寸）有灰泡或大泡；条纹描述玻璃的均匀性。有许多因素影响结石、灰泡和条纹的级别，如原料、接触容器的玻璃、氧化还原气氛、熔化的类型和耐火保温炉的反应。大型连续玻璃熔罐用陶瓷耐火材料生产线。这些材料随着时间的推移而降级，可能破裂或剥落，熔化时产生夹杂物。

一些玻璃具有高挥发性成分，会在熔化过程中从玻璃表面挥发掉，或可能与炉中材料发生反应，在玻璃中造成成分差异。这些成分差异在玻璃体内定义为另一成分的线或条纹。术语皮纹用来定义低强度的线。玻璃成分的差异造成不同的折射率，因此，皮纹或条纹，变得透明，使玻璃看起来好像已经扭曲了。虽然确定条纹的数量值很难，但一些公司使用类似A-D的范围表示。光学玻璃总是被认为无条纹。

精炼玻璃熔体，或除去小泡、灰泡和大泡，是在玻璃熔化过程中较为艰难的挑战之一。连续熔炉集中了一次精炼或二次精炼区域，其目的是通过让气泡上升到表面来去除（如斯托克精炼）。为了使玻璃对环境无害，发展了在化学精炼玻璃中加入砷和碲，是精炼玻璃的消除和替代方法。有利于精炼玻璃的方法之一是在熔化中澄清玻璃的气泡。参考文献［5］描述了精炼，并且这也是在开发工作中应用感应加热的一个很好的例子。在使用感应加热的玻璃熔化系统中获得了较好的实践结果。

8.2.2　熔炼

（1）小规模的玻璃熔化　做小规模的玻璃熔化

有几个原因：

1）玻璃成分的研究。

2）制作样品用于进行化学和物理特性测量。

3）制作样品用于后处理的研究。

4）提供用于成形的玻璃。

5）原型采样。

实验室规模的玻璃熔化方法使用耐火材料或贵金属材料的坩埚。坩埚体积可以小至 25mL (0.85oz) 或大至 1000mL (33.80oz)。通常在所需的熔化温度，原料或分批装入坩埚且把坩埚放入炉中。该批料熔化至少需要几个小时，这取决于其成分，在相对高温下从炉子中取回坩埚，并倒出玻璃。该实验室规模的熔化类型中使用的熔化炉通常是能够达到 1500～1650℃（2730～3000℉）的台式炉和有一个适应单坩埚尺寸的腔室。这种类型的熔化需提供 10～500g 的玻璃（0.02～1.0lb）样品，且通常不需要感应加热。

小规模熔化的下一阶段是当数千试验性坩埚熔化时或几十到几百千克玻璃在单独熔化时，进行的工作。为了达到这么大体积的玻璃，不能使用实验室规模熔化炉，也不需要每天生产数吨玻璃的生产规模连续熔化炉。然而，探索性玻璃研究在坩埚中进行，如上所述，但它们更大的尺寸和/或在同一时间在炉内拥有多个坩锅。当探索组分研究完成后，需要一个足够体积的玻璃来提供化学和性能测量的样品。为了实现这种类型的熔化，使用较大腔炉，在同一时间放置许多各种尺寸的坩埚，在 1650℃ (3000℉）达到熔化温度。

图 8-2 所示为用长钳通过前门装载和卸载的坩埚熔化炉。炉子是使用一系列碳化硅（硅碳棒），圆柱形固体，或螺旋形管或棒的电阻加热，在两个侧壁水平滑轨运行的。在 1650℃工作为硅碳棒的上限：在相对高温下运行要求经常更换。

图 8-2 用长钳通过前门装载和卸载的坩埚熔化炉
（该图由康宁公司先进材料加工实验室提供）

另一种类型的小规模玻璃熔化器是一个大的单一容器/坩埚/衬套，通过一些型号的电阻元件围绕其周边进行加热。坩埚/衬套有从底部延伸的流道或管道，被称为降液管，使玻璃从坩埚/衬套传送出来。坩埚/衬套是非常大的，试图把从炉中移除坩埚并倾斜浇出玻璃是不可行的，因此降液管内允许从坩埚/衬套内控制传送玻璃。这种类型的熔化炉具有各种尺寸和数量的玻璃：一个炉子可以熔化 5～

250kg（11～550lb）或更多。

这些熔化炉是不连续的。原料批次通过将材料装在容器中被装载到坩埚/衬套内，然后被插入热炉中，容器被倾斜，让该批次进入坩埚/衬套。为了充实体积较大的熔炉，可能需要许多批次的填充物来得到所需的玻璃量，这需要数小时来操作。各批次可以在坩埚中形成未熔化的原料堆。在任何更多批次放入熔炉前，必须要有一段时间去允许让料堆减少和/或完全熔化。另一种方法是用振动或螺旋给料机连续供给熔炉小量批次且将进水管放入坩埚/衬垫。这使得在一段时间内可以添加少量的料，从而减少了料堆或更好地调节料堆的大小。它也消除了操作者定期填充熔炉的需要。

图 8-3 所示为大坩埚熔化炉的顶部。在图 8-3 中，熔化炉是由围绕着铂合金制成的圆柱形坩埚的二硅化钼元件加热的。输送管或下降管（未显示）是由铂合金电阻丝的绕组加热的。降液管的末端延伸通过绕组直接供电或直接燃烧。直接燃烧铂是可取的，因为熔化炉也是热源。然而，直接燃烧加热的缺点是电源需要把较大的铂片加热到高温，这需要带有汇流排的大型变压器。感应加热可以在这些情况下使用。

图 8-3　大坩埚熔化炉的顶部（该图由康宁公司先进材料加工实验室提供）

小规模玻璃熔化的融化器皿通常使用铂或铂铑合金，因为这些金属可以在玻璃熔化所需的温度下使用，它们是惰性的，不与玻璃生产中使用的大多数原料发生反应，在空气中加热时不易被氧化，如钼和铱。铂类金属很容易加工，但价格非常高。

（2）感应熔炼炉　基座材料是由外部施加的电磁场产生的涡流焦耳热来加热的。热是由受热基座材料内的这些涡流产生的，然后传导至工件。在玻璃熔化过程中，工件是原材料批次，然后玻璃自身熔化。铂及铂合金具有作为一个好的基座材料拥有的理想特性，因为它们在感应磁场中有耦合能力，在生产过程中为惰性，容易加工和成形，并具有高于 1750℃（3180℉）的熔点。

图 8-4 所示为感应加热熔化系统的剖面图，该图显示了铂基座和感应线圈设置。基座或熔化器有一个上部腔室，在这里添加批量原料且发生熔化。下部是降液管，允许熔融玻璃传输。有两个独立的感应系统和线圈用于加热熔化室和降液管，因为几何形状不同，它们在熔化过程中保持不同的温度。

图 8-4 也显示了放置在铂基座和水冷铜感应线圈之间的耐火保温材料。根据基座和线圈之间的间隙，决定使用各种不同的绝缘材料，如铝硅锆质耐火材料纤维毯/纸/布或铸造/挤压陶瓷件。对于图 8-4所示的基座，使用陶瓷圆柱容器作为上容器的绝缘体。这种陶瓷支撑体也为铂基座提供坚固度，因为铂在高温下，玻璃会变得更具有延性和塑性或由于重量从玻璃内部凸起。用于从线圈到基座的绝缘的支撑体或容器的材料类型，可以使用任何不影

响电磁场并能承受高温的材料。感应熔化器内的支撑体是一种硅酸铝铸造陶瓷。

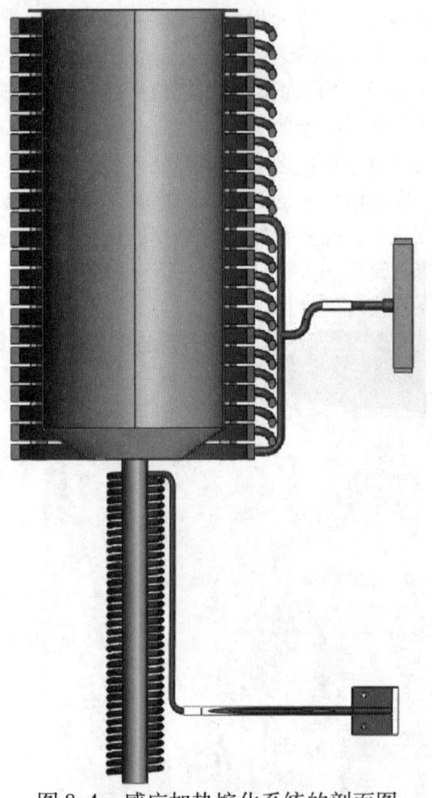

图 8-4 感应加热熔化系统的剖面图

基座位于耐火砖上，拥有轮廓适配基座。感应元件位于具有相匹配轮廓的耐火砖上。陶瓷底板的下面是一个开槽铜板，用来保护上面的线圈远离下面线圈电磁场的干扰。同时，类似的高频（50～150kHz）感应系统被同时用于上下线圈，在这两者之间甚至铜板上有些交叉。如果在较低功率（40kW）单元之前，启动较高功率（125kW），后者将不能在启动时自动调谐频率。这已经通过转换更高千瓦单元到一个较低的频率（5～15kHz）系统的方式来消除。

当设计感应系统时，必须定量考虑基座和线圈之间的绝缘性。需要基座周围有足够的绝缘性来保证基座的热量和进入熔体的热导，但耦合距离也很重要。由于线圈和基座之间的距离决定了耦合效率，如果耦合距离太大，那么效率就差。另外，如果没有足够的绝缘存在，且来自基座有大量热损失，那么熔化器的整体效率就打折扣了。观察到较低频率的感应系统（5～15kHz）有利于耦合并让配置的线圈、基座、绝缘体运行更有效，具有更好的热均匀性和功耗。

为控制感应系统，比例-积分-微分（PID）微处理器控制器被集成，提供了一种反馈环路到感应控制柜及温度测量装置。如果需要的话，该控制器能被编程用于多步骤温度分布曲线、单点设置或手动功率输出，这使得温度熔化曲线发生变化，而不需要操作员。一种类型的温度测量装置是一个光学高温计，该光学高温计直接安装在铂表面，它通过一个位于两个线圈之间的陶瓷支撑孔定位。如果使用单色（波长）高温计，铂表面由于氧化和结晶在使用中发生老化。当铂表面老化时，辐射会改变，无法提供准确的温度测量。一个理想的方案是通过使用接触热电偶或热探针插入熔体定期测温。

图 8-5 所示为感应熔炉内的温度分布曲线。该感应熔化炉有一个 254mm（10in）高度、150mm（6in）直径的基座，5 个 B 型热电耦在温度 1450℃（2640℉）设定点插入熔体中。热电耦被定位于接触基座底部，使用 TC#1 靠近右壁，然后每个 TC 横放在基座与 TC#5 邻近左侧壁。所有的热电耦通过熔体被升起来，并将温度记录在图表中。

图 8-5 显示，一个非等温轮廓呈现在基座或熔化室中。玻璃高度为 200mm（8in），从中间到顶部有大约 150℃（300℉）的温度变化。在熔融过程中，具有较冷表面，在玻璃熔化动力学和质量方面会产生积极和消极的影响。表面较冷有助于通过减少某些批料组分的挥发来保持玻璃化学成分，但它也不利于精炼玻璃和在表面析出气泡。熔化室的底部比设定温度点约低 75℃（165℉），虽然不是一个显著的数值，但能够影响玻璃的质量。

一旦玻璃熔化，炉子通常进行降温以符合传送要求。有些玻璃在较冷传送温度的周围很容易结晶。底部和表面的温度通常是较冷的，调节温度分布曲线以减少结晶行为。玻璃开始结晶的温度称为液相温度。

由图 8-5 可知，从基座壁到熔化的中心，不存在任何显著的温度变化。这表明熔化从基座到玻璃中有良好的热传导。随着基座尺寸发生改变，调节温度分布曲线。基座直径越大，变化会更多。

由于炉的非等温行为，为了改善熔体的均匀性，应对玻璃熔化进行搅拌。搅拌有助于熔体均匀并消除条纹、纹线，这是由于在熔化时，玻璃组合物的非均匀性形成的。搅拌玻璃有很多种搅拌方式，如一些“切”玻璃，以及其他向上或向下“泵”玻璃。搅拌器可以由各种材料制成，如陶瓷、贵金属或其他类型的金属。

图 8-6 所示为感应炉，它是图 8-4 中所表示的实际感应熔炼炉的安装图。该系统位于一个夹层的底座上，用来提供上下系统的高度。该系统下面的高度被要求允许在降液管下端放置成形设备，并且

上面的高度允许夹具来保持搅拌器和有足够的空间灌入。一个陶瓷盖放在基座顶部，拥有几层耐热毯来保证热量进入。这些很容易移除用于灌入或观察熔化感应熔化过程。

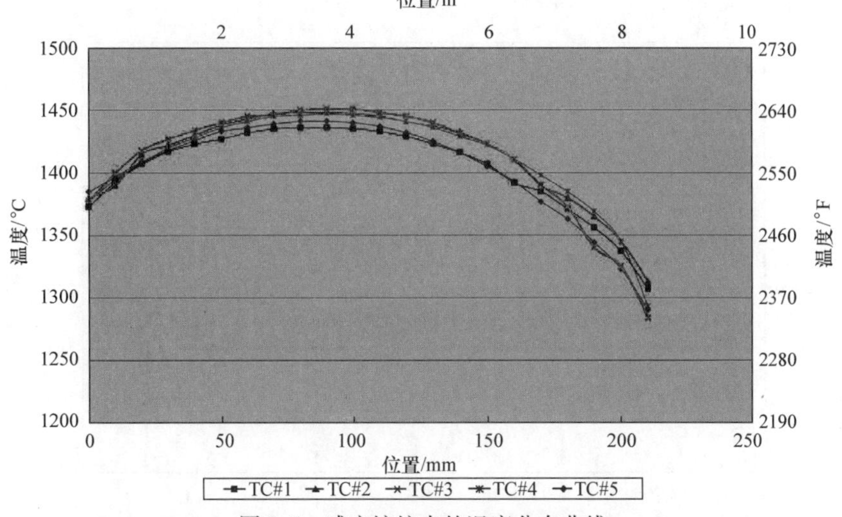

图 8-5 感应熔炉内的温度分布曲线

图 8-6 感应炉（该图由康宁公司先进材料加工实验室提供）

(3) 感应熔化工艺　玻璃的感应熔化过程开始于通过批次计算、材料混合，来确定玻璃组合物和原料质量。一旦批次准备好，基座/熔化室可以一次加载或逐渐填满。图 8-7 所示为玻璃熔化温度分布曲线。

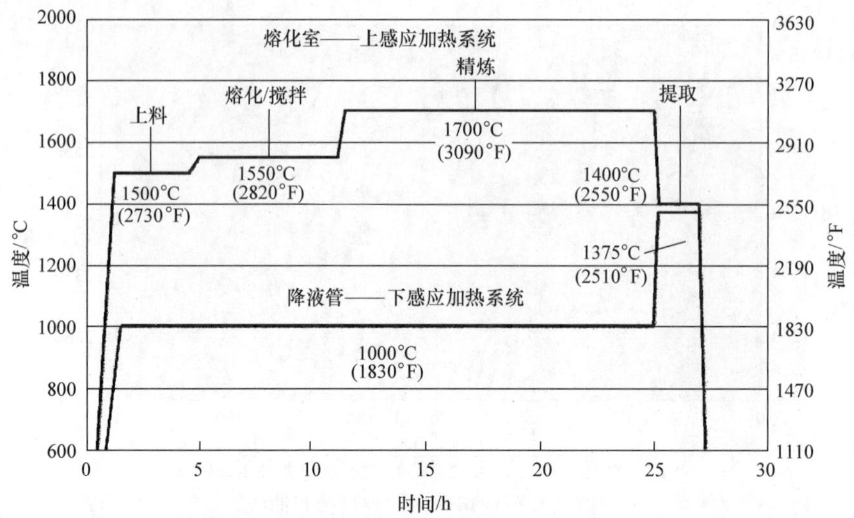

图 8-7　玻璃熔化温度分布曲线

各种玻璃是不同的，每种玻璃都有自身的熔化参数。通常通过多次熔化试验和误差试验以确定正确的熔化参数。较软的玻璃，如钠钙硅酸盐，可在1350℃（2460℉）熔化，但较硬的玻璃，如在显示器中使用的那些玻璃，可能会达到 1650℃（3020℉）熔化。图 8-7 中有两条不同的线，分别表示上感应加热系统（熔化室）和下感应加热系统（降液管或传送管）。当熔化和精炼发生时，降液管基本上保持住温度，以阻碍玻璃从熔化腔流出。降液管只有当准备好传送玻璃时，才会加热到较高的温度。根据玻璃，调节降液管的温度，这样如果玻璃有低液相线温度时，可以减少结晶。

上面感应单元曲线图表示装载的一段时间，这是以低于玻璃实际熔化/精炼温度下进行的，使任何低熔化原料都不会过分挥发。在原材料熔化成熔体后，温度升高，进一步使得更高温成分熔化。搅拌可在熔化过程中随时进行，但更有效的搅拌是熔体在较低温度和较高玻璃黏度时完成的。当玻璃比液体更黏稠时，搅拌器可以划出和破坏条纹线（成分不均匀）。但是，在较高的温度或更高的流体黏度，条纹不会被破坏或溶解。当在较高黏度或较冷的温度搅拌时，搅拌器将气泡引入玻璃熔体中。因此，搅拌后精炼更容易消除气泡。

图 8-7 中的曲线显示了一个非常长的精炼时间。另外，精炼是为了从玻璃熔化中去除小泡、灰泡和大泡。斯托克精炼法通常用于使气泡上升、结合，到表面时破裂来消除熔体包裹体。感应底座没有考虑设计有精炼，因为它们高，且使气泡上升到表面需要花费很长的时间。如果玻璃熔化具有挥发性组分，如硼，伴随着一个较大的表面积，玻璃的表面化学成分可能被改变并产生条纹。因此，有一种折中的基座设计和熔化分布：熔化在基座中的一个多感应熔炼系统，在另一个上的精炼，在第三个上的调整/搅拌，会比较理想化，类似于较大熔化罐。

8.2.3　成形

一旦玻璃被熔化、精炼、搅拌、吹泡，它就能够成形。成形通常是在较低的温度下完成的。玻璃必须足够黏，以控制流量并使其能够成形、倾倒、浇注、轧制、牵引或以其他方式成形。

(1) 玻璃感应成形（从熔体成形）　玻璃成形可直接从熔化炉内完成，或碎玻璃（玻璃卡盘）可以被制作，然后送入离线成形工艺。一些从熔化炉来的玻璃成形例子是：成形、压延、拉拔、挤压、浮动和牵伸。例如，饮料行业的玻璃瓶是从熔化炉出来的，即将掉落的玻璃滴吹入模具中制成的。有许多种类型的成形工艺，但是所有的开始，不是通过玻璃的料滴滴下，就是通过流出玻璃到某种类型的传送带上，或通过流出玻璃丝。块状玻璃在较低温度或较高黏度下制作，而丝带或铸造在较高温度下或由流动性更好的玻璃制作而成。在一些模压操作下，首先通过挤压或吹气形成半成品或空腔，然后通过吹制成最终成品。

通过新组分的试验性熔化，也需要研发成形工艺来与其保持一致。熔化和成形共同进行，通常如果其中一个发生变化，会影响到另外一个。对于许多玻璃制品来说，后续处理步骤是必需的，例如用热处理来提供光学属性或置入热盐浴浸泡进行化学增强玻璃。研发后续处理步骤，这对获得一个合适的玻璃零件是非常有利的。

图 8-8 所示为感应熔化玻璃填充模具，其形成一条棒材，然后通过退火和机械加工到一个特定的厚度。许多类型的玻璃可通过将玻璃传送到模具的铸造方式来成形。如果需要特定的几何结构，一些后续加工是必需的，因为模具成形不能提供精确的几何形状。

图 8-8　感应熔化玻璃填充模具（该图由康宁公司先进材料加工实验室提供）

另一种类型的铸造技术称为“放下容易”或 LDE。这种技术使用模具，通常为圆柱形，该模具有一定的高度，且有柱塞在模具内。柱塞作为模具的基础或底部，从模具顶部位置开始。当开始流动时，玻璃允许堆放上柱塞并充满模具。随着模具被充满，柱塞通过模具缓慢降低，制造成大块、气瓶和其他成形件。如果玻璃成形有几百毫米高度的要求，从玻璃流体到模具里直接铸造是困难的。随着玻璃流体深入充入模具，它会趋于螺旋下降，进入空气并产生气泡或玻璃折叠，这称作成形条纹。当流动的玻璃表面足够冷，以至于不能一起熔化时，就可以看见表面产生的线条。

某些玻璃制品可能需要把玻璃成分加在一起，如康宁产品的餐具系列。餐具是由两种不同的玻璃成分制成的，它们被混合、轧制，并送到成形屋。一旦混合，玻璃通过轧制被挤压在一起，创建一个三层的夹层玻璃条带，随后压形成一个盘子或其他类型的形状。因为需要两种不同的玻璃，也需要两个熔化仓室来满足成形生产线的要求。两个熔化仓室占用了大量的空间，除了空间之外，也需要成形线。图 8-9 所示为两个感应熔化器的示意图，可以看出两台感应熔炉如何定位在一起来给玻璃提供成形系统的。

感应系统的紧凑特点使它较为灵活。目前先进的加热工位和控制柜都是非常紧凑的，允许放置在更有限的空间里。因为降液管不需要达到玻璃熔化所需的温度，所以可绕组加热，只要能够产生足够的热量来维持系统中的玻璃流动。

（2）感应加热的玻璃成形（后续熔化）　正如本节开头所提到的，当玻璃从熔炉中出来时，可以直接成形，或者可以在另外一个独立的后熔化过程中成形。由于多种原因，一些成形技术是脱离熔炉而离线的，但这些不连续的成形过程仍然使用碎玻璃（玻璃片），或熔体/成形的玻璃工件，这些玻璃工件是被重新成形、改形，或重新形成不同的形状或尺寸。重新加热和/或重熔碎玻璃或预制玻璃可以通过感应加热来实现。一个感应系统用于成形操作且不依赖于玻璃熔窑的例子就是纤维拉制。通过化学气相沉积法（CVD）工艺制作而成的玻璃坯料或预制件，使用感应炉来拉成玻璃纤维。坯料悬浮在感应炉中，它的顶端被加热到某个温度点，在那里玻璃束或纤维可以被拉出。当纤维从末端抽离结束时，玻璃坯料随后慢慢地进入感应炉。感应加热也可以用在纤维预成形生产的固化过程。当 CVD 工艺过程制作坯料时，它实际上是一个非常精细的玻璃颗粒的聚集过程。在拉制坯料前，这些颗粒会熔化在一起或固结成一个实心玻璃柱。

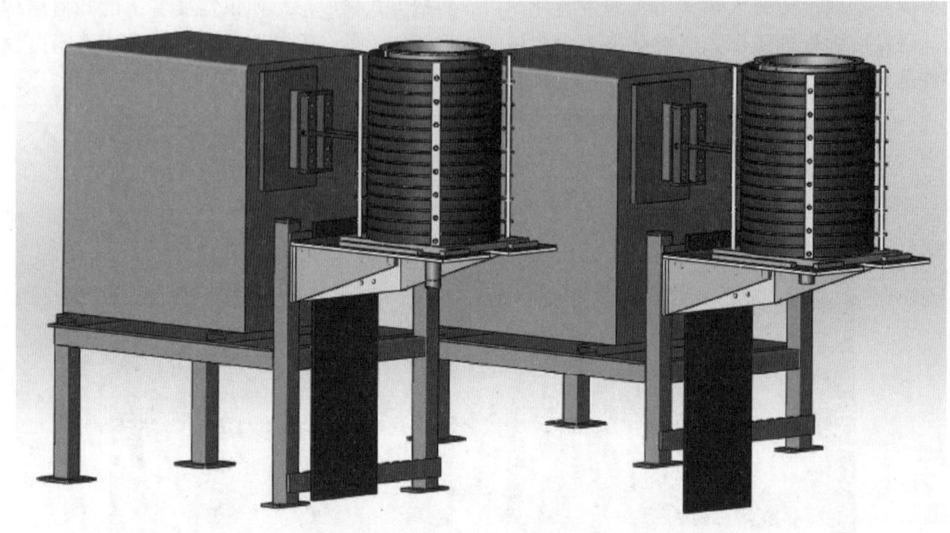

图 8-9 两个感应熔化器的示意图

在许多研究和开发领域中，都没有一个大型的连续熔化器，预备好碎玻璃，然后进入感应加热系统来形成玻璃。图 8-10 所示为玻璃通过感应加热下拉成形，图中的感应加热系统，放置在一个塔形结构上，在该结构中玻璃从基座底部的孔口拉出来。

图 8-10 玻璃通过感应加热下拉成形
（该图由康宁公司先进材料加工实验室提供）

在碎玻璃熔化后，炉子开始达到组分所需的成形温度，以便获得合适的黏度来形成玻璃。在下拉过程中，具有合适的黏度是重要的，因为如果玻璃太热和液化太多，由于重力会产生不可控的成形。一些常见的下拉操作引起的成形有棒材、管材和板材。下拉成形通常需要塔或夹层，从那里开始下拉玻璃，因为玻璃在被切割或处理前必须冷却（淬火）。同样，拉制的玻璃形状越大，就需要更高的高度，因为较大的玻璃片需要更长的时间来淬冷。玻璃成形的速度有多快，也决定了需要的拉制塔有多高。在一些纤维操作塔里，可以有几层楼高，因为它们以每分钟几千米的速度在拉制。

重再拉制或重再成形是另一种类型的玻璃成形工艺。预先成形的玻璃片（称作预成形）重新返工或重新成形为另一个形状或尺寸，或同时兼备形状和尺寸。再拉制是玻璃预制，如杆、管、棒、板或一些其他玻璃形状，重新加热到软化点并通过向下拉制来改变。再拉制的一个例子是康宁的偏振玻璃偏光片。这是带有一个特殊组分的玻璃，必须拉伸以实现玻璃偏振。拉伸过程通过玻璃棒成形来完成，然后在高压下把棒料重新拉制到更小的玻璃条。玻璃条进行热处理，且完成制作为最终的偏光片产品。再拉制步骤有两个目的：制作出最终的玻璃形状，并拉伸玻璃来实现偏振效果。

再拉制玻璃的目标通常是减少（缩小尺寸）玻璃预制件，这样工件有相同的形状，但尺寸较小。重新拉制有几个正面的属性，例如有能力制作一个“宏观”玻璃形状或预制具有一定的几何公差；最终的重新拉制件中几何公差由尺寸减小比率来改善。另一个属性是多个产品以一个 1m（3.28 ft）长的预成形件来开始制作，具体根据重新拉制的减少比率而定。这种成形技术使大多数成形工作进入到预成形。在一些重新拉制的例子中，最终工件的强度和光学清晰度得以提高。如果一个预制件需要加工，最终加工件有一个表面粗糙度要求，这样就降低了玻璃的清晰度且使它半透明。通过重新拉制，玻璃表面被重新加热到一个温度点，它“修复”了表面缺陷并提高了表面的清晰度。在其他情况下，重新拉制增加了一个几何问题，如果最终玻璃件是一个有尖角、平面或平的形状，尖角可以磨圆了，平面可以弓起或凹陷。因此，重新拉制需要在玻璃拉制中取得冷热平衡。有一些条件情况是在非常特殊的成形过程中必需的。一些玻璃成分与水、氧或两者发生反应，且当它成形时，应当在惰性环境中完成。在标准型耐火材料基础炉中很难达到惰性或特殊气氛。具有密封金属马弗的专业石墨加热炉价格高，而且是外围马弗影响，温度将受到限制。如今的感应单元的小型化允许加热工位定位在有限的手套式操作箱中，将不会像耐火炉那么占用太大的空间。

8.2.4　感应加热与耐火材料

本节清楚地表明，感应基础加热系统对于熔化和玻璃成形是有用的。如今的感应单元的多功能性，即其紧凑性及实现高温的能力，使它们非常适合规模较小的玻璃熔化。如今许多特种玻璃产品，不需要输出数以吨计的制作工艺，而只需要几百千克的加工工艺，这可以通过感应加热来实现。对于玻璃熔化和成形技术的研究和发展工作，感应系统提供了其他加热炉型没有的灵活性。

相对于耐火材料内衬的电阻加热炉子，使用感应加热的一个好处是占用空间小。例如，采用图 8-3 和图 8-6 中熔化炉熔化玻璃，在图 8-3 中的炉体占地面积（考虑到耐火砖使炉子和支撑钢支撑耐火材料）比图 8-6 中的感应系统大了将近 3 倍。许多耐火砖电阻加热炉还有易损性的加热元件，因此，当设计这些炉子时，要在元件和被加热工件中留有大量的空间，额外的空气间隙要求元件必须在更高的温度下运行，以达到工件或玻璃坩埚所需的温度。感应加热只需要有一个短小的耦合距离。

感应系统使温度上升和下降，以及对炉子冷却并无其他不利影响的热循环能力，是另一优势。炉温一旦升高，耐火砖保温炉在很宽的温度范围内工作不利于循环。冷却耐火砖保温炉会导致耐火砖和顶部（炉顶）开裂，一些加热元件表面会富集一层硅化物，如果受到应力便会引起开裂。

制造不同尺寸和形状的线圈并加工与之匹配的底座的能力，对感应加热非常有利。在熔化和成形工序中，使用相同的感应单元，能够改变线圈尺寸及其配置，提供了很大的灵活性。此外，使用充油电容器的低频热电源，不需要改变电容器。因为感应熔化器不是由耐火材料组成，这点与其他类型的玻璃熔化炉相比，反应速度相当好。如果基座是空的，可以在几分钟内达到超过 1600℃（2910℉）的温度。当使用熔化温度分布曲线控制时，对温度变化的快速反应是非常有利的。在温度升高之前，有时可能不得不需要几次才能把低熔点的成分熔化出来。耐火基础炉可能需要数小时才能完成只有几百摄氏度设定点的变化。感应系统的快速响应使熔化温度分布控制更具有灵活性。

对比耐火材料保温电阻加热炉，感应加热炉也有一些缺点，例如需要水冷却线圈和热源。对于每个感应系统拥有闭环水系统中是理想的，但是这会占用空间，并且如果有多个单元，就不符合成本效益。如果有水流中断或水质问题，那么使用室内供水会引起感应系统的问题。在很多没有监控的地方，许多用于玻璃熔化的感应系统可能需要运行几天。如果发生停水或流量降低，系统将会关闭，这可能会导致熔炼失败。事故通常不是灾难性的，但如果没有水流通过线圈来冷却，充满熔融玻璃的基座在高温下可能会损坏线圈。加热工位自身内部已经经历过泄漏，但这通常发生在聚合物管道上。

当使用感应加热时，温度测量是非常重要的，尤其是用非接触式光学高温计。因为感应系统确实有快速响应及充足的功率，使用高温计来提供控制器的控制信号，需要准确的读数。玻璃熔化通常是运行在没有单一输出功率百分比的设定点模式上。当批料被熔化或添加批量到底座时，功率输出是较高的，但当热传导到批料时，达到一个热平衡，功率需求下降。PID 控制器通过使用温度测量信号作为输入输出功率百分比来维持整个熔体的恒温。如果高温计或热电偶发生移动，没有瞄准，或者损坏了，问题就发生了。一个避免熔化基座的额外措施，是限制功率输出百分比。当高温计被撞坏或一些其他不可预见的问题发生时，这将有助于缓解生产运行的损失。

正如前面提到的，跟耐火炉相比，感应系统的一个优势是，占用空间小。这种紧凑性主要是由于使用较少的保温材料，也可能是一个潜在的问题。如果一个感应系统安装在受限的空间，允许基座周围有足够的绝缘，那么从基座会损失大量热，这就降低了熔体的效率。但是，如前所述，陶瓷砖墙绝缘的耐火炉，在响应时间、热循环和空间上，也有缺陷。在玻璃熔化的感应系统中，需要围绕基座的绝缘以避免水冷线圈成为热沉。图 8-11 所示为不良绝缘的感应设备。该图显示了不良的绝缘设置，其中石英管和基座在基座内的玻璃熔化之前发生熔化。

图 8-11　不良绝缘的感应设备
（该图由康宁公司先进材料加工实验室提供）

一个良好的经验法则是，如果在没有带任何防护眼镜下不能直接观察到感应线圈，那么应该重新考虑基座周围的绝缘包。

总之，通过感应加热进行小规模玻璃熔化和成形是一个可行的方法。使用铂合金作为基座材料，根据感应系统的功率能够制造适合工艺的线圈，提供定制加热玻璃的灵活性。感应加热系统提供了一个这样的场所，如果玻璃组合物改变，可通过改变感应参数来实现玻璃的熔化和成形。使用感应加热实现玻璃熔化的下一个阶段是解决如何通过感应系统来熔化每天数吨的玻璃，以满足制造业的需求。

参考文献

1. D.C. Boyd et al., Glass, *Kirk-Othmer Encyclopedia of Chemical Technology*, Vol 12, John Wiley & Sons Inc., New York, 2000, p 565–626
2. J.E. Shelby, Introduction to Glass Science and Technology, *RSC Paperbacks*, The Royal Society of Chemistry, 1997
3. A.K. Varshneya, *Fundamentals of Inorganic Glasses*, Academic Press Inc., San Diego, 1994
4. W.D. Kingery et al., *Introduction to Ceramics*, 2nd ed., John Wiley & Sons, New York, 1976, p 554–555
5. I.M. Peterson et al., An Overview of Gas Injection Fining, *New Glass*, Vol 21 (No. 4), 2006, p 18–24
6. S. Zinn et al., *Elements of Induction Heating*, Electric Power Research Institute Inc., Palo Alto, 1988, p 247–252
7. F.V. Tooley, *The Handbook of Glass Manufacture*, 3rd ed., Vol 1 & 2, Books for the Industry Inc., New York, 1984
8. W.C. Hynd, *Glass: Science and Technology*, Vol 2, *Processing*, D.R. Uhlmann and N.J. Kreidl, Ed., Academic Press, New York, 1984

8.3　在光纤拉制过程中的感应加热

Daniel W. Hawtof, Corning Incorporated

众所周知，感应加热在玻璃锭、光纤预成形、光纤应用中是一项实践了几十年的技术。光纤预制品是一个包含芯和表层玻璃的长长的圆柱体。正如斯涅尔定律描述，光纤利用了内部全反射的现象，用在光纤核心部位传送光。光纤扮演了光波导的角色。由于光纤中，玻璃芯部的高折射率高，而表层熔覆玻璃的折射率低，因此，从玻璃芯区域发射的光信号仍然停留在光纤中心。玻璃芯到表层熔覆玻璃的比率由原始大直径预制品到小直径光纤来维护。几英寸直径的预制品经拉制可生产成直径通常为125mm（5mil）光纤。炉内拉制区的光纤预制品示意图及光纤内芯部和熔覆部的放大图如图 8-12 所示。

预制品通常是通过硅和氧化锗玻璃发生先导反应，然后将通过外延气相沉积（OVD）而成。在光纤制造中的一个主要过程是炭黑沉积过程，预行烧结，并且预拉伸。本节的重点在预制作过程中的拉伸工艺部分。完成这项工艺的设备称为光纤拉伸机，还包含一个用于加热玻璃锭顶尖的炉子。预成形温度为2000℃（3630℉），通常采用感应加热。

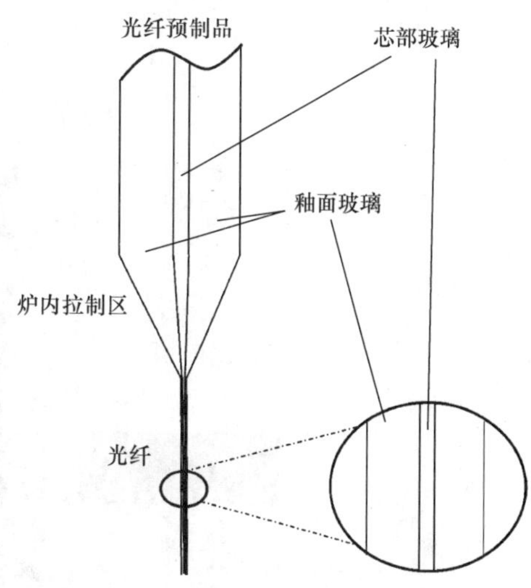

图 8-12　炉内拉制区的光纤预制品示意图及光纤内芯部和熔覆部的放大图

8.3.1　光纤拉伸张力

光纤制备通常的控制目标是拉伸张力。光纤中的受控张力是在拉伸至光纤时，用于控制玻璃黏度。光纤的张力可以很简单地由可接触或非可接触的仪器来测试，张力的测试是一个非常重要的可控点。控制光纤黏度的动机，是为了生产一个光学属性一致的产品。

光纤的拉伸张力和拉伸炉温度与光纤从预制件拉丝的速度有关。拉伸炉的温度，或最热点的最高温度，是在炉子热区长度方向上，很容易通过光学高温计来测量。使用一个视窗用于允许高温计拥有一个视野，穿过周围的绝缘壁和炉罐，来观察拉伸炉底座上的热点。高温计视窗位置通常选择在炉子温度区域最热的部分。除了峰值温度，加热区域长度的属性也可以通过经验数据来获取，这些数据描述了特定炉子的温度分布轮廓。

炉子温度峰值、光纤拉伸张力、光纤拉伸速度的关系如下：

$$温度 = \frac{\ln(拉伸张力/速度) - K}{-\alpha} \tag{8-1}$$

对于一个特定的拉伸炉子类型，K 和 α 由经验数据决定，通过绘制 ln（拉伸张力/速度）与炉子温度关系曲线而得。Y 轴截距是对一个特定炉子而言是一个常数，用于规范高温计运行读数。常数 α 是直线的斜率，使得同一型号炉高温计读数规范化。图 8-13 所示为感应加热光纤拉伸炉。

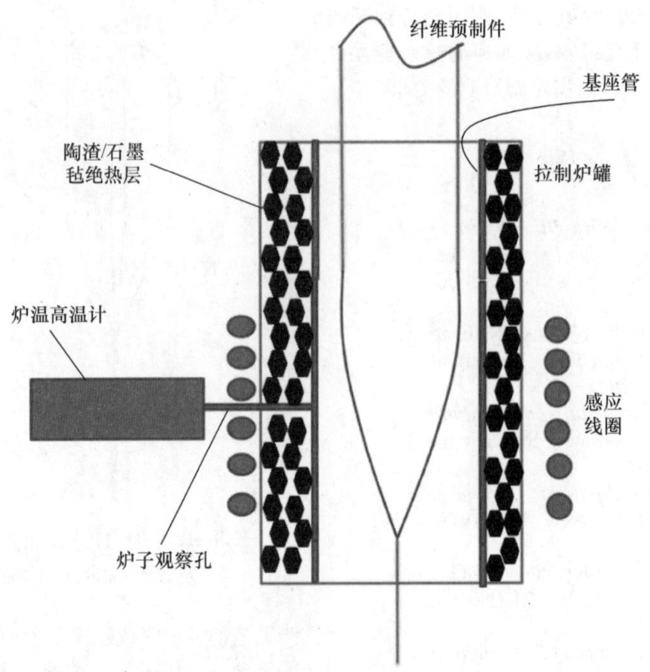

图 8-13 感应加热光纤拉伸炉

图 8-14 所示为两台不同光纤拉伸炉的特性。该图显示炉子的斜率：型号 A 和型号 B 分别为 -0.01 和 -0.015。热区越长，斜度越陡，且最高温度越低，才能在特定的拉伸速度下达到相同的拉伸张力。

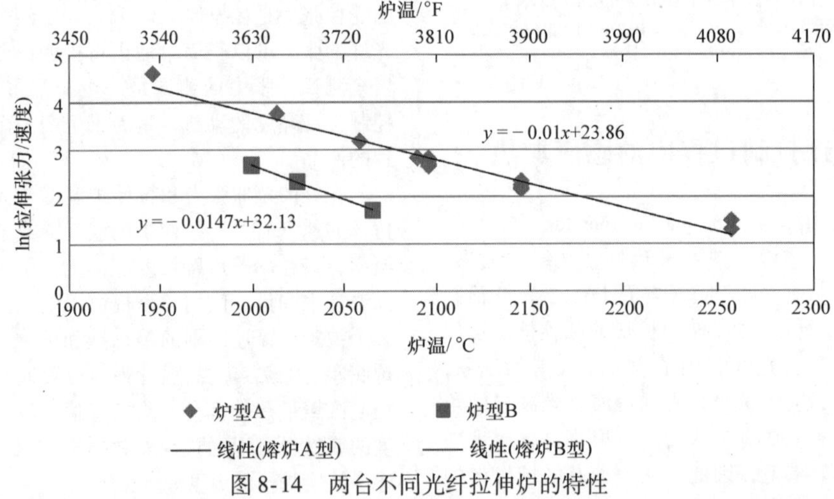

图 8-14 两台不同光纤拉伸炉的特性

8.3.2 温度要求

在工艺过程中使用感应加热时第一个要考虑到的参数是温度要求。感应加热能够提供一个加热温度范围，从仅高于室温到超过 2000℃（3630℉）。在许多加热应用中，目的是连接工件，改进材料性质，例如硬度，或者把材料熔化且混合在一起。对于光纤加工，一个主要的加热目的是改进玻璃预制件的黏度。出于成本和质量考虑，玻璃预制件是一个大直径、很长的“空白”的大块状玻璃毛坯。几个英寸厚的玻璃坯料或板料必须经过拉伸块成为直径小于 125μm（5mil）的光纤。所以这个感应加热应用是通过改进材料的黏性来提高材料的拉伸性能。

1. 产品黏度

光纤坯料多数为 SiO_2，即环绕着掺杂着 GeO_2 小芯直径的 SiO_2。SiO_2 在室温下的黏度为 10^{17} Pa·s（10^{18}P）。为了使光纤玻璃坯料拉伸，黏度必须低，玻璃才会在其自重下成形，或者变软。这时黏度大约为 $10^{6.6}$Pa·s（$10^{7.6}$P）。此操作工序的温度大约是 1950℃（3540℉），由感应加热很容易达到。图 8-15 所示为 SiO_2 的黏度数据。然而在光纤中的 SiO_2 芯中有参杂锗，锗比硅的黏度低，这个数据很接近光纤的黏度曲线。

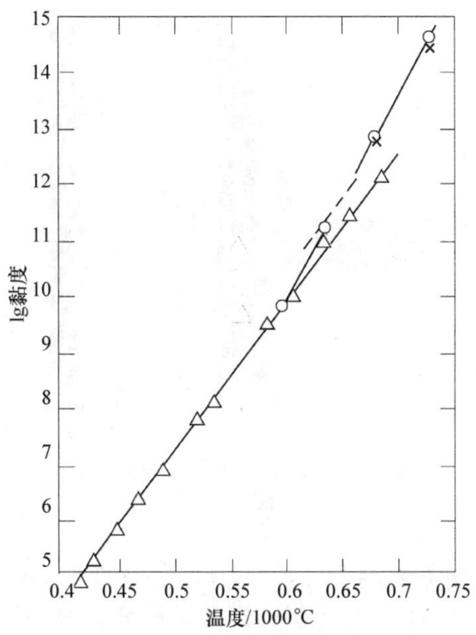

图 8-15　SiO_2 的黏度数据

注：黏度单位为 P（$1P=10^{-1}Pa\cdot s$）。

2. 加热区长度

在获得加热温度目标值后，另外一个问题是要考虑多长工件需要加热。在一些应用中，例如光纤拉伸，或者从块状拉坯料到光纤直径，需要考虑在长度方向上的黏度变化。热区域长度控制速度，在坯料通过热区域时，黏度降低。“短的”热区通过感应线圈来达到，沿着坯料长度的区域延伸。通过增加感应线圈的数量，来加长加热区域，并且允许坯料改变黏度，因此来减少直径，增加长度。没有比这更实用、更快速的设计法则用来选择热区域长度，用于提供坯料加热。一个典型的经验法则是使加热区域长度达到坯料直径的 1～3 倍。

3. 温度分布

在所选择的热区长度方向上会沿着热区域长度产生温度分布曲线。温度分布曲线在线圈长度的中心位置会有一个峰值，会有一个从中心峰值温度开始的类似于高斯形状的轮廓。沿着热区域长度方向上的线圈的间距会影响温度轮廓，并且可以通过调节平均线圈间距改变典型的轮廓曲线。通常来说，线圈间距越密提供的热量越集中，线圈间的间距越宽提供的热量越分散。在光纤拉伸过程中，与高斯温度分布轮廓曲线相关的线圈间距是否合适，能够很容易地通过一个环绕着管状基座的简单的螺旋线圈来达到。典型光纤拉伸炉的温度分布示意图如图 8-16 所示。

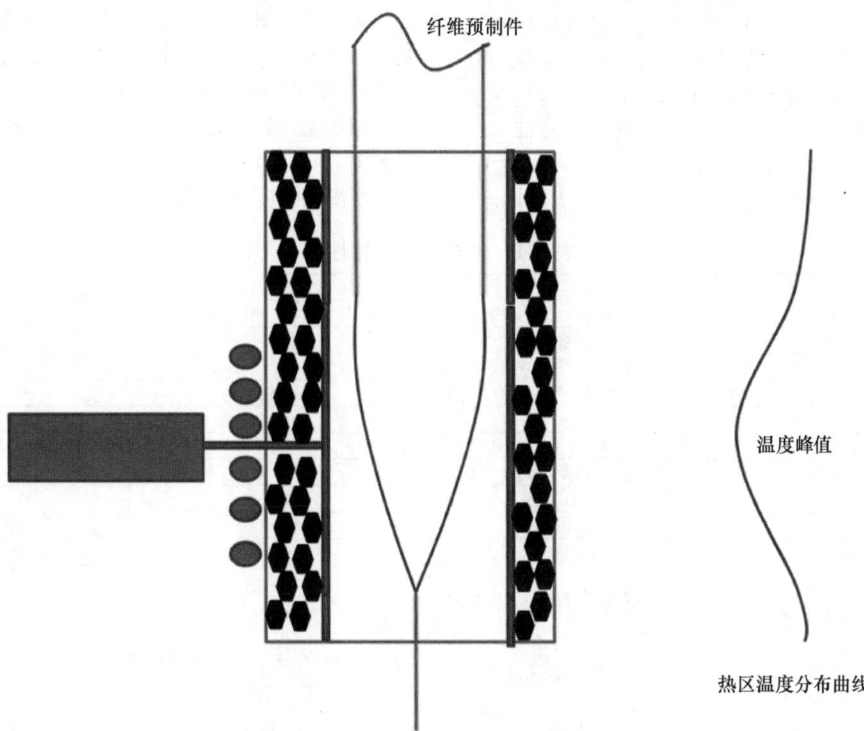

图 8-16　典型光纤拉伸炉的温度分布示意图

4. 加热周期

感应加热的一个优势就是对加热功率调控的快速响应时间，可通过移动感应加热区基座进出感应场来实现，或者在加热周期中改变功率大小实现。然而，对光纤过程，这些特征参数没有那么重要或者说是需要的。在坯料延伸或拉伸过程中，在坯料运行通过炉子期间，感应加热炉要保持在恒定温度或者接近恒温。

8.3.3 室温加热环境

选择感应加热作为加热设备，也依赖于加热环境的室温条件。在一些应用中，加热需要在室内空气和室内温度中，如对一个金属工件进行热处理时。在其他例子中，局部加热会在已经加热的环境中，并且在不同的环境气体成分中进行。感应加热的一个优势就是感应加热线圈和底座是室温加热系统中唯一的部件，加热电源安装在室外，并且远离实际加热场所。除了场地因素以外，这还可以使得加热设备在恶劣环境中运行。

1. 工艺气体

感应加热电源周围的工艺气体需要同时考虑产品属性和感应加热系统两个方面。例如，如果产品环境的工艺气体为空气，底座的选择不应该包括那些会被室内空气中的湿气氧化的材料。

对于光纤处理，典型的工艺气体环境是惰性的，且不含水分的。气体如氦气、氮气、氩气环绕在工件和感应基座周围。这就得使用那些不会氧化的基座材料，如石墨，或者那些在空气中不会出问题的材料，如陶瓷。设计上最关键的是在光纤拉伸感应加热炉子中和拉伸预制件周围，气体发生层流流动。感应拉伸炉内玻璃预制件周围的气体层流流动示意图如图 8-17 所示。层流流动使得热量均匀地传导玻璃预制件，并且均匀地从预制件拉制出光纤。

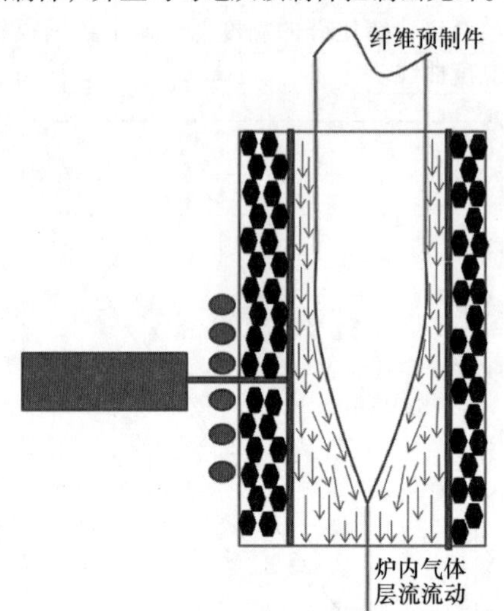

图 8-17 感应拉伸炉内玻璃预制件周围的气体层流流动示意图

2. 保温套

用于感应加热工序的保温套应当设计成能够提供所需的热性能及结构需求。使用保温材料可以包括使用那些自身支撑感应线圈的材料，也可以通过检测基座产生了多少热来减少在感应线圈上的冷却负载。保温套由下列组成：石墨毡、陶瓷纤维、二氧化硅纤维、陶瓷砖（包括可加工的硅酸铝）、陶瓷颗粒（熟料）和这种材料的板子。仔细选择那些不容易传导的绝缘材料，或者在一定的绝缘之后在某一温度自身变成一个加热器的材料。绝热毡的常见性能见表 8-1，氧化锆熟料的常见性能见表 8-2。图 8-18 所示为石墨毡的热导率与温度的关系曲线。

表 8-1 绝热毡的常见性能

测量温度/℃（℉）	性 能	碳毡（VDG 级）	石墨毡（WDF 级）
20（70）	密度/(g/cm^3)	0.09	0.08
20（70）	线性收缩率①（%）	1	—
20（70）	吸水性（质量分数,%）	1	—
—	含碳量测定（最小值）（%）	99.0	99.9
—	灰分（%）	0.25	0.02
20（70）	比热容/[J/(g·℃)]	0.71	0.71
1400（2550）	平均比热容/[J/(g·℃)]	1.67	1.67
—	泄漏率	0.99	0.99
—	升华温度/℃	3600	3600
20（70）	表面积（氮）/(m^2/g)	0.6	0.7
1000（1380）	热导率②/[W/(m·K)]	0.25	—
1400（2250）		—	0.43
2270（4120）	蒸汽压/μm	1	1
2440（4425）		10	10
2620（4750）		100	100
	工艺温度/℃	1900	2500

① 加热到 3000℃（5430℉）测定。
② 在氮气中测量。

表 8-2 氧化锆熟料的常见性能

性 能	数 值
ZrO_2（质量分数,%）①	99 +
SiO_2（质量分数,%）	0.15
TiO_2（质量分数,%）	0.15
熔点/℃（℉）	2715（4920）
最高使用温度/℃（℉）②	2400（4350）
密度/(g/cm^3)（lb/ft^3）	2.75（170）
释气	
断面收缩率［0.5h，2400℃（4350℉）］（%）	0

① 天然锆料会带有 1% ~2%（质量分数）的铪氧化物，但不会影响性能。

② 最高使用温度取决于应力、热量和化学成分及材料加工过程中的化学环境。

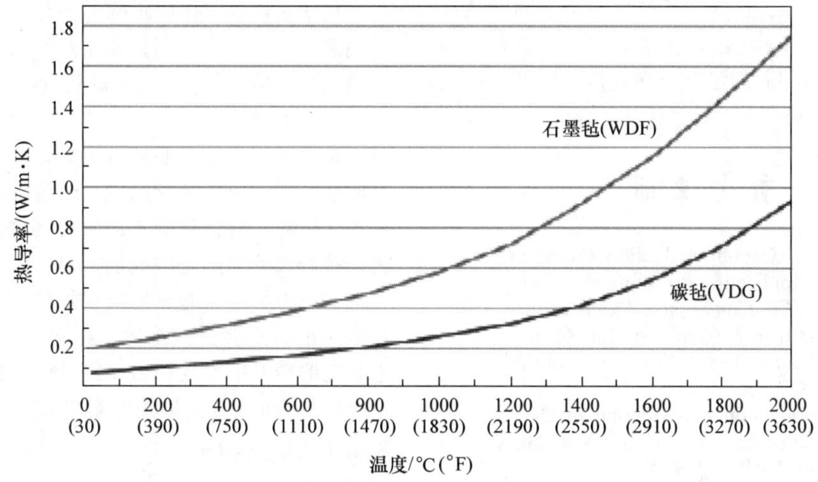

图 8-18 石墨毡的热导率与温度的关系曲线

8.3.4 加热的零件尺寸

对于光纤预制件的长度很长和直径较大是常见的。预制件的加热部分是比较小的。能够使预制件移动并且通过加热区域使得顶端可以持续地在加热区域加热，以便能够在拉伸塔里面使用一个相当小的加热系统。

炉子的设计是基于纤维预制件的直径，并且在顶端插入炉子加热区域后，预制件和纤维的进出速度。通常，拉伸炉的直径与预制件之间的间隙至少为 2.54cm（1in）。加热区域的长度和预制件放入加热区域的速度，以及预制件直径减少到光纤和玻璃熔断尖的拉伸速度有关。拉伸速度越高，加热区域越长。加热区域长度是由玻璃预制件周围圆柱基座上环绕的感应线圈的圈数决定的。线圈之间的间距及线圈的管径也影响加热区域的长度。当预制件直径或拉伸速度加大时，炉子设计尺寸可以得以相应扩充。相对重新设计大直径工件来应对预制件直径尺寸增加而言，增加几圈新的线圈显然是比较容易的，但是，根据紧急更换运行操作的需求，这两种都是很常见的方法。

8.3.5 基座材料的选择

对于基座材料而言，有很多选择。与感应加热电源匹配的材料有钢、铂、石墨、二硅化钼，甚至一些特定的陶瓷，如矾土（当温度越高，材料的电阻率增加）。

（1）成本 基座的材料成本通常是选择基座的一个因素。例如，铂是一个极佳的基座，它的熔点高达 1800℃（3270℉）。它是惰性的并且极易成形各种简单结构，不过如果以质量计价，它是非常昂贵的。在许多情况下，根据需要的环境和温度范围，会使用低成本的基座，如石墨或钢。石墨不贵，而且可加工，可以成为理想的高温应用材料，只是要保护在惰性环境内以防止氧化。众所周知，钢可以在任何环境内使用，只要使用的温度低于钢的熔点即可。

（2）温度循环周期 另一个因素是底座要经历的一系列温度周期。例如，陶瓷诸如矾土会被用于底座在一个高温纤维拉伸工艺炉子内。这是可行的，因为炉子可以保持热量，所以陶瓷底座一直处在一个接近于 2000℃（3630℉）的稳定状态的条件下。如果生产过程需要炉子温度循环周期是从稳定状态到达室温，例如，底座材料可能会由于热膨胀引起热冲击而发生开裂。因此，这就需要在底座使用温度设置时加以考虑。

（3）对产品的影响　底座在服役寿命期间稳定温度状态下，或者在完成工序循环之后会发生改变，这些都会影响正在加工过程中的产品。例如，陶瓷底座可能在稳定状态温度下发生超时裂缝，引起陶瓷颗粒喷射到被加热的产品上，并且会引起产品缺陷。随着时间的变化，氧化可以降解石墨底座，可以改变底座的形状，这就需要产生一个不同的热区温度分布轮廓，或对电源功率进行调控，以使在同一个产品上获得相同的温度分布轮廓。因此，底座材料的选择应该被视为产品系统的一部分。

参考文献

1. A. Gouronnec, Graphite Induction Furnace Design and Application to Optical Fiber Multipulling, *IEE Conference Publication*, Issue 190, Sixth Eur. Conf. on Opt. Commun., Sept 16–19, 1980 (York, England), 1980, p 65–68.
2. W.D. Wilkinson, Induction Heating in Optical Fiber Drawing, *Wire Ind.*, Vol 56 (No. 668), Aug 1989, p 449–453
3. K. Sun, R.A. Pike, and A.T. Chapman, “Improved Insulation for an Induction-Heated ZrO_2 Furnace,” American Ceramic Society Bulletin, Vol 65 (No. 12), Dec 1986, p 1604–1605
4. M. Blankenship and C.W. Deneka, The Outside Vapor Deposition Method of Fabricating Optical Waveguide Fibers, *IEEE T. Microw. Theory*, Vol MTT-30 (No. 10), Oct 1982
5. R.H. Doremus, Viscosity of Silica, *J. Appl. Phys.*, Vol 92 (No. 12), Dec 15, 2002, p 7620
6. “Carbon and Graphite Felt Insulation,” MorganAM&T, www.morganamt.com/us/files/Morgan%20Carbon%20US/FeltSalesSheet.pdf (accessed July 29, 2013)
7. “Single Crystal Zirconia Grog Type ZOG,” Zircar Zirconia, Inc., http://zircarzirconia.com/products/type-zog-zirconia-single-crystal-grog/ (accessed July 29, 2013)

8.4　纳米粒子感应加热在热疗中的应用

Girish Dahake, Ambrell, an Ameritherm Co.

感应加热是一种方便、灵活的方法，能把高强度磁场传递给纳米粒子，从而聚焦且有针对性地进行治疗，这正在医学研究领域引起极大的兴趣。

热疗（或温热疗法）是涉及加热人体内的肿瘤细胞的一种典型的癌症治疗方法。甚至早在公元前3000 年，埃及学者用热浴烧灼皮下肿瘤。医生观察到例如由发烧造成的高温，可以杀死癌细胞和减少肿瘤。

癌症的热疗治疗，需要严格控制剂量，来加热癌细胞肿瘤和周围的身体组织。把肿瘤细胞温度升高到正常体温 37℃（98.6℉）以上，导致细胞膜损伤，这反过来导致癌细胞的解体。癌组织在很长一段时间内暴露在高温下会被持续损伤。

把纳米颗粒用作癌细胞和肿瘤内的发热源。这种高热量必须使用得当，如果热量过少，癌症就不会被杀死。然而，如果太多的热量错过了目标肿瘤，皮肤或其他健康组织就会被灼烧。感应加热提供给这一重要过程一个必要的解决方案。它使用高频交变磁场局部定位待治疗区域。放置在肿瘤和癌细胞的纳米颗粒，耦合到所施加的磁场并产生热量。这种非接触式的加热是准确的、可重复的，并且是安全的。因为所施加的磁场仅仅加热纳米颗粒，周围的健康组织不会受到影响。药物携带的纳米颗粒，在特定的高温下释放药力，也可以单独作用于肿瘤或身体的特定部位，以使肿瘤细胞坏死。

8.4.1　纳米粒子

纳米颗粒是直径小于 300nm（11.8μin）的物体。这些物体通常由铁氧化物、锰铁氧体、钴铁氧体以及许多各种氧化物的排列和混合物所组成。所有这些纳米颗粒的内在特性是它们的中心核心是由磁性材料组成的。另外，这些纳米颗粒具有生物相容性，并须在外部重力和静电场内保持稳定。纳米颗粒还须克服由于它们使用的性质而引起的潜在磁性附聚。为了缩短治疗时间，并减小长时间加热引起的不适，纳米颗粒应能适应被迅速加热。要达到这一目的，单位吸收率（SAR），也就是加热每克纳米颗粒内磁性材料所需的功率，应该能被最大化。用于单位纳米颗粒磁性材料产生交变磁场的功率消耗，用 W/g 来表示。

纳米颗粒的感应加热，被认为是由磁滞效应、奈耳效应和布朗运动共同引起的。磁滞不断地调整磁极的方向，施加的感应磁场引起产生热量的摩擦。奈耳效应最好被描述为由超磁性引起的加热。超顺磁性是一种磁性形式，它存在于小小的氧化铁纳米颗粒中。在足够小的纳米颗粒中，磁化可以在温度的影响下任意地翻转方向。两个翻转之间的常规时间称为奈耳弛豫时间。在外部磁场缺失的情况下，当用于测量纳米颗粒的磁化时间比奈耳弛豫时间要长得多时，它们的磁化率显示平均为零，这时称为超顺磁性状态。在这种状态下，外部磁场能够磁化纳米颗粒，类似一个顺磁体。然而，它们的磁化率比一个顺磁体大得多。布朗运动是纳米颗粒在液态时的随机运动。在体外热疗期间的测量中，它们通常分散在液态中并形成铁流体。当一个磁场被施加到它们之上时，磁性纳米颗粒旋转并逐渐与磁场对准，这是由于通过磁场与磁性的相互作用产生的力矩完成的。这三个因素被认为在纳米颗粒中结合并产生热量。

奈耳温度指的是反铁磁性材料转变为顺磁性材料所需要达到的温度。

在这个温度的时候，晶体内部的原子内能会大到足以破坏材料内部宏观磁性排列，从而发生相变，由反铁磁性转变为顺磁性。奈耳温度可类比于居里温度（相对于铁磁性而言）。它是因纪念 1970 年诺贝尔物理学奖得主、法国物理学者路易·奈耳（1904—2000 年）而得名的。

8.4.2　感应加热

图 8-19 所示为典型的感应加热装置。

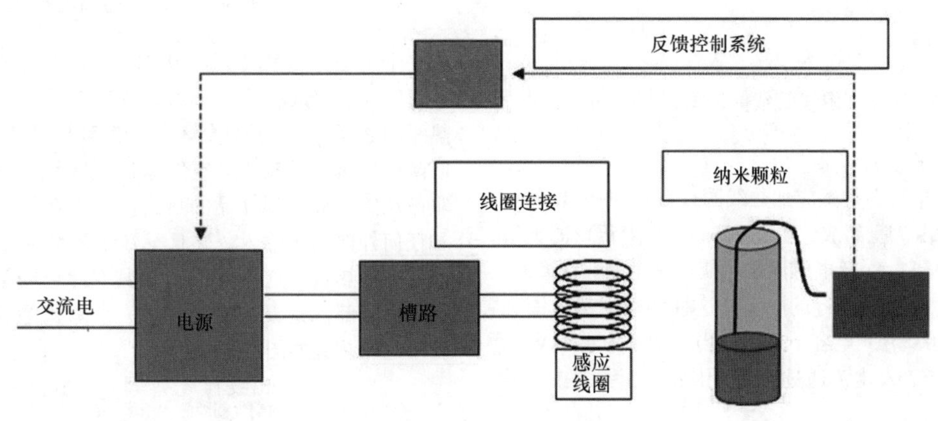

图 8-19　典型的感应加热装置

感应加热装置是由从交流线路电源输入的高频电源组成的。该电源把普通工频（50Hz 或 60Hz）转换到高频信号，通常运行在 10 ~ 400kHz 范围内。然后，高振荡信号被输送到谐振电路，用于供给水冷感应加热线圈。高频信号在感应加热线圈内产生了高频磁场。由纳米颗粒混合物组成的样品，被放置在感应加热线圈中，它与高频磁场发生相互作用，并产生热量。可以使用一个优选光纤热电偶被用来测量纳米颗粒混合物的温度。热电偶是免电波频率干扰的，并且可以在热循环中使用。热电偶的输出可以输送到一个控制器，控制器可以调节温度上升的速度，同时维持特定样品在一个特定时间段内的温度。

1. 磁场强度

典型的感应加热线圈是由空心铜管制成的，以水为冷却介质流过内部。最常见的线圈类型是一个简单的螺线管或螺旋线圈（见图 8-20）。

铜线圈是由铜管尺寸来描述的，内径 $d=2a$，其中 a 为半径，通过缠绕铜管来制作，铜管的绕圈数量为 N，整个铜管叠加的长度为 L。

电流 I 流过铜管从而产生磁场。

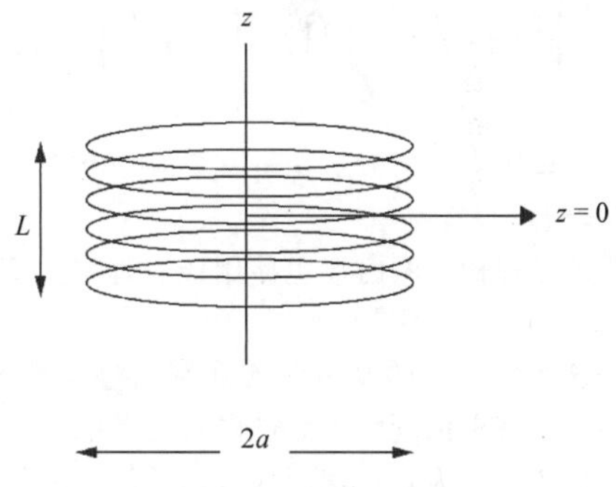

图 8-20　典型感应线圈

磁场 H 是由螺线管线圈（N 匝）产生的，沿高度 L 的轴线和半径 a 产生的电流 I：

$$H=\frac{K_0}{2}\left\{\frac{-z+\dfrac{L}{2}}{\left[\left(z-\dfrac{L}{2}\right)^2+a^2\right]^{\frac{1}{2}}}+\frac{z+\dfrac{L}{2}}{\left[\left(z+\dfrac{L}{2}\right)^2+a^2\right]^{\frac{1}{2}}}\right\} \tag{8-2}$$

式中，$K_0=\dfrac{NI}{L}\dfrac{NI}{L}$。

螺线管的中平面为 $z=0$，线圈的端部 $z=\pm L/2$，

因此，在螺线管的端部，磁场强度为

$$H=\frac{K_0}{4}\left[\frac{L}{(L^2+a^2)^{\frac{1}{2}}}\right] \tag{8-3}$$

图 8-21 所示为螺线管线圈轴向磁场分布。正如所料，磁场强度在线圈中心最大（$z=0$）。

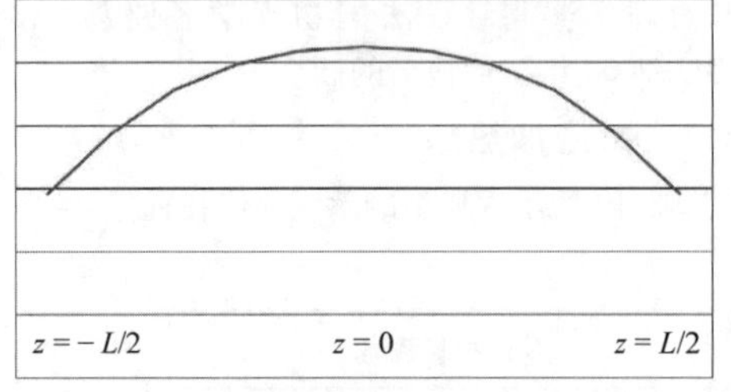

图 8-21 螺线管线圈轴向磁场分布

2. 试验设置

下面介绍的是感应加热线圈设置在 300kHz 时运行。线圈由 7 匝组成，由 6.35mm（0.25in）的铜管制成。它有 1.1μH 电感测试。使用一个能够在150～400kHz 范围之间运行的电源，这种感应加热线圈在 303kHz、0.25μF 电容下运行。当在功率为 4.4kW 运行时，有 375A 电流通过铜管。因此，在线圈中心的磁场为

$$H=\frac{K_0}{2}\left\{\frac{-z+\frac{L}{2}}{\left[\left(z-\frac{L}{2}\right)^2+a^2\right]^{\frac{1}{2}}}+\frac{z+\frac{L}{2}}{\left[\left(z+\frac{L}{2}\right)^2+a^2\right]^{\frac{1}{2}}}\right\} \tag{8-4}$$

其中，$N=7$，$I=375\text{A}$，$a=12.7\text{mm}$（0.5in），因此，$H=52.4\text{kA/m}$。

沿着线圈轴向的磁场也使用该方程来计算，如图 8-21 所示。

当这些频率下的高电流被强制通过小铜管时，会发生一个有趣的现象。流过铜管的高电流引起管内的水加热，因为它在螺旋线圈内流转。当水流过线圈时，其温度一般为 49～65℃（120～1500℉）。流过线圈的典型流量测量值为 0.125mL。图 8-22 所示为感应加热线圈的温度梯度。

同样观察到，通过电阻产生的热来加热铜线圈，辐射到样品并使样品获得的热绝对值曲线发生扭曲。有一个简单而又创新的解决方案可以抵消这种加热效果。

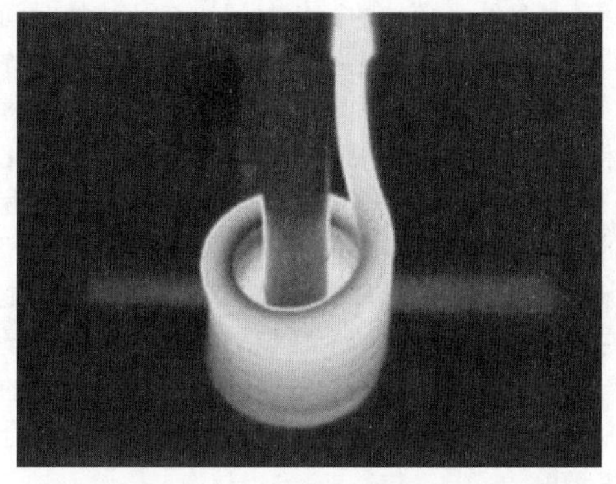

图 8-22 感应加热线圈的温度梯度

把一个直径为 1.5875mm（0.0625in）的合成树脂不导通管，卷绕成螺线管形状，放置在样品和感应加热线圈之间。小心螺线管不能接触到样品或线圈铜，以防任何热传导输入。空气通过螺线管吹进来，并驱散从感应线圈到样品的热量。这样就隔离了样品和任何外部的热输入，并且只在纳米颗粒中产生恰好合适的热量，这需要用光纤温度计来测量。该系统的不同部件是聚氨酯线圈和一个陶瓷绝缘纸，试验用绝缘装置如图 8-23 所示。

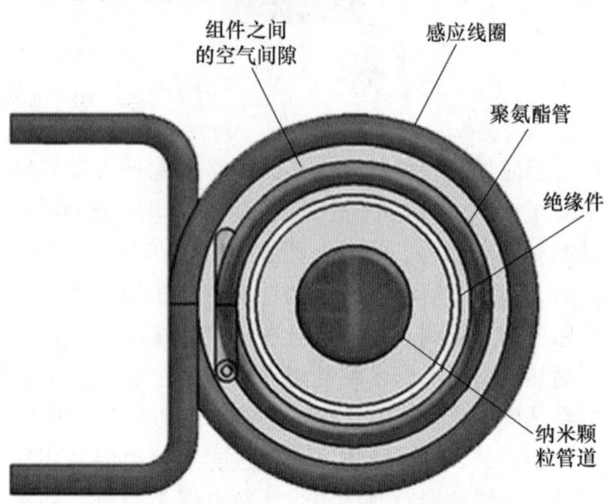

图 8-23 试验用绝缘设置

参考文献

1. M. Zahn, *Electromagnetic Field Theory: A Problem Solving Approach*, Krieger Publishing Company, 2003